Langenscheidt
Fachwörterbücher

Langenscheidt

Dictionary of
Mechanical Engineering
Concise Edition
English

English – German
German – English

Second revised and enlarged edition

by
John D. Graham

Langenscheidt

Berlin · München · Wien · Zürich · New York

Langenscheidt

Fachwörterbuch
Kompakt
Maschinenbau
Englisch

Englisch – Deutsch
Deutsch – Englisch

Zweite, bearbeitete und erweiterte Auflage

von
John D. Graham

Langenscheidt

Berlin · München · Wien · Zürich · New York

Das Kompaktwörterbuch basiert auf der zweiten Auflage des Langenscheidt Fachwörterbuches *Maschinen- und Anlagenbau Englisch-Deutsch / Deutsch-Englisch* von John D. Graham.

Bibliografische Information der Deutschen Nationalbibliothek
Die Deutsche Nationalbibliothek verzeichnet diese Publikation in der Deutschen Nationalbibliografie; detaillierte bibliografische Daten sind im Internet über http://dnb.ddb.de abrufbar.

2., bearbeitete und erweiterte Auflage
© 2009 Langenscheidt Fachverlag, ein Unternehmen der Langenscheidt KG, Berlin und München
Satz: Hagedorn medien[design]
Druck: Graph. Betriebe Langenscheidt, Berchtesgaden/Obb.
Printed in Germany
ISBN 978-3-86117-301-4

Vorwort

Das Kompakt-Fachwörterbuch Maschinenbau Englisch-Deutsch/Deutsch-Englisch ist aus dem umfangreichen, erweiterten und neu überarbeiteten Fachwörterbuch des Maschinen- und Anlagenbaus entstanden, das 2007 in der Reihe e-Fachwörterbücher als CD-ROM und als gebundene Ausgabe erschienen ist. Die Vorgängerversion war damals aus der praktischen Arbeit der TKIS Document Services GmbH der Thyssen Krupp Engineering entstanden. Bearbeitet wurde diese Vorversion von Gerhard Freibott und Katharina Schmalenbach. Das Kompakt-Wörterbuch ist intensiv überarbeitet und ergänzt worden und umfasst insgesamt rund 46.000 Stichwörter und Wendungen.

Das vorliegende Werk umfasst die beiden großen Bereiche Maschinenbau und Anlagenbau. Der Maschinenbau ist ein klassisches Fach der Ingenieurwissenschaft und wird an Universitäten, Technischen Hochschulen und Fachhochschulen in Deutschland wie auch im Ausland gelehrt. Der Anlagenbau dagegen ist eine Bündelung von verschiedenen Disziplinen und Fächern, insbesondere des Maschinenbaus, und widmet sich dem Bau von großtechnischen Anlagen. Er bedient sich hierbei der Methoden der Verfahrenstechnik und weiterer verwandter und nicht verwandter Disziplinen wie Stahlbau, Tiefbau, Automobilbau, Schiffbau, Bauingenieurwesen, Metallurgie sowie Elektrotechnik, Chemie und Umweltschutz. Dadurch lässt es sich nicht vermeiden, dass das eine oder andere Fach in diesem Nachschlagewerk nicht oder nur flüchtig berücksichtigt werden konnte. Der Versuch, jegliche technische Disziplin in allen Feinheiten aufzunehmen, würde auch den Rahmen des umfassendsten Wörterbuchs sprengen. Eine Kompaktversion erfordert wiederum eine starke Verschlankung des Inhaltes des großen Fachwörterbuches. Aus diesem Grunde sind viele Fachgebiete nur am Rande berücksichtigt worden. Dazu gehören z. B. Eisenbahntechnik, Geologie, Informationstechnik, Schiffbau, Verdichter- und Turbinentechnik, Walzwerktechnik

Das Kompakt-Fachwörterbuch bietet Studierenden und Ingenieuren am Anfang Ihres Berufslebens, interessierten Laien und Experten anderer Fachbereiche die wichtigsten Begriffe aus dem Bereich Maschinen- und Anlagenbau in einem handlichen Band im Pocket-Format.

Sollten Sie als Benutzer dieses Wörterbuches trotz einer gewissenhaften Prüfung meinerseits Unkorrektheiten entdecken, Hinweise geben oder zusätzliche Wörter und Wendungen hinzufügen wollen, möchte ich Sie bitten, sich mit dem Langenscheidt Fachverlag in Verbindung zu setzen. Die Adresse lautet: Langenscheidt Fachverlag, Postfach 40 11 20, 80711 München.

Besonderer Dank gilt der Redaktion des Langenscheidt Fachverlages für die Betreuung dieses kompakten Wörterbuches.

John D. Graham

Preface

The Concise English-German/German-English Dictionary of Mechanical Engineering has its genesis in the comprehensive, completely revised and supplemented Dictionary of Mechanical Engineering and Plant Manufacturing which was published in 2007 as a CD-ROM in the e-Fachwörterbücher series and as a hardcover version. The previous version of this dictionary was the product of the detailed work of TKIS Document Services GmbH, previously part of the IT Department of Thyssen Krupp Engineering, processed and edited by Gerhard Freibott and Katharina Schmalenbach. This new compact version has been extensively revised and contains approximately 46,000 headwords and phrases.

This dictionary covers the two major fields of Mechanical Engineering and Plant Manufacturing. Whereas mechanical engineering is an accepted discipline and is taught as such at technical universities and colleges both in Germany and abroad, the capital goods sector is vastly greater in scope than mechanical engineering alone and consists of the combination of a very large number of related and unrelated disciplines and techniques, covering an enormous range of products and technologies. Such adjacent and related disciplines as process engineering, civil engineering, structural engineering, shipbuilding and automotive engineering also have to be kept in mind. Since the fruits of mechanical engineering efforts can be found in almost every technical product, process or service encountered in industry at present in Germany and cover a wide range of applications, usually in conjunction with other disciplines (e.g. electrical or chemical engineering) to perform specific functions, the scope of this dictionary is vast. It is inevitable that some fields have not been included. To include every technical field in detail would have exceeded the physical scope of most encyclopaedias. By its very nature, a compact dictionary can only provide a slimmed-down version of the content of the large dictionary. For this reason, many specialised sectors are only given marginal treatment. These include, for example, railroad engineering, geology, information technology, shipbuilding, compressors and turbines, and rolling mill technology.

This concise dictionary offers students, non-specialists and on-going engineers, interested laymen and experts from other technical disciplines alike access to essential terms from mechanical engineering and plant manufacturing in a handy, pocket-sized volume.

My thanks are due to the staff of the editorial department at Langenscheidt Fachverlag for all their help in the preparation of this volume.

If anyone using this dictionary should find any errors, wish to contest any entry or add further information to the content of this dictionary, I should be most grateful. Such information should be addressed to Langenscheidt Fachverlag, PO Box 40 11 20, 80711 Munich, Germany.

John D. Graham

Hinweise für die Benutzung des Wörterbuches

Reihenfolge der Anordnung

Alle Einträge sind alphabetisch angeordnet.

Zusammengesetzte Einträge erscheinen unter ihrem Basiswort. Dies gilt auch für Zusammensetzungen mit Bindestrich. Bei Wortzusammensetzungen werden erst jeweils die einzelnen Wörter abgehandelt. Dabei erscheinen getrennt geschriebene Wörter in einem Wortnest. Daran anschließend folgen die zusammengeschriebenen Begriffe.

Zum Beispiel:

> **abrase** *v (Tech)* auslaufen *(Lager)*; scheuern *(abschleifen)*; scheuern *(verschleißen)*
> **abrasion** *(Tech)* Abnutzung f, Abrieb m, Verschleiß m *(z. B. durch Reibung)*
> **abrasion-free** *adj (Met)* verschleißfrei
> **abrasion resistance** *(Met)* Verschleißfestigkeit f
> **abrasion test** *(Mech, Prüf)* Abriebfestigkeitsprüfung f
>
> **Leistung** *f (Tech)* capacity, output, performance, power; production rate
> **Leistung** *f* **im Dauerbetrieb** *(Elek)* continuous output, continuous rating
> **Leistungsanzeiger** *m (Elek)* load indicator, rate of flow indicator

Alle Stichwörter sind nach ihrem ersten Element, dem Basiswort, angeordnet, es sei denn, dieses Element ist ein Artikel, eine Präposition, eine Konjunktion, ein Pronomen oder ein anderes ausgegliedertes Wort.

In solchen Fällen erscheint das Stichwort als erstes gültiges Element; die eigentlich voranzustellenden Bestandteile (hinter einem Schrägstrich stehend) werden wie nachgestellte Wörter behandelt.

Zum Beispiel:

> **abdrehen** *v* **/ auf Maß** *(Mech, Mont)* turn to size
> **abdrehen** *v* **/ eben** *(Mech, Mont)* face

In Einträgen mit zusammengesetzten Stichwörtern werden bestimmte und unbestimmte Artikel, Pronomen, Präpositionen und Konjunktionen bei der alphabetischen Sortierung berücksichtigt.

Zum Beispiel:

> **clip and pin arrangement** *(Tech)* Kipphebelanordnung f
> **clip bolt** *(Tech)* Hakenschraube f
> **clip-on ammeter** *(Elek)* Zangenstrommesser m
> **clip plate** *(Bahn)* Klemmplatte f *(Bahn)*
>
> **Untersuchung** *f (Tech)* analysis, examination, inspection, investigation, test *(stets zerstörungsfrei)*

Untersuchung *f* **am Regelmodell** *(Tech)* control model test
Untersuchung *f* **auf Alterung** *(Prüf, Tech)* ageing test
Untersuchung *f* **der Querschwingungen** *(Prüf, Verd)* lateral analysis
Untersuchung *f* **instationärer Verdrehvorgänge** *(Prüf, Verd)* transient torsional analysis

Zusammensetzungen aus dekliniertem Adjektiv und Substantiv sind unter den jeweiligen Adjektiven entsprechend ihrer Endung aufgeführt.

Zum Beispiel:

anstehend *adj (Tech)* imminent, pending *(schwebend, in Planung)*
anstehende Kohle *f (Bergb)* coal in solid, coal to be exposed
anstehendes Gestein *n (Bergb)* solid bed, solid rock

Alle Einträge sind mit einem Label versehen, das die Wortklassenzugehörigkeit (Ausnahme: Substantive) und den Numerus angibt. Alle deutschen Substantive sind mit der Genusangabe versehen.
Eine vollständige Liste dieser Labels befindet sich auf Seite 13.
Einträge mit gemeinsamem Basiswort jedoch unterschiedlicher Wortklassenzugehörigkeit erhalten für jede Wortklasse einen eigenen Eintrag. Die Einträge sind in der Reihenfolge Verb, Adjektiv, Adverb, Substantiv aufgeführt.

Zum Beispiel:

sound *v (Elek)* auslösen
sound *adj (Tech)* fehlerfrei
sound *(Akus, Elek)* Schall *m*

Zahlen oder Symbole im Wortinneren spielen bei der alphabetischen Reihenfolge keine Rolle.

Zum Beispiel:

Cordgewebe *n (Förd)* breaker cord strip *(Gurt)*
CO_2-Schweißen *n (Schw)* CO2 welding, CO_2-shielded metal-arc welding, shielded metal arc welding
C-Rahmen *m (Elek)* C-frame

Umlaute werden wie a, o, u eingeordnet.

Zum Beispiel:

Stutzen *m (Hydr / Pneu)* connection, standpipe *(Rohranschluss)*
stützen *v (Tech)* hold up, stay, support
Stutzennaht *f (Schw, Verd)* branch connection weld, branch weld
Stützensäulenbohrhammer *m (Bergb)* air leg column drill

Runde gerade Klammern umschließen Elemente (d.h. Buchstaben wie Wortbestandteile oder eigenständige Wörter), die optional im Begriffswortlaut auftreten können.
Der folgende Eintrag kann also beispielsweise sowohl *alarm device* als auch *alarm signalling device* lauten:

alarm (signalling) device *(Elek, Mess, Tech)* Grenzwertmelder *m*

Eckige Klammern umschließen Elemente, die alternativ im Begriffswortlaut auftreten können.

Der folgende Eintrag kann also beispielsweise entweder *allgemeine Formgebung* oder *allgemeine Bearbeitung* lauten:

> **allgemeine Formgebung** *f* **[Bearbeitung *f*]** *(Form, Mech)* shaping and machining in general

Reihenfolge der Übersetzungen

Auf jedes Stichwort der Ausgangssprache folgen ein oder mehrere Labels, die das technische Fachgebiet angeben, in dem das Wort benutzt wird. Eine vollständige Liste dieser Labels mit Erklärungen befindet sich auf den Seiten 13 und 14. Wenn dasselbe Stichwort in mehr als einem technischen Fachgebiet benutzt wird, so werden entsprechend mehrere Labels angegeben.

Zum Beispiel:

> **fastener** *(Elek, Mech)* Halter *m*
> **fastener** *(Stb)* Verbindungsmittel *n*
> **fastener** *(Tech)* Ringbolzen *m*, Verschluss *m* *(Befestigung)*

> **Boden** *m* *(Baut)* attic, floor
> **Boden** *m* *(Geo)* ground, soil *(Erdboden)*
> **Boden...** *(Hütt / Walz, Tech)* base..., bottom...

Veranschaulichende Phrasen folgen unmittelbar auf das Stichwort und sind durch einen fett formatierten Punkt (•) gekennzeichnet.

Zum Beispiel:

> **groove** *(Bergb)* Rille *f* *(in Seilscheibe, Winde)* • **with four grooves** vierrillig *(z. B. Seiltrommel)*

> **drucklos** *adj* *(Hydr / Pneu)* atmospheric, *(AE)* non-pressure, pressureless, unpressurized • **drucklos fließen** flow under gravity

Wenn innerhalb eines Fachgebiets verschiedene Übersetzungen für ein Stichwort möglich sind, so sollen hier die Zusatzinformationen anzeigen, welche im jeweiligen Zusammenhang die zutreffendste ist. Die Zusatzinformationen folgen jeweils der / den Übersetzung / en, auf die sie sich beziehen. Beim Vorhandensein mehrerer Zusatzinformationen verdeutlichen Semikola den jeweiligen inhaltlichen Zusammenhang.

Zum Beispiel:

> **lug** *(Tech)* angegossenes Auge *n*, Ansatz *m* *(Nase)*; Aufhängeöse *f*, Auge *n*, Fahne *f* *(vorspringendes Teil)*; Kabelschuh *m*, Lasche *f* *(Nase, Öse)*; Mitnehmernase *f* *(der Bodenplatte)*; Nase *f*, Ohr *n*, Vorsprung *m* *(am Maschinenteil)*; Distanzstück *n* *(in Rohrbündeln)*

> **aufgliedern** *v* *(Chem, Tech)* analyse, *(AE)* analyze *(analysieren)*; break down *(aufschlüsseln)*; categorize, classify *(in Klassen einteilen)*; divide, split up; *(AE)* itemize *(einzeln aufführen)*

Using the dictionary

Placement of terms

All entries are in alphabetical order.

Compound entries appear under their base word. This also applies to hyphenated compounds. Words that also appear in word compounds are treated in their individual form first. Words written separately appear in a block of compounds. Terms written in one word are given as the next entry.

For example:

> **abrase** v (Tech) auslaufen (Lager); scheuern (abschleifen); scheuern (verschleißen)
> **abrasion** (Tech) Abnutzung f, Abrieb m, Verschleiß m (z. B. durch Reibung)
> **abrasion-free** adj (Met) verschleißfrei
> **abrasion resistance** (Met) Verschleißfestigkeit f
> **abrasion test** (Mech, Prüf) Abriebfestigkeitsprüfung f

> **Leistung** f (Tech) capacity, output, performance, power; production rate
> **Leistung** f **im Dauerbetrieb** (Elek) continuous output, continuous rating
> **Leistungsanzeiger** m (Elek) load indicator, rate of flow indicator

All headwords are arranged according to their first element, the base word, unless this element is an article, a preposition, a conjunction, a pronoun, or other purely functional word.

In such cases the headword appears as the first valid element; the element that actually precedes it is given after an oblique (/).

For example:

> **Anlasszeit** f / **zu lange** (Tech) overlong start-up time
> **Arbeit** f / **in der Ausführung begriffene** (Fert) work in progress

In entries with compound headwords, definite and indefinite articles, pronouns, prepositions and conjunctions are taken into account in determining the alphabetical order.

For example:

> **clip and pin arrangement** (Tech) Kipphebelanordnung f
> **clip bolt** (Tech) Hakenschraube f
> **clip-on ammeter** (Elek) Zangenstrommesser m
> **clip plate** (Bahn) Klemmplatte f (Bahn)

> **Untersuchung** f (Tech) analysis, examination, inspection, investigation, test (stets zerstörungsfrei)
> **Untersuchung** f **am Regelmodell** (Tech) control model test
> **Untersuchung** f **auf Alterung** (Prüf, Tech) ageing test

Untersuchung f **der Querschwingungen** *(Prüf, Verd)* lateral analysis

Untersuchung f **instationärer Verdrehvorgänge** *(Prüf, Verd)* transient torsional analysis

Compounds consisting of a declined adjective and a noun are listed under the adjective in accordance with its ending.
For example:

anstehend *adj (Tech)* imminent, pending *(schwebend, in Planung)*
anstehende Kohle f *(Bergb)* coal in solid, coal to be exposed
anstehendes Gestein n *(Bergb)* solid bed, solid rock

All entries are provided with a label stating the part of speech (exception: nouns) and the number. The gender of all German nouns is indicated.
A complete list of these labels may be found on page 13.
Entries with a common base word but belonging to different word classes receive a separate entry for each. The entries are given in the sequence: verb, adjective, adverb, noun.

For example:

sound *v (Elek)* auslösen
sound *adj (Tech)* fehlerfrei
sound *(Akus, Elek)* Schall m

Numbers or symbols occurring inside a word do not affect the alphabetical order.

For example:

Cordgewebe n *(Förd)* breaker cord strip *(Gurt)*
CO₂-Schweißen n *(Schw)* CO_2 welding, CO2-shielded metal-arc welding, shielded metal arc welding
C-Rahmen m *(Elek)* C-frame

Umlaute are treated like a, o, u in the alphabetical order.

For example:

Stutzen m *(Hydr / Pneu)* connection, standpipe *(Rohranschluss)*
stützen *v (Tech)* hold up, stay, support
Stutzennaht f *(Schw, Verd)* branch connection weld, branch weld
Stützensäulenbohrhammer m *(Bergb)* air leg column drill

Parentheses enclose lexical elements or independent words whose occurrence in the term is optional.
The following entry, for example, may be either *alarm device* or *alarm signalling device*:

alarm (signalling) device *(Elek, Mess, Tech)* Grenzwertmelder m

Square brackets enclose words whose occurrence in the term is alternative.
The following entry, for example, may be either *allgemeine Formgebung* or *allgemeine Bearbeitung*:

allgemeine Formgebung f **[Bearbeitung** f**]** *(Form, Mech)* shaping and machining in general

Ordering of translations

Every term is accompanied by one or more labels indicating the technological area in which it is used. For a complete list of these labels and their expansions, please see pages 13 / 14.

Where the same term is used in more than one technological area, multiple labels are given as appropriate.

Where a term has the same translation in more than one technological area, this translation is given after the sequence of labels.

For example:

> **fastener** *(Elek, Mech)* Halter *m*
> **fastener** *(Stb)* Verbindungsmittel *n*
> **fastener** *(Tech)* Ringbolzen *m*, Verschluss *m (Befestigung)*

> **Boden** *m (Baut)* attic, floor
> **Boden** *m (Geo)* ground, soil *(Erdboden)*
> **Boden...** *(Hütt / Walz, Tech)* base..., bottom...

Illustrative phrases follow immediately after the headword and are introduced by a boldface bullet (•).

For example:

> **groove** *(Bergb)* Rille *f (in Seilscheibe, Winde)* • **with four grooves** vierrillig *(z. B. Seiltrommel)*

> **drucklos** *adj (Hydr / Pneu)* atmospheric, *(AE)* non-pressure, pressureless, unpressurized • **drucklos fließen** flow under gravity

If a headword in a given specialist area can have different translations, the additional information will indicate which is the most suitable translation in the relevant context. The additional information follows the translation(s) to which it refers. If several items of additional information are given, the contexts are separated by semicolons.

For example:

> **lug** *(Tech)* angegossenes Auge *n*, Ansatz *m (Nase)*; Aufhängeöse *f*, Auge *n*, Fahne *f (vorspringendes Teil)*; Kabelschuh *m*, Lasche *f (Nase, Öse)*; Mitnehmernase *f (der Bodenplatte)*; Nase *f*, Ohr *n*, Vorsprung *m (am Maschinenteil)*; Distanzstück *n (in Rohrbündeln)*

> **aufgliedern** *v (Chem, Tech)* analyse, *(AE)* analyze *(analysieren)*; break down *(aufschlüsseln)*; categorize, classify *(in Klassen einteilen)*; divide, split up; *(AE)* itemize *(einzeln aufführen)*

Im Wörterbuch verwendete Abkürzungen / Abbreviations used in this dictionary

Wortarten / Parts of speech

adj	Adjektiv	adjective
adv	Adverb	adverb
f	Femininum	feminine
fpl	Femininum Plural	feminine plural
m	Maskulinum	masculine
mpl	Maskulinum Plural	masculine plural
n	Neutrum	neuter
npl	Neutrum Plural	neuter plural
pl	Plural	plural
v	Verb	verb

Geographische Kürzel / Geographic codes

AE	Amerikanisches Englisch	American English
BE	Britisches Englisch	British English

Fachgebietskürzel / Subject-area labels

Akus	Akustik / acoustics	
Anstr	Anstrichtechnik / painting	
Antr	Antriebtechnik / drive systems	
Aufb	Aufbereitungstechnik / ore and mineral processing technology	
Bahn	Eisenbahntechnik / railroad engineering	
Bau	Hoch- und Tiefbau / civil engineering	
Baum	Baumaschinen / excavators, construction machinery	
Baut	Bautechnik / building construction	
Bergb	Bergwerktechnik / mining technology	
Chem	Chemie / chemistry	
Elek	Elektrik / electrical engineering	
Fert	Fertigung / production, fabrication	
Förd	Fördertechnik / material handling, management	
Form	Allgemeine Formgebung / shaping	
Fot	Fotografie / photography	
Geo	Geologie / geology	
Getr	Getriebe / gears	
Heiz	Heizung / heating	
Hütt	Hüttentechnik / metallurgical plant, iron and steel making	
Hydr	Hydraulik / hydraulics	
IT	Informationstechnik / information technology	
Kfz	Kraftfahrzeugtechnik / automotive engineering	

14

Kern	Kernkraft / atomic, nuclear power
Konst	Konstruktion / design
Kran	Kranbau / cranes and crane construction
Kunst	Kunststofftechnik / synthetic plastics technology
Lab	Labortechnik / laboratory equipment and processes
Lag	Lager / bearings
Licht	Lichttechnik / light / lighting
Log	Logistik & Lagerhaltung / logistics and storage
Math	Mathematik / mathematics
Mech	Mechanik, mech. Bearbeitung / mechanics, machining, machine tools
Mess	Mess- und Regeltechnik / control and instrumentation
Met	Metallurgie, Metallkunde, Werkstoffkunde / metallurgy, materials science
Metr	Metrologie, Messtechnik / metrology / measuring equipment
Mont	Montage / assembly
Ökol	Ökologie, Umwelttechnik / ecology, environmental engineering
Petr	Petrochemie / petrochemical industry
Phys	Physik / physics
Pneu	Pneumatik / pneumatics
Prüf	Prüfwesen / testing
Schiff	Schiffbau / shipbuilding
Schw	Schweißtechnik / welding
Stat	Statik / statics
Stb	Stahlbau / structural engineering
Tech	Technik allgemein / general technical
Tunn	Tunnelvortriebstechnik / tunnel heading technology
Umschl	Umschlagtechnik / bulk materials handling technology
Vent	Ventile / valves
Verd	Verdichter- und Turbinentechnik / compressors and turbines
Walz	Walzwerktechnik / rolling mill technology
Web	Weberei & Textilien / weaving & textiles
Werkz	Werkzeuge / tools, machine tools
Zeich	Zeichnung / drawings, draughtsmanship
Zer	Zerkleinerungstechnik / crushing and screening technology

Internationale Normung ist weltweit akzeptiert und zielt auf eine Vereinheitlichung bei der Produkterstellung.
Die ISO-Norm 1951(2007) garantiert eine weltweit anerkannte Darstellung der Wörterbuch-Einträge und bürgt für Qualität.

Das Werk entspricht der neuen deutschen Rechtschreibung (Stand 1.8.2006).

Englisch – Deutsch

A

A-frame *(Baum, Kran)* Stützbock *m*, Stützpunkt *m (Fuß des Baggerauslegers)*; Auslegerstützbock *m (z. B. des Baggers)*

A-frame *(Kfz)* Dreiecksrahmen *m*

ability *(Tech)* Fähigkeit *f*

able *adj (Tech)* fähig, tüchtig

able to function *adj (Tech)* arbeitsfähig

able to negotiate curves *adj (Bergb)* kurvengängig

able to take the maximum load *adj (Tech)* tragfähig

abney level *(Mech, Werkz)* Nivelliergerät *n*

abnormal condition *(Tech)* Störung *f (z. B. eines Gerätes)*

abort *v (Tech)* abbrechen *(beenden)*

above-floor and under-floor wheel lathe *(Mech)* Über- und Unterflur--Radsatzdrehmaschine *f*

above ground *(Bergb)* über Tag, übertage

above mean sea level *(Tech)* Normalnull *f*

abrade *v (Tech)* verschleißen

abrase *v (Tech)* auslaufen *(Lager)*; scheuern *(abschleifen)*; scheuern *(verschleißen)*

abrasion *(Tech)* Abnutzung *f*, Abrieb *m*, Verschleiß *m (z. B. durch Reibung)*

abrasion-free *adj (Met)* verschleißfrei

abrasion-reducing *adj (Met)* verschleißmindernd

abrasion resistance *(Met)* Verschleißfestigkeit *f*

abrasion-resistant *adj (Mech, Tech)* abriebfest, verschleißfest

abrasion rod *(Tech)* Schleißblech *n*

abrasion test *(Mech, Prüf)* Abriebfestigkeitsprüfung *f*

abrasive belt *(Mech)* Schleifband *n*

abrasive blast cleaning *(Anstr, Tech)* Abstrahlen *n*, Reinigungsstrahlen *n*, Strahlen *n*

abrasive cutting *(Mech)* Trennschleifen *n*

abrasive power *(Form, Tech)* Angriffsschärfe *f*

abrasive sawing *(Mech)* Trennschleifen *n*

abrasive wheel *(Mech)* Schleifscheibe *f (zum Glätten)*

absent *adj (Tech)* abwesend, fehlend, mangelnd

absorb *v (Chem, Stat, Tech)* aufnehmen *(z. B. Kraft, Wärme)*; absorbieren

absorb *v (Phys, Tech)* auffangen *(z. B. Aufprall, Erschütterung)*

absorb *v (Prüf)* schlucken *(Ultraschallprüfung)*

absorb *v (Tech)* anziehen *(Feuchtigkeit)*

absorbed power *(Elek)* aufgenommene Leistung *f*, Aufnahmeleistung *f*, Leistungsaufnahme *f*, zugeführte Leistung *f*

absorbency *(Chem)* Saugfähigkeit *f (Papier)*

absorber *(Tech)* Absorber *m*

absorbing *(Tech)* Dämpfung *f (Absorbieren)*

absorption coefficient *(Chem, Tech)* Absorptionsfähigkeit *f*, Absorptionskoeffizient *m*, Absorptionsvermögen *n*

absorption rate *(Hydr/Pneu)* Aufnahmefähigkeit *f (der Baugelfüllung)*

abundance *(Tech)* Übermaß *n (mehr als benötigt)*

abundant *adj (Bergb)* ergiebig *(z. B. Flöz)*

abut *v (Stb)* aneinander stoßen *(angrenzen)*

abutment *(Bahn)* Brückenaufschüttung *f (unter Tragbrücke)*

abutment *(Bau)* Stützmauer *f (z. B. unter Straßenbrücke)*

abutment *(Tech)* Kämpfer *m*, Widerlager *n (z. B. des Lastzapfens eines Konvertergefäßes)*

abutment piece *(Stb)* Stoßplatte *f*

abutment ring *(Tech)* Anschlagring *m*

abutments *pl (Lag)* Anschlussmaße *npl*

AC *(Elek)* Wechselstrom *m*

AC rotary transmitter *(Elek)* Wechselstrom-Drehmelder *m*

AC side voltage *(Elek)* Anschlussspannung *f (Stromrichter)*

AC test voltage *(Elek)* Prüfwechselspannung *f*

AC voltage *(Elek)* Wechselspannung *f*

accelerate *v (Tech)* beschleunigen *(schneller machen)*; hochfahren *(einen Kessel)*

accelerating relay *(Elek)* Fortschaltrelais *n*

acceleration of gravity *(Geo)* Erdbeschleunigung *f*, g

accelerator *(Kfz)* Beschleuniger *m*, Gashebel *m*, Gaspedal *n*

accelerator cable *(Kfz)* Gaszug *m*

acceptance at factory *(Prüf)* Werksabnahme *f*

acceptance certificate *(Prüf)* Abnahmebescheinigung *f*, Abnahmeprotokoll *n*, Abnahmezeugnis *n*

acceptance inspection *(Prüf)* Abnahmeprüfung *f*

acceptance level *(Prüf)* Zulässigkeitsgrenze *f (DIN 54119)*

acceptance rejection *(Prüf)* Abnahmeverweigerung *f*

acceptance test *(Bergb, Prüf)* Abnahmetest *m*, Abnahmeprüfung *f (z. B. eines Gerätes)*

acceptance-test minutes *pl (Prüf)* Abnahmeprüfprotokoll *n*

access *(IT)* Zugriff *m*

access *(Stb)* Auffahrt *f*

access *(Tech)* Aufgang *m (Zugang zu höher gelegenen Ebenen)*; Aufstieg *m (z. B. Zugang zum Deckkran)*; Begehung *f (Zugang)*; Zufahrt *f*, Zugang *m*; Zutritt *m*

access road *(Kfz)* Anfahrtsstraße *f*

accessible *adj (Bau)* zugänglich *(leicht zu erreichen)*

accessible *adj (Tech)* erreichbar

accessories *pl (Bergb)* Anbauteile *npl (Zubehörteile)*

accessories *pl (Tech)* grobe Armaturen *fpl*, Grobarmaturen *fpl*, Zusatzteile *npl*; Armaturen *fpl*; Ausrüstungsteile *npl*, Zubehör *n (z. B. Kfz)*

accessory shaft *(Getr)* Stirnradwelle *f*

accident prevention *(Tech)* Unfallverhütung *f*

accident prevention rules *pl (Tech)* Unfallverhütungsvorschriften *fpl*, UVV *fpl*

accidental *adj (Tech)* unbeabsichtigt, ungewollt, zufällig

accommodate *v (Phys, Tech)* auffangen *(z. B. Aufprall, Erschütterung)*

accommodation *(Tech)* Beherbergung *f*, Unterbringung *f*, Unterkunft *f*

accompanying *adj (Tech)* dazugehörig

accompanying sheet *(Tech)* Beiblatt *n*

accordion hose *(Tech)* Faltenschlauch *m*

accouterments *pl (AE) (Tech)* Ausrüstung *f*

accoutrements *pl (BE) (Tech)* Ausrüstung *f*

accretion *(Tech)* Anlagerung *f (z. B. in Rohren)*

accumulate *v (Tech)* ansammeln *(z. B. Schmutz)*; speichern

accumulating chain conveyor *(Förd)* Kettenstauförderer *m*; Staukettenförderer *m*

accumulating conveyor *(Förd)* Stauförderer *m*

accumulation *(Bergb)* Anreicherung *f (Ansammlung)*

accumulation *(Chem, Tech)* Anhäufung *f (Büschel)*

accumulation *(Ökol, Tech)* Ansammlung *f (z. B. von Schmutz)*

accumulation of (spilled) material *(Bergb, Umschl)* Anwachsen *n* des Gutes

accumulator *(Elek)* Sammler *m*

accumulator *(Hydr/Pneu)* Druckölspeicher *m*

accumulator *(Tech)* Speicher *m*

accumulator battery *(Elek)* Batterie *f*, Sammlerbatterie *f*

accumulator charge valve *(Vent)* Speicherfüllventil *n*

accuracy *(Metr)* Passfähigkeit *f*

accuracy *(Tech)* Fehlergrenze *f*, Genauigkeit *f*

accuracy tolerance *(Tech)* Genauigkeitsgrenzwert *m*

accurate *adj (Tech)* genau; richtig

accurate to dimension [size] *adj (Tech)* maßgenau, maßgetreu

accurately *adv (Tech)* genau

acetylene gas generator *(Tech)* Karbidentwickler *m*

acetylene gouging blowpipe [torch] *(Schw)* Fugenhobler *m*

acid *adj (Chem)* sauer

acid *(Chem)* Säure *f*

acid concentration *(Chem)* Säureschärfe *f*

acid number *(Chem)* Säurezahl *f*

acid-proof *adj (Chem, Met)* säurebeständig

acid-proof *adj (Met)* säurefest

acid rain *(Ökol)* saurer Regen *m*

acid-resistant *adj (Met)* säurefest

acid value *(Chem)* Neutralisationszahl *f*

acknowledgement (Elek) Rückmeldung f

Acme standard screw thread (Tech) Trapezgewinde n

acorn nut (Tech) Hutmutter f (eichelförmig)

acoustic contact (Elek) Strahlkontakt m

acoustic couplant (Prüf) Koppelmittel n (Ultraschall)

acoustic field (Akus, Elek) Schallfeld n

acoustic impedance (Akus, Elek) Schallwiderstand m

acoustic pressure (Akus, Elek) Schalldruck m

acoustic sensor (Mess) Schallmesswertaufnehmer m

acoustic signal (Akus, Elek) Schallsignal n; akustische Meldung f, akustisches Signal n

acoustical impedance (Elek) akustischer Scheinwiderstand m, Schallimpedanz f

acoustical radiation pressure (Akus, Elek) Schallstrahlungsdruck m

acoustical shadow (Akus, Elek) Schallschatten m

acoustical transducer (Tech) Schallwandler m

acoustical transmitter (Ökol) Schallgeber m

acousto-elasticity (Elek) Spannungsakustik f

across face dimension (Tech) Maulweite f (Gießmaschinen)

across-the-line starter (Tech) Direktanlasser m (Netzschalter)

act v **on** (Chem, Stat) angreifen (z. B. Kraft)

action (IT) Aktion f

action (Tech) Wirkungsweise f (eines Gerätes, eines Motors); Wirkungsweise f (eines Regelgliedes)

action bar (IT) Aktionsleiste f

action bar pull down (IT) Aktionsauswahl f

action line (Stb) Wirkungslinie f

action time (Tech) Einwirkungszeit f

activate v (Bergb) betätigen (in Gang setzen)

activate v (Elek) ansprechen, einschalten

activate v (Tech) bewegen (betätigen)

activated carbon (Bergb, Hütt) Aktivkohle f

active adj (Tech) aktiv, tätig; im Eingriff

active-gas metal-arc welding (Schw) MAG n, Metall-Aktivgas-Schweißen n, Metallaktivschweißen n

active pump (Tech) Betriebspumpe f

active watt-hours pl (Elek) Wirkverbrauch m

activity (Tech) Tätigkeit f (z. B. eines Arbeiters); Vorgang m (Vorfall)

activity sampling (Tech) Multimomentaufnahme f

actual interference (Elek) Ist-Übermaß n

actual reduced handling rate (Tech) Minderleistung f

actual ultimate capacity (Met, Prüf) Bruchlast f

actual value (Elek) Istwert m (im Regelkreis)

actuate v (Bergb) betätigen (z. B. einen Hebel)

actuate v (Elek) schalten

actuating cam (Tech) Antriebsnocken m

actuating control (Tech) Steuerbetätigung f

actuating cylinder (Bergb, Tech) Verstellzylinder m

actuating lever (Tech) Antriebshebel m

actuating signal (Mess) Stellsignal n

actuator (Elek) Antrieb m, Betätigungselement n, Betätigungsglied n

actuator (Elek, Tech) Bedienungselement n, Stellantrieb m

actuator (Mess) Stellglied n

actuator clevis (Mess) Stellgabel f

actuator post (Mess) Gehäusestange f

acute adj (Tech) schar; spitz, zugespitzt

adapt v (Tech) abstimmen (z. B. Struktur, Produkt); angleichen, anschmiegen (z. B. Kurven); anpassen, einpassen

adaptability (Kfz) Anpassungsfähigkeit f

adaptability (Metr) Passfähigkeit f

adapter (Bergb) Zahnhalter m

adapter (Elek) Adapter m, versetztes Zwischenstück n

adapter (AE) (Tech) Aufsatz m, Passstück n, Verbindungsstück n, Vorsatzstück n, Zwischenstück n

adapter bush (Tech) Passhülse f

adapter housing (Elek) Anschlussgehäuse n

adapter plate (Hydr) Reduzierplatte f

adapter plate (Tech) Ausgleichsscheibe f, Passblech n, Zwischenplatte f

adapter plug (Tech) Passpfropfen m

adapter ratchet *(Werkz)* Aufsteckknarre f
adapter ring *(Tech)* Passring m
adapter screw *(Tech)* Passschraube f
adapter sleeve *(Tech)* Spannhülse f *(Lager)*
adaptive gain *(Mess)* Anpassungsverstärkung f
adaptor *(Elek)* versetztes Zwischenstück n
adaptor *(BE) (Tech)* Aufsatz m; Passstück n *(Adapter)*; Zwischenstück n
adaptor plug *(Elek)* Adapterstecker m, Zwischenstecker m
A/D converter, ADC *(Elek)* ADU m, Analog-Digital-Umsetzer m *(z. B. Bandwaage)*; Analog-Digital-Wandler m
add v *(Elek)* zuschalten *(z. B. Rollen)*
add v *(Tech)* anfügen, aufbauen *(daraufbauen, z. B. Stockwerk)*; daraufbauen
addendum *(Getr)* Kopfhöhe f, Zahnkopfhöhe f, Zahnkrone f
addendum flank *(Getr)* Kopfflanke f
addendum modification *(Getr)* Profilverschiebung f
adder *(Tech)* Zusetzer m
additional adj *(Tech)* nachträglich; zusätzlich
additional stress *(Met, Prüf)* Zusatzbeanspruchung f *(DIN 50100)*
additional stress *(Stb)* Zusatzspannung f
additive *(Chem)* Wirkstoff m, Zusatzstoff m
additive *(Hütt/Walz, Met)* Additiv n *(z. B. beim Stahlvergüten)*; Zulegierung f
additive *(Tech)* Zusatz m
additives pl *(Bau)* Betonzusatzstoffe fpl
additives pl *(Tech)* Zuschläge m
address v *(Mess, Elek)* ansteuern *(Gerät)*
adhere v *(Tech)* haften *(kleben)*
adherend *(Tech)* Klebfläche f
adhering adj *(Förd, Tech)* anhaftend
adhesion between plies *(Förd)* Trennlast f *(des Gurtes)*
adhesive adj *(Förd, Tech)* anhaftend; adhäsiv, haftend; klebend
adhesive *(Tech)* Haftmittel n *(Klebstoff)*; Klebemittel n, Kleber m, Klebstoff m *(in dünner Schicht)*
adhesive... adj *(Förd, Tech)* Binde..., Haft..., Klebe...
adhesive-cup gasket *(Tech)* Topfmanschette f

adiabatic adj *(Stb)* adiabatisch
adjacent adj *(Tech)* angrenzend, anschließend, anstoßend
adjoining adj *(Tech)* angrenzend, anstoßend
adjourn v *(Tech)* vertagen
adjust v *(Elek)* ausregeln
adjust v *(Mess, Metr)* einstellen *(z. B. Instrumente)*; gerade richten, nachregulieren, zurichten
adjust v *(Tech)* ausgleichen, einpassen, justieren, nachstellen, regeln, regulieren, verstellen; abrichten, ausrichten; anpassen *(angleichen)*; abgleichen *(von Instrumenten)*
adjustability drive *(Tech)* Verstellantrieb m
adjustable adj *(Tech)* anpassungsfähig, einstellbar, nachstellbar; verstellbar
adjustable oil motor *(Antr)* Verstellmotor m
adjustable ring *(Tech)* Einstellring m, Stellring m
adjustable spanner *(Werkz)* Franzosenschlüssel m; verstellbarer Schlüssel m, verstellbarer Schraubenschlüssel m
adjustable-speed motor *(Antr)* Motor m mit Drehzahlregelung; drehzahlstellbarer Motor m, drehzahlveränderlicher Motor m, Drehzahlverstellmotor m
adjustable wrench *(Werkz)* Universalschlüssel m, verstellbarer Schlüssel m, verstellbarer Schraubenschlüssel m
adjuster *(Tech)* EUBA-Gerät n, Steller m, Verstellgerät n; Verstellvorrichtung f
adjusting... *(Tech)* Einstell..., Justier..., Nachstell..., Stell..., Verstell...
adjusting cylinder *(Bergb)* Nackenzylinder m
adjusting screw *(Bergb)* Verstellspindel f
adjusting star *(Tech)* Nachstellung f *(Schwenkbremse)*
adjusting washer *(Tech)* Passscheibe f
adjustment *(Elek, Tech)* Nachstellen n
adjustment *(Tech)* Abgleich m *(Anpassung)*; Ausrichtung f, Einstellen n; Justierung f, Nachstellung f *(Schwenkbremse)*; Verstellen n, Verstellung f
adjustment spring *(Metr)* Passfähigkeit f *(Stellfeder)*
admissible adj *(Tech)* tragbar *(tolerierbar)*; zulässig

admissible emission *(Tech)* Emissionsgrenze *f*

admission valve *(Vent)* Belüftungsventil *n (Begasungsventil zum Druckausgleich im Vakuumgefäß)*

admission velocity *(Elek)* Eintrittsgeschwindigkeit *f*

admittance matrix *(Elek)* Admittanzmatrix *f*

admixture *(Bau)* Beimengung *f*, Beimischung *f*

admixture *(Chem)* Fremdstoff *m (chemische Verunreinigung)*; Zumischung *f*, Zusatzstoff *m*

admixture *(Tech)* Zusatz *m*

adobe *(Bau)* Adobe *m (luftgetrockneter Lehm)*; Ziegel *m (luftgetrocknet)*

adobe block *(Baut)* Lehmblock *m*

adobe block *(Geo)* Erdblock *m*

adopt *v (Tech)* annehmen

advance *v (Tech)* ausfahren *(z. B. Ausleger)*; vorfahren *(Ausleger, Rollgang)*; vorschieben *(z. B. den Ausleger)*; vorwärts bringen *(z. B. den Ausleger)*; weiterführen *(z. B. Zeiger)*

advance *(Bergb)* Vorschub *m (Bagger)*

advance cut *(Mech)* Vorschnitt *m*

advance gear *(Getr)* Vorschubgetriebe *n*

advance rate *(Tunn)* Vortriebsleistung *f*

advance/retract hydraulics *(Hydr/Pneu)* Verschiebehydraulik *f*

advance/retract path *(Umschl)* Verschiebeweg *m*

advance warning *(Tech)* Vorwarnung *f*

advanced *adj (Tech)* hochentwickelt

advanced rim *(Tech)* Schrägschulterfelge *f*, Schrägschulterring *m (Felge)*

advancing face *(Bergb)* Abbaufortschritt *m (an der Böschung)*

adverse *adj (Tech)* ungünstig

aerate *v (Tech)* auflockern *(z. B. Sand)*; belüften *(z. B. Sandmischung)*; lüften *(Raum usw.)*

aerial *adj (Elek)* oberirdisch

aerial *(Elek, Tech)* Antenne *f*

aerial ferry *(Stb)* Fährbrücke *f*, Schwebefähre *f*

aerial line *(Elek)* Freileitung *f*

aerial platform *(Bahn)* Turmwagen *m*

aerial platform *(Tech)* fahrbare Plattform *f*, Steiger *m*

aerofoil *(Verd)* Schaufelprofil *n*

aerosol *(Anstr)* Sprühflasche *f*

aerosol can *(Anstr)* Sprühdose *f*

AF response *(Elek)* NF-Frequenzgang *m*

affect *v (Chem, Stat)* angreifen

affix *v (Tech)* ankleben, aufkleben *(z. B. Etikett, Bilder, Briefmarken)*; anbringen *(befestigen, montieren)*

afterburner *(Hütt)* Nachbrenner *m*

aftercooled *adj (Tech)* zwischengekühlt

aftercooler *(Tech)* nachgeschalteter Regler *m*, Zwischenkühler *m*

aftercooling *(Tech)* Nachkühlen *n*

afterglow *v (Elek)* nachglühen

afterglow *(Elek)* Nachleuchten *n (z. B. der Bildröhre)*

afterglow tube *(Elek)* nachleuchtende Bildröhre *f*

after-test *(Prüf)* Nachkontrolle *f*

after-treatment *(Hütt)* Nachbearbeitung *f*, Nachbehandlung *f (z. B. Stahl in der Pfanne)*

age *v (Met)* altern

ageing test *(Prüf, Tech)* Untersuchung *f* auf Alterung

agglomerate *v (Geo)* häufen *(sich häufen)*; klumpen *(sich klumpen)*; zusammenbacken *(z. B. von Kohle)*; zusammenballen *(sich zusammenballen)*

agglomerate *(Geo)* Agglomerat *n*

agglomeration *(AE) (Hütt, Tech)* Anbackung *f*, Inkrustierung *f*, Verkrustung *f (Verklumpung, Verschmutzung)*

aggravated *adj (Tech)* erschwert

aggregate *(Bau)* Aggregat *n*, Betonzuschlag *m*, Zuschlagstoff *m*

aggregates *pl (Geo)* Mineralgemisch *n*

aggregates *pl (Tech)* Zuschläge *m (Bauwesen)*

agitate *v (Tech)* schwenken

agitator *(Aufb)* Rührer *m*

agitator *(Hütt)* Rührwerk *n*

agitator *(Zer)* Rührmischer *m*

AI *(IT)* KI, Künstliche Intelligenz *f*

aid *(Tech)* Hilfsmittel *n*

aim *v for (Tech)* abzielen

aim *(Tech)* Aufgabenstellung *f*, Ziel *n*, Zielsetzung *f*

aim analysis *(Elek)* Richtanalyse *f*

aiming gear cover *(Getr)* Stirnraddeckel *m*

air *(Bergb)* Wetter *n*

air... *(Tech)* Druckluft..., Luft...

air-actuated *adj (Hydr/Pneu)* druckluftbetätigt

air blanket *(Walz)* Luftkissen *n*

air blast circuit breaker *(Kfz)* Druckluftschalter *m*

air bleeder *(Vent)* Entlüfterventil *n*

air brake *(Tech)* Druckluftbremse *f*, Luftdruckbremse *f*; luftbetätigte Bremse *f*

air breather *(Vent)* Schnüffelventil *n* *(Belüfter)*

air carbon-arc welding *(Schw)* Druckluft-Kohlenstoffschweißung *f*

air classification *(Walz)* Windsichtung *f*

air compressor *(Tech)* Drucklufterzeuger *m*

air compressor *(Verd)* Kompressor *m*, Luftkompressor *m*, Luftpresser *m*

air compressor breather *(Tech, Verd)* Luftpresserfilter *n*

air conditioner *(Elek)* Klimaanlage *f*

air conditioning and ventilation plant [system] *(Baut, Ökol)* lufttechnische Anlage *f*

air conditioning system *(Elek)* Klimaanlage *f*

air-conditioning unit *(Elek)* Klimagerät *n* *(Klimaanlage)*

air conduit *(Bergb)* Lutte *f*

air conveying line *(Tech)* Luftleitung *f* *(Motor)*

air-cooled *adj (Tech)* luftgekühlt

air-cooling fan *(Tech)* Kühlluftgebläse *n*

air-cowling *(Tech)* Luftführungshaube *f*; Abluftkasten *m* für Ölkühler

air discharge *(Tech)* Abluft *f*; Luftentladung *f*

air driven *adj (Tech)* luftbetätigt

air duct *(Tech)* Kühlluftrahmen *m*, Luftführung *f*, Luftführungskasten *m*, Luftleitung *f* *(Motor)*

air-entraining agent *(Bau)* Luftporenbildner *m*

air fan *(Tech)* Lüfter *m*

air filter *(Hydr/Pneu)* Entlüftungsfilter *n*, Tankbelüftungsfilter *n*

air filter *(Tech)* Luftfilter *n*

air flap *(Tech)* Luftklappe *f*

air flotation *(Walz)* Luftkissen *n*

air foil *(Verd)* Schaufelprofil *n*

air gap *(Tech)* Luftstrecke *f* *(Schleifringkörper)*

air guide intake *(Tech)* Kühlluftführung *f*

air intake manifold *(Tech)* Ansaugkrümmer *m (Teil des Motors)*; Luftansaugrohr *n*

air leg column drill *(Bergb)* Stützensäulenbohrhammer *m*

air master *(Kfz)* Hauptbremsluftzylinder *m*

air master *(Tech)* Hauptbremszylinder *m*

air motor *(Antr)* Druckluftmotor *m*

air motor *(Mech, Hydr/Pneu)* Luftdruckmotor *m*

air-operated *adj (Hydr/Pneu)* druckluftbetätigt, luftbetätigt

air patenting *(Walz)* Luftpatentieren *n* *(Draht)*

air pipe *(Bergb)* Lutte *f*

air pipe *(Tech, Hydr/Pneu)* Luftleitungsrohr *n*; Luftleitung *f (Pressluft)*

air-placed concrete *(Bau)* Spritzbeton *m*

air pocket *(Bergb)* Blase *f (Gaseinschluss)*; Luft *f (Gaseinschluss, Blase)*

air pocket *(Tech, Verd)* Lufteinschluss *m* *(z. B. in Rohrleitung)*

air pollution *(Ökol)* Luftverschmutzung *f*, Luftverunreinigung *f*

air pollution regulations *pl (Ökol, Tech)* Luftreinheitsvorschriften *fpl*

air pressure *(Hydr/Pneu)* Luftpolster *n*

air pressure *(Tech)* Luftdruck *m*

air pressure brake *(Tech)* Überdruckbremse *f*

air pressure gauge *(Hydr/Pneu)* Luftmanometer *n*

air-purged *adj (Tech)* fremdbelüftet

air receiver *(Hydr/Pneu)* Druckluftbehälter *m*

air receiver *(Tech)* Luftbehälter *m*, Luftkessel *m (Kolbenverdichter)*

air scoop *(Tech)* Belüftungshaube *f (Automobil, Flugzeug)*

air separation plant *(Verd)* Luftzerlegungsanlage *f*

air separator *(Bergb)* Sichter *m*, Windsichter *m*

air separator *(Hütt)* Windscheider *m*

air set *(Mess)* Zuluftversorgung *f*

air shaft *(Bergb)* Wetterschacht *m*

air shutter *(Tech)* Lüftungsklappe *f*

air starter *(Hydr/Pneu)* Pressluftstarter *m*

air supply line *(Kfz)* Füllleitung *f*

air supply set *(Tech)* Zuluftversorgung *f*

air suspension *(Hydr/Pneu, Tech)* Luftfederung *f*

air-swept ball mill *(Zer)* Kugelmühle *f* mit Luftsichtung

air-swept grinding plant *(Zer)* Luft-strommahlanlage f
air tool *(Werkz)* Pressluftwerkzeug n
air valve *(Tech)* Lüftungsklappe f
air-vane switch *(Mess)* Windfahnen-schalter m
air vent *(Hydr/Pneu)* Entlüftung f
airborne *adj (Tech)* schwebend *(in der Luft)*
aircraft hangar *(Tech)* Flugzeughalle f
airduct *(Bergb)* Lutte f
airframe *(Tech)* Flugzeuggerippe n
airless *adj (Tech)* luftlos
airplane hangar *(Tech)* Flugzeughalle f
airport engineering *(Tech)* Flughafen-technik f *(Fertigungszweig)*
airtight *adj (Tech)* luftdicht
aisle *(Bau)* Gang m
AL-pipe *(Form)* AL-Rohr n *(beidseitig aluminiumbeschichtet)*
alan cap screw *(Tech)* Zylinderschraube f
alarm *(Elek)* Wecker m
alarm *(Tech)* Alarm m, Meldung f, Stör-meldung f, Warnsignal n *(z. B. Hupe);* Wecker m *(Uhr)*
alarm actuator *(Mess)* Grenzwertgeber m *(Auslöser)*
alarm annunciator *(Elek, Mess, Tech)* Grenzwertmelder m
alarm annunciator panel *(Mess)* Stör-meldetableau n
alarm horn *(Tech)* Warnhupe f
alarm (signalling) device *(Elek, Mess, Tech)* Grenzwertmelder m
alarm system *(Tech)* Signalanlage f
alarm unit *(Elek, Mess, Tech)* Grenz-wertmelder m
alcove *(Baut)* Erker m *(Vorbau)*
algebraic *adj (Math)* algebraisch
algorithms *pl (IT)* Algorithmen mpl
alien matter *(Met)* Fremdkörper m
align *v (Tech)* angleichen *(ausrichten);* ausfluchten, bündig machen; ausrich-ten *(in eine gerade Linie bringen, z. B. Gurt);* einfluchten, fluchten, richten
aligning card *(Elek)* Abgleichkarte f
aligning mark *(Tech)* Einstellmarke f *(Bündigkeit)*
alignment *(Bau)* Trasse f *(für eine Straße vorbereitet)*
alignment *(Förd)* Bandfluchtung f, Bandlauf m, Geradelauf m *(z. B. des Bandes);* Geradlauf m *(Gurt)*

alignment *(Hütt/Walz)* Einstellung f *(Jus-tierung)*
alignment *(Tech)* Flucht f, Fluchtlinie f, Fluchtung f • **be in alignment** fluchten *(bündig sein)*
alignment bar *(Elek)* Ausrichtungswelle f
alignment pin *(Tech)* Passstift m
aline *v (Tech)* einfluchten, fluchten *(ver-messen)*
alkalinity *(Hütt/Walz)* Alkalität f
alkyd resin *(Bergb)* Alkydharz n
all-climate protected *adj (Tech)* klima-fest *(Schutzabdeckung)*
all-out operation *(Tech)* Vollbetrieb m
all-relay signal box *(Bahn)* Gleisbild-stellwerk n
all-round dump car *(Umschl)* Rundkip-per m *(Rundkippwagen);* Rundkipp-wagen m
all-steel *(Tech)* Ganzstahl…
all-weather road *(Kfz)* Allwetterstraße f
all-weld-test specimen *(Prüf, Schw)* Schweißgutprüfung f
all-welded *adj (Schw)* ganz geschweißt, vollständig geschweißt
all-wheel drive *(Kfz)* Allradantrieb m
Allen bolt *(Tech)* Inbusschraube f *(mit Mutter)*
Allen head screw *(Tech)* Inbusschraube f
Allen screw *(Tech)* Inbusschraube f, In-nensechskantschraube f
Allen-type wrench *(Werkz)* Inbus-schlüssel m, Inbusschraubenzieher m
alligator shear *(Walz, Werkz)* Hebel-schere f
allocate *v (Tech)* zuordnen *(Leistungs-struktur);* einteilen *(z. B. Personal)*
allocation *(Tech)* Zuordnung f, Zuwei-sung f
allow *v (Tech)* ermöglichen, freigeben *(z. B. Kupplung, Relais)*
allowable *adj (Tech)* zulässig
allowable maximum load *(Tech)* Belas-tungsgrenze f
allowance *(Mech)* Bearbeitungszugabe f
allowance *(Tech)* Spielraum m, Toleranz f
allowance *(Tech, Stb)* Abmaß n
allowance dimension *(Tech, Stb)* Abmaß n
allowed *adj (Tech)* zulässig
alloy *v (Met)* legieren *(Metalle mischen)*
alloy *(Met)* Legierung f

alloy injection plant *(Met)* Legierungseinblasanlage *f*

alloy steel *(Met)* legierter Stahl *m*, Sonderstahl *m (Edelstahl)*

alluvial ore *(Bergb)* Rollerz *n*

alter *v (Tech)* abändern *(z. B. Dokument,
Plan, Zeichnung)*; umändern

alternating current *(Elek)* Wechselspannung *f*, Wechselstrom *m*

alternating load *(Met)* Lastwechsel *m*

alternating load *(Stat)* periodisch
wechselnde Kraft *f*; wechselnde Belastung *f*; Wechsellast *f (stark/schwach)*

alternating sound pressure *(Akus, Elek)*
Schallwechseldruck *m*

alternating stress *(Met, Stat)* Schwingungsbeanspruchung *f*

alternating stress *(Prüf)* Dauerschwingbeanspruchung *f*

alternating stress amplitude *(Met, Stat)*
Spannungsausschlag *m (DIN 50100)*

alternative *(Tech)* Variante *f*

alternator *(Elek)* Drehstromgenerator *m*,
Wechselstromgenerator *m*

alternator brush *(Elek)* Kohlebürstenkollektor *m*

altitude capability *(Tech)* Höhenfähigkeit
f (Motor)

aluminium *(BE) (Met)* Aluminium *n*

aluminium alloy *(Met)* Aluminiumlegierung *f*

aluminium die casting *(Hütt/Walz)* Aluminiumguss *m*

aluminum *(AE) (Met)* Aluminium *n*

ambient *adj (Tech)* umgebend; Raum-,
Umgebungs-

amend *v (Tech)* abändern *(z. B. Dokument, Plan, Zeichnung)*

ammeter *(Elek)* Amperemeter *n*, Strommesser *m (misst Ampere)*

amount *(Tech)* Anfall *m*, Maß *n*, Volumen
n

ampacity *(Elek)* Belastbarkeit *f (zulässige
Stromstärke)*; Strombelastbarkeit *f
(Kabel)*

amperage *(Elek)* Stromstärke *f*

amplidyne *(Elek)* Amplidyne *f*; Verstärker-
-Umformer *m*

amplification *(Elek)* Verstärkung *f (z. B.
von Strom)*

amplifier *(Bergb, Umschl)* Testkasten *m
(am Pontonbagger)*

amplifier *(Elek)* Verstärker *m*

amplitude *(Elek)* Amplitude *f*, Impulshöhe
f

ampoule tubing *(Chem)* Ampullenglas *n*

analog *adj (Elek)* analog

analog-digital converter *(ADC) (Elek)*
ADU *m*, Analog-Digital-Umsetzer *m
(z. B. Bandwaage)*; Analog-Digital-
-Wandler *m*

analyse *v (BE) (Chem, Prüf, Tech)* aufgliedern *(analysieren)*

analysis *(Mech, Chem)* Analyse *f*

analysis *(Tech)* Untersuchung *f (stets
zerstörungsfrei)*

analyze *v (AE) (Chem, Prüf, Tech)* aufgliedern *(analysieren)*

anchor *v (Schiff)* ankern

anchor *v (Tech)* abspannen, verankern,
verspannen

anchor *(Bau, Schiff, Tech)* Anker *m*

anchor *(Tech)* Verankerung *f*

anchor *(Tech)* Anker...

anchor mast *(Stb)* Abspannmast *m*,
Verankerungsmast *m*

anchor support *(Stb)* Abspannmast *m*

anchor windlass drive *(Kfz)* Ankerspill *n*

anchoring *(Tech)* Abspannung *f*, Befestigung *f*, Verankerung *f*

anchoring bolt *(Tech)* Fundamentschraube *f*

anchoring pad *(Tunn)* Spannpratze *f*

anchoring system *(Tunn)* Verspannsystem *n*

ancillary *(Elek, Tech)* Hilfs..., Neben...,
Zusatz...

ancillary equipment *(Bergb, Umschl)*
Zubehör *n*, Zubehörgeräte *npl
(Schmieranlage)*

anemometer *(Tech)* Windgeber *m*,
Windmesser *m*

angle *(Met)* Winkeleisen *n (Winkelstahl)*;
Winkelstahl *m (Profil)*

angle *(Met, Tech)* Winkelstück *n*

angle *(Tech)* Anschlusswinkel *m*, Befestigungswinkel *m*, Knie *n*, Kniestück *n*,
Winkel *m*

angle... *(Tech)* Eck..., Winkel...

angle attachment *(Tech)* Einsteckwinkel
m

angle beam method *(Prüf)* Schrägstrahlverfahren *n (Ultraschallprüfung)*

angle-beam probe *(Prüf)* Winkelprüfkopf
m (Ultraschall-Qualitätskontrolle)

angle bracket *(Tech)* Befestigungswinkel *m*, Haltewinkel *m*; Montagewinkel *m*

angle check valve *(Vent)* Rückschlagventil *n* für Schwenkschild, Winkelrückschlagventil *n*

angle cleat *(Stb)* Anschlusswinkel *m (Beiwinkel)*; Beiwinkel *m (Anschlusswinkel)*; Längsträgerbeiwinkel *m*

angle-constant *adj (Tech)* winkelkonstant

angle curb *(Tech)* Winkeleinfassung *f*

angle cut *(Stb)* Gehrungsschnitt *m*, Winkelschnitt *m*

angle grinder *(Werkz)* Schleifhexe *f*

angle grinding machine *(Mech)* Winkelschleifmaschine *f*

angle housing *(Tech)* abgewinkeltes Gehäuse *n*

angle iron *(Met)* Winkeleisen *n (Winkelstahl)*; Winkelstahl *m (Profil)*

angle section *(Met)* Winkelstahl *m (Profil)*; Winkelstück *n*; Winkelprofil *n*

angle steel *(Met)* Winkelstahl *m (Profil)*; Winkelprofil *n (Stahl)*

angle transmission *(Getr)* Winkelgetriebe *n*

angle transmitter *(Tech)* Winkelgeber *m (am Pontonbagger)*

angled bank blade *(Bergb)* Hangschar *f (am Grader)*

angled screw coupling *(Tech)* Winkelverschraubung *f*

angling blade *(Bergb)* Schwenkschild *n*

angular *adj (Tech)* schräg, winklig

angular contact ball bearing *(Lag)* Radial-Schrägkugellager *n*, Schrägkugellager *n*

angular contact thrust ball bearing *(Lag)* Axial-Schrägkugellager *n*

angular frequency *(Elek)* Kreisfrequenz *f*

angular incidence *(Elek)* Schrägeinfall *m (Ultraschall)*

angular momentum *(Tech)* Drehimpuls *m*

angular momentum *(Tech)* Drall *m (schwingungserregendes Impulsmoment)*

angular radiation *(Elek)* Schrägeinschallung *f*

angularity *(Tech)* Beugewinkel *m (zwischen zwei Gelenkwellen)*

anillo *(Tech)* Dichtung *f*

anneal *v (Met)* anlassen, glühen

annealed *adj (Met)* angelassen *(Stahl)*; geglüht

annealing furnace *(Hütt/Walz)* Glühofen *m*

annealing line *(Hütt/Walz)* Glühanlage *f*

annex *v (Tech)* anfügen

annex *(Baut, Tech)* Anbau *m*

annexe *(Baut)* Dependance *f*

annular *adj (Tech)* ringförmig, Ring...

annular piston *(Tech)* Dichtkolben *m (Schwimmringdichtung)*

annular-spring tensioning set *(Bergb)* Ringfederspannelement *n*

annular steel rib *(Tunn)* Ausbauring *m*

annulus *(Hütt/Walz)* Kreisring *m*, Ringraum *m*

annulus *(Lag)* Ringspalt *m*

annulus *(Tech)* Kolbenstangenseite *f (des Zylinders)*; Ringflächenseite *f (des Zylinders)*; Ringseite *f (des Kolbens im Zylinder)*

annulus area *(Tech)* Ringfläche *f (Ventilsitz)*

annunciation *(Elek)* Anzeige *f*, Meldung *f (z. B. Messwertanzeige)*

annunciator *(Elek)* Anzeigetableau *n*, Meldeeinrichtung *f*, Signalapparat *m*

annunciator *(Mess)* Melder *m*

annunciator board *(Elek)* Anzeigetafel *f*

annunciator display unit *(Mess)* Meldeanzeige *f*

annunciator panel *(Elek)* Anzeigefeld *n*

annunciator window *(Mess)* Meldefeld *n*

anobloc *(Tech)* Spannelement *n (Ringfeder)*

anode *(Chem, Elek)* Anode *f*

anodic *adj (Elek)* anodisch

anodised aluminium *(BE) (Met)* Eloxal *n*

anodize *v (AE) (Tech)* eloxieren

anodized (aluminum) coating *(AE) (Elek)* Eloxalschicht *f*

anodizing *(AE) (Anstr)* anodische Oxidation *f*

answering signal *(Elek)* Rückmeldung *f*

antenna *(Elek, Tech)* Antenne *f*

anti-chafing *adj (Mech, Tech)* abriebfest

anticipated *adj (Tech)* erwartet

anticline *(Geo)* Antikline *f*, Buckel *m (Sattel, Gewölbe)*; Gewölbe *n*, Sattel *m (im Gelände)*

anti-clockwise *adj (Tech)* linksdrehend

anti-clockwise rotation *(Tech)* Drehung *f* gegen den Uhrzeigersinn; Linkslauf *m*

anticollision device *(Tech)* Distanzschutz *m*

anticondensation heater *(Tech)* Kondenswasserheizung *f*, Stillstandsheizung *f*

anticondensation heating *(Tech)* Stillstandsheizung *f*

anticorrosion agent *(Anstr, Met)* Korrosionsschutzmittel *n*

anti-corrosive agent *(Anstr)* Rostschutzmittel *n*

anti-creep clamp *(Tech)* Wanderschutzklemme *f*

anti-dazzle position *(Licht, Tech)* Abblendstellung *f (des Rückspiegels)*

anti-dazzle screen *(Elek)* Blendschutzscheibe *f*, Blendschutzschirm *m*

anti-fatigue bolt [screw] *(Tech)* Dehnschraube *f*

antifreeze *(Kfz)* Frostschutz *m*; Frostschutzmittel *n*, Gefrierschutzmittel *n*

antifreeze valve *(Vent)* Heizventil *n*

antifriction bearing *(Lag)* Rollenlager *n*, Wälzlager *n (im Gegensatz zu Gleitlager)*

antifriction properties *pl (Hydr)* Gleiteigenschaften *fpl*

anti-glare position *(Licht, Tech)* Abblendstellung *f (des Rückspiegels)*

anti-glare screen *(Elek)* Blendschutzscheibe *f*, Blendschutzschirm *m*

anti-inductive *adj (Elek)* induktionsfrei

anti-kickback snubber *(Tech)* Lenkstoßdämpfer *m*

anti-knock value *(Kfz)* Klopffestigkeitswert *m*

anti-block brake [braking] system *(Kfz)* Antiblockiersystem *n*, ABS

antimagnetic *(Form)* antimagnetisch *(z. B. Werkzeug)*

antiparallel *adj (Math)* antiparallel

anti-resonant circuit *(Elek)* Entkopplungskreis *m*

anti-runaway device *(Tech)* Fangvorrichtung *f (Arretierung)*

antiseizing compound *(Tech)* Gleitmittel *n (gegen Fressen)*

anti-skid *adj (Tech)* rutschfest *(z. B. Fußboden)*

anti-skid *(Tech)* Gleitschutz *m (z. B. Fußboden)*

anti-slip *adj (Tech)* rutschfest *(z. B. Fußboden)*

anti-slip control *(Kfz)* Antischlupfregelung *f*, ASR *f*

anti-spin pack *(Kfz)* Durchrutschsicherung *f*

antistatic *adj (Elek)* elektrisch leitend

antistatic *adj (Tech)* antistatisch

anti-storm safety attachment *(Kran)* Windsicherung *f*

anti-sway system *(Kran)* Ruhigstelleinrichtung *f (Kranseile)*

antisymmetrical *adj (Stb)* antisymmetrisch

anti-vibrating screw *(Tech)* Schwingmetallschraube *f*

anti-whip bearing *(Lag)* selbstdämpfendes Lager *n*

anvil *(Tech, Werkz)* Amboss *m*; Schmiedeamboss *m*

anvil dolly *(Werkz)* Sohlenformhandfaust *f*

apart *adj (Tech)* versetzt *(auch zeitlich)*

apartment *(Bau)* Wohnung *f*

apartment block *(Baut)* Mehrfamilienhaus *n*

apartment building *(Baut)* Wohnhaus *n*

aperture *(Hydr/Pneu)* Blende *f (Messblende, Messöffnung)*; Öffnung *f*

aperture *(Tech)* Durchführung *f (Öffnung in Wand usw)*; Öffnung *f*

apertured disk *(Elek)* Nipkow-Scheibe *f*

apex *(Getr)* Zahnkopfhöhe *f*, Zahnkrone *f*

apex *(Stb)* Scheitel *m (eines Bogens)*; Scheitelpunkt *m*; Knotenpunkt *m (Fachwerk)*

apparatus *(Stb)* Apparat *m (Gerät)*

apparent *adj (Tech)* sichtbar, wahrnehmbar

apparent density *(Phys)* Rohdichte *f*

apparent porosity *(Met)* sichtbare Porosität *f*

apparent power *(Elek)* Scheinleistung *f*

apparent specific gravity *(Umschl)* spezifisches Schüttgewicht *n*

appertaining *adj (Tech)* dazugehörig

appliance *(Tech)* Gerät *n*, Haushaltsgerät *n*

applicable *adj (Tech)* anwendbar *(z. B. Theorie, Norm)*; zutreffend *(z. B. Liste, Formular)*

application *(Anstr, Tech)* Aufbringen *n*, Aufbringung *f*, Auftrag *m*, Auftragen *n (z. B. von Farbe)*

application *(Tech)* Anwendung *f*, Anwendungsfall m; Arbeitsmöglichkeit f, Einsatz m (Verwendung); Einsatzbedingung f, Einsatzmöglichkeit f, Verwendung f, Verwendungszweck m

application engineering (Kfz) Anwendungstechnik f, Ausführungsbeispiel n

application-oriented adj (Tech) anwendungsorientiert; betriebsbezogen (betriebsspezifisch)

applied adj (Kfz) angezogen (Bremse im Eingriff)

applied adj (Stat, Tech) angewandt

applied force (Tech, Phys) Aktionskraft f; eingeprägte Kraft f

applied load (Tech, Stat) Auflast f

applied voltage test (Elek, Hütt) Wicklungsprüfung f (Transformator)

apply v (Anstr, Tech) anbringen (etw. auftragen); aufsetzen, auftragen; aufbringen (z. B. Farbe, eine Kraft, eine Last)

apply v (Tech) anwenden, verwenden; im Eingriff sein

apply v **the brake** (Tech) Bremse anziehen, bremsen, einfallen (Bremse); Bremse eingreifen

appoint v (Tech) beauftragen, ernennen

appointment (Fert) Betriebsausstattung f

apportion v (Log) aufteilen

appraise v (Tech) einschätzen

apprentice (Tech) Auszubildender m, Lehrling m

apprenticeship (Tech) Ausbildung f, Lehre f

approach (Stb) Auffahrt f, Brückenzufahrt f, Rampe f

approach (Tech) Zufahrt f, Zulauf m

appropriate adj (Tech) angepasst, einschlägig, entsprechend, passend

approval (Tech) Abnahme f (von Geräten); Zustimmung f

Approval by German Boiler Code (Tech) TÜV-Abnahme f

approve v (Tech) zulassen

approved adj (Tech) bewährt, freigegeben, zugelassen

approx. adv (Tech) circa

approximate adj (Tech) annähernd, ungefähr; Kurz…

approximately adv (Tech) circa, rund, ungefähr

approximation (Elek, Tech) Approximation f; Näherung f

appurtenances pl (Tech) Zubehör n (Rohrleitungen)

apron (Bahn) Abweiser m

apron… (Tech) Einzieh…

apron conveyor (Förd, Umschl, Zer) Abzugsband n (als Plattenband); Abzugsplattenband n; Kastenband n, Plattenband n; Plattenbandförderer m (Band besteht aus sich überdeckenden Platten)

apron equipment (Tech) Vorfeldgerät n (auf Flughäfen)

apron feeder (Förd, Umschl, Zer) Abzugsband n (als Plattenband); Plattenband n; Abzugsplattenband n; Aufgabeband n

apron feeder drive (Förd) Plattenbandantrieb m (im Brecher)

apron pan (Zer) Bandzelle f, Plattenbandsegment n, Plattenbandzelle f

apron plate (Bergb) Bodenplatte f (Brecher)

apron plate (Stb) Schleppblech n (über einer Dehnungsfuge)

apron-plate conveyor (Förd) Plattenband n; Plattenbandförderer m

aqueduct (Bau) Aquädukt m (Wasserleitungsbrücke)

aquiferous adj (Geo, Tech) wasserführend

arbitrary adj (Tech) beliebig

arbor (Hütt/Walz, Tech) Tragarm m

arbor (Mech) Dorn m (für Fräser, Reibahlen, Schleifscheiben)

arbour (Tech) Welle f (Achse)

arc (Math, Tech) Bogen m (Kugelbahn)

arc (Schw) Lichtbogen m (Schweißen)

arc (Stb) Kreisbogen m

arc chamber (Schw) Lichtbogenkammer f

arc-extinguishing medium (Elek) Löschmittel n

arc furnace (Hütt/Walz) Lichtbogenofen m

arc of circle (Stb) Kreisbogen m

arc of contact (Bau, Tech) umspannter Bogen m

arc of contact (Tech) Umschlingungswinkel m (z. B. Förderband)

arc-over (Elek) Überschlag m

arc pressure welding (Schw) Lichtbogenpressschweißen n

arc stud welding *(Schw)* Lichtbogen-bolzenschweißen *n*

arc thickness *(Tech)* Zahndicke *f (als Bogen am Teilkreis)*

arc welding *(Schw)* Lichtbogenhand-schweißen *n*, Lichtbogenschmelz-schweißen *n*, Lichtbogenschweißen *n*, Lichtbogenschweißung *f*

arc welding with electrode fed by spring pressure *(Schw)* Federkraft-lichtbogenschweißen *n (DIN 1910)*

arcade *(Baut)* Säulengang *m*

arch *v (Form)* biegen *(bogenförmig wöl-ben)*

arch *v (Schw)* wölben

arch *(Baut, Tech)* Bogen *m*

arch *(Form)* Brücke *f (in Ersatzteilliste)*; Bügel *m (Bogen, Arkade)*

arch *(Tech)* Wölbung *f*

arch... *(Stb)* Bogen...

archaic *adj (Tech)* veraltet

arched *adj (Tech)* bogenförmig, bombiert *(bogenförmig)*; gebogen; gewölbt

arched bridge *(Bau)* Bogenbrücke *f*

arched bridge *(Stb)* Voutenbrücke *f (Stelzbrücke)*

arched plate *(Tech)* Tonnenblech *n*

arduous *adj (Tech)* anstrengend *(schwierig)*; schwierig

area *(Mech, Tech)* Bereich *m (Fläche, Gebiet, Region)*

area *(Tech)* Bereich *m*, Feld *n*; Fläche *f*, Gebiet *n (Bereich, Region)*

area code *(Elek, Tech)* Vorwahl *f (Telefon)*

area exposed to wind *(Stb)* Windan-griffsfläche *f*

area of contact *(Tech)* Kontaktfläche *f*, Stirnfläche *f (Elektrode)*

area of validity *(Tech)* Geltungsbereich *m*

arithmetical average *(Prüf)* Mittenrau-wert *m*

arm *(Baum, Bergb)* Baggerstiel *m*

arm *(Bergb)* Löffelstiel *m*; Schaufelarm *m*, Stiel *m (des Baggers)*

arm *(Hütt/Walz, Tech)* Tragarm *m*

arm *(Stb)* Schenkel *m*

arm cylinder *(Bergb)* Stielzylinder *m*

arm file *(Werkz)* Liegefeile *f*

armature *(Elek, Tech)* elektrischer Anker *m*; Anker *m (bei elektrischen Maschi-nen)*

armature *(Hydr/Pneu)* Armatur *f*

armature *(Tech)* Läufer *m*

armour plate *(Met)* Panzerblech *n*

armour plated *adj (Met)* gepanzert

armour plated *(Tech)* Panzer...

armour plated glass *(Tech)* Panzerglas *n*

armoured *adj (Bergb)* aufgepanzert *(z. B. Bohrschnecke)*

armoured *adj (Met)* gepanzert

armoured *adj (Tech)* armiert, bewehrt

armoured cable *(Elek)* Rohrdraht *m (Kabel)*

armoured flowmeter *(Mess)* Ganzme-talldurchflussmesser *m*

armoured wire *(Elek)* Rohrdraht *m (Ka-bel)*

armouring bars *pl (Met)* Moniereisen *n*

armouring steel *(Bau, Stb)* Beweh-rungsstahl *m*

aromatic *(Chem)* Geruchsstoff *m*

around *adv (Tech)* rund *(ungefähr)*

arrange *v (Mech, Mont)* aufstellen

arrange *v (Mont, Tech)* anordnen *(an-bringen, montieren)*

arrange *v (Tech)* anberaumen *(z. B. einen Termin)*; anbringen *(nach Plan geord-net)*

arranged *adj (Mont, Tech)* aufgebaut *(arrangiert, angeordnet)*

arrangement *(Mont)* Montagegruppe *f*

arrangement *(Tech)* Anordnung *f*, Dis-position *f*, Gliederung *f*, Gruppierung *f*

arrangement drawing *(Form, Zeich)* Anordnungsplan *m*; Anordnungs-zeichnung *f*

arrangement in parallel *(Tech)* Parallel-schaltung *f*

arrangement in series *(Elek)* Hinterein-anderschaltung *f*

arrangement plan *(Form, Zeich)* Anord-nungsplan *m*

arrest *v (Tech)* verriegeln

arrester *(Tech)* Arretierung *f (Raste, Schlitz)*; Fangvorrichtung *f (Arretierung)*

arrester *(Zer)* Flugstaubabscheider *m (bei grobem Korn)*

arresting device *(Tech)* Feststeller *m (z. B. Klemme)*; Fanggerät *n (z. B. Fahrstuhl)*

arrestor *(Tech)* Arretierung *f (Raste, Schlitz)*; Fangvorrichtung *f (Arretierung)*

arrestor *(Zer)* Flugstaubabscheider *m (bei grobem Korn)*

arris *(Hütt/Walz)* Schnittlinie *f (von Flä-chen)*

arrow-shaped adj (Tech) pfeilförmig

arrow-type adj (Tech) pfeilförmig

artic-frame steered adj (Bergb) knickgelenkt, knickrahmengelenkt

artic-frame steering (Bergb) Knicklenkung f (Muldenkipper)

articulate v (Tech) anlenken

articulated adj (Bergb) eingeknickt

articulated adj (Tech) angelenkt, Drehgelenk…, Gelenk…, gelenkig

articulated coupling (Kran) Tonnenkupplung f

articulated cylinder (Bergb) Nackenzylinder m (zum Auslegeroberteil)

articulated frame (Tech) Knickrahmen m (z. B. beim Radlader); Knickrahmenlenkung f

articulation angle (Tech) Knickwinkel m (z. B. beim Knicklenker)

artificial adj (Tech) künstlich

artificial intelligence (IT) KI, Künstliche Intelligenz f

artificial resin (Chem) Kunstharz n

artisan (Tech) Handwerker m

as-built drawing (Zeich) Bauzeichnung f; Bestandszeichnung f

as-built plan (Prüf) Bestandsplan m (Bestandszeichnung)

as-built width (Tech) Baubreite f (tatsächliche Breite); effektive Breite f

as-completed drawing (Prüf) Bestandsplan m (Bestandszeichnung)

as-rolled state (Hütt/Walz, Met) Walzzustand m

ASA (Tech) ASA (Amerikanische Normengesellschaft)

asbestos (Met) Asbest m

ascending adj (Förd) ansteigend

ascending adj (Tech) aufsteigend

ascending belt… (Förd) Schräg…, Steig…, Steil

ascending pipe (Stb) Standrohr n

ascent angle (Tech) Steigungswinkel m

ascertain v (Tech) festsetzen

ash (Hütt/Walz) Asche f

ash (Zer) Feinstaub m

ash bogie (Hütt/Walz) Schlackenwagen m

ash hopper (Hütt/Walz) Aschentrichter m, Schlackentrichter m

ashlar (Bau) Quader m

ashpan (Bahn) Aschenkasten m (Dampflok); Aschkasten m (Dampflok)

aspects pl (Tech) Gesichtspunkte mpl, Kriterien npl

asphalt (Bergb) Asphalt m

asphalt coating (Stb) Asphaltanstrich m

asphalt concrete (Bau) Asphaltbeton f

asphalt-impregnated paper (Baut) Dachpappe f

asphalt mastic (Stb) Asphaltkitt m

asphalt slabs pl (Bau) Asphaltschollen m

aspirating (Hydr/Pneu, Verd) Ansaug…

aspiration (Kfz) Ansaugen n (der Motorluft)

aspiration duct (Tech) Kurzschlussleitung f (Entstaubung)

ASR (Kfz) Antischlupfregelung f, ASR f

assemble v (Mont, Tech) aufbauen, montieren, zusammenbauen, zusammenfügen (montieren, zusammenbauen)

assemble v (Stb) aufstellen (montieren)

assembled drawing (Zeich) montierte Zeichnung f

assembled in works (Mont) Werksmontage f (Werkstattmontage)

assembled section (Stb) Montageabschnitt m, Schuss m

assembling (Mont, Tech) Zusammenbau m

assembling line (Mont, Tech) Zusammenbau m

assembly (Fert) Montageabteilung f

assembly (Mont, Tech) Aufbau m (Montage, Errichtung); Einbau m, Montage f, Montagegruppe f; Baugruppe f, Zusammenbau m • **during assembly** bei Montage

assembly (Tech) Baueinheit f, Baugruppe f

assembly group (Mont, Tech) Baueinheit f; Baugruppe f

assembly instructions pl (Mont) Montageanweisung f

assembly kit (Tech, Werkz) Bausatz m

assembly line (Förd, Mont) Band n, Fließband n, Montageband n

assess v (Tech) beurteilen, bewerten (einschätzen, schätzen); einschätzen, festlegen, festsetzen (feststellen)

assign v (Tech) zuordnen (Leistungsstruktur)

assignment (Tech) Aufgabe f, Einsatz m; Zuordnung f • **on assignment** im Einsatz • **on practical assignment** im praktischen Einsatz

assimilate v (Tech) angleichen (z. B. Gewicht)

assistance (Tech) Hilfe f

assistant worker (Tech) Hilfskraft f

associated adj (Tech) dazugehörig, zugehörig

associated gas (Petr) Begleitgas n

associated parts pl (Tech) Zubehör n

assort v (Tech, Zer) sortieren (Bleche)

assortment (Tech) Sortiment n

assume v (Tech) annehmen, ausgehen

assumed load (Stat) Lastannahme f

assumption (Math, Tech) Annahme f (Hypothese)

astable multivibrator (Elek) astabiler Multivibrator m

astride ground clearance (Bau) Bauchfreiheit f (unter der Portalachse)

asymmetric adj (Tech) unsymmetrisch

asymmetrical adj (Konst, Tech) asymmetrisch

asymmetrical adj (Tech) symmetrielos, ungleichmäßig, unsymmetrisch

asymmetrical bending (Tech) schiefe Biegung f

asymptotic adj (Elek) asymptotisch

asynchronous adj (Tech) asynchron

asynchronous motor (Antr, Elek) Asynchronmotor m, Induktionsmotor m

atm.gg. (Hydr/Pneu, Tech) Atmosphärenüberdruck m, Atü m

atm. pressure (Tech) Luftdruck m

atmosphere (Tech) Atmosphäre f

atmospheric corrosion (Anstr) atmosphärische Korrosion f

atmospheric pollution (Ökol) Luftverschmutzung f (Luftverunreinigung)

atmospheric pressure (Tech) Luftdruck m

atmospheric vent (Tech) Entlastung f zur Atmosphäre (Labyrinthdichtung)

atomic-hydrogen welding (Schw) Wolframwasserstoffschweißen n (DIN 1910)

atomisation (BE) (Hütt) Verdüsung f (Pulvermetallurgie)

atomisation (BE) (Phys) Zerstäubung f

atomization (AE) (Hütt) Verdüsung f (Pulvermetallurgie)

atomization (AE) (Phys) Zerstäubung f

atomizer (Chem, Tech) Spraydose f; Zerstäuber m

attach v (Bergb) anbauen (z. B. Ausrüstung am Bagger)

attach v (Mont, Tech) anbringen (festmachen); befestigen

attach v (Tech) anschließen (zusammenschließen); festmachen, hängen an

attached adj (Mont, Tech) angebaut

attached adj (Tech) Anbau..., aufgesteckt, Aufsteck...; beigefügt (im Brief)

attachment (Baum, Bergb, Umschl) Arbeitsausrüstung f, Ausrüstung f (z. B. des Baggers)

attachment (Bergb) Anbaugerät n (z. B. am Grader); Zusatzgerät n

attachment (Tech) Ansatz m (zusätzliches Teil); Ansatzstück n, Vorsatzteil n; Befestigungsart f (z. B. Laufrad an Welle)

attachments pl (Bergb) Anbauteile npl (z. B. am Bagger)

attachments pl (Tech) Zubehör n

attack v (Chem, Stat) angreifen

attemperator (Tech) Kühler m, Regler m (für die Temperatur); Temperaturregler m

attemperator connections pl (Tech) Kühlerverbindungsrohre npl

attempt (Tech) Ansatz m, Versuch m

attendant (Bergb, Förd, Tech) Bandwärter m, Wärter m

attention-free adj (Tech) wartungsfrei

attenuate v (Elek) abfallen (Intensität, z. B. Druck, Stromstärke); abschwächen

attenuate v (Elek, Tech) dämpfen (abschwächen)

attenuation (Elek) Schwächung f (z. B. Ultraschall)

attenuation (Tech) Dämpfung f (z. B. von Stößen, Vibrationen, Lärm); Dämpfungsmaß n (Lichtwellenleiter)

attenuation factor (IT) Abschwächungsfaktor m

attenuation law (Elek) Schwächungsgesetz n

attenuator pad (Elek) Dämpfungsglied n

attic (Baut) Boden m; Mansarde f

attract v (Tech) anziehen (z. B. Magnet)

attractive adj (Tech) formschön

attractive force (Tech) Anziehungskraft f

attrition (Met, Tech) Abnutzung f, Abrieb m, Verschleiß m (z. B. durch Reibung); Schleifwirkung f

audible adj (Elek, Tech) akustisch; hörbar

audible and visible *adj (Mess, Tech)* optisch-akustisch

audio frequency *(Elek)* Hörfrequenz *f*

audio signal *(Mess)* Schallzeichen *n*

audio-visual *adj (Mess, Tech)* optisch--akustisch

audiometric measurement *(Prüf)* Gehörmessung *f (Tonfrequenzmessung)*

auger *(Mech, Werkz)* Bohrer *m (Schlangenbohrer)*

auger *(Werkz)* Förderschnecke *f*, Schlangenbohrer *m*

auger bit *(Werkz)* Bohreisen *n*, Bohrspitze *f (Schlangenbohrer)*; offener Schappenbohrer *m*, Schappenbohrer *m*

auger head *(Bergb)* Bohrkopf *m (an der Ramme)*

auger worm *(Bergb)* Bohrschnecke *f*

augment *v (Tech)* verbessern, vergrößern

austenite *(Met)* Austenit *m*

austenitic *adj (Hütt/Walz, Met)* austenitisch

austenitic manganese steel *(Met)* Manganhartstahl *m*

austenitizing temperature *(Hütt, Met)* Ac 1 *(Austenitisierungstemperatur)*; Austenitisierungstemperatur *f*

autobody steel *(Met)* Karosserieblech *n (Autoblech)*

autodrafting *(Elek, Zeich)* automatisches Zeichnen *n (CAD)*

autogenous *adj (Schw)* autogen

autogenous cutting *(Schw)* autogenes Schneiden *n*, autogenes Trennen *n*, Autogenschneiden *n*, Autogentrennen *n*, Brennschneiden *n*, Gasbrennschneiden *n*, Gassschneiden *n*, Trennen *n (autogen)*

autogenous welding *(Schw)* autogenes Schweißen *n*, Autogenschweißen *n*, Azetylen-Sauerstoff-Schweißen *n*, Gassschweißen *n*, G-Schweißen *n*

autographic *adj (Elek)* selbstregistrierend

automate *v (Tech)* automatisieren

automated guided vehicle system *(Förd)* fahrerloses Transportsystem *n (smart system)*

automatic *adj (Elek, Tech)* automatisch, …automat *m*

automatic *adj (Tech)* selbsttätig

automatic circuit breaker *(Elek)* Automat *m (z. B. Kleinselbstschalter)*; Selbstschalter *m*, Sicherungsautomat *m (z. B. Kleinselbstschalter)*

automatic control systems *pl (Hydr, Mess)* Regelungstechnik *f*

automatic control unit *(Elek)* Regeleinheit *f*, Regler *m (Schalter)*

automatic cut-out *(Elek)* Sicherungsautomat *m*

automatic guided vehicle system *(Förd)* fahrerloses Transportsystem *n (smart system)*

automatic speed control *(Tech)* Drehzahlregelung *f*

automatic starter *(Elek, Tech)* Selbstanlasser *m (Kraftfahrzeug)*

automatic synchronisation *(Mess)* Gleichlaufregelung *f*

automatic transmission *(Tech)* Flüssigkeitsgetriebe *n*

automatic welding *(Schw)* Automatenschweißen *n*

automation *(Elek)* Automation *f (in der Steuerungstechnik)*

automation *(IT)* Automatisierung *f*

automobile *(Kfz)* Kraftfahrzeug *n*

automobile mechanic *(Kfz, Tech)* Kraftfahrzeugschlosser *m*, Kfz-Schlosser *m*

automobile steel *(Met)* Karosserieblech *n (Autoblech)*

automotive *adj (Tech)* selbstfahrend

automotive engineering *(Kfz)* Kraftfahrzeugtechnik *f*

automotive industry *(Kfz)* Automobilindustrie *f*, Fahrzeugbau *m*

automotive mechanic *(Tech)* Kfz--Schlosser *m*

automotive sheet *(Met)* Karosserieblech *n (Autoblech)*

autonomous source *(Elek)* unabhängige Quelle *f*

autotransformer *(Elek)* Spartransformator *m*

auxiliary… *adj (Tech)* Hilfs…, Neben…, Zusatz…

auxiliary circuit switch *(Elek)* Hilfsstromschalter *m*; Steuerschalter *m*

auxiliary diesel generating set *(Tech)* Fahrstromgenerator *m*

auxiliary remote pressure control *(Kfz)* Druckvorsteuerung *f*

A.V. *(Chem)* Neutralisationszahl *f*

availability *(Tech)* Betriebsbereitschaft *f*

availability factor *(Tech)* Verfügbarkeitsfaktor *m*, Zeitverfügbarkeit *f*

availability for operation *(Tech)* Verfügbarkeit *f*

availability rate *(Tech)* Grad *m* der Verfügbarkeit

availability time ratio *(Tech)* Zeitverfügbarkeit *f*

available *adj (Elek)* frei; verfügbar, vorhanden

available *adj (Tech)* betriebsfähig, flüssig *(Geld)*

average *v (Tech)* mitteln

average *adj (Tech)* durchschnittlich, Durchschnitts…, mittel

average *(Schiff)* Havarie *f (Schiffsschaden)*

average *(Tech)* Durchschnitt *m*, Mittelwert *m*, Mittel *n* • **below average** unterdurchschnittlich

averaged *adj (Tech)* gemittelt

avoid *v (Tech)* vermeiden

avoidable *adj (Tech)* vermeidbar

award *v (Tech)* zuerkennen, zusprechen

awl *(Werkz)* Ahle *f*

awning *(Bau)* Sonnenschutzdach *n*

axial *adj (Stb)* zentrisch

axial *adj (Tech)* axial, mittig

axial centre crankshaft *(Tech)* Seele *f* der Kurbelwelle

axial-centrifugal compressor *(Verd)* Turboverdichter *m* axial-radialer Bauart

axial compressor *(Kfz)* Axialgebläse *n*

axial compressor *(Verd)* Turboverdichter *m* axialer Bauart

axial face seal ring *(Tech)* Gleitring *m*

axial-flow compressor *(Verd)* Axialverdichter *m*, AX-Verdichter *m*; Turboverdichter *m* axialer Bauart

axial force *(Stat, Tech)* Längsdruck *m*, Längskraft *f*

axial force *(Stat, Stb)* Stabkraft *f*; zentrische Kraft *f*

axial module *(Getr)* Axialmodul *n (Getriebe)*

axial pitch *(Getr, Tech)* Axialteilung *f (Getriebe)*

axial-radial precision roller bearing *(Lag)* Präzisions-Axial-Radial-Rollenlager *n*

axial runout *(Tech)* Planschlag *m (eines Rades bzw. einer Welle)*

axial stress *(Met)* Normalspannung *f*

axial stress *(Stb)* mittige Beanspruchung *f*

axial thrust *(Kfz)* Axialdruck *m*

axial thrust *(Stb)* mittiger Druck *m*

axis *(Math, Stat)* Achse *f*, Mittellinie *f*

axis *(Stat)* Sehne *f (gedachte Linie)*

axis of abscissas *(Math)* Abszissenachse *f*

axis of ordinate *(Math)* Ordinatenachse *f*

axis of revolution *(Tech)* Drehachse *f*

axis of rotation *(Tech)* Drehachse *f*

axle *(Tech)* Achse *f (Wagen-, Radachse)*; Achswelle *f (z. B. in einer Maschine)*

axle *(Zer)* Brechkegel *m*

axle base *(AE) (Kfz)* Achsabstand *m (Abstand vom Vorder- zum Hinterrad)*

axle bearing *(Lag)* Achslager *n (z. B. beim Kfz)*

axle box *(AE) (Tech)* Achsbuchse *f*, Achsgehäuse *n*, Achslager *n*

axle box arrangement *(Lag)* Achslagerung *f*

axle bush *(Bahn)* Achsmantel *m*

axle casing *(AE) (Tech)* Achsgehäuse *n*

axle floating *(Tech)* Längsspiel *n (der Achse)*; Querspiel *n (der Waggonachse)*

axle guard *(Tech)* Achsgabel *f*, Achshalter *m*

axle guide stay *(Tech)* Achshalter *m*

axle journal *(Lag)* Lagerhals *m*

axle journal *(Tech)* Achsenende *n*, Achsschenkel *m*, Achszapfen *m*

axle nut spanner *(Werkz)* Radnabenschlüssel *m*

axle nut wrench *(Werkz)* Radnabenschlüssel *m*

axle probe *(Prüf)* Achsenprüfkopf *m (Ultraschalltest)*

axle shaft *(Kfz)* Achswelle *f*, Differenzialseitenwelle *f*

axle shaft *(Tech)* Welle *f (Achse)*

axle slide *(Tech)* Achslagerführung *f*

axle stirrup *(Tech)* Achsensicherung *f (z. B. Schließblech)*; Achsgabel *f*; Achshalter *m*

axle support trunnion *(Kfz)* Achstragbolzen *m*

axle trunnion *(Tech)* Achszapfen *m*

B

b-contact *(Elek)* Öffner *m*, Öffnungskontakt *m*
babbit *(Met)* Weißmetall *n (Lagermetall)*
babbitting *(Lag)* Ausgießen *n* eines Lagers
babbitting *(Met)* Lagermetallausguss *m*
baby bulldozer *(Kfz)* Kleinraupe *f*
back cover *(Tech, Lag, Verd)* Abschlussdeckel *m*, Seitendeckel *m (Lager)*
back echo *(Prüf)* Rückecho *n (Ultraschall)*
back face *(Tech)* Rückwand *f (Ultraschall)*
back gear *(Getr)* Vorgelege *n*, Vorschaltgetriebe *n*
back haul *(Tech)* Rückholseil *n*
back-hoe *(Bergb)* Löffelbagger *m (mit Tieflöffel)*; Tieflöffelbagger *m*, Tieflöffel *m*, TL *m*
back kick *(Tech)* Rückschlag *m (Motor)*
back load *(Kfz)* Gegenlast *f*
back metal *(Tech)* Grundmetall *n*
back-off *(Tech)* Freistich *m (z. B. eines Gewindes)*
back of weld *(Schw)* Nahtunterseite *f*, Wurzelseite *f*
back pitch *(Stb)* Nietabstand *m*, Streichmaß *n (Nieten)*; Wurzelmaß *n*
back pressure *(Hydr/Pneu)* Gegendruck *m*, Rückstau *m (Druck)*
back-pressure utilization *(Bergb)* Rückdruckverwertung *f (Serienschaltung)*
back pulse *(Prüf)* Rückimpuls *m (Ultraschallprüfung)*
back reflection *(Prüf)* Rückecho *n (Ultraschall)*
back rest *(Tech)* Schutzgitter *n (Gabelstapler)*
back square *(Mont, Werkz)* Anschlagwinkel *m*
back stop *(Bahn)* Federapparat *m (hinterer Anschlag)*
back stop *(Tech)* Gegenhalter *m (Schere)*; Rücklaufsperre *f*
back surface *(Tech)* Rückwand *f (Ultraschall)*
back tension *(Förd, Walz)* Bandrückzug *m*
back-up *(Hydr/Pneu)* Rückstau *m (Druck)*

back-up... *adj (Tech)* Reserve..., Sicherungs..., Speicher...
back-up alarm *(Elek)* Rückfahrsignal *n (akustisch)*
back-up bearing *(Lag)* Stützlager *n (Walzgerüst)*
back-up lamp *(Elek)* Rückfahrscheinwerfer *m*, Rückfahrtleuchte *f*
back-up light *(Elek)* Rückfahrscheinwerfer *m*, Rückfahrtleuchte *f*
back-up limit switch *(Elek)* Sicherheitsendschalter *m*
back-up pressure *(Tech)* Nachdruck *m*
back-up ring *(Schw, Tech)* Unterlegring *m*
back-up ring *(Tech)* Stützring *m (Brückenlager)*
back-up warning *(Elek)* Rückfahrwarnleuchte *f*
back weld *v (Schw)* aufschweißen *(mit Badsicherung)*; gegenschweißen
back-welded *adj (Schw)* aufgeschweißt, gegengeschweißt
backacter *(Bergb)* Tieflöffel *m*, TL
backdoor *(Baut)* Tür *f (Hoftür)*
backfill *v (Bergb)* anschütten, auffüllen, zurückfüllen; einschütten, verblasen *(mit Druckluft)*; Strecke verblasen
backfill *(Bergb)* Anschüttung *f*; Auffüllung *f*, aufgeschütteter Boden *m*
backfilling *(Bau, Bergb)* Dammbau *m*; Dammschüttung *f*
backfilling *(Tunn)* Sohlenanschüttung *f*
backfire *(Kfz)* Fehlzündung *f*
backflow *(Tech)* Rückfluss *m*, Rückströmung *f*
backgouge *v (Schw, Tech)* aushobeln *(geschweißte Nähte wurzelseitig aushobeln)*
background noise *(Elek)* Rauschen *n (z. B. im Kopfhörer)*
background noise *(Elek, Prüf)* Eigenrauschen *n (Ultraschall)*
backhoe *(Bergb)* Löffelbagger *m (mit Tieflöffel)*; Tieflöffel *m*, TL *m*, Tieflöffelbagger *m*
backhoe attachment *(Bergb)* Grabausrüstung *f (Tieflöffel)*
backhoe bucket *(Bergb)* Tieflöffel *m*, TL *(das Grabgefäß)*
backhoe excavator *(Baum, Bergb)* Bagger *m* mit Tieflöffel, Tieflöffelbagger *m*

backhoe with grab *(Baum, Bergb)* Bagger *m* mit Greifer, Greiferbagger *m*, Tieflöffelbagger *m* mit Greifer

backing *(Schw)* Badsicherung *f (beim Schweißen)*; Unterlage *f (beim Schweißen)*; Wurzelschutz *m*

backing *(Tech)* Abstand *m*, Gegenlage *f*

backing bearing *(Lag)* Stützlager *n (Sendzimir-Gerüst)*

backing medium *(Schw)* Unterlage *f*

backing metal *(Tech)* Grundmetall *n*

backing-out punch *(Werkz)* Durchschlag *m* für Nieten; Durchtreiber *m (Handdurchschlag, Lochhammer)*

backing ring *(Hütt/Walz)* Einlagering *m (Rohrschweißung)*

backing ring *(Schw, Tech)* Unterlegring *m*

backing-up warning signal *(Elek)* Rückwärtsfahrtsignal *n*

backkick *(Kfz)* Frühzündung *f (Fehlzündung)*

backlash *(Tech)* Spiel *n (mechanisch: z. B. Getriebe, Schrauben)*; Endspiel *n (z. B. Achsspiel)*; Flankenspiel *n*, Rückprall *m*, toter Gang *m (Getriebe, Schaltungsspiel)*; Verdrehflankenspiel *n*, Verzahnung *f (Klemmen)*

backlash adjusting *(Getr)* Verzahnungseinstellung *f (Zahnräder)*

backlash elimination *(Getr)* Getriebeverspannung *f*

backlash of threads *(Tech)* Gewindespiel *n*

backlash valve *(Hydr/Pneu)* Druckausgleichsventil *n*

backplate *(Kfz)* Bremsschild *n (Bremsankerplatte)*

backplate *(Tech)* Deckplatte *f (eines Verdichters)*; Rückholplatte *f (der Pumpe)*

backseat *(Kfz)* Rücksitz *m*

backstay *(Tech)* Rückhaltekette *f*

backtilt *v (Tech)* rückkippen

backwall *(Bergb)* Rückwand *f (der Klappschaufel)*

backwall *(Tech)* Rückwand *f (Ultraschall)*

backward *(Tech)* Rück…, Rückwärts…

baffle *(Bau, Stb, Tech)* Trennwand *f (in einem Behälter)*

baffle *(Förd)* Prallklappe *f*, Prallschürze *f*

baffle *(Ökol)* Kulisse *f (eines Schalldämpfers)*

baffle *(Tech)* Ablenkblech *n*, Lenkblech *n*;

Leitblech *n (im Tank)*; Ölfangblech *n*, Prallblech *n*, Umlenkblech *n*

baffle drum *(Zer)* Pralltrommel *f*

baffle plate *(Lag)* Fettstauscheibe *f*

baffle plate *(Tech)* Ablenkblech *n*, Leitblech *n*, Prallblech *n*, Prallklappe *f*, Prallplatte *f*, Prallschürze *f* Umlenkblech *n*

baffle pulley *(Zer)* Pralltrommel *f*

baffle ring *(Tech)* Zwischenring *m (Reifen)*

baffle wall *(Hydr/Pneu)* Strömungslenkwand *f (feststehend)*

baffle wall *(Tech)* Prallwand *f*; Notrampe *f*

bag *(Form)* Beutel *m*

bag filter *(Tech)* Schlauchfilter *n (Entstaubung)*

bag-type filter *(Tech)* Schlauchfilter *n (Entstaubung)*

bagged lime *(Bau)* Sackkalk *m*

bail *(Tech)* Hängebügel *m*, Henkel *m (z. B. eines Eimers)*

bainite *(Met)* Bainit *n*

bake *v (Hütt, Walz)* einbrennen *(Farbschicht im Ofen)*

bake *v (Tech)* brennen *(Elektroden)*

baked *(Anstr, Walz)* Einbrenn…

bakelite *(Tech)* Bakelit *n*

balance *v (Tech)* abgleichen *(in Balance bringen)*; angleichen *(z. B. Gewicht)*; ausbalancieren, auswuchten *(z. B. Räder)*

balance *(Stat)* Ausgleich *m (Druck, Gewichtsausgleich)*

balance *(Tech)* Waage *f*

balance *(Tech)* Ausgleichs…

balance *(Tech, Stat)* Balance *f*, Gewichtsausgleich *m*, Gleichgewicht *n*

balance beam *(Tech)* Messbalken *m (Waage)*

balance piston *(Tech, Verd)* Ausgleichskolben *m*, Entlastungskolben *m*

balance rope *(Bergb)* Unterseil *n*

balance weight *(Kfz)* Auswuchtgewicht *n (an der Felge)*

balance weight *(Tech)* Gegengewicht *n*

balanced *adj (Hydr/Pneu)* druckentlastet

balanced *adj (Met)* halbberuhigt

balanced *adj (Stat, Tech)* ausgeglichen, ausgewogen, entlastet

balanced *adj (Tech)* ausbalanciert, ausgewuchtet *(z. B. Rad)*

balancer *(Bahn)* Balancier *m*

balancer *(Bergb, Umschl)* Ausgleichsgewicht n

balancer *(Tech)* Schwingungsdämpfer m *(Schwingungsisolator)*

balancing *(Tech)* Auswuchten n *(z. B. von Rädern)*; Auswuchtung f

balancing device *(Tech)* Auswägevorrichtung f *(Bandwaage)*

balancing motor *(Elek)* Abgleichmotor m

balancing resistor *(Elek)* Abgleichwiderstand m, Symmetriewiderstand m

balancing time *(Elek)* Einstellzeit f *(Messbrücke)*

bale clamps pl *(Förd, Kfz)* Ballenklammer f *(Gabelstapler)*

baling hoop *(Tech)* Ballenband n *(Verpackung)*; Verpackungsband n *(Paketierband)*

baling press *(Hütt)* Paketierpresse f

ball *(Tech)* Ball m *(Kugel)*; KUG f, Kugel f, Kugelkopf m

ball adj *(Tech)* Ball..., Kugel...

ball-and-roller bearing *(Lag)* Wälzlager n *(Kugel- und Rollenlager)*

ball-and-socket bearing *(Lag)* Kugelstützpunkt m

ball-and-socket gear change *(Tech)* Kugelschaltung f

ball and socket joint *(Bergb)* Stützkugel f

ball-and-socket joint *(Tech)* Gelenklager n, Kugelgelenk n, Universalgelenk n

ball bearing *(Lag)* Kugellager n

ball cage *(Tech)* Kugelkäfig m, Kugellaufbahn f

ball cup *(Tech)* Kegelpfanne f

ball handle *(Elek)* Griffkugel f, Kugelgriff m

ball hardness *(Hütt/Walz, Prüf)* Brinellprobe f

ball hardness test *(Prüf)* Kugeldruckversuch m

ball joint *(Tech)* Kugelgelenk n, Kugelzapfen m

ball joint bogie *(Tech)* Kugelgelenkschwinge f

ball joint rocker *(Tech)* Kugelgelenkschwinge f

ball journal *(Tech)* Kugelpilz m, Kugelzapfen m

ball journal bearing *(Lag)* Radial-Kugellager n

ball lube fitting *(Tech)* Kugelschmierkopf m

ball mill *(Zer)* Kugelmühle f

ball mug *(Tech)* Kugelpfanne f *(Kugelabstützung Bagger)*

ball pin *(Tech)* Kugelpilz m

ball pivot *(Tech)* Kugelpilz m, Kugelzapfen m

ball race *(Bergb, Umschl)* Kugeldrehverbindung f, KDV f

ball race *(Lag)* Kugelring m *(Kugelkäfig)*; Laufring m *(Kugellager)*

ball race bearing *(Bergb, Umschl)* Kugeldrehverbindung f, KDV f

ball retaining ring *(Tech)* Kugelring m

ball retaining valve *(Tech)* Kugelrückschlagventil n

ball screw assembly *(Tech)* Kugelgewindetrieb m

ball segment valve *(Vent)* Kalottventil n

ball shot *(Tech)* Kugeln m

ball socket *(Tech)* Kugelpfanne f *(Kugelabstützung beim Bagger)*; Kugelschale f

ball thrust bearing *(Lag)* Kugellängslager n

ball-type contact pipe *(Tech)* Kugeldruckstück n *(Druckmessdose)*

ball valve *(Vent)* Kugelhahn m, Kugelschieber m, Kugelventil n, Schwimmerventil n

ballast *(Bahn)* Schotter m

ballast *(Bergb, Umschl)* Ballast m

ballast *(Elek)* Vorschaltgerät n *(einer Leuchtstofflampe)*

ballast *(Kran)* Gegengewichtsballast m

ballast resistor *(Elek)* Vorwiderstand m *(Leuchte)*

ballastless adj *(Bahn)* schotterlos

Baltimore truss *(Stb)* N-Fachwerk n, N-Fachwerkträger m

balustrade *(Bau)* Brüstung f *(Geländer)*

band *(Met)* Zeile f *(Gefüge)*

band brake *(Kfz)* Bandbremse f

band clamping system *(Tech)* Spannbandsystem n

band iron *(Hütt/Walz)* Bandeisen n

band iron strap *(Umschl)* Bandeisen n *(für Kisten)*

band saw *(Werkz)* Bandsäge f

band steel *(Hütt/Walz)* Bandeisen n

bandage *(Bahn)* Radreifen m *(auf Rad aufgeschrumpft)*

bandage *(Tech)* Bandage f *(Wicklung)*

banded adj *(Tech)* beringt

banded structure *(Elek)* Zeilenstruktur f
banded structure *(Hütt/Walz)* Bänderung f
banded structure *(Met)* Zeilengefüge n
bander *(Tech)* Umreifungsmaschine f
banding *(Met)* Zeilenbildung f *(im Gefüge)*
banding *(Tech)* Bandage f *(Wicklung)*
banding machine *(Tech)* Umreifungsmaschine f
bands *pl (Stb)* Band n, Streifen mpl
bandwidth *(Elek)* Bandbreite f *(z. B. Kurzwelle)*
banjo bolt *(Tech)* Hohlbolzen m, Hohlschraube f
bank v *(Hütt)* ruhigstellen *(Hochofen)*
bank *adj (Bergb)* anstehend
bank *(Bergb)* Berme f, festes Gut n, Stollen m *(unter Tage)*; Stoß m *(anstehende Böschung)*; Strosse f *(unter Tage)*
bank *(Bergb, Geo)* Böschung f, einfallende Strecke f
bank material *(Bergb)* festes Gut n, festes Material n
bank meter *(Tech)* Festmeter n
bank of pipes *(Hütt)* Rohrregister n
bank of tubes *(Tech)* Rohrbündel n *(Kühler)*
bank of valves *(Kfz)* Blocksteuergerät n
bank of valves *(Vent)* Ventilgruppe f; Ventilkombination f
banksman *(Bergb, Kran, Tech)* Beihilfe f *(Hilfsmann)*
bar v *(Verd)* durchdrehen *(Welle)*
bar *(Baut)* Bolzen m *(Riegel)*; Riegel m *(Schloss)*
bar *(Bergb)* Stollen m *(auf Kettenplatte)*
bar *(Hydr/Pneu, Metr)* Bar n *(Druckmaß)*
bar *(Met)* Stab m, Stabstahl m *(umfasst Mitteleisen und Feineisen)*
bar *(Met, Stb)* Balken m, Schiene f *(Träger)*; Stange f; Tragstange f *(als Maschinenteil)*
bar chart *(IT)* Balkendiagramm n, Säulendiagramm n, Stabdiagramm n
bar diagram *(IT)* Balkendiagramm n, Säulendiagramm n, Stabdiagramm n
bar drawing bench *(Walz)* Stangenziehbank f
bar force *(Stat, Stb)* Stabkraft f
bar graph *(IT)* Balkendiagramm n, Säulendiagramm n, Stabdiagramm n
bar grate *(Förd)* Rost m

bar grate *(Tech, Zer)* Austragsrost m *(Stabrost)*; Stabrost m *(Stangenrost)*; Stangenrost m
bar grating *(Tech)* Lichtgitterrost m
bar grizzly *(Tech, Zer)* Austragsrost m *(Stabrost)*; Stabrost m *(Stangenrost)*; Stangenrost m
bar screen *(Förd)* Rost m
bar screen *(Tech, Zer)* Austragsrost m *(Stabrost)*; Stabrost m *(Stangenrost)*; Stangenrost m
bar shear connector *(Werkz)* Knagge f
bar steel *(Met)* Stabstahl m *(umfasst Mitteleisen und Feineisen)*
bar-type grate *(Zer)* Fingerrost m
bar wave *(Tech)* Stabwelle f *(DIN 54119)*
bare *adj (Elek, Schw)* nackt, nichtumhüllt; blank *(ohne Hülle oder Ummantelung)*
bare brickwork *(Baut)* Rohbau m
bare casing *(Mess)* Leergehäuse n *(eines Instruments)*
bare switch *(Elek)* Einsatzschalter m
bare thermocouple *(Elek)* gewöhnliches Thermoelement n
bare unit *(Tech)* Einsatzelement n
bare wire *(Elek, Schw)* Blankdraht m, nackter Draht m
bared-shaped roller bearing *(Lag)* Trommelkugellager n
barge *(Baut)* Giebelzierbrett n *(unter dem Dachgiebel)*
barge *(Schiff)* Kahn m, Prahm f, Schute f, Zille f *(Flusskahn)*
barge suction dredger *(Bergb)* Schutensaugbagger m
barometric pressure *(Hütt/Walz)* Barometerstand m
barrack *(Baut)* Baracke f
barred *adj (Baut)* vergittert
barrel *(Tech)* Fass n *(Kolliliste)*; Schaft m *(der hohlen Schraube)*; Schraubenschaft m, Zylindermantel m; Kesselschuss m *(gebogene Blechstütze eines Kessels)*
barrel *(Werkz)* Traghülse f
barrel construction *(Verd)* Topfbauweise f
barrel pump *(Hydr/Pneu)* Fasspumpe f
barrel roller thrust bearing *(Lag)* Pendelrollenlager n
barrel-shaped *adj (Hütt)* birnenförmig *(Konvertergefäß)*

barrel-shaped adj (Tech) ballig, tonnen-förmig

barrel-shaped bearing (Lag) Tonnenlager n

barrel-shaped roller bearing (Lag) Tonnenlager n

barrel-type bearing (Lag) Ringtonnenlager n

barrel-type reclaimer (Umschl) Trommelrückklader m

barren adj (Bergb) nicht erzführend

barren adj (Tech) taub

barren slag (Hütt) metallfreie Schlacke f

barrette file (Werkz) Barettfeile f, Trapezfeile f

barrier (Bahn, Tech) Abschrankung f (Absperrung); Schranke f (am Bahn-übergang); Sperre f (Durchgang); Berührungsschutz m

barrier (Bergb) Absperrung f (z. B. eines Straßenteils)

barrier (Mess) Isoliersteg m (einer Klemmleiste)

barrow (Tech) Tragekasten m

bascule design (Bergb) Wippenkonstruktion f

base v on (Tech) zugrundelegen

base (Baut) Fundament n, Sockel m (Konsole); Tragschicht f (Straßenbau)

base (Bergb) Liegendes n (eines Flözes)

base (Elek) Basis f (Anschluss eines Transistors)

base (Hütt/Walz, Tech) Boden m (Basis, Auflage)

base (Tech) Auflage f (Stütze); Gestell n, Grundplatte f, Stütze f (Träger); Unterlage f, Untersatz m (Stütze, Sockel); Unterteil n

base bullion (Met) Werkblei n

base compression (Tech) Bodenpressung f

base frame for drive unit (Antr, Tech) Antriebsgerüst n (Antriebsstation)

base gain (Mess) Grundverstärkung f

base line (Elek) Zeitlinie f

base line (Stb) Grundlinie f

base material (Met, Tech) Grundwerkstoff m, GW, Grundmetall n

base metal (Met, Tech) Grundwerkstoff m, GW, Grundmetall n

base of the road (Baut) Koffer m (Straßenbau)

base of the road (Bergb) Wegekörper m

base plate (Bahn) Schienenbodenplatte f

base plate (Bergb) Bodenplatte f (Brecher); Bodenplatte f des Fahrerhauses, Podestplatte f (Fußboden im Fahrerhaus)

base plate (Mont, Tech) Fundamentrahmen m; Montageplattenaufbau m

base plate (Tech) Fundamentplatte f, Fußplatte f, Grundplatte f, Sohlplatte f, Unterlage f (untere Platte)

base ring (Förd, Tech) Stützring m (Kippsteinlager)

base tangent length (Getr, Tech) Zahnweite f

base wall masonry (Baut) Sockelmauerwerk n

baseload power (Kfz) Antriebskraft f (z. B. am Brecher)

basement (Bau) Kellergeschoss n, Untergeschoss n

basement retaining wall (Bau) Kelleraußenwand f

baseplate (Tech) Stütze f (einer Grundplatte)

basic adj (Tech) prinzipiell

BASIC (Elek) BASIC (eine Programmiersprache)

basic Bessemer steel (Hütt/Walz) Thomasstahl m (aus Thomasbirne)

basic capacity (Chem) Basizität f

basic converter steel (Hütt/Walz) Thomasstahl m (aus Thomaskonverter)

basic design data (Tech) Auslegungsbedingungen fpl, Auslegungsgrundlagen fpl

basic document (Tech) Unterlage f (Beleg)

basic dynamic load rating (Lag) dynamische Tragzahl f

basic load rating (Tech) Tragzahl f

basic material (BM) (Met) Grundwerkstoff m, GW m

basic oxygen furnace (Hütt) Sauerstoffkonverter m

basic oxygen furnace shop (Hütt) Sauerstoffstahlwerk n (Stahlerzeugungsteil des Gesamtkomplexes)

basic oxygen process (Hütt) Sauerstoffblasverfahren n

basic oxygen process (Hütt/Walz) LD--Verfahren n

basic principles pl (Tech) Grundlagen fpl

basic rack *(Tech)* Bezugsprofil *n (Bezugszahnstange)*; Bezugszahnstange *f*

basic reference *(Tech)* Unterlage *f (Beleg)*

basic refractory *(Met)* feuerfeste Erzeugnisse *npl*

basic scheme *(Tech)* Prinzipschema *n*

basic stress *(Stb)* Grundspannung *f (Belastung)*

basic understanding *(Tech)* Überblick *m*

basicity *(Chem)* Basizität *f*

basicity *(Hütt)* Basengrad *m (Basizität, Schlacken)*

basin *(Geo, Tech)* Becken *n*

basis *(Bau)* Basis *f (Grundlage)*

basis *(Stb)* Grundlage *f (Basis)*

basket *(Tech)* Korb *m (Behältnis)*

bastard cut file *(Werkz)* Bastardfeile *f*, Bastardhiebfeile *f*, Mittelhiebfeile *f*

bastard file *(Werkz)* Vorfeile *f*

batch *v (Tech)* dosieren, zumessen

batch *adj (Tech)* Chargen..., Schub..., Stapel...

batch *(Hütt/Walz)* Beschickung *f*, Charge *f*, Los *m (Beschickung)*; Möller *m (Chargiergut für den Hochofen)*

batch annealing *(Met)* Haubenglühen *n*

batch composition *(Tech)* Versatz *m (feuerfeste Steine)*

batching *(Mess)* Gemengebildung *f*

bathe *v (Tech)* tauchen *(baden, eintauchen)*

batten plate *(Bau)* Bindeblech *n*

battery *(Elek)* Akku *m*, Akkumulator *m*, Batterie *f*, Sammlerbatterie *f*

battery switch *(Elek)* Zellenschalter *m*

battlement *(Bau)* Zinnen *pl (zinnenförmiger Aufbau)*

bauxite *(Geo)* Bauxit *m*

bay *(Bau)* Fach *n*, Feld *n (Fachwerkkonstruktion)*; Schiff *n (Hallenteil)*

bay *(Fert, Tech)* Arbeitsplatz *m (z. B. in der Werkshalle)*

bay *(Tech)* Halle *f (z. B. Werkstatt)*

bay rail *(Stb, Tech)* Wandriegel *m*

bayonet *(Tech)* Bajonett *n*

bayonet cap *(Tech)* Renkverschluss *m*

bayonet catch *(Tech)* Bajonettverschluss *m*

bayonet holder *(Tech)* Bajonettfassung *f*, Ringfassung *f*

beach conveyor *(Förd)* Küstenband *n (Förderband)*

beacon *(Bahn)* Bake *f*

beacon *(Bahn, Elek, Kfz)* Rundumleuchte *f*

beacon *(Elek)* Warnblinkanlage *f*

bead *v (Form, Mech)* anfalzen, aufbördeln, bördeln, falzen, sicken, umlegen *(z. B. Kanten)*

bead *v in (Tech)* einwalzen *(Rohre in Rohrböden)*

bead *(Elek)* Schmelzperle *f*

bead *(Schw)* Raupe *f (Schweißnaht)*

bead *(Tech)* Wulst *m*; Armierung *f (im Reifenwulst)*

bead of weld metal *(Schw)* Schweißperle *f*

bead-on-plate test *(Prüf)* Raupenaufschweißversuch *m*

bead weld *(Schw)* Wölbnaht *f (eine oder mehrere Raupen)*

beaded flat *(Met, Stb)* Wulstflachstahl *m*

beading *(Mech)* Sicke *f (Bördelung)*

beading *(Schw)* Bördelung *f*

beading machine *(Walz)* Sickenmaschine *f*

beam *(Bau, Stb)* Schiene *f (Träger)*

beam *(Elek, IT)* Strahl *m*

beam *(Met)* Doppel-T-Träger *m*, Profilträger *m*, Träger *m (I-Eisen)*; Trägereisen *n*

beam *(Met, Stb)* Balken *m*, Durchfahrbalken *m*, I-Eisen *n*, Längsbalken *m*, Riegel *m (eines Rahmentragwerks bzw. Steifrahmens)*; Walzträger *m (Profilträger)*

beam *(Stb)* Abstützung *f (Träger bei der Bahn)*; Biegeträger *m*

beam aperture *(Prüf)* Strahlenbündelöffnung *f (Ultraschall)*

beam axis *(Prüf)* Schallachse *f (Ultraschall)*; Strahlachse *f (Ultraschall, DIN 54120)*

beam blank *(Walz)* Trägervorprofil *n*

beam compass *(Mont, Werkz)* Anreißzirkel *m*

beam concentration *(Elek)* Bündelung *f (z. B. von Lichtstrahlen)*; Strahlenbündel *n*

beam divergence *(Akus, Elek)* Schallstrahldivergenz *f*

beam expander *(Elek)* Strahlaufweiter *m*

beam formula *(Tech)* Biegegleichung *f*

beam grillage *(Stb)* Trägerlage *f (unter dem Ofen)*; Trägerrost *m*

beam index *(Akus, Elek)* Schallstrahlecho n, Schallstrahl-Eintrittsmittelpunkt m
beam pass *(Walz)* Trägerstich m
beam refraction *(Tech)* Strahlenbrechung f *(DIN 54119)*
beam rolling mill *(Walz)* Trägerwalzwerk n
beam splitter *(Elek)* Strahlteiler m
beam spread *(Elek)* Öffnung f des Schalls
beam welding *(Schw)* Strahlschweißen n *(DIN 1910)*
beam widening *(Tech)* Schallbündelverbreiterung f
beam width *(Elek)* Bündelweite f
beam width *(Prüf)* Strahlbündelöffnung f *(Ultraschall)*
beaming direction *(Elek)* Einstrahlrichtung f
bear v *(Bahn)* aufsetzen *(auf die Schienenoberfläche)*
bear v *(Tech)* tragen *(stützen)*
bear *(Hütt/Walz)* Sau f, Ofensau f *(wertvoller Rest im Hochofen)*
bearable *adj (Tech)* tragbar *(tolerierbar)*
bearer v *(Stb)* Unterzug m *(Träger)*
bearing *(Lag, Stat)* Brückenauflager n, Brückenlager n
bearing *(Stat, Stb)* Lochleibungsdruck m, Lochleibungsspannung f; Lagerkörper m *(Auflager)*; Leibungsdruck m *(Schraube)*; Lochdruck m
bearing *(Stb, Stat)* Auflager n
bearing *(Lag, Tech)* Lager n, Lagerblock m, Lagerung f, Pfanne f *(Bandwaage)*
bearing area *(Tech)* Auflagerfläche f, Gelenkfläche f
bearing assembly *(Zer)* Traglager n
bearing cage *(Lag)* Käfig m, Lagerkäfig m
bearing condition *(Tech)* Fesselung f
bearing corner radius *(Lag)* Kantenabstand m *(beim Lager)*
bearing eye *(Lag)* Bolzenauge n *(Bolzenlager)*; Gelenklager n, Lagerauge n
bearing face *(Tech)* Tragbild n *(Zahnflanke)*
bearing journal *(Lag, Tech)* Achshals m, Achsstummel m *(einer Achse)*; Lagerzapfen m *(einer Welle)*
bearing neck *(Lag)* Lagerzapfen m *(einer Welle)*
bearing neck *(Tech)* Achshals m, Achsstummel m *(einer Achse)*
bearing pressure *(Stat, Stb)* Auflage-

druck m, Auflagerlast f *(Auflagedruck)*; Lagerpressung f; Lochleibung f, Lochleibungsdruck m, Lochwanddruck m
bearing pressure of soil *(Geo, Tech)* Bodendruck m; Bodenpressung f
bearing stress *(Stat, Stb)* Lochleibung f; Lagerpressung f
bearing surface *(Tech)* Arbeitsfläche f, Auflagefläche f *(Lagerung)*; Auflagerfläche f, Lauffläche f *(des Eisenbahnrades)*; Sitzfläche f *(Lagerung)*; Sitzfläche f, Tragfläche f; Drehkranzauflage f *(Bergbau)*
bearing throat *(Lag, Tech)* Achshals m, Achsstummel m *(einer Achse)*; Lagerzapfen m *(einer Welle)*
beat v **out** *(Mech)* ausklopfen
beat v **out** *(Tech)* ausschlagen *(z. B. Bohrungen)*
beat v **out dents** *(Mech, Tech)* ausbeulen, Beulen ausklopfen, Beulen glätten
beat idler *(Hütt/Walz)* Schlagrolle f
beater *(Zer)* Schläger m *(Mühle)*
beater mill *(Zer)* Schlägermühle f
beating cross *(Werkz)* Schlagkreuz n
bed *(Baut)* Fundament n
bed *(Bergb, Umschl)* Unterbau m
bed *(Geo)* Ablagerung f, Schicht f
bed *(Stb)* Zulage f
bed plate *(Stb)* Lagerplatte f
bed plate *(Tech)* Bodenplatte f, Fundamentplatte f, Fundamentrahmen m; Auflageplatte f *(Grund, Fundament)*; Auflagerplatte f *(Grund, Fundament)*; Fußplatte f, Grundplatte f
bedding *(Bau)* Bettung f, Lager n
bedding machine *(Umschl)* Mischbettengerät n
bedrock *(Bergb)* Liegendes n *(eines Flözes)*
bedrock *(Geo, Bergb)* Felsboden m, festes Gestein n, gewachsener Boden m; gewachsener Fels m
bedrock *(Geo, Tech)* Untergrund m
beeper *(Elek)* Pieper m *(Taschenempfänger)*
begin v *(Tech)* beginnen
beginning *(Tech)* ...ansatz m
behaviour *(Stb)* Verhalten n
belchering *(Mech)* Knicksicken n *(Stanzsicken)*
belfry *(Baut)* Glockenturm m
bell *(Hütt)* Glocke f

bell *(Tech)* Schelle *f (Glocke)*; Trichter *m*

bell-check *v (Elek)* ausklingeln *(Kabeltest)*

bell contact *(Tech)* Dichtsitz *m (Glockengichtverschluss)*

bell crank *(Werkz)* Winkelhebel *m (Werkzeug)*

bell drawing process *(Form)* Trichterziehverfahren *n*

bell end *(Walz)* Pilgerkopf *m (Rest des Hohlblocks)*

bell founding *(Met)* Glockenguss *m*

bell furnace *(Hütt)* Ofenhaube *f (Glühofen)*

bell mouth *(Elek)* Verbindungsmuffe *f*

bell mouth *(Hütt)* Aufwerfung *f (trompetenartig)*

bell seam *(Schw)* Tulpennaht *f (an Stumpf- und T-Stößen)*

bell-shaped *adj (Tech)* Glocken..., glockenkugelförmig

bell-type valve *(Vent)* Glockenverschluss *m*

bell valve *(Vent)* Glockenventil *n*

bellcrank *(Tech)* Z-Kinematik-Koppel *n*

bellcrank linkage *(Tech)* Z-Kinematik *f (für Laderausrüstung)*

bellmouth *(Walz)* Einfülltrichter *m (Eingang zum Walzwerk)*; Einlauftrichter *m*

bellow-type seal *(Form)* Balgdichtung *f*

bellows *(Tech)* Kompensator *m (Vakuumentgasung)*; Wellrohr *n (eines Kompensators)*

bellows *pl (Tech)* Blasebalg *m*, Dichtungsbalg *m*, Faltenbalg *m*, Faltenstulpe *f*

belonging to *adj (Tech)* dazugehörig

below-ground *adv (Bergb)* untertage

belt *(Bau, Tech)* Riegel *m*

belt *(Förd)* Band *n (Gurt)*; Fördergurt *m*, Gurt *m*

belt *(Tech)* Riemen *m (z. B. Treibriemen)*; Riemen *m (z. B. Treibriemen)*

belt... *adj (Förd)* Band..., ...band *n*

belt conveyor *(Förd)* Band *n (Gurtförderer)*; Bandförderanlage *f*, Bandförderer *m*, Förderband *n (schräg aufwärts)*; Fördergurt *m*, Gummigurtförderer *m*, Gurt *m*, Gurtbandförderer *m*, Gurtförderband *n*, Gurtförderer *m*, Transportband *n*

belt conveyor system *(Förd)* Bandanlage *f*, Förder(band)anlage *f*

belt feeder *(Förd, Umschl, Zer)* Aufgabeband *n*

belt feeder *(Umschl, Zer)* Abzugsband *n*

belt haulage system *(Förd)* Förderbandanlage *f*

belt idler *(Förd, Umschl)* Bandrolle *f (Station, Rollensatz)*; Bandrollensatz *m*; Bandschwelle *f (Bandrolle)*; Bandrollenstation *f*, Rollensatz *m*, Rollenstation *f*, Tragrolle *f*

belt reel *(Förd)* Gurtrolle *f (zum Aufwickeln beim Transport)*

belt scale *(Metr, Tech)* Bandwaage *f*

belt supporting frame *(Förd)* Bandstraße *f*, Bandtraggerüst *n*

belt tensile force *(Bergb, Förd, Umschl)* Bandspannung *f*

belt tensile force *(Förd)* Gurtzug *m (Zugkraft)*

belt tension *(Förd)* Bandspannung *f*, Bandzug *m (Zugspannung)*; Gurtkraft *f*, Gurtzug *m (Zugkraft)*; Riemenspannung *f*

belt tension force *(Förd)* Bandzug *m (Zugspannung)*; Trummkraft *f*

belt tensioning device *(Förd, Umschl)* Bandspannvorrichtung *f*; Spannvorrichtung *f (Band)*

belt-to-belt drive *(Förd)* Treibgurt *m*

belt tracking *(Förd)* Bandlauf *m*, Geradelauf *m (z. B. des Bandes)*; Geradlauf *m (Band)*; Schieflauf *m (Band)*

belt travel *(Förd)* Bandlauf *m*

belt trough *(Förd)* Bandmuldung *f*

belt-trough deflection *(Förd)* Gurtdurchbiegung *f*

belt troughing *(Förd)* Bandmuldung *f*

belt type bucket elevator *(Förd)* Taschenförderer *m*

belt width *(Förd)* Bandbreite *f (Gurtbreite)*; Gurtbreite *f*

belt width *(Tech)* Riemenbreite *f*

belt wiper *(Förd, Umschl)* Bandabstreifer *m*; Gurtabstreifer *m*

belting *(Förd)* Gurt *m*

bench *(Bergb)* Abbaubank *f (im Steinbruch)*; Berme *f*, horizontale Schicht *f (Flöz)*; Strosse *f (Tagebau)*

bench *(Tech)* Straße *f (Fördertechnik)*

bench conveyor *(Baum, Bergb)* Abbaustrossenband *n*, Baggerstrossenband *n*, Strossenband *n*

bench lifting conveyor *(Förd)* Schrägförderer *m*, Steilförderer *m*

bench oiler *(Tech)* Ölkanne *f (Öler)*

bench pump *(Lab)* Tischpumpe *f*

bench vise *(AE) (Werkz)* Schraubstock *m*

benching *(Bergb)* Strossenbau *m (unter Tage)*

bench mark *(Bau)* Höhenfestpunkt *m*

bench mark *(Tech)* Festpunkt *m*

bend *v (Mech)* biegen, knicken, krümmen, verbeulen, verbiegen

bend *v (Walz)* durchbiegen *(Walze)*

bend *v* **at right angles** *(Mech)* kröpfen *(rechtwinklig)*

bend *(Hydr/Pneu)* Bogen *m (Rohr-Winkelstück)*

bend *(Tech)* Knick *m*, Kniestück *n*, Kurve *f*

bend connector *(Tech)* Bogenstück *n*

bend idler *(Bergb, Förd)* Ablenkrolle *f*, Drillingsrolle *f*, Drillingsschwelle *f*

bend idler roll *(Bergb, Förd)* Ablenkrolle *f*, Drillingsrolle *f (einzelne Rolle)*

bend pulley *(Förd, Umschl)* Ablenktrommel *f (für die Bandschleife)*; Einschnürrolle *f*, Einschnürtrommel *f*; Kopftrommel *f*, Umkehrtrommel *f*, Umlenktrommel *f (z. B. für die Bandschleife)*

bend test *(Prüf)* Biegeprobe *f*, Biegeversuch *m*, Faltversuch *m*

bend test specimen *(Prüf)* Biegeprobe *f (das verwendete Stück)*

bendability *(Met)* Biegbarkeit *f (Biegsamkeit, Biegfähigkeit)*

bending *(Mech)* Beugung *f*, Knickung *f*

bending *(Tech)* Biegen *n*, Knicken *n (Seil)*

bending *(Stat, Tech)* Biegung *f*, Durchbiegung *f*

bending *adj (Tech)* Biege...

bending and balancing forces *pl (Walz)* Zwischenkraft *f (Walzen)*

bending machine *(Form, Mech)* Biegemaschine *f*; Kantmaschine *f*

bending moment *(Met, Stat)* Biegemoment *n*, äußeres Biegemoment *n*

bending press *(Form)* Biegepresse *f*

bending property *(Met)* Biegbarkeit *f (Biegsamkeit, Biegfähigkeit)*

bending stress fatigue limit *(Prüf, Schw)* Dauerbiegewechselfestigkeit *f*

bending test *(Prüf, Stb)* Biegeprobe *f*; Biegeversuch *m*

bending traversal test *(Prüf)* Wechselbiegeversuch *m*

bending wrench *(Werkz)* Biegezange *f*

beneficate *v (Hütt/Walz)* veredeln

beneficial *adj (Tech)* nützlich

beneficiary certificate *(Prüf, Tech)* Werkstatttest *m*

beneficiate *v (Hütt/Walz)* veredeln

beneficiation *(Aufb)* Aufbereitung *f (Erz)*

beneficiation *(Hütt/Walz)* Veredelung *f (Erz)*

bent *adj (Met)* verbeult

bent *adj (Tech)* gekrümmt, stark gekrümmt, verbogen

bent *(Stb)* Portalrahmen *m*, Rahmen *m (Portal)*

bent *(Stb, Tech)* Tragwerk *n*

bent *(Tech)* Portal *n (Rahmen)*

bent axis *(Hydr/Pneu)* Schrägachse *f (der Hydraulikpumpe)*

bent-axis design *(Hydr/Pneu)* Schrägachsenbauart *f*

bent-axis type *(Hydr/Pneu)* Schrägachsenbauart *f*

bent characteristic *(Elek)* Knickkennlinie *f*

bent-tube boiler *(Hütt/Walz)* Steilrohrkessel *m*

benzene *(Chem)* Benzin *n*, Benzol *n*

benzine *(Chem)* Benzin *n*, Waschbenzin *n (DIN 51630)*

Bessemer steel *(Hütt/Walz)* Thomasstahl *m (aus Thomasbirne)*

betonite suspension *(Bergb)* Betonitsuspension *f*

better iron *(Met)* Bettereisen *m*

bevel *adj (Tech)* Kegel..., Kegelrad... *n*

bevel *v (Mech, Mont)* abfasen, abkanten *(etw. abkanten, scharfe Kanten von etw. entfernen, eine Fase an etw. anbringen)*; brechen, fasen, kröpfen *(abfasen)*; schräg abschneiden, abschrägen, anfasen *(anschrägen)*; zuschärfen

bevel *v* **off** *(Mech)* fasen, schräg abdrehen

bevel *(Mech, Tech)* Abschrägung *f*, Schrägkante *f*, Zuschärfung *f*

bevel and planetary gear unit *(Getr)* Kegelradplanetengetriebe *n*

bevel drive gear *(Kfz)* Antriebskegelrad *n*

bevel drive pinion *(Kfz)* Antriebskegelrad *n*

bevel edge *(Mech)* Schrägkante *f*

bevel gear *(Getr)* Kegelrad *n*, Tellerrad *n* *(Kegel)*; Kegelradgetriebe *n*
bevel gear... *(Getr)* Kegelrad...
bevel gearing *(Getr)* Kegelgetriebe *n*
bevel-helical gear unit *(Getr)* Schrägzahn-Kegelrad *n*
bevel seam *(Schw)* HV-Naht *f*
bevelled *adj (Mech, Mont)* abgefast, abgeschrägt; angeschrägt; schräg *(abgeschrägt)*
bevelled *adj (Tech)* konisch, schief
bevelled tip relief *(Tech)* Kopfkantenbruch *m (Getriebe)*
bevelling *(Mech, Mont)* Abfasung *f*, Abschrägung *f (Abfasung)*
bezel latch *(Mess)* Rahmenklinke *f*
BH *(Bergb)* Tieflöffel *m*, TL *m*
B.H. *(Hütt/Walz, Prüf)* Brinellprobe *f*
B.H.P., bhp *(Tech)* Bremskraft *f*, Bremsleistung *f*, Brems-Pferdestärken *fpl*, Brems-PS, HP-Leistung *f (Bremse)*
bi-square *(Werkz)* Doppelvierkant *m (Steckschlüsseleinsatz)*
bias current *(Elek)* Vorstrom *m*
bias spring *(Mess)* Vorspannungsfeder *f*
biasing *(Elek)* Arbeitspunkteinstellung *f*
bicycle track *(Bau)* Fahrradweg *m*, Radweg *m*
bidirectional *adj (Tech)* drehsinnunabhängig
bidirectional triode thyristor *(Mess)* Triac *m*
bifilar *adj (Elek)* doppeladrig
bifilar *adj (Tech)* bifilar
bifurcated *adj (Tech)* gabelförmig, gegabelt
bifurcating box *(Elek)* Doppelabzweigmuffe *f*
bifurcation *(Tech)* Abzweigung *f (gabelförmig)*; Gabelung *f*
big bag *(Bau)* Großgebinde *n*
big end bearing *(Lag)* Kurbelzapfenlager *n*
bihexagonal socket *(Tech)* Innenvielzahn *m (DIN ISO 1891)*
bilateral *adj (Tech)* doppelseitig *(z. B. Lager)*
bilge valve *(Vent)* Lenzventil *n*
bill of materials *(Tech)* Stückliste *f*
billet *(Form, Hütt/Walz)* Bramme *f*, Knüppel *m*
bimetal *(Met)* Bimetall *n*

bimetal release *(Elek)* Bimetallauslöser *m*
bimetal trip *(Elek)* Bimetallauslöser *m*
bin *(Tech)* Behälter *m (z. B. für den Versand, die Vorratshaltung)*
bin *(Umschl)* Aufgabetrichter *m*, Aufnahmebunker *m*, Beschickungstrichter *m*, Bunker *m*, Fülltrichter *m*, Silo *m*, Silotrichter *m*
bin-and-feeder system *(Umschl)* Zwischenbunkerung *f*
bin building *(Umschl)* Bunker *m*, Bunkerhalle *f*, Bunkerhaus *n*
bin gate *(Umschl)* Abzugsschieber *m*, Bunkerabzugsschieber *m*, Bunkerschieber *m (Bunkerverschluss)*; Bunkerverschluss *m (Bunkerschieber)*
binary *adj (Elek, Tech)* binär
binary logic operation *(IT)* Binärverknüpfung *f*
bind *v (Tech)* binden
bind *v (Verd)* fressen *(Kolben)*
bind *(Kfz)* Drucksteuerung *f*
binder *(Anstr)* Binderfarbe *f*, Vernetzer *m (Kleber)*
binder *(Anstr, Tech)* Bindemittel *n*, Binder *m (Bindemittel)*
binder *(Hütt/Walz)* Trägermetall *n (Grundwerkstoff)*
binder *(Tech)* Mappe *f (Ordner)*
binding agent *(Anstr, Tech)* Bindemittel *n*, Binder *m (Bindemittel)*
binding beam *(Stb)* Unterzug *m (Binder)*
binding defect *(Stb)* Bindefehler *m*
binding girder *(Stb)* Unterzug *m (im Fachwerkverband)*
binding head *(Tech)* Linsenkopf *m (Schraube)*
binding material *(Anstr, Tech)* Bindemittel *n*
binding medium *(Anstr, Tech)* Bindemittel *n*, Binder *m (Bindemittel)*
binding of piston *(Tech)* Kolbenfresser *m*
binding post *(Elek)* Polklemme *f*
binding screw *(Tech)* Anschlussschraube *f*, Klemmschraube *f*
binding strength *(Met)* Bindefestigkeit *f*
bing *(Tech)* Deponie *f*, Müllhalde *f*
biomass *(Tech)* Biomasse *f (Brennstoff für Heizkraftwerk)*
bipolar *adj (Elek)* bipolar
bird's eye view *(Tech, Zeich)* Draufsicht *f*
bird's view *(Tech, Zeich)* Draufsicht *f*

birefringent *adj (Elek)* doppelbrechend
bismuth *(Chem)* Wismut *n*
bistable *adj (Elek)* bistabil
bisulfite *(Chem)* Disulfit *n (Konservierungsmittel)*
bisulphite *(Chem)* Disulfit *n (Konservierungsmittel)*
bit *(Bergb)* Schneide *f (Grablöffelvorderkante)*
bit *(IT)* Bit *n*
bite *(Bergb, Tech)* Span *m*
bitter spar *(Geo)* Dolomit *m*
bitumen course *(Bau)* Schwarzdecke *f (Verschleißoberschicht)*
bituminous *adj (Baut)* teerhaltig *(z. B. Asphalt)*
bituminous *adj (Bergb, Geo)* bituminös
bituminous aggregates *pl (Bau, Bergb)* Bitukies *m*
bituminous coal *(Bergb, Geo)* bituminöse Kohle *f*, Fettkohle *f*, Steinkohle *f*, Weichkohle *f*
bivalence *(Chem)* Zweiwertigkeit *f*
bivalency *(Chem)* Zweiwertigkeit *f*
black *adj (Tech)* schwarz
black bolt *(Tech)* rohe Schraube *f*, schwarze Schraube *f*
black cotton *(Bau)* Schwarzton *m*
black flange *(Tech)* Blindflansch *m*
black light testing *(Prüf)* Dunkelfeldbeleuchtung *f (mikroskopisches Prüfverfahren)*
black liquor recovery unit *(Hütt/Walz)* Schwarzlaugenkessel *m*
black plate *(Met)* Feinstblech *n*
black strip *(Met)* Schwarzband *n (warmgewalzt aber nicht gebeizt)*
blackiron metallurgy *(Met)* Schwarzmetallurgie *f*
blackplate *(Met)* Feinblech *n (warmgewalztes Schwarzblech)*
blacksmith *(Hütt/Walz)* Grobschmied *m*
blacksmith *(Tech)* Schmied *m*
blacksmith's anvil *(Werkz)* Schmiedeamboss *m*
blacksmith's hammer *(Werkz)* Schmiedehammer *m*
blacksmith's hardy *(Tech, Werkz)* Abschrot *m*, Abschröter *m*, Ambossschröter *m*
blacksmith's sledgehammer *(Werkz)* Vorschlaghammer *m*
blacktop *(Bau)* Schwarzdecke *f (Ver-*

schleißoberschicht); Straßenoberfläche *f (Asphalt)*; Teerdecke *f (Straßenbau)*
blacktop material *(Bau)* Schwarzmaterial *n (Teerdecke)*
bladder accumulator *(Hydr/Pneu)* Blasenspeicher *m*, Druckblasenspeicher *m*
blade *(Baum, Bergb)* Planierschild *n*, Schenkel *m*, Schar *f*, Schild *n (des Graders)*
blade *(Tech)* Leitschaufel *f (Axialverdichter)*; Messer *n*, Schaufel *f (z. B. einer Turbine)*; Schneide *f*
blade *(Werkz)* Klinge *f*
blade carrier *(Tech)* Leitschaufelträger *m (Axialverdichter)*
blade end *(Tech)* Spitze *f (des Schraubenziehers)*
blade groove *(Mech, Walz)* Messerprofil *n (einer Schere)*
blade profile *(Verd)* Schaufelprofil *n*
blade support *(Tech)* Leitschaufelträger *m*
blade support frame *(Bergb)* Hobelkreuz *n (des Graders)*
blade-type pump *(Tech, Walz)* Drehflügelpumpe *f*
blade wheel *(Tech)* Schaufelrad *n (Turbine)*
blank *v (Elek, Licht)* ausblenden *(ganze Flächen leeren)*
blank *v (Tech)* verstopfen *(Sieb)*
blank *v off (Tech)* abblinden *(z. B. Rohre, Kanäle)*
blank *v and lock* *v with plug (Form)* abschrauben und sichern
blank *adj (Tech)* unbeschaltet
blank *(Hütt, Met)* Luppe *f*, Knüppel *m*, Vorprodukt *n*
blank *(Hütt/Walz)* ausgestanztes Stück *n*, rohes Formstück *n*
blank *(Schw)* Zuschnitt *m (Vorschnitt des Werkstückes)*
blank *(Walz)* Kurzwalzblock *m*; Trägervorprofil *n*
blank cut *(Schw)* Zuschnitt *m (Vorschnitt des Werkstückes)*
blank flange *(Tech)* Blindflansch *m*
blank-harden *v (Met)* blindhärten
blank-off flange *(Tech)* Blindflansch *m*
blanket *v (Tech)* abdecken *(bedecken)*
blanket *(Tech)* Matte *f (für Filter usw.)*

blanket of air *(Walz)* Luftkissen *n*

blanking *(Elek)* Austastung *f*, Schwarz-tastung *f (auf dem Monitor)*; Stoßaus-blenden *n*, Stoßausblendung *f (eines Signals)*

blanking *(Hütt/Walz, Met)* Stanzteil *n*

blanking control *(Elek)* Dunkelsteuerung *f (Bildschirm)*

blanking die *(Form)* Schnittplatte *f*

blanking plug *(Tech)* Sperrstopfen *m*, Verschlussstopfen *m*

blast *v (Anstr)* abstrahlen, strahlen

blast *v (Bergb)* sprengen *(Steinbruch)*

blast *(Bergb)* Sprengung *f*

blast *(Hütt)* Wind *m (für Hochofen)*

blast air *(Hütt)* Wind *m (für Hochofen)*

blast-clean *v (Anstr)* abstrahlen, strahlen

blast-cleaned *adj (Tech)* gestrahlt

blast cleaning *(Anstr)* Abstrahlen *n*, Strahlen *n*

blast cleaning *(Mech)* Sandstrahlen *n (mit einem anderen Mittel als Sand abstrahlen)*

blast cleaning *(Hütt)* Strahlentzündung *f*

blast descaling *(Hütt)* Strahlentzündung *f*

blast furnace *(Hütt/Walz)* Hochofen *m*

blast furnace burden *(Hütt)* Hochofen-einsatz *m (Hochofeneinsatzstoffe)*

blast furnace charge materials *pl (Hütt)* Hochofeneinsatz *m (Hochofeneinsatz-stoffe)*

blast furnace feed *(Hütt)* Hochofenein-satz *m (Hochofeneinsatzstoffe)*

blast furnace feed materials *pl (Hütt)* Hochofeneinsatz *m (Hochofeneinsatz-stoffe)*

blast hole *(Bergb)* Bohrloch *n*

blast pattern *(Bergb)* Sprengmuster *n*

blast pipe *(Hütt/Walz)* Düse *f*

blast plate *(Stb)* Rauchschutztafel *f*

blast pressure *(Tech)* Winddruck *m (Hochofen)*

blast roasting *(Hütt)* Sinterröstung *f*

blast wheel *(Hütt)* Schleuderrad *n (beim Sandstrahlen)*

blasting *(Anstr)* Abstrahlen *n*, Strahlen *n*

blasting *(Bergb)* Sprengarbeit *f*

bleb *(Met)* Butzen *m*

bleed *v (Hydr/Pneu)* ablassen, ausströ-men lassen, auslaufen *(z. B. Flüssig-keiten)*

bleed *v (Hütt/Walz)* anzapfen

bleed *v (Kfz)* entlüften *(z. B. Bremsleitung)*

bleed *v (Stat)* nachlassen *(Spannung)*

bleed *v off (Petr)* abfackeln *(z. B. nicht nutzbare Gase)*

bleed off *(Tech)* Ablaufregelung *f*, Ne-benschluss *m (Öl)*

bleed port *(Mess, Vent)* Auslassöffnung *f*

bleeder *(Hydr/Pneu)* Bodenablass *m (z. B. Tank)*; Entlüfter *m (z. B. der Bremsleitung)*

bleeder *(Tech)* Entlüftungsleitung *f*

bleeder *(Vent)* Leckventil *n*

bleeder pipe *(Anstr)* Abfackelrohr *n*

bleeder valve *(Hydr/Pneu)* Auslassventil *n*

blend *v (Hütt)* möllern *(das Chargiergut mischen)*; gattieren *(Erze)*

blend *v (Tech, Umschl)* mischen *(Erze usw.)*

blend *(Mess)* Gemenge *n*

blend decomposition *(Geo, Ökol)* Ent-mischung *f*

blending *(Chem)* Homogenisierung *f (Mischung)*

blending *(Hütt)* Gattieren *n (Erze)*

blending bed *(Tech)* Mischbettanlage *f (Bergbau)*

blending bin *(Hütt)* Mischsilo *n*

blending equipment *(Bergb)* Mischein-richtung *f*

blending reclaimer *(Bergb)* Mischbett-aufnahmegerät *n*

blending yard *(Umschl)* Mischlager *n*

blidder *(Stb)* Hutventilbühne *f*

blind *v (Tech)* verstopfen *(Sieb)*

blind *adj* blind

blind *(Baut)* Jalousie *f*

blind *(Baut, Tech)* Blende *f (Fensterladen, Rouleau, Jalousie)*

blind *(Verd)* Steckscheibe *f*

blind flange *(Tech)* Blindflansch *m*

blind hole *(Tech)* Grundloch *n*; Blindloch *n*, Sackloch *n*

blind rivet *(Tech)* Blindniet *f*

blinder *(Tech)* Fitschbandstift *m*, Fit-schenband *n*

blinding concrete *(Bau)* Sauberkeits-schicht *f*

blip *(Elek, Prüf)* Echozeichen *n*

blip code *(Fot)* Suchmarkierung *f (Mik-rofilm)*

blister *(Hütt, Stb)* Blase *f*

blister copper *(Met)* Blasenkupfer *m*

blister-free *adj* *(Met)* blasenfrei

blistering *(Anstr, Met)* Blasenbildung *f* *(z. B. Anstrich)*

blistering *(Walz)* Bläschenbildung *f*

block *v* *(Tech)* absperren *(z. B. Wasser, Strom, Gas)*; blockieren, sperren, verriegeln, versperren, verstopfen *(meist ungewollt)*; zustellen *(versperren)*

block *(Baut)* Häuserblock *m*

block *(Hütt)* Kurzwalzblock *m*; Stein *m* *(groß, im Unterofen)*

block *(Hütt/Walz)* Block *m* *(Blei, Kupfer usw.)*

block *(Tech)* Flaschenzug *m*

block and tackle *(Tech)* Flaschenzug *m*

block brake *(Bahn)* Klotzbremse *f* *(Bahn)*; Klotzsohle *f* *(auswechselbar)*

block clamp *(Tech)* Steinklammer *f* *(an Lader oder Stapler)*

block clamp arm *(Tech)* Seitenklammerarm *m*, Steinklammerarm *m*

block clearance *(Tech)* Bremsklotzabstand *m*, Bremsklotzspiel *n*, Klotzspiel *n* *(des Bremsklotzes)*

block diagram *(Elek)* Blockdiagramm *n*, Blockschaltbild *n*

block diagram *(Tech)* Schema *n*

block diagram *(Zeich)* Wirkungsplan *m*

block letters *pl* *(Tech)* Druckschrift *f*

block leveller *(Mech)* Hobelmaschine *f*

block load *(Tech)* Bremsklotzkraft *f*

block machine *(Form)* Steinpresse *f*

block of flats *(Baut)* Mehrfamilienhaus *n*, Wohnhaus *n*

block-out *(Stb)* Aussparung *f* *(z. B. für Geländer)*

block radiator *(Tech)* Teilblockkühler *m*

block shell *(Kran)* Flaschengehäuse *n*

block stacking assembly *(Hydr, Vent)* Blockverkettung *f*

block tackle *(Bau)* Seilflasche *f*

blockage *(Förd, Umschl)* Überschüttung *f*

blockage *(Tech)* Verstopfung *f*

blocked *adj* *(Tech)* gesperrt

blocked chute detector *(Elek, Förd)* Schurrenüberwachung *f*, Überschüttungswächter *m*

blocked chute switch *(Elek)* Schurrenverstopfungsendschalter *m*, Schurrenverstopfungsschalter *m*

blocking element *(Tech)* Arretierung *f*

blocking of the readout *(Elek)* Anzeigensperre *f*

blocking oscillator *(Elek)* Sperrschwinger *m*

blondin *(Bergb)* Seilschwebebahn *f* *(Pendelbahn)*

bloom *(Hütt/Walz)* Block *m* *(Halbzeug)*; Vorblock *m*, Walzblock *m*

bloomed *adj* blockgewalzt

blooming *(Anstr)* Anlaufen *n*, Beschlagen *n*, Schleierbildung *f*, Weißanlaufen *n*

blow *v* **off** *(Tech)* abblasen *(Schmutz, Staub)*

blow *v* **out** *(Hütt/Walz)* ausblasen *(Überhitzer)*; verpuffen

blow *v* **out** *(Kfz)* ausplatzen *(z. B. die Dichtung)*

blow *v* **out** *(Tech)* herausplatzen

blow *(Bergb)* Schlag *m* *(Erschütterung)*; Stoß *m* *(des Hydro-Hammers)*

blow bar *(Bergb)* Schlagleiste *f* *(im Brecher)*

blow folding press *(Hütt/Walz)* Schlagpresse *f* *(zum Abkanten)*

blow forging press *(Hütt/Walz)* Schlagpresse *f* *(zum Schmieden)*

blow hole *(Hütt, Stb)* Blase *f* *(Lunker)*

blow hole *(Met)* Lunker *m*

blow-in *(Tech)* Inbetriebnahme *f* *(Hochofen)*

blow lamp *(Schw, Werkz)* Lötlampe *f*

blow-off valve *(Hydr/Pneu, Tech)* Ablasventil *n*

blow pipe *(Schw, Werkz)* Lötrohr *n*

blow torch *(Schw, Werkz)* Lötlampe *f*

blowdown *(Hütt)* Tiefblasen *n* *(Hochofen)*

blowdown *(Hütt/Walz)* Absalzung *f* *(Abschlämmung)*; Abschlämmung *f* *(Absalzung)*

blowdown valve *(Hydr/Pneu, Vent)* Abschlämmventil *n*; Schlammausblaseventil *n*

blower *(Elek, Tech)* Gebläse *n*, Ventilator *m*

blower fan *(Kfz)* Drucklüfter *m*

blower fan *(Walz)* Zuluftgebläse *n*

blower kit *(Tech)* Gebläseüberholsatz *m*

blower repair *(Tech)* Gebläseüberholsatz *m*

blowhole *(Met)* Gasblase *f*

blown steel *(Met)* Blasstahl *m* *(Konverter)*

blowpipe *(Mont, Schw)* Brenner *m*

blowpipe *(Hütt)* Düsenspitze f *(Düsenrohr, Blasspitze)*

blue v *(Tech)* eintuschieren *(Lager, Zahnräder, Kugelpilz usw.)*

blue adj *(Anstr)* blau

blue brittleness *(Hütt, Met)* Blausprödigkeit f

blue gel adsorber *(Hydr/Pneu)* Blaugeladsorber m, Luftentfeuchter m

blue powder *(Met)* Zinkstaub m

blued adj *(Met)* gebläut *(z. B. Metalloberfläche)*

blueprint *(Tech)* Pause f *(Lichtpause)*; Plan m *(Pause, Arbeitsblatt)*

blueprint *(Zeich)* Blaupause f

blunt adj *(Tech, Werkz)* stumpf

blunt adj *(Werkz)* unscharf *(z. B. Klinge)*

blunt file *(Werkz)* Stumpffeile f

blurred adj *(Werkz)* unscharf *(Fotografie)*

BM *(Met)* Grundwerkstoff m, GW m

board *(Tech)* Brett n, Graupappe f, Karton m *(Versandgeschäft)*; Pappe f

boardwalk *(Bau)* Fußweg m

bob *(Mech)* Schwabbelscheibe f *(Polierwerkzeug)*

bobbin *(Tech)* Haspel f *(Tonbandaufrollung)*; Spule f *(Film, Magnetband)*

body *(Schiff)* Bootsrumpf m

body *(Tech)* Gehäuse n; Karosserie f *(Kraftfahrzeug)*; Kasten m, Körper m, Mulde f *(des Kippers)*; Lkw-Mulde f *(Dumper)*

body *(Vent)* Gehäuse n *(z. B. eines Ventils)*

body-bound rivet *(Tech)* Spreizniet m

body-centered adj *(Met)* raumzentriert *(Kristallgitter)*

body-centered cubic adj *(Met)* kubisch-raumzentriert *(Kristallgitter)*

body diameter *(Stb)* Schaftdurchmesser m

body extension *(Kfz)* Bordwanderhöhung f *(am Lkw)*

body manufacturing *(Tech)* Muldenbau m *(Fabrikation)*

body spoon *(Tech)* Löffeleisen n *(Kfz-Reparatur)*

body support *(Kfz)* Aufbaustütze f *(z. B. auf Dumper)*; Aufbauträger m *(z. B. auf Dumper)*

body tube *(Lab)* Tubus m *(Mikroskop)*

BOF *(Hütt)* Sauerstoffkonverter m *(basic oxygen furnace)*

BOF shop *(Hütt)* Sauerstoffstahlwerk n

(Stahlerzeugungsteil des Gesamtkomplexes)

BOF steelmaking plant *(Hütt)* Sauerstoffstahlwerk n

bogie *(Bahn)* Drehgestell n

bogie *(Bergb)* Teckel m

bogie *(Bergb, Tech)* Fahrwerk n, Fahrwerksgruppe f

bogie *(Hütt)* Wagengestell n

bogie *(Zer)* Schwinge f *(Laufradschwinge)*

bogie beam *(Bergb)* Fahrwerksträger m, Pendelbalken m *(Tandemachse am Grader)*

bogie-bearing cup *(Tech)* Drehpfanneneinlage f *(im Drehgestell)*; Gleiteinlage f *(in der Drehgestellpfanne)*

bogie connection *(Bergb)* Zwischenradschwinge f

bogie cross beam *(Bergb)* Knüppelschwinge f

bogie for goods wagon *(Bahn)* Güterwagendrehgestell n

bogie girder *(Bergb)* Fahrwerksträger m

bogie pin *(Bahn)* Drehzapfen m *(z. B. am Drehgestell)*

bogie wheel *(Kran)* Schwingenrad n

bogus value *(Mess)* mittelbarer Wert m

boiler *(Tech)* Kessel m

boiler barrel *(Tech)* Kesselschuss m *(gebogene Blechstücke)*

boiler test *(Hütt/Walz)* Abnahmeverbrauch m

boiler tube *(Hütt/Walz)* Siederohr n

boiler tube *(Met)* Apparaterohr n *(z. B. für Kessel)*; Kesselrohr n, Kessel- und Apparaterohr n

boiler water blow-down *(Hütt/Walz)* Absalzung f *(Abschlammung)*; Abschlämmung f *(Absalzung)*; Kesselwasserabschlämmung f; Entsalzung f *(Trommel)*

boiler with slag-tap furnace *(Hütt/Walz)* Schmelzkessel m

boiling test *(Anstr)* Kochversuch m *(z. B. Stahl)*

bold-print *(Tech)* Fettdruck m

bollard *(Stb)* Poller m

bolster v *(Tech)* verstärken *(aussteifen)*

bolster *(Bahn)* Hauptquerträger m *(des Waggons)*

bolster *(Hütt, Walz)* Druckplatte f *(Strangpresse)*

bolster *(Tech)* Druckstück n

bolt adj (Tech) Bolzen…, Schrauben…, Schraubenkopf…

bolt v (Tech) abriegeln, festsetzen, feststellen (festsetzen, fixieren); verbolzen, verriegeln, verschrauben, zuriegeln; mit Bolzen befestigen

bolt v **on** (Mont, Tech) anschrauben, schrauben (festziehen)

bolt (Bau) Bolzen m (Riegel); Riegel m (Schloss)

bolt (Tech) Bolzen m (mit oder ohne Kopf); Schraube f (mit Mutter); Stift m (mit Mutter)

bolt anchorage (Tech) Verankerung f (des Tunnelausbaus)

bolt circle (Tech) Lochkreis m

bolt circle diameter (Tech) Lochkreis m

bolt lock (Tech) Bolzensicherung f, Schraubensicherung f, Spaltvorstecker m, Vorstecker m

bolt-on tooth (Tech) Schraubzahn m

bolt tensioner (Tech, Verd) Schraubenvorspannvorrichtung f

bolt thread (Tech) Schraubenbolzen m, Schraubengewinde n

bolt welding (Schw) Bolzenschweißen n

bolt with handle (Tech) Stangenverschluss m (Tür)

bolt with head (Tech) Bolzen m mit Kopf

bolt without head (Tech) Bolzen m ohne Kopf

bolt with reduced shank (Tech) Dehnschraube f

bolted adj (Tech) geschraubt, verschraubt

bolted connection (Tech) Schraubenverbindung f, Verschraubung f (mit Durchsteckschrauben)

bolted joint (Tech) Schraubenverbindung f, Schraubstoß m

bolted-on adj (Mont, Tech) angeschraubt

BOM (Tech) Stückliste f

bomb (Bergb) Fallbirne f

bond v (Bau) durchbinden

bond v (Chem) binden

bond v (Tech) kleben (etw. mit Klebstoff festkleben); verbinden

bond (Bau, Stb) Haftung f (zwischen Beton und Stahl); Verband m, Verbund m

bond (Baut) Mauerverband m

bond (Met) Haftfähigkeit f

bond (Stb, Tech) Bindung f

bond (Tech) Brücke f (Schaltbügel)

bond strength (Kunst) Klebkraft f

bond strength (Met) Bindefestigkeit f

bonded adj (Chem) gebunden (Wärme)

bonded coating (Anstr) Molykote-Gleitlack m

bonderize v (Anstr) bondern (patentiertes Verfahren); phosphatieren

bonderized adj (Anstr) gebondert

bonding (Tech) Klebung f

bonding agent (Hütt, Walz) Bindemittel n (zur Herstellung von Pellets)

bonding agent (Tech) Binder m (Klebstoff); Kleber m (in dicker Schicht); Klebstoff m (in dicker Schicht)

bonding cement (Tech) Binder m (Klebstoff); Kleber m (in dicker Schicht); Klebstoff m (in dicker Schicht)

bondstone (Bau) Bindestein m

boning rod (Tech) Visiertafel f

bonnet (Kfz) Haube f, Motorhaube f

bonnet truck tractor (Kfz) Haubenzugmaschine f, HZ f (Haube)

booklet (Tech) Gebinde n (Pwz-Gebinde)

Boolean diagram (Mess) Wahrheitstafel f

boom (Bergb) Ausleger m

boom (Kran) Rillung f (einer Seiltrommel)

boom (Stb) Flansch m (eines Trägers)

boom (Tech, Stb) Gurt m (Fachwerkträger)

boom gantry (Bergb) Seilgerüst n (hält den Ausleger); Seilstütze f (für Seilbaggerausleger)

boom hoist (Kran) Einziehwerk n (Kranausleger)

boom probe (Bergb, Umschl) Haldenmesssonde f

boom slewing angle transducer (Elek) Schwenkstellungsgeber m

boom stacker (Umschl) Bandabsetzer m, Platzbelader m (für Mineral auf Halde)

boom tail (Bergb, Umschl) Auslegerspitze f (Heck)

boom-type stacker (Umschl) Absetzer m mit Ausleger, Absetzer m (für Mineral auf Halde); Platzbelader m (für Mineral auf Halde)

boost v (Tech) fördern (kräftigen); kräftigen, nachhelfen (unterstützen); unterstützen

boost charge (Elek) Schnellladung f (Batterie)

boost pressure valve *(Vent)* Speise-druckventil *n*

boost pump *(Hydr/Pneu)* Füllpumpe *f*, Speisepumpe *f*

boost valve *(Vent)* Einspeiseventil *n*

booster *(Hydr/Pneu)* Servoeinrichtung *f*, Verstärker *m* *(Hilfsmotor)*

booster *(Tech)* Zusatzantrieb *m*

booster cylinder *(Hydr/Pneu, Tech)* Servozylinder *m* *(Druckübersetzer)*

booster cylinder *(Tech)* Hilfszylinder *m*

booster pump *(Hydr/Pneu)* Druckerhöhungspumpe *f*, Förderpumpe *f*, Pumpe *f* zur Servoeinrichtung, Zusatzpumpe *f*

boot *(Form)* Ansenkung *f* *(Vertiefung)*

boot *(Kfz)* Kofferraum *m*

boot *(Tech)* Manschette *f* *(Einsteckmuffe)*

border *(IT)* Umrandung *f*

border *(Tech)* Rahmen *m* *(Begrenzung)*

bordering *(Stb)* Einfassung *f* *(Rand, Kante)*

bordering sheet *(Stb)* Randblech *n*

borderline *(Tech)* Begrenzung *f*

borderline case *(Tech)* Grenzfall *m*

bore *v* *(Bergb, Tunn)* bohren *(Tunnel usw.)*

bore *v* *(Mech)* aufbohren, ausbohren, bohren *(mittels Bohrstahl)*

bore *(Hydr/Pneu)* Durchgangsöffnung *f* *(Ventil)*

bore *(Mech, Petr)* Bohrloch *n* *(mittels Bohrstahl)*

bore dimension *(Tech)* Innendurchmesser *m* *(einer Luppe)*

bore rods *pl* *(Petr)* Bohrgestänge *n*

borefit for dowel *(Tech)* Passbohrung *f*

borehole *(Mech, Petr)* Bohrloch *n* *(mittels Bohrstahl)*; Bohrung *f*

boring *(Mech)* Bohrung *f*

boring *adj* *(Mech)* Bohr…

boring rate *(Tunn)* Vortriebsleistung *f*

bosh *(Hütt)* Rast *f* *(Hochofen)*

boss *v* *(Tech)* senken *(z. B. Naben)*

boss *(Form)* Ansenkung *f* *(Nabe)*

boss *(Lag)* Lagernabe *f*

boss *(Tech)* Auge *n*, Nabe *f* *(Vorsprung)*; Nocken *m* *(zur Verstärkung um ein Gewindeloch)*; Putzen *m*, Vorsprung *m* *(am Maschinenteil)*

boss plate *(Tech)* Lochplatte *f*

bottle *(Tech)* Flasche *f* *(z. B. für Gas)*

bottleneck *(Fert, Tech)* Engpass *m* *(enge Stelle)*; Nadelöhr *n* *(enge Stelle)*

bottom *adv* *(Tech)* unten *(in Zeichnungen)*; Boden…, Unter…,

bottom *(Bergb)* Liegendes *n* *(eines Flözes)*

bottom *(Förd)* Laufseite *f* *(Gurt)*

bottom *(Geo)* Sohle *f* *(Boden)*

bottom *(Hütt/Walz, Tech)* Boden *m* *(des Hochofens)*

bottom *(Schiff)* Kiel *m* *(Schiffsteil)*; Kielraum *m* *(Bilge)*

bottom *(Tech)* Rückwand *f* *(Ultraschall)*

bottom bracket *(Stb)* Aufsetzwinkel *m*

bottom chord *(Stb)* Dachbinderuntergurt *m*; Untergurt *m* *(Blechträger)*; Untergurt *m* *(Fachwerkträger)*

bottom clearance *(Tech)* Kopfspiel *n*

bottom-dump shovel *(Bergb)* Bodenentleerschaufel *f*, Klappschaufel *f*; Felsklappschaufel *f*

bottom echo *(Elek)* Rückwandecho *n* *(Ultraschall)*

bottom flange *(Stb)* Unterflansch *m*, Untergurt *m* *(z. B. eines Trägers)*

bottom hole *(Tech)* Grundloch *n*

bottom landing *(Bergb)* Schachtfüllort *m*

bottom revolving crane *(Kran)* Untendreher *m*

bottom supported boiler *(Hütt/Walz)* abgestützter Kessel *m*, unten abgestützter Kessel *m*

bottom view *(Tech, Zeich)* Ansicht *f* von unten; Untersicht *f* *(der Rolltreppe)*

bottom width *(Bergb)* Sohlenbreite *f* *(des Grabens)*

bottom width *(Tech)* untere Breite *f* *(Keilriemen)*

bottomless bucket *(Bergb)* Schürfeimer *m*

bought-in scrap *(Hütt)* Zukaufschrott *m* *(Fremdschrott)*

boulder *v* *(Bergb)* knäppern *(Brocken bearbeiten)*

boulder *(Bau)* Stein *m*

boulder *(Bergb, Geo)* Block *m* *(großer Stein)*; Findling *m*, Knäpper *m* *(großer Steinbrocken)*

boulder clay *(Geo, Bau)* Geschiebelehm *m*

boulder window *(Bergb)* Knäpperscheibe *f*

boulder work *(Bergb)* Knäppereinsatz *m*

boulders *pl* *(Geo)* Felsbruchstücke *npl*, Geröll *n*, Schotter *m*, Steine *mpl*

bounce v (Tech) aufprallen
bounce v **back** (Prüf) zurückprallen (Ultraschall)
bounce (Tech) Stoß m (Schlag, Schub)
boundary (Tech) Begrenzung f
boundary condition (Tech) Grenzbedingung f, Randbedingung f
boundary echo (Elek, Prüf) Begrenzungsecho n
boundary effect (Elek) Randeffekt m
boundary surface (IT) Grenzfläche f
bounding (Stb, Tech) Bindung f
Bourdon type pressure switch (Hydr) Rohrfederdruckschalter m
bow (Schiff) Bug m (des Schiffes)
bow (Tech) Bügel m (Schäkel); Krümmung f
bow (Verd) Verbiegung f (z. B. eines Läufers)
bow girder (Tech) Bremsdreieck n (des Waggons)
bow-type handle (Tech) Bügelgriff m
Bowden cable (Kfz) Bowdenzug m
Bowden line (Kfz) Bowdenzug m
bowed adj (Tech) bombiert (bogenförmig)
bowl (Bergb) Kübel m (Kratzer)
bowl (Tech) Schale f (Kugel)
bowl (Zer) Brechrumpf m, Traversenrumpf m
bowl classifier (Aufb) Schüsselklassierer m
bowl mill (Zer) Schüsselmühle f
box (Tech) Kasten…
box (Elek) Dose f, Kasten m, Muffe f
box (Tech) Gehäuse n, Kasten m, Kiste f
box charger (Hütt) Muldenchargiermaschine f
box cut (Bergb) Aufschlussgraben m
box cut (Tech) Einschnitt m
box design (Bergb, Stb) Kastenkonstruktion f; Kastenträgerkonstruktion f
box end (Tech) Bügelkopf m (einer Schubstange)
box end wrench (Werkz) Maulringschlüssel m
box frame (Met) Kastenträger m
box-frame motor (Elek) Blockmotor m
box girder (Met, Stb) Hohlträger m; Kastenträger m
box spanner (Werkz) Ringschlüssel m, Sechskant-Stiftschlüssel m, Steckschlüssel m, Stiftschlüssel m
box-type adj (Tech) Kasten…

box-type frame (Tech) Rahmen m (mit Kastenprofil)
box-type motor (Elek) Blockmotor m
box wrench (Werkz) Ringschlüssel m, Ringschlüssel m, Steckschlüssel m
boxed adj (Schw) umschweißt (um drei Seiten)
boxed-in section (Met) Kastenquerschnitt m
boxing (Schw) Umschweißung f (um drei Seiten)
boxing (Tech) Verpackung f (in Kisten)
brace v (Stb, Tech) abspannen, abspreizen (verstreben); absteifen (verstreben); abstreben (verstreben); aussteifen (verstreben); versteifen, verstreben; verspannen
brace v **up** (Stb, Tech) abspreizen, absteifen; abstreben, aussteifen, versteifen (verstreben); verstreben
brace (Bau, Stb) Verstrebung f
brace (Mech) Bohrwinde f
brace (Tech, Stb) Steife f (Strebe); Strebe f (eines Fachwerks)
brace (Werkz) Handbohrer m (spindelförmig)
braced arch (Bau) Fachwerkbogen m
bracing adj (Tech) Verband…
bracing (Bau, Stb) Verschwertung f, Verstrebung f
bracing (Stb) Aussteifung f (Verstrebung); Verband m (Tragwerk, Hochbau); Verspannung f (z. B. durch Seile); Versteifung f
bracing (Tech) Abspannung f
bracing of boom (Tech) Gurtaussteifung f, Gurtversteifung f
bracket (Lag) Lagerbock m (zweiteilig)
bracket (Tech) Abstützbock m, Auflage f (Stütze); Auflagerbock m, Auflagerkonsole f, Bock m (angegossener Sitz); Bügel m (Befestigungsschelle); Halterung f, Konsole f; Lagerung f (des Schaltschrankes); Pratze f, Stütze f (Träger); Träger m (zur Abstützung); Kragarm m
bracket (Werkz) Knagge f
bracket angle (Stb, Tech) Reitwinkel m; Tragwinkel m
bracket clip (Tech) Steglasche f
bracket support (Stb) Kragstütze f
braid v (Elek) flechten (zopfartig verweben)

braid (Tech) Tresse f (Textil- oder Metall-litze); Umflechtung f (eines Schlauches)
braided hose (Tech) Panzerschlauch m
brake adj (Tech) Brems...
brake v (Tech) abbremsen (Bremse be-tätigen, Bremswirkung erzeugen); bremsen
brake (Bahn) Packwagen m
brake (Tech) Bremse f
brake bell (Tech) Kegelbremsscheibe f
brake data pl (Tech) Abbremswert m
brake drum (Kfz) Backenbremstrommel f
brake energizer (Tech) Bremskraftver-stärker m
brake horsepower (Tech) Bremskraft f, Bremsleistung f, Brems-Pferdestärken fpl, Brems-PS fpl, HP-Leistung f (Bremse); Nettoleistung f (Bremse); Nutzleistung f (Bremse)
brake HP (Kfz, Tech) Wellen-PS n
brake line coupling (Tech) Kupplungs-kopf m
brake operated by counterweight (Tech) Gewichtsbremse f
brake pad (Bahn) Bremssohle f (Brems-backe)
brake pad (Tech) Bremsbacke f, Bremsklotz m (Scheibenbremse); Bremsschuh m
brake pedal (Kfz, Tech) Bremspedal n; Bremsfußhebel m
brake pull rod (Tech) Bremslasche f, Bremszugstange f
brake rigging (Tech) Bremsgestänge n
brake-rod system (Tech) Bremsgestän-ge n
brake thrustor (Hydr/Pneu) Bremslüfter m, Motordrücker m
brake thrustor (Tech) Lüfter m (Brems-lüfter)
brake valve (Kfz, Vent) Bremsventil n (Feinregelventil für Feststellbremse)
brake wear-limit switch (Tech) Brems-hub-Endschalter n
braking (Hydr/Pneu, Tech) Abbremsung f, Bremsung f, Bremsvorgang m
branch (Elek) Abzweig m (I-Leitung); Abzweig m (Stichleitung); Abzweig m (von Hauptleitung); Abzweigleitung f (Netz); Abzweigstromkreis m (für Steckdose)
branch (Tech) Abzweigung f, Bereich m (Sparte, Teilgebiet)

branch box (Elek) Kabelverzweiger m
branch circuit (Elek) Abzweig m (I-Lei-tung); Abzweigleitung f, Abzweig-stromkreis m (für Steckdose)
branch-circuit terminal (Elek) Ab-zweigklemme f
branch connection weld (Schw, Verd) Stutzennaht f
branch feeder (Elek) Abzweigleitung f (Netz)
branch-feeder unit (Elek) Abzweig m (Verteilereinheit)
branch joint (Elek) Abzweigklemme f, Abzweigverbindung f
branch junction element (Mess) Ver-zweigungselement n
branch line (Bahn) Kreisbahn f
branch line (Elek) Abzweigleitung f (Netz); Stichleitung f (Netz)
branch line (Hütt) Stichleitung f (Elek-troofenkühlung)
branch of business (Tech) Geschäfts-bereich m
branch pipe (Hütt) Stichleitung f (Elek-troofenkühlung)
branch pipe (Tech) Abzweigung f (eines Rohres)
branch terminal (Elek) Abzweigklemme f
branch weld (Schw, Verd) Stutzennaht f
branched adj (Tech) verzweigt
branching box (Elek) Abzweigdose f
branching point (Mess) Verzweigungs-stelle f (Regelkreis)
brand-name product (Tech) Markenar-tikel m
brass (Met) Messing n
braze v (Schw) löten (hart)
brazed adj (Met) hartgelötet
brazed joint (Schw, Tech) Lötverbindung f
brazing alloy (Met) Hartlot n
breach (Fert) Räumen n (Fertigungsver-fahren)
breaching (Fert) Räumen n (Fertigungs-verfahren)
break v (Bergb) aufbrechen (z. B. Boden); auflockern (z. B. den Boden)
break v (Tech) knicken (abbrechen); rei-ßen
break v (Zer) brechen (zerbrechen, zer-kleinern)
break v away (Elek) anziehen (z. B. Motor)

break v **down** (Chem, Tech) aufgliedern
(aufschlüsseln)
break v **down** (Tech) aufschlüsseln, einteilen (aufteilen); kaputtgehen
break v **off** (Tech) abbrechen (beenden)
break v **out** (Bergb) knippen; lösen (mit
dem Löffelstiel)
break v **up** (Bergb) aufbrechen (z. B.
Boden); auflockern (z. B. den Boden)
break v **up** (Zer) brechen (zerbrechen,
zerkleinern); zerkleinern
break (Baut, Tech) Zwischenraum m
break (Elek) Kontaktabstand m
break (Met, Prüf) Bruchstelle f
break (Met, Tech) Anriss m (Bruch); Riss
m
break (Tech) abgebrochener Schnitt m,
Öffnung f (Zwischenraum, Unterbrechung, Bruch); Unterbrechung f (z. B. in
einer Zeichnung)
break contact (Elek) Öffner m, Öffnungskontakt m, Ruhekontakt m
break contact element (Elek) Öffner m,
Öffnungskontakt m
break-in period (Tech) Einfahrzeit f,
Einlaufzeit f
break-off pin (Bergb) Abbrechstift m
(rutschfeste Platte)
break-off torque (Tech) Losbrechmoment n
break-out (Hütt) Durchbruch m (des
Hochofens); Durchbruch m (eines gegossenen Stranges)
break pin (Tech) Sollbruchbolzen m
break point (Mess) Ansprechschwelle f
breakage (Met) Bruchbildung f (DIN
50035)
breakaway starting current (Elek) Anzugsstrom m (Motor)
breakaway torque (Elek) Anzugsmoment n (Motor)
breakaway torque (Tech) Anzugsdrehmoment n, Losbrechmoment n
breakdown (Elek) Durchbruch m (bei
Diode, Transistor); Durchschlag m
(elektrische Isolierung)
breakdown (Tech) Aufgliederung f Auf-
schlüsselung f (Unterteilung); Ausfall m,
Betriebsstörung f (z. B. Maschine);
Einteilung f, Gliederung f (Erzeugnisstruktur); Maschinenschaden m, Panne
f (auch beim Kfz); Störung f (z. B. eines

Gerätes); Zusammenbruch m (Störung
einer Maschine)
breakdown (Walz) Vorwalzen n
breakdown bushing (Tech) Schwimmring m (breit, einer Gleitringdichtung)
breakdown stand (Walz) Vorgerüst n
breakdown torque (Elek) abgebremstes
Drehmoment n, Kippmoment n (des
Motors)
breaker (Bergb) Aufbrechhammer m (am
Hydraulikbagger); Aufbruchhammer m,
Hammer m (z. B. hydraulisch)
breaker (Elek) Schutzschalter m, Unterbrecher m
breaker (Werkz) Abbruchhammer,
Handhammer m
breaker (Zer) Panzereinlage f, Panzerlage
f
breaker cord strip (Förd) Cordgewebe n
(Gurt)
breaker hammer (Hydr/Pneu, Werkz)
Abbauhammer m
breaker ring (Tech) Brechring m (z. B.
Kupplung)
breaker ring coupling (Tech) Brechringkupplung f
breaker strip (Zer) Panzereinlage f,
Panzerlage f
breaking (Bergb) Auflockern n
breaking (Geo, Bergb) Auflockerung f
breaking (Zer) Brechen f
breaking capacity (Elek) Abschaltleistung f, Ausschaltleistung f, Ausschaltvermögen n, Schaltleistung f, Schaltleistung f (Einschalten)
breaking elongation (Met, Prüf) Bruchdehnung f (Verlängerung)
breaking limit (Met, Prüf) Bruchgrenze f
breaking load (Met, Prüf) Bruchbelastung f, Bruchlast f
breaking operation (Elek) Ausschalten n
(z. B. Schaltgerät); Ausschaltung f
breaking power (Elek) Abschaltleistung
f, Ausschaltleistung f, Ausschaltvermögen n
breaking strength (Met, Prüf) Bruchdehnung f, Bruchkraft f, Reißfestigkeit f
breaking stress (Met, Prüf) Bruchbeanspruchung f, Bruchspannung f, Zerreißspannung f
breaking test (Prüf, Schw) Bruchprobe f
breaking tool (Werkz) Brechwerkzeug n
breakout (Hütt) Durchbruch m (eines

gegossenen Stranges); Durchbruch m (Elektroofen)

breakout force (Bergb) Aufbrechkraft f, Knippkraft f (der Ladeschaufel); Losbrechkraft f

breakwater (Hydr/Pneu) Buhne f

breakwater stone (Bergb) Wasserbaustein m

breast drill (Werkz) Brustleier f

breather adj (Tech) Belüftungs..., Entlüftungs..., Luft..., Lüftungs...

breather (Hydr/Pneu) Atmungsfilter m, Belüftung f (Belüftungsventil); Belüftungsfilter m, Entlüfter m

breather (Kfz) Belüfter m, Entlüftungseinrichtung f

breather (Tech) Lufthaube f, Lüftungskanal m

breather (Vent) Schnüffelventil n

breather cap (Kfz) Filterhaube f

breathing mask (Mont) Atmungsmaske f

breeches joint box (Elek) Abzweigmuffe f (Y-Verbindung)

breeches pipe (Hütt/Walz) Gabelrohr n, Hosenrohr n, Zweiwegegabelstück n

breeching (Hütt) Schornsteinfuchs m

breeder (Elek) Brüter m (Atomkraftwerk)

breeze (Hütt) Feinkoks m

brick v (Baut) mauern

brick v up (Baut) mauern, zumauern

brick v up (Stb) ausmauern

brick adj (Bau, Hütt) Stein..., Ziegel...

brick (Bau) Mauerziegel m, Stein m (Ziegelstein); Ziegel m, Ziegelstein m

brick (Hütt) Stein m (Ausmauerung)

brick (Hütt/Walz) Block m (Steingruppe für Hochofen)

brick-on-edge (Stb) Rollschicht f

bricklayer (Baut) Maurer m

bricksetting (Baut) Mauerwerk n

bricksetting (Hütt/Walz) Kesseleinmauerung f

brickwork (Bau) Mauerwerk n, Maurerarbeit f

brickwork (Stb) Ausmauerung f (Mauerwerk)

brickworks (Bau) Ziegelei f

brickyard (Bau) Ziegelei f

bridge adj (Bergb, Elek, Tech) Brücken...

bridge v (Tech) überbrücken

bridge (Bau, Stat) Brücke f, Überführung f

bridge (Elek) Brücke f (Stromrichter, Messbrücke)

bridge (Schiff) Schiffsbrücke f

bridge bars pl (Schw) Heftklammern fpl (beim Rohrschweißen)

bridge conductors pl (Kran) Katzstromzuführung f

bridge crane (Kran, Stb) Brückenkran m

bridge girder (Tech) Brückenträger m, Überbrückungsträger m

bridge spreader (Bergb) Absetzerbrücke f, Brückenabsetzer m (im Tagebau)

bridge-type (Tech) Brücken...

bridging (Hütt/Walz) Brückenbildung f (Brennstoff)

bridging (Stb, Tech) Aussteifung f, Versteifung f

bridging equipment (Stb) Brückengerät n

bridle (Hütt) Anpressvorrichtung f

bridle (Tech) Traverse f

bridle (Walz) Zugrollengerüst n

bridle roll unit (Walz) Zugrollengerüst n

brief adj (Tech) kurz

briefing (Tech) Einsatzbesprechung f

bright adj (Anstr, Tech) blank (glänzend)

bright drawn adj (Tech) blank gezogen

bright steel (Met, Stb) blanker Stahl m, Blankstahl m

bright tin coating (Walz) Glanzverzinnung f

brightening (Elek, IT, Licht) Aufhellung f

brightening (Mech) Blankschleifen n

brightening (Tech, IT) Aufhellen n

brightness control (Licht) Helligkeitsregler m

brightness range (Tech) Objektivhelligkeit f (Fernsehgerät)

Brinell hardness (Hütt/Walz, Met, Prüf) Brinellhärte f, Brinellprobe f

Brinell hardness test (Prüf) Brinell-Härteprüfung f

brinelling (Prüf) Eindrücke mpl (Härteprüfung)

brinelling (Tech) Rattermarken fpl (verhärtete Stellen)

bring v about (Tech) bewirken, verursachen

bring v close to (Tech) heranführen (Material an Maschine)

bring v into line (Tech) aufstellen, ausrichten (in einer Reihe, Ordnung)

bring v on stream (Tech) in Betrieb nehmen

bring v **up** (Tech) hochfahren (einen Kessel)

briquet(te) (Hütt/Walz) Brikett n

brittle adj (Geo) bröckelig (z. B. Eisenerz, Kohle usw.); brüchig (z. B. Eisenerz, Kohle usw.); sprödbrüchig

brittle adj (Met, Tech) spröde

brittle fracture (Met) Sprödbruch m, Trennbruch m

brittleness (Met, Stb) Brüchigkeit f (leicht brechend); Sprödigkeit f, Sprödigkeit f, Versprödung f

broach v (Mech) räumen (Rohrwand bearbeiten)

broach (Hütt/Walz) Räumnadel f (zur Zylinderinnenwandbearbeitung)

broach (Mont) Dorn m (Ziehdorn)

broach (Tech, Werkz) Ahle f

broach (Werkz) Pfriem m

broad adj (Tech) breit, weit

broad band (Elek) Breitband n (z. B. im Funkverkehr)

broad-band transducer (Elek) Breitbandschwinger m (Ultraschall)

broad flanged, broad-flanged adj (Tech) breitflanschig, Breitflansch…

broadcast v (Elek) senden (z. B. Radio, Ultraschall); übertragen (z. B. ein Radioprogramm)

broadcasting tower (Tech) Funkturm m

broaden v (Bau, Tech) verbreitern

brochure (Tech) Prospekt m

broken down adj (Tech) unterteilt

bromine (Bergb) Brom n

bronze (Bergb) Bronze f

bronze step bearing plate (Zer) Bronzespurplatte f

brown coal (Bergb, Geo) Braunkohle f

brush v (Anstr) anstreichen

brush v (Elek) bürsten (säubern)

brush v **on** (Anstr) aufbringen (z. B. Farbe)

brush v **on** (Anstr, Tech) auftragen

brush (Anstr) Pinsel m

brush (Tech) Bürste f, Kehrwalze f (Anbaugerät am Lader)

brush (Walz) Bürstrolle f (Bandwalzwerk)

brush-apply v (Anstr, Tech) aufbringen, auftragen (z. B. Farbe)

brush-coat v (Anstr) anstreichen

brush discharge (Mess) Büschelentladung f

brush for screw (Tech) Schneckenbesen m

brush lead (Elek) Anschlusslitze f, Bürstenlitze f

brush-paint v (Anstr) anstreichen

brush shifting motor (Antr) Verstellmotor m

brush shunt (Elek) Anschlusslitze f, Bürstenlitze f

brush technique (Elek) Bürstenmethode f

brushless adj (Elek) bürstenlos, schleifringlos

brute force approach (Tech) Gewaltmethode f

bubbling (Hütt) Spülen n (z. B. mit Argongas)

bubbling (Tech) Blasenbildung f (Flüssigkeit)

bubbling brick (Tech) Spülstein m (Pfanne)

bucker (Tech) Gegenhalter m (Nieten)

bucket (Bergb) Gefäß n (Grabgefäß); Grabgefäß n (z. B. Löffel); Ladeschaufel f, LS f, Löffel m (Baumaschine); Schaufel f (Bagger)

bucket (Bergb, Umschl) Becher m (am Becherwerk)

bucket (Tech) Eimer m, Kübel m

bucket capacity (Bergb, Umschl) Eimerinhalt m, Löffelinhalt m, Schaufelinhalt m (Kapazität)

bucket chain conveyor (Bergb, Förd) Becherwerkbandanlage f

bucket chain excavator (Bergb) Eisenkettenbagger m, Trockeneimerbagger m

bucket dredger (Bergb) Eimerketten-(schwimm)bagger m

bucket elevator (Bergb) Becherwerk n

bucket excavator (Bergb) Löffelbagger m (mit Tieflöffel)

bucket hinge (Bergb) Löffelanlenkung f (Baumaschine); Schaufelanlenkung f, Tieflöffelanlenkung f

bucket lip (Baum) Schaufelvorderteil m

bucket lip (Bergb) Eimerkante f, Eimerschneidkante f

bucket lip (Tech) Eimermesser m

bucket safety bar (Bergb) Löffelhalter m

bucket wheel boom head (Baum, Bergb, Umschl) Auslegerkopf m, Schaufelradauslegerkopf m, Schaufelradkopf m

bucket wheel cutting process *(Baum, Umschl)* Schaufelradeingriff m

bucket wheel diameter across bucket lips *(Baum, Bergb, Umschl)* Schaufelradschneidkreisdurchmesser m; Schneidkreisdurchmesser m *(Schaufelrad)*

bucket wheel excavator *(Baum, Bergb)* Schaufelradbagger m, SchRs m

bucket wheel reclaimer *(Umschl)* Schaufelradaufnahmegerät n, Schaufelradentnahmegerät n, Schaufelradlader m *(einfach)*; Schaufelradrücklader m, Schaufelradhaldengerät n

bucket wheel reclaiming gantry *(Baum, Umschl)* Schaufelradräumer m

bucket wheel stacker-reclaimer *(Bergb, Umschl)* kombinierter Schaufelradlader m, Kombigerät n

bucket wheel winch *(Baum)* Schaufelradhubwerk n

buckle v *(Stat, Stb)* beulen

buckle v *(Tech)* knicken

buckle *(Mech, Tech)* Beule f *(z. B. Blech)*

buckled *adj (Tech)* bombiert *(gewölbt, gewellt)*

buckling *(Mech, Tech)* Knickung f, Verbeulung f

buckling *(Stat, Stb)* Beulung f, Kippen n *(eines Trägers)*; Knickbeanspruchung f, Knicken n

buckling *(Stb)* Ausbeulen n

buckling coefficient *(Stb)* Knickzahl f

buckling load *(Stb)* Knickbelastung f, Knicklast f, Traglast f

buckling phenomenon *(Stb)* Knickvorgang m

buckling ratio *(Stb)* Knickverhältnis n

buckling resistance *(Met, Stat, Stb)* Beulfestigkeit f, Beulsicherheit f

buckling strength *(Met, Stat, Stb)* Beulfestigkeit, Knickfestigkeit f

buckling strength analysis *(Met, Stat, Stb)* Beulnachweis m

buckling strength calculation *(Met, Stat, Stb)* Beulnachweis m

buckling stress *(Stat, Stb)* Beulspannung f, Knickbeanspruchung f, Knickspannung f

buckling test *(Prüf)* Knickversuch m

bucksaw *(Werkz)* Spannsäge f *(seilgespannt)*; Zimmermannssäge f

buckshot *(Hütt/Walz)* Schrot m *(kleine Kugeln)*

buckstay *(Met, Stb)* Balken m; Riegel m *(Gerüst)*; Träger m

buff v *(Mech)* hochpolieren

buffer *(IT)* Buffer m, Zwischenspeicher m

buffer *(Tech)* Anschlag m *(Begrenzung)*; Begrenzungsanschlag m, Endanschlag m, Puffer m

buffer *(Umschl)* Puffer m *(für Schienengeräte)*

buffer air *(Tech, Verd)* Sperrluft f

buffer amplifier *(Elek)* Trennverstärker m

buffer block *(Tech)* Prellbock m; Puffer m *(für Schienengeräte)*

buffer disc *(Tech)* Anlaufscheibe f, Pufferstoßring m

buffer gas *(Verd)* Puffergas n *(Sperrgas)*; Sperrgas n

buffer plate *(Form, Tech)* Anlaufplatte f

buffer stop *(Tech)* Prellbock m; Puffer m *(für Schienengeräte)*

buffering *(Tech)* Dämpfung f *(z. B. von Stößen, Vibrationen, Lärm)*

buffing machine *(Mech)* Aufraumaschine f, Schleifbock m

build v *(Bau)* erstellen *(z. B. ein Gebäude)*

build v *(Tech)* aufbauen *(bauen, konstruieren)*; bauen, erbauen, strukturieren

build v *(Tech, Bau)* errichten *(z. B. Gebäude, Baustelle)*

build v **in** *(Mont)* einspannen

build v **on** *(Tech)* aufbauen *(daraufbauen, z. B. Stockwerk)*; daraufbauen

build v **up** *(Hydr/Pneu)* aufbauen *(z. B. Druck, magnetisches Feld)*; erzeugen *(z. B. Druck)*

build v **up** *(Schw)* aufschweißen *(Auftragsschweißung)*

build v **up** *(Tech)* ansammeln *(z. B. Schmutz)*; aufbauen *(gestalten, z. B. Organisation, Landschaft, Geschäft)*

build-up *(Chem, Tech)* Anhäufung f *(Büschel)*

build-up *(Hydr, Tech)* Aufbau m *(z. B. von Druck, eines Lagers)*

build-up *(Ökol, Tech)* Ansammlung f *(z. B. von Schmutz)*

build-up of material *(Bergb)* Ballung f des Gutes

build-up of material *(Bergb, Förd, Umschl)* Anwachsen n des Gutes

build-up of material *(Förd, Umschl)* Überschüttung f

build-up of material *(Umschl)* Verschmutzung f *(Rieselgut)*

build-up welding *(Schw)* Auftragschweißung f *(Reparatur)*

builder's hoist *(Bau)* Bauaufzug m

building *(Baut)* Bau m *(Gebäude)*; Bauwerk n

building... *adj (Baut)* Bau...

building block *(Tech)* Baueinheit f *(im Baukastensystem)*; Baustein m *(im Baukastensystem)*

building block concept *(Tech)* Baukastenprinzip n

building carcass *(Bau)* Rohbau m

building column *(Baut, Stb, Walz)* Hallenstütze f

building construction *(Bau, Stb)* Hochbau m

building contractor *(Bau)* Bauunternehmer m *(der den Auftrag übernimmt)*

building implements *pl (Bau)* Baugeräte npl

building mechanics *(Bau)* Baustatik f

building office *(Bau)* Baubude f, Baustellenbüro n

building owner *(Bau)* Bauherr m

building permit *(Bau)* Baugenehmigung f *(von der Behörde)*

building plaster *(Bau)* Baugips m, Innenputz m

building space *(Bau)* Platzbedarf m

building statics *(Bau)* Baustatik f

building unit *(Tech)* Baueinheit f *(im Baukastensystem)*; Baustein m *(im Baukastensystem)*

building-up time *(Elek, Mess)* Einschwingzeit f; Anstiegszeit f *(eines Signals)*

building yard *(Bau)* Baustelle f

buildings *pl (Tech)* Bauten mpl

built-in *adj (Tech)* eingebaut, eingebettet, eingesetzt

built-on *adj (Mont, Tech)* angebaut

built-on structure *(Baut, Tech)* Anbau m; angebaute Konstruktion f

built space *(Bau)* umbauter Raum m

built space *adj (Stb)* umbaut

built-up *adj (Stb, Tech)* mehrteilig *(Stab, Stütze)*; zusammengesetzt

built-up girder *(Tech)* Blechträger m

built-up material *(Schw)* Schweißgut n *(vom Schweißdraht abgetropft)*

bulb *(Elek)* Glühbirne f, Glühlampe f

bulb *(Elek, Tech)* Thermostatkugel f

bulb *(Tech)* Wulst m

bulb flat *(Met, Stb)* Wulstflachstahl m

bulb iron *(Stb)* Wulsteisen n

bulb plate *(Met)* Tränenblech n, Wulstflachstahl m

bulb section *(Stb)* Wulstprofil n, Wulststahl m

bulb section *(Tunn)* Glockenprofil n

bulb steel *(Met, Stb)* Wulststahl m

bulb-tee *(Met, Stb)* Wulststahl m

bulge *v (Form)* bauchen

bulge *(Hydr/Pneu)* Ausbeulung f *(z. B. der Schläuche)*

bulge *(Hütt/Walz)* Ausbuchtung f *(Ausbeulung)*

bulge *(Schiff)* Kielraum m *(Bilge)*

bulge *(Tech)* Beule f *(im Rohr)*; Schwellung f *(z. B. der Schläuche)*

bulging *(Form, Hütt)* Ausbauchen n *(unerwünschtes Aufblähen)*

bulging *(Form, Mech)* Knicksicken n *(Stanzsicken)*

bulging *(Hydr/Pneu)* Aufbauchen n, Aufbauchen n *(unerwünschtes Aufblähen)*; Ausbeulung f *(z. B. der Schläuche)*

bulging *(Stat, Stb)* Beulung f *(Wölbung, z. B. Rohr)*

bulging *(Tech)* Schwellen n; Schwellung f *(z. B. der Schläuche)*

bulging test *(Prüf, Stb)* Aufweitversuch m *(Test)*

bulk *adj (Tech)* unverpackt *(sperrig)*

bulk cargo *(Umschl)* Massengut n, Massenschüttgut n; Schüttgut n

bulk density *(Phys)* Rohdichte f *(feuerfeste Steine)*

bulk density *(Tech)* Schüttgewicht n

bulk density *(Umschl)* Schüttdichte f *(z. B. Sand)*

bulk dry cargo *(Umschl)* Schüttgut n

bulk goods *pl (Umschl)* Massengüter npl, Schüttgut n

bulk handling equipment *(Umschl)* Fördergerät n

bulk handling facility *(Bergb, Umschl)* Umschlaganlage f

bulk handling plant *(Bergb, Umschl)* Umschlaganlage f

bulk handling technology *(Umschl)* Umschlagtechnik f

bulk head *(Tech)* Schott n

bulk liquid cargo *(Tech)* Flüssigkeit f *(als Transportgut)*

bulk material *(Förd, Umschl)* loses Material n, Stückgut n; geschüttetes Material n, Massengut n, Schüttgut n

bulk modulus *(Prüf)* Kompressionsmodul n

bulk power supply *(Mess)* Gesamtversorgung f

bulk transporter *(Kfz)* Silofahrzeug n

bulk weight *(Tech)* Schüttgewicht n

bulked adj *(Bergb)* aufgelockert *(größer im Umfang)*

bulkhead *(Tech)* Querwand f, Schott n, Spundwand f, Stirnwand f

bulkhead bushing *(Mess)* Schottdurchführung f

bulkhead (screw) connection *(Tech)* Schottverschraubung f

bulkhead unit *(Elek)* Leuchtenstarter m, Leuchtstarter m, Starter m für Leuchtstoffröhren, Vorschaltgerät n *(Leuchtstofflampe)*

bulking *(Bau)* Schwellen n, Volumenvergrößerung f

bulking *(Geo, Bergb)* Auflockerung f

bulky adj *(Bahn, Tech)* sperrig

bull block *(Form)* Trommelziehbank f *(Drahtziehanlage)*

bull clam shovel *(Bergb)* Klappschaufel f

bull gear *(Bergb, Getr, Umschl)* Schwenkgetriebe n

bull gear *(Getr)* Getriebrad n, Triebrad n *(großes Rad an der Welle)*; Vorgelege n, Vorschaltgetriebe n

bull gear housing *(Hütt, Lag)* Pendelkasten m *(Großradkasten)*

bull gear shaft *(Tech)* Radwelle f *(Verdichter)*

bull gear unit *(Getr)* Großradstufe f

bull-headed rail *(Tech)* Stuhlschiene f *(Bahn)*

bull-headed rail *(Walz)* Doppelkopfschiene f

bull ring *(Zer)* Mahlring m

bulldog grip *(Tech)* Seilklemme f

bulldozer *(Bau)* Planiereinrichtung f

bulldozer *(Bau, Baum)* Planierraupe f, Schubraupe f

bulldozer blade *(Bergb)* Stirnschar f

bullet-proof glass *(Tech)* Panzerglas n *(z. B. eines Fahrzeuges)*

bull's eye glass *(Stb)* Butzenscheibe f

bulwark *(Bau)* Wall m *(Schutzwall)*

bump *(Bergb)* Bodenwelle f *(konvex, nach oben)*

bump *(Tech)* Erschütterung f

bumper *(Tech)* Prellbock m, Puffer m, Stoßfänger m; Stoßstange f *(Kraftfahrzeug)*

bumper *(Umschl)* Puffer m *(für Schienengeräte)*

bumping *(Bergb)* Lockerungssprengung f

bumping plane *(Tech)* Stoßebene f

bumpy adj *(Bau)* holperig *(z. B. Straße)*; uneben *(z. B. Straße)*; wellig

buna bellows pl *(Tech)* Bunabalg m

bundle v *(Log, Walz)* bündeln

bundle *(Tech)* Bündel n

bundled wire tendon *(Hütt)* Spannglied n *(Konverter)*

bunker v *(Schiff)* bunkern

bunker *(Umschl)* Bunker m *(Tiefbunker)*; Silo m

bunker discharge wagon *(Tech)* Bunkerräumwagen m; Bunkerentleerungswagen m

bunting tosser *(Schiff)* Signalflaggenmann m, Signalgeber m *(Winkerflaggen)*

buoy *(Schiff)* Boje f

bur v *(Mech, Mont)* abgraten; brechen; Grat entfernen, entgraten

bur *(Mech)* Fräser m *(klein)*

burden *(Hütt/Walz)* Beschickung f

burglar alarm *(Elek)* Alarmanlage f *(z. B. gegen Einbruch)*; Einbrecheralarm m

buried adj *(Tech)* erdverlegt *(z. B. Kabel)*

burn v *(Tech)* brennen *(z. B. Kalk oder Dolomit)*

burn v **off** *(Anstr)* abbrennen *(z. B. alte Farbe)*

burn v **off** *(Petr)* abfackeln *(z. B. nicht nutzbare Gase)*

burn v **out** *(Mech)* ausbrennen

burn v **through** *(Hütt)* durchglühen *(Gießpulver)*

burn v **through** *(Tech)* durchbrennen

burn-out *(Hütt/Walz)* Ausbrand m

burn-out *(Schw, Tech)* Abbrand m

burn-through *(Hütt)* Durchbruch m *(des

bypass

Hochofens); Durchbruch *m (Elektroofen)*

burned *adj (Bau)* gebrannt

burner *(Mont, Schw)* Brenner *m*

burner mouth *(Hütt/Walz)* Austrittsöffnung *f (des Brenners)*; Brennermaul *n*

burning *(Chem)* Brand *m*

burning *(Form)* Brennen *n*

burning velocity *(Mont, Schw, Tech)* Abbrandgeschwindigkeit *f*

burnish *v (Hütt)* brünieren

burnish *v (Mech)* fein rollen *(z. B. Zylinderinnenwand)*; rollen *(fein rollen)*

burnish *(Mech)* Rollen *n (des Zylinderrohres, innen)*

burnished *adj (Met)* gerollt *(fein)*

burnt *adj (Bau)* gebrannt

burnt lime *(Bergb)* Branntkalk *m*

burnthrough *(Hütt)* Durchbruch *m (Elektroofen)*

burr *v (Mech, Mont)* abgraten; brechen *(z. B. Kanten)*; Grat entfernen, entgraten

burr *(Mech)* Bohrgrat *m*, Grat *m (Bohren, Schweißen)*; Schnittgrat *m*

burr-free *adj (Hütt/Walz)* gratfrei

burring reamer *(Mech, Walz)* Rohrinnenfräser *m*

burst test *(Prüf)* Berstversuch *m*

bus cable *(Elek)* Buskabel *n*

bus mounting terminal *(Elek)* Reiterklemme *f*

bus tube *(Elek, Hütt)* Stromrohr *n*

bush *v (Mech)* Muffe *f*

bush *(Lag)* Lagerbuchse *f*

bush *(Tech)* Bohrbuchse *f*, Buchse *f (Laufbuchse, Muffe)*; Hülse *f (Buchse)*; Laufbuchse *f*

bush chain *(Kfz)* Hülsenkette *f*

bush chain *(Tech)* Buchsenkette *f (Laschenkette als Buchsenkette)*

bushed chain *(Tech)* Buchsenkette *f (Laschenkette als Buchsenkette)*

bushing *(Elek)* Muffe *f*

bushing *(Lag)* Lagerbuchse *f*

bushing *(Tech)* Buchse *f (Laufbuchse, Muffe)*; Durchführung *f (Leitungs-, Rohrdurchführung)*; Hülse *f (Bandwaage)*; Laufbuchse *f*

bushing-type bearing *(Tech)* Gleitlager *n*

bushing with collar *(Tech)* Bundbuchse *f*

business *(Tech)* Arbeit *f (geschäftlich)*; Betrieb *m*

butt *adj (Tech)* End..., Druck..., Stumpf...,

butt *v (Mech)* stoßen

butt *(Tech)* Endstück *n*

butt-muff coupling *(Tech)* Muffenkupplung *f*

butt resetting strap *(Bergb)* Verstecklasche *f (Seil)*

butt strap *(Stb, Tech)* Decklasche *f*, Lasche *f (Stoßdeckung)*; Stoßlasche *f*, Verbindungslasche *f*

butt weld flange *(Tech)* Flansch *m* mit Schweißstutzen *(Anschweißflansch, Vorschweißflansch)*

butter *v (Schw)* puffern

butterfly control valve *(Mess, Vent)* Regelklappe *f*

butterfly valve *(Hydr/Pneu, Vent)* Absperrklappe *f*, Drosselklappe *f*; Klappe *f (als Absperrklappe oder Drosselklappe)*

butterfly valve disc *(Mess)* Drosselklappenscheibe *f (Drosselventilscheibe)*

butterfly valve spindle bearing *(Lag)* Drosselklappenwellenlager *n (Drosselklappenachslager)*

button bit *(Bergb)* Knöpfchenmeißelkrone *f (Teilschnittmaschine)*

button disc *(Bergb)* Knöpfchenring *m*

button-head fitting *(Tech)* Kugelverschlussnippel *m*, Schmiernippel *m* mit Kugelgriff

button-head lubricating nipple *(Tech)* Flachschmiernippel *m (DIN 3404)*

button head rivet *(Tech)* Halbrundniet *m*, Halbrundkopf-Niet *m*, Rundkopfniet *m*

button plate *(Met)* Tränenblech *n*

button-type defect *(Elek)* Knopffehler *m*

buttress *v (Bau, Tech, Mont)* abstützen

butylene *(Chem)* Butylen *n*

buzzer *(Elek)* Summer *m (akustisches Signal)*

BWE *(Baum, Bergb)* Schaufelradbagger *m*, SchRs *m*

by-metal *(Hütt)* Nebenmetall *n (NE-Metallgewinnung)*

bypass *v (Tech)* aufheben *(z. B. Verriegelung)*; umfahren *(umströmen)*; umgehen *(z. B. durch Bypass)*; vorbeifließen *(im Zylinder)*; vorbeilaufen *(an den Kolben)*

bypass *(Elek)* Umleitung *f*

bypass *(Hütt/Walz)* Umführung *f (Schlingenführung)*

bypass *(Mess)* Umgehung f

bypass *(Tech)* Bypass m, Umgehungsleitung f

bypass filter *(Mess)* Überbrückungsfilter m

bypass filter *(Tech)* Nebenstromfilter n

bypass line *(Elek)* Kurzschlussleitung f, Nebenstromleitung f

bypass operation *(Umschl)* Durchfördern n

bypass valve *(Vent)* Abschaltventil n, Nebenstromventil n, Sicherheitsüberströmventil n, Sicherheitsventil n, Überströmventil n, Umgehungsventil n

by-product *(Bergb)* Nebenprodukt n

bystander set *(Elek)* Notstromaggregat n

C

C-core *(Elek)* Schnittbandkern m

C-frame *(Bau, Tech)* C-Träger m

C-frame *(Elek)* C-Rahmen m

C hook *(Förd)* C-Haken m

C hook *(Kran, Stb)* Lastöse f, Ösenhaken m

C-scan *(Elek)* C-Bild n

cab *(Kfz, Kran)* Fahrerhaus n, Kabine f, Fahrerkabine f

cab-tyre (sheathed) cable *(BE)* *(Elek, Tech)* Gummi(schlauch)leitung f *(Kabel)*

cabinet *(Tech)* Schrank m *(mit Türen)*

cabinet type *adj (Elek)* Schrank...

cable *(Elek)* Kabel n, Leitung f *(Kabel)*; Leitungskabel n

cable *(Elek)* Drahtseil n, Seil n *(Kabel)*

cable *adj (Elek)* Kabel..., Leitungs...

cable *(D : Baum, Förd, Tech)* Draht..., Kabel..., Seil...

cable box *(Elek)* Anschlusskasten m für Kabel, Kabelanschlusskasten m, Kabelmuffe f

cable car *(Bahn)* Drahtseilbahn f, Hängebahn f, Seilbahn f

cable carrier *(Tech)* Kabelführung f, Kabelrinne f, Kabelwanne f, Rinne f *(Kabel)*; Wanne f *(Kabel)*

cable carrier rope *(Tech)* Kabeltrosse f

cable carrier wire rope *(Tech)* Pritschentrosse f *(Kabel)*

cable conduit *(Elek)* Kabelrohrleitung f, Rohrleitung f *(Kabel)*

cable conduit *(Tech)* Seilhülle f

cable connection plan *(Elek, Zeich)* Klemmenplan m, Klemmplan m

cable connector *(Elek)* Steckverbinder m

cable core *(Elek)* Kabelseele f

cable crane *(Kran)* Kabelkran m

cable drag chain *(Elek, Förd, Tech)* Kabelschleppkette f, Schleppkette f

cable duct *(Elek, Tech)* Einführtrompete f, Kabelkanal m, Kanal *(Kabel)*; Kabeleinlass m

cable end glands *pl (Elek)* Endverschlüsse *mpl (Kabel)*

cable festoon tracks *pl (Kran)* Girlandenkabelbahn f

cable fitting *(Tech)* Kabelverschraubung f

cable gallow *(Bergb)* Kabelsattel m

cable gland *(Elek, Tech)* Anschlussstutzen m *(Kabel)*; Einfassung f, Kabeldurchführung f, Kabeleinfassung f, Kabelstutzen m; Kabelstopfbuchsenverschraubung f, Kabelverschraubung f, Stopfbuchsverschraubung f

cable guide channel *(Elek)* Kabelumlenktrichter m

cable guide funnel *(Elek)* Kabelumlenktrichter m

cable handler *(Tech)* Kabelraupe f, Raupe f *(Kabel)*

cable harness *(Elek)* Kabelarmierung f, Kabelbaum m *(mehrere Kabel zusammen)*

cable hub *(Elek)* Kabelanschlussstutzen m

cable jacket *(Elek, Tech)* Kabelmantel m, Kabelüberzug m; Mantel m, Überzug m *(Kabel)*

cable ladder *(Tech)* Kabelpritsche f, Pritsche f *(Kabel)*

cable loop device *(Tech)* Kabelraupe f

cable lug pliers *pl (Werkz)* Kabelschuhzange f

cable-mounted *adj (Förd, Kran)* aufgehängt

cable-mounted buckets *pl (Bergb)* Hängebahn f

cable net cooling tower *(Elek)* Naturzugkühlturm m *(am Mittelmast)*

cable-operated *adj (Elek)* seilbetätigt

cable-operated excavator *(Baum)* Seilbagger m

cable pull *(Bergb, Tech)* Seilzug m

cable raceway *(Tech)* Kabelbahn f

cable rack *(Tech)* Kabelbahn f, Kabelpritsche f; Pritsche f

cable reel *(Bergb, Tech)* Kabelhalterung f, Kabeltrommel f, Leitungstrommel f *(Kabel)*; Seiltrommel f

cable saddle *(Tech)* Kabelsattel m *(Bergbau)*; Kabelreiter m, Kabeltrage f, Reiter m *(Kabel)*

cable sheave *(Bergb)* Seilumlenkrolle f *(Seilbagger)*

cable shovel *(Baum)* Seilbagger m

cable-stayed *adj (Stb)* seilverspannt

cable stripping knife *(Elek)* Kabelmesser n

cable support *(Mess)* Kabelfangschiene f *(im Schaltschrank)*

cable support *(Tech)* Kabeltraggerüst n

cable suspension bridge *(Stb)* Kabelbrücke f, Seilbrücke f

cable tray *(Tech)* Kabelbahn f, Kabelpritsche f, Kabelrinne f, Kabelwanne f; Pritsche f, Rinne f, Wanne f *(Kabel)*

cable trunking *(Elek)* Kabeleinführung f

cable trunking *(Tech)* Kabelrinne f, Kabelwanne f; Rinne f, Wanne f *(Kabel)*

cabled *adj (Elek)* verkabelt

cableway buckets *pl (Bergb)* Hängebahn f *(für Kohle)*

cabling *(Elek)* Kabelleitung f, Leitung f *(Kabel)*; Verkabelung f

cabling kit *(Elek, Mont)* Kabelausrüstung f

CAD *(IT, Konst)* CAD *(computer-aided design)*; rechnergestütztes Konstruieren n

CAD/CAM system network *(IT)* CAD/CAM-Systemverbund m

cadmium-plated *adj (Met, Stb)* kadmiert

cage *(Bergb)* Korb m

cage *(Tech)* Gehäuse n, Kabine f *(des Aufzuges)*; Käfig m

cage decking equipment *(Bergb)* Schachtbeschichtungseinrichtung f

cage motor *(Antr)* Käfigläufermotor m, Käfigmotor m, Kurzschlussläufermotor m

cage shoe *(Bergb)* Spurschuh m *(eines Förderkorbs)*

cage valve *(Vent)* Käfigventil n

cage winding system *(Bergb)* Gestellförderanlage f

caisson foundation *(Stb)* Caissongrün

dung f, Hohlkastengründung f, Senkkastengründung f

caking *(Hütt, Tech)* Anbacken n, Zusammenbacken n; Anbackung f *(Verklumpung, Verschmutzung)*

caking *(Tech)* Aufkrustung f, Inkrustierung f, Verkrustung f

calamine *(Met)* Kieselgalmei m

calcine *v (Tech)* brennen *(z. B. Kalk)*

calculate *v (Math, Tech)* berechnen; bemessen *(ausmessen, einschätzen, errechnen)*

calculating machine *(Elek, IT)* Rechner m, Rechenmaschine f

calculation of buckling stresses *(Met, Stat, Stb)* Beulnachweis m

calculator *(Elek, IT)* Rechenmaschine f

caliber *(Tech)* Bohrungsdurchmesser m *(innen)*; Innendurchmesser m, innerer Durchmesser m *(i.d.)*

calibrable *adj (Tech)* eichfähig *(z. B. Waage)*

calibrate *v (Kfz)* einteilen *(z. B. eine Rohrdicke bemessen)*

calibrate *v (Tech)* eichen *(z. B. Bandwaage, Instrumente)*; kalibrieren; justieren, normieren *(anpassen)*; abstimmen *(z. B. Struktur, Produkt)*

calibrate *v (Tech, Elek)* abgleichen

calibrated *adj (Tech)* geeicht

calibration *(Prüf)* Abstimmung f *(Geräte)*

calibration block *(Prüf)* Eichkörper m; Prüfkörper m *(Ultraschall)*

caliper *(Kfz)* Bremssatz m

caliper *(Metr, Werkz)* Taster m, Tastvorrichtung f

caliper rule *(Werkz)* Schieblehre f

caliper square *(Werkz)* Schieblehre f

call *v* **up** *(IT)* abrufen *(z. B. Daten)*; aufrufen *(Daten, Programme)*

calliper *(Kfz)* Bremssattel m *(der Scheibenbremse)*

calm *v (Bergb)* setzen *(z. B. Sedimente)*

calorific value *(Phys)* Heizwert m

calorimeter *(Phys)* Kalorimeter n, Wärmemesser m

calorimetric test *(Phys)* kalorimetrische Untersuchung f

calotte *(Lag)* Lagerschale f

calotte *(Tech)* Kalotte f

CAM *(Fert)* rechnergestützte Fertigung f

cam *(Elek)* Stator m

cam (Tech) Mitnehmer m (Anschlag, Nase); Nocke f; Nocken m

cam (Werkz) Knagge f

cam and balancer shaft end bearing (Tech) Nockenwellen-Endlager n

cam and stop plate (Tech) Unterbrechernocken m

cam angle (Kfz) Einstellung f einer Kurvenscheibe

cam angle (Tech) Steuerwelle f

cam disc (Elek, Tech) Kurvenscheibe f, Nockenscheibe f

cam follower (Mess) Exzenterrolle f

cam follower (Tech) Kurvenrolle f, Nockenläufer m, Stößelrolle f

cam follower (Vent) Ventilstößel m

cam-ground adj (Mech) oval geschliffen

cam mechanism (Tech) Mitnehmersteuerung f

cam operation (Tech) Mitnehmersteuerung f

cam plate (Elek) Kurvenscheibe f

cam spanner (Mont) Nockenschlüssel m

cam valve (Vent) Stößel-Nocken-Ventil n, Stößelventil n

camber (Bau) Biegung f (leichte Überhöhung der Straße); Straßenprofil n

camber (Bergb) Querprofil n (der Straße)

camber (Stb) Überhöhung f (eines Trägers)

camber (Walz) Bandsäbel m

camberboard (Metr) Profillehre f

cambered adj (Tech) bombiert (gewölbt, gewellt)

camshaft (Tech) Mitnehmerwelle f, Nockenwelle f

camshaft adj (Tech) Mitnehmer..., Nockenwellen...

camshaft drive (Kfz) Abtrieb m der Nockenwelle

can (Tech) Dose f, Kanister m, Kanne f

can sheet (Met) Dosenblech n

can-time (Anstr) Topfzeit f

canal (Stb) Stollen m (Wasserbau)

cancel v (Tech) aufheben

cancel v each other out (Math, Tech) ausgleichen (sich ausgleichen); aufheben (sich aufheben)

cancellation (Elek) Auslöschung f (durch Interferenz)

canned motor pump (Tech) Spaltrohrmotorpumpe f

canning tube (Met) Hüllrohr n

canopy (Bahn) Segeltuchabdeckung f (Sonnendach)

canopy (Bergb) Sonnendach n (z. B. des Graders)

canopy (Stb) Kragdach n, Vordach n

canopy curtain (Tech) Wetterdachplane f

cant v (Mech, Mont) abkanten (mit scharfem Grat)

cant v (Tech) verkanten (z. B. ein Bauteil)

cant file (Werkz) Flachdreikantsägefeile f, Prismafeile f

cant saw file (Werkz) Flachdreikantsägefeile f

canted (Tech) geneigt

cantilever (Stb) Auskragung f

cantilever (Tech) auskragendes Konsol n, Kragträger m

cantilever arm (Tech, Stb) Kragarm m

cantilever beam (Stb, Tech) Auslegerträger m, Gerberträger m; Kragträger m

cantilever bridge (Stb) Auslegerbrücke f, Gelenkträgerbrücke f, Gerberbrücke f

cantilever crab (Kran) Winkelkatze f

cantilever crane (Bergb) Hammerkran m

cantilever erection (Bau) Freivorbau m

cantilever girder (Stb, Tech) Auslegerträger m, Gelenkträger m, Gerberträger m, Kragträger m

cantilever platform (Bau) Kragplatte f (Hochbau)

cantilever roof (Stb) Kragdach n, Vordach n

cantilever trolley (Kran) Winkelkatze f

cantilevered adj (Tech, Stat) freitragend

cantilevered adj (Walz) fliegend gelagert (Walze)

cantilevered construction (Bau) Freivorbau m

cantilevering adj (Bau) ausladend (z. B. Dach)

cantilevering (Stb) Auskragung f

canting (Bau) Verarbeitung f

canvas (Schiff, Tech) Plane f, Segeltuch n, Wagenplane f

canvas water pipe (Tech) Leinenbindung f (von Schläuchen)

cap (Bergb) Abdeckkappe f (Haube)

cap (Bergb, Geo) Deckgebirge n

cap (Geo) Abraum m, überlagernde Schichten fpl

cap (Hydr/Pneu) Butzen m

cap (Stb, Tech) Abdeckung f (Deckel)

cap *(Tech)* Abschlusskappe f, Aufsatz m *(Kappe)*; Deckel m, Kappe f

cap *(Zer)* Helm m *(Brecher)*

cap mass *(Bergb, Geo)* Deckgebirge n

cap mass *(Geo)* Abraum m, überlagernde Schichten fpl

cap mushroom-type *(Tech)* Kugelpilz m

cap nut *(Tech)* Hutmutter f, Kapselmutter f, Rohrmutter f, Überwurfmutter f

cap plate *(Stb)* Kopfplatte f *(Stütze)*

cap rock *(Bergb, Geo)* Deckgebirge n

cap rock *(Geo)* Abraum m, überlagernde Schichten fpl

cap screw *(Tech)* Kopfschraube f, Zylinderschraube f

cap valve *(Hütt, Vent)* Hutklappe f

capability *(Tech)* Fähigkeit f, Leistungsfähigkeit f, Leistungsvermögen n *(Schaffenskraft, -vermögen)*

capable adj *(Tech)* fähig, tüchtig

capacitance *(Elek, Tech)* Kapazität f

capacitive probe *(Elek)* kapazitive Sonde f

capacitor *(Tech)* Kondensator m

capacitor bank *(Elek)* Kondensatorbank f, Kondensatorbatterie f, Kondensatorenblock m

capacity *(Bahn)* Tragkraft f *(z. B. eines Waggons)*

capacity *(Elek)* Motorleistung f, Tragfähigkeit f

capacity *(Elek, Tech)* Kapazität f

capacity *(Hydr/Pneu)* Förderstrom m

capacity *(Tech)* Fassungsvermögen n, Inhalt m, Leistungsfähigkeit f, Leistungsvermögen n, Leistung f *(Schaffenskraft, -vermögen)*; Menge f *(Kolbenverdichter)*; Rauminhalt m *(Physik)*; Tragkraft f *(z. B. eines Kranes)*; Tragzahl f *(Lager)*; Liefermenge f, Volumenstrom m *(Liefermenge eines Verdichters)*

capacity factor *(Elek)* Durchschnittslast f

capacity factor *(Tech)* Ausnutzungsfaktor m, Ausnutzungsgrad m *(Elektromechanik)*; Belastungsgrad m, Nennlast f

capacity limit *(Elek)* Leistungsgrenze f *(Motor)*

capacity modulation valve *(Vent)* Mengenregelventil n

capacity of deformation *(Form, Met)* Formänderungsvermögen n, Verformbarkeit f

capacity utilisation *(Tech)* Auslastung f, Kapazitätsausnutzung f

cape chisel *(Werkz)* Kreuzmeißel m

capillarity *(Bau)* Kapillarität f

capillary adj *(Hydr/Pneu)* Kapillar…

capillary crack *(Met)* Haarriss m

capillary restriction *(Mess)* Kapillardrossel f

capital *(Baut)* Kapitell n *(oberer Säulenabschluss)*

capital goods industry *(Tech)* Anlagenbau m

capital works pl *(Tech)* öffentliche Bauten mpl

capped steel *(Met)* gedeckt vergossener Stahl m

capstan *(Schiff)* Ankerspill n *(eines Schiffes)*

capstan *(Tech)* Haspel f *(Zahnstange)*

capstan drive *(Tech)* Spillantrieb m, Verschiebespill n

capstan screw *(Tech)* Kreuzlochschraube f

caption board *(Tech)* Gerätehinweisschild n

captive fastener *(Tech)* unverlierbare Schraube f

captive nut *(Tech)* Käfigmutter f *(Schraube)*

capture v *(Metr)* auffangen

capture v *(Tech)* erfassen *(z. B. Gase)*

CAQA *(Tech)* CAQA

car *(Tech)* Fahrstuhlkorb m, Korb m *(des Fahrstuhls)*; Wagen m

car adj *(Tech, Umschl)* Wagen…, Waggon…

car body *(Kfz)* Karosserie f

car body pressing *(Kfz)* Karosseriebau m

car-bottom furnace *(Hütt)* Herdwagenofen m

car scale *(Bahn)* Gleiswaage f

car wing *(Kfz)* Kotflügel m

carbide of iron *(Chem, Met)* Zementit m

carbide percentage *(Tech)* Karbidbelegung f

carbo-nitriding *(Hütt)* Gaseinsatzhärtung f

carbon *(Chem)* Kohlenstoff m

carbon adj *(Elek)* Kohle…, Kohlen…, Kohlenstoff…

carbon-arc welding *(Schw)* Kohlelichtbogenschweißen n

carbon brush *(Elek)* Kohlebürste f, Kohlenbürste f, Kohlenstoffbürste f, Schleifbürste f

carbon dioxide (Chem) CO_2 f, Kohlensäure f

carbon-dioxide gas (shielded arc) welding (Schw) CO_2-Schutzgasschweißen n

carbon dioxide snow (Chem) Kohlensäureschnee m

carbon fiber reinforced plastic (Kfz) CFK

carbon ring (Verd) Kohlegleitring m (einer Gleitringdichtung)

carbon steel (Met) Kohlenstoffstahl m, unlegierter Stahl m

carbon tetrachloride extinguisher (Tech) Tetra-Löscher m

carbonic acid (Chem) Kohlensäure f

carboniferous adj (Bergb, Geo) kohlehaltig

carbonize v (Bergb, Hütt) einsatzhärten, karbonisieren, verkohlen

carborizing (Hütt, Met) Nitrierhärtung f

carburetter (AE) (Kfz) Vergaser m

carburetter (BE) (Kfz) Vergaser m

carburettor (BE) (Kfz) Vergaser m

carcass Karkasse f

card holder plate (Tech) Etagenplatte f

cardan joint (Tech) Kreuzgelenk n

cardan shaft (Tech) Gelenkwelle f, Kardanwelle f

cardanic adj (Tech) kardanisch

cardanic mounting (Hütt) Ringtraverse f (Reduktionsofen)

cardanic mounting (Tech) Kardanaufhängung f, kardanische Aufhängung f

careless adj (Tech) unsachgemäß

cargo cluster (Tech) Sonnenbrenner m

carriage (Bahn) Fahrgestell n (eines Waggons); Personenwagen m

carriage (Tech) Gabelschlitten m, Rollenschlitten m, Schlitten m (Maschinenteil); Wagen m

carriage (Zer) Schwinge f (Laufradschwinge)

carriageway (Bau) Fahrbahn f

carrier (Anstr, Tech) Bindemittellösung f

carrier (Bergb) Träger m (als Maschinenteil)

carrier (Bergb, Tech) Fahrwerk n

carrier (Kfz, Kran) Fahrgestell n (z. B. eines Kranfahrzeugs)

carrier (Schiff) Carrier m (z. B. Reederei, LKW-Firma, Bahn)

carrier (Tech) Ansatz m (Mitnehmer)

carrier chain (Elek) Schleppkette f

carrier frequency (Elek) Trägerfrequenz f

carrier plate (Tech) Tragplatte f

carrier roll (Förd) Tragrolle f

carrier roll (Tech) Stützrohr n

carrier roller (Bergb) Stützrolle f (für Raupenkette)

carrier roller (Tech) Mitnehmerrolle f

carry v (Tech) tragen (stützen); transportieren

carry v **on** (Tech) weiterführen

carry idler (Förd) Streckengirlande f

carry-over (Bergb) Überwerfen n des Schaufelrades

carrying adj (Tech) Trag..., tragend

carrying belt (Förd) Oberband n, Obergurt m, Obertrum m (Förderband)

carrying-belt garland idler (Förd) Oberbandgirlande f, Tragrollengirlande f

carrying cable (Stb) Tragkabel n (einer Hängebrücke)

carrying capacity (Elek) Belastbarkeit f, Belastungsvermögen n

carrying capacity (Tech) Belastbarkeit f (Zuladung)

carrying chain (Elek) Schleppkette f

carrying garland idler (Förd) Oberbandgirlande f, Tragrollengirlande f

carrying idler (Förd) Oberband-Tragrolle f, obere Tragrolle f, Tragrolle f

carrying idler garland (Förd) Streckengirlande f

carrying idler stand (Förd) Muldenrollenstuhl m

carrying out (Fert) Abwicklung f (einer Arbeit)

carrying ram (Tech) Tragdorn m

carrying run (Förd) Oberband n, Obergurt m, Obertrum m (Förderband)

carrying side (Bergb, Förd, Umschl, Zer) Materialseite f

carrying side (Förd, Tech) Tragseite f (Gurt)

carrying side of belt (Förd) Schmutzseite f des Bandes

carrying strand (Förd) Oberband n, Obergurt m, Obertrum m (Förderband)

carrying structure (Stat, Stb) Trägerkonstruktion f

carryover *(Elek)* Umschaltung f

carryover *(Hütt)* Mitlaufen n

carryover notch-bar cooling bed *(Walz)* Rechenkühlbett n

carryover rake-type cooling bed *(Walz)* Rechenkühlbett n

carton box *(Tech)* Karton m *(Versandgeschäft)*

cartridge *(Hütt/Walz)* Kassette f *(z. B. für Walzen usw.)*

cartridge *(Kfz)* Einsatzpatrone f

cartridge *(Tech)* Patrone f

cartridge assembly *(Tech)* Einbausatz m

cartridge fuse *(Elek)* Patronensicherung f

cartridge fuse-link *(Elek)* Schmelzeinsatz m, Sicherungseinsatz m, Sicherungspatrone f

cartridge heater *(Tech)* Heizpatrone f

cartridge kit *(Hydr/Pneu)* Pumpeneinsatz m

cartridge-type fuse *(Elek)* Patronensicherung f

cartridge valve *(Vent)* Einsteckventil n

carving knife *(Werkz)* Schnitzmesser n

cascade *(Bergb)* Rohrgerippe n mit Ventilen *(unter der Kabine)*

cascade *(Kfz)* Kaskade f

cascade connection *(Tech)* Kettenschaltung f

cascade multiplier *(Elek)* Vervielfacherkaskade f

cascaded end *(Schw, Tech)* abgestuftes Ende n

cascode connection *(Elek)* Kaskode f

case v *(Tech)* ummanteln

case *(Tech)* Gehäuse n

case depth *(Hütt, Met)* Härtetiefe f *(einsatzgehärtet)*

case-harden v *(Hütt)* einsatzhärten

case-hardened adj *(Hütt)* einsatzgehärtet

case-hardened adj *(Hütt, Met)* gehärtet, oberflächengehärtet *(hart/weich)*; oberflächenverfestigt *(durch Strahlen)*

cased adj *(Bau)* verrohrt

cased butt coupling *(Tech)* Muffenkupplung f

cased electrode *(Elek)* Mantelelektrode f

casement fastener hook *(Tech)* Vorreiberschloss n

casement window *(Bau)* Flügelfenster n

casement window vent *(Bau)* Lüftungsdrehflügel m

casing *(Kfz)* Kapsel f

casing *(Petr)* Futterrohr n *(Erdölförderung)*

casing *(Tech)* Gehäuse n *(Verdichter)*; Verkleidung f *(Ummantelung)*; Verschalung f *(Einkapselung, Gehäuse)*

casing bit *(Werkz)* Schappenbohrer m

casing diameter *(Bergb)* Bohrrohrdurchmesser m

casing diameter *(Tech)* Gehäusedurchmesser m *(Thermometer)*

casing joint *(Tech, Verd)* Gehäuseteilfuge f; Teilfuge f

casing material *(Stb)* Schalungsmaterial n

casing oscillator *(Bergb)* Verrohrungsanlage f

casing pipe *(Petr)* Futterrohr n *(Erdölförderung)*

casing split *(Verd)* Gehäuseteilfuge f

casing tube *(Petr)* Futterrohr n *(Erdölförderung)*

cast v *(Bau)* betonieren, einbetonieren

cast v *(Bergb)* absetzen *(z. B. Abraum)*; abwerfen *(z. B. Abraum)*; wegwerfen *(z. B. Abraum)*

cast v *(Hütt/Walz)* gießen *(bevorzugter Terminus)*; vergießen

cast v **away** *(Bergb)* absetzen *(z. B. Abraum)*; abwerfen *(z. B. Abraum)*; wegwerfen *(z. B. Abraum)*

cast v **integrally** *(Hütt/Walz)* angießen

cast v **into** *(Hütt/Walz)* vergießen

cast v **off** *(Bergb)* absetzen *(z. B. Abraum)*; abwerfen *(z. B. Abraum)*; wegwerfen *(z. B. Abraum)*

cast v **off the chain** *(Bergb)* Kette ablegen

cast adj *(Met)* gegossen

cast *(Hütt/Walz)* Charge f, Schmelze f

cast *(Met)* Guss m

cast brass *(Met)* Messingguss m

cast bronze *(Met)* Gussbronze f

cast concrete *(Bau)* Gussbeton m

cast design *(Tech)* Gusskonstruktion f

cast integral adj *(Schw)* eingegossen

cast iron *(Hütt/Walz)* Eisenguss m, Tübbing m *(gusseisern)*

cast iron *(Met, Stb)* Grauguss m, GG m, Gusseisen n

cast-iron adj *(Met)* gusseisern

cast metal *(Met)* Metallguss m

cast-on adj *(Hütt/Walz)* angegossen

cast seal *(Tech)* Gussband n *(Kolben-dichtung)*
cast steel *(Met)* Gussstahl m, Stahlformguss m, Stahlguss m *(Material)*
cast strip rolling mill *(Hütt/Walz)* Gießbandwalzwerk n
cast structure *(Met)* Gussstruktur f *(Gussgefüge)*
cast welding *(Schw)* Gießschweißen n
castable refractories *(Hütt/Walz)* Stampfmasse f
castellated nut *(Tech)* Kronenmutter f
casting *(Bergb)* Direktverstürzung f
casting *(Hütt/Walz, Met)* Gießen n, Vergießen n
casting *(Met)* Guss m, Gussstück n, Gussteil n
casting compound *(Elek, Tech)* Vergussmasse f
castings for hydraulic applications *(Met)* Hydraulikguss m
castle nut *(Tech)* Kronenmutter f
castor *(Tech)* Lenkrolle f, Radnachlauf m
catalyser *(Chem)* Katalysator m
catalyst *(Chem)* Katalysator m
catalytic converter *(Chem)* Katalysator m
catch *(Tech)* Ansatz m *(Mitnehmer)*; Anschlag m *(Falle, Schnapper)*; Falle f, Klinke f, Raste f, Schnapper m, Sicherung f *(Verschluss)*; Sperre f *(mechanisch)*; Sperrklinke f
catch basin *(Tech)* Auffangwanne f
catch bin *(Umschl)* Zwischenbunker m
catchment area *(Tech)* Einzugsgebiet n *(Wasserversorgung)*
categorize v *(Chem, Prüf, Tech)* aufgliedern *(in Klassen einteilen)*; kategorisieren, klassifizieren; einordnen, gliedern, einstufen *(Erzeugnisstruktur)*
category *(Tech)* Kategorie f
catenary idler *(Förd)* Girlandenrolle f, Schaukelrolle f
catenary wire *(Bahn, Elek)* Fahrdraht m; Oberleitung f *(Bahn)*
caterpillar crane *(Kran)* Raupenkran m
caterpillar drive *(Tech)* Schleppantrieb m *(Schleppkreisförderer)*
caterpillar track *(Bergb)* Raupenkette f
caterpillar tractor *(Baum)* Raupenschlepper m
cathode drop arrester *(Elek)* Kathodenabfallleiter m

cathode ray tube *(Elek)* Bildröhre f *(Fernsehgerät)*; Elektronenstahlröhre f, Kathodenstrahlröhre f
cathode ray tube *(Tech)* Leuchtschirm m
cation exchange *(Elek)* Kationenaustausch m
cat's eye *(Kfz, Tech)* Katzenauge n, Rückstrahler m
catwalk *(Tech)* Laufsteg m, Wartungsbühne f, Wartungslaufsteg m
caulk v *(Mech, Stb)* nachstemmen *(Nieten)*; verstemmen *(z. B. Niet)*
caulk v *(Tech)* abdichten, dichten *(abdichten)*; dichtstemmen
caulk welding *(Schw)* Dichtungsschweißung f
caulking chisel *(Werkz)* Stemmmeißel m
caulking weld *(Schw)* Dichtnaht f
cause v *(Tech)* bewirken, verursachen
cause *(Tech)* Beweggrund m *(Anlass)*; Ursache f
causeway *(Bau)* Dammstraße f, Straße f *(mit Dammschüttung)*
causeway conveyor *(Förd)* Dammband n
caustic embrittlement *(Met)* Laugensprödigkeit f, Spannungsrisskorrosion f
caustic solution *(Chem)* Ätzlauge f
caution v *(Tech)* Vorsicht f *(Betriebsvorschriften)*
cautionary sign *(Tech)* Warnzeichen n *(Gefahrenzeichen)*
cautious *adj (Tech)* umsichtig
cave v *(Mech, Mont)* aushöhlen *(auskehlen)*; nachfallen
cave v *(Bergb)* einbrechen *(Halde)*
caving-in *(Bergb)* Einsturz m, Verfüllen n *(Einsturz)*
caving of the pile *(Bergb, Umschl)* Haldeneinbruch m
caving shield *(Bergb)* Hinterschild n
cavit *(Tech)* Rückstoßfeder f *(Anlasser)*
cavitation *(Anstr, Met)* Blasenbildung f *(z. B. Anstrich)*
cavitation *(Met)* Hohlraumbildung f, Kavitation f
cavity *(Geo)* Aushöhlung f *(z. B. im Gestein)*
cavity *(Met)* Höhlung f, Hohlraum m *(Materialfehler)*; Lunker m
cavity *(Mont, Tech)* Aushöhlung f, Vertiefung f *(Höhle)*; Kammer f *(Gaseinschluss)*

cavity brick *(Bau)* Hohlblockstein *m*

cavity wall *(Stb)* Hohlmauer *f*, Hohlwand *f*

CBT *(Hütt)* konzentrischer Bodenabstich *m (Lichtbogenofen)*

CCW rotation *(Tech)* Linksdrehung *f*

cease *v (Tech)* aufhören

ceiling *(Bau)* Decke *f (eines Raumes)*; Geschossdecke *f*, Putzdecke *f*

ceiling beam *(Stb)* Deckenträger *m*

cell *(Elek, Tech)* Batteriezelle *f (eine der Zellen)*; Zelle *f (Schaltanlage)*

cell-less *adj (Tech)* zellenlos

cellar *(Bau)* Keller *m (eines Gebäudes)*

cellulose industry *(Tech)* Zellstoffindustrie *f*

cement *(Bau)* Zement *m*

cement *(Tech)* Kleber *m*, Klebstoff *m (in dicker Schicht)*

cement gun *(Hütt)* Torkretierapparat *m*

cement kiln *(Bau)* Zementofen *m*

cement mortar *(Bau)* Zementmörtel *m*

cement tailing *(Bau)* Zementgrieß *m*

cementation *(Bau)* Verkittung *f*

cemented *adj (Tech)* hartmetallbestückt

cemented carbide alloy *(Met)* Hartmetall *n*

cementing capacity *(Bau)* Bindefähigkeit *f*

cementing material *(Tech)* Dichtungsmaterial *n*

cementite *(Met)* Zementit *m*

center *v (AE) (Mech, Mont)* ankörnen

center *v (AE) (Tech)* ausrichten *(z. B. Räder, Lager)*; richten *(z. B. Räder, Lager)*; zentrieren *(z. B. Räder, Lager)*

center *adj (AE) (Tech)* mittig, Mittel..., zentral

center *(AE) (Tech)* Mitte *f*, Mittelpunkt *m*, Mittelstück *n*

center ball race rim *(AE) (Tech)* Kugeldrehkranz *m*

center distance *(AE) (Förd, Tech)* Achsabstand *m*, Mittenabstand *m*

center key *(AE) (Bau)* Schlussstein *m (Gewölbe)*

center lathe *(AE) (Tech)* Spitzendrehmaschine *f*

center of gravity *(AE) (Tech, Stat)* Schwerpunkt *m*

center-of-gravity movements *pl (AE) (Stat, Tech)* Schwerpunktänderungen *fpl*

center of inertia *(AE) (Tech, Stat)* Schwerpunkt *m*

center of movements *(AE) (Bergb, Umschl)* Drehpunkt *m*

center of rotation *(AE) (Bergb, Umschl)* Drehpunkt *m*

center of rotation *(AE) (Stb)* Drehpol *m*

center of rotation *(AE) (Tech)* Drehachse *f*

center pin *(AE) (Bergb)* Königswelle *f*

center pin *(AE) (Tech)* Drehpfannenbolzen *m*, Königszapfen *m*

center post *(AE) (Tech)* Drehdurchführung *f*

center punch *(AE) (Werkz)* Körner *m*

center-punch *v (AE) (Mech, Mont)* ankörnen

center support *(AE) (Stb)* Königsstuhl *m*

center-to-center distance *(AE) (Tech)* Mittenabstand *m*

centered *adj (AE) (Tech)* mittig

centered force *(AE) (Stb)* zentrische Kraft *f*

centering *(AE) (Stb)* Lehrgerüst *n*

centering *(AE) (Tech)* Zentrierung *f*

centerless *adj (AE) (Tech)* spitzenlos

centerline *(AE) (Math, Stat)* Achse *f*, Mittellinie *f*

central *(Elek)* Hauptsteuerkasten *m*

central *adj (Stb)* zentrisch

central *adj (Tech)* mittig, zentral

central console *(Elek)* Leitstand *m (nur Pult gemeint)*

central control panel *(Mess)* Leittafel *f (Steuerung)*

central control room *(Elek, Mess)* Hauptwarte *f*, Hauptleitwarte *f (Hauptsteuerwarte, zentraler Leitstand)*; Schaltraum *m*, Steuerzentrale *f*, Zentral-Leitstand *m*

central cutter *(Mech)* Zentralfräser *m*

central power station *(Elek)* Großkraftwerk *n*

central processing unit *(Elek)* Zentralbaugruppe *f (elektron. Steuerung)*; Zentraleinheit *f*

central processing unit *(IT)* CPU *f (Hauptprozessor)*; Hauptprozessor *m*

centre *v (BE) (Tech)* ausrichten *(z. B. Räder, Lager)*; richten *(z. B. Räder, Lager)*; zentrieren *(z. B. Räder, Lager)*

centre *adj (BE) (Tech)* mittig, Mittel..., zentral

centre *(BE) (Tech)* Mitte f *(Punkt)*; Mittelpunkt m, Mittelstück n

centre annulus *(BE) (Tech)* Zwischenring m *(einer Schwimmringdichtung)*

centre ball race rim *(BE) (Tech)* Kugeldrehkranz m

centre distance *(BE) (Förd, Tech)* Achsabstand m, Mittenabstand m

centre-drill *(BE) (Mech, Werkz)* Zentrumbohrer m

centre line average value *(BE) (Prüf)* Mittenrauwert m

centre line flaw *(BE) (Met)* Kernfehler m

centre-line of bridge *(BE) (Stb)* Brückenachse f

centre-line of trunnions *(BE) (Tech)* Drehachse f *(Konverter)*

centre of friction *(BE) (Stb)* Reibungsmittelpunkt m

centre of gravity *(BE) (Tech, Stat)* Schwerpunkt m

centre-of-gravity movements *pl (BE) (Stat)* Schwerpunktänderungen fpl

centre of inertia *(BE) (Stat)* Schwerpunkt m

centre of movements *(BE) (Bergb, Umschl)* Drehpunkt m

centre of rotation *(BE) (Bergb, Umschl)* Drehpunkt m

centre of rotation *(BE) (Stb)* Drehpol m

centre of rotation *(BE) (Tech)* Drehmittelpunkt m; Drehachse f *(Konverter)*

centre of vehicle *(BE) (Kfz)* Gerätemitte f

centre pier *(BE) (Stb)* Mittelpfeiler m

centre pin *(BE) (Tech)* Drehpfannenbolzen m, Königszapfen m

centre pipe *(BE) (Met)* Kernlunker m *(Fehler in der Materialmitte)*

centre-pivot insert *(RF) (Tech)* Gleiteinlage f *(in der Drehgestellpfanne)*

centre pivot steering *(BE) (Tech)* Knicklenker m

centre post *(BE) (Tech)* Drehdurchführung f

centre punch *(BE) (Werkz)* Körner m

centre section *(BE) (Tech)* Mittelstück n *(eines Kreuzschlüssels für Radmuttern)*; Mittelteil m

centre shaft *(BE) (Tech)* Zugstange f *(in Haspeltrommel)*

centre shift *(BE) (Tech)* Seitenschubvorrichtung f

centre shift pinion *(BE) (Tech)* Seitenschubritzel n

centre span *(BE) (Stb)* Mittelfeld n *(Öffnung)*

centre tap *(BE) (Elek)* Mittelanzapfung f

centre-to-centre distance *(BE) (Tech)* Mittenabstand m

centre-to-centre length *(BE) (Tech)* Achsabstand m *(Förderband)*

centre trunnion *(BE) (Tech)* Schwenkzapfen m *(eines Zylinders)*

centre wave *(BE) (Walz)* Mittenwelle f *(auf einem gewalzten Band)*

centred *adj (BE) (Tech)* mittig

centreline *(BE) (Math, Stat)* Achse f, Mittellinie f

centrifugal *adj (Tech)* zentrifugal

centrifugal belt *(Förd, Umschl)* Schleuderband n

centrifugal blower *(Tech)* Radialgebläse n

centrifugal casting *(Hütt/Walz)* Schleudergießen n, Schleuderguss m

centrifugal compressor *(Verd)* Turboverdichter m radialer Bauart

centrifugal disk *(Tech)* Schleuderscheibe f

centrifugal fan *(Tech)* Fliehkraftlüfter m

centrifugal fan *(Verd)* Radiallüfter m

centrifugal force *(Stat, Tech)* Fliehkraft f, Zentrifugalkraft f; Schwungmasse f *(z. B. Motor)*

centrifugal mass *(Stat, Tech)* Schwungmasse f *(z. B. Motor)*

centrifugal pump *(Hydr/Pneu)* Kreiselpumpe f

centrifugal vibrating screen *(Zer)* Kreisschwingsieb n

centrifugally cast concrete *(Bau)* Schleuderbeton m

centrifugally spun concrete *(Bau)* Schleuderbeton m

centrifuge *v (Tech)* schleudern *(Zerbrecher)*

centrifuge *(Zer)* Zentrifuge f

centripetal force *(Stat)* Zentripetalkraft f

centroid *(Tech)* Schwerpunkt m *(einer Fläche)*

centroidal axis *(Förd)* Schwerelinie f *(des Gurtes)*

centroidal axis *(Phys)* Schwerlinie f

centrosymmetrical *adj (Stat, Tech)* zentralsymmetrisch

ceramic adj (Tech) keramisch

ceramic backing (Schw) Keramikunterlage f

ceramics (Geo) Keramik f

certificate (Tech) Attest m, Berechtigungsnachweis m, Zeugnis n

certificate of origin (Tech) Ursprungszeugnis n

certification (Tech) Zulassung f (z. B. einer Waage)

certified adj (Tech) zugelassen

certified engineer (Tech) Diplomingenieur m

CFC (Chem) FCKW m, Fluorchlorkohlenwasserstoff m

chafe-resistant adj (Mech, Tech) abriebfest

chaff v (Mech, Tech) abreiben

chaff (Mech) Abrieb m (Späne, Splitter); Häcksel mpl

chafing (Mech) Abrieb m (z. B. durch Reibung)

chain (Tech) Kette f

chain bed (Form) Ziehbett n (einer Ziehbank)

chain capstan (Schiff) Seilspill n

chain conveyor (Bergb, Umschl, Walz) Kettenbahn f, Kettenförderer m

chain drive (Tech) Kettenantrieb m, Kettengetriebe n, Kettentrieb m, Laufkette f; Schleppantrieb m (Schleppkreisförderer)

chain link (Hütt) Verbindungsglied n (Stranggießen)

chain link bushing (Tech) Schakenbuchse f

chain link fabric (Tech) Maschendraht m

chain link pin (Tech) Schakenbolzen m

chain matrix (Tech) Kettenmatrix f

chain pad (Bergb) Bodenblech n (Transportraupe); Bodenplatte f (Transportraupe); Raupenplatte f

chain pitch (Tech) Kettenteilung f

chain sprocket (Förd) Kettenrad n (Bandwaage)

chain sprocket (Tech) Kettenrolle f, Kettenstern m

chain strand (Tech) Kettenstrang m

chain strand (Zer) Plattenbandstrang m (Kettenstrang)

chain tackle (Bau, Tech) Kettenzug m

chain tension (Bergb) Kettenzug m (Raupe); Raupenkettenzug m

chain tensioner (Bergb) Spannvorrichtung f (Raupenkette)

chain tensioning device (Bergb) Kettenspannvorrichtung f (Transportraupe); Spannvorrichtung f (Raupenkette)

chain tightener (Tech) Kettenspanner m

chain tread (Tech) Kettenglied n, Raupenglied n

chain-type cable (Elek, Tech) Kabelschleppkette f, Schleppkette f

chain wrench (Tech) Kettenspannschlüssel m (z. B. für Rohre)

chair lift (Stb) Sessellift m

chair rail (Tech) Stuhlschiene f (Bahn)

chamber (Tech) Kammer f, Raum m (Ventil); Vorkammer f

chamber filter (Tech) Kammerfilter m (Entstaubung)

chamber furnace (Hütt) Kammerofen m

chamfer v (Mech, Mont) abecken, abfasen, abgraten, abkanten (etw. abkanten, scharfe Kanten von etw. entfernen, eine Fase an etw. anbringen); abrunden (z. B. Getriebezähne); abschrägen, anfasen (Kanten oder Ecken entfernen); auskehlen (scharfe Kanten von etw. entfernen); bestoßen (z. B. Kanten); kannelieren, kehlen, kröpfen (abfasen)

chamfer v edges (Mech) Kanten bestoßen, Kanten brechen

chamfer (Mech) abgeschrägte Kante f, Abschrägung f (Zuschärfung); Fase f, Furche f, Hohlkehle f, Rille f, Rinne f (Furche); Schrägkante f, Zuschärfung f; Abrundung f (z. B. von Getriebezähnen)

chamfer start depth (Mech) Anschnitttiefe f

chamfered adj (Mech) abgefast, abgeschrägt, angeschrägt, gebrochen, gefast (z. B. Kante)

chamfered end (Tech) Kegelkuppe f (Schraube)

chamfered plain washer (Tech) Scheibe f mit Fase (DIN ISO 1891)

chamfering (Mech, Mont) Abfasung f, Abschrägung f (Abfasung)

chance variable (Stb) Zufallsveränderliche f

change v (Getr) umschalten (Gang)

change v (Tech) regeln, umrüsten, umsetzen (z. B. ein Gerät)

change v gear (Tech) schalten (Getriebe)

change v over (Elek) umschalten

change *(Bergb, Tech)* Umrüstung *f (Änderung der Ausrüstung)*

change *(IT)* Modifizieren *n (Bearbeitung in CAD)*

change *(Tech)* Wechsel *m*

change gear *(Getr, Kfz)* Gangschaltung *f (Getriebe)*; Schaltgetriebe *n*, Wechselgetriebe *n*; Schaltgestänge *n*

change in gain *(Elek)* Verstärkungsnachführung *f*

change in section *(Tech)* Querschnittsänderung *f (Metallurgie)*; Querschnittsänderung *f (Rohrleitungen)*

change of addendum *(Tech)* Kopfhöhenänderung *f (Zahnrad)*

change of cross-section(al area) *(Tech)* Querschnittsänderung *f (Metallurgie)*

change-over *(Elek)* Umschaltung *f*

change-over *(Mess)* Umkehrung *f*

change-over *adj (Tech)* umschaltbar

change-over break-before-make contact *(Elek)* Wechsler *m*

change-over chute *(Umschl)* Verschiebesattel *m*

change-over contact (element) *(Elek)* Wechsler *m*

change-over control (unit) *(Tech)* Umsteuerung *f (Schmieranlage)*

change-over switch *(Elek)* Umschalter *m*

change-over valve *(Vent)* Wechselventil *n*; Umschaltarmatur *f (eines Doppelkühlers)*

change shaft *(Tech)* Schaltwelle *f (Kupplungsschalter)*

change speed gear *(Getr)* Schaltgestänge *n*, Schaltgetriebe *n*

change speed gearbox *(Getr)* Wechselgetriebe *n*

change-vessel converter *(Hütt)* Wechselkonverter *m*

changeable *adj (Tech)* veränderbar

changeover switch *(Elek)* Umschalter *m*

changing *adj (Tech)* wechselnd

channel *v (Mech)* auskehlen, aushöhlen, einkehlen, furchen, kehlen, riefen, rillen

channel *(IT)* Datenübertragungskanal *m*

channel *(Met)* Holm *m (Profil)*; U-Eisen *n*, U-Profil *n*, U-Stahl *m*

channel *(Schiff)* Fahrrinne *f*

channel *(Tech)* Kanal *m (Kabel)*; Kanal *(Ablaufrinne)*; Rinne *f (Furche)*

channel brick *(Tech)* Spülstein *m (im Konverter)*

channel furnace *(Hütt)* Rinnenofen *m*

channel iron *(Met)* U-Stahl *m*

channel switch selector *(Elek)* Kanalumschalter *m*, Prüfkanalumschalter *m*

chapters *pl (Tech)* Gliederung *f*

character *(Elek, IT, Tech)* Symbol *n*

character *(IT, Tech)* Zeichen *n (im Sinne von Buchstabe)*

character set *(Elek, IT)* Zeichensatz *m*, Zeichenvorrat *m*

characteristic *adj (Tech)* bezeichnend, charakteristisch, typisch

characteristic *(Tech)* Charakteristik *f*, Eigenschaft *f*, Kenngröße *f*, Kennlinie *f*

characteristic curve *(Tech)* Kennkurve *f*, Kennlinie *f*

characteristic frequency *(Elek)* Eigenfrequenz *f*

characteristic function *(Elek)* Eigenfunktion *f (bei Differenzialgleichungen)*

characteristic impedance *(Elek)* Schallwellenwiderstand *m (DIN 54119)*; Wellenwiderstand *m*

characteristic value *(Math)* Kennwert *m*

charcoal *(Bergb)* Holzkohle *f*

charcoal kiln *(Baut)* Meiler *m*

charge *v (Elek)* aufladen *(z. B. eine Batterie)*; laden *(z. B. eine Batterie)*

charge *v (Hütt/Walz)* einsetzen

charge *v (Tech, Walz)* beaufschlagen *(z. B. Additive)*

charge *(Elek)* Aufladung *f*, Ladung *f*

charge *(Hütt)* Begichtung *f (als Menge)*; Einsatz *m*; Einsatz *m (Vorgang)*; Ladung *f*; Möller *m (Chargiergut für den Hochofen)*

charge *(Tech)* Ladung *f (Fracht)*

charge capacity *(Tech)* Füllvolumen *n*

charge pressure *(Hydr/Pneu)* Speisedruck *m*

charge pump *(Hydr/Pneu)* Speisepumpe *f*

charge pump *(Tech)* Ladepumpe *f*

charging bin *(Tech, Umschl, Zer)* Aufgabetrichter *m*, Beschickungstrichter *m*, Fülltrichter *m*

charging hopper *(Tech)* Fülltrichter *m*

charging hopper *(Umschl, Zer)* Aufgabetrichter *m*, Beschickungstrichter *m*

charging roller *(Tech)* Zuführrollgang *m*

charging roller conveyor *(Förd)* Einlaufrollgang *m*, Zulaufrollgang *m*

Charpy impact test *(Prüf)* Kerbschlagbiegeversuch *m* nach Charpy

Charpy test *(Prüf)* Kerbschlagbiegeversuch *m* nach Charpy

Charpy-V notch *(Met, Schw)* ISO-V *(Kerbschlagzähigkeit)*

chart *(Elek)* Aufzeichnungsträger *m (Schreiber)*

chart *(Tech)* Diagramm *n (Diagrammblatt, Aufzeichnung)*; grafische Darstellung *f*, Tabelle *f*

chart design *(Tech)* Diagrammkonstruktion *f*

chart speed *(Elek)* Papiergeschwindigkeit *f (Schreiber, Registriergerät)*; Papiervorschubgeschwindigkeit *f (Schreiber, Registrierapparat)*

chart... *adj (Tech, Zeich)* schaubildlich

chassis *(Bergb, Tech)* Fahrwerk *n*, Unterbau *m*, Unterwagenrahmen *m*

chassis *(Elek)* Baugruppenträger *m (Rahmen, Träger)*

chassis *(Kfz)* Chassis *n*, Fahrgestell *n*, Hauptrahmen *m*

chassis *(Tech)* Rahmen *m*, Untergestell *n*

chatter *v (Tech)* flattern *(Ventil)*; rattern *(vibrieren)*

chatter *(Tech)* Rattermarken *fpl*

chatterfree *adj (Tech)* ratterfrei

check *v (Tech)* prüfen, überprüfen

check *v the pressure (Hydr/Pneu)* abdrücken *(den Druck überprüfen)*

check *(Tech)* Kontrolle *f*, Überprüfung *f*

check *adj (Tech)* Kontroll...

check-back *(Tech)* Rückfrage *f*

check crack *(Met)* Schrumpfriss *m (Schwindungshohlraum)*

check nut *(Tech)* Gegenmutter *f*

check plate *(Tech)* Pressplatte *f (Backenbrechers)*; Sperrplatte *f*

check plate *(Zer)* Seitenkeil *m (eines Backenbrechers)*; Seitenplatte *f (eines Backenbrechers)*

check rail *(Bahn)* Entgleisungsschutz *m*, Fangvorrichtung *f (am Gleis)*; Radlenker *m (z. B. an Weichen)*

check-up time *(Tech)* Probebetrieb *m*

check valve *(Vent)* Kontrollventil *n*, Prüfventil *n*, Regulierventil *n*, Rückschlagklappe *f*, Rückschlagventil *n*, Rückstreuventil *n*, Sperrventil *n*

check weighman *(Tech)* Wiegemeister *m*

checked *adj (Prüf)* gepr., geprüft

checker *(Tech)* Kontrolleur *m*

checker plate *(AE) (Met)* Riffelblech *n*, Tränenblech *n*, Warzenblech *n*

checkered *adj (Tech)* gerieft

checkered plate *(Met)* Riffelblech *n*

checking tap *(Tech)* Kontrollöffnung *f (z. B. am Getriebe)*

checking tool *(Werkz)* Prüfwerkzeug *n*

cheek plate *(Tech)* Wangenplatte *f*

cheek plate *(Zer)* Seitenkeil *m (eines Backenbrechers)*

cheese head screw *(Tech)* Zylinderschraube *f*

chemical *adj (Chem)* chemisch

chemical properties *pl (Chem, Prüf)* chemische Eigenschaften *fpl*

chemicals *pl (Chem)* Chemikalien *fpl*

chemistry *(Chem)* Chemie *f*

chemistry *(Chem, Prüf)* chemische Eigenschaften *fpl*

chequer plate *(BE) (Met)* Riffelblech *n*

chevron packing *(Hydr/Pneu)* Dachmanschette *f*

chevron packing *(Zer)* Ledermanschette *f*, Packung *f* mit Winkelmanschetten

chevron-shaped *adj (Tech)* V-förmig, Dach..., Spitz...

chief erector *(Bau, Mont)* Montageleiter *m*, Obermonteur *m*

chief mechanic *(Bau)* Richtmeister *m*

chill time *(Tech)* Kühlzeit *f*

chilled *adj (Geo)* granuliert

chilled cast iron *(Met)* Hartguss *m*, Spezialhartguss *m*

chimney *(Bahn)* Lokomotivschornstein *m*, Schornstein *m*

chimney *(Baut)* Esse *f*; Kamin *m (Schornstein eines Hauses)*; Rauchfang *m (Schornstein)*

chimney draught *(Hütt/Walz)* Schornsteinzug *m*

China clay *(Geo)* Kaolin *n*, Porzellanerde *f*

chip *v (Anstr)* abblättern *(Farbe, Putz)*; abschuppen; abplatzen *(Steine)*

chip *v (Mech)* abmeißeln, ausmeißeln, meißeln, putzen *(Blöcke)*; zerspanen

chip *v (Schw)* auskreuzen *(Fuge vor Gegenschweißen)*

chip *v back (Mech, Schw)* ausfugen *(Schweißnaht)*

chip

chip v off *(Mech, Mont)* abmeißeln, ausmeißeln, meißeln

chip v off *(Anstr, Hütt)* abplatzen *(Steine)*

chip v out *(Schw)* auskreuzen

chip *(Bergb, Mech)* Span m

chip *(Mech)* Abfall m, Blättchen n

chip board *(Baut)* Spanplatte f

chip control *(Tech)* Verschmutzungsschalter m *(an Hydraulikpumpen)*

chip trench *(Hütt)* Spülrinne f *(Späneabtransportrinne)*

chipping *(Mech)* Abfall m

chipping chisel *(Werkz)* Flachmeißel m, Hartmeißel m

chipping hammer *(Werkz)* Abklopfer m, Meißelhammer m, Pickhammer m, Salzhammer m, Schweißerhammer m

chippings pl *(Mech)* Splitt m

chippings pl *(Geo)* Schotter m *(Splitter)*

chippings pl *(Mech)* Abfall m

chips pl *(Mech)* Abfall m

chips of cut wood *(Tech)* Holzhackspäne mpl

chisel v *(Mech)* abmeißeln, ausmeißeln, meißeln

chisel v off *(Mech)* abmeißeln, ausmeißeln, meißeln

chisel *(Werkz)* Meißel m, Reibebrett n

chiseling work *(Bau)* Stemmarbeit f

chlorinated rubber *(Met)* Chlorkautschuk m

chlorine *(Chem)* Chlor n

chlorofluorocarbon *(Chem)* FCKW m, Fluorchlorkohlenwasserstoff m

chock *(Bahn)* Block m *(Vorlegekeil)*; Hemmkeil m; Unterlegkeil m *(z. B. für Kfz, Bahn)*

chock *(Tech)* Bremskeil m *(mit Spikes)*; Keil m *(zur Fahrzeugsicherung)*; Klotz m *(Unterlegkeil)*

chock *(Walz)* Einbaustück n

choice *(IT)* Auswahl f, Auswahlmöglichkeit f

choke v *(Tech)* verstopfen *(meist ungewollt)*

choke *(Tech)* Drossel f, Luftklappe f, Starterklappe f

choke coil *(Elek)* Schutzdrossel f

choke control *(Kfz)* Choke m *(zum Verschluss von Drosselklappe)*; Drosselkabel n

choke control *(Tech)* Luftklappengestänge n

choke limit *(Verd)* Schluckgrenze f

choke plate *(Kfz)* Drosselplatte f

choke plate *(Tech)* Luftklappe f

choking *(Tech)* Sperrung f *(des Strömungsquerschnitts)*

choose v *(Tech)* auswählen

chop v *(Mech)* hacken

chopper *(Elek)* Gleichstromsteller m

chopper *(Zer)* Zerhacker m

chopping knife *(Werkz)* Hackmesser n

chopping shear *(Walz)* Häckselschere f

chord *(Förd)* Gurt m

chord *(Kran)* Rillung f *(einer Seiltrommel)*

chord *(Stb)* Gurtung f, Sehne f *(Saite)*; Flansch m *(eines Trägers; Gurt)*

chord *(Tech)* Gurt m *(Vollwandträger)*

chord member *(Stb)* Gurtstab m

chord of tooth root *(Getr)* Zahnfuß-Sehne f

chord plate *(Tech)* Gurtblech n *(Förderanlage)*; Lamelle f *(Gurtplatte, waagerecht)*

chord section *(Stb)* Gurtquerschnitt m *(Fachwerk)*

chord welding joint *(Schw)* Halsnaht f

chordal pitch *(Getr)* Zahnteilung f *(entlang der Sehne)*

chordal tooth thickness *(Getr, Tech)* Zahndickensehne f *(am Zahnrad)*

CHPP *(Abk. für: combined heat and power plant)* *(Tech)* Heizkraftwerk n

christmas tree rack *(Log)* Kragarmregal n

chromate *(Met)* Chromat m

chrome *(AE)* *(Met)* Chrom n

chrome-moly-steel *(AE)* *(Met)* Chrommolybdänstahl m *(CrMo-Stahl)*

chrome steel *(AE)* *(Met)* Chromstahl m

chromium *(BE)* *(Met)* Chrom n *(Metall)*

chromium-molydenum steel *(Met)* Chrommolybdänstahl m *(CrMo-Stahl)*

chromium-nickel steel *(Met)* Chromnickelstahl m

chromium-plated adj *(Met)* chrombeschichtet, verchromt

chromium steel *(BE)* *(Met)* Chromstahl m

chronological order *(Tech)* zeitliche Reihenfolge f

chronological sequence *(Tech)* zeitliche Reihenfolge f

chuck *(Tech)* Einspannkopf m *(Werkzeugmaschine)*; Spannfutter n

chuck *(Werkz)* Bohrfutter *n (für das Ein-stecken des Bohrmeißels)*

chuck turning *(Mech)* Futterdrehen *n*

chunks *pl (Förd, Umschl, Bergb)* Brocken *mpl*

chute *(Bergb)* Bodenklappe *f*, Fall-schacht *m (Schurre)*; Zulaufrohr *n (Kohle)*; Zuführrinne *f*

chute *(Förd)* Rutsche *f*, Schurre *f*

chute cleaner *(Tech)* Schutenspüler *m*

chute clogging switch *(Elek)* Schurren-verstopfungsendschalter *m*, Schur-renverstopfungsschalter *m*

chute plate *(Tech)* Gleitwand *f*

chute plugging switch *(Elek)* Schurren-verstopfungsendschalter *m*, Schur-renverstopfungsschalter *m*

chuting *(Bergb, Förd, Umschl)* Ein-schurrung *f*

chuting of concrete *(Bau)* Betongießen *n*, Gießen *n* von Beton

CI *(Met, Stb)* Grauguss *m*, GG *m*

CIM *(Elek)* CIM

cinder *v (Hütt)* ausglühen *(aus Versehen)*

cinder *(Bergb, Hütt/Walz)* Asche *f (Schlacke, Zunder)*; Schlacke *f (Ne-benprodukt im Hochofen)*; Zunder *m*

circa *adv (Tech)* circa, ungefähr

circle *(Bergb)* Drehkreis *m*

circle *(Math, Mech)* Kreis *m*

circle *(Met)* Ronde *f*

circle *(Tech)* Lochkreis *m*

circle bogie *(Bergb)* Drehkranz *m (des Graders)*; Schardrehkranz *m (des Gra-ders)*

circle centershift *(Bergb)* Scharseiten-verstellung *f*

circle drive *(Bergb)* Drehgetriebe *n*

circle reverse control *(Tech)* Umlenkung *f*

circle shear *(Mech, Walz)* Rondenschere *f*

circle side shift *(Bergb)* Drehkranzsei-tenverstellung *f*, Seitenverstellung *f (z. B. der Graderschar)*

circle swing assembly *(Tech)* Dreh-durchführung *f*

circlip *(Tech)* Federdrahtring *m*, Feder-ring *m (Schurre)*; Seegerring *m*, Sicherungsring *m*, Spannring *m*, Spannschelle *f*

circlip pliers *pl (Werkz)* Einsprengzange *f*, Montagezange *f*

circuit *(Elek)* Kreislauf *m*, Schaltkreis *m*,

Schaltung *f (elektrische Verbindung)*; Strombahn *f*, Stromkreis *m*, Stromweg *m*

circuit *(IT)* Anschluss *m (z. B. am Com-puter)*

circuit *(Mess)* Kreis *m*

circuit *(Tech)* Umlauf *m (Kreislauf des Kühlwassers)*

circuit board *(Elek)* Leiterplatte *f*, Platine *f*, Printplatte *f (gedruckte Platine)*; Schaltkarte *f*

circuit breaker *(Elek)* Abschalter *m (z. B. in der Schaltanlage eines Kraftwerks)*; Aus- und Abschalter *m*, Lastschalter *m (Trafo)*; Leistungsschalter *m*, Leis-tungstrenner *m*, Motorschutzschalter *m*, Schalter *m*, Schutzschalter *m*, Selbstschalter *m*, Stromabschalter *m*, Trennschalter *m*, Unterbrecher *m*, Un-terbrechungsschalter *m*

circuit capacity *(Elek)* Leitfähigkeit *f (ei-nes Stromkreises)*

circuit common *(Mess)* Schaltungsnull *f*

circuit diagram *(Elek)* Schaltbild *n*, Schaltplan *m*, Stromlaufplan *m*

circuit water system *(Bau)* Kreislauf-wasserwirtschaft *f*

circuitry *(Elek)* Schaltung *f (elektrische Verbindung)*; Verdrahtungstechnik *f*

circular *adj (Tech)* kreisförmig, ringför-mig, rund

circular-arc *adj (Stb)* kreisbogenförmig

circular arch *(Tech)* Ringausbau *m (im Bergwerk)*

circular base *(Tech)* Ringscheibe *f*

circular chart recorder *(Bergb, Kfz)* Fahrtenschreiber *m*

circular cut file *(Werkz)* Fräserfeile *f*

circular file *(Werkz)* Raspelfeile *f*

circular knife *(Mech)* Kreismesser *n*

circular milling machine *(Mech)* Rund-tischanlage *f*

circular oscillating screen *(Zer)* Kreis-schwingsieb *n*

circular pitch *(Getr)* Zahnradteilung *f*, Zahnteilung *f (im Teilkreis)*

circular plate *(Met)* Ronde *f*

circular saw *(Werkz)* Kreissäge *f*

circular sheet recorder *(Elek)* Kreis-blattschreiber *m*

circular thickness *(Tech)* Zahndicke *f (Zahnrad)*

circular trimming saw *(Mech, Walz)* Besäumkreissäge f

circular trimming shear *(Mech, Walz)* Kreismessersaumschere f

circulating *adj (Tech)* kreisend

circulating air heating *(Tech)* Umluftheizung f

circulating blinker light *(Bahn, Elek, Kfz)* Rundumleuchte f

circulating lubricating system *(Tech)* Umlaufschmierung f

circulating material *(Zer)* Umlaufgut n

circulating pump *(Tech)* Kreislaufpumpe f

circulating reflector spotlight *(Elek)* Drehspiegelleuchte f

circulating water pump *(Hydr/Pneu, Tech)* Umlaufwasserpumpe f, Wasserumwälzpumpe f

circulation *(Tech)* Ölumlauf m, Umlauf m *(Rotation)*; Zirkulation f *(z. B. von Öl)*

circulation flow *(Elek)* Durchflussstrom m

circulation of vector *(Mess)* Hüllenintegral n

circulation pump *(Hydr/Pneu)* Umwälzpumpe f

circulation speed *(Hydr/Pneu)* Strömungsgeschwindigkeit f

circulation tube *(Tech)* Kurzschlussrohr n

circumference *(Tech)* Peripherie f, Umfang m *(eines Kreises)*

circumferential arrangement of cyclone tubing *(Zer)* Zyklon-Korbwand f

circumferential backlash *(Getr, Tech)* Drehflankenspiel n

circumferential echo *(Elek)* Umlaufecho n

circumferential force *(Tech, Stat)* Umfangskraft f

circumferential joint *(Schw)* Rundnaht f

circumferential rib *(Tech)* Kennlinie f *(z. B. von Reifen)*

circumferential seam *(Schw)* Rohrrundnaht f

circumferential speed *(Elek, Tech)* Umfangsgeschwindigkeit f

circumferential tyre *(BE) (Tech)* Kennlinie f *(z. B. von Reifen)*

circumferential weld *(Schw)* Rundschweißnaht f, Umfangsnaht f *(Rohre)*;

Umfangsschweißung f, umlaufende Naht f

circumstances *pl (Tech)* Verhältnisse npl, Zustände mpl

cistern *(Tech)* Tank m *(Flüssigkeitsbehälter)*

cistern *(Ökol)* Zisterne f

citric acid test *(Prüf)* Zitronensäureprüfung f

city water *(Ökol, Tech)* Leitungswasser n

civil construction machinery *(Bau)* Baugeräte npl

civil engineer *(Bau)* Bauingenieur m; Tiefbauingenieur m, Tiefbauunternehmer m

civil engineering *(Bau)* Bauingenieurwesen n, Bauwesen n, Hoch- und Tiefbau m, Ingenieurbau m, Ingenieurbauwesen n, Tiefbau m

civil engineering work *(Bau)* Bauarbeiten fpl, Hoch- und Tiefbaukonstruktionen fpl

clad *v (Met)* plattieren *(elektrolytisch)*

clad *v (Tech)* verkleiden

clad *adj (Met)* plattiert

clad metal *(Met)* Verbundmetall n, Aufplattierungsmetall n *(durch Aufwalzen)*

cladded *adj (Tech)* verkleidet

cladding *adj (Met)* plattierend

cladding *(Bau)* Verkleidung f *(Bauwesen)*

cladding *(Bergb)* Panzerung f *(Brecherverkleidung)*

cladding *(Stb)* Auskleidung f, Verkleidung f *(Ummantelung)*

cladding metal *(Met)* plattierendes Metall n, Aufplattierungsmetall n *(durch Aufwalzen)*

clam bucket *(Bergb)* Klappschaufel f

clamp *v (Tech, Mont)* anklammern, anklemmen

clamp *(Mech)* Bohrbügel m

clamp *(Tech)* Befestigungsklemme f *(Klammer, Schraubzwinge)*; Klammer f *(z. B. für Kabel)*; Klemme f; Klemmlasche f *(Zerkleinerer)*; Klemmstück n, Klemmverbindung f *(des Seils auf der Seiltrommel)*; Schelle f, Spannvorrichtung f *(Schelle)*

clamp *(Walz)* Verklammerung f *(Vorrichtung)*

clamp *(Werkz)* Schraubzwinge f, Spange f

clamp *adj (Tech)* Klemm…, Spann…

clamp coupling *(Tech)* Schalenkupplung f

clamp fitting *(Tech)* Schellenanbau m

clamped *adj (Elek)* geklammert, geklemmt, verklammert

clamped *adj (Tech)* Klemm…

clamping *adj (Tech)* Befestigungs…, Klemm…

clamping cup springs *(Tech)* Tellerfederpaket n

clamping cylinder *(Bergb, Hydr)* Klemmzylinder m

clamping cylinder *(Tech)* Spannzylinder m *(Bandschweißmaschine)*

clamping device *(Tech)* Arretierung f, Spannvorrichtung f *(Schelle)*; Klemmvorrichtung f *(Bergbau)*

clamping fixture *(Tech)* Spannvorrichtung f *(Befestigung)*

clamping force *(Hütt)* Klemmkraft f, Schließkraft f

clamping jaw *(Werkz)* Spannbacke f *(des Schraubstocks)*

clamping lever *(Tech)* Kegelgriff m *(DIN 99)*; Klemmhebel m *(Bergbau)*

clamping pressure *(Mech)* Anpressdruck m

clamping ring *(Tech)* Schelle f

clamping ring *(Werkz)* Spannzange f

clamps and tongs *pl (Förd, Kran)* Zangen fpl und Klauen fpl *(Lastaufnahmemittel)*

clamshell *(Bergb)* Greifer m, Greiferschale f, Klappschaufel f

clamshell bucket *(Bergb, Kran, Umschl)* Grabgreifer m, Zweischalengreifer m

clamshell bucket *(Hütt)* Schalenkorb m

clamshell cylinder *(Bergb)* Klappenzylinder m *(der Klappschaufel)*

clamshell grab *(Kran, Umschl)* Zweischalengreifer m

clamshell motor grab *(Kran)* Zweischalenmotorgreifer m

clarification plant *(Bau)* Kläranlage f

clashing *(Bergb, Getr)* Anstoßen n *(von Zahnkopfkanten)*

clasp brake *(Tech)* Klotzbremse f *(Bahn)*

clasp-pattern brake *(Tech)* Klotzbremse f *(Bahn)*

class *(Tech)* Gütestufe f, Klasse f

classification *(Bergb)* Sichtfähigkeit f

classification *(Tech)* Art f *(Klasse)*; Aufteilung f *(in Gruppen, Klassen usw.)*; Bewertungsgruppe f, Einstufung f

(Klassifizierung); Einteilung f *(in Gruppen, Klassen usw.)*; Gliederung f *(Erzeugnisstruktur)*; Klasse f, Klassifizierung f, Sortierung f *(Einstufung)*

classification chart *(Hütt)* Richtreihe f

classification of rocks *(Bau)* Einstellung f der Gesteine

classification standards *pl (Hütt)* Richtreihe f

classifier *(Walz)* Sortieranlage f *(Verzinnung)*

classifier *(Zer)* Klassierer m, Sichter m *(Klassierer)*

classify *v (Bergb)* sichten *(klassifizieren)*

classify *v (Chem, Prüf, Tech)* aufgliedern *(in Klassen einteilen)*

classify *v (Tech)* einteilen, einstufen *(z. B. in Gruppen, in Klassen)*; gliedern *(Erzeugnisstruktur)*; klassifizieren

classify *v (Tech, Zer)* sortieren; klassieren *(z. B. Erz)*

claw *(Bergb)* Schale f *(am Greifer)*

claw *(Tech)* Kralle f, Pratze f

claw *(Werkz)* Klaue f *(Schraubstock)*

claw coupling *(Tech)* Klauenkupplung f

claw of the half coupling *(Tech)* Kupplungsfinger m

claw spanner *(Werkz)* Klauenschlüssel m, Schlüssel m

claw wrench *(Werkz)* Kuhfuß m *(zum Entfernen von Nägeln)*; Nagelzieher m, Schlüssel m *(Klauenschlüssel)*

claxon *(Tech)* Horn n, Hupe f

clay *(Geo)* Lehm m, Ton m *(Material)*

clay gun *(Hütt)* Stichlochkanone f

clay-gun motor *(Hütt)* Stopfmotor m *(Hochofen)*

clay roof tile *(Bau)* Dachziegel m

clean *v (Chem, Umwlt)* reinigen

clean *v (Tech)* putzen, säubern

clean *adj (Tech)* sauber

clean coal *(Bergb)* Reinkohle f

clean gas *(Hütt/Walz)* Reingas n *(hinter dem Filter)*

clean-up radius *(Kran)* Planierweg m

cleaned *adj (Anstr)* gesäubert

cleaned *adj (Tech)* gereinigt

cleaned air *(Tech)* Reingas n *(Entstaubung)*

cleaned to near-white metal *adj (Anstr)* metallisch rein *(Reinheitsgrad Sandstrahlen)*

cleaned to white metal *adj (Anstr)* metallisch blank, metallisch blank gesäubert

cleaner *(Anstr)* Putzmesser n

cleaner *(Tech)* Reiniger m *(z. B. Gebäudereiniger)*; Reinigungsmittel n

cleaner bar *(Bergb, Umschl, Walz)* Abstreifer m

cleaning *(Tech)* Reinigung f

cleaning agent *(Tech)* Reinigungsmittel n

cleaning plane *(Mont)* Putzhobel m

cleaning powder *(Tech)* Scheuermittel n *(Pulver)*

cleaning roll *(Förd)* Mangelrolle f *(hinter dem Abstreifer)*; Reinigungsrolle f

cleaning wool *(Tech)* Putzwolle f

cleanliness *(Hütt/Walz)* Reinheit f *(Stahl)*; Sauberkeit f

cleanliness factor *(Hütt/Walz)* Verschmutzungsfaktor m *(Heizflächenberechnung)*

cleanness *(Hütt/Walz)* Reinheit f *(Stahl)*

cleanser *(Tech)* Reinigungsmittel n

cleanside *adj (Tech)* reinseitig *(z. B. Filteranschluss)*

clear *v (Bergb)* aufräumen *(z. B. Gestein)*

clear *v (Tech)* entmobilisieren, aufräumen *(Baustelle)*; freiräumen

clear *adj (Anstr)* farblos

clear *adj (Tech)* anschaulich, klar *(z. B. Text, Bedeutung)*; licht

clear height *(Tech)* freie Durchfahrtshöhe f, freie Höhe f, lichte Höhe f

clear lacquer *(Anstr)* Klarlack m

clear span *(Tech)* lichte Weite f

clear water system *(Hütt, Ökol)* Reinwassernetz n

clear well *(Hütt, Ökol)* Reinwasserbecken n

clear width *(Stb)* lichte Breite f

clearance *(Bahn)* Bahnprofil n; Freigängigkeit f *(z. B. der Wagenräder)*

clearance *(Baut, Stb)* Stoßfuge f, Fuge f

clearance *(Tech)* Abstand m *(Zwischenraum)*; Freimaß n, Kopfspiel n, lichtes Abmaß n *(freier Raum)*; Luftstrecke f *(Schleifringkörper)*; Passung f, Spaltmaß n *(Spiel zwischen Teilen)*; Spiel n, Spielraum m, Toleranz f

clearance *(Verd)* Schadraum m *(Kolbenverdichter)*

clearance angle *(Bergb, Umschl)* Anstellwinkel m

clearance diagram *(Stb)* Lichtraumprofil n

clearance gauge *(Bahn)* Durchgangsprofil n

clearance gauge *(Stb)* Lichtraumprofil n, Lichtraumumgrenzung f, Umgrenzung f des lichten Raumes

clearance height *(Tech)* Durchfahrtshöhe f, freie Durchfahrtshöhe f, lichte Höhe f

clearance indicator *(Elek)* Abstandsanzeiger m

clearance width *(Kfz)* Durchfahrtsbreite f *(z. B. eines Tunnels)*

clearing *(Elek)* Abschaltung f *(z. B. Kurzschluss)*

clearing width *(Bergb)* Räumbreite f

clearly visible *adj (Tech)* deutlich sichtbar

cleat *(Förd)* Querstollen m *(Förderband)*; Stollen m *(Steilförderer)*

cleat *(Tech)* Halteleiste f, Verbindungslasche f

cleat *(Werkz)* Knagge f

cleat to prevent slipping *(Tech)* Gleitschutzprofil n

cleated *adj (Tech)* festgeklampt

cleated belt conveyor *(Förd)* Stollenband n

cleavage fracture *(Hütt, Met)* Spaltbruch m

cleft *(Tech)* Bruch m, Spalt m

clevis *(Kfz)* Gabelkopf m *(des Gabelbolzens)*

clevis *(Tech)* Achsgabel f, Achshalter m, Bügel m; Gabel f *(Schäkel, Zylinder)*; Gabelauge n

clevis coupler *(Tech)* U-förmiger Zughaken m

clevis pin *(Tech)* Gabelbolzen m, Gabelstift m

clevis tongue *(Tech)* Schwenkauge n

cliché *(Tech)* Klischee n *(Drucktechnik)*

climax *(Tech)* Höchststand m

climbing gradient *(Bahn)* Steigung f *(der Bahnstrecke)*

clincher band *(Tech)* Wulstband n

clincher rim *(Tech)* Wulstfelge f

clincher tyre *(BE) (Tech)* Wulstreifen m

clinging *adj (Förd, Tech)* anhaftend

clinker *(Bau)* Klinker m, Klinkerstein m

clip *(Kfz)* Federklemme f

clip *(Tech)* Befestigungsklemme f *(Heftzwinge, Rohrschelle, Klammer)*; Be-

festigungslasche f, Bügel m *(Klammer, Schelle)*; Halterung f, Kabelschuh m, Klammer f, Klemme f *(Rohrschelle)*; Lasche f *(Klemmplatte)*; Schele f
clip *(Werkz)* Stegklammer f
clip and pin arrangement *(Kfz)* Bügelfederanordnung f
clip and pin arrangement *(Tech)* Kipphebelanordnung f
clip angle *(Tech)* Aussteifwinkel m
clip board *(Tech)* Feldbuch n
clip bolt *(Bahn)* Klemmplattenschraube f *(für Kleinbahn)*
clip bolt *(Tech)* Hakenschraube f
clip-on ammeter *(Elek)* Zangenstrommesser m
clipped on *adj (Tech)* aufgesteckt, Aufsteck…
cloak *v (Prüf)* verwischen *(Ultraschallprüfung)*
clock generator *(Elek)* Taktgeber m
clock-pulse generator *(Elek)* Taktgeber m, Taktgenerator m
clock relay *(Elek)* Schaltuhr f
clock switch *(Elek)* Schaltuhr f
clock valve *(Vent)* Klappenventil n
clockwise *adj (Tech)* rechtsdrehend, rechtsgängig *(Seil usw.)*; rechtsläufig
clockwise direction *(Tech)* Uhrzeigersinn m
clog *v (Tech)* blockieren *(verstopfen)*; verstopfen *(meist ungewollt)*
clogged *adj (Tech)* verstopft *(z. B. Filter)*; zugesetzt
clogging indicator *(Hydr/Pneu)* Verschmutzungsanzeige f
clogging point *(Tech)* Versetzungsstelle f
close *v (Bau)* sperren *(z. B. einen Durchgang)*
close *v (Hydr/Pneu)* absperren *(z. B. Wasser, Strom, Gas)*
close *v (Tech)* schließen, stopfen *(Stichloch)*
close *v off (Tech)* absperren, versperren
close-down *(Tech)* Stilllegung f
close fit *(Tech)* Festsitz m
close-fitting *adj (Tech)* dicht passend
close-grained *adj (Met)* dicht *(Grauguss)*
close-grained *adj (Tech)* feinkörnig
close-grained iron *(Met)* Feinkorneisen n
close-mesh *adj (Tech, Zer)* engmaschig
close-meshed *adj (Tech, Zer)* engmaschig

close nipple *(Tech)* Kurznippel m
close-pitch *adj (Tech)* dichtwellig *(Faltenbalg)*
close range *(Elek)* Nahbereich m
close tolerance *(Tech)* eingeengte Toleranz f
close-tolerance grooved pin *(Tech)* Passkerbstift m
closed *adj (Tech)* abgeschlossen, geschlossen, gesperrt
closed-bottom bucket *(Tech)* Schaleneimer m
closed circuit *(Elek)* geschlossener Stromkreis m, Ruhestrom m
closed circuit *(Hydr/Pneu)* geschlossener Kreislauf m
closed circuit arrangement *(Elek)* Ruhestrom m
closed control loop *(Mess)* Regelschleife f
closed eye bolt *(Tech)* Augenschraube f
closed loop *(Mess)* Regelschleife f
closed-loop control *(Elek)* Regelung f *(Geräte)*
closed-loop test *(Prüf)* Versuch m mit geschlossenem Kreislauf
closed pressure gas welding *(Schw)* geschlossenes Gaspressschweißen n *(DIN 1910, Teil 2.12.)*
closed socket *(Tech)* Bügelseilhülse f
closed square pressure gas welding *(Schw)* geschlossenes Gaspressschweißen n *(DIN 1910, Teil 2.12.)*
closing *(Bergb)* Absperrung f *(einer Baustelle)*
closing *adj (Tech)* abschließbar, schließbar
closing coil *(Elek)* Schließspule f
closing coil *(Elek)* Spirale f
closing contact *(Elek)* Schließer m
closing head *(Stb)* Schließkopf m *(bei einer Nietung)*
closing hood *(Tech)* Verschlusshaube f
closing plate *(Stb)* Kopfplatte f
closing switch *(Elek)* Einschalter m
closing time *(Bergb)* Schließzeit f *(Greifer)*
closing time *(Elek)* Ansprechzeit f *(Schließer)*
closure *(Hütt/Walz)* Deckel m *(Verschluss)*
closure *(Tech)* Schließung f, Stilllegung f
cloth bag filter *(Tech)* Schlauchfilter n

cloth filter *(Tech)* Tuchfilter *n*
cloud point *(Chem)* Trübungspunkt *m*
cloverleaf junction *(Bau)* Kleeblatt-
-Kreuzung *f*
cluster *(Chem, Tech)* Anhäufung *f* (Büschel)
cluster *(Elek, Tech)* Satz *m* (Bündel)
cluster fitting *(Tech)* Sonnenbrenner *m*
cluster mill *(Walz)* Vielwalzengerüst *n*
cluster of pores *(Met)* Porennest *n*
(Schweißen)
cluster porosity *(Met)* Porennest *n*
cluster solid jet nozzle *(Hütt)* Mehrfachvollstrahldüse *f*
clutch *(Kfz, Tech)* ausrückbare Kupplung
f, Ausrückkupplung *f*, Ein- und Ausrückkupplung *f*, Kupplung *f*, lösbare
Kupplung *f*, selbstausrückbare Kupplung *f*, Schaltkupplung *f*, selbstlösbare
Kupplung *f*, Wellenkupplung *f*
clutch bolt *(Tech)* Hakenschraube *f*
clutch control *(Tech)* Kupplungsgestän-
ge *n*, Kupplungshebel *m*
clutch coupling *(Kfz, Tech)* ausrückbare
Kupplung *f*, Ausrückkupplung *f*, Ein-
und Ausrückkupplung *f*, Kupplung *f*,
lösbare Kupplung *f*, selbstausrückbare
Kupplung *f*, Schaltkupplung *f*, selbstlösbare Kupplung *f*
clutch plate *(Kfz)* Kupplungslamelle *f*,
Kupplungsscheibe *f*
clutch release yoke *(Kfz)* Ausrückgabel *f*
clutched second shaft *(Tech)* Schlepp-
welle *f*
CNC *(Elek)* CNC *(numerische Steuerung)*
CNC *(Mess)* numerische Steuerung *f* mit
Rechner
CNC continuous contour system *(Tech)*
CNC-Bahnsteuerung *f (Werzeugma-
schinen)*
CO₂ *(Chem)* CO_2 *f*, Kohlensäure *f*
CO₂ arc welding *(Schw)* CO_2-Schutz-
gasschweißen *n*
CO₂ fire extinguisher *(Tech)* Kohlen-
säurelöscher *m*
CO₂ gas shielded arc welding *(Schw)*
CO_2-Gasschweißen *n*
CO₂-shielded metal-arc welding
(Schw) CO_2-Schweißen *n*
CO₂ shielded welding *(Schw)* CO_2-
-Schutzgasschweißen *n*
CO₂ welding *(Schw)* CO_2-Schutzgas-
schweißen *n*, CO_2-Schweißen *n*

coach screw *(Tech)* Schwellenschraube *f*
coal *(Bergb, Geo)* Kohle *f*, Steinkohle *f*
coal dust *(Bergb)* Kohlenstaub *m*
coal extraction *(Bergb)* Gewinnung *f* von
Kohle, Kohlengewinnung *f*
coal face *(Bergb)* Abbaufront *f (beim
Abbau von Mineral, z. B. Kohle);* Abbaustoß *m (beim Abbau von Mineral,
z. B. Kohle);* Kohlenfront *f,* Kohlenstoß
m, Kohlenstreb *m*
coal-fired *adj (Bahn)* kohlegefeuert
coal-fired *adj (Tech)* kohlebeheizt
coal gasification *(Chem)* Kohlevergasung *f*
coal handling plant *(Bergb, Umschl)*
Bekohlungsanlage *f*
coal in solid *(Bergb)* anstehende Kohle *f*
coal pick *(Bergb)* Abbauhammer *m (z. B.
für Kohle)*
coal preparation *(Aufb, Bergb)* Kohleaufbereitung *f*
coal sizing *(Tech)* Korngröße *f,* Körnung *f*
(Zerkleinerung)
coal slurry *(Bergb)* Schlammkohle *f*
coal tar epoxy *(Bergb)* Kohlenteerepoxid
n
coal washings *pl (Aufb)* Waschabgänge
mpl
coaling plant *(Bergb, Umschl)* Bekohlungsanlage *f*
coarse *adj (Tech)* grob
coarse feed machining *(Mech)*
Schruppen *n*
coarse file *(Werkz)* Grobfeile *f,*
Schruppfeile *f,* Strohfeile *f*
coarse grain *(Met)* Grobkorn *n*
coarse lumps *adj (Umschl, Zer)* grobstückig
coarse ore *(Geo, Hütt)* Groberz *n,*
Stückerz *n*
coarse particles return *(Bergb)* Grießrückführung *f (Mühle)*
coarseness *(Zer)* Körnung *f*
coast *v (Tech)* auslaufen *(im Leerlauf
rollen);* ausrollen *(im Leerlauf rollen);*
fahren *(im Leerlauf)*
coasting time *(Tech)* Auslaufzeit *f,* Aus-
rollzeit *f*
coat *v (Anstr)* aufbringen *(z. B. Farbe);*
beschichten; bestreichen
coat *v (Tech)* umhüllen
coat *(Anstr)* Anstrich *m (Farbe);* Belag *m*
(z. B. Farbschicht)

coat (Anstr, Bau) Beschichtung f
coat (Tech) Putzschicht f (Bau); Ummantelung f
coated adj (Tech) beschichtet, umhüllt
coating (Anstr) Anstrich m (Farbschicht); Anstrichschicht f, Deckschicht f, Schicht f (Farbe)
coating (Anstr, Chem) Überzug m (z. B. Schutzbeschichtung)
coating (Hütt/Walz) Beläge mpl (auf Rohren); Bestreichung f, Veredelung f (der Stahloberfläche)
coating (Tech) Auflage f (Schicht, Überzug); Auskleidung f (Futter); Belag m (Ummantelung); Beschichten n (z. B. Stahlbauteile); Beschichtung f (z. B. mit Dichtmittel)
coaxial adj (Tech) konzentrisch, konzentrisch angeordnet
coaxial cable (Elek) Breitbandleitung f; Koaxialkabel n (zur Übertragung von Videosignalen)
cobble bundler (Walz) Schrottwickler m (Stabwalzwerk)
cobble shear (Walz) Häckselschere f
cobble stone (Bau) Pflasterstein m
COBOL (Elek) COBOL (eine Programmiersprache)
cock v (Tech) verkanten (z. B. ein Bauteil)
cock (Tech) Hahn m
cock support (Tech) Hahnsicherung f (der Hauptluftleitung)
cocked adj (Tech) schräggestellt
cocking cylinder (Tech) Spannzylinder m
COD testing (Prüf) Rissöffnungsmessung f
code (Math, Tech) Schlüssel m (Code, Zahlenschlüssel)
code (Tech) Chiffre f, Merkblatt n (Anleitung); Regelwerk n
code-name (Tech) Stichwort n
code of practice (Tech) Ausführungsrichtlinien fpl, Merkblatt n (Anleitung); Richtlinie f, Richtlinie f für die Ausführung (Anweisung)
code of standards (Tech) Regelwerk n
code system (Tech) Schlüsselsystem n (Leistungsstruktur)
code word (Tech) Stichwort n
coded adj (Elek) codiert
coding disc (Elek) Abtastscheibe f
coding switch (Elek) Codierschalter m

coefficient (Math) Beiwert m, Koeffizient m
coefficient (Tech) Kennzahl f
coefficient of expansion (Met, Prüf) Dehnungszahl f
coefficient of friction (Förd) Reibungszahl f
coefficient of friction (Stat) Reibbeiwert m
coercive adj (Tech) einschränkend
coffin rod (Bahn, Tech) Bremsumführungsstange f, Umführung f der Bremszugstange
cog v (Mech) schneiden (Zähne)
cog v (Mech, Tech) kämmen (Getriebe); erkämmen
cog (Tech) Daumen m (Zapfen); Zahn m eines Zahnrades (aus Holz)
cog wheel (Getr) Zahnrad n
cogeneration plant (Tech) Heizkraftwerk n
cogging mill (Walz) Grobwalzwerk n
cohesion (Bau) Kohäsion f
cohesive adj (Geo) bindig, kohäsiv
cohesive adj (Tech) klebrig
coil (Bahn) Coil n (aufgewickeltes Bandeisen)
coil (Elek) Magnetspule f, Spule f, Wicklung f
coil (Met, Walz) Bund m (Blech, Draht)
coil (Tech) Ring m (Bund); Rolle f (Spule, Walze); Spirale f, Spule f (Film, Magnetband); Windung f (Feder)
coil-coated adj (Anstr) kunststoffbeschichtet (Metallband)
coil spring (Bahn) Spiraldruckfeder f
coil spring (Tech) Schraubenfeder f
coil-spring pressure (Tech) Federdruckbremse f
coil spring set (Tech) Schraubenfedersatz m
coil valve (Vent) Schlangenventil n
coil winder (Elek) Spulvorrichtung f, Spulwickelmaschine f
coiled adj (Tech) gewickelt
coiler (Tech) Haspel f, Haspelwickelmaschine f
coiler (Walz) Wickelmaschine f (Zughaspel)
coils and cut lengths pl (Met) Ringe mpl und Stäbe mpl
coin mill (Walz) Münzmaterialwalzwerk n
coke (Bergb) Koks m

coke breeze *(Hütt)* Feinkoks *m*, Koksgrus *m*

coke dust *(Hütt)* Kokslösche *f*

coke load *(Hütt)* Koksfahrt *f (Begichtung)*

coke plant *(Bergb)* Kokerei *f*

coke stability *(Hütt)* Koksfestigkeit *f*

cokery *(Bergb)* Kokerei *f*

coking coal *(Bergb, Geo)* Kokskohle *f*

cold *adj (Tech)* kalt

cold adhesive *(Stb)* Kaltkleber *m*

cold-beaten *adj (Stb)* federhart

cold bend test *(Prüf)* Kaltbiegeversuch *m*

cold-blast valve *(Hütt, Vent)* Kaltwindschieber *m*

cold-brittleness *(Prüf)* Kaltbrüchigkeit *f*

cold charge *(Hütt)* Festeinsatz *m (Lichtbogenofen)*

cold chisel *(Werkz)* Flachmeißel *m*, Hartmeißel *m*, Kaltmeißel *m*

cold-drawn *adj (Met)* kaltgezogen

cold-drawn steel *(Met, Stb)* Blankstahl *m*

cold-drive *v (Stb)* kaltschlagen *(Niete)*

cold expanding test *(Tech)* Expandierprobe *f*

cold finished *adj (Met)* gezogen *(kalt fertiggezogen)*; kalt gefertigt

cold finished steel *(Met, Stb)* blankgezogener Stahl *m*

cold-form *v (Stb)* kaltschlagen *(Niete)*

cold-formed *adj (Met)* kaltgeformt

cold-formed section *(Met)* Kaltprofil *n*

cold forming *(Form)* Kaltformgebung *f*, Kaltformung *f*, Kaltumformen *n*, Kaltverformung *f*

cold heading *(Form)* Kaltstauchen *n*

cold point *(Mess)* Vergleichsstelle *f (kalte Lötstelle)*

cold-pressure extrusion welding *(Schw)* Fließpressschweißen *n*

cold pressure upset welding *(Schw)* Anstauchschweißen *n*

cold reduction mill *(Met)* Kaltwalzwerk *n*

cold-rivet *v (Stb)* kaltnieten

cold-roll *v (Met)* kaltwalzen

cold-rolled *adj (Met)* kaltgewalzt

cold-rolled pre-coated steel sheet *(Met)* oberflächenveredeltes Feinblech *n*

cold-rolled uncoated sheet steel *(Hütt/Walz, Met)* unveredeltes Feinblech *n*

cold rolling *(Met)* Kaltwalzen *n*

cold rolling *(Walz)* Kaltpilgern *n (Rohre)*

cold rolling mill *(Met)* Kaltwalzwerk *n*

cold saw *(Werkz)* Kaltsäge *f*

cold scarfing *(Mech)* Kaltflämmen *n*

cold set *(Met)* Kaltschweiße *f*

cold setting *adj (Chem)* kaltabbindend *(Klebstoff)*

cold shaping *(Form)* Kaltformgebung *f*, Kaltverformung *f*

cold shear *(Mech)* Kaltschere *f*

cold-shortness *(Prüf)* Kaltbrüchigkeit *f*

cold start *(Tech)* Kaltstart *m*

cold start-up *(Tech)* kaltes Anfahren *n*

cold straining *(Form)* Kaltrecken *n*

cold tube pilger mill *(Walz)* Kaltpilgerwalzwerk *n (Rohrwalzwerk)*

cold-weather kit *(Bergb)* Kältepaket *n*

cold well *(Tech)* Kaltwasserbecken *n (in Kühlwassernetz)*

cold-work ageing *(Stb)* Alterung *f* durch Kaltverformung

cold-work hardening *(Hütt/Walz, Met)* Verfestigung *f* durch Kaltverformung

cold working *(Met)* Kalthärtung *f*

coldness *(Tech)* Kälte *f*

collaboration *(Tech)* Zusammenarbeit *f*

collapse *v (Stb)* einstürzen

collapse *(Bau)* Zusammenfall *m*

collapse design *(Met, Prüf)* Bruchberechnung *f*

collapse load *(Stb)* Knicklast *f*, Traglast *f*

collapsible *adj (Tech)* zusammenklappbar, zusammenlegbar, klappbar

collapsible mandrel *(Walz)* Spreiztrommel *f (Bandwalzwerk)*

collapsing *adj (Tech)* zusammenklappbar, zusammenlegbar

collar *(Tech)* Bund *m*, Halsstück *n*, Hülse *f (Buchse)*; Kragen *m (z. B. einer Welle)*; Manschette *f*, Ring *m (Ringbuchse)*; Rosette *f (Ankerplatte)*; Scheibe *f*, Schraubenstützlager *n (der Schelle)*; Stellring *m (Transmissionswelle)*

collar... *adj (Tech)* Bund...

collar bushing *(Tech)* Bundbuchse *f*, Kragenbüchse *f*

collar ring *(Tech)* Rosettenring *m*

collaring *(Walz)* Ringbildung *f*

collect *v (Hydr/Pneu, Tech)* auffangen *(z. B. Flüssigkeiten, Schmutz)*

collect *v (Hütt/Walz)* abscheiden *(Staub)*

collect *v (Tech)* abfangen *(sammeln)*

collecting *adj (Tech)* Sammel...

collecting bin *(Umschl)* Auffangbunker

m, Ausgleichsbunker *m*, Bunkertasche *f*, Sammelbunker *m*

collecting electrode *(Hütt/Walz)* Abscheider-Elektrode *f (E-Filter)*

collecting plate *(Elek)* Niederschlagsplatte *f (Elektrofilter)*

collective *adj (Tech)* gesammelt, Sammel...

collector *(Elek)* Kollektor *m*, Lichtempfänger *m (Lichtsammler)*; Schleifringkörper *m*, Stromabnehmer *m*

collector *(Kfz)* Auspuffkrümmer *m*

collector belt *(Förd)* Transportband *n*

collector card *(Elek)* Sammelkarte *f (elektronisch)*

collector current *(Elek)* Kollektorstrom *m*

collector efficiency *(Hydr/Pneu)* Abscheidegrad *m (eines Filters)*

collector gear *(Elek)* Stromabnehmer *m*

collector line *(Tech)* Schleifleitung *f (eines Kranes)*

collector quiescent current *(Elek)* Kollektorruhestrom *m*

collector ring *(Tech, Verd)* Verteilerring *m (Gleitringdichtung)*

collector ring *(Elek)* Schleifring *m*

collets *pl (Vent)* Kegelstücke *npl (Ventil)*

colli *(Tech)* Colli *n (Verpackung)*

collide *v (Tech)* aufprallen

collision *(Kfz, Tech)* Aufprall *m*, Karambolage *f*, Kollision *f*, Zusammenprall *m*, Zusammenstoß *m*

color *v (AE) (Anstr)* färben

color *(AE) (Anstr)* Farbton *m*

color *(AE) (Tech)* Farbe *f*

colour *v (BE) (Anstr)* färben

colour *(BE) (Anstr)* Farbton *m*

colour *(BE) (Tech)* Farbe *f*

colour chart *(BE) (Anstr)* Farbtafel *f*

colour coating *(BE) (Anstr)* Farbanstrich *m*

colour index *(BE) (Chem)* Farbzahl *f*

colourful *adj (BE) (Tech)* bunt *(farbig)*

colouring *(BE) (Anstr)* Färbung *f*

colourless *adj (BE) (Anstr)* farbfrei, farblos

column *(IT, Tech)* Spalte *f*

column *(Tech)* Lenksäule *f*, Säule *f*, Ständer *m (Maschinenständer)*; Stütze *f*; Welle *f (Maschinenteil)*

column buckling factor *(Stb)* Knickzahl *f*

column drill *(Mech)* Säulenbohrhammer *m (Druckluft)*

column hinged at both ends *(Tech)* Pendelstütze *f*

column mounted drill *(Mech)* Säulenbohrmaschine *f*

column press *(Form)* Säulenpresse *f*

column test *(Prüf)* Knickversuch *m*

columnar crystal *(Met)* Stengelkristall *m*

columnar grain *(Met)* Stengelkristall *m*

combination *(Chem, Tech)* Zusammensetzung *f*

combination *(Stat, Tech)* Kombination *f*, Überlagerung *f*

combination end spanner *(Werkz)* Ringmaulschlüssel *m*

combination end wrench *(Werkz)* Ringmaulschlüssel *m*

combination open-end *(Werkz)* Maulringschlüssel *m*

combination pliers *(Werkz)* Kombi(nations)zange *f*

combination ring and open end spanner *(Werkz)* Maulringschlüssel *m*

combination spanner *(Werkz)* Ringmaulschlüssel *m*

combination wrench *(Werkz)* Ringmaulschlüssel *m*

combinative element *(Mess)* Verknüpfungsglied *n*

combine *v (Tech)* kombinieren, vereinigen *(z. B. mehrere Maschinen)*

combine *v with (Tech)* verbinden

combined *adj (Stat, Tech)* überlagert

combined *adj (Stb, Tech)* kombiniert, Verbund..., zusammengesetzt

combined flow *(Kfz)* Doppelbeaufschlagung *f*

combined heat and power plant [station] *(Tech)* Heizkraftwerk *n*

combined spin and progressive hardening *(Met)* Umlaufvorschubhärtung *f*

combined stacker-reclaimer *(Bergb, Umschl)* kombinierter Schaufelradlader *m*

combiner *(Mess)* Multiplexer *m*

combustibility *(Chem, Tech)* Verbrennbarkeit *f (Motor)*

combustibility test *(Chem, Prüf)* Brennbarkeitsversuch *m*

combustible *adj (Chem)* brennbar *(Flüssigkeiten)*

combustible *adj (Met)* feuergefährlich

combustible content arrangement *(Stb)* Brennstoffverteilung *f*

combustion *(Tech)* Entzündung f, Verbrennung f; Verbrennvorgang m

combustion chamber *(Hütt/Walz, Tech)* Brennkammer f, Feuerraum m, Primärkammer f, Verbrennungskammer f *(Brennkammer, z. B. des Motors)*; Verbrennungsraum m

combustion chamber *(Kfz)* Brennkammer f, Explosionsraum m

combustion engine *(Antr, Tech)* Kraftmaschine f, Verbrennungskraftmaschine f, Verbrennungsmaschine f, Verbrennungsmotor m

combustor *(Verd)* Brenner m *(einer Gasturbine)*

come v **off** *(Tech)* ausreißen *(sich lösen)*; lösen *(sich lösen)*

come-along *(Tech)* Greifzug m

command *(Elek)* Impuls m

command variable deviation *(Mess)* Führungsabweichung f *(Regelkreis)*

commence v *(Bau)* anfangen

commensurate adj *(Tech)* angeglichen, angepasst, entsprechend

comment *(Tech)* Bemerkung f, Stellungnahme f

commercial blast adj *(Anstr)* wolkig

commercial blast cleaning *(Anstr)* metallisch reines Abstrahlen n, metallisch reines Strahlen n, wolkiges Abstrahlen n, wolkiges Strahlen n

commercial efficiency *(Tech)* Nutzeffekt m

commercial lead *(Met)* Hüttenblei n

commercial pure lead *(Met)* Hüttenblei n

commercial steel *(Met)* handelsüblicher Stahl m

commercial vehicle *(Kfz)* Nutzfahrzeug n

commercial zinc *(Met)* Hüttenzink n

commercially approved adj *(Met)* handelsüblich

commissioning *(Tech)* Erstinbetriebnahme f, erste Inbetriebnahme f, Inbetriebnahme f, Inbetriebsetzung f, Indienststellung f *(eines Schiffes)*

commissioning oil *(Tech)* Einfahröl n

commissure *(Hütt/Walz)* Trennfuge f *(Linie)*

commitment *(Tech)* Einsatz m *(Engagement)*

commodities pl *(Tech)* Verbrauchsgüter npl

common *(Elek)* Masse f *(anstatt direkte Erdung)*

common adj *(Tech)* gängig *(üblich)*; verbreitet

common-collector circuit *(Elek)* Kollektorschaltung f

common ground *(Elek)* Sternpunkt m

common grounding *(Elek)* Masseleitung f

common-mode *(Elek)* Gleichtakt m

common-mode gain *(Elek)* Gleichtaktverstärkung f

commutating reactor *(Tech)* Kommutierungsdrossel f

commutator *(Elek)* Polwender m, Stromwender m

commutator motor *(Elek)* Kommutatormaschine f

compact v *(Bau)* kompaktieren *(Boden zusammendrücken)*

compact v *(Tech)* verdichten

compact adj *(Bergb)* kompakt *(z. B. Fördergut)*

compact adj *(Geo, Tech)* dicht *(gedrängt, fest zusammen)*

compact adj *(Tech)* raumsparend

compact design *(Tech)* Kompaktkonstruktion f

compacted adj *(Bergb, Geo)* verfestigt

compacting *(Bau)* Verdichtung f *(Boden)*

compacting pressure *(Tech)* Pressdruck m *(Pulvermetallurgie)*

compaction *(Bau)* Verdichtung f *(Boden)*

compactness *(Geo)* Dichte f *(Gedrängtheit)*

companion dimensions pl *(Mech, Tech)* Anschlussmaße npl

companion flange *(Tech)* Gegenflansch m

company certificate *(Prüf, Tech)* Qualitätszertifikat n *(Werkstatttest)*; Werkszeugnis n *(Attest)*

company reference *(Tech)* Firmennachweis m

comparable adj *(Tech)* vergleichbar

comparable error size *(Tech)* Ersatzfehlergröße f

comparator *(Elek)* Komparator m, Vergleicher m

comparison *(Prüf)* Prüfkörper m *(Ultraschall)*

comparison stress *(Math, Met, Stb)* Vergleichsspannung f compartment *(Tech)* Behälter *m (abge-teiltes Fach)*

compartment *(Umschl)* Bunkertasche *f (abgeteilt)*

compartmented *adj (Tech)* geschottet

compass *(Tech)* Kompass *m*, Zirkel *m (zum Zeichnen)*

compass saw *(Werkz)* Stichsäge *f*

compatibility *(Chem, IT, Tech)* Verträg-lichkeit *f*

compatible *adj (Tech)* verträglich

compensate *v (Elek)* ausregeln

compensate *v (Math)* ausgleichen

compensated *adj (Tech)* kompensiert

compensating *(Tech)* Ausgleichs…

compensating unit *(Tech)* Kompensator *m (Bandwaage)*

compensating valve *(Vent)* Druckaus-gleichsventil *n*

compensation *(Elek)* Entzerrung *f*, Kompensation *f*

compensation *(Tech)* Ausgleich *m*

compensation capacitance *(Elek)* Kompensationskapazität *f*

compensator *(Hütt/Walz)* Ausgleicher *m (Kompensator)*

compensator *(Tech)* Kompensator *m (Turbine)*

compensator reservoir *(Kfz)* Aus-gleichbehälter *m*

compensator transformer *(Elek)* Spar-transformator *m*

competence *(Tech)* Fähigkeit *f*, Kompe-tenz *f*

competency *(Tech)* Fähigkeit *f*, Kompe-tenz *f*

competent *adj (Tech)* fähig, tüchtig

compile *v (Bau)* zusammentragen

complement *(Tech)* Ergänzung *f (das Ergänzte)*

complementary *adj (Tech)* komplemen-tär

complete *v (Tech)* ausfüllen, fertigstellen

complete *adj (Stat, Stb)* statisch be-stimmt und unverschieblich *(z. B. Fachwerk)*

complete *adj (Tech)* ganz, komplett, kpl., umfassend, vollkommen; vollständig

complete echo loss *(Elek, Prüf)* Echo-ausfall *m (Ultraschall)*

complete hardening *(Met)* Aushärten *n (von Vergussmasse)*

complete penetration of root *(Schw)* durchgeschweißte Wurzel *f (DIN 8563)*

complete plant *(Bau)* Gesamtanlage *f (schlüsselfertig)*; komplette Anlage *f*

complete track chain *(Tech)* komplette Kette *f*

complete train *(Bahn)* Güterwagen-ganzzug *m*

complete unit *(Bau)* Gesamtanlage *f*

completely *adv (Tech)* gänzlich, völlig, vollkommen, vollständig

completely overhauled *adj (Tech)* ge-neralüberholt *(z. B. ein Motor)*

completion *(Stb)* Durchbildung *f*

completion *(Tech)* Abrundung *f*, Ab-schluss *m (Beendigung)*; Ergänzung *f (Vervollständigung)*; Fertigstellung *f*; Vervollständigung *f*

complex *adj (Elek)* komplex *(umfang-reich)*

complexity *(Mess)* Vermaschung *f*

compliance test certificate *(Prüf)* Prüf-bescheinigung *f*

complicated *adj (Tech)* kompliziert, pro-blematisch

component *(Tech)* Bauelement *n*, Bau-stein *m*, Bauteil *n (als Teil eines Ganzen)*; Einzelteil *n*, Komponente *f*, Teil *n (Bauteil einer Maschine)*

component hole *(Tech)* Anschlussloch *n*

component of a force *(Stat, Tech)* Komponente *f*, Seitenkraft *f*, Teilkraft *f*

composite *adj (Tech)* Verbund…

composite diagnostic alarm *(Mess)* Diagnostiksummenalarm *m (Diagnos-tikgesamtalarm)*

composite electrode *(Schw)* Seelen-elektrode *f*

composite material *(Met)* Verbund-werkstoff *m*, Vielschichtenstoff *m*

composite metal *(Met)* Verbundmetall *n*

composition *(Chem, Tech)* Zusammen-setzung *f*

composition bearing *(Lag, Walz)* Pressstofflager *n*

compound *adj (Stb)* mehrteilig *(Stab, Stütze)*

compound *adj (Stb, Tech)* zusammen-gesetzt

compound *(Chem)* Aggregat *n*, Gemisch *n*; Verbindung *f*

compound *(Stb, Tech)* Bindung *f*

compound *adj (Tech)* Verbund…

compound filling *(Elek, Tech)* Verguss-masse f

compound glass *(Tech)* Sicherheitsver-bundglas n

compound slide *(Werkz)* Kreuzschlitten m

compound tool-set *(Werkz)* Folgever-bundwerkzeuge npl

compound tube *(Hütt)* Mehrstoffrohr n *(Verbundrohr)*

compound-wound adj *(Tech)* kom-poundiert

compounded with adj *(Chem)* vermischt, zusammengesetzt *(chemische Zu-sammensetzung)*

comprehensive adj *(Tech)* umfassend

comprehensive line *(Fert)* Fertigungs-programm n; umfassendes Ferti-gungsprogramm n

compress v *(Tech)* drücken, verdichten

compressed adj *(Tech)* Druck..., ge-presst

compressed air *(Hydr/Pneu, Verd)* Druckluft f, Pressluft f

compressed member *(Stb)* gedrücktes Bauteil n

compressibility *(Tech)* Verdichtbarkeit f

compressibility factor *(Chem, Verd)* Realgasfaktor m

compression *(Prüf, Stat, Tech)* Druck m, Druckspannung f; Pressung f

compression *(Tech, Verd)* Verdichtung f *(Gase)*

compression adj *(Tech)* Druck...

compression bolt *(Tech)* Spannschrau-be f

compression fitting *(Hydr/Pneu)* Quetscharmaturen fpl

compression gland *(Tech)* Stopfbuchse f

compression joint *(Tech)* Klemmverbin-dung f *(Mess- und Regeltechnik)*

compression member *(Stb)* Druckstab m, gedrücktes Bauteil n

compression member test *(Prüf)* Knickversuch m

compression molding technology *(AE)* *(Hütt/Walz)* Press- und Formtechnik f

compression oil *(Hydr)* Quetschöl n

compression post *(Hydr/Pneu)* Druck-pfosten m

compression ratio *(Hydr/Pneu)* Kom-pressionsverhältnis n

compression ratio *(Tech, Verd)* Ver-dichtungsverhältnis n

compression release lever *(Kfz)* De-kompressionshebel m

compression ring *(Tech)* Kolbenring m *(eines Kolbenverdichters)*

compression rivet *(Tech)* Hohlniet m *(zweiteilig)*

compression sleeve *(Tech, Hydr/Pneu)* Kompressionshülse f

compression strain *(Form, Walz)* Druckverformung f *(DIN 50100)*

compression strength *(Tech, Stat)* Druckfestigkeit f

compression stress *(Hydr/Pneu)* Druckbelastung f

compression stroke *(Hydr/Pneu)* Kom-pressionshub m, Kompressionstakt m

compression stroke *(Tech)* Verdich-tungshub m

compression-type cable lug *(Elek)* Presskabelschuh m

compression wave *(Hydr/Pneu)* Kom-pressionswelle f

compressive resistance *(Tech, Stat)* Druckfestigkeit f

compressive strength *(Tech, Stat)* Druckfestigkeit f, Druckwiderstand m

compressive stress *(Prüf, Stat, Tech)* Druck m, Druckbeanspruchung f, Druckspannung f

compressive test *(Hütt/Walz)* Druck-probe f

compressive test *(Prüf)* Druckprüfung f, Druckversuch m

compressive yield point *(Met)* Quetschgrenze f *(bei Druckspannung)*; Stauchgrenze f *(bei Druckspannung)*

compressive yield stress *(Met)* Quetschspannung f

compressor *(Tech, Verd)* Drucklufter-zeuger m, Kompressor m, Luftkom-pressor m, Luftpresser m, Verdichter m *(Luftverdichter)*

compressor inlet *(Kfz)* Gebläseeinlauf m

compressor inlet pressure *(Verd)* Ein-trittsgesamtdruck m *(Verdichtersaug-druck)*

compressor installation *(Verd)* Ver-dichteranlage f *(einschließlich Ver-dichter)*

comprise v *(Tech)* enthalten *(beinhalten)*

compulsory adj (Tech) obligatorisch, Zwangs…

compute v (Math, Tech) berechnen

computed adj (Math, Tech) berechnet, ermittelt, errechnet (kalkuliert)

computer-aided adj (IT) computergestützt, computerunterstützt

computer-aided adj (IT, Mess) rechnergestützt

computer-aided design (IT, Konst) CAD, computergestützte Konstruktion f, rechnergestütztes Konstruieren n

computer aided manufacture (Fert, IT) CAM, computerunterstützte Fertigung f, rechnergestützte Fertigung f

computer-aided quality assurance (Tech) CAQA, rechnerunterstützte Qualitätssicherung f

computer-assisted manufacturing (Fert, IT) CAM, computerunterstützte Fertigung f

computer-controlled adj (IT, Mess) rechnergesteuert

computer-integrated manufacturing (Fert, IT) CIM, computerintegrierte Fertigung f

computer numerical control (IT) numerische Steuerung f mit Rechner

computer-numerically controlled adj (IT, Mess) rechnernumerisch gesteuert

computer science (IT) Informatik f

computerized numerical control (AE) (Elek, Mess) CNC (numerische Steuerung); direkte numerische Steuerung f, numerische Steuerung f mit Rechner

computing center (IT) Rechenzentrum n

con rod (Tech) Pleuelstange f

concave adj (Tech) hohlrund, konkav

concave (Zer) Brechermantel m

concave brazing fillet (Schw) Löthohlkehle f, Hohlkehle f

concave-curved trough section (Bergb) Sattelrinne f

concave mirror (Tech) Hohlspiegel m

concave piece (Tech) Kalotte f

concave trough (Förd) Muldenrinne f

concave washer (Tech) Kugelscheibe f (Spannvorrichtung)

concealed adj (Tech) verborgen, verdeckt, versteckt

conceived adj (Tech) konzipiert

concentrate v (Elek) bündeln (z. B. Ultraschall)

concentrate v (Hütt/Walz) anreichern (Erze)

concentrate production Konzentratproduktion f

concentrated adj (Tech) konzentriert

concentrated load (Stat) Einzellast f, konzentrierte Last f, Punktbelastung f, Punktlast f

concentrating mirror (Phys) Sammelspiegel m

concentrating table (Zer) Schüttelherd m

concentration (Aufb) Anreicherung f (von Erz)

concentration (Chem) Schärfe f (z. B. Säure)

concentration (Tech) Konzentration f

concentration of a beam (Elek) Sammlung f eines Strahlenbündels

concentric adj (Tech) konzentrisch, konzentrisch angeordnet

concentric bottom tapping (Hütt) konzentrischer Bodenabstich m (Lichtbogenofen)

concentric cartridge fuse (Elek) Ringpatrone f

concentricity (Tech) Rundlauf m, Rundlaufgenauigkeit f

conceptual hierarchy (Mess) Zergliederung f

concern (Tech) Arbeit f (geschäftlich); Belang m

concertina adj (Tech) Falten…

conchoid muschelkalk (Geo) Muschelkalk m

conchoidal fracture (Met) Muschelbruch m

concise adj (Tech) aussagekräftig

conclude v (Tech) schließen (folgern)

conclusion (Tech) Schlussfolgerung f

concomitant adj (Tech) gleichwertig (mit)

concrete v (Bau) betonieren, einbetonieren

concrete (Bau) Beton m

concrete at site (Bau) Ortbeton m

concrete breaker (Bau, Mont) Aufreißhammer m

concrete bucket (Kfz) Betonkübel m (am Kran)

concrete haunch (Bau, Tech) Voute f; Aufstelzung f (Voutenbrücke)

concrete placement (Bau) Betonarbeiten fpl (Verarbeitung von Beton)

concrete pouring (Bau) Betonarbeiten fpl (Verarbeitung von Beton)

concrete prepared at site (Bau) Ortbeton m

concrete skip (Kfz) Betonkübel m (am Lader)

concrete sleeper (Bahn) Betonschwelle f

concrete tie (Bahn) Betonschwelle f (der Bahn)

concrete walkway slab (Bau) Stegzementdiele f

concreting work (Bau) Betonarbeiten fpl

condensate (Tech) Kondensat n, Tauwasser n

condensate water (Tech) Schwitzwasser n

condensation (Tech) Schwitzwasser n

condensation (Verd) Niederschlagen n

condensation water (Tech) Kondenswasser n, Kondenswasserbildung f

condensed moisture (Tech) Schwitzwasser n

condensed water (Tech) Kondenswasser n

condenser (Hütt) Vorlage f (Zinkdestillation)

condenser (Tech) Kondensator m (Bandwaage, Verdichter)

condenser hot well (Hydr/Pneu) Heißwasserbehälter m (hinter Kondensator)

condition v (Mech) putzen

condition v (Tech) aufbereiten (Signal)

condition v (Walz) putzen (dressieren)

condition (Tech) Zustand m

conditional adj (Tech) bedingt

conditioner (Aufb) Konditionierer m

conditioning (Hütt) Putzen n

conditions pl (Tech) Verhältnisse npl

conduct v (Elek) leiten (z. B. Strom)

conductance (Elek) Leitwert m

conductive adj (Elek) leitend (Strom); leitfähig (Strom)

conductive copper (Elek) Leitkupfer n

conductivity (Elek) Leitfähigkeit f (z. B. von Blechen)

conductor (Elek) Draht m (einer Leitung); Fernleitungsdraht m (auf Masten); Leiter m (Kabel); Leitungsdraht m (auf Masten)

conductor (Kran) Schleifleitung f (eines Kranes)

conductor system (Elek) Leitersystem n

conduit (Elek) Kabelschutzrohr n, Leitung f (elektrisch)

conduit (Hydr/Pneu) Installationsrohr n

conduit (Baut, Tech) Kanal (Leitung); Schutzrohr n

conduit accessories pl (Tech) Installationsrohrarmaturen fpl

conduit box (Elek) Abzweigkasten m, Klemmkasten m, Rohrdose f, Verbindungsdose f (Rohrdose)

conduit adj (Tech) Rohr…, Röhren…

conduit coupling (Elek) Muffe f

conduit elbow (Tech) Bogen m (in der Leitung)

conduit fitting (Tech) Wandschelle f

conduit fittings pl (Tech) Installationsrohrarmaturen fpl

conduit gland (Tech) Stopfbüchse f

conduit hanger (Elek) Abstandschelle f, Abstandsschelle f, Hängeschelle f, Schelle f (Rohrschelle)

conduit saddle (Tech) Rohrschelle f

cone (Hütt) oberer Konusteil m (Hut eines Konvertergefäßes)

cone (Math, Tech) KEG m, Kegel m

cone (Tech) Konus m, Kuppe f

cone crusher (Zer) Kegelbrecher m, Kreiselbrecher m

cone distance (Tech) Teilkegellänge f

cone gauge (Werkz) Konuslehre f

cone packing (Kfz) Dichtkegel m

cone plate (Tech) Tellerscheibe f

cone point (Tech) Kegelspitze f (Stellschraube)

cone point length (Tech) Spitzenlänge f (DIN ISO 1891)

cone pulley (Antr) Stufenscheibe f

cone-shaped adj (Tech) konisch

cone-type adj (Tech) konisch

cone-type wheel (Tech) Konusrad n

configuration (Geo, Tech) Aufbau m, Form, Gestalt, Struktur f; Gebilde n, Gestaltung f • **in triangle configuration** trianguliert

configure v (Bau) gestalten (z. B. Plan, Gebäude, Platz)

conic adj (Tech) konisch

conic bearing (Lag) Kegellager n

conical adj (Tech) Kegel…, kegelförmig, konisch, konusförmig, zapfenförmig

conical helical spring (Tech) Kegelschraubenfeder f

conical spring (Tech) Kegelstumpffeder f

conical spring washer *(Tech)* Spannscheibe f *(DIN ISO 1891)*
conical valve *(Vent)* Kegelventil n
conjugate axis *(Stb)* konjugierte Achse f,
zugeordnete Achse f
connect v *(Bergb, Kran)* anschlagen
(Teile)
connect v *(Elek)* anschließen *(z. B. an eine
Leitung, an Strom)*; beschalten *(anschließen)*; einschalten, verbinden, zuschalten
connect v *(Tech)* zusammenfügen *(verbinden)*
connect v **in series** *(Elek)* vorschalten
connect v **to the terminals** *(Elek)* anklemmen *(anschließen)*
connect v **up** *(Elek)* anschließen *(z. B. an
eine Leitung, an Strom)*; einschalten,
verbinden, zuschalten
connect v **up** *(Tech)* anschließen *(zusammenschließen)*
connected adj *(Elek)* angeschlossen
(z. B. am Netz); geschaltet
connected adj *(Tech)* verbunden, zusammengehörend
connected flange *(Kfz)* Flanschanschluss m
connected load *(Elek)* Anschlussleistung
f, Anschlusswert m, Betriebsleistung f
connected voltage *(Elek)* Zuführungsspannung f, Zuleitungsspannung f
connecting adj *(Tech)* Anschluss...,
Verbindungs..., Zwischen...
connecting block *(Elek, Tech)* Schaltleiste f
connecting chart *(Mont, Tech)* Anschlusstabelle f
connecting plate *(Bau)* Knotenbereich m
connecting rod *(Kfz)* Lenkerstange f
connecting rod *(Lag, Tech)* Führungsstange f, Gestänge n, Pleuel n, Pleuelstange f, Verbindungsstange f
connecting rod bearing *(Lag, Tech)*
Pleuelbüchse f, Pleuellager n
connecting rod drilling machine *(Mech)*
Pleuelstangenbohrmaschine f
connecting rods pl *(Tunn)* Verbolzung f
connecting sleeve *(Hydr/Pneu, Tech)*
Anschlussstutzen m *(Rohr)*; Rohrmuffe
f, Rohrstutzen m
connecting surface *(Tech)* Anschlussfläche f; Auflagefläche f *(Berührungsfläche)*; Kopfauflage f *(Schraubenkopf/*

Blech)*; Sitzfläche f *(des Bolzenkopfes)*;
Übergang m *(z. B. zweier Bleche)*
connecting terminal plate *(Elek)* Anschlussplatte f
connection *(Bau, Stb)* Verbund m, Zusammenhang m
connection *(Elek)* Anschluss m *(Klemme)*; Schaltung f *(elektrische Verbindung)*; Zuführung f *(Strom, Energie)*;
Zuleitung f *(Strom, Energie)*
connection *(Hydr/Pneu)* Anschluss m,
Stutzen m *(Rohranschluss)*
connection *(Tech)* Anschluss m *(Verbindung)*; Rohrstutzen m *(Kühler, Verdichter usw.)*; Stutzen m *(zum Entlüften,
Füllen usw.)*
connection angle *(Met)* Verbund-Winkel
m
connection angle *(Tech)* Anschlusswinkel m, Befestigungswinkel m *(Anschlusswinkel)*; Beiwinkel m, Hilfswinkel m *(Beiwinkel)*
connection cleat *(Stb)* Anschlusswinkel
m *(Beiwinkel)*; Beiwinkel m *(Anschlusswinkel)*
connection conductor *(Elek)* Verschienung f *(Transformator)*
connection nozzle *(Tech)* Stutzen m
(zum Entlüften, Füllen usw.)
connection nut *(Tech)* Überwurfmutter f
(Verbindungsmutter)
connector *(Elek)* Abzweigscheibe f, Anschlussstück n *(Klemmenanschlussstück)*; Gerätestecker m, Klemme f
(Steckverbinder, Steckklemme); Klemmenstein m, Steckanschluss m,
Steckbuchse f *(Steckdose)*
connector *(Hütt)* Verbindungsklemme f
connector *(IT)* Anschluss m *(z. B. am
Computer)*
connector *(Tech)* Verbindungsstück n
connector *(Werkz)* Knagge f
connector bar *(Tech)* Verbindungsschiene f
connector block *(Elek)* Abzweigscheibe
f, Klemmenstein m
connector end of a probe *(Tech)*
Steckerteil n des Prüfkopfes
connector sleeve *(Elek)* Aderendhülse f
consecutively adv *(Tech)* hintereinander,
nacheinander
consent *(Tech)* Zustimmung f
consequential adj *(Tech)* folgend

conservation *(Anstr)* Konservierung *f*
conservation *(Bau)* Erhaltung *f (z. B. eines Gebäudes)*
conservation grease *(Chem)* Schutzfett *n*
conservator *(Tech)* Ausdehnungsgefäß *n (Trafo)*
consistence *(Met, Tech)* Beschaffenheit *f*; Festigkeit *f*; Konsistenz *f*
consistency *(Geo, Tech)* Beschaffenheit *f*; Konsistenz *f*, Zustandsform *f*; Dichte *f (Dichtigkeit)*
consistency check *(Mess)* Übereinstimmungskontrolle *f*
consistent *adj (Chem)* konsistent
consistent *adj (Hütt/Walz, Tech)* gleich bleibend, gleichmäßig; regelmäßig *(anhaltend, beständig)*
consistently *adv (Tech)* einheitlich
console *(Elek, Tech)* Bedienungsgerät *n*, Bedienungspult *n*, Steuerkonsole *f*, Steuerpult *n*; Konsole *f (z. B. im Fahrerhaus)*
console *(Mess)* Bediengerät *n*
consolidated *adj (Bergb)* verdichtet
consolidated rock *(Bergb)* Festgestein *n*
constant *(Math)* Festwert *m (gleich bleibender Wert)*; Konstante *f*
constant *adj (Tech)* beständig, gleich bleibend, gleichmäßig, konstant, stetig
constant feed regulating valve *(Vent)* Mengenregelventil *n*
constant inertia *(Stat)* ruhende Energie *f*
constant load *(Met, Prüf, Tech)* Dauerbelastung *f*; gleich bleibende Beanspruchung *f*
constant mesh *(Tech)* dauernder Eingriff *m (der Zahnräder)*
constant power control *(Elek)* Leistungsregler *m*
constant stress test *(Prüf)* Dauerstandversuch *m*
constant value accumulator *(Hydr)* Festwertspeicher *m*
constant velocity joint *(Tech)* Doppelgelenk *n*, Gleichganggelenk *n*
constant volume *(Bau)* Raumbeständigkeit *f*
constrained *adj (Tech)* eingespannt, erzwungen, Zwangs..., zwangsläufig
constraint *(Tech)* technische Begrenzung *f*, Auflage *f*
constricted *adj (Tech)* eingeengt

constricted arc welding *(Schw)* Wolframplasmaschweißen *n (DIN 1910)*
constriction *(Hütt/Walz)* Einschnürung *f*, Flächenreduzierung *f*
construct *v (Bau)* bilden *(bauen, konstruieren)*; gestalten *(z. B. Plan, Gebäude, Platz)*
construct *v (Bau, Konst, Stb, Tech)* aufbauen *(bauen, konstruieren)*; ausführen *(konstruieren, erbauen)*; bauen, entwerfen, erbauen, konstruieren, strukturieren; errichten *(z. B. Gebäude, Baustelle)*
construction *(Bau)* Bau *m*; Bauweise *f*, Bauwerk *n*, Neubau *m*
construction *(Förd)* Konfektion *f (Gurt)*
construction *(Tech)* Aufbau *m (Bauart)*; Ausführung *f (Machart, Qualität)*; Gestaltung *f*
construction *adj (Bau)* Bau...
construction company *(Bau)* Bauunternehmer *m (als Firma)*
construction equipment *(Baum, Bergb)* Baumaschine *f*
construction industry *(Bau)* Bauindustrie *f*, Bauwesen *n*
construction joint *(Stb)* Arbeitsfuge *f*
construction machinery *(Bau)* Baugeräte *npl*
construction of farming and forestry roads *(Bergb)* Wegebau *m*
construction schedule *(Bau)* Bauzeitenplan *m*
construction schedule *(Fert)* Arbeitsprogramm *n*
construction site *(Bau)* Baustelle *f*
construction site *(Mont)* Montagestelle *f*
construction steel *(Hütt/Walz, Met)* Baustahl *m*
construction unit *(Tech)* Aufbaueinheit *f*, Baueinheit *f*
constructional *adj (Tech)* konstruktiv
constructional steelwork company *(Stb, Tech)* Stahlbauunternehmen *n*
constructive *adj (Tech)* konstruktiv
consulting engineer *(Tech)* beratender Ingenieur *m*, Beratungsingenieur *m*
consumable welding material *(Schw)* Schweißzusatzwerkstoff *m*
consumables *pl (Fert, Tech)* Betriebsstoffe *mpl*, Kleinmaterial *n (z. B. Schrauben)*; Verbrauchsartikel *mpl (z. B. Filtereinsatz)*

consume v (Tech) verbrauchen

consumer (Tech) Konsument m, Reibstelle f (Schmieranlage); Abnehmer m, Verbraucher m

consuming plant (Tech) Verbraucher m (als Werk)

consumption (Tech) Konsum m, Verbrauch m (z. B. an Kraftstoff)

consumption capacity (Hydr/Pneu) Schluckstrom m (eines Hydraulikmotors)

consumption flow (Hydr/Pneu) Schluckstrom m (eines Hydraulikmotors)

consumption rate (Tech) Verbrauchsmenge f

contact v (Tech) anlaufen (z. B. Läufer an Gehäusewand); anlegen (in Berührung bringen); Kontakt aufnehmen, Verbindung aufnehmen

contact (Elek) Schaltglied n, Schaltschütz n, Schaltstück n, Verbindung f

contact (Tech) Berührung f, Eingriff m (Getriebe); Kontakt m

contact angle (Lag) Druckwinkel m

contact angle (Walz) Walzwinkel m

contact anvil (Tech, Mont, Werkz) Amboss m (als Messanschlag einer Rundpassungslehre)

contact base (Elek) Schaltunterteil n; Schalterunterteil m

contact bounce (Mess) Kontaktprellen n

contact breaker (Elek) Unterbrecher m

contact check (Getr, Prüf) Tragbildprüfung f

contact controller (Mess) Schriftregler m

contact drawing (Zeich) Tragbildzeichnung f

contact examination (Prüf) Kontaktprüfung f (Ultraschall)

contact file (Werkz) Kontaktfeile f

contact flash welding (Schw) Widerstandsstoßschweißung f

contact interrupting rating (Elek) Ausschaltleistung f (Relais)

contact joint (Tech) Pressfuge f

contact line (Lag) Drucklinie f

contact rail (Bahn, Elek) Stromschiene f

contact rating (Elek) Schaltleistung f (Kontakt)

contact ratio (Tech) Überdeckungsgrad m (Zahnrad)

contact reflection (Tech) Tragbild n (Getriebe)

contact scanning (Hütt/Walz, Prüf) berührende Prüfung f, Kontaktabtastung f (Ultraschall)

contact surface (Schw, Tech) Übergang m (z. B. zweier Bleche)

contact surface (Tech) Anlagefläche f, Auflagefläche f (Berührungsfläche); Berührungsfläche f; Dichtungsfläche f (Berührungsfläche); Kontaktfläche f; Standfläche f

contact test (Getr, Prüf) Tragbildprüfung f

contact welding (Schw) Kontaktschweißen n

contacting envelope (Prüf) Hüllprofil n (Rautiefenmessung)

contactor (Elek) Kontaktgeber m, Schaltschütz n, Schütz n

contactor relay (Elek) Hilfsschütz n

contactor's cubicle (Elek) Schützenschrank m

contactor type reverser (Elek) Luftschützwendeschalter m

contain v (Tech) aufnehmen (an Volumen aufnehmen); enthalten (beinhalten); fassen (an Volumen aufnehmen)

container (Bahn) Container m (Behälter)

container (Form) Pressform f, Presstopf m (einer Hydraulikpresse); Rezipient m

container (Tech) Behälter m (z. B. für den Versand, die Vorratshaltung); Eimer m, Gefäß n (Behälter); Zylinder m (Strangpresse)

containment (Elek, Kern) Containment n, Reaktorkuppel f (im Kernkraftwerk)

contaminant (Ökol) Verschmutzung f

contaminated adj (Tech) dreckig, schmutzig, verunreinigt; verschmutzt; verseucht

contaminated air (Tech) Abluft f; verunreinigte Luft f

contaminated oil (Chem) Saueröl n

contamination (Tech) Schmutz m (z. B. auf Metallflächen); Verunreinigung f

contamination (Ökol) Verschmutzung f (Umweltverschmutzung)

contamination capacity (Hydr) Schmutzaufnahmekapazität f

content (Tech) Gehalt m (Anteil); Inhalt m

conticast adj (Hütt) stranggegossen (Stranggießen)

conticasting (Hütt/Walz) Stranggießen n, Strangguss m
continuance (Tech) Dauer f (Fortdauer)
continued fraction expansion (Met) Kettenbruchentwicklung f
continuity (Tech) Dauer f (Fortdauer)
continuity tester (Elek) Durchgangsprüfer m (z. B. für Strom)
continuous adj (Elek) durchgehend
continuous adj (Tech) durchlaufend, endlos, kontinuierlich, kontinuierlich arbeitend, stetig, unentwegt, zusammenhängend; Dauer…, Durchlauf…
continuous annealing line (Hütt/Walz) Conti-Glühe f, Durchlaufglühanlage f
continuous band clamping (Tech) Spannbandschelle f
continuous beam (Met, Stb) Durchlaufbalken m (ohne Unterbrechung); Durchlaufträger m, kontinuierlicher Träger m, Träger m auf mehreren Stützen
continuous casting (Hütt/Walz) Stranggießen n, Strangguss m, Stranggusseinsatz m
continuous conveyor (Förd) Stetigförderer m
continuous creep limit (Met, Prüf) Dauerschwingkriechgrenze f
continuous duty (Tech) Dauerbetrieb m, Dauereinsatz m, dauernde Einsatzbedingungen fpl, kontinuierliche Einsatzbedingungen fpl
continuous load (Met, Prüf) Dauerbeanspruchung f, Dauerbelastung f
continuous load (Tech) Dauerlast f
continuous loop (Tech) Rohrschlange f
continuous oil lubrication (Tech) Ölstandschmierung f
continuous seamless pipe mill (Walz) Rohrkontiwalzwerk n
continuous slab casting machine (Hütt, Walz) Brammenstranggießanlage f
continuous stream crusher (Zer) Schlagkopfbrecher m
continuous tube rolling mill (Walz) Rohrkontiwalzwerk n
continuous wave (Elek) durchgehende Welle f (z. B. Schallwelle)
continuous wave generator (Elek) Dauerschallerzeuger m, Dauerschallgenerator m

continuous weigh scale (Tech) Dosierbandwaage f
contour (Bau) Höhenlinie f
contour (Tech) Form f (Silhouette); Kontur f
contour (Zeich) Gestalt f (Umriss)
contour echo (Elek) Formecho n (Ultraschall)
contour line (Zeich) Umrisslinie f
contoured roll (Walz) profilierte Walze f
contract v (Hütt/Walz) einziehen (z. B. Rohre)
contract v (Tech) verengen (verdichten); zusammenziehen (Feder)
contracting (Elek) Einfederung f (Spannung Kettenfeder)
contraction (Met, Stb) Einschnürung f, Einziehung f, Kontraktion f, Schrumpfung f, Zusammenziehung f
contraction cavity (Met) Kernlunker m (Fehler in der Materialmitte)
contraction cavity (Schw) Schwindungshohlraum m (Guss)
contraction choke (Tech) Staurohr n
contraction coefficient (Stb) Kontraktionszahl f
contraction joint (Bau) Schwindfuge f
contraction strain (Met) Schrumpfspannung f
contractor of foundation works (Bau) Tiefbauunternehmer m
contra-rotary adj (Tech) gegenläufig
contrary adj (Tech) gegenteilig
contrast (Tech) Kontrast m
contrast filter screen (Tech) Kontrast m (Fernsehgerät)
control v (Elek) schalten
control v (Elek, IT) regeln (steuern)
control v (Tech) einstellen (z. B. Instrumente); regeln
control (Bergb) Steuer n (z. B. des Baggers)
control (Elek) Ansteuerung f (Betätigung); Bedienung f, Beobachtung f (z. B. der Ein- und Ausgänge); Betätigung f, Führung f (Regelung); Regelung f (Geräte); Regelung f (Turbine); Steuern n, Steuerung f (Betätigung)
control (Elek, Tech) Überwachung f
control (Hydr/Pneu) Ansteuerung f, Steuerung f (rückführungslos)
control (Tech) Kontrolle f, Regulierung f

control *adj (Elek)* Regel..., Regelungs..., Regulierungs..., Schalt..., Steuer...

control *adj (Tech)* Kontroll..., Regel..., Regelungs..., Regulierungs...

control and measuring *(Elek)* Regel- und Messtechnik *f*

control block *(Elek, Tech)* Steuerblock *m (Ventil)*; Zweifach-Steuerblock *m*; Vier-fach-Steuerblock *m*

control cabin *(Elek)* Schalthaus *n (z. B. Hochofen)*; Steuerkabine *f*

control cabin *(Kran)* Führerhaus *n*

control cabinet *(Elek)* Kontrollschrank *m (Schaltschrank)*; Schaltschrank *m*, Steuerschrank *m*

control cabinet *(Elek, Tech)* Geräte-schrank *m*

control cam *(Mess)* Schaltnocke *f*

control center *(AE) (Elek, Tech)* Bedie-nungsstand *m*, Leitstand *m*, Schalt-zentrale *f*, Steuerstand *m*, Steuerwarte *f*

control centre *(BE) (Elek, Tech)* Bedie-nungsstand *m (Steuerzentrale)*; Leit-stand *m*, Schaltzentrale *f*, Steuerstand *m*, Steuerwarte *f*

control circuit *(Elek)* Regelkreis *m*, Schaltplan *m (Stromlaufplan)*; Steuer-kreislauf *m*, Steuerstromkreis *m*, Steuerungskreis *m*

control circuit diagram *(Elek)* Schaltplan *m*, Stromlaufplan *m*

control column *(Elek)* Turm *m (Schal-tungen)*; Schaltturm *m*

control computer *(Mess)* Leitrechner *m*

control cubicle *(Elek)* Reglerschrank *m*, Schaltschrank *m*, Steuerschrank *m*

control desk *(Elek)* Leitstand *m*, Schalt-pult *n*, Steuerpult *n*

control deviation *(Tech)* Regelabwei-chung *f (Physik)*

control device *(Elek)* Befehlsgerät *n*, Regler *m (Schalter)*; Steuergerät *n*, Steuerung *f (Steuergerät)*

control device *(Tech)* Betätigungsknopf *m*, Regelgerät *n*, Regelgetriebe *n (Re-gelvorrichtung)*; Regelvorrichtung *f (Getriebe)*; Steuerelement *n*

control devices *pl (Elek)* Schaltgeräte *npl*

control element *(Elek, Tech)* Bedie-nungselement *n*, Regelglied *n*, Steuer-organ *n (Schmieranlage)*

control equipment *(Elek)* Schaltgeräte *npl*, Steuerorgane *npl*, Steuer- und Regeleinrichtung *f*

control gate *(Bergb)* Schichthöhen-schieber *m*

control gate *(Stb)* Schütz *n (Wehrschütz)*

control gear *(Elek)* Betätigungsschalt-geräte *npl (Steuergeräte)*; Regler *m (Schalter)*; Steuerung *f (Steuergerät)*

control gear *(Tech)* Regelgetriebe *n (Regelvorrichtung)*; Regelvorrichtung *f (Getriebe)*; Schaltrad *n*, Steuerung *f (einer Maschine)*

control indication *(Bergb)* Zustands-meldung *f*

control instrumentation technology *(Elek, Metr)* Mess-, Steuerungs- und Regeltechnik *f*, Mess- und Regeltech-nik *f*

control knob *(Tech)* Drehknopf *m (Reg-ler)*; Reglerknopf *m*

control lever *(Tech)* Bedienungshebel *m (Schalthebel)*; Schalthebel *m (Kupp-lungsschalter)*; Steuerhebel *m*, Ver-stellhebel *m*

control method *(Elek)* Aussteuerung *f*, Aussteuerungsmethode *f*

control mode *(Tech)* Betriebsart *f*

control panel *(Elek)* Bedienungstafel *f*, Schaltpult *n*, Schaltschrank *m*, Schalttafel *f*

control panel *(Tech)* Führerstand *m*, In-strumententafel *f*

control panels *pl (Elek)* Hochspan-nungsschaltanlage *f*, Schaltanlage *f (Hochspannung)*

control pendant *(Kran)* Steuerflasche *f*

control pressure *(Hydr/Pneu, Tech)* Re-geldruck *m*, Steuerdruck *m*

control principles *pl (Elek)* Steuerungs-technik *f (Mess- und Regeltechnik)*

control relay *(Elek)* Hilfsschütz *n*, Kon-trollrelais *n*

control response *(Mess)* Regelverhalten *n*

control section *(Elek)* Steuer- und Re-geleinrichtung *f*

control set *(Elek)* Steuersatz *m*

control spindle *(Elek)* Reglerspindel *f*

control spool *(Tech)* Schieberstange *f (im Steuerblock)*; Steuerstange *f (im Steu-erblock)*

control station *(Elek)* Bedienungsstand *m (Steuerzentrale)*; Befehlsgerät *n*

(Steuerzentrale); Leitstand *m*, Schaltstation *f*, Steuergerät *n (Steuerzentrale)*; Steuerstand *m*

control switch *(Elek)* Bedienungsschalter *m*, Befehlsschalter *m*, Hilfsstromschalter *m*, Kontrollschalter *m*, Steuerschalter *m*, Steuertastschalter *m*

control technician *(Tech)* Regeltechniker *m*

control test *(Stb)* Kontrollversuch *m*

control transmitter *(Elek)* Steuersender *m*

control unit *(Elek)* Bedienungsgerät *n*, Befehlsgerät *n*, Geräteeinheit *f*, Leitgerät *n*, Regler *m (Schalter)*; Steuergerät *n*

control unit *(Mess)* Leitwerk *n*

control unit *(Tech)* Steuereinheit *f (z. B. für Bandlauf)*

control valve *(Hydr/Pneu)* Steuerschieber *m*

control valve *(Vent)* Regelventil *n*, Stellventil *n*, Steuerblock *m*, Steuerventil *n*, Wegeventil *n*

control voltage *(Elek)* Betätigungsspannung *f*, Regelspannung *f (etw. wird gesteuert)*; Stellspannung *f*; Steuerspannung *f*

controllable *adj (Tech)* regelbar

controlled *adj (Vent)* vorgesteuert

controlled *adj (Bahn)* dosiert *(z. B. Entladung)*

controlled *adj (Elek)* gesteuert

controlled *adj (Hydr/Pneu)* angesteuert

controlled *adj (Tech)* geregelt *(z. B. thermostatisch)*

controlled condition *(Phys)* Regelgröße *f*

controlled variable *(Phys)* Regelgröße *f*

controlled variable deviation *(Tech)* Regelabweichung *f (Physik)*

controller *(Elek)* Anlasssteller *m*, Anlassstellschalter *m*, Controller *m (Steuereinheit)*; Fahrschalter *m*, Regler *m (Schalter)*; Stellschalter *m*, Steuergerät *n (für Motoren)*; Steuerschalter *m*, Steuerung *f (Steuergerät)*

controls *(Elek)* Steuerung *f (Steuergerät)*

controls *pl (Elek)* Bedienungselemente *npl*, Betätigungsschaltgeräte *npl*

controls *pl (Tech)* Steuermechanismus *m*

controls and displays *pl (Elek)* Bedien- und Anzeigeelemente *npl*

conurbation *(Bau)* Ballungsraum *m*

convenience outlet *(Elek)* Steckdose *f*

conventional *adj (Tech)* herkömmlich

conversion *(Baum, Bergb, Tech)* Umbau *m (z. B. der Baggerausrüstung)*; Umrüstung *f (Änderung der Ausrüstung)*

conversion *(Chem)* Übergang *m (z. B. zu anderem Brennstoff)*

conversion *(Fert, Hütt/Walz)* Weiterverarbeitung *f*

conversion kit *(Bergb)* Änderungssatz *m*, Umbausatz *m*, Umrüstsatz *m*

conversion temperature *(Tech)* Umwandlungstemperatur *f (Hüttentechnik)*

convert *v (Mess)* umformen

convert *v (Tech)* umbauen, umrüsten

convert *v into (Tech)* verwandeln in

converter *(Elek)* Messwertumformer *m*, Umformer *m*, Wandler *m*

converter *(Hütt/Walz)* Konverter *m*

converter gear *(Getr)* Wandlergetriebe *n*

convertible *adj (Bergb, Tech)* umrüstbar *(z. B. von Hoch- auf Tieflöffel)*

convertible *(Kfz)* Kabriolett *n*

convex *adj (Tech)* ballig, konvex

convex bend idler *(Bergb, Förd)* Ablenkrolle *f*, Drillingsrolle *f*, Drillingsschwelle *f*

convex bend idler *(Förd)* Girlandenrolle *f*

convex contour *(Schw)* Naht *f* mit Wulst

convex washer *(Tech)* Kugelpfanne *f (Spannvorrichtung)*

convey *v (Förd)* befördern *(transportieren)*; fördern *(etw. befördern)*

convey *v (Tech)* transportieren, vermitteln

conveyance *(Bergb)* Weitertransport *m*

conveyance *(Bergb, Förd)* Förderung *f*

conveyance *(Förd)* Fördermittel *n (Gerät)*

conveyer flight *(Förd)* Förderebene *f (einer Sortiereinrichtung)*

conveying *(Bergb, Förd)* Abförderung *f*, Abtransport *m*, Förderung *f*, Transport *m*; Weitertransport *m*

conveying and storage systems *pl (Förd, Log)* Förder- und Lagersysteme *npl*

conveying facility *(Förd)* Transportanlage *f*, Transporteinrichtung *f*

conveying strand *(Förd)* Obertrum *m (Förderband)*

conveying worm *(Förd)* Förderschnecke *f*

conveyor *(Förd)* Band *n (Förderband)*; Bandförderer *m*, Bandstraße *f (als Teil* *einer Bandanlage);* Förderer *m,* Rollenbahn *f,* Transportanlage *f (Förderer);* Transporteinrichtung *f*

conveyor *v (IT)* Zuführrollgang *m*

conveyor *adj (Bergb, Förd, Tech)* Band..., Förder..., Transport...

conveyor flight *(Förd)* Bandstrecke *f (Teilstrecke einer Bandanlage);* Teilstrecke *f (s. a. Bandstraße)*

conveyor frame *(Förd)* Bandstraße *f,* Bandträger *m;* Bandtraggerüst *n*

conveyor junction *(Bergb, Förd, Umschl)* Bandsammelpunkt *m*

conveyor level *(Bergb, Umschl)* Fördersohle *f*

conveyor module *(Förd)* Bandstraße *f*

conveyor table *(Förd)* Transportrollgang *m*

conveyor to quay *(Förd)* Pierzuführungsband *n*

conveyor trip switch *(Elek)* Seilzug-Notschalter *m*

conveyor wheel *(Förd)* Scheibenrolle *f (Beschichtungsanlage)*

cool *v (Hütt/Walz)* abkühlen

cool *v* **down** *(Hütt/Walz)* abkühlen

cool *v* **off** *(Tech)* abkühlen *(erkalten)*

cool-air ducting *(Tech)* Kühlluftabführung *f*

coolant *(Tech)* Kühlflüssigkeit *f,* Kühlmittel *n,* Kühlwasser *n*

coolant testing device *(Tech)* Kühlwasserprüfgerät *n*

cooler *(Hütt)* Kühlelement *n (im Ofenpanzer)*

cooler *(Tech)* Gebläse *n (Kühlung);* Kühler *m,* Regler *m (für die Temperatur)*

cooler *adj (Tech)* Gebläse..., Kühl..., Kühler...

cooler nail *(Tech)* Flachkopfnagel *m*

cooling *adj (Tech)* Kühl...

cooling air thermostat *(Tech)* Kühlluftthermostat *m*

cooling header *(Walz)* Düsenbalken *m (Spritzrohr, Spritzbalken, Spritzlatte)*

cooperation *(Tech)* Zusammenarbeit *f*

coordinate axis *(Stb)* Koordinatenachse *f*

coordination flame cutting machine *(Schw)* Koordinaten-Brennschneidmaschine *f*

copper *(Bergb)* Kupfer *n*

copper *adj (Hütt, Met)* Kupfer...

copper alloy *(Met)* Kupfer-Basis-Legierung *f,* Kupferlegierung *f*

copper asbestos gasket *(Tech)* Kupferasbestdichtung *f*

copper-constantan *(Stb)* Kupfer-Konstantan *n*

copper-nickel matte *(Hütt)* Kupfernickelstein *m*

copper penetration *(Met)* Kupferlotbruch *m*

copper plated *adj (Hütt, Met)* verkupfert

copper smelter *(Hütt)* Kupferhütte *f;* Kupferschmelzofen *m*

copper smelting *(Hütt)* Kupferverhüttung *f*

copper steel *(Met)* Kupferstahl *m*

coppered *adj (Hütt, Met)* verkupfert *(z. B. Draht)*

copy *v (IT)* kopieren; übertragen *(Daten)*

copy *v (Tech)* nachbauen *(nach Muster)*

copy *(IT)* Exemplar *n*

copy *(Tech)* Nachbau *m (Kopie);* Pause *f (Lichtpause)*

copy-milling machine *(Mech)* Kopierfräsmaschine *f*

copy turning *(Mech)* Kopierdrehen *n*

cord *(Elek)* Anschlussschnur *f,* Leitungsschnur *f,* Litze *f (Schnur)*

cord *(Tech)* Schnur *f*

cord coupler *(Elek)* Kupplungsdose *f*

cord-type rubber sealing *(Tech)* Rundschnurring *m*

corduroy *(Bau)* Knüppel *m (Straßenbefestigung)*

core *(Elek)* Ader *f,* Seele *f (Kabel)*

core *(Hütt/Walz)* Kernstück *n*

core *(Met)* Kern *m (beim Gießen)*

core *(Vent)* Ventileinsatz *m*

core component *(Tech)* Herzstück *n (wichtiges Bauteil)*

core crack *(Met)* Scheibenriss *m*

core cutter *(Mech, Werkz)* Kernbohrer *m*

core diameter *(Bergb)* Bohrkerndurchmesser *m*

core diameter *(Tech)* Kerndurchmesser *m (Schraube);* Strunkdurchmesser *m*

core drill *(Mont)* Bohrer *m (Gewindelochbohrer)*

core flaw *(Met)* Kernfehler *m (Gießkern)*

core section *(Tech)* Kernquerschnitt *m (Schraube)*

core strength *(Met)* Kernfestigkeit *f*

cored *adj (Schw)* eingegossen

cored *adj (Tech)* vorgegossen

cored electrode *(Tech)* Fülldrahtelektrode f

cork-faced clutch plate *(Kfz)* Korkbelagkupplungslamelle f, Kupplungslamelle f mit Korkbelag

corkscrew-type deformation *(Tech)* korkenzieherartige Verformung f

corner *(Tech)* Ecke f, Kante f *(Ecke)*

corner *adj (Tech)* Eck…, Kanten…, Winkel…

corner bit *(Bergb)* Eckmesser n *(z. B. des Löffels)*; Seitenmesser n *(des Tieflöffels)*

corner bridge drive *(Kran)* Eckantrieb m *(Kranbrücke)*

corner crack *(Hütt)* Kantenriss m *(Strang)*

corner cutter *(Mech)* Schneidecke f

corner drilling machine *(Mech)* Eckbohrmaschine f, Winkelbohrmaschine f

corner echo *(Prüf)* Randzonenecho n *(Ultraschallprüfung)*

corner effect *(Tech)* Winkelspiegeleffekt m *(DIN 54119)*

corner gusset plate *(Stb)* Eckblech n

corner joint *(Schw)* Ecknaht f *(äußere Kehlnaht)*

corner joint *(Stb)* Eckstoß m, Eckverbindung f; Winkelstoß m

corner joint *(Tech, Stb)* Rahmenecke f

corner reflector *(Tech)* Winkelspiegel m *(DIN 54119)*

corner shoe *(Bergb)* Eckmesser n *(z. B. des Löffels)*

corner stone *(Bau)* Eckstein m, Grundstein m

corner weld *(Schw)* äußere Kehlnaht f, Ecknaht f *(äußere Kehlnaht)*

corona discharge *(Elek)* Niederschlagsplatte f *(Elektrofilter)*

corona discharge *(Elek, Mess)* Koronaentladung f

correct *v (Elek)* ausregeln

correct *v (Tech)* korrigieren, verbessern

correct *adj (Tech)* exakt, genau, richtig *(fehlerlos)*

correcting range *(Tech)* Stellbereich m *(Mess- und Regeltechnik)*

correcting variable *(Mess)* Stellgröße f

correction *(Tech)* Behebung f eines Mangels, Korrektur f

correction time *(Mess)* Regeldauer f

correctness *(Tech)* Genauigkeit f, Korrektheit f

correlation *(Hütt/Walz)* Wechselbeziehung f *(von Messgrößen)*

correspondent *adj (Math)* gleichnamig

corresponding *adj (Math)* gleichnamig

corridor *(Bau)* Gang m, Zwischengang m

corridor connection *(Bahn)* Übergangsbalg m

corridor connection *(Tech)* Faltenbalg m, Übergangsbalg m

corrode *v (Anstr)* ätzen *(fressen)*; korrodieren, verrosten

corroded *adj (Anstr)* korrodiert, verwittert

corroded *adj (Met)* angefressen *(z. B. Metall)*

corrodible *adj (Met)* rostanfällig

corroding *adj (Met)* korrodierend

corroding agent *(Hydr/Pneu)* Ätzmittel, Ätzstoff m

corrosion *(Anstr)* Fressen n

corrosion *(Met)* Korrosion f

corrosion creep *(Met, Walz)* Korrosionsunterwanderung f

corrosion fatigue endurance limit *(Met)* Korrosionszeitfestigkeit f *(DIN 50100)*

corrosion-free *adj (Anstr)* alterungsbeständig *(z. B. Wasserrohr)*; heißwasserbeständig

corrosion from condensation *(Anstr)* Schwitzwasserkorrosion f

corrosion inhibitor *(Anstr, Met)* Korrosionsschutzmittel n

corrosion inhibitor film *(Met)* korrosionshemmende Schicht f

corrosion pit *(Met, Stb)* Korrosionsnarbe f, Rostnarbe f

corrosion-protected *adj (Met)* korrosionsgeschützt

corrosion resistance *(Met)* Korrosionsbeständigkeit f, Rostbeständigkeit f

corrosion-resistant *adj (Anstr)* korrosionsbeständig

corrosion-resistant *adj (Met)* korrosionsfest, nichtrostend, rostfrei

corrosion scar *(Met)* Korrosionsnarbe f

corrosive *adj (Met)* korrodierend, rostanfällig

corrugate *v (Mech)* riefen *(mit Riefen versehen)*

corrugated *adj (Tech)* gewellt

corrugated asbestos cement sheeting *(Met)* Wellasbestzementplatten fpl

corrugated cardboard *(Tech)* Wellpappe f

countersunk

corrugated flue boiler *(Hütt/Walz)* Wellrohrkessel *m*

corrugated-furnace boiler *(Hütt/Walz)* Wellrohrkessel *m*

corrugated ingot *(Hütt)* Riffelblock *m*

corrugated insulator *(Elek)* Rillenisolator *m*

corrugated iron *(Met)* Wellblech *n*

corrugated packing ring *(Hütt/Walz, Tech)* Welldichtung *f (Eko-Krümmer)*

corrugated sheet *(Met)* Wellblech *n*

corrugation *(Hütt/Walz)* Riffelung *f*

corrugation *(Tech)* Wellung *f*

corundum *(Anstr)* Korund *m (Strahlmittel)*

cosmetic repair *(Tech)* Schönheitsreparatur *f*

cost-efficient *adj (Tech)* wirtschaftlich *(sparsam)*

cottage pump *(Tech)* Schwengelpumpe *f*

cotter bolt *(Tech)* Vorsteckbolzen *m*

cotter file *(Werkz)* dickflache Feile *f*

cotter pin *(Tech)* Kerbstift *m*, Spannbolzen *m*, Spannstift *m*, Splint *m (Vorstecker)*; Vorsteckstift *m*

cotton *(Tech)* Baumwolle *f*

cotton duck *(Förd)* Baumwolle *f (Gurt)*; Baumwollgewebe *n*

cotton fabric *(Förd)* Baumwolle *f (Gurt)*; Baumwollgewebe *n*

count *v (Math, Tech)* berechnen

count *v (Tech)* zählen

count interference blanking *(Elek)* Zahlstöraustastung *f*

counter *v (Tech)* kontern *(mittels Mutter)*

counter *(IT)* Zähler *m*

counter *(Stb)* Gegenstab *m (Fachwerk)*

counter *(Tech)* Zählwerk *n*

counter bracket *(Tech)* Gegenhalter *m*

counter diagonal *(Stb)* Gegendiagonale *f*, Wechselstab *m*

counter-directional *adj (Tech)* gegenläufig

counter eccentric *(Tech)* Gegenexzenter *m*

counter-nut *(Tech)* Gegenmutter *f*, Kontermutter *f*

counter-slew *v (Tech)* gegenschwenken *(z. B. den Baggeroberwagen)*

counter-torque *(Tech)* Gegenmoment *n (als Drehmoment)*

counteract *v (Tech)* entgegenwirken

counterbalance *v (Tech)* aufheben *(sich aufheben, im Gleichgewicht sein)*

counterbalance *(Tech)* Ausgleich *m*, Balancier *m*

counterbalance valve *(Hydr/Pneu)* Druckverhältnisventil *n*

counterbalance valve *(Vent)* Vorspannventil *n*

counterbore *v (Mech)* ansenken, verschneiden, zylindrisch ansenken, zylindrisch versenken

counterbore *v (Tech)* senken *(zylindrisch)*

counterbore *(Hütt/Walz)* Senkung *f (im Material)*

counterbore *(Tech)* Senker *m (Kopf-, Halssenker)*; Versenker *m*

counterbored *adj (Mech)* angesenkt; versenkt *(hineingeschraubt)*

counterbrace *(Stb)* Gegendiagonale *f*, Wechselstab *m*

counterfire *(Stb)* Gegenfeuer *n*

counterflange *(Tech)* Gegenflansch *m*

counterflow belt *(Förd)* Rücklaufförderbrücke *f*

counterguide dog *(Tech)* Gegenführungsschuh *m*

counterpart *(Tech)* Pendant *m (zweiter Teil eines Paares)*

counterpiece *(Tech)* Gegenstück *n*

counterpressure *(Hydr/Pneu)* Gegendruck *m*

counterrotation *(Tech)* Gegenläufigkeit *f (z. B. der Kette)*

countershaft *(Getr)* Vorgelegewelle *f*, Zahnradvorgelegewelle *f (des Motors)*

countershaft *(Tech)* Gegenwelle *f (z. B. im Getriebe)*; Vorgelegewelle *f*, Zwischenwelle *f*

countersink *v (Mech)* ansenken *(z. B. eine Schraube)*; kegelig ansenken, versenken *(z. B. Schrauben)*; spitzversenken

countersink *v (Tech)* senken *(kegelig)*

countersink *(Tech)* Senker *m (Spitzsenker)*

countersinking *(Tech)* Senkung *f* für Senkschrauben

countersunk *adj (Mech)* versenkt *(hineingeschraubt)*

countersunk bolt *(Tech)* Senkkopfschraube *f*, Senkschraube *f (teilweise mit Gewinde)*

countersunk bolt with nosing *(Mech)* Nasensenkschraube *f*

countersunk diameter (Tech) Senkdurchmesser m
countersunk die (Mech) Schneidsenkschraube f
countersunk head (Tech) Senkkopf m
(Schraube)
countersunk-head bolt (Mech) Bolzen
m mit versenktem Kopf
countersunk-head tapping screw
(Tech) Senkblechschraube f
countersunk screw (Tech) Linsensenk-
schraube f, Senkschraube f (ganz mit
Gewinde)
countersunk washer (Tech) Spannscheibe f (DIN ISO 1891)
countersunk wood screw (Tech) Senkholzschraube f
countertorque control (Kran) Konterschaltung f (Vorgang)
countertorque hoisting control (Kran)
Konterhubschaltung f
counterweight (Bergb, Umschl) Ausgleichsgewicht n
counterweight (Tech) Gegengewicht n
counterweight ballast (Bergb, Umschl)
Ballast m
counterweight ballast (Kran) Gegengewichtsballast m
country scrap (Hütt) Sammelschrott m
couplant (Prüf) Koppelmittel n (Ultraschall); Verbindungsmittel n (Koppelmittel)
couple v (Tech) ankoppeln, ankuppeln
coupled adj (Tech) angekoppelt, gekoppelt
coupler (Elek) Kabelmuffe f (Maschinenanschluss); Steckerverbindung f
coupling (Kfz) Ankopplung f
coupling (Mess) Kopplung f (elektrisch)
coupling (Stb) Verkupplung f (von Trägern)
coupling (Tech) Anschlusskupplung f;
einfache Verbindungsmuffe f, Einfach-
verbindungsmuffe f, Gelenkstück n
(Verbindung, Kupplung); Kupplung f
(Verbindung); Rohrverbindung f (z. B.
Flansche); Verbindungsstück n (für
Rohre); Verschraubung f (Verbindungsteil)
coupling adj (Tech) Kopplungs...,
Kupplungs...
coupling cock (Pneu, Tech, Vent)

Kupplungshahn m (der pneumatischen
Bremse); Kupplungsventil n (Ventil)
coupling liquid (Prüf) Kopplungsflüssigkeit f (für Ultraschallprüfung)
coupling medium (Prüf) Koppelmittel n
(Ultraschall)
coupling piece (Tech) Verschraubung f
(Verbindungsteil)
coupling pin (Tech) Kupplungsbolzen m,
Vorstecker m
coupling power (Tech) Antriebsleistung f
(Verdichter)
coupling sleeve (Kfz) Gelenkstulpe f
coupling sleeve (Verd) Kupplungszahn-
hülse f
coupon (Prüf, Stb) Zerreißprobe f (Stab);
Zerreißstab m
course (Bau) Schicht f (z. B. einer Straße)
course (Tech) Verlauf m
course of events (Tech) Hergang m,
Vorgang m (Vorfall)
course of manufacture (Fert, Tech) Arbeitsablauf m in der Fertigung, Arbeitsgang m in der Fertigung, Produktionsablauf m
covellite (Met) Kupferindigo n (Kupfererz)
cover v (Tech) abdecken (bedecken);
bedecken
cover (Bergb, Geo) Deckgebirge n
cover (Elek) Amplitudenüberhöhung f
cover (Geo) Abraum m, überlagernde
Schichten fpl
cover (Stb, Tech) Abdeckung f (z. B.
Gerät)
cover (Tech) Abdeckhaube f, Berührungsschutz m, Blende f (Abdeckung);
Dach n (Deckel, Haube); Deckel m,
Verschlussdeckel m
cover (Verd) Deckscheibe f (Laufrad)
cover adj (Tech) Abdeck..., Deck..., Deckel...
cover lid (Tech) Verschlussdeckel m
cover plate (Elek) Abschlussplatte f
cover plate (Förd, Tech) Gurtplatte f
cover plate (Stb) ADB n, Schleppblech n
(über einer Dehnungsfuge)
cover plate (Tech) Abdeckblech n, Ab-
deckplatte f, Abschlusskappe f, Blindflansch m, Deckplatte f (eines Verdichters); Lamelle f (Gurtplatte, waagerecht); Lasche f (Stoßdeckung)
cover plate (Verd) Abschlussdeckel m
(z. B. zur Abdeckung)

cover strip *(Tech)* Abschlusskappe *f*

cover-to-ply adhesion *(Förd)* Trennlast *f* (des Gurtes)

cover tube *(Tech)* Schutzrohr *n*

covered *adj (Tech)* bedeckt, überdacht *(mit einer Plane)*; überdeckt *(mit einer Plane)*; umwickelt, versteckt

covered truck *(Kfz)* Planwagen *m*

covering *(Stb, Tech)* Abdeckung *f (z. B. Gerät)*; Decke *f (Abdeckung)*; Verkleidung *f*

covering boards *pl (Stb)* Verschalung *f*

covering coat *(Anstr)* Deckanstrich *m*

cow catcher *(Bahn)* Kuhfänger *m (an der Lok)*; Schienenräumer *m*

cowl *(Tech)* Haube *f*, Stirnwand *f*, Verkleidung *f (unter Haube)*

cowling *(Kfz)* Haube *f (Stirnwand)*

cowper *(Hütt/Walz)* Cowper *m*, Winderhitzer *m (Heißwindofen)*

Cowper's stove *(Hütt/Walz)* Winderhitzer *m (Heißwindofen)*

C.P.M. *(Tech)* Verfahren *n* des kritischen Weges *(Netzplantechnik)*; Zeitstudie *f (Netzplantechnik)*

cps *(Elek)* Hertz *n*, Hz

CPU *(Elek)* Zentraleinheit *f*

CPU *(IT)* CPU *f*, Hauptprozessor *m*

crab *(Kran)* Laufkatze *f (auf zwei Schienen)*

crab crawl *(Bergb)* Hundegang *m*

crabbing *(Stb)* Ecken *n*

crabbing hoist gear *(Bergb, Tech)* Greiferwinde *f*

crabframe *(Kran)* Katzenträger *m*

crack *v (Tech)* knicken *(abbrechen)*

crack *(Met)* Narbe *f (z. B. im Stahl)*; Ritz *m*

crack *(Met, Prüf, Tech)* Bruchstelle *f*, Riss *m*; Spalt *m*, Sprung *m*

crack *(Schw)* Fehlstelle *f*

crack detection test *(Prüf)* Rissprüfung *f*

crack formation *(Met)* Rissbildung *f*

crack initiation *(Met)* Anriss *m (Beginn des Risses)*

crack opening displacement testing *(Prüf)* Rissöffnungsmessung *f*

crack propagation rate *(Met)* Fortschrittsgeschwindigkeit *f (Risse)*; Rissfortschrittsgeschwindigkeit *f*

crack sensitivity *(Met, Stb)* Rissempfindlichkeit *f*, Rissneigung *f*

crack test *(Met, Prüf)* Anrissprüfung *f (Rissprüfung)*

cracked *adj (Tech)* geknickt *(gebrochen)*

cracked edge *(Hütt)* Kantenriss *m (Band)*

cracked welding *(Schw)* gerissene Schweißung *f*

cracking *(Met)* Reißen *n*, Rissbildung *f*, Spaltbildung *f*

cracking pressure *(Hydr/Pneu)* Öffnungsdruck *m*

crackling *(Elek)* Prasseln *n (Störung des Schirmbildes)*

cradle Tasche *f (für geschnittenes Walzgut)*

cradle-type idler *(Förd)* Girlandenrolle *f*, Schaukelrolle *f*

craft *(Tech)* Handwerk *n*

craftsman *(Tech)* Handwerker *m*

crane *(Kran, Tech)* Hebezeug *n*, Kran *m*

crane *adj (Kran)* Kran…

crane capacity *(Kran)* Krankapazität *f*, Krantragkraft *f*

crane runway *(Kran)* Kranbahn *f*, Kranfahrbahn *f*

crane stop *(Tech)* Prellbock *m*; Puffer *m (für Schienengeräte)*

crane technology *(Kran)* Krantechnik *f*

cranes and elevators *pl (Tech)* Hebezeuge *npl*, Hebezeuge *npl*

craneway *(Kran)* Kranbahn *f*

crank *v (Kfz)* ankurbeln *(z. B. den Motor)*

crank *v (Mech)* kröpfen *(z. B. Bohrung, Bolzen, Welle)*

crank *(Tech)* Antriebskurbel *f*, Handkurbel *f*, Kurbel *f*

crank *adj (Tech)* Kurbel…

crank handle *(Tech)* Handkurbel *f*

cranked *adj (Bau, Tech)* aufgebogen

cranked *adj (Mech)* gekröpft

cranked *adj (Tech)* abgebogen

cranked off *adj (Tech)* abgekröpft *(verschwenkt)*

cranked vibrating table *(Zer)* Kübelschwingtisch *m*

cranking power *(Kfz)* Anwerfkraft *f*, Belastung *f* des Anlassers

crankshaft *(Tech)* Kurbelwelle *f*

crankshaft bearing *(Kfz, Lag)* Hauptlager *n (der Kurbelwelle)*; Kurbelwellenlager *n*

crankshaft drive *(Tech)* Kurbeltrieb *m*

crankshaft gear *(Tech)* Kurbelwellenrad *n*

crankshaft rear oil seal *(Tech)* Übermaßbüchse *f*

crate *(Tech)* Kiste f, Verschlag m *(Holzgestell für Sperrgut)*

crater *(Schw)* Krater m

crater crack *(Schw)* Endkraterriss m *(an der Schweißnaht)*; Kraterriss m

crawler *(Baum, Bergb)* Raupe f; Raupenfahrwerk n • **on crawlers** Raupen…

crawler *(Tech)* Kette f *(Raupenkette)* • **on crawlers** verfahrbar auf Raupen

crawler *adj (Baum, Bergb, Tech)* Ketten…, Raupen…

crawler and wheeled chassis *(Bergb)* Raupen- und Radfahrwerk n

crawler assembly *(Bergb, Tech)* Fahrwerk n

crawler calfdozer *(Baum, Kfz)* Kleinraupe f

crawler chain *(Bergb, Tech)* Gleiskette f, Kette f, Raupenkette f

crawler chain tension *(Bergb)* Kettenzug m *(Raupe)*; Raupenkettenzug m

crawler chain tread *(Tech)* Kettenglied n, Raupenglied n

crawler chassis *(Tech)* Traktorenlaufwerk n, Traktorlaufwerk n

crawler crane *(Kran)* Raupenkran m

crawler drive *(Bergb)* Antrieb m zum Raupenfahrwerk

crawler drive *(Bergb, Umschl, Tech)* Fahr(werks)antrieb m

crawler frame *(Bergb, Tech)* Raupenträger m, Seitenrahmen m; Fahrwerksträger m *(Transportraupe)*

crawler idlers *pl (Bergb, Tech)* Scheiben *fpl (zum Stützen der Raupenkette)*; Tragscheibe f *(Raupenfahrwerk)*

crawler level *(Bergb)* Planum n *(Raupenplanum)*

crawler-mounted *(Baum)* Ketten .., Raupen…

crawler-mounted *adj (Tech)* verfahrbar auf Raupen

crawler pad *(Bergb)* Bodenblech n, Bodenplatte f *(Transportraupe)*; Raupenplatte f

crawler shoe *(Bergb)* Bodenplatte f *(Transportraupe)*

crawler spindle steering *(Tech)* Spindelsteuerung f des Fahrwerkes

crawler system *(Baum, Bergb)* Fahrwerk n, Raupenfahrwerk n

crawler track *(Baum, Bergb, Tech)* Kette f *(Raupenkette)*; Raupenfahrwerk n, Raupenkette f

crawler track assembly *(Baum, Bergb)* Fahrwerk n, Raupenfahrwerk n

crawler track chain *(Bergb, Tech)* Gleiskette f, Kette f, Raupenkette f

crawler track drive *(Bergb, Umschl, Tech)* Antrieb m zum Raupenfahrwerk, Fahr(werks)antrieb m

crawler traction *(Bergb)* Kettenzug m *(Raupe)*; Kettenzugkraft f *(des Raupenbaggers)*

crawler tractor *(Baum, Bergb)* Raupenschlepper m; Laufwerk n *(Raupe)*

crawler tread *(Tech)* Raupenglied n

crawler tread belt *(Bergb)* Raupenkette f

crawler tread pitch *(Bergb)* Raupenkettenteilung f, Teilung f der Raupenkette

crawler undercarriage *(Baum, Bergb)* Raupenfahrwerk n, Raupenunterwagen m

crawler unit *(Baum, Bergb)* Baggerlaufwerk n *(Raupe)*; Fahrantrieb m, Fahrwerk n *(des Raupenbaggers)*; Laufwerk n *(des Raupengerätes)*; Raupenkettenträger m, Seitenrahmen m *(des Baggers)*; Seitenschiff n *(Baggerlaufwerk)*

crawler vehicle *(Kfz)* Kettenfahrzeug n

creasing *(Mech)* Sicke f *(Versteifungsstanzen)*

create *v (Mess)* erstellen

create *v (Tech)* schaffen

credits *(Tech)* Impressum n

creep *v (Kfz)* absinken *(Hydraulikleck)*

creep *v (Tech)* kriechen

creep *(Met)* niedriger Durchlass m

creep *(Stb)* Kriechen n *(Beton)*

creep behaviour *(Met)* Dauerstandfestigkeit f; Dauerstandverhalten n *(bei erhöhter Temperatur)*; Kriechverhalten n

creep characteristics *pl (Met)* Dauerstandfestigkeit f

creep limit *(Met)* Kriechgrenze f *(DIN 50100)*

creep properties *pl (Met)* Dauerstandfestigkeit f

creep rate *(Tech)* Kriechgeschwindigkeit f *(Metallurgie)*

creep resistant *adj (Hütt, Met)* dauerstandfest *(auch z. B. feuerfeste Steine)*

creep-resistant adj (Hütt/Walz) warmfest (nicht zerlaufend)

creep strength (Met) Kriechfestigkeit f

creep strength depending on time (Met, Prüf) Zeitstandfestigkeit f (DIN 50100)

creep test (Prüf) Standversuch m (DIN 50100)

creeper track (Bergb) Raupenkette f

creeping speed (Tech) Kriechgeschwindigkeit f (Transporteur)

crest (Getr) Zahnkopfhöhe f, Zahnkrone f

crest (Tech) Kamm m (des Berges); Kopffläche f, Spitze f (des Schraubengewindes); Spitze f (Rauigkeit)

crest clearance (Getr) Spitzenspiel n (Zahnrad)

crest meter (Elek) Scheitelwertmesser m

crest value (Elek) Scheitelwert m

crevice (Bau) Fuge f (z. B. im Mauerwerk)

crevice corrosion (Met) Spaltkorrosion f

crew (Tech) Besatzung f, Mannschaft f

cribbing (Tech) Holzstapel m

cribbing iron (Tech) Stapel m aus Eisen

crimp v (Mech) bördeln, fälteln, falten, falzen (z. B. Blech); kräuseln, kröpfen; sicken, umfalzen (z. B. Blech)

crimp v **over** (Mech) umfalzen (z. B. Blech)

crimb (Stb) Verkröpfung f

crimped steel sheet (Met) Sickenblech n

crimped-type cable termination (Elek) Presskabelschuh m

crimping pliers (Werkz) Bördelzange f

crimping tool (Werkz) Handzange f

crinkle-type adj (Tech) gewellt

crinkled adj (Tech) gewellt

criteria pl (Tech) Kriterien npl

critical adj (Tech) kritisch

critical angle (Tech) Grenzwinkel m, kritischer Winkel m

critical defect (Elek) Grenzfehler m

critical path method (Tech) Verfahren n des kritischen Weges (Netzplantechnik); Zeitstudie f (Netzplantechnik)

critical range (Tech) kritischer Bereich m, Unsicherheitsbereich m

critical temperature (Tech) kritische Temperatur f, Umwandlungstemperatur f (Hüttentechnik)

critical value (Math) Grenzwert m

crocodile shear (Walz, Werkz) Hebelschere f

crooked adj (Tech) krumm, verbogen (unerwünschte Formveränderung)

crop v (Walz) schopfen

cross (Tech) Kreuz n

cross adj (Tech) Kreuz…, Quer…

cross and yoke type assembly (Tech) Zapfenkreuzgarnitur f

cross balancer (Bergb) Querschwinge f (Raupenfahrwerk)

cross bar (Bau, Stb, Tech) Querriegel m, Riegel m, Traverse f

cross bar apron conveyor (Förd) Kastenbandförderer m

cross beam (Stb, Tech) Querbalken m, Querhaupt n, Querriegel m, Querstrebe f, Querträger m, Quertraverse f

cross-bit (Werkz) Kreuzmeißel m

cross bond (Bau) Kreuzverband m, Querverband m (Mauerwerk)

cross bracing (Stat, Stb, Tech) Kreuzverband m; Querverband m (Konstruktion)

cross butt joint (Schw) Kreuzstoß m (kreuzartig verschweißte Bleche)

cross-connect v (Elek) auskreuzen (z. B. Wicklung)

cross conveyor (Förd) Querverband m (Förderbänder); Stirnband n

cross-country arrangement (Walz) offene Anordnung f

cross-country mill (Walz) offene Walzstraße f

cross-country tyre (BE) (Kfz) Geländereifen m

cross cut v (Mech, Mont) ablängen (auf Länge schneiden)

cross-cut chisel (Werkz) Kreuzmeißel m, Nietkopf m

cross-cut file (Werkz) Kreuzhiebfeile f

cross-cut saw (Werkz) Freispannsäge f

cross equalizer (Bergb, Tech) Stützschwinge f (Fahrwerk)

cross file (Werkz) Vogelzunge f

cross-flow calcining (Bergb) Trägergas-Brennverfahren n

cross girder (Stb) Querbalken m, Querhaupt n, Querträger m (Querhaupt)

cross-hatched adj (Tech) kreuzgerippt

cross-hatching adhesion test (Anstr) Gitterschnittprüfung f

cross head (Stb) Querhaupt n (Querträger)

cross-heading (Bergb) Querstrecke f

(unter Tage); Streb *m (parallel zum Hauptstollen)*

cross hole *(Tech)* Kreuzloch *n*, Querbohrung *f*

cross inclination *(Stb)* Querneigung *f*

cross-lay rope *(Tech)* Kreuzschlagseil *n (Seil)*

cross-link *v (Kunst)* vernetzen

cross member *(Stb)* Querträger *m (Waggon)*; Traverse *f*

cross-noise method *(Elek)* Zweistrahl--Doppelkopf-Verfahren *n*

cross-over *(Bau)* Übergang *m (Fußgängerbrücke)*

cross piece *(Tech)* Kreuzstück *n (z. B. für Rohrleitung)*

cross pin *(Tech)* Kreuzzapfen *m (von Maschinen)*; Zapfenkreuz *n (Grader)*

cross-pin joint *(Tech)* Kreuzgelenk *n*

cross pit dumping *(Bergb)* Direktversturz *m*

cross pit spreading *(Bergb)* Direktversturz *m*

cross recess *(Tech)* Kreuzschlitz *m*

cross rocker beam *(Bergb, Tech)* Fahrwerksschwinge *f*

cross-rolling mill *(Walz)* Schrägwalzwerk *n*

cross screw connection *(Tech)* Kreuzverschraubung *f*

cross screw coupling *(Tech)* Kreuzverschraubung *f*

cross screw joint *(Tech)* Kreuzverschraubung *f*

cross section *(Bergb)* Querprofil *n (Schnitt durch Straße)*

cross section *(Elek)* Schnittbandkern *m (Zusatzgerät)*

cross section *(Tech)* Querschnitt *m*, Spurkreuz *n*

cross sectional area *(Tech)* Querschnitt *m*; Querschnittsfläche *f*

cross-sectional area reduction *(Hütt)* Verformungsgrad *m*

cross-sectional drawing *(Zeich)* Querschnittszeichnung *f*

cross-sectional picture *(Zeich)* Schnittbild *n*

cross-sectional view *(Zeich)* Schnittbild *n*

cross-section recorder *(Elek)* Schnittbildgerät *n*

cross sensing *(Kfz)* Bedarfssteuerung *f*

cross shaft *(Tech)* Querwelle *f*

cross-shaped *adj (Tech)* kreuzförmig

cross-shaped hole *(Tech)* Kreuzloch *n*

cross-shaped plate *(Tech)* Stern *m*

cross tie *(Stb, Tech)* Querträger *m (Waggon)*; Verbindungsstück *n*

cross truss *(Stb)* Querbalken *m (Querträger)*; Querhaupt *n (Querträger)*; Querträger *m (Querhaupt)*

cross-wall junction *(Bau)* Wandeinbindung *f*

crossarm *(Bergb, Umschl)* Auslegerarm *m (Kragarm)*

crossbar *(Stb, Tech)* Querbalken *m*; Querträger *m (Waggon)*

crossbeam *(Tech, Stb)* Traverse *f*

crosscut saw *(Werkz)* Bandsäge *f (Zwei--Mann-Säge)*;Schrotsäge *f(Baumsäge)*; Ziehsäge *f*, Zweimannsäge *f*

crossed connection *(Hydr)* Kreuzverbindung *f*

crossed drive *(Tech)* gekreuzter Trieb *m*

crossfall *(Stb)* Querneigung *f*

crosshead *(Tech)* Kreuzkopf *m (der Bahnlokomotive)*; Kreuzkopf *m (eines Kolbenverdichters)*; Querhaupt *n (Stahlbau)*

crosshead bearing *(Lag)* Kreuzkopfbolzenlager *n (Kolbenverdichter)*

crosshead block *(Tech)* Gleitschuh *m (Kreuzkopf eines Kolbenverdichters)*

crosshead pin bearing *(Lag)* Kreuzkopfbolzenlager *n (Kolbenverdichter)*

crossing *(Bahn)* Kreuzung *f (Bahnstrecke)*; Kreuzweiche *f*

crossing file *(Werkz)* Vogelzunge *f*, Vogelzungenfeile *f*

crossover *(Bahn)* Kreuzweiche *f*

crossover *(Tech)* Schieberbewegung *f*, Schieberumsteuerung *f*, Verbindungsleitung *f*

crossover *(Verd)* Umlenkkanal *m*

crossover conveyor *(Förd)* Querverband *m (Förderbänder)*

crosstalk echo *(Elek)* Überkoppelecho *n (Ultraschall)*

crosswise *adv (Tech)* kreuzweise

crosswise span *(Tech)* Stützbreite *f (Raupenfahrwerk)*

crosswise thrust member *(Tech)* Querdruckholz *n (Verpackung)*

crotch *(Elek)* Endenaufteilung *f (Kabel)*

crotchet file *(Werkz)* flach zungenförmige

Feile f, Flachzungenfeile f, Flachzungenformfeile f, Gabelfeile f

crow bar *(Werkz)* Brecheisen n, Hebestange f, Hebestange f; Stemmeisen n

crowd v *(Bergb)* eindringen *(Ladeschaufel)*; vorschieben *(die Ladeschaufel)*; vorstoßen *(mit Auslegerstiel)*

crowd v *(Tech)* andrücken

crowd *(Bergb)* Vorschub m *(Bagger)*

crowd back v *(Baum, Bergb, Umschl)* ankippen *(z. B. die Ladeschaufel)*

crowd force *(Bergb)* Knippkraft f *(des Auslegers)*; Reißkraft f *(Ladeschaufel)*; Vorschubkraft f

crowd shovel *(Bergb)* Hochbagger m, Hochlöffelbagger m

crowding cylinder *(Tunn)* Vorschubpresse f

crowding pressure *(Bergb, Tunn)* Anpressdruck m

crown v *(Walz)* ballig drehen *(Walze)*

crown *(Stb)* Bogenscheitel m, Querneigung f *(der Fahrbahn)*; Scheitel m *(eines Bogens)*

crown *(Tech)* Wölbung f

crown *(Tunn)* Firste f *(Tunnelgewölbe)*

crown *(Walz)* Balligkeit f *(einer Walze)*

crown hinge *(Stb)* Scheitelgelenk n

crown nut *(Tech)* Kronenmutter f

crown-out *(Tech)* Verminderung f *(der Balligkeit von Walzen)*

crown reduction *(Tech)* Verminderung f *(der Balligkeit von Walzen)*

crown wheel *(Getr)* Planrad n, Tellerrad n

crown wheel *(Tech)* Tellerkegelrad n *(im Differenzial)*

crowned adj *(Tech)* ballig, bombiert *(ballig gedreht)*

crowned adj *(Met)* quergewölbt *(Blech)*

crowning *(Form, Mech)* Balligkeit f *(z. B. beim Fräsen von Getrieben)*

crowning *(Getr)* Breitenballigkeit f, Längsballigkeit f *(Getriebezahn)*

crow's feet *(Schw)* Krähenfüße mpl

CRT *(Tech)* Kathodenstrahlröhre f *(Fernsehgerät)*; Elektronenstrahlröhre f, Kathodenstrahlröhre f

CRT *(Tech)* Leuchtschirm m

CRT screen display *(Elek)* Bildschirmdarstellung f *(Ultraschall)*

CRT-screen scale *(Elek)* Leuchtschirmskala f

crucible *(Hütt, Lab)* Tiegel m

crucible steel *(Met)* Tiegelstahl m

crucible-type furnace *(Hütt/Walz)* Schmelztiegelfeuerung f

cruciform adj *(Tech)* kreuzförmig

cruciform section *(Met)* Kreuzprofil n

crude adj *(Met, Tech)* roh, unbearbeitet

crude bullion *(Met)* Werkblei n

crude copper *(Met)* Blasenkupfer m

crude gas *(Hütt, Petr)* Rohgas n

crude lead bullion *(Met)* Werkblei n

crude oil *(Petr)* Rohöl n

crude steel *(Hütt/Walz)* Rohstahl m

crude water *(Tech)* Rohwasser n

crumble v *(Bergb, Zer)* zermahlen

crumble v *(Geo)* zerbröckeln

crumbly adj *(Geo)* bröckelig *(z. B. Eisenerz, Kohle usw.)*

crunch v *(Tech)* knirschen

crunch v up *(Zer)* zerbeißen

crush v *(Zer)* brechen *(zerbrechen, zerkleinern)*; grob mahlen, vorbrechen, zerkleinern

crusher *(Zer)* Brecher m

crushing *(Met, Prüf, Stat)* Bruchdehnung f

crushing *(Zer)* Brechen n

crushing machine *(Zer)* Zerkleinerungsmaschine f *(Brecher)*

crushing ratio *(Zer)* Zerkleinerungsgrad m

crushing ring *(Tech)* Brechring m *(Zerkleinerer)*

crushing test *(Prüf, Stb)* Quetschversuch m; Stauchversuch m *(z. B. Rohre)*

cryogenic adj *(Met)* kaltzäh

cryogenic application *(Tech)* Tieftemperatureinsatz m

cryogenic pump *(Tech)* Kältepumpe f

crystal *(Geo)* Kristall m

crystal mosaic *(Elek)* Mosaikschwinger m

crystallographic plane *(Met)* Kristallebene f

c.t. *(Elek)* Mittelanzapfung f

C.T. *(Elek)* Stromwandler m

C.T.S. cable *(Tech)* Gummi(schlauch)leitung f *(Kabel)*

cube *(Bau)* Würfel m

cubic capacity *(Tech)* Fassungsvermögen n

cubical adj *(Tech)* kubisch

cubical-shaped adj *(Bau)* würfelförmig

cubicle *(Elek, Tech)* Zelle f *(Schaltanlage)*

cubicle design *(Tech)* Schrankausführung f

CuFeS₂ *(Met)* Kupferkies m

culvert *(Bau)* Durchlass m

cumulative compound motor *(Antr, Elek)* Schlupfmotor m

cup *(Tech)* Rollenlagerring m *(Rollenkranz)*; Kalotte f

cup-and-ball joint *(Tech)* Drehgelenk n *(Drehzapfen)*

cup head nib bolt *(Tech)* Halbrundschraube f mit Nase

cup point *(Tech)* Ringschneide f

cup-shaped gasket *(Tech)* Topfmanschette f

cup spring *(Tech)* Tellerfeder f

cup test *(Prüf)* Tiefungsprobe f *(Blech)*

cup-type neoprene bearing *(Lag)* Neoprentopflager n

cup washer *(Tech)* Tellerscheibe f

cupboard *(Tech)* Schrank m

cupola *(Bahn)* Aussichtskuppel f *(auf Waggon)*

cupola *(Bau)* Dachstuhl m, Kuppel f

cupola *(Hütt)* Kupolofen m

cupola furnace *(Hütt)* Kupolofen m

cupping *(Form)* Napfziehen n

cupping test *(Prüf)* Tiefungsprobe f *(Blech)*

cupric oxide *(Chem)* Grünspan m *(Kupferoxid)*; Kupfervitriol n

cuprite *(Met)* Rotkupfererz n *(Cuprit, Kupferblüte)*

cuprous oxide *(Hütt)* Kupferoxydul n

curb *(AE) (Bau)* Bordkante f *(des Bürgersteiges)*

curb *(AE) (Stb)* Bordschwelle f, Schrammbord n

curbing *(Tech)* Manschette f *(Verdichter)*

curbstone *(AE) (Bau)* Betonrandstreifen m, Bordkante f *(der Straße)*; Kantstein m, Randstein m

curing *(Bau, Stb)* Nachbehandlung f

curing agent *(Tech)* Aushärtemittel n

curing iron *(Tech)* Kanteneisen n

curing temperature *(Tech)* Härtetemperatur f *(für Kleber usw.)*

curl field *(Mess)* Wirbelfeld n

curling *(Bergb)* Überkippen n *(der Baggerschaufel)*

curling *(Form, Mech)* Einrollen n *(Art der Bördelarbeit an Blech)*

currency *(Tech)* Gültigkeit f

current *(Elek)* Strom m, Stromstärke f

current *adj (Elek)* Strom...

current *adj (Tech)* aktuell

current-carrying *adj (Elek)* stromführend

current-carrying capacity *(Elek)* Belastbarkeit f *(zulässige Stromstärke)*; Strombelastbarkeit f, Stromtragfähigkeit f

current collector *(Bahn)* Bügel m *(Stromabnehmer)*

current consumption *(Elek)* aufgenommener Strom m, Stromaufnahme f

current flow tester *(Elek)* Durchgangsprüfgerät n

current input *(Elek)* aufgenommener Strom m, Eingangsstrom m, Stromaufnahme f

current intake *(Elek)* Stromaufnahme f

current-limited *adj (Elek)* kurzschlussfest

current loading *(Elek)* Strombelastbarkeit f *(Elektroden)*

current path *(Elek)* Strompfad m, Stromweg m

current requirement *(Elek)* Stromaufnahme f

current strength *(Elek)* Stromstärke f *(z. B. in Elektroden)*

current surge *(Elek)* Stromstoß m

current-to-voltage converter *(Elek)* Strom-Spannungs-Wandler m

current transformer *(Elek)* Stromwandler m

current tube *(Elek, Hütt)* Stromrohr n

cursor *(IT)* Cursor m

curtain *(Anstr)* Farbläufer m

curtain *(Met, Walz)* Gardine f *(Verzinkungsfehler)*

curtain wall *(Bau, Stb, Tech)* Laufwand f, Mantelwand f, Vorhangwand f

curvature *(Elek)* Bogenlinie f

curvature *(Tech)* Krümmung f, Kurve f, Wölbung f

curve *v (Tech)* biegen

curve *(Tech)* Ecke f *(am Werkstück)*; Krümmung f, Kurve f, Linie f, Rundung f

curve *adj (Bahn, Förd, Tech)* Kurven...

curve going bogies *(Kran)* Kurvenfahrwerk n *(Turmkran)*

curved *adj (Tech)* bogenförmig, gebogen, gekrümmt, gewölbt, stark gekrümmt, zylindrisch gewölbt

curved crystal (Elek) gekrümmter Strahl m, Hohlstrahler m

curved plate (Met) Tonnenblech n

curved tooth coupling (Getr) Bogenzahnkupplung f

CuS (Met) Kupferindigo n (Kupfererz)

cushion v (Phys, Tech) auffangen, bedämpfen (z. B. Aufprall, Fall, Stoß, Aufprall, Erschütterung); dämpfen (z. B. Kolben)

cushion (Tech) Kissen n, Polster n (Kissen, Dämmstoff); Sitzkissen n

cushion-mounted adj (Tech) elastisch gelagert

cushion of air (Walz) Luftkissen n

cushion push block (Tech) gefederter Schubblock m

cushion-type adj (Tech) hochelastisch (Reifen)

cushioned adj (Bergb) schonend

cushioned adj (Tech) gedämpft, schonend

cushioned transfer (Bergb, Umschl) schonende Aufgabe f

cushioning (Hydr/Pneu) Puffer m (Zylinder)

cushioning (Tech) Dämpfung f (z. B. von Stößen, Vibrationen, Lärm)

cushioning idler (Förd) Pufferrolle f (einzelne Rolle)

cushioning pulley (Zer) Pralltrommel f

cushioning tyre (BE) (Tech) Pufferring m

customary adj (Tech) üblich

custom-built adj (Fert, Tech) auf Bestellung angefertigt, maßgefertigt

custom-built machinery (Tech) Einzelanfertigung f, Sonderanfertigung f

custom design (Tech) Einzelkonstruktion f

custom graphics (Elek) Bildschirmdarstellung f (Mess- und Regeltechnik)

cut v (Bau, Baum, Bergb) baggern

cut v (Bergb) abbauen (unter Tage, z. B. Kohle); abtragen, graben

cut v (Hütt/Walz) trennen (absondern, scheiden)

cut v (IT) ausschneiden, trennen

cut v (Mech) ablängen (auf Länge schneiden); abschieren, abtrennen, schneiden, teilen; abschneiden, aufhauen, aushauen (z. B. Feilen); ausspitzen (z. B. Feilen); beschneiden (z. B. Bleche); fräsen, hauen (z. B. Feilen);

sägen, scheren, schleifen (abschneiden); verzahnen (Räder); zerspanen, ziehen (Nuten)

cut v **a roadside ditch** (Bau, Bergb) Graben ziehen

cut v **a thread** (Mech) gewindeschneiden, Gewinde schneiden

cut v **autogenously** (Mech, Mont, Schw) abbrennen, autogen schneiden, brennschneiden, schneidbrennen

cut v **down** (Mech) schleifen

cut v **in** (Mech) einschleifen

cut v **off** (Elek) abschalten (z. B. Gerät); ausschalten (z. B. Gerät, Stromkreis)

cut v **off** (Mech) abscheren, abschneiden, abtrennen, beschneiden (z. B. Bleche)

cut v **out** (Elek) ausschalten (z. B. Maschine)

cut v **out** (Tech) ausschneiden

cut v **teeth** (Getr, Mech) verzahnen (Räder); Zähne fräsen

cut v **to length** (Mech, Mont) ablängen (auf Länge schneiden)

cut v **to pieces** (Zer) zerteilen

cut adj (Mech) geschnitten

cut (Mech) Hieb m (einer Feile); Schnitt m

cut-in voltage (Elek) Schleusenspannung f (Schwellenspannung); Schwellenspannung f (Schleusenspanung)

cut line (Elek, Tech) Trennlinie f

cut line (Hütt/Walz) Schnittlinie f (Ofen)

cut-off (Elek) Abschaltung f (z. B. Gerät, Stromkreis, Netz)

cut-off angular velocity (Mess) Grenzkreisfrequenz f

cut-off cock (Hydr/Pneu, Vent) Absperrhahn m

cut-off milling unit (Walz) Trennfräseinrichtung f

cut-off torch (Schw) Schneidbrenner m (Gießmaschinen)

cut-off valve (Hydr/Pneu, Vent) Abschaltventil n

cut-out (Elek) Abschalter m (z. B. in der Schaltanlage eines Kraftwerks); Durchschlagsicherung f, Rückstromschalter m

cut-out base (Elek) Sicherungssockel m (einer automatischen Sicherung)

cut-out box (Elek) Sicherungskasten m

cut-out power (Elek) Ausschaltleistung f (Motor)

cut-pliers pl (Werkz) Kombizange f

cut-to-length accuracy *(Mech, Walz)* Schnittgenauigkeit f

cut-to-length line *(Walz)* Scherenstraße f

cutaway *(Tech)* Schnittmodell n

cutaway diagram *(Zeich)* Schnitt m, Schnittbild n *(Kraftfahrzeug)*

cutaway view *(Zeich)* Ausschnittzeichnung f, Schnitt m, Schnittbild n *(Kraftfahrzeug)*

cutout *(Hütt)* Durchbruch m *(in einer Decke oder Wand hergestellte Öffnung)*

cutspike *(Bahn)* Schwellennagel m

cutter *(Bergb, Tunn)* Bohrwerkzeug n *(Tunnelvortriebsmaschine)*

cutter *(Mech)* Schneidmaschine f

cutter *(Bergb, Mont)* Abschneider m

cutter *(Tech)* Schneide f

cutter head *(Bergb, Mech, Tunn)* Schneidkopf m

cutter head drive *(Bergb)* Bohrantrieb m

cutter head motor *(Bergb)* Bohrmotor m

cutter interference *(Tech)* Unterschnitt m *(Getriebe)*

cutter tooth *(Werkz)* Vorschneider m

cutting *(Bahn)* Schlucht f *(Einschnitt für Eisenbahn)*; Taleinschnitt m *(für Eisenbahn)*

cutting *(Bergb, Mech)* Span m

cutting *(Hütt/Walz)* Verschnitt m

cutting *(Mech)* Abfall m *(z. B. übrig gebliebenes Material)*; Bearbeitung f *(maschinell)*; zerspanende Bearbeitung f, Zuschnitt m

cutting *(Tech)* Einschnitt m *(Schlucht für Eisenbahn)*; Schneiden n

cutting above and below grade *(Bergb)* Hoch- und Tiefschnitt m

cutting action sealing ring *(Mech)* Schneidering m *(Ermeto-Verschraubung)*

cutting allowance *(Mech)* Schnittzugabe f

cutting and taper ring *(Tech)* Ermeto-Schneidring m

cutting angle *(Mech)* Schnittwinkel m

cutting blowpipe *(Schw)* Schneidbrenner m

cutting change *(Hütt/Walz)* Schnittveränderung f

cutting clearance *(Mech)* Freischneidfähigkeit f

cutting conditions pl *(Bergb)* Schnittverhältnisse npl

cutting die *(Mech)* Schneideisen n, Schneidering m *(Schabezug)*

cutting edge *(Baum, Bergb)* Löffelbrust f *(Schneide mit Zahntaschen)*; Scharende f *(Schneide)*; Scharmesser n, Schaufelschneide f, Schneide f *(Grablöffelvorderkante)*; Schneidkante f; Schneidlippe f

cutting edge *(Tech)* Schneide f *(Schneidring einer Ermeto-Verschraubung)*; Schneide f *(eines Greifers)*; Schneidmesser n

cutting head *(Bergb, Mech, Tunn)* Schneidkopf m

cutting head *(Werkz)* Vorschneider m

cutting high and deep *(Bergb)* Hoch- und Tiefschnitt m

cutting lip *(Bergb)* Schneidelippe f, Schnittkreis m

cutting lip *(Werkz)* Vorschneider m

cutting nippers pl *(Werkz)* Beißzange f, Kneifzange f, Nagelzange f

cutting-off wheel *(Tech)* Trennscheibe f *(z. B. zum Schneiden von Metall)*

cutting oil *(Mech)* Bohröl n

cutting oil *(Tech)* Schneidöl n

cutting path *(Mech)* Schneidbahn f

cutting peel *(Bergb)* Schrämausleger m

cutting pick *(Bergb)* Schrämmeißel m

cutting pliers pl *(Werkz)* Drahtzange f

cutting power *(Hütt/Walz)* Schnittgröße f

cutting range *(Bergb)* Abtragbereich m

cutting ridge *(Mech)* Grat m *(scharfe Kante nach dem Schneiden)*

cutting ring *(Mech)* Schneidering m, Schneidering m *(Ermeto-Verschraubung)*; Schneidring m

cutting ring pipe coupling *(Tech)* Schneidringverschraubung f

cutting screw *(Mech)* Schneidschraube f

cutting to length *(Hütt/Walz)* Querteilen n

cutting tool *(Bergb, Tunn)* Bohrwerkzeug n *(Tunnelvortriebsmaschine)*

cutting tool *(Mech, Werkz)* Drehstahl m, spanabhebendes Werkzeug n, Spanwerkzeug n

cutting tools pl *(Bergb, Mech)* Schneidwerkzeuge npl

cutting tools pl *(Werkz)* Beschneidewerkzeuge npl

cutting torch *(Schw)* Schneidbrenner m, Schneidbrenner m *(Gießmaschinen)*

cutting to width *(Hütt/Walz)* Querteilen n

cutting-up line *(Walz)* Scherenstraße f
cutting upward and downward *(Bergb)* Hoch- und Tiefschnitt m
cutting width *(Bergb)* Fräsbreite f *(Breite der Fräsnut)*; Schnittbreite f *(des Löffels)*
cuttings pl *(Mech)* Abfall m *(z. B. übrig gebliebenes Material)*
Cv-value *(Mess)* Durchflusskennwert m *(Durchflusskoeffizient, Ventile)*
cw *adj (Tech)* rechtsdrehend
cyanide hardening *(Hütt)* Zyanbadhärtung f
cyaniding *(Hütt)* Zyanbadhärtung f
cycle *(Elek)* Frequenz f, Kreislauf m *(Zyklus)*
cycle *(Elek, Tech)* Periode f
cycle *(Fert)* Arbeitsspiel n, Arbeitsvorgang m *(elektromechanisch)*
cycle *(Hydr/Pneu)* Kreisprozess m
cycle *(Fert, Tech)* Arbeitsgang m *(elektromechanisch)*; Spiel n *(Arbeitsspiel)*; Arbeitsablauf m *(elektromechanisch)*; Arbeitszyklus m *(Elektromechanik)*; Takt m
cycle changeover *(Elek)* Frequenzumschaltung f
cycle duration *(Elek)* Periodendauer f
cycle of operations *(Tech)* Betriebsspiel n
cycle of rotation *(Tech)* Drehung f *(Schraube)*
cycle time *(Baum, Fert, Tech)* Arbeitsspielzeit f; Spielzeit f *(eine komplette Baggerbewegung)*
cycle time *(Tech)* Taktzeit f *(Schmieranlage)*; Umlaufzeit f
cycle track *(Bau)* Fahrradweg m, Radweg m *(für Fahrräder)*
cycles per second *(Elek)* Hertz n, Hz
cyclic duty *(Tech)* Belastungsspiel n
cyclic running *(Tech)* Rundlauf m
cycling *(Elek)* Schwingung f *(elektrisch)*
cyclone *(Bergb)* Zyklon m
cyclone *(Verd)* Fliehkraftabscheider m
cyclone air separator *(Bergb)* Zyklonumluftsichter m
cyclone gas washer *(Hütt)* Nasswirbler m
cyclone precipitator *(Zer)* Zyklon-Abscheider m *(Staub)*
cyclone separator *(Verd)* Fliehkraftabscheider m

cyclone separator *(Zer)* Zyklon-Abscheider m *(Staub)*
cyclone tube *(Bergb)* Zyklonrohr n
cyclone tube *(Tech)* Wirbelrohr n
cylinder *(Tech)* Flasche f *(z. B. für Gas)*; Zylinder m
cylinder *adj (Tech)* Zylinder..., zylinder...
cylinder crosshead *(Form)* Oberholm m *(einer Oberflurpresse)*
cylinder feed transfer block *(Tech)* Verteilerklotz m
cylinder jacket *(Verd)* Wasserraum m *(Kolbenverdichter)*
cylinder rod *(Tech)* Kolbenstange f
cylinder size bore *(Tech)* Zylinderbohrung f
cylinder sluice gate *(Stb)* Walzengeschütz n
cylindric *adj (Tech)* zylindrisch
cylindrical *adj (Tech)* zylindrisch
cylindrical barrel *(Tech)* Zylindermantel m
cylindrical bushing *(Tech)* Schwimmring m *(breit, einer Schwimmringdichtung)*
cylindrical cable sealing end *(Elek)* Zylinderendverschluss m
cylindrical filter *(Hütt)* Trommelfilter m
cylindrical fit *(Tech)* Zylinderpassung f; zylindrischer Sitz m *(z. B. Kupplung auf der Welle)*
cylindrical gear *(Getr)* Stirnrad n *(Geradstirnrad)*; Zylinderrad n
cylindrical gear pair *(Getr)* Stirnradpaar n, Zylinderradpaar n
cylindrical grinder *(Mech)* Rundschleifmaschine f
cylindrical lantern gear *(Getr)* Triebstockrad n
cylindrical roller bearing *(Lag)* Radial-Zylinderrollenlager n
cylindrical surface grinder *(Form)* Außenrundschleifmaschine f
cylindrical valve *(Vent)* Kolbenventil n

D

d.c. *(Tech)* Totpunkt m
d.c. voltage *(Elek)* Gleichspannung f
dam *(Bau)* Damm m, Staudamm m; Stauwehr n, Wehranlage f
damage v *(Tech)* beschädigen

damage line *(Tech)* Schadenlinie f *(DIN 50100)*

damp v *(Tech)* bedämpfen *(z. B. Lärm, Geräusche)*; beruhigen *(Waage)*; dämpfen *(Ultraschall)*

damp-proof adj *(Elek)* feuchtigkeitsbeständig, Feuchtraum...

damp room *(Bau)* Feuchtraum m

damped adj *(Tech)* schwingungsgedämpft

dampen v *(Tech)* abschwächen; bedämpfen *(z. B. Lärm, Geräusche)*; dämpfen

damper *(Elek)* Dämpfer m

damper *(Hütt)* Drehklappe f, Drossel f *(Schieber, Zugregler; Ofenabluft)*

damper *(Kfz)* Druckumformer m, Gummikupplung f *(Schwingungsdämpfer)*

damper *(Tech)* Klappe f *(drehbar)*; Rundpuffer m, Schwingungsdämpfer m *(Schwingungsisolator)*; Windabsperrschieber m

damper rotor *(Elek)* Stromdämpfungsläufer m

damper winding *(Elek)* Dämpferwicklung f

damping *(Tech)* Dämpfung f *(z. B. von Stößen, Vibrationen, Lärm)*

damping adj *(Tech)* Dämpfungs...

damping time *(Elek, Mess)* Einstellzeit f *(Messgerät)*; Beruhigungszeit f *(Messgerät)*

danger *(Tech)* Gefahr f

danger class *(Tech)* Gefahrenklasse f

danger notice *(Tech)* Warnschild n

dangerous adj *(Tech)* gefährlich, kritisch

darkened adj *(Licht)* abgedunkelt *(z. B. durch Vorhänge)*

dash light *(Kfz)* Armaturenbeleuchtung f

dashboard *(Elek)* Bedienungspult n, Schaltpult n

dashboard *(Tech)* Armaturenblech n, Instrumententafel f; Armaturenbrett n *(Kraftfahrzeug)*

dashed adj *(Tech)* gestrichelt *(punktiert)*

data adj *(IT)* Daten...

data card *(Tech)* Kennkarte f

data center *(AE)* *(IT)* Rechenzentrum n

data highway *(IT)* Datenbus m

data logging *(IT)* Datenaufzeichnung f

data medium *(IT)* Datenträger m

data plate *(Tech)* Typenschild n *(z. B. Geräteinformation)*

data sheet *(Tech)* Typenblatt n

data transmitting *(IT)* DFÜ f, Datenfernübertragung f

date of issue *(IT, Tech)* Ausgabedatum n; Stand n

datum... *(Tech)* Bezugs...

daub *(Bau)* Lehmbewurf m

daytime mine *(Bergb)* Tagebau m

DC *(Elek)* Gleichstrom f

DC adj *(Elek)* Gleichstrom...

DC component *(Elek)* Gleichanteil m

DC power supply system *(Elek)* Gleichspannungsnetz n

DC reactor *(Elek)* Gleichstromdrossel f, GS-Drossel f

DCD *(Mess)* diskretes Steuerelement n

DD quality *(Met)* Tiefziehsorte f

deactivated adj *(Tech)* ausgeschaltet, entriegelt

dead adj *(Elek)* spannungslos

dead band *(Mess)* Unempfindlichkeitsbereich m

dead burnt magnesite *(Hütt)* Sintermagnesit m

dead-center point *(AE)* *(Tech)* Totpunkt m

dead centre *(BE)* *(Tech)* Totpunkt m

dead-centre adj *(BE)* *(Tech)* mittig genau

dead-end pole *(Tech)* Endmast m

dead-end tower *(Tech)* Endmast m

dead lime *(Met)* totgebrannter Kalk m

dead load *(Kran)* ruhende Last f *(Eigengewicht)*

dead load *(Mech, Schw)* ständige Last f

dead load *(Stat)* Eigenlast f, tote Last f

dead man's device *(Bahn)* Sicherheitsfahrschaltung f

dead-mould casting *(BE)* *(Met)* Formguss m, Guss m mit verlorener Form

dead sheathing *(Stb)* verlorene Schalung f

dead-smooth file *(Werkz)* Doppelschlichtfeile m, Feinschlichtfeile f

dead spot *(Tech)* toter Punkt m *(Motor)*

dead steel *(Met)* entgaster Stahl m

dead stop *(Hydr)* Festanschlag m

dead travel *(Bergb)* toter Gang m

dead weight *(Tech)* Eigengewicht n; Ballast m *(z. B. zur Gewichtserhöhung)*

dead zone *(Mess)* Unempfindlichkeitsbereich m

dead zone *(Prüf)* Schweigezone f *(Ultraschall)*

dead zone after echo (Elek, Prüf) Echoimpulseinflusszone f

deadweight (dwt) (Tech) Leergewicht n

deadweight tester (Mess) Druckwaagenprüfgerät n

de-aeration (Hydr/Pneu) Entlüftung f

deaerator (Hütt/Walz) Entgasungsanlage f

deaerator (Hydr/Pneu, Tech) Entlüfter m, Luftabscheider m

deal-board (Tech) Brett n, Diele f

debased zinc (Met) Mischzink n

debias (Mess) Vorentlastung f

debris (Bau) Bruchstücke npl (Abfall, Trümmer); Unrat m (Trümmer)

debris (Geo) Abfall m (z. B. im Gelände)

debur v (AE) (Mech) abgraten, Grat entfernen, entgraten

deburr v (BE) (Mech) abgraten, Grat entfernen, entgraten

decade code system (Elek) dekadisches System n

decarbonize (AE) (Met) Ölkohle entfernen

decarburisation (BE) (Met) Entkohlung f

decarburization (AE) (Met) Entkohlung f

decay v (Bau) modern (verrotten); verfallen (Gebäude); verwesen

decay process (Elek) Ausschwingvorgang m

decay time (Akus, Elek) Abklingzeit f

decay time (Elek) Abfallzeit f (Zeit des Geringerwerdens); Ausschwingdauer f

decaying adj (Bau) moderig, verwesend

decelerate v (Hydr/Pneu, Phys, Tech) abbremsen, verlangsamen, verzögern

deceleration (Hydr/Pneu, Tech) Abbremsung f, Bremsung f, Bremswirkung f (Verzögerung)

deceleration time (Tech) Auslaufzeit f

deceleration valve (Hydr/Pneu) Bremsventil n, Verzögerungsventil n

decentralized adj (AE) (Tech) dezentralisiert

decimal (Stb) Dezimalbruch m

decinder v (Anstr) entzundern

decipher v (Tech) dechiffrieren

decisive adj (Tech) ausschlaggebend

deck v (Stb) bedecken (bedachen)

deck (Stb) Fahrbahnplatte f; Fahrbahntafel f

deck (Tech) Deck n (z. B. eines Schwimmkranes); Verdeck n

deck area (Bergb) Greiferweite f (äußerste Abmessung)

deck crane (Schiff) Bordkran m

deck half Scheibenhälfte f

decking (Stb) Schachtbeschickung f (Förderkorb)

decking (Stb) Fahrbahn f (auf einer Brücke); Fahrbahntafel f

declined adj (Bergb) geneigt (nach unten)

decode v (Elek) decodieren, entschlüsseln (z. B. einen Code)

decompose v (Chem, Geo, Ökol) zersetzen

decomposition (Chem, Geo, Ökol) Entmischung f, Zersetzung f

decomposition (Geo, Ökol) Auflösung f

decompression (Tech) Entlastung f (Druck)

decontamination (Ökol, Tech) Dekontamination f, Entsorgung f

decrease v (Tech) herabsetzen (zurückfahren); vermindern

decrease (Tech) Abfall m, Abnahme f, Minderung f, Verringerung f (z. B. des Drucks)

decreasing adj (Tech) abnehmend

decrement (Elek) Verringerung f (z. B. der Leistung)

dedendum (Getr) Fußhöhe f (bezogen auf den Mittelkreis); Zahnfußhöhe f

dedicated line (Elek) Standleitung f (Fernmeldetechnik)

deduce v (Tech) herleiten

deduct v (Tech) abziehen (z. B. Leute)

deduction for holes (Stb) Lochabzug m

de-energize v (AE) (Elek, Hydr) aberregen (z. B. Gerät, Stromkreis, Schütz, Relais); ausschalten (z. B. Gerät, Stromkreis); entregen, spannungsfrei machen, stromlos machen

de-energized adj (AE) (Elek) abgeschaltet, nicht angesteuert, entregt, spannungsfrei (elektrisch); spannungslos, stromlos

de-energized position (AE) (Elek) Ausgangsstellung f (spannungslos, entregt)

deep adj (Tech) tief

deep-draw v (Hütt/Walz) tiefziehen

deep drawing quality (Met) Tiefziehsorte f

deep-drawing sheet (Met) Tiefziehblech n

deep dumping (Bergb, Umschl) Tiefschüttung f
deep flat countersunk bolt (Tech) Kegelsenkschraube f (DIN ISO 1891)
deep foundation (Bau) Tiefgründung f
deep-groove ball bearing (Lag) Radial-
-Rillenkugellager n, Rillenkugellager n,
Schulterkugellager n
deep groove ball thrust bearing (Lag)
Axial-Rillenkugellager n
deep-hole boring machine (Mech)
Tieflochbohrmaschine f
deep-mining operation (Bergb) Untertagebetrieb m
deep-reaching adj (Bergb) tief greifend
(Grabtiefe)
deep stamping sheet (Met) Tiefstanzblech n
deep-web T (Stb) hochstegiger T-Stahl m
deep-webbed adj (Stb) hochstegig
deepen v (Mech, Mont) aushöhlen (vertiefen); austiefen (vertiefen)
de-excitation (Elek) Entregung f
defect (Schw) Fehlstelle f
defect (Tech) Defekt m, Fehler m (Riss,
Sprung, Fleck usw. im Material); Fehler
m (z. B. eines Gerätes, Störung);
Schaden m (Defekt)
defective adj (Tech) defekt, fehlerhaft,
schadhaft
defective area (Tech) Fehlerstelle f
(Schadensstelle)
defective workmanship (Tech) mangelhafte Arbeit f
deficiency (Kfz) Gerätefehler m (fehlerhafte Funktion)
deficiency (Tech) Mangel m (z. B. an Arbeitskräften)
deficiency of air (Hydr/Pneu) Luftmangel
m
deficit (Elek) Fehlbetrag m
define v (Tech) abgrenzen, festlegen
deflection (Elek) Ausschlag m (Änderung
der Welle)
deflection (Prüf, Stat) Durchbiegung f,
Durchhängung f, elastische Durchbiegung f (Werkstoffprüfung); Einsenkung f
deflection (Tech) Beugewinkel m (zwischen zwei Gelenkwellen)
deflection bar (Werkz) Biegestab m (eines Drehmomentschlüssels)
deflection coefficient (Elek) Ablenkungskoeffizient m (z. B. der Rolltreppe)

deflection index (Stb) Driftzahl f
deflection roll (Tech) Umlenkrolle f
(Bandwalzwerk)
deflection wheel (Förd) Scheibe f,
Scheibenrolle f (Steilförderer)
deflector (Bahn) Abweiser m (z. B.
Windleitblech); Windleitblech n
deflector (Bergb, Förd, Umschl) Ablenkblech n, Ablenkfläche f, Abweis-
kufe f, Leitblech n
deflector (Tech) Ölschutz m (Leitblech);
Prallblech n
deflector guide (Bergb, Förd, Umschl)
Leitblech n
deflector plate (Bergb, Förd, Umschl)
Ablenkblech n, Leitblech n
deflector plate (Tech) Prallblech n,
Spritzblech n
deflector roll (Tech) Umlenkrolle f
(Bandwalzwerk)
deflector sheave (Bergb, Tech) Seilrolle f
deform v (Form, Hütt/Walz, Tech) verformen
deform v (Hütt) verspannen (durch zu
starkes Festziehen)
deformability (Hütt/Walz, Met) Formänderungsvermögen n, Verformbarkeit f
deformable adj (Bau) verformungsweich
deformation (Form, Hütt/Walz) Formgebung f (beabsichtigt)
deformation (Met, Tech) Deformation f,
Formänderung f, Verformung f
deformation behaviour analysis (Prüf,
Verd) Verformungsuntersuchung f
deformation of steel (Form, Hütt/Walz)
Stahlformgebung f, Verformung f
deformation point (Met) Halbkugelpunkt
m (Segerkegel)
deformation work (Form, Hütt/Walz,
Stb) Verformungsarbeit f
deforming adj (Bau) gestaltverändernd
defrost v (Kfz) abtauen
defroster fan (Elek) Entfrostergebläse n
degas v (Tech) entgasen
degassing of tapping stream (Hütt)
Ofenabstichentgasung f
deglitched adj (Elek) störspitzenbeseitigt
degradable adj (Chem) abbaubar (z. B.
biologisch)
degradation (Geo) Verwitterung f
degradation (Tech) Qualitätsverlust m
degradation agent (Chem) Abbaumittel
n

degrease v (Tech) entfetten

degree (Tech) Grad m (auf einer Skala)

degree of cure (Kunst) Aushärten n

degree of filtration (Hydr/Pneu) Filterfeinheit f

degree of rest (Prüf) Ruhegrad m (DIN 50100)

degree of voidage (Hütt) Lückengrad m (im Hochofenmöller)

dehumidify v (Chem, Tech) entfeuchten

dehydrated adj (Kfz) entwässert (z. B. Maschine)

dehydrated coal (Met) Trockenkohle f

deion circuit breaker (Elek) Deionisationsschalter m

delamination (Schw) Öffnung f (der Schweißnaht)

delapidated adj (Bau) baufällig (reparaturbedürftig)

delay v (Tech) verzögern

delay block (Tech) Vorlaufstrecke f (Material)

delay time (Elek) Durchschallzeit f

delayed adj (Tech) verspätet, verzögert

delete v (IT) aufheben, löschen

deleterious adj (Ökol, Tech) schädlich

deleterious matter (Chem, Ökol, Tech) Schadstoff m

delicate adj (Tech) empfindlich

delimitation (Umschl) Materialtrennung f

delivery (Hydr/Pneu) Ablass m, Ablauf m, Förderstrom m, Förderung f (z. B. der Pumpe)

delivery (Tech) Übergabe f (Überreichen, Weitergabe)

delivery (Verd) Liefermenge f; Liefermenge f (Fördermenge als Volumen)

delivery belt (Förd) Zubringerband n

delivery cock (Hydr/Pneu) Zylinderhahn m

delivery cock (Tech) Wasserablasshahn m

delivery piston (Tech) Förderkolben m (Schmieranlage)

delivery plunger (Kfz) Förderkolben m

delivery process (Bergb) Förderablauf m (Schmieranlage)

delivery pump (Hydr/Pneu) Förderpumpe f

delivery specification (Tech) Liefervorschrift f, LV f

delivery valve (Bergb) Abflussventil n (zu anderem Maschinenteil)

delivery valve (Hydr/Pneu) Druckventil n; Zuflussventil n

delivery valve (Verd) druckseitiges Ventil n (Kolbenverdichter)

delta closure (Elek, Hütt) Dreieckschaltung f (Trafo)

delta connection (Elek, Hütt) Dreieckschaltung f (Trafo)

delta ferrite steel (Met) Deltaferritstahl m

delta iron (Met) Deltaeisen n

delta-parallel-star circuit (Elek) Dahlander-Schaltung f

delta star (Elek) Sterndreieck n

demagnetisation (Elek) Entmagnetisierung f

demand v (Tech) auffordern

demand of supply (Elek) Anschlussleistung f

demand planning (Tech) Bedarfsplanung f

demineralise v (BE) (Tech) entsalzen

demobilize v (AE) (Mont, Tech) Baustelle aufräumen

demobilize v (AE) (Tech) entmobilisieren, Baustelle räumen (z. B. vor einer Sprengung)

demodulate v (Elek) demodulieren

demolish v (Baut, Tech) abbrechen (z. B. ein Gebäude)

demolition (Tech) Abbruch m (eines Gebäudes)

demonstrate v (Tech) vorführen (z. B. ein Gerät im Einsatz); zeigen

demonstrated adj (Stat) nachgewiesen

demonstration (Tech) Vorführung f, Vorstellung f

demonstration ground (Tech) Vorführgelände n

demountable adj (Tech) demontierbar

demountable bridge (Stb) Brückengerät n, Steckbrücke f

demurrage (Schiff) Liegegeld n (Hafengebühr)

denomination (Tech) Benennung f, Bezeichnung f

denominator polynominal (Elek) Nennerpolynom n

denote v (Tech) bezeichnen (bedeuten)

dense adj (Geo, Tech) dicht (gedrängt, fest zusammen); hohlraumarm

densify v (Tech) dichten (kompakter machen)

density *(Geo)* Gewicht n *(z. B. des Abraums)*

density *(Tech)* Dichte f, Lagerungsdichte f

density controller *(Zer)* Wichtemessungseinrichtung f

density converter *(Mess)* Dichtewandler m

dent v *(Tech)* einbeulen

dent *(Form)* Druckstelle f *(Delle)*

dent *(Kfz)* Einbeulung f

dent *(Tech)* Beule f, Delle f *(muldenähnliche Beschädigung)*

deny v *(Tech)* sperren

de-oiler *(Tech)* Entöler m

deoxidation *(Hütt)* Desoxidation f *(Stahl)*

departure angle *(Bergb)* Böschungswinkel m *(des Graders, hinten)*

dependability *(Tech)* Betriebssicherheit f

dependable *adj* *(Tech)* betriebssicher, zuverlässig

dependence *(Bau)* Dependance f *(Nebengebäude eines Hotels)*

depiction *(Tech, Zeich)* anschauliche Darstellung f

depletion type *(Elek)* Verarmungstyp m

deploy v *(Tech)* einsetzen *(z. B. Werkzeuge)*

deposit v *(Chem, Geo)* ablagern *(sich ablagern)*; absetzen, niederschlagen *(Sinkstoffe)*; sedimentieren • **be deposited** *(Chem, Geo)* absetzen; ablagern *(sich ablagern)*

deposit v *(Tech)* abladen, ablegen *(z. B. Lasten)*

deposit *(Bergb, Geo)* Ablagerung f, Bodenablagerung f, Lager n, Lagerstätte f, Niederschlag m *(Ablagerung)*; Satz m *(Ablagerung)*; Sinkstoff m; Vorkommen n

deposit *(Hütt)* Sprühgut n

deposit welding *(Mont, Schw)* Auftragschweißung f

deposited *adj* *(Geo)* abgesetzt, sedimentiert • **be deposited** ablagern *(sich ablagern)*

deposited *adj* *(Tech)* abgestellt *(z. B. Walzgut)*

depositing area *(Bergb)* Deponie f *(z. B. für Müll)*

deposition *(Schw)* Einbringen n *(des Schweißgutes)*

deposits pl *(Chem)* Bodensatz m; Rückstände mpl

deposits pl *(Geo)* Ablagerung f, Lagerstätte f

deposits pl *(Hütt/Walz)* Beläge mpl, Rohrbeläge mpl

depressure v *(Tech)* druckentspannen

depressurise v *(BE)* *(Tech)* druckentspannen

depressurize v *(AE)* *(Tech)* druckentspannen

depth *(Bergb)* Teufe f

depth *(Geo)* Mächtigkeit f

depth *(Stb)* Höhe f *(eines Trägers)*

depth *(Tech)* Tiefe f

depth bolt *(Tech)* Schraubbolzen m *(Stiftsschraube)*

depth channel *(Stb)* Höhe f *(eines U-Stahls)*

depth extension *(Tech)* Tiefenausdehnung f *(Ultraschall)*

depth hardening *(Met)* Einhärtung f

depth of a beam *(Stb)* Trägerhöhe f

depth of bite *(Tech)* Spanstärke f

depth of bucket wheel entry *(Bergb, Umschl)* Eintauchtiefe f; Zustelltiefe f

depth of case *(Met, Prüf)* Einsatztiefe f *(bei Einsatzhärtung)*

depth of focus *(Elek)* Schärfentiefe f

depth of gap *(Hütt, Mech)* Ständerausladung f *(Schere oder Presse)*

depth of a girder *(Stb)* Trägerhöhe f

depth of hardness *(Met)* Härtetiefe f

depth of impression *(Zer)* Eindrücktiefe f *("Ea" eines Riemens)*

depth of roughness *(Met)* Rautiefe f *(der Oberfläche)*

depth of section *(Stb)* Profilhöhe f

depth of smoothness *(Met)* Glättungstiefe f *(Rautiefenmessung)*

depth of throat *(Hütt, Mech)* Ständerausladung f *(Schere oder Presse)*

depth of tooth *(Getr)* Zahnhöhe f

depth of a truss *(Stb)* Trägerhöhe f

depth scan *(Tech)* Tiefenprüfkopf m

depth scanning *(Elek)* Dickenprüfung f, Tiefenprüfung f

deputy mining surveyor *(Bergb)* Hilfsmarkscheider m

derailment guard *(Bahn)* Entgleisungsschutz m

derate v *(Kfz)* drosseln

derating factor *(Elek)* Kabel-Reduktionsfaktor m, Reduktionsfaktor m *(Kabel)*

derivative *(Math)* Differenzialquotient *m*

derivative action controller *(Mess)* Differenzialregler *m (Vorhaltregler)*

derivative action time *(Mess)* Vorhaltzeit *f*

derivative component *(Mess)* Differenzialanteil *m (Regler)*

derivative control *(Mess)* differenzierende Regelung *f (Vorhaltregelung)*

derivative controller *(Mess)* Differenzialregler *m (Vorhaltregler)*

derivative gain *(Mess)* Differenzialverstärkung *f*

derivative module *(Mess)* Vorhaltmodul *n*

derivative time *(Mess)* Vorhaltzeit *f*

derived unit *(Math)* abgeleitete Einheit *f*

derrick *(Kran)* Auslegerwippkran *m*, Ladebaum *m*

derrick *(Tech)* Derrick *m (Hebezeugstütze, Rüstbaum)*; Lademast *m*

derrick boat *(Kran)* Schwimmkran *m*

derrick crane *(Kran)* Auslegerwippkran *m*, Derrickkran *m*

derrick mast *(Bergb)* Schwenkmast *m*

derricking winch *(Tech)* Einziehwerkswinde *f*, Einziehwinde *f*

derust *v (Anstr)* entrosten

desalinate *v (Tech)* entsalzen

descale *v (Anstr)* entzundern

descend *v (Bergb)* befahren *(in das Bergwerk einfahren)*; begehen *(besuchen, einfahren)*; einfahren *(Bergwerk)*

descending *adj (Förd, Tech)* abfallend, absteigend, Abwärts...

describe *v (Tech)* beschreiben, bezeichnen *(ernennen, hinweisen, beschreiben)*

description *(Tech)* Benennung *f (Beschreibung)*; Beschreibung *f (in Zeichnungen)*; Bezeichnung *f (Angabe, Beschreibung)*; Darstellung *f (Beschreibung, Erklärung)*

desiccant *(Tech)* Trocknungsmittel *n (Versand)*

desiccator cabinet *(Lab)* Trockenschrank *m*

design *v (Konst, Zeich)* projektieren; skizzieren, vorzeichnen, zeichnen

design *v (Tech)* anreißen *(aufzeichnen, entwerfen)*; aufzeichnen, auslegen, entwerfen, entwerfen, konstruieren, konzipieren

design *(Konst, Tech)* Ausbildung *f (Gestaltung, Konstruktion)*; Ausführung *f (Machart, Qualität)*; Durchbildung *f*; Bauentwurf *m*, Entwurf *m*, Gestaltung *f*, Konstruktion *f* Projektierung *f*; Art *f*, Aufbau *m*, Bauart *f (Art des Aufbaus, Modell)*; Bauform *f*, Baumuster *n*; Auslegung *f (Anordnung, Platzierung)*

design *(Tech, Zeich)* Anordnung *f*, Plan *m*, Skizze *f*; Zeichnung *f*; Planung *f (Bauentwurf)*

design and construction of industrial buildings *(Bau)* Industriebau *m*

design calculation *(Stat)* statische Berechnung *f*

design concepts *pl (Tech)* konstruktive Details *npl*

design data *pl (Hütt/Walz)* Auslegungswerte *mpl*

design data *pl (Konst, Tech)* Bemessungsdaten *npl*

design defect *(Bau, Tech)* Konstruktionsfehler *m*

design draft *(Zeich)* Entwurfszeichnung *f*

design drawing *(Zeich)* Entwurfszeichnung *f*, Konstruktionszeichnung *f*

design engineer *(Bau)* Konstruktionsingenieur *m*

design engineer *(Tech)* Konstrukteur *m*

design engineering *(Tech)* Konstruktion *f*

design loading *(Stb)* Belastungsannahme *f*

design of beams *(Konst)* Querschnittsbemessung *f*

design pressure *(Hydr/Pneu)* Genehmigungsdruck *m*, Konzessionsdruck *m*

design requirements *pl (Tech)* Auslegungsbedingungen *fpl*, Auslegungsbestimmungen *fpl*

design size *(Tech)* Formatgröße *f (z. B. des Entwurfs)*

design specifications *pl (Tech)* Auslegungsbedingungen *fpl (Bestimmungen)*; Auslegungsbestimmungen *fpl*

design standard *(Bergb)* Ausbaugrad *m*

designate *v (Tech)* bezeichnen *(ernennen, hinweisen, beschreiben)*

designated use *(Bau)* bestimmungsgemäße Verwendung *f*

designation *(Tech)* Bezeichnung *f (Angabe, Beschreibung)*; Kurzzeichen *n*

designed *adj (Konst, Tech)* ausgelegt *(geplant für)*; konstruiert, konzipiert

designer

designer *(Tech)* Konstrukteur m

desk *adj (Tech)* Pult..., Tisch...

deslagging equipment *(Form)* Abschlackanlage f *(Vacmetall)*

despatch *v (BE) (Tech)* absenden

destination approach control *(Kran)* Zielsteuerung f

destroy *v (Tech)* zerstören

destruction *(Bau)* Zerstörung f

destruction test *(Prüf)* zerstörende Prüfung f

destructive *adj (Tech)* zerstörerisch

destructive test *(Prüf)* zerstörende Prüfung f

destructive verification *(Prüf)* Nachkontrolle f, Zerreißprobe f

desulfurize *v (AE) (Chem, Met)* entschwefeln

desulphurise *v (BE) (Chem, Met)* entschwefeln

desuperheater *(Tech)* Kühler m, nachgeschalteter Kühler m, Regler m *(für die Temperatur)*

detach *v (Tech)* ausgliedern *(aus Firma)*; abmachen, demontieren *(abbauen, abnehmen, zerlegen)*; ablösen, losmachen *(z. B. eine Schicht, eine Folie)*

detachable *adj (Tech)* abnehmbar

detachable end *(Tech)* Mundstück n *(Gießschnauze)*

detachable key *(Werkz)* Steckschlüssel m

detached *adj (Tech)* freistehend, lose *(locker, unverbunden)*

detail drawing *(Hütt/Walz)* Einzelzeichnung f

detail drawing *(Stb, Zeich)* Teilzeichnung f

detail etching *(Walz)* Reliefätzen n

detail store *(Log)* Magazin n

detailed *adj (Tech)* detailliert, genau

detain *v (Tech)* festhalten *(internieren)*

detect *v (Tech)* aufdecken, erkennen, feststellen

detectable *adj (Tech)* wahrnehmbar

detected *adj (Tech)* ermittelt

detecting device *(Elek)* Wächter m

detection *(Tech)* Nachweis m *(Festlegung)*

detection system *(Elek, Tech)* Warnanlage f

detector *(Elek)* Aufnehmer m *(Suchgerät)*; Detektor m, Fühler m, Messwertgeber m, Signalgeber m, Sucher m, Suchgerät n, Wächter m

detector *(Metr)* Messstelle f

detector and marker *(Zer)* Nachlesegerät n

detector element *(Elek)* Anzeigeelement n *(Fühler)*; Fühlerelement n, Spürelement n

detent *(Tech)* Arretierung f *(beweglicher Anschlag)*; Raste f, Sicherungsblech n *(Schlitz für Schrauben)*; Sperrkegel m, Sperrklinke f, Synchronkörper m

detentable *adj (Tech)* rastbar

detergent *(Tech)* Reinigungsmittel n

deteriorate *v (Tech)* verschlechtern

determinant *(Math, Tech)* Bestimmungsgröße f

determinate *adj (Tech)* bestimmt

determination *(Tech)* Festlegung f, Nachweis m *(Festlegung)*

determine *v (Tech)* ermitteln *(festlegen)*; festsetzen, feststellen

determined *adj (Tech)* ermittelt

detonating primer *(Bergb)* Explosionszünder m

detonation *(Elek)* Zündung f

detonator *(Bergb, Elek)* Zündung f

detour *(Kfz)* Umleitung f

detrimental *adj (Ökol, Tech)* nachteilig; schädlich

detrital *(Bergb)* Gesteinsschutt m

detrital *(Geo)* Geröll n *(brüchig aufgrund von Korrosion)*; Geschiebe n

develop *v (Bau)* erschließen *(z. B. Baugrund)*

develop *v (Tech)* aufbereiten *(z. B. Informationsmaterial)*

developed *adj (Tech)* gestreckt, konzipiert

developed view *(Mech, Zeich)* Abwicklung f *(Zeichnung)*

development *(Bergb)* Aufschluss m *(im Tagebau)*

development *(Tech)* Entwicklung f *(Fortschritt)*

development costs *pl (Bau)* Erschließungskosten pl

development of pressure *(Hydr/Pneu)* Druckaufbau m

deviation *(Mech, Tech)* Abweichung f *(vom Geplanten)*

deviation from zero *(Mess)* Nullabweichung f

device (IT) Einheit f (im Betriebssystem eines Rechners)

device (Tech) Apparat m, Gerät n (Vorrichtung); Hilfsmittel n (Behelf); Instrument n, Vorrichtung f (z. B. Gerät)

dew point (Chem) Taupunkt m

dewater v (Tech) entwässern

dia. (Tech) Durchmesser m

diabolo dolly (Tech) Diabolo-Handfaust f (Kfz-Reparatur)

diagonal (Stb) Diagonale f

diagonal (Tech, Stb) Strebe f (eines Fachwerks)

diagonal adj (Stb, Tech) diagonal; quer, schräg

diagonal bracing (Stat, Tech) Kreuzverband m

diagonal cut (Hütt/Walz) Schrägschnitt m (schräger Schnitt)

diagonal cutting pliers pl (Werkz) Seitenschneider m (für harten Draht)

diagonal pass (Walz) Schrägkaliber n

diagonal strut (Stb) Diagonale f

diagonal-tension failure (Bau) Schubbruch m

diagonally adv (Tech) schräg

diagram (Elek, Tech) Diagramm n, grafische Darstellung f; Schaubild n; Plan m (Schaltplan)

diagrammatic adj (Tech) schematisch

diagrammatical adj (Tech, Zeich) schaubildlich

dial (Elek) Skalenscheibe f, Wählscheibe f (des Telefons)

dial (IT) Zeigerplatte f

dial (Kfz) Einstellscheibe f

dial (Mess, Tech) Rundskala f, Skala f

dial balance (Mess) Anzeigewaage f

dial count (Tech) Zählerstand m

dial gauge (Metr) Messuhr f

dial indicator (Mess) Wiegekopf m (Rundskalenform)

dial plate (Elek) Zifferblatt n

dial recording (Tech) Zählerstand m

dial scale (Mess) Zeigerwaage f

dial thermometer (Elek, Tech) Zeigerthermometer n

diameter (Tech) Durchmesser m

diameter across blade circle (Tech) Messerkreisdurchmesser m

diametral adj (Tech) diametral

diametral clearance (Lag) Durchmesserspiel n

diametral pitch divided by number of teeth (Getr) Zahnradmodul n

diamond (Bergb) Diamant m (komprimierter Kohlenstoff)

diamond (Tech, Walz) Spießkant m (Raute)

diamond knurl (Tech) Kordel f

diamond pass (Walz) Spießkantkaliber n

diamond penetrator hardness (Stb) Vickers-Härte f

diamond plate (Met, Verd) Karoblech n

diaphragm (Bau, Tech) Schlitzwand f, Wandscheibe f

diaphragm (Met) Querscheibe f

diaphragm (Tech) Blende f (Mikroskop); Membran f, Schott n (Vollwandträger); Schottblech n (eines Kastenträgers); Stirnscheibe f

diaphragm (Verd) Gehäuseeinsatz m (Zwischenboden); Leitscheibe f; Zwischenwand f (Kolbenverdichter)

diaphragm cooling (Verd) Zwischenbodenkühlung f

diaphragm plate (Hütt) Verstärkungsrippe f (Konverter)

diaphragm plate (Tech) Schottblech n (eines Kastenträgers)

diaphragm seal (Mess) Trennmembran f

diaphragm wall (Bau, Tech) Schlitzwand f

diazo print (Tech) Lichtpause f

die v (Mech) stoßen (stanzen)

die (Form, Mech) Stanze f (Blechbearbeitung); Ziehring m (Ziehmatrize für Rohre)

die (Form, Hütt/Walz) Form f (Spritzgussverfahren); Gesenk n; Matrize f

die (Mech, Werkz) Schleißkopfgesenk n (Nieten); Schneidbacke f, Schneideisen n; Stempel m (Prägestempel)

die-away time (Elek) Nachschwingzeit f

die cast (Form, Hütt/Walz) Druckguss m, Spritzguss m

die casting (Hütt/Walz) Druckgießen n, Kokillenguss m

die head (Tech, Stb) Setzkopf m

die holder (Mech) Schneidhalter m

die holder (Walz) Spanneinschub m (Bandschweißmaschine)

die insert (Mech) Schneideinsatz m

die magazine (Form, Mech) Sattelmagazin n

die maker's square (Mont, Werkz) Anschlagwinkel *m* für Schlosser, Schlosserwinkel *m*

die opening *(Walz)* Stempelöffnung *f (Heftmaschine)*

die-out time *(Akus, Elek)* Abklingzeit *f*

die set *(Werkz)* Gesamtwerkzeug *n (beim Feinschneiden)*

die sinker's file *(Werkz)* Räumfeile *f*, Werkstattfeile *f*

die stock *(Mech)* Bohrkluppe *f*, Bohrschneidkluppe *f*, Schneidkluppe *f*

die stock *(Werkz)* Rohrschneidkluppe *f*

die support *(Hütt)* Walzenzughalter *m (Strangpressen)*

dielectric *adj (Elek)* Dielektrikum *n*, dielektrisch

dielectric coefficient *(Elek)* Dielektrizitätskonstante *f*

dielectric constant *(Elek)* Dielektrizitätskonstante *f*, Diskonstante *f*

dielectric rigidity [strength] *(Elek)* elektrische Durchschlagsfestigkeit *f*

diesel *(Chem)* Diesel *m (Kraftstoff)*

diesel bystander for propel power *(Tech)* Fahrdiesel *m (Dieselmotor)*

diesel-driven generator *(Bergb, Tech)* Dieselaggregat *n*, Dieselgenerator *m*

diesel-electric *adj (Tech)* dieselelektrisch

diesel generator *(Bergb, Tech)* Dieselaggregat *n*, Dieselgenerator *m*

diesel generator set *(Bergb, Tech)* Dieselaggregat *n*

difference *(IT, Tech)* Differenz *f*

difference in height *(Förd)* Förderhöhe *f*

different *adj (Tech)* verschieden

differential *(Kfz)* Differenzial *n*

differential *adj (Kfz)* Ausgleich..., Differenzial...

differential bevel gear *(Kfz)* Achskegelrad *n*

differential gap *(Mess)* Schaltdifferenz *f*

differential hysteresis *(Mess)* Schaltdifferenz *f (Relais)*

differential pressure *(Hydr/Pneu)* Differenzdruck *m*, Druckdifferenz *f (in Bar)*

differential pressure *(Mess)* Wirkdruck *m*

differential side gear *(Kfz)* Hinterachswellenrad *n*

differential speed rolling *(Walz)* Schubwalzen *n*

differential totalizer *(AE) (Förd)* Differenzialzählwerk *n (Bandwaage)*

differentiator *(Elek)* Differenzierer *m (elektrische Schaltung)*

differing *adj (Tech)* verschieden

difficult *adj (Tech)* schwer; schwierig

difficulty *(Tech)* Schwierigkeit *f*

diffraction *(Elek)* Beugung *f (Röntgen usw.)*

diffraction angle *(Tech)* Beugungswinkel *m (Optik)*

diffraction sound field *(Elek)* Beugungsschallfeld *n*

diffuse *v (Elek)* diffundieren *(Licht streuen)*

diffuse *adj (Elek)* diffus *(gestreutes Licht)*

diffuser *(Tech)* Leitapparat *m*, Luftverteiler *m*, Diffusor *m (Verdichter)*

diffuser plate *(Elek)* Leitrad *n (elektrisch)*

diffuser plate *(Tech)* Verdichterplatte *f*

diffusion welding *(Schw)* Diffusionsschweißen *n*

dig *v (Bergb)* abbauen *(etw. weggraben)*; abtragen, fördern *(z. B. Kohle)*; baggern *(mit Baumaschine allgemein graben)*; gewinnen, graben, lösen *(Boden)*; schürfen

diggable ground *(Bergb)* Grabboden *m*

digging *adj (Bergb)* Abbau..., Abtrags..., Grab..., Schneid...

digging a recess *(Bergb)* Stallbaggerung *f*

digging block *(Bergb)* Abbaustoß *m (als Abtragvolumen)*

digging capacity *(Bergb, Umschl)* Förderleistung *f (Bagger)*

digging face *(Baum, Bergb)* Abbaustoß *m*, Arbeitsböschung *f*, Baggerböschung *f (Vor-Kopf-Böschung des Baggers)*; Strosse *f (Tagebau)*

digging grab *(Bergb)* Drainagelöffel *m*, Grabgreifer *m*

digging height *(Bergb)* Abbauhöhe *f*, Abtrag(s)höhe *f*, Reichhöhe *f (beim Graben)*

digit *(Math, Tech)* Ziffer *f (einstellige Zahl)*

digital *adj (IT)* digital

digital-analog converter *(Elek)* Digital-Analog-Umsetzer *m*, Digital-Analog-Wandler *m*

digital comparator *(Elek, Mess, Tech)* Grenzwertmelder *m*

digital display unit *(Elek)* Zählerkarte *f*

digital limit selector *(Elek, Mess, Tech)* Grenzwertmelder *m*

digital readout *(Elek)* Digitalablesung *f*

digitise *v (BE) (Tech)* umsetzen *(Mess- und Regeltechnik)*

digitize *v (AE) (Tech)* umsetzen

dike *(Bau, Bergb)* Staudamm *m*, Damm *m*; Stauwehr *n*, Wall *m (Deich)*

dilapidated *adj (Tech)* verrottet

dilapidation *(Bau)* Verfall *m (eines Gebäudes)*

dilatable *adj (Tech)* dehnbar

dilatational wave *(Elek)* Dehnungswelle *f*

dilatational wave *(Tech)* Dehnwelle *f (DIN 54119)*

diligence *(Tech)* Sorgfalt *f*

diluent *(Anstr)* Verdünner *m (für Lösungsmittel)*; Verdünnungsmittel *n (für Lösungsmittel)*

dilute *v (Anstr, Hütt/Walz)* verdünnen

dilute *v (Chem, Hütt/Walz)* verflüssigen

diluting agent *(Anstr)* Verdünner *m (für Lösungsmittel)*; Verdünnungsmittel *n (für Lösungsmittel)*

dim *v (Licht, Tech)* abblenden *(z. B. die Autoscheinwerfer)*

dimension *v (Tech)* abmessen, bemaßen, bemessen (für); dimensionieren

dimension *(Math)* Größenordnung *f (Abmessung)*

dimension *(Tech)* Abmessung *f*, Bemessung *f (Ausmaße, Maße)*; Größe *f (Ausmaß)*; Maß *n*, Maßbezeichnung *f*, Messen *n*, Messung *f*, Passmaß *n*, Umfang *m (Ausmaß)* • **without dimensions** unbemaßt *(in Zeichnungen)*

dimension and performance sheet *(Tech)* Maß- und Leistungsblatt *n*

dimension *adj (Tech)* Maß…, maßlich

dimensional *adj (Tech)* Maß…

dimensional tolerance *(Tech)* Maßtoleranz *f*, Toleranzmaß *n*

dimensioned drawing *(Zeich)* Maßbild *n*

dimensioning *(IT)* Bemaßung *f*

dimensioning *(Tech)* Auslegung *f (Bemessung, Dimensionierung)*; Bemaßung *f*, Bemessung *f (Vorgang)*; Dimensionierung *f*

dimensionless *adj (Tech)* dimensionslos

dimensions across jaw *(Tech)* Maulweite *f (Schraubenschlüssel)*

dimensions prior to turning *(Mech)* Vordrehmaße *npl (vor Drehbeginn)*

diminish *v (Tech)* verkleinern, vermindern, verringern

diminishing coefficient *(Stb)* Abminderungsbeiwert *m*

dimmed *adj (Licht)* abgeblendet *(z. B. Autoscheinwerfer)*

dimmed position *(Licht, Tech)* Abblendstellung *f (der Scheinwerfer)*

dimming panel *(Baut, Licht)* Dimmerschrank *m (Lichtsystem)*

dimple *(Tech)* Wabe *f (im Werkstoffgefüge)*

dimple plate *(Tech)* Höckerplatte *f*

dimpling *(Tech)* Einkerbung *f (am Eingangsende eines Rohrbundes)*

dinging hammer *(Werkz)* Ausbeulwerkzeug *n*, Ausbeul- und Schlichthammer *m*

dinky *(Bahn)* Rangierlokomotive *f (klein)*

diode *(Elek)* Diode *f*, Zweipolröhre *f*

diode gate circuit *(Elek)* Diodentorschaltung *f*

dip *v (Bergb, Geo)* einfallen

dip *v (Tech)* eintauchen *(in Flüssigkeit)*; tauchen *(z. B. beim Galvanisieren)*

dip *(Bergb)* Bodenwelle *f (konkav, nach unten)*

dip *(Bergb, Geo)* Einfallende *n*

dip *(Elek)* Abfall *m (Spannung)*

dip *(Tech)* Einsatzteilung *f (kleine Vertiefung)*

dip hardening *(Hütt/Walz)* Badhärtung *f*

dip hardening *(Met)* Tauchhärten *n*, Tauchhärtung *f*

dipmeter analysis *(IT)* Dipmeteranalyse *f*

dipper *(Bergb)* Hochlöffel *m*, Ladeschaufel *f*, LS *f*; Löffel *m (des Seilbaggers)*

dipper arm *(Baum)* Löffelstiel *m*, Schaufelstiel *m (am Bagger)*

dipper capacity *(Baum, Bergb)* Grabgefäßinhalt *m*, Tieflöffelinhalt *m (Kapazität)*

dipper shovel *(Bergb)* Hochbagger *m*, Hochlöffelbagger *m*

dipper stick *(Bergb)* Löffelstiel *m (Seilbagger)*; Stiel *m (z. B. des Tieflöffels)*

dipstick *(Tech)* Ölmessstab *m*, Ölpeilstab *m*

dipstick *(Kfz)* Messstab *m (Ölstand)*

dipstick *(Tech)* Peilstab *m*

direct *v (Walz)* führen *(z. B. Band)*

direct *adj (Tech)* direkt, unmittelbar

direct casting *(Bergb)* Direktverstürzung f, Übersetzbetrieb m

direct casting *(Form, Walz)* Dünngießen n *(Dünnband, Dünnbrammen, Dünnblech)*

direct conveying *(Umschl)* Durchfördern n

direct current *(Elek)* Gleichstrom m

direct current power supply system *(Elek)* Gleichspannungsnetz n

direct handling *(Umschl)* Durchfördern n

direct on-line starting *(Elek)* Direkteinschaltung f *(Motor)*; direktes Einschalten n

direct projection welding *(Schw)* zweiseitiges Buckelschweißen n *(DIN 1910)*

direct-reduced iron *(Hütt)* direktreduziertes Eisen n

direct scan *(Elek)* unmittelbare Anzeige f

direct scan *(Elek, Prüf)* Direktanschallung f *(Ultraschall, DIN 54119)*

direct spot welding *(Schw)* zweiseitiges Punktschweißen n *(DIN 1910)*

direct voltage *(Elek)* Gleichspannung f

directed *adj (Mess)* gelenkt

direction *(Tech)* Auftrag m, Richtung f

direction sign *(Tech)* Wegweiser m

directional *adj (Elek)* gerichtet, Richt...

directional control *(Hydr)* Wegsteuerung f

directional control valve *(Hydr/Pneu)* Steuerschieber m

directional control valve *(Vent)* Wegeventil n

directional poppet valve *(Vent)* Wege-Sitzventil n

directional proportional valve *(Vent)* Proportional-Wegeventil n, Stetig-Wegeventil n, Wege-Proportionalventil n

directional relieving valve *(Vent)* Entlastungswegeventil n

directional spool valve *(Vent)* Wegeschieber m, Wege-Schieberventil n

directioning *(Tech)* Richtungsorientierung f

directions *pl (Tech)* Anleitung f, Anweisung f

directive *(Tech)* Richtlinie f *(Anweisung)*

directivity function *(Tech)* Richtungsfunktion f

directivity pattern *(Elek)* Richtcharakteristik f

directly attached *(Tech)* Anbau...

directly attached *adj (Mont, Tech)* angebaut

directly operated *adj (Elek, Tech)* direkt gesteuert

directory *(IT)* Inhaltsverzeichnis n *(z. B. der Festplatte)*; Verzeichnis n

dirt *(Bergb)* Schmutz m

dirt stacking *(Bergb)* Materialaufbau m *(Dreck unter der Kette)*

dirt trap *(Zer)* Schmutzfänger m *(Kegelbrecher)*

dirty *adj (Bergb, Tech)* dreckig, schmutzig

dirty water *(Ökol)* Schmutzwasser n

disable v *(Elek)* abschalten *(z. B. Eingang/Ausgang)*

disable v *(Tech)* sperren

disabled *adj (Elek)* gesperrt *(Tastatur)*

disadvantageous *adj (Tech)* nachteilig, ungünstig

disappear v *(Tech)* verschwinden

disappearing dog *(Förd, Walz)* Klappdaumen m *(eines Schleppers)*

disappearing filament pyrometer *(Tech)* Glühfadenpyrometer m

disassemble v *(Tech)* abbauen *(Konstruktion, Gerät etc.)*; ausbauen, demontieren *(abbauen, abnehmen, zerlegen)*; zerlegen *(z. B. in Einzelteile)*

disassembly *(Hütt/Walz)* Auseinandernehmen n *(Demontage)*

disassembly *(Mont, Tech)* Abbau m *(z. B. einer Maschine)*; Ausbau m, Demontage f, Zerlegung f *(z. B. eines Geräteteils)*; Auseinanderbauen n *(in Einzelteile)*

disc carrier *(Tech)* Plattenträger m *(Schieber)*

disc clutch *(Kfz, Tech)* Scheibenkupplung f *(ausrückbar)*

disc clutch *(Tech)* Flanschkupplung f, Lamellenkupplung f

disc joint *(Tech)* Scheibengelenk n

disc-shaped *adj (Elek)* kreisscheibenförmig

disc-shaped fissure *(Met)* Scheibenbruch m *(Fehler)*

disc spring *(Tech)* Tellerfeder f

disc-type return idler *(Förd)* Scheibenrolle f, Stützringrolle f, Stützrolle f, Unterscheibenbandrolle f

disc wheel *(Tech)* Scheibenrad n; Scheibe f, Scheibenrolle f *(Steilförderer)*

discard v (Elek) ausschalten

discard v (Tech) ausrangieren (als unbrauchbar ablegen)

discard (Bergb) Abgänge fpl, Berge mpl

discard (Mech) Abfall m

discard (Fert, Tech) Ausschuss m

discardable (Tech) Wegwerf…

discharge v (Bergb) entladen (z. B. Schaufel)

discharge v (Elek, Tech) entleeren (z. B. Batterie, Schiff)

discharge v (Log, Umschl) abwerfen (z. B. Fördergut)

discharge v (Umschl) beschicken

discharge adj (Verd) Druckseite f (Austrittsseite); druckseitig

discharge (Bau, Ökol) Ausfluss m

discharge (Bergb, Umschl, Zer) Abwurf m, Abzug m (von Fördergut); Schüttung f

discharge (Elek) Entladung f (z. B. der Batterie)

discharge (Hydr/Pneu) Ablass m, Ablauf m, Ausgangsseite f (z. B. eines Ventils)

discharge (Kfz) Auslass m

discharge (Tech, Zer) Austrag m

discharge belt (Umschl) Kippenband n

discharge boom (Bergb, Förd, Umschl) Abwurfausleger m, Abwurfbandausleger m, Abwurfbandträger m

discharge boom conveyor (Förd) Verladeband n

discharge bridge (Förd) Verbindungsbrücke f

discharge bridge (Umschl) Verladebrücke f

discharge chute (Bergb, Förd, Umschl, Zer) Ableitschurre f, Abwurfschurre f, Ausfallschurre f, Auslaufschurre f, Austragsrutsche f, Austragsschurre f, Rüssel m (Ofen)

discharge cock (Hydr/Pneu) Ablasshahn m, Zylinderhahn m

discharge coefficient (Hydr/Pneu) Durchflusszahl f

discharge coil (Elek) Erdungsdrossel f

discharge cone (Zer) Abzugtrichter m

discharge current (Elek) Ableiterstrom m, Entladestrom m

discharge electrode (Elek) Sprühelektrode f (im Elektrofilter)

discharge hopper (Umschl) Schütttrichter m

discharge hopper (Zer) Auslauftrichter m

discharge opening (Zer) Spaltweite f (eines Brechers)

discharge pipe (Hydr/Pneu) Sekundärleitung f

discharge plow (AE) (Förd, Umschl) Gurtabstreifer m

discharge pulley (Förd) Kopftrommel f, Umlenktrommel f

discharge stroke (Mess, Tech) Druckhub m (Ausstoßhub einer Pumpe)

discharge to atmosphere (Tech) Abführung f ins Freie

discharge valve (Vent) Ablassventil n, Druckminderventil n, Entlastungsventil n

discharge volute (Verd) Druckspirale f (spiralförmiger Sammelraum)

discharge wheel arm (Tech) Räumarm m

discharger (Ökol) Emittent m

discolour v (BE) (Anstr, Chem) anlaufen (z. B. Oberflächen); seine Farbe verändern, verfärben, verschießen

disconnect v (Elek) abklemmen (z. B. Stromkreis, Netz, Trafo, Gerät); abschalten (z. B. Stromkreis, Netz); ausschalten (z. B. Gerät, Stromkreis); ausschalten (z. B. Maschine); trennen

disconnect v (Tech) abkuppeln, abschalten (z. B. Trafo); auflösen (z. B. Verbindungen); lösen (eine Verbindung)

disconnect (Elek) Trennstelle f

disconnect switch (Elek) Hauptschalter m, Trennschalter m; Überbrückungsschalter m

disconnectible adj (Elek) abschaltbar

disconnecting link (Elek) Trennsicherung f

disconnecting switch (Elek) Lasttrenner m, Lasttrennschalter m, Trenner m, Trennschalter m

disconnection (Elek) Abschaltung f

disconnector (Elek) Trenner m, Trennschalter m

discontinuation (Tech) Stilllegung f (z. B. des Schiffbaus)

discontinue v (Tech) aufhören

discontinuity (Met) gelockerte Stelle f (im Gefüge); Unstetigkeit f

discontinuity (Prüf) Ungänze f (Ultraschallprüfung)

discontinuity (Schw) Fehlstelle f, Schweißnahtunterbrechung f

discontinuity *(Tech)* Ungleichförmigkeit f, Unterbrechung f, Unstetigkeit f

discontinuous *adj (Tech)* diskontinuierlich, unterbrochen

discover *v (Tech)* auffinden, ausfindig machen, entdecken, feststellen

discrepancy *(Mech, Tech)* Abweichung f *(vom Geplanten)*

discrete *adj (Tech)* unabhängig

discrete component *(Stb)* Einzelbauteil n

discrete quantity *(Mess)* Einzelmenge f

discretionary *adj (Tech)* beliebig

discussion *(Tech)* Besprechung f *(Diskussion)*; Gespräch n

disengage *v (Kfz)* auskuppeln *(Kupplung)*

disengage *v (Tech)* abhängen *(z. B. das Telefon)*; ausklinken *(z. B. Sperrung)*; auslösen *(z. B. Kupplung, Relais)*; ausrücken *(Kupplung)*; entkuppeln *(Kupplung)*; lösen *(entfernen)*

disengagement *(Tech)* Lösen n, Lösung f, Trennung f *(Kupplung)*

disengaging *adj (Mech)* ausrückbar

disengaging tank *(Hütt/Walz)* Kugelverteilungskasten m

disengaging tank *(Tech)* Kugelbehälter m

dish grinding wheel *(Mech)* Tellerscheibe f einer Schleifmaschine, Tellerschleifscheibe f

dished *adj (Tech)* gekümpelt, konkav gewölbt, schalenförmig

dished bottom *(Hütt, Tech)* gewölbter Boden m; gekümpelter Boden m *(z. B. LBO)*

dished end *(Verd)* Klopperboden m *(z. B. eines Kühlers)*

dished head *(Tech)* gekümpelter Boden m *(einer Trommel)*

dished spring *(Tech)* Tellerfeder f

disimilar *adj (Tech)* ungleich

disintegrate *v (Geo)* zerbröckeln, zerfallen

disintegrate *v (Tech)* verwittern *(z. B. Geräte)*; zerlegen *(z. B. in Einzelteile)*; zersetzen

disintegrate *v (Zer)* zerkleinern, zerteilen

disintegration *(Geo, Bergb)* Auflockerung f, Verwitterung f

disintegration *(Geo, Ökol)* Auflösung f, Entmischung f

disintegrator *(Tech)* Schleudermühle f *(Gasreinigung)*

disk *(Kfz)* Lamelle f *(Kupplung, Bremse)*

disk *(Tech)* Platte f *(eines Zweiplattenschiebers)*; Scheibe f

disk *adj (Tech)* Scheiben…

disk clutch *(Kfz, Tech)* Scheibenkupplung f *(ausrückbar)*

disk drive *(IT)* Diskettenlaufwerk n, Laufwerk n *(des Computers)*; Plattenlaufwerk n

disk valve *(Vent)* Tellerventil n

dislocation *(Bergb, Geo)* Verwerfung f *(eines Flözes)*

dislocation *(Phys)* Delokalisation f

dislocation *(Met, Tech)* Störung f *(des Atomgitters)*

dislodge *v (Bergb)* ablösen *(z. B. Abraum)*

dislodged *adj (Tech)* entfernt *(von seinem Platz entfernt, verdrängt)*

dismantable *adj (Tech)* demontierbar

dismantle *v (Mont, Tech)* abbauen *(Konstruktion, Gerät etc.)*; abmontieren, ausbauen, auseinanderbauen, auseinandernehmen *(in Einzelteile)*; demontieren *(abbauen, abnehmen, zerlegen)*; zerlegen *(z. B. in Einzelteile)*

dismantlement *(Tech)* Demontage f

dismantling *(Mont, Tech)* Abbau m *(z. B. einer Maschine)*; Ausbau m, Demontage f, Demontierung f, Entfernung f *(z. B. Abbau eines Maschinenteils)*; Auseinanderbauen n *(in Einzelteile)*; Zerlegung f

dismount *v (Tech)* abbauen *(Konstruktion, Gerät etc.)*; ausbauen, demontieren *(abbauen, abnehmen, zerlegen)*; zerlegen *(z. B. in Einzelteile)*

dismountable *adj (Tech)* zerlegbar

dismountable bridge *(Stb)* Brückengerät n

dismounting *(Mont, Tech)* Ausbau m *(Demontage, z. B. eines Geräteteils)*; Auseinanderbauen n *(in Einzelteile)*

dispatcher *(Bergb)* Disponent m *(Baggerpersonal)*

dispense *v with (Tech)* verzichten (auf)

dispenser *(Tech)* Schubsender m *(Pfannenmetallurgie)*; Zapfpistole f

disperse *v (Tech)* zerreißen *(Schmierstoff mit Hilfe von Pressluft)*

dispersion *(Chem, Ökol)* Ausbreitung f *(z. B. Luftverschmutzung)*

dispersion *(Elek, Math)* Streuung f, Zerstreuung f *(z. B. eines Strahlenbündels)*

dispersion *(Licht)* Dispersion f *(Lichtwellenleiter)*

dispersive *adj (Elek)* streuend

displace *v (Tech)* verdrängen

displaceable *adj (Tech)* verschiebbar

displaced *adj (Tech)* entfernt *(von seinem Platz entfernt, verdrängt)*; verrückt, versetzt

displacement *(Elek)* Förderstrom m *(Schluckstrom)*; Schluckstrom m *(Förderstrom)*

displacement *(Hydr/Pneu)* Verdrängungsvolumen n

displacement *(Kfz)* Hubraum m *(eines Motors)*; Hubvolumen n

displacement *(Met)* Schiebung f

displacement *(Stb, Tech)* Verschiebung f

displacement *(Tech)* Schluckvolumen n *(Pumpe)*; Verdrängung f, Verlagerung f

displacement *(Verd)* Wegamplitude f

displacement measurement *(Mess)* Wegmessung f

displacement of belt *(Förd)* Auswandern n des Gurtes

displacement pump *(Tech)* Verdrängerpumpe f

displacing *(Stb, Tech)* Verschiebung f

display *v (Elek)* anzeigen *(auf dem Display)*

display *v (Tech)* ausstellen *(zur Einsichtnahme)*

display *v* **indications [traces]** *(Met)* Spuren aufweisen *(Materialfehler)*

display *(Elek)* Anzeige f, Anzeigefeld n, Darstellung f *(z. B. auf einem Bildschirm)*; Messanzeige f *(auf dem Bildschirm)*

display *(IT)* Anzeige f, Bildschirm m

display directory *(Mess)* Darstellungsverzeichnis n

display panel *(Elek)* Anzeigetafel f

display station *(Elek)* Leitstand m *(Video)*

display terminal *(Elek)* Sichtgerät n

display unit *(Elek)* Sichtgerät n

disposable *(Tech)* Einweg…, Wegwerf…

disposal *(Bergb)* Absetzen n, Verkippung f

disposal *(Bergb, Förd, Ökol)* Abförderung f, Beseitigung f

disposal car *(Hütt/Walz)* Schlackenwagen m

disregarded *adj (Tech)* unberücksichtigt
• **can be disregarded** *(Stb)* vernachlässigbar

disrupt *v (Tech)* stören

disruptive discharge *(Elek)* Durchschlag m *(elektrische Isolierung)*

disruptive strength *(Elek)* elektrische Durchschlagsfestigkeit f

dissipate *v (Tech)* vernichten *(Energie)*

dissipated energy *(Elek)* Verlustleistung f

dissipation *(Elek)* Energievernichtung f, Verlustleistung f

dissipation *(Tech)* Abgabe f *(z. B. von Wärme)*

dissipation factor *(Tech)* Verlustfaktor m

dissipation power *(Elek)* Leistungsaufnahme f *(Mess- und Regeltechnik)*

dissipator *(Elek)* Energievernichtungsanlage f, Stromvernichtungsanlage f

dissociation *(Geo, Ökol)* Entmischung f

dissolve *v (Chem, Phys)* auflösen *(z. B. Flüssigkeit)*

dissolve *v (Chem, Tech)* aufheben *(auflösen, neutralisieren)*

distance *(Tech)* Abstand m *(räumliche Entfernung)*; Distanz f, Entfernung f, Strecke f, Weg m; Zwischenraum m

distance *adj (Kfz, Tech)* Abstand…, Abstands…

distance *adj (Mess)* Weg…

distance between centers *(AE) (Förd, Tech)* Achsabstand m *(des Bandes)*; Mittenabstand m

distance between centres *(BE) (Tech)* Achsabstand m *(des Bandes)*; Mittenabstand m

distance between discontinuities *(Prüf)* Ungänzenabstand m

distance-dependent *adj (Mess)* wegabhängig *(Steuerung)*

distance load *(Tech)* Streckenlast f

distance piece *(Tech)* Abstandsrohr n

distance piece *(Verd)* Zwischenstück n *(Kolbenverdichter)*

distance pin *(Kfz)* Abstandring m

distance ring *(Kfz)* Abstandring m

distance ring *(Stb, Tech)* Verschlussring m

distance ring *(Tech)* Distanzring m

distance through hub *(Tech)* Nabenlänge f

distance-time diagram *(Hydr)* Weg-Zeit-Diagramm n

distance transducer *(Mess)* Weggeber m

distance washer *(Tech)* Distanzring m, Distanzscheibe f

distant adj *(Tech)* weit entfernt

distant heating *(Bau)* Fernwärmeversorgung f

distillation zone *(Anstr)* Trockenzone f *(am Rost)*

distinguishing adj *(Tech)* charakteristisch

distort v *(Hütt)* verspannen *(durch zu starkes Festziehen)*

distort v *(Tech)* verdrehen *(die Form verlieren)*; verziehen

distortion *(Elek)* Abbildverzerrung f, Verzerrung f

distortion *(Hütt/Walz)* Unausgeglichenheit f

distortion *(Met)* Verzug m

distortion *(Stb, Tech)* Verformung f *(Formänderung)*; Verwerfung f *(Verziehen)*; Verwindung f *(Formverlust)*

distortion *(Tech)* Verfälschung f

distortion-resistant adj *(Met)* torsionsfrei

distribute v *(Elek)* verzweigen *(z. B. durch Dreifachsteckdose)*

distribute v *(Tech)* verteilen

distributed adj *(Tech)* dezentralisiert, gegliedert, verteilt

distributed network of control systems *(Mess)* Verbundregelsystem n

distributing box *(Elek)* Kabelverzweiger m, Verteilungskasten m

distributing valve *(Vent)* Wegeventil n

distribution *(Elek)* Verteilung f, Verzweigung f

distribution *(Tech)* Aufteilung f *(Anordnung, Einteilung)*; Einteilung f, Fehleruntersetzung f, systematische Anordnung f

distribution and dispatch system *(Log)* Verteil- und Versandanlage f

distribution board *(Elek)* Schalttafel f, Schrank m *(Schaltkasten)*; Verteilerschrank m, Verteilung f *(elektrisch)*

distribution board *(Hütt/Walz)* Gussverteilung f

distribution box *(Elek)* Abzweigdose f, Verteilerkasten m *(Kabel)*

distribution cabinet [cubicle] *(Elek)* Verteilerschrank m

distribution gear unit *(Getr)* Verteilergetriebe n

distribution unit *(Elek)* Verteilung f *(elektrisch)*

distribution valve *(Vent)* Steuerventil n

distributor *(Elek)* Verteiler m, Verteilerleitung f

distributor *(Hütt/Walz)* Aufprallverteiler m, Kugelprallverteiler m

distributor *(Tech)* Verteilerstück n

distributor/valve bank *(Tech)* Verteiler/Ventilleiste f

district heating power station *(Elek)* Fernheizkraftwerk n

disturb v *(Tech)* stören

disturbance *(Mess)* Störgröße f

disturbance feedforward *(Mess)* Störgrößenaufschaltung f

disturbance step change *(Mess)* Störgrößensprung m

disturbance variable *(Mess)* Störgröße f

disulphide *(Chem)* Disulfid n

ditch *(Bau)* Graben m

ditch bin reclaimer *(Bergb, Umschl)* Grabenbunkerbagger m

ditch-cleaning bucket *(Bergb)* Grabenlöffel m, Grabenräumschaufel f

ditch profile *(Bergb)* Grabenmulde f, Grabenprofil n

ditcher *(Bergb)* Tiefbagger m, Tieflöffelbagger m

ditchmill *(Bergb)* Grabenfräse f

divalence *(Chem)* Zweiwertigkeit f

diversion *(Elek)* Umleitung f

diversion *(Kfz)* Umleitung f

diverter *(Bahn)* Weiche f

diverter plate *(Bergb, Förd, Umschl)* Ablenkblech n, Leitblech n

diverter plate *(Tech)* Prallblech n, Umlenkblech n

diverter plate *(Walz)* Weichenzunge f

diverter valve *(Vent)* Wegeventil n

divide v *(Chem, Prüf, Tech)* aufgliedern

divide v *(Hütt/Walz)* trennen *(absondern, scheiden)*

divide v *(Log)* aufteilen

divide v *(Tech)* abtrennen, einteilen *(aufteilen)*; gliedern *(Erzeugnisstruktur)*; teilen *(ablängen)*; unterteilen

divided adj *(Tech)* aufgeteilt, gespalten, geteilt *(z. B. Lager)*; zweiteilig

divided lid *(Tech)* Deckelklappe f

divider *(Tech)* Teiler m

dividers *pl (Werkz)* Spitzzirkel *m*, Zirkel *m*

dividing circuit *(Elek)* Dividierschaltung *f*

dividing input *(Elek)* untersetzter Eingang *m*

dividing rate *(Elek, Getr)* Untersetzungsverhältnis *n*

dividing saw *(Mech)* Trennsäge *f*

dividing valve *(Tech)* Mengenteiler *m*

divisible *adj (Tech)* teilbar

division *(Tech)* Aufgliederung *f (Unterteilung)*; Teilung *f*; Geschäftsbereich *m*, Werksbereich *m (Abteilung)*

DMV-test *(Prüf)* DMV-Probe *f*

DN factor *(Lag)* Durchmesser-Drehzahlverhältnis *n*

dock spout *(Umschl)* Austragsschurre *f (Schiffsbelader)*

doctor blade *(Mech, Walz)* Rakel *f*

dog *(Tech)* Ansatz *m (Mitnehmer)*; Ansatz *m*, Anschlag *m (Begrenzung)*; Daumen *m*, Klaue *f*, Mitnehmer *m (Anschlag, Nase)*; Nase *f*

dog *(Werkz)* Knagge *f*

dog bone *(Walz)* Trägervorprofil *n*

dog-bone mould *(BE) (Walz)* Trägerprofilkokille *f*

dog clutch shaft *(Tech)* Klauenwelle *f*

dog point diameter *(Tech)* Zapfendurchmesser *m (DIN ISO 1891)*

dog spike *(Bahn)* Schwellennagel *m*

dog transfer *(Tech)* Daumenschlepper *m (Klinkenschlepper)*

dog-type transfer *(Tech)* Daumenschlepper *m (Klinkenschlepper)*

dolly *(Kfz, Werkz)* Handfaust *f*

dolly *(Stb)* Ausbeulwerkzeug *n*

dolly *(Tech)* Gegenhalter *m (Nieten)*; Vorhalter *m*, Vorhalteeisen *n*

dolly *(Umschl)* Nachläufer *m*

dolomite *(Geo)* Dolomit *m*

dolomite stone *(Bergb)* Dolomitstein *m*

dolphin *(Met)* Stahlpfahl *m*

domain *(Tech)* Arbeitsbereich *m (Fachgebiet)*; Arbeitsgebiet *n*

dome *(Bau)* Kuppel *f*

dome *(Hütt)* Gewölbe *n (eines Ofen- oder Pfannendeckels)*

dome heat *(Tech)* Stauhitze *f (unter dem Dach)*

dome light *(Elek)* Innenbeleuchtung *f*

dome-shaped *adj (Tech)* hochgezogen *(z. B. Deckel)*

domed cap nut *(Tech)* hohe Hutmutter *f*

domelight *(Stb)* Lichtkuppel *f*

domestic refuse *(Ökol)* Hausmüll *m*

dominant *adj (Elek)* dominant

donut ring *(AE) (Tech)* Schutzring *m (Reduktionsofen)*

door *(Bau)* Tor *n (Durchfahrt)*; Tür *f*

door *(Tech)* Klappe *f (des Bagger-Motorraums)*; Luke *f*

door handle *(Baut)* Drücker *m (der Tür)*; Klappring-Muscheldrücker *m*, Klinke *f*, Klinkengriff *m (Tür)*; Türdrücker *m*

door hinge *(Bau)* Türangel *f*, Türanschlag *m*, Türscharnier *n*

door holder *(Baut)* Türgestell *n (Rahmen)*

door jamb *(Hütt)* Türleibung *f (Lichtbogenöfen)*

door knob *(Baut)* Klinke *f (Tür)*; Knopf *m* Türknopf *m*

door latch *(Tech)* Klemmhebel *m (Türverschluss)*; Türschließer *m*, Türverriegelung *f*, Türverschluss *m*

door leaf *(Bau)* Türblatt *n*

door nail *(Tech)* Scharnierbolzen *m*

door spring pliers *(Werkz)* Türfederzange *f (Autotür)*

door wedge buffer *(Bergb)* Türkeilpuffer *m*

doorpost *(Bau, Stb)* Türstiel *m*

doped *adj (Chem)* legiert *(Schmierstoff)*

dose *v (Bau, Tech)* dosieren

dot *v (Tech)* strichein *(Linie)*

dot *(Tech)* Punkt *m*

dot-shaped *adj (Tech)* punktförmig

dotted *adj (Tech)* gepunktet *(z. B. Linie)*; gestrichelt *(punktiert)*; punktiert *(Linie)*

double *v (Walz)* doppeln *(Blech beim Walzen)*

double *adj (Elek)* zweimalig

double *adj (Tech)* Doppel..., doppelt, zweifach, Zwillings...

double-acting *adj (Lag, Tech)* doppelt wirkend, zweiseitig wirkend doppelseitig *(z. B. Lager)*

double-acting thrust bearing *(Lag)* doppelseitiges Längslager *n*

double bevel *(Schw)* DHY-Naht *f (K-Naht)*; Doppel-HY-Naht *f*

double bevel *(Tech)* doppelseitige Abschrägung *f*, doppelte Abschrägung *f*

double bevel seam *(Schw)* DHV-Naht *f (Schweißnaht)*; Doppel-HV-Naht *f*

double box girder crane *(Kran)* Doppelkastenträgerkran *m*

double branch pipes pl (Tech) Zweikreisverrohrung f

double butterfly valve (Vent) Mischschieber m

double-cage motor (Antr) Doppelstabmotor m

double check valve (Vent) Zwillingsrückschlagventil n

double clamping system (Tech) Doppelverspannung f

double-click v (IT) doppelklicken

double-column planer miller (Mech) Portalfräsmaschine f

double-column shear (Mech, Walz) Zweiständerschere f

double coil spring lock washer (Tech) Doppelfederring m

double-crystal method (Elek) Zweikristallverfahren n

double cut file (Werkz) Doppelhiebfeile f

double-disk gate valve (Vent) Parallelplattenschieber m

double eagle (Tech) Doppeladler m

double end stud (Tech) Schraubenbolzen m

double-ended box wrench (Werkz) Doppelringschlüssel m

double ended flexi-joint spanner (Werkz) Doppelgelenkschlüssel m

double-ended nipple (Tech) Doppelnippel m

double-ended ring spanner (Werkz) Doppelringschlüssel m

double ended spanner (Werkz) Doppelmaul(schrauben)schlüssel m, Doppelschraubenschlüssel m

double-filament bulb (Elek) Zweidrahtlampe f

double fillet weld (Schw) Doppelkehlnaht f

double flange (Getr) Doppelspurkranz m (eines Kranrades)

double-flank total composite error testing device (Prüf) Zweiflankenwälzprüfgerät n

double flow (Hydr/Pneu) Doppelbeaufschlagung f (der Hydraulikpumpen)

double four-point contact bearing (Bergb, Lag) Doppelvierpunktkugellager n

double half-round file (Werkz) Karpfenfeile f

double head wrench (Werkz) Doppelschraubenschlüssel m

double helical gear (Getr) Doppelschrägzahnrad n; Pfeilrad n; Stirnrad n [Zylinderrad n] mit Doppelschrägverzahnung, Winkelzahn m

double-housing planer miller (Mech) Portalfräsmaschine f

double joint (Tech) Doppelgelenk n, Doppelglied n

double ladder (Bau) Bockleiter f

double lever jib crane (Kran) Doppellenker m (Kran); Wippdrehkran m

double mast system (Förd) Zweifachhubgerüst n (eines Gabelstaplers)

double-pole single-throw adj (Mess) zweipolig einschaltend

double probe (Elek, Prüf) Doppelprüfkopf m, SE-Prüfkopf m (Ultraschall)

double-probe method (Elek) Zweistrahl--Doppelkopf-Verfahren n

double-probe transmission technique (Elek) Zweikopfdurchschallungsverfahren n

double-reduced adj (Walz) doppeltkaltgewalzt (doppeltkaltreduziert)

double reducing (Walz) Doppelreduzieren n (von Weißblech)

double refracting adj (Elek) doppelbrechend

double roller chain (Tech) Zweifach--Rollenkette f

double rope reeving (Bergb) Zweiseilführung f

double-row adj (Tech) doppelreihig, zweireihig

double-seated valve (Vent) Doppelsitzventil n

double shear adj (Tech) zweischnittig (z. B. Verbindung)

double-sided adj (Tech) beidseitig, doppelseitig

double-sided bearing (Lag) beidseitige Lagerung f

double span shaft (Tech) dreifach gelagerte Welle f

double square (Werkz) Doppelvierkant m

double squirrel-cage motor (Antr) Doppelstabläufer m, Doppelstabmotor m

double T-beam (Hütt/Walz) Doppel-T--Träger m

double T box (Elek) Kreuzdose f

double T-iron *(Hütt/Walz)* Doppel-T-Eisen *n*

double-throw contact *(Mess)* Umschaltkontakt *m*

double-throw switch *(Elek)* Hebelumschalter *m*, Umschalter *m*, Umschalter *m (Schalter mit zwei Stellungen, Hebelschalter)*

double-toggle jaw crusher *(Zer)* Doppelkniehebelbrecher *m*, Kniehebelbrecher *m*, Pendelschwingenbrecher *m*

double-tracked *adj (Tech)* zweigleisig

double transceiver technique *(Kfz)* Doppelkopfverfahren *n*

double triangular truss *(Stb)* Rautenwerk *n*, Rhombenfachwerk *n*

double U *(Schw)* Doppel-U-Naht *f*

double-U groove weld *(Schw)* Doppeltulpennaht *f*, Doppel-U-Naht *f*

double-V *(Schw)* DV-Naht *f*, X-Naht *f*

double-V groove-weld *(Schw)* DV-Naht *f*, X-Naht *f*

double-V seam *(Schw)* DV-Naht *f*, X-Naht *f*

double-vee groove weld *(Schw)* Doppel-V-Naht *f*

double wedge disc gate valve *(Vent)* Doppelkeilschieber *m*

double-welded *adj (Schw)* zweiseitig geschweißt

double-wind knob *(Elek)* Knebelgriff *m*

doughnut ring *(BE) (Tech)* Schutzring *m*

dovetailed *adj (Tech)* verzahnt

dowel *(Tech)* Dübel *m*, Passstift *m (auch Dübel)*

dowel pin *(Tech)* Spannstift *m (Passstift)*; Zylinderstift *m*

dowel pin reamer *(Werkz)* Kegelstift--Reihable *f*, *f*

doweled *adj (AE) (Tech)* verstiftet

dowelled *adj (BE) (Tech)* verstiftet

down... *(Mech, Tech)* Abwärts...

down-acting hydraulic press *(Hydr/Pneu)* Oberkolbenpresse *f*

down-and-up-cut shear *(Mech, Walz)* zweischnittige Schere *f*

down conductor *(Elek)* Ableitung *f (Blitzschutzanlage)*

down-cut shear *(Mech)* Oberschnittschere *f*

down lead *(Elek)* Ableitung *f (Blitzschutzanlage)*

down-the-hole hammer *(Werkz)* Lochhammer *m*

down-time *(Fert, Tech)* Ausfallzeit *f (betrieblich bedingte Stillsetzung)*

down-time *(Tech)* Störung *f (z. B. eines Gerätes)*

downcomer *(Hütt/Walz)* Zuführrohr *n*

downcomer *(Hydr/Pneu)* Fallrohr *n*

downdraft carburetor *(Kfz)* Fallstromvergaser *m*

downgrade *v (Tech)* niederstufen *(abwerten)*; niedrig einstufen, runterstufen

downgrade *(Förd)* Gefälle *n (Förderer)*

downgrade *(Mech, Tech)* Abwärts...

downhand *(Schw)* Wannenlage *f (günstige Schweißposition)*; Zwangslage *f*

downhand welding *(Schw)* Fallnaht *f (senkrechtes Schweißen)*

downhill *adj (Förd, Tech)* absteigend

downhill *(Mech, Tech)* Abwärts...

downline *adj (Tech)* nachgeschaltet

download *v (Mess)* umladen

download *(Stat)* Vertikallast *f*

downpipe *(Bau, Stb)* Abfallrohr *n*, Fallrohr *n*

downslope *(Mech, Tech)* Abwärts...

downspout *(Stb)* Abfallrohr *n*

downstream *adj (Tech)* flussabwärts, nachgeschaltet, stromabwärts

downstream *(Hütt/Walz)* Auslaufseite *f*, Auslaufstrecke *f*

downstream pressure *(Tech)* Nachdruck *m (Ventil)*

downstream switching *(Hydr/Pneu)* Nachschalten *n*, Nachschaltung *f*

downtime *(Tech)* Stillstandszeit *f*

doze *v (Bergb)* schieben *(ausheben mit Planierschild)*

doze *v out (Baum)* auskoffern *(Straße)*

dozer *(Baum)* Planiergerät *n*

dozer blade *(Baum, Bergb)* Frontschar *f*, Planierschar *f*, Planierschild *n*, Räumschild *n*, Stirnschild *n*, Vorderschar *f*

dp *adj (Elek)* tropfwassergeschützt *(Schutzart)*

DP Center *(IT)* Rechenzentrum *n*

DPST *(Mess)* zweipolig einschaltend

draft *(Hütt/Walz)* Formschräge *f (in der Gussform)*; Wasserzug *m*

draft *(Schiff)* Tiefgang *m (eines Schiffes)*

draft *(Tech)* Entwurf *m (Manuskript)*; Manuskript *n*

draft *(Walz)* Stichabnahme *f*

draft carburetor *(Kfz)* Steigstromvergaser m

draft gage *(AE) (Metr)* Zugmesser m

draft standard *(Tech)* Vornorm f

drafting machine *(Bau)* Zeichenmaschine f

draftsman *(Tech)* technischer Zeichner m

drag *(Met)* Zug m *(Zugkraft)*

drag *(Tech)* Widerstand m *(eines Materials bei Dehnung)*

drag *adj (Baum, Bergb, Förd)* Schlepp...

drag bar feeder *(Bergb, Förd, Umschl)* Kettenförderer m, Trogkettenförderer m

drag belt classifier *(Zer)* Kratzbandklassierer m

drag bridle *(Walz)* Zugrollengerüst n *(vor dem Behandlungsteil)*

drag bucket *(Baum, Bergb)* Schleppschaufel f, Tiefbagger m, Tieflöffelbagger m

drag chain *(Förd)* Kratzerkette f *(Mischbettengerät)*

drag chain conveyor *(Förd)* Panzerförderer m, Schlepp(ketten)förderer m, Stegkettenförderer m

drag coefficient *(Kfz)* Luftwiderstandsbeiwert m

drag coefficient *(Stb)* Widerstandskoeffizient m *(Widerstandsbeiwert)*

drag link *(Tech)* Lenkzwischenstange f

drag link conveyor *(Förd)* Schleppkettenförderer m, Trogkettenförderer m

drag scraper plate *(Zer)* Kratzblech n

drag shoe *(Tech)* Hemmschuh m *(Bahn)*

drag shovel *(Baum, Bergb)* Tief(löffel)bagger m

dragline *(Bergb, Förd)* Dragline f, Schleppschaufel f; Kübelbagger m; Zugschaufel f

dragline excavator *(Bergb)* Eimerseilbagger m, Schürfkübelbagger m

dragline operation *(Bergb)* Schleppschaufelbetrieb m

dragline scraper excavator *(Bergb)* Eimerseilbagger m

drain v *(Hydr, Tech)* auslaufen *(z. B. Flüssigkeiten)*

drain v *(Kfz)* entlüften *(entwässern)*

drain v *(Tech)* entwässern *(z. B. einen Tank)*; leeren, trockenlegen *(ein Gelände)*

drain v off *(Hydr/Pneu)* ablassen

drain v off *(Hydr, Tech)* auslaufen *(z. B. Flüssigkeiten)*

drain *(Bergb)* Ablauf m *(z. B. von Wasser)*; Ableitung f von Wasser, Entwässerung f

drain *(Bergb, Tech)* Abfluss m *(im Sinne von Abflussrohr)*; Ablaufrohr n; Überlauf m *(eines Tanks)*

drain *(Elek)* Tiefentladung f

drain pipe *(Baut)* Regenrinne f, Wasserabfluss m

drain plug *(Kfz)* Abschlussstopfen m

drain valve *(Tech)* Ablasshahn m, Ablassventil n *(Entwässerungsventil)*; Entleerungsschieber m, Entleerungsventil n *(Ablassventil)*; Entwässerungsventil n, Wasserablasshahn m

drainage *(Bergb)* Drainage f, Entwässerung f, Oberflächenwasser-Entwässerung f, Verrohrungssystem n *(zur Drainage)*; Wasserablauf m

drainage *(Tech)* Ablauf m *(z. B. von Wasser)*; Ableitung f von Wasser

drainage bucket *(Bergb)* Drainagelöffel m

drainage pit *(Bergb)* Sickergrube f

drained *adj (Ökol)* abgeleitet *(z. B. Wasser)*

draining *(Bergb)* Entwässerung f

draining *(Tech)* Ableitung f von Wasser

draught *(Hütt/Walz)* Formschräge f *(in der Gussform)*; Wasserzug m, Zug m *(Zugluft)*

draught *(BE) (Schiff)* Tiefgang m *(eines Schiffes)*

draught *(BE) (Umschl, Zer)* Abzug m *(von Fördergut)*

draught *(BE) (Walz)* Stichabnahme f

draught gauge *(BE) (Metr)* Zugmesser m

draughtsman *(BE) (Dau, Zeich)* Zeichner m; Ersteller m einer Zeichnung

draughtsperson *(BE) (Bau, Zeich)* Zeichner m *(allgemein)*

draw v *(Tech)* anreißen, entwerfen, skizzieren *(aufzeichnen)*; anziehen, ziehen

draw v *(Zeich)* aufreißen *(eine Skizze, einen Plan u. ä.)*; skizzieren; zeichnen

draw v **in the mated condition** *(Zeich)* ineinanderzeichnen

draw v **off** *(Tech)* abziehen *(z. B. ein Rad, ein Kabel, Verpackung)*

draw v **out** *(Tech)* dehnen *(strecken, ausziehen)*

draw bar coupling (Kfz) Abschleppkupplung f

draw bar sections pl (Met) Meißelstahl m

draw bead (Tech) Ziehwulst m

draw floor (Bergb) Abzugbühne f

draw-off (Umschl, Zer) Abzug m (von Fördergut)

draw winch (Förd, Tech) Zugwinde f

drawability (Met) Ziehbarkeit f (Draht)

drawbar (Bergb) Hobelkreuz n (des Graders)

drawbar (Kfz) Anhängerdeichsel f

drawbar (Stb) Zugstange f (Bauteil)

drawbar (Tech) Kupplungsstange f (des Anhängers); Zughaken m

drawbar pull (Bergb, Tech) Zugkraft f (z. B. im Seil); Zug m am Zughaken

drawbench (Form) Ziehbank f

drawbridge (Bau) Zugbrücke f

drawbridge (Stb) Klappbrücke f

drawer (Tech) Schublade f

drawing (Hütt/Walz) Ziehen n (z. B. von Draht)

drawing (Met, Tech) Riss m

drawing (Zeich) Schaubild n, Zeichnung f, Zg f

drawing blueprint (Zeich) Zeichnungspause f

drawing board (Zeich) Reißbrett n, Zeichenbrett n

drawing die (Form) Ziehring m (Ziehmatrize für Rohre); Ziehring m (Draht)

drawing machine (Bau) Zeichenmaschine f

drawing nozzle (Form) Ziehdüse f (Draht)

drawing pass (Form) Ziehkaliber n

drawing practice standard (Stb, Zeich) Zeichnungsnorm f

drawing press (Form) Ziehpresse f

drawing print (Zeich) Zeichnungspause f

drawing steel (Met) Ziehstahl m

drawing-checked adj (Stb, Zeich) zeichnungsgeprüft

drawn adj (Zeich) gezeichnet

drawn adj (Form, Met) gezogen

drawn-on adj (Mont, Tech) aufgezogen (kalt)

drawout type adj (Tech) ausziehbar (aus- und einziehbar); einziehbar

dredge v (Baum, Bergb) baggern (unter Wasser)

dredge v (Schiff) ausschachten (unter Wasser)

dredge (Baum, Bergb) Bagger m (auf dem Wasser); Flussbagger m; Schwimmbagger m

dredging depth (Baum, Bergb) Baggertiefe f (des Nassbaggers); Grabtiefe f (unter Wasser); Schleppschaufeltiefe f

dress v (Aufb) aufbereiten (Erz)

dress v (Mech, Mont) eben drehen, flach drehen, ebnen, glatt hobeln, glätten, putzen (z. B. Guss, Schmiedestücke, Walze dressieren); abrichten, abschlichten, aufrecht halten, ausrichten (mittels Hammer); fertig machen, gussputzen, justieren, nachrichten, richten, schlichtdrehen, schlichten, zubereiten, zurechtmachen, zurichten

dressing (Aufb) Aufbereitung f (Erz)

dressing (Tech) Nachbearbeitung f

DRI (Hütt) direktreduziertes Eisen n

dribble (Bergb, Förd, Umschl) abfallendes Material n, abfallendes Gut n, Rieselgut n

drier (Tech) Trockner m

drift v (Form, Mech) ausdornen

drift v (Tech) aufdornen, dornen, durchtreiben

drift (Bergb) Strecke f

drift (Form, Mech) Austreibdorn m Treibdorn m

drift (Mont) Dorn m (für Bolzen, Buchsen); Montierspitze f

drift (Stb) Abdrift f Drift f (waagerechte Durchbiegung)

drift (Werkz) Lochhammer m, Passdorn m

drift loss (Hütt) Sprühverlust m (Kühlturm)

drift punch (Werkz) Durchschläger m, Durchtreiber m (Handdurchschlag, Lochhammer); Treibdorn m

driftbolt (Mont, Tech) Austreibbolzen m (zum Austreiben von Bolzen und Schrauben); Treibbolzen m

drifter (Bergb, Werkz) Hammerbohrmaschine f (Schwerstbohrhammer)

drifting of a pump (Kfz) Drehen n der Pumpe

drill v (Mech) ausbohren; bohren (mit Spiralbohrer); durchbohren; senken (mittels Spiralbohrer)

drill (Mech) Bohrmaschine f (Spiralbohrer)

drill adj (Mech) Bohr..., Bohrer...

drill bit (Bergb) Abbaumeißel m

drill chuck *(Mech)* Bohrerfutter n *(Spiralbohrer)*; Bohrerhalter m *(Spiralbohrer)*; Spannfutter n

drill hole *(Tech)* Bohrung f, Gewindebohrung f

drill pipes pl *(Petr)* Bohrgestänge n

drill poles pl *(Petr)* Bohrgestänge n

drill press *(Mech)* Bohrmaschine f *(Spiralbohrer)*

drill rig *(Bergb)* Anbohrapparat m

drill rods pl *(Petr)* Bohrgestänge n

drilled adj *(Met)* gebohrt

drilled during assembly *(Mont)* bei Montage gebohrt

drilled hole *(Elek)* Bohrloch n *(Ultraschall)*

drilling *(Mech)* Bohrung f

drilling and milling machine *(Mech)* Tischbohrwerk n

drilling jig *(Hütt)* Stichlochbohrerlafette f

drilling machine *(Bau, Mech)* Bohrgerät n, Bohrmaschine f *(Spiralbohrer)*

drilling platform *(Geo, Petr)* Bohrplattform f

drilling rig *(Petr)* Bohrinsel f *(schwimmende oder stehende Plattform)*

drinking water *(Ökol, Tech)* Trinkwasser n

drip *(Bau)* Hohlkehle f *(Ablauf)*

drip proof adj *(Elek)* tropfwassergeschützt *(Schutzart)*

drip-proof adj *(Tech)* spritzwassergeschützt *(Schutzart)*

drip tray *(Tech)* Auffangwanne f

drive v *(Bau)* eintreiben

drive v *(Bergb, Tunn)* bohren *(Tunnel usw.)*

drive v *(Kfz)* antreiben

drive v *(Mech, Stb)* schlagen *(z. B. Niete)*

drive v *(Tech)* fahren

drive v in *(Kfz)* einfahren *(in eine Einfahrt)*

drive *(Antr, Tech)* Antrieb m *(z. B. Motor)*; Motor m, Motorantrieb m; Trieb m

drive adj *(Tech)* Antriebs..., Treib...

drive base *(Mech)* Antriebsverlagerung f

drive bridle *(Walz)* Zugrollengerüst n *(nach dem Behandlungsteil)*

drive device *(Tech)* Triebwerk n

drive fit *(Tech)* Treibsitz m *(Zeichnungsangabe)*

drive flange *(Kfz)* Antriebsflansch m

drive flange *(Tech, Walz)* Drehflansch m

drive gear *(Kran, Tech)* Antriebsrad n, Antriebsritzel n

drive head *(Bergb, Förd, Umschl)* Antriebsstation f

drive hub *(Tech)* Radnabengetriebe n

drive light *(Elek)* Fernlicht n

drive screw *(Mech)* Schlagschraube f

drive shaft *(Kfz, Tech)* Antriebsachse f, Betätigungswelle f; Antriebswelle f *(Motorantrieb)*

drive shaft bearing *(Hydr, Lag)* Triebwellenlager n

drive sprocket *(Bergb)* Antriebskettenrad n *(Raupe)*; Antriebsstern m, Antriebsturas m *(z. B. der Raupe)*

drive station *(Förd, Umschl)* Antriebsstation f

drive systems pl *(Kfz)* Antriebstechnik f

drive technology *(Kfz)* Antriebstechnik f

drive terminal *(Bergb, Förd, Umschl)* Antriebsstation f

drive tumbler *(Bergb)* Antriebsrad n *(Turas mit Hülsen)*; Turas m *(Antriebsrad der Kette)*

drive unit *(Antr)* Antriebsaggregat n, Antriebseinheit f, Antriebsmodul m, Fahrantrieb m

driveline *(Tech)* Kardanwelle f

driven adj *(Elek, Tech)* angetrieben, betrieben; getrieben *(z. B. Rad)*

driven end *(Tech, Verd)* Antriebsseite f

driven half *(Tech)* Getriebeseite f

driven moment *(Tech)* Abtriebsmoment n

driven side *(Tech)* Abtrieb m

driven through friction contact adj *(Tech)* reibschlüssig angetrieben

driven wheel *(Tech)* angetriebenes Laufrad n, getriebenes Kettenrad n

driver *(Antr)* Antriebsmaschine f *(Verbrennungsmotor)*; Motorantrieb m *(z. B. eines Verdichters)*

driver *(Tech)* Ansatz m, Mitnehmer m *(Anschlag, Nase)*; Treiber m; Fahrer m, Führer m *(z. B. von Baumaschinen)*

driverless handling system *(Förd)* fahrerloses Transportsystem n *(smart system)*

driving adj *(Tech)* Antriebs..., treibend

driving belt *(Tech)* Riemen m *(z. B. Treibriemen)*; Treibriemen m

driving cap *(Tech)* Schutzkappe f *(Rohre)*

driving dog *(Tech)* Mitnehmer m *(Anschlag, Nase)*

driving fit (Tech) Treibsitz m (Zeichnungsangabe)

driving gear (Getr) treibendes Zahnrad n

driving gear (Kran, Tech) Antriebsrad n, treibendes Rad n, Triebwerk n

driving lug (Tech) Mitnehmernase f (der Bodenplatte)

driving mechanism (Elek) Antrieb m (Trafo-Stufenschalter)

driving mechanism (Tech) Triebwerk n (Kraftfahrzeug)

driving rack (Tech) Fallschieber m (Bandwaage)

driving rods pl (Bau) Rammgestänge n

driving speed (Elek, Tech) Drehzahl f (z. B. eines Motors)

driving sprocket (Bergb) Antriebskettenrad n, Triebrad n (Raupe); Antriebsstern m, Antriebsturas m (z. B. der Raupe); Rostwelle f (vorn)

driving sprocket wheel (Tech) Triebrad n (Raupe)

driving wheel (Kran, Tech) Antriebsrad n, angetriebenes Laufrad n, treibendes Kettenrad n

drop v (Bergb) absinken

drop v (Elek) abfallen (Spannung)

drop v (Tech) abfallen (z. B. Geschwindigkeit)

drop (Bau) Absturz m (Gefälle)

drop (Elek) Abfall m (Spannung)

drop (Hütt/Walz) Senkung f (Abfall)

drop (Tech) Abfall m

drop-action pile driver (Bau) Freifallramme f

drop-bottom bucket (Kfz) Fallbodenbehälter m

drop arm (Tech) Lenkspurhebel m, Lenkstockhebel m

drop ball (Bergb) Fallbirne f, Fallkugel f, Knäpperkugel f, Kugel f (fällt beim Knäppern)

drop center rim (AE) (Tech) Tiefbettfelge f (DIN 70023)

drop feed (Tech) Tropfölschmierung f

drop feed oiler with sight glass (Tech) Schautropföler m (Falltropfenanzeiger)

drop-forge v (Form, Hütt/Walz) gesenkschmieden, schmieden (im Gesenk)

drop frame (Tech) Niederrahmen m

drop-head coupe (Kfz) Kabriolett n

drop-out (Elek) Abfall m (Relais)

droplets (Schw) Werkstofftropfen mpl

dropping cut (Mech) Fallschnitt m

drum (Bau) Tonne f

drum (Elek) Trommel f (z. B. für Kabel)

drum (Hütt/Walz) Walze f

drum (Tech) Fass n (Kolliliste); Garagenfass n

drum adj (Tech) Trommel…

drum brake lining (Kfz) Backenbremsfutter n

drum control mechanism (Tech) Programmschaltwerk n

drum controller (Elek) Trommelschalter m, Walzenschalter m

drum controller (Tech) Steuerwalze f

drum control unit (Tech) Programmschaltwerk n

drum-encased adj (Tech) gekapselt

drum feed piping (Hydr/Pneu) Speiseleitung f

drum pump (Hydr/Pneu) Fasspumpe f

drum starter (Elek) Walzenbahnläuferanlasser m

drum switch (Elek) Trommelschalter m, Walzenschalter m

drum-type controller (Elek) Anlasswalze f

drum-type idler (Förd) Scheibenleitrad n

drum-type starter (Elek) Anlasswalze f

drum with removable head (Form) Deckelbehälter m (DIN 6644)

drum with removable head and rolling beads (Tech) Rollsickendeckelfass n (DIN 6644); Rollsickenfass n

drum with removable head and rolling hoop (Tech) Rollreifendeckelfass n, Rollreifenfass n

drums with removable heads (Tech) Spundbehälter m (DIN 6643)

dry v (Tech) trocknen

dry adj (Tech) trocken

dry batching (Bau) Trockendosierung f

dry bearing (Lag) Trockenlauflager n

dry bulb temperature (Metr) Trockenthermometertemperatur f

dry bulb temperature (Phys) Temperatur f bei ungesättigter Luft

dry-disc joint (Tech) Trockengelenk n

dry extinguisher (Tech) Trockenlöscher m

dry-galvanize v (AE) (Hütt/Walz) trocken verzinken

dry masonry (Bau) Trockenmauer f, Trockenmauerwerk n

dry powder extinguisher *(Chem, Tech)* Pulverfeuerlöscher m, Trockenfeuerlöscher m

dry run *(Bahn)* Probelauf m *(nicht unter Last)*

dry run *(Tech)* Trockenlauf m *(der Lamellenbremse)*

dry-running *adj (Tech)* trockengleitend

dry screening *(Zer)* Trockensiebung f

dry seal *(Hütt)* Stülpmanteldichtung f *(Gasbehälter)*

dry slag pit *(Hütt)* Schlackenbett n

dryer *(Hütt/Walz)* Wärmebehandlungsofen m *(Bandbehandlung)*

dryer *(Tech)* Trockenvorrichtung f, Trockner m

drying period between coats *(Anstr)* Überarbeitungsintervall n, Zwischentrocknungsdauer f

dual *adj (Tech)* doppelt

dual carriageway *(Bau)* Straße f *(mit geteilter Fahrbahn)*

dual circuit *(Tech)* Zweikreis m

dual duty conveyor *(Förd)* Schleppkreisförderer m

dual element fuse plug *(Elek)* träg-flinker Schmelzeinsatz m

dual grouser track pad *(Bergb)* Zweistegplatte f *(für Ladeschaufel)*

dual-purpose unit *(Bergb)* Zweizweckgerät n

dual sensitivity probe *(Schw)* Schalterprüfkopf m

dual voltage motor *(Antr)* Doppelspannungsmotor m

dubious range *(Elek)* Unsicherheitsbereich m

duck tail *(Mech)* Schüttschräge f *(am Muldenkipper)*

ducking dog *(Förd, Walz)* Klappdaumen m *(eines Schleppers)*

duct *(Bergb)* Stollen m

duct *(Tech)* Durchführung f *(Öffnung in Wand usw)*; Kanal *(Leitung)*; Leitungskanal m; Lüftungskanal m, Rinne f *(Kabel)*; Rohrleitung f *(aus Blech)*

duct vanes *pl (Tech)* Lenkbleche npl *(im Blechkanal)*

ductile *adj (Met)* verformungsfähig

ductile *adj (Tech)* dehnbar

ductile cast iron *(Met)* GGG, globularer Grauguss m, Sphäroguss m *(Graphitgrauguss)*

ductile fracture *(Met, Stb)* Verformungsbruch m, Zähbruch m

ductile iron *(Met)* Graphitgrauguss m *(Sphäroguss)*

ductility *(Hütt, Met)* Formänderungsfestigkeit f

ductility *(Met)* Formbarkeit f *(z. B. des warmen Stahls)*

ductility *(Met, Walz)* Dehnbarkeit f, Dehnstreckbarkeit f

ducting *(Tech)* Rohrleitung f *(aus Blech)*

dug well *(Bau)* Schachtbrunnen m

dull *v (Tech)* matt werden, stumpf werden

dull *adj (Anstr)* matt *(Farbe)*

dumb barge *(Schiff)* Kahn m, Schute f *(ohne Antrieb)*; Zille f *(ohne Antrieb)*

dummy *(Tech)* Attrappe f

dummy cylinder *(Bahn, Hydr/Pneu)* Steuerzylinder m *(Luftverteilung)*

dummy flange *(Tech)* Blindflansch m

dummy pass *(Walz)* Blindkaliber n *(Blindstich, Leerstich, totes Kaliber)*; Stauchstich m *(Schienenwalzung)*

dummy piston *(Verd)* Ausgleichskolben m

dummy rivet *(Tech)* Blindniet f

dummy roll *(Walz)* Schleppwalze f

dump *v (Baum, Bergb, Umschl)* absetzen, abstürzen *(z. B. Abraum)*; abwerfen *(z. B. Fördergut)*; (aus)kippen, verstürzen, wegwerfen *(z. B. Abraum)*; Berge aufhalden

dump *v (Hydr/Pneu)* entleeren

dump *(Bergb)* Deponie f *(z. B. für Müll)*

dump *(Kfz, Umschl)* Auskippwinkel m *(des Kübels)*

dump *(Umschl)* Halde f *(für Erz oder Kohle)*

dump above track level *(Umschl)* Hochhalde f

dump conveyor *(Umschl)* Kippenband n, Kippenstrossenband n

dump pit *(Bergb)* Grube f *(Abfallgrube)*

dump side *(Bergb)* Kippenseite f *(im Tagebau)*

dump skip *(Bergb)* Kippkübel m

dump truck *(Baum, Kfz)* Dumper m *(Muldenkipper)*; Schwerlastkraftwagen m, SKW

dumper *(Baum)* Kipper m, Knickrahmenlenker m, Motrak m, Muldenkipper m, Schütter m *(kleiner Muldenkipper)*

dumping *(Ökol)* Schuttabladen n

dumping *(Tech)* Kipp…
dumping clearance *(Tech)* Abkipphöhe f
dumping equipment *(Bergb)* Verkippungsgerät n
dumping height *(Baum)* Schütthöhe f
dumping height *(Bergb)* Abkipphöhe f, Entladehöhe f
dumping reach *(Bergb, Förd, Umschl)* Abwurfweite f *(Kippe)*
duo conveyor *(Förd)* Schleppkreisförderer m
duocone seal *(Tech)* Gleitringdichtung f
duocone seal ring *(Tech)* Dichtungsstellerscheibe f, Gleitringdichtung f
duplex *(Tech)* Doppel…
duplex roller chain *(Tech)* Zweifach-Rollenkette f
duplex system *(Form)* Duplex-System n
duplex system *(Tech)* Gegensprechanlage f
duplicate *adj (Tech)* zweifach
duplicate card *(Tech)* Diazokarte f *(Mikrofilmung)*
duplicate test *(Prüf)* Gegenprobe f *(Prüfung)*
duplicate test specimen *(Prüf)* Gegenprobe f *(Probestück)*
duplicating trial *(Stb)* Vervielfältigungsversuch m
durability *(Met, Tech)* Beständigkeit f, Dauerhaftigkeit f, Haltbarkeit f
durable *adj (Met)* dauerfest, haltbar *(z. B. Material)*; widerstandsfähig *(z. B. Metall)*
durable *adj (Tech)* beständig, dauerhaft *(haltbar, z. B. Markierung)*
durably resilient *adj (Met)* dauerelastisch, dauerhaft elastisch
duration *(Tech)* Dauer f *(Fortdauer)*; Zeitdauer f
duromer *(Kunst)* Duromer m
durometer *(Walz)* Durometer m
duroplastic *(Form)* Duroplast m
duroplastic *(Kunst)* Hartplastik n, hitzehärtbarer Kunststoff m
dust *v (Tech)* bestäuben
dust *(Tech)* Staub m
dust bag *(Tech)* Staubsack m *(Filtersack)*
dust boot *(Tech)* Staubmanschette f
dust bowl *(Tech)* Staubfangglas n
dust cap *(Tech)* Dichtungsschutzkappe f *(Staubkappe)*; Staubkappe f

dust collector *(Hütt/Walz)* Gichtstaubabscheider m, Staubabscheider m
dust collector *(Tech)* Entstäubung f, Staubsammler m
dust collector efficiency *(Hydr/Pneu)* Abscheidegrad m *(eines Filters)*
dust formation *(Tech)* Staubentwicklung f
dust-laden air *(Hütt/Walz, Tech)* Abgas n *(Entstaubungsanlage)*; Rohgas n *(Entstaubungsanlage)*; Staub-Gas-Gemisch n, Staubluft f
dust loading *(Hütt/Walz, Ökol)* Staubbelastung f *(Filter)*; Staubgehalt m
dust particle size *(Hütt/Walz)* Staubfraktion f
dust removal *(Tech)* Entstaubung f
dust separator *(Bergb)* Staubaustragung f
dust separator *(Tech)* mechanisches Filter n
dust-tight *adj (Bau, Tech)* staubdicht
dustcatcher *(Tech)* Staubsack m *(Staubsammler)*; Staubsammler m
dustfree *adj (Tech)* staubfrei
dustproof *adj (Bau, Tech)* staubdicht
duty *(Tech)* Arbeitsmöglichkeit f, Aufgabe f, Betrieb m *(Betätigung, Bedienung)*; Betriebsart f, Einsatz m *(Verwendung)*; Einsatzbedingungen fpl
duty cycle *(Elek)* Einschaltdauer f
duty cycle *(Fert, Tech)* Arbeitsablauf m, Arbeitsgang m, Arbeitsspiel n, Arbeitsvorgang m; Arbeitszyklus m *(Elektromechanik)*; Betriebsspiel n, Testverhältnis n
duty pump *(Tech)* Betriebspumpe f
duty stroke *(Form)* Arbeitsweg m *(Hub der Feder)*
duty time *(Tech)* Einschaltdauer f *(Maschine)*
duty type *(Tech)* Betriebsart f
DVMR impact test specimen *(Prüf)* DVMR-Probe f
dwell time *(Tech, Verd)* Aufenthaltsdauer f, Verweilzeit f
dwt *(Tech)* Leergewicht n
dye *v (Anstr)* färben
dye penetrant [penetration] test *(Prüf)* Farbdurchdringungstest m, Farbeindringprüfverfahren n, Farbeindringverfahren n
dying away *(Elek)* Ausschwingvorgang m

dyke *(Bau)* Damm *m*, Staudamm *m*; Stauwehr *n*

dynamic *adj (Tech)* dynamisch

dynamic attachment *(Tech)* Dynamikvorsatz *m*

dynamic balance test *(Prüf)* Schleuderprüfung *f*

dynamic braking *(Förd, Tech)* dynamische Bremsung *f*, Generatorbremsung *f (mit Widerstand)*

dynamic coefficient *(Stb)* Schwingbeiwert *m*

dynamic fatigue *(Met, Tech)* dynamische Überbeanspruchung *f*

dynamic friction *(Met, Tech)* Bewegungsreibung *f*

dynamic load *(Förd)* Stoßbelastung *f*

dynamic loading *(Förd)* Stoßbelastung *f*

dynamically balanced components *pl (Tech)* rotationssymmetrische Bauteile *npl*

dynamo *(Elek)* Lichtmaschine *f*

dynamo battery ignition *(Elek)* Lichtbatteriezünder *m*

dynamo machine *(Elek)* Generator *m*, Lichtmaschine *f*

dynamo magneto ignition *(Elek)* Lichtmagnetzünder *m*

dynamo sheet *(Elek)* Dynamoband *n*

dynamobloc *(Tech)* Spannsatz *m (Ringfeder)*

dynamometer *(Elek, Hydr/Pneu)* Dynamometer *m*, Druckmessdose *f*, Messdose *f*

dynamometer test *(Prüf)* Belastungsversuch *m*

E

e.p. additive *(Chem, Tech)* Hochdruckzusatz *m (Öl)*

EAF *(Hütt/Walz)* Lichtbogenofen *m*

ear *(Met)* Zipfel *m (störender Fehler beim Tiefziehen)*

ear protector *(Tech)* Gehörschutz *m*

early *adj (Tech)* früh, frühzeitig

Early effect *(Elek)* Early-Effekt *m*

Early voltage *(Elek)* Early-Spannung *f*

earth *v (Elek)* erden

earth *(Geo)* Erde *f*

earth cable *(Elek)* Erdkabel *n (Nullleiter)*; Massekabel *n*, Masseleitung *f*

earth conductor system *(Elek)* Schutzleitungssystem *n*

earth cone receptacle *(Elek)* Tulpenkontakt *m* für Erde

earth connection *(Elek)* Erdung *f*

earth-electrode terminal *(Elek)* Erdanschlussklemme *f*

earth fault *(Elek)* Erdschluss *m*

earth road *(Bau)* Piste *f*

earth screen *(Elek)* Abschirmung *f* gegen Erde

earth tremor *(Geo)* Erdbebenstoß *m*

earth work *(Bau)* Erdbau *m*

earthed *adj (Elek)* geerdet • **not earthed** ungeerdet

earthenware *(Geo)* Steingut *n (Geschirr)*

earthing *(Elek)* Erdung *f (Schutzerdung)*

earthing contact socket outlet *(Elek)* Schuko-Steckdose *f*

earthing contact socket receptacle *(Elek)* Schutzkontakt-Steckdose *f*

earthing key *(Bau)* Erdtaster *m*

earthing strap *(Elek)* Masseband *n*

earthmoving *(Baum, Kfz)* Erdbewegung *f*

earthmoving and road construction *(Bau)* Tiefbau *m*

earthmoving machine *(Bergb)* Abtragungsgerät *n*; Erdbaumaschine *f*, Erdbewegungsmaschine *f*

earthquake *(Geo)* Erdbeben *n*

earthquake calculation *(Math, Stb)* antiseismische Berechnung *f*

earthworks *pl (Bau)* Erdarbeiten *fpl*, Erdbau *m*

ease and convenience *(Tech)* Ergonomie *f*

ease *v (Tech)* auflockern

ease of maintenance *(Tech)* Wartungsfreundlichkeit *f*

easily *adv (Tech)* leicht

eastern *adj (Tech)* östlich

easy *adj (Tech)* einfach *(leicht)*; leicht *(einfach, nicht schwierig)*

easy to service *adj (Tech)* servicefreundlich, wartungsgerecht

eave *adj (Baut)* Trauf…

eave flashing *(Baut)* Traufblech *n*

eaves *pl (Baut)* Dachtraufe *f*, Traufe *f*

eaves gutter *(Baut)* Dachrinne *f*, Regenrinne *f (Dachrinne)*

eaves strut *(Stb)* Traufpfette *f*, Traufträger *m*, Traufträger *m*

eaves transom *(Stb)* Traufriegel *m*

EBT furnace *(Hütt)* Erkerofen m
eccentric *(Tech)* Exzenter m
eccentric adj *(Tech)* außermittig
eccentric bottom tapping furnace *(Hütt)* Erkerofen m
eccentric clamp *(Tech)* Frosch m *(Klemme)*
eccentric rotary head method *(Walz)* Wirbelverfahren n
eccentric tension *(Stat)* außermittige Zugbeanspruchung f
eccentricity *(Mess, Met, Tech)* Außermittigkeit f, Exzentrizität f
echo killing *(Elek, Prüf)* Echounterdrückung f *(Ultraschall)*
echo method *(Elek)* Echoverfahren n
echo principle *(Prüf)* Rückstrahlverfahren n *(Ultraschall)*
echo pulse *(Elek, Prüf)* Echoimpuls m *(Ultraschall)*
echo return path *(Elek, Prüf)* Echorücklaufweg m *(Ultraschall)*
echo width *(Prüf)* Anzeigenbreite f *(Ultraschall)*
ecology/environmental engineering *(Ökol)* Ökologie/Umwelttechnik f
economical adj *(Tech)* Spar..., wirtschaftlich *(sparsam)*
economizer *(AE)* *(Elek)* Vorwärmer m
economizer *(AE)* *(Hütt/Walz)* Ekonomiser m
economizer *(AE)* *(Hydr/Pneu)* Speisewasservorwärmer m
economizer jet *(AE)* *(Hydr/Pneu)* Spardüse f
economizers and air heaters pl *(AE)* *(Hütt/Walz)* Nachschaltheizflächen fpl
economy *(Tech)* Wirtschaftlichkeit f
ecosystem *(Tech)* Ökosystem n
eddy current *(Kran)* Wirbelstrom m
eddy current test *(Prüf)* Wirbelstromprüfung f
edge v *(Mech, Mont)* abkanten, bördeln *(z. B. Blech)*
edge v *(Tech, Walz)* besäumen *(z. B. Blech, Blechkanten)*
edge *(Tech)* Ecke f *(des Materials)*; Kante f, Pfeil m *(grafische Darstellung)*; Schneide f • **on edge** hochkantig, hochkant
edge-bending machine *(Mech)* Kantmaschine f

edge coiling *(Form)* Einrollen n *(Art der Bördelarbeit an Blech)*
edge distance *(Stb)* Randabstand m *(Niete)*
edge effect *(Elek)* Randeffekt m
edge frequency *(Elek)* Knickfrequenz f
edge girder *(Met, Stb)* Kantenträger m, Randträger m
edge rolling *(Form)* Einrollen n *(Art der Bördelarbeit an Blech)*
edge rolling *(Hütt/Walz)* Stauchen n *(des Walzgutes)*
edge scrap *(Walz)* Saumschrott m
edge stress *(Met, Stat)* Randspannung f
edge trim v *(Walz)* besäumen *(Stahlband)*
edge-type filter element *(Tech)* Spaltfilterelement n
edge weld *(Schw)* Stirnflachnaht f
edge-zone hardening *(Met)* Randschichthärtung f
edger *(Walz)* Stauchgerüst n
edger pass *(Walz)* Schienenflachstich m
edgeways adv *(Tech)* hochkant
edgewise adj *(Tech)* hochkantig
edging *(Hütt/Walz)* Stauchen n *(des Walzgutes)*
edging *(Met)* Kanten n *(der Vorgang)*
edging mill *(Walz)* Stauchgerüst n
edging pass *(Walz)* Stauchkaliber n; Stauchstich m
editing *(IT, Mess)* Datenaufbereitung f
effect *(Elek)* Effekt m, Wirkungsgrad m
effect *(Tech)* Einwirkung f
effect of notches *(Met)* Kerbwirkung f
effective adj *(Tech)* effektiv, nutzbar, scharf *(Systemteile)*; wirksam
effective bearing area *(Stat, Stb)* Lochleibungsfläche f
effective capacity *(Tech)* Nutzleistung f
effective column length *(Met)* Knicklänge f
effective fillet thickness *(Schw)* a-Maß n *(rechnerische Kehlnahtdicke)*; rechnerische Kehlnahtdicke f
effective length *(Förd)* Transportlänge f *(des Förderbandes)*
effective length *(Met)* Knicklänge f
effective length *(Met)* Nutzlänge f
effective life *(Tech)* Nutzungsdauer f
effective power *(Elek)* Wirkleistung f *(in Watt)*
effective power *(Tech)* Nutzleistung f
effective range *(Metr)* Messbereich m

effective tension (Bergb, Förd) Umfangskraft f P, Trommel-Umfangskraft f P (Bandtrommel)

effective volume (Tech) Nutzinhalt m (z. B. Bunker)

effectiveness (Tech) Wirksamkeit f

effects pl (Tech) Auswirkungen fpl

efficiency (Elek) Kapazität f, Wirkungsgrad m

efficiency (Tech) Kapazität f, Leistungsfähigkeit f, Leistungsvermögen n (Schaffenskraft, -vermögen); Nutzeffekt m

efficient adj (Tech) ertragreich, fähig, leistungsfähig, produktiv, tüchtig, wirkungsvoll

effloresce v (Anstr, Chem) ausblühen

effluent (Bau, Ökol) Ausfluss m

effluent (Ökol) Abfluss m, vorgereinigter Abfluss m

effluent treatment (Chem, Ökol) Abwasseraufbereitung f

effort (Tech) Arbeit f (Bemühung); Arbeitsaufwand m, Mühe f

effusive (Geo) effusiv

effusive rock (Geo) Ergussgestein m

egg-type adj (Tech) eiförmig (oval)

egg-type strain insulator (Tech) Isolierei n

EGW (Schw) Elektrogasschweißen n

eigenfunction (Elek) Eigenfunktion f (bei Differenzialgleichungen)

eigenvalue (Elek) Eigenwert m (bei Differenzialgleichungen)

eight-pointed adj (Mech) achteckig

engineering set-up parameters (Mess) Parametergrundeinstellung f

ejection (Kfz) Ausstoß m

ejector (Baum, Bergb) Auswerfer m (enger Tieflöffel)

ejector (Hütt/Walz) Strahler m (Vakuumerzeuger)

ejector (Verd) Strahlsaugapparat m

ejector floor (Tech) Kippboden m (zum Auswerfer); Rollboden m

ejector sequence valve (Vent) Ausstoßfolgeventil n

ejector steam (Hütt) Treibdampf m (Dampfstrahler)

el adj (Elek) el, elektrisch

elastic adj (Elek) elastisch, federnd

elastic design (Stb) Elastizitätsberechnung f

elastic limit (Met) Dehngrenze f (elastische Dehngrenze); Elastizitätsgrenze f, elastische Grenze f, Streckgrenze f (bei Zugspannung)

elastic metal (Met) Schwingmetall n

elastic modulus (Met) Elastizitätsmodul m

elasticity (Met) Dehnungsfestigkeit f

elasticity (Stb) Elastizität f

elbow (Tech) Biegung f, Bogen m, Knick m; Knie n (im Rohr); Krümmer m (des Rohres); Kniestück n, Rohrbogen m

elbow bulkhead coupling (Tech) Winkelschottverschraubung f

elbow cock (Bahn) Dampfablasshahn m

elbow coupling (Tech) Winkelverschraubung f

elbow fitting (Tech) drosselfreie Schwenkverschraubung f, Kniestück n (Anschluss)

elbowlet (Tech) Krümmernocken m

electric adj (Elek) elektrisch, E-..., Elektro...

electric appliance (Elek) elektrisches Haushaltsgerät n, Elektrogerät n

electric arc (Elek) Lichtbogen m

electric arc furnace (Hütt) Elektro-Lichtbogenofen m, Lichtbogenofen m

electric change-over device (Elek) Elektroverstellgerät n, Raco-Gerät n

electric drive pulley (Förd) Trommelmotor m

electric furnace steel (Met) Elektrostahl m

electric generator (Bergb, Elek) Generator m, Lichtmaschine f, Stromerzeuger m, Stromerzeugermaschine f

electric mining shovel (Baum, Bergb) Elektroseilbagger m, Seilbagger m (elektrisch)

electric-motor force (Tech) elektromotorische Kraft f, EMK

electric motor pulley (Förd) Trommelmotor m

electric range (Elek) Elektroherd m (Haushaltsgerät)

electric resistance welding (Schw) Widerstandsschweißung f

electric steel (Met) Elektrostahl m

electric thermometer (Elek) Thermoelement n

electric truck (Elek, Tech) Elektrokarren m

electric utility industry *(Elek)* elektrische Versorgungsindustrie f

electric welding *(Schw)* Elektroschweißen n, E-Schweißen n, Lichtbogenschweißung f

electrical *adj (Elek)* elektrisch, el, Elektro...

electrical engineering *(Elek)* Elektrik f *(z. B. eines Hauses)*; Elektrotechnik f

electrical equipment *(Elek)* elektrische Ausrüstung f, elektrisches Gerät n *(Zubehör)*; elektrisches Haushaltsgerät n; elektrische Anlage f

electrical input *(Elek)* Stromaufnahme f *(eines Antriebsmotors)*

electrical motor pulley *(Förd)* Elektrobandtrommel f, E-Trommel f

electrical shaft connection *(Tech)* elektrische Welle f

electrical sheet *(Met)* Elektroblech n

electrician *(Elek)* Elektriker m, Elektroinstallateur m

electricity supply *(Elek)* Elektrizitätsversorgung f, Stromversorgung f

electrics *pl (Elek)* Elektrotechnik f

electro-acoustical *adj (Elek)* elektroakustisch

electro-galvanized *adj (Met)* korrosionsgeschützt

electro-hydraulic *adj (Hydr/Pneu)* elektrohydraulisch

electro-mechanical *adj (Elek)* elektromechanisch

electro-motive *adj (Elek)* elektromotorisch

electro-precipitator *(Hydr/Pneu)* Elektrofilter m

electro-thermal *adj (Elek)* elektrothermisch

electro-thermally operated trip *(Elek)* Wärmeauslöser m

electro-welded *adj (Schw)* elektrogeschweißt

electrochemical deposition *(Hütt/Walz)* galvanische Beschichtung f

electrode *(Elek)* Elektrode f

electrode gland *(Hütt)* Elektrodendichtring m *(Dichtring)*

electrode holder *(Schw)* Schweißerzange f

electrode positioning drive mechanism *(Hütt)* Stellglied n

electrodeposition *(Hütt/Walz)* galvanische Beschichtung f

electrogas welding *(Schw)* Elektrogasschweißen n

electrolyte *(Phys)* Elektrolyt m *(z. B. Batterieflüssigkeit)*

electrolytic chrome plate *(AE) (Walz)* spezialverchromtes Feinstblech n

electrolytic condenser *(Elek)* Elektrolytkondensator m, Elko m

electrolytic tin plate *(Met)* Elektroweißblech n

electromagnet *(Tech)* Hubmagnet m *(Lasthebemagnet)*

electron beam welding *(Schw)* Elektronenstrahlschweißen n *(DIN 1910)*

electronic oscillation frequencies *pl (Elek)* Pendelfrequenzen fpl

electronics *(Elek, IT)* Elektronik f

electroplate *v (Met)* plattieren *(elektrolytisch)*

electroplating *(Hütt/Walz)* galvanische Beschichtung f

electroslag remelting process *(Hütt)* Elektroschlackeumschmelzverfahren n

electroslag welding *(Schw)* Elektroschlackeschweißen n

electrostatic *adj (Elek)* elektrostatisch, statisch aufladend

electrostatic precipitator *(Hydr/Pneu)* E-Filter n, Elektrofilter m

electrotin plate *(Met)* Elektroweißblech n

element *(Baut)* Glied n *(Bauteil)*

element *(IT)* Bauteil n

element *(Tech)* Einsatz m *(Filter)*; Einsatzelement n, Element n *(Teil, Grundbaustein)*; Teil m *(Grundbaustein, Element)*

elementary diagram *(Elek)* Stromlaufplan m *(Schaltplan)*

elementary waves *pl (Elek)* Elementarwellen fpl

elevate *v (Stb)* aufrichten *(z. B. eine Drehleiter)*

elevate *v (Tech)* erhöhen *(etw. heben, z. B. Fahrerhaus)*

elevated *adj (Tech)* erhöht, Hoch..., hochgestellt, hochgezogen *(z. B. Fahrerhaus)*

elevated steel construction *(Stb)* Stahlhochbau m

elevating *adj (Tech)* Hub...

elevating service platform (Tech) Wartungsbühne f

elevating spindle (Mech) Gewindespindel f

elevating spindle guide bushing (Tech) Gewindebuchse f

elevating transporter (Tech) Niederhubwagen m

elevation (Bau, Zeich) Ansicht f, Aufriss m (z. B. Bauzeichnung); Aufrisszeichnung f, Draufsicht f, Grundriss m, Seitenansicht f

elevation (Tech) Höhe f

elevation view (Zeich) Seitenansicht f

elevator (Bau, Förd, Tech) Aufzug m, Lastenaufzug m; Fahrstuhl m

elevator bridge (Umschl) gegenläufige Bandbrücke f, Schleppbrücke f

elevator cab (Tech) Kabine f (des Aufzuges)

elevator conveyor (Förd, Umschl) Zuführungsband n, Zwischenband n, Zwischenbandbrücke f

elevator conveyor bridge (Umschl) gegenläufige Bandbrücke f, Schleppbrücke f

elevator leg housing structure (Förd) Schachtgehäuse n (Taschenförderer)

elevator scraper (Bergb) Selbstladeschürfkübel m

Elfa-automat (Elek) Sicherungsautomat m (z. B. Kleinselbstschalter)

eliminate v (Tech) ausmustern (aussondern); aussondern (als Ausschuss); beseitigen, vernichten

elimination of a deficiency (Tech) Behebung f eines Mangels

elliptical adj (Tech) elliptisch

elongate v (Tech) dehnen (in die Länge strecken, längen); strecken

elongation (Met, Tech) Ausdehnung f, Dehnung f, Längung f, Streckung f

elongation (Prüf) Längenänderung f

elongation at break [fracture, rupture] (Met, Prüf) Bruchdehnung f

elongation before reduction of area (Stat) Gleichmaßdehnung f

elongation per unit length (Tech, Stat) spezifische Dehnung f

elongator (Walz) Streckschrägwalzwerk n (Asselwalzwerk)

embanking (Bau, Bergb) Dammbau m, Dammschüttung f

embankment (Bau, Bergb) Anschüttung f, Auffüllung f, aufgeschütteter Boden m, Damm m, Dammbau m, Dammschüttung f; Staudamm m, Stauwehr n

embedded adj (Bergb) eingeschlossen (Knäpper in Gemisch)

embedded adj (Tech) eingebettet

embedded temperature sensor (Metr, Verd) Thermometereinsatz m (im Lagerstein)

embody v (Tech) aufnehmen (in eine Liste, einen Katalog)

emboss v (Mech) narben (prägen); prägen (z. B. Rillen)

embossed adj (Tech) bombiert (gewölbt, gewellt)

embosser laminator (Walz) Präge- und Folienaufwalzstation f (Präge- und Kaschierstation einer Bandanlage)

embrittlement (Met) Versprödung f

emergence (Bau) Hervortreten n, Sichtbarwerden n

emergency adj (Tech) Not…, Reserve…

emergency brake control valve (Vent) Parkbremsventil n

emergency button (Hütt/Walz) Alarmknopf m

emergency exit (Tech) Fluchtweg m, Notausgang m, Notausstieg m

emergency relay valve (Tech) Sicherheitsbremsventil n

emergency rope-down device (Bergb) Notabstieg m (am Kran)

emergency switch (Elek) Katastrophenschalter m, Notschalter m

emergent adj (Tech) austretend

emery v (Mech) schmirgeln

emery cloth (Hütt/Walz) Schmirgelleinen n

emery machine (Mech) Schmirgelmaschine f

emery paper (Anstr, Mech) Schleifpapier n, Schmirgelpapier n

emery stick (Mech) Schmirgelstein m

EMF (Tech) elektromotorische Kraft f, EMK

emission (Bau) Aussendung f

emission (Tech) Abgabe f (z. B. von Strahlen); Ausstrahlung f (z. B. Strahlen, Geräusche); Ausströmung f

emission (Tech, Zer) Austrag m

emissivity (Hütt/Walz) Strahlungsverlust m (Wärmemessung)

emissivity (Tech) Emission f (Ausstrahlung)

emissivity coefficient (Stb) Emissionswert m

emit v (Akus, Elek) ausgeben (z. B. Ton, Signal)

emitter (Elek) Emitter m

emitter contact (Elek) Emitteranschluss m

emphasize v (Tech) betonen

empirical adj (Tech) empirisch

empirical formula (Math) empirische Formel f, Faustformel f

empirical rule (Tech) Faustregel f

employ v (Tech) anwenden, verwenden

employed adj (Tech) genutzt

employment (Tech) Arbeit f (Arbeitsplatz); Einsatz m (Verwendung)

empty v (Tech) leeren

empty adj (Bahn, Tech) leer, unbeladen

empty weight (Tech) Leergewicht n

emulsify v (Chem, Tech) emulgieren

emulsify v (Hütt/Walz) verseifen

emulsion oiler (Walz) Schichtöler m

emulsion-resistant adj (Tech) verseifungsfest (Schmierfett)

enable signal (Mess) Freigabesignal n

enamelling (Tech) Emaillieren n

encapsulated adj (Tech) gekapselt

encase v (Tech) ummanteln

encased beam (Stb) Träger m (mit Beton ummantelt); ummantelter Träger m (mit Beton)

encasement (Tech) Ummantelung f (feuerfester Steine)

enclosed adj (Tech) beigefügt (im Brief); beigelegt (im Brief); eingeschlossen (Luft); umschlossen, verkapselt

enclosed cylinder (Tech) innenliegender Zylinder m (ein- oder mehrstufig)

enclosed in chute adj (Bergb, Förd, Umschl) eingeschurt

enclosed resistance welding (Schw) Kammerschweißen n (DIN 1910)

enclosed switch (Elek) Kapselschalter m

enclosure (Elek, Tech) Schutzart f (Instrumente oder Motoren)

enclosure (Tech) Gehäuse n (Ummantelung)

encode v (Elek) verschlüsseln (codieren)

end v (Tech) aufhören, ausgehen (einen bestimmten Ausgang haben)

end adj (Tech) End...; stirnseitig

end (Tech) Ansatz m (einer Stiftschraube); Ende n, Kopf m, Schluss m (Ende); Stirnseite f (schmalere Seite)

end bit (Bergb) Eckmesser n (z. B. des Löffels)

end blocks pl (Schw) Endklötze mpl

end box (Tech) Stutzen m (Kabel); Verschlussstück n (Kabel)

end bush (Tech) E-Buchse f, Endbolzen m, Endbuchse f

end cap (Tech) Abschlussblech n, Endkappe f

end carriage (Tech) Kopfträger m (eines Laufkrans)

end clearance (Tech) Axialspiel n, Längsspiel n

end cover (Tech) Deckel m, Seitendeckel m (Lager); Verschlussdeckel m; Abschlussdeckel m (Lager)

end cover plate (Tech, Elek) Abschlussblech n, Abschlussplatte f

end cutting pliers pl (Werkz) Vorschneider m (Feinmechanik)

end dam (Tech) Endriegel m

end deformation (Form) Endverformung f (unbeabsichtigt)

end-field (Stb) Endfeld n (z. B. einer Stahlbrücke)

end fillet weld (Stb) Stirnkehlnaht f

end frame (Lag) Lagerdeckel m, Endrahmen m

end frame (Tech) Rahmenende n

end-grained wood (Met) Hirnholz n (Verpackung)

end knee brace (Stb) Endstrebe f

end of stroke (Kfz) Endlage f (des Zylinders)

end of stroke (Tech) Anschlag m (im Zylinder); Hubende n

end of the belt (Förd) Riementrumm n

end of traverse [travel] (Tech) Fahrbegrenzung f

end panel (Stb) Endfeld n

end part (Tech) Verschlussstück n

end pin (Tech) Endbolzen m

end plate (Bahn) Ladebrücke f (an Stirnseite des Flachwagens); Stirnwandklappe f (am Flachwagen)

end plate (Lag) Lagerschild n

end plate (Stb) Abschlussplatte f, Endplatte f, Kopfplatte f

end plate (Tech) Abdeckscheibe f

(Scheibenkupplung); Stirnscheibe f *(eines Segmentradiallagers)*

end play *(Tech)* toter Gang m *(Getriebe, Schaltungsspiel)*

end poles *pl (Tech)* Endmast m

end position *(Hydr/Pneu, Tech)* Anschlag m *(Begrenzung)*; Endstellung f, Grenze f, Grenzstellung f *(des Kolbens)*

end post *(Stb)* Endstrebe f

end raker *(Stb)* Endstrebe f

end relief *(Umschl)* Endrücknahme f

end restraint *(Stb)* Einspannung f

end restraint condition *(Stb)* Einspann-bedingung f

end shaping *(Form)* Endverformung f *(beabsichtigt)*

end shear *(Hütt)* Schopfschere f

end shield *(Elek)* Schildlager n *(Motor)*

end shield *(Lag)* Lagerschild n

end span *(Stb)* Außenöffnung f *(Endfeld der Brücke)*; Endfeld n *(Außenöffnung)*

end stop *(Tech)* Anschlag m *(Begrenzung)*; Begrenzungsanschlag m, End-anschlag m

end stopper *(Tech)* Endabschluss m *(z. B. des Laufgitters)*

end thrust *(Tech)* Axialdruck m, Längs-druck m

end-to-end advance *(Tech)* Stoß-an--Stoß-Durchlauf m

end wall *(Bahn, Tech)* Stirnwand f *(Vor-der- oder Rückwand des Wagens)*

endless *adj (Tech)* endlos

endless chain conveyor *(Bergb, Umschl)* Kettenförderer m

endless conveyor *(Förd)* Kreisförderer m

endless splicing *(Tech)* Endlosmachen n

endurance *(Tech)* Dauerhaftigkeit f

endurance failure *(Met)* Dauerbruch m

endurance limit *(Met, Prüf)* Dauerfes-tigkeit f, Ermüdungsgrenze f, Schwin-gungsfestigkeit f

endurance limit *(Met, Stat)* Wöhlerfes-tigkeit f

endurance limit under completely re-versed stress *(Met, Stb)* Wechselfes-tigkeit f *(DIN 50100)*

endurance strength *(Met)* Betriebsfes-tigkeit f, Dauerbruchsicherheit f

endurance test *(Prüf)* Dauerbruchver-such m, Dauerfestigkeitsversuch m, Dauerprüfung f, Dauerversuch m

endurant *adj (Met)* dauerfest

energize *v (Elek)* einschalten *(Schütz)*; Spannung anlegen, spannen; zuschal-ten

energize *v (Hydr/Pneu)* erregen

energized *adj (Elek)* spannungsführend, stromführend

energizing *(Elek)* Anlegen n der Span-nung

energizing circuit *(Elek)* Ansteuerschal-tung f

energy *(Elek)* Energie f

energy *(Phys, Tech)* Arbeit f *(elektrische Arbeit)*; Arbeitsaufwand m

energy balance *(Mess)* Energiebilanzie-rung f

energy demand *(Tech)* Energiebedarf m

energy law *(Tech)* Energieprinzip n

energy loading *(Tech)* Energiebedarf m

energy-saving *adj (Tech)* arbeitssparend

energy supply *(Tech)* Energieversorgung f

enforce *v (Tech)* erzwingen

engage *v (Tech)* einfallen *(z. B. in Raste)*

engage *v with (Tech)* eingreifen *(Ritzel)*

engaged *adj (Elek)* besetzt *(das Telefon)*

engaged *adj (Kfz)* eingelegt *(z. B. Kupp-lung)*; eingerastet

engaged *adj (Tech)* eingerückt *(in Raste)*; im Eingriff

engagement nut *(Tech)* Einrückmuffe f

engaging *adj (Tech)* einfallend *(z. B. in eine Raste)*; einrückend *(in Raste)*

engaging and disengaging *adj (Tech)* lösbar *(Kupplung)*

engaging and disengaging clutch *(Kfz, Tech)* ausrückbare Kupplung f, Aus-rückkupplung f, lösbare Kupplung f, Schaltkupplung f, selbstlösbare Kupplung f

engine *(Antr, Tech)* Kraftmaschine f, Maschine f *(Antriebsverbrennungsmo-tor)*; Motor m *(Verbrennungsmaschine)*

engine *(Bahn)* Lokomotive f

engine brake *(Kfz)* Auspuffklappen-bremse f, Drosselbremse f

engine brake *(Tech)* Motorbremse f

engine breathing system *(Kfz)* Entlüf-tungsanlage f des Motors, Gaswech-selsystem n

engine breathing system *(Tech)* Moto-renentlüfter m

engine compartment *(Antr)* Motorraum

m (Verbrennungsmotor); Motorverkleidung f

engine cross (Kfz) Motor-Kreuz n (Achsmitte Kurbelwelle)

engine-driven adj (Tech) motorgetrieben

engine driver (Bahn) Lokführer m

engine-generator unit (Elek) Aggregat n, Generatorsatz m

engine hood (Kfz) Motorhaube f

engine hood (Tech) Abdeckhaube f

engine mounting (Tech) Motoraufhängung f, Motorlager n, Motorträger m

engine mounting base (Tech) Motoraufhängung f

engine plate (Tech) Motorschild n

engine rating (Tech) Motornennleistung f (Verbrennungsmotor)

engine revolution (Elek, Tech) Drehzahl f (z. B. eines Motors); Motordrehzahl f

engine-revolution return (Kfz) Drehzahlrückstellung f

engine speed (Elek, Tech) Drehzahl f (z. B. eines Motors); Motordrehzahl f

engine-speed reduction (Kfz) Drehzahlrückstellung f

engine support bracket (Tech) Motoraufhängung f (am Rahmen)

engine suspension (Tech) Motoraufhängung f (Zwischenteile)

engine timing (Tech) Motorsteuerung f

engine unit (Antr) Einbaumotor m

engine waste (Tech) Putzwolle f

engineer (Bahn) Lokführer m, Lokomotivführer m

engineer (Tech) Ing. m, Ingenieur m

engineer's file (Werkz) Flachfeile f

engineer's hammer (Werkz) Schlosserhammer m

engineer's pliers (Werkz) Kombizange f

engineer's screwdriver (Werkz) Werkstattschraubendreher m

engineering structure (Stb, Tech) Tragwerk n

engineering structures pl (Bau) Ingenieurbauwerke npl

engrave v (Mech) gravieren

enhance v (Tech) optimieren, verbessern (aufwerten)

enlarge v with a drift (Tech) aufdornen, mit einem Dorn aufweiten

enlarged adj (Tech) vergrößert (z. B. Fläche)

enlargement (Tech) Aufweitung f; Vergrößerung f

enlargement scale (Stb) Vergrößerungsmaßstab m

enquiry (Tech) Anfrage f (Erkundigung); Rückfrage f

enrich v (Hütt/Walz) anreichern (Erze)

ensure v (Tech) sicherstellen (garantieren)

enter v (Elek, IT) eingeben (Daten in den Rechner)

enter v (Tech) aufnehmen (in eine Liste, einen Katalog); eintragen (z. B. in eine Liste)

entering guide (Tech) Einführung f (z. B. von Walzgut)

enthalpy (Stb) Enthalpie f, Wärmeinhalt m

entire adj (Tech) ganz, gesamt, vollständig

entirely adv (Tech) gänzlich

entrainment (Hütt) Einspülen n (z. B. Gießpulver, unerwünscht); Mitführung f

entrapment (Bergb, Met) Einschluss m

entropy (Phys) Entropie f (Begriff der Thermodynamik)

entry (Bergb) Stollen m (unter Tage)

entry (Elek) Kabeleinführung f

entry (Tech) Einführung f (Kabel); Eintragung f (z. B. in einer Liste); Zutritt m

entry echo (Tech) Eintrittsecho n (DIN 54119, Ultraschall)

entry element (Schw) Eingangsbrennelement n

entry fitting (Elek) Anschlussstutzen m (Kabel)

entry side (Tech) Einschlagseite f

envelope (Tech) Hülle f (Umschlag)

enveloping body (Tech) Hüllkörper m (Schmiedeumhüllung)

enveloping worm (Tech) Globoidschnecke f

envelopment (Hütt) Schutz m (des Gießstrahls)

environmental adj (Ökol) Öko..., Umwelt..., Umweltschutz...

environmental constraints pl (Ökol) Umweltschutzauflagen fpl

environmental engineer (Ökol) Umweltingenieur m

environmental engineering (Ökol) Ökotechnik f, Umwelttechnik f

environmental temperature (Tech) Umgebungstemperatur f

epicyclic gear train *(Getr)* Umlaufgetriebe n

epoxy *(Elek)* Epoxid n *(z. B. auf Schleifscheiben)*

equal *adj (Tech)* gleichmäßig

equal angle *(Stb, Tech)* gleichschenkliger Winkel m, gleichschenkliger Winkelstahl m

equal cross coupling *(Tech)* Kreuzverschraubung f *(Rohre)*

equal elbow coupling *(Tech)* Winkelverschraubung f *(für Rohre)*

equal lay *(Bergb)* Gleichschlag m

equal-sided *adj (Tech)* gleichschenklig

equalisation *(BE) (Tech)* Ausgleich m

equalize *v (AE) (Elek)* entzerren

equalizer bar *(AE) (Stb)* Quertraverse f

equalizer beam *(AE) (Tech, Stb)* Traverse f

equalizing *(AE) (Elek)* Ausgleichs…

equalizing *adj (AE) (Met)* spannungsausgleichend

equalizing bar *(AE) (Tech)* Hebelarm m *(des Gabelstaplers)*

equalizing crawler *(AE) (Bergb)* Pendelraupe f

equalizing resistor *(AE) (Elek)* Angleichwiderstand m

equalizing valve *(AE) (Hydr/Pneu)* Druckausgleichsventil n

equalling file *(Werkz)* Ausstreichfeile f, Flachstumpffeile f, Flachstumpfraumfeile f, Zahnfeile f

equally distributed [spaced] *adj (Tech)* gleichmäßig verteilt

equally distributed linear load *(Tech)* Gleichstreckenlast f

equate *v (Tech)* gleichsetzen, gleichstellen

equation *(Math, Elek)* Gleichung f

equation of equilibrium *(Math, Stat)* Gleichgewichtsgleichung f

equidistant *adj (Tech)* gleichweit entfernt; gleichweit

equilibrate *v (Tech)* abgleichen *(in Balance bringen)*; ausbalancieren; ins Gleichgewicht bringen

equilibrated *adj (Stat, Tech)* ausgeglichen

equilibrated *adj (Tech, Stat)* entlastet

equilibrium *(Met)* Beharrungszustand m

equilibrium *(Tech, Stat)* Gleichgewicht n

equilibrium diagram *(Met)* Zustandsschaubild n *(Metallographie)*

equilibrium polygon *(Stb)* Seilpolygon n

equip *v (Tech)* ausrüsten, ausstatten, bestücken, versehen mit *(jdm./etw. mit etw. versehen)*; versorgen *(mit etw. ausstatten)*

equipment *(Baum)* Ausrüstung f des Baggers

equipment *(Stb)* Einrichtung f *(Ausrüstung)*

equipment *(Tech)* Ausrüstung f, Gerät n; Geräte npl

equipment calibration *(Elek, Prüf)* Gerätejustierung f *(Ultraschall)*

equipped *adj (Tech)* ausgerüstet, ausgestattet, bestückt

equivalent *adj (Tech)* gleichwertig, vergleichbar

equivalent flaw size *(Tech)* Ersatzfehlergröße f

equivalent reflector *(Elek)* Ersatzreflektor m *(Ultraschall)*

equivalent… *(Tech)* Ersatz…, Vergleichs…

eradication *(Tech)* Behebung f *(eines Mangels)*

erase *v (IT)* löschen

erase *v (Tech)* radieren *(z. B. mit einem Radiergummi)*

eraser head *(Elek)* Löschkopf m *(z. B. des Tonbandgerätes)*

erect *v (Mont, Stb, Tech)* aufstellen, montieren; aufbauen *(montieren, zusammenbauen)*; aufrichten *(errichten, bauen)*; setzen *(Ausbausegmente im Tunnel)*

erecting crane *(Kran, Mont)* Derrick m, Montagekran m

erecting scaffold *(Stb)* Montagegerüst n

erection *(Mont, Tech)* Aufstellung f *(Montage)*; Montage f; Aufbau m; Zusammenbau m

erection *adj (Mont)* Montage…

erection and commissioning *(Tech)* Zusammenbau m und Inbetriebnahme f

erection and start-up *(Tech)* Zusammenbau m und Inbetriebnahme f

erection engineer *(Mont)* Monteur m

erection period *(Bau, Tech)* Bauzeit f

erection period *(Mont)* Montagedauer f

erection superintendent *(Bau)* Richtmeister m

erection welding *(Schw)* Montage-schweißung f, M.S.

erector *(Mont)* Monteur m

ergonomics *(Tech)* Ergonomie f

ermeto coupling *(Tech)* Ermeto-Ver-schraubung f, Schneidring m

eroded *adj (Elek, Hütt)* ausgebrannt *(Ofenfutter)*

eroded *adj (Met, Tech)* verschlissen *(abgenutzt)*

erratic *adj (Tech)* erratisch, unregelmäßig

error *(IT, Tech)* Fehler m; Versagen n *(menschlich)*; Versehen n

error in measurement *(Metr)* Messfehler m

error indication *(Tech)* Fehleranzeige f

error signal *(Tech)* Regelabweichung f *(negativ)*

error voltage *(Elek)* Fehlerspannung f

ERW *(Schw)* widerstandsgeschweißt

escape *v (Kfz)* entweichen *(z. B. Gas)*

escape route *(Tech)* Fluchtweg m, Rettungsweg m, Sicherheitsgang m

escape way *(Tech)* Fluchtweg m, Rettungsweg m

escapement file *(Werkz)* Hemmungsfeile f

escarpment *(Bergb)* Ausgehendes n *(einer Schicht, einer Lagerstätte)*; Steilabbruch m

escarpment *(Bergb, Geo)* Ausbiss m *(eines Flözes)*; steile Böschung f

espagnolette lock *(Tech)* Basküleschloss n, Drehriegelverschluss m, Drehstangenschloss n, Stangenschloss n

ESR process *(Hütt)* Elektroschlackeumschmelzverfahren n

essential *adj (Tech)* wesentlich *(von Bedeutung)*

establish *v (Elek)* aufbauen *(z. B. Verbindung)*

establish *v (Mess)* erstellen

establish *v (Tech)* ernennen, festlegen, feststellen

establish *v* **equilibrium** *(Stat, Tech)* ins Gleichgewicht bringen

established *adj (Tech)* eingeführt, etabliert

establishment *(Tech)* Anlage f *(Betriebsstätte)*; Betriebsstätte f, Einrichten n der Baustelle, Werk n *(Betriebsstätte)*

estimate *v (Tech)* einschätzen, schätzen

etch *v (Hütt, Met)* ätzen, beizen *(Materialbehandlung)*

etchant *(Chem)* Ätzmittel, Ätzstoff m

etching reagent *(Chem)* Ätzmittel

etching slice *(Met, Prüf)* Beizscheibe f

eternit *(Bau)* Eternit n *(Asbestzement)*

Euler's stress *(Stb)* Euler-Spannung f

European calamine *(Met)* Zinkspat m

eutectic *adj (Tech)* eutektisch

evacuate *v (Tech)* evakuieren

evacuate *v* **the site** *(Tech)* Baustelle räumen *(z. B. vor einer Sprengung)*

evaluate *v (Tech)* bewerten, einschätzen

evaluation system *(Tech)* Auswerteeinrichtung f

evaluator *(Elek)* Auswertegerät n

evaporation *(Tech)* Verdampfung f

evaporator *(Hütt/Walz)* Verdampfer m

even *adj (Tech)* eben, gleichmäßig

evenness *(Tech)* Ebenheit f *(von Oberflächen)*

evidence *(Tech)* Nachweis m *(Beweis)*

evolution *(Bau)* Entwicklung f *(Abwicklung)*

evolve *v (Tech)* entwickeln *(Staub, Abgas, Wärme usw.)*

exact *adj (Tech)* genau

exaggerated *adj (Tech)* übertrieben

examination *(Prüf, Tech)* Prüfung f, Überprüfung f, Untersuchung f *(stets zerstörungsfrei)*

examine *v (Tech)* prüfen, überprüfen

examined *adj (Prüf)* gepr., geprüft

examined *adj (Tech)* untersucht *(überprüft)*

excavate *v (Bau, Baum, Baut)* ausheben, ausschachten, baggern

excavate *v (Bergb)* abbauen *(unter Tage, z. B. Kohle)*; abtragen, ausbaggern, ausgraben, graben

excavate *v (Mech, Mont)* aushöhlen *(vertiefen)*

excavated material *(Baum, Bergb)* Auswurf m *(ausgehobener Boden)*; Baggergut n

excavated material *(Bergb)* Abraum m, Aushub m

excavation cut face *(Bergb, Tunn)* Ortsbrust f

excavator *(Baum, Bergb)* Bagger m, RH-Bagger m *(Raupen-Hydraulik)*

excavator crawler adj (Baum, Bergb) Bagger...

excavator crawlers pl (Baum, Bergb) Baggerfahrwerk n, Baggerraupenfahrwerk n

exceed v (Tech) überschreiten (z. B. eine Beschränkung)

excellent adj (Tech) ausgezeichnet, hervorragend, vorzüglich

excess adj (Tech) überschüssig

excess material at root of seam (Schw) Schweißbart m

excess of work (Tech) Arbeitsüberlastung f, Mehrarbeit f, zusätzliche Arbeit f

excess pressure (Tech) Überdruck m

excess pressure valve (Vent) Druckbegrenzungsventil f

excess release valve (Vent) Überströmventil n (Gasreinigung)

excess temperature (Tech) Übertemperatur f

excess workload (Tech) Überlastung f (Gewicht)

excessive adj (Tech) überhöht (z. B. Geschwindigkeit); übermäßig, überschüssig, übertrieben

excessive penetration (Schw) Wurzeldurchfall m (der Schweißnaht)

exchange v (Tech) austauschen (tauschen gegen)

exchange (Bau, Tech) Austausch m

exchange part (Tech) Austauschaggregat n, Austauschteil n, AT-Teil n

exchangeable adj (Tech) austauschbar (ersetzbar); auswechselbar (ersetzbar)

exchangeable gland (Tech) Wechselblende f

exchangeable packing (Tech) Wechselblende f

exchanger (Hütt/Walz) Austauscher m

exchanger (Tech) Umwandler m

excitation (Elek, Tech) Erregung f (z. B. Relais)

exciter (Elek) Steuersender m

exciter unit (Elek) Erreger m

exciting energy source (Elek) Anreger m (Schwingungen)

excursion (Tech) Federweg m

execution (Form) Abwicklung f (einer Arbeit)

exhaust v (Tech) absaugen (z. B. Autoabgase)

exhaust (Hydr/Pneu) Entlüftung f (Ventil)

exhaust (Kfz) Auspuff m

exhaust (Tech, Hütt/Walz) Abluft f

exhaust adj (Tech, Hütt/Walz) Abgas..., Abluft..., Abzugs..., Auspuff...

exhaust air (Tech, Hütt/Walz) Abluft f

exhaust brake (Kfz) Auspuffbremse f, Auspuffklappenbremse f, Drosselklappenbremse f

exhaust duct (Bergb, Ökol) Abzugshaube f

exhaust fan (Hydr/Pneu) Entlüfter m

exhaust fan (Tech) Lüfter m

exhaust fumes pl (Bahn, Hütt) Abgas n

exhaust gases conditioner (Tech) Abgasreiniger m

exhaust manifold (Kfz) Auspuffkrümmer m

exhaust manifold connection (Kfz) Auspuffrohrverbindung f

exhaust pipe (Hütt) Saugleitung f

exhaust pipe (Kfz) Auspuffleitung f, Auspuffrohr n

exhaust pipe (Tech) Abgasleitung f

exhaust pollutants pl (Ökol) Abgase npl, verschmutzende Abgase npl

exhaust steam oil separator (Tech) Abdampfentöler m

exhaust steam utilisation (Tech) Abdampfverwertung f

exhaust stroke (Kfz) Anstoßhub m

exhaust system (Ökol) Abgasanlage f

exhaust valve (Hydr/Pneu) Auslassventil n

exhaust valve (Kfz) Auspuffklappe f

exhausted adj (Bergb) ausgebeutet (z. B. ein Bergwerk)

exhauster (Hydr/Pneu, Tech) Entlüfter m, Lüfter m

exhauster fan (Zer) Mühlenventilator m (Mühlenfeuerung)

exhaustion (Tech) Ermüdung f, Verbrauch m (Erschöpfung)

exhibit v (IT) ausstellen (auf einer Messe)

exhibit v indications [traces] (Met) Spuren aufweisen (Materialfehler)

exhibit (Tech) Exponat n (Ausstellungsstück)

exhibition space (Tech) Messestand m (außen)

exit v (IT) verlassen

exit (Baut) Ausgang m (z. B. eines Hauses)

exit (IT) Ausgang m

exit point *(Tech)* Austrittsmarke f

exp. proof *adj (Elek)* explosionsgeschützt

expand v *(Hütt/Walz)* anreichern, einwalzen *(z. B. Rohre)*

expand v *(Mech)* aufweiten *(z. B. eine Kupplungsnabe)*

expand v *(Tech)* ausdehnen, dehnen *(z. B. Volumen)*; expandieren, nachrüsten *(zusätzlicher Anbau)*

expanded *adj (Tech)* breit; gespreizt *(z. B. Spreiztrommel)*

expanded metal *(Hütt/Walz)* Streckgitter n

expanded metal *(Tech)* Streckmetall n

expanded-tube joint *(Hütt/Walz)* Walzverbindung f

expander *(Tech)* Spannvorrichtung f *(Dehnung)*

expander *(Verd)* Entspannungsturbine f *(Expansionsturbine)*

expanding and collapsing drum *(Walz)* Spreiztrommel f *(Bandwalzwerk)*

expanding drum *(Walz)* Spreiztrommel f *(Bandwalzwerk)*

expanding input *(Kfz)* Erweiterungseingang m

expanding mandrel-type reel *(Walz)* Spreizhaspel f

expanding reamer *(Werkz)* Reibahle f

expanding rivet *(Tech)* Spreizniet m

expansion *(Met, Stat)* Dehnung f

expansion *(Tech)* Aufweitung f, Ausbau m, Ausdehnung f, Erweiterung f; Nachrüstung f *(zusätzlicher Anbau)*

expansion bolt *(Baut, Tech)* Spreizdübel m

expansion circuit breaker *(Elek)* Expansionsschalter m

expansion cover *(Tech)* Schiebenaht f *(Klempnerarbeiten)*

expansion joint *(Stb)* Schleppblech n *(über einer Dehnungsfuge)*

expansion joint *(Tech)* Dehnfuge f, Dehnungsfuge f, Dehnungsstoß m, Kompensator m *(in Rohrleitung)*; Teleskopverbindung f

expansion switch *(Bahn)* Auszugvorrichtung f *(vor Brücken)*

expansion tank *(Tech)* Ausdehnungsgefäß n *(Trafo)*

expansion test *(Prüf, Stb)* Aufweitversuch m *(Test)*

expansion turbine *(Verd)* Entspannungsturbine f *(Expansionsturbine)*

expectancy range *(Elek)* Erwartungsbereich m

expected *adj (Tech)* erwartet, voraussichtlich

expedite v *(Tech)* beschleunigt bearbeiten, beschleunigen *(schneller machen)*

expeditious *adj (Tech)* zügig

expend v *(Tech)* verfahren *(Arbeitsstunden)*

expendable *(Tech)* Einweg… *(Wegwerf…)*

expended *adj (Tech)* erbracht

expended energy *(Tech)* Arbeitsaufwand m

expenditure of energy *(Tech)* Arbeitsaufwand m

experimental *adj (Tech, Mont)* experimentell

experimental unit *(Fert)* Versuchsanlage f

expert *(Tech)* Experte m, Fachmann m, Sachverständiger m, Spezialist m

expert engineer *(Tech)* Fachingenieur m

expert opinion *(Tech)* Fachgutachten n, Gutachten n

expertise *(Tech)* Fachgutachten n, Gutachten n

explanation *(Tech)* Ausführung f *(Erklärung, Darlegung)*; Auslegung f *(Erklärung, Deutung)*; Darstellung f *(Beschreibung, Erklärung)*

explicit *adj (Tech)* aussagekräftig, unmissverständlich

explode v *(Bergb)* detonieren

exploitable *adj (Bergb)* abbauwürdig

exploratory drilling *(Petr)* Erkundungsbohrung f

explosion *(Bergb)* Detonation f, Explosion f, Sprengung f

explosion *(Tech)* Verpuffung f *(Entzündung)*

explosion-clad *adj (Tech)* explosionsbeschichtet *(explosionsplattiert)*

explosion diaphragm *(Hütt/Walz)* Reißfolie f

explosion plating *(Hütt)* Sprengplattieren n

explosion-proof *adj (Bergb)* explosionssicher

explosion-proof *adj (Elek)* explosionsgeschützt, exgeschützt

explosion-proof *adj (Tech)* luftdicht gekapselt

explosion welding *(Schw)* Explosionsschweißen *n*, Sprengschweißen *n*

explosive *adj (Schw)* explosiv

explosive *(Bergb)* Sprengstoff *m*

explosive welding *(Schw)* Sprengschweißen *n*

exponential *adj (Elek)* exponentiell

export packing *(Tech)* Ausfuhrverpackung *f*

expose *v (Bergb)* abdecken *(offen legen, z. B. Kohle)*; freilegen *(z. B. Kohle)*

expose *v (Fot)* belichten

exposed *adj (Bergb)* freigelegt *(z. B. Kohle)*

exposed *adj (Tech)* ungeschützt

exposed area *(Stb)* Windangriffsfläche *f*

exposed concrete *(Bau)* Sichtbeton *m*

exposed-aggregate concrete *(Bau)* Waschbeton *m*

exposure *(Bergb)* Aufschluss *m (im Tagebau)*

exposure *(Fot)* Aufnahme *f*

express delivery service *(Tech)* Eilzustellung *f*

extend *v (Tech)* ausdehnen, ausfahren *(z. B. Ausleger)*; dehnen *(ausdehnen, z. B. Volumen)*; erweitern, vergrößern, verlängern

extendable *adj (Tech)* ausziehbar *(teleskopisch)*

extendable conveyor *(Förd)* Verschiebeband *n*

extended *adj (Tech)* breit, erweitert, verlängert; herausgefahren

extended length *(Tech)* ausgezogene Länge *f (Gelenkwelle)*

extended shaft *(Tech)* Wellenstumpf *m*

extended sound path *(Elek)* Umwegfehler *m*

extending *adj (Tech)* ausziehbar *(teleskopisch)*

extending conveyor *(Förd)* Verschiebeband *n*

extending head *(Förd)* Vorschubkopf *m*

extensible *adj (Tech)* ausziehbar *(teleskopisch)*; dehnbar

extensible belt loop *(Bergb, Förd, Umschl)* auflösbare Bandschleife *f*

extension *(Bau)* Anbau *m (am Haus)*

extension *(Mont, Tech)* Ausbau *m (Demontage, z. B. eines Geräteteils)*

extension *(Tech)* Ansatz *m (zusätzliches Teil)*; Ansatzstück *n*, Erweiterung *f*, Verlängerung *f (z. B. des Kranauslegers)*; Verlängerungsstück *n*

extension bar *(Mont, Tech)* Ansatzstange *f*

extension bar *(Tech)* Verlängerungsschiene *f*

extension column *(Mess)* Isoliersäule *f*

extension lip *(Werkz)* Vorschneider *m*

extension piece *(Tech)* Verlängerungsstück *n*

extension sleeve *(Tech)* Dehnhülse *f*

extension trench-lining plate *(Bergb)* Aufstockverbauplatte *f (z. B. im Graben)*

extensive *adj (Tech)* großflächig, umfassend

extensometer *(Mess, Tech)* Dehnungsmesser *m*, Dehnungsmessgerät *n*, Spannungsmesser *m (Statik)*

extent *(Tech)* Ausmaß *n (Umfang)*; Bereich *m (Umfang, Rahmen)*; Umfang *m (Ausmaß)*; Weite *f (z. B. eines Grundstückes)*

external *(Tech)* Außen…, äußerlich *(außen)*

external bending moment *(Stat)* äußeres Biegemoment *n*

external cooling tubes *pl (Elek)* Rohrharfenkessel *m*

external diameter *(Tech)* äußerer Durchmesser *m*

external end batten *(Log)* Kopfkranzleiste *f*

external gear *(Getr, Tech)* Außenrad *n*, Außenzahnrad *n*, außen verzahntes Rad *n*

external geared wheel *(Tech)* Koppelrad *n*

external mounting housing *(Bergb)* Anbaugehäuse *n (außen angebracht)*

external rendering *(Bau)* Außenputz *m*

external spray cooling *(Hütt)* Rieselkühlung *f*

external vibrator *(Tech)* Außenrüttler *m (z. B. Bunker)*

extinguishing agent *(Chem)* Feuerlöschmittel *n*

extra *adj (Tech)* wahlweise; zusätzlich

extra-hard *adj (Met)* extrahart *(Härteangabe für Stahl)*

extra heavy fuel oil *(Petr)* Schwerstöl *n*

extra-long adj (Tech) überlang
extra-low voltage (Elek) Kleinspannung f
extra weight (Tech) Zusatzmasse f
extra work (Tech) zusätzliche Arbeit f
extract v (Bergb) abbauen (unter Tage, z. B. Kohle); ausbeuten, auskohlen, gewinnen
extract v (Tech) abziehen (z. B. ein Rad, ein Kabel, Verpackung); herausziehen
extractable adj (Tech) ausziehbar (herausnehmbar); herausziehbar
extracted air (Tech) Abluft f (Saugluft)
extraction (Baum, Bergb) Abbau m (Förderung, Gewinnung von Bodenschätzen, z. B. Kohle)
extraction (Tech) Gewinnung f
extraction device (Bergb, Umschl) Auszugvorrichtung f
extraction of plasticizer (Kunst) Weichmacherwanderung f (DIN 50035)
extractive metallurgy (Hütt) Metallgewinnung f
extractor (Mont, Tech) Abziehvorrichtung f (Ausbauvorrichtung)
extractor (Werkz) Abzieher m
extractor arm (Tech) Räumarm m, Schaufelradarm m
extractor device (Bergb, Hütt/Walz) Abzugsvorrichtung f
extraneous (Tech) Fremd…
extrapolate v (Math) hochrechnen
extreme fibre stress (Met, Stat) Randspannung f
extreme limit switch (Bergb) Grenzschaltung f
extreme-pressure additive (Chem, Tech) Hochdruckzusatz m (Öl)
extreme pressure oil (Tech) Höchstdrucköl n
extremely adv (Tech) äußerst
extrinsic adj (Tech) äußerlich
extruded adj (Hütt/Walz, Met) stranggepresst
extruding (Hütt/Walz) Strangpressen n
extruding axis (Tech) Profilachse f
extrusion (Hütt/Walz) Aushalsung f, Strangpressen n
extrusion plant (Bergb) Extruder m (Granulatformer)
eye (Tech) Auge n, Kabelschuh m, Lasche f (Transportbefestigung); Ohr n, Öse f, Putzen m, Schlaufe f (klein); Schlinge f (klein)

eye bolt (Tech) Augenbolzen m, Augenschraube f, Ringschraube f
eye geometry (Math) Augengeometrie f
eye hook (Stb, Tech) Lastöse f, Ösenhaken m
eyebolt (Tech) Tragöse f
eyelet (Tech) Ringöse f
eyelet bolt (Tech) Ösenschraube f (DIN ISO 1891)
eyelet punch (Werkz) Ösenzange f
eyepiece (Tech) Okular n (Optik)

F

fabric (Tech) Geflecht n (Textil); Gewebe n (Gurt)
fabric belt tire (AE) (Tech) Textilgürtelreifen m
fabric carcass (Förd, Tech) Gewebekern m (Gurt)
fabric filled with phenolic resin (Met) Hartgewebe n
fabric insert (Tech) Gewebeeinlage f
fabric ply (Bergb, Tech, Web) Gewebeeinlage f, Textileinlage f (z. B. Gurt mit Textileinlage)
fabric reinforcement (Bau, Mech, Stb) Baustahlgewebe n
fabric reinforcing (Tech) Seele f (eines Gummischlauches)
fabricate v (Stb, Tech) anfertigen (Stahlkonstruktion)
fabricated adj (Fert) angefertigt (hergestellt)
fabricated adj (Fert, Tech) mechanisch gefertigt
fabricated steel structure (Stb) Stahlbauteile npl, Stahlkonstruktion f
fabrication (Fert) Fertigung f
fabrication (Tech) Werkstattarbeit f
face v (Bau) verblenden
face v (Mech) abfasen (auf der Drehbank); abdrehen (von Stirnflächen); drehen (plandrehen); eben abdrehen, ebnen, fräsen, plan abdrehen, plandrehen, planfräsen, schlichten (z. B. Blech); senken (aussenken); abplatten, anflächen
face v (Stb) auskleiden (z. B. Schacht); verschalen
face (Bergb) Abbaustoß m, Abbauwand f,

Streb m (Kohlenwand); Strosse f (Tagebau)

face (Bergb, Tunn) Ortsbrust f

face (Getr) Zahnbreite f, Zahnkopfhöhe f, Zahnkrone f

face (Mech) ebene Fläche f, Planfläche f (Drehen)

face (Tech) Front f, Kante f (Ecke); Spanfläche f, Stirnfläche f, Stirnseite f, Vorderseite f

face bend test (Prüf) Flächenbiegungsprobe f

face-centered adj (AE) (Met) flächenzentriert (Kristallgitter)

face-centered cubic adj (AE) (Met) kubisch-flächenzentriert (Gitter)

face conveyor (Baum, Bergb) Baggerstrossenband n, Strossenband n

face conveyor (Bergb, Förd) Abbauförderer m, Abbaustrossenband n

face-grind v (Mech) planschleifen

face keyway (Mech) Quernuttiefe f (Gegenflansch Gelenkwelle)

face of flange (Tech) Dichtfläche f (eines Flansches)

face shield (Schw) Handschild n, Schweißerschild n

face shovel (Bergb) Felsschaufel f, Grabschaufel f, Hochlöffel m, Ladeschaufel f, LS f, Ladeschaufelbagger m

face side (Tech) Stirnseite f (schmalere Seite) • on the face side stirnseitig

face-trace machine (Bergb, Tunn) Teilschnittmaschine f

faced adj (Mech) abgefast (Stirnflächen)

faced adj (Met) gepanzert (Ventil)

faceplate (Mess) Frontplatte f

facet (Tech) Facette f

facilities pl (Bau) Anschlüsse mpl (z. B. im Haus)

facility (Bau) Einrichtung f (z. B. Wasserleitung)

facility (Tech) Anlage f (Betriebsstätte); Werk n (Betriebsstätte)

facing (Anstr) Belag m (Oberfläche)

facing (Bau) Verkleidung f (Bauwesen)

facing (Mech, Mont) Abdrehen n der Stirnflächen (Getriebe)

facing... adj (Bau) Sicht...

facing material (Stb) Schalungsmaterial n

facing shape (Tech) Dichtform f (eines Flansches)

factored form (Elek) Nullstellenform f

factory (Tech) Anlage f (Betriebsstätte); Fabrik f, Fabrikationsstätte f, Werk n (Fabrik)

factory assembly (Mont) Werksmontage f (Werkstattmontage)

factory boundary (Fert) Werksgrenze f

factory code (Tech) Werksnorm f

factory-greased adj (Tech) dauergeschmiert

factory greasing (Tech) Dauerschmierung f

factory owner (Tech) Fabrikant m

factory preset (Kfz) Fabrikeinstellung f (z. B. eines Ventils)

factory standard (Tech) Werksnorm f

factory test (Prüf) Betriebsversuch m

factory test certificate (Prüf, Tech) Werkstatttest n, Werksbescheinigung f

fail v (Tech) durchfallen (z. B. durch eine Prüfung)

fail-safe adj (Elek) drahtbruchsicher, fehlersicher, selbstüberwachend

fail-safe adj (Elek, Tech, Hydr/Pneu) absolut zuverlässig, ausfallsicher, betriebssicher

fail-safe adj (Mech) durchschlagsicher

fail-safe brake (Tech) Ruhestrombremse f (Sicherheitsbremse); Sicherheitsbremse f

fail-safe circuit (Elek) Sicherheitsschaltung f

failure (Tech) Ausfall m (Versagen einer Maschine); Panne f (Ausfall); Schaden m (Fehler); Störung f (z. B. eines Gerätes); Versagen n (Maschine)

failure criterion (Math, Met) Vergleichsspannung f

failure criterion (Stb) Versagenskriterium n

failure from workmanship (Tech) mangelhafte Arbeit f

failure to warn (Tech) Instruktionsfehler m

fair v (Tech) windschlüpfig machen (verkleiden)

fair (Tech) Messe f (Fachausstellung)

faired adj (Tech) stromlinienförmig, windschlüpfig

faired steel frame structure (Stb) verkleidete Stahlkonstruktion f

fairing (Tech) Zierleiste f

fairlead apparatus (Elek) Kabelleitapparat m

fall v (Elek, Hydr/Pneu, Tech) sinken

fall (Bergb) Fall m (Sturz)

fall (Geo) Abfall m (z. B. im Gelände); Neigung f, Schräge f

fall (Kran) Strang m (eines Kranseils)

fall of rope (Bergb, Tech) Seilablauf m (von Seiltrommel)

fall time (IT, Elek) Abfallzeit f (eines Signals)

falling adj (Förd, Tech) abfallend, herabfallend

false... adj (Tech) falsch, fehlerhaft

false ceiling (Bau, Stb) Doppeldecke f

false floor (Elek) doppelter Boden m

falsework (Bau) Baugerüst n (z. B. an einem Neubau); Gerüst n

falsework (Stb) Lehrgerüst n, Montagegerüst n

falter v (Tech) stocken

familiarization period (AE) (Fert, Tech) Einarbeitungszeit f

family of characteristics (Tech) Kennlinienfeld n, Kennlinienschar f

family of curves (Mess) Kurvenschar f

fan (Elek, Tech) Ventilator m

fan (Tech) Gebläse n, Lüfter m; Windflügel m (Kraftfahrzeug)

fan approach (Tech) Ventilatoransatz m

fan belt (Tech) Keilriemen m, Lüfterriemen m, Ventilatorriemen m

fan blade (Tech) Lüfterflügel m, Ventilatorblatt n, Ventilatorflügel m

fan-cooled adj (Tech) außenbelüftet

fan heater (Tech) Heizlüfter m

fan out advance (Bergb) Schwenkbetrieb m

fan-shaped adj (Tech) fächerartig, fächerförmig

far field [zone] (Akus, Elek) Fernfeld n (auch für Lichtwellenleiter)

farming tractor (Kfz) Ackerschlepper m

fast adj (Tech) niedrigsiedend (Lösungsmittel); schnell

fast breeder reactor (Kern) Schneller Brüter m (Atomkraftwerktyp)

fast-fall (Baum) Absenken n (des Baggers)

fast-fall device (Bergb) Schnellsenkeinrichtung f (Freifall)

fasten v (Kran) anschlagen (z. B. Seil)

fasten v (Mont, Tech) anbinden (anbinden an); befestigen

fasten v (Tech) festmachen, festsetzen, fixieren, sichern (befestigen)

fastener (Elek, Mech) Halter m

fastener (Stb) Verbindungsmittel n

fastener (Tech) Ringbolzen m, Verschluss m (Befestigung)

fasteners pl (Tech) Befestigungsmittel npl, Verbindungselemente npl, Verbindungsmaterial n (Schrauben und Muttern nach DIN)

fastening (Tech) Befestigung f, Verschluss m

fastening with adhesive (Stb) Klebeverbindung f

fastenings pl (Tech) Befestigungsmittel npl (Schrauben und Muttern)

fatigue (Met) Ermüdungserscheinung f

fatigue (Tech) Ermüdung f, Überbeanspruchung f

fatigue bend test (Prüf) Dauerbiegeversuch m

fatigue crack (Met) Daueranriss m, Dauerbruch m, Ermüdungsbruch m, Ermüdungsriss m

fatigue cracking (Met) Ermüdungsrissbildung f (DIN 50035)

fatigue durability (Met) Dauerhaltbarkeit f

fatigue failure (Met) Dauerbruch m, Ermüdungsbruch m, Ermüdungsriss m

fatigue fracture test (Prüf) Dauerbruchversuch m

fatigue-free adj (Met) dauerfest

fatigue limit (Met, Prüf) Dauerfestigkeit f; Schwingungsfestigkeit f, Wechselfestigkeit f (des Materials)

fatigue limit (Prüf) Ermüdungsgrenze f

fatigue limit under completely reversed stress (Met, Stb) Wechselfestigkeit f (DIN 50100)

fatigue limit under completely reversed tension-compression stresses (Met, Prüf) Zug-Druck-Wechselfestigkeit f (DIN 50100)

fatigue loading (Prüf) Dauerschwingbeanspruchung f

fatigue notch factor (Met) Kerbwirkungszahl f

fatigue resistance (Met, Prüf) Dauerfestigkeit f, Ermüdungsfestigkeit f

fatigue strength *(Bau, Met)* Gestaltfestigkeit f *(großer Konstruktionen)*

fatigue strength *(Met, Prüf)* Betriebsfestigkeit f, Dauerfestigkeit f, Ermüdungsfestigkeit f; Schwingungsfestigkeit f, Wöhlerfestigkeit f

fatigue strength for finite life *(Prüf)* Zeitfestigkeit f *(DIN 50100, Zeitschwingfestigkeit)*

fatigue strength of large structures *(Met, Tech)* Dauerhaltbarkeit f

fatigue strength reduction factor *(Met)* Kerbwirkungszahl f

fatigue strength under bending conditions *(Prüf, Schw)* Dauerbiegewechselfestigkeit f

fatigue strength under corrosion for finite life *(Met)* Korrosionszeitfestigkeit f *(DIN 50100)*

fatigue strength under fluctuating stresses *(Met)* Schwellfestigkeit f

fatigue strength under pulsating stresses *(Met)* Schwellfestigkeit f

fatigue strength under reversed bending stresses *(Prüf, Tech)* Biegewechselfestigkeit f *(DIN 50 100 – Dauerschwingversuch)*

fatigue strength under torsional conditions *(Met, Schw)* Dauerdrehwechselfestigkeit f

fatigue test *(Prüf)* Dauerbruchversuch m, Dauerfestigkeitsversuch m, Dauerprüfung f, Dauerversuch m, Ermüdungsversuch m *(Dauerversuch)*

fatigue test under actual service conditions *(Prüf)* Betriebsschwingversuch m *(DIN 50100)*

fatigue test under rotary bending loads *(Prüf)* Umlaufbiegeversuch m *(DIN 50100)*

fatigue test with several load steps *(Prüf)* Mehrstufendauerschwingversuch m *(DIN 50100)*

fatigue tested specimen without rupture *(Prüf)* Durchläufer m *(DIN 50100)*

fatigue yield limit *(Prüf)* Dauerdehngrenze f

fatigued specimen without rupture *(Prüf)* Durchläufer m *(DIN 50100)*

faucet *(Tech)* Hahn m

fault *(Geo)* Verwerfung f

fault *(Tech)* Fehler m *(Riss, Sprung, Fleck usw. im Material)*; Schaden m *(Fehler)*; Störung f *(z. B. eines Gerätes)*

fault alarm *(Tech)* Störmeldung f

fault clearance *(Elek)* Entstörung f

fault detector *(Elek)* Fehlerortungsstab m

fault display *(Elek)* Fehlermeldung f *(Anzeige)*

fault finding *(Tech)* Fehlerfindung f, Fehlersuche f, Schadenfindung f

fault level *(Elek)* Kurzschlussleistung f *(eines Netzes)*; Kurzschlussniveau n

fault power *(Elek)* Kurzschlussleistung f *(eines Netzes)*

fault voltage *(Elek)* Fehlerspannung f

faulting *(Geo)* Verwerfung f

faulty *adj (Tech)* fehlerhaft

faulty machining *(Mech)* Bearbeitungsfehler m *(DIN 50100)*

favourable *adj (Tech)* günstig

faying surface *(Tech)* Dichtungsfläche f

feasibility *(Mess, Tech)* Durchführbarkeit f

feasible *adj (Tech)* möglich

feather edge *(Schw)* Federkante f

feather-edge file *(Werkz)* Einstreichfeile f, Schwertfeile f

feature *(Elek, Tech)* Charakteristik f, Eigenschaft f, Grundzug m, Merkmal n

Federal German Immission Control Act *(Ökol)* Bundes-Immissionsschutzgesetz n

Federal Institute for Materials Research and Testing *(Tech)* Bundesanstalt f für Materialprüfung, BAM

Federal Institute for Occupational Safety and Health *(Tech)* Bundesanstalt f für Arbeitsschutz und Arbeitsmedizin

feed *v (Hydr/Pneu)* einspeisen, speisen

feed *v (Tech, Umschl)* beschicken, nachspeisen

feed *(Bergb, Förd, Umschl, Zer)* Aufgabe f *(von Fördergut)*; Beschickung f *(Platzbeladen, Lagerplatz)*

feed *(Bergb, Tech)* Vorschub m

feed *(Hütt/Walz)* Einsatzgut n *(Beschickungsgut für NE-Metallofen)*

feed *(Tech)* Stufenvorschub m, Versorgung f *(mit Material)*; Zulauf m

feed... *adj (Tech)* Speise..., Vorschub...

feed bin *(Bergb)* Schüttrumpf m *(Bunker oder Eimerkettenbagger)*; Schütt-

schacht m (Bunker oder Eimerkettenbagger)
feed cylinder (Hydr/Pneu) Einlaufzylinder
m
feed cylinder (Hydr) Zubringerzylinder m
feed hood (Zer) Einlaufkasten m
feed hopper (Tech, Zer) Chargiertrichter
m, Einlauftrichter m
feed line (Hydr/Pneu) Zu(lauf)leitung f
feed opening (Zer) Einlauf m, Maulgröße f
(des Brechers)
feed path (Elek, Tech) Schaltweg m
feed pipes pl (Tech) Zulaufweg m (des
Öls)
feed pump (Hydr/Pneu, Tech) Speisepumpe f
feed pump (Verd) Zulaufpumpe f
feed regulating conveyor (Förd) Dosierband n
feed roller (Tech) Zuführrollgang m
feed scallop (Getr) Vorschubmarkierung
f
feed size (Bergb) Kantenlänge f (der
Steine)
feed valve (Vent) Einspeiseventil n,
Speiseventil n
feed water heating (Hydr/Pneu) Speisewasservorwärmung f
feedback (Elek) Rückkopplung f, Rückmeldung f
feedback (Tech) Rückführung f (Kolben)
feedback bellows (Mess, Tech) Rückführbalg m
feedback circuit (Elek) Regelkreis m
(Digitalsteuerung)
feedback encoder (Mess) Momentanwertumsetzer m
feedback value (Elek) Ist-Wert m (im
Regelkreis)
feeder (Bergb, Umschl) Schubscheider
m, Schubförderer m
feeder (Bergb, Förd, Umschl) Aufgabe-
apparat m, Aufgabevorrichtung f, Aufgeber m
feeder (Elek) Abgang m (eines Stromkreises); Einspeisung f, Einspeiseleitung f; Kabelzuleitung f, Leitung f (Kabel); Zuleitung f (Strom, Energie)
feeder (Tech) Aufnehmer m (für die Zuführung); Speiseapparat m, Zufuhrapparat m
feeder chute (Hütt/Walz) Füllschacht m

feeder line (Bahn) Kleinbahn f, Kreisbahn
f, Nebenbahn f, Nebenstrecke f
feeder line (Hydr/Pneu) Speiseleitung f
feeder panel (Elek) Abgangsfeld n
feeder table (Förd, Walz) Vorlegetisch m
feeder tap unit (Elek) Abzweig m (Verteilereinheit)
feeder unit (Elek) Abzweig m (Verteilereinheit)
feedforward control (Mess) Vorwärtsregelung f
feeding (Bahn, Elek) Speisung f (Einspeisung von Strom)
feeding (Bergb, Hütt) Beschickung f (z. B.
des Ofens)
feeding (Elek) Zuleitung f (Strom, Energie)
feeding belt (Förd, Umschl) Zubringerband n, Zuführungsband n; Abzugsband n, Aufgabeband n
feeding boom (Bergb, Umschl) Aufnahmeausleger m (Absetzer, Fördwagen);
Zuführungsausleger m
feeding conveyor (Förd, Umschl) Zubringerband n, Zuführungsband n;
Abzugsband n, Aufgabeband n
feeding drum (Tech) Obertrommel f
(Speisetrommel)
feeding hopper (Tech) Fülltrichter m
feeding hopper (Umschl, Zer) Aufgabe-
betrichter m, Einlauftrichter m
feeding line (Hydr/Pneu) Nachspeislei-
tung f
feeding pipe (Elek) Zuleitung f (als
Rohrleitung)
feeding pipe (Tech) Füllrohr n (Schmierung)
feeding rack (Tech) Vorlagerost m
feeding valve (Vent) Nachspeiseventil n
feedstock (Hütt/Walz) Einsatzgut n (z. B.
in Walzwerk); Einsatzstoff m (Einsatzprodukt)
feeler (Tech, Werkz) Fühlerlehre f
feeler (Werkz) Dickenlehre f, Spion m
feeler gage (AE) (Tech, Werkz) Dickenlehre f, Fühlerlehre f, Maßfühler m,
Messfühler m, Spion m
feeler gauge (BE) (Tech, Werkz) Dickenlehre f, Einstelllehre f, Fühlerlehre f,
Maßfühler m (Dickenschablone);
Messfühler m, Spion m; Temperaturfühler m
FEM (Prüf) Finiteelementmethode f
female die (Form) Schnittplatte f

female rotor *(Verd)* Nebenläufer *m* *(Schraubenverdichter)*

female spline *(Tech)* Nut *f* *(einer Keilwelle)*

female square drive *(Werkz)* Innenvierkant *n* *(Steckschlüssel)*

female thread *(Tech)* Innengewinde *n*

female union *(Tech)* Gewindestück *m* mit Innengewinde

fender *(Bergb)* Rammschutz *m* *(z. B. am Bagger)*

fender *(Kfz, Tech)* Abweiser *m* *(Kotflügel)*; Kotflügel *m*, Radabdeckung *f*, Schutzblech *n*

fender *(Kran)* Scheuerleiste *f*

ferriferous *adj (Bergb)* eisenhaltig

ferrite *(Met)* Ferrit *n*

ferritic steel *(Met)* ferritischer Stahl *m*

ferroalloy *(Met)* Ferrolegierung *f*

ferrous *adj (Bergb)* eisenhaltig

ferrous alloy *(Met)* Stahllegierung *f*

ferrous metallurgy *(Form)* Eisenhüttenkunde *f*

ferruginous *adj (Bergb)* eisenhaltig

ferrule *(Elek)* Aderendhülse *f*, Federhülse *f*

ferrule *(Elek, Tech)* Zwinge *f* *(z. B. für Kabel)*

ferrule *(Tech)* Federring *m*, Spannhülse *f* *(Welle)*; Sperrring *m*

fertilizer *(AE) (Chem)* Kunstdünger *m*

festoon *(Tech)* Girlande *f* *(Kabel)*

festoon bulb *(Elek)* Soffittenlampe *f*

festooned cable *(Elek)* Girlandenkabel *n*

fettle *v (Mech, Hütt/Walz)* putzen *(z. B. Guss, Schmiedestücke)*

fettle *v (Mech)* abgraten

fettling *(Hütt)* Putzen *n (Konverter)*

fettling *(Mech)* Entgraten *n*

fiber *(AE) (Tech)* Faser *f*, Textur *f*

fiberboard *(Tech)* Hartpappe *f*

fibre *(BE) (Tech)* Faser *f*, Textur *f*

fibre board *(Tech)* Hartfaserplatte *f*

fibre-optic cable *(Tech)* Glasfaserkabel *n*

fibre optics *(Mess)* Lichtwellenleitertechnik *f*

field *(Bau)* Baustelle *f*

field *(Elek)* Feld *n (z. B. magnetisch, elektrisch)*; Halbbild *n (Fernsehgerät)*

field *(Mech, Tech)* Bereich *m*, Feld *n* *(Fläche, Gebiet, Region)*; Gebiet *n* *(Bereich, Region)*; Sektor *m (Gebiet)*

• **in the field** im praktischen Einsatz, praktisch *(in der Praxis)*

field connection *(Bau)* Baustellenanschluss *m*, Baustellenstoß *m*

field connection *(Stb)* Montagestoß *m*

field discharge *(Elek)* Entregung *f*

field-driven rivet *(Stb)* Baustellenniet *m*

field excitation *(Tech)* Erregung *f*

field installation *(Mont)* Montage *f*

field joint *(Stb)* Montagestoß *m*

field-mounted alarm (unit) *(Mess)* Vor--Ort-Grenzwertmelder *m*

field of activity *(Tech)* Arbeitsbereich *m* *(Fachgebiet)*; Arbeitsgebiet *n*

field of application *(Tech)* Anwendungsbereich *m*, Anwendungsgebiet *n*, Einsatzgebiet *n*; Verwendungsbereich *m*

field of study *(Tech)* Arbeitsbereich *m* *(Fachgebiet)*; Arbeitsgebiet *n*, Fachgebiet *n*

field of work *(Tech)* Fachgebiet *n*

field office *(Tech)* Baubüro *n (auf der Baustelle)*

field-proven *adj (Tech)* bewährt

field rivet *(Stb)* Baustellenniet *m*

field splice *(Bau, Stb)* Baustellenstoß *m* *(nicht in der Werkstatt)*

field switch *(Bergb, Elek)* Übergabeschalthaus *n (Stromverteiler)*; Übergabestation *f (Stromverteilhaus)*

field-tested *adj (Tech)* bewährt

field weld *(Schw)* Schweißung *f* am Einsatzort

fifo, FIFO *(Elek)* zuerst rein - zuerst raus, FIFO

fifth wheel load *(Kfz, Tech)* Sattellast *f* *(der Zugmaschine)*

Fig. *(Tech)* Abbildung *f*

figure *v up (Math, Tech)* berechnen

figure *(Math, Tech)* Zahl *f*, Ziffer *f (einstellige Zahl)*

figure *(Tech)* Abbildung *f*

filament *(Elek)* Leuchtdraht *m (einer Glühbirne)*

filament lamp *(Elek)* Glühlampe *f*

file *v (Mech)* feilen

file *(IT)* Datei *f*

file *(Werkz)* Feile *f*

file brush *(Werkz)* Feilenbürste *f*

file handle *(Werkz)* Feilengriff *m*, Feilenheft *n*

filiform corrosion *(Met)* Fadenkorrosion *f*

filing margin *(Tech)* Heftrand *m (z. B. einer Zeichnung)*

filings *pl (Tech)* Feilspäne *mpl*

filister head screw *(Tech)* Linsenschraube *f*

fill *v (Anstr)* spachteln

fill *v (Bau)* aufschütten

fill *v (Bergb, Umschl)* anschütten, einfüllen

fill *v (Tech)* füllen

fill *(Hütt)* Verfüllmaterial *n (für Abstichkanal)*

fill level indicator *(Tech)* Füllstandsanzeigegerät *n*, Füllstandsanzeiger *m*

fill yarn *(Web)* Schussfaden *m*

filled *adj (Tech)* gefüllt

filled-in *adj (Schw)* ausgebrannt

filled-system thermometer *(Mess)* Kapillarthermometer *n*

filler *(Anstr)* Spachtelmasse *f*, Spachtelmaterial *n*

filler *(Bergb)* Futterstück *n (Tunnelvortriebsmaschine)*

filler *(Schw)* Schweißzusatz *m*

filler *(Tech)* Futter *n (Füllmaterial)*; Öleinfüllstutzen *m*

filler cap *(Kfz, Tech)* Einfüllverschluss *m*; Verschlusskappe *f (z. B. eines Tanks)*

filler metal *(Schw)* Schweißzusatzwerkstoff *m*, Zusatzwerkstoff *m*

filler pass *(Schw)* Fülllage *f*

filler plate *(Hütt)* Futterstück *n (Gießmaschinen)*

filler plate *(Met)* Futterblech *n*

filler rod *(Schw)* Stabelektrode *f*

fillet *(Mech, Stb)* Ausrundung *f* zwischen Steg und Flansch

fillet *(Tech)* Abrundung *f (Getriebe)*; Fußrundungsfläche *f (Getriebe)*

fillet *(Zer)* Abdeckleiste *f*

fillet depth *(Schw)* Nahtdicke *f (Kehlschweißnaht)*

fillet radius *(Tech)* Hohlkehlenradius *m (Welle)*; Rundung *f (Keilnut)*

fillet radius *(Verd)* Übergangsradius *m (der Verbindung zwischen Laufradscheibe und Schaufel)*

fillet thickness *(Schw)* Nahtdicke *f (Kehlschweißnaht)*

fillet weld *(Schw)* äußere Kehlnaht *f*, Ecknaht *f (äußere Kehlnaht)*; Hohlkehle *f (Naht)*; Hohlkehlschweißung *f*, Kehlnaht *f*, Kehlschweißung *f*

fillet welding *(Schw)* Kehlnahtschweißung *f*

filling *adj (Tech)* füllend

filling *(Bau)* Aufschüttung *f*

filling *(Tech)* Füllung *f*

filling hose nozzle *(Tech)* Zapfpistole *f (einer Zapfsäule)*

filling in of material *(Bergb)* Materialeinbau *m*

filling level transmitter *(Hydr/Pneu)* Füllstandsgeber *m*

filling nozzle *(Tech)* Einfallstutzen *m*, Einfüllstutzen *m*

filling out factor *(Prüf, Tech)* Völligkeitsgrad *m (Rautiefenmessung)*

filling paste *(Anstr)* Spachtelmasse *f*

filling valve *(Vent)* Füllarmatur *f (z. B. eines Ölfilters)*

fillister head rivet *(Tech)* Rundkopfniet *m*

fillister head screw *(Tech)* Linsenkopfschraube *f*, Linsenzylinderschraube *f (mit Schlitz)*

fillister-head sunk screw *(Tech)* Zylindersenkschraube *f*

film *(Anstr)* Schicht *f (Film)*

film *(Chem)* Film *m (Überzug)*

film *(Met, Walz)* Feinfolie *f (unter 0,25 mm Dicke)*

film *(Tech)* dünne Schicht *f*, Folie *f*

filter *v (Tech)* durchseihen, filtern, filtrieren

filter *v (Zer)* aussieben

filter *(Tech)* Filter *n*

filter efficiency *(Hydr/Pneu, Tech)* Abscheidegrad *m (eines Filters)*; Filterwirkungsgrad *m*

filter insert *(Tech)* Filtereinsatz *m*

filter poppet *(Tech)* Tellerfilter *n*

filter technology *(Kfz)* Filtertechnik *f*

filtration power *(Hydr/Pneu)* Abscheidevermögen *n (eines Filters)*

fin *v (Tech)* verrippen

fin *(Elek)* Kühlrippe *f*

fin *(Mech)* Bohrgrat *m*, Grat *m (Bohren, Schweißen)*

fin *(Tech)* Flosse *f*, Lamelle *f (Kühler)*; Rippe *f (eines Rohres)*; Seitenflosse *f*, Seitenleitwerk *n*, Spitze *f (Labyrinthdichtung)*; Wabe *f (des Ölkühlers)*

fin *(Walz)* Walznaht *f*

fin roll stand *(Walz)* Schwertwalzengerüst *n (Rohrwalzwerk)*

fin-type motor *(Antr)* Rippenmotor *m*

final *adj (Tech)* End..., endgültig, Fertig...

final circuit *(Elek)* Abzweig *m (I-Leitung)*; Abzweigleitung *f*, Abzweigstromkreis *m*

final coat(ing) *(Anstr)* Deckanstrich *m*, Deckschicht *f*

final contour *(Tech)* Fertigkontur *f*

final control(ling) element *(Mess)* Stellglied *n*

final drive *(Antr, Tech)* Seitenantrieb *m*

final drive *(Kfz)* Fahrmotor *m (an der Raupenkette)*

final drive *(Tech)* Endantrieb *m (Ölmotor)*

final-drive reduction *(Kfz)* Endantriebuntersetzung *f*

final element *(Mess)* Stellglied *n*

final erection *(Tech)* Endmontage *f*

final extension *(Tech)* endgültiger Ausbau *m*

final gas *(Hütt/Walz)* Reingas *n (hinter dem Filter)*

final inspection *(Prüf)* Endabnahme *f*

final operator *(Mess)* Stellglied *n (Antrieb des Regelkreisschlussglieds)*

final settling basin *(Ökol)* Nachklärbecken *n*

find *v (Tech)* auffinden, auftreiben, ausfindig machen

fine *adj (Tech)* fein, rein

fine blanking *(Form, Hütt)* Feinschneiden *n*

fine concrete *(Bau)* Feinbeton *m*

fine cut file *(Werkz)* Schlichthiebfeile *f*

fine cutting quality *(Tech)* Feinschneidgüte *f*

fine grain *(Met, Zer)* Feinkorn *n*; Feinkörnigkeit *f*

fine-grained ore *(Met)* Feinerz *n*

fine-grained steel *(Met)* Feinkornstahl *m*

fine level *(Bau)* Feinplanum *n*

fine levelling of surface *(Bergb)* Abziehen *n* von Planum

fine material bypass *(Zer)* Auffangtrichter *m (z. B. Autogenmühle)*

fine-measuring outer micrometer *(Metr)* Feinmess-Außenmikrometer *m (Werkzeuge)*

fine mesh *(Met)* Feingewebe *n (eines Siebs)*

fine pearlite *(Met)* feinstreifiger Perlit *m*

fine pitch thread *(Tech)* Feingewinde *n*

fine reading *(Elek)* Feinwertübertragung *f*

fine sizing plant *(Zer)* Sichtanlage *f*

fine-tuned *adj (Elek)* abgestimmt

finely stranded *adj (Elek)* feinadrig *(Kabel)*; feindrähtig *(Kabel)*

fines *pl (Hütt/Walz)* Flugasche *f*

fines *pl (Zer)* Feingut *n*, Feinkorn *n*, Feinstaub *m*, Feinteile *npl*

finest *adj (Tech)* erstklassig

finger *(Tech)* Zapfen *m (herausragend)*

finger nail indentation test *(Prüf)* Fingernagelversuch *m (Fingernagelprüfung)*

fingertip test *(Tech)* Fingertupfprobe *f*

finish *v (Anstr)* lackieren

finish *v (Bau)* versiegeln *(z. B. Parkett)*

finish *v (Mech)* bearbeiten; abschlichten, fertig bearbeiten, endbearbeiten, fertigschlichten, schlichten *(z. B. Blech)*; zubereiten, zurechtmachen, zurichten

finish *v (Tech)* aufhören, ausgehen *(einen bestimmten Ausgang haben)*; fertigmachen, fertigstellen

finish *v* **machine** *(Mech)* fertigdrehen, schlichten

finish *(Anstr)* Anstrich *m (Farbe)*; Deckanstrich *m*, Lack *m*, Oberflächenausführung *f*

finish *(Mech)* Endbearbeitung *f*

finish *(Tech)* Ausführung *f (äußere Ausführung)*

finish coat *(Anstr)* Deckanstrich *m*

finish coating *(Anstr, Walz)* Schlusslack *m*

finish-drilled *adj (Mech)* fertig gebohrt

finish erection *(Mont)* Fertigmontage *f*

finish-machined *adj (Mech)* fertig bearbeitet

finished *adj (Tech)* fertig *(bereit)*; fertiggemacht, fertiggestellt

finished casting *(Met)* Fertigguss *m*, Formguss *m*

finished goods *pl* **and merchandise** *(Tech)* fertige Erzeugnisse *npl* und Waren *fpl*

finished product *(Tech)* Fertigfabrikat *n*, Fertigteil *n*

finisher *(Walz)* Fertiggerüst *n*

finishing *(Tech)* Fertigstellung *f (z. B. in der Produktion)*; Nachbearbeitung *f*

finishing coat *(Anstr)* Deckanstrich *m*

finishing depth *(Bau)* Einbaustärke *f (eines Seitenfertigers)*

finishing lathe *(Mech)* Fertigdrehmaschine *f*

finishing of tubulars *(Hütt/Walz)* Rohrweiterverarbeitung *f*
finishing pass *(Walz)* Fertigkaliber *n*
finishing roll *(Walz)* Fertigwalze *f*
finishing stand *(Walz)* Fertiggerüst *n*
finite *adj (Tech)* finit
finite element method *(Prüf)* FEM *f*; Finitelementmethode *f*
finned *adj (Tech)* Flossen..., gerippt
finned tube *(Hütt/Walz)* Flossenrohr *n*, Rippenrohr *n*
fir tree crystal *(Met)* Tannenbaumkristall *m (Dendrit)*
fire alarm *(Tech)* Feuermelder *m*
fire alarm box *(Tech)* Brandmelder *m*, Feuermelder *m*
fire brigade *(Tech)* Feuerwehr *f*
fire-cracker welding *(Schw)* Unterschieneschweißen *n*
fire cubicle *(Bau)* feuergeschützte Zelle *f*
fire department *(Tech)* Feuerwehr *f*
fire door *(Baut)* Notausgang *m*
fire door *(Tech)* Brandschutztür *f*
fire escape ladder *(Stb)* Notleiter *f*
fire exit *(Bau)* Notausgang *m*
fire extinguisher *(Tech)* Feuerlöscher *m*
fire extinguishing equipment *(Tech)* Löschgeräte *npl*
fire fighter *(Tech)* Feuerwehrmann *m*
fire-fighting squad *(Tech)* Löschtrupp *m*
fire-fighting vehicle *(Tech)* Löschfahrzeug *n (Feuerwehr)*
fire hydrant *(Tech)* Hydrant *m*
fire load *(Tech)* Brandlast *f*
fire-proof *adj (Tech)* feuerfest, feuerschützend, feuersicher
fire-proof barrier *(Stb)* Gegenfeuer *n*
fire pump *(Hydr/Pneu)* Löschpumpe *f (Feuerwehr)*
fire resistance *(Met)* Feuerbeständigkeit *f*, Feuersicherheit *f*, Feuerwiderstand *m*
fire resistance period *(Met, Tech)* Brandwiderstandsdauer *f*, Feuerwiderstandsdauer *f*
fire-resistant *adj (Chem, Met, Tech)* brandbeständig, feuerbeständig, feuererfest; feuergeschützt
fire-retarding *adj (Chem, Tech)* schwer entflammbar
fire-safe *adj (Met)* feuersicher
fire-shielding *adj (Met)* feuerhemmend
fire station *(Bau)* Feuerwache *f (Gebäude)*

fire tender *(Kfz)* Feuerlöschfahrzeug *n*
fire tongs *pl (Werkz)* Feuerzange *f*
firebox *(Bahn)* Feuerbüchse *f (der Dampfmaschine)*; Feuerkiste *f (der Dampfmaschine)*
firebrick *(Tech)* Feuerstein *m (Hochofen)*
fireclay *(Hütt/Walz)* Schamotte *f*
fired *adj (Bau)* gebrannt
firedamp *(Bergb)* Grubengas *n (Schlagwetter)*
fireman *(Tech)* Feuerwehrmann *m*
fireplace, fireside *(Baut)* Kamin *m (im Haus)*
firing *(Hütt/Walz)* Feuerung *f*
firing chamber *(Bau)* Feuergang *m*
firing order *(Tech)* Zündfolge *f (Motor)*
firing point *(Elek)* Zündzeitpunkt *m*
firmly *adv (Tech)* fest
firmness *(Tech)* Standruhe *f*
first aid kit *(Tech)* Verbandkasten *m*
first aid station *(Tech)* Unfallstation *f*
first coat *(Anstr)* Grundschicht *f*
first fault discrimination alarm *(Mess)* Erstwertmeldung *f*
first fill *(Tech)* Erstfüllung *f (z. B. mit Öl)*
first in - first out *(Elek)* FIFO, zuerst rein - zuerst raus
first off *(Prüf, Tech)* Abnahme *f*, Abnahmetest *m (Erstabnahme)*
first ore *(Met, Tech)* Anbruch *m*
first-out alarm *(Mess)* Erstwertmeldung *f*
fish *v (Stb)* verlaschen
fish-bellied *adj (Tech)* fischbauchig
fish-belly girder *(Tech)* Fischbauchträger *m*, Träger *m (mit grätenartigen Rippen)*
fish eye *(Met)* Fischauge *n (Bandoberflächenfehler)*
fish girder *(Bau)* Fischbauchträger *m*
fish-plate connection *(Bahn)* Stoß *m (des Fachwerkgerüstes)*
fissure *(Met, Prüf)* Bruchstelle *f*
fissure *(Tech)* Spalt *m*, Sprung *m*
fissured *adj (Geo)* klüftig *(Gestein)*; rissig
fissuring *(Met)* Reißen *n*, Rissbildung *f*, Spaltbildung *f*
fit *v (Mech, Mont)* anbauen *(montieren)*; aufstellen, montieren
fit *v (Mont, Tech)* anbringen *(einbauen)*; ausrüsten, ausstatten, befestigen, zusammenbauen
fit *v (Tech)* auflegen *(z. B. Gurt)*; einbauen, einbringen, passen

fit v up (Tech) einpassen

fit (Tech) Passung f; Sitz m (z. B. Rad auf einer Welle)

fit bolt (Tech) Passschraube f

fit for service adj (Tech) gebrauchstauglich

fit tolerance (Tech) Passtoleranz f

fitment (Tech) Zubehörteil n (Maschine, Fahrzeug)

fitted adj (Kfz) eingebaut (installiert)

fitted adj (Tech) aufgesetzt, ausgerüstet

fitted bolt (Tech) Passschraube f

fitted by shrinking adj (Mont, Tech) aufgeschrumpft, aufgezogen (warm)

fitted key (Tech) Passfeder f

fitted on adj (Tech) aufgesteckt, Aufsteck…

fitted-on adj (Mont, Tech) aufgezogen (kalt)

fitter (Mont, Tech) Monteur m; Schlosser m (Maschinenschlosser)

fitter's shop (Tech) Schlosserei f

fitting adj (Tech) passend, Pass…

fitting (Mont) Montage f

fitting (Stb, Tech) Einpassen n (Anpassen); Passung f

fitting (Tech) Anbringung f, Nippel m (Hydraulik); Anschlussstück n; Rohrleitungsverbindungsstück n, Rohrleitungsverschraubung f, Schelle f (an Schläuchen); Verbindungsstück n

fitting banjo (Tech) Rohrschelle f

fitting bolt (Tech) Passschraube f

fitting cap (Tech) Verschlusskappe f

fitting dimensions pl (Mech) Anschlussmaße npl

fitting key (Tech) Passfeder f

fitting tolerance (Form) Einbautoleranz f

fitting tool (Werkz) Montagewerkzeug n

fitting wedge (Tech) Keil m

fittings pl (Baut) Beschläge mpl

fittings pl (Tech, Verd) Armaturen fpl

five-lobe bearing (Lag) Fünfflächenlager n (Mehrflächenlager)

five-pad bearing (Lag) Fünfsteinlager n (Art eines Kippsteinlagers)

five-pad journal bearing (Lag) Fünfflächengleitlager n (fünfsteiniges Lager)

five poster (integrally geared) (Verd) fünfstufiger Turboverdichter m (als Getriebeverdichter)

fix v (Mech, Mont) aufstellen

fix v (Mont, Tech) anbringen, befestigen, einspannen, montieren

fix v (Tech) anberaumen (z. B. einen Termin, ein Treffen); einsetzen (einbauen); festlegen, festsetzen, feststellen (festsetzen, fixieren); fixieren

fixed adj (Stb) eingespannt

fixed adj (Tech) fest, Fest…, konstant, Konstant…

fixed bearing (Lag) Festlager n (Lagerbock)

fixed bed (Tech) Festbett n (Gegensatz zu Fließbett)

fixed condition (Stb) Einspannbedingung f

fixed crawler (Bergb) Festraupe f

fixed cushioning (Hydr) Konstantdämpfung f

fixed displacement motor (Antr) Konstantmotor m

fixed displacement pump (Hydr/Pneu) Konstantpumpe f

fixed-ended arch (Stb) eingespannter Bogen m

fixed-ended column (Stb) eingespannte Stütze f

fixed flow pump (Hydr/Pneu) Konstantpumpe f

fixed leg (Kran) Feststütze f (eines Portalkrans)

fixed point (Tech) Festpunkt m

fixed-position sampler (Tech) eingebauter fester Probenehmer m

fixed side (Bergb, Tech) Fahrwerk n

fixed side (Hütt) Stabseite f

fixed side guide idler (Förd) Leitrolle f (fest, seitlich, senkrecht); Seitenführungsrolle f

fixed speed gearbox (Tech) Hauptgetriebe n

fixed speed pump (Hydr/Pneu) Konstantpumpe f

fixing (Bergb, Tech) Seileinband m

fixing (Stb) Einspannung f

fixing (Tech) Befestigung f, Fixierung f

fixing adj (Tech) Befestigungs…

fixing agent (Tech) Binder m

fixing bath (Tech) Fixierbad n

fixing clamp (Tech) Kabelschelle f

fixing device (Bau, Mont) Ankerplatte f

fixing device (Tech) Feststellung f (Vorrichtung)

fixing lug (Tech) Anschlagauge n; Befestigungslasche f (am Getriebe)
fixing means pl (Tech) Binder m
fixing medium (Tech) Binder m (Befestigungsmittel)
fixing pin (Tech) Passstift m
fixing plate (Hydr/Pneu, Tech) Befestigungslasche f (Platte); Befestigungsplatte f
fixing point (Bergb) Einband m, Seileinband m
fixing sleeve (Tech) Spannhülse f (Lager)
fixity (Stb) Einspannung f
fixture (Stb) Aufspannvorrichtung f (Haltevorrichtung); Einspannvorrichtung f (Haltevorrichtung)
fixture (Tech) Halterung f (z. B. aus Draht); Haltevorrichtung f; Vorrichtung f
flag (IT) Anzeiger m (Markierung in der EDV); Markierung f
flag (Tech) Fehleranzeige f
flag switch (Mess) Anstoßschalter m
flake v (Anstr) abblättern (Farbe, Putz); abschuppen
flake v (Anstr, Hütt) abplatzen (Steine)
flake v (Anstr, Met) schuppen (z. B. bei Materialfehler)
flake v off (Anstr) abblättern (Farbe, Putz); abschuppen
flake v off (Anstr, Hütt) abplatzen (Steine)
flake cracks pl (Tech) Flockenrisse mpl
flake graphite (Met) Schuppengraphit m
flake-graphite cast iron (Met) Gusseisen n mit Lamellengraphit
flaky graphite (Met) Schuppengraphit m
flame chipping (Hütt/Walz) Brennputzen n
flame-cut v (Met) ausbrennen
flame-cut v (Mech, Mont, Schw) abbrennen
flame-cut v (Mont, Schw) brennschneiden
flame-cut v (Schw) abtrennen (abbrennen); autogen schneiden, brennschneißen, schneidbrennen
flame-cut adj (Schw) abgebrannt, ausgebrannt, Brenn..., Brennschnitt... (durch Schweißen)
flame-cut plates pl (Tech) Maßbleche npl (Eisen und Stahl)
flame cutter (Schw) Brennschneider m
flame-cutting machine (Schw) autogene Schneidmaschine f, autogenes

Schneidgerät n, Autogenschneidmaschine f, Brennschneidmaschine f, Gasschneidmaschine f
flame cutting torch (Schw) Schneidbrenner m
flame descaling [deseaming] (Hütt/Walz) Brennputzen n, Flämmen n, Flämmputzen n
flame gouging (Mech, Schw) autogenes Fugenhobeln n, Autogenfugenhobeln n, Fugenhobeln n mit Gas
flame-harden v (Met) flammhärten
flame-harden v (Schw) brennhärten n
flame-hardened adj (Met) flammgehärtet
flame-inhibiting adj (Elek) flammwidrig (Schutzart – Kabel)
flame-proof adj (Elek, Met) druckfest, schlagwettergeschützt (Schutzart)
flame-retardant adj (Tech) flammenhemmend
flame-scarf v (Hütt/Walz) brennputzen, flämmen
flame scarfing (Hütt/Walz) Brennputzen n, Flämmen n, Flämmputzen n
flame torch (Schw) Autogenbrenner m
flame-type kit (Kfz) Flammglühanlage f (für Dieselmotoren)
flammable adj (Chem) brennbar (Flüssigkeiten); entflammbar; feuergefährlich
flange v (Mech) krempen (z. B. Blech)
flange v (Mech, Mont) abkanten, anflanschen, bördeln (z. B. Blech)
flange (Förd) Gurt m
flange (Stb) Flansch m (eines Trägers; Gurt); Schenkel m
flange (Tech) Dichtflansch m, Flansch m, Krempe f (gestanzt); Laufkranz m, Scheibe f (Flanschverbindung); Spurkranz m (Rad)
flange angle (Stb) Gurtwinkel m
flange-angle splice (Stb) Gurtwinkelstoß m
flange between stages (Tech) Stufenflansch m
flange bolt (Tech) Bundbolzen m
flange bush (Tech) Bundbuchse f
flange bushing (Tech) Bundbuchse f
flange clutch (Kfz, Tech) Flanschkupplung f, Lamellenkupplung f, Scheibenkupplung f
flange crack (Met) Krempenriss m

flange facing *(Tech)* Dichtfläche *f (eines Flansches)*

flange in compression *(Stb)* Druckflansch *m*

flange in tension *(Stb)* Zugflansch *m*

flange joint *(Stb)* Gurtstoß *m*

flange joint *(Tech)* Flanschbefestigung *f*, Flanschverbindung *f*

flange member *(Stb, Tech)* Gurt *m (Fachwerkträger)*; Gurtstab *m*

flange-mounted *adj (Tech)* angeflanscht

flange-mounted motor *(Kfz)* Flanschmotor *m*

flange mounting *(Tech)* Flanschanschluss *m*; Flanschbefestigung *f*

flange packing *(Tech)* Dichtungsring *m (Flanschverbindung)*

flange plate *(Tech)* Gurtplatte *f*; Gurtblech *n (Konverter)*; Lamelle *f (Gurtplatte, waagerecht)*

flange plate joint *(Stb)* Gurtplattenstoß *m*

flange slope *(Tech)* Flanschneigung *f*

flange splice *(Stb)* Gurtplattenstoß *m*, Gurtstoß *m*

flange stiffening *(Tech)* Gurtversteifung *f*

flange taper *(Tech)* Flanschneigung *f*

flange union *(Tech)* Flanschanschluss *m*, Flanschbefestigung *f*; Flanschverbindungsstück *n*

flange width *(Förd)* Gurtbreite *f (des Blechträgers)*

flange width *(Tech)* Flanschbreite *f*

flange yoke *(Tech)* Flanschmitnehmer *m*

flanged *adj (Mech)* gekümpelt

flanged *adj (Tech)* angeflanscht, Flansch..., geflanscht, umgebördelt

flanged bearing *(Lag)* Blindlager *n (Flanschlager)*

flanged end valve *(Vent)* Flanschventil *n*

flanged profile *(Tech, Mont)* Abkantprofil *n*

flanged pulley *(Form)* Bordscheibe *f*

flanged rim wheel *(Tech)* Spurkranzrolle *f*

flanged seam *(Stb)* Bördelnaht *f*

flanged valve *(Vent)* Flanschventil *n*

flangeless *adj (Kran)* spurkranzlos *(Laufrad)*

flanging press *(Form)* Bördelpresse *f (Kümpelpresse)*

flanging test *(Prüf)* Bördelversuch *m*

flank *(Tech)* Flanke *f*

flank contact *(Tech)* Flankenanlage *f (Getriebe)*

flank grinding machine *(Getr, Mech)* Zahnflankenschleifmaschine *f*

flap *(Tech)* Klappe *f*, Luke *f*

flap gate *(Baut, Tech)* Klapptor *n*

flap gate *(Hydr/Pneu, Vent)* Wendeklappe *f*

flap switch *(Elek)* Schalterklappe *f*

flap valve *(Vent)* Klappe *f*; Klappenventil *n (Güterwagen)*; Rückschlagklappe *f (für niedrigen Druck)*

flapper-type rain cap *(Kfz)* Auspuffrohrdeckel *m*, Auspuffrohrklappe *f*

flare *v (Form, Hütt)* aufkelchen

flare *v (Hütt/Walz)* bördeln *(z. B. Rohre)*

flare *v off (Petr)* abfackeln *(z. B. nicht nutzbare Gase)*

flare-type *adj (Mech)* gebördelt *(Rohrende)*

flared *adj (Mech)* gebördelt *(Rohrende)*

flared tube *(Kfz)* Achstrichter *m*

flaring set *(Schw, Werkz)* Lötlampe *f*

flash *(Hütt/Walz)* Stichflamme *f*

flash *(Schw)* Schweißgrat *m*

flash-butt welding *(Hütt/Walz, Schw)* Abbrennstumpfschweißen *n*

flash drying *(Tech)* Schnelltrocknung *f*

flash dust *(Anstr)* Fugstaub *m*

flash mixer *(Ökol)* Turbomischer *m (Wasseraufbereitung)*

flash-over *(Elek)* Überschlag *m*

flash point *(Schw)* Flammpunkt *m*

flash smelting *(Hütt)* Schwebeschmelzen *n (Erze)*

flash trimmer *(Walz)* Entrathobel *m (Bandwalzwerk)*; Hobelentgratvorrichtung *f (für Bandschweißmaschine)*

flash-welded *adj (Schw)* abbrennstumpfgeschweißt

flash welding *(Hütt/Walz, Schw)* Abbrennstumpfschweißen *n*; Abbrennstumpfschweißen *n*

flash zone *(Hütt)* Schwebezone *f (NE-Metallgewinnung)*

flasher motor *(Kfz)* Blinkmotor *m*

flasher unit *(Elek)* Blinkgeber *m (Richtungsanzeiger)*

flashing *adj (Elek)* blinkend

flashing *(Elek)* Aufleuchten *n*

flashing *(Mech, Mont, Schw)* Abbrennen *n*

flashing *(Stb)* Verwahrung *f*

flashing *(Walz)* Zunderflecken *mpl*

flashover *(Chem)* Feuerübersprung *m*

flask *(Tech)* Flasche f *(z. B. für Gas)*

flat *adj (Tech)* eben, flach, Flach…, flächig, glatt, platt

flat *(Baut)* Wohnung f

flat *(Met)* Flachstahl m

flat bar *(Met)* Flacheisen n *(Flachstahl, Flachstab)*; Flachstab m, Flachstahl m

flat bastard file *(Werkz)* Packfeile f, Packfeile f

flat belt *(Förd)* Flachgurt m

flat belt drive *(Antr)* Flachriemenantrieb m

flat belt with rib guided in pulley groove *(Förd)* Rillenband n

flat bend test *(Prüf)* Faltversuch m

flat billet *(Walz)* Platine f *(Flachknüppel)*

flat body gate valve *(Hydr/Pneu)* Flachschieber m

flat bulb steel *(Met)* Flachwulststahl m

flat cable *(Elek)* Bandkabel n, Flachbandkabel n

flat chisel *(Werkz)* Flachmeißel m

flat coil spring *(Tech)* Spiralfeder f

flat file *(Werkz)* Ansatzfeile f, Flachfeile f, Flachstumpffeile f

flat guide-rib belt *(Förd)* Keilleistenband n

flat head *(Tech)* Kopfwinkel m *(DIN ISO 1891)*; Senkkopf m *(Schraube)*; versenkter Schraubenkopf m

flat head anchor bolt *(Tech)* Flachklammerschraube f *(DIN ISO 1891)*

flat head screw *(Tech)* Flachkopfschraube f

flat idler *(Förd)* gerade Bandrolle f

flat iron *(Met)* Flacheisen n

flat knurled thumb screw *(Tech)* Rändelschraube f *(flache Rändelschraube)*

flat leaf screw *(Werkz)* Blattschraube f *(DIN 1891)*

flat member *(Met)* Flachstab m

flat plate *(Stb)* Scheibe f *(Flächentragwerk)*

flat point *(Tech)* Flachkuppe f *(einer Schraube)*

flat rolled products pl *(Hütt/Walz)* Banderzeugnisse npl

flat rolled steel products pl *(Hütt/Walz)* Flacherzeugnisse npl

flat round-edged file *(Werkz)* Räderfeile f

flat section *(Met)* Flachprofil m

flat steel *(Met)* Flacheisen n *(Flachstahl, Flachstab)*; Flachstab m, Flachstahl m

flat steel bar *(Met)* Flachstahl m

flat steel support *(Tech)* Stütze f *(zur Befestigung eines Regelventils)*

flat surface *(Mech)* ebene Fläche f

flat top walking beam conveyor *(Förd, Walz)* Plattenhubbalkenförderer m

flat-base rim *(Kfz)* Flachbettfelge f

flat-body wedge gate valve *(Vent)* Keilflachschieber m

flat-bottom rail *(Tech)* Breitfußschiene f

flat-bottomed *(Tech)* Flachboden…

flat-countersunk *adj (Tech)* ganz versenkt

flat-countersunk rivet *(Tech)* Flachsenkniet f

flat-faced *adj (Tech)* glatt *(eben, flach)*

flat-head bolt *(Tech)* Bolzen m mit Flachkopf, Flachrundschraube f

flat-head screw *(Tech)* Senkschraube f

flat-nose pliers pl *(Werkz)* Drahtzange f mit flachen Backen, Flachzange f

flat-nosed and cutting nippers *(Werkz)* Kombizange f

flat-top conveyor *(Förd)* Plattenband n

flatness *(Met)* Planizität f

flatness *(Walz)* Planheit f

flatness control *(Walz)* Planheitsregelung f

flats pl *(Hütt/Walz)* Flacherzeugnisse npl

flats pl *(Met)* Flacheisen n

flatten v *(Mech)* abflachen, anflachen, ebnen, gerade richten, glatt streichen, glätten, planmachen, platt drücken, platt machen, plätten, richten; ausbeulen; vorrichten *(Bänder)*

flattened *adj (Form)* angeflacht *(flachgedrückt)*

flattened strand rope *(Tech)* Dreikantlitzenseil n

flattener *(Hütt/Walz)* Richtmaschine f *(Bandanlage)*; Vorrichtmaschine f *(Bänderglättmaschine)*

flattening stand *(Hütt/Walz)* Richtmaschine f *(Bandanlage)*

flattening test *(Prüf)* Rohrfaltversuch m; Quetschversuch m *(von Rohren)*

flaw *(Tech)* Defekt m, Fabrikationsfehler m, Fehler m *(Riss, Fleck usw. im Material z. B. bei Ultraschallprüfung)*; Anriss m, Riss m, Ritz m, Spalt m, Sprung m

flaw depth *(Tech)* Fehlertiefe f *(Ultraschall z. B. beim Bruch, Riss)*

flaw detectability *(Tech)* Erkennbarkeit f von Fehlern, Fehlernachweisbarkeit f

flaw detection sensitivity *(Tech)* Empfindlichkeitsfehlernachweis m, Fehlernachweisempfindlichkeit f

flaw detection test *(Prüf)* Rissprüfung f

flaw detection unit *(Prüf)* Prüfgerät n *(Ultraschallgerät)*

flaw echo *(Elek)* Fehlerecho n *(z. B. Ultraschall)*

flaw echo amplitude *(Elek)* Fehleramplitude f

flaw image *(Elek)* Fehlerabbild n *(Ultraschall)*

flaw indication *(Tech)* Fehleranzeige f

flaw input *(Elek)* Eingangsfehler m *(falsche Eingabe)*

flaw orientation *(Elek, Tech)* Fehlerrichtung f *(Ultraschall)*; Fehlerortung f

flaw picture *(Elek)* Fehlerabbild n *(Ultraschall)*

flaw scanning *(Elek)* Fehlerabtastung f *(Ultraschall)*

flaw signal *(Elek, Tech)* Fehleranzeige f, Fehlersignal n

flaw size *(Tech)* Fehlergröße f *(z. B. Ultraschall)*

flaw tracing *(Tech)* Fehlersuche f *(Ultraschall)*

flawless *adj (Tech)* fehlerfrei

fleet angle of rope *(Bergb, Kran)* Seilablenkungswinkel m

fleeting *adj (Chem)* flüchtig

flexibility *(Förd)* Anschmiegen n *(des Gurtes)*; Biegsamkeit f, Geschmeidigkeit f

flexibility *(Hütt/Walz)* Einstellelastizität f

flexibility *(Met)* Biegbarkeit f, Biegfähigkeit f, Biegsamkeit f

flexibility *(Tech)* Flexibilität f *(z. B. der Angestellten)*

flexible *(Elek, Hütt)* Stromseil n

flexible *adj (Bau)* biegeweich

flexible *adj (Met)* biegsam

flexible *adj (Tech)* anpassungsfähig, federnd, flexibel, geschmeidig *(Gurt)*; nachgiebig, schmiegsam

flexible cable *(Elek, Hütt)* Stromseil n

flexible cable guide *(Mech)* Tatzelwurm m für die Kabelführung

flexible cable pass *(Tech)* Kabelübergang m, Übergang m *(Kabel)*

flexible cable routing *(Mech)* Tatzelwurm m für die Kabelführung

flexible conductor *(Elek, Hütt)* Stromseil n

flexible cord *(Elek)* Leitungsschnur f

flexible coupling *(Tech)* drehelastische Kupplung f, elastische Kupplung f

flexible disc *(Tech)* Gelenkscheibe f *(für elastische Kupplung)*

flexible head *(Tech)* Winkelgelenk n *(eines Steckschlüssels)*

flexible leads *pl (Elek, Hütt)* Stromseil n

flexible pipe *(Tech)* Schlauch m

flexible power cable *(Elek, Hütt)* Stromseil n

flexible shear connector *(Tech)* biegeweicher Dübel m

flexible slip coupling *(Tech)* elastische Rutschkupplung f

flexible spring *(Tech)* Biegefeder f

flexibly coupled *adj (Tech)* elastisch gekoppelt

flexibly mounted *adj (Tech)* elastisch gelagert

flexing ability *(Förd)* Anschmiegen n, Geschmeidigkeit f *(z. B. des Gurtes)*

flexural rigidity *(Met, Stb)* Biegesteifigkeit f

flexural stiffness *(Met, Stb)* Biegesteifigkeit f

flexural strength *(Met)* Biegefestigkeit f

flexure formula *(Tech)* Biegegleichung f

flight *(Hütt, Walz)* Ebene f *(Bandwalzwerk)*

flight *(Tech)* Mitnehmer m *(eines Trogkettenförderers)*

flight of stairs *(Baut, Tech)* Begehung f; Treppe f

flip *v (Tech)* umkippen *(Multivibrator)*

flip-flop *(Elek)* bistabile Kippstufe f, Kippglied n, Kippstufe f

flinger ring *(Tech, Verd)* Spritzring m, Ölspritzring m

flippers *pl (Förd)* Lenkrollenstuhl m, Pendelrollenstation f, Pendelrollenstuhl m

float *v (Tech)* schweben *(in der Luft)*

float *(Mess, Tech)* Schwebekörper m; Schwimmer m

float *(Fert, Tech)* Pufferzeit f *(Interimzeit)*

float chamber *(Tech)* Schwimmergehäuse n

float-controlled *adj (Tech)* schwimmergesteuert

float cut file *(Werkz)* einschnittige Feile f
float file *(Werkz)* einhiebige Feile f
float switch *(Elek, Hydr/Pneu)* Niveauschalter m; Niveau-Überwachung f; Niveauwächter m; Schwimmschalter m
float time *(Tech)* Pufferzeit f *(Interimzeit)*
float valve *(Vent)* Schwimmerventil n, Ventil n mit schwimmenden Kolben
floating *adj (Tech)* gleitend, Schwimm..., schwimmend
floating *(Tech)* Pufferung f *(Ladegerät)*
floating axle *(Tech)* Steckachse f *(Bergbau)*
floating bearing *(Lag)* hydraulisch entlastetes Lager n, Loslager n, schwimmendes Lager n
floating body *(Tech)* Schwimmkörper m
floating breakdown sleeve *(Tech)* Schwimmring m *(breit, einer Gleitringdichtung)*
floating bush seal *(Tech, Verd)* Schwimmringdichtung f *(mit breiten Ringen)*
floating carbon seal ring *(Verd)* Kohlegleitring m *(einer Gleitringdichtung)*
floating crane *(Kran)* Schwimmkran m
floating derrick *(Kran)* Schwimmkran m
floating device *(Tech)* Pufferung f *(Ladegerät)*
floating disk *(Tech)* Taumelscheibe f
floating dredger *(Bergb)* Schwimmbagger m
floating end *(Tech)* Losseite f *(Walze)*
floating neutral *(Elek)* beweglicher Nullpunkt m
floating ring *(Tech)* Laufring m *(Rotationsverdichter)*; Schwimmring m *(schmal, einer Gleitringdichtung)*
floating ring seal *(Tech, Verd)* Schwimmringdichtung f *(mit schmalen Ringen)*
floating seal *(Tech)* Schwimmdichtung f
floating sealing ring *(Tech)* Schwimmring m *(schmal, einer Schwimmringdichtung)*
floating side *(Tech)* Losseite f
floating side *(Umschl)* Pendelseite f
floating support *(Tech)* Pendelstütze f
flood lamp *(Elek)* Arbeitsscheinwerfer m
flood lubricated bearing *(Lag)* Ölflutlager n

flood region *(Geo, Ökol)* Hochwassergebiet n
flood span *(Stb)* Flutbrücke f
flooded *adj (Bau)* überflutet
floodlight *(Elek)* Flutlicht n *(z. B. am Hubschrauber)*; Scheinwerfer m, Scheinwerfer m *(z. B. für Sportanlagen)*
floodlit *adj (Licht, Tech)* angestrahlt
floor *(Baut)* Etage f, Geschoss n, Stockwerk n
floor *(Baut, Geo)* Boden m *(Fußboden, Sohle)*
floor *(Bergb)* Etage f
floor *(Bergb, Geo)* Sohle f
floor *(Tech)* Bühne f
floor arch *(Stb)* Sohlenbogen m *(im Tunnelbau)*
floor area *(Tech)* Bodenfläche f *(z. B. im Führerhaus)*
floor area *(Stb)* überbaute Fläche f
floor beam *(Stb, Tech)* Bühnenträger m, Deckenträger m, Querträger m, Unterzug m *(Hauptträger im Fachwerk)*
floor cover(ing) *(Tech)* Bodenbelag m
floor grid *(Stb)* Fahrbahnrost m
floor line *(Mech)* Bodenlinie f
floor loading *(Stb)* Deckenbelastung f, Deckenlast f
floor-mounted *adj (Tech)* freistehend
floor-mounted drill mill *(Mech)* Plattenbohrwerk n
floor-operated *adj (Kran)* flurgesteuert
floor plate *(Stb)* Fahrbahnplatte f
floor plate *(Tech)* Bodenplatte f
floor-running tow-chain conveyor *(Förd)* Bodenförderer m
floor space *(Tech)* Bodenfläche f *(z. B. im Führerhaus)*
floor space *(Stb)* überbaute Fläche f
floor switch *(Elek)* Fußdruckknopftaster m
floor system *(Stb)* Fahrbahnrost m
floorborne *adj (Förd)* flurlaufend *(Fahrzeug)*
flooring *(Hütt/Walz)* Beläge mpl *(Gitterrost)*
flooring *(Stb, Tech)* Abdeckung f; Belag m *(z. B. Fußboden)*; Fahrbahn f *(auf einer Brücke)*; Fußboden m; Bodenbelag m, Fußbodenbelag m
flooring plate *(Tech)* Belagblech n
flopgate *(Hydr/Pneu, Vent)* Wendeklappe f

flopgate adjuster *(Tech)* EUBA-Gerät n, Klappenverstellgerät n, Verstellgerät n *(Klappenverstellung)*

floppy disc *(IT, Elek)* Diskette f

flotation *(Aufb)* Schwimmaufbereitung f

flotation oven *(Hütt)* Schwebetrockner m

flotation plant *(Aufb)* Flotationsanlage f

flow v *(Tech)* fließen

flow *(Hydr/Pneu)* Förderstrom m *(Pumpe)*; Strömung f

flow *(Tech)* Fluss m *(Strömung)*; Öldurchfluss m, Ölumlauf m, Umlauf m *(Kreislauf des Kühlwassers)*; Verlauf m, Zufluss m

flow adj *(Elek, Tech)* Durchfluss...

flow capacity *(Elek)* Durchflussstrom m

flow capacity *(Hydr/Pneu)* Durchflussgeschwindigkeit f; Durchflussmengenleistung f

flow characteristic *(Hydr)* Schaltcharakteristik f

flow chart *(Elek, Fert, Tech)* Ablaufplan m, Flussdiagramm n; Flussbild n, Funktionsschema n

flow coefficient *(Mess)* Durchflusskennwert m; Durchflusskennziffer f *(Axialverdichter)*

flow control *(Hydr/Pneu)* Durchflussüberwachung f, Mengenregelung f

flow control adaptor block *(Hydr/Pneu)* Gleichrichterplatte f

flow-control valve *(Elek, Hydr, Vent)* Mengenregelventil n; Stromregelventil n, Strömungswächter m

flow deviation *(Hydr/Pneu)* Strahlablenkung f, Strömungsablenkung f

flow diagram *(Elek, Fert, Tech)* Ablaufplan m, Fließbild n, Fließschema n, Flussbild n, Flussdiagramm n

flow diagram *(Fert)* Arbeitsablaufplan m *(Fertigung)*; Fertigungsablaufdiagramm n, Fertigungsablaufplan m

flow diagram *(Hydr/Pneu)* Ablaufdiagramm n, Strömungsdiagramm n

flow divider *(Elek)* Stromteiler m

flow divider *(Tech)* Mengenteiler m

flow limiting valve *(Hydr, Vent)* Strombegrenzungsventil n

flow meter *(Hydr/Pneu)* Durchflussmesser m, Mengenmessgerät n *(Tank)*

flow nozzle *(Mess)* Messdüse f

flow of material *(Bergb, Förd, Umschl)* Materialfluss m, Materialstrom m, Stofffluss m

flow of material *(Förd)* Fördergutstrom m *(Förderband)*; Förderweg m

flow of work *(Fert)* Arbeitsablauf m *(Arbeitsfolge)*; Arbeitsfolge f

flow-on-demand control *(Kfz)* Bedarfssteuerung f

flow passage *(Verd)* Druckkanal m; Strömungskanal m

flow-process chart *(Tech)* Arbeitsablaufplan m *(Elektromechanik)*

flow rate *(Elek, Tech)* Durchflussstrom m, Durchflussmenge f

flow rate *(Hydr/Pneu)* Durchflussgeschwindigkeit f, Strömungsgeschwindigkeit f

flow rate *(Verd)* Liefermenge f

flow sheet *(Elek, Fert, Tech)* Fließbild n, Fließschema n, Flussbild n, Flussdiagramm n

flow stress *(Hütt, Met)* Formänderungsfestigkeit f *(Formänderungswiderstand)*

flow transducer *(Mess)* Durchflussgeber m

flow under gravity v *(Hydr/Pneu)* drucklos fließen

flow velocity *(Hydr/Pneu)* Strömungsgeschwindigkeit f

flowing adj *(Tech)* fließend

flowing point *(Tech)* Fließpunkt m

flowmeter *(Tech)* Zählwerk n *(Zapfsäule)*

flowsheet *(Elek, Tech)* Ablaufdiagramm n, Ablaufplan m

FLT *(Förd, Umschl)* Gabelstapler m, Stapler m

fluctuating adj *(Tech)* schwankend, wechselnd

fluctuating load *(Hütt/Walz)* Wechsellast f

flue *(Bau, Stb)* Schornstein m

flue *(Hütt)* Rauchkanal m *(Rauchgasleitung)*

flue dust *(Hütt)* Gichtstaub m

flue dust *(Tech)* Flugstaub m

flue gas *(Chem)* Rauchgas n

flue gas *(Hütt/Walz)* Abgas n

flue gas constituents pl *(Hütt/Walz)* Rauchgasbestandteile mpl

flue gas ducting *(Hütt)* Rauchkanal m *(Rauchgasleitung)*

flue gas loss *(Tech)* Abgasverlust m

flue gas outlet damper *(Hütt/Walz)* Rauchgasschieber *m*

flue gas recirculation *(Hütt/Walz)* Rauchgasrücksaugung *f*

flue gas velocity *(Chem)* Rauchgasgeschwindigkeit *f*

flue gas withdrawal *(Hütt/Walz)* Rauchgasrückführung *f*, Rauchgasrücksaugung *f*

fluff *(Met)* Fluse *f*

fluid *(Phys)* Medium *n (gasförmig oder flüssig)*

fluid *(Tech)* Fließbett *n*, Flüssigkeit *f*

fluid *adj (Tech)* Flüssig..., Flüssigkeits..., Strömungs...

fluid coupling *(Tech)* Flüssigkeitskupplung *f*, hydraulische Kupplung *f*

fluid film bearing *(Tech)* Gleitlager *n (eines Turboverdichters)*

fluid flow *(Hydr/Pneu)* Strömung *f*

fluid motor *(Mech, Hydr/Pneu)* Drucköl-motor *m*

fluid ring compressors and vacuum pumps *pl (Tech)* Flüssigkeitsringkompressoren *mpl*

fluid state laser *(Tech)* Flüssiglaser *m*

fluid transmission *(Tech)* Strömungsgetriebe *n (Gabelstapler)*

fluid wedge *(Lag)* Flüssigkeil *m (in Lagern)*

fluidity *(Tech)* Flüssigkeit *f (z. B. Schlacke)*

fluidized bed roasting *(AE) (Hütt)* Wirbelschichtröstung *f (Erz)*

fluidized reactor *(AE) (Kern)* Fließbettreaktor *m*

flume flushing *(Hütt)* Rinnenspülung *f (Sinterentfernung)*

flunk *v (Tech)* durchfallen *(z. B. durch eine Prüfung)*

fluor carbon, fluorcarbon *(Met)* Fluorkohlenstoff *m*

fluorescent *adj (Elek, Tech)* fluoreszierend, Leucht..., Leuchtstoff...

fluorescent analysis *(Prüf)* Leuchtschirmprüfung *f (Leuchtschirmbetrachtung)*

fluorescent fitting *(Elek)* Leuchtstofflampe *f*, Leuchtstoffröhre *f*

fluorescent image *(Prüf)* Schirmbild *n*

fluorescent lamp *(Elek)* Leuchtstofflampe *f*, Leuchtstoffröhre *f*

fluorescent paint *(Anstr)* Leuchtfarbe *f*

fluorescent screen *(Tech)* Leuchtschirm *m*

fluorescent tube *(Elek)* Leuchtstofflampe *f*, Leuchtstoffröhre *f*

fluorine *(Bergb)* Fluor *n*

fluoroscopic examination *(Prüf)* Leuchtschirmprüfung *f (Leuchtschirmbetrachtung)*

fluoroscopy *(Prüf, Tech)* Durchleuchtung *f (Durchstrahlungsprüfung)*

fluosolids roasting *(Hütt)* Wirbelschichtröstung *f (Erz)*

flush *v (Bau)* spülen *(wegspülen)*

flush *adj (Tech)* bündig, fluchtgerecht • **be flush** *(Bau)* fluchten *(bündig sein)*

flush *(Tech)* Fluchtlinie *f*

flush contour *(Schw)* Naht *f* ohne Wulst

flush-mounted switch *(Elek)* Einbauschalter *m*, Einbautaster *m*

flush mounting *(Tech)* Tafeleinbau *m*

flush-mounting switch *(Elek)* Einbauschalter *m*, Einbautaster *m*

flushing *(Hütt)* Spülen *n (z. B. mit Inertgas)*

flushing *(Tech)* Flucht *f (Bündigkeit)*

flushing pump *(Hydr/Pneu)* Spülpumpe *f*

flushing valve *(Hydr/Pneu)* Ausspeiseventil *n*

flushing valve *(Vent)* Spülventil *n (für Gas)*

flute *v (Mech)* nuten *(Spiralbohrer, Reibahlen, Fräser)*; riefeln, riefen *(mit Riefen versehen)*; riffeln

flute *(Mech, Tech)* Furche *f*, Hohlkehle *f*, Nute *f*, Rille *f*, Rinne *f*

flute bottom *(Stb)* Rinnenboden *m*

flute-type *adj (Tech)* rillenförmig

fluted *adj (Mech)* gerillt

fluted ingot mould *(BE) (Hütt)* Riffelkokille *f*

fluted spool *(Tech)* Rillenspule *f*

flutter *v (Tech)* flattern *(Schaufel)*

flutter *(Tech)* Flattern *n (z. B. einer Brücke)*

flux *(Schw)* Flussmittel *n*, Schweißmittel *n*, Schweißpulver *n*

flux cored electrode *(Tech)* Fülldrahtelektrode *f*

flux cored metal-arc welding *(Schw)* Metalllichtbogenschweißen *n* mit Fülldrahtelektrode

flux limestone *(Hütt)* Zuschlagkalkstein *m*

flux powder *(Schw)* Schweißpulver *n*

flux-cored arc welding *(Schw)* Lichtbogenschweißung *f* mit Seelenelektrode,

Metalllichtbogenschweißen *n* mit Fülldrahtelektrode, Röhrchendrahtschweißen *n*

fluxing agent *(Schw)* Flussmittel *n*

fluxing ore *(Hütt)* Zuschlagerz *n*

fly ash *(Hütt/Walz)* Flugasche *f*

fly ash *(Zer)* Feinstaub *m*

fly cutter *(Mech)* Schlagfräser *m*

fly pump *(Hydr/Pneu)* Flügelzellenpumpe *f*

flyback pulse *(Prüf)* Rückimpuls *m (Ultraschallprüfung)*

flying *adj (Tech)* fliegend

flying shear *(Mech)* Schwingschere *f*

flying sparks *(Tech)* Funkenflug *m*

flywheel *(Zer)* Schwungrad *n*, Schwungscheibe *f*

flywheel clutch *(Kfz, Tech)* Hauptkupplung *f*, Schwungradkupplung *f*

flywheel effect *(Stat, Tech)* Schwungmoment *n*

FM UKW *f*, Ultrakurzwelle *f*

foam *v (Hütt/Walz)* schäumen *(Kesselwasser)*

foam *(Chem, Tech)* Schaum *m*

foam *(Met)* Schaumstoff *m*

foam extinguisher *(Tech)* Schaumlöscher *m (Feuerlöscher)*

foam rubber *(Met)* Moosgummi *n*, Schaumgummi *m*, Schaumstoff *m*

focal line *(Tech)* Brennlinie *f*

focal point *(Tech)* Brennpunkt *m (auch: Mittelpunkt des Geschehens)*

focal spot *(Fot)* Brennfleck *m*

focus *v (Elek)* bündeln *(z. B. Ultraschall)*

focus *(Fot, Phys)* Schärfe *f (Fokussierung)*
• **out of focus** *(Tech)* unscharf *(Fotografie)*

focus *(Math)* Brennpunkt *m*

focus *(Tech)* Mittelpunkt *m*

focussed *adj (Elek)* gebündelt

focussed beam *(Elek)* gebündelter Strahl *m*

focussing *(Prüf)* Scharfeinstellung *f (Ultraschallprüfung)*

focussing *(Tech)* Fokussierung *f*

fog light *(Kfz)* Nebellampe *f*, Nebelleuchte *f*

foil *(Tech)* Folie *f*

foil butt-seam welding *(Schw)* Foliennahtschweißen *n*

foil coating *(Tech)* Folienbeschichtung *f (Bandanlage)*

fold *v (Mech)* brechen *(falten)*; falten *(z. B. Blech)*

fold *v (Mech, Mont)* abkanten *(z. B. Blech)*

fold *v (Mont, Tech)* anfalzen, bördeln *(z. B. Blech)*; falzen; knicken, zusammenlegen

fold *(Tech)* Falz *m (Faltung)*

fold-down *adj (Tech)* heb- und senkbar

folded section *(Met)* Kantprofil *n*

folder *(Tech)* Mappe *f*

folding *adj (Tech)* Falt…, klappbar, zusammenklappbar, zusammenlegbar

folding rule *(Werkz)* Gliedermaßstab *m (Zollstock)*

folding test *(Prüf)* Faltversuch *m*

folding top *(Tech)* Verdeck *n*

foliated gray cast iron *(Hütt/Walz, Met)* lamellarer Grauguss *m*, GGL

follow *v (Tech)* folgen, verfolgen *(z. B. eine Spur)*

follow-on *adj (Tech)* nachgeschaltet

follow-on drawing *(Zeich)* Anschlusszeichnung *f*

follow-up control *(Elek)* Nachlaufsteuerung *f*

follower *(Tech)* Gewindebacke *f*, Leitbacke *f*, Manschette *f (Ventilstößel)*; Mitnehmer *m (Anschlag, Nase)*; Nachlaufregler *m*, Nockenstößel *m*

following *adj (Tech)* anschließend, folgend, nachstehend

following bearing *(Lag)* Mitnehmerlager *n*

following conveyor *(Bergb, Förd)* abförderndes Band *n*

food and beverage industry *(Tech)* Nahrungsmittelindustrie *f*

foot *(Tech)* Schenkel *m*

foot brake *(Kfz)* Fußbremse *f*

foot-mounted gearbox *(Tech)* Vollwellengetriebe *n*

foot-operated *adj (Elek)* fußgeschaltet

foot-operated mobile forge *(Tech)* Fußfeldschmiede *f*

foot-operated valve *(Vent)* Fußventil *n (Pedal)*

foot pedal valve *(Vent)* Trittplattenventil *n (Fußpedal)*

foot wall *(Bergb)* Liegendes *n (eines Flözes)*

footbridge *(Bau)* Steg *m (kleine Brücke)*

foothook chain *(Bergb)* Zwischengeschirr *n*

footing *(Bau)* Sockel *m (Mauerwerk)*
footing *(Tech)* Getriebefuß *m*
foot-sure *adj (Tech)* rutschfest
footpath *(Bau)* Fußweg *m (Pfad)*
footpath *(Stb)* Laufsteg *m (Brückenfußweg)*
footway *(Bau)* Fußweg *m (Pfad)*; Gehbahn *f*
force *v (Tech)* andrücken, anpressen, aufdrücken
force *(Tech)* Presskraft *f (beim Kaltformen)*
force *(Tech, Stat)* Gewalt *f*, Kraft *f*
force balance method *(Mess)* Kraftvergleichsverfahren *n*
force diagram *(Stb)* Kräfteplan *m*
force feed (positive pressure) lubrication *(Tech)* Zwangsschmierung *f*
force fit *(Tech)* Treibsitz *m (Zeichnungsangabe)*
force parallelogram *(Tech, Stat)* Kräfteparallelogramm *n*
force polygon *(Tech, Stat)* Krafteck *n*, Kräftepolygon *n*, Kräftevieleck *n*
force system *(Stb)* Kräfteplan *m*
force transducer *(Elek)* Kraftaufnehmer *m*
forced-air cooling *(Tech)* Zwangsluftkühlung *f*
forced-draught fan *(Hütt/Walz)* Frischluftventilator *m*, Unterwindventilator *m*
forced-draught fan *(Tech)* Kesselgebläse *n*
forced-feed lubricated *adj (Tech)* zwangsgeschmiert
forced-feed lubrication *(Tech)* Druckölschmierung *f*, Druckumlaufschmierung *f (Vorgang)*
forced(-feed) lubrication system *(Tech)* Druckölschmierung *f (Druckölschmieranlage)*; Druckumlaufschmierung *f (Anlage)*
forced-oil lubrication *(Tech)* Druckölschmierung *f*
forced oscillation *(Elek)* elastische Schwingung *f*
forced rupture *(Met)* Gewaltbruch *m (DIN 50100)*
forced ventilated *adj (Tech)* fremdbelüftet
forced vibration *(Elek)* elastische Schwingung *f*, erzwungene Schwingung *f*

forceful *adj (Tech)* kräftig
forcing bolt *(Tech)* Druckbolzen *m*
forcing function *(Elek)* Störfunktion *f*
forcing screw *(Aufb)* Abdrückschraube *f*
forehead joint *(Tech)* Stirnstoß *m*
foreign *(Tech)* Fremd...
foreign material *(Tech)* Fremdstoff *m*
foreign matter *(Met)* Fremdkörper *m*
foreign-part drawing *(Zeich)* Fremdteilzeichnung *f*
foreman *(Bau)* Bauführer *m*, Polier *m*
foreman *(Bergb)* Schachtmeister *m (Vorarbeiter)*
foreman *(Tech)* Meister *m*, Vorarbeiter *m*, Werkmeister *m*
forerunner *(Tech)* Vorläufer *m (mit wesentlichen Änderungen)*
forge *v (Tech)* schmieden
forge *(Hütt/Walz, Mech)* Hammerwerk *n*, Schmiede *f*
forge hammer *(Werkz)* Schmiedehammer *m*
forge shop *(Hütt/Walz, Mech)* Schmiede *f*
forge welding *(Schw)* Feuerschweißen *n*
forgeable *adj (Met)* schmiedbar
forged *adj (Met, Hütt)* geschmiedet • **as forged** *(Met)* roh *(wie geschmiedet)*
forged *adj (Met, Hütt)* freiformgeschmiedet
forged on *adj (Form, Mech)* angeschmiedet
forged steel *(Met)* geschmiedeter Stahl *m*, Schmiedeeisen *n*, Schmiedestahl *m*
forging *(Hütt/Walz, Met)* Schmiedestück *n*, Schmiedeteil *n*
forging blank *(Hütt/Walz)* Schmiederohling *m*
forging bur *(Mech)* Abgratnase *f (beim Schmieden)*
forging cell furnace *(Form)* Steckofen *m*
forging die *(Form)* Schmiedesattel *m*
forging die *(Form, Hütt/Walz)* Gesenk *n*, Schmiedegesenk *n*
forging force *(Form, Tech)* Presskraft *f (Schmiedepresse)*
forging-grade ingot *(Hütt, Met)* Schmiedeblock *m*
forging hammer *(Werkz)* Schmiedehammer *m*
forging ingot *(Hütt)* Schmiedeblock *m*
forging steel *(Met)* Schmiedestahl *m*
fork *(Bergb)* Koppel *m*
fork *(Kfz, Tech)* Gabel *f (z. B. des Gabelstaplers)*; Zinke *f*

fork clamp *(Tech)* Klammergabel *f*

fork file *(Werkz)* Gabelfeile *f*

fork hook *(Tech)* Pratze *f (Lasthaken)*

fork lift truck with telescopic mast *(Förd)* Drehturmstapler *m*

fork rod *(Kfz)* Lenkerstange *f*

fork tappet *(Tech)* Mitnehmergabel *f*

fork-type pin spanner *(Werkz)* Gabel-schraubenschlüssel *m (Gabelschlüssel mit Stiften)*

forked *adj (Tech)* gabelförmig, gegabelt

forklift *(Tech)* Gabelstapler *m*

forklift truck *(Förd)* Flurförderzeug *n*, Gabelstapler *m*, Stapler *m*

form *v (Form, Hütt/Walz)* formen, ge-stalten *(formen)*; verformen

form *v (Form, Mech)* bearbeiten *(span-los)*; drehen *(formdrehen)*

form *(Konst, Tech)* Ausbildung *f*, Form *f (Gestalt, Struktur)*; Gestaltung *f*, Kons-truktion *f*

form *(Mech)* Schablone *f (Ausmauerung)*

form *(Tech)* Formular *n (gedruckt)*; Vor-druck *m (Formblatt)*

form-closed *(Tech)* formschlüssig

form echo *(Elek)* Formecho *n (Ultraschall)*

form factor *(Stb)* Querschnittsformbei-wert *m*

formability *(Met)* Formbarkeit *f (z. B. des warmen Stahls)*

format *(IT)* Format *n*

format *(Tech)* Formatgröße *f*

formation *(Geo)* Ausbildung *f (z. B. Flöz)*; Bildung *f (eines Flözes)*; Schichtenbil-dung *f (Flöz)*

formation *(Tech)* Formation *f (Aufbau)*; Gebilde *n*

formation of jellies *(Anstr)* Gallertbildung *f (Anstrich)*

formation of layers *(Hütt/Walz)* Sträh-nenbildung *f (Flamme)*

formation width *(Bau)* Planungsbreite *f*

formed *adj (Mech)* bearbeitet *(maschinell bearbeitet)*

formed *adj (Tech)* geformt

formed end plate *(Förd)* Rollenboden *m*

formed end plate *(Tech)* Trommelboden *m*

formed leaf spring *(Tech)* Flachformfe-der *f*

formed sheet *(Met)* Profilblech *n*

forming *(Form, Hütt/Walz)* formgebende Bearbeitung *f*, Formgebung *f*, Verfor-mung *f*

forming *(Hütt/Walz, Tech)* Verarbeitung *f (durch Pressen usw.)*

forming *(Mech)* Bearbeitung *f (spanlos)*; spanlose Bearbeitung *f*

forming bell *(Form)* Ziehtrichter *m (Rohr)*

forming die *(Form)* Ziehgesenk *n*

forming operation *(Hütt/Walz)* Formge-bung *f*, Verformung *f*

forming stand *(Walz)* Verformungsgerüst *n*

forming tool *(Form, Werkz)* Formwerk-zeug *n*

formula *(Math)* Formel *f*

formula *(Tech)* Rezept *n*

formwork *(Bau, Stb)* Schalung *f (Beton)*; Verschalung *f (im Betonbau)*

formwork *(Stb)* Lehrgerüst *n*

formwork board *(Tech, Bau)* Schalbrett *n*

forthcoming *adj (Tech)* bevorstehend

fortuitous variable *(Stb)* Zufallsverän-derliche *f*

forward *v (Tech)* senden *(verschicken)*; zustellen *(postalisch)*

forward *adj (Tech)* Front..., Vor..., Vor-der..., Vorwärts...

forward *adv (Elek)* vorwärts *(z. B. bei Schaltplänen)*

forward-control truck tractor *(Kfz)* Frontlenker *m*, Frontlenkerzugmaschi-ne *f*

forward creep *(Tech, Walz)* Voreilung *f*

forward roller coat method *(Walz)* Gleichlaufverfahren *n (Bandbeschich-tung)*

forward shifting of the center of gravity *(Stat)* Vorderlastigkeit *f*

forward slip *(Tech, Walz)* Voreilung *f*

forward thrust *(Bergb, Tunn)* Anpress-druck *m*, Anpresskraft *f*

forward thrust jack *(Tunn)* Vorschub-presse *f*

forwarding conveyor *(Förd, Umschl)* Zwischenband *n*

fouling *(Bergb, Getr)* Anstoßen *n (von Zahnkopfkanten)*

fouling *(Ökol)* Verschmutzung *f*

found *v (Baut)* untermauern

foundation *(Baut)* Fundament *n*, Grund-mauerwerk *n*

foundation bolt *(Stb, Tech)* Anker-schraube *f*; Fundamentschraube *f*

foundation contractor (Bau) Tiefbauunternehmer m

foundation stone (Bau) Grundstein m (Gründung)

foundation work (Bau) Fundamentarbeiten fpl, Tiefbau m (Gründungsarbeiten)

foundation working (Bau) Tiefbau m

founded adj (Tech) gegründet

foundry (Hütt/Walz) Gießerei f

four-axle adj (Kfz, Tech) vierachsig

four-column press (Form) Viersäulenpresse f

four-crank shear (Mech, Walz) Viergelenkkurbelschere f

four-cycle engine (Antr) Viertaktmotor m

four-high mill (Walz) Vierwalzengerüst n

four-lobe bearing (Lag, Verd) Vierflächenlager n

four point bearing (D:Lag) Vierpunktlager n

four-pole (Elek) Vierpol m

four-poster centrifugal compressor (Verd) Vierstufenradialverdichter m

four-rope suspension gear (Bergb) Vierseilaufhängung f

four-row adj (Lag) vierreihig (Rollenlager)

four-speed shift transmission (Getr) Vierganggetriebe n

four-stage compressor (Verd) Vierstufenverdichter m

four-way connector (Tech) Kreuzstück n (z. B. für Rohrleitung)

four-way coupling (Tech) Kreuzverschraubung f

four-way valve (Vent) Vierwege-Ventil n

four-wheel brake (Tech) Vierradbremse f

four-wheel drive (Kfz, Tech) Allradantrieb m, Vierradantrieb m

four-wheel steering (Tech) Vierradlenkung f

fraction (Bau) Bruchteil m

fractional horsepower drive (Tech) Kleinstmotorenantrieb m

fractional horsepower motor (Antr) Kleinmotor m

fracture v (Zer) brechen (zerreißen)

fracture (Bergb, Met, Prüf) Abbruchstelle f; Bruchstelle f

fracture (Tech) Bruch m

fracture resulting from fluctuating stress (Met, Stat) Schwellbruch m, Schwingbruch m

fracture toughness (Met) Bruchzähigkeit f

fragmented adj (Geo) klüftig (Gestein)

frame v (Tech) einrahmen

frame (Bahn) Wagenrahmen m (des Waggons)

frame (Baut) Rahmen m (z. B. Fachwerk)

frame (Schiff) Spant n, Spante f (Schiffsrahmen)

frame (Stb) Portalrahmen m, Rahmen m (Portal); Stabwerk n; Tragwerk n (Skelett)

frame (Tech) Bock m (Gestell); Portal n, Rahmen m (Fotografie); Skelett n (Tragwerk); Ständer m (z. B. Schere)

frame adj (Tech) Rahmen...

frame articulation (Tech) Knickrahmenlenkung f, Zentralgelenk n (für Knicklenkung)

frame-cooled adj (Tech) mantelgekühlt

frame-cooled enclosed (Tech) Mantelkühlung f

frame crane (Kran) Bockkran m (kleiner Portalkran)

frame girder (Tech) Gerüstträger m

frame size (Tech) Baugröße f (z. B. eines Motors); Motortype f, Type f (Motor)

frame type (Konst, Tech) Bauform f (Bauart)

framed adj (Tech) gerahmt

framed cross-cut saw (Werkz) Bügelsäge f

framework (Bau) Fachwerk n; Rahmen m, System n (z. B. Fachwerk); Fachwerkskonstruktion f, Rahmenkonstruktion f

framework (Bau, Stb) Verstrebung f

framework (Bergb) Maschinenrahmen m

framework (Tech) Gerippe n (Rahmen einer Maschine); Gestell n

framing error (Mess) Zeichenbildungsfehler m

fray v (Tech) durchscheuern (Seil)

free adj (Tech) herausgeführt, lose (locker, unverbunden)

free adv (Tech) gratis

free boundary (Elek) freie Wand f

free cutting steel (Met) Automatenstahl m (z. B. Massenschrauben)

free fall (Tech) freier Fall m, Freifall m

free flowing adj (Förd, Hydr/Pneu) nachrutschend; leicht fließend

free length (Met) Knicklänge f

free lift (Förd) Freihub m (z. B. der Staplergabel)

free margin (Stb) Zusatzfläche f

free movement (Tech) Bewegungsspielraum m (mechanischer Teile)

free of constraints adj (Tech) verspannungsfrei

free of flutes adj (Mech) kerbfrei

free of scores adj (Mech) kerbfrei

free of scoring (Met) riefenfrei

free of toolmarks adj (Met) riefenfrei

free-standing adj (Bau) freistehend (nicht gestützt)

free-view mast (Förd) Freisichtmast m (des Gabelstaplers)

freestone (Bau) Quader m

free-swing (Tech) Freilauf m (des Baggeroberwagens)

freehand sketch (Zeich) Handskizze f

freewheel (Kfz) Freilauf m (z. B. der Räder)

freewheel clutch (Tech) Überholkupplung f

freight car (Bahn) Güterwagen m

freight car (Umschl) Waggon m

freight depot (Bahn) Güterbahnhof m

freight from-to (Umschl) Vorfracht f

freight-handling system (Umschl) Frachtanlage f

freight yard (Bahn) Güterbahnhof m

frequency (Elek) Frequenz f

frequency (Stb) Schwingungszahl f

frequency (Tech) Häufigkeit f

frequency analog converter (Elek) Frequenz-Stromumformer m

frequency converter (Elek) Frequenzumformer m, Frequenzumrichter m, Frequenzwandler m

frequency dependence (Elek) Frequenzabhängigkeit f

frequency-modulated adj (Elek) frequenzmoduliert

frequency of flaw echo (Elek) Frequenz f des Fehlerechos (Ultraschall)

frequency range switch (Mess) Frequenzanpassung f (Wellenschalter)

frequency response (Elek) Frequenzgang m (des Verstärkers)

frequency response curve (Elek) Durchlasskurve f

frequency source (Mess) Frequenzgeber m (Frequenzquelle)

frequency swing (Elek) Frequenzhub m

fresh adj (Tech) Frisch…, Neu…

fresh water (Ökol) Süßwasser n

Fresnel lens (Tech) Fresnel-Linse f

fretting (Anstr) Fressen n

fretting (Mech) Abschleifen n

fretting corrosion (Met) Passflächenrost m (Oxidation)

friable adj (Bergb) gebräch

friable adj (Geo) bröckelig, brüchig (z. B. Eisenerz, Kohle usw.); nicht bindig

friable structure (Bau) Krümelstruktur f

friction (Mech) Reibung f

friction band (Tech) Bremsband n

friction bearing (Tech) Gleitlager n

friction clip (Tech) Hülsenkupplung f

friction coefficient (Förd) Reibungszahl f; Reibungszahl f f (Gurt); Reibwert m, Reibungsbeiwert m

friction coupling (Kfz, Tech) Rutschkupplung f

friction disc (Mech) Reibscheibe f

friction disc (Tech) Bremslasche f

friction-free adj (Tech) reibungslos

friction roller drive (Mech, Hütt/Walz) Reibrollenantrieb m (der Drehmaschine)

friction saw (Mech, Walz) Reibsäge f

friction stud welding (Schw) Reibbolzenschweißen n

friction-type connection (Stb) HV-Verbindung f

friction-type differential (Tech) Sperrdifferenzial n

friction washer (Tech) Anlaufscheibe f

friction welding (Schw) Reibschweißen n, Reibungsschweißen n

frictional corrosion (Met) Passflächenrost m (Oxidation)

frictional corrosion (Tech) Reibkorrosion f

frictional force (Stat) Reibungskraft f

frictional force (Tech) Reibschlusskraft f

front (Tech) Vorderseite f • **in front** vorn

front adj (Tech) Front…, Vorder…

front door (Bau) Tür f (Haustüre)

front edge (Prüf) Vorderflanke f (Ultraschallstrahl)

front elevation (Tech) Aufriss m (Vorderansicht); Vorderansicht f

front flange (Tech) Kopfflansch m (eines Zylinders)

front frame head (Tech) Rahmenkopf m (an der Vorderachse des Graders)

front-heavy adj (Stat) vorderlastig

front idler (Bergb) Umlenkturas m

front idler (Baum, Kran) Frontleitrad n (am Raupenlaufwerk); Leitrad n (lenkt Kettenrichtung um); vorderes Leitrad n (Kettenlaufwerk)

front lip (Bergb) Vorderteil n (der Klappschaufel); Vorderwand f (des Löffels)

front panel (Elek) Amplitudenüberhöhung f

front ski (Walz) Walzschi m am Kopfende (eines Blechs)

front-surface echo (Elek) Überkoppelecho n (Ultraschall)

front trunnion (Tech) Schwenkzapfen m (eines Zylinders)

front tumbler (Bergb) Umlenkturas m

front view (Kfz, Zeich) Ansicht f von vorn, Aufriss m (Vorderansicht); Vorderansicht f

front-wheel drive (Kfz, Tech) Frontantrieb m, Vorderantrieb m, Vorderradantrieb m

frost-flower pattern (Hütt) Zinkblumenmuster n

frost-free adj (Tech) frostfrei

froth (Chem, Tech) Schaum m

froth flotation (Aufb) Schaumschwimmaufbereitung f

frozen adj (Tech) gefroren

fuel (Chem, Tech) Brennstoff m, Kraftstoff m, Treibstoff m

fuel (Petr) Heizöl n

fuel bowl (Tech) Schwimmergehäuse n

fuel bowser (Tech) Versorgungstankwagen m

fuel dip stick (Tech) Kraftstoffmessstab m

fuel dust (Tech) Abgasstaub m

fuel-efficient adj (Kfz) kraftstoffsparend

fuel gas (Chem) Treibgas n

fuel gauge (Kfz) Kraftstoffmesser m, Kraftstoffvorratszeiger m

fuel injection valve (Hydr/Pneu) Einspritzdüse f (Motor, Einspritzpumpe)

fuel injection valve (Kfz, Tech) Einspritzventil n, Kraftstoffeinspritzdüse f

fuel oil (Petr) Heizöl n, Öl n (Heizöl)

fuel sender (Tech) Tauchrohrgeber m (Kraftstoffsensor)

fuelling system (Hydr/Pneu, Tech) Betankungsanlage f

fugitive adj (Chem) flüchtig

fugitive dust (Tech) Flugstaub m

fugitive emission control (Ökol, Walz) Nebenentstaubung f

fulcrum (Tech) Drehachse f, Pfanne f (Bandwaage); Stützpunkt m

full adj (Tech) voll

full annealing (Met) Ausglühen n

full capacity tap (Elek) Volllastbereichsstufe f

full circle (Stb) Vollkreis m

full dog point set screw (Stb) Zapfenschraube f (Stellschraube mit Zapfenspitze)

full face (Tech) glatte Dichtfläche f (Flansch)

full face gasket (Tech) Dichtscheibe f

full-fillet weld (Schw) voll durchgeschweißte Kehlnaht f

full-flow filter (Tech) Hauptstromfilter n

full-fusion welding (Schw) einwandfreies Durchschweißen n

full hard adj (Met, Walz) walzhart

full length taper grooved dowel pin (Tech) Kegelkerbstift m

full-lift safety valve (Vent) Vollhubsicherheitsventil n

full line (Tech) durchgehende Linie f

full penetration adj (Tech) durchgehend (z. B. Bolzen, Bohrloch)

full-penetration weld (Schw) (voll) durchgeschweißte Naht f

full-scale representation (Tech) Naturgröße f

full sheathing (Log) vollflächige Verbretterung f (Verpackung)

full speed (Tech) höchste Drehzahl f, volle Drehzahl f

full speed (Tech) maximale Drehzahl f, Vollgas n

full-voltage starting (Elek) Direkteinschaltung f (Motor); direktes Einschalten n

full-web construction [structure] (Stb) Vollwandkonstruktion f

fullness (Anstr) Füllkraft f

fully adv (Tech) völlig

fully annealed adj (Met) weichgeglüht

fully killed adj (Hütt/Walz, Met) doppelt beruhigt (z. B. Stahl)

fully killed steel (Hütt/Walz, Met) beruhigter Stahl m

fully locked coil rope (Tech) verschlossenes Seil n

fully plastic adj (Stb) vollplastisch

fully restrained adj (Stb) völlig eingespannt

fully saturated adj (Elek) voll angesteuert

fully supported adj (Tech) satt aufliegend

fume offtake hood (Hütt) Rauchgaskamin m (Konverter)

fumes (Chem) Rauchgas n

fumes pl (Chem, Tech) Rauch m

fumes pl (Hydr/Pneu) Dampf m, Dunst m

function v (Tech) arbeiten, funktionieren, wirken

function (Mess) Rechenteil m

function (Tech) Aufgabe f, Funktion f (Leistung); Tätigkeit f (eines Gerätes)

functionable adj (Tech) arbeitsfähig, funktionsfähig

functional adj (Tech) funktional, funktionstüchtig

functional test (Prüf) Funktionsprüfung f (z. B. der Ventile)

functioning adj (Tech) arbeitsfähig

functioning (Tech) Arbeitsweise f, Funktion f

fundamental mode (Elek) Grundschwingung f

fundamental mode (Verd) Grundeigenform f

funicular polygon (Stb) Seilpolygon n

funicular railway (Bahn) Seilbahn f (kabelgezogen)

funnel (Bergb) Abzugsröhre f

funnel (Schiff) Schornstein m (eines Schiffes)

funnel (Tech) Trichter m

furnace (Hütt/Walz) Feuerung f (auch im Kraftwerk)

furnace (Hütt) Ofen m

furnace arch (Baut) Hängedecke f (Bogen)

furnace campaign (Hütt) Ofenreise f

furnace capacity (Hütt/Walz) Feuerleistung f

furnace charge (Hütt/Walz) Beschickung f, Charge f (Beschickung); Hochofencharge f

furnace-hardened adj (Met) flammgehärtet

furnace mix (burden) (Hütt/Walz) Möller m (für den Reduktionsofen)

furnace top (Hütt) Gicht f, Ofengicht f (oberster Teil des Ofens)

furnish v (Mont, Tech) ausrüsten, ausstatten

furnish v (Tech) versehen mit (jdm./etw. mit etw. versehen)

furniture (Tech) Garnitur f

furrow (Bergb) Grabenmulde f

further processing [treatment] (Fert, Hütt/Walz) Weiterverarbeitung f

furtherance (Bergb) Förderung f (Transport)

fuse v (Elek) absichern (mittels elektrischer Sicherung)

fuse v (Hütt/Walz) schmelzen (Metall); verschmelzen (durch Hitze)

fuse v (Tech) durchbrennen

fuse (Bergb) Zündschnur f (Lunte)

fuse (Elek) Schmelzsicherung f, Sicherung f

fuse box (Elek) Sicherungsdose f, Sicherungskasten m

fuse carrier (Elek) Sicherungssockel m, Sicherungsträger m, Sicherungsunterteil n

fuse-element (Elek) Schaltereinsatz m, Schmelzeinsatz m, Schmelzleiter m (Sicherung); Sicherungselement n

fuse elements pl (Elek) Schutzeinsatz m (z. B. Sicherung)

fuse isolator (Elek) Sicherungstrenner m

fuse-protect v (Elek) absichern (mittels elektrischer Sicherung)

fuse-protected adj (Elek, Hydr) abgesichert (mit einer Sicherung)

fused adj (Elek, Hydr) abgesichert (mit einer Sicherung)

fused adj (Schw) eingegossen

fused disconnect (Elek) Trennsicherung f

fused interrupter switch (Elek) Sicherungstrenner m

fused silica (Met) Schmelzkieselerde f

fuselage (Tech) Rumpf m (z. B. Flugzeug)

fusibility (Met) Schmelzbarkeit f

fusible adj (Hütt/Walz) schmelzflüssig

fusible cut-out (Elek) Löschbandsicherung f

fusible interrupter switch (Elek) Sicherungstrennschalter m mit Schmelzsicherung

fusion (Schw) Bindung f (Verschmelzung, Schweißnaht)

fusion cutting (Mech, Schw) Schmelzschneiden n

fusion line (Schw) Verschmelzlinie f

fusion penetration *(Schw)* Einbrand *m*
fusion point *(Met)* Halbkugelpunkt *m (Segerkegel)*
fusion welding *(Schw)* Schmelzschweißen *n*, Schmelzschweißung *f*
fusion welding with liquid heat transfer *(Schw)* Gießschmelzschweißen *n*

G

gable *(Baut)* Giebel *m*
gable post *(Stb)* Giebelstütze *f*
gable roof *(Baut, Stb)* Giebeldach *n*; Satteldach *n*
gable stanchion *(Stb)* Giebelstütze *f*
gable to gable purlin *(Stb)* Pfettenstrang *m (von Giebel zu Giebel)*
gable transom *(Stb)* Ortgang-Rippe *f*
gaff *(Bahn)* Gaffel *f*
gag press *(Form, Hütt/Walz)* Richtpresse *f*
gag press for tubes *(Form)* Rohrrichtpresse *f*
gage *(AE) (Geo, Tech)* Dicke *f*, Stärke *f*
gage *(AE) (Werkz)* Normalmaß *n*
gage *(AE) (Werkz)* Lehre *f*
gage marker *(AE) (Tech)* Streichmaß *n*
gain *v (Tech)* gewinnen *(erlangen)*
gain *(Elek)* Verstärkung *f (nur von einer zur nächsten Stufe)*
galled durch Reibung abgenutzt
gallery *(Bau, Stat)* Brücke *f*
gallery *(Bergb)* Stollen *m*
gallery *(Tech)* Bühne *f*
galling *(Anstr)* Fressen *n (durch Reiben, Scheuern)*; Reiben *n (Scheuern)*; Scheuern *n (Reibung)*
gallows *(Elek)* Galgen *m*
gallows of catenary wire *(Bahn)* Oberleitungsgalgen *m*
galvanic *adj (Met)* galvanisch
galvanize *v (AE) (Met)* galvanisieren *(mit Zink beschichten)*; verzinken
galvanized *adj (AE) (Met)* feuerverzinkt, galvanisiert, verzinkt
galvanized coating *(AE) (Hütt)* Zinkbeschichtung *f*
galvannealed sheet *(Met)* geglühtes Zinkblech *n*
galvannealing furnace *(Hütt)* Zinkaufschmelzofen *m (für Bänder oder Bleche)*

gamma ray equipment *(Elek)* Gammastrahler *m*
gamma ray radiograph *(Prüf)* Gammaaufnahme *f*
gammagraph *(Prüf)* Gammaaufnahme *f*
gang switch *(Elek)* Reihenschalter *m*
gantry *(Kran)* Kranbahn *f*
gantry *(Schiff)* Bockkran *m (auf Rollengerüst)*
gantry *(Stb, Tech)* Portal *n*, Portalrahmen *m*
gantry crane *(Kran)* Portalkran *m*
gantry leg *(Umschl)* Portalbein *n (Festseite)*
gantry loader *(Förd)* Portalroboter *m (Flächenportalroboter)*
gap *(Bau)* Fugendicke *f*
gap *(Tech)* Abstand *m (kürzerer Abstand)*; Lücke *f*
gap *(Tech)* Fuge *f*; Spalt *m*
gap corrosion *(Met)* Spaltkorrosion *f*
gap filter *(Tech)* Spaltfilter *n*
gap scanning *(Hütt/Walz, Prüf)* berührungslose Prüfung *f*
gap setting *(Zer)* Spaltweite *f (eines Brechers)*
gap width of crusher *(Zer)* Brechspaltweite *f*
garbage *(Ökol, Tech)* Müll *m*, Schmutz *m (Abfall)*; Unrat *m*
garbage disposal *(Ökol, Tech)* Abfallgrube *f (kleine Deponie)*; Müllgrube *f*
garbage dump *(Ökol, Tech)* Mülldeponie *f (normale Kippe)*
garbage incineration plant *(Ökol)* Müllverbrennungsanlage *f*
garland idler *(Förd)* Girlandenrolle *f*, Rollengirlande *f*, Schaukelrolle *f*
garter spring *(Tech)* Feder *f (an Radialdichtringen)*; Schraubenfederring *m*
gas *(Chem)* Gas *n*
gas accumulator *(Bergb)* Blasenspeicher *m (zum Kettenspannen)*
gas blowpipe *(Schw)* Lötbrenner *m*
gas case hardening *(Met)* Gaseinsatzhärtung *f*
gas-carburized *adj (AE) (Met)* aufgekohlt
gas-conducting *adj (Tech)* gasführend
gas-cut *v (Mech, Mont, Schw)* abbrennen, brennschneiden
gas-cut *v (Schw)* autogen schneiden, schneidbrennen
gas cutting *(Schw)* autogenes Schnei-

den n, autogenes Trennen n, Autogenschneiden n, Autogentrennen n,
Brennschneiden n, Gasbrennschneiden n, Gasschneiden n, Trennen n
(autogen)

gas-cutting machine *(Mont, Schw)* autogene Schneidmaschine f, autogenes
Schneidgerät n, Autogenschneidmaschine f, Brennschneidmaschine f,
Gasschneidmaschine f

gas damper *(Hütt/Walz)* Rauchgasregelklappe f

gas-fired *adj (Tech)* gasgefeuert

gas-flame torch *(Schw)* autogener
Brenner m, Gasbrenner m

gas gouging *(Mech, Schw)* autogenes
Fugenhobeln n, Autogenfugenhobeln
n, Brennschneidhobeln n, Fugenhobeln n mit Gas

gas-heated *adj (Hütt/Walz)* rauchgasbeheizt

gas injection *(Tech)* Begasung f

gas metal-arc welding *(Schw)* MAGM n,
Metall-Schutzgasschweißen n,
Schutzgaslichtbogenschweißen n

**gas-mixture shielded metal-arc weld-
ing** *(Schw)* Mischgasschweißen n

gas motor *(Antr)* Druckgasmotor m
(Gasmotor)

gas pedal *(Tech)* Gashebel m, Gaspedal
n

gas pliers *pl (Werkz)* Gasrohrzange f,
Gaszange f

gas pocket *(Met)* Gasblase f

gas-powder welding *(Schw)* Gaspul-
verschweißen n

gas process *(Schw)* Autogenverfahren n

gas-shielded (metal) arc welding
(Schw) Schutzgasschweißen n, MAGM
n *(DIN 1910)*; Schutzgasschweißung f
(DIN 1910); Metall-Schutzgasschweißen n

gas-shielded tungsten-arc welding
(Schw) Wolframschutzgas-Schweißen
n

gas-side... *adj (Hütt/Walz)* rauchgasseitig

gas torch *(Schw)* Autogenbrenner m,
autogener Brenner m, Gasbrenner m

gas tungsten-arc welding *(Schw)* WIG-
-Schweißen n, Wolfram-schutzgas-
schweißen n

gas valves *pl (Tech)* Gasarmaturen fpl

gas welding *(Schw)* autogenes Schwei-

ßen n, Autogenschweißen n, Autogen-
schweißung f, Azetylen-Sauerstoff-
-Schweißen n, Gasschmelzschweißung
f, Gasschweißen n, Gasschweißung f,
G-Schweißen n

gas works *pl (Bau)* Gasanstalt f

gaseous *adj (Chem)* gasförmig

gaseous mixture *(Chem)* Gasgemisch n

gasification stream *(Tech)* Vergasungsstrom m

gasiform *adj (Chem)* gasförmig

gasket *(Tech)* Dichtung f *(Packungsring,
Dichtring, Dichtungsmanschette, usw.)*;
Dichtungsmanschette f, Flachdichtung
f *(z. B. für Rohre, Zylinderköpfe)*; Manschette f *(z. B. Hutmanschette)*

gasket cap *(Tech)* Dichtungsschutzkappe f

gasket ring *(Tech)* Dichtring m, Dichtung
f, Dichtungsmanschette f, Dichtungsring m, Dichtungsscheibe f, Packungsring m

gasoline *(Tech)* Benzin n, Kraftstoff m

gassing *(Tech)* Begasung f

gassing coal *(Bergb)* Gasflammkohle f

gate *(Bau)* Tor n *(Durchfahrt)*

gate *(Elek)* Blende f *(akustisch, elektronisch, im Schallfeld)*; Gate n *(ein Transistoreingang)*; Gatter n

gate *(Hütt)* Einguss m *(am Gussstück
erstarrtes Metall; Eingusszapfen,
Gießknochen)*

gate *(Tech, Vent)* Schieber m *(Absperrschieber)*; Verschluss m *(Bunker)*

gate amplifier *(Elek)* Torverstärker m

gate change *(Tech)* Kulissenschaltung f

gate circuit *(Elek)* Torschaltung f

gate hoist *(Tech)* Schützwindwerk n

gate position indicator *(Elek)* Stellungsanzeiger m

gate post *(Stb)* Torstiel m *(Rahmen des
Tores)*

gate shear *(Mech, Walz)* Tafelschere f,
Torschere f

gate shears *pl (Hütt/Walz)* Schlagschere
f

gate type slide valve *(Hydr/Pneu)*
Flachschieber m

gate valve *(Hydr/Pneu, Vent)* Absperrschieber m, Absperrventil n, Schieber
m *(z. B. Winderhitzer)*

gate valve operating mechanism *(Vent)*
Schieberbetätigung f

gated region of the monitor (Elek) Prüfabschnittsgitter n

gathering belt [conveyor] (Förd) Sammelband n

gating (Elek) Torsteuerung f

gating (Hütt) Anschnitttechnik f

gauge (BE) (Bahn) Spurbreite f; Spurweite f

gauge (BE) (Bergb) Abstand m der Laufrollen (U-Wagen); Laufrollenabstand m (des Unterwagens)

gauge (BE) (Mech, Walz) Vorstoß m (einer Schere)

gauge (BE) (Metr) Messlehre f, Messuhr f; Eichmaß n, Maß n, Pegel m (Lehre)

gauge (BE) (Tech) Drahtstärke f, Stärke f (Dicke)

gauge (BE) (Werkz) Lehre f (Messwerkzeug); Messinstrument n (Lehre)

gauge beam (BE) (Met, Walz) Vorstoßträger n

gauge box (BE) (Bau) Zumesskasten m

gauge cock (BE) (Hydr/Pneu, Tech) Manometerabsperrventil n; Wasserhahn m, Wasserhahn

gauge glass (BE) (Tech) Standglas n

gauge length (BE) (Metr) Messlänge f; Messstrecke f (Werkstoffprüfung)

gauge marker (BE) (Tech) Streichmaß n

gauge pipe (BE) (Tech) Schaurohr n

gauge point (BE) (Stb) Messstelle f

gauge pressure (BE) (Hydr/Pneu, Tech) Manometerdruck m; Überdruck m

gauge pressure in atmospheres (BE) (Hydr/Pneu, Tech) Atmosphärenüberdruck m, Atü m[2]

gauge stop (BE) (Mech, Walz) Vorstoß m (einer Schere)

gauze (Met) Feingewebe n

gauze (Zer) Siebblech n

gauze filter (Hydr/Pneu, Tech) Filtersieb n, Siebfilter n

gear v (Mech) verzahnen (eine Welle)

gear (Getr) Übersetzung f (Zahnrad)

gear (Kfz) Gang m

gear (Getr, Tech) Getriebe n, Getrieberad n; Großrad n, Rad n, Vorgelege n, Zahn m (an der Drehdurchführung); Zahnrad n

gear base assembly (Tech) Getriebeschwinge f, Schwinge f

gear blank (Getr, Mech) Zahnradkörper m

gear body (Tech) Radkörper m (des Zahnrades); Radscheibe f

gear case (Kfz) Antriebsgehäuse n

gear case (Tech) Räderkasten m, Spindelkasten m

gear casing (Tech) Getriebegehäuse n

gear centre (BE) (Getr) Zahnradscheibe f

gear chamber (Hydr) Zahnkammer f

gear chamber (Tech) Getriebekasten m

gear change (Kfz, Tech) Schaltung f (Getriebe)

gear clearance (Getr, Tech) Spiel n (von Zahnrädern)

gear contact pattern (Tech) Tragbild n (Zähne)

gear coupling (Tech) Zahnkupplung f

gear cutting (Mech) Zahnradschneiden n

gear drive (Getr) Räderantrieb m, Zahnradantrieb m

gear flank grinder (Getr, Mech) Zahnflankenschleifmaschine f

gear hobbing machine (Mech) Zahnradfräsmaschine f (vertikal)

gear housing (Getr, Tech) Getriebegehäuse n, Zahnradgehäuse n, Zahnradkasten m

gear hub (Getr, Tech) Radnabe f (eines Zahnrades); Zahnradnabe f

gear mesh (Getr, Tech) Zahneingriff m

gear motor (Antr) Getriebemotor m, Zahnradmotor m

gear pair (Getr) Getriebe n, Getriebestufe f; Radpaar n, Zahnradpaar n

gear pinion (Getr, Tech) Ritzel n

gear pitch (Getr, Tech) Zahnradteilung f

gear rack (Getr, Tech) Zahnstange f

gear rating (Getr) Getriebebemessung f

gear ratio (Getr, Tech) Übersetzungsverhältnis n, Zähnezahlverhältnis n

gear reducer (Getr) Getriebeuntersetzer m, Stirnradgetriebe n, Untersetzungsgetriebe n

gear rim (Getr) Bandage f, Zahnradbandage f, Zahnkranz m (Laufrad)

gear shaft (Getr, Tech) verzahnte Welle f, Zahnwelle f

gear shaper (Mech) Wälzstoßmaschine f

gear shift fork (Tech) Schaltgabel f

gear spindle coupling (Tech, Walz) Zahnspindelkupplung f

gear teeth (Getr) Verzahnung f

gear thickness (Getr, Schiff) Bandage f (beim Zahnrad innen bis zum Zahnfuß)

gear tooth *(Tech)* Zahn *m*

gear train *(Getr)* Getriebe *n*, Getriebezug *m*; Läufersatz *m*; mehrfache Radpaarung *f*, Steuerräder *npl (Zahnräder im Getriebe)*; Zahnradgetriebe *n*, Zahnradübersetzung *f (ganzer Satz)*

gear transmission *(Tech)* Getriebe *n (Vorgelege)*

gear unit *(Getr, Tech)* Getriebe *n*, Getriebezug *m*; mehrfache Radpaarung *f*, Zahnradgetriebe *n*

gear unit shaft journal *(Tech)* Getriebelagerzapfen *m*

gear wheel *(Getr, Tech)* Getriebrad *n*, Zahnrad *n (Getriebe)*

gear with dog clutch *(Tech)* Klauenrad *n*

gearbox *(Tech)* Fahrgetriebe *n*, Getriebegehäuse *n*, Getriebekasten *m*, Schaltgestänge *n*

gearbox casing *(Tech)* Getriebegehäuse *n*

gearbox interior *(Getr)* innerer Getriebekasten *m*

gearcase *(Tech)* Getriebegehäuse *n*

geared-down *adj (Tech)* untersetzt

geared motor *(Antr)* Getriebemotor *m*

gearing *(Getr)* Getriebe *n*, Getriebezug *m*, mehrfache Radpaarung *f*, Zahnradgetriebe *n*

gearing *(Getr, Tech)* Eingriff *m (Getriebe)*; Zahnradantrieb *m*, Verzahnung *f (mit Zähnen ausstatten)*

gearing ratio *(Getr)* Verzahnungsverhältnis *n*

gearless *adj (Tech)* getriebelos

Geiger counter *(Elek)* Geiger-Zähler *m*

gelling *(Anstr)* Gelieren *n (Anstrich)*

general arrangement *(Tech)* Gesamtanordnung *f*

general arrangement drawing *(Zeich)* Anordnungszeichnung *f*, Dispositionszeichnung *f*, Gesamtanordnung *f*, Gesamtzeichnung *f*, Lageplan *m*, Massenplan *m*, Übersicht *f*, Übersichtszeichnung *f*, Zusammenstellungszeichnung *f*; Hauptzeichnung *f (Zusammenstellung)*

general foreman *(Baut)* Bauführer *m*, Polier *m*

general foreman *(Fert, Tech)* Betriebsleiter *m*

general layout *(Tech)* Lageplan *m*, Schema *n*, Übersichtskarte *f*

general outline *(Tech)* Übersicht *f*

general-purpose *(Tech)* Allzweck…

general-purpose bucket *(Bergb)* Normal-Standardschaufel *f*, Universalschaufel *f*

general-purpose unit *(Tech)* universelles Gerät *n*

general regulations *pl (Tech)* Grundlagen *fpl*

general tolerance *(Form)* Allgemeintoleranz *f*

general view *(Tech)* Gesamtansicht *f*, Überblick *m*

generalized *adj (AE) (Tech)* verallgemeinert

generant of the toroid *(Tech)* Erzeugungskreis *m* des Torus

generate *v (Hydr/Pneu)* erzeugen *(z. B. Druck)*

generate *v (Tech)* entwickeln *(Staub, Abgas, Wärme usw.)*

generating set *(Elek)* Aggregat *n*, Generatorsatz *m*

generation *(Elek, Tech)* Erzeugung *f*

generative *adj (Elek)* generatorisch

generator *(Elek)* Generator *m*, Lichtmaschine *f* Stromerzeuger *m*, Stromerzeugermaschine *f*

generator drive coupling *(Kfz)* Antriebskupplung *f* der Lichtmaschine

generator ring *(Elek)* Induktorkappe *f*

gentle *adj (Bergb, Tech)* schonend

gently *adv (Tech)* sanft, zart

genuine *adj (Tech)* echt

genuine parts *pl (Tech)* Originalersatzteile *npl*

geochemistry *(Chem)* Geochemie *f*

geometric ultrasonic optics *(Elek)* geometrische Ultraschalloptik *f*

Gerber joint *(Stb)* Gerber-Gelenk *n*

German Aerospace Industries Association *(Tech)* Bundesverband *m* der Luft- und Raumfahrtindustrie

German Association for Machine Manufacturing *(Tech)* Deutscher Verband *m* für Maschinenbau, DVM

German Industrial Standards *(Tech)* Deutsche Industrie-Norm *f*, DIN

German silver *(Met)* Neusilber *n (Guss)*

getting *(Baum, Bergb)* Abbau *m (Förderung, Gewinnung von Bodenschätzen, z. B. Kohle)*

giant *adj (Tech)* Groß…, Riesen…, riesig

glow

gib-head key *(Tech)* Nasenkeil *m*

gifted *adj (Tech)* geschickt

gilled *adj (Tech)* gerippt

gilled plate *(Met)* Kiemenblech *n*

gilled tube *(Hütt/Walz)* Rippenrohr *n*

gilt-edged *adj (Tech)* vergoldet

gimbal-mounted *adj (Tech)* aufgehängt, kardanisch aufgehängt

gimbal mounting [suspension] *(Tech)* Kardanaufhängung *f*, kardanische Aufhängung *f*, Kreuzgelenklagerung *f*

gimlet *(Werkz)* Handbohrer *m (Holz)*; Nagelbohrer *m*

gin pole *(Tech)* Derrick *m (Hebezeugstütze, Rüstbaum)*; Hebemast *m*

giratory breaker [crusher] *(Zer)* Rundbrecher *m (Kreiselbrecher)*

girder *(Met, Stb)* Balken *m*, Biegeträger *m*, Doppel-T-Träger *m*, Profilträger *m*, rechteckiger Hauptträger *m*, Träger *m*, Unterzug *m*, zusammengesetzter Träger *m*; Durchlaufbalken *m*, Walzträger *m (Profilträger)*

girder bridge *(Stb)* Balkenbrücke *f*, Fachwerkbrücke *f*, Fachwerkträgerbrücke *f*, Gittermastbrücke *f*

girder construction *(Stb)* Fachwerkskonstruktion *f*

girder joint *(Stb)* Trägerstoß *m*

girder mast *(Tech)* Gittermast *m*

girder section *(Met)* Trägerprofil *n*

girder splice *(Stb)* Trägerstoß *m*

girder-type spreader *(Bergb)* Konsolabsetzer *m*

girt *(Stb)* Wandriegel *m*, Wandträger *m*

girth groove weld *(Schw)* Rundnaht *f*

girth weld *(Schw)* Umfangsnaht *f (Rohre)*

gista profile *(Tech)* Gista-Profil *n (Türschutzgummi)*

give *v (Tech)* geben, vermitteln

give *v indications (Met)* Spuren aufweisen *(Materialfehler)*

given *adj (Tech)* vorgegeben

gland *(Elek)* Anschlussstutzen *m*, Einfassung *f*, Kabeldurchführung *f*, Kabeleinfassung *f*, Kabelstutzen *m*; Kabelstopfbuchsenverschraubung *f*, Kabelverschraubung *f*, Stopfbuchsverschraubung *f*, Stutzen *m (Kabel)*

gland *(Hütt/Walz)* Dichtschraube *f (von Packungen)*

gland *(Tech)* Blende *f*, Stopfbüchsbrille *f*, Stopfbuchse *f*, Stopfbüchse *f*

gland jacket *(Tech)* Wassermantel *m (Stopfbüchse im Kolbenverdichter)*

gland with pipe thread *(Tech)* Stutzen *m*

gland with thread *(Tech)* Gewindestutzen *m*

glass *adj (Tech)* gläsern

glass *(Baut, Tech)* Glas *n*

glass *(Elek, Kfz)* Armaturenglas *n*

glass factory *(Bergb)* Glashütte *f*

glass fibre *(Met)* Glasfaser *f*

glass-fibre reinforced *adj (Met, Tech)* armiert, glasfaserverstärkt

glass-fibre reinforced plastic *(Kunst)* GFK, glasfaserverstärkter Kunststoff *m*

glass recycling *(Ökol)* Altglaswiederverwertung *f*

glass-reinforced *adj (Met, Stb)* glasfaserverstärkt, glasverstärkt

glass-reinforced fibre *(Kunst, Met)* Glasfaser *f*, glasverstärkte Faser *f*

glass sight gauge *(Tech)* Schauglas *n*, Sichtglas *n (Schauglas)*

glass wool *(Met)* Glaswolle *f*

glaze *(Anstr, Tech)* Glanz *m*, Glasur *f*, Politur *f*

glazier *(Baut)* Glaser *m*

glazing *(Baut)* Verglasung *f*

glazing bar *(Baut)* Fenstersprosse *f*, Glasdachsprosse *f*, Sprosse *f*

glazing bar *(Met, Stb)* Sprossenstahl *m*

glazing purlin *(Stb)* Oberlichtpfette *f*

glazing tee *(Baut, Stb)* Stahlfenster-Profil *n*

glide *v (Tech)* gleiten *(rutschen)*

gliding conveyor *(Bergb)* Gleitband *n*

globe valve *(Mess, Vent)* Drosselschieber *m*

globe valve *(Vent)* Kugelhahn *m*, Kugelventil *n*, Schieber *m*

globular *adj (Met)* globular, globulitisch

gloss *(Tech)* Glanz *m*

glossy *adj (Anstr, Tech)* blank *(glänzend)*

glove compartment *(Kfz)* Handschuhfach *n*

glow *v (Met)* glühen *(glimmen)*

glow discharge *(Mess)* Glimmentladung *f*

glow lamp *(Elek)* Glimmlampe *f*

glow plug *(Elek)* Glühkerze *f*

glow plug harness *(Elek)* Glühkerzenzuleitung *f*

glow tube *(Elek)* Glimmlampe *f*

glue v (Tech) kleben (etw. mit Klebstoff festkleben); leimen

glue n (Tech) Leim m (Klebstoff)

glue-brushed adj (Tech) bestrichen (z. B. mit Leim)

glued adj (Tech) geklebt

glued on adj (Tech) angeklebt

gluey adj (Tech) klebrig

GLW (Stat) Gesamtgewicht n, maximales Gesamtgewicht n

glycine-dampened adj (Met) glycinegefüllt

GMAW (Schw) MAGM n, Schutzgasschweißen n (DIN 1910)

goaf (Bergb) alter Mann m

gob (Bergb) alter Mann m

gob adj (Bergb) alter Mann m

goffered plate (Hütt/Walz) Waffelblech n

goggle valve (Hütt, Vent) Brillenschieber m (an Sperrplatte drehbar im Hochofen); Steckscheibenschieber m

goggles pl (Tech) Schutzbrille f

gold-coated adj (Tech) vergoldet

goliath crane (Kran) Schwerlastkran m

good adj (Tech) günstig

good aging behaviour adj (Met) alterungsbeständig (z. B. Fette)

goods pl (Tech) Gut n

goods in/goods out (Tech) Annahme f und Versand m

goods-in inspection (Prüf, Tech) Eingangskontrolle f

goods-out inspection (Prüf) Ausgangsprüfung f

goods wagon (Bahn) Güterwagen m

gooseneck (Bergb) Monoboom m (Mono-Ausleger); Schwanenhals m, Schwinge f

gooseneck-type arm (Bergb) gekröpfter Stiel m

gorge (Tech) Kopfkehlfläche f

gothic pass (Walz) Spitzbogenkaliber n

gouge v (Bergb) auspressen (abwerfen)

gouge v (Förd, Mech, Mont) aushöhlen, ausmeißeln (mit dem Hohlmeißel, z. B. Gurt)

gouge v (Form, Mech, Schw) ausarbeiten (z. B. der Schweißwurzel); ausfugen (Schweißnaht); aushobeln (Schweißnähte); auswerfen

gouge (Förd, Mech, Mont) Aushöhlung f (Gurt)

gouge bit (Werkz) Schappenbohrer m

gouge mark (Mech) Rille f

gouging blowpipe (Schw) Fugenhobler m

gouging torch nozzle (Schw, Werkz) Fugendüse f, Fugenhoblerdüse f

govern v (Tech) regeln; Vorrang haben

governor (Tech) Drehzahlregler m (für Einspritzpumpen, Dieselmotoren); Regler m (für die Drehzahl)

governor valve (Vent) Regelventil n

governor weight (Tech) Reguliergewicht n

GPR (Tech) GFK

grab v (Bergb, Tech) fassen (ergreifen); greifen

grab (Bergb) Greifer m

grab adj (Bergb, Kran) Greif…, Greifer…

grab swing brake (Bergb) Pendelbremse f (Greifer)

grab yoke (Bergb) Greiferlager n

grabbing trolley (Kran) Greiferkatze f

gradability (Bergb, Tech) Steigfähigkeit f (z. B. Transportraupe)

gradation (Mech) Abstufung f

grade v (Bergb) Planum herstellen

grade v (Baum, Mech) ebnen, einebnen, nivellieren, planieren

grade v (Tech) einteilen, einstufen, klassifizieren (z. B. in Gruppen, in Klassen)

grade v (Tech, Zer) sortieren

grade v (Zer) klassieren (z. B. Erz); sieben (auf Körnung); trennen (nach Korngrößen)

grade (Tech) Art f (Qualität); Grad m (auf einer Skala); Güte f, Gütegrad m, Güteklasse f, Gütestufe f, Klasse f, Qualität f, Sorte f

grade of steel (Met) Stahlgüte f

grade resistance (Bergb) Hangabtriebskraft f, Hangantriebskraft f

graded adj (Bau) gestuft

graded index fibre (Tech) Gradientenfaser f (Lichtwellenleiter)

grader (Bergb) Erdhobel m, Grader m

grader scraper (Baum, Kfz) Anbauschürfkübel m

gradient (Bahn) Steigung f (der Bahnstrecke)

gradient (Bau, Stb) Gradiente f

grading curve (Bau) Körnungslinie f, Siebkurve f

grading work (Baum, Bergb) Planierarbeiten fpl (z. B. an der Böschung); Planierungsarbeiten fpl

gradual *adj (Tech)* allmählich

gradually *adv (Tech)* Schritt *m* für Schritt

graduate *v (Tech)* abstufen; einteilen (z. B. in Grad); graduieren, teilen (z. B. in Grad, in Stufen); mit Messeinteilung versehen

graduated *adj (Tech)* abgestuft; Mess..., stufenweise

graduated dial *(Tech)* Skalenscheibe *f* (Bandwaage)

graduation *(Mess, Tech)* geeichte Teilung *f*, Teilung *f*

graduator *f (Tech)* Gradmesser *m*

grain *(Met)* Einzelkorn *n*

grain *(Zer)* Korn *n*, Körnung *f*

grain boundary *(Met)* Korngrenze *f*

grain-oriented *adj (Bau)* kornorientiert

grain-refined *adj (Stb)* kornverfeinert

grain-refined construction steel *(Met)* Feinkornbaustahl *m*

grain-refined steel *(Met)* Feinkornstahl *m*

grain size *(Tech)* Faserlänge *f (Holz)*; Korngröße *f*, Körnigkeit *f (Film)*

grain size *(Zer)* Körnung *f*

grain structure *(Met)* Korngefüge *n*

graining *(Zer)* Körnung *f*

granular *adj (Geo, Zer)* gekörnt

granular *adj (Zer)* körnig

granulate *v (Geo)* prillen (granulieren)

granulate *(Geo)* Granulat *n (körniges Material)*

granulation plant *(Bergb)* Granulationsanlage *f*

granule *(Tech)* Granalie *f*

granules *(Geo)* Granulat *n*

graph *(Tech, Zeich)* Diagramm *n* (Schaubild, Kurvenbild); Schaubild *n*; grafische Darstellung *f*

graph recorder *(Elek)* Schreiber *m* (schreibendes Messgerät)

graphic *adj (Tech)* anschaulich, grafisch

graphic overview display *(Mess)* Übersichtsgrafik *f*

graphic representation *(Tech, Zeich)* anschauliche Darstellung *f*; Diagramm *n* (Schaubild, Kurvenbild); grafische Darstellung *f*

graphical *adj (Tech)* grafisch

graphical symbol *(Tech)* Bildzeichen *n*, grafisches Symbol *n*

graphite electrode *(Tech)* Graphitelektrode *f*

graphite grease *(Tech)* Graphitfett *n*

graphite test *(Tech)* Graphitprüfung *f*

graphitize *v (AE) (Tech)* graphitieren

grapnel *(Bergb)* Mehrschalengreifer *m*

grapnel *(Stb)* Suchanker *m*

grapple *(Bergb)* Mehrschalengreifer *m*

grapple skidder *(Tech)* Rückmaschine *f (für Holz)*

grapples *pl (Bergb)* Greiferzangen *fpl*, Schwachholzgreifer *m*

grass *(Elek)* Echogras *n*

grass panelling *(Bau)* Tafel *f (Verschalung aus Grasmatten)*

grasshopper conveyor *(Förd, Umschl, Zer)* Schüttelrutsche *f*, Schwingrinne *f (Schwingförderer)*

grate *v (Tech, Zer)* zerreiben

grate *(Tech)* Gitter *n*, Gitterrost *m*, Rost *m*, Stabrost *m*, Stangenrost *m*

grate bearing *(Tech)* Auflagerrost *m*, Rostbalkenträger *m*, Rostrahmen *m*, Rostträger *m*

grate decking *(Tech)* Gitterrost *m*, Gitterrostbelag *m*

grate flooring *(Baut, Tech)* Gitterrostfußboden *m*; Gitterrostbelag *m*, Lichtgitterrostbelag *m*

grate kiln *(Hütt)* Röstofen *m (Direktreduktion)*

grate link *(Hütt/Walz)* Roststab *m*

grating *(Tech)* Gitter *n*, Gitterbelag *m*, Gitterrost *m*, Rost *m*; Vergitterung *f*

grätz rectifier-circuit *(Hydr)* Grätzschaltung *f*

gravel *(Geo)* Kies *m*, Schotter *m (Steinbruch)*

gravel/sand granulate *(Bau, Geo)* Kies/Sand-Mischung *f*

gravelly sand *(Baut)* Kiessand *m*

gravimetric feeder *(Förd)* Dosierbandwaage *f*

gravitational force *(Phys)* Schwerkraft *f*

gravity *(Phys)* Schwerkraft *f*

gravity axis *(Phys)* Schwerlinie *f*

gravity flow rack store *(Log)* Durchlauflager *n*

gravity force *(Phys)* Schwerkraft *f*

gravity roller *(Förd)* Querrollbahn *f*, Rollenförderer *m (Rollenbahn)*

gravity wheel conveyor *(Förd)* Röllchenbahn *f*

gray cast (iron) *(AE) (Met)* Grauguss *m*, GG

gray scale value *(AE) (Tech)* Grauwert *m*

grease *v (Tech)* abschmieren *(mit Fett oder Öl versehen)*; einfetten, schmieren *(einfetten)*

grease *(Tech)* Fett *n*, Fließfett *n*, Schmierfett *n*

grease *adj (Tech)* Fett..., Schmier-

grease cup *(Tech)* Klappöler *m*, Schmierbüchse *f*, Staufferbüchse *f*

grease fitting *(Tech)* Schmiernippel *m (Fett)*

grease gun *(Tech)* Druckfettpresse *f*, Fettpresse *f*, Fettspritze *f*, Handhebelfettpresse *f*, Schmierpistole *f*, Schmierpresse *f*

grease lubricator *(Tech)* Fetter *m*

grease nipple *(Tech)* Füllnippel *m*, Kegelschmiernippel *m*, Schmiernippel *m (Fett)*

grease pistol *(Tech)* Fettpresse *f*, Schmierpresse *f*

grease prepacked *adj (Tech)* dauergeschmiert

grease-resistant *adj (Tech)* fettbeständig

grease screw *(Tech)* Schmierkontrollschraube *f*

greaser *(Tech)* Schmierer *m*

greasing cycle *(Tech)* Schmiertakt *m*

greasing nozzle *(Tech)* Sprühdüse *f (der zentralen Fettschmieranlage)*

greasing pulse *(Tech)* Abschmierimpuls *m (Fettschmieranlage)*

greasing system *(Tech)* Schmieranlage *f (mit Fett)*

green strength *(Met)* Grünfestigkeit *f (Metallpulver)*

green wood *(Tech)* Biomasse, Frischholz *f (Brennstoff für Heizkraftwerk)*

Greif hoist *(Tech)* Greifzug *m (Seilzug der Marke Greif)*

grey blast *adj (BE) (Anstr)* wolkig

grey cast iron *(BE) (Met)* Grauguss *m*, GG; Gusseisen *n* mit Lamellengraphit

grey iron casting *(BE) (Met)* Grauguss *m*, GG

grid *(Elek)* Energieversorgung *f (elektrische Energie)*

grid *(IT, Konst)* Netz *n (Karte, Darstellung)*; Raster *m (Zeichnungshilfe in CAD)*

grid *(Stb, Tech)* Gitter *n*, Gitterrost *m*, Kreuzwerk *n*, Rost *m*, Trägerrost *m*

grid cross-cut test *(Anstr)* Gitterschnittprüfung *f*

grid paving *(Baut, Tech)* Gitterrostbelag *m*, Gitterrostfußboden *m*

grid structure *(Stb)* Kreuzwerk *n*

grid test *(Anstr)* Gitterschnittprüfung *f*

grillage *(Stb)* Kreuzwerk *n*, Trägerrost *m*

grillage *(Tech)* Gitterrost *m*, Rost *m (Gitter)*

grille *(Baut)* Türgitter *n*, Ziergitter *n*

grimble *(Tech)* Gelenklager *n*

grind flush *v (Mech)* glatt schleifen

grind *v (Form, Mech)* abschleifen *(glätten, bearbeiten)*; ausschleifen, beschleifen *(bearbeiten)*; schleifen, wetzen

grind *v (Stb)* abfräsen

grind *v (Tech)* fein mahlen, mahlen

grind *v in (Mech)* einschleifen

grinder *(Mech)* Schleifmaschine *f*

grinding *(Mech)* Beschleifen *n (Bearbeitung)*

grinding *(Tech)* Mahlen *n*

grinding *(Zer)* Vermahlung *f (von Mineralien)*

grinding *adj (Mech)* Mahl..., Schleif...

grinding and blending plant *(Zer)* Mahl- und Mischanlage *f*

grinding diameter *(Mech)* Schleifmaß *n (der Kolbenstange)*

grinding lathe *(Mech)* Schleifbank *f*

grinding wheel *(Mech)* Schleifrad *n*, Schleifscheibe *f (zum Glätten)*; Schleifstein *m*

grip *v (Bergb)* greifen

grip *(Elek)* Schaltergriff *m*

grip *(Tech)* Griff *m (Zugriff)*; Haltegriff *m*, Klemmlänge *f (Schrauben)*; Klemmstück *n*, Knebel *m* • **with maximum grip** griffig *(z. B. Reifen)*

grip *(Tunn)* Verspannung *f*

grip block *(Tech, Mont)* Abfangkloben *m*

grip hoist *(Tech)* Greifzug *m*

grip length *(Tech)* Klemmlänge *f (Schrauben)*

grip link *(Tech)* Greifsteg *m (der Schneekette)*

grip tube *(Tech)* Griffrohr *n*

grip wrench *(Werkz)* Blitzrohrzange *f*

gripping device *(Tech)* Fangvorrichtung *f*

gripping jaw *(Werkz)* Spannbacke *f (Ziehbank)*

gripping jaws *(Form)* Ziehzange *f (Rohrziehbank)*

gripping tackle *(Tech)* Greifzug m
grip-resistant *adj (Tech)* grifffest
grit *(Bau)* Grieß m
grit *(Hütt/Walz)* grober Staub m, Grobstaub m
grit arrester *(Zer)* Flugstaubabscheider m *(bei grobem Korn)*; Zyklon-Abscheider m *(grober Flugstaub)*
grit-blast *(Anstr)* strahlen mit Kies, mit Kies abstrahlen
grit blasting *(Anstr)* Strahlen n mit Stahlsand
gritted *adj (Tech)* gestreut *(z. B. Sand)*
grizzly *(Tech, Zer)* Rost m, Stabrost m *(Stangenrost)*; Stangenrost m
grizzly roll *(Zer)* Rostwalze f
grommet *(Elek)* Durchführungsdichtung f, Durchführungstülle f
grommet *(Tech)* Augenring m, Gewindeschutz m, Gummidurchgangstülle f, Gummiring m, Gummitülle f, Kausche f, Öse f, Seilring m, Tülle f, Vielfachdichtung f
grommet nut *(Tech)* Dichtungsmutter f, Tüllenmutter f
grommet thimble *(Tech)* Seilkausche f
groove v *(Mech)* auskehlen, kehlen, nuten *(Spiralbohrer, Reibahlen, Fräser)*; riefeln, rillen
groove *(Bergb)* Rille f *(in Seilscheibe, Winde)* • **with four grooves** vierrillig *(z. B. Seiltrommel)*
groove *(Mech)* Riefelung f, Rille f, rillenförmige Eindrehung f
groove *(Mech, Mont)* Abfasung f, Aushöhlung f, Auskehlung f
groove *(Schw)* Fuge f
groove *(Tech)* Einschnitt m, Einstich m, Falz m *(Schlitz)*; Feinnut f, Kehle f *(z. B. eines Venturirohres)*; Nut f *(Keilnut)*; Rinne f *(Furche)*; Seilrille f *(einer Seiltrommel)*
groove angle *(Schw)* Fugenwinkel m, Öffnungswinkel m
groove cutting machine *(Mech, Walz)* Kalibriermaschine f
groove face *(Schw)* Fugenflanke f, Fugensteg m, Schweißnahtflanke f
groove nut *(Tech)* Nutmutter f
groove pin *(Tech)* Kerbnagel m
groove pitch *(Kran)* Rillenteilung f *(Seiltrommel)*
groove ring *(Tech)* Nutring m

groove weld *(Schw)* Fugennaht f
grooved *adj (Mech)* geriffelt, gerillt
grooved ball bearing *(Lag)* Rillenkugellager n
grooved blade *(Mech)* Profilmesser n
grooved dowel pin *(Tech)* Kerbstift m
grooved flats *(Met)* Hufstollenstahl m
grooved mating face *(Tech)* Kamm m *(z. B. in Dichtungen)*
grooved nut *(Tech)* Nutmutter f
grooved pin *(Tech)* Kerbstift m, Passkerbstift m, Steckkerbstift m
grooved ring *(Tech)* Nutring m
grooved ring ball bearing *(Lag)* Ringrillenkugellager n
grooved taper pin *(Tech)* Kegelkerbstift m
grooves *(Walz)* Kaliber n
grooving *(Kran)* Rillung f *(einer Seiltrommel)*
grooving *(Mech)* Aushöhlung f, Auskehlen n, Auskehlung f, Riefelung f
grooving chisel *(Werkz)* Schlitzmeißel m
gross density *(Phys)* Rohdichte f
gross load weight *(Stat)* Gesamtgewicht n, maximales Gesamtgewicht n
gross section *(Stb)* Bruttoquerschnitt m, Vollquerschnitt m
gross sectional area *(Stb)* Bruttoquerschnitt m, Vollquerschnitt m
gross volume *(Tech)* Brutto(raum)inhalt m
gross weight *(Bergb)* Dienstgewicht n *(brutto)*
gross weight *(Stat)* Bruttogewicht n
ground v *(Elek)* erden *(schutzerden)*
ground *adj (Mech)* ausgeschliffen, geschliffen
ground *(Anstr)* Untergrund m
ground *(Bergb)* Fahrplanum n, Planum n • **above ground** *(Bergb)* über Tag • **below ground** unter Tag
ground *(Elek)* Masse f *(Erdleitung, Nullleitung)*
ground *(Geo)* Boden m *(Erdboden)*; Sohle f; Gelände n
ground clearance *(Tech)* Bodenfreiheit f
ground erection *(Stb)* Bodenmontage f *(Vormontage)*
ground level *(Baum, Bergb)* Baggerplanum n, Planum n
ground line *(Bergb)* Planum n
ground line *(Stb)* Grundlinie f

ground plan *(Zeich)* Grundriss *m*
ground plate *(Mech)* Bodenplatte *f*
ground pressure *(Geo, Tech)* Bodendruck *m*, Bodenpressung *f*
ground space required *(Tech)* Platzbedarf *m*
ground station *(Umschl)* Bodenstation *f*
ground tackle *(Schiff)* Ankergeschirr *n*
ground-water *(Geo)* Grundwasser *n*
ground-water replenishment *(Geo)* Grundwasseranreicherung *f*
ground wire *(Elek)* Masseleitung *f*
grounded *adj (Elek)* geerdet
grounding *(Elek)* Erdung *f (elektrisch)*
groundman *(Kran)* Anschläger *m*
group *v (Tech)* gliedern *(Erzeugnisstruktur)*; gruppieren
group *(Tech)* Aggregat *n*, Gruppe *f (Erzeugnisstruktur)*
group leader *(Tech)* Vorarbeiter *m*
grouped starter board *(Elek)* Gruppenanlassertafel *f*
grouping *(Tech)* Gliederung *f*
grouser *(Bergb)* Steg *m (der Kettenbodenplatte)*; Stollen *m (auf Kettenplatte)*
grout *v (Baut)* mörteln *(mit Mörtel verstreichen)*; vermörteln; untergießen
grout *(Baut)* dünner Mörtel *m*, Zementmilch *f*; Untergussmasse *f*
grouting compound *(Baut)* Untergussmasse *f*
grouting mortar *(Baut)* Untergussmörtel *m*
grouting work *(Baut, Hütt/Walz)* Vergießarbeit *f*
groyne *(Hydr/Pneu)* Buhne *f*
grub screw *(Tech)* Gewindestift *m*
guarantee test *(Hütt/Walz)* Abnahmeverbrauch *m*
guard *(Bahn)* Radlenker *m (z. B. an Weichen)*
guard *(Elek, Tech)* Schutzvorrichtung *f*, Umhüllung *f (Mantel)*
guard *(Tech)* Berührungsschutz *m*, Dichtblende *f*, Schutz *m*, Schutzblech *n*
guard *(Werkz)* Lineal *n* für Kontrollzwecke
guard *adj (Tech)* Sicherungs..., Schutz...
guard plate *(Stb)* Verstärkungsblech *n*
guard rail *(Stb)* Leitbalken *m (Planke)*; Leitplanke *f (Balken)*
gudgeon *(Tech)* Bolzen *m (Drehbolzen)*; Drehbolzen *m*, Drehzapfen *m (Achse, Bolzen)*; Gewindebolzen *m (Zapfen)*;

Halslagerzapfen *m*, Zapfen *m (einer Schiene)*
gudgeon bearing *(Lag)* Halslager *n*
gudgeon pin *(Tech)* Kolbenbolzen *m*
guidance *(Tech)* Leitung *f (Unterrichtung)*; Umlenkung *f*
guide *v (Tech)* führen *(z. B. Band)*; leiten *(führen)*; lenken *(steuern)*
guide *(Bergb)* Führung *f (Leitvorrichtung)*
guide *adj (Tech)* Führungs..., Leit...
guide frame *(Tech)* Führungsgerüst *n*, Führungsrahmen *m (Bergbau)*; Lenker *m*, Rahmenführung *f*
guide housing *(Kfz)* Kapselgehäuse *n*
guide idler *(Förd)* Bandführungsrolle *f*, Führungsrolle *f*, Leitrolle *f (fest, seitlich, senkrecht)*; Seitenführungsrolle *f*, Seitenrolle *f*
guide piece *(Tech)* Führungsstück *n*; Gleitstein *m (Teil der Spannvorrichtung)*
guide rail *(Bergb)* Mäkler *m (Pfahlramme)*
guide rail *(Stb)* Leitschiene *f (Radlenker)*; Radlenker *m (Leitschiene)*
guide rail *(Tech)* Gleitleiste *f*, Laufschiene *f*
guide ring *(Tech)* Klauenring *m*
guide rod *(Baum)* Lenker *m (Hubwerk Abwurfausleger)*
guide roller *(Förd)* Führungsrolle *f*, Gleitrolle *f*, Seitenrolle *f*
guide tackle *(Walz)* Walzarmaturen *fpl*
guideline *(Tech)* Richtlinie *f (Anweisung)*; Richtwert *m*
guides and guards *(Walz)* Walzarmaturen *fpl*
guiding data *pl (Tech)* Richtwert *m*
guiding idler *(Förd)* Leitrolle *f (fest, seitlich, senkrecht)*; Seitenführungsrolle *f*
guiding roller *(Hütt)* Spurrolle *f (Rotationskonverter)*
guiding value *(Tech)* Richtwert *m*
guidler *(Förd)* Seitenrolle *f*
guillotine *(Mech)* Aushauschere *f*
guillotine cut *(Mech)* Formatschnitt *m*
guillotine shear *(Hütt/Walz)* Tafelschere *f*
gulleting file *(Werkz)* runde zylindrische Sägefeile *f*
gummy *adj (Tech)* klebrig
gun *v (Hütt)* torkretieren
gun metal finish *(Met)* Brünierung *f (Werkzeug)*
gunite *v (Hütt)* torkretieren
gunite *(Hütt)* feuerfeste Spritzmasse *f*

gusset *(Bau)* Knotenbereich m
gusset *(Met, Stb)* Blechanker m, Eckblech n; Knotenblech n, Kreuzblech n *(Gittermastkonstruktion)*; eingesetztes Stück n, Einsatz m *(Blechanker, Zwickel)*; Keil m, Zwickel m
gusset plate *(Mont, Stb)* Anschlussblech n, Knotenblech n
gusset shoe *(Tech)* Aufsteckschuh m, Gleitschuh m
gutter *(Bau)* Dachrinne f, Rinne f *(am Dach)*
guy *(Baum, Bergb)* Abspanndraht m, Abspannseil n, Abspannungsseil n
guy rope *(Baum, Bergb)* Abspannseil n; Seilabspannung f
guy rope *(Tech)* Abfangseil n *(am Gerät)*; Tragseil n
guyed *adj (Stb)* abgespannt, seilverspannt
guyed tower *(Stb)* Abspannmast m
guying *(Bergb, Tech, Umschl)* Abspannung f Verspannung f *(z. B. mittels Seil, Kette, Stange)*
gypsum *(Geo)* Gips m
gyration *(Tech)* Drehung f *(Kreis)*
gyration radius *(Stb)* Trägheitshalbmesser m
gyratory crusher *(Zer)* Kegelbrecher m, Kreiselbrecher m, Kreisel-Rund-Brecher m
gyro compass *(Tech)* Kreiselkompass m
gyrostat *(Tech)* Kreiselkompass m
gyrowheel *(Tech)* Kreiselrad n

H

H-beam *(Hütt/Walz, Met)* Breitflanschträger m, I-Eisen n, Träger m, Trägereisen n
H-section *(Met)* IPB-Profil n *(Doppel-T--Profil)*
H.T. *(Elek)* Hochspannung f
h.t. *adj (Hütt/Walz, Met)* wärmevergütet
H.V. *(Elek)* Hochspannung f
hack file *(Werkz)* Messerfeile f
hacksaw *(Werkz)* Eisensäge f, Metallbügelsäge f
hair crack *(Met)* Haarriss m
hair-sieve *(Zer)* Haarsieb n
half *adj (Tech)* halb
half *(Tech)* Hälfte f

half coupling *(Tech)* Kupplungshälfte f, Schale f
half-crossed *adj (Mech)* halbgekreuzt
half dog point *(Tech)* Kernansatz m
half-hard *adj (Met)* halbhart
half-length reserve taper-grooved--dowel pin *(Tech)* Steckerkerbstift m
half-life Halbwertszeit f *(Atomzerfall)*
half-octave band filter *(Tech)* Quartbandfilter m
half-open single seam *(Schw)* Halbsteilflankennaht f
half-round *(Met)* Halbrundstahl m
half-round file *(Werkz)* Halbrundfeile f
half-section *(Met)* Halbschnitt m
half shaft *(Kfz)* Achswelle f *(Differenzial)*
half-shaft *(Tech)* Steckachse f *(Kraftfahrzeug)*
half-timber house *(Baut)* Fachwerkhaus n
half-truss *(Stb)* Halbbinder m
half-turned *adj (Mech)* halbgekreuzt
half twist *(Tech)* gekreuzter Trieb m
half-wave rectifier *(Elek)* Einweggleichrichter m
hall *(Bau)* Gang m *(z. B. in einem Gebäude)*; Halle f *(Saal)*
halogen *(Elek)* Halogen n
halogen light *(Elek)* Joddampflampe f
halon *(Chem)* Halon n *(Löschmittel)*
halt *(Tech)* Halt m *(Stütze)*
hammer *v (Mech)* hämmern
hammer *v (Tech)* abschmieden
hammer *(Hütt/Walz)* Hammerwerk n
hammer *(Werkz)* Hammer m, Schlaghammer m
hammer *(Zer)* Schläger m *(Mühle)*
hammer *adj (Tech)* Hammer...
hammer finish *(Anstr)* Hammerschlagfarbe f
hammer forging *(Hütt/Walz)* Freiformschmieden n
hammer head *(Zer)* Schlagbahn f
hammer-head crane *(Bergb)* Hammerkran m
hammer-head machine screw *(Mech)* Hakenkopfschraube f
hammerhead station *(Bahn)* Kopfbahnhof m
hammering spanner *(Werkz)* Schlagschrauber m
hammock *(Tech)* Masche f *(Netzplantechnik)*

hammock belt idler *(Förd)* Girlandenrolle f, Schaukelrolle f

hampered *adj (Tech)* gehindert *(behindert)*

hand *(Tech)* Hand f *(Maschinenteil)*; Zeiger m *(z. B. einer Uhr)* • **on hand** vorliegend

hand... *adj (Tech)* Hand...

hand-auger *(Werkz)* Handbohrer m *(Holz)*

hand-bit *(Werkz)* Handbohrer m *(Holz)*

hand drill *(Werkz)* Brustleier f

hand file *(Werkz)* Flachstumpffeile f

hand forklift truck *(Förd)* Hubwagen m *(Handstapler)*

hand hacksaw *(Werkz)* Bügelsäge f *(handbetätigt)*

hand hammer *(Werkz)* Fausthammer m, Handhammer m

hand-held test instrument *(Prüf)* Handprüfgerät n *(Ultraschall)*

hand lever *(Elek)* Schalthebel m

hand lever *(Tech)* Handhebel m, Hebel m *(Handhebel)*

hand lift *(Förd)* Hubwagen m

hand of helix *(Getr, Tech)* Steigungssinn m *(Zahnrad)*

hand oiler *(Tech)* Ölkanne f *(Öler)*

hand-operated *adj (Tech)* Hand..., handbetätigt

hand railing *(Baut)* Geländer n

hand rasp *(Werkz)* Flachstumpfraspel f

hand-rivet *v (Mech)* handnieten

hand-screwed *adj (Tech)* handfest geschraubt

hand screen *(Schw)* Handschild n, Schweißerschild n

hand second cut file *(Werkz)* halbschlichte Flachstumpffeile f

hand second cut rasp *(Werkz)* Flachstumpfraspel f

hand-set pitching *(Bau)* Setzpacklage f *(von Hand)*

hand shield *(Schw)* Handschild n, Schweißerschild n

hand tap drill *(Werkz)* Handgewindebohrer m

hand-tight *adj (Tech)* handfest *(z. B. Schrauben)*

hand tool cleaning *(Anstr)* Handentrostung f *(Anstrich)*

hand vice *(Mont)* Feilkloben m

hand wheel *(Bahn)* Stellrad n

hand wheel *(Tech)* Handrad n

hand winder *(Tech)* Haspel f *(Handhaspel)*

handbook *(Tech)* Betriebsanleitung f, Betriebsanweisung f, Handbuch n *(Gebrauchsanweisung)*

handhole *(Tech)* Griff m *(in Lochform)*; Handloch n

handing-over *(Tech)* Übergabe f *(z. B. von Gütern)*

handle *v (Förd)* fördern *(etw. befördern)*; transportieren

handle *v (Tech)* handhaben, steuern

handle *(Tech)* Angel f *(der Kelle)*; Drehhebel m, Griff m *(z. B. an einem Werkzeug)*; Haltegriff m, Handgriff m, Handhebel m, Heft n *(Messergriff)*; Henkel m *(z. B. eines Eimers)*

handle *(Werkz)* Schenkel m *(Zange)*

handle bar *(Tech)* Lenkstange f *(z. B. des Motorrades)*

handle end *(Tech)* Griffangel f

handling *(Bergb, Förd)* Förderung f, Transport m

handling *(Tech, Umschl)* Aufnehmen n des Materials

handling *(Umschl)* Umschlag m *(von Gütern)*

handling capacity *(Förd)* Fördergutstrom m *(Förderband)*; Förderleistung f *(Förderband)*

handling equipment *(Bergb, Umschl)* Fördergerät n, Hebe- und Fördergeräte npl

handling plant *(Bergb, Förd, Umschl)* Förderanlage f, Umschlaganlage f

handling rate *(Förd)* Fördergutstrom m *(Förderband)*; Förderleistung f *(Förderband)*; Transportgeschwindigkeit f

handrail *(Baut)* Geländer n, Handlauf m, Handleiste f

handsaw *(Werkz)* Fuchsschwanz m *(Säge)*

hang *v (Tech)* hängen

hangar *(Bau)* Flugzeughalle f, Halle f *(Hangar)*

hanger *(Stb)* Hänger m, Hängestange f

hanger *(Tech)* Aufhänger m *(z. B. für Luftkabel)*; Aufhängering m, Aufhängung f *(Befestigung)*; Kabelschelle f; Wandschelle f

hanger crack *(Met)* Haubenriss m *(Blockfehler)*

hanging rod *(Werkz)* Fluchtstab m

hanging wall *(Bergb)* Hangende *n*
hard *adj (Met)* fest, hart
hard *adj (Tech)* schwer *(schwierig)*
hard-chromium-plated *adj (BE) (Hütt/Walz)* hartverchromt
hard-chromium-plated to size *adj (BE) (Met)* hartmaßverchromt
hard-drawn *adj (Met)* federhart gezogen, hartgezogen
hard coal *(Bergb, Geo)* Anthrazit *m (sehr harte, glänzende Steinkohle mit hohem Heizwert)*
hard copy *(IT)* Ausdruck *m (Hartkopie)*; Hartkopie *f (Gedrucktes)*
hard disk *(IT)* Festplatte *f (Massenspeicher)*
hard disk *(Mess)* Magnetspeicherplatte *f*
hard faced *adj (Schw)* hartauftraggeschweißt
hard-facing *(Mont, Schw)* Aufpanzerung *f*, Auftragschweißung *f*; Hartauftragschweißen *n*
hard-facing electrode *(Schw)* Panzerelektrode *f*
hard hat *(Tech)* Schutzhelm *m*
hard metals *pl (Met)* Hartmetalle *npl*
hard-plastic foil *(Met)* Hart-PVC-Folie *f*
hard-soldered *adj (Met)* hartgelötet
hard spots *(Met)* Härtungsgefüge *n*
hard steel *(Met)* harter Stahl *m*
hard surfaced *adj (Schw)* hartauftraggeschweißt
hard-surfacing *(Mont, Schw)* Auftragschweißung *f*; Hartauftragschweißen *n*
hard-to-burn fuel *(Met)* Mittelprodukt *n (schlecht brennbarer Brennstoff)*
hard wood *(Met)* Hartholz *n (z. B. Eiche, Teak)*
harden *v (Met)* härten
harden *v (Tech)* erhärten
harden v and temper *v (Met)* vergüten *(ungenau)*
hardenability *(Met)* Härtbarkeit *f*
hardened *adj (Met)* gehärtet
hardened and tempered *adj (Met)* vergütet *(Stahl)*
hardened concrete *(Bau)* Festbeton *m*
hardened steel *(Met)* gehärteter Stahl *m*
hardening *(Met)* Aushärten *n (von Vergussmasse)*; Erhärtung *f*, Härten *n*, Härtung *f*
hardening depth *(Met)* Einhärtetiefe *f*, Härtetiefe *f*

hardening of the interior root circle surface *(Getr, Mech)* Zahngrundhärtung *f*
hardening steel *(Met)* härtbarer Stahl *m*
hardening the spaces between gear teeth *(Getr, Met)* Lückenhärtung *f*
hardening zone *(Met)* Härtezone *f*
hardly flammable *adj (Chem, Tech)* schwer entflammbar *(z. B. Öl; schwer brennbar)*
hardly inflammable *adj (Chem, Tech)* schwer entflammbar
hardness *(Met)* Härte *f*
hardness components *pl (Met)* Härtebildner *m (Wasseraufbereitung)*
hardness gap *(Bergb)* Schlupfstelle *f*
hardness gap *(Met)* Härteschlupf *m*
hardness penetration depth *(Tech)* Einhärtetiefe *f*
hardness test *(Prüf)* Härteprüfung *f*
hardpacked *adj (Bergb, Mech)* kompakt *(z. B. Fördergut)*
hardware *(Bau)* Beschläge *mpl*; Eisenwaren *fpl*
hardwood *(Met)* Hartholz *n*
hardy *(Mech)* Abschrot *m*, Abschröter *m*, Ambossschröter *m*
harmful *adj (Ökol, Tech)* schädlich
harmonic *adj (Elek)* harmonisch
harmonic *(Elek)* Oberwelle *f*
harmonic *(Phys)* Oberschwingung *f*
harmonic distortion *(Elek)* Klirrfaktor *m*
harmonic vibration *(Phys)* Oberschwingung *f*
harness *(Tech)* Halterung *f (z. B. aus Draht)*
hat band inset *(Tech)* Schweißband *n (Schutzhelm)*
hatch *(Tech)* Luke *f (Schiff)*
hatched *adj (Zeich)* schraffiert *(in Zeichnungen)*
hatching angle *(Stb)* Schraffurwinkel *m*
haul *v (Förd)* befördern, transportieren *(z. B. im Tagebau)*; fördern *(etw. befördern)*; schleppen *(fördern, tragen)*; tragen *(fördern, schleppen)*
hauling by wheel barrow *(Förd)* Schubkarrenförderung *f*
hauling capacity *(Bergb, Umschl)* Förderleistung *f (Bagger)*
haunch *(Tech, Stb)* Rahmenecke *f*
hay-bob tine *(Tech)* Federzinken *m*

HAZ *(Met, Tech)* Wärmeeinflusszone f, WEZ

hazard *(Tech)* Gefahr f; Unfallgefahr f

hazard classification *(Tech)* Gefahrenklasse f

hazard flasher *(Elek)* Warnblinkanlage f, Warnblinker m

hazardous *adj (Elek)* gefährlich *(lebensgefährlich)*

hazardous *adj (Tech)* gefahrengeneigt

hazardous gas *(Ökol)* Schadgas n

head *v (Form, Mech)* stauchen

head *v (Mech, Mont)* anköpfen

head *(Stb)* Sturz m *(Tür, Fenster)*

head *(Tech)* Druckhöhe f; Kopf m, Staudruck m *(Strömungsmessung)*

head beam detail *(Met)* Hutträger m

head bushing *(Tech)* Endbuchse f

head clearance *(Tech)* Kopffreiheit f, Kopfraum m, lichte Höhe f

head crash *(IT)* Aufsetzen n des Schreib-/Lesekopfes; Plattenfehler m *(im EDV-System)*

head drive station *(Bergb, Förd, Umschl)* Antriebsstation f

head-end pulley *(Förd)* Kopftrommel f

head fireman *(Tech)* Brandleiter m

head guard *(Kfz)* Abweiser m *(Kopfschutz)*

head loss *(Mess)* Druckverlust m *(bleibend)*

head mechanism *(Metr)* Wägekopf m

head-meter tube *(Tech)* Staurohr n *(zur Staudruckmessung)*

head pin *(Tech)* Halbrundkerbnagel m

head pulley *(Bergb, Förd, Umschl)* Antriebstrommel f *(Förderband)*

head pulley *(Förd)* Abgabetrommel f, Kopftrommel f, Umlenktrommel f *(z. B. für die Bandschleife)*

head rail *(Stb)* Torriegel m

head rail frame strut *(Stb)* Rahmenriegel m *(Verbinder)*

head sheave *(Bergb)* Seilscheibe f *(Rillenscheibe)*

head station *(Förd)* Bandstation f *(Kopf)*; Kopfstation f *(einer Bandanlage)*; Umkehrstation f *(Kopf)*

headed *adj (Mont, Tech)* angeköpft

header *(Hütt/Walz)* Sammler f

header *(Stb)* Döpper m, Nietdöpper m *(Schelleisen)*; Nietstempel m

header *(Tech)* Kopfstück n, Sammelleitung f *(Rückflussleitung)*; Sammelrohr n

header pipe *(Hydr)* Verteilerleitung f

headframe *(Bergb)* Fördergerüst n; Schachtgerüst n

headgear *(Bergb)* Fördergerüst n; Förderturm m; Schachtgerüst n

heading *(Bergb)* Strecke f *(unter Tage)*

heading tool *(Mech, Mont)* Anköpfer m

headlamp *(Kfz)* Frontscheinwerfer m, Scheinwerfer m

headless screw *(Tech)* Madenschraube f *(Gewindestift)*; Schaftschraube f

headlight *(Elek, Kfz)* Einbauscheinwerfer m Scheinwerfer m *(z. B. für Sportanlagen)*; Fahrbahnscheinwerfer m *(Kraftfahrzeugscheinwerfer)*; Fahrscheinwerfer m; Frontscheinwerfer m

headpan *(Tech)* Kopfschüssel f

headroom *(Bau)* Durchgangshöhe f

headroom *(Tech)* Kopfhöhe f *(freie Höhe über Apparaten)*; lichte Höhe f

headstock *(Bahn)* Pufferbohle f

headstock *(Tech)* Spindelstock m

headway *(Bau)* Durchgangshöhe f

headwheel pulley *(Bergb)* Seilscheibe f *(Förderturm)*

heap *(Bergb)* Häufung f *(des Löffels)*; Haufwerk n

heap *(Tech, Umschl)* Halde f *(für Erz oder Kohle)*; Müllhalde f

heaped *adj (Bergb)* gehäuft *(aufgeschüttet)*

heaping *(Bergb)* Häufung f *(des Löffels)*

heaping angle *(Förd, Umschl)* Schüttwinkel m

hearable *adj (Tech)* hörbar

hearing protection *(Tech)* Gehörschutz m

heart *(Tech)* Herzstück n *(wichtiges Bauteil)*; Kern m, Mittelpunkt m

hearth *(Tech)* Gestell n *(Hochofen)*; Herd m

hearth furnace *(Hütt)* Herdofen m

hearth side brick *(Tech)* Randstein m *(Hochofen)*

heat *v (Tech)* erhitzen, erwärmen

heat *(Hütt/Walz)* Charge f, Schmelze f, Wärme f *(technisch)*

heat *(Tech)* Wärme f

heat *adj (Tech)* Wärme…

heat absorbing glass *(Bau, Tech)* Wärmeschutzglas n

heat absorption capacity *(Hütt)* Wärmeschluckvermögen n

heat accumulation *(Stb)* Wärmestauung f

heat-affected zone *(Met, Tech)* Wärmeeinflusszone f, wärmebeeinflusste Zone f, WEZ f

heat-and-power station *(Elek)* Heizkraftwerk n

heat capacity *(Stb)* Wärmeinhalt m

heat conduction *(Stb)* Wärmeleitung f

heat consumption *(Stb)* Wärmeverbrauch m

heat convection *(Stb)* Konvektion f

heat dissipation *(Hütt/Walz, Phys, Tech)* Wärmeabgabe f, Wärmeableitung f

heat emission *(Hütt/Walz, Phys, Tech)* Wärmeabgabe f, Wärmeabstrahlung f

heat engine *(Tech)* Wärmekraftmaschine f

heat exchanger *(Tech)* Wärmeaustauscher m, Wärmetauscher m

heat exchanger tube *(Met)* Apparaterohr n *(z. B. für Kessel)*; Kesselrohr n, Kessel- und Apparaterohr n

heat flow *(Hütt/Walz)* Wärmedurchsatz m, Wärmefluss m, Wärmestrom m, Wärmeströmung f

heat flow *(Hütt/Walz, Phys, Tech)* Wärmeabgabe f; Wärmedurchsatz m, Wärmefluss m, Wärmestrom m, Wärmeströmung f

heat-generating station *(Elek)* Heizkraftwerk n

heat input *(Hütt/Walz)* Wärmeangebot n *(Wärmöfen)*; Wärmezufuhr f

heat-insulated *adj (Tech)* wärmedämmend

heat insulation *(Bau, Tech)* Wärmeisolierung f

heat liberation *(Hütt/Walz)* Wärmeabbau m, Wärmeentbindung f

heat radiation *(Hütt/Walz, Stb)* Wärmeübergang m

heat radiation *(Phys, Tech)* Wärmeabstrahlung f, Wärmestrahlung f; Wärmeübertragung f

heat recovery *(Hütt, Ökol)* Wärmerückgewinnung f

heat recovery adjuncts *pl (Hütt/Walz)* Nachschaltheizflächen fpl

heat release *(Hütt/Walz)* Wärmeentbindung f

heat removal *(Phys)* Wärmeableitung f

heat-resistant *adj (Met)* hitzebeständig, wärmebeständig

heat-resistant *adj (Tech)* temperaturfest

heat resisting steel *(Hütt/Walz, Met)* wärmebeständiger Stahl m, warmfester Stahl m

heat run test *(Tech)* Erwärmungsprüfung f

heat salvage *(Hütt, Ökol)* Wärmerückgewinnung f

heat storage *(Stb)* Wärmestauung f

heat storage boiler *(Tech)* Speicherkessel m

heat stress *(Hütt/Walz, Met)* Wärmebeanspruchung f

heat transmission coefficient *(Stb)* Wärmeübergangszahl f

heat-treat *v (Met)* vergüten *(ungenau)*

heat-treatable cast steel *(Hütt/Walz, Met)* vergütbarer Stahlguss m

heat treatable steel *(Met)* Vergütungsstahl m

heat-treated *adj (Hütt/Walz, Met)* wärmebehandelt, wärmevergütet

heat-treated steel *(Met)* Vergütungsstahl m

heat treating *(Hütt/Walz, Met)* Wärmebehandlung f

heat treatment *(Hütt/Walz, Met)* Warmbehandlung f, Wärmebehandlung f, Wärmevergütung f

heat treatment in oil *(Met)* Ölvergütung f

heat wire *(Elek)* Glühdraht m, Hitzdraht m

heatable *adj (Tech)* heizbar

heated and formed to shape *adj (Met)* gesenkgeformt

heated-tool welding *(Schw)* Heizelementschweißen n *(DIN 1910)*

heated-wedge pressure welding *(Schw)* Heizkeilschweißen n *(DIN 1910)*

heater *(Tech)* Heizapparat m, Heizkörper m *(eines Zimmers)*; Heizung f

heater plug *(Elek)* Glühkerze f, Glühstiftkerze f

heater plug control *(Elek)* Glühüberwacher m

heater plug installation *(Hütt/Walz)* Glühanlage f

heater trunk *(Tech)* Heißluftschlauch m

heater warning light *(Elek)* Glühüberwacher m

heater wire *(Elek)* Heizdraht m

heating (Hütt/Walz) Beheizung f
heating (Tech) Heizung f
heating and ventilating system (Tech) Heizungs- und Lüftungsanlage f
heating coil (Elek) Heizschlange f
heating ejector (Tech) Heizstrahler m
heating fin (Mess) Heizrippe f
heating jacket (Hydr/Pneu) Heizmantel m (Pumpe)
heating rod (Elek) Heizstab m (Ölschmierung)
heating treatment time n (Tech) Erwärmdauer f
heavy adj (Tech) erschwert, rau, schwer
heavy and medium plate mill (Walz) Grob- und Mittelblechwalzwerk n
heavy current (Elek, Hütt) Hochstrom m
heavy-duty adj (Mech) extrastark, hochbelastbar
heavy-duty adj (Tech) Hochleistungs...
heavy duty (Tech) erschwerter Betrieb m, Hochleistung f (z. B. HD-Ausführung); rauer Betrieb m, schwerer Betrieb m, schwerer Einsatz m
heavy duty crane (Kran, Schiff) Schwerlast(dreh)kran m
heavy duty ring spanner (Werkz) Zugringschlüssel m
heavy duty tractor (Kfz, Tech) Schwerlastzugmaschine f
heavy-duty use (Tech) rauer Betrieb m
heavy erection work (Mont) Grobmontage f
heavy fuel (Chem, Tech) Schweröl n
heavy liquid (Zer) Schwerflüssigkeit f, Schwertrübe f, Trübe f
heavy mechanical engineering (Tech) Anlagenbau m, schwerer Maschinenbau m
heavy medium (Zer) Schwerflüssigkeit f, Schwertrübe f, Trübe f
heavy metal (Met) Schwermetall n
heavy mill (Walz) Schwerstraße f
heavy plate (Stb, Hütt/Walz) Grobblech n (ab 4,75 mm Dicke)
heavy scrap (Met) Kernschrott m
heavy section mill (Hütt) Grobstahlwalzwerk n; schwere Profilstraße f
heavy sections (Met) schwerer Formstahl m
heavy starting relay (Elek) Schweranlaufrelais n

heavy suspension (Zer) Schwerflüssigkeit f, Schwertrübe f, Trübe f
heavy-walled adj (Hütt/Walz) dickwandig
heavyweight concrete (Bau) Schwerbeton m
hectare (Tech) Hektar n (Flächenmaß)
heel v (D:) krängen
heel (Bergb, Schiff, Tunn) Krängung f
heel dolly (Kfz) halbrunde Handfaust f
heel elimination (Bergb, Tunn) Entkrängung f
heel plate (Baum) Gleitplatte f (an der Schaufel); Schaufelverstärkung f
heeling (Bergb, Tunn) Krängung f
height (Elek) Aussteuerungsbereich m
height (Tech) Höhe f
height crowning (Form) Höhenballigkeit f (an Metallkörpern)
height gauge (BE) (Tech) Höhenmessschieber m
height of centers (Tech) Spitzenhöhe f (der Drehbank)
height position (Elek) Höhenstellung f
held up adj (Bau) abgestützt (z. B. altes Haus)
helical adj (Tech) korkenzieherartig, schneckenförmig, schraubenförmig, spiralförmig, wendelförmig
helical bevel gear (Getr) Schrägzahn-Kegelrad n
helical compression spring (Tech) Schraubendruckfeder f
helical duct (Tech) Spirallutte f (Ventilator)
helical gear (Getr) Schrägrad n, Schrägstirnrad n, Schrägzahnband n, Schrägzahnrad n, Schrägzylinderrad n, Schraubenrad n, Schraubenradtrieb m, Spiralzahnrad n, Stirnrad n (Geradstirnrad)
helical gear air motor (Antr) Druckluftschrägzahnmotor m
helical gear hobbing (Getr, Mech) Schraubenradfräsen n
helical gearing (Getr) Schrägverzahnung f, Schraubenverzahnung f
helical idler (Förd) Schraubenrolle f, Spiralrolle f
helical reducer (Getr) Schneckenradgetriebe n
helical rotor pump (Tech) Schraubenradpumpe f
helical scanning path (Elek) Abtastspirale f

helical seam pipe *(Met)* Spiralrohr n
helical spring *(Tech)* Schraubendruckfeder f, Schraubenfeder f, Spiralfeder f,
Spiralfeder f
helical tension spring *(Tech)* Schraubenzugfeder f
helical toothing *(Getr)* Schrägverzahnung f
helix *(Tech)* Schraubenlinie f
helix angle *(Tech)* Schrägungswinkel m,
Steigungswinkel m *(Zahnrad)*
helm *(Schiff)* Schiffssteuerrad n, Steuerrad n *(Schiff)*
help v *(Tech)* helfen *(assistieren)*
help *(Fert, Tech)* Hilfskraft f
hemispherical *adj (Tech)* halbkugelförmig
hemp rope *(Tech)* Hanfseil n
hermetical *adj (Tech)* hermetisch
herringbone gearing *(Lag)* Pfeilradge-
triebe n, Pfeilverzahnung f
herringbone tooth *(Getr)* Winkelzahn m
herringbone tread *(Tech)* pfeilförmige
Gummiauflage f, pfeilförmiger Gummibelag m
hertz *(Elek)* Hertz n, Hz
heterogenous *adj (Tech)* heterogen
hexagon *(Met)* Sechskantstahl m
hexagon *(Tech)* Inbus m *(Innensechskant)*; Innensechskant m, Sechseck n,
Sechskant m
hexagon bar *(Met)* Sechskantstahl m
hexagon bolt with large widths across
flats *(Tech)* HV-Sechskantschraube f
hexagon castle nut *(Tech)* Kronenmutter
f
hexagon head pipe plug *(Tech)* Verschlussschraube f *(mit Außensechskant, kegeliges Gewinde)*
hexagon nut spinner *(Werkz)* Sechskantsteckschlüssel m *(mit der Form
eines Schraubenziehers, jedoch hat die
Klinge keine Schneide sondern am
Ende ein Innensechskantloch)*
hexagon slotted nut *(Tech)* Kronenmutter f
hexagon socket *(Tech)* Inbusschraube f;
Innensechskant m, Innensechskantschraube f, Sechskanteinsatz m *(für
Steckschlüssel)*; Sechskant-Holzschraube f; Inbusnuss f
hexagon socket countersunk head cap
screw *(Tech)* Senkschraube f

hexagon socket screw *(Tech)* Inbusschraube f, Innensechskantschraube f
hexagon spanner *(Werkz)* Sechskantschlüssel m
hexagon steel *(Met)* Sechskantstahl m
hexagonal *adj (Tech)* hexagonal, sechseckig
HFI-welded *adj (Schw)* HFI-geschweißt
hidden *adj (Tech)* unsichtbar, verborgen,
verdeckt, versteckt
hierarchic order *(Tech)* Rangordnung f
high-alloy *adj (Met)* hochlegiert
high altitude *(Tech)* große Höhe f
high-alumina *adj (Met)* hochtonerdhaltig
(feuerfeste Stoffe)
high barrel type *(Form)* Hochbauweise f
(Schneckenextruder)
high-bay racking *(Förd, Log)* Hochregal
n
high-bay warehouse *(Förd, Log)* Hochregallager n
high build *(Anstr)* Dickschicht f *(Farbe,
Anstrich)*
high-capacity *(Tech)* Großraum…,
Hochleistungs…
high-capacity cutting torch *(Hütt)*
Starkbrenner m
high-carbon *adj (Met)* hochgekohlt,
kohlenstoffreich
high-carbon steel *(Met)* hochgekohlter
Stahl m, kohlenstoffreicher Stahl m,
Schmiedestahl m *(mit hohem C-Gehalt)*
high-class *adj (Tech)* hochgradig
high-class fit *(Tech)* Edelpassung f
high-density *adj (Chem)* hochverdichtet
high-duty structural part *(Mech)* hochbeanspruchtes Bauteil n, hochbeanspruchtes Formteil n
high current *(Elek, Hütt)* Hochstrom m
high-flotation tyre *(BE) (Kfz)* Niederdruckreifen m
high flow *(Tech)* Schnellfluss m *(z. B.
Kühlsystem)*
high-frequency induction welding
(Schw) Hochfrequenzinduktionsverfahren n, induktives Hochfrequenz-
schweißen n
high-grade *adj (Met, Tech)* hochwertig
high-grade *adj (Tech)* reich
high-grade steel *(Met)* Edelstahl m;
Qualitätsstahl m
high-idle speed *(Tech)* Höchstdrehzahl f
(Leerlauf)

high-impact proof *adj (Tech)* hochschlagfest

high impedant *adj (Elek)* hochohmig

high-level tank *(Tech)* Hochbehälter *m*

high-lift stacker *(Förd)* Deichselstapler *m*

high line *(Tech)* Hochbahn *f (Möllerung)*

high manganese steel *(Met)* Manganhartstahl *m*

high-placed *adj (Tech)* hochliegend

high potential test *(Elek)* Hochspannungsprüfung *f*

high power *(Elek)* Hochleistung *f*

high pressure *(Hydr/Pneu)* HD *m*, Hochdruck *m*

high-pressure test *(Hydr/Pneu, Prüf)* Dichtigkeitsprüfung *f*

high-purity lead *(Met)* Feinblei *n*

high-purity zinc *(Tech)* Feinzink *n (bis 99,9% Reinheit)*

high-quality *adj (Met, Tech)* hochwertig

high-quality and high-grade steel *(Met)* Qualitäts- und Edelstahlgüte *f*

high-quality steel *(Met)* Edelstahl *m*

high range *(Tech)* Schnellstufe *f*

high-rate charging *(Elek)* Schnellladung *f (Batterie)*

high resistive *adj (Elek)* hochohmig

high-resistance *adj (Elek)* hochohmig

high revolution rate *(Tech)* hohe Umdrehungszahl *f*

high-rise building *(Bau)* Hochhaus *n (Wolkenkratzer)*

high-rupture fuse *(Elek)* Überspannungsableiter *m*

high-rupturing capacity fuse *(Elek)* HH-Sicherung *f*, Hochleistungssicherung *f*

high-speed *adj (Tech)* schnell umlaufend

high speed *(Tech)* Hochleistung *f (Geschwindigkeit)*

high-speed breaking *(Elek)* Schnellabschaltung *f*

high-speed circuit breaker *(Elek)* Schnellschalter *m*

high speed flinger belt *(Förd, Umschl)* Schleuderband *n*

high-speed pulveriser *(Zer)* Schnellläufer *m (Schlagermühle)*

high-speed shaft *(Kfz, Tech)* Antriebswelle *f*

high-speed steam reciprocating engine *(Antr)* hochtourige Dampfkolbenmaschine *f*

high-speed steel *(Hütt/Walz)* Hochgeschwindigkeitsstahl *m*

high-speed steel *(Met)* HSS *m*, Schnelldrehstahl *m*

high-speed switch *(Elek)* Momentschalter *m*

high-strength *adj (Met)* hochfest

high-strength friction grip bolt *(Tech)* hochfeste Schraube *f*, HV-Schraube *f*

high-strength steel *(Met)* hochfester Stahl *m*

high-stress brickwork *(Bau)* hochbeanspruchtes Mauerwerk *n*

high-temperature brazing *(Schw)* Hochtemperaturlöten *n*

high-temperature cast steel *(Hütt/Walz, Met)* warmfester Stahlguss *m*

high-temperature limit of elasticity *(Met)* Warmstreckgrenze *f*

high temperature strength *(Hütt/Walz, Met)* Warmfestigkeit *f*

high-temperature structural steel *(Hütt/Walz, Met)* warmfester Baustahl *m*

high-tensile *adj (Met)* hochfest, hochstabil

high-tensile *adj (Stb)* hochzugfest

high-tensile bolt *(Tech)* hochfeste Schraube *f*, HV-Schraube *f*

high-tensile grip bolt *(Tech)* HV-Schraube *f*

high-tensile steel *(Met)* hochfester Stahl *m*, hochzugfester Stahl *m*

high tension *(Elek)* Hochspannung *f*

high-vacuum brazing *(Schw)* Hochvakuumlöten *n*

high-velocity thermocouple *(Tech)* Absaugepyrometer *n*

high-viscosity *adj (Chem)* dickflüssig

high voltage *(Elek)* Hochspannung *f*

high-voltage cable *(Elek)* Fernleitung *f*, Kraftstromleitung *f*

high voltage line *(Elek)* Freileitung *f (z. B. im Tagebau)*; Hochspannungsleitung *f*

high-yield steel *(Met)* Stahl *m* mit hoher Streckgrenze

higher *adj (Tech)* höher

higher-level *adj (Tech)* übergeordnet

highest position *(Tech)* Höchststand *m*

high/low lever *(Tech)* Stufenschalthebel *m*

highly inflammable *adj (Met)* feuergefährlich

183 holding

highwall *(Bergb)* Böschung f *(Tagebau)*; offen stehende Baggerböschung f, offen stehende Tagebauböschung f, Seitenböschung f *(Tagebau)*; Tagebauböschung f

highway interface unit *(Mess)* Buskoppeleinheit f *(Busschnittstelle)*

hi-line *(Kran)* Kabelkran m, Turmkran m

hill gear *(Getr, Kfz)* Berggangetriebe n

hilt *(Tech)* Griff m *(z. B. an einem Werkzeug)*; Heft n *(Messergriff)*

hinder v *(Tech)* hindern

hinge v away *(Tech)* abklappen

hinge *(Baut)* Scharnier n

hinge *(Tech)* Drehgelenk n, Gelenk n *(Scharnier)*; Fitsche f

hinge hook *(Bau)* Türangel f

hinge hook *(Tech)* Fitsche f

hinge point *(Tech)* Knickpunkt m

hinge spring *(Tech)* Schenkelfeder f

hinge-mount v *(Mont, Tech)* gelenkig anbringen

hinged adj *(Stb)* eingehängt

hinged adj *(Tech)* abklappbar, angelenkt, aufklappbar, gelenkig gelagert, kippbar, klappbar

hinged clamp *(Tech)* Klemmbügel m *(Walzarmatur)*

hinged gantry leg *(Tech)* Pendelstütze f *(Portalkran)*

hinged-slat chain *(Tech)* Scharnierbandkette f

hinged window *(Kfz)* Ausstellfenster n *(im Fahrerhaus)*

hingeless adj *(Tech)* gelenklos

hingeless arch *(Stb)* eingespannter Bogen m

hip roof *(Baut)* Walmdach n

hip vertical *(Stb)* Eckpfosten m *(z. B. der Fachwerkbrücke)*

hire pickling *(Met)* Lohnbeizung f

Hirth coupling *(Tech, Verd)* Hirthverzahnung f

Hirth toothing *(Tech, Verd)* Hirthverzahnung f

hiss v *(Elek)* rauschen *(z. B. Lautsprecher)*

hit v *(Tech)* anschlagen, anstoßen, aufprallen, aufschlagen

hit *(Tech)* Aufschlag m, Aufschlagen n

hitch v *(Kran)* einscheren *(Seil)*

hitch *(Kfz)* Anhängekupplung f

hitch *(Tech)* Joch n *(Befestigung)*; Zugvorrichtung f

hitched adj *(Tech)* eingeschert, geflascht

hob v *(Mech)* abwälzen, abwälzfräsen, verzahnen *(nach dem Abwälzverfahren)*; walzfräsen

hoe *(Werkz)* Hacke f

hoe dipper *(Bergb)* Tieflöffel m, TL

hog fuel *(Tech)* Abfallbrennstoff m *(Müll)*

hogging bending moment *(Stat)* negatives Biegemoment n

hoist v *(Tech)* heben *(auf etw. heben, hochheben)*; hochheben

hoist *(Förd)* Aufzug m, Aufzugswinde f, Winde f, Lastenaufzug m *(für Güter)*

hoist *(Kran)* Kran m

hoist *(Tech)* Hebevorrichtung f, Hubvorrichtung f, Hubwerk f

hoist... *(Kran, Tech)* Hub...

hoist frame *(Bergb)* Förderturm m

hoist gear *(Umschl)* Hebezeug n *(Hafen, Schiff)*

hoist gear reducer *(Tech)* Hubgetriebe n *(Kran)*

hoist kick-out *(Kfz)* Hubstellung f

hoist machinery *(Kran)* Einziehwerk n *(Kranausleger)*

hoisting and closing gear *(Umschl)* Hub- und Schließwerk n

hoisting drum *(Tech)* Seiltrommel f

hoisting gear *(Tech)* Hubwerk n

hoisting gear *(Umschl)* Hebezeug n *(Hafen, Schiff)*

hoisting motor *(Antr)* Hubmotor m

hold v *(Bau, Bergb)* abfangen

hold v *(Tech)* aufnehmen, fassen *(an Volumen aufnehmen)*

hold *(Umschl)* Laderaum m *(z. B. des Flugzeugs)*

hold-down roll *(Bergb)* Druckrolle f

hold-down roll *(Tech)* Spannrolle f *(im Beschichtungstank)*

hold-down roll *(Walz)* Rückbiegerolle f *(Blechrichtmaschine)*

hold-down roller *(Bergb)* Druckrolle f

hold-down roller *(Tech)* Spannrolle f *(im Beschichtungstank)*

holder *(Elek, Mech)* Halter m

holder *(Tech)* Gegenhalter m *(Nieten)*; Haltebügel m, Halterung f, Stütze f *(Halter)*

holder-on *(Stb, Tech)* Vorhalter m

holder up *(Tech)* Gegenhalter m *(Nieten)*

holding block *(Tech)* Gegenhalter m *(Lager)*

holding capacity *(Tech)* Fassungsvermögen *n*
holding-down bolt *(Stb, Tech)* Ankerbolzen *m*, Ankerschraube *f*
holding fixture *(Tech)* Spannvorrichtung *f (Befestigung)*
holding ring *(Tech)* Klemmring *m (Reduktionsofen)*
holding rope *(Tech)* Abfangseil *n*, Halteseil *n (eines Greifers)*
holding shoe *(Tech)* Druckbacke *f (Haltebacke, Klemmbacke)*
holding table *(Förd)* Warterost *m*
holding valve *(Vent)* Halteventil *n*
hole *v (Mech, Mont)* aushöhlen, Loch herstellen
hole *v (Tech)* lochen
hole *(Tech)* Anschlussloch *n*, Loch *n*
hole arrangement *(Tech)* Lochteilung *f*
hole for pinning *(Tech)* Steckloch *n*
hole pattern *(Tech)* Lochbild *n (z. B. quadratisch)*
hole saw *(Werkz)* Lochsäge *f*
holiday *(Anstr)* farbfreie Stelle *f*
holistic *adj (Tech)* ganzheitlich
hollow *adj (Tech)* hohl
hollow *(Form, Walz)* Hohlkörper *m (Lochwalzung)*
hollow *(Mech, Mont)* Aushöhlung *f*; Austiefung *f*
hollow *(Met)* Höhlung *f (Hohlraum)*
hollow beam *(Met)* Querträger *m (einer Raupenkette)*
hollow block *(Bau)* Hohlblockstein *m*
hollow box sleeper *(Tech)* Hohlschwelle *f (rückbares Band)*
hollow concrete slab *(Bau)* Hohldielezement *m*, Zementhohldiele *f*
hollow-core bolt *(Tech)* Hohlschraube *f*
hollow-edge equalling file *(Werkz)* Kehlfeile *f*
hollow girder *(Met, Stb)* Hohlträger *m*
hollow head plug *(Tech)* Innenkantschraube *f*
hollow joint file *(Werkz)* Perlfeile *f*
hollow-pin chain *(Tech)* Hohlbolzenkette *f*
hollow profile *(Met)* Hohlprofil *n*
hollow punch *(Werkz)* Locheisen *n*
hollow quoin *(Werkz)* Stemmknagge *f*
hollow root *(Schw)* Wurzelrückfall *m*
hollow section *(Met)* Hohlprofil *n*, Profilrohr *n*

hollow section *(Met, Stb)* Rohrquerschnitt *m (hohl)*
hollow section *(Stb)* Hohlquerschnitt *m*
hollow shaft *(Tech)* Hohlwelle *f*
hollow shaft gear unit *(Getr, Tech)* Aufsteckgetriebe *n*
hollow shell *(Met)* Rohrluppe *f*
hollow stanchion *(Stb)* Hohlstütze *f (rund)*
hollowing file *(Werkz)* Hohlfeile *f*
hollows *(Met)* Hohlerzeugnisse *npl*
home position *(Elek)* Nullstellung *f (z. B. Ventil)*
home position *(Tech)* Ausgangsstellung *f (Startposition)*; Ruhestellung *f*
homogeneous *adj (Tech)* einheitlich *(gleichmäßig)*; homogen
homogenization *(AE) (Chem)* Homogenisierung *f*
homogenize *v (AE) (Chem)* homogenisieren
homogenize *v (AE) (Tech)* vergleichmäßigen
hone *v (Mech)* honen *(schonend spanabhebend)*
honey-combed…, honeycomb… *(Tech)* Waben…
honeycomb construction *(Stb)* Wabenbauweise *f*; Wabenträger *m*
honeycomb structure *(Bau)* Wabenzellbauteil *n*
hood *(Tech)* Dach *n (Deckel)*; Haube *f (auch Kraftfahrzeug)*; Kappe *f*, Verdeck *n (Kraftfahrzeug)*
hood covering *(Tech)* Verdeckbezug *m*
hood shock *(AE) (Kfz)* Motorhaubenpuffer *m*
hood-type distribution board *(Tech)* Haubenverteilung *f*
hook *(Kran)* Haken *m*, Lasthaken *m*
hook… *adj (Kran, Tech)* Haken…
hook approach *(Kran)* Krananfahrmaß *n*
hook block *(Kran)* Hakenflasche *f*
hook lift *(Förd, Kran)* Hakenweg *m*
hook spanner *(Werkz)* Hakenschlüssel *m*
hook stick *(Tech)* Schaltstange *f (Kraftfahrzeug)*
hook with safety toggle *(Stb)* X-Haken *m*
hook wrench *(Werkz)* Hakenschlüssel *m*
hook yoke *(Bergb)* Flachrahmen *m*
Hooke's joint *(Tech)* Kreuzgelenk *n*
Hooke's law *(Stb)* Hooke'sches Gesetz *n*
hoop *(Bergb)* Flachrahmen *m*

hoop *(Tech)* Bügel m *(Schäkel)*

hoop guard *(Bergb)* Schutzbügel m *(um eine Leiter)*

hoops pl *(Hütt/Walz)* Bandstahl m

hoops pl *(Stb)* Band n, Streifen mpl

hooter *(Tech)* Horn n

hopper *(Tech, Umschl)* Bunker m *(Trichter)*; Laderaum m *(z. B. des Flugzeugs)*; Einfülltrichter m *(Silo)*; Trichter m, Trichterkammer f *(des Bodenentladewagens)*; Schleuse f *(Vakuumentgasung)*

hopper car *(Bergb, Förd, Umschl)* Aufgabewagen m

hopper car *(Förd, Tech, Umschl)* Abwurfwagen m

hopper car *(Umschl)* Trichterwagen m

hopper-type container *(Umschl)* Silocontainer m

horizontal adj *(Bergb)* söhlig *(flacher Stollen- und Minenboden)*

horizontal adj *(Tech)* horizontal, waagerecht; liegend *(Behälter, Pumpe usw.)*

horizontal bond *(Stb)* Horizontalverband m *(des Mauerwerks)*

horizontal in both axes adj *(Tech)* planeben

horizontal jacking device *(Tech)* Justierstück n *(z. B. für Verdichter)*

horizontal load *(Stat)* Seitenlast f

horizontal member *(Stb)* Rahmenriegel m

horizontal projection *(Zeich)* Grundriss m

horizontal slice Scheibe f *(beim Abbau)*

horizontal span member *(Met, Stb)* Längsbalken m, Riegel m

horizontally opposed engine *(Antr)* Boxermotor m

horn *(Bergb)* Signalhorn n, Tellerhorn n

horn *(Kfz)* Hupe f

horn cheek *(Bahn)* Achshaltergleitbacke f *(Waggonachse)*; Gleitbacke f *(am Achshalter)*; Achslagerführung f

horsepower *(Tech)* Pferdestärke f, PS f

horsepower curve *(Tech)* Kraftbedarfskurve f

hose v *(Tech)* schlauchen *(mit Schlauch waschen)*

hose *(Tech)* Schlauch m, Schlauchleitung f *(einzelner Schlauch)*

hose clip pliers *(Werkz)* Schlauchklemmzange f

hose core *(Hydr/Pneu)* Schlauchseele f

hose coupling *(Tech)* Schlauchkupplung f *(Verbindung)*

hose line *(Tech)* Schlauchleitung f *(Satz)*

hose nipple *(Tech)* Schlauchtülle f

hose-pipe *(Tech)* Schlauch m

hose rack *(Tech)* Schlauchgestell n

hose union *(Tech)* Schlauchkupplung f *(Verbindung)*

hot v up *(Schw)* entbrennen

hot adj *(Tech)* heiß, warm

hot-air... adj *(Tech)* Heißluft...

hot blast stove *(Hütt/Walz)* Winderhitzer m *(Heißwindofen)*

hot crack *(Met, Stb)* Warmriss m

hot-dip galvanize v *(AE)* *(Met)* feuerverzinken

hot-dip leaded adj *(Met)* feuerverbleit

hot-dip tin-coated strip *(Hütt/Walz, Met)* verzinntes Band n

hot dip tinning *(Walz)* Feuerverzinnung f

hot-dip zinc-coated sheet steel *(Met)* feuerverzinktes Feinblech n

hot drawing *(Form)* Warmziehen n *(Rohre)*

hot-drawn adj *(Hütt/Walz, Met)* warmgezogen

hot-extruded adj *(Hütt/Walz, Met)* warmstranggepresst

hot forming *(Form, Hütt/Walz)* Warmformgebung f, Warmformung f

hot-galvanize v *(Met)* feuerverzinken

hot heel *(Hütt)* Sumpf m *(Rest in Lichtbogen)*

hot iron *(Hütt/Walz, Met)* Roheisen n *(flüssig)*

hot junction *(Stb)* Messstelle f *(Thermopaar)*

hot metal *(Hütt/Walz, Met)* Roheisen n *(flüssig)*

hot metal transporter *(Bahn, Hütt/Walz)* Pfannenwagen m *(für flüssiges Metall)*; Rohrpfannenwagen m

hot mill *(Hütt/Walz)* Warmwalzstraße f, Warmwalzwerk n

hot pilger mill *(Walz)* Warmpilgerwalzwerk n

hot pressure welding *(Schw)* Warmpressschweißen n *(DIN 1910)*

hot-rolled bar *(Met)* Handelsstabstahl m, Stabstahl m *(umfasst Mitteleisen und Feineisen)*

hot-rolled cladding *(Hütt/Walz)* Warmaufwalzung f

hot-rolled cladding *(Tech)* Warmplattierung f

hot-rolled coils *(Hütt/Walz)* Warmbreitband n

hot-rolled sheet and plate *(Form)* Bandblech n

hot-rolled strip *(Hütt/Walz, Met)* Warmband n

hot-rolled wide strip *(Hütt/Walz)* Warmbreitband n

hot rolling mill *(Hütt/Walz)* Warmwalzstraße f, Warmwalzwerk n

hot scarfing *(Hütt/Walz)* Brennputzen n, Heißflämmen n

hot-shortness *(Hütt/Walz)* Warmbrüchigkeit f

hot shortness *(Met)* Heißbruch m; Kupferlotbruch m

hot spatter *(Schw)* heißer Abbrand m

hot stability test machine *(Prüf)* Warmrundlaufprüfbank f

hot-straighten *v (Mech, Met)* warmrichten

hot treatment *(Hütt/Walz, Met)* Warmbehandlung f

hot well *(Hütt/Walz)* Warmwasserbecken n *(in Kühlwassernetz)*; Warmwasserbehälter m

hot work *(Met)* Warmbearbeitung f

hot worked products *pl (Hütt)* Wärmeerzeugnisse npl

hot working *(Met)* Warmbearbeitung f

house *(Baut)* Haus n

household appliance *(Elek)* elektrisches Haushaltsgerät n

housekeeping *(Tech)* Ordnung f *(im Sinne von Sauberhaltung)*

housing *(Tech)* Gehäuse n *(z. B. von Maschine, Motor)*; Gerüst n *(z. B. Walzwerk)*; Ständer m *(z. B. Schere)*; Unterbringung f *(im Gehäuse)*; Verschalung f *(Einkapselung, Gehäuse)*

housing *(Walz)* Ständerseite f; Walzenständer m; Walzgerüst n

housing development [estate] *(Bau)* Siedlung f

housingless mill *(Walz)* ständerloses Gerüst n

HP *(Hydr/Pneu)* HD m, Hochdruck m

HRC fuse *(Elek)* Hochleistungssicherung f

HSS *(Hütt/Walz, Met)* Hochgeschwindigkeitsstahl m, HSS m

hub *(Lag)* Lagerauge n *(an der Kolbenstange)*

hub *(Tech)* Nabe f, Profilnabe f, Radkörper m *(Nabe)*

hub cap *(Tech)* Radkappe f *(z. B. eines Pkw)*

hub transmission *(Tech)* Radnabengetriebe n

hueless point *(Mess)* Unbuntpunkt m

hum *v (Elek)* brummen *(summen)*

humidity *(Tech)* Feuchtigkeit f

hump *(Tech)* Schulter f *(Asselwalze)*

hungry boards *pl (Kfz)* Bordwanderhöhung f *(am Lkw)*

hunting *(Mess)* Pendelung f *(Regelkreis)*

hutments *pl (Bau)* Barackenlager n

hybrid *adj (Elek)* hybrid

hybrid *adj (Mess)* gemischt, Hybrid...

hybrid technology *(Elek)* hybride Technologie f

hydrant *(Tech)* Hydrant m

hydrate *v (Bergb)* abbinden *(erstarren)*

hydraulic *adj (Hydr/Pneu)* hydraulisch

hydraulic *adj (Tech)* Hydraulik...

hydraulic clutch *(Hydr/Pneu)* Hydraulikkreis m

hydraulic clutch *(Tech)* Flüssigkeitskupplung f, hydraulische Kupplung f

hydraulic coupling *(Tech)* Flüssigkeitskupplung f

hydraulic coupling fitting device *(Werkz)* Öldruckverband m

hydraulic cushioning cylinder *(Tech)* Ölbremszylinder m

hydraulic cylinder *(Hydr/Pneu)* Hydraulikzylinder m, Hydrozylinder m

hydraulic cylinder *(Tech)* Stellzylinder m

hydraulic diagram *(Hydr/Pneu)* Hydraulikplan m, Hydraulik-Schaltplan m, Hydraulikschema n

hydraulic dredge *(Bergb)* Nassbagger m

hydraulic driving gear *(Antr, Hydr)* Hydrogetriebe n

hydraulic engineer *(Hydr/Pneu)* Hydraulikingenieur m

hydraulic engineering *(Hydr/Pneu)* Wasserbau m

hydraulic excavator *(Bergb)* Hydraulikbagger m, Hydrobagger m

hydraulic fit *(Tech, Verd)* Ölpressverband m *(Kupplung auf Wellenzapfen)*

hydraulic fitting *(Hydr, Verd)* Aufbratten *n (einer Kupplung)*

hydraulic fluid *(Hydr/Pneu)* Druckflüssigkeit *f*, Hydraulikflüssigkeit *f*

hydraulic gear *(Tech)* Flüssigkeitsgetriebe *n*

hydraulic hammer *(Zer)* Steinhammer *m*

hydraulic-impact vibrator *(Hütt/Walz)* Schlaggerät *n*

hydraulic jack *(Bergb)* Hebestempel *m*

hydraulic jack *(Hydr/Pneu)* hydraulische Presse *f*

hydraulic jack *(Tech)* hydraulischer Hebestempel *m*, hydraulische Hubspindel *f*, hydraulischer Wagenheber *m*, hydraulisches Hubwerk *n*

hydraulic-jack pump *(Tech)* Wagenheberpumpe *f*

hydraulic medium *(Hydr)* Druckflüssigkeit *f*

hydraulic monitor *(Bergb)* Druckstrahlbagger *m*

hydraulic motor *(Antr)* Hydraulikmotor *m*, Hydromotor *m*, Ölmotor *m*

hydraulic positioner *(Tech)* Gabelstift *m (Gabelstapler)*

hydraulic power plant *(Elek)* Wasserkraftwerk *n*

hydraulic power unit *(Antr)* hydraulisches Antriebsaggregat *n*, Hydraulikaggregat *n*, Hydro-Aggregat *n*, hydraulische Krafteinheit *f*

hydraulic press *(Hydr/Pneu)* hydraulische Presse *f*, Wasserdruckpresse *f*

hydraulic pressure test *(Hydr/Pneu)* Abdrücken *n*

hydraulic pressure test *(Prüf)* Druckprüfung *f*

hydraulic seal *(Tech)* Wasservorlage *f*

hydraulic shovel *(Bergb)* Hydraulikbagger *m*, Hydraulikfrontschaufel *f*, Hydrobagger *m (mit Ladeschaufel)*; Ladeschaufelbagger *m*

hydraulic steel structure *(Stb)* Stahlwasserbau *m*

hydraulic structures *(Bau)* Wasserbauten *mpl*

hydraulic tensioning device *(Tech, Hydr/Pneu)* Spannhydraulik *f*

hydraulic test *(Hütt/Walz, Prüf)* Druckprobe *f*, Wasserdruckprüfung *f*

hydraulic track adjuster *(Tech)* Kettenspanner *m*

hydraulic transmission *(Hydr/Pneu)* hydraulisches Getriebe *n*

hydraulically balanced *adj (Hydr/Pneu)* hydraulisch entlastet, mit hydraulischem Druckausgleich

hydraulically operated relief valve *(Kfz)* doppelentspannbares Rückschlagventil *n*

hydraulics *(Hydr/Pneu)* Hydraulik *f*

hydro-electric power station *(Elek)* Wasserkraftwerk *n*

hydro-metallurgy *(Hütt, Met)* Nassmetallurgie *f*

hydrocarbon gas *(Chem)* Kohlenwasserstoffgas *n*

hydrochloric acid *(Chem)* Salzsäure *f*

hydrodynamic *adj (Hydr/Pneu)* hydrodynamisch

hydrodynamic brake *(Hydr/Pneu, Tech)* Strömungsbremse *f*

hydrogen *(Chem)* Wasserstoff *m*

hydrogen brittleness *(Met)* Wasserstoffsprödigkeit *f*

hydrogen sulfide *(AE) (Chem)* Schwefelwasserstoff *m*

hydrogen sulphide *(BE) (Chem)* Schwefelwasserstoff *m*

hydrogenation *(Chem)* Hydrierung *f*

hydropneumatic *adj (Hydr/Pneu)* hydropneumatisch

hydrostatic *adj (Hydr/Pneu)* hydrostatisch

hydrostatic hydrotest *(Hydr/Pneu, Prüf)* Dichtigkeitsprüfung *f (durch Abdrücken)*; Wasserdruckprobe *f*, Wasserdruckprüfung *f (Wasserdruckversuch)*

hydrostatic test *(Hydr/Pneu, Prüf)* Dichtigkeitsprüfung *f (durch Abdrücken)*; Wasserdruckprobe *f*, Wasserdruckprüfung *f (Wasserdruckversuch)*

hydrotilt nibbler *(Bergb)* Schrottschere *f*

hygroscopic *adj (Hydr/Pneu)* hygroskopisch

hygroscopic content *(Geo, Tech)* Feuchtigkeitsgehalt *m*

hyperbola regulation *(Math)* Hyperbelregelung *f*

hypocycloid *(Math)* Hypozykloide *f*

hypoeutectic *adj (Met)* untereutektisch *(Legierung unter 9% C)*

hypoid gear *(Getr)* Hypoidrad *n*, Kegelschraubrad *n*

hypoid gear pair *(Getr)* Hypoidradpaar n, Kegelschraubradpaar n

hyposynchronous adj *(Kran)* untersynchron

hypothesis *(Math, Tech)* Annahme f (Hypothese)

hysteresis *(Elek)* Hysterese f, Hysteresis f

I

icing-up *(Mess)* Vereisen n

ID *(Tech)* lichter Durchmesser m

ideal adj *(Tech)* ideal

identical adj *(Tech)* artgleich, identisch (mit)

identifiable adj *(Tech)* erkennbar

identification *(Tech)* Identifikation f, Identifizierung f, Kenntlichmachung f, Kennwertermittlung f

identification check *(Prüf)* Verwechslungsprobe f

identification numbers pl *(Tech)* Stufung f (Stahlbau)

identifier *(Tech)* Markierung f (Kennzeichnung)

identify v *(Tech)* aufdecken, erkennen, feststellen, kennzeichnen (z. B. wie Teile zusammengehören); markieren

identity card *(Tech)* Ausweis m, Kennkarte f

idle adj *(Elek)* leer laufend

idle adj *(Tech)* stillstehend, unproduktiv

idle current *(Elek)* Blindstrom m

idle gear *(Tech)* Leergang m, Leerlauf m

idle period *(Tech)* Stillstandszeit f

idle power *(Elek)* Blindleistung f

idle roller bed *(Tech)* Rollgang m (nicht angetrieben)

idle speed *(Tech)* Umlaufdrehzahl f (Leerlauf)

idle time *(Tech)* Standzeit f (z. B. Maschine)

idler *(Baum, Bergb)* Laufrolle f (Spannrolle); Leerlaufrolle f, Leitrad n (des Baggerlaufwerks); Umlenkrolle f (Turas des Baggers); Rollensatz m

idler *(Förd)* Führungsrolle f, Riemenspannrolle f, Rolle f (Rollenstation, Rollensatz); Rollensatz m

idler *(Tech)* Kettenrad n, mitlaufendes Zahnrad n, Spannrad n

idler arm *(Tech)* Lenkzwischenhebel m

idler boom *(Tech)* Girlande f (Förderanlage)

idler end *(Förd)* Rollenboden m

idler face *(Förd)* Länge f der Bandrolle, Rollenlänge f

idler fork *(Tech)* Gabelkopf m (eines Baggers)

idler garland *(Tech)* Girlande f (Förderanlage)

idler gear *(Getr)* Zwischenzahnrad n

idler mounting *(Bergb, Förd, Umschl)* Bandrollenhalterung f, Rollenhalterung f

idler shaft *(Hütt)* tragseitiger Kippzapfen m

idler shaft *(Tech)* Vorgelegeachse f

idler slide *(Tech)* Gleitstück n

idler support *(Bergb, Förd, Umschl)* Bandrollenstuhl n, Laufrollenstuhl m, Rollenstuhl m

idler support *(Tech)* Tragrollenständer m, Tragrollenstuhl m

idler tumbler *(Bergb)* Leitrad n (Umlenkrolle)

idler yoke *(Bergb)* Leitradjoch n (Sitz der Umlenkrolle)

idling adj *(Tech)* unbelastet (im Leerlauf)

idling *(Tech)* Leerlauf m

ignite v *(Tech)* zünden

ignition *(Elek)* Zündung f (Kraftfahrzeug)

ignition *(Tech)* Entzündung f

ignition adj *(Elek, Tech)* Zünd…

ignition loss *(Elek)* Glühverlust m

ignored adj *(Tech)* unberücksichtigt

illegally adv *(Tech)* unzulässig

illuminance *(Elek, Licht)* Beleuchtungsstärke f

illuminate v *(Tech)* ausleuchten

illuminated adj *(Licht, Tech)* angestrahlt

illuminated adj *(Tech)* Leucht…, leuchtend

illuminated indicator board *(Elek)* Leuchtschaltbild n, Leuchtwarte f

illuminated pushbutton *(Elek)* Leuchtdrucktaster m, Leuchttaste f

illumination *(Licht)* Aufleuchten n (einer Lampe); Beleuchtung f (z. B. an einem Gebäude)

illustrate v *(Tech)* illustrieren

illustration *(Tech)* Abbildung f, bildliche Darstellung f

image *(Elek)* Bildweite f

image definition control *(Elek)* Bildschärfenregulierung f

image quality indicator *(Prüf)* Bildgüteprüfkörper m *(DIN 54109)*

imaginary *adj (Elek)* imaginär

immaculate *adj (Tech)* makellos

immediate *adj (Tech)* unmittelbar

immerse *v (Tech)* eintauchen *(in Flüssigkeit)*

immersed *adj (Mech)* versenkt

immersed *adj (Tech)* eingetaucht

immersion heater *(Elek)* Heizstab m *(Ölschmierung)*; Tauchheizkörper m

immersion pipe *(Tech)* Tauchrohr n

immersion testing *(Elek, Prüf)* Eintauchprüfung f *(Ultraschall)*

immersion testing *(Hütt/Walz, Prüf)* Tauchtechnik f *(für Prüfzwecke)*

imminent *adj (Tech)* anstehend *(schwebend, in Planung)*

immission *(Hütt, Ökol)* Immission f

immovable *adj (Tech)* unbeweglich

impact *(Kfz, Tech)* Aufprall m, Prall m

impact *(Prüf)* Kerbschlag m

impact *(Tech)* Aufschlag m, Aufschlagen n, Schlag m *(Stoß)*; Wucht f

impact allowance *(Kran)* Stoßwert m

impact belt *(Förd)* Prallband n

impact bending test *(Prüf)* Schlagbiegeversuch m

impact buckling test *(Prüf)* Schlagknickversuch m

impact coefficient *(Stat)* Stoßbeanspruchung f *(Spannung)*; Stoßbeiwert m, Stoßzahl f

impact crusher *(Zer)* Prallbrecher m, Prallmühle f, Schlagbrecher m

impact cupping test *(Prüf)* Schlagtiefungsversuch m

impact driver *(Werkz)* Schlagschrauber m

impact fatigue limit *(Tech)* Dauerschlagfestigkeit f

impact force *(Kfz)* Anfahrkraft f *(beim Aufprall)*; Anfahrlast f *(beim Aufprall)*; Auffahrkraft f

impact girder *(Tech)* Pufferträger m

impact hammer crusher *(Zer)* Einwellenhammerbrecher m, Hammerprallbrecher m

impact hammer mill *(Zer)* Prallmühle f

impact idler *(Förd)* Pufferrolle f *(einzelne Rolle)*

impact idler tyre *(BE) (Tech)* Pufferring m

impact jaw crusher *(Zer)* Schlagbrecher m

impact load *(Elek)* stoßartige Belastung f

impact load *(Förd)* Aufprall m, Aufschlag m *(auf den Gurt)*; Stoßbelastung f

impact loading *(Förd)* Stoßbelastung f

impact mill *(Zer)* Prallmühle f

impact-notch proof *adj (Tech)* hochschlagfest

impact-proof *adj (Met)* schlagfest

impact pulveriser *(Zer)* Schlägermühle f

impact resistance *(Prüf)* Schlagtiefungsfestigkeit f *(Bandbeschichtung)*

impact shock *(Förd)* Aufprall m *(auf den Gurt)*

impact spanner *(Werkz)* Schlagschraubenschlüssel m

impact strength *(Mech)* Kerbschlagzähigkeit f, Schlagfestigkeit f

impact stress *(Stat)* Stoßbeanspruchung f, Stoßspannung f

impact tensile test *(Prüf)* Kerbschlagtest m, Schlagzugversuch m, Schlagversuch m; Schlagtiefungsprobe f *(Bandbeschichtung)*

impact tube *(Tech)* Staurohr n *(zur Staudruckmessung)*

impact value *(Mech)* Kerbschlagfestigkeit f *(Wert)*; Kerbschlagzähigkeit f *(Wert)*

impact wall *(Tech)* Prallwand f

impacter *(Zer)* Schlagbrecher m

impactor *(Zer)* Prallspalter m

impair *v (Tech)* hindern

impassable *(Bau)* unwegsam

impedance *(Elek)* Impedanz f

impedance drop value *(Elek)* Kurzschlussspannung f

impedance matrix *(Elek)* Impedanzmatrix f

impedance protection *(Elek)* Distanzschutz m

impedance voltage *(Elek)* Kurzschlussspannung f

impede *v (Elek)* anhalten

impeded *adj (Tech)* gehindert *(behindert)*

impeller *(Hütt)* Schleuderrad n *(beim Sandstrahlen)*

impeller *(Tech)* Flügelrad n, Impeller m, Pumpenrad n; Laufrad n *(z. B. für Vakuumpumpe, Vedichter)*; Lüfterrad n

(für Gasring-Vakuumpumpe bzw.-Kompressor)

impeller bar *(Zer)* Hubleiste f *(z. B. Autogenmühle)*

impeller breaker *(Zer)* Flügelbrecher m

impeller wheel *(Tech)* Flügelrad n, Schaufelrad n *(Turbine)*

imperfect *adj (Tech)* mangelhaft

imperfect straightening *(Stb)* Richtfehler m *(z. B. nicht exakt fluchtend)*

impermeability *(Tech, Hydr/Pneu)* Dichtheit f *(Undurchlässigkeit)*

impervious coating *(Anstr)* Dichtschicht f

impinge *v (Tech)* aufprallen

impingement baffle *(Tech)* Prallplatte f *(z. B. eines Kühlers)*

implement *v (Tech)* Arbeit ausführen

implement *(Bergb, Umschl)* Ausrüstung f des Baggers

implement *(Tech)* Gerät n

implementation *(Tech)* Verwendung f *(von Geräten)*

implements *pl (Tech)* Geräte npl, Zubehör n

important *adj (Tech)* wesentlich *(von Bedeutung)*; wichtig

imposed load *(Tech, Stat)* Auflast f *(Unter der Belastung eines Tragwerkes versteht man jene Kräfte, die aus dem Eigengewicht, der Benutzung und dem Zweck des Bauwerkes herrühren)*

impractical *adj (Tech)* unpraktisch

impregnated *adj (Met, Tech)* getränkt, imprägniert

impression *(Tech)* Delle f, Eindruck m *(muldenähnliche Beschädigung)*

impression depth *(Prüf)* Eindrucktiefe f *(Brinellhärteprüfung)*

impression stamping *(Hütt)* Prägestempeln n

impressum *(Tech)* Impressum n

imprint *v (Mech)* prägen *(z. B. Rillen)*

imprinter *(Hütt)* Stempelmaschine f

improper *adj (Tech)* unsachgemäß

improve *v (Hütt/Walz)* veredeln

improve *v (Tech)* aufbessern; verbessern *(aufwerten)*

impulse *(Elek)* Stromstoß m

impulse contactor *(Elek)* Zählspule f

impulse load *(Elek)* stoßartige Belastung f

impulse pilot *(Elek)* Impulssteuerung f

impulse test *(Elek)* Stoßspannungsprüfung f, Stromstoßprüfung f

impulse withstand voltage *(Hütt)* Stehstoßspannung f

impulsive noise *(Elek, Prüf)* Eigenrauschen n *(Ultraschall)*

impurification *(Ökol, Tech)* Verunreinigung f

impurified *adj (Bergb)* dreckig

impurified *adj (Tech)* schmutzig, verunreinigt

impurity *(Chem)* Fremdstoff m *(chemische Verunreinigung)*

impurity *(Ökol, Tech)* Verunreinigung f

in-house *adj (Tech)* intern *(werkintern)*

in-house effort *(Fert, Tech)* Eigenleistung f

in-house scrap *(Hütt)* Rücklaufschrott m *(Eigenschrott)*

in-line *adj (Tech)* nachgeschaltet

in-line check valve *(Vent)* gerades Rückschlagventil n

in-line engine *(Antr)* Reihenmotor m

in-line silencer *(Tech)* Rohrschalldämpfer m

in-process inspection *(Schw)* Zwischenprüfung f

in-rush current *(Hydr/Pneu)* Einschaltleistung f *(Ventil)*

in situ *adj (Bergb)* anstehend, vor Ort

inaccurate *adj (Tech)* ungenau

inaccurate marking *(Tech)* Fehlmarkierung f

inactive *adj (Chem, Phys)* träge

inactive *adj (Tech)* unbelastet *(Fläche eines Druckkamms)*

inadequate *adj (Tech)* ungenügend

inadmissibly *adv (Tech)* unzulässig

inadvertent *adj (Tech)* unbeabsichtigt, ungewollt, zufällig

Inbus screw *(Tech)* Inbusschraube f

incandescent *adj (Met)* glühend

incandescent bulb [lamp] *(Elek)* Glühlampe f

inch *(Tech)* Zoll m *(Maßeinheit)*

inch-rule *(Werkz)* Zollstock m

inch thread *(Tech)* Zollgewinde n

inching *(Tech)* Feineinstellung f *(beim Fahren)*; Feingang m *(beim Fahren)*; Feinhub m *(genaues Ausfahren)*; Kriechgang m, Schleichgang m *(Feingang)*

incidence *(Elek)* Einfall m *(Strahl)*

incident *(Tech)* Vorfall *m (Ereignis)*
incident angle of sound *(Akus, Elek)*
Schallstrahlwinkel *m*
incident energy *(Akus, Elek)* Schallenergie *f*, auftretende Schallenergie *f*
incident energy *(Prüf)* einfallende Energie *f (Ultraschall)*
incident wave *(Elek)* ankommende
Wanderwelle *f*
incidental *adj (Tech)* beiläufig, nebensächlich
incineration furnace *(Hütt)* Verbrennungsofen *m*
incineration plant *(Ökol)* Müllverbrennungsanlage *f*
incipient *(Met, Tech)* Anfangs…
incipient *adj (Tech)* beginnend
incipient crack *(Met)* Anriss *m (Oberfläche)*; Anbruch *m*
incipient flaw [fracture] *(Met, Tech)*
Anbruch *m*, Anriss *m*
incision *(Bergb, Umschl)* Anschnitt *m*
inclination *(Geo)* Neigung *f*, Schräge *f*
incline *(Bahn)* Ablaufberg *m (Rangierbetrieb der Bahn)*
incline *(Bergb, Geo)* Böschung *f*
incline *(Geo)* Abfall *m (z. B. im Gelände)*;
Neigung *f*, Schräge *f*
inclined *adj (Bergb)* geneigt *(nach oben)*
inclined *adj (Tech)* geneigt, schief,
schräg, schräggestellt, schrägliegend
inclined belt conveyor *(Förd)* Schrägbandförderer *m*, Schrägförderband *n*
inclined conveyor *(Förd)* Schrägförderer
m, Steilförderer *m*
inclined elevator *(Förd)* Schrägaufzug *m*
inclined end post *(Stb)* Endstrebe *f*
inclined gauge *(BE) (Hütt/Walz)* Diffe-
renzialzugmesser *m*
inclined gauge *(BE) (Metr)* Minimeter *n*
inclined track pad *(Bergb)* abgeschrägte
Bodenplatte *f*
inclinometer *(Bergb)* Pendelgeber *m*
(Bagger)
include *v (Tech)* aufnehmen *(integrieren)*;
aufnehmen *(in eine Liste, einen Katalog)*; einbeziehen, eingliedern *(integrieren)*; einschließen *(enthalten)*; enthalten *(beinhalten)*
included angle *(Tech)* Öffnungswinkel *m*
(Schweißen)
inclusion *(Bergb, Met)* Einschluss *m*
inclusion *(Tech)* Einbeziehung *f*

incomer *(Elek)* Einspeisungsschalter *m*
incomer *(Tech)* Einspeiseleitung *f (Einspeisung)*
incompatibility *(Tech)* Unverträglichkeit *f*
incomplete *adj (Tech)* unvollständig
incomplete *adj (Stat, Stb)* verschieblich
incomplete fusion *(Met, Schw)* Bindefehler *m (beim Schweißen)*
incomplete joint penetration *(Schw)*
nicht durchgeschweißte Wurzel *f*,
Wurzelkerbe *f*
incomplete penetration *(Schw)* teilweiser Einbrand *m*
incomprehensible *adj (Tech)* unverständlich
incorporate *v (Tech)* anfügen *(einfügen)*;
angliedern, aufnehmen, einbauen,
einbeziehen, eingliedern, integrieren
incorporation *(Tech)* Einbau *m (Eingliederung)*; Einbeziehung *f*, Eingliederung
f
incorrect *adj (Tech)* falsch *(verkehrt,
fehlerhaft)*; fehlerhaft *(unrichtig)*; unsachgemäß
incorrect instruction *(Tech)* Instruktionsfehler *m*
incorrect operation *(Tech)* Fehlbedienung *f*
increase *v (Tech)* ansteigen, aufbessern,
erhöhen *(z. B. Geschwindigkeit)*
increase *(Hydr/Pneu, Tech)* Steigerung *f*
(z. B. des Drucks)
increase *(Tech)* Zunahme *f*
increase-decrease switch *(Mess)* Regelsinnschalter *m*
increase factor *(Stb)* Erhöhungsbeiwert
m, Erhöhungsfaktor *m*
increased *adj (Tech)* erhöht *(z. B. Leistung)*; gestiegen, höher, verbessert
increased-power rated *adj (Tech)* leistungsgesteigert *(z. B. Motor)*
increased-pressure lift circuit *(Tech)*
Hubkraftverstärker *m*, Hubkraftver-
stärkungssteuerung *f*
increased shank *(Tech)* Passschaft *m*
(Schraube)
increasing *adj (Mess)* steigend *(z. B.
Istwert)*
increment *(Tech)* Stufe *f* • in increments
schrittweise
increment angle *(Tech)* Beiwinkel *m*
(Hilfswinkel); Hilfswinkel *m (Beiwinkel)*

increment control *(Elek)* Zustellschritt-
-Steuerung f
increment drive motor *(Antr)* Feineingang-
motor m
increment travel *(Tech)* Feineinstellung f
(beim Fahren); Feingang m *(beim Fahren)*; Feinhub m *(genaues Ausfahren)*;
Kriechgang m
incremental *adj (Elek)* inkrementell
incremental *adj (Tech)* stufenweise
incremental *adv (Tech)* allmählich
incremental dimension *(Math)* Kettenmaß n
incrust *v (Tech)* belegen *(z. B. Bremsen)*
incrustation *(Chem, Stat)* Aufkrustung f
incrustation *(Hütt, Tech)* Anbackung f,
Inkrustierung f, Verkrustung f *(Verklumpung, Verschmutzung)*
incrustation *(Schw)* Verschmutzung f
indefinite *adj (Elek)* indefinit
indefinite *adj (Tech)* unbestimmt
indefinitely *adv (Tech)* unendlich
indelible *adj (Tech)* unauslöschlich *(z. B.
Markierung)*
indentation *(Tech)* Delle f *(muldenähnliche Beschädigung)*; Eindruck m *(Härteprüfung)*
indentation test *(Prüf)* Kugeldruckversuch m
independent *adj (Tech)* eigenständig,
unabhängig *(frei)*
independent suspension *(Kfz)* Einzelradaufhängung f
indesirable *adj (Tech)* unerwünscht
indeterminate *adj (Tech)* unbestimmt
index *(Elek)* Schallaustrittspunkt m
index *(Math, Tech)* Schlüssel m *(Code,
Zahlenschlüssel)*
index *(Tech)* Index m, Indexziffer f,
Kenngröße f, Kennziffer f, Ordnung f;
Sachverzeichnis n, Zeiger m *(Sollwert)*
index hole *(Tech)* Teilloch n
index mechanism *(Walz)* Weiterschaltwerk n
index number *(Tech)* Kennzahl f, Kennzeichen n *(Erzeugnisstruktur)*; Kennziffer f
indexing error *(Getr)* Teilungsfehler m
indicate *v (Elek)* anzeigen *(auf dem Display)*
indicate *v (Tech)* bezeichnen *(ernennen,
hinweisen, beschreiben)*; zeigen

indicated *adj (Elek, Tech)* angezeigt, angegeben; indiziert
indicating *adj (Tech)* anzeigend
indicating dial *(Tech)* Skalenscheibe f
(Bandwaage)
indicating label *(Tech)* Hinweisschild n
indicating lamp *(Elek)* Meldeleuchte f
indicating panel *(Elek)* Symbolbild n
indication *(Elek)* Anzeige f, Meldung f
(z. B. Messwertanzeige)
indication *(Metr)* Messwert m
indication *(Tech)* Bezeichnung f *(Angabe,
Beschreibung)*; Hinweis m *(Information)*
indication error *(Mess, Prüf)* Anzeigefehler m *(z. B. Ultraschall)*
indications *pl (Met)* Spuren fpl, Zeichen
npl *(Materialfehler)*
indicator *(Elek)* Anzeigeinstrument n,
anzeigendes Messgerät n; Wächter m
indicator *(Kfz)* Blinker m, Blinkgeber m,
Richtungsanzeiger m
indicator *(Hydr/Pneu, Metr, Verd)* Anzeige f, Anzeigegerät n, Anzeiger m
indicator *(Tech)* Zeiger m *(eines Instrumentes)*
indicator diagram *(Elek)* Indikatordia-
gramm n, Tangentialdruckdiagramm n
indicator light *(Elek)* Anzeigeleuchte f,
Kontrollleuchte f, Leuchtmelder m,
Meldeleuchte f
indirect *adj (Tech)* indirekt
indispensable *adj (Tech)* unentbehrlich,
unverzichtbar
individual *adj (Tech)* einzeln, individuell
indoor *(Baut, Tech)* Innenraum m
induced draft *(AE) (Hütt)* Saugzug m
induced draught *(BE) (Hütt)* Saugzug m
induced overvoltage test *(Elek, Hütt)*
Windungsprüfung f *(Transformator)*
inductance *(Elek)* Blindwiderstand m,
Induktivität f
inductance *(Mess)* Induktanz f
induction *(Met)* Induktivhärtung f
induction *adj (Schw, Tech)* Induktions...
induction coil *(Elek, Tech)* Zündspule f
induction-hardened *adj (Met)* induktionsgehärtet
induction motor *(Antr)* Asynchronmotor
m, Induktionsmotor m
inductive *adj (Elek)* Induktions..., Induktiv..., induktiv, nacheilend
inductive capacitance *(Elek)* Dielektrizitätskonstante f

inductive proximity sensor *(Elek)* Impulsaufnehmer m

inductive reactance *(Mess)* Induktanz f

inductivity *(Elek)* Induktivität f

industrial *adj (Tech)* Arbeits..., Industrie...

industrial drives *pl (Antr, Kfz)* Antriebstechnik f

industrial engineer *(Fert)* Wirtschaftsingenieur m

industrial estate *(Tech)* Industrie- und Gewerbegebiet n

industrial footwear *(Tech)* Arbeitsstiefel m

industrial frequency *(Elek)* Betriebsfrequenz f

industrial gas *(Chem, Hütt)* Industriegas n; technisches Gas n

industrial park *(Tech)* Industrie- und Gewerbegebiet n

industrial power unit *(Antr, Bergb, Hydr)* Antriebsaggregat n

industrial pump *(Tech)* Löschpumpe f *(Industriepumpe)*

industrial safety precautions *pl (Tech)* Arbeitsschutzmaßnahmen fpl, Arbeitssicherheitsmaßnahmen fpl

industrial truck *(Zer)* Hubwagen m *(Brecheranlage)*

industrial truck *(Förd)* Flurförderzeug n *(z. B. Gabelstapler)*

industrial waste *(Tech)* Industrieabfall m, Industriemüll m

industrial water *(Ökol)* Brauchwasser n

industrialized construction *(AE) (Baut)* Fertigbau m

inequality *(Stb)* Ungleichheit f

inert *adj (Chem, Phys)* träge

inert atmosphere *(Walz)* Schutzgasatmosphäre f

inert gas *(Chem)* Inertgas n

inert-gas metal-arc welding *(Schw)* Metall-Inertgas-Schweißen n, MIG n

inert-gas tungsten-arc welding *(Schw)* WIG-Schweißen n, Wolframinertgasschweißung f

inert propellant and cooling gas *(Hütt)* Sprühgas n

inertia *(Met, Tech)* Beharrungsvermögen n; Trägheit f

inertia load *(Tech)* Massenkraft f *(Verdichter)*

inertia torque *(Tech)* Drehmassenmoment n

inertia welding *(Schw)* Schwungradreibschweißen f

inertial force *(Tech)* Massenkraft f *(Statik)*

inexact *adj (Tech)* ungenau

infeed *adj (Förd, Umschl, Zer)* Aufgabe...

inferior *adj (Tech)* minderwertig

infinite *adj (Tech)* endlos

infinitely variable *adj (Tech)* stufenlos, stufenlos regelbar

inflame *v (Tech)* entflammen

inflammable *adj (Chem)* brennbar, entflammbar, entzündlich

inflammable seal *(Met)* feuergefährlich

inflatable seal *(Tech)* Blähdichtung f

inflate *v (Tech, Phys)* aufblähen *(z. B. Schlauch)*; aufpumpen *(mit Luft)*

inflated seal *(Tech, Hydr/Pneu)* Schlauchdichtung f

inflow of water *(Tunn)* Wassereinbruch m

influencing parameter *(Mess)* Einflussgröße f

information technology *(IT)* Informatik f, Informationstechnik f, Informationstechnologie f

infra-red *adj (Tech)* infrarot

infrastructure *(Tech)* Infrastruktur f

ingot *(Hütt/Walz)* Kokille f

ingot *(Hütt)* Rohblock m *(Gussblock)*

ingot *(Met)* Gussblock m

ingot slab *(Walz)* Rohbramme f

ingredient *(Tech)* Bestandteil m

ingress *v (Kfz)* eindringen *(z. B. Schmutz, Wasser)*

ingress *(Kfz)* Eindringen n *(z. B. von Wasser)*

ingress of water *(Tunn)* Wassereinbruch m

inherent *adj (Tech)* eigen, inhärent

inhibit *v (Tech)* abbremsen *(behindern)*; hindern

inhibit pulse *(Mess)* Sperrimpuls m

inhibited *adj (Tech)* gesperrt

inhibiting effect *(Chem)* Hemmwirkung f

inhibitor *(Chem)* Hemmstoff m, Inhibitor m

inhomogeneous *adj (Chem)* inhomogen

initial *(Elek)* Ruhestellung f *(Positionsschalter, Betätigungselement)*

initial *adj (Elek, Met, Tech)* anfänglich, Anfangs..., Ausgangs...

initial limit switch *(Elek)* Betriebsendschalter m
initial position *(Elek)* Grundstellung f,
Nullstellung f *(z. B. Ventil)*; Ruhestellung
f
initial pulse *(Elek)* Sendeimpuls m
initial start-up *(Tech)* Erstinbetriebnahme f
initial stress *(Tech)* Eigenspannung f
initial tensile force *(Met, Tech)* Vorspannkraft f
initial tension *(Förd)* Anzugsmoment n
(Förderband); Vorspannung f
initial torque *(Tech)* Voranziehdrehmoment n
initiate v *(Elek)* auslösen, einleiten *(z. B.
einen Prozess, Arbeitsvorgang)*
initiate v *(IT)* abrufen *(z. B. Daten)*; aufrufen *(Daten, Programme)*
initiator *(Tech)* Verursacher m
injectant *(Chem)* Zusatzbrennstoff m
injection braking *(Förd)* Generatorbremsung f *(mit Widerstand)*
injection control hub *(Tech)* Spritzverstellernabe f
injection frequency *(Elek)* Trägerfrequenz f *(RH-Vakuumentgasung)*
injection line *(Förd, Walz)* Beschleunigungsband n
injection mould *(BE)* *(Form)* Spritzgusswerkzeug n
injection moulding *(BE)* *(Form, Hütt/
Walz)* Spritzgießen n; Spritzguss m
injection nozzle *(Hydr/Pneu)* Einspritzdüse f *(Motor, Einspritzpumpe)*
injection point *(Tech)* Einschleusestelle f
injection valve *(Hydr/Pneu)* Einspritzdüse f *(Motor, Einspritzpumpe)*
injection valve *(Kfz)* Einspritzventil n
injection valve body *(Kfz)* Einspritzdü-
senhalter m, Einspritzer m
injector *(Hydr/Pneu)* Einspritzdüse f
(Motor, Einspritzpumpe)
injector *(Kfz)* Einspritzventil n, Kraftstoffdüse f
injector *(Tech)* Einwerfer m, Injektor m
injector push tube *(Tech)* Injektorstoßstange f
injurious adj *(Ökol, Tech)* schädlich
injurious defect *(Met)* nachteiliger Mangel m
inking ribbon *(Tech)* Farbband n *(z. B. für
Nadeldrucker)*

inking table *(Tech)* Tuschierplatte f
inland water vessel *(Schiff)* Binnenschiff
n
inlet *(Tech)* Eintrittsöffnung f; Eintritt m
(Einlass, Einlauf)
inlet *(Kfz)* Einlass m *(z. B. Ansaugöffnung)*
inlet *(Verd)* Saugseite f, Saugstutzen m
**inlet connector for non-heating appa-
ratus** *(Elek)* Kaltgerätestecker m
inlet filter *(Hydr/Pneu, Verd)* Ansaugfilter
m
inlet flow *(Verd)* Ansaugmenge f
inlet guide unit *(Verd)* Eintrittsleitapparat
m *(Dralldrossel)*
inlet guide vane *(Tech)* Leitschaufel f
(Ventilator)
inlet guide vane *(Verd)* Eintrittsleitschaufel f *(Radialverdichter)*
inlet header [manifold] *(Tech)* Verteiler m
(Verteilerrohr)
inlet steam *(Tech)* Zudampf m
inlet valve *(Vent)* Belüftungsventil n *(Begasungsventil zum Druckausgleich im
Vakuumgefäß)*; Einlassventil n
inner cover *(Hydr/Pneu)* Seele f *(eines
Hydraulikschlauches)*
inner cover *(Tech)* Schützhaube f
inner gear *(Tech)* Innenverzahnung f
(Getriebe)
inner lining *(Tech)* Verschleißfutter n
inner tube *(Hydr/Pneu)* Seele f *(eines
Hydraulikschlauches)*
inner tube *(Kfz)* Luftschlauch m, Reifenschlauch m; Schlauch m *(im Autoreifen)*
inner volume *(Tech)* Inhalt m
innovation *(Tech)* Innovation f, Neuerung
f, Neuheit f *(Neuerung)*
innovative adj *(Tech)* innovativ
inodorous adj *(Tech)* geruchlos
inorganic adj *(Chem)* anorganisch
input adj *(Elek)* zugeführt
input *(Elek)* aufgenommene Leistung f,
Aufnahmeleistung f, Eingang m, Leistungsaufnahme f, zugeführte Leistung f
input *(Tech)* Antriebsleistung f, Aufnahme
f *(z. B. Strom, Material)*
input gear *(Kfz)* Antriebsrad n *(im Getriebe)*
input gear pair *(Getr)* Eingangsstufe f
(Getriebe)
input-only module *(Mess)* Nureineingangs-
gangsmodul n

input-output (IT) Ein-/Ausgabe f
input-output... adj (Elek, Mess) Eingangs-/Ausgangs...
input-output coefficient (Mess) Übertragungsbeiwert m
input/output damping (Form) Durchgangsdämpfung f
input-output test (Prüf) Belastungsversuch m
input speed (Tech) Eintriebsdrehzahl f (Regelgetriebe)
input supply (Elek) Einspeisung f
input torque (Antr, Tech) Antriebsdrehmoment n, Antriebsmoment n
input voltage (Elek) Eingangsspannung f, Versorgungsspannung f, Zuführungsspannung f, Zuleitungsspannung f
inrush current (Elek) Anzugsstrom m, Belastungsstoß m (Motor)
inscription plate (Tech) Bezeichnungsschild n (Inschrift)
insert v (IT) einfügen
insert v (Tech) einführen (einfügen); zwischenschalten
insert (Elek, Tech) Zwischenlage f
insert (Mess) Einsatz m
insert (Vent) Ventilsitz m
insert screw (Tech) Spindel f
insert vane (Tech) Messer n mit Einsatz (Messerpumpe)
insertable adj (Tech) einfügbar
inserted adj (Tech) eingeführt
inserted floor (Bau) Einschubdecke f
inserted support (Kfz) Einschlaganschluss m
inserting tooth (Bergb) Steckzahn m
inset (Hydr/Pneu) Einsatz m (Filter)
inset frame (Bergb) Schachtstuhl m
inside adv (Tech) innen, innerhalb (im Innern)
inside caliper (Werkz) Innentaster m
inside caliper gauge (Metr) Stichmaß n
inside caliper (Mess) Lochtaster m
inside diameter (Tech) Innendurchmesser, innerer Durchmesser m (i.d.); Querschnitt m (innerer Querschnitt eines Rohres); Rohrquerschnitt m (innen); lichter Durchmesser m
inside roof lining (Tech) Himmel m (Kraftfahrzeug)
inside scraper (Förd) Sauberseite f (Gurt)
inside spring caliper (Werkz) Innentaster m

inside uncoated adj (Met) innen roh (unbehandelter Stahl)
inside width (Stb) lichte Breite f
insignificant adj (Prüf) unbedeutend (Prüfanzeige)
insignificant adj (Tech) bedeutungslos, geringfügig (unbedeutend)
insoluble adj (Chem) unlöslich
inspect v (Prüf) begehen, befahren (einen Kessel); inspizieren
inspect v (Tech) durchsehen (überprüfen)
inspect v **visually** (Prüf) besichtigen (nach Sicht prüfen)
inspection (Bau) Besichtigung f
inspection (Hütt/Walz) Befahrung f
inspection (Mech, Mont, Prüf, Tech) Abnahme f (Test, Prüfung); Ansicht f (Prüfkontrolle); Inspektion f, Kontrolle f, Prüfung f, Untersuchung f (stets zerstörungsfrei)
inspection (Tech) Revision f
inspection door (Tech) Einsteigtür f, Schauluke f
inspection frequency (Prüf) Prüffrequenz f (Ultraschall)
inspection glass (Tech) Schauglas n
inspection hole cover (Tech) Schaulochdeckel m
inspection of welds (Prüf, Schw) Schweißnahtprüfung f
inspection on receipt (Tech) Eingangskontrolle f
inspection opening (Tech) Schauöffnung f
inspection-oriented adj (Prüf) prüfgerecht
inspection port (Tech) Schauöffnung f
inspection reliability (Prüf) Prüfsicherheit f
inspection report (Prüf) Prüfbericht m (Inspektion)
inspection report (Tech) Ergebnisbericht m (z. B. bei Jahresuntersuchung)
inspection sensitivity (Prüf) Anzeigeempfindlichkeit f (Ultraschall)
inspector (Prüf, Tech) Aufsichtspersonal n; Prüfer m
instability (Tech) Instabilität f
install v (Mech, Mont, Tech) anbringen, befestigen; aufbauen, aufstellen, montieren; einbauen, einrichten; installieren, verlegen (Kabel)
installation (Mont, Tech) Anbringung f,

Aufbau *m*, Aufstellung *f*, Einbau *m*, Einrichtung *f*, Errichtung *f*, Installation *f*, Montage *f*

installation drawing *(Zeich)* Montagezeichnung *f*

installation instructions *(Mont)* Montageanweisung *f*

installation outdoors *(Elek)* Aufstellung *f* im Freien

installed *adj (Kfz, Tech)* eingebaut, installiert

installed load *(Elek)* Anschlussleistung *f*, Betriebsleistung *f (Anschlussleistung)*; installierte Leistung *f (eines Motors)*

instant *adj (Tech)* unmittelbar

instantaneous *adj (Tech)* trägheitslos, unverzögert

instantaneous relay *(Elek)* Momentrelais *n*, Schnellrelais *n*, unverzögertes Relais *n*

instantaneous tripping *(Elek)* Schnellauslösung *f*

instruct *v (Tech)* einweisen *(einarbeiten)*

instruction *(Tech)* Anordnung *f (Anweisung)*; Anweisung *f*, Arbeitsanweisung *f*, Einweisung *f (Einarbeitung)*; Instruktion *f*; Richtlinie *f (Anweisung)*; Vorschrift *f (Anweisung)*

instruction manual *(Tech)* Betriebsanleitung *f (Handbuch)*; Betriebsanweisung *f (Handbuch)*; Betriebsvorschrift *f (Handbuch)*

instructions *pl* **for treatment** *(Tech)* Behandlungsvorschrift *f*

instructions *pl (Tech)* Anleitung *f*, Anweisung *f*, Auftrag *m*

instructor *(Tech)* Ausbilder *m*, Ausbildungsleiter *m*

instrument *(Tech)* Instrument *n*

instrument... *adj (Elek)* Mess...

instrumenten... *adj (Kfz)* Armaturen..., Instrumenten...

instrument cabinet *(Elek)* Schrank *m*

instrument cable *(Elek)* Messkabel *n*

instrument console *(Elek)* Schaltpult *n*

instrument gearing *(Getr, Tech)* Zahnradmessgetriebe *n*

instrument tapping point *(Metr)* Messstelle *f (Versuch)*; Messstelle *f (Versuch)*

instrument technician *(Metr)* Messtechniker *m*

instrumentation *(Mess, Metr)* Instrumentenausstattung *f*, Messgeräte *npl*

insufficient *adj (Tech)* ungenügend, unzureichend

insulant *(Tech)* isolierender Stoff *m*, Isoliermaterial *n*, Isolierstoff *m*

insulate *v (Bau)* dämmen *(z. B. Kälte, Lärm)*

insulated *adj (Tech, Werkz)* Isolier...

insulating material *(Baut)* Dämmmaterial *n (z. B. Glaswolle)*; Dämmstoff *m*

insulating material *(Met)* Wärmeschutzstoff *m*

insulating material *(Tech)* isolierender Stoff *m*, Isoliermaterial *n*, Isolierstoff *m*

insulating tape *(Elek)* Isolierband *n*

insulating tape *(Tech)* Schadebinde *f*

insulation *(Baut)* Dämmung *f (Isolierung)*

insulation *(Elek)* Isolierung *f*

insulation... *(Elek, Tech)* Isolations..., Isolier...

insulation rating *(Elek)* Reihenspannung *f (Trafo)*

insulation tape *(Elek)* Isolierband *n*

insulation tester *(Elek)* Isolationsmesser *m*, Isolationsmessgerät *n*, Kurbelinduktor *m*

insulator *(Elek)* Isolator *m*, Nichtleiter *m*

intact *adj (Tech)* intakt

intake *(Tech)* Saugseite *f*, Saugstutzen *m*

intake... *adj (Tech)* Ansaug..., Saug...; Einlass...

intake air *(Tech)* Zuluft *f*

intake air crossover *(Kfz)* Ansaugluftleitung *f*

intake and outlet side *(Hydr/Pneu)* Saug- und Druckseite *f (Pumpe)*

intake guide *(Zer)* Einlauftrichter *m*

intake panel *(Elek)* Zuführungsfeld *n*

integer *adj (Mess)* ganze Zahl *f*; ganzzahlig

integral *(Mech, Met)* aus einem Stück

integral *adj (Tech)* eingebaut, Integral..., integriert

integral action *(Mess)* Nachstellwirkung *f (Integralverhalten)*

integral action time *(Mess)* Nachstellzeit *f*

integral calculus *(Math)* Integralrechnung *f*

integral carrying system *(Tech)* geschlossenes Tragsystem *n*

integral fan mill *(Tech)* Gebläsemühle *f*

integral fan mill *(Zer)* Schlägermühle *f*

integral-gear centrifugal compressor *(Verd)* Getriebeverdichter *m*

integral pinion and shaft *(Tech)* Schaftritzel *n*

integral-proportional converter *(Mess)* Integral-Proportionalwandler *m*

integral thread *(Tech)* Einschraubgewinde *n*

integrally cast *adj (Hütt/Walz)* angegossen

integrally forged *adj (Form, Met)* angeschmiedet

integrally geared centrifugal compressor *(Verd)* Getriebeturboverdichter *m*

integrally geared compressor *(Verd)* Getriebeverdichter *m*

integrate *v (Tech)* aufnehmen *(integrieren)*; einbauen, einbeziehen, eingliedern, integrieren

integrated *adj (Tech)* Gesamt..., integriert

integrated steel plant *(Hütt/Walz)* Gesamthüttenwerk *n*

integrated system *(Bau)* Gesamtanlage *f*

integrating instrument *(Elek)* zählendes Messgerät *n*

integrator *(Elek, Tech)* Integrierer *m*, Integrator *m*, Integriervorrichtung *f*

integrator-transmitter *(Elek)* Hochlaufgeber *m*

integrity *(Tech)* Betriebssicherheit *f*, Sicherheit *f (Integrität)*

intensification *(Fot)* Verstärkung *f*

intensifying factor *(Prüf)* Verstärkungsfaktor *m (Ultraschallprüfung)*

intensity *(Tech)* Größe *f*, Intensität *f*, Stärke *f*

intensive *adj (Tech)* intensiv

inter-divisional *adj (Tech)* bereichsübergreifend

inter-weaving *(Tech)* Verknüpfung *f (zweier Systeme)*

interaction *(Elek)* Rückkopplung *f*

interaction *(Tech)* Zusammenwirken *n*

interactive terminal *(Mess)* Dialogendgerät *n*

interbedded *adj (Bergb, Geo)* eingelagert

interburden *(Bergb, Geo)* Zwischenmittel *npl*

interburden *(Tech)* Zwischenschicht *f*

intercalation *(Tech)* Zwischenschicht *f*

intercede *v (Tech)* intervenieren (bei, für); verwenden *(sich verwenden)*

intercept *v (Elek)* auffangen *(und weiterleiten)*

intercept *v (Prüf)* schlucken *(Ultraschallprüfung)*

intercept *v (Tech)* abfangen *(Signal)*

interchangeable *adj (Tech)* austauschbar *(untereinander austauschbar)*; auswechselbar *(untereinander)*

interchanged *adj (Tech)* vertauscht

intercom system *(Elek)* Funksprechanlage *f*, Wechselsprechanlage *f (Gegensprechanlage)*

interconnect *v (Tech)* zwischenschalten

interconnected water supply *(Ökol)* Verbundwasserversorgung *f*

intercooled *adj (Tech)* zwischengekühlt

intercooler *(Tech)* Ladeluftkühler *m*, Zwischenkühler *m*

intercrystalline corrosion *(Met)* interkristalline Korrosion *f*

interdentritic *adj (Met)* interdentritisch

interdependent operation *(Tech)* wechselseitiger Betrieb *m*

interface *(Hütt)* Übergangszone *f (beim Gießen)*

interface *(IT, Mess, Tech)* Anschluss *m* *(z. B. am Computer)*; Grenzfläche *f*, Nahtstelle *f*; Schnittstelle *f*; Übergangszone *f*

interface echo *(Elek)* Eintrittsecho *n*

interfere *v (Tech)* stören

interference *(Elek)* Störung *f (Interferenz)*

interference *(Tech)* Übermaß *n*

interference blanking *(Elek)* Störaustastung *f*

interference edge *(Tech)* Störkante *f*

interference fit *(Tech)* Festsitz *m*; Presssitz *m (mit Übermaß)*; Pressverband *m*

interference-free *adj (Tech)* störungsfrei

interferometer *(Elek)* Interferometer *n*

interim block *(Tech)* Zwischenbock *m*

interim machine *(Tech)* Überbrückungsgerät *n (z. B. während einer Reparatur)*

interim piece *(Tech)* Zwischenstück *n*

interior *(Tech)* Innenausstattung *f (z. B. eines Kfz)*; Inneneinrichtung *f (z. B. eines Kfz)*

interior... *adj (Elek, Tech)* Innen...

interior lighting *(Elek)* Innenbeleuchtung f

interior of earth *(Bergb)* Erdinnere n

interior trim *(Tech)* Inneneinrichtung f

interlace v *(Kunst)* vernetzen

interlaced adj *(Tech)* ineinandergeschachtelt

interlacing *(Elek)* Zeilensprungverfahren n *(Fernsehgerät)*

interleaved paper *(Tech)* Papierzwischenlage f

interleaved winding *(Hütt)* Mischwicklung f *(Lichtbogenofen)*

interleaved windings pl *(Elek)* verschachtelte Wicklungen fpl

interlock v *(Mech)* verzahnen

interlock v *(Tech)* ineinandergreifen

interlock *(Tech)* Kontakt m, Schloss n *(Spundwandpfahl)*; Verriegelung f

interlock device *(Bau, Tech)* Riegel m

interlock spring *(Tech)* Riegelfeder f

interlocked adj verriegelt

intermediate *(Tech)* Zwischen…

intermediate annealing *(Hütt)* Rekristallisationsglühen n *(Umkristallisationsglühen)*

intermediate cleaning heat *(Hütt)* Spülcharge f *(Lichtbogenofen)*

intermediate coat *(Tech)* Zwischenschicht f *(Bandbeschichtung)*

intermediate conveyor *(Förd, Umschl)* Verbindungsband n; Zwischenband n

intermediate cutter *(Werkz)* Vorschneider m

intermediate echo *(Elek)* Zwischenecho n *(Ultraschall)*

intermediate gear *(Getr)* Vorgelege n, Vorschaltgetriebe n, Zwischengetriebe n, Zwischenrad n, Zwischenvorgelege n

intermediate gearbox *(Getr)* Vorgelegekasten m

intermediate pole *(Tech)* Tragmast m

intermesh v *(Tech)* eingreifen *(Ritzel)*

intermittent adj *(Elek)* intermittierend, unterbrochen *(Leitung)*

intermittent adj *(Tech)* aussetzend, diskontinuierlich, stoßartig

intermittent assembly line *(Mont)* Taktstraße f

intermittent contact *(Elek)* Wackelkontakt m

intermittent drip oil system *(Tech)* Impulsschmierung f

intermittent duty *(Tech)* Aussetzbetrieb m, Einschaltdauer f *(Maschine)*; unterbrochener Einsatz m

intermittent switch control *(Elek)* Intervallschaltung f *(Schmierung)*

intermittent welding *(Schw)* unterbrochene Schweißung f

intermittently adv *(Tech)* periodisch

internal adj *(Tech)* innenliegend, intern

internal adv *(Tech)* innen

internal and external surface flaw *(Met)* Innen- und Außenfehler m

internal clearance of bearing *(Lag)* Lagerspiel n, Spiel n *(Lager)*

internal combustion engine *(Antr, Kfz)* Explosionsmotor m; Verbrennungskraftmaschine f, Verbrennungsmaschine f, Verbrennungsmotor m

internal cone *(Tech)* Innenkegel m

internal-cone pin *(Tech)* Endbolzen m, Innenkegelendbolzen m, Kegelendbolzen m

internal crack *(Met)* Innenriss m

internal cylindrical grinding *(Mech)* Innenrundschleifen n

internal diameter *(Tech)* Innendurchmesser m, innerer Durchmesser m

internal expending brake *(Kfz)* Backenbremse f

internal fittings *(Tech)* Einbauten mpl

internal frequency *(Elek)* Eigenfrequenz f

internal friction *(Tech)* Dämpfung f *(Absorbieren)*; Dämpfung f

internal gear *(Getr, Tech)* Hohlrad n, innen verzahntes Rad n *(Getriebe)*; Innenzahnrad n; Innenverzahnung f *(Getriebe)*

internal geared wheel *(Tech)* Hohlrad n, Innenrad n

internal load *(Tech)* Schnittlast f

internal longitudinal flaw *(Schw)* Innen- -Längsfehler m

internal noise *(Elek, Prüf)* Eigenrauschen n *(Ultraschall)*

internal power supply *(Mess)* Eigenspeisung f

internal thread *(Tech)* Innengewinde n, Muttergewinde n

internal toothing *(Tech)* Innenverzahnung f *(Getriebe)*

internally geared hub (Getr) Zahnnabe f (innen verzahnte Nabe)

internals pl (Tech) Innenbündel n (z. B. eines Verdichters); Innenteile f (z. B. des Verdichters)

international adj (Tech) international

interpass temperature (Schw) Zwischenlagentemperatur f

interpose v (Tech) zwischenschalten, zwischensetzen

interpretation (Elek) Beurteilung f (Ultraschall)

interpretation (Tech) Auslegung f (Erklärung); Deutung f

interrogate v (Tech) abfragen

interrupt v (Elek) abschalten (z. B. Stromkreis, Netz); ausschalten (z. B. Gerät, Stromkreis); trennen, unterbrechen

interrupter (Elek) Trennschalter m, Unterbrecher m

interrupter isolating device (Elek) Trennschalter m

interrupting capacity (Elek) Abschaltleistung f, Ausschaltleistung f, Ausschaltvermögen n; Schaltleistung f (Ausschalten)

interruption (Elek) Abschaltung f (z. B. Gerät, Stromkreis, Netz)

interruption (Fert, Tech) Arbeitsunterbrechung f (Betrieb)

interruption (Tech) Unterbrechung f (Pause)

intersection (Bau) Kreuzung f (Straße)

intersection (Tech) Schnittpunkt m

intersection line (Hütt/Walz) Schnittlinie f (Trennlinie)

intersection of axes (Bergb) Achsenkreuzung f (gedachter Achsen)

intersection point (Tech) Kreuzungspunkt m, Schnittpunkt m

interspace (Bau, Tech) Zwischenraum m

interstitial space (Bau, Tech) Zwischenraum m (Metallgefüge)

interturn fault (Elek, Hütt) Windungsschluss m (Transformator)

interturn short circuit (Elek, Hütt) Windungsschluss m (Transformator)

intertwined adj (Tech) ineinanderverschachtelt

interval (Bau, Tech) Zwischenraum m

interval (Tech) Intervall n (zeitlich und räumlich); Pause f (Unterbrechung); Unterbrechung f (Pause)

intervene v (Tech) eingreifen (Ritzel); intervenieren (bei, für)

interwaste (Tech) Zwischenschicht f

intrados pl (Stb) Bogenkreuzung f, Bogenleibung f, Leibung f

intransparent adj (Tech) undurchsichtig

intrinsic fatigue resistance (Met, Prüf) Ursprungsfestigkeit f (Dauerversuch)

intrinsically safe adj (Mess) eigensicher

introductory adj (Tech) einleitend

intrusion (Tech) Eindringen n

intrusion of carbonic acid (Bergb) Kohlensäureeinbruch m (Kalibergbau)

intrusion of CO$_2$ (Bergb) Kohlensäureeinbruch m (Kalibergbau)

intumescent paint (Anstr, Stb) anschwellender Anstrich m

invalidity (Tech) Ungültigkeit f

invariable adj (Tech) unveränderlich

inventories pl (Fert) Bestände mpl (am Lager)

inventory (Log) Lagerhaltung f

inventory (Tech) Bestand m (Waren)

inverse feedback (Mess) Gegenkopplung f

inverse time-delay relay (Elek) abhängig verzögertes Zeitrelais n, abhängiges Zeitrelais n, reziprok abhängiges Zeitrelais n

inverse time-lag relay (Elek) abhängig verzögertes Zeitrelais n, abhängiges Zeitrelais n, reziprok abhängiges Zeitrelais n

inverse voltage (Elek) Sperrstrom m

inversely adv (Stat) entgegengesetzt

invert v (Tech) umdrehen (rückwärts); umkehren, wenden

invert (Bergb, Geo) Sohle f (eines Tunnels)

inverted adj (Tech) umgekehrt

inverted L (Elek) Galgen m

inverted siphon (Tech) Dücker m (auch Düker ohne c)

inverted troughing (Förd) negative Muldung f (bei Unterbandrollen)

inverted vee (Tech) Prisma n (dachförmige Lage)

inverted-vee return idler (Förd) Dachrolle f, V-förmige Unterbandrolle f, Zwangsrollenstuhl m

inverted-vee return idler roll (Förd)

V-förmige Unterbandrolle f, Zwangsrollenstuhl m
inverter *(Elek)* Wechselrichter m
inverting *adj (Elek)* invertierend
investigation *(Tech)* Untersuchung f
(stets zerstörungsfrei)
investigation in series *(Prüf, Tech)* Serienprüfung f *(DIN 50100)*
investment casting *(Hütt)* Feinguss m;
Genauguss m *(Gießmaschinen)*
investment casting *(Tech)* Feingießen n
investment in plant and equipment
(Fert) Betriebsausstattung f
invisible *adj (Tech)* unsichtbar
involute *(Tech)* Evolvente f
involute gearing *(Getr)* Vielzahnwelle f
(als Übertragung)
involute gearing *(Tech)* Evolventenverzahnung f
involute spline *(Getr)* Vielwellenverzahnung f
involute spline *(Tech)* Keilwellenprofil n
(evolventenverzahnt); Keilwellenverzahnung f
involute toothing *(Tech)* Evolventenverzahnung f
ion exchange *(Chem, Walz)* Ionenaustausch m *(Bandanlage)*
IR *(Tech)* infrarot
iron *(Met)* Eisen n • **of iron** eisern *(aus
Eisen)*
iron and steel material specification
(Hütt/Walz, Met) Stahl-Eisen-Werkstoffblatt n, StEW-Blatt n
iron and steel products *pl (Stb)* Eisen-
und Stahlerzeugnisse npl
iron and steel works *pl (Hütt/Walz)* Eisenhütte f, Hüttenwerk n, Stahlwerk n
iron and steel works technology *(Hütt/
Walz)* Hüttentechnik f
iron-carbon-equilibrium diagram *(Met)*
Eisen-Kohlenstoff-Diagramm n
iron-cast *adj (Met)* gusseisern
iron casting *(Hütt/Walz)* Eisenguss m
iron-clad *adj (Met, Tech)* gekapselt *(z. B.
Motor, Schalter)*; gussgekapselt
iron-clad motor *(Antr)* Panzermotor m
iron core *(Met)* Eisenkern m
iron foundry *(Hütt)* Eisengießerei f
iron hoop *(Hütt/Walz)* Bandeisen n
iron ore *(Bergb)* Eisenerz n
iron oxide *(Anstr, Chem, Met)* Eisenoxid
n; Rost m *(Korrosion)*

iron runner *(Hütt)* Roheisenrinne f
iron shot *(Tech)* Kugeln n
iron works *pl (Hütt/Walz)* Hütte f
irony *adj (Met)* eisern *(aus Eisen)*
irregular *adj (Elek)* ungleichförmig
irregular *adj (Tech)* ungleichmäßig, unregelmäßig
irregularity *(Tech)* Störung f *(z. B. eines
Gerätes)*; Ungleichförmigkeit f
irrelevant *adj (Tech)* bedeutungslos, irrelevant
irreparable *adj (Tech)* irreparabel, unreparierbar
irreversible *adj (Tech)* nicht reversierbar,
selbsthemmend, nicht umkehrbar
irrigation *(Ökol, Tech)* Bewässerung f
irrotational field *(Mess)* wirbelfreies Feld
n
island network *(Fert, IT)* Inselnetz n
islanding *(Fert, IT)* Inselnetz n
ISO *(Tech)* ISO
iso-cooler *(Tech)* Zwischenkühler m
**ISO V-notched bar impact test speci-
men** *(Prüf, Tech)* ISO-V- Kerbschlag-
biegeprobe f
ISO viscosity classification *(Chem)* ISO-
-Viskositätsklasse f
isolate *v (Elek)* entkoppeln *(abschalten)*
isolated *adj (Elek)* potenzialfrei
isolated *adj (Tech)* freistehend
isolated supply transformer *(Elek)*
Trenntransformator m
isolated system *(Fert, IT)* Inselnetz n
isolating... *adj (Tech)* Absperr..., Ab-
stell..., Isolier..., Trenn...
isolating device *(Tech)* Vereinzelungsanlage f
isolating link *(Elek)* Schaltsicherung f,
Trennlasche f, Trennsicherung f
isolating switch *(Elek)* Hauptschalter m,
Leerschalter m, Trennschalter m
isolating valve *(Vent)* Rohrbruchventil n,
Selbstschlussventil v
isolation *(Elek)* Freischaltung f; galvanische Trennung f
isolation switch *(Elek)* Trennschalter m
isolator *(Elek)* Isolator m, Trenner m,
Trennschalter m
isolator switch *(Elek)* Trennschalter m
isometric projection *(Tech)* isometrische Darstellung f
isometric view *(Tech)* perspektivische
Ansicht f

isostatic adj (Tech) isostatisch
isothermal adj (Tech) isotherm
isothermal annealing (Hütt) Perlitisieren n
item (Tech) laufende Nummer f, Position f (auf Zeichnungen); Stück n, Teil m (in Zeichnungen); Einheit f, Stück n
itemization (AE) (Tech) Aufstellung f (detailliert, Position für Position); Einzelaufführung f (Liste)
itemize v (AE) (Chem, Prüf, Tech) aufgliedern (einzeln aufführen)
itemize v (AE) (Tech) aufschlüsseln, spezifizieren (z. B. Kosten)
itemized adj (AE) (Tech) detailliert
itemized schedule (AE) (Tech) Aufstellung f (detailliert, Position für Position)
IW (Schw) Induktionsschweißen n
Izod test (Prüf) Kerbschlagbiegeversuch m nach Izod

J

jack v (Kfz) anheben
jack (Bahn) Abstützung f (an Ecken von Güterwagen); Stütze f (für Waggon)
jack (Elek) Buchse f, Steckbuchse f (Steckdose)
jack (Kfz, Tech) Wagenheber m
jack (Tech) Hebebock m, Hebevorrichtung f
jack (Werkz) Lukas m
jack barrel (Mess) Klinkenhülse f
jack bush (Mess) Klinkenhülse f
jack cylinder (Tech) Presszylinder m
jack hoist (Tech) Greifzug m
jack lamp (Mess) Stecklampe f
jack screw (Aufb) Abdrückschraube f
jack socket (Tech) Hebestutzen m (Kraftfahrzeug)
jacked adj (Tech) abgestützt (mit einem Wagenheber)
jacked up adj (Kfz, Tech) abgestützt (auf Schaufel, Schild); abgestützt, hochgebockt (mit einem Wagenheber)
jacket (Tech) Mantel m; Kabelüberzug m (Kabel); Kühlmantel m (Kühler)
jacket construction (Tech) Mantelkonstruktion f (Motor)
jacketed adj (Tech) ummantelt, verkleidet
jacketing (Tech) Ummantelung f
jacking point (Tech) Hubpressenstelle f

jacking position (Bahn, Kfz) Anhebestelle f (für den Wagenheber)
jacking power (Tech) Hubkraft f (Hebevorrichtung, Hubpresse)
jacking screw (Hütt) Schraubspindel f (Konverterbodenbefestigung)
jackshaft (Getr) Vorgelegewelle f
jackshaft (Tech) Zwischenwelle f
jam v (Tech) blockieren (Bremsen, Rad, usw.); drücken (zusammendrücken); festklemmen, verklemmen
jam nut (Mess) Klemmmutter f
jam nut (Tech) Gegenmutter f, Kontermutter f
jamb wall (Baut) Drempel m (senkrechte Mansardenwand)
jammed adj (Kfz, Tech) festklemmend, festsitzend
jar (Tech) Glasgefäß n, Schauglas n (für Luftfilter)
jaw (Elek) Schweißbalken m
jaw (Form) Bügel m
jaw (Mech) Backe f (z. B. des Schraubstocks)
jaw (Tech) Klaue f (z. B. der Klauenkupplung)
jaw (Tech, Mont, Werkz) Amboss m
jaw (Tech, Werkz) Maul n (z. B. eines Schraubenschlüssels)
jaw opening (Tech) Spannweite f (einer Rohrzange)
jaw setting (Zer) Spaltweite f (eines Brechers)
jaw size (Tech) Maulweite f (Schraubenschlüssel)
jaws (Form) Ziehzange f (Rohrziehbank)
jaws pl (Mech) Einspannklemmen fpl (Prüfmaschine)
jelling (Anstr) Gelieren n (Anstrich); Verdicken n (Anstrich)
jerk (Tech) Erschütterung f, Stoß m (Ruck)
jerky adj (Mess) ruckartig
jerry can (Kfz) Benzinkanister m
jet (Tech) Strahl m; Düse f (z. B. des Vergasers)
jet... adj (Tech) Düsen..., Strahl...
jet aircraft (Tech) Düsenflugzeug n
jet belt (Förd, Umschl) Schleuderband n
jet engine (Antr) Strahltriebwerk n
jet-type control valve (Hütt) Düsenregelschieber m
jetty (Umschl) Verladebühne f
jewel (Met) Edelstein m

jewel bearing *(Mess)* Pneumatik-
-Strommesswertumformer *m*

jeweled bearing *(AE) (Mess)* Edelsteinlager *n*

jewelled bearing *(BE) (Mess)* Edelsteinlager *n*

jib *(Kran)* Ausleger *m*; Spitzenausleger *m*

jib boom *(Kran)* Hilfsausleger *m*

jib cylinder *(Tech)* Hubzylinder *m*
(Transportraupe)

jig *(Stb, Tech)* Aufspannvorrichtung *f*,
Einspannvorrichtung *f*, Haltevorrichtung *f*, Vorrichtung *f (Anschlag)*

jig *(Werkz)* Großwerkzeug *n*

jig *(Zer)* Setzmaschine *f*

jig borer *(Mech)* Lehrenbohrwerk *n*

jigsaw *(Werkz)* Bandsäge *f (mit endlosem
Sägeblatt)*; Spannsäge *f*

job *(Tech)* Arbeit *f (Arbeitsplatz)*; Aufgabe
f, Auftrag *m (Arbeitsauftrag)*

**job... ** *adj (Tech)* Arbeits...

job needs *pl (Tech)* Einsatzgegebenheit *f*

job shop order design *(Konst)* Auftragskonstruktion *f*

job-tailored *adj (Tech)* maßgefertigt

job-tailored machinery *(Tech)* Einzelanfertigung *f (Anfertigung nach Kundenwunsch, -auftrag)*; Sonderanfertigung *f*

job-tried *adj (Tech)* bewährt

jobbing mill *(Walz)* Kundenwalzwerk *n*

jog *v (Tech)* tippen *(leicht berühren)*

jog *(Tech)* Kriechgang *m*

jog control *(Elek)* Taststeuerung *f*

jogging *(Elek)* Tastbetrieb *m (Motor)*;
Tippbetrieb *m (Motor)*

joggle *v (Mech)* kröpfen *(bördeln, umfalzen)*; verzahnen

join *v (Bau)* zusammenfügen

join *v (Elek)* verbinden

join *v (Tech)* anschließen *(zusammenschließen)*

joining element *(Tech)* Verschraubung *f*
(Verbindungteil)

joining rod *(Tech)* Gelenkstange *f (z. B. für
Scheibenwischer)*

joint *v (Stb)* aneinander stoßen *(verbinden)*

joint *(Bau)* Fuge *f (z. B. im Mauerwerk)*

joint *(Met, Stb)* I-Stahl *m*

joint *(Mont, Stb)* Anschluss *m (Stoß)*

joint *(Stb)* Fuge *f*, Stoß *m*, Verbindungsstelle *f*

joint *(Stb, Stat)* Knotenpunkt *m (Fachwerk)*

joint *(Tech)* Gelenk *n*, Kabelschuh *m*,
Teilfuge *f (von Gehäusen usw.)*; Ver-
bindungsstück *n*, Verschluss *m (des
Verpackungsbandes)*

joint area *(Schw)* Bindezone *f (entlang
der Schweißnaht)*

joint file *(Mont, Werkz)* Scharnierfeile *f*

joint plate *(Tech, Stb)* Stoßlasche *f*

joint ring *(Tech)* Dichtring *m*, Dichtungsring *m*

joint sample *(Schw)* Prüfstück *n (beim
Schweißen)*

joint sealing material *(Tech)* Schadebinde *f*

joint shaft assembly *(Tech)* Gelenkwellenanbau *m*

jointed cross-shaft axle *(Tech)* Pendelachse *f*

jointing material *(Tech)* Dichtungsmaterial *n*

joist *(Baut)* Deckenbalken *m*

joist *(Met, Stb)* Balken *m*, Deckenträger
m, Doppel-T-Träger *m*, I-Eisen *n*,
I-Träger *m*, Profilträger *m*, Träger *m*
(I-Eisen); Trägereisen *n*, Walzträger *m*

joker *(IT)* Platzhalter *m*

journal *(Bahn)* Lagerlauffläche *f (des
Achsradlagers)*; Zapfen *m (an einer
Achse, Radsatz)*

journal *(Tech)* Drehzapfen *m (Achse,
Bolzen)*; Wellenzapfen *m*

journal assembly *(Tech)* Gelenkkreuz *n*
(einer Gelenkwelle)

journal bearing *(Lag, Tech)* Achslager *n*
(z. B. beim Kfz); Halslager *n*, Kurbelwellenlager *n*, Lagerreibung *f*, Loslager
n (Verdichter); Querlager *n (Radiallager)*; Radiallager *n*, Zapfenlager *n (an
Achse)*

journal box *(Tech)* Achsbuchse *f*, Achsgehäuse *n*, Achslager *n*

journal cross assembly *(Tech)* Zapfenkreuzgarnitur *f*

journal pad *(Lag)* Kippstein *m*

joystick *(Elek)* Meisterschalter *m*,
Schalthebel *m*, Steuerknüppel *m*

joystick *(Tech)* Bedienungshebel *m*
(Kurzhebel); Kreuzhebel *m*, Kurzhebel
m (z. B. Baggerbedienung)

joystick controller *(Kran)* Verbundschalter *m*

joystick selector *(Elek)* Meisterschalter m

judge v *(Tech)* beurteilen, bewerten

jumbo *(Tech)* Riesen…

jump v *(Form, Mech)* stauchen

jump v *(Stb)* anstauchen *(stauchen)*

jumper *(Elek)* Brücke f *(Schaltbügel, Strombrücke)*; Drahtbrücke f, Überbrückungsschalter m

junction *(Bahn)* Eisenbahnkreuzung f *(Gleise)*; Verbindungsbahn f

junction *(Elek, Tech)* Abzweigung f, Verzweigung f *(z. B. von Leitern)*

junction *(Tech)* Anschluss m *(Verzweigung)*; Kreuzung f

junction box *(Elek)* Abzweigkasten m, Anschlussdose f; Anschlusskasten m, Kabelmuffe f, Kabelverbindungsmuffe f, Kabelverteilerkasten m; Verbindungsdose f, Verbindungsmuffe f *(für Kabel)*

junction diode *(Elek)* Sperrschichtdiode f

junction point *(Tech)* Schnittpunkt m

junction sleeve *(Elek)* Verbindungsmuffe f

junction transistor *(Elek)* Schichttransistor m

junk *(Tech)* Unrat m

junk dealer *(Tech)* Schrotthändler m

junk yard *(Hütt/Walz, Tech)* Schrottplatz m; Autoverwertung f

jurassic limestone *(Bergb, Geo)* Jurakalk n

justified adj *(Tech)* begründet *(berechtigt)*

K

keel block *(Prüf)* Kielprobe f

keep v *(Tech)* aufbewahren, aufheben *(bewahren)*; halten

keeper *(Baut)* Schließblech n

keg *(Tech)* Fass n *(Kolliliste)*

kelly bar *(Bergb)* Kellystange f

kerb *(Stb)* Bordschwelle f, Schrammbord n

kerf *(Tech)* Schneidspalt f, Spalt m

kern *(Tech)* Kern m

kernel point *(Stb)* Kernpunkt m

kerosene, kerosine *(Petr)* Petroleum n

kettle *(Tech)* Kessel m *(NE-Metallgewinnung)*

kettle-type shell *(Tech)* Kühlergehäuse n

key v **in** *(Elek, IT)* eingeben *(Daten in den Rechner)*

key *(IT)* Taste f

key *(Tech)* Chiffrierschlüssel m, Feder f *(Schnapper)*; Keil m, Schlüssel m *(Schloss)*

key bore *(Tech)* Keilnut f

key event *(Tech)* Meilenstein m *(Netzplantechnik)*

key file *(Werkz)* Schlüsselfeile f

key groove *(Tech)* Keilnut f

key-interlocked adj *(Tech)* schlüsselverriegelt

key spanner *(Werkz)* Schlüssel m

key steel *(Met)* Keilstahl m, Schlüsselstahl m

key tensioning unit *(Zer)* Keilverspannung f

keyed joint *(Tech)* Keilverbindung f

keyhole plate *(Baut)* Schild n *(Schlüsselschild)*; Schlüsselschild n *(Türschloss)*

keyhole saw *(Werkz)* Astsäge f, Stichsäge f

keyhole surround *(Baut)* Schlüsselschild n *(Türschloss)*

keypad *(Baut, Elek, Licht)* Bedienstelle f *(Lichtsystem)*

keypad *(Elek)* Tastenbedienstelle f

keypad *(Mess)* Tastenblock m

keyseat v *(Mech)* fräsen; keilnutenfräsen *(von Keilnuten, von Keilwellen)*

keyseat *(Tech)* Nut f *(Keilnut)*; Wellennut f

keystone *(Bau)* Schlussstein m *(Rundbogen)*

keyway *(Mech)* Nute f

keyway *(Tech)* Führung f *(in einem Gerät)*; Mitnehmernut f, Nabennut f, Nut f *(Keilnut)*; Passfeder f, Passfedernut f

keyway milling machine *(Mech)* Nutenfräsmaschine f

kHz circuit *(Elek)* kHz-Kreis m

kick plate *(Bahn, Tech)* Fußtrittplatte f *(am Laufsteg)*; Trittplatte f

kid *(Hydr/Pneu)* Buhne f

kill cable *(Tech)* Abstellkabel n *(des Motors)*

killed adj *(Hütt/Walz, Met)* beruhigt

killed adj *(Met)* nachgewalzt

killed steel *(Hütt/Walz, Met)* beruhigter Stahl m

kiln *(Bergb)* Brennofen m

kiln *(Hütt)* Ofen m

kilogram *(Tech)* kg *n*, Kilogramm *n (1000 g)*
kilometer *(AE) (Tech)* Kilometer *m*
kind *(Tech)* Art *f (Sorte)*
kinematics *(Tech)* Kinematik *f*
kinetic energy *(Verd)* Strömungsenergie *f*
king bolt *(Tech)* Drehbolzen *m*
king pin *(Tech)* Königszapfen *m*
king post *(Kfz, Tech)* Fahrwerkswelle *f*, Königszapfen *m*, senkrechte Fahrwerkswelle *f*
king (post) truss *(Stb)* Sprengwerk *n*
kingbolt *(Tech)* Königszapfen *m*
kingpin *(Mech)* Achsschenkelbolzen *m*, Achszapfen *m*
kingpin *(Tech)* Mittelzapfen *m*; Schwenkzapfen *m (stehend)*
kingpin bearing *(Tech)* Zapfenlager *n*
kink *(Tech)* Klanke *f (eines Seils)*
kinking *(Tech)* Kinken *n (Seil)*
kit *(Tech, Werkz)* Bausatz *m*, Garnitur *f*; Satz *m*
knag *(Werkz)* Knagge *f*
knead *v (Tech)* kneten
knee *(Tech)* Kniestück *n*, Konsol *n*
knee *(Stb, Tech)* Rahmenecke *f*
knee brace *(Stb)* Kopfband *n*, Kopfstrebe *f*
knee bracket *(Stb)* Eckblech *n*
knife *(Mech)* Schneidkante *f*
knife *(Tech)* Schneide *f*
knife arbor *(Mech, Walz)* Messerwelle *f (Schere)*
knife circle diameter *(Tech)* Messerkreisdurchmesser *m*
knife edge *(Tech)* Schneide *f (Waage)*
knife edge file *(Werkz)* Messerfeile *f*
knife-edge load *(Tech)* Linienlast *f*, Streckenlast *f*
knlfe-edged ring *(Tech)* Ringzacke *f*
knife file *(Werkz)* Messerfeile *f*
knife pass *(Mech, Walz)* Messerprofil *n (einer Schere)*
knife rake *(Tech, Walz)* Messereingriffslänge *f*, Messerschräge *f*
knife rake angle *(Tech, Walz)* Messereingriffswinkel *m*
knife shaft *(Mech, Walz)* Messerwelle *f (Schere)*
knife spindle *(Mech, Walz)* Messerwelle *f (Schere)*
knife switch *(Elek)* Hebelschalter *m*, Messerschalter *m*

knifing filler *(Anstr)* Spachtelmasse *f*
knob *(Baut)* Drücker *m (der Tür)*
knob *(Elek)* Schaltergriff *m*
knob *(Tech)* Drehknopf *m (Hebel)*; Einstellknopf *m*, Knebel *m*, Noppe *f*
knock *v (Tech)* aufschlagen
knock *v* **off with a cross-cut chisel** *(Mech, Mont)* auskreuzen *(z. B. Nietkopf)*
knock *(Tech)* Klopfen *n (z. B. des Motors)*
knock-down roll *(Walz)* Rückbiegerolle *f (Blechrichtmaschine)*
knock-out shaft *(Tech)* Steckachse *f (Richtschwingeinheit)*
knocked down *adj (Tech)* auseinandergebaut *(z. B. für den Versand)*; demontiert, zerlegt
knot *(Tech)* Knoten *m*, Verschlussknoten *m (des Verpackungsbandes)*
knotted *adj (Tech)* verknotet
knotted-link chain *(Tech)* Knotenkette *f (nicht für Lasten)*
knuckle *(Kfz)* Achsschenkelgelenk *n*
knuckle joint *(Tech)* Gelenkverbindung *f*, Kardangelenk *n*, Kreuzgelenk *n*, Pendelstütze *f*, Winkelgelenk *n*
knurl *v (Mech)* rändeln
knurl *(Tech)* Rändel *n*
knurled *adj (Mech)* gerändelt
knurling *(Tech)* Kordel *f*, Kordelung *f*
knurling file *(Werkz)* Cannelierfeile *f*, Kannelierfeile *f*, Riefenfeile *f*
KVA inrush *(Hydr/Pneu)* Einschaltleistung *f (Verdichter)*

L

l.t. *(Elek)* Niederspannung *f*
l.v. *(Elek)* Niederspannung *f*
label *v (Tech)* bezeichnen *(kennzeichnen, beschriften)*; etikettieren *(mit Schild, Anhänger oder Aufkleber versehen)*; markieren
label *(BE) (Tech)* Anhängeschild *n (z. B. Preisschild)*; Aufschrift *f (Etikett)*; Bezeichnung *f (Beschriftung, Schild)*; Bezeichnungsschild *n (Aufschrift)*; Etikett *n (Anhänger)*; Firmenmarke *f (Etikett)*; Schild *m (Aufschrift)*
labour *(BE) (Tech)* Arbeit *f*
labour constant *(BE) (Tech)* Zeitaufwandswert *m*

labour-intensive adj (BE) (Tech) arbeitsintensiv

labour-saving adj (BE) (Tech) arbeitssparend

labourer (BE) (Tech) Hilfskraft f

laced adj (Tech, Stb) gitterartig, gitterförmig

laced fabric (Met) Tressengewebe n (z. B. für Filtereinsatz)

lacing (Stb) Vergitterung f (Stütze)

lacing wire (Tech) Bindedraht m

lack (Tech) Mangel m

lack of fusion (Met, Schw) Bindefehler m (beim Schweißen)

lack of image definition (Elek) Bildunschärfe f

lack of oxygen (Hütt/Walz) Sauerstoffmangel m

lack of penetration (Schw) ungenügender Einbrand m

lack of root fusion (Schw) Wurzelrückfall m

lack of side-fusion (Schw) Flankenbindefehler m

lacking adj (Tech) mangelnd

ladder (Baum, Tech) Aufstiegsleiter f

ladder (Tech) Aufgang m (Zugang zu höher gelegenen Ebenen); Begehung f (Leiter); Kübelführung f, Leiter f, Steigleiter f (Sprossenleiter); Stufenleiter f (Bagger)

ladder with back guard (Tech) Korbleiter f

ladle (Hütt/Walz) Pfanne f (Gusspfanne)

ladle analysis (Met) Schmelzanalyse f

ladle car (Bahn, Hütt/Walz) Gießpfannenwagen m, Pfannenwagen m (für flüssiges Metall)

ladle metallurgy [refining] (Hütt) Pfannenbehandlung f, Pfannenmetallurgie f (Sekundärmetallurgie, Pfannenfrischen)

ladle wrecking machine (Hütt) Pfannenausbrechmaschine f

lag (Elek) Nacheilung f

lag screw (Tech) Schwellenschraube f

lagging adj (Tech) nachlaufend

lagging (Bergb) Verschalung f (Verpfählung)

lagging (Bergb, Tech, Umschl) Belag m (Überzug außen)

lagging (Elek, Mess) Überzug m

lagging extension (Mess) Hals eines Thermometers m

laitance (Tech) Schlempe f (Zementschlamm)

lamellar adj (Met) Schichten..., Schuppen...

lamellar tearing (Met) Terrassenbruch m

laminar insulation (Elek) geschichtete Isolierung f

laminate v (Mech) kaschieren, plätten

laminate (Tech) Laminat n

laminated adj (Bau) blättrig, plattig

laminated adj (Met) geblättert, gewalzt

laminated adj (Tech) lamelliert

laminated fabric (Met) Hartgewebe n

laminated film lining (Tech) Folienbeschichtung f (Bandanlage)

laminated (safety) glass (Bau) Mehrschichtenglas n, Mehrschichtensicherheitsglas n, Schichtglas n, Verbundglas n, Verbundsicherheitsglas n

laminated spring (Tech) Blattfeder f

lamination (Hütt/Walz) Dopplung f (im Stahlblock); Schichtbildung f

lamination (Met) Kaschierung f

lamination (Schw) Blechtrennung f (Doppelung)

lamination (Tech, Walz) Schichtung f

lamination factor (Elek, Hütt) Stapelfaktor m (Transformator)

lamp (Elek) Glühbirne f, Leuchte f

lamp (Elek, Mess) Lampe f (nur Leuchtkörper)

lamp fixture (Elek) Gussleuchte f

lance ports pl (Hütt/Walz) Öffnungen fpl für Lanzenbläser

land reclamation (Bau) Neulandgewinnung f

land reclamation (Bergb) Landabsatz m (Abraum wird abgesetzt und bepflanzt)

landfill (Baum) Bodenaufschüttung f

landfill (Tech) Mülldeponie f (groß); Müllhalde f, Müllkippe f

landing (Baut) Treppenabsatz m (der Gehtreppe)

landing (Baut, Stb) Treppenpodest n

landing (Tech) Absatz m (der Treppe); Podest n (z. B. Treppe)

landing cleat (Stb, Tech) Tragwinkel m

landing stage (Umschl) Landungsbrücke f, Verla7debühne f

lane (Bau) Gasse f, Spur f (Straße)

lane *(Stb)* Fahrbahn f *(Spur)*; Fahrspur f *(Markierungen)*

lane loading *(Tech, Stat)* Ersatzlast f

Lang('s) lay *(Bergb)* Gleichschlag m

lantern *(Elek)* Laterne f

lantern *(Tech)* Zwischenring m

lantern gear *(Getr)* Triebstockgetriebe n, Triebstockrad n

lantern light *(Baut)* Dachlaterne f

lantern wheel *(Getr)* Triebstockrad n

lap v *(Mech)* läppen *(genau polieren, z. B.Getriebe)*

lap v *(Stb, Schw)* überlappen

lap *(Hütt)* Gießansatz m

lap *(Tech)* Überdeckung f *(Materialfehler)*

lap joint *(Schw, Tech)* Überlappungsnaht f, Überlappstoß m

lap-sash seat belt *(Kfz)* Beckengurt m, Sicherheitsgurt m *(Drei-Punkt)*

lap welding *(Schw, Stb)* Überlapptschweißung f, Überlappungsschweißung f

lapped adj *(Anstr)* geläppt *(fein poliert)*

large... adj *(Tech)* Groß...

large-capacity *(Tech)* Großraum...

large-diameter pipe *(Tech)* Großrohr n

large-scale adj *(Tech)* großdimensioniert, umfangreich

large-scale test *(Prüf)* Großversuch m

large-sized *(Tech)* Großraum...

lashing *(Tech)* Bandage f *(Wicklung)*

latch v *(Tech)* lose eingreifen, verriegeln

latch *(Tech)* Klinke f, Raste f, Schaltschloss n, Sperre f *(mechanisch)*

latch-in type adj *(Tech)* verklinkbar *(Taster, Schalter)*

latch lock *(Baut)* Fallenschloss n

latching pawl *(Tech)* Sperrklinke f

late ignition *(Elek)* Nachzündung f *(Kraftfahrzeug)*

latent adj *(Chem)* gebunden *(Wärme)*

latent adj *(Tech)* latent

later adj *(Tech)* nachträglich

lateral adj *(Tech)* Quer..., Seiten...; seitlich

lateral analysis *(Prüf, Verd)* Untersuchung f der Querschwingungen

lateral bracing *(Stb)* Schlingerverband m, Windverband f

lateral edge distance *(Stb)* Randabstand m senkrecht zur Kraftrichtung

lateral extension *(Met)* Querausdehnung f

lateral fleet angle *(Bergb, Kran)* Seilablenkungswinkel m

lateral force *(Stat)* horizontale Querkraft f

lateral guide idler *(Förd)* Leitrolle f *(fest, seitlich, senkrecht)*; Seitenführungsrolle f

lateral intermediate gear *(Tech)* Seitenvorgelege n

lateral member *(Stb)* Windverbandstab m

lateral moment *(Kran)* Seitenmoment n

lateral movement *(Baut, Bergb)* Schieben n *(unerwünschte seitliche Bewegung von Bauteilen)*

lateral-slotted screen *(Tech)* Querspaltsieb n

lateral strain *(Stb)* Querdehnung f

lateral ties *(Bau)* Verbügelung f

laterally acting force *(Stat)* horizontale Querkraft f

laterally adjustable adj *(Bahn)* seitenverstellbar *(Tunnelschienen)*

laterally reversed adj *(Tech)* spiegelbildlich

latest level of technology *(Tech)* neuester Stand m der Technik *(neuester Entwicklungsstand)*

lathe *(Mech)* Drehbank f

lathe chuck *(Mech)* Drehfutter n

lattice *(Met, Tech)* Gitter n *(Kristall)*

lattice bar *(Stb)* Vergitterungsstab m *(Stütze)*

lattice boom crane *(Kran)* Gittermastkran m

lattice bracing *(Stb)* Netzverband m

lattice construction *(Stb)* Fachwerkskonstruktion f

lattice girder *(Stb)* Fachwerkträger m *(Gitterträger, mehrteiliges Fachwerk)*

lattice mast *(Tech)* Gittermast m

lattice purlin *(Stb)* Fachwerkpfette f, Gitterpfette f

lattice truss *(Baut)* Fachwerkbinder m

lattice truss *(Stb)* Gitterbinder m, Gitterträger m

lattice work *(Baut)* Fachwerk n *(Fachwerke bestehen aus Stäben, die an den Enden – in den Knotenpunkten – miteinander verbunden sind)*

lattice work *(Stb)* Gitterwerk n

latticed adj *(Tech, Stb)* gitterartig, gitterförmig

latticed arch *(Bau)* Fachwerkbogen m

latticed girder (Stb) Fachwerkträger m, Gitterträger m

latticing (Stb) Vergitterung f (Stütze)

launch(ing) (Schiff) Stapellauf m

launching (Stb) Vorschieben n (Brücken)

launching nose (Stb) Vorbauschnabel m

lay v (Tech) auslegen (Kabel); legen (verlegen, z. B. Kabel, Rohre); verlegen (Kabel)

lay v (Tech) Verlegung f (Seil)

lay-down area (Mont) Abstellfläche f

layer (Tech) Auflage f (Schicht, Überzug); dünne Schicht f, Lage f, Schicht f (Auflage, Auftrag) • **by layers** (Bau) lagenweise • **by layers** (Hütt/Walz, Umschl) schichtweise • **in layers** (Hütt/Walz, Umschl) schichtweise

layer corrosion (Met) Schichtkorrosion f

layer deposit (Bergb, Geo) Vorkommen n

layer echo (Elek) Schichtecho n

laying (Bergb) Einbau m (z. B. von Rohren)

laying (Tech) Verlegung f (z. B. Ausmauerungssteine)

laying out (Konst, Stb) Anzeichnen n

laying out (Mech, Met, Stb, Zeich) Anreißen n, Anriss m, Vorzeichnen n

layout (Bau) allgemeine Anordnung f

layout (Geo, Stb) Aufbau m (Form)

layout (Tech) Auslegung f (Anordnung, Platzierung); Gestaltung f

layout (Tech, Zeich) Anordnung f; Massenplan m (Übersichtszeichnung)

layout drawing (Tech, Zeich) Anordnungszeichnung f, Entwurfszeichnung f, Grundriss m, Übersicht f (Zeichnung)

layout plan (Bau, Stb) Übersichtsplan m

layout plan (Elek) Lageplan m (z. B. des Schaltschrankes)

layshaft (Getr) Vorgelege n, Vorgelegewelle f

layshaft (Tech) Zwischenwelle f

layshaft gear cluster (Getr) Vorgelegezahnradblock m

lazy tongs (Hütt/Walz) Schere f (Stranggießen)

lead v (Elek) leiten (z. B. Strom)

lead v (Tech) leiten (führen)

lead (Elek) Drahtanschluss m, Kabel n (Verbindung); Kabelzuleitung f, Leitung f (Kabel); Messleitung f, Zuführungskabel n, Zuführungsleitung f, Zuleitung f (Strom, Energie)

lead (Mess) Voreilung f

lead (Met) Blei n

lead (Tech) Ganghöhe f, Lot n (mit Schnur); Steigung f, Steigungshöhe f

lead-acid storage battery (Tech) Blei--Akkumulator m

lead alloys pl (Met) Blei-Basis-Legierungen fpl

lead angle (Tech) Steigungswinkel m (Seilrille auf Trommel)

lead bullion (Met) Werkblei n

lead-in (Elek) Kabeleinführung f

lead-in (Tech) Durchführung f (Leitungs-, Rohrdurchführung)

lead-in bell (Elek) Übergangskopf m

lead oxide (Anstr) Bleiweiß n

lead pipe (Tech) Leitungsrohr n

lead screw (Tech) Führungsschraube f

lead seal (Tech) Plombe f (z. B. Zollplombe)

lead-sealing pliers pl (Werkz) Plombenzange f, Verplombungszange f

lead-sealing (Tech) Verplombung f (z. B. Lkw, Güterwagen)

leaded adj (Chem, Hütt/Walz) verbleit (z. B. Bleche, Benzin)

leader (Bergb) Mäkler m (Teil der Ramme)

leading clutch (Kfz) Hauptkupplung f

leading edge (Prüf) Vorderflanke f (Ultraschallstrahl)

leading edge adj (Tech) verlaufend

leading hand (Tech) Vorarbeiter m

leading trolley (Förd) Vorlaufwagen m (eines Schleppkreisförderers)

leaf (Elek) Lamelle f

leaf (Stb) Klappe f (einer Klappbrücke)

leaf (Tech) Federblatt n

leaf and tapered leaf springs pl (Tech) Blatt- und Parabelfedern fpl

leaf spring (Tech) Blattfeder f

leaf-type spring (Bahn, Tech) Trapezfeder f (Blattfeder)

leaflet (Tech) Blatt n (kleine Broschüre); Broschüre f

leak v (Hydr, Tech) auslaufen (z. B. Flüssigkeiten)

leak v (Tech) undicht sein

leak (Tech) Leck n, undichte Stelle f, Undichtheit f

leak test (Hydr/Pneu, Prüf) Dichtigkeitsprüfung f

leak test (Tech) Lecktest m

leakage (Tech) Leck n, Leckage f, undichte Stelle f, Undichtheit f, Verlust m (Leck); Verlust m durch Auslaufen

leakage field interference (Elek) Streufeldstörung f

leakage-proof adj (Elek) kriechstromfest

leakage test (Prüf) Dichtprüfung f

leakiness (Hydr/Pneu) Durchlässigkeit f (Undichtheit)

leakiness (Tech) Undichtheit f

leaking water (Bergb) Sickerwasser n

leakproof adj (Hydr/Pneu) dicht (lecksicher)

leaky adj (Tech) undicht

leaky stopper (Hütt) Stopfenläufer m

lean v (Tech) neigen (sich neigen)

lean adj (Tech) mager

lean gas (Chem) Armgas n, Schwachgas n

lean-to (Baut, Tech) Anbau m (Schuppen, Flügel oder Hütte mit Pultdach); Pultdach n

lean-to roof (Baut) Pultdach n

leaning adj (Bau) geneigt (z. B. ein Gebäude); schief (z. B. ein Gebäude); schräg (zur Seite geneigt)

leaning wheels pl (Tech) Radsturz m (z. B. Grader bei Schräghang)

learn v (Tech) lernen

LED (Mess) Leuchtdiode f

left adj (Tech) links

left-hand adj (Getr) linkssteigend

left-hand adj (Tech) links, linksseitig

left(-hand) lay (Bergb, Tech) Linksschlag m (Seil)

left-hand tightening (Tech) Linksanzug m (einer Schraube)

left-handed adj (Getr) linkssteigend

left-handed adj (Tech) linksgängig, linksseitig

left-justified adj (Tech) linksbündig

left regular lay rope (Tech) Kreuzschlagseil n (Seil)

left-turning adj (Tech) linksdrehend

leg (Stb) Pfosten m (eines Rahmentragwerks bzw. Steifrahmens); Rahmensäule f, Schenkel m, Stiel m

leg (Tech) Stütze f (eines Kranportals)

leg pipe (Tech) Schenkelrohr n

legend plate (Bahn) Schildlager n (am Waggon)

legend plate (Tech) Bezeichnungsschild n (Aufschrift)

legible adj (Tech) lesbar

legitimate adj (Tech) begründet (berechtigt)

lemon bore journal bearing (Lag) Zitronenlager n, Zweikeillager n (Mehrflächenlager, Zitronenspiellager)

length (Tech) Länge f, Strecke f

length in system (Tech) Systemlänge f

length of time (Tech) Zeitdauer f

length served in system (Tech) Systemlänge f

lengthen v (Tech) dehnen (in die Länge strecken, längen); verlängern (räumlich)

lengthening part (Tech) Ansatz m (zusätzliches Teil); Verlängerung f

lens (IT) Lupe f

lens (Tech) Glas n (des Scheinwerfers); Linse f (Optik); Objektiv n (Fernsehgerät)

lens cap (Tech) Verschlusskappe f (Fernsehgerät)

lens head screw (Tech) Linsenschraube f

lens-shaped adj (Tech) linsenförmig

lenticular adj (Tech) linsenförmig

lenticular valve (Vent) Linsenventil n

lettering (Tech) Schrift f (Schriftart, Druckart)

level v (Mech) einebnen, nivellieren, planieren (auf horizontaler Ebene)

level v (Tech, Mont) ausrichten (mittels Wasserwaage)

level (Bergb, Geo) Sohle f

level (Hütt, Walz) Ebene f

level (Tech) Ausschlag m, Niveau n, Pegel m, Spiegel m

level (Werkz) Libelle f (Hilfsmittel für Einstellungen)

level adjustment (Mech) Einpegelung f

level adjustment (Tech) Höhenverstellung f

level and finish v (Bergb) erstellen (ein Planum)

level-change value (Mess) Sprungwert m

level crossing (Bahn) Eisenbahnkreuzung f (Straße); Eisenbahnübergang m, Kreuzung f (Schiene/Straße)

level drop (Bergb) Grundabsenkung f

level gauge (BE) (Kfz) Messstab m (Öl-stand)

level gauge (BE) (Tech) Standglas n

level glass (Tech) Standglas n

level indicator (Tech) Füllstandsanzeiger

m, Füllstandsmessgerät *n (Kraftfahrzeug)*; Pegelstab *m*

level luffing crane *(Kran)* Wippdrehkran *m*, Wippkran *m*

level of (molten) steel *(Hütt)* Gießspiegel *m*

level plug *(Tech)* Ölstandsschraube *f*

level probe *(Mess)* Füllstandssonde *f*

level probe *(Tech)* Höhenstandsmesser *m*, Höhenstandsüberwachung *f (z. B. im Bunker)*

level switch *(Hydr/Pneu)* Niveau-Überwachung *f*, Niveauwächter *m*

level switch *(Tech)* Tauchrohrgeber *m (Kraftstoffsensor)*

levelled *adj (Form)* angeflacht *(in Zeichnungen)*

leveller *(Hütt/Walz)* Richtmaschine *f (Bandanlage)*

levelling and loading machines *pl (Baum, Bergb)* Planier- und Ladegeräte *npl*

levelling bucket *(Baum)* Planierlöffel *m*

levelling device *(Tech)* Horizontiervorrichtung *f*, Verstellvorrichtung *f*

levelling plate *(Tech)* Kipp-Platte *f (eines Kippsteinlagers)*

levelling straight-edge *(Werkz)* Lineal *n* für Kontrollzwecke

levelling table *(Hütt/Walz)* Richtplatte *f*

levelling work *(Bergb)* Graderarbeiten *fpl*, Planierarbeiten *fpl (am Boden)*

lever *(Kfz)* Fahrhebel *m*

lever *(Tech)* Hebel *m*, Klemmstange *f*, Schwengel *m (Pumpe)*

lever arm *(Tech)* Hebelarm *m*, Momentenarm *m*

lever arm ratio *(Mess)* Stellarmverhältnis *n*

lever distances *pl (Kfz)* Hebelauslenkung *f*

lever set *(Tech)* Hebelwerk *n*

lever system *(Elek)* Gestängeantrieb *m*

lever system *(Tech)* Antriebsgestänge *n*, Hebelwerk *n*

leverage *(Tech)* Hebelkraft *f*

leverage force *(Form, Phys)* Aushebekraft *f*

leverage force *(Tech)* Hebelkraft *f*

Lewis bolt *(Stb)* Ankerschraube *f*

LH lay *(Bergb, Tech)* Linksschlag *m (Seil)*

licence *(BE)* Betriebserlaubnis *f*

licence pressure *(BE) (Hydr/Pneu)* Genehmigungsdruck *m*

license *(AE) (Tech)* Betriebserlaubnis *f*

lid *(Tech)* Abdeckhaube *f*, Dach *n (Deckel, Haube)*; Deckel *m*

lie *v (Tech)* liegen *(sich befinden)*

life *(Tech)* Dauer *f (Lebensdauer)*

life expectancy *(Tech)* Standzeit *f*

lifetime-lubricated *adj (Tech)* dauergeschmiert, lebenszeitgeschmiert

lifetime-lubrication *(Tech)* Dauerschmierung *f*, Lebensdauerschmierung *f*

lift *v (Bergb)* abheben *(z. B. den Oberwagen)*

lift *v (Förd, Tech)* anheben

lift *v (Tech)* aufziehen *(herauf-, hochziehen)*; heben *(auf etw. heben, hochheben)*; hochheben, hochziehen

lift *v off (Tech)* aufheben *(z. B. Deckel)*

lift *(Baut, Tech)* Aufzug *m*, Fahrstuhl *m*

lift *(Förd)* Förderhöhe *f*

lift *(Tech)* Daumen *m (Zapfen)*; Heben *n*, Hub *m (Heben)*; Hubhöhe *f (des Kranhakens unter bzw. über Flur)*

lift... *adj (Förd)* Förder..., Hub...

lift-and-carry transfer *(Förd, Walz)* Tragschlepper *m*

lift arm *(Tech)* Hubarm *m (an Maschinen)*; Lastarm *m (z. B. Laderstiel)*

lift capacity *(Bergb, Förd, Kran)* Tragfähigkeit *f*

lift cylinder *(Tech)* Hubzylinder *m (Transportraupe)*

lift eye *(Bergb, Tech)* Auge *n*, Öse *f*

lift fork *(Tech)* Gabel *f (z. B. des Gabelstaplers)*; Hubgabel *f*, Traggabel *f (des Gabelstaplers)*

lift frame *(Tech)* Hubgerüst *n (des Laders)*; Hubgestell *n*, Hubrahmen *m (z. B. des Radlagers)*

lift pole *(Förd)* Hubmast *m (des Staplers)*

lift truck *(Förd)* Hubwagen *m (Brecheranlage)*

lift truck *(Förd, Umschl)* Flurförderzeug *n (z. B. Gabelstapler)*; Stapler *m*

lift truck with telescopic mast *(Förd)* Drehturmstapler *m*

liftable *adj (Tech)* hebbar, hochschiebbar

lifted load *(Tech)* Hublast *f*

lifter *(Tech)* Heber *m (Stößel)*; Stößel *m (Nockenscheibe)*

lifter arm *(Tech)* Hubarm *m (an Maschinen)*

lifter screw *(Tech)* Stößelschraube *f*

lifter spring *(Tech)* Stößelfeder *f (am Druckkolben)*

lifting *(Stb)* Abheben *n (eines Brückenlagers)*

lifting *(Tech)* Heben *n*, Hub *m (Heben)*

lifting... adj *(Tech)* Hebe..., Hub...

lifting arc *(Tech)* Hubkurve *f (Lasthaken)*

lifting block *(Tech)* Flaschenzug *m*

lifting capacity *(Bergb, Förd, Kran)* Tragfähigkeit *f*

lifting capacity *(Stb)* Traglast *f (Hebung)*

lifting capacity *(Tech)* Belastbarkeit *f (Tragfähigkeit, Tragkraft)*, Hubkraft *f*, Hubkraftleistung *f*, Hubkraftvermögen *n*, Hublast *f*, Nutzlastwert *m*, Tragkraft *f (eines Elektromagnets)*

lifting chart *(Tech)* Hubkurve *f (in der Datentabelle)*

lifting eye *(Kran, Tech)* Anschlagöse *f*, Aufhängeöse *f*, Transportlasche *f*

lifting eye bolt *(Tech)* Ringschraube *f*

lifting eye nut *(Tech)* Ringmutter *f*

lifting gear *(Tech)* Gehänge *n (Kran)*; Geschirr *n (z. B. Hebegurt)*; Hebezeuge *npl*, Hubgerüst *n (des Staplers)*; Hubgetriebe *n (Kran)*; Hubwerk *n*

lifting jack *(Tech)* Hebebock *m*, Hebezeug *n (Wagen)*; Hubzug *m*

lifting lug *(Förd)* Tragholm *m*

lifting magnet *(Tech)* Hubmagnet *m (Lasthebemagnet)*

lifting-magnet-type crane *(Kran)* Magnetkran *m*

lifting mechanism *(Tech)* Hubwerk *n*; Hebevorrichtung *f*

lifting nipple *(Förd)* Tragnippel *m*

lifting platform *(Bergb)* Hebebühne *f*, Tragplattform *f*

lifting power *(Tech)* Belastbarkeit *f (Tragfähigkeit, Tragkraft)*; Hubkraft *f*, Hublast *f*

lifting tackle *(Tech)* Flaschenzug *m*, Hebezeug *n*, Hebezeuge *npl*, Hubzug *m*

lifting winch *(Tech)* Hubwinde *f*

light adj *(Tech)* leicht *(von geringem Gewicht)*; licht

light *(Elek, Licht)* Leuchte *f*; Licht *f (Beleuchtung)*

light alloy *(Met)* Leichtmetall-Legierung *f*

light barrier *(Elek)* Lichtschranke *f (mit Unterbrecherwirkung)*

light collector *(Elek)* Lichtempfänger *m (Lichtsammler)*

light cord *(Elek)* leichte Leitung *f*

light current switch *(Elek)* Schwachstromschalter *m*

light curtain *(Mess)* Lichtvorhang *m*

light emitting diode *(Mess)* Leuchtdiode *f*

light-fast adj *(Elek)* lichtecht

light fitting [fixture] *(Elek, Licht, Mess)* Beleuchtungskörper *m*, Lampe *f*, Leuchte *f*

light-gauge design *(BE)* *(Stb)* Leichtbau *m*

light-gauge steel construction *(BE)* *(Stb)* Stahlleichtbau *m*

light-gauge strip *(BE)* *(Walz)* Dünnband *n (Feinband)*

light guide *(Licht, Tech)* Lichtleiter *m*

light intensity *(Licht)* Lichtstärke *f*

light metal *(Met)* Leichtmetall *n*

light-metal design *(Tech)* Leichtbauweise *f*

light projector *(Elek, Kfz)* Scheinwerfer *m (für Suchzwecke)*

light push switch *(Elek)* Lichtschubschalter *m*

light radiation welding *(Schw)* Lichtstrahlschweißen *n (DIN 1910)*

light-resistant adj *(Anstr)* lichtbeständig

light-resistant adj *(Elek)* lichtecht

light section *(Met)* Leichtprofil *n*

light section engineering *(Met)* Leichtstahlbau *m*

light section rolling mill *(Walz)* Feinstraße *f*; Stabstahlwalzwerk *n*

light sections *(Met)* Feinstahl *m*, leichter Formstahl *m*

light sensitive adj *(Licht, Mess)* lichtempfindlich

light sheet *(Hütt, Met, Walz)* dünnes Blech *n*

light switch *(Elek)* Lichtschalter *m (z. B. im Haus)*

light-timber grab *(Werkz)* Kurzholzgreifer *m*

light-weight alloy *(Met)* Leichtmetall--Legierung *f*

light-weight and panel sections *pl* *(Met)* Leicht- und Tafelprofile *npl*

light-weight build *(Tech)* Leichtbauweise f

light-weight construction *(Stb, Tech)* Leichtbau m; Leichtbauweise f

light-weight steel construction *(Stb)* Stahlleichtbau m

lighting controls Lichtstellanlage f *(Licht)*

lighting equipment *(Elek)* Beleuchtungsanlage f

lighting equipment *(Licht)* Beleuchtung f *(z. B. am Fahrzeug)*

lighting fixture *(Elek)* Gussleuchte f

lighting system *(Elek)* Beleuchtungsanlage f, Lichtanlage f

lightness *(Elek, IT, Licht)* Aufhellung f

lightning arrestor *(Elek)* Überspannungsableiter m

lightning arrestor [conductor] *(Elek)* Blitzableiter m

lightning conductor installation *(Elek)* Fanganlage f

lightning conductor rod *(Elek)* Fangleitung f

lignite *(Bergb, Geo)* Braunkohle f, Lignit m *(holzige Braunkohle)*

lignite-fired power station *(Elek)* Braunkohlekraftwerk n

limb *(Stb, Tech)* Schenkel m

lime *(Bau, Geo)* Kalk m *(roh, gebrannt)*

lime base electrode *(Schw)* KB-Elektrode f

limed *adj (Stb)* gekälkt

limestone *(Geo)* Hartkalksteinbruch m, Kalkstein m

limit *v (Tech)* abgrenzen, begrenzen, beschränken

limit *(Bergb, Tech)* Höchstgrenze f

limit *(Math)* Grenzwert m

limit *(Mech, Tech)* Bereich m *(Grenzwert, -gebiet)*

limit *(Tech)* Begrenzung f, Ende n, Grenze f, Grenzmaß n

limit... *adj (Tech)* Grenzwert...

limit gauge *(BE) (Metr, Tech)* Grenzlehre f, Toleranzlehre f

limit of compression *(Met)* Quetschgrenze f *(bei Druckspannung)*

limit of flammability *(Stb)* Zündgrenze f

limit of scattering *(Prüf)* Streugrenze f *(DIN 50100)*

limit stop *(Tech)* Anschlag m *(Begrenzung)*; Begrenzungsanschlag m, Begrenzungsblech n, Endanschlag m

limit switch *(Elek)* Endschalter m, Endtaster m, Grenzschalter m, Grenztaster m; Schaltwerk n *(im Drehturm)*

limit value *(Math)* Grenzwert m

limit value *(Tech)* Grenzmaß n

limiting idler *(Förd)* Begrenzungsrolle f, Begrenzungsrollensatz m, Begrenzungsrollenstation f, Tastrolle f

limiting speed *(Kfz)* Drehzahlgrenze f

limiting timer *(Elek)* Zeitschalter m

limiting value *(Math)* Grenzwert m

limits of elasticity *(Met)* Elastizitätsgrenze f

limits of error *(Tech)* Fehlergrenze f *(Werkstoffprüfung)*

linchpin *(Tech)* Steckachse f *(Kraftfahrzeug)*

line *v (Stb)* auskleiden *(z. B. Schacht)*

line *v (Tech)* ausfüttern, auslegen *(etw. verkleiden)*; belegen *(z. B. Bremsen)*; liniieren *(Linien ziehen)*; verkleiden, zustellen *(Ausmauern des Ofens)*

line... up *(Tech)* aufstellen *(in Reihe, Ordnung)*; ausrichten *(in einer Reihe, Ordnung)*

line *(Bahn)* Eisenbahnschiene f, Eisenbahnstrecke f, Strecke f

line *(Elek)* Leitung f *(Kabel)*

line *(IT)* Zeile f *(auf dem Bildschirm)*

line *(Hütt/Walz, Tech)* Flucht f, Linie f, Straße f

line... *adj (Elek, Tech)* Leitungs...

line... *adj (Fert, Tech)* Band...

line-bore *v (Mech)* fluchtend spindeln

line boring machine *(Tech)* Waagerechtbohrwerk n

line circuit breaker *(Elek)* Hauptleistungsschalter m, Hauptschalter m, Leistungsschalter m

line load *(Tech)* Linienlast f, Streckenlast f

line pipe engineering *(Tech)* Rohrleitungsbau m

line shaft *(Tech, Walz)* Transmissionswelle f

line shaft *(Verd)* Wellenstrang m *(Wellenleitung)*

line spectrum *(Tech)* Linienspektrum n *(Spektrogramm)*

line surging *(Elek, Tech)* Netzschwankung f

line tap *(Elek)* Abzweigleitung f *(Netz)*; Stichleitung f *(Netz)*

line terminal *(Elek)* Netzanschlussklemme *f*
line-to-ground fault *(Elek)* Erdschluss *m*
line-up *(Tech)* Aufstellung *f (in Reihe)*;
Reihenaufstellung *f*
linear *adj (Tech)* geradlinig, linear
linear motor *(Antr)* Linearmotor *m*
linear spool valve *(Vent)* Kolbenventil *n*,
Längsschieber *m*, Längsschieberventil
n
lined *adj (Kfz)* ausgelegt *(Dumpermulde
mit Gummi)*
lined *adj (Tech)* ausgekleidet, gefüttert
linen weave *(Met)* Leinwandverbindung *f*
liner *(Lag)* Zylinderlaufbuchse *f*
liner *(Tech)* Auflage *f (Schicht, Überzug)*;
Buchse *f (Zylinderbuchse)*; Innen-
büchse *f (im Strangpressaufnehmer)*;
Laufbuchse *f (Futter)*; Schleißleiste *f*
liner *(Tech, Zer)* Panzerung *f (am Gehäuse)*
liner plate *(Bergb)* Panzerplatte *f*
liner plate *(Tech)* Schleißblech *n*
liners of housing *(Zer, Tech)* Gehäusepanzerung *f*
linescan camera *(Mess)* Zeilenkamera *f*
lining *(Bergb)* Panzerplatte *f*
lining *(Hütt)* Mauerwerk *n (im Hochofen)*
lining *(Tech)* Auskleidung *f (Futter)*; Belag
m (Einzug innen, Futter); Isolierung *f
(Ausfütterung)*; Futter *n*; Panzer *m
(Ausfütterung des Steinbrechers)*; Unterfütterung *f*, Verkleidung *f (Futter)*
lining material *(Met)* Verschleißauskleidung *f*
lining of bearing *(Lag)* Ausgießen *n* eines
Lagers, Lagerausguss *m*, Lagerscha-
lenausguss *m*
link *v (Tech)* verbinden
link *(Elek)* Anschlussstück *n (Klemmenanschlussstück)*; Brücke *f (Schaltbügel,
Strombrücke)*; Lamelle *f*
link *(Tech)* Gelenk *n (Scharnier)*; Glied *n
(z. B. einer Kette)*; Kulisse *f (Kette, Kabeltrommel)*; Lasche *f (Bügel, Klemme)*;
Schake *f*, Verbindungsstück *n*
link assembly *(Förd)* Kettenband *n*
link belt *(Förd)* Gliederband *n*
link bolster *(Tech)* Lenkbügellager *n*
link box *(Elek)* Verteilerschrank *m*
link fuse *(Elek)* Streifensicherung *f*
link plate *(Tech)* Kettenlasche *f*, Lasche *f
(Fahrbolzenkette)*

linkage *(Bergb)* Koppel *f* und Schwinge *f*
linkage *(Stb, Tech)* Verbindung *f (z. B.
durch Gestänge)*
linkage *(Tech)* Gestänge *n*, Hubausrüstung *f*; Verknüpfung *f*
linkage dimension *(Zeich)* Anschlussmaß *n*
linked *adj (Tech)* verknüpft *(verbunden)*
linking *(Tech)* Verkettung *f*
linseed oil *(Chem)* Leinöl *n*
lint *(Met)* Fluse *f*
lintel *(Stb)* Sturz *m (Tür, Fenster)*
lintel *(Tech)* Wasserkasten *m (im Ofen)*
Linz-Donawitz process *(Hütt/Walz)*
Linz-Donawitz-Verfahren *n*, LD-Ver-
fahren *n*
lip *(Bergb)* Löffelbrust *f (Schneide mit
Zahntaschen)*; Vorderteil *n*; Messer *n
(Bagger)*
lip *(Hütt)* Ausguss *m (Gießpfanne)*
lip *(Tech)* Krempe *f*, Rand *m*
lip cylinder *(Bergb)* Klappenzylinder *m*
lip drill *(Werkz)* Lippenbohrer *m*
lip seal *(Tech, Verd)* Lippendichtung *f*
lip shroud *(Bergb)* Verschleißkappe *f*
lip taper angle *(Bergb, Tech)* Eimerzähne
mpl, Keilwinkel *m*
lip valve *(Vent)* Klappenventil *n*
liquation *(Hütt/Walz)* Seigerung *f*
liquefied petroleum gas *(Petr)* Flüssiggas *n*
liquefy *v (Chem, Hütt/Walz)* verflüssigen
liquid *adj (Chem)* flüssig
liquid blasting *(Hütt)* Nassstrahlreinigung *f*
liquid column *(Mess)* Flüssigkeitssäule *f*
liquid film shaft seal *(Tech, Verd)*
Schwimmringdichtung *f (mit schmalen
Ringen)*
liquid flow *(Met)* Gleitschwindung *f*
liquid heel *(Hütt)* Sumpf *m (Rest in
Lichtbogen)*
liquid level (in the mould) *(BE) (Hütt)*
Gießspiegel *m*
liquid limit *(Geo)* Fließgrenze *f*
liquid measure *(Tech)* Hohlmaß *n*
liquid mechanical contact seal *(Tech,
Verd)* ölgeschmierte Gleitringdichtung *f*
liquid natural gas *(Petr)* Flüssigerdgas *n*
liquid penetrant technique *(Prüf)* Flüssigkeitsdurchlassverfahren *n*
liquid petroleum gas *(Chem)* Treibgas *n
(z. B. für Gabelstapler)*

liquid waste *(Bau, Ökol)* Abwasser n

list v *(Tech)* aufnehmen *(in eine Liste, einen Katalog)*; eintragen *(z. B. in eine Liste)*

list *(Schiff)* Krängung f

list *(Tech)* Aufstellung f *(tabellarisch)*; Katalog m; Liste f; Tabelle f

lithium soaped grease *(Chem, Tech)* lithiumverseiftes Fett n

live *adj (Elek)* spannungsführend, stromführend

live area *(Umschl)* aktive Fläche f

live load *(Elek, Stat, Stb, Tech)* bewegliche Last f, nicht ständige Last f, veränderliche Last f, wechselnde Last f

live load *(Tech)* Betriebslast f, Nutzlast f, Verkehrslast f

live roller bed *(Tech)* Rollgang m *(angetrieben)*

livering *(Anstr)* Verdicken n *(Anstrich)*

LNG *(Petr)* Flüssigerdgas n

load v *(Tech)* laden *(beladen)*

load v *(Umschl)* beschicken, speisen *(laden)*

load *(Elek, Stat, Tech)* Beanspruchung f

load *(Mess)* Bürde f *(in Ohm gemessen)*

load *(Stat, Tech)* Auflast f; Belastung f, Last f

load... *adj (Elek)* Beanspruchungs..., Belastungs...

load... *adj (Tech)* Lade..., Last..., Trag...

load arm *(Tech)* Lastarm m

load at break *(Met, Prüf)* Bruchlast f

load-bearing *adj (Tech)* tragend

load-bearing structure *(Stb, Tech)* Tragkonstruktion f, Tragwerk n

load block *(Tech)* Flasche f, Flaschenzug m

load break switch *(Elek)* Lastabschalter m, Lasttrenner m, Lasttrennschalter m, Leistungstrennschalter m

load capability *(Elek)* Beanspruchbarkeit f, Belastbarkeit f, Belastungsvermögen n, Strombelastbarkeit f *(Kabel)*

load capacity *(Elek)* Ladefähigkeit f, Lastgrenze f *(z. B. des Lkw)*; Leistungsaufnahme f *(eines Werkzeugs)*; Leistungsfähigkeit f, Tragfähigkeit f, Tragkraft f *(einer Achse)*

load carrying capacity *(Elek)* Belastbarkeit f, Tragfähigkeit f

load carrying capacity *(Stb)* Traglast f *(Beförderung)*

load carrying rivet *(Stb)* Kraftniet m

load cell *(Elek)* Lastzelle f

load cell *(Hydr/Pneu)* Druckmessdose f

load cell *(Mess)* Lastmessdose f

load cell *(Tech)* Kraftmessdose f *(Bandwaage)*; Wägezelle f *(Bandwaage)*

load characteristic *(Mech, Tech)* Belastungscharakteristik f, Belastungsdiagramm n, Belastungskennlinie f

load current *(Elek)* Arbeitsstrom m, Betriebsstrom m

load curve *(Mech, Tech)* Belastungsdiagramm n, Belastungskennlinie f, Lastkurve f

load factor *(Stb)* gewogener Sicherheitsfaktor m

load indicator *(Elek)* Belastungsanzeiger m, Ladeanzeiger m, Leistungsanzeiger m

load interruptor *(Elek)* Leistungstrennschalter m

load-levelling *adj (Mech)* niveauregulierend

load limit *(Tech)* Belastungsgrenze f, Lastgrenze f *(Grenzlast)*

load line *(Elek)* Arbeitsgerade f, Widerstandsgerade f

load-lowering valve *(Vent)* Senkbremsventil n

load platform *(Mess)* Waagbrücke f

load rating *(Elek)* Belastbarkeit f, Tragfähigkeit f

load sensing *(Kfz)* Bedarfssteuerung f

load-sensing system *(Tech)* Grenzlastsystem n

load-sharing *adj (Elek)* ausgleichsgeregelt *(Lastverteilung)*; lastausgleichsgeregelt

load-supporting *adj (Tech)* tragend

load test *(Elek)* Belastungsprobe f

load test *(Prüf)* Probebelastung f

load transfer switch *(Elek)* Lastumschalter m, Umschalter m *(Last)*

load trolley stop *(Förd)* Stau-Stopper m

loadability *(Elek)* Belastbarkeit f, Belastungsvermögen n

loaded idler *(Förd)* Tragrolle f

loader *(Umschl)* L m, Lader m, Ladevorrichtung f, Verlader m

loader clearance cycle *(Tech)* Wendekreis m

loading *(Bergb, Förd, Umschl, Zer)* Auf-

gabe f (Ladevorgang); Beladung f (Ladevorgang)

loading (Elek, Stat, Tech) Beanspruchung
f, Belastung f

loading (Stb) Ladung f

loading (Tech) Beladen n, Lastenzug m

loading (Tech, Stat) Ladung f

loading bearing capacity (Met) Dauerstandfestigkeit f

loading capability (Elek) Belastbarkeit f

loading capacity (Bahn, Tech) Traglast f
(Ladekapazität)

loading capacity (Tech) Belastbarkeit f
(Zuladung); Ladefähigkeit f

loading cycle (Tech) Belastungsspiel n

loading impact (Förd) Stoßbelastung f

loading test (Prüf) Belastungsprüfung f,
Belastungsversuch m

loam (Geo) Lehm m

loan machine (Tech) Überbrückungsgerät n (z. B. während einer Reparatur)

lobe (Tech) Nocke f der Pumpenwelle,
Zahn m (des Läufers eines Schraubenverdichters)

lobe bearing (Lag) Mehrflächenlager n

lobe flank (Tech) Zahnflanke f (Schraubenverdichter)

local adv (Bergb) vor Ort

local adj (Tech) lokal, örtlich

local brittleness (Met) Lokalversprödung f

local control (Tech) Direktsteuerung f
(örtliche Steuerung); örtliche Steuerung
f

local control station (Elek) Vor-Ort-
-Steuerstelle f

local control station (Tech) Steuersäule f

local control switch (Elek) Ortssteuerschalter m

local drive mode (Tech) entriegelter Betrieb m

local fusion (Elek) Schmorstelle f

local inspection (Bau) Begehung f

local reading (Mech, Hydr/Pneu)
Direktablesung f

localise v (BE) (Tech) auffinden, orten
(z. B. eine Fehlerquelle)

localize v (AE) (Tech) orten

locate v (Mont, Tech) anordnen (anbringen, montieren); aufstellen

locate v (Tech) auffinden, auftreiben,
ausfindig machen, lokalisieren, positionieren • **be located** angebracht sein,

befinden, gelegen sein, liegen (sich
befinden)

locating pillow block bearing (Tech)
Stehlager-Festlager n

locating rod (Tech) Führungsstange f

locating screw (Tech) Führungsschraube f

location (Geo) Ausdehnung f, Fundort m,
Lager n (Fundort von Mineralien); Lagerstätte f

location (Kfz) Einbaustelle f

location (Tech) Einsatzort m, Lage f
(Position, Platz); Ort m, Ortung f (z. B.
von Fehlern); Positionierung f, Standort
m, Stelle f

location (Tech, Zeich) Anordnung f (an
einem Ort)

locator (Tech) Sucher m

lock v (Elek, Tech) spannen

lock v (Tech) absperren, blockieren (verblocken, verriegeln); blockieren
(Bremsen, Rad, usw.); eingreifen (Ritzel); feststellen (festsetzen, fixieren);
hemmen, schließen (verschließen);
sperren, verriegeln, verschließen, versperren, zuschließen, zusperren

lock (Bergb) Pendelanschlag m (der
Pendelachse)

lock (Tech) Abschlussorgan n (unter
Bunkern); Schleuse f (Wasserstraße,
Schiffahrt); Schloss n (abschließbar);
Arretierung f (des Oberwagens); Si-
cherung f (Verschluss)

lock bushing (Tech) Endbuchse f

lock cone (Tech) Verschlusskegel m

lock forming (Form, Mech) Verlappen n

lock front (Baut) Schließblech n

lock nut (Tech) Gegenmutter f, Kontermutter f, Sicherheitsmutter f, Sicherungsmutter f (Gegenmutter); Verschlussmutter f, Wellenmutter f

lock-out (Tech) Verriegelung f

lock pin (Tech) Arretierung f (des Ober-
wagens); Endbolzen m (einer Kette);
Feststellbolzen m, Sicherungsstift m,
Sperrraste f, Sperrung f

lock-pin chain (Tech) Steckkette f

lock ring (Tech) Fixierungsring m,
Klemmring m; Sprengring m, Verschlussring m

lock screw (Tech) Verschlussschraube f
(Schraubverschluss)

lock-seam v (Mech, Mont) falzen

lock seam (Mech) Falz m, Verlappung f
lock seam (Tech) Blechverbindung f
lock slide pump (Tech) Sperrschieberpumpe f
lock switch (Elek) Steckschlüsselschalter m
lock-up (Bergb) Arretierung f (des Drehmomentenwandlers); Wandlersperre f (des Graders)
lock valve (Vent) Sperrventil n
lock washer (Tech) Federring m, Sicherungsring m, Sicherungsscheibe f, Zahnscheibe f
lock washer with external teeth (Tech) Zahnscheibe f
lock washer with internal teeth (Tech) innengezahnte Zahnscheibe f
lockable adj (Tech) abschließbar, verschließbar
locked adj (Kfz) festgesetzt (arretiert)
locked adj (Tech) abgeschlossen, verschlossen
locked coil rope (Tech) patentverschlossenes Tragseil n
locked-rotor current (Elek) Anzugsstrom m (Motor)
locked-rotor torque (Elek) Anlaufmoment n, Läuferstillstandsmoment n; Anzugsmoment n (Motor)
locker (Tech) Schrank m, Spind m
locking (Elek) Sicherung f
locking... adj (Tech) Arretier..., Feststell..., Sicherungs..., Verriegelungs...
locking assembly (Bergb) Ringfederspannelement n
locking bar (Baut, Tech) Bolzen m; Riegel m (Schloss)
locking block (Stb) Verriegelungskulisse f
locking bush (Tech) Spannbuchse f
locking cylinder (Bergb) Abstützzylinder m (der Pendelachse)
locking cylinder (Hydr) Riegelzylinder m
locking device (Tech) Abstellvorrichtung f, Arretierung f, Feststeller m (z. B. Klemme); Feststellung f (Vorrichtung); Feststellvorrichtung f, Sicherung f (Arretierung); Sperre f (mechanisch); Verriegelung f (z. B. zwischen Plattform und Unterbau eines Baggers)
locking mechanism (Tech) Verriegelung f
locking nut (Tech) Sicherungsmutter f (Gegenmutter)

locking piece (Tech) Verschlussstück n
locking pin (Tech) Haltestift m, Sicherungsstift m, Spannstift m, Sperrstift m, Vorstecker m, Vorsteckstift m
locking pressure (Hütt) Schließkraft f
locking ring (Tech) Sicherungsring m; Spannring m
locking sleeve (Tech) Spannhülse f
locking valve (Vent) Sperrventil n
locking washer (Tech) Sicherungsblech n
locksmith's hammer (Werkz) Schlosserhammer m
lockwire (Elek) Sicherungsdraht m
loco(motive) (Bahn) Lok f, Lokomotive f
locomotive trolley (Bahn) Rangierlokomotive f (klein)
Loctite (Anstr) Loctite n (Metallkleber)
locus (Zeich) Ortskurve f (im Diagramm)
log (Mess) Protokoll n
log circuit (Elek) Logarithmierschaltung f
log clamp (Kfz) Baumklammer f
log grab (Bergb, Werkz) Holzgreifer m, Kurzholzgreifer m
log grapple (Bergb, Werkz) Holzgreifer m (für Langholz); Langholzgreifer m; Holzzange f, Stammholzzange f
loggia (Bau) Laube f (überdacht); Loggia f
logging unit (Tech) Protokolldrucker m
logic control (Elek) logischer Regler m, Verknüpfungssteuerung f
logic diagram (Elek) Funktionsplan m
logic sequence diagram (Elek) Logikablaufplan m
logic state (Mess) Verknüpfungszustand m
logic variable (Elek) logische Variable f
logistics (Log) Logistik f
logo (Tech) Firmenzeichen n, Signet n
long-blade switch (Elek) Federzungenweiche f
long-distance beam (Elek) Weitstrahler m
long-distance power transmission line (Elek) Überlandleitung f
long lay (Bergb, Förd) Gleichschlag m
long nose pliers pl (Werkz) Spitzzange f
long-range driving lamp [light] (Elek) Weitstrahler m, Weitstrahlscheinwerfer m
long ripper tooth (Bergb) Tiefreißzahn m
long saw file (Werkz) Brettsägefeile f

long-time creep resistance *(Met, Prüf)* Zeitstandfestigkeit f *(DIN 50100)*

long-time creeping property *(Met, Prüf)* Zeitfestigkeitsverhalten n

longitudinal… *adj (Tech)* horizontal, Längs…, Rand…

longitudinal edge distance *(Stb)* Randabstand m in Kraftrichtung

longitudinal force *(Mech, Stat)* horizontale Längskraft f, Längskraft f

longitudinal surface crack *(Met, Prüf)* Oberflächenlängsriss m

longitudinal-wall girder *(Stb)* Seitenwandverband m *(z. B. einer Halle)*

longitudinally shiftable *adj (Tech)* ausziehbar *(teleskopisch)*

longitudinally shiftable conveyor *(Förd)* Verschiebeband n

longwall *(Bergb)* Streb m *(Kohlenwand)*

look ahead display *(Mess)* Vorbereitungsanzeige f

loop *(Elek)* geschlossener Stromkreis m, Schleife f

loop *(Hütt/Walz)* Nadel f *(Rohrnadel)*

loop *(Mess)* Kreis m

loop *(Tech)* Schlaufe f *(groß)*; Schlinge f *(Schleife)*

loop gain *(Elek)* Schleifenverstärkung f

loop shear connector *(Tech)* Schubdübel m in Schlaufenform

loose *adj (Tech)* locker, lose *(unverbunden)*; ungespannt *(z. B. Riemen)*

loose *adj (Elek)* Wackel…

loose fit *(Tech)* Grobpassung f

loose gravel *(Umschl)* Rollsplitt m

loose weight *(Tech)* Schüttgewicht n

loosely *adv (Tech)* lose

loosen *v (Bergb)* auflockern *(z. B. den Boden)*

loosen *v (Tech)* auflösen *(z. B. Verbindungen)*; lockern *(sich lockern)*; lösen, losmachen

loosen *v (Tech, Mont)* ablösen *(z. B. eine Schicht, eine Folie)*

loosened *adj (Tech)* gelöst *(z. B. Schraube)*

loosening *(Bergb, Geo, Tech)* Lockerung f

loosening *(Geo, Bergb)* Auflockerung f

lorry *(Kfz)* Lastkraftwagen m, Lastwagen m, Lkw m

lorry-mounted crane *(Kran)* Automobilkran m

lose *v (Tech)* verlieren

loss *(Tech)* Dämpfung f *(z. B. von Stößen, Vibrationen, Lärm)*; Abfall m, Verlust m

loss compensation *(Elek)* Tiefenausgleich m

loss of hardness *(Met)* Festigkeitsverlust m

loss of ignition *(Hütt/Walz)* Abreißen n der Zündung

loss of power *(Elek)* Verlustleistung f *(Trafo)*

loss of strength *(Met)* Festigkeitsabfall m

lost *adj (Tech)* verloren

lost motion *(Tech)* toter Gang m *(Getriebe, Schaltungsspiel)*

lost sheathing *(Stb)* verlorene Schalung f

lot *(Bau)* Baugrundstück n

lot *(Log, Hütt/Walz)* Los n

louvre *(Baut)* Jalousie f; Dachhaube f *(für die Belüftung)*

louvre *(Tech)* Belüftungsklappe f, Kühlschlitz m, Ventilationsschlitz m

louvre shutter *(Baut)* Jalousie f

low *adj (Tech)* gering, niedrig; Flach…, Tief…; Minder…; Nieder…, Unter…

low alarm point *(Mess)* erster Minimalgrenzwert m *(wenn mehrere vorhanden)*; Minimalgrenzwert m

low-alloy *adj (Met)* niedriglegiert, schwachlegiert

low-alloy steel *(Met)* niedriglegierter Stahl m

low-bed *(Tech)* Tieflader m

low-carbon steel *(Met)* Flussstahl m, kohlenstoffarmer Stahl m, niedriggekohlter Stahl m *(bis zu 0,25% C)*; Schmiedeeisen n

low-frequency furnace *(Hütt)* Niederfrequenzofen m

low gear *(Tech)* erster Gang m *(z. B. beim Kfz)*

low-grade *adj (Tech)* minderwertig *(z. B. Mineral)*

low-grade anthracite *(Bergb, Geo)* Steinkohle f

low-grade fuel *(Met)* Mittelprodukt n *(schlecht brennbarer Brennstoff)*

low-head *adj (Tech)* flachgebaut

low-head drive *(Elek)* Flachantrieb m

low-level *adj (Tech)* tief

low-load carrying burner *(Hütt/Walz)* Schwachlastbrenner m

low-loader *(Tech)* Tieflader m

low-maintenance adj (Tech) wartungsarm

low-noise adj (Tech) geräuscharm, rauscharm (Fernsehgerät)

low-pass (Elek) Tiefpass m

low potential (Elek) Mittelspannung f

low pressure (Hydr/Pneu, Tech) Unterdruck m

low pressure (Tech) Niederdruck m

low-profile module (Tech) Flachbaurahmen m

low-resistance adj (Elek) niederohmig

low-resistive adj (Elek) niederohmig

low-side voltage (Elek) Unterspannung f (Trafo)

low signal selector (Mess) Minimumauswahl f (Gerät)

low-speed adj (Tech) niedrigtourig

low speed (Tech) kleine Drehzahl f, langsamer Gang m

low-speed curve (Elek) Niedrigdrehzahlkurve f

low-temperature (Tech) Niedertemperatur f

low-temperature cast steel (Met) kältezäher Stahlguss m

low-temperature performance (Tech) Kälteverhalten n

low tension (Elek) Niederspannung f

low-tension control (Walz) Minimalzugregelung f

low-value adj (Tech) geringwertig

low-viscosity grease container (Tech) Fließfettinhalt m

low voltage (Elek) Niederspannung f

low-voltage current (Elek) Schwachstrom m

low-voltage HRC fuse (Elek) NH-Sicherung f

low-voltage neutral (Elek) Sternpunkt m (Trafo)

low-voltage winding (Elek) Unterspannungswicklung f (Transformator)

low-wear adj (Tech) verschleißarm

lower v (Tech) ablassen (zu Boden lassen); absenken (am Kran); erniedrigen (z. B. Druck, Temperatur); fieren, herablassen (z. B. Bauteile); herabsetzen (zurückfahren); herunterlassen, mindern (z. B. Druck); schwenken (nach unten); senken (z. B. eine Last absenken)

lower... adj (Bergb, Elek, Form, Tech) Unter...

lower boom [chord] (Stb) Untergurt m (Fachwerkträger)

lower contacting envelope (Prüf) Grundprofil n (Rautiefenmessung)

lower cutting edge (Bergb) Unterkante f

lower flange (Stb) Unterflansch m, Untergurt m (z. B. eines Trägers)

lower-level adj (Tech) untergeordnet

lower mantle power tube (Elek, Hütt) Strangstromrohr n (Reduktionsofen)

lower voltage (Elek) Unterspannung f (Trafo)

lowerable, lowering adj (Tech) senkbar

lowerable, lowering... adj (Tech) Senk...

lowering (Bergb, Geo) Absenken n, Absenkung f, Senkung f

lowering control valve (Vent) Senkventil n

lowest nominal voltage (Elek) Nennunterspannung f

LP gas (Petr) Flüssiggas n

LPG (Chem) Treibgas n (z. B. für Gabelstapler)

LPG (Petr) Flüssiggas n

LS system (Tech) Grenzlastsystem n

lube oil (AE) (Tech) Schmieröl n

lubricant (Tech) Gleitmittel n, Schmiermittel n, Schmierstoff m

lubricate v (Tech) abschmieren (mit Fett oder Öl versehen); einfetten (schmieren); schmieren (einölen)

lubricated adj (Tech) geschmiert

lubricating... adj (Tech) Abschmier..., Schmier...

lubricating oil (Tech) Schmieröl n

lubricating oil film (Tech) Schmierfilm m

lubricating-oil inlet (Tech) Ölzulauf m (für Schmieröl)

lubricating system (Tech) Schmieranlage f

lubrication system (Tech) Ölversorgung f, Schmieranlage f, Schmiersystem n, Schmierung f

lubrication with switch-off delay (Tech) Nachlaufschmierung f

lubrication... adj (Tech) Abschmier..., Schmier...

lubricator (Tech) Öler m (z. B. Ölkanne); Schmierbuchse f, Schmierer m, Schmiervorrichtung f

lubricator nipple *(Tech)* Schmiernippel *m* *(Öl)*

lubricator nozzle *(Tech)* Füllrohr *n* *(Schmierung)*

lubricity *(Met)* Schmierfähigkeit *f*

luffing *(Kran)* Wippen *n*

luffing and slewing crane *(Kran)* Wipp-drehkran *m*

luffing-boom shovel *(Bergb)* Hochbagger *m*, Hochlöffelbagger *m*

luffing gear *(Förd, Tech)* Wippwerk *n*

luffing gear *(Kran)* Einziehwerk *n (Kran-ausleger)*

luffing winch *(Umschl)* Einziehwerk *n*

luffing with rise and fall adjustment Heb- und Senktor *n*

lug *(Tech)* angegossenes Auge *n*, Ansatz *m (Nase)*; Aufhängeöse *f*, Auge *n*, Fahne *f (vorspringendes Teil)*; Kabel-schuh *m*, Lasche *f (Nase, Öse)*; Mit-nehmernase *f (der Bodenplatte)*; Nase *f*, Ohr *n*, Vorsprung *m (am Maschinen-teil)*; Distanzstück *n (in Rohrbündeln)*

lug *(Werkz)* Knagge *f*

lug angle [cleat] *(Stb)* Anschlusswinkel *m (Beiwinkel)*; Beiwinkel *m (An-schlusswinkel)*

lug ring *(Tech)* Nasenring *m (der Kugel-drehverbindung)*

luggage boot *(Kfz)* Kofferraum *m*

lugging capability *(Tech)* Hubkraft *f*

lukewarm *adj (Met)* handwarm

lumber *(Bau)* Bauholz *n*

lumbermill *(Tech)* Sägemühle *f (großes Sägewerk)*; Sägewerk *n*

luminosity *(Tech)* Leuchtkraft *f (einer Flamme)*

luminous *adj (Tech)* leuchtend, strahlend

luminous control panel *(Elek)* Leucht-schaltbild *n*, Leuchtwarte *f*

luminous dial lighting *(Elek)* glühfaden-freie Anzeigebeleuchtung *f*

luminous efficacy [efficiency] *(Licht, Mess)* Lichtausbeute *f*

luminous intensity *(Elek)* Lichtwert--Vollautomatik *f (Fernsehgeräte)*

luminous intensity *(Licht)* Lichtstärke *f*

luminous push-button *(Elek)* Leucht-taster *m*

lump *(Tech)* Klumpen *m (Stoff)*

lump hammer *(Werkz)* Fäustel *m (DIN 6475)*; Schlägel *m*

lump ore *(Geo)* Stückerz *n*

lumped *adj (Tech)* konzentriert

lumps *pl (Bergb)* Würfelkohle *f*

lumps *pl (Förd, Umschl, Bergb)* Brocken *mpl*

lumpy *adj (Tech, Umschl)* stückig

M

MAC *(IT)* obligatorische Zugriffskontrolle *f*

Mach number *(Phys)* Machzahl *f*

machinable *adj (Mech)* bearbeitungsfä-hig, bearbeitbar

machine *v (Form, Mech)* bearbeiten *(maschinell, zerspanend)*

machine *v (Mech)* abarbeiten *(mecha-nisch bearbeiten)*; zerspanen

machine *(Elek)* Geräteeinheit *f*

machine *(Tech)* Arbeitsmaschine *f (zur Herstellung)*; Gerät *n (z. B. Bauma-schine)*; Maschine *f* • **by machine** maschinell

machine-cut *adj (Mech)* geschnitten

machine for simultaneous testing of several specimens *(Prüf)* Vielproben-maschine *f (DIN 50100)*

machine manufacture *(Tech)* Maschi-nenherstellung *f*

machine number *(Kfz)* Gerätenummer *f*

machine part *(Tech)* Maschinenteil *n*

machine pattern *(Tech)* Tragbild *n* *(Zähne)*

machine pool *(Bergb)* Maschinenbau-ausrüstung *f*

machine pool *(Tech)* Maschinenpark *m*

machine population *(Fert)* Maschinen-bestand *m*

machine rock drill *(Bergb)* Gesteins-bohrmaschine *f*

machine scarfing *(Hütt, Mech)* Maschi-nenflämmen *n*

machine shop *(Mech)* mechanische Werkstatt *f*

machine steel *(Met)* Maschinenbaustahl *m*

machine tap *(Mont)* Bohrer *m (Maschi-nenbohrer)*

machine tool *(Mech, Werkz)* Werkzeug-maschine *f*

machine tools *pl (Mech, Werkz)* Bear-beitungsmaschinen *fpl*; Werkzeugma-schinenbau *m*

machine vision *(Mess)* optoelektronisches Sichtsystem *n*

machine voltage *(Elek)* Bordnetzspannung *f (des Baggers)*

machine welding *(Schw)* Maschinenschweißen *n*

machined *adj (Mech)* bearbeitet *(maschinell bearbeitet)*

machined teeth *(Mech)* geschnittene Zähne *mpl*

machined washer *(Tech)* blanke Unterlegscheibe *f*

machinery *(Tech)* Maschinen *fpl*, Maschinenpark *m*

machine's mains *pl (Elek)* Bordnetz *n (elektrische Anlage)*

machining *(Mech)* Bearbeitung *f (maschinell)*; mechanische Bearbeitung *f*, zerspanende Bearbeitung *f*

machining allowance *(Mech)* Bearbeitungszugabe *f*, Bearbeitungszuschlag *m (an Material)*

machining centre *(BE) (Mech)* Bearbeitungszentrum *n (als kombinierte Maschine)*

machining operation *(Fert, Mech)* Arbeitsvorgang *m (Maschine)*; Abarbeitungsvorgang *m (spanabhebend)*; Arbeitsgang *m (Maschine)*; Bearbeitungsvorgang *m*, Durchlauf *m*, Zerspanungsvorgang *m*

machining tolerance *(Mech)* Bearbeitungstoleranz *f*, Zugabe *f (für spätere Bearbeitung)*

machining tolerance *(Mech, Zeich)* Bearbeitungsungenauigkeit *f (Zeichnungsangabe)*

machining with stock removal *(Mech)* spanabhebende Bearbeitung *f*

machining without stock removal *(Mech)* spanlose Bearbeitung *f*

machinist's file *(Werkz)* Werkstattfeile *f*

macro-etching, macroetching *(Met)* Makroätzung *f*

macrograph *(Prüf, Tech)* makroskopisches Bild *n*

macroscopic examination *(Prüf)* makrografische Untersuchung *f*

macrosegregation *(Met)* Makroseigerung *f*

macrostructure *(Met)* makroskopisches Gefüge *n*

magazine *(Log)* Magazin *n*

magnaflux *(Tech)* Fluten *n (Werkstoffprüfung)*

magnaflux test(ing) *(Prüf)* Flutverfahren *n*; Magnaflux-Prüfung *f*, Magnetpulver-Prüfverfahren *n*, Magnetpulververfahren *n*

magnesite *(Geo)* Magnesit *m*

magnesium alloy *(Met)* Magnesium-Basis-Legierung *f*

magnesium chloride *(Bergb)* Magnesiumchlorid *n*

magnesium chloride *(Met)* Chlormagnesium *n*

magnet *(Elek, Tech)* Zündmagnet *m*

magnet *(Tech)* Magnet *m*

magnet... *adj (Elek, Tech)* Magnet...

magnet (lifting) beam *(Kran)* Magnettraverse *f*

magnet coil *(Elek, Tech)* Feldwicklung *f*, Magnetspule *f*; Zündspule *f*

magnet coil *(Mess)* Elektromagnet *m (Magnetspule)*

magnet coil *(Tech)* Magnet *m*, Magnetspule *f*

magnet crane *(Kran)* Magnetkran *m*

magnet spreader *(Kran)* Magnettraverse *f*

magnet steel *(Met)* Magnetstahl *m*

magnet-type *adj (Elek)* magnetisch; Magnet...

magnetic *adj (Elek)* magnetisch; Magnet...

magnetic crack detection *(Prüf)* magnetisches Prüfverfahren *n*; Durchflutungsverfahren *n (Hydraulik)*

magnetic flow test *(Tech)* Fluten *n (Werkstoffprüfung)*

magnetic method *(Prüf)* Magnetpulververfahren *n (Schweißprüfung)*

magnetic particle inspection *(Prüf)* Magnaflux-Prüfung *f*, magnetische Rissprüfung *f*, Magnetpulverprüfung *f*, Magnetpulververfahren *n*

magnetic-particle method [technique] *(Tech)* Fluoreszenz-Magnetpulver-Verfahren *n*

magnetic particle test *(Hydr/Pneu)* Fluten *n (Werkstoffprüfung)*; Durchflutungsverfahren *n*

magnetic particle test(ing) *(Prüf)* magnetische Rissprüfung *f*, Magnetpulverprüfung *f*, magnetisches Prüfverfahren *n*

magnetic permeance *(Mess)* magnetischer Leitwert m

magnetic pick-off *(Mess)* induktive Abtastung f

magnetic potential difference *(Mess)* magnetische Spannung f

magnetic powder testing method *(Prüf)* Magnaflux-Verfahren n, Magnetpulver--Prüfverfahren n, Magnetpulververfahren n

magnetic pulse welding *(Schw)* Magnetimpulsschweißen n

magnetic retentivity *(Mess)* Remanenz f *(magnetische Eigenschaft)*

magnetic reversal *(Met)* Ummagnetisierung f

magnetic trigger *(Elek)* Magnet-Geber m

magneto *(Elek, Tech)* Magnetzünder m, Zündmagnet m

magneto bearing *(Lag)* Schulterkugellager n

magneto switch *(Elek)* Magnetschalter m

magnetostrictive transducer *(Mess)* magnetostriktiver Wandler m

magnification *(Tech)* Vergrößerung f

magnitude *(Tech)* Ausschlag m, Größe f

magslip *(Elek)* induktiver Drehfeldgeber m

main *adj (Tech)* Haupt…, hauptsächlich

main *(Elek)* Kabelzuleitung f

main balance beam *(Bergb, Mech)* Fahrwerksschwinge f

main beam *(Stb)* Unterzug m

main beam *(Tech)* Rahmen m *(Grader)*

main bearing *(Kfz)* Hauptlager n

main blade *(Bergb)* Hauptschneide f

main-block valve *(Hydr/Pneu)* Steuerschieber m

main board *(Elek)* Hauptschalttafel f

main bull gear unit *(Getr)* Großradstufe f

main circuit breaker *(Elek)* Hauptleistungsschalter m, Hauptschalter m, Leistungsschalter m

main control room *(Mess)* Hauptleitwarte f *(Hauptsteuerwarte, zentraler Leitstand)*

main direction of stress *(Mech)* Hauptbelastungsrichtung f

main drive *(Antr)* Hauptantrieb m

main drive shaft *(Tech)* Sammelwelle f *(Dieselmotor)*

main erection work *(Mont)* Grobmontage f

main floor *(Kfz)* Fondboden m

main frame *(Bergb, Stb)* Längsträger m *(des Bagger-Oberwagens)*

main frame *(Kfz)* Chassis n, Hauptrahmen m

main frame *(Stb)* Hauptgerüst n

main frame *(Zer)* Brechergehäuse n

main line haulage *(Bergb, Förd)* Streckenförderung f

main oil rifle *(Tech)* Ölgalerie f

main pipe *(Tech)* Leitrohr n

main pump *(Bergb)* Arbeitspumpe f

main shaft *(Tech)* Hauptwelle f, Keilnutenwelle f

main shaft bearing *(Mech)* Achslagerung f

main-spring file *(Werkz)* Feder-Lochfeile f

mainframe computer *(IT)* Großrechner m

mainly *adv (Tech)* vornehmlich

mains *(Elek, Tech)* Netz n *(z. B. Wasser- oder Stromnetz)*

mains *(Elek)* Stromversorgung f

mains supply *(Elek)* Energieversorgung f *(elektrische Energie)*; Stromversorgung f

mains terminal *(Elek)* Netzanschlussklemme f

mains tester *(Elek)* Spannungsprüfer m

maintain *v (Tech)* beibehalten *(z. B. eine Geschwindigkeit)*; instandhalten *(warten)*; pflegen, warten *(z. B. eine Maschine)*

maintainability *(Tech)* Wartbarkeit f

maintained-contact switch *(Elek)* Dauerkontaktgeber m

maintenance *(Bau, Tech)* Erhaltung f *(z. B. eines Gebäudes)*; Unterhaltung f, Wartung f

maintenance *(Tech)* Instandhaltung f, Pflege f; Montageausführung f *(Werksabteilung)*

maintenance-free *adj (Tech)* wartungsfrei

maintenance manual *(Tech)* Wartungsanleitung f *(Buch)*; Wartungshandbuch n; Wartungsliste f

maintenance of dirt roads *(Bergb)* Wegehobeln n *(Graderarbeit)*

maintenance shift *(Tech)* Putzschicht f *(Fertigung)*

major assembly *(Tech)* Großmontage f

major diameter *(Tech)* Gewindedurchmesser m *(z. B. der Schraube)*

major plant engineering *(Tech)* Anlagenbau m

major project *(Tech)* Großprojekt n

make v *(Fert, Tech)* anfertigen, herstellen

make v **inoperative** *(Elek)* ausschalten *(z. B. Gerät, Stromkreis)*

make v **round** *(Mech)* runden *(rund machen)*

make v **safe** *(Tech)* absichern

make v **the terminal connections** *(Elek)* anklemmen *(anschließen)*

make v **tight** *(Tech)* dichten *(abdichten)*

make *(Tech)* Ausführung f *(Machart, Qualität)*; Fabrikat n, Marke f

make-break capacity *(Elek)* Schaltleistung f *(s. a. Schaltvermögen, Ausschaltleistung, Einschaltvermögen)*

make-break switch *(Elek)* Einschalter m

make-break time *(Elek)* Einschalt--Ausschalt-Zeit f

make contact *(Elek)* Arbeitskontakt m, Schließer m, Schließkontakt m *(Arbeitskontakt)*

make gas *(Petr)* Spaltgas n

making and breaking capacity *(Elek)* Schaltleistung f *(s. a. Schaltvermögen, Ausschaltleistung, Einschaltvermögen)*

making capacity *(Elek)* Einschaltleistung f, Einschaltvermögen n, Schaltleistung f *(Einschalten)*

maladjustment *(Tech)* Verstellung f

male adj *(Tech)* außen, außenseitig

male clevis *(Tech)* Schwenkauge n

male die *(Tech)* Pressplatte f

male member *(Tech)* einspringendes Teil n

male rotor *(Verd)* Hauptläufer m

male screw joint *(Tech)* Einschraubverschraubung f

male stud elbow coupling *(Tech)* Winkeleinschraubverschraubung f

male union *(Tech)* Gewindestück n mit Außengewinde

malfunction *(Elek)* Funktionsstörung f

malfunction *(Tech)* Störung f *(z. B. eines Gerätes)*; Versagen n *(Maschine)*

mall *(Werkz)* Schlaghammer m

malleable adj *(Met)* schmiedbar

malleable cast iron *(Met)* Temperguss m, GT *(Gussart)*

malleable casting *(Met)* Temperguss m, GT

malleable iron *(Met)* schmiedbarer Guss m, Temperguss m, GT

malleable iron casting *(Met)* Temperguss m, GT

mammoth *(Tech)* Riesen...

man v *(Tech)* besetzen *(mit Personal)*

man-made adj *(Tech)* künstlich, synthetisch

man-made material *(Kunst)* Kunststoff m

man-riding *(Bergb)* Mannfahrung f, Mannschaftsfahrung f *(Förderkorb)*; Seilfahrt f *(Fördern von Personen im Schacht)*

manage v *(Tech)* handhaben *(betätigen)*; verwalten

manageable adj *(Tech)* handlich

mandatory adj *(Tech)* obligatorisch

mandatory access control *(IT)* obligatorische Zugriffskontrolle f

mandrel *(Tech)* Trommel f *(z. B. für Kabel)*

mandrel *(Mech)* Drehmaschinenspindel f

mandrel *(Tech)* Stoßstange f *(Stoßbank)*

mandrel *(Walz)* Dorn m *(für Faltversuch)*; Dornstange f *(eines Rohrkontiwalzwerks)*; Pilgerdorn m *(Rohrwalzwerk)*; Pressdorn m

mandrel bar *(Hütt)* Stopfenstange f *(Stopfenwalzwerk)*

mandrel bar *(Tech)* Stoßstange f *(Stoßbank)*

mandrel draw bench *(Form)* Stopfenziehbank f

mandrel mill *(Walz)* Rohrwalzwerk n

mandrel quill *(Tech)* Hohlwelle f *(einer Wickelmaschine)*

mandrel rod end *(Tech)* Widerlager n *(einer Ziehbank)*

mandril gauge *(BE)* *(Werkz)* Lehrdorn m *(Prüfwerkzeug)*

mandril screw spindle *(Tech)* Schraubenspindel f

mandril screwing plug *(Elek)* Wickeldorn m

maneuver v *(AE)* *(Tech)* manövrieren

maneuverability *(AE)* *(Bergb, Tech)* Beweglichkeit f, Manövrierfähigkeit f

manganese *(Met)* Mangan n

manganese nodule *(Met)* Manganknolle f

manganese steel *(Met)* Manganhartstahlguss m, Manganstahl m

manhole *(Bau)* Kanaldeckel m *(z. B. auf der Straße)*

manhole *(Schw)* Fenster n *(Einstieg)*

manhole *(Tech)* Einstieg m, Mannloch n

manifold adj *(Tech)* mehrfach

manifold... adj *(Elek, Tech)* Verteiler...

manifold... adj *(Hydr/Pneu)* Sammel..., Verteiler...

manifold *(Elek)* Verteiler m

manifold *(Elek, Tech)* Verteilerleiste f; Verteiler m *(Verteilerrohr)*

manifold *(Hydr/Pneu)* Anschlussblock m

manifold *(Kfz)* Krümmer m *(z. B. Auspuff)*

manifold *(Tech)* Sammelleitung f *(z. B. Auspuff)*

manifold block *(Hydr/Pneu)* Sammelgrundplatte f, Verteilerblock m

manipulate v *(Tech)* verstellen

manipulated variable *(Mess)* Stellgröße f

manipulation *(Elek)* Bedienung f

manipulation *(Hütt/Walz, Tech)* Verarbeitung f

manoeuvrability *(Bergb, Tech)* Bewegbarkeit f *(z. B. eines Schiffes)*; Beweglichkeit f, Manövrierfähigkeit f

manoeuvrable adj *(BE) (Tech)* manövrierbar, wendig *(z. B. ein Gerät)*

manoeuvre v *(BE) (Tech)* manövrieren, rangieren *(z. B. Pkw)*

manometer *(Hydr/Pneu)* Druckmesser m

mansard roof *(Bau)* Mansardendach n

mantle *(Hütt)* Tragzylinder m

mantle *(Tech)* Kegel m *(Brecher)*; Tragring m *(Hochofen amerikanischer Bauweise)*

mantle *(Zer)* Brechkegel m

manual adj *(Tech)* manuell, Hand...

manual *(Tech)* Betriebsanleitung f, Handbuch n *(Gebrauchsanweisung)*

manual arc welding with covered electrode *(Schw)* Lichtbogenhandschweißen n

manual flaw detection unit *(Prüf)* Handprüfgerät n *(Ultraschall)*

manual labour *(Tech)* Handarbeit f

manual-shielded metal arc welding *(Schw)* Handlichtbogenschweißen n

manual torch *(Schw)* Handbrenner m

manual work *(Tech)* Handarbeit f

manufacture v *(Fert, Tech)* anfertigen, erzeugen, fertigen, herstellen

manufacture *(Fert, Tech)* Fertigung f, Fabrikation f

manufacture *(Mech)* Bearbeitung f *(z. B. Rohstoffe)*

manufactured adj *(Fert, Form, Tech)* angefertigt, hergestellt

manufactured article *(Tech)* Fabrikat n *(Produkt)*

manufacturer *(Tech)* Fabrikant m, Hersteller m

manufacturing drawing *(Zeich)* Arbeitszeichnung f

manufacturing equipment *(Fert)* Produktionsanlagen fpl *(Fabrik)*

manufacturing line *(Fert)* Fertigungsprogramm n

manufacturing operation *(Fert, Hütt/ Walz)* Weiterverarbeitung f

manufacturing order processing *(Fert)* Arbeitsauftragsverarbeitung f

manufacturing planning *(Fert)* Arbeitsplanung f

manufacturing plant *(Fert)* Fertigungsstätte f, Produktionsstätte f

manufacturing technology *(Fert)* Fertigungstechnologie f

manway opening *(Tech)* Mannloch n

margin *(Tech, Stb)* Abmaß n

marine contractor *(Bergb)* Nassbaggerei f, Unterwasserbaggerei f

marine hydraulics *(Hydr)* Schiffshydraulik f

maritime industry *(Schiff)* Schiffs- und Werftindustrie f

maritime mining *(Bergb)* Meeresbergbau m

mark v *(Förd, Tech)* abstecken *(z. B. während des Bandrückvorgangs)*

mark v *(Mech, Mont)* ankörnen

mark v *(Tech)* markieren, signieren *(markieren)*

mark *(Tech)* Bezeichnung f *(Beschriftung, Schild)*; Kennzeichen n *(z. B. auf Kisten)*; Marke f, Zeichen n

marked adj *(Tech)* angekreuzt *(z. B. mit Farbstift)*; eingezeichnet, gekennzeichnet

marked-up adj *(Tech)* signiert

marker *(Elek)* Bezeichnungstülle f, Kabelmerkstein m, Marker m, Markierer m

market(able) lead *(Met)* Verkaufsblei n

marking *(Mech, Stb, Zeich)* Anreißen n *(Vorzeichen)*

marking *(Tech)* Kennzeichen n *(z. B. auf Kisten)*; Kennzeichnung f, Markierung f

marking off *(Konst, Mech, Stb, Zeich)* Anreißen n, Anriss m, Anzeichnen n, Vorzeichnen n

marking off dimension *(Stb)* Wurzelmaß n *(Anreißmaß)*

marking tag *(Tech)* Bezeichnungsschild n *(Aufschrift)*

marl *(Geo)* Mergel m *(Gesteinsart)*

marly till *(Geo, Bau)* Geschiebemergel m

marshal v *(Bahn)* rangieren

marshalling yard *(Bahn)* Rangierbahnhof m, Verschiebebahnhof m

martempering *(Hütt, Met)* Warmbadhärtung f

martensite *(Met)* Martensit m

martensitic *adj (Met)* martensitisch *(Gefüge)*

Maser *(Mess)* Maser m *(Microwave Amplification by Stimulated Emission of Radiation)*

mask v *(Anstr)* abdecken, verdecken *(nicht zu behandelnde Flächen)*

mask v *(Prüf)* verdecken *(Ultraschallprüfung)*

mask *(Tech)* Blende f *(Abdeckung)*

mason *(Bau)* Steinmetz m

masonry *(Bau)* Mauerwerk n, Maurerarbeit f

masonry *(Stb)* Ausmauerung f *(Mauerwerk)*

masonry opening *(Baut)* Rohbaumaß n

masonry saw *(Werkz)* Steinsäge f

mass *(Phys)* Masse f

mass... *adj (Tech)* Massen...

mass density *(Geo)* Dichte f *(spezifische Dichte)*

mass flow *(Tech, Stat)* Massenfluss m, Massenstrom m

mass-impregnated *adj (Elek)* masseimprägniert

mass moment of inertia *(Tech, Phys)* Massenträgheitsmoment n

massive ore *(Bergb)* Reicherz n

mast *(Tech)* Hubgerüst n, Hubrahmen m *(des Staplers)*; Mast m

master *(Mess)* Bussteuereinheit f

master *(Tech)* Meister m

master... *adj (Elek)* Haupt..., Leit...

master computer *(Mess)* Leitrechner m

master control *(Elek)* Hauptschalter m *(Ein-Aus-Schalter, elektron. Steuerung, PC)*; Hauptschaltung f, Meisterschalter m

master gauge *(BE) (Metr, Werkz)* Prüflehre f, Urlehre f

master gauge for holes *(BE) (Tech)* Lochbild n *(DIN 24340)*

master link *(Tech)* Kettenschlussglied n

master oscillator *(Mess)* Steueroszillator m

master panel *(Elek)* Hauptschalttafel f, Leitschalttafel f *(Hauptschalttafel)*

master power diagram *(Elek)* Hauptplan m, Schaltplan m *(Stromlaufplan)*; Übersichtsplan m

master reference voltage *(Mess)* Leitspannung f

master trigger unit *(Elek)* Steuergenerator m

master trigger unit *(Tech)* Federblatt n

mastic *(Bau)* Glaserkitt m, Kitt m • without mastic kittlos *(Glasdach)*

mastic asphalt *(Bau)* Gussasphalt m

mat *(Tech)* Matte f

mat foundation *(Bau)* Plattengründung f

match v *(Tech)* anpassen, passend machen

match *(Mont, Tech)* Paarung f *(z. B. Kombination zweier Maschinen)*

match-mark v *(Tech)* kennzeichnen *(z. B. wie Teile zusammengehören)*; paarweise markieren, passmarkieren

matching *adj (Tech)* zusammengehörend

matching gear unit *(Getr)* Anpassgetriebe n

matching impedance *(Elek)* Scheinanpassung f, Widerstandsanpassung f

mate specimen *(Tech)* Gegenstück n, Gegenstückmuster n *(Teil eines Paares)*

material *(Bergb)* Haufwerk n

material *(Förd)* Fördergut n

material *(Met)* Werkstoff m

material *(Tech)* Bedarfsstoffe mpl *(notwendiges Material)*; Gewebe n, Gut n, Masse f, Material n

material balance *(Tech)* Stoffbilanz f

material certificate *(Prüf)* Werkstoffnachweis m

material discontinuity *(Met)* Werkstofftrennung f

material handling *(Förd)* Fördern n

(Transport, Behandlung); Fördertechnik f; Güterumschlag m *(z. B. per Stapler)*
material reducer *(Zer)* Knabberer m
material side *(Förd, Tech)* Tragseite f *(Gurt)*
material test *(Prüf)* Werkstoffprüfung f *(Materialprüfung)*; Werkstoffuntersuchung f
material testing *(Prüf, Tech)* Materialprüfung f *(Werkstoffprüfung)*; Materialprobe f
material usage *(Tech)* Materialverbrauch m, Wareneinsatz m *(in einer Fabrik)*
materials handling technology *(Umschl)* Fördertechnik f, Umschlagtechnik f
materials management *(Fert)* Materialwirtschaft f
materials preparation plant *(Aufb)* Aufbereitungsanlage f *(z. B. für Kohle, Erze und sonstige Mineralien)*
materials preparation technology *(Aufb)* Aufbereitungstechnik f
materials testing *(Prüf)* Werkstoffprüfung f *(Materialprüfung)*
mathematical *adj (Math)* rechnerisch
mating... *adj (Tech)* Gegen...
mating dimensions *pl (Mech)* Anschlussmaße *npl*
mating gears *pl (Getr)* Radpaarung f
mating surface *(Tech)* Passfläche f
matrix *(Elek)* Matrix f
matrix *(Math)* Grundmasse f
matrix *(Mech)* Matrize f
matrix *(Tech)* Mater f *(Druckzubehör)*
matrix striking press *(Mech)* Schlagpresse f *(zum Matern)*
matt *adj (Anstr)* matt *(Farbe)*
matte *(Hütt)* Stein m
matter *(Chem)* Materie f, Stoff m, Substanz f
mattock *(Bau)* Breithacke f
mature *adj (Konst, Tech)* ausgereift *(durch Erfahrung gut)*; reif
maul *(Werkz)* Schlaghammer m
MAW *(Schw)* Metalllichtbogenschweißen n
maximal *adj (Tech)* maximal
maximise *(BE) (IT)* Vollbild n *(Darstellung)*
maximum *adj (Tech)* größtmöglich, maximal; Grenz..., Höchst..., Ober...; ...spitze f

maximum *(Bergb, Tech)* Höchstgrenze f, Maximum n
maximum boom height *(Kran)* Rollenhöhe f
maximum demand *(Elek)* Belastungsspitze f, Lastspitze f
maximum demand of supply *(Elek)* Gesamtanschlusswert m, gesamte Anschlussleistung f
maximum load *(Prüf, Tech)* Oberlast f *(DIN 50100)*
maximum load *(Tech)* Höchstbelastung f, Maximalwert m
maximum stress limit *(Met, Prüf)* Überspannung f *(Dauerfestigkeit, DIN 50100)*; Grenzlinie der Überspannung f *(DIN 50100)*
mean *adj (Tech)* mittel; Mittel...
mean *(Mech, Tech)* Durchschnitt m, Mittelwert m
mean sea level *(Tech)* Normalnull f
mean value *(Tech)* Mittelwert m
meander pick-up *(Mess, Verd)* Mäandermessaufnehmer m
meaningful *adj (Tech)* aussagekräftig, sinntragend, sinnvoll
means *(Mech)* Mittel n *(Werkzeug, Instrument)*
means of access *(Tech)* Begehung f, Zugang m
means of conveying *(Förd)* Beförderungsmittel n
means of transport *(Tech)* Transportmittel n
measure *v (Tech)* messen, vermessen
measure *(Tech)* Maß n
measured *adj (Tech)* gemessen; Mess...
measured signal range *(Metr)* Messbereich m
measurement... *adj (Metr)* Mess...
measurement-control system and control engineering technology *(Elek)* Mess-, Steuerungs- und Regeltechnik f
measurement hole *(Metr)* Messluke f
measurement in chequerboard fashion *(Tech)* Netzmessung f
measurement of case depth *(Met)* Härteschicht-Dickenmessung f
measurement traverse *(Tech)* Netzmessung f
measuring *(Tech)* Erfassung f *(Maße)*; Messung f

measuring... adj (Elek, Metr) Mess...
measuring and control (Metr) Mess- und Regeltechnik f
measuring anvil (Tech, Mont, Werkz) Amboss m (als Messanschlag einer Rundpassungslehre)
measuring device (Metr) Messeinrichtung f, Messgerät n, Messvorrichtung f
measuring head (Elek) Prüfkopf m
measuring jaw (Tech) Anschlag m einer Rundpassungslehre, Messanschlag m einer Rundpassungslehre
measuring junction (Stb) Messstelle f (Thermopaar)
measuring kit (Metr) Messkoffer m (Satz von Messgeräten)
measuring pin (Tech) Tastbolzen m
measuring rule (Tech) Maßstab m
measuring tape (Mech, Mont, Werkz) Bandmaß n, Maßband n (Werkzeug)
measuring wire (Tech) Prüfdraht m (Gewindemessung)
mechanic (Tech) Mechaniker m, Schlosser m (Maschinenschlosser)
mechanical adj (Tech) mechanisch
mechanical adj (Mech) maschinell
mechanical assembly technique (Tech) Baukastenprinzip n
mechanical bond (Tech) Haftwirkung f
mechanical engineer (Tech) Maschinenbauer m
mechanical engineering (Tech) Maschinenbau m
mechanical equivalent of heat (Phys) Wärmearbeitswert m
mechanical input (Tech) Antriebsleistung f
mechanical moulding (BE) (Form) Maschinenformerei f
mechanical precipitator (Tech) mechanisches Filter n
mechanical property (Metr) Festigkeitswert m, mechanische Eigenschaft f
mechanical rapping device Klopfwerk n (Elektrofilter)
mechanical restraint (Tech) Sperre f (mechanisch)
mechanical steel tube (Met) Präzisionsstahlrohr n
mechanical stoker (Tech) Rostbeschickungsapparat m
mechanical switching device (Elek) Schaltgerät n

mechanical test(ing) (Prüf) mechanisch-technologische Prüfung f
mechanical testing of materials (Prüf) mechanische Werkstoffprüfung f
mechanical treatment (Hütt/Walz) Verformung f
mechanical treatment (Mech) Bearbeitung f (maschinell)
mechanical tube (Met) Präzisionsstahlrohr n
mechanical tubing (Met, Walz) Drehteilrohre npl
mechanical workshop (Mech) mechanische Werkstatt f
mechanically short-circuit-proof adj (Elek) kurzschlussfest
mechanics (Mech) Mechanik f (Gewerbe)
mechanics of materials (Met, Stat) Festigkeitslehre f
mechanism (Elek) Antrieb m (Schaltgerät)
mechanism (Tech) Mechanismus m
medium adj (Tech) mittel
medium (Phys) Medium n
medium-carbon steel (Met) mittelgekohlter Stahl m
medium force fit (Tech) Edelgleitsitz m
medium-frequency induction welding (Schw) induktives Mittelfrequenzschweißen n; Mittelfrequenzinduktionsschweißen n
medium-hard adj (Tech) mittelhart
medium-hard rock crushing (Zer) Mittelzerkleinerung f
medium-hard steel (Met) halbharter Stahl m
medium plate (Met) Mittelblech n
medium-pressure hydraulics (Hydr/Pneu) Mitteldruckhydraulik f (bis 300 bar)
medium section mill (Walz) Mittelstraße f
medium sheet (Met) Mittelblech n
medium steel sheet (Met) Mittelblech n
medium-strip mill (Hütt/Walz) Mittelbandstraße f
medium structural steel (Met) Mittelstahl m (als Baustahl)
medium voltage (Elek) Mittelspannung f
medium-wide strip mill (Hütt/Walz) Mittelbandstraße f
megavolt ampere (Elek) Megavolt-Ampere n, MVA n

megawattmeter *(Elek)* Megawattmesser m, MW-Messer m

melt v *(Hütt/Walz)* schmelzen *(Metall)*

melt *(Hütt)* Schmelzfluss m

melt *(Hütt/Walz)* Charge f, Schmelze f

melt recycling *(Hütt)* Schmelzenrücknahme f *(Konverter)*

melter *(Hütt)* Schmelzofen m *(Einschmelzen von Metall)*

melting *(Hütt)* Erschmelzen n

melting… adj *(Hütt)* Schmelz…

melting bath *(Hütt/Walz)* Charge f, Schmelze f

melting practice [procedure, process] *(Hütt)* Schmelzverfahren n

melting time *(Elek)* Ansprechdauer f *(einer Sicherung)*

member *(Baut)* Bauteil n, Glied n

member *(Met)* Stab m

member *(Met, Stb)* Stange f, Träger m *(als Bauteil)*

member *(Tech)* Teil m

member-force analysis *(Stb)* Kräfteermittlung f

member in tension *(Stb)* gezogenes Bauteil n, Zugstab m

member incidences pl *(Tech)* Staborientierung f

membrane *(Tech)* Membran f, Schutzfolie f, Steg m *(längs zwischen zwei Rohren)*

memorized adj *(AE)* *(Elek)* gespeichert *(elektronisch)*

memory *(IT)* Datenspeicher m, Speicher m

meniscus *(Hütt)* Meniskus m

merchant bar *(Met)* Handelsstabstahl m

merchant bars pl *(Met)* Stabstahl m

merchant lead *(Met)* Weichblei m

merchant mill *(Walz)* Stabstahlwalzwerk n

mercury *(Chem)* Quecksilber n

mercury(-in-glass) thermometer *(Metr)* Quecksilberthermometer n

merge v *(Tech)* einordnen

mesh v *(Tech)* eingreifen *(Ritzel)*; ineinandergreifen, kämmen *(Getriebe)*; im Eingriff stehen

mesh *(Getr)* Schluss m *(Zahnräder)*

mesh *(Stb)* Netzmasche f

mesh *(Tech)* Eingriff m *(Getriebe)*; Geflecht n *(Sieb)*; Masche f *(Stahlbau)*

mesh opening *(Tech)* Maschenweite f *(Siebgewebe)*

mesh size *(Tech)* Maschengröße f, Maschenmitte f *(z. B. Sieb)*; Maschenweite f

mesh width *(Tech)* Maschengröße f, Maschenmitte f *(z. B. Sieb)*

mesh wire sieve insert *(Tech)* Korbeinsatz m *(z. B. in Filter)*

meshed network *(Mess)* vermaschtes Netz n

meshing adj *(Tech)* ineinandergreifend *(Zähne)*; ineinanderpassend *(Zähne)*; kämmend *(Zähne im Eingriff)*

meshing *(Getr, Tech)* Zahneingriff m

meshing gear *(Getr)* Gegenzahnrad n

meshing interference *(Tech)* Eingriffsstörung f

meshing toothing *(Getr, Tech)* ineinanderpassende Verzahnung f

message *(IT)* Nachricht f

message *(Tech)* Mitteilung f

metal *(Met)* Metall n

metal-arc welding *(Schw)* Metall-Lichtbogenschweißen n

metal backed adj *(Met)* metallhinterlegt *(Fernsehgerät)*

metal-bearing adj *(Hütt)* metallhaltig

metal braid *(Tech)* Metalltresse f *(Litze, z. B. in Leitung)*

metal-braided and connected adj *(Tech)* festverlegt

metal chips pl *(Mech)* Metallspäne mpl

metal-clad adj *(Elek)* stahlblechgekapselt

metal-cutting adj *(Mech)* spanabhebend

metal-enclosed adj *(Elek)* stahlblechgekapselt

metal fibre element *(Hydr/Pneu)* Metallvlieselement n

metal flow *(Lag)* Auslaufen n

metal forming *(Form, Hütt/Walz)* Umformtechnik f

metal lath *(Met)* Putzträger m aus Stahl

metal making *(Hütt)* Metallgewinnung f

metal making and shaping adj *(Tech)* metallverarbeitend

metal making plant *(Hütt)* Metallgewinnung f

metal processing *(Hütt/Walz)* Stahlweiterverarbeitung f

metal-removing adj *(Mech)* spanabhebend

metal scrap and raw [virgin] metals pl
(Hütt) Alt- und Rohmetalle npl
metal sheet pipe (Bau) Wellblechrohr n
metal-spray v (Anstr) metallisieren
metal spray coating (Hütt) Metallspritzverfahren n
metal spraying (Anstr) Spritzüberzug m
(metallisch)
metal-to-metal contact (Tech) metallische Berührung f
metal-to-metal joint (Tech) metallisch
dichtende Verbindung f
metal-working adj (Tech) metallverarbeitend
metal working (Hütt/Walz) Stahlverarbeitung f
metal working (Mech) Metallbearbeitung
f
metal working industry (Hütt/Walz)
Metallverarbeitung f
metallic adj (Met) metallisch
metallic arc welding (Schw) Lichtbogenschweißen n
metallic burden and fluxes (Hütt/Walz)
Möller m (Chargiergut für den Hochofen)
metallic gasket (Zeich) Metalldichtung f
metallically blank adj (Anstr, Met) metallisch blank, metallisch sauber
(Reinheitsgrad Sandstrahlen)
metalliferous adj (Tech) metallverarbeitend
metallise v (BE) (Anstr) metallisieren
metallize v (AE) (Anstr) metallisieren
metallographic adj (Tech) metallografisch
metallographic specimen (Met) Schliff
m
metalloid (Hütt, Met) Übergangsmetall n
metallurgical adj (Met) metallurgisch
metallurgical engineering (Hütt/Walz)
Hüttentechnik f
metallurgical plant (and equipment)
(Hütt/Walz) Hüttentechnik f
metallurgy (Hütt, Met) Metallurgie f
metallurgy/rolling mills (Hütt/Walz)
Hüttenwesen/Walztechnik f
metamorphic adj (Bau) gestaltverändernd
metamorphose (Geo) Metamorphose f
meteorological influence (Tech) Witterungseinfluss m
meter (AE) (Bergb) Messer n (Bagger)

meter (AE) (Elek) zählendes Messgerät n
meter (AE) (Metr) Messgerät n, Messinstrument n, Messuhr f
meter (AE) (Tech) Meter m (z. B. für Gas) • **by the meter** meterweise
meter board (AE) (Elek) Zählertafel f
meter-in control (AE) (Hydr) Zulaufschaltung f
meter no-load creep (AE) (Mess) Zählervorlauf m
meter panel (AE) (Elek) Zählertafel f
meter reading (AE) (Tech) Zählerstand m
meter run (AE) (Tech) Messstrecke f
(Rohrleitung)
**metering... ** adj (Tech) Mess...
metering section (Tech) Messstrecke f
(Rohrleitung)
metering shaft (Elek) Messachse f
method (Elek, Tech) Methode f, Verfahren
n
method (Tech) Art f (Methode)
method of construction (Bau) Bauweise
f
method of operation (Fert, Tech) Arbeitsmethode f, Arbeitsweise f, Betriebsart f, Betriebsmethode f; Be-
triebsweise f
meticulously adv (Tech) exakt, genau,
peinlich genau, sorgfältig
metric adj (Tech) metrisch
metrology (Metr) Metrologie f, Messtechnik f
metronome (Tech) Metronom n (Taktmaschine); Taktmesser m
mezzanine (Baut) Halbgeschoss n (in
Gebäude)
MG set (Elek) Leonard-Umformer m,
Umformer m, Ward-Leonard-Aggregat
n, Ward-Leonard-Umformer m
mica (Geo) Glimmer m
micro hose coupling (Hydr) Mini-
-Messschraubkupplung f
micro mill (Hütt) Mikrostahlwerk n
micro-pressure gauge (Metr) Minimeter
n
microcrack (Met) Haarriss m, Mikroriss
m
microfilter (Tech) Feinstfilter n
micrograph (Met, Stb, Tech) Gefügebild
n, Mikroskopaufnahme f, Querschliff m,
Schliffbild n

micrometer caliper *(Metr)* Mikrometer-schraube *f*
micrometer depth gauge *(Tech)* Tiefenmessschraube *f*
micrometer gauge *(BE)* *(Metr)* Bügelmessschraube *f*
micrometer head *(Metr)* Mikrometerschraube *f* *(Schraublehre ohne Bügel)*
micrometer screw *(Metr)* Mikrometerschraube *f*
micron *(Metr)* Mikrometer *m*
microphone *(Elek)* Mikrophon *n*
microphotograph *(Tech)* Mikroskopaufnahme *f*
microporosity *(Met)* Mikrokernlunker *m*
microscope nosepiece *(Lab)* Tubuskopf *m* eines Mikroskops
microscopic *adj (Elek)* mikroskopisch
microsection *(Met)* metallografischer Schliff *m*, Mikroschliff *m*
microspeed drive *(Antr)* Feingangmotor *m*
microstructure *(Met)* Feingefüge *n*
microwave spectroscopy *(Metr)* Mikrowellenspektroskopie *f*
microwave spectroscopy *(Prüf)* Dezimeterwellenspektroskopie *f*
microwave UKW *f*, Ultrakurzwelle *f*
middle *(Tech)* Mitte *f*
middle... *adj (Tech)* Mittel...
middle-girder *(Stb)* Schwebeträger *m*
midrail *(Stb)* Knieleiste *f*
midspan *(Bau)* Feldmitte *f*
MIG-welding *(Schw)* Metall-Inertgas-Schweißen *n*, MIG *n*
migration *(Bau)* Wanderung *f*
migration of weld *(Schw)* Wandern *n* *(von Schweißnähten)*
mild *adj (Tech)* unlegiert *(Stahl)*
mild steel *(Met)* Flussstahl *m*, Flussstahlblech *n*, Handelsbaustahl *m*, Weichstahl *m*
mileage recorder *(Tech)* Kilometerzähler *m*
milestone event *(Tech)* Meilenstein *m* *(Netzplantechnik)*
milestones *pl (Tech)* Etappen *fpl*
mill *v (Mech)* fräsen, rändeln
mill *v (Stb)* abfräsen
mill *v (Zer)* mahlen, zerkleinern
mill *v from (Mech)* herausfräsen
mill *v* **keyways** *(Mech)* fräsen *(von Keilnuten, von Keilwellen)*; keilnutenfräsen

mill *(Hütt/Walz)* Hammerwerk *n*, Walzwerk *n*
mill *(Mech)* Fräse *f*
mill *(Zer)* Mühle *f*
mill housing *(Walz)* Walzenständer *m*; Walzgerüst *n* *(eines Sendzimirwalzwerkes oder Streckreduzierwalzwerkes)*
mill opening *(Walz)* Walzspalt *m* *(Sendzimir)*
mill recirculation *(Bergb)* Grießrückführung *f* *(Mühle)*
mill scale *(Hütt/Walz)* Hammerschlag *m*, Walzhaut *f*, Walzzunder *m*
mill shape *(Met, Stb)* Walzprofil *n*
mill stand *(Walz)* Walzgerüst *n* *(eines Walzwerkes)*
mill test report *(Prüf, Tech)* Werkzeugnis *n* *(Attest)*
mill train *(Walz)* Walzstraße *f*
mill-type motor *(Walz)* Walzenzugmotor *m*
milled *adj (Mech)* gerändelt
milled *adj (Met)* gewalzt
milled slot *(Tech)* Einfräsung *f*
millimeter *(AE)* *(Tech)* Millimeter *m*
millimetre *(BE)* *(Tech)* Millimeter *m*
milling *(Mech)* Nutenfräsen *n*
milling *(Stb)* Abgleichung *f* *(durch Bearbeitung)*
milling board *(Zer)* Mahlleiste *f*
milling machine *(Mech)* Fräsmaschine *f*
milling plate *(Zer)* Mahlplatte *f* *(z. B. Autogenmühle)*
milling race *(Zer)* Mahlbahn *f*
milling ridge *(Mech)* Grat *m* *(scharfe Kante nach dem Fräsen)*
millwright *(Hütt)* Hüttenwerksschlosser *m*
mimic chart *(Elek)* Leuchtschaltbild *n*, Leuchtwarte *f*, Symbolbild *n*
mimic control panel *(Elek)* Leuchtwarte *f*
mimic diagram *(Elek)* Blindschaltbild *m*, Fließbild *n*, Funktionsabbild *n*
mimic diagram *(Tech)* Schemaschaltung *f* des Kessels
mimic diagram *(Tech, Zeich)* Schaubild *n*
mimic diagram panel *(Elek)* Leuchtwarte *f*
mine *v (Bergb)* abbauen *(unter Tage, z. B. Kohle)*; gewinnen
mine *(Bergb)* Bergwerk *n*, Grube *f*, Mine *f*
mine conveyor *(Baum, Bergb, Förd)*

Abbaustrossenband n Baggerstrossenband n, Strossenband n

mine office *(Bergb)* Bergamt n

mine prop *(Bergb)* Grubenholz n, Stempel m *(Grubenholz)*; Stollenholz n

mine railway *(Bahn, Bergb)* Grubenbahn f *(unter und über Tage)*

mine support systems pl *(Bergb, Stb)* Grubenausbaustahl m

mineable adj *(Bergb)* abbaufähig, abbauwürdig

miner *(Bergb)* Abbaumaschine f; Bergarbeiter m, Hauer m

mineral *(Geo)* Mineral n

mineral coal *(Bergb, Geo)* Steinkohle f

mineral grain *(Zer)* Körnung f

mineral oil *(Geo)* Mineralöl n

mineral oil *(Petr)* Erdöl n

mineral resources pl *(Geo)* Bodenschätze mpl

mineral solvent *(Chem)* Waschbenzin n

mineral wool *(Hütt/Walz)* Schlackenwolle f

mineral wool *(Met)* Mineralwolle f

Mines Inspectorate *(Bergb)* Bergbaubehörde f

mini-relay *(Mess)* Kleinrelais n

miniature... adj *(Elek)* Fein..., Klein..., Miniatur...

miniature circuit breaker *(Elek)* Automat m *(z. B. Kleinselbstschalter)*; Kleinselbstschalter m, Sicherungsautomat m *(z. B. Kleinselbstschalter)*

minimill *(Hütt)* Ministahlwerk n

minimize v *(AE)* *(Tech)* verkleinern, vermindern

minimum adj *(Tech)* Mindest..., Minimal...

minimum fusing current *(Elek)* Grenzstrom m

minimum operating value *(Mess)* Ansprechwert m *(Gerätebetrieb)*

minimum stress limit *(Prüf)* Grenzlinie der Unterspannung f *(DIN 50100)*

mining *(Baum, Bergb)* Abbau m *(Förderung, Gewinnung von Bodenschätzen, z. B. Kohle)*

mining *(Bergb)* Bergbau m, Förderung f *(Abbau im Bergbau)*; Gewinnung f

mining authority *(Bergb)* Bergamt n

Mining Board *(Bergb)* Bergamt n, Oberbergamt n

mining conditions pl *(Bergb)* Abbaubedingungen fpl *(beim Abbau von Mineral)*

mining engineer *(Bergb)* Bergingenieur m

mining engineering *(Bergb)* Bergbau m, Bergbauwesen n

mining face *(Bergb)* Abbaufront f, Abbaustoß m

mining horizon *(Bergb)* Abbausohle f

mining industry *(Bergb)* Bergbau m, Montanindustrie f

mining sections pl *(Bergb)* Grubenausbauprofil n

minium *(Anstr)* Mennige f *(Bleirot)*

minor adj *(Tech)* geringfügig

minor diameter *(Tech)* Kerndurchmesser m *(Schraube)*

minor load *(Prüf, Tech)* Vorbelastung f

minor parts *(Tech)* Kleinteile npl

mirror *(Elek)* Reflektor m

mirror *(Tech)* Spiegel m

mirror disk *(Mess)* gespiegelte Platte f

mirror-inverted adj *(Tech)* seitenverkehrt, spiegelbildlich, spiegelverkehrt

misalignment *(Schw)* Kantenversatz m

misalignment *(Tech)* falsche Anbringung f, falsche Ausrichtung f, Fluchtungsfehler m, ungenaue Fluchtung f

misalignment of belt *(Förd)* Bandschieflauf m, Schieflauf m *(Band)*; seitliches Auswandern n des Gurtes

miscellaneous adj *(Tech)* verschieden

miscellaneous *(Tech)* Verschiedenes n

mishap *(Tech)* Panne f

mismatch *(Tech)* Fehlanpassung f, Versatz m *(Toleranz)*

missed area *(Schw)* Fehlstelle f

missing adj *(Tech)* abwesend, fehlend, mangelnd

mist lubrication *(Tech)* Nebelschmierung f

mistake *(Tech)* Fehler m, Irrtum m, Versehen n

mitre *(Tech)* Gehrung f

mitre gear *(Lag)* Winkelrad n

mitre wheel gear unit *(Getr)* Winkelgetriebe n

mix v *(Hütt/Walz)* möllern *(das Chargiergut mischen)*

mix v *(Tech)* mischen

mix *(Bau)* Mischgut n *(Tragschicht)*

mix *(Tech)* Masse f *(feuerfest)*

mix burden *(Hütt/Walz)* Möller m *(für den Reduktionsofen)*

mixed *adj (Tech)* durchmischt

mixed aggregate *(Bau)* Zuschlaggemisch n

mixed pump with adjustable blades *(Tech)* Halbaxialpumpe f mit verstellbaren Schaufeln

mixed with *adj (Chem)* vermischt

mixer *(Bergb)* Mischer m

mixing *(Hütt)* Gattieren n *(Erze)*

mixing *adj (Tech)* Misch...

mixing bed *(Tech)* Mischbettanlage f *(Hüttentechnik)*

mixture *(Chem)* Gemisch n, Mischung f

mixture *(Hütt)* Gattierung f

mobile *adj (Förd)* verlegbar

mobile *adj (Tech)* beweglich, fahrbar, mobil; verfahrbar *(ohne eigenen Fahrantrieb)*

mobile cable carrier *(Tech)* Kabelwagen m

mobile conveyor *(Bergb, Förd)* fahrbarer Förderer m

mobile conveyor *(Förd)* Schrägförderer m

mobile crane *(Kran)* fahrbarer Kran m, Rollkran m *(fahrbar)*

mobile forge *(Tech)* Feldschmiede f

mobile transfer conveyor *(Bergb, Förd)* Bandwagen m, fahrbares Band n

mobilise *v (BE) (Tech)* mobilisieren; Baustelle mobilisieren

mobilize *v (AE) (Tech)* Baustelle einrichten, mobilisieren

mode *(Tech)* Art f *(Methode)*

mode conversion *(Elek)* Wellenumwandlung f

mode of operation *(Fert, Tech)* Arbeitsmethode f, Arbeitsweise f, Betriebsart f, Betriebsbedingungen fpl; Betriebsmethode f, Wirkungsweise f

mode transformation *(Elek)* Wechsel m der Wellenart, Wellenumformung f

model *(Konst, Tech)* Bauart f *(Art des Aufbaus)*; Bauform f

model *(Tech)* Ausführung f *(Machart, Qualität)*; Konstruktion f, Modell n, Typ f *(Bauart, Modell)*

model test *(Prüf)* Modellversuch m

modeling *(AE) (IT)* Modellbildung f, Modellieren n, Modellierung f

modelling *(BE) (IT)* Modellbildung f, Modellieren n, Modellierung f

modernise *v (BE) (Tech)* modernisieren

modernize *v (AE) (Tech)* modernisieren

modification *(Mech, Tech)* Abänderung f *(z. B. Text, Gesetz u. Ä.)*; Abweichung f, Modifizierung f

modified *adj (Tech)* modifiziert

modified Izod test *(Prüf)* kerbloser Izod--Schlagversuch m

modify *v (Tech)* abändern *(z. B. Dokument, Plan, Zeichnung)*; umrüsten

modular *adj (Tech)* modular

modular concept *(Tech)* Baukastenprinzip n, Einheitssystem n

modulated *adj (Tech)* gewobbelt

modulation *(Elek)* Aussteuerung f *(in der Messtechnik)*

modulator electrode *(Elek)* Wehnelt--Zylinder m

module *(Getr)* Zahnteilungsmodul m

module insert *(Tech)* Einschub m *(eines Moduls auf ein Chassis)*

module pitch *(Tech)* Systemlänge f *(Bandgerüst)*

modulus *(Math)* Modul m *(Vektor)*

modulus *(Stb)* Knickmodul m

modulus of elasticity *(Met, Prüf)* Dehnsteife f, Dehnungsmodul m, Elastizitätsmodul m

modulus of elasticity on shear *(Met, Prüf)* Schubmaß n, Schubmodul n, Schubsteife f; Gleitmodul m

modulus of elongation *(Met, Prüf)* Dehnungszahl f, Dehnzahl f

modulus of rigidity *(Met, Prüf)* Schubmaß n, Schubmodul n, Schubsteife f; Gleitmodul m

modulus of rupture *(Met, Prüf)* Bruchmodul n

modulus of rupture *(Stat)* Biegerandspannung f

modulus of transverse elasticity *(Tech)* Gleitmodul m

moil chisel *(Werkz)* Rundmeißel m

moist room *(Baut)* Feuchtraum m

moisten *v (Anstr)* vernetzen *(Spray)*

moisten *v (Bau, Chem)* anfeuchten

moisture *(Hütt/Walz)* Wassergehalt m *(im Brennstoff)*

moisture *(Tech)* Feuchtigkeit f

moisture absorbing property *(Hydr/*

Pneu) feuchtigkeitsbindende Eigenschaft *f*

moisture content *(Chem)* Feuchte *f*

moisture content *(Geo, Tech)* Feuchtigkeitsgehalt *m*

moisture-proof *adj (Elek)* feuchtigkeitsbeständig, feuchtigkeitsgeschützt

moisture-resistant *adj (Elek)* feuchtigkeitsbeständig, feuchtigkeitsresistent

moisture-sensitive *adj (Tech)* nässeempfindlich

mold *v (AE) (Hütt/Walz)* formen

mold *m (AE) (Hütt/Walz)* Form *f*, Gießform *f*

mold-type *adj (AE) (Elek, Tech)* isolierstoffgekapselt

moldboard *(Bergb)* Schar *f (des Graders)*

molecular weight *(Chem, Verd)* Molekulargewicht *n*

molten *adj (Hütt/Walz)* schmelzflüssig

molten *adj (Met)* geschmolzen

molten iron *(Hütt/Walz, Met)* Roheisen *n (flüssig)*

molten pool *(Hütt/Walz)* Krater *m*, Schmelzbad *n*

molten pool *(Schw)* Mulde *f*

molten solution *(Hütt)* Schmelzfluss *m*

molybdenum *(Met)* Molybdän *n*

moment *(Tech)* Moment *m (Augenblick)*

moment at midspan *(Bau, Elek)* Feldmoment *n*

moment of effective inertia *(Tech)* effektives Trägheitsmoment *n*

moment of inertia *(Mess, Tech)* Massenmoment *n*

moment of inertia *(Phys, Tech)* Trägheitsmoment *n*

moment of inertia *(Stat, Tech)* Schwungmoment *n*

moment of resistance *(Elek, Tech)* Widerstandsmoment *n*, W

moment of resistance *(Stat, Mech)* aufnehmbares Moment *n*

moment of resistance *(Tech, Stat)* Moment *n* der inneren Kräfte

momentum *(Antr, Tech)* Antrieb *m (Schwung, Stoß)*

momentum *(Elek)* Impuls *m (Stoß, Anstoß)*

momentum *(Mess)* Impuls *m (Dynamik)*

momentum *(Tech)* Momentum *n*, Wucht *f*

momentum *(Verd)* Drall *m (schwingungserregendes Impulsmoment)*

monitor *(Elek)* Wächter *m*; Bandwächter

m, Bandüberwachungsgerät *n (Förderband)*

monitor *v (Tech)* überwachen

monitor *(IT)* Bildschirm *m*, Monitor *m*

monitor *(Tech)* Strahlrohr *n*

monitor lamp *(Elek)* Meldeleuchte *f*

monitoring *(Elek, Tech)* Überwachung *f*

monkey *(Hütt)* Schlackenförmchen *n (Hochofen)*

monkey wrench *(Werkz)* Engländer *m*, Franzose *m*, Franzosenschlüssel *m (Universalschlüssel)*; Universalschlüssel *m*, verstellbarer Schraubenschlüssel *m*

monobloc *(Bergb)* Monoblock *m*

monocast part *(Met)* Formgussteil *n*

monofilar winding *(Elek, Hütt)* monofilare Wicklung *f (Transformator)*

monograin *(Met)* Monokorn *n*

monolith *(Bau)* Monolith *m*

monomast *(Schiff)* Einzelmast *m*

monomast *(Tech)* Monomast *m (Gabelstapler)*

monorail *(Bahn)* Hängebahn *f*, Schwebebahn *f*

monorail *(Stb)* Einschienenbahn *f*

monorail track system *(Tech)* Hängebahn *f (in Werkshalle)*

monorail trolley *(Bergb, Umschl)* Einschienenlaufkatze *f*

monostable *adj (Elek)* monostabil

monovalence *(Chem)* Einwertigkeit *f*

monoway valve *(Hydr/Pneu)* Einwegventil *n*

mooring winch *(Tech)* Verholwinde *f*

morning shift [watch] *(Tech)* Frühschicht *f*

morse taper *(Mech)* Normalkonus *m*

mortar *(Baut)* Kelle *f*, Mörtel *m*

mortar mix *(Baut, Hütt)* Mörtelmasse *f*, Vermörtelung *f*

mortise lock *(Tech)* Einsteckschloss *n*

mortising work *(Bau)* Stemmarbeit *f*

mosaic-type mimic diagram panel *(Elek)* Mosaik-Schaltbild *n*

mother board *(IT, Mess)* Leitkarte *f*; Hauptplatine *f (des PC)*

motion *(Tech)* Bewegung *f*, Hub *m (Zylinder)*

motion balance *(Mess)* Wegvergleich *m*

motion gear *(Tech)* Triebwerk *n (Kolbenbzw. Rotationsverdichter)*

motivating power (Tech) treibende Kraft f

motive adj (Tech) motorisch; Antriebs…

motor (Antr) Antriebsmaschine f, Antriebsmotor m (Elektromotor)

motor (Elek, Tech) Maschine f (elektrisch)

motor (Tech) Motor m

motor(-driven) adj (Tech) motorbetätigt; Motor…

motor actuator (Antr, Mess) Stellmotor m

motor barge (Schiff) Kahn m, Schute f; Zille f

motor bicycle (Kfz) Kraftrad n (Motorrad)

motor circuit (Elek) Motorabgang m, Motorstromkreis m

motor compartment (Antr) Motorraum m (Elektromotor)

motor compensating system (Elek) Nachlaufwerk n

motor control center (AE) (Elek) Niederspannungsschaltanlage f, Schaltanlage f

motor control centre (BE) (Elek) Niederspannungsschaltanlage f, Schaltanlage f (Motor)

motor controller (Elek) Fahrschalter m, Motorschalter m

motor drive (unit) (Antr) Antrieb m, Motorantrieb m

motor fuel gas storage (Tech) Speichergasanlage f

motor generator set (Elek) Umformersatz m, Ward-Leonard-Aggregat n

motor grader (Bergb) Grader m, Motorgrader m, Wegehobel m (Motor)

motor inrush (Elek) Belastungsstoß m (Motor)

motor scooter (Kfz) Motorroller m

motor speed transmitter (Elek) Drehzahlgeber m

motor vehicle (Kfz) Kraftfahrzeug n

motorbike (Kfz) Motorrad n

motorcar industry (Kfz) Automobilindustrie f

motorcycle (Kfz) Kraftrad n, Motorrad n

motorised adj (BE) (Tech) motorbetätigt, motorgetrieben, motorisiert

motorized adj (AE) (Tech) motorbetätigt, motorgetrieben, motorisiert

mottle (Elek) Fleckigkeit f, Quantenrauschen n

mottle (Tech) Körnigkeit f

mould v (BE) (Hütt/Walz) formen

mould (BE) (Hütt/Walz) Form f, Gießform f, Kokille f

mould burr (BE) (Met) Klemmgrat m (beim Schmieden)

mould flux (BE) (Hütt) Gießpulver n

mould powder (BE) (Hütt) Gießpulver n

mouldboard (BE) (Baum) Räumschild n

mouldboard (BE) (Bergb) Mittelschar f, Schar f (des Graders)

mouldboard circle (BE) (Bergb) Scharträger m

mouldboard drawbar (BE) (Bergb) Hobelkreuz n (des Graders)

moulded adj (BE) (Tech) anvulkanisiert

moulded blank (BE) (Hütt/Walz) Rohling m (unbearbeitet)

moulded material (BE) (Met) Formstoff m

moulded plastic cable gland (BE) (Tech) Gießharzendverschluss m

moulded plastic insulation (BE) (Tech) Gießharzisolierung f

moulded plug (BE) (Tech) eingegossener Stecker m

moulded rubber part (BE) (Tech) Gummiformteil n

moulding (BE) (Met) Formteil n

moulding (BE) (Tech) Zierleiste f

mount v (Kfz) anbauen (montieren)

mount v (Mech, Mont) aufstellen, montieren

mount v (Mont, Tech) anbringen, anordnen (anbringen, montieren); befestigen, zusammenbauen

mount v (Tech) aufrichten (errichten, bauen); aufziehen (Montage); einsetzen (einbauen); festsetzen, feststellen (festsetzen, fixieren)

mount (Tech) Halter m (z. B. Gummipuffer)

mounted adj (Mont, Tech) angebaut, angebracht, montiert

mounted adj (Tech) Anbau…, gelagert (gestützt)

mounted flange (Kfz) Flanschanschluss m

mounted flange (Tech) Flanschbefestigung f

mounting (Mont) Montage f

mounting (Mont, Tech) Aufbau m (Montage, Errichtung)

mounting (Tech) Anbringung f, Aufhängung f (Befestigung); Befestigung f, Lagerung f, Verlagerung f • for

mounting onto aufsetzbar, aufsteckbar

mounting base *(Mont)* Montageplatte f

mounting base *(Tech)* Anbringungskonsole f, Grundplatte f

mounting bracket *(Bau, Tech)* Konsole f

mounting bracket *(Tech)* Auflagewinkel m, Befestigungsbügel m, Befestigungsplatte f, Befestigungsschelle f, Befestigungsstütze f, Befestigungsteil n, Befestigungswinkel m

mounting channel *(Elek)* Hohlschiene f *(Kabel)*

mounting girder braced from below *(Stb)* unterspannter Träger m

mounting set *(Tech)* Spannsatz m

mounting yoke *(Mess)* Montagebügel m *(jochförmig als Befestigungsbügel)*

mouth *(Tech)* Ausmündung f, Maul n, Mündung f, Öffnung f *(Mündung)*

movable *adj (Tech)* beweglich, drehbar, fahrbar, verschiebbar, verstellbar *(beweglich)*

movable bearing *(Lag)* Loslager n, Loslager n

movable roller set *(Walz)* Schlaufenwagen m *(Schlingenturm)*

movable saw *(Mech, Walz)* Verfahrsäge f

movable (transfer) chute *(Umschl)* Verschiebesattel m

move v *(Tech)* bewegen, rücken *(bewegen)*; verschieben *(z. B. ein Werkstück)*

move v **into upright position** *(Tech)* aufstellen *(aufrichten)*

movement *(Stb, Tech)* Verschiebung f

movement *(Tech)* Bewegung f

moving *adj (Tech)* beweglich, wandernd

moving coil *(Mess)* Tauchspule f *(eines Tauchspulenreglers)*

moving grate *(Hütt/Walz)* Wanderrost m *(Sinteranlage)*

moving-iron instrument *(Elek)* Dreheisenmessgerät n

moving load *(Stat)* bewegliche Last f, wandernde Last f

moving load *(Tech)* Verkehrslast f

moving ram *(Walz)* Stauchschlitten m *(Bandwalzwerk)*

moving support *(Tech)* Pendelstütze f

MSL *(Tech)* Normalnull f

muck *(Bergb)* Dreck m *(Humus, Dünger)*

mud *(Bergb)* Dreck m *(Schmutz)*

mud *(Bergb, Geo, Hütt/Walz)* Schlamm m

mud-brick building *(Bau)* Lehmbau m

mud coal *(Bergb)* Schlammkohle f

mud drum *(Hütt/Walz)* Schlammsammler m

mud flap *(Tech)* Schmutzfänger m *(Kraftfahrzeug)*

mud gun *(Hütt)* Stichlochkanone f

mud gun mix *(Hütt)* Stichlochstopfmasse f

muddy *adj (Bergb)* schlammig *(dreckig)*; schmutzig *(durch feuchten Dreck)*

mudguard *(Kfz)* Kotflügel m, Schutzblech n

muff *(Elek)* Muffe f

muff *(Tech)* Rohrstutzen m

muffler *(Tech)* Schalldämpfer m

muffler *(Kfz)* Auspuffdämpfer m, Auspufftopf m

mulch v *(Zer)* mulchen *(Holz)*

multi-axle *adj (Tech)* mehrachsig

multi-bladed... *adj (Bergb)* Mehrschalen...

multi-cell... *(Tech)* Vielzellen...

multi-cellular... *adj (Hütt/Walz, Tech)* Waben...

multi-channel... *(Elek)* Mehrweg...

multi-channel recorder *(Elek)* Mehrfachregistriergerät n, Schreibstreifengerät n

multi-claw... *adj (Bergb)* Mehrschalen...

multi-coloured *adj (BE) (Anstr)* mehrfarbig

multi-component sealant *(Bau)* Mehr-Komponenten-Dichtstoff m

multi-conductor cord *(Tech)* mehradrige Schnur f

multi-daylight press *(Tech)* Mehretagenpresse f

multi-disc clutch *(Tech)* Lamellenkupplung f; Mehrscheibenkupplung f *(trocken, in Öl laufend)*

multi-fuel type burner *(Schw)* Brenner m für mehrere Brennstoffe, Kombinationsbrenner m

multi-function instrument *(Tech)* Vielfachmessgerät n

multi-funtion control handle *(Tech)* Universalbedienungsgriff m

multi-gang model *(Licht)* Mehr-Tasten-Modell n

multi-groove *adj (Tech)* mehrrillig *(Keilriemen)*

multi-idler... adj (Förd, Tech) Mehrrollen...

multi-jet... adj (Hütt/Walz) Mehrdüsen...

multi-layer material (Met) Mehrlagenmaterial n

multi-loop control system (Mess) vermaschter Regelkreis m

multi-motor drive (Antr) mehrmotoriger Antrieb m

multi-nave hall [shed] (Baut, Stb) mehrschiffige Halle f

multi-nozzle... adj (Hütt/Walz) Mehrdüsen...

multi-pass boiler (Hütt/Walz) Mehrzugkessel m

multi-pass weld(ing) (Schw) Mehrlagenschweißung f

multi-plate clutch (Tech) Mehrscheibenkupplung f (trocken, in Öl laufend)

multi-point ... (Elek) Vielpunkt...

multi-purpose bucket (Bergb) Klappschaufel f, Kombischaufel f

multi-purpose machine (Mech, Tech) Mehrzweckmaschine f, Vielzweckmaschine f

multi-row bearing (Lag) mehrreihiges Lager n

multi-run welding (Schw) Mehrlagenschweißung f

multi-shank ripper (Bergb) Mehrzahnaufreißer m (z. B. an Grader)

multi-sheave block (Förd) Rollenzug m

multi-sided design (Tech) Vieleckausführung f

multi slip-joint gripping pliers pl (Werkz) Wasserpumpenzange f

multi-speed transmission gear (Getr) Verteilergetriebe n

multi-spline joint [shaft] (Tech) Vielkeilwelle f

multi-stage adj (Tech, Verd) mehrstufig, vielstufig (z. B. Getriebe, Verdichter); stufenlos

multi-stage fatigue test (Prüf) Mehrstufendauerschwingversuch m (DIN 50100)

multi-stage lift cylinder (Kfz) Hubzylinder m (mehrstufig)

multi-tasking system (Mess) Mehrprozessbetriebssystem n

multi-tier adj (Tech) mehrlagig

multi-tine grapple (Bergb) Mehrschalengreifer m

multi-turn adj (Tech) mehrgängig (z. B. Kühlschlange)

multi-way valve (Vent) Mehrwegeventil n

multi-wire adj (Elek) mehradrig (z. B. Messkabel)

multibay frame (Stb) mehrfeldriger Rahmen m

multibay industrial building (Bau, Stb) mehrschiffige Halle f

multigrade oil (Chem) Mehrbereichsöl n

multilayer material (Met) Vielschichtenstoff m

multimeter (Tech) Vielfachmessgerät n

multiple adj (Tech) mehrfach; Mehrfach...

multiple-axis adj (Tech) mehrachsig (Verdichter)

multiple-disc clutch (Tech) Mehrscheibenkupplung f (trocken, in Öl laufend)

multiple drill (Werkz) Mehrspindelbohrmaschine f, Reihenbohrmaschine f

multiple echo (Tech) Mehrfachecho n (DIN 54124)

multiple-key model (Licht) Mehr-Tasten--Modell n

multiple nesting (Log, Walz) verklammertes Stapeln n

multiple-pass boiler (Hütt/Walz) Mehrzugkessel m

multiple pin plug (Elek) mehrpoliger Stecker m

multiple segment thrust bearing (Lag) Mehrflächenlängslager n

multiple-segment type bearing (Lag) Mehrflächenlager n (als Kippsteinlager)

multiple-spline driving shaft (Tech) Antriebskeilwelle f

multiple-spline shaft (Tech) Vielkeilwelle f

multiple-spot ... (Elek) Vielpunkt...

multiple spray nozzle (Tech) Bündeldüse f

multiple stage test (Prüf) Stufenversuch m

multiple stroke cylinder (Tech) Mehrstellungszylinder m

multiple switch (Elek) Vielfachtaster m

multiple testing machine (Prüf) Vielprobenmaschine f (DIN 50100)

multiplexer (Mess) Multiplexer m

multiplication factor (Prüf) Verstärkungsfaktor m (Ultraschallprüfung)

multiplied adj (Tech) vervielfacht

multiport swivel *(Tech)* Drehdurchführung f

multipurpose instrument *(Werkz)* Mehrfachinstrument n

multistorey *adj (BE) (Stb)* mehrstöckig

multistorey frame *(BE) (Stb)* mehrstöckiger Rahmen m, Stockwerksrahmen m

multistory *adj (AE) (Stb)* mehrstöckig

multivalent *adj (Chem)* vielwertig

municipal vehicle *(Kfz)* Kommunalfahrzeug n

muriatic acid *(Chem)* Salzsäure f

muschelkalk *(Geo)* Muschelkalk m *(Baumaterial)*

mushroom button *(Elek)* Pilztaste f

mushroom head *(Tech)* Flachrundkopf m

mushroom head anchor bolt *(Tech)* Bogenklammerschraube f *(DIN 1891)*

mushroom head bolt *(Tech)* Flachrundschraube f

mushroom head rivet *(Tech)* Flachrundkopf-Niete f; Linsenniete f

mushroom-type retainer *(Tech)* Pilzsicherung f

mushroom type valve *(Vent)* Pilzventil n

mutual *adj (Tech)* gegenseitig, wechselseitig

mutual conductance *(Elek)* Steilheit f

MVA *(Elek)* MVA n

N

n.a. *adj (Tech)* selbstansaugend

nail *v (Tech)* nageln

nail *(Tech)* Nagel m

nail drawer *(Werkz)* Kuhfuß m *(zum Entfernen von Nägeln)*; Nagelzieher m

nail-head welding *(Schw)* Nagelkopfschweißen n *(DIN 1910)*

nail lifter [puller] *(Werkz)* Kuhfuß m *(zum Entfernen von Nägeln)*; Nagelzieher m

naked *adj (Elek, Schw)* blank *(ohne Hülle oder Ummantelung)*

naked *adj (Elek, Tech)* offen *(Feuer, Flamme usw.)*

name *v (Tech)* ernennen

name plate *(Tech)* Schild m *(Namensschild)*; Typenschild n *(z. B. Geräteinformation)*

nameplate *(Tech)* Firmenschild n, Leistungsschild n, Warenzeichen n

naphtha *(Chem)* Benzin n *(als Lösung)*

narrow *v (Tech)* verengen *(verdichten)*

narrow *adj (Tech)* eng, gedrängt, schmal

narrow-band transducer *(Prüf)* Schmalbandschwinger m *(Ultraschall)*

narrow-gap welding *(Schw)* Schutzgas--Engspaltschweißen n

narrow-gauge railway *(BE) (Bahn)* Schmalspurbahn f

narrow-gauge rolling stock *(BE) (Bahn)* Feldbahnmaterial n

narrow-mesh *adj (Tech, Zer)* engmaschig

narrowly spaced *adj (Tech)* dichtgestellt, eng gestellt

native matrix *(Mech)* Matrize f *(Gegenstück beim Stanzen)*

native rock *(Geo)* gewachsener Boden m

natural *adj (Tech)* natürlich; Eigen…, Normal…

natural aspiration *(Tech)* Normalauspuff m

natural face *(Bergb, Geo)* ungesprengte Wand f

natural gas *(Geo)* Naturgas n

natural gas *(Petr)* Erdgas n

natural period *(Elek)* Periode f der Eigenschwingung

natural resonance *(Elek)* Eigenschwingung f *(eines Systems)*

natural soil *(Geo)* gewachsener Boden m

naturally aspirated *adj (Tech)* selbstansaugend

naturally hard(ened) *adj (Met)* naturhart

nature *(Tech)* Art f *(Wesen, Natur)*; Wesen n *(Charakter)*

nave *(Bau)* Schiff n *(Hallenteil)*

NC *adj (Mech)* numerisch gesteuert

NC *(Elek, Mess, Tech)* NC, numerische Steuerung f

NC continuous contour system *(Mech)* NC-Bahnsteuerung f

NC tool machine *(Mech)* NC-Maschine f *(mit Lochstreifen)*

near field *(Akus)* Nahfeld n *(Nahzone, Fresnelzone)*

near net shape casting *(Hütt)* endabmessungsnahes Gießen n

near-net shape production *(Hütt)* produktionsnahe Erzeugung f

near-white blast cleaning *(Anstr)* Abstrahlen n bis zum blanken Metall, Strahlen n bis zum blanken Metall

near white metal blast adj (Anstr, Met) metallisch rein, metallisch sauber (Reinheitsgrad Sandstrahlen)

near zone (Akus) Nahfeld n (Nahzone, Fresnelzone)

necessary adj (Tech) nötig

neck v (Stb) einkerben (z. B. mit einem Hammer)

neck v (Tech) stummeln

neck v (Tech) Ansatz m (einer Schraube, am Flansch)

neck journal bearing (Lag) Halslager n

necked-down adj (Mech) eingeschnürt

necked-down bolt (Tech) abgesetzte Schraube f, Schraubenbolzen m mit abgesetztem Schaft

necking (Tech) Einschnürung f (Querschnittsverminderung)

necking down (Hütt/Walz) Einschnürung f, Flächenreduzierung f

need v (Tech) brauchen

needle (Tech) Nadel f (Düse)

needle... adj (Tech) Nadel...

needle cage (Lag) Nadelbuchse f

needle cage (Tech) Nadelkäfig m

needle file (Werkz) Nadelfeile f

negative adj (Elek, Tech) negativ

negative (Tech) Negativ n (Fotografie)

negative feedback [follow-up] (Mess) Gegenkopplung f

negative pole (Elek) Minuspol m

negative pressure (Hydr/Pneu, Tech) Unterdruck m

negative strain (Met) Stauchung f

negligible adj (Stb) vernachlässigbar

negotiate v (Bahn) befahren (z. B. Kurven)

negotiate v (Tech) überwinden (Hindernis)

negotiation (Tech) Besprechung f, Verhandlung

neoprene pad (Tech) Neoprenlager n

nep (Tech) Noppe f

nesting (Hütt, Log) Schachteln n, Verschachteln n

nesting (Tech) Positionieren n (Einzelteile auf Stahlplatte)

net v (IT) vernetzen

net (Tech) Netz n

net bracing (Stb) Netzverband m

net section (Stb) Nettoquerschnitt m

net width (Stb) Nutzbreite f

netlike adj (Tech) netzartig

netting resistor (Elek) Netzwiderstand m, Siebwiderstand m

network v (IT) vernetzen

network (Elek, IT) Netz n

network (Elek, Tech) Netzwerk n

network (IT) Rechnernetz n

network (Tech) Netzplan m

network diagram [plan] (Tech) Netzplan m

network traffic director (Mess) Busleiteinrichtung f (Netzleiteinrichtung)

neutral adj (Anstr) farbfrei, farblos

neutral adj (Elek) Mittel..., Null...

neutral adj (Tech) Leerlauf..., Mittel...

neutral (Elek) Mittelleiter m, Nullleiter m, Nullpunkt m (z. B. Ultraschall); Ruhestellung f (Positionsschalter, Betätigungselement); Sternpunkt m (Leiter)

neutral (Tech) Mittelpunkt m

neutral earthing (Elek) Sternpunkterdung f

neutral point (Elek) Nullpunkt m (z. B. Ultraschall)

neutral position (Elek) Nullstellung f (z. B. Ventil); Ruhestellung f (Positionsschalter, Betätigungselement)

neutralization value (AE) (Chem) Neutralisationszahl f

neutralize v (AE) (Chem) neutralisieren

neutralize v (AE) (Chem, Tech) aufheben (auflösen, neutralisieren)

neutralize v (AE) (Tech) kompensieren

neutralizer valve (AE) (Vent) Neutralisierventil f

neutron flux measurement (Elek) Neutronenflussmessung f

new-built house (Baut) Neubau m

new paint finish (Anstr) Neuanstrich m

newbuild (Baut) Neubau m

next in line adj (Tech) nachfolgend

nibble v (Mech) nibbeln

nibble v (Mech, Mont) aushauen (z. B. Feilen)

nibbler (Mech) Aushauschere f

nibbler (Zer) Knabberer m

nibbler shear (Werkz) Blechknabber m

nibbling machine (Mech, Tech) Nibbelmaschine f, Knabberschere f

nick v (Stb) einkerben (z. B. mit einem Hammer)

nick (Mech) Kerbe f

nick (Tech) Einschnitt m (Einkerbung); Falz m (Schlitz); Knick m

nick-bend test *(Prüf)* Kerbbiegeversuch *m*

nicked *adj (Tech)* eingekerbt

nickel *(Met)* Nickel *n*

nickel alloy *(Met)* Nickel-Basis-Legierung *f*

nickel-plated *adj (Met)* vernickelt

nickelizing *(AE) (Met)* galvanische Vernickelung *f*

Nipkow disk *(Elek)* Nipkow-Scheibe *f*

nipper pliers *pl (Werkz)* Kneifzange *f*

nipple *(Tech)* Gewindenippel *m*, Nippel *m (mit Gewinde)*; Nippel *m (Elektrode)*; Schraubstutzen *m*

nitempered *adj (Met)* nicotriert

nitric acid *(Chem)* Salpetersäure *f*

nitrided *adj (Met)* nitriert

nitrided steel *(Met)* Nitrierstahl *m (noch unnitriert)*

nitriding steel *(Met)* Nitrierstahl *m (noch unnitriert)*

nitrogen *(Chem)* Stickstoff *m*

nitrogen accumulator *(Bergb)* Blasenspeicher *m (zum Kettenspannen)*; Stickstoffblasenspeicher *m (für Kette)*

nitrogen case-hardening *(Met)* Nitrieren *n*

nitrogen oxide *(Chem)* Stickoxid *n*

nitrogen oxide reduction *(Chem)* Stickoxid-Reduzierung *f*

N.O. contact *(Elek)* Schließer *m*, Schließkontakt *m*, Arbeitskontakt *m*

no-break *adj (Elek)* unterbrechungsfrei

no-load... *adj (Tech)* Leerlauf...

no-load tap changer *(Elek)* Leerlauf- -Stellenwechsler *m*, Zapfstellenwechsler *m* im spannungslosen Zustand, Zapfstellenwechsler *m* ohne Last

no-load tap changer *(Hütt)* Drehumsteller *m*

no-maintenance *adj (Tech)* wartungsfrei

no-voltage *(Elek)* Nullspannung *f*

no-voltage release *(Elek)* Ruhestromauslöser *m*, U-Auslöser *m*, Unterspannungsauslöser *m*

nodal analysis *(Elek)* Knotenspannungsverfahren *n*

node *(Elek)* Knoten *m (Schwingungsknoten)*

node *(Stb)* Knotenpunkt *m*

node *(Tech)* Knoten *m (Grafik)*

nodular (graphite) cast iron *(Met)* Gusseisen *n* mit Kugelgraphit, Sphäroguss *m (Graphitgrauguss)*

nodular iron *(Met)* Graphitgrauguss *m (Sphäroguss)*

noise *(Elek)* Rauschen *n (z. B. im Kopfhörer)*

noise *(Ökol, Tech)* Geräusch *n*, Lärm *m*

noise-absorbing *adj (Elek, Ökol)* schalldämpfend

noise-attenuating *adj (Elek, Ökol)* schalldämpfend

noise component *(Elek)* Rauschanteil *m*

noise control measure *(Ökol, Verd)* Schallschutzmaßnahme *f*

noise echo *(Elek)* Störecho *n (Ultraschall)*

noise generator *(Elek)* Störkasten *m*

noise indications *pl (Prüf)* Rauschanzeigen *fpl (Ultraschall)*

noise level *(Akus, Phys)* Schallleistungspegel *m*

noise level *(Elek)* Störuntergrund *m (Geräuschpegel)*

noise level *(Ökol)* Geräuschentwicklung *f*, Geräuschpegel *m*

noise level *(Prüf)* Rauschpegel *m (Ultraschallprüfung)*

noise pattern *(Elek)* Rauschbild *n*

noise suppression *(Elek)* Störschutz *m*

noise suppression *(Ökol)* Lärmbekämpfung *f*

noising *(Stb)* Schlingern *n*

nomenclature *(Tech)* Bezeichnung *f (Benennung, z. B. von Einheiten)*

nominal *adj (Tech)* Nenn..., Nominal...

nominal bore *(Mech)* Nennweite *f (Rohrleitung)*

nominal consumption *(Elek)* Nennaufnahme *f*

nominal data *(Tech)* Sollwert *m*

nominal diameter *(Tech)* ND *m*, Nenndurchmesser *m*

nominal dimension *(Stb)* Sollmaß *n*

nominal elastic limit *(Stb)* Nennstreckgrenze *f*, Regelstreckgrenze *f*

nominal line *(Vent)* Kennlinie *f (z. B. von Ventilen, Pumpen)*

nominal tunnel diameter *(Bergb)* Stollendurchmesser *m*

nominal value *(Tech)* Nennmaß *n*, Sollwert *m*

nominal wall thickness *(Bau, Tech)* Soll- -Wanddicke *f*, Wanddicke *f (Soll)*

nominate v (Tech) bezeichnen *(ernennen, hinweisen, beschreiben)*

nomogram, nomograph *(Stb)* Nomogramm m

non-ageing adj (Met) alterungsbeständig

non-applicable adj (Tech) nicht anwendbar

non-baking coal *(Bergb, Geo)* Magerkohle f

non-blistered adj (Met) blasenfrei

non-bounce change-over *(Elek)* prallfreie Umschaltung f

non-caking coal *(Bergb, Geo)* Magerkohle f

non-centered adj (AE) (Tech) außermittig

non-centred adj (BE) (Tech) außermittig

non-circular adj (Tech) unrund

non-cohesive adj (Bau) kohäsionslos

non-combustible adj (Chem) nicht brennbar, unbrennbar

non-conducting material *(Met)* Wärmeschutzstoff m

non-conductor *(Elek)* Isolator m, Nichtleiter m, schlechter Leiter f

non-contacting adj (Elek) berührungslos

non-continuous adj (Tech) diskontinuierlich

non-corroding adj (Anstr) korrosionsbeständig

non-corroding adj (Met) korrosionsfest; nichtrostend, nicht rostend, rostfrei

non-corrosive adj (Anstr) korrosionsbeständig, nicht ätzend

non-corrosive adj (Met) korrosionsfest; nichtrostend, nicht rostend, rostfrei

non-cutting shaping *(Mech)* spanlose Bearbeitung f

non-deformability *(Met)* Formbeständigkeit f

non-destructive adj (Tech) zerstörungsfrei

non-destructive examination [test, testing] *(Prüf, Tech)* zerstörungsfreie Prüfung f, zerstörungsfreier Versuch m

non-dimensional adj (Tech) dimensionslos

non-exposed adj (Elek) entlichtet *(Infrarotzelle)*

non-fading adj (Anstr) lichtbeständig

non-ferrous adj (Met) eisenfrei; Buntmetall…, NE-, Nichteisen…

non-ferrous hot mill *(Walz)* Metallwarmbandstraße f

non-ferrous metal *(Met)* Buntmetall n *(z. B. Kupfer, Messing)*; NE-Metall n, Nichteisenmetall n

non-ferrous metal industry *(Hütt)* Metallindustrie f

non-ferrous metallurgy *(Met)* Buntmetallurgie f

non-ferrous smelting plant *(Hütt/Walz)* Metallhütte f *(Werk)*

non-fluid oil *(Chem, Tech)* konsistentes Fett n

non-gaseous adj (Chem, Bergb) gasarm

non-gassing adj (Chem, Bergb) gasarm

non-geared adj (Tech) getriebelos

non-hardened adj (Met) nichtgehärtet

non-hardened adj (Met) weich

non-hardened spot *(Met)* Härteschlupfstelle f

non-illuminated adj (Elek) entlichtet *(Infrarotzelle)*

non-inductive adj (Elek) induktionsfrei

non-insulated adj (Elek) unisoliert

non-locating bearing *(Lag)* Loslager n

non-machined adj (Met) unbearbeitet

non-manufacturing work *(Tech)* Hilfsarbeiten fpl

non-metallic adj (Met) nichtmetallisch

non-metallic sheathed cable *(Tech)* Mantelleitung f *(Kabel)*

non-metallic strapping *(Kunst, Tech)* Kunststoffverpackungsband n, Kunststoffband n

non-positive adj (Elek) kraftschlüssig

non-pressure adj (Hydr/Pneu) drucklos

non-pressure valve *(Vent)* Leerlaufventil n

non-productive adj (Tech) unproduktiv

non-productive time *(Fert)* Nebenzeit f

non-puttied adj (Daut) kittlos

non-recurrent adj (Tech) einmalig

non-return braking valve *(Tech, Hydr/ Pneu)* Sperrbremsventil n

non-return valve *(Vent)* Regulierventil n, Rückschlagventil n

non-reverse stop *(Tech)* Rücklaufhemmung f

non-rotating adj (Tech) drehungsfrei *(z. B. Seil)*

non-rusting adj (Anstr) korrosionsbeständig

non-rusting adj (Met) nichtrostend, nicht rostend, rostfrei

non-saponificable *adj (Tech)* verseifungsfest *(Schmierfett)*
non-segmented *adj (Tech)* ungeteilt
non-silicon-graded *adj (Elek)* unsiliziert
non-slip *adj (Tech)* rutschfest *(z. B. Fußboden)*; schlupffrei
non-spinning *adj (Tech)* drallarm, drallfrei *(drehungsfrei)*
non-steering crawler *(Bergb)* Festraupe *f*
non-stiffened *adj (Met, Tech)* unversteift
non-surge *adj (Tech)* glatt *(z. B. Kraftübertragung)*; stoßfrei *(z. B. Kraftübertragung)*
non-synchronous *adj (Tech)* asynchron
non-throttling *adj (Hydr/Pneu)* drosselfrei
non-troughed idler roll *(Bergb)* Planrolle *f*
non-twisting *adj (Tech)* drallarm, drallfrei *(z. B. Seil)*
non-uniform *adj (Elek)* ungleichförmig
non-volatile *adj (Chem)* nichtflüchtig, schwersiedend
non-volatile content *(Chem)* Festkörperanteil *m*, Feststoffanteil *m*
non-volatile content *(Met)* Festkörpergehalt *m*
non-warping *adj (Met)* verzugsfrei *(nicht verbogen)*
non-wearing *adj (Met)* verschleißfrei
non-working flank *(Lag)* Rückflanke *f*
nonagon *(Tech)* Neuneck *n*
nondissipative muffler *(AE) (Tech)* Reflexionsschalldämpfer *m*
nondissipative silencer *(BE) (Tech)* Reflexionsschalldämpfer *m*
nonlinear *adj (Elek)* nichtlinear
nonreturn device *(Vent)* Rückschlagarmatur *f*
nonsparking *adj (Met)* funkenfrei *(Metall)*
normal *adj (Elek, Tech)* normal, senkrecht; Grund…, Normal…, Regel…, Ruhe…
normal *(Math)* Normale *f (Senkrechte)*
normal condition *(Elek)* Ruhestellung *f (Relais)*
normal current *(Elek)* Betriebsstrom *m (Schaltgerät)*
normal diameter *(Tech)* ND *m*, Nenndurchmesser *m*
normal incidence *(Elek)* Senkrechteinfall *m*

normal level position *(Elek)* Nullstellung *f (Ofengefäß)*
normal operation *(Bergb)* Regelbetrieb *m*
normal position *(Elek)* Grundstellung *f*, Ruhestellung *f (Relais)*
normal probing *(Schw)* Senkrechteinschallung *f*
normal shank *(Tech)* Vollschaft *m (Schraube nach DIN ISO 1891)*
normal tooth thickness *(Tech)* Zahndicke *f (im Normalschnitt)*
normal upright position *(Elek)* Nullstellung *f (Ofengefäß)*
normal width *(Mech)* Nennweite *f*, NW *f*
normalize *v (AE) (Hütt/Walz)* normalglühen
normally closed contact *(Elek)* Öffner *m*, Öffnungskontakt *m*
normally open contact *(Elek)* Arbeitskontakt *m*, Schließer *m*, Schließkontakt *m (Arbeitskontakt)*
nose *(Hütt)* Erker *m (am Stichloch des Lichtbogenofens)*
nose *(Tech)* Ansatz *m (Nase)*; Mundstück *n (Düse)*; Nase *f*, Vorsprung *m (am Werkstück)*
nose *(Walz)* Dornspitze *f (Lochwalzwerk)*
nose-heavy *adj (Stat)* vorderlastig
nose link *(Bergb)* Höckerschake *f (Raupe)*
nose ring *(Hütt)* Mündungsring *m (Konverter)*
nose ring *(Tech)* Nasenring *m (der Kugeldrehverbindung)*
nose tip *(Tech)* Spitze *f (eines Brenners)*
nosing bar *(Baut)* Stufenkantenbewehrung *f (bei Treppe)*
nosing of a stair *(Tech)* Treppenkante *f*
nosing strip *(Baut)* Kantenprofil *n (bei Treppe)*
notch *v (Mech)* kerben, schneiden *(Zähne)*; verzahnen
notch *v (Stb)* einkerben *(z. B. mit einem Hammer)*
notch *v (Tech)* ausklinken *(Träger, Stäbe ausstanzen)*
notch *(Form)* Ausklinkung *f*, Aussparung *f*
notch *(Hütt/Walz)* Schrägschnitt *m*
notch *(Mech)* Kerbe *f*
notch *(Tech)* Einkerbung *f*, Einschnitt *m (Einkerbung)*; Falz *m (Schlitz)*; Loch *n*

(Eisen, Schlacke); Nut *f (Kerbnut)*; Raste *f*

notch... *adj (Tech)* Kerb...

notch acuity *(Prüf)* Kerbschärfe *f*

notch bar impact value *(Mech)* Kerbschlagzähigkeit *f*

notch bend test *(Prüf)* Kerbbiegeprobe *f (Blech)*; Kerbbiegeversuch *m*

notch factor *(Prüf)* Kerbeinflusszahl *f*

notch impact *(Prüf)* Kerbschlag *m*

notch impact strength *(Met)* Kerbschlagfestigkeit *f*, Kerbschlagzähigkeit *f*

notch impact work *(Prüf)* Kerbschlagarbeit *f*

notch magnet *(Elek)* Rastmagnet *m*

notch-rupture strength *(Met)* Kerbfestigkeit *f*

notch sharpness *(Prüf)* Kerbschärfe *f*

notch toughness *(Mech)* Kerbschlagfestigkeit *f (Wert)*; Kerbschlagzähigkeit *f (Wert)*

notch toughness *(Prüf)* Kerbzähigkeit *f*

notch value *(Mech)* Kerbschlagfestigkeit *f (Wert)*; Kerbschlagzähigkeit *f (Wert)*

notched *adj (Mech, Met)* gekerbt, grob gezahnt

notched *adj (Tech)* eingekerbt

notched bar *(Prüf)* Kerbstab *m*

notched bar *(Walz)* gezackter Hubbalken *m (eines Hubbalkenbettes)*

notched-bar impact bending test *(Prüf)* Kerbschlagbiegeprüfung *f*, Kerbschlag(biege)versuch *m*

notched bar impact fatigue test *(Prüf)* Dauerkerbschlagversuch *m*

notched-bar impact strength *(Mech)* Kerbschlagfestigkeit *f*, Kerbschlagzähigkeit *f*

notched-bar impact test *(Prüf)* Kerbschlagbiegeversuch *m*, Kerbschlagprüfung *f*, Kerbschlagversuch *m*

notched-bar impact value *(Met)* Kerbwirkungszahl *f*

notched test specimen *(Prüf)* Kerbstab *m*

notcher *(Walz)* Seitenstanze *f (Bandschweißmaschine)*

notching *(Tech)* Verzahnung *f*

note *(Tech)* Hinweis *m*

notice *v (Tech)* feststellen

notice *(Tech)* Aushang *m*

notice-board *(Tech)* Hinweistafel *f*; Warnungstafel *f*

noticeable *adj (Tech)* erkennbar

novelty *(Tech)* Neuheit *f (Neuerung)*

noxious *adj (Ökol, Tech)* schädlich *(Umwelt)*

nozzle *(Hütt)* Blasdüse *f (einer Sauerstofflanze)*; Dom *m*

nozzle *(Tech)* Düse *f (z. B. des Vergasers)*; Mundstück *n (Düse)*; Mündungsstück *n*, Rohrstutzen *m (Kühler, Verdichter usw.)*; Rüssel *m (an einer Maschine)*; Stutzen *m (zum Entlüften, Füllen usw.)*; Tülle *f*

nozzle brick *(Tech)* Zwischenring *m (Horizontalgießen)*

nozzle greasing [lubricating] system *(Tech)* Sprühschmierung *f*

nozzle roll *(Tech)* Schnabelrolle *f*

nozzle weld *(Schw)* Stutzenschweißung *f*

NTD *(Mess)* Busleiteinrichtung *f (Netzleiteinrichtung)*

nuclear-driven *adj (Elek)* atomangetrieben

nuclear energy *(Kern)* Atomenergie *f*, Kernenergie *f*

nuclear engineering *(Elek)* Kernenergietechnik *f*

nuclear spin tomography *(Elek)* Kernspintomographie *f*

nudge *v (Tech)* tippen *(leicht berühren)*

number *(Math, Tech)* Zahl *f*, Ziffer *f (einstellige Zahl)*

number *(Tech)* Häufigkeit *f*

number of alternations *(Stb, Tech)* Lastspielzahl *f (Schwingung)*; Schwingungszahl *f*

number of threads *(Tech)* Gangzahl *f (bei Schnecken)*

number of uses *(Bau)* Einsatzhäufigkeit *f*

number plate *(Kfz)* Kennzeichen *n*, Kennzeichenschild *n*, Nummernschild *n*

numerical *adj (IT, Math)* numerisch

numerical control *(Mess)* numerische Steuerung *f*

numerically controlled *adj (Elek, Mech, Tech)* NC, numerisch gesteuert

numerous *adj (Tech)* zahlreich

nut *(Tech)* Bolzenmutter *f*, Mutter *f*, Schraubenmutter *f*

nut-coal *(Bergb)* Nusskohle *f*

nut splitter *(Werkz)* Mutternsprenger *m*

nut union *(Tech)* Rohrverschraubung f *(geschraubt)*; Verschraubung f *(für Rohre)*
nut wrench *(Werkz)* Radmutterschlüssel m
nutrients *pl (Chem, Tech)* Nährstoffe *mpl*
nuts *pl (Bergb)* Nusskohle f

O

O-ring *(Tech)* O-Ring m, Rundschnur f, Rundschnurring m
O-ring machine [press] *(Form)* Rundformpresse f
O-ring seal *(Tech)* O-Ring-Dichtung f, Runddichtring m
O-ring section string-type gasket *(Tech)* Rundschnurring m
oakum *(Met)* Werg n
objectionable *adj (Tech)* fehlerhaft
objective *(Tech)* Objektiv n *(Fernsehgerät)*; Ziel n, Zielsetzung f
objective analysis [test] *(Tech)* Zielanalyse f
obligatory *adj (Tech)* unerlässlich
oblique *adj (Tech)* schief, schräg
oblique acoustic irradiation *(Elek)* Schrägeinschallung f
oblique ball bearing *(Lag)* Schräglager n
oblique gearing *(Getr)* Schrägverzahnung f
oblique roll pass *(Walz)* Schrägkaliber n
obliquely *adv (Tech)* schräg
oblong type *(Tech)* Querformat n
obscure *v (Prüf)* verwischen *(Ultraschallprüfung)*
observation *(Elek, Tech)* Ablesung f, Überwachung f
observation and inspection *(Tech)* Überwachung f und Prüfung f
observation point *(Tech)* Festpunkt m
observed test *(Prüf)* Versuch m im Beisein eines Beobachters
obsolete *adj (Bahn, Tech)* überholt
obsolete *adj (Tech)* verbraucht
obstruct *v (Tech)* blockieren *(aufhalten, z. B. Verkehr, Verhandlung)*; hindern
obstrude *v (Tech)* hemmen *(hindern)*
obtain *v (Tech)* erhalten
obvious *adj (Tech)* selbstverständlich
occasional *adj (Tech)* gelegentlich, gelegentlich vorkommend, vereinzelt

occluded *adj (Tech)* eingeschlossen *(Luft)*
occupation *(Tech)* Arbeit f, Beruf m
occupied *adj (Elek)* besetzt
occupy *v (Tech)* ausfüllen *(Platz)*
octane rating *(Kfz)* Klopffestigkeitswert m
OCTG *(Abk. für: oil country tubular goods) (Met)* Ölfeldrohre *npl*
ocular *(Tech)* Okular n *(Optik)*
o.d. *(Abk. für: outside diameter) (Tech)* Außendurchmesser m
odd *adj (Tech)* ungerade
odometer *(Kfz)* Entfernungsmesser m *(z. B. eines Kfz)*
odometer *(Kfz)* Kilometerzähler m, Laufleistungsmesser m; Tachozähler m *(gefahrene km)*
odour emission *(Tech)* Geruchsemission f
odourless *adj (Tech)* geruchlos
odourous matter *(Chem)* Geruchsstoff m
off *adj (Elek)* geschlossen *(zu)*; Ruhestellung f *(Betätigungselement)*
off-centered *adj (AE) (Tech)* außermittig
off-centre buckle *(BE) (Tech)* Seitenwelle f *(Bandanlage)*
off-centred *adj (BE) (Tech)* außermittig
off gas *(Hütt/Walz)* Abgas n
off-gauge thickness *(Walz)* Dickenabweichung f
off-haulage *(Bergb, Förd)* Abförderung f Weitertransport m *(mit Fahrzeugen)*
off-load tap changer *(Hütt)* Drehumsteller m
off-normal record *(Mess)* Störwertaufzeichnung f
off-peak periods *pl (Tech)* Schwachlastzeiten *fpl*
off-road vehicle *(Kfz)* Geländefahrzeug n, geländegängiges Fahrzeug n, Geländewagen m, Off-Road-Fahrzeug n
off-size *(Tech)* Maßabweichung f
off-size *(Stb, Tech)* Abmaß n
off-state *(Mess)* Sperrzustand m
off-tracking *(Förd)* Schieflauf m *(Band)*
offgas hood *(Hütt)* Ofenhaube f *(Abgashaube)*
official service center *(Tech)* Vertragswerkstatt f
officially calibrated *adj (Mech, Prüf)* amtlich geeicht

officially calibrated adj (Tech) eichfähig (z. B. Waage)

offset v (Bergb) versetzen (einen Bagger)

offset v (Mech) kröpfen (absetzen)

offset v (Mech, Mont, Bau) absetzen

offset adj (Bergb) asymmetrisch

offset adj (Bergb, Tech) versetzt

offset adj (Mech) abgesetzt, gekröpft

offset adj (Tech) Regelabweichung f, Versatz m (Toleranz); versetzt (auch zeitlich)

offset adj (Werkz) tiefgekröpft (Ringschlüssel)

offset (Bergb) Berme f, Böschungsabsatz m

offset (Bergb, Tech) Absatz m

offset (Elek) Offset m

offset (Mech) Achsversetzung f

offset attachment (Bergb) Knickausrüstung f

offset handle (Tech, Werkz) Winkelgriff m (eines Steckschlüssels)

offset limit [point] (Met) Fließgrenze f (Streckgrenze)

offset screw driver (Werkz) Winkelschraubendreher m

offset-voltage (Elek) Offset-Spannung f

offset-working adj (Bergb) versetzt arbeitend

offset yield strength (Met) Dehngrenze f

offshore drilling platform (Petr) Bohrinsel f, Bohrplattform f, schwimmende Plattform f

Ohmic resistance (Elek) Ohm'scher Widerstand m

ohmmeter (Elek) Messbrücke f, Ohmmeter n, Widerstandsmesser m

oil v (Tech) einfetten (ölen); abölen; ölen, einölen

oil (Tech) Öl n

oil baffle (Tech) Ölfangblech n

oil bath lubrication (Tech) Tauchbadschmierung f, Tauchschmierung f

oil catch ring (Tech) Spritzbuchse f, Spritzring m

oil circulation lubricating system (Tech) Ölumlaufschmierung f

oil control ring (Tech) Ölabstreifring m

oil-electric adj (Tech) dieselelektrisch

oil engine (Tech) Ölmotor m

oil feed (Hydr/Pneu) Druckölzufuhr f

oil feed (Tech) Ölzuführung f (Ölleitung)

oil field (Petr) Bohrfeld n, Ölfeld n

oil-film bearing (Lag, Walz) Ölfilmlager n

oil-fired heating (Stb) Ölbeheizung f, Ölfeuerung f (Beheizung)

oil flood lubrication (Tech, Walz) Ölflutschmierung f

oil flooded bearing (Lag) Ölflutlager n

oil-fog lubricator (Tech) Nebelöler m

oil gas (Petr) Fettgas n, Ölgas n

oil gauge fitting (BE) (Tech) Ölmessvorrichtung f

oil gauge glass (BE) (Tech) Ölschauglas n

oil gauge pipe (BE) (Tech) Ölstandsrohr n

oil grade (Petr, Tech) Ölqualität f, Ölsorte f

oil groove (Tech) Ölnut f, Ölnute f, Schmiernut f, Schmiernute f

oil guard (Tech) Ölschutz m

oil-hydraulic equipment (Hydr/Pneu) Ölhydraulik f

oil-hydraulics (Hydr/Pneu) Ölhydraulik f

oil-immersed adj (Met) ölisoliert; unter Öl

oil-immersed transformer (Elek) Öltrafo m, Öltransformator m

oil-impregnated adj (Met) ölimprägniert

oil industry (Petr) Erdölindustrie f

oil inlet (Tech) Ölzulauf m

oil interceptor (Tech) Ölfänger m

oil level gauge (BE) (Hydr/Pneu) Ölstandsanzeige f

oil level gauge (BE) (Tech) Ölmessstab m, Ölstandsauge n, Ölstandsschauglas n

oil level indicator (Tech) Füllstandsanzeigegerät n, Füllstandsanzeiger m (Öl, Dieselöl); Ölstandsanzeiger m, Oum;lstandzeiger m

oil level monitor (Tech) Füllstandsüberwachung f

oil line (Tech) Ölleitung f

oil lubrication (Tech) Ölschmierung f

oil make-up device (Tech) Ölausgleichsvorrichtung f

oil mist (Tech, Verd) Öldunst m, Ölnebel m

oil motor (Tech) Ölmotor m

oil pan (Tech) Ölsumpf m (Ölwanne des Motors); Ölwanne f

oil passage (Tech) Ölgalerie f

oil-poor adj (Tech) ölarm

oil pressure motor (Elek) Ölmotor m

oil pressure pump (Hydr/Pneu) Druckölpumpe f

oil quench (Met) Ölabschreckung f

oil reclaiming *(Chem, Ökol)* Altöllaufbereitung f

oil repellent *adj (Met)* ölabstoßend, öldicht

oil retainer *(Lag, Verd)* Ölstauring m

oil ring *(Tech)* Ölabstreifring m, Ölring m

oil seal *(Tech)* Dichtring m, Dichtungsring m *(Öl)*; Öldichtung f, Ölfangring m, Simmerring m, Wellendichtung f; Sperröldichtung f *(Verdichter)*

oil seal sleeve *(Tech)* Dichtringhülse f, Radialdichtung f

oil separator *(Tech)* Entöler m, Ölabscheider m, Ölseparator m

oil slinger *(Tech, Verd)* Ölschleuderring m, Ölspritzring m

oil splash lubrication *(Tech, Verd)* Ölspritzschmierung f, Öltauchschmierung f

oil sump *(Tech)* Ölsumpf m, Ölwanne f

oil supply *(Tech)* Ölleitung f, Ölversorgung f, Ölzuführung f *(Ölleitung)*; Ölvorrat m

oil surge *(Tech)* Ölschwall m *(Transformator)*

oil tank bedplate *(Tech)* Öltank-Grundplatte f

oil thrower ring *(Tech, Verd)* Ölschleuderring m; Ölspritzring m, Spritzring m

oil tower *(Bergb, Petr)* Bohrturm m *(Öl)*

oil-wetted air cleaner *(Tech)* Nassluftfilter n

oil wiper [wiping] ring *(Tech)* Ölabstreifring m

oiler *(Tech)* Öler m *(z. B. Ölkanne)*; Schmierer m

oilstone *(Werkz)* Wetzstein m

old man *(Tech)* z-förmiger Bohrerhalter m

olive *(Mech)* Schneidring m

omnidirectional light *(Licht)* Rundstrahllicht n

ON *(Elek)* AN *(Schalterstellung)*

on-centre *adj (Tech)* mittig

on-line *(Elek)* online, on-line

on-line diagram *(Elek)* Schaltplan m, Stromlaufplan m

on-load current *(Elek)* Betriebsstrom m *(Motor)*

on-load voltage *(Elek)* Belastungsspannung f, Betriebsspannung f

on-off control *(Hütt/Walz)* Ein-Aus-Regelung f

on/off process *(Elek)* Abschaltbetrieb m

on/off valve *(Hydr/Pneu)* Abschaltventil n

ON position *(Elek, Mech)* Arbeitsstellung f, Ein-Stellung f *(eingeschaltet)*

on site *(Bergb)* vor Ort

on-site traffic *(Bau)* Baustellenverkehr m

on-the-bar drawing *(Walz)* Stangenzug m *(Stangenziehen)*

on-the-spot *adj (Tech)* schnell

one-bayed *adj (Stb)* einschiffig

one-dimensional *adj (Tech)* eindimensional

one-layer *adj (Tech)* einlagig

one-line diagram *(Elek)* Linienschaltbild n, Linienschaltplan m, Schaltplan m, Stromlaufplan m

one-line diagram *(Zeich)* Strichbild n

one-off *adj (Tech)* einmalig

one-off part *(Tech)* Einzelteil n

one-off production *(Tech)* Sonderanfertigung f

one-on-one nesting *(Umschl, Walz)* scheibenweises Stapeln n

one-part *adj (Tech)* einteilig

one-piece *adj (Tech)* einteilig

one-ply *adj (Tech)* einlagig

one-point bearing *(Lag)* Punktlager n

one-pole *adj (Elek)* einpolig

one-stage slip-on gearing *(Tech)* Flachgetriebe n

one-storey *adj (BE) (Bau)* eingeschossig *(Gebäude)*

one-story *adj (AE) (Bau)* eingeschossig *(Gebäude)*

one-way *(Tech)* Einweg… *(z. B. Ventil)*; Wegwerf…

one-way switch *(Elek)* Ausschalter m, Ein/Aus-Schalter m, Einschalter m, Einwegschalter m

one-way traffic *(Tech)* Einfahrbahnverkehr m

onset *(Tech)* Ausbruch m, Beginn m, Einbruch m, Start m; Einsetzen n

onsetter *(Kran)* Anschläger m

onward transport *(Bergb, Förd)* Abförderung f, Weitertransport m

opacity factor *(Elek)* Durchlässigkeitsfaktor m

opacity technique *(Elek)* negatives Verfahren n, Wilsontechnik f

opaque *adj (Tech)* undurchsichtig

open *v (Tech)* entsperren *(z. B. Ventil)*; öffnen

open *adj (Tech)* offen stehend

open-air *(Tech)* Freiluft…
open-air exhibition ground *(Tech)* Freigelände n
open box section *(Tech)* Hutprofil n
open-burning coal *(Bergb)* Gasflammkohle f
open butt *(Schw)* offene Stoßnaht f
open-centered *adj (AE) (Bergb)* mittenfrei
open chain *(Mech)* lose Kette f
open-circuit voltage *(Elek)* Zündspannung f
open-circuit voltage *(Mess)* Leerlaufspannung f
open-circuited *adj (Elek)* abgeschaltet
open-cut mine *(Bergb)* Tagebau m
open-die forging *(Form, Hütt/Walz)* Freiformschmieden n *(Verfahren)*
open-die forging *(Met)* Freiformschmiedestück n *(Produkt)*
open-door design *(Konst)* Konstruktion f mit Änderungsmöglichkeiten
open-end and socket wrench *(Werkz)* Ringmaulschlüssel m
open-end spanner [wrench] *(Werkz)* Doppelmaulschlüssel m, Gabelschlüssel m, Maulschlüssel m
open-die forging *adj (Tech)* erweiterbar
open-ended spanner *(Werkz)* Maschinenschlüssel m, Maulschlüssel m
open-ended submerged nozzle *(Tech)* Tauchrohr n *(Strangguss)*
open gear *(Getr)* offene Verzahnung f
open gear pair *(Getr, Tech)* Zahnstangenverzahnung f
open grate decking *(Tech)* Lichtgitterrost m
open-hearth furnace *(Hütt/Walz)* Siemens-Martin-Ofen m, SM-Ofen m
open-hearth steel *(Hütt/Walz)* Siemens--Martin-Stahl m
open-jaw wrench *(Werkz)* Maulschlüssel m *(einseitig)*
open joist *(Stb)* Stahlgitterträger m
open-loop control *(Elek, Hydr/Pneu)* Steuerung f *(im Vergleich zur Regelung)*; Steuerung f *(rückführungslos)*
open-loop gain *(Elek)* Leerlaufverstärkung f
open pit *(Bergb)* Grube f *(im offenen Tagebau)*
open-pit mining *(Bergb)* Tagebau m, Tagebaugewinnung f

open pores *(Met)* Poren fpl *(feuerfeste Stoffe)*
open seam *(Walz)* Rohrschlitz m *(Rohrschweißanlage)*
open single V *(Schw)* Steilflankennaht f
open-square pressure gas welding *(Schw)* offenes Gaspressschweißen n *(DIN 1910)*
open surface condenser *(Hütt)* Rieselkondensator m
open throat *(Mech)* offene Ausladung f *(Schere)*
open twist weave *(Förd)* Drehergewebe n *(Stahlseilgurt)*
open-web girder *(Stb)* Fachwerkträger m *(mehrteiliges Fachwerk)*; Gitterträger m
open winch *(Bergb, Förd)* Windwerk n
opencast lignite mine *(Bergb)* Braunkohletagebau m
opencast mine *(Bergb)* Tagebau m
opened *adj (Tech)* geöffnet
opening *(Elek)* Auslösung f, Ausschaltung f, Öffnung f, Trennen n
opening *(Form)* Ausnehmung f *(im Blech)*
opening *(Hydr/Pneu)* Öffnung f
opening *(Mont, Tech)* Auseinanderbauen n *(z. B. Walzen)*
opening *(Tech)* Durchführung f *(Öffnung in Wand usw)*; Öffnen n, Öffnung f, Spalt m
opening *(Werkz)* Schlüsselweite f
opening cut *(Bergb)* Aufschluss m *(Einschnitt)*; Aufschlusseinschnitt m *(im Tagebau)*; Aufschlussgraben m, Einbruch m *(Einschnitt, Bergbau)*; Einschnitt m *(Bergbau)*
opening operation *(Elek)* Ausschalten n, Ausschaltung f, Ausschaltvorgang m, Öffnungsbewegung f *(z. B. Schaltgerät)*
opening pressure *(Form, Tech)* Ansprechdruck m *(z. B. des Ventils)*
opening time *(Elek)* Ansprechzeit f *(Öffner)*; Ansprechzeit f *(Relais)*; Ausschalt--Eigenzeit f *(IEC 50(441); IEC 56-1)*; Ausschaltverzug m *(IEC 50(441); IEC 56-1)*; Öffnungszeit f *(Leistungsschalter)*
opening-up *(Bergb)* Aufschluss m *(im Tagebau)*
opening width *(Bergb)* Öffnungsweite f *(z. B. des Greifers)*
opening width *(Werkz)* Schlüsselweite f

operable adj (Tech) gängig (funktionsfähig)

operate v (Bergb) betätigen (bedienen)

operate v (Elek) anfahren (Endschalter); anziehen (Relais); auslösen (starten, bedienen); schalten

operate v (Hütt) gehen (Hochofen)

operate v (Tech) arbeiten, bedienen (z. B. eine Maschine); betreiben (z. B. ein Gerät); einfallen (zu arbeiten beginnen); handhaben (betätigen); verfahren, wirken

operate time (Elek) Ansprechzeit f (Relais)

operated position (Vent) Schaltstellung f

operating... adj (Elek) Bedienungs..., Betriebs..., Schalt...

operating... adj (Tech) Arbeits..., Bedienungs..., Betätigungs..., Betriebs...

operating and maintenance manual (Tech) Betriebsanleitung f (Handbuch); Betriebsanweisung f (Handbuch)

operating characteristics pl (Elek) Arbeitskenndaten pl

operating characteristics pl (Tech) Betriebsmerkmale npl

operating coil (Elek) Magnetspule f

operating conditions (Tech) Betriebsbedingungen fpl, Betriebsverhältnisse npl • **under normal operating conditions** betriebsmäßig

operating console (Elek) Schaltpult n

operating constraints pl (Tech) Betriebsgrenzwerte mpl

operating controls pl (Elek) Schaltgeräte npl

operating controls pl (Tech) Betätigungselemente npl, Steuerorgane npl

operating crank (Tech) Antriebskurbel f

operating crew (Tech) Bedienungspersonal n

operating current (Elek) Ansprechstrom m (Schaltgerät); Ansprechstrom m (Relais); Arbeitsstrom m, Betriebsstrom m

operating cycle (Fert, Mech, Tech) Arbeitsablauf m, Arbeitsgang m, Arbeitsvorgang m, Arbeitszyklus m

operating cylinder (Bergb) Betätigungszylinder m

operating data pl (Tech) Betriebsdaten pl, Betriebsergebnisse npl, Einsatzdaten npl

operating delay (Tech) Schaltverzögerung f (eines Schalters)

operating device (Elek) Befehlsgerät n

operating device (Elek, Tech) Bedienungselement n

operating disc (Tech) Mitnehmerscheibe f

operating efficiency (Hütt/Walz) Kesselwirkungsgrad m

operating element (Elek, Tech) Bedienungselement n

operating fluid (Vent) Steuermedium n

operating instructions pl (Tech) Bedienungsanleitung f, Betriebsanleitung f, Betriebsanweisung f, Betriebsvorschriften fpl

operating level (Bergb) Fahrplanum n

operating life (Tech) Lebensdauer f (z. B. Maschine, Werkstoff); Standzeit f

operating linkage (Elek) Gestängeantrieb m

operating manual (Tech) Bedienungsanleitung f, Betriebsanleitung f, Betriebsanweisung f, Betriebshandbuch n, Betriebsvorschrift f (Handbuch)

operating mechanism (Elek) Antrieb m (Schaltgerät)

operating method [mode] (Tech) Arbeitsweise f, Betriebsart f, Betriebsmethode f

operating personnel (Tech) Bedienungspersonal n

operating plan (Fert, Mech) Arbeitsplan m

operating pole contact member (Elek) Schaltstück n

operating pressure (Hydr/Pneu, Tech) Arbeitsdruck m, Betriebsdruck m, Steuerdruck m (Ventil)

operating principle (Tech) Wirkungsweise f (eines Gerätes, eines Motors)

operating time (Elek) Ansprechzeit f (Schaltgerät)

operating time (Fert, Tech) Betriebsstunde f

operating time (Tech) Betriebsdauer f, Betriebszeit f, Einsatzzeit f, Einschaltdauer f (Maschine); Laufzeit f (Maschine); Standzeit f

operating valve (Hydr/Pneu) Anstellventil n

operating weight (Kfz) Eigengewicht n (Nutzlast)

operating weight *(Tech, Schw)* Dienstgewicht *n*

operation *(Elek)* Auslösung *f (Betätigung, Starten)*; Betätigung *f*, Betätigung *f*, Schaltspiel *n (Relais usw.)*; Schaltung *f (Betätigung)*

operation *(Elek, Tech)* Verfahren *n*

operation *(Fert, Tech)* Arbeitsgang *m*, Arbeitsvorgang *m* • **in a single operation** in einem Arbeitsgang

operation *(Tech)* Ablauf *m (eines Verfahrens)*; Arbeit *f (z. B. Maschine)*; Betrieb *m (Betätigung, Bedienung)*; Vorgang *m*

operation... *adj (Elek)* Arbeits..., Bedienungs..., Betriebs..., Schalt...

operation... *adj (Fert, Tech)* Arbeits..., Bedienungs..., Betätigungs..., Betriebs...

operation analysis *(Fert)* Arbeitsanalyse *f*

operation and maintenance manual *(Tech)* Betriebs- und Wartungshandbuch *n*

operation limit switch *(Elek)* Betriebsendschalter *m*

operational *adj (Elek)* betriebsmäßig; Betriebs...

operational *adj (Tech)* betrieblich, betriebsbereit, betriebsfähig, betriebsfertig; funktionstüchtig; Betriebs...

operational check *(Prüf)* Funktionsprüfung *f (z. B. der Ventile)*; Prüfung *f* während des Betriebes

operational test *(Tech)* Probelauf *m (z. B. einer Ölanlage)*

operational weight *(Tech)* Einsatzgewicht *n*

operator *(Elek)* Antrieb *m*, Betätigungsglied *n*

operator *(Tech)* Betreiber *m (z. B. eines Gerätes)*; Bedienungsmann *m*, Fahrer *m*, Führer *m (z. B. von Baumaschinen)*

operator-controlled *adj (Bergb)* zwangsgeführt *(durch Fahrer)*

operator error *(IT)* Bedienungsfehler *m*

operator position hoop *(Kfz)* Fahrerstandbügel *m*

operator's control panel *(Elek)* Bedienungstafel *f*

operator's desk *(Tech)* Führerpult *n*

oppose *v (Tech)* entgegenwirken

opposed cylinder type engine *(Antr)* Boxermotor *m*

opposing *adj (Tech)* gegenteilig

opposing torque *(Tech)* Gegenmoment *n (als Drehmoment)*

opposing torque control *(Kran)* Konterschaltung *f (Vorgang)*

opposite *adj (Tech)* entgegengesetzt, gegenteilig, ungleichnamig

opposite surface *(Tech)* Gegenfläche *f*

optical *adj (Elek)* optisch

optical *adj (Phys)* spannungsoptisch

optical communications fibre *(Tech)* Lichtwellenleiter *m*

optical-coupled isolator *(Mess)* Optokoppler *m*

optical detector *(Mess)* optischer Messwertaufnehmer *m*

optical fibre *(Licht, Tech)* Lichtleiter *m*

optical image *(IT, Mess)* Bild *n*

optical isolator *(Mess)* Optokoppler *m*

optical output Lichtleistung *f (Lichtwellenleiter)*

optical wave guide *(Tech)* Lichtwellenleiter *m*

optimise *v (BE) (Tech)* optimieren

optimize *v (AE) (Tech)* optimieren

optimum *adj (Tech)* günstigst

option *(Tech)* Möglichkeit *f (Auswahl)*

option rating *(Kfz)* Einstellgröße *f (des Motors)*

optional *adj (Tech)* wahlweise; bedingt; beliebig

optional items *pl (Tech)* Zubehör *n*

options *pl (IT)* Auswahl *f*

opto-electronic transducer *(Mess)* optoelektronischer Wandler *m*

optocoupler *(Mess)* Optokoppler *m*

optoisolator *(Mess)* Optokoppler *m*

orange peel grab *(Bau, Bergb, Umschl)* Apfelsinenschalengreifer *m*, Mehrschalengreifer *m*

orbital *adj (Tech)* orbital

orbital railway *(Bahn)* Gürtelbahn *f*, Ringbahn *f*

orbitrol *(Vent)* hydraulisches Lenkventil *n*, Lenkventil *n*

order *v (Mont, Tech)* anordnen *(systematisch)*

order *(Tech)* Anordnung *f (Anweisung)*; Anweisung *f*, Auftrag *m (Vertrag, Bestellung)*; Folge *f* • **out of order** betriebsunfähig order of magnitude *(Tech)* Größenordnung f

order of precedence *(Tech)* Rangordnung f

order picker *(Förd, Log)* Kommissioniergerät n

order picking warehouse *(Förd, Log)* Kommissionierlager n

ordinance governing protection against radiation *(Ökol, Tech)* Strahlenschutzverordnung f

ordinary *adj (Tech)* gewöhnlich, normal, üblich

ordinary lay *(Tech)* Kreuzschlag m *(Seil)*; übliche Verlegung f *(Seil)*

ordinary lay rope *(Tech)* Kreuzschlagseil n *(Seil)*

ordinary steel *(Met)* Massenstahl m

ore *(Met)* Erz n

ore and mineral processing technology *(Aufb)* Aufbereitungstechnik f

ore body *(Bergb)* Erzvorkommen n, Flöz n

ore body *(Hütt/Walz)* Erzkörper m

ore fines *(Met)* Feinerz n

ore-mud suction dredge *(Bergb)* Erzschlammgewinnungsgerät n

ore smelting *(Hütt)* Erzverhüttung f

organic coating stripper *(Anstr)* Abbeizmittel n, Abbeizstoff m

organic solvent paint stripper *(Anstr)* lösendes Abbeizmittel n

organization *(AE) (Tech)* Gestaltung f

organosol coating *(Walz)* Organosolbeschichtung f *(Bandbeschichtung)*

oriel *(Bau)* Erker m *(Vorbau)*

orient v towards *(Tech, Mont)* ausrichten

orientation *(Tech)* Ausrichtung f, Lagebestimmung f, Ortung f, Richtungsbestimmung f

orientation of axis *(Tech)* Achsenanordnung f *(z. B. Stromschreiber)*

orientation tensions *(Met)* Orientierungsspannungen fpl *(DIN 50035)*

oriented *adj (Tech)* ausgerichtet

orifice *(Hydr/Pneu)* Blende f, Düse f, Messblende f, Öffnung f

orifice *(Hydr/Pneu)* Durchflussöffnung f

orifice *(Mess)* Blendenöffnung f *(einer Messblende)*

orifice *(Tech)* Ausmündung f, Mündung f, Mündungskanal m, Öffnung f, Verengung f *(durch Nut)*

orifice disk *(Hydr/Pneu)* Messblende f

orifice nozzle *(Tech)* Lochdüse f

orifice plate *(Hydr/Pneu)* Messblende f

orifice plate *(Tech)* Steckblende f

orifice strip *(Hydr/Pneu)* Abgangsleiste f

orifice tube *(Tech)* Innenrohr n

orifice welding *(Schw)* Düsenschweißen n

origin *(Tech)* Ursprung m

original position *(Elek)* Grundstellung f

original shaping *(Form)* Urformen n

original thickness *(Met)* Materialausgangsstärke f

originate v *(Tech)* verursachen

ornamental hub cap *(Tech)* Zierdeckel m

orthogonal *adj (Tech)* rechtwinklig

orthogonal-anisotropic *adj (Stb)* orthotrop

orthotropic *adj (Stb)* orthotrop

oscillate v *(Elek)* schwingen *(oszillieren)*

oscillate v *(Tech)* pendeln *(schwanken)*; pendeln *(Gießmaschine)*

oscillating *adj (Tech)* oszillierend, pendelnd, schwankend; Pendel..., Schwing...

oscillating conveyor *(Förd, Umschl)* Schwingrinne f *(Schwingförderer)*

oscillating conveyor *(Hütt)* Schüttelrinne f

oscillating saw *(Mech, Walz)* Pendelsäge f

oscillating screen *(Zer)* Rüttelsieb n, Schwingsieb n

oscillation *(Elek)* Batterieschwingung f, Schwingung f *(elektrisch)*

oscillation *(Tech)* Flattern n *(z. B. einer Brücke)*; Schwingung f

oscillation lock *(Kfz, Tech)* Ausschlag m, Pendelachsausschlag m

oscillator *(Elek)* Kippschaltung f *(Impulse)*; Oszillator m, Sender m *(elektrische Bandwaage)*; Steuersender m *(elektronisches Gerät)*

oscillator *(Mess)* Schwingungserzeuger m

oscillator *(Tech)* Hubeinrichtung f *(Gießmaschine)*; Schwinger m

oscillator crystal *(Prüf)* Schwingkristall m *(Ultraschallprüfung)*

oscillograph *(Elek)* Oszillograph m, Schreiber m *(schreibendes Messgerät)*

oscilloscope *(Elek)* Bildschirm m *(Zerhacker)*; Oszillograph m

oscilloscope image *(Prüf)* Oszilloskopbild *n (Ultraschallprüfung)*
oscilloscope screen *(Elek)* Bildschirm *m (Ultraschall)*
Otto(-cycle) engine *(Antr)* Ottomotor *m (Viertaktbenzinmotor)*
out-of-balance drive *(Zer)* Wuchtmassenantrieb *m*
out-of-line-running *(Förd)* Schieflauf *m (Band)*
out-of-range indicator *(Tech)* Überlaufanzeiger *m*
out-of-roundness *(Tech)* Unrundheit *f (Rohre)*
out-of-roundness of roller *(Hütt/Walz)* Rollenschlag *m*
outage *(Fert, Tech)* Ausfallzeit *f (betrieblich bedingte Verlustzeit)*; Stillstand *m*, Stillstandszeit *f*
outboard end of the mandrel *(Walz)* Trommelende *n*
outcome *(Tech)* Ergebnis *n*
outcrop *(Bergb)* Ausgehendes *n*; Steilabbruch *m*
outdoor *(Tech)* Freiluft…
outdoor plant [unit] *(Baut)* Freianlage *f*
outdoors *adv (Tech)* draußen, im Freien
outer *adj (Tech)* außen, Außen…
outer shell *(Förd)* Rollenkörper *m*, Rollenmantel *m*
outer web plate *(Tech)* Ringmantel *m*
outer wire coat *(Bergb, Förd)* Außendrahtlage *f (Seil)*
outflow *(Bau, Ökol)* Ausfluss *m*
outgoing… *adj (Elek, Tech)* Abgangs…
outgoing air *(Tech)* Abluft *f (Klimaanlage)*
outgoing branch circuit *(Elek)* Abzweig *m (I-Leitung)*
outgoing-feeder unit *(Elek)* Abzweig *m (Verteilereinheit)*
outlay for work *(Tech)* Arbeitsaufwand *m*
outlet *(Bergb, Tech)* Ablauf *m (z. B. von Wasser)*
outlet *(Elek)* Anschluss *m (Steckdose)*
outlet *(Hütt/Walz)* Austritt *m (Auslass)*
outlet *(Hydr/Pneu)* Ausgang *m*
outlet *(Kfz, Tech)* Austrittsöffnung *f*
outlet *(Mess)* Anschlussstelle *f*
outlet *(Tech)* Ablaufstelle *f*; Auslass *m (z. B. aus einem Gerät)*
outlet… *adj (Tech)* Auslass…, Auslauf…
outlet air *(Tech)* Abluft *f*, Fortluft *f*

outlet box *(Elek)* Anschlussdose *f*, Enddose *f*
outlet chute *(Bergb)* Entleerungsschurre *f*
outlet header *(Hütt/Walz)* Austrittssammler *m*, Sammler *f (Hauptrückleitung)*
outlet manifold *(Hütt/Walz)* Sammler *f (Hauptrückleitung)*
outlet manifold *(Verd)* Hauptdruckleitung *f (Kolbenverdichter)*
outlet socket *(Elek)* Schalterdose *f*
outlet valve *(Hydr/Pneu)* Auslassventil *n*
outline *(Tech)* Form *f (Silhouette)*; Kontur *f*, kurze Darstellung *f*, Umriss *m*
outline *(Tech)* Grundriss *m*
outline drawing *(Zeich)* Entwurfszeichnung *f*, Maßzeichnung *f (mit Einbaumaßen)*; Strichzeichnung *f*, Übersichtszeichnung *f*; Umrissskizze *f*
outlined *adj (Tech)* freistehend *(z. B. Schrift)*
outmoded *adj (Bahn, Tech)* überholt *(durch ein neueres Modell)*; veraltet
output *(Bergb, Umschl)* Fördermenge *f*, Förderleistung *f (Bagger)*
output *(Elek)* Abgabeleistung *f*, Ausgabe *f (Ausgangssignal)*; Leistungsabgabe *f*, Motorleistung *f*
output *(Fert)* Ausstoß *m (Produktionsmenge)*
output *(Hydr/Pneu)* Ausgang *m*
output *(IT)* Ausgabe *f (z. B. Daten, Information)*; Ausgabedaten *pl*, Druckausgabe *f (Datenausgabe)*
output *(Tech)* Abtrieb *m*, Arbeit *f (Leistung)*
output *(Verd)* Liefermenge *f (Fördermenge als Volumen)*
output… *adj (Tech)* Leistungs…
output connection *(Kfz)* Auslass-Anschluss *m (Gewinde)*
output distributor *(Tech)* Endverteiler *m*
output variable *(Mess, Tech)* Ausgangsgröße *f*
outreach *(Baum, Bergb, Kran, Tech, Umschl)* Ausladung *f (z. B. Montagekranausleger)*; Arbeitsbereich *m (Reichweite)*; Grabweite *f*, Reichweite *f (des Baggers)*
outrigger *(Bahn)* Abstützung *f (Bagger-, Kranausleger)*
outrigger *(Bergb)* Pratze *f (Ausleger)*

outrigger *(Kfz)* Ausleger *m (Abstützung)*
outrigger crane *(Kran)* Auslegerkran *m*
outrigger stabilizers *pl (AE) (Bergb)* Pratzenabstützung *f*
outside *adj (Tech)* außen, außenseitig
outside *(Tech)* Außenseite *f*
outside diameter *(Tech)* Außendurchmesser *m*, äußerer Durchmesser *m*
outside pipe reamer *(Mech, Mont)* Außenfräser *m*
outside thread caliper *(Mech, Mont)* Außentaster *m*
outstand *(Stb)* Überstand *m (z. B. einer Kante)*
outstanding *adj (Tech)* auffallend, ausgezeichnet, bemerkenswert, herausragend, hervorragend, hervorstechend, überragend
outstanding flange *(Stb)* abstehender Schenkel *m*
outstroke *(Tech)* Ausfahren *n (z. B. Kolben)*
oval *adj (Tech)* eiförmig *(oval)*; oval
oval body wedge gate valve *(Vent)* Keilovalschieber *m*
oval file *(Werkz)* Karpfenfeile *f*
oval groove *(Walz)* Ovalkaliber *n (einer Walze)*
oval head screw *(Tech)* Linsenkopfschraube *f*
oval pass *(Walz)* Ovalkaliber *n (eines Walzenpaares)*; Ovalstich *m*
oval-wheel meter *(Metr)* Ovalradzähler *m*
ovalling *(Walz)* Ovaldrücken *n (eines Knüppels)*
ovals *pl (Hütt/Walz)* Ovalstahl *m*
over-gauge *(BE) (Met)* Überdicke *f*
over-the-screen material *(Tech)* Überkorn *n (beim Sieben)*
overall *adj (Tech)* gesamt
overall dimension *(Bau)* Baumaß *n*
overall dimension *(Tech)* Einbaumaß *n*, Gesamtabmessung *f*, Gesamtmaß *n*
overall drawing *(Tech, Zeich)* Zusammenstellungszeichnung *f*
overall view *(Tech)* Gesamtansicht *f*; Übersicht *f (Überblick)*
overband magnetic separator *(Zer)* Überbandmagnetscheider *m*
overblown steel *(Met)* überblasener Stahl *m (vom Konverter)*

overburden *(Baum, Bergb)* Abraum *m*, Baggergut *n*
overburden stockpile *(Bergb)* Abraumhalde *f*
overcarry *(Bergb)* Überwerfen *n* des Schaufelrades
overcast *(Bergb)* Übersetzbetrieb *m*
overcharge *v (Tech)* überlasten *(leistungsbezogen)*
overcome *v (Tech)* überwinden *(Hindernis)*
overcoupled echo *(Elek, Prüf)* Überkoppelecho *n (Ultraschall)*
overcurrent... *adj (Elek)* Überstrom...
overdrive *(Tech)* Schnellgang *m*, Schnellstufe *f*, Sparganggetriebe *n*, Zusatzfahrschaltung *f*
overdrive *(Getr)* Schonganggetriebe *n*
overflow *v (Tech)* überwallen *(überspülen)*
overflow *(Aufb)* Überlauf *m*
overflow... *adj (Hydr/Pneu, Tech)* Überlauf..., Überström...
overflow valve *(Vent)* Überdruckventil *n (Überdruckklappe)*; Überströmventil *n (Überlaufventil)*
overflowing *(Förd, Umschl)* Überschüttung *f*
overhang *v (Bahn)* überhängen *(Panzerketten auf Waggon)*
overhang *(Stb)* Auskragung *f*, Ausladung *f (Überhang)*; Überstand *m (z. B. einer Kante)*
overhanging *adj (Tech)* auskragend, hervorstehend
overhanging beam *(Tech, Stb)* auskragender Balken *m*; Freiträger *m*; Konsolträger *m*, Kragarm *m*
overhaul *v (Tech)* reparieren, überholen
overhaul *(Mech)* Überholung *f (Reparatur)*
overhaul *(Tech)* Revision *f*
overhead *adj (Elek)* oberirdisch
overhead *adj (Förd)* flurfrei, Kreis...
overhead *adj (Tech)* aufgehängt
overhead... *adj (Schw)* Überkopf...
overhead *(Schw)* Zwangslage *f (nach oben schweißen; in Zeichnungen)*
overhead clearance *(Tech)* Durchfahrtshöhe *f*, lichte Höhe *f*
overhead monorail crane *(Kran)* Einschienenlaufkran *m*
overhead power supply *(Elek)* Fernlei-

tung f (auf Stahlmasten); Freileitung f (z. B. im Tagebau); Überlandleitung f

overhead traction line (Elek) Oberleitung f

overhead transmission line (Elek) Überlandleitung f

overhead travelling grabbing crane (Kran) Greiferkatze f (der ganze Kran gemeint)

overhead trolley (Kran) Deckenlaufkatze f

overhead valve (Vent) hängendes Ventil n

overheat v (Tech) heißlaufen (z. B. Motor); überhitzen

overheating protection (Tech) Heißlauf-Sicherung f

overhung adj (Tech) fliegend angeordnet, fliegend gelagert

overinflation (Tech) Überdruck m (im Reifen); zu hoher Reifendruck

overland conveyor (Förd, Umschl) Überlandförderer m

overland line (Elek) Überlandleitung f

overlap v (Stb, Schw) überlappen, überschneiden

overlap (Schw) Wurzeldurchhang m

overlap (Stb, Schw) Überlappung f (z. B. der Schweißnaht)

overlap (Tech) Überdeckung f (Schaltstellung des Kolbens im Kolbenventil)

overlap (Walz) Überfaltung f (Blechfehler)

overlap contact ratio (Tech) Sprungüberdeckung f

overlapping (Hütt/Walz) Überschneidung f

overleaf adv (Tech) Rückseite f, umseitig

overlength (Tech) Passlänge f

overload v (Tech) überlasten (gewichtsbezogen)

overload (Met, Stat) Überbelastung f

overload (Tech) Überlastung f (Gewicht)

overload... adj (Elek) Überlast..., Überstrom...

overload capability [capacity] (Elek) Überlastbarkeit f (Ofen, Motor usw.)

overload circuit breaker (Elek) Motorschutzschalter m, Überstromauslöser m

overload radius (Tech) dynamischer Radius m

overload rating (Elek) Überlastbarkeit f (Ofen, Motor usw.)

overload relief valve (Hydr, Vent) Überlastschutzventil n

overload relief valve (Vent) Mengenregler m

overload shear coupling (Tech) Scherkupplung f, Zerreißkupplung f

overload spring (Tech) Zusatzfeder f (Verstärkung)

overlook v (Tech) ignorieren, übersehen

overlowering (Kran) Überfahren n (Senkbewegung)

overlying rock (Bergb, Geo) Deckgebirge n

overlying rock (Geo) Abraum m, überlagernde Schichten fpl

overman (Bergb) Fahrsteiger m (Baggerpersonal)

overpass (Bahn, Bau) Überführung f (Straße über Kreuzung)

overpole v (Tech) überpolen (Kupferschmelze)

overpower protection (Elek) Leistungsbegrenzungsschutz m (nach oben)

overpressure (Tech) Überdruck m

overpressure valve (Vent) Überdruckventil n (Überdruckklappe)

override v (Mess) übersteuern

override v (Tech) überbrücken, umschalten

overrunning (Kran) Überfahrt f

overrunning brake (Kfz) Auflaufbremse f

overrunning clutch (Tech) Überholkupplung f, Überlaufkupplung f

overshoot v (Mess) überschwingen

overshot mode adj (Tech) oberschlächtig

oversize adj (Bergb) übergroß (überdimensioniert)

oversize (Bahn) Übermaß n (Überschreitung der Lademaße)

oversize (Tech) Überkorn n (als Fehlkorn im Zerbrecher); Übermaß n

oversize (Zer) Siebrückstand m, Sieb-überlauf m

oversize... (Tech) Riesen...

oversized rock (Bergb, Geo) Knäpper m (großer Steinbrocken)

overslung adj (Kran) obenlaufend

overspeed v test (Tech) schleudern (Prüfung)

overspeed (Elek, Tech) hohe Drehzahl f, Überdrehzahl f

overspeed (Tech) Überdruckzahl f

overspeed clutch (Tech) Überholkupplung f

overspeed monitor (Tech) Drehzahlwächter m (für zu hohe Drehzahl)

overspray of paint (Anstr) Farbspritzer m

oversquare (Tech) Kurzhub m

oversquare engine (Tech) Kurzhubmotor m

overstrain v (Stb) überanstrengen, überbeanspruchen

overstrain v (Tech) überspannen (zu stark anspannen)

overstress v (Stb) überbeanspruchen

overtime (Tech) Mehrarbeit f

overtorque v (Tech) überdrehen (z. B. Gewinde)

overtravel switch (Elek) Endschalter m

overtravelling (Kran) Überfahren n (Katzfahrt)

overtraversing (Kran) Überfahren n (Katzfahrt)

overturn v (Tech) überdrehen (z. B. Gewinde); umkippen, umschlagen

overturning moment (Tech) Kippmoment n

overview (Tech) Überblick m, Übersicht f (Überblick)

overvoltage during communication (Elek) Kommutierüberspannung f

overwind v (Tech) überdrehen (z. B. Gewinde)

overwinding (Kran) Überfahren n (Hubbewegung)

own weight (Tech) Eigengewicht n

oxalate coating (Walz) Oxalatieren n

oxidation (Chem) Oxidation f

oxide (Chem) Oxid n

oxide inclusion (Hütt) Oxideinschluss m

oxide loss (Elek) Glühverlust m

oxidize v (AE) (Anstr) oxidieren

oxidizer (AE) (Anstr) Oxidationsmittel n

oxy-fuel burner (Hütt) Sauerstoffbrenner m

oxy-fuel gas blowpipe (Schw) Autogenbrenner m, autogener Brenner m, Gasbrenner m

oxy(-fuel) gas cutting (Mont, Schw) autogenes Schneiden n, autogenes Trennen n, Autogenschneiden n, Autogentrennen n, Brennschneiden n, Gasbrennschneiden n, Gasschneiden n

oxy-fuel gas torch (Schw) Autogen-

brenner m, autogener Brenner m, Gasbrenner m

oxy-fuel gas welding (Schw) Sauerstoff--Brenngas-Schweißung f

oxy-fuel method (Schw) Autogenverfahren n

oxy-fuel oil burner (Hütt) Ölsauerstoffbrenner m

oxyacetylene... adj (Schw) Autogen...

oxyacetylene blowpipe (Schw) Autogenbrenner m, autogener Brenner m, Gasbrenner m

oxyacetylene gas torch (Schw) Autogenbrenner m, autogener Brenner m, Gasbrenner m

oxyacetylene gouging (Mech, Schw) Autogenfugenhobeln n, autogenes Fugenhobeln n, Fugenhobeln n mit Gas

oxyacetylene weld (Schw) Autogennaht f, Autogenschweißnaht f

oxyacetylene welding (Schw) autogenes Schweißen n, Autogenschweißen n, Azetylen-Sauerstoff-Schweißen n, Azetylenschweißen n, Gasschweißen n, G-Schweißen n

oxygen (Chem) Sauerstoff m

oxygen-blown steel (Met) Sauerstoffstahl m

oxygen-blown steelmaking process (Hütt) Sauerstoffblasverfahren n

oxygen converter (Hütt) Sauerstoffkonverter m

oxygen cutting (Mont, Schw) Brennschneiden n

oxygen-free copper (Met) sauerstofffreies Kupfer n

oxygen melt shop (Hütt) Sauerstoffstahlwerk n (Stahlerzeugungsteil des Gesamtkomplexes)

oxygen refined steel (Met) Blasstahl m (Konverter); Sauerstoffblasstahl m, Sauerstoffstahl m

oxygen steel plant (Hütt, Hütt/Walz) Oxigenstahlwerk n, Sauerstoffstahlwerk n

oxygen steelmaking process (Hütt) Sauerstoffblasverfahren n

oxyhydrogen cutting (Mech) Wasserstoffschneiden n

oxyhydrogen welding (Schw) Wasserstoffschweißen n

ozone cracking (Met) Ozonrissbildung f (DIN 50035)

P

pack *v (Bergb, Umschl)* einfüllen
pack *v (Tech)* dichten, dichtpacken
pack *(Tech)* Bündel *n*, Sturz *m (Zwischenform beim Walzen von Platinen)*
pack annealing *(Walz)* Stürzenglühen *n*
pack rolling *(Walz)* Stürzenwalzen *n*
package *(Tech)* Bündel *n*, Gebinde *n (Lieferform)*; Einbausatz *m*; Paket *n (z. B. zur Geräuschdämpfung)*
package design *(Tech)* Kompaktbauweise *f*
packaged boiler *(Hütt/Walz)* Kleinkessel *m*, Standardkessel *m*
packaged unit *(Tech)* Baueinheit *f*, Baustein *m (im Baukastensystem)*
packaging industry *(Tech)* Verpackungsindustrie *f*
packed *adj (Tech)* gedrängt, verpackt
packed bed *(Tech)* Festbett *n (Gegensatz zu Fließbett)*
packed bed filter *(Tech)* Schüttschichtfilter *m*
packer *(Tech)* Haltescheibe *f*
packet seal *(Tech)* Dichtsatz *m (Dichtpaket)*
packing *(Bergb)* Ballung *f* des Gutes, Bergeversatz *m*
packing *(Chem)* Füllkörper *m (für Kühlung)*
packing *(Tech)* Dichtung *f (Packung, Dichtungsmanschette)*; Packung *f*, Stopfbüchse *f (z. B. eines Wärmetauschers)*; Verpackung *f (in Kisten)*
packing *(Tech, Stb)* Futter *n (Ausfütterung)*
packing box *(Tech)* Stopfbuchse *f*, Stopfbüchse *f*; Stopfbüchsgehäuse *n (Verdichter)*
packing compound *(Tech)* Dichtmasse *f*
packing drum *(Tech)* Gebinde *n (Lieferform)*
packing follower ring *(Tech)* Stellring *m (eines Wärmetauschers)*
packing gland *(Tech)* Stopfbüchsbrille *f*
packing ring *(Tech)* Dichtring *m*, Dichtungsring *m*, Packungsring *m (einer Ventilstopfbüchse)*
pad *v (Tech)* ausfüttern, stopfen
pad *(Bergb)* Kettenplatte *f*
pad *(Tech)* Kissen *n*, Pratze *f*, Prellvorrichtung *f*, Stoßdämpfer *m*, Stoßfänger *m*, Unterlage *f*, Unterlagsblock *m*, Wulst *m (Reifenteil in Felge)*
pad saw *(Werkz)* Stichsäge *f*
pad stop *(Lag)* Segmentanschlag *m (Kippsteinlager)*
padding *(Tech)* Füllung *f (Polsterung)*; Futter *n*, Polsterung *f*; Puffer *m*
paddle plate *(Bergb)* Gleitplatte *f (an der Schaufel)*
paddle worm conveyor *(Förd)* Misch-Schnecke *f*
padlock *(Tech)* Vorhängeschloss *n*
pads *(Tech)* Wulstbildung *f (Autoreifen)*
padstone *(Stb)* Auflagerstein *m*
paint *v (Anstr)* anmalen, anstreichen, bestreichen, malen
paint *(Anstr)* Anstrichstoff *m*, Farbe *f*; Lack *m*, Lackierung *f*
paint blister *(Anstr)* Farbabblätterung *f*
paint bond *(Anstr)* Haftvermittler *m (Bandbeschichtung)*
paint brush *(Anstr)* Pinsel *m*
paint coating *(Anstr)* Farbanstrich *m*, Lackierung *f (Vorgang)*
paint finish *(Anstr)* Endanstrich *m (oberste Farbschicht)*; Farbaufstrich *m*, Lack *m*, Lackierung *f*
paint holiday *(Anstr)* Fehlstelle *f (Lücke im Anstrich)*; freie Stelle *f*
paint remover *(Anstr)* Abbeizmittel *n*, Abbeizstoff *m*
paint run *(Anstr)* Farbläufer *m*
paint shop *(Anstr)* Anstrichhalle *f*, Lackiererei *f*, Spritzerei *f*, Spritzkabine *f*
paint stripper *(Anstr)* Abbeizmittel *n*, Abbeizstoff *m*
painting *(Anstr)* Anstreichen *n*, Anstrichtechnik *f*, Farbanstrich *m*
paintwork *(Anstr)* Anstrich *m (Farbe)*
paired *adj (Elek)* verdrillt *(Leiter)*
PAL *(Elek)* PAL *n (deutsches Farbfernsehsystem)*
pal-nut *(Tech)* Palmutter *f*
pallet *(Hütt)* Rostwagen *m (Sinteranlage)*
pallet *(Tech)* Palette *f (Förderplattform)*
palm oil *(Walz)* Palmöl *n*
pan *(Tech)* Wanne *f*
pan conveyor *(Förd, Umschl, Zer)* Abzugsband *n (als Plattenband)*; Abzugsplattenband *n*; Plattenband *n*
pan feeder *(Bergb)* Förderrinne *f*
pan feeder *(Förd, Umschl, Zer)* Abzugs-

band n *(als Plattenband)*; Abzugsplattenband n; Plattenband n

pan grinder *(Tech)* Kollergang m *(Erzzerkleinerung)*

pan head tapping screw *(Tech)* Zylinderblechschraube f

pan riveting *(Tech)* Flachkopfnietung f

pancake winding *(Hütt)* Scheibenwicklung f *(eines Transformators)*

pane v *(Tech, Mont)* ausrichten *(mittels Hammer)*

pane *(Tech)* Scheibe f *(Glas)*

panel *(Baut)* Feld n *(Fachwerkkonstruktion)*; Paneel n *(Wandverkleidung)*

panel *(Elek)* Schaltpult n, Schalttafel f, Schrank m *(Schaltkasten)*; Tableau n

panel *(Stb)* Fach n *(Fachwerkkonstruktion)*

panel *(Tech)* Armaturenbrett n *(z. B. Kfz)*

panel chassis *(Mess)* Tafelgehäuse n

panel control *(Mess)* Frontplattenregelgerät n

panel length *(Baut, Stb)* Fach n, Feld n *(Fachwerkkonstruktion)*; Feldlänge f; Feldweite f *(Fachwerk)*

panel moment *(Bau, Elek)* Feldmoment n

panel mounting *(Mess, Tech)* Tafelaufbau m Tafeleinbau m

panel point *(Elek)* Knoten m *(Schwingungsknoten)*

panel point *(Stb, Stat)* Knotenpunkt m *(Fachwerk)*

panel wall *(Bau, Stb)* Fachwand f, Fachwerkwand f

panelling *(Baut)* Täfelung f *(der Wände)*

panic button *(Hütt/Walz)* Alarmknopf m

panic switch *(Elek)* Katastrophenschalter m

panorama view *(Tech)* Rundumsicht f

pantograph *(Bahn, Elek)* Bügel m, Stromabnehmer m

pantograph *(Tech)* Storchschnabel m

pantograph design adj *(Umschl)* aufgelöst *(z. B. Wippe, Pylon bei Rückladern)*

paper *(IT)* Papier n

parabola *(Math)* Parabel f

parabolic plug *(Mess)* Parabolkegel m *(eines Ventils)*

paraffined adj *(Met)* paraffiniert

parallax *(Phys)* Parallaxe f

parallel adj *(Math, Tech)* parallel

parallel *(Tech)* Zylinderstift m

parallel... adj *(Elek, Tech)* Parallel...

parallel-flanged beam *(Met)* Parallelflanschträger m

parallel flow *(Elek)* Gleichstrom m

parallel lay *(Bergb)* Gleichschlag m

parallel notch pin *(Tech)* Zylinderkerbstift m

parallel plate diffuser *(Hütt/Walz)* Ringraum m *(Verdichter)*

parallel shear *(Mech, Walz)* Torschere f

parallel-slide valve *(Vent)* Parallelschieber m

parallelogram *(Math)* Parallelogramm n

parallelogram of forces *(Tech, Stat)* Kräfteparallelogramm n

parameter *(Math)* Kennwert m

parameter *(Tech)* Kenngröße f, Parameter m

parapet *(Baut)* Brüstung f *(Geländer)*; Geländer n *(niedrig)*

parcel *(Tech)* Bündel n, Paket n

parent drawing *(Stb, Zeich)* Stammzeichnung f

parent material *(Form)* Bandmaterial n *(Rohmaterial)*

parent material *(Met)* Grundmaterial n, Grundwerkstoff m, GW

parent metal *(Met, Tech)* Grundmetall n, Grundwerkstoff m, GW

park position *(Tech)* Parkstellung f

parked adj *(Tech)* abgestellt *(z. B. Autos, Busse)*

Parker truss *(Stb)* N-Fachwerkträger m

parking area *(Umschl)* Abspannplatz m

parking lamp *(Kfz)* Kotflügelleuchte f, Parkleuchte f

parking light *(Elek)* Standlicht n *(Kraftfahrzeug)*

parking position *(Tech)* Parkstellung f

parking system *(Tech)* Parksystem n

parquet *(Baut)* Parkett n *(Holzfußboden)*

part v *(Hütt/Walz)* trennen *(absondern, scheiden)*

part v *(Tech)* abtrennen, scheiden *(Edelmetalle)*

part *(IT)* Bauteil n

part *(Tech)* Ersatzteil n, E-Teil n, Stück n, Teil m *(Stück)*

part groove *(Schw)* Teilfuge f *(Schweißen)*

part groove *(Tech)* Teilung f *(z. B. eines Lagers mit Nuten)*

partial face machine *(Bergb, Tunn)* Teilschnittmaschine f

partial rotation bearing (Lag) Kurzhublager n
partial wrap-around edge (Schw) Vorschweißmesser n
particle and eddy current testing (Elek) Werkstoffprüfung f
particle board (Hütt/Walz) Trägerplatte f
particle board (Met) Pressspanplatte f
particle size (Met) Korngröße f
particulate adj (Umschl) rieselfähig
particulate matter (Tech) Staub m (im Gegensatz zu Abgas)
particulates pl (Chem) feste Verbrennungsrückstände mpl, Verbrennungsrückstände mpl
particulates pl (Tech) Partikel n (kleine Teile)
parting (Mech) Trennschneiden n
parting (Tech) Zwischenschicht f (zwischen Flözen)
parting compound (Tech) Gleitmittel n
parting line (Tech) Trennfuge f (im Außenring)
parting point (Hütt, Tech) Trennung f (Lanzenführungsgerüst)
parting sand (Hütt, Tech) Feinsand m (beim Gießen)
parting torch (Schw) Schneidbrenner m (Gießmaschinen)
partition (Baut, Stb, Tech) Stellwand f, Trennwand f, Zwischenwand f
partition (Elek) Trennung f
partition (Elek, Tech) Trennlinie f
partition line (Elek, Tech) Trennlinie f
partition panel (Bau, Stb, Tech) Trennwand f
partition plate (Tech) Schottblech n, Trennblech n
partition wall (Baut, Stb, Tech) Scheidewand f, Trennwand f, Zwischenwand f
partitioned adj (Tech) geschottet
partly balanced adj (Stat) teilausgeglichen
parts from suppliers (Tech) Zulieferteile npl
parts list (Tech) Teileliste f
parts store (Log, Tech) Ersatzteillager n, Magazin n
party line (Elek) Doppelanschluss m, Hauptanschluss m mit Nebenstelle
pass v (Hydr/Pneu) durchströmen (ein Ventil)

pass (Elek) Durchgang m (Durchlauf bei Ultraschallprüfung)
pass (Hütt/Walz) Zug m (Winderhitzergitterwerk)
pass (Fert, Mech) Arbeitsgang m, Arbeitsvorgang m (Maschine); Durchlauf m • **in a single pass** in einem einzelnen Arbeitsgang
pass (Tech) Durchlauf m (durch eine Maschine); Kanal, Übergang m (z. B. zwischen Maschinenteilen)
pass (Walz) Kaliber n; Stich m
pass cycling (Walz) Stichfortschaltung f
pass design (Walz) Kalibrierung f
pass line (Walz) Walzlinie f (Stichlinie)
pass piece (Tech) Zwischenstück n
pass reduction (Walz) Stichabnahme f
pass template (Walz) Walzenschablone f
passage (Baut) Durchgang m
passage (Tech) Durchlauf m (durch eine Maschine); Kanal
passage width (Kfz) Durchfahrtsbreite f (z. B. eines Tunnels)
passe-partout (Bahn) Messschablone f (zur Feststellung des Lademaßes); Passepartout n (Messschablone)
passenger elevator [lift] (Tech) Personenaufzug m
passivate v (Tech) passivieren
passivated-glass thermostrip (Mess) glaspassivierte Thermoleiste f
passive adj (Tech) passiv
paste v (IT) einfügen
paste v (Tech) kleben (etw. mit Leim festkleben); leimen
paste (Bau) Brei m
paste (Tech) Kleister m
pasted adj (Tech) geklebt (Papier)
patched adj (Tech) geflickt
patented adj (Tech) patentiert
paternoster (Förd) Paternosteraufzug m
path (Lag) Bahn f (einer Kugel im Kugellager)
path (Tech) Bahn f, Laufbahn f (der Lagerkugeln); Laufring m
path pulse generator (Elek) Wegimpulsgeber m
patrol v (Prüf) begehen
pattern (Konst, Tech) Bauart f (Modell)
pattern (Tech) Gussmodell n, Muster n (Vorlage)
pattern maker (Hütt/Walz) Gussmodell-

tischler m, Modelltischler m (z. B. für Gießform)

pattern pipe wrench (Werkz) Schwedenzange f

pattern shrinkage (Bau, Met) Schwindmaß n

pause (Tech) Pause f (Lichtpause)

paved adj (Bau) gepflastert

pavement (Bau) Bürgersteig m, Fahrbahn f (Straße); Fußweg m

pavement system (Bau) Deckenkonstruktion f (Straße)

paving (Bau) Pflasterung f

paving depth (Bau) Einbaustärke f (eines Deckenfertigers)

paving stone (Bau) Pflasterstein m

pawl (Form) Auslöserklinke f

pawl (Tech) Klaue f (Zahnring); Klinke f, Ratsche f, Sperrklinke f

pawl (Tech, Werkz) Sperrscheibe f (Sperrklinke)

pawl clutch (Mech) Klauenkupplung f, Klinkenkupplung f

pawl pin (Tech) Klinkenbolzen m (Bandwaage)

pawl-type transfer (Tech) Daumenschlepper m (Klinkenschlepper)

pay-out (Bergb, Tech) Seilablauf m

payload (Bahn) Ladegut n (Gewicht); Tragfähigkeit f (des Muldenkippers)

payload (Stb) Nutzlast f

payloader (Umschl) Radlader m

pea coal (Bergb) Erbskohle f

peak (Tech) Höchstleistung f (Spitze); Spitze f (Rauigkeit)

peak load (Elek) Belastungsspitze f, Lastspitze f, Spitzenlast f

peak nominal voltage (Elek) Nennoberspannung f

peak ramp angle (Kfz) Bodenfreiheit f (zwischen Radstand)

peak recording (Tech) Zackenschrift f

peak-to-peak stress (Stb) Wechselbeanspruchung f (schwingungsmäßig)

peak-to-peak voltage (Mess) effektive Spannung f

peak-to-valley height (Met) Rautiefe f (der Oberfläche); Rautiefe f (Sandstrahlen)

peak torque (Antr) Spitzenmoment n

peak torque (Elek) Drehmomentspitze f

peak torque (Tech) Drehmomenthöchstleistung f

peak transient voltage (Mess) Stoßspitzenspannung f

peak value (Elek) Scheitelwert m, Spitzenwert m

pearlite (Met) Perlit m

pearlitic steel (Met) perlitischer Stahl m

peculiar adj (Tech) typisch

pedal (Tech) Pedal n

pedestal (Bau) Sockel m (Mauerwerk); Untersatz m

pedestal (Lag, Tech) Bock m (Stehlager); Lagerbock m, Lagerstuhl m

pedestal and stand (Bau) Säulenständer m

pedestal bearing (Lag, Tech) Stehlager n

pedestal column (Tech) Standsäule f

pedestal crane (Kran) Sockelkran m

pedestrian-controlled adj (Tech) handgeführt (z. B. Deichselstapler)

pedestrian precinct (Bau) Fußgängerzone f

peel v (Anstr) abblättern (Farbe, Putz); abschuppen

peel v (Mech) schälen

peel v (Tech, Mont) ablösen (z. B. eine Schicht, eine Folie)

peel off (Anstr) abblättern (Farbe, Putz)

peel test (Stb) Ausreißversuch m

peeled adj (Tech) abgeschält

peen v (Mech) abfinnen (z. B. Schweißnähte); abklopfen; hämmern mit der Finne, mit der Finne bearbeiten

peen v (Tech, Mont) ausrichten (mittels Hammer)

peen (Mech) Finne f (Pinne)

peening (Mech) Kalthämmern n

peep hole (Tech) Schauloch n

pellet (Hütt) Sinterkugel f

pen (Mech) Feder f (Registriergerät)

pendant adj (Tech) hängend, schwebend

pendant control station (Elek) Hängebedienungstafel f, Hängedruckknopftaster m

pendant pushbutton [switch] (Kran) Steuerflasche f

pending adj (Tech) anstehend (schwebend, in Planung)

pendulum (Stb) Pendelzugstab m

pendulum (Tech) Pendel n

pendulum ball (Tech) Linse f (Steuerlinse im Pumpenkörper); Steuerlinse f (im Pumpenkörper)

pendulum bearing (Lag) Pendellager n

pendulum hammer *(Prüf, Werkz)* Pendelschlagwerk n

pendulum shear *(Mech)* Schwingschere f *(für Blech)*; Pendelschere f *(für Knüppel)*

penetrameter *(Prüf)* Bildgüteprüfsteg m *(Durchstrahlungsprüfung)*

penetrate v *(Bergb)* eindringen

penetrate v *(Form)* durchschlagen

penetrate v *(Schw)* durchschweißen

penetrate v *(Tech)* durchdringen *(z. B. Aerosol)*; einstechen *(mit der Schaufel)*

penetrating *adj (Tech)* penetrant

penetrating radiation *(Prüf, Tech)* Durchstrahlung f

penetration *(Schw)* Einbrand m

penetration *(Tech)* Eindringen n, Einstechen n *(z. B. der Schaufel)*

penetration by rays *(Prüf, Tech)* Durchleuchtung f

penetration drawing *(Zeich)* Durchbruchszeichnung f

penetration rate *(Tunn)* Vortriebsleistung f

penetration test *(Prüf)* Penetrationsversuch m

penstock *(Stb)* Druckrohrleitung f

pent roof *(Baut)* Pultdach n

pentagon nut *(Tech)* Fünfkantmutter f *(DIN ISO 1891)*

pentavalent *adj (Chem)* fünfwertig

percentage of voids *(Hütt)* Lückengrad m *(im Hochofenmöller)*

percentages of voids *(Geo, Met)* Porenanteil m *(Hohlraumgehalt)*; Porenziffer f *(Hohlraumgehalt)*

perceptible *adj (Tech)* wahrnehmbar

perch bolt *(Tech)* Federstift m

percussion drill *(Bergb, Mech)* Schlagbohrer m

percussion welding *(Schw)* Funkenschweißen n

perfect *adj (Tech)* einwandfrei, ideal, vollkommen *(ohne Fehler)*

perfect gas *(Chem, Verd)* ideales Gas n

perfect hinge *(Tech)* reibungsloses Gelenk n

perfection *(Tech)* Abrundung f

perforate v *(Stb)* durchbohren

perforated *adj (Mech, Tech)* gelocht; löcherig; perforiert

perforated plate *(Tech)* Lochblech n

perforated resistor *(Elek)* Netzwiderstand m, Siebwiderstand m

perforated sheet *(Tech)* Lochblech n

performance *(Stb)* Verhalten n *(Betriebsverhalten)*

performance *(Tech)* Arbeit f *(Leistung)*; Arbeitsleistung f *(z. B. einer Maschine)*; Bearbeitung f *(handwerkliche Ausführung)*; Betriebsverhalten n, Funktion f *(Leistung)*; Leistung f; Leistungsfähigkeit f *(z. B. eines Gerätes, eines Motors)*; Leistungsvermögen n *(Schaffenskraft, -vermögen)*; Wirkungsweise f *(eines Gerätes, eines Motors)*

performance characteristics *pl (Elek)* Arbeitskenngrößen fpl

performance control *(Prüf)* Funktionskontrolle f

performance curve *(Tech)* Kennlinie f

performance data *(Tech)* Betriebsergebnisse npl

performance data map *(Tech)* Kennfeld n

performance rating *(Elek)* Nennleistung f

performance valve *(Hydr/Pneu)* Druckregelventil n, Drucksteuerventil n

performance valve *(Vent)* Steuerventil n *(Druck)*

perimeter *(Tech)* Umfang m *(eines Rechtecks)*

period *(Elek)* Periodendauer f

period *(Tech)* Dauer f *(Zeitabschnitt)*; Zeitdauer f

periodic *adj (Tech)* periodisch

periodic duty *(Tech)* Aussetzbetrieb m *(regelmäßig wiederholtes Spiel)*

periodic rolling *(Walz)* Walzen n im Gesenk

periodically *adj (Tech)* periodisch

peripheral force *(Tech, Stat)* Umfangskraft f

peripheral speed [velocity] *(Elek, Tech)* Umfangsgeschwindigkeit f

periphery *(Tech)* Peripherie f

periphery pump *(Tech)* Seitenkanalpumpe f

periscope *(Phys)* Scherenfernrohr n

peristaltic pump *(Tech)* Schlauchquetschpumpe f

permanent *adj (Tech)* bleibend, nicht lösbar *(nicht trennbar)*; ständig; Dauer…

permanent adhesive *(Tech)* Festkleber m

permanent elongation limit *(Met)* Dehngrenze f *(bleibende Dehnung)*

permanent elongation load *(Met)* Dehngrenze f *(belastungsmäßige Dehngrenze)*

permanent-flexible *adj (Met)* dauerelastisch

permanent limit of elasticity *(Met)* Dehngrenze f *(bleibende Dehnung)*

permanent load *(Stat)* tote Last f

permanent tine *(Tech)* feststehender Zinken m

permanent way *(Bahn)* Oberbau m *(Schienenoberkante)*

permanently elastic *adj (Met)* dauerelastisch

permanently greased *adj (Tech)* dauergeschmiert

permanently reeved rope system *(Kran)* Seilpyramide f *(verspanntes Seilsystem)*

permeability *(Tech)* Durchlässigkeit f *(magnetisch)*

permeate *v (Hydr/Pneu)* durchdringen

permissible *adj (Tech)* zulässig

permissible variation *(Tech, Stb)* Abmaß n

permitted *adj (Tech)* zulässig

permittivity *(Elek)* Diskonstante f

perpendicular *adj (Tech)* lotrecht, senkrecht

persistent fault *(Met)* Dauerfehler m

persistent time *(Elek)* Abfallzeit f *(Zeit des Geringerwerdens)*

personnel policy measures *pl (Fert)* Arbeitsorganisation f

perspective *adj (Tech)* perspektivisch

perspective *(IT)* Perspektive f

perspective view *(Tech)* perspektivische Ansicht f

perspex *(Tech)* Plexiglas-Eichnorm f

perspiration water *(Tech)* Schwitzwasser n

pet cock *(Hydr/Pneu)* Kompressionshahn m, Zischhahn m

petrifying *(Bergb)* Versteinerung f

petrol *(Tech)* Benzin n *(Kraftstoff)*; Kraftstoff m

petroleum ether *(Chem)* Waschbenzin n *(DIN 51630)*

petroleum industry *(Petr)* Erdölindustrie f

petroleum jelly *(Chem)* Vaseline f

Pettit truss *(Stb)* mehrteiliges Pfostenfachwerk n

pH-value *(Chem)* pH-Wert m

phase *v (Tech)* synchronisieren

phase-angle-controlled *adj (Elek)* phasengesteuert

phase boundary *(Met)* Phasengrenze f *(Metallographie)*

phase current *(Elek, Hütt)* Strangstrom m

phase frequency characteristic *(Mess)* Phasengang m

phase inversion *(Elek)* Phasenumkehr f

phase lag *(Elek)* Nacheilung f

phase monitoring *(Elek)* Phasenüberwachung f; Phasenwächter m *(E-Motor)*

phase out *(Schw)* Auslauf m, Nahtauslauf m *(der Schweißnaht)*

phase response *(Mess)* Phasengang m

phase retardation *(Elek)* Nacheilung f

phase-sequence-dependent *adj (Elek)* drehfeldabhängig

phase swinging *(Elek)* Polradpendelungen fpl

phase-wound motor *(Antr, Elek)* Asynchronmotor m mit Schleifringläufer, Schleifringläufermotor m, SL

Phillips screw driver *(Werkz)* Kreuzschlitzschraubendreher m, Kreuzschraubenzieher m

Phillips screw Kreuzschraube f

phosphate *v (Anstr)* phosphatieren

phosphate *(Geo)* Phosphat n

phosphate coated *adj (Anstr)* gebondert, rostschutzgebondert

phosphatize *v (AE) (Anstr)* bondern, phosphatieren

phosphatized *adj (AE) (Anstr)* gebondert, rostschutzgebondert

phosphorus *(Chem)* Phosphor m

photocoupled *adj (Mess)* lichtgekoppelt

photoelastic strain analysis *(Phys)* Spannungsoptik f

photoelasticity *(Phys)* Photoelastizität f *(Spannungsoptik)*; Spannungsoptik f

photoelectric *adj (Elek)* fotoelektrisch

photoelectric amplifier *(Mess)* lichtelektrischer Verstärker m

photoelectric lighting controller *(Elek)* Dämmerungsschalter m

photoelectric relay *(Mess)* Lichtrelais n
photoelectric switch *(Elek)* Dämmerungsschalter m
photograph *(Fot)* Aufnahme f
photomacrograph *(Hütt)* Makroaufnahme f
photomicrograph *(Tech)* Mikroskopaufnahme f
photomultiplier counter *(Tech)* Schweißzapfengelenk n; Szintillationszähler m
physical *adj (Tech)* körperlich, materiell
physical chemistry *(Chem, Phys)* physikalische Chemie f
physical damage materieller Schaden m
physical form *(Tech)* natürliche Form f
physical property *(Met)* physikalische Eigenschaft f
physical quantity *(Mess, Tech)* Ausgangsgröße f
physical work *(Tech)* körperliche Arbeit f
P/I converter *(Mess)* Druck-Stromwandler m *(P/I-Wandler)*
pick *v (Mech, Mont, Tech)* aufhauen, aushauen, ausspitzen *(z. B. Feilen)*; hauen
pick *(Werkz)* Spitzhacke f
pick-off *(Elek)* Abgriff m *(Messfühler)*; Aufnehmer m, Messfühler m, Messwertgeber m
pick-up *(Elek)* Aufnehmer m, Messfühler m
pick up *(Stat, Tech)* Aufnahme f
pick-up *(Tech)* Anzugsvermögen n *(Kraftfahrzeug)*
pick-up time *(Elek)* Ansprechzeit f *(Relais)*
pickaxe *(Werkz)* Kreuzhacke f, Spitzhacke f
picking-up torque *(Antr)* Intrittfallmoment n
pickle *v (Anstr)* abbeizen, blankbeizen
pickle *v (Hütt, Met)* beizen *(Materialbehandlung)*
pickle *v (Tech)* säuern
pickled *adj (Met)* gebeizt
pickup (truck) *(Kfz, Tech)* kleiner Lkw m, Pritschenwagen m
pickup current *(Elek)* Ansprechstrom m *(Relais)*; Anzugsstrom m *(Relais)*
pickup power *(Elek)* Anzugsleistung f *(Relais)*
piece *(Tech)* Stück n, Teil m *(Stück)*

piece being rolled *(Walz)* Walzgut n; Walzstab m
piece drawing method *(Zeich)* Vorzeichnerprinzip n
piece-mark *(Tech)* Stückmarkierung f
piece of work *(Tech)* Arbeit f *(Tätigkeit)*
pier *(Schiff)* Pier n
pier *(Stb)* Pfeiler m
pierce *v (Tech)* durchdringen, durchstoßen, lochen
pierced *adj (Mech)* gelocht
pierced *adj (Tech)* eingestochen
pierced billet *(Form, Walz)* Hohlkörper m *(Lochwalzung)*
pierced billet with closed integral end *(Walz)* dickwandiger Hohlkörper m *(Lochstück/Luppe aus der Lochpresse)*
pierced blank [bloom] *(Form, Walz)* Hohlkörper m *(Lochwalzung)*
pierced shell *(Hütt)* Luppe f *(Rohrwalzwerk)*
piercer *(Walz)* Schrägwalzwerk n *(Lochwalzwerk)*
piercer *(Werkz)* Durchschlag m
piercer mandrel *(Hütt/Walz)* Lochdorn m *(Schmiedepresse, Lochwalzwerk)*
piercing mandrel *(Hütt/Walz)* Lochdorn m *(Schmiedepresse, Lochwalzwerk)*
piercing mill *(Walz)* Schrägwalzwerk n *(Lochwalzwerk)*
piercing mill process *(Walz)* Lochwalzverfahren n
piercing press *(Form)* Lochpresse f
piercing saw *(Werkz)* Stichsäge f
piezo-resistive *adj* piezoresistiv
piezoelectric *adj (Elek)* piezoelektrisch
pig iron *(Hütt/Masch, Met)* Massel f, Masseleisen n *(Roheisen)*; Roheisen n *(fest)*
pigtail lead *(Elek)* Anschlusslitze f, Bürstenlitze f
pile *v (Bergb, Umschl)* anschütten
pile *v (Umschl)* absetzen *(Mineral, z. B. Kohle)*; aufhalden *(z. B. Abraum, Berge)*; stapeln
pile *(Bergb, Tech)* Haufwerk n, Stapel m *(z. B. Holz, Paletten)* • **in piles** *(Tech)* stapelweise
pile *(Schiff)* Pfahl m *(Stütze unter Wasser)*
pile *(Stb)* Joch n *(Jochbrücke)*; Spundbohle f
pile *(Tech)* Bohle f *(über 5 cm dick)*
pile *(Umschl)* Halde f *(für Erz oder Kohle)*; Haufen m *(Halde)*

pile angle *(Förd)* Deckwinkel *m*
pile by pile *adv (Tech)* stapelweise
pile driver *(Bau)* Rammbär *m*
pile driving *(Bau)* Rammen *n (von Pfählen)*
pile-driving, pile-drawing, drilling extraction device *(Bergb)* Ramm-, Bohr-, Zieheinrichtung *f*
pile-driving, pile-extracting and rapid blow hammer *(Bergb)* Vibrohammer *m*
pile extractor *(Bau)* Pfahlzieher *m*
pile foundation *(Bau)* Pfahlgründung *f*
pile-up *(Förd, Umschl)* Überschüttung *f*
piled foundation (structure) *(Bau)* Pfahlgründung *f*
piler *(Förd, Umschl, Walz)* Stapler *m*, Stapelgerät *n*
pilger mill *(Walz)* Pilgerwalzwerk *n*
piling *(Bau)* Pfählung *f (Pfahlschlagen für Fundamente)*
piling *(Stb)* Joch *n (Jochbrücke)*; Spundbohle *f*
piling unit *(Förd, Walz)* Stapelgerät *n*
pillar *(Bau)* Pfeiler *m*, Säule *f*, Stütze *f*
pillar crane *(Kran)* Säulenkran *m*
pillar file *(Werkz)* dünnflache Schmalfeile *f*, Dünnflachfeile *f*, schmale Feile *f*, schmale Stiftfeile *f*, Schmalfeile *f*, Stiftfeile *f*
pillar hydrant *(Stb)* Überfluthydrant *m*
pillar-mounted slewing crane *(Kran)* Säulendrehkran *m*
pillow block *(Lag, Tech)* Bock *m*, Lagerblock *m*; Stehlager *n*
pillow block bearing *(Tech)* Stehlager *n*
pilot *v (Tech)* steuern
pilot *(Elek)* Laufwächter *m*
pilot... *(Tech)* Steuer..., Vorsteuer...
pilot control bearing *(Lag)* Führungslager *n*
pilot control fluid *(Vent)* Steuermedium *n*
pilot-controlled *adj (Elek, Tech)* indirekt gesteuert
pilot-controlled *adj (Hydr/Pneu)* angesteuert
pilot-controlled *adj (Vent)* vorgesteuert
pilot devices *pl (Tech)* Steuerorgane *npl*
pilot flame *(Hütt/Walz)* Zündflamme *f*
pilot hole *(Tech)* Führungsloch *n*
pilot lamp *(Elek)* Anzeigeinstrument *n*, Kontrolllampe *f*, Meldeleuchte *f*, Punktlampe *f*
pilot motor *(Elek)* Reguliermotor *m*

pilot-operated *adj (Elek, Tech)* indirekt gesteuert
pilot-operated *adj (Hydr/Pneu)* angesteuert, beaufschlagt, hilfsgesteuert
pilot-operated *adj (Vent)* vorgesteuert
pilot operated check valve *(Vent)* hydraulisch entsperrbares Rückschlagventil *n*
pilot-operated relief valve *(Vent)* Servosteuerdruckventil *n*
pilot-operated valve *(Vent)* hilfsgesteuerter Regler *m*, Luftimpulsventil *n*, vorgesteuertes Ventil *n*, Vorspannventil *n*
pilot plant *(Fert, Tech)* Pilotanlage *f*, Versuchsanlage *f*
pilot plug [poppet] *(Vent)* Vorsteuerkegel *m*
pilot pressure *(Hydr/Pneu)* Steuerdruck *m*, Vorfülldruck *m*
pilot production *(Tech)* Nullserie *f*
pilot run *(Tech)* Nullserie *f*
pilot supply *(Vent)* Steuermedium *n*
pilot switch *(Elek)* Hilfsstromschalter *m*
pilot switch for sequence and slip control *(Elek, Förd)* Bandwächter *m (Folgesteuerung und Schlupfüberwachung)*
pilot valve *(Vent)* Führungsventil *n*, Stößel-Nocken-Ventil *n*, Stößelventil *n*, Vorsteuerschieber *m*, Vorsteuerventil *n*
piloting *(Hydr/Pneu)* Ansteuerung *f*
pimple *(Walz)* Pickel *m (Verzinkungsfehler)*
pin *v (Mech, Mont)* anheften
pin *(Bergb)* Löffelanlenkung *f (Baumaschine)*; Schaufelanlenkung *f*, Tieflöffelanlenkung *f*
pin *(Tech)* Bolzen *m (mit oder ohne Kopf)*; Bolzen *m*, Drehbolzen *m*, Dübel *m*, gelagerter Bolzen *m (z. B. schwimmend)*; Nadel *f (Bolzen, Stecknadel)*; Stangenwelle *f*, Steckerstift *m*, Steckstift *m*, Stift *m*, Zapfen *m*
pin *(Tech, Stb)* Gelenkbolzen *m*
pin... *adj (Tech)* Bolzen...
pin bearing *(Lag)* Linienkipplager *n*
pin connector *(Tech)* Federleiste *f*
pin diaphragm *(Tech)* Lochblende *f*
pin-ended *adj (Tech)* gelenkig gelagert
pin-ended column *(Tech)* Pendelstütze *f*
pin hole *(Tech)* Bolzenloch *n*, Stiftloch *n*

pin-hole detector *(Walz)* Lochsucher *m* *(Sortieranlage)*

pin jack *(Elek)* Steckbuchse *f (Steckdose)*

pin-located *adj (Lag)* stiftzentriert

pin lock *(Bergb)* Achshalter *m (hält Bolzen in Lager)*

pin lock *(Tech)* Stiftsicherung *f*

pin lock key *(Tech)* Dornschlüssel *m*

pin pusher *(Tech)* Druckbolzen *m*

pin rack *(Tech)* Triebstock *m (mit Stiftzähnen)*

pin rod *(Tech)* Führungsbolzen *m*

pin spanner *(Werkz)* Stiftschlüssel *m*

pin terminal *(Elek)* Steckerfahne *f*

pin test *(Prüf)* Löffelprobe *f*

pin wheel *(Getr)* Triebstockrad *n*

pincers *pl (Werkz)* Beißzange *f*, Holzzange *f*, Kneifzange *f*, Pinzette *f*, Zange *f*, Zwickzange *f*

pinch *v between (Tech)* einklemmen

pinch bar *(Werkz)* Brecheisen *n*, Brechstange *f*

pinch roll *(Förd, Tech)* Treibrolle *f (Rollenprüfgerät)*

pinhole *(Anstr)* Nadelstich *m (Anstrich)*; nadelstichartige Korrosionsstelle *f*, Pore *f (Anstrich)*

pinhole *(Met)* Lochfraßstelle *f*, Pore *f*

pinhole cluster *(Met)* Porennest *n*

pinhole detector *(Walz)* Lochsucher *m (Sortieranlage)*

pinion *(Bergb)* Drehwerkritzel *n*

pinion *(Getr, Tech)* Ritzel *n*, Zahnritzel *n*

pinion *(Hütt)* Triebstockritzel *n (massiv, jedoch zu Triebstockantrieb gehörig)*

pinion *(Lag)* Planetenrad *n*

pinion *(Tech)* Kleinrad *n*, Zapfen *m*

pinion *(Werkz)* Drehteil *m (der Knarre eines Steckschlüssels)*

pinion gear *(Bergb)* Drehwerkritzel *n*

pinion shaft *(Lag)* Planetenradwelle *f*

pinion shaft *(Tech)* Ritzelachse *f*, Ritzelwelle *f*

pinion shaft mounted reducer *(Getr)* Vorschaltgetriebe *n*

pinion shaft mounted reducing unit *(Getr)* Vorschaltgetriebe *n*

pinion with integrated shaft *(Tech)* Ritzelwelle *f*

pinned *adj (Mont, Schw, Tech)* angeheftet

pinned plate *(Met, Stb)* Warzenblech *n*

pintle *(Bau)* Angel *f (Türangel)*

pintle *(Tech)* Haken *m (senkrechter Abschlepphaken)*

pintle-type nozzle *(Tech)* Zapfendüse *f*

pipe *(Tech)* Leitung *f (Rohr)*; Rohr *n (für Leitungszwecke)*; Rohrleitung *f*

pipe and tubing *(Met)* Rohre *npl (Sammelbegriff für nahtlose und/oder geschweißte Rohre)*; Röhrenmaterial *n*

pipe anti-burst device *(Bergb)* Rohrbruchsicherung *f*

pipe bend *(Tech)* Rohrbogen *m*, Rohrkrümmer *m*

pipe bracket *(Tech)* Leitungsträger *m*, Rohrschelle *f*

pipe branch *(Tech)* Rohrverzweigung *f*

pipe-break protection *(Bergb)* Rohrbruchsicherung *f*

pipe-break valve *(Vent)* Rohrbruchventil *n*, Selbstschlussventil *n*

pipe bridge *(Stb)* Rohrbrücke *f*, Rohrleitungsbrücke *f*

pipe burring reamer *(Mech, Walz)* Rohrinnenfräser *m*

pipe clamp *(Tech)* Rohrhalter *m*, Rohrschelle *f*, Schelle *f*

pipe coating *(Tech)* Isolierung *f (für Rohre)*

pipe conduit *(Tech)* Rohrleitung *f*

pipe connection *(Tech)* Rohranschluss *m*, Rohrleitungsanschluss *m*, Rohrverbindung *f (z. B. Flansche)*

pipe coupling *(Tech)* Rohrverschraubung *f*, Schraubverbindung *f (Rohre)*; Verschraubung *f (für Rohre)*

pipe diagram *(Hydr/Pneu)* Schaltbild *n (Verrohrung)*

pipe diagram *(Zeich)* Rohrleitungsplan *m*

pipe filter *(Tech)* Leitungsfilter *n*

pipe fitting *(Tech)* Rohrformstück *n*, Rohrleitungsarmatur *f*, Rohrleitungsteil *n*, Rohrverschraubung *f*

pipe joint *(Tech)* Rohrgelenkstück *n*

pipe layer *(Schiff)* Rohrleger *m (Spezialschiff)*

pipe layer *(Tech)* Rohrverleger *m (Person oder Maschine)*

pipe laying winch *(Tech)* Rohrlegewinde *f*

pipe mill *(Hütt/Walz)* Röhrenwerk *n*

pipe mill *(Walz)* Leitungsrohrwerk *n*; Rohrwalzwerk *n*

pipe mill engineering *(Hütt/Walz)* Rohrwerks-Engineering *n*

pipe mounted valve *(Hydr/Pneu)* Armatur f
pipe nut *(Tech)* Rohrmutter f
pipe reducer *(Tech)* Rohrreduzierstück n
pipe socket *(Tech)* Rohrendmuffe f, Rohrmuffe f, Rohrstutzen m
pipe steady *(Walz)* Rohrlünette f
pipe straightener *(Walz)* Rohrrichtmaschine f
pipe straightening machine *(Walz)* Rohrrichtmaschine f
pipe support *(Tech)* Rohrstütze f
pipe thread *(Tech)* Festsitzgewinde n *(DIN ISO 1891)*; Rohrgewinde n
pipe thread of Whitworth form *(Tech)* Whitworth-Rohrgewinde n *(DIN ISO 1891)*
pipe union *(Hydr/Pneu, Tech)* Anschlussstutzen m *(Rohr)*
pipe union *(Tech)* Rohrverschraubung f, Schraubverbindung f *(Rohre)*; Verschraubung f *(für Rohre)*
pipe vice *(BE) (Werkz)* Pionier m, Rohrschraubstock m
pipe vise *(AE) (Werkz)* Pionier m, Rohrschraubstock m
pipe wrench *(Werkz)* Rohrzange f
piped *adj (Bau)* verrohrt
pipeline *(Petr)* Pipeline f
pipeline *(Tech)* Leitung f, Rohrleitung f
pipework *(Tech)* Rohrleitung f, Verrohrung f
pipework fitter *(Tech)* Rohrleitungsmonteur m
piping *(Kfz)* Keder m, Köder m
piping *(Met)* Lunker m *(Gussfehler)*; Röhrenmaterial n; Rohre npl *(Sammelbegriff für nahtlose und/oder geschweißte Rohre)*
piping *(Tech)* Rohrleitung f, Rohrverlegung f, Verrohrung f
piping and conduit *(Stb)* Kanalisation f *(Verrohrung)*; Verrohrung f *(Kanalisation)*
piping and instrumentation diagram *(Elek)* Fließschema n *(Mess- und Regeltechnik)*
piping diagram [drawing] *(Zeich)* Rohrleitungsplan m
pippin file *(Werkz)* Ovalfeile f
piston *(Tech)* Förderkolben m *(Schmieranlage)*; Kolben m *(Pumpe)*
piston displacement *(Kfz)* Hubraum m *(eines Motors)*; Hubraum m *(Hubhöhe des Kolbens)*; Hubvolumen n

piston pin retention pliers *pl (Werkz)* Seegerzange f
piston pump *(Hydr/Pneu)* Kolbenpumpe f
piston ring *(Kfz)* Führungsband n *(am Kolben)*
piston ring *(Tech)* Kolbenring m *(eines Kolbenverdichters)*
piston ring with equal levels *(Tech)* Gleichfasenring m
piston rod *(Tech)* Kolbenstange f
piston seizure *(Tech)* Kolbenfresser m
piston stroke *(Tech)* Kolbenhub m, Kolbenweg m *(Länge des Hubwegs)*
piston valve *(Tech)* Steuerkolben m
pit *(Bau, Bergb)* Baugrube f, Grube f
pit *(Schw)* Kraterriss m
pit *(Tech)* Schacht m *(z. B. im Bergbau)*
pit coal *(Bergb, Geo)* Steinkohle f
pit conveyor *(Baum, Bergb, Förd)* Abbaustrossenband n, Baggerstrossenband n, Strossenband n
pit conveyor bench [level] *(Bergb, Umschl)* Fördersohle f
pit foreman *(Bergb)* Steiger m *(höherer Bergbauangestellter)*
pit-head frame *(Bergb)* Förderturm m
pit operation *(Bergb)* Einstrossenbetrieb m
pit stop *(Tech)* Wartungsinspektion f
pit waste *(Bergb)* Grubenberge mpl *(taubes Gestein)*
pit-wet *adj (Bergb)* grubenfeucht
pitch *(Bau)* Fall m *(Senkung)*
pitch *(Getr)* Gangrichtung f *(bei Ritzeln, Kegelrädern usw.)*
pitch *(Getr, Tech)* Teilkreis m
pitch *(Math, Tech)* Grad m *(einer Abschrägung)*
pitch *(Stb)* Nietteilung f
pitch *(Tech)* Abstand m *(z. B. zwischen Nieten, Löchern)*; Lochabstand m *(Niet)*; Steigung f *(Schraube, Gewinde)*; Sturz m *(Neigung)*; Teilung f *(z. B. Gewinde, zwischen Nieten, Löchern)*
pitch angle *(Tech)* Nickwinkel m
pitch arm *(Kfz)* Einstellarm m, Einstellstange f
pitch circle *(Getr)* Mittelkreis m am Schneckenrad
pitch circle *(Getr, Tech)* Teilkreis m

pitch circle *(Tech)* Gleitkreis *m*, Lochkreis *m*, Wälzkreis *m*

pitch circle *(Verd)* Kupplungszentrierung *f*

pitch circle diameter *(Tech)* Wälzkreisdurchmesser *m*

pitch diameter *(Kfz)* Flankendurchmesser *m*

pitch error *(Getr)* Teilungsfehler *m*

pitch fan *(Kfz, Tech)* blattverstellbarer Lüfterflügel *m*, Lüfterflügel *m*

pitch length *(Tech)* Wirklänge *f (Keilriemen)*

pitch line *(Walz)* Walzlinie *f (Kalibrierung)*

pitch of a screw head *(Tech)* Ganghöhe *f (Schraube)*

pitch of chain *(Tech)* Kettenteilung *f*, Lochabstand *m (der Kettenglieder)*

pitch of scanning helix *(Elek)* Prüfspiralensteigung *f*

pitch of screw [thread] *(Tech)* Gewindegang *m*

pitch of weld *(Schw)* Teilung *f* der Schweißnaht

pitch radius *(Lag)* Teilkreishalbmesser *m*

pitch surface *(Tech)* Wälzfläche *f*

pitched roof *(Bau)* Schrägdach *n*

pitchfork *(Stb)* Mistgabel *f (Stahlbrückenstütze)*

pitching motion *(Kfz)* Nickbewegung *f*

pitman *(Tech)* Zugstange *f*

pitman arm *(Tech)* Lenkarm *m*, Lenkhebel *m*, Lenkstockhebel *m*

pitot tube *(Mess)* Pitotrohr *n*

pitted *adj (Met)* angefressen *(z. B. Metall)*

pitting *(Anstr)* Grübchenbildung *f*

pitting *(Met, Walz)* Lochbildung *f*; Lochfraß *m (im Metall)*

P.I.V. gearing *(Kfz)* PIV-Getriebe *n*

pivot *v (Tech)* anlenken, drehbar lagern, drehen *(sich auf einem Zapfen drehen)*; schwenken

pivot *(Bergb, Umschl)* Drehpunkt *m (Drehzapfen)*

pivot *(Lag)* Lagerbock *m (einfach und doppelt)*

pivot *(Stb)* Drehpol *m*

pivot *(Tech)* Drehachse *f (Drehbolzen)*; Drehgelenk *n*, Drehzapfen *m (Drehgelenk, Drehgelenklager)*; Kippkante *f*, Zapfen *m (Einsteckbolzen)*

pivot bar *(Stb)* Rohrtraverse *f*

pivot bearing *(Getr, Tech)* Bolzenlagerung *f*, Drehbuchse *f (Buchse am Lager)*; rehlager *n (Zapfenlager)*; Gelenklager *n*, Zapfenlager *n (Drehlager)*

pivot bolt *(Tech)* Drehbolzen *m*

pivot clearance *(Lag)* Kippspiel *n*

pivot file *(Werkz)* Zapfenfeile *f*

pivot frame *(Tech)* Lenker *m (Ausleger)*

pivot hinge *(Stb)* Zapfengelenk *n*

pivot joint *(Stb)* Bolzenverbindung *f*

pivot joint housing *(Tech)* Gelenkschale *f*

pivot-mounted *adj (Tech)* angelenkt, gelenkig angebracht

pivot pin *(Stb)* Drehpunktbolzen *m*, Drehpunktbuchse *f*

pivot pin *(Tech)* Drehbolzen *m*, Drehzapfen *m*, Gelenkbolzen *m*, Gelenkzapfen *m*, Halslagerzapfen *m*, Schwenkzapfen *m*

pivot point *(Bergb)* Anlenkung *f (z. B. des Auslegers)*

pivot point *(Bergb, Umschl)* Drehpunkt *m (Drehzapfen)*

pivot support *(Bergb)* Drehschemel *m*

pivot trunnion *(Tech)* Schwenkzapfen *m (eines Zylinders)*

pivotal center *(AE) (Bergb, Umschl)* Drehpunkt *m*

pivotal centre *(BE) (Bergb, Umschl)* Drehpunkt *m*

pivotally *adv (Tech)* gelenkig

pivoted *adj (Tech)* angelenkt, drehbar *(um ein Gelenk, einen Drehzapfen, eine Achse)*; drehbar angelenkt, drehbar gelagert, schwenkbar

pivoted advance *(Bergb)* Schwenkbetrieb *m*

pivoted segment *(Lag)* Kippstein *m*

pivoted shoe *(Lag)* Kippstein *m*

pivoted shoe bearing *(Lag)* Segmentradiallager *n*

pivoted shoe thrust bearing *(Lag)* Mehrflächenlängslager *n*

pivoting bearing *(Lag)* Kipplager *n*

pivoting column *(Tech)* Drehsäule *f*

pivoting cylinder *(Tech)* Schwenkzylinder *m*

pixel *(IT, Mess)* Bildelement *n*

place *v (Mont, Tech)* anbringen *(an einem bestimmten Ort)*

place *v (Tech)* stellen

place *(Tech)* Lage *f (Position, Platz)*; Ort *m*, Stelle *f*

place of work *(Tech)* Arbeitsstelle *f*

placing *(Mont)* Einbau *m*

pladur *(Met)* Pladur *n (bandlackiertes Feinblech)*

plain *adj (Tech)* blank *(ohne Dekoration, Farbe, etc.)*; glatt *(eben, flach)*

plain bearing *(Getr, Tech)* Gleitlager *n*

plain bulb *(Mess)* glatter Fühler *m (eines Kapillarthermometers)*

plain bulb *(Met)* Wulstflachstahl *m* mit doppelseitigem Wulst

plain carbon steel *(Met)* unlegierter Kohlenstoffstahl *m*

plain-grind *v (Mech)* rundschleifen

plain rubber lagging *(Tech)* glatte Gummiauflage *f*, glatter Gummibelag *m*

plain sling with two hard eyes *(Kran)* einfaches Anschlagseil *n*

plain specimen *(Prüf)* Vollstab *m (Kerbschlagprüfung, DIN 50100)*

plain straight face *(Tech)* glatte Dichtfläche *f (Flansch)*

plain tube *(Tech)* glattes Rohr *n*

plain-weave *adj (Tech)* glatt *(Sieb)*

plan *v (Tech)* planen *(beabsichtigen)*

plan *(Mech, Tech)* Abriss *m*, Riss *m (z. B. Zeichnung)*

plan *(Tech)* Vorhaben *n*

plan *(Tech, Zeich)* Entwurf *m*, Grundriss *m*, Plan *m (Zeichnung)*; Skizze *f*

plan and elevation drawings *pl (Zeich)* Grundrisse *mpl* und Seitenansichten *fpl*

plan elevation *(Zeich)* Grundriss *m*

plan view *(Tech, Zeich)* Ansicht *f* von oben, Draufsicht *f*, Grundriss *m*

planar reflector *(Elek)* ebener Reflektor *m*

plane *v (Mech)* eben machen, ebnen, einebnen, glätten, hobeln, schlichten *(z. B. Blech)*

plane *v (Mech, Mont)* abhobeln *(z. B. Blech)*; abschlichten

plane *v (Tech, Mont)* abrichten *(von Blech)*

plane *v edges (Tech, Walz)* besäumen *(z. B. Blech, Blechkanten)*

plane *v off (Mech)* glätten *(z. B. Blech)*; abhobeln, hobeln, schlichten *(z. B. Blech)*

plane *adj (Tech)* eben

plane *(Tech)* Ebene *f*

plane *(Werkz)* Hobel *m (z. B. des Tischlers)*

plane flaw *(Tech)* flächiger Fehler *m*

plane parallelism *(Tech)* Planparallelität *f*

plane table *(Metr)* Messtisch *m*

planer *(Mech)* Hobelmaschine *f*

planet *(Getr)* Umlaufrad *n*

planet carrier *(Lag)* Planetenradträger *m*, Planetenträger *m*

planet gear *(Getr)* Planetengetriebe *n*, Planetenrad *n*, Umlaufrad *n*

planet gear train *(Getr)* Planetensatz *m*

planet wheel *(Getr)* Planetenrad *n*; Umlaufrad *n*

planetary cooler *(Bergb)* Satellitenkühler *m*

planetary gear (unit) *(Getr)* Planetengetriebe *n*, Umlaufgetriebe *n*

planetary gear *(Tech)* Planetenantrieb *m*

planetary gear base *(Getr)* Planetenträger *m*

planetary gear train *(Getr)* Umlaufgetriebe *n*

planetary gearing *(Getr)* Umlaufgetriebe *n*

planetary reduction *(Lag)* Planetenuntersetzung *f (im Lader)*

planetary superposing gear box *(Getr)* Planetenüberlagerungsgetriebe *n*

planetary transmission *(Getr)* Planetengetriebe *n*

planetary wheel *(Getr)* Sonnenrad *n*

planing machine *(Mech)* Hobelmaschine *f*

planish *v (Mech)* abrichten, abschlichten, schlichten *(Walzgut)*; ebnen, einebnen, glatt drücken; ausbeulen, glatt streichen, glätten, Beulen glätten, nivellieren, planieren; polieren

planishing mill *(Walz)* Glättwalzwerk *n*, Polierwalzwerk *n*

planishing stand *(Walz)* Glättgerüst *n*, Poliergerüst *n*

plank *(Tech)* Planke *f*

planking *(Stb)* Verschalung *f (durch Bohlen)*

planned *adj (Tech)* geplant *(in der Planung)*

planning *adj (Tech)* planerisch

planning *(Tech)* Terminplan *m*

planning *(Konst)* Projektierung *f*

planning *(Tech)* Bauentwurf *m (Projektierung)*, Disposition *f*, Planung *f*

planning and design work *(Tech)* konstruktive Arbeit *f*

planning engineer *(Tech)* Projektingenieur *m*

planning work *(Konst)* Projektierung f
planning work *(Tech)* Planung f *(im Angebotsstadium)*
planometer *(Hütt/Walz)* Richtplatte f
plant *(Stb)* Einrichtung f *(Ausrüstung)*
plant *(Tech)* Anlage f *(Betriebsstätte)*; Fabrik f *(Werk)*; Fabrikanlage f, Werk n
plant and equipment *(Tech)* maschinelle Anlagen fpl
plant and machinery *(Tech)* Maschinen fpl und maschinelle Anlagen fpl
plant appointment *(Fert)* Betriebsausstattung f
plant boundary *(Fert)* Werksgrenze f
plant engineering *(Tech)* Anlagenbau m, Technik f
plant manufacturing *(Tech)* Anlagenbau m
plant superintendent *(Fert, Tech)* Betriebsleiter m
plasma arc welding *(Schw)* Plasmalichtbogenschweißen n *(DIN 1910)*
plasma flame welding *(Schw)* Plasmastrahlschweißen n *(DIN 1910)*
plasma jet welding *(Schw)* Plasmastrahlschweißen n *(DIN 1910)*
plasma-MIG-welding *(Schw)* Plasma- -Metall-Schutzgasschweißen n
plasma welding *(Schw)* Plasmaschweißen n
plaster *(Baut)* Außenputz m, Putz m
plaster board *(Stb)* Putzdiele f *(Wandbauplatte als Putzträger)*
plastic *adj (Tech)* plastisch, synthetisch
plastic *(Kunst)* Kunststoff m, Plastik n
plastic blind rivet *(Tech)* Treibstift m
plastic-coated *adj (Anstr)* kunststoffbeschichtet
plastic-covered *adj (Anstr)* kunststoffbeschichtet
plastic deformation *(Form, Walz)* bildsame Formgebung f, bleibende Formänderung f, bleibende Verformung f, plastische Verformung f *(DIN 50100)*
plastic design *(Stb)* Plastizitätsberechnung f *(Lastverformung)*; Traglastverfahren n
plastic flow *(Stb)* Kriechen n *(Beton)*
plastic foil *(Met)* PVC-Folie f
plastic hose *(Tech)* Kunstschlauch m, Kunststofffolienschlauch m, Kunststoffschlauch m, Plastikschlauch m
plastic laminate *(Kunst, Tech)* Resopal n

plastic-laminated *adj (Anstr)* kunststoffbeschichtet
plastic limit *(Phys)* Plastizitätsgrenze f *(bei bindigen Böden)*
plastic shaping *(Form, Walz)* bildsame Formgebung f *(plastische Verformung, DIN 50100)*
plastic-steel brush *(Kfz)* Kunststoff- -Stahl-Kehrwalze f
plastic-treated *adj (Met)* plastikimprägniert
plastic-treated *adj (Tech)* kunststoffimprägniert
plastic working *(Form, Walz)* bildsame Formgebung f *(plastische Verformung, DIN 50100)*
plastic yielding *(Met)* Materialverformung f
plasticiser *(BE) (Kunst)* Weichmacher m
plasticity *(Met)* Formbarkeit f *(z. B. des warmen Stahls)*; Plastizität f
plasticizer *(AE) (Kunst)* Weichmacher m
plasticizing *(AE) (Bau)* Plastifizierung f
plasticizing *(AE) (Stb)* Weichmachung f
plastics welding *(Kunst)* Kunststoffschweißen n
Platal *(Met)* Platal *(kunststoffbeschichtetes Feinblech)*
plate v *(Met)* plattieren
plate v *(Tech)* beschichten *(metallisch)*
plate *(Baut)* Tafel f
plate *(Elek)* Elektrode f in Speicherbatterie, Platte f *(Anode)*
plate *(Hütt/Walz)* Blech n *(über 3 mm)*
plate *(Met)* Mittel- und Grobblech n
plate *(Tech)* Bezeichnungsschild n *(Aufschrift)*; Dach n *(Deckel, Haube)*; Lasche f *(Rollenkette)*; Platte f, Scheibe f *(z. B. Platte aus Blech)*; Stahlscheibe f, Teller m *(Platte)*
plate bridge *(Tech)* Vollwandbrücke f
plate clutch *(Kfz, Tech)* Scheibenkupplung f
plate clutch *(Tech)* Flanschkupplung f, Lamellenkupplung f
plate conveyor *(Förd)* Plattenband n, Plattenbandförderer m *(Band besteht aus sich überdeckenden Platten)*
plate conveyor *(Förd, Umschl, Zer)* Abzugsband n *(als Plattenband)*; Abzugsplattenband n
plate crack *(Tech)* Tellerriss m

plate edge miller *(Mech)* Plattenfräsanlage f

plate feeder *(Förd)* Plattenaustragsförderer m

plate feeder *(Tech)* Tellerspeiser m

plate filter *(Tech)* Plattenfilter m

plate girder *(Met, Stb, Tech)* Blechträger m, Vollwandträger m

plate girder bridge *(Tech)* Blechträgerbrücke f, Vollwandbrücke f

plate-type mould *(BE) (Hütt)* Plattenkokille f

plate wheel *(Tech)* Scheibenrad n

plate winch *(Tech)* Tellerwinde f

plated *adj (Met)* plattiert

plated *adj (Met)* beschichtet

platen-type superheater *(Hütt/Walz)* Schottenüberhitzer m

plates *pl (Met)* Universalstahl m

platform *(Stb)* Fahrbahnplatte f

platform *(Tech)* Arbeitsbühne f, Bühne f, Laufbühne f (z. B. eines Kranträgers); Plattform f, Podest n; Wagenbühne f

platform rocker *(Hütt)* Wälzwiege f (Lichtbogenofen)

platform scale *(Stb)* Brückenwaage f

plating metal *(Tech)* Aufplattierungsmetall n (elektrolytisch)

play *(Mech)* Spiel n

play *(Tech)* Bewegungsspielraum m (mechanischer Teile); Luft f (Lagerspiel)

player *(Elek)* Wiedergabegerät n

PLC *(Elek)* PLC-Steuerung f, programmierbare Verknüpfungssteuerung f, speicherprogrammierbare Steuerung f

PLC *(Kfz)* GLR f, Grenzlastregelung f

plenum system *(Elek)* Drucklüftungssystem n

plenum system *(Tech)* Überdruck-Klimaanlage f, Überdruckbelüftung f

pliable *adj (Met)* biegsam

pliable *adj (Tech)* geschmeidig (Gurt)

pliant *adj (Tech)* schmiegsam

pliers *pl (Werkz)* Beißzange f, Drahtzange f, Spannzange f, Zange f

plinth *(Baut)* Sockel m (Mauerwerk)

plot *v (Tech)* anreißen, darstellen, entwerfen

plot *v (Zeich)* aufreißen (eine Skizze, einen Plan u. ä.); aufzeichnen

plot *(Bau)* Grundstück n

plot *(Tech)* Schaltung f (Getriebe)

plotted *adj (Tech)* eingezeichnet

plotting *(Elek)* Aufnahme f von Kennlinien, Kurvenaufnahme f, Plotten n

plough *(BE) (Baum, Bergb)* Hobel m

plough scraper *(BE) (Förd)* Pfeilabstreifer m, Pflugabstreifer m

plow *(AE) (Bergb)* Hobel m

plow mining *(AE) (Bergb)* Hobelabbau m

plow scraper *(AE) (Förd)* Pfeilabstreifer m

plow-type scraper *(AE) (Förd)* Pflugabstreifer m

plug *v (Elek)* anschließen (durch Steckkontakt); einstecken, kontern (den Motor durch Umpolen); stecken, stöpseln, umpolen, zustöpseln

plug *v (Tech)* stopfen (Düsen); verstopfen (gewollt); zustopfen

plug *(Elek)* Gerätestecker m, Kerze f (Zündkerze); Steckanschluss m, Steckdose f, Stecker m

plug *(Hütt)* Ausgussstein m (Sprühkompaktieranlage)

plug *(Hydr/Pneu)* Butzen m

plug *(Mess, Vent)* Drosselkörper m (eines Stellventils)

plug *(Tech)* Kegel m (eines Ventils); Nippel m (einer Schlauchkupplung); Öleinlassschraube f, Stopfen m (Türschloss); Stöpsel m, Verschluss m, Verschlussstopfen m

plug adaptor *(Elek)* Übergangsstecker m

plug and socket connection *(Elek)* Steckverbindung f, Steckanschluss m, Steckerverbindung f

plug body *(Vent)* Kegelschaft m

plug box *(Elek)* Steckdose f

plug connector *(Elek)* Anschlussstecker m, VG-Leiste f

plug drawing *(Form)* Stopfenziehen n

plug head *(Vent)* Kegelkopf m

plug-in amplifier *(Elek)* Verstärkereinschub m

plug-in connection *(Elek)* Steckanschluss m, Steckverbindung f, Anschluss m

plug-in power pack *(Mess)* Netzteileinschub m

plug-in type *adj (Tech)* einsteckbar

plug mill *(Walz)* Stopfenstraße f

plug rolling mill *(Walz)* Stopfenstraße f

plug socket *(Elek)* Steckdose f

plug-type neck *(Tech)* Verschlussstutzen m

plug-type valve *(Vent)* Kükenhahn m

plug weld *(Schw)* Lochnaht *f*, Lochschweißung *f*, Nietschweiße *f*, Propfenschweißung *f*, Rundlochnaht *f*, Stichlochschweißen *n*

plug with earthing contact *(Elek)* Schuko-Stecker *m*

pluggable *adj (Elek)* steckbar

pluggable printed-board assembly *(Elek)* Steckkarte *f*, Steckplatte *f*

plugged *adj (Tech)* verschlossen

plugging contactor *(Tech)* Gegenstromschütz *m*

plugging relay *(Elek)* Bremswächter *m (Konterrelais)*

plumb *v (Schw)* loten

plumb bob *(Tech)* Senklot *n*; Lot *n*

plumber *(Tech)* Flaschner *m*, Klempner *m*

plumbiferous *adj (Met)* bleihaltig

plumbing *(Baut, Tech)* sanitäre Installation *f*

plummer *(Tech)* Bock *m (Stehlager)*

plummer block *(Tech)* Stehlagegehäuse *n*

plunge *v (Tech)* eintauchen *(abschrecken)*

plunge *(Tech)* Längenausgleich *m (Gelenkwelle)*

plunger *(Bahn)* Pufferstößel *m* ohne Pufferteller

plunger *(Elek)* Wischer *m (elektrisch)*

plunger *(Hütt)* Stopfkolben *m*

plunger *(Tech)* Kolben *m (Pumpe)*; Plunger *m (Schwimmer)*; Reglerkolben *m*, Schwimmer *m (in Spülbecken)*; Stößel *m*

plunger *(Vent)* Tauchanker *m*

plunger block *(Tech)* Sperrriegel *m*

plunger free travel *(Tech)* Injektorkolbenhub *m*

plunger gear segment *(Tech)* Kolbenzahnradsegment *n*

plunger pump *(Hydr)* Tauchkolbenpumpe *f*

plunger rod *(Tech)* Druckstange *f*

plunging coil *(Mess)* Tauchspule *f*

plus involute *(Getr)* Zahnfußrücknahme *f*

plus value *(Tech)* Plus-Anzeige *f*

ply *(Förd)* Einlage *f (Gurt)*; Lage *f*

ply rating *(Met)* Ply-Zahl *f*

ply rating *(Tech)* Reifenfestigkeit *f*, Reifenlagen *fpl*

plywood *(Bau)* Sperrholz *n*

PM *(Tech)* vorbeugende Wartung *f*

pm-hot forging *(Hütt)* Sinterschmieden *n*

pn-junction *(Elek)* pn-Übergang *m*

pneumatic *adj (Hydr/Pneu)* Druckluft…; pneumatisch, pressluftangetrieben

pneumatic… *adj (Tech)* Druckluft…, Luft…, Luftdruck…, Pressluft…

pneumatic chisel *(Werkz)* Pressluftmeißel *m*

pneumatic cylinder *(Hydr/Pneu, Tech)* Druckluftzylinder, Luftzylinder *m*, Pneumatik-Zylinder *m*

pneumatic hammer *(Werkz)* Drucklufthammer *m*

pneumatic pick *(Hydr/Pneu, Werkz)* Abbauhammer *m*, Pickhammer *m*

pneumatic screwdriver *(Werkz)* Druckluftdrehschrauber *m*

pneumatic steel *(Met)* Blasstahl *m (Konverter)*

pneumatic stoper *(Mech)* Säulenbohrhammer *m (Druckluft)*

pneumatic system *(Hydr/Pneu)* Pressluftsystem *n*

pneumatic tire *(AE) (Kfz)* Luftreifen *m*

pneumatic tool *(Werkz)* Druckluftwerkzeug *n*

pneumatic tyre *(BE) (Kfz)* Luftreifen *m*

pneumatic-tyred *adj (BE) (Kfz)* gummibereift *(mit Luftfüllung)*

pneumatically operated *adj (Tech)* druckluftbetätigt

pneumatically tyred travelling mechanism *(BE) (Bergb)* Pneufahrwerk *n*

pneumatics *(Hydr/Pneu)* Pneumatik *f*

pocket *(Tech)* Nest *n*

pocket elevator *(Förd)* Taschenförderer *m*

pocket file *(Werkz)* Packfeile *f*

pocket hole *(Tech)* Blindloch *n*, Sackloch *n*

pocket Tasche *f (des Möllerwagens)*

pocketing *(Kfz)* Einschlagen *n (von Ventilen)*

pockets *pl (Bau)* Aussparungen *fpl*

point *(Bergb)* Zahn *m (Eimer)*

point *(Elek)* Schaltstufe *f*

point *(Tech)* Ansatz *m*, Kuppe *f*, Punkt *m*, Zahnspitze *f*

point-focused probe *(Prüf)* Punktprüfkopf *m*

point load *(Stat)* Einzellast *f*, Punktlast *f*

point of access *(Tech)* Begehung *f (Zugang)*; Zugang *m*

point of application of a force *(Stat)* Angriffspunkt *m* einer Kraft

point of final control *(Mess)* Stellort *m*

point of ignition *(Elek, Tech)* Zündpunkt *m* *(Kraftfahrzeug)*

point of intersection *(Tech)* Schnittpunkt *m*

point support *(Lag)* Punktlager *n*

point welding *(Schw)* Punktschweißung *f*

pointed *adj (Tech)* scharf; spitz, zugespitzt *(spitz zulaufend)*

pointed chisel *(Werkz)* Spitzmeißel *m*

pointed end *(Form)* Ziehangel *f (Rohrziehen)*

pointed file *(Werkz)* Spitzfeile *f*

pointed pliers *(Werkz)* Spitzenzange *f*, Spitzzange *f*, Storchschnabelzange *f*

pointed tooth *(Bergb)* Spitzzahn *m*

pointer *(Tech)* Nadel *f (Zeiger)*; Zeiger *m (eines Instrumentes)*

pointer follower *(Werkz)* Schleppzeiger *m (eines Drehmomentschlüssels)*

pointsman *(Bahn)* Weichensteller *m*, Weichenwärter *m*

poke *v (Hütt/Walz)* stochern *(z. B. Ofen)*

polar *adj (Tech)* polar

polarisation *(BE) (Tech)* Polarisation *f*

polarity *(Tech)* Polarität *f*

polarized ultrasonic wave *(AE) (Elek)* polarisierte Ultraschallwelle *f*

pole *v (Elek)* polen

pole *(Bau)* Pfosten *m*

pole *(Elek)* Pol *m*

pole *(Kfz)* Deichsel *f*

pole *(Tech)* Mast *m*, Pfahl *m*

pole changing starter *(Elek)* Polumschalter *m*

pole terminal *(Elek)* Polklemme *f*

poledrain *(Baut)* Querrinne *f*

polish *v (Anstr)* putzen *(metallisch blank)*

polish *v (Mech)* abschlichten *(Walzgut)*; glänzend machen, glanzschleifen, glätten *(polieren, glänzend machen)*; polieren, putzen, schleifen *(polieren)*; schleifen, schlichten *(Walzgut)*; schmirgeln

polish *(Anstr)* Politur *f*

polished *adj (Anstr, Tech)* blank *(glänzend)*

polished *adj (Met)* poliert

polished section *(Stb)* Anschliff *m*

polished steel *(Met)* polierter Stahl *m*

pollutant *(Chem, Ökol, Tech)* Schadstoff *m*, Verschmutzung *f*

polluter *(Ökol)* Emittent *m*

polluter-must-pay principle *(Ökol)* Verursacherprinzip *n*

pollution *(Bau)* Entweichung *f*

pollution *(Ökol, Tech)* Verschmutzung *f*, Verunreinigung *f*

pollution control *(Ökol)* Umweltschutz *m*

pollution control engineer *(Ökol)* Umweltingenieur *m*

polyamide *(Chem)* Polyamid *n*

polycrystalline *adj (Met)* vielkristallin

polyester *(Chem)* Polyester *m*

polyethylene *(Chem)* PE *n*, Polyäthylen *n*

polyethylene-coated pipe *(Met)* PECTAL-Rohr *n*

polyethylene-coating *(Anstr)* PE-Umhüllung *f*

polygon *(Stb)* Vieleck *n*

polygon design *(Tech)* Vieleckausführung *f*

polygonal *adj (Bau)* polygonal *(z. B. Mauerwerk)*

polynomial *(Elek)* Polynom *n*

polyphase commutator shunt motor *(Antr, Elek)* Drehstromnebenschlussmotor *m*

polyphase induction motor *(Antr)* DS--Asynchronmotor *m*

polyphase motor *(Antr)* Mehrphasenmotor *m*

polypropylene *(Chem)* Polypropylen *n*

polyvalent *adj (Chem)* vielwertig

pond *v (Bau)* einsumpfen

pontoon *(Schiff)* Ponton *m*

pontoon *(Tech)* Schwimmkörper *m*

pony roughing stand *(Walz)* Vorstreckgerüst *n*

pool *(Geo, Tech)* Bassin *n*, Becken *n*

poor concrete *(Bau)* Magerbeton *m*

poor lime *(Geo, Bau)* Magerkalk *m*

pop rivet *(Tech)* Blindniet *f*

poppet *(Tech)* Kegel *m (eines Tellerventils)*

poppet valve *(Vent)* Kegelsitzventil *n*, Kugelsitzventil *n*, Sitzventil *n*, Tellerventil *n (Kraftfahrzeug)*

population *(Fert, Tech)* Bestand *m (an Maschinen)*; Geräteanzahl *f*

porcelain *(Geo)* Porzellan *n*

pore *(Met)* Pore *f*

pore cluster *(Met)* Porenrest *m*

porosity *(Met)* Porenanteil *m*
porosity *(Met)* Porosität *f*
porous *adj (Tech)* porös
porous brick *(Tech)* Spülstein *m (im Konverter)*
porphyry *(Bau)* Porphyr *m*
port *(Elek, IT)* Anschlussstelle *f*
port *(Hydr/Pneu)* Anschluss *m*
port *(Schiff)* Backbord *m*
port *(Tech)* Hafen *m*
port *(Vent)* Ventilöffnung *f*
port *(Vent, Verd)* Ventilnest *n (Kolbenverdichter)*
port resistance *(Elek)* Torwiderstand *m*
port size *(Mess)* Anschlussgröße *f*
port threads *pl (Hydr/Pneu)* Abgangsverschraubung *f*
portable *adj (Tech)* fahrbar, tragbar *(z. B. ein Gerät)*; transportabel, verlegbar, versetzbar; verfahrbar *(ohne eigenen Fahrantrieb)*
portable forge *(Tech)* Feldschmiede *f*
portable tool box *(Tech, Werkz)* Werkzeugkoffer *m*, Werkzeugtragekasten *m*
portal *(Stb, Tech)* Portal *n*, Portalrahmen *m*, Rahmen *m*
portal leg *(Stb)* Rahmenstiel *m (gelenkig gelagerter Rahmen)*
portal-type wheel lathe *(Mech)* Portalradsatzdrehmaschine *f*
ported labyrinth seal *(Tech)* Mehrkammerlabyrinthdichtung *f*
porting pattern *(Metr)* Anschlussbild *n*
position *v (Tech)* aufbauen *(montieren, zusammenbauen)*; legen; positionieren
position *(Elek)* Stellung *f*
position *(Tech)* Lage *f (Position, Platz)*; Stellung *f*
position... *adj (Mess, Vent)* Stellungs...
position detection *(Elek)* Wegerfassung *f*
position of rest *(Elek)* Ruhestellung *f (Schütz)*
positioner *(Elek)* Zustelleinrichtung *f*, Zustellwagen *m*
positioner *(Mess)* Stellmacher *m*
positioning *(Bau)* Verlegung *f*
positioning *(Bergb)* Anstellbewegung *f*
positioning *(Tech)* Einstellen *n*
positioning cylinder *(Tech)* Stellzylinder *m*
positioning drive *(Bergb)* Anstellantrieb *m*

positioning screw *(Tech)* Fixierschraube *f*
positioning signal *(Mess)* Stellsignal *n*
positioning switch *(Elek)* Stockwerkschalter *m*
positive *adj (Elek, Tech)* positiv
positive *adj (Tech)* formschlüssig
positive-action type *adj (Tech)* formschlüssig
positive displacement pump *(Tech)* Verdrängerpumpe *f*
positive feedback *(Elek)* positive Rückkopplung *f*
positive feedback *(Mess)* Mitkopplung *f*
positive guide *(Tech)* Zwangsführung *f*
positive pole *(Elek)* Pluspol *m*
positive pressure *(Tech)* Überdruck *m*
positive uniflow scavenging *(Tech)* Gebläsespülung *f (Dieselmotor)*
possibility *(Tech)* Möglichkeit *f*
possible *adj (Tech)* möglich
post *(Elek)* Mast *m (Lampenmast)*; Polklemme *f*
post *(Stb)* Pfosten *m (Fachwerk)*; Ständer *m*
post *(Tech, Stb)* Säule *f*
post-combustion *(Hütt/Walz)* Nachverbrennung *f*
post insulator *(Elek)* Stützer *m*
post-mortem *adj (Tech)* nachträglich
post-mortem review *(Tech)* Fehleranalyse *f*
post-treatment *(Hütt)* Nachbehandlung *f (z. B. Stahl in der Pfanne)*
postpone *v (Tech)* vertagen
postweld heat treatment *(Hütt, Schw)* Wärmenachbehandlung *f*
pot furnace *(Hütt)* Topfofen *m*
pot head *(Elek)* Endverschluss *m (Kabel)*
pot life *(Anstr)* Topfzeit *f (Farbe)*
potable water *(Ökol, Tech)* Trinkwasser *n*
potash *(Chem)* Kali *n*
potassium *(Chem)* Kali *n*
potential *adj (Tech)* Auslastungsfähigkeit *f*, potenziell
potential *(Elek)* Potenzial *n*
potential danger *(Tech)* Gefährdungspotenzial *n*
potential difference *(Elek)* Spannung *f (Potenzialdifferenz)*
potential divider *(Elek)* Spannungsteiler *m*
potential-free *adj (Elek)* potenzialfrei

potential shift *(Elek)* Potenzialverschiebung f

potential transformer *(Elek)* Spannungswandler m

potentiometer *(Elek)* Drehwiderstand m, Potenziometer n, Poti n

pothead *(Tech)* Kabelendverschluss m

pothead compartment *(Elek)* Anschlusskasten m für Kabel, Kabelanschlusskasten m, Kabelmuffe f

pothole *(Bau)* Schlagloch n *(Straßenbau)*

pottance file *(Werkz)* Flachstumpffeile f

pouch *(Tech)* Beutel m

pour v *(Bau)* betonieren, einbetonieren

pour v *(Hütt/Walz)* gießen *(bevorzugter Terminus)*

pour *(Met)* Guss m

pour point *(Chem)* Gießpunkt m *(z. B. von Öl)*; Stockpunkt m

pour point *(Tech)* Fließpunkt m

pourability *(Hütt)* Vergießbarkeit f

pouring *(Hütt)* Übergießen n

pouring *(Met)* Guss m

pouring spout *(Hütt)* Ausgussrinne f

powder *(Tech)* Staub m

powder-coated adj *(Met)* pulverbeschichtet

powder cutting *(Hütt, Mech)* Pulverbrennschneiden n

powder metallurgy *(Hütt)* Pulvermetallurgie f

powder metallurgy hot forging *(Hütt)* Sinterschmieden n

powder scarfing *(Hütt, Mech)* Pulverflämmen n

powdered adj *(Tech)* staubförmig

power *(Elek)* Strom m

power *(Tech)* Antriebsleistung f, Kraft f, Leistung f; Stärke f

power-actuated adj *(Tech)* kraftbetrieben

power-actuated hammer *(Bergb)* Hebestempel m

power amplifier *(Elek)* Endstufe f

power and control diagram *(Elek)* Schaltplan m *(Stromlaufplan)*; Wirkschaltbild n

power-and-free (overhead) conveyor *(Förd)* Schleppkreisförderer m

power-assisted steering *(Tech)* Hilfskraftlenkung f

power box *(Elek)* Netzanschlusskasten m

power brake *(Tech)* Bremskraftverstärker m

power capacity *(Tech)* Leistungsfähigkeit f, Leistungsvermögen n *(Schaffenskraft, -vermögen)*

power circuit *(Elek)* Hauptstromkreis m

power circuit breaker *(Elek)* Leistungsschalter m

power closing *(Vent)* Zwangssteuerung f *(Rückschlagklappe)*

power consumption *(Elek)* aufgenommener Strom m, Leistungsaufnahme f, Netzentnahme f *(z. B. Stromverbrauch)*; Stromaufnahme f, Stromverbrauch m

power consumption *(Tech)* Energieverbrauch m, Kraftverbrauch m

power controlled variable pump *(Hydr/Pneu)* Verstellpumpe f *(Antriebsleistung verstellbar)*

power current *(Elek)* Starkstrom m

power dip *(Elek)* Spannungseinbruch m

power driver *(Werkz)* Kraftschrauber m

power engine *(Tech)* Kraftmaschine f

power factor *(Tech)* Leistungsfaktor m, Verlustfaktor m, Wirkfaktor m

power failure *(Elek)* Stromausfall m

power failure *(Tech)* Störung f *(z. B. eines Gerätes)*

power feed *(Elek)* Zuführung f *(Strom, Energie)*; Zuleitung f *(Strom, Energie)*

power feed *(Tech)* Energiezufuhr f

power generation *(Elek)* Energieerzeugung f

power-grip adj *(Elek)* kraftschlüssig

power hacksaw machine *(Werkz)* Bügelsäge f *(maschinell)*

power input *(Elek)* aufgenommene Leistung f, aufgenommener Strom m, Aufnahmeleistung f, Leistungsaufnahme f, Stromaufnahme f, Zuführung f *(Strom, Energie)*; zugeführte Leistung f, Zuleitung f *(Strom, Energie)*

power input *(Tech)* Leistungsbedarf m

power limit control *(Kfz)* GLR f, Grenzlastregelung f

power line *(Elek)* Energieversorgungsleitung f, Überlandleitung f

power line *(Förd)* Kettenlaufbahn f

power load *(Elek)* Strombelastbarkeit f *(Elektroden)*

power loss *(Elek, Tech)* Leistungsverlust m

power loss *(Elek, Tech)* Verlustleistung *f (in kW)*

power metering regulator *(Tech)* Grenzlastregler *m*

power outlet *(Elek)* Steckdose *f*

power output *(Elek)* Abgabeleistung *f*, Leistungsabgabe *f*

power pack *(Elek)* Netzanschlussgerät *n*, Netzgerät *n*, Netzteil *n (z. B. Fernsehgerät)*; Stromversorgung *f (eines Gerätes)*

power pack *(Kfz)* Kraftpaket *n*

power plant *(Tech)* Kraftwerk *n*

power press *(Tech)* Presse *f*

power rail *(Förd)* Kettenlaufbahn *f*

power regulator *(Elek)* Leistungsregelung *f*, Leistungsregler *m*

power required for empty conveyor *(Elek)* Leerlaufverlust *m*

power requirement *(Tech)* Antriebsleistung *f*, Kraftbedarf *m*, Kraftverbrauch *m*; Leistungsbedarf *m*

power shovel *(Bergb)* Löffelbagger *m*

power station *(Elek)* Elektrizitätswerk *n*, E-Werk *n*

power station *(Tech)* Kraftwerk *n*

power steering *(Hydr/Pneu, Kfz)* Servolenkung *f*

power steering *(Kfz, Tech)* Lenkkraftverstärker *m*

power steering *(Tech)* Fremdkraftlenkung *f (Servo-Lenkung)*; Hilfskraftlenkung *f*

power stroke *(Tech)* Arbeitshub *m*

power supply *(Elek)* Einspeisung *f*, Energieversorgung *f (elektrische Energie)*; Stromversorgung *f*, Netzgerät *n*, Netzteil *n (z. B. Fernsehgerät)*; Versorgungsspannung *f*

power supply cable *(Elek)* Zuleitungskabel *n*

power supply cable *(Hydr/Pneu)* Zuleitung *f*

power supply during the night *(Hütt/ Walz)* Nachtlast *f*

power surge *(Elek)* Spannungsstoß *m*

power take-off *(Antr, Elek, Tech)* Nebenantrieb *m*

power take-off *(Elek)* Kraftabnahme *f*

power take-off *(Tech)* Zapfwelle *f (Antrieb)*; Zapfwellenantrieb *m*

power take-off group *(Tech)* Zapfwelle *f (mit Zubehör)*

power take-up *(Elek)* Leistungsaufnahme *f*

power-to-weight ratio *(Tech, Verd)* Leistungsgewicht *n*, Leistung-Gewicht-Verhältnis *n*

power transmission *(Hydr)* Energieübertragung *f*

power transmission *(Tech)* Kraftfluss *m*, Kraftübertragung *f*

power transmission line *(Elek)* Freileitung *f (z. B. im Tagebau)*

power triangle *(Bergb)* Kraftdreieck *n*

power unit *(Antr, Bergb, Hydr)* Antriebsaggregat *n*

power unit *(Bahn)* Triebfahrzeug *n*, Zusatzlokomotive *f*

power unit *(Elek)* Netzanschlussgerät *n*, Netzgerät *n*, Netzteil *n (z. B. Fernsehgerät)*

power unit *(Hydr/Pneu)* Aggregat *n*

power unit *(Tech)* Krafteinheit *f*

powered *adj (Elek)* motorisch getrieben

powered *adj (Elek, Tech)* angetrieben

powered *adj (Tech)* motorisch

powerful *adj (Tech)* kräftig, leistungsfähig *(Motor, Maschine)*; leistungsstark, stark *(Maschine, Motor)*

powerised storage line *(Förd)* Speicherstrang *m*

powertool cleaning *(Anstr)* maschinelle Entrostung *f*

power/weight ratio *(Tech)* Ausnutzungsverhältnis *n (Leistung/Gewicht)*; Leistungsgewicht *n*, Leistungs-Gewicht-Verhältnis *n*

practicability *(Mess, Tech)* Durchführbarkeit *f*

practicability *(Tech)* Brauchbarkeit *f*

practicable *adj (Tech)* anwendbar *(z. B. Theorie, Norm)*; möglich, praktizierbar

practical *adj (Tech)* praktikabel *(durchführbar)*

practice *v (Tech)* praktizieren

practice *(Tech)* Praxis *f*

Pratt truss *(Stb)* Ständerfachwerk *n*, Ständerfachwerkträger *m*

pre-act value *(Mess)* Vorhalt *m*

pre-alloyed powder *(Met)* fertiglegiertes Pulver *n (Pulvermetallurgie)*

pre-amplifier *(Elek)* Vorverstärker *m (Audio- und Video-Anlagen)*; Vorverstärkerstufe *f*

pre-assembled adj (Mont, Tech) vormontiert

pre-coated adj (Walz) vorbeschichtet

pre-commissioning check (Hütt/Walz) Probelauf m

pre-delivery inspection (Prüf) Ausgangskontrolle f (Endkontrolle); Ausgangsprüfung f, Endkontrolle f; Auslieferungsinspektion f

pre-engineered standard crane (Kran) Normkran m

pre-established adj (Tech) vorgegeben (vorherbestimmt, Sollwert)

pre-evaporator (Hütt/Walz) Schlangenrohrvorverdampfer m, Schlavo m, Vorverdampfer m

pre-expansion chamber (Kfz) Auspuff--Vorschalldämpfer m

pre-load valve (Vent) Vorspannventil n

pre-machined adj (Mech) vorgearbeitet

pre-machining (Mech) Vorbearbeitung f

pre-painted adj (Anstr) bandlackiert (z. B. Blech)

pre-pressed adj (Mech) vorgedrückt

pre-scalping (Bergb) Vorabschälung f

pre-scraper (Umschl) Vorabstreifer m

pre-sealing (Tech) Vordichtung f (Kolbenstangendichtung)

pre-set counter (Elek) Vorwahlzähler m

pre-whirling motion (Verd) Drall m (einer Strömung)

preamp (Elek) Vorverstärker m (Audio- und Video-Anlagen)

precalcination (Bergb) Präcalcinierung f, Vorcalcinierung f

precast adj (Bau) vorgefertigt (Beton)

precautionary measure (Tech) Vorbeugungsmaßnahme f, Vorsichtsmaßnahme f

precautionary safety measures pl (Tech) Sicherheitsvorkehrungen fpl

preceding adj (Tech) vorangehend, vorgespannt (vorausgehend)

precharge valve (Vent) Füllventil n (Vorfüllventil eines Speichers)

precious adj (Tech) wertvoll

precious metal (Met) Edelmetall n

precipitate v (Chem) absetzen

precipitate v (Hütt/Walz) abscheiden, absetzen, ausfällen

precipitation (Ökol) Niederschlag m

precipitation-harden v (Met) aushärten

precipitator (Hütt/Walz) Entstauber m (Filter)

precipitator (Hydr/Pneu) E-Filter n, Filter n (Entstauber)

precipitator efficiency (Tech) Filterwirkungsgrad m

precision (Prüf) Genauigkeit f, Präzision f

precision-bored adj (Mech, Verd) passungsgebohrt

precision gear (Tech) Kriechgang m

precision groove (Tech) Feinsteuernut f

precision hoisting (Tech) Feinhub m (genaues Ausfahren)

precision jig boring machine (Mech) Koordinatenbohrmaschine f

precision mechanics (Tech) Feinmechanik f

precision movement (Tech) Feingang m (beim Fahren)

precision steel tube (Met) Präzisionsstahlrohr n

precision type adj (Tech) feinmechanisch

preclassification (Bergb) Vorklassierung f

precleaner (Tech) Vorabscheider m; Vorreiniger m

precoat v (Tech) anschwemmen (Filter)

precombustion chamber (Tech) Vorkammer f

precooler (Tech) Vorkühler m

precutter (Mech) Zwischenmesser n

precutter (Werkz) Vorschneider m

predetermined adj (Tech) vorbestimmt, vorgegeben (vorherbestimmt, Sollwert)

predetermined breaking point (Tech) Sollbruchstelle f

predrying (Tech) Vortrocknung f

prefab girder (Baut) Fertigteilträger m

prefabricated adj (Stb) vorfabriziert

prefabricated adj (Tech) vorgefertigt

prefabricated concrete slab (Bau) Betonfertigplatte f

prefabricated construction (Baut) Fertigbau m

prefabricated girder (Baut) Fertigteilträger m

prefabrication (Tech) Anarbeitung f; Vorfertigung f

prefix input (Elek) Vorbereitungseingang m

preform (Met) Vorform f

preform plant (Hütt) Sprühkompaktieranlage f

pregrinding *(Zer)* Vormahlen *n*

preheat *v (Tech)* anwärmen *(vorwärmen)*; vorglühen *(Dieselmotor)*; vorwärmen

preheat indicator *(Elek)* Glühüberwacher *m*

preheated *adj (Tech)* angewärmt, vorgewärmt

preheater *(Bergb)* Wärmetauscher *m (für Vorwärmung)*

preheater *(Elek)* Vorwärmer *m*

preignition *(Kfz)* Frühzündung *f*

preliminary *adj (Tech)* einleitend, vorläufig; Vor…

preliminary air tank *(Tech)* Vorluftbehälter *m*

preliminary condition *(Tech)* Voraussetzung *f*, Vorbedingung *f*

preliminary drawing *(Zeich)* Entwurfszeichnung *f*

preliminary test *(Bau)* Eignungsprüfung *f*

preliminary treatment *(Stb)* Vorbehandlung *f*

preload *v (Tech)* vorspannen

preload spring *(Tech)* Spannfeder *f*

preloading *(Tech)* Vorspannung *f (vorherige Aufladung)*

premature *adj (Tech)* frühzeitig

preparation *(Tech)* Vorbereitung *f*

preparation time *(Tech)* Rüstzeit *f (Gießmaschinen)*

prepare *v (Aufb)* aufbereiten *(z. B. Kohle)*

prepare *v (Chem, Tech)* ansetzen *(z. B. Lösung, Mischung)*

prepare *v (Tech)* vorbereiten

prepared mix *(Hütt/Walz)* Möller *m (für den Reduktionsofen)*

prepiped *adj (Tech)* vorverrohrt

preprogrammed *adj (Elek)* vorprogrammiert

prescreener *(Tech)* Vorabscheider *m*, Vorsieb *n*

preselect *v (Tech)* vorgeben

preselection *(Elek)* Vorwahl *f (Einstellung Gerät)*

presentation *(Tech)* Präsentation *f*, Vorstellung *f*

presentation of test results *(Prüf)* Versuchsauswertung *f*

preservation *(Anstr)* Konservierung *f*

preservation agent *(Anstr, Chem)* Konservierungsmittel *n*, Schutzmittel *n*

preserve *v (Tech)* aufbewahren, aufheben *(bewahren)*

preset *adj (Elek)* eingestellt, vorbestimmt

preset *adj (Elek, Tech)* vorgespannt *(eingestellt)*

preset *adj (Mess)* voreingestellt

preset *adj (Tech)* vorgegeben

preset *(Elek)* Vorwahl *f (Einstellung Gerät)*

preset gas pressure *(Hydr/Pneu)* Gasvorspanndruck *m*

preset ratio *(Lag)* Vorspannungsverhältnis *n*

preshaping *(Walz)* Vorprofilieren *n*

press *v (Tech)* andrücken, anpressen, aufdrücken, aufpressen, drücken

press *(Form, Tech)* Druckvorrichtung *f*, Presse *f*

press fit *(Tech)* Passsitz *m*, Presssitz *m*

press fit assembly *(Tech)* Pressverband *m*

press-fit bush *(Tech)* Aufpressbuchse *f*

press-joining *(Tech)* Durchsetzfugen *n (Spezialverfahren)*

press power *(Tech)* Presskraft *f (beim Kaltformen)*; Presskraft *f (der Abkantpresse)*

pressed *adj (Tech)* gedrückt, gepresst

pressed fittings *pl (Hydr/Pneu)* Quetscharmaturen *fpl*

pressed metal *(Met)* Pressmetall *n*

pressed-on bush *(Tech)* Aufpressbuchse *f*

pressed-steel body *(Stb)* Pressstahlkörper *m*

pressing *(Tech)* Pressteil *n*

pressing power *(Tech)* Druckkraft *f*, Pressdruck *m*

pressiometric test *(Bau)* Seitendrucksondierung *f*

pressure *(Hydr/Pneu)* Druck *m (hydraulisch)*

pressure *(Tech)* Druckkraft *f*, Pressdruck *m*, Pressung *f (bei Druck)*

pressure accumulator *(Hydr/Pneu)* Druckspeicher *m*

pressure angle *(Tech, Stat)* Kraftangriffswinkel *m*

pressure at pitch line *(Getr)* Zahndruck *m*

pressure balance *(Hydr/Pneu)* Druckwaage *f*

pressure balance valve *(Hydr/Pneu)* Ausgleichsventil *n*, Druckausgleichsventil *n*

pressure breakdown sleeve *(Tech)*

Schwimmring *m (breit, einer Gleitring-dichtung)*

pressure-centered *adj (AE) (Hydr/Pneu)* druckzentriert

pressure chamber *(Hydr/Pneu)* Druckbehälter *m*

pressure coefficient *(Prüf, Verd)* Druckzahl *f;* Druckziffer *f (Axialverdichter)*

pressure-compensated *adj (Hydr/Pneu)* druckstabil

pressure compensating pipe *(Hydr/Pneu, Verd)* Ausgleichsleitung *f,* Druckausgleichsleitung *f*

pressure container *(Hydr/Pneu)* Druckbehälter *m*

pressure-containing *adj (Tech)* druckführend *(Verdichter)*

pressure control valve *(Vent)* Druckbegrenzungsventil *f,* Druckminderventil *n,* Druckreduzierventil *n,* Druckregelventil *n,* Druckregler *m,* Druckventil *n*

pressure difference spool *(Vent)* Druckdifferenzkolben *m*

pressure differential *(Hydr/Pneu)* Differenzdruck *m*

pressure differential valve *(Hydr/Pneu)* Druckausgleichsventil *n*

pressure differential valve *(Vent)* Differenzdruckventil *n*

pressure dwell *(Tech)* Nachdruck *m*

pressure equalising line *(BE) (Hydr/Pneu, Verd)* Ausgleichsleitung *f*

pressure gas welding *(Schw)* Gaspressschweißen *n (DIN 1910)*

pressure gauge *(Hydr/Pneu)* Druckmesser *m*

pressure gauge *(Kfz)* Druckanzeige *f*

pressure gauge *(Tech)* Manometer *n*

pressure head *(Tech)* Druckhöhe *f;* Staudruck *m (Strömungsmessung)*

pressure intensification *(Hydr/Pneu)* Druckübersetzung *f*

pressure limiting block *(Hydr/Pneu)* Absicherungsblock *m*

pressure line *(Hydr/Pneu)* Druckleitung *f,* Druckzufuhrleitung *f,* Zulaufleitung *f,* Zuleitung *f*

pressure line *(Stb)* Stützlinie *f*

pressure loss *(Hydr/Pneu)* Druckabfall *m (z. B. der Luftdruckbremse);* Druckverlust *m*

pressure-lubricated *adj (Tech)* druckgeschmiert

pressure lubrication *(Tech)* Drucköl-schmierung *f,* Druckschmierung *f*

pressure make-up valve *(Vent)* Vorspannventil *n*

pressure pad *(Tech)* Druckstück *n*

pressure pad *(Walz)* Drucktopf *m (unter der Walzenanstellspindel)*

pressure per unit of area *(Stb)* Flächenpressung *f*

pressure plate *(Lag)* Druckplattenlager *n*

pressure plate *(Tech)* Druckplatte *f,* Druckscheibe *f*

pressure probe *(Hydr/Pneu)* Druckaufnehmer *m*

pressure raising period *(Hütt/Walz)* Anfahrzeit *f*

pressure reducing valve *(Vent)* Druckminderventil *n,* Druckreduzierventil *n,* Reduzierventil *f*

pressure reduction in pit floor *(Bergb, Stat)* Liegendenspannung *f*

pressure relief valve *(Hydr/Pneu)* Druckeinstellventil *n,* Druckminderventil *n*

pressure relief valve *(Vent)* Druckbegrenzungsventil *f,* Überdruckventil *n (Überdruckklappe)*

pressure retaining *adj (Tech)* druckführend *(Verdichter)*

pressure ring *(Hydr/Pneu)* Druckring *m*

pressure-sensitive adhesive *(Tech)* Haftkleber *m*

pressure shock *(Tech)* Überdruck *m (kurzfristig)*

pressure shrouding box *(Hütt)* Überdruckkammer *f (Gießen)*

pressure spring *(Hydr/Pneu)* Druckfeder *f*

pressure stem *(Tech)* Pressstempel *m*

pressure surge *(Hydr/Pneu)* Druckstoß *m (auch Wasserschlag)*

pressure switch *(Elek)* Druckschalter *m,* Drucktaster *m,* Membrandruckschalter *m;* Druckwächter *m*

pressure test *(Hütt/Walz, Prüf)* Druckprobe *f,* Druckprüfung *f*

pressure test with water *(Prüf)* Wasserdruckprobe *f,* Wasserdruckprüfung *f*

pressure-tight *adj (Hydr/Pneu)* druckdicht

pressure-time fuel injection system

(Tech) Niederdruckeinspritzsystem n *(Dieselmotor)*

pressure-to-current converter *(Mess)* Druck-Stromwandler m *(P/I-Wandler)*

pressure valve *(Hydr/Pneu)* Druckgefäß n, Druckventil n

pressure vessel *(Hydr/Pneu)* Druckbehälter m, Druckgefäß n

pressure-water ash removal *(Hütt/Walz)* Druckentaschung f, Spülentaschung f

pressure-welded adj *(Schw)* HF-geschweißt, pressgeschweißt

pressure-welded grating *(Tech)* Schweißpressrost m

pressure welding *(Schw)* Druckschweißung n, Pressschweißen n

pressure welding with thermochemical energy *(Schw)* Gießpressschweißen n *(DIN 1910)*

pressure yoke *(Hydr/Pneu)* Druckbügel m

pressureless adj *(Hydr/Pneu)* drucklos

pressurisation *(BE)* *(Hydr/Pneu)* Druckbeaufschlagung f *(z. B. des Hydrotanks)*; Vorspannung f *(des Tanks)*

pressurised lubrication *(BE)* *(Tech)* Druckschmierung f

pressurization *(AE)* *(Hydr/Pneu)* Druckaufbau m, Vorspannung f

pressurize v *(AE)* *(Tech)* vorspannen

pressurized adj *(AE)* *(Bergb)* unter Druck

pressurized adj *(AE)* *(Hydr/Pneu)* belastet *(unter Druck)*

pressurized adj *(AE)* *(Tech)* vorgespannt

pressurized line *(AE)* *(Hydr/Pneu)* belastete Leitung f, Druckleitung f

pressurized oil *(AE)* *(Chem, Hydr/Pneu)* Drucköl n

pressurized receiver *(AE)* *(Hydr/Pneu)* Druckluftbehälter m

pressurized-water ash removal *(AE)* *(Hütt/Walz)* Spülentaschung f

pressurizing *(AE)* *(Hydr/Pneu)* Druckbeaufschlagung f

pressurizing *(AE)* *(Tech)* Überdruck m

pressurizing and ventilation plant *(Tech)* Überdruckbelüftungsanlage f

pressurizing valve *(AE)* *(Hydr, Vent)* Staudruckventil n

prestress v *(Stb)* vorspannen

prestress *(Tech)* Vorspannung f *(mechanisch)*

prestressed adj *(Bahn)* vorgesprengt *(gebogen)*

prestressed adj *(Tech)* vorbeansprucht *(DIN 50100)*; vorgespannt *(unter Spannung gebracht)*

prestressed concrete *(Bau)* Spannbeton m, vorgespannter Beton m

prestressing *(Förd, Tech)* Vorspannung f *(mechanisch)*

pretension v *(Tech)* vorspannen

pretension *(Förd)* Vorspannung f

pretensioning device *(Tech)* Spannelement n

pretreatment *(Stb)* Vorbehandlung f

pretube *(Bergb)* Vorrohr n

preturn v *(Mech)* vordrehen

preturned adj *(Mech)* vorgedreht

prevent v *(Tech)* verhüten

prevention *(Tech)* Verhütung f *(z. B. von Unfällen)*

preventive adj *(Tech)* vorbeugend

preventive *(Anstr, Chem)* Schutzmittel n

preventive maintenance *(Tech)* vorbeugende Wartung f

previous adj *(Tech)* vorangehend

prewired adj *(Elek)* vorverdrahtet

prick punch *(Werkz)* Körner m, Körnerschlag m

prick-punch locked adj *(Mont)* körnerschlaggesichert

primary adj *(Tech)* primär

primary *(Elek)* Primärwicklung f

primary... adj *(Aufb, Bergb, Zer)* Vor...

primary... *(Anstr)* Grund...

primary aluminium pig *(Met)* Hüttenaluminium n

primary circuit *(Elek)* Hauptstromkreis m

primary element *(Elek)* Aufnehmer m, Messwertgeber m

primary element *(Tech)* Hauptfilterelement n

primary fuse *(Elek)* Grobsicherung f

primary mill *(Hütt/Walz)* Vorstraße f im Hüttenwerk

primary mill *(Walz)* Grobwalzwerk n

primary screen *(Zer)* Vorsieb n

primary screening *(Bergb)* Vorabsiebung f *(erstes Sieben)*

primary shaping *(Form)* Urformen n

primary switchgear *(Elek)* Schaltgeräte npl

primary theory *(Stat)* Theorie f erster Ordnung

primary winding *(Elek)* Primärwicklung f; Ständerwicklung f

prime v *(Anstr)* aufbringen *(z. B. Farbe)*; grundieren

prime v *(Anstr, Tech)* auftragen

prime v *(Hydr/Pneu)* fördern *(Kraftstoff ansaugen)*

prime v *(Kfz)* ansaugen *(den ersten Kraftstoff)*

prime *(Walz)* Gutblech n *(Blech erster Wahl)*

prime coat *(Anstr, Walz)* Grundanstrich m, Grundierschicht f *(Grundanstrich)*

prime mover *(Antr)* Hauptantrieb m, Primärantrieb m

prime mover *(Kfz)* Hauptantriebsaggregat n, Hauptantriebsmaschine f

prime mover *(Tech)* Kraftmaschine f

prime (quality) sheet *(Walz)* Gutblech n *(Blech erster Wahl)*

primer *(Anstr)* Grundfarbe f *(das Material)*; Grundierfarbe f; Grundiermittel n, Grundierung f, Primer m *(Grundanstrich)*; Haftgrund m

primer *(Kfz)* Einspritzvorrichtung f, Entlüfter m *(vor Anlauf der Maschine)*

primer surfacer *(Anstr)* füllendes Grundiermittel n

priming *(Anstr)* Grundfarbe f *(erster Anstrich)*

priming *(Tech)* Vorfüllen n *(z. B. Benzin in den Vergaser)*

priming charge *(Bergb)* oberste Ladung f

priming point *(Kfz)* Füllöffnung f

priming pump *(Hydr/Pneu)* Entlüftungspumpe f

priming pump *(Kfz)* Anfüllpumpe f, Entlüfterpumpe f

primitive rocks pl *(Bau, Geo)* Urgestein n

Primodur connector *(Elek)* Primodurklemme f

principal... adj *(Stat, Stb)* Haupt...

principle of operation *(Tech)* Wirkungsweise f

principle of relativity *(Tech)* Relativitätstheorie f

print v *(Tech)* drucken *(z. B. ein Buch)*; herausgeben *(z. B. Buch)*

print v *(Walz)* bedrucken *(Blech oder Band)*

print *(Tech)* Ablichtung f *(Fotokopie)*; Druckschrift f *(Schriftart)*; Pause f *(Lichtpause)*

printed adj *(Tech)* bedruckt *(z. B. Weißblech)*; gedruckt

printed board *(Elek)* Leiterplatte f, Printplatte f *(gedruckte Platine)*

printed circuit *(Elek)* gedruckte Schaltung f *(auf Karte)*

printed circuit board *(Elek)* bestückte Leiterplatte f, Platine f, Schaltplatte f, steckbare Leiterplatte f, steckbare Platine f

printed circuit card *(Elek)* gedruckte Karte f *(Druckschaltung)*; gedruckte Schaltung f *(auf Karte)*

printed wiring card *(Elek)* Steckkarte f

printing *(IT)* Druck m

printout *(IT)* Ausdruck m *(Gedrucktes)*

priority *(Kfz)* Vorfahrt f

prism *(Tech)* Prisma n

prismatic adj *(Tech)* prismatisch

prismatic member *(Stb)* Prismenstab m

probability *(Tech)* Wahrscheinlichkeit f

probe *(Elek)* Fühler m, Messsonde f, Prüfkopf m, Sonde f

probe *(Prüf)* Schallaustrittspunkt m *(Ultraschallprüfung)*

probe... adj *(Elek, Prüf)* Prüf...

probe cylinder *(Hydr/Pneu, Umschl)* Sondenzylinder m

probe index *(Elek, Prüf)* Austritt m, Schallaustritt m, Schallaustrittsmarke f *(Ultraschallprüfung)*

probe tip *(Prüf, Tech)* Messkopf m

problematic adj *(Tech)* problematisch

procedure *(IT, Tech)* Prozedur f

procedure *(Fert, Tech)* Ablauf m *(eines Verfahrens)*; Durchgang m *(Verfahren)*; Produktionsablauf m; Verfahren n, Verfahrensweise f, Vorgang m

procedure test *(Schw)* Verfahrensprüfung f *(Schweißverfahren)*

process v *(Aufb)* aufbereiten *(z. B. Kohle)*

process v *(Elek)* einleiten *(z. B. einen Prozess, Arbeitsvorgang)*

process v *(Tech)* verarbeiten • **be processed through the machine** passieren

process *(Elek, Tech)* Verfahren n

process *(Fert, Tech)* Arbeitsablauf m, Arbeitsfolge f *(in der Mechanik)*; Arbeitsgang m, Arbeitsvorgang m; Arbeitsweise f, Prozess m *(Vorgang)*; Vorgang m

process... adj (Tech) Prozeß..., Verfahrens...

process annealing (Hütt) Rekristallisationsglühen n (Umkristallisationsglühen)

process engineering (Tech) Verfahrenstechnik f

process planning (Fert, Tech) Arbeitsvorbereitung f

process steam (Tech) Betriebsdampf m; Betriebsdampf m

process variable (Phys) Regelgröße f

processing (Aufb, Tech) Aufbereitung f

processing (Hütt/Walz, Tech) Verarbeitung f (z. B. von Rohstoffen)

processing (Mech) Anarbeiten n (z. B. Sägen, Spalten); Bearbeitung f (z. B. Rohstoffe); Bearbeitungszeit f (Maschine)

processing and industrial technology (Tech) Verarbeitung f und Industrietechnik f

processor (Elek) Prozessor m

produce v (Fert, Tech) anfertigen, fabrizieren

produce v (Tech) bewirken (verursachen); erzeugen, fertigen, herbeischaffen, herstellen, verursachen

produced power (Elek) Betriebsleistung f (kW)

product (Tech) Erzeugnis n, Fabrikat n, Produkt n

product analysis (Hütt/Walz) Stückanalyse f

product being rolled (Walz) Walzgut n

product division (Fert) Produktbereich m

product line pl (Fert) Baureihe f

product mix (Hütt/Walz) Mengengerüst n

product of inertia (Stb) Fliehmoment n, Zentrifugalmoment n

product range (Fert) Produktbereich m

production (Bergb, Umschl) Förderleistung f (Bagger)

production (Fert) Auflage f (in der Produktion); Erzeugung f (Herstellung); Fertigung f, Produktion f

production control (Elek) Fertigungssteuerung f

production facility (Fert, Tech) Fabrikationsstätte f, Produktionsanlagen fpl (Fabrik); Produktionsstätte f

production-orientated adj (Fert) fertigungstechnisch

production planning (Fert, Tech) Arbeitsplanung f, Arbeitsvorbereitung f

production testing (Fert) Fertigungskontrolle f

production welding (Fert, Schw) Fertigungsschweißung f

productive adj (Tech) leistungsfähig (produktiv); produktiv

productivity (Fert, Tech) Arbeitsergebnis n; Produktivität f, Rentabilität f

products pl (Tech) Gut n

proeutectoid phase (Met) voreutektoide Phase f

professional adj (Tech) fachgerecht (z. B. Personal)

profile v (Mech) nachschneiden (Profil); profilieren

profile v (Tech) aufzeichnen, darstellen (im Längs- oder Querschnitt zeichnen); drehen (formdrehen)

profile (Met) Profil n

profile (Tech, Zeich) Aufriss m, Seitenriss m (Aufriss von der Seite her)

profile bore bearing (Lag) Mehrflächengleitlager n

profile correction (Lag) Profilverschiebung f (am Zahnrad)

profiled sheet (Tech) Profilblech n

profiling (Form) formgebende Bearbeitung f

profound adj (Tech) tief greifend

programmable logic controller (Elek) PLC-Steuerung f, programmierbare Verknüpfungssteuerung f, programmierbarer logischer Regler m, speicherprogrammierbare Steuerung f

progress (Tech) Entwicklung f (Fortschritt)

progress certificate (Tech) Arbeitsbescheinigung f

progress report (Tech) Arbeitsbericht m

progressive die (Werkz) Folgewerkzeug n

progressive quenching (Met) Vorschubhärtung f

progressive ring (Tech) Progressivring m

progressive start (Hydr/Pneu) schrittweises Anfahren n

project v (Tech) herausragen (z. B. ein Gegengewicht); projizieren, überragen, überstehen (hinausragen über)

project (Bau) Baumaßnahme f

project (Tech) Entwurf m; Projekt m

project activities pl (Konst) Projektierung f

project engineer (Tech) Projektingenieur m

project engineering (Tech) Planung f (im Angebotsstadium)

project management (Konst) Projektierung f

projected adj (Tech) projektiert

projecting adj (Bergb) vorspringend

projecting adj (Tech) erhaben; hervorstehend

projecting cone (Tech) Konusüberstand m

projection (Baut) vorspringender Bau m

projection (Baut, Tech) Vorbau m, Vorsprung m

projection (Bergb, Kran, Umschl) Ausladung f (z. B. des Gegengewichtes)

projection (Stb) Auskragung f

projection (Tech) Ansatz m (Nase); Überstand m

projection mounting (Mess) Tafelaufbau m; Tafelaufbau m (Tafeleinbau)

projection weld (Schw) Warzenschweißung f

projection welding (Schw) Buckelschweißen n (DIN 1910)

projector-base (Tech) Projektorsockel m

prominent adj (Tech) herausragend

prong (Tech) Gabel f, Spitze f, Steckerstift m, Zinke f, Zinken m

prong toe (Tech) Klaue f

proof (Tech) Nachweis m (Beweis)

proof load (Prüf) Probebelastung f; Prüflast f

proof stress (Met, Prüf) Dehngrenze f (bleibende Dehnung); Streckgrenze f (bei Zugspannung); Versuchsspannung f

proofness (Tech, Hydr/Pneu) Dichtheit f (Undurchlässigkeit)

prop v (Bau, Bergb) abfangen

prop v (Bau, Mont, Stb, Tech) abfangen, absteifen, abstützen

prop v (Baum, Bergb, Mont) aufbocken

prop v (Bergb) unterstempeln

prop v (Mont) abstapeln

prop v (Tech) abstreben, unterbauen

prop (Bergb) Spreize f, Stempel m

prop (Mont, Tech) Abstützung f, Stütze f

prop valve (Vent) Proportionalventil n,

Prop-Ventil n (Kolben wird magnetisch bewegt)

propagate v (Form, Walz) ausbreiten (Walzgut)

propagation (Phys, Tech) Ausbreitung f, Ausdehnung f (z. B. von Wellen)

propel assembly (Bergb, Tech) Fahrwerk n

propel drive (Bergb, Umschl) Fahrantrieb m

propel drive (Tech) Endantrieb m (Seilbaggerraupe)

propel motor (Tech) Fahrmotor m

propel unit (Bergb, Tech) Fahrwerk n

propellant (Tech) Treibmittel n (für Sprühflaschen usw.)

propeller fan (Elek) Schraubenlüfter m

propeller shaft (Tech) Gelenkwelle f

proper adj (Tech) passend

proper belt tracking (Förd) Geradlauf m (Band)

proper function (Elek) Eigenfunktion f

proper measurement (Tech) Gutmessung f (fehlerfrei)

property (Chem, Tech) Eigenschaft f

proportion v (Bau, Tech) dosieren

proportion v (Tech) Abmessungen festsetzen

proportional adj (Tech) gleichmäßig, proportional

proportional test specimen (Stb) Proportionalstab m

proportionality bar (Stb) Proportionalstab m

proportioning valve (Hydr/Pneu) Dosierventil n

proportioning valve (Vent) Mischschieber m (Dosierung)

proportioning weigh feeder (Förd) Dosierbandwaage f

proposal layout drawing (Zeich) Projektzeichnung f

propose v (Tech) vorschlagen

propped adj (Bergb, Stb) unterstempelt

proprietary item (Met) Fertigteil n (fertiges Zukaufteil)

props pl (Bergb) Grubenholz n

propulsion shaft (Kfz, Tech) Antriebswelle f (Getriebe)

prospective adj (Tech) potenziell, voraussichtlich

prospector (Bergb) Schürfer m

protect v (IT) sichern (z. B. Daten schützen)

protect v (Tech) absichern, schützen

protected adj (Tech) abgesichert, geschützt

protected catchment area (Ökol) Wasserschutzgebiet n

protecting agent (Anstr, Chem) Schutzmittel n

protection (Tech) Schutz m (z. B. vor Nässe)

protection against accidental contact (Elek) Berührungsschutz m

protection against electric shock (Elek) Berührungsschutz m

protection cap (Tech) Schutzkappe f

protection cover (Tech) Schutzhülle f, Schutzhülse f (z. B. kastenförmig)

protection leggings pl (Tech) Schutzgamaschen fpl

protection size (Elek) Schutzgröße f (für Elektromotoren)

protection switch (Elek) Schutzschalter m

protective adj (Tech) schützend; Schutz...

protective action (Tech) Schutzmaßnahmen fpl

protective atmosphere (Walz) Schutzgasatmosphäre f

protective capacitor (Elek) Schutzkondensator m

protective circuit fuse (Elek) Kurzschlusssicherung f

protective clothes [clothing] (Tech) Arbeitsschutzkleidung f, Schutzkleidung f

protective conducting wire (Elek) Schutzleiterader f

protective gap (Elek) Schutzfunkenstrecke f

protective liner (Tech) Schleißleiste f

protective paint coat (Anstr) Konservierung f

protective painting (Anstr) Konservierung f

protective resistor (Elek) Vorwiderstand m

protector (Elek, Tech) Schutz m, Schutzvorrichtung f, Umhüllung f (Mantel)

protocol (Mess) Protokoll n

prototype (Tech) Prototyp m, Vorläufer m (mit kleinen Änderungen)

prototype test (Prüf) Baumusterprüfung f

protracted adj (Tech) länger, überlang, zeitlich ausgedehnt

protrude v (Tech) überragen, überstehen (hinausragen über)

protuberance hobbing (Mech) Protuberanzfräsen n

proud adj (Tech) erhaben; hervorstehend

proven adj (Stat) nachgewiesen

proven adj (Tech) bewährt, erprobt

provide v (Mont, Tech) anordnen (anbringen, montieren)

provide v (Tech) anbringen (nach Plan geordnet); geben

province (Tech) Arbeitsbereich m (Fachgebiet); Arbeitsgebiet n

provision (Tech) Vorhaltung f, Vorsorge f (Rückstellung)

provisional adj (Tech) provisorisch; Hilfs...

provisional prop (Mont, Stb, Tech) Hilfsstütze f, Montagestütze f

provisional rope (Mont, Tech) Hilfsseil n; Abfangseil n (provisorisch bei Montage)

provisionally fastened adj (Mont, Schw, Tech) angeheftet

proviso (Tech) Voraussetzung f

proximity (Tech) Nähe f

proximity switch (Elek) Annäherungsschalter m (des Laders); berührungsloser Schalter m, Initiator m, Näherungsschalter m, Näherungsinitiator m

PTC-resistor (Elek) Kaltleiter m

PTO (Tech) Zapfwelle f (Antrieb); Zapfwellenantrieb m

public communication network (Elek) Fernmeldenetz n

public company [utility] (Elek) Versorgungsunternehmen n (Kraftwerk)

public water supply (Tech) öffentliche Wasserversorgung f

publication (Tech) Druckschrift f (z. B. Broschüre)

publish v (Tech) herausgeben (z. B. Buch)

pugging device (Hütt) Schneckenaustragvorrichtung f (Hochofen)

pull v (Tech) anziehen, ziehen

pull (Bergb, Förd, Tech) Zugkraft f (z. B. im Seil); Gurtzug m (im Gurt)

pull (Met) Zug m (Zugkraft)

pull (Tech) Ziehen n

pull belt (Tech) Zugband n (einer U-Presse)

pull box (Elek) Zwischendose f
pull bridle (Walz) Zugrollengerüst n (nach dem Behandlungsteil)
pull-cord emergency stop (Elek) Reißleinen-Notschalter m
pull-down (IT) Aktionsauswahl f
pull-down design (Tech) Unterflurbauart f (einer Presse)
pull-in power (Elek) Anzugsleistung f (Relais)
pull-in torque (Antr) Intrittfallmoment n
pull-in torque (Kfz) Sattelmoment n (Motor)
pull jack (Tech) Zug m (Werkzeug)
pull jack (Werkz) Zughub m
pull list (Elek) Entnahmeliste f
pull nut (Tech, Mont) Abziehmutter f
pull-out point (Elek) Kipppunkt m
pull-out torque (Elek) Kippmoment n (Synchronmotor)
pull-over torque (Elek) Kippmoment n (Schrittmotor)
pull-push rule (Mech, Mont) Bandmaß n, Maßband n (Werkzeug)
pull-push rule (Tech, Walz) Wickelband n, Band n
pull rod (Tech) Zugstange f (im Elektrodenarm)
pull-rope emergency switch (Elek) Seilzug-Notschalter m
pull-rope switch (Elek) Reißleinenschalter m
pull switch (Elek) Zugschalter m
pull up force (Bergb, Tech) Zugkraft f (z. B. im Seil)
pull-up torque (Kfz) Sattelmoment n (Induktionsmotor)
pull wire emergency stop (Elek) Reißleinen-Notschalter m
pull-wire switch (Elek) Reißleinenschalter m
puller (Werkz) Abzieher m, Auszieher m (z. B. Kralle)
puller screw (Kfz) Abzieherschraube f, Abziehschraube f
pulley (Förd) Riemenscheibe f, Roller m (Flaschenzug)
pulley (Förd, Tech) Führungsrolle f, Treibrolle f
pulley (Tech) Rolle f (Riemenscheibe); Scheibe f (Keilriemenrad); Trommel f (z. B. Förderband)

pulley block (Bergb) Flaschenzug m (Seilführung)
pulley block (Werkz) Kloben m
pulley head beam (Förd) Rollenkopfträger m
pulley lug (Tech) Flaschenöse f (eines Flaschenzugs)
pulley scraper (Förd) Kratzer m, Trommelabstreifer m
pulley with inbuilt [internal] motor (Förd) Elektrobandtrommel f, E-Trommel f, Trommelmotor m
pulling bridle roll unit (Walz) Zugrollengerüst n (nach dem Behandlungsteil)
pulling cable (Förd) Rollenzug m
pulling rope (Förd) Rollenzug m
pulling screw nut (Tech, Mont) Abziehmutter f (für Abdrückschraube)
pulp (Chem) Brei m
pulp (Met) Zellstoff m
pulpit (Baut, Elek) Steuerpult m
pulpit (Walz) Walzwerksteuerpult n
pulpit control (Mess) Pultsteuerung f
pulsating adj (Tech) pulsierend
pulsating fatigue strength (Met) Schwellfestigkeit f
pulsating fatigue strength under bending stresses (Tech) Biegeschwellfestigkeit f (DIN 50 100 - Dauerschwingversuch)
pulsating load (Prüf) Schwelllast f
pulsation (Elek) Schwingung f (elektrisch)
pulsation-free adj (Tech) stoßfrei (Luft)
pulsator test (Prüf) Rüttelversuch m
pulse (Elek) Impulsanregung f
pulse... adj (Elek) Impuls...
pulse count reducer (Elek) Untersetzungszähler m
pulse counting rate (Prüf) Impulsdichte f (Ultraschall)
pulse echo (Prüf) Impulsecho n (Ultraschallprüfung)
pulse echo instrument (Elek) Impulsechogerät n (Ultraschall)
pulse-operated adj (Elek) impulsbetätigt
pulse period (Tech) Taktzeit f (Schmieranlage)
pulse stretching (Elek) Impulsverlängerung f
pulse transit-time method (Elek) Impulslaufzeitverfahren n (Ultraschall)
pulse transmission (Elek, Prüf) Impuls-

durchgang *m*, Impulsdurchschallung *f* (*Ultraschallprüfung*)
pulse travel-time method (*Elek*) Impulslaufzeitverfahren *n* (*Ultraschall*)
pulse trigger (*Elek*) Impulsinitiator *m*; Sendeimpulsgeber *m*
pulse width (*Elek*) Fußpunktbreite *f*, Impulsbreite *f*
pulsed *adj* (*Elek*) impulsartig
pulsed-arc welding (*Schw*) Impulslichtbogenschweißen *n*
pulsed ultrasonic reflection equipment (*Prüf*) Ultraschallimpulsechogerät *n*
pulser/receiver probe (*Prüf*) SE-Prüfkopf *m* (*Ultraschall*)
pulser/receiver transducer (*Prüf*) SE--Schwinger *m* (*Ultraschallprüfung*)
pulsing *adj* (*Tech*) pulsierend
pulverize *v* (*AE*) (*Tech*) pulverisieren
pulverized coal (*AE*) (*Bergb*) Brennstaub *m*, Kohlenstaub *m*
pulverized-coal fired boiler (*AE*) (*Hütt/Walz*) Staubkessel *m*
pulverized-coal firing (*AE*) (*Bergb*) Kohlenstaubfeuerung *f*, Staubfeuerung *f*
pulverized-fuel... *adj* (*AE*) (*Hütt/Walz*) Staub...
pulverized lime (*AE*) (*Bau*) Feinkalk *m*
pulverizer (*AE*) (*Zer*) Mühle *f*
pulverizer output (*AE*) (*Zer*) Mahlleistung *f*
pulverizer plant (*AE*) (*Zer*) Mahlanlage *f*
pump *v* (*Schiff*) lenzen (*Schiff leer pumpen*)
pump *v* (*Tech*) pumpen
pump (*Tech*) Pumpe *f*
pump... (*Hydr/Pneu, Tech*) Pumpen...
pump barrel (*Hydr/Pneu, Tech*) Pumpenkolben *m*, Pumpenzylinder *m*
pump flow (*Hydr/Pneu*) Pumpendurchsatz *m* (*Leistung*); Pumpenstrom *m*
pump for drippings (*Tech*) Tropfölpumpe *f*
pump relief (*Hydr/Pneu*) Pumpendruck *m*
pump relief valve (*Vent*) Pumpensicherheitsventil *n*
pump transfer gear (*Getr, Hydr/Pneu*) Pumpenverteilergetriebe *n*
pump unloading valve (*Vent*) Freiumlaufventil *n* (*als Abschaltventil*)

pumpability (*Hydr/Pneu*) Förderfähigkeit *f* (*Öl, Fett*)
pumping bushing (*Tech*) Schwimmring *m*
punch *v* (*Mech*) lochen, stanzen
punch *v* (*Mech, Mont*) ankörnen
punch *v* (*Stb*) durchlochen
punch (*Hütt/Walz*) Lochdorn *m* (*Erhardtverfahren*); Stanze *f*
punch (*Mech*) Schnittstempel *m* (*für Feinschneiden oder Stampfen*)
punch (*Mech, Werkz*) Stempel *m* (*Prägestempel*)
punch (*Werkz*) Durchschlag *m*, Durchtreiber *m* (*Handdurchschlag, Lochhammer*); Lochstempel *m*; Pfriem *m*
punch and die (*Tech*) Prisma *n* und Stempel *m* (*zum Biegen*)
punch chisel (*Werkz*) Lochmeißel *m*
punch drift (*Werkz*) Durchschlag *m*
punch grid resistor (*Elek*) Lochgitterabgleitwiderstand *m*
punch hole unit (*Walz*) Lochstanze *f*
punch piercing press (*Form*) Lochpresse *f*
punched *adj* (*Mech*) gelocht, gestanzt
punched *adj* (*Mech, Tech*) ausgestanzt
punched plate screen (*Zer*) Siebblech *n*
punched sheet (*Tech*) Lochblech *n*
punched tape (*Elek*) Kabellochband *n*
punched tape (*IT*) Lochstreifen *m*
punching (*Hütt/Walz*) Lochdorn *m*
punching (*Hütt*) Lochbutzen *n* (*Strangpresse*)
punching and shearing machine (*Hütt/Walz, Mech*) Stanz- und Schneidmaschine *f*
punching machine (*Mech*) Stanzmaschine *f*
punching test (*Hütt/Walz, Prüf*) Stanzversuch *m*
puncture (*Elek*) Durchschlag *m* (*elektrische Isolierung*)
purchased scrap (*Hütt*) Zukaufschrott *m* (*Fremdschrott*)
purchaser (*Bau*) Bauherr *m*
pure *adj* (*Tech*) rein
pure coal (*Bergb*) Reinkohle *f*
purge *v* (*Chem*) klären (*z. B. Flüssigkeit*) läutern
purge *v* (*Chem, Tech*) reinigen
purge cock (*Hütt/Walz*) Zylinderablasshahn *m*

purge connection *(Tech)* Einperlanschluss *m (Spülanschluss)*
purge valve *(Vent)* Spülventil *n (für Gas)*
purging gas coupling station *(Tech)* Spülgaskupplung *f*
purification plant *(Bau)* Kläranlage *f*
purified gas *(Tech)* Reingas *n (Benzinspaltanlage)*
purity *(Hütt/Walz)* Reinheit *f (Metalle, Wasser usw.)*
purlin *(Baut)* Dachpfette *f*, Pfette *f (Hochbau)*
purpose *(Tech)* Zweck *m*
purpose-built *adj (Baut, Tech)* speziell angefertigt
purpose-made *adj (Baut, Tech)* speziell angefertigt
push *(Tech)* Schub *m (Kraft z. B. einer Welle)*; Stoß *m (Schlag, Schub)*
push-back action *(Tech)* Rückstoß *m (beim Gießen)*
push bench *(Form)* Stoßbank *f*
push broach *(Werkz)* Räumdorn *m*
pushbutton *(Elek)* Druckknopf *m*, Druckknopftaster *m*, Drucktaster *m*, Schaltknopf *m*, Taste *f*, Druckschalter *m*, Taster *m*
push-button collar *(Tech)* Tastrosette *f*
push design *(Tech)* Stoßeinrichtung *f*
push-down design *(Form)* Oberflurbauart *f*
push-down drive *(Form)* Oberflurantrieb *m (einer Presse)*
push down force *(Bergb, Tech)* Zugkraft *f (z. B. im Seil)*
push fit *(Zeich)* Schiebesitz *m*
push handle *(Tech)* Schieber *m*
push head *(Form)* Stoßkopf *m (Ziehbank)*
push-in type *adj (Tech)* einsteckbar
push jack *(Tunn)* Vorschubpresse *f*
push-on length *(Tech)* Aufschiebeweg *m (Kupplung auf Nabe)*; Aufschubweg *m (Kupplung)*
push plate *(Umschl)* Kratzerblech *n (Kratzersteg)*
push plug *(Tech)* Steckblende *f*
push-pull *(Elek)* Gegentakt *m*
push-pull cable *(Tech)* Schubzugkabel *n*
push-pull combination *(Tech)* Zug- -Schub-Kombination *f*
push-pull device *(Bahn)* Wendezugeinrichtung *f*
push-pull device *(Kfz)* Klemmschieber *m*

push-pull rod *(Tech)* Schubstange *f*
push rod *(Bahn)* Druckstange *f (am Waggon)*; Stoßstange *f (Waggon)*
push rod *(Tech)* Schubstange *f*, Stößel *m*, Stößelstange *f*, Zugstange *f (in Haspeltrommel)*
push rod valve *(Vent)* Ventilstößel *m*
push roller *(Förd, Tech)* Treibrolle *f*
push-through furnace *(Hütt, Walz)* Durchstoßofen *m*
push travel carriage *(Kran)* Rollfahrwerk *n (eines Elektrokettenzuges)*
push tube *(Tech)* Stoßstange *f (Rohrschiebestange)*
pushbutton plate *(Tech)* Etagenplatte *f*
pusher *(Elek)* Ausstoßer *m*
pusher *(Tech)* Mitnehmer *m (Anschlag, Nase)*
pusher delay *(Elek)* Ausstoßerverzögerung *f*
pusher-dog *(Walz)* Schleppdaumen *m*
pusher(-type) furnace *(Hütt/Walz)* Stoßofen *m*
put *v (Tech)* legen *(etw. an eine bestimmte Stelle bringen)*; setzen *(absetzen)*; stellen
put *v down (Tech)* absetzen *(z. B. Lasten)*
put *v in (Kfz)* einlegen *(z. B. einen Gang)*
putrescent *adj (Bau)* verwesend
putting into service *(Hütt/Walz)* Einfahren *n (z. B. des Kessels, der Mühle)*
putting into service *(Tech)* Inbetriebnahme *f*
putty *v (Bau)* kitten
putty *(Bau)* Kitt *m*, Verkittung *f*
putty *(Tech)* Dichtungskitt *m*, Dichtungsmasse *f (Kitt)*
PVC hose *(Met)* PVC-Schlauch *m*
pylon *(Bahn, Elek)* Oberleitungsmast *m*, Pylon *m*, Stahlmast *m (Oberleitung der Bahn)*; Überlandleitungsmast *m*
pylon *(Bau)* Verkehrskegel *m (weiß-rotes Hütchen)*
pylon *(Elek)* Fernleitungsmast *m*, Mast *m (Fernleitung)*
pyrite *(Met)* Pyrit *m*
pyro-metallurgy *(Hütt)* Pyrometallurgie *f (Schmelzmetallurgie)*
pyrogallic acid *(Chem)* Pyrogallus-Säure *f*
pyrometer *(Elek, Tech)* Hitzemesser *m*, Messsonde *f (für Temperatur)*; Pyro-

meter n, Temperaturmesser m, Temperaturmessgerät n

pyrometer well (Tech) Pyrometerschutzrohr n

pyrometric cone (Hütt/Walz) Schmelzkegel m, Seegerkegel m

pyrometry (Tech) Wärmemessung f

pyrophyllite (Geo) Pyrophyllit m

Q

Q factor (Förd) Leerlaufgewicht Gm(q) n (Kräfte für Gurte und Bänder)

Q value (Förd) Leerlaufgewicht Gm(q) n (Kräfte für Gurte und Bänder)

q. t. steel (Met) Vergütungsstahl m (schon vergütet)

quadrangle (Tech) Viereck n

quadrant gate (Hydr/Pneu, Vent) Segmentschieber m

quadrilateral adj (Tech) vierseitig

quadrivalent adj (Chem) vierwertig

qualification (Konst, Tech) Ausbildung f (durch Kursus)

qualification test (Bau) Eignungsprüfung f

qualified adj (Tech) ausgebildet

quality (Tech) Ausführung f (Machart, Qualität); Güte f, Qualität f (Sorte)

quality assurance (Tech) Qualitätskontrolle f (auch die Abteilung); Qualitätslenkung f, Qualitätssicherung f, Qualitätsüberwachung f, Qualitätswesen n, Sicherung f der Güte

quality characteristics pl (Tech) Gütewert m

quality control (Tech) Gütekontrolle f, Qualitätskontrolle f, Qualitätssicherung f

quality grade (Tech) Gütestufe f

quality planning (Tech) Qualitätsplanung f

quality steel (Met) Qualitätsstahl m

quality test (Prüf) Güteprüfung f

quantitative adj (Tech) mengenmäßig

quantity (Elek, Math) Größe f (ein Wert)

quantity (Tech) Menge f, Quantität f, Stückzahl f

quantity schedule (Hütt/Walz) Mengengerüst n

quarry v (Bergb) abbauen (über Tage, z. B. im Steinbruch)

quarry (Bergb) Steinbruch m

quarrying (Baum, Bergb) Abbau m (über Tage)

quarter round (Tech) Viertelstab m (Art Fußleiste)

quarter-turn fastener (Tech) Bajonettverschluss m

quarter twist (Mech) halbgekreuzter Trieb m

quartz (Geo) Quarz m

quartz crystal control (Mess) Quarzsteuerung f

quartz-iodine bulb (Elek) Quarz-Jod-Lampe f

quartzite (Geo, Met) Quarzit m

quasi arc-welding (Schw) Asbestmantel-Elektrode f

quay-mounted and deck cranes pl (Kran) Kai- und Bordkrane mpl

quayside conveyor (Förd) Kaiband n

queen (post) truss (Stb) Hängewerk n

quench v (Hütt, Met) abschrecken

quench v (Stb) abkühlen (beim Vergüten)

quench v (Tech) löschen (Koks usw.)

quench v and temper v (Met) vergüten (härten, z. B. Stahl)

quench ageing (Hütt, Met) Abschreckalterung f

quench-hardening (Hütt/Walz) Abschreckhärten n

quench tower (Tech) Löschturm m (Koks)

quench unit (Walz) Schnellkühlvorrichtung f

quenchant (Hütt/Walz) Abschreckmittel n

quenched and tempered adj (Met) vergütet

quenched and tempered steel (Met) Vergütungsstahl m (schon vergütet)

quenching crack (Met) Härteriss m

quenching oil (Hütt) Abschreckungsöl n (ca. 60 C)

query (Tech) Rückfrage f

queuing (Fert) Wartezeit f

quick adj (Tech) schnell

quick-acting adj (Tech) flink

quick-acting gate [stop] valve (Vent) Schnellschlussventil n

quick-action meter (Tech) Springzähler m (fünfteilig)

quick-break switch (Elek) Momentschalter m, Schnellschalter m

quick-change pin *(Tech)* Spaltfederbolzen m

quick charge *(Elek)* Schnellladung f *(Batterie)*

quick-closing valve *(Vent)* Schnellschlussventil n

quick (connect) coupler *(Tech)* Schnellkupplung f

quick (connect) coupling *(Tech)* Schnellkupplung f

quick-disconnect coupling *(Tech)* Schnelltrennkupplung f

quick hitch *(Bergb)* Schnellwechseleinrichtung f, Schnellwechsler m

quick lime *(Hütt)* ungelöschter Kalk m

quick make and break rotary switch *(Elek)* Schnelldrehschalter m

quick release-quick connect coupling *(Tech)* Schnellkupplung f

quick-response *adj (Tech)* flink

quiescent *adj (Elek)* ruhend, ruhig

quiescent state [status] *(Phys)* Ruhezustand m

quiet *adj (Tech)* leise, ruhig *(z. B. Pumpenbetrieb)*

quill *(Tech)* Hohlwelle f

quill *(Werkz)* Traghülse f

quill sleeve *(Mech)* Pinole f *(zum Fräsen)*

quilt *(Tech)* Steppdecke f

quinquevalent *adj (Chem)* fünfwertig

quiver *(Tech)* Köcher m

quoin bracket *(Werkz)* Stemmknagge f

quoin bracket support *(Tech)* Knagenstuhl m

R

r. p. m. *(Abk. für: revolutions per minute)* *(Elek, Tech)* Drehzahl f *(z. B. eines Motors)*

rab *v (Mech)* schleifen

rabble furnace *(Hütt)* Rührofen m *(Erzröstung)*

race bearing *(Tech)* Drehverbindung f

race face *(Lag)* Aufsatzring m der Lagerlaufbahn

race pulverizer *(AE) (Zer)* Kugelmühle f

raceway radial runout *(Lag, Tech)* Radialschlag m

rack *(Bahn)* Zahnstange f *(zwischen Gleisen)*

rack *(Tech)* Ablage f *(im Fahrerhaus)*;

Aufhänger m, Gestell n, Haspel f, Regal n; Triebstock m *(massiv, mit Stiftrad kämmend)*

rack drive wheel *(Getr)* Triebstockrad n

rack mounting *(Mess)* Gestelleinbau m

rack notch *(Tech, Walz)* Rechenzacken m

rack setting gauge *(Werkz)* Einstelllehre f

rack wheel *(Tech)* Sperrrad n *(Bandwaage)*

radar *(Elek)* Radar n *(Funkortung)*

radar blip *(Elek)* Zielzeichen n *(Radar)*

radial *adj (Tech)* radial

radial bearing *(Lag)* Querlager n *(Radiallager)*

radial compression ferrule *(Bergb, Förd)* Pressklemme f *(für Seil)*

radial compressor *(Tech)* Radialgebläse n

radial drill *(Werkz)* Radialbohrmaschine f

radial engine *(Antr)* Sternmotor m

radial feeder *(Elek)* Abzweigleitung f, Abzweigleitung f *(Netz)*; Stichleitung f *(Netz)*

radial-flow compressor *(Verd)* Turboverdichter m radialer Bauart

radial gate *(Stb)* Sektorschütz n

radial runout *(Tech)* Rundlaufabweichung f *(Gegenflansch Gelenkwelle)*; Rundlaufgenauigkeit f

radial seal ring *(Tech)* Radialdichtring m, Simmerring m

radial stacker *(Umschl)* schwenkbarer Absetzer m

radial vane rotor *(Tech)* Zellenrad n

radiant heat *(Hütt)* Strahlungshitze f

radiant heater *(Tech)* Heizstrahler m

radiant tube *(Tech)* Strahlrohr n *(Wärmeofen)*

radiating fin bonnet *(Vent)* Kühlrippenoberteil m

radiating system emitter *(Elek)* Strahler m

radiation *(Elek, IT, Tech)* Strahlung f

radiation *(Tech)* Ausstrahlung f *(z. B. Wärme)*

radiation capacity *(Stb)* Strahlungsvermögen n

radiation cavity [chamber] *(Hütt/Walz)* Strahlraum m

radiation reflection *(Elek, Hütt/Walz)* Rückstrahlung f

radiator *(Elek)* Kreisscheibenstrahler m, Strahler m *(Kreuzscheibenstrahler)*

radiator *(Hütt/Walz, Prüf)* Strahler *m*
(Werstoffprüfung)
radiator *(Kfz)* Autokühler *m*, Kühler *m*
radiator *(Tech)* Heizkörper *m (eines Zimmers)*
radiator cap *(Tech)* Kühlerverschraubung *f*
radiator core fin *(Tech)* Kühlerrippe *f*
radiator cowl(ing) *(Tech)* Kühlerverkleidung *f*
radiator tank *(Tech)* Wasserkasten *m*
radio *(Elek)* Radio *n*
radio control *(Elek)* drahtlose Steuerung *f*, Funkfernsteuerung *f*, Funksteuerung *f*
radio intercom system *(Elek)* Funksprechanlage *f*
radio interference echo *(Elek)* Störecho *n (Ultraschall)*
radio interference field-intensity *(Elek)* Störfeldstärke *f*
radio mast [tower] *(Stb)* Antennenmast *m*, Funkmast *m*
radio telescope *(Elek)* Radioteleskop *n (zur Echoschall-Messung)*
radioactive *adj (Elek)* radioaktiv *(strahlend)*
radiogram *(Prüf)* Röntgenaufnahme *f*
radiograph *(Elek)* Durchstrahlungsaufnahme *f (Durchleuchtungsbild)*
radiographic *adj (Elek)* radiografisch
radiographic examination *(Elek, Prüf, Stb)* Röntgenprüfung *f*
radiographic inspection *(Prüf)* Durchstrahlungsprüfung *f*
radiography inspection *(Prüf)* Durchstrahlungsprüfung *f*
radioscopy *(Prüf, Tech)* Durchleuchtung *f (Durchstrahlungsprüfung)*
radius *v (Mech, Mont)* abkanten *(z. B. Lager)*; ausrunden *(z. B. Kanten, Gewindezähne)*; runden
radius *(Bergb, Kran, Umschl)* Ausladung *f (z. B. Montagekranausleger)*; Arbeitsbereich *m (Reichweite)*; Reichweite *f*
radius *(Mech, Mont)* Ausrundung *f*
radius *(Metr, Zeich)* Halbmesser *m*, Radius *m*
radius *(Tech)* Abrundung *f (z. B. Gewinde)*
radius of gyration *(Stb)* Trägheitshalbmesser *m*, Trägheitsradius *m*
rafter *(Bau, Stb)* Dachsparren *m*, Sparren *m*
rafter of frame *(Stb)* Rahmenriegel *m*

rail *(Bahn, Tech)* Eisenbahnschiene *f*, Schiene *f*; Gleis *n (einzelne Schiene)*
• **on rails** schienengebunden
rail *(Bau)* Brüstung *f (Geländer)*; Querbalken *m (Verbinder)*
rail *(Kran, Tech)* Kranbahnschiene *f*, Kranschiene *f*, Laufschiene *f*
rail bogie assembly *(Tech)* Schienenfahrwerk *n*
rail-bound travelling mechanism *(Tech)* Schienenfahrwerk *n*
rail-bound vehicle *(Bahn)* Schienenfahrzeug *n*
rail brake *(Tech)* Gleisbremsanlage *f*, Gleisbremse *f*
rail gauge *(Bahn)* Spurweite *f*
rail guard *(Bahn, Tech)* Schienenräumer *m*
rail-joint bar *(Tech)* Schienenlasche *f*
rail-mounted *adj (Bahn, Tech)* schienengebunden
rail (rolling) mill *(Walz)* Schienenwalzwerk *n*
rail steel *(Met)* Schienenstahl *m*
rail vehicle *(Bahn)* Schienenfahrzeug *n*
railbound *adj (Bahn, Tech)* schienengebunden
railing *(Bau)* Brüstung *f (Geländer)*; Geländer *n*, Handlauf *m*
railroad engineering *(Bahn)* Eisenbahntechnik *f*
rain drain [gutter] *(Baut)* Regenrinne *f*
rain pipe *(Bau)* Dachrinne *f*
rainfall *(Ökol)* Niederschlag *m*
raise *v (Förd, Tech)* anheben
raise *v (Tech)* aufbessern, heben *(auf etw. heben, hochheben)*; hochheben, schwenken *(nach oben)*
ralse v edges *(Form, Hütt)* aufkanten *(Blech)*
raised *adj (Tech)* erhaben *(hervorstehend)*; hochgezogen *(z. B. Fahrerhaus)*
raised face *(Tech)* Dichtleiste *f (Arbeitsleiste eines Flansches)*
raising and lowering drive unit *(Tech)* Hubantrieb *m (Hüttenwerk)*
raising and lowering mechanism *(Tech)* Hubvorrichtung *f*
rake *(Bahn)* Wagenreihung *f (Zuggarnitur)*
rake *(Förd)* Kratzer *m (Mischbettengerät)*
rake *(Mech)* Schnittwinkel *m (Schere)*
rake *(Umschl, Zer)* Rechen *m*

rake *(Werkz)* Schnittwinkel *m (einer Schere)*

raking device *(Bergb)* Räumegge *f (am Kratzer)*

ram *v (Tech)* stampfen *(Elektrodenmasse)*

ram *(Bau)* Rammbär *m*

RAM *(IT)* Arbeitsspeicher *m (des PC)*, RAM *n*

ram *(Tech)* Plunger *m*, Pressplunger *m*; Stößel *m*

rammed *adj (Bau)* gestampft

ramming material *(Hütt/Walz)* Stampfmasse *f*

ramp *(Tech)* Begrenzungsklappe *f*; Rampe *f*; schiefe Ebene *f*

ramp function *(Mess)* Anstiegsfunktion *f*

ramp voltage *(Elek)* Sägezahnspannung *f*

rampart *(Bau)* Wall *m (Schutzwall)*

ramping set-point *(Mess)* Sollwertprofil *n*

ramshorn hook *(Tech)* Doppelhaken *m (Kran)*

random *adj (Tech)* beliebig, zufällig

random orientation *(Met)* regellose Anordnung *f*

random (sample) test *(Tech)* Stichprobe *f*

range *v (Bau)* rangieren

range *(Tech)* Bereich *m*; Palette *f (Bereich)*; Reichweite *f*, Weite *f*

range carrier *(Kfz)* Gangplanetenträger *m*

range for fluctuating compressive stresses *(Prüf, Tech)* Druckschwellbereich *m (DIN 50100)*

range for fluctuating stresses *(Prüf)* Schwellbereich *m (DIN 50100)*

range for fluctuating tensile stresses *(Met, Prüf)* Zugschwellbereich *m (DIN 50100)*

range for oscillating [pulsating] compressive stresses *(Prüf, Tech)* Druckschwellbereich *m (DIN 50100)*

range for pulsating stresses *(Prüf)* Schwellbereich *m (DIN 50100)*

range for pulsating tensile stresses *(Met, Prüf)* Zugschwellbereich *m (DIN 50100)*

range of audibility *(Tech)* Hörbereich *m*

range of capacity *(Tech)* Leistungsbereich *m*

range of control *(Tech)* Regelbereich *m*

range of products *(Tech)* Erzeugnispalette *f*

range of stress *(Met, Stat)* Spannungsausschlag *m (DIN 50100)*

range of transmission *(Elek)* Reichweite *f (z. B. eines Senders)*

range of validity *(Tech)* Geltungsbereich *m*

range of vision *(Tech)* Sicht *f*, Sichtbarkeit *f*, Sichtweite *f*

rangeability *(Mess, Vent)* Stellverhältnis *n*

ranging pole [rod] *(Werkz)* Fluchtstab *m*

rank *v (Tech)* einteilen *(z. B. in Gruppen, in Klassen)*

rapid *adj (Tech)* rasant; schnell

rapid-action... *adj (Tech)* Eil..., Schnell...

rapid-hardening *adj (Bau)* schnellhärtend *(Beton)*

rapid interruption *(Elek)* Schnellabschaltung *f*

rapid motion [traverse] *(Tech)* Eilgang *m (einer Maschine)*

rapper *(Mont, Schw, Werkz)* Abklopfer *m*

rapping gear *(Tech)* Abklopfeinrichtung *f*

rapping gear *(Zer)* Rüttelvorrichtung *f*

rapping lever *(Tech)* Abklopfhebel *m*

rare earths *pl (Met)* seltene Erden *fpl*

rare gas *(Chem)* Edelgas *n*

rat tail *(Werkz)* Lochfeile *f*, Rattenschwanzfeile *f*

ratched pod *(Mech)* Klinkenstange *f*

ratchet *(Mech)* Bohrbügel *m*

ratchet *(Tech)* Ratsche *f*, Sperre *f (mechanisch)*; Sperrklinke *f*

ratchet *(Werkz)* Knarre *f*

ratchet adapter *(Werkz)* Aufsteckknarre *f (eines Steckschlüssels)*

ratchet attachment *(Tech)* Einsteckratsche *f*

ratchet bar transfer *(Tech)* Daumenschlepper *m (Klinkenschlepper)*

ratchet brace [drill] *(Mech)* Bohrknarre *f*

ratchet handle *(Mech)* Klinkengriff *m*

ratchet hook tackle *(Werkz)* Ratschzug *m*

ratchet pawl *(Tech)* Sperrklinke *f*

ratchet spanner *(Werkz)* Ratschenschlüssel *m*

ratchet wheel *(Tech)* Sperrrad *n (Bandwaage)*

ratchet wrench *(Werkz)* Radschlüssel *m*, Ratschenhebel *m*

ratchet wrench kit with insets *(Werkz)* Gedorekasten m

rate v *(Tech)* bemessen *(ausmessen, einschätzen, errechnen)*; dimensionieren, dimensionieren *(für)*

rate *(Elek, Tech)* Verhältnis n

rate *(Tech)* Geschwindigkeit f

rate action controller *(Mess)* Differenzialregler m *(Vorhaltregler)*

rate of feed *(Bergb)* Vorschub m, Vorschubgeschwindigkeit f

rate of feed *(Tech)* Transportgeschwindigkeit f

rate of flow indicator *(Elek)* Leistungsanzeiger m

rate of flow indicator *(Metr)* Repetierzählwerk n

rate of movement *(Förd)* Fördergutstrom m *(Förderband)*; Förderleistung f *(Förderband)*

rate of output *(Bergb, Umschl)* Förderleistung f *(Bagger)*

rate of rest *(Prüf)* Ruhegrad m *(DIN 50100)*

rated adj *(Math, Tech)* berechnet *(errechnet, kalkuliert)*

rated... *(Tech)* Nominal..., Soll...

rated amperage *(Elek)* Nennleistung f, Nennstrom m, Nennstromstärke f

rated break point *(Tech)* Sollbruchstelle f

rated capacity *(Getr)* Getriebebemessung f

rated current *(Elek)* Dauerstillstandstrom m *(Förderband)*; Förderleistung f *(Förderband)*; eingestellter Strom m, Nennstrom m, Nennstromstärke f, Nennstromzufuhr f

rated duty *(Tech)* Nennbetriebslast f

rated output *(Bergb)* theoretische Förderleistung f, theoretische Leistung f *(in losen Metern)*

rated peak withstand current *(Elek)* Nennstoßstrom m

rated power (output) *(Elek)* Nennleistung f

rated torque *(Elek)* Nennmoment n

rated value *(Tech)* Bemessungswert m, Sollwert m

rated voltage *(Elek)* Nennspannung f

rating *(Elek)* Motorleistung f, Nennleistung f, Nennstrom m, Nennstromstärke f

rating *(Tech)* Bemessung f *(Vorgang)*

rating diagram *(Elek)* Leistungsdiagramm n

rating of components *(Bau, Tech)* Belastbarkeit f *(der Bauteile)*

rating plate *(Tech)* Leistungsschild n

ratio *(Elek, Tech)* Verhältnis n

ratio *(Math)* Grad m; Quotient m *(Verhältnis)*; Teilzahl f

ratio of minimum stress to maximum stress *(Met)* Spannungsverhältnis n *(DIN 50100)*

rattle v *(Tech)* rattern

raw adj *(Met, Tech)* roh, unbearbeitet

raw coal *(Bergb)* Rohkohle f

raw concentrate *(Aufb)* Rohkonzentrat n *(Erz)*

raw condition *(Met)* Rohzustand m

raw copper *(Met)* Blasenkupfer m

raw gas *(Hütt, Petr)* Rohgas n

raw grinding *(Zer)* Vormahlen n

raw material *(Met, Tech)* Rohmaterial n, Rohstoff m

raw material mixture *(Hütt/Walz)* Möller m *(für den Reduktionsofen)*

raw ore *(Bergb)* Roherz n

raw washer *(Tech)* rohe Unterlegscheibe f

raw water *(Tech)* Rohwasser n

Rayleigh wave *(Elek)* Oberflächenwelle f, Rayleigh-Welle f

re-engineer v *(Tech)* umbauen, umkonstruieren

re-entering adj *(Tech)* einspringend

re-entrant cut *(Mont)* Einsprung m

re-entrant cut *(Tech)* Einschnitt m

re-set to zero *(Elek)* Nullstellung f *(Vorgang)*

re-weld v *(Schw)* nachschweißen *(Reparatur)*

reach *(Bergb, Kran, Umschl)* Ausladung f

reach *(Mech, Tech)* Bereich m, Arbeitsbereich m; Reichweite f

reach fork lift truck *(Förd)* Schubgabelstapler m *(Schubmastgabelstapler)*

reach height *(Bergb)* Reichhöhe f

reach height *(Förd)* Gerätehöhe f *(eines Regalbediengerätes)*

reach truck *(Förd)* Schubgabelstapler m

react v *(Elek)* reagieren *(Endschalter)*

reactance *(Elek)* Reaktanz f, Scheinwiderstand m

reactance valve *(Elek)* Blindröhre f

reactant *(Chem, Hütt)* Reaktionsmittel n

reaction *(Stat, Stb, Tech)* Auflagerdruck *m*

reaction power *(Tech)* Rückstoß *m*

reaction time *(Mess, Tech)* Anlaufzeit *f*

reactive *adj (Hütt/Walz)* reaktionsfähig

reactive *(Elek)* Blind...

reactive muffler [silencer] *(Tech)* Reflexionsschalldämpfer *m*

reactor containment Reaktorsicherheitshülle *f (Kern)*

read *v (Elek, Tech)* ablesen

read-only memory *(Mess)* Festspeicher *m*

read-out instrument *(Hydr/Pneu, Metr, Verd)* Anzeigegerät *n*

readable *adj (Tech)* lesbar

readily *adv (Tech)* leicht

reading *(Elek, Tech)* Ablesung *f (einer Messung)*

reading *(Hydr/Pneu, Metr)* abgelesener Wert *m*

reading *(Hydr/Pneu, Tech)* Anzeige *f*

reading *(Mess, Metr)* Anzeigewert *m*, Messwert *m*

reading *(Tech)* Messergebnis *n*, Zählerstand *m*

reading chart *(Elek)* Skalenscheibe *f*

reading error *(Elek, Tech)* Ablesefehler *m*

readjust *v (Tech)* nachrichten

readjustable... *adj (Tech)* Nachstell...

ready *adj (Tech)* fertig *(bereit)*

ready at hand *adj (Tech)* griffbereit

ready for connection *adj (Elek, Hydr, Tech)* anschlussfertig

ready for installation *adj (Mont, Tech)* einbaufertig

ready for operation *adj (Elek)* fehlerfrei *(Antrieb)*

ready for operation [service] *adj (Tech)* betriebsbereit, betriebsfähig, betriebsfertig *(funktionstüchtig)*

ready for start *adj (Elek)* fehlerfrei *(Antrieb)*

ready for use *adj (Tech)* betriebsbereit, betriebsfertig; gebrauchsfertig

ready-made *adj (Tech)* gebrauchsfertig, vorgefertigt

ready-made component *(Tech)* Fertigteil *n*, gebrauchsfertiges Teil *n*

ready-mixed concrete *(Bau)* Transportbeton *m*

ready to mount *adj (Mont)* montagefertig

ready to run *adj (Elek)* einschaltbereit

reagent feeder *(Aufb)* Reagenzeinspeiser *m*

reagent feeder *(Zer)* Zusatzmittelspeiser *m*

real *adj (Elek, Math)* reell

real *adj (Tech)* echt, effektiv, real, wirklich

real pitch module *(Tech)* Normalmodul *n*

real power *(Elek)* Wirkleistung *f (in Watt)*; Wirkleistungsverbrauch *m*

real time *(Elek)* Realzeit *f*

real time *(Mess)* Echtzeit *f*

realign *v (Tech)* nachrichten

realization *(AE) (Tech)* Realisierung *f*

realized *adj (AE) (Tech)* verwirklicht

ream *v (Mech, Mont)* aufreiben *(mittels Reibahle)*

ream *v (Tech)* erweitern *(z. B. Bohrloch)*; senken *(mittels Aufsteckreibahle)*

reamer *(Mont, Werkz)* Aufdornwerkzeug *n (in der Metallbearbeitung)*

reamer *(Werkz)* Kaliberwerkzeug *n (zum Aufbohren)*; Nachbohrmaschine *f*, Reibahle *f*

reaming machine *(Hütt, Mech)* Rutenmaschine *f*

reaming machine *(Werkz)* Nachbohrmaschine *f*

reaming opening *(Stb)* Ausräumungsöffnung *f*

rear *adj (Tech)* Heck..., Hinter..., Rück..., Rücken..., Rückwärts...; rückseitig

rear anchoring system *(Bergb)* Stoßverspannung *f*

rear axle *(Kfz)* Hinterachse *f*

rear cutting edge *(Bergb)* Rückenschneide *f*

rear-dump lorry *(Kfz)* Rückwärtskipper *m*

rear end *(Tech)* Zylinderboden *m*

rear end plate *(Tech)* Zylinderboden *m*

rear gripper system *(Bergb)* Stoßverspannung *f*

rear-mounted rotary cutter *(Mech)* Heckfräse *f*

rear trunnion *(Tech)* Schwenkzapfen *m (eines Zylinders)*

rear view mirror *(Kfz)* Rückblickspiegel *m*, Rückspiegel *m*

rearrange *v (Tech)* umbauen, umgestalten

rearrangement *(Tech)* Umbau *m (von Geräten)*

reason *(Tech)* Ursache *f*

reasonable *adj (Tech)* günstig, sinnvoll

reassembly *(Mech)* Wiedereinbau *m (von Teilen)*

reassembly *(Tech)* Wiederzusammenbau *m*

rebate *(Bau)* Falz *m (Ausfalzung)*

rebated adj *(Mech)* gefugt *(z. B. Aussparung im Holz)*

rebating *(Bau)* Aussparung *f für Schloss im Holz*

rebound v *(Prüf)* zurückprallen *(Ultraschall)*

rebound v *(Tech)* zurückspringen

rebound hardness testing instrument *(Prüf)* Rückprallhärteprüfgerät *n*

rebound strap *(Kfz)* Fangband *n*

rebuild v *(Tech)* aufbauen *(wiederaufbauen)*

rebuilding *(Baut)* Umbau *m,* Wiederaufbau *m*

rebuilding *(Mont, Tech)* Zusammenbau *m*

rebuilding *(Tech)* Regenerieren *n (z. B. Maschine)*

rebuilt adj *(Tech)* generalüberholt, überholt *(z. B. Motor)*

rebush v *(Form, Tech)* ausbuchsen *(alte Zylinder)*

recall v *(Tech)* abziehen *(z. B. Leute)*

recaulk v *(Stb)* nachstemmen *(Nieten)*

receding adj *(Tech)* zurückspringend

receive v *(Tech)* aufnehmen *(Aufnahme);* empfangen, erhalten

receiver *(Elek)* Empfänger *m (auch Radio);* Sichtgerät *n (Fernsehgerät)*

receiver *(Hydr/Pneu)* Druckbehälter *m*

receiver *(Tech)* Tank *m (Flüssigkeitsbehälter)*

receiver probe *(Schw)* Empfangsprüfkopf *m*

receiving opening *(Tech)* Maulweite *f (des Brechers)*

receptacle (outlet) *(Elek)* Steckdose *f,* Stecksockel *m*

recess v *(Form)* aussparen

recess v *(Tech)* einlassen *(in das Material)*

recess *(Bergb)* Nische *f,* Stall *m (Nische)*

recess *(Form)* Aussparung *f*

recess *(Mech)* Tasche *f (Aushöhlung)*

recess *(Met, Tech)* Vertiefung *f*

recess *(Mont, Tech)* Aushöhlung *f (Vertiefung, Höhle)*

recess *(Tech)* Einschnitt *m,* Schlitz *m*

recess cut *(Tech)* Einschnitt *m*

recessed adj *(Tech)* eingelassen *(in das Material)*

recessed countersunk [flat] head tapping screw *(Tech)* Senkblechschraube *f*

recessed countersunk [flat] head wood screw *(Tech)* Senkholzschraube *f*

recessed pan head wood screw *(Tech)* Halbrundholzschraube *f (mit Schlitz)*

recharge v *(Elek)* aufladen *(z. B. eine Batterie);* neu laden

recheck *(Prüf)* Nachkontrolle *f*

reciprocal adj *(Tech)* gegenseitig, wechselseitig

reciprocal action *(Tech)* Wechselwirkung *f*

reciprocal two-port *(Elek)* reziprokes Zweitor *n*

reciprocating car plate feeder *(Zer)* Schubwagenspeiser *m*

reciprocating double chute *(Förd, Umschl)* Schiebesattel *m,* Verschiebesattel *m*

reciprocating (piston) pump *(Tech)* Hubkolbenpumpe *f*

reciprocating trough *(Zer)* Schüttelrutsche *f*

reciprocity *(Elek)* Reziprozität *f*

recirculate v *(Förd)* einschleusen

recirculate v *(Tech)* zurückführen

recirculating fan *(Hütt/Walz)* Umwälzgebläse *n*

recirculating linear roller bearing *(Lag)* Rollenumlaufschuh *m*

recirculating pump *(Hydr/Pneu)* Umwälzpumpe *f*

recirculating pump *(Tech)* Kreislaufpumpe *f*

recirculation *(Tech)* Umlauf *m (Wasser)*

reclaim v *(Baum, Bergb)* abbaggern

reclaim v *(Chem, Stat, Tech)* aufnehmen *(z. B. Kraft, Wärme)*

reclaim v *(Umschl)* rückladen *(z. B. Fördergut)*

reclaimer *(Bergb)* Abbaukratzer *m;* Kratzer *m*

reclaimer *(Umschl)* Aufnahmegerät *n,* Rücklader *m;* Aufnehmer *m (z. B. Schüttgut von einer Halde)*

reclaiming *(Bau)* Neulandgewinnung *f*

reclaiming *(Umschl)* Aufnahme *f (z. B.*

von Fördergut von der Halde); Kohlenaufnahme f, Rückverladung f

recoatable *adj (Anstr)* überstreichbar

recoating *(Anstr)* Überspritzen n, Überstreichen n, Wiederholungsbeschichtung f

recoating period *(Anstr)* Überarbeitungsintervall n, Zwischentrocknungsdauer f

recognise *v (BE) (Tech)* erkennen

recognizable *adj (AE) (Tech)* erkennbar

recoil *(Hydr/Pneu, Tech)* Rücklauf m

recoil spring *(Bahn)* Spiraldruckfeder f

recoil spring *(Tech)* Spannfeder f, Spiralfeder f

recoil spring *(Tech, Zer)* Rückstoßfeder f

recoil starter *(Kfz, Tech)* Anreißstarter m (z. B. am Außenbordmotor); Starter m

recoil starter *(Tech, Zer)* Rückstoßfeder f

recondition *v (Bau, Tech)* überholen *(restaurieren)*

recondition *v (Chem)* aufbereiten *(Öl)*

recondition *v (Tech)* aufarbeiten *(restaurieren)*; instandsetzen

reconfigurate *v (Tech)* umgestalten

reconstruct *v (Baut)* wiederherstellen *(ein Gebäude)*

reconstruct *v (Tech)* aufbauen *(wiederaufbauen)*

reconstruction *(Baut)* Umbau m, Umrüstung f *(Neubau)*; Wiederaufbau m

record *v (Elek)* anzeigen und merken

record *v (Phys, Tech)* aufnehmen *(z. B. Geräusche auf Band)*

record *v (Tech)* aufzeichnen *(z. B. auf einen Tonträger)*; protokollieren

record *(IT)* Datensatz m; Eintragung f *(Schrieb, Datensatz)*

record *(Mess)* Protokoll n

record *(Tech)* Diagramm n *(Diagrammblatt, Aufzeichnung)*; Notiz f

recordable limit *(Prüf)* Registriergrenze f *(Ultraschallprüfung)*

recorder *(Elek)* Aufzeichnungsgerät n, Registrierapparat m, Registriergerät n, schreibendes Messgerät n, Schreiber m

recorder head *(Elek)* Schreibkopf m

recording *adj (Elek)* schreibend

recording *adj (Tech)* zählend

recording *(Tech)* Protokollaufnahme f

recording ammeter *(Elek)* Stromschreiber m

recording chart *(Elek)* Aufzeichnungsträger m, Funkenregistrierpapier n

recording chart *(Tech)* Registrierstreifen m

recording instrument *(Elek)* Registrierapparat m, Registriergerät n, schreibendes Messgerät n, Schreiber m

recording limit *(Elek)* Registrierschwelle f

recording tachometer *(Kfz)* Drehzahlabnehmer m

recording thermometer *(Hütt/Walz)* Schreibthermometer n

recount *v (Tech)* nachzählen

recover *v (Tech)* bergen *(retten)*

recoverable *adj (Bergb)* abbauwürdig

recovering and utilizing waste heat *(AE) (Tech)* Kraft-Wärme-Kopplung f

recovering waste heat *(Tech)* Abwärmeverwertung f

recovery *(Aufb)* Ausbringung f *(z. B. von Erz)*; Gewinnung f *(z. B. Kohlenwäsche)*

recovery *(Tech)* Rückgewinnung f

recovery crane *(Kran)* Bergekran m

recovery time *(Tech)* Erholzeit f

recrystallisation annealing *(BE) (Hütt)* Rekristallisationsglühen n *(Umkristallisationsglühen)*

rectangle *(Met)* Rechteckprofil n

rectangle *(Stb)* Rechteck n

rectangle *(Tech)* Viereck n *(rechteckig)*

rectangular *adj (Tech)* rechteckig, rechtwinklig

rectangular cartridge fuse *(Elek)* Flachpatrone f

rectification *(Elek)* Gleichrichtung f

rectification *(Hütt)* Putzen n

rectifier *(Elek)* Angleicher m; Gleichrichter m

rectify *v (Tech)* korrigieren, verbessern

recuperation of energy *(Elek)* Energierückgewinnung f

recurrent parts *pl (Tech)* Wiederholteile npl

recut *v (Mech, Mont)* aushauen, ausspitzen, hauen *(z. B. Feilen)*

recut *v (Mont, Tech)* aufhauen *(z. B. Feilen)*

recut file *(Mont, Werkz)* aufgehauene Feile f, nachgehauene Feile f

recycle *v (Tech)* wiederaufbereiten; zurückführen

recycle gas *(Petr)* Kreisgas n *(Benzinspaltanlage)*

recycle piping *(Tech)* Rückführleitung *f (Umfuhrleitung)*

recycling *(Hütt, Ökol)* Reststoffverwertung *f*

recycling *(Ökol, Tech)* Recycling *n*, Wiederaufbereitung *f*

red brass *(Met)* Rotguss *m*

red-green-blue interface *(Mess)* Rotgrünblauschnittstelle *f*

red hardness *(Met)* Warmhärte *f*

red heat *(Hütt)* Rotglut *f*

red iron ore *(Met)* Roteisenstein *m*

red lead *(Anstr, Stb)* Bleimennige *f*, Mennige *f*

red shortness *(Met)* Rotbruch *m*

redistilled zinc *(Tech)* Feinzink *n (bis 99,9% Reinheit)*

Redler conveyor *(Förd)* Redler *m (Zuteiler)*; Schleppförderer *m*, Zuteiler *m*

redress v *(Tech)* nacharbeiten *(mechanisch)*

redressing *(Tech)* Nacharbeit *f*, Nachbearbeitung *f*

reduce v *(Elek)* herabdrücken *(Wirkung)*

reduce v *(Hütt/Walz)* einziehen *(z. B. Rohre)*

reduce v *(Mech, Tech)* abfallen *(z. B. Drehmoment, Geschwindigkeit)*; herabsetzen *(zurückfahren)*; reduzieren, vermindern, verringern

reduce v **pressure** *(Hydr/Pneu)* entlasten *(von Druck)*; Druck reduzieren

reduced adj *(Tech)* beschränkt, gering; reduziert, verkleinert, vermindert; Minder…

reduced end *(Form)* Ziehangel *f (Rohrziehen)*

reduced shaft diameter *(Tech)* Taillendurchmesser *m (Dehnschraube)*

reduced shank *(Tech)* Dehnschaft *m*; Dünnschaft *f (Schraube)*

reduced stress *(Math, Met, Stb)* Vergleichsspannung *f*

reducer *(Anstr)* Verdünner *m (für Farben)*; Verdünnungsmittel *n (für Farben)*

reducer *(Getr)* Übersetzungsgetriebe *n*

reducer *(Tech)* Reduzierstück *n*, Übergangsrohr *n*

reducer connector *(Werkz)* Konusreduzieranschluss *m*

reducing bushes *(Werkz)* Reduktionsnippel *m*

reducing coefficient *(Stb)* Abminderungsfaktor *m*

reducing gear *(Getr)* Übersetzungsgetriebe *n*

reducing socket *(Tech)* Übergangsmuffe *f*

reducing socket *(Werkz)* Reduktionsmuffe *f*

reduction *(Elek)* Verringerung *f (z. B. der Leistung)*

reduction *(Hütt)* Reduktion *f (Erz)*; Verformungsgrad *m*

reduction *(Tech)* Abbau *m (Verringerung von Personal, Produktion etc.)*; Einziehung *f (Einschnürung)*; Reduzierung *f*, Verringerung *f (z. B. des Drucks)*

reduction *(Zer)* Zerkleinerungstechnik *f*

reduction area *(Hütt/Walz)* Einschnürung *f*, Flächenreduzierung *f*

reduction factor *(Stb)* Abminderungsbeiwert *m*

reduction gear *(Getr)* Untersetzungsgetriebe *n*

reduction in area *(Hütt/Walz)* Einschnürung *f*, Querschnittsabnahme *f*, Verformungsgrad *m*

reduction in area at breaking point *(Met, Prüf)* Brucheinschnürung *f*

reduction in [per] one pass *(Walz)* Stichabnahme *f*

reduction ratio *(Elek, Getr, Tech)* Untersetzungsverhältnis *n*, Untersetzung *f*

redundant adj *(Tech)* redundant, überflüssig *(nicht benötigt)*; überschüssig, überzählig

reed contact *(Mess)* Reedkontakt *m (Blattfederkontakt)*

reef knot *(Tech)* Kreuzknoten *m*

reefer *(Tech)* Kühlbehälter *m*, Kühlwagen *m (Lkw)*

reefer truck *(Kfz)* Kühlfahrzeug *n*

reel *(Elek)* Trommel *f (z. B. für Kabel)*

reel *(Förd)* Gurtrolle *f (zum Aufwickeln beim Transport)*

reel *(Tech)* Haspel *f*, Spule *f (Film, Magnetband)*

reeler *(Walz)* Glättwalzwerk *n*

reeler roll *(Walz)* Lösewalze *f*

reeling *(Walz)* Rohrglätten *n (nahtlose Rohre)*

reeling device *(Tech)* Spulapparat *m (Kabeltrommel)*

reeling machine *(Walz)* Glättwalzwerk *n*

reeling unit *(Tech)* Spulapparat *m (Kabeltrommel)*

reeve *v (Kran)* einscheren *(Seil)*

reeve *v (Tech)* aufziehen *(Seil)*

reference *(Tech)* Referenz *f*, Sollwert *m*

reference addendum *(Tech)* Kopfhöhe *f (bezogen auf den Mittelkreis)*

reference analysis *(Elek)* Richtanalyse *f*

reference block *(Prüf, Tech)* Kontrollkörper *m*, Prüfblock *m (Körper)*; Prüfkörper *m (Ultraschall)*; Testkörper *m (für Prüfverfahren)*

reference block method *(Prüf)* Vergleichskörpermethode *f (DIN 54119)*

reference circle *(Getr)* Mittelkreis *m* am Schneckenrad

reference circle *(Getr, Tech)* Teilkreis *m (am Stirnrad)*

reference circle *(Tech)* Mittenkreis *m*

reference cone angle *(Tech)* Teilkegelwinkel *m*

reference dedendum *(Tech)* Fußhöhe *f (bezogen auf den Mittelkreis)*

reference diameter *(Getr, Tech)* Teilkreisdurchmesser *m (z. B. am Stirnrad)*

reference diameter *(Tech)* Mittenkreisdurchmesser *m*

reference drawing *(Zeich)* Anschlusszeichnung *f*

reference echo *(Elek, Prüf)* Bezugsecho *n*; Vergleichsecho *n (Ultraschall)*

reference generation *(Mess)* Leitwertstellung *f*

reference input *(Tech)* Sollwert *m*

reference junction *(Mess)* Vergleichsstelle *f (eines Thermopaares)*

reference pitch *(Tech)* Mittenkreisteilung *f*

reference sleigh *(Bergb)* Schleifkufe *f*

reference sleigh *(Tech)* Gleitschuh *m*

reference standard *(Elek, Prüf)* Normprüfkörper *m (Vergleichsnormstück)*; Vergleichskörper *m (Ultraschallprüfung)*

reference surface *(Metr, Prüf, Tech)* Bezugsfläche *f*, Messbezugsfläche *f*, Messfläche *f*

reference surface *(Tech)* Teilfläche *f*, Vergleichsfläche *f*, Vergleichsoberfläche *f*

reference value unit *(Elek)* Sollwertbaustein *m*

reference variable *(Mess)* Führungsgröße *f*

reference wire *(Bergb)* Leitdraht *m*

reference... *(Tech)* Bezugs..., Vergleichs...

refill *v (Bergb, Umschl, Hydr)* auffüllen

refilling of trenches *(Bergb)* Zufüllen *n* von Gräben

refine *v (Chem)* raffinieren *(z. B. Rohöl)*

refine *v (Hütt/Walz)* veredeln

refine *v (Stb)* affinieren *(säubern)*

refined *adj (Tech)* fein, gereinigt

refined lead *(Met)* Weichblei *n*

refined steel plate *(Met)* GG-Edelstahlplatte *f*

refinery gas *(Chem)* Raffineriegas *n*

refining *(Chem)* Verfeinerung *f (z. B. von Rohöl)*

refining *(Hütt)* Raffination *f (Blei, Kupfer und dgl.)*

refining *(Hütt, Met)* Frischen *n*

refining *(Stb)* Affinieren *n*

refinish *v (Tech)* nacharbeiten *(mechanisch)*

reflected *adj (Elek)* reflektiert

reflected echo *(Prüf)* Rückecho *n (Ultraschall)*

reflected energy *(Elek, Tech)* reflektierte Energie *f*, rückgestrahlte Energie *f (Ultraschall)*

reflection *(Elek)* Reflexion *f*

reflection *(Elek, Hütt/Walz)* Rückstrahlung *f (Ultraschall)*

reflection gap *(Elek)* Reflexionsloch *n*

reflection loss *(Elek)* Stoßdämpfung *f*

reflection method *(Elek, Prüf)* Reflexionsverfahren *n*, Rückstrahlverfahren *n (Ultraschall)*

reflector *(Elek)* Reflektor *m*, Schirm *m (einer Leuchte)*

reflex light barrier *(Mess)* Reflexlichtschranke *f*

reflex reflector *(Tech)* Rückstrahler *m*

reflux condenser *(Hütt)* Rückflusskühler *m (Zinkgewinnung)*

reformer (furnace) *(Petr)* Spaltofen *m (Benzinvergasung)*

reforming chamber [tub] *(Walz)* Ringbildekammer *f*

refract *v (Elek)* brechen *(z. B. Schallwellen)*

refraction *(Elek)* Brechkraft *f (von Schalllinsen)*

refraction angle *(Schw)* Einschallwinkel *m*

refractories *pl (Bergb)* Dolomit *m* und Magnesit *m*

refractoriness *(Met)* Feuerbeständigkeit *f*

refractory *adj (Met)* feuerfest, feuersicher

refractory *(Hütt/Walz)* Schamotte *f*

refractory gun *(Hütt)* Torkretierapparat *m*

refresh rate *(Mess)* Wiederholfrequenz *f*

refrigerated *adj (Tech)* gekühlt; Kühl…

refrigeration compression *(Verd)* Kälteverdichtung *f*

refrigeration engineer *(Tech)* Kälte-Klima-Ingenieur *m*, Kühlanlageningenieur *m*

refrigeration medium *(Verd)* Kältemittel *n*

refrigidryer *(Tech)* Kältetrockner *m*

refurbish *v (Baut, Tech)* aufarbeiten, restaurieren; aufbessern *(z. B. modernisieren)*; erneuern, modernisieren, sanieren

refurbishing *(Baut)* Altbausanierung *f*

refuse *(Bergb)* Abgänge *fpl*, Berge *mpl*

refuse *(Chem, Ökol)* Rückstand *m*

refuse *(Mech)* Abfall *m*

refuse *(Tech)* Abfallbrennstoff *m (Müll)*; Ausschuss *m*, Müll *m*

refuse collection vehicle *(Kfz, Tech)* Müll(sammel)fahrzeug *n*

refuse compactor *(Ökol)* Pressmüllwagen *m*

refuse dump *(Tech)* Mülldeponie *f*, Müllkippe *f*

refuse incineration plant *(Ökol)* Müllverbrennungsanlage *f*

refuse incinerator plant *(Ökol)* Müllverbrennungsanlage *f*

regard *v (Tech)* betrachten

regenerative *adj (Tech)* regenerativ

regenerative braking *(Elek)* Energierückgewinnung *f* bei Downhill-Bändern

regenerative braking *(Förd)* Generatorbremsung *f*

regenerative braking power *(Elek)* Energierückgewinnung *f*

regenerative lowering *(Tech)* Senkbremsschaltung *f*

region *(Tech)* Feld *n*; Bereich *m*, Gebiet *n*, Region *f*, Zone *f*

region of contact *(Tech)* Berührungspunkt *m*, Berührungsstelle *f*

register *(Tech)* Luftregler *m*, Zählwerk *n*

registration level *(Prüf)* Registriergrenze *f*

regular *adj (Tech)* gleichförmig, gleichmäßig, regelmäßig

regular lay *(Tech)* Kreuzschlag *m (Seil)*

regularity *(Tech)* Gesetzmäßigkeit *f*

regulate *v (Mech)* einstellen *(z. B. Instrumente)*

regulate *v (Tech)* regeln

regulated *adj (Elek)* geregelt; Regel…

regulating *adj (Elek, Tech)* regelnd; Regel…, Regler…

regulating control *(Mess)* Stellglied *n*

regulating pump *(Hydr/Pneu)* regelnde Pumpe *f*, Regelpumpe *f*

regulating solenoid *(Hydr)* Regelmagnet *m*

regulating transformer *(Elek, Hütt)* Stufentransformator *m*

regulating unit *(Mess)* Stellglied *n*

regulating valve *(Vent)* Regelventil *n*

regulation *(Elek)* Regelung *f (Transformator)*

regulation *(Tech)* Regulierung *f*, Verstellung *f*; Richtlinie *f (Anweisung)*; Vorschrift *f (technisch, allgemein usw.)*

regulations for the prevention of accidents *(Tech)* Unfallverhütungsvorschriften *fpl*, UVV

regulator *(Bahn, Tech)* Regler *m*, Regulator *m (Dampflok)*

rehabilitate *v (Tech)* modernisieren, sanieren

rehabilitation *(Baut, Tech)* Altbausanierung *f*, Modernisierung *f*

rehandle *v (Umschl)* umladen

reheat *(Hütt/Walz)* Nachverbrennung *f*

reheating furnace *(Hütt)* Nachwärmofen *m*

reinforced *adj (Tech)* verstärkt *(z. B. Strebe, Winkel)*

reinforced concrete *(Bau)* armierter Beton *m*, Betonstahl *m (Bewehrungsstahl)*; Eisenbeton *m*, Stahlbeton *m*, Stahlbeton *m (bewehrter Beton)*; Spannbeton *m*

reinforced-concrete core *(Bau, Stb)* Stahlbetonkern *m*

reinforcement *(Bau, Mech, Stb)* Armierung *f (Bewehrung)*; Baustahlgewebe *n* Betonstahl *m*, Bewehrungsstahl *m*;

Bewehrung f; Verstärkung f, Versteifung f

reinforcement (Schw) Nahtüberhöhung
f, Schweißnahtüberhöhung f

reinforcement of welded seam (Schw)
Schweißnaht-Erhöhung f

reinforcing (Bau, Stb, Tech) Verstärkung f

reinforcing bar [rod] (Bau, Stb) Bewehrungsstahl m (Betonstahl)

reinforcing steel bar (Bau) Betonstabstahl m

reject v (Tech) ausmustern (aussondern);
ausscheiden (als Ausschuss); aussondern (als Ausschuss)

reject level (Prüf) Zulässigkeitsgrenze f
(DIN 54119)

reject position (Tech) Ausschussstellung
f

rejects pl (Mech, Tech) Abfall m, Ausschuss m

related adj (Tech) zusammengehörend,
zusammenhängend

relational adj (Elek) relational

relationship (Tech) Verknüpfung f

relative adj (Tech) relativ

relative working time (Tech) Einschaltdauer f (Maschine)

relatively adv (Tech) vergleichsweise

relax v (Tech) auflockern

relaxation (Met) Kriecherholung f (Entspannung)

relaxation testing machine (Prüf) Entspannungsprüfmaschine f

relay (Elek) Relais n, Schutz m

relay station (Elek) Umspannwerk n

relay valve (Vent) Relaisventil n, Überströmventil n

release v (Tech) aufheben; ausklinken
(z. B. Sperrung); auslösen (z. B. Kupplung, Relais); entsperren (z. B. Ventil);
freigeben (z. B. Kupplung, Relais); lösen
(eine Verbindung); lösen (Bremse, Relais); loslassen (z. B. Kupplung); lüften
(Bremse); vorgeben (z. B. Ölmenge)

release v (Tech, Hydr/Pneu) entspannen
(z. B. Feder)

release (Elek) Auslöser m (z. B. Schaltgerät); Auslösung f

release (Tech) Freigabe f

release latch (Tech) Sperrklinke f

release spring (Tech) Rückholfeder f
(Zylinder); Rückzugfeder f

release valve (Vent) Löseventil n

released adj (Tech) entriegelt, vorgegeben (an das Werk)

releasing lever (Kfz) Ausrücker m

relevant adj (Tech) einschlägig

relevant figure (Tech) Skalenmesszahl f

reliability in service (Tech) Betriebssicherheit f

reliable adj (Tech) aussagefähig, bewährt, zuverlässig

relief annealing (Met) Spannungsarmglühen n

relief-grind v (Mech) hinterschleifen

relief method (Tech) Reliefverfahren n

relief-mill v (Bergb) hinterfräsen

relief valve (Hydr/Pneu) Drosselrückschlagsventil n

relief valve (Vent) Entlastungsventil n,
Überdruckklappe f, Überdruckventil n;
Überströmventil n

relieve v (Tech) ablösen (z. B. eine
Mannschaft)

relieve v (Stat, Tech) entlasten (von Ladung)

relocate v (Tech) verlagern (z. B. Maschinen); verlegen (an eine andere
Stelle)

relocation (Bergb) Ortswechsel m

relocation (Tech) Verlagerung f, Versetzung f

relubricate v (Tech) nachschmieren

reluctance (Elek) magnetischer Widerstand m

reluctance (Tech) Widerstand m

remachine v (Tech) nacharbeiten (mechanisch)

remachining (Tech) Nachbearbeitung f

remainder (Tech) Rest m

remeasure v (Tech) nachmessen

remelted zinc (Met) Umschmelzzink m

remnant (Tech) Rest m

remote-action gear (Kfz) Fernganggetriebe n

remote control (Elek) Fernbedienung f,
Fernlenkung f, Fernsteuerung f

remote-controlled adj (Elek) ferngelenkt,
ferngesteuert

remote controlled testing (Prüf) mechanisierte Prüfung f

remote oil level indicator (Tech) Ölstandsfernanzeiger m

remote operation (Elek) Fernbedienung f

removable adj (Tech) abnehmbar, demontierbar, herausnehmbar

removable flange ring *(Tech)* Los-flanschring m

removal *(Bergb)* Abtransport m *(von Abraum)*

removal *(Hütt/Walz, Ökol, Tech)* Beseitigung f, Entfernung f, Entsorgung f

removal *(Mont, Tech)* Abbau m *(z. B. eines Maschinenteils)*; Abtrennen n, Ausbau m, Entfernen n, Entfernung f *(z. B. Abbau eines Maschinenteils)*; Entnahme f *(Wegnahme)*

remove v *(Bergb)* abdecken; abheben *(z. B. den Oberwagen)*; abräumen *(z. B. Schutt)*

remove v *(Mont, Tech)* ablösen; abmachen *(entfernen)*; abnehmen *(entfernen)*; ausbauen; ausrangieren *(als unbrauchbar ablegen)*; demontieren *(abbauen, abnehmen, zerlegen)*; entfernen, wegnehmen

rendering *(Bau)* Zementputz m

renew v *(Tech)* erneuern *(auswechseln)*

renewable *adj (Tech)* austauschbar *(ersetzbar)*; auswechselbar *(ersetzbar)*; erneuerbar

renewal parts pl *(Tech)* Neuteile npl *(als Ersatz)*

renovate v *(Tech)* erneuern, sanieren

renovated *adj (Tech)* generalüberholt *(z. B. ein Motor)*

rent *(Met, Tech)* Riss m

rented *adj (Met)* gerissen *(eingerissen)*

repair v *(Anstr, Form)* ausbessern

repair v *(Tech)* aufbessern *(verbessern)*; instandsetzen, reparieren, überholen *(reparieren)*

repair *(Mech)* Überholung f *(Reparatur)*

repair *(Tech)* Reparatur f • **in need of repair** erneuerungsbedürftig

repair cavity *(Hydr/Pneu)* Reparaturaushöhlung f

repair shift *(Tech)* Putzschicht f *(Fertigung)*

repair-weld v *(Schw)* nachbrennen; nachschweißen

repair welding f *(Schw)* Ausbesserungsschweißung f, Reparaturschweißung f

reparation *(Aufb)* Aufbereitung f *(Kohle)*

repeatability *(Mess, Prüf)* Wiederholbarkeit f

repeated blow impact test *(Prüf)* Dauerschlagversuch m

repeated load *(Prüf, Stb)* Dauer-schwingbelastung f, Schwingbelastung f

repeated stress *(Met, Prüf, Stat)* Schwingungsbeanspruchung f, Dauerschwingbeanspruchung f

repeated tensile test *(Prüf)* Dauerzugversuch m

repeating scale totalizer *(AE) (Metr)* Repetierzählwerk n

repetitive stressing *(Prüf)* Dauerschwingbeanspruchung f

replace v *(Tech)* austauschen *(ersetzen)*; auswechseln *(durch Gleichwertiges ersetzen)*; erneuern, ersetzen

replaceable *adj (Tech)* austauschbar, auswechselbar, ersetzbar

replacement *(Tech)* Ersatz m

replenish v *(Bergb, Umschl, Hydr)* auffüllen

replenish v *(Tech)* nachfüllen

representation of test results *(Prüf)* Versuchsauswertung f

representative *adj (Tech)* repräsentativ

representative *(Fert)* Beauftragter m

reproducer *(Elek)* Wiedergabegerät n

reproducibility *(Mess, Prüf)* Wiederholbarkeit f

reproducible *adj (Tech)* pausfähig

request v *(Tech)* abfragen, auffordern, bitten *(auffordern)*

request *(Tech)* Anersuchen n, Bitte f, Frage f

require v *(Tech)* benötigen, brauchen

required *adj (Tech)* benötigt, erforderlich, gefordert, notwendig

required building space *(Bau)* Grundflächenbedarf m, Platzbedarf m

required power *(Tech)* Antriebsleistung f

requirement *(Metr)* Vorgabe f

requirement *(Tech)* Bedarf m; Voraussetzung f

requiring no maintenance *(Tech)* wartungsfrei

requisites pl *(Tech)* Bedarfsmenge f

reradiation *(Elek, Hütt/Walz)* Rückstrahlung f

rerig v *(Tech)* umrüsten

rerolling mill *(Walz)* Weiterverwalzwerk n

reroute v *(Tech)* umlegen *(z. B. Leitungen)*

reseating *(Mech)* Neuschleifen n der Ventilsitze

reserve *(Mech, Mont, Tech)* Abnutzungsvorrat m, Reserve f

reservoir *(Bau)* Becken n *(Staubecken)*
reservoir *(Förd)* Vorratsbehälter m
reservoir *(Geo)* Lagerstätte f
reservoir *(Tech)* Speicher m, Tank m
reset v *(Tech)* nachziehen
reset *(Tech)* Ruhestellung f
reset and derivative restrictor *(Mess)* Integral- und Differenzialdrossel f
reset button *(Elek)* Löschtaste f; Rückmeldeknopf m
reset button *(Mess)* Rückstellknopf m
reset position *(Tech)* Ausgangsstellung f; Ruhestellung f
reset switch *(Kfz)* Einlassschalter m
reset switch *(Tech)* Rückmeldeschalter m
reset wind-up *(Mess)* Integralsättigung f
residential area *(Baut)* Wohngebiet n, Wohngegend f
residential building *(Baut)* Wohnhaus n
residual adj *(Chem)* Rest…, restlich
residual flux density *(Mess)* Remanenz f
residual fracture caused by force *(Met, Stat)* Restgewaltbruch m
residue *(Chem, Ökol)* Rest m *(Ablagerung)*; Rückstand m
resilience *(Met)* Durchschlagfestigkeit f
resilience *(Tech)* Stehvermögen n
resilience of spring *(Tech)* Federelastizität f
resilient adj *(Tech)* federnd
resilient mounting *(Tech)* Abfederung f
resistance *(Elek)* Widerstand m
resistance *(Met, Tech)* Festigkeit f, Widerstandsfähigkeit f
resistance *(Stat, Tech)* Beständigkeit f *(Widerstand)*
resistance *(Tech)* Widerstand m
resistance bank *(Elek)* Reihenwiderstand m
resistance butt welding *(Schw)* Pressstumpfschweißen n *(DIN 1910)*
resistance coefficient *(Hydr)* Widerstandsbeiwert m
resistance flash (butt) welding *(Schw)* Widerstandsabbrennschweißung f
resistance furnace *(Hütt)* Widerstandsofen m *(arbeitet ohne Lichtbogen)*
resistance fusion welding *(Schw)* Widerstandsschmelzschweißen n *(DIN 1910)*
resistance in travel *(Tech)* Fahrwiderstand m

resistance percussion welding *(Schw)* Widerstandsabbrennschlagschweißung f
resistance pressure welding *(Schw)* Widerstandspressschweißen n *(DIN 1910)*
resistance seam welding *(Schw)* Nahtschweißung f
resistance spot welding *(Schw)* Punktschweißen n, Punktschweißung f
resistance stud welding *(Schw)* Widerstandsbolzenschweißen n
resistance to abrasion *(Met, Tech)* Abriebwiderstand m *(z. B. des Rohres)*; Einschliffwiderstand m
resistance to alternating stresses *(Met, Stb)* Wechselbelastungsfähigkeit f *(Material)*; Wechselfestigkeit f
resistance to buckling *(Met, Stb)* Knickfestigkeit f
resistance to fatigue *(Met, Schw)* Dauerbruchsicherheit f
resistance to impact *(Met)* Schlagfestigkeit f
resistance to intergranular corrosion *(Met)* Kornzerfallbeständigkeit f
resistance to peeling *(Met)* Schälfestigkeit f
resistance to rolling *(Met)* Rollwiderstand m *(Gerät auf Rollen)*
resistance to shock *(Met)* Schlagfestigkeit f
resistance to tensile stress *(Met, Prüf, Stat)* Bruchfestigkeit f, Säulenfestigkeit f, Würfelfestigkeit f, Zerreißfestigkeit f, Zugfestigkeit f *(bei Zugspannungen)*
resistance to wear *(Met)* Verschleißfestigkeit f
resistance to weathering *(Stb)* Wetterbeständigkeit f *(Witterungsbeständigkeit)*; Witterungsbeständigkeit f
resistance welding *(Schw)* Widerstandspressschweißen n *(DIN 1910)*; Widerstandsschweißung f
resistance welding using rotating transformer *(Schw)* Rollentransformatorschweißen n *(DIN 1910)*
resistant adj *(Tech)* beständig *(wasserbeständig)*; fest *(beständig)*
resistant to bending adj *(Met, Stat, Stb)* biegefest, biegesteif
resisting moment *(Elek)* Widerstandsmoment n, W

resisting shear *(Met, Prüf, Stat)* Querspannung f, Scherspannung f, Schubspannung f; Tangentialspannung f
resistive *adj (Elek)* ohm(i)sch
resistive load *(Elek)* Widerstandsbelastung f
resistivity *(Elek)* spezifischer Widerstand m
resistor *(Elek)* Vorschaltwiderstand m, Widerstand m
resistor bank [unit] *(Elek)* Widerstandsgerät n, Widerstandsgitter n
resolution *(Math, Tech)* Auflösung f *(Problemlösung)*
resolution (power) *(Prüf)* Auflösungsvermögen n *(Ultraschall)*
resolve *v (Math, Tech)* auflösen *(z. B. Probleme)*
resonance *(Elek)* Resonanz f
resource usage duration *(Tech)* Nutzungsdauer f *(Netzplantechnik)*
resourced duration *(Tech)* Nutzungsdauer f *(Netzplantechnik)*
resources *pl (Fert, Tech)* Einsatzmittel n; Ressourcen pl
respirator *(Tech)* Atemschutzapparat m, Atmungsapparat m, Beatmungsgerät n
respond *v (Elek)* ansprechen *(Endschalter)*; gehorchen *(z. B. der Schirm, Motor)*; reagieren *(Endschalter)*
response *(Elek)* Anfahren n *(z. B. eines Endschalters)*; Ansprechen n *(z. B. eines Endschalters)*; Frequenzgang m
response *(Mess, Tech)* Regelverhalten n, Verhalten n
response lag *(Elek)* Einstellzeit f
response revolutions per minute *pl (Tech)* Schaltdrehzahl f
response r.p.m *pl (Tech)* Schaltdrehzahl f
response threshold *(Elek)* Ansprechschwelle f *(z. B. eines Monitors)*
response time *(Elek)* Ansprechzeit f; Antwortzeit f, Einstellzeit f, Schaltzeit f
response to hardening *(Met)* Härteannahme f
responsibility *(Tech)* Aufgabe f, Kompetenz f
resquare *v (Mech)* zuschneiden
resquaring shear *(Mech, Walz)* Zentrierschnittschere f
rest *(Fert, Mont)* Abstützung f, Auflage f, Stütze f *(Abstützung)*; Stillstand m
rest plate *(Tech)* Böckchen n

rest potential *(Stat)* Ruhespannung f
rest room *(Bergb, Mont, Tech)* Aufenthaltsraum m
restore *v (Baut, Tech)* restaurieren, überholen; wiederherstellen *(ein Gebäude)*
restore *v (Tech)* neu bearbeiten
restored *adj (Bahn, Tech)* renoviert, überholt
restoring *(Tech)* Nacharbeit f
restoring torque *(Tech)* Rückstellmoment n
restrain *v (Stb)* einspannen
restrained *adj (Stb)* eingespannt
restrained weld test *(Prüf)* Rissprobe f unter Einspannung
restraint automatic *(Tech)* Rückhalteautomat m
restricted *adj (Tech)* begrenzt
restriction *(Tech)* Einschränkung f; Verengung f, Verminderung f *(des Ölstroms)*
restriction device *(Mess)* Drosselgerät n
restrictive seal *(Tech, Verd)* Spaltdichtung f
restrictor *(Hydr/Pneu)* Blende f *(Drossel)*; Drosselbuchse f *(Verdichter)*
restrictor *(Mess)* Drosselgerät n
restrictor plate *(Tech)* Steckblende f *(zu Messzwecken)*
result *(Tech)* Ergebnis n, Resultat n
resultant *adj (Tech)* resultierend
resultant *(Stat)* Mittelkraft f, Resultierende f
resulting fracture caused by force *(Met, Stat)* Restgewaltbruch m
resurfacing by welding *(Schw)* Auftragschweißung f *(Reparatur)*
retain *v (Bau)* behalten *(stützen)*
retain *v (Tech)* festhalten, zurückbehalten
retainer *(Elek, Mech)* Halter m, Haltestück n
retainer *(Tech)* Haltescheibe f, Haltestück n
retainer member *(Tech)* Stützring m
retaining *(Tech)* Halterung f *(von Schläuchen)*
retaining pin *(Tech)* Splint m
retaining rail *(Stb)* Handlaufschiene f
retaining ring *(Bahn, Tech)* Sprengring m
retaining ring *(Tech)* Federring m, Haltering m, Klemmring m *(eines Ventils)*;

Sicherungsring m (Haltering); Simmerring m, Stützring m
retaining wall (Stb) Stützmauer f
retard v (Tech) abbremsen; hemmen (verzögern); verlangsamen, verzögern
retardation (Hydr/Pneu, Tech) Abbremsung f, Bremsung f, Bremswirkung f; Verzögerung f (beim Bremsen)
retarded adj (Tech) verlangsamt, verzögert
retarder (Tech) Gleisbremse f, Retarder m (Verlangsamer); Zusatzbremse f
retensioning distance (Förd) Rückspannweg m
retention bolt (Tech) Arretierbolzen m
retest (Prüf) Nachprüfung f, Wiederholungsprüfung f
retighten v (Tech) nachziehen (z. B. Schrauben)
retorque v (Tech) anziehen
retort-type furnace (Hütt/Walz) Tiegelfeuerung f
retort-type slag-tap furnace (Hütt/Walz) Schmelztiegelfeuerung f
retouching (Anstr) Ausbesserung f
retract v (Bergb) einfahren (Ausleger); einziehen (z. B. Hydraulikzylinder)
retract v (Hütt/Walz) zurückziehen
retractable adj (Tech) einfahrbar, einziehbar, hochziehbar, senkbar (absenkbar)
retracted adj (Tech) eingefahren; herausgefahren
retraction (Tech) Rückführung f (Kolben); Zurücknahme f
retread v (Kfz) runderneuern (Reifen)
retread v (Mech) nachschneiden (Reifen)
retrofit v (Tech) nachrüsten
return v (Tech) zurückreichen
return v **to atmospheric pressure** (Tech) belüften (Vakuumgefäß)
return (Elek) zurück (in Schaltplänen)
return (Hydr/Pneu) Rückzug m
return... (Tech) Rück...
return (Tech) Rückführung f (Kolben)
return (Tech, Hydr/Pneu) Rücklauf m
return belt (Förd) Unterband n, Untergurt m, Untertrum m
return echo (Prüf) Rückecho n (Ultraschall)
return idler (Förd) Tragrolle f (Untertrum); Unterbandrolle f, Unterbandtragrolle f,

Unterbandtragrollensatz m, Untertrum--Tragrolle f (Förderband)
return idler mounting (Förd) Umkehrverlagerung f
return idler tyre (BE) (Förd, Tech) Stützring m (Bandanlage); Taumelring m
return part (Förd) Austauschaggregat n, Austauschteil n, AT-Teil n
return pipe (Hydr/Pneu, Tech) Rücklaufleitung f
return pulley (Tech) Umkehrtrommelmischer m, Umlenkrolle f (Förderband)
return run (Förd) rücklaufendes Kettentrum n, Unterband n, Untergurt m, Untertrum m
return spring (Tech) Rückholfeder f (Zylinder); Rückzugfeder f
return sprocket (Bergb) Leitrad n, Umlenkturas m
return sprocket (Förd) Kehrrolle f
return station (Förd) Kehre f; Umkehrstation f (Band)
return strand (Förd) Unterband n, Untergurt m, Untertrum m
return travel (Tech, Hydr/Pneu) Rücklauf m
returnable container (Tech) Mehrwegbehälter m
returns pl (Tech) Rückgut n
reusable iron (Met) Nutzeisen n
rev v **up** (Elek) hochlaufen (Motor)
revamp v (Tech) aufbessern, erneuern, modernisieren, sanieren
revamping (Tech) Erneuern n, Modernisierung f
reveal pin (Tech) Schraubenspindel f
reverberation time (Elek) Nachschwingzeit f
reversal of force (Stat) Umkehren n, Umschlagen n
reversal stressing (Stb) Wechselbeanspruchung f
reverse v (Bergb) umschalten (Richtung)
reverse v (Tech) drehen (umkehren, umdrehen); rückwärts fahren, umdrehen
reverse (gear) (Tech) Rückwärtsgang m
reverse bend test (Prüf) Hin- und Herbiegeversuch m
reverse flow (Tech) Rückfluss m, Strömungsumkehr f (einer Pumpe)
reverse idler gear (Getr) Rücklaufrad n
reverse lever (Bahn, Tech) Umsteuerhebel m (z. B. im Steuerwagen)

reverse load (Met, Prüf, Stb) Wechsellast f (Dauerversuch)

reverse side (Schw) Wurzelseite f

reverse side (Tech) Rückseite f

reverse transformation (Met) Rückumwandlung f (Metallgefüge)

reversed adj (Tech) umgekehrt, zurücklaufend

reversed stress (Met, Prüf, Stb) Wechsellast f (Umkehrlast)

reverser (Elek) Drehrichtungsumschalter m, Umschalter m (Drehrichtung); Wender m (Drehrichtung); Wendeschalter m

reversible adj (Bahn, Tech) umsteuerbar

reversible adj (Tech) reversierbar, umdrehbar, umkehrbar, umschaltbar, wendbar

reversing adj (Tech) reversierbar, rücklaufend

reversing controller (Elek) Drehrichtungsumkehrschalter m, Drehrichtungswendeschalter m

reversing light (Elek) Rückfahrscheinwerfer m, Rückfahrtleuchte f, Rückwärtsscheinwerfer m

reversing switch (Elek) Drehrichtungsumkehrschalter m, Drehrichtungsumschalter m, Drehrichtungswendeschalter m, Polumschalter m, Polwender m, Stromwender m, Umkehrschalter m, Umschalter m (Drehrichtung); Wender m (Drehrichtung); Wendeschalter m

reversing valve (Vent) Umschaltventil n (zur Umkehrung)

revert scrap (Hütt) Rücklaufschrott m (Eigenschrott)

revet v (Bau) abstützen (Graben)

revetment (Bau) Futtermauer f

revetted adj (Bergb) abgestützt (Grabenwand)

revetting (Bau) Abstützung f (z. B. Streben im Graben)

review v (Tech) überprüfen

review (Prüf) Prüfung f

review (Tech) Überprüfung f

revise v (Tech) verbessern

revolution (Tech) Drehbewegung f (Drehung); Drehung f (um einen Körper, eine Achse); Umdrehung f (des Motors)

revolutions counter (Elek) Drehzahlmesser m

revolutions pl per minute (Elek, Tech) Drehzahl f (z. B. eines Motors); Umdrehungen fpl pro Minute, U/min, Upm

revolve v (Tech) drehen (sich drehen)

revolving adj (Kfz) drehend

revolving adj (Tech) Dreh..., drehbar (kreisend, rotierend, umlaufend); mitlaufend, schwenkbar

revolving beacon (Bahn, Elek, Kfz) Rundumleuchte f

revolving-field machine (Elek) Innenpolmaschine f

revolving frame (Tech) Oberwagen m (des Seilbaggers)

revolving screen (Tech) Drehsieb n

revolving superstructure (Bergb) drehbarer Oberwagen m

reweld v (Schw) nachschweißen

rework v (Tech) nacharbeiten

reworking (Tech) Nachbearbeitung f, Nachbesserungsarbeit f

RH equipment (Hütt) RH-Anlage f

RH lay (Bergb, Kran) Rechtsschlag m

RH-OB process (Hütt) RH-OB-Vakuumverfahren n

rheostat (Elek) Regelwiderstand m, Stellwiderstand m; Widerstand m

rheostatic braking (Förd) Generatorbremsung f (mit Widerstand)

rheostatic controller (Elek) Kusa-Anlauf m, Sanftanlaufwiderstand m

rhomb-shaped adj (Tech) rautenförmig

rhomb-shaped patch (Tech) Rautenflicken m

rhombic adj (Tech) rautenförmig

rhomboidity (Hütt/Walz) Spießkantbildung f

rhombus (Tech) Raute f (Rhombus)

rib v (Mech) rippen

rib v (Tech) verrippen

rib v **tightly** (Tech) scharf einpassen

rib (Tech) Leiste f (Metallrippe); Rippe f (zur Verstärkung)

rib tread (Kfz) Rillenprofil n (Reifen)

ribbed adj (Tech) gerippt

ribbed cross-cut chisel (Werkz) Rippenkreuzmeißel m

ribbed flat (Met) Nasenprofil n

ribbed steel sheet (Met) Rippenstahlblech n

ribbon (Baut) Holzleiste f (Latte)

ribbon (Tech) Farbband n (z. B. für Nadeldrucker)

ribbon cable *(Elek)* Bandkabel *n*, Flachkabel *n*

ribbon tubing *(Mess)* Schlauchband *n*

rich *adj (Bergb)* ergiebig *(z. B. Flöz)*

rich *adj (Tech)* reich

rich gas *(Chem)* Reichgas *n*, Starkgas *n*

rich ore *(Bergb)* Reicherz *n*

riddlings *(Hütt/Walz)* Rostdurchfall *m*

rider *(Tech)* Reiter *m*

rider ring *(Tech)* Tragring *m (Kolbenverdichter)*

ridge *(Baut)* Dachfirst *m*, First *m*

ridge *(Bergb)* Wall *m (aus gefrästem Erdreich)*

ridge lantern *(Baut)* Dachlaterne *f (Dachreiter, Dachaufsatz)*

ridge turret *(Baut)* Dachreiter *m*

ridgeless *adj (Tech)* stufenlos

riffle file *(Werkz)* Riffelfeile *f*

riffler *(Werkz)* Lochfeile *f*, Nadelfeile *f*, Rattenschwanzfeile *f*, Riffelfeile *f*

right *adj (Tech)* rechts; richtig

right-angle bevel gearing *(Getr, Tech)* Kegelgetriebe *n*

right-angle check valve *(Vent)* Winkelrückschlagventil *n*

right-angle grinder *(Mech)* Winkelschleifer *m*

right-angle speed reducer *(Getr)* Winkelgetriebe *n*

right-angled *adj (Tech)* rechtwinklig

right-hand *adj (Tech)* rechts, rechtssteigend

right-hand design *(Tech)* Rechtsausführung *f*

right-hand lay *adj (Tech)* rechtsgängig *(Seil usw.)*

right-hand lay *(Bergb, Kran)* rechtsschlag *m*

right-hand-turning *adj (Tech)* rechtsdrehend

right-handed *adj (Tech)* rechtsgängig *(Zahnrad)*

right-justified *adj (Tech)* rechtsbündig

right lay *(Bergb, Kran)* Rechtsschlag *m*

right of way *(Kfz)* Vorfahrt *f*

righted position *(Elek)* Nullstellung *f (Ofengefäß)*

righting torque *(Tech)* Rückkippmoment *n*

rigid *adj (Met, Stat)* biegesteif

rigid *adj (Tech)* starr, steif

rigid arch *(Stb)* eingespannter Bogen *m*

rigid axle *(Tech)* Starrachse *f*

rigid chimney *(Stb)* eingespannter Schornstein *m*

rigid-frame bridge *(Stb)* Rahmenträgerbrücke *f*

rigidity *(Tech)* Starrheit *f*, Steifigkeit *f*

rigidity module *(Tech)* Gleitmodul *m*

rigidity modulus *(Met)* Schermodul *n*

rigidity of test *(Prüf)* Prüfschärfe *f*

rim *v (Mech)* rändeln

rim *(Kfz)* Felge *f*

rim *(Tech)* Kranz *m*, Laufkranz *m*, Radfelge *f (Radkranz)*; Rahmen *m (felgenartig)*; Scheibenrad *n (Felge)*

rim tool *(Tech, Werkz)* Reifenwerkzeug *n*

rimmed *adj (Met)* unberuhigt *(Stahl)*

rimming *adj (Met)* unberuhigt *(Stahl)*

ring *(Elek, Mech)* Abstandsring *m*, Ring *m*

ring *(Tech)* Ring *m*, Ringstück *n*

ring *(Walz)* Windung *f (Drahtbund)*

ring and socket spanner *(Werkz)* Ringmaulschlüssel *m*

ring clamp *(Tech)* Schnappring *m*

ring collecting chamber *(Walz)* Ringbildekammer *f*

ring expanding text *(Prüf)* Aufdornversuch *m (Rohre)*

ring gasket *(Tech)* Dichtring *m (flach)*

ring gear *(Getr)* Hohlrad *n (eines Planetengetriebes)*; ringförmiges Zahnrad *n*, Tellerrad *n*, Zahnkranz *m (Laufrad)*; Zahnradkranz *m*

ring girder *(Tech)* Tragring *m*

ring groove ball bearing *(Lag)* Ringrillenkugellager *n*

ring insert tool *(Werkz)* Ringeinsteckwerkzeug *n*

ring joint *(Tech)* Dichtringverbindung *f (Flanschverbindung)*

ring joint groove *(Hydr)* Ringnut *f (Flansch)*

ring sealing *(Tech)* O-Ring-Dichtung *f*, Schnappring *m*

ring-shaped *adj (Tech)* ringförmig

ring spanner *(Werkz)* Ringschlüssel *m*

ring support *(Tech)* Ringausbau *m (Tunnel)*; Ringstutzen *m*

ring tensile test *(Prüf)* Ringzugversuch *m (Rohre, DIN 50138)*

Ringelmann chart *(Hütt/Walz, Ökol)* Rauchdichteskala *f*, Ringelmannskala *f*

ringing test *(Tech)* Klangprobe *f*

ringing time *(Elek)* Nachschwingzeit *f*

rinse v (Tech) durchspülen, spülen (auswaschen)

rip v (Bergb) aufreißen (mit dem Aufreißer)

rip v (Tech) reißen

rip cord emergency switch (Elek) Reißleinen-Notschalter m

ripper bucket (Bergb) Reißlöffel m

ripple (Elek, Tech) Welligkeit f

ripple frequency (Mess) Brummfrequenz f

ripple voltage (Elek) Restwelligkeit f

ripsaw (Werkz) Fuchsschwanz m (Säge)

rise (Förd) Förderhöhe f, Hub m (ansteigendes Band); Hubhöhe f (Band)

rise (Förd, Tech) Achsabstand m (des Bandes)

rise (Stb) Pfeilhöhe f

rise (Tech) Steigung f (Ausrichtvorrichtung)

rise and fall machinery (Kran) Einziehwerk n (Kranbau)

rise time (Elek, Mess) Anregelzeit f, Anstiegszeit f (eines Signals)

riser (Stb) Standrohr n, Steigleitung f

riser (Tech) abführendes Verbindungsrohr n, Abführrohr n (nach oben); Steiger m (Gießerei)

rising adj (Mess) steigend

rising flank (Getr) aufsteigende Flanke f

rising platform (Bergb) Hebebühne f

risk (Tech) Gefahr f

rivet v (Bergb, Tech) abnieten

rivet v (Mech) vernieten

rivet v (Mech, Mont, Tech) nieten (Doppelkopfbolzen verbinden)

rivet (Tech) Niet m, Niete f

rivet back-mark (Stb) Nietrisslinie f

rivet cleaning chisel (Werkz) Nietverputzmeißel m

rivet connection (Stb) Nietanschluss m

rivet forge (Tech) Feldschmiede f

rivet gauge line (Stb) Nietrisslinie f

rivet removers pl (Mont) Nietsprenger m

rivet set (Mont, Werkz) Nietendöpper m, Döpper m; Nietzieher m

rivet snap (Stb) Nietdöpper m (Schelleisen)

rivet snapper (Mont) Nietkippe f

riveted plate girder (Stb) genieteter Blechträger m, Nietträger m

riveter hammer (Werkz) Niethammer m

riveting hammer (Werkz) Niethammer m

riveting set (Stb) Nietdöpper m (Schelleisen)

riveting tongs pl (Werkz) Nietzange f

RMS (Math) quadratischer Mittelwert m (Effektivwert)

r.m.s. value (Elek) Effektivwert m (Sicherung)

road (Bau) Fahrbahn f (Straße); Straße f (Landstraße)

road axis (Bau) Wegeachse f

road bed (construction) (Bau) Koffer m (Straßenbau)

road breaker (Bergb) Aufbruchhammer m

road building [construction] (Bau) Straßenbau m

road construction department (Bau) Straßenmeisterei f

road engineer (Bau) Straßenbauer m (Ingenieur)

road finisher (Bau) Deckenfertiger m (Straßenbau); Straßenfertiger m

road finishing machine (Bau) Deckenfertiger m (Straßenbau); Straßenfertiger m

road header (Bergb, Tunn) Streckenvortriebsmaschine f, Teilschnittmaschine f

road heading machine (Bergb, Tunn) Streckenvortriebsmaschine f, Teilschnittmaschine f

road network (Tech) Straßennetz n, Wegenetz n

road resistance (Tech) Fahrwiderstand m

road roller (Baum) Straßenwalze f

road scarification (Bau) Straßenaufbruch m

road sign (Tech) Verkehrszeichen n

road sub-base (Bau) Straßenpacklage f

road sweeper (Kfz) Kehrfahrzeug n; Kehrbesen m (am Lader); Kehrmaschine f, Straßenkehrmaschine f

road system (Tech) Straßennetz n, Wegenetz n

road tanker (Kfz, Tech) Tanker m (Straßenfahrzeug); Tanklaster m, Tanklastzug m; Tankwagen m

road traffic (Tech) Straßenverkehr m

road-transportable adj (Tech) straßenbeweglich

roadability (Tech) Straßenlage f (Kraftfahrzeug)

roadway *(Stb)* Fahrbahn *f (auf einer Brücke)*

roast *v (Hütt)* rösten *(Erz)*

roaster *(Hütt)* Röstofen *m (Bleiverhüttung)*

roasting furnace [kiln] *(Hütt)* Röstofen *m (Bleiverhüttung)*

roasting fusion *(Hütt)* Röstschmelzen *n (Kupfergewinnung)*

roasting plant *(Hütt)* Röstanlage *f (Erz)*

roasting smelting *(Hütt)* Röstschmelzen *n (Kupfergewinnung)*

robot welder *(Schw)* Schweißroboter *m*

robust *adj (Met, Tech)* robust

rock *(Bau, Berg)* Fels *m*, Stein *m*; Felsboden *m*, festes Gestein *n*, Gestein *n*

rock... *(Bergb)* Fels..., Gesteins...

rock bolt *(Tunn)* Anker *m*

rock bolting *(Tech)* Verankerung *f (des Tunnelausbaus)*

rock drill drifter *(Bergb, Werkz)* Hammerbohrmaschine *f (Schwerstbohrhammer)*

rock ejector *(Tech)* Steinauswerfer *m (zwischen Zwillingsreifen)*

rock guard *(Bergb)* Steinschlagschutz *m*, Steinschlagschutzgitter *n*

rock hammer *(Zer)* Steinhammer *m*

rock slope *(Bergb)* Erzrolle *f*, Rolle *f*

rock wool *(Bergb, Geo)* Steinwolle *f*

rocker *(Bergb)* Koppellenker *m*

rocker *(Lag)* Lagerpendel *n*

rocker *(Stb)* Wiege *f*

rocker *(Tech)* Kipphebel *m*, Motorwippe *f*, Schwinge *f*

rocker *(Zer)* Schwinge *f (Schwingenbrecher)*

rocker arm *(Tech)* Kipphebel *m*, Kippwelle *f*, Schwinge *f*, Schwingenarm *m*; Schwinghebel *m*

rocker bearing *(Lag)* Kipplager *n*, Pendellager *n*, Schwingenlager *n*; Stelzenlager *n*

rocker pin *(Stb)* Kippzapfen *m*, Wiegezapfen *m*

rocker pin *(Tech)* Pendelstütze *f*

rocket motor igniter *(Elek)* Raketenmotoranzünder *m*

rockfree *adj (Bergb, Geo)* steinfrei

rocking motion *(Tech)* Schaukelbewegung *f*, Schwingung *f*

rocks *pl (Bergb)* Abgänge *fpl*, Berge *mpl*; Gestein *n*

Rockwell hardness *(Met)* Rockwell-Härtegrad *m*

Rockwell hardness test *(Prüf)* Härteprüfung *f* nach Rockwell, Rockwell-Härteprüfung *f*

rod *(Hütt/Walz, Met)* Draht *m (nach dem Walzen gezogen)*; Walzdraht *m*

rod *(Met, Stb)* Stab *m*, Stange *f*

rod *(Tech)* Pleuelstange *f*

rod and light section mill *(Walz)* Draht- und Feinstahlstraße *f*

rod compass *(Werkz)* Stangenzirkel *m*

rod end area *(Tech)* Ringfläche *f (Kolben)*

rod-end bearing *(Tech)* Gelenklager *n*; Wellenlager *n* Gelenkauge *n (Zerkleinerung)*

rod eye *(Tech)* Kolbenstangenkopf *m*

rod holder *(Schw)* Elektrodenhalter *m*

rod mill *(Walz)* Drahtwalzwerk *n (Drahtstraße)*

rod wave *(Elek)* Stabwelle *f*

roentgenogram *(Prüf)* Röntgenaufnahme *f*

roll *v (Hütt/Walz)* verwalzen, walzen

roll *v (Tech)* rollen

roll *v in (Tech)* einwalzen *(Rohre in Rohrböden)*; einwalzen *(Deckscheibendichtung in Zwischenboden)*

roll *(Bau)* Röllchen *n*

roll *(Bergb, Tunn)* Krängung *f*

roll *(Hütt/Walz)* Rolle *f (des Gewindes nach dem Vergüten)*; Walze *f*

roll *(Tech)* Rolle *f (am Laufwerk)*

roll axis *(Walz)* Walzenachse *f*

roll-back limiter *(Bergb)* Kippbegrenzer *m*, Kippbegrenzung *f*, Überkippbegrenzung *f*; Überlaufschutz *m*; Überrollschutz *m*; Überschüttungsschutz *m*; Überwurfschutz *m*

roll box *(Tech)* Werkstattwagen *m*

roll centre arbor *(BE) (Walz)* Walzenachse *f (zweiteilige Aufbauwalze)*

roll chatter *(Walz)* Walzenrattern *n*

roll checker *(Prüf)* Rollenprüfgerät *n (prüft Rundlauf)*

roll chock *(Walz)* Walzeneinbaustück *n*

roll cluster *(Walz)* Vielwalzensatz *m*

roll contour *(Walz)* Walzenform *f*

roll dressing shop *(Walz)* Walzenwerkstatt *f*

roll end *(Tech)* Stirnfläche *f (einer Rolle)*

roll flattening *(Mech)* Glätten *n*, Planieren *n*

roll groove *(Walz)* Walzenkaliber n

roll housing *(Walz)* Rollenständer m *(eines Treibrollengerüstes)*; Walzenständer m; Walzgerüst n *(eines Walzwerkes)*

roll neck *(Walz)* Laufzapfen m; Rollenzapfen m

roll outer shell *(Hütt/Walz)* Walzenmantel m

roll pass *(Walz)* Kaliber n

roll quenching *(Hütt)* Rollenabschreckung f

roll separating force *(Walz)* Walzkraft f

roll shaft end *(Walz)* Rollenzapfen m

roll sleeve *(Hütt/Walz)* Walzenmantel m

roll stand *(Walz)* Rollenstand m; Walzgerüst n

roll twist guide *(Walz)* Rollendrallapparat m

roll unit *(Walz)* Rollenstand m

roll welding *(Schw)* Walzschweißen n *(DIN 1910)*

roll zeroing *(Walz)* Nullanstellung f *(Einrichten der Walzen)*

rolled *adj (Met)* gerollt *(gewalzt)*; gewalzt • **as rolled** im gewalzten Zustand; roh *(nur gewalzt)* • **as rolled or smoother** walzrau oder besser *(Gütebezeichnung)*

rolled beam *(Met)* Profilträger m

rolled end of a spring *(Tech)* Federauge n

rolled joist *(Met)* Profilträger m

rolled plate *(Hütt/Walz, Met)* Walzblech n *(Walztafel)*; Walztafel f

rolled sheet metal *(Hütt/Walz, Met)* Walzblech n, Walztafel f

rolled steel *(Hütt/Walz, Met)* gewalzter Stahl m, Walzstahl m

rolled steel channel *(Met)* U-Eisen n

rolled-steel joist *(Hütt/Walz, Met, Stb)* Doppel-T-Eisen n, Doppel-T-Träger m, I-Eisen n, Träger m *(I-Eisen)*; Trägereisen n, Walzträger m

rolled steel section *(Met, Stb)* Walzprofil n

roller *(Hütt/Walz)* Walze f

roller *(Tech)* Laufrad n, Laufrolle f, Rolle f *(am Laufwerk)*

roller assembly *(Hütt/Walz)* Walzenkranz m

roller bearing *(Lag)* Kegellager n, Rollenlager n, Walzenlager n, Wälzlager n *(Kugel- und Rollenlager)*; Zylinderrollenlager n

roller bend *(Förd)* Rollenbogen m *(Schleppkreisförderer)*

roller bow *(Mech)* Rollenspiegel m

roller-burnished *adj (Met)* gerollt *(z. B. Innenfläche eines Zylinderrohrs)*

roller-burnished *adj (Walz)* glattgewalzt *(Zylindermantel)*

roller cage assembly *(Hütt/Walz)* Walzenkranz m *(eines Wälzlagers)*

roller carrier *(Förd)* Tragrolle f, Walzenträger m

roller chain *(Tech)* Laschenkette f, Rollenkette f *(Bandwaage)*

roller checker *(Prüf)* Rollenprüfgerät n *(prüft Rundlauf)*

roller coating *(Walz)* Walzenauftrag m

roller conveyor *(Förd)* Rollenbahn f, Rollenförderer m, Rollengang m; Rollentransportband n, Transportrollgang m

roller cutter *(Bergb, Tunn)* Schneidrolle f

roller eccentricity *(Hütt/Walz)* Rollenschlag m

roller-finished *adj (Met)* gerollt *(Oberfläche)*

roller flanging *(Walz)* Walzbördeln n *(Bandwalzwerk)*

roller gap *(Tech)* Maulweite f *(Gießmaschinen)*

roller gate *(Stb)* Rollenschütz n

roller gate *(Tech)* Rolltor n

roller grizzly *(Förd, Zer)* Dreiecksscheibenrost m, Rollenrost m, Scheibenrost m

roller guide *(Tech)* Rollschlitten m

roller guide support *(Tech)* Zentrierbock m

roller hearth furnace *(Hütt)* Rollenherdofen m

roller journal bearing *(Lag)* Pendelrollenlager n, Radial-Pendelrollenlager n, Radial-Rollenlager n *(zweireihig)*; Radial-Rollenlager n, Radial-Tonnenlager n, Tonnenlager n *(einreihig)*

roller lane *(Förd)* Rollenbahn f

roller mounting *(Förd)* Rollenhalterung f

roller-operated *adj (Hydr/Pneu)* rollenstößelbetätigt

roller path *(Förd)* Rollenbahn f

roller plate *(Met)* Wälzplatte f

roller race *(Kran, Lag)* Rollenlagerring m *(Rollenkranz)*; Rollenring m *(in einem Lager)*

roller raceway *(Förd, Tech)* Rollenbahn f; Zylinderbahn f *(Lauffläche)*
roller screen *(Förd, Zer)* Dreiecksscheibenrost m, Rollenrost m, Scheibenrost m
roller seam welding *(Schw)* Rollennahtschweißen n *(DIN 1910)*
roller set *(Tech)* Stößelrolle f
roller table *(Tech)* Rollgang m
roller tape measure *(Tech)* Rollenbandmaß n
roller tappet *(Hydr/Pneu)* Rollenstößel m
roller thrust bearing *(Lag)* Rollenlager n
roller track *(Förd)* Rollenbahn f
roller-type cable handler *(Tech)* Kabelraupe f
rollerized ladder chain rung *(AE)* *(Förd)* Gleitrollenachse f
rolling angle *(Tech)* Rollwinkel m
rolling angle *(Walz)* Walzwinkel m
rolling ball universal joint *(Tech)* Rollkugelgelenk n
rolling bearing *(Lag)* Wälzlager n *(Kugel- und Rollenlager)*
rolling contact bush *(Zer)* Abwälzbuchse f
rolling defect *(Hütt/Walz)* Walzfehler m
rolling friction *(Tech)* Rollreibung f *(Wälzreibung)*
rolling load *(Tech)* Betriebslast f, Verkehrslast f
rolling load *(Walz)* Walzkraft f
rolling mill *(Hütt/Walz)* Walzwerk n
rolling mill practice [technology] *(Hütt/Walz)* Walztechnik f, Walzwerktechnik f
rolling pass *(Walz)* Stich m
rolling resistance *(Met)* Rollwiderstand m *(Gerät auf Rollen)*
rolling resistance *(Tech)* Fahrwiderstand m
rolling ring *(Walz)* Walzring m *(Drahtblock)*
rolling sheets in packs *(Walz)* Stürzenwalzen n
rolling stock *(Bahn)* rollendes Material n, Schienenfahrzeuge npl *(aller Art)*
rolling stock *(Walz)* Walzgut n
rollpin *(Tech)* Spannstift m *(geschlitzte Hülse)*
ROM *(Elek)* ROM *(EDV-Speicher)*
roof v *(Bau)* überdachen
roof *(Baut)* Dach n • **under roof** überbaut, überdacht

roof *(Bergb)* Hangende n
roof *(Tech)* Dach n *(Deckel, Haube)*
roof bow *(Kfz)* Dachspriegel m
roof deck *(Baut)* Dachunterkonstruktion f *(bei Flachdach)*
roof frame *(Baut)* Binder m; Dachrahmen m; Dachstuhl m
roof lamp *(Elek, Kfz)* Deckenleuchte f
roof-light *(Baut)* Oberlicht n
roof plane *(Baut)* Dachebene f
roof truss *(Baut)* Binder m; Dachstuhl m, Fachwerkbinder m
roof turret *(Baut)* Dachreiter m
roofing *(Baut)* Bedachung f, Dacheindeckung f; Überdachung f
roofing felt *(Baut)* Dachpappe f
roofing slate *(Baut)* Dachschindel f
room *(Baut)* Raum m *(Zimmer)*
room *(Tech)* Platz m
room temperature *(Tech)* Raumtemperatur f
roomy adj *(Tech)* geräumig *(z. B. Fahrerhaus)*
root *(Schw)* Wurzel f *(der Schweißnaht)*
root bead *(Schw)* Wurzelraupe f
root bend *(Schw)* Wurzelbiegung f *(für Schweißqualität)*
root bend specimen *(Schw)* Wurzelbiegeprobestück n *(geschweißt)*
root circle *(Tech)* Fußkreis m, Grundkreis m *(des Zahnrades)*
root concavity [contraction] *(Schw)* Wurzelrückfall m
root crack *(Schw)* Wurzelriss m *(der Schweißnaht)*
root defect *(Schw)* Wurzelfehler m *(falsches Schweißen)*
root diameter *(Tech)* Fußkreisdurchmesser m, Kerndurchmesser m *(Schraube)*
root face *(Schw)* Steghöhe f; Stegflanke f *(Wurzel)*
root mean square *(Math)* quadratischer Mittelwert m *(Effektivwert)*
root mean square value *(Elek, Math)* Effektivwert m, quadratischer Mittelwert m *(Effektivwert)*
root notch *(Schw)* Wurzelkerbe f
root of thread *(Tech)* Gewindekern m
root opening *(Schw)* Wurzelkerbe f, Wurzelöffnung f
root pass *(Schw)* Wurzellage f *(erste Schweißraupe)*

root rake *(Bergb)* Wurzelextraktor m, Wurzelrechen m

root reinforcement *(Schw)* Wurzelüberhöhung f *(DIN 8563)*

root relief *(Getr, Tech)* Fußrücknahme f, Zahnfußrücknahme f

root run *(Schw)* Wurzelraupe f

root surface *(Tech)* Fußmantelfläche f

root toroid *(Tech)* Fußkehlfläche f

Roots pump *(Tech, Verd)* Rootspumpe f

Roots vacuum pump *(Tech)* Wälzkolbenvakuumpumpe f

rope *(Tech)* Seil n *(Kabel)*; Strick m, Tau n, Trosse f *(meist Stahlseil)*

rope... *adj (Tech)* Seil...

rope cappel *(Tech)* Seilkausche f

rope capstan *(Schiff)* Seilspill n

rope clamp *(Bergb)* Einband m *(Seil)*

rope-down device *(Tech)* Abseilvorrichtung f *(am Kran)*

rope drum with restoring spring *(Tech)* Federseiltrommel f

rope gallow *(Tech)* Seilrollenträger m

rope gear *(Bergb)* Seilgeschirr n

rope groove *(Bergb, Tech)* Rille f, Seilrille f *(einer Seiltrommel)*

rope hoist *(Bergb, Förd, Tech)* Seilhubwerk n, Seilzug m, Windwerk n

rope hoist gear unit *(Förd)* Windengetriebe n

rope materials *pl (Tech)* Halbzeug n *(für Seilherstellung)*

rope overload guard *(Bergb)* Seillastsicherung f, Seilzugmessvorrichtung f

rope reeving *(Bergb)* Flaschung f *(eines Seils)*; Seilgehänge n

rope socket *(Tech)* Gabelhülse f *(Seil)*; Seilbefestigung f, Seilhülse f

rope termination *(Bergb)* Einband m *(Seil)*

rope termination *(Bergb, Tech)* Seilkopf m

rope winch *(Bergb, Tech)* Kabelwinde f, Seilwinde f, Seilzug m

rope with radial compression ferrule *(Förd)* gepresstes Seil n

rose bit *(Mech)* Krauskopf m

rose bit *(Tech)* Senker m *(Kegelsenker)*

rose reamer *(Mech)* Krauskopf m

rot *v (Bau)* modern *(verrotten)*

rotameter *(Mess)* Rotationsdurchflussmesser m

rotary *adj (Kfz)* drehend

rotary *adj (Tech)* Dreh..., Schwenk...; drehbar *(kreisend, rotierend, umlaufend)*; rotierend

rotary bending fatigue test *(Prüf)* Umlaufbiegeversuch m *(DIN 50100)*

rotary breaker *(Zer)* Rundbrecher m *(Kreiselbrecher)*

rotary control switch *(Elek)* Drehschalter m

rotary cutter *(Mech)* Fräse f, Fräse f

rotary cylinder shear *(Mech, Walz)* Trommelschere f

rotary-disc screen grizzly *(Zer)* Scheibenrollenrost m

rotary drive *(Bergb)* Kraftdrehkopf m

rotary dryer *(Zer)* Trockentrommel f

rotary dumper *(Tech)* Wagenkipper m

rotary excavating boom *(Bergb)* Schrämausleger m

rotary feeder *(Hütt/Walz, Tech)* Telleraufgabe f; Zellenschleuse f *(Abzugs- und Verschlussorgan)*

rotary flashing beacon *(Bahn, Elek, Kfz)* Rundumleuchte f

rotary gate valve *(Tech, Vent)* Zellenradschleuse f

rotary grinder *(Bergb)* Fräswalze f

rotary grinder *(Mech)* Fräser m

rotary hearth *(Hütt, Walz)* Drehherd m *(eines Drehherdofens)*

rotary impact crusher *(Zer)* Prallbrecher m

rotary kiln *(Hütt)* Drehrohrofen m

rotary motion *(Tech)* Drehbewegung f *(drehende Bewegung)*

rotary oscillation *(Tech)* Drehschwingung f

rotary packet switch *(Elek)* Pacco--Schalter m

rotary piercing mill *(Walz)* Schrägwalzwerk n *(Lochwalzwerk)*

rotary piston *(Tech)* Drehkolben m

rotary-piston meter *(Mess)* Ringkolbenzähler m

rotary pocket feeder *(Tech, Vent)* Zellenradschleuse f

rotary power *(Tech)* Drehkraft f

rotary pump *(Hydr/Pneu)* Kreiselpumpe f, Rotationspumpe f

rotary squirrel cage *(Hütt)* Schlagkorb m *(Desintegrator)*

rotary switch *(Elek)* Drehschalter m, Hebeldrehschalter m

rotary switch *(Tech)* Maschinenwähler *m*

rotary tower crane *(Kran)* Turmdrehkran *m*

rotary-type blast cleaning machine *(Tech)* Schleuderputzmaschine *f*

rotary type limit switch *(Elek)* Kopierwerk *n*

rotary valve *(Vent)* Drehschieber *m*, Drehstellventil *n*, Drehventil *n*; Mischschieber *m*

rotary vane feeder *(Hütt, Tech)* Zellenschleuse *f (Abzugs- und Verschlussorgan)*

rotary vane vacuum pump *(Tech, Verd)* Rotationsvakuumpumpe *f*

rotatable *adj (Tech)* drehbar *(kreisend, rotierend, umlaufend)*; drehbar gelagert

rotatable-shell furnace *(Hütt)* drehbarer Ofen *m*

rotate *v (Tech)* drehen *(sich drehen)*; kreisen

rotating *adj (Kfz)* drehend

rotating *adj (Tech)* Dreh...; drehbar *(kreisend)*: gedreht; rotierend, umlaufend

rotating assembly *(Tech)* Glockengehäuse *n*, rotierendes Gehäuse *n*, Rotor *m (Turbolader)*

rotating bar fatigue test *(Prüf)* Umlaufbiegeversuch *m (DIN 50100)*

rotating face *(Tech, Verd)* Schleuderkante *f (in einer Gleitringdichtung)*

rotating fault *(Tech)* Rundlauffehler *m*

rotating gear *(Bergb)* Drehwerk *n*

rotating head *(Bergb, Tech)* Drehkopf *m*, Greiferdrehkopf *m*

rotating hearth *(Hütt, Walz)* Drehherd *m (eines Drehherdofens)*

rotating load *(Stat)* Umfangslast *f*

rotating machinery *(Tech)* Schwenkantrieb *m*

rotating mass *(Stat, Tech)* Schwungmasse *f (z. B. Motor)*

rotating part *(Tech)* Rotor *m (einer Dichtung)*; umlaufendes Teil *n*

rotating platform *(Bergb)* Schwenkplattform *f*

rotating scanning head *(Prüf)* Prüfblock *m*

rotating seat *(Tech)* Gegenlaufring *m (einer Gleitringdichtung)*

rotating trolley *(Kran)* Drehlaufkatze *f*

rotating type limit switch *(Elek)* Spindelendschalter *m*

rotation *(Tech)* Drehbewegung *f*, Drehung *f (um einen Körper, eine Achse)*; Umdrehung *f*, Umlauf *m (Rotation)*; Verdrehung *f*

rotation and feeding *(Tech)* Umlaufvorschub *m*

rotation arrow *(Elek)* Drehrichtungspfeil *m*

rotation-symmetrical *adj (Tech)* rotationssymmetrisch

rotational *(Tech)* Dreh...

rotational direction of mill *(Zer)* Mühlendrehrichtung *f*

rotational-section scan instrument *(Elek)* Schnittbildgerät *n (B-Bildgerät)*

rotational speed *(Elek, Tech)* Drehzahl *f (z. B. eines Motors)*

rotational speed sensor *(Elek)* Schaltscheibe *f (Dieselmotor Transportpumpe)*

rotator *(Stb)* Drehvorrichtung *f*

rotator *(Tech)* Rotor *m*

rotator distributor *(Tech)* Verteilerfinger *m (im Zündverteiler)*

rotavator *(Bau)* Bodenfräse *f*

rotocap *(Form)* Drehkappe *f*

rotor *(Elek)* Anker *m (bei elektrischen Maschinen)*

rotor *(Hütt)* Schleuderrad *n (beim Sandstrahlen)*

rotor *(Tech)* Drehkolben *m (Schraubenverdichter)*; Kanalrad *n (Pumpe)*; Läufer *m*, Laufrad *n*, Rotor *m*

rotor bearing *(Lag)* Rotorlager *n*

rotor drum *(Tech)* Hohlwelle *f (eines Läufers)*

rotor feed hardening *(Met)* Umlaufvorschubhärtung *f*

rotor pump *(Hydr/Pneu)* Kanalpumpe *f*

rotor separator *(Zer)* Rotorscheider *m*

rotten *adj (Bau)* faulig, moderig

rough *v up (Tech)* aufrauen

rough *adj (Met)* roh, unbearbeitet

rough *adj (Tech)* grob, rau

rough brickwork *(Baut)* Rohbau *m*

rough cut file *(Werkz)* Grobhiebfeile *f*, Großhiebfeile *f*

rough dimension *(Tech)* Rohmaß *n*

rough file *(Werkz)* Grobfeile *f*, Packfeile *f*, Schruppfeile *f*, Strohfeile *f*

rough-finished *adj (Mech)* vorgearbeitet

rough-machine v (Mech) schruppen
rough-machined adj (Mech) geschruppt, vorbearbeitet (spanabhebend); vorgedreht (auf einer Drehbank)
rough machining (Mech) Vorbearbeitung f
rough-plane v (Mech) schrupphobeln
rough rolling (Walz) Vorwalzen n
rough size (Tech) Rohmaß n
rough-terrain... adj (Förd, Kfz) Allweg..., Gelände...
rough-turn v (Mech) vordrehen (auf einer Drehbank)
rough-turned adj (Mech) vorgedreht (auf einer Drehbank)
rough-working (Mech) Vorbearbeitung f
rough zinc (Met) Rohzink n
roughed slab (Hütt/Walz) Vorbramme f
roughen v (Anstr) aufrauen (maschinell)
roughen v (D:) vorfräsen
roughen v (Mech, Tech) aufrauen
roughing (Mech) Vorbearbeitung f
roughing (Walz) Vorwalzen n
roughing and finishing lathes pl (Mech) Schrupp- und Fertigdrehmaschinen fpl
roughing lathe (Mech) Schruppmaschine f
roughing pass (Walz) Vorkaliber n; Vorwalzstich m
roughing roll (Walz) Streckwalze f
roughing stand (Walz) Vorgerüst n
roughing tool (Mech, Werkz) Schruppwerkzeug n
roughly adv (Tech) ungefähr
roughness (Anstr) Rauheit f, Rht (in Zeichnungen)
roughness (Met) Rauheit f, Rauigkeit f
roughness criteria pl (Anstr) Oberflächenangabe f; Rauheitsmeßgröße f
roughness value (Met, Tech) Rauwert m
round v (Mech) runden (rund machen)
round v off (Math) abrunden (Zahlen)
round v off (Mech) rund machen, runden (z. B. Gewinde)
round v off (Mech, Mont) abkanten, abrunden, ausrunden (z. B. Gewinde)
round v up (Mech) runden (aufrunden)
round adj (Tech) rund
round (Met, Stb) Rundeisen n, Rundstab m, Rundstahl m (Rundmaterial)
round anchoring plate (Bau, Mech, Mont, Tech) Ankerplatte f, Ankerrosette f, Rosette f

round bar (Met, Stb) Rundeisen n, Rundstab m, Rundstahl m (Rundmaterial); Rundstange f, Stange f
round bar steel (Met) Rundstahl m (Rundmaterial)
round bar testing (Hütt/Walz, Prüf) Stangenprüfung f
round bars pl (Met) Rundmaterial n
round cord (Tech) Rundschnur f
round-cornered adj (Stb) rundkantig
round-edged adj (Stb) rundkantig
round file (Werkz) Hohlfeile f, Rundfeile f
round-head screw (Tech) Halbrundschraube f; Rundkopfschraube f
round-head wood screw (Tech) Halbrundholzschraube f (mit Schlitz)
round-nose pliers pl (Werkz) Rundzange f
round steel bar (Met) Rundeisen n, Rundmaterial n, Rundstahl m
round strand voge (Tech) Rundlitzenseil n
round string packing (Tech) Rundschnurring m
round timber (Stb) Rundholz n
rounded adj (Form) arrondiert
rounded adj (Mech, Mont) abgerundet (z. B. Kante)
rounded adj (Met) gerundet (z. B. Kanten)
rounded adj (Tech) rund, vorgerundet (Körner)
rounded down adj (Math) abgerundet (eine Zahl)
rounded end (Tech) Linsenkuppe f (Schraube)
rounded key (Mont) Rundkeil m
rounded off adj (Mech, Mont) abgerundet (z. B. Kante)
rounded protection ring (Tech) Schutzring m (Reduktionsofen)
rounding (Mech) Runden n, Rundheit f
rounding (Tech) abgerundete Stelle f, Abrundung f, Rundung f
roundness (Tech) abgerundete Stelle f, Abrundung f
rounds pl (Met) Rundmaterial n, Rundstahl m
route (Bau) Trasse f
route (Tech) Route f, Strecke f, Weg m
routine adj (Tech) regelmäßig
routine inspection (Prüf, Tech) Serienprüfung f (DIN 50100)

routine maintenance *(Bau, Tech)* Wartung *f*

routing *(Elek)* Fertigungssteuerung *f*

routing *(Förd)* Trasse *f (Förderband)*

row *(Tech)* Flucht *f*; Reihe *f*

r. p. m. *(Abk. für: revolutions per minute) (Tech, Elek)* Umdrehungen *fpl* pro Minute, U/min, Upm.

rpm *(Abk. für: revolutions per minute) (Tech, Elek)* Umdrehungen *fpl* pro Minute, U/min, Upm.

R.R. stock *(Bahn)* rollendes Eisenbahnmaterial *n*

R.S.J. *(Abk. für: rolled steel joist) (Hütt/ Walz, Met, Stb)* I-Eisen *n*, Träger *m (I-Eisen)*; Trägereisen *n*

rub *v (Tech)* anlaufen; reiben, rubbeln *(reiben)*; schaben; scheuern *(reiben, rubbeln)*

rubber *(Chem)* Kautschuk *m*

rubber *(Met)* Perbunan *n (z. B. in Schläuchen, Krümmern)*

rubber *(Tech)* Gummi *m*

rubber-bonded-to-metal component *(Tech)* Gummi-Metall-Verbindung *f*

rubber-bonded-to-metal mounting *(Tech)* Schwingmetall-Lagerung *f*

rubber boot *(Kfz)* Gummimanschette *f*

rubber bush *(Tech)* Ultrabüchse *f*

rubber file *(Werkz)* Liegefeile *f*

rubber gasket *(Kfz)* Gummidichtung *f (flach)*

rubber gasket *(Tech)* Gummizwischenlage *f*

rubber industry *(Tech)* Gummiindustrie *f*

rubber insert *(Tech)* Zwischenring *m (Reifen)*

rubber insulated wire *(Elek)* Gummileitung *f (Kabel)*

rubber lagging *(Tech)* Gummiauflage *f*, Gummibelag *m*

rubber-lined *adj (Tech)* gummiert

rubber lining *(Kfz)* Auslegegummi *m*

rubber lining *(Tech)* Gummieinlage *f*, Gummierung *f (Futter)*

rubber mallet *(Werkz)* Gummihammer *m*

rubber-metal bond *(Tech)* Gummi-Metall-Verbindung *f*

rubber-metal connection *(Met)* Schwingmetall *n*

rubber pan conveyor *(Förd)* Gummiband *n*, Gummikastenband *n*, Kastenband *n*

rubber roll *(Tech)* Gummiwulst *m (zwischen Wagen)*

rubber scraper blade *(Förd)* Abstreifergummi *n*

rubber scraping blade *(Förd)* Abstreifergummi *n*

rubber seal *(Kfz)* Gummidichtung *f*

rubber seal *(Tech)* Blähdichtung *f*

rubber section *(Tech)* Klemmprofil *n*, Profilgummi *n*

rubber-spring mounting *(Tech)* Gummifederung *f*

rubber-sprung *adj (Tech)* gummigefedert

rubber suspension *(Tech)* Gummifederung *f*

rubber tired *adj (AE) (Kfz)* gummibereift

rubber tread *(Tech)* Gummiauflage *f*, Gummibelag *m*

rubber tyre *(BE) (Förd, Tech)* Gummistützring *m (Rollen)*

rubber-tyred *adj (BE) (Kfz)* gummibereift

rubber-tyred *(BE) (Tech)* Gummirad...

rubber-tyred idler *(BE) (Förd)* Scheibenrolle *f*

rubber-tyred loader *(BE) (Umschl)* Radlader *m*

rubber-tyred return idler *(BE) (Förd)* Scheibenrolle *f*, Stützrolle *f*

rubber valve *(Vent)* Gummiventil *n*, Kantschutzventil *n (gummigeschützt)*

rubbing *(Mech)* Reibung *f*

rubbing strip *(Tech)* Schremmleiste *f (Kufe)*

rubbish bin *(Ökol, Tech)* Abfalltonne *f*, Mülleimer *m*, Mülltonne *f*

rubble *(Bau)* Bauschutt *m*

rubble *(Bergb)* Bruchsteine *mpl*, Füllsteine *mpl*

rubble *(Geo)* Geröll *n (Geschiebe)*; Geschiebe *n*

rudder *(Schiff)* Ruder *n*; Schiffssteuer *n*, Steuereinrichtung *f (Schiff)*; Steuerrad *n (Schiff)*

rudimentary inspection *(Prüf)* einfache Untersuchung *f*

rug *(Tech)* Matte *f*

rugged *adj (Met, Tech)* robust

rugged *adj (Tech)* kräftig

Ruhrstahl-Henrichshütte oxygen blowing process *(Hütt)* RH-OB-Vakuumverfahren *n*

ruin *(Bau)* Ruine *f*

rule *(Tech)* Regel *f (Norm)*

ruler switch *(Elek, Mech)* Schaltleiste f, Schaltlineal n
rules *pl (Tech)* Ausführungsrichtlinien fpl
ruling gradient *(Bahn)* Steigung f *(der Bahnstrecke)*
run v *(Tech)* arbeiten, funktionieren, laufen, verfahren *(Arbeitsstunden)*
run v **in** *(Kfz)* einfahren
run adj *(Tech)* ausgelaufen *(abgenutzt)*
run *(Anstr)* Nase f *(Anstrich)*
run *(Förd)* Trum m *(Förderband)*
run away of the force of gravity *(Hydr/Pneu)* Voreilen n der Last
run-in check *(Prüf)* Einlaufprüfung f
run-of-mine coal *(Bergb)* Förderkohle f, Rohkohle f
run-of-mine ore *(Bergb)* Fördererz n, Roherz n
run-off tab *(Schw)* Nahtauslaufblech n
run-out *(Tech)* Schlag m *(Rad oder Welle)*
rundown *(Tech, Hydr/Pneu)* Rücklauf m *(Ölbehälter usw.)*
rung *(Elek)* Strompfad m
rung *(Tech)* Leitersprosse f, Sprosse f
runner *(Tech)* Rinne f
runner *(Zer)* Koller m
runner cover *(Tech)* Rinnendeckel m *(Hochofen)*
running adj *(Tech)* laufend
running *(Tech)* Betrieb m *(Betätigung, Bedienung)*; Lauf m *(z. B. des Lagers)*
running board *(Tech)* Trittbrett n *(Lkw)*; Wartungsbühne f
running clearance *(Tech)* Betriebsspiel n
running current *(Elek)* Betriebsstrom m *(Motor)*
running duty *(Tech)* Betrieb m *(Betätigung, Bedienung)*
running face *(Tech)* Gleitfläche f *(einer Gleitringdichtung)*
running-in period *(Tech)* Einfahrzeit f *(Getriebe)*; Einlaufzeit f *(Getriebe)*
running notch *(Elek)* Fahrstufe f *(Fahrschalter)*
running pulley *(Kran, Walz)* Losrolle f
running rail *(Kran, Tech)* Kranbahnschiene f, Kranschiene f, Laufschiene f
running sheave *(Kran, Walz)* Losrolle f
running torque *(Tech)* Betriebsmoment n; Betriebsmoment n
running water *(Tech)* fließendes Wasser n

runout of seam *(Schw)* Schweißnahtauslauf m
runway *(Tech)* Bedienungssteg m, Laufbahn f *(z. B. eines Krans)*; Laufsteg m
runway *(Kran)* Kranbahn f, Kranfahrbahn f
rupture v *(Zer)* brechen *(zerreißen)*
rupture *(Met)* Bruch m
rupture strength *(Met)* Reißfestigkeit f
rupturing capacity *(Elek)* Abschaltleistung f, Ausschaltleistung f, Ausschaltvermögen n; Schaltleistung f *(Ausschalten)*
rupturing stress *(Tech)* Bruchspannung f
rust v *(Anstr)* verrosten
rust v *(Met)* rosten
rust *(Anstr, Chem)* Eisenoxid n, Rost m *(Korrosion)*
rust and scale *(Hütt/Walz)* Zunder m
rust-free adj *(Met)* rostfrei
rust inhibitor *(Anstr)* Rostschutz m, Rostschutzmittel n
rust prevention by vapour phase inhibitors *(Tech)* VPI-Rostschutzverfahren n
rust preventive *(Anstr)* Rostschutzmittel n
rust-proof adj *(Anstr)* korrosionsbeständig, rostsicher
rust-proof adj *(Met)* rostbeständig
rust-protected adj *(Met)* rostgeschützt
rust resistance *(Tech)* Korrosionsbeständigkeit f, Rostbeständigkeit f
rust-resisting adj *(Anstr)* korrosionsbeständig
rusting under paintwork *(Anstr)* Unterrostung f
rustless adj *(Anstr)* korrosionsbeständig
rustless adj *(Met)* nichtrostend, rostfrei
rusty adj *(Anstr)* rostig, verrostet
rut v *(Tech)* wühlen *(Reifen)*

S

S-bend *(Tech)* Doppelkrümmer m *(Rohr)*
S-R machine *(Förd, Log)* Regalbediengerät n
saddle *(Elek)* Lasche f *(Anschlussklemme)*
saddle *(Tech)* Kabelschelle f, Reiter m *(Kabel)*; Schelle f
saddle key *(Tech)* Hohlkeil m
saddle roof *(Baut, Stb)* Satteldach n

saddle-type adj (Tech) sattelförmig
saddle(-type chain) conveyor (Förd, Walz) Höckerkettenförderer m
SAE-grade of oil (Chem) Viskositätsgrad m (von Ölen)
safe adj (Tech) sicher
safe time interval (Tech) Sicherheitszeitraum m
safe working conditions pl (Tech) Betriebssicherheit f
safe working load (Bergb, Förd, Kran, Tech) Kapazität, Krankapazität f, Ladefähigkeit f, Tragfähigkeit f, Tragkraft f (z. B. eines Kranes)
safe working load (Förd) Förderleistung f (Förderband)
safe working load (Stat) zulässige Nutzlast f
safeguard v (Tech) absichern
safeguard (Elek) Druckwächter m, Wächter m
safeguard (Tech) Sicherung f (z. B. gegen Unfall)
safety (Tech) Sicherheit f • **in the interests of safety** aus Sicherheitsgründen
safety... adj (Tech) Schutz..., Sicherheits...
safety bar (Bergb) Greiferhalter m (beim Transport)
safety belt (Tech) Schutzgürtel m
safety boot (Tech) Arbeitsstiefel m
safety clothing (Tech) Körperschutzkleidung f
safety clutch (Kfz, Tech) Rutschkupplung f
safety device (Elek, Tech) Schutzvorrichtung f, Sicherheitseinrichtung f
safety governor (Elek, Verd) Schnellschlussregler m
safety inspector (Tech) Sicherheitsperson f (im Betrieb)
safety lever (Tech) Generalsicherungshebel m, Sicherungshebel m
safety lock (Tech) Sicherheitsanschlag m; Sicherheitsschloss n
safety match (Bergb) Zündschnur f
safety measures [precautions] (Tech) Sicherheitsmaßnahmen fpl
safety of operation (Tech) Betriebssicherheit f
safety pin (Tech) Vorsteckstift m
safety precautions pl (Tech) Arbeitsschutzmaßnahmen fpl, Schutzmaß-

nahmen fpl, Sicherheitsvorkehrungen fpl, Unfallverhütungsmaßnahmen fpl, Verhütungsmaßnahmen fpl
safety regulations pl (Tech) Schutzbestimmungen fpl, Unfallverhütungsvorschriften fpl, UVV
safety tab washer (Tech) Sicherungsblech n (Unterlegscheibe); Unterlegscheibe f (Sicherungsblech)
safety valve (Vent) Sicherheitsventil n, Überdruckventil n (Überdruckklappe)
sag (Anstr) Gardine f (Anstrich); Gardinenbildung f
sag(ging) (Förd) Durchhang m (Kette, Gurt u. Ä.)
sag bar (Stb) Pfettenaufhängung f
sag rod (Stb) Pfettenaufhängung f
sagging (Stat, Tech) Durchbiegung f
sailcloth (Met, Schiff) Segeltuch n (z. B. Plane)
salamander (Hütt/Walz) Ofensau f, Sau f (wertvoller Rest im Hochofen)
saleable adj (Tech) verkaufsfähig
salient adj (Tech) aufliegend, ausgeprägt, hauptsächlich, herausragend
salification (Tech) Versalzung f (z. B. an Rohren)
saline soil (Bau) Salzboden m
salt (Geo) Salz n
salt bath brazing (Hütt) Salzbadlötung f
salt deposits pl (Tech) Versalzung f
salt-glazed adj (Tech) glasiert
salt patenting (Hütt) Salzbadpatentierung f (Draht)
salt spray testing (Prüf) Salzsprühversuch m (Korrosionsprüfung)
salvage v (Schiff) abwracken (z. B. Schiff)
salvage v (Tech) bergen (retten)
salvage (Tech) Abfallverwertung f; Altmaterial n; Bergung f
salvage crane (Kfz) Abschleppkran m (Fahrzeug mit Kran)
same-name adj (Math) gleichnamig
sample v (Tech) messen (z. B. Gaskonzentration)
sample (Prüf) Probestück n
sample (Tech) Muster n (Probe)
sample casting (Hütt/Walz) Probeabguss m
sample cock (Tech) Probierhahn m
sampling (Prüf) Probeentnahme f, Probenahme f
sampling (Stb) Bemusterung f

sampling length *(Met)* Bezugsstrecke f *(Rautiefenmessung)*

sampling tube *(Bau)* Entnahmestutzen m

sand *v (Mech)* schleifen

sand seal *(Hütt)* Sandtasse f *(Abdichtung zwischen oberem Ofenrand und Ofendeckel)*

sandblasting *(Anstr, Mech)* Abstrahlen n mit Sand, Sandstrahlen n, Sandstrahlreinigung, Strahlen n mit Sand

sanding belt *(Mech)* Schleifband n

sandpaper *v (Mech, Mont)* abschmirgeln, schmirgeln

sandpaper *(Anstr)* Sandpapier n, Schmirgelpapier n

sandwich belt *(Bergb)* Deckband n

sandwich conveyor *(Förd)* Abdeckband n

sandwich plate *(Hydr)* Zwischenplatte f

sandwich valve *(Vent)* Zwischenflanschventil n

sandwich winding *(Hütt)* Scheibenwicklung f *(eines Transformators)*

sanitary *adj (Tech)* sanitär

sanitary facilities *pl (Tech)* sanitäre Anlagen fpl

sanitation facilities *pl (Tech)* sanitäre Anlagen fpl

saponification-resistant *adj (Tech)* verseifungsfest *(Schmierfett)*

sash bar *(Baut, Stb)* Glasdachsprosse f, Sprosseneisen n, Sprossenstahl m

satin-glossy *adj (Anstr)* seidenmatt

saturate *v (Chem, Hütt/Walz)* sättigen

saturate *v (Hütt/Walz)* tränken

saturation *(Chem, Hütt/Walz)* Begrenzung f, Sättigung f

saturation degree *(Elek)* Sättigung f *(Verstärker)*

saturation degree *(Elek)* Aussteuerung f *(z. B. Drossel)*

saucer-shaped *adj (Tech)* tellerförmig

saucer-shaped flaw *(Hütt/Walz)* Schalenriss m

save *v (IT)* sichern *(z. B. Dateien kopieren)*; speichern *(z. B. Dateien)*

save *v (Tech)* sicherstellen

saved *adj (Elek)* gespeichert *(elektronisch)*

savingly soluble *adj (Chem)* schwer löslich

savingly soluble gases *pl (Chem)* schwer lösliche Gase npl

saw *v (Mech, Tech)* sägen

SAW *(Schw)* Unterpulverschweißen n, UP-Schweißen n, UP n

saw *(Werkz)* Säge f

saw dust *(Tech)* Sägemehl n, Sägespäne mpl

saw file *(Werkz)* Sägefeile f

saw set *(Werkz)* Schrankeisen n

saw-tooth generator *(Tech)* Sägezahngenerator m

saw-tooth roof *(Stb)* Sehddach n, Sheddach n

sawmill *(Tech)* Sägemühle f *(kleines Sägewerk)*

sawn timber *(Baut)* Schnittholz n

scabbing *(Tech)* Verkrustung f *(vorher heißer Stellen des Hochofenmantels)*

scaffold(ing) *(Bau)* Baugerüst n, Gerüst n

scaffolding *(Bergb)* Rüsthölzer npl *(z. B. für ein Gerüst)*

scaffolding *(Hütt)* Ansatzbildung f *(Hochofen)*; Hängen n *(der Gicht)*

scale *v (Anstr)* abblättern *(Farbe, Putz)*; abschuppen

scale *v (Anstr, Hütt)* abplatzen *(Steine)*

scale *v (Mech, Mont)* abschiefern

scale *(Hütt/Walz)* Zunder m

scale *(Mech, Tech, Zeich)* Abbildungsmaßstab m

scale *(Tech)* Grad m *(Einteilung)*; Maßstab m, Messeinteilung f, Skala f, Teilung f; Waage f

scale calibration *(Elek)* Skaleneinteilung f

scale division *(Tech)* Skalenteilung f

scale drawing *(Zeich)* maßstäbliche Zeichnung f

scale expansion *(Elek)* gedehnte Zeitablenkung f, Tiefenlupe f

scale figure *(Tech)* Skalenmesszahl f

scale flume *(Walz)* Zunderkanal m

scale head *(Metr)* Wägekopf m

scale hopper *(Tech)* Wiegebunker m

scale marker [pointer] *(Tech)* Skalenanzeiger m

scale range *(Tech)* Skala f

scaled up *adj (Tech)* vergrößert *(z. B. Fläche)*

scaler *(Elek)* Untersetzer m

scaling *(Elek)* Skaleneinteilung f *(Stromschreiber)*

scaling *(Hütt/Walz)* Verzunderung f, Zunderbildung f

scalp v out (Zer) ausscheiden (durch Vorsiebung); aussieben

scalpings pl (Bergb) Waschberge mpl

scan v (Elek) abgreifen, abtasten (z. B. photoelektrisch)

scan v (Tech) pendeln (Gießmaschine)

scan display (Elek) Abtastbild n (z. B. mit Ultraschall)

scanning (Elek) Abtastung f, Bildfeldzerlegung f

scanning (Prüf) Prüfbahn f (Ultraschall)

scanning... adj (Prüf, Tech) Prüf...

scanning edge (Elek) Abziehkante f

scanning electron microscope (Hütt) Rasterelektronenmikroskop n

scanning head (Elek) Prüfkopf m

scanning helix (Elek) Abtastspirale f

scanning path (Prüf) Prüfbahn f (Ultraschall)

scanning speed (Elek) Abtastgeschwindigkeit f

scanning speed (Prüf) Prüfgeschwindigkeit f

scanning tank (Elek) Prüftank m

scanning zone (Elek) Prüfzone f

scarf v (Hütt/Walz) flämmen

scarf v (Mech) einplatten

scarf v (Mech, Mont) anschärfen (z. B. Blechkanten)

scarfed edge (Mech, Mont, Schw) abgeschrägte Kante f, flämmgeputzte Kante f, Schrägkante f

scarify v (Bergb, Mech) aufreißen

scatter (Elek, Math) Streuung f

scatter (Stb) Streubereich m

scatter band (Elek, Tech) Streuband n, Streubereich m

scattered adj (Elek) gestreut

scattering (Elek, Math) Streuung f

scavenge line (Tech) Rückführleitung f, Rückspülleitung f

scavenge pump (Hydr/Pneu) Spülpumpe f

scavenge pump (Tech) Absaugpumpe f

scavenging (Hütt) Spülen n

scavenging air (Tech) Spülluft f

scavenging valve (Vent) Ausspeiseventil n (Hydr/Pneu); Spülventil n

schedule (Tech) Tabelle f, Zettel m; Zeitplan m

schedule leeway (Tech) Pufferzeit f (Interimzeit)

scheduled adj (Tech) planmäßig

schematic adj (Tech) schematisch

schematic (Tech) Schema n

schematic diagram (Elek, Zeich) Stromlaufplan m (Schaltplan)

schematic drawing (Tech, Zeich) Schema n, Schema-Zeichnung f

schematics pl (Form, Zeich) Anordnungsplan m

scheme (Tech) Entwurf m, Plan m (Zeichnung); Schema n, Vorhaben n

science of tensile strength (Met, Stat) Festigkeitslehre f

scintillation counter (Tech) Szintillationszähler m

scissor-type jack (Tech) Montagehubbühne f; Scherenbühne f, Scherenheber m

scissors pl (Tech) Schere f (z. B. Haushaltsschere)

scissors lift platform (Förd, Tech) Hubscherenbühne f, Scherenbühne f

scissors-type platform (Tech) Scherenbühne f

sclerometer (Prüf) Ritzhärteprüfer m

scleroscope hardness test (Prüf) Skleroskophärteversuch m (Kugelfallhärteversuch)

scoop v (Bergb) schaufeln

scoop (Baum, Bergb, Umschl) Ladelöffel m; Löffel m (eines Baggers); Scoop m (Ladelöffel zum Reißzahn); Wurfschaufel f; Schürfgefäß n (eines Schrappers)

scoop (Kran) Schöpfbecher m; Schöpfkelle f

scoop (Tech) Waagschale f (rund)

scoop control clutch (Tech) Schöpfrohrkupplung f

scoop coupling (Tech) Schöpfrohrkupplung f

scope (Tech) Anwendungsgebiet n, Bereich m (Umfang, Rahmen); Geltungsbereich m (Umfang); Reichweite f, Umfang m (Ausmaß)

scope of analysis (Schw) Analysengrenze f (Umfang)

scope of application (Tech) Anwendungsbereich m

scope of order (Tech) Bestellumfang m (auf Zeichnungen)

scope of work (Tech) Arbeitsumfang m

score v (Tech) ritzen (anzeichnen)

score mark (Met) Riefe f

scored adj (Tech) gefurcht

scoring *(Mech, Tech)* Riefelung f; Riefenbildung f

scoring tooth *(Werkz)* Vorschneider m *(Säger)*

scotch *(Tech)* Sperre f *(mechanisch)*

scotch block *(Tech)* Bremskeil m *(für länger abgestellte Wagen)*; Hemmschuh m *(für abgestellte Wagen)*

scour v *(Tech)* scheuern *(blankputzen)*

scouring *(Bau)* Auswaschen n, Unterspülung f

scove kiln *(Bau)* Meiler m

scow *(Schiff)* Kahn m *(auf dem Fluss)*; Schute f

scrap v *(Tech)* ausrangieren *(verschrotten)*; ausscheiden *(als Ausschuss)*; verschrotten

scrap *(Hütt/Walz, Tech)* Ausschuss m, Schrott m, Verschnitt m *(Restmaterial)*

scrap car *(Kfz)* Autowrack n

scrap metal *(Hütt)* Altmetall n, Sammelschrott m

scrap paper *(Ökol)* Altpapier n

scrap shot *(Tech)* Granalie f

scrap trading and processing *(Hütt/Walz)* Schrotthandel m und -aufbereitung f

scrap yard *(Hütt/Walz, Tech)* Schrottplatz m

scrape v *(Bergb, Förd, Umschl)* abkratzen, kratzen, schürfen; abstreifen

scrape v *(Tech)* schaben *(z. B. mit Schabeisen)*

scraper *(Bergb)* Schürfkübellader m, Schürflader m

scraper *(Baum, Bergb, Umschl, Walz)* Abstreifer m, Schrapplader m

scraper *(Förd)* Gurtreiniger m, Kratzer m

scraper *(Werkz)* Schaber m, Spachtel m

scraper chain conveyor *(Bergb, Umschl)* Kettenförderer m, Kettenkratzer m

scraper excavator *(Bergb)* Eimerseilbagger m

scraper plate *(Umschl)* Kratzerblech n

scraper ring *(Bergb)* Schmutzring m

scraper ring *(Bergb, Umschl, Walz)* Abstreifer m, Abstreifring m

scraping blade *(Umschl)* Kratzerblech n

scraping bucket *(Umschl)* Kratzerblech n

scraping bucket conveyor *(Förd)* Schaufelbecherwerk n

scraping tool *(Werkz)* Schaber m

scrapings pl *(Bergb, Umschl, Zer)* abgestreiftes Gut n [Material n]

scratch v *(Bau)* einritzen

scratch *(Met)* Riefe f; Riss m

scratch *(Tech)* Kratzer m *(z. B. auf Lackierung)*; Schramme f

scratch hardness test *(Prüf)* Ritzhärteprüfung f

scratch mark *(Met)* Schramme f

scratch paper *(Ökol)* Altpapier n

screed *(Baut)* Estrich m

screed(ing) *(Stb)* Belag m, Führungsbohle f; Glättbalken m, Überzug m *(Glättung)*

screed tilt *(Tech)* Neigungswinkel m *(Seitenfertiger)*

screeding beam *(Bau)* Extensorbohle f *(Schwarzdeckenfertiger)*

screen v *(Tech)* abschirmen, passieren *(sieben)*; rastern *(mit Raster versehen)*

screen v *(Zer)* absieben, sichten, sieben *(auf Körnung)*

screen *(Elek)* Abschirmung f *(z. B. eines Kabels)*; Schirm m *(Abschirmung)*

screen *(IT)* Bildschirm m, Maske f, Schirm m *(Bildschirm)*

screen *(Tech)* Abschirmblech n; Blende f *(Schutzschirm, Schild)*; Raster m, Schützhaube f

screen *(Tech, Zer)* Sieb n

screen *(Zer)* Schirm m *(Sieb)*; Siebstation f

screen aperture *(Tech)* Maschenweite f *(Siebgewebe)*

screen bar cage *(Tech, Zer)* Austragsrost m *(einer Hammermühle)*

screen chassis *(Tech)* Siebkasten m

screen cloth *(Zer)* Slebbelag m, Siebgewebe n

screen current *(Elek)* Schirmgitterstrom m

screen image *(Prüf)* Schirmbild n

screen-less adj *(Zer)* sieblos

screen marker *(Elek)* Zeitlinienmarkierung f

screen opening size *(Tech)* Maschenweite f *(Siebgewebe)*

screen pattern triggering *(Elek)* Anzeigenauslösung f

screen plate *(Zer)* Siebblech n, Siebplatte f

screen sizing *(Zer)* Siebklassierung f

screened *adj (Zer)* abgesiebt

screened cable *(Elek)* abgeschirmtes Kabel *n*

screening *(Elek)* Abschirmung *f (z. B. eines Kabels)*

screening *(Zer)* Absiebung *f*, Siebklassierung *f*, Siebung *f*

screening plant *(Zer)* Klassieranlage *f*, Siebanlage *f*

screenshots *pl (IT)* Bildschirmausdrucke *mpl*

screw *v (Tech)* schrauben, verschrauben

screw *v on (Tech)* Schraube anziehen, aufschrauben, festschrauben, verschrauben

screw *v tight (Tech)* anziehen, fest anziehen

screw *(Tech)* Schnecke *f*; Schraube *f (ohne Mutter)*; Spindel *f*

screw and washer assembly *(Werkz)* Kombischraube *f*

screw bolt *(Tech)* Schraubbolzen *m (Stiftschraube)*; Schraubenbolzen *m*

screw brush *(Tech)* Schneckenbesen *m*

screw cap *(Tech)* Schraubenkappe *f*, Schraubkappe *f*, Schraubverschluss *m*

screw clamp *(Werkz)* Schraubenzwinge *f*

screw compressor *(Verd)* Schraubenverdichter *m*

screw connection *(Stb, Tech)* Anschlussverschraubung *f*, Schraubverbindung *f*; Verschraubung *f (geschraubte Verbindung)*

screw conveyor *(Förd)* Förderschnecke *f*, Rohrschnecke *f*, Schneckenförderer *m*, Schraubenförderer *m*

screw coupling *(Tech)* Schraubenkupplung *f*, Schraubkupplung *f*

screw die *(Tech)* Gewindebacke *f*

screw dolly *(Tech)* Nietwinden *fpl*

screw-down drive *(Walz)* Oberwalzenanstellantrieb *m*

screw drive *(Antr)* Schraubspindelantrieb *m*

screw driver *(Werkz)* Schraubendreher *m*, Schraubenzieher *m*

screw driver for recessed-head screws *(Werkz)* Kreuzschlitzschraubendreher *m*

screw fitting *(Tech)* Verschraubung *f*

screw gear *(Getr)* Schraubenrad *n*

screw head *(Tech)* Schraubenkopf *m*, Schraubkopf *m*

screw head file *(Werkz)* Schraubenkopffeile *f*, Spaltfeile *f*

screw-in thread *(Tech)* Einschraubgewinde *n*

screw jack *(Tech, Werkz)* Schraubenwinde *f*; Spindelhubwerk *n*

screw jack *(Werkz)* Bockwinde *f*

screw nut *(Tech)* Mutter *f*, Schraubenmutter *f*; Spindelmutter *f*

screw pin *(Tech)* Spindel *f*

screw plug *(Tech)* Gewindestöpsel *m*; Verschlussschraube *f*

screw socket *(Tech)* Einschraubfassung *f*, Gewindefutter *n*, Gewindemuffe *f*

screw spike *(Tech)* Schwellenschraube *f*

screw spindle mounting *(Tech)* Spindelhalterung *f*

screw steel *(Met)* Schraubenmaterial *n (Werkstoff)*

screw tap *(Tech)* Gewindebohrer *m*

screw thread *(Tech)* Gewinde *n*, Schraubengewinde *n*

screw tightening device *(Tech)* Schraubenspannvorrichtung *f*

screw tightening drawing *(Tech, Zeich)* Anzugsplan *m (für Schrauben)*; Schraubenanzugsplan *m*

screw type *(Tech)* Spindel *f*

screw-type crawler steering *(Tech)* Spindelsteuerung *f* des Fahrwerkes

screw-type garbage truck *(AE) (Tech)* Schneckentrommelmüllwagen *m*

screw-type refuse-collection vehicle *(BE) (Tech)* Schneckentrommelmüllwagen *m*

screw-type hoist *(Tech, Werkz)* Spindelhubwerk *n*

screw union *(Tech)* Verschraubung *f (geschraubte Verbindung)*

screw worm drive *(Antr)* Schneckenantrieb *m*

screw wrench insert *(Tech)* Sechskant--Holzschraube *f (DIN ISO 1891/7/77.12; für Schraubenschlüssel mit Innensechskant)*

screwable *adj (Tech)* anschraubbar, aufschraubbar, schraubbar

screwdown (mechanism) *(Walz)* Walzenanstellung *f (Sendzimir-Gerüst)*

screwed *adj (Tech)* aufgeschraubt, geschraubt

screwed cap *(Tech)* Überwurfmutter *f*

screwed connection *(Tech)* Schraubverbindung f; Verschraubung f (geschraubte Verbindung)

screwed connector (Elek) Anschlussverschraubung f

screwed gland (Tech) Stopfbuchsenverschraubung f

screwed joint (Tech) Schraubverbindung f; Verschraubung f (geschraubte Verbindung)

screwed-on adj (Mont, Tech) angeschraubt

screwed socket (Hydr/Pneu) Einschraubhülse f

screwed socket (Tech) Schraubfassung f (z. B. für Schläuche)

screwed valve (Vent) Einschraubventil n

screwing (Tech) Schraubverbindung f; Verschraubung f (geschraubte Verbindung)

screwing jack (Tech) Spindelwinde f

screwless adj (Tech) schraubenlos

scribe v (Tech) anreißen (z. B. zeichnen mit der Reißnadel)

scribe v (Tech, Zeich) skizzieren

scribe v (Zeich) aufreißen (eine Skizze, einen Plan u. ä.); zeichnen

scribe (Mech, Stb, Zeich) Anreißen n

scriber (Mont) Reißnadel f

scrole (Tech) Schneckenwelle f (genutet)

scroll (Tech) Spirale f

scrub v (Tech) scheuern

scrubber (Hütt/Walz) Abscheider m

scrubber (Zer) Waschtrommel f

scrubber baffle (Tech) Prallblech n (Dampfzyklon)

scrutinize v (AE) (Tech) genau prüfen

scuff v (Tech) mahlen (Reifen); scheuern (verschleißen); wühlen (Reifen)

scuff (Mech) Abrieb m (durch Schmiergelwirkung im Getriebe); Abwetzen n

scuff mark (Mech, Mont) abgenutzte Stelle f

scuff-resistant adj (Mech, Tech) abriebfest

scuffing (Anstr) Scheuern n (Reibung)

scuffing (Met) Verkratzung f

scuffing (Tech) Mahlen n (Reifen)

sculptor's plaster (Bau) Bildhauergips m, Stuck m

seal v (Baut) versiegeln (z. B. Parkett)

seal v (Tech) abdichten, abstempeln, dichten (abdichten); verschließen

seal (Tech) Abdichtung f, Dichtung f,

Schloss n; Siegel n, Stopfen m (Türschloss); Verschluss m

seal... adj (Tech) Dicht... (Funktion); Dichtungs... (auf Dichtung bezogen)

seal air fan (Hütt/Walz) Schleusluftventilator m, Sperrluftgebläse n

seal joint (Tech) Hülsenverschluss m (Verpackungsblech)

seal oil (Tech) Dichtöl n

seal oil (Tech, Verd) Sperröl n

seal stationary part (Tech, Verd) Dichtungseinsatz m (Verdichter)

seal weld (Schw) Dichtnaht f, Dichtschweißung f

seal-welded adj (Tech) dichtgeschweißt

sealant (Chem, Tech) Dichtstoff m

sealed adj (Tech) dicht (abgedichtet); dicht gekapselt, dichtschließend, gekapselt, verschlossen, versiegelt, vollkommen geschlossen

sealed beam spotlight (Elek) Monoblock-Scheinwerfer m

sealed insulation system (Tech) vollkommen geschlossene Ausführung f (Schutzart)

sealer (Tech) Dichtungsmasse f

sealing (Tech) Abdichtung f, Dichtung f, Klemmprofil n, Versiegelung f

sealing... adj (Tech) Dicht..., Dichtungs...

sealing air (Hütt/Walz) Schleusluft f

sealing and retaining clamp (Tech) Schlauch- und Spannschelle f

sealing compound (Elek, Tech) Vergussmasse f

sealing cover (Tech, Verd) Abschlussdeckel m (z. B. zum Abdichten); Dichtungsdeckel m, Verschlussdeckel m

sealing end (Elek) Endverschluss m, Kabelendverschluss m

sealing flap(per) valve (Vent) Dichtklappe f

sealing gas (Verd) Sperrgas n

sealing gland (Tech) Blende f

sealing joint (Elek) Muffe f

sealing liquid (Tech, Verd) Sperrflüssigkeit f

sealing oil (Tech) Dichtöl n

sealing oil (Tech, Verd) Sperröl n

sealing section (Tech) Dichtungsprofil n, Profildichtung f

sealing strip (Tech) Dichtleiste f; Dichtprofil n, Dichtungsband n, Dichtungslamelle f *(Dichtungsstreifen)*; Dichtungsschnur f

sealing stud *(Stb)* Verschlusszapfen m

sealing tip *(Tech)* Dichtungsspitze f *(Labyrinthdichtung)*

sealing valve *(Vent)* Dichtklappe f

sealing washer *(Tech)* Anlaufscheibe f, Dichtungsscheibe f

sealing wax *(Tech)* Siegellack m

sealing weld *(Schw)* Dichtnaht f

seam v *(Mech)* einfassen, säumen

seam v *(Mech, Mont)* anfalzen, falzen

seam *(Bergb, Geo)* Flöz n

seam *(Hütt)* Gussnaht f

seam *(Schw)* Halsnaht f, Naht f

seam *(Tech)* Saum m *(Kante)*

seam... adj *(Schw)* Naht...

seam welding *(Schw)* Rollennahtschweißen n *(DIN 1910)*

seamless adj *(Tech)* nahtlos

seamless rolled adj *(Hütt/Walz, Met)* nahtlos gewalzt

seamless steel tube *(Met)* nahtloses Stahlrohr n

search head *(Elek)* Prüfkopf m

searchlight *(Elek, Kfz)* Scheinwerfer m, Suchscheinwerfer m

seat *(Tech)* Auflage f *(Sitz)*; Auflager n, Befestigungsfläche f; Sitz m *(auch im Ventil)*

seat belt *(Kfz)* Sicherheitsgurt m

seat of ball *(Tech)* Kugelsitz m

seat of fire *(Tech)* Brandherd m

seat ring *(Vent)* Sitzring m

seat spring *(Tech)* Sitzfeder f

seat with built-in controls *(Elek)* Steuersessel m

seating *(Tech)* Auflage f *(Sitz)*; Befestigungsfläche f; Sitz m, Sitzfläche f

seating angle [cleat] *(Stb)* Aufsetzwinkel m

seating surface *(Tech)* Sitzfläche f

seaworthy packing *(Log)* seemäßige Verpackung f

secant *(Math)* Sekante f

second-cut file *(Werkz)* Halbschlichtfeile f

second-hand machine *(Tech)* Gebrauchtmaschine f

secondary adj *(Tech)* sekundär

secondary ball race *(Bergb, Umschl)* KDV f, Kugeldrehverbindung f

secondary beam *(Stb)* Deckenträger m

secondary blasting *(Zer)* Nachknäppern n

secondary-cleaned gas *(Hütt/Walz)* Reingas n *(hinter dem Filter)*

secondary counter *(Tech)* Tochterzählwerk n

secondary crushing *(Zer)* Nachbrechen n, Nachzerkleinerung f

secondary crushing machinery *(Zer)* Mittelzerkleinerung f

secondary dust collection *(Ökol, Walz)* Nebenentstaubung f

secondary emission control *(Ökol, Walz)* Nebenentstaubung f

secondary gas *(Hütt/Walz)* Reingas n *(hinter dem Filter)*

secondary load *(Stat)* Zusatzlast f

secondary metallurgy [refining] *(Hütt)* Pfannenmetallurgie f *(Pfannenfrischen, Sekundärmetallurgie)*

secondary settling basin *(Ökol)* Nachklärbecken n

secondary shaping *(Hütt)* Umformen n

secondary steelmaking *(Hütt)* Pfannenmetallurgie f *(Pfannenfrischen, Sekundärmetallurgie)*

secondary stress *(Stb)* Nebenspannung f

secondary theory *(Stat)* Theorie f zweiter Ordnung

secondary venturi *(Tech)* Mischkammer f *(des Vergaser)*

section *(Bau)* Bauabschnitt m, Abschnitt m, Glied n

section *(Met)* Profil n, Profilstahl m

section *(Stb)* Durchschnitt m *(Schnitt)*; Schnittangabe f, Stoß m

section *(Tech)* Aufriss m *(Seitenriss)*; Querschnitt m, Schnitt m *(Statik)*; Teilstück n

section *(Zeich)* Seitenriss m *(Aufriss von der Seite her)*; Schnitt m

section and bar mill *(Hütt/Walz)* Profilstraße f

section change *(Tech)* Querschnittsänderung f *(Rohrleitungen)*

section (rolling) mill *(Hütt/Walz)* Profilstraße f

section modulus *(Met, Stb)* Widerstandsmoment n

section to be scanned *(Prüf)* Prüfbereich m

section tube *(Met)* Profilrohr n

sectional adj (Tech) sektional; Schnitt...
sectional drawing (Zeich) Querschnittsdarstellung f, Schnittzeichnung f
sectional drive (Antr) mehrmotoriger Antrieb m
sectional elevation (Zeich) Schnitt m
sectional model (Tech) Schnittmodell n
sectional rubber bearing (Tech) Gummistablager n
section(al) steel (Met) Formstahl m, Profilstahl m
sectionalize v (AE) (Tech) teilen (z. B. in Grad, in Stufen)
sections pl (Met) Formstahl m
sections pl (Stb) Profilkonstruktion f
sections and bars pl (Met) Profilstahl m
sector (Mech, Tech) Bereich m (Sparte, Teilgebiet)
sector (Tech) Ausschnitt m, Bereich m, Gebiet n; Sektor m
sector gate (Stb) Sektorschütz n
sector gear (Getr, Tech) Zahnsegment n
sector-shaped conductor (Elek) Leiter m in Sektor(en)form
secure v (Tech) absichern, anziehen; schützen; sichern (z. B. Schrauben); verspannen
secure adj (Tech) sicher
secured v (Tech) gesichert (befestigt)
securing device (Tech) Feststeller m (z. B. Klemme); Transporthalterung f, Transportsicherung f
securing nut (Tech) Sicherungsmutter f (Gegenmutter)
securing rail (Tech) Fangschiene f
sedan (Kfz) Limousine f
sediment v (Chem) absetzen
sediment v (Geo) ablagern; sedimentieren
sediment (Chem) Bodensatz m (Rückstände)
sediment (Geo) Ablagerung f, Ablagerungsgestein n, Niederschlag m (Ablagerung); Sediment n, Sedimentschicht f
sedimentation tank (Bergb) Absetzbecken n
Seeger ring (Tech) Seegerring m
seepage water (Bergb) Sickerwasser n
seeping water (Bergb) Sickerwasser n
seesaw (Tech) Wippe f
segment (Bergb) Schale f (am Greifer)

segment (Tech) Bogenstück n, Scheibe f; Segment n
segment pattern charging [distribution] (Hütt) Segmentbegichtung f (Hochofen)
segment sprocket (Getr, Tech) Zahnsegment n (Plattenband)
segmental sliding gate (Bergb) Segmentschieberverschluss m
segmentation (Tech) Gliederung f
segmented adj (Tech) segmentiert
segregate v (Tech) scheiden, scheiden
segregation (Hütt/Walz) Seigerung f (Entmischung)
seismic adj (Bau) seismisch
seize v (Tech) festfressen, festsetzen
seize (Tech) Griffigkeit f (Ballung)
select v (Elek) anwählen
select v (Tech) auswählen
selected adj (Tech) vorgegeben (vorherbestimmt, Sollwert)
selecting pin (Kfz) Fühlnadel f
selective adj (Tech) selektiv
selector (Elek) Umschalter m, Wählschalter m
selector switch (Elek) Umschalter m, Wahlschalter m, Wählschalter m, Wahlschaltung f
selector valve (Vent) Schaltventil n
selenium (Chem) Selen n
self-adjusting adj (Elek) selbstregelnd
self-aligning adj (Mess) selbstabgleichend
self-aligning adj (Tech) selbstausrichtend, selbsteinstellend
self-aligning ball (journal) bearing (Lag) Pendelkugellager n, Radial-Pendelkugellager n
self-aligning barrel roller thrust bearing (Lag) Axial-Pendelrollenlager n (DIN 728)
self-aligning bearing (Lag, Tech) Gelenklager n, Pendellager n
self-aligning idler (Förd) Lenkrollenstuhl m mit Rollen, Pendelrolle f (beweglich); Pendelrollensatz m, Steuerschwelle f (beweglich)
self-aligning jaws pl (Mech) Einspannkopf m (Prüfmaschine)
self-aligning roller (journal) bearing (Lag) Pendelrollenlager n, Radial-Pendelrollenlager n (zweireihig); Radial-Rollenlager n (zweireihig)

self-aligning roller thrust bearing *(Lag)* Axial-Pendelrollenlager *n (DIN 728)*

self-balancing *adj (Mess)* selbstabgleichend

self-braking gear motor *(Antr)* Getriebebremsmotor *m*

self-centering inverse polygon arrangement *(Tech, Verd)* Hirthverzahnung *f*

self-charge *(Elek)* Aufladung *f*

self-cleaning *adj (Tech)* selbstreinigend

self-climbing crane *(Kran)* Kletterkran *m*

self-clocked converter *(Mess)* eigengetakteter Stromrichter *m*

self-contained *adj (Tech)* eigenständig, in sich geschlossen, selbstständig, unabhängig

self-cooling *(Tech)* natürliche Kühlung *f*

self-disengaging *adj (Tech)* selbstausrückbar, selbstlösbar *(Kupplung)*

self-disengaging clutch *(Kfz, Tech)* ausrückbare Kupplung *f*, Ausrückkupplung *f*, lösbare Kupplung *f*, Schaltkupplung *f*, selbstausrückbare Kupplung *f*, selbstlösbare Kupplung *f*, Überholkupplung *f*

self-drilling screw *(Tech)* Bohrschraube *f*

self-equalising *adj (BE) (Tech)* selbsteinstellend

self-evident *adj (Tech)* selbstverständlich

self-excited *adj (Elek)* selbsterregt *(Schwingung)*

self-fluxing *adj (Hütt)* selbstgehend *(Erz, Sinter)*

self-gripping general-purpose pliers *(Werkz)* Blitzrohrzange *f*

self-ignition *(Hütt/Walz)* Selbstentzündung *f*

self-levelling *adj (Tech)* selbsteinstellend

self-locking *adj (Tech)* selbsthemmend, selbstsichernd, selbstsperrend

self-locking cappel *(Bergb)* Haubenklemmkausche *f*

self-locking effect *(Tech)* Bremshemmung *f*

self-locking valve *(Vent)* Selbstsperrventil *n*

self-lubricating bearing *(Lag)* Dauerschmierlager *n*, Ringschmierlager *n*

self-lubrication *(Tech)* Selbstschmierung *f*

self-oiling bearing *(Lag)* Ringschmierlager *n*

self-priming pump *(Hydr/Pneu)* selbstansaugende Pumpe *f*

self-propelled *adj (Tech)* selbstfahrend

self-propelled crane *(Tech)* Kran *m* mit Selbstantrieb

self-propelled unit [vehicle] *(Tech)* Selbstfahrer *m*, Selbstfahrerfahrzeug *n*

self-propelled vibrating roller *(Baum)* Walzenzug *m*

self-radiation *(Elek)* Eigenstrahlung *f*

self-regulating *adj (Elek)* selbstregelnd

self-righting *adj (Hütt, Tech)* selbstrückkippend

self-righting system *(Tech)* Rückkippsicherung *f*

self-supporting *adj (Tech)* frei aufgestellt, selbsttragend

self-tapping screw *(Tech)* Halbrundblechschraube *f*

self-ventilating *(Tech)* Eigenkühlung *f*

self-weight *(Tech)* Eigengewicht *n*

selsyn *(Elek)* Drehfeldgeber *m*; Drehmelder *m*

selsyn transmitter *(Elek)* Geber *m*, Stellungsferngeber *m*

semaphore signal *(Bahn)* Flügelsignal *n*

semi *(Kfz)* Sattelschlepper *m*

semi *(Abk. für: semi-finished product) (Met, Tech)* Halbfabrikat *n*, Halbzeug *n*

semi... *adj (Tech)* halb, semi...

semi-continuous strand casting *(Hütt, Walz)* diskontinuierliches Stranggießen *n*

semi-gloss *(Anstr)* Halbglanz *m*

semi-housing *(Walz)* Ständerrahmen *m (Halbständerwalzgerüst)*

semi-lustrous *adj (Anstr)* halbmatt

semi-mobile *adj (Bergb)* versetzbar *(Brecher)*

semi-trailer truck *(Kfz)* Sattelschlepper *m*

semiannual *adj (Tech)* halbjährlich

semicircular *adj (Tech)* halbkreisförmig

semicircular back guard *(Tech)* Korb *m (bei Leitern)*

semiclosed *adj (Met)* halboffen

semiconductor *(Elek)* Halbleiter *m*, Halbleiterelement *n*

semicylinder *(Tech)* Halbkreiszylinder *m*, Halbzylinder *m*

semielliptic spring *(Tech)* Halbfeder *f*

semifinish v (Mech) vorschlichten (bearbeiten)

semifinished adj (Mech) vorgearbeitet

semifinished material [product] (Met) Halbfabrikat n, Halbzeug n, Stahlhalbzeug n

semikilled adj (Met) halbberuhigt

semiliquid adj (Chem) dickflüssig

semilunar adj (Tech) halbmondförmig

semioutdoor plant (Met) Halbfreianlage f

semiparabolic adj (Mech) halbparabolisch

semiportal crane (Kran) Halbportalkran m

semisphere (Zer) Kugelhälfte f

send v (Tech) absenden (z. B. einen Brief)

sending transducer (Prüf) Sendekopfwandler m (Ultraschallprüfung)

Sendzimir (cold-rolling) mill (Walz) Sendzimir-Walzgerüst n

sense v (Mech, Metr) abtasten (mit einem Fühler)

sense v (Tech) erfassen (z. B. Temperatur); fühlen, messen (erfassen)

sense of rotation (Tech) Drehrichtung f, Drehsinn m

sensibility (Tech) Anfälligkeit f (Empfindlichkeit)

sensible adj (Tech) sinnvoll

sensible heat (Hütt) fühlbare Wärme f

sensing (Mess) Antastung f

sensing area (Metr) Messstelle f (Versuch)

sensing device (Elek) Fühler m, Taster m

sensing element (Elek) Alarmauslöseelement n, Fühlerelement n, Signalgeber m

sensing frequency (Elek) Messfrequenz f

sensing pin (Tech) Tastbolzen m

sensing rod (Tech) Teststange f

sensing roller (Förd) Tastroller m

sensitive adj (Tech) empfindlich, feinfühlig, schwankend

sensitivity (Tech) Anfälligkeit f, Empfindlichkeit f

sensitivity control (Elek) Verstärkungsregelung f

sensitivity limit (Metr) Ansprechgrenze f

sensitizing (AE) (Elek) Hellsteuerung f, Helltastung f

sensor (Elek) Aufnehmer m (Fühler); Fühler m, Messfühler m, Messwertgeber m, Näherungsschalter m, Sensor m, Signalgeber m

sensor (Metr) Messstelle f

sensor (Tech) Hülse f (einer Messlanze)

sensor and jockey wheel (Bergb) Tastarm m

sensor head (Elek) Prüfkopf m

sensor head (Prüf, Tech) Messkopf m

sensor wire (Bergb) Tastdraht m (Höhenerfassung)

separable adj (Tech) zerlegbar

separable ball bearing (Lag) Schulterkugellager n

separate v (Bergb) abscheiden

separate v (Hütt/Walz, Tech) abtrennen, aussondern, scheiden

separate v (Tech, Zer) separieren (z. B. Sieb); sortieren

separate v (Zer) absieben, ausscheiden (z. B. Sieb)

separate adj (Tech) gesondert, freistehend, separat

separated adj (Tech) abgetrennt, getrennt

separately fan-cooled adj (Tech) fremdbelüftet

separating efficiency (Hydr/Pneu) Abscheidegrad m (eines Filters)

separating force (Walz) Walzkraft f

separating roll (Walz) Vereinzelungsrolle f

separation (Elek) Freischaltung f

separation (Hütt/Walz) Abscheiden n, Trennen n (Abscheiden)

separation (Zer) Absiebung f

separation joint (Tech) Teilfuge f, Trennfuge f

separator (Hütt/Walz) Abscheider m

separator (Stb) Distanzstück n

separator (Tech) Separator m

separator (Zer) Scheideanlage f

septagon (Tech) Siebeneck n

sequence (Tech) Ablauf m; Folge f, Reihe f

sequence control (Elek) Folgeschaltung f, Folgesteuerung f

sequence of operation (Tech) Arbeitsablauf m, Arbeitsfolge f

sequence of operations (Fert) Arbeitsablauf m, Arbeitsfolge f

sequence of operations (Mech) Bearbeitungsfolge f

sequence of work *(Fert)* Arbeitsablauf *m*, Arbeitsfolge *f*

sequence valve *(Hydr)* Arbeitsfolgeventil *n*

sequence valve *(Vent)* Folgeventil *n*

sequencer *(Mess)* Leitwerk *n (Folgeregler gemeint)*

sequential *adj (Tech)* sequenziell

sequential first-out alarm *(Mess)* Erstwertmeldung *f*

sequential operation *(Tech)* Folgebetrieb *m*

sequential quenching and tempering *(Hütt, Met)* Wechselvergütung *f*

sequentially *adv (Tech)* nacheinander

serial number *(Tech)* Bau-Nr. *f*, Baunummer *f*, Fabriknummer *f (eines Artikels)*; laufende Nummer *f*, Seriennummer *f*

series *(Tech)* Folge *f*, Reihe *f*, Reihenschluss *m*, Serie *f*

series connected *adj (Elek)* hintereinander geschaltet

series fabrication *(Fert)* Serienfertigung *f*

series fuse *(Elek)* Vorsicherung *f*

series motor *(Antr)* Motor mit Reihenwicklung *m*

series of events *(Tech)* Hergang *m*, Vorgang *m (Vorfall)*

series-parallel circuit *(Mess)* Reihenparallelschaltung *f*

series production *(Fert, Tech)* Serienfertigung *f*, Serienproduktion *f*

series resistor *(Elek)* Vorwiderstand *m*

series-wound motor *(Antr)* Motor mit Reihenwicklung *m*

serrated *adj (Mech, Tech)* geriffelt, gezackt, zackig *(sägezahnartig)*

serrated hub *(Tech)* Kerbzahnnabe *f*

serrated lock washer *(Tech)* Fächerscheibe *f*

serrated lock washer with internal teeth *(Tech)* innengezahnte Fächerscheibe *f (DIN ISO 1891)*

serrated steel lip *(Bergb)* Sägezahn *m (Eimer)*

serrated wheel hub *(Tech)* Kerbzahnnabe *f*

serrated wrench *(Werkz)* gezahnter Schraubenschlüssel *m*

serve *v (Tech)* versorgen

served *adj (Tech)* betrieben *(versorgt)*

service *v (Tech)* warten *(z. B. eine Maschine)*

service *(Bau, Tech)* Wartung *f*

service *(Prüf)* Inspektion *f*

service *(Tech)* Arbeit *f (Dienstleistung)*; Betrieb *m (Betätigung, Bedienung)*; Dienst *m*, Einsatz *m (Verwendung)*; Einsatzmöglichkeit *f (Gerät)* • **out of service** außer Betrieb

service *adj (Tech)* Betriebs..., Dienst..., Gebrauchs..., Montage..., Nutz..., Wartungs...

service box *(Elek)* Hausanschlussmuffe *f*

service brake *(Kfz)* Fahrbremse *f*, Fußbremse *f*

service (crane) girder *(Met)* Montageträger *m*

service factor *(Tech)* Auswahlfaktor *m (Kupplung)*; Geräteausnutzungsfaktor *m*, Überlastfaktor *m*

service inspection *(Tech)* Wartungsinspektion *f*

service life *(Tech)* Dauerhaltbarkeit *f*; Gebrauchsdauer *f*, Laufzeit *f (Maschine)*; Lebensdauer *f (z. B. Maschine, Werkstoff)*; Nutzungsdauer *f*

service load *(Stb)* Gebrauchslast *f*, Nutzlast *f (Gebrauchslast)*

service part *(Tech)* Ersatzteil *n*

service rendered *(Tech)* erbrachte Leistung *f*

service temperature *(Metr)* Arbeitstemperatur *f*

service time *(Bahn)* Entladezeit *f*

service time *(Tech)* Standzeit *f*

service trolley girder *(Met)* Montageträger *m*

service weight *(Bergb, Tech, Umschl)* Arbeitsgewicht *n*, Betriebsgewicht *n*

service weight *(Kfz)* Eigengewicht *n (Nutzlast)*

serviceability *(Tech)* Bedienungsfreundlichkeit *f*, Wartungsfreundlichkeit *f*

serviceable *adj (Tech)* betriebsbereit, betriebsfähig, funktionstüchtig

serving of textile material *(Tech)* Faserstoffhülle *f (Kabel)*

servo-assisted steering gear *(Tech)* Hilfskraftlenkung *f*

servo-assisted steering mechanism *(Hydr/Pneu, Kfz)* Servolenkung *f*

servo brake *(Tech)* Bremskraftverstärker *m*, Servobremse *f*

servo control valve *(Vent)* Steuerventil *n*, Vorsteuergerät *n (Ventil)*

servo-controlled *adj (Tech)* angesteuert, servogesteuert

servo cylinder *(Tech)* Vorspannzylinder *m*

servo-drive *(Elek, Tech)* Stellantrieb *m*

servo pressure *(Kfz)* Ansteuerdruck *m*

servo pressure control *(Hydr)* Druckservoventil *n*

servo steering *(Hydr/Pneu, Kfz)* Servolenkung *f*

servo steering *(Kfz, Tech)* Lenkkraftverstärker *m*

servo steering *(Tech)* Hilfskraftlenkung *f*

servo valve *(Mess)* Servoventil *n (Stellventil)*

servo valve *(Vent)* Vorsteuerventil *n*

set *v (Bergb)* abbinden *(erstarren)*

set *v (Chem)* absetzen

set *v (Elek, Mech, Tech)* einstellen, stellen *(z. B. Instrumente)*

set *v (Tech)* anberaumen *(z. B. einen Termin, ein Treffen)*; verlegen *(z. B. Ausmauerungssteine)*

set *v* **out** *(Tech)* ausführlich darlegen, detailliert beschreiben

set *v* **the brake** *(Tech)* Bremse anziehen, bremsen; einfallen *(Bremse)*; Bremse eingreifen

set *v* **up** *(Tech)* aufbauen *(montieren, zusammenbauen)*; aufmontieren, einrichten

set *adj (Tech)* vorgespannt *(unter Spannung gebracht)*

set *(Form)* Verformung *f*

set *(Hydr/Pneu)* Aggregat *n*

set *(Stat)* Durchbiegung *f (bei der Werkstoffprüfung)*

set *(Tech)* Garnitur *f (Bausatz)*; Satz *m*

set *adj (Tech)* Setz..., Stell...

set bolt *(Tech)* Kopfbolzen *m*; Passschraube *f*

set hammer *(Werkz)* Setzhammer *m*

set of cutting inserts *(Mech)* Schneideinsatz *m*

set piston *(Tech)* Stellkolben *m*

set screw *(Mech)* Kopfschraube *f*

set screw *(Tech)* Feststellschraube *f*, Fixierschraube *f*, Gewindestift *m*, Passschraube *f*, Stellschraube *f*, Stiftschraube *f*, Zylinderstift *m (Setzschraube)*

set square *(Bau)* Zeichendreieck *n*

set-up time *(Hütt/Walz)* Umstellzeit *f (Sendzimir-Gerüst)*

set value *(Tech)* Sollwert *m*

setpoint *(Tech)* Sollwert *m*

setscrew *(Tech)* Befestigungsschraube *f*

setting *(Bergb)* Setzen *n* des Materials

setting *(Tech)* Einstellen *n*, Einstellung *f*, Einstellwert *m*, Schaltstufe *f (am Regler)*; Stellung *f (eines Bauteils)*; Verlegung *f (z. B. Ausmauerungssteine)*

setting... *adj (Tech)* Einstell..., Stell...

setting device *(Elek)* Gradsteller *m*

setting gauge *(Tech)* Einstellmaß *n (Werkzeuge)*

setting of the hydraulic pressure *(Hydr/Pneu)* Hydraulikeinstellung *f (Druck)*

setting point *(Chem)* Stockpunkt *m (Öl)*

setting screw *(Tech)* Feststellschraube *f*, Justierschraube *f*

setting time *(Baut)* Bindezeit *f (Zement)*

settle *v (Chem)* absetzen

settle *v (Geo)* absetzen, setzen *(sich setzen)*

settlement *(Bau, Geo)* Senkung *f (z. B. des Bodens)*; Setzung *f*

settlement of supports *(Stb)* Stützensenkung *f (unplanmäßig)*

settling *(Bau)* Absenkung *f (Setzung)*

settling *(Bau, Geo)* Senkung *f (z. B. des Bodens)*; Setzung *f*

settling... *adj (Bergb)* Absetz...,

settling chamber *(Ökol)* Klärraum *m (Absetzraum)*

setup *(Tech)* Einrichtung *f (Vorbereitung, Aufstellung)*

sever *v (Hütt/Walz)* trennen *(absondern, scheiden)*

sever *v (Tech)* abtrennen

severance cut *(Mech)* Trennschnitt *m*

sew *v (Tech)* heften *(z. B. ein Buch)*

sewage *(Bau, Ökol)* Abwasser *n*, Schmutzwasser *n*

sewage disposal plant *(Bau)* Kläranlage *f*

sewage sludge *(Ökol)* Klärschlamm *m*

sewage system *(Bau)* Kanalisation *f*, Kanalsystem *n*

sewage system *(Stb)* Entwässerungsanlage *f*

sewage treatment *(Chem, Ökol)* Abwasseraufbereitung *f*

sewage treatment plant *(Bau, Hütt,*

Ökol) Kläranlage f, Schmutzwasser-
kläranlage f

sewed *adj (Tech)* genäht

sewer *(Ökol, Tech)* Abwasserkanal m,
Kanal *(Ablaufrinne)*

sewer line *(Bau)* Kanalisation f *(Abwassersystem)*

sewer truck *(Kfz)* Kanalfahrzeug n
(Stadtreinigung)

s.g. *(Abk. für: specific gravity) (Phys)*
Wichte f

shackle *(Tech)* Bügel m *(Vorhängeschloss);* Kettenschloss n, Lasche f
(Bügel, Klemme); Malotte f, Metallbügel
m, Schäkel m, Schelle f, Zuglasche f

shade *(Elek)* Schirm m *(einer Leuchte)*

shade of colour *(BE) (Anstr)* Farbton m

shaded *adj (Tech)* schattiert *(Zeichnung)*

shaded-pole cooling fan *(Tech)* Querstromlüfter m

shaded-pole motor *(Antr)* Spaltpolmotor
m

shadow *(Elek)* Schatten m

shadow zone *(Elek)* Schattenzone f

shaft *(Met)* Holm m

shaft *(Tech)* Achse f *(Welle);* Hammerstiel
m, Schacht m *(z. B. im Bergbau);*
Schacht m *(Hochofen);* Schaft m
(Welle); Schaft m *(Niet);* Stiel m *(z. B.
eines Hammers);* Welle f *(Achse);* Zapfen m

shaft angle *(Tech)* Achswinkel m, Kreuzungswinkel m

shaft bottom *(Bergb)* Schachtfüllort m

shaft butt end *(Tech)* Wellenstumpf m

shaft centre distance *(Form)* Achsabstand m *(bei Riemenantrieb)*

shaft cylinder *(Hydr)* Stielzylinder m

shaft driven *adj (Tech)* direkt angetrieben
(z. B. Ölpumpe)

shaft-end seal performance *(Tech)*
Dichtleistung f

shaft extension *(Tech)* herausgeführter
Wellenzapfen m, Wellenende n *(Lagerzapfen);* Wellenstumpf m

shaft feeding system *(Bergb)* Schacht-
beschickungseinrichtung f

shaft furnace *(Hütt)* Schachtofen m

shaft gate *(Bergb)* Schachttor n

shaft horsepower *(Kfz, Tech)* Wellen-PS
n

shaft kiln *(Hütt)* Schachtofen m *(z. B. zum
Kalkbrennen)*

shaft labyrinth seal *(Tech, Verd)* Dichtungseinsatz m

shaft midspan *(Tech)* Wellenmitte f
(zwischen den Lagern)

shaft-mounted *adj (Tech)* aufgesteckt,
Aufsteck…

shaft-mounted gear unit *(Getr, Tech)*
Aufsteckgetriebe n

shaft-mounted gearbox *(Getr, Tech)*
Aufsteckgetriebe n

shaft mounting bevel gear unit *(Getr)*
Kegelradaufsteckgetriebe n

shaft on three supports *(Tech)* dreifach
gelagerte Welle f

shaft safety gate *(Bergb)* Schachttor n

shaft seal *(Tech, Verd)* Dichtungseinsatz
m; Wellenabdichtung f, Wellendichtring
m, Wellendichtung f

shaft sleeve *(Lag)* Lagerbock m *(Dralldrossel)*

shaft sleeve *(Tech, Verd)* Wellenbüchse f

shaft slide bearing *(Tech)* Geberwelle f
im Gleitlager

shaft supported at three points *(Tech)*
dreifach gelagerte Welle f

shaft-to-hub connection *(Tech)* Wellen-
-Nabenverbindung f

shaft walling *(Bergb)* Schachtausbau m

shaftless motor *(Antr)* Einbaumotor m

shake *v (Tech)* rütteln

shake-down test *(Prüf)* mechanische
Abschlussfunktionsprüfung f *(Abschlussprüfung auf der Baustelle)*

shaker *(Zer)* Rüttelvorrichtung f

shale *(Geo)* Schiefer m, Schiefergestein n

shallow offset *adj (Werkz)* flachgekröpft
(Ringschlüssel)

shambles *pl (Baut)* Ruine f

shank *(Bergb)* Zahnvorderkante f *(beim
Aufreißer)*

shank *(Tech)* Schaft m *(Niet);* Schenkel m;
Vierkant m *(der Türklinke)*

shank diameter *(Stb)* Schaftdurchmesser m

shank of screw *(Tech)* Schraubenschaft
m

shank protector *(Tech)* Schenkelschutzplatte f

shape *v (Form, Hütt/Walz)* verformen

shape *v (Mech)* bearbeiten *(spanlos)*

shape *v (Met, Tech)* formen, gestalten

shape *(Geo)* Gestalt f *(Form, Aufbau)*

shape *(Met)* Profil n

shape *(Tech)* Form f *(Gestalt, Struktur)*
• **out of shape** verbogen *(unerwünschte Formveränderung)*
shape distortion *(Tech)* Verformung f *(Formänderung)*
shape factor *(Hütt/Walz)* Formfaktor m *(Feuerung)*
shape factor *(Stb)* Plastizitätszahl f, Querschnittsformbeiwert m
shape of sample *(Prüf)* Probenform f
shaped *adj (Tech)* geformt
shaped bloom *(Walz)* Trägervorprofil n
shaped gasket *(Tech)* Dichtprofil n
shaped knife *(Mech)* Profilmesser n
shaped part *(Met)* Formstück n
shaped probe *(Schw)* angepasster Prüfkopf m
shaped roll *(Walz)* Kaliberwalze f; profilierte Walze f
shaped steel *(Met)* Profilstahl m *(geformter Stahl)*
shapes and bars *pl (Met)* Profilstahl m
shaping *(Konst, Tech)* Ausbildung f *(Gestaltung)*
shaping *(Mech)* Bearbeitung f *(spanlos)*
shaping and machining in general *(Form, Mech)* allgemeine Formgebung f, formgebende Bearbeitung f
shaping mill stand *(Walz)* Umformgerüst n
shaping (operation) *(Hütt/Walz)* Formgebung f, Verformung f
share *v (Bergb)* teilen *(etw. teilen)*
share of load *(Stat, Tech)* Belastung f
sharp *adj (Tech)* scharf *(Klinge)*; scharfkantig
sharp angular *adj (Tech)* scharfkantig *(Sand usw.)*
sharp-cornered *adj (Tech)* scharfkantig
sharp-edged *adj (Tech)* scharfkantig
sharp-edged orifice *(Mess)* Staurand m
sharpness *(Tech)* Schärfe f *(einer Klinge)*
shatter mark *(Walz)* Schlagwelle f
shatterproof *adj (Tech)* splitterfest, splitterfrei, splittersicher, sturzfest
shavings grab *(Hütt/Walz)* Spänegreifer m
shear *v (Bergb)* schrämen
shear *v (Mech, Mont, Tech)* abscheren, abschneiden, schneiden *(mit einer Schere)*
shear *v to length (Mech, Mont)* ablängen *(auf Länge schneiden)*

shear *(Hütt/Walz, Mech)* Schere f *(für Bleche)*
shear *(Mech)* Schub m *(Scheren)*
shear *(Met, Prüf, Stat)* Querkraft f, Querspannung f, Scherspannung f, Schubspannung f; Tangentialspannung f
shear *(Tech)* Scherung f • **in single shear** einschnittig • **in multiple shear** mehrschnittig
shear *(Tech, Mont)* Abscheren n
shear connector *(Tech)* Schubdübel m, Verbundanker m, Verbunddübel m
shear diagram *(Stb)* Querfläche f, Querkraftfläche f
shear element *(Tech)* Brechglied n
shear failure *(Bau, Met)* Scherbruch m
shear force *(Geo, Met)* Scherfestigkeit f
shear force *(Mech, Met, Stat)* Querkraft f, Scherkraft f, Schubkraft f *(Scherung)*
shear fracture *(Bau)* Scherbruch m
shear gauge head *(Mech, Walz)* Vorstoßanschlag m
shear leg *(Tech)* Gelenkpunkt m, Pendelstütze f
shear leg *(Umschl)* Portalbein n *(Losseite)*
shear-leg side *(Bergb, Tech)* Fahrwerk n
shear modulus *(Met, Prüf)* Schermodul n, Schubmodul n
shear modulus *(Tech)* Gleitmodul m
shear pin *(Tech)* Brechbolzen m; Scherbolzen m, Scherstift m
shear plane *(Mech)* Schubkraftfläche f
shear point *(Tech)* Sollbruchstelle f
shear strain *(Met)* Schiebung f
shear strength *(Mech, Stb)* Abscherfestigkeit f; Scherfestigkeit f, Schubfestigkeit f
shear stress *(Met, Prüf)* Scherspannung f, Schubspannung f
shear stressing *(Met, Stat)* Scherbeanspruchung f, Schubbeanspruchung f
shear wave *(Elek)* Scherwelle f, Schubwelle f
shear wave *(Elek, Phys)* Querwelle f *(physikalisch)*
shear wave mode *(Prüf)* Schrägstrahlverfahren n *(Ultraschallprüfung)*
shear wave probe *(Elek)* Schrägstrahlprüfkopf m
sheared edge *(Hütt/Walz)* Scherenschnittkante f, Schnittkante f *(Schere)*
shearer *(Bergb)* Schrämmaschine f

shearing *(Mech)* Schub *m (Scheren)*
shearing *(Tech, Mont)* Abscheren *n*
shearing force *(Mech, Met, Stat)* Scherfestigkeit *f*; Schubkraft *f (Scherung)*
shearing force *(Met)* Querkraft *f*, Querspannung *f*, Scherkraft *f*
shearing force *(Met, Stat)* Tangentialspannung *f*
shearing line *(Walz)* Scherenstraße *f*
shearing machine *(Hütt/Walz)* Schere *f (für Bleche)*
shearing modulus *(Met, Prüf)* Schubmaß *n*, Schubmodul *n*, Schubsteife *f*
shearing modulus *(Tech)* Gleitmodul *m*
shearing strain *(Met, Stb)* Verformungswinkel *m*
shearing stress *(Met)* Querspannung *f*
shearing stress *(Met, Prüf)* Scherspannung *f*, Schubspannung *f*
shearing stress *(Met, Stat)* Tangentialspannung *f*
shearing stress *(Stb)* Abscherbeanspruchung *f*
shearing unit deformation *(Tech)* Gleitung *f*
shearing unit stress *(Met, Prüf)* Schubspannung *f*
shears *pl (Hütt/Walz)* Schere *f (für Bleche)*
sheath *(Tech)* Futter *n (Hülle, Etui)*; Hülle *f (Verkleidung)*; Isolationsmantel *m*, Schutzmantel *m*, Umhüllung *f*
sheath armoured *adj (Tech)* rohrdrahtumhüllt
sheath extrusion process *(Walz)* Schlauchextrusion *f (Kunststoffbeschichtung)*
sheath nozzle *(Walz)* Schlauchdüse *f (Beschichtungsanlage)*
sheathe *v (Tech)* umhüllen, ummanteln
sheathed *adj (Bergb)* abgestützt *(Grabenwand)*
sheathed *adj (Tech)* armiert, umhüllt, ummantelt, verkleidet
sheathing *(Stb)* Schalung *f*
sheathing *(Tech)* Beschlag *m (an Kiste, Möbel, Fahrzeug)*
sheave *(Bergb)* Antriebsscheibe *f (Seilscheibe)*; Seilscheibe *f (Rillenscheibe)*
sheave *(Bergb, Tech)* Seilrolle *f*
sheave *(Elek)* Litzenführung *f*
sheave *(Tech)* Scheibe *f (für Seil)*
sheave height *(Kran)* Rollenhöhe *f*

sheave wheel *(Bergb)* Seilscheibe *f (Rillenscheibe)*
shed *v (Tech)* abwerfen *(z. B. eine Last)*
shed *(Baut)* Baracke *f*, Hütte *f (Baubude, Schuppen)*
shed *(Tech)* Halle *f (z. B. Werkstatt)*
shed girder *(Stb)* Shed-Träger *m*
shed-type machine *(Tech)* Hallengerät *n*
sheet *(Hütt/Walz)* Blech *n (Feinblech nach DIN bis 3 mm Dicke)*
sheet *(Met)* Blatt *n*, Blech *n*, Feinblech *n (nach DIN bis 3 mm Dicke)*
sheet asphalt *(Stb)* Gussasphalt *m*
sheet bar *(Met, Walz)* Flachknüppel *m*, Platine *f*
sheet billet *(Met, Walz)* Flachknüppel *m (Platine)*
sheet gauge *(Tech)* Blechdicke *f*
sheet lead *(Stb)* Bleiblech *n*
sheet material *(Met)* Plastikfolie *f*
sheet metal *(Hütt/Walz, Met)* Walzblech *n*
sheet metal clip *(Tech)* Blechklemme *f*
sheet metal screw *(Tech)* Blechschraube *f*
sheet metal working *(Form)* Blechbearbeitung *f*
sheet pile *(Bergb, Stb)* Spundbohle *f*, Spundbohlenabstützung *f*, Spundwand *f*
sheet pile bulkhead [wall] *(Stb)* Spundwand *f*
sheet piling *(Tech)* Spundpfahl *m*
sheet steel *(Hütt/Walz, Met)* Blech *n (Feinblech nach DIN bis 3 mm Dicke)*; Blechtafel *f*, Stahlblech *n*
sheet steel casing *(Met, Stb)* Mantelblech *n*
sheet steel enclosed *adj (Tech)* blechgekapselt
sheet steel for tin plate *(Met, Walz)* Feinstblech *n*
sheet wall *(Stb)* Spundwand *f*
sheet zinc *(Met)* Zinkblech *n*
sheeting *(Bau)* Grabenabstützung *f*, Platten *fpl (Verkleidung)*; Täfelchen *n*, Verkleidung *f (Bauwesen)*
sheeting *(Bergb)* Grabenverbau *m (z. B. mit Spreizen)*; Spundbohlenabstützung *f*, Verbau *m (des Grabens)*; Verschalung *f (des Grabens)*
sheeting wall *(Stb)* Spundwand *f*
shelf *(Tech)* Regal *n*

shelf angle [cleat] (Stb, Tech) Auflagerwinkel m; Reitwinkel m, Tragwinkel m

shelf life (Chem, Log) Haltbarkeit f, Lagerfähigkeit f

shell (Baut) Rohbau m

shell (Bergb) Lippe f

shell (Hütt) Gefäß n

shell (Lag) Lagerschale f

shell (Met, Walz) Schale f (Walzfehler)

shell (Tech) Gefäß n; Gehäuse n (eines Kühlers); Hülle f (äußere Schale); Mantel m (eines Gefäßes); Panzer m (Gesamthochofen); Schale f (Hülle)

shell and tube heat exchanger (Tech) Röhrenwärmetauscher m

shell and tube heat exchanger (Verd) Glattrohrwärmetauscher m

shell belt (Tech) Kesselschuss m (gebogene Blechstütze)

shell drill (Tech) Senker m (Aufstecksenker)

shell mould (BE) (Hütt/Walz) Maskenform f, Maskengussform f

shell ring (Tech) Kesselschuss m (gebogene Blechstütze)

shell set (Tech) Pleuelbüchse f, Pleuellager n

shell-shaped adj (Tech) schalenförmig

shell-type (Tech) Aufsteck…

shell-type surface attemperator (Tech) außen liegender Kühler m, außen liegender Regler m

shell-type transformer (Elek, Hütt) Manteltransformator m

shell valve (Vent) Muschelschieber m

shellack (Chem) Schellack m

sheltered adj (Mess) gedeckt (überdacht)

shelving (Tech) Regal n

shield v (Tech) abschirmen, schützen

shield (Elek) Abschirmung f; Schirm m

shield (Tech) Schild m; Schutzschild m

shield cylinder (Bergb) Schildzylinder m

shield metal arc welding (Schw) Elektroschweißen n

shield support (Bergb) Schild n (im Bergbau)

shield tunnelling (Tunn) Schildvortrieb m

shielded adj (Elek) abgeschirmt

shielded adj (Tech) umhüllt

shielded arc welding (Schw) Schutzgasschweißen n, MAGM n; Schutzgasschweißung f (DIN 1910); Schutzgasschweißung f

shielded metal arc welding (Mech, Mont, Schw) CO_2-Schweißen n, Elektrodenhandschweißen n, Lichtbogenhandschweißen n

shift v (Elek) umschalten

shift v (Tech) schalten (Getriebe); verschieben (den Kolben)

shift (Elek) Verschiebung f

shift (Fert) Arbeitsschicht f, Schicht f

shift (Tech) Schaltung f (Getriebe)

shift bar (Tech) Schaltstange f (Kraftfahrzeug)

shift collar (Tech) Schaltmuffe f

shiftable adj (Tech) rückbar, schaltbar (z. B. Kraftfahrzeug); zuschaltbar

shiftable engine (Antr) Regelfahrmotor m

shifted adj (Tech) verrückt

shifter (Werkz) Engländer m

shifter bar (Tech) Schaltstange f (Kraftfahrzeug)

shifter fork (Tech) Schaltgabel f

shifting (Elek) Verschiebung f (Umschaltung)

shifting (Stb, Tech) Verschiebung f

shifting (Tech) Umschaltung f (in anderen Gang)

shifting clutch (Kfz, Tech) ausrückbare Kupplung f, Ausrückkupplung f, lösbare Kupplung f, Schaltkupplung f, selbstlösbare Kupplung f

shifting head (Tech) Rückkopf m

shifting input (Mess) Schiebeeingang m

shifting motor (Antr) Verstellmotor m

shifting pulse (Elek) Schiebeimpuls m

shim (Elek) Prüfraster n, Raster m, Zwischenplatte f

shim (Elek, Tech) Zwischenlage f, Zwischenlage f (Verpackung)

shim (Mech, Mont, Tech) Abstandsstück n, Ausgleich(s)blech n, Ausgleich(s)futter n, Ausgleichsscheibe f, Beilage f, Beilageblech n, Beilageplatte f, Beilagescheibe f, Beilageblech n, Beileg(e)scheibe f, Blechbeilage f, Blechunterlage f, Distanzscheibe f (im Zylinder); Einlegstück n, Futterblech n, Klemmstück n, Passblech n, Passscheibe f, Unterlagsblech n (z. B. mit Markierungen); Unterlagseisen n, Unterlegblech n, Unterlegscheibe f (im Zylinder)

shim ring (Tech) Passscheibe f

shim stock *(Schw)* Satz *m* von Beilageplatten

shine *v (Tech)* glänzen

shine *(Tech)* Glanz *m*

shingle *(AE) (Baut)* Dachstein *m*, Dachziegel *m*

shingling mechanism *(Walz)* Schindelwerk *n*

shiny *adj (Met)* scheinend *(glänzend)*

ship steel *(Met)* Schiffsbaustahl *m*

shipbuilding *(Schiff)* Schiffbau *m*, Schiffsbau *m*

shipbuilding section *(Hütt/Walz)* Schiffsprofil *n*

shipbuilding steel *(Met)* Schiffsbaustahl *m*

shipper *(Umschl)* Verlader *m*

shipping and dispatch *(Log)* Versand *m*; Versand- und Lagerhalle *f (Teilung)*

shipping and receiving department *(Tech)* Annahme *f* und Versand *m (von Waren)*

shipping packaging *(Tech)* Ausfuhrverpackung *f*

shipping screw *(Tech)* Sicherungsschraube *f*

shipping the product *(Tech)* Produktübergabe *f*, Versand *m (Versendung)*

shipping weight *(Log)* Versandgewicht *n*

shipyard *(Schiff)* Schiffbau *m*, Werft *f*, Werftanlage *f*

shipyard crane *(Kran)* Werftkran *m*

shock *(Tech)* Schlag *m*, Stoß *m*; Aufprall *m*

shock absorber *(Met)* Schwingmetall *n*

shock absorber *(Tech)* Schwingmetallpuffer *m (Getriebe)*; Stoßdämpfer *m*, Stoßfänger *m*; Puffer *m (für Schienengeräte)*

shock blasting *(Bergb)* Lockerungssprengung *f*

shock-free start *(Hydr/Pneu)* ruckfreies Anfahren *n*

shock-hazard protection *(Elek)* Berührungsschutz *m*

shock load *(Förd)* Aufprall *m*, Aufschlag *m*; Stoßbelastung *f*, stoßartige Belastung *f*

shock load *(Tech)* Laststoß *m*; Stoßlast *f*

shock-proof *adj (Tech)* schocksicher, stoßsicher

shock protection screen *(Elek)* Berührungsschutz *m*

shock-resistant *adj (Tech)* stoßfest

shock valve *(Vent)* Überdruckventil *n* *(Überdruckklappe)*

shock welding *(Schw)* Schockschweißen *n*

shoe *(Bergb)* Kettenplatte *f*; Spurschuh *m (eines Förderkorbs)*

shoe *(Tech)* Schuh *m*, Vorsatzteil *n*

shoe brake *(Kfz)* Backenbremse *f*

shoe plate *(Tech)* Bremsbacke *f*, Bremsschuh *m*

shop *(Tech)* Betrieb *m*, Halle *f (z. B. Werkstatt)*

shop and field work *(Bau, Tech)* Werkstatt- und Baustellenarbeit *f*

shop-assembled *adj (Mont, Tech)* vormontiert

shop assembly *(Mont)* Werkstattmontage *f*

shop certificate *(Prüf)* Werkstattzeugnis *n*

shop drawing *(Zeich)* Konstruktionszeichnung *f*, Werkstattzeichnung *f*

shop inspection [test] *(Prüf)* Werksprüfung *f*, Werkstattabnahme *f*, Werkstattprüfung *f*, Werkstattversuch *m*

shop-soiled *adj (Tech)* angeschmutzt

shop welding *(Schw)* Fabrikschweißung *f*, F.S. *f*, Werkstattschweißung *f*

shore *v (Bau, Bergb)* abfangen, absteifen

shore *v (Bergb)* verstempeln

shore *(Bau, Bergb)* Steife *f (z. B. im Graben)*

shore *(Bergb)* Stempel *m*

shore hardness *(Met, Prüf)* Shore-Härte *f*

shored *adj (Bergb, Stb)* unterstempelt

shoring *(Bau, Stb, Tech)* Abstützung *f*, Verstärkung *f*

shoring *(Bergb)* Verbau *m (des Grabens)*

short *v (Elek)* kurzschließen *(die Kontakte)*

short *adj (Tech)* gedrungen; kurz

short-arc welding *(Schw)* Kurzlichtbogenschweißen *n (DIN 1910)*

short-circuit *v (Elek)* kurzschließen

short circuit *(Elek)* Kurzschluss *m*

short-circuit-proof *adj (Elek)* kurzschlussfest

short-circuit protection *(Elek)* Kurzschlusssicherung *f*

short-circuit valve *(Vent)* Freiumlaufventil *n*, Kurzschlussventil *n*

short-stroke engine *(Tech)* Kurzhubmotor *m*

short-term *adj (Tech)* kurzfristig

shortage (Tech) Mangel m

shortcoming (Tech) Mangel m

shorten v (Tech) abkürzen, kürzen, verkürzen

shot (Fot) Aufnahme f

shot blasting (Anstr, Mech) Sandstrahlen n, Schrotstrahlen n, Schrotstrahlreinigung f; Strahlen n mit Stahlsand

shot distance (Bergb) Abschlaglänge f

shot length (Anstr) Kornlänge f (beim Sandstrahlen)

shot peening (Anstr, Mech) Kugelstrahlen n, Sandstrahlen n

shot storage tank (Tech) Kugelbehälter m

shotcrete (Bau) Spritzbeton m

shoulder v (Mech, Mont) absetzen, kröpfen

shoulder (Bau) Bankett n (unbefestigter Straßenrand); Straßenrand m; Standspur f (Autobahn)

shoulder (Lag) Bord m

shoulder (Mech, Bergb) Absatz m

shoulder (Tech) Abrundung f; Ansatz m, Einziehung f (z. B. Welle); Schulter f, Stufe f

shoulder screw (Tech) Schaftschraube f (Bandwaage)

shoulder stud (Tech) Bundbolzen m

shouldered adj (Tech, Mont) abgesetzt, abgestuft

shove (Tech) Stoß m (Schlag, Schub)

shovel v (Bergb) schaufeln

shovel (Baum, Bergb) Bagger m (mit Ladeschaufel); Grabschaufel f, Hochlöffel m, Ladeschaufel f, LS f, Löffel m (eines Baggers); Ladeschaufelbagger m, Schaufelbagger m, Trockenlöffelbagger m

shovel (Tech) Schaufel f (Schippe)

shovel excavator (Bergb) Ladeschaufelbagger m, Schaufelbagger m

shovel front (Bergb) Löffelbrust f

shovel lip (Baum) Schaufelvorderteil n

show v (Tech) aufweisen, vorweisen, zeigen

shower cooling (Hütt) Rieselkühlung f

shower of sparks (Prüf) Funkengarbe f (Funkenprüfung)

shred v (Zer) zerschnitzeln

shredded adj (Tech) zerschnitzelt, zerstückelt

shredder (Tech) Shredder m

shrink v (Tech) schrumpfen, schwinden

shrink... adj (Tech) Schrumpf...

shrink-fit v (Mont, Tech) aufschrumpfen, warm aufziehen

shrink-fitted adj (Mech, Mont, Tech) aufgeschrumpft, aufgezogen (warm aufgezogen)

shrink hole (Met) Lunker m

shrinkage (Met, Stb) Schrumpfung f, Schwinden n

shrinkage... adj (Met, Tech) Schrumpf...

shrinkage cavity (Met) Lunker m

shrinkage cavity (Schw) Schwindungshohlraum m

shrinkage value (Bau, Met) Schwindmaß n

shrinking (Met) Schrumpfung f

shrinking... adj (Met, Tech) Schrumpf...

shroud (Bergb) Schleißkappe f, Verschleißkappe f (zwischen Grabgefäßzähnen)

shroud (Hütt) Schattenrohr n; Schutz m (des Gießstrahls)

shroud disc (Verd) Deckscheibe f (Laufrad)

shroud tube (Hütt) Schattenrohr n

shrunk adj (Bau) eingeschrumpft

shrunk-on adj (Mont, Tech) aufgeschrumpft, aufgezogen (warm); warm aufgezogen

shuffle bar type cooling bed (Walz) Wimmlerkühlbett n

shunt v (Bahn) rangieren (Zug); verschieben (Waggons)

shunt (Elek) Nebenschluss m

shunt resistor (Elek) Nebenwiderstand m

shunting car (Bergb, Umschl) Einstellwagen m (Kipper)

shunting length (Bergb, Umschl) Einstellweg m

shut v (Hydr/Pneu) schalten; sperren (Absperrhahn)

shut v **down** (Elek) ausschalten (z. B. Maschine); stilllegen

shut down adj (Elek, Tech) stillgelegt, stillgesetzt

shut-down (Tech) Abfahrzeit f, Stilllegung f

shut-down solenoid (Bergb) Abstellmagnet m

shut-off valve (Hydr/Pneu, Vent) Absperrhahn m, Absperrschieber m, Absperrventil n; Speicherladerventil n

shutdown *(Fert, Tech)* Abschaltung f, Ausfall m; Betriebsstörung f; Arbeitsunterbrechung f, Betriebsunterbrechung f

shutdown bleeder valve *(Hütt, Vent)* Stillsetzhut m *(Hochofen)*

shutdown level *(Mess)* Stillsetz--Schwelle f

shutdown lever *(Tech)* Abstellhebel m

shutter v *(Stb)* verschalen

shutter *(Bau, Tech)* Blende f; Fensterladen m, Jalousie f, Schalungsplatte f

shutter *(Tech)* Luftklappe f, Verschluss m

shutter bow *(Tech)* Verschlussspiegel m

shuttering *(Bau)* Schalung f, Verschalung f *(im Betonbau)*

shuttering plank *(Bau, Tech)* Schalbrett n *(Betonbau)*

shuttering work *(Bau)* Verschalung f *(im Betonbau)*

shutterwork *(Stb)* Schalungsmaterial n

shuttle v *(Tech)* pendeln *(schwanken)*

shuttle conveyor *(Förd)* fahrbares Förderband n *(hin- und herfahrend)*; reversierbarer Förderer m, reversierbares Verteilerband n

shuttle head *(Förd)* Verschiebekopf m *(Bandanlage)*

shuttle valve *(Tech)* Richtungswahlschalter m *(vor- und rückwärts)*; Wahlschalter m *(Getriebe)*

shuttle valve *(Vent)* Doppelrückschlagventil n, Wechselventil n

shuttling carriage *(Förd)* Vorschubwagen m *(Förderer)*

shuttling head *(Förd)* Verschiebekopf m *(Bandanlage)*; Vorschubkopf m

side *(Tech)* Schenkel m, Seite f ● **on base side** *(Bergb)* auflageseitig ● **on both sides** doppelseitig ● **on the face side** stirnseitig

side... adj *(Tech)* Längs..., Seiten...; Neben..., Quer...

side and rear dump truck *(Kfz)* Dreiseitenkipper m

side bar *(Tech)* Steg m

side batters pl *(Baum, Bergb)* Baggerböschung f; Seitenböschung f

side bend specimen *(Schw)* Querfaltbiegeprobe f

side-bracket bearing *(Lag)* Blindlager n *(Flanschlager)*

side car *(Kfz)* Beiwagen m, Seitenwagen m *(des Motorrades)*

side cutter *(Werkz)* Seitenschneider m

side cutting edge *(Bergb)* Seitenmesser n *(des Tieflöffels)*

side cutting nippers pl **[pliers** pl**]** *(Werkz)* Seitenschneider m

side drilled hole *(Mech)* Querbohrung f

side effect *(IT, Tech)* Nebeneffekt m, Nebenwirkung f

side elevation *(Tech, Zeich)* Aufriss m, Längsriss m, Seitenansicht f, Seitenaufriss m, Seitenriss m *(Aufriss von der Seite her)*

side lobe *(Prüf)* Nebenkeule f *(Ultraschallprüfung)*

side marker *(Tech)* Peilstange f

side-marker lamp *(Elek, Tech)* Peilstableuchte f; Begrenzungsleuchte f *(am Kfz)*

side member *(Met)* Längsträger m

side paver *(Bau)* Seitenfertiger m *(Straßenbaumaschine)*

side plate *(Tech)* Innenflanschlasche f, Seitenblech n, Seitenkeil m

side point *(Bau, Stb)* Stoßfuge f

side run-out (of belt) *(Förd)* Schieflauf m *(Band)*

side runout *(Tech)* Planlaufabweichung f *(Gegenflansch)*

side scrap *(Walz)* Saumschrott m

side-shift(ing) carriage [device] *(Tech)* Seitenschieber m

side slope *(Baum, Bergb)* Baggerböschung f, Seitenböschung f; Standböschung f, Steilböschung f

side span *(Stb)* Seitenöffnung f *(Brücke)*

side stream filter *(Tech)* Teilstromfilter m

side tilting device *(Bergb)* Seitenkippgerät n

side tipping wagon *(Förd)* Rollbahnwagen m

side trim v *(Mech, Walz)* besäumen *(z. B. Blech, Stahlband)*

side trimmed scrap *(Walz)* Saumschrott m

side view *(Zeich)* Seitenansicht f

sidewalk *(Bau)* Bürgersteig m, Fußweg m, Gehbahn f, Gehweg m

sidewall of the front lip *(Bergb)* Wange f *(Seitenteil der Schneide)*

sideways adv *(Tech)* seitwärts

sidewise bending *(Mech)* Knickung f

siding *(Bahn)* Gleisanschluss m, Nebengleis n, Nebenstrecke f

Siemens-Martin furnace *(Hütt/Walz)* Siemens-Martin-Ofen *m*, SM-Ofen *m*

sieve *v (Zer)* sieben *(durchsieben)*

sieve *(Tech, Zer)* Sieb *n*

sieve *(Zer)* Schirm *m (Sieb)*

sift *v (Zer)* sichten

siftings *pl (Hütt/Walz)* Rostdurchfall *m*

sight (flow) glass *(Tech)* Schauglas *n (für Durchfluss)*

sight flow indicator *(Tech)* Schautropföler *m*

sign *v (Tech)* signieren, unterschreiben

sign *(Tech)* Ansatz *m*, Anzeichen *n*, Zeichen *n*; Schild *m (an einem Gebäude)*

sign output *(Elek)* Vorzeichenausgang *m*

signal *(Elek, Tech)* Signal *n*, Zeichen *n*

signal *(Tech)* Meldung *f*

signal... *adj (Elek, Tech)* Kontroll..., Melde..., Signal...

signal box *(Bahn)* Blockstelle *f (der Bahn)*; Stellwerk *n*

signal current *(Elek)* Schwachstrom *m*

signal-to-noise ratio *(Elek)* Rauschabstand *m*, Signal-Rausch-Verhältnis *n*, Störfaktor *m*, Verhältnis *n* des Signals zum Rauschen

signalling device *(Mess)* Melder *m*

signboard *(Tech)* Hinweisschild *n*

significant *adj (Met)* bedeutend *(z. B. Fehler bei Ultraschallprüfung)*

significant *adj (Tech)* bezeichnend, wichtig

silenced *adj (Akus, Elek)* schallgedämpft, schallisoliert

silencer *(Akus, Elek)* Schalldämpfer *m*

silencing *adj (Akus, Elek, Ökol, Tech)* schalldämmend, schalldämpfend; Schalldämm...

silencing *(Akus, Elek, Ökol, Tech)* Schalldämmung *f*, Schalldämpfung *f*

silencing stack *(Bau)* Mäklerkamin *m (einer Pfahlramme)*

silica *(Chem, Hütt, Met)* Kieselsäure *f (z. B. im Möller)*; Kieselerde *f*

siliceous calamine [zinc] ore *(Met)* Kieselgalmei *m*

silicic acid *(Chem)* Kieselsäure *f*

silicium *(Chem)* Silicium *n*

silicon *(Chem)* Silicium *n*

silicon chip *(Elek)* Siliciumplättchen *n*

silicon dioxide *(Hütt, Met)* Kieselsäure *f*

silicon press-fit diode *(Elek)* Silicium--Einpressdiode *f*

silicon steel *(Met)* Siliziumstahl *m*

silicone *(Chem, Tech)* Silikon *n*

sill *(Tech)* Schwelle *f (Boden)*; Türschwelle *f*

silo *(Umschl)* Silo *m*

silo bin *(Stb)* Silozelle *f*

silt *(Bergb, Geo, Hütt/Walz)* Schlamm *m*

silt dredger *(Bergb)* Schlickbagger *m*

silver *(Chem)* Silber *n*

silver... *adj (Met, Tech)* Silber...

silver-plated *adj (Met, Tech)* galvanisch oberflächenversilbert, versilbert

similar *adj (Tech)* ähnlich, artgleich

similarity measure *(IT)* Ähnlichkeitsmaß *n*

simple *adj (Tech)* einfach *(leicht)*

simplex brake *(Tech)* Simplexbremse *f*

simplicity *(Tech)* Einfachheit *f*

simplification *(Tech)* Vereinfachung *f*

simplified circuit *(Elek)* Ersatzschaltung *f (vereinfacht)*

simply supported *adj (Stb, Tech)* frei aufliegend

simulate *v (Tech)* simulieren

simultaneous *adj (Tech)* gleichzeitig, simultan

sine *(Elek, Math)* Sinus *m*

single *v out (Tech)* aussondern, aussortieren, auswählen

single *adj (Tech)* einfach; einzeln; Ein...

single-acting *adj (Tech)* einfachwirkend

single axis *(Zeich)* Einzelsehne *f (in Zeichnungen)*

single-bay *adj (Stb)* einschiffig

single bevel *(Schw)* HV-Naht *f*

single bevel *(Tech)* einseitige Abschrägung *f*

single bevel with root face *(Schw)* HY--Naht *f*

single cut file *(Werkz)* einhiebige Feile *f*

single-daylight press *(Form)* Einetagenpresse *f*

single-deck screen *(Tech)* Eindeckersieb *n*

single disc cutter *(Bergb)* Einringschneidrolle *f*

single-end(ed) (open-jawed) spanner *(Werkz)* Einmaulschlüssel *m*, Schlüssel *m*

single-ended ring spanner *(Werkz)* Einringschlüssel *m*

single-face striking face wrench *(Werkz)* Schlagschlüssel *m*

single feeder *(Elek)* Abzweigleitung f *(Netz)*; Stichleitung f *(Netz)*
single-filament bulb *(Kfz)* Eindrahtlampe f
single-flight *adj (Tech)* eingängig *(Gewinde)*
single footing *(Bau)* Einzelgründung f
single-girder trolley *(Bergb, Kran, Umschl)* Einschienenkatze f, Einschienenlaufkatze f
single grade oil *(Petr)* Einbereichsöl n
single grouser shoe *(Bergb)* Einstegrippenplatte f *(für weiche Böden)*
single-grouser track pad *(Bergb)* Einstegplatte f, Einstegrippenplatte f
single J *(Schw)* HU-Naht f
single J-groove weld *(Schw)* halbe U-Naht f
single latch lock *(Baut)* Einfallenschloss n
single-line diagram *(Zeich)* Strichbild n
single log tine *(Werkz)* Einstammvorrichtung f *(an einer Holzzange)*
single open-ended spanner [wrench] *(Werkz)* Einmaulschlüssel m, Maulschlüssel m *(einseitig)*
single-pass welding *(Schw)* Einlagenschweißung f
single-piece *adj (Tech)* einteilig
single-piece job [production] *(Tech)* Einzelanfertigung f, Einzelfertigung f
single-pole-ply *adj (Tech)* einlagig
single-pole *adj (Elek)* einpolig
single-pole switch *(Elek)* Ausschalter m, einpoliger Lastschalter m, einpoliger Schalter m
single-probe operation *(Tech)* Einkopfbetrieb m
single-row *adj (Tech)* einreihig
single shear fitted bolt *(Tech)* einschnittige Passschraube f
single-stage *adj (Tech)* einstufig *(z. B. Getriebe)*
single-thread *adj (Tech)* eingängig *(Gewinde)*
single-throw *adj (Tech)* einfach gekröpft
single throw *(Elek)* Einzelschaltung f
single-throw contact *(Mess)* Schaltkontakt m
single-throw switch *(Elek)* Ausschalter m *(einpolig)*; Ein/Aus-Schalter m, einpoliger Ausschalter m, Hebeleinschalter m

single-toggle jaw crusher *(Zer)* Einschwingenbackenbrecher m, Einschwingenbrecher m, Kurbelschwingenbrecher m
single-track *adj (Stb)* eingleisig
single track crawler *(Bergb)* Einspurraupe f
single U *(Schw)* SU-Naht f *(Schweißsondernaht)*; U-Naht f
single U notch *(Stb)* U-Kerbe f
single-vee groove weld *(Schw)* V-Naht f
single-Y *(Schw)* Y-Naht f
single-Y with root face *(Schw)* Y-Naht f *(mit Steg)*
sink *v (Bergb)* abteufen, teufen *(einen Schacht)*
sink *(Tech)* Spülstein m *(Küche)*
sinking *adj (Bau, Tech)* absinkend
sinking *(Bau, Geo)* Senkung f *(z. B. des Bodens)*
sinter *v (Hütt/Walz, Met)* sintern
sintered component *(Hütt, Met)* Sinterformteil m
sintered steel *(Met)* Sinterstahl m
sintering *(Form)* Mehrstoffpressling m
sintering furnace *(Hütt)* Sinterofen m *(Pulvermetall)*
sinuous header *(Hydr/Pneu)* gewellte Teilkammer f, Sektion f *(gewellt)*; Teilkammer f
sinusoidal voltage *(Elek)* Sinusspannung f
site *(Bau)* Baustelle f, Platz m *(Baustelle)*
• **on site** auf der Baustelle, vor Ort
site *(Tech)* Ort m
site... *adj (Bau, Stb)* Baustellen... *(nicht in der Werkstatt)*
site agent *(Bau)* Bauführer m
site connection *(Bau)* Baustellenanschluss m, Baustellenstoß m, Montagestoß m
site-driven rivet *(Stb)* Baustelleniet m
site management *(Bau)* Bauleitung f
site manager *(Bau, Tech)* Bauleiter m
site of an accident *(Tech)* Unfallort m
site of fire *(Tech)* Brandherd m
site office *(Bau, Tech)* Baustellenbüro n, Baubude f, Baubüro n
site supervisor *(Bau, Tech)* Bauleiter m
site water supply *(Bau)* Bauwasser n
site welding *(Schw)* Baustellenschweißung f, Montageschweißung f, M.S. f
six-high mill *(Walz)* Sextowalzwerk n

six-point socket *(Tech)* Sechskanteinsatz *m (für Steckschlüssel)*

six speed shift transmission *(Kfz, Tech)* Sechsganggetriebe *n*

six-spline socket *(Tech)* Innenkeilprofil *n (DIN ISO 1891)*

six-wheel bogie *(Bergb)* Ausgleichsschwinge *f*; Sechsradschwinge *f*

six-wheel drive *(Antr, Bergb)* Sechsradantrieb *m*

size *v (Tech)* abmessen *(z. B. des Verpackungsbandes)*

size *v (Zer)* klassieren *(z. B. Erz)*

size *(Tech)* Baugröße *f (z. B. eines Motors)*; Bemessung *f (Ausmaße, Maße)*; Größe *f*, Querschnitt *m*

size of coal *(Tech)* Korngröße *f*, Körnung *f*

size range *(Tech)* Größenordnung *f*

sizing *(Tech)* Auslegung *f (Bemessung, Dimensionierung)*; Bemaßung *f*, Bemessung *f (Vorgang)*; Dimensionierung *f*

sizing mill *(Walz)* Maßwalzwerk *n (Kalibrierwalzwerk)*

skeleton *(Tech)* Gerüst *n (Rahmen)*; Gestell *n*, Tragwerk *n*

skeleton key *(Tech)* Dietrich *m*

skelp *(Hütt/Walz)* Vormaterial *n*; Röhrenstreifen *m*

sketch *v (Tech, Zeich)* aufzeichnen, entwerfen, skizzieren, vorzeichnen; aufreißen *(eine Skizze, einen Plan u. ä.)*; zeichnen

sketch *(Mech, Tech, Zeich)* Abriss *m*, Entwurf *m*, Entwurfszeichnung *f*, Grundriss *m*, Skizze *f*, Zeichnung *f*

skew *adj (Tech)* schief; Schräg...

skew back *(Tech)* Widerlager *n*

skew gearing *(Getr)* Schrägverzahnung *f*

skew (roller) table *(Förd)* Schrägrollgang *m*

skew travel *(Förd, Umschl)* Schräglauf *m*, Schieflauf *m (Band)*

skewback *(Tech)* Widerlager *n*

skewed *adj (Tech)* gegeneinander versetzt

skewed roll *(Walz)* Schrägwalze *f*

skid *(Bergb)* Führungsblech *n (der oberen Raupenkette)*; Gleitkufe *f*, Kufe *f*

skid *(Förd)* Schlitten *m*

skid *(Tech)* Gleitfläche *f*, Gleitschiene *f*

skid chain *(Kfz)* Schneekette *f (für Autoreifen)*

skid-pan *(Tech)* Hemmschuh *m (Bahn)*

skid-protection *(Tech)* Gleitschutz *m*

skill *(Tech)* Arbeitsfertigkeit *f*, Fertigkeit *f*

skilled *adj (Tech)* ausgebildet, fachgerecht *(z. B. Personal)*; gelernt, geschickt

skilled worker *(Tech)* Facharbeiter *m*

skimmer *(Baum, Bergb, Umschl, Walz)* Abstreifer *m*, Abstreifring *m*

skimming *adj (Chem)* entschäumend

skimming coat *(Baut)* Glattstrich *m* auf Putz

skin friction *(Bau)* Mantelreibung *f*

skin pass mill *(Walz)* Nachwalzwerk *n (Dressierwalzwerk)*

skin passing *(Walz)* Dressiergerüst *n*; Kaltnachwalzen *n (Dressieren)*

skin zone *(Hütt)* Randzone *f (Block, Guss)*

skinning *(Anstr)* Hautbildung *f*

skip *(Baum)* Muldenkipper *m*

skip *(Bergb)* Fördergefäß *n*, Gefäß *n*, Kübel *m*

skip *(Förd)* Rollbahnwagen *m*

skip *(Tech)* Mulde *f (z. B. Betonmulde)*

skip and cage hoisting installations *pl (Bergb)* Skip- und Korbförderanlagen *fpl*

skip bucket *(Förd, Hütt)* Hunt *m*

skip car *(Förd, Hütt)* Hunt *m*

skip distance *(Tech)* Sprungabstand *m (Ultraschall)*

skip hoist *(Umschl)* Kübelförderanlage *f*

skip room *(Tech)* Maschinenhaus *n (des Skipaufzuges)*

skip winding installation [plant] *(Bergb)* Gefäßförderanlage *f (Skipförderanlage)*

skipping *(Anstr)* Fehlstelle *f (Lücke im Anstrich)*

skirt plate *(Bergb, Förd)* Führungsblech *n*; Seitenwand *f (eines Trogbandförderers)*

skirtboard *(Bergb, Förd, Umschl)* Ablenkblech *n*, Leitblech *n*, Materialführung *f*, Seitenkeil *m*

skirtboard *(Tech)* Seitenblech *n (Materialführung)*

skirting *(Bau)* Schürze *f*, Sockel *m*

skirting board *(Baut)* Fußleiste *f*

skirts *pl (Bau)* Bodenverkleidung *f*

skull *(Hütt/Walz)* Bär *m (Bärenbildung im Hüttenwesen)*; Mündungsbär *m*, Pfannenrest *m*

skull *(Hütt)* Konverterbär *m (Konverter)*

skull *(Met, Walz)* Schale f *(in Verteiler-rinne)*

skylight *(Bau)* Klappfenster n, Oberlicht n

skyscraper *(Bau)* Hochhaus n, Wolkenkratzer m

slab *(Bau)* Scholle f *(z. B. Asphalt)*

slab *(Hütt/Walz)* Bramme f *(Rohstahlblock)*; Strang m *(z. B. aus Strangguss)*

slab *(Tech)* Platte f

slab ingot *(Walz)* Brammenblock m; Rohbramme f

slab processing *(Fert)* Halbzeugeinsatz m

slack *adj (Tech)* entspannt *(z. B. Seil)*; locker, lose *(Getriebe)*; schlaff

slack *(Tech)* Luft f *(Lagerspiel)*; Schlupf m, Spiel n

slacken v *(Tech)* auflockern, entspannen *(Raupenkette, Seil)*; lockern, lösen, losmachen, nachlassen *(lockern)*

slackness *(Kran)* Durchhängen n *(z. B. des Seils)*

slackness *(Lag, Tech)* Luft f *(Lagerspiel)*; Spiel n

slag *(Hütt/Walz)* Asche f, Schlacke f *(Nebenprodukt im Hochofen)*

slag... *adj (Hütt/Walz)* Schlacken...

slag-heap *(Tech)* Müllhalde f

slag-tap boiler *(Hütt/Walz)* Schmelzkessel m

slag-tap pulverised coal firing *(Hütt/Walz)* Schmelzfeuerung f

slagging practice *(Hütt)* Schlackenführung f

slake v *(Tech)* löschen *(Kalk, Durst usw.)*

slaked lime *(Bau, Geo, Hütt)* gelöschter Kalk m, Löschkalk m

slanted *adj (Tech)* schräggestellt, schrägliegend

slanted roof *(Baut)* Schrägdach n

slat *(Met)* Metallstreifen m; Streifen m

slat conveyor *(Förd)* Plattenband n, Plattenbandförderer m

slat(-type) pulley *(Förd)* Käfigtrommel f

slate *(Geo)* Schiefer m

slater *(Baut)* Schieferdachdecker m, Schieferdecker m

slave card *(Tech)* Diazokarte f *(Mikrofilmung)*

slave pads pl *(Tech)* Leihplatte f *(zur Baggerüberführung)*

sled(ge) *(Förd, Tech)* Schlitten m

sledge hammer *(Werkz)* Fäustel m *(DIN*

6475*)*; Vorhammer m, Vorschlaghammer m, Zuschlaghammer m

sleek v *(Mech)* schlichten

sleeper *(Bahn)* Eisenbahnschwelle f

sleeper *(Tech)* Schwelle f *(Boden)*

sleeper framework *(Bahn)* Gleisrost m, Schienenrost m

sleeper-packing machine *(Bahn)* Gleisstopfgerät n

sleeve *(Elek)* Muffe f

sleeve *(Mech)* Pinole f

sleeve *(Tech)* Buchse f *(Laufbuchse, Muffe)*; Führungsbuchse f, Hülse f *(Bandwaage)*; Manschette f, Mantel m *(einer Massivwendelrolle)*; Reduziermuffe f, Schutzhülse f *(Dichtung; Schutzbüchse)*; Übermaßbüchse f

sleeve *(Werkz)* Traghülse f

sleeve bearing *(Tech)* Gleitlager n

sleeve coupling *(Tech)* Hülsenkupplung f, Schalenkupplung f

sleeve joint *(Stb)* Einsteckstoß m, Rohrstoß m mit Einsteckmuffe

sleeve-mounted *adj (Tech)* aufgesteckt, Aufsteck...

sleeve nut *(Tech)* Überwurfmutter f

sleeve seal *(Tech)* Manschettendichtring m

slenderness ratio *(Stat)* Schlankheit f, Schlankheitsgrad m

slew v *(Tech)* schwenken

slew... *adj (Tech)* Schwenk...

slew motor *(Antr, Tech)* Schwenkmotor m

slew ring *(Tech)* Drehverbindung f

slewing *adj (Tech)* Dreh..., Schwenk...; drehbar *(schwenkbar)*

slewing ball bearing [race] *(Bergb, Umschl)* KDV f, Kugeldrehverbindung f

slewing boom conveyor *(Bergb, Förd, Umschl)* Band n im Schwenkbandausleger, Schwenkband n

slewing brake *(Bergb)* Drehwerksbremse f, Schwenkbremse f, Schwenkwerksbremse f

slewing crane *(Kran)* Drehkran m, Schwenkkran m, Turmdrehkran m

slewing gear *(Bergb, Getr, Umschl)* Schwenkgetriebe n, Schwenkwerksgetriebe n

slewing gear rim *(Bergb)* Drehkranz m *(Schwenk-Zahnkranz)*

slewing jib *(Kran)* Drehausleger m *(Schwenkausleger)*; Schwenkkran m

slewing journal *(Tech)* Drehzapfen m *(Kran)*

slewing limit switch *(Elek)* Betriebsendschalter m

slewing motion *(Tech)* Drehbewegung f *(Schwenkbewegung)*

slewing motor *(Elek)* Drehmotor m

slewing pillar crane *(Kran)* Säulendrehkran m

slewing platform *(Hütt)* Portalplattform f

slewing range *(Baum, Bergb, Tech)* Arbeitsbereich m *(des Baggers)*; Drehbereich m *(Schwenkbereich)*; Schwenkbereich m

slewing ring *(Bergb)* Schardrehkranz m *(des Graders)*

slewing ring *(Kran)* Drehring m

slewing ring *(Tech)* Kugeldrehkranz m

slewing ring connection *(Bergb, Umschl)* Kugeldrehverbindung f, KDV f

slice depth *(Bergb)* Scheibenvorschnitt m

slide v *(Tech)* gleiten *(rutschen)*

slide v **into** *(Tech)* eintauchen

slide *(Förd)* Schlitten m

slide *(Geo)* Hangrutschung f, Rutschung f

slide *(Tech)* Dia n *(durchscheinendes Foto)*; Folie f *(Dia)*; Gleitlager n, Gleitstück n, Gleitträger m, Schlitten m *(Maschinenteil)*

slide... *adj (Tech)* Gleit...

slide bar *(Bahn)* Schubstange f *(Bahn)*

slide bearing *(Lag)* Gleitlager n, Verschiebelager n

slide bow *(Tech)* Gleitspiegel m

slide caliper *(Werkz)* Schieblehre f

slide caliper rule *(Werkz)* Schieblehre f

slide flap *(Vent)* Schieber m *(Absperrschieber)*

slide gate *(Hütt, Vent)* Schiebeverschluss m *(Pfanne oder Verteilerrinne)*

slide gate *(Vent)* Schieber m *(Absperrschieber)*

slide gauge *(Werkz)* Messschieber m, Schieblehre f, Schublehre f

slide-in component *(Tech)* Einschub m

slide-mounted *adj (Tech)* verschiebbar *(auf Kufen)*

slide-proof *adj (Tech)* gleitfest

slide rail *(Tech)* Gleitschiene f, Spannschiene f

slide ring packing [seal] *(Tech)* Gleitringdichtung f

slide-rule *(Math)* Rechenschieber m *(Stab)*; Rechenstab m

slide shoe *(Tech)* Gleitschuh m

slide valve *(Vent)* Schieber m

sliding *adj (Tech)* ausziehbar *(teleskopisch)*; ineinanderschiebbar, verschiebbar, zusammenschiebbar

sliding *(Mech)* Gleiten n *(Rutschen)*

sliding... *adj (Tech)* Gleit...

sliding bearing *(Tech)* Gleitlager n

sliding block *(Tech)* Gleitstein m, Kulissenstein m *(Kette, Kabeltrommel)*

sliding block bearing *(Tech)* Kulissenlager n

sliding caliper *(Werkz)* Schieblehre f

sliding carriage *(Tech)* Schlitten m *(Maschinenteil)*

sliding gear *(Tech)* Schieberad n

sliding isolator *(Elek)* Schildlager n *(Motor)*; Schubtrenner m

sliding line *(Tech)* Schleifleitung f

sliding rack *(Bau)* Einschubbauweise f

sliding roof *(Tech)* Schiebedach n *(z. B. Kfz)*

sliding rule *(Math)* Rechenschieber m

sliding saw *(Mech)* Schlittensäge f

sliding selector shaft *(Tech)* Schaltstange f

sliding shaft *(Tech)* Nutenwelle f, Schiebewelle f

sliding surface *(Tech)* Gleitfläche f; Lauffläche f *(Gleitschiene)*; Rutschfläche f

sliding t-handle *(Tech)* Quergriff m *(Steckschlüssel)*

sliding top limit gate *(Umschl)* Schichthöhenschieber m

slight *adj (Tech)* geringfügig, leicht *(schwach)*

slimes fraction *(Tech)* Schlammkorngröße f

sling v *(Bergb, Kran)* anschlagen *(z. B. Last)*

sling *(Kran)* Schlupp m

sling *(Tech)* Hanger m, Schlinge f *(Tragriemen)*

sling gear *(Kran)* Anschlagmittel n

sling point *(Tech, Bergb)* Anschlagstelle f *(z. B. Seil)*

slinger *(Kran)* Anschläger m *(hängt Last an Kran)*

slinger belt *(Förd, Umschl)* Schleuderband *n*

slinging rope *(Förd, Kran, Mech, Mont)* Anbindeseil *n*, Anhängeseil *n*, Anschlagseil *n*

slip *v (Hütt)* nachsetzen *(eine Elektrode)*

slip *v (Tech)* gleiten *(rutschen)*

slip *(Hütt)* Stürzen *n (Einstürzen des Möllers im Hochofen)*

slip *(Tech)* Längenausgleich *m (Gelenkwelle)*; Schlupf *m*

slip... *adj (Tech)* Gleit...

slip additive *(Tech)* Gleitmittel *n*

slip clutch *(Kfz, Tech)* Rutschkupplung *f*, Schlupfkupplung *f*

slip coupling *(Kfz, Tech)* Rutschkupplung *f*

slip hardening *(Met)* Schlupfhärtung *f*

slip joint *(Stb)* Einsteckstoß *m*

slip joint *(Tech)* biegsame Verbindung *f*, Gleitfuge *f*, Schrumpfverbindung *f*

slip joint plier *(Werkz)* Poligripzange *f*

slip monitor *(Elek)* Schlupfwächter *m*

slip monitor *(Tech)* Schlupfüberwachung *f*

slip-resistant *adj (Tech)* rutschfest *(z. B. Fußboden)*

slip ring *(Elek)* Kollektorring *m (kreisförmiger Stromführer)*; Schleifer *m*, Schleifring *m*

slip torque *(Antr)* Schlupfmoment *n*

slip universal joint *(Tech)* Gleitkreuzgelenk *n*

slip zone *(Tech)* Schlupf *m (unbehandelter Mittelteil eines langen Stückes bei der Wärmebehandlung)*

slippage *(Tech)* Gleiten *n (Rutschen)*; Schlupf *m*

slipped-on *adj (Mont, Tech)* aufgezogen *(kalt)*

slipper *(Schiff)* Ankerfallvorrichtung *f*

slipper *(Walz)* Gelenkspindelstein *m (Gelenkstein)*

slippery *adj (Tech)* glatt *(nicht griffig)*; glitschig

slipping and holding ring *(Tech)* Klemmring *m (Reduktionsofen)*

slipping band *(Tech)* Klemmring *m (Reduktionsofen)*

slipping clutch *(Kfz, Tech)* Rutschkupplung *f*

slipring rotor motor *(Antr)* Schleifringläufermotor *m*, SL

slit *v (Mech)* aufschlitzen, schlitzen

slit *(Tech)* Schlitz *m*

slit strip *(Hütt/Walz, Met)* Spaltband *n*

slit strip *(Walz)* Schmalband *n*

slitting file *(Werkz)* Einstreichfeile *f*

slope *v (Tech)* abfallen *(schräg abfallen)*

slope *(Bahn)* Steigung *f (der Bahnstrecke)*

slope *(Baum, Bergb)* Abfall *m*, Baggerböschung *f*, Böschung *f*, Hang *m (Abhang)*; Neigung *f*, Schräge *f*

slope *(Bergb)* Erzrolle *f*, Rolle *f (Förderstollen)*; Strosse *f (Tagebau)*

slope *(Tech)* Abschrägung *f*, Gefälle *n*, Neigungswinkel *m*

slope conveyor *(Förd)* Schrägförderer *m*, Steilförderer *m*

sloping *adj (Bergb, Tech)* geneigt *(z. B. ein Hang)*

slot *(Mech)* Nutenfräsen *n*

slot *(Tech)* Einschnitt *m (schlitzförmig)*; Kerbe *f (Schlitzg)*; Nut *f (Kernnut)*; Nut *f (einer Keilwelle)*; Schlitz *m*, Spalt *m*

slot indicator *(Hütt/Walz)* Schlitzinitiator *m*

slot wedge *(Tech)* Nutenkeil *m*

slot weld *(Schw)* Langlochnaht *f*, Lochnaht *f* mit Schlitz, Schlitznaht *f*

slot welding *(Schw)* Lochschweißung *f*, Schlitzschweißung *f*

slotted *adj (Mech)* gekerbt, geschlitzt

slotted capstan screw *(Tech)* Kreuzkopfschraube *f (DIN ISO 1891)*

slotted filister head screw *(Tech)* Linsenschraube *f (als Schlitzschraube)*

slotted knurled thumb screw *(Tech)* Rändelschraube *f (hohe Rändelschraube mit Schlitz)*

slotted nut *(Tech)* geschlitzte Mutter *f*, Nutmutter *f*, Schlitzmutter *f*

slotted oval head wood screw *(Tech)* Linsensenkholzschraube *f (DIN ISO 1891)*

slotted rail *(Tech)* Schlitzbandeisen *n*

slotted raised cheese head screw *(Tech)* Linsenzylinderschraube *f (mit Schlitz)*

slotted raised countersunk head wood screw *(Tech)* Linsensenkholzschraube *f (DIN ISO 1891)*; Linsensenkholzschraube *f* mit Schlitz

slotted round head drive screw *(Tech)* Halbrundnagelschraube *f*

slotted round nut for a hook spanner *(Tech)* Nutmutter f

slotted shoulder screw *(Tech)* Zapfenschraube f mit Schlitz

slotting *(Mech)* Nutenfräsen n

slotting bits pl *(Werkz)* Nutenmeißel m

slotting file *(Werkz)* Nutenfeile f

slow adj *(Chem)* hochsiedend *(Lösungsmittel)*

slow adj *(Chem, Phys)* träge

slow adj *(Tech)* langsam

slow idling *(Tech)* Feineinstellung f, Feingang m, Feinhub m *(genaues Ausfahren)*; Kriechgang m

slow-to-blow fuse *(Elek)* träge Sicherung f

slowed-down adj *(Tech)* abgebremst

sludge *(Bergb, Hütt/Walz, Ökol)* Abwasserschlamm m, Ölschlamm m, Schlamm m *(dick)*

sludge digestion *(Ökol)* Schlammfaulung f

slug *(Met)* Butzen m

slug of water *(Bergb)* Wasserschlag m

slug test *(Stb)* Ausreißversuch m

sluggish adj *(Chem, Phys)* träge

sluice *(Tech)* Schleuse f

sluice gate *(Bau, Stb)* Schütz n, Wehrschütz m

sluice weir *(Stb)* Schützenwehr n

slurry *(Bergb, Geo, Hütt/Walz)* Schlamm m

slurry paint coat *(Anstr)* Schlammanstrich m

slurry-protected adj *(Aufb)* schlammgeschützt

slush pump *(Tech)* Dickstoffpumpe f

small adj *(Tech)* gering, klein

small base *(Tech)* Böckchen n

small coal *(Bergb)* Feinkohle f

small end bearing *(Lag)* Kreuzkopfbolzenlager n

small-end bushing *(Tech)* Pleuelbuchse f

small grinding machine *(Werkz)* Schleifhexe f

small parts pl *(Tech)* Kleinteile npl *(z. B. Bolzen, Feder, Schrauben usw.)*

small section rolling mill *(Walz)* Feinstraße f

small sections pl *(Met)* Feinstahl m

small support *(Tech)* Böckchen n

SMAW *(Schw)* Elektrodenhandschweißen n, E-Schweißen n

smell test *(Bau)* Riechversuch m

smelt v *(Hütt/Walz)* schmelzen *(Erz)*; verhütten

smelt *(Hütt/Walz)* Schmelze f *(aus Erz oder Konzentrat)*

smelter *(Hütt)* Schmelzofen m *(Verhüttung)*

smelter lead *(Met)* Hüttenblei n

smelting furnace *(Hütt)* Schmelzofen m *(Verhüttung)*

smith's shop *(Hütt/Walz, Mech)* Schmiede f

smithsonite *(Met)* Zinkspat m

smithy *(Hütt/Walz, Mech)* Schmiede f

smoke *(Chem, Tech)* Rauch m

smoke deflector plate *(Bahn)* Abweiser m; Windleitblech n *(an Lok)*

smoke detector *(Stb)* Rauchmelder m

smoke emission *(Chem)* Rauchentwicklung f

smoke hood *(Hütt)* Ofenhaube f *(Abgashaube)*

smoke-sensing fire alarm *(Tech)* Rauchgas-Feuermelder m

smoked glass *(Tech)* Rauchglas n

smokestack *(Baut)* Esse f, Kamin m, Schlot m, Schornstein m

smooth v *(Mech)* befeilen, behauen, beschneiden *(z. B. Bleche)*; brechen *(z. B. Kanten)*; ebnen, einebnen, glatt hobeln, glätten, glatt machen

smooth adj *(Mech)* kerbfrei

smooth adj *(Tech)* eben, glatt *(sanft)*; gleichmäßig, reibungslos, sanft *(Oberfläche)*; stoßfrei *(z. B. abbremsen)*; zügig

smooth core rotor *(Tech, Verd)* Vollpolläufer m

smooth-cut file *(Werkz)* Feinhiebfeile f

smooth-dress v *(Mech)* ebnen, glätten, schlichten

smooth tube *(Tech)* glattes Rohr n

smoothen v *(Mech, Mont)* abplatten, glätten, schleifen

smoothening *(Mech)* Glätten n

smoothing file *(Werkz)* Abziehfeile f, Schlichtfeile f

smoothness *(Tech)* Ebenheit f *(von Oberflächen)*

smoulder v *(Tech)* schwelen

smut *(Tech)* Schmutz m

SN-curve *(Stb)* Wöhler-Kurve f

SN miniature automatic circuit breaker *(Elek)* SN-Automat *m*

S/N ratio *(Elek)* Rauschabstand *m*

snap *v (Tech)* reißen *(Draht, Seil usw.)*

snap *v* **into place [position]** *(Tech)* einrasten

snap *(Tech)* Schnapp...

snap *(Tech)* Sprengring *m*

snap action mechanism *(Elek)* Sprungwerk *n*

snap action mechanism *(Tech)* Sprungbetätigung *f*, Sprungschaltung *f*

snap die *(Mont, Stb)* Döpper *m*; Nietdöpper *m*, Nietstempel *m*

snap gauge *(Metr, Tech)* Grenzlehre *f*, Toleranzlehre *f*

snap head *(Stb)* Schließkopf *m (bei einer Nietung)*

snap hook *(Tech)* Hakensprengring *m*, Karabinerhaken *m*

snap-on cap *(Tech)* Schnappverschluss *m*

snap ring *(Tech)* Schnappring *m*, Seegerring *m*, Sicherungsring *m*, Sprengring *m*

snatch block *(Tech)* Klappkloben *m*

snipe nose pliers *(Werkz)* Halbrundzange *f*

snorkel *(Tech)* Schnorkel *m*

snorkel tube *(Tech)* Tauchrohr *n (RH -Entgasung)*

snort(er) valve *(Vent)* Schnüffelventil *n (Hochofen)*

snow blower *(Tech)* Schneefräse *f*

snow bucking plate *(Tech)* Schneeräumschild *n*

snow chain *(Kfz)* Schneekette *f (für Autoreifen)*

snow load *(Stat)* Schneelast *f*

snow plough *(BE) (Bahn, Kfz)* Schneepflug *m*, Schneeräumer *m*

snow plow *(AE) (Bahn, Kfz)* Schneepflug *m*, Schneeräumer *m*

snow propeller *(Tech)* Schneefräse *f*

snub pulley *(Bergb, Förd, Umschl)* Ablenktrommel *f*; Einschnürrolle *f*, Einschnürtrommel *f*; Knickrolle *f*, Knicktrommel *f*

snub pulley tyre *(BE) (Förd)* Taumelring *m*

snubber *(Tech)* Reibungsstoßdämpfer *m*, Stoßdämpfer *m*, Stoßfänger *m*

snug *adj (Tech)* bündig

snug fit *(Tech)* Festsitz *m*; Passsitz *m (Zeichnungsangabe)*

soaking *(Walz)* Wärmeausgleich *m (Wärmöfen)*

soaking pit *(Hütt)* Tiefofen *m*

soap base *(Chem)* Fettbasis *f*, Seifenbasis *f*

soap basis *(Chem)* Fettbasis *f*, Seifenbasis *f*

soap-bubble test *(Prüf)* Seifenwasserprüfung *f*

soapstone *(Met)* Speckstein *m*

soapy *adj (Chem, Tech)* seifig

socket *(Bergb, Tech)* Seilkopf *m*

socket *(Elek)* Anbausteckdose *f*, Buchse *f*, Buchse *f*; Einbausteckdose *f*, Fassung *f (der elektrischen Glühbirne)*; Kabelmuffe *f (Stecker)*; Lampenfassung *f*, Steckbuchse *f*, Steckdose *f*, Stecker *m*

socket *(Elek, Tech)* Steckhülse *f*

socket *(Stb)* Seilschelle *f (Hängebrücke)*

socket *(Tech)* Muffe *f (Rohr)*; Rohrstutzen *m*, Sockel *m*, Stutzen *m*

socket *(Werkz)* Nuss *f*, Steckschlüsseleinsatz *m*

socket head cap screw *(Tech)* Inbusschraube *f*, Innensechskantschraube *f*, Schraube *f* mit Innensechskant

socket head cap wrench *(Werkz)* Stiftschlüssel *m (Inbusschlüssel)*

socket head screw *(Tech)* Innen(profil)-schraube *f*

socket head wrench *(Werkz)* Inbusschlüssel *m*

socket machining equipment *(Walz)* Muffenbearbeitungsanlage *f*

socket outlet *(Elek)* Steckdose *f*

socket-outlet adapter *(Elek)* Abzweigstecker *m*

socket outlet with earthing contact *(Elek)* Schuko-Steckdose *f*

socket panel *(Tech)* Buchsenleiste *f*, Prüfleiste *f*

socket piece *(Tech)* Rohrstutzen *m*

socket pin *(Tech)* Steckbolzen *m*

socket pipe *(Tech)* Aufsteckrohr *n*

socket pipe *(Walz)* Muffenrohr *n*

socket rope joint *(Tech)* Seilverguss *m*

socket screw *(Tech)* Inbusschraube *f*, Innenprofilschraube *f*, Innensechskantschraube *f*

socket screw key [wrench] (Werkz) Stiftschlüssel m

socket spanner (Tech, Werkz) Aufsteckschlüssel m, Steckschlüssel m

socket-type adj (Tech) Hülsen..., Steck...; übergreifend (Hülse über Bauteil)

socket welded adj (Schw) muffengeschweißt

socket wrench (Tech, Werkz) Aufsteckschlüssel m, Steckschlüssel m

sockolet (Tech) Einsteckschweißanschluss m (Schweißmuffenanschluss)

sockolet (Verd) Messnocken m

soft adj (Tech) weich

soft annealing (Hütt/Walz, Met) Weichglühen n

soft-burnt dolomite (Bergb) Weichbranntdolomit m

soft cast iron roll (Walz) Weichwalze f

soft coal (Bergb, Geo) bituminöse Kohle f, Fettkohle f, Weichkohle f

soft-cushioning seam (Schw) Pufferung f (polsternde Schweißschicht)

soft lead (Met) Weichblei n

soft-magnetic iron (Met) Magnetweicheisen n

soft-rock crushing (Zer) Weichzerkleinerung f (Brecher)

soft running (Tech) Leichtgängigkeit f

soft seat ring (Tech) Weichsitzdichtung f

soft soldering (Schw, Tech) Weichlöten n

soft steel (Met) Flussstahl m; weicher Stahl m

softened lead (Met) Weichblei n

softener (BE) (Kunst) Weichmacher m

softener (Hütt/Walz) Enthärtungsanlage f

softening (Hütt/Walz, Met) Weichglühen n

softening (Met) Enthärtung f

softening (Stb) Weichmachung f

softening point (Hütt) Erweichungspunkt m (Gießpulver)

softening point (Met) Halbkugelpunkt m (Segerkegel)

software block (IT) Baustein m

soil (Geo) Boden m (Erdboden)

soil (Tech) Schmutz m (z. B. auf Metallflächen)

soil analysis (Geo) Bodenanalyse f, Bodenuntersuchung f

soil analysis (Tech) Schmutzanalyse f

soil penetrometer (Bau, Elek) Sonde f

soil pressure (Geo, Tech) Bodendruck m, Bodenpressung f

soil pulverizer (Bau) Bodenfräse f

soil stabilization (AE) (Bau) Bodenverbesserung f; Bodenvermörtelung f

soiling (Ökol) Verschmutzung f (Umweltverschmutzung)

soiling (Umschl) Verschmutzung f (Rieselgut)

solar battery (Tech) Sonnenbatterie f

solar power station (Elek) Solarkraftwerk n

solder v (Schw, Tech) loten (weich); weichlöten

solder... adj (Schw) Löt...

solder banjo connection (Tech) Ringlötstück n

solder strap layout (Schw) Lötrückenbestückung f

solder tin (Schw) Lötzinn n

soldered adj (Met) gelötet; Löt...

soldering (Schw, Tech) Löten, Weichlöten n

soldering... adj (Schw, Tech) Löt...

sole (Tech) Sohle f (Schwelle)

sole bar (Bahn) Güterwagenrahmenträger m, Hauptrahmen m (des Waggons); Langträger m (äußerer); Seitenrahmenträger m, Tragebalken m (Langträger)

sole plate (Tech) Grundplatte f, Sohle f (Schwelle); Sohlplatte f

solenoid (Elek) Drehmagnet m

solenoid (Mess) Elektromagnet m (Magnetspule)

solenoid (Tech) Magnet m, Spule f (eines Magnetventils)

solenoid... adj (Elek) Magnet...

solenoid actuator (Vent) Magnetantrieb m

solenoid controlled adj (Elek) magnetgesteuert

solenoid-controlled valve (Hydr/Pneu) Magnetschieber m

solenoid-operated adj (Tech) magnetbetätigt

solenoid pilot-operated valve (Kfz) Elektro-Impulsventil n

solenoid spool (Elek) Magnetspule f

solenoid spool (Elek, Tech) Zündspule f

solenoid switch (Elek, Tech) Magnetschalter m, Solenoid-Schalter m (Magnet-Zündschalter)

solenoid valve *(Elek)* Elektromagnetschieber *m*

solid *adj (Bergb)* anstehend

solid *adj (Bergb, Mech)* kompakt *(z. B. Fördergut)*

solid *adj (Tech)* fest *(hart)*; massiv, stabil, ungeteilt

solid *(Chem)* Festkörper *m*, Feststoff *m*

solid *(Tech)* Körper *m*

solid bed *(Bergb)* anstehendes Gestein *n*

solid ceiling *(Baut)* Massivdecke *f*, Volldecke *f*

solid cylinder *(Tech)* Vollzylinder *m*

solid gate valve *(Vent)* Einplattenschieber *m (Balkenschieber)*

solid matter *(Chem)* Feststoff *m*

solid paste board *(Met)* Vollpappe *f*

solid phase *(Met)* Festphase *f*

solid pig iron *(Hütt/Walz, Met)* Roheisen *n (fest)*

solid-plate construction [structure] *(Stb)* Vollwandkonstruktion *f*

solid rock *(Bergb)* anstehendes Gestein *n*

solid rock *(Geo)* Felsboden *m*, fester Stein *m*, festes Gestein *n*, gewachsener Boden *m*, gewachsener Fels *m*

solid-rolled wheel *(Bahn)* Vollrad *n*

solid rubber tyre *(BE) (Tech)* Vollreifen *m*

solid rubber tyred *adj (BE) (Kfz)* vollgummibereift

solid scrap *(Met)* Kernschrott *m*

solid section *(Stb)* Vollquerschnitt *m*

solid solution *(Chem)* feste Lösung *f*

solid solution series *(Hütt)* Mischkristallreihe *f*

solid state *adj (Mess)* volltransistorisiert

solid-state bonding *(Tech)* Druckplattierung *f*

solid-state control *(Elek)* elektronische Steuerung *f*, kontaktlose Steuerung *f*, statische Anlasssteuerung *f*, statischer Umformer *m*

solid steel *(Hütt/Walz, Met)* beruhigter Stahl *m*

solid-steel square *(Met, Werkz)* Anschlagstahlwinkel *m*, Anschlagwinkel *m*

solid-steel suspension rod *(Met)* Hängestange *f (aus Vollstahl)*

solid-type *adj (Bergb, Mech)* kompakt *(z. B. Fördergut)*

solid tyre *(BE) (Tech)* Vollreifen *m*

solid-web beam [girder] *(Met, Stb)* Vollwandträger *m*

solid-web structure *(Stb)* Vollwandkonstruktion *f*

solid wedge gate valve *(Vent)* Einplattenkeilschieber *m*

solid wood *(Met)* Vollholz *n*

solidification point *(Chem)* Stockpunkt *m (Öl)*

solidified *adj (Tech)* erstarrt, festgefügt

solidify *v (Bau)* vermörteln

solidify *v (Bergb)* festigen *(z. B. den Boden)*

solidify *v (Tech)* erstarren

solidity *(Geo)* Dichte *f (Gedrängtheit)*

solidly *adv (Tech)* massiv

solids content *(Chem)* Festkörperanteil *m*, Feststoffanteil *m*, Feststoffgehalt *m*, Festkörpergehalt *m*

solids handling pump *(Tech)* Dickstoffpumpe *f*

soluble *adj (Chem)* löslich *(z. B. in Säure)*

solute *(Chem)* Lösungsprodukt *n*

solution *(Elek)* Lösung *f*

solution (heat) treatment *(Hütt)* Lösungsglühen *n*

solve *v (Math, Tech)* auflösen, lösen *(z. B. Probleme)*

solvent *adj (Anstr, Chem)* lösend

solvent *(Anstr, Chem)* Lösemittel *n*, Lösungsmittel *n*

some *adv (Tech)* rund *(ungefähr)*

sonic... *adj (Akus, Elek)* Schall...

sonic beam *(Akus, Elek)* Schallbündel *n*

sonically hard *adj (Elek)* schallhart

sonically soft *adj (Akus, Elek)* schallweich

soot *(Bahn)* Ruß *m*

soot blower *(Tech)* Rußbläser *m*

sophisticated *adj (Konst, Tech)* ausgeklügelt, hochentwickelt

sorption *(Chem)* Sorption *f*

sort *v (Tech, Zer)* aussondern, klassizieren; sortieren; ausscheiden

sort *(Tech)* Art *f*; Sorte *f*

sortation chute *(Tech)* Sortierschurre *f*

sorter *(Tech)* Sortierer *m*

sound *v (Elek)* auslösen

sound *adj (Tech)* fehlerfrei

sound *(Akus, Elek)* Schall *m*

sound *(Elek)* Klang *m*, Ton *n*

sound... *adj (Akus, Elek)* Schall...

sound absorbent adj (Ökol, Tech) schalldämmend
sound absorbing (Ökol) Geräuschdämpfung f
sound-absorbing protection (Bau, Ökol) Schallschutz m
sound-attenuating adj (Ökol, Tech) schalldämmend
sound barrier (Akus, Elek) Schallmauer f
sound beam angle (Elek) Öffnungswinkel m (Ultraschall)
sound beam axis (Elek) Achse f des Schallstrahlenbündels
sound beam divergence [spread] (Tech) Schallbündelverbreiterung f
sound conductor (Akus, Ökol) Schallleiter m
sound damping factor (Tech) Dämmzahl f
sound deadening adj (Akus) schallschluckend
sound generation (Ökol) Schallerzeugung f (DIN 54119)
sound image method (Akus, Elek) Schallsichtverfahren n
sound-insulated adj (Akus, Elek) schallisoliert
sound insulation (Bau, Ökol) Schallschutz m
sound intensity (Akus, Elek) Schallintensität f, Schallstärke f
sound path (Akus, Elek, Ökol) Schalllaufweg m (DIN 154119); Schallweg m
sound path compensation (Tech) Tiefenausdehnung f (Ultraschall)
sound pressure (Akus, Elek) Schalldruck m, Schallstrahlungsdruck m
sound production (Ökol) Schallerzeugung f (DIN 54119)
sound-proofed adj (Akus, Elek) schallisoliert
sound signal (Tech) Tonsignal n
sound transmitting material [medium] (Prüf) Schallleiter m (Ultraschall)
sounding (Bau) Sondierung f
soundproofing (Ökol, Tech) Schalldämmung f
sour oil (Chem) Saueröl n
source (Elek) Originalwort n (in EDV--Übersetzungen); Quelle f (Ursprung)
source (Tech) Bezugsquelle f, Präparat n; Herkunft f, Ursprung m
source of fire (Tech) Brandherd m

source of radiation (Elek) Strahlenquelle f
sow (Hütt/Walz) Sau f (wertvoller Rest im Hochofen)
sow tap (Hütt/Walz) Saurinne f
SP adj (Tech) spritzwassergeschützt (Schutzart)
sp. gr. (Abk. für: specific gravity) (Phys) Wichte f
space (Bau, Tech) Zwischenraum m
space (Mech, Tech) Abstand m (kürzerer Abstand)
space (Tech) Platz m, Raum m
space factor (Elek, Hütt) Stapelfaktor m (Kabelverlegung)
space frame (Stb) Raumfachwerk n
space heater (Tech) Raumheizgerät n, Raumheizung f, Stillstandsheizung f
space lattice (Met) Raumgitter n (Gefüge)
space restriction (Tech) Platzmangel m
space-saving adj (Tech) raumsparend
space width (Getr, Tech) Zahnlücke f
spacer (Elek, Tech) Zwischenlage f
spacer (Kfz) Einlegering m
spacer (Mech) Abstandshülse f, Abstandsrohr n, Abstandsstück n
spacer (Tech) Abstandhalter m, Abstandsbüchse f, Abstandshalter m, Ausgleichsscheibe f, Distanzbuchse f, Distanzscheibe f, Distanzstück n, Gussstückhalter m, Unterlage f, Unterlegplatte f, Zwischenwelle f (einer Kupplung)
spacer disk (Tech) Anlaufring m, Anlaufscheibe f
spacer piece (Tech) Zwischenstück n
spacer sleeve (Tech) Abstandsbüchse f, Abstandshülse f, Abstandsrohr n, Distanzbuchse f, Distanzhülse f, Distanzrohrstück n, Zwischenhülse f
spacing (Bau, Tech) Abstand m, Zwischenraum m
spacing (Tech) Intervall n (zeitlich und räumlich); Mittenabstand m, Teilung f (Rohre)
spacing bar (Tech) Abstandhalter m, Abstandshalter m
spacing disc (Tech) Distanzbuchse f, Distanzscheibe f
spacing error (Getr) Teilungsfehler m
spacing piece (Tech) Beilegblech n
spacing saddle (Elek) Abstandsschelle f, Abstandsschelle f

spacious adj (Tech) geräumig (z. B. Fahrerhaus)
spade (Werkz) Spaten m (spitz, gekröpfter Stiel)
spade chisel (Werkz) Spatenmeißel m
spade handle (Elek) Steigbügelhandgriff m
spade type chisel (Werkz) Schaufelmeißel m
spall v (Anstr) abblättern
spall v (Anstr, Hütt) abplatzen (Steine)
spall v (Tech) splittern
spalling hammer (Bergb) Spalthammer m
spalling hammer (Hütt/Walz) Schrothammer m
spalling test (Met) Temperaturwechselbeständigkeitsprüfung f
span (Kran) Kranspannweite f
span (Lag) Lagerabstand m (zwischen den Lagern)
span (Tech) Bereich m (Spanne)
span (Metr) Messspanne f
span (Stb) Brücke f (was eine Brücke überspannt); Öffnung f (einer Brücke); Überbau m
span (Stb, Tech) lichte Weite f, Spanne f, Spannweite f, Stützweite f
span length (Tech, Stb) Spannweite f, Stützweite f
span roof (Baut, Stb) Satteldach n
spandrel (Stb) Ständer m, Stütze f
spangle (Hütt, Met) Zinkblume f
spanner (Werkz) Maulschlüssel m, Schlüssel m, Schraubenschlüssel m
spanner jaw [opening] (Werkz) Schlüsselmaul n
spanning member (Bau, Tech) Riegel m
spar (Met) Holm m
spare part (Tech) Ersatzteil n, Teil n
spare wheel (Kfz, Tech) Ersatzrad n, Reserverad n
spark v (Elek) funken (Funken abgeben); überspringen (z. B. Funke)
spark (Tech) Funke m
spark... adj (Tech) Funken...
spark arrester (Elek) Löschblech n
spark arrester (Kfz) Funkenschutz m, Funkenschutzeinrichtung f, Funkensicherung f
spark arrester (Tech) Funkenfänger m (Schutz); Funkenlöscher m
spark discharger (Elek) Funkenstrecke f

spark funnel (Tech) Funkenhorn n
spark line (Prüf) Funkenstrahl m (Funkenprüfung)
spark linkage (Tech) Zündgestänge n
spark-over (Elek) Überschlag m
spark plug (Elek, Kfz) Kerze f, Zündkerze f
spark test (Prüf) Funkenprobe f
sparking distance (Elek) Elektrodenabstand m
sparkle v (Tech) glänzen
spatter (Tech) Spritzer m
spatterdash v (Baut) vorspritzen (Putz)
spattering (Tech) Spritzen n
spattle (Werkz) Spachtel m
spatula (Werkz) Spachtel m
special... adj (Tech) Sonder...
special-purpose structural steel (Met) Sonderbaustahl m
special qualities and high-grade steel (Met) Qualitäts- und Edelstahlgüte f
special steel (Met) Edelstahl m, Sonderstahl m (Edelstahl)
special steel grade (Met) Sondergüte f
special winding (Elek) anormale Wicklung f
specialised adj (BE) (Tech) spezialisiert
specialist (Tech) Bearbeiter m (Sachbearbeiter); Fachmann m, Sachverständiger m, Spezialist m
specialist engineer (Tech) Fachingenieur m
speciality (Tech) Besonderheit f
specialized adj (AE) (Tech) spezialisiert
specialty (AE) (Tech) Besonderheit f (besonderes Merkmal)
specialty steel (AE) (Met) Edelstahl m
specialty strip (AE) (Met) Edelstahlband n
specific adj (Tech) spezifisch
specific diameter (Tech, Verd) Durchmesserkennziffer f
specific gravity (Chem, Geo, Phys) Raumgewicht n, Wichte f
specific gravity (Geo, Ökol, Tech) Dichte f, spezifisches Gewicht n; Raumgewicht n, Stoffgewicht n
specific heat (Tech) spezifische Wärme f, Wärmekapazität f
specific radial load (Lag) Radialpressung f
specific to a project adj (Tech) projektspezifisch • **not specific to a project** projektneutral

specific weight *(Chem, Geo, Phys)* Raumgewicht *n*, Wichte *f*

specific weight *(Geo, Ökol)* spezifisches Gewicht *n (absolute Dichte)*

specification *(Metr)* Vorgabe *f*

specification *(Tech)* Norm *f*, Spezifikation *f*, Vorschrift *f (technisch, allgemein usw.)*; Vorschreibung *f (Lastenheft)*

specification factor *(Math, Tech)* Bestimmungsgröße *f*

specified *adj (Tech)* spezifiziert, vorgeben

specified breakaway torque *(Tech)* erforderliches Anzugsmoment *n*

specified depth of case hardness *(Hütt)* Einsatzhärtungstiefe *f*

specified setting *(Metr)* Vorgabe *f (Instrumenteneinstellung)*

specify *v (Tech)* festlegen, spezifizieren

specimen *(Prüf)* Probe *f (Musterstück)*; Probestab *m*, Probestück *n*, Prüfling *m*, Versuchsstück *n*

specimen *(Tech)* Muster *n (z. B. Formular)*

specimen with semi-circular notch *(Prüf)* Rundkerbprobe *f (DIN 50100)*

specimen with V-notch *(Prüf)* Spitzkerbprobe *f (DIN 50100)*

spectral analysis *(Prüf)* Spektralanalyse *f*

spectral component *(Elek)* Spektralanteil *m*

spectroscopic analysis *(Prüf)* Spektralanalyse *f*

spectrum *(Mech, Tech)* Bereich *m*, Palette *f*

spectrum *(Phys)* Spektrum *n*

spectrum analysis *(Prüf)* Spektralanalyse *f*

specular reflection *(Elek)* spiegelnde Reflexion *f*

speed *(Elek, Tech)* Drehzahl *f (z. B. eines Motors)*

speed *(Tech)* Geschwindigkeit *f*

speed change gear *(Getr)* Geschwindigkeitswechselgetriebe *n*, Wechselgetriebe *n*

speed control *(Elek)* Geschwindigkeitsregelung *f*

speed control *(Kfz)* Drehzahlüberwachung *f*

speed control *(Tech)* Drehzahländerung *f (gesteuert)*; Drehzahlregelung *f*, Drehzahlverstellung *f*

speed-controlled *adj (Tech)* drehzahlgeregelt *(Antrieb)*

speed controller *(Tech)* Drehzahlregler *m*, Hochlaufregler *m*

speed gun *(Elek)* Radargerät *n*

speed increaser gearbox *(Getr)* Übersetzungsgetriebe *n*

speed increasing gearbox *(Getr)* Übersetzungsgetriebe *n*

speed monitor *(Elek)* Drehzahlwächter *m*

speed of rotation *(Tech)* Tourenzahl *f*

speed oscillation *(Elek)* Drehzahlschwingung *f*

speed range *(Tech)* Drehzahlbereich *m*, Stellbereich *m (Getriebe)*

speed reducer *(Getr)* Getriebe *n* mit Übersetzung ins Langsame, Untersetzungsgetriebe *n*

speed reduction ratio *(Elek, Getr)* Untersetzungsverhältnis *n*

speed-regulated *adj (Tech)* drehzahlgeregelt *(Antrieb)*

speed regulation *(Elek)* Geschwindigkeitsregelung *f*

speed regulator *(Tech)* Drehzahlregler *m*

speed selector *(Elek)* Drehzahlumschalter *m*

speed sensor *(Elek)* Drehzahlgeber *m*; Bandwächter *m (zur Überwachung der Drehzahl des Bandes)*

speed step *(Elek)* Drehzahlstufe *f*

speed torque *(Tech)* Drehmoment *n*

speed torque characteristic *(Tech)* Drehzahl/Drehmoment-Kennlinie *f*

speed torque curve *(Elek, Tech)* Drehmoment-Drehzahlkurve *f* Drehmomentkurve *f*, Drehzahl/Drehmoment--Kennlinie *f*

speed variation *(Tech)* Drehzahländerung *f*, Drehzahlregelung *f*, Drehzahlschwankung *f*

speeder brace *(Werkz)* Kurbel *f (eines Steckschlüssels)*

speedometer *(Tech)* Geschwindigkeitsabnehmer *m*, Geschwindigkeitsmesser *m*, Kilometerzähler *m*, Tachometer *m*

speedometer cable *(Tech)* Tachometerwelle *f*, Tachowelle *f*

spelter *(Tech)* Hüttenzink *n*

spent *adj (Tech)* gebraucht, verbraucht

spent gas liquor *(Chem)* Kolonnenwasser *n*

spent oil *(Form, Tech)* Altöl *n*

sphalerite *(Met)* Zinkblende *f*

sphere *(Tech)* Bereich *m*, Feld *n*, Gebiet *n* *(Umgebung)*

sphere pass mesh *(Tech)* Kugeldurchgang *m* *(eines Filters)*

spherical *adj (Tech)* ballig, kugelförmig, kugelig, sphärisch; Kugel...

spherical bearing *(Lag)* Punktkipplager *n*

spherical bush *(Tech)* Kalotte *f*

spherical cap *(Tech)* Kalotte *f*, Kugelkalotte *f*, Kugelpfanne *f* *(Kugelabstützung z. B. beim Bagger)*; Kugelschale *f*

spherical plain bearing *(Lag)* Gelenklager *n (einer Welle)*; Gleitgelenklager *n*, Radialgelenklager *n*

spherical roller bearing *(Lag)* Pendelrollenlager *n*, Radial-Rollenlager *n (einreihig)*; Radial-Tonnenlager *n (einreihig)*; Tonnenlager *n (einreihig)*

spherical roller journal bearing *(Lag)* Radial-Rollenlager *n (einreihig)*; Radial-Tonnenlager *n (einreihig)*; Tonnenlager *n (einreihig)*

spherical roller thrust bearing *(Lag)* Axial-Pendelrollenlager *n (DIN 728)*

spherical seating *(Zer)* Kugellagerung *f*

spherical support *(Bergb, Tech)* Kugelabstützung *f*, Stützkugel *f*

spherical swivel pad *(Tech)* Gelenklager *n (eines Spanngliedes)*

spherical washer *(Tech)* Kugelscheibe *f (Spannvorrichtung)*

spherical wave *(Tech)* Kugelwelle *f*

sphericity *(Tech)* Abrundung *f (sphärische Gestalt)*

spheroidal bottom *(Tech)* gekümpelter Boden *m (z. B. LBO)*

spheroidal cast iron *(Met)* Sphäroguss *m (Graphitgrauguss)*

spheroidal graphite *(Geo)* Kugelgraphit *m*

spheroidal graphite cast iron *(Met)* Gusseisen *n* mit Kugelgraphit, Sphäroguss *m (Graphitgrauguss)*

spheroidal graphite iron *(Met)* Graphitgrauguss *m*

spheroidal iron casting *(Met)* Sphäroguss *m*

spheroidize annealing *(AE) (Hütt/Walz, Met)* Weichglühen *n*

spider *(Schw)* Handkreuz *n (Spinne, Stern)*

spider *(Tech)* Gelenkkreuz *n*, Stern *m*; Zapfenkreuz *n (eines Kardangelenkes)*

spider *(Zer)* Einlauftraverse *f*, Spinne *f*

spider-and-bowl assembly *(Zer)* Traversen-Brechrumpf *m*

spider coupling *(Tech)* Federbandkupplung *f*

spider journal *(Tech)* Kreuzgelenkzapfen *m*; Kreuzzapfen *m (Gelenkwelle)*

spigot and socket joint *(Tech)* Muffenverbindung *f*

spigot bolt *(Tech)* Zentrierzapfen *m*

spigot fitting *(Werkz)* Nutkupplung *f (eines Drehmomentschraubendrehers)*

spigot nut *(Tech)* Überwurfmutter *f*

spigot shaft *(Tech)* Zentrierzapfen *m*

spill *(Mess)* Überlauf *m*

spill belt gearing *(Getr)* Schmutzbandgetriebe *n*

spill guard *(Tech)* Schmutzblech *n (am Lkw)*

spill plate *(Bergb, Förd)* Bracke *f*

spillage *(Bergb, Förd, Umschl)* abfallendes Gut *n*, abfallendes Material *n*, herabfallendes Fördergut *n*, herabfallendes Material *n*, Rieselgut *n*, Verschmutzung *f*; Überschüttung *f*

spillage *(Tech)* Spritzer *m (z. B. Schlacke)*

spillage conveyor *(Bergb)* Abriebförderer *m*

spillback pipe *(Hydr/Pneu)* Rücklaufrohr *n*

spillway *(Stb)* Überlauf *m (für Flüssigkeiten)*

spillway channel *(Tech)* Überfallkanal *m*

spin *v (Kfz)* durchdrehen *(Autoräder)*

spin *v (Tech)* wirbeln

spin *(Verd)* Drall *m (einer Strömung)*

spindle *(Bergb)* Spreize *f (Spindel im Verbau)*

spindle *(Mech)* Säule *f (Maschinenteil)*

spindle *(Tech)* Spindel *f*, Welle *f (Achse)*

spindle... *adj (Tech)* Spindel...

spindle bearing *(Lag)* Spindellager *n*

spindle block *(Tech)* Gewindenuss *f*

spindle carrier *(Walz)* Spindelstuhl *m*

spindle resetting clutch *(Bergb)* Versteckspindel *f (Seil)*

spindle sleeve *(Mech)* Pinole *f (zum Bohren)*

spinning *(Kfz)* Durchdrehen *n (der Autoräder)*

spiral *adj (Tech)* korkenzieherartig, schneckenförmig; wendelförmig
spiral *(Tech)* Spirale *f*
spiral belt conveyor *(Tech)* Wendelgurtförderer *m*
spiral bevel gear *(Getr)* Spiralkegelrad *n*
spiral-conic gear *(Getr)* Spiralkegeltrieb *m*
spiral conveyor *(Förd)* Transportschnecke *f*
spiral gasket *(Mess)* Spiraldichtung *f*
spiral gear *(Getr)* Zahnrad *n* mit Bogenverzahnung
spiral gear design *(Getr)* Bogenzahnprinzip *n (Getriebe)*
spiral gear pair *(Getr)* Zahnradpaar *n* mit Bogenverzahnung
spiral housing *(Tech)* Spiralgehäuse *n*
spiral line *(Tech)* Schraubenlinie *f*
spiral staircase *(Baut)* Wendeltreppe *f*
spiral tooth arrangement *(Tech)* Evolventenverzahnung *f*
spiral toothing *(Getr)* Bogenverzahnung *f (Getriebe)*
spiral toothing *(Mech)* Schrauben-Spiralverzahnung *f*
spire *(Baut)* Schnörkelturm *m*, Turm *m*
spirit level *(Werkz)* Wasserwaage *f*
splash board *(Tech)* Spritzblech *n (unter Fallrohr)*
splash bushing *(Tech)* Spritzbuchse *f*, Spritzring *m*
splash lubrication *(Tech)* Tauchbadschmierung *f*, Tauchschmierung *f*
splash-proof *adj (Tech)* schwallwassergeschützt, spritzwassergeschützt *(Schutzart)*
splice *v (Stb)* verlaschen
splice *v (Tech)* spleißen *(Hanf- oder Drahtseil)*
splice *(Mont, Stb)* Anschluss *m (Stoß)*
splice *(Stb)* Laschenstoß *m (Verbindung)*; Laschenverbindung *f*, Spleiß *m*, Stoß *m*, Stumpfstoß *m*
splice *(Stb, Tech)* Verbindung *f (im Stahlbau)*
splice *(Tech)* Lasche *f (Stoßdeckung)*
splice angle *(Stb)* Winkellasche *f*
splice box *(Elek)* Kabelmuffe *f*
splice material [member] *(Stb)* Stoßdeckungsteil *n*
splice plate *(Stb, Tech)* Decklasche *f*, Lasche *f (Stoßdeckung)*; Stoßlasche *f*

splicing *(Bau)* Stöße *mpl*
splicing *(Tech)* Endlosmachen *n*
splicing *(Stb, Tech)* Überlaschung *f*
spline *v (Mech)* fräsen *(von Sternkeilwellen)*; längsnuten, nuten *(Vielkeilwellen)*
spline *(Mech)* Nute *f*, Profilverzahnung *f*
spline *(Tech)* Innenverzahnung *f (Getriebe)*; Keil *m (Nutung)*; Keilnut *f*, Nut *f (Keilnut)*; Nutung *f*, Schiebekeil *m*
spline... *adj (Tech)* Keil...
spline bore hub *(Tech)* Keilnabe *f (einer Gelenkwelle)*
spline profile *(Getr, Tech)* Zahnnabenprofil *n*
spline socket head screw *(Tech)* Innenkeilprofilschraube *f*
splined *adj (Tech)* kerbverzahnt
splined... *adj (Tech)* Keil...
splined shaft *(Tech)* Keilwelle *f*, Keilwellenverbindung *f*, Nutenwelle *f*, Zahnwelle *f*, Zahnwellenverbindung *f*
splined shaft toothing *(Getr)* Keilwellenverzahnung *f*, Vielwellenverzahnung *f*
splined sleeve yoke *(Tech)* Zahnnabenmitnehmer *m*
splined tube *(Getr, Tech)* Zahnnabe *f*, Zahnnabenprofil *n*
splining *(Mech)* Nutenfräsen *n (Vielkeilwellen)*
split *v (Tech)* klaffen, spalten, zerreißen
split *adj (Tech)* geteilt *(z. B. Lager)*; zweiteilig
split *(Tech)* Spalt *m*, Teilfuge *f (von Gehäusen usw.)*
split beam *(Stb)* halber I-Träger *m*
split (muff) coupling *(Tech)* Schalenkupplung *f*
split-phase motor *(Antr)* Spaltphasenmotor *m*
split pin *(Tech)* Splint *m*
split pole motor *(Antr)* Spaltpolmotor *m*
split-ring coupling *(Tech)* Schlitzringkupplung *f*
split sleeve bearing *(Lag)* Schalenlager *n*
split taper sleeve *(Tech)* Spannhülse *f (Lager)*
split tee *(Stb)* halbes I-Profil *n*
split wedge gate valve *(Vent)* Zweiplattenkeilschieber *m*
splitting chute *(Umschl)* Pendeltrichter *m*

splitting line *(Elek, Tech)* Trennlinie f
splitting line *(Hütt/Walz)* Schnittlinie f *(Ofen)*
splitting up *(Tech)* Spaltung f, Teilung f
spoil *(Baum, Bergb)* Abraum m, Baggergut n
spoil accumulation *(Umschl)* Verschmutzung f *(Rieselgut)*
spoil area [disposal, dump] *(Bergb)* Abraumhalde f, Abraumkippe f
spoil heap *(Bergb, Umschl)* Abraumhalde f, Abraumkippe f, Hochhalde f
spoil side *(Bergb)* Kippenseite f *(im Tagebau)*
spoke *(Bahn, Tech)* Radspeiche f, Speiche f
sponge (iron) *(Hütt, Met)* Eisenschwamm m, Schwammeisen n
sponge-rubber strip *(Met)* Moosgummiprofil n
spongy *adj (Tech)* porös
spongy structure *(Tech)* Gefügeauflockerung f
spontaneous *adj (Tech)* spontan
spontaneous combustion *(Bergb)* Selbstentzündung f *(in der Kohlenhalde)*
spontaneous combustion *(Tech)* Selbstzündung f
spontaneous ignition *(Tech)* Selbstzündung f
spool *v (Tech)* aufspulen *(z. B. ein Seil, Draht)*
spool *(Elek)* Spule f
spool *(Tech)* Schieberstange f, Steuerkolben m, Steuerschieberstange f, Umschaltbolzen m *(im Steuerventil)*
spool travel gauge *(Elek)* Wegaufnehmer m
spool valve *(Vent)* Kolbenventil n, Schieber m; Schieberventil n
spooled *adj (Tech)* bewickelt, umwickelt
spoon *(Bau)* Kelle f
spoon *(Tech)* Schaufel f *(Tunnel)*
spoon rolling mill *(Walz)* Löffelwalzwerk n
sporadic *adj (Tech)* gelegentlich, gelegentlich vorkommend, vereinzelt
spot *(Tech)* Fleck m, Stelle f
spot check *(Tech)* Stichprobe f
spot-face *v (Mech, Mont, Tech)* anflächen; aussenken, senken; Stirnfläche fräsen

spot face *(Mech, Mont)* Ansenkung f *(plane Anspiegelung)*
spot face *(Tech)* Stirnfläche f
spot face on the housing *(Hydr/Pneu)* Gehäusesenkung f
spot lamp *(Elek)* Sucher m *(Lampe)*
spot repair(ing) *(Anstr)* Ausbesserung f *(von Schutzschichten)*
spot-weld *v (Schw)* punktschweißen
spot weld *(Schw)* Punktnaht f, Schweißpunkt m
spot welding *(Schw)* Punktschweißen n, Punktschweißung f; Widerstandspunktschweißen n *(DIN 1910)*
spotface *adj (Zeich)* flachgesenkt
spotlight *(Elek, Kfz)* Arbeitsscheinwerfer m, Flutlicht n, Flutlichtstrahler m, Scheinwerfer m, Suchscheinwerfer m, Tiefstrahler m
spotter *(Bergb)* Beladewärter m, Einweiser m *(am Baggerabwurf)*
spotting time *(Bergb)* Aufstellzeit f; Wechselzeit f *(des Dumpers)*
spout *(Hütt/Walz)* Auslauf m, Auslaufstutzen m, Mündung f
spout opening reinforcement *(Hütt)* Schnauzenarmatur f *(Lichtbogenofen)*
sprag *(Kfz)* Bergstütze f
sprag clutch *(Tech)* Überholkupplung f
spray *v (Anstr)* sprühen
spray *(Chem, Tech)* Spray m, Sprühmittel n, Zerstäuberflüssigkeit f
spray *(Hütt)* Sprühstrahl m *(Sprühkompaktieren)*
spray-arc welding *(Schw)* Sprühlichtbogenschweißen n *(DIN 1910)*
spray attemperator *(Tech)* Einspritzkühler m
spray can *(Chem, Tech)* Spraydose f
spray cleaning nozzle *(Tech)* Reinigungs-Spritzdüse f
spray cooling *(Hütt)* Rieselkühlung f; Spritzkühlung f
spray deposition facility *(Hütt)* Sprühkompaktieranlage f
spray discharge wire *(Elek)* Sprühdraht m *(im Ionenfeld)*
spray header *(Walz)* Düsenbalken m *(Spritzrohr, Spritzbalken, Spritzlatte)*
spray system *(Tech)* Sprühanlage f
spray-tight *adj (Tech)* spritzwasserdicht
spray-wash *v (Bergb)* abspritzen *(abwaschen)*

spraybox *(Tech)* Vorkühler *m*

sprayer *(Anstr)* Spritzlackierer *m*

sprayer *(Stb)* Zerstäuber *m*

sprayer *(Tech)* Sprühanlage *f*

spraying *(Tech)* Spritzen *n*

spread *v (Tech, Walz)* ausbreiten *(auftragen)*; dehnen *(ausdehnen, verbreiten)*; verdrängen *(Metall im Lochtopf)*; verteilen

spread *(Bau, Tech)* Verbreiterung *f*

spread beam *(Kfz)* Breitstrahler *m*

spread over *adj (Tech)* aufgeteilt

spreader *(Bergb)* Absetzer *m*, Haldenabsetzer *m*

spreader *(Förd, Kran)* Lasttraverse *f*

spreader *(Tech, Stb)* Traverse *f (Querstück)*

spreader *(Umschl)* Bandabsetzer *m (Platzbelader)*

spreader bar *(Förd, Kran)* Lasttraverse *f*

spreader bar *(Kfz)* Frontquerträger *m*

spreader bar *(Tech)* Spreizstange *f*

spreader conveyor *(Bergb, Förd, Umschl)* Abwurfauslegerband *n*, Abwurfband *n*, Band *n* im Abwurfausleger

spreader stabilizing rope arrangement *(AE) (Kran)* Seilpyramide *f*

spreading *adj (Tech)* abstehend

spreading *(Elek)* Verteilung *f (Ausbreitung)*

spring *v (Mont, Tech)* federnd aufhängen

spring *(Bahn)* Zugfeder *f (Waggonabstützung)*

spring *(Tech)* Feder *f*

spring... *adj (Tech)* Feder...

spring adjusting nut *(Mess)* Vorspannmutter *f*

spring assembly *(Tech)* Federnsatz *m*, Federpaket *n*, Federsatz *m*

spring bracket *(Kfz)* Federträger *m*

spring bushing *(Kfz)* Federbuchse *f*

spring bushing *(Tech)* Federlager *n*

spring cap *(Tech)* Federteller *m*, Teller *m (am Federpaket)*

spring clip *(Kfz)* Federsplint *m*

spring-closed *adj (Tech)* federbelastet

spring compensation lever *(Bahn)* Federausgleichhebel *m*

spring cotter of a bolt *(Tech)* Federstecker *m*

spring cotter pin *(Kfz)* Federsplint *m*

spring cover *(Bergb)* Federdeckel *m*

spring cover *(Elek)* Federhülse *f*

spring-cushion *v (Elek)* einfedern *(Schaltschrank)*

spring cushioned leg *(Tech)* Federbein *n*

spring deflection *(Tech)* Federweg *m*

spring dowel *(Tech)* Spannhülse *f*

spring dowel pin *(Tech)* Spannstift *m*

spring dowel sleeve *(Tech)* Spannstift *m (geschlitzte Hülse)*

spring-end grinder automatic *(Tech)* Federschleifautomat *m*

spring force *(Kfz, Tech)* Druckkraft *f*, Federkraft *f*

spring gaiter *(Kfz)* Federschutz *m*

spring hangers *pl (Tech)* federnde Aufhängung *f*

spring key *(Tech)* Passfeder *f*

spring-loaded *adj (Tech)* federbelastet, federgespeichert

spring-loaded brake *(Tech)* Federspeicherbremse *f*

spring lock washer *(Tech)* Federring *m*, Unterlegscheibe *f (Federring)*

spring-mounted *adj (Tech)* federbelastet; federnd

spring mounting *(Tech)* Abfederung *f*

spring pin *(Tech)* Federstift *m*, Spannstift *m*

spring retainer *(Tech)* Seegerring *m*

spring ring *(Tech)* Federring *m*, Seegerring *m*, Sg-Ring *m*; Sprengring *m*; Spannring *m*

spring-ring pliers *pl (Tech)* Seegerringzange *f*

spring saddle *(Kfz)* Federschuh *m*

spring safety hook *(Tech)* Karabinerhaken *m*

spring steel *(Met)* Federstahl *m*

spring stop *(Tech)* Federanschlag *m*

spring subjected to bending *(Tech)* Biegefeder *f*

spring support *(Tech)* federnde Aufhängung *f*

spring-supported *adj (Tech)* federunterstützt

spring suspension *(Tech)* Abfederung *f*, Federaufhängung *f*

spring washer *(Tech)* Federring *m*, Federscheibe *f*, Spannscheibe *f (Unterlegscheibe)*; Tellerfeder *f*

springing *(Tech)* Kämpfer *m*

springs and bright machine parts *pl (Tech)* Federn *fpl* und Maschinenteile *npl*

springy adj (Stb) federhart
sprinkler (Baut) Sprenkler m
sprinkler (Tech) Feuerlöschbrause f
sprinkler nozzle (Hütt, Tech) Streudüse f
sprinkling system (Tech) Berieselungsanlage f
sprocket (Bergb) Antriebsrad n; Turas m
(mit Zähnen für Kette)
sprocket (Tech) Kettenrad n, Zahnkettenrad n, Zahnriemen m
sprocket and chain steering (Tech)
Zahnrad-Ketten-Steuerung f
sprocket drive (Mech) Radantrieb m
sprocket hub (Bergb) Turasnabe f
sprocket wheel (Bergb) Turas m (mit
Zähnen für Kette)
sprocket wheel (Tech) Kettenrad n
sprung adj (Tech) gefedert
sprung seat (Bergb) Schwingsitz m
spud v (Bergb) anbohren, vorbohren
spud (Schiff) Pfahl m (Stütze unter Wasser)
spud lock (Tech) Verriegelung f
spun adj (Mech) geschleudert
spur (Bahn) Stichgleis n
spur (Elek) Abzweig m (I-Leitung); Abzweig m (Stichleitung); Abzweig m (von
Hauptleitung); Abzweigleitung f (Netz);
Abzweigstromkreis m (für Steckdose);
Stichleitung f (Netz)
spur gear (Getr) Geradstirnrad n, Geradzylinderrad n, Stirnrad n; Stirnradgetriebe n
spur gear differential (Kfz) Ausgleichstirnrad n
spur gear wheel (Getr) Stirnrad n
spur line (Elek) Abzweigleitung f (Netz)
spur pinion (Getr) Stirnritzel n
spur ring (Getr) Zahnkranz m (Laufrad)
spur wheel (Getr) Stirnrad n
square adj (Tech) quadratisch, viereckig
square (Met) Vierkantstab m
square (Tech) Vierkant m (Schraube,
Schraubenschlüssel); Winkel m
square... adj (Tech) Vierkant...
square bar steel (Stb) Vierkantstahl m
square bore wrench (Werkz) Vierkantsteckschlüssel m
square box wrench (Werkz) Vierkantsteckschlüssel m
square-cornered adj (Tech) scharfkantig
(90°, z. B. Flacheisen)

square drive (Werkz) Innenvierkant n,
Vierkantantrieb m
square edge (Stb) Steilflanke f
square-edged adj (Tech) scharfkantig
(90°, z. B. Flacheisen)
square file (Werkz) Quadratfeile f, Vierkantfeile f
square head (Stb, Tech) Vierkantkopf m
square knot (Tech) Kreuzknoten m
square-law torque (Elek) quadratisches
Drehmoment n
square root (Math) Quadratwurzel f
square-root circuit (Elek) Radizier-
-Schaltung f
square rubber file (Mont, Werkz) Armfeile
f
square seam (Schw) I Naht f, I-Naht f
square socket (Werkz) Innenvierkant n
(Steckschlüssel)
square socket screw wrench (Werkz)
Vierkantsteckschlüssel m
square steel (Stb) Vierkantstahl m
square steel bar (Met) Quadratstahl m,
Vierkantprofil n
square steel tube (Hütt/Walz, Met, Stb)
Quadrat-Stahlrohr n
square stock (Stb) Vierkantstahl m
square taper washer (Tech) Scheibe f
(vierkantig, z. B. für U- oder I-Träger);
Vierkantscheibe f (DIN ISO 1891)
square thin nut (Tech) Vierkantmutter f
(niedrige Form)
square timber (Tech) Kantholz n
square washer (with round hole) (Mech)
Vierkantscheibe f (DIN ISO 1891)
square weld (Schw) I-Naht f
square weld nut (Schw) Vierkant-
-Schweißmutter f
squares pl (Stb) Vierkantstahl m (Sammelbegriff)
squaring shear (Mech, Walz) Kopfschere
f, Schopfschere f (vor Schweißmaschine)
squash strength (Stb) Quetschfestigkeit
f, Stauchfestigkeit f
squeeze film bearing (Lag) Quetschlager n (Quetschölfilmlager)
squeeze roll (Bergb) Druckrolle f
squeeze roll (Walz) Druckrolle f (Rohrwalzwerk); Stauchrolle f (Rohrwalzwerk)
squeeze-stable adj (Tech) walkstabil
squeezing effect on belt (Förd) Gurtwalkung f

squeezing iron *(Werkz)* Knippeisen *n*
squinch arch *(Stb)* Strebebogen *m*
squint angle *(Elek)* Schielwinkel *m*
squint-angled *adj (Bau)* schiefwinklig
squirrel cage (induction) motor *(Antr, Elek)* Asynchronmotor *m* mit Käfigläufer, Käfigläufermotor *m*, Käfigmotor *m*, Kurzschlussläufermotor *m*, Kurzschlussmotor *m*
squirrel cage rotor *(Antr, Elek)* Käfiganker *m*, Käfigläufer *m*, KL *m*, Kurzschlussanker *m*, Kurzschlussläufer *m*; Stromdämpfungsläufer *m*
squirrel cage rotor motor *(Antr)* Käfigläufermotor *m*
stability *(Baum, Bergb, Stat, Tech)* Standruhe *f (des Baggers)*; Standfestigkeit *f*, Standsicherheit *f*
stability *(Elek, Tech)* Stabilität *f*
stability *(Met)* Festigkeit *f*, Haltbarkeit *f*
stability *(Tech)* Beharrung *f*
stability against lateral-torsional buckling *(Met)* Kippsicherheit *f*
stability against local buckling *(Met, Stat, Tech)* Beulsicherheit *f*
stability of shape *(Met)* Formbeständigkeit *f*
stability under load *(Tech)* Standvermögen *n*
stabilize *v (AE) (Tech)* stabilisieren
stabilizer *(AE) (Bergb)* Pratze *f*
stabilizer *(AE) (Kfz)* Ausleger *m (Abstützung)*
stabilizer *(AE) (Tech)* Schwingungsdämpfer *m (Schwingungsisolator)*; Stabilisator *m*
stable *adj (Hütt/Walz)* ruhigstehend
stable *adj (Tech)* stabil, standfest
stable control action *(Mess)* Regelstabilität *f*
stable during travelling *adj (Kfz)* fahrstabil
stack *v (Tech)* übereinander anordnen
stack *v (Umschl)* absetzen *(Mineral, z. B. Kohle)*; aufhalden *(z. B. Abraum, Berge)*; platzbeladen *(z. B. Mineralien)*; stapeln
stack *(Baut, Stb)* Kamin *m*, Schornstein *m*
stack *(Bergb)* Kohlenhalde *f*, Stapel *m*
stack *(Kfz)* Auspuffrohr *n (Rauchauslass)*
stack *(Tech)* Schacht *m*
stack annealing furnace *(Hütt)* Ringglühofen *m (Stapelglühofen)*

stack by stack *adv (Tech)* stapelweise
stack draught *(Hütt/Walz)* Schornsteinzug *m*
stacker *(Bergb)* Haldenabsetzer *m*
stacker *(Bergb, Umschl)* Absetzer *m*; Platzbelader *m*
stacker-reclaimer *(Bergb, Umschl)* kombinierter Lader *m*, kombinierter Schaufelradlader *m*
stacker-reclaimer *(Förd, Kran)* Haldengerät *n*
stacker-reclaimer *(Förd, Log)* Regalbediengerät *n*
stacking *(Tech)* Verkettung *f (z. B. Ventile)*
stacking *(Umschl)* Aufhaldung *f*, Beschickung *f (Platzbeladen, Lagerplatz)*
stacking crane *(Kran)* Stapelkran *m*
stacking process *(Umschl)* Aufhaldung *f*
stacking-reclaiming machine *(Förd, Log)* Regalbediengerät *n*
stage *(Bau)* Gerüst *n*, Arbeitsbühne *f*, Bühne *f*
stage *(Tech)* Stufe *f* • **with one stage** einstufig *(z. B. Getriebe)*
stage digestation *(Ökol)* mehrstufige Schlammfaulung *f*
stage of rest *(Prüf)* Ruhegrad *m (DIN 50100)*
stagger *(Tech)* Staffelung *f*, Versatz *m*
staggered *adj (Tech)* gestaffelt, versetzt *(auch zeitlich)*
staggered header *(Hydr/Pneu)* Sektion *f (gewellt)*
stain *(Tech)* Fleck *m*
stainless *adj (Anstr)* korrosionsbeständig
stainless *adj (Met)* nichtrostend, rostbeständig, nicht rostend, rostfrei
stainless steel *(Met)* Edelstahl *m (rostfrei)*; korrosionsbeständiger Stahl *m*, nicht rostender Stahl *m*, nichtrostender Stahl *m*, Nirosta *m*, rostfreier Stahl *m*
stainless-steel strip *(Met)* Edelstahlband *n*, Edelstahlblech *n*
stair *(Baut)* Treppenstufe *f (Gehtreppe)*
stair *(Tech)* Aufgang *m (Zugang zu höher gelegenen Ebenen)*
stair check *(Tech)* Treppenwange *f (Hochbau)*
stair flight *(Tech)* Treppenlauf *m*
stair nosing *(Tech)* Treppenkante *f*
stair tread *(Baut)* Trittstufe *f*
stairs *pl (Bau)* Treppe *f*
stairs *pl (Schiff)* Niedergang *m (Treppe)*

stairs pl (Tech) Begehung f (Treppe)
stairway (Baut) Gehtreppe f (z. B. in einem Wohnhaus); Treppe f
stake v (out) (Förd) markieren (mit Pflöcken)
stake (Baut, Tech) Pfahl m, Pfosten m
stall v (Form) abreißen
stall v (Kfz) abwürgen
stall v (Mech) haken
stall v (Tech) blockieren (Motor, Läufer abwürgen); festfahren (z. B. im Schlamm); abreißen (der Luftströmung); stocken
stall point (Tech) Abrisspunkt m (Strömung reißt ab); Festbremspunkt m (des Lkw)
stalling torque (Elek) abgebremstes Drehmoment n, Kippmoment n (Induktionsmotor)
stamp v (Hütt) stempeln (z. B. Brammen)
stamp v (Form, Mech) einschlagen; prägen (z. B. Rillen); pressen (z. B. Automobilteile); stanzen (Bleche pressen)
stamp v (Tech) abstempeln
stamp (Mech, Werkz) Stempel m (Prägestempel)
stamp shoe (Werkz) Pocherschuh m
stamped part (Hütt/Walz, Met) Stanzteil n
stamper (Hütt) Stempelmaschine f
stamping flow (Stb) Stampfbewegung f
stamping machine (Hütt) Stempelmaschine f
stanchion (Bahn) Runge f
stanchion (Stb) Stütze f (Strebe)
stanchion (Stb, Tech) Säule f
stand v (Tech) stellen
stand (Tech) Bock m; Gerüst n (z. B. Walzwerk); Stand m, Stativ n
stand-alone operation (Fert, IT) Inselbetrieb m
stand-alone system (Fert, IT) Inselnetz n
stand-by… adj (Tech) Not…, Reserve…
stand-by capacity (Elek) Leistungsreserve f
standard adj (Tech) genormt, normal, serienmäßig, üblich; Normal…, Regel…, Serien…, Standard…
standard (Tech) Bock m (angegossener Sitz); Norm f, Prämisse f
standard beam (Hütt/Walz, Met) Doppel-T-Träger m, Normalträger m
standard cabinet (Tech) Normwanne f (Elektronik)

standard design (Konst) Regelbauart f
standard equipment (Tech) Serienausstattung f
standard-housing planer miller (Mech) Portalfräsmaschine f
standard joint configuration (Schw) Nahtnorm f, Nahtnorm f
standard load (Tech) Vorlast f
standard paint finish (Anstr) Allgemeinanstrich m
standard specimen (Prüf) Prüfkörper m (Ultraschall)
standard square (Mont, Werkz) Anschlagwinkel m
standard tolerance (Tech, Schw) Freimaßtoleranz f
standardise v (BE) (Tech) festsetzen (als Standard); normen, normieren
standardize v (AE) (Tech) festsetzen (als Standard); normen, normieren
standardized adj (AE) (Tech) genormt
standing pier (Bau) Brückenpfeiler m (z. B. im Fluss)
standpipe (Hydr/Pneu, Tech) Anschlussstutzen m (Rohr); Stutzen m (Rohranschluss)
standpipe (Stb) Standrohr n, Steigleitung f
standstill (Tech) Stillstand m
standstill monitor (Elek) Stillstandswächter m
stapa plug (Tech) Stapastopfen m
stapa strap (Tech) Stapaschelle f
staple v (Tech) heften (mit Heftklammern)
staple (Tech) Heftklammer f
staple wire (Met) Ösendraht m
stapler (Tech) Hefter m (für Heftklammern); Klammerapparat m (Hefter)
star (Bergb) Stern m (Antriebsrad)
star crack (Met) Kältespannungsriss m
star cutter (Walz) Zerhackermeißel m (auf der Scherenmesserwelle)
star-delta connection (Elek) Stern-Dreieckschaltung f (Zustand)
star disc (Tech) Sternscheibe f
star handle (Tech) Kreuzgriff m
star hole (Tech) Kreuzloch n
star mounted wind scope (Tech) Windstern m
star-shaped adj (Tech) sternförmig
start v (Bergb) anfahren (z. B. ein Gerät starten)
start v (Elek) anlaufen lassen

start v (Tech) anlassen (Motor starten); aufnehmen (anfangen, beginnen, z. B. Arbeit); ausgehen (von etw. ausgehen); beginnen

start v moving (Tech) anziehen (z. B. Zug, Auto)

start v out (Tech) ausgehen (von etw. ausgehen)

start v up (Elek) anziehen (z. B. Motor)

start v up (Tech) hochfahren (z. B. einen Motor); in Betrieb gehen

start (Tech) Anfahren n (Zeitpunkt); Anlauf m, Gang m (Schnecke); Inbetriebnahme f, Start m

start interlock (Kfz) Anlasssperre f

start position (Tech) Ausgangsposition f, Ausgangsstellung f (Startposition)

start-up (Tech) Anfahren n (Zeitpunkt); Anlauf m, Inbetriebnahme f

start-up coupling (Kfz, Tech) Anlaufkupplung f

start-up time (Mech) Anlasszeit f

start-up torque (Tech) Einschaltmoment n (Anzugsmoment, Anfahrmoment)

starter (Elek, Mech) Anlasser m (im Kfz)

starter (Tech) Vorbohrer m

starter... adj (Kfz, Tech) Anlass..., Starter...

starter board (Elek) Anlassertafel f

starting (Kfz) Anlassen n (des Motors)

starting (Tech) Inbetriebnahme f

starting... adj (Kfz, Tech) Anlass..., Starter...

starting characteristics (Antr) Anlaufverhalten n

starting crankshaft (Kfz) Andrehkurbelwelle f

starting current (Elek) Anlaufstrom m, Anzugsstrom m

starting cut (Tech) Einschnitt m

starting disk (Tech) Anlaufscheibe f

starting electrode (Hütt) Zündelektrode f

starting factor (Tech) Anfälligkeit f

starting force (Kfz, Tech) Anfahrkraft f (bei Fahrtbeginn)

starting magnet (Tech) Einschaltmagnet m

starting material (Hütt/Walz) Einsetzgut n

starting material (Walz) Anstichmaterial m

starting operation (Tech) Anfahren n (Vorgang); Anfälligkeit f

starting point (Tech) Ansatz m, Ansatzpunkt m

starting position (Elek) Grundstellung f

starting position (Tech) Ausgangsposition f, Ausgangsstellung f (Startposition)

starting power (Kfz) Anzug m (Startvermögen)

starting power (Kfz, Tech) Anfahrkraft f (bei Fahrtbeginn)

starting process (Tech) Anfahren n (Vorgang); Anfälligkeit f

starting resistor (Elek) Anlasswiderstand m

starting resistor and rheostat (Elek) Anlass- und Stellwiderstand m

starting resistor unit (Elek) Kusa-Anlauf m, Sanftanlaufwiderstand m

starting rheostat (Elek) Anlasssteller m (veränderlicher Widerstand)

starting torque (Elek) Anlassmoment n, Anlaufmoment n (Motor)

starting torque (Kfz, Tech) Anfahrmoment n, Anfahrdrehmoment n, Einschaltmoment n (Anzugsmoment, Anfahrmoment)

start/stop pushbutton station (Elek) Doppeldrucktaster m

start/stop torque (Elek) Anlaufmoment n (Schrittmotor)

starvation (Anstr) Fehlstelle f (Lücke im Anstrich)

state v (Tech) festlegen

state (Tech) Zustand m

state of inertia (Tech) Trägheit f

state of the art (Tech) neuester Stand m der Technik (neuester Entwicklungsstand)

stated adj (Tech) angegeben

static adj (Tech) statisch

static bearing capacity (Tech) Tragzahl f (Kippzapfenlager)

static converter (Elek) Stromrichter m

static friction (Met) Haftreibungswert m

static friction (Tech) statische Reibung f

static load (Schw, Tech) ständige Last f

static load(ing) (Stat) ruhende Beanspruchung f, ruhende Belastung f, statische Beanspruchung f

static penetration testing (Tech) Drucksondierung f

static test (Prüf) Belastungsprüfung f, Belastungsversuch m

static torque *(Tech)* Stillstandsmoment n

statical *adj (Tech)* statisch

statics *(Bau, Stat)* Baustatik f, Statik f

station *(Tech)* Stand m

stationary *adj (Elek, Tech)* fest, feststehend, ortsfest, stationär; stehend

stationary-armature machine *(Elek)* Innenpolmaschine f

stationary cable *(Elek)* festverlegte Leitung f

stationary load *(Stat)* Punktlast f

stationary vane *(Tech)* Leitschaufel f *(Axialverdichter)*

statistical *adj (Math)* statistisch

statistics *(Stat)* Statistik f

stator *(Elek)* Ständer m, Stator m

stator blade *(Tech, Verd)* Leitschaufel f *(Axialverdichter)*; Umlenkschaufel f

stator vane *(Tech)* Leitschaufel f *(Axialverdichter)*

status *(Tech)* Zustand m

staving *(Hütt/Walz)* Stauchen n

stay v *(Bau, Bergb)* abfangen, absteifen

stay v *(Bau, Tech)* absteifen, abstützen

stay v *(Tech)* abspreizen, stützen, unterstützen, verankern, versteifen

stay v *(Mont, Tech)* abfangen *(abstützen)*; abspannen

stay *(Bau, Bergb)* Steife f *(z. B. im Graben)*

stay *(Bau, Schiff, Tech)* Anker m

stay *(Bergb, Tech, Umschl)* Abspannung f *(z. B. mittels Seil usw.)*

stay bar *(Tech)* Spannstange f

stay plate *(Bau)* Bindeblech n

stay plate *(Stb, Tech)* Standblech n

stay-pole *(Stb)* Abspannmast m

stay rope *(Baum, Bergb, Stb)* Abspanndraht m, Abspannseil n, Abspannungsseil n, Seilabspannung f *(Seil)*

stay rope *(Bergb)* Nackenseil n

stay tap *(Tech)* Gewindebohrer m *(lang)*

staying *(Stb)* Absteifung f, Verspannung f *(z. B. durch Seile)*

staying *(Stb)* Abspannung f

steadfastness *(Bergb, Tech)* Standfestigkeit f

steady *adj (Tech)* beständig, gleich bleibend, ständig

steady light *(Tech)* Dauerlicht n

steady-load test *(Prüf)* Dauerlastprüfung f

steady state *(Elek)* stationärer Zustand m

steady state *(Met)* Beharrungszustand m

steady-state *adj (Elek, Tech)* stationär

steady stress component *(Prüf)* Mittelspannung f *(DIN 50100)*

steadying roll *(Elek)* Beruhigungsrolle f *(Tonband, Kabel)*

steam *(Hydr/Pneu, Tech)* Dampf m *(Wasserdampf)*

steam... *adj (Hütt/Walz, Tech)* Dampf...

steam admission *(Hütt/Walz)* Dampfbeaufschlagung f

steam boiler *(Hütt/Walz)* Dampferzeuger m

steam chest *(Bahn)* Dampfkasten m, Schieberkasten m

steam chest *(Tech)* Dampfraum m

steam-clean v *(Kfz)* dampfstrahlen *(säubern)*

steam engine *(Bahn)* Dampflokomotive f

steam generating plant *(Hütt/Walz)* Dampferzeuger m

steam-generating tube *(Hütt/Walz)* Siederohr n

steam generator *(Hütt/Walz)* Dampferzeuger m

steam locomotive *(Bahn)* Dampflokomotive f

steam-proof *adj (Tech)* dampfdicht

steam raising plant *(Hütt/Walz)* Dampferzeuger m

steam seal *(Tech)* Sperrdampfkammer f

steam-tight *adj (Tech)* dampfdicht

steam tracing *(Tech)* Dampfbegleitheizung f *(an Rohrleitungen)*

steam trap *(Hütt/Walz)* Kondenstopf m

steam trap *(Tech)* Kondensatableiter m

steatite *(Met)* Steatit m *(Material für Isolatoren)*

Steckel mill *(Walz)* Steckelwalzwerk n

steel v *(Met)* verstählen *(mit Stahl versehen)*

steel *adj (Met)* stählern

steel *(Met)* Stahl m

steel... *adj (Met, Tech)* Stahl...

steel bars pl *(Met)* Stabstahl m

steel belt tyre *(BE) (Tech)* Stahlgürtelreifen m *(Kraftfahrzeug)*

steel building *(Stb)* Stahlbauwerk n

steel cable constructed belt *(Tech)* Stahlseilgurt m

steel cable core belting *(Tech)* Stahlseilgurt m

steel casting *(Met)* Stahlguss *m (Produkt)*; Stahlgussteil *n*

steel castings *pl (Met)* Stahlformguss *m*

steel channel *(Met)* U-Profil-Stahl *m*

steel-clad *adj (Elek)* stahlblechgekapselt

steel-concrete interface *(Stb)* Berührungsfuge *f*

steel construction *(Stb)* Stahlbau *m*, Stahlbaukonstruktion *f (Bauweise)*; Stahlhochbau *m*, Stahlkonstruktion *f*

steel construction for hydraulic engineering *(Stb)* Stahlwasserbau *m*

steel cord belt [cable] *(Tech)* Stahlseilgurt *m*

steel cord ply *(Förd)* Stahlseil-Einlage *f*

steel drum *(Bau)* Blechtonne *f*

steel drum *(Hütt/Walz)* Stahlblechemballage *f*

steel fabric *(Stb)* Stahlgewebe *n*

steel fabrication *(Stb)* Stahlbau *m (z. B. im Baggerbau)*

steel fabricator *(Stb)* Stahlbaufirma *f*, Stahlbauunternehmen *n*

steel facing *(Mont, Schw)* Auftragschweißung *f*

steel for general structural purposes *(Stb)* allgemeiner Baustahl *m*

steel for prestressed concrete *(Met)* Spannbetonstahl *m*

steel for use at high temperatures *(Hütt/Walz, Met)* warmfester Baustahl *m*

steel frame(work) *(Stb)* Stahlfachwerk *n*, Stahlskelett *n*

steel grade *(Met)* Stahlgüte *f*, Stahlsorte *f*; Stahlqualität *f*

steel grit *(Stb, Tech)* Stahlsand *m (scharfkantig)*; Stahldrahtkorn *n*

steel grit blasting *(Anstr, Mech)* Abstrahlen *n* mit Stahlkies, Sandstrahlen *n* mit Stahlsand, Strahlen *n* mit Stahlkies, Strahlen *n* mit Stahlsand

steel hoop *(Hütt/Walz)* Bandeisen *n*, Bandstahl *m*

steel in common use *(Met)* Massenstahl *m*

steel member *(Stb)* Stahlbauteil *n*

steel mesh *(Stb)* Stahlgewebe *n*

steel mill *(Hütt/Walz)* Stahlwerk *n*

steel plant *(Hütt/Walz)* Stahlwerk *n*

steel plate *(Met)* Stahlblech *n*, Stahlplatte *f*

steel plate enclosed *adj (Tech)* blechgekapselt

steel production *(Hütt/Walz)* Stahlerzeugung *f*

steel roofing tile *(Form)* Dachstahlpfanne *f*

steel rope *(Tech)* Stahlseil *n*

steel section *(Met)* Profil *n*

steel sections *pl (Met)* Profilstahl *m*

steel shapes *pl (Met)* Formstahl *m*

steel shaping *(Form, Hütt/Walz)* Stahlformgebung *f*; Stahlverformung *f*

steel sheet *(Met)* Blech *n (Mittelblech 3 mm bis 4,75 mm)*; Mittelblech *n*, Stahlblech *n*

steel sheet production *(Hütt/Walz)* Banderzeugnisse *npl*

steel shell *(Lag)* Stahlbüchse *f (Kreuzkopfbolzenlager)*

steel shot *(Stb)* Stahlsand *m (kugelförmig)*

steel shot blasting *(Anstr)* Abstrahlen *n* mit Stahlkugeln, Strahlen *n* mit Stahlkugeln

steel shot cleaning plant *(Tech)* Kugelreinigungsanlage *f*

steel skeleton *(Stb)* Stahlskelett *n*

steel square *(Mont, Werkz)* Anschlagstahlwinkel *m*, Anschlagwinkel *m*

steel square for toolmakers *(Mont, Werkz)* Anschlagwinkel *m* für Schlosser; Schlosserwinkel *m*

steel straight-edge *(Werkz)* Stahllineal *n*, Werkstattlineal *n*

steel strapping *(Tech)* Packband *n (Bandeisen für Kisten)*; Stahlband *n (Verpackung)*; Verpackungsband *n*, Verpackungsstahlband *n*

steel strip *(Hütt/Walz)* Bandeisen *n*, Bandstahl *m*

steel strip for tinning *(Walz)* Feinstband *n*

steel structure *(Stb)* Stahl(bau)konstruktion *f (Bauweise)*; Stahlbauwerk *n*; Stahlskelett *n*, Stahltragwerk *n*

steel stylus *(Tech)* Stahlschreibstift *m*

steel superstructure *(Stb)* Stahlüberbau *m*

steel tape *(Bau, Tech)* Stahlbandmaß *n*; Stahlmaßstab *m*

steel tape *(Met)* Metallband *n*

steel ties *pl (Mont)* Spanneisen *n*

steel tower silo *(Stb)* Stahlgärfutterbehälter *m*

steel treatment *(Hütt/Walz)* Stahlanarbeitung *f*, Weiterverarbeitung *f*

steel troughing *(Tech)* Belagstahl *m*

steel try square *(Mont, Werkz)* Anschlagstahlwinkel *m*

steel wire core *(Förd)* Stahlseil-Einlage *f*; Stahlseilgurt *m* *(Gurt)*

steel wire fabric *(Bau, Mech, Stb)* Baustahlgewebe *n*

steelmaking *(Hütt/Walz)* Stahlerzeugung *f*

steelmaking gas *(Hütt)* Stahlgas *n*

steelmaking plant *(Hütt/Walz)* Stahlwerk *n*

steelwork company *(Stb)* Stahlbaufirma *f*, Stahlbauunternehmen *n*

steelwork fabrication *(Hütt/Walz)* Stahlverarbeitung *f*

steelworks *pl (Hütt/Walz)* Eisenhütte *f*, Hütte *f (Hüttenwerk)*; Stahlwerk *n*

steep *adj (Bergb, Geo, Tech)* steil

steep angle ball bearing *(Lag)* Schrägkugellager *n*

steep-incline conveyor *(Förd)* Schrägförderer *m*, Steilförderer *m*

steep roof *(Baut, Stb)* Steildach *n*

steeple *(Baut)* Spitzturm *m*, Turm *m*

steer *v (Tech)* lenken, steuern

steering *(Tech)* Lenkung *f (z. B. im Bergbau)*; Lenkvorgang *m*, Steuerung *f*

steering... *adj (Tech)* Lenk...

steering arm *(Tech)* Lenker *m (Raupen)*; Lenkhebel *m*

steering block *(Tech)* Lenkeinschlag *m*

steering booster *(Hydr/Pneu, Kfz)* Servolenkung *f*

steering booster pump *(Hydr/Pneu, Tech)* Hydraulikpumpe *f* zur Lenkunterstützung, Lenkhilfepumpe *f*; Servolenkpumpe *f*

steering column assembly *(Kfz)* Lenkstock *m*

steering committee *(Tech)* Steuerungsausschuss *m (eines Projektes)*

steering finger shaft *(Kfz)* Fingerhebelwelle *f*

steering frame *(Tech)* Steuerträger *m*

steering gear *(Tech)* Lenkeinrichtung *f*, Lenkgetriebe *n*, Lenkung *f (z. B. im Bergbau)*

steering gear case [housing] *(Tech)* Lenkgehäuse *n*

steering gear mounting *(Tech)* Lenkungsbock *m*

steering gear unit *(Bergb)* Steuergetriebe *n*

steering joint *(Tech)* Gelenk *n*

steering knuckle *(Tech)* Achsschenkel *m*

steering knuckle pin *(Mech)* Achsschenkelbolzen *m*

steering lever *(Tech)* Spurhebel *m*, Umlenkhebel *m*

steering mechanism *(Tech)* Lenkanlage *f*, Lenkung *f (z. B. im Bergbau)*; Steuerung *f*

steering orbitrol *(Tech)* hydraulische Lenkung *f*

steering rod *(Bergb)* Koppelstange *f*

steering screw *(Bergb)* Spindel *f (Lenkspindel)*; Steuerspindel *f*

steering sector shaft *(Tech)* Segmentwelle *f*

steering shaft and worm *(Tech)* Lenkspindelstock *m*

steering valve *(Vent)* Lenkventil *n*

steering wheel *(Tech)* Lenkrad *n (z. B. Kfz)*; Steuer *n (Lenkrad)*; Steuerrad *n (Kraftfahrzeug)*

stellited *adj (Mess)* stellitiert

stem *v (Mech)* stemmen *(schnitzen)*

stem *(Bergb)* Stempel *m*

stem *(Form)* Pressstempel *m (Strangpressen)*

stem *(Tech)* Schlaucharmatur *f (Kupplung)*; Spindel *f (Ventilspindel)*

stem nut *(Tech)* Spindelmutter *f (eines Ventils)*

stem thermometer *(Lab)* Stockthermometer *n*

stem type thermometer *(Mess)* Stabthermometer *n*

stemple *(Bergb)* Stempel *m*

stench trap *(Baut)* Geruchsverschluss *m*

stencil *v (Tech)* schablonieren, signieren *(markieren)*

stencil *(Mech)* Matrize *f (z. B. für Kopien)*; Schablone *f (für Buchstaben)*

step *v (Mech)* kröpfen *(z. B. Bohrung, Bolzen, Welle)*

step *v (Mech, Mont)* absetzen *(an der Drehbank)*

step *(Bahn, Tech)* Tritt *m*, Trittplatte *f*

step *(Baut)* Treppenstufe f *(der Geh-treppe)*

step *(Bergb)* Absatz m; Strosse f *(Tage-bau)*; Terrasse f

step *(Elek)* Stufe f *(Einstellung)*

step *(Tech)* Absatz m; Schaltstufe f *(am Regler)*; Sprosse f *(Leiter)*; Stufe f • **in step** synchron

step back welding *(Schw)* Pilgerschritt-schweißung f

step bench *(Bergb)* abgestufte Strosse f *(im Tagebau)*

step-by-step *adj (Tech)* etappenmäßig

step by step *adv (Tech)* allmählich, schrittweise, stufenweise

step-by-step control *(Mess)* Schritt-steuerung f

step change *(Mess)* Sprung m

step-down gear *(Getr)* Reduktionsge-triebe n, Reduzierantrieb m

step-down test *(Prüf)* Stufenprobe f

step formwork *(Bau)* Stufenschalung f

step iron *(Elek)* Steigeisen n

step piston *(Tech)* Stufenkolben m *(Kol-benverdichter)*

step response time *(Elek)* Einstellzeit f *(Messgerät, Messumformer)*

step shaft bearing *(Lag)* Stufenwellen-lager n

step voltage *(Elek)* Stufenspannung f

stepless *adj (Elek)* kontinuierlich *(stu-fenlos)*

stepped *adj (Mont, Tech)* abgesetzt, abgestuft

stepped reference block *(Tech)* Stu-fenkontrollkörper m

stepped rim *(Tech)* Schrägschulterfelge f, Schrägschulterring m *(Felge)*

stepped wedge *(Tech)* Stufenkeil m

stepping *(Tech)* Stufung f

stepping motor *(Antr)* Schrittmotor m

stepping relay *(Elek)* Fortschaltrelais n, Schrittschaltwerk n *(Relais)*

steps *pl (Tech)* Begehung f *(Leiter)*; Leiter f *(Sprossenleiter)*

stepseal *(Tech)* Kolbenstangendichtung f, Stepseal n

stepwise *adv (Tech)* schrittweise

stere *(Bau)* Ster m *(Raummeter)*

stereotype plate *(Tech)* Klischee n *(Drucktechnik)*

stern propeller *(Tech)* Heckpropeller m

steve *(Schiff)* Steven m *(Schiffsbug)*

stick *v (Tech)* hängen bleiben, kleben, stecken bleiben

stick *v* **on** *(Tech)* ankleben, aufkleben

stick *v* **out** *(Tech)* herausragen, hervor-ragen

stick *v* **together** *(Tech)* verkleben, zu-sammenkleben

stick *(Bergb)* Stiel m *(des Baggers)*

stick *(Stb, Tech)* Stab m *(gerader Stock)*; Stock m

stick electrode *(Schw)* Stabelektrode f

stick ram *(Bergb)* Stielzylinder m

sticking *adj (Förd, Tech)* anhaftend

sticky *adj (Tech)* klebend, klebrig

Stiefel piercing mill *(Walz)* Stiefel-Walz-werk n

stiff *adj (Tech)* starr, steif, unbeweglich

stiff against torsion *adj (Tech)* drehstarr, drehsteif

stiff-leg derrick *(Kran)* Derrick m, Der-rickkran m mit 270° Schwenkbereich; Montagekran m

stiffen *v (Stb, Tech)* aussteifen, steifen, verstärken, versteifen

stiffened against bending *adj (Met, Stb)* biegefest

stiffener *(Mont, Stb)* Aussteifung f

stiffener *(Stat)* Beulsteife f

stiffener *(Stb)* Aussteifungsträger m

stiffener *(Stb, Tech)* Steife f, Versteifung f

stiffening *(Bau, Stb, Tech)* Verstärkung f

stiffening *(Mont, Stb)* Aussteifung f

stiffening *(Stb, Tech)* Aussteifen n; Ver-steifung f

stiffening *(Tech, Mont)* Abstützung f *(Stütze)*

stiffening plate *(Mont, Stb)* Aussteif-blech n, Verstärkungsblech n; Schott-blech n *(in Schweißkonstruktion)*

stiffening plate *(Stb, Tech)* Schott n

stiffening truss *(Stb)* Aussteifungsträger m, Versteifungsträger m

stiffness *(Stb, Tech)* Steife f *(Zustand)*; Steifheit f, Steifigkeit f

stiffness factor *(Tech)* Steifheit f, Stei-figkeit f

stillage *(Tech)* Schlempe f *(Destillations-rückstand)*

Stillson pipe wrench *(Werkz)* Blitzrohr-zange f

Stillsons wrench *(Werkz)* Rohrzange f

stinger bit *(Tech)* Einstechmesser n

stipulate *v (Tech)* festlegen *(spezifizieren,*

stir v (Tech) spülen (flüssigen Stahl mit Argon)

stirrer (Aufb) Rührer m (Rührwerk)

stirring (Tech) Spülen n (z. B. mit Inertgas)

stirring mechanism (Aufb) Rührer m

stirrup (Tech) Bügel m (U-förmiger Halter); Steigeisen n (Luftschacht)

stirrup feeder (Hütt) Pendelaufgeber m

stirrup shear connector (Tech) Bügel m (U-förmiger Halter)

stitch v (Mech) heften (z. B. ein Buch)

stitcher (Mech) Heftmaschine f (für Bänder, ohne Schweißung; Bandheftmaschine)

stitching die (Walz) Verbindungsstempel m (Heftmaschine)

stitching wire (Tech) Heftdraht m

stock v (Tech) bevorraten

stock (Hütt) Beschickungssäule f (Möllersäule im Hochofen); Möller m (bereits im Hochofen)

stock (Log) Bestand m (Waren); Lagerbestand m; Lagerhaltung f

stock (Walz) Walzgut n

stock control (Log) Lagerkontrolle f; Vorratsführung f

stock picker (Log) Magaziner m

stockline protective armour (Hütt) Schlagpanzer m (fest oder verstellbar)

stockpile v (Umschl) absetzen, aufhalden, stapeln

stockpile (Tech, Umschl) Halde f (für Erz oder Kohle); Hochhalde f; Stapel m, Vorratshalde f

stockpiling (Umschl) Aufhaldung f, Lagerplatzbeschickung f

stocks and dies pl (Werkz) Windeisen n

stocktaking (Tech) Bestandsaufnahme f

stoichiometric adj (Met) stöchiometrisch

stoichiometry (Chem) Stöchiometrie f

stoke v (Hütt/Walz) schüren, stochern (z. B. Ofen)

stoker-fired boiler (Hütt/Walz) Rostkessel m

stoker link (Hütt/Walz) Roststab m

stone (Bau) Stein m

stone anchor (Tech) Steinschraube f

stone bolt (Tech) Steinschraube f

stone chisel (Werkz) Steinmeißel m

stone coal (Bergb, Geo) Anthrazit m (sehr harte, glänzende Steinkohle mit hohem Heizwert); Steinkohle f

stone wall (Bau) Steinmauer f

stonewall (Verd) Stopfgrenze f

stoneware (Bau) Steinzeug n

stoneware (Bergb, Geo) Steingut n

stop v (Elek) ausschalten (z. B. Maschine); stillsetzen

stop v (Hydr/Pneu) absperren (z. B. Wasser, Strom, Gas)

stop v (Tech) abstellen (z. B. einen Motor); anhalten, aufhören, blockieren, halten (anhalten); hemmen (an-, aufhalten)

stop (Mech, Walz) Vorstoß m (einer Schere)

stop (Tech) Anschlag m (zum Feststellen); Feststellvorrichtung f, Sperre f

stop band (Elek) Sperrbereich m

stop block (Tech) Hemmschuh m (Bahn); Prellbock m

stop block (Bahn, Umschl) Puffer m (für Schienengerät)

stop dog (Tech) Anschlagbolzen m, Anschlagnase f, Anschlagnocken m, Anschlagstift m

stop gauge (Mech, Walz) Vorstoß m (einer Schere)

stop lamp (Elek, Kfz) Bremsleuchte f

stop latch (Mess) Anschlagklinke f

stop light (Elek, Kfz) Bremsleuchte f; Stopplicht n

stop pin (Tech) Anschlagbolzen m, Anschlagnase f, Anschlagnocken m, Anschlagstift m

stop plate (Tech, Elek) Abschlussplatte f

stop screw (Form) Anschlagschraube f

stop valve (Hydr/Pneu, Vent) Absperrventil n

stop washer (Tech) Sicherungsscheibe f (Unterlegscheibe)

stop watch (Tech) Stoppuhr f

stopcock (Hydr/Pneu, Vent) Absperrhahn m

stope (Bergb) Strosse f (unter Tage)

stope face (Bergb) Abbaustoß m

stoppage (Fert, Tech) Ausfallzeit f (betrieblich bedingte Verlustzeit); Betriebsstörung f (Maschine); Stillstand m

stopper (Elek) Anhaltevorrichtung f

stopper (Tech) Anschlag m; Sperre f, Sperrung f

stopper circuit (Elek) Entkopplungsglied n

stopping (Elek) Stillsetzen n

stopping (Tech) Abschaltung f

stopping tab *(Schw)* Auslaufstück n *(UP--Schweißen)*

stopwatch analysis *(Tech)* Zeitmessanalyse f

storage *(Bergb, Hütt/Walz)* Bunkerung f

storage *(Log)* Einlagerung f, Lagern n, Lagerung f *(Aufbewahrung)*; Speicher m, Speicherung f

storage and retrieval machine *(Förd, Log)* Regalbediengerät n

storage battery *(Elek)* Akkumulator m, Batterie f, Sammlerbatterie f

storage bin *(Umschl)* Aufnahmebunker m

storage box *(Hütt)* Magazin n *(für Messlanzenhülsen)*

storage ditch *(Bergb, Umschl)* Grabenbunker m

storage loop *(Bergb, Förd, Umschl)* auflösbare Bandschleife f, Bandschleife f

storage power station *(Elek)* Speicherkraftwerk n

storage reservoir *(Ökol)* Rückhaltebecken n

storage room *(Tech)* Stauraum m *(Kraftfahrzeug)*

storage shaft *(Ökol)* Sammelschacht m *(Wasserversorgung)*

stor(ag)e tank *(Förd)* Vorratsbehälter m

storage tank *(Tech)* Speicherbehälter m

storage winch *(Umschl)* Speicherwinde f

store v *(IT)* abspeichern, eingeben, speichern *(z. B. Dateien)*

store v *(Log)* aufheben *(z. B. Waren)*; einstellen, lagern

store v *(Tech)* aufbewahren

store *(Log)* Lagerhaus n

store *(Tech)* Lagerraum m

stored adj *(Elek)* gespeichert *(elektronisch)*

stores pl *(Tech)* Bestand m, Vorrat m

storey *(BE)* *(Bau)* Etage f, Geschoss n, Stockwerk n

storm sewer *(Baut, Ökol)* Regenwasserkanal m

storm water tank *(Baut, Ökol)* Regenwasseraufhaltebecken n

story *(AE)* *(Bau)* Etage f, Geschoss n, Stockwerk n

stout adj *(Met, Tech)* robust

stout *(Met)* Holm m

stove enamelling *(Kfz)* Einbrennlackierung f

stoved adj *(Anstr)* ofengetrocknet

stoved enamel *(Anstr, Walz)* Einbrennlack m *(Einbrennemaille)*

stoving *(Anstr)* Ofentrocknung f

stowage *(Tech)* Beladen n

stowage compartment *(Bahn)* Transportabteil n

stowing *(Tech)* Beladen n

straddle carrier *(Förd)* Torstapler m

straddle loader *(Umschl)* Portalfahrzeug n

straddle stacker *(Förd)* Spreizenstapler m

straddle stock picker *(Förd)* Spreizenmagaziner m

straddle truck *(Förd)* Torstapler m

straight adj *(Bau)* scheitrecht

straight adj *(Tech)* gerade

straight ahead *(Tech)* geradeaus

straight aligned adj *(Tech)* fluchtgerecht

straight arch *(Bau)* scheitrechter Bogen m

straight bevel gear *(Getr)* Geradzahn--Kegelrad n

straight-bore submerged nozzle *(Hütt)* Tauchrohr n *(Strangguss)*

straight edge *(Tech)* Richtlatte f, Richtscheit n

straight-edge *(Werkz)* Lineal n

straight-face roller *(Tech)* glatte Laufrolle f

straight-flanged beam *(Met)* Parallelflanschträger m

straight knurl *(Tech)* Rändel n

straight labyrinth seal *(Tech, Verd)* Durchblicklabyrinthdichtung f

straight-line adj *(Tech)* geradlinig

straight lug link plate *(Tech)* Mitnehmerlasche f

straight manganese steel *(Met)* Manganhartstahl m

straight on adv *(Tech)* geradeaus

straight peen hammer *(Mont, Werkz)* Kreuzschlaghammer m

straight through valve *(Hydr/Pneu)* Durchgangsventil n

straight toothed adj *(Getr)* geradzahnig

straighten v *(Mech)* gerade richten, richten, zurichten

straighten v *(Tech)* aufrichten *(gerade richten)*

straighten v *(Mont, Tech)* ausbeulen, ausrichten

stress

straightener *(Förd, Umschl)* Lenkblech n
straightening *(Mech)* Geraderichten n
straightening arbor [axle] *(Walz)* Richtachse f
straightening force *(Stat)* Richtkraft f
straightening machine *(Hütt/Walz)* Richtmaschine f *(z. B. für Rohre)*
straightening point *(Hütt)* Rückbiegepunkt m *(Richtpunkt des Stranges)*
straightening press *(Hütt/Walz)* Richtpresse f
straightway adj *(Tech)* direkt, gerade
strain v *(Tech)* beanspruchen *(belasten)*; durchgießen *(z. B. durch ein Sieb)*; durchseihen
strain *(Form, Met)* Deformation f, Formänderung f, Verdehnung f, Verformung f
strain age hardening *(Met)* mechanische Alterung f *(Reckalterung)*
strain aging *(Met)* mechanische Alterung f *(Reckalterung)*
strain energy *(Form, Hütt/Walz, Met, Stb)* Formänderungsarbeit f, Verformungsarbeit f
strain gauge *(Elek)* Dehnungsmessstreifen m, DMS
strain gauge *(Hydr/Pneu)* Druckmessdose f
strain gauge *(Tech)* Spannungsmesser m *(Statik)*
strain gauge load cell *(Mess)* Dehnstreifenlastmessdose f
strain-harden v *(Met)* kaltverfestigen
strain hardening *(Hütt/Walz, Met)* Kalthärtung f, mechanische Alterung f *(Reckalterung)*; Verfestigung f durch Kaltverformung
strain insulator *(Elek)* Abspannisolator m
strain rate *(Met, Prüf)* Dehn(ungs)geschwindigkeit f *(Verformungsgeschwindigkeit)*
strain relief *(Mess)* Zugentlastung f
strain stress *(Met)* Reckspannung f
strainer *(Hydr/Pneu)* Filter n *(z. B. für Flüssigkeit)*
strainer *(Tech)* Saugfilter n, Schmutzfänger m *(Ventil)*
strainer *(Tech, Zer)* Sieb n *(vor Filter)*
straining *(Met)* Reckung f *(überelastisch)*
strand *(Elek)* Ader f *(Kabel)*
strand *(Hütt/Walz)* Strang m *(Stranggießen)*
strand *(Tech)* Litze f *(Seil)*

strand of chain *(Förd)* Kettentrum n
stranded adj *(Elek)* verseilt
stranded adj *(Tech)* verlitzt *(Kabel)*
stranded earth wire *(Tech)* Erdseil n
strandline *(Bergb)* Uferlinie f
strap *(Förd)* Spannband n
strap *(Tech)* Band n *(zur Befestigung)*; Verpackungsband n; Kabelschelle f, Schelle f
strap feeder *(Tech)* Bandumführer m *(für Verpackungsband)*
strap iron *(Umschl)* Bandeisen n *(für Kisten)*
strap shaped angle *(Tech)* Bügelgriff m
strap wrench *(Werkz)* Bandschlüssel m, Spannbandschlüssel m
straping *(Tech)* Vermessung f
strapping *(Tech)* Verpackung f, Verpackungsband n
strapping... adj *(Tech)* Umreifungs...
strategy *(Tech)* Strategie f
stratification *(Geo)* Bänderung f, Schichtenverlauf m *(im Gestein)*
stratification *(Tech, Walz)* Schichtung f *(Stahlbad)*
stray current *(Stb)* Irrstrom m, Kriechstrom m
stray power *(Elek)* Verlustleistung f
streak *(Met)* Schliere f *(Verzinkungsfehler)*
stream *(Hütt, Tech)* Strahl m
streamline v *(Tech)* stromlinienförmig gestalten
streamlined adj *(Tech)* stromlinienförmig
street *(Bau)* Straße f *(Stadt)*
strength *(Met)* Festigkeit f, Festigkeitseigenschaften fpl
strength *(Tech)* Steifigkeit f
strength of materials *(Met, Stat)* Festigkeitslehre f
strengthen v *(Tech)* kräftigen, stärken *(verstärken)*
strengthening *(Bau, Stb, Tech)* Verstärkung f
strengthening *(Bau, Tech)* Voute f
stress v *(Tech)* anziehen *(z. B. Federn)*; beanspruchen *(belasten)*
stress *(Elek, Stat, Tech)* Beanspruchung f, Spannung f *(Belastung, Druck)*
stress *(Stat)* innere Kraft f, Schnittgröße f, Schnittkraft f
stress analysis *(Met, Stat)* Festigkeitsberechnung f, Spannungsermittlung f, Spannungsnachweis m

stress-anneal v (Met) spannungsarm glühen, spannungsfrei glühen (fälschlich angewandt)

stress concentration (Schw) Beanspruchungsspitze f, Drucksansammlung f; Spannungsanhäufung f

stress concentration factor (Prüf) Kerbeinflusszahl f

stress concentration factor (Tech) Formzahl f

stress cone (Tech) Wickelkeule f

stress corrosion (Anstr, Met) Korrosion f unter mechanischer Beanspruchung, Spannungskorrosion f

stress crack (Met, Stb) Spannungsriss m

stress-crack corrosion (Met) Spannungsrisskorrosion f

stress diagram (Stb) Kräfteplan m

stress-free adj (Stat) spannungsfrei

stress level (Met, Stat) Spannungsausschlag m (DIN 50100)

stress ratio (Met) Spannungsverhältnis n (DIN 50100)

stress relief (Hütt, Met) Spannungslösung f

stress-relieve v (Hütt/Walz, Met) warm behandeln (z. B. Metall)

stress-relieve v (Met) spannungsarm glühen

stress-rupture test (Prüf) Zerreißversuch m

stress sheet (Stb) Kräfteplan m

stress spectrum (Stat) Spannungskollektiv n

stress-strain curve (Stat) Spannungs--Formänderungs-Kurve f

stress-strain diagram (Stat) Spannungs-Dehnungsdiagramm n, Spannungs-Dehnungsschaubild n

stress wave (Tech) Spannungswelle f

stressless adj (Stat) spannungsfrei

stretch v (Tech) dehnen, spannen, strecken

stretch (Förd) Gurtdehnung f

stretch (Tech) elastische Dehnung f, Streckung f; Fahrstrecke f

stretch mill (Walz) Streckreduzierwalzwerk n

stretch-out view (Zeich) gestreckt gezeichnet

stretch over road (Förd, Stb) Straßenübergang m

stretch-reducing mill (Walz) Streckreduzierwalzwerk n

stretched adj (Tech) gestreckt, lang gestreckt

stretcher (Tech) Spannvorrichtung f (Draht, Bindebänder); Trage f

stretcher (Walz) Reckbank f (für Bleche)

stretching (Met, Stat) Dehnung f

stretching (Tech) Streckung f

strike v (Tech) aufprallen

strike v off (Bergb, Umschl, Walz) abstreifen

striker (Elek, Mech) Schaltlineal n; Schaltleiste f

striker (Tech) vordere Kupplerarmführung f, vorderer Anschlag m

striking face open ended spanner (Werkz) Schlagmaulschlüssel m

striking face ring spanner (Werkz) Schlagringschlüssel m

striking face spanner (Werkz) Schlagmaulschlüssel m

striking face wrench (Werkz) Schlagschlüssel m

striking-off edge (Baum, Tech) Abstreifkante f

striking plate (Bau) Schließblech n

striking socket (Werkz) Schlageinsatz m (für Schlagschraubenschlüssel)

string (Stb) Strang m, Treppenwange f

string (Tech) Leine f, Schnur f, Wange f

string bead (Schw) Strichraupe f

string board (Stb) Treppenwange f

string-type gasket (Tech) Dichtschnur f

stringer (Met) Holm m, Längsträger m

stringer (Tech) Unterzug m

stringers pl (Met) Schilfer mpl, zeilenartige Einschlüsse mpl

strip v (Bergb) abdecken, abräumen, abtragen

strip v (Mont, Tech) auseinander nehmen

strip v (Tech) abziehen (z. B. ein Rad, ein Kabel); ausreißen (Schrauben aus dem Gewinde); überdrehen (z. B. Gewinde)

strip v paint (Anstr) abbeizen

strip (Elek) Lamelle f

strip (Hütt/Walz, Met) Band n, Metallband n

strip (Tech) Band n (zur Befestigung); Leiste f (Metallstreifen)

strip brush (Tech, Werkz) Streifenbürste f

strip butt-welding machine (Schw)

Bandstumpfschweißmaschine f (Bandanlage)

strip-chart recorder (Elek) Schreibstreifengerät n

strip edge (Baum, Tech) Abstreifkante f

strip flexible (Elek, Hütt) Stromband n

strip footing (Bau) Streifengründung f

strip fuse (Elek) Streifensicherung f

strip hinge (Tech) Gelenkband n

strip-insulation pliers pl (Werkz) Abisolierzange f

strip joiner (Mech) Heftmaschine f

strip joining machine (Hütt/Walz) Stanzverbinder m

strip levelling unit (Walz) Glättwalzwerk n

strip-light (Elek) Röhrenlampe f

strip mill (Walz) Bandwalzwerk n

strip mine (Bergb) Tagebau m

strip steel (Stb) Band n, Streifen mpl

strip stitcher (Schw) Heftmaschine f

strip varnish (Anstr) Abziehlack m

strip width (Förd) Bandbreite f (Gurt)

strip width (Walz) Bandbreite f (Bandwalzwerk)

striped adj (Mech) gestreift

strippable coating [paint] (Anstr) Abziehlack m, Abzugslack m

stripper (Bergb, Umschl, Walz) Abstreifer m

stripping (Anstr) Abbeizen n

stripping (Bergb) Abbau m von Abraum, Abraumbeseitigung f, Abraumbewegung f, Abräumen n, Abtragen n (Schichten, Abraum, Kohle); Freilegung f (z. B. von Kohle)

stripping filler (Zer) Einreißfüller m

stripping plan (Bergb) Abbauplan m (bei Abraum)

stripping ratio (Bergb, Geo) Abraumverhältnis n zur Kohle; Deckenverhältnis n

strippings pl (Baum, Bergb) Abraum m, Baggergut n

stroke v (Tech) stricheln (Linie)

stroke (Kfz) Hubraum m

stroke (Tech) Hub m (Zylinder); Takt m (Motor)

stroke-dot v (Tech) stricheln (Linie)

stroke-dotted adj (Tech) gestrichelt

stroke increment (Tech) Hubschritt m

stroke volume (Hydr) Kolbenverdrängung f

stroked adj (Tech) gestrichelt (z. B. Linie)

strong adj (Tech) stark (Maschine, Motor)

structural adj (Tech) strukturell

structural analysis (Stat) statische Berechnung f, statische Untersuchung f

structural angle (Met) Winkeleisen n (Winkelstahl)

structural component (Bau) Konstruktionsteil n

structural connection (Mont, Stb, Tech) Anschluss m, Stoß m, Verbindung f

structural design (Stb) Ausführung f

structural engineering (Stb, Tech) Bautechnik f (einschließlich Statik); Stahlbau m, Stahlhochbau m; Strukturbau m

structural engineering company (Stb) Stahlbaufirma f, Stahlbauunternehmen n

structural frame (Baut) Fachwerk n

structural grade plate (Met) Baustahlblech n

structural integrity (Stb, Tech) intakte Konstruktion f, Unversehrtheit f einer Konstruktion

structural member (Baut, Mech) Bauglied n (Bauteil)

structural member (Tech) Bauelement n

structural mill products pl (Met) Bauformstahl m

structural part (Baut) Konstruktionselement n, Konstruktionsteil n

structural section (Hütt/Walz, Met, Stb) Baustahl m, Formstahl m

structural shape (Konst, Tech) Bauform f (Bauart)

structural shape (Met) Profil n

structural stability (Bergb, Stat) Standsicherheit f

structural steel (Hütt/Walz, Met, Stb) Baustahl m, Festigkeitsstahl m, Formstahl m

structural steel engineering (Stb) Stahlbau m

structural steel plate (Met) Baustahlblech n

structural steelwork (Met) Profilstahl m

structural steelwork (Stb) Stahlbau m

structural timber (Bau) Bauholz n

structure v (Tech) strukturieren

structure (Bau, Mech) Bau m

structure (Geo, Tech) Aufbau m (Gefüge, Struktur); Struktur f (Gestalt, Form)

structure (Mont, Tech) Aufbau m

structure *(Stb, Tech)* Tragwerk n
structure *(Tech)* Beschaffenheit f *(Struktur)*; Gefüge n, Konstruktion f
structure-borne noise *(Tech)* Körperschall m *(Bleche vibrieren)*
strung up adj *(Kfz)* hochgebunden *(mit einer Schnur)*
strut v *(Bau, Mont, Stb, Tech)* abspreizen, absteifen, abstreben, aussteifen, versteifen, verstreben; abstützen
strut *(Bahn)* Spriegel m
strut *(Bergb)* Spindel f *(Strebe)*; Spreize f, Stempel m
strut *(Kfz)* Federbein n
strut *(Met)* Holm m *(Profil)*
strut *(Stb)* Druckstab m
strut *(Tech, Stb)* Strebe f, Stütze f
strut-brace v *(Stb, Tech)* abspreizen, absteifen, abstreben, aussteifen, versteifen, verstreben
strutting *(Bergb)* Spreize f
strutting *(Mont, Tech)* Abstützung f *(Stütze)*
stub *(Elek)* Abzweig m *(Stichleitung)*
stub axle *(Bahn)* Notlauf m *(Eisenbahnachsen)*
stub axle *(Tech)* Achsschenkel m; Steckachse f *(Kraftfahrzeug)*
stub-end feeder *(Elek)* Abzweigleitung f, Abzweigleitung f, Stichleitung f
stub file *(Werkz)* Stumpffeile f
stub idler *(Förd)* Stummelrolle f *(Steilförderer)*
stub roller *(Förd)* Stummelrolle f *(Steilförderer)*
stub shaft *(Tech)* Stechwelle f, Welle f
stub spindle *(Tech)* Wellenstumpf m *(Rolle in einer Sortieranlage)*
stucco *(Bau)* Bildhauergips m, Stuck m
stucco ceiling *(Bau)* Stuckdecke f
stuck adj *(Tech)* angeklebt *(aufgeklebt)*
stuck weld *(Schw)* Kaltschweißung f
stud *(Bau, Tech)* Wandstiel m
stud *(Tech)* Ansatz m *(Anschlag, angearbeiteter Innensatz, hervortretendes Stück)*; Gewindebolzen m *(Zapfen)*; hervorstehendes Stück n, Stiftschraube f, Wellenzapfen m, Zapfen m, Zugbolzen m; Zylinderstift m
stud bolt *(Tech)* Bolzenschraube f, Gewindebolzen m; Stehbolzen m, Stiftbolzen m, Stiftschraube f
stud-bolt *(Tech)* Schraubenbolzen m

stud driver *(Werkz)* Stiftschlüssel m *(Inbusschlüssel)*
stud screw *(Tech)* Stiftschraube f
stud shear connector *(Stb)* Bolzendübel m, Kopfbolzendübel m
stud weld *(Schw)* Stiftschweißung f
stud welding *(Schw)* Bolzenabbrennschweißung f, Bolzenanschweißen n, Bolzenschweißung f, Pressbolzenschweißung f
studded adj *(Stb)* bestiftet
studded connection *(Tech)* Stiftschraubenverbindung f
studded tyre *(BE)* *(Tech)* Stahlseilreifen m
studs pl **for (butt) welding** *(Schw, Tech)* Anschweißenden npl
stuff v *(Tech)* dichten *(dicht packen)*
stuffing *(Tech)* Dichtung f *(Füllung, Packung, Polster)*
stuffing box *(Tech)* Stopfbuchse f, Stopfbüchse f
stuffing box gland *(Tech)* Stopfbüchsbrille f
stump harvester *(Bergb)* Rodezahn m
sturdy adj *(Met, Tech)* robust
sturdy adj *(Schiff)* bruchfest
style *(Baut)* Bauweise f
style *(Konst, Tech)* Bauform f
stylus *(Hydr)* Stiftfühler m
styroflex capacitor *(Elek)* Styroflex--Kondensator m
subassembly *(Mont, Stb)* Teilmontage f, Teilzusammenstellung f
subassembly *(Mont, Tech)* Baueinheit f, Baugruppe f, Untergruppe f
subbase *(Bau)* Packlage f *(der Straße)*
subcircuit *(Elek)* Abzweigleitung f, Abzweigstromkreis m
subclassify v *(Log)* aufteilen
subclassify v *(Log)* unterteilen
subcritical adj *(Hydr/Pneu, Tech)* unterkritisch
subcritical annealing *(Hütt)* Rekristallisationsglühen n *(Umkristallisationsglühen)*
subdistribution unit *(Elek)* Unterverteilung f
subdivide v *(Log)* aufteilen
subdivide v *(Tech)* gliedern, unterteilen
subdivision *(Elek)* Stufe f *(Einstellung)*
subdivision *(Tech)* Aufgliederung f *(Unterteilung)*; Untergliederung f, Unterteilung f

subfeeder *(Elek)* Abzweigleitung f *(Netz)*

subgrade *(Bau)* Trasse f *(erstes Planum für eine Straße)*

subgroup *(Tech)* Untergruppe f *(Erzeugnisstruktur)*

subjacent *adj (Tech)* darunterliegend

subject to official calibration *adj (Tech)* eichpflichtig *(z. B. Waage)*

submarine ladle *(Hütt)* Torpedopfanne f *(Konverter)*

submerge *v (Tech)* eintauchen *(in Flüssigkeit)*; tauchen *(etw. untertauchen)*

submerged *adj (Tech)* eingetaucht, getaucht *(in Flüssigkeit)*; überspült *(von Wasser)*

submerged arc welding *(Schw)* Ellira- -Schweißung f, Tauchlichtbogenschweißung f, Unterpulverschweißen n, UP n

submerged-ash conveyor *(Bergb)* Unterwasserkratzer m

submerged pump *(Hydr/Pneu)* Tauchpumpe f

submersible pump *(Hydr/Pneu)* Tauchpumpe f

submit *v (Tech)* aussetzen, einreichen, unterbreiten, unterwerfen, vorlegen; zustellen *(postalisch)*

subordinate *adj (Tech)* untergeordnet

subordinated *adj (Tech)* nachgeordnet

subplate *(Hydr/Pneu)* Anschlussplatte f

subplate *(Tech)* Grundplatte f

subscreen *(Tech)* Subfilter n

subsequent *adj (Tech)* anschließend, nachfolgend, nachträglich; Nach…

subsequent conveyor *(Bergb, Förd)* abförderndes Band n

subsequent flame cut *(Schw)* Nachbrennen n

subsequent processing *(Fert, Hütt/ Walz)* Weiterverarbeitung f

subside *v (Tech)* absetzen

subside *v (Geo)* absetzen, setzen *(sich setzen)*

subsidence *(Bau, Geo)* Absenkung f *(z. B. des Bodens)*; Bodensenkung f, Senkung f *(z. B. des Bodens)*; Setzung f

subsidence damage *(Bergb)* Bergschäden mpl

subsiding *adj (Bau, Tech)* ablaufend, absinkend

subsiding *(Stb)* Trägersenkung f

substance *(Chem)* Stoff m

substance *(Tech)* Masse f *(Substanz)*

substantial *adj (Tech)* wesentlich *(von Bedeutung)*

substantiate *v (Tech)* erhärten, konkretisieren

substitute *v (Tech)* ablösen, auswechseln, ersetzen

substitute *(Tech)* Ersatz m

substitute natural gas *(Chem)* synthetisches Erdgas n

substitution *(Tech)* Austausch m

substrate *(Elek)* Substrat n

substructure *(Bau)* Tiefbau m *(Gründungsarbeiten)*

substructure *(Bergb, Umschl)* Unterbau m

substructure *(Stb)* Stützkonstruktion f

subsynchronous *adj (Kran)* untersynchron

subterranean *adj (Tech)* unterirdisch

subtracting circuit *(Elek)* Subtrahierschaltung f

subway *(Bau)* Fußgängertunnel m, Unterführung f *(für Fußgänger)*

successively *adv (Tech)* hintereinander, nacheinander

suck *v (Hydr/Pneu, Verd)* ansaugen

suction *(Hydr/Pneu)* Nachsaugung f, Sog m

suction *(Hydr/Pneu, Tech)* Unterdruck m

suction… *adj (Hütt/Hydr/Pneu, Tech)* Ansaug…, Saug…

suction and delivery hose *(Hydr/Pneu)* Saug- und Druckschlauch m

suction dredger *(Umschl)* Saugbagger m *(mit Laderaum)*

suction-loss level *(Hydr/Pneu)* Ansaugverlustniveau n *(Pumpe)*

suction power *(Tech)* Zugwirkung f *(Gebläse)*

suction side *(Tech)* Saugseite f, Saugstutzen m

suction valve *(Vent)* Nachsaugventil n, Saugventil n

suggest *v (Tech)* vorschlagen

suggestion *(Tech)* Empfehlung f *(Vorschlag)*; Rat m

suggestion for improvement *(Tech)* Verbesserungsvorschlag m

suit *v (Mech, Tech)* abstimmen *(z. B. Struktur, Produkt)*

suitable *adj (Tech)* geeignet, passend

suitable for practical application adj (Tech) praxisgerecht

sulfur (AE) (Chem) Schwefel m

sulfur acid (AE) (Chem) Schwefelsäure f

sulfur print (AE) (Met) Baumannabdruck m (Gießmaschinen)

sulphate ash (Bergb) Sulfatasche f

sulphate soil (Geo) schwefelsaurer Boden m

sulphite lye (Chem, Hütt) Sulfitlauge f

sulphur (BE) (Chem) Schwefel m

sulphur acid (BE) (Chem) Schwefelsäure f

sulphur print (BE) (Met) Baumannabdruck m, Schwefelabdruck m

sulphuric adj (BE) (Chem) schwefelig, schwefelsauer

sulphuric acid (BE) (Chem) Schwefelsäure f

summary (Tech) kurze Darstellung f, Übersicht f (Zusammenfassung); zusammengefasste Darstellung f

summing amplifier (Elek) Summierverstärker m

sump (Tech) Sammelbehälter m, Wanne f; Sumpf m (Pumpe)

sun gear (Getr) Sonnenrad n (Planetengetriebe); zentrales Ritzel n

sun visor (Tech) Sonnenblende f

sun wheel (Getr) Innenrad n (Planetengetriebe); Sonnenrad n

sundry adj (Tech) verschieden

sunk key (Tech) Einlegekeil m

sunroof (Tech) Schiebedach n, Sonnendach n (z. B. Kfz)

sunshade (Tech) Sonnendach n

sunshade tube (Tech) Sonnentubus m (Fernsehgerät)

superatmospheric pressure (Tech) Überdruck m

supercharged adj (Tech) überverdichtet

supercharger (Verd) Kompressor m

supercritical adj (Tech) überkritisch

superelevation (Bahn, Stb) Überhöhung f des Profils

superelevation (Bahn) Überhöhung f

superficial adj (Tech) oberflächlich

superficial fissure [scratch] (Met) Anriss m (Oberfläche); Oberflächenriss m

superfluous adj (Tech) überflüssig (nicht benötigt)

superheated adj (Tech) heiß (z. B. Dampf); überhitzt

superheated steam (Hütt/Walz) Frischdampf m, Heißdampf m

superheater (Elek) Überhitzer m, Ue m

superimpose v (Stb) überlagern

superimposed load (Tech) Verkehrslast f

superintendence (Tech) Oberaufsicht f

superior adj (Tech) übergeordnet

superordinate adj (Tech) übergeordnet

superpose v (Stb) überlagern

superposed adj (Tech) übereinander liegend; Überlagerungs…

superposed gear pair (Getr) Überlagerungsstufe f

supersede v (Tech) ablösen, ersetzen

superseded adj (Bahn, Tech) überholt

supersilenced adj (Tech) superschallgedämpft

superstructure (Bau, Stb) Hochbau m

superstructure (Bergb, Umschl, Zer) Oberbau m

superstructure (Baum, Kran, Tech) Aufbau m (Außen-, Obenaufbau); Oberteil n, Oberwagen m (des Baggers, des Kranes); Überbau m

supervising personnel (Prüf, Tech) Aufsichtspersonal n, Überwachungspersonal n

supervision (Elek, Tech) Überwachung f

supervision and control (Mess) Überwachung f und Regelung f (Prüfung f)

supervisor (Bau, Tech) Bauleiter m

supervisor (Tech) Überwachungskraft f

supervisor for fire fighting (Tech) Brandleiter m

supervisory engineer (Bau, Tech) Bauleiter m

supervisory staff (Tech) Überwachungspersonal n (Aufsichtspersonal)

supplement (Tech) Ergänzung f (das Ergänzte)

supplementary adj (Tech) nachträglich, zusätzlich; Zusatz…

supplementary sheet (Tech) Beiblatt n

supplementation (Tech) Ergänzung f (Hinzufügung)

supplies pl (Tech) Bestand m, Vorrat m; Zulieferung f

supply v (Tech) versorgen

supply (Elek) Einspeisung f, Versorgung f (z. B. mit Energie)

supply (Tech) Lieferung f; Versorgung f (mit Material); Zulauf m

supply (Umschl) Beschickung f

supply cable *(Elek)* Zuleitung f *(Strom, Energie)*

supply header *(Tech)* Verteiler m *(Verteilerrohr)*

supply regulator *(Vent)* Dosierventil n *(für die Füllung eines Blasenspeichers)*

supply voltage *(Elek)* Anschlussspannung f *(Stromrichter)*; Netzspannung f, Versorgungsspannung f

support v *(Bau, Stb, Tech)* absteifen, abstützen

support v *(Mont, Tech)* abfangen *(abstützen)*

support v *(Tech)* festhalten, stützen, tragen; unterstützen

support *(Bau)* Abstützvorrichtung f, Auflagerung f, Verbau m

support *(Baut, Tech)* Konsole f

support *(Bergb)* Anbauplatte f *(Stütze)*

support *(Mont, Tech)* Abstützung f

support *(Pneu)* Anlage f

support *(Stb, Tech)* Lager n, Stütze f; Lagerkörper m *(Auflager)*

support *(Tech)* Auflage f *(Stütze)*; Bock m *(Abstützbock, Auflager)*; Halt m *(Stütze)*; Lagerung f, Stütze f *(Abstützung)*; Stützung f, Träger m *(Stütze)*; Unterlage f

support activities pl *(Tech)* Betreuung f

support base *(Tech)* Untersatz m *(Stütze, Sockel)*

support block *(Lag)* Lagerbock m

support block *(Tech)* Stützbock m, Stützschiene f

support bracket *(Lag)* Lagerstütze f

support bracket *(Tech)* Befestigungswinkel m, Stützbock m, Stützwinkel m

support frame *(Bau)* Trägergerät n

support frame *(Tech)* Tragrahmen m

support ring *(Tech)* Stützring m *(Brückenlager)*; Tragring m *(Teil der Kugeldrehverbindung)*

support roller *(Bergb)* Stützrolle f *(für Raupenkette)*; Tragrolle f *(Stützrolle des Baggers)*

support saddle *(Tech)* Auflagesattel m *(Wärmetauscher)*

support slab *(Tech)* Plattenträger m *(Gießmaschine)*

support strap *(Tech)* Halteschlaufe f

supported adj *(Tech)* gelagert, gestützt
• **be supported** aufliegen *(zur Stütze)*

supporting adj *(Tech)* tragend

supporting area *(Tech)* Tragfläche f

supporting bracket *(Bau, Tech)* Konsole f

supporting chain conveyor *(Förd)* Tragkettenförderer m

supporting force *(Stat, Tech)* Auflagerkraft f, Auflagerreaktion f, Auflagerwiderstand m, Stützkraft f

supporting idler *(Förd)* Tragrolle f

supporting loop *(Kfz)* Handschlaufe f

supporting pipe *(Tech)* Tragrohr n *(im Ofendeckel)*

supporting ring *(Tech)* Stützring m *(Brückenlager)*; Stützscheibe f, Tragring m *(Teil der Kugeldrehverbindung)*

supporting strap *(Tech)* Haltegriff m

supporting structure *(Stb, Tech)* Stützkonstruktion f, Tragwerk n

suppress v **tare weight** *(Mess)* wegtarieren

suppressed adj *(Tech)* unterdrückt *(z. B. Verbrennung)*

suppression *(Elek)* Austastung f

supreme building authority *(Tech)* oberste Baubehörde f

surcharge *(Tech, Ökol)* Überlastung f

surcharge angle *(Förd)* Deckwinkel m

surface v *(Mech)* eben drehen, flach drehen, ebene Fläche herstellen, plandrehen

surface v *(Mech, Mont)* abflachen

surface v *(Tech)* drehen *(plandrehen)*; Oberfläche bearbeiten

surface *(Anstr, Tech)* Fläche f; Oberfläche f

surface... adj *(Anstr, Tech)* Oberflächen...

surface area *(Math)* Flächeninhalt m

surface attemperator *(Tech)* Oberflächenkühler m

surface condition *(Met, Tech)* Beschaffenheit f, Oberflächenbeschaffenheit f

surface contact method *(Prüf)* Kontaktverfahren n *(Ultraschallprüfung)*

surface course *(Bau, Stb)* Verschleißschicht f

surface crack *(Met)* Anriss m *(Oberfläche)*; Hautriss m, Oberflächenriss m

surface crack test *(Prüf)* Oberflächenrissprüfung f

surface dressing *(Hütt)* Putzen n *(von Gusssträngen usw.)*

surface durability *(Getr)* Oberflächenhaltbarkeit f *(eines Zahnes)*
surface finishing *(Met)* Oberflächenbehandlung f
surface grinding *(Mech)* Flachschleifen n
surface-hardened adj *(Met)* oberflächengehärtet
surface hardening *(Hütt)* Randhärten n
(Oberflächenhärten)
surface mining *(Bergb)* Tagebau m, Ta-
gebaubetrieb m
surface mounting *(Mess)* Tafelaufbau m
(Tafeleinbau)
surface mounting *(Tech)* Aufbau m *(Au-
ßen-, Obenaufbau)*; Aufbaumontage f,
Außenanbau m
surface of delimitation *(Elek)* Trennfläche f
surface peak-to-valley height *(Anstr)*
Oberflächenrauheit f *(maximal)*
surface plane *(Tech)* Ebene f
surface plate *(Mont, Tech)* Abrichtplatte
f; Anreißplatte f; Planscheibe f
surface pressure *(Stb)* Flächenpressung
f
surface quality *(Met)* Bearbeitungsgüte
f, Oberflächenbeschaffenheit f, Ober-
flächengüte f
surface roughness *(Met)* Rautiefe f *(der
Oberfläche)*
surface-solidified adj *(Met)* oberflächenverfestigt *(durch Strahlen)*
surface speed *(Elek, Tech)* Umfangsgeschwindigkeit f *(z. B. einer Walze)*
surface table *(Tech, Mont)* Abrichtplatte f
surface treatment *(Met)* Oberflächenbehandlung f
surface treatment *(Tech)* Flächenvor-
bereitung f
**surface type attemperator (with water
through tubes)** *(Hütt/Walz)* Wasserrohrkühler m
surface water *(Geo, Ökol)* Oberflächenwasser n; Tageswasser n *(Oberflächenwasser)*
surface wave *(Elek)* Oberflächenwelle f
(Ultraschall)
surfacer *(Anstr)* Spachtelmasse f
surge v *(Tech)* pumpen *(Verdichter)*
surge *(Elek)* Spannungsstoß m
surge *(Mess)* Überspannung f
surge *(Stat, Tech)* Seitenkraft f
surge *(Verd)* Pumpstoß m

surge... adj *(Elek)* Stoß..., Überspan-
nungs...
surge arrester *(Elek)* Überspannungsableiter m
surge bin *(Umschl)* Auffangbunker m,
Ausgleichsbunker m, Pufferbunker m,
Trichterbunker m, Zwischenbunker m
surge impedance *(Elek)* Wellenwiderstand m
surge load *(Elek)* stoßartige Belastung f
surge of current *(Elek)* Stromstoß m
surge point *(Verd)* Pumpgrenzpunkt m
surge tank *(Stb)* Druckkammer f
surge test *(Mess)* Überspannungsprüfung f
surging *(Elek)* Schwallbewegung f
surging *(Tech)* Überlaufen n
surplus adj *(Tech)* überschüssig
surround *(Baut)* Zarge f *(Türeinfassung)*
surrounding adj *(Tech)* umgebend, umschließend
surveillance *(Elek, Tech)* Überwachung f
survey v *(Tech)* aufnehmen *(abmessen)*;
prüfen, vermessen *(abmessen)*
survey *(Tech)* Überblick m, Übersicht f
(Überblick); Vermessung f
surveying *(Bau, Tech)* Aufnahme f
(Sichtung, Vermessung); Vermessung f
(Vermessung); Vermessungskunde f,
Vermessungs-
wesen n
surveyor *(Bau)* amtlicher Inspektor m,
Landmesser m, Landvermesser m,
Vermessungsingenieur m
surveyor *(Bergb)* Markscheider m *(Vermesser)*
surveyor's level *(Tech, Werkz)* Nivelliergerät n
surveyor's pole *(Werkz)* Fluchtstab m
susceptance *(Elek)* Suszeptanz f
susceptance *(Mess)* Blindleitwert m
susceptibility *(Tech)* Anfälligkeit f *(Empfindlichkeit)*
susceptibility to cracking *(Met, Stb)*
Rissempfindlichkeit f, Rissneigung f
susceptible to corrosion [rust] adj *(Met)*
rostanfällig
suspend v *(Förd, Tech)* anhängen
suspend v *(Kran, Tech)* aufhängen
suspended adj *(Stb)* eingehängt
suspended adj *(Tech)* aufgehängt; Hänge...
suspended by cardan joints adj *(Tech)*
kardanisch aufgehängt

suspended by universal joints *adj (Tech)* kardanisch aufgehängt

suspended ceiling *(Baut, Stb)* Doppeldecke *f (abgehängte Decke)*; Hängedecke *f (Stahlbau)*

suspended floor *(Tech)* Hängedecke *f (Stahlbau)*

suspended matter *(Hütt)* Schwebestoffe *mpl*

suspended on gimbals *adj (Tech)* kardanisch aufgehängt

suspended relining platform *(Hütt)* Seilbühne *f*

suspended solids *pl (Hütt)* Schwebestoffe *mpl*

suspended span *(Stb)* Einhängeträger *m (z. B. einer Gerberbrücke)*; Koppelträger *m*

suspended wire *(Tech)* Haltedraht *m*

suspender *(Met, Stb)* Hänger *m*, Hängestange *f*

suspender *(Tech)* Aufhänger *m (z. B. für Luftkabel)*; Aufhängung *f (z. B. Seil)*

suspender rope *(Tech)* Aufhängung *f (z. B. Seil)*

suspension *(Stb)* Abhänger *m (z. B. seitlich an einer Brücke)*

suspension *(Tech)* Anhängen *n (Zuführungsbrücke)*; Aufhängung *f*, Federung *f*

suspension by cardan joints *(Tech)* Kardanaufhängung *f*, kardanische Aufhängung *f*

suspension by universal joints *(Tech)* Kardanaufhängung *f*, kardanische Aufhängung *f*

suspension clip *(Kran, Tech)* Aufhängelasche *f*; Traglasche *f*

suspension crane *(Kran)* Hängekran *m*

suspension cylinder *(Tech)* Stoßdämpferzylinder *m*

suspension lug *(Kran)* Aufhängelasche *f*

suspension lug *(Tech)* Aufhängefahne *f (Batterie)*; Anhängeöse *f*, Aufhängeöse *f*, Befestigungslasche *f (am Getriebe)*; Traglasche *f*

suspension-mounted *adj (Tech)* aufgehängt

suspension-mounted crawler *(Bergb)* Pendelraupe *f*

suspension of work *(Fert, Tech)* Arbeitsunterbrechung *f*

suspension pole *(Tech)* Tragmast *m*

suspension shackle *(Hütt, Tech)* Transportgehänge *n*

suspension support *(Tech)* Tragmast *m*

suspension track *(Bahn, Tech)* Hängebahn *f (in Werkshalle)*

suspension tube *(Tech)* Tragrohr *n*

sustain *v (Hütt)* unterhalten *(z. B. Verbrennung)*

sustainable *adj (Ökol)* nachhaltig

sustained *adj (Tech)* ungedämpft

sustained output *(Elek)* Dauerleistung *f*

swage *v (Form, Hütt/Walz)* verformen *(gesenkschmieden)*

swage *(Hütt/Walz, Met)* Gesenk *n*, Schmiedegesenk *n*

swage block *(Tech)* Lochplatte *f*

swage head *(Stb, Tech)* Setzkopf *m (einer Nietung)*

swaging hammer *(Werkz)* Gesenkhammer *m*

swan neck jib *(Kran)* Knickausleger *m*

swarf trench *(Hütt)* Spülrinne *f (Späneabtransportrinne)*

swash rack *(Tech)* Taumelständer *m*

swashplate pump *(Hydr/Pneu)* Schrägscheibenpumpe *f*

sway *(Stb)* Drift *f (waagerechte Durchbiegung)*

sway bracing *(Stb)* Querverband *m (Brücke)*; Windverband *m*

sweating *(Schw, Tech)* Weichlöten *n*

Swedish pattern pipe wrench *(Werkz)* schwedische Rohrzange *f*

Swedish tongue *(Werkz)* Schwedenzange *f*

sweep *v (Mech, Metr)* abtasten *(mit einem Fühler)*

sweep *v (Tech)* absuchen

sweep *v (Tech, Walz)* beaufschlagen *(z. B. Additive)*

sweep *(Bergb, Kran, Umschl)* Ausladung *f (z. B. Montagekranausleger)*

sweep *(Hütt/Walz)* Beaufschlagung *f (prozentuale Menge)*

sweep *(Kran)* seitliche Krümmung *f (z. B. Kranschiene)*

sweep frequency *(Elek)* Kippfrequenz *f*

sweep generator *(Tech, Elek)* Ablenkgenerator *m (z. B. an einer Rolltreppe)*

sweep length *(Elek)* Tiefenlupe *f*

sweep length *(Prüf)* Zeilenlänge *f (Ultraschallprüfung)*

sweep panel *(Tech)* Kipp-Platte *f*

sweep section *(Tech)* Kippspannungsteil m

sweep stage *(Elek)* Kippstufe f

sweep-to-peak echo *(Prüf)* Scheitelwertecho n *(Ultraschall)*

sweeping vehicle *(Kfz)* Kehrfahrzeug n

sweet gas *(Chem)* Süßgas n

swell v *(Geo, Phys)* anschwellen, aufblähen, blähen, quellen

swell *(Geo)* Aufquellung f

swelling *(Chem)* Schwellen n

swelling *(Stat, Stb)* Beulung f *(Anschwellung)*

swept gain *(Tech)* Tiefenausdehnung f *(Ultraschall)*

swept volume *(Tech)* Schluckvolumen n *(Pumpe)*

swing v *(Elek)* schwingen *(oszillieren)*

swing v *(Tech)* pendeln *(schwanken)*; schwenken

swing v **away** *(Tech)* abklappen

swing v **out** *(Tech)* abklappen

swing v **up** *(Tech)* hochschwenken, schwenken *(nach oben)*

swing *(Tech)* Schicht f *(Arbeitszeit)*

swing... adj *(Tech)* Dreh..., Pendel..., Schwenk...; Schwinge...

swing check valve *(Vent)* Rückschlagklappe f

swing circuit *(Bergb)* Schwenkkreislauf m

swing fire heater *(Tech)* Schwingfeuergerät n

swing-frame grinder *(Mech, Walz)* Pendelschleifmaschine f

swing gear *(Antr, Tech)* Schwenkwerk n

swing gearing *(Tech)* Schwinggetriebe n

swing grinder *(Mech, Walz)* Pendelschleifmaschine f

swing grinding machine *(Mech, Walz)* Pendelschleifmaschine f

swing-hammer crusher *(Zer)* Hammerbrecher m, Schlägelbrecher m

swing jaw *(Zer)* Schwinge f *(Laufradschwinge)*; Schwinge f *(Schwingenbrecher)*

swing-out inverted L *(Tech)* Schwenkgalgen m

swing platform *(Hütt)* Portalplattform f

swing rack *(Bergb, Umschl)* Kugeldrehverbindung f, KDV; Rollendrehverbindung f, RDS

swing range *(Baum, Bergb)* Arbeitsbereich m *(des Baggers)*

swing shear *(Mech, Walz)* Pendelschere f *(für Knüppel)*

swing-through adj *(Mess)* durchschlagend *(Ventilklappe)*

swingable adj *(Tech)* schwenkbar

swinging... adj *(Tech)* Dreh..., Pendel..., Schwenk...

swinging casement window *(Bau)* Drehflügelfenster n

swinging of boom *(Bergb)* Ausschlagen n des Auslegers; Schaukelbewegung f des Auslegers; Schaukeln n des Auslegers, Schwingen n des Auslegers, Schwingung f des Auslegers

swinging out adj *(Tech)* aufklappbar, aufschwenkbar

swinging spout *(Förd)* Pendelschurre f

swinging window *(Bau)* Klappfenster n, Klappflügelfenster n

swirl v *(Tech)* schwenken *(Flüssigkeit)*

swirl *(Verd)* Drall m *(einer Strömung)*

switch v *(Elek)* schalten, umschalten *(z. B. einen Motor von 110 auf 220 V)*

switch v **in** *(Elek)* dazuschalten, zuschalten *(einschalten)*; einschalten *(dazuschalten)*

switch v **off** *(Elek)* abschalten *(z. B. Gerät)*; ausschalten *(z. B. Gerät, Stromkreis)*; ausschalten *(z. B. Maschine)*

switch v **off** *(Tech)* abschalten *(z. B. den Motor)*; abstellen *(z. B. einen Motor)*

switch v **on** *(Elek)* anschalten, zuschalten

switch *(Bahn)* Weiche f

switch *(Elek)* Schalter m

switch... adj *(Elek)* Schalt...

switch cabinet *(Elek)* Schaltschrank m *(Starkstrom)*

switch cubicle *(Elek)* Schaltschrank m

switch expansion joint *(Bahn)* Auszugvorrichtung f *(vor Brücken)*

switch fuse *(Elek)* Schaltsicherung f, Trennsicherung f

switch fuse unit *(Elek)* Sicherungsautomat m *(z. B. Kleinselbstschalter)*

switch guide plate *(Elek)* Schaltkulisse f

switch handle *(Elek)* Schaltantrieb m

switch junction *(Bahn)* Weiche f

switch-off *(Elek)* Abschalten n *(z. B. Gerät)*; Ausschaltung f

switch-on power *(Elek)* Einschaltleistung f

switch plug (Elek) Steckkontakt m

switch stick (Tech) Gestängehebel m, Schaltstange f, Schaltstiel m

switch-through coupling (Tech) Rastkupplung f

switch valve (Vent) Umschaltventil n

switch wire (Elek, Tech) Kurzschlusskabel n; Zündkabel n

switch with built-in signal lights (Elek) Leuchttaster m

switch with mechanical locking device (Tech) Schlossschalter m

switchable adj (Elek) schaltbar

switchboard (Elek) Niederspannungsschaltanlage f, Schaltanlage f (Niederspannung); Schaltpult n, Schalttafel f, Schrank m (Schaltkasten); Telefonvermittlung f (Klappenschrank); Vermittlung f (Fernmeldewesen)

switched adj (Elek) geschaltet

switched capacitor bank (Elek) Kondensator-Regelanlage f, Regelanlage f

switched off adj (Tech) ausgeschaltet

switchgear (Elek) Betätigungsschaltgeräte npl, Schaltanlage f (Niederspannung)

switchgear (Getr) Wechselgetriebe n

switchgear (Tech) Schaltdose f, Schaltgestänge n

switchgear cabinet (Elek) Schaltschrank m (Starkstrom)

switchgear cell (Tech) Schaltzelle f

switchgear cubicle (Tech) Schaltgehäuse n

switchgear installation (Elek) Schaltanlage f (Niederspannung)

switchgear plant (Elek) Schaltanlage f (Niederspannung)

switchgears pl (Elek) Niederspannungsschaltanlage f, Schaltanlage f (Niederspannung)

switching (Elek) Umschaltung f

switching capacity (Elek) Schaltleistung f (s. a. Schaltvermögen, Ausschaltleistung, Einschaltvermögen)

switching-off (Elek) Abschaltung f (z. B. Gerät, Stromkreis, Netz)

switching point (Hydr/Pneu) Ansprechpunkt m

switching position (Vent) Schaltstellung f

switching power (Elek) Schaltleistung f

(s. a. Schaltvermögen, Ausschaltleistung, Einschaltvermögen)

switchman (Bahn) Weichenwärter m

swivel v (Tech) drehen (sich auf einem Zapfen drehen)

swivel (Tech) Drehring m, Drehzapfen m (Drehbügel, -befestigung); Schenkel m, Spannschloss n

swivel... adj (Tech) Schwenk...

swivel-arm crusher (Zer) Schwenkbrecher m

swivel assembly (Bergb, Umschl) Schwenkschemel m (Mischbettengerät)

swivel bearing cup (Tech) Gelenkschale f

swivel coupling (Tech) Drehverschraubung f

swivel fitting (Elek) Abzweigstück n

swivel hook (Kran) drehbarer Haken m, Drehhaken m

swivel-joint (Tech) Drehgelenk n (Drehzapfen)

swivel joint (Tech) Kugelgelenk n

swivel motor (Bergb) Drehmotor m (des Greifers)

swivel-mounted adj (Tech) aufgehängt, kardanisch aufgehängt

swiveling (Prüf) Wedeln n (DIN 54119)

swivelling adj (Tech) (auf)klappbar, drehbar, schwenkbar; Dreh..., Schwenk...

swivelling boom (Tech) Drehgalgen m (für den Zapfschlauch einer Tankstelle)

swivelling hook (Kran) Wirbelhaken m (drehbarer Haken)

SWL (Abk. für: safe working load) (Bergb, Förd, Kran) Förderleistung f (Förderband); Krankapazität f, Ladefähigkeit f, Tragfähigkeit f, Tragkraft f

syenite (Geo) Syenit m

symbol (Tech) Sinnbild n, Symbol n, Zeichen n

symbol seam (Schw) Symbolnaht f

symmetrical adj (Tech) gleichmäßig, symmetrisch

symmetry (Tech) Symmetrie f

sympathetic adj (Elek) mitschwingend (Resonanz)

sympathetic vibration (Elek) Resonanzschwingung f

syn gas (Petr) Frischgas n (Synthesegas)

synchro (Elek) Drehmelder m

synchro generator *(Elek)* Drehfeldgeber m

synchro-generator *(Elek)* Drehmelder m

synchro system *(Tech)* elektrische Welle f

synchro transmitter *(Elek)* Ringfeldgeber m

synchromesh mechanism *(Tech)* Synchronisiereinrichtung f

synchronising cylinder *(Hydr)* Gleichgangzylinder m

synchronism *(Tech)* Gleichlauf m

synchronous *adj (Tech)* synchron

synchronous motor *(Antr)* Synchronmotor m

synchronous speed control *(Mess)* Gleichlaufregelung f

syncline *(Schw)* Mulde f

synthesis *(Tech)* Synthese f

synthesis gas *(Petr)* Frischgas n *(Synthesegas)*

synthetic *adj (Tech)* künstlich, synthetisch

synthetic adhesive *(Tech)* Kunstharz-Klebstoff m

synthetic material *(Met)* Plastik n

synthetic natural gas *(Chem)* synthetisches Erdgas n

synthetic product *(Kunst)* Kunststoff m

synthetic resin *(Chem)* Kunstharz n

synthetic rubber mixture *(Tech)* Gummimischung f auf synthetischer Kautschukbasis

system *(Tech)* Anlage f *(Serie von Maschinen)*; System n

system buildings *pl (Tech)* Komplettbau m

system frequency *(Elek)* Betriebsfrequenz f

system monorail *(Förd, Kran)* Systembahn f

system of forces *(Tech, Stat)* Kräftegruppe f

system of principles *(Tech)* Ausführungsrichtlinien fpl

system of protection *(Elek, Tech)* Schutzart f

system voltage *(Elek)* Anschlussspannung f *(Stromrichter)*

systematic *adj (Tech)* systematisch

systems engineering *(Kran, Tech)* Systemtechnik f

T

T *(Met)* T-Eisen n *(T-Stahl)*; T-Stahl m

T-bar *(Met)* T-Eisen n *(T-Stahl)*

T-bar buckstay *(Met)* T-Träger m

T-beam *(Hütt/Walz, Met, Stb)* I-Eisen n, Träger m *(I-Eisen)*; Trägereisen n, T-Träger m

T bolt *(Tech)* T-Bolzen m

T-connection *(Hydr)* T-Verbindung f

T-handle *(Tech)* Quergriff m

T-head *(Tech)* Hammerkopf m *(einer Schraube)*

T-iron *(Met)* T-Eisen n *(T-Stahl)*

T-iron *(Tech)* T-Stück n *(z. B. Rohranschluss)*

T joint *(Schw)* T-Naht f, T-Stoß m *(beim Schweißen)*; T-Verbindung f

T-piece *(Met, Stb)* T-Stück n

T-section *(Met)* T-Eisen n, T-Träger m

T-square *(Bau)* Reißschiene f

T-steel bar *(Met)* T-Stahl m

T-support *(Tech)* T-Unterlage f

table *(Stb)* Zahlentafel f

table *(Tech)* Aufstellung f *(tabellarisch)*; tabellarische Aufstellung f, Tabelle f, Zusammenstellung f *(tabellarisch)*; Tisch m

table feeder *(Tech)* Tellerspeiser m

table for control desk *(Elek)* Platte f für Schaltpunkt

table-type horizontal boring *(Mech)* Tischbohrwerk n

tabular *adj (Tech)* tabellarisch

tabular statement [tabulation] *(Tech)* Aufstellung f, Tabelle f, Zusammenstellung f *(tabellarisch)*

tacheometer *(Tech)* Tachymeter m

tacho-generator *(Tech)* Drehzahlgeber m *(Tacho-Generator)*

tacho-switch *(Elek)* Drehzahlwächter m

tachodynamo *(Hydr/Pneu)* Druckmessdose f

tachogenerator *(Elek)* Tachodynamo m

tachograph *(Bergb, Kfz)* Fahrtenschreiber m, Tachograph m

tachograph *(Tech)* Kreisblattschreiber m

tachometer *(Elek)* Drehzahlgeber m, Drehzahlmesser m, Tachogenerator m

tachometer *(Tech)* Drehzahlmesser m, Tachometer m, Tourenzähler m

tachometer generator *(Elek)* Wechselstromgeber *m*

tachometer generator *(Tech)* Drehzahlgeber *m*

tachometric relay *(Elek)* Drehzahlwächter *m*

tack *v (Tech)* heften

tack..., tacking... *adj (Tech)* Heft...

tack-weld *v (Mont, Schw)* anheften; heftschweißen, punktschweißen

tack weld *(Schw)* Heftnaht *f*; Heftstelle *f*

tack-welding machine *(Schw)* Schlosser-Schweißmaschine *f*

tackle *(Bahn, Tech)* Zugkette *f*

tackle *(Stb)* Einrichtung *f (Ausrüstung)*

tackle *(Stb)* Gehänge *n (z. B. Magnetaufhängung)*

tag *(Elek)* Fahne *f (Endschalter)*

tag *(Mess)* Identifizierungskennzeichen *n*

tag *(Tech)* Anhängeschild *n (z. B. Preisschild)*; Etikett *n (Anhänger)*; Markierung *f (Kennzeichnung)*

tag line *(Tech)* Einziehseil *n*

tag wire *(Tech)* Etikettendraht *m*

tail *(Bahn)* Schluss *m (des Zuges)*

tail drive station *(Bergb, Förd, Umschl)* Antriebsstation *f*

tail-end pulley *(Förd)* Umkehrtrommel *f*

tail-heavy *adj (Stat)* hinterlastig

tail light *(Elek)* Rückleuchte *f*, Schlussleuchte *f*

tail part *(Tech)* Endteil *n*

tail pipe *(Kfz)* Auspuffrohr *n (Endstück)*

tail pipe *(Tech)* Abgasrohr *n*

tail pulley *(Förd)* Schlusstrommel *f*, Schwanztrommel *f*, Umkehrtrommel *f*, Umlenktrommel *f (z. B. für die Bandschleife)*; Umkehrtrommelmischer *m (Förderband)*

tail rope *(Bergb)* Unterseil *n*

tail station *(Förd)* Bandstation *f (Heck)*; Heckstation *f*, Umkehrstation *f (Heck)*

tail terminal *(Förd)* Umkehre *f*

tailback *(Kfz)* Stau *m (Straßenverkehr)*

tailgate *(Kfz)* Bordwandklappe *f (hinten am Lkw)*; Heckklappe *f (des Lkw)*; hintere Bordwandklappe *f*

tailing *(Bergb)* Erzabfall *m*

tailing cooler *(Bergb)* Grießkühler *m*

tailings *pl (Bergb)* Abgänge *fpl*, Berge *mpl*

tailor *v (Mech, Tech)* abstimmen, passend machen, zuschneiden

tailstock *(Tech)* Reitstock *m*

tailswing *(Bergb)* Heckausladung *f*

tainter gate *(Stb)* Segmentschütz *n*

take *v (Tech)* aufnehmen, fassen; nehmen

take *v* **apart** *(Mont, Tech)* auseinanderbauen, auseinandernehmen, zerlegen *(in Einzelteile)*; demontieren *(abbauen, abnehmen, zerlegen)*

take *v* **as a basis for** *(Tech)* zugrundelegen

take *v* **down** *(Tech)* abbauen *(Konstruktion, Gerät etc.)*

take *v* **into operation [service]** *(Tech)* in Betrieb nehmen

take *v* **off** *(Bergb)* abheben *(z. B. den Oberwagen)*

take *v* **off** *(Mont, Tech)* abmachen *(z. B. etw. demontieren)*

take *v* **off** *(Tech)* demontieren *(abbauen, abnehmen, zerlegen)*

take *v* **off** *(Tech, Mont)* ablösen *(z. B. eine Schicht)*

take *v* **to pieces** *(Tech)* auseinanderbauen *(in Einzelteile)*; demontieren *(abbauen, abnehmen, zerlegen)*; zerlegen *(z. B. in Einzelteile)*

take *v* **up** *(Bergb, Förd)* spannen *(z. B. Gurt, Raupenkette)*

take *v* **up** *(Bergb, Kran, Umschl)* aufheben, aufnehmen *(hochheben)*

take *v* **up** *(Chem, Stat, Tech)* absorbieren

take-off weight *(Tech)* Startgewicht *n*

take-over *(Tech)* Übernahme *f*

take-up *(Förd, Tech)* Spanntrommel *f*

take-up *(Tech)* Spanner *m (Riemen, Gurt)*

take-up device *(Bergb)* Spannvorrichtung *f (Raupenkette)*

take-up motor *(Elek)* Aufwickelmotor *m*

takeup... *adj (Förd, Lag, Tech)* Spann...

takeup tension *(Förd)* Vorspannung *f*

taking *(Tech)* Entnahme *f*

talented *adj (Tech)* geschickt

talus material *(Bergb)* Hangschutt *m*

tamp *v (Tech)* feststampfen, stampfen

tamper *(Bergb)* Fallbirne *f*

tamper *(Hütt/Walz)* Stampfplatte *f*

tamper *(Tech)* Stampfer *m (Bauwesen)*

tamping *(Bau)* Verdämmen *n*

tamping compound [mixture] *(Hütt/Walz)* Stampfmasse *f*

tandem sectioned vane-type pump *(Hydr/Pneu)* Zweikammer-Messerpumpe *f*

tang *(Form)* Angel f, Zapfen m; Dorn m

tangent *(Math)* Tangens m, Tangente f

tangent pole *(Tech)* Tragmast m

tangential *adj (Math)* tangential

tank v *(Kfz, Tech)* tanken *(Kraftstoff)*

tank *adj (Kfz, Tech)* Tank...

tank *(Tech)* Behälter m *(z. B. für Öl, Fett, Brennstoff)*; Kessel m *(Trafo)*; Tank m *(Flüssigkeitsbehälter)*

tank and hopper-type container *(Tech)* Tank- und Silocontainer m

tank baffle *(Tech)* Leitblech n *(im Tank)*; Prallblech n im Tank

tank capacity *(Tech)* Tankinhalt m *(Fassungsvermögen)*

tank drain *(Tech)* Kesselentwässerung f

tank farm *(Tech)* Tanklager n

tank filler cap *(Kfz)* Einfülldeckel m

tank pressurization *(AE) (Tech)* Tankvorspannung f *(beim Bagger)*

tap v *(Elek)* abgreifen, anzapfen *(z. B. eine Telefonleitung)*

tap v *(Mech)* bohren *(Gewinde)*; Gewinde schneiden, Innengewinde schneiden; mit Gewinde versehen

tap *(Elek)* Abgriff m *(Anzapfung)*; Abzweig m *(Stichleitung)*; Abzweig m *(von Hauptleitung)*; Aufnehmer m, Zapfstelle f

tap *(Elek, Hütt)* Anzapfung f *(Lichtbogenofen)*

tap *(Hütt/Walz)* Abstich m; Abstichloch n *(des Hochofens)*

tap *(Hydr/Pneu)* Ablasshahn m, Zylinderhahn m

tap *(Mech)* Gewindeschneider m

tap *(Tech)* Hahn m, Wasserablasshahn m; Innengewinde n

tap bar *(Hütt/Walz)* Stichlochstange f

tap changing transformer *(Elek, Hütt)* Stufentransformator m

tap connection *(Tech)* Zapfenschluss m

tap degassing *(Hütt)* Durchlaufentgasung f *(Vacmetall)*; Ofenabstichentgasung f

tap holder *(Mech)* Bohrerfutter n *(Gewindebohrer)*; Bohrerhalter m *(Gewindebohrer)*

tap joint box *(Elek)* Abzweigmuffe f *(Kabel)*; T-Muffe f

tap-off *(Elek)* Abgang m *(Zapfstelle)*; Zapfstelle f

tap-to-tap time *(Hütt)* Chargendauer f *(Konverter)*

tap water *(Ökol, Tech)* Leitungswasser n

tap wrench *(Werkz)* Hahnschlüssel m, Windeisen n

tape *(Elek)* Kassette f *(Video- oder Audiokassette)*

tape *(Tech)* Klebeband n; Band n *(Tonband)*

tape butt-seam welding *(Schw)* Foliennahtschweißen n

tape measure *(Mech, Metr, Mont)* Bandmaß n, Maßband n, Metermaß n, Rollbandmaß n

tape recorder *(Elek)* Tonbandgerät n

tape-rule *(Mech, Metr, Mont)* Bandmaß n, Maßband n, Metermaß n, Rollbandmaß n

taper v *(Tech)* verjüngen

taper *(Math, Tech)* KEG m, Kegel m

taper *(Mech, Mont)* Abschrägen n, Abschrägung f, Keilverjüngung f

taper *(Tech)* Konus m *(verjüngend)*; Konusform f, Verjüngung f

taper *(Zeich)* Kegelschräge f

taper bore *(Mont)* Bohrer m *(Kegelbohrer)*

taper bore *(Tech)* Kegelloch n

taper file *(Werkz)* Dreikantfeile f, Spitzfeile f

taper flat file *(Werkz)* Flachspitzfeile f

taper grooved dowel pin *(Tech)* Kegelkerbstift m

taper hand file *(Werkz)* Flachspitzfeile f

taper joist *(Met)* Schrägflanschträger m

taper key *(Tech)* konischer Keil m

taper link *(Tech)* Kettenglied n *(konisch)*

taper lock assembly *(Tech)* Spannsatz m

taper lock element *(Tech)* Spannelement n

taper lock hub *(Tech)* Spannsatz m

taper pin *(Tech)* Kegelstift m, konischer Stift m

taper plug valve *(Vent)* Kükenhahn m

taper roller bearing *(Lag)* Schrägrollenlager n

taper square shank ratchet drill *(Mech)* Bohrknarrenbohrer m *(als Spiralbohrer)*

taper tap *(Mont, Werkz)* konischer Gewindebohrer m, Vorschneider m *(Gewindebohrer)*

taper thread *(Tech)* Kegelgewinde n *(Konusgewinde)*

tapered adj (Mech, Mont) angeschrägt

tapered adj (Mech, Tech) kegelförmig (verjüngend); konisch, verjüngt

tapered ball bearing (Lag) Schrägkugellager n

tapered edge (Mech, Mont) angeschrägte Kante f

tapered edge (Stb) Seitenflächenverjüngung f

tapered fit (Tech) Kegelsitz m

tapered plug (Vent) Kegelküken n

tapered roll (Tech) Prismenrolle f

tapered roller bearing (Lag) Kegelrollenlager n

tapered screw thread (Tech) kegeliges Gewinde n (konisches Gewinde, DIN ISO 1891)

tapered slide valve (Vent) Keilschieber m

tapering adj (Mech, Tech) konusförmig; verjüngend, verjüngt

tapering (Mech, Mont) Abschrägen n, Abschrägung f Keilverjüngung f; Verjüngung f (abnehmender Durchmesser)

taphole (Hütt/Walz) Abstich m, Abstichloch n (des Hochofens); Schlackenloch n (Schmelzkessel); Stichloch n (des Hochofens)

taphole reaming machine (Hütt, Mech) Rutenmaschine f

tapped (Tech) mit Gewinde

tapped cross hole (Tech) Quergewindebohrung f

tapped hole (Tech) Einschraubloch n, Gewindebohrung f, Gewindeloch n

tappet (Tech) Ansatz m (an beweglichen Teilen); Daumen m (Zapfen); Mitnehmer m, Mitnehmerbolzen m, Mitnehmerstift m, Nase f (an beweglichen Teilen); Stößel m (z. B. Ventilstößel)

tappet (Vent) Ventilstößel m

tappet (Werkz) Knagge f

tappet clearance (Vent) Ventilspiel n

tappet roller (Tech) Stößelrolle f

tappet spring (Tech) Stößelfeder f (am Ventil)

tapping (Elek) Abgriff m (Anzapfung); Abzweig m (Verbindung abzweigender Leiter – Hauptleiter)

tapping hole (Tech) Gewindebohrung f

tapping point (Metr) (allgemeine) Messstelle f

tapping range (Elek) Anzapfungsbereich m (Trafo)

tapping screw (Mech) Schneidschraube f

tapping screw (Tech) Blechschraube f

tapping screw assembly (Werkz) Kombiblechschraube f

tar (Bau) Teer m

tar concrete road (Bau) Straße f mit Teerbeton, Teerbetonstraße f

tar enamel (Anstr) Teerlack m

tar sand (Bau) Ölsand m, Teersand m

tare (Bahn) Tara f

tare (Tech) Eigengewicht n (des unbeladenen Waggons)

tare adjustment [offsetting] (Mess) Tarierung f

tare weight (Tech) Nettogewicht n, Taragewicht n

target... adj (Tech) Soll...

target mark (Elek) Zielzeichen n (Klemme)

tarmac (Bau) Asphalt m, Teerdecke f (Straßenbau)

tarnish-free adj (Anstr, Tech) blank (glänzend)

tarpaulin (Tech) Plane f, Zeltplane f

task (Tech) Aufgabe f, Auftrag m (Arbeitsauftrag)

task force (Tech) Arbeitsgruppe f, Einsatzgruppe f

taut adj (Tech) straff (gespannt)

tax weight (Bahn) Tara f

tear v (Tech) reißen

tear v (Zer) brechen (zerreißen)

tear (Hütt, Met) Träne f (Verzinkungsfehler)

tear (Met, Tech) Riss m, Ritz m

tear (Tech) Spalt m, Sprung m

tear drop plate (Met) Tränenblech n

tear growth resistance (Förd, Tech) Weiterreißwiderstand m

tear-off power (Tech) Reißkraft f (Statik)

tear-off screw (Tech) Abreißschraube f

tear-out force (Tech) Reißkraft f (Bagger)

teardown hook (Bau, Bergb) Abbruchhaken m (z. B. am Bagger)

tearing force [strength] (Tech) Reißkraft f (Statik); Zerreißfestigkeit f (Gurt)

tearing tool (Werkz) Reißwerkzeug n

tearsheets pl (Tech) Endlosblätter npl

technical adj (Tech) technisch

Technical Control Board *(Tech)* Technischer Überwachungsverein *m*, TÜV *m*

technical drawing *(Zeich)* technische Zeichnung *f*

technical specification *(Tech)* Leistungsverzeichnis *n*, technische Lieferbedingung *f*

technique *(Tech)* Technik *f*

technological *adj (Tech)* technisch, technologisch

technology *(Elek, Tech)* Technik *f*, Technologie *f*

tee-bar *(Met)* T-Eisen *n*; T-Stahl *m*

tee connector *(Met, Stb)* T-Stück *n*

Tee handle torque wrench *(Werkz)* doppelarmiger Drehmomentschlüssel *m*

tee head... *adj (Tech)* Hammer...

Tee joint *(Elek)* Abzweigverbindung *f (Kabel)*

tee-joint *(Schw)* T-Naht *f (beim Schweißen)*

Tee joint *(Stb, Schw)* T-Stoß *m*

Tee joint box *(Elek)* Abzweigmuffe *f (Kabel)*; T-Muffe *f*

tee-piece connector *(Met, Stb)* T-Stück *n*

Tee splice *(Elek)* Abzweigverbindung *f (Kabel)*

tee wrench *(Werkz)* Inbusschlüssel *m*

teem *v (Hütt/Walz)* gießen

teeming ladle *(Hütt)* Gießpfanne *f*

teeth *pl (Getr, Tech)* Zähne *mpl*

telecommunication *(Elek)* Fernmeldewesen *n*

telecommunication line *(IT)* Datenverarbeitungsleitung *f*

telecommunication tower *(Elek)* Fernmeldeturm *m*

telemetry *(Elek)* Fernmessung *f*

telephone *(Elek, Tech)* Fernsprecher *m*, Telefon *n*

teleprinter *(Elek)* Fernschreiber *m*

telescopic *adj (Tech)* ausziehbar *(teleskopisch)*; ineinanderschiebbar, teleskopisch, zusammenschiebbar

telescopic conveyor *(Förd)* Verschiebeband *n*

telescopic truck *(Förd)* Schiebekastenlader *n*

telescopic-type lift cylinder *(Kfz)* Hubzylinder *m (teleskopisch)*

telescoping *adj (Tech)* ausziehbar *(tele-*

skopisch); ineinanderschiebbar, teleskopisch, zusammenschiebbar

television *(Elek)* Fernsehen *n*, Fernseher *m (der Apparat)*

television tube *(Elek)* Bildröhre *f (Fernsehgerät)*

telex *(Elek)* Fernschreiben *n*, Telex *n*

telex system *(Elek)* Fernschreiber *m*

tell-tale device *(Mess)* Melder *m*

telpher *(Kran, Umschl)* Einschienenlängekatze *f*, Kabelkran *m*, Laufkatze *f (auf zwei Schienen)*

temper *v (Hütt/Walz, Met)* anlassen *(Wärmebehandlung)*; glühen *(anlassen)*

temper *(Hütt, Met)* Härtestufe *f (Anlassgrad, Härtegrad)*

temper *(Walz)* Nachwalzgrad *m (Dressiergrad)*

temper(-rolling) mill *(Walz)* Nachwalzwerk *n (Dressierwalzwerk)*

temper rolling *(Walz)* Kaltnachwalzen *n (Dressieren)*

temperature *(Tech)* Temperatur *f*

temperature... *adj (Elek, Tech)* Temperatur...

temperature convection *(Elek)* Temperaturübertragung *f*

temperature inversion *(Ökol)* Inversionswetter *n*

temperature rating *(Hütt/Walz, Tech)* Nenntemperatur *f*, Temperaturnennwert *m*

temperature-rise test *(Prüf)* Dauerprüfung *f (mit Erwärmungsmessung)*

temperature sensor *(Elek)* Temperaturaufnehmer *m*, Temperaturdetektor *m*

temperature sensor *(Tech)* Kaltleiter *m*, Temperaturfühler *m*, Temperaturmessgerät *n*

temperature stress *(Met, Stb)* Temperaturbeanspruchung *f*, Wärmespannung *f*

tempered *adj (Form, Met)* angelassen *(Stahl)*

tempered steel *(Met)* gehärteter Stahl *m*

tempering *(Met)* Enthärtung *f*, Härtung *f*, Vergütung *f (z. B. des Stahls)*

tempering *(Stb)* Weichmachung *f*

template *(Mech)* Schablone *f*

template *(Tech)* Muster *n (zum Schweißbrennen)*

templet *(Mech)* Schablone *f*

templet *(Tech)* Pfette *f (Hochbau)*

temporary adj (Tech) vorübergehend; Heft..., Hilfs..., Montage..., Transport...
temporary office building (Bau, Tech) Baustellenbüro n, Baubude f
temporary site building (Bau, Tech) Baustellenbüro n, Baubude f
temporary woven wire cable end cover (Tech) Kabelziehstrumpf m
ten-part diode (Tech) Zehnerdiode f (Bandwaage)
tenacious adj (Geo, Met) zäh
tenacity (Met) Festigkeit f, Zähigkeit f
tender weight (Tech) projektiertes Gewicht n
tendon (Bau) Spanndraht m, Spannkabel n
tendon (Hütt) Spannglied n (Konverter)
tenon v (Tech) verzapfen
tenorite (Met) Kupferschwärze f
tensile breaking strength (Met, Stat) Zerreißfestigkeit f (bei Zugspannungen)
tensile... adj (Stat) Zug...
tensile force (Met, Tech) Zug m, Zugkraft f (z. B. im Seil); Vorspannkraft f
tensile properties pl (Met) Festigkeitseigenschaften fpl
tensile strain (Met, Prüf) Zugverformung f (DIN 50100)
tensile strength (Met, Prüf, Stat) Bruchdehnung f, Dehnfestigkeit f, Dehnungsfestigkeit f, Festigkeit f, Zugfestigkeit f (bei Zugspannungen); Rm (Festigkeit des Metalls); Festigkeitsklasse f (Zugfestigkeit)
tensile stress (Met, Prüf, Schw, Stat) Dehnungsbeanspruchung f, Zug m, Zugspannung f
tensile test (Met, Prüf) Zerreißversuch m, Zugprüfung f, Zugversuch m
tensile test piece (Prüf, Stb) Zerreißprobe f, Zerreißstab m, Zugprobe f
tensile yield strength (Met) Streckgrenze f (bei Zugspannung)
tensiometer (Hydr/Pneu) Druckmessdose f
tensiometer (Metr) Zugmessgerät n
tension v (Bergb, Förd) spannen (z. B. Gurt, Raupenkette)
tension v (Tech) anziehen (z. B. Federn)
tension (Mech, Tech) Spannung f (Belastung, Druck)
tension (Met, Stat) Zug m, Zugspannung f

tension (Stat) Spannkraft f (z. B. eines Kabels)
tension (Tech) Zuglast f
tension... adj (Tech) Zug...
tension bolt (Tech) Dehnbolzen m (Spannelement)
tension butt joint (Tech, Mont, Schw) Zugstumpfnaht f
tension-compression fatigue strength (Met, Prüf) Zug-Druck-Dauerfestigkeit f
tension crack (Met, Stb) Spannungsriss m
tension indicator (Tech) Spannungsmesser m (Statik)
tension insulator (Elek) Abspannisolator m
tension-level line (Walz) Streckrichtanlage f
tension leveller (Walz) Richtzugmaschine f; Streckbiegerichteinheit f (Bandanlage); Streckrichteinheit f (für Bänder)
tension load (Met, Stb) Zugbeanspruchung f
tension load (Stat) Spannkraft f
tension load measuring shackle (Tech) Vorspannkraftmessgerät n
tension member (Stb, Tech) gezogenes Bauteil n, Zugstab m; Zugelement n (Gurt); Zugpfosten m
tension pulley (Tech) Spannrolle f
tension rating (Förd) Zugfestigkeit f (des Gurtes)
tension reducing mill (Walz) Streckreduzierwalzwerk n
tension reel (Walz) Wickelmaschine f (Zughaspel)
tension reel drum [mandrel] (Walz) Wickeltrommel f (Bandwalzwerk)
tension ring (Tech) Spannring m
tension rod (Stb) Zugband n (Stange)
tension rod (Tech) Zugstange f
tension rod (Zer) Federstange f (für Backenbrecher)
tension spring (Tech) Zugfeder f (Bandwaage)
tension test (Met, Prüf, Stb) Zerreißprobe f, Zerreißversuch m, Zugversuch m
tension-torsion test (Prüf) Zug-Verdreh-Versuch m
tension valve (Vent) Kettenspannventil n, Spannventil n (Kettenspannung)
tension zone (Stb) Zugzone f
tensioned point (Tech) Tangentpunkt m

tensioner										372

tensioner device *(Tech)* Spannpatrone f *(Messgetriebe)*
tensioning arm *(Tech)* Spannarm m *(Steinklammerausrüstung)*
tensioning block *(Bergb)* Spannstein m
tensioning block *(Tech)* Gleitstein m
tensioning bolt *(Bergb)* Zuganker m *(Steuerblock)*
tensioning cylinder *(Tech)* Spannzylinder m
tensioning device *(Bergb, Tech)* Spannvorrichtung f
tensioning pulley *(Förd, Tech)* Spanntrommel f; Umlenktrommel f
tensioning roll *(Tech)* Spannrolle f
tensioning spring *(Tech)* Zugfeder f
tent-roof *(Bau)* Zeltdach n
tentative *adj (Prüf)* versuchsweise
tentative *adj (Tech)* vorläufig
tentative project [scheme] *(Tech)* Vorprojekt n
tentative standard *(Tech)* Vornorm f
term *(Tech)* Bezeichnung f *(Begriff)*; Zeitdauer f
terminal *(Elek)* Anschluss m *(Klemme)*; Anschlussstück n, Batteriepol m, Klemme f *(elektrischer Anschluss)*; Klemmstück n *(Kabel)*; Leiteranschluss m, Pol m *(der Batterie)*; Polklemme f, Stecker m *(Steckkontakt an der Batterie)*
terminal *(IT)* Anschluss m *(z. B. am Computer)*; Terminal m
terminal *(Tech)* Endstück n
terminal... *adj (Elek)* Abzweig..., Anschluss..., Klemmen...
terminal block *(Mess)* Klemmbrett n
terminal board *(Mess)* Klemmbrett n
terminal board *(Metr)* Anschlussbrett n
terminal box *(Elek)* Anschlusskasten m, Anschlusskasten m für Kabel, Kabelanschlusskasten m, Klemmenkasten m, Klemmkasten m
terminal clamp *(Elek)* Klemme f *(Anschlussklemme, Klemmbügel)*; Schelle f *(Anschlussschelle)*
terminal clamp *(Tech)* Anschlussschelle f
terminal connection *(Elek)* Anschluss m *(Klemme)*
terminal depot *(Bahn)* Kopfbahnhof m
terminal diagram *(Elek)* Anschlussplan m, Klemmenanschlussplan m
terminal element *(Tech)* Endstück n

terminal fitting *(Elek)* Anschlussstück n, Klemmenanschlussstück n
terminal head *(Elek)* Kabelanschlussfahne f *(verbindet Stromrohr mit Stromseil)*
terminal housing *(Elek)* Anschlusskasten m, Klemmenkasten m
terminal in row *(Elek)* Reihenklemme f
terminal layout *(Elek)* Steckerbelegungsplan m
terminal lead *(Elek)* Anschluss m, Anschlussleiter m, Klemmenanschlussleitung f
terminal pole *(Tech)* Endmast m
terminal post *(Mess)* Polbolzen m
terminal screw *(Tech)* Anschlussbolzenschraube f, Anschlussschraube f, Klemmenbolzenschraube f, Klemmenschraube f, Klemmschraube f
terminal socket *(Mech)* Klemmbuchse f
terminal station *(Bahn)* Kopfbahnhof m
terminal strip *(Elek)* Klemmenleiste f, Klemmleiste f
terminal stud *(Elek)* Anschlussbolzen m
terminal support [tower] *(Tech)* Endmast m
terminal with worm thread *(Elek)* Klemme f mit Schneckengewinde
terminate *v (Tech)* aufhören, beenden
termination *(Bergb, Tech)* Einband m *(Seil)*; Seileinband m
termination *(Elek)* Abschluss m *(reflexionsfrei)*; Anschluss m *(permanente Verbindung)*; Endanschluss m
terms of safety *(Tech)* Sicherheitsvorkehrungen fpl
terne sheet *(Met)* Mattblech n *(Ternblech)*
terrace cut *(Bergb)* Terrassenschnitt m *(im Tagebau)*
terracing cut *(Bergb)* Terrassenschnitt m *(im Tagebau)*
terrain surface *(Tech)* Rasensohle f
tertiary crushing machinery *(Zer)* Feinzerkleinerung f
test *v (Tech)* erproben, prüfen, testen
test *v hydraulically (Hydr/Pneu)* abdrücken
test *v under pressure (Hydr/Pneu)* abdrücken
test *(Prüf)* Abnahme f *(Test, Prüfung)*; Probe f *(Verfahren)*; Prüfung f, Versuch m *(Probe, Test)*

test *(Tech)* Test *m*, Untersuchung *f (stets zerstörungsfrei)*
test apparatus *(Prüf)* Versuchsaufbau *m*
test arrangement *(Prüf)* Versuchsaufbau *m*
test assembly *(Prüf)* Prüfstück *n (Materialprüfung)*
test assembly *(Schw)* Gesamtprüfstück *n*
test bar *(Prüf)* Probestab *m*, Prüfstab *m*
test bed *(Prüf)* Prüffeld *n*
test bench *(Prüf)* Prüfstand *m*
test block *(Prüf)* Prüfblock *m (Körper)*; Prüfkörper *m (Ultraschall)*
test by progressive loading *(Prüf)* Stufenversuch *m*
test certificate *(Prüf)* Prüfzeugnis *n*
test device *(Prüf)* Prüfgerät *n*
test engineer *(Prüf)* Abnahme-Ingenieur *m*; Versuchsingenieur *m*
test equipment *(Prüf)* Prüfanlage *f*, Prüfeinrichtung *f*, Prüfgerät *n*
test error size *(Tech)* Ersatzfehlergröße *f*
test evaluation *(Prüf)* Versuchsauswertung *f*
test face *(Prüf)* Prüffläche *f (Ultraschall)*
test facility *(Prüf)* Prüffeld *n*
test frequency *(Prüf)* Prüffrequenz *f*
test hammer instrument *(Werkz)* Prallhammer *m*
test instrument *(Prüf)* Prüfgerät *n*, Versuchsinstrument *n*
test load *(Prüf)* Probebelastung *f*; Prüflast *f*
test mark *(Prüf)* Prüfplakette *f*
test object *(Prüf)* Prüfkörper *m (Ultraschall)*
test opening *(Metr)* Messluke *f*
test period *(Tech)* Probezeit *f*
test piece *(Prüf)* Probekörper *m*, Probestab *m*, Probestück *n*, Prüfstück *n (Materialprüfung)*; Versuchsstecker *m (Versuchsaufbau)*
test pit *(Bergb)* Schürfgrube *f*
test point *(Metr)* Messstelle *f (Versuch)*
test point *(Tech)* Betriebspunkt *m*
test procedure *(Prüf)* Prüfablauf *m*, Versuchsanordnung *f*
test pulse *(Elek)* Messimpuls *m*
test range *(Prüf)* Prüfbereich *m*
test rig *(Prüf)* Prüfstand *m*, Versuchsaufbau *m*, Versuchslauf *m*
test run *(Tech)* Probebetrieb *m*, Probe-

einsatz *m*, Probelauf *m (z. B. nach Reparatur)*
test setup *(Prüf)* Versuchsaufbau *m*
test sheet *(Prüf)* Messblatt *n*, Prüfblatt *n*
test specification *(Prüf)* Prüfvorschrift *f*
test specimen *(Prüf)* Probe *f (Musterstück)*; Probekörper *m*, Probestab *m*, Probestück *n*, Prüfstab *m*, Prüfstück *n*; Versuchsstück *n*
test stand *(Prüf)* Prüfanlage *f*; Prüfstand *m*
test transformer *(Elek)* Stelltransformator *m (Prüfeinrichtung für Elektrodenregelung)*
test tube *(Lab)* Reagenzglas *n*
test with hydrochloric acid *(Chem)* Salzsäureversuch *m*
tested *adj (Tech)* erprobt
tester *(IT, Tech)* Tester *m*
tester *(Kfz, Prüf)* Diagnosegerät *n (Tester für Black Box)*
testing *(Prüf)* Prüfung *f*
testing cycle *(Prüf)* Prüffolge *f*
testing efficiency *(Prüf)* Prüfleistung *f*
testing fluid *(Hydr/Pneu)* Kontrollflüssigkeit *f*
testing frequency *(Prüf)* Prüffrequenz *f*
testing machine *(Prüf)* Versuchspresse *f (Pressgerät)*
testing range *(Prüf)* Prüfbereich *m (Ultraschall)*
testing shop *(Prüf)* Prüfstand *m*
testing stand *(Prüf)* Prüfstand *m*
testing surface *(Prüf)* Prüffläche *f (Ultraschall)*
tetravalent *adj (Chem)* vierwertig
texture *(Met)* Oberflächengefüge *n*
texture *(Tech)* Textur *f*
thatched *adj (Bau)* strohgedeckt *(Dach)*; überdacht *(z. B. mit Stroh)*
thatcher *(Bau)* Dachdecker *m (für Stroh- und Schieferdächer)*; Strohdachdecker *m*
thawing route *(Tech)* Auftaustrecke *f*
theoretical *adj (Tech)* theoretisch
theoretical line *(Stb)* Netzlinie *f*, Systemlinie *f*
theoretical value *(Stb)* Sollwert *m (theoretischer Wert)*
theory of relativity *(Tech)* Relativitätstheorie *f*
thermal *adj (Tech)* thermisch; Wärme…
thermal cut-out *(Elek)* Thermowächter *m*

thermal detector *(Elek)* Temperaturaufnehmer *m*

thermal efficiency *(Hütt/Walz)* thermischer Wirkungsgrad *m* *(Wärmewirkungsgrad)*

thermal endurance *(Elek)* Dauerwärmefestigkeit *f*

thermal expansion *(Met, Phys, Tech)* Wärmeausdehnung *f*, Wärmedehnung *f*

thermal expansion coefficient *(Stb)* Temperaturdehnzahl *f*

thermal insulation *(Bau, Stb, Tech)* Wärmedämmung *f*, Wärmeisolierung *f*, Wärmeisolation *f*

thermal load *(Tech)* Wärmebelastung *f* *(Wärmelast)*

thermal overload relay *(Elek)* Überstromrelais *n*, Wärmeüberlastrelais *n*

thermal protector *(Elek)* Thermowächter *m*

thermal protector *(Tech)* Temperaturwächter *m*

thermal release *(Tech)* Temperaturwächter *m*

thermal stress *(Met, Stb)* Wärmespannung *f*

thermal treatment *(Hütt/Walz, Met)* Wärmebehandlung *f*

thermal well *(Mess, Metr)* Tauchhülse *f* *(für Thermometer)*; Thermometertauchhülse *f*

thermic *adj (Tech)* thermisch

thermic engine *(Antr)* Thermomotor *m* *(Gabelstapler)*

thermic lance *(Schw)* Thermolanze *f*

thermionic generator *(Elek)* Röhrengenerator *m*

thermionic valve *(Elek)* Glühkathodenröhre *f*

thermionic valve *(Hydr/Pneu)* Elektronenröhre *f*

thermistor *(Tech)* Heißleiter *m*

thermo-sensor *(Elek)* Wärmefühler *m*

thermo-shock *(Hütt/Walz)* Thermoschock *m*

thermo-switch *(Tech)* Temperaturschalter *m*

thermochemistry *(Chem)* Pyrochemie *f*

thermocompression welding *(Schw)* Heizelementschweißen *n (DIN 1910)*

thermocouple *(Elek)* Kaltleiterfühler *m*, Thermoelement *n*

thermoelectric *adj (Elek)* thermoelektrisch

thermometer *(Elek, Tech)* Temperaturanzeige *f*, Temperaturmessgerät *n*, Thermometer *n*; Fernthermometer *n*

thermometer pocket *(Mess, Metr)* Tauchhülse *f (für Thermometer)*; Thermometertauchhülse *f*

thermometer probe *(Tech)* Temperaturfühler *m*

thermometer well *(Mess, Metr)* Tauchhülse *f (für Thermometer)*; Thermometertauchhülse *f*

thermoplastic *adj (Kunst)* thermoplastisch, warmbildsam

thermoplastic material *(Kunst)* Thermoplast *m*

thermosensor *(Elek)* Thermofühler *m (in Statorwicklungen)*

thermosetting *adj (Kunst)* hitzehärtbar *(aushärtbar)*

thermosetting *adj (Tech)* wärmehärtbar *(Kleber)*

thermosetting plastic *(Kunst)* hitzehärtbarer Kunststoff *m*

thermosetting plastics *pl (Kunst)* Duroplast *m*

thermostat *(Elek)* Stabregler *m*, Thermostat *m*, Thermowächter *m*, Wärmefühler *m*

thermostat *(Elek, Tech)* Temperaturregler *m*; Temperaturüberwachung *f (Gerät)*; Temperaturwächter *m*

thermostat assembly *(Elek)* Thermostat *m*

thermostat(ically) controlled *adj (Elek)* thermostatgesteuert

thermosyphon cooling *(Tech)* Wärmeumlauf-Kühlung *f*

thermowell *(Mess, Metr)* Tauchhülse *f (für Thermometer)*; Thermometertauchhülse *f*

thick *adj (Chem)* dickflüssig

thick *adj (Tech)* dick, trübe

thick board *(Tech)* Bohle *f (über 5 cm dick)*

thick plate *(Met, Stb, Hütt/Walz)* Blech *n*, Grobblech *n (ab 4,75 mm Dicke)*

thick-walled *adj (Hütt/Walz)* dickwandig

thickener *(Chem)* Eindickmittel *n*

thickness *(Geo)* Mächtigkeit *f*

thickness *(Tech)* Auflage *f (Schicht,*

Überzug); dünne Schicht *f*, Stärke *f* *(Dicke)*

thickness gage *(AE) (Tech, Werkz)* Dickenlehre *f*, Fühlerlehre *f*, Messfühler *m*, Spion *m*

thickness gauge *(BE) (Tech, Werkz)* Abstandsmesser *m* Dickenlehre *f*, Fühlerlehre *f*, Fühllehre *f*, Messfühler *m* *(Dickenschablone, Spion)*; Spion *m*

thickness of bur(r) *(Mech)* Gratstärke *f*

thickness of edge *(Mech)* Gratstärke *f*

thigh *(Tech)* Schenkel *m*

thimble *(Elek)* Klemme *f (Anschlussklemme, Klemmbügel)*; Muffe *f*

thimble *(Tech)* Hülle *f*, Kabelschuh *m*, Kausche *f*, Metallröhre *f*

thin section *(Stb)* Dünnschliff *m*

thin sheet *(Met)* Feinblech *n (nach DIN bis 3 mm Dicke)*

thin sheet metal *(Met)* Blech *n (Stahlblech unter 3 mm)*; Stahlblech *n (unter 3 mm)*

thin slab casting *(Hütt)* Dünnbrammengießen *n*

thin strip *(Walz)* Dünnband *n (Feinband)*

thin-walled *adj (Stb)* dünnwandig

thin-webbed *adj (Stb)* dünnstegig

thinner agent *(Anstr)* Verdünner *m*, Verdünnungsmittel *n*

thinning agent *(Anstr)* Verdünner *m*, Verdünnungsmittel *n*

third point *(Tech)* Drittelpunkt *m*

thoroughfare *(Bau, Tech)* Durchgang *m*

thread *v (Mech)* gewindeschneiden, Gewinde schneiden, Innengewinde schneiden

thread *v (Walz)* einfädeln *(Stahlband)*

thread *(Tech)* Einschraubgewinde *n*, Gewinde *n*, Schneckenzahn *m*

thread core *(Tech)* Gewindekern *m*

thread diameter *(Tech)* Gewindedurchmesser *m (z. B. der Schraube)*

thread fillet *(Tech)* Gewindegang *m*

thread hole *(Tech)* Einschraubloch *n*

thread nut *(Tech)* Schneidmutter *f*

thread restorer *(Werkz)* Gewindefeile *f*

thread-roll *v (Tech)* gewinderollen, gewindewalzen

thread rolling screw *(Tech)* selbstfurchende Schraube *f (DIN ISO 1891)*

threaded *adj (Tech)* aufgeschraubt, geschraubt; Gewinde...

threaded bayonet *(Tech)* Gewinde *n (der Glühbirne)*

threaded bolt *(Tech)* Gewindebolzen *m*

threaded end cap *(Tech)* Gewindestück *n (Konverter)*

threaded-end valve *(Vent)* Einschraubventil *n*

threaded hole *(Tech)* Einschraubloch *n*, Gewindeloch *n*

threaded joint *(Tech)* Schraubverbindung *f*, Verschraubung *f*

threaded pin *(Tech)* Gewindebolzen *m*

threaded rod *(Tech)* Gewindestange *f*

threaded screw *(Mech)* Gewindespindel *f*

threaded socket *(Tech)* Muttergewinde *n (zum Annippeln von Elektroden)*

threaded steel pipe fitting *(Tech)* Doppelnippel *m*

threaded stud *(Tech)* Gewindebolzen *m (Bolzen für Bolzenschweißen)*

threaded tensioning head *(Tech)* Gewindestück *n (Konverter)*

threaded union *(Tech)* Schraubverbindung *f (Verschraubung)*

threaded washer *(Tech)* Gewindescheibe *f*

threader *(Mech)* Gewindeschneider *m*

threader *(Walz)* Versuchsband *n (Bandanlage)*

threading belt conveyor *(Förd)* Einfädelförderband *m*

threading die *(Tech)* Gewindebacke *f*

threadolet *(Tech)* Gewindenocken *m*

three-cornered... *(Tech)* Dreikant...

three-dimensional *adj (Math, Tech)* dreidimensional, räumlich

three-gang switch *(Elek)* Dreifachschalter *m*

three-high pinion stand *(Walz)* Triokammwalzgerüst *n*

three-high (rolling) stand *(Walz)* Dreiwalzengerüst *n (Triogerüst)*

three-high train *(Walz)* Triostraße *f*

three-hinged *(Tech)* Dreigelenk...

three-lever valve *(Vent)* Dreihebelklappe *f*

three-lobe bearing *(Lag)* Dreiflächenlager *n (Dreikeillager)*

three-part *adj (Tech)* dreiteilig

three-pass *adj (Hütt)* dreizügig *(Winderhitzergitterwerk)*

three-phase... *adj (Elek)* Drehstrom...

three-phase a.c. [alternating current] *(Elek)* Drehstrom *m*

three-phase a.c. [alternating current] contactor *(Elek)* dreipoliger Wechselstromschutz *m*, Wechselstromschutz *m*

three-phase a.c. [alternating current] generator *(Elek)* Drehstromgenerator *m*, Drehstromlichtmaschine *f*

three-phase a.c. [alternating current] motor *(Antr, Elek)* Drehstrommotor *m*, DS-Motor *m*

three-phase AC [alternating current] supply *(Elek)* Drehstromnetz *n*

three-phase asynchronous motor *(Elek)* Drehstromasynchronmotor *m*, Drehstrominduktionsmotor *m*

three-phase cage motor *(Elek)* Drehstromkäfigläufermotor *m*, Drehstrom-Kurzschlussläufermotor *m*

three-phase current *(Elek)* Drehstrom *m*

three-phase electricity *(Elek)* Dreiphasenstrom *m*

three-phase slipring motor *(Antr, Elek)* Drehstromschleifringläufermotor *m*

three-phase voltage *(Tech)* Drehspannung *f*

three-phase wound-rotor motor *(Antr, Elek)* Drehstromschleifringläufermotor *m*

three-pole *adj (Elek)* dreipolig

three-ported labyrinth seal *(Tech)* Dreikammerlabyrinthdichtung *f*

three-position valve *(Hydr/Pneu)* Dreistellungsventil *n*

three-poster *adj (Tech)* dreistufig

three-quarter hard cast-iron roll *(Walz)* Mildhartgusswalze *f*

three square bastard file *(Werkz)* Bastard-Dreikantfeile *f*

three-square engineer's scraper *(Werkz)* Dreikanthohlschaber *m*

three-square file *(Werkz)* Dreikantfeile *f*

three-way *(Tech)* Dreiweg…

three-way tipper *(Kfz)* Dreiseitenkipper *m*

three-way valve *(Hydr/Pneu)* Dosierventil *n*, Dreiwegventil *n*

three-way valve *(Vent)* Mischschieber *m (Dosierung)*

threefold *adj (Tech)* dreimalig

threshold *(Baut)* Schwelle *f (Tür)*

threshold *(Elek)* Verstärkerschwelle *f*

threshold… *adj (Elek)* Ansprech…, Schwellen…

threshold control *(Elek)* Schwellregler *m*

threshold current *(Elek)* Ansprechstrom *m (Sicherung)*

threshold level *(Elek)* Schaltschwelle *f*

threshold value *(Elek)* Schwellwert *m*

threshold voltage *(Elek)* Schleusenspannung *f*, Schwellenspannung *f*

throat *(Hütt)* Gichtöffnung *f*

throat *(Schw)* Nahthöhe *f*

throat *(Tech)* Hohlkehle *f*, Kehle *f (z. B. eines Venturirohres)*

throat *(Walz)* Ausladung *f (Blechschere)*

throat armour *(Hütt)* Schlagpanzer *m (fest oder verstellbar)*

throat depth *(Schw)* Kehlnahtdicke *f*, Schweißnahtdicke *f*

throat thickness *(Schw)* Nahtdicke *f*; Nahthöhe *f*

throat width *(Tech)* Maulweite *f (z. B. eines Shredders)*

throttle *v (Kfz)* drosseln

throttle *(Hydr/Pneu, Mess, Tech)* Drossel *f*, Drosselorgan *n*, Regler *m*

throttle *(Tech)* Gashebel *m*

throttle *(Vent)* Drosselklappe *f*

throttle body *(Tech)* Vergaseroberteil *n*

throttle control mechanism *(Tech)* Gashebelmechanismus *m*

throttle-free *adj (Hydr/Pneu)* drosselfrei

throttle-free banjo coupling *(Mech)* drosselfreie Schwenkverschraubung *f (Ermeto)*

throttle lever *(Tech)* Handgashebel *m*

throttle valve *(Hydr/Pneu)* Drosselventil *n*

throttle valve *(Hydr/Pneu, Vent)* Absperrklappe *f*

throttle valve *(Mess, Vent)* Mengeneinstellventil *n*

throttle valve *(Vent)* Drossel *f*, Drosselklappe *f*

throttle valve shaft *(Kfz)* Drosselklappenwelle *f*

throttling butterfly valve *(Vent)* Drosselklappe *f*

through *adj (Tech)* durchgehend *(z. B. Bolzen, Bohrloch)*

through borefit *(Tech)* Durchgangsbohrung *f*, Durchgangsloch *n*

through box *(Elek)* Zwischendose *f*

through hardening steel *(Met)* durchhärtender Stahl *m*

through hole *(Tech)* Durchgangsloch n, Querbohrung f
through shaft *(Tech)* durchgehende Welle f
through-transmission *(Elek)* Durchschallung f
throughlet *(Baut)* Durchgang m
throughput *(Bergb)* Durchlauf m *(bewegte Menge)*; Durchsatz m
throughput rate *(Bergb)* Durchlaufleistung f, Durchsatzleistung f, Durchsatzmenge f
throughput tester *(Elek)* Durchgangsprüfer m
throughway valve *(Hydr/Pneu)* Durchgangsventil n
throw v *(Tech)* werfen
throw *(Geo)* Verwerfung f
throw *(Mech)* Kröpfung f
throw-off belt *(Förd, Umschl)* Schleuderband n
throw-out lever *(Kfz)* Ausschalthebel m
throw-over switch *(Elek)* Umschalter m
thrust *(Mech, Stat, Tech)* Auflagerwiderstand m
thrust *(Stat, Tech)* Auflagerkraft f
thrust *(Tech)* Druck m *(Schub)*; Druckkraft f, Längsdruck m, Schub m *(Kraft z. B. einer Welle)*
thrust... adj *(Tech)* Druck...
thrust ball bearing *(Lag)* Axial-Rillenkugellager n
thrust ball bearing single row *(Lag)* Axial-Rillenkugellager n *(einseitig wirkend)*
thrust bearing *(Lag)* Drucklager n; Festlager n; Längslager n
thrust block *(Tech)* Widerlager n *(Stopfenwalzwerk)*
thrust block bearing *(Lag)* Druckwiderlager n
thrust bolt *(Tech)* Druckbolzen m, Druckschraube f
thrust collar *(Lag)* Längslagerscheibe f
thrust collar *(Tech)* Bund m
thrust cylinder *(Kfz)* Druckluftdose f
thrust face *(Tech)* Anlaufscheibe f
thrust force *(Tech)* Schubkraft f
thrust member [piece] *(Tech)* Druckstück n
thrust pressure *(Bergb, Tunn)* Anpressdruck m

thrust ring *(Tech)* Anlaufring m *(einer Welle)*; Druckring m
thrust roller *(Bergb)* Druckrollenlager n
thrust roller *(Hütt)* Spurrolle f *(Rotationskonverter)*
thrust segment *(Lag)* Kippstein m
thrust shoe *(Lag)* Kippstein m
thrust upward force *(Stat)* Stützkraft f
thrust washer *(Tech)* Anlaufscheibe f, Drucklager n, Druckscheibe f, Sicherungsscheibe f
thrustor *(Hydr/Pneu)* Bremslüfter m
thrustor *(Tech)* Hubgerät n
thumb nut *(Tech)* Flügelmutter f
thumb screw *(Tech)* Flügelschraube f
thumbwheel *(Tech)* Rändelrad n
thyristor *(Elek)* Thyristor m, Trafo--Gleichrichter m, Transformator--Gleichrichter m
ticked adj *(Form)* angekreuzt *(z. B. mit Metallstift)*
tide span *(Stb)* Flutbrücke f
tie v *(Mont, Tech)* anbinden, binden
tie *(Bahn)* Balken m *(Bahnschwelle auf der Brücke)*; Eisenbahnschwelle f
tie *(Stat)* Fessel f
tie *(Stb)* Zugband n *(Stange)*
tie *(Tech)* Band n *(zur Befestigung)*; Distanzhalter m, Schwelle f *(Förderer)*; Verbindungsstück n, Zugstange f
tie bar *(Elek)* Ankerbolzen m
tie bar *(Tech)* Zugband n *(bei Abspannung)*; Zugstange f
tie bolt *(Stb)* Ankerschraube f
tie bolt *(Tech)* Zugankerbolzen m, Zugbolzen m
tie member *(Stb)* Zugband m, Zugstab m *(Befestigung)*
tie pipe *(Tech)* Spannrohr n
tie plate *(Bau)* Bindeblech n, Unterlagsplatte f
tie plate *(Stb)* Hakenplatte f, Verbindungsplatte f
tie plate *(Walz)* Schienenunterlagsplatte f
tie rod *(Bau, Schiff, Tech)* Anker m
tie rod *(Stb)* Zugband n *(Stange)*
tie rod *(Tech)* Spannstange f, Spurstange f, Zuganker m *(Zylinder)*; Zugstange f, Zugstange f *(eines Zylinders)*; Zugstrebe f *(für Kfz)*
tie rod *(Walz)* Queranker m
tie rod cotter *(Tech)* Spannstange f

tie strap *(Tech)* Zuglasche f
tie-wrap *(Mess)* Kabelhalteband n
tier spacing *(Elek)* Reihenabstand m
tiered *adj (Tech)* mehrlagig
TIG welding *(Schw)* Wolframinertgasschweißung f
tight *adj (Bergb)* verkeilt *(z. B. Material im
Steinbruch)*
tight *adj (Hydr/Pneu)* dicht *(undurchlässig)*
tight *adj (Tech)* eng, straff *(gespannt)*
tight butterfly valve *(Vent)* Dichtklappe f
(in Gasleitung)
tight fit *(Tech)* Haftsitz m *(Zeichnungsangabe)*
tight-fitting *adj (Tech)* dicht passend,
dichtpassend
tight rope *(Bergb, Tech)* Spannseil n,
Straffseil n
tight-rope limit switch *(Elek)* Straffseilschalter m
tighten *v (Mont, Tech)* befestigen
tighten *v (Tech)* anziehen *(z. B. Schrauben, Muttern usw.)*; fest anziehen,
festziehen
tightener *(Tech)* Spannschloss n
tightening angle *(Tech)* Anziehdrehwinkel m
tightening bolt *(Tech)* Klemmschraube f
(am Lagerauge)
tightening force *(Met, Tech)* Vorspannkraft f *(Schrauben)*
tightening screw *(Tech)* Befestigungsschraube f, Spannschraube f *(für Kokille)*
tightening strap *(Förd)* Spannband n
tightening torque *(Tech)* Anziehdrehmoment n *(für Schrauben)*; Anzugsmoment n *(Schraube)*; Spannmoment n
(Schraube)
tightly *adv (Tech)* dicht, scharf *(eng, genau)*
tightness *(Tech, Hydr/Pneu)* Dichtheit f
tile *(Baut)* Fliese f, Kachel f, Keramikfliese
f
tile handling apron *(Tech)* Steinklemmgabel f
tiler *(Baut)* Dachdecker m, Fliesenleger m
till *(Geo, Bau)* Geschiebemergel m
tiller *(Bergb)* Deichsel f *(Steuerdeichsel)*
tiller *(Tech)* Lenkstange f *(im Fahrerhaus)*;
Steuerdeichsel f

tilt *v (Tech)* abkippen, kippen; neigen;
schwenken
tilt *v backward (Tech)* rückkippen
tilt *(Bergb, Tunn)* Krängung f
tilt *(Förd)* Sturz m *(Rollen)*
tilt angle *(Tech)* Kippwinkel m, Schräglage f *(des Motors)*
tilt control lever *(Elek)* Neigungsschalthebel m
tilt control lever *(Tech)* Kipphebel m
tilt drive (system) *(Antr)* Kippantrieb m
(eines Konverters)
tilt pad *(Lag)* Kippstein m
tilt switch probe *(Elek)* Kippschaltersonde f
tiltable *adj (Tech)* herabklappbar, heraufklappbar, kippbar, schrägstellbar
tilted *adj (Tech)* gekippt, geneigt,
schräggestellt, schrägliegend
tilted idler *(Förd)* schräggestellte Rolle f,
Sturzrolle f
tilting *adj (Tech)* abklappbar, herabklappbar, heraufklappbar, kippbar,
schrägstellbar; Kipp...
tilting *adj (Tech, Mont)* klappbar
tilting basket *(Hütt)* Köcher m
tilting chute *(Umschl)* Kippschurre f,
Schrägschurre f
tilting gate *(Stb)* Klappschütz n
tilting moment *(Tech)* Kippmoment n
tilting pad *(Lag)* Kippstein m
tilting pad journal bearing *(Lag)* Segmentradiallager n
tilting pad thrust bearing *(Lag)* Mehrflächenlängslager n
tilting rocker *(Hütt)* Wälzwiege f *(Lichtbogenofen)*
tilting shoe *(Lag)* Kippstein m
timber *(Met, Tech)* Holz n, Nutzholz n
timber... *adj (Tech)* Holz...
timber floor *(Stb)* Holzfahrbahn f
timber frame *(Bau)* Holzfachwerk n
timber grapple *(Werkz)* Holzzange f
timber rehandling-grab *(Bergb)* Holz-
-Umschlaggreifer m
time *(Tech)* Zeit f
time-and-motion study *(Tech)* Arbeitszeitstudie f, Zeitstudie f *(Netzplantechnik)*
time averaged *adj (Tech)* zeitgemittelt
time axis *(Elek)* Zeitachse f *(Stromschreiber)*; Zeitlinie f *(Ultraschall)*
time base *(Elek)* Zeitbasis f, Zeitlinie f,

Zeitlinie f (Ultraschall); Zeitlinienmess-
strecke f (Leuchtschirm)
time-base delay (Elek) Impulsverschiebung f (Tiefenlupe)
time base encoder (Mess) Sägezahnverschlüssler m
time base range (Elek) Tiefenbereich m
time base range control (Elek) Tiefenlupensteller m
time base sweep generator (Elek) Ablenkungsgenerator m
time cycle control (Mess) Zeittaktsteuerung f
time delay (Prüf, Tech) Zeitverzögerung f
(z. B. Ultraschallprüfung); Schaltverzögerung f (eines Schalters)
time-delay relay (Elek) Zeitrelais n
time delay valve (Vent) Verzögerungsventil n
time element (Tech) Zeitkipper m
time-elongation curve (Met, Prüf) Zeit-
-Dehnungskurve f (Kriechversuch)
time encoder (Mess) Sägezahnverschlüssler m
time-extension curve (Met, Prüf) Zeit-
-Dehnungskurve f (Kriechversuch)
time function (Elek) Zeitfunktion f
time interval between pulse echoes
(Elek, Prüf) Echoabstand m (Ultraschall)
time lag (Elek, Hydr, Prüf, Tech) Verzögerung f; Zeitverzögerung f (z. B. Ultraschallprüfung)
time-lag controlled braking (Tech)
Bremseinfallschaltung f
time-lag fuse (Elek) träge Sicherung f,
träger Schmelzeinsatz m
time-lag relay (Elek) Zeitrelais n
time lamp (Elek) Zündkontrolllampe f
time marker (Prüf) Zeitmarke f (Ultraschallprüfung, DIN 54120)
time relay (Elek) Zeitglied n, Zeitrelais n
time-relay control (Elek) Taktsteuerung f
time response (Mess) Zeitverhalten n
time-rupture test (Prüf) Standversuch m
(DIN 50100)
time schedule (Bau, Tech) Bauzeitenplan
m; Terminplan m
time sequence diagram (Mess) Zeitablaufdiagramm n
time sheet (Fert, Tech) Arbeitsblatt n;
Arbeitszeitnachweis m; Stundenzettel
m

time study (Tech) Arbeitszeitstudie f,
Zeitstudie f (Netzplantechnik)
time switch (Elek) Schaltuhr f, Zeitschalter m
time-temperature-curve (Stb) Temperatur-Zeit-Kurve f
time yield (Met, Prüf) Zeitdehnung f
(Dauerstandversuch)
time yield (Stb) Kriechen n (Beton)
time yield limit (Met, Prüf) Zeitdehngrenze f (DIN 50100)
timer (Elek) Schaltuhr f, Verteiler m,
Zeituhr f; Zeitrelais n, Zündunterbrecher m
timer (Mess) Zeitgeber m
timetable (Tech) Programm n, Stunden-
plan m, Zeitplan m
timing belt drive (Antr) Synchronriemenantrieb m
timing bolt (Tech) Stellschraube f
timing case cover (Tech) Steuergehäusedeckel m
timing chain (Tech) Steuerkette f
timing gear (Getr) Stirnrad n (zur Zeiteinstellung)
timing gear (Tech) Motorsteuerung f
timing gear housing (Getr) Stirnradgehäuse n
timing gears (Getr) Gleichlaufgetriebe n
timing mark (Tech) Einstellmarke f (Zeit)
timing mark (Zer) Schwungradmarke f
timing range (Elek, Tech) Zündverstellbereich m
timing relay (Elek) Zeitrelais n
timing shaft (Tech) Steuerwelle f
timing signal (Mess) Schrittsignal n
tin v (Hütt/Walz) verzinnen
tin (Hütt/Walz, Met) Weißblech n
tin (Met) Zinn n
tin (Tech) Dose f (Deckelbehälter)
tin alloy (Met) Zinn-Basis-Legierung f
tin-coat v (Hütt/Walz) verzinnen
tin-coated strip (Hütt/Walz, Met) Weißband n
tin-coating (Hütt/Walz) Verzinnung f
tin free steel (strip) (Walz) spezialverchromtes Feinstblech n
tin mill (Walz) Feinstblechwalzwerk n
tin mill sheet (Met, Walz) Feinstblech n;
Weißblechstahl m
tin mill strip (Walz) Feinstband n
tin-plate v (Hütt/Walz) verzinnen
tin plate (product) (Walz) Feinstblech n

tin plate stock *(Walz)* Feinstblech *n*
tin sheet *(Hütt/Walz, Met)* Weißblech *n*
tin skimming *(Hütt)* Zinnabstrich *m*
tin snips *(Werkz)* Figurenschere *f*
tin strip *(Hütt/Walz, Met)* Weißband *n*
tin tack *(Baut, Tech)* Tapeziererstift *m*
tin works *(Hütt)* Zinnhütte *f*
tine *(Tech)* Zinke *f*
tinned-sheet (iron) *(Hütt/Walz, Met)* Weißblech *n*
tinned strip *(Hütt/Walz, Met)* verzinntes Band *n*
tinner *(Tech)* Flaschner *f (Klempner)*
tinner's snip *(Werkz)* Blechschere *f*, Handblechschere *f*
tinning *(Hütt/Walz)* Verzinnung *f*
tinplate *(Hütt/Walz, Met)* Weißblech *n*
tinplate mill *(Walz)* Feinstblechwalzwerk *n*
tinplate strip *(Hütt/Walz, Met)* Weißband *n*, Weißblechband *n*
tint *v (Anstr)* tönen
tinted *adj (Tech)* getönt
tip *v (Tech)* abkippen, kippen *(neigen)*
tip *(Bergb)* Deponie *f (z. B. für Müll)*
tip *(Getr)* Zahnkopfhöhe *f*, Zahnkrone *f*
tip *(Tech)* Spitze *f*; Zahnspitze *f*
tip circle *(Tech)* Kopfkreis *m*
tip diameter *(Tech)* Außendurchmesser *m (Zahnrad)*; Kopfkreisdurchmesser *m*
tip easing *(Getr)* Zahnkopfrücknahme *f*
tip relief *(Getr)* Kopfrücknahme *f*, Zahnkopfrücknahme *f*
tip surface *(Tech)* Kopffläche *f*, Kopfmantelfläche *f*
tipper *(Bahn)* Kreiselkipper *m*, Kreiselwipper *m*
tipper *(Tech)* Kipper *m*, Kipplastkraftwagen *m*, Kipp-LKW *m*, Kippwagen *m (Bahn)*
tipping *(Tech)* Kipp...
tipping car *(Bahn)* Kippmuldenwagen *m*, Muldenkippwagen *m (Bahn)*
tipping motion *(Kfz)* Drehbewegung *f (zur Seite kippen)*
tipping shovel *(Bergb)* Kippschaufel *f (des Baggers)*
tipping truck *(Tech)* Kipper *m*, Kipplastkraftwagen *m*, Kipp-LKW *m*
tipping wagon *(Bahn)* Kipplore *f*, Kippmuldenwagen *m*, Lore *f*
tippler *(Tech)* Kippbühne *f (für Güterwagen)*; Kipper *m*
tire *(AE) (Kfz)* Bandage *f*, Radreifen *m*

tire *(AE) (Tech)* Reifen *m*
tire base *(AE) (Tech)* Spurweite *f (Radstand des Kfz)*
tire base *(AE) (Tech)* Radstand *m*
tire bead *(AE) (Kfz)* Laufdeckenwulst *m*
tire bead *(AE) (Tech)* Reifenwulst *m*
tire crane *(AE) (Kran)* Mobilkran *m*
tire scuffing *(AE) (Tech)* Wühlen *n*
tire track *(AE) (Kfz)* Fahrspur *f (z. B. im Schlamm)*
tires *pl (AE) (Kfz)* Bereifung *f*
tirfor winch *(Stb)* selbsttätige Kabelklemme *f*
titanium *(Met)* Titan *n*
title block [box] *(Zeich)* Schriftfeld *n*
to-and-fro motion *(Tech)* Hin- und Hergang *m*
toe *(Bergb)* Zehe *f (nach Sprengung stehen bleibend)*
toe board *(Tech)* Fußleiste *f*
toe crack *(Schw)* Einbrandkerbriss *m*, Unternahtriss *m*
toe dolly *(Kfz, Werkz)* Zehenformhandfaust *f*
toe guard *(Tech)* Fußleiste *f*
toe of a weld *(Schw)* Nahtkante *f*
toe of the slope *(Bergb)* Unterkante *f* Böschung
toe plate *(Tech)* Fußleiste *f*, Fußplatte *f*
toggle *(Tech)* Knebel *m*
toggle bearing *(Tech)* Drucklager *n*
toggle joint *(Tech)* Winkelgelenk *n*
toggle lever *(Werkz)* Kniehebel *m (Schienenzange)*
toggle lever rod system *(Werkz)* Kniehebelgestänge *n*
toggle link *(Bergb)* Koppel *f* und Schwinge *f*
toggle link *(Tech)* Gelenkstange *f (z. B. für Scheibenwischer)*
toggle plate *(Tech)* Druckplatte *f*, Druckstück *n*
toggle seat *(Zer)* Druckplattenlagerung *f*
toggle switch *(Elek)* Kippschalter *m*
token *(Tech)* Zeichen *n*
tolerable *adj (Tech)* tragbar *(tolerierbar)*
tolerance *(Mech)* Spiel *n*, Zugabe *f (für spätere Bearbeitung)*
tolerance *(Mech, Schw)* Abmaß *n (über Endmaß hinaus)*
tolerance *(Tech)* Abweichung *f (vom Originalmaß)*; erlaubte Abweichung *f*, erlaubte Maßabweichung *f*, Freimaß *n*

Maßgrenze f, Spielraum m, Toleranz f, Toleranzfreimaß n, toleriertes Maß n, zulässige Abweichung f

tolerance compliance (Tech) Toleranzhaltigkeit f

tolerance of cyclic running (Tech) Rundlauftoleranz f

toleranced dimension (Tech, Schw) Freimaßtoleranz f

toleranced size (Tech) Passmaß n

tommy (Tech) Knebel m

tommy (Werkz) Drehstift m (am Schraubwerkzeug)

tong column (Kran) Zangenbaum m

tong crane (Kran) Zangenkran m

tong type ammeter (Elek) Zangenstrommesser m

tongs peel (Tech) Zangenträger m

tongue and groove (Tech) Nut f und Feder f

tongue-and-groove (faced) flange (Tech) Flansch m mit Nut und Feder

tongue file (Werkz) Zungenfeile f

tongue-groove faced flange (Tech) Flansch m mit Nut und Feder

tonnage steel (Met) Massenstahl m

tool v (Form, Mech) bearbeiten (mittels Arbeitsstählen)

tool (Werkz) Werkzeug n

tool bar (Tech) Geräteträger m (z. B. Leiste)

tool case (Werkz) Werkzeugkoffer m

tool industry (Tech, Werkz) Werkzeugindustrie f

tool magazine (Tech) Werkzeugmagazin n

tool mark (Mech) Bearbeitungsriefe f

tool marks pl (Met, Tech) Werkzeugmarken fpl

tool shed (Tech) Geräteschuppen m

tool steel (Hütt/Walz, Met) Werkzeugstahl m

tool thrust (Mech, Tech) Arbeitsdruck m

tool trolley (Tech) Werkstattwagen m

toolbox (Werkz) Werkzeugkasten m, Werkzeugkiste f

tooling (Mech, Met) Bearbeitung f, Schneidstahlbearbeitung f

tooling (Tech) Nachbearbeitung f

toolkit (Werkz) Werkzeugausrüstung f, Werkzeugausstattung f, Werkzeuggarnitur f, Werkzeugkoffer m, Werkzeugsatz m, Werkzeugtasche f

toolmakers' dividers pl (Werkz) Spitzzirkel m

toolshop (Werkz) Werkzeugmacherei f

tooth (Tech) Zacken m, Zahn m, Zinke f (am Zahnrad); Zinken m

tooth base radius (Getr) Zahnfußabrundung f

tooth clutch (Tech) Zahnkupplung f

tooth crest (Getr) Zahnkopf m (am Zahnrad)

tooth cutter (Mech) Zwischenmesser n

tooth cutter (Werkz) Vorschneider m

tooth generation (Mech) Erzeugung f der Verzahnung (Getriebe)

tooth lock (Tech) Zahnhalterung f

tooth pattern (Tech) Tragbild n (Zähne)

tooth pitting (Met, Verd) Zahnflankenbeanspruchung f

tooth profile (Tech) Flankenprofil n, Zahnflanke f (Getriebe)

tooth root surface (Getr) Zahngrund m (am Zahnrad)

tooth sector (Tech) Zahnbogen m

tooth shank (Bergb) Zahnfuß m

tooth side (Tech) Flanke f (des Zahnes am Zahnrad)

tooth thickness half angle (Getr, Tech) Zahndickenhalbwinkel m (am Zahnrad)

tooth tip radius (Werkz) Kopfabrundungsfaktor m (Werkzeuge)

tooth tip relief (Getr) Zahnkopfrücknahme f

tooth trace (Tech) Flankenlinie f

tooth wheel (Getr) Zahnrad n

toothed adj (Mech) ausgezackt, gezahnt

toothed adj (Tech) verzahnt

toothed belt (Tech) Zahnriemen m

toothed gear (Getr) Zahnrad n

toothed lock washer (Tech) Zahnscheibe f

toothed quadrant (Tech) Zahnbogen m (Segment am Zahnrad)

toothed rim (Bergb) Drehkranz m

toothed rim (Getr) Zahnkranz m (Laufrad)

toothed rim (Getr, Tech) Schwenkkranz m (Kugelbahn); Zahnring m

toothed segment (Getr, Tech) Zahnsegment n (Plattenband)

toothed shaft (Getr) Zahnwelle f

toothed-wheel gearing (Getr) Zahnradvorgelege n

toothed wheel rim (Getr) Zahnkranz m (Laufrad)

toothing *(Tech)* Verzahnung *f*

top *v* up *(Bergb, Hydr, Tech, Umschl)* auffüllen; nachfüllen

top *adj (Stb)* obenliegend

top *(Förd, Tech)* Tragseite *f (Gurt)*

top *(Tech)* Aufsatz *m (Kappe)*; Dach *n (Deckel, Haube)*; Deckel *m*, Kappe *f*, Kopf *m*, Oberkante *f*, Oberseite *f*, Verdeck *n (Kraftfahrzeug)*

top angle *(Tech)* Aussteifwinkel *m*

top beam *(Tech)* Kopfträger *m (z. B. eines Krans)*

top boom *(Stb)* Obergurt *m (oberer Träger)*

top cap *(Tech)* Abschlusskappe *f*

top chord *(Bau)* Dachbinderobergurt *m*

top chord *(Stb)* Obergurt *m (Fachwerkträger)*

top chord of bridge truss *(Stb)* Brückenobergurt *m*

top coat(ing) *(Anstr)* Deckanstrich *m*, Deckschicht *f*

top crosshead *(Form)* Oberholm *m (einer Unterflurpresse)*

top cutter *(Werkz)* Vornschneider *m (Zange)*

top die *(Form)* Obersattel *m*

top flange *(Stb)* Oberflansch *m*, Obergurt *m (eines Blechträgers)*

top layer *(Bau)* Verschleißdecke *f (der Straße)*; Verschleißschicht *f (Straßenbau)*

top of terrain *(Bergb)* Terrainoberkante *f*

top revolving crane *(Kran)* Obendreher *m*

top rock *(Tunn)* Firste *f (Tunnelgewölbe)*

top-running *adj (Kran)* obenlaufend

top seam *(Tech)* Decklage *f (oberste Schweißschicht)*

top soil *(Geo)* Abraum *m*

top supporting member *(Log)* Deckelabstützholz *n (Verpackung)*

top swage *(Werkz)* Gesenkhammer *m*

top view *(Tech, Zeich)* Ansicht *f* von oben; Draufsicht *f*

topaz *(Geo)* Topas *m (Edelstein)*

topographical *adj (Tech)* topografisch

torch *(Mont, Schw)* Brenner *m*

torch burr *(Hütt)* Brennbart *m*

torch-cut *v (Mont, Schw)* abbrennen, abschneiden; autogen schneiden, brennschneiden, schneidbrennen

torch cutting *(Mont, Schw)* autogenes Schneiden *n*, autogenes Trennen *n*, Autogenschneiden *n*, Autogentrennen *n*, Brennschneiden *n*, Gasbrennschneiden *n*, Gasschneiden *n*, Trennen *n (autogen)*

torch desurfacing *(Hütt/Walz)* Brennputzen *n*

torch gouging *(Mech, Schw)* autogenes Fugenhobeln *n*; Autogenfugenhobeln *n*, Fugenhobeln *n* mit Gas

torch-harden *(Schw)* brennhärten *v*

torch pliers *pl (Werkz)* Brennerzange *f*

torn *adj (Met, Tech)* verschlissen *(abgenutzt)*

toroid *(Tech)* Torus *m*

toroidal core current transformer *(Elek)* Ringkernstromwandler *m*

torpedo ladle *(Hütt)* Torpedopfanne *f (Konverter)*

torque *(Met)* Torsion *f*, Torsionsmoment *n*, Zugkraft *f*

torque *(Stb)* Drehmoment *n*; Drillmoment *n*

torque *(Tech)* Drehkraft *f (Verdrehungskraft)*; Drillung *f (Drehung)*; Moment *m (Motor)*; Motordrehmoment *n*

torque arm *(Elek)* Drehmomentstütze *f*

torque arm *(Tech)* Momentenarm *m*; Momentenstütze *f*

torque ball *(Tech)* Schubkugel *f*

torque bias *(Getr)* Getriebeverspannung *f*

torque blade [bracket] *(Tech)* Drehmomentenstütze *f*, Drehmomentstütze *f*

torque characteristic *(Elek)* Drehmomentverlauf *m*

torque characteristic *(Tech)* Drehmomentkennlinie *f*

torque compensator *(Kfz)* Drehausgleicher *m*

torque control *(Elek)* Drehmomentbegrenzung *f*

torque control *(Tech)* Drehmomentregelung *f*

torque control *(Vent)* Momentdruckregelventil *n*

torque control (unit) *(Getr)* Stöckichtgetriebe *n*

torque converter *(Kfz, Tech)* Drehmomentwandler *m*, Wandler *m (Drehmoment)*

torque divider transmission *(Kfz)* Differenzialwandlergetriebe *n*

torque division transmission *(Kfz)* Differenzialwandlergetriebe n

torque drive motor *(Antr)* Stillstandsmotor m

torque lever *(Werkz)* Momentenhebel m

torque limit *(Elek)* seitlicher Überlastungsschutz m, Überlastungsschutz m *(Bagger)*

torque-meter wrench *(Werkz)* Drehmomentenschlüssel m, Drehmomentschlüssel m

torque motor *(Antr, Elek)* Drehmomentmotor m, Schlupfmotor m; Stillstandsmotor m, Stop-Motor m

torque mount *(Tech)* Momentenstütze f

torque rating *(Elek)* Nennmoment n

torque rating *(Tech)* Drehmomentbemessung f

torque restraining system *(Tech)* Drehmomentenstütze f, Drehmomentstütze f *(Konverter)*

torque rod *(Tech)* Drehfeder f

torque spanner *(Werkz)* Drehmomentenschlüssel m, Drehmomentschlüssel m

torque specification *(Tech)* Anzugsdrehmomente npl

torque-speed characteristic *(Tech)* Drehmoment-Drehzahlkennlinie f

torque support *(Tech)* Drehmomentenstütze f, Drehmomentstütze f

torque transducer *(Tech)* Drehmomentgeber m

torque tube *(Tech)* Biegerohr n

torque tube ball joint *(Tech)* Schubkugelgelenk n

torque wrench *(Werkz)* Drehmomentenschlüssel m, Drehmomentschlüssel m, Momentenschlüssel m

torquing tool *(Werkz)* Anziehdrehwerkzeug n

torsion *(Met, Prüf, Schw)* Drehbeanspruchung f, Torsion f

torsion *(Stb, Tech)* Verwindung f *(Formverlust)*

torsion *(Tech)* Drehung f, Drillung f; Verdrehung f, Windung f

torsion angle method *(Tech)* Drehwinkelverfahren n

torsion bar *(Met)* Drehstab m, Torsionsstab m

torsion bar *(Tech)* Drehfeder f, Drehstabfeder f

torsion-free *adj (Tech)* verwindungsfrei

torsion-proof *adj (Tech)* drehstarr, drehsteif

torsion-resistant *adj (Met)* torsionssteif

torsion-resistant *adj (Stat, Stb)* verwindungssteif

torsion spring *(Tech)* Drehfeder f, Verdrehfeder f

torsion-stiff *adj (Stat, Stb)* verwindungssteif

torsion tube *(Tech)* Biegerohr n

torsional *(Tech)* Dreh... *(Verdrehungs...)*

torsional buckling *(Stat, Stb)* Drillknicken n

torsional buckling *(Stb)* Druckgurt m *(z. B. eines Blechträgers)*

torsional endurance limit *(Prüf)* Verdrehwechselfestigkeit f

torsional fatigue limit *(Prüf)* Verdrehwechselfestigkeit f

torsional fatigue strength *(Prüf)* Verdrehwechselfestigkeit f

torsional force *(Tech)* Drehkraft f *(Verdrehungskraft)*; Drehmoment n *(unerwünschte Torsion)*

torsional moment *(Stb)* Drehmoment n, Drillmoment n, Torsionsmoment n

torsional oscillation *(Tech)* Drehschwingung f

torsional rigidity *(Met)* Torsionssteifheit f, Torsionssteifigkeit f

torsional rigidity *(Stb, Tech)* Drehsteifigkeit f, Drillsteifigkeit f

torsional strain *(Met)* Verdrehverformung f *(DIN 50100)*

torsional strength *(Met, Schw, Tech)* Drehfestigkeit f, Drehungsfestigkeit f, Torsionsfestigkeit f; Verdrehgrenze f

torsional stress *(Met, Prüf)* Drehbeanspruchung f, Verdrehungsbeanspruchung f

torsional stress *(Met, Schw)* Drehschwingungsbeanspruchung f

torsional stress *(Tech)* Drehspannung f

torsional vibration *(Tech)* Drehschwingung f

torsional vibration analysis *(Prüf, Verd)* Drehschwingungsuntersuchung f *(Drehschwingungsrechnung)*

torsional vibration calculation *(Prüf, Verd)* Drehschwingungsuntersuchung f *(Drehschwingungsrechnung)*

torsional vibration response analysis

(Prüf, Verd) Drehschwingungsuntersuchung f (Drehschwingungsrechnung)

torsionally flexible adj (Tech) drehelastisch

torsionally non-stiff adj (Met) torsionsweich

torsionally rigid [stiff] adj (Tech) drehstarr, drehsteif, verdrehsteif

total adj (Tech) ges., gesamt

total connected load (Elek) Gesamtanschlusswert m, gesamte Anschlussleistung f

total cycle time (Hütt) Chargendauer f (Konverter)

total decarburisation (Met, Walz) Auskohlung f

total drawing (Zeich) Übersichtszeichnung f

total elongation (Tech, Stat) spezifische Dehnung f

total harmonic distortion (Elek) Klirrfaktor m

total height (Tech) Bauhöhe f, Gesamthöhe f, Konstruktionshöhe f

totalizer (AE) (Tech) Zählwerk n

totalizing counter (AE) (Förd, Mess, Tech) Additionszählwerk n; Mengenzählwerk n, Zählwerk n (Bandwaage)

totally adv (Tech) gänzlich, völlig, vollständig

totally enclosed adj (Elek, Tech) gekapselt (z. B. Motor, Schalter); völlig [vollständig] geschlossen

totally enclosed fan cooling (Tech) Mantelkühlung f

totally enclosed pipe-ventilated adj (Tech) vollkommen geschlossen mit Rohrlüftung

tote box (Tech) Versandbox f

tottering contact (Elek) Wackelkontakt m

touch v (Tech) tippen (leicht berühren)

touch (Tech) Berührung f

touch operation (Elek) Taststeuerung f

touch test (Hütt/Walz) Tupfprobe f

touch-up welding (Schw) Nachbesserungsschweißen n

touch welding (Schw) halbautomatische Schweißung f

touching-up (Anstr) Ausbesserung f (von Schutzschichten)

tough v (Geo, Met) zäh

tough adj (Met) hart

toughen v (Hütt) verzähen

toughen v (Mech) schlichten

toughened adj (Met) gehärtet (z. B. Glas)

toughened glass (Tech) gehärtetes Glas n

tow v (Kfz) abschleppen (ein Fahrzeug)

tow v (Schiff) treideln

tow v (Tech) ziehen (abschleppen)

tow(ing) adj (Kfz, Tech) Abschlepp..., Schlepp..., Zug...

tow bar (Kfz, Tech) Abschleppstange f, Kuppelstange f, Schleppstange f, Zugstange f, Zugvorrichtung f; Kupplungskugelstange f,

tow coupling (Kfz) Anhängerkupplung f

towboat (Schiff) Schleppdampfer m, Schlepper m, Schlepp- und Bugsierschiff n

towed vibrating roller (Kfz) Anhängerrüttelwalze f

tower (Bergb) Dom m (Auflage der Drehverbindung)

tower (Kran) Turm m (eines Hafenkrans)

tower building (Baut) Gebäudeturm m

tower crane (Kran) Turm(dreh)kran m

tower extension (Kran) Turmstück n (Turmkran)

tower-mounted winder (Bergb) Turmfördermaschine f

towing car (Tech) Treidelwagen m

town gas (Hütt/Walz) Stadtgas n

TR probe (Elek, Prüf) SE-Prüfkopf m (Ultraschall)

trace v (Mech, Metr) abtasten (mit einem Fühler)

trace v (Tech) auffinden, ausfindig machen, verfolgen (z. B. eine Spur)

trace v (Tech, Zeich) anreißen; aufreißen zeichnen; skizzieren, vorzeichnen

trace (Prüf) Schirmbild n (Ultraschallprüfung)

trace (Tech) Spur f

trace identifier (Mess) Linienkennzeichnung f

trace of wear (Tech) Einschleißspur f, Verschleißspur f

trace wave length (Elek) Spurwellenlänge f

tracer (Stb) Vorzeichner m

tracer-controlled milling machine (Mech) Kopierfräsmaschine f

tracer valve (Vent) Fühlerventil n

tracing (Tech) Pause f (Lichtpause)

traffic

tracing paper *(Tech)* Transparentpapier n

track v *(Tech)* verfolgen *(z. B. eine Spur)*

track *(Bahn)* Gleis n

track *(Bergb)* Fahrbahn f, Laufwerkskette f, Raupe f

track *(Tech)* Bahn f, Laufbahn f *(Kreisförderer usw.)*; Radabstand m, Spur f *(Spurweite der Räder)*

track... adj *(Bergb, Tech)* Ketten..., Raupen...

track ability *(Förd)* Geradelauf m *(Band)*

track beam *(Stb)* Fahrbalken m

track chain *(Bergb, Tech)* Kette f, Raupenkette f

track-drive shaft *(Bergb)* Turaswelle f

track frame *(Bergb)* Langträger m, Raupenkettenträger m *(Seitenrahmen)*; Seitenrahmen m *(des Unterwagens)*

track gauge *(BE) (Bahn)* Spurweite f

track gauge tolerance *(BE) (Tech)* Spurtoleranz f

track girder *(Stb)* Fahrbalken m

track group *(Bergb)* Kette f mit Platten

track group *(Tech)* komplette Kette f

track level *(Bergb)* Fahrplanum n

track link assembly *(Bergb)* Kette f ohne Platte

track master pin *(Tech)* Kettenschlussbolzen m, Masterbolzen m

track motor *(Antr)* Kettenantriebsmotor m, Raupenmotor m

track motor *(Tech)* Endantrieb m *(Ölmotor)*

track-mounted dumping plough *(BE) (Bergb)* Kippenpflug m

track pad *(Baum, Bergb)* Bodenplatte f *(der Raupenkette)*; Kettenplatte f, Platte f *(z. B. der Kette)*

track plate *(Baum)* Platte f *(Bodenplatte der Baumaschine)*

track rail *(Bahn)* Eisenbahnschiene f, Fahrschiene f

track rail sweep *(Kran)* Schienenkratzer m

track recoil spring *(Tech)* Rückholfeder f *(Zylinder)*

track rod *(Tech)* Lenkspurstange f, Spurstange f

track set *(Kfz)* Fahrkette f *(Kettensatz)*

track shifter [shifting] machine *(Bahn)* Gleisrückmaschine f

track sweeper *(Kran)* Schienenkratzer m

track tensioner *(Bergb)* Kettenspanner m *(Raupenkette)*

track tool arrangement *(Tech)* Kettenwerkzeugsatz m *(Caterpillar)*

track tool arrangement *(Zer)* Kettenwerksatz m

track welding *(Schw)* Punktschweißung f

track width *(Bahn)* Spurweite f

trackability *(Förd)* Geradelauf m *(z. B. des Bandes)*

trackage *(Bahn)* Gleisanlagen fpl

tracked adj *(Tech)* verfahrbar auf Raupen

tracked vehicle *(Kfz)* Kettenfahrzeug n

tracking *(Mess)* Nachführung f

tracking *(Tech)* Tracking n *(Spurtreue)*

tracking ability *(Förd)* Geradelauf m *(z. B. des Bandes)*

tracking system *(Mess)* Wegfolgesystem n

trackless adj *(Kfz)* schienenlos

tracks pl *(Bahn)* Gleisanlagen fpl; Schienenstrang m

traction cable *(Stb)* Zugseil n

traction device *(Werkz)* Zughub m

traction drive *(Bahn)* Triebfahrzeug n

traction drive *(Bergb, Umschl)* Fahrantrieb m

traction power *(Tech)* Vortriebskraft f

traction relief curve *(Tech)* Zugentlastungsbogen m

traction tire *(AE) (Kfz)* Geländereifen m

traction unit *(Bergb, Tech)* Fahrwerk n

traction vehicle *(Kfz)* Schleppfahrzeug n

tractive effort *(Bergb, Tech)* Zugkraft f *(z. B. eines Motors)*

tractive force *(Bahn)* Traktionskraft f

tractive force *(Bergb, Tech)* Zugkraft f *(z. B. eines Motors)*

tractive force *(Kfz, Tech)* Anfahrkraft f *(bei Fahrtbeginn)*

tractor *(Tech)* Schlepper m *(Traktor)*; Traktor m, Trecker m; Zugmaschine f *(Sattelschlepper)*

tractor-digger-loader *(Bergb)* Drei-in--eins-Lader m

tractor trailer [truck] *(Kfz, Tech)* Sattelschlepper m; Zugmaschine f

trade fair *(Tech)* Messe f *(Fachausstellung)*

trade mark *(Tech)* Firmenzeichen n

traffic *(Tech)* Verkehr m *(Straße)*

traffic congestion *(Tech)* Rückstau m, Stau m *(im Verkehr)*

traffic island *(Bau)* Verkehrsinsel *f (für Fußgänger)*

traffic lane *(Bau)* Fahrbahn *f*, Spur *f (Straße)*

traffic load *(Tech)* Betriebslast *f*; Verkehrslast *f*

traffic regulations *pl (Bahn)* Verkehrsordnung *f*

traffic sign *(Bau)* Verkehrszeichen *n*

trail *(Bahn)* Trasse *f*

trail of smoke *(Bahn)* Rauchfahne *f*

trailer *(Bahn)* Beiwagen *m (des Triebwagens)*; Mittelwagen *m*, Triebwagenanhänger *m*

trailer *(Förd, Kfz, Umschl)* Anhänger *m*

trailer *(Kfz)* Hänger *m (Lkw)*; Sattelschlepper-Anhänger *m*

trailer *(Tech)* Auflieger *m (z. B. des Sattelschleppers)*

trailer *(Umschl)* Nachläufer *m*

trailer bridge *(Umschl)* ansteigende Bandbrücke *f*, Schleppbrücke *f*

trailer design *(Kfz)* Hängerausführung *f (Lkw-Hänger)*

trailer for electrical equipment *(Umschl)* Elektrowagen *m*

trailer socket *(Elek)* Steckdose *f (für Kfz--Anhänger)*

trailing boom *(Bergb, Umschl)* hinterer Ausleger *m*

trailing end *(Bergb)* Scharende *f (des Graders)*

trailing hopper suction dredger *(Bergb)* Hoppersaugbagger *m (mit Laderaum)*; Laderaumsaugbagger *m*

train *(Tech)* Straße *f (im Walzwerk)*; Zug *m*

train driver *(Bahn)* Lokführer *m*

train of gears *(Getr)* mehrfache Radpaarung *f*, Zahnradgetriebe *n*

train of gears *(Tech)* Getriebe *n*, Getriebezug *m*

trainers *pl (Förd)* Lenkrollenstuhl *m*, Pendelrollenstation *f*, Pendelrollenstuhl *m*

training *(Tech)* Ausbildung *f (durch Kursus)*; Schulung *f*

training idler *(Förd)* Bandführungsrolle *f*, Führungsrolle *f*; Pendelrolle *f*, Pendelrollensatz *m (beweglich)*

training idler *(Förd, Tech)* Steuerschwelle *f (beweglich)*

training idler *(Tech)* Lenkrolle *f*

training idler roll *(Förd)* Pendelrolle *f (beweglich)*

training idlers *pl (Förd)* Lenkrollenstuhl *m*, Pendelrollenstation *f*, Pendelrollenstuhl *m*

training idlers for carrying belt *(Förd)* Lenkrollenstuhl *m (Gurtbandregler)*

training idlers for return belt *(Förd)* Lenkrollenstuhl *m (Gurtbandregler)*

training manual *(Tech)* Ausbildungshandbuch *n*

training period *(Fert, Tech)* Einarbeitungszeit *f*

tram *v (Tech)* umsetzen; verfahren

tramp iron *(Bergb)* Eisen *n* im Brechgut

tramp iron *(Met)* Fremdeisen *n*, Fremdkörper *m*

tramp item *(Met)* Fremdeisen *n*, Fremdkörper *m*

tramp metal detector *(Zer)* Metalldetektor *m*, Metallsuchgerät *n*, Nachlesegerät *n*

tramp oil *(Tech)* Fremdöl *n (zufällig vorhanden)*

transceiver *(Elek)* Sendeempfänger *m*

transceiver probe *(Prüf)* SE-Prüfkopf *m (Ultraschall)*

transcord breaker *(Förd)* Quercordlager *n (Gurt)*

transcriber *(Elek)* Wiedergabegerät *n*

transcrystalline corrosion *(Met)* transkristalline Korrosion *f*

transducer *(Elek)* Messwandler *m*, Messwertumformer *m*, Signalgeber *m*, Wandler *m*

transducer *(Prüf, Tech)* Schwinger *m (Ultraschall)*

transducer crystal *(Prüf)* Schwingkristall *m (Ultraschallprüfung)*

transducer shoe *(Prüf, Tech)* Prüfkopf--Schuh *m (Ultraschall)*; Vorsatzstück *n (Ultraschall; Prüfkopfvorsatzstück)*

transducer-to-part spacing *(Prüf)* Vorlaufstrecke *f (Ultraschallprüfung)*

transfer *v (Elek)* übertragen *(Energie, Strom)*

transfer *v (Tech)* verlagern *(z. B. Maschinen)*

transfer *(Bergb)* Förderung *f (Transport)*

transfer *(Bergb, Förd, Umschl, Zer)* Aufgabe *f*, Übergabe *f*

transfer *(Tech)* Schlepper *m (Hubschlepper)*; Versetzung *f*

transfer bank *(Tech)* Schlepper *m*
transfer bar crop shear *(Mech, Walz)* Vorbandschopfschere *f*
transfer beam *(Walz)* Transportbalken *m*
transfer bed *(Tech)* Schlepper *m*
transfer bed *(Walz)* Schleppbett *n*
transfer belt *(Förd)* Übergabeband *n*
transfer block *(Tech)* Verteilerklotz *m*
transfer buggy track *(Walz)* Schlepperbahn *f*
transfer car and track assembly *(Tech)* Schleppzug *m (Walzwerk)*
transfer car track *(Walz)* Schlepperbahn *f*
transfer case *(Getr)* Verteilergetriebe *n*
transfer chain *(Elek)* Schleppkette *f (Querschlepper)*
transfer conveyor *(Förd, Umschl)* Übergabeband *n*; Zwischenband *n*
transfer function *(Elek)* Übertragungsfunktion *f*
transfer of forces *(Tech)* Krafteinleitung *f (Gießmaschine)*
transfer of material *(Förd)* Materialaufgabe *f*
transfer of ownership of product *(Tech)* Produktübergabe *f*
transfer pump *(Hydr/Pneu)* Förderpumpe *f*
transfer skid bars *(Walz)* Schlepperrost *m*
transfer station *(Umschl)* Umladestation *f*, Umschlagstation *f*
transfer tube *(Elek)* Transferleitung *f*
transferable *adj (Elek, Tech)* übertragbar
transformation *(Elek)* Transformation *f*
transformation diagram *(Hütt, Met)* Umwandlungsschaubild *n*
transformation range *(Met)* Umwandlungsbereich *m (Stahlgefüge)*
transformer *(Elek)* Stromwandler *m*, Transformator *m*, Transformer *m*, Übertrager *m*, Umformer *m*, Wandler *m*
transformer coil *(Elek)* Übertragungsspule *f*
transformer ratio *(Elek, Hütt)* Umspannverhältnis *n*
transformer rectifier *(Elek)* Trafo-Gleichrichter *m*
transformer with sliding contact for current takeoff *(Elek)* Stelltrafo *m*, Stelltransformator *m*

transient *(Elek)* Einschwingvorgang *m*, Wanderwelle *f*
transient analysis *(Prüf, Verd)* Untersuchung *f* der instationären Schwingungen
transient oscillations *pl (Elek)* Ausgleichsschwingungen *fpl*
transient peak load *(Elek)* stoßartige Belastung *f*
transient pulse *(Elek)* Einschaltstoß *m*
transient response *(Mess)* Übertragungsverhalten *n*
transient torsional analysis *(Prüf, Verd)* Untersuchung *f* instationärer Verdrehvorgänge
transient value *(Mess)* Momentanwert *m*
transient voltage *(Elek)* Stoßspannung *f*
transistor *(Elek)* Transistor *m*
transit *(Bau)* Theodolit *m (Winkelmessgerät)*
transit *(Tech)* Ortswechsel *m*
transit... *adj (Tech)* Transport...
transit bracing *(Tech)* Transportsicherung *f*
transit scanning tank *(Form)* Durchlaufprüftank *m*
transit time of sound *(Akus, Elek)* Schall-Laufzeit *f*
transition distance [length] *(Förd)* Aufmuldungslänge *f*
transition frame *(Bergb)* Auflaufzunge *f*
transition frame *(Bergb, Umschl)* Einlaufgerüst *n*
transition piece *(Tech)* Übergangsstück *n (Anschluss)*
transition region *(Met)* Randschicht *f (Übergang)*
transition skid *(Förd, Umschl)* Auflaufschlitten *m*
transition truss *(Tech, Zer)* Übergangsbrücke *f*
transition truss *(Zer)* Einlaufbrücke *f*
transition zone *(Prüf)* Übergangsbereich *m (Ultraschallprüfung)*
transloading station *(Umschl)* Umladestation *f*
translucent paper *(Tech)* Transparentpapier *n*
transmission *(Elek)* Übermittlung *f*
transmission *(Getr)* Vorgelege *n*
transmission *(Tech)* Getriebe *n (Vorgelege)*; Schaltgestänge *n*, Transmission *f (Getriebe)*; Triebwerk *n*, Übertragung *f*

transmission absorption *(Elek)* Durchstrahlungsaufnahme f

transmission belt *(Tech)* Transmissionsriemen m, Treibriemen m

transmission case *(Getr)* Getriebegehäuse n

transmission coefficient *(Elek)* Durchlässigkeitskoeffizient m

transmission factor *(Elek)* Durchlässigkeitsfaktor m, Durchlässigkeitsfaktor m, Durchlässigkeitskoeffizient m

transmission gear *(Getr)* Vorgelege n, Vorschaltgetriebe n

transmission gear *(Tech)* Getrieberadsatz m

transmission gear ratio *(Getr)* Übersetzungsverhältnis n

transmission housing *(Kfz)* Antriebsgehäuse n

transmission line *(Elek)* elektrische Leitung f, Fernleitung f

transmission rating *(Elek)* übertragbare Leistung f

transmission ratio *(Getr, Tech)* Übersetzung f, Übersetzungsverhältnis n

transmission shaft *(Getr)* Vorgelegewelle f

transmission shaft *(Kfz, Tech)* Antriebswelle f, Getriebewelle f, Hauptwelle f, Kardanwelle f

transmission test inspection *(Prüf)* Durchstrahlungsprüfung f

transmission valve *(Tech)* Steuerblock m des Getriebes

transmit v *(Elek)* senden *(z. B. Radio, Ultraschall)*; übertragen *(z. B. ein Radioprogramm)*

transmittable torque *(Tech)* übertragbares Moment n

transmitted pulse *(Elek)* eingeleiteter Schallimpuls m

transmitter *(Elek)* Geber m *(Messgeräte)*; Impulsgeber m, Impulsgenerator m, Messwertumformer m, Mikrophon n *(Teil des Telefongerätes)*; Sender m *(z. B. Ultraschall)*; Übertrager m

transmitter *(Mess)* Messumformer m

transmitter trigger pulse *(Elek)* Sendesteuerimpuls m

transmitter trigger pulse input *(Elek)* SPA-Eingang m

transmitting-receiving probe *(Prüf)* SE--Prüfkopf m *(Ultraschall)*

transmitting-receiving transducer *(Prüf)* SE-Schwinger m *(Ultraschallprüfung)*

transom *(Stb, Tech)* Traverse f *(Querstück)*; Verbindungsriegel m *(Querbalken)*

transparency *(Tech)* Durchsichtigkeit f; Transparent n, Transparentpause f *(z. B. von Zeichnungen)*

transparent adj *(Tech)* durchsichtig *(transparent)*

transport v *(Förd)* befördern *(transportieren)*; fördern *(etw. befördern)*; tragen *(befördern)*

transport v *(Tech)* transportieren

transport *(Bergb, Umschl)* Umsetzen n des Materials

transport *(Tech)* Abtransport m

transport car *(Bergb)* Transportwagen m

transport level *(Bergb)* Stollen m

transport trolley *(Bergb)* Transportwagen m

transportable adj *(Tech)* transportabel, transportierbar

transporter *(Bergb)* Transportraupe f

transporter *(Kran)* Verladebrücke f

transporter crane *(Kran)* Verladebrücke f

transpose v *(Elek)* auskreuzen *(z. B. Wicklung)*

transsonic adj *(Tech)* transsonisch *(Verdichter)*

transverse adj *(Tech)* quer *(z. B. Motor)*; schräg *(quer)*

transverse base thickness *(Tech)* Zahndicke f *(am Grundzylinder)*

transverse beam mode *(Prüf)* Schrägstrahlverfahren n *(Ultraschallprüfung)*

transverse bracing *(Stb)* Querverband m *(Brücke)*

transverse contact ratio *(Tech)* Profilüberdeckung f

transverse control arm *(Tech)* Querlenker m

transverse crack *(Met, Schw)* Scheibenriss m; Querriss m *(z. B. in Schweißnähten)*

transverse cylinder *(Hydr, Tech)* Planzylinder m

transverse defect *(Met)* Querfehler m

transverse module *(Tech)* Stirnmodul m

transverse profile *(Tech)* Stirnprofil n

transverse rip stop *(Met)* Quersperre f *(Gurt)*

transverse screw drum *(Tech)* spiralförmige Querwalze f

transverse slice *(Met)* Querscheibe f *(Prüfstück)*

transverse stability *(Stb)* Querstabilität f

transverse wave *(Elek, Phys)* Querwelle f *(physikalisch)*; Transversalwelle f

transverse wave probe *(Prüf)* Querwellenprüfkopf m *(Ultraschall)*; Prüfkopf m für Transversalwelle

transversely mounted *adj (Tech)* querliegend angeordnet

trap *v (Bergb)* zuschieben *(Gestein zu Haufwerk)*

trap *(Bahn)* Fangschlinge f

trap door *(Bau, Tech)* Klapptor n

trapezoidal *adj (Tech)* trapezförmig; Trapez…

trapped *adj (Bergb)* zugeschoben

trash can *(Ökol, Tech)* Abfalltonne f *(Mülltonne)*

trash vehicle *(Tech)* Müllfahrzeug n

travel *v (Tech)* bewegen, verfahren

travel *(Förd)* Fördergutstrom m *(Förderband)*

travel *(Tech)* Fahrbetrieb m, Hub m *(Zylinder)*; Weg m

travel belt *(Förd)* Transportband n

travel brake *(Kfz)* Fahrwerkbremse f

travel drive *(Bergb, Kfz, Tech, Umschl)* Antrieb m zum Fahrwerk; Fahr(werks)antrieb m

travel-drive gear unit *(Tech)* Fahrgetriebe n

travel-drive pump *(Bergb, Hydr)* Fahrpumpe f

travel drive transmitter *(Tech)* Fahrzeuganzeiger m

travel gear drive *(Bergb, Kfz, Tech, Umschl)* Antrieb m zum Fahrwerk; Fahr(werks)antrieb m

travel path *(Tech)* Fahrbegrenzung f

travel pressure kit *(Bergb)* Druck-Zuschaltstufe f

travel pressure modification kit *(Bergb)* Fahrdruck-Änderungspaket n

travel stop *(Vent)* Wegbegrenzer m

travelling assembly *(Bergb)* Schreitwerk n

travelling brake *(Kfz)* Fahrwerkbremse f

travelling carriage *(Kran)* Laufkatze f *(auf zwei Schienen)*

travelling carriage *(Tech)* Fahrwagen m

travelling echo *(Elek)* Wanderecho n

travelling gantry *(Bergb)* Fahrportal n *(des Kranes)*

travelling gear *(Bergb, Tech)* Fahrwerk n

travelling grab bridge *(Bergb)* Greiferbrücke f

travelling grate *(Hütt/Walz)* Wanderrost m, Wanderrost m *(Sinteranlage)*

travelling hopper *(Bergb, Förd, Umschl)* Aufgabewagen m; Bandschleifenwagen m

travelling hopper *(Förd, Tech, Umschl)* Abwurfwagen m

travelling hopper *(Umschl)* Trichterwagen m

travelling light *(Kfz)* Aufblendlicht n

travelling load *(Tech)* Betriebslast f

travelling mechanism *(Bergb, Tech)* Fahrwerk n

travelling mechanism *(Kfz, Kran)* Fahrgestell n

travelling nut type limit switch *(Elek)* Spindelendschalter m

travelling overhead crane *(Kran)* Deckenlaufkran m

travelling path *(Bergb)* Fahrplanum n

travelling plow feeder *(AE) (Tech)* Bunkerentleerungswagen m, Bunkerräumwagen m

travelling return terminal frame *(Förd)* Umkehrwagen m

travelling track *(Bahn, Bergb)* Fahrbahnschiene f, Fahrgleis n

travelling tripper *(Bergb, Förd, Tech, Umschl)* Abwurfwagen m; Bandschleifenwagen m

travelling wall crane *(Kran)* Wandlaufkran m

traversable *adj (Tech)* verfahrbar *(Triebsweise)*

traverse *v (Tech)* verfahren

traverse *(Bau)* Polygonzug m

traverse *(Bergb)* Traverse f, Unterwagenmittelteil m

traverse *(Kran)* Katzfahren n

traverse adjustment *(Bergb)* Schwenkverstellung f

traverse cylinder *(Tech)* Verfahrzylinder m

traversing adj (Tech) verfahrbar (Triebsweise)

traversing bogie (Bergb, Förd) Fahrschemel m; Verschiebewagen m

traversing chute (Förd) Pendelschurre f

tray (Tech) Wanne f

tread (Bahn, Tech) Schienenlauffläche f

tread (Kfz) Laufflächengummi m (Reifen); Profil n (eines Reifens)

tread (Tech) Lauffläche f (eines Laufrades, Rades); Laufkranz m (eines Laufrades); Spurweite f (eines einzelnen Reifens)

treadle (Tech) Fußhebel m, Fußpedal n

treamie (Umschl) Silotrichter m

treat v (Aufb) aufbereiten (z. B. Abwasser)

treat v (Mech) bearbeiten (z. B. Oberflächen)

treating agent for coolant (Bergb) Kühlwasser-Veredlungsmittel n

treatment (Aufb) Aufbereitung f (Kohle)

treatment (Mech) Bearbeitungsverfahren n

treatment (Tech) Behandlung f

treatment of liquid iron and steel (Hütt) Eisen- und Stahlkonditionierung f

trellis (Tech) Gitter n (verflochten aus z. B. Draht)

trellis girder (Stb) Gitterträger m

tremie (Bau) Betonrutsche f

tremie (Umschl) Silotrichter m

trench (Bergb) Graben m

trench-cleaning bucket (Bergb) Grabkanalgreifer m

trench cutter (Bergb) Grabenfräse f

trench filler (Bergb) Grabenverfüllschnecke f

trench filling worm (Tech) Verfüllschnecke f (an Radlager)

trench-lining (Bergb) Verbau m (des Grabens)

trench sheeting (Bergb) Kanaldielen fpl

trench sheeting equipment (Bergb) Verbauzieheinrichtung f

trencher (Bergb) Drainagelöffel m, Kabellöffel m, Tieflöffelbagger m

trencher (Baum, Bergb, Umschl) Bunkerbagger m, Tiefbagger m

trenching bucket (Bergb) Kabellöffel m

trenching hoe (Baum, Bergb) Tieflöffelbagger m, Tieflöffelbagger m

trend (Schiff) Ankerhals m

trend (Stb) Verhalten n

trestle (Hütt) Hochbahngestell n (in der Möllerung)

trestle (Tech) Bock m (Gestell); Bockgerät n, Bockgerüst n, Stützbock m

trestle crane (Kran) Bockkran m

tri-metal design (Lag) Dreistoffausführung f

tri-sodium phosphate (Chem) Trinatriumphosphat n

Tria harp meshed fabric (Met) Triabelag m (eines Siebes)

Triac (Mess) Triac m

trial evaluation (Kfz, Prüf) Ergebnis n des Probelaufs; Probelaufergebnis n (nach Testlauf)

trial operation (Tech) Probeeinsatz m

trial run (Tech) Leerlaufprobe f, Probebetrieb m, Probeeinsatz m, Probelauf m (z. B. nach Reparatur)

triangle head (Tech) Dreikantkopf m (einer Schraube, DIN ISO 1891)

triangle with joints (Bergb, Tech) Gelenkdreieck n

triangular adj (Tech) dreieckig; Dreikant...

triangular file (Werkz) Dreikantfeile f

triangular rocker (Bergb, Tech) Gelenkdreieck n

triangulated adj (Tech) trianguliert

triaxial adj (Tech) dreiachsig

trickle charger (Elek) Pufferladung f, Trockengleichrichter m

trickle nitrogen (Chem, Hütt) Träufelstickstoff m

trickling adj (Bergb, Umschl) rieselig

tried and tested adj (Tech) bewährt

trigger v (Elek, Mess) ansteuern, auslösen

trigger (Elek) Auslöser m, Geber m, Trigger m

trigger (Hütt/Walz) Auslösenocken m (Anschlag)

trigger set (Elek) Impulsleitung f, Steuersatz m

triggering (Elek) Ansteuern n, Ansteuerung f, Auslösung f; Taktgabe f, Triggern n

trigonometry (Math, Stb) Trigonometrie f

trilene vapour (Chem) Tridampf m

trim v (Elek) abgleichen (genau einstellen); fein einstellen

trim v (Mech) beschneiden (z. B. Bleche); entgraten, putzen (z. B. Guss,

Schmiedestücke); schneiden *(trimmen)*; zurechtmachen, zurichten

trim v *(Mech, Mont)* abdrehen, Grat abdrehen

trim v *(Schiff)* trimmen *(die Ladung an Bord)*

trim v *(Tech)* gussputzen, schaben *(z. B. Zylinderrohre)*

trim v *(Tech, Walz)* besäumen *(z. B. Blech, Blechkanten)*

trim *(Stat)* Gleichgewichtslage f *(z. B. einer Ladung)*

trim *(Tech)* Garnitur f

trimmer *(Mech)* Schneidmaschine f *(für Papier usw.)*

trimmer *(Stb)* Stichbalken m

trimmer *(Walz)* Besäumschere f

trimmer potentiometer *(Elek)* Trimmpotenziometer n

trimming *(Mech)* Entgraten n

trimming resistor *(Elek)* Abgleichwiderstand m, Justierwiderstand m

trimmings *(Walz)* Saumstreifen m *(Rohrwalzwerk)*

trip v *(Elek)* auslösen, ausrücken

trip *(Bergb)* Förderspiel n *(Schachtförderung)*

trip *(Elek)* Auslöser m *(z. B. Schaltgerät)*; Leistungsschalter m, Schutzschalter m

trip *(Tech)* Spiel n *(Förderspiel)*

trip dog *(Tech)* Anschlagbolzen m, Anschlagnase f, Anschlagnocken m, Anschlagstift m

trip point *(Elek)* Schwellwert m *(Mess- und Regeltechnik)*

trip-wire emergency stop *(Elek)* Reißleinen-Notschalter m

tripartite adj *(Tech)* dreiteilig

triple adj *(Tech)* dreifach

triple-bar track pad *(Bergb)* Dreistegbodenplatte f, Dreistegrippenplatte f

triple-grouser track pad *(Bergb)* Dreistegbodenplatte f, Dreistegrippenplatte f

triple mast system *(Förd)* Dreifachhubgerüst n *(Dreifachmast; Gabelstapler)*

triple pole adj *(Elek)* dreipolig

triple prism *(Tech)* Prisma n aus drei Gläsern

triple roller guide *(Förd, Tech)* Führungstripel n, Rollentripel n

triple rope reeving *(Bergb)* dreifache Flaschung f

triple-sector clutch hub *(Kfz)* Dreiarmnabe f

triple telescopic lift structure *(Förd)* Dreifachhubgerüst n *(Dreifachmast; Gabelstapler)*

triple-thread adj *(Tech)* dreigängig *(z. B. ein Zahnrad)*

triple valve *(Hydr/Pneu)* Dreifachventil n

triple valve *(Vent)* Steuerventil n

tripled adj *(Tech)* verdreifacht

triplex adj *(Tech)* dreifach

tripod *(Bau, Tech)* Dreibein n, Dreifuß m, Stativ n

TriPower triangular rocker *(Bergb)* Tri-Power-Lenker m

tripper *(Bergb)* Schleifenwagen m

tripper car *(Bergb, Förd, Umschl)* Abwurfwagen m; Bandschleifenwagen m, Bandwagen m; Schleifenbandförderer m, Schleifenbandwagen m

tripping *(Elek)* Entklinkung f

tripping device *(Elek)* Auslöser m; Lastschalter m *(Trafo)*; Leistungsschalter m

trisquare socket head screw *(Tech)* Innenvielzahnschraube f

trivalence *(Chem)* Dreiwertigkeit f

trivalent adj *(Chem)* dreiwertig

trolley *(Kran)* Katze f, Kranbahnkatze f, Kranlaufbahn f, Laufkatze f

trolley *(Tech)* Laufwerk n

trolley bars pl *(Tech)* Schleifleitung f

trolley brush *(Elek)* Stromabnehmer m *(Schleifbürste)*

trolley collector *(Kran)* Rollenstromabnehmer m

trolley conveyor *(Tech)* Hängebahn f *(in Werkshalle)*

trolley line *(Tech)* Schleifleitung f

trolley stop *(Förd)* Stau-Stopper m

trolley wire(s) *(Tech)* Schleifleitung f

troostite *(Met)* Troostit n

tropical roof *(Bergb)* Tropendach n *(z. B. des Graders)*

tropicalised adj *(BE)* *(Tech)* tropenfest, tropengeschützt

tropicalized adj *(AE)* *(Tech)* tropenfest, tropengeschützt

trouble *(Tech)* Arbeit f *(Bemühung)*; Ausfall m *(z. B. eines Gerätes bei Störung)*; Defekt m, Fehler m *(z. B. eines Gerätes, Störung)*; Mühe f, Störung f *(z. B. eines Gerätes)*

trouble-free adj *(Tech)* störungsfrei

trouble-shooting *(Elek, Tech)* Fehlerbeseitigung f, Fehlersuche f; Störungsbeseitigung f, Störungssuche f

trough *(Förd, Tech)* Rinne f, Muldung f, Trog m, Wanne f

trough bottom *(Stb)* Rinnenboden m *(Förderrinne)*

trough conveyor *(Förd)* Muldenkettenförderer m

trough flight conveyor *(Förd)* Trogkettenförderer m

trough for cables *(Tech)* Kabelablage f, Kabelrinne f

trough plate girder span *(Stb)* Vollwand--Trogbrücke f

troughability *(Förd)* Muldungsfähigkeit f *(Gurt)*

troughability of belt *(Förd)* Anschmiegen n des Gurtes, Muldungsfähigkeit f des Gurtes

troughable *adj (Tech)* geschmeidig *(Gurt)*

troughed *adj (Mech)* gemuldet

troughed belt conveyor *(Förd)* Muldenbandförderer m

troughed idler support *(Förd)* Muldenrollenstuhl m

troughing *(Förd)* Muldung f

trowel *(Bau)* Kelle f

trowel *(Werkz)* Spachtel m

truck *v (Tech)* transportieren *(mit einem LKW)*

truck *(Kfz)* Lastkraftwagen m, Lastwagen m, Lkw m; Truck m *(Lkw in den USA)*

truck company *(Tech)* Lkw-Spedition f

truck crane *(Kran)* Autokran m, Lkw-Kran m, Mobilkran m

truck-mounted crane *(Kran)* Automobilkran m

truck wheel *(Kran)* Schwingenrad n

true *v (Tech)* ausrichten *(z. B. Räder, Lager)*; richten *(z. B. Räder, Lager)*; zentrieren *(z. B. Räder, Lager)*

true *v (Mont, Tech)* abrichten *(von Blech)*

true *adj (Tech)* schlagfrei

true density *(Hütt)* Korndichte f *(z. B. Kohle)*

true length *(Bau)* Abwicklung f *(echte Länge)*

true power *(Elek)* Wirkleistung f *(in Watt)*

true-to-scale drawing *(Zeich)* maßstabsgerechte Zeichnung f

truly *adv (Tech)* genau, richtig

truly aligned *adj (Tech)* fluchtgerecht

trumpet *(Tech, Walz)* Einfülltrichter m *(Eingang zum Walzwerk)*; Einlauftrichter m

truncated cone *(Tech)* Kegelstumpf m

trunk *(AE) (Kfz)* Kofferraum m

trunk call *(Elek)* Selbstwähl-Ferngespräch n *(Telefon)*

trunnion *(Hütt)* Auflagezapfen m *(der Verteilerrinne)*

trunnion *(Tech)* Drehzapfen m *(Kippzapfen)*; Joch n *(mittlere Pendelaufhängung)*; Schwenkzapfen m; Tragzapfen m, Welle f *(eines Zylinderschwenklagers)*; Zapfen m *(Auflagezapfen der Verteilerrinne)*

trunnion bearing *(Lag)* Schwenkzapfenlager n; Tragzapfenlager n; Zapfenlager n *(bei Stahlkonstruktion)*

trunnion bearing housing *(Lag)* Drehlagergehäuse n

trunnion hole *(Tech)* Schwenkauge n

trunnion leg mount *(Tech)* Schwenklagerbock m *(eines Zylinders)*

trunnion mounting *(Tech)* Schwenklagerbefestigung f

trunnion mounting bracket *(Tech)* Schwenklagerbock m *(eines Zylinders)*

trunnion ring *(Tech)* Tragring m

trunnion screw *(Stb)* Zapfenschraube f

truss *(Baut)* Fachwerk n

truss *(Stat, Stb)* Fachwerkskonstruktion f, Gitterträger m, Pfostenfachwerk n, System n, Träger m *(Fachwerk)*

truss frame (work) *(Stb)* Sprengwerk n

truss gallery [girder] bridge *(Bergb, Umschl, Förd)* Fachwerkbrücke f *(Förderer)*

truss head *(Tech)* Flachrundkopf m

truss rafter *(Bau)* Dachbinderobergurt m

trussed *adj (Stb)* unterspannt

trussed arch *(Baut)* Fachwerkbogen m

trussed girder *(Stb)* Fachwerkträger m *(Gitterträger, mehrteiliges Fachwerk)*

try square *(Mont, Werkz)* Anschlagwinkel m

TTT diagram *(Abk. für: time temperature transformation diagram) (Hütt)* Zeit--Temperaturumwandlungsschaubild n

TTTD *(Abk. für: time temperature transformation diagram) (Hütt)* Zeit-Temperaturumwandlungsschaubild n

tub *(Bau)* Zuber m

tubbing *(Hütt/Walz)* Tübbing *m (gusseisern)*

tube *(Elek)* Buchse f

tube *(Kfz)* Schlauch *m (im Autoreifen)*

tube *(Tech)* Leitung f *(Rohr)*; Nabe f, Rohr n *(Konstruktionsteil)*; Röhre f

tube and pipe coating *(Walz)* Rohrbeschichtung f

tube and pipe making (facilities) pl *(Hütt/Walz)* Rohrtechnik f

tube and pipe manufacturing *(Hütt/Walz)* Rohrherstellung f

tube and pipe sheathing *(Walz)* Rohrummantelung f

tube and shell heat exchanger *(Tech)* Röhrenwärmetauscher m

tube bank *(Tech)* Rohrbündel n *(Kühler)*

tube bend *(Tech)* Rohrbogen m

tube blank *(Hütt, Met)* Luppe f, Rohrluppe f; Rohrknüppel m *(vorgelocht)*; Rohrvorprodukt n

tube bulge *(Hütt/Walz)* Rohraufweitung f, Rohrausbeulung f

tube bundle *(Tech)* Rohrbündel n *(Kühler)*

tube bundle heat exchanger *(Tech)* Röhrenwärmetauscher m

tube coil *(Hütt/Walz, Tech)* Rohrschlange f, Schlangenrohr n

tube coiling facility *(Walz)* Rohrhaspelanlage f

tube coupling *(Tech)* Muffe f *(Rohr)*; Rohrmuffe f

tube crack *(Met)* Rohrreißer m

tube drawing bench *(Form)* Rohrziehbank f

tube drawing die *(Form)* Röhrenziehring m

tube end sizing press *(Form)* Rohrendenkalibrierpresse f

tube envelope *(Mess)* Röhrenkolben m

tube expander *(Hütt/Walz)* Rohrwalzgerät n, Walzgerät n

tube expansion *(Hütt/Walz)* Rohraufweitung f

tube extrusion press *(Form)* Metallrohrpresse f; Rohrstrangpresse f

tube extrusion process *(Form)* Rohrstrangpressen n

tube filter *(Tech)* Kerzenfilter m

tube fitting *(Tech)* Verschraubung f *(für Rohre)*

tube flange *(Tech)* Rohrflansch m

tube flare *(Hütt/Walz)* Rohraufweitung f

tube hole groove *(Hütt/Walz)* Walzrille f

tube manipulation *(Form)* Rohrendverformung f

tube mill *(Walz)* Rohrwalzwerk n

tube mill *(Zer)* Rohrmühle f

tube necking press *(Form)* Rohraushalspresse f

tube pitch *(Tech)* Rohrteilung f

tube plate *(Tech)* Rohrplatte f

tube plate *(Verd)* Rohrboden m

tube-round product *(Hütt, Met)* Röhrenrund n, Röhrenrundguss m

tube-rounds *(Hütt, Met)* Röhrenrund n, Röhrenrundguss m

tube section *(Met, Stb)* Rohrquerschnitt m

tube serpentine *(Tech)* Rohrschlange f

tube sheet *(Verd)* Rohrboden m

tube shell *(Hütt, Met)* Luppe f, Rohrluppe f

tube sizing mill *(Walz)* Rohrmaßwalzwerk n

tube sizing press *(Form)* Rohrkalibrierpresse f

tube spacing *(Tech)* Rohrteilung f

tube spring circular form *(Tech)* Rohrfeder-Kreisform f

tube stop *(Verd)* Rohranschlag m

tube straightener *(Walz)* Rohrrichtmaschine f

tube tapering press *(Form)* Rohreinziehpresse f

tube testing probe *(Prüf)* Rohrprüfkopf m

tube upsetting press *(Form)* Rohrstauchpresse f

tube wall *(Hütt/Walz, Tech)* Rohrwand f, Rohrwandung f

tube well *(Bau)* Rohrbrunnen m

tubeless *adj (Kfz)* schlauchlos *(Reifen)*

tubes and pipe *(Met)* Rohre npl *(Sammelbegriff für nahtlose und/oder geschweißte Rohre)*; Röhrenmaterial n

tubeseal *(Tech, Hydr/Pneu)* Schlauchdichtung f

tubesheet *(Verd)* Rohrboden m

tubing *(Met)* Röhrenmaterial n

tubing *(Tech)* Leitung f, Rohrleitung f

tubing and casing *(Tech)* Steig- und Futterrohr n

tubular *adj (Tech)* röhrenartig, röhrenförmig, rohrförmig; Rohr…

tubular bellows *pl (Tech)* Bunabalg m

tubular boom structure *(Bergb)* Rohrausleger m

tubular bore spanner *(Werkz)* Vierkantsteckschlüssel m

tubular box spanner *(Werkz)* Rohrsteckschlüssel m, Vierkantsteckschlüssel m

tubular bulb *(Elek)* Röhrenlampe f

tubular bus *(Elek, Hütt)* Stromrohr n

tubular capacitor *(Hütt/Walz)* Rohrkondensator m

tubular chain pin *(Förd)* Gleitrollenachse f

tubular conductor *(Elek, Hütt)* Stromrohr n

tubular guiding sleeve *(Tech)* Hohlwelle f

tubular ladle transporter *(Hütt)* Rohrpfannenwagen m

tubular products pl *(Met)* Rohre npl *(Sammelbegriff für nahtlose und/oder geschweißte Rohre)*; Röhrenmaterial n

tubular rail *(Förd)* Schlitzrohr n *(Laufbahn eines Rohrkreisförderers)*

tubular rail overhead trolley conveyor *(Förd)* Rohrkreisförderer m

tubular rivet *(Tech)* Hohlniet m, Rohrniet m

tubular scaffolding *(Stb)* Rohrgerüst n

tubular section *(Met, Stb)* Hohlquerschnitt m, Rohrquerschnitt m *(hohl)*

tubular shape *(Met)* Profilrohr n

tubular steel scaffolding *(Bau, Stb)* Stahlrohrgerüst n

tubular tow-bar *(Tech)* Kupplungsstange f *(aus Rohr)*

tubular track *(Förd)* Schlitzrohr n *(Laufbahn eines Rohrkreisförderers)*

tubulous lining *(Hütt/Walz)* Rohrauskleidung f *(Kühlfläche)*

tugboat *(Schiff)* Schleppdampfer m, Schlepp- und Bugsierschiff n, Schlepper m

tumbledown adj *(Baut)* baufällig *(reparaturbedürftig)*

tumbler *(Bergb)* Antriebsturas m, Leitrad n *(des Schaufelradbaggers)*; Turas m *(mit Zahntaschen)*

tumbler switch *(Elek)* Kippschalter m

tundish *(Hütt)* Gießwanne f; Verteilerrinne f

tundish metallurgy *(Hütt)* Rinnenmetallurgie f

tungsten carbide tipped drill bolt *(Tech)* Widia-Einsatz m

tungsten inert gas welding *(Schw)* Wolframinertgasschweißung f

tungsten steel *(Met)* Wolframstahl m

tuning *(Elek)* Abstimmung f *(z. B. des Radios)*

tunnel v *(Bergb, Tunn)* bohren *(Tunnel usw.)*

tunnel *(Bergb)* Stollen m

tunnel *(Tunn)* Tunnel m

tunnel borer *(Tunn)* Tunnelvortriebsmaschine f

tunnel boring machine *(Tunn)* Streckenvortriebsmaschine f, Tunnelvortriebsmaschine f

tunnel driving machine *(Tunn)* Streckenvortriebsmaschine f, Tunnelvortriebsmaschine f

tunnel excavation *(Bergb, Tunn)* Tunnelvortrieb m, Vortrieb m

tunnel face *(Bergb, Tunn)* Ortsbrust f, Tunnelbrust f

tunnel header *(Tunn)* Tunnelvortriebsmaschine f

tunnel heading *(Bergb, Tunn)* Tunnelvortrieb m, Vortrieb m

tunnel heading machine *(Tunn)* Streckenvortriebsmaschine f, Tunnelvortriebsmaschine f

tunnel lagging [lining] *(Tunn)* Tunnelausbau m

tunnel reclaim conveyor *(Umschl)* Unterflur-Rückladeband n

tunnel side wall *(Bergb, Tunn)* Ulme f

tunnel support (system) *(Tunn)* Tunnelausbau m

tunneling *(AE)* *(Bergb, Tunn)* Vortrieb m, Tunnelvortrieb m

tunneling machine *(AE)* *(Tunn)* Tunnelvortriebsmaschine f

tunnelling machine *(BE)* *(Bergb)* Streckenvortriebsmaschine f, Tunnelvortriebsmaschine f

turbidity *(Chem)* Trübung f

turbine *(Elek)* Turbine f

turbine room *(Tech)* Maschinenhaus n *(des Skipaufzuges)*

turbo blower *(Verd)* Turbogebläse n

turbo-charged *(Elek)* Turbo-Aufladung f

turbo charger *(Bahn, Tech)* Abgasturbolader m *(z. B. eines Dieselmotors)*

turbo-compressor *(Verd)* Turboverdichter *m*

turbocharger *(Tech)* Turbolader *m*

turbulence *(Verd)* Verwirbelung *f*

Turk's head *(Walz)* Türkenkopf *m (Rohrwalzwerk)*

turn *v (Mech)* abdrehen *(ein Werkstück)*; drehen *(langdrehen, herumdrehen, zerspanen)*; auf der Drehbank drehen; schlichtdrehen

turn *v (Tech)* drehen *(sich drehen)*; wenden

turn *v (Verd)* durchdrehen *(Welle)*

turn *v* **to size** *(Mech, Mont)* auf Maß abdrehen, nach Maß drehen

turn *v* **to template** *(Mech)* nach Maß drehen

turn *(Elek)* Wicklung *f (einer Spule)*

turn *(Kran)* Windung *f (Seil)*

turn *(Tech)* Drehung *f (Umdrehung)*; Umdrehung *f*, Umlenkung *f (Kreisförderbahn)*; Windung *f (einer Wicklung)*

turn down ratio *(Mess)* Mengeneinstellverhältnis *n*

turn-key *adj (Bau)* schlüsselfertig

turnable *adj (Tech)* drehbar *(kreisend, rotierend, umlaufend)*

turnaround time *(Tech)* Rüstzeit *f (Gießmaschinen)*; Umlaufzeit *f*

turnbuckle *(Bergb)* Seilspannen *n*

turnbuckle *(Tech)* Kettenspanner *m*, Spanner *m*, Spannschloss *n*, Spannschraube *f*, Spannvorrichtung *f (Drehhebel)*; Vorreiber *m*

turnbuckle *(Walz)* Anstellelement *n (für Axialstellung)*

turnbuckle nut *(Tech)* Spannschlossmutter *f*

turndown *(Mess)* Mengenverhältniseinstellung *f*

turned *adj (Mech)* gedreht

turned bolt *(Tech)* gedrehte Schraube *f*, Passschraube *f*

turner *(Mech)* Dreher *m (an der Drehbank)*

turning *adj (Kfz)* drehend

turning *adj (Tech)* drehbar *(kreisend, rotierend, umlaufend)*; mitdrehend; Dreh..., Wende...

turning *(Tech)* Drehung *f*

turning circle *(Tech)* Wendekreis *m (Kraftfahrzeug)*

turning crane *(Tech)* Drehkran *m*

turning ladder *(Tech)* mitdrehende Leiter *f*

turning lathe *(Tech)* Spitzendrehmaschine *f*

turning machine *(Mech, Mont)* Abdrehvorrichtung *f*

turning tool *(Werkz)* Drehstahl *m*

turnings *(Hütt, Mech)* Drehspäne *mpl*

turnout *(Bahn)* Übergabeweiche *f*, Weiche *f*

turnpike *(Tech)* Schwenkgalgen *m*

turnround time *(Tech)* Rüstzeit *f (Gießmaschinen)*; Umlaufzeit *f*

turns ratio *(Elek, Hütt)* Windungsverhältnis *n (Transformator)*

turnstile *(Tech, Walz)* Drehkreuz *n*

turntable *(Bergb, Tech)* Drehkranz *m (des Graders)*; Kugellenkkranz *m*, Lenkkranz *m*

turntable *(Tech)* Drehscheibe *f*, Drehtisch *m*

turntable assy *(Bergb)* Schwenkplattform *f*

turntable ladder *(Stb, Tech)* Drehleiter *f*, fahrbare Leiter *f*

turret lathe *(Mech)* Revolverdrehbank *f*

turret lifting arm *(Tech)* Hubarm *m (Gießmaschine)*

tuyere brick *(Hütt)* Röhrchenspüler *m (Konverter)*

tuyere cooler holder *(Hütt)* Windformkasten *m*

TV *(Elek)* Fernseher *m*

twelve-point socket *(Tech)* Innenvielzahn *m (DIN ISO 1891)*

twelve-sided spanner *(Werkz)* Zwölfkantschraubenschlüssel *m*

twill *(Met)* Köper *m (Filtergewebeart)*

twilled fabric *(Met)* Köpergewebe *n (Filtereinsatz)*

twin *(Tech)* Doppel..., Zwillings...

twin-bayed *adj (Stb)* zweischiffig

twin belt *(Förd)* Treibgurt *m*

twin motor drive *(Antr, Walz)* Zwillingsantrieb *m*

twin-pressure sequence valve *(Vent)* Zweidruck-Ventil *n*

twin probe *(Elek)* Doppelprüfkopf *m (Ultraschall)*

twin-sector clutch hub *(Tech)* Zweiarmnabe *f*

twin-stage *adj (Tech)* zweistufig

twin-stage transmission *(Tech)* Zweistufenschaltung *f*

twin-T-circuit *(Elek)* Doppel-T-Schaltung *f*

twinning *(Stb)* Verkupplung *f (von Trägern)*

twist *v (Tech)* drehen *(verdrehen, wickeln)*; verdrehen *(die Form verlieren)*

twist *v off (Tech)* abdrehen *(z. B. einen Deckel)*

twist *(Stb, Tech)* Drehung *f*, Verdrallung *f*, Verdrehung *f*; Verwindung *f (Formverlust)*

twist buckling *(Stat, Stb)* Drillknicken *n*

twist drill *(Mech, Werkz)* Bohrer *m (Spiralbohrer)*; Maschinenbohrer *m*, Spiralbohrer *m*

twist-free *adj (Tech)* drallfrei *(z. B. Seil)*

twist iron *(Met, Tech)* Biegeeisen *n*, Würgeeisen *n*, Würger *m*

twist knob *(Elek)* Schaltergriff *m*

twist knob *(Tech)* Knebel *m*

twist-off tension bolt *(Tech)* Würgeschraube *f*

twist spring clip *(Tech)* Drehfeder *f (Befestigungsmittel)*

twist switch *(Elek)* Schwenkschalter *m*, Schwenktaster *m*

twisted *adj (Elek)* verdrillt *(Leiter)*

twisted *adj (Tech)* bifilar, verwunden *(verbogen)*

twisted bar *(Met)* Torstahl *m*

twisted deformed bar *(Met)* Torrippenstahl *m*

twisted reinforcement bulb steel *(Met)* Drillwulststahl *m (Form des Betonstahls)*

twisted reinforcement steel *(Met)* Torstahl *m*

twisted ribbed reinforcing steel *(Met)* Torrippenstahl *m*

twisting *(Tech)* Dreh... *(Verdrehungs...)*

twisting *(Form, Hütt/Walz)* Verformung *f*

twisting *(Met)* Torsion *f*

twisting *(Tech)* Drillung *f (Drehung)*

twisting force *(Tech)* Drehkraft *f*, Drehmoment *n*

twisting machine *(Form)* Verwindemaschine *f*

twisting moment *(Kran)* Verdrehmoment *n*

twisting moment *(Met, Stb)* Drehmoment *n*, Drillmoment *n*, Torsionsmoment *n*

twisting out *(Elek)* Auslenkung *f*

twisting stiffness *(Met, Stb)* Drillsteifigkeit *f*, Drillwiderstand *m*; Torsionssteifheit *f*

twisting strength *(Tech, Schw)* Drehfestigkeit *f*

two-armed flange *(Tech)* Zweiarmflansch *m*

two-button station *(Elek)* Doppeldrucktaster *m*

two-channel *(Elek)* Zweikanal...

two-circuit double interruption switch *(Elek)* Gruppenschalter *m*

two-circuit single interruption switch *(Elek)* Serienschalter *m*

two-conductor cable *(Elek)* doppeladriges Kabel *n*

two-core *adj (Elek)* zweiadrig *(Kabel)*

two-core cable *(Elek)* doppeladriges Kabel *n*

two-core conductor *(Elek)* Doppeladerleiter *m*

two-cycle *(Tech)* Zweitakt *m (Arbeitsgang)*

two-deck screen *(Tech)* Zweideckersieb *n*

two-dimensional *adj (Stat)* zweiachsig *(Spannungszustand)*

two-dimensional *adj (Verd)* zweidimensional *(Strömung)*

two-handed safety device *(Tech)* Zweihandsicherung *f*

two-high (rolling) mill *(Walz)* Duowalzwerk *n (Duostraße)*; Zweiwalzengerüst *n (Duogerüst)*

two-high (rolling) stand *(Walz)* Zweiwalzengerüst *n (Duogerüst)*

two-hinged arch *(Stb)* Zweigelenkbogen *m*

two-in-one clamshell *(Bergb)* Klappschaufel *f*

two-lobe bearing *(Lag)* Zitronenlager *n*, Zweikeillager *n*

two-pole *(Elek)* Zweipol...

two-position control *(Mess)* Zweipunktregelung *f*

two-row *adj (Tech)* zweireihig

two-rowed *adj (Tech)* doppelreihig

two-stage *adj (Tech)* zweistufig

two-step *adj (Tech)* zweistufig

two-storey *adj (BE) (Baut, Tech)* doppelstöckig, zweigeschossig
two-story *adj (AE) (Baut, Tech)* doppelstöckig, zweigeschossig
two-stringer *(Tech)* Zweiholm *m*
two-stroke *(Tech)* Zweitakt *m (Motor)*
two-way chute *(Bergb, Umschl)* Hosenschurre *f*
two-way contact *(Elek)* Wechsler *m*
two-way distributor *(Hütt/Walz)* Zweiwegegabelstück *n*
two-way double-pole reversing switch *(Elek)* Kreuzschalter *m*
two-way FM radio-telephone communication *(Elek)* UKW-Wechselsprechanlage *f*
two-way radio (telephone) connection *(Tech)* Gegensprechanlage *f*
two-way two-position solenoid valve *(Vent)* Zwei-Wege-Zwei-Stellungs-Magnetventil *n*
two-way valve *(Vent)* Zweiwegventil *n*
two-wheel supporting bogie *(Bergb, Tech)* Stützschwinge *f (Brücke)*
twofold *adj (Tech)* zweifach
tyne *(Tech)* Zinke *f*
tyned brick bucket *(Bau)* Steinschaufel *f*
type *(Konst, Tech)* Bauart *f (Art des Aufbaus)*; Bauform *f*
type *(Tech)* Art *f (Sorte)*; Art *f (Bauart, Modell)*; Ausführung *f (Machart, Qualität)*; Schrift *f (Schriftart, Druckart)*; Typ *f*
type approval *(Tech)* Betriebserlaubnis *f*
type approval number *(Tech)* Baumusterprüfnummer *f*
type of closure [connection] *(Elek)* Schaltungsart *f*
type of construction *(Konst, Tech)* Ausführungsart *f*; Bauart *f (Art des Aufbaus)*; Bauform *f*
type of construction B3 *(Elek, Tech)* Bauform *f* B3 *(horizontale Fußbauform)*; horizontale Fußbauform *f*
type of construction B5 *(Elek, Tech)* Bauform *f* B5, horizontale Flanschbauform *f*
type of enclosure *(Elek, Tech)* Schutzart *f (Instrumente oder Motoren)*
type of insulating material *(Tech)* Isolierstoffklasse *f*
type of joint *(Schw)* Stoßart *f*
type of protection *(Elek, Tech)* Schutzart *f*

type rating *(Elek)* Typenleistung *f (Trafo)*
typewriter ribbon *(Tech)* Farbband *n*
typical *adj (Tech)* bezeichnend, repräsentativ, typisch
typical application *(Tech)* Arbeitsmöglichkeit *f*, Einsatz *m (Verwendung)*; Einsatzmöglichkeit *f (Gerät)*
typical value *(Tech)* Richtwert *m*
tyre *(BE) (Kfz)* Bandage *f*; Radreifen *m*
tyre *(BE) (Tech)* Laufring *m*, Reifen *m (z. B. für Kfz)*
tyre gauge *(BE) (Kfz)* Reifendruckmesser *m*
tyre pressure drop indicator *(BE) (Tech)* Reifenhüter *m*
tyre scuffing *(BE) (Tech)* Wühlen *n (der Reifen)*
tyred crane *(BE) (Kran)* Mobilkran *m (auf Rädern)*
tyres *pl (BE) (Kfz)* Bereifung *f*

U

U-bend tube *(Hütt/Walz, Tech)* U-Rohr *n*
U-blade *(Baum, Bergb, Tech)* Universal-Planierschild *n*, U-Schild *n*
U-ing machine [press] *(Form)* Vorrundenpresse *f (Rohrherstellung)*
U-iron *(Met)* U-Eisen *n*
U-joint *(Tech)* Kreuzgelenk *n*
U-profile butt weld *(Schw)* Tulpenschweißung *f*
U-ring *(Tech)* Nutring *m*, U-Ring *m*
U-shaped *adj (Tech)* U-förmig
U-shaped rail *(Hütt/Walz, Stb)* U-Schiene *f*
U-shaped tube *(Hütt/Walz, Tech)* U-Rohr *n*
U-weld *(Schw)* U-Naht *f*
ulterior *adj (Tech)* nachträglich
ultimate *adv (Tech)* äußerst
ultimate analysis *(Tech)* Elementaranalyse *f*
ultimate breaking load *(Met, Prüf)* Bruchlast *f*
ultimate breaking strength *(Met, Prüf, Stat)* Bruchdehnung *f*, Bruchfestigkeit *f*
ultimate compressive strength *(Tech, Stat)* Druckfestigkeit *f*
ultimate damping *(Tech)* Grenzdämpfung *f (DIN 50100)*
ultimate load *(Met, Prüf)* Bruchlast *f*

ultimate number of cycles *(Prüf)* Grenzlastspielzahl f *(DIN 50100)*

ultimate position *(Tech)* Höchststand m

ultimate strength *(Met, Prüf, Stat)* Bruchfestigkeit f, Bruchgrenze f; Säulenfestigkeit f, Zugfestigkeit f; Würfelfestigkeit f, Zerreißfestigkeit f

ultimate strength design *(Met, Prüf)* Bruchberechnung f

ultimate stress *(Met, Prüf, Stat)* Bruchfestigkeit f, Bruchgrenze f; Säulenfestigkeit f, Zugfestigkeit f; Würfelfestigkeit f, Zerreißfestigkeit f

ultimate tensile strength *(Met, Prüf, Stat)* ermittelte Bruchlast f; Bruchdehnung f, Bruchfestigkeit f, Zerreißfestigkeit f

ultra-fine *adj (Tech)* sehr fein, Feinst…

ultra-high voltage *(Elek)* Höchstspannung f

ultraclean steel *(Met)* ultrareiner Stahl m

ultrahigh pressure *(Tech)* Höchstdruck m

ultralight gauge strip *(Met, Walz)* Dünnstband n

ultrasonic attenuation *(Prüf)* Ultraschallschwächung f

ultrasonic barrier *(Elek)* Ultraschallschranke f

ultrasonic beam *(Prüf)* Ultraschallbündel n

ultrasonic circuit *(Elek)* Dauerschall m *(Generator)*; Ultraschallkreis m

ultrasonic equipment *(Elek, Prüf)* Ultraschallausrüstung f, US-Prüfgerät n *(Ultraschallprüfgerät)*

ultrasonic examination [flaw detection] *(Prüf)* Ultraschallprüfung f, Ultraschallwerkstoffprüfung f

ultrasonic flaw detector *(Elek, Prüf)* Impulsschallgerät n, Ultraschallprüfgerät n; Prüfgerät n *(Ultraschallgerät)*

ultrasonic inspection *(Prüf)* Ultraschallprüfung f, Ultraschallwerkstoffprüfung f

ultrasonic head *(Prüf)* Schallkopf m *(Ultraschallkopf)*

ultrasonic hot welding *(Schw)* Ultraschallwarmschweißen n

ultrasonic material tester *(Elek)* Ultraschallprüfgerät n

ultrasonic mode changer *(Elek)* Wellenänderungsmedium n

ultrasonic optics *pl (Elek)* Ultraschalloptik f

ultrasonic penetration *(Prüf)* Schalltiefe f *(Ultraschallprüfung)*

ultrasonic pulse emitter *(Prüf)* Ultraschallimpulsstrahler m *(Ultraschallimpulsgeber)*

ultrasonic pulser *(Prüf)* Ultraschallimpulsstrahler m *(Ultraschallimpulsgeber)*

ultrasonic resonance meter *(Elek)* Ultraschallresonanzgerät n

ultrasonic resonator *(Elek)* Ultraschallschwinger m *(Bunkerstandsanzeiger)*

ultrasonic scanning *(Elek)* Abtasten n *(Ultraschall)*

ultrasonic test *(Elek, Prüf)* Ultraschallmaterialprüfung f, Ultraschallprüfung f, Ultraschalltest m, Ultraschallwerkstoffprüfung f, US-Prüfung f

ultrasonic-tested *adj (Elek)* ultraschallgeprüft

ultrasonic test instrument *(Elek)* Ultraschallprüfgerät n

ultrasonic thickness measuring device *(Prüf)* Ultraschalldickenmessgerät n

ultrasonic trace *(Prüf)* Schirmbild n *(Ultraschallprüfung)*

ultrasonic welding *(Schw)* Ultraschallschweißen n

ultrasound *(Prüf)* Ultraschall m

ultraviolet *adj (Elek)* ultraviolett

ultraviolet radiation *(Phys, Tech)* UV--Strahlung f, Ultraviolettstrahlung f

unaccounted loss *(Tech)* Restverlust m

unalloyed *adj (Tech)* unlegiert

unalloyed steel *(Met)* unlegierter Stahl m

unannealed *adj (Met)* ungeglüht

unauthorized *adj (AE) (Tech)* unbefugt, unberechtigt

unavoidable *adj (Tech)* unvermeidlich

unbalance *(Hütt/Walz)* Unausgeglichenheit f

unbalance *(Tech)* Auswuchtfehler m, Schräglage f *(unausgeglichen)*; Unwucht f

unbalance response analysis *(Prüf, Verd)* Untersuchung f der Unwuchtschwingungen

unbalance test *(Prüf)* Unwucht-Test m

unbalanced *adj (Tech)* nicht ausbalanciert, unausgeglichen, unsymmetrisch

unbalanced weight *(Tech)* Unwucht f

unblocking *(Kfz)* Deblockierung f

unbolt v (Tech) abschrauben

unbreakable adj (Tech) bruchfest (robust, solide, stabil)

uncalibrated adj (Elek) ungeeicht

uncharacteristic adj (Tech) artfremd

unclamp v (Tech) lösen (eine Verbindung)

unclear adj (Tech) unklar

uncoated adj (Hütt/Walz) unveredelt

uncoated adj (Tech) blank (ohne Dekoration, Farbe, etc.)

uncoated adj (Walz) unbeschichtet (Bandanlage)

uncoiled adj (Tech) abgewickelt (vom Stahlband); abgewickelt (z. B. Bandeisen, Blech)

uncomplicated adj (Tech) unkompliziert, unproblematisch

unconfined adj (Tech) unbehindert (ohne Seitenbehinderung)

unconfined compressive strength (Tech, Stb) eindimensionale Druckfestigkeit f

uncouple v (Kfz, Tech) abkuppeln; auskuppeln, ausrücken; entkuppeln (Kupplung)

uncover v (Bergb) abdecken (offen legen, z. B. Kohle); freilegen (z. B. Kohle)

undamaged adj (Tech) unbeschädigt

undamped probe (Schw) ungedämpfter Prüfkopf m

underbeam (Stb) Unterzug m (Träger)

undercarriage (Bergb, Kran, Tech, Umschl) Fahrwerk n, Laufwerk n; Unterwagen m

undercoat (Anstr) Zwischengrund m

undercut (Mech) Kerbe f

undercut (Schw) Einbrandkerbe f

undercut (Tech) Freistich m (z. B. eines Gewindes); Fußfreischnitt m (Getriebe, gewollter Unterschnitt); Gewindefreistich m; Unterschreitung f (z. B. eines Solls)

undercut gate (Bergb, Tech) Segmentschieber m

undercutting (Mech, Schw) Unterschneidung f (einer Schweißnaht)
• **without undercutting** (Mech) kerbfrei (beim Schweißen)

underfilm corrosion (Met, Walz) Korrosionsunterwanderung f (Unterkriechen einer Schicht durch Korrosion)

underfloor engine (Tech) Unterflurmotor m

undergrade crossing (Bau) Straßenunterführung f, Unterführung f

underground adj (Bergb) untertägig

underground adj (Tech) unterirdisch; Tief…

underground (Anstr) Untergrund m

underground bin (Umschl) Tiefbunker m

underground cable (Elek) Erdkabel n (Nullleiter)

underground construction (Bau) Tiefbau m

underground hydrant (Tech) Unterflurhydrant m

underhand stope (Bergb) Strosse f (unter Tage)

underhung slewing jib crane (Kran) Drehlaufkatze f

underhung trolley (Kran) Hängekatze f

underhung twin rail trolley (Bergb, Umschl) Zweischienenhängekatze f

underinflation (Kfz) zu niedriger Luftdruck m, ungenügender Luftdruck m (z. B. Reifen)

underlayer (Tech) Unterlage f

underlayer of fabric (Kfz) Gewebeeinlage f (des Reifens)

underlie v (Tech) zugrundelegen

underlying adj (Geo) unterliegend

underlying adj (Geo, Tech) untergelagert

underpass (Bau) Fußgängertunnel m, Unterführung f

underpin v (Bau) unterfangen (stützen)

underpower protection (Elek) Leistungsbegrenzungsschutz m (nach unten)

underprop v (Bau, Tech, Mont) abfangen, absteifen, abstützen

undersize (Stb) Untermaß n

undersize (Zer) Durchlauf m, Feine n, Siebdurchlauf m, Siebfeine n, Unterkorn n

undersized material (Zer) Unterkorn n

underspeed (Elek) niedere Drehzahl f

underspeed monitor (Tech) Drehzahlwächter m (für zu niedrige Drehzahl)

undervalue v (Tech) zu niedrig bewerten

undervoltage trip (Elek) U-Auslöser m, Unterspannungsauslöser m, Unterstromauslöser m

undesired adj (Tech) unerwünscht

undesired material (Met) Fremdkörper m

undisplaceable *adj (Bau)* unverschieblich

undisturbed *adj (Tech)* unberührt, ungestört

undisturbed ground *(Geo)* gewachsener Boden m

undisturbed sample *(Bau)* ungestörte Probe f

undressed *adj (Met)* unbearbeitet

unequal *adj (Math, Tech)* ungleichschenklig

unequal *adj (Tech)* ungleichmäßig, unterschiedlich

uneven *adj (Bau)* uneben *(z. B. Straße)*

uneven *adj (Tech)* rau *(uneben)*; ungleich, ungleichmäßig

unfasten *v (Tech)* lockern, losmachen *(zerlegen)*; zerlegen *(z. B. in Einzelteile)*

unfavourable *adj (Tech)* ungünstig

unfinished *adj (Tech)* unfertig

unfinished bolt *(Tech)* rohe Schraube f, schwarze Schraube f

unflanged *adj (Kran)* spurkranzlos *(Laufrad)*

unfolding *(Bau)* Entfaltung f, Entwicklung f

unhampered *adj (Tech)* ungehindert

unhardened *adj (Met)* ungehärtet

unhindered *adj (Tech)* ungehindert

unhook *v (Tech)* abhängen *(vom Haken nehmen)*

uni screen *(Zer)* Uni-Sieb n

uniaxial *adj (Stb)* einachsig *(Spannungszustand)*

uniball bearing *(Lag)* Gelenklager n

unidimensional *adj (Tech)* eindimensional

unification *(Tech)* Vereinheitlichung f

unified coarse thread series *(Stb)* Ein heitsgrobgewinde n

unified extra-fine thread series *(Stb)* Einheits-Extra-Feingewinde n

unified fine thread series *(Stb)* Einheitsfeingewinde n

uniform *adj (Tech)* einheitlich, gleichförmig, gleichmäßig, uniform

uniformity *(Anstr)* Gleichförmigkeit f; Gleichmäßigkeit f

unintentional *adj (Tech)* unbeabsichtigt

uninterrupted *adj (Elek)* unterbrechungsfrei

uninterrupted continuous operation *(Tech)* Dauerbetrieb m

uninterruptible *adj (Elek)* unterbrechungsfrei

union *(Tech)* Gewindestück n *(Muffe)*; Rohrverbindung f, Verbindungsstück n, Verbindungsstück n *(für Rohre)*

union joint *(Tech)* Verschraubung f

union nut *(Tech)* Überwurfmutter f

union piece *(Tech)* Verschraubung f *(für Rohre)*

union screw *(Tech)* Überwurfschraube f

Unionmelt welding *(Schw)* Ellira-Schweißung f, Unterpulver-Schweißung f

unipolar *adj (Elek)* unipolar

unique *adj (to) (Tech)* einmalig, typisch

unit *(Bau)* BG f, Baugruppe f

unit *(Elek)* Geräteeinheit f

unit *(Tech)* Aggregat n, Baueinheit f, Gerät n *(z. B. Baumaschine)*; Gruppe f *(Erzeugnisstruktur)*; Modul m *(z. B. Motormodul)*

unit auxiliary *(Baut, Licht)* Blockeigenbedarf m *(Lichtsystem)*

unit capacity factor *(Elek)* Ausnutzungsfaktor m, Ausnutzungsgrad m; Durchschnittslast f

unit capacity factor *(Tech)* Geräteausnutzungsfaktor m, Nennlast f

unit construction *(Hütt/Walz)* Blockbauweise f

unit construction *(Tech)* Kompaktbauweise f

unit construction principle *(Tech)* Baukastenprinzip n

unit elongation *(Tech, Stat)* spezifische Dehnung f

unit load *(Förd, Log)* Einzelstückgut n, Stückgut n

unit pressure *(Stb)* Flächendruck m

unit stress *(Elek, Stat, Tech)* Beanspruchung f

unit stress *(Mech, Tech)* Pressung f *(bei Druck)*; Spannung f *(Belastung, Druck)*

unit weight *(Tech)* Stückgewicht n

unitized (construction) principle *(AE) (Tech)* Baukastenprinzip n

univalence *(Chem)* Einwertigkeit f

universal *adj (Tech)* universal, universell

universal beam *(Met, Stb)* Doppel-T-Profil n, Doppel-T-Träger m, Universalträger m

universal coupling *(Tech)* Gelenkkupplung f, Gelenkverbindung f

universal drive *(Tech)* Kardanantrieb *m*

universal drive shaft *(Tech)* Gelenkwelle *f*

universal drum switch *(Elek)* Kopierwerkschalter *m*

universal joint *(Tech)* Antriebsgelenk *n*, Kardanantrieb *m*, Kardangelenk *n*, Kardanwelle *f*, Kreuzgelenk *n*, Universalgelenk *n*

universal joint mounting *(Lag)* Vollschwenklager *n*

universal joint shaft *(Tech)* Gelenkwelle *f*, Kugelgelenkwelle *f*

universal joint yoke *(Tech)* Kreuzgelenkgabel *f* *(Kraftfahrzeug)*

universal lathe *(Mech)* Universaldrehbank *f*

universal lay *(Bergb)* Gleichschlag *m*

universal mill *(Walz)* Universalgerüst *n*

universal mill plate *(Met, Walz)* Breitflachstahl *m*

universal-mounted *adj (Tech)* kardanisch aufgehängt, kardanisch gelagert

universal plate *(Met, Walz)* Breitflachstahl *m*; Universalstahl *m*

universal pliers *pl (Werkz)* Kombizange *f*, Universalzange *f*

universal resetting joint *(Bergb)* Versteckkreuzgelenk *n*

universal shaft *(Tech)* Kardanwelle *f*

universal stand *(Walz)* Universalgerüst *n*

unkilled *adj (Met)* unberuhigt *(Stahl)*

unknown loss *(Tech)* Restverlust *m*

unladen weight *(Tech)* unbeladenes Gewicht *n* *(bei Kfz)*

unlatch *v (Tech)* ausklinken *(z. B. Sperrung)*

unlike *adj (Tech)* ungleichnamig

unlimited *adj (Tech)* unbegrenzt, unbeschränkt, uneingeschränkt

unlined *adj (Tech)* unbelegt *(ohne Begrenzung)*

unload *v (Tech)* abladen *(z. B. von einem Fahrzeug)*; ausladen *(z. B. Schiff, Lkw)*; entladen *(z. B. einen Lkw)*; löschen *(Ladung)*

unload *v (Stat, Tech)* entlasten *(von Ladung)*

unloading valve *(Hydr/Pneu)* Entladeventil *n*

unlock *v (Tech)* entriegeln, entsichern *(aufschließen)*

unmachined *adj (Met)* roh; unbearbeitet; Roh...

unmanned *adj (Tech)* unbesetzt

unnecessary *adj (Tech)* überflüssig *(nicht benötigt)*

unnotched specimen *(Prüf)* Vollstab *m* *(Kerbschlagprüfung, DIN 50100)*

unobjectionable *adj (Tech)* einwandfrei

unoccupied *adj (Tech)* unbesetzt

unpainted *adj (Tech)* blank *(ohne Dekoration, Farbe, etc.)*

unpile *v (Tech)* entstapeln

unplasticised *adj (BE) (Kunst)* weichmacherfrei

unplasticized *adj (AE) (Kunst)* weichmacherfrei

unpressurized *adj (AE) (Hydr/Pneu)* drucklos

unproductive *adj (Tech)* unproduktiv

unprotected *adj (Tech)* ungeschützt

unputtied *adj (Baut)* kittlos

unreasonable *adj (Tech)* unangemessen, unmäßig

unreel *v (Bergb)* abhaspeln, abspulen, abwickeln

unsaponificable *adj (Tech)* verseifungsfest *(Schmierfett)*

unscrew *v (Mont, Tech)* abdrehen *(eine Schraube)*

unscrew *v (Tech)* abschrauben, herausschrauben, lösen, Schraube lösen, losmachen, losschrauben

unseen *adj (Tech)* unsichtbar

unslaked lime *(Hütt)* ungelöschter Kalk *m*

unspent energy *(Phys)* Restenergie *f*

unstressed *adj (Stat)* spannungsfrei

unsupported *adj (Tech, Stat)* freitragend, strebenlos

unsymmetrical *adj (Konst, Tech)* asymmetrisch

unsymmetrical *adj (Tech)* symmetrielos, unsymmetrisch

unthrottled *adj (Hydr/Pneu)* drosselfrei

untoleranced dimension *(Tech)* Freimaß *n*

untouched *adj (Tech)* unberührt

untreated *adj (Met)* roh

untreated condition *(Met)* Rohzustand *m*

unwanted *adj (Tech)* unerwünscht

unwanted noise *(Elek, Prüf)* Eigenrauschen *n* *(Ultraschall)*

unwind v (Bergb) abhaspeln, ablaufen, abspulen, abwickeln

unworked adj (Met) unbearbeitet

up-draft carburetor (Kfz) Steigstromvergaser m

upcounter (Mess) Vorwärtszähler m

upcut shear (Mech) Unterschnittschere f

update v (Tech) aktualisieren

up/down counter (Mess) Umkehrzähler m

upgrade v (Hütt/Walz) veredeln

upgrade v (Tech) höher stufen (höher einstufen); nachrüsten

uphill (Bergb) Aufwärts…

uphill adj (Förd) ansteigend

upholstered adj (Tech) gepolstert

upholstering, upholstery (Tech) Polsterung f (der Möbel)

upholstery spring (Tech) Möbelfeder f

upkeep (Bau, Tech) Unterhaltung f (Wartung, Pflege)

upkeep (Tech) Instandhaltung f (Pflege)

uplift (Stat) negative Auflagekraft f, negativer Auflagedruck m

upper… adj (Stb, Tech) Ober…

upper belt (Förd) Obertrum m (Förderband)

upper boom (Bergb, Umschl) Ausleger-oberteil n, AOT

upper catenary idler (Förd) Schneckengirlande f

upper chord (Stb) Obergurt m (Fachwerkträger)

upper die operation (Form) Vertikalpressen n (U-Presse)

upper load (Prüf, Tech) Oberlast f (DIN 50100)

upper platen (Form) Oberholm m

upper run (Förd) Obertrum m (Förderband)

uppermost charge (Bergb) oberste Ladung f

upright adj (Tech) aufrecht; Säulen…, Ständer…

upright (Tech) Hubrahmen m (des Staplers); Mast m

upright drill (Mech) Säulenbohrmaschine f

upright projection (Math) Aufriss m (in der Mathematik)

upright type (Tech) Hochformat n

upset v (Form, Mech, Stb) anstauchen, stauchen

upset (Tech) Störung f

upset limit (Met) Quetschgrenze f, Stauchgrenze f

upset platen (Walz) Stauchschlitten m (einer Stumpfschweißmaschine)

upset test (Prüf, Stb) Stauchversuch m

upsetting press (Hütt) Stauchpresse f

upshift v (Tech) hochschalten (Kraftfahrzeug)

upslope (Bahn) Steigung f (der Bahnstrecke)

upstream adj (Tech, Verd) vorgeschaltet

upstream (Hütt/Walz) Einlaufstrecke f (z. B. vor einem Ventil)

upstream face (Tech) Stirnseite f (einer Messblende)

upstream pressure (Tech) Vordruck m (Ventil)

uptake (Hütt/Walz) Sammelrohr n (Ofengichtgas)

uptake tube (Hütt/Walz) Steigrohr n

uptake tube (Tech) abführendes Verbindungsrohr n, Abführrohr n (nach oben)

upward (Bahn) Steigung f (der Bahnstrecke)

upward inclination [slant, slope] (Geo) Steigung f (Boden)

urea synthesis (Kunst) Harnstoffsynthese f

urgent adj (Tech) dringend, vordringlich (eilig)

US Standard (Tech) US-Norm f

usable adj (Tech) brauchbar (zu gebrauchen); einsetzbar (verwendbar); gebrauchstauglich, nutzbar

usable volume (Tech) Nutzinhalt m

usage rate (Tech) Verbrauchsmenge f

use v (Mech, Tech) abnutzen

use v (Tech) anwenden, verbrauchen; verwenden

use (Tech) Anwendung f, Einsatz m; Einsatzbedingungen fpl, Benutzung f, Verbrauch m; Verwendung f • **in civilian use** zivil angewandt

use-by date (Tech) Verfalldatum n (z. B. Kleber)

used adj (Met, Tech) verschlissen (abgenutzt)

used adj (Tech) gebraucht, genutzt

used air (Hütt/Walz, Tech) Abluft f

used machine (Tech) Gebrauchtmaschine f

used up adj (Tech) verbraucht

useful adj (Tech) brauchbar; nutzbar, nützlich, verwendbar; Nutz...

useful aspects pl (Tech) sinnvolle Kriterien npl

useful capacity (Tech) nutzbares Volumen n; Nutzinhalt m (z. B. Bunker)

useful life (Tech) Gebrauchsdauer f; Laufzeit f (Maschine); Lebensdauer f (z. B. Maschine, Werkstoff); Nutzungsdauer f

usefulness (Tech) Brauchbarkeit f

useless adj (Tech) wertlos (nutzlos)

user (IT) Anwender m

user (IT) Betreiber m (z. B. eines Gerätes); Verbraucher m

user-friendly adj (Tech) benutzerfreundlich

user guide (Tech) Benutzerhandbuch n

user interface (IT) Bedienerschnittstelle f, Bedienoberfläche f, Benutzeroberfläche f

usual adj (Met) handelsüblich

U.T. (Abk. für: ultrasonic testing) (Prüf) US--Prüfung f (Ultraschalltest)

utensils pl (Tech) Bedarfsgegenstände mpl

utilisable adj (BE) (Tech) ausnutzbar

utilisation (Tech) Ausnutzung f, Verwertung f

utilisation coefficient (BE) (Elek) Beleuchtungswirkungsgrad m, Wirkungsgrad m

utilised adj (BE) (Tech) genutzt, verwertet

utilised capacity (BE) (Elek) Betriebsleistung f

utilities (Elek, IT) Dienstprogramm n (für Computer)

utilities pl (Tech) Versorgungsanlagen fpl (z. B. Telefon, Wasser, Gas, Strom usw.)

utility (Tech) Nützlichkeit f

utility company (Elek) Versorgungsunternehmen n (Kraftwerk)

utility grease gun (Tech) Fettpresse f

utility machine (Tech) Maschine f für Aufräumarbeiten

utility service line (Tech) Versorgungsleitung f

utility shed (Tech) Geräteschuppen m

utilizable adj (AE) (Tech) ausnutzbar, gebrauchstauglich

utilizable advance [retract] path (AE) (Umschl) ausnutzbarer Verschiebeweg m

utilization (AE) (Tech) Anwendung f, Ausnutzung f, Benutzung f (Gebrauch); Verwertung f

utilization coefficient (AE) (Elek) Beleuchtungswirkungsgrad m, Wirkungsgrad m

utilization factor (AE) (Elek) Ausnutzungsfaktor m (kW); Ausnutzungsziffer f (kW); relative Auslastung f

utilization factor (AE) (Tech) Belastungsgrad m (Ausnutzungsgrad)

utilization of capacities (AE) (Tech) Kapazitätsausgleich m

utilize v (AE) (Tech) verbrauchen (benutzen)

utilized adj (AE) (Tech) genutzt, verwertet

utilized capacity (AE) (Elek) Betriebsleistung f (kW)

UW (Tech) unbeladenes Gewicht n (bei Kfz)

V

V-belt (Tech) Keilriemen m, Treibriemen m

V-belt pulley (Förd, Tech) Keilriemenscheibe f, Riemenscheibe f

V-engine (Antr) V-Motor m

V-groove (Tech) Nut f (Kerbnut)

V-jet spray nozzle (Walz) Winkelstrahldüse f

V-notch (Prüf) Spitzkerb m

V-plough scraper (BE) (Förd) Pfeilabstreifer m

V-ring (Tech) Keilring m

V-shape adj (Tech) V-förmig

V-shaped trench (Bergb) Spitzgraben m

V-type collar packing (Hydr/Pneu) Dachmanschette f

VA-grade stainless steel (Met) VA-Stahl m

vacuum v (Tech) saugen (staubsaugen)

vacuum (Hydr/Pneu, Tech) Unterdruck m

vacuum (Tech) Vakuum n

vacuum adj (Tech) Vakuum...

vacuum arc degassing process (Hütt) VAD-Verfahren n

vacuum brazing (Schw) Hochtemperaturlöten n

vacuum breaker (Vent) Rückschlagventil n gegen Vakuum

vacuum chamber (Tech) Tauchrohr n (RH-Entgasung)

vacuum cup *(Walz)* Saugnapf *m*
vacuum fittings and accessories *pl (Hütt/Walz)* Vakuumarmaturen *fpl* und -zubehör *n*
vacuum gauge *(BE) (Hydr/Pneu)* Unterdruckmesser *m*, Vakuummeter *n*
vacuum gauge *(BE) (Tech)* Manometer *n*
vacuum oxygen decarburization process *(Hütt)* VOD-Verfahren *n*
vacuum siphon facility *(Hütt)* Vakuumheberanlage *f*
vacuum-tight *adj (Tech)* vakuumdicht
vacuum tube oscillator *(Elek)* Röhrenschwingungserzeuger *m*
VAD process *(Hütt)* VAD-Verfahren *n*
vague *adj (Tech)* unklar
valence *(Chem)* Wertigkeit *f*
valence *(Tech)* Gewichtung *f*
valence of weld *(Schw)* Nahtwertigkeit *f*
validity *(Tech)* Gültigkeit *f*
validity range *(Tech)* Geltungsbereich *m*
valley gutter *(Stb)* Traufe *f (Abfluss)*
valuable *adj (Tech)* wertvoll
value *v (Tech)* bewerten, einschätzen, schätzen
value *(Tech)* Wert *m*
value analysis [control] *(Prüf)* Wertanalyse *f*
value engineering *(Prüf)* Wertanalyse *f*
valueless *adj (Tech)* wertlos
valve *(Hydr/Pneu)* Röhre *f (Bandwaage)*
valve *(Vent)* Ventil *n*
valve... *adj (Vent)* Ventil...
valve bank *(Vent)* Ventilleiste *f*, Ventilverteilerleiste *f*
valve base(plate) *(Vent)* Ventilplatte *f (trägt Ventile)*
valve block *(Elek)* Zweifach-Steuerblock *m*
valve block *(Tech)* Vierfach-Steuerblock *m*
valve block *(Tech)* Steuerblock *m*, Ventilblock *m*
valve block mounting *(Tech)* Steuerblockbefestigung *f*
valve body *(Tech)* Düsenhalter *m (beim Einspritzventil)*
valve body *(Vent)* Ventilführung *f*; Ventilkörper *m*
valve bonnet *(Vent)* Ventilaufsatz *m*
valve bore *(Hydr/Pneu)* Durchgangsöffnung *f (Ventil)*
valve bridge *(Vent)* Ventilleiste *f*

valve bulb *(Mess)* Röhrenkolben *m*
valve collets *pl (Vent)* Ventilkegelstücke *npl*
valve crosshead *(Vent)* Ventilbrücke *f*
valve cutter *(Mech)* Ventilsitz-Fräsapparat *m*
valve disc *(Vent)* Teller *m*, Ventilteller *m*
valve follower *(Vent)* Ventilheber *m (Ventilstößel)*
valve gate *(Mess)* Schieberplatte *f*
valve gear *(Vent)* Ventilsteuerung *f*
valve head *(Vent)* Ventilteller *m*
valve hood *(Hydr/Pneu, Mech)* Ventilgehäuse *n*
valve housing *(Hydr/Pneu, Mech)* Ventilgehäuse *n*
valve housing *(Vent)* Ventilkammer *f*
valve in the head *(Vent)* hängendes Ventil *n*
valve keeper *(Vent)* Ventilhalter *m*
valve key *(Vent)* Ventilkeil *m*
valve lifter *(Vent)* Ventilheber *m*, Ventilstößel *m*
valve lip *(Vent)* Ventilsitz *m*; Unterseite *f* des Ventiltellers
valve management *(Vent)* Ventilhandhabung *f*
valve mask *(Vent)* Ventilfahne *f*
valve operating gear *(Hütt/Walz)* Armaturenantrieb *m*, Schieberverstellung *f*
valve operation *(Vent)* Schieberbetätigung *f*
valve plate *(Hydr/Pneu)* Anschlussplatte *f (für Ventile)*
valve plate *(Vent)* Teller *m*, Ventilteller *m*
valve position *(Vent)* Schaltstellung *f*
valve pushrod *(Vent)* Ventilstößel *m*, Ventilstoßstange *f*
valve retainer *(Vent)* Ventilteller *m*
valve rocker *(Tech)* Kipphebel *m*, Schwinghebel *m*
valve rocker *(Vent)* Ventilhebel *m*
valve rod *(Vent)* Ventilschaft *m*
valve seat *(Vent)* Ventilsitz *m*
valve size *(Vent)* Ventilnennweite *f*
valve spindle *(Vent)* Spindel *f*, Ventilspindel *f*
valve spool *(Hydr/Pneu)* Steuerschieber *m*
valve spool *(Vent)* Hauptschieber *m*; Ventilkolben *m*
valve spring remover *(Vent)* Ventilheber *m*

valve spud *(Vent)* Ventilschaft *m*
valve sub-base *(Vent)* Ventilplatte *f (trägt Ventile)*
valve tappet *(Vent)* Ventilstößel *m*
valve trim *(Vent)* Ventilgarnitur *f*
valve with roller lever *(Vent)* Rollenhebel-Ventil *n*
van *(Bahn)* geschlossener Güterwagen *m*, Güterwagen *m* mit Dach
van *(Kfz)* Kasten-Lkw *m*, Kastenwagen *m (Güterwagen)*; Koffer-Lkw *m*
vanadium steel *(Met)* Vanadiumstahl *m*
vane *(Mess)* Fahne *f*
vane *(Tech)* Flügel *m (z. B. des Ventilators)*; Schaufel *f (z. B. einer Turbine)*; Schieber *m (Rotationsverdichter)*
vane *(Tech, Verd)* Blatt *n (z. B. des Ventilators)*; Leitschaufel *f*
vane *(Walz)* Schleuderschaufel *f (Rohrwalzwerk)*
vane pump *(Hydr/Pneu)* Flügelpumpe *f*, Flügelzellenpumpe *f*
vane ring *(Tech)* Leitschaufelkranz *m (Ventilator)*
vane support *(Tech)* Leitschaufelträger *m*
vane tests *pl (Bau)* Flügelsondierungen *fpl*
vaneless diffuser *(Hütt/Walz)* Ringraum *m (Verdichter)*
vanish *v (Tech)* verschwinden
vapor *(AE) (Hydr/Pneu)* Abgas *n (einer Fabrik)*; Dampf *m*
vaporise *v (BE) (Hütt/Walz)* verdampfen
vaporize *v (AE) (Hütt/Walz)* verdampfen
vaporizer *(AE) (Stb)* Zerstäuber *m*
vapour *(BE) (Hydr/Pneu)* Dampf *m (Dunst)*
vapour barrier *(BE) (Tech)* Dampfsperre *f (Isolierschicht)*
var current *(Elek)* Blindstrom *m*
variable *adj (Tech)* regelbar, variabel, veränderlich, wechselnd
variable *(Mess)* Zustandsgröße *f*
variable *(Stb)* Veränderliche *f*
variable-capacity pump *(Hydr/Pneu)* Regelpumpe *f (am Lader)*
variable control *(Kfz)* Bedarfssteuerung *f*
variable control *(Tech)* Mengenbedarfssteuerung *f*
variable displacement... *adj (Antr, Hydr/Pneu, Tech)* Verstell...
variable flow... *adj (Antr, Hydr/Pneu, Tech)* Verstell...

variable-gain amplifier *(Elek)* Regelverstärker *m*
variable motor *(Antr)* Verstellmotor *m*
variable pump *(Hydr/Pneu)* Verstellpumpe *f*
variable resistor *(Elek)* Regelwiderstand *m*
variable-sensitivity probe *(Tech)* Tiefenprüfkopf *m*
variable-speed *adj (Elek)* drehzahlveränderlich; drehzahlgeregelt; drehzahlstellbar *(Motor)*
variable speed gear unit *(Getr)* Regelgetriebe *n*
variable speed gearing *(Getr)* Regelgetriebe *n*
variable-speed motor *(Antr, Elek)* drehzahlstellbarer [drehzahlveränderlicher] Motor *m*, Drehzahlverstellmotor *m*, Motor *m* mit Drehzahlregelung, Regelmotor *m*
variable stress component *(Met, Stat)* Spannungsausschlag *m (DIN 50100)*
variable voltage *(Elek)* Regelspannung *f*
variable voltage transformer *(Elek, Hütt)* Stufentransformator *m*
variant *(Tech)* Erzeugnisversion *f*
variation *(Mech, Tech)* Abweichung *f*; Variante *f*
variation *(Tech)* Schwankung *f*, Wechsel *m (Abänderung)*
variometer *(Elek)* Spannungsregler *m*
various *adj (Tech)* divers, unterschiedlich, verschieden
varnish *v (Anstr)* lackieren
varnish *(Anstr)* Firnis *m*, Lack *m (z. B. Holzlack)*
vary *v (Tech)* regeln, schwanken *(z. B. Druck)*
varying oil volume *(Hydr/Pneu)* Pendelvolumen *n (Öl)*
vaseline *(Chem)* Vaseline *f*
vat *(Bau)* Zuber *m*
vault *(Bau)* Gruft *f*
vault *(Geo)* Gewölbe *n*
VCI *(Tech)* VCI-Wirkstoffe *mpl*
VD valve *(Tech)* VD-Ventil *n (Sekundärabsicherung)*
VDI *(Tech)* VDI *(Verein Deutscher Ingenieure)*
VDU *(Abk. für: visual display unit) (Elek)* Sichtgerät *n*
VDU *(IT)* Bildschirm *m*

vector addition *(Stat)* geometrische Addition f

vector group *(Elek, Tech)* Schaltgruppe f *(Trafo)*

vee v **out** *(Mech, Mont, Schw)* auskreuzen

vee *(Tech)* Prisma n

vehicle *(Anstr, Tech)* Bindemittel n, Bindemittellösung f

vehicle *(Tech)* Fahrzeug n, Wagen m

vehicle-building industry *(Kfz)* Fahrzeugbau m

vehicle clearance side *(Tech)* Wendekreisdurchmesser m

vehicle manufacturing *(Kfz)* Fahrzeugbau m

velocity *(Tech)* Geschwindigkeit f

velocity of flow *(Hydr/Pneu)* Strömungsgeschwindigkeit f

vena contracta *(Mess)* Kontraktionspunkt m

veneer *(Tech)* Furnier n

vent v *(Tech)* entlüften *(z. B. einen Raum)*

vent *(Tech)* Belüftung f *(Öffnung)*; Kühlschlitz m, Lüftungsverschluss m

vent to atmosphere *(Tech)* Entlastung f zur Atmosphäre *(Labyrinthdichtung)*

ventilate v *(Tech)* entlüften *(z. B. einen Raum)*; lüften *(Raum usw.)*

ventilated adj *(Tech)* belüftet, luftgekühlt

ventilation *(Tech)* Belüftung f, Belüftung f *(Vorgang)*; Lüftung f

ventilation duct *(Bergb)* Lutte f

ventilation hood *(Baut, Tech)* Belüftungshaube f, Dachhaube f *(für die Belüftung)*; Dachlüfterhaube f

ventilator *(Tech)* Heizluftklappe f, Lüfter m, Ventilator m; Windflügel m *(Ventilator)*

ventilator window *(Kfz)* Ausstellfenster n

venting *(Hydr/Pneu)* Entlüftung f

venturi *(Mess)* Venturirohr n *(eine Art der Staurohre)*

venturi *(Tech)* Lufttrichter m

venturi tube *(Tech)* Mischrohr n *(Vergaser)*

verge *(Bergb)* Bankett n, Straßenbankett n

vernier *(Tech)* Feineinsteller m

vernier dial *(Mess)* Feineinstellskala f

versatile adj *(Tech)* anpassungsfähig, vielseitig, wandlungsfähig

version *(Tech)* Ausführung f *(Machart,*

Qualität)*; Ausgabe f *(Ausführung, Modell)*; Version f; individuelle Darstellung f

vertex *(Tech)* Eckpunkt m, Knoten m *(Grafik)*

vertex angle *(Walz)* Scheitelwinkel m *(Stapelrolle)*

vertical adj *(Tech)* senkrecht, vertikal

vertical *(Stb)* Pfosten m; Vertikale f, Vertikalstab m

vertical *(Stb, Tech)* Ständer m *(eines Fachwerks)*

vertical... adj *(Stb, Tech)* Höhen...; Senkrecht..., Vertikal...

vertical adjustment of supports *(Stb)* Stützensenkung f *(planmäßig)*

vertical belt guiding idler *(Förd)* Leitrolle f *(fest, seitlich, senkrecht)*; Seitenführungsrolle f

vertical boring mill *(Mech)* Karusselldrehbank f, Vertikalbohrwerk n

vertical difference in elevation *(Vent)* Höhenverkettung f *(eines Förderbandes)*

vertical-down adj *(Tech)* vertikal *(nach unten)*

vertical-down weld *(Schw)* Fallnaht f *(senkrechtes Schweißen)*

vertical filter *(Tech, Hydr/Pneu)* Standfilter m

vertical gravity *(Tech)* Gewicht n *(Spannvorrichtung)*

vertical height *(Bergb)* Höhendifferenz f, Höhenunterschied m

vertical jackscrew *(Tech)* Nivellierspindel f *(Nivellierschraube)*

vertical mast *(Tech)* Standmast m

vertical member *(Stb)* Rahmenstiel m

vertical pipe *(Stb)* Standrohr n

vertical projection *(Math)* Aufriss m *(in der Mathematik)*

vertical radiation *(Schw)* Senkrechteinschallung f

vertical section *(Tech, Zeich)* Aufriss m, Seitenriss m

vertical shear *(Met, Stat)* Querkraft f, Querspannung f, Tangentialspannung f

vertical stacking (assembly) *(Vent)* Höhenverkettung f *(eines Förderbandes)*

vertical stem *(Stb)* Wandstiel m *(senkrechte Stütze)*

vertical structural member *(Stb)* Stütze f *(Strebe)*

vertical supporting member *(Stb)* Pfosten *m*; Rahmensäule *f*, Stiel *m*

vertical-tube boiler *(Hütt/Walz)* Steilrohrkessel *m*

vertical welding *(Schw)* Senkrechtschweißung *f*

vertical-wheel separator *(Zer)* Heberabscheider *m*

vertical wiper *(Kfz)* Parallelscheibenwischer *m*

very thin sheet metal *(Met)* Blech *n* *(Feinstblech unter 0,5 mm)*

vessel *(Hütt)* Gefäß *n* *(des Konverters)*

vessel *(Schiff)* Wasserfahrzeug *n*

vessel *(Tech)* Behälter *m*, Gefäß *n*, Kessel *m*

vessel shop *(Stb)* Kesselbauwerkstatt *f*

VHS *(Elek)* VHS *(Video-System)*

viaduct *(Bau)* Viadukt *n*

vibrate *v (Elek)* schwingen *(oszillieren)*

vibrate *v (Tech)* rütteln; vibrieren

vibrating *adj (Tech)* schwingend; Rüttel..., Schwing..., Vibrations...

vibrating centrifuge *(Zer)* Schwingsiebschleuder *f*

vibrating feeder chute *(Zer)* Schüttelrutsche *f*

vibrating grizzly feeder *(Zer)* DU-/ M-Rinne *f*

vibrating pan feeder *(Zer)* Schüttelrutsche *f*

vibrating screen *(Zer)* Freischwingsieb *n*, Schüttelsieb *n*

vibrating trickle feed tray *(Zer)* Schütteltelrutsche *f*

vibrating trough *(Hütt)* Schüttelrinne *f*

vibration *(Tech)* Erschütterung *f*, Schwingung *f*, Vibration *f*

vibration absorber [damper] *(Tech)* Schwingungsdämpfer *m* *(Schwingungsisolator)*

vibration failure [fracture] *(Met)* Dauerschwingbruch *m (DIN 50100)*; Dauerbruch *m*

vibration induced corrosion *(Met)* Schwingungsrisskorrosion *f*

vibration isolator *(Tech)* Schwingungsdämpfer *m* *(Schwingungsisolator)*

vibration period *(Mech)* Schwingzeit *f*

vibration proof *adj (Mess)* erschütterungsfest *(schwingungsgeschützt)*

vibration-resistant *adj (Tech)* vibrationsfest

vibration stress *(Met, Stat)* Schwingungsbeanspruchung *f*

vibrator *(Tech)* Rüttler *m*

vibrator *(Zer)* Rüttelvorrichtung *f*

vibratory conveyor *(Hütt)* Schüttelrinne *f*

vibratory screen *(Zer)* Schwingsieb *n*

vibratory stress *(Met, Stat)* Schlagbeanspruchung *f*, Schwingungsbeanspruchung *f*

vibrofeeder *(Förd, Tech, Umschl)* Schwingförderer *m*, Schwingförderrinne *f*

vice *(BE) (Werkz)* Schraubstock *m*, Zwinge *f*

Vickers diamond hardness test *(Prüf)* Vickershärteprüfung *f*

Vickers hardness *(Stb)* Vickers-Härte *f*

Vickers pyramid hardness number *(Prüf)* Vickershärtezahl *f*

video *(Elek)* Video *n*

video data terminal *(Elek)* Sichtgerät *n*

video display station *(Mess)* Video-Leitstation *f*

Vierendeel girder *(Met, Stat, Stb)* Vierendeel-Träger *m*

view *(Prüf, Tech)* Ansicht *f*

view *(Tech)* Besichtigung *f*, Sicht *f*, Sichtbarkeit *f*, Sichtweite *f*

view finder *(Tech)* Sucher *m (Optik)*

viewing glass *(Tech)* Schauglas *n*

viewing port *(Tech)* Schauöffnung *f (Vakuumgefäß)*

virgin aluminium *(Met)* Hüttenaluminium *n*

virgin face *(Bergb, Geo)* ungesprengte Wand *f*

virgin face *(Geo, Bergb)* natürliche Wand *f (Steinbruch)*

virtually *adv (Tech)* nahezu

viscosity *(Chem, Phys)* Viskosität *f (Zähigkeit)*; Zähflüssigkeit *f (z. B. des Öls)*

viscosity/density ratio *(Chem)* kinematische Viskosität *f*

viscous *adj (Chem)* dickflüssig, zähflüssig

viscous grease *(Chem)* zähflüssiges Fett *n*

viscous grease *(Tech)* festes Fett *n*

viscous oil *(Tech)* Fließfett *n*

viscousness *(Chem, Phys)* Zähflüssigkeit *f (z. B. des Öls)*

vise *(AE) (Werkz)* Schraubstock *m*, Zwinge *f*

visibility *(Tech)* Sicht *f*, Sichtbarkeit *f*, Sichtverhältnisse *npl*, Sichtweite *f*

visible *adj (Elek)* optisch

visible *adj (Tech)* sichtbar

visible alarm *(Elek)* Anzeigealarm *m*, optischer Alarm *m*

visit *(Bergb, Tech)* Befahrung *f*, Besichtigung *f*

visor *(Baum, Bergb)* Lippe *f (der Ladeschaufel)*; Schaufelvorderteil *n (der Klappschaufel)*

Visram assembly *(Tech)* Visrambaugruppe *f*

visual *adj (Elek)* optisch, visuell

visual check *(Prüf)* Sichtprüfung *f*

visual control *(Tech)* Sichtkontrolle *f*

visual display unit *(Elek, IT)* Anzeigegerät *n* mit Bildschirm, Bildschirm *m*, Sichtgerät *n*

visual examination *(Prüf)* Sichtprüfung *f*

visual indication *(Elek)* optische Anzeige *f*, optische Meldung *f*

visual inspection *(Prüf, Tech)* Inaugenscheinnahme *f*, Sichtprüfung *f*; visuelles Verfahren *n*

vitiated air *(Tech)* Abluft *f*, verunreinigte Luft *f*

V.M. *(Abk. für: volatile matter) (Chem)* flüchtige Bestandteile *mpl*

VOD process *(Hütt)* VOD-Verfahren *n*

void *adj (Anstr)* farbfrei

void *(Bergb)* Blase *f (Gaseinschluss)*; Hohlraum *m (im Alten Mann)*

void *(Hütt)* Aushohlung *f (beim Gießen)*

void *(Met)* Gasblase *f*

voidage *(Hütt)* Lückengrad *m (im Hochofenmöller)*

voids *pl (Met)* Poren *fpl*

voids ratio *(Geo, Met)* Porenanteil *m*, Porenziffer *f*

volatile *adj (Chem)* flüchtig

volatile corrosion inhibitors *pl (Tech)* VCI-Wirkstoffe *mpl*

volatile matter *(Chem)* flüchtige Bestandteile *mpl*

volatilisation *(BE) (Hütt/Walz)* Verflüchtigung *f*

volcanic *adj (Geo)* vulkanisch

volt *(Elek)* Volt *n*

voltage *(Elek)* Fahrstrom *m (z. B. der DB: 15000 V, 16 2/3 Hz)*; Spannung *f (elek-*

trisch); Stromspannung *f*, Voltzahl *f*, Voltzahl *f*

voltage... *adj (Elek)* Spannungs...

voltage control *(Elek)* Spannungsmesser *m (elektrisch)*

voltage dip *(Elek)* Spannungseinbruch *m*

voltage divider *(Elek)* Spannungsteiler *m*

voltage drop *(Elek)* Säulenfall *m*, Spannungsabfall *m*

voltage feedback encoder *(Mess)* Stufenverschlüssler *m*

voltage insulation strength *(Elek)* Spannungsfestigkeit *f*

voltage rating *(Elek)* Nennspannung *f*

voltage regulating transformer *(Elek)* Regeltransformator *m*, Stelltransformator *m*

voltage regulation *(Elek)* Säulenfall *m*, Spannungsabfall *m*

voltage regulation characteristic *(Mech)* Belastungskennlinie *f*

voltage suicide *(Elek)* Selbstmordschaltung *f*

voltageless *adj (Elek)* potenzialfrei

voltmeter *(Elek)* Gewichtsstrommesser *m*, Spannungsmesser *m (elektrisch)*; Spannungsprüfgerät *n*, Voltmeter *n*

volume *(Phys)* Rauminhalt *m*

volume *(Stat)* Spannung *f (aufgebrachte Kraft)*

volume *(Tech)* Inhalt *m*, Menge *f*, Volumen *n*

volume *(Verd)* Liefermenge *f (Fördermenge als Volumen)*

volume capacity *(Förd)* Förderleistung *f (Förderband)*

volume compressor *(Tech)* Kübelfettpresse *f*

volume consistency *(Bau)* Raumbeständigkeit *f*

volume control valve *(Vent)* Mengenregelventil *n*

volume flow *(Tech)* Volumenstrom *m*

volume grease gun *(Tech)* große Fettpresse *f*

volume stable *adj (Hütt)* raumbeständig *(feuerfeste Steine)*

volume weight *(Chem, Geo, Phys)* Raumgewicht *n*

volumetric *adj (Förd)* volumetrisch

volumetric capacity *(Tech)* Fassungsvermögen *n*, Rauminhalt *m*

volumetric displacement (Kfz) Hubraum m (eines Motors)

volumetric efficiency (Hydr) Füllungsgrad m

volumetric expansion (Hydr) Volumenausdehnung f

volumetric flow (Tech) Volumenstrom m

volumetric rate (Förd, Umschl) volumetrische Leistung f; Förderleistung f (Förderband)

volute (Verd) Ringsammelraum m, Spirale f

volute chamber (Verd) Spiralraum m

volute spring (Tech) Kegelstumpffeder f, Kugelfeder f, Schneckenfeder f, Wickelfeder f

vortex flowmeter (Mess) Wirbeldurchflussmesser m

VPN (Prüf) Vickershärtezahl f

vulcanise v (BE) (Tech) vulkanisieren

vulcanising (BE) (Tech) vernetztes Kleben n

vulcanize v (AE) (Tech) vulkanisieren

vulcanizing (AE) (Tech) vernetztes Kleben n

vulcanizing rubber cement (AE) (Tech) Vulkanisier-Zement m

W

wafer style butterfly valve (Mess, Vent) Regelklappe f in Ringgehäuseausführung

wagon (Bahn) Güterwagen m, Wagen m (Waggon); Waggon m

wagon tippler (Tech) Kippbühne f (für Güterwagen)

wagon tippler (Umschl) Waggonkipper m

waisted shank (Tech) Dehnschaft m

waisting of housing (Walz) Ständereinschnürung f

waiting interval (Tech) Schmierpause f

waiting period between coats (Anstr) Überarbeitungsintervall n, Zwischentrocknungsdauer f

waiting time (Hütt) Hängezeit f (des Stahls in der Pfanne)

waiting time (Tech) Pausenzeit f (Schmieranlage)

waive v (Tech) verzichten (auf)

walk-in (type) adj (Tech) begehbar

walkable adj (Tech) begehbar (z. B. Bühne)

walkie tow tractor (Förd) Gehschlepper m (Flurförderfahrzeug)

walking beam (Förd, Walz) Hubbalken m

walking beam (Tech) Tandemausgleichsbalken m, Tandemausgleichsschwinge m, Tandemschwinge f (am Muldenkipper)

walking dragline (Bergb) Schürfkübelschreitbagger m

walking mechanism [legs pl, pads pl] (Tech) Schreitwerk n (eines rückbaren Förderbandes)

walking prop system (Bergb) Schreitwerk n

walking speed (Bergb) Schreitgeschwindigkeit f

walkway (Baut) Fußweg m

walkway (Baut, Tech) Begehung f, Laufsteg m; Bühne f, Laufbühne f (am Bagger)

wall (Bau, Baut) Mauer f, Wand f

wall... adj (Baut, Tech) Wand...

wall beam (Stb, Tech) Wandriegel m

wall bond (Bau, Stb) Verband m (des Mauerwerks)

wall box (Elek) Schalterdose f

wall bushing (Baut) Wanddurchführung f (als Schutzrohr)

wall clamp (Tech) Schelle f (Wandschelle)

wall crane (Kran) Konsolkran m (Wandkran)

wall cross member (Stb, Tech) Wandriegel m

wall duct (Bau) Mauerdurchführung f

wall member (Stb) Wandstab m

wall-mounted slewing crane (Kran) Wandschwenkkran m

wall opening (Baut) Wanddurchführung f (als Schutzrohr)

wall post (Bau, Tech) Wandstiel m

wall rail (Stb, Tech) Wandriegel m

wall socket (Elek) Steckdose f, Wandanschluss m (z. B. Steckdose)

walled-in adj (Stb) umbaut

wantage (Elek) Fehlbetrag m

Ward Leonard set [system] (Elek) Leonard-Umformer m, Umformer m, Ward-Leonard-Umformer m

warding file (Werkz) Flachfeile, Plattfeile f (Zungenform); Schlüsselfeile f

warehouse v (Log) aufheben, lagern (z. B. Waren)

warehouse (Log) Lager n, Lagerhaus n, Magazin n (groß)

warm adj (Tech) warm

warm spreading (Tech) Warmkleben n (Klebstoff)

warm-up period (Hütt/Walz) Anwärmzeit f

warm-up period (Mess, Tech) Anlaufzeit f (Anlaufphase eines Verdichters)

warmth (Tech) Wärme f

warning (Tech) Achtung f (Betriebsvorschriften)

warning and prohibition signs pl (Tech) Gebots- und Verbotsschilder npl

warning device (Elek, Tech) Warnanlage f

warning notice (Tech) Warnschild n

warning sign (Tech) Verbotsschild n

warning signal (Elek) Alarmsignal n

warning signal (Tech) Warnzeichen n (Gefahrenzeichen)

warning system (Stb) Alarmnetz n

warp v (Stb) werfen (sich werfen)

warp v (Tech) verdrehen (die Form verlieren); verwinden, verziehen

warp (Tech) Kette f

warp thread [yarn] (Tech) Kettenfaden m

warped adj (Tech) verbogen (unerwünschte Formveränderung); verwunden (verbogen)

warping (Hütt/Walz, Stb) Verwerfung f; Verziehen n (Verwinden durch Hitze)

warping (Tech) Verformung f (Ofengefäß); Verwinden n

warping moment (Stb) Wölbmoment n

Warren-type truss (Stb) Strebenfachwerk n, Strebenfachwerkträger m

warted plate (Met, Stb) Warzenblech n

wash v (Tech) spülen, waschen

wash (Hütt) Schlichte f (Bestreichmasse für Kokillen)

wash basin (Baut) Waschbecken n

wash heat (Walz) Schweißhitze f

wash plate (Bahn) Schwallblech n, Schwallwand f

wash primer (Walz) Reaktionshaftgrund m (Kunststoffbeschichtung)

wash waste (Bergb) Waschberge mpl

washbasin (Baut) Waschbecken n

washed gas (Chem) gereinigtes Gas n

washer (Hütt) Wäscher m

washer (Tech) Beilagescheibe f (runde Unterlegscheibe); Beilegscheibe f (Unterlegscheibe); Futterring m, Scheibe f (zur Montage, z. B. Unterlegscheibe); Unterlegscheibe f, U-Scheibe f, Waschanlage f (Windschutzscheibe); Zwischenscheibe f (rund)

washer face (Tech) Telleransatz m (DIN ISO 1891)

washer system (Tech) Scheibenwaschanlage f (Kraftfahrzeug)

washer-type load cell (Tech) Ringmessdose f

washing drum for dense medium (Zer) Trommelsinkscheider m

washing facilities (Tech) Waschanlage f (Windschutzscheibe)

washing tank (Fot) Wässerungsbecken n

washout (Bau) Unterspülung f

washroom (Baut, Tech) Waschraum m

waste v (Tech) verschwenden

waste adj (Bergb) nicht erzführend

waste (Bau) Bauschutt m

waste (Bergb) Abgänge fpl, Abraum m (im Bergbau); Berge mpl, Bergematerial n (Steinkohlegewinnung)

waste (Ökol) Abfall m (in der Produktion); Abfallstoff m; Fabrikationsabfall m

waste (Tech) Ausschuss m, Verschwendung f

waste air (Hütt/Walz, Tech) Abluft f

waste area (Bergb) alter Mann m

waste bin (Ökol, Tech) Abfalltonne f (Mülltonne)

waste cotton (Tech) Putzwolle f

waste disposal (Ökol, Tech) Entsorgung f

waste fuel (Tech) Abfallbrennstoff m

waste gas (Hütt/Walz) Abgas n, verbrauchtes Gas n; Rohgas n

waste gas loss (Tech) Abgasverlust m

waste heat (Hütt/Walz) Abhitze f

waste heat recovering and utilizing (AE) (Tech) Abwärmeverwertung f

waste material (Baum, Bergb) Abraum m (im Bergbau); Baggergut n

waste material recycling (Hütt, Ökol) Reststoffverwertung f

waste oil (Ökol, Tech) Altöl n; Saueröl n (chemisch)

waste paper (Ökol, Tech) Altpapier n, Papierabfall m

waste partings pl (Bergb, Geo) Zwischenmittel npl

waste product *(Ökol, Tech)* Abfallprodukt n

waste steam *(Hütt/Walz, Tech)* Schwaden m; Wrasen m

waste water *(Ökol)* Abwasser n *(benutztes Wasser)*; Schmutzwasser n

watch *(Tech)* Schicht f *(Arbeitszeit)*

water *(Tech)* Wasser n

water atomised adj *(BE) (Tech)* wasserverdüst

water balance *(Werkz)* Wasserwaage f

water bearing [carrying] adj *(Geo, Tech)* wasserführend

water cement ratio *(Bau)* Wasser/Zement-Wert m

water cleaning system *(Hütt/Walz)* Reinigungswassersystem n

water column *(Bau, Tech)* Wassersäule f *(WG)*; Wasserstrecke f

water column gauge glass *(Hütt/Walz)* Wasserstandsglas n

water condensation *(Chem)* Spritzwasser n

water-cooled adj *(Tech)* wassergekühlt

water cooling *(Tech)* Wasserkühlung f

water curtain *(Stb)* Wasserschleier m; Wasservorhang m *(im Walzwwerk)*

water engineering *(Stb)* Wasserwirtschaft f

water faucet *(Baut, Hydr/Pneu, Tech)* Wasserhahn m

water gauge *(BE) (Bau, Tech)* Wassersäule f *(WG)*

water gauge *(BE) (Schiff)* Pegel m *(Wasserstand)*

water hammer *(Bergb)* Wasserschlag m

water head *(Bau, Tech)* Wassersäule f

water hole *(Bergb, Tech)* Ablauföffnung f; Wasserablauf m

water immersion technique *(Prüf)* Wassertauchverfahren n *(Ultraschall)*

water jacket *(Tech)* Wassermantel m; Wasserkühlmantel m *(Verdichter)*; Wasserraum m *(Kolbenverdichter)*; Wasservorlage f *(der Stranggießkokille)*

water jet air pump *(Tech)* Wasserstrahlpumpe f

water jet aspirator *(Tech)* Wasserstrahlpumpe f

water jet pump *(Tech)* Wasserstrahlpumpe f

water leakage *(Tech)* Wasseraustritt m *(nicht erwünscht)*

water line *(Baut)* Wasserleitung f

water mains pl *(Stb)* Rohrnetz n

water mains cock *(Hydr/Pneu)* Haupthahn m *(für Wasser)*

water out *(Tech)* Wasserablauf m *(Bergbau)*; Wasseraustritt m *(erwünscht)*

water penetration alarm *(Tech)* Wasserwarner m

water pipe *(Bau)* Wasserleitung f, Wasserleitungsrohr n

water pollution control *(Ökol, Tech)* Wasserreinhaltung f

water-proof adj *(Tech)* wasserfest

water pump (nut) pliers pl *(Werkz)* Wasserpumpenzange f

water purification *(Ökol)* Wasserreinigung f

water-quenched adj *(Hütt/Walz, Met)* wasservergütet

water quenching *(Met, Walz)* Wasserabschreckung f

water recovery *(Ökol)* Wasserrückgewinnung f

water repellent adj *(Met)* wasserabweisend

water reservoir *(Bergb)* Stausee m

water reservoir *(Tech)* Wasserbehälter m *(zisternenartig)*

water-resistant adj *(Anstr, Tech)* wasserbeständig, wasserfest

water-resisting adj *(Anstr, Tech)* wasserbeständig, wasserfest

water resources management *(Stb)* Wasserwirtschaft f

water seal *(Baut)* Geruchsverschluss m

water seal *(Tech)* Wassertasse f; Wasserverschluss m

water shelf *(Tech)* Zwischenboden m *(am Zylinderkopf)*

water shock *(Bergb)* Wasserschlag m

water soak test *(Prüf)* Wassertauchprüfung f

water-soluble adj *(Chem)* wasserlöslich

water stabilizing cylinder *(AE) (Bau)* Wasserberuhigungszylinder m

water supply *(Bau)* Wasserzufluss m

water supply *(Stb)* Löschwasserversorgung f, Wasservorrat m

water supply system *(Hütt, Tech)* Wasserversorgungsnetz n

water tank *(Bau, Tech)* Wasserbehälter m, Wasserwanne f

water temperature gauge (Tech) Kühlwasser-Fernthermometer n

water temperature regulator (Hydr/Pneu) Thermostat m (Wassertemperaturregler)

water tower (Stb) Wasserhochbehälter m, Wasserturm m

water tower (Tech) Löschturm m (Stahlbau)

water treatment (Ökol) Wasseraufbereitung f, Wasserreinigung f

water treatment station (Stb) Wasserwirtschaft f (als Station)

water treatment technology (Ökol, Tech) Aquatechnik f

water tube attemperator (Hütt/Walz) Wasserrohrkühler m

water tube wall (Hütt/Walz) Rohrauskleidung f (Kühlfläche)

water vapour (Chem, Tech) Wasserdampf m; Wrasen m

water vapour pressure (Ökol) Wasserdampfdruck m

water warning device (Tech) Wasserwarner m

watercourse (Bau) Wasserlauf m

waterproof adj (Tech) wasserdicht

waterproof-weld v (Schw) wasserdichtschweißen

waterstop (Bau) Fugenband n

watertight adj (Elek) schwallwassergeschützt (Kabel)

watertight adj (Tech) wasserdicht

waterwall (Tech) Rohrwand f (Kühlschirm)

waterway construction (Bau) Wasserwegebau m

watt (Elek) Watt n (Stromleistung)

watt consumption (Elek) Wirkleistungsverbrauch m

wattage (Elek) aufgenommene Leistung f, Wattverbrauch m

wattful current (Elek) Wirkstrom m

wattful power (Elek) Wirkleistung f (in Watt)

wattle (Bau) Flechtwerk n

wattless adj (Elek) stromlos; Blind…

wattless current [load] (Elek) Blindstrom m

wattless power (Elek) Blindleistung f, Wirkleistungsverbrauch m

wattmeter (Elek) Leistungsmesser m

wave (Elek) Welle f (auch in einem Medium)

wave front (Elek) Wellenfront f (Ultraschall)

wave generation (Elek) Wellenerzeugung f (Ultraschall)

wave guide (Elek) Hohlleiter m

wave interference (Elek) Interferenz f

wave pattern (Prüf) Wellenbild n (Ultraschall)

wave splitting (Elek, Tech) Wellenspaltung f; Wellenabspaltung f (DIN 54119)

wave tail (Elek) Wellenrücken m

wave train (Elek) Wellenzug m

wave train (Mess, Tech) Wellenfortpflanzung f

wave transformation (Elek) Wellenumwandlung f

wave travel (Prüf) Wellenlauf m (Ultraschall)

wave washer (Tech) Federring m

wavy adj (Tech) gewellt

wax paper (Tech) Wachspapier n

way (Tech) Art f (Methode); Weg m (Methode)

way of least resistance (Tech) Weg m des geringsten Widerstandes

way out (Baut) Ausgang m (z. B. eines Hauses)

way valve (Hydr/Pneu, Vent) Wegelängsventil n; Wegeventil n

weak adj (Tech) fadenscheinig (sehr dünn); schwach (z. B. an Kraft)

weak point (Tech) Schwachstelle f

weaken v (Tech) schwächen

weakening (Stb) Verschwächung f

weakening of rear wall echo (Prüf, Tech) Schwächen n des Rückwandechos (Ultraschallprüfung)

wear v (Tech) auslaufen (Lager); scheuern (verschleißen)

wear v **out** (Mech, Tech) abnutzen

wear v **through** (Tech) durchscheuern

wear (Tech) Abnutzung f, Abrieb m, Verschleiß m (z. B. durch Reibung)

wear and tear (Stb) Abnutzung f und Verschleiß m

wear and tear part (Tech) Verschleißteil n

wear and tear test (Prüf) Verschleißprüfung f

wear angles under buckets (Bergb) Schleißbrammen fpl

wear-free adj (Met) verschleißfrei

wear lining *(Tech)* Verschleißfutter *n*

wear margin *(Mech, Mont)* Abnutzungsvorrat *m*

wear pad *(Tech)* Verschleißschutz *m*

wear part *(Tech)* Verschleißteil *n*

wear plate *(Bergb)* Aufpanzerungsplatte *f* (z. B. auf Löffel); Schleißplatte *f*

wear plate *(Tech)* Schleißblech *n*

wear plate profile *(Tech)* Verschleißprofil *n*

wear resistance *(Met)* Verschleißfestigkeit *f*

wear-resistant *adj (Met, Tech)* abriebfest, scheuerfest, verschleißbeständig, verschleißfest

wear-resistant liner *(Met)* Verschleißauskleidung *f*

wear strip *(Tech)* Schleißleiste *f*, Schrammkante *f* (z. B. seitlich am Lkw); Schrammleiste *f* (am Lkw)

wearing *(Tech)* Abnutzung *f*, Verschleiß *m* (z. B. durch Reibung)

wearing course *(Bau)* Decke *f*, Deckschicht *f*, Verschleißdecke *f* (der Straße); Schwarzdecke *f* (Verschleißoberschicht)

wearing part *(Tech)* Verschleißteil *n*

wearing plate *(Mech, Tech)* Schleifscheibe *f* (Abnutzung)

wearing strip *(Tech)* Schleißleiste *f*

wearing surface *(Bau, Stb)* Verschleißschicht *f*

wearing surface *(Tech)* Arbeitsfläche *f*, Verschleißbelag *m*

weather *v (Anstr, Tech)* verblassen, verwittern *(Farbe)*

weather durability *(Stb)* Wetterbeständigkeit *f* (Witterungsbeständigkeit)

weather hood *(Bau, Tech)* Dachhaube *f* (für die Belüftung)

weather-protected *adj (Met)* wettergeschützt *(Schutzart)*

weather protection *(Ökol)* Witterungsschutz *m*

weather resistance *(Stb)* Wetterbeständigkeit *f*, Witterungsbeständigkeit *f*

weather-tight *adj (Met)* wetterdicht *(wetterfest)*

weathering capacity [quality] *(Stb)* Witterungsbeständigkeit *f*

weatherproof *adj (Met)* wetterdicht, wetterfest; wettergeschützt *(Schutzart)*

weatherproof *adj (Tech)* spritzwassergeschützt *(Schutzart)*

weatherstrip *(Kfz)* Köder *m*

weave *(Tech)* Gewebebindung *f*, Gewebeverbindung *f*

web *(Bahn)* Steg *m* (zwischen Unter- und Obergurt)

web *(Förd)* Rippe *f* (zwischen Unter- und Obergurt)

web bracing *(Baut, Stb)* Ausfachung *f* (Fachwerk)

web member *(Baut, Stb)* Ausfachungsstab *m*, Füllstab *m*, Füllungsstab *m*, Gitterstab *m*, Wandstab *m* (Fachwerk)

web plate *(Tech)* Schottblech *n*, Stegblech *n* (Hochbau)

web plate girder *(Met, Stb)* Vollwandträger *m*

web plate girder *(Tech)* Stegblech *n* (Hochbau)

web splice plate *(Stb, Tech)* Verbindungslasche *f* (für Stegverbindung)

webbing *(Tech)* Gurt *m* (Vollwandträger)

wedge *v (Tech)* festklemmen

wedge *(Tech)* Bremskeil *m*, Keil *m*, Klemmkeil *m*, Unterlegkeil *m*, Vorsatzteil *n*

wedge dolly *(Kfz)* Kommaformhandfaust *f*

wedge draw cupping test *(Prüf)* Keilzugtiefungsprobe *f*

wedge gate *(Vent)* Keilplatte *f*

wedge gate globe valve *(Vent)* Keilovalschieber *m*

wedge penetration test *(Prüf)* Keildruckprobe *f*

wedge-shaped *adj (Tech)* keilförmig (z. B. Bandquerschnitt)

wedge test *(Stb)* Keilprobe *f*

wedge wire *(Met)* Profildraht *m*

wedged *adj (Tech)* festklemmend, verkeilt (z. B. Material im Steinbruch)

weekly *adj (Tech)* wöchentlich

weep hole *(Hütt/Walz, Tech)* Dunstloch *n*; Entwässerungsbohrung *f* (damit Kondenswasser abtropfen kann)

weft *(Web)* Schuss *m*, Schussfaden *m*

weigh *v (Tech)* belasten (mit einem Gewicht); wiegen

weigh *v in (Tech)* einwägen

weigh belt *(Bergb, Tech)* Messband *n*

weigh bin *(Tech)* Wiegebunker *m*

weigh-feeder *(Metr, Tech)* Bandwaage *f*

weigh hopper *(Tech)* Wiegebunker *m*
weigh platform *(Mess)* Waagbrücke *f*
weighbridge *(Stb, Tech)* Brückenwaage *f*, Wägebrücke *f*, Wiegebrücke *f*
weighbridge for rail cars *(Bahn)* Gleiswaage *f*
weighed *adj (Tech)* gewogen
weigher *(Metr, Tech)* Bandwaage *f*, Waage *f*; Wiegemeister *m*
weighfeeder *(Tech)* Dosierbandwaage *f*
weighing appliance *(Tech)* Wägevorrichtung *f*, Wiegevorrichtung *f*
weighing bin *(Tech)* Wiegebunker *m*
weighing bridge *(Tech)* Wägebrücke *f*
weighing device [equipment, facility] *(Tech)* Wägevorrichtung *f*, Wiegeeinrichtung *f*, Wiegevorrichtung *f*
weighing idler *(Tech)* Messrolle *f*, Wiegerolle *f*, Wiegetragrolle *f*
weighing pan *(Tech)* Waagschale *f* *(rechteckig)*
weighing scale *(Tech)* Waage *f*
weighing span *(Tech)* Messstrecke *f* *(Bandwaage)*; Wiegestrecke *f*
weighman *(Tech)* Wiegemeister *m*
weight *(Stat, Tech)* Eigengewicht *n*, Eigenlast *f*, Gewicht *n*, Last *f*
weight brake *(Tech)* Gewichtsbremse *f*
weight by volume *(Geo, Ökol)* Raumgewicht *n (Wichte)*
weight in operation *(Bergb, Tech, Umschl)* Arbeitsgewicht *n*, Betriebsgewicht *n*
weight in working order *(Tech, Schw)* Dienstgewicht *n*
weight of hammer *(Bau)* Fallgewicht *n*
weight sensor *(Tech)* Gewichtsmesswertgeber *m (einer Waage)*
weight stabilizing *(AF) (Tech)* Gewichtsverlagerung *f*
weight tolerance *(Stat, Stb, Tech)* Gewichtstoleranz *f*
weighted *adj (Tech)* bewertet, gewogen
weighted flow sheet *(Elek)* Mengenstrombild *n*, Schaltplan *m (Stromlaufplan)*
weighting *(Tech)* Gewichtung *f*
weir *(Bau)* Wehr *n*
weir *(Hütt)* Überlaufkante *f (Eindicker)*
weir plant *(Bau)* Wehranlage *f*
weld *v (Elek)* verschmoren *(z. B. Kontakte)*
weld *v (Schw)* schweißen

weld *v in (Elek)* verschmoren *(z. B. Kontakte)*
weld *v through [with full penetration]* *(Schw)* durchschweißen
weld *(Schw)* Naht *f*, Schweißnaht *f*, Schweißstelle *f*, Schweißung *f*
weld… *adj (Schw)* Naht…, Schweiß…, Schweißnaht…
weld bending test *(Hütt, Prüf, Schw)* Aufschweißbiegeversuch *m*
weld bevel *(Schw)* Schweißfase *f*
weld bottom *(Schw)* Schweißnahtgrund *m*
weld deposit *(Schw)* Schweißgut *n*
weld displacement *(Schw)* Wandern *n (von Schweißnähten)*
weld end crater *(Schw)* Schweiß-Endkrater *m*
weld junction *(Schw)* Übergangszone *f (bei Blechen)*
weld metal *(Schw)* Schweißgut *n*, Schweißmetall *n*
weld metal deposition *(Schw)* Absetzen *n* des Schweißgutes, Schweißgutabschmelzung *f*
weld neck flange *(Tech)* Flansch *m* mit Schweißstutzen *(Anschweißflansch, Vorschweißflansch)*
weld nut *(Schw)* Schweißmutter *f (auf Blech aufgeschweißt)*
weld pass *(Schw)* Schweißlage *f*
weld penetration *(Schw)* Einbrand *m*
weld pool [puddle] *(Hütt/Walz)* Krater *m (Schmelzbad)*; Schmelzbad *n*
weld pool [puddle] *(Schw)* Mulde *f*; Schweißbad *n*
weld reinforcement *(Schw)* Nahtüberhöhung *f*, Schweißüberhöhung *f*
weld-rod *(Schw)* Schweißstab *m*
weld seam *(Schw)* Naht *f*, Schweißnaht *f*
weld sensor *(Schw)* Schweißnaht-Abtaster *m (mechanisch)*
weld shape *(Schw)* Nahtform *f*
weld test *(Schw)* Schweißprüfung *f*
weld toe *(Schw)* Nahtfuß *m*, Schweißnahtgrund *m*
weldability *(Met, Schw)* Schweißbarkeit *f*
weldability test *(Prüf, Schw)* Prüfung *f* auf Schweißbarkeit, Schweißbarkeitsprüfung *f*
weldable *adj (Schw)* schweißbar *(z. B. nach Entgraten und Heftschweißen)*

weldable steel *(Met)* schweißbarer Stahl m

welded *adj (Schw)* geschweißt

welded assembly *(Konst, Schw)* Schweißkonstruktion f

welded assembly *(Tech)* Schweißgruppe f, Schweißteil m

welded box construction *(Stb)* Hohlkastenschweißkonstruktion f

welded connection *(Schw)* geschweißter Anschluss m, Schweißverbindung f

welded construction [design] *(Konst, Schw)* Schweißkonstruktion f

welded fabrication *(Stb)* Schweißfertigung f

welded fixed joint *(Tech)* Schweißzapfengelenk n

welded flange *(Schw, Tech)* Anschweißflansch m, Einschweißflansch m

welded frame *(Schw, Tech)* geschweißter Rahmen m, Schweißrahmen m

welded girth joint *(Schw)* Rundnaht f

welded-in stub *(Schw)* Einschweißnippel m, Schweißnippel m

welded joint *(Schw)* Schweißstelle f; Schweißverbindung f

welded lug *(Schw)* Schweißnase f

welded nipple *(Schw)* Einschweißnippel m

welded on *adj (Schw)* angeschweißt

welded-on flange *(Schw)* Vorschweißflansch m

welded part *(Schw)* Schweißteil n

welded pipe plant *(Walz)* Rohrschweißanlage f

welded plate girder *(Met)* geschweißter Blechträger m, Schweißträger m

welded socket *(Tech)* Schweißmuffe f

welded-stub connection *(Schw)* Einschweißnippel m

welded tube *(Met, Tech)* geschweißtes Rohr n, Nahtrohr n

welded tube mill *(Walz)* Rohrschweißanlage f

welded wedge wire covering *(Schw)* Pressschweißgitter n

welder *(Schw)* Handschweißer m, Schweißer m, Schweißmaschine f

welder's gauge *(BE) (Schw)* Schweißlehre f

welder's glass shield *(Schw)* Schweißerspiegel m

welding *(Schw)* Schweißen n

welding... *adj (Schw)* Schweiß...

welding apparatus *(Schw)* Schweißgerät n

welding bead *(Schw)* Raupe f *(Schweißnaht)*; Schweißperle f, Schweißraupe f, Schweißwulst m

welding caliber *(Schw)* Schweißlehre f

welding certificate *(Prüf, Schw)* Schweiß(prüf)bescheinigung f

welding consumable *(Schw)* Schweißhilfsstoff m, Schweißmittel n

welding converter *(Schw)* Schweißumformer m

welding coupling *(Tech)* Anschweißverschraubung f

welding design *(Schw)* Schweißkonstruktion f

welding engineer *(Schw)* Schweißfachingenieur m, SFI m

welding engineering *(Schw)* Schweißarbeit f, Schweißen n, Schweißtechnik f, Schweißung f

welding engineering standards *pl (Schw)* Schweißingenieurnormen fpl

welding flux *(Schw)* Schweißpulver n

welding goggles *pl (Schw)* Schweißerschutzbrille f

welding jig *(Schw)* Schweißdrehtisch m

welding layer *(Schw)* Schweißlage f

welding manipulator *(Schw)* Schweißdrehtisch m

welding mill *(Walz)* Rohrschweißanlage f

welding neck *(Schw)* Vorschweißband n

welding neck flange *(Schw, Tech)* Flansch m mit Schweißstutzen, Anschweißflansch m, Vorschweißflansch m

welding nut *(Schw)* Schweißmutter f *(auf Blech aufgeschweißt)*

welding or root reinforcements *pl (Schw)* Nahtgegenschweißung f

welding outlet *(Elek)* Steckdose f *(für Schweißen)*

welding parameter *(Schw)* Schweißausstattung f, Schweißparameter m

welding pass *(Schw)* Schweißgang m; Schweißkaliber n *(Rohrschweißanlage)*; Schweißlage f

welding pitch *(Schw, Walz)* Stichabstand m *(Rohrschweißanlage)*

welding position *(Schw)* Schweißführung f, Schweißposition f

welding positioner *(Schw)* Schweiß-drehtisch m

welding powder *(Schw)* Schweißpulver n

welding-seam gauge *(Schw)* Schweißnahtlehre f

welding seam image converter *(Schw)* Schweißnaht-Bildgerät n

welding set *(Schw)* Schweißaggregat n, Schweißgerät n

welding spatter *(Schw)* Schweißspritzer m

welding stress *(Met, Schw)* Schweißspannung f

welding supervisor *(Schw)* Schweißaufsicht f, Schweißkontrolleur m

welding surface *(Schw)* Anschweißfläche f

welding timer *(Elek, Schw)* Schweißtaktgeber m, Taktgeber m *(Schweiß;taktgeber)*

welding torch *(Schw)* Schweißbrenner m

welding torsion *(Met, Schw)* Schweißspannung f

welding under CO₂ *(Schw)* CO₂--Schutzgasschweißen n

welding with CO₂ shielding *(Schw)* CO₂-Schutzgasschweißen n

welding with pressure *(Schw)* Pressschweißen n

welding with the oxyacetylene torch *(Schw)* autogenes Schweißen n, Autogenschweißen n, Azetylen-Sauerstoff--Schweißen n, Gasschweißen n, G-Schweißen n

weldment *(Schw)* Schweißkonstruktion f *(Schweißteil)*; Schweißkonstruktion f, Schweißteil n *(Konstruktion)*; Schweißung f *(Schweißstelle)*

weldment *(Tech)* Schweißgruppe f

weldolet *(Schw, Verd)* Anschweißnocken m

well *(Bau)* Brunnen m, Rundschacht m *(Brunnen)*

well *(Tech)* Bohrloch n *(Öl oder Gas)*; Schutzrohr n *(Thermometer)*

well-balanced *adj (Form)* ausgewogen

well-base rim *(Tech)* Tiefbettfelge f *(DIN 70023)*

well grab *(Bergb)* Brunnengreifer m, Rundschachtgreifer m, Schachtgreifer m

well-groomed *adj (Tech)* gepflegt *(z. B. Maschine)*

well looked after *adj (Tech)* gepflegt *(z. B. Maschine)*

well-maintained *adj (Tech)* gepflegt *(z. B. Maschine)*

well reaming machine *(Werkz)* Großlochbohrmaschine f

well-treaded tires *(AE) (Tech)* griffige Bereifung f

well-treaded tyres *(BE) (Tech)* griffige Bereifung f

wet *v (Tech)* benetzen; nass machen, nässen

wet *adj (Tech)* nass

wet air cleaner *(Tech)* Nassluftfilter n

wet-bottom boiler *(Hütt/Walz)* Schmelzkessel m, Staubfeuerung f mit flüssiger Entaschung

wet cell *(Bau)* Feuchtraum m

wet extinguisher *(Tech)* Nassfeuerlöscher m

wet-mechanical dressing plant *(Aufb)* nassmechanische Aufbereitungsanlage f

wet run *(Tech)* Nasslauf m *(der Lamellenbremse)*

wet screening *(Zer)* Nasssiebung f

wet scrubber *(Hütt)* Wäscher m

wet-type dust collector *(Hütt/Walz)* Nassentstauber m

wet-type master clutch *(Tech)* Ölhauptkupplung f

WG *(Abk. für: water gauge)* (Bau, Tech) Wassersäule f

wheel *(Tech)* Großrad n, Laufrad n, Laufring m *(eines Laufwerks)*; Rad n, Scheibe f, Walze f *(Rad)*

wheel abrading *(Mech)* Schleuderstrahlen n

wheel barrow *(Bau)* Schiebekarre f, Schubkarre f

wheel body *(Bahn)* Radscheibe f *(des Waggons)*

wheel body *(Bergb)* Schaufelradkörper m

wheel body *(Tech)* Radkörper m *(des Zahnrades)*

wheel bogie *(Bergb, Förd, Tech)* Fahrwerksschwinge f Laufradschwinge f, Schwinge f; Stützschwinge f *(Brücke)*

wheel boom hoist *(Baum, Bergb, Förd)* Schaufelradwindwerk n, Windwerk n zum Schaufelradausleger wheel brace *(Werkz)* Kreuzschlüssel *m* (für Radmuttern)

wheel cambering *(Tech)* Radsturz *m*

wheel castor *(Tech)* Radvorlauf *m*

wheel center *(AE) (Tech)* Radkörper *m* (Nabe)

wheel contact angle *(Tech)* Radanlauf *m*

wheel conveyor *(Förd)* Röllchenbahn *f*

wheel disc *(Tech)* Radscheibe *f (Getriebe)*

wheel failure support *(Tech)* Radbruchstütze *f*

wheel flange *(Kran, Tech)* Radspurkranz *m*, Spurkranz *m (Rad)*

wheel hub *(Baum, Tech)* Radnabe *f*, Schaufelradachse *f*, Schaufelradnabe *f*

wheel lathe *(Bahn, Mech)* Radsatzdrehbank *f*, Radsatzdrehmaschine *f*

wheel lean *(Baum, Tech)* Radsturz *m (beim Grader)*

wheel lock *(Tech)* Radsturz *m (Pendelachse)*

wheel-mounted front-end loader *(Umschl)* Radlader *m*

wheel plate *(Tech)* Räderplatte *f*, Radscheibe *f*

wheel rake *(Tech)* Sturz *m (der Räder)*

wheel resistant welding *(Schw)* Rollschweißen *n*

wheel rim *(Tech)* Felgenkranz *m*, Radfelge *f (Radkranz)*; Radkranz *m*

wheel set bearing *(Lag)* Achslager *n (z. B. eines Zuges)*; Radsatzlager *n*

wheel spindle *(Mech)* Achsschenkel *m*, Schleifscheibenspindel *f*

wheel spindle *(Tech)* Achsnabe *f*; Hohlachse *f*

wheel transmission *(Tech)* Radgetriebe *n*

wheel web *(Tech)* Radscheibe *f*

wheel with gear rim *(Tech)* Spurkranzrolle *f*

wheel with tyre *(BE) (Bahn)* Rad *n* mit Radreifen, Reifenrad *n (der Bahn)*

wheelbarrow *(Bau)* Schiebekarre *f*, Schubkarre *f*

wheelbase *(Bahn, Tech)* Radsatzabstand *m*

wheelbase *(Kfz)* Achsabstand *m (Abstand vom Vorder- zum Hinterrad)*

wheelbase *(Tech, Umschl)* Achsstand *m*, Radstand *m*

wheeled loader *(Umschl)* Radlader *m*

wheeled pallet *(Hütt)* Rostwagen *m (Sinteranlage)*

wheeled unloader *(Umschl)* Radlader *m*

whet *v (Mech)* schleifen *(z. B. Messer)*; wetzen

whetstone *(Werkz)* Wetzstein *m*

Whipple truss *(Stb)* mehrteiliges Pfostenfachwerk *n*

whipsaw *(Werkz)* Fuchsschwanz *m (Säge)*

whirl-free flow *(Verd)* drallfreie Strömung *f*

whisker *(Met)* Fadenkristall *m*

white band *(Hütt/Walz, Met)* Weißband *n (im Gußstrang)*

white blasted *adj (Anstr)* blank

white bronze *(Hütt/Walz, Met)* Weißmetall *n (Lagermetall)*

white corrosion *(Met)* Weißrost *m*

white hot *adj (Hütt)* weißglühend

white lead *(Anstr)* Bleiweiß *n*

white line *(Hütt/Walz, Met)* Weißband *n (im Gußstrang)*

white liquor *(Tech)* Frischlauge *f (Papierherstellung)*

white metal *(Hütt/Walz, Met)* Lagermetall *n*; Weißmetall *n*

white pickling *(Hütt/Walz)* Weißbeizen *n*

white rust *(Met)* Weißrost *m*

whitewash *v (Anstr)* weißen

whitewashed *adj (Bau)* gekalkt

Whitworth pipe thread *(Tech)* Whitworth-Rohrgewinde *n (DIN ISO 1891)*

whole *adj (Tech)* ganz • from the whole aus einem Stück

wholly *adv (Tech)* gänzlich

wick *(Mess, Tech)* Docht *m*

wick lubrication *f (Tech)* Dochtschmierung *f*

wicking cartridge *(Mess, Tech)* Dochtpatrone *f*

wide *adj (Tech)* breit, weit

wide-band... *adj (Elek)* Breitband...

wide-band clamp *(Tech)* Breitbandschelle *f*

wide-band transducer *(Elek)* Breitbandschwinger *m (Ultraschall)*

wide-base tire *(AE) (Kfz)* Breitfelgenreifen *m*, Breitreifen *m*

wide-base tyre *(BE) (Kfz)* Breitfelgenreifen *m*

wide-flanged *adj (Tech)* breitflanschig, breitfüßig

wide flat steel *(Hütt/Walz, Met)* Breit-flachstahl *m*

wide flats *(Hütt/Walz, Met)* Breitflach-stahl *m*

wide fuel tape range *(Hütt/Walz)* breites Brennstoffband *n*

wide jaw wrench *(Werkz)* Breitmaulzan-ge *f*

wide plate *(Met)* Universalstahl *m*

wide strip *(Met, Walz)* Breitband *n*, Breitbandstahl *m (in Bandform)*

widen *v (Bau, Tech)* verbreitern *(z. B. Straße)*

widening *(Bau, Tech)* Verbreiterung *f*

width *(Tech)* Breite *f*, Umfang *m (Breite)*; Weite *f*

width across corners *(Tech)* Eckenmaß *n (DIN ISO 1891)*; Übereckmaß *n (einer Schraube)*

width across flats *(Tech)* Maulweite *f (Schraubenschlüssel)*; Schlüsselweite *f (der Mutter/Schraube)*

width angle *(Tech)* Umfassungswinkel *m*

width at crest *(Bau)* Kronenbreite *f (Hauptdamm)*

width between inner plates *(Tech)* in-nere Breite *f (der Rollenkette)*

width crowning *(Form)* Balligkeit *f (z. B. beim Fräsen von Getrieben)*; Breitbal-ligkeit *f*

width gauge *(BE) (Mess)* Breitenmess-gerät *n (für Band)*

width measuring gauge *(BE) (Mess)* Breitenmessgerät *n (für Band)*

width meter *(Mess)* Breitenmessgerät *n (für Band)*

width of belt *(Förd)* Gurtbreite *f*

width of crusher mouth *(Bergb)* Brech-maulweite *f (des Brechers)*

width of flange *(Tech)* Flanschbreite *f*, mittragende Plattenbreite *f*, Platten-breite *f*

width of tip *(Mech)* Schneidenbreite *f*

wild card *(IT)* Platzhalter *m*

wildcat drilling *(Petr)* Erkundungsboh-rung *f*

win *v (Bergb)* abbauen *(unter Tage, z. B. Kohle)*; gewinnen

winch *(Förd)* Winde *f*

winch *(Tech)* Drehstock *m*, Fahrwinde *f*

wind *v (Elek)* umwickeln

wind *v (Tech)* heben *(mit einer Winde)*

wind *(Hütt)* Wind *m (für Hochofen)*

wind box *(Hütt)* Saugkasten *m (Sinter-anlage)*

wind bracing *(Stb)* Windverband *m*, Windversteifung *f*

wind duct *(Hütt)* Saugleitung *f (Saug-kasten der Sinteranlage)*

wind lass *(Tech)* Erdwinde *f*

wind power station *(Elek)* Windkraftwerk *n*

wind pressure *(Stat)* Windlast *f*

wind pressure *(Tech)* Staudruck *m*, Winddruck *m*, Windstau *m*, Windstau-druck *m*

wind rose *(Ökol)* Windrose *f*

winder *(Bergb)* Fördermaschine *f*

winder *(Förd)* Winde *f*

winder *(Tech)* Haspel *f*, Spuler *m*

winder *(Walz)* Wickelmaschine *f (Zug-haspel)*

winding *(Elek)* Leitung *f (Wicklung)*; Spule *f*, Wicklung *f*

winding capacity *(Förd)* Förderleistung *f (Schacht)*

winding drum *(Tech)* Seiltrommel *f*

winding machine *(Elek)* Wickelautomat *m (für Ankerwicklung)*

winding pulley *(Bergb)* Seilscheibe *f (Rillenscheibe)*

winding reel *(Walz)* Wickelmaschine *f (Zughaspel)*

winding sheave *(Bergb)* Seilscheibe *f (Rillenscheibe)*

winding temperature *(Antr)* Wicklungs-temperatur *f (Motor)*

winding tower *(Bergb)* Förderturm *m*

windlass *(Bau, Mont)* Affe *m*

windlass *(Förd)* Handseilwinde *f*

windlass *(Tech)* Handkurbelwinde *f*

window *(Baut)* Fenster *n*

window *(Bergb, Kfz)* Seitenscheibe *f (des Fahrerhauses)*

window crank *(Kfz)* Fensterkurbel *f*

window fittings *pl (Baut)* Fensterbe-schlag *m*

window lifter *(Kfz)* Fensterheber *m*

window sash *(Baut)* Fensterfüllungsstahl *m*

window sash section *(Baut)* Fensterfül-lungsstahl *m*

window sill *(Baut)* Fensterbank *f*, Fens-terbrett *n*

window strip *(Tech)* Klemmprofil *n*

window-type current transformer *(Elek, Hütt)* Umbaustromwandler *m*

windrow *(Bergb)* Streifhaufen *m*

windrow breaker *(Baum, Bergb)* Schürfgradebener *m*

windrow spreader *(Bergb)* Randstreifenverteiler *m*

windscreen *(BE) (Kfz)* Frontscheibe *f*, Windschutzscheibe *f*

windscreen washer *(BE) (Kfz)* Scheibenwaschanlage *f*

windscreen wiper *(BE) (Kfz)* Scheibenwischer *m*

windshield *(AE) (Kfz)* Frontscheibe *f (an Kfz)*; Windschutzscheibe *f*

windshield wiper *(AE) (Kfz)* Scheibenwischer *m*

windup *(Elek)* Sättigung *f (Mess- und Regeltechnik)*

windward *adj (Stb)* windseitig *(luvseitig)*

wing *(Baut)* Anbau *m (am Haus)*

wing *(Tech)* Flügel *m*, Kotflügel *m*, Schenkel *m*

wing bolt *(Tech)* Flügelschraube *f*

wing nut *(Tech)* Flügelmutter *f*

wing screw *(Tech)* Flügelschraube *f*

wing tripper *(Baum, Umschl)* Hilfsabsetzer *m*, Übergabewagen *m*

wing-type pulley *(Förd)* Korbtrommel *f*

winning *(Baum, Bergb)* Abbau *m (Förderung, Gewinnung von Bodenschätzen, z. B. Kohle)*

winning *(Bergb)* Gewinnung *f*

winning machine *(Baum, Bergb)* Abbaumaschine *f*

winterising *(BE) (Tech)* Winterfestmachung *f*

winterising protection *(BE) (Tech)* Winterfestmachung *f*

winterizing *(AE) (Tech)* Winterfestmachung *f*

wipe *v (Tech)* abwischen; abstreifen *(mittels Wischer)*

wiper *(Elek)* Kontaktbürste *f*

wiper *(Förd)* Abstreifer *m*, Kratzer *m*, Wischer *m*

wiper *(Tech)* Bürste *f*, Schleifkontakt *m*

wiper arm *(Tech)* Wischarm *m*, Wischerarm *m (Scheibenwischer)*

wiper blade *(Tech)* Wischarm *m*, Wischblatt *n*

wiper ring *(Tech)* Abstreifring *m*

wiping seal *(Tech)* Abstreifring *m*

wire *v (Elek)* beschalten; verdrahten

wire *(Elek)* Ader *f (Kabel)*; Draht *m*

wire adaptor *(Elek)* Leitungsanschlussstück *n*

wire cable *(Tech)* Drahtseil *n*

wire clamp *(Elek)* Klemme *f (Anschlussklemme, Klemmbügel)*

wire cloth *(Elek)* Drahtgewebe *n*

wire coil *(Stb)* Drahtring *m*

wire cross section *(Elek)* Leitungsquerschnitt *m*

wire cutter *(Mech, Werkz)* Drahtschere *f*, Drahtschneider *m*, Drahtzange *f*, Vorschneider *m*

wire cutting pliers *pl (Werkz)* Seitenschneider *m*

wire die *(Form)* Ziehstein *m*

wire drawing *(Form, Hütt/Walz)* Drahtziehen *n*

wire end ferrule *(Elek)* Aderendhülse *f*

wire fabric *(Bau, Stb, Tech)* Baustahlgewebe *n*

wire fabric *(Elek)* Drahtgewebe *n*

wire fastener connecting link *(Tech)* Drahtverschlussglied *n*

wire feed *(Schw)* Drahtzuführung *f*

wire gauge *(BE) (Tech)* Drahtdurchmesser *m*

wire gauge *(BE) (Metr)* Drahtlehre *f*

wire gauze *(Elek)* Drahtgewebe *n*

wire jumper *(Elek)* Drahtbrücke *f*

wire loop clamp *(Tech)* Endbundklemme *f*

wire mesh *(Bau, Stb, Tech)* Baustahlgewebe *n*; Drahtgeflecht *n*, Maschendraht *m*

wire mesh guard *(Tech)* Schutzgitter *n*

wire nail with extra large head *(Tech)* Breitkopfstift *m*

wire netting *(Elek)* Drahtgewebe *n*

wire netting *(Stb, Tech)* Drahtgeflecht *n*, Maschendraht *m*

wire race bearing *(Lag)* Drahtwälzlager *n*, Drehwälzlager *n*

wire reinforcement *(Tech)* Drahtwendel *f*

wire resistor *(Tech)* Drahtwiderstand *m*

wire rod *(Hütt/Walz, Met)* Draht *m (nach dem Walzen gezogen)*; Walzdraht *m*

wire rod mill *(Walz)* Drahtwalzwerk *n (Drahtstraße)*

wire rope *(Bergb, Tech)* Seilzug *m*

wire rope *(Tech)* Drahtseil *n*, Kabel *n (Drahtseil)*; Seil *n (Kabel)*

wire rope splice *(Stb)* Spleiß *m*, Verspleißung *f*

wire stripping pliers *pl (Werkz)* Abisolierzange *f*

wire termination *(Elek)* Drahtanschluss *m*

wire testing *(Prüf)* Drahtprüfung *f*

wire wrap connection *(Mess)* Wickelverbindung *f*

wired *adj (Elek)* verdrahtet, verkabelt

wired circuit board *(Elek)* bestückte Leiterplatte *f*, Platine *f*

wireless mast *(Stb)* Antennenmast *m*, Funkmast *m*

wiring *(Elek)* elektrische Leitungen *fpl*, elektrische Verdrahtung *f*, Verdrahtung *f*

wiring diagram *(Elek, Zeich)* Kabelplan *m*, Schaltbild *n*, Schaltplan *m*, Schaltschema *n*, Verdrahtungsplan *m*

wiring harness *(Elek)* Kabelsatzarmierung *f*

wiring scheme *(Elek, Zeich)* Kabelplan *m*, Schaltbild *n*, Schaltplan *m*, Schaltschema *n*, Verdrahtungsplan *m*

wiring symbol *(Elek)* Schaltzeichen *n*

withdraw *v (Tech)* abziehen; aufheben, herausziehen

withdrawable *adj (Tech)* ausziehbar *(herausnehmbar)*

withdrawal *(Elek)* Materialentnahme *f*

withdrawal *(Hütt/Walz)* Rücksaugung *f*

withdrawal *(Tech)* Entnahme *f*

withdrawal sleeve *(Mont, Tech)* Abziehhülse *f*, Spannhülse *f (Lager)*

withdrawing screw nut *(Mont, Tech)* Abziehmutter *f (für Abdrückschraube)*

withstand capability *(Tech)* Stehvermögen *n*

witnessed test *(Prüf)* Versuch *m* in Anwesenheit eines Abnehmers

W.L. DC Converter *(Elek)* Leonard-Umformer *m*, Umformer *m*, Ward-Leonard--Umformer *m*

wobble *v (Tech)* flattern *(z. B. ein Rad)*

wobble *(Lag, Tech)* Axialschlag *m (eines Wälzlagers)*; Seitenschlag *m (z. B. des Schwungrades)*

wobble... *adj (Tech)* Taumel...

Wöhler curve *(Stb)* Wöhler-Kurve *f (DIN 50100)*

wood *(Tech)* Holz *n*

wood-charcoal *(Bergb)* Holzkohle *f*

wood coal *(Bergb)* Braunkohle *f*, Holzkohle *f*

wood shavings *pl (Tech)* Sägespäne *mpl*

wooden square *(Tech)* Holzwinkel *m*

wooden support *(Mont)* Unterlegholz *n*

woodgrain film *(Anstr)* Holzimitationsfolie *f*

woodruff key *(Tech)* Scheibenfeder *f*

wool waste *(Tech)* Putzwolle *f*

work *v (Form, Mech)* bearbeiten *(spanlos)*

work *v (Hütt)* gehen *(Hochofen)*

work *v (Tech)* arbeiten, funktionieren, wirken

work *v (Walz)* führen *(z. B. eine Schmelze)*

work *(Tech)* Arbeit *f (Tätigkeit)*; Arbeit *f (z. B. Maschine)*; Einsatz *m (bei der Arbeit)* • **at work** bei der Arbeit; im Einsatz, eingesetzt

work assignment *(Tech)* Arbeitsvorgabe *f*

work bench *(Mech)* Werkbank *f*

work centre *(BE) (Mech)* Bearbeitungszentrum *n (als kombinierte Maschine)*

work code number *(Fert, Tech)* Arbeitskennziffer *f*, AKZ *f*

work-creation program *(Tech)* Arbeitsbeschaffungsmaßnahme *f*

work expenditure *(Tech)* Arbeitsaufwand *m*

work guideline *(Tech)* Arbeitsrichtlinie *f*

work harden *v (Met, Walz)* kaltverfestigen

work hardening *(Met)* Kalthärtung *f*

work lead *(Met)* Werkblei *n*

work load *(Fert, Tech)* Arbeitsanfall *m*; Arbeitsbelastung *f*, Arbeitslast *f*; Auslastung *f (Kran)*

work operation *(Fert, Tech)* Arbeitsgang *m*

work order number *(Fert)* Arbeitsauftragsnummer *f*

work-out *(Tech)* Geräteauslastung *f*, Geräteausnutzung *f*

work package *(Fert)* Arbeitspaket *n*

work planning [preparations] *(Fert, Tech)* Arbeitsvorbereitung *f*

work schedule *(Fert)* Arbeitsablaufplan *m*, Arbeitsplan *m*

work scheduling *(Fert, Tech)* Arbeitsvorbereitung *f*

work stoppage *(Fert, Tech)* Arbeitsunterbrechung *f*

work time sheet *(Fert)* Arbeitszeitblatt *n*

work to be done *(Fert, Tech)* Arbeitsanfall m; Arbeitsvolumen n

work volume *(Fert, Tech)* Arbeitsanfall m; Arbeitsvolumen n

workability *(Mech)* Bearbeitungsgrad m

workability *(Tech)* Verarbeitbarkeit f *(Mörtel usw.)*

workable *adj (Bergb)* abbaufähig

workbench *(Stb)* Zulage f

workbench *(Tech, Werkz)* Arbeitsbank f

worked penetration *(Tech)* Walkpenetration f *(Fett, Öl)*

working *adj (Tech)* arbeitend

working *(Baum, Bergb)* Abbau m *(Förderung, Gewinnung von Bodenschätzen, z. B. Kohle)*; Gewinnung f

working *(Hütt/Walz, Tech)* Verarbeitung f *(Farbe)*

working *(Mech)* Bearbeitung f; spanlose Bearbeitung f

working addendum *(Tech)* Kopfhöhe f *(bezogen auf den Teil- oder Wälzkreis)*

working aisle *(Fert)* Arbeitsgang m *(in der Lagerhalle)*

working area *(Tech)* Arbeitsbereich m *(z. B. in der Werkshalle)*; Arbeitsfläche f

working capacity *(Fert, Tech)* Arbeitsvolumen n *(eines Behälters)*

working capacity *(Tech)* Arbeitslast f

working clothes *pl (Tech)* Arbeitskleidung f • **in proper working condition** funktionsfähig

working cycle *(Tech)* Arbeitsablauf m, Arbeitsgang m, Arbeitsspiel n, Arbeitsvorgang m, Arbeitszyklus m

working dedendum *(Getr)* Fußhöhe f *(bezogen auf den Teil- oder Wälzkreis)*

working drawing *(Tech, Zeich)* Ausführungszeichnung f; Arbeitszeichnung f, Ausführungsplan m

working face *(Bergb)* Abbaustoß m, Streb m in Betrieb

working face *(Bergb, Tunn)* Ortsbrust f

working flank *(Getr)* Arbeitsflanke f *(Getriebe)*

working level *(Bergb, Geo)* Sohle f

working life *(Tech)* Verarbeitbarkeit f *(Mörtel usw.)*

working light *(Elek)* Arbeitsscheinwerfer m

working light *(Kfz)* Anbauscheinwerfer m

working line *(Stb)* Netzlinie f

working lining *(Tech)* Verschleißfutter n

working load *(Stb)* Gebrauchslast f, Nutzlast f

working load *(Tech)* auftretende Belastung f, Betriebslast f

working material regulation *(Tech)* Arbeitsstoffverordnung f *(in Deutschland)*

working method *(Fert, Tech)* Arbeitsmethode f *(Vorgehensweise)*; Arbeitsverfahren n; Arbeitsweise f *(Verfahren)*; Arbeitsweise f, Fabrikationsverfahren n
• **in working order** funktionstüchtig
• **not in working order** betriebsunfähig

working place *(Fert, Tech)* Arbeitsplatz m

working position *(Bergb)* Anstellbewegung f

working pressure *(Hydr/Pneu, Tech)* Arbeitsdruck m, Betriebsdruck m

working radius *(Bergb, Kran, Umschl)* Ausladung f

working range *(Baum)* Durchschwenkwinkel m *(des Baggers)*

working-range *(Kfz)* Arbeitszone f

working range *(Kfz)* Arbeitsbereich m

working schedule *(Fert)* Arbeitsprogramm n

working sequence *(Fert)* Arbeitskette f

working time *(Form)* Verarbeitungszeit f

working time *(Maschine)*; Laufzeit f *(Maschine)*; Verarbeitbarkeit f *(z. B. eines Klebers bzw. einer Farbe)*

working voltage *(Elek)* Arbeitsspannung f, Betriebsspannung f

working volume *(Tech)* Nutzinhalt m *(Hochofen)*

working width *(Bergb)* Arbeitsbreite f

workmanlike *adj (Tech)* fachgerecht *(z. B. Reparatur)*

workmanship *(Bau)* Bauleistung f

workmanship *(Konst, Tech)* Bauart f *(Herkunftsangabe)*

workmanship *(Tech)* Arbeit f *(Art der Ausführung)*; Arbeitsausführung f, Ausführung f *(Machart, Qualität)*; Bearbeitung f *(handwerkliche Ausführung)*; technische Ausführung f, Werkstattarbeit f

workpiece *(Mech, Tech)* Arbeitsstück n, Werkstück n

workpiece *(Schw)* Teilstück n *(zu schweißender Teil)*

workplace *(Fert, Tech)* Arbeitsplatz m

works *pl (Stb)* Kunstbauten mpl

works *(Tech)* Anlage f *(Betriebsstätte)*
• ex works ab Fabrik
works acceptance *(Prüf)* Werksabnahme f
works certificate *(Prüf, Tech)* Werkstatttest n; Werksbescheinigung f
works manager *(Fert, Tech)* Betriebsleiter m
works standard *(Tech)* Werknorm f *(firmeneigener Standard)*
workshop *(Tech)* Bearbeitungsstelle f, Betrieb m, Betriebsstatt f, Halle f *(z. B. Werkstatt)*; Werk n *(Betriebsstätte)*; Werkstatt f
workshop drawing *(Zeich)* Konstruktionszeichnung f, Werkstattzeichnung f
workshop manual *(Tech)* Werkstatthandbuch n
workwear *(Tech)* Arbeitskleidung f
worm *(Tech)* Schnecke f, Zylinderschnecke f
worm crown gear *(Getr)* Schneckenradkranz m
worm drive *(Antr, Getr)* Schneckenantrieb m, Schneckentrieb m
worm-drive gear unit *(Getr)* Schneckengetriebe n
worm gear *(Getr)* Schneckengetriebe n, Schneckenrad n
worm gear case extension *(Tech)* Schwinge f *(Konverter)*
worm gear drive *(Antr, Getr)* Schneckenantrieb m, Schneckentrieb m
worm gear motor *(Antr)* Schneckengetriebemotor m
worm gear reducer *(Getr)* Schneckengetriebe n
worm gear rim *(Getr)* Schneckenradkranz m
worm gear shaft *(Getr)* Schneckenradwelle f; Schneckenwelle f
worm gear unit *(Antr, Getr)* Schneckenantrieb m, Schneckentrieb m
worm gear unit *(Getr)* Schneckengetriebe n
worm gearbox [gearing] *(Getr)* Schneckengetriebe n
worm hole *(Met, Schw)* Schlauchpore f
worm line shaft *(Tech)* Schneckenwelle f
worm planetary gear unit *(Getr)* Schneckenplanetengetriebe n
worm reducer [reduction gear] *(Getr)* Schneckengetriebe n

worm shaft *(Tech)* Schneckenwelle f
worm thread *(Tech)* Schneckengewinde n
worm-type feeder *(Förd)* Schneckenförderer m *(Förderschnecke)*
worm wheel *(Getr)* Schneckenrad n
worn *adj (Met)* ausgeschlagen
worn *adj (Met, Tech)* verschlissen, abgenutzt
worn out *adj (Met)* ausgeschlagen
worn out *adj (Tech)* abgenutzt
wound *adj (Met)* gewunden
wound *adj (Tech)* gewickelt
wound-rotor (induction) motor *(Antr, Elek)* Asynchronmotor m mit Schleifringläufer, Schleifringläufermotor m, SL, Schleifringmotor m; Wickelläufermotor m
woven *adj (Met)* geflochten
woven fabric *(Tech, Web)* Webstoff m
woven fabric filter *(Tech)* Gewebefilter n
woven material *(Tech, Web)* Gewebe n
WP *adj (Abk. für: weather protected) (Met)* wettergeschützt *(Schutzart)*
wrap *(Bau, Tech)* umspannter Bogen m
wrap *(Kran)* Windung f *(Seil)*
wrap *(Tech)* Umschlingungswinkel m *(z. B. Förderband)*
wrap *(Walz)* Windung f *(Bandbund)*
wrap-around cutting edge *(Tech)* aufgebogenes Schneidmesser n; umlaufendes Schneidmesser n
wrap around pulley *(Tech)* Trommelumschlingung f
wrap post *(Mess)* Wickelstift m
wrap test *(Prüf)* Wickelversuch m *(Draht)*
wrapped *adj (Tech)* umhüllt, umspannt, umwickelt, verpackt
wrapper head *(Walz)* Wickelkopf m *(eines Riemenwicklers)*
wrapper plate *(Tech)* Stegblech n *(Konverter)*
wrapping *(Elek)* Bewicklung f
wrapping *(Tech)* Hülle f *(Umschlag)*; Verpackung f
wreck *v (Hütt)* ausbrechen *(Ausmauerung)*
wreck *(Schiff)* Schiffswrack n, Wrack n
wrecker crane *(Kfz)* Abschleppfahrzeug n *(mit Kran)*; Abschleppkran m *(Fahrzeug mit Kran)*
wrecker tooth *(Bergb)* Rodezahn m

wrench *(Werkz)* Maulschlüssel *m*, Schlüssel *m*, Schraubenschlüssel *m*

wrench torque for screws *(Tech)* Schrauben-Anziehdrehmoment *n*

wrinkles *pl (Schw)* Krähenfüße *mpl*

write head *(Elek)* Schreibkopf *m*

wrong *adj (Tech)* falsch *(verkehrt, fehlerhaft)*

wrought iron *(Met)* Puddeleisen *n*, Schmiedeeisen *n*, Schweißstahl *m*

wrought iron *(Schw)* Schweißeisen *n*

wrought steel *(Met)* warmverformter Stahl *m*

wye *(Bahn)* Gleisdreieck *n (Y-förmig)*

wye-chute *(Bergb, Umschl)* Hosenschurre *f*

X

X-axis *(Elek)* X-Achse *f*

X-cut crystal *(Elek)* X-Schnitt-Kristall *m*

X-proof *adj (Elek)* explosionsgeschützt

X-ray *v (Elek, Prüf, Schw)* röntgen *(z. B. eine Schweißnaht durchleuchten)*

X-ray *(Elek)* Röntgenstrahl *m*

X-ray examination *(Elek, Prüf, Stb)* Röntgenprüfung *f*

X-ray image *(Prüf)* Röntgenaufnahme *f*

X-ray inspection *(Elek, Prüf, Stb)* Röntgenprüfung *f*

X-ray radiograph *(Prüf)* Röntgenaufnahme *f*

X-ray test *(Elek, Prüf, Stb)* Röntgenprüfung *f*

X-rayed *adj (Met)* geröntgt *(durchleuchtet)*

x-y recorder *(Elek)* XY-Schreiber *m*

xpm *(Tech)* Streckmetall *n*

Y

y-chute *(Bergb, Umschl)* Hosenschurre *f*

Y-cut crystal *(Elek)* Y-Schnitt-Kristall *m*

y-delta connection *(Elek)* Stern-Dreieckschaltung *f (Zustand)*

Y joint box *(Elek)* Abzweigmuffe *f (Y-Verbindung)*

Y-shaped anchor *(Baut)* Spreizanker *m (im Mauerwerk)*

y-voltage *(Elek)* Sternspannung *f*

yard *(Baut)* Hof *m*, Platz *m (Fabrikgelände)*

yardstick *(Werkz)* Gliedermaßstab *m (Zollstock)*; Klappmaßstab *m*, Schmiege *f*, Zollstock *m*

yawing angle *(Tech)* Gierwinkel *m*

yellow brass *(Met)* Messing *n*

yield *(Bergb)* Ergiebigkeit *f*

yield *(Hütt)* Ausbringen *n*

yield point *(Met)* Dehngrenze *f*, Elastizitätsgrenze *f*, Fließgrenze *f (Streckgrenze)*; Streckgrenze *f (bei Zugspannung)*

yield ratio *(Stat, Tech)* Streckgrenzenverhältnis *n*

yield strength *(Met)* Dehngrenze *f (HV-Schrauben)*; Streckgrenze *f (bei Zugspannung)*

yield strength *(Tech)* Zerreißfestigkeit *f (Gurt)*

yield strength at elevated temperature *(Met)* Warmstreckgrenze *f*

yield stress *(Met, Tech)* Fließgrenze *f (Streckgrenze)*; Fließspannung *f*; Formänderungsfestigkeit *f (Formänderungswiderstand)*; Streckspannung *f*

yield stress in tension *(Met)* Streckgrenze *f (bei Zugspannung)*

yielding *(Stat)* Fließvorgang *m*

yielding *(Tech)* Nachgeben *n*

yoke *(Elek)* Laterne *f (Mess- und Regeltechnik)*

yoke *(Tech)* Ausrückjoch *n*; Bügel *m (Joch)*; Drainagelöffellager *n*; Gelenkgabel *f (einer Gelenkwelle)*; Joch *n (Lager, Halter)*; Lager *n (des Drainagelöffels)*; Mitnehmer *m (Gabelstück)*; Tragjoch *n (z. B. Greiferlager)*

yoke arm *(Tech)* Gabelschenkel *m (einer Gelenkwelle)*

Young's Modulus *(Met, Prüf)* Dehnsteife *f*, Dehnungsmodul *m*, Elastizitätsmodul *m*

Z

Z-bar *(Met)* Z-Stahl *m*

Z-geometry *(Tech)* Z-Kinematik *f (für Laderausrüstung)*

zed *(BE) (Met)* Z-Stahl *m*

zee *(AE) (Met)* Z-Stahl *m*

zee-bar *(Met)* Z-Profil *n*

Zener barrier *(Elek)* Zener-Diode *f*
Zener diode *(Elek)* Zener-Diode *f*
zero adjustment *(Elek)* Nullstellung *f* *(Anzeige wird genau auf 0 gestellt)*
zero drift *(Mess)* Nullpunktwanderung *f*
zero-flow control *(Bergb, Hydr/Pneu)* Nullhub *m*
zero point *(Elek)* Nullpunkt *m (z. B. Ultraschall)*
zero position *(Elek)* Nullstellung *f (Position)*; Ruhestellung *f (Positionsschalter, Betätigungselement)*
zero reset feature *(Tech)* Bypass-Sicherung *f (für Differenzdruckanzeiger)*
zero-speed plugging switch *(Elek)* Bremswächter *m*
zero-speed relay [switch] *(Elek)* Bremswächter *m*, Drehzahlwächter *m*, Stillstandswächter *m*
zero voltage *(Elek)* Nullspannung *f*
zero wire *(Elek)* Mittelleiter *m*
zig-zag path *(Elek)* Zickzackverlauf *m*
zigzag mill *(Walz)* Zickzackwalzwerk *n*

zinc *(Met)* Zink *n*
zinc alloy *(Met)* Zink-Basis-Legierung *f*
zinc blend *(Met)* Zinkblende *f*
zinc-coat *v (Met)* galvanisieren *(mit Zink beschichten)*
zinc-coated *adj (Anstr)* zinkstaublackiert
zinc coating *(Hütt/Walz)* Zinkauflage *f*, Zinkbeschichtung *f*
zinc dust *(Met)* Zinkstaub *m*
zinc-plated *adj (Met)* verzinkt
zinc-rich *adj (Bergb)* zinkreich
zinc spar *(Met)* Zinkspat *m*
zinkiferous siderite *(Met)* Zinkeisenspat *m*
$ZnCO_3$ *(Met)* Zinkspat *m*
zone *(Tech)* Bereich *m*, Feld *n*, Fläche *f*; Gebiet *n*; Zone *f*
zone construction *(Elek)* Zonenkonstruktion *f*
zone of compression *(Stb)* Druckzone *f*
zone of tension *(Stb)* Zugzone *f*
zone of transition *(Stb)* Übergangszone *f*
zores steel *(Tech)* Belagstahl *m*

Deutsch – Englisch

A

abändern v (Tech) alter, amend, modify (z. B. Dokument, Plan, Zeichnung)

abarbeiten v (Mech) machine (mechanisch bearbeiten)

Abarbeitungsvorgang m (Mech) machining operation (spanabhebend)

abbaggern v (Baum, Bergb) reclaim

Abbau m (Baum, Bergb) extraction, getting, mining, winning, working; quarrying (über Tage)

Abbau m (Mech) disassembly, dismantling; removal

Abbau m (Tech) reduction

Abbau m von Abraum (Bergb) overburden digging, overburden removal, overburden stripping, stripping

Abbaubank f (Bergb) bench (im Steinbruch)

abbaubar adj (Chem) degradable (z. B. biologisch)

Abbaubedingungen fpl (Bergb) mining conditions pl

abbauen v (Bergb) cut, excavate, extract, mine, win, work out (unter Tage); dig (etw. weggraben); quarry (über Tage)

abbauen v (Tech) disassemble, dismantle, dismount, take down

abbaufähig adj (Bergb) mineable, workable

Abbauförderer m (Bergb) face conveyor

Abbaufortschritt m (Bergb) advancing face, progress of mining (an der Böschung); pit development (in der Grube)

Abbaufront f (Bergb) coal face, mining face

Abbauhammer m (Bergb) coal pick, mechanical pick

Abbauhammer m (Hydr/Pneu, Werkz) breaker hammer, pneumatic pick

Abbauhöhe f (Bergb) digging height

Abbaukratzer m (Bergb) reclaimer, reclaiming scraper (z. B. für Zement, Kalk, Gips)

Abbaumaschine f (Baum, Bergb) miner, winning machine

Abbaumeißel m (Bergb) drill bit

Abbaumittel n (Chem) degradation agent

Abbauplan m (Bergb) mining plan, mining schedule (bei Mineral, z. B. Kohle);

stripping plan, stripping schedule (bei Abraum)

Abbausohle f (Bergb) mining horizon, mining level

Abbaustoß m (Bergb) coal face, mining face; digging block (als Abtragvolumen); digging face, face, stope face, working face

abbauwürdig adj (Bergb) exploitable, mineable, recoverable, worth mining

abbeizen v (Anstr) strip paint, pickle, remove old paint

Abbeizmittel n (Anstr) organic coating stripper, paint remover, paint stripper

Abbildung f (Tech) Fig., figure, illustration

Abbildverzerrung f (Elek) distortion

abbinden v (Bergb) hydrate, set (erstarren)

abbindend adj/kalt (Chem) cold setting (Klebstoff)

abbindend adj/warm (Tech) hot setting (Kleber)

abblasen v (Tech) blow off (Schmutz, Staub)

Abblasventil n (Hydr/Pneu, Tech) blow-off valve

abblättern v (Anstr) chip, flake (off), peel (off), scale, scale off (Farbe, Putz); spall

abblenden v (Licht, Tech) dim, dip

Abblendstellung f (Licht, Tech) anti-dazzle position, anti-glare position (des Rückspiegels); dimmed position (der Scheinwerfer)

abblinden v (Tech) blank off (z. B. Rohre, Kanäle)

Abbrand m (Mont, Schw, Tech) burn-out

Abbrandgeschwindigkeit f (Mont, Schw, Tech) burning velocity

abbrechen v (Baut, Tech) demolish (z. B. ein Gebäude)

abbrechen v (Tech) abort, break off (beenden)

Abbrechstift m (Bergb) break-off pin (rutschfeste Platte)

abbremsen v (Tech) inhibit (behindern); brake, decelerate, retard, slow down

Abbremsstumpfschweißen n (Hütt/Walz, Schw) flash welding, flash-butt welding

Abbremswert m (Tech) brake data pl

abbrennen v (Anstr) burn off (z. B. alte Farbe)

abbrennen v (Mech, Mont, Schw) cut

autogenously, flame-cut, gas-cut, torch-cut

Abbrennen n (Mech, Mont, Schw) flashing

abbrennstumpfgeschweißt adj (Schw) flash-welded

Abbruch m (Tech) demolition (eines Gebäudes)

Abbruchausrüstung f (Bau, Tech) demolition equipment (z. B. für alte Gebäude)

Abbruchhaken m (Bau, Bergb) demolition hook, teardown hook (z. B. am Bagger)

Abbruchhammerausrüstung f (Bau, Bergb) breaker attachment

Abbruchstelle f (Bergb, Met) fracture

Abdampf m (Bahn, Tech) off-steam (einer Dampflok)

Abdampfentöler m (Tech) exhaust steam oil separator

Abdampfverwertung f (Tech) exhaust steam utilisation

Abdeckband n (Förd) sandwich conveyor

Abdeckblech n (ADB) (Stb, Tech) cover plate

abdecken v (Anstr) mask (nicht zu behandelnde Flächen verdecken); provide a resist coat

abdecken v (Bergb) expose, uncover; remove, strip (z. B. im Tagebau Abraum entfernen)

abdecken v (Tech) blanket, cover (bedecken)

Abdeckhaube f (Tech) cover, engine hood, guard cover, guard hood, lid

Abdeckkappe f (Bergb) cap (Haube)

Abdeckleiste f (Zer) cover ledge, cover strip, fillet

Abdeckscheibe f (Tech) end plate (Scheibenkupplung)

Abdeckung f (Stb, Tech) cap (Deckel); cover, covering (z. B. Gerät); flooring (Fußboden, Platte); sheet decking

abdichten v (Tech) caulk, seal

Abdichtung f (Tech) seal, sealing

abdrehen v (Mech, Mont) turn, turn down, turn off

abdrehen v (Mont, Tech) face (von Stirnflächen); loosen a screw, unscrew (eine Schraube); trim (z. B. einen Grat)

abdrehen v (Tech) turn off (z. B. Wasser,

Strom, Gas); twist off (z. B. einen Deckel)

abdrehen v/auf Maß (Mech, Mont) turn to size

abdrehen v/eben (Mech, Mont) face

abdrehen v/Grat (Mech, Mont) trim

abdrehen v/plan (Mech, Mont) face

abdrehen v/schräg (Mech, Mont) bevel off

Abdrehen n der Stirnflächen (Mech, Mont) facing (Getriebe)

Abdrehvorrichtung f (Mech, Mont) turning machine

Abdrift f drift

abdrücken v (Hydr/Pneu) check the pressure, test hydraulically, test under pressure

Abdrücken n (Hydr/Pneu) hydraulic pressure test

Abdrückschraube f (Aufb) forcing screw, jack screw

abecken v (Mech, Mont) chamfer

aberregen v (Elek) de-energize

abfackeln v (Petr) bleed off, burn off, flare-off

Abfackelrohr n (Anstr) bleeder pipe

abfahren v (Tech) run down, shut down (stilllegen)

Abfall m (Elek) dip, drop (Spannung); drop-out (Relais)

Abfall m (Geo) debris; fall, incline, downward incline, downward slant, slope, downward slope (z. B. im Gelände)

Abfall m (Mech) chip, chipping, chippings pl, chips pl, cutting, cuttings pl; discard, refuse, rejects pl, waste (in der Produktion)

Abfall m (Tech) decrease, drop

Abfallbewirtschaftung f (Ökol) waste management

Abfallbrennstoff m (Tech) hog fuel, refuse, waste fuel (Müll)

abfallen v (Elek) attenuate (z. B. Druck, Stromstärke); drop (Spannung); drop out, run down (Relais)

abfallen v (Mech, Tech) reduce (Drehmoment); slow down (z. B. Drehzahl); drop, reduce, slow down (z. B. Geschwindigkeit); slope (schräg abfallen)

abfallende Flanke f (Getr) falling flank (im Metallbau)

abfallendes Material n (Bergb, Förd, Umschl) dribble, falling lumps, spillage

Abfallgrube f (Ökol, Tech) garbage disposal

Abfallholz n (Met) recycled timber, recycled wood (wieder aufbereitetes Gebrauchtholz); waste wood, wood waste

Abfallprodukt n (Ökol, Tech) waste product

Abfallrohr n (Stb) downpipe, (AE) downspout, rain water pipe

Abfallstoff m (Ökol, Tech) waste

Abfalltonne f (Ökol, Tech) rubbish bin, trash can, waste bin (Mülltonne)

Abfallverwertung f (Tech) salvage

Abfallzeit f (Elek) decay time, persistent time (Zeit des Geringerwerdens)

Abfallzeit f (IT, Elek) fall time (eines Signals)

abfangen v (Tech) collect (sammeln); intercept (Signal)

abfangen v (Tech, Mont) prop, prop up, stay, support, underprop (abstützen)

Abfangkloben m (Tech, Mont) grip block

Abfangseil n (Tech) holding rope; guy rope (am Gerät)

abfasen v (Mech, Mont) bevel, chamfer; face (auf der Drehbank)

Abfasung f (Mech, Mont) bevelling, chamfering, groove

Abfederung f (Tech) resilient mounting, shock absorption by springs, spring mounting, spring suspension, spring system

abfinnen v (Mech, Mont) peen (z. B. Schweißnähte)

abflachen v (Mech, Mont) flatten, smooth down; surface

abfließen v (Tech) flow away

Abfluss m (Ökol) effluent

Abfluss m (Tech) drain (im Sinne von Abflussrohr)

Abflussgraben m (Geo) drain

Abflussöffnung f (Tech) discharge outlet

Abflussrohr n (Tech) drain pipe, drainage pipe

Abflussventil n (Bergb) delivery valve (zu anderem Maschinenteil); drain valve (Drainage)

abförderndes Band n (Bergb, Förd) downstream conveyor, following conveyor, subsequent conveyor

Abförderung f (Bergb, Förd) conveyance, conveying, (AE) off-haulage, onward transport (mit Fahrzeugen); disposal

abfragen v (Tech) interrogate, query, request

abfräsen v (Stb) grind, mill, remove by milling

abführendes Band n (Förd) removing conveyor belt

Abführrohr n (Tech) riser, uptake tube (nach oben)

Abführung f ins Freie (Tech) discharge to atmosphere

Abgabe f (Tech) emission (z. B. von Strahlen)

Abgabe f (Tech, Elek) dissipation (z. B. von Wärme)

Abgabeleistung f (Elek) output, power output

Abgabetrommel f (Förd) head pulley

Abgang m (Elek) feeder, outgoing circuit, outgoing feeder (eines Stromkreises); outgoing section, outgoing unit (Abgangsbaugruppe); tap-off (Zapfstelle)

Abgänge fpl (Bergb) discard, refuse, rocks pl, tailings pl, waste

Abgangsfeld n (Elek) feeder panel, outgoing feeder panel, outgoing unit; outgoing feeder (z. B. einer Station)

Abgangsleiste f (Hydr/Pneu) orifice strip

Abgangsverschraubung f (Hydr/Pneu) port threads pl

Abgas n (Hütt/Walz, Tech) exhaust fumes pl, exhaust gas, flue gas, off gas, waste gas

Abgas n (Hydr/Pneu) (AE) vapor (einer Fabrik)

Abgas n (Ökol, Umschl) dust-laden air (Entstaubungsanlage)

Abgasanlage f (Ökol) exhaust system

Abgase npl (Ökol) exhaust pollutants pl

Abgasreiniger m (Tech) exhaust cleaner, exhaust gases conditioner

Abgasrohr n (Tech) tail pipe

Abgasstaub m (Tech) fuel dust

Abgasturbolader m (Bahn, Tech) exhaust turbo charger, exhaust turbo supercharger, turbo charger

Abgasverlust m (Tech) flue gas loss, waste gas loss

abgeben v (Tech) discharge, give off (z. B. Gase)

abgeblasenes Öl n (Hydr/Pneu) released oil

abgeblendet adj (Licht) dimmed (z. B. Autoscheinwerfer)

abgebogen adj (Tech) cranked

abgebrannt adj (Schw) flame-cut

abgebremst adj (Elek) slowed-down

abgebremstes Drehmoment n (Elek) breakdown torque, stalling torque

abgebrochener Schnitt m (Tech) break

abgedichtet adj (Bergb, Tech) sealed

abgedunkelt adj (Licht) darkened (z. B. durch Vorhänge)

abgefast adj (Mech, Mont) bevelled, chamfered; faced (Stirnflächen)

abgehobelt adj (Mech, Mont) planed, planed down, planed off

abgekröpft adj (Tech) cranked off (verschwenkt)

abgeleitet adj (Ökol) drained (z. B. Wasser)

abgeleitete Einheit f (Math) derived unit

abgelesener Wert m (Hydr/Pneu, Metr) reading

abgenutzt adj (Tech) worn, worn out

abgenutzte Stelle f (Mech, Mont) scuff mark

abgerundet adj (Math) rounded down (eine Zahl)

abgerundet adj (Mech, Mont) rounded, rounded off (z. B. Kante)

abgerundete Stelle f (Tech) rounding, roundness

abgeschält adj (Tech) peeled

abgeschaltet adj (Elek) de-energized, in "OFF" position, open-circuited

abgeschirmtes Kabel n (Elek) screened cable, shielded cable

abgeschlossen adj (Tech) closed, locked

abgeschrägt adj (Mech) chamfered (z. B. Kante)

abgeschrägt adj (Mech, Mont) bevelled, scarfed

abgeschrägte Bodenplatte f (Bergb) inclined track pad

abgesetzt adj (Geo) deposited

abgesetzt adj (Mech) offset

abgesetzt adj (Tech, Mont) shouldered, stepped (z. B. Bohrung, Bolzen, Welle)

abgesetzte Schraube f (Tech) necked--down bolt

abgesichert adj (Elek, Hydr) fuse-pro-tected, fused, protected by fuses (mit einer Sicherung)

abgesichert adj (Tech) protected

abgesiebt adj (Zer) screened

abgespannt adj (Stb) guyed

abgestellt adj (Tech) deposited (z. B. Walzgut); parked (z. B. Autos, Busse); stabled (z. B. Lokomotive)

abgestimmt adj (Elek) fine-tuned

abgestreift adj (Bergb, Umschl) scraped off

abgestreiftes Gut n (Bergb, Umschl, Zer) scrapings pl

abgestuft adj (Tech, Mont) graduated, shouldered, stepped

abgestufte Strosse f (Bergb) step bench (im Tagebau)

abgestuftes Ende n (Schw, Tech, Mont) cascaded end

abgestützt adj (Bau) held up, propped up (z. B. altes Haus)

abgestützt adj (Bergb) revetted, sheathed (Grabenwand)

abgestützt adj (Tech) jacked up (auf Schaufel, Schild); jacked, jacked up (mit einem Wagenheber)

abgestützter Kessel m (Hütt/Walz) bottom-supported boiler

abgetrennt adj (Tech) separated

abgewickelt adj (Elek) uncoiled

abgewinkeltes Gehäuse n (Tech) angle housing

abgleichen v (Elek) trim (genau einstellen)

abgleichen v (Elek, Electr) adjust (von Instrumenten); calibrate

abgleichen v (Elek) balance, equilibrate

Abgleichkarte f (Elek) aligning card

Abgleichmotor m (Elek) balancing motor

Abgleichwiderstand m (Elek) balancing resistor, trimming resistor

abgraten v (Mech, Mont) (AE) bur, (BE) burr, take the burr off, chamfer, (AE) debur, (BE) deburr, trim the edges off, fettle

Abgratnase f (Mech) forging bur (beim Schmieden)

abgreifen v (Elek) scan (abtasten); tap (z. B. eine Telefonleitung)

abgrenzen v (Tech) define, limit

Abgriff m (Elek) pick-off (Messfühler); tap tapping (Anzapfung)

Abgrund m (Geo) precipice

abhängen v (Tech) unhook (vom Haken nehmen); disengage (z. B. das Telefon)

Abhänger m (Stb) suspension (z. B. seitlich an einer Brücke)

abhängiges Zeitrelais n (Elek) inverse time-delay relay, inverse time-lag relay

abhaspeln v (Bergb) pay off, unreel, unwind (z. B. ein Seil)

abheben v (Bergb) lift, raise (eines Brückenlagers); remove, take off (z. B. den Oberwagen)

Abhitze f (Hütt/Walz) waste heat

abhobeln v (Mech, Mont) plane, plane off, remove by planing

Abholdienst m (Tech) pick-up service

Abisolierzange f (Werkz) strip-insulation pliers pl, wire stripping pliers pl

abkanten v (Mech, Mont) bevel, chamfer (etw. abkanten, eine Fase an etw. anbringen); cant (mit scharfem Grat); edge, flange, fold (z. B. Blech); radius (z. B. Gewinde)

Abkantprofil n (Tech, Mont) flanged profile

abkippen v (Tech) tilt, tilt off, tip

Abkipphöhe f (Tech) dumping clearance, dumping height

abklappbar adj (Tech) hinged, tilting

abklappen v (Tech) hinge away, hinge down, hinge out, pivot down, swing away, swing down, swing out

abklemmen v (Elek, Tech) disconnect (z. B. Stromkreis, Netz, Trafo, Gerät)

Abklingzeit f (Akus, Elek) decay time, die-out time

Abklopfeinrichtung f (Tech) rapping gear

abklopfen v (Mech, Mont) peen (mit der Finne; z. B. Schweißnähte)

Abklopfer m (Werkz) chipping hammer, rapper

Abklopfhebel m (Tech) rapping lever

abkratzen v (Bergb, Förd, Umschl) scrape, scrape off

abkühlen v (Hütt/Walz, Tech) cool, cool down, cool off (erkalten)

abkühlen v (Stb) quench (beim Vergüten)

abkuppeln v (Tech) disconnect, uncouple

abkürzen v (Tech) shorten

abladen v (Tech) deposit; unload (z. B. von einem Fahrzeug)

Ablage f (Tech) rack (im Fahrerhaus)

ablagern v (Geo) be deposited, deposit, sediment (sich ablagern)

ablängen v (Mech, Mont) cross cut, cut, cut to length, shear to length (auf Länge schneiden)

Ablass m (Hydr/Pneu) delivery, discharge

Ablass... (D:Tech) bleed..., discharge..., drain...

ablassen v (Hydr/Pneu) bleed, drain off

ablassen v (Mech) lower (zu Boden lassen)

Ablasshahn m (Hydr/Pneu) discharge cock, drain cock, drain valve, tap

Ablassschraube f (Tech) drain plug

Ablassventil n (Vent) discharge valve

Ablauf m (Hydr/Pneu) delivery, discharge

Ablauf m (Tech) operation, procedure, sequence, functional sequence (eines Verfahrens)

Ablauf m (Tech, Bergb) drain, drainage, outlet (z. B. von Wasser)

Ablaufberg m (Bahn) (BE) incline, hump, marshalling ramp (Rangierbetrieb der Bahn)

Ablaufdiagramm n (Elek, Tech) flow-sheet, sequence chart

ablaufen v (Bergb) unwind (z. B. Seil)

ablaufend adj (Bau) subsiding

Ablauföffnung f (Tech, Bergb) water hole

Ablaufplan m (Elek) flow chart, flow diagram, flowsheet

Ablaufregelung f (Tech) bleed off

Ablaufrohr n (Tech) drain, drain pipe

Ablaufschacht m (Stb) discharge pit

Ablaufstelle f (Tech) outlet

Ablaufsteuerung f (Elek) processing control

ablegen v (Tech) deposit, lay down (z. B. Lasten)

Ableiterstrom m (Elek) discharge current

Ableitschurre f (Förd, Umschl, Zer) discharge chute

Ableitung f (Elek) down conductor, down lead (Blitzschutzanlage)

Ableitung f von Wasser (Tech, Bergb) drain, drainage, draining

Ablenkblech n (Tech) baffle, baffle plate, deflector, deflector plate, diverter plate; skirtboard (Materialführung)

Ablenkgenerator m (Tech, Elek) sweep generator (z. B. an einer Rolltreppe)

Ablenkgeschwindigkeit f (Mech, Elek) spot velocity (z. B. der Rolltreppe)

Ablenktrommel f (Bergb, Förd, Umschl)

bend pulley, snub pulley *(für die Bandschleife)*

Ablenkungsgenerator *m (Elek)* time base sweep generator

Ablenkungskoeffizient *m (Elek)* deflection coefficient *(z. B. der Rolltreppe)*

Ablesefehler *m (Elek, Tech)* reading error

Ablesemarke *f (Elek)* reading line *(z. B. ein Strich)*

ablesen *v (Elek, Tech)* read, read off, take a reading

Ablesung *f (Elek, Tech)* observation, *(BE)* read-out, reading *(einer Messung)*

Ablichtung *f (Tech)* photocopy, print

abliefern *v (Tech)* hand over

ablösen *v (Bergb)* dislodge *(z. B. Abraum)*

ablösen *v (Tech)* relieve *(z. B. eine Mannschaft)*; substitute *(ersetzen)*; supersede *(z. B. Methode, System)*

ablösen *v (Tech, Mont)* loosen, detach, peel, remove, take off *(z. B. eine Schicht, eine Folie)*

Abluft *f (Tech)* air discharge *(Luftentladung)*; contaminated air, vitiated air; extracted air *(Saugluft)*; outgoing air *(Klimaanlage)*; exhaust, exhaust air, outlet air, used air, waste air

Abluftkasten *m (Tech)* air discharge frame

Abluftkasten *m* **für Ölkühler** *(Tech)* air--cowling

abmachen *v (Mont, Tech)* detach, remove, take off *(z. B. etw. demontieren)*

Abmaß *n (Mech, Tech)* allowance, allowance dimension, margin, off-size, permissible variation, tolerance

abmeißeln *v (Mech, Mont)* chip, chip off, chisel, chisel off, remove by chipping

abmessen *v (Prüf)* dimension; size

Abmessung *f (Tech, Zeich)* dimension
• **Abmessungen festsetzen** *(Stb)* proportion

Abminderungsbeiwert *m (Stb)* diminishing coefficient, reduction factor

Abminderungsfaktor *m (Stb)* reducing coefficient

abmontieren *v (Tech)* dismantle

Abmuldung *f (Förd)* decreasing trough, decreasing troughing

Abnahme *f (Elek, Tech)* decrease

Abnahme *f (Prüf)* inspection, test

Abnahme *f (Tech)* approval *(von Geräten)*; first off *(Erstabnahme)*

Abnahmebescheinigung *f (Prüf)* acceptance certificate

Abnahmeprüfprotokoll *n (Mech, Prüf)* acceptance-test minutes *pl*, minutes *pl* of acceptance test

Abnahmeprüfung *f (Mech, Prüf)* acceptance inspection; acceptance test

Abnahmetest *m (Prüf, Tech)* first off *(Erstabnahme)*

Abnahmeverbrauch *m (Hütt/Walz)* acceptance test, boiler test, guarantee test

Abnahmeverweigerung *f (Prüf)* acceptance rejection

abnehmbar *adj (Tech)* detachable, removable

abnehmen *v (Tech, Mont)* remove *(entfernen)*

abnehmend *adj (Form)* decreasing

Abnehmer *m (Tech, Elek)* consumer *(Verbraucher)*

abnieten *v (Bergb, Tech)* rivet

abnutzen *v (Mech, Tech)* use, wear out

Abnutzung *f* **und Verschleiß** *m (Stb)* wear and tear

Abnutzungsvorrat *m (Mech, Mont)* reserve, wear margin

abölen *v (Form)* oil

abplatten *v (Mech, Mont)* face, flatten, smoothen

abplatzen *v (Anstr, Hütt)* chip (off), flake (off), peel, scale (off), spall *(Steine)*

Abraum *m (Bergb)* excavated material, overburden, spoil, strippings *pl*, waste, waste material *(im Bergbau)*

Abraum *m (Geo)* cap, cap mass, cap rock, cover, overburden, overlying rock, top soil

abräumen *v (Bergb)* remove, strip

Abraumhalde *f (Bergb)* overburden stockpile, spoil area, spoil disposal, spoil dump, spoil heap

Abregeldrehzahl *f (Tech)* governed speed

abreiben *v (Form)* chaff

abreibend *adj (Mech, Geo)* abrasive *(z. B. Fördergut, Erze)*

abreißen *v (Tech)* stall *(der Luftströmung, Flugzeug)*

Abreißen *n* **der Zündung** *(Hütt/Walz)* loss of ignition

Abreißschraube *f (Tech)* tear-off screw

abrichten *v (Tech, Mont)* dress; plane,

plane off, true *(von Blech)*; planish *(auf der Planierbank)*

Abrichtplatte f *(Tech, Mont)* surface plate, surface table

Abrieb m *(Mech)* abrasion, attrition, chafing, wear; chaff *(Späne, Splitter)*; scuff *(durch Schmirgelwirkung)*

abriebfest adj *(Mech, Tech)* anti-chafing, abrasion-resistant, chafe-resistant, scuff-resistant, wear-resistant

Abriebfestigkeitsprüfung f *(Mech)* abrasion test, wear-resistance test

Abriebförderer m *(Bergb)* spillage conveyor

Abriebswiderstand m *(Tech)* resistance to abrasion

Abriebwirkung f *(Hütt/Walz)* abrasiveness

abriegeln v *(Tech)* bolt

Abriss m *(Mech, Tech)* plan, sketch *(z. B. Zeichnung)*

Abrisspunkt m *(Tech)* stall point *(Strömung reißt ab)*

abrufen v *(IT)* call up, invite, initiate, contact, invoke, poll *(z. B. Daten)*

abrunden v *(Math)* round off *(Zahlen)*

abrunden v *(Mech, Mont)* chamfer *(z. B. Getriebezähne)*; round off *(z. B. Gewinde)*

Abrundung f *(Tech)* completion, perfection, rounding off; rounding, roundness *(abgerundete Stelle)*; fillet *(Getriebe)*; radius *(z. B. Gewinde)*; shoulder *(z. B. Bohrung, Bolzen, Welle)*; sphericity *(sphärische Gestalt)*

Absatz m *(Bergb)* offset, shoulder, step

Absatz m *(Tech)* landing *(der Treppe)*; step

absaugen v *(Tech)* exhaust *(z. B. Autoabgase)*

Absaugepyrometer n *(Tech)* high-velocity thermocouple, HVT, suction pyrometer, suction type pyrometer

Absaugpumpe f *(Tech)* scavenge pump

Absaugrohr n *(Tech)* suction pipe

abschaltbar adj *(Elek)* disconnectible

Abschaltbetrieb m *(Elek)* on/off process

abschalten v *(Elek)* disable *(z. B. Eingang/Ausgang)*; disconnect, interrupt *(z. B. Stromkreis, Netz)*; cut off, shut off, switch off, turn off *(z. B. Gerät)*

Abschalter m *(Elek)* circuit breaker, cut-out *(z. B. in der Schaltanlage eines Kraftwerks)*

Abschaltfolge f *(Elek)* stopping sequence

Abschaltleistung f *(Elek)* breaking capacity, breaking power, *(AE)* interrupting capacity, rupturing capacity *(z. B. Trennschalter, Leistungsschalter)*

Abschaltung f *(Elek)* clearing *(z. B. Kurzschluss)*; cut-off, disconnection, interruption, switching-off *(z. B. Gerät, Stromkreis, Netz)*

Abschaltung f *(Tech)* shutdown, stopping

Abschaltventil n *(Vent)* bypass valve, cut-off valve, on/off valve

Abscheidegrad m *(Hydr/Pneu)* collector efficiency, dust collector efficiency, filter efficiency, separating efficiency *(eines Filters)*

abscheiden v *(Bergb)* separate

abscheiden v *(Hütt/Walz)* collect *(Staub)*; precipitate, settle *(ausfällen, absetzen)*

Abscheider m *(Hütt/Walz)* scrubber, separator

Abscheider-Elektrode f *(Hütt/Walz)* collecting electrode *(E-Filter)*

Abscheidevermögen n *(Hydr/Pneu)* filtration power *(eines Filters)*

Abscheidungsgrad m *(Hütt/Walz)* precipitator efficiency

abscheren v *(Tech, Mont)* cut, cut off, shear, shear off

Abscherfestigkeit f *(Stb, Mech)* shear strength

abschiefern v *(Mech, Mont)* scale, scale off

abschirmen v *(Tech)* screen, shield

Abschirmung f **gegen Erde** *(Elek)* earth screen

Abschlackanlage f *(Form)* deslagging equipment *(Vacmetall)*

abschlagen v *(Bergb)* knock off *(z. B. mit einem Hammer)*

Abschlaglänge f *(Bergb)* shot distance

Abschlämmung f *(Hütt/Walz)* blowdown, boiler water blow-down *(Absalzung)*

abschleifen v *(Form)* grind *(glätten, bearbeiten)*

Abschleifen n *(Form)* *(AE)* fretting

abschleppen v *(Kfz)* tow *(ein Fahrzeug)*

Abschleppfahrzeug n *(Kfz)* tow truck, wrecker crane *(mit Kran)*

Abschleppkran m *(Kfz)* salvage crane, wrecker crane *(Fahrzeug mit Kran)*

Abschleppkupplung f (Kfz) draw bar coupling

abschlichten v (Mech, Mont) dress, finish, plane; planish, polish (Walzgut)

abschließbar adj (Tech) closing, lockable

abschließen v (IT) close

Abschluss m (Elek) termination (reflexionsfrei)

Abschluss m (Tech) completion (Beendigung)

Abschlussblech n (Tech) end cap, end cover plate

Abschlussdeckel m (Tech, Verd) back cover, end cover (Lager); cover plate, cover strip (z. B. zur Abdeckung); sealing cover (z. B. zum Abdichten)

Abschlusskappe f (Tech) cap, cover plate, cover strip, top cap

Abschlussplatte f (Tech, Elek) cover plate, end cover plate, end plate, stop plate

Abschlussstopfen m (Kfz) drain plug

abschmieden v (Tech) hammer

abschmieren v (Tech) grease, lubricate

Abschmierimpuls m (Tech) greasing pulse (Fettschmieranlage)

abschmirgeln v (Mech, Mont) grind with emery, sand, sandpaper

abschneiden v (Mech, Mont) cut, cut off, shear, shear off

abschneiden v (Schw) torch-cut (durch Brennschneiden)

abschneiden v/schräg (Mech, Mont) bevel

Abschnitt m (Bau, Tech) section

abschrägen v (Mech, Mont) bevel, chamfer, taper off

abschrauben v (Tech) loosen a screw, unbolt, unscrew

abschrauben v und sichern (Form) blank and lock with plug

Abschreckalterung f (Hütt, Met) quench ageing

abschrecken v (Hütt, Met) quench

Abschreckhärten n (Hütt/Walz) quench-hardening

Abschreckmittel n (Hütt/Walz) quenchant

Abschreckungsöl n (Form) quenching oil (ca. 60 °C)

Abschröter m (Tech, Werkz) blacksmith's hardy, hardy

abschuppen v (Anstr) chip, flake (off), peel, scale (off)

abschwächen v (Elek) attenuate, dampen

Abschwächungsfaktor m (IT) attenuation factor

Abseilvorrichtung f (Tech) rope-down device (am Kran)

absenken v (Tech) lower (am Kran)

Absenken v (Baum) fast-fall (des Baggers)

Absenkung f (Bau) settlement, settling (Setzung)

Absenkung f (Geo) subsidence (z. B. des Bodens)

Absetzbecken n (Bergb) sedimentation tank, settling basin

absetzen v (Bergb) cast, cast away, cast off, dump (z. B. Abraum)

absetzen v (Chem) be deposited, deposit, precipitate, sediment, set, settle, subside

absetzen v (Geo) settle, subside

absetzen v (Mech, Mont) shoulder, step, turn a shoulder (an der Drehbank, z. B. Bohrung, Bolzen, Welle)

absetzen v (Mech, Mont, Bau) offset

absetzen v (Tech) lay down, put down, set down (z. B. Lasten); pile, stack, stockpile

Absetzen n (Bergb) disposal

Absetzen n des Schweißgutes (Schw, Mont) deposition of weld filler metal, deposition of weld metal, weld metal deposition

Absetzer m (Bergb, Umschl) overburden spreader, spreader (für Abraum auf Kippe); boom-type stacker, stacker (für Mineral auf Halde)

Absetzerbrücke f (Bergb) bridge spreader

absichern v (Elek) fuse, fuse-protect

absichern v (Tech) make safe, safeguard, secure; protect

Absicherungsblock m (Hydr/Pneu) pressure limiting block

absieben v (Zer) screen, screen out, separate

absinken v (Bergb) drop

absinkend adj (Bau, Tech) sinking, subsiding

absolut adj (Tech) absolute

Absorber m (Tech) absorber

absorbieren v (Tech, Stat, Chem) absorb, take up

Absorptionsfähigkeit f (Tech, Chem) absorption coefficient, absorption factor

Abspanndraht m (Stb) guy, stay rope

abspannen v (Stb, Tech) anchor, brace, stay

abspannen v (Umschl, Tech) tie down

Abspannisolator m (Elek) strain insulator, tension insulator

Abspannmast m (Stb) anchor mast, anchor support, stay-pole, guyed tower

Abspannplatz m (Umschl) parking area

Abspannung f (Tech) anchoring, bracing, staying

abspeichern v (IT) store

absperren v (Tech) block (up), close (off), lock, stop, turn off (z. B. Wasser, Gas)

Absperrhahn m (Hydr/Pneu, Vent) cut-off cock, shut-off valve, stopcock

Absperrklappe f (Hydr/Pneu, Vent) butterfly valve, isolating butterfly valve, throttle valve

Absperrschieber m (Hydr/Pneu, Vent) gate valve, shut-off valve

Absperrventil n (Hydr/Pneu, Vent) gate valve, shut-off valve, stop valve

abspreizen v (Stb) brace, brace up, strut, strut-brace (verstreben)

abspritzen v (Bergb) spray-wash (abwaschen); squirt off (z. B. Öl bei Überdruck)

Abspritzleitung f (Hydr/Pneu) return pipe

abspulen v (Bergb) pay off, unreel, unwind (z. B. ein Seil)

Abstand m (Bau, Tech) gap, space (kürzerer Abstand); clearance, spacing (Zwischenraum); distance (räumliche Entfernung)

Abstand m (Tech) backing; pitch (z. B. zwischen Nieten, Löchern)

Abstand m (Tech) backing; pitch (z. B. zwischen Nieten, Löchern)

Abstand m an der Laufrollen (Bergb) gauge (U-Wagen)

Abstandhalter m (Tech) spacer, spacing bar

Abstandring m (Kfz) distance pin, distance ring

Abstandsanzeiger m (Elek) clearance indicator

Abstandsbüchse f (Tech) spacer, spacer sleeve

Abstandschelle f (Elek) conduit hanger, spacing saddle

Abstandsmesser m (Mech, Werkz) (BE) thickness gauge

Abstandsrohr n (Mech) distance piece, spacer, spacer sleeve

Abstandsschelle f (Elek) conduit hanger, spacing saddle

Abstandsskala f (Mech) distance scale

Abstandsstück n (Mech) shim, spacer

abstapeln v (Mont) prop, prop up

abstechen v (Hütt) tap off (Hochofen)

abstecken v (Förd, Tech) mark, mark out, peg out (z. B. während des Bandrückvorgangs)

abstehend adj (Tech) spreading

abstehender Schenkel m (Stb) outstanding flange

absteifen v (Bergb, Bau) shore, stay, underprop (abfangen)

absteifen v (Stb) brace, brace up, strut, strut-brace (verstreben); prop, stay, support (abstützen)

absteigend adj (Förd, Tech) descending, downhill

abstellen v (Tech) stop, switch off (z. B. einen Motor); deposit, set down

Abstellfläche f (Mont) lay-down area

Abstellhahn m (Tech) isolating cock (z. B. der Führerbremse)

Abstellhebel m (Tech) shutdown lever

Abstellkabel n (Tech) kill cable (des Motors)

Abstellmagnet m (Bergb) shut-down solenoid

Abstellvorrichtung f (Tech) locking device

abstempeln v (Tech) seal, stamp

Abstichloch n (Hütt/Walz) tap, taphole (des Hochofens)

abstimmen v (Tech) adapt, calibrate, suit, tailor

Abstimmung f (Elek) tuning (z. B. des Radios)

Abstimmung f (Prüf) calibration (Geräte)

abstrahlen v (Anstr) blast, blast-clean

Abstrahlen n bis zum blanken Metall (Anstr) near-white blast cleaning

Abstrahlen n mit Sand (Anstr) sandblasting

Abstrahlen n mit Stahlkies (Anstr) steel grit blasting

Abstrahlen n mit Stahlkugeln (Anstr) steel shot blasting

Abstraktionseinheit f *(IT)* abstraction unit

abstreben v *(Stb, Tech)* brace, brace up, strut, strut-brace *(verstreben)*; prop, prop up

abstreifen v *(Bergb, Umschl, Walz)* scrape, scrape off, strike off, strip off; wipe *(mittels Wischer)*

Abstreifer m *(Baum, Bergb, Umschl, Walz)* cleaner bar, scraper, scraper ring, skimmer, stripper; wiper *(am Band)*

Abstreifergummi n *(Förd)* rubber scraper blade, rubber scraping blade

Abstreifkante f *(Baum, Tech)* striking-off edge, strip edge

Abstreifring m *(Tech)* scraper ring, skimmer, wiper ring, wiping seal

abstufen v *(Mech)* graduate

Abstufung f *(Mech)* gradation

Absturz m *(Bau)* drop *(Gefälle)*

abstürzen v *(Baum, Bergb)* dump *(z. B. Abraum)*

Abstützbock m *(Tech)* bracket

abstützen v *(Bau)* revet *(Graben)*

abstützen v *(Bau, Tech, Mont)* buttress, prop, prop up, stay, strut, support

Abstützung f *(Bau)* revetting *(z. B. Streben im Graben)*

absuchen v *(Tech)* sweep

Abszissenachse f *(Math)* axis of abscissas

Abtastbild n *(Elek)* scan display *(z. B. mit Ultraschall)*

abtasten v *(Elek)* scan *(z. B. photoelektrisch)*

abtasten v *(Mech, Metr)* sense, sweep, trace *(mit einem Fühler)*

Abtasten n *(Elek)* ultrasonic scanning *(Ultraschall)*

Abtastscheibe f *(Elek)* coding disc

Abtastspirale f *(Elek)* scanning helix, helical scanning path

abtauen v *(Kfz)* defrost

abteufen v *(Bergb)* sink *(einen Schacht)*

Abtragbereich m *(Bergb)* cutting radius, cutting range, digging radius, digging range

abtragen v *(Bergb)* cut, dig, excavate, strip

Abtragtiefe f *(Bergb)* cut below crawler level, cut below ground level, digging depth

Abtragungsgerät n *(Bergb)* earthmoving machine

Abtransport m *(Bergb)* removal *(von Abraum)*

Abtransport m *(Tech)* conveying, transport

abtrennen v *(Tech)* cut, cut off, divide, part, separate, sever

Abtrieb m *(Tech)* driven side, output

Abtrieb m der Nockenwelle *(Kfz)* camshaft drive

Abtriebsmoment n *(Tech)* driven moment

abtupfen v *(Tech)* dab

Abwälzbuchse f *(Zer)* rolling contact bush

abwälzen v *(Mech, Mont)* hob

abwälzfräsen v *(Mech, Mont)* hob

Abwärmeverwertung f *(Tech)* recovering waste heat, *(AE)* waste heat recovering and utilizing

Abwärts... *(Mech, Tech)* descending, down..., downgrade, downhill, downslope

Abwasser n *(Bau, Ökol)* liquid waste; sewage *(in Abwasserleitung)*; waste water *(benutztes Wasser)*

Abwasseraufbereitung f *(Chem, Ökol)* effluent treatment, sewage treatment

Abwasserkanal m *(Ökol)* sewer

Abwasserschlamm m *(Ökol)* sludge

Abweichung f *(Mech, Tech)* deviation, discrepancy *(vom Geplanten)*; modification *(Modifizierung)*; tolerance *(vom Originalmaß)*; variation *(zusätzliche Möglichkeit)*

Abweiser m *(Bahn)* apron, deflector *(z. B. Windleitblech)*; smoke deflector plate *(Windleitblech an Lok)*

Abweiser m *(Kfz)* *(AE)* fender; head guard *(Kopfschutz)*

abwerfen v *(Bergb)* cast, cast away, cast off, dump *(z. B. Abraum)*

abwerfen v *(Log, Umschl)* discharge, dump *(z. B. Fördergut)*

abwerfen v *(Tech)* shed, throw off *(z. B. eine Last)*

Abwetzen n *(Mech)* scuff

abwickeln v *(Bergb)* pay off, uncoil, unreel, unwind *(z. B. ein Seil)*

Abwicklung f *(Bau)* true length *(echte Länge)*

Abwicklung f (Form) carrying out, execution (einer Arbeit)

Abwicklung f (Tech, Zeich) developed view

abwischen v (Bergb, Umschl, Förd) wipe

abwracken v (Schiff) salvage (z. B. Schiff)

Abwurfausleger m (Bergb, Umschl) discharge boom, discharge conveyor boom, discharging boom (eines Baggers, Platzbeladers); dumping boom (auf Kippe)

Abwurfband n (Bergb, Förd, Umschl) discharge boom belt, discharge boom conveyor, spreader conveyor

Abwurfhaube f (Förd, Umschl) discharge hood, (AE) discharge housing

Abwurfwagen m (Förd, Tech, Umschl) hopper car, travelling hopper, travelling tripper, tripper car

Abwurfweite f (Bergb, Förd, Umschl) dumping radius, dumping reach (Kippe); range of discharge

abwürgen v (Kfz) stall

abziehen v (Tech) call off, deduct, recall, withdraw (z. B. Leute); draw off, extract, pull off, strip, strip off (z. B. ein Rad, ein Kabel, Verpackung)

Abziehen n **von Planum** (Bergb) fine levelling of surface

Abzieher m (Werkz) extractor, puller

Abzieherschraube f (Kfz) puller screw

Abziehfeile f (Mech, Mont) smoothing file

Abziehkante f (Elek) scanning edge

Abziehlack m (Anstr) strippable coat of paint, strippable coating, strippable paint, strip varnish

Abziehmutter f (Tech, Mont) pull nut, (AE) pulling screw nut, withdrawing screw nut (für Abdrückschraube)

Abziehschraube f (Kfz) puller screw

abzielen v (Tech) aim for

Abzug m (Umschl, Zer) discharge, draught, draw-off, draw-out (von Fördergut)

Abzugbühne f (Bergb) draw floor, drawing floor

Abzugsband n (Förd, Umschl, Zer) apron conveyor [feeder], discharge conveyor, pan conveyor [feeder], plate conveyor (als Plattenband)

Abzugsband n (Umschl, Zer) belt feeder, draw-off feeder, feeding belt (conveyor)

Abzugsbandstraße f (Umschl, Zer) reclaiming conveyor

Abzugsförderer m (Bergb, Umschl) discharge conveyor

Abzugshaube f (Bergb, Ökol) exhaust duct, exhaust hood

Abzugslack m (Anstr) strippable coat of paint, strippable coating, strippable paint

Abzugsplattenband n (Förd, Umschl, Zer) apron conveyor [feeder], pan conveyor [feeder], plate conveyor

Abzugsröhre f (Bergb) funnel

Abzugsschieber m (Umschl) bin gate

Abzugstrichter m (Zer) discharge cone

Abzugsvorrichtung f (Bergb, Hütt/Walz) extractor device

Abzweig m (Elek) branch, branch circuit, outgoing branch circuit, final circuit, spur (l-Leitung); branch, spur, stub, tap, tap line (Stichleitung); branch, spur, tap (von Hauptleitung); branch-feeder unit, feeder tap unit, feeder unit, outgoing unit, outgoing-feeder unit (Verteilereinheit); outgoing feeder (von Sammelschiene); tapping

Abzweigdose f (Elek) branching box, distribution box, tapping box

abzweigen v (Elek) fork off (ein Kabel)

Abzweigkasten m (Elek) conduit box, junction box

Abzweigklemme f (Elek) branch joint, branch terminal, branch-circuit terminal, tapping block

Abzweigleitung f (Elek) branch circuit, final circuit, radial feeder, stub-end feeder, sub-circuit; branch, branch feeder, branch line, line tap, radial feeder, single feeder, spur, spur line, stub-end feeder, subfeeder, tap line (Netz)

Abzweigmuffe f (Elek) breeches joint box, Y joint box (Y-Verbindung); tap joint box, Tee joint box (Kabel)

Abzweigscheibe f (Elek) connector, connector block, terminal block

Abzweigstecker m (Elek) socket-outlet adapter

Abzweigstück n (Elek) swivel fitting

Abzweigung f (Mech, Tech) bifurcation (gabelförmig); branch, junction

Abzweigung f (Tech) branch pipe (eines Rohres)

Abzweigverbindung f (Elek) branch joint; Tee joint, Tee splice (Kabel)

Achsabstand m (Förd, Tech) (AE) center distance, (BE) centre distance, (AE) distance between centers, (BE) distance between centres; rise (des Bandes)

Achsabstand m (Kfz) (AE) wheelbase (Abstand vom Vorder- zum Hinterrad); axle base

Achsabstand m (Tech) (BE) centre distance (bei Rollenkette); (BE) centre-to-centre length (Förderband); (BE) shaft centre distance (bei Riemenantrieb)

Achsabstrebung f (Kfz) axle stay

Achsbuchse f (Tech) (AE) axle box, (BE) journal box

Achse f (Math, Stat) axis, (AE) centerline, (BE) centreline

Achse f (Tech) axle (Wagen-, Radachse); shaft (Welle)

Achse f des Schallstrahlenbündels (Elek) sound beam axis

Achsenabstand f (Tech) axle base, centre distance, pitch, wheel centre distance

Achsenanordnung f (Tech) orientation of axis (z. B. Stromschreiber)

Achsenende n (Tech) axle journal

Achsenhals m (Tech) axle neck

Achsenkreuzung f (Bergb) intersection of axes (gedachter Achsen)

Achsenprüfkopf m (Prüf) axle probe (Ultraschalltest)

Achsensicherung f (Tech) axle stirrup (z. B. Schließblech)

Achsgabel f (Tech) axle guard, axle stirrup, clevis

Achsgehäuse n (Tech) (AE) axle box, axle casing, (BE) journal box

Achshals m (Lag, Tech) bearing journal, bearing neck, bearing throat (einer Achse)

Achshalter m (Bergb) pin lock (hält Bolzen in Lager)

Achshalter m (Tech) axle guard, axle guide stay, axle mounting, axle stirrup, axle support, clevis

Achskegelrad n (Kfz) differential bevel gear

Achslager n (Lag, Tech) (AE) axle box, (BE) journal box; axle bearing, journal

bearing (z. B. beim Kfz); wheel set bearing (z. B. eines Zuges)

Achslagerführung f (Tech) axle slide, horn cheek, journal box guide

Achslagerung f (Lag, Tech) axle box arrangement, axle mounting, main shaft bearing

Achsmantel m (Bahn) axle bush, axle mantle

Achsnabe f (Form) wheel spindle

Achsschenkel m (Tech) axle journal, axle neck, steering knuckle, stub axle, wheel spindle

Achsschenkelbolzen m (Mech) kingpin, steering knuckle pin

Achsschenkelgelenk n (Kfz) knuckle

Achsstand m (Stb) (BE) axle spacing, (AE) wheelbase

Achsstummel m (Lag, Tech) bearing journal, bearing neck, bearing throat (einer Achse)

Achstragbolzen m (Kfz) axle support trunnion

Achstrichter m (Kfz) flared tube

Achsversetzung f (Mech) offset

Achswelle f (Kfz) (BE) half shaft (Differenzial); axle shaft

Achswelle f (Tech) axle (z. B. in einer Maschine)

Achszapfen m (Tech) axle journal, axle neck, axle trunnion, kingpin

achteckig adj (Mech) eight-pointed, octagonal

Achtung f (Tech) warning (Betriebsvorschriften); Warning

Ackerschlepper m (Kfz) farming tractor

Adapter m (Elek) adapter

Additions-Multiplikations-Netz n (IT) adder-multiplier net

Additionszählwerk n (Förd) totalizing counter (Bandwaage)

Ader f (Elek) core, strand, wire (Kabel)

Aderendhülse f (Elek) connector sleeve, ferrule, wire end ferrule

adhäsiv adj (Mech, Tech) adhesive

adiabatisch adj (Stb) adiabatic

Admittanzmatrix f (Elek) admittance matrix

ADU m (Abk. für: Analog-Digital-Umsetzer) (Elek) A/D converter, ADC, analog-digital converter

Affe m (Bau, Mont) windlass

affinieren v (Stb) refine (säubern)

Agglomerat n (Geo) agglomerate

Aggregat n (Bau) aggregate, construction aggregate

Aggregat n (Chem) compound

Aggregat n (Elek) engine-generator unit, generating set

Aggregat n (Tech) group, unit

Ahle f (Tech, Werkz) awl, broach

Ähnlichkeitsmaß n (IT) similarity measure

Akku(mulator) m (Elek) battery, storage battery

Akryl... (Met) acrylic

Akrylharzfarbe f (Anstr) acrylic resin paint

Aktion f (IT) action

Aktionsauswahl f (IT) action bar pull down, pull-down

Aktionskraft f (Tech, Phys) applied force

Aktionsleiste f (IT) action bar

aktionszentriert adj (IT) (AE) action-centered

aktive Fläche f (Umschl) live area

aktive Flanke f (Getr, Tech) active flank

aktiver Erddruck m (Stb) active lateral earth pressure (gegen Verbau)

aktives Fenster n (IT) active window

Aktivkohle f (Bergb, Hütt) activated carbon, active carbon

aktualisieren v (Tech) make current, update

Akustikplatte f (Bau) acoustic tile

akustisch adj (Elek, Tech) acoustic, audible

akustischer Scheinwiderstand m (Elek) acoustic impedance, acoustical impedance

AKZ f (Abk. für: Arbeitskennziffer) (Tech) work code number

Alarm m (Tech) alarm • **Alarm auslösen** (Tech) set off alarm, sound an alarm

Alarmanlage f (Elek) alarm system; burglar alarm (z. B. gegen Einbruch)

Alarmauslöseelement n (Elek) sensing element

Alarmknopf m (Hütt/Walz) emergency button, panic button

Alarmnetz n (Stb) warning system

Albedo f (IT) albedo

algebraisch adj (Math) algebraic

Algorithmen mpl (IT) algorithms pl

Alkaliflüchtigkeit f (Bergb) alkali volatility

Alkalireinigung f (Bergb) alkali cleaning

Alkalität f (Hütt/Walz) alkalinity

Alkohol m (Chem) alcohol

Alkydharz n (Bergb) alkyd resin

Allgemeinanstrich m (Anstr) standard paint finish

allgemeine Anordnung f (Bau) layout

allgemeine Formgebung f **[Bearbeitung f]** (Form, Mech) shaping and machining in general

allgemeine Messstelle f (Metr) measuring instrument tapping point

allgemeiner Baustahl m (Stb) steel for general structural purposes

Allgemeintoleranz f (Form) general tolerance

allmählich adv (Tech) gradual, incremental, step by step

Allradantrieb m (Kfz) all-wheel drive, four-wheel drive

Allwegstapler m (Kfz) rough-terrain forklift truck

Allwetterstraße f (Kfz) all-weather road

Allzweck... (Mech, Tech) general-purpose

Alpha-Beta-Verfahren n (IT) alpha-beta pruning

AL-Rohr n (Form) AL-pipe (beidseitig Aluminium-beschichtet)

Altbausanierung f (Baut) refurbishing, rehabilitation, renovation

alter Mann m (Bergb) goaf, gob, waste area

altern v (Met) age

Alterung f durch Kaltverformung (Stb) cold-work ageing

alterungsbeständig adj (Anstr) corrosion-free (z. B. Wasserrohr)

alterungsbeständig adj (Met) good ageing behaviour (z. B. Fette); non-ageing

Alterungsbeständigkeit f (Met) resistance to ageing

Altglaswiederverwertung f (Form) glass recycling

Altholz n (Met) recycled timber, recycled wood (wieder aufbereitetes Gebrauchtholz); mature wood, seasoned timber

Altmaterial n (Tech) salvage

Altmetall n (Hütt/Walz) scrap metal

Altöl n (Form, Tech) spent oil, waste oil

Altölaufbereitung f (Chem, Ökol) oil reclaiming

Altpapier n (Ökol) paper waste, scrap paper, scratch paper, waste paper

Altschrott

Altschrott m (Ökol, Tech) old metals pl

Alt- und Rohmetalle npl (Form) metal scrap and raw metals pl, metal scrap and virgin metals pl

Aluminium n (Met) (BE) aluminium, (AE) aluminum

Aluminium-Basis-Legierungen fpl (Met) aluminium alloys pl

Aluminiumblech n (Met) aluminium plate, aluminium sheet

Aluminiumguss m (Hütt/Walz) aluminium die casting

Aluminiumlegierung f (Form, Met) aluminium alloy

a-Maß n (Schw) effective fillet thickness (rechnerische Kehlnahtdicke)

Amboss m (Tech, Werkz) anvil, jaw; contact anvil, measuring anvil

Ambossschröter m (Tech, Werkz) blacksmith's hardy, hardy

Amperemeter n (Elek) ammeter

Amplidyne f (Elek) amplidyne

Amplitude f (Elek) amplitude

Amplitudenverzerrung f (Elek) amplitude distortion

Ampullenglas n (Chem) ampoule tubing

amtlicher Inspektor m (Bau) surveyor

AN (Elek) ON (Schalterstellung)

analog adj (Elek) analog

Analogausgang m (Elek) analog output

Analog-Digital-Umsetzer m (ADU) (Elek) A/D converter, ADC, analog-digital converter (z. B. Bandwaage)

Analog-Digital-Wandler m (Elek) A/D converter, analog-digital converter

Analogeingabe f (Elek) analog input

Analog-Messwertumformer m (Elek) analog measuring transducer, analog transducer, analog transmitter

Analyse f (Chem, Mech) analysis

Analysengrenze f (Schw) scope of analysis (Umfang)

Anarbeiten n (Mech) processing (z. B. Sägen, Spalten)

AN/AUS-Knopf m (Elek) ON/OFF switch

Anbackung f (Hütt, Tech) (AE) agglomeration, caking, incrustation (Verklumpung, Verschmutzung)

Anbau m (Baut, Tech) built-on structure; annex, lean-to; extension, wing (Schuppen, Flügel usw.)

Anbau... (Tech) attached, directly attached, mounted

anbauen v (Bergb) attach (z. B. Ausrüstung am Bagger)

anbauen v (Kfz) fit, mount (montieren)

Anbaugehäuse n (Bergb) external mounting housing (außen angebracht)

Anbaugerät n (Bergb) attachment (z. B. am Grader)

Anbauscheinwerfer m (Kfz) working light

Anbauschürfkübel m (Kfz) grader scraper

Anbauteile npl (Bergb) accessories pl (Zubehörteile); attachments pl (z. B. am Bagger); mounting parts pl

anbinden v (Mont, Tech) fasten, tie (anbinden an)

Anbindeseil n (Mont) slinging rope

Anbohrapparat m (Bergb) drill rig

anbohren v (Bergb) spud

anbringen v (Anstr) apply (etw. auftragen)

anbringen v (Mont, Tech) affix, fix, install, mount (befestigen, montieren); attach (festmachen); fit (einbauen); place (an einem bestimmten Ort)

anbringen v (Tech) arrange, provide (nach Plan geordnet)

anbringen v/gelenkig (Mont, Tech) hinge-mount

Anbruch m (Met, Tech) incipient crack, first ore, incipient flaw, incipient fracture

Änderungsmitteilung f (Tech) technical modification report

Änderungs-Nr. f (Tech) change no., modification no.

Änderungsprotokoll n (Tech) minutes pl recording a correction

Änderungssatz m (Bergb) conversion kit

Andrehkurbelwelle f (Kfz) starting crankshaft

andrücken v (Tech) crowd, force, press, press on

aneinander fügen v (Mech, Mont) join together

aneinander stoßen v (Stb) joint (verbinden); abut (angrenzen)

Anfahr... (Tech) starting..., start-up...

Anfahrdiagramm n (Hütt/Walz) start-up diagram, start-up graph

anfahren v (Bergb,Hütt/Walz) start, start up (z. B. ein Gerät starten)

anfahren v (Elek) cause to respond, operate (Endschalter)

Anfahren n (Elek) response (z. B. eines Endschalters)

Anfahrentspanner m (Hütt/Walz) start-up flash tank

Anfahrkraft f (Kfz) impact force (beim Aufprall)

Anfahrkraft f (Kfz, Tech) starting force, starting power, tractive force (bei Fahrtbeginn)

Anfahrlast f (Kfz) impact force (beim Aufprall)

Anfahrtsstraße f (Kfz) access road (z. B. zu einer Baustelle)

Anfahrzeit f (Hütt/Walz) pressure raising period, start-up period

Anfälligkeit f (Tech) sensibility, sensitivity, starting factor, starting operation, starting process; susceptibility (Empfindlichkeit)

anfalzen v (Mont, Tech) bead, seam; fold (Bleche durch Falzen verbinden)

anfangen v (Bau) commence

anfänglich adj (Met, Tech) initial

Anfangs... (Met, Tech) incipient

Anfangsdurchbiegung f (Met, Stb) initial deflection

Anfangsgrabstellung f (Bergb) initial digging position

anfasen v (Mech, Mont) bevel (anschrägen); chamfer (Kanten oder Ecken entfernen)

anfertigen v (Fert, Tech) make, manufacture, produce

anfertigen v (Stb, Tech) fabricate (Stahlkonstruktion)

anfeuchten v (Bau, Chem) moisten

anflachen v (Mech, Mont) flatten

anflächen v (Mech, Mont) face, spot-face

anflanschen v (Tech) flange

Anforderung f (Tech) requirement

Anforderungskarte f (Form) order card, requisition card (Bestellkarte)

Anfrage f (Tech) enquiry; question (Erkundigung)

anfragezentriert adj (IT) (AE) request-centered

anfügen v (Tech) add, annex; incorporate (einfügen)

anfüllpumpe f (Kfz) priming pump

ngebaut adj (Mont, Tech) attached, built-on, directly attached, mounted

ngebracht adj (Mont, Tech) mounted

ngebracht adj/gelenkig (Mont, Tech) hinge-mounted, pivot-mounted

angebracht sein v (Tech) be located, be situated (sich befinden)

angefallene Statik f (Stat) resulting statics

angefertigt adj (Fert, Form) fabricated, manufactured (hergestellt)

angefertigt adj/speziell (Bau, Tech) purpose-built, purpose-made

angeflacht adj (Form) flattened (flachgedrückt); levelled (in Zeichnungen)

angeflanscht adj (Tech) flange-mounted, flanged, flanged-on

angefressen adj (Met) corroded, pitted (z. B. Metall)

angegeben adj (Tech) indicated, stated

angeglichen adj (Tech) commensurate

angegossen adj (Hütt/Walz) integrally cast; cast-on

angegossener Lagerhohlzapfen m (Tech, Zer) hollow journal cast integrally, integrally cast hollow journal

angegossenes Auge n (Tech) lug

angeheftet adj (Mont, Schw, Tech) provisionally fastened, pinned, tack welded

angekettet adj (Schiff) chained

angeklebt adj (Tech) affixed, glued on, stuck (aufgeklebt)

angeköpft adj (Mont, Tech) headed

angekoppelt adj (Tech) coupled

angekreuzt adj (Tech) marked, ticked

Angel f (Bau) handle (der Kelle); pintle (Türangel)

Angel f (Form) tang (Mitnehmer am Zylinderschaft)

angelassen adj (Met) annealed, tempered (Stahl)

angelenkt adj (Tech) articulated, hinged, pivot-mounted, pivoted

angelenkt adj/drehbar (Tech) pivoted

angemessene Ausmaße npl (Bahn, Tech) adequate dimension

angeordnet adj (Tech, Zeich) arranged

angeordnet adj/quer liegend (Tech) transversely mounted

angepasst adj (Tech) appropriate, commensurate

angepasster Prüfkopf m (Schw) shaped probe

angeschlossen adj (Elek) connected (z. B. am Netz)

angeschmiedet adj (Form, Mech) forged on, integrally forged

angeschmutzt adj (Tech) shop-soiled

angeschrägt adj (Mech, Mont) bevelled, chamfered, tapered

angeschraubt adj (Mont, Tech) bolted-, -on, screwed-on

angeschweißt adj (Schw) welded on

angesenkt adj (Mech) counterbored

angesteuert adj (Hydr/Pneu) controlled, pilot-controlled, pilot-operated

angesteuert adj/voll (Elek) fully saturated

angesteuertes Wegeventil n (Tech, Vent) servo-controlled distribution valve

angestrahlt adj (Licht, Tech) floodlit, illuminated

angetrieben adj (Elek, Tech) driven, powered

angetrieben adj/direkt (Tech) shaft driven (z. B. Ölpumpe)

angetriebenes Laufrad n (Tech) driving wheel, driven wheel

angewandt adj (Stat, Tech) applied

angewandt adj/zivil (Tech) in civilian use

angewärmt adj (Form) preheated

angewärmter Löffelrücken m (Bergb) heated bucket back

angezeigt adj (Elek, Tech) indicated (z. B. auf einem Monitor)

angezogen adj (Kfz) applied (Bremse im Eingriff)

angießen v (Form) cast on (hinzufügen)

angießen v (Hütt/Walz) cast integrally

angleichen v (Tech) adapt (z. B. Kurven); assimilate, balance (z. B. Gewicht); align (ausrichten)

Angleicher m (Elek) rectifier

Angleichwiderstand m (Elek) equalizing resistor

angliedern v (Tech) incorporate

angreifen v (Chem, Stat) act on (z. B. Kraft); attack

angrenzend adj (Tech) abutting, adjacent, adjoining

angrenzende Konstruktion f (Tech) abutting structure, adjacent structure, adjoining structure

Angriffspunkt m einer Kraft (Stat) point of application of a force

Angriffsschärfe f (Form) abrasive power

anhaftend adj (Förd, Tech) adhering, adhesive, clinging, sticking

anhalten v (Elek) impede

anhalten v (Tech) stop

Anhaltevorrichtung f (Elek) stopper

Anhängekupplung f (Kfz) hitch

anhängen v (Förd, Tech) suspend

Anhängeöse f (Tech) suspension lug

Anhänger m (Förd, Kfz, Umschl) trailer

Anhängerbremskraftregler m (Kfz) trailer brake pressure regulator

Anhängerdeichsel f (Kfz) drawbar

Anhängerkupplung f (Kfz) tow coupling, trailer coupling

Anhängerrüttelwalze f (Kfz) towed vibrating roller

Anhängeschild n (Tech) label, tag (z. B. Preisschild)

Anhängeseil n (Förd, Tech, Mont) slinging rope

Anhäufung f (Chem, Tech) accumulation, build-up, cluster (Büschel)

anheben v (Förd, Tech) lift, raise

anheben v (Kfz) jack

Anhebestelle f (Bahn, Kfz) jacking position (für den Wagenheber)

anheften v (Mech, Mont) fasten provisionally, pin

anheften v (Mont, Schw) tack weld

Anker m (Bau, Schiff, Tech) anchor, stay, tie rod

Anker m (Elek, Tech) armature, rotor (bei elektr. Maschinen)

Anker m (Tunn) rock bolt

Ankerbolzen m (Elek) tie bar

Ankerbolzen m (Stb, Tech) anchor bolt, holding-down bolt (Ankerschraube)

Ankerfeld n (Elek) armature field (bei einer elektr. Maschine)

Ankergeschirr n (Schiff) anchor equipment, ground tackle

Ankerkreis m (Elek) armature circuit

Ankermutter f (Form) special foundation nut

ankern v (Schiff) anchor, drop anchor

Ankerplatte f (Bau, Mont) anchor plate, round anchoring plate, fixing device, tie plate

Ankerrosette f (Mech, Mont) round anchoring plate

Ankerrückwirkung f (Elek) armature reaction (bei elektr. Maschinen)

Ankerschiene f (Stb) anchor bar

Ankerschraube f (Stb) anchor bolt, foundation bolt, holding-down bolt, Lewis bolt, tie bolt

Ankerspill n (Kfz) anchor windlass drive

Ankerspill n (Schiff) capstan (eines Schiffes)

Ankerstromregler m (Elek) armature current controller

Ankerwelle f (Elek) armature shaft, armature spindle

Ankerwiderstand m (Elek) armature resistance, armature resistor

ankippen v (Baum, Bergb, Umschl) crowd back (z. B. die Ladeschaufel)

anklammern v (Tech, Mont) clamp, connect by clamps

ankleben v (Tech) affix, glue on, stick on

anklemmen v (Elek) connect to the terminals, make the terminal connections (anschließen)

anklemmen v (Tech, Mont) clamp, connect by clamps

ankommende Wanderwelle f (Elek) incident wave

anköpfen v (Mech, Mont) head

Anköpfer m (Mech, Mont) heading tool

Ankopplung f (Kfz) coupling

ankörnen v (Mech, Mont) (AE) center, center-punch, mark, punch

ankuppeln v (Tech) couple

ankurbeln v (Kfz) crank (z. B. den Motor)

Anlage f (Mech) system

Anlage f (Pneu) support

Anlage f (Tech) establishment, facility, factory, installation, plant, works (Betriebsstätte)

Anlagefläche f (Tech) contact surface

Anlagenbau m (Tech) capital goods industry, heavy mechanical engineering, major plant engineering, plant engineering, plant manufacturing, process plant construction

Anlagerung f (Chem, Tech) accretion (z. B. in Rohren)

Anlassdruckknopf m (Kfz) starter button

anlassen v (Mech) start (Motor starten)

anlassen v (Hütt/Walz, Met) anneal; temper (Wärmebehandlung)

Anlasser m (Elek, Mech) starter (im Kfz)

Anlasserritzel n (Kfz) starter pinion

Anlassertafel f (Elek) starter board

Anlasssperre f (Kfz) start interlock

Anlassspritze f (Kfz) starter pilot

Anlasssteller m (Elek) controller; starting rheostat (veränderlicher Widerstand)

Anlasssteuerung f (Tech) starter gear

Anlass- und Stellwiderstand m (Elek) starting resistor and rheostat

Anlasswalze f (Elek) drum-type controller, drum-type starter

Anlasswiderstand m (Elek) starting resistor

Anlasszeit f (Mech) start-up time

Anlauf m (Tech) start, start-up

anlaufen v (Anstr, Chem) (BE) discolour (z. B. Oberflächen)

anlaufen v (Tech) contact, rub • **anlaufen lassen** start

Anlaufen n (Anstr) blooming

Anlaufkupplung f (Kfz, Tech) start-up coupling

Anlaufmoment n (Elek) locked-rotor torque (Läuferstillstandsmoment); start/stop torque (Schrittmotor); starting torque (Motor)

Anlaufplatte f (Form, Tech) buffer plate

Anlaufring m (Tech) spacer disk, thrust ring (einer Welle)

Anlaufscheibe f (Tech) buffer disc, spacer disk, starting disk (Pufferstoßring); thrust face, thrust washer; friction washer, sealing washer

Anlaufverhalten n (Antr) starting characteristics

Anlaufzeit f (IT) implementation period (des Programms)

Anlaufzeit f (Mess, Tech) reaction time; warm-up period

anlegen v (Tech) contact (in Berührung bringen)

Anlegen n der Spannung (Elek) energizing

Anleitung f (Tech) directions pl, instructions pl

anlenken v (Tech) articulate, pivot

anliegen v/fest (Tech) lie firmly

anmalen v (Anstr) paint

Annäherungsschalter m (Elek) proximity switch

Annäherungsverfahren n (Math, Mess) approximation, approximate method

Annahme f (Math, Tech) assumption, hypothesis

Annahme f und Versand m (Tech) goods in/goods out; shipping and receiving department (von Waren)

annehmen v (Tech) accept, adopt, assume

Anode f (Chem, Elek) anode

Anodenbelag m (Chem, Stb) anodic film

anodisch adj (Elek) anodic

anodische Oxidation f (Anstr) anodizing

anordnen v (Mont, Tech) arrange, locate, mount, provide (anbringen, montieren); order (systematisch)

Anordnung f (Tech) instruction, order (Anweisung)

Anordnung f (Tech, Zeich) arrangement (Gruppierung); design, layout; location (an einem Ort)

Anordnungsplan m (Zeich) arrangement drawing, arrangement plan, schematics pl

Anordnungszeichnung f (Tech, Zeich) arrangement drawing, arrangement ar- rangement drawing, layout drawing

anorganisch adj (Chem) inorganic

anormale Wicklung f (Elek) special winding

anpassen v (Elek, Tech) adapt (einpas- sen); adjust (angleichen)

anpassen v (Mont, Tech) fit on, fit to; match (passend machen); adjust (an- gleichen)

Anpassgetriebe n (Getr) matching gear unit

anpassungsfähig adj (Tech) adaptable, adjustable, flexible, versatile

Anpassungsverstärkung f (Mess) adaptive gain

Anpressdruck m (Bergb, Tunn) crowding pressure, forward thrust, thrust pres- sure

Anpressdruck m (Mech) clamping pres- sure

Anpressdruck m (Mess, Tech) contact pressure

anpressen v (Tech) force, press

Anpresskraft f (Tunn) forward thrust

Anregelzeit f (Elek, Mess) rise time

Anreger m (Elek) exciting energy source (Schwingungen)

Anregungsspannung f (Antr, Elek) exci- tation voltage

anreichern v (Hütt/Walz) concentrate, enrich (Erze); expand

Anreicherung f (Bergb) accumulation (Ansammlung)

anreißen v (Tech) design, draw, lay out, mark off, plot (aufzeichnen, entwerfen); scribe, trace (z. B. zeichnen mit der Reißnadel)

Anreißstarter m (Kfz) recoil starter (z. B. am Außenbordmotor)

Anreißzirkel m (Mont, Werkz) beam compass

Anriss m (Met) hairline crack, incipient crack, superficial fissure, superficial scratch, surface crack (Oberfläche); crack initiation (Beginn des Risses); laying out, marking off (Vorzeichnen)

Anriss m (Met, Tech) break (Bruch); flaw (Sprung, Ritz); incipient fracture

Anrissprüfung f (Met, Prüf) crack test (Rissprüfung)

ansammeln v (Tech) accumulate, build up (z. B. Schmutz)

Ansatz m (Tech) attempt (Versuch, Pro- be); sign (erste Zeichen); starting point (Ansatzstelle); attachment, extension, lengthening part (zusätzliches Teil); carrier, catch, dog, driver (Mitnehmer); dog; end, point (einer Stiftschraube); lug, nose, projection, shoulder (Nase); neck (einer Schraube, am Flansch); point (Kuppe); shoulder (z. B. einer Welle); stud (Anschlag, angearbeiteter Nietansatz, hervortretendes Stück); tappet (an beweglichen Teilen)

Ansatzfeile f (Mech, Mont, Werkz) flat file

Ansatzkuppe f (Tech) half dog point with rounded end

Ansatzpunkt m (Stb, Werkz) application point (des Werkzeugansatzes)

Ansatzpunkt m (Tech) starting point

Ansatzstange f (Mont, Tech) extension bar

Ansatzstück n (Tech) attachment, ex- tension

Ansaug... (Hydr/Pneu, Verd) aspirating, intake, suction ...

Ansaugdrossel f (Hydr/Pneu, Verd) in- take throttle

ansaugen v (Hydr/Pneu, Verd) suck, take in

ansaugen v (Kfz) prime (den ersten Kraftstoff)

Ansaugen n (Kfz) aspiration (der Motor- luft)

Ansaugfilter m (Hydr/Pneu, Verd) inlet filter, intake filter

Ansaughub m (Kfz) intake stroke (des Kolbens)

Ansaugkanal m (Kfz) intake port (z. B. zum Ventil)

Ansaugkrümmer *m (Tech)* air intake manifold, intake manifold *(Teil des Motors)*

Ansaugleitung *f (Hydr/Pneu)* inlet pipe, suction line, suction piping *(Pumpe)*

Ansaugluftleitung *f (Kfz)* intake air crossover

Ansaugmenge *f (Verd)* actual capacity, inlet capacity, inlet flow, inlet volume

Ansaugöffnung *f (Hydr/Pneu)* aspirating hole, aspirating mouth, aspirating port

Ansaugverlustniveau *n (Hydr/Pneu)* suction-loss level *(Pumpe)*

anschalten *v (Elek)* switch on

anschärfen *v (Mech, Mont)* scarf *(z. B. Blechkanten)*

anschaulich *adj (Tech)* clear, graphic

anschauliche Darstellung *f (Tech, Zeich)* depiction, graphic representation

Anschlag *m (Tech)* buffer, dog, end position, end stop, limit stop *(Begrenzung)*; catch *(Falle, Schnapper)*; end of stroke *(im Zylinder)*; stop *(zum Feststellen)*; stopper *(Sperre)*

Anschlag *m* **einer Rundpassungslehre** *(Tech)* measuring jaw

Anschlaglasche *f (Tech, Mont)* fixing lug

Anschlagbolzen *m (Tech)* stop dog, stop pin, trip dog

anschlagen *v (Bergb, Kran)* connect, fasten *(Teile)*; sling *(z. B. Last)*

anschlagen *v (Tech, Zer)* hit

Anschläger *m (Kran)* groundman, onsetter; slinger *(hängt Last an Kran)*

Anschlagklinke *f (Mess)* stop latch

Anschlagmittel *n (Kran)* sling gear

Anschlagöse *f (Kran, Tech)* lifting eye

Anschlagring *m (Tech)* abutment ring

Anschlagschraube *f (Tech)* stop screw

Anschlagseil *n (Kran, Mont)* slinging rope

Anschlagstahlwinkel *m (Werkz)* solid steel square, solid-steel square, steel square, steel try square

Anschlagstelle *f (Tech, Bergb)* sling point, slinging point *(z. B. Seil)*

Anschlagstift *m (Tech)* stop dog, stop pin, trip dog

Anschlagwinkel *m (Met, Werkz)* back square, solid steel square, solid-steel square, standard square, steel square, try square

anschließen *v (Elek)* connect, connect up

(z. B. an eine Leitung, an Strom); plug, plug in *(durch Steckkontakt)*

anschließen *v (Tech)* attach, connect up, join *(zusammenschließen)*

anschließend *adj (Tech)* abutting, adjacent, adjoining, following, subsequent

Anschliff *m (Stb)* polished section

Anschluss *m (Elek)* termination *(permanente Verbindung)*; connection, terminal, terminal connection *(Klemme)*; outlet *(Steckdose)*; plug-and-socket connection, plug-in connection *(Steckverbindung)*; terminal lead *(Anschlussleiter)*

Anschluss *m (Hydr/Pneu, Tech)* connection, port

Anschluss *m (IT)* circuit, connection, connector, interface, terminal *(z. B. am Computer)*

Anschluss *m (Mont, Stb)* structural connection, joint, splice *(Stoß)*

Anschluss... *(Elek, Tech)* connecting...

Anschlussbild *n (Metr)* porting pattern

Anschlussblech *n (Mont, Stb)* connection plate, gusset plate

Anschlussbolzen *m (Elek)* terminal stud

Anschlussdose *f (Elek)* junction box, outlet box

Anschlüsse *mpl (Bau)* facilities *pl (z. B. im Haus)* • **Anschlüsse legen** *(Tech, Bau)* install facilities, install utilities *(z. B. für Gas, Wasser)*

anschlussfertig *adj (Elek, Hydr, Tech)* ready for connection

Anschlussfläche *f (Mont)* connecting surface

Anschlussgehäuse *n (Elek)* adapter housing

Anschlussgröße *f (Mess)* port size

Anschlusskasten *m (Elek)* terminal box, terminal housing

Anschlussleistung *f (Elek)* demand of supply, connected load, installed load

Anschlussleiter *m (Elek)* terminal lead

Anschlusslitze *f (Elek)* brush lead, brush shunt, pigtail lead

Anschlussloch *n (Tech)* component hole, hole

Anschlussmaß *n (Zeich)* linkage dimension

Anschlussmaße *npl (Lag)* abutments *pl*

Anschlussmaße *npl (Mech)* companion dimensions *pl*, fitting dimensions *pl*, mating dimensions *pl*, mounting dimensions *pl*

Anschlussniet *m (Stb)* connecting rivet

Anschlussplan *m (Elek)* terminal diagram

Anschlussplatte *f (Elek)* adapter plate *(Leitungseinführung)*; connecting terminal plate, terminal board

Anschlussplatte *f (Hydr/Pneu)* connecting plate, mounting plate, subplate; valve plate *(für Ventile)*

Anschlussschraube *f (Tech)* binding screw, terminal screw

Anschlussspannung *f (Elek)* AC side voltage, alternating current voltage, supply voltage, system voltage *(Stromrichter)*

Anschlussstecker *m (Elek)* plug connector

Anschlussstelle *f (Elek, IT)* port

Anschlussstelle *f (Mess)* outlet

Anschlussstück *n (Elek)* connector, link, terminal fitting; terminal

Anschlussstutzen *m (Elek)* cable gland, entry fitting, gland *(Kabel)*

Anschlussstutzen *m (Hydr/Pneu, Tech)* connecting branch, connecting sleeve, connection tube, pipe union, standpipe *(Rohr)*

Anschlusstabelle *f (Mont, Tech)* connecting chart

Anschlussverschraubung *f (Elek)* screwed connector

Anschlusswert *m (Elek)* connected load

Anschlusswinkel *m (Stb)* angle cleat, connection cleat, lug angle, lug cleat *(Beiwinkel)*

Anschlusswinkel *m (Tech)* angle, connection angle

Anschlusszeichnung *f (Zeich)* follow-on drawing, reference drawing

anschmiegen *v (Tech)* adapt *(z. B. Kurven)*

Anschmiegen *n des Gurtes (Förd)* belt flexibility, belt flexing ability; troughability of belt

Anschnitt *m (Bergb, Umschl)* incision

Anschnitttiefe *f (Mech)* chamfer start depth

anschraubbar *adj (Tech)* screwable, with screw thread

anschrauben *v (Mont)* bolt on *(festziehen)*

anschütten *v (Bergb, Umschl)* back-fill, fill, pile

Anschüttung *f (Baum, Bergb)* backfill, embankment

Anschweißenden *npl (Schw, Tech)* studs *pl* for (butt) welding

Anschweißfläche *f (Schw)* welding surface

Anschweißflansch *m (Tech)* welded flange

Anschweißnocken *m (Schw, Verd)* weldolet

Anschweißverschraubung *f (Tech)* welding coupling

anschwellen *v (Geo, Phys)* swell

anschwellender Anstrich *m (Anstr, Stb)* intumescent paint

anschwemmen *v (Tech)* precoat *(Filter)*

ansenken *v (Mech)* counterbore; countersink *(z. B. eine Schraube)*

ansenken *v/kegelig (Mech)* countersink

ansenken *v/zylindrisch (Mech)* counterbore

Ansenkung *f (Mech)* boot *(Vertiefung)*; boss *(Nabe)*

ansetzen *v (Chem, Tech)* prepare *(z. B. Lösung, Mischung)*

Ansicht *f (Prüf, Tech)* view; inspection *(Prüfkontrolle)*

Ansicht *f (Stb)* elevation *(Aufriss)*

Ansprechdauer *f (Elek)* melting time *(einer Sicherung)*

Ansprechdruck *m (Form, Tech)* opening pressure *(z. B. des Ventils)*

ansprechen *v (Elek)* respond *(Endschalter)*

ansprechen *v (Hütt/Walz, Mess)* activate *(z. B. ein Messinstrument)*

Ansprechgrenze *f (Metr)* sensitivity limit

Ansprechpunkt *m (Hydr/Pneu)* switching point

Ansprechschwelle *f (Elek)* response threshold *(z. B. eines Monitors)*

Ansprechschwelle *f (Mess)* break point

Ansprechstrom *m (Elek)* operating current *(Schaltgerät)*; operating current, pickup current *(Relais)*; threshold current *(Sicherung)*

Ansprechwert *m (Mess)* minimum operating value *(Gerätebetrieb)*

Ansprechzeit *f (Elek)* closing time *(Schließer)*; opening time *(Öffner)*; opening time, pick-up time *(Relais)*; response time *(Messgerät, Näherungsschalter, Regelung, Verstärker)*;

operate time, pick-up time *(Relais)*; operating time *(Schaltgerät)*; response time *(Messgerät)*

anstauchen *v (Stb)* jump, upset *(stauchen)*

Anstauchschweißen *n (Schw)* cold pressure upset welding

anstehend *adj (Tech)* imminent, pending *(schwebend, in Planung)*

anstehende Kohle *f (Bergb)* coal in solid, coal to be exposed

anstehendes Gestein *n (Bergb)* solid bed, solid rock

ansteigen *v (Bau)* slope up *(z. B. eine Straße)*

ansteigen *v (Tech)* increase

ansteigend *adj (Förd, Tech)* ascending, on an upward grade, uphill

ansteigende Bandbrücke *f (Umschl)* trailer bridge

ansteigendes Band *n (Förd)* ascending conveyor, uphill conveyor

Anstellantrieb *m (Bergb)* positioning drive

Anstellventil *n (Hydr/Pneu)* operating valve

Anstellwinkel *m (Bergb, Umschl)* clearance angle

Ansteuerdruck *m (Kfz)* servo pressure

ansteuern *v (Elek, Mess)* address *(Gerät)*; trigger *(auslösen)*

Ansteuerschaltung *f (Elek)* energizing circuit

Ansteuerung *f (Elek)* control *(Betätigung)*; triggering *(Auslösung)*

Ansteuerung *f (Hydr/Pneu)* control, piloting

Anstiegsfunktion *f (Mess)* ramp function

Anstiegszeit *f (Elek, Mess)* building-up time, rise time *(eines Signals)*

anstoßen *v (Tech)* hit

anstoßen *n (Bergb, Getr)* clashing, fouling *(von Zahnkopfkanten)*

anstoßend *adj (Tech)* abutting, adjacent, adjoining

Anstoßhub *m (Kfz)* exhaust stroke

Anstoßschalter *m (Mess)* flag switch

anstreichen *v (Anstr)* brush, brush-coat, brush-paint, paint

Anstrich *m (Anstr)* coat of paint, finish, paint coat, paintwork, coat *(Farbe)*; coating *(Farbschicht)* • **der Anstrich blüht aus** the paint coat is blooming

Anstrichhalle *f (Anstr)* paint shop

Antastung *f (Mess)* sensing

Antenne *f (Elek, Tech) (BE)* aerial, *(AE)* antenna

Antennenmast *m (Stb)* wireless mast, radio mast, *(AE)* radio tower

Anthrazit *m (Bergb, Geo)* anthracite, anthracite coal, hard coal, stone coal *(sehr harte, glänzende Steinkohle mit hohem Heizwert)*

Antiblockiersystem *n (ABS) (Kfz)* anti-lock brake [braking] system

antimagnetisch *adj (Met)* antimagnetic *(z. B. Werkzeug)*

antiparallel *adj (Math)* antiparallel

Antischlupfregelung *f (ASR) (Kfz)* anti-slip control, ASR

antiseismische Berechnung *f (Math, Stb)* earthquake calculation

antistatisch *adj (Elek)* antistatic

antisymmetrisch *adj (Stb)* antisymmetrical

antreiben *v (Kfz)* drive

Antrieb *m (Antr, Tech)* drive, motor drive *(z. B. Motor)*; momentum *(Schwung, Stoß)*

Antrieb *m (Elek)* actuator, operator; drive, mechanism, operating mechanism *(Schaltgerät)*; driving mechanism *(Trafo-Stufenschalter)*

Antriebsachse *f (Kfz)* drive axle, drive shaft

Antriebsaggregat *n (Antr, Bergb, Hydr)* drive unit, power equipment, power unit, industrial power unit

Antriebsberechnung *f (Antr, Konst)* drive power calculation, driving power calculation

Antriebsdauerleistung *f (Elek)* continuous output of the drive, continuous rating of the drive

Antriebsdrehmoment *n (Antr, Tech)* driving torque, input torque

Antriebsdrehzahl *f (Antr)* drive speed

Antriebsenergie *f (Antr)* drive power, motive power *(Motor)*

Antriebsfeder *f (Mess)* actuator spring

Antriebsflansch *m (Kfz)* drive flange

Antriebsgehäuse *n (Kfz)* gear case, transmission housing

Antriebsgelenk *n (Tech)* universal joint

Antriebsgerüst *n (Antr, Tech)* base frame for drive unit *(Antriebsstation)*

Antriebsgestänge n (Tech) lever system

Antriebskegelrad n (Kfz) bevel drive gear, bevel drive pinion

Antriebskeilwelle f (Tech) multiple-spline driving shaft

Antriebskette f (Tech) driving chain

Antriebskettenrad n (Bergb) drive sprocket, driving sprocket (Raupe)

Antriebskraft f (Kfz) baseload power (z. B. am Brecher)

Antriebskraft f (Tech) driving force, motive force, motive power

Antriebskupplung f (Kfz) driving clutch

Antriebskupplung f der Lichtmaschine (Kfz) generator drive coupling

Antriebskurbel f (Tech) crank, operating crank

Antriebslaterne f (Mess) actuator yoke

Antriebsleistung f (Tech) coupling power (Verdichter); drive power, driving power, input, mechanical input, motive power, power, mechanical power input, power requirement, required power

Antriebsmaschine f (Antr) drive motor, driving motor, motor (Elektromotor)

Antriebsmaschine f (Tech) driver, drive engine, driving engine (Verbrennungsmotor)

Antriebsmodul m (Kfz) drive unit

Antriebsmoment n (Kfz, Tech) driving torque, input torque

Antriebsnocken m (Tech) actuating cam

Antriebsprinzip n (Tech) basic drive arrangement

Antriebsrad n (Bergb) sprocket (z. B. des Baggers); drive tumbler (Turas mit Hülsen)

Antriebsrad n (Kfz) input gear (im Getriebe)

Antriebsrad n (Kran, Tech) drive gear, driving gear, driving wheel

Antriebsscheibe f (Bergb) sheave (Seilscheibe)

Antriebsseite f (Tech, Verd) drive end, driven end, driving end, high-speed side, input side

Antriebsstation f (Bergb, Förd, Umschl) drive head, drive station, drive terminal, head drive station, tail drive station (Antriebsstationen sind in der Regel am Kopf des Förderers angeordnet)

Antriebsstern m (Bergb) drive sprocket, driving sprocket

Antriebsstrang m (Kfz) drive line, drive train (Verdichter)

Antriebstechnik f (Kfz) drive technology, drive systems, industrial drives

Antriebsteil m (Tech) driving part, driving section, part of the drive

Antriebstrommel f (Bergb, Förd, Umschl) drive pulley, driving pulley, head pulley (Förderband); motorized pulley, powered head pulley (Förderband)

Antriebsturas m (Bergb) drive sprocket, driving sprocket (z. B. der Raupe); tumbler (des Schaufelradbaggers)

Antriebsverlagerung f (Mech) drive base

Antriebswelle f (Kfz, Tech) drive shaft, driving shaft (Motorantrieb); high-speed shaft, input shaft, (AE) propulsion shaft, transmission shaft (Getriebe)

Antriebszubehör n (Tech) associated drive parts pl

Antriebszylinder m (Walz) actuating cylinder

Antwortzeit f (Elek) response time

anvulkanisiert adj (Tech) (BE) moulded

Anwachsen n des Gutes (Bergb, Umschl) accumulation of material, accumulation of spilled material, build-up of material, spillage accumulation

anwählen v (Elek) select

anwärmen v (Hütt/Walz) warm up

anwärmen v (Tech) preheat (vorwärmen)

Anweisung f (Tech) instruction, instructions pl, order

Anweisungsteil n (IT) procedure body

anwendbar adj (Tech) applicable, practicable

anwenden v (Tech) apply, employ, use

Anwender m (IT) user (eines Computers)

Anwenderprogramm n (IT) application program

Anwendung f (Tech) application, use, (AE) utilization, (BE) utilisation

Anwendungsbereich m (Tech) (AE) field of application, range of application, scope of application

Anwendungsfall m (Tech) application

Anwendungsgebiet n (Tech) field of application, scope

anwendungsorientiert adj (Tech) application-oriented

Anwendungstechnik f (Kfz) application engineering

Anwendungsversuch m (Prüf) application trial

Anwerfkraft f (Kfz) cranking power

anzapfen v (Elek) tap (z. B. eine Telefonleitung)

Anzapfung f (Elek, Hütt) tap, tapping (Lichtbogenofen)

Anzapfungsbereich m (Elek) tapping range (Trafo)

Anzeichen n (Tech) sign

Anzeichnen n (Konst, Stb) laying out, marking off; match-marking (Markieren)

Anzeige f (Elek) annunciation, display, indication (z. B. auf Display)

Anzeige f (Hydr/Pneu) indicator (Gerät, Konstruktion)

Anzeige f (IT) display

Anzeige f (Hydr/Pneu, Tech) reading

Anzeigealarm m (Elek) visible alarm

Anzeigebereich m (Tech) indicating range (z. B. Thermometer)

Anzeigedaten pl (IT) display data pl

Anzeigeelement n (Elek) detector element (Fühler)

Anzeigeelement n (IT) display element

Anzeigeempfindlichkeit f (Prüf) inspection sensitivity (Ultraschall)

Anzeigefehler m (Mess, Prüf) indication error (z. B. Ultraschall)

Anzeigefeld n (Elek) annunciator panel, display, indicator panel

Anzeigegerät n (Hydr/Pneu, Metr, Verd) indicating device, indicator, read-out instrument

Anzeigegerät n (IT) display device, indicating instrument

Anzeigeleuchte f (Elek) indicator light

anzeigen v (Elek) display, indicate (auf dem Display)

Anzeigenauslösung f (Elek) screen pattern triggering

Anzeigenbreite f (Prüf) echo width (Ultraschall)

anzeigend adj (Tech) indicating

Anzeigensperre f (Elek) blocking of the readout

Anzeiger m (Hydr/Pneu, Verd) indicating instrument, indicator

Anzeiger m (IT) flag, indicator (Markierung in der EDV)

Anzeigearm m (Tech) indicator arm

Anzeigetableau n (Elek) annunciator

Anzeigetafel f (Elek) annunciator board, display panel, indicator board

Anzeigewaage f (Mess) dial balance

Anzeigewert m (Mess) reading

Anziehdrehmoment n (Tech) tightening torque (für Schrauben)

Anziehdrehwerkzeug n (Werkz) torquing tool

Anziehdrehwinkel m (Tech) tightening angle

anziehen v (Elek) break away, start up (z. B. Motor); operate, pick up (Relais)

anziehen v (Tech) retorque, screw tight, secure, tighten (z. B. Schrauben, Muttern usw.); start moving (z. B. Zug, Auto); stress, tension (z. B. Federn); absorb (Feuchtigkeit); draw, pull; attract (an sich ziehen, z. B. Magnet – Metall)

anziehen v/**Bremse** (Tech) apply the brake, pull the brake, put on the brake, set the brake

Anziehungskraft f (Tech) attractive force

Anzug m (Kfz) starting power (Startvermögen)

Anzugsdrehmoment n (Tech) breakaway torque, locked-rotor torque

Anzugsdrehmomente npl (Tech) torque specification

Anzugsleistung f (Elek) pickup power, pull-in power (Relais)

Anzugsmoment n (Elek) breakaway torque, locked-rotor torque (Motor)

Anzugsmoment n (Förd) initial tension (Förderband)

Anzugsmoment n (Tech) tightening torque (Schraube)

Anzugsplan m (Tech) screw tightening drawing (für Schrauben)

Anzugsstrom m (Elek) breakaway starting current, locked-rotor current (Motor); inrush current, starting current; pickup current (Relais)

Anzugsvermögen n (Tech) pick-up (Kraftfahrzeug)

Apfelsinenschalengreifer m (Bau, Umschl) orange peel grab

Apparat m (Stb) apparatus (Gerät)

Apparat m (Tech) device

Apparaterohr n (Met) boiler tube, heat exchanger tube (z. B. für Kessel)

Aquädukt m (Bau) aqueduct (Wasserleitungsbrücke)

Aquatechnik f (Ökol, Tech) water treatment technology

Arbeit f (Phys) energy (elektrische Arbeit)

Arbeit f (Tech) job, (BE) labour; piece of work, work (Tätigkeit); business, concern (geschäftlich); effort, trouble (Bemühung); employment, job, occupation (Arbeitsplatz); output, performance (Leistung); service (Dienstleistung); operation, work (z. B. Maschine); workmanship (Art der Ausführung) • **Arbeit vorantreiben** press on with work • **bei der Arbeit** at work

arbeiten v (Tech) function, operate, run, work

Arbeitsablauf m (Fert) flow of work, sequence of operations, sequence of work (Arbeitsfolge)

Arbeitsablauf m (Tech) cycle, duty cycle, operating cycle, working cycle (elektromechanisch); process, sequence of operation (in der Mechanik)

Arbeitsablaufplan m (Tech) flow diagram (Fertigung); flow diagram, flow-process chart, operating time and sequence chart (Elektromechanik)

Arbeitsanalyse f (Fert) operation analysis, work analysis

Arbeitsanfall m (Fert) amount of work, work load, work to be done, work volume

Arbeitsauftragsnummer f (Fert) work order number

Arbeitsauftragsverarbeitung f (Fert) job order processing, manufacturing order processing

Arbeitsaufwand m (Tech) effort, energy, expended energy, expenditure of energy, outlay for work, work expenditure

Arbeitsausführung f (Tech) workmanship

Arbeitsausrüstung f (Baum, Bergb) attachment (z. B. des Baggers)

Arbeitsbank f (Tech, Werkz) workbench

Arbeitsbelastung f (Tech) work load

Arbeitsbereich m (Baum, Bergb) slewing range, swing range (des Baggers)

Arbeitsbereich m (Tech) area of work, domain, field of activity, field of study, province, sphere of operations, sphere of work (Fachgebiet); working area (z. B. in der Werkshalle); operating range, working range (in der Elektromechanik); outreach, radius, reach (Reichweite)

Arbeitsbericht m (Tech) manufacturing report, performance report, progress report

Arbeitsbeschaffungsmaßnahme f (Tech) work-creation program

Arbeitsbescheinigung f (Tech) progress certificate

Arbeitsblatt n (Fert, Tech) (AE) time sheet

Arbeitsbreite f (Bergb) working width

Arbeitsbühne f (Tech) platform, stage, working platform

Arbeitsdruck m (Hydr/Pneu, Tech) operating pressure, working pressure

Arbeitsdruck m (Mech, Tech) tool thrust

Arbeitseinheit f (Fert) work unit

Arbeitsergebnis n (Fert, Tech) productivity

arbeitsfähig adj (Tech) able to function, functionable, functioning

Arbeitsfeld n (Tech) field of action, sphere of action

Arbeitsfertigkeit f (Tech) skill

Arbeitsfläche f (Tech) bearing surface, wearing surface, working area, working surface

Arbeitsflanke f (Getr) working flank (Getriebe)

Arbeitsfolge f (Fert) flow of work, sequence of operations, sequence of work

Arbeitsfolge f (Tech) process, sequence of operation

Arbeitsfolgeventil n (Hydr) sequence valve

Arbeitsfuge f (Stb) construction joint

Arbeitsgang m (Log) working aisle (in der Lagerhalle)

Arbeitsgang m (Fert, Tech) operation, work operation, working step; cycle, process • **in einem Arbeitsgang** in a single operation

Arbeitsgang m (Tech) machining operation, pass (Maschine); cycle, duty cycle, operating cycle, working cycle (elektromechanisch) • **in einem einzelnen Arbeitsgang** in a single pass

Arbeitsgebiet n (Tech) area of work, domain, field of activity, field of study, province, sphere of operations, sphere of work

Arbeitsgelände n (Tech) work area

Arbeitsgerade f (Elek) load line (eines Elektrobauteils)

Arbeitsgestaltung f (Tech) job design

Arbeitsgewicht n (Bergb, Umschl) service weight, weight in operation

Arbeitsgruppe f (Tech) task force, working group

Arbeitshub m (Tech) power stroke, working stroke

arbeitsintensiv adj (Tech) labour-intensive

Arbeitskenndaten pl (Elek) operating characteristics pl

Arbeitskenngrößen fpl (Elek) performance characteristics pl

Arbeitskennziffer f (AKZ) (Fert) work code number

Arbeitskette f (Fert) working sequence

Arbeitskleidung f (Tech) industrial clothing, workwear, working clothes

Arbeitskolben m (Bergb, Tech) operating stroke (Schmieranlage)

Arbeitskontakt m (Elek) a-contact, normally open contact, make contact, make contact element, N.O. contact, operating contact

Arbeitslast f (Tech) working capacity, work load

Arbeitsleistung f (Tech) performance (z. B. einer Maschine)

Arbeitsleitung f (Stb) work pipe

Arbeitsmöglichkeit f (Tech) application, typical application, duty

Arbeitsorganisation f (Fert) personnel policy measures pl

Arbeitspaket n (Fert) work package

Arbeitspensum n (Fert) quota of work

Arbeitsplan m (Fert, Mech) operating plan, production schedule, production sheet, work schedule

Arbeitsplanung f (Fert) manufacturing planning, production planning

Arbeitsplatz m (Fert, Tech) bay, work place, workplace, work station; job

Arbeitsprogramm n (Fert) construction schedule, working schedule

Arbeitspumpe f (Bergb) main pump

Arbeitspunkt m (Elek) operation point (einer Elektroschaltung)

Arbeitspunkteinstellung f (Elek) biasing

Arbeitspunktstabilisierung f (Elek) stabilization of operation point

Arbeitsrichtlinie f (Tech) work guideline, work rules pl (Leistungsstruktur)

Arbeitsscheinwerfer m (Elek) flood lamp, general-service light, spotlight, working light

Arbeitsschicht f (Fert) shift

Arbeitsschutzkleidung f (Tech) protective clothing

Arbeitsschutzmaßnahmen fpl (Tech) safety precautions pl, industrial safety precautions pl

Arbeitssicherheitsmaßnahmen fpl (Tech) industrial safety precautions pl

Arbeitsspannung f (Elek) working voltage

arbeitssparend adj (Tech) energy-saving, (BE) labour-saving

Arbeitsspeicher m (IT) RAM (des PC)

Arbeitsspiel n (Fert, Tech) cycle, duty cycle, working cycle

Arbeitsstelle f (Bau, Bergb) place of work, working site, work station

Arbeitsstellung f (Elek, Tech) ON position, operating position, working position

Arbeitsstiefel m (Tech) industrial boot, industrial footwear, safety boot

Arbeitsstoffverordnung f (Tech) working material regulation (in Deutschland)

Arbeitsstrom m (Elek) load current, operating current, working current

Arbeitsstück n (Mech, Tech) workpiece

Arbeitstemperatur f (Metr, Tech) operating temperature, service temperature

Arbeitsumfang m (Tech) scope of work

Arbeitsunterbrechung f (Fert) interruption, shutdown (Betrieb)

Arbeitsunterbrechung f (Fert, Tech) down-time, interruption, outage, suspension of work, work stoppage

Arbeitsverfahren n (Fert) working method

Arbeitsvolumen n (Fert, Tech) amount of work, work to be done, work volume; working capacity (eines Behälters)

Arbeitsvorbereiter m (Fert) methods engineer, production scheduler

Arbeitsvorbereitung f (Fert, Tech) job planning, job scheduling, method of planning, preparations pl, process planning, production planning, work planning, work preparations pl, work scheduling

Arbeitsvorgabe f *(Tech)* work assignment

Arbeitsvorgang m *(Fert, Tech)* cycle, duty cycle, operating cycle, working cycle *(elektromechanisch)*; machining operation, pass *(Maschine)*

Arbeitsvorgang m *(Fert, Tech)* operation, operation procedure, process

Arbeitsvorrat n *(Elek)* work in process

Arbeitsweg m *(Tech)* duty stroke *(Hub der Feder)*

Arbeitsweise f *(Tech)* working method *(Verfahren)*; functioning, method of operation, mode of operation, operating method, operating mode, process, working method

Arbeitswerkzeug n *(Werkz)* working tool

Arbeitszeichnung f *(Zeich)* job drawing, manufacturing drawing, working drawing

Arbeitszeit f *(Fert)* operating time, working time *(Maschine)*

Arbeitszeitblatt n *(Fert)* work time sheet

Arbeitszeitnachweis m *(Fert) (AE)* time sheet

Arbeitszeitstudie f *(Tech)* time study, time-and-motion study

Arbeitszone f *(Kfz)* working-range

Armatur f *(Hydr/Pneu)* armature, pipe mounted valve

Armaturen fpl *(Hydr/Pneu)* valves pl and fittings pl, flow control devices

Armaturen fpl *(Tech, Verd)* accessories pl, fittings pl *(Kabel)*; valves and fittings pl

Armaturenantrieb m *(Hütt/Walz)* valve operating gear

Armaturenbeleuchtung f *(Kfz)* dash light, dashboard lights pl

Armaturenblech n *(Tech)* dashboard

Armaturenbrett n *(Tech)* dashboard, instrument panel, panel *(z. B. Kraftfahrzeug)*

Armaturengehäuse n *(Elek, Kfz)* instrument housing

Armaturentafel f *(Tech)* instrument panel

Armfeile f *(Mont, Werkz)* square rubber file

Armgas n *(Chem)* lean gas

armiert adj *(Kfz)* glass-fibre reinforced *(glasfaserverstärkt)*

armiert adj *(Tech)* armoured, sheathed

armierter Beton m *(Bau, Stb)* reinforced concrete

Armierung f *(Bau, Stb)* reinforcement *(Bewehrung)*

Armierung f *(Tech)* bead *(im Reifenwulst)*

Arretierbolzen m *(Tech)* locking bolt, retention bolt

Arretierung f *(Bergb)* locking device *(zwischen Plattform und Unterbau eines Baggers)*; lock-up *(des Drehmomentenwandlers)*

Arretierung f *(Tech)* arrester, arrestor *(Raste, Schlitz)*; blocking element, clamping device, locking device, locking element lock, lock pin *(des Oberwagens)*; detent *(beweglicher Anschlag)*

arrondiert adj *(Form)* rounded

Art f *(Tech)* classification *(Klasse)*; design *(Machart)*; grade *(Qualität)*; kind, sort, type *(Sorte)*; method, mode, way *(Methode)*; nature *(Wesen, Natur)*; specific name *(Benennung)*; type *(Bauart, Modell)*

artfremd adj *(Tech)* uncharacteristic

artgleich adj *(Tech)* identical, similar

ASA f *(Abk: Amerikanische Normengesellschaft)*

Asbest m *(Met)* asbestos

Asbestmantel-Elektrode f *(Schw)* quasi arc-welding

Asche f *(Hütt/Walz)* ash, slag

Aschkasten m *(Bahn)* ashpan *(Dampflok)*

A-Schweißer m *(Abk. für: Autogenschweißer) (Schw)* autogenous welder

Asphalt m *(Bau)* asphalt, tarmac

Asphaltanstrich m *(Stb)* asphalt coating

Asphaltbeton f *(Bau)* asphalt concrete *(z. B. in Voraohleißdecke)*

Asphaltkitt m *(Stb)* asphalt mastic

Asphaltschollen m *(Bau)* asphalt slabs pl

Asphaltstraße f *(Bau)* tarmac road

ASR f *(Abk. für: Antischlupfregelung) (Kfz)* anti-slip control, ASR

assoziative Diagnostik f *(IT)* heuristic classification

astabiler Multivibrator m *(Elek)* astable multivibrator

Astsäge f *(Werkz)* keyhole saw

asymmetrisch adj *(Bergb)* offset

asymmetrisch adj *(Konst, Tech)* asymmetrical, unsymmetrical

asymptotisch adj *(Elek)* asymptotic

asymptotische Stabilität f (Elek)
asymptotic stability

asynchron adj (Tech) asynchronous, non-synchronous

Asynchronmotor m (Antr, Elek) induction motor, asynchronous motor

Asynchronmotor m **mit Käfigläufer** (Antr, Elek) squirrel cage induction motor

Asynchronmotor m **mit Schleifringläufer** (Antr, Elek) phase-wound motor, slipring induction motor, wound-rotor induction motor

Atemschutzapparat m (Mont) respirator

Atmosphäre f (Tech) atmosphere

Atmosphärenüberdruck m (Atü) (Hydr/Pneu, Tech) atm.gg., gauge pressure in atmospheres

atmosphärische Korrosion f (Anstr, Chem) atmospheric corrosion

Atmungsapparat m (Mont) respirator

Atmungsfilter m (Hydr/Pneu) breather

Atmungsmaske f (Mont) breathing mask

atomangetrieben adj (Elek) nuclear-driven

Atomenergie f (Kern) nuclear energy (Kernenergie)

Atomkraftwerk n (Kern) (BE) nuclear power plant, nuclear power station

AT-Teil n (Tech) exchange part, return part

Attrappe f (Tech) dummy

Atü m (Abk. für: Atmosphärenüberdruck) (Hydr/Pneu, Tech) atm.gg., gauge pressure in atmospheres

ätzen v (Anstr) corrode (fressen)

ätzen v (Form) etch

Ätzlauge f (Chem) caustic solution

Ätzmittel (Chem) etchant, etching reagent

Ätzmittel (Hydr/Pneu) corroding agent

aufarbeiten v (Tech) recondition, refurbish (restaurieren)

aufarbeiten v (Tech, Anstr) touch up (leicht reparieren)

Aufbau m (Geo, Tech) structure (Gefüge, Struktur); configuration, layout (Form)

Aufbau m (Mont, Tech) construction, design (Bauart); assembly, erection, installation, mounting (Montage, Errichtung); structure; superstructure, surface mounting (Außen-, Obenaufbau)

Aufbauchen n (Hydr/Pneu) bulging, bulging (unerwünschtes Aufblähen)

Aufbaueinheit f (Tech) construction unit

aufbauen v (Elek) establish (z. B. Verbindung)

aufbauen v (Hydr/Pneu) build up (z. B. Druck, magnetisches Feld)

aufbauen v (Tech) assemble, erect, install, position, set up (montieren, zusammenbauen); add, build on (daraufbauen, z. B. Stockwerk); build, construct (bauen, konstruieren); rebuild, reconstruct (wiederaufbauen); build up (gestalten)

Aufbaumontage f (Tech) surface mounting

Aufbaustütze f (Kfz) body support (z. B. auf Dumper)

Aufbauträger m (Kfz) body support (z. B. auf Dumper)

aufbereiten v (Aufb) dress (Erz); prepare, process (z. B. Kohle)

aufbereiten v (Chem, Ökol) recondition (Öl); treat (z. B. Abwasser)

Aufbereitung f (Aufb) beneficiation, dressing (Erz); reparation, treatment (Kohle)

Aufbereitungsanlage f (Aufb) dressing and preparation plant, dressing plant, materials preparation plant

Aufbereitungstechnik f (Aufb) materials preparation technology, ore and mineral processing technology

aufbessern v (Tech) increase; raise; refurbish, revamp (z. B. modernisieren); improve, repair (verbessern)

aufblähen v (Geo, Phys) swell

aufblähen v (Tech, Phys) inflate (z. B. Schlauch)

Aufblendlicht n (Kfz) travelling light

aufbocken v (Baum, Bergb, Mont) jack up, prop, prop up

aufbohren v (Mech) bore, drill open

aufbördeln v (Mech, Mont) bead

Aufbratten v (Hydr, Verd) hydraulic fitting (einer Kupplung)

Aufbrechhammer m (Bergb) breaker (am Hydraulikbagger)

Aufbrechkraft f (Bergb) breakout force

aufbringen v (Anstr) apply, brush on, brush-apply, coat, prime, put on (z. B. Farbe)

aufbringen v (Tech) apply (z. B. eine Kraft, eine Last)

Aufbruchhammer m (Bergb) breaker, road breaker

aufdecken v (Tech) detect, identify (entdecken, lösen); open up (z. B. ein Gehäuse)

aufdornen v (Tech) drift, enlarge with a drift

Aufdornversuch m (Prüf) ring expanding text (Rohre)

Aufdornwerkzeug n (Mont, Werkz) reamer (in der Metallbearbeitung)

aufdrücken v (Tech) force, press

Aufenthaltsraum m (Bergb, Tech) crew room, rest room

Auffächerung f (IT) fan out

Auffahrkraft f (Kfz) impact force

Auffahrt f (Stb) access, approach

auffahrtseitige Rampe f (Tech) in-ramp

Auffangbunker m (Umschl) collecting bin, surge bin

auffangen v (Elek) intercept (und weiterleiten)

auffangen v (Hydr/Pneu, Tech) collect (z. B. Flüssigkeiten, Schmutz)

auffangen v (Metr) capture

auffangen v (Phys, Tech) absorb, accommodate, cushion (z. B. Aufprall, Erschütterung)

Auffangtrichter m (Zer) fine material bypass (z. B. Autogenmühle)

Auffangwanne f (Tech) catch basin, oil drip tray (Ölauffangwanne)

auffinden v (Tech) discover, find, (BE) localise, locate, trace

auffordern v (Tech) demand, request

auffüllen v (Bergb, Umschl, Hydr) backfill, fill up, refill, replenish, top up

Aufgabe f (Bergb, Förd, Umschl, Zer) feed (von Fördergut); feed end, feed zone (Ort der Aufgabe, z. B. bei Fördergut); loading (Ladevorgang); transfer (Übergabe von Fördergut)

Aufgabe f (Konst, Math) type of problem (Art oder Formulierung der Aufgabe)

Aufgabe f (Tech) duty, function, job, responsibility, task

Aufgabeband n (Förd, Umschl, Zer) apron feeder, belt feeder, discharge feeder, draw-off feeder, feeding belt, feeding belt conveyor, feeding conveyor, infeed belt, loading belt conveyor, loading conveyor

Aufgabe... (Bergb, Förd, Umschl) feed ..., feeder ..., feeding ...

Aufgabegut n (Zer) feed material

Aufgabekorn n (Zer) feed material size

Aufgabetrichter m (Hütt/Walz, Umschl) bin, charging bin, charging hopper, feeding hopper

Aufgabewagen m (Bergb, Förd, Umschl) hopper car, travelling hopper (verfährt auf Schienen der Bandstraße)

Aufgang m (Tech) access, ladder, stair (Zugang zu höher gelegenen Ebenen)

Aufgeber m (Bergb, Förd, Umschl) feeder

aufgebogen adj (Bau, Tech) cranked

aufgebogenes Schneidmesser n (Tech) wrap-around cutting edge

aufgehängt adj (Tech) cable-mounted (z. B. am Drahtseil); gimbal-mounted, overhead, suspended, suspension-mounted, swivel-mounted

aufgehauene Feile f (Mont, Werkz) recut file

aufgekohlt adj (Hütt) gas-carburized

aufgelockert adj (Bergb) bulked (größer im Umfang)

aufgelöst adj (Umschl) pantograph design (z. B. Wippe, Pylon bei Rückladern)

aufgenommene Leistung f (Elek) input, power input, absorbed power, wattage

aufgenommener Strom m (Elek) current consumption, current input, power consumption, power input

aufgepresst adj (Tech) pressed on

aufgeschraubt adj (Tech) screwed, threaded

aufgeschrumpft adj (Mech) fitted by shrinking, shrink-fitted, shrunk-on (warm aufgezogen)

aufgeschweißt adj (Schw) back-welded

aufgesetzt adj (Tech) fitted

aufgesteckt adj (Tech) attached, clipped on, fitted on, shaft-mounted, sleeve-mounted

aufgeteilt adj (Tech) apportioned, divided, split up, spread over

aufgezogen adj (Mont, Tech) fitted by shrinking, shrink-fitted, shrunk-on (warm); drawn-on, fitted-on, slipped-on (kalt)

aufgliedern v (Chem, Tech) analyse, (AE) analyze (analysieren); break down *(aufschlüsseln)*; categorize, classify *(in Klassen einteilen)*; divide, split up; *(AE)* itemize *(einzeln aufführen)*

Aufgliederung f *(Tech)* break down, division, subdivision

aufhalden v *(Umschl)* dump, pile, stack, stockpile *(z. B. Abraum, Berge)*

Aufhaldung f *(Umschl)* stacking, stacking process, stockpiling

Aufhänge... *(Tech)* support..., suspension...

Aufhängefahne f *(Tech)* suspension lug *(Batterie)*

aufhängen v *(Kran, Tech)* suspend

Aufhänger m *(Tech)* hanger, suspender *(z. B. für Luftkabel)*; rack

Aufhängering m *(Tech)* hanger

Aufhängung f *(Tech)* hanger, mounting *(Befestigung)*; suspender, suspender rope *(z. B. Seil)*; suspension, suspension arrangement

aufhauen v *(Mont, Tech)* cut, pick, pick out, recut *(z. B. Feilen)*

aufheben v *(Bergb, Tech)* lift up, pick up, take up

aufheben v *(Chem, Tech)* dissolve, neutralize *(auflösen, neutralisieren)*

aufheben v *(IT)* delete, reset

aufheben v *(Log)* store, warehouse *(z. B. Waren)*

aufheben v *(Tech)* bypass, release *(z. B. Verriegelung)*; lift off *(z. B. Deckel)*; keep, preserve *(bewahren)*; cancel, rescind, withdraw

aufheben v/sich *(Math, Tech)* cancel each other out; counterbalance *(im Gleichgewicht sein)*

Aufhellung f *(Elek, IT, Licht)* brightening, lightness

aufhören v *(Tech)* cease, discontinue, end, finish, stop, terminate

aufkanten v *(Form, Hütt)* raise edges *(Blech)*

aufkelchen v *(Form, Hütt)* flare

aufklappbar adj *(Tech)* capable of being swung open, hinged, opening by hinges, swinging out, swivelling

aufkleben v *(Tech)* affix, glue on, paste on, stick on

Aufkrustung f *(Chem, Stat)* incrustation

Aufkrustung f *(Tech)* caking *(z. B. von Schlamm, Kohle)*

aufladen v *(Elek)* charge, recharge *(z. B. eine Batterie)*

aufladend adj/statisch *(Elek)* electro-static

Aufladung f *(Elek)* charge, self-charge

Auflage f *(Fert)* production

Auflage f *(Tech)* base, bracket, rest, support, support pad *(Stütze)*; coating, layer, liner, thickness *(Schicht, Überzug)*; seat, seating *(Sitz)*

Auflager n *(Stb, Stat)* bearing *(Brücke; die Auflager dienen zur Übertragung der Auflagerkräfte vom Tragwerk auf die Fundamente und sind so auszubilden und zu bemessen, dass die Kräfte statisch einwandfrei und mit Berücksichtigung der Formveränderungen des Tragwerkes und der Wärmeschwankungen übertragen werden können)*

Auflager... *(Tech)* bearing..., support...

Auflagerbock m *(Tech)* bracket

Auflagerplatte f *(Tech)* bed plate *(Grund, Fundament)*; supporting plate

Auflagerrost m *(Tech)* grate bearing

Auflagerstein m *(Stb)* padstone

Auflagerung f *(Bau)* support

Auflagesattel m *(Tech)* support saddle

auflageseitig adj *(Bergb)* on base side

Auflagewinkel m *(Tech)* mounting bracket

Auflast f *(Tech, Stat)* load, applied load, imposed load, loading

Auflaufbremse f *(Kfz)* overrunning brake

auflaufendes Riementrumm n *(Förd)* side engaging with pulley

Auflaufschlitten m *(Förd, Umschl)* transition skid

Auflaufspuren fpl *(Tech, Verd)* contact traces pl, traces pl of rubbing

auflegen v *(Tech)* fit *(z. B. Gurt)*; lay on, place on, put on

Aufleuchten n *(Licht)* illumination *(einer Lampe)*

aufliegen v *(Tech)* be supported, lean on *(zur Stütze)*; lie flush *(bündig)*

aufliegen v/richtig *(Tech)* lie flush

Auflieger m *(Tech)* trailer *(z. B. des Sattelschleppers)*

auflockern v *(Tech)* ease, relax, slacken; aerate, loosen up *(z. B. Sand)*

Auflockerung f *(Geo, Bergb)* breaking, bulking, disintegration, loosening

auflösbare Bandschleife f *(Bergb, Förd,*

Umschl) extensible belt loop, belt storage loop

auflösen v *(Chem, Ökol, Phys)* decompose, disintegrate; dissolve *(z. B. Flüssigkeit)*

auflösen v *(Math, Tech)* resolve, solve *(z. B. Probleme)*

auflösen v *(Tech)* disconnect, loosen *(z. B. Verbindungen)*

Auflösungsvermögen n *(Prüf)* resolution power, resolution *(Ultraschall)*

aufmontieren v *(Tech)* set up

Aufmuldung f *(Förd, Umschl)* increasing trough angle, increasing troughing angle

Aufmuldungslänge f *(Förd)* transition distance, transition length

Aufnahme f *(Fot)* exposure, photograph, shot

Aufnahme f *(Stat, Tech)* pick up, taking up *(z. B. einer Last, von Kräften, einer Tätigkeit, etc.)*

Aufnahme f *(Tech)* input *(z. B. Strom, Material)*; surveying *(Sichtung, Vermessung)*

Aufnahme f *(Umschl)* reclaiming *(z. B. von Fördergut von der Halde)*

Aufnahme f **des Betriebs** *(Tech)* going into operation

Aufnahme f **von Kennlinien** *(Elek)* plotting

Aufnahmeausleger m *(Bergb, Umschl)* feeding boom *(Absetzer, Förderwagen)*

Aufnahmeband n *(Bergb)* feeding boom belt, feeding boom conveyor *(z. B. Absetzer, Förderwagen)*

Aufnahme... *(Bergb)* receiving...

Aufnahmebunker m *(Umschl)* bin, storage bin

Aufnahmefähigkeit f *(Hydr/Pneu)* absorption rate

Aufnahmegerät n *(Umschl)* reclaimer

Aufnahmeleistung f *(Elek)* input, power input, absorbed power

aufnehmbares Moment n *(Stat, Mech)* moment of resistance, resisting moment

aufnehmen v *(Bergb, Kran, Umschl)* lift up, pick up, take up *(hochheben)*

aufnehmen v *(Chem, Stat, Tech)* absorb, reclaim *(z. B. Kraft, Wärme)*

aufnehmen v *(Phys, Tech)* record *(z. B. Geräusche auf Band)*

aufnehmen v *(Tech)* contain, hold, take *(an Volumen aufnehmen)*; survey *(abmessen)*; receive *(empfangen, Aufnahme)*; include, incorporate, integrate *(integrieren)*; plot a graph *(aufzeichnen, z. B. Kurven)*; embody, enter, include, list *(in eine Liste, einen Katalog)*; start *(anfangen, beginnen, z. B. Arbeit)*

aufnehmen v/**grafisch** *(Tech)* plot a graph

Aufnehmer m *(Elek)* detector *(Suchgerät)*; primary element, pick-off, pick-up, tap; sensor *(Fühler)*

Aufnehmer m *(Tech)* feeder *(für die Zuführung)*; reclaimer *(z. B. Schüttgut von einer Halde)*

Aufpanzerung f *(Schw)* hard facing *(Auftragsschweißung)*

Aufpanzerungsplatte f *(Bergb)* wear plate *(z. B. auf Löffel)*

Aufplattierungsmetall n *(Met)* clad metal, cladding metal *(durch Aufwalzen)*; plating metal *(elektrolytisch)*

Aufprall m *(Förd)* impact load, impact shock, shock load *(auf den Gurt)*

Aufprall m *(Kfz, Tech)* collision *(Zusammenprall)*; impact, shock

aufprallen v *(Tech)* bounce, collide, hit, impinge, strike

Aufpressbuchse f *(Tech)* force-fitted, press-fit bush, pressed-on bush

Aufquellung f *(Geo)* swell

aufrauen v *(Anstr)* activate by pickling prior to plating *(galvanisch)*; roughen *(maschinell)*

aufrauen v *(Mech, Tech)* rough up, roughen

Aufraumaschine f *(Mech, Mont)* buffing machine

aufräumen v/**Baustelle** *(Mont, Tech)* clear the erection site, clear the site, demobilize, evacuate the site

aufrecht adj *(Tech)* upright

aufrechthalten dress, put upright

aufreiben v *(Mech, Mont)* ream *(mittels Reibahle)*

aufreißen v *(Bergb)* rip, scarify *(mit dem Aufreißer)*

aufreißen v *(Tech)* pull apart, rip up, scarify, tear up

aufreißen v *(Zeich)* draw, plot, scribe, sketch, trace *(eine Skizze, einen Plan u ä.)*

Aufreißhammer m *(Bau, Mont)* concrete breaker

aufrichten v *(Konst, Mont)* put upright

aufrichten v *(Stb)* elevate *(z. B. eine Drehleiter)*

aufrichten v *(Tech)* erect, mount *(errichten, bauen)*; straighten *(gerade richten)*

Aufriss m *(Bau, Zeich)* elevation *(z. B. Bauzeichnung)*

Aufriss m *(Math)* upright projection, vertical projection *(in der Mathematik)*

Aufriss m *(Tech)* front elevation, front view *(Vorderansicht)*; profile, section, vertical section, side elevation *(Seitenriss)*

Aufrisszeichnung f *(Zeich)* elevation

aufrufen v *(IT)* call up, contact, initiate, invite, invoke, page, poll *(Daten, Programme)*

Aufsatz m *(Tech)* *(AE)* adapter, *(BE)* adaptor *(Zwischenstück)*; cap, top *(Kappe)*

Aufsatzring m **der Lagerlaufbahn** *(Lag)* race face

Aufschiebeweg m *(Tech)* push-on length *(Kupplung auf Nabe)*

Aufschlag m *(Förd, Umschl)* impact load, shock load *(auf den Gurt)*

Aufschlag m *(Tech)* hit, impact

aufschlagen v *(Tech)* hit, knock

Aufschlagverhalten n *(Förd)* reaction to impact *(Gurt)*

aufschlitzen v *(Mech)* slit

Aufschluss m *(Bergb)* development, exposure, opening-up *(im Tagebau)*; opening cut *(Einschnitt)*

aufschlüsseln v *(Tech)* break down, *(AE)* itemize, *(BE)* itemise

aufschraubbar adj *(Tech)* screwable, with screw thread

aufschrauben v *(Tech)* screw on

aufschrumpfen v *(Tech)* fit by shrinking, shrink on, shrink-fit

Aufschubweg m *(Tech)* push-on length *(Kupplung)*

aufschütten v *(Bau)* fill

Aufschweißbiegeversuch m *(Hütt, Prüf, Schw)* weld bending test

aufschweißen v *(Schw)* back weld *(mit Badsicherung)*; build up *(Auftragsschweißung)*

aufsetzbar adj *(Tech)* for attaching to, for clipping onto, for mounting onto

aufsetzen v *(Anstr, Tech)* apply

Aufsetzen n **des Schreib-/Lesekopfes** *(IT)* head crash

Aufsetzwinkel m *(Stb)* bottom bracket, *(AE)* seating angle, seating cleat

Aufsichtspersonal n *(Prüf, Tech)* inspector *(Prüfer)*; supervising personnel; supervisor *(Einzelperson)*

Aufspannvorrichtung f *(Stb, Tech)* fixture, jig

aufspulen v *(Tech)* spool *(z. B. ein Seil, Draht)*

aufspüren v *(Tech)* track down

Aufsteck... *(Tech)* attached, clipped on, fitted on, shaft-mounted, shell-type, sleeve-mounted

Aufsteckgetriebe n *(Getr, Tech)* hollow shaft gear unit, hollow shaft reduction gear, shaft-mounted gear unit, shaft-mounted gearbox

Aufsteckknarre f *(Werkz)* adapter ratchet, ratchet adapter *(eines Steckschlüssels)*

Aufsteckrohr n *(Tech)* socket pipe

Aufsteckschlüssel m *(Tech, Werkz)* *(BE)* socket spanner, *(AE)* socket wrench

aufsteigend adj *(Tech)* ascending

aufsteigende Flanke *(Getr)* rising flank

aufstellen v *(Mech, Mont)* arrange, fit, fix, install, locate, mount

aufstellen v *(Stb)* assemble, erect, install *(montieren)*

aufstellen v *(Tech)* bring into line, line up *(in Reihe, Ordnung)*; move into upright position, turn upright *(aufrichten)*

Aufstellung f *(Tech)* account *(Übersicht)*; *(AE)* itemization, *(BE)* itemisation, *(AE)* itemized schedule *(detailliert, Position für Position)*; *(BE)* itemised schedule; list, tabular statement, table, tabulation *(tabellarisch)*; line-up *(in Reihe)*

Aufstellung f **im Freien** *(Elek)* installation outdoors, outdoor installation

aufsteuern v *(Hydr/Pneu)* pilot open

Aufstieg m *(Tech)* access

Aufstiegsleiter f *(Bergb, Tech)* ladder *(z. B. am Bagger)*

Aufstockverbauplatte f *(Bergb)* extension trench-lining plate *(z. B. im Graben)*

aufstützen v *(Tech)* lean on *(sich stützen auf)*

Auftaustrecke f *(Tech)* thawing route

aufteilbar adj *(Log)* apportionable

aufteilen v (Log) apportion, divide, split up, sub-classify, sub-divide

Auftrag m (Anstr) application (z. B. von Farbe)

Auftrag m (Tech) direction, instructions pl, order (Vertrag, Bestellung); job, task (Arbeitsauftrag)

auftragen v (Anstr) apply, put on (z. B. Klebstoff)

auftragen v (Anstr, Tech) apply, brush on, brush-apply, prime

Auftragschweißung f (Mont, Schw) build-up welding, deposit welding, hard-facing, hard-surfacing, resurfacing by welding (Reparatur); steel facing

Auftragsführer m (Tech) contract manager

Auftragskonstruktion f (Konst) job shop order design

auftreiben v (Tech) find, locate, track down

Aufwärts... (Bergb) uphill..., uplosloping..., upwards ...

aufweisen v (Tech) show (zeigen, vorweisen)

aufweisen v/**Spuren** (Met) display indications [traces], exhibit indications [traces], give indications (Materialfehler)

aufweiten v (Mech) expand (z. B. eine Kupplungsnabe)

aufweiten v/**mit einem Dorn** (Mech) enlarge with a drift pin

Aufweitversuch m (Prüf, Stb) bulging test, expansion test (Test)

Aufwickelmotor m (Elek) take-up motor

aufzeichnen v (Tech) design, plot, profile, sketch; record (z. B. auf einen Tonträger)

aufziehen v (Förd, Tech) fit (Gurt)

aufziehen v (Tech) fit on, mount (Montage); lift (herauf-, hochziehen); reeve (Seil)

Aufzug m (Bau, Tech) (AE) elevator, (BE) lift; hoist (für Güter)

Auge n (Bergb) lift eye (z. B. Transportöse)

Auge n (Tech) boss, eye, lug

Augenbolzen m (Tech) eye bolt

Augengeometrie f (Math) eye geometry

Augenring m (Tech) grommet

Augenschraube f (Tech) eye bolt, closed eye bolt

Augenschutz m (Tech) protective goggles

ausarbeiten v (Schw) gouge (z. B. der Schweißwurzel)

ausbaggern v (Bergb) excavate

ausbalancieren v (Tech) balance, equilibrate

Ausbau m (Mont, Tech) disassembly, dismantling, dismounting, extension, removal (Demontage, z. B. eines Geräteteils); expansion (Erweiterung)

ausbauen v (Mont, Tech) disassemble, dismantle, dismount, remove

Ausbaugrad m (Bergb) design standard

Ausbesserung f (Anstr) retouching, spot repair, spot repairing, touching-up (von Schutzschichten)

ausbeulen v (Mech) planish (z. B. Kotflügel)

ausbeulen v (Mech, Mont, Tech) beat out dents, remove dents, flatten, planish, straighten

Ausbeul- und Schlichthammer m (Werkz) dinging hammer

Ausbildung f (Konst, Tech) design, form, formation (Gestaltung, Konstruktion); shaping (Gestaltung); qualification, training

Ausbildungshandbuch n (Tech) training manual

Ausbildungsleiter m (Tech) instructor

ausblenden v (Elek, Licht) blank (ganze Flächen leeren); fade out (Film, Ton)

ausblühen v (Anstr, Chem) effloresce

ausbohren v (Mech) bore out, bore out, drill

ausbreiten v (Tech, Walz) propagate, spread out (Walzgut); spread (auftragen)

Ausbreitung f (Phys, Tech) propagation (z. B. von Wellen)

ausbrennen v (Mech) burn out, flame-cut

Ausbringung f (Aufb) recovery (z. B. von Erz)

ausbuchsen v (Tech) rebush (alte Zylinder)

ausdehnen v (Tech) expand, extend

Ausdehnung f (Phys) propagation (z. B. von Wellen)

Ausdehnungsgefäß n (Tech) conservator, expansion tank (Trafo)

ausdornen v (Tech) drift

Ausdruck m (IT) hard copy; print (Druck); printout

auseinanderbauen v (Tech) dismantle,

dismantle completely, take apart, take to pieces

auseinandergebaut adj (Tech) knocked down (z. B. für den Versand)

auseinandernehmen v (Mont, Tech) dismantle, dismantle completely, strip, strip down, take apart, take to pieces

Auffachung f (Baut, Stb) web bracing (Fachwerk)

ausfahren v (Tech) advance, extend (z. B. Ausleger)

Ausfahren n (Tech) outstroke (z. B. Kolben)

Ausfall m (Tech) down-time (betrieblich bedingte Verlustzeit); failure (Versagen einer Maschine); breakdown, shutdown (Betriebsstörung, z. B. Maschine); plant outage (Unterbrechung); trouble (z. B. eines Gerätes bei Störung)

Ausfallschurre f (Tech) discharge chute

ausfallsicher adj (Tech) fail-safe

Ausfallwinkel m (IT) emergent angle

ausfindig machen v (Tech) discover, find, locate, trace, track down

ausflämmen v (Mech) scarf out

ausfluchten v (Tech) align

Ausfluss m (Bau, Ökol) effluent; discharge, outflow

ausfugen v (Mech, Schw) gouge, groove out, chip back (Schweißnaht)

ausführlich adj (Tech) detailed

Ausführung f (Stb) structural design

Ausführung f (Tech) explanation, remark, report (Erklärung, Darlegung); construction, design, make, model, quality, type, version, workmanship (Machart, Qualität); finish (äußere Ausführung)

Ausführungsplan m (Zeich) working drawing

Ausführungsrichtlinien fpl (Tech) code of practice, rules pl, system of principles

Ausführungszeichnung f (Tech, Zeich) working drawing

Ausfuhrverpackung f (Tech) export packing, shipping packaging

ausfüllen v (Tech) complete, fill in, (BE) fill out (z. B. Formular, Fragebogen); fill in, fill out, fill up (z. B. Ritze, Loch); occupy (Platz)

ausfüttern v (Tech) line, pad

Ausgabe f (Elek) output

Ausgabe f (IT) (BE) read-out, (AE) readout

(Ausdruck); output (z. B. Daten, Information)

Ausgabe f (Tech) version (Ausführung, Modell)

Ausgabedaten pl (IT) data output, output

Ausgabedatum n (IT, Tech) date of issue

Ausgang m (Baut) exit, way out (z. B. eines Hauses)

Ausgang m (Hydr/Pneu) outlet, output

Ausgangs... (Tech) initial..., original..., output..., start...

Ausgangsgröße f (Mess, Tech) physical quantity; output variable

Ausgangskontrolle f (Prüf) pre-delivery inspection (Endkontrolle)

Ausgangsmaterial n (Tech) base material, feedstock, parent material, raw material, source material, starter material, starting material

Ausgangsprüfung f (Prüf) goods-out inspection, pre-delivery inspection

Ausgangsseite f (Hydr/Pneu) discharge (z. B. eines Ventils)

Ausgangsstellung f (Elek) de-energized position (spannungslos, entregt); initial condition (z. B. Relais); reset state

Ausgangsstellung f (Tech) initial state, reset position (Ruhestellung); home position, start position, starting position (Startposition)

ausgeben v (Akus, Elek) emit (z. B. Ton, Signal)

ausgebeutet adj (Bergb) exhausted (z. B. ein Bergwerk)

ausgebildet adj (Tech) qualified, skilled

ausgebrannt adj (Mech, Schw) flame-cut (durch Schweißen); filled-in

ausgehen v (Tech) assume, end, start, start out (von etw. ausgehen); end, finish; fall out; go out (Feuer); run out, run short (zu Ende gehen)

ausgekleidet adj (Tech) lined

ausgelegt adj (Kfz) lined

ausgelegt adj (Konst, Tech) designed (geplant für)

ausgeprägt adj (Tech) salient

ausgereift adj (Konst, Tech) mature

ausgerichtet adj (Tech) oriented

ausgerüstet adj (Tech) equipped, fitted

ausgeschaltet adj (Tech) deactivated, switched off

ausgeschlagen adj (Met) worn, worn out

ausgestanzt adj (Mech, Tech) punched

ausgestattet adj (Tech) equipped

ausgewogen adj (Tech) balanced, well--balanced

ausgewuchtet adj (Tech) balanced (z. B. Rad)

ausgezackt adj (Mech) toothed

ausgezogene Länge f (Tech) extended length

Ausgießen n eines Lagers (Lag) bab-bitting, lining of bearing

Ausgleich m (Stat) balance (z. B. Druck)

Ausgleich m (Tech) compensation, equalisation; counterbalance

Ausgleichbehälter m (Kfz) compensator reservoir

Ausgleichblech n (Mont, Tech) shim

Ausgleichfutter n (Tech, Mont) shim

Ausgleichgehäuse n (Kfz) differential case

Ausgleichgetriebe n (Bergb, Kfz) differential gear unit

Ausgleichkegelrad n (Kfz) differential bevel pinion

Ausgleichs... (Elek, Tech) balance, compensating, equalizing

Ausgleichs... (Kfz) differential...

Ausgleichsblech n (Tech) shim

Ausgleichsbunker m (Umschl) collecting bin, surge bin

Ausgleichsfutter n (Mech, Mont) shim, shim plate

ausgleichsgeregelt adj (Elek) load--sharing (Lastverteilung)

Ausgleichsgetriebe n (Bergb, Getr) differential gear unit

Ausgleichsgewicht n (Bergb, Umschl) balancer, balancing weight, counter-balance weight, counterweight

Ausgleichskolben m (Tech) balance piston, dummy piston (Verdichter)

Ausgleichsleitung f (Elek) balancing network

Ausgleichsleitung f (Hydr/Pneu, Verd) pressure compensating pipe; pressure equalising line; balance piston line

Ausgleichsrad n (Getr) compensating gear

Ausgleichsscheibe f (Tech) adapter plate, shim, spacer

Ausgleichsschwingungen fpl (Elek) transient oscillations pl

Ausgleichstirnrad n (Kfz) spur gear differential

Ausgleichsventil n (Hydr/Pneu) pressure balance valve

Ausgleichswelle f (Kfz) balancer shaft

ausgliedern v (Tech) detach, hive off (aus Firma)

ausglühen v (Met) cinder (aus Versehen)

Ausglühen n (Met) full annealing

Ausgussdüse f (Hütt) pouring nozzle (Gießen)

Ausgussrinne f (Hütt) runner (nicht am Ofen befestigt); pouring spout (am Ofen befestigt)

Aushärtemittel n (Tech) curing agent

aushärten v (Met) precipitation-harden

Aushärten n (Kunst) degree of cure

Aushärten n (Met) hardening, complete hardening (von Vergussmasse)

aushauen v (Mech, Mont) cut, nibble, pick, pick out, recut (z. B. Feilen)

Aushauschere f (Tech) guillotine, nibbler

Aushebekraft f (Phys) leverage force

ausheben v (Bau, Bergb) excavate

aushobeln v (Schw, Tech) backgouge; gouge out (Schweißnähte)

aushöhlen v (Mech, Mont) cave, channel (auskehlen); deepen, excavate (vertiefen); hole (Loch herstellen); hollow, hollow out (hohl machen)

Aushöhlung f (Geo, Mont, Tech) cavity, hollow, recess (Vertiefung, Höhle); groove, grooving (Auskehlung)

auskehlen v (Mech) chamfer (scharfe Kanten von etw. entfernen); channel, groove

auskleiden v (Stb, Tech) clad, coat, face, line

ausklingeln v (Elek) bell-check (Kabeltest)

ausklinken v (Tech) disengage, release, unlatch (z. B. Sperrung); notch (Träger, Stäbe ausstanzen)

ausklopfen v (Mech) beat out

auskoffern v (Baum) doze out (Straße); draw a curbstone trench (Randsteingraben)

auskohlen v (Bergb) extract, work out

Auskohlung f (Met, Walz) total decarburisation

auskragend adj (Tech) cantilevered, overhanging

auskragender Balken m (Stb, Tech) overhanging beam

auskreuzen v (Elek) cross-connect, transpose (z. B. Wicklung)

auskreuzen v (Mech, Mont, Schw) chip out, vee out

auskuppeln v (Kfz) disengage, uncouple (Kupplung)

ausladen v (Tech) unload (z. B. Schiff, Lkw)

ausladend adj (Bau) cantilevering (z. B. Dach)

Ausladung f (Bergb, Kran, Tech, Umschl) outreach, radius, reach, sweep, working radius (z. B. Montagekranausleger); projection (z. B. des Gegengewichtes); overhang (Überhang)

Auslass m (Kfz) discharge

Auslass m (Tech) outlet

Auslass-Anschluss m (Kfz) output connection (Gewinde)

Auslassöffnung f (Mess, Vent) bleed port

Auslassschütz m (Stb) outlet gate

Auslassventil n (Hydr/Pneu) bleeder valve, exhaust valve, outlet valve

Auslastung f (Tech) capacity utilisation; work load

Auslauf m (Schw) phase out (der Schweißnaht)

Auslauf... discharge..., exit-side ..., run-out ...

auslaufen v (Elek) run down, slow down, stop gradually (Motor)

auslaufen v (Hydr, Tech) bleed, drain (off), flow out, leak, run out (z. B. Flüssigkeiten)

auslaufen v (Tech) abrase, wear, wear out (Lager); coast (im Leerlauf rollen); to be discontinued, to be phased out (Modelle usw.)

auslaufen lassen v (Mech) taper off

auslaufen lassen v (Tech) phase out

Auslaufen n (Lag) metal flow

Auslaufkasten m (Zer) discharge hood

Auslaufstück n (Schw) stopping tab (UP-Schweißen)

Auslaufstutzen m (Tech) outlet connection, spout

Auslaufzeit f (Tech) coasting time, deceleration time

auslegen v (Tech) design (z. B. einen Plan, eine Skizze; bemessen); lay (Kabel); line (etw. verkleiden)

Ausleger m (Bergb) boom

Ausleger m (Tech) jib (des Kranes); outrigger, stabilizer (Abstützung)

Auslegerarm m (Bergb, Umschl) cross-arm (Kragarm)

Auslegerbolzen m (Bergb, Umschl) boom foot pin (am Fußpunkt)

Auslegerbrücke f (Stb) cantilever bridge

Auslegerkran m (Kran) jib crane, outrigger crane

Auslegerlager n (Kran) jib bearing (des Kranes)

Auslegersperrventil n (Bergb, Umschl) lock valve for boom

Auslegerspitze f (Bergb, Umschl) boom tail, discharge boom tail (Heck)

Auslegerstützbock m (Baum, Kran) A-frame (z. B. des Baggers)

Auslegerträger m (Stb) cantilever beam, cantilever girder (Gerberträger)

Auslegertrommel f (Kran) jib drum (eines Kranes)

Auslegerwinde f (Kran) jib winch (des Kranes)

Auslegerwinkel m (Bergb, Umschl) boom angle

Auslegerwippkran m (Kran) derrick, derrick crane

Auslegung f (Tech) design, layout (Anordnung, Platzierung); explanation, interpretation (Erklärung, Deutung); dimensioning, sizing (Bemessung)

Auslegungsbedingungen fpl (Tech) basic design data pl; design requirements pl, design specifications pl (Bestimmungen)

Auslegungsgrundlagen fpl (Tech) basic design data pl

Auslenkung f (Elek) twisting out

ausleuchten v (Elek) illuminate

Auslieferungsinspektion f (Prüf) pre--delivery inspection

auslöffeln v (Bergb) scoop out

Auslöschung f (Elek) cancellation (durch Interferenz)

auslösen v (Elek) initiate; operate (starten, bedienen); sound, trip; trigger (ansteuern)

auslösen v (Tech) disengage, release (z. B. Kupplung, Relais)

Ausmaß n (Tech) extent (Umfang)

ausmauern v (Stb) brick up

Ausmauerung f (Stb) brickwork, masonry (Mauerwerk)

ausmeißeln v (Mech, Mont) chip, chip off, chisel, chisel off; gouge *(mit dem Hohlmeißel)*

Ausmündung f (Tech) mouth, orifice

ausmustern v (Tech) eliminate, reject, sort out

Ausnehmung f (Form, Mech) opening *(im Blech)*

ausnutzbar adj (Tech) (BE) utilisable, (AE) utilizable

ausnutzbarer Verschiebeweg m (Umschl) utilizable advance/retract path

ausplatzen v (Kfz) blow out *(z. B. die Dichtung)*

Auspuff... (Kfz) exhaust...

Auspuffdämpfer m (Kfz) exhaust silencer, (AE) muffler

Auspuffkrümmer m (Kfz) collector, exhaust manifold

Auspuffrohr n (Kfz) exhaust pipe; stack *(Rauchauslass)*; tail pipe *(Endstück)*

Auspuffrohrdeckel m (Kfz) flapper-type rain cap

Auspuffrohrverbindung f (Kfz) exhaust manifold connection

Auspufftopf m (Kfz) (AE) muffler

Auspuff-Vorschalldämpfer m (Kfz) pre--expansion chamber

ausrangieren v (Tech) scrap *(verschrotten)*; discard, remove

Ausräumungsöffnung f (Stb) reaming opening

ausregeln v (Elek) adjust, compensate, correct

ausreißen v (Tech) strip *(Schrauben aus dem Gewinde)*; come off *(sich lösen)*; tear off *(z. B. eines Dübels)*

Ausreißversuch m (Stb) peel test, slug test

ausrichten v (Tech) (AE) center, (BE) centre, true, true up *(z. B. Räder, Lager)*; (BE) align *(in eine gerade Linie bringen)*; adjust; bring into line, line up

ausrichten v (Tech, Mont) dress, fit out to, fit to, orient towards; straighten; dress, pane, peen; level *(mittels Wasserwaage)*

Ausrichtungswelle f (Elek) alignment bar

ausrinnen v (Tech) flow out, run out

ausrollen v (Tech) coast *(im Leerlauf rollen)*

Ausrück... (Tech) clutch release...

ausrückbar adj (Mech) disengaging, engaging and disengaging

ausrückbare Kupplung f (Kfz, Tech) clutch, clutch coupling, engaging and disengaging clutch, self-disengaging clutch, shifting clutch

ausrücken v (Elek) trip

ausrücken v (Tech) disengage, uncouple *(Kupplung)*

Ausrücker m (Kfz) releasing lever

Ausrückgabel f (Kfz) clutch release yoke

Ausrückjoch n (Tech) yoke

Ausrückkupplung f (Kfz, Tech) clutch, clutch coupling, engaging and disengaging clutch, self-disengaging clutch, shifting clutch

ausrunden v (Mech, Mont) radius *(z. B. Kanten, Gewindezähne)*; round off *(z. B. Gewinde)*

Ausrundung f **zwischen Steg und Flansch** (Mech, Stb) fillet

ausrüsten v (Mont, Tech) equip, fit, fit out, furnish, provide with

Ausrüstung f (Tech) (AE) accouterments pl, (BE) accoutrements pl, attachments, equipment

aussagekräftig adj (Tech) concise, explicit, meaningful

ausschachten v (Bau, Baum, Baut) excavate

ausschalten v (Elek) cut off, de-energize, disconnect, interrupt, make inoperative, switch off, turn off *(z. B. Gerät, Stromkreis)*; cut out, disconnect, shut down, stop, switch off *(z. B. Maschine)*; discard

Ausschalter m (Elek) ON/OFF switch; one-way switch *(Einwegschalter)*; single pole switch *(einpoliger Lastschalter)*; single-throw switch *(einpolig)*

Ausschalthebel m (Kfz) throw-out lever *(z. B. für eine Maschine)*

Ausschaltleistung f (Elek) breaking capacity, breaking power, (AE) interrupting capacity, rupturing capacity *(z. B. Trennschalter)*; contact interrupting rating *(Relais)*; cut-out power *(Motor)*

Ausschaltung f (Elek) breaking operation, opening, opening operation, switch-off

ausscheiden v (Tech) reject, scrap *(als Ausschuss)*

ausscheiden v (Zer) scalp out *(durch Vorsiebung)*; separate *(z. B. Sieb)*

ausscheiden v (Zer, Tech) sort, sort out (sortieren)

Ausschlag m (Elek) deflection (Welle)

Ausschlag m (Kfz) oscillation lock (z. B. der Pendelachse)

Ausschlag m (Tech) amplitude, level, magnitude

ausschlagen v (Tech) beat out (z. B. Bohrungen); spot out (Galvanisieren)

Ausschlagen n des Auslegers (Bergb, Umschl) rocking motion of boom, swaying of boom, swinging of boom

ausschlaggebend adj (Tech) decisive, determinating

ausschleifen v (Mech) grind

ausschneiden v (IT) cut

Ausschnitt m (Tech) sector

Ausschnittzeichnung f (Zeich) cutaway view

Ausschuss m (Tech) discard, refuse, rejects pl, scrap, waste

Ausschussstellung f (Form) reject position

Ausschwingvorgang m (Elek) decay process, dying away

außen adj (Tech) male, outer, outside

außen liegender Kühler m (Tech) shell--type surface attemperator

außen verzahntes Rad n (Mech) external gear

Außen... (Tech) external..., outer..., outside...

Außenanbau m (Tech) surface mounting

außenbelüftet adj (Tech) fan-cooled

Außenblech n (Kfz) outside panel

Außendrahtlage f (Bergb, Förd) outer wire coat (Seil)

Aussendung f (Bau) emission

Außendurchmesser m (Elek) (AE) outside diameter, o.d.

Außendurchmesser m (Getr, Tech) tip diameter (Zahnrad)

Außenfräser m (Mech, Mont) outside pipe reamer

Außenglied n (Tech) outer link

aussenken v (Mech, Mont) spot-face

Außenmast m (Kfz) outer upright

Außenöffnung f (Stb) end span (Endfeld der Brücke)

Außenputz m (Bau) external rendering, plaster

Außenrad n (Tech) external gear

Außenring m (Lag) outer race, outer ring

Außenrundschleifmaschine f (Mech) cylindrical surface grinder

Außenrüttler m (Tech) external vibrator (z. B. Bunker)

außenseitig adj (Tech) male, outside

Außentaster m (Mech, Mont) outside caliper, outside thread caliper

äußere Kehlnaht f (Schw) corner weld, fillet weld

äußerer Durchmesser m (Tech) external diameter, outer [outside] diameter

äußerer Laufring m (Lag, Tech) outer race

äußeres Biegemoment n (Stat) bending moment, external bending moment

äußerlich adj (Tech) extrinsic; external (außen)

außermittig adj (Tech) eccentric, (AE) non-centered, (BE) non-centred, (AE) off-centered, (BE) off-centred

außermittige Bodenplatte f (Baum, Tech) offset track shoe

außermittige Zugbeanspruchung f (Stat) eccentric tension

Außermittigkeit f (Stat) eccentricity

äußerst adv (Tech) extremely, ultimate

Aussetzbetrieb m (Tech) intermittent duty, intermittent periodic duty, intermittent operation; periodic duty (regelmäßig wiederholtes Spiel)

aussetzend adj (Tech) intermittent

aussieben v (Zer) filter, scalp out

aussondern v (Tech) eliminate, reject (als Ausschuss); separate, single out, sort, sort out; set apart (reservieren)

Aussparung f (Form) notch, recess

Aussparung f (Stb) block-out (z. B. für Geländer)

Aussparung f für Schloss im Holz (Bau) rebating

Aussparungen fpl (Bau) pockets pl

Ausspeiseventil n (Hydr/Pneu) flushing valve, scavenging valve

ausspitzen v (Mech, Mont) cut, pick, pick out, recut (z. B. Feilen)

ausstatten v (Mont, Tech) equip, fit, fit out, furnish, provide with

aussteifen v (Stb, Tech) brace, brace up, strut, strut-brace (verstreben); stiffen (verstärken)

Aussteifungsträger m (Stb) stiffener, stiffening truss

Aussteifwinkel m (Tech) clip angle, top angle

ausstellen v (Tech) display (zur Einsichtnahme); exhibit

Ausstellfenster n (Kfz) hinged window (im Fahrerhaus); ventilator window

Aussteuerung f (Elek) control method (Methode); modulation, modulation amplitude (in der Messtechnik); saturation degree (z. B. Drossel)

Ausstoß m (Fert) output

Ausstoß m (Kfz) ejection

Ausstoß... (Tech) ejector..., pusher...

Ausstoßer m (Elek) pusher

Ausstoßerverzögerung f (Elek) pusher delay

Ausstoßfolgeventil n (Vent) ejector sequence valve

Ausstrahlung f (Tech) emission (z. B. Strahlen, Geräusche); radiation (z. B. Wärme)

Ausstreichfeile f (Werkz) equalling file

ausströmen lassen v (Hydr/Pneu) bleed

Ausströmung f (Tech) emission

aussuchen v (IT) select

Austastung f (Elek) blanking, suppression

Austausch m (Bau) exchange, substitution

austauschbar adj (Tech) exchangeable, renewable, replaceable (ersetzbar); interchangeable (untereinander austauschbar)

Austauschteil n (Tech) exchange [replacement, return] part

Austenit m (Met) austenite

austenitisch adj (Hütt/Walz, Met) austenitic

Austenitisierungstemperatur f (Hütt, Met) austenitizing temperature

austiefen v (Mech, Mont) deepen (vertiefen)

Austiefung f (Mech, Mont) hollow

Austrag... (Tech) delivery..., discharge..., emission...

Austragsrost m (Tech, Zer) bar grate, bar grizzly, bar screen (Stabrost); screen bar cage (einer Hammermühle)

Austragsschurre f (Umschl) dock spout (Schiffsbelader)

Austragsvorrichtung f (Tech) discharging device

Austreibbolzen m (Mont, Tech) driftbolt

Austreibdorn m (Mont, Tech) drift, key drift

austretend adj (Tech) emergent

Austritt m (Elek) probe index (Schallaustritt)

Austrittsmarke f (Tech) exit point

Austrittsöffnung f (Hütt/Walz) burner mouth (des Brenners)

Austritts... (Tech) exit..., outlet...

Aus- und Abschalter m (Elek) circuit breaker

aus- und einbauen v (Mont) (AE) remove and install (z. B. Bauteile)

Auswägevorrichtung f (Tech) balancing device (Bandwaage)

Auswahl f (IT) choice, options pl

auswählen v (Tech) choose, select, single out

Auswahlfaktor m (Tech) service factor (Kupplung)

Auswahlfeld n (IT) choice box

Auswahlsymbol n (IT) radio button

Auswandern n des Gurtes (Förd) displacement of belt

auswechselbar adj (Tech) exchangeable, renewable, replaceable (ersetzbar); interchangeable (untereinander)

auswerfen v (Form, Mech) gouge

Auswerfer m (Baum, Bergb) ejector (enger Tieflöffel)

Auswerteautomatik f (Tech) automatic evaluation system

Auswerteeinrichtung f (Tech) evaluation system

Auswertegerät n (Elek) evaluator

Auswirkungen fpl (Tech) effects pl

auswuchten v (Tech) balance, balance out (z. B. Räder)

Auswuchtfehler m (Tech) unbalance

Auswuchtgewicht n (Kfz) balance weight (an der Felge)

Auswuchtung f (Tech) balancing

Auswurf m (Baum, Bergb) excavated material (ausgehobener Boden)

Auszieh... (Tech) extracting..., extraction..., pulling...

ausziehbar adj (Tech) drawout mounted, drawout type (aus- und einziehbar); extendable, extending, extensible, longitudinally shiftable, sliding, telescopic, telescoping (teleskopisch); extractable, withdrawable (herausnehmbar)

Auszieher m (Form) puller (z. B. Kralle)

Auszugvorrichtung f (Bahn) expansion switch, switch expansion joint (vor Brücken)

autogen adj (Schw) autogenous • **autogen schneiden** cut autogenously, flame-cut, gas-cut, torch-cut

Autogenbrenner m (Schw) flame torch, gas torch, oxy-fuel gas blowpipe, oxy-fuel gas torch, oxyacetylene blowpipe, oxyacetylene gas torch, oxyacetylene torch

autogenes Fugenhobeln n (Mech, Schw) flame gouging, gas gouging, oxyacetylene gouging, torch gouging

autogenes Schneiden n (Schw) autogenous cutting, gas cutting, oxy-fuel gas cutting, oxy-gas cutting, torch cutting

autogenes Schweißen n (Schw) gas welding, oxyacetylene welding, welding with the oxyacetylene torch, autogenous welding

Autogenfugenhobeln n (Schw) flame gouging, gas gouging, oxyacetylene gouging, torch gouging

Autogengerät n (Schw) oxyacetylene equipment

Autogen-Mahlanlage f (Zer) autogenous grinding plant

Autogenmühle f (Zer) autogenous mill

Autogennaht f (Schw) oxyacetylene weld

Autogenschneiden n (Schw) autogenous cutting, gas cutting, oxy-fuel gas cutting, oxy-gas cutting, torch cutting

Autogenschweißen n (Schw) gas welding, oxyacetylene welding, welding with the oxyacetylene torch, autogenous welding

Autogentrennen n (Schw) autogenous cutting, gas cutting, oxy-fuel gas cutting, oxy-gas cutting, torch cutting

Autogenverfahren n (Schw) gas process, oxy-fuel method, oxyacetylene process

Autokran m (Kran) truck crane

Autokühler m (Kfz) radiator

Automat m (Elek) automatic circuit breaker, m.c.b., miniature circuit breaker (z. B. Kleinselbstschalter)

Automat m (Tech) automatic device; automatic machine, automatically controlled machine

Automatenschweißen n (Schw) automatic machine welding, automatic welding

Automatenstahl m (Met) free cutting steel

Automation f (Elek) automation

automatisch adj (Elek, Tech) automatic

automatisches Schweißen n (Schw) automatic machine welding

automatisches WIG-Schweißen n (Schw) automatic gas tungsten-arc welding

automatisches Zeichnen n (Elek, Zeich) autodrafting (CAD)

automatisieren v (Tech) automate

Automobilindustrie f (Kfz) automotive industry, motorcar industry

Automobilkran m (Kran) (AE) truck-mounted crane, (BE) lorry-mounted crane

Autoverwertung f (Tech) junk yard, scrap yard

Autowrack n (Kfz) car body, scrap car

axial adj (Tech) axial

Axial... (Tech) axial...

Axialdruck m (Kfz) end thrust, axial thrust

Axialgebläse n (Kfz) axial compressor, axial flow fan

Axialkolbenmotor m (Antr, Hydr) axial piston motor

Axialmodul n (Getr) axial module

Axial-Pendelrollenlager n (Lag) self-aligning barrel roller thrust bearing, self-aligning roller thrust bearing, spherical roller thrust bearing (DIN 728)

Axial-Rillenkugellager n (Lag) thrust ball bearing single row (einseitig wirkend); deep groove ball thrust bearing, thrust ball bearing

Axialschlag m (Lag, Tech) wobble (eines Wälzlagers)

Axial-Schrägkugellager n (Lag) angular contact thrust ball bearing

Axialspiel n (Kfz) end clearance

Axialteilung f (Getr, Tech) axial pitch (Getriebe)

Axialverdichter m (Verd) axial-flow compressor

Axiom n (IT) axiom (in der Logik)

Azetylen-Sauerstoff-Schweißen n (Schw) gas welding, oxyacetylene welding, welding with the oxyacetylene torch, autogenous welding

Azetylenschweißen n (Schw) oxyacetylene welding

B

Backe f (Mech) jaw (z. B. des Schraubstocks)

Backenbremse f (Kfz) internal expending brake, shoe brake

Backenbremsfutter n (Kfz) drum brake lining

Backenbremstrommel f (Kfz) brake drum

Badsicherung f (Schw) backing (beim Schweißen)

Bagger m (Baum, Bergb) dredge (auf dem Wasser); excavator; shovel (mit Ladeschaufel)

Bagger... (Baum, Bergb) excavator...

Baggerarbeit f (Baum, Bergb) dredging task (unter Wasser); excavator work (an Land)

Baggerfahrplanum n (Baum, Bergb) excavator crawler level

Baggerfahrwerk n (Baum, Bergb) excavator crawler system, excavator crawler track assembly, excavator crawlers pl

Baggergut n (Baum, Bergb) excavated material, overburden, spoil, strippings pl, waste material

Baggerlaufwerk n (Baum, Bergb) crawler unit (Raupe)

baggern v (Bau, Baum, Bergb) cut, excavate; dig (graben allgemein); dredge (unter Wasser)

Baggerstiel m (Baum, Bergb) arm

Baggerstrossenband n (Baum, Bergb) bench conveyor, face conveyor, mine conveyor, pit conveyor

Bahn f (Lag) path (einer Kugel im Kugellager)

Bahn f (Tech) path, track

Bahn... (Bahn) railway

Bainit n (Met) bainite

Bajonett n (Tech) bayonet

Bajonettverschluss m (Tech) (BE) bayonet catch, (AE) quarter-turn fastener

Bakelit n (Met) bakelite

Balance f (Tech, Stat) balance

Balancier m (Tech) counterbalance, counterbalance system

Balgdichtung f (Tech) bellow-type seal

Balken m (Bahn) (AE) tie

Balken m (Tech, Met, Stb) bar, beam, buckstay, girder, joist

Balkendiagramm n (IT) bar chart, bar diagram, bar graph

Ball m (Tech) ball (Kugel)

Ballast m (Bergb, Umschl) ballast, counterweight ballast

Ballast m (Kfz) dead weight (z. B. zur Gewichtserhöhung)

Ballast... (Bergb, Umschl) ballast...

Ballenband n (Tech) baling hoop (Verpackung)

Ballenklammer f (Förd, Kfz) bale clamps pl (Gabelstapler)

ballig adj (Tech) barrel-shaped, convex, crowned, spherical

Balligkeit f (Mech) crowning, width crowning (z. B. beim Fräsen von Getrieben)

Ballungsraum m (Bau) conurbation

Band... (D:Förd, Walz) belt..., strip...; conveyor...,

Band n (Förd) belt (Gurt); belt conveyor (Gurtförderer); conveyor (Förderband); chain band (Kettenband); assembly line (Montageband)

Band n (Stb) bands pl, hoops pl, strip steel, strips pl (Bandstahl; Streifen)

Band n (Tech) strap, strip, tie (zur Befestigung); tape (Tonband)

Bandage f (Getr, Schiff, Tech) gear thickness (beim Zahnrad innen bis zum Zahnfuß); bandage, banding, lashing (Wicklung); gear rim (Zahnrad)

Bandblech n (Met) hot-rolled sheet and plate

Bandbreite f (Elek) bandwidth (z. B. Kurzwelle)

Bandbreite f (Förd) belt width (Gurtbreite)

Bandbremse f (Kfz) band brake

Bandeinheit f (IT) tape unit (am Großrechner)

Bandeisen n (Hütt/Walz, Met) band iron, band steel, iron hoop, steel hoop, steel strip; band iron strap, strap iron (für Kisten)

Banderzeugnisse npl (Hütt/Walz, Met) flat rolled products pl, steel sheet production

Bandfreimaß n (Förd) belt clearance

Bandführungsrolle f (Förd) guide idler, training idler

Bandkabel n (Elek) flat cable, ribbon cable

bandlackiert adj (Anstr) pre-painted (z. B. Blech)

Bandlauf m (Förd) belt alignment, belt run, belt tracking, belt travel

Bandmaß n (Mech, Mont, Werkz) measuring tape, push-pull rule, tape measure, tape-rule

Bandmaterial n (Met) coil stock (aus Walzwerk); parent material (Rohmaterial)

Bandmontage f (Mont) line assembly (auf der Bandstraße)

Bandmuldung f (Förd) belt trough, belt troughing

Bandrolle f (Förd, Bergb, Umschl) belt idler (Station, Rollensatz); belt idler roll (einzelne Rolle)

Bandrückzug m (Förd, Walz) back tension

Bandsäge f (Werkz) band saw; crosscut saw (Zwei-Mann-Säge); jigsaw (mit endlosem Sägeblatt)

Bandsammelpunkt m (Bergb, Förd, Umschl) conveyor junction

Bandschieflauf m (Förd) belt misalignment

Bandschleifenwagen m (Bergb, Umschl, Förd) travelling hopper, travelling tripper, tripper car

Bandschlüssel m (Werkz) strap wrench

Bandschwelle f (Bergb, Förd, Umschl) belt idler (Bandrolle); conveyor sleeper (Bodenschwelle)

Bandspannung f (Bergb, Förd, Umschl) belt tensile force, belt tension

Bandstahl m (Hütt/Walz, Met) hoops pl, steel hoop, steel strip, strips pl

Bandstart m (Fert, Förd) start of production

Bandstation f (Förd) head station (Kopf); tail station (Heck)

Bandstraße f (Förd) belt supporting frame, conveyor frame, conveyor module; conveyor (als Teil einer Bandanlage); conveyor frame (Bandträger, Fördrahmen)

Bandstrecke f (Förd) conveyor flight (Teilstrecke einer Bandanlage); conveyor route (Bandverlauf)

Bandstumpfschweißmaschine f (Schw) strip butt-welding machine (Bandanlage)

Bandträger m (Förd) conveyor frame, conveyor girder (Balken)

Bandumführer m (Tech) strap feeder (für Verpackungsband)

Bandwaage f (Metr, Tech) belt scale, on-belt weigher, weigh-feeder, weigher, weigher on belt conveyor

Bandwächter m (Elek, Förd) belt monitor; belt pilot switch for sequence and slip control; belt speed sensor

Bandwagen m (Bergb, Förd) M.T.C., mobile transfer conveyor, tripper car

Bandwalzwerk n (Walz) strip mill

Bandzelle f (Zer) apron pan

Bandzug m (Förd) belt tension, belt tension force (Zugspannung)

Bankett n (Bergb) shoulder; verge

Baracke f (Baut) barrack, shed

Barackenlager n (Bau) hutments pl

Barettfeile f (Werkz) barrette file

Barometerstand m (Metr) barometric pressure

BASIC (Abk. für: beginner's all-purpose symbolic instruction code) (Elek) BASIC (eine Programmiersprache)

Basis f (Bau) basis (Grundlage)

Basis f (Elek) base

Basis... (Elek) base...

Basizität f (Chem) basicity, basic capacity

Baskülenschloss n (Tech) espagnolette lock

Bassin n (Geo, Tech) pool

Bastard-Dreikantfeile f (Werkz) three square bastard file

Bastardfeile f (Werkz) bastard cut file

Bastardhiebfeile f (Werkz) bastard cut file

Batterie f (Elek) accumulator battery, battery, storage battery

Batterie... (Elek, Kfz) battery...

Batteriepol m (Elek) terminal

Batterieschwingung f (Elek) oscillation

Bau m (Bau, Tech) construction, structure

Bau m (Baut) building (Gebäude)

Bauarbeiten fpl (Bau) civil engineering work, construction work

Bauart f (Konst, Tech) design, model, type, type of construction (Art des Aufbaus); design, pattern (Modell); workmanship (Herkunftsangabe)

Bauaufzug m (Bau) builder's hoist

Baublech n (Met) structural plate

Baubreite f (Tech) as-built width (tatsächliche Breite); overall width (Gesamtbreite)

Baubude f (Tech) temporary site building, workmen's shelter (Aufenthaltsraum); building office, temporary office, (AE) site office (Baubüro)

Baubüro n (Tech) (BE) field office (auf der Baustelle)

bauchen v (Form) bulge

Bauchfreiheit f (Bau) astride ground clearance (unter der Portalachse)

Baueinheit f (Tech) assembly, assembly group, construction unit, sub-assembly, unit; building block, building unit, packaged unit (im Baukastensystem)

Bau... (Tech) building..., component..., structural...

bauen v (Tech) build, construct

Bauentwurf m (Tech) design, planning

baufällig adj (Baut) delapidated, tumbledown

Bauform f (Konst, Tech) design, model, style, type, type of construction; frame type, structural shape (Bauart)

Bauformstahl m (Met) structural mill products

Bauführer m (Bau) foreman, general foreman, site agent

Baugenehmigung f (Bau) building permit (von der Behörde)

Baugeräte npl (Bau) building implements pl, civil construction machinery, construction machinery

Baugerüst n (Bau) falsework, scaffold, scaffolding

Baugröße f (Tech) frame size, size (z. B. eines Motors)

Baugrundstück n (Bau) lot

Baugruppe f (BG) (Mont, Tech) assembly, assembly group, part assembly, sub-assembly

Baugruppenträger m (Elek, Tech) chassis (Rahmen, Träger)

Bauherr m (Bau) building owner, purchaser

Bauhöhe f (Tech) overall height, total height

Bauholz n (Bau) lumber, structural timber

Bauhütte f (Bau) site hut (Baubude)

Bauindustrie f (Bau) construction industry

Bauingenieur m (Bau) civil engineer

Bauingenieurwesen n (Bau) civil engineering

Baujahr n (Baut, Tech) year of erection; year of construction, year of manufacture

Baukastenprinzip n (Tech) building block concept, modular concept, mechanical assembly technique, modular concept, modular principle, unit construction principle, (AE) unitized construction principle, (AE) unitized principle

Baukastenstückliste f (Elek) one-level bill of materials

Baukran m (Bau, Kran) construction crane

Baulänge f (Tech) overall length

Bauleistung f (Bau) building work, workmanship

Bauleiter m (Bau, Tech) site manager, site supervisor, supervisor, supervisory engineer

Bauleitung f (Bau) site management

Baumannabdruck m (Met) (BE) sulphur print, (AE) sulfur print (Gießmaschinen)

Baumaschine f (Baum, Bergb) construction equipment [machine]

Baumaß n (Bau) overall dimension

Baumaßnahme f (Bau) project

Baumaterial n (Bau) building material

Baumklammer f (Kfz) log clamp

Baumuster n (Konst, Tech) design

Baumusterprüfnummer f (Tech) type approval number

Baumusterprüfung f (Prüf) prototype test

Baumwolle f (Förd, Tech) cotton, cotton duck, cotton fabric (Gurt)

Baumwolleinlage f (Förd) cotton fabric ply (im Gummigurt)

Bau-Nr. f (Tech) serial number

Baunummer f (Tech) serial number

Bauordnung f (Bau) building regulation (behördlich)

Baureihe f (Fert) product line pl

Baurohr n (Met) structural pipe

Bausatz m (Tech, Werkz) assembly kit, kit

Bauschutt m (Bau) building rubbish, rubble, waste

Baustahl m (Hütt/Walz, Met) construction steel, structural section [steel]

Baustahlblech n (Met) structural grade plate, structural steel plate

Baustahlgewebe n (Bau, Stb, Tech) fabric reinforcement, reinforcement, steel wire fabric, wire fabric, wire mesh

Baustatik f (Bau) building mechanics, building statics, statics

Baustein m (IT) module, software block

Baustein m (Tech) building block, building unit, packaged unit (im Baukastensystem); component (als Teil eines Ganzen)

Bausteinaufruf m (IT) module call

Baustelle f (Bau) building site [yard], construction [erection] site, (AE) field, (BE) site • **auf der Baustelle** on site

Baustellen... (Bau) field..., on-site..., site...

Baustellenabwicklung f (Bau) planning and execution of a site

Baustellenniet m (Stb) (AE) field rivet, (AE) field-driven rivet, (BE) site rivet, (BE) site-driven rivet

Baustellenstoß m (Bau, Stb) (AE) field connection, (BE) site connection (Montagestoß); field splice, site joint (nicht in der Werkstatt)

Baustellenverkehr m (Bau) on-site traffic

Baustoff m (Bau) building material

Bautechnik f (Stb) structural engineering (einschließlich Statik)

Bauteil n (IT) component, construction element, element, member, part, structural member

Bauten mpl (Tech) (BE) buildings pl

Bauunternehmer m (Bau) (AE) (building) contractor (der den Auftrag übernimmt); (BE) construction company (als Firma)

Bauvorschrift f (Bau) building code, building regulation

Bauwasser n (Bau) site water supply

Bauweise f (Bau) building system (Bauart); construction, method of construction, style

Bauwerk n (Baut) building, construction

Bauwesen n (Bau) building industry, civil engineering, construction industry

Bauwinkelstahl m (Met) structural angle

Bauxit m (Geo) bauxite

Bauzeichnung f (Zeich) as-built drawing, construction drawing

Bauzeit f (Bau, Tech) erection period, period of erection

Bauzeitenplan m (Bau) construction schedule, time schedule

Beanspruchbarkeit f (Elek) load capability

beanspruchen v (Tech) strain, stress (belasten); claim

Beanspruchung f (Elek, Stat, Tech) load, loading, stress, unit stress

Beanspruchungsspitze f (Schw) stress concentration

bearbeitbar adj (Mech) machinable

bearbeiten v (Form, Mech) finish; form, shape, work (spanlos); machine (maschinell, zerspanend); tool (mittels Arbeitsstählen); treat (z. B. Oberflächen)

Bearbeiter m (Tech) specialist (Sachbeauftragter)

bearbeitet adj (Mech) formed, machined (maschinell bearbeitet)

bearbeitet/fertig (Mech) finish-machined

Bearbeitung f (Mech) cutting, machining, mechanical treatment (maschinell); forming, shaping, working (spanlos); manufacture, processing (z. B. Rohstoffe); tooling (mittels Schneidstählen)

Bearbeitung f (Tech) performance, workmanship

Bearbeitungs... (Mech) machine..., machining...

bearbeitungsfähig adj (Mech, Stb) machinable

Bearbeitungsfehler m (Mech) faulty machining (DIN 50100)

Bearbeitungsgüte f (Met) surface quality

Bearbeitungsmaschinen fpl (Mech) machine tools pl

Bearbeitungsriefe f (Mech) tool mark

Bearbeitungstoleranz f (Mech) machining tolerance

Bearbeitungsungenauigkeit f (Mech, Zeich) machining tolerance (Zeichnungsangabe)

Bearbeitungsverfahren n (Mech) manufacturing method, tooling method, treatment

Bearbeitungszentrum n (Mech) machining centre, work centre (als kombinierte Maschine)

Bearbeitungszugabe f (Mech) allowance, machining allowance

Bearbeitungszuschlag m (Mech) machining allowance (an Material)

Beatmungsgerät n (Tech) respirator

beaufschlagen v (Tech, Walz) charge, impinge upon, prime, sweep

Beauftragter m (Fert) appointed person, delegate, person appointed, representative

Becher m (Bergb, Umschl) bucket (am Becherwerk)

Becher... (Bergb, Umschl) bucket...

Becherwerk n (Bergb) bucket elevator

Becherwerkbandanlage f (Bergb, Förd) bucket chain conveyor

Becken n (Bau, Geo, Tech) basin, pool; reservoir (Staubecken)

Bedachung f (Baut) roofing

bedämpfen v (Tech) cushion (z. B. Fall, Stoß, Aufprall); damp, dampen (z. B. Lärm, Geräusche)

Bedarfsgegenstände mpl (Tech) utensils pl

Bedarfsmenge f (Tech) requirements pl, requisites pl

Bedarfsplanung f (Tech) demand planning, planning of demand

Bedarfssteuerung f (Kfz) cross sensing, flow-on-demand control, load sensing, variable control

Bedarfsstoffe mpl (Tech) material (notwendiges Material)

bedecken v (Stb) deck (bedachen)

bedecken v (Tech) cover

bedeutend adj (Met) significant (z. B. Fehler bei Ultraschallprüfung)

bedeutungslos adj (Tech) insignificant, irrelevant

Bedienelement n (Mess) control element

bedienen v (Tech) operate (z. B. eine Maschine)

Bediengerät n (Mess) console

Bedienoberfläche f (IT) user interface

Bedienstelle f (Baut, Elek, Licht) keypad (Lichtsystem)

Bedien- und Anzeigeelemente npl (Elek) controls and displays pl

Bedienung f (Elek) control, manipulation, operation

Bedienungsanleitung f (Tech) operating instructions pl, operation instruction (Anweisung); operating manual (Handbuch)

Bedienungselement n (Elek, Tech) actuator, control element, operating device, operating element, operating means pl

Bedienungsfehler m (IT) operator error

Bedienungsgerät n (Elek) console, control unit

Bedienungshebel m (Tech) control lever (Schalthebel); joystick (Kurzhebel)

Bedienungspersonal n (Tech) operating crew, operating personnel, operating staff

Bedienungspult n (Elek) console, dashboard, operating desk [panel]

Bedienungssteg m (Tech) runway

Bedienungstafel f (Elek) control panel, operating panel, operator's control panel

bedingt adj (Tech) conditional, optional

Befähigungsnachweis m (Tech) qualification proof

befahren v (Bahn) negotiate (z. B. Kurven)

befahren v (Bergb) descend (in das Bergwerk einfahren)

befahren v (Hütt/Walz, Prüf) inspect (einen Kessel)

Befehl m (IT) command

Befehls... (Elek, IT) command..., control...

befeilen v (Mech) smoothe

befestigen v (Mont, Tech) attach, fasten, fit, fix, install, mount, tighten

Befestigung f (Tech) anchorage, fastening, fixing, mounting

Befestigungs... (Hydr/Pneu, Tech) fastening..., fixing..., mounting...

Befestigungsfläche f (Tech) seat, seating

Befestigungslasche f (Tech) clip, fixing strap; fixing lug, mounting lug, suspension lug (am Getriebe); fixing plate (Platte); mounting link (Glied)

Befestigungsmittel npl (Tech) (AE) fasteners pl, (BE) fastenings (Schrauben und Muttern)

Befestigungsschraube f (Tech) clamping bolt, fastening screw, fixing bolt, fixing screw, setscrew, tightening screw

Befestigungswinkel m (Tech) angle, angle bracket, fixing bracket, mounting bracket, support bracket; connection angle

befinden v (Tech) be located, be situated (sich befinden)

befördern v (Förd) convey, haul, transport (*transportieren*)

Beförderungsmittel n (Förd) means of conveying, means of transporting

Begasung f (Tech) gassing, gas injection

begehbar adj (Tech) walkable, man weight bearing; walk-in, walk-in type

begehen v (Bergb) descend (*besuchen, einfahren*)

begehen v (Prüf) inspect, patrol

Begehung f (Bau) local inspection

Begehung f (Baut, Tech) (AE) walkway (*Laufsteg*); access, means pl of access, point of access (*Zugang*); flight of stairs, stairs pl; ladder, steps pl

Beginn m (Tech) begin, onset

beginnen v (Tech) begin, start

beginnend adj (Tech) incipient

Begleitgas n (Petr) associated gas

begrenzen v (Tech) limit

begrenzt adj (Tech) restricted (*auf ein bestimmtes Gebiet*)

Begrenzung f (Tech) borderline, boundary, limit

Begrenzungs... (Elek, Mech, Tech) boundary..., end..., limit...

Begrenzungsanschlag m (Tech) buffer, end stop, limit stop

Begrenzungsecho n (Elek, Prüf) boundary echo

Begrenzungsklappe f (Tech) ramp

Begrenzungsleuchte f (Kfz) side-marker lamp

begründet adj (Tech) justified, legitimate (*berechtigt*)

behalten v (Bau) retain (*stützen*)

Behälter m (Tech) bin, container (z. B. für die Vorratshaltung); compartment (*abgeteiltes Fach*); tank (z. B. für Öl, Fett usw.); vessel (*Gefäß*)

Behandlung f (Tech) treatment

Behandlungsvorschrift f (Tech) instructions for treatment, operating instructions

Beharrung f (Tech) stability

Beharrungsvermögen n (Met, Tech) inertia, state of inertia

Beharrungszustand m (Met) equilibrium, equilibrium condition, state of equilibrium, steady state, steady-state condition

behauen v (Mech) smoothe

Behebung f eines Mangels (Tech) cor-

rection, elimination of a deficiency, defect eradication

beherbergen v (Tech) accommodate

Beiblatt n (Tech) accompanying sheet, supplementary sheet

beidseitig adj (Kfz) double-sided

beidseitige Lagerung f (Lag) double--sided bearing

beigefügt adj (Tech) attached, enclosed (*im Brief*)

beigelegt adj (Tech) enclosed (*im Brief*)

Beihilfe f (Bergb, Kran, Tech) banksman (*Hilfsmann*)

Beilage f (Tech) shim

Beilage... (Tech) shim...

Beilagescheibe f (Mech) shim, washer

beiläufig adj (Tech) incidental

Beilegblech n (Tech) spacing piece

Beimengung f (Bau) admixture

Beimischung f (Bau) admixture

Beißzange f (Werkz) cutting nippers pl, pincers pl, pliers pl

Beiwagen m (Kfz) side car (*Seitenwagen des Motorrades*)

Beiwert m (Math) coefficient

Beiwinkel m (Stb) angle cleat, connection cleat, lug cleat

Beiwinkel m (Tech) connection angle; increment angle

Beiz... (Hütt, Met) pickling...

Beizscheibe f (Met, Prüf) etching slice

Bekohlungsanlage f (Bergb, Umschl) coal handling plant, coaling plant, power plant coal handling system

Beladeanlage f (Bergb, Förd) loading unit

Beladen n (Tech) loading, stowage, stowing

Beladewärter m (Bergb) spotter (*Einweiser*)

Belag m (Anstr) coat (z. B. Farbschicht); facing (*Oberfläche*)

Belag m (Bergb, Tech, Umschl) lagging (*Überzug außen*)

Belag m (Stb) flooring (z. B. Fußboden); screed, screeding (*Überzug*)

Belag m (Tech) coating (*Ummantelung*); lining (*Einzug innen, Futter*)

Belagblech n (Tech) anti-slip plate, flooring plate

Belagstahl m (Tech) steel troughing, zores steel

belastbar adj (Tech) capable of load--bearing (*tragfähig*)

belastbar *adj/hoch* *(Mech)* s. hochbelastbar

Belastbarkeit *f (Bau, Tech)* rating of components *(der Bauteile)*

Belastbarkeit *f (Elek) (AE)* ampacity, current-carrying capacity; carrying capacity, current carrying capacity, load capability, load capacity, load carrying capacity, load rating, loadability, loading capability

Belastbarkeit *f (Schw, Tech)* stability under load

Belastbarkeit *f (Tech)* carrying capacity, load carrying ability, loading capacity *(Zuladung)*; lifting capacity, lifting power *(Tragfähigkeit, Tragkraft)*

belasten *v (Tech)* weigh *(mit einem Gewicht)*

belastet *adj (Hydr/Pneu)* pressurized *(unter Druck)*

Belastung *f (Stat, Tech)* load, loading, share of load

Belastung *f* des Anlassers *(Kfz)* cranking power

Belastungs... *(Bergb, Elek, Tech)* load..., loading...

Belastungsannahme *f (Stb)* design loading, assumed load, assumed loading

Belastungsgrad *m (Tech)* capacity factor, load factor, *(AE)* utilization factor *(Ausnutzungsgrad)*

Belastungsgrenze *f (Tech)* allowable maximum load, load limit, loading limit

Belastungskapazität *f (Elek)* load capacitance

Belastungskennlinie *f (Mech)* load characteristic, load curve, voltage regulation characteristic

Belastungsprobe *t (Elek)* load test, on--load test

Belastungsprüfung *f (Prüf)* loading test, static test

Belastungsregler *m (Elek)* load rheostat

Belastungsspannung *f (Elek)* load voltage, on-load voltage

Belastungsspiel *n (Tech)* cyclic duty, load cycle, loading cycle

Belastungsspitze *f (Elek)* maximum demand, peak load

Belastungsstoß *m (Elek)* inrush current, motor inrush *(Motor)*

Belastungsversuch *m (Prüf)* dynamometer test, input-output test, loading test, static test

belegen *v (Tech)* incrust, line *(z. B. Bremsen)*

Beleuchtung *f (Licht)* illumination; lighting equipment

Beleuchtungsbedingung *f (IT)* illumination constraint

Beleuchtungsstärke *f (Elek, Licht)* illuminance

belichten *v (Fot)* expose

beliebig *adj (Tech)* any, arbitrary, at will, discretionary, indefinite, optional, random

belüften *v (Tech)* restore to atmospheric pressure, return to atmospheric pressure *(Vakuumgefäß)*; aerate, ventilate

Belüfter *m (Kfz)* breather

Belüftung *f (Hydr/Pneu)* breather

Belüftung *f (Tech)* vent *(Öffnung)*; ventilation; ventilation *(Vorgang)*

Belüftungsfilter *m (Hydr/Pneu)* breather, breather filter

Belüftungshaube *f (Baut, Tech)* ventilation hood

Belüftungshaube *f (Tech)* air scoop *(Automobil, Flugzeug)*

Belüftungsklappe *f (Tech)* louvre

Belüftungsventil *n (Vent)* admission valve, inlet valve

Bemaßung *f (Tech)* dimensioning, sizing

Bemerkung *f (Tech)* comment, remark

bemessen *v (für) (Tech)* calculate, rate *(ausmessen, einschätzen, errechnen)*; dimension

Bemessung *f (Tech)* dimension, size *(Ausmaße, Maße)*; dimensioning, rating, sizing *(Vorgang)*

Bemessungsdaten *npl (Konst, Tech)* design data *pl*

Bemessungswert *m (Tech)* rated value

Bemusterung *f (Stb)* sampling

Benennung *f (Tech)* denomination; description *(Beschreibung)*

benetzen *v (Tech)* wet

benutzerfreundlich *adj (Tech)* user--friendly

Benutzerhandbuch *n (Tech)* user guide

Benutzeroberfläche *f (IT)* user interface

Benutzung *f (Tech) (AE)* utilization, *(BE)* utilisation

Benutzungsdauer *f (Tech)* load factor *(Lastfaktor)*

Benzin n (Chem) benzene, benzine; naphtha (als Lösung)

Benzin n (Tech) (AE) gasoline, (BE) petrol (Kraftstoff)

Benzin... (Kfz, Tech) (AE) gas..., gasoline..., (BE) petrol...

Benzinkanister m (Kfz) jerry can

Benzol n (Chem) benzene

Beobachtung f (Tech) control, observation

Beratungsingenieur m (Tech) consulting engineer

berechenbar adj (Tech) calculable

Berechenbarkeit f (IT) computability

berechnen v (Math, Tech) calculate, compute, count, figure up

Berechtigungsnachweis m (Tech) certificate, qualification

Bereich m (Mech, Tech) area, field, zone (Fläche, Gebiet, Region); range, reach, spectrum (Reichweite); branch, sector (Sparte, Teilgebiet); limit (Grenzwert, -gebiet); span (Spanne)

Bereich m (Tech) extent, scope (Umfang, Rahmen); sphere (Umgebung)

bereichsübergreifend adj (Tech) cross-division, inter-divisional

Bereifung f (Kfz) (AE) tires pl, (BE) tyres pl

bereitstehen v (Elek) stand by (z. B. Maschine)

Bergamt n (Bergb) mine office, mining authority, Mining Board

Bergarbeiter m (Bergb) miner

Bergbau m (Bergb) mining, mining engineering, mining industry

Bergbaubehörde f (Bergb) Mines Inspectorate

Bergbauwesen n (Bergb) mining engineering

Berge mpl (Bergb) discard, refuse, rocks pl, tailings pl, waste

Bergekran m (Kran) recovery crane

bergen v (Tech) recover, salvage (retten)

Bergeversatz m (Bergb) packing

Bergganggetriebe n (Getr, Kfz) hill gear

Bergingenieur m (Bergb) mining engineer

Bergschäden mpl (Bergb) subsidence damage

Bergstütze f (Kfz) sprag

Bergung f (Tech) salvage

Bergwerk n (Bergb) colliery, mine

Berieselungsanlage f (Tech) sprinkling system

beringt adj (Tech) banded

Berstversuch m (Prüf) burst test

beruhigen v (Tech) damp (Waage)

beruhigt adj (Hütt/Walz, Met) killed

beruhigt adj/**doppelt** (Hütt/Walz, Met) fully killed (z. B. Stahl)

beruhigt adj/**halb** (Met) balanced, semi-killed

beruhigter Stahl m (Hütt/Walz, Met) killed steel, fully killed steel, solid steel

Beruhigungsrolle f (Elek) steadying roll (Tonband, Kabel)

Beruhigungszeit f (Elek, Mess) damping time (Messgerät)

Berührung f (Tech) contact, touch

Berührungsfläche f (Tech) contact face, contact surface

Berührungsfuge f (Stb) steel-concrete interface

berührungslos adj (Elek) non-contacting

berührungslose Prüfung f (Hütt/Walz, Prüf) gap scanning, non-contact scanning

berührungsloser Schalter m (Elek) proximity switch

Berührungspunkt m (Tech) contact point, point of contact, region of contact

Berührungsschutz m (Elek) protection against accidental contact, protection against electric shock, shock-hazard protection (gegen elektrischen Schlag); shock protection screen (Schirm, Abschirmung)

Berührungsschutz m (Tech) barrier, cover, guard, touch guard

besäumen v (Mech, Walz) edge, edge trim, plane edges, side trim, trim (z. B. Blech, Stahlband)

Besäumkreissäge f (Walz) circular trimming saw

Besäummesser n (Walz) trimming knife (Bandwalzwerk)

beschädigen v (Tech) damage

Beschaffenheit f (Tech) consistence (Konsistenz); structure (Struktur); surface condition (Oberfläche)

beschalten v (Elek) connect (anschließen); wire (verdrahten)

beschichten v (Tech) coat (mit Farbe usw.); plate (metallisch)

beschicken v (Umschl) discharge; charge, feed, load

Beschickung f (Hütt/Walz) batch, burden, furnace charge

Beschlag m (Tech) sheathing (an Kiste, Möbel)

Beschläge mpl (Bau) fittings pl, hardware

Beschlagen n (Anstr) blooming

beschleifen v (Mech) grind

beschleunigen v (Tech) accelerate, expedite, speed up

Beschleunigungs... (Förd, Walz) accelerating..., acceleration...

Beschleunigungsband n (Förd, Walz) injection line

beschneiden v (Mech) cut, cut off, smooth, trim, trim off (z. B. Bleche)

beschränken v (Tech) limit, reduce

beschreiben v/detailliert (Tech) set out

Beseitigung f (Bergb, Ökol, Tech) disposal removal (Entfernung)

besetzen v (Tech) man (mit Personal)

besetzt adj (Elek) busy, engaged (das Telefon); occupied

besichtigen v (Prüf) check visually, inspect visually

Besichtigung f (Bau) inspection

Besichtigung f (Tech) view, visit

Besonderheit f (Tech) interesting [outstanding, salient] feature, speciality, (AE) specialty

Besprechung f (Tech) conference, discussion, negotiation, talk (Diskussion)

Bestand m (Fert) population (an Maschinen)

Bestand m (Tech) inventory, stock (Waren); stores pl, supplies pl (Vorräte)

Bestände mpl (Fert) goods pl in stock, inventories pl

beständig adj (Tech) constant, durable, steady; resistant (wasserbeständig)

Beständigkeit f (Bau) durability

Beständigkeit f (Stat, Tech) resistance (Widerstand)

Bestandsaufnahme f (Tech) stocktaking

Bestandsplan m (Prüf) as-built plan, as-completed drawing (Bestandszeichnung)

Bestandszeichnung f (Zeich) as-built drawing

Bestandteil m (Tech) ingredient

bestäuben v (Tech) dust

Bestellumfang m (Tech) scope of order (auf Zeichnungen)

bestiftet adj (Stb) studded

bestimmt adj (Tech) determinate

bestimmt adj/statisch (Tech, Stat) statically determinate

bestimmte Arbeit f (Tech) task work

bestimmungsgemäße Verwendung f (Bau) designated use

Bestimmungsgröße f (Math, Tech) determinant, specification factor

bestoßen v (Mech) chamfer (z. B. Kanten)

bestreichen v (Anstr) coat, paint

bestrichen adj (Tech) brushed; glue-brushed (mit Leim)

bestücken v (Mess, Tech) equip

bestückte Leiterplatte f (Elek) printed circuit board, wired circuit board, PCB, printed-board assembly

Betankung f (Kfz) fuel-filling, tank filling

betätigen v (Bergb) activate (in Gang setzen); actuate (z. B. einen Hebel); operate (bedienen)

Betätigungselemente npl (Tech) operating controls pl

Betätigungsglied n (Elek) actuator, operator

Betätigungsknopf m (Tech) control button [device]

Betätigungskraft f (Tech) actuating force, operating force

Betätigungsspannung f (Elek) control voltage, operating voltage

Betätigungswelle f (Kfz) drive shaft

Betätigungszylinder m (Bergb) operating cylinder

Betauung f (Tech) dew, dew exposure (Tau)

Beton m (Bau) concrete

Betonarbeiten fpl (Bau) concrete placement, concrete pouring (Verarbeitung von Beton); concreting work

betonen v (Tech) emphasize

Betonfertigplatte f (Bau) prefabricated concrete slab

betonieren v (Bau) cast, concrete, pour

Betonitsuspension f (Bergb) betonite suspension

Betonkübel m (Kfz) concrete bucket (am Kran); concrete skip (am Lader)

Betonrutsche f (Bau) tremie

Betonschwelle f (Bahn) (BE) concrete sleeper, (AE) concrete tie (der Bahn)

Betonstabstahl m *(Bau)* reinforcing steel bar

Betonstahl m *(Bau)* reinforced concrete, reinforcement *(Bewehrungsstahl)*

Betonzusatzstoffe fpl *(Bau)* additives pl

Betonzuschlag m *(Bau)* aggregate

betrachten v *(Tech)* regard

Betrachterperspektive f *(IT) (AE)* viewer--centered perspective

betreiben v *(Tech)* employ, operate, use *(z. B. ein Gerät)*

Betreten verboten *(Bahn)* No Entry, No Trespassing *(Hinweisschild)*

Betreuung f *(Tech)* care, support activities pl

Betrieb m *(Tech)* duty, operation, running, running duty, running duty type, service *(Betätigung, Bedienung)*; shop, workshop *(Werkstatt)* • **außer Betrieb** out of service • **Betrieb aufnehmen** go into operation • **in Betrieb gehen** start up • **in Betrieb nehmen** bring on stream, take on stream, take into operation, take into service

betrieben adj *(Tech)* driven *(angetrieben)*; served *(versorgt)*

betrieblich adj *(Tech)* operational

Betriebs... *(Tech)* operating..., operational...; control..., instruction..., service..., user...

Betriebsanleitung f *(Tech)* handbook, instruction manual, manual, operating and maintenance manual, operating manual *(Handbuch)*; operating instructions pl

Betriebsanweisung f *(Tech)* handbook, instruction manual, operating and maintenance manual, operating manual *(Handbuch)*; operating instructions pl

Betriebsart f *(Tech)* control mode, duty, duty type, method of operation, mode of operation, operating method, operating mode

Betriebsausstattung f *(Fert)* investment in plant and equipment, plant appointment

Betriebsbedingungen fpl *(Tech)* mode of operation, operating mode *(Betriebsart, Methode)*; operating conditions pl, service conditions pl *(Verhältnisse, Voraussetzungen)*

betriebsbereit adj *(Tech)* operational, ready for operation, ready for use, ready to run, serviceable

betriebsbezogen adj *(Tech)* application oriented, user oriented

Betriebsdampf m *(Tech)* process steam

Betriebsdaten pl *(Tech)* operating data pl

Betriebsdirektor m *(Tech)* production director

Betriebsendschalter m *(Elek)* initial limit switch, operation limit switch, slewing limit switch

Betriebserlaubnis f *(Tech) (AE)* license, *(BE)* licence, type approval

betriebsfähig adj *(Tech)* available, operational, ready for operation, serviceable

betriebsfertig adj *(Tech)* operational, ready for operation, ready for service, ready for use *(funktionstüchtig)*

Betriebsfestigkeit f *(Met)* endurance strength, fatigue strength

Betriebsfrequenz f *(Elek)* industrial frequency, operating frequency, power frequency, system frequency

Betriebsgrenzwerte mpl *(Tech)* operating constraints pl

Betriebslast f *(Tech)* operational load; traffic load, travelling load, rolling load, live load, working load

Betriebsleistung f *(Elek) (BE)* utilised capacity, *(AE)* utilized capacity, operating capacity, produced power *(kW)*; connected load in operation, installed load

Betriebsleiter m *(Fert, Tech)* plant manager, plant superintendent, works manager, production manager; general foreman

betriebsmäßig adj *(Elek)* operational, under normal operating conditions

Betriebsmoment n *(Tech)* running torque

Betriebspumpe f *(Tech)* active pump, duty pump

Betriebsschwingversuch m *(Prüf)* fatigue test under actual service conditions *(DIN 50100)*

Betriebssicherheit f *(Tech)* dependability, integrity, safe operation, reliability in service, operational reliability, safety of operation, safe working conditions pl

Betriebsspannung f *(Elek)* on-load voltage, operating voltage, service voltage, operational voltage, working voltage

Betriebsspiel n (Tech) cycle of operations, duty cycle, running clearance

Betriebsstoffe mpl (Fert) (BE) consumables pl

Betriebsstörung f (Tech) breakdown, outage, shutdown, stoppage (Maschine)

Betriebsstrom m (Elek) load current, operating current, service current; normal current (Schaltgerät); on-load current, running current (Motor)

Betriebs- und Wartungshandbuch n (Tech) operation and maintenance manual

betriebsunfähig adj (Tech) not in working order, out of order

Betriebsverhalten n (Tech) operating behaviour, performance

Betriebsversuch m (Prüf) factory test

Betriebsvorschrift f (Tech) instruction manual, operating manual (Handbuch)

Betriebswirkungsgrad m (Tech) operating efficiency

Bettereisen n (Met) better iron

Bettung f (Bau) bedding

Beugewinkel m (Tech) angularity, deflection (zwischen zwei Gelenkwellen)

Beugung f (Elek) diffraction (Röntgen usw.)

Beugung f (Mech) bending

Beugungsschallfeld n (Elek) diffraction sound field

Beugungswinkel m (Tech) diffraction angle (Optik)

Beule f (Tech) buckle (z. B. Blech); bulge (im Rohr); dent (Delle)

beulen v (Stat, Stb) buckle

Beulfestigkeit f (Met, Stat, Stb) buckling resistance, buckling strength

Beulnachweis m (Met, Stat, Stb) buckling strength analysis, buckling strength calculation, calculation of buckling stresses

Beulsicherheit f (Met, Stat, Tech) buckling resistance, safety against local buckling, stability against local buckling

Beulsteife f (Stat) stiffener

beurteilen v (Tech) assess, evaluate, judge

Beurteilung f (Elek) interpretation (Ultraschall)

Beutel m (Tech) bag, pouch

bevorraten v (Tech) stock

bevorstehend adj (Tech) forthcoming, imminent

bewährt adj (Tech) approved, field-proven, field-tested, job-tried, proven, reliable, tried and tested, worthwhile

Bewässerungsprojekt n (Bau) irrigation project

Bewegbarkeit f (Tech) (BE) manoeuvrability

bewegen v (Tech) activate (betätigen); move, travel

beweglich adj (Tech) hinged, mobile, movable, moving, pivoted • **hoch beweglich** (Tech) highly mobile

bewegliche Last f (Stat) live load, moving load

beweglicher Anschlag m (Mech) detent

beweglicher Nullpunkt m (Elek) floating neutral

Beweglichkeit f (Bergb, Tech) (AE) maneuverability, (BE) manoeuvrability, movability

Bewegung f (Tech) motion, movement

Bewegungsreibung f (Met, Tech) dynamic friction

Bewegungssatz m (Elek) record of processing (Lagerbestand; EDV)

Bewegungsspielraum m (Tech) free movement, play

bewehrt adj (Bau, Tech) armoured, reinforced

Bewehrungs... (Bau) armouring..., reinforcement..., reinforcing...

Bewehrungsstahl m (Bau, Stb) armouring steel; reinforcement, reinforcing bar, reinforcing rod (Betonstahl)

bewerten v (Tech) assess, evaluate, value (einschätzen, schätzen); judge (beurteilen)

Bewertungsgruppe f (Tech) classification

bewickelt adj (Tech) spooled

Bewicklung f (Elek) wrapping

bewirken v (Tech) bring about, cause, produce (verursachen)

bezeichnen v (Tech) denote (bedeuten); describe, designate, indicate, nominate (ernennen, hinweisen); label (kennzeichnen, beschriften)

Bezeichnung f (Tech) denomination, nomenclature (Benennung); description, designation, indication (Angabe); label, mark (Schild); term (Begriff)

Bezeichnungsschild n (Tech) inscription plate (Inschrift); label, legend plate, marking tag, plate (Aufschrift)

Bezeichnungstülle f (Elek) marker

beziehen v (Tech) refer to

Beziehung f (IT) relation

Bezugs... (Tech) datum ..., reference ...

Bezugsprofil n (Tech) basic rack (Bezugszahnstange)

Bezugsquelle f (Tech) source

Bezugsstrecke f (Met) sampling length (Rautiefenmessung)

biaxial adv (Tech) biaxially

Biegbarkeit f (Met) bendability, bending property, flexibility (Biegfähigkeit)

Biege... (Tech) bending..., flexural...

Biegeebene f (Tech) plane of bending

Biegeeisen n (Tech) twist iron

Biegefeder f (Tech) flexible spring, spring subjected to bending

biegefest adj (Met, Stb) resistant to bending, rigid, stiffened against bending

Biegefestigkeit f (Met) bending resistance, bending strength, flexural strength

Biegegleichung f (Tech) beam formula, flexure formula

biegen v (Form, Mech) bend, curve

Biegeprobe f (Prüf) bend test specimen (das verwendete Stück); bend test, bending test

Biegerohr n (Tech) torsion tube; torque tube

Biegeschwellfestigkeit f (Prüf, Tech) pulsating fatigue strength under bending stresses (DIN 50 100 – Dauerschwingversuch)

Biegestab m (Werkz) deflection bar (eines Drehmomentschlüssels)

Biegesteifigkeit f (Met, Stb) bending stiffness, flexural rigidity, flexural stiffness, resistance to bending

Biegeträger m (Stb) beam, bending girder, girder

Biegeverformung f (Stat) bending strain, deformation from bending stress

Biegeversuch m (Prüf, Stb) bend [bending] test

Biegewechselfestigkeit f (Prüf, Tech) fatigue strength under reversed bending stresses (DIN 50 100 – Dauerschwingversuch)

biegeweicher Dübel m (Tech) flexible shear connector

Biegezange f (Werkz) bending pliers pl, bending wrench

Biegfähigkeit f (Met, Stb) flexibility

biegsam adj (Met) flexible, pliable

biegsame Verbindung f (Tech) slip joint

Biegsamkeit f (Met, Tech) flexibility

Biegung f (Bau) camber

bifilar adj (Tech) bifilar, twisted

Bild n (IT, Mess) screen display, monitor screen (Bildschirm); optical image

Bildelement n (IT, Mess) pixel

bilden v (Bau, Konst, Tech) construct (bauen, konstruieren)

bilden v (Form) form

Bildfeldzerlegung f (Elek) scanning (Fernsehgerät)

Bildgüteprüfkörper m (Prüf) image quality indicator (DIN 54109)

Bildgüteprüfsteg m (Prüf) penetrameter (Durchstrahlungsprüfung)

bildliche Darstellung f (Tech) graphic representation, illustration

Bild... (Tech) image..., picture...

Bildröhre f (Elek) cathode ray tube, CRT, picture tube, television tube (Fernsehgerät)

bildsame Formgebung f (Form, Walz) plastic deformation, plastic shaping, plastic working

Bildschärfenregulierung f (Elek) focus (-ing) control definition, image definition control

Bildschirm m (Elek) oscilloscope (Zerhacker); oscilloscope screen (Ultraschall); video screen (z. B. für Video)

Bildschirm m (IT) display, screen, visual display unit, VDU

Bildschirm... (IT, Tech) display..., screen...,

Bildschirmausdrucke mpl (IT) screen dumps, screenshots pl

Bildschirmdarstellung f (Elek) monitor screen display; CRT screen display (Ultraschall); custom graphics (Mess- und Regeltechnik)

Bildunschärfe f (Elek) image unsharpness, lack of image definition, picture unsharpness

Bildweite f (Elek) image

Bildzeichen n (Tech) graphical symbol

Bimetall n (Met) bimetal

Bimetallauslöser m *(Elek)* bimetal release, bimetal trip
binär adj *(Elek, Tech)* binary
Binärverknüpfung f *(IT)* binary logic operation
Bindeblech n *(Bau)* batten plate, stay plate, tie plate
Bindedraht m *(Tech)* lacing wire, lashing wire
Bindefähigkeit f *(Bau)* cementing capacity
Bindefehler m *(Met, Schw)* incomplete fusion, lack of fusion *(beim Schweißen)*; adhesive defect, binding defect
Bindefestigkeit f *(Met)* binding strength, bond strength
Bindemittel n *(Anstr, Tech)* binder, binding agent, binding material, binding medium
Bindemittellösung f *(Anstr, Tech)* carrier, medium, vehicle
binden v *(Chem)* bond
binden v *(Tech)* bind, tie
Binder m *(Anstr, Tech)* binder, binding agent, binding medium *(Bindemittel)*; bonding agent, bonding cement *(Klebstoff)*; fixing agent, fixing means pl, fixing medium
Binder m *(Baut)* roof frame, roof truss
Binderfarbe f *(Anstr)* binder
Bindestein m *(Bau)* bondstone
Bindezone f *(Schw)* joint area *(entlang der Schweißnaht)*
bindig adj *(Geo)* cohesive
Bindung f *(Schw)* fusion *(Verschmelzung, Schweißnaht)*
Bindung f *(Stb, Tech)* bond, bounding, compound
Binnenschiff n *(Schiff)* inland water vessel, river barge
Biogas n *(Chem, Ökol)* biogas, digester gas, fermentation gas, manure gas
Biomasse f *(Tech)* biomass
Biomasse-Heizkraftwerk n *(Ökol, Tech)* biomass combined heating and power plant/station
bipolar adj *(Elek)* bipolar
bistabil adj *(Elek)* bistable
Bitukies m *(Bau, Bergb)* bituminous aggregates pl
bituminös adj *(Bergb, Geo)* bituminous
Blähdichtung f *(Tech)* inflatable seal, rubber seal

blähen v *(Geo, Phys)* swell
blank adj *(Anstr)* bright blasted, white blasted *(metallisch blank)*; bright, glossy, polished, tarnish-free *(glänzend)*
blank adj *(Elek, Schw)* bare, naked *(ohne Hülle oder Ummantelung)*
blank adj *(Tech)* plain, uncoated, unpainted
blank gezogen adj *(Tech)* bright drawn
blank gezogener Stahl m *(Met, Stb)* cold finished steel
Blank... *(Met, Tech)* bright…
Blankdraht m *(Schw)* bare wire
blanke Unterlegscheibe f *(Tech)* machined washer
Blankschleifen n *(Mech)* brightening
Blankstahl m *(Met, Stb)* bright steel, cold-drawn steel
Blase f *(Hütt, Met)* blister *(Schadensart; im Stahl)*; blow hole *(Lunker)*
Blasebalg m *(Tech)* bellows pl
Blasenbildung f *(Anstr, Met)* blistering, cavitation, formation of blisters
blasenfrei adj *(Met)* blister-free, non-blistered
Blasenkupfer n *(Met)* blister copper, crude copper, raw copper
Blasenspeicher m *(Bergb)* gas accumulator, nitrogen accumulator *(zum Kettenspannen)*
Blasenspeicher m *(Hydr/Pneu)* bladder accumulator
Blasstahl m *(Met)* blown steel, oxygen steel, pneumatic steel *(Konverter)*
Blatt n *(Met)* sheet *(Blech)*
Blatt n *(Tech)* blade, vane
Blättchen n *(Mech, Mont)* chip
Blätterleiste f *(IT)* scroll bar
Blattfeder f *(Tech)* leaf spring, laminated spring
blättrig adj *(Bau)* laminated
Blattschraube f *(Tech)* flat leaf screw *(DIN 1891)*
Blatt- und Parabelfedern fpl *(Tech)* leaf and tapered leaf springs pl
blattverstellbarer Lüfterflügel m *(Kfz, Tech)* pitch fan
Blaupause f *(Zeich)* blueprint
Blausprödigkeit f *(Hütt, Met)* blue brittleness
Blech n *(Met)* sheet, steel sheet *(Feinblech nach DIN bis 3 mm Dicke, Mittelblech 3 mm bis 4,75 mm)*; thick plate

(Grobblech ab 4,75 mm); thin sheet metal *(Stahlblech unter 3 mm)*; very thin sheet metal *(Feinstblech unter 0,5 mm)*

Blechanker m *(Tech)* gusset
Blechbearbeitung f *(Form)* sheet metal working
Blechbeilage f *(Tech)* shim
Blechbiegepresse f *(Form)* plate bending press
Blechdicke f *(Tech)* gauge of sheet, plate thickness, sheet gauge
blechgekapselt adj *(Tech)* sheet steel enclosed, steel plate enclosed
Blechklemme f *(Tech)* sheet metal clip
Blechknabber m *(Werkz)* nibbler shear
Blechprüfung f *(Prüf)* plate testing
Blechschraube f *(Tech)* sheet metal screw, tapping screw
Blechtafel f *(Met)* sheet steel
Blechträger m *(Tech)* *(BE)* built-up girder, plate girder
Blechtrennung f *(Schw)* lamination *(Doppelung)*
Blechunterlage f *(Tech)* shim
Blechverbindung f *(Tech)* lock seam
Blei n *(Met)* lead
Blei-Akkumulator m *(Tech)* lead-acid storage battery
Blei-Basis-Legierungen fpl *(Met)* lead alloys pl
bleibend adj *(Tech)* permanent
bleibend adj/**gleich** *(Tech)* s. gleichbleibend
Bleiblech n *(Stb)* sheet lead
bleihaltig adj *(Met)* plumbiferous
Bleimennige f *(Stb)* red lead
Bleiweiß n *(Anstr)* lead oxide, white lead
Blende f *(Baut, Tech)* blind, shutter
Blende f *(Stb)* gate; gate *(im Schallfeld)*
Blende f *(Hydr/Pneu)* aperture, orifice *(Messöffnung)*; restrictor *(Drossel)*
Blende f *(Tech)* cover, mask *(Abdeckung)*; diaphragm *(Mikroskop)*; gland, sealing gland *(mechanisch; beim Prüftank)*; screen *(Schutzschirm)*
Blenden... *(Elek)* gate..., orifice...
Blendschutzschirm m *(Elek)* anti-dazzle screen, anti-glare screen
blind adj blind
Blind... *(Elek)* reactive, wattless
Blindflansch m *(Tech)* blank-off flange, blind flange, cover plate, dummy

flange, black flange, blank flange, blind flange
blindhärten v *(Met)* blank-harden
Blindlager n *(Lag)* flanged bearing, side--bracket bearing *(Flanschlager)*
Blindlast f *(Elek)* reactive load
Blindleistung f *(Elek)* idle power, reactive power, wattless power
Blindleitwert m *(Mess)* susceptance
Blindmutter f *(Tech)* box nut
Blindniet f *(Tech)* blind rivet, dummy rivet, pop rivet
Blindröhre f *(Elek)* reactance valve
Blindschaltbild n *(Elek)* mimic diagram
Blindstrom m *(Elek)* idle current, reactive current, wattless current, wattless load, var current
Blinker m *(Elek, Kfz)* indicator
Blinkgeber m *(Elek)* flasher unit, indicator, directional indicator *(Richtungsanzeiger)*
Blinkmotor m *(Kfz)* flasher motor
Blitzableiter m *(Elek)* lightning arrestor [conductor]
Blitzrohrzange f *(Werkz)* self-gripping general-purpose pliers, grip wrench, Stillson pipe wrench
Block m *(Bahn)* block; chock *(Vorlegekeil)*
Block m *(Hütt/Walz)* block *(Blei, Kupfer usw.)*; bloom *(Halbzeug)*; brick, segment *(Steingruppe für Hochofen)*
Block... *(Bahn)* block...
Block... *(Hütt/Walz)* blooming..., ingot...
Blockabstand m *(Bahn)* safety distance *(der Bahn)*
Blockeigenbedarf m *(Baut, Licht)* unit auxiliary *(Lichtsystem)*
blockgewalzt adj bloomed
blockieren v *(Tech)* block, block up, stop; lock; stall; jam, lock *(Bremsen, Rad, usw.)*; clog *(verstopfen)*; obstruct
Blockmotor m *(Elek)* box-frame motor, box-type motor
Blockverkettung f *(Hydr, Vent)* block stacking assembly
Bock m *(Tech)* bracket, standard; frame, stand, trestle *(Gestell)*; pedestal, pillow block, plummer *(Stehlager)*; support *(Abstützbock)*
Böckchen n *(Tech)* small base, rest plate, small support
Bockkran m *(Kran)* frame crane; trestle crane

Bockleiter f (Bau) double ladder
Bockwinde f (Werkz) screw jack
Boden m (Baut) attic, floor
Boden m (Geo) ground, soil (Erdboden)
Boden... (Hütt/Walz, Tech) base..., bottom...
Bodenablagerung f (Geo) deposit
Bodenablass m (Hydr/Pneu) bleeder (z. B. Tank)
Bodenaufschüttung f (Bau) landfill
Bodenbelag m (Tech) floor cover, floor covering, flooring
Bodenblech n (Bergb) chain pad, crawler pad (Transportraupe)
Bodendruck m (Geo, Tech) bearing pressure of soil, ground pressure, soil pressure
Bodenfläche f (Mech) floor area, floor space, ground area
Bodenförderer m (Förd) floor-running tow-chain conveyor
Bodenfräse f (Bau) rotavator, soil pulverizer
Bodenfreiheit f (Kfz, Tech) ground clearance; peak ramp angle (zwischen Radstand)
Bodenlinie f (Mech) floor line
Bodenmechanik f (Bergb) soil mechanics pl
Bodenmontage f (Stb) ground erection (Vormontage)
Bodenöffnung f (Tech) base aperture
Bodenplatte f (Bergb) apron [base] plate (Brecher); chain pad, crawler pad [shoe]; track pad (der Raupenkette)
Bodenplatte f (Tech) bed plate, bottom plate, floor plate, ground plate
Bodenpressung f (Tech) base compression, bearing pressure of soil, ground pressure, soil pressure
Bodensatz m (Chem) deposits pl, sediment (Rückstände)
Bodenschätze mpl (Geo) mineral resources
Bodensenkung f (Geo) subsidence
Bodenstation f (Umschl) ground station
Bodenverkleidung f (Bau) skirts pl
Bodenvermörtelung f (Bau) soil stabilization
Bogen m (Baut, Math, Tech) arc, arch
Bogen m (Hydr/Pneu) bend
Bogen m (Tech) conduit elbow (in der Leitung); elbow (des Rohres)

Bogen... (Bau, Stb, Tech) arch..., arched...
bogenförmig adj (Tech) arched, curved
Bogenklammerschraube f (Tech) mushroom head anchor bolt (DIN 1891)
Bogenstück n (Tech) bend connector, segment
Bogenträger m (Stb) arch beam, arch girder, arch truss
Bogenverzahnung f (Getr) spiral toothing (Getriebe)
Bogenzahnkupplung f (Getr) curved tooth coupling
Bogenzahnprinzip n (Getr) spiral gear design (Getriebe)
Bohle f (Tech) pile, thick board (über 5 cm dick)
Bohr... (Bergb, Mech) bore..., boring..., cutter..., cutting..., drill..., drilled..., drilling...
Bohrantrieb m (Bergb) cutter head drive
Bohrbuchse f (Mech) bush, drill sleeve
Bohrbügel m (Mech) clamp, ratchet
Bohreisen n (Werkz) auger bit
bohren v (Mech) bore; drill (mit Spiralbohrer); tap (Gewinde); taper bore (Kegel)
Bohrer m (Mech, Werkz) auger (Schlangenbohrer); core drill (Gewindelochbohrer); machine tap (Maschinenbohrer); serial hand tap (Satzbohrer); tap (für Gewinde); taper bore (Kegelbohrer); twist drill (Spiralbohrer)
Bohrerfutter n (Mech) drill chuck (Spiralbohrer); tap holder (Gewindebohrer)
Bohrfeldfahrzeug n (Petr) oil-field truck, oil-field vehicle
Bohrfutter n (Werkz) chuck
Bohrgerät n (Rau, Mech) drilling machine
Bohrgestänge n (Petr) bore rods pl, boring tools pl, drill pipes pl, drill poles pl, drill rods pl
Bohrgrat m (Mech) burr, fin
Bohrinsel f (Petr) offshore drilling platform, drilling rig
Bohrkeil m (Mech) drill key, drill wedge
Bohrkern m (Bergb) drilling core
Bohrkerndurchmesser m (Bergb) core diameter
Bohrkluppe f (Mech) die stock
Bohrknarre f (Mech) ratchet brace, ratchet drill
Bohrknarrenbohrer m (Mech) ratchet

brace bit, taper square shank ratchet drill

Bohrkopf m *(Bergb)* auger head *(an der Ramme)*

Bohrloch n *(Bergb)* blast hole

Bohrloch n *(Elek)* drilled hole *(Ultraschall)*

Bohrloch n *(Mech, Petr)* bore, borehole *(mittels Bohrstahl)*; drill hole *(mittels Spiralbohrer)*; well *(Öl oder Gas)*

Bohrmaschine f *(Mech)* boring machine, boring mill *(Bohrstahl)*; drill, drill press, drilling machine *(Spiralbohrer)*

Bohrmotor m *(Bergb)* cutter head motor

Bohröl n *(Mech)* cutting oil

Bohrplattform f *(Geo, Petr)* drilling platform, offshore drilling platform

Bohrrohrdurchmesser m *(Bergb)* casing diameter

Bohrschnecke f *(Bergb)* auger worm

Bohrschneidkluppe f *(Mech)* die stock

Bohrschraube f *(Tech)* self-drilling screw

Bohrspindel f *(Mech)* boring bar, drill spindle

Bohrspitze f *(Mech)* auger bit *(Schlangenbohrer)*

Bohrstahl m *(Met)* drill steel *(für Bohrhammer)*

Bohrturm m *(Bergb, Petr)* oil tower *(Öl)*

Bohr- und Fräsmaschine f *(Mech)* drilling and milling machine

Bohrung f *(Mech)* bore, borehole, boring, drilling

Bohrvorrichtung f *(Mech)* boring attachment, drilling attachment; boring fixture; boring jig, drill jig; drilling fixture

Bohrwerkzeug n *(Bergb, Tunn)* cutter, cutting tool *(Tunnelvortriebsmaschine)*

Bohrwinde f *(Mech)* brace

Boje f *(Schiff)* buoy

Bolzen m *(Baut)* bar, bolt, locking bar *(Riegel)*

Bolzen m *(Tech)* bolt, pin *(mit oder ohne Kopf)*; gudgeon, pin *(Drehbolzen)*

Bolzen m mit Flachkopf *(Tech)* flat-head bolt

Bolzen m mit Kopf *(Tech)* bolt with head

Bolzen m mit versenktem Kopf *(Mech)* countersunk-head bolt

Bolzen m ohne Kopf *(Tech)* bolt without head, clevis pin without head

Bolzenabbrennschweißung f *(Schw)* stud welding

Bolzenanschweißen n *(Schw)* stud welding

Bolzenauge n *(Lag)* bearing eye, pin boss *(Bolzenlager)*

Bolzenkupplung f *(Tech)* bolt coupling, pin coupling

Bolzenmutter f *(Tech)* nut

Bolzenschraube f *(Tech)* stud-bolt

Bolzenschweißen n *(Schw)* bolt welding

Bolzensicherung f *(Tech)* bolt lock, pin retainer

Bolzenverbindung f *(Stb)* pin connection, pin joint, pivot joint

bombiert adj *(Tech)* arched, bowed *(bogenförmig)*; buckled, cambered, embossed *(gewölbt, gewellt)*; crowned *(ballig gedreht)*

bondern v *(Anstr)* bonderize; phosphatize

Bord m *(Lag)* shoulder

bördeln v *(Hütt/Walz)* flare *(z. B. Rohre)*

bördeln v *(Tech)* bead, crimp; edge, flange, fold *(z. B. Blech)*

Bördelnaht f *(Stb)* flanged seam

Bördelpresse f *(Form)* flanging press *(Kümpelpresse)*

Bördelung f *(Schw)* beading

Bördelverschraubung f *(Tech)* flare type fitting

Bördelversuch m *(Prüf)* flanging test

Bördelzange f *(Werkz)* crimping pliers

Bordkran m *(Schiff)* deck crane

Bordnetz n *(Elek)* machine's mains pl *(elektrische Anlage)*; on-board network *(Transportraupe)*

Bordnetzspannung f *(Elek)* machine voltage *(des Baggers)*

Bordscheibe f *(Tech)* flanged pulley

Bordwanderhöhung f *(Kfz)* body extension, hungry boards pl *(am Lkw)*

Bordwandklappe f *(Kfz)* tailgate *(hinten am Lkw)*

Böschungsabsatz m *(Bergb)* offset

Böschungswinkel m *(Bergb)* approach angle *(des Graders, vorne)*; departure angle *(des Graders, hinten)*; slope angle

Bowdenzug m *(Kfz)* Bowden cable, Bowden line

Boxermotor m *(Antr)* horizontally opposed engine, opposed cylinder type engine

Bracke f *(Bergb, Förd)* spill plate

Bramme f *(Hütt/Walz)* billet *(Knüppel)*; slab

Brammen... *(Hütt, Walz)* slab...
Brammenblock *m (Walz)* slab ingot
Brammenstranggießanlage *f (Hütt, Walz)* continuous slab casting machine, continuous slab caster
Brand *m (Chem)* burning
Brand... *(Tech)* burning..., fire...
Brandherd *m (Tech)* seat of fire, site of fire, source of fire
Brandlast *f (Tech)* fire load
Brandleiter *m (Tech)* head fireman, supervisor for fire fighting
Brandschutz... *(Tech)* fire..., fire protection..., fire safety...
Branntkalk *m (Bergb)* burnt lime
brauchbar *adj (Tech)* useable; useful *(nützlich)*
Brauchbarkeit *f (Tech)* practicability, usefulness
brauchen *v (Tech)* need, require
Brauchwasser *n (Ökol)* industrial water
Brauneisenstein *m (Met)* limonite
Braunkohle *f (Bergb, Geo)* brown coal, lignite, wood coal
Braunkohlekraftwerk *n (Elek) (AE)* lignite-fired power station
Braunkohletagebau *m (Bergb)* open pit lignite mine, *(BE)* opencast lignite mine, opencut lignite mine
Brech... *(Zer)* crusher..., crushing..., jaw...
Brechbolzen *m (Tech)* shear pin
Brecheisen *n (Werkz)* crowbar, pinch bar
brechen *v (Elek)* refract *(z. B. Schallwellen)*
brechen *v (Mech)* bevel, *(AE)* bur, *(BE)* burr, smoothe *(z. B. Kanten)*; fold *(falten)*
brechen *v (Zer)* break, break up, crush *(zerbrechen, zerkleinern)*; fracture, rupture, tear *(zerreißen)*
brechen *v/Kanten (Mech)* chamfer edges
Brecher *m (Zer)* crusher
Brecher... *(Zer)* crusher...
Brechermantel *m (Zer)* concave
Brechglied *n (Tech)* shear element
Brechkegel *m (Zer)* axle, mantle
Brechkraft *f (Elek)* refraction *(von Schalllinsen)*
Brechmaulweite *f (Bergb)* width of crusher mouth *(des Brechers)*
Brechring *m (Zer)* crushing ring *(Zerkleinerer)*; breaker ring *(z. B. Kupplung)*

Brechringkupplung *f (Tech)* breaker ring coupling
Brechrumpf *m (Zer)* bowl
Brechspaltweite *f (Zer)* gap width of crusher
Brechstange *f (Werkz)* pinch bar
Brechwerkzeug *n (Werkz)* breaking tool
Brei *m (Bau)* paste, pulp
breit *adj (Tech)* broad, expanded, extended, wide
Breitballigkeit *f (Tech)* width crowning
Breitband *n (Elek)* broad band *(z. B. im Funkverkehr)*
Breitband *n (Walz)* wide strip
Breitband... *(Walz)* wide..., wide coil..., wide strip...
Breitbandleitung *f (Elek)* co-axial cable
Breitbandschelle *f (Tech)* wide-band clamp
Breitbandschwinger *m (Elek)* broad-band transducer, wide-band transducer *(Ultraschall)*
Breitbandstahl *m (Met)* wide strip *(in Bandform)*
Breitbandverstärker *m (Elek)* wide-band amplifier
Breite *f (Tech)* face width, width
Breitenballigkeit *f (Getr)* crowning *(Getriebezahn)*
Breitenmessgerät *n (Mess)* width gauge, width measuring gauge, width meter *(für Band)*
Breitensuche *f (IT)* breadth-first search
breites Brennstoffband *n (Hütt/Walz)* wide fuel tape range
Breitfelgenreifen *m (Kfz) (AE)* wide-base tire, *(BE)* wide-base tyre
Breitflachstahl *m (Hütt/Walz)* wide flat steel, wide flats *pl*
Breitflachstahl *m (Met, Walz)* universal mill plate, universal plate, wide flat steel
Breitflachstahlstraße *f (Walz)* universal plate mill
breitflanschig *adj (Tech)* broad flanged, broad-flanged, wide flanged, wide-flanged
Breitflanschträger *m (Hütt/Walz, Met)* broad flanged beam, wide flanged beam, H-beam, broad flanged joist, wide flanged joist
breitfüßig *adj (Tech)* wide-flanged
Breitfußschiene *f (Tech)* flat-bottom rail
Breithacke *f (Bau)* mattock

Breitkeilriemen m (Tech) broad-section V-belt

Breitkopfstift m (Tech) wire nail with extra large head

Breitmaulzange f (Werkz) wide jaw wrench

Breitstrahler m (Kfz) spread beam

Bremsankerplatte f (Tech) brake anchor plate

Brems... (Tech) brake..., braking...

Bremsausgleich m (Tech) brake compensator

Bremsbacke f (Tech) brake pad, brake shoe, shoe plate

Bremsbackenlager n (Tech) brake-shoe pin bushing

Bremsbalken m (Tech) brake beam, retarder beam (Gleisbremse)

Bremsband n (Tech) brake band, brake strap, friction band

Bremsdreieck n (Tech) bow girder (des Waggons)

Bremse f (Tech) brake • **Bremse anziehen** apply the brake, pull the brake, put on the brake, set the brake • **Bremse eingreifen** apply the brake, pull the brake, put on the brake, set the brake • **Bremse lösen** release the brake

Bremseinfallschaltung f (Tech) time-lag controlled braking

bremsen v (Tech) brake, apply the brake, pull the brake, put on the brake, set the brake

Bremsfußhebel m (Kfz, Tech) brake pedal

Bremsgestänge n (Tech) brake linkage, brake rigging, brake-rod linkage, brake-rod system

Bremsgestängeeinsteller m (Tech) slack adjuster

Bremshängeeisen n (Tech) slack adjuster

Bremshebel m (Tech) brake lever

Bremshemmung f (Tech) self-locking effect

Bremshub-Endschalter n (Tech) brake wear-limit switch

Bremskeil m (Tech) chock (mit Spikes); scotch block (für länger abgestellte Wagen); wedge

Bremsklaue f (Tech) brake-shoe holder

Bremsklotz m (Tech) brake block, brake shoe (Trommelbremse); brake pad (Scheibenbremse)

Bremsklotzkraft f (Tech) block load

Bremskraft f (Tech) bhp, brake force, brake horsepower, brake pressure, braking force, braking power

Bremskraftverstärker m (Tech) brake energizer, power brake, servo brake

Bremslasche f (Tech) brake pull rod, friction disc

Bremslast f (Tech) braking load

Bremsleistung f (Tech) bhp, brake horsepower, braking power

Bremsleuchte f (Elek, Tech) brake light, stop lamp, stop light

Bremslüfter m (Hydr/Pneu) brake lifting thrustor, brake thrustor, thrustor

Bremsmoment n (Tech) braking torque, retarding torque

Bremsmotor m (Antr) brake motor, braking motor

Brems-Pferdestärke f (Tech) B.H.P., bhp, brake horsepower

Bremssattel m (Kfz) brake body, calliper (der Scheibenbremse)

Bremsschalter m (Kfz) brake switch

Bremsschild n (Kfz) backplate

Bremsschlüssel m (Werkz) brake spanner (Schraubenschlüssel)

Bremsumführungsstange f (Bahn, Tech) coffin rod

Bremsung f (Tech) braking, braking action, deceleration, retardation

Bremsventil n (Hydr/Pneu, Vent) braking valve, deceleration valve

Bremsventil n (Kfz, Vent) brake valve (Feinregelventil für Feststellbremse)

Bremswächter m (Elek) brake control (Bremssteuerung); plugging relay (Konterrelais); zero-speed plugging switch, zero-speed switch

Bremszahl f (Tech) number of braking actions

Bremszange f (Tech) brake clasp

brennbar adj (Chem) combustible, flammable (Flüssigkeiten); inflammable

Brennbarkeitsversuch m (Chem, Prüf) combustibility test

Brennbart m (Hütt) torch burr

brennen v (Tech) burn, calcine (z. B. Kalk oder Dolomit); bake (Elektroden)

brennend adj/frei (Hütt) open arc

Brenner m (Mont, Schw) blowpipe, burner, torch

Brenner m (Verd) combustor (einer Gasturbine)

Brennerzange f (Werkz) torch pliers pl

Brennfleck m (Fot) focal spot

brennhärten n (Schw) flame-harden, torch-harden

Brennkante f (Schw) flame-cut edge

Brennlinie f (Tech) focal line

Brennofen m (Bergb) kiln

Brennpunkt m (Math) focus

Brennpunkt m (Tech) focal point

Brennputzen n (Hütt/Walz) flame chipping, flame scarfing, flame descaling, flame deseaming, hot scarfing, torch desurfacing

Brennschneidautomat m (Mont, Schw) automatic flame-cutting machine

Brennschneiden n (Mech, Mont, Schw) autogenous cutting, gas cutting, oxy-fuel gas cutting, oxy-gas cutting, oxygen [torch] cutting

Brennschneider m (Schw) flame cutter, torch cutter

brennschweißen v (Schw) flame-cut

Brennstoff m (Chem, Tech) fuel, oil and fuel, power fuel

Brennstoff... (Chem, Hütt/Walz, Kfz, Tech) fuel...

Brennstoffbedarf m (Hütt/Walz) fuel demand, fuel requirement

Brennstoffeinspritzpumpe f (Hydr/Pneu) fuel injection pump

Brennstoffpumpengestänge n (Kfz) fuel pump control, control of fuel pump

Brennstoffverbrauch m (Hütt/Walz) fuel consumption

Brennstoffverteilung f (Stb) combustible content arrangement

Brett n (Tech) board, deal-board

Brettsägefeile f (Werkz) long saw file

Brikett n (Hütt/Walz) coal briquet(te)

Brinellhärte f (Hütt/Walz, Met) Brinell hardness

Brinell-Härteprüfung f (Prüf) Brinell hardness test

Brinellprobe f (Hütt/Walz, Met, Prüf) B.H., ball hardness, Brinell hardness

Brinell-Zahl f (Met, Prüf) Brinell hardness, Brinell hardness number

bröckelig adj (Geo) brittle, crumbly, friable (z. B. Eisenerz, Kohle usw.)

Brocken mpl (Förd, Umschl, Bergb) chunks pl, lumps pl

Brom n (Bergb) bromine

Bronze f (Bergb) bronze

Bronzespurplatte f (Zer) bronze step bearing plate

Broschüre f (Tech) leaflet

Bruch m (Tech) cleft, fracture, rupture

Bruch... (Met, Prüf, Tech) breaking..., cleft..., fracture..., rupture...

Bruchbeanspruchung f (Met, Prüf) breaking stress

Bruchbelastung f (Met, Prüf) breaking load

Bruchberechnung f (Met, Prüf) collapse design, ultimate strength design

Bruchbildung f (Met) breakage (DIN 50035)

Bruchdehnung f (Met, Prüf) breaking elongation, elongation at break [fracture, rupture] (Verlängerung)

Bruchdehnung f (Met, Prüf, Stat) breaking [ultimate breaking, crushing, ultimate tensile] strength

Brucheinschnürung f (Met, Prüf) reduction in area at breaking point

bruchfest adj (Tech) unbreakable (robust, solide, stabil)

Bruchfestigkeit f (Met, Prüf) ultimate breaking strength, resistance to tensile stress, ultimate strength, ultimate stress, ultimate tensile strength

Bruchgrenze f (Met, Prüf) breaking limit, ultimate strength

brüchig adj (Bergb, Geo) brittle, friable (z. B. Eisenerz, Kohle usw.)

Brüchigkeit f (Stb) brittleness

Bruchkraft f (Met, Prüf) breaking strength

Bruchlast f (Met, Prüf) actual ultimate capacity, breaking load, load at break, ultimate (breaking) load

Bruchmodul n (Met, Prüf) modulus of rupture

Bruchprobe f (Prüf, Schw) breaking test

Bruchsohle f (Zer) quarry floor

Bruchspannung f (Met, Prüf) (ultimate) breaking stress rupture stress, rupturing stress (Werkstoffprüfung)

Bruchsteine mpl (Bergb) rubble

Bruchstücke npl (Bau) debris

Bruchtagebau m (Bergb) quarry mining

Bruchteil m (Bau) fraction

Bruchzähigkeit f (Met) fracture toughness

Brücke f (Bau, Stat) arch, bridge, gallery

Brücke f (Elek) bridge, bridge circuit (Stromrichter, Messbrücke); jumper, link (Schaltbügel, Strombrücke)

Brücke f (Stb) span

Brücke f (Tech) bond (Schaltbügel)

Brücken... (Bergb, Tech) bridge..., bridge-type

Brückenachse f (Stb) centre-line of bridge

Brückenauflager n (Lag, Stat) bearing

Brückenbildung f (Umschl) arching of conveyed material, arching of handling material

Brückenbogen m (Stb) arch of bridge

Brückengerät n (Stb) demountable bridge, dismountable bridge, bridging equipment

Brückenkran m (Kran, Stb) bridge crane, bridge-type crane

Brückenkratzer m (Umschl) bridge reclaimer, bridge-type scraper

Brückenlader m (Umschl) bridge-type reclaimer

Brückenlager n (Lag, Stat) bearing

Brückenlagerung f (Bergb) bridge support

Brückenobergurt m (Stb) top chord of bridge truss

Brückenpfeiler m (Bau) bridge pier (an Land); standing pier (z. B. im Fluss)

Brückenschaltung f (Elek) bridge circuit, bridge connection

Brückenträger m (Tech) bridge frame, bridge girder, bridge truss

Brückenwaage f (Stb) platform scale, (AE) truck weighbridge, weighbridge

Brückenzug m (Förd) conveyor bridge sections pl (Bandbrücke); conveyor gallery modules pl, conveyor gallery sections pl (geschlossene Bandbrücke)

brummen v (Elek) hum (summen)

Brummfrequenz f (Mess) ripple frequency

brünieren v (Hütt) burnish

Brünierung f (Met) gun metal finish (Werkzeug)

Brunnen m (Bau) well

Brustleier f (Werkz) breast drill, hand drill

Brüstung f (Baut) balustrade, parapet, rail, railing (Geländer)

Brüstungsmauer f (Bau) parapet wall

Brüter m (Elek, Kern) breeder (Atomkraftwerk)

Brutto... (Tech) gross...

Bruttogewicht n (Stat) gross weight

Bruttoinhalt m (Tech) gross volume

Buchse f (Elek) jack, socket, tube; socket (muffenförmig)

Buchse f (Tech) bush, bushing, sleeve (Laufbuchse, Muffe); liner (Zylinderbuchse)

Buchsenkette f (Tech) bush chain, bushed chain

Buchsenleiste f (Tech) socket panel

Buckel m (Geo) anticline

Buckelschweißen n (Schw) projection welding (DIN 1910)

Bug m (Schiff) bow (des Schiffes)

Bügel m (Bahn) current collector, pantograph

Bügel m (Baut) arch (Bogen, Arkade); jaw

Bügel m (Elek) bow, hoop (Schäkel); bracket (Befestigungsschelle); clevis (Achshalter, U-förmiger Zughaken); clip (Klammer, Schelle); shackle (Vorhängeschloss); stirrup, stirrup shear connector; yoke (Joch)

Bügelfederanordnung f (Kfz) clip and pin arrangement

Bügelgriff m (Tech) bow-type handle, strap shaped angle

Bügelkopf m (Tech) box end (einer Schubstange)

Bügelmessschraube f (Metr) micrometer gauge

Bügelsäge f (Werkz) framed cross-cut saw; hacksaw frame, hand hacksaw; hacksaw machine, power hacksaw machine

Bügelseilhülse f (Tech) closed socket

Buhne f (Hydr/Pneu) breakwater, groyne, kid

Bühne f (Tech) floor, gallery, platform, stage, (AE) walkway

Bunabalg m (Tech) tubular bellows pl, buna bellows pl

Bund m (Met, Walz) coil (Blech, Draht)

Bund m (Tech) collar, thrust collar

Bund... (Walz) coil...

Bundbolzen m (Tech) collar stud, flange bolt, shoulder stud

Bundbuchse f (Tech) bushing with collar,

collar bush, collar bushing, flange bush, flange bushing

Bundeinfall m (Walz) coil set

Bündel... (Tech) bundle..., pack..., package..., parcel...

Bündeldüse f (Tech) multiple spray nozzle

bündeln v (Elek) concentrate, focus (z. B. Ultraschall)

bündeln v (Log, Walz) bundle

Bündelweite f (Elek) beam width

Bundesanstalt f **für Arbeitsschutz und Arbeitsmedizin** (BAUA) (Tech) Federal Institute for Occupational Safety and Health (ehemals Bundesanstalt für Arbeitsschutz und Unfallforschung)

Bundesanstalt f **für Materialprüfung** (BAM) (Tech) Federal Institute for Materials Research and Testing

Bundes-Immissionsschutzgesetz n (Ökol) Federal German Immission Protection Law, Federal German Immission Control Act

Bundesverband m **der Luft- und Raumfahrtindustrie** (Tech) German Aerospace Industries Association

bündig adj (Tech) aligned, flush, snug

Bundmutter f (Tech) collar nut

Bunker m (Umschl) bin, bin building; bunker (Tiefbunker); hopper (Trichter)

Bunker... (Umschl) bin..., bunker..., hopper...

Bunkerabzugsband n (Umschl, Zer) apron conveyor under bin

Bunkerabzugsförderung f (Bergb) hopper discharge conveyor

Bunkerbagger m (Bergb, Umschl) trencher

Bunkerplattenband n (Umschl, Zer) apron conveyor under bin

Bunkerräumwagen m (Tech) bunker discharge wagon, (BE) travelling plow feeder

Bunkertasche f (Umschl) bin compartment (abgeteilt); collecting bin

bunt adj (Tech) colourful

Buntmetall n (Met) non-ferrous metal (z. B. Kupfer, Messing)

Buntmetallurgie f (Met) non-ferrous metallurgy

Bürde f (Mess) load (in Ohm gemessen)

Bürste f (Elek) brush, wiper

bürsten v (Elek) brush (säubern)

Bürstenlitze f (Elek) brush lead, brush shunt, pigtail lead

bürstenlos adj (Elek) brushless

Bürstenmethode f (Elek) brush technique

Büschelentladung f (Mess) brush discharge

Buskabel n (Elek) bus cable

Buskoppeleinheit f (Mess) highway interface unit (Busschnittstelle)

Busleiteinrichtung f (Mess) network traffic director, NTD

Bussteuereinheit f (Mess) master

Butylen n (Chem) butylene

Butzen m (Hydr/Pneu) cap, plug

Butzen m (Met) bleb, slug (kleine Blase; z. B. im Glas)

Butzenscheibe f (Stb) bull's eye glass

Bypass-Sicherung f (Tech) zero reset feature (für Differenzdruckanzeiger)

C

CAD (Abk. für: computer-aided design) (IT) CAD, computer-aided design

CAD/CAM-Systemverbund m (IT) CAD/CAM system network

Caissongründung f (Stb) caisson foundation

CAM (Abk. für: computer-aided manufacturing) (Fert, Mont, Tech) computer-aided manufacturing

Cannelierfeile f (Werkz) knurling file

CAP (Fert, IT) Computer Aided Production

CAQA (Tech) CAQA, computer-aided quality assurance

C Bild n (Elek) C-scan

CFK (Kfz) carbon fiber reinforced plastic

C-Haken m (Förd) C hook

Charakteristik f (Elek, Tech) characteristic, feature

charakteristisch adj (Tech) characteristic, distinguishing, typical

Charge f (Hütt/Walz) batch, furnace charge (Beschickung); cast, heat, melt melting bath

Chargendauer f (Hütt) tap-to-tap time, total cycle time (Konverter)

Chassis n (Kfz) chassis, main frame

Chemie f (Chem) chemistry

Chemikalien fpl (Chem) chemicals pl

chemisch adj (Chem) chemical
chemische Eigenschaften fpl (Chem, Prüf) chemistry, chemical properties pl
Chiffre f (Tech) code
Chlor n (Chem) chlorine
Chlorkautschuk m (Met) chlorinated rubber
Chlormagnesium n (Met) magnesium chloride
Chlor-Tetra-Kohlenstoff m (Met) chlorine tetra carbon
Choke m (Kfz) choke control
Chrom n (Met) (AE) chrome, (BE) chromium
Chromat m (Met) chromate
Chrommolybdänstahl m (Met) chrome-moly-steel, chromium-molydenum steel (CrMo-Stahl)
Chromnickelstahl m (Met) chromium-nickel steel
Chromstahl m (Met) (BE) chromium steel, (AE) chrome steel
CIM (Abk. für: computer-integrated manufacturing) (Elek) CIM, computer-integrated manufacturing
circa adv (Tech) approx., approximately, circa
CNC (Abk. für: computerized numerical control) (Elek) CNC, computerized numerical control (numerische Steuerung)
CNC-Bahnsteuerung f (Mech) CNC continuous contour system (Werkzeugmaschinen)
CO₂ f (Chem) carbon dioxide, CO_2
COBOL (Abk. für: Common Business-Orientated Language) (Elek) COBOL
Codierschalter m (Elek) coding switch
codiert adj (Elek) coded
Coil n (Bahn, Hütt) coil (aufgewickeltes Bandeisen)
Colli m (Tech) colli (Verpackung)
computergestützt adj (IT) computer-aided, computer-assisted
computergestützte Konstruktion f (IT, Konst) CAD, computer-aided design
Computer-Grafik f (IT) computer graphics
computerintegrierte Fertigung f (Fert, IT) CIM, computer-integrated manufacturing
computerunterstützte Fertigung f (Fert, IT) CAM, computer-aided manufacturing, computer-assisted manufacturing

Container... (Bahn, Förd, Log, Umschl) container...
Containment n (Elek, Kern) containment (Reaktorkuppel des KKW)
Conti-Glühe f (Hütt) continuous annealing line
Cordgewebe n (Förd) breaker cord strip (Gurt)
CO₂-Schutzgasschweißen n (Schw) carbon-dioxide gas shielded arc welding, carbon-dioxide welding, CO_2 arc welding, CO_2 gas shielded arc welding, CO_2 shielded welding, CO_2 welding, welding under CO_2, welding with CO_2 shielding
CO₂-Schweißen n (Schw) CO_2 welding, CO_2-shielded metal-arc welding, shielded metal arc welding
C-Rahmen m (Elek) C-frame
C-Träger m (Bau, Tech) C-frame
Cursor m (IT) cursor

D

Dach n (Baut) roof
Dach... (Tech) cover..., hood..., lid..., plate..., roof..., top...
Dachbeplankung f (Kfz) roof panel
Dachbinder m (Baut) roof frame (Rahmenform); roof truss (Dreiecksform)
Dachbinderfuß m (Baut) roof truss shoe
Dachbinderobergurt m (Bau) top chord, truss rafter
Dachbinderuntergurt m (Bau) bottom chord
Dachdecker m (Bau) thatcher (für Stroh- und Schieferdächer); roofer, tiler
Dachebene f (Baut) roof plane
Dacheindeckung f (Baut) roof covering, roofing
Dachfirst m (Baut) ridge
Dachfuß m (Baut) roof truss shoe
Dachhalde f (Umschl) chevron-type pile
Dachhaube f (Baut, Tech) louvre, ventilation hood, weather hood
Dachlaterne f (Baut) (BE) lantern light, (AE) ridge lantern (Dachreiter)
Dachmanschette f (Hydr/Pneu) chevron packing, chevron-type packing [seal], V-type collar packing
Dachpappe f (Baut) asphalt-impregnated paper, roofing felt

Dachpfette f (Baut) purlin
Dachreiter m (Baut) ridge turret, roof turret
Dachrinne f (Bau) eaves gutter, gutter, rain pipe, rainwater gutter, roof gutter
Dachrolle f (Förd) inverted-vee return idler
Dachschindel f (Baut) roofing slate
Dachsparren m (Bau) rafter
Dachspiegel m (Kfz) roof bow
Dachstahlpfanne f (Baut) steel roofing tile
Dachstein m (Baut) (AE) shingle
Dachstuhl m (Baut) cupola, roof framework, roof truss
Dachüberstand m (Baut) roof overhang
Dachunterkonstruktion f (Baut) roof deck
Dachverband m (Baut) roofing bond, roofing structure
Dachziegel m (Baut) clay roof tile, (AE) shingle
Dahlander-Schaltung f (Elek) Dahlander circuit, Dahlander pole-changing circuit, delta-parallel-star circuit
Damm m (Bau) dam, (AE) dike, (BE) dyke (Staudamm)
Damm m (Bergb) dam, embankment
Dammband n (Förd) causeway conveyor
Dammbau m (Bau, Bergb) backfilling, embanking, embankment
dämmen v (Bau) insulate (z. B. Kälte, Lärm)
Dämmerungsschalter m (Elek) photoelectric lighting controller, photoelectric switch
Dammstraße f (Bau) causeway
Dämmzahl f (Tech) sound damping factor
Dampf m (Hydr/Pneu) fumes pl, (AE) vapor, (BE) vapour (Dunst); steam (Wasserdampf)
Dampf... (Tech) steam...
Dampfablasshahn m (Bahn) elbow cock
Dampfbeaufschlagung f (Hütt/Walz) steam admission
Dampfbegleitheizung f (Tech) steam tracing (an Rohrleitungen)
dampfdicht adj (Tech) steam-proof, steam-tight
Dampfdruck m (Hütt/Walz) steam pressure, (BE) vapour pressure
dämpfen v (Elek, Tech) attenuate, dampen

dämpfen v (Tech) cushion (z. B. Kolben); damp (Ultraschall); dampen (bedämpfen)
Dämpferwicklung f (Elek) damper winding
Dampferzeuger m (Hütt/Walz) steam boiler, steam generating plant, steam generator, steam raising plant
dampfgestrahlt adj (Kfz) steam-cleaned (gesäubert)
Dampfkasten m (Bahn) steam chest
Dampflokomotive f (Bahn) (AE) steam engine, steam locomotive
Dampfmassenstrom m (Tech) steam mass flow
Dampfphase f (Chem) (BE) vapour phase
Dampfraum m (Tech) steam chest
Dampfschlange f (Tech) steam coil
Dampfspaltung f (Chem, Verd) steam cracking
Dampfspeicherlokomotive f (Bahn) fireless locomotive
Dampfsperre f (Tech) (BE) vapour barrier
dampfstrahlen v (Kfz) steam-clean (säubern)
Dampfstrahlreinigen n (Tech) steam jet cleaning
Dämpfung f (Tech) absorbing, internal friction (Absorbieren); attenuation, buffering, cushioning, damping, loss (z. B. von Stößen, Vibrationen, Lärm); damping capacity, internal friction
Dämpfungsbestimmung f (Prüf) damping test
Dämpfungsglied n (Elek) attenuator pad
Dämpfungsgrad m (Mess) damping ratio
Dämpfungskenngröße f (Mess) damping constant
Dämpfungsmaß n (Tech) attenuation (Lichtwellenleiter)
Dämpfungsverfahren n (Tech) damping method
Dampfwalze f (Kfz) steam roller
darstellen v (Tech) plot (zeichnen); profile
darstellen v/**Vollbild** (IT) (BE) maximise
Darstellung f (Elek) display
Darstellung f (Tech) description, explanation
Darstellungsverzeichnis n (Mess) display directory
darunterliegend adj (Tech) lying underneath, subjacent
Datei f (IT) file

Daten... *(Tech)* data...
Datenaufbereitung f *(IT, Mess)* editing
Datenaufzeichnung f *(IT)* data logging
Datenbank f *(IT)* database
Datenbus m *(IT)* data highway
Dateneingabe f *(IT)* data entry, input
Datenerfassung f *(IT)* data acquisition [collection, gathering]
Datenfreigabetaste f *(IT)* return key
Datenkonzentrator m *(IT)* FEP, front end processor
Datenleitung f *(IT)* sensor line
Datensatz m *(IT)* record
Datentastsystem n *(IT)* data sampling system
Datenträger m *(IT)* data carrier, data medium
Datenverarbeitung f *(IT)* data processing
Datenverarbeitungsleitung f *(IT)* tele-communication line
Datenweiche f *(IT)* data sorting
Dauer f *(Tech)* continuance, continuity, duration *(Fortdauer)*; life *(Lebensdauer)*; period *(Zeitabschnitt)*
Dauer... *(Tech)* constant..., continous..., permanent..., uninterrupted...
Daueranriss m *(Met)* fatigue crack
Dauerbelastung f *(Met, Prüf)* constant load, continuous load, continuously rated load, continuous overload
Dauerbetrieb m *(Tech)* continuous duty, uninterrupted continuous operation, continuous operation, continuous process, continuous running duty type, continuous service
Dauerbiegeversuch m *(Prüf)* fatigue bend test
Dauerbiegewechselfestigkeit f *(Prüf, Schw)* bending stress fatigue limit, fatigue strength under bending conditions
Dauerbruch m *(Met)* endurance failure, fatigue crack, fatigue failure, fatigue fracture, vibration failure
Dauerbruchsicherheit f *(Met, Schw)* endurance strength, resistance to fatigue, safety factors pl for fatigue fracture
Dauerbruchversuch m *(Prüf)* endurance test, fatigue fracture test, fatigue test
Dauerdehngrenze f *(Prüf)* fatigue yield limit
Dauerdrehwechselfestigkeit f *(Met,*

Schw) fatigue strength under torsional conditions
dauerelastisch adj *(Met)* durably resilient, lastingly resilient, permanently elastic, permanent-flexible
Dauerermüdungstest m *(Prüf)* continuous fatigue test
Dauererregung f *(Elek)* permanent--magnet excitation
Dauerfehler m *(Met)* permanent fault, persistent fault
dauerfest adj *(Met)* durable, endurant, fatigue-free, of high endurance strength
Dauerfestigkeit f *(Met, Prüf)* endurance limit, fatigue limit, fatigue resistance, fatigue strength
Dauerfestigkeitsversuch m *(Prüf)* endurance test, fatigue test
dauergeschmiert adj *(Tech)* factory--greased, grease prepacked, permanently greased, lifetime-lubricated
dauerhaft adj *(Tech)* durable, permanent *(haltbar, z. B. Markierung)*
Dauerhaftigkeit f *(Tech)* durability, endurance
Dauerhaltbarkeit f *(Met, Tech)* fatigue durability, fatigue strength of large structures, service life
Dauerkerbschlagversuch m *(Prüf)* repeated notched-bar impact bending test, notched bar impact fatigue test
Dauerkontaktgeber m *(Elek)* maintained-contact switch
Dauerkurzschlussstrom m *(Elek)* sustained short-circuit current
Dauerlast f *(Tech)* continuous load
Dauerlastprüfung f *(Prüf)* steady-load test
Dauerlauf m *(Tech)* continuous operation, continuous running
Dauerleistung f *(Elek)* continuous output, sustained output, continuous rating
Dauerlicht n *(Tech)* steady light
Dauermagnet m *(Elek)* permanent magnet
dauernder Eingriff m *(Tech)* constant mesh *(der Zahnräder)*
Dauerprüfung f *(Prüf)* endurance test, fatigue test; temperature-rise test *(mit Erwärmungsmessung)*
Dauerschall m *(Elek)* ultrasonic circuit *(Generator)*

Dauerschallgenerator m (Elek) continuous wave generator

Dauerschlagfestigkeit f (Tech) impact endurance, impact fatigue limit

Dauerschlagversuch m (Prüf) repeated blow impact test

Dauerschmierlager n (Lag) self-lubricating bearing

Dauerschmierung f (Tech) factory greasing, lifetime-lubrication, permanent lubrication

Dauerschwingbeanspruchung f (Prüf) alternating stress, fatigue loading, repeated stress, repetitive stressing

Dauerschwingbruch m (Met) vibration failure, vibration fracture (DIN 50100)

Dauerschwingkriechgrenze f (Met, Prüf) continuous creep limit

dauerstandfest adj (Hütt, Met) creep resistant

Dauerstandfestigkeit f (Met) creep behaviour, creep characteristics pl, creep properties pl, loading bearing capacity

Dauerstandversuch m (Prüf) constant stress test

Dauerstillstandstrom m (Elek) rated current (Nennstrom, Bemessungsstrom)

Dauerüberlastung f (Tech) continuous overload, sustained overload

Dauerversuch m (Prüf) constant stress test (DIN 50100); endurance test, fatigue test

Dauerwärmefestigkeit f (Elek) thermal endurance

Dauerzugversuch m (Prüf) repeated tensile test, repeated tension test

Dauerzustand m (Tech) steady-state condition

Daumen m (Tech) cog, lift, tappet (Zapfen)

Daumenschlepper m (Tech) dog-type transfer, dog transfer, ratchet bar transfer, pawl-type transfer (Klinkenschlepper)

dazugehörig adj (Tech) accompanying, appertaining, associated, belonging to

Deblockierung f (Kfz) unblocking

dechiffrieren v (Tech) decipher

Deck... (Tech) cover..., deck...

Deckanstrich m (Anstr) covering coat, final coat, finish, finish coat, finishing coat, top coat, top coating

Deckband n (Bergb) cover belt, sandwich belt

Decke f (Bau) ceiling (eines Raumes); wearing course (der Straße)

Deckel m (Tech) cap, cover, covering (Abdeckung); end cover, lid, top; roof

Deckelabstützholz n (Log) top supporting member (Verpackung)

Deckelbehälter m (Tech) drum with removable head (DIN 6644)

Deckelklappe f (Tech) cover flap, divided lid

Deckenbalken m (Bau) joist

Deckenbelastung f (Stb) floor loading

Deckenfertiger m (Bau) road finisher (Straßenbau)

Deckenkonstruktion f (Bau) pavement system (Straße)

Deckenlast f (Stb) floor loading

Deckenlaufkatze f (Kran) overhead trolley

Deckenlaufkran m (Kran) travelling overhead crane

Deckenleuchte f (Elek, Kfz) ceiling light fitting, roof lamp

Deckenscheibe f (Bau) ceiling slab

Deckenträger m (Stb) secondary beam, ceiling beam, (AE) floor beam, joist

Deckenverhältnis n (Bergb) stripping ratio

Deckfarbe f (Anstr) topcoat finish, topcoat paint

Deckgebirge n (Bergb, Geo) cap, cap mass, cap rock, cover, overburden, overlying rock

Decklage f (Schw) cover pass, top seam

Decklasche f (Tech) butt strap, splice plate

Deckscheibe f (Verd) cover, shroud, shroud disc (Laufrad)

Deckschicht f (Anstr) coating, coating layer, cover coating, final coating, surface coating, top coating

Deckschicht f (Bau) wearing course (der Straße)

Deckwinkel m (Förd) pile angle, surcharge angle

decodieren v (Elek) decode

defekt adj (Tech) defective

Defekt m (Tech) defect, flaw, trouble (Störung, Fehler)

Deformation f (Form, Met) deformation, strain

dehnbar adj (Tech) dilatable, ductile, extensible

Dehnbolzen m (Tech) tension bolt (Spannelement)

dehnen v (Tech) draw out (strecken); elongate, lengthen (in die Länge strecken); expand, extend, stretch (ausdehnen); spread (verbreiten)

Dehnfestigkeit f (Met) tensile strength

Dehnfuge f (Tech) expansion joint

Dehngeschwindigkeit f (Met, Prüf) strain rate

Dehngrenze f (Met) elastic limit (elastische Dehngrenze); permanent elongation limit, permanent limit of elasticity, proof stress (bleibende Dehnung); permanent elongation load (belastungsmäßige Dehngrenze); offest yield strength, yield point; yield strength (HV--Schrauben)

Dehnhülse f (Tech) extension sleeve

Dehnschaft m (Tech) reduced shank, waisted shank

Dehnschraube f (Tech) anti-fatigue bolt, anti-fatigue screw, bolt with reduced shank, bolted connection with reduced shank

Dehnsteife f (Met) modulus of elasticity, Young's Modulus

Dehnstreckbarkeit f (Met, Walz) ductility

Dehnstreifenlastmessdose f (Mess) strain gauge load cell

Dehnung f (Met, Stat) elongation, expansion, stretching

Dehnungsbeanspruchung f (Met, Prüf, Schw) tensile stress

Dehnungsfestigkeit f (Met) elasticity, tensile strength

Dehnungsfuge f (Elek) expansion joint

Dehnungsgeschwindigkeit f (Prüf) strain rate

Dehnungsmesser m (Tech) extensometer, strainometer

Dehnungsmessstreifen m (DMS) (Elek) strain gauge

Dehnungsmodul m (Met, Prüf) modulus of elasticity, Young's Modulus

Dehnungswelle f (Elek) dilatational wave

Dehnungszahl f (Met, Prüf) coefficient of expansion, modulus of elongation

Dehnwelle f (Tech) dilatational wave (DIN 54119)

Dehnzahl f (Met, Prüf) modulus of elongation

Deichselstapler m (Förd) high-lift stacker

Deionisationsschalter m (Elek) deion circuit breaker

dekadisches System n (Elek) decade code system

Dekompressionshebel m (Kfz) compression release lever

Delle f (Tech) dent, dint, impression, indentation

Deltaeisen n (Met) delta iron

Deltaferritstahl m (Met) delta ferrite steel

demodulieren v (Elek) demodulate

Demontage f (Tech) disassembly, dismantlement, dismantling

Demontageskizze f (Tech, Zeich) knock-down sketch

demontierbar adj (Tech) demountable, dismantable, removable

demontieren v (Tech) detach, disassemble, dismantle, dismount, remove, take apart, take off, take to pieces

Dependance f (Baut) (BE) annexe, (AE) dependence

Deponie f (Bergb) depositing area, dump, tip

Deponiegas n (Chem, Ökol) landfill gas

Derrick m (Tech) derrick, gin pole (Hebezeugstütze); erecting crane, (AE) stiff-leg derrick (Kran)

Derrickkran m (Kran) derrick crane

Desoxidation f (Hütt) deoxidation (Stahl)

detailliert adj (Tech) detailed, (AE) itemized

detonieren v (Bergb) explode

Deutsche Industrie-Norm f (DIN) (Tech) German Industrial Standard (DIN)

Deutscher Verband m **für Maschinenbau** (DVM) (Tech) German Association for Machine Manufacturing

dezentralisiert adj (Tech) (AE) de-centralized, decentralized, distributed, (BE) decentralised

Dezimalbruch m (Math, Stb) decimal, decimal fraction

Dezimeterwellenspektroskopie f (Prüf) microwave spectroscopy

DFÜ f (Abk. für: Datenübertragung) (IT) data transmitting

DHV-Naht f (Schw) double bevel seam (Schweißnaht)

DHY-Naht f (Schw) double bevel (K-Naht)

Dia n (Tech) slide

Diabolo-Handfaust f (Tech) diabolo dolly (Kfz-Reparatur)

Diagnosegerät n (Kfz, Prüf) tester

Diagnostik f (IT) diagnostics (Syntaxprüfung durch Compiler)

Diagnostiksummenalarm m (Mess) composite diagnostic alarm (Diagnostikgesamtalarm)

Diagonale f (Stb) diagonal, diagonal strut

Diagonalleiste f (Log) diagonal brace (Kiste)

Diagramm n (Tech) chart, record; graph, graphic representation; diagram

Diagrammkonstruktion f (Tech) chart design

Dialogendgerät n (Mess) interactive terminal

Diamant m (Bergb) diamond (komprimierter Kohlenstoff)

diametral adj (Tech) diametral

Diazokarte f (Tech) duplicate card, slave card (Mikrofilmung)

dicht adj (Geo, Tech) compact, dense

dicht adj (Hydr/Pneu) leakproof (lecksicher); tight (undurchlässig)

dicht adj (Met) close-grained (Grauguss)

dicht adj (Tech) sealed (abgedichtet)

Dicht... (Tech) seal..., sealing...

Dichtblende f (Tech) guard

Dichte f (Tech) compactness, density, solidity (Gedrängtheit); consistency (Dichtigkeit); mass density (spezifische Dichte); specific gravity (absolute Dichte)

dichten v (Tech) caulk, make tight, seal (abdichten); densify (kompakter machen); pack, stuff (dicht packen)

Dichtewandler m (Mess) density converter

Dichtfläche f (Tech) seal face, sealing surface; flange facing, face of flange (eines Flansches)

Dichtflansch m (Tech) flange

Dichtform f (Tech) facing shape (eines Flansches)

Dichtheit f (Tech, Hydr/Pneu) impermeability, proofness, tightness (Undurchlässigkeit); proofness, tightness

Dichtigkeitsprüfung f (Hydr/Pneu, Prüf) high-pressure test, leak test; hydrostatic test (durch Abdrücken)

Dichtkegel m (Kfz) cone packing m

Dichtklappe f (Vent) sealing valve, sealing flap(per) valve; tight butterfly valve (in Gasleitung)

Dichtkolben m (Tech) seal piston, annular piston (Schwimmringdichtung)

Dichtleiste f (Tech) sealing strip; raised face (Arbeitsleiste eines Flansches)

Dichtleistung f (Tech) shaft-end seal performance

Dichtmasse f (Tech) packing compound

Dichtnaht f (Schw) caulk weld, caulking weld, seal weld, sealing weld

Dichtprofil n (Tech) sealing strip, shaped gasket

Dichtprüfung f (Prüf) leakage test

Dichtring m (Tech) gasket ring, joint ring, oil seal, packing ring, sealing ring; ring gasket (flach)

Dichtringverbindung f (Tech) ring-type joint, ring joint (Flanschverbindung)

Dichtsatz m (Tech) packet seal

Dichtscheibe f (Tech) full face gasket

Dichtschicht f (Anstr) impervious coating

Dichtschnur f (Tech) string-type gasket

Dichtschraube f (Hütt/Walz) gland (von Packungen)

Dichtschweißung f (Schw) seal weld

Dichtsitz m (Tech) seal seat; bell contact

Dichtstelle f (Tech) seal point

Dichtstoff m (Chem, Tech) sealant

Dichtung f (Tech) (BE) anillo, gasket ring, seal, sealing; gasket; packing; stuffing

Dichtungsbalg m (Tech) bellows pl

Dichtungsbuchse f (Tech) packing sleeve

Dichtungseinsatz m (Tech, Verd) restrictive edge seal; seal stationary part (Verdichter); shaft seal (an der Welle); interstage labyrinth seal; shaft labyrinth seal

Dichtungsfläche f (Tech) contact surface; faying surface, packing surface, sealing area, sealing face, sealing surface

Dichtungslamelle f (Tech) sealing disc (Dichtungsscheibe); sealing strip (Dichtungsstreifen)

Dichtungsmasse f (Tech) putty (Kitt); sealer, sealing compound, shaft seal material

Dichtungsmaterial n (Tech) cementing material, jointing material, packing material, sealing material

Dichtungsmittel n (Tech) sealing agent

Dichtungsmutter f (Tech) grommet nut (Tüllenmutter)

Dichtungsring m (Tech) flange packing (Flanschverbindung); gasket ring, packing ring, seal ring, sealing ring; joint ring (Rohrflanschverbindung); oil retainer ring, oil seal (Öl)

Dichtungsschutzkappe f (Tech) dust cap (Staubkappe); gasket cap

Dichtungsschweißung f (Schw) caulk welding

Dichtungsspiel n (Tech) seal clearance

Dichtungsspitze f (Tech) sealing tip (Labyrinthdichtung)

Dichtungsträger m (Tech) seal carrier (Büchsenform)

dichtwellig adj (Tech) close-pitch (Faltenbalg)

dick adj (Tech) thick

Dicke f (Geo, Tech) (AE) gage, (BE) gauge thickness (Blech, Draht usw.)

Dicken... (Tech) (AE) gage..., (BE) gauge..., thickness...

Dickenabweichung f (Walz) off-gauge thickness

Dickenlehre f (Werkz) feeler, (AE) feeler gage, (BE) feeler gauge, (AE) thickness gage, (BE) thickness gauge

Dickenprüfung f (Elek) depth scanning

Dickenschwinger m (Elek) thickness vibrator, thickness mode transducer (DIN 54119)

dickflache Feile f (Werkz) cotter file

dickflüssig adj (Chem) high-viscosity, semi-liquid, thick, viscous

Dickschicht... (Anstr) high-build...

Dickstoffpumpe f (Tech) solids handling pump, slush pump

dickwandig adj (Hütt/Walz) heavy--walled, thick-walled

dickwandiger Hohlkörper m (Walz) heavy gauge thimble, heavy gauge bottle, pierced billet with closed integral end (Lochstück/Luppe aus der Lochpresse)

dickwandiges Rohr n (Hütt/Walz) thick--walled tube

Diele f (Tech) deal-board (Brett)

dielektrisch adj (Elek) dielectric

Dielektrizitätskonstante f (Elek) inductive capacitance, dielectric coefficient, dielectric constant

Dienst m (Tech) service

Dienst... (Tech) operating..., service..., working...

Dienstgewicht n (Bergb) gross weight (brutto)

Dienstgewicht n (Tech, Schw) operating weight, service mass, service weight, weight in working order

Dienstprogramm n (Elek, IT) utilities pl (für Computer)

Diesel m (Chem) diesel (Kraftstoff)

Diesel... (Tech) diesel...

Dieselaggregat n (Bergb, Tech) diesel generator, diesel generator set, diesel--driven generator

dieselelektrisch adj (Tech) diesel-electric, oil-electric

Dietrich m (Tech) master key, skeleton key

Differenz f (IT) difference

Differenz... (Tech) differential...

Differenzial n (Kfz) differential

Differenzialanteil m (Mess) derivative component (Regler)

Differenzialquotient m (Math) derivative

Differenzialregler m (Mess) derivative action controller, derivative controller, rate action controller (Vorhaltregler)

Differenzialseitenwelle f (Kfz) axle shaft

Differenzialverstärkung f (Mess) derivative gain

Differenzialwandlergetriebe n (Kfz) torque divider transmission, torque division transmission

Differenzialzählwerk n (Förd) differential totalizer (Bandwaage)

differenzierende Regelung f (Mess) derivative control (Vorhaltregelung)

Differenzierer m (Elek) differentiator (elektrische Schaltung)

diffundieren v (Elek) diffuse (Licht streuen)

diffus adj (Elek) diffuse (gestreutes Licht)

Diffusionsglühen n (Hütt, Met) (AE) homogenizing, (BE) homogenising; annealing for hydrogen diffusion

Diffusionsschweißen n (Schw) diffusion welding

digital adj (IT) digital

Digitalablesung f (Elek) digital readout

Digital-Analog-Umsetzer m (Elek) digital-analog converter

Digital-Analog-Wandler m (Elek) digital-analog converter

Digital... (Tech) digital...

dimensionieren v (für) (Tech) dimension, proportion, rate, size

dimensionslos adj (Tech) dimensionless, non-dimensional

Dimmerschrank m (Baut, Licht) dimming panel (Lichtsystem)

DIN (Abk. für: Deutsche Industrie-Norm) (Tech) German Industrial Standard

Diode f (Elek) diode

Diode... (Elek) diode...

Diodentorschaltung f (Elek) diode gate circuit

Diplomingenieur m (Tech) certified engineer, engineering graduate

Dipmeteranalyse f (IT) dipmeter analysis

direkt adj (Tech) direct, straightway

direkt angetrieben adj (Tech) shaft driven (z. B. Ölpumpe)

direkt geschmiert adj (Tech) direct lubricated

direkt gesteuert adj (Elek, Tech) directly operated

Direkt... (Tech) direct...

Direktablesung f (Mech, Hydr/Pneu) direct reading, local reading

Direktanlasser m (Tech) direct-on-line starter, across-the-line starter (Netzschalter)

Direktanschallung f (Elek, Prüf) direct scan (Ultraschall, DIN 54119)

direkte numerische Steuerung f (Elek) computerized numerical control

direktes Einschalten n (Elek) direct on-line starting, full-voltage starting

direktreduziertes Eisen n (Hütt) direct-reduced iron, DRI

Direktschmelzreduktion f (Hütt) direct smelting reduction

Direktsteuerung f (Tech) local control

Direktversturz m (Bergb) cross pit dumping [spreading, system], direct overthrow

Diskette f (IT, Elek) diskette, floppy disc

Diskettenlaufwerk n (IT) disk drive

Diskonstante f (Elek) dielectric constant, permittivity

diskontinuierlich adj (Tech) batch, discontinuous, intermittent, non-continuous

diskontinuierliches Stranggießen n

(Hütt, Walz) semi-continuous strand casting

diskretes Steuerelement n (Mess) discrete control device, DCD

Disparität f (IT) disparity

Dispersion f (Licht) dispersion (Lichtwellenleiter)

Disponent m (Bergb) dispatcher (Baggerpersonal)

Disposition f (Tech) arrangement, planning

Dispositionszeichnung f (Zeich) general arrangement drawing

Distanz f (Tech) distance

Distanz... (Tech) distance..., spacer...

Distanzhalter m (Tech) tie

Distanzplatte f (Zer) spacer plate (Plattenband)

Distanzring m (Tech) distance ring, distance washer, spacer ring

Distanzscheibe f (Tech) distance washer, spacer, spacing disc; shim (im Zylinder)

Distanzschutz m (Elek) impedance protection

Distanzschutz m (Tech) anticollision device

Distanzstück n (Stb) separator, spacer

Disulfid n (Chem) disulphide

Disulfit n (Chem) (AE) bisulfite, bisulphite

Dividierschaltung f (Elek) dividing circuit

DMS (Abk. für: Dehnungsmessstreifen) (Elek) strain gauge

DMV-Probe f (Prüf) DMV-test

Docht m (Mess, Tech) wick

Dochtpatrone f (Mess, Tech) wicking cartridge

Dochtschmierung f (Tech) wick lubrication f

Dolomit m (Geo) bitter spar, dolomite

Dolomit m und **Magnesit** m (Bergb) refractories pl

Dolomitstein m (Bergb) dolomite stone

Dom m (Bergb) tower (Auflage der Drehverbindung)

dominant adj (Elek) dominant

Doppel... (Tech) double, dual, duplex, twin

Doppelabstreifer m (Bergb, Förd, Umschl) double-blade scraper

Doppelabzweigmuffe f (Elek) bifurcating box

Doppelachse f (Kfz) twin axle

Doppeladerleiter m (Elek) two-core conductor

Doppeladler m (Tech) double eagle

doppeladrig adj (Elek) bifilar

doppeladriges Kabel n (Elek) two-conductor cable, two-core cable

Doppelanschluss m (Elek) party line

doppelarmiger Drehmomentschlüssel m (Werkz) Tee handle torque wrench

Doppelauge n (Bergb, Tech) double lug

Doppelbeaufschlagung f (Hydr/Pneu) double flow

Doppelbeaufschlagung f (Kfz) combined flow

doppelbrechend adj (Elek) birefringent, double refracting, double refractive

Doppeldecke f (Baut, Stb) (BE) false ceiling, (AE) suspended ceiling

Doppeldeckersieb n (Zer) double-deck screen

Doppeldrucktaster m (Elek) ON/OFF pushbutton station, start/stop pushbutton station, two-button station

doppelentspannbares Rückschlagventil n (Kfz) hydraulically operated relief valve

Doppelfalzversuch m (Prüf) reverse-folding endurance test

Doppelfederung f (Tech) double coil spring lock washer

Doppelgabelschlüssel m (Werkz) double open-end spanner

Doppelgelenk n (Kfz) double joint

Doppelgelenk n (Tech) constant-velocity joint

Doppelgelenkschlüssel m (Werkz) double ended flexi-joint spanner

Doppelhaken m (Tech) ramshorn hook (Kran)

Doppelhiebfeile f (Werkz) double cut file

Doppelhubtrommel f (Kran) double hoist drum

doppelisoliert adj (Elek) insulated on both sides

Doppelkabel n (Elek) duplex cable, twin cable

Doppelkabine f (Kfz) twin cab

Doppelkastenträgerkran m (Kran) double box girder crane

Doppelkehlnaht f (Schw) double fillet weld, twin fillet weld

Doppelkeilriemen m (Tech) double V-belt

Doppelkeilschieber m (Vent) double wedge disc gate valve

Doppelklebeband n (Tech) twin-sided adhesive tape

doppelklicken v (IT) double-click

Doppelkopfbohrsystem n (Bergb) double rotary drive module

Doppelkopfhaspel f (Walz) double-stub mandrel reel

Doppelkopfschweißung f (Schw) double-head welding (Rohrwalzwerk)

Doppelkopfverfahren n (Kfz) double transceiver technique

Doppelkrümmer m (Tech) double bend, S-bend (Rohr)

Doppellenker m (Kran) crane with double lever jib (Kran)

Doppellichtbogenschweißen n (Schw) twin-arc welding

Doppelmanometer n (Tech) double vacuum gauge

Doppelmaulschlüssel m (Werkz) double ended spanner, double-headed wrench, (BE) open-end spanner, double open-end spanner

Doppelnippel m (Tech) double(-ended) nipple, threaded steel pipe fitting

Doppelpfeilradverzahnung f (Getr) double herringbone gearing

Doppelprüfkopf m (Elek) double probe, twin probe (Ultraschall)

Doppelpunktschweißen n (Schw) duplex spot welding

Doppelreduzieren n (Walz) double reducing (von Weißblech)

doppelreihig adj (Tech) double-row, in two rows, two-rowed

Doppelringschlüssel m (Werkz) double-ended box wrench, double-headed box spanner, double-ended ring spanner

Doppelrückschlagventil n (Vent) double non-return valve, double return valve, dual check valve, shuttle valve

Doppelschaltfilter m (Hydr/Pneu) duplex switch filter

Doppelschlichtfeile f (Werkz) dead-smooth file

Doppelschneckengetriebe n (Getr) double-worm gear unit

Doppelschrägverzahnung f (Getr) double helical gearing

Doppelschraubenschlüssel m (Werkz)

double-ended spanner, double head wrench

Doppelsechskant m (Werkz) bi-hexagonal ring

doppelseitig adj (Tech) bilateral, double-acting (z. B. Lager); double-sided

doppelseitig adv (Tech) on both sides

doppelseitiges Längslager n (Lag) double-acting thrust bearing

Doppelsitzventil n (Vent) double-seated valve

Doppelspannungsmotor m (Antr) dual voltage motor

Doppelspurkranz m (Getr) double flange (eines Kranrades)

Doppelstabmotor m (Antr) double squirrel-cage motor, double-cage motor

Doppelsteckdose f (Elek) double socket outlet, duplex receptacle

doppelstöckig adj (Tech) double-deck, (BE) two-storey, (AE) two-story

doppelt adj (Tech) double, dual

doppelt beruhigt adj (Hütt/Walz) fully killed (z. B. Stahl)

doppelt gekröpft adj (Verd) two throw (Kurbelwelle)

doppelt wirkend adj (Mech, Tech) double-acting (z. B. Drucklager)

Doppel-T-Eisen n (Hütt/Walz, Met) rolled-steel joist, double T-iron

doppelter Boden m (Elek) false floor

doppeltkaltgewalzt adj (Walz) double-reduced, double cold reduced

doppeltmagnetbetätigt adj (Elek, Tech) double solenoid operated

Doppel-T-Profil n (Met, Stb) I-section; standard I-beam, (AE) universal beam

Doppelträgerkran m (Kran) double girder crane

Doppel-T-Schaltung f (Elek) twin-T-circuit

Doppel-T-Träger m (Met) beam, girder, I-beam, joist, rolled-steel joist, standard beam, double T-beam, universal beam

Doppel-U-Naht f (Schw) double U, double-U groove weld

Dopplung f (Walz) lamination

Doppelverspannung f (Tech) double clamping system

Doppelvierkant m (Werkz) double square, bi-square

Doppelvierpunktkugellager n (Bergb, Lag) double four-point contact bearing

Doppel-V-Naht f (Schw) double-vee groove weld

doppelvorgesteuert adj (Vent) double pilot operated (Ventile)

doppelwandig adj (Tech) double-walled

Doppelwellenwalzenbrecher m (Zer) double-roll crusher

doppelwirkend adj (Hydr/Pneu, Tech) double-acting

Döpper m (Mont) (AE) header, snap die; rivet set (Nietendöpper)

Dopplung f (Hütt/Walz) lamination

Dorn m (Tech) tang (Zapfen)

Dorn m (Mech) arbor (für Fräser, Reibahlen, Schleifscheiben)

Dorn m (Mont) drift (für Bolzen, Buchsen); arbor (für Fräser, Reibahlen, Schleifscheiben); broach (Ziehdorn)

Dorn m (Walz) mandrel (für Faltversuch)

dornen v (Stb) drift

Dornschlüssel m (Tech) pin lock key

Dose f (Elek) box

Dose f (Tech) can, (BE) tin

Dosenblech n (Met) can sheet

Dosier... (Tech) batching..., dosing..., feed..., proportioning...

Dosierband n (Förd) feed regulating conveyor

Dosierbandwaage f (Förd, Tech) continuous weigh scale, gravimetric feeder, proportioning weigh feeder, weigh-feeder

dosieren v (Tech) batch, dose, proportion

Dosierventil n (Hydr/Pneu) proportioning valve, three-way valve

Dosierventil n (Vent) supply regulator

Dragline f (Bergb) dragline

Draht m (Elek) conductor (einer Leitung); wire

Draht m (Walz) rod, wire rod (nach dem Walzen gezogen)

Draht... (Tech) wire..., wire rod...

Drahtanschluss m (Elek) lead, wire termination

drahtbruchsicher adj (Elek) fail-safe

Drahtbrücke f (Elek) jumper, wire jumper

Drahtgewebe n (Elek, Met) wire cloth, wire fabric, wire gauze, wire netting, woven wire

Drahtlehre f (Metr) wire gauge

drahtlose Steuerung f (Kran) radio control (Funksteuerung)

Drahtprüfung f (Prüf) wire testing

Drahtqualität f (Met) wire quality

Drahtring m (Stb) wire coil

Drahtseil n (Tech) cable, wire cable, wire rope

Drahtseilklemme f (Tech) wire rope clamp, wire rope clip, wire rope cramp

Drahtstärke f (Tech) (AE) gage, (G:BE) gauge

Draht- und Feinstahlstraße f (Walz) rod and light section mill

Drahtverschlussglied n (Tech) wire fastener connecting link

Drahtwälzlager n (Lag) wire-race bearing

Drahtwalzwerk n (Walz) rod mill, wire rod mill

Drahtwendel f (Tech) wire reinforcement

Drahtwiderstand m (Tech) wire resistor

Drahtzange f (Mech, Werkz) cutting pliers pl, pliers pl, wire cutter

Drahtziehen n (Hütt/Walz) wire drawing

Drahtzuführung f (Schw) wire feed

Drainagelöffel m (Bergb) digging grab, drainage bucket, trencher

Drall m (Verd) angular momentum, momentum; spin, swirl, pre-whirling motion (einer Strömung)

drallarm adj (Tech) non-spinning, non-twisting

drallarmes Stahlseil n (Tech) steel rope with moderate twist

drallfrei adj (Tech) non-spinning (drehungsfrei); non-twisting, twist-free (z. B. Seil)

drallfreie Stromung f (Verd) whirl-free flow

Drallregelung f (Verd) inlet guide vane control

Draufsicht f (Zeich) bird's view, elevation, plan view, top view

draußen adv (Tech) outdoors

Dreck m (Bergb) muck (Humus, Dünger); mud (Schmutz)

dreckig adj (Bergb) contaminated, dirty, impurified

Dreh... (Tech) revolving, rotary, rotating, rotational, turning; slewing, swinging (Schwenk...); torsional, twisting (Verdrehungs...)

Drehachse f (Tech) axis of revolution, axis of rotation, rotational axis, (AE) center of rotation, (BE) centre of rotation, centre-line of trunnions (Konverter); fulcrum; pivot (Drehbolzen); slewing axis, swivelling axis (Schwenkachse)

Drehausgleicher m (Kfz) torque compensator

Drehausleger m (Kran) slewing jib, swivelling jib, swivelling boom

Drehautomat m (Mech) automatic lathe

Drehbank f (Mech) lathe

drehbar adj (Tech) pivoted; revolving, rotary, rotatable, rotating, turnable, turning; slewing, swivelling

drehbar adj/motorisch (Kran) powered rotating

drehbarer Oberwagen m (Bergb) revolving superstructure

drehbarer Ofen m (Hütt) rotatable-shell furnace, rotating furnace (Lichtbogenofen)

Drehbeanspruchung f (Met, Prüf) torsional stress, torsion

Drehbereich m (Baum, Bergb, Tech) slewing range, turning range (Schwenkbereich)

Drehbewegung f (Kfz) tipping motion (zur Seite kippen)

Drehbewegung f (Tech) revolution, rotation (Drehung); rotary motion, rotational movement, turning; slewing, swivelling motion (Schwenkbewegung)

Drehbolzen m (Tech) gudgeon, king bolt, pin, pivot bolt, pivot pin

Drehbrücke f (Stb) swing bridge

Drehdurchführung f (Tech) (AE) center post, (BE) centre post, (AE) circle swing assembly, (AE) multiport swivel

Drehdurchmesser m (Bergb) turning diameter (z. B. der Kolbenstange)

Dreheisenmessgerät n (Elek) moving-iron instrument

drehelastisch adj (Tech) torsionally flexible, with torsional stability

drehen v (Mech, Tech) turn, slew (langdrehen, herumdrehen, zerspanen); revolve, rotate, turn (sich drehen); face, surface (plandrehen); form, profile (formdrehen); pivot, swivel (sich auf einem Zapfen drehen); twist (verdrehen, wickeln); reverse (umkehren, umdrehen)

drehen v/ballig (Walz) crown (Walze)

drehen v/eben (Mech) dress, surface

drehen v/**fertig** (Mech) finish machine, finish turn

drehen v/**flach** (Mech) dress, surface

drehen v/**nach Maß** (Mech) turn to size, turn to template

Drehen n der Pumpe (Kfz) drifting of a pump

drehend adj (Kfz) revolving, rotary, rotating, turning

Dreher m (Mech) turner (an der Drehbank)

Drehergewebe n (Förd) open twist weave (Stahlseilgurt)

Drehfeder f (Tech) torque rod, torsion bar, torsion spring; twist spring clip (Befestigungsmittel)

drehfeldabhängig adj (Elek) phase-sequence-controlled, phase-sequence-dependent

Drehfeldgeber m (Elek) selsyn (Drehmelder); synchro generator

Drehfestigkeit f (Tech, Schw) torsional strength, twisting strength

Drehflankenspiel n (Tech) circumferential backlash

Drehflansch m (Tech, Walz) drive flange

Drehflügelfenster n (Bau) swinging casement window

Drehflügelpumpe f (Tech, Walz) blade-type pump

Drehfutter n (Mech) lathe chuck

Drehgalgen m (Tech) swivelling boom

Drehgeber m (Mess) rotary transducer

Drehgelenk n (Tech) cup-and-ball joint, pivot, rotary joint, swivel-joint (Drehzapfen); hinge (Scharnier)

Drehgelenkrohr n (Hütt, Tech) articulated pipe

Drehgetriebe n (Bergb) circle drive

Drehhaken m (Kran) swivel hook

Drehherd m (Hütt, Walz) rotary hearth, rotating hearth

Drehimpuls m (Tech) angular momentum

Drehkappe f (Form) rotocap

Drehkipper m (Bergb) rotary tippler

Drehknopf m (Tech) knob, knob lever (Hebel); control knob, rotary knob, turning knob (Regler)

Drehkolben m (Tech) rotary piston; rotor

Drehkopf m (Tech) rotating head

Drehkraft f (Tech) rotary force, rotational force, rotary power; torsional force, twisting force, torque

Drehkran m (Tech) boom crane, rotary crane, revolving crane, slewing crane, turning crane

Drehkranz m (Bergb) (AE) circle bogie, turntable (des Graders); slewing gear rim (Schwenk-Zahnkranz); toothed rim

Drehkreis m (Bergb) circle, turning circle

Drehkreuz n (Tech, Walz) turnstile

Drehlager n (Tech) pivot bearing (Zapfenlager)

Drehlagergehäuse n (Lag) trunnion bearing housing

Drehlaufkatze f (Kran) rotating trolley, underhung slewing jib crane

Drehleiter f (Stb) (AE) aerial ladder, (BE) turntable ladder (fahrbare Leiter)

Drehmagnet m (Elek) solenoid

Drehmassenmoment n (Tech) inertia torque

Drehmelder m (Elek) selsyn, synchro, synchro-generator

Drehmoment n (Stb) torque, twisting moment (Drillmoment); torsional moment (Torsionsmoment)

Drehmoment n (Tech) speed torque; torsional force, twisting force (unerwünschte Torsion)

Drehmoment-Drehzahlkennlinie f (Tech) torque-speed characteristic

Drehmoment-Drehzahlkurve f (Elek) speed torque characteristic, speed torque curve

Drehmomentenschlüssel m (Werkz) torque spanner, torque wrench, torque-meter wrench

Drehmomentenstütze f (Tech) torque blade, torque restraining system (Konverter); torque support

Drehmomentgeber m (Tech) torque transducer

Drehmomenthöchstleistung f (Tech) peak torque

Drehmomentkennlinie f (Tech) torque characteristic

Drehmomentmotor m (Elek) torque motor

Drehmomentschlüssel m (Werkz) torque spanner, torque wrench, torque-meter wrench

Drehmomentstütze f (Elek) torque arm, torque bracket

Drehmomentstütze f (Tech) torque blade, torque restraining system (Konverter); torque support

Drehmomentverlauf m (Elek) speed torque characteristic, torque characteristic

Drehmomentwandler m (Kfz) torque converter

Drehmotor m (Elek) slewing motor

Drehpol m (Stb) (AE) center of rotation, (BE) centre of rotation, pivot

Drehpunkt m (Bergb, Umschl) (AE) center of movements, (AE) centre of movements, (BE) centre of movements, (BE) centre of rotation, (AE) pivotal center, (BE) pivotal centre; pivot, pivot point (Drehzapfen)

Drehrichtung f (Tech) direction of rotation, sense of rotation

Drehrichtungspfeil m (Elek) rotation arrow

Drehrichtungsumkehrschalter m (Elek) reversing controller, reversing switch

Drehrichtungsumschalter m (Elek) reverser, reversing switch

Drehrichtungswächter m (Mess) direction of rotation monitor

Drehriegelverschluss m (Tech) espagnolette lock

Drehring m (Kran) slewing ring

Drehring m (Tech) swivel

Drehrohrofen m (Hütt) rotary kiln

Drehsäule f (Tech) pivoting column, swivelling column

Drehschalter m (Elek) rotary control switch, rotary switch

Drehscheibe f (Tech) turntable

Drehschemel m (Bergb) pivot support

Drehschieber m (Hydr/Pneu) rotary spool valve, rotary spool, rotary valve

Drehschütz n (Stb) balanced gate

Drehschwingung f (Tech) rotary oscillation, torsional oscillation, torsional vibration

Drehschwingungsuntersuchung f (Prüf, Verd) torsional-vibration analysis, torsional vibration response analysis, torsional vibration calculation

Drehsicherung f (Bergb) locking device

Drehsieb n (Tech) revolving screen, rotary screen

Drehsinn m (Tech) direction of rotation, sense of rotation

drehsinnunabhängig adj (Tech) bidirectional

Drehspäne mpl (Hütt, Mech) turnings

Drehspannung f (Tech) torsional stress, three-phase voltage

Drehspiegelleuchte f (Elek) circulating reflector spotlight

Drehstab m (Met) torsion bar

Drehstahl m (Werkz) cutting tool, turning tool

Drehstangenschloss n (Tech) espagnolette lock

drehstarr adj (Tech) torsionally rigid, stiff against torsion, torsionally stiff, torsion-proof

drehsteif adj (Tech) torsionally rigid, stiff against torsion, torsionally stiff, torsion-proof

Drehstellventil n (Vent) rotary valve

Drehstift m (Werkz) tommy (am Schraubwerkzeug)

Drehstock m (Tech) winch

Drehstrom m (Elek) three-phase a.c., three-phase alternating current, three-phase current

Drehstromasynchronmotor m (Elek) three-phase asynchronous motor, three-phase induction motor

Drehstromgenerator m (Elek) alternator, three-phase a.c. generator, three-phase alternating current generator, three-phase generator

Drehstromkäfigläufermotor m (Elek) three-phase cage motor, three-phase squirrel cage motor

Drehstrom-Kurzschlussläufermotor m (Elek) three-phase cage motor, three-phase squirrel cage motor

Drehstromlichtmaschine f (Elek) three-phase a.c. generator, three-phase alternating current generator, three-phase generator

Drehstrommotor m (Antr, Elek) three-phase a.c. motor, three-phase alternating current motor, three-phase current motor, three-phase induction motor; three-phase squirrel cage motor (als Käfigläufermotor)

Drehstromnebenschlussmotor m (Antr, Elek) polyphase commutator shunt motor

Drehstromnetz n (Elek) three-phase network [AC supply, system]

Drehstromschleifringläufermotor m (Antr, Elek) three-phase sliping motor, three-phase wound-rotor motor

Drehteil m (Werkz) pinion (der Knarre eines Steckschlüssels)

Drehteilrohre npl (Met, Walz) mechanical tubing

Drehtisch m (Tech) turntable

Drehtür f (Baut) revolving door

Drehturmstapler m (Förd) fork lift truck with telescopic mast, lift truck with telescopic mast

Drehumformer m (Elek) rotary converter

Drehumsteller m (Hütt) no-load tap changer, off-load tap changer

Drehung f (Tech) cycle of rotation (Schraube); gyration (Kreis); revolution, rotation (um einen Körper, eine Achse); torsion, twist (Verdrehung); turn, turning (Umdrehung)

Drehungsbeanspruchung f (Prüf) torsional stress

Drehungsfestigkeit f (Met) torsional strength

drehungsfrei adj (Form) non-rotating, non-spinning (z. B. Seil)

Drehventil n (Hydr/Pneu) rotary valve

Drehverbindung f (Tech) race bearing, slew ring, (BE) slewing rack, swing bearing, (AE) swing rack

Drehverschraubung f (Tech) swivel coupling

Drehverteiler m (Kfz) rotary distributor

Drehwälzlager n (Lag) wire race bearing

Drehwendeschaltung f (Kfz) single lever automatic control for speed and single direction

Drehwerk n (Bergb) rotating gear, rotation mechanism, slewing device, swing assembly

Drehwerk n (Kfz) swing gear (Schwenkwerk)

Drehwerkkrltzel n (Bergb) pinion, pinion gear

Drehwerksbremse f (Bergb) slewing brake

Drehwiderstand m (Elek) potentiometer, rotary rheostat

Drehwinkelverfahren n (Tech) torsion angle method

Drehzahl f (Elek, Tech) driving speed, engine revolution, engine speed, r. p. m., revolutions pl per minute, speed, rotational speed (z. B. eines Motors)

Drehzahlabnehmer m (Kfz) recording tachometer

Drehzahländerung f (Tech) speed control, speed regulation (gesteuert); speed variation

Drehzahlbereich m (Tech) speed range

Drehzahl/Drehmoment-Kennlinie f (Tech) speed torque characteristic, speed torque curve

Drehzahlgeber m (Elek) motor speed transmitter, speed sensor, tachometer

Drehzahlgeber m (Tech) tacho-generator, tachometer generator

drehzahlgeregelt adj (Tech) variable speed (drehzahlveränderlich); speed-regulated, speed-controlled (Antrieb)

Drehzahlgrenze f (Kfz) limiting speed

Drehzahlkennfeld n (Tech) speed curve map

Drehzahlmesser m (Elek) r. p. m. counter, revolutions counter, tachometer

Drehzahlmesserantrieb m (Elek) tachometer drive

Drehzahlmessung f (Tech) rotational-speed measurement

Drehzahlregelung f (Tech) speed control, automatic speed control, speed regulation, speed variation

Drehzahlregler m (Tech) speed controller, speed governor, speed regulator; governor

Drehzahlrückstellung f (Kfz) engine-revolution return, engine-speed reduction

Drehzahlschwankung f (Tech) speed variation

Drehzahlschwingung f (Elek) speed oscillation

drehzahlstellbarer Motor m (Antr, Elek) adjustable-speed drive, adjustable-speed motor, variable-speed drive, variable-speed motor

Drehzahlstufe f (Elek) speed step

Drehzahlumschalter m (Elek) speed selector

drehzahlveränderlich adj (Elek) variable-speed

Drehzahlverstellmotor m (Elek) adjustable-speed motor, variable-speed motor

Drehzahlwächter m (Elek) speed controller, speed monitor, tacho-switch, tachometric relay, zero-speed switch

Drehzahlwächter m (Tech) rotational speed monitor; overspeed monitor (für zu hohe Drehzahl); underspeed monitor (für zu niedrige Drehzahl)

Drehzapfen m (Bahn) bogie pin (z. B. am Drehgestell)

Drehzapfen m (Tech) gudgeon, journal (Achse, Bolzen); pivot (Drehgelenk, -lager); pivot pin (Gelenkzapfen); slewing journal (Kran); swivel (Drehbügel); trunnion (Kippzapfen)

dreiachsig adj (Tech) triaxial

Dreiarmnabe f (Kfz) triple-sector clutch hub

Dreibein n (Tech) tripod

dreieckig adj (Tech) triangular

Dreieckschaltung f (Elek, Hütt) delta closure, delta connection (Trafo)

Dreiecksrahmen m (Kfz) A-frame

Dreiecksscheibenrost m (Zer) roller grizzly, roller screen

dreifach adj (Tech) triple, triplex

dreifach gelagerte Welle f (Tech) shaft on three supports, shaft supported at three points, double span shaft

dreifache Flaschung f (Bergb) triple rope reeving

Dreifachhubgerüst n (Förd) triple telescopic lift structure, triple mast system

Dreifachschalter m (Elek) three-gang switch

Dreifachventil n (Hydr/Pneu) triple valve

Dreiflächenlager n (Lag) three-lobe bearing

Dreifuß m (Bau) tripod

dreigängig adj (Form) triple-thread (z. B. ein Zahnrad)

Dreigelenk... (Tech) three-hinged

Dreihebelklappe f (Vent) three-lever valve

Drei-in-eins-Lader m (Bergb) TDL, tractor-digger-loader

Dreikammerlabyrinthdichtung f (Tech) three-ported labyrinth seal

Dreikant... (Tech) three-cornered, triangular

Dreikantfeile f (Werkz) taper file, three-square file, triangular file

Dreikanthohlschaber m (Werkz) three-square engineer's scraper

Dreikantkopf m (Bau) triangle head (einer Schraube, DIN ISO 1891)

Dreikantlitzenseil n (Tech) flattened strand rope

dreimalig adj (Tech) threefold, triple

Dreiphasenstrom m (Elek) three-phase electricity

dreipolig adj (Elek) three-pin, three-pole, triple pole

Dreiseitenkipper m (Kfz) side and rear dump truck, three-way tipper

Dreistegbodenplatte f (Bergb) triple-bar track pad, triple-grouser track pad

Dreistellungsventil n (Hydr/Pneu) three-position valve

Dreistoffausführung f (Lag) tri-metal design

dreistufig adj (Tech) three-poster

dreiteilig adj (Tech) in three parts, three-part, three-stage, tripartite

Dreiwalzengerüst n (Walz) three-high stand, three-high rolling stand

Dreiweg... (Tech) three-way

dreiwertig adj (Chem) trivalent

Dreiwertigkeit f (Chem) trivalence

dreizügig adj (Hütt) three-pass

Drempel m (Bau) jamb wall (senkrechte Mansardenwand)

Dressiergerüst n (Walz) skin passing stand

Drift f (Stb) (AE) drift, sway (waagerechte Durchbiegung)

Driftzahl f (Stb) deflection index

Drillingsrolle f (Bergb, Förd) bend idler roll, convex bend idler roll (einzelne Rolle); bend idler, convex bend idler (Rolle)

Drillknicken n (Stat, Stb) torsional buckling, twist buckling

Drillmoment n (Stb) torsional moment, torque, twisting moment (Drehmoment)

Drillsteifigkeit f (Stb) torsional rigidity, twisting stiffness

Drillung f (Tech) torque, torsion, twisting

Drillwulststahl m (Met) twisted reinforcement bulb steel

Drittelpunkt m (Tech) third point

Drossel f (Tech) choke, throttle, throttle valve

Drosselbremse f (Kfz) engine brake

drosselfrei adj (Hydr/Pneu) non-throttling, throttle-free, unthrottled

drosselfreie Schwenkverschraubung f (Mech) elbow fitting; throttle-free banjo coupling (Ermeto)

Drosselgerät

Drosselgerät n (Mess) restriction device, restrictor (in Rohrleitung; DIN 1952)
Drosselklappe f (Vent) butterfly valve, throttle, throttle valve, throttling butterfly valve
Drosselklappenbremse f (Kfz) exhaust brake
Drosselklappenscheibe f (Mess) butterfly valve disc
Drosselklappenwelle f (Kfz) throttle valve shaft
Drosselklappenwellenlager n (Lag) butterfly valve spindle bearing
Drosselkörper m (Mess, Vent) plug (eines Stellventils)
drosseln v (Kfz) derate, throttle
Drosselplatte f (Kfz) choke plate
Druck m (Hydr/Pneu) pressure (hydraulisch)
Druck m (IT) print, printing
Druck m (Stat, Tech) compression, compressive stress
Druck m (Tech) pressure, thrust
Druck... (Tech) pressure...
Druckansammlung f (Schw) stress concentration
Druckaufbau m (Hydr/Pneu) development of pressure, pressurization
Druckaufnehmer m (Hydr/Pneu) pressure sensor and indicator, pressure probe [transducer]
Druckausgleichsventil n (Vent) backlash valve, compensating valve, equalizing valve, pressure balance valve, pressure differential valve
Druckbacke f (Tech) holding shoe (Haltebacke, Klemmbacke)
Druckbeanspruchung f (Stat) compressive stress, compressive stressing
Druckbeaufschlagung f (Hydr/Pneu) pressure load, pressurisation, pressurizing
Druckbegrenzungsventil f (Vent) excess pressure valve, pressure control valve, pressure relief valve
Druckbehälter m (Hydr/Pneu) pressure chamber, pressure container, pressure vessel, receiver
Druckbelastung f (Hydr/Pneu) compression stress
druckbelüftet adj (Hydr/Pneu) force ventilated

Druckbereich m (Hydr/Pneu) pressure range
Druckbetankungsanlage f (Hydr/Pneu) fast fuelling system
Druckblasenspeicher m (Hydr/Pneu) bladder accumulator
Druckbolzen m (Tech) forcing bolt, pin pusher, thrust bolt
Druckbüchse f (Hydr/Pneu) compression bush
Druckbügel m (Hydr/Pneu) pressure yoke
druckdicht adj (Hydr/Pneu) pressure-tight
Druckdifferenz f (Hydr/Pneu) differential pressure (in Bar)
Druckdifferenzkolben m (Vent) pressure difference spool
Druckeinstellventil n (Hydr/Pneu) balanced piston-type relief valve, pressure relief valve
drucken v (Tech) print
drücken v (Tech) compress, depress, press; jam
druckentlastet adj (Hydr/Pneu) balanced
Druckentlastung f (Tech) pressure unloading
Druckentlastungsgerät n (Tech) pressure relieving device, pressure relieving facility
druckentspannen v (Tech) (BE) depressurise, (AE) depressurize, depressure
Drücker m (Baut) door handle, knob
Druckfaser f (Stb) compression fibre, compressive fibre
Druckfeder f (Hydr/Pneu) compression spring, pressure spring
druckfest adj (Elek, Met) flame-proof
Druckfestigkeit f (Tech, Stat) compression strength, compressive resistance, compressive strength, ultimate compressive strength
Druckfettpresse f (Tech) grease gun
Druckfläche f (Hydr/Pneu) area under pressure
Druckflansch m (Stb) compression flange, flange in compression
Druckflüssigkeit f (Hydr) hydraulic fluid, hydraulic medium
druckführend adj (Tech) pressure-containing, pressure retaining (Verdichter)

druckführendes Gehäuse n (Tech, Verd) pressure casing

Druckgasmotor m (Antr) gas motor (Gasmotor)

druckgeschmiert adj (Tech) pressure-lubricated

Druckgießen n (Hütt/Walz) die casting

Druckgurt m (Stb) torsional buckling, compression chord, compression flange

Druckhalteventil n (Vent) back-pressure control valve (Schmierölsystem)

Druckhöhe f (Tech) pressure head, head

Druckhub m (Mess, Tech) discharge stroke (Ausstoßhub einer Pumpe)

Druckkammer f (Stb) surge tank

Druckkanal m (Verd) flow passage

Druckkennlinie f (Verd) head curve

Druckkennzahl f (Verd) pressure rise coefficient

Druckknopf m (Elek) push button

Druckkontakt m (Form) butt contact

Druckkraft f (Tech) compressive force, pressing power, pressure, spring force, thrust

Drucklager n (Lag) thrust bearing, thrust washer, toggle bearing

Druckleitung f (Hydr/Pneu) discharge line, discharge pipe, (AE) pressurized line, pressure line, pressure pipe

Drucklinie f (Lag) contact line

drucklos adj (Hydr/Pneu) atmospheric, (AE) non-pressure, pressureless, unpressurized • **drucklos fließen** flow under gravity

Druckluft f (Hydr/Pneu) compressed air

Druckluft... (Hydr/Pneu) pneumatic

Druckluftbehälter m (Hydr/Pneu) air receiver, compressed-air reservoir, pressurized receiver

druckluftbetätigt adj (Hydr/Pneu) air-actuated, air-operated

druckluftbetätigt adj (Tech) pneumatically operated

Druckluftbohrer m (Werkz) air drill, air drilling machine

Druckluftbremse f (Tech) air brake

Druckluftdose f (Kfz) thrust cylinder

Druckluftdrehschrauber m (Werkz) pneumatic screwdriver

Drucklüfter m (Kfz) blower fan

Drucklufterzeuger m (Tech) air compressor, compressor

Druckluftfilter n (Kfz) compressed-air cleaner

Drucklufthammer m (Werkz) air gun, air hammer, pneumatic hammer

Druckluftimpulse mpl (Pneu) jets pl of compressed air (Entstaubung)

Druckluftkessel m (Tech) air vessel

Druckluft-Kohlenstoffschweißung f (Schw) air carbon-arc welding

Druckluftmotor m (Antr) air motor

Druckluftpfeilradmotor m (Antr) herringbone gear air motor

Druckluftpistole f (DL-Pistole) (Hydr/ Pneu) compressed air pistol

Druckluftreduzierventil n (Vent) air pressure reducing valve

Druckluftschalter m (Kfz) air blast circuit breaker

Druckluftschaltung f (Kfz) pneumatic change

Druckluftschrägzahnmotor m (Antr) helical gear air motor

Drucklüftungssystem n (Elek) plenum system

Druckluftwerkzeug n (Werkz) pneumatic tool

Druckmessdose f (Hydr/Pneu) dynamometer, load cell, pressure meter cell, strain gauge, tachodynamo, tensiometer

Druckmesser m (Hydr/Pneu) manometer, pressure gauge

Druckmessumformer m (Hydr/Pneu) pressure transducer

Druckminderventil n (Hydr/Pneu) discharge valve, pressure control valve, pressure reducing valve, pressure relief valve

Drucköl n (Chem, Hydr/Pneu) pressurized oil (z. B. im vorgespannten Tank); jacking oil (Axialverdichter)

druckölgeschmiert adj (Tech) pressurized oil lubricated

Druckölmotor m (Mech, Hydr/Pneu) fluid motor, pressure oil motor

Druckölpumpe f (Hydr/Pneu) oil pressure pump

Druckölschmierung f (Tech) forced-feed lubrication system, forced-oil lubrication system, pressure lubrication system; forced-feed lubrication, forced-oil lubrication, pressure lubrication

Druckölspeicher m (Hydr/Pneu) accumulator

Druckölzufuhr f (Hydr/Pneu) oil feed, pressure-oil feed

Druckpfosten m (Hydr/Pneu) compression post

Druckplatte f (Tech) pressure plate, thrust plate, toggle plate

Druckplattenlager n (Lag) pressure plate

Druckplattenlagerung f (Zer) toggle seat

Druckplattierung f (Tech) solid-state bonding

Druckprobe f (Hütt/Walz, Prüf) compressive test, pressure test, hydraulic test

Druckprüfung f (Prüf) compressive test, (hydraulic) pressure test

Druckquerschnitt m (Stb) compression section, compressed cross section

Druckregelung f (Kfz) pressure regulation

Druckregelung f (Mess, Tech) pressure control

Druckregelventil n (Hydr/Pneu) performance valve, pressure control valve, pressure regulator valve

Druckring m (Hydr/Pneu) compression ring, pressure ring, support ring

Druckring m (Tech) thrust ring

Druckrohr n (Hydr/Pneu, Tech) high-pressure pipe, pressure pipe, pressure tube

Druckrohrleitung f (Stb) penstock

Druckrolle f (Bergb) hold-down roll, hold-down roller, squeeze roll

Druckroller m (Bergb) pressure roller

Druckschalter m (Elek) momentary-contact switch, pressure switch, pushbutton

Druckscheibe f (Tech) pressure plate; thrust washer

Druckschmierung f (Tech) forced lubrication, pressure lubrication, (BE) pressurised oil lubrication, (BE) pressurised lubrication

Druckschraube f (Tech) compression bush, thrust bolt

Druckschreiber m (Mess) pressure recorder

Druckschrift f (Tech) block letters pl, print (Schriftart); publication (z. B. Broschüre)

Druckschweißung n (Schw) pressure welding

Druckschwellbereich m (Prüf, Tech) range for pulsating [oscillating, fluctuating] compressive stresses (DIN 50100)

Druckservoventil n (Hydr) servo pressure control

Drucksondierung f (Tech) static penetration testing

Druckspannung f (Prüf, Stat) compression, compressive stress

Druckspeicher m (Hydr/Pneu) pressure accumulator

Druckspirale f (Verd) discharge volute

druckstabil adj (Hydr/Pneu) pressure-compensated

Druckstange f (Tech) plunger rod, pressure rod

Druckstelle f (Tech) dent (Delle); point of compression

Drucksteuerung f (Kfz) bind

Drucksteuerventil n (Hydr/Pneu) performance valve

Druckstoß m (Hydr/Pneu) pressure surge

Druckstrahlbagger m (Bergb) hydraulic monitor

Druck-Stromwandler m (Mess) pressure-to-current converter, P/I converter (P/I-Wandler)

Druckstück n (Tech) bolster, pressure pad, pressure piece, thrust member, thrust piece, toggle plate

Druckstufe f (Hydr/Pneu) pressure range

Drucktaste f (IT) push button (Druckknopf)

Drucktaster m (Elek) momentary-contact switch, pressure switch, push button, pushbutton

Drucktasterventil n (Hydr/Pneu) push-button valve

Drucktransmitter m (Mess) pressure transducer

Druckübersetzer m (Kfz) pressure sensor, pressure transmitter

Druckübersetzung f (Hydr/Pneu) pressure intensification

Drucküberwachung f (Hydr/Pneu) pressure control

Druckumformer m (Kfz) damper

Druckumlaufschmierung f (Tech) forced-feed lubrication (Vorgang); forced-feed lubrication system (Anlage)

Druckventil n (Hydr/Pneu) delivery valve, pressure control valve, pressure valve

Druckverformung f (Form, Walz) compression strain (DIN 50100)

Druckverhältnisventil n (Hydr/Pneu) counterbalance valve

Druckverlust m (Mess) head loss (bleibend)

Druckverlust m (Tech) compressional stress, pressure loss

Druckversuch m (Stb) compressive test

Druckverteiler m (Tech) pressure manifold

Druckvorrichtung f (Tech) press

Druckvorsteuerung f (Kfz) auxiliary remote pressure control

Druckwaage f (Hydr/Pneu) pressure balance

Druckwaagenprüfgerät n (Mess) deadweight tester

Druckwiderlager n (Lag) thrust block bearing

Druckwiderstand m (Tech, Stat) compressive strength

Druckwinkel m (Lag) contact angle

Druckzahl f (Prüf, Verd) pressure coefficient

druckzentriert adj (Hydr/Pneu) pressure-centered

Druckzone f (Stb) compression zone, zone of compression

Druckzufuhrleitung f (Hydr/Pneu) pressure line

Druck-Zuschaltstufe f (Bergb) TPM, travel pressure kit, travel pressure modification kit

Druckzylinder m (Hydr/Pneu) pressure cylinder

DS-Asynchronmotor m (Antr) polyphase induction motor

DS-Motor m (Elek) three-phase a.c. motor

Dübel m (Tech) dowel, pin

Dücker m (Tech) inverted siphon (auch Düker ohne c)

Dumper m (Kfz) (AE) dump truck

DU-/M-Rinne f (Zer) vibrating grizzly feeder

Dunkelfeldbeleuchtung f (Prüf) black light testing

Dunkelsteuerung f (Elek) blanking control (Bildschirm)

Dünnband n (Met, Walz) light-gauge strip, thin strip (Feinband)

Dünnbrammengießen n (Hütt) thin slab casting

dünne Schicht f (Tech) film, layer, thickness

dünner Mörtel m (Bau) grout

dünnes Blech n (Hütt,Walz, Met) light sheet

Dünnflachfeile f (Werkz) pillar file

Dünngießen n (Hütt) direct casting

Dünnschaft f (Tech) reduced shank (Schraube)

Dünnschliff m (Stb) thin section

Dünnstband n (Met, Walz) ultralight gauge strip

dünnstegig adj (Stb) thin-webbed

dünnwandig adj (Stb) thin-walled

Dunst m (Hydr/Pneu) fumes pl

Duowalzwerk n (Walz) two-high (rolling) mill, two-high mill

Durchbiegung f (Tech, Stat) bending, deflection, sagging

durchbinden v (Bau) bond

Durchblicklabyrinthdichtung f (Tech, Verd) straight labyrinth seal

durchbohren v (Stb) drill, perforate

durchbrennen v (Tech) burn through, fuse, roast out

Durchbruch m (Elek) breakdown (bei Diode, Transistor)

Durchbruch m (Hütt) break-out, burn-through; break-out, breakout; cutout; breakout, burnthrough, burn-through, runthrough (Elektroofen)

Durchbruchszeichnung f (Zeich) penetration drawing

durchdrehen v (Kfz) spin (Autoräder)

Durchdrehen n (Kfz) spinning (der Autoräder)

durchdringen v (Hydr/Pneu) permeate

durchdringen v (Tech) penetrate (z. B. Aerosol); pierce

Durchfahrtsbreite f (Kfz) clearance width, passage width

durchfallen v (Tech) fail, flunk

Durchfluss... (Hydr/Pneu, Tech) flow...

Durchflussgeber m (Mess) flow transducer

Durchflussgeschwindigkeit f (Hydr/Pneu) flow capacity, flow rate

Durchflusskennwert m (Mess) Cv-value, flow coefficient

Durchflussöffnung f (Mech, Hydr/Pneu) orifice

Durchflussstrom m (Elek) circulation flow, flow capacity, flow rate

Durchflusszahl f (Hydr/Pneu) discharge coefficient

Durchflutungsverfahren n (Hydr/Pneu) magnetic crack detection, magnetic particle test

Durchfördern n (Umschl) bypass operation, direct conveying, direct handling

Durchführbarkeit f (Mess, Tech) feasibility, practicability

Durchführung f (Tech) bushing, lead-in (Leitungsdurchführung); aperture, duct, opening (Öffnung in Wand usw.)

Durchführungs... (Tech) bushing..., lead-in...

Durchführungsdichtung f (Elek) grommet

Durchführungstülle f (Elek) grommet

Durchgang m (Baut) passage, throughlet

Durchgang m (Elek) pass (Durchlauf bei Ultraschallprüfung)

Durchgang m (Tech) alleyway, thoroughfare; stage of tightening (beim Anschrauben); procedure (Verfahren)

Durchgangs... (Tech) through...

Durchgangsdämpfung f (Form) input/output damping

Durchgangshöhe f (Bau) headroom, headway

Durchgangsloch n (Tech) through borefit, through hole

Durchgangsöffnung f (Hydr/Pneu) bore, valve bore (Ventil)

Durchgangsprüfer m (Elek) continuity tester (z. B. für Strom); throughput tester

Durchgangsprüfgerät n (Elek) current flow tester

Durchgangsventil n (Hydr/Pneu) straight through valve, straightway valve, straightway flow valve, throughway valve

durchgehend adj (Elek) continuous

durchgehend adj (Tech) full penetration, through (z. B. Bolzen, Bohrloch)

durchgehende Linie f (Tech) full line

durchgehende Schweißnaht f (Schw) continuous weld

durchgehende Welle f (Elek) continuous wave (z. B. Schallwelle)

durchgehende Welle f (Tech) continuous shaft, through shaft

durchgeschweißte Naht f (Schw) full--penetration weld

durchgeschweißte Wurzel f (Schw) complete penetration of root (DIN 8563)

durchgießen v (Tech) strain (z. B. durch ein Sieb)

Durchhang m (Förd) sag, sagging, slack (Kette, Gurt u. Ä.)

Durchhängung f (Prüf, Stat) deflection (Werkstoffprüfung)

durchhärtender Stahl m (Met) through hardening steel

Durchlass m (Bau) culvert

Durchlässigkeit f (Hydr/Pneu) leakiness (Undichtheit)

Durchlässigkeit f (Tech) permeability (magnetisch)

Durchlässigkeitsfaktor m (Elek) opacity factor, transmission factor; permeability factor (magnetisch); transmission factor

Durchlässigkeitskoeffizient m (Elek) transmission coefficient, transmission factor

Durchlasskurve f (Elek) frequency response curve

Durchlauf m (Bergb) throughput (bewegte Menge)

Durchlauf m (Mech) machining operation, pass

Durchlauf m (Tech) pass, passage (durch eine Maschine)

Durchlauf m (Zer) undersize

Durchlauf... (Tech) continuous..., continuously...

Durchlaufbalken m (Met, Stb) beam, girder; continuous beam, continuous girder (ohne Unterbrechung)

durchlaufend adj (Tech) continuous

Durchläufer m (Prüf) fatigue tested specimen without rupture, fatigued specimen without rupture (DIN 50100)

Durchlauflager n (Log) gravity flow rack store

Durchlaufleistung f (Bergb) throughput rate

Durchlaufprüftank m (Elek) transit scanning tank

Durchleuchtung f (Prüf, Tech) fluoroscopy, radioscopy; penetration by rays (Durchstrahlungsprüfung)

durchlochen v (Stb) punch

Durchmesser m (Tech) dia, diameter

Durchmesser-Drehzahlverhältnis n (Lag) DN factor

Durchmesserkennziffer f (Tech, Verd) specific diameter

Durchmesserspiel n (Lag) diametral clearance

durchmischt adj (Tech) mixed

Durchrutschsicherung f (Kfz) anti-spin pack

Durchsatz m (Bergb) throughput

Durchschallung f (Elek) through-transmission

Durchschallzeit f (Elek) delay time

durchscheuern v (Tech) fray (Seil); wear through

Durchschlag m (Elek) breakdown, disruptive discharge, puncture (elektrische Isolierung)

Durchschlag m (Werkz) piercer

durchschlagen v (Form) penetrate, perforate (durchdringen)

durchschlagend adj (Mess) swing-through (Ventilklappe)

Durchschläger m (Werkz) drift punch

Durchschlagfestigkeit f (Met) resilience

durchschlagsicher adj (Mech) fail-safe

Durchschnitt m (Stb) section (Schnitt)

Durchschnitt m (Tech) average, mean

durchschnittlich adj (Tech) average

Durchschnitts... (Tech) average

Durchschnittslast f (Elek) capacity factor, unit capacity factor

durchschweißen v (Schw) penetrate, weld through, weld with full penetration

Durchschwenkwinkel m (Baum) working range (des Baggers)

durchseihen v (Tech) filter, strain

Durchsetzfugen n (Tech) press-joining

durchspülen v (Tech) rinse

durchstoßen v (Tech) pierce (durchdringen)

Durchstoßofen m (Hütt, Walz) push-through furnace

Durchstrahlung f (Prüf, Tech) penetrating radiation

Durchstrahlungsaufnahme f (Elek) radiograph (Durchleuchtungsbild); transmission absorption

Durchstrahlungsprüfung f (Prüf) radiographic inspection, radiography, transmission test inspection

Durchtreiber m (Werkz) backing-out punch, drift punch, punch

Duromer m (Kunst) duromer

Durometer m (Walz) durometer

Duroplast m (Kunst) duroplastic, thermosetting plastics pl

Düse f (Hütt/Walz) blast pipe

Düse f (Hydr/Pneu) orifice

Düse f (Tech) jet, nozzle, nozzle pipe (z. B. des Vergasers)

Düsen... (Verd) nozzle...

Düsenbalken m (Walz) cooling header, spray header (Spritzrohr, Spritzbalken, Spritzlatte)

Düsenfeder f (Tech) nozzle spring

Düsenflugzeug n (Tech) jet aircraft

Düsengruppenventil n (Vent) nozzle group valve

Düsenklappe f (Tech) nozzle flap

Düsenkühlstrecke f (Walz) jet-cooling section

Düsenmutter f (Tech) nozzle nut

Düsenregelschieber m (Hütt, Vent) jet-type control valve

Düsenring m (Tech) nozzle ring

Düsenschlüssel m (Werkz) nozzle wrench

Düsenschweißen n (Schw) orifice welding

Düsenspitze f (Hütt) blowpipe

DVM (Abk. für: Deutscher Verband für Maschinenbau) (Tech) German Association for Machine Manufacturing

DVMR-Probe f (Prüf) DVMR impact test specimen

DV-Naht f (Schw) double-V, double-V groove-weld, double-V seam

Dynamikvorsatz m (Tech) dynamic attachment

dynamisch adj (Tech) dynamic

dynamische Belastung f (Stat) dynamic load, dynamic loading

dynamische Prüftechnik f (Prüf) dynamic testing technique

dynamische Sicherheit f (Tech) dynamic safety factor

dynamische Tragfähigkeit f (Tech) dynamic load rating

dynamische Tragzahl f (Lag) basic dynamic load rating

dynamische Überbeanspruchung f (Met, Tech) dynamic fatigue

dynamischer Radius m (Tech) overload radius

dynamisches Verhalten n (Mess) dynamic response

Dynamoband n (Elek) dynamo sheet

Dynamometer m (Elek) dynamometer

E

E/A-Dienstprogramm n (Mess) input/output utility

Early-Effekt m (Elek) Early effect

Early-Spannung f (Elek) Early voltage

E-Bagger m (Abk. für: Elektrobagger) (Baum) electric excavator

eben adj (Tech) even, flat, plane, smooth

eben machen v (Mech) plane

Ebene f (Tech) deck, flight, surface plane

ebene Fläche f (Mech) face, flat surface, plane surface

ebene Welle f (Tech) plane wave

ebener Reflektor m (Elek) planar reflector

Ebenheit f (Tech) evenness, smoothness (von Oberflächen)

ebnen v (Mech) dress, face, flatten, grade, plane, planish (auf der Planierbank); smoothe, smooth-dress

Echoabstand m (Elek, Prüf) time interval between pulse echoes (Ultraschall)

Echoausfall m (Elek, Prüf) complete echo loss (Ultraschall)

Echogras n (Elek) grass

Echoimpuls m (Elek, Prüf) echo pulse (Ultraschall)

Echoimpulseinflusszone f (Elek, Prüf) dead zone after echo

Echorücklaufweg m (Elek, Prüf) echo return path (Ultraschall)

Echounterdrückung f (Elek, Prüf) echo killing [suppression] (Ultraschall)

Echoverfahren n (Elek) echo method

Echozeichen n (Elek, Prüf) blip

echt adj (Mech) genuine, real

Echtzeit f (Mess) real time

Echtzeitsystem n (IT) real-time system

Eck... (Tech) corner...

Eckantrieb m (Kran) corner bridge drive (Kranbrücke)

Eckblech n (Stb) corner gusset plate, corner plate, (BE) knee bracket

Eckdaten npl (Tech) key figures

Eckdruckentnahme f (Mess) corner tap

Ecke f (Tech) corner; curve (am Werkstück); edge (des Materials)

Ecken n (Stb) crabbing

Eckenmaß n (Tech) width across corners (DIN ISO 1891)

Eckfeile f (Werkz) angular file

Eckmast m (Stb) angle pole, angle support, angle tower

Eckmesser n (Bergb) corner bit, corner shoe, end bit (z. B. des Löffels)

Ecknaht f (Schw) corner joint, corner weld, fillet weld (äußere Kehlnaht)

Eckpfosten m (Stb) corner post, hip vertical (z. B. der Fachwerkbrücke)

Eckpunkt m (Tech) vertex

Eckstein m (Bau) corner stone (Grundstein)

Eckstoß m (Stb) corner joint (Eckverbindung)

Eckturm m (Förd) junction house (Hochofen)

Edelgas n (Chem) rare gas

Edelgleitsitz m (Tech) medium force fit

Edelmetall n (Met) precious metal

Edelpassung f (Tech) high-class fit

Edelstahl m (Met) high-grade steel, high-quality steel, special steel, (AE) specialty steel; stainless steel (rostfrei)

Edelstahl... (Met) stainless steel...

Edelstahlband n (Met) (AE) specialty strip, stainless-steel strip

Edelstahlblech n (Met) stainless-steel strip

Edelstein m (Met) jewel

Edelsteinlager n (Mess) (BE) jewelled bearing

effektiv adj (Tech) actual, effective, real

effektive Breite f (Tech) as-built width

effektive Leistung f (Bergb) average output (in Festmetern)

effektive Spannung f (Mess) peak-to-peak voltage, P-P voltage

effektives Trägheitsmoment n (Tech) moment of effective inertia

Effektivwert m (Elek) r.m.s. value (Sicherung); root mean square value (z. B. einer Sinusspannung)

effusiv adj (Geo) effusive

Eich... (Tech) calibrating..., calibration...

eichen v (Tech) calibrate

eichfähig adj (Tech) calibrable, officially calibrated (z. B. Waage)

Eichkörper m (Prüf) calibration block

Eichmaß n (Stb) gauge

eichpflichtig adj (Tech) subject to official calibration (z. B. Waage)

eiförmig adj (Tech) egg-type, oval (oval)

eigen adj (Tech) inherent, self...

Eigenfrequenz f (Elek) characteristic frequency, internal frequency, natural frequency, resonant frequency

Eigenfunktion f (Elek) characteristic function, eigenfunction, proper function

eigengetakteter Stromrichter m (Mess) self-clocked converter

Eigengewicht n (Kfz) operating weight, service weight (Nutzlast)

Eigengewicht n (Kfz) self-weight, weight, dead weight, own weight; tare (des unbeladenen Waggons)

Eigenkühlung f (Tech) self-ventilating

Eigenlast f (Stat) dead load, loads imposed by the weight of ..., weight

Eigenleistung f (Fert, Tech) in-house effort

Eigenrauschen n (Elek, Prüf) background noise, impulsive noise, internal noise, unwanted noise (Ultraschall)

Eigenschaft f (Tech) characteristic, feature, property

Eigenschwingung f (Elek) natural resonance (eines Systems)

eigensicher adj (Mess) intrinsically safe

Eigenspannung f (Tech) initial stress, residual stress

Eigenspeisung f (Mess) internal power supply

eigenständig adj (Tech) independent, self-contained

Eigenstrahlung f (Elek) self-radiation

Eigenwert m (Elek) eigenvalue, proper value (bei Differenzialgleichungen)

Eigenwiderstand m (Tech) inherent resistance

Eigenzeit f (Tech) inherent contactor time lag (Schütz)

Eignungsprüfung f (Bau) preliminary test, qualification test

Eilgang m (Tech) rapid motion, rapid traverse (einer Maschine)

Eilzustellung f (Tech) express [special] delivery service

Eimer m (Tech) bucket, container

Eimerkettenbagger m (Bergb) bucket (ladder) dredger, multi-bucket chain excavator

Eimerseilbagger m (Bergb) dragline excavator, dragline scraper excavator, scraper excavator

Eimerzähne mpl (Bergb) lip taper angle

Einachsanhänger m (Kfz) one-axle trailer, single-axle trailer

einachsig adj (Stb) uniaxial (Spannungszustand)

Einarbeitungszeit f (Fert, Tech) familiarization period, training period

einarmig adj (Tech) one-armed

Einauge n (Bergb) single lug (z. B. der Raupengliedschake)

Ein-/Ausgabe f (IT) input-output

Ein/Aus-Schalter m (Elek) ON/OFF switch, single-throw switch, one-way switch

Einbau m (Bergb) laying (z. B. von Rohren)

Einbau m (Mont) assembly, installation, placing

Einbau m (Tech) incorporation (Eingliederung)

Einbau... (Tech) installation...

Einbaubreite f (Bau) paving width (eines Straßendeckenfertigers)

einbauen v (Tech) build in, fit, incorporate, install, integrate

einbaufertig adj (Baut, Tech) ready for installation

Einbaumotor m (Antr) engine unit, shaftless motor

Einbausatz m (Tech) cartridge assembly, package

Einbauschalter m (Elek) flush-mounted switch, flush-mounting switch

Einbaustärke f (Bau) finishing depth (eines Seitenfertigers); paving depth (eines Deckenfertigers)

Einbausteckdose f (Elek) socket

Einbautaster m (Elek) flush-mounted switch, flush-mounting switch

Einbauten mpl (Tech) internal fittings

Einbautoleranz f (Tech) fitting tolerance

Einbereichsöl n (Petr) single grade oil

einbetonieren v (Bau) cast, concrete, pour

einbeulen v (Tech) dent

einbeziehen v (Tech) include, incorporate, integrate (integrieren)

Einbrand m (Schw) fusion penetration, penetration, weld penetration

Einbrandkerbe f (Schw) penetration cut, undercut

Einbrandkerbriss m (Schw) toe crack

einbrechen v (Bergb) cave in, crush into (Halde)

Einbrennlack m (Anstr, Walz) baking varnish, stoving lacquer (Bandanlage); baked enamel, stoved enamel (Einbrennemaille)

Einbrennlackierung f (Kfz) stove enamelling

einbringen v (Tech) fit; file with

Einbringen n (Schw) deposition (des Schweißgutes)

Eindeckersieb m (Tech) single-deck screen

Eindicker m (Chem, Hütt) thickener

eindimensional adj (Tech) one-dimensional, unidimensional

eindimensionale Druckfestigkeit f (Stb, Tech) unconfined compressive strength

Eindrahtlampe f (Kfz) single-filament bulb

eindringen v (Kfz) ingress (z. B. Schmutz, Wasser)

Eindringen n (Tech) intrusion, penetration

Eindruck m (Tech) impression; indentation (Härteprüfung)

Eindrücke mpl (Prüf) brinelling (Härteprüfung)

Eindrucktiefe f (Prüf) impression depth, indentation depth (Brinellhärteprüfung)

Eindrücktiefe f (Zer) depth of impression ("Ea" eines Riemens)

einebnen v (Mech) grade, level, plane, planish, smooth

Einetagenpresse f (Form) single-daylight press

einfach adj (Tech) easy, simple (leicht); single (einzeln) • **einfach gekröpft** single-throw

einfache Untersuchung f (Prüf) rudimentary inspection

einfache Verbindungsmuffe f (Tech) coupling

einfaches Anschlagseil n (Kran) plain sling with two hard eyes

Einfachheit f (Tech) simplicity

einfachwirkend adj (Tech) single-acting

Einfädelförderband m (Förd) threading belt conveyor (Einfädelband)

Einfahrbahnverkehr m (Tech) one-line traffic, one-way traffic

einfahrbar adj (Tech) retractable

einfahren v (Bergb) retract (Ausleger); descend (Bergwerk)

einfahren v (Kfz) run in (z. B. einen Motor Probe laufen lassen); drive in (in eine Einfahrt)

Einfahröl n (Tech) commissioning oil, running-in oil

Einfahrzeit f (Tech) (AE) break-in period, (BE) running-in period (Getriebe)

Einfall m (Elek) incidence (Strahl)

einfallen v (Tech) operate (zu arbeiten beginnen); apply the brake, pull the brake, put on the brake, set the brake (Bremse); engage (z. B. in Raste)

einfallen v/ungleich (Tech) operate uncoordinatedly

Einfallende n (Bergb, Geo) dip

einfallende Energie f (Prüf) incident energy (Ultraschall)

Einfallenschloss n (Bau) single latch lock

Einfallstutzen m (Tech) filling nozzle

Einfallswinkel m (Elek, IT) angle of incidence, incident angle

einfassen v (Mech) seam

Einfassung f (Elek) cable gland (Kabel)

Einfassung f (Stb) bordering, curb, kerb (Rand, Kante)

einfedern v (Elek) spring-cushion (Schaltschrank)

Einfederung f (Elek) contracting (Spannung Kettenfeder)

einfetten v (Tech) grease; lubricate (schmieren); oil (ölen)

einfluchten v (Tech) (BE) align, (AE) aline

Einfluss... (Tech) influence..., influencing...

Einflussgröße f (Mess) influencing parameter [variable]

Einfräsung f (Tech) milled slot

einfügbar adj (Tech) insertable

einführen v (Tech) feed in; insert (einfügen)

Einführtrompete f (Tech) cable duct

Einführung f (Elek, Tech, Walz) entry (Kabel); entering guide

Einführungs... (Elek, Tech, Walz) entry... entering..., feed..., lead-in...

Einfülldeckel m (Kfz) tank filler cap

einfüllen v (Bergb, Umschl) fill, pack

Einfüllschraube f (Kfz) refill tap

Einfülltrichter m (Tech, Walz) bellmouth,

trumpet *(Eingang zum Walzwerk)*; inlet bell *(Verdichter)*; hopper *(Silo)*

Eingabe... *(IT)* entry, input...

Eingang *m (Elek)* input, incoming connection

eingängig *adj (Tech)* single-flight, single-thread *(Gewinde)*

Eingangs... *(Elek, Fert, Schw, Tech)* entry..., incoming..., input..., intake...

Eingangsabfertigung *f (Fert)* inbound handling [processing]

Eingangs-/Ausgangs-Spannung *f (Elek)* input/output voltage

Eingangsbrennelement *n (Schw)* entry element

Eingangsfehler *m (Elek)* flaw [faulty] input *(falsche Eingabe)*

Eingangskontrolle *f (Tech) (BE)* goods-in inspection, inspection on receipt, *(AE)* pre-delivery check

Eingangsspannung *f (Elek)* excitation voltage *(einer Messbrücke)*; input voltage

Eingangsstempel *m (Tech)* receipt stamp

Eingangsstufe *f (Getr)* input gear pair *(Getriebe)*

Eingangsstufe *f (Kfz)* input stage

eingebaut *adj (Tech)* built-in, fitted, integral, installed

eingebauter fester Probenehmer *m (Tech)* fixed-position sampler

eingeben *v (Elek, IT)* enter, feed in, input, key-in, put in, store

eingebettet *adj (Tech)* built-in, embedded

eingeengt *adj (Tech)* constricted

eingeengte Toleranz *f (Tech)* close tolerance

eingefahren *adj (Tech)* retracted

eingeführt *adj (Tech)* established, inserted

eingegossen *adj (Schw)* cast integral, cored, fused

eingegossener Stecker *m (Tech) (BE)* moulded plug

eingehängt *adj (Stb)* hinged, suspended

eingekerbt *adj (Tech)* nicked, notched

eingeknickt *adj (Bergb)* articulated

eingelagert *adj (Bergb, Geo)* interbedded

eingelassen *adj (Tech)* recessed *(in das Material)*

eingelegt *adj (Kfz)* engaged *(z. B. Kupplung)*

eingeleiteter Schallimpuls *m (Elek)* transmitted pulse

eingeprägte Kraft *f (Tech, Phys)* applied force

eingepresst *adj (Tech)* pressed on

eingerastet *adj (Kfz)* engaged

eingerückt *adj (Tech)* engaged *(in Raste)*

eingeschert *adj (Tech)* hitched

eingeschlossen *adj (Tech)* enclosed, occluded *(Luft)*

eingeschnürt *adj (Mech)* necked-down

eingeschossig *adj (Bau) (BE)* one-storey, *(AE)* one-story *(Gebäude)*

eingeschrumpft *adj (Bau)* shrunk

eingeschurt *adj (Bergb, Umschl, Förd)* enclosed in chute

eingesetzt *adj (Tech)* at work *(in Arbeit)*; built-in

eingesetztes Stück *n (Tech)* gusset

eingespannt *adj (Stb)* adaptor-mounted, fixed, restrained

eingespannte Stütze *f (Stb)* fixed-ended column

eingespannter Balken *m (Stb, Tech)* constrained beam, fixed beam, restrained beam, constrained girder, restrained girder

eingespannter Bogen *m (Stb)* fixed-ended arch, hingeless arch, rigid arch

eingespannter Schornstein *m (Stb)* rigid chimney

eingespannter Träger *m (Stb)* constrained beam

eingespeist werden *v (Tech)* be fed through

eingestellt *adj (Elek)* preset

eingestellter Strom *m (Elek)* rated current

eingestochen *adj (Tech)* pierced

eingetaucht *adj (Tech)* immersed, submerged

eingezeichnet *adj (Tech)* marked, plotted

eingezogen *adj (Bahn)* retracted *(Abstützung)*

eingleisig *adj (Stb)* single-track

eingliedern *v (Tech)* include, incorporate, integrate

eingreifen *v (Tech)* engage with, gear with, intermesh, intervene, lock, mesh *(Ritzel)*

eingreifen v/lose *(Tech)* latch

Eingriff m (Tech) contact, gearing, mesh (Getriebe) • **im Eingriff** active, engaged • **im Eingriff stehen** mesh

Eingriffsstörung f (Tech) meshing interference

Eingriffswinkel m (Getr) angle of pressure (Zahnrad)

einhalsen v (Mech) flange inward

Einhängeöse f (Förd) attachment lug

Einhängeträger m (Stb) suspended span

Einhärtetiefe f (Tech) hardening depth, hardness penetration depth

Einhärtung f (Met) depth hardening

Einheit f (Tech) unit

einheitlich adj (Tech) homogeneous, uniform (gleichmäßig)

einheitlich adv (Tech) consistently

Einheits... (Tech) standard..., unified...

Einheits-Extra-Feingewinde n (Stb) unified extra-fine thread series

Einheitsfeingewinde n (Stb) Unified National Fine, UNF thread, unified fine thread series

Einheitsgrobgewinde n (Stb) Unified Coarse, UNC, unified coarse thread series

Einheitssystem n (Tech) modular concept, modular concept

einhiebige Feile f (Werkz) float file, single cut file

einholen v (Tech) catch upon (erreichen, auf gleiche Höhe kommen)

einkehlen v (Mech) channel

einkerben v (Stb) neck, nick, notch

Einkerbung f (Tech) dimpling (am Eingangsende eines Rohrbundes); notch

einklemmen v (Tech) lodge between, pinch between, trap between

Einkopfbetrieb m (Tech) single-probe operation

Einlage f (Förd) ply (Gurt)

Einlagenschweißung f (Schw) single--pass welding

Einlagerung f (Log) storage

einlagig adj (Tech) one-layer, one-ply, single-ply

Einlass m (Kfz) inlet, intake port (z. B. Ansaugöffnung)

Einlass... (Tech) inlet..., input..., intake...

einlassen v (Tech) recess (in das Material)

Einlassschalter m (Kfz) reset switch

Einlauf m (Zer) feed opening

Einlauf... (Tech) entry..., feed..., inlet..., run-in...

Einlaufbrücke f (Zer) transition truss

einlaufen v (Kfz) run in (eine Maschine einfahren)

Einlaufgerüst n (Bergb, Umschl) transition frame (Bandschleifenwagen)

Einlaufkasten m (Zer) feed hood

Einlaufprüfung f (Prüf) run-in check

Einlauftraverse f (Zer) spider

Einlauftrichter m (Zer) feed hopper, feeding hopper, intake guide

Einlaufzeit f (Tech) (AE) break-in period, (BE) running-in period (Getriebe)

Einlegekeil m (Tech) sunk key

einleiten v (Elek) initiate, process (z. B. Arbeitsvorgang)

einleitend adj (Tech) introductory, preliminary

einmalig adj (Tech) non-recurrent, one--off, unique

Einmaulschlüssel m (Werkz) single end spanner, single open-ended spanner

einölen v (Tech) oil

einordnen v (Tech) categorize, merge

einpassen v (Tech) adapt, adjust, fit up

einpassen v/dicht (Tech) fit snugly

einpassen v/scharf (Tech) rib tightly

Einpegelung f (Mech) level adjustment

Einperlanschluss m (Tech) purge connection (Spülanschluss)

einplatten v (Mech) scarf

Einplattenkeilschieber m (Vent) solid wedge gate valve

Einplattenschieber m (Vent) solid gate valve (Balkenschieber)

einpolig adj (Elek) one-pole, single-pole

einpoliger Ausschalter m (Elek) single--throw switch

einpressen v (Tech) (AE) press fit, press in

einrahmen v (Tech) frame

einrasten v (Tech) snap into place [position] (z. B. Schnappschloss)

einreihig adj (Tech) single-row

Einreißfüller m (Zer) stripping filler

einrichten v (Tech) install, set up

einrichten v/Baustelle (Tech) furnish the erection site, set up the erection site, mobilize, furnish the site, set up the site

Einrichtung f (Bau) facility

Einrichtung f (Stb) equipment, plant, tackle (Ausrüstung)

Einrichtung f (Tech) installation, setup (Aufstellung)

Einringschlüssel m (Werkz) (BE) single-ended ring spanner

Einringschneidrolle f (Bergb) single disc cutter, single-ring roller cutter

einritzen v (Bau) scratch

Einrollen n (Form, Mech) curling, edge coiling, edge rolling (Art der Bördelarbeit an Blech)

Einrollenwaage f (Förd) single-roller belt scale (Band)

einrückend adj (Tech) engaging (in Raste)

Einrückmuffe f (Tech) engagement ring

Einsatz m (Hydr/Pneu) element, inset (Filter)

Einsatz m (Mess) insert

Einsatz m (Tech) application, assignment, typical application, duty, employment, job, service, use (Verwendung); gusset (Blechanker, Zwickel); commitment (Engagement); work (bei der Arbeit) • **im Einsatz** at work, on assignment • **im praktischen Einsatz** in the field, on practical assignment

Einsatz... (Hütt) charge..., feed...

Einsatz... (Tech) duty..., operating..., service...

Einsatzbesprechung f (Tech) briefing

Einsatzelement n (Tech) element, bare unit

Einsatzgebiet n (Tech) (AE) field of application, operational weight

Einsatzgegebenheit f (Tech) job needs pl

Einsatzgruppe f (Tech) task force

einsatzhärten v (Bergb, Hütt, Met) carbonize, case-harden

Einsatzhärtungstiefe f (Hütt) specified depth of case hardness

Einsatzhäufigkeit f (Bau) number of uses

Einsatzpatrone f (Kfz) cartridge

Einsatzschalter m (Elek) bare switch

Einsatzstahl m (Met) case hardening steel

Einsatzstoff m (Hütt/Walz) feedstock (Einsatzprodukt)

Einsatzstoffbereitung f (Hütt) burdening

Einsatzteilung f (Tech) dip (kleine Vertiefung)

Einsatztiefe f (Met, Prüf) depth of case (bei Einsatzhärtung)

Einschallwinkel m (Schw) refraction angle

Einschalt-Ausschalt-Zeit f (Elek) make-break time

einschaltbereit adj (Elek) ready to run

Einschaltdauer f (Elek) duty cycle

Einschaltdauer f (Tech) duty time, intermittent duty, operating time, time on, working time, relative working time (Maschine)

einschalten v (Elek) activate, connect, connect up; energize (Schütz); plug in (z. B. ein Gerät); switch in (dazuschalten)

einschaltend adj/**zweipolig** (Mess) double-pole single-throw, DPST

Einschalter m (Elek) closing switch, make-break switch, ON/OFF switch, one-way switch

Einschaltleistung f (Elek) contact current closing rating (Relais); making capacity, switch-on power

Einschaltleistung f (Hydr/Pneu) in-rush current (Ventil); KVA inrush (Verdichter)

Einschaltmagnet m (Tech) starting magnet

Einschaltmoment n (Tech) starting torque, start-up torque (Anzugsmoment)

Einschaltstoß m (Elek) transient pulse

Einschaltstromstoß m (Elek) current in rush peak

Einschaltvermögen n (Elek) limiting making capacity (z. B. Relais); making capacity

einschätzen v (Tech) appraise, assess, estimate, evaluate, value

Einscheiben... (Tech) single-disc..., single-plate...

einscheren v (Kran) hitch, reeve (Seil)

Einschichtbetrieb m (Tech) one-shift operation, single-shift operation

Einschienenbahn f (Stb) monorail

Einschienenkatze f (Kran) single-girder trolley

Einschienenlängekatze f (Kran, Umschl) telpher

Einschienenlaufkatze f (Bergb, Umschl) monorail trolley, single-girder trolley

Einschienenlaufkran m (Kran) overhead monorail crane

einschiffig adj (Stb) one-bayed, single-bay

Einschlaganschluss m (Kfz) inserted support

einschlagen v (Mech) punch mark (markieren); stamp

Einschlagen n (Kfz) pocketing (von Ventilen)

einschlägig adj (Tech) appropriate, relevant

Einschlagöler m (Tech) one-shot lubricator

Einschlagseite f (Tech) entry side

einschleifen v (Mech) cut in, grind in, grind to shape

Einschleißspur f (Tech) trace of wear

einschleusen v (Förd) recirculate (der Förderwagen aus Neben- in Hauptstrecke)

Einschleusestelle f (Tech) injection point

einschließen v (Tech) lock in (zuschließen); include (enthalten)

Einschluss m (Bergb, Met) entrapment, inclusion

Einschnitt m (Tech) nick, notch (Einkerbung); slot (schlitzförmig); cutting (Schlucht für Eisenbahn); box cut, groove, re-entrant cut, recess, recess cut, starting cut

einschnittig adj (Tech) in single shear (Schrauben oder Nieten)

einschnittige Feile f (Werkz) float cut file

einschnittige Passschraube f (Tech) single shear fitted bolt

Einschnürtrommel f (Bergb, Umschl, Förd) bend pulley, snub pulley

Einschnürung f (Hütt/Walz, Tech) constriction, necking down, reduction area, reduction in area; necking (Querschnittsverminderung)

einschränkend adj (Tech) coercive

Einschränkung f (Tech) restriction (Beschränkung)

Einschraub... (Tech) screw..., screwed..., screw-in..., threaded...

Einschraubgewinde n (Tech) screw-in thread, thread, integral thread

Einschraubloch n (Tech) tapped hole, threaded hole, thread hole

Einschraubventil n (Vent) screwed valve, threaded-end valve

Einschraubverschraubung f (Tech) male screw joint

Einschub m (Tech) module insert (eines Moduls auf ein Chassis); slide-in component

Einschubbauweise f (Bau) sliding rack

Einschubdecke f (Bau) inserted floor

Einschurrung f (Bergb, Förd, Umschl) chuting

einschütten v (Bergb) backfill

Einschweiß... (Tech) welded..., weld--in...

Einschweißnippel m (Schw) welded nipple, welded-in stub, welded-stub connection

Einschwingenbackenbrecher m (Zer) single-toggle jaw crusher

Einschwingvorgang m (Elek) transient

Einschwingzeit f (Elek) building-up time

Einseilgreifer m (Kran) single-rope grab

Einsenkung f (Tech, Stat) deflection

einsetzbar adj (Tech) usable (verwendbar)

einsetzen v (Hütt/Walz) charge, feed

einsetzen v (Tech) deploy (z. B. Werkzeuge); fix, mount (einbauen)

Einspannbedingung f (Stb) fixed condition, end restraint condition, restraint condition

einspannen v (Mont) build in, fix

einspannen v (Stb) restrain (unter Spannung setzen)

Einspannklemmen fpl (Mech) jaws pl

Einspannkopf m (Mech) chuck (Werkzeugmaschine); self-aligning jaws pl (Prüfmaschine)

Einspannung f (Stb) end restraint, fixing, fixity

Einspannvorrichtung f (Stb) fixture, jig (Haltevorrichtung)

Einspeiseleitung f (Tech) incomer, incoming feeder, incoming line, feeder (Einspeisung)

Einspeiseventil n (Vent) boost valve, feed valve

Einspeisung f (Elek) feeder, incoming feeder, incoming lead, incoming line, input supply, power supply, supply

Einspeisungsschalter m (Elek) incomer, incoming switch

Einsprengzange f (Werkz) circlip pliers pl

einspringend adj (Tech) re-entering

einspringendes Teil n (Tech) male member

Einspritz... (Tech) injection..., spray...

Einspritzdüse f (Hydr/Pneu) fuel injection valve, injection nozzle, injection valve, injector (Motor, Einspritzpumpe)

Einspritzer m (Kfz) injection valve body

Einspritzkühler m *(Tech)* spray attemperator

Einspritzsystem n *(Kfz)* fuel injection system

Einspritzventil n *(Kfz)* fuel injection valve, injection valve, injector

Einspritzversteller m *(Kfz)* injection timing mechanism

Einspritzvorrichtung f *(Kfz)* primer

Einspurraupe f *(Bergb)* single track crawler

Einstammvorrichtung f *(Werkz)* single log tine *(an einer Holzzange)*

einstechen v *(Tech)* penetrate *(mit der Schaufel)*

Einstechmesser n *(Tech)* stinger bit

Einsteck... *(Tech)* insert..., plug-in...,-socket...

einsteckbar adj *(Tech)* plug-in type, push-in type

einstecken v *(Elek)* plug, plug in

Einsteckratsche f *(Tech)* ratchet attachment

Einsteckschloss n *(Tech)* mortise lock

Einsteckschweißanschluss m *(Tech)* sockolet *(Schweißmuffenanschluss)*

Einsteckstoß m *(Stb)* sleeve joint, slip joint

Einsteckventil n *(Vent)* cartridge valve

Einsteckwinkel m *(Tech)* angle attachment

Einstegrippenplatte f *(Bergb)* mono--grouser track pad, single-grouser track pad; single grouser shoe *(für weiche Böden)*

Einstell... *(Tech)* adjusting..., setting...

Einstellarm m *(Kfz)* pitch arm

einstellbar adj *(Tech)* adjustable

Einstelldruck m *(Tech)* set pressure; test pressure *(Sicherheitsventil)*

einstellen v *(Tech)* adjust, control, regulate, set *(z. B. Instrumente)*

einstellen v/**fein** *(Elek)* s. feineinstellen

Einstellgröße f *(Kfz)* option rating *(des Motors)*

Einstellknopf m *(Tech)* knob, setting button

Einstelllehre f *(Werkz)* *(BE)* feeler gauge, rack setting gauge

Einstellmarke f *(Tech)* aligning mark *(Bündigkeit)*; setting mark *(Maschine)*; timing mark *(Zeit)*

Einstellmaß n *(Tech)* setting gauge *(Werkzeuge)*

Einstellscheibe f *(Kfz)* dial

Einstellschraube f *(Tech)* adjusting screw

Einstellstange f *(Kfz)* pitch arm

Ein-Stellung f *(Elek)* ON position *(eingeschaltet)*

Einstellung f *(Tech)* setting

Einstellung f **der Gesteine** *(Bau)* classification of rocks

Einstellung f **einer Kurvenscheibe** *(Kfz)* cam angle

Einstellventil n *(Vent)* adjustable valve

Einstellwagen m *(Bergb, Umschl)* car dumper cradle, shunting car *(Kipper)*

Einstellweg m *(Bergb, Umschl)* shunting length

Einstellzeit f *(Elek)* balancing time *(Messbrücke)*; damping time *(Messgerät)*; response lag, response time, step response time *(Messgerät, Messumformer)*; setting time *(Einschaltzeit)*

Einstempelpresse f *(Mech)* one-stamp press

Einstich m *(Tech)* groove

Einstieg m *(Tech)* manhole *(Mannloch)*

Einstrahlrichtung f *(Elek)* beaming direction

Einstreichfeile f *(Werkz)* feather-edge file, slitting file

Einstrossenbetrieb m *(Bergb)* pit operation

einstufen adj *(Tech)* categorize, classify, grade

einstufig adj *(Tech)* single-stage, with one stage

einstürzen v *(Bergb, Tech)* cave in, collapse

einsumpfen v *(Bau)* pond

eintauchen v *(Tech)* dip, immerse, submerge *(in Flüssigkeit)*; plunge *(abschrecken)*

eintauchen v *(Tech)* reach down into, slide into

Eintauchprüfung f *(Elek)* immersion testing *(Ultraschall)*

Eintauchtiefe f *(Bergb, Umschl)* depth of bucket wheel entry *(Zustelltiefe)*

einteilen v *(Tech)* allocate *(z. B. Personal)*; calibrate, classify, grade, rank *(z. B. in Gruppen, in Klassen)*; break down, divide *(aufteilen)*; graduate *(z. B. in Grad)*

einteilig adj (Tech) one-part, one-piece, single-piece

eintragen v (Tech) enter, list (z. B. in eine Liste)

eintreiben v (Bau) drive

Eintriebsdrehzahl f (Tech) input speed (Regelgetriebe)

Eintritts... (Tech) entry..., inlet...,

Eintrittsdrall m (Verd) inlet swirl (Labyrinthdichtung)

Eintrittsecho n (Elek) interface echo

Eintrittsecho n (Tech) entry echo (DIN 54119, Ultraschall)

Eintrittsgesamtdruck m (Verd) compressor inlet pressure, inlet stagnation pressure (Verdichtersaugdruck)

Eintrittsgeschwindigkeit f (Elek) admission velocity

Eintrittsleitapparat m (Verd) inlet guide unit, inlet guide vanes (Dralldrossel)

Eintrittsleitschaufel f (Verd) inlet stator blade (Axialverdichter); inlet guide vane (Radialverdichter)

Eintrittsöffnung f (Tech) inlet

Eintrittswiderstand m (Elek) incoming resistance

eintuschieren v (Tech) blue (Lager, Zahnräder, Kugelpilz usw.)

einwägen v (Tech) weigh in

einwalzen v (Tech) bead in, expand into, roll in (Rohre in Rohrböden)

einwandfrei adj (Tech) perfect, unobjectionable

einwandfreies Durchschweißen n (Schw) full-fusion welding

Einweg... (Tech) disposable, expendable (Wegwerf...); one-way, single-way ... (z. B. Ventil)

Einweggleichrichter m (Elek) half wave rectifier

Einwegventil n (Hydr/Pneu) monoway valve

einweisen v (Tech) acquaint with, instruct (einarbeiten)

Einweiser m (Bergb) spotter (am Baggerabwurf)

Einweisung f (Tech) instruction (Einarbeitung)

Einwellenhammerbrecher m (Zer) impact hammer crusher, single-shaft hammer crusher

Einwerfer m (Tech) injector

Einwertigkeit f (Chem) monovalence, univalence

Einwirkung f (Tech) effect

Einwirkungszeit f (Tech) action time

Einzel... (Tech) individual..., single...

Einzelanfertigung f (Tech) custom-built machinery, job-tailored machinery (Anfertigung nach Kundenwunsch, -auftrag); individual construction, individual production, one-off production, single-piece job, single-piece production

Einzelaufführung f (Tech) itemization (Liste)

Einzelbauteil n (Stb) discrete [individual] component

Einzelgründung f (Bau) single footing

Einzelkonstruktion f (Tech) custom design

Einzelkorn n (Met) grain

Einzellast f (Stat) concentrated load, point load

Einzelmast m (Schiff) monomast

Einzelmenge f (Mess) discrete quantity

einzeln adj (Tech) individual, separate, single

Einzelprüfung f (Prüf) individual inspection

Einzelradaufhängung f (Kfz) independent suspension

Einzelregelung f des Druckes (Hydr/Pneu) individual pressure regulation

Einzelschaltung f (Elek) single throw

Einzelsehne f (Zeich) single axis (in Zeichnungen)

Einzelstückgut n (Log) unit load

Einzelteil n (Tech) component, one-off part, individual part

Einzelzeichnung f (Zeich) detail drawing

einziehbar adj (Tech) drawout mounted, drawout type, retractable

einziehen v (Bergb) retract (z. B. Hydraulikzylinder)

einziehen v (Hütt/Walz) contract, reduce (z. B. Rohre)

einziehen v (Kran) luff in (Ausleger)

Einziehflaschenzug m (Tech) apron hoist block (z. B. Schiffsentlader)

Einziehseil n (Tech) tag line

Einziehwerk n (Kran) boom hoist, hoist machinery, luffing gear [machinery] (Kranausleger); rise and fall machinery (Kranbau)

Einziehwerk n (Umschl) apron hoist (Schiffsentlader); luffing winch

Einziehwinde f (Tech) derricking winch

Einzugsgebiet n (Tech) catchment area (Wasserversorgung)

Ein-, Zwei- und Dreispindelheber m (Kfz) one, two, and three spindle jack

Einzylindermotor m (Antr) one-cylinder engine

Eisen n (Met) iron

Eisenbahnbrücke f (Bahn) (AE) railroad bridge, (BE) railway bridge

Eisenbahnoberbaustoffe mpl (Bahn) permanent way materials pl, rail accessories pl, railway track accessories pl (außer Schienen)

Eisenbahnschiene f (Bahn) line, rail, (AE) railroad track, (BE) railway line, track rail

Eisenbahnschwelle f (Bahn) (BE) sleeper, (AE) tie

Eisenbahntechnik f (Bahn) railroad engineering

Eisenbahnübergang m (Bahn) level crossing

Eisenbeton m (Bau) reinforced concrete (Stahlbeton)

Eisenerz n (Bergb) iron ore

eisenfrei adj (Met) non-ferrous

Eisengießerei f (Hütt) iron foundry

Eisenguss m (Hütt/Walz) cast iron, iron casting

eisenhaltig adj (Bergb) ferriferous, ferrous, ferruginous

Eisenhütte f (Hütt) iron and steel works pl, steel works pl

Eisenhüttenkunde f (Hütt) ferrous metallurgy

Eisenkern m (Met) iron core

Eisenkettenbagger m (Bergb) bucket chain excavator

Eisen-Kohlenstoff-Diagramm n (Met) iron-carbon-equilibrium diagram

Eisenoxid n (Antr) iron oxide, rust (Korrosion)

Eisensäge f (Werkz) hacksaw

Eisenschwamm m (Hütt) sponge iron, sponge

Eisen- und Stahlerzeugnisse npl (Stb) iron and steel products pl

Eisen- und Stahlkonditionierung f (Hütt) treatment of liquid iron and steel

Eisenwaren fpl hardware

eisern adj (Met) irony, of iron (aus Eisen)

el adj (Abk. für: elektrisch) (Elek) el, electrical

elastisch adj (Tech) elastic, flexible
• **elastisch gekoppelt** flexibly coupled
• **elastisch gelagert** cushion-mounted, flexibly mounted

elastisch adj/dauerhaft (Tech) durably resilient

elastische Dehnung f (Tech) elastic elongation, stretch

elastische Durchbiegung f (Tech) deflection, elastic deflection (Werkstoffprüfung)

elastische Formänderung f (Form) elastic deformation

elastische Kupplung f (Tech) flexible coupling

elastische Rutschkupplung f (Tech) flexible slip coupling

elastische Schwingung f (Elek) elastic oscillation, forced oscillation, forced vibration

elastische Verformung f (Form, Tech) elastic deformation

elastischer Zwischenring m (Tech) resilient intermediate ring

Elastizität f (Stb) elasticity

Elastizitätsberechnung f (Stb) elastic design

Elastizitätsgrenze f (Met) elastic limit, limits of elasticity, yield point

Elastizitätsmodul m (Met) modulus of elasticity, elastic modulus, Young's Modulus

elektrifizieren v (Elek) electrify

Elektrik f (Elek) electrical engineering [system] (z. B. eines Hauses); electrics

Elektriker m (Elek) electrician

elektrisch adj (Elek) el, electric, electrical

elektrisch leitend adj (Elek) antistatic

elektrische Durchschlagsfestigkeit f (Elek) dielectric rigidity [strength], disruptive [puncher] strength

elektrische Leitung f (Elek) transmission line

elektrische Leitungen fpl (Elek) wiring

elektrische Versorgungsindustrie f (Elek) electric utility industry

elektrische Welle f (Tech) electrical shaft connection, synchro system

elektrische Zündung f (Elek) electric detonator

elektrischer Anker m (Elek) armature

elektrisches Haushaltsgerät n (Elek) electric appliance, electrical equipment, (electrical) household appliance

elektrisches Kraftwerk n (Elek) (AE) electric power plant, (BE) electric power station

elektrisches Messgerät n (Elek) electrical measuring.device

Elektrizitätsversorgung f (Elek) electricity supply

Elektrizitätswerk n (Elek) power station

Elektro... (Elek, Tech) electric...

elektroakustisch adj (Elek) electro-acoustical

Elektrobandtrommel f (Förd) electrical motor pulley, pulley with inbuilt motor, pulley with internal motor, motorized pulley

Elektroblech n (Met) electrical sheet

Elektrode f (Elek) electrode

Elektroden... (Hütt, Tech) electrode...

Elektrode f in Speicherbatterie (Elek) plate

Elektrodenabstand m (Elek) sparking distance

Elektrodenausfahren n (Schw) electrode extension

Elektrodendichtring m (Hütt) electrode gland, electrode sealing ring (Dichtring)

Elektrodenhalter m (Schw) rod holder

Elektrodenhandschweißen n (Schw) shielded metal-arc welding, SMAW

elektrodynamischer Wandler m (Elek) electrodynamic transducer (DIN 54119)

Elektrofilter m (Hydr/Pneu) electro-precipitator, electrostatic precipitator

Elektrogasschweißen n (Schw) EGW, electrogas welding

Elektrogerät n (Elek) electric (household) appliance (Haushaltsgerät)

elektrogeschweißt adj (Schw) electro-welded

Elektroherd m (Elek) electric cooker, electric range (Haushaltsgerät)

elektrohydraulisch adj (Hydr/Pneu) electro-hydraulic

Elektro-Impulsventil n (Kfz) solenoid pilot-operated valve

Elektroinstallateur m (Elek) electrician

Elektrokarren m (Elek, Tech) electric truck

Elektro-Lichtbogenofen m (Hütt) electric arc furnace, EAF

Elektrolyt m (Phys) electrolyte

Elektromagnet m (Elek) electric magnet (z. B. am Schrottbagger)

Elektromagnet m (Mess) solenoid, magnet coil (Magnetspule)

Elektromagnetschieber m (Elek) solenoid valve

elektromechanisch adj (Elek) electro-mechanical

elektromotorisch adj (Elek) electro-motive

elektromotorische Kraft f (EMK) (Tech) electric-motor force, EMF

Elektronenröhre f (Hydr/Pneu) thermionic valve

Elektronenstahlröhre f (Elek) cathode ray tube, CRT

Elektronenstrahlschweißen n (Schw) electron beam welding (DIN 1910)

Elektronik f (Elek, IT) electronics

elektronische Steuerung f (Elek) solid-state control

Elektroofen m (Hütt) electric furnace

Elektroschaltplan m (Elek) electric circuit diagram

Elektroschlackeschweißen n (Schw) electroslag welding

Elektroschlackeumschmelzverfahren n (Hütt) electroslag remelting process, ESR process

Elektroschrank m (Elek) electrical cabinet

Elektroschweißen n (Schw) shield metal arc welding, electric welding

Elektrostahl m (Met) electric furnace steel, electric steel

elektrostatisch adj (Elek) electrostatic

Elektrotechnik f (Elek) electrics pl, electrical engineering

elektrothermisch adj (Elek) electro-thermal

Elektroverstellgerät n (Elek) electric change-over device

Elektrowagen m (Umschl) trailer for electrical equipment

Elektroweißblech n (Met) electrolytic tin plate, electrotin plate

Element n (Tech) element (Teil)

Elementaranalyse f (Tech) ultimate analysis

Elementarwellen fpl (Elek) elementary waves pl

Elko m (Abk. für: Elektrolytkondensator) (Elek) electrolytic condenser

elliptisch adj (Tech) elliptical

elliptisch adj/halb (Tech) semielliptic

Ellira-Schweißung f (Schw) submerged arc welding, Unionmelt welding

Eloxal n (Met) (BE) anodised aluminium

Eloxalschicht f (Elek) (AE) anodized (aluminum) coating

eloxieren v (Tech) (AE) anodize

Emaillieren n (Tech) enamelling

Emission f (Tech) emissivity, radio emission (Ausstrahlung)

Emission... (Ökol, Tech) emission...

Emissionsgrenze f (Tech) admissible emission

Emissionswert m (Stb) emissivity coefficient

Emittent m (Ökol) discharger, polluter

Emitter m (Elek) emitter

Emitteranschluss m (Elek) emitter contact

EMK (Abk. für: elektromotorische Kraft) (Tech) EMF, electric-motor force

E-Motor m (Abk. für: Elektromotor) (Antr) electric motor

Empfänger m (Elek) receiver (auch Radio)

Empfangs... (Elek) receiving...

Empfangsprüfkopf m (Schw) receiver probe

empfindlich adj (Tech) delicate, sensitive

Empfindlichkeitsausgleich m (Tech) sensitivity compensation

Empfindlichkeitsfehlernachweis m (Tech) flaw detection sensitivity

Empfindlichkeitsüberwachung f (Tech) sensitivity check

empirisch adj (Tech) empirical

emulgieren v (Chem, Tech) emulsify

End... (Tech) final

endabmessungsnahes Gießen n (Hütt) near net shape casting

Endabnahme f (Prüf) final inspection

Endabschluss m (Tech) end stopper (z. B. des Laufgitters)

Endanschlag m (Tech) buffer, end stop, limit stop

Endanschluss m (Elek) termination

Endanstrich m (Anstr) paint finish (oberste Farbschicht)

Endantrieb m (Tech) final drive, track motor (Ölmotor); propel drive (Seilbaggerraupe)

Endantriebuntersetzung f (Kfz) final--drive reduction

endbearbeiten v (Mech) finish, finish--machine

Endbolzen m (Tech) end bush, end pin, internal-cone pin; lock pin (einer Kette)

Endbuchse f (Tech) end bush, head bushing, lock bushing

Endbundklemme f (Tech) wire loop clamp

Enddose f (Elek) outlet box

Endenaufteilung f (Elek) crotch (Kabel)

Endenausführung f (Tech) style of ends (Feder)

Endfeld n (Stb) end panel; end span (Außenöffnung); end-field (z. B. einer Stahlbrücke)

Endglied n (Tech) last link

endgültig adj (Tech) final

endgültiger Ausbau m (Tech) final extension, final stage of extension

Endklötze mpl (Schw) end blocks pl

Endkontrolle f (Prüf) pre-delivery inspection

endlos adj (Tech) continuous, endless, infinite

Endlosblätter npl (Tech) tearsheets pl

Endlosmachen n (Tech) splicing, endless splicing

Endmast m (Tech) dead-end pole, (AE) dead-end tower, end poles pl, terminal pole, terminal support, (BE) terminal tower

Endmontage f (Mont, Tech) final assembly, final erection

Endriegel m end dam

Endrücknahme f (Umschl) end relief

Endschalter m (Elek) limit switch, overtravel switch

Endschalterliste f (Tech) list of safety devices, list of safety equipment

Endspiel n (Tech) backlash (z. B. Achsspiel)

Endstrebe f (Stb) end knee brace, end post, inclined end post, end raker

Endstück n (Tech) butt, terminal (element)

Endstufe f (Elek) power amplifier

Endtaster m (Elek) limit switch

Endteil n (Tech) tail part

Endverformung f (Form) end deformation (unbeabsichtigt); end shaping (beabsichtigt)

Endverschluss m (Elek) pot head, sealing end (Kabel)

Endverschlüsse mpl (Elek) cable end glands pl (Kabel)

Endverteiler m (Tech) output distributor

Energie f (Elek) energy

Energiebedarf m (Tech) energy demand, energy loading, energy requirement

Energiebilanzierung f (Mess) energy balance

Energieerzeugung f (Elek) power generation

Energieprinzip n (Tech) energy law

Energierückgewinnung f (Elek) energy recovery [recycling, retrieving], recuperation of energy, regenerative braking power

Energieübertragung f (Hydr) power transmission

Energieumformer m (Hydr) energy converter

Energievernichtung f (Elek) dissipation

Energieversorgung f (Elek) grid, mains supply, power supply (elektrische Energie)

Energieversorgung f (Tech) energy supply

Energiezufuhr f (Tech) power feed, supply of energy

eng adj (Tech) narrow, tight

eng gestellt adj (Tech) narrowly spaced

Engländer m (Werkz) monkey wrench, shifter

engmaschig adj (Tech, Zer) close-mesh, close-meshed, narrow-mesh

Engpass m (Tech) bottleneck (enge Stelle)

entbrennen v (Schw) hot up

Entdrallelement n (Verd) deswirling cascade (eines Labyrinthdichteinsatzes)

Entfaltung f (Bau) unfolding (Abwicklung)

entfernen v (Tech) remove

entfernen v/Grat (Mech) (AE) bur, (BE) burr, (AE) debur, (BE) deburr

entfernt adj (Tech) dislodged, displaced (von seinem Platz verdrängt)

Entfernung f (Tech) dismantling, removal (z. B. Abbau eines Maschinenteils); distance

Entfernungsmesser m (Kfz) odometer (z. B. eines Kfz)

entfetten v (Tech) degrease

entfeuchten v (Chem, Tech) dehumidify

entflammbar adj (Chem) flammable, inflammable

entflammbar adj/schwer (Tech, Chem) fire-retarding, hardly inflammable; hardly flammable (schwer brennbar; z. B. Öl)

entflammen v (Tech) inflame

Entfrostergebläse n (Elek) defroster fan

entgasen v (Tech) degas

entgaster Stahl m (Met) dead steel

entgegengesetzt adv (Stat) inversely

entgegenwirken v (Tech) counteract, oppose

Entgleisungsschutz m (Bahn) check rail, derailment guard

entgraten v (Mech) (AE) bur, (BE) burr, take the burr off, (AE) debur, (BE) deburr, trim the edges off, trim

Entgraten n (Mech) fettling, trimming

Entgrathobel m (Walz) flash trimmer (Bandwalzwerk)

Enthalpie f (Stb) enthalpy

enthalten v (Tech) comprise, contain, include (beinhalten)

Enthärtung f (Met) softening, tempering

Entklinkung f (Elek) tripping

Entkohlung f (Met) (AE) decarburization, (BE) decarburisation

entkoppeln v (Elek) isolate (abschalten)

Entkopplungsglied n (Elek) stopper circuit

Entkopplungskreis m (Elek) anti-resonant circuit

Entkrängung f (Bergb, Tunn) heel elimination

entkuppeln v (Tech) disengage, uncouple (Kupplung)

Entlade... (Bergb) discharge..., dumping..., unloading...

entladen v (Bergb, Elek) discharge

entladen v (Bergb) unload (z. B. einen Lkw)

Entladerampe f (Bergb) discharge ramp

Entladestrom m (Elek) discharge current

Entladeventil n (Hydr/Pneu) unloading valve

Entladezeit f (Bahn) discharging time, service time

entlasten v (Hydr/Pneu) reduce pressure remove pressure

entlasten v (Tech, Stat) relieve, unload (von Ladung)

entlastet adj (Tech, Stat) balanced, equilibrated

Entlastung f (Tech) decompression (Druck); unloading (Verdichter)

Entlastung f zur Atmosphäre (Tech) atmospheric vent, vent to atmosphere (Labyrinthdichtung)

Entlastungs... (Tech) relieving...

Entlastungskolben m (Tech) balance piston

Entlastungsventil n (Vent) discharge valve, relief valve, unloader valve, unloader valve assembly

Entlastungswegeventil n (Vent) directional relieving valve

entleeren v (Elek, Tech) discharge (z. B. Batterie, Schiff)

entleeren v (Hydr/Pneu) dump

Entleerungsschieber m (Vent) drain valve

Entleerungsschurre f (Bergb) outlet chute

Entleerungsstutzen m (Tech) drain connection (z. B. eines Speichers)

Entleerungsventil n (Tech) drain valve (Ablassventil)

entlichtet adj (Elek) non-exposed, non--illuminated (Infrarotzelle)

entlüften v (Kfz) bleed (z. B. Bremsleitung); drain (entwässern)

entlüften v (Tech) vent, ventilate (z. B. einen Raum)

Entlüfter m (Hydr/Pneu) bleeder (z. B. der Bremsleitung); breather, deaerator, exhaust fan, exhauster, vent

Entlüfter m (Kfz) primer (vor Anlauf der Maschine)

Entlüfterpumpe f (Kfz) priming pump

Entlüfterstutzen m (Kfz) breather pipe

Entlüfterventil n (Vent) air bleeder

Entlüfterventilschlüssel m (Kfz) air bleeder spanner

Entlüftung f (Hydr/Pneu) air vent, de--aeration, venting; exhaust (Ventil)

Entlüftungspumpe f (Hydr/Pneu) priming pump

Entmagnetisierung f (Elek) demagnetisation

Entmischung f (Geo, Ökol) blend decomposition, disintegration, dissociation, segregation

entmobilisieren v (Tech) clear, demobilize, clear the site

Entnahme f (Tech) removal (Wegnahme); taking, withdrawal

Entnahmeliste f (Elek) pull list

Entnahmestutzen m (Bau) sampling tube

Entöler m (Tech) de-oiler, oil separator

Entregung f (Elek) de-excitation, field discharge

entriegeln v (Tech) deactivate, release, unlatch, unlock

entriegelter Betrieb m (Tech) deactivated interlock, local drive mode

Entropie f (Phys) entropy (Begriff der Thermodynamik)

entrosten v (Anstr) derust, remove rust

entsalzen v (Tech) demineralise, desalinate

entschäumend adj (Chem) skimming

entschwefeln v (Chem, Met) (BE) desulphurise, (AE) desulfurize

entsichern v (Tech) unlock (aufschließen)

Entsorgung f (Ökol, Tech) decontamination, removal, waste disposal

entspannen v (Tech, Hydr/Pneu) release (z. B. Feder); slacken (Raupenkette, Seil)

Entspannungsprüfmaschine f (Prüf) relaxation testing machine

Entspannungsturbine f (Verd) expander, expansion turbine (Expansionsturbine)

entsperren v (Tech) open, release (z. B. Ventil)

entsprechend adj (Tech) appropriate, commensurate

entstapeln v (Tech) unpile

Entstaubung f (Tech) dust removal, exhaust gas and fume extraction

Entstäubung f (Tech) dust collector

Entstörknopf m (Mess) fault clear(ing) button

Entstörung f (Elek) fault clearance, interference suppression

entwässern v (Tech) dewater; drain (z. B. einen Tank)

entwässert adj (Kfz) dehydrated (z. B. Maschine)

Entwässerungsanlage f (Stb) sewage system

Entwässerungsbohrung f (Tech) weep hole (damit Kondenswasser abtropfen kann)

Entwässerungs... (Tech) dewatering..., drain..., draining..., sewage...

Entwässerungsventil n *(Vent)* drain cock, drain valve, drainage valve
entweichen v *(Kfz)* escape *(z. B. Gas)*
Entweichung f *(Bau)* pollution
entwerfen v *(Tech)* construct, design, draw, plot, sketch
entwickeln v *(Tech)* evolve, generate *(Wärme usw.)*
entwickelt adj/**hoch** *(Tech)* s. hochentwickelt
Entwicklung f *(Tech)* development, evolution, progress *(Fortschritt)*
Entwurf m *(Tech)* draft *(Manuskript)*; design, plan, project, scheme, sketch
Entwurfszeichnung f *(Zeich)* design draft, design drawing, preliminary drawing, layout drawing, outline drawing, sketch
entzerren v *(Elek)* compensate, correct, equalize
entzundern v *(Anstr)* decinder, descale
entzündlich adj *(Chem)* inflammable
Entzündung f *(Tech)* combustion, ignition
Epoxid n *(Elek)* epoxy *(z. B. auf Schleifscheiben)*
erbauen v *(Tech)* build, construct
erbracht adj *(Tech)* expended
erbrachte Leistung f *(Tech)* performance supplied, service rendered
Erbskohle f *(Bergb)* pea coal
Erd... *(Bau, Tech)* earth..., excavation...
Erd... *(Elek)* earth..., earthing..., grounding...
Erdanschlussklemme f *(Elek)* earth--electrode terminal
Erdarbeiten fpl *(Bau)* earthworks pl
Erdbau m *(Bau)* earth work, earthworks pl
Erdbaumaschine f *(Bergb)* earthmoving machine
Erdbeben n *(Geo)* earthquake
Erdbeben... *(Bau, Geo)* earthquake..., seismic...
Erdbebengebiet n *(Geo)* earthquake--prone area
erdbebensicher adj *(Geo)* earthquake--proof
Erdbebenstoß m *(Geo)* earth tremor
Erdbewegung f *(Kfz)* earthmoving
Erdbewegungs... *(Bergb, Geo)* earthmoving...
Erdblock m *(Geo)* adobe block
Erddruck m *(Stb)* earth pressure
Erde f *(Geo)* earth

erden v *(Elek)* connect to earth, *(BE)* earth, *(AE)* ground *(schutzerden)*
Erdgas n *(Petr)* natural gas
Erdhobel m *(Bergb)* grader
Erdinnere n *(Bergb)* interior of earth
Erdkabel n *(Elek)* earth cable, underground cable *(Nullleiter)*
Erdöl n *(Petr)* mineral oil
Erdölindustrie f *(Petr)* oil industry, petroleum industry
Erdöl- und Erdgasanlagen fpl *(Petr)* oil and gas plants pl
Erdprüfdraht m *(Elek)* ground check wire
Erdschluss m *(Elek)* earth fault, earth leakage, line-to-ground fault
Erdseil n *(Tech)* stranded earth wire
Erdtaster m *(Elek)* *(BE)* earthing key
Erdung f *(Elek)* *(AE)* grounding *(elektrisch)*; earth connection, *(BE)* earthing, protection earthing, PE *(Schutzerdung)*
Erdungs... *(Elek)* earth..., earthing..., ground..., terminal
Erdungsdrossel f *(Elek)* discharge coil
erdverlegt adj *(Tech)* buried *(z. B. Kabel)*
Erdwinde f *(Tech)* wind lass
Ereignisprotokoll n *(Mess)* event logging
erfassen v *(Tech)* capture *(z. B. Gase)*; sense *(z. B. Temperatur)*
erforderliches Anzugsmoment n *(Tech)* specified breakaway torque
Ergänzung f *(Tech)* complement, supplement *(das Ergänzte)*; completion *(Vervollständigung)*; supplementation *(Hinzufügung)*
Ergebnis n *(Tech)* outcome, result
Ergebnis n **des Probelaufs** *(Kfz)* trial evaluation
Ergebnisbericht m *(Tech)* Inspection report
ergiebig adj *(Bergb)* abundant, rich *(z. B. Flöz)*
Ergiebigkeit f *(Bergb)* yield
Ergonomie f *(Tech)* *(AE)* ease and convenience, *(BE)* ergonomics
Ergussgestein n *(Geo)* effusive rock
erhaben adj *(Tech)* projecting, proud, raised *(hervorstehend)*
erhalten v *(Tech)* obtain, receive
Erhaltung f *(Bau)* conservation, maintenance *(z. B. eines Gebäudes)*
erhärten v *(Tech)* harden, substantiate
Erhärtung f *(Hütt, Met)* hardening
erhitzen v *(Tech)* heat, heat up

erhöhen v (Tech) elevate (etw. heben, z. B. Fahrerhaus); increase (z. B. Geschwindigkeit)

erhöhen v/**Drehzahl** (Elek, Tech) rev up, speed up

erhöht adj (Tech) elevated; increased (z. B. Leistung)

Erhöhungsbeiwert m (Stb) increase factor

Erholzeit f (Tech) recovery time

erkennbar adj (Tech) detectable, identifiable, noticeable, recognizable

erkennen v (Tech) detect, identify, recognise

Erker m (Baut) alcove, oriel (Vorbau)

Erker m (Hütt) nose (am Stichloch des Lichtbogenofens)

Erkerofen m (Hütt) eccentric bottom tapping furnace, EBT furnace

Erkundungsbohrung f (Petr) exploratory drilling, wildcat drilling

Ermeto-Schneidring m (Tech) cutting and taper ring

Ermeto-Verschraubung f (Tech) ermeto coupling

ermitteln v (Tech) determine (festlegen)

ermittelt adj (Tech) computed, detected, determined

ermittelte Bruchlast f (Tech) ultimate tensile strength

Ermüdung f (Tech) exhaustion, fatigue

Ermüdungs... (Met) fatigue...,

Ermüdungsfestigkeit f (Met) fatigue resistance, fatigue strength

Ermüdungsgrenze f (Prüf) endurance limit, fatigue limit

Ermüdungsrissbildung f (Met) fatigue cracking (DIN 50035)

Ermüdungsversuch m (Prüf) fatigue test (Dauerversuch)

ernennen v (Tech) appoint, establish, name

erneuerbar adj (Tech) regenerative, renewable

erneuern v (Tech) renew (auswechseln); replace (ersetzen); refurbish, revamp, renovate

erneuerungsbedürftig adj (Tech) in need of repair

erproben v (Tech) test

erratisch adj (Tech) erratic

errechnet adj (Tech) calculated, computed

erregen v (Hydr/Pneu) excite, energize

Erreger m (Elek) exciter unit

Erreger... (Elek, Mess) exciter..., exciting...

Erregung f (Tech) excitation, field excitation

erreichbar adj (Tech) accessible

erreichen v (Tech) achieve

errichten v (Tech, Bau) build, construct (z. B. Gebäude, Baustelle)

Ersatz m (Tech) replacement, substitute

Ersatz... (Elek, Tech) replacement..., spare..., substitute...

Ersatzfehler m (Elek) equivalent flaw

Ersatzfehlergröße f (Tech) comparable error size, equivalent flaw size, test error size

Ersatzlast f (Tech, Stat) lane loading, equivalent load

Ersatzreflektor m (Elek) equivalent reflector (Ultraschall)

Ersatzschaltbild n (Mess) equivalent circuit diagram

Ersatzschaltung f (Elek) simplified circuit (vereinfacht)

Ersatzteil n (Tech) part, service part, spare part

erschließen v (Bau) develop (z. B. Baugrund); open up, tap

Erschließungskosten pl (Bau) development costs pl

Erschmelzen n (Hütt) melting

Erschütterung f (Tech) bump, jerk, vibration

erschütterungsfest adj (Mess) vibration proof

erschwert adj (Tech) aggravated, heavy

erschwerter Betrieb m (Tech) heavy duty

ersetzbar adj (Tech) replaceable (austauschbar)

ersetzen v (Tech) replace, substitute, supersede

Erst... (Tech) first..., initial..., primary...

erstarren v (Tech) solidify

Erstbetriebsöl n (Tech) running-in oil

erste Inbetriebnahme f (Tech) commissioning

erstellen v (Bergb) level and finish (ein Planum)

erstellen v (Mess) establish, create

Ersteller m **einer Zeichnung** (Zeich) draughtsman

erster Gang m (Tech) bottom gear, first

gear, low gear *(z. B. beim Kfz)*; first speed *(einer Maschine)*

Erstfüllung f *(Tech)* first fill, initial fill *(z. B. mit Öl)*

Erstinbetriebnahme f *(Tech)* bringing on stream, commissioning, initial start-up, placing [taking] on stream

erstklassig adj *(Tech)* finest, first-class, top-notch

Erstwertmelder m *(Mess)* first-out sequence annunciator

Erstwertmeldung f *(Mess)* first-out alarm, first fault discrimination alarm, sequential first-out alarm

ertragreich adj *(Tech)* efficient

Erwärmdauer f *(Tech)* heating treatment time n

erwärmen v *(Tech)* heat

Erwärmungsprüfung f *(Tech)* heat run test

erwartet adj *(Tech)* anticipated, expected

Erwartungsbereich m *(Elek)* expectancy range

erweiterbar adj *(Tech)* open-ended

erweitern v *(Tech)* extend; ream *(z. B. Bohrloch)*

erweitert adj *(Tech)* extended

Erweiterungseingang m *(Kfz)* expanding input

Erweiterungs... *(Tech)* extension...

Erz n *(Met)* ore

Erz... *(Met)* ore...

Erzabfall m *(Bergb)* tailing

Erzaufbereitung f *(Hütt)* ore beneficiation, ore dressing *(Erzveredelung)*

erzeugen v *(Hydr/Pneu)* build up, generate *(z. B. Druck)*

erzeugen v *(Tech)* manufacture, produce

Erzeugnis n *(Tech)* product

Erzeugnisnummer f *(Tech)* product number

Erzeugnispalette f *(Tech)* range of products

Erzeugnisstruktur f *(Tech)* product structure, product structuring

Erzeugnisversion f *(Tech)* product version, variant

Erzeugung f *(Elek, Tech)* generation

Erzeugung f *(Fert)* production *(Herstellung)*

Erzeugung f der Verzahnung *(Tech)* tooth generation *(Getriebe)*

Erzeugungskreis m des Torus *(Tech)* generant of the toroid

Erzrolle f *(Bergb)* rock slope, slope *(Förderstollen)*

Erzschlammgewinnungsgerät n *(Bergb)* ore-mud suction dredge

Erzverhüttung f *(Hütt)* ore smelting

erzwingen v *(Tech)* enforce

erzwungene Schwingung f *(Elek)* forced vibration

E-Schweißen n *(Abk. für: Elektroschweißen) (Schw)* SMAW, electric welding

Esse f *(Baut)* chimney *(Kamin)*; smokestack

Estrich m *(Bau)* screed

Etage f *(Bau)* floor, *(BE)* storey, *(AE)* story *(Stockwerk)*

Etage f *(Bergb, Tech)* deck, floor

Etagenplatte f *(Tech)* card holder plate, pushbutton plate

Etagenschnitt m *(Bergb)* terracing cut

Etappen fpl *(Tech)* milestones pl

etappenmäßig adj *(Tech)* step-by-step

E-Teil n *(Abk. für: Ersatzteil) (Tech)* part, spare part

Eternit n *(Bau)* eternit *(Asbestzement)*

Etikett n *(Tech)* label, tag *(Anhänger)*

Etikettendraht m *(Tech)* tag wire

etikettieren v *(Tech)* label *(mit Schild, Anhänger usw. versehen)*

E-Trommel f *(Abk. für: Elektrobandtrommel) (Förd)* electrical motor pulley, motorized pulley

Euler-Spannung f *(Stb)* Euler's stress

eutektisch adj *(Tech)* eutectic

evakuieren v *(Tech)* evacuate

Evolvente f *(Tech)* involute

Evolventenverzahnung f *(Tech)* involute gearing, involute tooth arrangement, involute toothing, spiral tooth arrangement

E-Werk n *(Abk. für: Elektrizitätswerk) (Elek)* power station

exakt adv *(Tech)* exactly, meticulously

exgeschützt adj *(Elek)* explosion-proof

exogen adj *(Hütt)* exogenous

expandieren v *(Tech)* expand

Expandierprobe f *(Tech)* cold expanding test

Expansionsschalter m *(Elek)* expansion circuit breaker

experimentell adj (Mont, Tech) experimental

explosionsbeschichtet adj (Tech) explosion-clad (explosionsplattiert)

Explosions... (Elek, Tech) explosion...

explosionsgeschützt adj (Elek) explosion-proof, exp. proof, X-proof

Explosionsklappe f (Tech) pressure relieving flap (Schleifringkammer)

Explosionsmotor m (Kfz) internal combustion engine

Explosionsraum m (Kfz) combustion chamber

explosionssicher adj (Bergb) explosion-proof

Explosionszünder m (Bergb) detonating primer

explosiv adj (Schw) explosive

exponentiell adj (Elek) exponential

Extensorbohle f (Bau) screeding beam

extrahart adj (Met) extra-hard (Härteangabe für Stahl)

extrastark adj (Mech) heavy-duty

Extruder m (Bergb, Hütt) extruder, extrusion plant

Exzenter m (Tech) eccentric

Exzenter (Kfz) cam...

Exzenter... (Tech) eccentric...

Exzentrizität f (Mess, Met, Tech) eccentricity

F

Fabrik f (Tech) factory; plant (Werk) • **ab Fabrik** ex works

Fabrikant m (Tech) factory owner, manufacturer

Fabrikat n (Tech) make (Marke); manufactured article, product (Produkt)

Fabrikeinstellung f (Kfz, Vent) factory preset (z. B. eines Ventils)

Fabriknummer f (Tech) serial number (eines Artikels)

Fabrikschweißung f (F.S.) (Schw) shop welding

fabrizieren v (Fert) produce

Facette f (Tech) facet

Fach n (Baut, Stb) bay, panel, panel length (Fachwerkkonstruktion); compartment, drawer

Facharbeiter m (Tech) skilled worker

fächerartig adj (Tech) fan-shaped

Fächerscheibe f (Tech) serrated lock washer, fan-shaped washer

Fachgebiet n (Tech) domain, field of study, field of work, special field

fachgerecht adj (Tech) professional, skilled (z. B. Personal); workmanlike (z. B. Reparatur)

Fachgutachten n (Tech) expert opinion, expertise

Fachingenieur m (Tech) expert engineer, specialist engineer

Fachmann m (Tech) expert, specialist

Fachwand f (Bau) panel wall (Fachwerkwand)

Fachwerk n (Baut) structural frame, framework, lattice work, truss

Fachwerkbogen m (Bau) braced arch, latticed arch, trussed arch

Fachwerkbrücke f (Bergb, Umschl, Förd) truss gallery, truss girder bridge (Förderer)

Fachwerkhaus n (Baut) half-timber house

Fachwerkpfette f (Stb) lattice purlin

Fachwerkskonstruktion f (Stb) framework, girder construction, lattice construction, truss

Fachwerkträger m (Stb) latticed girder, trussed girder, lattice girder, open-web girder (Gitterträger, mehrteiliges Fachwerk)

Fachwerkwand f (Stb) panel wall

Fackel f (Tech) burner, excess (gas) burner, flare, torch

Fadenkorrosion f (Met) filiform corrosion

Fadenkristall m (Met) whisker

fähig adj (Tech) able, capable, competent, efficient

Fähigkeit f (Tech) ability, capability, competence, competency

Fahne f (Elek) tag (Endschalter)

Fahne f (Mess) vane

Fahne f (Tech) lug (vorspringendes Teil)

Fahr... (Tech) drive..., travel..., travelling...

Fahrantrieb m (Bergb, Umschl) crawler drive, crawler track drive, crawler unit, drive unit, propel drive, rail-wheel drive, traction drive, travel drive, travel gear drive

Fahrbahn f (Bau) decking, flooring, roadway (auf einer Brücke); carriageway, lane, *(AE)* pavement, road, track *(Straße)*; traffic lane *(Spur)*

Fahrbahnrost *m (Stb)* floor grid, floor system

Fahrbahnschiene *f (Bahn)* travelling track

Fahrbahntafel *f (Stb)* deck, decking

Fahrbalken *m (Stb)* track beam, track girder

fahrbar *adj (Tech)* mobile, movable, portable

fahrbare Leiter *f (Tech) (AE)* aerial ladder, *(BE)* turntable ladder

fahrbares Band *n (Förd)* M.T.C., mobile transfer conveyor

fahrbares Förderband *n (Förd)* shuttle conveyor *(hin- und herfahrend)*

Fahrbegrenzung *f (Tech)* end of traverse [travel], travel path

Fahrbremse *f (Kfz)* service brake

Fahrdiesel *m (Tech)* diesel bystander for propel power *(Dieselmotor)*

fahren *v (Tech)* drive; coast *(im Leerlauf)*

Fahrer *m (Tech)* driver, operator

Fahrer... *(Tech)* cab..., driver's..., operator's...

fahrerloses Transportsystem *n (Förd)* automated guided vehicle system, automatic guided vehicle system, driverless handling system *(smart system)*

Fahrerstandbügel *m (Kfz)* operator position hoop

Fahrgeschwindigkeit *f (Kfz)* travel speed, travelling speed

Fahrgestell *n (Kfz, Kran) (AE)* carrier *(z. B. eines Kranfahrzeugs)*; chassis; travelling mechanism *(z. B. einer Brecheranlage)*

Fahrgetriebe *n (Getr, Tech)* gearbox, travel-drive gear unit

Fahrgleis *n (Bergb)* travelling track

Fahrkette *f (Kfz)* track set *(Kettensatz)*

Fahrmotor *m (Kfz)* final drive *(an der Raupenkette)*

Fahrmotor *m (Tech)* propel motor

Fahrplanum *n (Bergb)* ground, operating level, track level, travelling path

Fahrportal *n (Bergb)* travelling gantry *(des Kranes)*

Fahrpumpe *f (Bergb, Hydr)* travel-drive pump

Fahrschalter *m (Elek)* controller, motor controller

Fahrscheinwerfer *m (Kfz)* headlight

Fahrspur *f (Kfz) (AE)* tire track *(z. B. im Schlamm)*

Fahrspur *f (Bau)* lane *(Markierungen)*

fahrstabil *adj (Kfz)* stable during travelling

Fahrsteiger *m (Bergb)* overman *(Baggerpersonal)*

Fahrstromgenerator *m (Tech)* auxiliary diesel generating set

Fahrstufe *f (Elek)* running notch *(Fahrschalter)*

Fahrstuhl *m (Tech) (AE)* elevator, *(BE)* lift *(Aufzug)*

Fahrstuhlfanggerät *n (Tech)* escalator arresting-device

Fahrtenschreiber *m (Bergb, Kfz)* circular chart recorder, tachograph

Fahrtrichtung *f (Tech)* direction of travelling, line of travel

Fahrwagen *m (Tech)* travelling carriage

Fahrwerk *n (Bergb, Tech)* bogie, bogie assembly, *(AE)* carrier, chassis, crawler assembly, crawler system, crawler track assembly, fixed side, propel assembly, propel unit, shear-leg side, traction unit, travelling gear, travelling mechanism, undercarriage; crawler unit *(des Raupenbaggers)*

Fahrwerkbremse *f (Kfz)* travel brake, travelling brake

Fahrwerksantrieb *m (Bergb, Umschl, Tech)* crawler drive, crawler track drive, rail-wheel drive, travel drive, travel gear drive

Fahrwerksschwinge *f (Bergb, Tech)* cross rocker beam, four-wheel equalizer beam, main balance beam, propel bogie assembly; wheel bogie *(Laufradschwinge)*

Fahrwerksträger *m (Bergb)* bogie beam, bogie girder

Fahrwerksträger *m (Tech)* crawler frame *(Transportraupe)*

Fahrwerkswelle *f (Kfz)* king post

Fahrwiderstand *m (Tech)* resistance in travel, road resistance, rolling resistance

Fahrwinde *f (Tech)* winch

Fahrzeug *n (Tech)* vehicle

Fahrzeug... *(Kfz, Tech)* vehicle...

Fahrzeuganzeiger *m (Tech)* travel drive transmitter

Fahrzeugbau *m (Kfz)* automotive industry, vehicle-building industry, vehicle manufacturing

Fahrzeugpark m (Kfz) motor pool

Fall m (Bau) pitch (Senkung)

Fall m (Bergb) fall (Sturz)

Fallbirne f (Bergb) bomb, drop ball, tamper

Fallbodenbehälter m (Kfz) drop-bottom bucket

Falle f (Tech) catch

Fallenschloss n (Bau) latch lock

Fallgewicht n (Bau) weight of hammer

Fallgewicht n (Prüf) drop of weight

Fallhöhe f (Bau) height of drop

Fallnaht f (Schw) downhand welding, vertical-down weld (senkrechtes Schweißen)

Fallrohr n (Bau) downpipe

Fallrohr n (Hydr/Pneu) downcomer

Fallschieber m (Tech) driving rack (Bandwaage)

Fallschnitt m (Mech) dropping cut, falling cut

Fallstromvergaser m (Kfz) (BE) down-draft carburetor

falsch adj (Tech) incorrect, wrong (verkehrt, fehlerhaft)

Faltdach n (Bahn) folding roof

fälteln v (Mech) crimp

falten v (Mech) crimp, fold (z. B. Blech)

Faltenbalg m (Tech) bellows pl, concertina cover, concertina cuff, corridor connection

Faltenschlauch m (Tech) accordion hose

Faltenstulpe f (Tech) bellows pl, concertina cover, concertina cuff

Faltspiegel m (Kfz) folding bow

Faltversuch m (Prüf) bend test, flat bend test, folding test

Falz m (Bau) rebate (Ausfalzung)

Falz m (Mech) lock seam

Falz m (Tech) fold (Faltung); groove, nick, notch (Schlitz)

falzen v (Mech, Mont) bead, crimp, fold, lock-seam, seam

Fanganlage f (Elek) lightning conductor installation (Blitzableiter)

Fangband n (Kfz) rebound strap

Fangleitung f (Elek) lightning conductor rod (Blitzableiter)

Fangschiene f (Tech) securing rail

Fangvorrichtung f (Tech) anti-runaway

device, arrester, arrestor (Arretierung); gripping device

Farbabblätterung f (Anstr) paint blister

Farbanstrich m (Anstr) colour coating, paint coating, painting

Farbaufstrich m (Anstr) paint finish

Farbband n (Tech) inking ribbon, ribbon, typewriter ribbon (z. B. für Nadeldrucker)

Farbdurchdringungstest m (Prüf) dye penetrant test

Farbe f (Anstr) paint (Anstrichstoff)

Farbe f (Tech) (AE) color, (BE) colour

Farbeindringprüfung f (Prüf) dye [liquid] penetration test

Farbeindringprüfverfahren n (Prüf) dye penetrant test

färben v (Anstr) (AE) color, (BE) colour, dye

farbfrei adj (Anstr) colourless, neutral, void

farbfreie Stelle f (Anstr) holiday

Farbläufer m (Anstr) curtain, paint run

farblos adj (Anstr) clear, colourless, neutral

Farbspritzer m (Anstr) overspray of paint, paint splatter

Farbspritzverfahren n (Anstr) paint spraying

Farbtafel f (Anstr) colour chart

Farbton m (Anstr) (AE) color, (BE) colour, shade of colour

Färbung f (Anstr) colouring

Farbzahl f (Chem) colour index

Fase f (Mech) chamfer

fasen v (Mech) bevel, bevel off

Faser f (Tech) fibre

Faserlänge f (Tech) grain size (Holz)

Faserstoffhülle f (Tech) serving of textile material (Kabel)

Fass n (Tech) barrel, drum, keg (Kolliliste)

fassen v (Tech) grab (ergreifen); contain, hold, take (an Volumen aufnehmen)

Fasspumpe f (Hydr/Pneu) barrel pump, drum pump

Fassung f (Elek) socket (der elektrischen Glühbirne)

Fassungsring m (Hütt, Tech) pressure ring (eines Reduktionsofens)

Fassungsvermögen n (Tech) capacity, cubic capacity, holding capacity, volumetric capacity

Faulbehälter m (Ökol) digester, fermentation vessel, septic tank

Faulgas n (Ökol) biogas, digester gas, sewage gas, sewer gas, sludge gas

Faulgasbehälter m (Ökol) digester tank

faulig adj (Bau) rotten

Faulschlamm m (Bau) sapropel

Fäustel m (Werkz) lump hammer, sledge hammer (DIN 6475)

Faustformel f (Math) empirical formula

Fausthammer m (Werkz) hand hammer

Faustregel f (Tech) rule of the thumb, empirical rule

FCKW m (Abk. für: Fluorchlorkohlenwasserstoff) (Chem) CFC, chlorofluorocarbon

Feder f (Tech) garter spring (an Radialdichtringen); key (Schnapper); spring; pen (Registriergerät)

Feder... (Tech) spring..., spring-loaded..., spring-mounted...

Federanschlag m (Tech) spring stop

Federapparat m (Bahn) back stop (hinterer Anschlag)

Federauge n (Tech) rolled end of a spring, spring eye

Federausgleichhebel m (Bahn) spring compensation lever

Federband n (Met) spring band

Federband n (Tech) spring bracket

Federbandkupplung f (Tech) spider coupling

Federbein n (Kfz) strut

Federbein n (Tech) spring cushioned leg

federbelastet adj (Tech) spring mounted, spring-closed, spring-loaded

Federblatt n (Tech) leaf, master trigger unit, spring leaf, spring plate

Federbügel m (Tech) spring clip, spring U-bolt

Federdrahtring m (Tech) circlip

Federdruckbremse f (Tech) coil-spring pressure

Federelastizität f (Tech) resilience of spring

federgespeichert adj (Tech) spring-loaded

federhart adj (Stb) cold-beaten, springy

federhart gezogen (Met) hard-drawn

Federhülse f (Elek) ferrule, spring cover

Federkäfig m (Tech) spring casing

Federkante f (Schw) feather edge

Federkennlinie f (Tech) spring characteristic

Federklemme f (Kfz) clip

Federkraftlichtbogenschweißen n (Schw) arc welding with electrode fed by spring pressure (DIN 1910)

Federlager n (Tech) spring bushing, spring hanger

Federleiste f (Tech) pin connector

Feder-Lochfeile f (Werkz) main-spring file

Federn fpl **und Maschinenteile** npl (Tech) springs and bright machine parts pl

federnd adj (Tech) elastic, flexible, resilient, spring-mounted

federnde Abdichtung f (Tech) resilient seal

federnde Aufhängung f (Tech) spring hangers pl, spring support

Federnsatz m (Tech) spring assembly

Federraum m (Tech) spring recess

Federring m (Tech) circlip, ferrule, lock washer, retaining ring, spring lock washer, spring ring, spring washer, wave washer

Federrückstellung f (Tech) spring reset

Federsatz m (Tech) spring assembly

Federschakenstein m (Bahn) spring shackle connection

Federschleifautomat m (Tech) spring-end grinder automatic

Federschuh m (Kfz) spring saddle

Federschutz m (Kfz) spring gaiter

Federseiltrommel f (Tech) rope drum with restoring spring

Federspeicherbremse f (Tech) spring-loaded brake

Federsplint m (Kfz) spring clip, spring cotter pin

Federstahl m (Met) spring steel

Federstahldraht m (Met) spring wire

Federstange f (Zer) tension rod (für Backenbrecher)

Federstecker m (Tech) spring cotter of a bolt

Federstift m (Tech) perch bolt, spring centre bolt, spring peg pin

Federteller m (Tech) spring cap, spring collar, spring cup, spring plate, spring seat

Federtisch m (Tech) spring table

Federträger m (Kfz) spring bracket

Federung f (Kfz, Tech) spring suspension, springs pl, suspension

federunterstützt adj (Tech) spring-supported

Federweg m (Tech) spring deflection [distance, excursion, travel]

Federzinken m (Tech) hay-bob tine

Federzirkel m (Tech) spring divider

Federzungenweiche f (Tech) long-blade switch

Fehlanpassung f (Tech) mismatch

Fehlbedienung f (Tech) incorrect operation

Fehlbetrag m (Elek) deficit, wantage

fehlend adj (Tech) absent, missing, unlisted

Fehler m (Tech) defect, fault, flaw (Riss, Sprung usw.); defect, failure, trouble (Störung); mistake

Fehler... (Tech) defect..., error..., fault..., flaw...

Fehlerabbild n (Elek) flaw image, flaw picture (Ultraschall)

Fehlerabtastung f (Elek) flaw scanning (Ultraschall)

Fehleramplitude f (Elek) flaw echo amplitude

Fehleranalyse f (Tech) analysis of mistakes, post-mortem review

Fehleranzeige f (Tech) error indication, flag, flaw indication, flaw signal

Fehlerart f (Tech) type of fault, type of flaw

Fehlerbeseitigung f (Tech) trouble shooting

Fehlerecho n (Elek) flaw echo (z. B. Ultraschall)

Fehlerfindung f (Tech) fault finding

fehlerfrei adj (Elek) ready for operation, ready for start (Antrieb)

fehlerfrei adj (Tech) defect-free, flawless, sound

Fehlergrenze f (Tech) accuracy; limitation of imperfections, limits of error (Werkstoffprüfung)

Fehlergröße f (Tech) flaw size (z. B. Ultraschall)

fehlerhaft adj (Tech) incorrect (unrichtig); objectionable (nicht einwandfrei); defective, faulty

fehlerhafte Anzeige f (Tech) false indication

Fehlermeldung f (Elek) fault display, fault indication, fault information (Anzeige)

Fehlernachweisbarkeit f (Tech) flaw detectability

Fehlernachweisempfindlichkeit f (Tech) flaw detection sensitivity

Fehlerortungsstab m (Elek) fault detector

Fehlerrichtung f (Elek) flaw orientation (Ultraschall)

Fehlerschlüssel m (Tech) type of fault

fehlersicher adj (Elek) fail-safe

Fehlerspannung f (Elek) error voltage, fault voltage

Fehlerstelle f (Tech) defective area (Schadensstelle)

Fehlersuche f (Tech) fault finding, trouble shooting; flaw tracing (Ultraschall)

Fehlertiefe f (Tech) flaw depth (Ultraschall z. B. beim Bruch, Riss)

Fehlmarkierung f (Tech) inaccurate marking

Fehlstelle f (Anstr) paint holiday, skipping, starvation (Lücke im Anstrich)

Fehlstelle f (Schw) crack, defect, discontinuity, missed area

Fehlzündung f (Kfz) backfire

Feile f (Werkz) file

feilen v (Mech) file

Feilenbürste f (Werkz) file brush

Feilenheft n (Werkz) file handle

Feilkloben m (Mont) hand vice

Feilspäne mpl (Tech) filings pl

fein adj (Tech) fine, refined

fein adj/sehr (Tech) ultra-fine

feinadrig adj (Elek) finely stranded (Kabel)

Feinanteil m (Met, Hütt) fines

Feinarmaturen fpl (Hydr/Pneu) valves and fittings pl

Feinbeton m (Bau) fine concrete

Feinblech n (Met) (AE) sheet, thin sheet (nach DIN bis 3 mm Dicke); blackplate (warmgewalztes Schwarzblech)

Feinblei n (Met) high-purity lead

feindrähtig adj (Elek) finely stranded (Kabel)

Feine n (Zer) undersize

Feineinsteller m (Tech) vernier

feineinstellen v (Elek) trim, tune

Feineinstellskala f (Mess) vernier dial

Feineinstellung f (Tech) adjustment, fine [precise, sensitive vernier] adjustment (z. B. bei Maschinen); slow idling, inching, increment travel (beim Fahren)

Feineinstellung f der Drehzahl (Tech) vernier speed control

Feinerz n (Met) fine-grained ore, ore fines

Feinfolie f (Met, Walz) film (unter 0,25 mm Dicke)

Feingang m (Tech) slow idling; accurate movement, inching, increment travel, precision movement

Feingangmotor m (Antr) inching motor, increment drive motor, microspeed drive

Feingefüge n (Met) microstructure

Feingewebe n (Met) fine mesh (eines Siebs); gauze

Feingewinde n (Tech) fine (pitch) thread

Feingießen n (Tech) investment casting

Feingut n (Zer) fines pl

Feinhiebfeile f (Werkz) smooth-cut file

Feinhub m (Tech) slow idling, inching, increment travel, precision hoisting (genaues Ausfahren)

Feinkalk m (Bau) pulverized lime

Feinkohle f (Bergb) small coal

Feinkoks m (Hütt) breeze, coke breeze

Feinkorn n (Met) fine grain

Feinkorn n (Zer) fines pl

Feinkornbaustahl m (Met) grain-refined construction steel, fine-grained steel for structural use

Feinkorneisen n (Met) close-grained iron, fine-grained iron

Feinkornfilm m (Tech) fine-grain film

feinkörniger Bruch m (Met) fine-grained fracture

Feinkornstahl m (Met) fine-grained steel, grain-refined steel

Feinmechanik f (Tech) precision mechanics

feinmechanisch adj (Tech) precision type

Feinmess-Außenmikrometer m (Metr) fine-measuring outer micrometer (Werkzeuge)

Feinnut f (Tech) groove

Feinplanum n (Bau) abrasion surface (oberste Straßendecke)

Feinsand m (Tech) parting sand (beim Gießen)

feinschleifen v (Mech) smooth and polish

Feinschlichtfeile f (Werkz) dead-smooth file

Feinschneiden n (Hütt, Mech) fine blanking

Feinschneidgüte f (Tech) fine cutting quality, fine cutting quality

Feinsicherung f (Elek) miniature fuse

Feinsieben n (Zer) fine screening

Feinst... (Tech) ultra-fine

Feinstahl m (Met) light sections, small sections

Feinstaub m (Zer) ash, fines pl, fly ash

Feinstband n (Walz) steel strip for tinning, tin mill strip

Feinstblech n (Met, Walz) black plate, tin mill sheet, sheet steel for tin plate, tin mill sheet, tin plate product, tin plate stock, tin plate

Feinstblechwalzwerk n (Walz) tin mill, tinplate mill

Feinsteuernut f (Tech) precision groove

Feinstfilter n (Zer) microfilter

Feinstraße f (Walz) light section mill, light section rolling mill, small section rolling mill

feinstreifiger Perlit m (Hütt, Met) fine pearlite

Feinteile npl (Zer) fines pl

Feinwertübertragung f (Elek) fine reading

Feinzerkleinerung f (Zer) fine crushing, tertiary crushing machinery

Feinzink n (Tech) high-purity zinc, redistilled zinc

Feld n (Baut) bay, panel, panel length (Fachwerkkonstruktion)

Feld n (Elek) field (z. B. magnetisch, elektrisch)

Feld n (Tech) area, field, region, zone (Bereich)

Feldbahnmaterial n (Bahn) feeder-line rolling stock, narrow-gauge rolling stock

Feldbuch n (Tech) clip board

Feldmitte f (Bau) midspan

Feldmoment n (Bau, Elek) moment at center of panel, moment at midspan, moment in a span, panel moment

Feldschmiede f (Tech) field forge, mobile forge, portable forge, rivet forge

Feldwicklung f (Elek) magnet coil

Felge f (Kfz) rim

Felsboden m (Geo) bedrock, rock, solid rock

Felsklappschaufel f (Bergb) bottom-dump shovel

Felsschaufel f (Bergb) face shovel, rock bucket, rock shovel

FEM f (Prüf) finite element method

Fenster n (Baut, IT) window

Fenster n (Schw) manhole (Einstieg)

Fensterbeschlag m (Baut) window fittings pl

Fensterbrett n (Baut) window sill

Fensterfüllungsstahl m (Baut) window sash, window sash section

Fensterheber m (Kfz) window lifter

Fensterkurbel f (Kfz) window crank

fernbedient adj (Elek) remotely controlled

Fernbedienung f (Elek) remote control, remote operation

Fernbedienungsanlage f (Elek) remote handling equipment

Fernfeld n (Akus, Elek) far field, far zone (auch für Lichtwellenleiter)

Fernganggetriebe n (Kfz) remote-action gear

ferngesteuert adj (Elek) remotely controlled, remote-controlled, remote-operated

Fernheizkraftwerk n (Elek) district heating power station

Fernleitung f (Elek) high-voltage cable (isoliert; unterirdisch); overhead power supply (auf Stahlmasten); transmission line

Fernleitungsdraht m (Elek) conductor (auf Masten)

Fernleitungsmast m (Elek) mast, pylon

Fernlicht n (Elek) drive light

Fernmeldenetz n (Elek) public communication network

Fernmeldeturm m (Elek) telecommunication tower

Fernmeldewesen n (Elek) telecommunication

Fernmessung f (Elek) telemetry

Fernnebensprecher m (Elek) far-end cross talk

Fernschaltung f (Elek, Tech) remote control change

Fernschreiben n (Elek) telex

Fernschreiber m (Elek) teleprinter, telex system

Fernsehen n (Elek) television (der Apparat); TV

Fernsprechbatterie f (Elek) R/T battery

Fernsprecher m (Elek) telephone

Fernsteuerung f (Elek) remote control

Fernwärmeversorgung f (Bau) distant heating

Fernzähler m (Tech) remote totalizer (Bandwaage)

Ferrit n (Met) ferrite

ferritischer Stahl m (Met) ferritic steel

Ferrolegierung f (Met) ferroalloy

fertig adj (Tech) finished, ready (bereit)
 • **fertig bearbeitet** (Tech) finish-machined

fertig gebohrt adj (Mech) finish-drilled

fertig adj/**halb** (Met) semifinished

Fertigbau m (Bau) industrialised construction, prefabricated construction

Fertigdrehmaschine f (Mech) finishing lathe

fertige Erzeugnisse npl **und Waren** fpl (Tech) finished goods pl and merchandise

fertigen v (Tech) manufacture, produce

Fertiggerüst n (Walz) finisher, finishing stand

Fertigkaliber n (Walz) finishing pass

Fertigkeit f (Tech) skill

Fertigkontur f (Tech) final contour

fertiglegiertes Pulver n (Met) pre-alloyed powder (Pulvermetallurgie)

fertig machen v (Tech) dress, finish

Fertigmaß n (Tech) finished dimension

Fertigmontage f (Mont) final assembly, finish erection

fertigstellen v complete, finish

Fertigstellung f (Tech) completion, finishing

Fertigteil n (Met) ready-made component, finished product; proprietary item (fertiges Zukaufteil)

Fertigteilträger m (Bau) prefabricated girder, (AE) prefab girder

Fertigung f (Fert) fabrication, manufacture, production

Fertigungs... (Fert) fabrication..., manufacturing..., production...

Fertigungskontrolle f (Fert, Prüf) production testing

Fertigungsplan m (Fert) production plan

Fertigungsprogramm n (Fert) comprehensive line, manufacturing line

Fertigungsschweißung f (Fert, Schw) production welding

Fertigungsstätte f (Fert) manufacturing plant

Fertigungssteuerung f (Elek) production control, routing
Fertigungsstraße f (Fert) production line
fertigungstechnisch adj (Fert) production-orientated
Fertigungstechnologie f (Fert) manufacturing technology
Fertigwalze f (Walz) finishing roll
Fessel f (Stat) tie
Fesselung f (Tech) bearing condition
fest adj (Tech) fixed, stationary; hard, solid (hart); resistant (beständig)
fest adv (Tech) firmly • **fest anliegen** lie firmly • **fest anziehen** screw tight, tighten
fest geklampt adj (Tech) cleated
fest verbunden adj (Tech) firmly connected
Festanschlag m (Hydr) dead stop
Festbeton m (Bau) hardened concrete
Festbett n (Tech) fixed bed, packed bed (Gegensatz zu Fließbett)
festbinden v (Tech) tie down
Festbremspunkt m (Tech) stall point (des Lkw)
feste Lösung f (Chem) solid solution
feste Verbrennungsrückstände mpl (Chem) particulates pl
Festeinsatz m (Hütt) cold charge (Lichtbogenofen)
festes Auflager n (Stb) fixed bearing
festes Fett n (Tech) viscous grease
festes Gut n (Bergb) bank material
festfahren v (Tech) stall (z. B. im Schlamm)
festfressen v (Tech) seize, seize up
festgefügt adj (Tech) solidified
festgesetzt adj (Kfz) locked (arretiert)
Festgestein n (Bergb) consolidated rock
festhalten v (Tech) detain (internieren); retain (zurückbehalten); support (stützen); hold down (z. B. eine Maustaste)
festigen v (Bergb) solidify (z. B. den Boden)
Festigkeit f (Met) consistence, resistance, stability, strength, tenacity, tensile strength
Festigkeitsabfall m (Met) loss of strength
Festigkeitseigenschaften fpl (Met) mechanical [physical, strength, tensile] properties pl
Festigkeitsklasse f (Met) class of strength; tensile strength (Zugfestigkeit)

Festigkeitslehre f (Met, Stat) mechanics of materials, science of tensile strength, strength of materials
Festigkeitsprüfung f (Prüf) strength test
Festigkeitsstahl m (Met) structural steel
Festigkeitsverlust m (Met) loss of hardness
Festigkeitswert m (Met) mechanical property
Festkleber m (Tech) permanent adhesive
festklemmen v (Tech) jam, wedge
Festkörper m (Chem) non-volatile matter, solid
Festlager n (Lag) fixed bearing (Lagerbock)
Festlager n (Tech) locating [location, thrust] bearing
festlegen v (Tech) specify, stipulate (spezifizieren); define, establish, fix, state
festmachen v (Tech) attach, fasten
Festmeter n (Tech) bank meter
Festphase f (Met) solid phase
Festplatte f (IT) hard disk (Massenspeicher)
Festpunkt m (Tech) bench mark, fixed point, observation point
Festraupe f (Bergb) fixed crawler, non--steering crawler
Festring m (Tech) spacer ring
festschrauben v (Tech) screw on
festsetzen v (Tech) standardize (als Standard); assess (feststellen, festlegen); ascertain, bolt, determine, fasten, fix, mount; seize (sich festsetzen)
Festsitz m (Tech) close fit, interference fit, snug fit
festsitzend adj (Kfz) jammed (klemmend)
Festsitzgewinde n (Tech) pipe thread (DIN ISO 1891)
Festspeicher m (Mess) read-only memory
feststampfen v (Tech) tamp
feststehend adj (Tech) stationary
feststehender Zinken m (Tech) permanent tine
feststellen v (Tech) detect, determine, discover, establish, identify, notice; bolt, fix, lock, mount (festsetzen, fixieren)
feststellen v/**Bremse** (Tech) block the brake, block up the brake, lock the brake

Feststeller m (Tech) arresting device, locking device, securing device (z. B. Klemme)

Feststelllasche f (Kfz) cable clip

Feststellschraube f (Tech) set screw, setting screw

Feststellung f (Tech) fixing device, locking device (Vorrichtung)

Feststoff m (Chem) solid, solid matter

Feststoffanteil m (Chem) non-volatile content, solids content

Feststütze f (Kran) fixed leg (eines Portalkrans)

festverlegt adj (Tech) metal-braided and connected

festverlegte Leitung f (Elek) stationary cable

Festwert m (Math) constant (gleich bleibender Wert)

Festwertspeicher m (Hydr) constant value accumulator

festziehen v (Tech) tighten (z. B. eine Schraube)

festzurren v (Tech) lash down, tie down

Fett n (Tech) grease

Fett... (Tech) grease...

Fettbasis f (Chem) soap basis

fettbeständig adj (Tech) grease-resistant

Fettdruck m (Tech) bold-print

Fetter m (Tech) grease lubricator

Fettgas n (Petr) oil gas (Ölgas)

Fettkohle f (Bergb, Geo) bituminous coal, soft coal

Fettpresse f (Tech) grease gun, grease pistol, grease press, utility grease gun

Fettsäure f (Chem) fatty acid

Fettschmierung f (Kfz) grease lubrication

Fettstauscheibe f (Lag) baffle plate

Feuchte f (Chem) moisture content

Feuchtigkeit f (Chem) humidity, moisture

Feuchtigkeitsbeständig adj (Elek) damp-proof, moisture-proof, moisture-resistant

Feuchtigkeitsbindende Eigenschaft f (Hydr/Pneu) moisture absorbing property

Feuchtigkeitsgehalt m (Geo, Tech) hygroscopic coefficient, hygroscopic content, moisture content

Feuchtraum m (Baut) damp room, moist room, wet cell

Feuer... (Tech) fire...

Feuerbeständigkeit f (Met) fire resistance, refractoriness

Feuerbüchse f (Bahn) firebox (der Dampfmaschine)

feuerfest adj (Met) fire-proof, fire-resistant, refractory

feuerfeste Erzeugnisse npl (Met) basic refractory, refractory products

Feuergang m (Bau) firing chamber

feuergefährlich adj (Met) combustible, flammable, inflammable, highly inflammable

feuergeschützt adj (Tech) fire-resistant

feuergeschützte Zelle f (Bau) fire cubicle

feuerhemmend adj (Met) fire-retarding, fire-shielding

Feuerkiste f (Bahn) firebox (der Dampfmaschine)

Feuerleistung f (Hütt/Walz) furnace capacity

Feuerlöschbrause f (Tech) sprinkler

Feuerlöscher m (Tech) fire extinguisher

Feuerlöschfahrzeug n (Kfz) fire tender

Feuerlöschmittel n (Chem) extinguishing agent

Feuermelder m (Tech) fire alarm, fire alarm box

Feuerrückschlag m (Tech) flashback fire

feuerschützend adj (Met) fire-proof

Feuerschweißen n (Schw) forge welding

feuersicher adj (Met) fire-proof, fire-safe, refractory

Feuerstein m (Tech) firebrick (z. B. Hochofen)

Feuerübersprung m (Chem) flashover

Feuerung f (Hütt/Walz) firing, furnace

Feuerungsleistung f (Tech) heat input; furnace capacity (Ofen, in MW)

Feuerungswärmeleistung f (Tech) furnace capacity, furnace thermal capacity, thermal output of furnace

feuerverbleit adj (Met) hot-dip leaded

feuerverzinken v (Met) hot-dip galvanize, hot-galvanize

feuerverzinktes Feinblech n (Met) hot-dip zinc-coated sheet steel

Feuerverzinnung f (Walz) hot dip tinning

Feuerwache f (Bau) fire station (Gebäude)

Feuerwehr f (Tech) (BE) fire brigade, (AE) fire department, (AE) F.D.

Feuerwehrmann m (Tech) fire fighter, fireman

Feuerwiderstandsdauer f (Met) fire resistance period

Feuerzange f (Werkz) fire tongs pl

FIFO (Elek, Log) fifo, first in - first out

Figurenschere f (Werkz) tin snips

Filter n (Hydr/Pneu) precipitator (Entstauber); strainer (z. B. für Flüssigkeit)

Filter n (Tech) filter

Filter... (Tech) filter...

Filterbefestigung f (Kfz) air cleaner mounting, filter mounting

Filtereinsatz m (Tech) fuel filter, fuel strainer (Kraftstoff); filter cartridge, filter element, filter insert

Filterfeinheit f (Hydr/Pneu) degree of filtration

Filterhaube f (Kfz) breather cap

Filtertechnik f (Kfz) filter technology

Filterwirkungsgrad m (Tech) filter [precipitator] efficiency

filtrieren v (Tech) filter

Filz... (Tech) felt...

Finger... (Tech) finger...

Fingerhebelwelle f (Kfz) steering finger shaft

Fingernagelversuch m (Prüf) finger nail indentation test (Fingernagelprüfung)

Fingerrost m (Zer) bar-type grate

Fingertupfprobe f (Tech) fingertip test

finit adj (Tech) finite

Finitelementmethode f (Prüf) finite element method, FEM

Finne f (Mech) peen (Pinne)

Firmenmarke f (Tech) label (Etikett)

Firmennachweis m (Tech) company reference

Firmenschild n (Tech) nameplate

Firmenzeichen n (Tech) logo, trade mark

Firnis m (Anstr) varnish

First m (Baut) ridge

Firste f (Tunn) crown, roof, top rock (Tunnelgewölbe)

Fischauge n (Met) fish eye (Bandoberflächenfehler)

fischbauchig adj (Tech) fish-bellied

Fischbauchträger m (Bau) fish-bellied beam, fish girder, fish-belly girder, fish-bellied truss

Fitschbandstift m (Tech) blinder

Fitsche f (Tech) hinge, hinge hook

Fitschenband n (Tech) blinder

Fixierbad n (Tech) fixing bath

fixieren v (Tech) fasten, fix

Fixierschraube f (Tech) positioning screw, set screw

Fixierungsring m (Tech) lock ring

flach zungenförmige Feile f (Werkz) crotchet file

Flach... (Tech) flat..., low-profile...

Flachantrieb m (Elek) low-head drive

Flachbahnanlasser m (Elek) face plate starter

Flachbandkabel n (Elek) flat cable, signal ribbon cable

Flachbaurahmen m (Tech) low-profile module

Flachbettfelge f (Kfz) flat-base rim

Flachboden... (Tech) flat-bottomed

Flachdichtung f (Tech) gasket (z. B. für Rohre)

Flachdreikantsägefeile f (Werkz) cant file, cant saw file

Fläche f (Tech) A, area, surface

Flacheisen n (Met) flat bar, flat steel (Flachstahl, Flachstab); flats pl, flat iron

Flächenbelastung f (Stb) load per unit area

Flächenbiegungsprobe f (Prüf) face bend test

flächendeckend adj (Tech) blanket

Flächendruck m (Stb) unit pressure

Flächeninhalt m (Math) surface area

Flächenpressung f (Stb) surface pressure, pressure per unit of area

flächenzentriert adj (Met) (AE) face-centered (Kristallgitter)

Flacherzeugnisse npl (Hütt/Walz) flats pl, flat rolled steel products pl

Flachfeile f (Werkz) engineer's file, flat file; warding file (Zungenform)

Flachform f (Konst, Tech) wafer design

Flachformfeder f (Tech) formed leaf spring

flachgebaut adj (Tech) low-head

flachgekröpft adj (Werkz) shallow offset (Ringschlüssel)

flachgesenkt adj (Zeich) spotface

Flachgetriebe n (Tech) one-stage slip-on gearing

flächig adj (Tech) flat

flächiger Fehler m (Tech) plane flaw

Flachkabel n (Elek) ribbon cable

Flachklammerschraube f (Tech) flat head anchor bolt (DIN ISO 1891)

Flachknüppel m (Met) sheet bar, sheet billet (Platine)

Flachkopfnagel m (Tech) cooler nail
Flachkopfnietung f (Tech) pan riveting
Flachkopfschraube f (Tech) flat [pan] head screw
Flachkuppe f (Tech) flat point (einer Schraube)
Flachmeißel m (Werkz) chipping chisel, cold chisel, flat chisel
Flachpatrone f (Elek) rectangular cartridge fuse
Flachprodukt n (Met) flat product
Flachprofil n (Met) flat section
Flachrahmen m (Bergb) hoop
Flachriemen m (Tech) flat belt
Flachriemenantrieb m (Antr) flat belt drive
Flachriemenscheibe f (Tech) flat belt pulley
Flachschulter f (Tech) flat collar
Flachrundkopf m (Tech) mushroom head, truss head (einer Schraube; DIN ISO 1891)
Flachrundschraube f (Tech) flat-head bolt, mushroom head bolt
Flachschieber m (Hydr/Pneu) flat body gate valve, gate type slide valve
Flachschleifen n (Mech) surface grinding
Flachschmiernippel m (Tech) button--head lubricating nipple (DIN 3404)
Flachschürfkübel m (Bergb) low-bowl scraper
Flachsenkniet f (Tech) flat-countersunk rivet
Flachspitzfeile f (Werkz) taper flat file, taper hand file
Flachstab m (Met) flat bar, flat member, flat steel
Flachstahl m (Met) flat bar, flat, flat steel bar, flat steel
Flachstumpffeile f (Werkz) equalling file, flat file, hand file, pottance file
Flachstumpffraspel f (Werkz) hand rasp, hand second cut rasp
Flachstumpfraumfeile f (Werkz) equalling file
Flachwulststahl m (Met) flat bulb steel
Flachzange f (Werkz) flat-nose pliers pl
Flachzeug n (Met) flat product
Flachzungenfeile f (Werkz) crotchet file
flämmen v (Hütt/Walz) flame-scarf, scarf
Flammen... (Tech) flame...; torch...
Flammenausbreitung f (Tech) flame propagation, flame spread

Flammenentstehung f (Tech) flame source, source of flame
Flammenfront f (Tech) flame front (Brandbekämpfung)
flammenhemmend adj (Tech) flame-retardant
Flammenhemmer m (Tech) flame arrester
Flammensperre f (Tech) flame arrester, flame trap
flammgehärtet adj (Met) flame-hardened, furnace-hardened
flämmgeputzte Kante f (Mech, Schw) scarfed edge
Flammglühanlage f (Kfz) flame-type kit (für Dieselmotoren)
flammhärten v (Met) flame-harden
Flammpunkt m (Schw) flash point
Flammrückschlagsicherung f (Tech) flame arrestor, flame trap, flame trap assembly, flashback arrestor, flash arrestor
flammwidrig adj (Elek) flame-inhibiting (Schutzart – Kabel)
Flanke f (Tech) flank; tooth side (des Zahnes am Zahnrad)
Flanken... (Tech) flank...; tooth... (Getriebe)
Flankenanlage f (Tech) flank contact (Getriebe)
Flankenbindefehler m (Schw) lack of side-fusion
Flankendurchmesser m (Kfz) pitch diameter
Flankenkehlnaht f (Schw, Stb) fillet weld side fillet weld
Flankenlinie f (Tech) tooth trace
Flankenspiel n (Tech) backlash
Flansch m (Stb) boom, chord, flange (eines Trägers; Gurt)
Flansch... (Tech) flange...
Flansch m **mit Nut und Feder** (Tech) tongue-and-groove (faced) flange, tongue-groove faced flange
Flansch m **mit Schweißstutzen** (Tech) butt weld flange, weld(ing) neck flange (Anschweißflansch, Vorschweißflansch)
Flanschanschluss m (Kfz) flanged connection, flange mounting, flange union, connected flange, mounted flange
Flanschbefestigung f (Tech) flange joint, flange mounting, flange union, mounted flange

Flanschgehäuse n (Tech) flanged block
Flanschkupplung f (Tech) disc clutch, flange clutch, plate clutch
Flanschmitnehmer m (Tech) flange yoke
Flanschmotor m (Kfz) flange-mounted motor
Flanschneigung f (Tech) flange slope, flange taper
Flanschventil n (Vent) flanged end valve, flanged valve
Flanschverbindungsstück n (Tech) flange union
Flasche f (Tech) bottle, flask, cylinder (z. B. für Gas); load block (Flaschenzug)
Flaschengehäuse n (Kran) block shell
Flaschenöse f (Tech) pulley lug (eines Flaschenzugs)
Flaschenzug m (Bergb) pulley block (Seilführung)
Flaschenzug m (Tech) block, block and tackle, lifting block, lifting tackle, load block, tackle
Flaschner f (Tech) plumber, tinner (Klempner)
Flaschung f (Bergb) rope reeving (eines Seils)
flattern v (Tech) chatter (Ventil); flutter (Schaufel); oscillate, wobble (z. B. ein Rad)
flechten v (Elek) braid (zopfartig verweben)
Flechtwerk n (Bau) wattle
Fleck m (Tech) spot, stain
Fleckigkeit f (Elek) mottle
Flexibilität f (Tech) flexibility
flicken v (Tech) fettle, patch
fliegend adj (Tech) flying
fliegend angeordnet adj (Tech) overhung
fliegend gelagert adj (Tech) overhung
fliegend gelagert adj (Walz) cantilevered (Walze)
Fliehkraft f (Stat) centrifugal force
Fliehkraft... (Hydr, Tech) centrifugal...
Fliehmoment n (Stb) product of inertia
Fliesenleger m (Bau) tiler
Fließ... (Tech) flow..., flowing...
Fließarbeit f (Tech) assembly-line work
Fließband n (Förd) assembly line
Fließbettreaktor m (Kern) fluidized reactor
Fließbild n (Elek) flow diagram, flow sheet, mimic diagram
fließen v (Tech) flow

fließen v/drucklos (Tech) flow by gravity
fließend adj (Tech) flowing
fließendes Wasser n (Tech) flowing water, running water
Fließfett n (Tech) fluid, grease, viscous oil
Fließfettinhalt m (Tech) low-viscosity grease container
Fließgrenze f (Geo) liquid limit
Fließgrenze f (Met) offset limit, offset point, yield point [stress] (Streckgrenze)
Fließpressschweißen n (Schw) cold-pressure extrusion welding
Fließpunkt m (Tech) flowing point, pour point
Fließschema n (Elek) flow diagram [sheet]; piping and instrumentation diagram (Mess- und Regeltechnik)
Fließspannung f (Met) yield stress
Fließvorgang m (Stat) yielding
flink adj (Tech) quick-acting, quick-response
Flockenrisse mpl (Tech) flake cracks pl
Flosse f (Tech) fin
Flotationsanlage f (Aufb) flotation plant
Flöz n (Bergb, Geo) ore body, seam
Flucht f (Tech) alignment, line, row; flushing (Bündigkeit)
fluchten v (Bau) be flush, be in alignment (bündig sein)
fluchten v (Tech) (BE) align, (AE) aline, sight out (vermessen)
fluchtgerecht adj (Tech) flush, straight aligned, truly aligned
flüchtig adj (Chem) fleeting, fugitive, volatile
flüchtige Bestandteile mpl (Chem) volatile matter, V.M.
Fluchtstab m (Werkz) ranging pole, ranging rod, hanging rod, surveyor's pole
Fluchtweg m (Tech) emergency exit (Notausgang); escape route, escape way
Flügel m (Tech) vane (z. B. des Ventilators); wing
Flügelbrecher m (Zer) impeller breaker
Flügelfenster n (Bau) casement window
Flügelmutter f (Tech) thumb nut, wing nut
Flügelpumpe f (Hydr/Pneu) vane pump
Flügelrad n (Tech) impeller, impeller wheel
Flügelschraube f (Tech) thumb screw, wing bolt, wing screw

Flügelsignal n (Bahn) semaphore signal

Flügelsondierungen fpl (Bau) vane tests pl

Flügelzellenpumpe f (Hydr/Pneu) fly pump, vane pump

Flughafentechnik f (Tech) airport engineering (Fertigungszweig)

Flugstaub m (Tech) flue dust, fugitive dust

Flugzeuggerippe n (Tech) airframe

Flugzeughalle f (Tech) (BE) aeroplane hangar, aircraft hangar, aircraft shed, (AE) airplane hangar, hangar

Fluor n (Bergb) fluorine

Fluorchlorkohlenwasserstoff m (FCKW) (Chem) CFC, chlorofluorocarbon

Fluoreszenz-Magnetpulver-Verfahren n (Tech) magnetic-particle method, magnetic-particle technique

fluoreszierend adj (Tech) fluorescent

Fluorkohlenstoff m (Met) fluor carbon, fluorcarbon

Flurförderzeug n (Kfz) floor conveyor, (AE) forklift [industrial, lift] truck

flurfrei adj (Förd) overhead

flurgesteuert adj (Kran) floor-operated

flurlaufend adj (Förd) floorborne (Fahrzeug)

Fluse f (Met) lint, fluff

Fluss m (Tech) flow (Strömung)

Fluss... (Tech) flow...

flussabwärts adj (Tech) downstream

Flussbagger m (Bergb) dredge, dredger

flüssig adj (Chem) liquid

Flüssigerdgas n (Petr) liquid natural gas, LNG

Flüssiggas n (Petr) liquefied petroleum gas, LPG, LP gas

Flüssigkeil m (Lag) fluid wedge (in Lagern)

Flüssigkeit f (Tech) bulk liquid cargo (als Transportgut); fluidity (z. B. Schlacke)

Flüssigkeitsdurchlassverfahren n (Prüf) liquid penetrant technique

Flüssigkeitsgetriebe n (Tech) hydraulic gear, automatic transmission

Flüssigkeitskupplung f (Tech) fluid coupling, hydraulic clutch, hydraulic coupling

Flüssigkeitsringkompressoren mpl (Tech) fluid ring compressors and vacuum pumps pl

Flüssigkeitssäule f (Mess) liquid column

Flüssigkeitsstrahl m (Hydr/Pneu) fluid jet

Flüssigkeitstank m (Mech) segregation tank

Flüssiglaser m (Tech) fluid state laser

Flussmittel n (Schw) flux, fluxing agent

Flussstahl m (Met) low-carbon steel, mild steel, soft steel

Flussstahlblech n (Met) mild steel

Flutbrücke f (Stb) flood span, tide span

Fluten n (Prüf, Tech) magnaflux, magnetic flow test, magnetic particle test (Werkstoffprüfung)

Flutlicht n (Elek) floodlight, spotlight (z. B. am Hubschrauber)

Flutverfahren n (Tech) magnaflux testing (Werkstoffprüfung)

Folge f (Tech) order, sequence, series

Folgebetrieb m (Tech) sequential operation

folgen v (Tech) follow

folgend adj (Tech) consequential, following

Folgeschaltung f (Elek) sequence control

Folgesteuerung f (Elek) sequence control

Folgeverbundwerkzeuge npl (Werkz) compound tool-set

Folgewerkzeug n (Werkz) progressive die

Folie f (Tech) film, foil; slide (Dia)

Folienbeschichtung f (Tech) foil coating, laminated film lining (Bandanlage)

Foliennahtschweißen n (Schw) foil butt-seam welding, tape butt-seam welding (metallische Folien; DIN 1910)

Fondboden m (Kfz) main floor

Förder... (Hydr/Pneu) delivery..., discharge...

Förderablauf m (Bergb) delivery process (Schmieranlage)

Förderanlage f (Förd) conveyor system, handling facilities pl, handling plant

Förderband n (Förd) belt conveyor, conveyor belt

Förderbandanlage f (Förd) belt conveyor system, belt haulage system

Förderbandbrücke f (Förd) conveyor bridge [gallery]

Förderebene f (Förd) conveyer flight (einer Sortiereinrichtung)

Förderer m (Förd) conveyor

Fördererz n (Bergb) run-of-mine ore

Förderfähigkeit f (Hydr/Pneu) pumpability (Öl, Fett)

Fördergefäß n (Bergb) skip

Fördergerät n (Umschl) bulk handling equipment, handling equipment

Fördergerüst n (Bergb) headframe, headgear

Fördergut n (Förd) material, material being conveyed, material being handled

Förderhöhe f (Förd) difference in height, lift, rise

Förderkette f (Förd) conveyor chain

Förderkohle f (Bergb) run-of-mine coal

Förderkolben m (Kfz) delivery plunger

Förderkolben m (Tech) delivery piston, piston (Schmieranlage)

Förderkorb m (Bergb) conveyor cage, mine cage

Förderleistung f (Bergb, Umschl) digging capacity, hauling capacity, output, production, rate of output (Bagger)

Förderleistung f (Förd) handling capacity, handling rate, rate of movement, safe working load, SWL, volumetric rate, t.p.h. capacity, volume capacity (Förderband); winding capacity (Schacht)

Fördermaschine f (Bergb) winder

Fördermenge f (Förd) output

fördern v (Bergb) dig (z. B. Kohle)

fördern v (Förd) convey, handle, haul, transport (etw. befördern)

Förderpumpe f (Hydr/Pneu) booster pump, delivery pump, transfer pump

Förderrinne f (Bergb) pan feeder

Förderrinne f (Umschl) conveyor chute

Förderschnecke f (Förd) conveying worm, screw conveyor

Förderschnecke f (Werkz) auger

Fördersohle f (Bergb, Umschl) conveyor level, pit conveyor bench, pit conveyor level

Förderstrom m (Elek) displacement (Schluckstrom)

Fördertechnik f (Förd) material handling; materials handling technology, materials management

Förderturm m (Bergb) headgear, hoist frame, pit-head frame, winding tower

Förder- und Lagersysteme npl (Förd, Log) conveying and storage systems pl

Förderung f (Bergb, Umschl) mining (Abbau im Bergbau); conveying, furtherance, handling, transfer (Transport)

Förderung f (Hydr/Pneu) delivery (z. B. der Pumpe)

Form f (Hütt/Walz) (AE) mold, (BE) mould (Guss); die (Spritzgussverfahren)

Form f (Tech) contour, outline (Silhouette); configuration, form, shape (Gestalt, Struktur)

Formänderung f (Form) deformation, strain

Formänderungsarbeit f (Form) strain energy

Formänderungsfestigkeit f (Hütt, Met) ductility; flow stress, yield stress

Formänderungsvermögen n (Met) capacity of deformation, deformability

Formatgröße f (Tech) design size (z. B. des Entwurfs); format

Formatschnitt m (Mech) guillotine cut

Formbarkeit f (Form, Met) ductility, formability, plasticity (z. B. des warmen Stahls)

Formbeständigkeit f (Met) non-deformability, stability of shape

Formdichtung f (Tech) shaped packing

Formecho n (Elek) contour echo, form echo (Ultraschall)

Formel f (Math) formula

formen v (Form, Hütt/Walz, Met, Tech) form, (AE) mold, (BE) mould, shape

formgebende Bearbeitung f (Form, Mech) forming, profiling, shaping, shaping and machining in general

Formgebung f (Form, Hütt/Walz) deformation (beabsichtigt); forming, forming operation, shaping, shaping operation

Formguss m (Met) finished casting, (BE) dead-mould casting

Formgussteil n (Met) monocast part

formschlüssig adj (Tech) form-closed, positive, positive-action type

formschön adj (Tech) attractive

Formstahl m (Met) sectional steel, sections pl, steel shapes pl, structural section [steel, shapes]

Formstoff m (Met) (BE) moulded material

Formstück n (Met) shaped part

Formteil n (Met) (BE) moulding

Formwerkzeug n (Werkz) forming tool

Fortluft f (Tech) outlet air

Fortschaltrelais n (Elek) accelerating relay, stepping relay

fotoelektrisch adj (Elek) photoelectric

Frachtanlage f (Umschl) freight-handling system

Franzose m (Werkz) monkey wrench (Universalschlüssel)

Franzosenschlüssel m (Werkz) adjustable spanner, monkey wrench

Fräsbreite f (Bergb) cutting width (Breite der Fräsnut)

Fräse f (Mech) rotary cutter, mill, rotary cutter

fräsen v (Mech) cut, face, mill; keyseat, mill keyways (von Keilnuten, von Keilwellen); spline (von Sternkeilwellen)

Fräser m (Mech) bur, pipe reamer (klein); milling cutter (groß); rotary grinder

Fräserfeile f (Werkz) circular cut file

Fräsmaschine f (Mech) milling machine

Fräswalze f (Bergb) rotary grinder

frei aufgestellt adj (Tech) self-supporting

frei aufliegend adj (Stb) simply supported

Freianlage f (Bau) outdoor installation, outdoor plant, outdoor unit

Freibewitterung f (Tech) outdoor exposure

freie Stelle f (Anstr) paint holiday

freie Wand f (Elek) free boundary

Freien adv/im (Tech) outdoors

Freifall m (Tech) free fall

Freifallramme f (Bau) drop-action pile driver

Freiformschmieden n (Form) hammer forging, open-die forging

Freigabeblende f (Tech) release gate

Freigabesignal n (Mess) enable signal

Freigängigkeit f (Bahn) clearance (z. B. der Wagenräder)

freigeben v (Tech) allow, release (z. B. Kupplung, Relais)

freigegeben adj (Tech) approved (zugelassen; z. B. Öle)

Freigelände n (Tech) open-air exhibition ground

Freihand... (Zeich) freehand...

Freihub m (Förd) free lift (z. B. der Staplergabel)

Freilauf m (Kfz) freewheel, freewheeling (z. B. der Räder)

Freilauf m (Tech) free-swing (des Baggeroberwagens)

freilegen v (Bergb) expose, uncover (z. B. Kohle)

Freilegung f (Bergb) stripping (z. B. von Kohle)

Freileitung f (Elek) aerial line (kurz; z. B. im Tagebau); high voltage line, power transmission line, overhead power supply (Überlandleitung)

Freiluft... (Tech) open-air, outdoor

Freimaß n (Tech) clearance, tolerance, untoleranced dimension

Freimaßtoleranz f (Tech, Schw) standard tolerance, toleranced dimension

Freischaltung f (Elek) isolation, separation

Freischneidfähigkeit f (Mech) cutting clearance

Freischwingsieb n (Zer) vibrating screen

Freisichtmast m (Förd) free-view mast (des Gabelstaplers)

Freispannsäge f (Werkz) cross-cut saw

freistehend adj (Bau) free-standing (nicht gestützt)

freistehend adj (Tech) detached, floor-mounted, isolated, separate; outlined (z. B. Schrift)

Freistich m (Tech) back-off, undercut (z. B. eines Gewindes)

freitragend adj (Tech, Stat) cantilevered, unsupported

Freiträger m (Tech) overhanging beam

Freiumlaufventil n (Vent) pump unloading valve (als Abschaltventil); short-circuit valve

Freivorbau m (Bau) cantilever erection, cantilevered construction

Fremd... (Tech) extraneous, foreign

fremdbelüftet adj (Tech) air-purged, forced ventilated, separately fan-cooled

Fremdkörper m (Met) alien matter, foreign matter, tramp iron, tramp item, undesired material

Fremdkraftlenkung f (Tech) power steering (Servo-Lenkung)

Fremdöl n (Tech) tramp oil (zufällig vorhanden)

Fremdstoff m (Tech) foreign material, foreign matter, foreign substance

Fremdteilzeichnung f (Zeich) foreign-part drawing

Frequenz f (Elek) cycle, frequency

Frequenz f **des Fehlerechos** (Elek) frequency of flaw echo (Ultraschall)

Frequenzabhängigkeit f (Elek) frequency dependence

Frequenzanpassung f (Mess) frequency range switch (Wellenschalter)

Frequenzgang m (Elek) frequency response (des Verstärkers); response

Frequenzgeber m (Mess) frequency source

Frequenzhub m (Elek) frequency swing

frequenzmoduliert adj (Elek) frequency--modulated

Frequenz-Stromumformer m (Elek) frequency analog converter

Frequenzumschaltung f (Elek) cycle changeover

Frequenzwandler m (Elek) frequency converter

Fresnel-Linse f (Tech) Fresnel lens

Frischbeton m (Bau) fresh concrete

Frischgas n (Petr) syn(thesis) gas (Synthesegas)

Frischholz n (Tech) biomass, green wood (Brennstoff für Heizkraftwerk)

Frischlauge f (Tech) fresh cooking liquor, white liquor (Papierherstellung)

Front f (Tech) face, front

Frontabschnitt m (Stb) frontal section

Frontantrieb m (Kfz) front-wheel drive

Frontkippmulde f (Kfz) forward discharge skip

Frontlader m (Kfz) front end loader, front end tractor loader

Frontleitrad n (Tech) front idler (am Raupenlaufwerk)

Frontlenker m (Kfz) forward-control truck tractor

Frontplatte f (Mess) faceplate

Frontplattenregelgerät n (Mess) panel control

Frontquerträger m (Kfz) spreader bar

Frontrechenausrüstung f (Bergb) front--ripper attachment

Frontschar f (Bergb) front blade, dozer blade

Frontscheibe f (Kfz) (BE) windscreen, (AE) windshield (an Kfz); front window (an Baumaschinen)

Frosch m (Tech) eccentric clamp (Klemme)

frostfrei adj (Tech) frost-free

Frostschutzmittel n (Kfz, Tech) antifreeze, antifreeze agent, antifreeze solution

Frühschicht f (Tech) early shift [watch], morning shift [watch]

Frühwarnsystem n (Elek) early-warning system

frühzeitig adj (Tech) early, premature

Frühzündung f (Kfz) backkick (Fehlzündung); preignition

Fuchsschwanz m (Werkz) handsaw, rip-saw, whipsaw (Säge)

Fuge f (Baut) crevice, joint (z. B. im Mauerwerk)

Fuge f (Schw) groove (Nut, beim Schweißen)

Fuge f (Tech) joint; clearance (Stoßfuge); gap (Spalt, Lücke)

Fugenband n (Bau) waterstop

Fugendüse f (Tech) gouging torch nozzle

Fugenflanke f (Schw) groove face

Fugenhobler m (Schw) acetylene gouging blowpipe, acetylene gouging torch, gouging blowpipe, joint planer

Fugennaht f (Schw) groove weld

Fugstaub m (Anstr) flash dust

fühlbare Wärme f (Hütt) sensible heat

fühlen v (Tech) sense

Fühler m (Elek) detector, probe, sensor

Fühlerlehre f (Tech, Werkz) feeler, (AE) feeler gage, (BE) feeler gauge, (AE) thickness gage, (BE) thickness gauge

Fühlerventil n (Vent) tracer valve

Fühllehre f (Werkz) (BE) thickness gauge

Fühlnadel f (Kfz) selecting pin

Führerpult n (Tech) operator's desk

Führersitz m (Kran) operator's seat

Führerstand m (Tech) control panel, driver's cab

Führung f (Elek) control (Regelung)

Führung f (Tech) keyway (in einem Gerät)

Führungs... (Tech) guide..., guiding...

Führungsabweichung f (Mess) command variable deviation (Regelkreis)

Führungsband n (Kfz) piston ring (am Kolben)

Führungsblech n (Bergb) skid (der oberen Raupenkette); skirt plate (des Förderbandes)

Führungsbolzen m (Tech) pin rod

Führungsgröße f (Mess) reference variable

Führungslager n (Lag) pilot bearing

Führungsloch n (Tech) pilot hole

Führungsschraube f (Tech) lead screw, locating screw

Führungsstange f (Tech) connecting rod, guide pin [rod], locating rod
Führungsstift m (Tech) guiding [locating] pin
Führungsstück n (Tech) guide [positioning] piece
Führungsventil n (Vent) pilot valve
Füll... (Tech) filler..., filling..., packing...
Füllarmatur f (Vent) filling valve (z. B. eines Ölfilters)
Fülldrahtelektrode f (Tech) cored electrode, flux cored electrode
füllen v (Tech) fill
füllendes Grundiermittel n (Anstr) primer surfacer
Füllkraft f (Anstr) fullness
Fülllage f (Schw) filler pass
Füllleitung f (Kfz) air supply line
Füllöffnung f (Kfz) priming point
Füllpumpe f (Hydr/Pneu) boost pump
Füllrohr n (Tech) feeding pipe, lubricator nozzle (Schmierung)
Füllschacht m (Hütt/Walz) feeder chute
Füllschlauch m (Verd) (pre)charge hose (für Speicher)
Füllstab m (Stb) web member
Füllstandsanzeiger m (Tech) fill level indicator, level indicator, filler guage; maximum and minimum oil level indicator, oil level indicator (Öl, Dieselöl)
Füllstandsgeber m (Hydr/Pneu) filling level transmitter
Füllstandsüberwachung f (Tech) oil level monitor (Gerät zur Überwachung des Ölstands); fluid level monitoring, oil level monitoring (Überwachungsvorgang)
Fülltrichter m (Hütt/Walz, Tech) bin, charging bin, charging hopper, feeding hopper
Füllung f (Tech) filling; padding (Polsterung)
Füllungs... (Bau, Tech) filling...
Füllungsgrad m (Hydr) volumetric efficiency
Füllungsstab m (Stb) web member
Füllventil n (Vent) precharge valve (Vorfüllventil eines Speichers)
Füllvolumen n (Tech) charge capacity
Fundament n (Baut) base, bed, foundation
Fundamentanker m (Tech) anchor bolt
Fundamentplatte f (Tech) base [bed, foundation] plate

Fundamentrahmen m (Tech) base plate, bed plate
Fundamentschraube f (Tech) anchoring bolt, foundation bolt
Fundamentzeichnung f (Zeich) foundation drawing
Fünfflächengleitlager n (Lag) five-pad journal bearing (fünfsteiniges Lager)
Fünfflächenlager n (Lag) five-lobe bearing (Mehrflächenlager)
Fünfkantmutter f (Tech) pentagon nut (DIN ISO 1891)
Fünfsteinlager n (Lag) five-pad bearing (Art eines Kippsteinlagers)
fünfstufiger Turboverdichter m (Verd) five poster (integrally geared) (als Getriebeverdichter)
fünfwertig adj (Chem) pentavalent, quinquevalent
funken v (Elek) spark (Funken abgeben)
Funkenflug m (Tech) flying sparks
funkenfrei adj (Met) nonsparking (Metall)
Funkengarbe f (Prüf) shower of sparks (Funkenprüfung)
Funkenhorn n (Tech) spark funnel
Funkenlöscher m (Tech) spark arrester
Funkenprobe f (Prüf) spark test
Funkenschutz m (Kfz) spark arrester
Funkenschweißen n (Schw) percussion welding
Funkenstörung f (Elek) radio shielding
Funkenstrahl m (Prüf) spark line (Funkenprüfung)
Funkenstrecke f (Elek) spark discharger
Funkfernsteuerung f (Elek) radio control
Funkmast m (Stb) wireless mast, radio mast, (AE) radio tower
Funksprechanlage f (Elek) intercom system, radio intercom system
Funksprechstelle f (Elek) radio telephone
Funktion f (Tech) function, functioning, performance (Leistung)
Funktions... (Tech) functional...
funktional adj (Tech) functional
funktionieren v (Tech) function, run, work
Funktionsabbild n (Elek) mimic diagram
Funktions... (Tech) functional...
funktionsfähig adj (Tech) functionable, in proper working condition
Funktionskontrolle f (Prüf) performance control
Funktionsplan m (Elek) control-system flowchart, control-system function chart, function plan, logic diagram;

control-system function diagram *(einer Steuerung)*; function sequence chart

Funktionsprüfung *f (Prüf)* functional test, operational check *(z. B. der Ventile)*

Funktionsschema *n (Elek)* flowchart, function chart, function diagram

Funktionsstörung *f (Elek)* malfunction

funktionstüchtig *adj (Tech)* functional, in working order, operational, serviceable

Funkturm *m (Tech)* broadcasting tower

Furche *f (Mech)* chamfer, flute

furchen *v (Mech)* channel

Furnier *n (Tech)* veneer

Fuß *m (Zer)* foot-mounting

Fuß... *(Tech)* foot...

Fußboden *m (Baut)* floor, flooring

Fußbremse *f (Kfz)* foot brake, service brake

Fußdruckknopftaster *m (Elek)* floor switch

Fußfeldschmiede *f (Form)* foot-operated mobile forge

Fußflanke *f (Getr)* dedendum flank

Fußfreischnitt *m (Tech)* undercut *(Getriebe, gewollter Unterschnitt)*

Fußgängertunnel *m (Bau)* pedestrian tunnel, subway, underpass

Fußgängerzone *f (Bau) (BE)* pedestrian precinct

fußgeschaltet *adj (Elek)* foot-operated

Fußhebel *m (Tech)* foot pedal, treadle

Fußhöhe *f (Getr)* dedendum, reference dedendum *(bezogen auf den Mittelkreis)*; working dedendum *(bezogen auf den Teil- oder Wälzkreis)*

Fußkehlfläche *f (Tech)* root toroid

Fußkreis *m (Tech)* root circle

Fußleiste *f (Baut)* skirting board, toe board, toe guard, toe plate

Fußmantelfläche *f (Tech)* root surface

Fußpedal *n (Tech)* foot pedal, treadle

Fußplatte *f (Tech)* base plate, bed plate, toe plate

Fußpunktbreite *f (Elek)* pulse width

Fußrücknahme *f (Tech)* root relief

Fußrundungsfläche *f (Tech)* fillet *(Getriebe)*

Fußtrittplatte *f (Tech)* kick plate *(am Laufsteg)*

Fußventil *n (Vent)* foot-operated valve *(Pedal)*

Fußweg *m (Baut) (BE)* pavement, *(AE)* sidewalk, *(AE)* walkway; boardwalk *(aus*

Holz, neben dem Fahrweg); footpath, footway *(Pfad)*

Futter *n (Stb, Tech)* lining, packing *(Ausfütterung)*

Futter *n (Tech)* filler *(Füllmaterial)*; padding *(Polsterung)*; sheath *(Hülle, Etui)*

Futterblech *n (Met)* filler plate

Futterblech *n (Tech)* shim *(als Unterlegeblech)*

Futterdrehen *n (Mech)* chuck turning

Futtermauer *f (Bau)* revetment

Futterring *m (Tech)* washer

Futterrohr *n (Petr)* casing, casing pipe, casing tube *(Erdölförderung)*

G

g *(Abk. für: Erdbeschleunigung) (Geo)* g, acceleration of gravity

Gabel *f (Kfz)* fork, lift fork, load arm *(z. B. des Gabelstaplers)*

Gabel *f (Tech)* clevis *(Schäkel, Zylinder)*; prong

Gabel... *(Tech)* bifurcated..., clevis..., female..., fork..., forked..., yoke...

Gabelfeile *f (Werkz)* crotched file, fork file

Gabelhubwagen *m (Kfz)* pallet truck

Gabelhülse *f (Tech)* rope socket *(Seil)*

Gabelkopf *m (Tech)* idler fork *(eines Baggers)*

Gabelrohr *n (Hütt/Walz)* breeches pipe

Gabelschenkel *m (Tech)* yoke arm *(einer Gelenkwelle)*

Gabelschlüssel *m (Werkz)* open-end spanners *pl*, *(AE)* open-end wrench

Gabelschraubenschlüssel *m (Werkz)* fork-type pin spanner *(Gabelschlüssel mit Stiften)*

Gabelstapler *m (Tech)* FLT, forklift, forklift truck

Gabelstift *m (Tech)* clevis pin; hydraulic positioner *(Gabelstapler)*

Gabelung *f (Tech)* bifurcation

Gaffel *f (Bahn)* gaff

Galgen *m (Elek)* gallows, inverted L

Gallertbildung *f (Anstr)* formation of jellies *(Anstrich)*

galvanisch *adj (Met)* galvanic

galvanisch oberflächenversilbert *adj (Met)* silver-plated

galvanische Beschichtung *f (Hütt/Walz)*

electrochemical deposition, electrode-position, electroplating

galvanische Vernickelung f (Met) (AE) nickelizing

galvanisieren v (Met) galvanize, zinc--coat

Gammaaufnahme f (Prüf) gamma ray radiograph, gammagraph

Gammastrahler m (Elek) gamma ray equipment

Gang m (Baut, Log) aisle, aisleway, corridor, hall

Gang m (Kfz) gear

Gang m (Tech) start (Schnecke)

Ganghöhe f (Tech) lead; pitch of a screw head (Schraube)

gängig adj (Tech) common (üblich); operable (funktionsfähig)

Gangplanetenträger m (Kfz) range carrier

Gangrichtung f (Getr) pitch (bei Ritzeln, Kegelrädern usw.)

Gangschaltung f (Getr, Kfz) change gear, gear shifting

Gangzahl f (Tech) number of threads (bei Schnecken)

ganz adj (Tech) complete, entire, whole

ganze Zahl f (Mess) integer

ganzheitlich adj (Tech) holistic

gänzlich adv (Tech) completely, entirely, totally, wholly

Ganzmetalldurchflussmesser m (Mess) armoured flowmeter

Ganzsanierung f (Baut, Ökol, Tech) total rehabilitation

Ganzstahl... (Tech) all-steel

ganzzahlig adj (Mess) integer

Garagenfass n (Tech) drum

Gardine f (Anstr) curtain, sag (Anstrich)

Gardine f (Met, Walz) curtain (Verzinkungsfehler)

Garnitur f (Tech) furniture; trim; kit, set (Bausatz)

Gas n (Chem) gas

Gas... (Chem, Tech) gas...

Gasanstalt f (Bau) gas works pl

gasarm adj (Chem, Bergb) non-gaseous, non-gassing

Gasarmaturen fpl (Tech) gas valves pl

Gasblase f (Met) blowhole, gas pocket, void

Gasbrenner m (Schw) gas burner, gas torch, gas-flame torch, oxy-fuel gas

blowpipe, oxy-fuel gas torch, oxy-acetylene blowpipe, oxyacetylene gas torch, oxyacetylene torch

Gasbrennschneiden n (Schw) autogenous cutting, gas cutting, oxy-fuel gas cutting, oxy-gas cutting, torch cutting

Gasdichte f (Chem) gas density

Gaseinsatzhärtung f (Met) carbo-nitriding; gas case hardening

Gasflammkohle f (Bergb) gassing coal, open-burning coal

gasförmig adj (Chem) gaseous, gasiform

gasführend adj (Tech) gas-conducting

gasgefeuert adj (Tech) gas-fired

Gasgemisch n (Chem) gaseous mixture

Gashebel m (Tech) accelerator, accelerator lever, gas pedal, throttle

Gashebelmechanismus m (Tech) throttle control mechanism

Gaspressschweißen n (Schw) pressure gas welding (DIN 1910)

Gaspulververschweißen n (Schw) gas--powder welding

Gasrohrzange f (Werkz) gas pliers pl

Gasschmelzschweißung f (Schw) gas welding

Gasschneiden n (Schw) autogenous cutting, gas cutting, oxy-fuel gas cutting, oxy-gas cutting, torch cutting

Gasschneidmaschine f (Schw) flame--cutting machine, gas-cutting machine

Gasschweißen n (Schw) gas welding, oxyacetylene welding, welding with the oxyacetylene torch, autogenous welding

Gasvorspanndruck m (Hydr/Pneu) preset gas pressure

Gaswäscher m (Tech) scrubber, washer, wet collector, wet scrubber

Gaswechselsystem n (Kfz) breathing system

Gaszug m (Kfz) accelerator cable

Gate n (Elek) gate (ein Transistoreingang)

Gatter n (Elek) gate

gealtert adj (Met) aged

Gebäude... (Bau) building..., construction...

Gebäudeturm m (Baut) tower building

gebeizt adj (Met) pickled

geben v (Tech) give, provide

Geber m (Elek) selsyn transmitter; transducer, transmitter (Messgeräte); trigger (Auslöser)

Geberwelle f im Gleitlager (Tech) shaft slide bearing

Gebiet n (Tech) area, field, region, sector, zone (Bereich)

Gebilde n (Tech) configuration, formation

Gebinde n (Tech) booklet (Pwz-Gebinde); package, packing drum (Lieferform)

Gebläse n (Tech) blower, fan (Ventilator); cooler (Kühlung)

Gebläse... (Tech) fan...

Gebläseeinlauf m (Kfz) compressor inlet

Gebläsespülung f (Tech) positive uniflow scavenging (Dieselmotor)

Gebläseüberholsatz m (Tech) blower kit, blower repair

geblättert adj (Met) laminated

gebläut adj (Met) blued (z. B. Metall-oberfläche)

gebogen adj (Tech) arched, bent, curved

gebohrt adj (Met) drilled

bondert adj (Anstr) bonderized, phosphate coated, phosphatized

gebördelt adj (Mech) flared, flare-type (Rohrende)

Gebots- und Verbotsschilder npl (Tech) warning and prohibition signs pl

gebräch adj (Bergb) friable

gebrannt adj (Bau) burned, burnt, fired

Gebrauchs... (Tech) service..., useful..., working...

Gebrauchsdauer f (Tech) pot life (Anstrich); service [useful] life

gebrauchsfertig adj (Tech) ready for use, ready-made

gebrauchstauglich adj (Tech) fit for service, usable, utilizable

gebraucht adj (Tech) spent, used

Gebrauchtholz n (Met, Ökol) recycled timber, recycled wood (wieder aufbereitetes Altholz)

Gebrauchtmaschine f (Tech) second-hand machine, used machine

gebrochen adj (Tech) chamfered

gebrochene Welle f (Elek) refracted wave

gebündelt adj (Elek) focussed

gebunden adj (Chem) bonded, latent (Wärme)

gedämpft adj (Tech) cushioned

gedeckt adj (Mess) sheltered (überdacht)

gedeckt vergossener Stahl m (Met) capped steel

Gedorekasten m (Werkz) ratchet wrench kit with insets

gedrängt adj (Tech) narrow, packed

gedreht adj (Mech) rotated, turned

gedruckt adj (Tech) printed

gedrückt adj (Tech) contact, pressed

gedruckte Karte f (Elek) printed circuit card (Druckschaltung)

gedruckte Schaltung f (Elek) printed circuit, printed circuit card (auf Karte)

gedrücktes Bauteil n (Stb) compression member, compressed member

gedrungen adj (Tech) short (kurz)

geeicht adj (Tech) calibrated

geeichte Teilung f (Mess) graduation

geerdet adj (Elek) (BE) earthed, (AE) grounded

Gefahr f (Tech) danger, hazard, risk

Gefährdungspotenzial n (Tech) potential danger [hazard]

gefahrengeneigt adj (Tech) hazardous

Gefahrenklasse f (Tech) danger class, hazard classification

gefährlich adj (Tech) dangerous, hazardous (lebensgefährlich)

Gefälle n (Tech) slope

Gefäß n (Bergb) bucket, ditching bucket (Grabgefäß); skip (Fördergefäß)

Gefäß n (Tech) container, vessel (Behälter); shell (Lichtbogenofen)

Gefäß... (Hütt) shell..., vessel...

Gefäßförderanlage f (Bergb) skip winding installation, skip winding plant (Skipförderanlage)

gefast adj (Mech) chamfered

gefedert adj (Tech) sprung

gefederter Schubblock m (Tech) cushion push block

geflanscht adj (Tech) flanged

geflascht adj (Tech) hitched

Geflecht n (Tech) fabric (Textil); mesh (Sieb)

geflickt adj (Tech) patched

geflochten adj (Met) woven

gefordert adj (Tech) required

geforderte Laufgenauigkeit f (Tech) required concentricity

geformt adj (Tech) formed, shaped

Gefrierschutzmittel n (Kfz) antifreeze, antifreeze agent, antifreeze solution

gefroren adj (Tech) frozen

Gefüge n (Tech) structure

Gefügeauflockerung f (Tech) spongy structure

Gefügebild n (Stb) micrograph (Schliffbild)

gefugt adj (Tech) rebated (z. B. Aussparung im Holz)

gefüllt adj (Tech) filled

gefurcht adj (Tech) scored

gefüttert adj (Tech) lined

gegabelt adj (Tech) bifurcated, forked

Gegen... (Tech) backing..., counter-..., opposing...

Gegendiagonale f (Stb) (BE) counterbrace, (AE) counter diagonal

Gegendrall m (Verd) counter-rotational flow

Gegendruck m (Hydr/Pneu) back pressure, counterpressure

Gegendruck... (Tech) back-pressure..., counter-pressure...

gegeneinander drehen v (Tech) perform counter revolutions

gegeneinander versetzt adj (Tech) skewed

Gegenexzenter m (Tech) counter eccentric

Gegenfeuer n (Stb) fire-proof barrier, counterfire

Gegenfläche f (Tech) opposite surface

Gegenflanke f (Tech) mating flank

Gegenflansch m (Tech) companion flange, counterflange, mating flange

Gegenführungsschuh m (Tech) counter guide bracket, counterguide dog

gegengeschweißt adj (Schw) back-welded

Gegengewicht n (Tech) balance weight, counterweight

Gegenhalter m (Tech) bucker, dolly, holder, holder up (Nieten); counter bracket; holding block (Lager); back stop (Schere)

Gegenkopplung f (Mess) inverse feedback; negative feedback, negative follow-up

Gegenlast f (Kfz) back load

gegenläufig adj (Tech) contra-rotary, counter-directional, counter-rotating

Gegenläufigkeit f (Tech) counterrotation (z. B. der Kette)

Gegenlaufring m (Tech) rotating seat (einer Gleitringdichtung)

Gegenmaßnahme f (Tech) corrective action, corrective measure

Gegenmoment n (Tech) counter-torque, opposing torque (als Drehmoment)

Gegenmutter f (Tech) check nut, counter-nut, jam nut, lock nut

Gegenprobe f (Prüf) duplicate test (Prüfung); duplicate test specimen (Probestück)

gegenschweißen v (Mont, Schw, Tech) back weld

gegenschwenken v (Tech) counter-slew (z. B. den Baggeroberwagen)

gegenseitig adj (Tech) mutual, reciprocal

Gegensprechanlage f (Tech) duplex system, two-way radio connection, two-way radio telephone connection

Gegenstromschütz m (Tech) plugging contactor

Gegenstück n (Tech) counterpiece; mate specimen (Teil eines Paares)

Gegentakt m (Elek) push-pull

gegenteilig adj (Tech) contrary, opposing, opposite

Gegenzahnrad n (Getr) mating gear, meshing gear

geglüht adj (Met) annealed

geglühtes Zinkblech n (Met) galvannealed sheet

gegossen adj (Met) cast

gegründet adj (Tech) founded

Gehalt m (Tech) content (Anteil, Inhalt)

Gehänge n (Tech) lifting gear (Kran); tackle (z. B. Magnetaufhängung)

gehärtet adj (Met) case-hardened, hardened; toughened (z. B. Glas)

gehärteter Stahl m (Met) hardened steel, tempered steel

gehärtetes Glas n (Tech) toughened glass

gehäuft adj (Bergb) heaped (aufgeschüttet)

Gehäuse n (Tech) body, box, cage, case (z. B. Getriebe); casing (Verdichter); enclosure (Ummantelung); housing (z. B. von Maschine, Motor); shell (eines Kühlers)

Gehäuse... (Tech) body... (z. B. eines Ventils); case..., casing..., housing...

Gehäuse n des Einspritzelements (Kfz) injection pump barrel

Gehäusedruck m (Tech) case pressure (z. B. Manometer)

Gehäuseeinsatz m (Verd) diaphragm (Zwischenboden)

Gehäusepanzerung f (Tech, Zer) liners of housing

Gehäusesenkung f (Hydr/Pneu) spot face on the housing

Gehäusestange f (Mess) actuator post

Gehäuseteilfuge f (Verd) casing joint, casing split

Gehbahn f (Bau) footway, (AE) sidewalk

geheftet adj (Schw) tack-welded (z. B. auf Zeichnungen)

gehindert adj (Tech) hampered, impeded (behindert)

gehorchen v (Elek) respond (z. B. der Schirm, Motor)

Gehörmessung f (Prüf) audiometric measurement (Tonfrequenzmessung)

Gehörschutz m (Tech) ear protector, hearing protection

Gehrung f (Tech) mitre

Gehrungsschnitt m (Stb) angle cut, mitre cut

Gehschlepper m (Förd) walkie tow tractor (Flurförderfahrzeug)

Gehtreppe f (Baut) stairway (z. B. in einem Wohnhaus)

Gehweg m (Bau) (AE) sidewalk

Geiger-Zähler m (Elek) Geiger counter

gekalkt adj (Bau) whitewashed

gekälkt adj (Stb) limed

gekapselt adj (Tech) drum-encased, encapsulated, sealed; totally enclosed, iron-clad (z. B. Motor, Schalter)

gekapselt adj/luftdicht (Tech) explosion-proof

geklammert adj (Elek) clamped

geklampt adj/fest (Tech) cleated

geklebt adj (Tech) glued; pasted (Papier)

geklemmt adj (Elek, Tech) clamped

geknickt adj (Tech) cracked (gebrochen)

gekreuzter Trieb m (Tech) crossed drive, half twist

gekröpft adj (Mech) cranked, offset

gekröpft adj/einfach (Mech) single-throw

gekröpft adj/tief (Werkz) offset (Ringschlüssel)

gekröpfter Stiel m (Bergb) gooseneck-type arm

gekrümmt adj (Tech) curved

gekrümmter Strahl m (Elek) curved crystal

gekühlt adj (Tech) refrigerated

gekümpelter Boden m (Tech) dished

bottom (z. B. LBO); dished drum end, dished head (einer Trommel); spheroidal bottom (z. B. LBO)

gelagert adj (Tech) mounted (gestützt); supported

gelagert adj/drehbar (Tech) pivoted, rotatable

gelagert adj/elastisch (Tech) cushion-mounted, flexibly mounted

gelagert adj/fliegend (Tech) overhung

gelagert adj/gelenkig (Tech) hinged, pin-ended

gelagert adj/kardanisch (Tech) universal-mounted

Gelände... (Kfz) all-terrain..., cross-country..., off-highway..., off-road..., rough-terrain...

Geländegang m (Kfz) off-road gear (z. B. des Laders)

Geländer n (Baut) hand railing, handrail, railing; parapet (niedrig)

Geländereifen m (Kfz) (AE) traction tire, (BE) cross-country tyre

geläppt adj (Anstr) lapped (fein poliert)

gelegentlich adj (Tech) occasional, sporadic

Gelenk n (Tech) hinge, link (Scharnier); joint, steering joint

Gelenk... (Tech) articulated..., hinged..., link

Gelenkauge n (Zer) rod end bearing

Gelenkband n (Tech) strip hinge

Gelenkbordkran m (Schiff) double-joint deck crane

Gelenkdreieck n (Bergb, Tech) joint triangle, triangular rocker, triangle with joints

Gelenkfläche f (Tech) bearing area

Gelenkgabel f (Tech) joint yoke, joint fork, yoke (einer Gelenkwelle)

gelenkig adj (Tech) articulated

gelenkig adv (Tech) pivotally • **gelenkig angebracht** hinge-mounted, pivot-mounted • **gelenkig gelagert** hinged, pin-ended

Gelenkkreuz n (Tech) spider, journal assembly (einer Gelenkwelle); spider (einer Kreuzgelenkkupplung)

Gelenkkupplung f (Tech) joint coupling, universal coupling

Gelenklager n (Lag, Tech) (BE) rod-end bearing (Wellenlager); ball-and-socket joint, self-aligning bearing, grimble, joint bearing, pivot bearing, uniball bearing; bearing eye *(Lagerauge)*; spherical plain bearing *(einer Welle)*; spherical swivel pad *(eines Spanngliedes)*

gelenklos adj *(Tech)* hingeless

Gelenkschale f *(Tech)* pivot joint housing, swivel bearing cup

Gelenkscheibe f *(Tech)* flexible disc *(für elastische Kupplung)*

Gelenkstange f *(Tech)* joining rod, toggle link *(z. B. für Scheibenwischer)*

Gelenkstulpe f *(Kfz)* coupling sleeve

gelenkt adj *(Mess)* directed

Gelenkträger m *(Stb, Tech)* cantilever girder, articulated girder

Gelenkverbindung f *(Tech)* knuckle joint, universal coupling

Gelenkwelle f *(Tech)* cardan shaft, joint shaft, propeller shaft, articulated shaft, universal drive shaft, universal joint shaft

Gelenkwellenanbau m *(Tech)* joint shaft assembly

Gelenkzapfen m *(Tech)* pivot pin

gelernt adj *(Tech)* skilled

Gelieren n *(Anstr)* gelling, jelling *(Anstrich)*

gelocht adj *(Mech)* perforated, pierced, punched

gelockerte Stelle f *(Met)* discontinuity *(im Gefüge)*

gelöscht adj *(Bau, Geo)* slaked *(z. B. Kalk)*

gelöst adj *(Tech)* loosened *(z. B. Schraube)*

gelötet adj *(Met)* soldered

Geltungsbereich m *(Tech)* area of validity, range of validity, scope, validity range

Gemenge n *(Mess)* blend

Gemengebildung f *(Mess)* batching

gemessen adj *(Tech)* measured

Gemisch n *(Chem)* compound, mixture

gemischt adj *(Mess)* hybrid

gemittelt adj *(Tech)* averaged

gemuldet adj *(Mech)* troughed

genäht adj *(Tech)* sewed

genau adj *(Tech)* accurate, detailed, exact, minute

genau adv *(Tech)* accurately, meticulously, truly • **genau mittig** *(BE)* dead-centre

genau abgestimmter Drehmomentwandler m full match torque converter

Genauguss m *(Hütt)* investment casting *(Gießmaschinen)*

Genauigkeit f *(Tech)* accuracy, correctness, precision

Genauigkeitsgrenzwert m *(Tech)* accuracy tolerance

Genehmigungsdruck m *(Hydr/Pneu)* design pressure, licence pressure

geneigt adj *(Bergb)* sloping *(z. B. ein Hang)*; declined *(nach unten)*; inclined *(nach oben)*

geneigt adj *(Tech)* canted, inclined, leaning, sloping, tilted

Generalsicherungshebel m *(Tech)* safety lever, general safety lever

generalüberholt adj *(Tech)* completely overhauled, rebuilt, renovated *(z. B. ein Motor)*

Generator m *(Elek)* dynamo machine, generator, electric generator

Generatoraggregat n *(Antr)* power generation sytem

Generatorbremsung f *(Förd)* regenerative braking *(mit Leistung ins Netz)*; dynamic braking, rheostatic braking, injection braking *(mit Widerstand)*

generatorisch adj *(Elek)* generative

Generatorsatz m *(Elek)* engine-generator unit, generating set

genietet adj *(Tech)* riveted

genormt adj *(Tech)* standard, *(AE)* standardized, *(BE)* standardised

genutzt adj *(Tech)* employed, used, *(BE)* utilised, *(AE)* utilized

Geochemie f *(Chem)* geochemistry

geöffnet adj *(Tech)* opened

geometrische Addition f *(Stat)* vector addition

geometrische Ultraschalloptik f *(Elek)* geometric ultrasonic optics

Geophysik f *(Phys)* geophysics

gepanzert adj *(Met)* armour plated, armoured; faced *(Ventil)*

gepflastert adj *(Bau)* paved

gepflegt adj *(Tech)* well-groomed, well looked after, well-maintained *(z. B. Maschine)*

geplant adj *(Tech)* planned

gepolstert adj *(Tech)* cushioned, upholstered

gepr. adj *(Abk. für: geprüft)* *(Prüf)* checked, examined

gepresst adj (Tech) compressed, pressed

gepresstes Seil n (Förd) rope with radial compression ferrule

geprüft adj (Prüf) checked, examined, tested; certified, qualified

gerade adj (Tech) even, straight, straightway; flat

gerade Bandrolle f (Förd) flat idler, level idler

geradeaus adv (Tech) straight ahead, straight on

Geradelauf m (Förd) alignment, belt alignment, belt tracking, trackability, tracking ability (z. B. des Bandes)

Geraderichten n (Mech) straightening

gerades Rückschlagventil n (Vent) in-line check valve

Geradlauf m (Förd) belt alignment (Gurt); belt tracking, proper belt tracking, track ability, tracking ability (Band)

geradlinig adj (Tech) linear, straight-line

Geradstirnrad n (Getr) spur gear

geradzahnig adj (Getr) straight toothed

Geradzahn-Kegelrad n (Getr) straight bevel gear

Geradzylinderrad n (Getr) spur gear

gerahmt adj (Mech) framed

gerändelt adj (Mech) knurled, milled

Gerät n (Tech) machine, unit (z. B. Baumaschine); appliance, implement; device (Vorrichtung); equipment (Ausrüstung)

Geräte... (Tech) design; equipment..., instrument...

Geräteanzahl f (Tech) population

Geräteauslastung f (Tech) work-out

Geräteausnutzungsfaktor m (Tech) service factor, unit capacity factor

Geräteeinheit f (Elek) control unit, item of plant, machine, unit

Gerätefehler m (Kfz) deficiency (fehlerhafte Funktion)

Gerätehinweisschild n (Tech) caption board

Gerätehöhe f (Förd) reach height (z. B. eines Regalbediengerätes)

Gerätejustierung f (Elek, Prüf) equipment calibration (Ultraschall)

Gerätemitte f (Kfz) centre of vehicle

Gerätenummer f (Kfz) machine number

Geräteschrank m (Elek, Tech) control cabinet, equipment cabinet

Geräteschuppen m (Tech) tool shed, utility shed

Geräteträger m (Tech) toolbar, tool bar (z. B. Leiste); multi-equipment carrier

Gerätetyp m (Tech) machine type

Geräteverfügbarkeit f (Tech) machine availability

geräumig adj (Tech) roomy, spacious (z. B. Fahrerhaus)

Geräusch n (Ökol) noise

Geräusch... (Ökol) noise...

geräuscharm adj (Ökol) low-noise

Gerber... (Stb) cantilever...

Gerber-Gelenk n (Stb) Gerber joint

geregelt adj (Elek) regulated

geregelt adj (Tech) controlled (z. B. thermostatisch)

gereinigt adj (Tech) cleaned, refined

gereinigtes Gas n (Chem) washed gas

gerichtet adj (Elek) directional

gerieft adj (Tech) checkered

geriffelt adj (Mech) grooved, serrated

gerillt adj (Mech) fluted, grooved

gering adj (Tech) low; reduced (reduziert); small (klein)

geringfügig adj (Tech) insignificant (unbedeutend); minor, slight

geringwertig adj (Tech) low-value

Gerippe n (Tech) framework

gerippt adj (Tech) finned, gilled, ribbed

gerissen adj (Met) rented (eingerissen)

gerissene Schweißung f (Schw) cracked welding

Geröll n (Geo) boulders pl; detrital (brüchig aufgrund von Korrosion); pebbles pl (glatt); rubble (Geschiebe); shingle (kleine Körnung)

Geröllhalde f (Geo) scree, talus (wandernde Lawine)

gerollt adj (Met) burnished (fein); rolled (gewalzt); roller-burnished (z. B. Innenfläche eines Zylinderrohrs); roller-finished (Oberfläche)

geröntgt adj (Met) X-rayed (durchleuchtet)

geruchlos adj (Tech) inodorous, odourless

Geruchsemission f (Ökol) odour emission

Geruchsstoff m (Chem) aromatic, odourous matter

Geruchsverschluss m (Baut) stench trap, water seal

gerundet adj (Met) rounded (z. B. Kanten)

Gerüst n (Bau) falsework, scaffold; scaffolding (Baugerüst); stage (Bühne)

Gerüst n (Tech) skeleton (Rahmen); housing, stand (z. B. Walzwerk)

Gerüst... (Bau) scaffolding...

Gerüst... (Hütt, Walz) roll stand..., stand...

Gerüstträger m (Tech) frame girder, scaffolding section

ges. adj (Abk. für: gesamt) (Tech) total

gesägt adj (Mech) sawed, sawn

gesammelt adj (Tech) collective

gesamt adj (Tech) entire, overall, total; cumulative

Gesamtanlage f (Bau) complete plant (schlüsselfertig); complete unit, integrated system, overall plant

Gesamtanordnung f (Zeich) general arrangement drawing, general arrangement, general drawing

Gesamtanschlusswert m (Elek) maximum demand of supply, total connected load

Gesamtansicht f (Tech) general [overall] view

Gesamtgewicht n (Stat) GLW, gross load weight, total weight

Gesamthüttenwerk n (Hütt/Walz) integrated mill, integrated (steel) plant

Gesamtlastzuglänge f (Tech) total length of truck and trailer, total train length

Gesamtprüfstück n (Schw) test assembly (für die Schweißprobe)

Gesamtschlag m (Tech) total runout (einer Welle oder eines Rades)

Gesamtversorgung f (Mess) bulk power supply

Gesamtwerkzeug n (Werkz) die set (beim Feinschneiden)

Gesamtzeichnung f (Zeich) general arrangement drawing

gesäubert adj (Anstr) cleaned

Geschäftsbereich m (Tech) branch of business, sphere of business; business unit, division

geschaltet adj (Elek) connected, switched

geschichtete Isolierung f (Elek) laminar insulation

geschickt adj (Tech) gifted, skilled, talented

Geschiebe n (Geo) detrital, rubble

Geschiebelehm m (Geo, Bau) boulder clay

Geschiebemergel m (Geo, Bau) marly till, till

Geschirr n (Tech) lifting gear (z. B. Hebegurt)

geschl. adj (Abk. für: geschliffen) (Mech) ground

geschleudert adj (Mech) spun

geschliffen adj (Mech) ground

geschliffen adj/oval (Mech) cam-ground

geschlitzt adj (Mech) slotted

geschlossen adj (Elek) off (zu)

geschlossen adj (Tech) closed

geschlossen adj/in sich (Tech) self--contained (eigenständig)

geschlossen adj mit Rohrlüftung/vollkommen (Tech) totally enclosed pipe--ventilated, TEPV

geschlossene Ausführung f/vollkommen (Tech) sealed insulation system (Schutzart)

geschlossener Stromkreis m (Elek) closed circuit, loop

geschlossenes Gaspressschweißen n (Schw) closed pressure gas welding, closed square pressure gas welding (DIN 1910, Teil 2.12.)

geschlossenes Tragsystem n (Tech) integral carrying system

geschmeidig adj (Tech) flexible, pliable, troughable (Gurt)

geschmiedet adj (Form, Met) forged

geschmiert adj (Tech) lubricated

geschmolzen adj (Met) molten

geschnitten adj (Mech) cut, machine-cut

geschnittene Zähne mpl (Mech) machined teeth

Geschoss n (Bau) floor, (BE) storey, (AE) story (Stockwerk)

geschottet adj (Tech) compartmented, partitioned

geschraubt adj (Tech) bolted, screwed, threaded

geschraubt adj/handfest (Mech) hand--screwed, hand-tight screwed

geschruppt adj (Mech) rough-machined (spanabhebend)

geschweißt adj (Schw) welded

geschweißt adj/dicht (Tech) seal-welded

geschweißt adj/ganz (Schw) all-welded

geschweißt adj/öldicht (Schw) oiltight welded

geschweißt adj/**vollständig** (Schw) all--welded

geschweißt adj/**zweiseitig** (Schw) double-welded

geschweißtes Rohr n (Tech) welded tube

Geschwindigkeit f (Tech) rate, speed, velocity

Geschwindigkeitsabnehmer m (Tech) speedometer

Geschwindigkeitsgeber m (Mess) linear speed transducer

Geschwindigkeitsmesser m (Tech) speedometer

Geschwindigkeitswechselgetriebe n (Getr) speed change gear

Gesenk n (Form, Met) die, forging die, swage

gesenkgeformt adj (Met) heated and formed to shape

Gesenkhammer m (Werkz) swaging hammer, top swage

gesenkschmieden v (Met) drop-forge

Gesetzmäßigkeit f (Tech) regularity

gesichert adj (Tech) secured (befestigt); protected (geschützt)

gesondert adj (Tech) separate

gespalten adj (Tech) divided (geteilt)

gespeichert adj (Elek, IT) (AE) memorized, saved, stored (elektronisch)

gesperrt adj (Elek) disabled (Tastatur)

gesperrt adj (Tech) blocked, closed, inhibited

gespiegelte Platte f (Mess) mirror disk

gespreizt adj (Tech) expanded (z. B. Spreiztrommel)

gestaffelt adj (Tech) staggered

Gestalt f (Geo) configuration, shape (Form, Aufbau)

Gestalt f (Zeich) contour (Umriss)

gestalten v (Bau) configure, construct (z. B. Plan, Gebäude, Platz)

gestalten v (Met, Tech) form, shape (formen)

gestalten v/**stromlinienförmig** (Tech) streamline

Gestaltung f (Tech) configuration, construction, design, layout, (AE) organization

gestaltverändernd adj (Bau) deforming, metamorphic

gestampft adj (Bau) rammed, tamped

Gestänge n (Tech) connecting rod, linkage

Gestängeantrieb m (Elek) lever system, operating linkage

Gestängebremse f (Tech) linkage brake

Gestängehebel m (Tech) switch stick

gestanzt adj (Mech) punched

Gestein n (Geo) rock, rocks pl

Gesteinsbohrer m (Bergb) rock cutter [drill]

Gesteinsbohrmaschine f (Bergb) machine rock drill, rock drilling machine

Gesteinsschaufel f (Bergb) quarry bucket

Gesteinsschutt m (Bergb) detrital

Gesteinszerfall m (Bergb) rock crushing

Gestell n (Tech) base, framework, rack, skeleton; hearth (Hochofen)

Gestelleinbau m (Mess) rack mounting

Gestellförderanlage f (Bergb) cage winding system

gestellt adj/**dicht** (Tech) narrowly spaced

gesteuert adj (Elek) controlled

gestiegen adj (Tech) increased

gestrahlt adj (Tech) blast-cleaned

gestreckt adj (Tech) developed, stretched; extended (Feder) • **gestreckt gezeichnet** (Zeich) stretch-out view

gestreift adj (Mech) striped

gestreut adj (Elek) scattered

gestreut adj (Tech) gritted (z. B. Sand)

gestrichelt adj (Tech) dashed, dotted (punktiert); stroked (z. B. Linie); stroke--dotted (Punkt-Strich-Linie)

gestuft adj (Bau) graded

gestützt adj (Tech) supported

getäfelt adj (Bau, Tech) panelled

getaucht adj (Tech) submerged (in Flüssigkeit)

geteilt adj (Tech) divided, split (z. B. Lager)

getönt adj (Tech) tinted

getränkt adj (Met) impregnated

getrennt adj (Tech) separated

getrennter Farbanstrich m (Anstr) individual colour coating

Getriebe n (Tech) gear pair (Zahnradpaar); gear transmission, transmission (Vorgelege); gear, gear train, gear unit, gearing, train of gears

Getriebebemessung f (Getr) gear rating, rated capacity, gear-rated horsepower

Getriebebremsmotor m (Antr) self--braking gear motor

Getriebegehäuse n (Tech) gearbox,

gearbox casing, gearcase, gear casing, gear housing, transmission case

Getriebelagerzapfen m *(Tech)* gear unit shaft journal

getriebelos *adj (Tech)* gearless, non--geared

Getriebelose f *(Tech)* slack play in the gearing

Getriebemotor m *(Antr)* gear motor, geared motor

Getrieberad n *(Getr)* bull gear *(Verdichter)*; gear, gear wheel

Getrieberadsatz m *(Tech)* transmission gear

Getriebeschwinge f *(Tech)* gear base assembly, gear rocker, gear rocker assembly

Getriebeseite f *(Tech)* driven half, gear side

Getriebeturboverdichter m *(Verd)* integrally geared centrifugal compressor

Getriebeverdichter m *(Verd)* integral--gear centrifugal compressor, integrally geared compressor

Getriebeverspannung f *(Getr)* backlash elimination, torque bias

Getriebewelle f *(Tech)* transmission shaft

Getriebezug m *(Tech)* gear train, gear unit, gearing, train of gears

gewachsener Boden m *(Geo)* bedrock, native rock, solid rock, natural soil, undisturbed ground

gewachsener Durchschnitt m *(Tech)* average based on the first-in-first-out principle, average based on the FIFO principle

Gewalt f *(Tech, Stat)* force

Gewaltbruch m *(Met)* forced rupture *(DIN 50100)*

Gewaltmethode f *(Tech)* brute force approach

gewalzt *adj (Met)* laminated, milled, rolled

Gewebe n *(Tech)* fabric *(Gurt)*; material, woven material

Gewebebindung f *(Tech)* weave

Gewebeeinlage f *(Kfz)* underlayer of fabric *(des Reifens)*

Gewebeeinlage f *(Tech)* fabric insert; fabric lining, fabric plies *pl*

Gewebefilter n *(Tech)* woven fabric filter

Gewebekern m *(Förd, Tech)* fabric carcass *(Gurt)*

gewellt *adj (Tech)* corrugated, crinkle--type, crinkled, wavy

Gewicht n *(Tech)* weight; vertical gravity *(Spannvorrichtung)*

Gewichtsausgleich m *(Tech, Stat)* balance

Gewichtsausleger m *(Bergb, Umschl)* ballast boom

Gewichtsbremse f *(Tech)* brake operated by counterweight, weight brake

Gewichtsmesswertgeber m *(Tech)* weight sensor *(einer Waage)*

Gewichtsstrommesser m *(Elek)* voltmeter

Gewichtstoleranz f *(Stat, Stb, Tech)* weight tolerance

Gewichtsverlagerung f *(Tech)* weight stabilizing

Gewichtung f *(Tech)* valence, weighting

gewickelt *adj (Tech)* coiled, wound

Gewinde n *(Tech)* screw thread, thread; threaded bayonet *(der Glühbirne)* • **ein Gewinde überdrehen** overwind, overturn a screw, strip a thread • **Gewinde schneiden** tap, thread, cut a thread • **mit Gewinde** tapped • **mit Gewinde versehen** tap

Gewinde... *(Tech)* screw...

Gewindeauslauf m *(Tech)* screw thread runout

Gewindebacke f *(Tech)* follower, screw die, threading die

Gewindebohrer m *(Tech)* screw tap, tap; stay tap *(lang)*

Gewindebolzen m *(Tech)* gudgeon, stud *(Zapfen)*; screwed bolt, threaded bolt, threaded pin; stud bolt *(Stiftbolzen)*; threaded pin, threaded stud *(Bolzen für Bolzenschweißen)*

Gewindebuchse f *(Tech)* tapped bushing, elevating spindle guide bushing

Gewindedurchmesser m *(Tech)* major diameter, thread diameter *(z. B. der Schraube)*

Gewindefeile f *(Werkz)* thread restorer

Gewindefutter n *(Tech)* screw socket

Gewindegang m *(Tech)* pitch of screw, pitch of thread, thread fillet

Gewindekern m *(Tech)* root of thread, thread core

Gewindeloch n *(Tech)* tapped hole, threaded hole

Gewindenocken m *(Tech)* threadolet

Gewindenuss f (Tech) spindle block
Gewindescheibe f (Tech) threaded washer
Gewindeschneidautomat m (Mech) automatic threading machine
gewindeschneiden v (Mech) cut a thread, thread
Gewindeschneider m (Mech) tap, threader
Gewindeschutz m (Tech) grommet
Gewindespiel n (Tech) backlash of threads
Gewindespindel f (Mech) elevating spindle, threaded screw
Gewindestange f (Tech) threaded rod
Gewindesteigung f (Tech) pitch of thread
Gewindestift m (Tech) grub screw, set screw
Gewindestück n (Tech) threaded tensioning head, threaded end cap (Konverter); union (Muffe)
Gewindestück n **mit Außengewinde** (Tech) male union
Gewindestück n **mit Innengewinde** (Tech) female union
Gewindestutzen m (Tech) gland with thread
gewindewalzen v (Tech) thread-roll
gewinnen v (Bergb) dig, extract, mine, win, work
Gewinnungsgeräte npl (Bergb) mining equipment
gewobbelt adj (Tech) modulated
gewogen adj (Tech) weighed, weighted
gewogener Sicherheitsfaktor m (Stb) load factor
gewöhnlich adj (Tech) ordinary
gewöhnliches Thermoelement n (Elek) bare thermocouple
Gewölbe n (Geo) anticline, vault
gewölbt adj (Tech) arched, curved
gewölbt adj/**konkav** (Tech) dished
gewölbt adj/**quer** (Met) crowned (Blech)
gewölbt adj/**zylindrisch** (Tech) curved
gewunden adj (Met) wound
gezackt adj (Mech) serrated (sägezahnartig)
gezahnt adj (Mech) toothed
gezahnt adj/**grob** (Mech) notched
gezahnter Schraubenschlüssel m (Werkz) serrated wrench
gezeichnet adj (Zeich) drawn
gezinkt adj (Met) notched

gezogen adj (Met) cold finished (kalt fertiggezogen)
gezogen adj/**blank** (Tech) bright drawn
gezogen adj/**federhart** (Met) hard-drawn
gezogen adj/**kalt** (Met) cold-drawn, cold drawn
gezogen adj/**warm** (Hütt/Walz, Met) hot-drawn
gezogener Draht m (Met) drawn wire
gezogener Stahl m (Met) finished steel, cold drawn steel
gezogenes Bauteil n (Stb) member in tension, tension member
gezogenes Rohr n (Met) drawn tube
GFK (Abk. für: glasfaserverstärkter Kunststoff) (Tech) GPR, glass-fibre reinforced plastic
GG m (Abk. für: Grauguss) (Met, Stb) cast iron, CI
GG-Edelstahlplatte f (Met) refined steel plate
GGG (Abk. für: globularer Grauguss) (Met) ductile cast iron
GGL (Abk. für: lamellarer Grauguss) (Met) (AE) foliated gray cast iron
Gicht f (Hütt/Walz) furnace top
Giebel m (Bau) gable
Giebelstütze f (Stb) gable post, (BE) gable stanchion
Giebelzierbrett n (Baut) barge (unter dem Dachgiebel)
Gierwinkel m (Tech) angle of yaw, yawing angle
Gießanlage f (Hütt/Walz) casting plant
Gießbandwalzwerk n (Hütt/Walz) cast strip rolling mill
gießen v (Hütt/Walz) cast, pour (bevorzugter Terminus); teem • **steigend gießen** cast uphill
Gießen n (Hütt/Walz) casting
Gießen n **von Beton** (Bau) chuting of concrete
Gießerei f (Hütt/Walz) foundry
Gießharzendverschluss m (Tech) (BE) moulded plastic cable gland
Gießharzisolierung f (Tech) (BE) moulded plastic insulation
Gießpfanne f (Hütt) casting ladle, pouring ladle, teeming ladle
Gießpressschweißen n (Schw) pressure welding with thermochemical energy (DIN 1910)

Gießpulver n (Hütt) casting powder, (BE) mould flux, (BE) mould powder

Gießpunkt m (Chem) pour point (z. B. von Öl)

Gießschmelzschweißen n (Schw) fusion welding with liquid heat transfer

Gießschweißen n (Schw) cast welding

Gießspiegel m (Hütt) level of metal, level of molten steel, (BE) liquid level in the mould

Gießwanne f (Hütt) tundish

Giftgas n (Chem) toxic gas

Gips m (Geo) gypsum

Girlande f (Tech) idler boom, idler garland (Förderanlage); festoon (Kabel)

Girlandenkabel n (Elek) festooned cable

Girlandenkabelbahn f (Kran) cable festoon tracks

Girlandenrolle f (Förd) convex bend idler, catenary idler, cradle-type idler, garland idler, hammock belt idler

Gista-Profil n (Tech) gista profile (Türschutzgummi)

Gitter n (Tech) grate (z. B. Rost); trellis (verflochten aus z. B. Draht); grating, grid; lattice (Kristall)

gitterartig adj (Stb, Tech) laced, latticed

Gitterbelag m (Tech) grating

Gitterbinder m (Stb) lattice truss

Gittermast m (Stb) girder mast, lattice mast, lattice tower

Gittermastbrücke f (Stb) (BE) girder bridge

Gittermastkran m (Kran) lattice boom crane

Gitterpfette f (Stb) lattice purlin

Gitterrost m (Tech) grate, grate decking, grating, grid, grillage

Gitterrostbelag m (Tech) grate decking, grate flooring, grid paving, interlock flooring

Gitterschnittprüfung f (Anstr) cross-hatching adhesion test, grid cross-cut test, grid test

Gitterträger m (Stb) latticed girder, lattice truss, open-web girder, trellis girder, truss

Glanz m (Tech) glaze, gloss, shine

glänzen v (Tech) shine, sparkle

glänzend machen v (Mech) polish

Glanzgrad m (Tech) degree of gloss

glanzschleifen v (Mech) polish

Glanzverzinnung f (Hütt/Walz) bright tin coating

Glas n (Tech) lens (des Scheinwerfers)

Glas... (Tech) glass...

Glasdachsprosse f (Stb) glazing bar, sash bar

Glaser m (Bau) glazier

Glaserkitt m (Bau) mastic

gläsern adj (Tech) glass

Glasfaser f (Met) glass-fibre, glass-reinforced fibre, glass fibre

Glasfaserkabel n (Tech) fibre-optic cable

glasfaserverstärkt adj (Met, Stb) glass-fibre reinforced, glass-reinforced

Glasgefäß n (Tech) jar

Glashütte f (Bergb) glass factory

glasiert adj (Tech) salt-glazed

glaspassivierte Thermoleiste f (Mess) passivated-glass thermostrip

Glasur f (Tech) glaze

glasverstärkt adj (Met) glass-reinforced

Glaswolle f (Met) glass wool

glatt adj (Tech) flat, flat-faced, plain (eben, flach); non-surge (z. B. Kraftübertragung); plain-weave (Sieb); slippery (nicht griffig); smooth (sanft)

glatt drücken v (Mech) planish (auf der Planierbank)

glatt hobeln v (Mech) dress, smoothe

glatt machen v (Mech) smoothe

glatt schleifen v (Mech) grind flush, grind smoothe

Glättbalken m (Stb) screed

glatte Dichtfläche f (Tech) flat face, full face, plain straight face (Flansch)

glatte Gummiauflage f (Tech) plain rubber lagging

glatte Laufrolle f (Tech) straight-face roller

glätten v (Mech) dress, flatten, plane, planish, smooth, smooth-dress, smoothen, plane, plane off (z. B. Blech); polish (glänzend machen)

Glätten n (Mech) roll flattening (Planieren); smoothening

glatter Fühler m (Mess) plain bulb (eines Kapillarthermometers)

glatter Gummibelag m (Tech) plain rubber lagging

glattes Rohr n (Tech) plain tube, smooth tube

glattgewalzt adj (Walz) roller burnished (Zylindermantel)

Glattstrich m **auf Putz** (Bau) skimming coat

Glättung f (Anstr) smoothing, smoothing of D.C.

Glättungstiefe f (Met) depth of smoothness (Rautiefenmessung)

Glättwalzwerk n (Walz) reeling machine, reeler; strip levelling unit

gleichbleibend adj (Tech) consistent, constant, steady

Gleichanteil m (Elek) DC component

Gleichfasenring m (Tech) piston ring with equal levels

gleichförmig adj (Tech) regular, uniform; steady (Strömung)

Gleichganggelenk n (Tech) constant velocity joint

Gleichgangzylinder m (Hydr) synchronising cylinder

Gleichgewicht n (Tech, Stat) balance, equilibrium • **ins Gleichgewicht bringen** balance out, equilibrate, establish equilibrium

Gleichgewichtsgleichung f (Math, Stat) equation of equilibrium

Gleichgewichtszustand m (Stat) state of equilibrium

Gleichlauf m (Tech) synchronism

Gleichlauf... (Tech) synchronising..., synchronous...

Gleichlauffehler m (Hydr) synchronisation error

Gleichlaufgetriebe n (Getr) timing gears

Gleichlaufregelung f (Mess) synchronous speed control; automatic synchronisation

Gleichlaufverfahren n (Walz) forward roller coat method (Bandbeschichtung)

Gleichmaßdehnung f (Stat) elongation before reduction of area

gleichmäßig adj (Tech) consistent, constant, equal, even; proportional, regular, smooth; symmetrical, uniform

gleichmäßige Belastung f (Tech, Stat) equal share of load

gleichmäßige Lastverteilung f (Tech, Stat) uniform load distribution

gleichmäßiger Fördergutstrom m (Förd) steady flow of material

Gleichmäßigkeit f (Anstr) uniformity (abgeschiedener Schichten)

gleichnamig adj (Math) correspondent, corresponding, same-name

Gleichrichter m (Elek) rectifier

Gleichrichterplatte f (Hydr/Pneu) flow control adaptor block

Gleichrichtersäule f (Tech) rectifier stack

Gleichrichtung f (Elek) rectification

gleichschenklig adj (Tech) equal-sided

gleichschenkliger Winkel m (Stb, Tech) equal angle

gleichschenkliger Winkelstahl m (Hütt/Walz, Met) equal angle

Gleichschlag m (Bergb) equal lay, Lang('s) lay, long lay, parallel lay, universal lay (Längsschlag, Albertschlag; Seilmachart)

gleichsetzen v (Tech) equate

Gleichspannung f (Elek) d.c. voltage, direct voltage

Gleichspannungsnetz n (Elek) DC power supply system, direct current power supply system

gleichstellen v (Tech) equate

Gleichstreckenlast f (Tech) equally distributed linear load

Gleichstrom m (Elek) DC, direct current, parallel flow

Gleichstrom... (Elek) DC..., direct current...

Gleichstromdrossel f (Elek) DC reactor

Gleichstromimpuls m (Elek) dc-signal

Gleichstromsteller m (Elek) chopper

Gleichstromwicklung f (Elek) dc-field coil (Motor)

Gleichtakt m (Elek) common-mode

Gleichtaktunterdrückung f (Elek) common-mode rejection ratio

Gleichtaktverstärkung f (Elek) common-mode gain

Gleichung f (Math, Elek) equation

gleichweit adj (Tech) equidistant

gleichwertig adj (mit) (Tech) equivalent; concomitant

gleichzeitig adj (Tech) simultaneous

Gleis n (Bahn) rail (einzelne Schiene); track

Gleisanlagen fpl (Bahn) tracks, trackage; railway sidings pl (z. B. eines Werkes)

Gleisanschluss m (Bahn) (BE) railway siding, siding

Gleisbildstellwerk n (Bahn) all-relay signal box, signal box push button type

Gleisbremse f (Tech) rail brake, retarder, retarder chain

Gleisdreieck n (Bahn) rail triangle, wye (Y-förmig)

Gleiskette f (Tech) crawler chain, crawler track chain

Gleisrost m (Bahn) sleeper framework

Gleisrückmaschine f (Bahn) track shifter, track shifting machine

Gleisstopfgerät n (Bahn) (BE) sleeper--packing machine

Gleiswaage f (Bahn) car scale, rail weighbridge, weighbridge for rail cars

Gleit… (Tech) gliding…, slide…, sliding…, slip; guide…, guiding…

Gleitbahn f (Tech) slide bar (Schiene); slide way (z. B. im Pumpengehäuse)

Gleitband n (Bergb) gliding conveyor, slip band

Gleiteigenschaften fpl (Hydr) antifriction properties pl

Gleiteinlage f (Tech) bogie-bearing cup, centre-pivot insert, sliding insert (in der Drehgestellpfanne)

gleiten v (Tech) glide, slide, slip (rutschen)

gleitend adj (Tech) floating

gleitfest adj (Tech) slide-proof

Gleitfläche f (Tech) sliding surface; running face (z. B. unter Gleitringdichtung); skid (z. B. unter Vedichter)

Gleitfuge f (Tech) slip joint

Gleitgelenklager n (Tech) spherical plain bearing

Gleitkreis m (Tech) pitch circle

Gleitkreuzgelenk n (Tech) slip universal joint

Gleitkufe f (Bergb) skid

Gleitlager n (Tech) bushing-type bearing, friction bearing, plain, plain bearing, sleeve bearing, slide, slide bearing, sliding bearing, sliding contact bearing, fluid film bearing (eines Turboverdichters)

Gleitleiste f (Tech) guide rail

Gleitmittel n (Tech) lubricant, parting compound, slip additive; antiseize, antiseize agent, antiseizing compound (gegen Fressen)

Gleitmodul m (Tech) modulus of elasticity on shear, modulus of rigidity, modulus of transverse elasticity, rigidity module, shear modulus, shearing modulus

Gleitpassung f (Tech) sliding fit

Gleitplatte f (Bergb) heel plate, paddle plate (an der Schaufel); sliding plate (am Drehgestell)

Gleitring m (Tech) axial face seal ring

Gleitringdichtung f (Tech) contact seal, duocone seal, duocone seal ring, mechanical contact seal, mechanical contact shaft seal, mechanical seal, slide ring packing, slide ring seal

Gleitrollenachse f (Förd) rollerized ladder chain rung, tubular chain pin

Gleitschuh m (Tech) gusset shoe, reference sleigh, slide shoe; crosshead block (Kreuzkopf eines Kolbenverdichters)

Gleitschutz m (Tech) anti-skid, skid--protection

Gleitschutzprofil n (Tech) cleat to prevent slipping

Gleitschwindung f (Met) liquid flow

Gleitspiegel m (Tech) slide bow

Gleitstein m (Tech) guide piece (Teil der Spannvorrichtung); slide ring, sliding block, tensioning block

Gleitstößel m (Tech) sliding tappet

Gleitstück n (Tech) idler slide, slide

Gleitträger m (Tech) slide

Gleitung f (Tech) shearing unit deformation

Gleitwand f (Tech) chute plate

Gleitwirkung f (Tech) sliding action

Glied n (Bau) element, member (Bauteil); section (Abschnitt)

Glied n (Tech) link (z. B. einer Kette)

Gliederband n (Förd) link belt

Gliedermaßstab m (Werkz) folding rule, yardstick (Zollstock)

gliedern v (Tech) categorize, classify, divide, group, split up, sub-divide (Erzeugnisstruktur)

Gliederung f (Tech) arrangement, grouping; chapters pl, paragraphs pl (eines Textes); breakdown, classification, segmentation (Erzeugnisstruktur)

Gliederwelle f (Tech) articulated shaft

Gliederzahl f (Tech) number of pitches

Glimmentladung f (Mess) glow discharge

Glimmer m (Geo) mica

Glimmlampe f (Elek) glow lamp, glow tube

glitschig adj (Tech) slippery

Globoidschnecke f (Tech) enveloping worm

globular adj (Met) globular

globularer Grauguss m (GGG) (Met) ductile cast iron

globulitisch adj (Met) globular

Glocke f (Hütt) bell

Glockengehäuse n (Tech) rotating assembly

Glockenguss m (Met) bell founding

Glockenkettenrad n (Umschl) bell--shaped chain wheel

Glockenkurve f (Elek) bell-shaped curve

Glockenturm m (Baut) belfry

Glockenventil n (Vent) bell valve

Glockenverschluss m (Vent) bell-type valve

GLR f (Abk. für: Grenzlastregelung) (Kfz) PLC, power limit control

Glühanlage f (Hütt/Walz) annealing line; heater plug installation

Glühbirne f (Elek) bulb, lamp

Glühdraht m (Elek) heat wire

glühen v (Met) temper (anlassen); anneal; glow (glimmen)

glühend adj (Met) incandescent

glühfadenfreie Anzeigebeleuchtung f (Elek) luminous dial lighting

Glühfadenpyrometer m (Tech) disappearing filament pyrometer

Glühkathodenröhre f thermionic valve

Glühkerze f (Elek) glow plug, heater plug

Glühkerzenzuleitung f (Elek) glow plug harness

Glühlampe f (Elek) filament lamp, incandescent bulb [lamp]

Glühofen m (Hütt/Walz) annealing furnace

Glühstiftkerze f (Elek) heater plug

Glühüberwacher m (Elek) heater plug control, heater plug indicator, heater warning light, preheat indicator

Glühverlust m (Elek) ignition loss, oxide loss

glycingefüllt adj (Met) glycine-dampened

goldgelb adj (Anstr) golden yellow

Grabausrüstung f (Bergb) backhoe attachment (Tieflöffel)

Grabboden m (Bergb) diggable ground

graben v (Bergb) cut, dig, excavate

Graben m (Bau) ditch, trench • **Graben ziehen** cut a roadside ditch

Grabenabstützung f (Bau) sheeting

Grabenbunker m (Bergb, Umschl) storage ditch

Grabenbunkerbagger m (Bergb, Umschl) ditch bin reclaimer

Grabenfräse f (Bergb) ditchmill, trench cutter

Grabenlöffel m (Bergb) ditch-cleaning bucket, ditching bucket

Grabenmulde f (Bergb) ditch profile, furrow

Grabenverfüllschnecke f (Bergb) trench filler

Grabgefäß n (Bergb) bucket (z. B. Löffel); ditching bucket

Grabgefäßinhalt m (Baum) dipper capacity

Grabgreifer m (Bergb) clamshell bucket, digging grab

Grabkanalgreifer m (Bergb) trench--cleaning bucket

Grabkurve f (Bergb) digging arc (Bogen des Grabgefäßes)

Grabschaufel f (Bergb) digging shovel, face shovel, shovel

Grabtiefe f (Bergb) digging depth; dredging depth (unter Wasser)

Grabweite f (Bergb) digging width, outreach

Grad m (Math, Tech) pitch (einer Abschrägung)

Grad m (Tech) degree, grade (auf einer Skala); scale (Einteilung)

Grad m **der Verfügbarkeit** (Tech) availability rate

Grader m (Bergb) grader, motor grader

Gradiente f (Bau, Stb) gradient

Gradientenfaser f (Tech) graded index fibre (Lichtwellenleiter)

Gradmesser m (Tech) graduator

Gradsteller m (Elek) setting device

graduieren v (Tech) graduate

grafisch adj (Tech) graphic, graphical • **grafisch aufzeichnen** plot a graph, present in graphic form • **grafisch darstellen** plot a graph, present in graphic form

grafische Benutzeroberfläche f (IT) graphical user interface

grafische Darstellung f (Tech) chart, diagram, graph, graphic representation

grafische Normen fpl (IT) graphic standards pl

Granalie f (Tech) granule, scrap shot

granitgrau adj (Anstr) granite grey

Granularbereich m (Geo) granular range

Granulat n (Geo) granulate (körniges Material); granules

Granulationsanlage f (Bergb) granulation plant

granuliert adj (Geo) chilled, granulated

Graphitelektrode f (Tech) graphite electrode

Graphitfett n (Tech) graphite grease

Graphitgrauguss m (Met) ductile iron, nodular iron, spheroidal graphite iron (Sphäroguss)

graphitieren v (Tech) graphitize

Graphitprüfung f (Prüf) graphite test

Grat m (Mech) burr, fin (Bohren, Schweißen); cutting ridge (scharfe Kante aus dem Schneiden); milling ridge (scharfe Kante nach dem Fräsen) • **Grat abdrehen** trim • **Grat entfernen** (AE) bur, (BE) burr, (AE) debur, (BE) deburr

Gratansatz m (Mech) beginning of bur

gratfrei adj (Hütt/Walz) burr-free

gratis adv (Tech) free

Gratstärke f (Mech) thickness of bur, thickness of edge

Grätzschaltung f (Hydr) grätz rectifier-circuit

grau adj (Anstr) (AE) gray, (BE) grey

Grauguss m (GG) (Met) cast iron, CI, (AE) gray cast iron, (iron), grey cast iron, grey iron casting

Graupappe f (Tech) board, grey board

Grauwacke f (Geo) (AE) graywacke, (BE) greywacke

grauweiß adj (Anstr) grey white, off-white

Grauwert m (Tech) (AE) gray scale value

gravieren v (Mech) engrave

greifen v (Bergb) grab, grip

Greifer m (Bergb) bucket, clamshell, grab, grab bucket, gripping device

Greifer... (Bergb) bucket..., clamshell..., grab..., grabbing...

Greiferbagger m (Bergb) backhoe with grab, excavator with grab, grab excavator, shovel with grab; grab dredger (Schwimmbagger)

Greiferbrücke f (Bergb) travelling grab bridge

Greiferdrehmotor m (Bergb) grab swivel motor

Greiferhalter m (Bergb) grab safety bar, safety bar (beim Transport)

Greiferkatze f (Kran) grabbing trolley;

overhead travelling grabbing crane (der ganze Kran gemeint)

Greiferkran m (Kran) grab crane

Greiferlager n (Bergb) grab yoke

Greiferschale f (Bergb) clamshell, (auch:) grab shell

Greiferweite f (Bergb) deck area (äußerste Abmessung)

Greiferwinde f (Bergb, Tech) crabbing hoist gear

Greiferzangen fpl (Bergb) grapples pl

Greifsäge f (Bergb) grab saw

Greifsteg m (Tech) grip link (der Schneekette)

Greifzug m (Tech) (AE) come-along, grip hoist, gripping tackle, jack hoist; Greif hoist (Seilzug der Marke Greif)

Grenz... (Tech) boundary..., limit..., limiting...

Grenzbedingung f (Tech) boundary condition

Grenzdämpfung f (Tech) limiting value of damping, ultimate damping (DIN 50102)

Grenze f (Hydr/Pneu) end-position (Grenzstellung des Kolbens)

Grenze f (Tech) confine, limit

Grenzfall m (Tech) borderline case, limiting case

Grenzfehler m (Elek) critical defect

Grenzfläche f (IT) boundary surface, interface

Grenzkoeffizient m (Bergb) maximum coefficient

Grenzkreisfrequenz f (Mess) cut-off angular velocity

Grenzlast f (Stb) maximum load, M.C.R., maximum continuous rating

Grenzlastregelung f (GLR) (Kfz) PLC, power limit control

Grenzlastregelventil n (Tech, Hydr/Pneu) power limit control valve

Grenzlastregler m (Tech) power metering regulator

Grenzlastspielzahl f (Prüf) limiting value of stress cycles endured, ultimate number of cycles (DIN 50100)

Grenzlastsystem n (Tech) load-sensing system, LS system

Grenzlehre f (Tech) limit gauge, snap gauge

Grenzschalter m (Elek) limit switch

Grenzschaltung f (Bergb) extreme limit switch

Grenzstellung f (Tech) end-position (des Kolbens)

Grenzstrom m (Elek) minimum fusing current

Grenztaster m (Elek) limit switch, momentary contact limit switch

Grenztiefe f (Bergb) maximum depth (im Tagebau)

Grenzwert m (Math) limit, limit value, limiting value, critical value

Grenzwertgeber m (Mess) alarm actuator (Auslöser)

Grenzwertmelder m (Elek, Mess, Tech) alarm annunciator (Störmelder als Lampe, Signal usw.); alarm device, alarm signalling device, alarm unit (in der betriebenen Anlage); digital comparator, digital limit selector, limit monitor, limit position alarm

Grenzwinkel m (Tech) critical angle

Grenzwirkung f (Tech) limit position signal (Bunkerstandsanzeiger)

Grieß m (Bau) grit

Grießkühler m (Bergb) tailing cooler

Grießrückführung f (Bergb) coarse particles return, mill recirculation (Mühle)

Griff m (Tech) grip (Zugriff); handhole (in Lochform); handle, hilt (z. B. an einem Werkzeug)

Griffangel f (Tech) handle end

griffbereit adj (Tech) ready at hand

grifffest adj (Tech) grip-resistant

griffig adj (Tech) with maximum grip, with maximum traction (z. B. Reifen)

griffige Bereifung f (Tech) (AE) well-treaded tires, (BE) well-treaded tyres

Griffigkeit f (Tech) seize (Ballung)

Griffkugel f (Elek) ball handle

Griffrohr n (Tech) grip tube

grob adj (Tech) coarse, rough • **grob gesprengt** rough blasted • **grob gezahnt** notched

Grobarmaturen fpl (Tech) accessories pl

Grobblech n (Stb, Hütt/Walz) heavy plate, thick plate (ab 4,75 mm Dicke)

Grobeinstellung f (Tech) coarse adjustment

Groberz n (Geo, Tech) coarse ore

Grobfeile f (Werkz) coarse file, rough file

Grobhiebfeile f (Werkz) rough cut file

Grobkorn n (Met) coarse grain

Grobmontage f (Mont) heavy erection work, main erection work

Grobpassung f (Tech) coarse fit, loose fit

Grobsicherung f (Elek) primary fuse

Grobsiebung f (Zer) coarse screening

Grobstahlwalzwerk n (Walz) heavy section mill

grobstückig adj (Umschl, Zer) coarse lumps

Grob- und Mittelblechwalzwerk n (Walz) heavy and medium plate mill

Grobwalzwerk n (Walz) cogging mill, primary mill

Groß... (Tech) giant..., large..., large--scale...

Großabsetzer m (Bergb) giant spreader (Kippe); giant stacker (Halde)

großdimensioniert adj (Tech) large-scale

Großdrehbohrgerät n (Bergb) large-diameter rotary drill rig

Größe f (Elek, Math) quantity (ein Wert)

Größe f (Tech) dimension (Ausmaß); size

große Fettpresse f (Tech) volume grease gun

große Höhe f (Tech) high altitude

große Nut f **und Feder** f (Tech) large tongue and groove

Größenordnung f (Tech) order of magnitude, size range

großflächig adj (Tech) extensive

Großgebinde n (Bau) big bag

Großgetriebe n (Tech) large gear unit

Großhiebfeile f (Werkz) rough cut file

Großkraftwerk n (Elek) central power station

Großlochbohrmaschine f (Werkz) well reaming machine

Großmontage f (Tech) major assembly

Großprojekt n (Tech) major project

Großrad n (Tech) gear, wheel

Großradstufe f (Getr) bull gear unit, main bull gear unit

Großraum... (Tech) high-capacity, large--capacity, large-sized

Großrechner m (IT) large computer, mainframe computer

Großrohr n (Tech) large-diameter pipe

größtmöglich adj (Tech) maximum

Großversuch m (Prüf) large-scale test

Großwerkzeug n (Werkz) jig

Grübchenbildung f (Anstr) pitting

Grube f (Bergb) dump pit (Abfallgrube); mine, pit; open pit (im offenen Tagebau)

Grubenausbauprofil n (Bergb) mining sections pl

Grubenausbaustahl m (Bergb, Stb) mine support systems pl

Grubenbahn f (Bahn, Bergb) mine railway (unter und über Tage)

Grubenberge mpl (Bergb) pit waste (taubes Gestein)

Grubenbodenbelastung f (Bergb) load of pit floor

grubenfeucht adj (Bergb) pit-wet

Grubengas n (Bergb) firedamp (Schlagwetter)

Grubenholz n (Bergb) mine prop, props pl

Gruft f (Bau) tomb, vault

Grund... (Tech) base..., basic..., fundamental...

Grundabsenkung f (Bergb) level drop

Grundanstrich m (Anstr) primary coat, prime coat

Grundfarbe f (Anstr) primer (das Material); priming (erster Anstrich)

Grundflächenbedarf m (Bau) required building space

grundieren v (Anstr) prime

Grundkreis m (Tech) root circle (des Zahnrades)

Grundlage f (Stb) basis (Basis)

Grundlagen fpl (Tech) basic principles pl, general regulations pl

Grundloch n (Tech) bottom hole, blind hole

Grundmasse f (Math) matrix

Grundmaterial n (Met) parent material

Grundmauerwerk n (Bau) foundation

Grundmetall n (Tech) back metal, backing metal, base material, base metal, parent metal

Grundoperation f (Mess) unit operation

Grundplatte f (Tech) base, base plate (einteilig); bed plate, mounting base, mounting plate, sole plate (mehrteilig); subplate

Grundprofil n (Prüf) lower contacting envelope (Rautiefenmessung)

Grundriss m (Zeich) elevation, ground plan, layout drawing, outline, plan, plan elevation, plan view, horizontal projection, sketch

Grundrisse mpl **und Seitenansichten** fpl (Zeich) plan and elevation drawings pl

grundsätzlich adj (Tech) rudimentary

Grundsaugbagger m (Bergb) plain suction dredger

Grundschaltung f (Hydr) basic circuit

Grundschicht f (Anstr) first coat, primary layer

Grundschwingung f (Elek) fundamental mode

Grundspannung f (Elek) ground potential

Grundspannung f (Stb) basic stress (Belastung)

Grundstein m (Bau) corner stone (Eckstein); foundation stone (Gründung)

Grundstellung f (Elek) initial position, initial state, normal position, original position, starting position

Grundstück n (Bau) plot

Grundverstärkung f (Mess) base gain

Grundwasser n (Geo) ground-water

Grundwasseranreicherung f (Geo) ground-water replenishment

Grundwerkstoff m (GW) (Met) base material, base metal; basic material, BM, parent material, parent metal

Grundzug m (Tech) feature

Grünfestigkeit f (Met) green strength (Metallpulver)

Grünspan m (Chem) cupric oxide (Kupferoxid)

Gruppe f (Tech) group, unit (Erzeugnisstruktur)

Gruppenanlassertafel f (Elek) grouped starter board

Gruppengetriebe n (Getr, Tech) auxiliary transmission

Gruppenliste f (Tech) list of assembly groups (eines Gerätes)

Gruppenschalter m (Elek) two-circuit double interruption switch

gruppieren v (Tech) group

GS (Abk. für: Gleichstrom) (Antr) DC..., direct current...

Gültigkeit f (Tech) currency, validity

Gummi m (Tech) rubber

Gummiauflage f (Tech) rubber lagging, rubber tread

Gummibelag m (Tech) rubber lagging, rubber tread

gummibereift adj (Kfz) pneumatic-tyred, pneumatically tyred (mit Luftfüllung); (AE) rubber-tired, (BE) rubber-tyred

Gummidichtung f (Kfz) rubber gasket (flach); rubber seal

Gummidurchgangstülle f *(Tech)* grommet

Gummieinlage f *(Tech)* rubber lining

gummiert adj *(Tech)* rubber-lined

Gummifederung f *(Tech)* rubber suspension, rubber-spring mounting

Gummiformteil n *(Tech) (BE)* moulded rubber part

gummigefedert adj *(Tech)* rubber-sprung

Gummihammer m *(Werkz)* rubber mallet

Gummiindustrie f *(Tech)* rubber industry

Gummikreuzgelenk n *(Kfz)* rubber universal joint

Gummikupplung f *(Kfz)* damper *(Schwingungsdämpfer)*

Gummilager n *(Tech)* rubber bearing

Gummileitung f *(Elek)* C.T.S. cable, cab-tyre sheathed cable, rubber insulated wire *(Kabel)*

Gummimanschette f *(Kfz)* rubber boot

Gummi-Metall-Verbindung f *(Tech)* rubber-bonded-to-metal component, rubber-metal bond

Gummimischung f **auf synthetischer Kautschukbasis** *(Tech)* synthetic rubber mixture

Gummipuffer m *(Bau, Tech)* rubber block support

Gummirad... *(Tech)* rubber-tyred

Gummireibbelag m *(Tech)* anti-slip rubber lagging

Gummiring m *(Tech)* grommet

Gummistablager n *(Tech)* sectional rubber bearing

Gummistützring m *(Förd, Tech)* rubber tyre *(Rollen)*

Gummiventil n *(Vent)* rubber valve

Gummiwulst m *(Tech)* rubber roll *(zwischen Wagen)*

Gummizwischenlage f *(Tech)* rubber gasket

günstig adj *(Tech)* favourable, good, reasonable

günstigst adj *(Tech)* best, optimum

Gurt m *(Förd)* belt, belt conveyor, belting, chord, flange

Gurt m *(Stb, Tech)* boom, flange member *(Fachwerkträger)*

Gurt m *(Tech)* chord, webbing *(Vollwandträger)*

Gurt... *(Tech)* belt...

Gurtabstreifer m *(Förd)* belt wiper, discharge plow

Gurtaussteifung f *(Tech)* bracing of boom

Gurtbandförderer m *(Förd)* belt conveyor

Gurtbiegsamkeit f *(Förd)* belt flexibility

Gurtblech n *(Förd)* chord plate *(Förderanlage)*; flange plate, trunnion ring flange *(Konverter)*

Gurtbreite f *(Förd)* belt width, width of belt; flange width *(des Blechträgers)*

Gurtdurchbiegung f *(Förd)* belt-trough deflection

Gurteinlauf m *(Förd)* belt entry

Gürtelbahn f *(Bahn)* orbital railway

Gurtförderband n *(Förd)* belt conveyor

Gurtkonfektion f *(Förd)* belt construction

Gurtkraft f *(Förd)* belt force, belt tension, force introduced into flange

Gurtplattenstoß m *(Stb)* flange plate joint, flange splice

Gurtquerschnitt m *(Stb)* chord section *(Fachwerk)*; flange section *(Blechträger)*

Gurtrest m *(Förd)* remnants

Gurtrolle f *(Förd)* belt reel *(zum Aufwickeln beim Transport)*

Gurtstab m *(Stb)* chord member, flange member

Gurtstoß m *(Stb)* flange joint, flange splice

Gurtung f *(Stb)* chord

Gurtversteifung f *(Tech)* bracing of boom, flange stiffening

Gurtwalkung f *(Förd)* squeezing effect on belt

Gurtwinkel m *(Stb)* flange angle

Gurtwinkelstoß m *(Stb)* flange-angle splice

Gurtzug m *(Förd)* belt pull, belt tensile force, belt tension *(Zugkraft)*

Guss m *(Met)* cast, pour, pouring, casting *(Gussstück)*; • **Guss putzen** clean castings, dress castings

Guss m **mit verlorener Form** *(Met) (BE)* dead-mould casting

Gussasphalt m *(Stb)* mastic asphalt, sheet asphalt

Gussband n *(Tech)* cast seal *(Kolbendichtung)*

Gussbeton m *(Bau)* cast concrete

Gussblock m *(Met)* ingot

Gussbronze f *(Met)* cast bronze

Gusseisen n *(Met)* cast iron

Gusseisen n **mit Kugelgraphit** *(Met)* nodular cast iron, nodular graphite cast iron, spheroidal graphite cast iron

Gusseisen n **mit Lamellengraphit** (Met) flake-graphite cast iron, grey cast iron

Gusseisen n **mit Vermiculargraphit** (Met) cast iron with vermicular graphite

gusseisern adj (Met) cast-iron, iron-cast

Gussfehler m (Met) casting defect

gussgekapselt adj (Met) iron-clad

Gusskonstruktion f (Tech) cast design

Gusskreuzdose f (Elek) cast iron double T-box

Gussleuchte f (Elek) lamp fixture, lighting fixture

Gussmodell n (Tech) casting pattern, pattern

Gussovalleuchte f (Elek) marine-type fixture, marine-type lamp fixture, marine-type light fixture

Gussprüfung f (Prüf) casting test

gussputzen v (Met) clean castings, dress castings, dress, trim

Gussstahl m (Met) cast steel

Gussstruktur f (Met) cast structure (Gussgefüge)

Gussstück n (Met) casting

Gussstückhalter m (Tech) spacer

Gut n (Tech) goods pl, material, products pl

Gutachten n (Tech) expert opinion, expertise

Gutblech n (Walz) prime, prime (quality) sheet (Blech erster Wahl)

Güte f (Tech) grade, quality

Güteprüfung f (Prüf) quality test

Güterbahnhof m (Bahn) freight depot, freight yard

Güterumschlag m (Umschl) materials handling (z. B. per Stapler)

Güterwagen m (Bahn) (AE) freight car, (BE) goods wagon, wagon

Güterwagen m **mit Dach** (Bahn) (BE) van

Güterwagendrehgestell n (Bahn) bogie for goods wagon

Güterwagenganzzug m (Bahn) complete train

Güterwagenrahmenträger m (Bahn) sole bar

gutes Durchschweißen n (Schw) full-fusion welding

Gütestufe f (Tech) class, grade, quality grade

Gütewert m (Tech) quality characteristics pl

Gütezahl f (Stb) quality factor

Gutmessung f (Tech) proper measurement (fehlerfrei)

H

Haarriss m (Met) capillary crack, hair crack, hairline crack, microcrack

Haarsieb n (Zer) hair-sieve

Hacke f (Werkz) hoe

hacken v (Mech) chop

Hackmesser n (Werkz) chopping knife

Häcksel mpl (Mech) chaff

Häckselschere f (Walz) chopping shear, cobble shear

Hafen... (Tech) dock..., harbour..., port...

haften v (Tech) adhere (kleben)

haftend adj (Tech) adhesive (klebend)

Haftfett n (Chem) adhesive grease

Haftgrund m (Anstr) primer

Haftkleber m (Tech) pressure-sensitive adhesive

Haftreibung f (Tech) adhesive friction

Haftreibungswert m (Met) static friction

Haftsitz m (Tech) tight fit (Zeichnungsangabe)

Haftvermittler m (Anstr) paint bond (Bandbeschichtung)

Haftwirkung f (Tech) mechanical bond

Hagenukgeräte npl hagenuk instruments pl

Hahn m (Tech) cock, faucet, tap

Hahnschlüssel m (Werkz) tap wrench

Hahnsicherung f (Tech) cock support (der Hauptluftleitung)

haken v (Mech) stall

Haken m (Kran) hook

Haken m (Tech) pintle (senkrechter Abschlepphaken)

Hakenflasche f (Kran) hook block, hook bottom block

Hakenkopfschraube f (Mech) hammer-head machine screw

Hakenlager n (Bergb) hook yoke

Hakenplatte f (Stb) tie plate

Hakenschlüssel m (Werkz) hook spanner, hook wrench

Hakenschraube f (Tech) clip bolt, clutch bolt; hook bolt (Schiene, Rippenplatte)

Hakentragkraft f (Förd, Kran) safe working load (on the hook), hook SWL

Hakenweg m (Förd, Kran) hook lift

halb adj (Tech) half; semi...

Halbachse f (Kfz) half-axle

Halbautomat m (Tech) semiautomatic machine

halbautomatische Schweißung f (Schw) touch welding

Halbaxialpumpe f mit verstellbaren Schaufeln (Tech) mixed pump with adjustable blades

halbberuhigt adj (Met) balanced, semikilled

Halbbild n (Elek) field (Fernsehgerät)

Halbbinder m (Stb) half-truss

halbe U-Naht f (Schw) single J-groove weld

halbelliptisch adj (Tech) semielliptic

halber I-Träger m (Stb) split beam

halbes I-Profil n (Stb) split tee

Halbfabrikat n (Met, Tech) semifinished product, semi

Halbfeder f (Tech) semielliptic spring

halbfertig adj (Met) semifinished

halbfest adj (Met) semisolid

Halbfreianlage f (Met) semioutdoor plant

halbgekreuzt adj (Mech) half-crossed, half-turned

halbgekreuzter Trieb m (Mech) quarter twist

Halbgeschoss n (Baut) mezzanine (in Gebäude)

halbgesteuerter Einfachstromrichter m (Elek) half-controlled one-way converter

Halbglanz m (Anstr) semi-gloss

halbhart adj (Met) half-hard

halbharter Stahl m (Met) medium-hard steel

Halbhartgusswalze f (Walz) half-hard cast-iron roll

Halbimpulsschaltung f (Elek) half pulse control (Schmieranlagen)

halbjährlich adj (Tech) half-yearly, semiannual

halbkreisförmig adj (Tech) semicircular

Halbkreiszylinder m (Tech) semicylinder

halbkugelförmig adj (Tech) hemispherical

Halbkugelpunkt m (Met) deformation point, fusion point, softening point (Segerkegel)

Halbleiter m (Elek) semi-conductor

halbmatt adj (Anstr) semi-lustrous

Halbmesser m (Zeich) radius (Radius)

halbmetallisch adj (Met) semimetallic

halbmondförmig adj (Tech) crescent-shaped, semilunar

halboffen adj (Met) semiclosed, semi-open

halbparabolisch adj (Mech) half-parabolic, semiparabolic

halbpneumatisch adj (Hydr/Pneu) semipneumatic

Halbportalkran m (Kran) semiportal crane

Halbrundblechschraube f (Tech) self-tapping screw

halbrunde Handfaust f (Kfz) heel dolly

Halbrundfeile f (Werkz) half-round file

Halbrundholzschraube f (Tech) round-head wood screw, recessed pan head wood screw (mit Schlitz)

Halbrundkerbnagel m (Tech) head pin, round head grooved pin, round-head grooved drive stud

Halbrundkopf-Niet m (Tech) button-head rivet

Halbrundnagelschraube f (Tech) slotted round head drive screw

Halbrundniet m (Tech) button-head rivet, half round rivet, round-head rivet

Halbrundschraube f (Tech) round-head screw

Halbrundschraube f mit Nase (Tech) cup head nib bolt

Halbrundstahl m (Met) half-round, half-round bar [steel]

Halbrundzange f (Werkz) snipe nose pliers

halbschlichte Flachstumpfraspel f (Werkz) hand second cut file

Halbschlichtfeile f (Werkz) second-cut file

Halbschnitt m (Met) half-section

Halbsteilflankennaht f (Schw) half-open single seam

Halbsteinmauerwerk n (Bau) half-brick wall

halb- und vollpneumatisch adj (Hydr/Pneu) semi- and fully pneumatic

Halbwertmethode f (Elek) half-value method

Halbwertszeit f (Kern) half-life (Atomzerfall)

Halbzeug n (Met, Tech) semifinished material, semifinished product, semi-manufactured product

Halbzeug n (Tech) rope materials (für Seilherstellung)

Halbzeugeinsatz m (Fert) slab processing

Halbzylinder m (Tech) semicylinder

Halde f (Umschl) dump, heap, pile, stockpile (für Erz oder Kohle)

Haldenabsetzer m (Bergb) spreader, stacker

Haldeneinbruch m (Bergb, Umschl) caving of the pile

Haldengerät n (Förd, Kran) stacker-reclaimer

Haldenlageranlage f (Umschl) stockpiling plant

Haldenmesssonde f (Bergb, Umschl) boom probe

Halfeneisen n (Met) Halfen channel

Hälfte f (Tech) half

Hälfte f **der Auflagefläche** (Bergb) bottom half

Halle f (Bau) hall (Saal); hangar (Hangar)

Halle f (Tech) bay, shed, shop, workshop (z. B. Werkstatt)

Hallengerät n (Tech) shed-type machine

Hallenstütze f (Baut, Stb, Walz) building column

Hall-Generator m (Elek) Hall generator

Halogen n (Elek) halogen

Halon n (Chem) halon (Löschmittel)

Hals m **eines Thermometers** (Mess) lagging extension

Halslager n (Lag) gudgeon bearing, journal bearing, neck journal bearing

Halslagerzapfen m (Tech) gudgeon, pivot pin

Halsnaht f (Schw) chord welding joint, seam

Halsstück n (Tech) collar

Halt m (Tech) halt, support (Stütze)

haltbar adj (Met) durable (z. B. Material)

Haltbarkeit f (Met) durability, stability; shelf life (Lagerfähigkeit)

Halte... (Tech) holding..., retaining...

Haltedraht m (Tech) suspended wire

Haltegriff m (Tech) grip, handle, supporting strap

Halteknopf m (Tech) stop button

Halteleiste f (Tech) cleat

halten v (Tech) keep; stop (anhalten)

halten v/**aufrecht** (Mech) dress, put upright

Halter m (Elek) cable bracket (Kabel)

Halter m (Elek, Mech) fastener, holder, retainer

Halter m **für Bremskupplung** (Tech) hose stowage bracket

Halterung f (Tech) bracket (Konsole); fixture, harness (z. B. aus Draht); clip, holder; retaining (von Schläuchen)

Haltescheibe f (Tech) packer, retainer

Halteschlaufe f (Tech) support strap

Haltestift m (Tech) blocking [locking, retention] pin

Halteventil n (Vent) holding valve

Haltevorrichtung f (Tech) fixture, jig

Hammer m (Bergb) breaker (z. B. hydraulisch)

Hammer m (Werkz) hammer

Hammerbohrmaschine f (Bergb, Werkz) rock drill drifter, drifter (Schwerstbohrhammer)

Hammerbrecher m (Zer) hammer crusher, swing-hammer crusher

Hammerkopf m (Tech) hammer head (Zerkleinerer); T-head (einer Schraube); tee-headed bolt

Hammerkopfkran m (Kran) hammerhead crane

Hammerkran m (Bergb) cantilever crane, hammer-head crane

hämmern v (Mech) hammer

hämmern v **mit der Finne** (Mech) peen (z. B. Schweißnähte)

Hammernieten n (Stb) hammer riveting

Hammerprallbrecher m (Zer) impact hammer crusher

Hammerschlag m (Hütt/Walz) mill scale

Hammerschlagfarbe f (Anstr) hammer finish

Hammerschraube f (Tech) T-head bolt, tee head bolt

Hand f (Tech) hand (Maschinenteil)

Hand... (Tech) hand-operated, manual

Handarbeit f (Tech) manual labour, manual work

Handbeil n (Werkz) hand hatchet

handbetätigt adj (Tech) hand-operated

Handbetätigung f (Tech) hand operation

Handblechschere f (Werkz) tinner's snip

Handbohrer m (Werkz) brace (spindelförmig); gimlet, hand-auger, hand-bit (Holz)

Handbremse f (Tech) hand brake

Handbrenner m (Schw) hand torch, manual torch

Handbuch n (Tech) handbook, manual (Gebrauchsanweisung)

Handelsbaustahl m (Met) mild steel

Handelsstabstahl m (Met) hot-rolled bar, merchant bar

handelsüblich adj (Met) commercially approved, usual

handelsüblicher Stahl m (Met) commercial steel

Handentrostung f (Anstr) hand tool cleaning (Anstrich)

Handfaust f (Kfz, Werkz) dolly

handfest adj (Tech) hand-tight (z. B. Schrauben) • **handfest geschraubt** hand-screwed, hand-tight screwed

Handfüllventil n (Vent) manual charge valve (eines Speichers)

Handgashebel m (Tech) throttle lever

handgeführt adj (Tech) pedestrian-controlled (z. B. Deichselstapler)

Handgewindebohrer m (Werkz) hand tap drill

Handgriff m (Tech) handle

handhaben v (Tech) handle; manage, operate (betätigen)

Handhammer m (Werkz) breaker, hand hammer

Handhebel m (Tech) hand lever, handle

Handkreuz n (Schw) spider (Spinne, Stern)

Handkurbel f (Tech) crank, crank handle

Handkurbelwinde f (Tech) windlass

Handlauf m (Bau) handrail, railing

Handlaufschiene f (Stb) retaining rail

Handleiste f (Bau) handrail

handlich adj (Tech) manageable

Handlichtbogenschweißen n (Schw) manual-shielded metal arc welding

Handloch n (Tech) handhole

handnieten v (Mech) hand-rivet

Handprüfgerät n (Prüf) hand-held test instrument, manual flaw detection unit (Ultraschall)

Handpumpe f (Tech) hand pump, hand-operated pump, manual pump

Handregelung f (Mess) manual regulator

Handregelventil n (Vent) manual control valve

Handschild n (Schw) face shield, hand screen, hand shield

Handschlaufe f (Kfz) supporting loop

Handschleifer m (Werkz) hand tool grinder

Handschuhfach n (Kfz) glove compartment

Handschweißer m (Schw) welder

Handschweißung f (Schw) manual welding

Handseilwinde f (Förd) windlass

Handskizze f (Zeich) freehand sketch

handwarm adj (Met) lukewarm

Handwerk n (Tech) craft

Handwerker m (Tech) artisan, craftsman

Handzange f (Werkz) crimping tool

Hanfseil n (Tech) hemp rope

Hang m (Bergb, Geo) grade, precipice, slope (Abhang)

Hangabtriebskraft f (Bergb) grade resistance, gravity forces on batter

Hänge... (Tech) overhead..., suspended..., suspension...

Hängebahn f (Bahn) cable car, overhead monorail, suspension railway (Personenbeförderung); suspension track

Hängebahn f (Bergb) cable-mounted buckets pl, cableway buckets pl (für Kohle)

Hängebahn f (Tech) monorail track system, trolley conveyor, suspension track (in Werkshalle)

Hängebedienungstafel f (Elek) pendant control station

Hängedecke f (Bau) furnace arch (Bogen)

Hängedecke f (Baut, Tech) (AE) suspended ceiling, suspended floor (Stahlbau)

Hängedruckknopftaster m (Elek) pendant control station, pendant pushbutton station

Hängekatze f (Kran) underhung trolley

Hängekran m (Kran) suspension crane

hängen v (Tech) hang

hängen v an (Tech) connect to, suspend from

Hangende n (Bergb) hanging wall, roof • **das Hangende abstützen** support the roof

hängendes Ventil n (Vent) overhead valve, valve in the head

Hanger m (Tech) sling

Hänger m (Kfz) trailer (Lkw)

Hänger m (Stb) hanger, suspender, suspension rod (Hängestange)

Hängerausführung f (Kfz) trailer design (Lkw-Hänger)

Hängeschelle f (Elek) conduit hanger

Hängestange f (Met) hanger, suspender, suspension rod; solid-steel suspension rod (aus Vollstahl)

Hängewerk n (Stb) queen post truss, queen truss

Hangschar f (Bergb) angled bank blade (am Grader)

Hangschutt m (Bau) talus material

harmonisch adj (Elek) harmonic

Harnstoffsynthese f (Kunst) urea synthesis

hart adj (Met) hard, tough

hartauftraggeschweißt adj (Schw) hard faced, hard surfaced

härtbarer Stahl m (Met) hardening steel

Härtbarkeit f (Met) hardenability

Härte f (Met) hardness

Härteannahme f (Met) response to hardening

Härtebildner m (Met) hardness components pl (Wasseraufbereitung)

Härtegrad m (Met) degree of hardness

härten v (Met) harden

Härteprüfung f (Prüf) hardness test

Härteprüfung f nach Rockwell (Prüf) Rockwell hardness test

harter Stahl m (Met) hard steel

Härteriss m (Met) quenching crack

Härteschicht-Dickenmessung f (Met) measurement of case depth

Härteschlupf m (Met) hardness gap, hardness slip

Härteschlupfstelle f (Met) non-hardened spot

Härtetemperatur f (Tech) curing temperature (für Kleber usw.)

Härtetiefe f (Met) case depth (einsatzgehärtet); depth of hardness, hardening depth

Härteverlauf m (Met) hardness spreading (der Naht)

Härtezone f (Met) hardening zone

Härtezustand m (Met) condition of hardness

Hartfaserplatte f (Tech) fibre board

hartgelötet adj (Met) brazed, hard-soldered

Hartgewebe n (Met) fabric filled with phenolic resin, laminated fabric; textile filled phenolic resin (Lager)

hartgezogen adj (Met) hard-drawn

Hartgummi n (Met) hard rubber

Hartguss m (Met) chilled cast iron, chill cast, chill casting

Hartgussplatte f (Met) hard-metal plate

Hartholz n (Met) hard wood (z. B. Eiche, Teak); hardwood

Hartlot n (Met) brazing alloy

hartmaßverchromt adj (Met) hard-chromium-plated to size

Hartmeißel m (Werkz) chipping chisel, cold chisel

Hartmetall n (Met) cemented carbide alloy

hartmetallbestückt adj (Tech) cemented, carbide tipped

Hartmetalle npl (Met) hard metals

Hartpappe f (Tech) fiberboard

Hartplastik n (Met) duroplastic

Hart-PVC-Folie f (Met) hard-plastic foil

Härtung f (Met) hardening, tempering

Härtungsgefüge n (Met) hard spots

hartverchromt adj (Hütt/Walz) hard-chromium-plated

Haspel f (Tech) bobbin (Tonbandaufrollung); capstan (Zahnstange); coiler, rack, reel, winder; hand winder (Handhaspel)

Haube f (Kfz) (BE) bonnet, (AE) hood; cowling (Stirnwand)

Haube f (Tech) (AE) hood

Haubenglühen n (Met) batch annealing

Haubenklemmkausche f (Bergb) self-locking cappel

Haubenriss m (Met) hanger crack (Blockfehler)

Haubenverteilung f (Tech) hood-type distribution board

Haubenzugmaschine f (HZ) (Kfz) bonnet truck tractor

hauen v (Mech) cut, pick, pick out, recut (z. B. Feilen)

Hauer m (Bergb) miner

Haufen m (Umschl) pile (Halde)

häufen v (Geo) agglomerate (sich häufen)

Häufigkeit f (Tech) frequency, number

Häufung f (Bergb) heap, heaping (des Löffels)

Haufwerk n (Bergb) debris, excavated material, heap, material, muck, pile, spoil, waste material

Haupt... (Tech) leading..., main..., principal...

Hauptabsperrventil n (Vent) main shut-off cock (Dampflok); main stop valve

Hauptanschluss m **mit Nebenstelle** (Elek) party line

Hauptantrieb n (Antr) main drive, prime mover

Hauptbelastungsrichtung f (Mech) main direction of stress

Hauptbremsluftzylinder m (Kfz) (AE) air master

Hauptdüse f (Tech) main jet

Hauptentwurfszeichnung f (Zeich) maindesign drawing

Hauptgeneratorimpuls m (Elek) master generator-pulse

Hauptgerüst n (Stb) main frame

Hauptgetriebe n (Tech) fixed speed gearbox

Haupthahn m (Hydr/Pneu) water mains cock (für Wasser)

Hauptkupplung f (Kfz) flywheel clutch, leading clutch

Hauptlager n (Kfz) crankshaft bearing (der Kurbelwelle); main bearing

Hauptlasten fpl (Stb) principal loads pl

Hauptläufer m (Verd) male rotor

Hauptleistungsschalter m (Elek) line circuit breaker, main circuit breaker

Hauptleitwarte f (Mess) central control room, main control room (Hauptsteuerwarte)

Hauptplatine f (IT) motherboard (des PC)

Hauptquerträger m (Bahn) bolster (des Waggons)

Hauptrahmen m (Bahn) sole bar (des Waggons)

Hauptrahmen m (Kfz) chassis, main frame

hauptsächlich adj (Tech) main, salient

Hauptschalttafel f (Elek) main board, main control panel, master panel

Hauptschaltung f (Elek) master control

Hauptscheinwerfer m (Elek) main head lamp, service headlight

Hauptschieber m (Vent) valve spool, main valve spool

Hauptschleifleitung f (Kran) main conductors, runway conductors, runway current conductors

Hauptschneide f (Bergb) main blade, main cutting edge

Hauptspannung f (Stat) principal stress

Hauptstrombahn f (Elek) main circuit

Hauptstromfilter n (Tech) full-flow filter

Hauptstromkreis m (Elek) power circuit, primary circuit

Hauptventilblock m (Vent) main valve block

Hauptwarte f (Elek) central control room (zentraler Leitstand)

Hauptzeichnung f (Zeich) general drawing (Zusammenstellung)

Haus n (Bau) house

Hausanschlussmuffe f (Elek) service box

Häuserblock m (Baut) block (of houses)

Hausgeräte npl **und Industrieanwendung** f (Elek) household and industrial appliances pl

Haushaltsgerät n (Elek) household appliance

Hausmüll m (Ökol) domestic refuse

Hautbildung f (Anstr) skinning

Hautriss m (Met) surface crack

HD m (Abk. für: Hochdruck) (Hydr/Pneu) high pressure, HP

Hebe… (Tech) lift…, lifting…

Hebebock m (Tech) jack, lifting jack

Hebebühne f (Bergb) lifting platform, rising platform

Hebel m (Tech) hand lever (Handhebel); lever

Hebel… (Tech) lever…, lever-type…, leverage…

Hebelarm m (Tech) equalizing bar (des Gabelstaplers); lever arm, moment arm of force

Hebelauslenkung f (Kfz) lever distances pl

Hebeldrehschalter m (Elek) rotary switch

Hebeleinschalter m (Elek) single-throw switch

Hebelkraft f (Tech) leverage, leverage force

Hebelschalter m (Elek) knife switch

Hebelschere f (Walz, Werkz) alligator shear, crocodile shear, lever shear

Hebelumschalter m (Elek) double-throw switch

Hebelvornschneider m (Werkz) lever--action top cutter (Zange)

Hebelwerk n (Tech) lever set, lever system

Hebemast m (Tech) gin pole

heben v (Tech) hoist, lift, raise (auf etw. heben, hochheben); wind (mit einer Winde)

Heber m (Tech) lifter (Stößel)

Heberabscheider m (Zer) vertical-wheel separator

Hebestange f (Werkz) crowbar, crowbar (Brechstange)

Hebestempel m (Bergb) power-actuated hammer, hydraulic jack

Hebestutzen m (Tech) jack socket (Kraftfahrzeug)

Hebevorrichtung f (Tech) hoist, hoisting device [mechanism], lifting device [mechanism], jack

Hebezeug n (Tech) crane (Kran); lifting jack (Wagen); lifting tackle

Hebezeug n (Umschl) hoist gear, hoisting equipment, hoisting gear (Hafen, Schiff)

Hebezeuge npl (Tech) cranes and elevators pl, lifting tackle, lifting gear

heb- und senkbar adj (Mech) fold-down

Heb- und Senktor n luffing with rise and fall adjustment

Heck... (Tech) rear, tail

Heckausladung f (Bergb) tailswing

Heckfräse f (Mech) rear-mounted rotary cutter

Heckklappe f (Tech) rear flap, tailgate (des Lkw)

Heckpropeller m (Tech) stern propeller

Heckstation f (Förd) tail station

Heft n (Tech) handle, hilt (Messergriff)

Heftdraht m (Tech) stitching wire

heften v (Mech) join together, sew, stitch (z. B. ein Buch); staple (mit Heftklammern); tack

Heften n der Kanten (Schw) tacking of edges

Hefter m (Schw) tack welder (Heftschweißer)

Hefter m (Tech) stapler (für Heftklammern)

Heftklammer f (Tech) staple

Heftklammern fpl (Schw) bridge bars pl (beim Rohrschweißen)

Heftmaschine f (Mech) stitcher, strip stitcher, strip joiner (für Bänder, ohne Schweißung); tacking machine (Schweißheftung)

Heftnaht f (Schw) tack weld

Heftniet m (Stb) (AE) stitch rivet, (BE) tack rivet

Heftrand m (Tech) filing margin (z. B. einer Zeichnung)

Heftschraube f (Tech) temporary bolt, tack hammer, tack screw

heftschweißen v (Schw) tack-weld

Heimcomputer m (IT) home computer, personal computer

heiß adj (Tech) hot; superheated (z. B. Dampf)

Heiß... (Tech) hot...

Heißbruch m (Met) hot shortness

Heißdampf m (Hütt/Walz) superheated steam

heißer Abbrand m (Schw) hot spatter

Heißflämmen n (Walz) hot scarfing

heißlaufen v (Tech) overheat, run hot (z. B. Motor)

Heißlauf-Sicherung f (Tech) overheating protection

Heißleiter m (Tech) thermistor

Heißluftschlauch m (Tech) heater trunk, hot-air hose

Heißwasserbehälter m (Hydr/Pneu) condenser hot well (hinter Kondensator)

heißwasserbeständig adj (Anstr) corrosion-free

Heizapparat m (Tech) heater

heizbar adj (Tech) heatable

Heiz... (Tech) heater..., heating...

Heizdraht m (Elek) heater wire

Heizelementschweißen n (Schw) heated-tool welding, thermocompression welding (DIN 1910)

Heizhäufigkeit f (Förd) number of vulcanized splices (Fördergut)

Heizkeilschweißen n (Schw) heated-wedge pressure welding (DIN 1910)

Heizkörper m (Tech) heater, radiator (eines Zimmers)

Heizkraftwerk n (Elek) heat-and-power station, heat-generating station

Heizkraftwerk n (Tech) combined heat and power plant [station], CHPP, cogeneration plant

Heizlüfter m (Tech) fan heater

Heizluftklappe f (Tech) ventilator

Heizmantel m (Hydr/Pneu) heating jacket (Pumpe)

Heizöl n (Petr) fuel, fuel oil

Heizpatrone f (Tech) cartridge heater

Heizrippe f (Mess) heating fin

Heizschlange f (Elek) heating coil

Heizstab m (Elek) heating rod, immersion heater (Ölschmierung)

Heizstrahler m (Tech) heating ejector, radiant heater

Heizung f (Tech) heater, heating

Heizungs- und Lüftungsanlage f (Tech)
heating and ventilating system

Heizventil n (Vent) antifreeze valve

Heizwerk n (Tech) heating plant, heating
station

Heizwert m (Elek) calorific value, heating
value

Hektar n (Tech) hectare (Flächenmaß)

Helligkeitsregler m (Licht) brightness
control

Helltastung f (Elek) sensitizing

Helm m (Zer) cap (Brecher)

hemmen v (Tech) lock; obstrude (hindern); retard (verzögern); stop (an-,
aufhalten)

Hemmkeil m (Tech) chock (Bahn)

Hemmschuh m (Tech) drag shoe, sabot,
skid-pan, slipper, stop block (Bahn);
scotch block (für abgestellte Wagen)

Hemmstoff m (Chem) inhibitor

Hemmungsfeile f (Werkz) escapement
file

Hemmwirkung f (Chem) inhibiting effect

Henkel m (Tech) bail, handle (z. B. eines
Eimers)

herabdrücken v (Elek) reduce (Wirkung)

herabfallend adj (Tech) falling

herabklappbar adj (Tech) tiltable, tilting

herablassen v (Tech) lower (z. B. Bauteile)

herabsetzen v (Tech) decrease, lower,
reduce (zurückfahren)

herabsetzen v/Drehzahl (Elek) rev down

heranführen v (Tech) bring close to
(Material an Maschine)

heraufklappbar adj (Tech) tiltable, tilting

herausdrehen v (Mech) turn outwards
(z. B. Schraube)

herausfräsen v (Mech) mill from

herausgeben v (Tech) print, publish (z. B.
Buch)

herausgefahren adj (Tech) extended,
retracted

herausgeführter Wellenzapfen m (Tech)
shaft extension

herausplatzen v (Tech) blow out

herausragend adj (Tech) outstanding,
prominent, salient

herausschrauben v (Tech) loosen a
screw, unscrew

herausziehbar adj (Tech) extractable

herausziehen v (Tech) extract, pull out,
withdraw

herbeischaffen v (Tech) produce

Herd m (Hütt) hearth

Herdofen m (Hütt) hearth furnace

Herdwagen m (Hütt) furnace bottom car

Herdwagenofen m (Hütt) car-bottom
furnace

hereinführen v (Tech) feed in (Material in
Maschine)

Hergang m (Tech) course of events, series of events

hergestellt adj (Tech) manufactured

herkömmlich adj (Tech) conventional

Herkunft f des Brennstoffes (Tech)
source of fuel

herleiten v (Tech) deduce

hermetisch adj (Tech) hermetical

herstellen v (Tech) make, manufacture,
produce

Hersteller m (Tech) manufacturer

Herstellungsjahr n (Tech) year of manufacture

Herstellungsmethode f (Tech) manufacturing method

Hertz n (Elek) hertz, cycles per second,
cps

herunterlassen v (Tech) lower

hervorragen v (Tech) stick out (z. B. ein
Gegengewicht)

hervorragend adj (Tech) excellent, outstanding

hervorstehend adj (Tech) overhanging,
projecting, proud

hervorstehendes Stück n (Tech) stud

Hervortreten n (Bau) emergence

Herzchenbildung f (Walz) coil eye collapsing

Herzstück n (Tech) core component,
heart (wichtiges Bauteil)

heterogen adj (Tech) heterogenous

heuristisch adj (IT) heuristic

HF-geschweißt adj (Schw) pressure-
-welded

HFI-geschweißt adj (Schw) HFI-welded

Hieb m (Mech) cut (einer Feile)

Hilfe f (Tech) assistance (Assistenz)

Hilfs... (Tech) auxiliary..., temporary...

Hilfsabsetzer m (Baum, Umschl) wing
tripper

Hilfsarbeiten fpl (Tech) non-manufacturing work, work for unskilled labour

Hilfsausleger m (Kran) jib boom

Hilfsfunktion f help function

hilfsgesteuert adj (Hydr/Pneu) pilot-operated

Hilfskraft f *(Tech)* assistant worker, help, labourer, temporary help

Hilfskraftlenkung f *(Tech)* power steering, servo steering, servo-assisted steering gear, power-assisted steering

Hilfsmarkscheider m *(Bergb)* deputy mining surveyor

Hilfsmittel n *(Tech)* aid, device *(Behelf)*

Hilfsschütz n *(Elek)* contactor relay, control relay

Hilfsseil n *(Tech)* provisional rope

Hilfssteuersystem n *(Elek)* ancillary control system

Hilfsstromschalter m *(Elek)* pilot switch *(nicht handbetätigt)*; auxiliary circuit switch; control switch

Hilfsstütze f *(Tech)* provisional prop

Hilfswinkel m *(Tech)* connection angle, increment angle *(Beiwinkel)*

Hilfszylinder m *(Tech)* booster cylinder

Himmel m *(Tech)* inside roof lining *(Kraftfahrzeug)*

hindern v *(Tech)* hinder, impair, inhibit, obstruct

hineindrehen v *(Tech)* turn inwards *(Schraube)*

hinter adj *(Tech)* rear, trailing

Hinterachse f *(Kfz)* rear axle

Hinterachswellenrad n *(Kfz)* differential side gear

hintere Bordwandklappe f *(Tech)* tailgate

hintere Strecke f *(Bergb)* tailgate *(Abbau)*

hintereinander adv *(Tech)* consecutively, successively

hintereinander geschaltet adj *(Elek)* series connected

hintereinander liegend adj *(Tech)* in tandem arrangement

Hintereinanderschaltung f *(Elek)* arrangement in series

hinterer Ausleger m *(Bergb, Umschl)* trailing boom

hinterfräsen v *(Bergb)* relief-mill

Hinterkipper m *(Tech) (BE)* rear-dump lorry, end tipper, end dump truck, *(AE)* rear-dump truck m *(Lkw)*

hinterlastig adj *(Stat)* tail-heavy

Hinterschild n *(Bergb)* caving shield

hinterschleifen v *(Mech)* relief-grind

Hin- und Herbiegeversuch m *(Prüf)* reverse bend test

Hin- und Hergang m *(Tech)* to-and-fro motion

Hinweis m *(Tech)* indication *(Information)*; note *(Betriebsvorschriften)*

Hinweisschild n *(Tech)* indicating label, signboard, telltale, telltale sign

Hinweistafel f *(Tech)* notice-board

hinzugefügt adj *(Tech)* added

Hirnholz n *(Met)* end-grained wood *(Verpackung)*

Hirthverzahnung f *(Tech, Verd)* Hirth coupling, Hirth serration, Hirth toothing, self-centering inverse polygon arrangement

Hitzdraht m *(Elek)* heat wire *(Hitzedraht; Heizdraht)*

hitzebeständig adj *(Met)* heat-resistant

hitzehärtbar adj *(Kunst)* thermosetting *(aushärtbar)*

hitzehärtbarer Kunststoff m *(Kunst)* duroplastic, thermosetting plastic

Hitzemesser m *(Tech)* pyrometer *(Pyrometer)*

Hobel m *(Bergb) (AE)* plow, *(BE)* plough

Hobel m *(Werkz)* plane *(z. B. des Tischlers)*

Hobelabbau m *(Bergb) (AE)* plow mining

Hobelkreuz n *(Bergb)* blade support frame, drawbar, *(BE)* mouldboard drawbar *(des Graders)*

Hobelmaschine f *(Mech)* block leveller, planer, planing machine

hobeln v *(Mech)* plane, plane off

hoch adj *(D:Tech)* elevated, high, overhead

hochbeansprucht adj *(Mech, Stat)* highly stressed

hochbeanspruchtes Bauteil n *(Mech)* high-duty structural part

hochbeanspruchtes Mauerwerk n *(Bau)* high-stress brickwork

hochbelastbar adj *(Mech)* heavy-duty

hochbeweglich adj *(Tech)* highly mobile

hochentwickelt adj *(Tech)* advanced, sophisticated

hochlegierter Stahl m *(Met)* high-alloy steel

hochverdichtet adj *(Chem)* high-density

hochverschleißfest adj *(Met)* highly wear-resistant

Hochbagger m *(Bergb) (BE)* crowd shovel, dipper shovel, *(AE)* luffing-boom shovel

Hochbahn f (Tech) elevated track (Kran etc.); high line (Möllerung)

Hochbau m (Bau, Stb) building construction, superstructure

Hochbauweise f (Form) high barrel type (Schneckenextruder)

Hochbehälter m (Tech) elevated tank, (BE) high-level tank, elevated tank, overhead tank; rundown tank (Verdichter)

hochbocken v (Tech) jack up

hochdruck... (HD) (Hydr/Pneu, Tech) high pressure..., HP...

Hochdruckdampfheizung f (Tech) steam heating installation (im Zug)

Hochdruckzusatz m (Chem, Tech) e.p. additive, extreme-pressure additive (Öl)

hochelastisch adj (Tech) cushion-type (Reifen)

hochfahren v (Tech) accelerate, bring up (einen Kessel); run up, start up (z. B. einen Motor); speed up (beschleunigen)

hochfest adj (Met) high-strength, high-tensile

hochfester Stahl m (Met) high-strength steel, high-tensile steel

Hochformat n (Tech) upright type

Hochfrequenz... (Elek) high-frequency...

Hochfrequenzinduktionsverfahren n (Schw) high-frequency induction welding

hochgebockt adj (Kfz) jacked up

hochgebunden adj (Kfz) strung up (mit einer Schnur)

hochgekohlter Stahl m (Met) high-carbon steel

Hochgeschwindigkeitsstahl m (Hütt/Walz, Met) high-speed steel, HSS

hochgestellt adj (Tech) elevated (z. B. Fahrerhaus)

hochgezogen adj (Tech) elevated, raised (z. B. Fahrerhaus); dome-shaped (z. B. Deckel)

hochgradig adj (Tech) high-class

Hochhalde f (Umschl) dump above track level, spoil heap, stockpile

Hochhaus n (Bau) high-rise building, skyscraper

hochheben v (Tech) hoist, lift, raise

hochkant adv (Tech) edgeways, edgewise, on edge, on end • **hochkant stellen** place on edge

hochkantig adj (Tech) edgewise, on edge, on end

Hochkippmulde f (Kfz) high discharge skip

hochlaufen v (Elek) rev up (Motor)

Hochlaufgeber m (Elek) integrator-transmitter, ramp function generator

Hochlaufregler m (Tech) ramp function generator, revving-up regulator, speed controller

Hochleistung f (Elek) high power

Hochleistung f (Tech) heavy duty (z. B. HD-Ausführung); high speed (Geschwindigkeit)

Hochleistungs... (Tech) heavy-duty, high-capacity

Hochleistungssicherung f (Elek) high-rupturing capacity fuse, HRC fuse

hochleitfähig adj (Met) high conductivity (z. B. Kupfer)

hochlegiert adj (Met) high-alloy, high-alloyed

hochliegend adj (Tech) high-placed

Hochlöffel m (Bergb) dipper, face shovel, shovel

Hochlöffelbagger m (Bergb) (BE) crowd shovel, dipper shovel, (AE) luffing-boom shovel

Hochofen m (Hütt/Walz) blast furnace

Hochofeneinsatz m (Hütt) blast furnace burden, blast furnace charge materials, blast furnace feed, blast furnace feed materials (Hochofeneinsatzstoffe)

hochohmig adj (Elek) high impedant, high resistive, high-resistance

hochohmiger Eingang m (Elek) high resistivity input

hochpolieren v (Mech) buff

Hochrahmen m (Tech) elevated frame

hochrechnen v (Math) extrapolate

Hochregal n (Förd, Log) high-bay racking

Hochregallager n (Förd, Log) high-bay warehouse

hochschalten v (Tech) upshift (Kraftfahrzeug)

hochschiebbar adj (Tech) liftable

hochschlagfest adj (Tech) high-impact proof, impact-notch proof

Hochschnitt m (Bergb) high cut

Hochschüttung f (Umschl) high dumping

hochschwenken v (Tech) swing up

hochsiedend adj (Chem) slow (Lösungsmittel)

Hochspannung f (Elek) H.T., H.V., high tension, high voltage

Hochspannungsprüfung f (Elek) high potential test

Hochspannungsschaltanlage f (Elek) control panels pl, high voltage switchboard, high voltage switchgear

höchst... adj (Tech) high..., highest..., maximum..., ultimate..., ultra-high...

hochstabil adj (Met) high-tensile

Höchstbelastung f (Tech) maximum load

Höchstdrehzahl f (Tech) high-idle speed (Leerlauf); maximum speed (des Motors)

Höchstdruck m (Tech) ultrahigh pressure

Höchstdrucköl n (Tech) extreme pressure oil

Höchstdruckschlauch m (Hydr/Pneu) high-pressure hose

höchste Drehzahl f (Elek, Tech) full speed

hochstegig adj (Stb) deep-webbed

hochstegiger T-Stahl m (Stb) deep-web T

Höchstleistung f (Tech) high performance, maximum performance; maximum output (z. B. eines Motors, einer Pumpe); peak (Spitze)

Hochstrom m (Elek, Hütt) heavy current, high current

Höchstspannung f (Elek) ultra-high voltage

Höchstspannung f (Tech) maximum stress (z. B. eins Drahtseils)

Höchststand m (Tech) climax, highest position, ultimate position

Hochtemperaturlöten n (Schw) high--temperature brazing, vacuum brazing

Hoch-Tieflöffel m (Bergb) reversible bucket

hochtonerdhaltig adj (Met) high-alumina (feuerfeste Stoffe)

hochtourige Dampfkolbenmaschine f (Antr) high-speed steam reciprocating engine

Hoch- und Tiefbau m (Bau) civil engineering

Hoch- und Tiefschnitt m (Bergb) cutting above and below grade, cutting high and deep, cutting upward and downward

Hochvakuumlöten n (Schw) high-vacuum brazing

Hochwassergebiet n (Geo, Ökol) flood region, region subject to inundation

hochwertig adj (Met, Tech) high-grade, high-quality

hochziehbar adj (Tech) retractable

hochziehen v (Tech) lift

hochzugfester Stahl m (Met) high-tensile steel

Höckerkettenförderer m (Förd, Walz) saddle conveyor, saddle-type chain conveyor

Höckerplatte f (Tech) dimple plate

Höckerschake f (Bergb) nose link (Raupe)

Hof m (Baut) yard

Höhe f (Stb) depth (eines Trägers); depth channel (eines U-Stahls)

Höhe f (Tech) elevation, height

hohe Drehzahl f (Elek, Tech) overspeed

hohe Hutmutter f (Tech) domed cap nut

hohe Rändelmutter f (Tech) knurled nut with collar

hohe Umdrehungszahl f (Tech) high revolution rate

Höhenballigkeit f (Form) height crowning (an Metallkörpern)

Höhenbeschränkung f (Tech) points of limited headroom

Höhendifferenz f (Tech) difference in elevation, vertical height (Bergbau); pressure differential (Verdichter)

Höhenfähigkeit f (Tech) altitude capability (Motor)

Höhenfestpunkt m (Bau) bench mark

Höhenlinie f (Bau) contour

Höhenmessschieber m (Tech) height gauge

Höhenstandsmesser m (Tech) level probe

Höhenstandsüberwachung f (Tech) level probe (z. B. im Bunker)

Höhenstellung f (Elek) height position, position on dominant height

Höhenverkettung f (Vent) vertical stacking, vertical stacking assembly, vertical difference in elevation (eines Förderbandes)

Höhenverstellung f (Tech) level adjustment, vertical adjustment

höher adj (Tech) higher, increased

höherstufen v (Tech) upgrade (höher einstufen)

hohl adj (Tech) hollow

Hohlachse f (Tech) wheel spindle
Hohlachsprüfknopf m (Tech) hollow-
-axle probe
Hohlblockstein m (Bau) hollow block,
hollow brick, cavity brick
Hohlbolzen m (Tech) banjo bolt
Hohlbolzenkette f (Tech) hollow-pin
chain
Hohldielezement m (Bau) hollow con-
crete slab
Hohlerzeugnisse npl (Met) hollows
Hohlfeile f (Werkz) hollowing file, round
file
Hohlkastenschweißkonstruktion f (Stb)
welded box construction
Hohlkehle f (Bau) drip (Ablauf)
Hohlkehle f (Mech) chamfer, flute, throat
Hohlkehle f (Schw) concave brazing fillet
(Löten); fillet weld (Naht)
Hohlkehlschweißung f (Schw) fillet weld
Hohlkeil m (Tech) hollow key, saddle key
Hohlkörper m (Form, Walz) hollow,
pierced billet, pierced blank, pierced
bloom (Lochwalzung)
Hohlleiter m (Elek) wave guide
Hohlmaß n (Tech) liquid measure
Hohlmauer f (Stb) cavity wall
Hohlniet m (Tech) compression rivet
(zweiteilig); tubular rivet
Hohlprofil n (Met) hollow profile, hollow
section
Hohlrad n (Tech) internal gear, hollow
wheel, internal geared wheel; ring gear
(eines Planetengetriebes)
Hohlraum m (Bergb) void (im Alten Mann)
Hohlraum m (Tech) cavity (Materialfehler)
Hohlraumbildung f (Met) cavitation
hohlrund adj (Tech) concave
Hohlschiene f (Elek) mounting channel
(Kabol)
Hohlschraube f (Tech) banjo bolt, hollow-
-core bolt, hollow screw
Hohlschwelle f (Tech) hollow box skid,
hollow box sleeper (rückbares Band)
Hohlspiegel m (Tech) concave mirror
Hohlstrahler m (Elek) curved crystal
Hohlstütze f (Stb) hollow column; hollow
stanchion (rund)
Hohlträger m (Met, Stb) box girder
(Kastenträger); hollow girder
Höhlung f (Met) cavity, hollow (Hohlraum)
Hohlwand f (Stb) cavity wall
Hohlwelle f (Tech) hollow shaft, quill, tu-

bular guiding sleeve; mandrel quill (ei-
ner Wickelmaschine); rotor drum (eines
Läufers)
Holm m (Met) channel, strut (Profil); shaft,
spar, stout, stringer
Holz n (Tech) timber (Nutzholz); wood
Holzbohle f (Tech) wooden plank, timber
plank
Holzbohrer m (Werkz) wood bit
Holzfachwerk n (Bau) timber frame
Holzfahrbahn f (Stb) timber deck, timber
decking, timber floor
Holzfaser f (Tech) wood fiber
Holzgerüst n (Bau) timber scaffolding
Holzhackspäne mpl (Tech) chips pl of cut
wood
Holzimitationsfolie f (Anstr) woodgrain
film
Holzkohle f (Bergb) charcoal, wood coal,
wood-charcoal
Holzleiste f (Baut) ribbon (Latte)
Holzmessgerät n (Werkz) caliper
Holzraspel f (Werkz) wood rasp
Holzstapel m (Tech) cribbing
Holz-Umschlaggreifer m (Bergb) timber
rehandling-grab
Holzwinkel m (Tech) wooden square
Holzzange f (Werkz) log grapple, pincers
pl, timber grapple
homogen adj (Tech) homogeneous
Homogenisierung f (Chem) blending
(Mischung); homogenization
honen v (Mech) hone (schonend spanabhebend)
Hooke'sches Gesetz n (Stb) Hooke's law
Hoppersaugbagger m (Bergb) hopper
suction dredger, trailing hopper suction
dredger (mit Laderaum)
hörbar adj (Tech) audible, hearable
Hörbereich m (Tech) range of audibility
Hörfrequenz f (Elek) audio frequency
horizontal adj (Tech) horizontal
horizontale Flanschbauform f (Tech)
type of construction B5
horizontale Fußbauform f (Tech) type of
construction B3
horizontale Längskraft f (Stat) longitudinal force, longitudinally acting force
horizontale Querkraft f (Stat) lateral
force, laterally acting force
horizontale Schicht f (Bergb) bench
(Flöz)

horizontales Laufwerk n (Tech) horizontal roller assembly

Horizontalverband m (Stb) horizontal bond (des Mauerwerks)

Horizontiervorrichtung f (Tech) levelling device

Horn n (Tech) claxon, hooter, horn

Hosenschurre f (Bergb, Umschl) two-way chute, wye-chute, y-chute

HP-Leistung f (Tech) B.H.P., bhp, brake horsepower (Bremse)

Hub m (Förd) rise (ansteigendes Band)

Hub m (Tech) lift, lifting (Heben); motion, stroke, travel (Zylinder)

Hubantrieb m (Tech) hoist drive (Kran); lifting drive (Gießmaschine); raising and lowering drive unit (Hüttenwerk)

Hubarm m (Tech) lift arm, lifter arm (an Maschinen); turret lifting arm (Gießmaschine)

Hubausrüstung f (Tech) linkage (z. B. des Laders)

Hubbalken m (Förd, Walz) walking beam

Hubbegrenzungsventil n (Vent) hoist limiting valve

Hubende n (Tech) end of stroke, stroke end

Hubgerüst n (Tech) (AE) lift frame, lifting frame (des Laders); lifting gear, lift structure (des Staplers); mast

Hubgetriebe n (Tech) hoist gear reducer, lifting gear (Kran)

Hubhöhe f (Förd) rise (Band)

Hubinsel f (Tech) elevating platform

Hubkolbenpumpe f (Tech) reciprocating piston pump, reciprocating pump

Hubkraft f (Tech) jacking power (Hebevorrichtung, Hubpresse); lifting capacity, lifting power, lugging capability; stroke force

Hubkraftverstärker m (Tech) increased-pressure lift circuit

Hubkurve f (Tech) lifting arc (Lasthaken); lifting chart (in der Datentabelle)

Hublänge f (Tech) stroke length

Hublast f (Tech) lifting capacity, lifting power; lifted load, load to be lifted

Hubleiste f (Zer) impeller bar (z. B. Autogenmühle)

Hubmagnet m (Tech) electromagnet, lifting magnet (Lasthebemagnet)

Hubmast m (Förd) lift pole (des Staplers)

Hubmotor m (Antr) hoist motor, hoisting motor

Hubpressenstelle f (Tech) jacking point

Hubraum m (Kfz) displacement, piston displacement, volumetric displacement (eines Motors); piston displacement, stroke (Hubhöhe des Kolbens)

Hubscherenbühne f (Förd) scissors lift platform

Hubschritt m (Tech) stroke increment

Hubstellung f (Kfz) hoist kick-out

Hub- und Schließwerk n (Umschl) hoisting and closing gear (z. B. eines Schiffsentladers)

Hub- und Zugpresse f (Tech) double-acting multi-stage hydraulic cylinder

Hubvolumen n (Kfz) displacement, piston displacement

Hubvorrichtung f (Tech) elevating device, hoist, hoisting device, lifting device, raising and lowering mechanism

Hubwagen m (Förd) industrial truck, lift truck (Brecheranlage); hand forklift truck (Handstapler); hand lift

Hubwerk n (Tech) hoist, hoisting gear, lifting gear, lifting mechanism

Hubwinde f (Tech) hoisting winch, lifting winch

Hubzylinder m (Kfz) multi-stage lift cylinder (mehrstufig); telescopic-type lift cylinder (teleskopisch)

Hubzylinder m (Tech) hoist cylinder, jib cylinder, lift cylinder, lifting cylinder (Transportraupe)

Hufstollenstahl m (Met) grooved flats

Hülle f (Tech) sheath (Verkleidung); shell (äußere Schale); thimble; envelope, wrapping (Umschlag)

Hüllenintegral n (Mess) circulation of vector

Hüllkörper m (Form) enveloping body (Schmiedeumhüllung)

Hüllkurven fpl **von Echo-Impulsen** (Elek) envelopes pl of echo pulses

Hüllprofil n (Prüf) contacting envelope (Rautiefenmessung)

Hüllrohr n (Met) canning tube

Hülse f (Tech) bush, collar (Buchse); bushing, sleeve (Bandwaage); sensor (einer Messlanze)

Hülsenkupplung f (Tech) friction clip, sleeve coupling

Hülsenpuffer m *(Bahn)* socket-type buffer

Hülsenverschluss m *(Tech)* seal joint *(Verpackungsblech)*

HU-Naht f *(Schw)* single J

Hundegang m *(Bergb)* crab crawl

Hunt m *(Förd, Hütt)* skip bucket, skip car

Hupe f *(Elek)* audible alarm *(Ton)*

Hupe f *(Kfz)* horn

Hupe f *(Tech)* claxon

Hutklappe f *(Hütt, Vent)* cap valve

Hutmutter f *(Tech)* acorn nut *(eichelförmig)*; cap nut

Hutprofil n *(Tech)* open box section *(Technik)*

Hütte f *(Baut)* shed *(Baubude, Schuppen)*

Hütte f *(Hütt/Walz)* iron works pl, steel works pl *(Hüttenwerk)*

Hüttenaluminium n *(Met)* primary aluminium pig, virgin aluminium

Hüttenblei n *(Met)* commercial lead, commercial pure lead, smelter lead

Hüttentechnik f *(Hütt/Walz)* iron and steel works technology, metallurgical engineering, metallurgical plant and equipment

Hüttenwerk n *(Hütt/Walz)* iron and steel works, metallurgical plant

Hüttenwerksschlosser m *(Hütt)* millwright

Hüttenwesen/Walztechnik f *(Hütt/Walz)* metallurgy/rolling mills

Hüttenzink n *(Tech)* commercial zinc, spelter

Hutträger m *(Met)* head beam detail

Hutventilbühne f *(Stb)* blidder

HV-Naht f *(Schw)* bevel seam, single bevel

HV-Schraube f *(Tech)* high-strength friction grip bolt, high-tensile bolt, *(BE)* high-tensile grip bolt

HV-Sechskantschraube f *(Tech)* hexagon bolt with large widths across flats

HV-Verbindung f *(Stb)* friction-type connection

hybride Technologie f *(Elek)* hybrid technology

Hybridstahlträger m *(Met)* hybrid beam, hybrid girder

Hydrant m *(Tech)* fire hydrant, hydrant

Hydraulik... *(Hydr/Pneu)* hydraulic...

Hydraulik f *(Hydr/Pneu)* hydraulics, hydraulic system

Hydraulikbagger m *(Bergb)* hydraulic excavator, hydraulic shovel; mining shovel *(im Tagebau)*

Hydraulikeinstellung f *(Hydr/Pneu)* setting of the hydraulic pressure *(Druck)*

Hydraulikguss m *(Met)* castings for hydraulic applications

Hydraulikhammer m *(Zer)* hydraulic breaker

Hydraulikingenieur m *(Hydr/Pneu)* hydraulic engineer, mechanical engineer in hydraulics

Hydraulikleistung f *(Hydr/Pneu)* hydraulic power

Hydraulikmotor m *(Antr)* hydraulic motor

Hydrauliköl n *(Chem, Hydr/Pneu)* hydraulic oil

Hydraulikraupenbagger m *(Bergb)* hydraulic-crawler backhoe *(mit Tieflöffel)*; hydraulic-crawler shovel *(mit Ladeschaufel)*

Hydraulik-Schaltplan m *(Hydr/Pneu)* hydraulic diagram

Hydraulikschema n *(Hydr/Pneu)* hydraulic diagram, hydraulic system

Hydraulik-Steuerventil n *(Vent)* hydraulic control valve

hydraulisch adj *(Hydr/Pneu)* hydraulic
• **hydraulisch entlastet** hydraulically balanced

hydraulisch entlastetes Lager n *(Lag)* floating bearing

hydraulisch entsperrbares Rückschlagventil n *(Vent)* pilot operated check valve

hydraulische Bremse f *(Tech)* hydraulic brake

hydraulische Leistung f *(Hydr/Pneu)* hydraulic output

hydraulische Lenkung f *(Tech)* steering orbitrol

hydraulische Mehretagenpresse f *(Mech)* hydraulic multidaylight press

hydraulische Presse f *(Hydr/Pneu)* hydraulic jack, hydraulic press

hydraulischer Regler m *(Hydr/Pneu)* hydraulic governor

hydraulisches Getriebe n *(Hydr/Pneu)* hydraulic transmission

hydraulisches Lenkventil n *(Vent)* orbitrol

Hydrierung f *(Chem)* hydrogenation

Hydro-Aggregat n (Antr) hydraulic power unit

Hydroanlage f (Hydr/Pneu) hydraulic system

hydrodynamisch adj (Hydr/Pneu) hydrodynamic

Hydrogetriebe n (Antr, Hydr) hydraulic driving gear

Hydromotor m (Antr) hydraulic motor

hydropneumatisch adj (Hydr/Pneu) hydropneumatic

Hydropumpe f (Hydr/Pneu) hydraulic pump, hydraulic pump

Hydrosperre f (Hydr/Pneu, Tech) hydraulic lock

hydrostatisch adj (Hydr/Pneu) hydrostatic

Hygienisiert adj (Chem, Ökol) (BE) sanitised, (AE) sanitized

hygroskopisch adj (Hydr/Pneu) hygroscopic

HY-Naht f (Schw) single bevel with root face

Hyperbelregelung f (Math) hyperbola regulation

Hypoidrad n (Tech) hypoid gear

Hypozykloide f (Math) hypocycloid

Hysterese f (Elek) hysteresis

Hysteresis f (Elek) hysteresis

Hz (Abk. für: Hertz) (Elek) hertz, cycles per second, cps

I

I Naht f (Schw) square seam

ideal adj (Tech) ideal, perfect

idealer Stab m (Stb) ideal bar, ideal member

ideales Gas n (Chem, Verd) perfect gas

Identifikation f (Tech) identification

Identifizierung f (Tech) identification

Identifizierungskennzeichen n (Mess) tag

identisch adj (mit) (Tech) identical

I-Eisen n (Met, Stb) beam, H-beam, joist, R.S.J., rolled-steel joist, T-beam

illustrieren v (Tech) illustrate

imaginär adj (Elek) imaginary

Immission f (Hütt, Ökol) immission

Impedanz f (Elek) impedance

Impedanzmatrix f (Elek) impedance matrix

Impeller m (Tech) impeller (Pumpenrad)

imprägniert adj (Tech) impregnated

Impressum n (Tech) credits, impressum

Impuls m (Elek) command; momentum (Stoß, Anstoß)

Impuls m (Mess) momentum (Dynamik)

Impulsanregung f (Elek) pulse, pulse excitation

Impulsantwort f (IT) point-spread functions pl

impulsartig adj (Elek) pulsed

Impulsaufnehmer m (Elek) inductive pulse sensor, inductive proximity sensor, inductive proximity switch

Impulsausgangsspannung f (Elek) pulse output voltage

Impulsbegrenzer m (Tech) pulse clipper

impulsbetätigt adj (Elek) pulse-operated

Impulsdichte f (Prüf) pulse counting rate (Ultraschall)

Impulsdurchgang m (Prüf) pulse transmission (Ultraschall)

Impulsdurchschallung f (Elek) pulse transmission

Impulsecho n (Prüf) pulse echo (Ultraschallprüfung)

Impulsechogerät n (Elek) pulse echo instrument (Ultraschall)

Impulsfolge f (Elek) pulse repetition

Impulsfolgefrequenz f (Elek) pulse repetition frequency

Impulsform f (Elek) pulse shape

Impulsgeber m (Elek) pulse generator [initiator, transmitter, trigger]

Impulshöhe f (Elek) amplitude, pulse amplitude

Impulslaufzeitverfahren n (Elek) pulse transit-time method, pulse travel-time method (Ultraschall)

Impulsleitung f (Elek) impulse line, trigger set

Impulslichtbogenschweißen n (Schw) pulsed-arc welding

Impulsplan m (Elek) pulse diagram (Pulsdiagramm)

Impulsregistrierung f (Elek) pulse recording

Impulsresonanzverfahren n (Elek) pulse resonance method

Impulsschallgerät n (Elek) ultrasonic flaw detector

Impulsschmierung f (Tech) intermittent drip oil system, pulse lubrication

Impulssteuerung f *(Elek)* impulse pilot
Impulsverlängerung f *(Elek)* pulse stretching
Impulsverschiebung f *(Elek)* pulse shift; time-base delay *(Tiefenlupe)*
Impulsverzerrung f *(Elek)* pulse distortion
Impulszähler m *(Tech)* impulse counter
I-Naht f *(Schw)* square seam, square weld
Inaugenscheinnahme f *(Prüf, Tech)* visual inspection
Inbetriebnahme f *(Tech)* commissioning, putting into service, start, start-up, starting; blow-in *(Hochofen)*
Inbetriebsetzung f *(Tech)* commissioning
Inbus m *(Tech)* hexagon *(Innensechskant)*
Inbusnuss f *(Werkz)* hexagon socket
Inbusschlüssel m *(Werkz)* Allen-type wrench, socket head wrench, tee wrench
Inbusschraube f *(Tech)* Allen bolt *(mit Mutter)*; Allen (head) screw, hexagon socket (screw), hexagon socket screw key, Inbus screw, socket (head cap) screw
Inbusschraubenzieher m *(Werkz)* Allen-type wrench
Index m *(Tech)* index
Indexziffer f *(Tech)* index
indirekt adj *(Tech)* indirect • **indirekt gesteuert** pilot-controlled, pilot-operated
individuelle Darstellung f *(Tech)* version
indizierte Pferdestärke f *(Elek)* indicated horsepower, I.H.P.
Induktanz f *(Mess)* inductance, inductive reactance
Induktionserhitzungsanlage f *(Tech)* induction heating
induktionsfrei adj *(Elek)* anti-inductive, non-inductive
induktionsfreie Belastung f *(Elek)* non-inductive load
induktionsgehärtet adj *(Elek)* induction-hardened
Induktionsmotor m *(Antr)* induction motor, asynchronous motor
Induktionsschweißen n *(Schw)* induction welding, IW
induktive Abtastung f *(Mess)* magnetic pick-off
induktive Belastung f *(Elek)* inductive load

induktiver Drehfeldgeber m *(Elek)* magslip
Induktivhärtung f *(Met)* induction, inductive hardening
Induktivität f *(Elek)* inductance, inductivity
Induktorkappe f *(Elek)* generator ring
Industrieabfall m *(Tech)* industrial waste
Industriebau m *(Bau)* industrial construction, design and construction of industrial buildings
Industriemaschinen fpl *(Tech)* industrial machines
Industrie-Monoausleger m *(Bergb)* mono boom for industries
Industriemüll m *(Tech)* industrial waste
Industrieroboter m *(Elek)* industrial robot
Industrie- und Gewerbegebiet n *(Tech)* industrial estate, industrial park
ineinandergeschachtelt adj *(Tech)* interlaced
ineinandergreifen v *(Tech)* interlock, mesh
ineinandergreifend adj *(Tech)* meshing *(Zähne)*
ineinanderpassende Verzahnung f *(Tech)* meshing toothing
ineinanderschiebbar adj *(Tech)* sliding, telescopic, telescoping
ineinanderverschachtelt adj *(Tech)* intertwined
ineinanderzeichnen v *(Zeich)* draw in the mated condition
Inertgas n *(Chem)* inert gas
Informatik f *(IT)* *(AE)* computer science, informatics, information technology
Information Resource Management n *(IT)* Information Resource Management
Informationstechnologie f *(Tech)* information technology
infrarot adj *(Tech)* infra-red, IR
Infrastruktur f *(Tech)* infrastructure
Ing. m *(Abk. für: Ingenieur) (Tech)* engineer
Ingenieur m *(Tech)* engineer
Ingenieurbau m *(Bau, Tech)* civil engineering
Ingenieurbauwerke npl *(Bau)* engineering structures pl
Ingenieurbauwesen n *(Bau)* civil engineering
Inhalt m *(Tech)* capacity, content, inner volume, volume

Inhaltsverzeichnis n (IT) directory (z. B. der Festplatte)
Inhibitor m (Chem) inhibitor (Hemmstoff)
inhomogen adj (Chem) inhomogeneous
Initiator m (Elek) proximity switch
Injektor m (Tech) injector
Injektorkolbenhub m (Tech) plunger free travel
Injektorstoßstange f (Tech) injector push tube
inkrementell adj (Elek) incremental
Inkrustierung f (Tech) (AE) agglomeration, caking, incrustation (Verklumpung, Verschmutzung)
Innen... (Tech) inside..., interior...
innen adv (Tech) inside, internal • **innen roh** inside uncoated (unbehandelter Stahl)
innen gezahnte Fächerscheibe f (Tech) serrated lock washer with internal teeth (DIN ISO 1891)
innen gezahnte Zahnscheibe f (Tech) lock washer with internal teeth
innen verzahnt adj (Tech) internally geared
Innenaufstieg m (Bergb) inside access (im Deckskran)
Innenausstattung f (Tech) interior (z. B. eines Kfz)
Innenbeleuchtung f (Elek) dome light, interior lighting
Innenblech n (Tech) inside panel
Innenbündel n (Tech) internals (z. B. eines Verdichters)
Innendurchmesser m (Tech) inside diameter (i.d.); internal diameter; bore dimension (einer Luppe)
Inneneinrichtung f (Tech) interior (z. B. eines Kfz); interior trim
Innenfräser m (Mech) inner cutter
Innengewinde n (Tech) inside thread, internal screw thread, tap, female thread, internal thread
Innenglied n (Tech) inner link (der Rollenkette)
Innengrat m (Tech) inside flash (Nahtrohr)
Innengüte f (Met) internal quality
Innenkantschraube f (Tech) hollow head plug
Innenkegel m (Tech) inside cone, internal cone
Innenkeilprofil n (Tech) six-spline socket (DIN ISO 1891)

Innenkeilprofilschraube f (Tech) spline socket head screw
Innenkippenplan m (Bergb, Umschl) dumping plan in worked-out pit
Innenlagerung f (Mont) internal mounting
Innen-Längsfehler m (Schw) internal longitudinal flaw
Innenlasche f (Tech) inner plate, inner sidebar (einer Laschenkette)
innenliegend adj (Tech) internal
innenliegender Zylinder m (Tech) enclosed cylinder (ein- oder mehrstufig)
Innenpolmaschine f (Elek) internal-field machine, revolving-field machine, stationary-armature machine
Innenprofilschraube f (Tech) socket head screw, socket screw
Innenputz m (Bau) building plaster
Innenrad n (Getr) internal geared wheel; sun wheel (Planetengetriebe)
Innenraum m (Bau, Tech) indoor
Innenraumendverschlüsse pl (Tech) cable end glands for indoor use
Innenring m (Getr, Tech) inner race, inner ring, internal ring
Innenriss m (Met) internal crack
Innenrissbildung f (Met) internal cracking
Innenrohr n (Tech) orifice tube (feuerfestes Rohr im Lochstein eines E-Ofens)
Innenrundschleifen n (Mech) internal cylindrical grinding
Innenschleifen n (Mech) internal grinding
Innenschraube f (Tech) socket head screw
Innensechskantschraube f (Tech) Allen screw, hexagon socket, hexagon socket head screw, hexagon socket screw, socket head cap screw, socket screw
Innenspiegel m (Kfz) inside rear mirror
Innentaster m (Werkz) inside (spring) caliper
Innenteile f (Tech) internals, internal parts (z. B. des Verdichters)
Innen- und Außenfehler m (Met) internal and external surface flaw
Innenverzahnung f (Getr) inner gear, internal gear, spline, internal toothing
Innenvielzahn m (Tech) bihexagonal socket, twelve-point socket (DIN ISO 1891)
Innenvielzahnschraube f (Tech) trisquare socket head screw

Innenvierkant n (Werkz) square socket, female square drive (Steckschlüssel); square drive (eines Steckschlüsseleinsatzes)

Innenwandung f (Hydr) inner surface

Innenzahnrad n (Getr) internal gear

innere Breite f (Tech) width between inner plates (der Rollenkette)

innerer Basispunkt m (Elek) inner base point (beim Transistor)

innerer Durchmesser m (Tech) caliber, inside diameter (i.d.); internal diameter

innerer Getriebekasten m (Getr) gearbox interior

innerer Laufring m (Getr) inner race

innerhalb adv (Tech) inside (im Innern); within

Innovation f (Tech) innovation

innovativ adj (Tech) innovative

Inselbetrieb m (Fert, IT) isolated operation, stand-alone operation

Inselnetz n (Fert, IT) island network, islanding, isolated system, stand-alone system

Inspektion f (Prüf) inspection, service

inspizieren v (Prüf) inspect

Instabilität f (Tech) instability

Installation f (Tech) installation

Installationsrohr n (Hydr/Pneu) conduit

Installationsrohrarmaturen fpl (Tech) conduit accessories pl, conduit fittings pl

installiert adj (Tech) installed

installierte Leistung f (Elek) installed capacity, installed load, installed (horse)power (eines Motors)

instandhalten v (Tech) maintain (warten)

Instandhaltung f (Tech) maintenance, upkeep (Pflege)

instationär... (Tech) transient...

Instruktion f (Tech) instruction (Anweisung); statement

Instruktionsfehler m (Tech) failure to warn, incorrect instruction

Instrument n (Tech) device, instrument

Instrumentenabdeckung f (Tech) instrument panel guard (Kraftfahrzeug)

Instrumentenausstattung f (Mess) instrumentation

Instrumentenbrett n (Tech) instrument panel (Kraftfahrzeug)

Instrumentenleuchte f (Elek) dashboard lamp, instrument panel lamp (Kraftfahrzeug)

Instrumententafel f (Kfz, Tech) control panel, dashboard, instrument panel

intakt adj (Tech) intact

intakte Konstruktion f (Tech) structural integrity

Integralbegrenzung f (Mess) anti reset windup

Integral-Proportionalwandler m (Mess) integral-proportional converter

Integralrechnung f (Math) integral calculus

Integralregler m (Mess) integral action controller, integral controller

Integralsättigung f (Mess) reset wind-up

Integral- und Differenzialdrossel f (Mess) reset and derivative restrictor

Integrierer m (Elek) integrator

integriert adj (Tech) integral, integrated

integriert adj/**monolithisch** (Elek) monolithic integrated

Intensitätsverfahren n (Elek) intensity method

intensiv adj (Tech) intensive

interdentritisch adj (Met) interdentritic

Interferenz f (Elek) wave interference

Interferometer n (Elek) interferometer

interkristalline Korrosion f (Met) intercrystalline corrosion

intermittierend adj (Elek) intermittent

intern adj (Tech) in-house (werkintern); internal

international adj (Tech) international

Intervall n (Tech) interval, spacing (zeitlich und räumlich)

Intervallschaltung f (Elek) intermittent switch control (Schmierung)

Intritfallmoment n (Antr) picking-up torque, pull-in torque

Inversionswetter n (Ökol) temperature inversion

invertierend adj (Elek) inverting

Ionenaustausch m (Chem, Walz) ion exchange (Bandanlage)

IPB-Profil n (Met) H-section (Doppel-T-Profil)

I-Profil n (Met) (BE) I-section, (AE) I-shape (I-Träger)

Irrstrom m (Stb) stray current

irrtümliche Inbetriebnahme f (Tech) inadvertent starting [start-up]

ISO (Abk. für: International Organization for Standardization) (Tech) ISO
Isolationsklasse f (Tech) insulation class
Isolationsmantel m (Tech) sheath
Isolationsmesser m (Elek) insulation resistance tester, insulation tester
Isolator m (Elek) insulator, isolator, non-conductor
Isolierband n (Elek) insulation [insulating] tape
Isolierei n (Tech) egg-type strain insulator
isolierender Stoff m (Tech) insulant, insulating compound, insulating material
Isolierer m (Tech) insulation specialist
Isoliergriffzange f (Werkz) insulated fuse puller
Isoliermaterial n (Tech) insulant, insulating compound, insulating material (z. B. für Führerhaus, für E-Haus)
Isoliersäule f (Mess) extension column
Isoliersteg m (Mess) barrier (einer Klemmleiste)
Isolierstoff m (Tech) insulant, insulating compound, insulating material, insulator
Isolierstoffgekapselt adj (Elek, Tech) mold-type
Isolierstoffklasse f (Tech) insulation system class, type of insulating material
Isolierung f (Elek) insulation
Isolierung f (Tech) lining (Ausfütterung); pipe coating (für Rohre)
Isolierungsklasse f (Elek) class of insulation
Isolierzange f (Werkz) insulated pliers
isometrische Darstellung f (Tech) isometric projection
isostatisch adj (Tech) isostatic
isotherm adj (Tech) isothermal
isotherme Verbindung f (Tech) isothermal joint
ISO-V (Met, Schw) Charpy-V notch (Kerbschlagzähigkeit)
ISO-Viskositätsklasse f (Chem) ISO viscosity classification
ISO-V-Kerbschlagbiegeprobe f (Prüf, Tech) ISO V-notched bar impact test specimen
-Stahl m (Met, Stb) joint
ist-... (Tech) actual...
Ist-Übermaß n (Elek) actual interference
Ist-Wert m (Elek) feedback value, actual value (im Regelkreis)

I-Träger m (Met, Stb) (BE) I-section, (AE) I-shape (I-Profil); I-beam, joist

J

Jalousie f (Baut) blind, louvre, louvre shutter, shutter
J-Naht f (Schw) J-weld
Joch n (Stb) pile, piling (Jochbrücke)
Joch n (Tech) hitch (Befestigung); trunnion (mittlere Pendelaufhängung); yoke (Lager, Halter)
Joddampflampe f (Elek) halogen light
Jurakalk n (Bergb, Geo) jurassic limestone
justieren v (Tech) adjust, calibrate, dress
Justier... (Tech) adjusting..., calibration..., setting...
Justierstück n (Tech) horizontal jacking device (z. B. für Verdichter)
Justierwiderstand m (Elek) trimming resistor

K

Kabel n (Elek) cable, electric cable; lead (Verbindung)
Kabel n (Tech) wire rope (Drahtseil)
Kabel... (Elek, Tech) cable...
Kabelablage f (Tech) trough for cables
Kabelanschlussfahne f (Elek) terminal head (verbindet Stromrohr mit Stromseil)
Kabelanschlussstutzen m (Elek) cable hub
Kabelarmierung f (Elek) cable harness
Kabelaufhängung f (Elek) flexible cable suspension
Kabelausrüstung f (Elek, Mont) cabling kit
Kabelbahn f (Tech) cable raceway, cable rack, cable tray
Kabelendverschluss m (Tech) pothead, sealing end
Kabelfangschiene f (Mess) cable support (im Schaltschrank)
Kabelgarnituren fpl (Elek) cable accessories pl
Kabelhalteband n (Mess) tie-wrap
Kabelhalterung f (Tech) cable reel

Kabelhohlschiene f (Tech) mounting channel

Kabelkegel m (Tech) cable carrier cone

Kabelkran m (Kran) cable crane, hi-line, telpher

Kabellasche f (Tech) mounting strap

Kabelleitapparat m (Elek) fairlead apparatus

Kabelleitung f (Elek) cabling

Kabellochband n (Elek) punched tape

Kabellöffel m (Bergb) trencher, trenching bucket

Kabelmesser n (Elek) cable stripping knife

Kabelmuffe f (Elek) cable box, cable junction box, pothead compartment, splice box; cable coupler, coupler (Maschinenanschluss); socket (Stecker)

Kabelplan m (Elek) cable diagram, wiring diagram (Schaltplan, Zeichnung)

Kabelraupe f (Tech) cable handler, cable loop device, mobile cable guide block system, roller-type cable handler

Kabel-Reduktionsfaktor m (Elek) derating factor

Kabelreiter m (Tech) cable saddle

Kabelsattel m (Bergb) cable gallow, cable saddle, saddle-type cable support

Kabelsatzarmierung f (Elek) wiring harness

Kabelschelle f (Tech) cable clamp, fixing clamp, hanger, saddle, strap

Kabelschuhzange f (Werkz) cable lug pliers pl

Kabelseele f (Elek) cable core, cable core assembly

Kabelstutzen m (Elek) cable gland

Kabeltrageisen n (Tech) mounting rail

Kabeltrommel f (Bergb) cable drum, cable reel, cable reeling drum

Kabeltrosse f (Tech) cable carrier rope

Kabelübergang m (Tech) flexible cable pass

Kabelüberzug m (Tech) cable jacket, cable sheathing, jacket

Kabelumlenktrichter m (Elek) cable guide channel, cable guide funnel

Kabelverschraubung f (Tech) cable fitting, cable gland

Kabelverstärker m (Elek) signal amplifier

Kabelverzweiger m (Elek) branch box, distributing box

Kabelwagen m (Tech) cable car (Tunnel); cable trolley, mobile cable carrier

Kabelwinde f (Tech) rope winch

Kabelziehstrumpf m (Tech) cable basket, temporary woven wire cable end cover

Kabelzuleitung f (Elek) feeder, lead, main

Kabine f (Tech) cab (des Fahrers); cage, elevator cab (des Aufzuges)

Kabriolett n (Kfz) convertible, drop-head coupe

kadmiert adj (Met, Stb) cadmium-plated (z. B. Schrauben)

Käfig m (Lag) bearing cage, cage

Käfiganker m (Elek) squirrel cage rotor

Käfigläufer m (KL) (Elek) squirrel cage rotor

Käfigläufermotor m (Antr) cage motor, squirrel cage induction motor, squirrel cage motor, squirrel cage rotor motor

Käfigmotor m (Antr) cage motor, squirrel cage motor

Käfigmutter f (Tech) captive nut (Schraube)

Käfigtrommel f (Förd) slat pulley, slat-type pulley

Käfigventil n (Vent) cage valve

Kaiband n (Förd) dock conveyor, quayside conveyor

Kai- und Bordkrane mpl (Kran) quay-mounted and deck cranes pl

Kali n (Chem) potash, potassium

Kaliber n (Walz) pass, roll pass, grooves

Kaliberwerkzeug n (Werkz) reamer (zum Aufbohren)

kalibrieren v (Tech) calibrate

Kalibriermaschine f (Mech, Walz) groove cutting machine

Kalibrierung f (Walz) pass design

Kalk m (Bau, Geo) lime (roh, gebrannt)

Kalkmilchanstrich m (Anstr) limewash paint coat

Kalkstein m (Geo) lime rock, limestone

Kalorimeter n (Phys) calorimeter

kalorimetrische Untersuchung f (Phys, calorimetric test

Kalotte f (Tech) calotte, concave piece, cup, spherical bush, spherical cap

Kalottventil n (Vent) ball segment valve

kalt adj (Tech) cold • **kalt abbindend** cold setting (Klebstoff) • **kalt gefertigt** cold finished

Kaltband n (Met) cold-rolled strip

Kaltbandstraße f (Walz) cold strip mill
Kaltbiegeversuch m (Prüf) cold bend test
Kaltbrüchigkeit f (Prüf) cold-brittleness, cold-shortness
Kaltdruckfestigkeit f (Met) cold crushing strength
Kälte f (Tech) coldness
Kälte-Klima-Ingenieur m (Tech) (BE) refrigeration engineer
Kältemittel n (Verd) refrigeration medium
Kältepaket n (Bergb) cold-weather kit, cold-weather package
Kältepumpe f (Tech) cryogenic pump
kaltes Anfahren n (Tech) cold start-up
Kältespannungsriss m (Met) star crack
Kältetrockner m (Tech) refrigidryer
Kälteverdichtung f (Verd) refrigeration compression
Kälteverhalten n (Tech) low-temperature performance
kältezäh adj (Met) tough to subzero temperature
kältezäher Stahlguss m (Met) low-temperature cast steel
Kaltflämmen n (Mech) cold scarfing
Kaltformgebung f (Form) cold shaping, cold forming
kaltgeformt cold-formed
Kaltgerätestecker m (Elek) inlet connector for non-heating apparatus
kaltgewalzt cold-rolled
kaltgezogen cold-drawn, cold drawn
Kalthämmern n (Mech) peening
Kalthärtung f (Met) cold working, strain hardening, work hardening
Kaltkleber m (Stb) cold adhesive
Kaltleiter m (Tech) PTC-resistor, temperature detector, temperature sensor, temperature tracer
Kaltleiterfühler m (Elek) thermocouple
Kaltmeißel m (Werkz) cold chisel
Kaltnachwalzen n (Walz) skin passing, temper rolling (Dressieren)
kaltnieten v cold-rivet
Kaltpilgern n (Walz) cold rolling (Rohre)
Kaltpilgerwalzwerk n (Walz) cold tube pilger mill (Rohrwalzwerk)
Kaltprofil n (Met) cold-formed section, cold-rolled section
Kaltrecken n (Met) cold straining
Kaltsäge f (Werkz) cold saw
Kaltschere f (Mech) cold shear

kaltschlagen v (Stb) cold-drive, cold-form (Niete)
Kaltschweiße f (Met) cold set
Kaltschweißung f (Schw) stuck weld
Kaltstart m (Tech) cold start
Kaltstauchen n (Form) cold heading
kaltverfestigen v (Met, Walz) strain-harden, work harden
kaltwalzen v cold-roll
Kaltwalzwerk n (Met) cold reduction mill, cold rolling mill
Kaltwasserbecken n (Tech) cold well (in Kühlwassernetz)
Kaltwindschieber m (Hütt, Vent) cold-blast valve
kaltzäh adj (Met) cryogenic, tough to subzero temperature
Kamin m (Baut) chimney (Schornstein eines Hauses); fireplace, fireside (im Haus); smokestack, stack (Fabrikschornstein)
Kamm m (Tech) crest (des Berges); grooved mating face (z. B. in Dichtungen)
kämmen v (Tech) cog, mesh (Getriebe)
Kammer f (Tech) cavity (Gaseinschluss); chamber, compartment; port (einer Labyrinthdichtung); channel (Kühler bzw. Wärmeaustauscher)
Kammerfilter m (Tech) chamber filter (Entstaubung)
Kammerofen m (Hütt) chamber furnace
Kammerschweißen n (Schw) enclosed resistance welding (DIN 1910)
Kämpfer m (Tech) abutment, springing
Kanal m (Tech) pass, passage (Durchlass; Maschine); cable duct, channel (Kabel); channel, sewer (Ablaufrinne); conduit, duct (Leitung)
Kanal... (Bau) sewer..., sewerage...
Kanal... (Stb, Tech) canal..., channel...
Kanaldeckel m (Bau) manhole (z. B. auf der Straße)
Kanaldielen fpl (Tech) trench sheeting
Kanalfahrzeug n (Kfz) sewer truck (Stadtreinigung)
Kanalisation f (Bau) sewerage, sewerage system, sewer line (Abwassersystem)
Kanalisation f (Stb) piping and conduit (Verrohrung)
Kanalpumpe f (Hydr/Pneu) rotor pump
Kanalrad n (Tech) rotor (Pumpe)

Kanalumschalter m (Elek) channel switch selector

Kanister m (Tech) can

Kanne f (Tech) can

kannelieren v (Mech) chamfer

Kannelierfeile f (Werkz) knurling file

Kante f (Tech) edge; corner, face (Ecke)
• **Kanten bestoßen** (Mech) chamfer edges • **Kanten brechen** (Mech) chamfer edges

Kanten n (Met) edging (der Vorgang)

Kantenabstand m (Lag) bearing corner radius (beim Lager)

Kanteneisen n (Tech) curing iron

Kantenlänge f (Bergb) feed size (der Steine)

Kantenprofil n (Baut) nosing strip (bei Treppe)

Kantenriss m (Hütt, Met) cracked edge (Band); corner crack (Strang)

Kantenträger m (Met) edge girder

Kantenversatz m (Schw) misalignment

Kantholz n (Tech) square timber

Kantmaschine f (Mech) bending machine, edge-bending machine

Kantprofil n (Met) folded section

Kantschutzventil n (Vent) rubber valve (gummigeschützt)

Kantstein m (Bau) curbstone

Kapazität f (Elek, Tech) capacitance, capacity, efficiency

Kapazitäts... f (Elek, Tech) capacitance..., capacity..., efficiency...

Kapazitätsausgleich m (Tech) utilization of capacities

kapazitive Sonde f (Elek) capacitive probe

Kapillardrossel f (Mess) capillary restriction

Kapillarität f (Bau) capillarity

Kapillarrohr n (Hydr/Pneu) capillary tube, capillary tubing

Kapillarthermometer n (Mess) filled--system thermometer

Kapitell n (Baut) capital (oberer Säulenabschluss)

Kappe f (Tech) cap, (AE) hood, top

Kapsel f (Kfz) casing

Kapselgehäuse n (Kfz) guide housing

Kapselmutter f (Tech) cap nut

Kapselschalter m (Elek) enclosed switch

Karabinerhaken m (Tech) (AE) snap hook, spring safety hook

Karambolage f (Tech) collision

Karbidbelegung f (Tech) carbide percentage

Karbidentwickler m (Tech) acetylene gas generator

karbonisieren v (Bergb) carbonize

Kardanantrieb m (Tech) universal drive, universal joint

Kardanaufhängung f (Tech) gimbal mounting, gimbal suspension, cardanic mounting, suspension by cardan joints, suspension by universal joints, cardanic suspension

Kardangelenk n (Kfz, Tech) universal joint (auch als Steckschlüssel)

kardanisch adj (Tech) cardanic • **kardanisch aufgehängt** gimbal-mounted, suspended by cardan joints, suspended by universal joints, suspended on gimbals, swivel-mounted, universal--mounted • **kardanisch gelagert** universal-mounted

Kardanwelle f (Tech) cardan shaft, (AE) driveline, universal joint, universal shaft, transmission shaft

Karkasse f carcass

Karoblech n (Met) diamond plate

Karosserie f (Tech) body, car body (Kraftfahrzeug)

Karosseriebau m (Kfz) car body pressing

Karosserieblech n (Met) autobody steel, automobile steel, automotive sheet (Autoblech)

Karosserierohbau m (Tech) body making

Karpfenfeile f (Werkz) double half-round file, oval file

Karton m (Tech) board, carton box (Versandgeschäft)

Karusselldrehbank f (Mech) vertical boring mill, vertical turret lathe

kaschieren v (Mech) laminate

Kaskade f (Kfz) cascade

Kaskode f (Elek) cascode connection

Kasten m (Elek) box

Kasten m (Tech) body (Aufbauten); box

Kastenband n (Förd) apron conveyor, rubber pan conveyor

Kastenbandförderer m (Förd) cross bar apron conveyor

Kastenbrücke f (Stb) box-type bridge

Kastenprofilgussstück n (Met) box--section casting

Kastenquerschnitt m (Met) box girder

Kastenschraube f (Tech) box nut
Kastenseilklemme f (Tech) cable clip
Kastenträger m (Met) box frame, box girder, box-type girder
Kastenträgerkonstruktion f (Stb) box design, box girder construction
Kastenwagen m (Tech) van (Güterwagen)
Katalysator m (Chem) catalyst, catalyser, catalytic converter (Kraftfahrzeug)
Katastrophenschalter m (Elek) emergency switch, panic switch
Kategorie f (Tech) category
Kathoden... (Elek) cathode...
Kathodenabfallleiter m (Elek) cathode drop arrester
Kathodenstrahlröhre f (Elek) cathode ray tube, CRT
Kationenaustausch m (Elek) cation exchange
Katz... (Kran) trolley...
Katzausleger m (Kran) (BE) trolley jib, (AE) trolley boom
Katz... (Kran) crab..., traversing trolley..., trolley...
Katze f (Kran) crab, traversing trolley, trolley
Katzenauge n (Kfz) cat's eye (Rückstrahler)
Katzenträger m (Kran) crabframe
Katzstromzuführung f (Kran) bridge conductors
Kausche f (Tech) grommet, thimble
Kautschuk m (Chem) rubber
Kavitation f (Met) cavitation
KB-Elektrode f (Schw) lime base electrode
Kegel m (Math, Tech) cone, taper
Kegel m (Tech) mantle (Brecher); plug (eines Ventils); poppet (eines Tellerventils)
Kegelbrecher m (Zer) cone crusher, gyratory crusher
Kegelbremsscheibe f (Tech) brake bell
kegelförmig adj (Tech) conical; tapered (verjüngend)
Kegelgetriebe n (Getr, Tech) bevel gearing, right-angle bevel gearing
Kegelgewinde n (Tech) taper thread (Konusgewinde)

Kegelgriff m (Tech) clamping lever (DIN 99)
kegeliges Gewinde n (Tech) tapered screw thread (konisches Gewinde, DIN ISO 1891)
Kegelkerbstift m (Tech) full length taper grooved dowel pin, taper grooved dowel pin, grooved taper pin
Kegelkolben m (Tech) conical piston
Kegelkopf m (Vent) plug head
Kegelküken n (Vent) tapered plug
Kegelkuppe f (Tech) chamfered end (Schraube)
Kegellager n (Lag) conic bearing, roller bearing
Kegelnabe f (Kfz) bevel hub
Kegelpfanne f (Tech) ball cup, conical seat
Kegelrad n (Getr) bevel gear, bevel gear pinion, bevel pinion
Kegelradantrieb m (Getr) bevel gear drive, bevel gear wheel
Kegelradaufsteckgetriebe n (Getr) shaft mounting bevel gear unit
Kegelradgetriebe n (Getr) bevel gear, bevel gear unit
Kegelradplanetengetriebe n (Getr) bevel and planetary gear unit
Kegelritzelwelle f (Getr) bevel pinion with integrated shaft, bevel pinion with shaft
Kegelrollenlager n (Lag) bevel roller bearing, tapered roller bearing
Kegelschaft m (Vent) plug body
Kegelschräge f (Zeich) taper
Kegelschraubenfeder f (Tech) conical helical spring
Kegelschraubrad n (Getr) hypoid gear
Kegelschraubradpaar n (Getr) hypoid gear pair
Kegelsenkschraube f (Tech) deep flat countersunk bolt (DIN ISO 1891)
Kegelsitz m (Tech) tapered fit
Kegelsitzventil n (Vent) poppet valve
Kegelspitze f (Tech) cone point (Stellschraube)
Kegelstift m (Tech) bevel pin, conical pin, taper pin
Kegelstift-Reibahle f (Werkz) dowel pin reamer
Kegelstirnrad n (Getr) bevel spur gear
Kegelstumpf m (Tech) truncated cone
Kegelstumpffeder f (Tech) conical spring, volute spring

Kegelventil n (Vent) conical valve

Kehle f (Tech) groove, throat (z. B. eines Venturirohres)

kehlen v (Mech) chamfer, channel, groove

Kehlfeile f (Werkz) hollow-edge equalling file

Kehlnaht f (Schw) fillet weld

Kehlnaht f/voll durchgeschweißte (Schw) full-fillet weld

Kehlnahtdicke f (Schw) throat depth

Kehlnahtschweißung f (Schw) fillet welding

Kehlschweißung f (Schw) fillet weld

Kehre f (Förd) return station

Kehrfahrzeug n (Kfz) road sweeper, sweeping vehicle

Kehrrolle f (Förd) return sprocket

Kehrwalze f (Tech) brush (Anbaugerät am Lader)

Keil m (Tech) fitting wedge, gusset, key, wedge; chock (zur Fahrzeugsicherung); spline (Nutung)

Keildruckprobe f (Prüf) wedge penetration test

Keilflachschieber m (Vent) flat-body wedge gate valve

keilförmig adj (Tech) wedge-shaped (z. B. Bandquerschnitt)

Keilleistenband n (Förd) flat guide-rib belt

Keilnabe f (Tech) splined bore, splined hole, spline bore hub, splined sleeve (einer Gelenkwelle)

Keilnut f (Tech) key bore, key groove, spline

keilnutenfräsen v (Mech) keyseat, mill keyways

Keilnutenwelle f (Tech) main shaft

Keilovalschieber m (Vent) oval body wedge gate valve, wedge gate globe valve

Keilplatte f (Vent) wedge gate

Keilprobe f (Stb) wedge test

Keilriemen m (Tech) fan belt, V-belt

Keilring m (Tech) V-ring

Keilschieber m (Vent) tapered slide valve, wedge disc gate valve, wedge gate valve

Keilschlitz m (Tech) key seat

Keilsitz m (Tech) key seat

Keilstahl m (Met) key section pl, key steel

Keilverbindung f (Tech) keyed joint

Keilverjüngung f (Mech) taper, tapering

Keilverspannung f (Zer) key tensioning unit

Keilwelle f (Tech) splined arbour, splined shaft, spline arbour, spline shaft

Keilwellenprofil n (Tech) involute spline (evolventenverzahnt)

Keilwellenverbindung f (Tech) splined shaft

Keilwellenverzahnung f (Tech) involute spline, splined shaft toothing

Keilwinkel m (Tech) lip taper angle (Ei-merzähne)

Keilzugtiefungsprobe f (Prüf) wedge draw cupping test

Kelle f (Bau) mortar spoon, trowel

Keller m (Bau) basement, cellar (eines Gebäudes)

Kelleraußenwand f (Bau) basement retaining wall

Kellystange f (Bergb) kelly bar

Kennfeld n (Tech) performance data map

Kenngröße f (Tech) characteristic, index, parameter

Kennkarte f (Tech) data card; identity card (Ausweis)

Kennkurve f (Tech) characteristic curve

Kennlinie f (Tech) characteristic, characteristic curve, performance curve; head curve (Verdichter); circumferential rib, circumferential tyre (z. B. von Reifen)

Kennlinie f (Vent) nominal line (z. B. von Ventilen, Pumpen)

Kennlinienfeld n (Tech) family of characteristics

Kennlinienschar f (Tech) family of characteristics

Kenntlichmachung f (Tech) identification

Kennwert m (Math) parameter, characteristic value

Kennwertermittlung f (Tech) identification

Kennzahl f (Tech) index number, coefficient

Kennzeichen n (Tech) index number (Erzeugnisstruktur); number plate (Kraftfahrzeug); mark, marking (z. B. auf Kisten)

kennzeichnen v (Tech) identify, match-mark (z. B. wie Teile zusammengehören)

Kennzeichnung f (Tech) marking

Kennziffer f (Tech) index, index number

Keramik f (Geo) ceramics
Keramikfliese f (Bau) tile
Keramikunterlage f (Schw) ceramic backing
keramisch adj (Tech) ceramic
keramischer Kondensator m (Elek) ceramic capacitor
Kerbbiegeprobe f (Prüf) notch bend test (Blech)
Kerbbiegeversuch m (Prüf) nick-bend test, notch bend test
Kerbdurchmesser m (Prüf) notch diameter
Kerbe f (Mech) nick, notch, undercut;
• **Kerben ausschleifen** grind undercuts
Kerbe f (Tech) slot (Schlitz)
Kerbeinflusszahl f (Prüf) stress concentration factor, notch factor
kerben v (Mech) notch
Kerbfestigkeit f (Met) notch-rupture strength
kerbfrei adj (Mech) free from notches, free of flutes, free of scores, smooth; without undercutting (beim Schweißen)
Kerbkabelschuh m (Tech) notch-type cable lug
kerbloser Izod-Schlagversuch m (Prüf) modified Izod test
Kerbnagel m (Tech) groove pin, notched nail, round head grooved pin
Kerbschärfe f (Prüf) notch acuity, notch sharpness
Kerbschlag m (Prüf) impact, notch impact
Kerbschlagarbeit f (Prüf) impact work, notch impact work
Kerbschlagbiegeprüfung f (Prüf) notched-bar impact bending test
Kerbschlagbiegeversuch m nach **Charpy** (Prüf) Charpy test, Charpy impact test
Kerbschlagbiegeversuch m nach Izod (Prüf) Izod test
Kerbschlagempfindlichkeit f (Met) notch sensitivity
Kerbschlagfestigkeit f (Mech) impact value, notch toughness, notch value (Wert); notch impact strength, notched-bar impact strength
Kerbschlagprüfung f (Mech) notched-bar impact test
Kerbschlagversuch m (Mech) notched-

-bar impact bending test, notched-bar impact test
Kerbschlagzähigkeit f (Mech) impact strength, notch bar impact value, notch impact strength, notched-bar impact strength; impact value, notch toughness, notch value (Wert)
Kerbstab m (Prüf) notched bar, notched test bar, notched test specimen
Kerbstift m (Tech) cotter pin, grooved dowel pin, grooved pin, notch pin
kerbverzahnt adj (Tech) splined
Kerbwirkung f (Met) effect of notches, notch effect
Kerbwirkungszahl f (Met) fatigue notch factor, fatigue strength reduction factor, notched-bar impact value
Kerbzähigkeit f (Prüf) notch toughness
Kerbzahnnabe f (Tech) serrated hub, serrated wheel hub
Kern m (Met) core (beim Gießen)
Kern m (Stb) kern of a section
Kernansatz m (Tech) half dog point
Kernansatzschraube f (Tech) half dog point set screw
Kernbohrer m (Mech, Werkz) core cutter
Kerndurchmesser m (Tech) core diameter, minor diameter, root diameter (Schraube)
Kernenergietechnik f (Elek) nuclear engineering (Atomkraft)
Kernfehler m (Met) centre line flaw; core flaw (Gießkern)
Kernfestigkeit f (Met) core strength
Kernkraftwerk n (KKW) (Kern) (BE) nuclear power plant, nuclear power station
Kernlunker m (Met) centre pipe, contraction cavity (Fehler in der Materialmitte)
Kernpunkt m (Stb) kernel point
Kernquerschnitt m (Tech) area at bottom of thread, (BE) area at root of thread, core section (Schraube)
Kernschrott m (Met) heavy scrap, solid scrap
Kernspintomographie f (Elek) nuclear spin tomography
Kerze f (Elek) plug, spark plug (Zündkerze)
Kerzenfilter m (Tech) tube filter
Kessel m (Tech) boiler; kettle (NE-Metallgewinnung); tank (Trafo); vessel

Kesselablassventil n *(Vent)* boiler drain valve
Kesselbaustahl m *(Met)* boiler steel
Kesselbauwerkstatt f *(Stb)* vessel shop
Kesselbekohlung f *(Tech)* coal handling in power stations
Kesselblech n *(Met)* boiler plate
Kesselentwässerung f *(Tech)* tank drain
Kesselgebläse n *(Tech)* forced-draught fan
Kesselrohr n *(Met)* boiler tube, heat exchanger tube
Kesselschuss m *(Tech)* boiler barrel, boiler shell, shell belt, shell ring *(gebogene Blechstütze)*
Kessel- und Apparaterohr n *(Met)* boiler tube, heat exchanger tube
Kette f *(Tech)* chain, warp; crawler, crawler chain, crawler track, crawler track chain, track chain *(Raupenkette)*
• **Kette ablegen** cast off the chain
Kette f für Landmaschinen *(Tech)* chain for agricultural machines
Kette f mit Platten *(Bergb)* track group
Kette f ohne Platte *(Bergb)* track link assembly
Ketten... *(Förd, Tech)* chain..., track...
Kettenanker m *(Tech)* chain latch *(z. B. des Gabelstaplers)*
Kettenband f *(Förd)* link assembly
Kettenbreite f *(Tech)* track pad width, track plate width; track width *(der Raupenkette)*
Kettenbruchentwicklung f *(Met)* continued fraction expansion
Kettendaten pl *(IT)* string
Kettenfaden m *(Tech)* warp thread, warp yarn
Kettenfahrzeug n *(Kfz)* crawler vehicle, tracked vehicle
Kettenförderer m *(Bergb, Umschl)* chain conveyor, endless chain conveyor, drag bar feeder, scraper chain conveyor, underfloor conveyor
Kettenfuge f *(Tech)* track joint
Kettenführung f *(Bergb)* track guide
Kettengehäuse n *(Tech)* chain casing; track casing *(Raupenketten-Schutz)*
Kettengetriebe n *(Tech)* chain drive
Kettenglied n *(Tech)* chain link, chain tread, crawler chain tread, track chain link; taper link *(konisch)*

Kettenkreisförderer m *(Förd)* overhead chain conveyor
Kettenlasche f *(Tech)* chain link, chain sidebar, link plate
Kettenlaufbahn f *(Förd)* power rail, power line, live line *(eines Schleppkreisförderers)*
Kettenmaß n *(Math)* incremental dimension
Kettenmatrix f *(Tech)* chain matrix
Kettenplatte f *(Bergb)* pad, shoe, track pad, track plate, track shoe
Kettenrad n *(Förd)* chain sprocket *(Bandwaage)*
Kettenrad n *(Tech)* idler, sprocket, sprocket wheel
Kettenrolle f *(Tech)* chain sprocket
Kettenschaltung f *(Tech)* cascade connection
Kettenschloss n *(Tech)* shackle
Kettenschlussglied n *(Tech)* master link
Kettenschutz m *(Tech)* track guard
Kettenspanner m *(Bergb)* track tensioner *(Raupenkette)*
Kettenspanner m *(Tech)* chain adjuster, chain tightener, hydraulic track adjuster, turnbuckle
Kettenspannschlüssel m *(Werkz)* chain wrench *(z. B. für Rohre)*
Kettenspannventil n *(Tech)* tension valve
Kettenstauförderer m *(Förd)* accumulating chain conveyor
Kettenstern m *(Tech)* chain sprocket
Kettenstrang m *(Tech)* chain fall, chain strand, part of chain
Kettenteilung f *(Tech)* chain pitch, pitch of chain
Kettentrum n *(Förd)* strand of chain
Kettenvorgelege n *(Tech)* chain reduction gear
Kettenwerksatz m *(Tech, Zer)* track tool arrangement
Kettenzug m *(Bau, Tech)* chain block and tackle, chain hoist, chain tackle
Kettenzug m *(Bergb)* chain tension, crawler chain tension, crawler traction *(Raupe)*
Kfz-Schlosser m *(Tech)* automobile mechanic, automotive mechanic
kg n *(Abk. für: Kilogramm) (Tech)* kilogram
kHz-Kreis m *(Elek)* kHz circuit
KI *(Abk. für: Künstliche Intelligenz) (IT)* artificial intelligence

Kielprobe f (Prüf) keel block, keel block specimen

Kiemenblech n (Met) gilled plate

Kies m (Geo) gravel • **mit Kies abstrahlen** grit-blast

Kieselerde f (Met) silica

Kieselgalmei m (Met) siliceous zinc ore, siliceous calamine, calamine

Kieselsäure f (Chem) silicic acid; silica (im Möller)

Kieselsäure f (Hütt, Met) silica, silicon dioxide

Kiesgrube f (Geo) gravel pit

Kiessand m (Baut) gravelly sand

Kies/Sand-Mischung f (Bau, Geo) gravel/sand granulate

Kilogramm n (kg) (Tech) kilogram (1000 g)

Kilometer m (Tech) (AE) kilometer, (BE) kilometre (1000 m)

Kilometerzähler m (Tech) mileage recorder, odometer, speedometer

Kinematik f (Tech) kinematics

kinematische Viskosität f (Chem) kinematic viscosity, viscosity/density ratio

Kinken n (Tech) kinking (Seil)

Kipp... (Tech) dumping, tilting, tipping

Kippantrieb m (Antr) tilt drive, tilt drive system (eines Konverters)

kippbar adj (Tech) hinged, tiltable, tilting

Kippbegrenzer m (Bergb) roll-back limiter

Kippbegrenzung f (Bergb) roll-back limitation (der Schaufel)

Kippboden m (Tech) ejector floor (zum Auswerfen)

Kippbühne f (Tech) tippler, wagon tippler (für Güterwagen); furnace tilting platform (Ofenplattform)

Kippe f (Bergb) dump, tip

kippen v (Bergb) dump (auskippen)

kippen v (Tech) tilt, tip (neigen)

Kippen n (Stat, Stb) buckling (eines Trägers)

Kippen n (Tech) overturning

Kippenband n (Umschl) conveyor at dump site, discharge belt, dump conveyor

Kippenpflug m (Bergb) track-mounted dumping plough

Kippenseite f (Bergb) dump side, spoil side (im Tagebau)

Kipper m (Tech) (AE) dump truck, dumper, tipper, (BE) tipping lorry, (AE) tipping truck (Lastkraftwagen); tippler

Kippfrequenz f (Elek) sweep frequency

Kippglied n (Elek) flip-flop

Kipphebel m (Tech) rocker, rocker arm, rocker lever, tilt control lever, valve rocker

Kipphebelanordnung f (Tech) clip and pin arrangement

Kippkübel m (Bergb) dump skip

Kipplager n (Lag) pivoting bearing, rocker bearing

Kippmoment n (Elek) breakdown torque (des Motors); pull-out torque (Synchronmotor); pull-over torque (Schrittmotor); stalling torque (Induktionsmotor)

Kippmoment n (Tech) overturning moment, tilting moment

Kipp-Platte f (Tech) sweep panel; levelling plate (eines Kippsteinlagers)

Kipppunkt m (Elek) pull-out point

Kippschalter m (Elek) toggle switch, tumbler switch

Kippschaltersonde f (Elek) tilt switch probe

Kippschaltung f (Elek) oscillator (Impulse)

Kippschaufel f (Bergb) FD bucket, FD shovel, front dump bucket, tipping shovel (des Baggers)

Kippsicherheit f (Met) safety against overturning, stability against lateral-torsional buckling

Kippspannungsteil m (Tech) sweep section

Kippspiel n (Lag) pivot clearance

Kippstein m (Lag) tilting pad, journal pad, pivoted shoe, tilting shoe, pivoted segment, tilt pad, thrust segment, thrust shoe

Kippstufe f (Elek) flip-flop, sweep stage

Kippversuchsstand m (Prüf) stability test stand (für Gabelstapler)

Kippwagen m (Tech) tipper

Kippzapfen m (Stb) rocker pin

Kissen n (Tech) cushion, pad

Kiste f (Tech) box, crate

Kitt m (Bau) mastic, putty

kittlos adj (Bau) non-puttied, unputtied; not-puttied, without mastic (Glasdach)

KKW n (Abk. für: Kernkraftwerk) (Kern) nuclear power station

KL *m (Abk. für: Käfigläufer) (Elek)* squirrel cage rotor

klaffen *v (Tech)* split

Klammer *f (Tech)* clamp *(z. B. für Kabel)*; clip

Klammerapparat *m (Tech)* stapler *(Hefter)*

Klammergabel *f (Tech)* fork clamp

Klang *m (Elek)* sound

Klangprobe *f (Tech)* ringing test

Klanke *f (Tech)* kink *(eines Seils)*

klappbar *adj (Tech, Mont)* collapsible, folding type, hinged, swivelling, tilting

Klappdaumen *m (Förd, Walz)* disappearing dog, ducking dog *(eines Schleppers)*

Klappe *f (Stb)* leaf *(einer Klappbrücke)*

Klappe *f (Tech)* damper *(drehbar)*; door *(des Bagger-Motorraums)*; flap

Klappe *f (Vent)* butterfly valve *(als Absperrklappe oder Drosselklappe)*; flap valve

Klappenventil *n (Vent)* flap valve *(Güterwagen)*; clock valve, lip valve

Klappenverstellgerät *n (Tech)* flopgate adjuster

Klappenzylinder *m (Bergb) (AE)* lip cylinder; clamshell cylinder *(der Klappschaufel)*

Klappenzylinderventil *n (Vent)* clamshell cylinder valve

Klappfenster *n (Bau)* skylight, swinging window

Klappkloben *m (Tech)* snatch block

Klappmaßstab *m (Werkz)* yardstick

Klappöler *m (Tech)* grease cup

Klappring-Muscheldrücker *m (Bau)* door handle

Klappschaufel *f (Bergb)* bottom dump shovel, bull clam shovel, *(AE)* clam bucket, clamshell, multi-purpose bucket, two-in-one clamshell

Klappschaufelvorderteil *n (Bergb)* lip

Klappschütz *n (Stb)* tilting gate

Klapptor *n (Bau, Tech)* flap gate, trap door

Kläranlage *f (Bau)* clarification plant, purification plant, sewage disposal plant, sewage treatment plant

klären *v (Chem)* purge *(z. B. Flüssigkeit)*

Klarlack *m (Anstr)* clear lacquer, varnish

Klärraum *m (Ökol)* settling chamber *(Absetzraum)*

Klärschlamm *m (Ökol)* sewage sludge

Klasse *f (Tech)* class, classification, grade

Klassieranlage *f (Zer)* screening plant

klassieren *v (Zer)* classify, grade, size *(z. B. Erz)*

klassifizieren *v (Tech)* categorize, classify, grade, sort

Klaue *f (Tech)* dog, prong toe; jaw *(z. B. der Klauenkupplung)*; pawl *(Zahnring)*

Klaue *f (Werkz)* claw *(Schraubstock)*

Klauenkupplung *f (Tech)* claw coupling, pawl clutch

Klauenrad *n (Tech)* gear with dog clutch

Klauenring *m (Tech)* guide ring

Klauenschlüssel *m (Werkz) (BE)* claw spanner

Klauenwelle *f (Tech)* dog clutch shaft

Klebeband *n (Tech)* adhesive tape, tape

kleben *v (Tech)* bond, glue *(etw. mit Klebstoff festkleben)*; paste *(etw. mit Leim festkleben)*; stick *(an etw. haften)*

klebend *adj (Tech)* adhesive, gluing, sticky

Kleber *m (Tech)* adhesive *(in dünner Schicht)*; bonding agent, bonding cement, cement *(in dicker Schicht)*

Klebeverbindung *f (Stb)* fastening with adhesive, adhesive joint

Klebfläche *f (Tech)* adherend

Klebfolie *f (Tech)* adhesive film

Klebkraft *f (Kunst)* bond strength

klebrig *adj (Tech)* cohesive, gluey, gummy, sticky

Klebstoff *m (Tech)* adhesive *(in dünner Schicht)*; bonding agent, bonding cement, cement *(in dicker Schicht)*

Klebung *f (Tech)* bonding

Kleeblatt-Kreuzung *f (Bau)* cloverleaf junction

klein *adj (Tech)* midget…, minor…, mini…, miniature…, small…

kleine Drehzahl *f (Tech)* low speed

kleine Leistung *f (Tech)* small capacity

kleiner Befähigungsnachweis *m (Schw)* proof of competence to weld simple structural steelwork

kleiner Lkw *m (Tech)* pickup, pickup truck

Kleinlampe *f (Elek)* miniature bulb

Kleinmaterial *n (Tech) (BE)* consumables pl *(z. B. Schrauben)*

Kleinmotor *m (Antr)* fractional horsepower motor, f.h.p. motor

Kleinrad n (Tech) pinion
Kleinraupe f (Kfz) baby bulldozer, crawler calfdozer
Kleinrelais n (Mess) miniature relay, mini--relay
Kleinspannung f (Elek) extra-low voltage
Kleinstmotorenantrieb m (Tech) fractional horsepower drive
Kleinteile npl (Tech) small parts, minor parts (z. B. Bolzen, Feder, Schrauben usw.)
Kleister m (Tech) paste
Klemm... (Tech) clamp..., clamping...
Klemmbolzen m (Tech) clamp bolt
Klemmbrett n (Mess) terminal block, terminal board
Klemmbuchse f (Mech) terminal socket
Klemmbügel m (Tech) hinged clamp (Walzarmatur); terminal clip (für Gasring-Vakuumpumpe bzw. -Kompressor)
Klemme f (Elek) connector (Steckverbinder, Steckklemme); terminal (elektrischer Anschluss); terminal clamp, thimble, wire clamp (Anschlussklemme, Klemmbügel)
Klemme f (Tech) clamp (Befestigungsklemme, Klammer); clip (Rohrschelle)
Klemme f mit Schneckengewinde (Elek) terminal with worm thread
Klemmen... (Elek) terminal...
Klemmennummer f (Elek) clamp number
Klemmenplan m (Elek) cable connection plan
Klemmenspannung f (Elek) voltage between terminals
Klemmenstein m (Elek) connector, connector block, terminal block
Klemmentype f (Elek) type of clamp
Klemmgrat m (Met) mould bur (beim Schmieden)
Klemmhebel m (Tech) door latch (Türverschluss)
Klemmkasten m (Elek) conduit box, terminal box
Klemmkeil m (Tech) wedge
Klemmlänge f (Tech) grip of rivet (Nietung); grip, grip length (Schrauben)
Klemmleiste f (Elek) clamping strip, terminal board, terminal strip
Klemmmutter f (Mess) jam nut
Klemmplan m (Elek) cable connection plan

Klemmprofil n (Tech) rubber section, sealing, window strip
Klemmring m (Tech) clamp ring, lock ring; retaining ring (eines Ventils); clamping band, holding ring, slipping band, slipping and holding ring (Reduktionsofen)
Klemmschieber m (Kfz) push-pull device
Klemmschraube f (Tech) clamping screw, binding screw; terminal screw; tightening bolt (am Lagerauge)
Klemmstange f (Tech) lever
Klemmstück n (Elek) terminal (Kabel)
Klemmstück n (Tech) clamp, clamping collar, clamping piece, grip, shim
Klemmsystem n (Bergb) clamping system
Klemmverbindung f (Tech) clamp (des Seils auf der Seiltrommel); clamped joint (für Kabel); compression joint (Mess- und Regeltechnik)
Klempner m (Tech) plumber
Kletterkran m (Kran) self-climbing crane
Klimaanlage f (Elek) air conditioner, air conditioning system
klimafest adj (Tech) all-climate protected (Schutzabdeckung)
Klimagerät n (Elek) air-conditioning unit (Klimaanlage)
Klinge f (Werkz) blade
Klinke f (Bau) door handle, door knob (Tür)
Klinke f (Tech) catch, latch, pawl
Klinkenbolzen m (Tech) pawl pin (Bandwaage)
Klinkenfeder f (Mech) ratched spring
Klinkengriff m (Mech) door handle (Tür); ratchet handle
Klinkenhülse f (Mess) jack barrel, jack bush
Klinkenkupplung f (Mech) pawl clutch
Klinkenstange f (Mech) ratched pod
Klinker m (Bau) clinker
Klirrfaktor m (Elek) harmonic distortion, total harmonic distortion
Klischee n (Tech) cliché, stereotype plate (Drucktechnik)
Kloben m (Werkz) pulley block
Klopfen n (Tech) knock (z. B. des Motors)
Klopffestigkeitswert m (Kfz) anti-knock value, octane rating
Klopfwerk n (Werkz) mechanical rapping device (Elektrofilter)

Klopperboden m (Tech) dished end (z. B. eines Kühlers)

Klotz m (Tech) chock (Unterlegkeil)

Klotzbremse f (Tech) block brake, clasp brake, clasp-pattern brake (Bahn)

Klotzspiel n (Tech) block clearance (des Bremsklotzes)

klüftig adj (Geo) fissured, fragmented (Gestein)

Klumpen m (Tech) lump (Stoff)

Knabberer m (Zer) material reducer, nibbler

Knabberschere f (Mech, Tech) nibbling machine

Knagge f (Werkz) (AE) bar shear connector, block shear connector, bracket, cam, cleat, dog, knag, lug, tappet

Knaggenstuhl m (Tech) quoin bracket support

Knäpper m (Bergb, Geo) boulder, oversized rock (großer Steinbrocken)

Knäppereinsatz m (Bergb) boulder work

Knäpperkugel f (Bergb) drop ball

knäppern v (Bergb) boulder (Brocken bearbeiten)

Knäpperscheibe f (Bergb) boulder window (Fenster im Fahrerhaus)

Knarre f (Werkz) ratchet

Knebel m (Tech) grip, knob, toggle, tommy, twist knob

Knebelgriff m (Elek) double-wind knob

Kneifzange f (Werkz) cutting nippers pl, nipper pliers pl, pincers pl

kneten v (Tech) knead

Knick m (Tech) bend, elbow, nick

Knick... (Bergb, Tech) bending..., buckling..., folding...

Knickausleger m (Kran) swan neck jib

Knickausrüstung f (Bergb) offset attachment, offset-working attachment

Knickbelastung f (Stb) buckling load

knicken v (Tech) bend, buckle, fold; break, crack (abbrechen)

Knickfestigkeit f (Met) resistance to buckling

Knickfestigkeit f (Stb) buckling strength, rsistance to buckling

Knickfrequenz f (Elek) edge frequency

knickgelenkt adj (Bergb) artic-frame steered

Knickkennlinie f (Elek) bent characteristic

Knicklänge f (Met) buckling length, effective column length, effective length, free length, unsupported length

Knicklast f (Stb) buckling load, collapse load

Knicklenker m (Tech) centre pivot steering

Knicklenkung f (Bergb) artic-frame steering (Muldenkipper)

Knickmodul m (Stb) modulus

Knickpunkt m (Tech) hinge point

Knickrahmen m (Tech) articulated frame (z. B. beim Radlader)

Knickrahmenlenker m (Tech) dumper

Knickrolle f (Bergb, Förd, Umschl) snub pulley

Knicksicken n (Form, Mech) belchering, bulging (Stanzsicken)

Knickspannung f (Stb) buckling stress

Knicktrommel f (Bergb, Förd, Umschl) snub pulley

Knickung f (Mech, Tech) bending, sidewise bending, buckling

Knickverhältnis n (Stb) buckling ratio

Knickversuch m (Prüf) buckling test, column test, compression member test

Knickvorgang m (Stb) buckling phenomenon

Knickwinkel m (Tech) articulation angle (z. B. beim Knicklenker)

Knickzahl f (Stb) buckling coefficient, column buckling factor

Knickzylinder m (Bergb) offset cylinder (an der Knickausrüstung)

Knie n (Tech) angle; elbow (im Rohr)

Kniehebel m (Werkz) toggle lever (Schienenzange)

Kniehebelbrecher m (Zer) double toggle jaw crusher

Kniehebelgestänge n (Werkz) toggle lever rod system

Knieleiste f (Stb) midrail

Kniestück n (Tech) angle, bend, elbow, knee; elbow fitting (Anschluss)

Knippeisen n (Werkz) squeezing iron

Knippkraft f (Bergb) boom crowd force (des Auslegers); breakout force (der Ladeschaufel)

knirschen v (Tech) crunch

Knopf m (Bau) door knob (Tür)

Knöpfchenmeißelkrone f (Bergb) button bit (Teilschnittmaschine)

Knöpfchenring m (Bergb) button disc

Knopffehler m (Elek) button-type defect

Knoten m (Elek) node, panel point (Schwingungsknoten)

Knoten m (Tech) knot; node, vertex (Grafik)

Knotenblech n (Stat, Stb) gusset, gusset plate

Knotenkette f (Tech) knotted-link chain (nicht für Lasten)

Knotenpunkt m (Stb, Stat) apex, joint, node; panel point (Fachwerk)

Knotenspannungsverfahren n (Elek) nodal analysis

Knüppel m (Bau) corduroy (Straßenbefestigung)

Knüppel m (Hütt/Walz) billet

Knüppelschwinge f (Bergb) bogie cross beam

Koaxialkabel n (Elek) coaxial cable (zur Übertragung von Videosignalen)

Köcher m (Hütt, Tech) quiver; tilting basket (Gießmaschine)

Kochversuch m (Anstr) boiling test (z. B. Stahl)

Köder m (Kfz) piping, weatherstrip

Koffer m (Bau) base of the road, road bed, road bed construction (Straßenbau)

Kofferraum m (Kfz) (BE) boot, luggage boot, (AE) trunk

Kohäsion f (Bau) cohesion

kohäsionslos adj (Bau) non-cohesive

Kohle f (Bergb) coal

Kohle... (Bergb) coal...

Kohle... (Elek, Schw, Tech) carbon...

Kohleaufbereitung f (Aufb, Bergb) coal preparation, coal treatment

Kohleautomatenschweißen n (Schw) automatic carbon-arc welding

kohlebeheizt adj (Tech) coal-fired

Kohlebürstenkollektor m (Elek) alternator brush

Kohlegleitring m (Verd) carbon ring, floating carbon seal ring (einer Gleitringdichtung)

kohlehaltig adj (Bergb, Geo) carboniferous

Kohlelichtbogenschweißen n (Schw) carbon-arc welding

Kohlenaufnahme f (Umschl) reclaiming

Kohlendioxid n (Chem) carbon dioxide, carbonic anhydride (CO_2)

Kohlenfallschacht m (Bergb) coal chute (Schurre)

Kohlenförderung f (Bergb) coal output

Kohlenfront f (Bergb) coal face

Kohlengewinnung f (Bergb) coal extraction, coal winning

Kohlensäure f (Chem) carbon dioxide, carbonic acid, CO_2

Kohlensäureeinbruch m (Bergb) intrusion of carbonic acid, intrusion of CO_2 (Kalibergbau)

Kohlensäurelöscher m (Tech) CO_2 fire extinguisher

Kohlensäureschnee m (Chem) carbon dioxide snow

Kohlenstaub m (Bergb) coal dust, pulverized coal

Kohlenstaub... (Bergb) coal-dust..., pulverized-coal...

Kohlenstoff m (Chem) carbon

kohlenstoffarmer Stahl m (Met) low--carbon steel

Kohlenstoffbürste f (Elek) carbon brush

Kohlenstoffgehalt m (Met) carbon content

kohlenstoffreich adj (Met) high-carbon

kohlenstoffreicher Stahl m (Met) high--carbon steel

Kohlenstoffstahl m (Met) carbon steel

Kohlenstoß m (Bergb) coal face

Kohlenstreb m (Bergb) coal face

Kohlenteerepoxid n (Bergb) coal tar epoxy

Kohlenwasserstoffgas n (Chem) hydrocarbon gas

Kohlevergasung f (Chem) coal gasification

Kokerei f (Bergb) coke plant, cokery

Kokille f (Hütt/Walz) ingot, mould

Kokillengießen n (Hütt/Walz) gravity die casting

Kokillenguss m (Hütt/Walz) die casting

Koks m (Bergb) coke

Koksfahrt f (Hütt) coke load (Begichtung)

Koksfestigkeit f (Hütt) coke stability

Koksgrus m (Hütt) coke breeze

Kokskohle f (Bergb, Geo) coking coal

Kokslösche f (Hütt) coke dust

Kolben m (Tech) piston, plunger (Pumpe)

Kolben... (Tech) piston...

Kolbenbolzen m (Tech) gudgeon pin, piston pin

Kolbenfresser m (Tech) binding of piston, piston seizure

Kolbenhub m (Tech) piston stroke

Kolbenkühlbohrung f *(Tech)* piston cooling rifle

Kolbenkühldüse f *(Tech)* piston cooling jet

Kolbenpumpe f *(Hydr/Pneu)* piston pump

Kolbenring m *(Tech)* compression ring, piston ring *(eines Kolbenverdichters)*

Kolbenspeicher m *(Tech)* piston type accumulator

Kolbenspiel n *(Tech)* piston clearance

Kolbenstange f *(Tech)* cylinder rod, piston rod

Kolbenstangenkopf m *(Tech)* rod eye

Kolbenstangenseite f *(Tech)* annulus *(des Zylinders)*

Kolbenventil n *(Vent)* spool valve, linear spool valve, cylindrical valve

Kolbenverdrängung f *(Hydr)* stroke volume

Kolbenweg m *(Tech)* piston stroke *(Länge des Hubwegs)*

Kolbenzahnradsegment n *(Tech)* plunger gear segment

Kollektor m *(Elek)* collector

Kollektorring m *(Elek)* slip ring *(kreisförmiger Stromführer)*

Kollektorruhestrom m *(Elek)* collector quiescent current

Kollektorschaltung f *(Elek)* common--collector circuit

Kollektorstrom m *(Elek)* collector current

Koller m *(Zer)* runner *(eines Kollergangs)*

Kollergang m *(Zer)* pan grinder *(Erzzerkleinerung)*

Kolonnenwasser n *(Chem)* spent gas liquor

Kombi... *(Tech)* combined...

Kombiblechschraube f *(Werkz)* tapping screw assembly

Kombigerät n *(Umschl)* bucket wheel stacker-reclaimer *(kombinierter Schaufelradlader)*

Kombination f *(Tech)* combination

Kombinations... *(Tech)* combination...

Kombinationsbrenner m *(Schw)* multi--fuel type burner

Kombinationszange f *(Werkz)* combination pliers, *(AE)* cut-pliers pl, engineer's pliers, flat-nosed and cutting nippers, universal pliers pl

kombiniert adj *(Tech)* combined

kombinierter Lader m *(Bergb, Umschl)* stacker-reclaimer, stacking and transfer unit

kombinierter Schaufelradlader m *(Bergb, Umschl)* bucket wheel stacker--reclaimer, stacker-reclaimer, combined stacker-reclaimer

Kombischaufel f *(Bergb)* multi-purpose bucket

Kombischraube f *(Tech)* screw and washer assembly

Kombizange f *(Werkz)* combination pliers pl, *(AE)* cut-pliers pl, engineer's pliers, flat-nosed and cutting nippers, universal pliers pl

Kommaformhandfaust f *(Kfz)* wedge dolly

Kommissioniergerät n *(Förd, Log)* order picker

Kommissionierlager n *(Förd, Log)* order picking warehouse

Kommunalfahrzeug n *(Kfz)* municipal vehicle

Kommunikationssystem n *(Elek)* communication system

Kommutatormaschine f *(Elek)* commutator motor

Kommutierüberspannung f *(Elek)* overvoltage during communication

Kommutierungsdrossel f *(Tech)* commutating reactor

kompakt adj *(Bergb, Mech)* compact, hardpacked, solid, solid-type *(z. B. Fördergut)*

Kompaktbauweise f *(Tech)* package design, unit construction; full-circle tube lining *(E-Ofenkühlung)*

kompaktieren v *(Bau)* compact *(Boden zusammendrücken)*

Kompaktkonstruktion f *(Tech)* compact design

Komparator m *(Elek)* comparator

Kompass m *(Tech)* compass

Kompensationskapazität f *(Elek)* compensation capacitance

Kompensator m *(Tech)* compensating unit *(Bandwaage)*; compensator *(Turbine)*; expansion joint *(in Rohrleitung)*; bellows *(Vakuumdichtung)*

kompensieren v *(Tech)* neutralize

kompensiert adj *(Tech)* compensated

komplementär adj *(Tech)* complementary

komplett adj *(Tech)* complete

Komplettbau m (Tech) system buildings pl

komplette Kette f (Tech) complete track chain, track group

kompletter Puffer m (Bahn) self-contained buffer

komplex adj (Elek) complex (umfangreich)

kompliziert adj (Tech) complicated

Kompost m (Ökol) compost

Komponente f (Tech) component, component of a force

kompoundiert adj (Tech) compound-wound

Kompressionshahn m (Hydr/Pneu) pet cock

Kompressionshub m (Hydr/Pneu) compression stroke

Kompressionshülse f (Tech, Hydr/Pneu) compression sleeve

Kompressionsmodul n (Prüf) bulk modulus

Kompressionsverhältnis n (Hydr/Pneu) compression ratio

Kompressionswelle f (Hydr/Pneu) compression wave

Kompressor m (Verd) air compressor, compressor, supercharger

Kondensatableiter m (Tech) condensate trap, steam trap

Kondensatauslass m (Verd) condensate drain

Kondensator m (Tech) capacitor (elektrisch); condenser (Bandwaage, Verdichter)

Kondensatorbank f (Elek) capacitor bank

Kondensator-Regelanlage f (Elek) switched capacitor bank

Kondensatorrohr n (Tech) condenser tube

Kondenswasser n (Tech) condensation water, condensed water

Konditionierer m (Aufb) conditioner

konduktives Schweißen n (Schw) conducting welding (DIN 1910)

Konfektion f (Förd) construction (Gurt)

Königsstuhl m (Stb) center support

Königszapfen m (Tech) (AE) center pin, (BE) centre pin, king pin, king post, kingbolt

konisch adj (Tech) bevelled, cone-shaped, cone-type, conic, conical, tapered

konischer Keil m (Tech) taper key

konjugierte Achse f (Stb) conjugate axis

konkretisieren v (Tech) substantiate

Konservierung f (Anstr) conservation, preservation, protective paint coat, protective painting

konsistent adj (Chem) consistent

konsistentes Fett n (Chem, Tech) non-fluid oil

Konsistenz f (Tech) consistence, consistency

Konsol n (Tech) knee

Konsolabsetzer m (Bergb) girder-type spreader

Konsole f (Baut, Tech) bracket, mounting bracket, support, supporting bracket

Konsole f (Tech) console (z. B. im Fahrerhaus)

Konsolkran m (Kran) wall crane (Wandkran)

Konsolträger m (Stb, Tech) overhanging beam

Konstantdämpfung f (Hydr) fixed cushioning

Konstantmotor m (Antr) fixed displacement motor

Konstantpumpe f (Hydr/Pneu) fixed displacement pump, fixed flow pump, fixed speed pump

konstruieren v (Tech) construct, design

Konstrukteur m (Tech) design engineer, designer

Konstruktion f (Tech) design, design engineering, model, structure

Konstruktion f **mit Änderungsmöglichkeiten** (Konst) open-door design

Konstruktionselement n (Bau) structural part

Konstruktionsfehler m (Bau) defect in design

Konstruktionshöhe f (Tech) overall height, total height

Konstruktionsingenieur m (Bau) design engineer

Konstruktionsteil n (Bau) structural component, structural part

Konstruktionszeichnung f (Zeich) design drawing; shop drawing, workshop drawing (Werkstattzeichnung)

konstruktiv adj (Tech) constructional, constructive

konstruktive Arbeit f *(Tech)* planning and design work

konstruktive Details npl *(Tech)* design concepts pl

Konsum m *(Tech)* consumption

Konsument m *(Tech)* consumer

Kontakt m *(Tech)* contact, interlock

Kontakt... *(Tech)* contact...

Kontaktabstand m *(Elek)* break

Kontaktabtastung f *(Prüf)* contact scanning *(Ultraschall)*

Kontaktbürste f *(Elek)* wiper

Kontaktfeile f *(Werkz)* contact file

Kontaktfläche f *(Tech)* area of contact, contact face, contact surface

Kontaktgeber m *(Elek)* contactor

kontaktlose Steuerung f *(Elek)* solid-state control

Kontaktprellen n *(Mess)* contact bounce, contact chattering

Kontaktprüfung f *(Prüf)* contact examination, contact testing *(Ultraschall)*

Kontaktpunkt m *(Tech)* contact point

Kontaktschweißen n *(Schw)* contact welding

Kontaktverfahren n *(Prüf)* contact method, surface contact method *(Ultraschallprüfung)*

Konterhubschaltung f *(Kran)* countertorque hoisting control

Kontermutter f *(Tech)* counter-nut, jam nut, lock nut

Konterschaltung f *(Kran)* countertorque control circuit *(Schaltkreis selbst)*; countertorque control, opposing torque control *(Vorgang)*

kontinuierlich adj *(Elek)* stepless *(stufenlos)*

kontinuierlich adj *(Tech)* continuous, infinite

kontinuierliche Einsatzbedingungen fpl *(Tech)* conditions pl in continuous operation, continuous duty cycle, continuous duty, continuous operation

Kontraktionspunkt m *(Mess)* vena contracta, point of smallest flow cross section

Kontraktionszahl f *(Stb)* contraction coefficient

Kontrast m *(Tech)* contrast; contrast filter screen *(Fernsehgerät)*

Kontroll... *(Elek, Tech)* check..., control..., reference...

Kontrollanalyse f *(Stb)* check analysis

Kontrolle f *(Tech)* check, control, inspection

Kontrolleur m *(Tech)* checker

Kontrollflüssigkeit f *(Hydr/Pneu)* testing fluid

Kontrollkörper m *(Prüf)* reference block

Kontrolllampe f *(Elek)* control lamp, indicator lamp, pilot lamp, pilot light, signal lamp, signal light

Kontrollöffnung f *(Tech)* checking tap *(z. B. am Getriebe)*

Kontrollventil n *(Vent)* check valve

Kontrollversuch m *(Prüf)* checking test, control test

Kontrollwuchtung f *(Prüf)* check balancing

Kontur f *(Tech)* contour, outline

Konus m *(Tech)* cone; taper *(verjüngend)*

konusförmig adj *(Tech)* conical, tapering

Konuslehre f *(Werkz)* cone gauge

Konusrad n *(Tech)* cone-type wheel

Konusreduzieranschluss m *(Werkz)* reducer connector

Konusüberstand m *(Tech)* projecting cone

Konvektion f *(Stb)* heat convection

konvex adj *(Tech)* convex

Konzentration f *(Tech)* concentration

Konzentratproduktion f concentrate production

konzentriert adj *(Tech)* concentrated, lumped

konzentrisch adj *(Tech)* coaxial, concentric

konzentrischer Bodenabstich m *(Hütt)* concentric bottom tapping, CBT *(Lichtbogenofen)*

Konzessionsdruck m *(Hydr/Pneu)* design pressure

konzipiert adj *(Tech)* conceived, designed, developed

Koordinatenachse f *(Stb)* coordinate axis

Koordinatenbohrmaschine f *(Mech)* precision jig boring machine

Koordinaten-Brennschneidmaschine f *(Schw)* coordination flame cutting machine

Köper m *(Met)* twill *(Filtergewebeart)*

Köpergewebe n *(Met)* twilled fabric *(Filtereinsatz)*

Kopf m *(Tech)* end, head, top

Kopfabrundungsfaktor m (Werkz) tooth tip radius (Werkzeuge)

Kopfauflage f (Tech) connecting surface (Schraubenkopf/Blech)

Kopfbahnhof m (Bahn) (AE) terminal depot, (BE) hammerhead station, terminal station

Kopfband n (Stb) knee brace

Kopfbolzen m (Tech) set bolt

Kopfbolzendübel m (Stb) stud shear connector

Kopffläche f (Tech) crest, tip surface

Kopfflanke f (Getr) addendum flank

Kopfflansch m (Tech) front flange (eines Zylinders)

Kopffreiheit f (Tech) head clearance

Kopfhöhe f (Tech) addendum; headroom (freie Höhe über Apparaten); height of head (einer Schraube); reference addendum (bezogen auf den Mittelkreis); working addendum (bezogen auf den Teil- oder Wälzkreis)

Kopfhöhenänderung f (Getr, Tech) change of addendum (Zahnrad)

Kopfkantenbruch m (Getr) bevelled tip relief

Kopfkehlfläche f (Tech) gorge

Kopfkehlhalbmesser m (Tech) gorge radius

Kopfkranzleiste f (Log) external end batten

Kopfkreis m (Tech) tip circle

Kopflinie f (Tech) top line

Kopfmantelfläche f (Tech) tip surface

Kopfplatte f (Stb) cap plate (Stütze); closing plate, end plate

Kopfraum m (Tech) head clearance

Kopfrücknahme f (Getr) tip relief

Kopfschere f (Mech, Walz) squaring shear

Kopfschraube f (Mech) cap screw, set screw

Kopfschüssel f (Tech) headpan

Kopfseite f (Tech) rod side (Stangenseite)

Kopfspiel n (Tech) bottom clearance, clearance

Kopfstück n (Tech) head piece, (AE) header

Kopfstütze f (Tech) head cushion, head rest, head restraint (Kraftfahrzeug)

Kopfträger m (Tech) end carriage (eines Laufkrans); top beam (z. B. eines Krans)

Kopftrommel f (Förd) bend pulley, discharge pulley, head pulley, head-end pulley

Kopfwinkel m (Tech) angle of countersunk head, flat head (DIN ISO 1891)

Kopierdrehen n (Mech) copy turning

Kopierfräsmaschine f (Mech) copy-milling machine, tracer-controlled milling machine

Kopierwerk n (Elek) rotary type limit switch

Kopierwerkschalter m (Elek) universal drum switch

Koppelmittel n (Prüf) acoustic couplant, coupling medium, couplant (Ultraschall)

Koppelrad n (Tech) external geared wheel

Koppelträger m (Stb) suspended span

Kopplung f (Mess) coupling (elektrisch)

Kopplungsflüssigkeit f (Prüf) couplant, coupling liquid (für Ultraschallprüfung)

Kopplungsgrad m (Mess) coupling coefficient

Korb m (Bergb) cage

Korb m (Tech) basket (Behältnis); car (des Fahrstuhls); semicircular back guard (bei Leitern)

Korbeinsatz m (Tech) mesh wire sieve insert (z. B. in Filter)

Korbleiter f (Tech) ladder with back guard

Korbtrommel f (Förd) wing-type pulley

Kordel f (Tech) diamond knurl, knurling

Korkbelagkupplungslamelle f (Kfz) cork-faced clutch plate

korkenzieherartige Verformung f (Tech) corkscrew-type deformation

Korn n (Zer) grain

Kornaufteilung f (Hütt) grain size distribution (Einsatzgut)

Korndichte f (Hütt) true density (z. B. Kohle)

Körner m (Werkz) (AE) center punch, (BE) centre punch, prick punch

Körnerschlag m (Werkz) prick punch

körnerschlaggesichert adj (Mont) prick-punch locked

Korngefüge n (Met) grain structure

Korngrenze f (Met) grain boundary

Korngröße f (Tech) coal sizing, grain size, particle size, size of coal

Korngrößenverteilungslinie f (Geo, Met) granulometric gradation

körnig adj (Met) granular

Kornlänge f (Anstr) shot length (beim Sandstrahlen)

kornorientiert adj (Met) grain-oriented

Körnung f (Zer) coarseness, coal sizing, grain, grain size, graining, mineral grain, size of coal

kornverfeinert adj (Stb) grain-refined

Kornzerfallbeständigkeit f (Met) resistance to intergranular corrosion

Koronaentladung f (Elek, Mess) corona discharge

Körper m (Tech) body; solid

körperlich adj (Tech) physical

körperliche Arbeit f (Tech) physical labour, physical work

Körperschall m (Tech) structure-borne noise (Bleche vibrieren)

Körperschutzkleidung f (Tech) safety clothing

Korrektur f (Tech) correction

Korrekturwuchten n (Prüf, Verd) balance correction

korrigieren v (Tech) correct, rectify

korrodierend adj (Met) corroding, corrosive

Korrosion f (Met) corrosion

Korrosion f unter mechanischer Beanspruchung (Met) stress corrosion

korrosionsbeständig adj (D:Met) corrosion-resistant, non-corroding, non--corrosive, non-rusting, rust-proof, rust--resisting, rustless, stainless

Korrosionsbeständigkeit f (Met) corrosion resistance, rust resistance

korrosionsgeschützt adj (Met) corrosion-protected, electro-galvanized

korrosionshemmende Schicht f (Met) corrosion inhibitor film

Korrosionsnarbe f (Met) corrosion scar, corrosion pit

Korrosionsschutzmittel n (Anstr, Met) anticorrosion agent, corrosion inhibitor

Korrosionsunterwanderung f (Met, Walz) corrosion creep, underfilm corrosion

Korrosionszeitfestigkeit f (Met) fatigue strength under corrosion for finite life, resistance to corrosion fatigue, corrosion fatigue endurance limit (DIN 50100)

Korund m (Anstr) corundum (Strahlmittel)

Kotflügel m (Tech) car wing, (AE) fender, (BE) mudguard, wing

kpl. adj (Abk. für: komplett) (Tech) complete

Kraft f (Tech) power (Leistung, z. B. Strom)

Kraft f (Stat, Tech) force

Kraft... (Tech) force..., power...

Kraftabnahme f (Elek) power take-off

Kraftangriff m (Stb) application of load

Kraftangriffswinkel m (Tech, Stat) pressure angle

Kraftaufnehmer m (Elek) force transducer

Kraftbedarf m (Tech) power requirement

Kraftbedarfskurve f (Tech) horsepower curve

kraftbetrieben adj (Tech) power-actuated

Kraftdrehkopf m (Bergb) rotary drive

Kraftdreieck n (Bergb) power triangle

Krafteck n (Tech, Stat) force polygon

Kräfteermittlung f (Stb) member-force analysis

Kräftegruppe f (Tech, Stat) system of forces

Krafteinleitung f (Tech) transfer of forces (Gießmaschine)

Kräfteparallelogramm n (Tech, Stat) force parallelogram, parallelogram of forces

Kräfteplan m (Stb) force diagram, force system, stress diagram, stress sheet

Kraftfahrzeug n (Kfz) automobile, motor vehicle

Kraftfahrzeugpark m (Kfz) motor pool

Kraftfahrzeugschlosser m (Kfz) automobile mechanic

Kraftfahrzeugtechnik f (Kfz) automotive engineering

Kraftgröße f (Tech, Stat) intensity of stress, unit stress

kräftig adj (Tech) forceful, powerful, rugged

kräftigen v (Tech) boost, strengthen

Kraftmaschine f (Tech) combustion engine, engine, power engine, prime mover

Kraftmessdose f (Tech) load cell (Bandwaage)

Kraftniet m (Stb) load carrying rivet

Kraftrad n (Kfz) motor bicycle, motorcycle (Motorrad)

Kraftrichtung f (Stat) direction of force

kraftschlüssig adj (Elek) non-positive, power-grip

Kraftschrauber m (Werkz) power driver

Kraftstoff m (Tech) fuel; (AE) gasoline, (BE) petrol

Kraftstoffdüse f (Kfz) injector

Kraftstoffheizung f (Kfz) fuel heating

Kraftstoffhilfsleitung f (Tech) auxiliary fuel line

Kraftstoffmesser m (Kfz) fuel gauge

Kraftstoffmessstab m (Tech) fuel dip stick; fuel lever plunger (mit Schwimmer)

kraftstoffsparend adj (Kfz) fuel-efficient, fuel-saving

Kraftstoffverbrauch m (Kfz) fuel consumption

Kraftstromleitung f (Elek) high-voltage cable, power lead

Kraftverbrauch m (Tech) power consumption, power requirement

Kraftvergleichsverfahren n (Mess) force balance method

Kraft-Wärme-Kopplung f (Tech) recovering and utilizing waste heat

Kraftwerk n (Tech) power plant, power station

Kragarm m (Stb, Tech) bracket, cantilever arm, overhanging beam

Kragarmregal n (Log) christmas tree rack

Kragdach n (Stb) canopy, cantilever roof

Kragen m (Tech) collar (z. B. einer Welle)

Kragplatte f (Bau) cantilever platform (Hochbau)

Kragstütze f (Stb) bracket support

Kragträger m (Tech) cantilever, cantilever beam, cantilever girder

Krähenfüße mpl (Schw) crow's feet, wrinkles pl

Kralle f (Tech) claw

Kran m (Kran) crane, hoist

Kran m mit Selbstantrieb (Tech) self-propelled crane

Krananfahrmaß n (Kran) crane hook approach

Krananschlagen n (Kran) crane slinging

Kranbahn f (Kran) crane gantry, crane runway, craneway

Kranbahnkatze f (Kran) trolley

Kranbahnschiene f (Kran) crane rail, crane runway rail, running rail

Kranbau m (Kran) crane construction

Kranbaukasten m (Kran) modular crane construction kit

Kranfahrbahn f (Kran) crane runway

Kranfahrwerk n (Kran) crane bridge drive mechanism, crane travel gear

Krangehänge n (Kran) crane lifting gear

Krängung f (Bergb, Tunn) heel, heeling, roll, tilt

Krankapazität f (Kran) crane capacity, SWL, safe working load

Kranlaufwerk n (Kran) crane crawler unit, crane undercarriage

Kranprüfplatz m (Kran) crane test area

Kranspannweite f (Kran) crane span

Krantechnik f (Kran) crane technology

Krantragkraft f (Kran) crane capacity, crane safe working load, crane SWL

Kranz m (Tech) rim

Krater m (Schw) crater, weld pool

Kraterriss m (Schw) crater crack, pit

Kratzbandklassierer m (Zer) drag belt classifier

Kratzblech n (Zer) drag scraper plate

Kratzer m (Förd) rake (Mischbettengerät); pulley scraper, reclaimer, scraper, wiper

Kratzerblech n (Umschl) push plate (Kratzersteg); scraper plate, scraping blade, scraping bucket

Kratzerkette f (Förd) drag chain (Mischbettengerät); scraper chain

kräuseln v (Mech) crimp

Krauskopf m (Mech) rose bit, rose reamer

Kreis m (Math, Tech) circle

Kreis m (Mess) circuit, loop

Kreis m des Torus circle of the toroid

Kreisblattschreiber m (Elek) circular sheet recorder, tachograph

Kreisbogen m (Stb) arc, arc of circle

kreisbogenförmig adj (Stb) circular-arc

Kreiselbrecher m (Zer) cone crusher, gyratory crusher

Kreiselkipper m (Bahn) revolving tipper, tipper

Kreiselkompass m (Tech) gyro compass, gyrostat

Kreiselpumpe f (Hydr/Pneu) centrifugal pump, rotary pump

Kreiselrad n (Mess) gyrowheel

kreisen v (Tech) rotate

kreisend adj (Tech) circulating

Kreisförderer m (Förd) overhead conveyor, overhead monorail chain conveyor, overhead trolley conveyor; endless conveyor

kreisförmig adj (Tech) circular

Kreisfrequenz f (Elek) angular frequency

Kreisgas n (Petr) recycle gas (Benzinspaltanlage)

Kreisgasverdichter m (Petr, Verd) recycle gas compressor

Kreiskolbenpumpe f (Tech) rotary piston pump

Kreislauf m (Elek) circuit; cycle (Zyklus)

Kreislaufpumpe f (Tech) circulating pump, recirculating pump

Kreislaufvorteil m (Ökol, Tech) recycling benefit

Kreislaufwasserwirtschaft f (Bau) circuit water system

Kreismesser m (Mech) circular knife

Kreismessersaumschere f (Mech, Walz) circular trimming shear

Kreisprozess m (Hydr/Pneu) cycle

Kreissäge f (Werkz) circular saw

kreisscheibenförmig adj (Elek) disc-shaped

Kreisschwingsieb n (Zer) centrifugal vibrating screen, circular oscillating screen

krempen v (Mech) flange (z. B. Blech)

Krempenriss m (Met) flange crack

Kreuz n (Tech) cross

Kreuzblech n (Met) gusset (Gittermastkonstruktion)

Kreuzdose f (Elek) double T box

kreuzförmig adj (Tech) cross-shaped, cruciform

Kreuzgelenk n (Tech) cross-pin joint, Hooke's joint, knuckle joint, U-joint, universal joint

Kreuzgelenkgabel f (Kfz) universal joint yoke

Kreuzgelenklagerung f (Tech) gimbal mounting

Kreuzgelenkzapfen m (Tech) spider journal

kreuzgerippt adj (Tech) cross-hatched

Kreuzgriff m (Tech) star handle

Kreuzhacke f (Werkz) pickaxe

Kreuzhebel m (Tech) joystick

Kreuzhiebfeile f (Werkz) cross-cut file

Kreuzknoten m (Tech) reef knot, square knot

Kreuzkopf m (Tech) crosshead (der Bahnlokomotive); crosshead (eines Kolbenverdichters)

Kreuzkopfbolzenlager n (Lag) crosshead pin bearing, crosshead bearing, small end bearing (Kolbenverdichter)

Kreuzkopfschraube f (Tech) slotted capstan screw (DIN ISO 1891)

Kreuzloch n (Tech) cross hole, cross-shaped hole, star hole

Kreuzlochmutter f (Tech) round nut with set pin hole in side

Kreuzlochschraube f (Tech) capstan screw

Kreuzmeißel m (Werkz) cape chisel, cross-bit, cross-cut chisel

Kreuzprofil n (Met) cruciform section

Kreuzschalter m (Elek) two-way double-pole reversing switch

Kreuzschaltung f (Elek) joystick control

Kreuzschlag m (Tech) ordinary lay, regular lay (Seil)

Kreuzschlaghammer m (Mont, Werkz) about-sledge hammer, straight peen hammer

Kreuzschlagseil n (Tech) cross-lay rope, left regular lay rope, ordinary lay rope (Seil)

Kreuzschlitten m (Werkz) compound slide

Kreuzschlitz m (Tech) cross recess (Phillips; DIN ISO 1891)

Kreuzschlitzschraubendreher m (Werkz) Phillips hand screw driver, screw driver for recessed-head screws

Kreuzschlüssel m (Werkz) wheel brace (für Radmuttern)

Kreuzschraube f (Tech) Phillips screw

Kreuzschraubenzieher m (Werkz) Phillips screw driver

Kreuzstoß m (Schw) cross butt joint

Kreuzstück n (Tech) cross piece, four-way connector (z. B. für Rohrleitung)

Kreuzung f (Bau) crossing, intersection (Straße)

Kreuzung f (Tech) junction

Kreuzungswinkel m (Tech) shaft angle

Kreuzverband m (Bau) cross bond (Mauerwerk)

Kreuzverband m (Tech, Stat) diagonal bracing, cross bracing

Kreuzverbindung f (Hydr) crossed connection

Kreuzverschraubung f (Tech) cross

screw connection, cross screw coupling, cross screw joint, four-way coupling; equal cross coupling (Rohre)

kreuzweise adv (Tech) crosswise

Kreuzwerk n (Stb) grid, grid structure, grillage

Kreuzzapfen m (Tech) cross pin (von Maschinen); spider journal (Gelenkwelle)

kriechen v (Tech) creep (z. B. Öl); creep (Metall)

Kriechen n (Stb) creep, plastic flow, time yield (Beton)

Kriecherholung f (Met) relaxation (Entspannung)

Kriechfestigkeit f (Met) creep strength

Kriechgang m (Tech) slow idling, inching, increment travel, jog, precision gear

Kriechgeschwindigkeit f (Tech) creeping speed (Transportraupe); creep rate (Metallurgie)

Kriechgrenze f (Met) creep limit, limiting creep strength (DIN 50100)

Kriechmotor m (Tech) inching motor

Kriechstrom m (Stb) stray current

kriechstromfest adj (Elek) leakage-proof

Kriechverhalten n (Met) creep behaviour

Kristall... (Met) crystal, crystalline

Kristallebene f (Met) crystallographic plane

Kristallfläche f (Met) plane of crystal

Kriterien npl (Tech) aspects pl, criteria pl

kritisch adj (Tech) critical, dangerous

kritischer Querschnitt m (Stb) critical section, dangerous section

Kronenbreite f (Bau) width at crest (Hauptdamm)

Kronenmutter f (Tech) castellated nut, castle nut, crown nut, hexagon castle nut, hexagon slotted nut

kröpfen v (Mech) bend at right angles (rechtwinklig); bevel, chamfer (abfasen); crank, shoulder, step (z. B. Bohrung, Bolzen, Welle); crimp, joggle (bördeln, umfalzen); offset (absetzen)

Kröpfung f (Mech) throw

Krümelstruktur f (Bau) friable structure

krumm adj (Tech) crooked

krümmen v (Mech) bend

Krümmer m (Kfz) elbow (des Rohres); manifold (z. B. Auspuff)

Krümmernocken m (Tech) elbowlet

Krümmung f (Tech) bow, curvature, curve

Kübel m (Tech) bowl, bucket

Kübelbagger m (Bergb) dragline

Kübelfettpresse f (Tech) volume compressor

Kübelförderanlage f (Umschl) skip hoist

Kübelführung f (Tech) ladder

Kübelschwingtisch m (Zer) cranked vibrating table

kubisch adj (Tech) cubical

kubisch-flächenzentriert adj (Met) face-centered cubic (Gitter)

kubisch-raumzentriert adj (Met) body-centered cubic (Kristallgitter)

Kufe f (Bergb, Förd, Log) skid

Kugel f (Bergb) drop ball (fällt beim Knäppern)

Kugel f (Tech) ball

Kugel... (Tech) ball..., ball path..., spherical...

Kugelbehälter m (Tech) disengaging tank, shot storage tank

Kugeldrehkranz m (Tech) (AE) center ball race rim, (BE) centre ball race rim, slewing ring; ball-bearing slewing ring (mit Kugellagern)

Kugeldrehring m (Kran) ball bearing slewing ring

Kugeldrehverbindung f (KDV) (Bergb, Umschl) ball race, ball race bearing, ball-bearing slewing ring, secondary ball race, slewing ball bearing, slewing ball race, slewing ring connection, (AE) swing rack

Kugeldruckstück n (Tech) ball-type contact pipe (Druckmessdose)

Kugeldruckversuch m (Prüf) ball hardness test, indentation test

Kugeldurchgang m (Tech) sphere pass mesh (eines Filters)

Kugelfeder f (Tech) volute spring

Kugelgelenk n (Tech) ball-and-socket joint, ball joint, cardan joint, swivel joint

Kugelgelenkschwinge f (Tech) ball joint bogie, ball joint rocker

Kugelgelenkwelle f (Tech) universal joint shaft

Kugelgewindetrieb m (Tech) ball screw assembly

Kugelgraphit m (Geo) nodular graphite, spheroidal graphite

Kugelhahn m (Vent) ball valve, globe valve

Kugelhälfte f (Zer) spherical seat, semi-sphere

kugelig adj (Tech) spherical

Kugelkopf m (Tech) ball

Kugelkopfelektrode f (Mess) bullet nose electrode

Kugellager n (Lag) ball bearing

Kugellagerung f (Zer) spherical seating

Kugellängslager n (Lag) ball thrust bearing

Kugellaufbahn f (Tech) ball cage

Kugellenkkranz m (Tech) turn-table

Kugelmühle f (Zer) ball mill, race pulverizer

Kugelmühle f mit Luftsichtung (Zer) air-swept ball mill

Kugeln n (Tech) ball shot, iron shot

Kugelpfanne f (Tech) ball mug, ball socket, spherical cap (Kugelabstützung z. B. beim Bagger); convex washer (Spannvorrichtung)

Kugelpilz m (Tech) ball journal, ball pin, ball pivot, cap mushroom-type

Kugelreinigungsanlage f (Tech) steel shot cleaning plant

Kugelring m (Lag) ball race (Kugelkäfig)

Kugelring m (Tech) ball retaining ring

Kugelrückschlagventil n (Tech) ball retaining valve

Kugelschaltung f (Tech) ball-and-socket gear change

Kugelscheibe f (Tech) concave washer, spherical washer (Spannvorrichtung)

Kugelschieber m (Vent) ball valve

Kugelschmierkopf m (Tech) ball lube fitting

Kugelsitz m (Tech) seat of ball

Kugelsitzventil n (Vent) poppet valve

Kugelstrahlen n (Anstr) shot peening

Kugelstützpunkt m (Lag) ball-and-socket bearing

Kugelventil n (Vent) ball valve, globe valve

Kugelverschlussnippel m (Tech) button-head fitting

Kugelwelle f (Tech) spherical wave

Kugelzapfen m (Tech) ball joint, ball journal, ball pivot

Kuhfänger m (Bahn) cow catcher (an der Lok)

Kuhfuß m (Werkz) (AE) claw wrench, nail drawer, nail puller (zum Entfernen von Nägeln)

Kühl... (D:Tech) cool..., cooling..., refrigerating..., refrigerator...

Kühlanlageningenieur m (Tech) (BE) cooling plant engineer, refrigeration engineer

Kühlbehälter m (Tech) reefer, refrigerated container

Kühler m (Tech) attemperator, cooler, desuperheater; radiator (Kraftfahrzeug)

Kühlerabdeckung f (Kfz) radiator shutter

Kühlergehäuse n (Tech) cooler shell, kettle-type shell, radiator frame

Kühlerrippe f (Tech) radiator core fin

Kühlerverbindungsrohre npl (Tech) attemperator connections pl

Kühlerverkleidung f (Tech) radiator cowl, radiator cowling

Kühlerverschraubung f (Tech) radiator cap

Kühlerwasser-Übertemperatur f (Tech) excess temperature of coolant

Kühlfahrzeug n (Kfz) (BE) refrigerated lorry, (AE) reefer truck, refrigerated truck

Kühlflats mpl (Tech) cooling flats pl

Kühlflüssigkeit f (Tech) coolant

Kühlluftabführung f (Tech) cool-air ducting

Kühlluftführung f (Tech) air guide intake

Kühlluftgebläse n (Tech) air-cooling fan

Kühlluftrahmen m (Tech) air duct

Kühlluftthermostat m (Tech) cooling air thermostat

Kühlmantel m (Tech) jacket

Kühlmittel n (Tech) coolant

Kühlrippe f (Elek) fin

Kühlrippenoberteil m (Vent) radiating fin bonnet

Kühlrohr n (Elek) cooling tube pl

Kühlschlitz m (Tech) louvre, vent

Kühlwasser n (Tech) coolant, cooling water

Kühlwasser-Fernthermometer n (Tech) water temperature gauge

Kühlwasserprüfgerät n (Tech) coolant testing device

Kühlwasser-Veredlungsmittel n (Bergb) treating agent for coolant

Kühlwindabweiser m (Tech) fan blast deflector

Kühlzeit f (Schw) chill time

Kükenhahn m (Vent) taper plug valve, plug-type valve

Kulisse f *(Ökol, Tech)* baffle *(eines Schalldämpfers)*
Kulisse f *(Tech)* link *(Kette, Kabeltrommel)*
Kulissenlager n *(Tech)* sliding block bearing
Kulissenschaltung f *(Tech)* gate change
Kundenwalzwerk n *(Walz)* jobbing mill
Kunstdünger m *(Chem)* fertilizer
Kunstharz n *(Chem)* artificial resin, synthetic resin
Kunstharz-Klebstoff m *(Tech)* synthetic adhesive
künstlich adj *(Tech)* artificial, man-made, synthetic
Künstliche Intelligenz f *(KI)* *(IT)* AI, artificial intelligence
Kunstschlauch m *(Tech)* plastic hose
Kunststoff m *(Kunst)* man-made material, plastic, synthetic product
Kunststoffband n *(Tech)* non-metallic strapping
kunststoffbeschichtet adj *(Anstr)* plastic-coated, plastic-covered, plastic-laminated; coil-coated *(Metallband)*
kunststoffimprägniert adj *(Tech)* plastic-treated
Kunststoffschweißen n *(Kunst)* plastics welding
Kunststoff-Stahl-Kehrwalze f *(Kfz)* plastic-steel brush
kunststoffummanteltes Rohr n *(Tech)* plastic-coated tube
Kupfer n *(Bergb)* copper
Kupferasbestdichtung f *(Tech)* copper asbestos gasket
Kupfer-Basis-Legierung f *(Met)* copper alloy
Kupferblech n *(Met)* copper sheet
Kupferhütte f *(Hütt)* copper smelter
Kupferindigo n *(Met)* covellite, CuS *(Kupfererz)*
Kupferkies m *(Met)* chalcopyrite, CuFeS$_2$
Kupfer-Konstantan n *(Stb)* copper-constantan
Kupferlotbruch m *(Met)* copper penetration, hot shortness
Kupfernickelstein m *(Hütt)* copper-nickel matte
Kupferoxydul n *(Hütt)* cuprous oxide
Kupferschmelzofen m *(Hütt)* copper smelter
Kupferschwärze f *(Met)* tenorite, CuO
Kupferstahl m *(Met)* copper steel

Kupferverhüttung f *(Hütt)* copper smelting
Kupolofen m *(Hütt)* cupola, cupola furnace
Kuppe f *(Tech)* cone, point
Kuppel f *(Bau)* cupola, dome
Kuppelstange f *(Tech)* tow-bar
Kupplung f *(Tech)* clutch; coupling *(Verbindung)*
Kupplungsdose f *(Elek)* cord coupler
Kupplungsdrucklager n *(Lag)* clutch thrust bearing
Kupplungsfinger m *(Tech)* claw of the half coupling
Kupplungsflansch m *(Tech)* coupling flange
Kupplungsgabel f *(Tech)* clutch fork *(Gestänge)*; coupling triangle *(des Anhängers)*
Kupplungshälfte f *(Tech)* coupling half, half coupling
Kupplungshebel m *(Tech)* clutch control
Kupplungskopf m *(Tech)* brake line coupling
Kupplungskugelstange f *(Kfz)* tow bar
Kupplungslamelle f *(Kfz)* clutch plate
Kupplungsnabe f *(Kfz)* clutch hub
Kupplungspedal n *(Kfz)* clutch pedal
Kupplungsscheibe f *(Kfz)* clutch disc, clutch plate, coupling disc
Kupplungsstange f *(Tech)* coupling rod, tubular tow-bar *(aus Rohr)*; drawbar *(des Anhängers)*
Kupplungsstern m *(Tech)* coupling star
Kupplungsträger m *(Kfz)* clutch carrier
Kupplungstreibscheibe f *(Kfz)* clutch drive plate
Kupplungsventil n *(Vent)* coupling cock *(z. B. Luftdruck; Bahn)*
Kurbel f *(Tech)* crank
Kurbel f *(Werkz)* speeder brace *(eines Steckschlüssels)*
Kurbelgehäuse n *(Tech)* crankcase
Kurbelinduktor m *(Elek)* crank inductor, insulation tester
Kurbelschwingenbrecher m *(Zer)* single-toggle jaw crusher
Kurbelschwingshere f *(Walz)* crank shear
Kurbeltrieb m *(Tech)* crankshaft drive
Kurbelwelle f *(Tech)* crankshaft
Kurbelwellenrad n *(Tech)* crankshaft gear

Kurbelzapfen m (Tech) crank pin
Kurbelzapfenlager n (Lag) big end bearing, crank pin bearing
Kurve f (Tech) bend, curvature, curve
• **Kurven fahren** (Bergb, Tech) drive curves, (AE) maneuver curves, (BE) manoeuvre curves, negotiate curves
Kurvenaufnahme f (Elek) plotting
Kurvenband n (Förd) curved belt conveyor
Kurvenfahrwerk n (Kran) curve going bogies (Turmkran)
kurvengängig adj (Bergb) able to negotiate curves
Kurvenradius m (Bahn) curve radius, (BE) curve rating
Kurvenrolle f (Tech) cam follower
Kurvenschar f (Mess) family of curves
Kurvenscheibe f (Elek) cam disc, cam plate
kurz adj (Tech) brief, short
Kurzanalyse f (Tech) approximate analysis
kurze Aufstellung f (Tech) summary list, summary schedule
kurze Bauart f (Tech) short design
kurze Darstellung f (Tech) outline, summary
kurzer Lagerabstand m (Lag) close bearing span
kurzflammig adj (Geo) short-flaming (Kohle)
kurzfristig adj (Tech) short-term
Kurzhebel m (Tech) joystick (z. B. Baggerbedienung)
Kurzheck n (Tech) short rear
Kurzhobelmaschine f (Werkz) short block leveller
Kurzholzgreifer m (Werkz) light-timber grab, log grab
Kurzhub m (Tech) oversquare
Kurzhublager n (Lag) partial rotation bearing
Kurzhubmotor m (Tech) oversquare engine, short-stroke engine
Kurzläuferprobung f (Prüf, Verd) initial spin test
Kurzlichtbogenschweißen n (Schw) short-arc welding (DIN 1910)
Kurznippel m (Tech) close nipple
kurzschließen v (Elek) short (die Kontakte); short-circuit
Kurzschluss m (Elek) short circuit

Kurzschlussanker m (Elek) squirrel cage rotor
kurzschlussfest adj (Elek) current-limited, resistant to short circuits, short-circuit-proof, mechanically short-circuit-proof
Kurzschlusskabel n (Elek) switch wire
Kurzschlussläufer m (Antr) squirrel cage rotor
Kurzschlussläufermotor m (Antr) cage motor; squirrel cage induction motor, squirrel cage motor
Kurzschlussleistung f (Elek) short-circuit capacity; fault level, fault power, short-circuit power (eines Netzes)
Kurzschlussleitung f (Elek) bypass line
Kurzschlussleitung f (Tech) aspiration duct (Entstaubung)
Kurzschlussmotor m (Antr) squirrel cage motor
Kurzschlussniveau n (Elek) fault level
Kurzschlussprüfung f (Elek) short-circuit test
Kurzschlussrohr n (Tech) circulation tube
Kurzschlusssicherung f (Elek) protective circuit fuse, short-circuit protection
Kurzschlussspannung f (Elek) impedance drop value, impedance voltage
Kurzschlussventil n (Vent) short-circuit valve
Kurzzeichen n (Tech) abbreviation, acronym, designation
Kusa-Anlauf m (Elek) rheostatic controller, starting resistor unit
Küstenband n (Förd) beach conveyor (Förderband)

L

leeren v (Tech) drain, empty
Leer... (Tech) idle...
Leergehäuse n (Mess) bare casing (eines Instruments)
Leergewicht n (Tech) deadweight, dwt, empty weight
Leerlauf m (Tech) idle gear, idle motion, idle running, idling, no-load operation
Leerlauf... (Tech) idle..., idler..., idling..., no-load...
Leerlaufgewicht Gm(q) n (Förd) Q factor, Q value (Kräfte für Gurte und Bänder)

Leerlaufluftschraube f (Tech) idle air adjusting screw

Leerlaufprobe f (Tech) trial run

Leerlaufspannung f (Mess) open-circuit voltage

Leerlaufstellung f (Tech) neutral position

Leerlaufventil n (Vent) non-pressure valve

Leerlaufverlust m (Elek) loss in idle, no-load loss, power required for empty conveyor

Leerlaufverstärkung f (Elek) open-loop gain

Leerschalter m (Elek) isolating switch

legen v (Tech) lay (verlegen, z. B. Kabel, Rohre); position, put (etw. an eine bestimmte Stelle bringen)

legieren v (Met) alloy (Metalle mischen)

legiert adj (Chem) doped (Schmierstoff)

legiert adj (Met) alloyed

legierter Stahl m (Met) alloy steel, alloyed steel

Legierung f (Met) alloy

Legierungseinblasanlage f (Met) alloy injection plant

Legierungsmetall n (Met) alloyed metal

Lehm m (Geo) clay, loam; adobe, mud

Lehmbau m (Bau) mud-brick building

Lehmbewurf m (Bau) daub

Lehrdorn m (Werkz) mandril gauge (Prüfwerkzeug)

Lehre f (Tech) apprenticeship (Ausbildung)

Lehre f (Werkz) (AE) gage, (BE) gauge (Messwerkzeug)

Lehrenbohrwerk n (Mech) jig borer

Lehrgerüst n (Stb) (AE) centering, falsework, formwork

Lehrling m (Tech) apprentice

Lehrwerkstatt f (Tech) (BE) apprenticeship training centre

Lehrzeit f (Tech) period [time] of apprenticeship

Leibung f (Stb) intrados pl

Leibungsdruck m (Stb) bearing (Schraube)

leicht adj (Tech) easy (einfach, nicht schwierig); light (schwach); light (von geringem Gewicht) • **leicht fließend** free flowing

leicht adv (Tech) easily, readily

Leichtbau m (Stb) light-gauge design,

light-weight construction, light-weight design

Leichtbauweise f (Tech) light-metal design, light-weight build, lightweight construction

Leichtbeton m (Bau) lightweight concrete

leichte Leitung f (Elek) light cord

leichter Formstahl m (Met) light sections

leichter Zugang m (Bau) easy access, ready access

Leichtgängigkeit f (Tech) easy movement, soft running

Leichtmetall n (Met) light metal

Leichtmetall-Legierung f (Met) light alloy, light-weight alloy

Leichtmetallprofil n (Met) light metal section

Leichtprofil n (Met) light section

Leichtsoda n (Chem) light soda ash

Leichtstahlbau m (Bau, Met) light section engineering; light section structure

Leicht- und Tafelprofile npl (Met) light--weight and panel sections pl

Leihplatte f (Tech) (BE) slave pads pl (zur Baggerüberführung)

leimen v (Tech) glue, paste

Leine f (Tech) string (Schnur)

Leinenbindung f (Tech) canvas water pipe (von Schläuchen)

Leinöl n (Chem) linseed oil

L-Einschraubverschraubung f (Tech) male stud "L" coupling

Leinwandverbindung f (Met) linen weave

leise adj (Tech) quiet

Leiste f (Tech) batten (Holz); rib (Metallrippe); strip (Metallstreifen)

Leistung f (Tech) capacity, output, performance, power; production rate

Leistung f **im Dauerbetrieb** (Elek) continuous output, continuous rating

Leistungs... (Elek, Tech) load..., performance..., power...

Leistungsangaben fpl (Fert, Tech) output data pl, output figures pl

Leistungsanzeiger m (Elek) load indicator, rate of flow indicator

Leistungsaufnahme f (Elek) input, power consumption, power input, power take--up, absorbed power; dissipation power (Mess- und Regeltechnik)

Leistungsbegrenzungsschutz m (Elek)

overpower protection *(nach oben)*; underpower protection *(nach unten)*

Leistungsbereich *m (Tech)* performance range, power range, range of capacity

Leistungsdaten *npl (Metr)* performance data

Leistungsdiagramm *n (Elek)* rating diagram

Leistungsfähigkeit *f (Tech)* capability, efficiency *(Schaffenskraft, -vermögen)*; capacity, load capacity, output capacity, power capacity; performance *(z. B. eines Gerätes, eines Motors)*

Leistungsfaktor *m (Tech)* power factor

Leistungsgarantie *f (Tech)* performance guarantee

leistungsgeregelt *adj (Elek)* output-regulated

leistungsgesteigert *adj (Tech)* increased-power rated *(z. B. Motor)*

Leistungs-Gewicht-Verhältnis *n (Tech, Verd)* power-to-weight ratio, power/weight ratio

Leistungsgrenze *f (Elek)* capacity limit *(Motor)*

Leistungsgruppe *f (Tech)* service group *(Leistungsstruktur)*

Leistungsklasse *f (Tech)* class of performance

Leistungsmesser *m (Elek)* wattmeter

Leistungsregler *m (Elek)* constant power control, output controller, power regulator

Leistungsreserve *f (Elek)* reserve capacity, stand-by capacity

Leistungsschalter *m (Elek)* circuit breaker, line circuit-breaker, main circuit-breaker, on-load circuit breaker, power circuit breaker, power isolating switch, trip, tripping device

Leistungsschild *n (Tech)* nameplate, rating plate

leistungsstark *adj (Tech)* powerful

Leistungstest *m (Prüf)* performance test

Leistungstrenner *m (Elek)* circuit breaker

Leistungstrennschalter *m (Elek)* load break switch, load interruptor, load interruptor switch

Leistungsvermögen *n (Tech)* capacity, output capacity, performance, power capacity, capability, efficiency *(Schaffenskraft, -vermögen)*

Leistungsverzeichnis *n (Tech)* technical proposal, technical specification

Leit... *(Tech)* guard..., guide..., main..., master...

Leitapparat *m (Tech)* diffuser; guide unit *(Verdichter)*

Leitbacke *f (Tech)* follower

Leitblech *n (Bergb, Förd, Umschl)* baffle, baffle plate, deflector, deflector guide, deflector plate, diverter plate, skirtboard

Leitblech *n (Tech)* baffle, tank baffle *(im Tank)*

Leitdraht *m (Bergb)* reference wire

leiten *v (Elek)* conduct, lead *(z. B. Strom)*

leiten *v (Elek)* guide, lead *(führen)*

leitend *adj (Elek)* conductive *(Strom)*

leitend *adj/elektrisch (Elek)* antistatic

Leiter *m (Elek)* conductor *(Kabel)*; core

Leiter *f (Tech)* ladder, steps pl *(Sprossenleiter)*

Leiter m in Sektor(en)form *(Elek)* sector-shaped conductor

Leiteranschluss *m (Elek)* terminal

Leiterlast *f (Tech)* linear increasing distance load

Leiterplatte *f (Elek)* circuit board, printed board

Leitersprosse *f (Tech)* rung

Leitersystem *n (Elek)* conductor system

Leitfähigkeit *f (Elek)* circuit capacity *(eines Stromkreises)*; conductivity *(z. B. von Blechen)*

Leitgerät *n (Elek)* control unit

Leitkarte *f (IT, Mess)* mother board

Leitkranz *m (Tech, Verd)* nozzle ring; diaphragm rim, rim of guide blade disk *(Turbine)*

Leitkupfer *n (Elek)* conductive copper

Leitplanke *f (Bau)* guide rail *(am Straßenrand)*

Leitrad *n (Bergb)* front idler *(lenkt Kettenrichtung um)*; guiding sprocket, return sprocket; idler *(des Baggerlaufwerks)*; idler tumbler *(Umlenkrolle)*; return tumbler, tumbler *(des Schaufelradbaggers)*

Leitrad *n (Elek)* diffuser plate *(elektrisch)*

Leitradjoch *n (Bergb)* idler yoke *(Sitz der Umlenkrolle)*

Leitrechner *m (Mess)* control computer, master computer

Leitrohr *n (Tech)* main pipe

Leitrolle *f (Förd)* belt guiding idler, vertical belt guiding idler, fixed side guide idler, guide idler, lateral guide idler, return--belt guide idler *(fest, seitlich, senkrecht)*

Leitschaufel *f (Tech)* blade, stator blade, stationary vane, stator vane *(Axialverdichter)*; guide blade, guide vane, inlet guide vane *(Ventilator)*

Leitschaufelkranz *m (Tech)* vane ring *(Ventilator)*

Leitschaufelträger *m (Tech)* blade carrier, stator blade carrier *(Axialverdichter)*; blade support, vane support

Leitspannung *f (Mess)* master reference voltage

Leitstand *m (Elek) (AE)* control center, *(BE)* control centre, control desk, control room, control station; central console *(nur Pult gemeint)*; display station *(Video)*

Leittafel *f (Mess)* central control panel *(Steuerung)*

Leitung *f (Elek)* cable, cabling, feeder, lead, line *(Kabel)*; conduit *(elektrisch)*; winding *(Wicklung)*

Leitung *f (Tech)* guidance *(Unterrichtung)*; pipe, tube *(Rohr)*; pipeline, tubing

Leitungsanschlussstück *n (Elek)* wire adaptor

Leitungsfilter *m (Tech)* pipe filter

Leitungskabel *n (Elek)* cable

Leitungskanal *m (Mess)* duct

Leitungsplan *m (Elek)* interconnection diagram

Leitungsquerschnitt *m (Elek)* wire cross section

Leitungsrohr *n (Tech)* lead pipe, line pipe

Leitungsschnur *f (Elek)* cord, line cord, flexible cord

Leitungsträger *m (Elek)* pipe bracket

Leitungswasser *n (Ökol, Tech)* city water, mains water, tap water

Leitwerk *n (Mess)* control unit; sequencer *(Folgeregler gemeint)*

Leitwert *m (Elek)* conductance

Leitwertstellung *f (Mess)* reference generation

Lenk... *(Tech)* steering…

Lenkanlage *f (Tech)* steering mechanism

Lenkantrieb *m (Elek)* steering drive

Lenkarm *m (Tech)* pitman arm, steering link

Lenkblech *n (Förd, Umschl)* baffle, straightener

Lenkbleche *npl (Tech)* duct vanes *pl (im Blechkanal)*

Lenkbügel *m (Tech)* steering link

Lenkbügellager *n (Tech)* link bolster

Lenkeinschlag *m (Tech)* steering block, steering lock

lenken *v (Tech)* guide, steer *(steuern)*

Lenker *m (Tech)* guide frame; guide rod *(Hubwerk Abwurfausleger)*; pivot frame *(Ausleger)*; steering arm *(Raupen)*; handlebar *(Fahrrad)*

Lenkerstange *f (Kfz)* connecting rod, fork rod, steering rod

Lenkgehäuse *n (Tech)* steering gear case, steering gear housing

Lenkhebel *m (Tech)* pitman arm, steering arm

Lenkkraftverstärker *m (Kfz, Tech)* power steering, servo-steering

Lenkkranz *m (Tech)* turn-table

Lenkrad *n (Tech)* steering wheel *(z. B. Kfz)*

Lenkrolle *f (Tech)* castor, steering roller, training idler

Lenkrollenstuhl *m (Förd)* flippers *pl*, self--aligning idlers, trainers *pl*, training idlers *pl*; training idlers for carrying belt, training idlers for return belt *(Gurtbandregler)*

Lenksäule *f (Tech)* column, steering column, steering post

Lenksegment *n (Tech)* steering sector

Lenkspindelstock *m (Tech)* steering shaft and worm

Lenkspurhebel *m (Tech)* drop arm

Lenkspurstange *f (Tech)* track rod

Lenkstange *f (Tech)* handle bar *(z. B. des Motorrades)*; steering rod; tiller *(im Fahrerhaus)*

Lenkstock *m (Kfz)* steering column assembly

Lenkstockhebel *m (Tech)* drop arm, pitman arm

Lenkstoßdämpfer *m (Tech)* anti-kick-back snubber

Lenkung *f (Tech)* steering, steering gear, steering mechanism *(z. B. im Bergbau)*

Lenkungsbock *m (Tech)* steering gear mounting

Lenkventil *n (Vent)* orbitrol, steering valve

Lenkzwischenhebel *m (Tech)* idler arm

Lenkzwischenstange *f (Tech)* drag link

Lenzventil n (Vent) bilge valve
Leonard-Umformer m (Elek) MG set, W.L. DC Converter, Ward Leonard set, Ward Leonard system
lernen v (Tech) learn
lesbar adj (Tech) legible, readable
Leseband n (Zer) picking belt
Leuchtdiode f (Mess) light emitting diode, LED
Leuchtdraht m (Elek) filament (einer Glühbirne)
Leuchtdrucktaster m (Elek) illuminated push-button
Leuchte f (Elek) lamp, light, light fitting, (AE) light fixture
leuchtend adj (Mech) illuminated, luminous
Leuchtenstarter m (Elek) bulkhead unit
Leuchtfarbe f (Anstr) fluorescent paint
Leuchtkraft f (Tech) luminosity (einer Flamme)
Leuchtmelder m (Elek) indicator light
Leuchtschaltbild n (Elek) luminous control panel, illuminated indicator board, mimic chart, luminous mimic diagram
Leuchtschirm m (Tech) cathode ray tube, CRT, fluorescent screen
Leuchtschirmprüfung f (Prüf) fluoroscopic examination, fluorescent analysis (Leuchtschirmbetrachtung)
Leuchtschirmskala f (Elek) CRT-screen scale
Leuchtstarter m (Elek) bulkhead unit
Leuchtstofflampe f (Elek) fluorescent fitting, fluorescent lamp
Leuchtstoffröhre f (Elek) fluorescent lamp, fluorescent tube
Leuchttaster m (Elek) luminous push-button, switch with built-in signal lights
Leuchtwarte f (Elek) luminous control panel, illuminated indicator board, mimic chart, mimic control panel, mimic diagram panel
Libelle f (Werkz) level (Hilfsmittel für Einstellungen)
licht adj (Tech) clear, light
Licht f (Elek, Licht) light (Beleuchtung)
Licht… (Elek, Licht) light…, lighting…
Lichtanlage f (Elek) lighting system
Lichtausbeute f (Licht, Mess) luminous efficacy, luminous efficiency
Lichtbatteriezünder m (Elek) dynamo battery ignition

lichtbeständig adj (Anstr) light-resistant, non-fading
Lichtbogen m (Elek) electric arc
Lichtbogen m (Schw) arc (Schweißen)
Lichtbogenautomatenschweißen n (Schw) automatic arc welding
Lichtbogenbolzenschweißen n (Schw) arc stud welding
Lichtbogenhandschweißen n (Schw) arc welding, manual arc welding with covered electrode, shielded metal arc welding
Lichtbogenkammer f (Schw) arc chamber
Lichtbogenofen m (Hütt/Walz) arc furnace, electric arc furnace, EAF
Lichtbogenpressschweißen n (Schw) arc pressure welding
Lichtbogenschmelzschweißen n (Schw) arc welding
Lichtbogenschweißen n (Schw) arc welding, metallic arc welding
Lichtbogenschweißung f mit Seelenelektrode (Schw) flux-cored arc welding
Lichtdrehschalter m (Elek) light spindle switch
lichte Breite f (Stb) clear width; inside width
lichte Höhe f (Tech) clearance height, (AE) clear height, head clearance, headroom, overhead clearance
lichte Weite f (Tech) span, clear span
lichtecht adj (Elek) light-fast, light-resistant
lichtelektrischer Verstärker m (Mess) photoelectric amplifier
Lichtempfänger m (Elek) collector, light colloctor (Lichtsammler)
lichtempfindlich adj (Licht, Mess) light sensitive
lichter Durchmesser m (Tech) inside diameter, ID
lichtes Abmaß n (Tech) clearance (freier Raum)
lichtgekoppelt adj (Mess) photocoupled
Lichtgitterrost m (Tech) bar grating, light-admitting grill, open grate decking
Lichtkuppel f (Stb) domelight
Lichtleistung f (Licht) optical output (Lichtwellenleiter)
Lichtleiter m (Licht, Tech) optical fibre, light guide

Lichtleitung f (Elek) light cable
Lichtmagnetzünder m (Elek) dynamo magneto ignition
Lichtmaschine f (Bergb, Elek) generator, electric generator (Generator); dynamo, dynamo machine
Lichtpause f (Tech) diazo print
Lichtraumprofil n (Stb) clearance diagram, clearance gauge
Lichtraumumgrenzung f (Stb) clearance gauge
Lichtrelais n (Mess) photoelectric relay
Lichtschalter m (Elek) light switch (z. B. im Haus)
Lichtschranke f (Elek) light barrier (mit Unterbrecherwirkung)
Lichtschubschalter m (Elek) light push switch
Lichtstärke f (Licht) luminous intensity, light intensity
Lichtstellanlage f (Licht) lighting controls
Lichtstrahlschweißen n (Schw) light radiation welding (DIN 1910)
Lichtvorhang m (Mess) light curtain
Lichtwellenleiter m (Tech) optical communications fibre, optical wave guide
Lichtwellenleitertechnik f (Mess) fibre optics
Lichtwert-Vollautomatik f (Elek) luminous intensity (Fernsehgeräte)
Liefervorschrift f (LV) (Tech) delivery specification
Liegefeile f (Werkz) arm file, rubber file
Liegegeld n (Schiff) demurrage (Hafengebühr)
liegen v (Tech) be located, lie (sich befinden)
liegend adj (Tech) horizontal (Behälter, Pumpe usw.)
Liegendenspannung f (Bergb, Stat) pressure reduction in pit floor
Liegendes n (Bergb) base, bottom, bedrock, floor of seam, foot wall (eines Flözes)
Limousine f (Kfz) sedan
Lineal n (Werkz) straight-edge
Lineal n für Kontrollzwecke (Werkz) guard, levelling straight-edge
linear adj (Tech) linear
Linearmotor m (Antr) linear motor
Linie f (Tech) curve, line
Linienkennzeichnung f (Mess) trace identifier

Linienkipplager n (Lag) pin bearing
Linienlast f (Tech) (BE) knife-edge load, line load
Linienschaltplan m (Elek) one-line diagram
Linienspektrum n (Tech) line spectrum (Spektrogramm)
liniieren v (Tech) line (Linien ziehen)
links adj (Tech) left, left-hand
Linksanzug m (Tech) left-hand tightening (einer Schraube)
Linksausführung f (Konst) left-hand construction, left-hand design
linksbündig adj (Tech) left-justified
linksdrehend adj (Tech) anti-clockwise, counter-clockwise, left-turning
Linksdrehung f (Tech) counter-clockwise rotation, CCW rotation
linksgängig adj (Tech) counter-clockwise, left-handed
Linkslauf m (Tech) anti-clockwise rotation
Linksschlag m (Bergb, Tech) left-hand lay, LH lay, left lay (Seil)
Linse f (Tech) lens (Optik); pendulum bell (Steuerlinse im Pumpenkörper)
linsenförmig adj (Tech) lens-shaped, lenticular
Linsenkopf m (Tech) binding head (Schraube)
Linsenkopfschraube f (Tech) fillister head screw, oval head screw
Linsenkuppe f (Tech) rounded end (Schraube)
Linsenniete f (Tech) mushroom head rivet
Linsenschraube f (Tech) fillister head screw, lens head screw; slotted filister head screw (als Schlitzschraube)
Linsensenkholzschraube f (Tech) slotted raised countersunk head wood screw, slotted oval head wood screw (DIN ISO 1891)
Linsenventil n (Vent) lenticular valve
Linsenzylinderschraube f (Tech) fillister head screw, raised cheesehead screw, slotted raised cheese head screw (mit Schlitz)
Linz-Donawitz-Verfahren n (LD) (Hütt/ Walz) Linz-Donawitz process
Lippe f (Bergb) (AE) shell, (BE) visor (der Ladeschaufel)
Lippenbohrer m (Werkz) lip drill
Lippendichtung f (Tech, Verd) lip seal

lithiumverseiftes Fett n (Chem, Tech) lithium soaped grease

Litze f (Elek) cord (Schnur)

Litze f (Tech) strand (Seil)

Litzenführung f (Elek) sheave

Lkw m (Kfz) (BE) lorry, (AE) truck; pickup (Pritsche)

Lkw-Spedition f (Tech) (BE) haulage contractor, (AE) truck company

Loch n (Tech) hole; notch (Eisen, Schlacke)

Lochabstand m (Tech) pitch (Niet); pitch of chain (der Kettenglieder)

Lochabzug m (Stb) deduction for holes; deduction of holes, deduction of rivet holes (Niet)

Lochbild n (Tech) hole pattern (z. B. quadratisch); master gauge for holes (DIN 24340)

Lochbildung f (Met, Walz) pitting; formation of cavities, formation of a central holes (beim Lochwalzen zur Rohrherstellung)

Lochblech n (Tech) perforated plate, perforated sheet, punched sheet

Lochblende f (Tech) pin diaphragm

Lochdorn m (Hütt/Walz) punching; punch (Erhardt-Verfahren); piercing mandrel, piercer mandrel (Schmiedepresse, Lochwalzwerk)

Lochdruck m (Stb) bearing

Lochdüse f (Tech) orifice nozzle

Locheisen n (Werkz) hollow punch

lochen v (Tech) hole, pierce; punch (stanzen)

löcherig adj (Tech) perforated

Lochfeile f (Werkz) rat tail, riffler

Lochfraß m (Met) pitting (im Metall)

Lochfraßstelle f (Met) pinhole

Lochgitterabgleitwiderstand m (Elek) punch grid resistor

Lochhammer m (Werkz) drift, mandrel nippers pl; down-the-hole hammer

Lochkreis m (Tech) bolt circle, bolt circle diameter, circle, pitch circle

Lochleibung f (Stat, Stb) bearing pressure, bearing stress

Lochleibungsfläche f (Stat, Stb) effective bearing area

Lochmeißel m (Werkz) punch chisel

Lochnaht f (Schw) plug weld

Lochnaht f mit Schlitz (Schw) slot weld

Lochplatte f (Tech) boss plate, swage block

Lochpresse f (Form, Mech) punch piercing press, piercing press, punch piercing

Lochsäge f (Werkz) hole saw

Lochschweißung f (Schw) plug weld, slot welding

Lochstanze f (Walz) hole punch, punch hole unit

Lochsucher m (Walz) pin-hole detector, pinhole detector (Sortieranlage)

Lochtafel f (Tech) metal pegboard

Lochtaster m (Mess) inside caliper

Lochteilung f (Tech) hole arrangement, hole pitch

Lochwalzverfahren n (Walz) piercing mill process

Lochwanddruck m (Stat, Stb) bearing pressure

lockern v (Tech) loosen, slacken, unfasten; loosen, work loose (sich lockern)

Lockerungssprengung f (Bergb) (BE) bumping, shock blasting

Loctite n (Anstr) Loctite (Metallkleber)

Löffel m (Baum, Bergb, Umschl) scoop, shovel (eines Baggers)

Löffel m (Bergb) bucket (Baumaschine); dipper (des Seilbaggers)

Löffel... (Bergb) bucket..., maschine...

Löffelanlenkung f (Bergb) bucket hinge, pin (Baumaschine)

Löffelbagger m (Bergb) backhoe, bucket excavator (mit Tieflöffel); power shovel

Löffelbrust f (Bergb) cutting edge, lip (Schneide mit Zahntaschen); shovel front

Löffeleisen n (Tech) body spoon (Kfz-Reparatur)

Löffelhalter m (Bergb) bucket safety bar

Löffelinhalt m (Bergb) bucket capacity (Kapazität); bucket contents

Löffelprobe f (Prüf) pin test

Löffelstiel m (Bergb) (AE) dipper arm, dipper handle, (AE) dipper stick (Seilbagger); arm, bucket arm (Tieflöffel)

Löffelwalzwerk n (Walz) spoon rolling mill

Logarithmierschaltung f (Elek) log circuit

Loggia f (Bau) loggia

Logikablaufplan m (Elek) logic sequence diagram

logische Variable f (Elek) logic variable

Logistik f (Log) logistics

Lohnbeizung f (Met) hire pickling
lokalisieren v (Tech) locate
Lokalversprödung f (Met) local brittleness
Lokführer m (Bahn) engine driver, (AE) engineer, (BE) locomotive driver; steam driver (Dampflok); train driver
Lokomotive f (Bahn) (AE) engine, loco, (BE) locomotive, railroad engine, (BE) railway locomotive
Lore f (Bahn) tipping wagon
Los n (Log, Hütt/Walz) batch, lot
lösbare Kupplung f (Tech) clutch, clutch coupling, engaging and disengaging clutch, self-disengaging clutch, shifting clutch
lösbare Verbindung f (Elek, Tech) releasable connection
Losbrechkraft f (Bergb) breakout force
Losbrechmoment n (Tech) break-off torque, breakaway torque
Löschbandsicherung f (Elek) fusible cut-out
Löschblech n (Elek) spark arrester
löschen v (IT) clear, delete, erase; reset (zurückstellen)
löschen v (Tech) unload (Ladung); quench (Koks usw.); slake (Kalk, Durst usw.)
Löschfahrzeug n (Tech) fire-fighting vehicle (Feuerwehr)
Löschgeräte npl (Tech) fire extinguishing equipment
Löschkalk m (Met) slaked lime
Löschkopf m (Elek) eraser head (z. B. des Tonbandgerätes)
Löschmittel n (Elek) arc-extinguishing medium
Löschpumpe f (Hydr/Pneu) fire pump (Feuerwehr)
Löschpumpe f (Tech) industrial pump (Industriepumpe)
Löschtrupp m (Tech) fire-fighting squad
Löschturm m (Tech) water tower (Stahlbau); quench tower (Koks)
Löschwasserversorgung f (Stb) water supply
lose adj (Tech) detached, free, loose (locker, unverbunden); slack (Getriebe)
lose adv (Tech) loosely • **lose eingreifen** latch
lose Kette f (Tech) open chain
lose Schraubverbindung f (Tech) loose bolted connection

Lösemittel n (Chem) solvent
lösen v (Bergb) break out (mit dem Löfelstiel); dig (Boden)
lösen v (Tech) disconnect, release, unclamp (eine Verbindung); disengage (entfernen); come off (sich lösen); loosen, slacken, unscrew; release (Bremse, Relais); solve (z. B. ein Problem)
lösen v/**Bremse** (Tech) release the brake
lösendes Abbeizmittel n (Anstr) organic solvent paint stripper, solvent-type paint remover
Lösersystem n (Chem) solvent system
loses Material n (Förd) bulk material
Löseventil n (Vent) release valve
Lösewalze f (Walz) reeler roll
Losflanschring m (Tech) removable flange ring
Loslager n (Lag) movable bearing, floating bearing, movable bearing, non-locating bearing; journal bearing (Verdichter)
loslassen v (Tech) release (z. B. Kupplung)
löslich adj (Chem) soluble (z. B. in Säure)
losmachen v (Tech) detach, loosen, slacken, unscrew; unfasten (zerlegen)
Losrolle f (Kran, Walz) running pulley, running sheave; idler roller, idler roll (eines Rollgangs)
losschrauben v (Tech) loosen a screw, unscrew
Losseite f (Tech) floating side, shear-leg side; floating end (Walze)
Losteil n (Tech) loose shipment part (Bauteile)
Lösung f (Elek) solution
Lösung f (Tech) disengagement (Kupplung)
Lösungsglühen n (Hütt) solution heat treatment, solution treatment
Lösungsmittel n (Anstr, Chem) solvent
Lösungsprodukt n (Chem) solute
Lot n (Tech) lead (mit Schnur); plump-bob
Lötanschlussstück n (Schw) soldered connection piece
Lötbrenner m (Schw) gas blowpipe
Lötbrücke f (Schw) solder link
Lötdraht m (Schw) soldering wire
löten v (Schw) braze (hart); solder (weich); plumb
Lötfett n (Schw) soldering grease

Löthohlkehle f *(Schw)* concave brazing fillet

Lötkolben m *(Schw)* soldering bit, soldering iron

Lötlampe f *(Schw, Werkz)* blow lamp, blow torch, flaring set, soldering lamp

lotrecht adj *(Tech)* perpendicular

Lötrohr n *(Schw, Werkz)* blow pipe

Lötrückenbestückung f *(Schw)* solder strap layout

Lötspitze f *(Schw)* soldering bit

Lötverbindung f *(Schw, Tech)* brazed joint, voidage connection, solder point

Lötzinn n *(Schw)* solder tin

L-Stahl m *(Met)* angle section

Lückadaption f *(Fert)* adaption during continuous operations, adaptor during continuous operations

Lücke f *(Tech, Walz)* gap

Lückengrad m *(Hütt)* percentage of voids, voidage, degree of voidage

Lückenhärtung f *(Lag, Met)* hardening the spaces between gear teeth

Luft f *(Bergb)* air pocket *(Gaseinschluss)*

Luft f *(Tech)* play, slack, slackness *(Lagerspiel)*

Luft... *(Tech)* air...

Luftabscheider m *(Tech)* deaerator

Luftabschluß m *(Chem, Ökol)* absence of air, exclusion of air

Luftbereifung f *(Kfz)* pneumatic tires

luftbetätigt adj *(Tech)* air driven

luftbetätigtes Ventil n *(Vent)* air-operated valve

Luftbremse f *(Tech)* pneumatic brake

luftdicht adj *(Tech)* airtight • **luftdicht gekapselt** explosion-proof

Luftdruck m *(Tech)* air pressure, atm. pressure, atmospheric pressure

Luftdruck m/zu niedriger *(Kfz)* underinflation

lüften v *(Tech)* release *(Bremse)*; aerate, ventilate *(Raum usw.)*

Luftentfeuchter m *(Hydr/Pneu)* blue gel adsorber

Lüfter m *(Tech)* air fan, exhaust fan, exhauster, fan; ventilator *(Ventilator)*; brake thrustor *(Bremslüfter)*

Lüfterachse f *(Tech)* fan fixed shaft

Lüfterflügel m *(Tech)* fan blade, pitch fan

Lüfterhaube f *(Tech)* fan cowl

Lüfterleitblech n *(Tech)* fan baffle

Luftfederung f *(Hydr/Pneu, Tech)* air suspension, pneumatic spring

Luftfeldschmiede f *(Tech, Mont)* pneumatic field forge

luftgekühlt adj *(Tech)* air-cooled, ventilated

Lufthammer m *(Werkz)* air gun, air hammer

Lufthaube f *(Tech)* breather

Luftimpulsventil n *(Vent)* pilot-operated valve

Luftkissen n *(Walz)* blanket of air, air blanket, air flotation, cushion of air

Luftklappe f *(Tech)* air flap, choke, choke plate, shutter

Luftleitung f *(Tech)* air conveying line, air duct *(Motor)*

luftlos adj *(Tech)* airless

Luftmangel m *(Hydr/Pneu)* deficiency of air

Luftmanometer n *(Hydr/Pneu)* air pressure gauge

Luftmantel m *(Tech)* air casing

Luftpatentieren n *(Walz)* air patenting *(Draht)*

Luftporenbildner m *(Bau)* air-entraining agent

Luftpresser m *(Verd)* air compressor, compressor

Luftpresserfilter n *(Tech, Verd)* air compressor breather

Luftregler m *(Tech)* register

Luftreifen m *(Kfz)* (AE) pneumatic tire, (BE) pneumatic tyre

Luftreinheitsvorschriften fpl *(Ökol, Tech)* air pollution code, air pollution regulations pl

Luftschalter m *(Elek, Hütt)* air circuit breaker

Luftschlauch m *(Kfz)* inner tube

Luftschützwendeschalter m *(Elek)* contactor type reverser

Luftstrecke f *(Tech)* air gap, clearance *(Schleifringkörper)*

Luftstrommahlanlage f *(Zer)* air-swept grinding plant

lufttechnische Anlage f *(Baut, Ökol)* air conditioning and ventilation plant, air conditioning and ventilation system

Lufttrichter m *(Tech)* venturi

Luftüberschuss m *(Hydr/Pneu)* excess air

Lüftung f *(Tech)* ventilation

Lüftungsdrehflügel m (Bau) casement window vent

Lüftungskanal m (Tech) breather, duct, ventilation passage

Lüftungsklappe f (Tech) air shutter, air valve

Lüftungsverschluss m (Tech) vent

Luftverschmutzung f (Ökol) atmospheric pollution, air pollution

Luftverteiler m (Tech) diffuser

Luftwiderstandsbeiwert m (Kfz) drag coefficient, drag factor

Luftzerlegungsanlage f (Verd) air separation plant

Luftzutritt m (Chem, Tech) air access, air admission, air entry

Luftzylinder m (Hydr/Pneu) air cylinder, pneumatic cylinder

Lukas m (Werkz) jack

Luke f (Tech) door, flap; hatch, hold (Schiff)

Lunker m (Met) blow hole, cavity, piping, shrink hole, shrinkage cavity

Luppe f (Hütt) tube blank, tube shell; pierced shell (Rohrwalzwerk)

Lutte f (Bergb) air conduit, air pipe, air-duct, ventilation duct

M

Mäandermessaufnehmer m (Mess, Verd) meander pick-up

machen v/rund (Mech) round off (z. B. Gewinde)

machen v/spannungsfrei de-energize

Mächtigkeit f (Geo) depth, thickness

Machzahl f (Phys) Mach number

Madenschraube f (Tech) headless screw (Gewindestift)

MAG n (Abk. für: Metall-Aktivgas-Schweißen) (Schw) active-gas metal-arc welding

Magazin n (Log) detail store, magazine, parts store, storage box; warehouse (groß)

Magaziner m (Log) stock picker

mager adj (Tech) lean

Magerbeton m (Bau) lean concrete, poor concrete

Magerkalk m (Geo, Bau) poor lime

Magerkohle f (Bergb, Geo) lean coal, non-baking coal, non-caking coal

MAGM n (Abk. für: Schutzgasschweißen) (Schw) gas metal-arc welding, GMAW

Magnaflux-Prüfung f (Prüf) magnetic particle inspection, magnaflux test, magnetic powder test

Magnesit m (Geo) magnesite

Magnesium-Basis-Legierung f (Met) magnesium alloy

Magnet m (Tech) magnet, magnet coil, solenoid • **Magnet erregen** (Elek, Tech) energize a solenoid

Magnetantrieb m (Vent) solenoid actuator

Magnetband n (Elek) magnetic tape

magnetbetätigt adj (Tech) solenoid-operated

Magnetbremse f (Elek) magnetic brake

Magnetfilter n (Tech) magnetic filter

Magnet-Geber m (Elek) magnetic trigger

magnetgesteuert adj (Elek) solenoid controlled

Magnetimpulsschweißen n (Schw) magnetic pulse welding

magnetisch adj (Elek) magnet-type, magnetic

magnetische Spannung f (Mess) magnetic potential difference

magnetischer Leitwert m (Mess) magnetic permeance

magnetischer Widerstand m (Elek) reluctance

magnetisches Prüfverfahren n (Prüf) magnetic crack detection, magnetic particle test

Magnetkern m (Elek) permanent magnet core, solenoid core

Magnetkraft f (Hydr/Pneu) solenoid force

Magnetkran m (Kran) lifting-magnet-type crane, magnet crane

magnetostriktiver Wandler m (Mess) magnetostrictive transducer

Magnetpol m (Tech) magnetic pole

Magnetpulververfahren n (Prüf) magnaflux testing method, magnetic powder testing method, magnetic-particle testing; magnetic particle inspection, magnetic method (Schweißprüfung)

Magnetschalter m (Elek) magneto switch, solenoid switch, magnetic switch

Magnetschieber m (Hydr/Pneu) solenoid-controlled valve

Magnetspeicherplatte f (Mess) hard disk

Magnetspule f (Elek) coil, magnet coil, operating coil, solenoid spool

Magnetstahl m (Met) magnet steel

Magnetständerbohrmaschine f (Mech) magnet-type upright drilling machine

Magnetstarter m (Elek) full-voltage magnetic starter

Magnetsteuerschieber m (Hydr/Pneu) solenoid-controlled directional control valve

Magnettraverse f (Kran) magnet beam, magnet lifting beam, magnet spreader

Magnetventil n (Vent) solenoid valve

Magnetweicheisen n (Met) soft-magnetic iron

Magnetzünder m (Elek) magneto

Mahlanlage f (Zer) grinding mill, grinding plant, pulverizer plant

Mahlbahn f (Zer) milling race

mahlen v (Tech) grind; scuff (Reifen)

mahlen v/fein (Tech) grind

mahlen v/grob (Tech) crush

Mahlkammer f (Zer) mill chamber

Mahlkugel f (Zer) grinding ball

Mahlleiste f (Zer) milling board

Mahlleistung f (Zer) pulverizer output

Mahlplatte f (Zer) grinding plate, milling plate (z. B. Autogenmühle)

Mahlraumbreite f (Zer) milling space width

Mahlring m (Zer) bull ring; grinding ring (Kugelmühle)

Mahltrommel f (Zer) grinding drum

Mahl- und Mischanlage f (Zer) grinding and blending plants

makellos adj (Tech) immaculate

Mäkler m (Bergb) leader (Teil der Ramme); guide rail (Pfahlramme)

Mäklerkamm m (Bau) silencing stack (einer Pfahlramme)

Makroätzung f (Met) macro-etching, macroetching

Makroaufnahme f (Hütt) photomacrograph

makrografische Untersuchung f (Prüf) macroscopic examination

Makroseigerung f (Met) macrosegregation

makroskopisches Bild n (Prüf, Tech) macrograph

makroskopisches Gefüge n (Met) macrostructure

Malotte f (Tech) shackle

Mangan n (Met) manganese

Manganhartstahl m (Met) austenitic manganese steel, high manganese steel, straight manganese steel

Manganknolle f (Met) manganese nodule

Manganstahl m (Met) manganese steel

Mangel m (Tech) deficiency, shortcoming, shortage (z. B. an Arbeitskräften)

mangelhaft adj (Tech) defective, imperfect

mangelhafte Arbeit f (Tech) defective workmanship, failure from workmanship

mangelnd adj (Tech) absent, lacking, missing

Mangelrolle f (Förd) cleaning roll (hinter dem Abstreifer)

Mannloch n (Tech) manhole, manway opening

Mannschaft f (Tech) crew

Manometer n (Tech) pressure gauge, vacuum gauge

Manometerdruck m (Hydr/Pneu) gauge pressure

Manometerprüfgerät n (Tech) pressure-gauge calibration set

manövrieren v (Tech) (AE) maneuver, (BE) manoeuvre

Mansarde f (Baut) attic

Mansardendach n (Bau) mansard roof

Manschette f (Tech) boot (Einsteckmuffe); collar, sleeve; follower (Ventilstößel); gasket (z. B. Hutmanschette); curbing (Verdichter)

Manschettendichtring m (Tech) sleeve seal

Mantel m (Tech) cable jacket, cable sheathing, jacket (Kabel); shell (eines Gefäßes); sleeve (einer Massivwendelrolle)

Mantelblech n (Met, Stb) sheet steel casing

Mantelelektrode f (Elek) cased [coated] electrode

mantelgekühlt adj (Tech) frame-cooled

Mantelkonstruktion f (Tech) jacket construction (Motor)

Mantelkühlung f (Tech) totally enclosed fan cooling, frame-cooled enclosed

Mantelleitung f (Tech) non-metallic sheathed cable (Kabel)

Mantelreibung f (Bau) skin friction

Manteltransformator m (Elek, Hütt) shell-type transformer

Mantelwand f (Bau) curtain wall

manuelles Verfahren n (Tech) manual method

Map-Getriebe n (Getr) gear unit for angle encoder

Mappe f (Tech) binder (Ordner); folder

Markenartikel m (Tech) brand-name product

markieren v (Förd) peg out, stake (out) (mit Pflöcken)

markieren v (Tech) identify, label, mark

markieren v/paarweise (Tech) match-mark

Markierung f (Tech) identifier, marking, tag (Kennzeichnung)

Markscheider m (Bergb) surveyor (Vermesser)

Martensit m (Met) martensite

martensitisch adj (Met) martensitic (Gefüge)

Masche f (Tech) mesh (Stahlbau); hammock (Netzplantechnik)

Maschendraht m (Tech) chain link fabric, mesh wire, wire mesh, wire netting

Maschengröße f (Tech) mesh size, mesh width

Maschenweite f (Tech) mesh size (Öffnung und Gewebedraht zusammen gemessen); mesh opening, screen aperture, screen opening size (Siebgewebe)

Maschine f (Elek, Tech) motor (elektrisch); engine (Verbrennungsmotor)

Maschine f (Tech) machine, machinery;

Maschine f für Aufräumarbeiten (Tech) utility machine

maschinell adj (Tech) by machine, mechanical

maschinelle Anlagen fpl (Tech) plant and equipment

maschinelle Einrichtung f (Tech) mechanical equipment

maschinelle Entrostung f (Anstr) powertool cleaning

Maschinenbau m (Tech) mechanical engineering

Maschinenbauer m (Tech) mechanical engineer

Maschinenbaustahl m (Met) machine steel

Maschinenbestand m (Fert) machine population

Maschinenbohrer m (Werkz) twist drill

Maschinenflämmen n (Hütt, Mech) machine scarfing

Maschinenformerei f (Form) mechanical moulding

Maschinenhaus n (Tech) machinery house, turbine room, skip room (des Skipaufzuges)

Maschinenherstellung f (Tech) machine manufacture

Maschinenpark m (Tech) machine pool, machinery

Maschinenschlüssel m (Werkz) (BE) open-ended spanner

Maschinenschraube f (Tech) machine bolt (mit Mutter); machine screw (mit Schlitzkopf)

Maschinenschraubstock m (Mont, Werkz) machine vice

Maschinenschweißen n (Schw) automatic welding, machine welding

Maschinenteil n (Tech) machine part, mechanical part

Maschinen fpl **und maschinelle Anlagen** fpl (Tech) plant and machinery

Maser m (Mess) Maser (Microwave Amplification by Stimulated Emission of Radiation)

Maske f (IT) screen

Maskengussform f (Hütt/Walz) shell mould

Maß n (Tech) dimension, gauge, measure

Maßabweichung f (Tech) off-size

Maßänderungen fpl (Tech) changes pl in dimensions

Maßband n (Werkz) measuring tape, pull-push rule, tape measure, tape-rule

Maßbezeichnung f (Tech) dimension

Maßbild n (Zeich) dimensioned drawing

Maßblatt n (Tech) dimension print, dimension sheet

Maßbleche npl (Tech) flame-cut plates pl (Eisen und Stahl)

Masse f (Elek) ground (Erdleitung, Nullleitung); common (anstatt direkte Erdung)

Masse f (Phys) mass

Masse f (Tech) material (Material); mix (feuerfest); substance (Substanz)

Masseband n (Elek) earthing strap

masseimprägniert adj (Elek) mass-impregnated

Maßeinheit f (Stb) dimension unit, unit of measure

Massekabel n (Elek) earth cable

Massel f (Hütt/Walz) pig (iron)

Masseleisen n (Met) pig iron (Roheisen)

Masseleitung f (Elek) common grounding, earth cable, ground wire

Massenbeschleunigung f (Tech) mass acceleration

Massenfluss m (Tech, Stat) mass flow

Massengut n (Umschl) bulk cargo, bulk material

Massengüter npl (Umschl) bulk goods pl

Massenkraft f (Tech) inertial force (Statik); inertia load (Verdichter)

Massenmessung f (Mess) mass flow measurement

Massenmoment n (Mess, Tech) mass moment, moment of inertia

Massenplan m (Zeich) general arrangement, layout (Übersichtszeichnung)

Massenschüttgut n (Umschl) bulk cargo

Massenspektrogrammanalyse f (Prüf) mass spectrogram analysis

Massenstahl m (Met) steel in common use, ordinary steel, tonnage steel

Massenstrom m (Tech, Stat) mass flow, mass flow rate, mass rate of flow

Massenträgheitsmoment n (Tech, Phys) mass moment of inertia

Maßfühler m (Tech) (AE) feeler gage, (BE) feeler gauge (Dickenschablone, Spion)

maßgefertigt adj (Tech) custom-built, job-tailored

maßgenau adj (Tech) accurate to dimension, accurate to size

Maßgenauigkeit f (Tech) dimensional [form] accuracy

Maßgerüst n (Walz) sizing stand (Kalibriergerüst)

maßgetreu adj (Tech) accurate to dimension, accurate [true] to size

Maß-Getriebe n (Tech) gear unit for angle encoder

Maßgrenze f (Tech) tolerance

massiv adv (Tech) solidly • **massiv verschraubt** solidly bolted

Massivdecke f (Bau) solid ceiling

Maßkontrolle f (Tech) dimension check

Maßprüfung f (Prüf) dimensional inspection, dimensional check

Maßstab m (Tech) measuring rule, scale

maßstäbliche Zeichnung f (Zeich) scale drawing

maßstabsgerechte Zeichnung f (Zeich) true-to-scale drawing

Maßtoleranz f (Tech) dimensional tolerance

Maß- und Leistungsblatt n (Tech) dimension and performance sheet

maßverchromt adj (Met) chromium--plated to size

Maßwalzwerk n (Walz) sizing mill (Kalibrierwalzwerk)

Maßzeichnung f (Zeich) dimension drawing, dimension print; outline drawing (mit Einbaumaßen)

Mast m (Elek) post (Lampenmast); pylon (Fernleitung)

Mast m (Tech) mast, pole, upright

Masterbolzen m (Tech) track master pin

Material... (Tech) material...

Materialaufbau m (Bergb) dirt stacking (Dreck unter der Kette)

Materialaufbau m (Tech, Umschl) material deposit

Materialaufgabe f (Förd) material charge, transfer of material

Materialausgangsstärke f (Met) original thickness

Materialeinbau m (Bergb) filling in of material

Materialentnahme f (Elek) manufacturing receipt, withdrawal

Materialführung f (Bergb, Förd, Umschl) skirtboard

Materialprüfung f (Prüf) material testing (Werkstoffprüfung)

Materialseite f (Bergb, Förd, Umschl, Zer) carrying side, material side

Materialsorten fpl (Umschl) grades pl of material

Materialtrennung f (Umschl) delimitation

Materialverformung f (Met) plastic yielding

Materialversuchsbescheinigung f (Tech) material test certificate

Materialverträglichkeit f (Met) compatibility of materials

Materialwirtschaft f (Fert) materials management

Materie f (Chem) matter

materieller Schaden m physical damage

Matrize f (Tech) die (Ziehring); counter

die, native matrix *(Gegenstück beim Stanzen)*; matrix; stencil *(z. B. für Kopien)*

matt *adj (Anstr)* dull, matt *(Farbe)*

Mattblech *n (Met)* terne sheet *(Ternblech)*

Matte *f (Tech)* blanket *(für Filter usw.)*; mat, rug

Mauerdurchführung *f (Bau)* wall duct

mauern *v (Baut)* brick, lay bricks; brick up *(einen Verteilerrinnenstopfen)*

Mauerverband *m (Bau)* bond

Mauerwerk *n (Baut)* bricksetting, brickwork, masonry

Mauerwerk *n (Hütt)* lining *(im Hochofen)*

Mauerziegel *m (Bau)* brick

Maul *n (Tech, Werkz)* jaw *(z. B. eines Schraubenschlüssels)*

Maulgröße *f (Zer)* feed opening *(des Brechers)*; throat

Maulringschlüssel *m (Werkz)* combination ring and open end spanner, combination open-end, box end wrench

Maulschlüssel *m (Werkz) (BE)* open--ended spanner, *(AE)* open-end wrench, *(BE)* spanner, *(AE)* wrench; open-jaw wrench, single open ended wrench *(einseitig)*

Maulweite *f (Tech)* throat width *(z. B. eines Shredders)*; receiving opening, width of mouth *(des Brechers)*; across face dimension, roller gap *(Gießmaschinen)*; dimensions across jaw, jaw size, width across flats *(Schraubenschlüssel)*

Maurer *m (Baut)* bricklayer

Maurermeister *m (Bau)* master bricklayer

maximal *adj (Tech)* maximal, maximum

Mechanik *f (Mech)* mechanics *(Gewerbe)*

Mechaniker *m (Tech)* mechanic

mechanisch *adj (Tech)* mechanical
• **mechanisch angetrieben** mechanically powered

mechanische Abschlussfunktionsprüfung *f (Prüf)* shake-down test *(Abschlussprüfung auf der Baustelle)*

mechanische Alterung *f (Met)* strain aging, strain age hardening, strain hardening *(Reckalterung)*

mechanische Werkstatt *f (Mech)* machine shop, mechanical workshop

mechanische Werkstoffprüfung *f (Prüf)* mechanical testing of materials

mechanisches Filter *n (Tech)* dust separator, mechanical precipitator

mechanisch-technologische Prüfung *f (Prüf)* mechanical test, mechanical testing

mechanisierte Prüfung *f (Prüf)* remote controlled testing

Mechanisierungsgrad *m (Tech) (AE)* degree of mechanization, *(BE)* degree of mechanisation

Medium *n (Phys)* medium; fluid *(gasförmig oder flüssig)*

Mechanismus *m (Mech)* mechanism

Meeresbergbau *m (Bergb)* maritime mining

Megawattmesser *m (Elek)* megawattmeter

mehrachsig *adj (Tech)* multi-axle; multiple-axis *(Verdichter)*

mehradrig *adj (Elek)* multi-wire *(z. B. Messkabel)*

mehradrige Schnur *f (Tech)* multi-conductor cord

Mehrarbeit *f (Tech)* excess of work, overtime

Mehrbereichsöl *n (Chem)* multigrade oil

Mehrdüsenrußbläser *m (Hütt/Walz)* multi-jet element type soot-blower, multi-nozzle blower

Mehretagenpresse *f (Tech)* multi-daylight press

mehrfach *adj (Tech)* manifold, multiple

mehrfache Radpaarung *f (Getr)* gear train, gear unit, gearing, train of gears

Mehrfachecho *n (Tech)* multiple echo *(DIN 54124)*

Mehrfachinstrument *n (Werkz)* multipurpose instrument

Mehrfachlänge *f (Walz)* multiple length

Mehrfachrückkopplung *f (Elek)* multiple--loop feedback

Mehrfachseitenschieber *m (Mech)* multiple position shifting attachment

Mehrfachvollstrahldüse *f (Hütt)* cluster solid jet nozzle

Mehrfamilienhaus *n (Baut) (AE)* apartment block, *(AE)* apartment house, *(BE)* block of flats

mehrfarbig *adj (Anstr)* multi-coloured

mehrfeldriger Rahmen *m (Stb)* multibay frame

Mehrflächengleitlager *n (Lag)* profile bore bearing

Mehrflächenlager n (Lag) lobe bearing; multiple-segment type bearing (als Kippsteinlager)

Mehrflächenlängslager n (Lag) multiple segment thrust bearing, pivoted shoe thrust bearing, tilting pad thrust bearing

mehrgängig adj (Tech) multi-turn (z. B. Kühlschlange)

Mehrkammerlabyrinthdichtung f (Tech) ported labyrinth seal

Mehr-Komponenten-Dichtstoff m (Bau) multi-component sealant

Mehrlagenmaterial n (Met) multi-layer material

Mehrlagenschweißung f (Schw) multi-pass weld, multi-pass welding, multi-run welding

mehrlagig adj (Tech) multiple, multi-tier, tiered

mehrmotoriger Antrieb m (Antr) sectional drive, multi-motor drive

Mehrphasenmotor m (Antr) polyphase motor

mehrpoliger Stecker m (Elek) multiple pin plug

Mehrprozessbetriebssystem n (Mess) multi-tasking system

mehrreihiges Lager n (Lag) multi-row bearing

mehrrillig adj (Tech) multi-groove (Keilriemen)

Mehrrollen-Bandwaage f (Tech) multi-idler belt scale

Mehrschalengreifer m (Bergb) grapnel, grapple, multi-blade grab, multi-claw grab, multi-bladed circular clam, multi-tine grapple, orange-peel grab

Mehrscheibenkupplung f (Tech) multi-disc clutch, multi-plate clutch, multiple-disc clutch (trocken, in Öl laufend)

Mehrschichtenglas n (Bau) laminated glass, laminated safety glass

mehrschiffige Halle f (Baut, Stb) multi-nave hall, multi-nave shed, multibay industrial building

mehrschnittig adj (Tech) in multiple shear (Schrauben oder Nieten)

Mehrspindelbohrmaschine f (Werkz) multiple drill

Mehrstellungszylinder m (Tech) multiple stroke cylinder

mehrstöckig adj (Stb) (BE) multistorey, (AE) multistory

Mehrstoffpressling m (Form) sintering

Mehrstoffrohr n (Hütt) compound tube (Verbundrohr)

Mehrstufendauerschwingversuch m (Prüf) fatigue test with several load steps, multi-stage fatigue test (DIN 50100)

Mehrstufengetriebe n (Getr) multi-stage gearing

mehrstufige Schlammfaulung f (Ökol) stage digestation

mehrstufige Speisewasservorwärmung f (Hydr/Pneu) multi-stage feed water heating

Mehr-Tasten-Modell n (Licht) multiple-key model, multi-gang model

mehrteilig adj (Stb) built-up, compound (Stab, Stütze)

mehrteiliges Pfostenfachwerk n (Stb) Pettit truss, Whipple truss

Mehrweg... (Elek) multi-channel ...

Mehrweg... (Ökol) recyclable

Mehrwegbehälter m (Tech) returnable container

Mehrwegeventil n (Vent) multi-way valve

Mehrzahnaufreißer m (Bergb) multi-shank ripper (z. B. an Grader)

Mehrzugkessel m (Hütt/Walz) multi-pass boiler, multiple-pass boiler

Mehrzweck... (Tech) multipurpose...

Meile f (Tech) mile (1609,35 m)

Meilenstein m (Tech) milestone; key event, milestone event

Meiler m (Bau) (BE) charcoal kiln, (AE) scove kiln

Meißel m (Werkz) chisel

Meißelhammer m (Werkz) chipping hammer

meißeln v (Mech) chip, chip off, chisel, chisel off

Meißelstahl m (Met) draw bar sections pl

Meister m (Tech) foreman, master

Meisterschalter m (Elek) joy-stick selector, joystick, master control, master controller

Meldeanzeige f (Mess) annunciator display unit

Meldedruckersystem n (Mess) sequential events recording system

Meldeeinrichtung f (Elek) annunciator (system), signalling device

Meldefeld n (Mess) annunciator window

Meldeleuchte f (Elek) indicating lamp,

indicator light, monitor lamp, pilot lamp, signal light

Melder m *(Mess)* annunciator, signalling device, tell-tale device

Meldezweck m *(Tech)* signalling purpose

Meldung f *(Tech)* signal

Membran f *(Tech)* diaphragm, membrane

Membrandruckschalter m *(Elek)* pressure switch

Menge f *(Tech)* quantity, qty, volume; capacity *(Kolbenverdichter)*

Mengenbedarfssteuerung f *(Tech)* variable control

Mengeneinstellventil n *(Mess, Vent)* throttle valve

Mengeneinstellverhältnis n *(Mess)* turn down ratio

Mengengerüst n *(Fert, Hütt/Walz)* quantity schedule; product mix

mengenmäßig adj *(Tech)* quantitative

Mengenmessgerät n *(Hydr/Pneu)* flow meter *(Tank)*

Mengenregelung f *(Hydr/Pneu)* flow control

Mengenregelventil n *(Vent)* capacity modulation valve, constant feed regulating valve, flow-control valve, volume control valve

Mengenregler m *(Vent)* overload relief valve

Mengenstrombild n *(Elek)* weighted flow sheet

Mengenteiler m *(Tech)* dividing valve, flow divider

Mengenverhältniseinstellung f *(Mess)* turndown

Mengenzählwerk n *(Mess)* totalizing counter

Meniskus m *(Hütl)* liquid lovel, meniscus

Mennige f *(Anstr)* minium, red lead *(Bleirot)*

Mergel m *(Geo)* marl *(Gesteinsart)*

Merkblatt n *(Tech)* code, code of practice *(Anleitung)*

Merkmal n *(Tech)* feature

Mess... *(Metr)* measuring...

Messachse f *(Elek)* metering shaft

Messanschlag m einer Rundpassungslehre *(Metr)* measuring jaw

Messanzeige f *(Elek)* display *(auf dem Bildschirm)*

Messbalken m *(Tech)* balance beam *(Waage)*

Messband n *(Bergb, Tech)* weigh belt

Messbecher m *(Tech)* graduated beaker *(Labor)*

Messbereich m *(Metr)* effective range, measuring range, measured signal range

Messbezugsfläche f *(Metr)* reference surface

Messblatt n *(Tech)* test sheet

Messblende f *(Hydr/Pneu)* metering orifice, orifice, orifice disk, orifice plate

Messbrücke f *(Elek)* ohmmeter

Messdose f *(Elek)* dynamometer

Messdüse f *(Mess)* flow nozzle, measuring nozzle

Messe f *(Tech)* fair, trade fair *(Fachausstellung)*

Messeinteilung f *(Tech)* scale • **mit Messeinteilung versehen** graduate

messen v *(Tech)* measure; sample *(z. B. Gaskonzentration)*; sense *(erfassen)*

Messer n *(Bergb)* lip, meter *(Bagger)*

Messer n *(Tech)* blade, knife (blade)

Messer n mit Einsatz *(Tech)* insert vane *(Messerpumpe)*

Messereingriffswinkel m *(Tech, Walz)* knife rake angle

Messerfeile f *(Werkz)* hack file, knife edge file, knife file

Messergebnis n *(Tech)* measuring result, reading, resultant measurement

Messerkreisdurchmesser m *(Tech)* diameter across blade circle, knife circle diameter

Messerprofil n *(Mech, Walz)* knife pass, blade groove, pass in a knife *(einer Schere)*

Messerschalter m *(Elek)* knife switch

Messerschräge f *(Mech, Walz)* knife rake

Messerwelle f *(Mech, Walz)* knife arbor, knife shaft, knife spindle *(Schere)*

Messstand m *(Tech)* exhibition space *(außen)*

Messfehler m *(Metr)* error in measurement, measuring error

Messfeld n *(Elek)* instrument panel

Messfläche f *(Metr)* reference surface

Messfrequenz f *(Elek)* sensing frequency

Messfühler m *(Elek)* pick-off, pick-up, sensor

Messfühler m *(Werkz)* (AE) feeler gage, (BE) feeler gauge, (AE) thickness gage,

(BE) thickness gauge *(Dickenschablone, Spion)*

Messgerät *n* mit Abgriff *(Metr)* instrument with contacts

Messgeräte *npl (Metr)* instrumentation, measuring instruments *pl*

Messgröße *f (Metr)* measured quantity, measured variable; measurand *(zu messende Größe)*

Messimpuls *m (Elek)* test pulse

Messing *n (Met)* brass, yellow brass

Messingguss *m (Met)* cast brass

Messinstrument *n (Metr)* measuring instrument, meter

Messinstrument *n (Werkz)* gauge *(Lehre)*

Messkabel *n (Elek)* instrument cable, measuring cable

Messkoffer *m (Metr)* measuring kit *(Satz von Messgeräten)*

Messkopf *m (Prüf, Tech)* probe tip, sensor head

Messlänge *f (Metr)* gauge length

Messlehre *f (Metr)* gauge

Messluke *f (Metr)* measurement hole, test opening

Messnocken *m (Verd)* sockolet

Messrolle *f (Mech)* gauge roller, measuring roller, metering roller *(für Zahndistanzen)*; weighing idler

Messschieber *m (Werkz)* slide gauge

Messsonde *f (Elek)* probe; pyrometer *(für Temperatur)*

Messspanne *f (Metr)* span

Messspannung *f (Elek)* instrument voltage

Messstab *m (Kfz)* dipstick, level gauge *(Ölstand)*

Messstab *m (Metr)* gauge stick *(Füllrohr, Schmierung)*

Messstelle *f (Metr)* detector, sensor; instrument tapping point, sensing area, instrument tapping point, test point *(Versuch)*

Messstelle *f (Stb)* gauge point, measuring point; hot junction, measuring junction *(Thermopaar)*

Mess-, Steuerungs- und Regeltechnik *f (Elek)* measurement-control system and control engineering technology; control instrumentation technology

Messstrecke *f (Tech)* gauge length *(Werkstoffprüfung)*; meter run, metering

section *(Rohrleitung)*; weighing span *(Bandwaage)*

Messtechnik *f (Metr)* metrology

Messtechniker *m (Metr)* instrument technician

Messtisch *m (Metr)* plane table

Messuhr *f (Metr)* dial gauge, gauge, meter

Messumformer *m (Mess)* transmitter

Mess- und Regeltechnik *f (Metr)* control instrumentation technology, measuring and control

Messung *f (Tech)* dimension, measuring

Messvorrichtung *f (Metr)* measuring device

Messwandler *m (Elek)* converter, measuring transformer, transducer

Messwerkzeug *n (Werkz)* measuring instrument, measuring tool

Messwert *m (Metr)* indication, instrument reading, reading

Messwertfühler *m (Elek)* detector, primary element, pick-off, pick-up, sensor, transducer

Messwertgeber *m (Elek)* detector, primary element, pick-off, pick-up, sensor, transducer

Messwertumformer *m (Elek)* converter, measuring transformer, transducer

Metall *n (Met)* metal

Metall-Aktivgas-Schweißen *n (MAG) (Schw)* active-gas metal-arc welding

Metallaktivschweißen *n (Schw)* active-gas metal-arc welding

Metallband *n (Met)* steel tape, strip

Metallbearbeitung *f (Mech)* metal working

Metallbügel *m (Tech)* shackle

Metallbügelsäge *f (Werkz)* hacksaw

Metalldetektor *m (Zer)* tramp metal detector

Metalldichtung *f (Zeich)* metallic gasket

metallfreie Schlacke *f (Hütt)* barren slag

Metallgewinnung *f (Hütt)* extractive metallurgy, metal making; metal making plant

Metallguss *m (Met)* cast metal

Metallhalbzeug *n (Hütt/Walz)* semis of non-ferrous metal

metallhaltig *adj (Hütt)* metal-bearing

metallhinterlegt *adj (Met)* metal backed *(Fernsehgerät)*

Metallhütte f (Hütt/Walz) non-ferrous smelting plant (Werk)

Metallindustrie f (Hütt) non-ferrous metal industry

Metall-Inertgas-Schweißen n (MIG) (Schw) inert-gas metal-arc welding, MIG-welding

metallisch adj (Met) metallic • **metallisch blank** cleaned to white metal, metallically blank • **metallisch blank gesäubert** cleaned to white metal, metallically blank cleaned • **metallisch blank geschliffen** metallically blank ground • **metallisch rein** cleaned to near-white metal, near white metal blast (Reinheitsgrad Sandstrahlen) • **metallisch sauber** metallically blank, near white metal blast (Reinheitsgrad Sandstrahlen)

metallisch dichtende Verbindung f (Tech) metal-to-metal joint

metallisch reines Abstrahlen n (Anstr) commercial blast cleaning

metallische Berührung f (Tech) metal-to-metal contact

metallische Packung f (Tech) metallic packing

metallischer Seilquerschnitt m (Tech) metal rope cross-section

metallisieren v (Anstr) metallise, metal-spray, (AE) metallize

Metalllichtbogenschweißen n (Schw) metal-arc welding, MAW

Metalllichtbogenschweißen n mit Fülldrahtelektrode (Schw) flux-cord arc welding, FCAW, flux cored metal-arc welding

metallografisch adj (Tech) metallographic

metallografischer Schliff m (Met) microsection

Metallrohr n (Met) metal pipe, metal tube

Metallröhre f (Tech) thimble

Metallrohrpresse f (Form) tube extrusion press

Metallsägeblatt n (Werkz) hack saw blade

Metallsägebogen m (Werkz) hack saw frame, metal saw frame

Metall-Schutzgasschweißen n (Schw) gas metal-arc welding, gas-shielded metal-arc welding

Metallspäne mpl (Mech) metal chips pl

Metallspritzverfahren n (Hütt) metal spray coating

Metallstab m (Met) metal rod

Metallstreifen m (Met) slat

Metallsuchgerät n (Zer) tramp metal detector

Metalltresse f (Tech) metal braid (Litze, z. B. in Filter)

Metallurgie f (Hütt, Met) metallurgy

metallurgisch adj (Met) metallurgical

metallverarbeitend adj (Tech) metalliferous, metal making and shaping, metal-working

Metallverarbeitung f (Hütt/Walz) metal working industry

Metallvlieselement n (Hydr/Pneu) metal fibre element

Metallwarmbandstraße f (Walz) non-ferrous hot mill

Metamorphose f (Geo) metamorphose

Meter m (Tech) (AE) meter, (BE) metre (Maß)

Metermaß n (Metr) tape measure

meterweise adv (Tech) (AE) by the meter, (BE) by the metre

Methan n (Chem, Ökol) methane (CH_4); firedamp (Bergbau)

Methanreaktor m (Chem, Ökol) methane former

Methode f (Elek) method

metrisch adj (Tech) metric

Metrologie f (Metr) metrology (Wissenschaft der Gewichte)

Metronom n (Mech) metronome (Taktmaschine)

MIG n (Abk. für: Metall-Inertgas-Schweißen) (Schw) inert-gas metal-arc welding, MIG-welding

Mikro... (Tech) micro...

Mikrokernlunker m (Met) microporosity

Mikrometer m (Metr) micron

Mikrometerschraube f (Metr) micrometer caliper, micrometer screw; micrometer head (Schraublehre ohne Bügel)

Mikrophon n (Elek) microphone; transmitter (Teil des Telefongerätes)

Mikroprozessor m (IT) microprocessor

Mikroschliff m (Met) microsection

Mikroskop n (Elek) microscope

Mikroskopaufnahme f (Tech) photomicrograph, microphotograph, micrograph

mikroskopisch adj (Elek) microscopic
Mikrostahlwerk n (Hütt) micro mill
Mikrowellenspektroskopie f (Metr) microwave spectroscopy
Mildhartgusswalze f (Walz) three-quarter hard cast-iron roll
Millimeter m (Tech) (AE) millimeter, (BE) millimetre
Minderleistung f (Tech) actual reduced handling rate, reduced handling rate
mindern v (Tech) decrease, lower (z. B. Druck)
minderwertig adj (Tech) inferior; low-grade (z. B. Mineral)
Mindest... (Tech) minimum
Mine f (Bergb) mine
Mineral n (Geo) mineral
Miniatur-Impulsoszillator m (Elek) miniaturised pulsed oscillator
Minimalabstand m (Tech) minimum interval
Minimalgrenzwert m (Mess) low alarm point
Minimalzugregelung f (Walz) low-tension control
Mini-Messschraubkupplung f (Hydr) micro hose coupling
Minimeter n (Metr) inclined gauge, micro-pressure gauge
Minimumauswahl f (Mess) low signal selector (Gerät)
Ministahlwerk n (Hütt) minimill, steel minimill
Minus... (Elek, Tech) negative...
Minusdruckentnahme f (Hütt) downstream tap
Minuspol m (Elek) negative pole
Misch... (Tech) mixed..., mixing
Mischbettanlage f (Tech) blending bed (Rergbau); mixing bed (Huttentechnik)
Mischbettaufnahmegerät n (Bergb) blending reclaimer
Mischbettengerät n (Umschl) bedding machine
Mischbett... (Hütt/Walz) mixed-bed...
Mischeinrichtung f (Bergb) blending equipment
mischen v (Tech) mix
mischen v (Tech, Umschl) blend (Erze usw.)
Mischer m (Bergb) mixer
Mischer m (Hütt) mixing chamber (Hochofenwind)

Mischgasschweißen n (Schw) gas-mixture shielded metal-arc welding
Mischgut n (Bau) mix (Tragschicht)
Mischkammer f (Bergb) mixing chamber
Mischkammer f (Tech) secondary venturi (des Vergaser)
Mischkristallreihe f (Hütt) solid solution series
Mischlager n (Umschl) blending yard
Mischrohr n (Bergb) mixture pipe
Mischrohr n (Tech) venturi tube (Vergaser)
Mischschieber m (Vent) double butterfly valve, rotary valve; proportioning valve, three-way valve (Dosierung)
Misch-Schnecke f (Tech) mixing screw; paddle worm conveyor
Mischsilo n (Hütt) blending bin
Misch-T-Stück n (Met) mixing tee
Mischung f (Chem) mixture
Mischwicklung f (Hütt) interleaved winding (Lichtbogenofen)
Mischzink n (Met) debased zinc
Mistgabel f (Stb) pitchfork (Stahlbrückenstütze)
mitdrehend adj (Tech) turning
mitdrehende Leiter f (Tech) turning ladder
Mitführung f (Hütt) entrainment
Mitkopplung f (Mess) positive feedback
Mitlaufen n (Hütt) carryover
mitlaufend adj (Tech) revolving
mitlaufendes Zahnrad n (Tech) idler
Mitnehmer m (Tech) cam, dog, driver, driving dog, follower, pusher (Anschlag, Nase); flight (eines Trogkettenfördereres); tappet; yoke (Gabelstück)
Mitnehmerbolzen m (Tech) carrier [follower, dog] pin, tappet
Mitnehmergabel f (Tech) fork tappet
Mitnehmerlager n (Lag) following bearing
Mitnehmerlasche f (Tech) straight lug link plate
Mitnehmernase f (Tech) driving lug, lug (der Bodenplatte)
Mitnehmernut f (Tech) keyway
Mitnehmerrolle f (Tech) carrier roller
Mitnehmerscheibe f (Tech) operating disc
Mitnehmersteuerung f (Tech) cam mechanism, cam operation
Mitnehmerstift m (Tech) tappet

Mitnehmerwelle f (Tech) camshaft
mitschwingend adj (Elek) sympathetic (Resonanz)
Mitte f (Tech) (AE) center, (BE) centre (Punkt); middle
mittel adj (Tech) average, mean, medium
Mittel n (Tech) mean (Durchschnitt, Mittelwert); means, resources
Mittelanzapfung f (Elek) centre tap, c.t., mid-tap
Mittelbandstraße f (Hütt/Walz) medium-strip mill, medium-wide strip mill
mittelbarer Wert m (Mess) bogus value
Mittelblech n (Met) medium plate, medium sheet, medium steel sheet, steel sheet
Mitteldruckhydraulik f (Hydr/Pneu) medium-pressure hydraulics (bis 300 bar)
Mittelebene f des Torus (Tech) mid-plane of the toroid
Mittelfeld n (Stb) (AE) center span, (BE) centre span (Öffnung); middle-field (z. B. einer Stahlbrücke)
Mittelfrequenzinduktionsschweißen n (Schw) medium-frequency induction welding
mittelgekohlter Stahl m (Met) medium-carbon steel
Mittelgelenk n (Stb) centre hinge
Mittelhalle f (Stb) (AE) center bay, (BE) centre bay, (BE) middle bay, middle hall
mittelhart adj (Tech) medium-hard
Mittelhiebfeile f (Werkz) bastard cut file
Mittelkraft f (Stat) resultant
Mittelkreis m am Schneckenrad (Getr) pitch circle, reference circle
Mittelleiter m (Elek) middle wire, neutral, zero wire
Mittelleiterschiene f (Elek) neutral bar, neutral bus
Mittellinie f (Math, Stat) axis, (AE) centerline, (BE) centreline
mitteln v (Tech) average, take the mean
Mittelpfeiler m (Stb) (AE) center pier, (BE) centre pier
Mittelprodukt n (Met) hard-to-burn fuel, low-grade fuel (schlecht brennbarer Brennstoff)
Mittelrohrrahmen m (Stb) central tube frame
Mittelschneidmesser n (Mech) center cutting edge

Mittelspannung f (Elek) low potential, medium voltage
Mittelspannung f (Prüf) mean stress, steady stress component (DIN 50100)
Mittelstahl m (Met) medium structural steel (als Baustahl)
Mittelstraße f (Walz) medium section mill
Mittelstück n (Tech) (AE) center, (BE) centre; centre section (eines Kreuzschlüssels für Radmuttern)
Mittel- und Grobblech n (Met) plate
Mittel- und Großrohre npl (Met) medium and large diameter tubes pl, medium-sized and large pipes pl
Mittelwert m (Tech) average, mean, average value, mean value
Mittelzapfen m (Tech) kingpin; center column (Bergbau)
Mittelzerkleinerung f (Zer) medium-hard rock crushing, secondary crushing machinery
Mittenabstand m (Tech) (AE) center distance, (AE) center-to-center distance, (BE) centre distance, (BE) centre-to-centre distance, (AE) distance between centers, (BE) distance between centres, spacing
Mittenbohrung f (Tech) (BE) centre bore
mittenfrei adj (Bergb) (AE) open-centered (z. B. Kugeldrehverbindung)
Mittenkreis m (Tech) reference circle
Mittenkreisdurchmesser m (Tech) reference diameter
Mittenkreisteilung f (Tech) reference pitch
Mittenrauwert m (Prüf) arithmetical average, centre line average value
Mittentoleranz f (Stb) center tolerance
Mittenwelle f (Walz) centre buckle, centre ripple, centre wave (auf einem gewalzten Band)
mittig adj (Tech) axial, (AE) center, centered, central, (BE) centre, centred, on-centre
mittig adj/genau (Tech) dead-centre
mittige Beanspruchung f (Stb) axial stress
mittlerer Fehler m (Stb) mean error
mittragende Plattenbreite f (Tech) width of flange
Möbelfeder f (Tech) upholstery spring
mobil adj (Tech) mobile
mobilisieren v/Baustelle set up the

erection site, *(BE)* mobilise, *(AE)* mobilize, furnish the site, set up the site

Mobilkran *m (Kran)* low truck crane, truck crane; *(AE)* tire crane, *(BE)* tyred crane *(auf Rädern)*

Modell *n (Hütt/Walz)* pattern *(Guss)*

Modell *n (Tech)* model

Modellbildung *f (IT) (AE)* modeling, *(BE)* modelling

Modellieren *n (IT) (AE)* modeling, *(BE)* modelling

Modelltischler *m (Hütt/Walz)* pattern maker *(z. B. für Gießform)*

Modellversuch *m (Prüf)* model test

Modem *n (IT)* modem, modulator-demodulator *(bei Datenfernübertragung)*

modernisieren *v (Tech) (AE)* modernize, *(BE)* modernise, refurbish, rehabilitate, revamp

modifiziert *adj (Tech)* modified

Modul *m (Math)* modulus *(Vektor)*

Modul *n (Tech)* unit *(z. B. Motormodul)*

modular *adj (Tech)* modular

möglich *adj (Tech)* feasible, possible, practicable

möglich *adj/technisch (Tech)* technologically feasible

Möglichkeit *f (Tech)* option, possibility; option *(Auswahl)*

Molekulargewicht *n (Chem, Verd)* molecular weight

Möller *m (Hütt/Walz)* batch, charge, metallic burden and fluxes *(Chargiergut für den Hochofen)*; stock *(bereits im Hochofen)*; furnace mix, furnace mix burden, mix burden, prepared mix, raw material mixture *(für den Reduktionsofen)*

möllern *v (Hütt/Walz)* blend, mix *(das Chargiergut mischen)*

Molybdän *n (Met)* molybdenum

Molykote-Gleitlack *m (Anstr)* bonded coating

Moment *m (Tech)* moment *(Augenblick)*; torque *(Motor)*

Momentanwert *m (Mess)* transient value

Momentanwertumsetzer *m (Mess)* feedback encoder

Momentdruckregelventil *n (Vent)* torque control

Momentenarm *m (Tech)* lever arm, moment arm of force; moment arm *(Kol-*

benverdichter); torque arm *(Momentenstütze)*

Momentenhebel *m (Werkz)* torque lever

Momentenschlüssel *m (Werkz)* torque wrench

Momentenstütze *f (Tech)* torque arm *(Kolbenverdichter)*; torque mount

Momentrelais *n (Elek)* instantaneous relay

Momentschalter *m (Elek)* high-speed switch, quick-break switch

Momentum *n (Tech)* momentum

mondsichelförmig *adj (Tech)* crescent shaped

Moniereisen *n (Met)* armouring bars *pl*

Monitorzusatzgerät *n (Elek)* monitor supplement

Monoausrüstung *f (Bergb)* mono-boom attachment

Monoblock *m (Bergb)* monobloc

Monoblock-Scheinwerfer *m (Elek)* sealed beam spotlight

Monoboom *m (Bergb)* gooseneck *(Mono-Ausleger)*

monofilare Wicklung *f (Elek, Hütt)* monofilar winding *(Transformator)*

Monokorn *n (Met)* monograin

Monolith *m (Bau)* monolith

Monomast *m (Tech)* monomast *(Gabelstapler)*

monostabil *adj (Elek)* monostable

Montage *f (Mont)* assembly, erection, field installation, fitting, mounting • **bei Montage** during assembly • **bei Montage gebohrt** drilled during assembly

Montageabschnitt *m (Stb)* assembled section

Montageabteilung *f (Fert)* assembly, erection department

Montageanweisung *f (Mont)* assembly instructions, installation instructions

Montageausführung *f (Tech)* erection work *(Leistungsstruktur)*; maintenance *(Werksabteilung)*

Montagebericht *m (Mont)* F.S.R., field service report

Montagebolzen *m (Tech, Mont)* temporary bolt, erection bolt

Montagebügel *m (Mess)* mounting yoke *(jochförmig als Befestigungsbügel)*

Montagedauer *f (Mont)* erection period, erection time, period of erection

montagefertig *adj (Mont)* ready to mount
Montagegerüst *n (Stb)* assembly scaffolding, assembly strut, assembly support, erecting scaffold, falsework
Montagegruppe *f (Mont)* arrangement, assembly, assembly group
Montagehinweis *m (Mont)* assembly instruction
Montagekosten *pl (Mont) (BE)* cost of materials *(nur Materialkosten)*; assembly costs *pl*, cost of erection, costs of erection, erection cost
Montagekran *m (Kran, Mont)* erecting crane, service crane, *(AE)* stiff-leg derrick
Montageleiter *m (Mont)* chief erector, erection supervisor
Montagemesser *n (Mont)* erection knife
Montageplattenaufbau *m (Mont)* base plate
Montageschraube *f (Mont)* erection bolt
Montageschweißung *f (M.S.) (Schw)* erection welding, site welding
Montagestoß *m (Stb) (AE)* field connection, field joint, *(BE)* site connection
Montageträger *m (Met)* service crane girder, service girder, service trolley girder
Montagewerkzeug *n (Werkz)* fitting tool
Montagewinkel *m (Mont)* angle bracket
Montagezange *f (Werkz)* circlip pliers
Montagezeichnung *f (Zeich)* assembly drawing, erection drawing, installation drawing
Montanindustrie *f (Bergb)* mining industry
Monteur *m (Mont)* assemblyline worker *(am Montageband)*; erection engineer, erector, fitter, mounting foreman
montieren *v (Mont)* assemble, erect, fit, fix, install, mount
Montierspitze *f (Mont)* drift
montiert *adj (Mont)* assembled *(zusammengebaut)*; mounted *(angebaut)*
montierte Zeichnung *f (Zeich)* assembled drawing
Moosgummiprofil *n (Met)* sponge-rubber strip
Mörtel *m (Bau)* mortar
Mörtelbrett *n (Bau)* mortar board
mörteln *v (Bau)* grout *(mit Mörtel verstreichen)*

Mosaik-Schaltbild *n (Elek)* mosaic-type mimic diagram panel
Mosaikschwinger *m (Elek)* crystal mosaic
Motor *m (Antr, Tech)* drive; motor; engine *(Verbrennungsmaschine)*
Motor *m* mit Reihenwicklung *(Antr)* series motor, series-wound motor
Motorabgang *m (Elek)* motor circuit, motor feeder *(Stromkreis)*
Motoranbringungskonsole *f (Tech)* motor mounting base
Motorantrieb *m (Antr)* drive, motor drive; driver, motor drive unit *(z. B. eines Verdichters)*
Motoraufhängung *f (Tech)* engine mounting, engine mounting base; engine support bracket *(am Rahmen)*; engine suspension *(Zwischenteile)*
motorbetätigt *adj (Tech) (AE)* motorized, *(BE)* motorised, motor-driven
motorgetrieben *adj (Tech)* engine-driven, *(BE)* motorised, *(AE)* motorized *(motorbetätigt)*
Motorhaube *f (Kfz) (BE)* bonnet, engine bonnet, engine hood, *(AE)* hood
Motorhaubenpuffer *m (Kfz)* hood shock
motorisch *adj (Tech)* motive, powered
  • **motorisch getrieben** *(Elek)* powered, remotely controlled
motorisiert *adj (Tech) (BE)* motorised, *(AE)* motorized
Motor-Kreuz *n (Kfz)* engine cross *(Achsmitte Kurbelwelle)*
Motorlager *n (Tech)* engine mounting
Motornennleistung *f (Tech)* engine rating *(Verbrennungsmotor)*; motor rating *(E-Motor)*
Motorrad *n (Kfz)* motorbike, motorcycle
Motorraum *m (Antr)* engine compartment *(Verbrennungsmotor)*; motor compartment *(Elektromotor)*
Motorroller *m (Kfz)* motor scooter
Motorschild *n (Tech)* engine plate
Motorspritze *f (Tech)* motor pump
Motorsteuerung *f (Tech)* engine timing, timing gear
Motorstromkreis *m (Elek)* motor circuit
Motorstufenschalter *m (Elek, Hütt)* motor-driven tap changer *(Transformator)*
Motortype *f (Tech)* frame size
Motrak *m (Baum)* dumper

M.S. *f (Abk. für: Montageschweißung) (Schw)* site welding

Muffe *f (Elek)* box, bush, bushing, conduit coupling, muff, sealing joint, sleeve, thimble

Muffe *f (Tech)* socket, tube coupling *(Rohr)*

Muffenbearbeitungsanlage *f (Walz)* socket machining equipment

muffengeschweißt *adj (Schw)* socket welded

Muffenkupplung *f (Tech)* butt-muff coupling, cased butt coupling

Muffenrohr *n (Walz)* socket pipe

Muffenverbindung *f (Tech)* spigot and socket joint

Mühle *f (Zer)* mill, pulverizer

Mühlenantrieb *m (Zer)* mill drive, pulverizer drive

Mühlendrehrichtung *f (Zer)* rotational direction of mill

Mühlenraum *m (Zer)* mill room

Mühlenventilator *m (Zer)* exhauster fan *(Mühlenfeuerung)*; mill fan

mulchen *v (Zer)* mulch *(Holz)*

Mulde *f (Schw)* molten pool, syncline, weld pool, weld puddle

Mulde *f (Tech)* body *(des Kippers)*; skip *(z. B. Betonmulde)*

Muldenbandförderer *m (Förd)* troughed belt conveyor

Muldenbau *m (Tech)* body manufacturing *(Fabrikation)*

Muldenchargiermaschine *f (Hütt)* box charger

Muldenkettenförderer *m (Förd)* trough conveyor, v-top conveyor

Muldenkipper *m (Baum) (AE)* dump truck, dumper, skip

Muldenkippwagon *m (Bahn)* side-discharging wagon with side-tipping buckets, tipping car *(Bahn)*

Muldenrinne *f (Förd)* concave trough

Muldenrollenstuhl *m (Förd)* carrying idler stand, troughed idler support

Muldenverschluss *m (Tech)* skip lock *(z. B. Riegel)*

Muldung *f (Förd)* trough, troughing

Muldungsfähigkeit *f (Förd)* troughability *(Gurt)*

Müll *m (Tech)* garbage, refuse

Mülldeponie *f (Tech)* garbage [refuse] dump *(normale Kippe)*; landfill *(groß)*

Müllfahrzeug *n (Tech) (AE)* garbage truck, refuse collection vehicle, trash vehicle

Müllhalde *f (Tech)* bing, (slag-)heap, landfill

Müllkippe *f (Tech)* landfill, refuse dump

Müllsortiergreifer *m (Bergb)* garbage sorting grab

Müllverbrennungsanlage *f (Ökol)* garbage incineration plant, incineration plant, refuse firing equipment, refuse incineration plant, refuse incinerator

Müllwagen *m (Kfz) (AE)* garbage truck

Multimomentaufnahme *f (Tech)* activity sampling

Multiplexer *m (Mess)* combiner, multiplexer

Mundstück *n (Tech)* nose, nozzle *(Düse)*; detachable end *(Gießschnauze)*

Mündung *f (Tech)* mouth, orifice; spout *(Auslauf)*

Mündungskanal *m (Tech)* orifice

Mündungsstück *n (Tech)* nozzle

Münzmaterialwalzwerk *n (Walz)* coin mill

Muschelbruch *m (Met)* conchoidal fracture

Muschelkalk *m (Geo)* conchoid muschelkalk; muschelkalk *(Baumaterial)*

Muschelschieber *m (Vent)* shell valve

Muster *n (Tech)* sample *(Probe)*; specimen *(z. B. Formular)*; pattern *(Vorlage)*; template *(zum Schweißbrennen)*

Mutter *f (Tech)* nut, screw nut *(Schraubenmutter)*

Mutterauflage *f (Tech)* nut engaging surface

Muttergewinde *n (Tech)* internal thread; threaded socket *(zum Annippeln von Elektroden)*

Mutternhöhe *f (Tech)* thickness of nut *(der Schraube)*

Mutternsprenger *m (Werkz)* nut splitter

MVA *n (Abk. für: Megavolt-Ampere) (Elek)* megavolt ampere, MVA

MW-Messer *m (Elek)* megawattmeter

N

Nabe f (Tech) boss (Vorsprung); hub, tube
Nabenlänge f (Tech) distance through hub
Nabennut f (Tech) keyway
Nacharbeit f (Mech) redressing, repair and restoring work, restoring, subsequent work
nacharbeiten v (Mech) redress, refinish, rework, remachine (mechanisch); rework
nachbauen v (Tech) copy (nach Muster)
Nachbearbeitung f (Tech) dressing, finishing, redressing, remachining, reworking, tooling; after-treatment (Hüttenwesen)
Nachbehandlung f (Bau, Stb) curing, subsequent treatment
Nachbehandlung f (Hütt) after-treatment, post-treatment (z. B. Stahl in der Pfanne)
nachbessern v (Anstr) touch up (z. B. Anstrich)
Nachbesserungsschweißen n (Schw) touch-up welding
Nachbohrmaschine f (Werkz) reamer, reaming machine
Nachbrechen n (Zer) post crushing, secondary crushing
nachbrennen v (Schw) repair-weld (Reparatur)
Nachbrennen n (Schw) subsequent flame cut
Nachbrenner m (Hütt) afterburner
Nachdruck m (Tech) back-up pressure, pressure dwell; downstream pressure (Ventil)
nacheilend adj (Elek) inductive
Nacheilung f (Elek) lag, phase lag, phase retardation
nacheinander adv (Tech) consecutively, sequentially, successively, in succession
nachfallen v (Mech) cave
nachfolgend adj (Tech) follow-on, next in line, subsequent
Nachführung f (Mess) tracking
nachfüllen v (Tech) replenish, top up
nachgeben n (Tech) yielding
nachgehauene Feile f (Werkz) recut file
nachgeordnet adj (Tech) subordinated

nachgeschaltet adj (Tech) downline, downstream, follow-on; in-line
nachgeschalteter Kühler m (Tech) aftercooler
nachgespannt adj (Stb) post-tensioned
nachgewalzt adj (Met) killed
nachgewiesen adj (Stat) demonstrated, proven
nachgiebig adj (Tech) flexible
nachglätten v (Walz) post-planish (Bandnaht)
nachglühen v (Elek) afterglow
nachhaltig adj (Ökol) sustainable
nachhelfen v (Tech) boost (unterstützen)
Nachklärbecken n (Ökol) final settling basin, secondary settling basin
Nachknäppern n (Zer) secondary blasting
Nachkontrolle f (Prüf) destructive verification (Zerreißprobe)
Nachkontrolle f (Prüf) after-test, recheck
Nachkristallisation f (Met) postcrystallisation
Nachkühlen n (Tech) aftercooling
nachlassen v (Stat) bleed (Spannung)
nachlassen v (Tech) slacken (lockern)
nachlaufend adj (Tech) lagging
Nachläufer m (Umschl) dolly, trailer
Nachlaufschmierung f (Tech) lubrication with switch-off delay
Nachlaufsteuerung f (Elek) follow-up control
Nachlaufwerk n (Elek) motor compensating system
Nachlesegerät n (Zer) detector and marker, tramp metal detector
Nachleuchten n (Elek) afterglow (z. B. der Bildröhre)
nachleuchtende Bildröhre f (Elek) afterglow tube
nachmessen v (Tech) remeasure
Nachprüfung f (Prüf) retest (nochmaliges Prüfen)
nachregulieren v (Mech) adjust
Nachricht f (IT) message
nachrichten v (Tech) dress, readjust, realign
nachrüsten v (Tech) retrofit, upgrade; expand (zusätzlicher Anbau)
nachrutschen v (Förd) avalanche down (Fördergut)
Nachsaugrückschlagventil n (Vent) anti-cavitation check valve

Nachsaugung f (Hydr/Pneu) suction

Nachsaugventil n (Vent) anti-cavitation check valve, anti-cavitation valve, suction valve

Nachschalten n (Hydr/Pneu) downstream switching

Nachschaltheizflächen fpl (Hütt/Walz) economizers pl and air heaters pl, heat recovery adjuncts pl

Nachschaltung f (Hydr/Pneu) downstream switching

nachschmieren v (Tech) relubricate

nachschneiden v (Mech) profile (Profil); retread (Reifen)

nachschweißen v (Schw) re-weld, repair--weld (Reparatur); subsequently flame--cut, reweld

Nachschwingzeit f (Elek) die-away time, reverberation time, ringing time

nachsetzen v (Hütt) slip (eine Elektrode)

Nachspeiseleitung f (Hydr/Pneu) feeding line

nachspeisen v (Tech) feed

Nachspeiseventil n (Vent) anti-cavitation valve, feeding valve

Nachstauchkraft f (Met, Walz) post-upsetting force

nachstehend adj (Tech) following

nachstellbar adj (Tech) adjustable (z. B. Ventil, Motor)

nachstellen v (Tech) adjust

Nachstellmutter f (Tech) adjusting nut, readjustable nut

Nachstellung f (Tech) adjusting star, adjustment (Schwenkbremse)

Nachstellwirkung f (Mess) integral action (Integralverhalten)

Nachstellzeit f (Mess) integral action time

nachstemmen v (Stb) caulk, recaulk (Nieten)

nachteilig adj (Tech) detrimental (schädlich); disadvantageous

nachteiliger Mangel m (Met) injurious defect

Nachtlast f (Hütt/Walz) overnight load, power supply during the night

nachträglich adj (Tech) additional, supplementary (zusätzlich); later, post--mortem, subsequent, ulterior

Nachverbrennung f (Hütt/Walz) post--combustion, reheat, retarded combustion

Nachwalzgrad m (Walz) temper (Dressiergrad)

Nachwalzwerk n (Walz) skin pass mill, temper-rolling mill, temper mill (Dressierwalzwerk)

Nachwärmofen m (Hütt) reheating furnace

Nachweis m (Tech) detection, determination (Festlegung); evidence, proof (Beweis)

nachzählen v (Tech) recount

Nachzerkleinerung f (Zer) secondary crushing

nachziehen v (Tech) reset; retighten (z. B. Schrauben)

Nachzündung f (Elek) late ignition (Kraftfahrzeug)

Nachzündung f (Hütt/Walz) retarded ignition

Nackenzylinder m (Bergb) adjusting cylinder; articulated cylinder (zum Auslegeroberteil); boom adjusting cylinder (Verstellzylinder)

nackt adj (Tech) bare

nackter Draht m (Elek, Schw) bare wire

Nadel f (Tech) needle (Düse); pin (Bolzen, Stecknadel); pointer (Zeiger)

Nadelbuchse f (Lag) needle cage

Nadeleckventil n (Mess, Vent) needle angle body control valve

Nadelfeile f (Werkz) needle file, riffler

Nadelfilz m (Werkz) needle felt

Nadellager n (Tech) needle bearing, needle roller bearing

Nadelöhr n (Fert, Tech) bottleneck (enge Stelle)

Nadelstich m (Anstr) pinhole (Anstrich)

nadelstichartige Korrosionsstelle f (Anstr) pinhole

Nadelventil n (Vent) needle valve

Nagel m (Tech) nail

Nagelbohrer m (Werkz) gimlet

Nagelkopfschweißen n (Schw) nail--head welding (DIN 1910)

nageln v (Tech) nail

Nagelzange f (Werkz) cutting nippers p.

Nagelzieher m (Werkz) (AE) claw wrench, nail drawer, nail lifter, nail puller

Nahbereich m (Elek) close range • **im Nahbereich** at close quarters [range]

Nähe f (Tech) proximity

Näherung f (Tech) approximation

Näherungsrechnung f (Stb) approximate calculation

Näherungsschalter m (Elek) proximity switch, sensor

nahezu adv (Tech) almost, virtually

Nahfeld n (Akus) near field, near zone (Nahzone, Fresnelzone)

Nährstoffe mpl (Chem, Tech) nutrients pl

Nahrungsmittelindustrie f (Tech) food and beverage industry

Naht f (Schw) seam, weld seam, weld

Naht f **mit Wulst** (Schw) convex contour

Naht f **ohne Wulst** (Schw) flush contour

Nahtauslauf m (Schw) phase out (der Schweißnaht)

Nahtauslaufblech n (Schw) run-off tab

Nahtdicke f (Schw) fillet depth, fillet thickness (Kehlschweißnaht); throat thickness

Nahtennorm f (Schw) standard joint configuration

Nahtform f (Schw) weld shape

Nahtfuß m (Schw) weld toe

Nahtgegenschweißung f (Schw) welding or root reinforcements pl

Nahthöhe f (Schw) throat, throat thickness

Nahtkante f (Schw) toe of a weld

nahtlos adj (Tech) seamless • **nahtlos gewalzt** seamless rolled

nahtloses Stahlrohr n (Met) seamless steel tube

Nahtnorm f (Schw) standard joint configuration

Nahtscheitel m (Schw) seam crown

Nahtschweißung f (Schw) resistance seam welding, seam weld

Nahtstelle f (IT) interface

Nahtüberhöhung f (Schw) reinforcement, weld reinforcement

Nahtunterseite f (Schw) back of weld

Nahtwertigkeit f (Schw) valence of weld

Nahtwurzel f (Stb) seam root

Napfziehen n (Form) cupping

Narbe f (Met) crack (z. B. im Stahl)

narben v (Mech) emboss (prägen)

Nase f (Anstr) run (Anstrich)

Nase f (Tech) dog, lug, nose; tappet (an beweglichen Teilen)

Nasenkeil m (Tech) gib key, gib-head key

Nasenprofil n (Met) ribbed flat

Nasenring m (Tech) lug ring, nose ring

Nasensenkschraube f (Mech) countersunk bolt with nosing

Nassbagger m (Bergb) hydraulic dredge, dredger

Nassbaggerei f (Bergb) marine contractor

nässeempfindlich adj (Tech) moisture-sensitive, sensitive to moisture

Nassentstauber m (Hütt/Walz) wet-type dust collector

Nassfeuerlöscher m (Tech) wet extinguisher

Nasslauf m (Tech) wet run (der Lamellenbremse)

Nasslöffelbagger m (Bergb) (BE) dipper bucket dredge, dipper bucket dredger, (AE) dipper dredge, dipper dredger

Nassluftfilter n (Tech) wet air cleaner, oil-wetted air cleaner

nassmechanische Aufbereitungsanlage f (Aufb) wet-mechanical dressing plant

Nassmetallurgie f (Hütt, Met) hydro-metallurgy

Nasssiebung f (Zer) wet screening

Nassstrahlreinigung f (Hütt) liquid blasting

Nasswirbler m (Hütt) cyclone gas washer

Naturgas n (Geo) natural gas

Naturgröße f (Tech) full-scale representation, natural size

naturhart adj (Met) naturally hard(ened)

natürlich adj (Tech) natural

natürliche Form f (Tech) physical form

natürliche Härtbarkeit f (Met) inherent hardenability

natürliche Kühlung f (Tech) self-cooling

natürlicher Brand m (Stb) natural fire

Naturzugkühlturm m (Elek) cable net cooling tower (am Mittelmast)

NC (Abk. für: numerisch gesteuert) (Elek, Tech) numerically controlled, NC

NC-Bahnsteuerung f (Mech) NC continuous contour system (Werkzeugmaschine)

NC-Maschine f (Mech) NC tool machine (mit Lochstreifen)

ND m (Abk. für: Nenndurchmesser) (Tech) normal diameter, nominal diameter

ND m (Abk. für: Niederdruck) low pressure

ND-Teil n (Hütt/Walz) low-pressure stage

NE-Altmetall n (Met) non-ferrous scrap metal

Nebelleuchte f (Kfz) fog light
Nebelöler m (Tech) oil-fog lubricator, oil-mist lubricator
Nebelschmierung f (Tech) mist lubrication
Nebenantrieb m (Antr, Elek, Tech) auxiliary drive, power take-off
Nebenarbeit f (Mech) ancillary work
Nebeneffekt m (IT) side effect
Nebenentstaubung f (Ökol, Walz) secondary dust collection, secondary emission control, fugitive emission control
Nebenkeule f (Prüf) side lobe (Ultraschallprüfung)
Nebenläufer m (Verd) female rotor (Schraubenverdichter)
Nebenmetall n (Met) by-metal (NE-Metallgewinnung)
Nebenprodukt n (Bergb) by-product
nebensächlich adj (Tech) incidental
Nebenschluss m (Elek) shunt
Nebenschluss m (Tech) bleed off (Öl)
Nebenspannung f (Stb) secondary stress
Nebenstromleitung f (Elek) bypass line
Nebenstromventil n (Vent) bypass valve
Nebenwiderstand m (Elek) shunt resistor
Nebenwirkung f (Tech) side effect
Nebenzeit f (Fert) non-productive time
negativ adj (Elek, Tech) negative
negative Bombierung f (Walz) negative crown, negative camber (Walzen)
negative Muldung f (Förd) inverted troughing (bei Unterbandrollen)
negativer Auflagedruck m (Stat) uplift
negatives Biegemoment n (Stat) (AE) negative bending moment, (BE) hogging bending moment
negatives Verfahren n (Elek) opacity technique (Wilson-Technik)
neigen v (Tech) lean; slope down; tilt (kippen)
Neigungsregler m (Tech) inclination regulator
Neigungsschalthebel m (Elek) tilt control lever
Neigungswaage f (Tech) inclination balance
Neigungswinkel m (Tech) angle of inclination, slope; screed tilt (Seitenfertiger)
NE-Metall n (Met) non-ferrous metal
NE-Metallhalbzeug n (Hütt/Walz) non-ferrous semifinished product

Nenn... (Elek, Tech) nominal...
Nennaufnahme f (Elek) nominal consumption
Nennbetriebslast f (Tech) rated duty
Nennerpolynom n (Elek) denominator polynominal
Nennlast f (Tech) capacity factor, nominal loading, nominal power, unit capacity factor
Nennleistung f (Elek) nominal output, nominal power (Motor); performance rating, rated amperage, rated current, rated output, rated power, rated power output, rating; rated capacity (Konverter)
Nennmoment n (Elek) rated torque, torque rating
Nennoberspannung f (Elek) peak nominal voltage
Nennspannung f (Elek) voltage rating, nominal voltage, rated voltage
Nennspannung f (Met) nominal stress (im Werkstoff; DIN 50100)
Nennstoßstrom m (Elek) rated peak withstand current
Nennunterspannung f (Elek) lowest nominal voltage
Nennweite f (Tech) nominal size, nominal width, normal width; nominal bore, nominal pipe size, nominal size (Rohrleitung)
Neoprenlager n (Tech) neoprene pad
Neoprentopflager n (Lag) cup-type neoprene bearing
Nest n (Tech) pocket
Nettogewicht n (Bahn, Umschl) (BE) tare weight
Nettoleistung f (Tech) brake horsepower (Bromse)
Nettoquerschnitt m (Stb) net section
Netz n (Bau, Elek, Tech) mains, mains supply (z. B. Wasser- oder Stromnetz)
Netz n (Elek, IT) network
Netz n (Tech) grid (Karte, Darstellung)
Netzanschlussgerät n (Elek) power pack, power unit
Netzanschlusskasten m (Elek) power box
Netzanschlussklemme f (Elek) line terminal, mains terminal
netzartig adj (Tech) netlike
Netzauftrennung f (Elek, Tech) network splitting

Netzentkupplung f (Elek, Tech) network disconnection

Netzentnahme f (Elek) power consumption (z. B. Stromverbrauch)

Netzgerät n (Elek) power pack, power supply, power unit

Netzlinie f (Stb) theoretical line, working line

Netzmasche f (Stb) mesh

Netzmessung f (Tech) measurement in chequerboard fashion, measurement traverse

Netzplan m (Tech) network, network diagram, network plan

Netzschütz n (Elek) power contactor

Netzschwankung f (Elek, Tech) line surging, mains fluctuations [variation]

Netzsicherung f (Elek) mains fuse

Netzteil n (Elek) power pack, power supply, power unit, power supply unit (z. B. Fernsehgerät)

Netzteileinschub m (Mess) plug-in power pack

Netzverband m (Stb) lattice bracing, net bracing

Netzwerk n (Elek, Tech) network

Netzwiderstand m (Elek) netting resistor, perforated resistor

Neuanstrich m (Anstr) new paint finish

Neubau m (Baut) construction (der Stranggießanlage); newbuild, new-built house

Neuerung f (Tech) innovation

neuester Stand m der Technik (Tech) state of the art, latest level of technology

Neuheit f (Tech) innovation, novelty (Neuerung)

Neulandgewinnung f (Bau) land reclamation, reclaiming

Neuneck n (Tech) nonagon

Neuschleifen n der Ventilsitze (Mech) reseating

Neusilber n (Met) German silver (Guss)

Neuteile npl (Tech) new parts; renewal parts (als Ersatz)

Neutralisationszahl f (Chem) A.V., acid value, neutralization value

neutralisieren v (Chem) neutralize

Neutralisierventil n (Vent) neutralizer valve

Neutronenflussmessung f (Elek) neutron flux measurement

Neuwalzung f (Hütt/Walz, Met) freshly-rolled material (neues Material)

N-Fachwerkträger m (Stb) Baltimore truss, Parker truss

NF-Frequenzgang m (Elek) AF response

NH-Sicherung f (Elek) low-voltage HRC fuse

Nibbelmaschine f (Mech) nibbling machine (Knabberschere)

nibbeln v (Mech) nibble

nicht angesteuert adj (Elek) de-energized

nicht anwendbar adj (Tech) non-applicable

nicht anschlagende Klappe f (Vent) free-swinging butterfly valve

Nichteisenmetall n (Met) non-ferrous metal

nichtflüchtig adj (Chem) non-volatile

Nichtleiter m (Elek) insulator, non-conductor

nichtlinear adj (Elek) nonlinear

nichtmetallisch adj (Met) non-metallic

nichtrostend adj (Met) corrosion-resistant, non-corroding, non-corrosive, non-rusting, rust-resisting, rustless, stainless

Nickbewegung f (Kfz) pitching motion

Nickel n (Met) nickel

Nickel-Basis-Legierung f (Met) nickel alloy

Nickwinkel m (Tech) pitch angle

nicotriert adj (Met) nitempered

Niederdruck m (Tech) low pressure

Niederdruckeinspritzsystem n (Tech) pressure-time fuel injection system (Dieselmotor)

niederdrücken v (Walz) knock down (aufgebogene Enden)

Niederdruckreifen m (Kfz) high-flotation tyre, low pressure tyre with high flotation, low-pressure tyre

niedere Drehzahl f (Elek) underspeed

Niederfrequenzofen m (Hütt) low-frequency furnace

Niederhubwagen m (Tech) elevating transporter

niederohmig adj (Elek) low-resistance, low-resistive

Niederrahmen m (Tech) drop frame

Niederschlag m (Ökol) precipitation, rainfall

Niederschlagsplatte f (Elek) collecting plate, corona discharge (Elektrofilter)

Niederspannung f (Elek) l.t., l.v., low tension, low voltage

Niederspannungsschalter m (Elek) low--voltage circuit breaker

Niederspannungsstrahler m (Licht) low--voltage light

niederstufen v (Tech) downgrade (abwerten)

Niedertemperatur... (Tech) low-temperature

niedrig adj (Tech) low • **zu niedrig bewerten** undervalue • **niedrig einstufen** downgrade

Niedrigdrehzahlkurve f (Elek) low-speed curve

niedriggekohlter Stahl m (Met) low--carbon steel (bis zu 0,25% C)

niedriglegierter Stahl m (Met) low-alloy steel

niedrigsiedend adj (Tech) fast (Lösungsmittel)

Niedrigststranggießanlage f (Hütt) super-low head continuous caster

niedrigtourig adj (Tech) low-speed

Niet m (Tech) rivet

Nietanschluss m (Stb) riveted connection, riveted joint, rivet connection

Nietdöpper m (Stb) (AE) header, rivet snap, riveting set, snap die (Schelleisen)

Niete f (Tech) rivet

nieten v (Mont, Tech) rivet (Doppelkopfbolzen verbinden)

Nietendöpper m (Mont) rivet set

Niethammer m (Werkz) riveter, riveting hammer

Nietkippe f (Mont) rivet snapper

Nietkontrollhammer m (Mont) rivet control hammer

Nietkopf m (Werkz) cross-cut chisel, rivet head • **Nietkopf auskreuzen** knock off with cross-cut chisel

Nietrisslinie f (Stb) rivet back-mark, rivet gauge line

Nietschweiße f (Schw) plug weld

Nietsprenger m (Mont) rivet removers pl

Nietstahl m (Met) rivet steel

Nietstempel m (Stb) (AE) header, snap die

Nietträger m (Stb) riveted plate girder

Nietverputzmeißel m (Werkz) rivet cleaning chisel

Nietwinden fpl (Tech) screw dolly

Nietzange f (Werkz) riveting tongs pl

Nipkow-Scheibe f (Elek) (AE) apertured disk, Nipkow disk

Nippel m (Tech) nipple (mit Gewinde); plug (einer Schlauchkupplung); fitting (Hydraulik); nipple (Elektrode)

Nirosta m (Met) stainless steel (nichtrostender Stahl)

Nitrieren n (Met) nitriding, nitrogen case--hardening

Nitrierhärtung f (Met) (AE) carborizing, (BE) carborising

Nitrierstahl m (Met) nitrided steel; nitriding steel (noch unnitriert)

nitriert adj (Met) nitrided

Niveau-Ausgleich m (Tech) level compensation

niveauregulierend adj (Tech) load-levelling

Niveauschalter m (Hydr/Pneu) float switch

Niveau-Überwachung f (Hydr/Pneu) float switch, level control, level switch

Niveauwächter m (Hydr/Pneu) float switch, level switch

nivellieren v (Mech) grade, level, planish

Nivelliergerät n (Tech, Werkz) abney level, surveyor's level

Nivellierspindel f (Tech) vertical jackscrew (Nivellierschraube)

Nocke f (Tech) cam (z. B. Erhöhung auf der Nockenwelle)

Nocke f der Pumpenwelle (Tech) lobe

Nocken m (Tech) cam; boss (zur Verstärkung um ein Gewindeloch)

Nockenschlüssel m (Mont, Werkz) cam spanner

Nockenstößel m (Tech) follower

Nockenwelle f (Tech) camshaft

Nockenwellen-Endlager n (Tech) cam and balancer shaft end bearing

Nockenwellenlager n (Tech) camshaft bearing, camshaft intermediate bearing set

Nockenwellenrad n (Tech) camshaft timing gear wheel

Nockenwellenschleifmaschine f (Mech) camshaft grinding machine

Nominal... (Tech) nominal, rated

Nomogramm m (Stb) nomogram, nomograph

Noppe f (Tech) knob, nep

Norm f (Tech) specification, standard

normal adj (Tech) normal, ordinary, standard

Normalauspuff m (Tech) natural aspiration

Normale f (Math) normal (Senkrechte)

Normalflankenspiel n (Getr) normal backlash

normalglühen v (Hütt/Walz) (AE) normalize, (BE) normalise (Stahl); thermal stress relieving (Glühen)

Normalkeilriemen m (Tech) standard V-belt

Normalkonus m (Mech) morse taper

Normalmaß n (Tech) (AE) gage, (BE) gauge

Normalmodul n (Tech) standard module; real pitch module, (AE) real pitch module centre, (BE) real pitch module centre (Zahnmitte)

Normalnull f (Tech) above mean sea level, mean sea level, MSL

Normalprüfkopf m (Tech) normal-beam probe

Normalspannung f (Met) axial stress, normal stress

Normal-Standardschaufel f (Bergb) general-purpose bucket

Normalverteiler m (Hütt) standard tundish (Strangguss)

normen v (Tech) (AE) standardize, (BE) standardise

normieren v (Tech) (AE) standardize, (BE) standardise; calibrate (anpassen)

Normkran m (Kran) pre-engineered standard crane

Normprüfkörper m (Prüf) reference standard (Ultraschallprüfung)

Normschrank m (Elek) standard cabinet, standard rack cabinet (Elektronik)

NOR-Stufe f (Elek) NOR-stage (elektrisches Bauteil)

Not... (Tech) emergency...

Notabstieg m (Bergb) emergency rope-down device (am Kran)

Notaggregat n (Hydr) stand-by unit

Notausgang m (Bau) emergency exit, fire door, fire exit

Notausstieg m (Stb) emergency exit

Notbeleuchtung f (Elek) emergency lighting, stand-by lighting

Notbetrieb m (Tech) emergency operation

nötig adj (Tech) necessary

Notleiter f (Stb) fire escape ladder

Notrampe f (Hütt) baffle wall

Notrinne f (Hütt) emergency launder (bei Verteilerrinnen)

Notstiege f (Stb) emergency staircase

Notstromaggregat n (Elek) bystander set, emergency generating set, stand-by generating set

notwendige Laufgenauigkeit f (Tech) required concentricity

Nuklearkraftwerk n (Elek) nuclear power station

Null... (Tech) neutral..., zero...

Nullabweichung f (Mess) deviation from zero

Nullanstellung f (Walz) roll zeroing, screw-down calibration to zero (Einrichten der Walzen)

Nullhub m (Bergb, Hydr/Pneu) zero-flow control

Nullleiter m (Elek) neutral

Nullpunkt m (Elek) neutral, neutral point, zero point (z. B. Ultraschall)

Nullpunktwanderung f (Mess) zero drift

Nullrückstellung f (Mech) return to zero position

Nullserie f (Tech) pilot production, (AE) pilot run

Nullspannung f (Elek) no-voltage, zero voltage

nullstellen v (Elek) re-set

Nullstellenform f (Elek) factored form

Nullstellung f (Elek) home position, initial position, neutral position (z. B. Ventil); zero position (Position); re-set to zero (Vorgang); zero adjustment (Anzeige wird genau auf 0 gestellt); normal level position, normal upright position, righted position (Ofengefäß)

numerisch adj (IT, Math) numerical • **numerisch gesteuert** numerically controlled, NC

numerische Steuerung f (Mess) numerical control, NC

numerische Steuerung f **mit Rechner** (Mess) CNC, computerized numerical control, computer numerical control

Nureingangsmodul n (Mess) input-only module

Nuss f (Werkz) socket

Nusskohle f (Bergb) nut-coal, nuts pl

Nut f (Tech) groove, keyseat, keyway, spline (Keilnut); notch, slot, V-groove (Kerbnut); slot, female spline (einer Keilwelle)

Nut f und Feder f (Tech) tongue and groove

Nute f (Mech) flute, keyway, spline

Nutenfeile f (Werkz) slotting file

Nutenfräsen n (Mech) milling, slot, slotting; splining (Vielkeilwellen)

Nutenfräsmaschine f (Mech) keyway milling machine

Nutenkeil m (Tech) slot wedge

Nutenmeißel m (Werkz) slotting bits pl

Nutenwelle f (Tech) splined shaft, sliding shaft

Nutkupplung f (Werkz) spigot fitting

Nutmutter f (Tech) groove nut, grooved nut, slotted nut, slotted round nut for a hook spanner (DIN ISO 1891)

Nutring m (Tech) groove ring, grooved ring, U-ring

Nutung f (Tech) spline

nutzbar adj (Tech) effective, usable, useful

Nutzbreite f (Stb) net width

Nutzeffekt m (Tech) efficiency, commercial efficiency

Nutzeisen n (Met) reusable iron

Nutzfahrzeug n (Kfz) commercial vehicle

Nutzholz n (Met) timber

Nutzinhalt m (Tech) effective volume, usable volume, useful capacity, useful volume (z. B. Bunker); working volume (Hochofen)

Nutzlast f (Stb) live load, useful load, payload; service load, working load (Gebrauchslast)

Nutzlastwert m (Tech) lifting capacity

Nutzleistung f (Tech) brake horsepower (Bremse); effective capacity, effective power

nützlich adj (Tech) beneficial, useful

Nützlichkeit f (Tech) utility

Nutzungsdauer f (Tech) effective life, service life, useful life; resourced duration, resource usage duration (Netzplantechnik)

NV-Lichtquelle f (Licht) low-voltage light source

NW f (Abk. für: Nennweite) (Tech) normal width

O

Obendreher m (Kran) top revolving crane

obenlaufend adj (Kran) overslung, top-running

obenliegend adj (Tech) overhead, top

Ober... (Tech) top..., upper...

Oberaufsicht f (Tech) superintendence

Oberband n (Förd) carrying belt, carrying run, carrying strand

Oberbandgirlande f (Förd) carrying garland idler, carrying-belt garland idler

Oberband-Tragrolle f (Förd) belt carrying idler roll, carrying idler

Oberbau m (Bahn) permanent way (Schienenoberkante)

Oberbau m (Bergb, Zer, Umschl) superstructure

Oberbergamt n (Bergb) Mining Board

Oberbogen m (Tech) upper segment

obere Bereichsgrenze f (Mess) upper range limit, measured variable upper range limit, measured signal upper range limit

Oberflächen... (Tech) superficial..., surface...

Oberflächenangabe f (Anstr) roughness criteria pl (z. B. bezüglich Rauheit)

Oberflächenausführung f (Anstr) finish

Oberflächenbehandlung f (Met) surface finishing, surface treatment

Oberflächenbelüfter m (Ökol, Tech) surface aerator

Oberflächenbeschaffenheit f (Met) surface condition, surface finish, surface quality

Oberflächenbeschichtung f (Anstr) surface coating

oberflächengehärtet adj (Met) case-hardened (hart/weich); surface-hardened

Oberflächenhaltbarkeit f (Getr) surface durability (eines Zahnes)

Oberflächenkondensator m (Tech) surface condenser

Oberflächenkühler m (Tech) surface at temperator

Oberflächenlängsriss m (Met, Prüf) longitudinal surface crack

Oberflächenrauheit f (Anstr, Tech) roughness of surface; surface peak-to--valley height (maximal); surface roughness

Oberflächenriss m (Met) superficial fissure, superficial scratch, surface crack

Oberflächenrissprüfung f (Prüf) surface crack test

oberflächenveredeltes Feinblech n (Met) cold-rolled pre-coated steel sheet

oberflächenverfestigt adj (Met) case--hardened, surface-solidified (durch Strahlen)

oberflächenversilbert adj/**galvanisch** (Met) silver-plated

Oberflächenwelle f (Elek) surface wave (Ultraschall); Rayleigh wave

Oberflächenwiderstand m (Elek) surface resistance

Oberflächenzeichen n (Tech) surface marking (auf Zeichnungen); surface symbol

oberflächlich adj (Tech) superficial

Oberflurantrieb m (Form) push-down drive (einer Presse)

Oberflurbauart f (Form) push-down design

Obergurt m (Förd) carrying belt, carrying run, carrying strand

Obergurt m (Stb) upper boom, upper chord, top chord (Fachwerkträger); top boom (oberer Träger); upper flange, top flange (eines Blechträgers)

Oberholm m (Form) upper platen; cylinder crosshead (einer Oberflurpresse); top crosshead (einer Unterflurpresse)

oberirdisch adj (Elek) aerial, overhead

Oberkolbenpresse f (Hydr/Pneu) down--acting hydraulic press

Oberlast f (Prüf, Tech) maximum load, upper load (DIN 50100)

Oberleitung f (Bahn, Elek) catenary wire, overhead wiring (Bahn)

Oberleitung f (Elek) overhead traction line

Oberleitungsgalgen m (Bahn) cat wire gallows, gallows of catenary wire

Oberlicht n (Baut) roof-light, skylight

Oberlichtpfette f (Stb) glazing purlin, skylight purlin

Obermonteur m (Bau, Mont) chief erector

Obersattel m (Form) top die

oberschlächtig adj (Tech) overshot mode

Oberschnittschere f (Mech) down-cut shear

Oberschwingung f (Phys) harmonic, harmonic vibration

oberste Baubehörde f (Tech) supreme building authority

oberste Ladung f (Bergb) uppermost charge, priming charge

Oberteil n (Tech) upper frame, super-structure

Obertrommel f (Tech) feeding drum (Speisetrommel)

Obertrum n (Förd) carrying belt, carrying run, carrying strand, conveying strand, upper belt, upper run (Förderband); upper strand (Sinterband)

Oberwagen m (Tech) upper frame, revolving frame (des Seilbaggers); superstructure, uppercarriage (des Baggers, des Kranes)

Oberwalzenanstellantrieb m (Walz) screw-down drive

Oberwelle f (Elek) harmonic

Objektiv n (Tech) lens, objective (Fernsehgerät)

Objektivhelligkeit f (Tech) brightness range (Fernsehgerät)

obligatorisch adj (Tech) compulsory, mandatory

obligatorische Zugriffskontrolle f (IT) mandatory access control, MAC

Ofen m (Hütt) furnace, kiln, oven

Ofenabstichentgasung f (Hütt) degassing of tapping stream, tap degassing

Ofenausmauerung f (Hütt) furnace lining

Ofengefäß n (Hütt) furnace shell (Lichtbogenofen)

ofengetrocknet adj (Anstr) stoved

Ofengicht f (Hütt) furnace top (oberster Teil des Ofens)

Ofenhaube f (Hütt) furnace hood, offgas hood, smoke hood (Abgashaube); bell furnace (Glühofen)

Ofenreise f (Hütt) furnace campaign

Ofensau f (Hütt) salamander, bear

Ofentrocknung f (Anstr) stoving

offen adj (Elek, Tech) naked (Feuer, Flamme usw.)

offen adj/**halb** (Met) semiclosed, semi--open

offen stehend adj (Tech) open

offene Anordnung f (Walz) cross-country arrangement

offene Ausladung f (Mech) open throat (Schere)

offene Stoßnaht f (Schw) open butt

offene Verzahnung f (Getr) open gear

offene Walzstraße f (Walz) cross-country mill

offener Schappenbohrer m (Werkz) auger bit

offenes Gaspressschweißen n (Schw) open-square pressure gas welding (DIN 1910)

offenstehend adj (Tech) open

öffentliche Bauten mpl (Tech) capital works pl

öffentliche Wasserversorgung f (Tech) public water supply

Öffner m (Elek) b-contact, break contact, break contact element, normally closed contact

Öffnermeißel m (Mech, Walz) peeler blade (für Bunde)

Öffnung f (Elek) opening (z. B. eines Schalters)

Öffnung f (Hydr/Pneu) aperture, opening, orifice

Öffnung f (Schw) delamination (der Schweißnaht)

Öffnung f (Stb) span (einer Brücke)

Öffnung f (Tech) break (Zwischenraum, Unterbrechung, Bruch); mouth, throat (Mündung); aperture, opening, orifice

Öffnung f **des Schalls** (Elek) beam spread

Öffnungen fpl **für Lanzenbläser** (Hütt) lance ports pl

Öffnungsdruck m (Hydr/Pneu) cracking pressure

Öffnungskontakt m (Elek) b-contact, break contact, break contact element, normally closed contact

Öffnungswinkel m (Elek) angle of spread, sound beam angle (Ultraschall)

Öffnungswinkel m (Tech) angle of Vee (Stahlbau); angle of bevel (Messblende); groove angle, included angle (Schweißen)

Öffnungszeit f (Elek) opening time (Leistungsschalter, Leistungsschutzschalter)

Off-Road-Fahrzeug n (Kfz) off-road vehicle

Offset-Spannung f (Elek) offset-voltage

ohmisch adj (Elek) resistive

Ohmmeter n (Elek) ohmmeter

ohmsch adj (Elek) resistive

Ohm'sche Belastung f (Elek) non-inductive load

Ohm'scher Widerstand m (Elek) Ohmic resistance

Ohr n (Tech) eye, lug

Ökologie/Umwelttechnik f (Ökol) ecology/environmental engineering

ökonomisch optimierte Konzepte npl (Konst, Tech) (BE) ecologically and economically optimised [AE: optimized] concepts

Ökosystem n (Tech) ecosystem

Ökotechnik f (Ökol) environmental engineering

Okular n (Tech) eyepiece, ocular (Optik)

Öl n (Petr) oil; fuel oil (Heizöl) • **Öl reinigen** (Tech) filter oil • **unter Öl** (Tech) oil-immersed

Öl... (Tech) oil...

Ölabschreckung f (Met) oil quench

ölabstoßend adj (Met) oil repellent

Ölabstreifring m (Tech) oil control ring, oil ring, oil wiper ring, oil wiping ring, skimmer

ölarm adj (Elek) small oil-volume ...

ölarm adj (Tech) oil-poor

ölarmer Schalter m (Elek) live tank oil circuit breaker, small oil-volume circuit breaker

Ölausgleichsvorrichtung f (Tech) oil make-up device

Ölbad n (Tech) oil bath

Ölbremszylinder m (Tech) hydraulic cushioning cylinder

Öldruckverband m (Werkz) hydraulic coupling fitting device

Öldunstsystem n (Tech, Verd) oil mist eliminator (für Ölbehälter)

Öleinlassschraube f (Tech) plug

ölen v (Tech) oil

Öler m (Tech) lubricator, oiler (z. B. Ölkanne)

Ölfangblech n (Tech) baffle, oil baffle

Ölfänger m (Tech) oil catcher, oil interceptor

Ölfarbe f (Anstr) oil-based paint, oil paint

Ölfeld n (Petr) oil field

Ölfeldrohre npl (Met) oil country tubular goods, OCTG, oil country goods

Ölfeuerung f (Stb) oil-fired heating (Beheizung)

Ölfilmlager n (Lag, Walz) oil-film bearing

Ölflutlager n (Lag) flood lubricated bearing, oil flooded bearing

Ölflutschmierung f (Tech, Walz) oil flood lubrication

Ölgalerie f (Tech) oil passage, main oil rifle

ölgeschmierte Gleitringdichtung f (Tech, Verd) liquid mechanical contact seal

Öl-Graphit-Dichtmasse f (Hütt/Walz) graphite base jointing compound

Ölhauptkupplung f (Tech) wet-type master clutch

Ölhydraulik f (Hydr/Pneu) oil hydraulics, oil-hydraulics; oil-hydraulic equipment

ölimprägniert adj (Met) oil-impregnated

ölisoliert adj (Met) oil-immersed

Ölkanne f (Tech) bench oiler, hand oiler (Öler); oil can (Vorratsbehälter)

Ölkohle f (Met) oil carbon • **Ölkohle entfernen** (AE) decarbonize, (BE) decarbonise

Öllack m (Anstr) oil varnish

Ölleitung f (Tech) oil line, oil pipe, oil supply

Ölmessvorrichtung f (Tech) oil gauge fitting

Ölmotor m (Antr) hydraulic motor

Ölmotor m (Elek) oil pressure motor

Ölmotor m (Tech) oil engine, oil motor

Ölpeilstab m (Tech) oil dipstick, oil dip rod

Ölpressverband m (Tech, Verd) hydraulic fit (Kupplung auf Wellenzapfen)

Ölqualität f (Petr) oil grade

Ölreiniger m (Tech) oil cleaner [conditioner]

Ölsand m (Bau, Geo) tar sand

Ölsauerstoffbrenner m (Hütt) oxy-fuel oil burner

Ölschalter m (Elek) o.c.b., oil circuit breaker

Ölschauglas n (Tech) oil gauge glass

Ölschmierung f (Tech) oil lubrication

Ölschutz m (Tech) deflector (Leitblech); oil guard; oil catcher (Fangeinrichtung)

Ölschwall m (Tech) oil surge (Transformator)

Ölsorte f (Tech) oil grade

Ölspritzring m (Tech, Verd) oil flinger ring, oil slinger, oil plasher, oil thrower ring

Ölstandsanzeiger m (Tech) fluid level indicator; maximum and minimum oil level indicator, oil level indicator

Ölstandschmierung f (Tech) continuous oil lubrication

Ölstandsfernanzeiger m (Tech) remote oil level indicator

Ölstandsrohr n (Tech) oil gauge pipe

Ölstandsschauglas n (Tech) oil level gauge

Ölstandsschraube f (Tech) level plug, oil level plug

Ölstauring m (Lag, Verd) oil retainer, oil retaining ring

Ölsumpf m (Tech) oil sump; oil pan (Ölwanne des Motors)

Öltank-Grundplatte f (Tech) oil tank bedplate

Öltauchschmierung f (Tech) oil splash lubrication

Öltransformator m (Elek) oil-immersed transformer, air-cooled transformer

Ölüberströmventil n (Vent) relief valve

Ölumlaufschmierung f (Tech) oil circulation lubricating system

Ölvergütung f (Met) heat treatment in oil

Ölvernebler m (Walz) oil atomiser, oil mist generator, oil mist unit (für Ölnebelschmierung)

Ölverteiler m (Tech) oil manifold

Ölvorwärmer m (Tech) fuel oil heater (Heizöl)

Ölwechsel m (Tech) oil change

Ölzulauf m (Tech) oil feed; lubricating-oil inlet (für Schmieröl); oil inlet (Ventil, Kappe)

Ölzusatz m (Tech) oil additive

optimieren v (Tech) enhance, (AE) optimize, (BE) optimise

optisch adj (Elek) optical, visible, visual

optisch-akustisch adj (Mess, Tech) audio-visual, audible and visible

optische Anzeige f (Elek) visual indication

optischer Messwertaufnehmer m (Mess) optical detector

optoelektronischer Wandler m (Mess) opto-electronic transducer

optoelektronisches Sichtsystem n (Mess) machine vision

Optokoppler m (Mess) optical isolator, optoisolator, optical-coupled isolator, optocoupler

Ordinatenachse f (Math) axis of ordinate

Ordnung f (Tech) index (Schlüssel Erzeugnisstruktur); housekeeping (im Sinne von Sauberhaltung)

Ordnungsmerkmal n (Tech) code marking

organische Belastung f (Ökol) organic loading

Organosolbeschichtung f (Walz) organosol coating (Bandbeschichtung)

Orientierungsspannungen fpl (Met) orientation tensions pl (DIN 50035)

Originalersatzteile npl (Tech) genuine parts pl

O-Ring m (Tech) O-ring

O-Ring-Dichtung f (Tech) O-ring seal, ring sealing

Ort m (Tech) location, place, (BE) site

Ortbeton m (Bau) concrete at site, concrete prepared at site

orten v (Tech) (AE) localize, (BE) localise (z. B. eine Fehlerquelle)

Ortgang-Rippe f (Stb) gable transom

orthotrop adj (Stb) orthogonal-anisotropic, orthotropic

örtlich adj (Tech) local

Ortsbrust f (Bergb, Tunn) excavation cut face, excavation face, face, tunnel face, working face

ortsfest adj (Tech) stationary (stationär)

Ortskurve f (Zeich) locus (im Diagramm)

Ortssteuerschalter m (Elek) local control switch

Ortung f (Tech) orientation; location (z. B. von Fehlern)

Öse f (Tech) eye, grommet, lift eye

Ösendraht m (Met) staple wire

Ösenhaken m (Stb) C hook, eye hook

Ösenschraube f (Tech) eyelet bolt (DIN ISO 1891)

Ösenzange f (Werkz) eyelet punch

östlich adj (Tech) eastern

oszillierend adj (Tech) oscillating

Oszillograph m (Elek) oscillograph, oscilloscope

Oszilloskopbild n (Prüf) oscilloscope image (Ultraschallprüfung)

Ottomotor m (Antr) Otto-cycle-engine, Otto-engine (Viertaktbenzinmotor)

oval adj (Tech) oval • **oval geschliffen** cam-ground

Ovaldrücken n (Walz) ovalling (eines Knüppels)

ovale Gussleuchte f (Elek) marine-type lamp fixture, marine-type light fixture

Ovalfeile f (Werkz) pippin file

Ovalkaliber n (Walz) oval groove (einer Walze); oval pass (eines Walzenpaares)

Ovalradzähler m (Metr) oval-wheel meter

Ovalstahl m (Hütt/Walz) ovals pl

Oxalatieren n (Walz) oxalate coating

Oxid n (Chem) oxide

Oxidation f (Chem) oxidation

Oxidationsmittel n (Anstr) oxidizer

Oxideinschluss m (Hütt) oxide inclusion

oxidieren v (Anstr) (AE) oxidize

oxidische Reinheit f (Hütt, Met) freedom from oxidic impurities; low level of oxide inclusions

Ozonalterung f (Met) ageing by exposure to ozone

Ozonrissbildung f (Met) ozone cracking (DIN 50035)

P

Paarung f (Tech) match (z. B. Kombination zweier Maschinen)

paarweise adv (Tech) in pairs, in twos • **paarweise markieren** match-mark

Pacco-Schalter m (Elek) rotary packet switch

Pack... (Tech) packing...

Packband n (Tech) steel strapping (Bandeisen für Kisten)

Packfeile f (Werkz) flat bastard file, rough file, flat bastard file, pocket file

Packlage f (Bau) sub-base (der Straße)

Packung f (Tech) packing

Packungsring m (Tech) gasket ring; packing ring (einer Ventilstopfbuchse)

Paket n (Tech) package; parcel

Paketierpresse f (Hütt) baling press

Paketschalter m (Elek) packet switch

PAL n (Elek) PAL (deutsches Farbfernsehsystem)

Palette f (Tech) pallet; range, spectrum (Bereich)

Palmöl n (Walz) palm oil

Palmutter f (Tech) pal-nut

Paneel n (Bau) panel (Wandverkleidung)

Panne f (Tech) breakdown (auch beim Kfz); failure (Ausfall); mishap

Panzer m (Tech) lining (Ausfütterung des Steinbrechers); shell (Gesamthochofen)

Panzer... *(Tech)* armoured..., armour plated

Panzerblech n *(Met)* armour plate

Panzereinlage f *(Zer)* breaker, breaker strip

Panzerelektrode f *(Schw)* hard-facing electrode

Panzerförderer m *(Förd)* armoured conveyor, drag chain conveyor

Panzerglas n *(Tech)* armour plated glass, armoured glass; bullet-proof glass *(z. B. eines Fahrzeuges)*

Panzerlage f *(Zer)* breaker, breaker strip

Panzermotor m *(Antr)* iron-clad motor

Panzerplatte f *(Bergb)* liner plate, lining, armoured plate

Panzerschlauch m *(Tech)* armoured hose, braided hose

Panzerung f *(Bergb)* cladding, armoured plate *(Brecherverkleidung)*

Panzerung f *(Tech, Zer)* liner *(am Gehäuse)*

Panzerwanne f *(Tech)* crankcase guard

Papier n *(Tech)* paper

Papierabdichtung f *(Tech)* paper seal *(am Lagerauge)*

Papierabfall m *(Tech)* waste paper

Papiergeschwindigkeit f *(Elek)* chart speed *(Schreiber, Registriergerät)*

papierisoliertes Kabel n *(Elek)* paper-insulated cable

Papiervlieselement n *(Tech)* paper element

Papierzwischenlage f *(Tech)* interleaved paper

Pappe f *(Tech)* board, cardboard

Parabel f *(Math)* parabola

Parabel... *(Tech)* parabolic

Parabolkegel m *(Mess)* parabolic plug *(eines Ventils)*

Paradox-Schaltung m *(Elek)* paradox compound circuit

paraffiniert adj *(Met)* paraffined

Parallaxe f *(Phys)* parallax

parallel adj *(Math, Tech)* parallel

Parallel... *(Tech)* parallel...

Parallelflanschträger m *(Met)* parallel-flanged beam, straight-flanged beam

Parallelogramm n *(Math)* parallelogram

Parallelplattenschieber m *(Vent)* double-disk gate valve

Parallelschaltung f *(Elek)* parallel switching *(elektrische Verbindung)*

Parallelschaltung f *(Tech)* arrangement in parallel

Parallelscheibenwischer m *(Kfz)* *(BE)* parallel windscreen wiper, *(AE)* parallel windshield wiper, vertical wiper

Parallelschieber m *(Vent)* parallel seat gate valve, parallel-slide valve

Parallelversatz m *(Tech)* parallel misalignment [offset]

Parameter m *(Tech)* parameter

Parametergrundeinstellung f *(Mess)* eingineering set-up parameters

Parkbremsventil n *(Vent)* emergency brake control valve

Parkett n *(Bau)* parquet *(Holzfußboden)*

Parkleuchte f *(Kfz)* parking lamp

Parkstellung f *(Tech)* park position, parking position

Parksystem n *(Tech)* parking system

Partikel n *(Tech)* particulate, particulates pl *(kleine Teile)*

Pascal'sches Gesetz n *(Hydr/Pneu)* Pascal's Law

Passblech n *(Tech)* adapter plate, shim

Passbohrung f *(Tech)* borefit for dowel

Passdorn m *(Werkz)* drift

passen v *(Tech)* fit

passend adj *(Tech)* appropriate, fitting, proper, suitable • **passend machen** match, tailor

passend adj/dicht *(Tech)* close-fitting, tight-fitting

Passepartout n *(Tech)* passe-partout *(Messschablone)*

Passfähigkeit f *(Metr)* accuracy, adaptability; adjustment spring *(Stellfeder)*

Passfeder f *(Tech)* fitting key, fitted key, keyway, spring key

Passfedernut f *(Tech)* keyway

Passfläche f *(Tech)* fitting surface, mating surface

Passflächenrost m *(Met)* fretting corrosion, frictional corrosion *(Oxidation)*

passgenau adj *(Tech)* accurately fitting

Passhülse f *(Tech)* adapter bush

passieren v *(Tech)* be processed through the machine *(Maschine durchlaufen)*; screen *(sieben)*

passiv adj *(Tech)* passive

passivieren v *(Tech)* passivate

Passkerbstift m *(Tech)* close-tolerance grooved pin, grooved pin

Passlänge f *(Tech)* overlength

Passloch n *(Tech)* fitting hole

passmarkieren v *(Tech)* match-mark

Passmaß n *(Tech)* dimension, toleranced size

Passpfropfen m *(Tech)* adapter plug

Passring m *(Tech)* adapter ring

Passschaft m *(Tech)* increased shank *(Schraube)*

Passscheibe f *(Tech)* adjusting washer, shim, shim ring

Passschraube f *(Tech)* adapter screw, fit(ted) bolt, turned bolt, fitting bolt [screw], set bolt [screw]

Passsitz m *(Tech)* press fit; snug fit *(Zeichnungsangabe)*

Passstift m *(Tech)* alignment pin, fixing pin; dowel *(auch Dübel)*

Passstück n *(Tech)* (AE) adapter, (BE) adaptor *(Adapter)*

Passtoleranz f *(Tech)* fit tolerance

Passung f *(Tech)* clearance, fit(ting)

passungsgebohrt adj *(Mech, Verd)* precision-bored

Passungsgütegrad m *(Tech)* grade of fit

patentiert adj *(Tech)* patented

Patentkupplung f *(Tech)* patented quick-disconnect coupling

patentverschlossenes Tragseil n *(Tech)* locked coil rope

Paternosteraufzug m *(Förd)* paternoster

Patrone f *(Tech)* cartridge

Patronensicherung f *(Elek)* cartridge fuse, cartridge-type fuse

Pause f *(Tech)* blueprint, copy, pause, print, tracing *(Lichtpause)*; interval *(Unterbrechung)*

Pausenzeit f *(Tech)* waiting time *(Schmieranlage)*

pausfähig adj *(Tech)* reproducible

PE n *(Abk. für. Polyäthylen)* (Chem) PE, polyethylene

PECTAL-Rohr n *(Met)* polyethylene-coated pipe

Pedal n *(Tech)* pedal

Pegel m *(Tech)* level; gauge *(Lehre)*

Peilstab m *(Tech)* dip rod, dipstick

Peilstableuchte f *(Elek, Tech)* side-marker lamp

Peilstange f *(Tech)* side marker

Pendant m *(Tech)* counterpart *(zweiter Teil eines Paares)*

Pendel n *(Tech)* pendulum

Pendelachsausschlag m *(Tech)* oscillation lock

Pendelachse f *(Tech)* jointed cross-shaft axle, pendulum axle, swing axle, swinging axle; oscillating axle *(z. B. des Laders, Graders)*

Pendelaufgeber m *(Hütt)* stirrup feeder

Pendelbalken m *(Bergb)* bogie beam *(Tandemachse am Grader)*

Pendelbremse f *(Bergb)* grab swing brake *(Greifer)*

Pendelfrequenzen fpl *(Elek)* electronic oscillation frequencies pl, quench frequencies pl

Pendelgeber m *(Bergb)* inclinometer *(Bagger)*

Pendelhammer m *(Tech, Werkz)* pendulum hammer

Pendelkasten m *(Hütt, Lag)* bull gear housing *(Großradkasten)*

Pendelkugellager n *(Lag)* self-aligning ball bearing, self-aligning ball journal bearing

Pendellager n *(Lag)* self-aligning bearing, pendulum bearing, rocker bearing

pendeln v *(Tech)* oscillate, shuttle, swing, swing back and forth, swing to and fro *(schwanken)*; oscillate, scan *(Gießmaschine)*

Pendelraupe f *(Bergb)* equalizing crawler, suspension-mounted crawler

Pendelrolle f *(Förd)* positive-action training idler type *(mit Seitenführungsrolle; beweglich)*; self-aligning idler roll, training idler roll *(einzelne Rolle; beweglich)*; self-aligning idler, training idler *(Station; beweglich)*

Pendelrollenlager n *(Lag)* barrel roller thrust bearing, self-aligning roller bearing, spherical roller bearing, roller journal bearing, self-aligning roller journal bearing

Pendelrollenstation f *(Förd)* flippers pl, self-aligning idlers, trainers pl, training idlers pl

Pendelsäge f *(Mech, Walz)* oscillating saw

Pendelschere f *(Mech, Walz)* pendulum shear, swing shear *(für Knüppel)*

Pendelschlagwerk n *(Prüf, Werkz)* pendulum hammer *(für Schlagversuch)*

Pendelschleifmaschine f *(Mech, Walz)*

swing grinder, swing grinding machine, swing-frame grinder

Pendelschurre f (Förd) swinging spout, traversing chute

Pendelschwingenbrecher m (Zer) double-toggle jaw crusher

Pendelseite f (Umschl) floating side

Pendelsitz m (Vent) self-aligning seat

Pendelstütze f (Tech) column hinged at both ends, pin-ended column, floating support, knuckle joint, moving support, rocker pin, shear leg; hinged gantry leg, hinged leg (Portalkran)

Pendeltrichter m (Umschl) splitting chute

Pendelung f (Mess) hunting (Regelkreis)

Pendelvolumen n (Hydr/Pneu) varying oil volume (Öl); working volume

Pendelzugstab m (Stb) pendulum

penetrant adj (Tech) penetrating

Periode f (Elek, Tech) cycle

Periode f der Eigenschwingung (Elek) natural period

Periodendauer f (Elek) cycle duration, period

periodisch adj (Tech) periodic, periodically

periodisch adv (Tech) intermittently

periodisch wechselnd adj (Tech) alternating

Peripherie f (Tech) circumference, periphery

Perlfeile f (Werkz) hollow joint file

Perlit m (Met) pearlite

perlitischer Stahl m (Met) pearlitic steel

Perlitisieren n (Hütt) isothermal annealing

Personenaufzug m (Tech) passenger elevator, passenger lift

perspektivisch adj (Tech) perspective

perspektivische Ansicht f (Tech) isometric view, perspective view

Petroleum n (Petr) kerosene, kerosine

PE-Umhüllung f (Anstr) polyethylene-coating

Pfad m (IT) path

Pfahl m (Tech) pole, stake

Pfahlgründung f (Bau) pile foundation,

piled foundation, piled foundation structure

Pfählung f (Bau) piling

Pfahlzieher m (Bau) pile extractor

Pfanne f (Hütt/Walz) ladle (Gusspfanne)

Pfanne f (Lag, Tech) bearing, fulcrum (Bandwaage)

Pfannenausbrechmaschine f (Hütt) ladle wrecking machine

Pfannenbehandlung f (Hütt) ladle metallurgy, ladle refining (Pfannenmetallurgie)

Pfannendrehturm m (Hütt) ladle turret, ladle rotating turret, ladle revolving turret (Gießmaschinen)

Pfannenmantel m (Hütt) ladle shell

Pfannenmetallurgie f (Hütt) secondary steelmaking, secondary steel refining, ladle refining, ladle metalurgy, secondary refining (Sekundärmetallurgie, Pfannenfrischen)

Pfannenofen m (Hütt/Walz) ladle furnace, ladle heating furnace

Pfannenrest m (Hütt/Walz) skull

Pfannenwagen m (Bahn, Hütt/Walz) ladle car (für flüssiges Metall)

Pfeilabstreifer m (Förd) (BE) plough scraper, (AE) plow scraper, (BE) V-plough scraper

Pfeiler m (Bau) pillar (Säule)

Pfeiler m (Stb) pier

pfeilförmig adj (Tech) arrow-shaped, arrow-type

pfeilförmiger Gummibelag m (Tech) herringbone tread

Pfeilrad n (Lag) double helical gear

Pfeilverzahnung f (Lag) herringbone gearing

Pferdestärke f (Tech) horsepower

Pfette f (Baut, Tech) purlin, templet (Hochbau)

Pfettenaufhängung f (Stb) (BE) sag bar, (AE) sag rod

Pfettenstrang m (Stb) gable to gable purlin

Pflasterstein m (Bau) cobble stone, paving stone

Pflasterung f (Bau) paving

pflegen v (Tech) maintain

Pflugabstreifer m (Förd) (AE) plow-type scraper, (BE) plough scraper

Pfosten m (Baut) pole; stake (Pfahl, Stange)

Pfosten m (Stb) leg, vertical supporting member, vertical; post (Fachwerk)
Pfostenfachwerk n (Stb) truss
Pfriem m (Werkz) broach, punch
Pfropfenschweißung f (Schw) plug welding
PF-Schaltung f (Bergb) PD circuit
Phasengang m (Mess) phase frequency characteristic, phase response
phasengesteuert adj (Elek) phase-angle--controlled
Phasengleichgewicht n (Met) phase equilibrium (Metallographie)
Phasengrenze f (Met) phase boundary (Metallographie)
Phasenumkehr f (Elek) phase inversion [reversal]
Phasenwächter m (Elek) phase monitoring (E-Motor)
phosphatieren v (Anstr) bonderize, phosphate, phosphatize
Phosphor m (Chem) phosphorus
Photoelastizität f (Phys) photoelasticity (Spannungsoptik)
Photovoltaik f (Tech) photovoltaic (energy); photovoltaics, PV
pH-Wert m (Chem) pH-value
physikalische Chemie f (Chem, Phys) physical chemistry
physikalische Eigenschaft f (Met) physical property
Pickel m (Walz) pimple (Verzinkungsfehler)
Pickhammer m (Werkz) chipping hammer, pneumatic pick
Pieper m (Elek) beeper (Taschenempfänger)
Pierzuführungsband n (Förd) conveyor to quay
piezoelektrisch adj (Elek) piezoelectric
piezoresistiv adj piezo-resistive
Pilgerdorn m (Walz) mandrel (Rohrwalzwerk)
Pilgerkopf m (Walz) bell end (Rest des Hohlblocks)
Pilgerschrittschweißung f (Schw) step back welding
Pilgerwalzwerk n (Walz) pilger mill
Pilzsicherung f (Tech) mushroom-type retainer
Pilztaste f (Elek) mushroom button
Pilzventil n (Vent) mushroom type valve

Pinole f (Mech) quill sleeve (zum Fräsen); sleeve; spindle sleeve (zum Bohren)
Pinsel m (Anstr) brush, paint brush
Pinzette f (Werkz) pincers pl
Pionier m (Werkz) (AE) pipe vise, (BE) pipe vice
Piping n (Schiff) piping
Piste f (Bau) earth road
Pitotrohr n (Mess) pitot tube
PIV-Getriebe n (Kfz) P.I.V. gearing, positive-infinitely variable gearing
Pladur n (Met) pladur (bandlackiertes Feinblech)
Plan m (Elek) diagram (Schaltplan)
Plan m (Tech) blueprint (Pause, Arbeitsblatt); design, plan, scheme (Zeichnung)
plandrehen v (Mech) face, surface
Plane f (Tech) canvas (aus Segeltuch)
Plane f (Tech) tarpaulin
planeben adj (Tech) horizontal in both axes
planen v (Tech) plan (beabsichtigen)
planerisch adj (Tech) planning ...
Planeten... (Getr, Tech) planet..., planetary...
Planetengetriebe n (Getr) planet gear, planetary gear, planetary gear unit, planetary transmission
Planetenrad n (Lag) pinion, planet gear, planet wheel
Planetenradträger m (Lag) planet carrier
Planetensatz m (Lag) planet gear train
Planetenträger m (Getr) planet carrier, planetary gear base
Planetenüberlagerungsgetriebe n (Getr) planetary superposing gear box
Planetenuntersetzung f (Lag) planetary reduction (im Lader)
Planfläche f (Mech) face (Drehen)
planfräsen v (Mech) face
Planheit f (Walz) flatness
Planheitsregelung f (Walz) strip shape control, flatness control
Planierarbeiten fpl (Bergb) grading work (z. B. an der Böschung); levelling work (am Boden)
planieren v (Mech) grade; planish (z. B. auf der Planierbank); level (auf horizontaler Ebene)
Planiergenauigkeit f (Baum) accuracy in levelling
Planiergerät n (Baum) dozer

Planierlöffel m (Baum) levelling bucket
Planierraupe f (Baum) bulldozer
Planierschar f (Baum) dozer blade
Planier- und Ladegeräte npl (Baum, Bergb) levelling and loading machines pl
Planierweg m (Kran) clean-up radius
Planizität f (Met) flatness
Planke f (Tech) plank
Planlaufabweichung f (Tech) side runout (Gegenflansch Gelenkwelle)
Planlauftoleranz f (Walz) lateral runout tolerance
planmäßig adj (Tech) scheduled
Planparallelität f (Tech) plane parallelism
Planrad n (Getr) crown wheel
Planrolle f (Bergb) non-troughed idler roll
Planrost m (Hütt/Walz) stationary grate
Planschlag m (Tech) axial runout (eines Rades bzw. einer Welle)
planschleifen v (Tech) face-grind
Planschverlust m (Tech) splashing loss (bez. Getriebewirkungsgrad/Ölschmierung)
Planum n (Bergb) crawler level (Raupenplanum); ground, ground level, ground line • **Planum herstellen** grade
Planung f (Tech) design, planning (Bauentwurf); planning work, project engineering, project work (im Angebotsstadium)
Planungsbreite f (Bau) formation width
Planwagen m (Kfz) covered truck, covered wagon
Planzylinder m (Hydr, Tech) platform cylinder
Plasmalichtbogenschweißen n (Schw) plasma arc welding (DIN 1910)
Plasma-Metall-Schutzgasschweißen n (Schw) plasma-MIG-welding
Plasmaschweißen n (Schw) plasma welding
Plasmastrahlschweißen n (Schw) plasma jet welding, plasma flame welding (DIN 1910)
Plastifizierung f (Bau) plasticizing
Plastik n (Met) plastic, synthetic material
Plastikfolie f (Met) durable sheet material
plastikimprägniert adj (Met) plastic-treated
plastisch adj (Tech) plastic
plastische Verformung f (Met) plastic deformation

Plastizierung f **im Querschnitt** (Stb) plastification in a cross section
Plastizität f (Met) plasticity
Plastizitätsgrenze f (Phys) plastic limit (bei bindigen Böden)
Plastizitätszahl f (Stb) shape factor
Platal (Met) Platal (kunststoffbeschichtetes Feinblech)
Platierwalzwerk n (Walz) cladding mill
Platine f (Elek) circuit board, printed circuit board, wired circuit board
Platine f (Walz) flat billet, sheet bar (Flachknüppel)
Platte f (Baum) track plate (Bodenplatte der Baumaschine); track pad (z. B. der Kette)
Platte f (Elek) plate (Anode)
Platte f (Tech) plate, slab
Platte f **für Schaltpunkt** (Elek) table for control desk
Platten fpl (Bau) sheeting (Verkleidung)
plätten v (Mech) flatten, laminate
Plattenband n (Förd) apron conveyor, apron feeder, apron-plate conveyor, flat-top conveyor, pan conveyor, pan feeder, plate conveyor, slat conveyor
Plattenbandantrieb m (Förd) apron feeder drive (im Brecher)
Plattenbandsegment n (Zer) apron pan
Plattenbandstrang m (Zer) chain strand (Kettenstrang)
Plattenbandzelle f (Zer) apron pan
Plattenbohrwerk n (Mech) floor-mounted drill mill
Plattendrallrinne f (Walz) solid twist trough
Plattenfilter m (Tech) plate filter
Plattenfräsanlage f (Mech) plate edge miller
Plattengründung f (Bau) mat foundation
Plattenhubbalkenförderer m (Förd, Walz) flat top walking beam conveyor
Plattenkokille f (Hütt) plate-type mould
Plattenkombination f (Walz) adaptor plate stack
Plattenspieler m (Elek) record player
Plattenträger m (Tech) disc carrier (Schieber); support slab (Gießmaschine)
Plattfeile f (Werkz) warding file (Zungenform)
Plattform f (Tech) platform

plattieren v (Met) clad, electroplate (elektrolytisch); plate
plattierend adj (Met) cladding
plattiert adj (Met) clad, plated
plattig adj (Bau) laminated
Platz m (Baut) (BE) site (Baustelle); yard (Fabrikgelände)
Platz m (Tech) room, space • **Platz schaffen** create space
Platzbedarf m (Tech) building space, ground space required
Platzbelader m (Umschl) boom stacker, boom-type stacker, stacker (für Mineral auf Halde)
Platzhalter m (IT) joker, wild card
Platzmangel m (Tech) lack of space, space restriction
PLC-Steuerung f (Elek) programmable logic controller, PLC
Pleuel n (Tech) connecting rod
Pleuelbuchse f (Tech) small-end bushing
Pleuelbüchse f (Lag, Tech) connecting rod bearing, shell set
Pleuellager n (Lag, Tech) connecting rod bearing, shell set
Pleuelstange f (Tech) connecting rod, con rod, rod
Pleuelstangenbohrmaschine f (Mech) connecting rod drilling machine
Plexiglas-Eichnorm f (Tech) perspex
Plombe f (Tech) lead seal (z. B. Zollplombe)
Plombenzange f (Werkz) lead-sealing pliers pl
Plotten n (Elek) plotting
Plunger m (Tech) plunger (Schwimmer); ram (Presse)
Plus-Anzeige f (Tech) plus value
Pluspol m (Elek) positive pole
Plus- und Minustoleranzen fpl (Tech) plus and minus limits pl
Ply-Zahl f (Met) ply rating
Pneufahrwerk n (Bergb) (BE) pneumatically tyred travelling mechanism
Pneumatik f (Hydr/Pneu) pneumatics
Pneumatik-Strommesswertumformer m (Mess) jewel bearing, P-I converter
Pneumatik-Zylinder m (Pneu) air [pneumatic] cylinder
pneumatisch adj (Hydr/Pneu) pneumatic
pn-Übergang m (Elek) pn-junction
Pocherschuh m (Werkz) stamp shoe
Podest n (Tech) landing (z. B. Treppe);

platform (Plattform); base plate (Fahrerhaus)
Pol m (Elek) pole; terminal (der Batterie)
polar adj (Tech) polar
Polarisation f (Form) polarisation
polarisierte Ultraschallwelle f (Elek) polarized ultrasonic wave
Polarität f (Elek) polarity
Polbolzen m (Mess) terminal post
polen v (Elek) pole
Polier m (Bau) foreman, general foreman
polieren v (Mech) planish, polish
Poliergerüst n (Walz) planishing stand (Glättgerüst)
poliert adj (Met) polished
polierter Stahl m (Met) polished steel
Polierwalzwerk n (Walz) planishing mill (Glättwalzwerk)
Poligripzange f (Werkz) slip joint plier
Politur f (Anstr) glaze (Glanz); polish
Polklemme f (Elek) binding post, pole terminal, post, terminal
Poller m (Stb) bollard
Polradpendelungen fpl (Elek) phase swinging
Polster n (Tech) cushion (Kissen)
Polsterfederdraht m (Tech) upholstery-spring wire
Polsterung f (Tech) padding; upholstering, upholstery (der Möbel)
polumschaltbarer Motor m (Elek) pole-changing motor
Polumschalter m (Elek) pole changing starter, reversing switch
Polwender m (Elek) commutator, reversing switch
Polyamid n (Chem) polyamide
Polyäthylen n (PE) (Chem) PE, polyethylene
Polyester m (Chem) polyester
polygonal adj (Bau) polygonal (z. B. Mauerwerk)
Polygonzug m (Bau) traverse
Polynom n (Elek) polynomial
Polypropylen n (Chem) polypropylene
Polzahl f (Elek) number of poles
Ponton m (Schiff) pontoon
Pore f (Anstr) pinhole (Anstrich)
Pore f (Met) pinhole, pore
Poren fpl (Met) voids pl; open pores (feuerfeste Stoffe)
Porennest n (Met) cluster porosity, pin-

hole cluster; cluster of pores *(Schweißen)*

Porenrest m *(Met)* pore cluster

Porenziffer f *(Geo, Met)* percentages of voids, voids ratio *(Hohlraumgehalt)*

porös adj *(Tech)* porous, spongy

Porosität f porosity

Porphyr m *(Bau)* porphyry

Portal n *(Hütt)* gantry, roof gantry, superstructure *(Lichtbogenofen)*

Portal n *(Tech)* bent, frame, portal *(Rahmen)*; gantry

Portalbein n *(Umschl)* gantry leg *(Festseite)*; shear leg *(Losseite)*

Portalfahrzeug n *(Umschl)* straddle loader

Portalfräsmaschine f *(Mech)* double--column planer miller, standard-housing planer miller, double-housing planer miller

Portalkran m *(Kran)* gantry crane, portal crane, portal-handling crane

Portalplattform f *(Hütt)* slewing platform, swing platform

Portalradsatzdrehmaschine f *(Mech)* portal-type wheel lathe

Portalrahmen m *(Stb)* bent, frame, gantry, portal, portal frame

Portalroboter m *(Förd)* gantry loader *(Flächenportalroboter)*

Porzellan n *(Geo)* porcelain

Porzellanerde f *(Geo)* China clay, kaolin

Porzellanprüfkopf m *(Prüf)* porcelain testing probe

Position f *(Tech)* item *(auf Zeichnungen)*

positionieren v *(Tech)* locate, position

Positionieren n *(Tech)* nesting *(Einzelteile auf Stahlplatte)*

Positions-Nr. f *(Tech)* item no., part no.

positiv adj *(Elek, Tech)* positive

Potenzial n *(Elek)* potential

potenzialfrei adj *(Elek)* isolated, potential-free, voltageless

Potenzialverschiebung f *(Elek)* potential shift

potenziell adj *(Tech)* potential, prospective

Potenziometer n *(Elek)* potentiometer

Potenziometer-Regler m *(Elek)* p-type rheostat

prägen v *(Mech)* emboss, imprint, stamp *(z. B. Rillen)*

Prägestempeln n *(Hütt)* impression stamping

Präge- und Folienaufwalzstation f *(Walz)* embosser laminator *(Präge- und Kaschierstation einer Bandanlage)*

praktikabel adj *(Tech)* feasible, practicable *(durchführbar)*

praktisch adj *(Tech)* hands-on, practical

Prall m *(Form)* impact *(Aufprall)*

Prallband n *(Förd)* impact belt

Prallblech n *(Tech)* baffle, baffle plate, deflector, deflector plate, diverter plate; scrubber baffle *(Dampfzyklon)*

Prallbrecher m *(Zer)* impact crusher, rotary impact crusher

prallfreie Umschaltung f *(Elek)* non--bounce change-over

Prallhammer m *(Werkz)* test hammer instrument

Prallklappe f *(Förd)* baffle, baffle plate

Prallmühle f *(Zer)* impact crusher, impact hammer mill, impact mill

Prallplatte f *(Tech)* baffle plate; impingement baffle *(z. B. eines Kühlers)*

Prallschürzenhalterung f *(Tech)* baffle holder

Prallspalter m *(Zer)* impactor

Pralltrommel f *(Zer)* baffle drum, baffle pulley, cushioning pulley

Prallwand f *(Tech)* baffle wall, impact wall

Prasseln n *(Elek)* crackling *(Störung des Schirmbildes)*

Pratze f *(Bergb)* outrigger *(Ausleger)*; stabilizer

Pratze f *(Tech)* bracket, claw, pad; fork hook *(Lasthaken)*

Pratzenabstützung f *(Bergb)* outrigger stabilizers pl

Praxis f *(Tech)* practice

praxisgerecht adj *(Tech)* suitable for practical application

Praxis-Versuch m *(Prüf)* field test, field trial, practical test, trial

Präzision f *(Tech)* precision

Präzisions-Axial-Radial-Rollenlager n *(Lag)* axial-radial precision roller bearing

Präzisionsstahlrohr n *(Met)* precision steel tube, *(BE)* mechanical steel tube, *(AE)* mechanical tube

Prellbock m *(Tech)* buffer block, buffer stop, bumper, crane stop, stop block

Prellvorrichtung f (Tech) pad
Pressbolzenschweißung f (Schw) stud welding
Pressdorn m (Walz) mandrel
Pressdruck m (Tech) pressing power, pressure; compacting pressure (Pulvermetallurgie)
Presse f (Form, Tech) power press, press
pressen v (Mech) stamp (z. B. Automobilteile)
Pressform f (Form) container
Pressfuge f (Tech) contact joint
pressgeschweißt adj (Schw) pressure-welded
Presskabelschuh m (Elek) crimped-type cable termination, compression-type cable lug
Pressklemme f (Bergb, Förd) radial compression ferrule (für Seil)
Presskraft f (Tech) force, press power (beim Kaltformen); forging force (Schmiedepresse); press power (der Abkantpresse)
Pressluft f (Verd) compressed air
pressluftangetrieben adj (Hydr/Pneu) pneumatic
Presslufthandnieten n (Stb) pneumatic hand riveting
Pressluftmeißel m (Werkz) pneumatic chisel
Pressluftstarter m (Hydr/Pneu) air starter
Pressluftsystem n (Hydr/Pneu) pneumatic system
Pressluftwerkzeug n (Werkz) air tool
Pressmetall n (Met) pressed metal
Pressmüllwagen m (Ökol) refuse compactor
Pressplatte f (Tech) male die; check plate (Backenbrecher)
Pressplunger m (Tech) ram
Pressschweißen n (Schw) pressure welding, welding with pressure
Pressschweißgitter n (Schw) welded wedge wire covering
Presssitz m (Tech) press fit; interference fit (mit Übermaß)
Pressspanplatte f (Met) particle board
Pressstahlkörper m (Stb) pressed-steel body
Pressstahlrahmen m (Stb) pressed steel frame
Press-, Stanz- und Ziehteile npl (Met) blankings, pressed and deep-drawn parts
Pressstempel m (Form) stem (Strangpressen)
Pressstempel m (Tech) pressure stem
Pressstofflager n (Lag, Walz) composition bearing
Pressstumpfschweißen n (Schw) resistance butt welding (DIN 1910)
Pressteil n (Tech) pressing
Presstopf m (Form) container (einer Hydraulikpresse)
Press- und Formtechnik f (Hütt/Walz) compression molding technology
Pressung f (Stat) compression
Pressung f (Tech) pressure, unit stress (bei Druck)
Pressverband m (Tech) interference fit, press fit assembly
Presszylinder m (Tech) jack cylinder, press cylinder
primär adj (Tech) primary
Primärantrieb m (Antr) prime mover
Primer m (Anstr) primer (Grundanstrich)
Primodurklemme f (Elek) Primodur connector
Printplatte f (Elek) circuit board, printed board (gedruckte Platine)
prinzipiell adj (Tech) basic
prinzipielle Antriebsanordnung f (Tech) basic drive arrangement
Prinzipschema n (Tech) basic scheme
Prisma n (Tech) prism, vee; inverted vee (dachförmige Lage)
Prisma n aus drei Gläsern (Tech) triple prism
Prisma n und Stempel m (Tech) punch and die (zum Biegen)
Priomafeile f (Werkz) cant file
prismatisch adj (Tech) prismatic
Prismenrolle f (Tech) tapered roll
Prismenstab m (Stb) prismatic member
Pritsche f (Tech) cable ladder, cable rack, cable tray (Kabel)
Pritschentrosse f (Tech) cable carrier wire rope (Kabel)
Probe f (Prüf) test (Verfahren); specimen, test specimen (Musterstück)
Probeabguss m (Hütt/Walz) sample casting
Probebelastung f (Prüf) load test, proof load, test load

Probebetrieb m (Tech) check-up time, test run, trial run

Probeeinsatz m (Tech) test run, trial operation, trial run

Probeentnahme f (Stb) sampling, taking a sample

Probekörper m (Prüf) test piece, test specimen

Probelauf m (Hütt/Walz) pre-commissioning check

Probelauf m (Tech) test run, trial run (z. B. nach Reparatur); operational test (z. B. einer Ölanlage)

Probenahmestation f (Prüf) sample extraction station, sampling station

Probenform f (Prüf) shape of sample

Probestück n (Prüf) sample, specimen, test piece, test specimen (Materialprüfung)

probeweise adv (Tech) for try-out

Probezeit f (Tech) test period (z. B. für Material)

Probierhahn m (Tech) sample cock

problematisch adj (Tech) complicated, problematic

Produktbereich m (Fert) product division, product range

Produktion f (Fert) production

Produktionsablauf m (Fert) course of manufacture, procedure, production process

Produktionsanlagen fpl (Fert) manufacturing equipment, production facility (Fabrik)

produktionsnahe Erzeugung f (Hütt) near-net shape production

Produktionsstätte f (Fert) manufacturing plant, production facility

produktiv adj (Tech) efficient, effective, productive

Produktivität f (Tech) productivity

Produktkennzeichen n (Tech) product reference number

Produktnachweis m (Tech) product reference

Produktübergabe f (Tech) transfer of ownership of product; shipping the product (Versendung)

Profil n (Kfz) tread (eines Reifens)

Profil n (Met) profile, section, shape, steel section, structural shape

Profilachse f (Tech) extruding axis

Profilbezugslinie f (Tech) profile reference line

Profilblech n (Met) formed sheet, profiled sheet

Profilborste f (Mech) profile bristle

Profildichtung f (Tech) sealing section

Profildraht m (Met) wedge wire

Profilgummi n (Tech) rubber section

Profilhöhe f (Stb) depth of section

profilieren v (Mech) profile

profilierte Walze f (Walz) contoured roll, shaped roll

Profillehre f (Metr) camberboard

Profillöffel m (Bergb) profile backhoe, profile bucket, profiling bucket

Profilmesser m (Mech) grooved blade, shaped knife

Profilrohr n (Met) hollow section, section tube, tubular shape

Profilschelle f (Tech) profile clamp

Profilschleifen n (Mech) profile grinding

Profilstahl m (Met) sections and bars, section steel, sectional steel, shapes and bars, section, steel sections pl, shaped steel (geformter Stahl); structural steelwork

Profilstraße f (Hütt/Walz) section and bar mill, section mill, section rolling mill

Profilträger m (Met) beam, rolled beam, girder, joist, rolled joist

Profilüberdeckung f (Tech) transverse contact ratio

Profilverschiebung f (Lag) addendum modification, profile correction (am Zahnrad)

Profilverzahnung f (Mech) spline

Programm n (IT, Mech) program

Programmier... (IT) programming...

programmierbare Verknüpfungssteuerung f (Elek) programmable logic controller, PLC

programmierbarer logischer Regler m (Elek) programmable logic controller

Programmierung f (IT) programming

Programmschaltwerk n (Tech) drum control mechanism, drum control unit

Progressivring m (Tech) progressive ring

Projektart f (Bau) type of project

projektieren v (Konst) design

projektiert adj (Tech) projected

projektiertes Gewicht n (Tech) tender weight

Projektierung f (Konst) design, planning,

planning work, project activities *pl*, project planning, project work, projecting; project management

Projektingenieur *m (Tech)* planning engineer, project engineer

Projektionsabstand *m (Tech)* projection distance

projektneutral *adj (Tech)* not specific to a project

Projektorsockel *m (Tech)* projector-base

projektspezifisch *adj (Tech)* specific to a project

Projektträger *m (Tech)* project executor

Projektzeichnung *f (Zeich)* project drawing, proposal layout drawing

projizieren *v (Tech)* project

Promodurklemme *f (Elek)* Promodur connector

Propfenschweißung *f (Schw)* plug weld

Proportionalbeiwert *m (Mess)* proportional action coefficient

Proportional-Druckregelventil *n (Vent)* pressure control valve with proportional solenoid, proportional pressure control valve

Proportional-Druckventil *n (Vent)* proportional pressure control valve

Proportionalmagnet *m (Hydr/Pneu)* proportional solenoid

Proportionalstab *m (Stb)* proportionality bar, proportional test specimen

Proportional-Wegeventil *n (Vent)* directional proportional valve

Prop-Ventil *n (Vent)* prop valve *(Kolben wird magnetisch bewegt)*

Prospekt *m (Tech)* brochure

Protokoll *n (Mess)* log, protocol, record

Protokollaufnahme *f (Tech)* recording

Protokolldrucker *m (Tech)* logging unit, recording printer

protokollieren *v (Tech)* log, record, take the minutes

Prototyp *m (Tech)* prototype

Protuberanzfräsen *n (Mech)* protuberance hobbing

provisorisch *adj (Tech)* provisional

Prozess *m (Tech)* process *(Vorgang)*

Prozessautomatisierung *f (Elek)* automatic process control

Prozessindustrie *f (Tech)* process industry *(Textil, Papier)*

Prozessor *m (Elek)* processor

Prüf... *(Prüf)* inspection…, test…, testing…

Prüfablauf *m (Prüf)* test procedure *(Testreihenfolge)*

Prüfabschnittsgitter *n (Elek)* gated region of the monitor

Prüfanlage *f (Prüf)* test equipment, test installation, test unit *(Geräte)*; test stand *(Stand)*

Prüfanschlusskasten *m (Elek)* probe cable connection box

Prüfbahn *f (Prüf)* scanning, scanning path *(Ultraschall)*

Prüfbereich *m (Prüf)* section to be scanned, test range; testing range *(Ultraschall)*

Prüfbescheinigung *f (Prüf)* compliance test certificate

Prüfblock *m (Prüf)* reference block, test block *(Körper)*; rotating scanning head

Prüfdichte *f (Tech)* scanning density

Prüfdraht *m (Tech)* measuring wire *(Gewindemessung)*

Prüfempfindlichkeit *f (Prüf)* scanning sensitivity, test sensitivity

prüfen *v (Tech)* check, examine, inspect, survey, test

prüfen m/genau *(Tech) (AE)* scrutinize, *(BE)* scrutinise

Prüfer *m (Tech)* inspector

prüffähige Statik *f (Stb)* statics ready for checking

Prüffeld *n (Prüf)* test bed, test facility, testing floor, testing shop

Prüffläche *f (Prüf)* test face, testing surface *(Ultraschall)*

Prüffolge *f (Prüf)* scanning cycle, testing cycle

Prüffrequenz *f (Prüf)* scanning frequency, test frequency, testing frequency; inspection frequency *(Ultraschall)*

Prüfgerät *n (Prüf)* test device, test equipment, test instrument; flaw detection unit, ultrasonic flaw detector *(Ultraschallgerät)*

prüfgerecht *adj (Prüf)* inspection-oriented

Prüfgeschwindigkeit *f (Prüf)* scanning speed, test speed

Prüfgewicht *n (Prüf)* calibrating weight, test weight

Prüfkabel *n (Elek)* probe cable

Prüfkanal m (Elek, Tech) scanning channel

Prüfkanalumschalter m (Elek) channel switch selector

Prüfkopf m (Elek) measuring head, probe, scanning head, search head, (AE) sensor head

Prüfkopfbewegung f (Prüf) probe manipulation [motion]

Prüfkopf-Einstellwinkel m (Schw) angle between probes

Prüfkopf-Führungseinrichtung f (Schw) probe device, probe mount

Prüfkopf-Schuh m (Prüf) probe shoe, transducer shoe (Ultraschall)

Prüfkörper m (Prüf) calibration block, comparison, reference block, reference piece, standard specimen, test block, test object (Ultraschall)

Prüflast f (Prüf) proof load, test load

Prüflehre f (Werkz) master gauge

Prüfleiste f (Tech) socket panel

Prüfleistung f (Prüf) testing efficiency

Prüfling m (Prüf) specimen (Prüfmusterstück)

Prüflingsvorschub m (Prüf) specimen advance, specimen feed, specimen traverse

Prüfort m (Elek) scanning site

Prüfplakette f (Prüf) test mark

Prüfraster m (Elek) shim

Prüfrohr n (Elek) scanning tube

Prüfschärfe f (Prüf) rigidity of test

Prüfschlüsselnummer f (Prüf) test code number

Prüfsicherheit f (Prüf) inspection reliability

Prüfspiralensteigung f (Elek) pitch of scanning helix

Prüfspur f (Elek) scanning track

Prüfstab m (Prüf) test bar, test specimen (Materialprüfung)

Prüfstand m (Prüf) test bench, test rig, test(ing) stand

Prüfstück n (Schw) joint sample (beim Schweißen)

Prüftank m (Elek) scanning tank

Prüfteil n (Elek) scanning element

Prüfumschalter m (Elek) probe cable switch selector

Prüfung f (Prüf) examination, inspection, review, test, testing

Prüfventil n (Vent) check valve

Prüfverteilerkasten m (Elek) probe cable distribution box

Prüfvorschrift f (Prüf) test specification

Prüfwechselspannung f (Elek) AC test voltage, alternating current test voltage

Prüfwerkzeug n (Werkz) checking tool

Prüfzahl f (Prüf) calibrated figure

Prüfzeichnung f (Zeich) appraisal drawing

Prüfzeugnis n (Prüf) test certificate

Prüfzone f (Elek) scanning zone

PS f (Tech) horsepower

PS-Klasse f (Tech) power range

Puddeleisen n (Met) wrought iron

Puffer m (Hydr/Pneu) cushioning (Zylinder)

Puffer m (Tech) buffer, bumper, padding, buffer block, buffer stop, crane stop, shock absorber, stop block (für Schienengeräte)

Puffer... (Tech) buffer..., intermediate..., surge...

Pufferladung f (Elek) trickle charger (Batterie)

puffern v (Schw) butter

Pufferring m (Tech) (BE) cushioning tyre, (BE) impact idler tyre

Pufferrolle f (Förd) cushioning idler, impact idler, shock idler (einzelne Rolle)

Pufferrollenrost m (Förd) impact idler grizzly

Pufferträger m (Tech) impact girder

Pufferung f (Schw) soft-cushioning seam (polsternde Schweißschicht)

Pufferung f (Tech) floating, floating device (Ladegerät)

Pufferzeit f (Tech) float, float time, schedule leeway (Interimzeit)

Pulsdiagramm n (Elek) pulse diagram

pulsierend adj (Elek) pulsating, pulsing

Pultdach n (Baut) lean-to, lean-to roof, pent roof

Pulteinbau m (Tech) desk mounting

Pultlampe f (Elek) desk lamp

Pultsteuerung f (Mess) pulpit control

pulverbeschichtet adj (Met) powder-coated

Pulverbrennschneiden n (Hütt, Mech) powder cutting

Pulverfeuerlöscher m (Tech) dry powder extinguisher

Pulverflämmen n (Hütt, Mech) powder scarfing

pulverisieren v (Bau) pulverize
Pulvermetallurgie f (Hütt) powder metallurgy
Pumpe f (Tech) pump
pumpen v (Tech) pump; surge (Verdichter)
Pumpendruck m (Hydr/Pneu) pump relief
Pumpendurchsatz m (Hydr/Pneu) pump flow (Leistung)
Pumpeneinsatz m (Hydr/Pneu) cartridge kit, pump cartridge
Pumpenhebel m (Hydr/Pneu) pump piston lever
Pumpenrad n (Hydr/Pneu) impeller, pump wheel
Pumpensicherheitsventil n (Vent) pump relief valve
Pumpenumlaufkühlung f (Hydr/Pneu) pump-circulating cooling
Pumpenverteilergetriebe n (Getr, Hydr/Pneu) power take-off gear for pumps, pump transfer gear
Pumpenzylinder m (Hydr/Pneu) pump barrel, pump cylinder
Pumpgrenzpunkt m (Verd) surge point
Pumpstation f (Hydr/Pneu) pump-bay
Punkt m (Tech) dot; point (Zahnspitze)
Punktbelastung f (Stat) concentrated load
punktförmig adj (Tech) dot-shaped
punktiert adj (Tech) dotted (Linie)
Punktkipplager n (Lag) spherical bearing
Punktlager n (Lag) one-point bearing, point support
Punktlampe f (Elek) pilot lamp
Punktlast f (Stat) concentrated load, stationary load, point load, point loading
Punktnaht f (Schw) spot weld
Punktprüfkopf m (Prüf) point-focused probe
punktschweißen v (Schw) spot-weld, tack-weld
Punktschweißung f (Schw) point welding, resistance spot welding, spot welding, track welding
Putz m (Bau) plaster
Putzdecke f (Bau) ceiling
Putzdiele f (Stb) plaster board (Wandbauplatte als Putzträger)
putzen v (Anstr) polish (metallisch blank)
putzen v (Mech, Hütt/Walz) clean, con-

dition, polish; chip (Blöcke); dress, fettle, trim (z. B. Guss)
putzen v (Walz) condition, dress, rectify (dressieren)
Putzen n (Hütt) fettling (Konverter); conditioning, rectification, surface dressing (von Gusssträngen usw.)
Putzen n (Tech) boss, eye
Putzhobel m (Mont) cleaning plane
Putzmesser n (Anstr) cleaner
Putzschicht f (Tech) coat (Bau); maintenance shift, repair shift (Fertigung)
Putzträger m aus Stahl (Met) metal lath
Putzwolle f (Tech) cleaning wool, engine waste, waste cotton, wool waste
PVC-Folie f (Met) plastic foil
PVC-Schlauch m (Met) PVC hose
Pylon m (Bahn, Elek) pylon (Oberleitung der Bahn)
Pyramidenwelle f (Walz) pyramid schaft (Wickelmaschine)
Pyrit m (Met) pyrite
Pyrochemie f (Chem) thermochemistry
Pyrogallus-Säure f (Chem) pyrogallic acid
Pyrometallurgie f (Hütt) pyro-metallurgy (Schmelzmetallurgie)
Pyrometer n (Mech) pyrometer
Pyrometerschutzrohr n (Tech) pyrometer well
Pyrophyllit m (Geo) pyrophyllite

Q

Quader m (Bau) ashlar, freestone
Quadratfeile f (Werkz) square file
quadratisch adj (Tech) square
quadratischer Mittelwert m (Math) RMS, root mean square, root mean square value (Effektivwert)
quadratisches Drehmoment n (Elek) square-law torque
Quadratstahl m (Met) square steel bar (Vierkantstahl)
Quadrat-Stahlrohr n (Stb, Hütt/Walz) square steel tube
Quadratwurzel f (Math) square root
Qualität f (Tech) grade, quality (Sorte)
Qualitätskontrolle f (Tech) quality assurance (auch die Abteilung); quality control

Qualitätsmanagement n (Prüf, Tech) quality management, QM

Qualitätsplanung f (Tech) quality design (Leistungsstruktur); quality planning

Qualitätssicherung f (Tech) quality assurance, quality control, quality management, QM

Qualitätsstahl m (Met) high-grade steel, quality steel

Qualitäts- und Edelstahlgüte f (Met) high-quality and high-grade steel, special qualities and high-grade steel

Qualitätsverlust m (Tech) degradation

Quantität f (Tech) qty, quantity

Quartbandfilter m (Tech) half-octave band filter, half octave band pass filter

Quarz m (Geo) quartz

quarzgesteuerter Miniatur-Impulsoszillator m (Elek) miniaturised crystal-controlled pulsed oscillator

Quarzit m (Geo, Met) quartzite

Quarz-Jod-Lampe f (Elek) quartz-iodine bulb

Quarzsteuerung f (Mess) quartz crystal control

Quasikomplementär-Endstufe f (Elek) quasi-complementary power amplifier

Quecksilber n (Chem) mercury

Quecksilberdampfventil n (Vent) mercury arc valve

Quecksilbersäule f (Tech) mercury column

Quecksilberthermometer n (Metr) mercury thermometer, mercury-in-glass thermometer

Quelle f (Elek) source (Ursprung)

quellen v (Geo, Phys) swell

quer adj (Tech) diagonal (diagonal); transversal, transverse (z. B. Motor) • **quer liegend** transversely • **quer liegend angeordnet** transversely mounted

Quer... (Tech) cross..., lateral, transverse

Querausdehnung f (Met) lateral extension

Querbalken m (Stb) cross beam, cross girder, cross truss (Querträger)

Querbiegeversuch m (Prüf, Stb) transverse bend test, transverse bending test

Querbohrung f (Mech) cross hole, side drilled hole, through hole

Quercordlager n (Förd) transcord breaker (Gurt)

Querdehnung f (Stb) transverse elongation, lateral [transverse] strain

Querdruckholz n (Tech) crosswise thrust member (Verpackung)

Querfaltbiegeprobe f (Schw) side bend specimen

Querfaltversuch m (Prüf) transverse flat bend test

Querfehler m (Met) transverse defect

Querfestigkeit f (Met) transverse strength

Querfläche f (Stb) shear diagram

Querformat n (Tech) oblong type

Quergewindebohrung f (Tech) tapped cross hole

quergewölbt adj (Met) crowned (Blech)

Quergriff m (Tech) T-handle; sliding t-handle (Steckschlüssel)

Querhaupt n (Stb) cross beam, cross girder, cross head, cross truss (Querträger); crosshead

Querkraft f (Met) shear, shear force, vertical shear, shearing force, transverse force, transverse shear

Querlager n (Lag) journal bearing, radial bearing (Radiallager)

Querlenker m (Tech) transverse control arm, transverse link

querliegend transversely • **querliegend angeordnet** transversely mounted

Querneigung f (Stb) cross inclination, (BE) crossfall, (AE) crown, transverse slope, superelevation (der Fahrbahn)

Quernuttiefe f (Mech) face keyway (Gegenflansch Gelenkwelle)

Querprobe f (Stb) transverse sample [test specimen]

Querprofil n (Bergb) camber (der Straße); cross section (Schnitt durch Straße)

Querrinne f (Bau) poledrain

Querriss m (Met, Schw) transverse crack (z. B. in Schweißnähten)

Querrollbahn f (Mech) gravity roller

Querscheibe f (Met) diaphragm; transverse slice (Prüfstück)

Querschliff m (Met) micrograph

Querschneidkopf m (Mech, Mont) transverse cutting head

Querschnitt m (Tech) cross section, cross sectional area, section, size, transverse section; inside diameter (innerer Querschnitt eines Rohres); outside diameter (äußerer Querschnitt eines Rohres)

Querschnittsänderung f (Tech) change in section, change of cross section, change of cross-sectional area (Metallurgie); change in section, section change (Rohrleitungen)

Querschnittsbemessung f (Konst) design of beams

Querschnittsdarstellung f (Zeich) sectional drawing

Querschnittsformbeiwert m (Stb) (BE) form factor, shape factor

Querschnittswert m (Stb) section property

Querschnittszeichung f (Zeich) cross-sectional drawing

Querschott n (Stb) transverse diaphragm

Querschwinge f (Bergb) cross balancer (Raupenfahrwerk)

Querspaltsieb n (Tech) lateral-slotted screen

Querspannung f (Met) resisting shear, shear, vertical shear, shearing force, shearing stress

Quersperre f (Met) transverse rip stop (Gurt)

Querspiel n (Tech) axle floating (der Waggonachse)

Querstabilität f (Stb) transverse stability

Querstollen m (Förd) cleat (Förderband)

Querstrebe f (Stb) cross beam

Querstrecke f (Bergb) cross-heading (unter Tage)

Querstromlüfter m (Tech) shaded-pole cooling fan

Querteilen n (Hütt/Walz) cutting to length, cutting to width

Querträger m (Mel) hollow beam (einer Raupenkette)

Querträger m (Stb) (AE) floor beam, transverse beam, transverse frame, transverse girder; cross beam, cross girder, cross truss (Querhaupt); cross member, cross tie, crossbar (Waggon)

Quertransport m (Mech) transverse conveying

Quertraverse f (Stb) cross beam, equalizer bar

Querverband m (Baut, Hütt) cross bond (im Mauerwerk)

Querverband m (Förd) cross conveyor, crossover conveyor (Förderbänder)

Querverband m (Stb) cross bracing (Konstruktion); transverse bracing, sway bracing (Brücke)

Querverschiebung f (Tech) transverse displacement

Querwand f (Tech) bulkhead

Querwelle f (Tech) cross shaft

Querwellenprüfkopf m (Prüf) transverse wave probe (Ultraschall)

Quetscharmaturen fpl (Hydr/Pneu) compression fitting, pressed fittings

Quetschgrenze f (Met) compressive yield point, limit of compression, upset limit (bei Druckspannung)

Quetschlager n (Lag) squeeze film bearing (Quetschölfilmlager)

Quetschöl n (Hydr) compression oil

Quetschspannung f (Met) compressive yield stress

Quetschungszahl f (Phys) modulus of specific compression

Quetschversuch m (Stb) crushing test; flattening test (von Rohren)

QM n (Abk. für: Quality Management) (Prüf) quality management, QM

Quotient m (Math) quotient; ratio (Verhältnis)

R

Rad n (Tech) bicycle (Fahrrad); gear, wheel

Rad... f (Tech) wheel...

Radabdeckung f (Kfz) (AE) fender (Kotflügel)

Radabstand m (Tech) track, wheel spacing

Radanlauf m (Tech) wheel contact angle

Radantrieb m (Tech) sprocket [wheel] drive

Radar n (Elek) radar (Funkortung)

Radargerät n (Elek) (AE) speed gun

Radbefestigungsbolzen m (Tech) wheel mounting bolt

Radbefestigungsmutter f (Tech) wheel mounting nut

Radbruchstütze f (Tech) wheel failure support, safety stop (Kran)

Räderantrieb m (Tech) gear drive

Räderfeile f (Werkz) flat round-edged file

Räderkasten m (Tech) gear case
Räderplatte f (Tech) wheel plate
Radfelge f (Tech) rim, wheel rim (Radkranz)
Radgetriebe n (Tech) wheel transmission
radial adj (Tech) radial
Radialbohrmaschine f (Werkz) radial drill
Radialdichtring m (Tech) radial seal ring
Radialdichtung f (Tech) oil seal sleeve
Radialdruck m (Tech) radial pressure, radial thrust
Radialgebläse n (Tech) centrifugal blower, radial compressor, radial fan
Radialgelenklager n (Lag) spherical plain bearing
Radial-Kugellager n (Lag) ball journal bearing
Radiallager n (Lag) journal bearing
Radiallüfter m (Verd) centrifugal fan
Radial-Pendelkugellager n (Lag) self--aligning ball bearing, self-aligning ball journal bearing
Radial-Pendelrollenlager n (Lag) self--aligning roller bearing, roller journal bearing, self-aligning roller journal bearing (zweireihig)
Radialpressung f (Lag) specific radial load (im Radiallager)
Radial-Rillenkugellager n (Lag) deep--groove ball bearing
Radial-Rollenlager n (Lag) self-aligning roller bearing, roller journal bearing, self-aligning roller journal bearing (zweireihig); spherical roller bearing, roller journal bearing, spherical roller journal bearing (einreihig)
Radialschlag m (Tech) raceway radial runout
Radial-Schrägkugellager n (Lag) angular contact ball bearing
Radial-Tonnenlager n (Lag) spherical roller bearing, roller journal bearing, spherical roller journal bearing (einreihig)
Radial-Zylinderrollenlager n (Lag) cylindrical roller bearing
radieren v (Tech) erase (z. B. mit einem Radiergummi)
Radio n (Elek) radio
radioaktiv adj (Elek) radioactive (strahlend)
radiographisch adj (Elek) radiographic

Radioteleskop n (Elek) radio telescope (zur Echoschall-Messung)
Radius m (Metr) radius
Radizier-Schaltung f (Elek) square-root circuit
Radkappe f (Tech) hub cap (z. B. eines Pkw)
Radkörper m (Getr, Tech) gear body, wheel body (des Zahnrades); hub, (AE) wheel center (Nabe)
Radkranz m (Tech) wheel rim
Radlader m (Umschl) (BE) rubber-tyred loader, wheeled loader, payloader, wheeled unloader, wheel loader, wheel--mounted front-end loader
Radlenker m (Stb) guide rail (Leitschiene)
Radmutterbolzen m (Tech) wheel-nut pin
Radmutterschlüssel m (Werkz) nut wrench
Radnabe f (Tech) gear hub (eines Zahnrades); wheel hub
Radnabengetriebe n (Tech) (BE) drive hub, hub transmission
Radnabenschlüssel m (Werkz) axle nut spanner, axle nut wrench
Radnachlauf m (Tech) castor
Radpaar n (Lag) gear pair (Getriebe)
Radpaarung f (Lag) mating gears pl (Getriebe)
Radreifen m (Bahn) bandage (auf Rad aufgeschrumpft)
Radreifen m (Kfz) (AE) tire, (BE) tyre
Radsatzdrehbank f (Bahn, Mech) wheel lathe
Radsatzlager n (Lag) wheel set bearing
Radscheibe f (Bahn) wheel body (des Waggons)
Radscheibe f (Tech) gear body, wheel disc (Getriebe); wheel plate, wheel web
Radscheibenbremse f (Tech) wheel disc brake
Radschlüssel m (Werkz) ratchet wrench
Radstand m (Umschl, Tech) (AE) tire base, wheel base, wheel spacing, (AE) wheelbase
Radsturz m (Tech) leaning wheels pl (z. B. Grader bei Schräghang); wheel cambering; wheel lean (beim Grader); wheel lock (Pendelachse)
Radvorlauf m (Tech) wheel castor
Radweg m (Bau) (AE) bicycle track, (BE) cycle track

Radwelle f (Tech) wheel shaft; bull gear shaft (Verdichter)

Raffineriegas n (Chem) refinery gas

Rahmen m (Bau) frame, framework (z. B. Fachwerk)

Rahmen m (Tech) (BE) main beam (Grader); border (Begrenzung); box-type frame (mit Kastenprofil); chassis; frame; rim (felgenartig); frame (Fotografie); scope (Umfang)

Rahmen m (Stb) bent, frame, portal (Portal)

Rahmenecke f (Stb, Tech) corner joint, frame corner, haunch, knee

Rahmenende n (Tech) end frame

Rahmenführung f (Tech) guide frame

Rahmengabel f (Tech) frame fork

Rahmenklinke f (Mess) bezel latch

Rahmenkonstruktion f (Stb) frame structure, framework

Rahmenkopf m (Tech) front frame head (an der Vorderachse des Graders)

Rahmenriegel m (Stb) beam of frame, frame transom, horizontal member, rafter of frame; head rail frame strut (Verbinder)

Rahmenstiel m (Stb) frame stanchion, vertical member; portal leg

Rahmenstütze f (Stb) frame column, frame leg (Ständer); frame stanchion

Rahmenträgerbrücke f (Stb) rigid-frame bridge

Rahmenwasserwaage f (Mont) frame water balance

Rahmenwerk n (Stb) frame structure

Rakel f (Mech, Walz) doctor blade

Raketenmotoranzünder m (Elek) rocket motor igniter

RAM n (Abk. für: random access memory) (IT) ПАМ

Ramm-, Bohr-, Zieheinrichtung f (Bergb) pile-driving, -drawing, drilling, extraction device

Rammbär m (Bau) pile driver, pile hammer, ram, tup (Rammhammer)

Rammen n (Bau) pile driving (von Pfählen)

Rammen... (Bau) driving

Rammgestänge n (Bau) driving rods pl

Rammrohr n (Tech) piling pipe

Rammschutz m (Bergb) fender (z. B. am Bagger)

Rampe f (Tech) ramp

Rand m (Tech) edge; lip (z. B. Oberkante eines Behälters)

Randabstand m (Stb) edge distance (Niete)

Randabstand m in Kraftrichtung (Stb) longitudinal edge distance

Randabstand m senkrecht zur Kraftrichtung (Stb) lateral edge distance

Randbedingung f (Tech) boundary condition

Randblech n (Stb) bordering sheet

Randeffekt m (Elek) boundary effect, edge effect

Rändel n (Tech) knurl, straight knurl

rändeln v (Mech) knurl, mill, rim

Rändelrad n (Tech) knurled wheel, thumbwheel

Rändelschraube f (Tech) flat knurled thumb screw (flache Rändelschraube); knurled bolt; knurled head [thumb] screw (hohe Rändelschraube); slotted knurled thumb screw (hohe Rändelschraube mit Schlitz)

Randhärten n (Hütt) surface hardening

Randschicht f (Met) transition region

Randschichthärtung f (Met) edge-zone hardening

Randspannung f (Met, Stat) edge stress, extreme fibre stress

Randstein m (Tech) curbstone (an Bordkante der Straße); hearth side brick, hearth wall brick (Hochofen)

Randstreifenverteiler m (Bergb) windrow spreader

Randzone f (Hütt) skin zone (Block, Guss)

Randzonenecho n (Prüf) corner echo (Ultraschallprüfung)

rangieren v (Bahn) marshal, (BE) shunt (Zug)

rangieren v (Bau) range

rangieren v (Tech) (BE) manoeuvre (z. B. Pkw)

Rangierer m (Bahn) shunter (Bahnpersonal)

Rangierlokomotive f (Bahn) dinky, locomotive trolley (klein); shunting locomotive

Rangierverteiler m (Tech) marshalling cubicle

Rangordnung f (Tech) hierarchic order, order of precedence, ranking

rasant adj (Tech) rapid (schnell)

Rasensohle f (Tech) terrain surface

Raspelfeile f (Werkz) circular file

Rast f (Hütt) bosh (Hochofen)

rastbar adj (Tech) detentable

Raste f (Tech) catch, detent, latch, notch

Raster m (Tech) screen

Rasterelektronenmikroskop n (Hütt) scanning electron microscope

rastern v (Tech) screen (mit Raster versehen)

Rastersystem n (Hütt/Walz) grid system

Rastkupplung f (Tech) switch-through coupling

Rastmagnet m (Elek) notch magnet

Rat m (Tech) advice, suggestion

Ratsche f (Tech) pawl, ratchet

Ratschenhebel m (Werkz) ratchet wrench

Ratschenschlüssel m (Werkz) ratchet spanner

Ratschzug m (Werkz) ratchet hook tackle

Rattenschwanzfeile f (Werkz) rat tail, riffler

ratterfrei adj (Tech) chatterfree

Rattermarken fpl (Tech) chatter; brinelling (verhärtete Stellen)

rattern v (Tech) chatter (vibrieren); rattle

rau adj (Tech) uneven (uneben); heavy, rough

Rauch m (Chem, Tech) fumes pl, smoke

Rauch... (Chem, Tech) fume..., smoke...

Rauchbegrenzer m (Tech) smoke limiter

rauchdicht adj (Stb) smoke-proof

Rauchdichteskala f (Hütt/Walz) Ringelmann chart

Rauchentwicklung f (Chem) smoke emission

Rauchfahne f (Bahn) trail of smoke

Rauchfang m (Bau) chimney (Schornstein)

Rauchgas n (Chem) flue gas, fumes

rauchgasbeheizt adj (Hütt/Walz) gas--heated

Rauchgasbestandteile mpl (Hütt/Walz) flue gas constituents pl

Rauchgasbestreichung f (Hütt/Walz) sweeping of the flue gas

Rauchgas-Feuermelder m (Tech) smoke-sensing fire alarm

Rauchgasgeschwindigkeit f (Chem) flue gas velocity

Rauchgaskamin m (Hütt) fume offtake hood (Konverter)

Rauchgasregelklappe f (Hütt/Walz) gas damper

Rauchgasrücksaugung f (Hütt/Walz) flue gas recirculation, flue gas withdrawal

Rauchgasschieber m (Hütt/Walz) flue gas outlet damper

rauchgasseitig adj (Hütt/Walz) gas-side ...

Rauchgaszug m (Hütt/Walz) gas pass

Rauchglas n (Tech) smoked glass

Rauchkanal m (Hütt) flue, flue gas ducting (Rauchgasleitung)

Rauchmelder m (Stb) smoke detector

Rauchschutztafel f (Stb) blast plate

rauer Betrieb m (Tech) heavy duty, heavy-duty use

Rauheit f (Anstr, Met) roughness

Rauigkeit f (Met) roughness

Raum m (Baut) room (Zimmer)

Raum m (Tech) chamber (Ventil); space (Platz)

Räumarm m (Tech) discharge wheel arm, extractor arm

raumbeständig adj (Hütt) volume stable (feuerfeste Steine)

Raumbeständigkeit f (Bau) volume consistency, constant volume

Räumbreite f (Bergb) clearing width

Räumdorn m (Werkz) push broach

Räumegge f (Bergb) raking device (am Kratzer)

räumen v (Mech) broach (Rohrwand bearbeiten)

räumen v (Tech) clear the erection site, clear the site, demobilize, evacuate, vacate (Baustelle)

Räumen n (Fert) breach, breaching (Fertigungsverfahren)

Raumfachwerk n (Stb) space frame

Räumfeile f (Werkz) die sinker's file

Raumgewicht n (Chem, Geo, Phys) specific gravity, specific weight, volume weight

Raumgewicht n (Geo, Ökol) specific gravity, weight by volume (Wichte)

Raumgitter n (Met) space lattice (Gefüge)

Raumheizung f (Tech) space heater

Rauminhalt m (Phys) capacity, volume, volumetric capacity

räumlich adj (Math, Tech) three-dimensional

Räumschild n (Baum) dozer blade, mouldboard

raumsparend adj (Tech) compact, space-saving

Raumtemperatur f (Tech) ambient temperature, room temperature

raumzentriert adj (Met) body-centered (Kristallgitter)

Raupe f (Bergb) crawler, track

Raupe f (Schw) bead, welding bead (Schweißnaht)

Raupe f (Tech) cable handler, mobile cable guide block system (Kabel)

Raupen... (Baum, Bergb) crawler..., crawler-mounted, on crawlers, track..., tracked

Raupenaufschweißversuch m (Prüf) bead-on-plate test

Raupenblech n (Walz) padded plate (Belagblech)

Raupenfahrwerk n (Baum, Bergb) crawler, crawler system, crawler track, crawler track assembly, crawler undercarriage

Raupengerät n (Bergb) crawler excavator, track excavator

Raupenglied n (Tech) chain tread, crawler chain tread, crawler tread

Raupenkette f (Bergb) caterpillar track, crawler chain, crawler track, crawler track chain, creeper track, track chain; crawler tread belt (z. B. eines Seilbaggers)

Raupenkran m (Kran) caterpillar crane, crawler crane

Raupenlader m (Tech) front end loader, crawler-mounted front end loader

Raupenmotor m (Antr) drive motor (Antriebsmotor); track motor

Raupenschlepper m (Baum) caterpillar tractor, crawler tractor

Raupen- und Radfahrwerk n (Bergb) crawler and wheeled chassis

Rauputz m (Bau) roughcast (Hausbau)

Rauschabstand m (Elek) signal-to-noise ratio, S/N ratio

Rauschanteil m (Elek) noise component

Rauschanzeigen fpl (Prüf) noise indications pl (Ultraschall)

rauscharm adj (Tech) low-noise (Fernsehgerät)

Rauschbild n (Elek) noise pattern

rauschen v (Elek) hiss (z. B. Lautsprecher)

Rauschpegel m (Prüf) noise level (Ultraschallprüfung)

Raute f (Tech) rhombus (Rhombus)

Rautenflicken m (Tech) rhomb-shaped patch

rautenförmig adj (Tech) rhomb-shaped, rhombic

Rautenwerk n (Stb) double triangular truss

Rautiefe f (Met) depth of roughness, peak-to-valley height, surface roughness (der Oberfläche); peak-to-valley height (Sandstrahlen)

Rauwert m (Met, Tech) roughness value

Reagenzeinspeiser m (Aufb) reagent feeder

Reagenzglas n (Lab) test tube

reagieren v (Elek) react, respond (Endschalter)

Reaktanz f (Elek) reactance

reaktionsfähig adj (Hütt/Walz) reactive, responsive

Reaktionshaftgrund m (Walz) wash primer, reaction primer (Kunststoffbeschichtung)

Reaktionsmittel n (Chem, Hütt) reactant

Reaktorgehäuse n (Kern) nuclear reactor building

Reaktorkuppel f (Kern) containment (im Kernkraftwerk)

Reaktorsicherheitshülle f (Kern) reactor containment

reale Spannungsquelle f (Elek) real voltage source

reale Stromquelle f (Elek) real current source

Realgasfaktor m (Chem, Verd) compressibility factor, real gas factor

Realisierung f (Tech) implementation, realization

Rechen m (Umschl) rake (beim Brückenkratzer)

Rechenklassierer m (Zer) rake classifier

Rechenkühlbett n (Walz) carryover rake-type cooling bed, carryover notch-bar cooling bed, rake cooling bed

Rechenmaschine f (Elek, IT) (BE) calculating machine, (AE) calculator

Rechenschieber m (Math) slide-rule (Stab); sliding rule

Rechenteil m (Mess) function

Rechenzacken m (Tech, Walz) rack notch

Rechenzentrum n (IT) (AE) computing center, (AE) data center, (AE) DP Center

rechnergesteuert adj (IT, Mess) computer-controlled

rechnergestützt adj (IT, Mess) computer-aided, computer-assisted, computer-based

rechnergestützte Fertigung f (Fert, IT) computer aided manufacture, CAM

rechnergestütztes Konstruieren n (IT, Konst) computer-aided design, CAD

rechnerisch adj (Math) mathematical

rechnerische Kehlnahtdicke f (Schw) effective fillet thickness

rechnernumerisch gesteuert adj (IT, Mess) computer-numerically controlled

rechnerunterstützte Qualitätssicherung f (Tech) computer-aided quality assurance

Rechteck n (Stb) rectangle

Rechteck... (Tech) rectangular, square

rechteckiger Hauptträger m (Met) girder

Rechteckprofil n (Met) rectangle

rechts adj (Tech) right, right-hand

Rechtsanzug m (Tech) right-hand tightening (einer Schraube)

Rechtsausführung f (Tech) right-hand design

rechtsbündig adj (Tech) right-justified

rechtsdrehend adj (Tech) clockwise, cw, right-hand-turning

rechtsgängig adj (Tech) right-handed (Zahnrad)

rechtsgängig adj (Tech) clockwise, right-hand lay (Seil usw.)

rechtsläufig adj (Tech) clockwise

Rechtsschlag m (Bergb, Kran) right-hand lay, RH lay, right lay

rechtssteigend adj (Tech) right-hand

rechtwinklig adj (Tech) at right angles, orthogonal, rectangular, right-angled

Reckalterung f (Stb) ageing by stretching (Altern durch Strecken)

Reckspannung f (Met) strain stress

Reckung f (Met) straining (überelastisch)

Recycling n (Ökol, Tech) recycling (Wiederaufbereitung)

Reduktion f (Hütt) reduction (Erz)

Reduktionsfaktor m (Elek) derating factor (Kabel)

Reduktionsgetriebe n (Getr) step-down gear

Reduktionsmuffe f (Werkz) reducing socket

Reduktionsnippel m (Werkz) reducing bushes

redundant adj (Tech) redundant

Reduzier... (Tech) reducing..., reduction...; pressure reducing

Reduzierantrieb m (Getr) step-down gear

reduzieren v (Tech) reduce

Reduzierplatte f (Hydr) adapter plate

Reduzierstutzen m (Tech) reducing piece, reducing pipe sleeve, reducing pipe socket (Rohr)

reduziert adj (Tech) reduced

Reduzierung f (Tech) reduction

Reduzierverschraubung f (Tech) reducer connector, reducer screw joint, reducing coupling

Reedkontakt m (Mess) reed contact (Blattfederkontakt)

reell adj (Elek, Math) real

Referenz f (Tech) reference

reflektiert adj (Elek) reflected

Reflektor m (Elek) mirror, reflector

Reflexion f (Elek) reflection

Reflexionsloch n (Elek) reflection gap

Reflexionsschalldämpfer m (Tech) (BE) nondissipative silencer, (AE) nondissipative muffler, (BE) reactive silencer, (AE) reactive muffler

Reflexlichtschranke f (Mess) reflex light barrier

Regal n (Tech) rack, shelf, shelving

Regalbediengerät n (Förd, Log) stacker-reclaimer, stacking-reclaiming machine, S-R machine, storage and retrieval machine

Regel f (Tech) rule (Norm)

Regel... (Elek, Tech) control

Regelabweichung f (Tech) control deviation, controlled variable deviation (Physik); error signal (negativ); offset

Regelanlage f (Elek) control system, switched capacitor bank

regelbar adj (Tech) controllable, variable

regelbar adj/stufenlos (Tech) infinitely variable

regelbares Lager n (Stb) adjustable support

Regelbauart f (Konst) standard design

Regelbereich m (Tech) control range, range of adjustment, range of control

Regelbetrieb m (Bergb) normal operation
Regelblende f (Tech) regulating piece
Regeldauer f (Mess) correction time
Regeldrehzahl f (Tech) governed speed
Regelfahrmotor m (Antr) shiftable engine
Regelgetriebe n (Tech) control device, control gear (Regelvorrichtung); variable speed gear unit, variable-speed gearing
Regelgröße f (Phys) controlled condition, controlled variable, process variable, standard size
Regelklappe f (Mess, Vent) butterfly control valve
Regelklappe f in Ringgehäuseausführung (Mess, Vent) wafer style butterfly valve
Regelkreis m (Elek) control circuit, control loop, regulating circuit; feed-back circuit, feed-back loop (Digitalsteuerung)
Regellast f (Stat) normal load, standard loading
regellose Anordnung f (Met) random orientation
Regelmagnet m (Hydr) regulating solenoid
regelmäßig adj (Hütt/Walz) consistent (anhaltend, beständig); uniform (gleichförmig)
regelmäßig adj (Tech) regular, routine
Regelmaßnahme f (Mess) corrective action
Regelmotor m (Antr) variable-speed motor
regeln v (Elek, IT) control (steuern)
regeln v (Tech) adjust, change, control, govern, regulate, vary
Regeln fpl der Technik (Tech) good engineering practice
regelnd adj (Tech) regulating
Regelprofil n (Stb) standard section (Normalprofil)
Regelpumpe f (Hydr/Pneu) regulating pump; variable-capacity pump (am Lader)
Regelschalter m (Elek) regulator and cut-out relay
Regelschleife f (Mess) closed control loop, closed loop
Regelsinnschalter m (Mess) increase-decrease switch
Regelspannung f (Elek) control voltage

(etw. wird gesteuert); regulated voltage (gleich bleibende Spannung); variable voltage
Regelstabilität f (Mess) control stability, stable control action
Regelstreckgrenze f (Stb) nominal elastic limit
Regeltechniker m (Tech) control technician
Regeltransformator m (Elek) voltage regulating transformer
Regel- und Messtechnik f (Elek) control and instrumentation technology, control and measuring
Regelung f (Elek) closed-loop control, control, controls (Geräte); control (Turbine); regulation (Transformator)
Regelungstechnik f (Hydr, Mess) automatic control systems
Regelventil n (Vent) control valve, governor valve, regulating valve
Regelverhalten n (Mess) control response, response
Regelverstärker m (Elek) variable-gain amplifier
Regelvorrichtung f (Tech) control device, control gear (Getriebe)
Regelwerk n (Tech) code, code of standards
Regelwiderstand m (Elek) regulating rheostat, rheostat; variable resistor
regenerativ adj (Ökol, Tech) regenerative, renewable
Regenerieren n (Tech) rebuilding (z. B. Maschine)
Regenrinne f (Baut) drain pipe, rain drain, rain gutter, roof rail; eaves gutter (Dachrinne)
Regenwasseraufhaltebecken n (Baut, Ökol) storm water tank
Regenwasserkanal m (Baut, Ökol) storm sewer
Registrierapparat m (Elek) recorder, recording instrument
Registriergrenze f (Prüf) registration level; recordable limit (Ultraschallprüfung)
Registrierschwelle f (Elek) recording limit
Registrierstreifen m (Tech) recorder chart, recording chart, recording strip
Regler m (Elek) control device, control

unit, automatic control unit, control gear, controller *(Schalter)*

Regler *m (Hydr/Pneu)* throttle

Regler *m (Tech)* attemperator, cooler, desuperheater *(für die Temperatur)*; governor *(für die Drehzahl)*; regulator

Reglerkolben *m (Tech)* plunger

Reglerkreis *m (Elek, Tech)* regulating circuit

Reglerlager *n (Lag)* governor bearing

Reglerschrank *m (Tech)* control cubicle

Reglerspindel *f (Tech)* control spindle

Reglerventil *n (Vent)* regulator valve *(Dampflok)*

regulieren *v (Tech)* adjust, regulate

Reguliergewicht *n (Tech)* governor weight

Reguliermotor *m (Elek)* pilot motor

Reguliermuffe *f (Hütt, Vent)* regulating valve

Regulierschraube *f (Tech)* adjusting screw

Regulierventil *n (Vent)* check valve, non--return valve

Reib... *(Tech)* friction

Reibahle *f (Werkz)* expanding reamer, reamer

Reibbeiwert *m (Stat)* coefficient of friction

Reibbelag *m (Tech)* antislip lagging

Reibbolzenschweißen *n (Schw)* friction stud welding

Reibebrett *n (Bau, Werkz)* chisel

reiben *v (Tech)* rub

Reiben *n (Anstr)* galling *(Scheuern)*

Reibrollenantrieb *m (Mech, Hütt/Walz)* friction roller drive *(der Drehmaschine)*

Reibsäge *f (Mech, Walz)* friction saw

reibschlüssig angetrieben *adj (Tech)* driven through friction contact

Reibschlusskraft *f (Tech)* frictional force

Reibschweißen *n (Schw)* friction welding

Reibstelle *f (Tech)* consumer *(Schmieranlage)*

Reibung *f (Mech)* friction, rubbing
 • **durch Reibung abgenutzt** galled

reibungslos *adj (Tech)* friction-free, smooth

reibungsloses Gelenk *n (Tech)* perfect hinge

Reibungsmittelpunkt *m (Stb) (BE)* centre of friction

Reibungsschweißen *n (Schw)* friction welding

Reibungswinkel *m (Bau, Tech)* angle of friction, angle of internal friction

Reibungszahl *f (Förd)* coefficient of friction, friction coefficient *(Gurt/Antrieb)*

reich *adj (Tech)* high-grade, rich

Reicherz *n (Bergb)* massive ore, rich ore

Reichgas *n (Chem)* rich gas

Reichhöhe *f (Bergb)* digging height *(beim Graben)*; reach height

Reichweite *f (Bergb)* outreach *(des Baggers)*

Reichweite *f (Elek)* range of transmission *(z. B. eines Senders)*

Reichweite *f (Tech)* radius, range, scope; reach *(z. B. des Laders)*

reif *adj (Tech)* mature *(z. B. ausgereifte Technik)*

Reifen *m (Tech) (AE)* tire, *(BE)* tyre

Reifendruckmesser *m (Kfz) (BE)* tyre gauge

Reifenfestigkeit *f (Tech)* ply rating

Reifenhüter *m (Tech) (BE)* tyre pressure drop indicator

Reifenlagen *fpl (Tech)* ply rating

Reifenrad *n (Bahn)* wheel with tyre *(der Bahn)*

Reifenschlauch *m (Kfz)* inner tube

Reifenwerkzeug *n (Tech, Werkz)* rim tool

Reifenwulst *m (Tech) (AE)* tire bead

Reihe *f (Tech)* row, series, sequence

Reihen... *(Tech)* in-line, series

Reihenabstand *m (Elek)* tier spacing

Reihenaufstellung *f (Tech)* line-up

Reihenbohrmaschine *f (Werkz)* multiple drill

Reihenklemme *f (Elek)* line-up terminal, terminal in row

Reihenmotor *m (Antr)* in-line engine

Reihenparallelschaltung *f (Mess)* series--parallel circuit

Reihenschalter *m (Elek)* gang switch, line-up switch

Reihenschelle *f (Elek)* line-up strap

Reihenschluss *m (Tech)* series

Reihenspannung *f (Elek)* insulation rating *(Trafo)*

Reihenwiderstand *m (Elek)* resistance bank

rein *adj (Tech)* fine, pure

rein *adj*/**metallisch** *(Anstr)* near white metal blast *(Reinheitsgrad Sandstrahlen)*

Reingas *n (Hütt/Walz)* clean gas, final

gas, secondary-cleaned gas, secondary gas *(hinter dem Filter)*

Reingas n *(Tech)* cleaned air *(Entstaubung)*; purified gas *(Benzinspaltanlage)*

Reinheit f *(Hütt/Walz)* cleanliness, cleanness *(Stahl)*; purity *(Metalle, Wasser usw.)*

reinigen v *(Chem, Tech)* clean, purge

Reiniger... *(Tech)* cleaner

Reinigung f *(Tech)* cleaning

Reinigungs... *(Tech)* cleaning

Reinigungsmittel n *(Tech)* cleaner, cleanser, cleaning agent; detergent

Reinigungs-Spritzdüse f *(Tech)* spray cleaning nozzle

Reinigungsstrahlen n *(Tech)* abrasive blast cleaning

Reinigungswassersystem n *(Hütt/Walz)* water cleaning system

Reinkohle f *(Bergb)* clean coal, pure coal

reinseitig adj *(Tech)* cleanside *(z. B. Filteranschluss)*

Reinwasserbecken n *(Hütt, Ökol)* clear well

Reinwassernetz n *(Hütt, Ökol)* clear water system

Reißbrett n *(Zeich)* drawing board

Reißdehnung f *(Met)* elongation at tear

reißen v *(Tech)* break, rip, tear; snap *(Draht, Seil usw.)*

Reißen n *(Met)* cracking, fissuring

Reißfestigkeit f *(Met)* breaking strength, rupture strength

Reißfolie f *(Hütt/Walz)* explosion diaphragm, tearing foil

Reißkraft f *(Tech)* tearing force, tearing strength, tear-off power *(Statik)*; crowd force, tear-out force *(Bagger)*

Reißleinen-Notschalter m *(Elek)* emergency stop pull line, emergency stop pull wire, pull wire emergency stop, pull-cord emergency stop, rip cord emergency switch, trip-wire emergency stop

Reißleinenschalter m *(Elek)* pull-rope switch, pull-wire switch

Reißlöffel m *(Bergb)* ripper bucket

Reißnadel f *(Mont)* scriber

Reißschiene f *(Bau)* T-square

Reißwerkzeug n *(Werkz)* ripping tool, tearing tool

Reiter m *(Tech)* cable saddle, saddle *(Kabel)*; rider

Reiterklemme f *(Elek)* bus mounting terminal

Reitstock m *(Tech)* tailstock

Rekristallisationsglühen n *(Hütt)* process annealing, recrystallisation annealing, subcritical annealing, intermediate annealing *(Umkristallisationsglühen)*

Rektifizierkolonne f *(Hütt)* rectifying column

Relais n *(Elek)* relay

Relaisventil n *(Vent)* relay valve

relational adj *(Elek)* relational

relativ adj *(Tech)* relative

Relativitätstheorie f *(Tech)* principle of relativity, theory of relativity

Reliefätzen n *(Walz)* detail etching

Reliefverfahren n *(Tech)* relief method

Remanenz f *(Mess)* residual flux density; magnetic retentivity

Renkverschluss m *(Tech)* bayonet cap

renoviert adj *(Tech)* restored

Rentabilität f *(Tech)* productivity; profitability

Reparatur f *(Tech)* repair

Reparatur f **vor Ort** *(Tech)* in situ repair

Reparatur... *(Tech)* repair

Reparaturaushöhlung f *(Hydr/Pneu)* repair cavity

Reparaturschweißung f *(Schw)* repair welding f

Reparaturwerkstatt f *(Tech)* repair shop

reparieren v *(Tech)* overhaul *(überholen)*; repair

Repetierzählwerk n *(Metr)* rate of flow indicator, repeating counter, repeating scale totalizer

repräsentativ adj *(Tech)* representative, typical

Reserve f *(Tech)* reserve, spare

Reservebestand m *(Tech)* back-up stock, stand-by stock

Reservemühle f *(Zer)* reserve mill, stand-by mill

Reserverad n *(Tech)* spare wheel

Reservesystem n *(Mess)* backup system

Reservetank m *(Tech)* emergency fuel tank

reservieren v *(Tech)* set apart, set aside *(aussondern)*

Resonanz f *(Elek)* resonance

Resonanzfrequenz f *(Elek)* resonant frequency, resonance frequency

Resonanzschwingsieb n (Zer) resonance type oscillating screen

Resonanzschwingung f (Elek) sympathetic vibration

Resonanzüberhöhung f (Elek) resonance step-up

Resopal n (Kunst, Tech) plastic laminate

Ressourcen pl (Tech) resources pl

Rest m (Chem) residue (Ablagerung)

Rest m (Tech) remainder, remnant

Rest... (Chem) residual

restaurieren v (Baut, Tech) refurbish, restore (z. B. ein Gebäude, ein Fahrzeug)

Restenergie f (Phys) unspent energy

Restgewaltbruch m (Met, Stat) residual fracture caused by force, resulting fracture caused by force

Restholz n (Met) waste timber, wood scrap (Verschnitt usw.)

restlich adj (Chem) residual

Reststoffe mpl (Ökol, Tech) left-overs, residues

Reststoffverwertung f (Hütt, Ökol) recycling, waste material recycling

Restverlust m (Tech) unaccounted loss, unknown loss

Restwelligkeit f (Elek) ripple voltage

Resultat n (Tech) result

resultierend adj (Tech) resultant

Resultierende f (Stat) resultant

resultierendes Moment n (Stat) resultant moment

Retarder m (Tech) retarder (Verlangsamer)

Retortendestillation f (Hütt) retort distillation (Zink)

Retortenverfahren n (Tech) retort process

Rettungsweg m (Tech) escape way [route]

reversierbar adj (Tech) reversible, reversing

Revision f (Tech) inspection, overhaul

Revolverdrehbank f (Mech) turret lathe

Revolverdreheinrichtung f (Mech) revolver-turning equipment

Revolverlochzange f (Werkz) revolving punch pliers

Reynolds'sche Zahl f (Tech) Reynolds' number

Rezept n (Tech) formula, formulation

Rezipient m (Form) container

reziprokes Zweitor n (Elek) reciprocal two-port

Reziprozität f (Elek) reciprocity

Rezirkulationsgebläse n (Hütt/Walz) recirculation fan

RH-Anlage f (Hütt) RH equipment, RH facility

RH-Bagger m (Bergb) excavator (Raupen-Hydraulik)

RH-OB-Vakuumverfahren n (Hütt) RH-OB process, Ruhrstahl-Henrichshütte oxygen blowing process

Rhombenfachwerk n (Stb) double triangular truss

Richt... (Elek) directional

Richtachse f (Walz) straightening arbor, straightening shaft, straightening axle

Richtanalyse f (Elek) aim analysis, reference analysis

Richtcharakteristik f (Elek) directional characteristic, directivity pattern

richten v (Mech) dress, flatten, straighten

richten v (AE) align, center, (BE) centre, true, true up (z. B. Räder, Lager)

Richtfehler m (Stb) imperfect straightening (z. B. nicht exakt fluchtend)

richtig adj (Tech) accurate (genau); correct (fehlerlos); right

Richtkraft f (Stat) straightening force

Richtlatte f (Tech) straight edge

Richtlinie f (Tech) code of practice, directive, guideline, instruction, regulation (Anweisung)

Richtlinie f **für die Ausführung** (Tech) code of practice

Richtmaschine f (Hütt/Walz) flattener, flattening stand, leveller (Bandanlage); straightening machine (z. B. für Rohre)

Richtmeister m (Bau) chief mechanic, erection superintendent

Richtplatte f (Hütt/Walz) levelling table, planometer, straightening plate

Richtpresse f (Hütt/Walz) gag press, straightening press

Richtreihe f (Hütt) classification chart; classification standards, reference standards

Richtscheit n (Tech) straight edge

Richtung f (Tech) direction

Richtungsanzeiger m (Elek) indicator (Kraftfahrzeug)

Richtungsbestimmung f (Tech) orientation

Richtungsfunktion f (Tech) directivity function

Richtungsorientierung f (Tech) directioning

Richtungswahlschalter m (Tech) shuttle valve *(vor- und rückwärts)*

Richtwalze f *(Hütt/Walz)* straightening roll

Richtwert m (Tech) guideline, guiding value, typical value; guiding data pl *(Materialzusammensetzung)*

Richtzugmaschine f (Walz) tension leveller

Riechversuch m (Bau) smell test

Riefe f (Met) scratch, score mark

riefeln v (Mech) flute, groove

Riefelung f (Mech) groove, grooving, scoring

riefen v (Mech) channel; corrugate, flute *(mit Riefen versehen)*

Riefenbildung f (Tech) scoring

Riefenfeile f (Werkz) knurling file

riefenfrei adj (Met) free of scoring, free of toolmarks, without scores

Riegel m (Bau, Tech) belt, cross bar, interlock device, locking bar, spanning member

Riegel m (Baut) bar, bolt, locking bar *(Schloss)*

Riegel m (Met, Stb) beam, horizontal span member *(eines Rahmentragwerks bzw. Steifrahmens; Gerüst)*

Riegelfeder f (Tech) interlock spring

Riegelzylinder m (Hydr) locking cylinder

Riemen m (Tech) belt, belt, driving belt *(z. B. Treibriemen)*

Riemenantrieb m (Antr) belt drive

Riemenscheibe f (Förd) belt pulley *(des Treibriemens)*; pulley, V-belt pulley

Riemenscheibe f (Tech) fan-driving pulley *(Gebläse)*

Riemenspannrolle f (Förd) idler

Riementrumm n (Förd) end of the belt

Riemenwickler m (Walz) belt wrapper

rieselfähig adj (Umschl) particulate

Rieselgut n (Bergb, Umschl) dribble, spillage

rieselig adj (Bergb, Umschl) trickling

Rieselkondensator m (Hütt) open surface condenser

Rieselkühler m (Hütt) open surface cooler

Rieselkühlung f (Hütt) shower cooling, spray cooling, external spray cooling

Riesen... (Tech) giant, jumbo, mammoth, oversize

riesig adj (Tech) giant

Riffelblech n (Met) (AE) checker plate, checkered plate, (BE) chequer plate, corrugated sheet

Riffelblock m (Hütt) corrugated ingot

Riffelfeile f (Werkz) riffle file, riffler

Riffelkokille f (Hütt) fluted ingot mould

riffeln v (Mech) flute

Riffel- und Tränenblech n (Met) (AE) checker and floor plate

Rille f (Bergb) groove, rope groove *(in Seilscheibe, Winde)*

Rille f (Mech) chamfer, flute, gouge mark, groove

rillen v (Mech) channel, groove

Rillenband n (Förd) flat belt with rib guided in pulley groove

rillenförmig adj (Tech) flute-type

Rillenisolator m (Elek) corrugated insulator

Rillenkugellager n (Lag) grooved ball bearing, deep-groove ball bearing

Rillenprofil n (Kfz) rib tread *(Reifen)*

Rillenspule f (Tech) fluted spool

Rillenteilung f (Kran) groove pitch *(Seiltrommel)*

Rillung f (Kran) boom, chord, grooving *(einer Seiltrommel)*

Ring m (Elek) ring

Ring m (Tech) collar *(Ringbuchse)*; ring; coil *(Bund)*

Ring... (Tech) annular, circular, orbital; collar, ring

Ringausbau m (Tech) circular arch *(im Bergwerk)*; annular steel ribs, ring support, ring support system *(Tunnel)*

Ringbahn f (Bahn) circular runway, orbital railway

Ringbegichtung f (Hütt) ring pattern charging, ring pattern distribution *(Hochofen)*

Ringbildekammer f (Walz) coil forming tub, reforming chamber, reforming tub, ring collecting chamber, rod ring gathering chamber

Ringbildung f (Hütt) collaring

Ringbolzen m (Tech) fastener

Ringe mpl **und Stäbe** mpl (Met) coils and cut lengths

Ringeinsteckwerkzeug n (Werkz) ring insert tool

Ringelmannskala f (Ökol) Ringelmann chart

Ringfassung f (Tech) bayonet holder

Ringfederspannelement n (Bergb) annular-spring tensioning set, locking assembly

Ringfeldgeber m (Elek) synchro transmitter

Ringfläche f (Tech) ring side; annulus area (Ventilsitz); rod end area (Kolben)

Ringflächenseite f (Tech) annulus (des Zylinders)

ringförmig adj (Tech) annular, circular, ring-shaped

ringförmiges Zahnrad n (Getr) ring gear

Ringglühofen m (Hütt) stack annealing furnace (Stapelglühofen)

Ringkernstromwandler m (Elek) toroidal core current transformer

Ringklappenfilter m (Tech) annular butterfly filter

Ringkolbenzähler m (Mess) rotary-piston meter

Ringleitung f (Tech) ring main (für Luft oder Wasser)

Ringlötstück n (Tech) solder banjo connection

Ringmantel m (Tech) outer web plate

Ringmaulschlüssel m (Werkz) (AE) combination end wrench, (AE) combination wrench, open-end and socket wrench, (BE) combination end spanner, combination spanner, ring and socket spanner

Ringmessdose f (Tech) washer-type load cell

Ringmutter f (Tech) lifting eye nut, ring nut

Ringnut f (Hydr) annular groove; ring joint groove (Flansch)

Ringöse f (Tech) eyelet

Ringpatrone f (Elek) concentric cartridge fuse

Ringraum m (Hütt/Walz) annulus; annular space (zwischen Innen- und Außengehäuse des Verdichters); rod end space (Zylinder); parallel plate diffuser, vaneless diffuser (Verdichter)

Ringrillenkugellager n (Lag) grooved ring ball bearing, ring groove ball bearing

Ringscheibe f (Tech) circular base (Abwurfauslegerabstützung)

Ringschlüssel m (Werkz) (AE) box wrench, box spanner, (BE) box wrench, ring spanner

Ringschmierlager n (Lag) ring-lubricated bearing, self-lubricating bearing, self-oiling bearing

Ringschneide f (Tech) cup point

Ringschraube f (Tech) eye bolt, lifting eye bolt

Ringschurre f (Bergb) annular chute

Ringsicherung f (Tech) ring-type retainer

Ringspalt m (Lag) annulus (Kipplager)

Ringtonnenlager n (Lag) barrel-type bearing

Ringträger m (Bergb) annular frame

Ringtraverse f (Hütt) cardanic mounting (Reduktionsofen)

Ringwaage f (Tech) ring balance (meter)

Ringzacke f (Tech) knife-edged ring

Ringzugversuch m (Prüf) ring tensile test (Rohre, DIN 50138)

Rinne f (Bau) gutter (am Dach)

Rinne f (Tech) cable carrier, cable tray, cable trough, cable trunking, duct (Kabel); chamfer, channel, flute, groove (Furche); runner

Rinne f (Zer) vibrating feeder (Förderrinne)

Rinnenboden m (Stb) flute bottom, groove bottom; trough bottom (Förderrinne)

Rinnendeckel m (Tech) trough parts pl; runner cover (Hochofen)

Rinnenmetallurgie f (Hütt) tundish metallurgy

Rinnenofen m (Hütt) channel furnace

Rinnenseitenteile npl (Tech) trough side parts pl

Rinnenspülung f (Hütt) flume flushing (Sinterentfernung)

Rippe f (Förd) web (zwischen Unter- und Obergurt)

Rippe f (Tech) fin (eines Rohres); rib (zur Verstärkung)

rippen v (Mech) rib

Rippenkreuzmeißel m (Werkz) ribbed cross-cut chisel

Rippenmotor m (Antr) fin-type motor

Rippenrohr n (Hütt/Walz) finned tube, gilled tube

Rippenstahlblech n (Met) ribbed steel sheet

Riss m (Met, Tech) break, crack, flaw, rent, scratch, tear; drawing, plan (Zeichnung)

Rissbildung f (Met) crack formation, cracking, fissuring

Rissempfindlichkeit f (Stb) crack sensitivity, susceptibility to cracking

Rissfortschrittsgeschwindigkeit f (Met) crack propagation rate

rissfrei adj (Met) free from cracks

rissgeprüft adj (Met) crack-tested

Rissöffnungsmessung f (Prüf) COD testing, crack opening displacement testing

Rissprobe f unter Einspannung (Prüf) restrained weld test

Rissprüfung f (Prüf) crack detection test, flaw detection test

Ritz m (Met) crack, flaw, tear

Ritzel n (Getr, Tech) gear pinion, pinion

Ritzelwelle f (Tech) pinion drive shaft, pinion shaft, pinion with integrated shaft

ritzen v (Tech) score (anzeichnen)

Ritzhärteprüfer m (Prüf) sclerometer

Ritzhärteprüfung f (Prüf) scratch hardness test

robust adj (Met, Tech) robust, rugged, stout, sturdy

Rockwell-Härtegrad m (Met) Rockwell hardness

Rodezahn m (Bergb) ripper tooth, stump harvester, wrecker tooth

roh adj (Met) as forged (wie geschmiedet); as rolled (nur gewalzt); rough, unmachined (unbearbeitet); untreated

roh adj (Tech) crude, raw

Rohbau m (Baut) bare brickwork, rough brickwork; building carcass, shell

Rohbaumaß n (Baut) masonry opening

Rohblock m (Hütt) ingot (Gussblock)

Rohbramme f (Walz) ingot slab, slab ingot

Rohbraunkohle f (Bergb) raw lignite

Rohdichte f (Phys) apparent density, gross density; bulk density (feuerfeste Steine)

rohe Schraube f (Tech) black bolt, unfinished bolt

rohe Unterlegscheibe f (Tech) raw washer

Roheisen n (Hütt/Walz, Met) hot iron, hot metal, molten iron (flüssig); pig iron, solid pig iron (fest)

Roheisenrinne f (Hütt) iron runner

Roherz n (Bergb) raw ore, run-of-mine ore

rohes Formstück n (Hütt/Walz) blank

Rohgas n (Hütt, Petr) crude gas, raw gas, waste gas

Rohgas n (Umschl) dust-laden air (Entstaubungsanlage)

Rohgewicht n (Tech) unmachined weight

Rohkohle f (Bergb) raw coal, run-of-mine coal

Rohkonzentrat n (Aufb) raw concentrate (Erz)

Rohling m (Hütt/Walz) moulded blank (unbearbeitet)

Rohmaß n (Tech) rough dimension, rough size

Rohmaterial n (Tech) raw material

Rohöl n (Petr) crude oil

Rohr n (Tech) pipe (für Leitungszwecke); tube (Konstruktionsteil)

Rohranhänger m (Tech) pipe trailer

Rohranschlag m (Tech) tube stop

Rohranschluss m (Tech) pipe connection

Rohraufweitung f (Hütt/Walz) tube bulge, tube flare, tube expansion

Rohrausbeulung f (Hütt/Walz) tube bulge

Rohraushalspresse f (Form) tube necking press

Rohrauskleidung f (Hütt/Walz) tubulous lining, water tube wall (Kühlfläche)

Rohrausleger m (Bergb) tubular boom structure

Rohrbeschichtung f (Walz) tube and pipe coating

Rohrboden m (Verd) tube plate, tube sheet, tubesheet

Rohrbogen m (Tech) tubular arch, elbow, pipe bend, tube bend

Rohrbruchsicherung f (Bergb) pipe anti-burst device, pipe-break protection

Rohrbruchventil n (Vent) isolating valve, pipe-break valve

Rohrbrücke f (Stb) BE) pipe bridge

Rohrbrunnen m (Bau) tube well

Rohrbündel n (Tech) bank of tubes, tube bank, tube bundle

Röhrchendrahtschweißen n (Schw) flux-cored arc welding

Röhrchenspüler m (Hütt) tuyere brick (Konverter)

Rohrdose f (Elek) conduit box

Rohrdraht m (Elek) armoured cable, armoured wire (Kabel)

rohrdrahtumhüllt adj (Tech) sheath armoured

Rohre *npl (Met)* pipe and tubing, piping, tubes and pipe, tubular products

Röhre *f (Hydr/Pneu)* valve *(Bandwaage)*

Röhre *f (Tech)* tube

Rohreinziehpresse *f (Form)* tube tapering press

Rohrendenkalibrierpresse *f (Form)* tube end sizing press

Rohrendmuffe *f (Tech)* pipe socket

Rohrendverformung *f (Form)* tube manipulation

röhrenförmig *adj (Tech)* tubular

Röhrengenerator *m (Elek)* thermionic generator

Röhrenkabel *n (Tech)* conduit cable

Röhrenkolben *m (Mess)* tube envelope, valve bulb

Röhrenlampe *f (Elek)* tubular bulb, strip-light

Röhrenrund *n (Hütt, Met)* tube rounds, tube-round product

Röhrenrundguss *m (Hütt)* round semis for tubes, tube rounds

Röhrenschwingungserzeuger *m (Elek)* vacuum tube oscillator

Röhrenstreifen *m (Walz)* skelp

Röhrenstreifenwalzwerk *n (Walz)* skelp mill

Röhrenwärmetauscher *m (Tech)* shell and tube heat exchanger, tube and shell heat exchanger, tube bundle heat exchanger

Röhrenwerk *n (Hütt/Walz)* pipe mill

Röhrenziehring *m (Form)* tube drawing die

Rohrfaltversuch *m (Prüf)* flattening test

Rohrfederdruckschalter *m (Hydr)* Bourdon type pressure switch

Rohrfeder-Kreisform *f (Tech)* tube spring circular form

Rohrflansch *m (Tech)* pipe flange, tube flange

rohrförmig *adj (Tech)* tubular

Rohrformstück *n (Tech)* pipe fitting

Rohrgelenkleitung *f (Tech)* articulated pipes *pl*

Rohrgelenkstück *n (Tech)* pipe joint

Rohrgerippe *n* **mit Ventilen** *(Bergb)* cascade *(unter der Kabine)*

Rohrgerüst *n (Stb)* tubular scaffolding

Rohrgewinde *n (Tech)* pipe thread

Rohrglätten *n (Walz)* reeling *(nahtlose Rohre)*

Rohrhalter *m (Tech)* pipe clamp

Rohrharfenkessel *m (Elek)* external cooling tubes

Rohrhaspelanlage *f (Walz)* tube coiling facility

Rohrherstellung *f (Hütt/Walz)* tube and pipe manufacturing

Rohrinnenfläche *f (Hütt/Walz)* inside surface of pipe [tube]

Rohrinnenfräser *m (Mech, Walz)* pipe burring reamer

Rohrkalibrierpresse *f (Form)* tube sizing press

Rohrknüppel *m (Hütt, Met)* tube blank *(vorgelocht)*

Rohrkondensator *m (Hütt/Walz)* tubular capacitor

Rohrkontiwalzwerk *n (Walz)* continuous seamless pipe mill, continuous tube rolling mill

Rohrkreisförderer *m (Förd)* tubular rail overhead trolley conveyor

Rohrkrümmer *m (Tech)* pipe bend

Rohrkühler *m (Tech)* tube cooler

Rohrlegewinde *f (Tech)* pipe laying winch

Rohrleitung *f (Elek)* cable conduit *(Kabel)*

Rohrleitung *f (Tech)* pipe, pipe conduit, pipeline, pipework, piping, tubing; duct, ducting *(aus Blech)*

Rohrleitungsbau *m (Tech)* line pipe engineering

Rohrleitungsmonteur *m (Tech)* pipework fitter

Rohrleitungsplan *m (Zeich)* pipe diagram, piping diagram, piping drawing

Rohrlünette *f (Walz)* pipe steady

Rohrluppe *f (Met)* hollow shell, tube blank, tube shell

Rohrmaßwalzwerk *n (Walz)* tube sizing mill

Rohrmast *m (Stb)* tubular pole

Rohrmuffe *f (Tech)* connecting sleeve, pipe socket, tube coupling

Rohrmühle *f (Zer)* tube mill

Rohrmutter *f (Tech)* cap nut, pipe nut

Rohrnetz *n (Stb)* water mains *pl*

Rohrniet *m (Tech)* tubular rivet

Rohrpfannenwagen *m (Hütt)* hot metal transporter, tubular ladle transporter

Rohrplatte *f (Tech)* tube plate

Rohrprüfkopf *m (Prüf)* tube testing probe

Rohrquerschnitt *m (Met, Stb)* hollow

section, tubular section *(hohl)*; tube section

Rohrreduzierstück n *(Tech)* pipe reducer

Rohrregister n *(Hütt)* bank of pipes

Rohrreißer m *(Met)* tube crack

Rohrrichtmaschine f *(Walz)* pipe straightener, pipe straightening machine, tube straightener

Rohrrichtpresse f *(Form)* gag press for tubes

Rohrrundnaht f *(Schw)* circumferential seam

Rohrschalldämpfer m *(Tech)* in-line silencer

Rohrschelle f *(Tech)* conduit cleat, conduit clip, conduit saddle, fitting banjo, pipe bracket, pipe clamp, pipe clip, pipe hanger

Rohrschlange f *(Tech)* continuous loop, tube coil, tube serpentine; pendant continuous loop *(hängend)*

Rohrschlitz m *(Walz)* open seam *(Rohrschweißanlage)*

Rohrschnecke f *(Förd)* screw conveyor

Rohrschneidkluppe f *(Werkz)* die stock

Rohrschraubstock m *(Werkz) (BE)* pipe vice, *(AE)* pipe vise

Rohrschweißanlage f *(Walz)* pipe welding facility, welded pipe plant, welded tube mill, welding mill

Rohrstauchpresse f *(Form)* tube upsetting press

Rohrsteckschlüssel m *(Werkz)* tubular box spanner

Rohrstrangpressen n *(Form)* tube extrusion process

Rohrstütze f *(Tech)* pipe support

Rohrstutzen m *(Tech)* connecting branch, connecting sleeve, muff, pipe socket, socket, socket piece; connection, nozzle *(Kühler, Verdichter usw.)*

Rohrtechnik f *(Hütt/Walz)* tube and pipe making, tube and pipe making facilities pl

Rohrteilung f *(Tech)* tube pitch, tube spacing

Rohrtraverse f *(Stb)* pivot bar

Rohrummantelung f *(Walz)* tube and pipe sheathing

Rohrverleger m *(Tech)* pipe layer *(Person oder Maschine)*

Rohrverschraubung f *(Tech)* screwed pipe connection, pipe coupling, screwed pipe coupling, pipe fitting, screwed pipe joint, pipe union; nut union *(geschraubt)*

Rohrverzweigung f *(Tech)* pipe branch

Rohrvorprodukt n *(Hütt)* tube blank

Rohrwalzwerk n *(Walz)* mandrel mill, pipe mill, tube mill

Rohrwand f *(Tech)* tube wall; waterwall *(Kühlschirm)*

Rohrwarmziehbank f *(Form)* hot drawing bench for tubes

Rohrweiterverarbeitung f *(Hütt/Walz)* finishing of tubulars

Rohrwerks-Engineering n *(Hütt/Walz)* pipe [tube] mill engineering

Rohrzange f *(Werkz)* pipe spanner, pipe wrench; *(AE)* Stillsons wrench

Rohrziehbank f *(Form)* tube drawing bench

Rohstahl m *(Hütt/Walz)* crude steel

Rohstoff m *(Met)* raw material

Rohteil n *(Tech)* unmachined part

Rohwasser n *(Tech)* crude water, raw water

Rohzink n *(Met)* crude zinc, raw zinc, rough zinc

Rohzustand m *(Met)* crude condition, raw condition, untreated condition

Rollbahnwagen m *(Förd)* side tipping wagon, skip

Rollbandmaß n *(Tech)* tape measure

Rollbrücke f *(Tech)* roller bridge

Röllchen n *(Bau)* roll

Röllchenbahn f *(Förd)* gravity wheel conveyor, wheel conveyor

Rolle f *(Förd)* idler *(Rollenstation, Rollensatz)*; idler roll *(einzelne Rolle)*

Rolle f *(Tech)* coil *(Spule, Walze)*; pulley *(Riemenscheibe)*; roll, roller *(am Laufwerk)*

rollen v *(Mech)* burnish *(fein rollen)*

rollen v *(Tech)* roll

Rollenabschreckung f *(Hütt)* roll quenching

Rollenabstand m *(Förd)* belt idler spacing, idler spacing

Rollenbahn f *(Förd)* conveyor, roller conveyor, roller lane, roller raceway, roller track; roller path *(einer Rollendrehverbindung)*

Rollenbandmaß n *(Tech)* roller tape measure

Rollenbock m (Tech) roller stool, roller trestle

Rollenboden m (Förd) formed end plate, formed end plate of belt idler, idler end, idler end disc

Rollenbogen m (Förd) roller bend (Schleppkreisförderer)

rollendes Eisenbahnmaterial n (Bahn) R.R. stock, rolling railway stock

Rollendrallapparat m (Walz) roll twist guide

Rollendrehring m (Kran) roller bearing slewing ring

Rollendurchmesser m (Tech) roller diameter

Rollenförderer m (Förd) gravity roller, roller conveyor (Rollenbahn)

Rollengang m (Förd) roller conveyor, roller table

Rollengirlande f (Förd) garland idler

Rollenhalterung f (Förd) belt idler mounting, idler mounting, roller mounting

Rollenhebel-Ventil n (Vent) valve with roller lever

Rollenherdofen m (Hütt) roller hearth furnace

Rollenhöhe f (Kran) maximum boom height, sheave height

Rollenkette f (Tech) roller chain (Bandwaage)

Rollenklammer f (Mech) roll clamp

Rollenkopfträger m (Förd) pulley head beam

Rollenkörper m (Förd) idler barrel, idler shell, idler tube, outer shell

Rollenlager n (Lag) antifriction bearing, roller bearing, roller thrust bearing

Rollenlagerring m (Tech) cup, roller cup, roller race (Rollenkranz)

Rollenlänge f (Förd) idler face

Rollennahtschweißen n (Schw) roller seam welding, seam welding (DIN 1910)

Rollenprüfgerät n (Prüf) roll checker, roller checker (prüft Rundlauf)

Rollenrichten n (Hütt/Walz) roller straightening

Rollenring m (Kran) roller race (in einem Lager)

Rollenrinne f (Walz) rollerised trough

Rollenrost m (Zer) roller grizzly, roller screen

Rollensatz m (Förd) belt idler, idler

Rollenschlag m (Hütt/Walz) out-of-roundness of roller, roller eccentricity, roller wobble

Rollenschlitten m (Tech) carriage

Rollenspriegel m (Mech) roller bow

Rollenstand m (Walz) roll stand, roll unit

Rollenständer m (Walz) roll housing (eines Treibrollengerüstes)

Rollenstation f (Förd) belt idler

Rollenstößel m (Hydr/Pneu) roller shaft, roller tappet

rollenstößelbetätigt adj (Hydr/Pneu) roller-operated

Rollenstromabnehmer m (Kran) trolley collector

Rollenstuhl m (Förd) belt idler support, idler support

Rollentisch m (Walz) piler lift roller conveyor (Bandwalzwerk)

Rollenträgerschott n (Tech) partition in the sheave traverse

Rollentransformatorschweißen n (Schw) resistance welding using rotating transformer (DIN 1910)

Rollentripel n (Förd) triple roller guide

Rollenumlaufschuh m (Lag) recirculating linear roller bearing

Rollenzapfen m (Walz) roll neck, roll shaft end

Rollenzug m (Förd) multi-sheave block, pulling cable, pulling rope

Roller m (Förd) pulley (Flaschenzug)

Rollerz n (Bergb) alluvial ore

Rollfahrwerk n (Kran) push travel carriage (eines Elektrokettenzuges)

Rollgang m (Tech) idle roller bed (nicht angetrieben); live roller bed (angetrieben); roller gear bed, roller table

Rollgangsrahmen m (Tech) roller rack, roller table frame (Walzwerk)

Rollkran m (Kran) mobile crane (fahrbar)

Rollkugelgelenk n (Tech) rolling ball universal joint

Rollreibung f (Tech) rolling friction (Wälzreibung)

Rollreifenfass n (Tech) drum with removable head and rolling hoop

Rollschicht f (Stb) brick-on-edge

Rollschlitten m (Tech) roller guide

Rollschweißen n (Schw) wheel resistant welding

Rollsickenfass n (Tech) drum with re-
movable head and rolling beads
Rollsplitt m (Umschl) loose gravel
Rolltor n (Tech) roller gate
Rollwiderstand m (Met) resistance to
rolling, rolling resistance (Gerät auf
Rollen)
Rollwinkel m (Tech) rolling angle
ROM (Abk. für: Read Only Memory) (Elek)
ROM (EDV-Speicher)
Ronde f (Met) circle, circular plate
Rondenschere f (Mech, Walz) circle
shear
röntgen v (Elek, Prüf, Schw) X-ray (z. B.
eine Schweißnaht durchleuchten)
Röntgenaufnahme f (Prüf) radiogram,
roentgenogram, X-ray image, X-ray
radiograph
Röntgenprüfung f (Elek, Prüf, Stb) ra-
diographic examination, X-ray exami-
nation, X-ray test
Röntgenstrahl m (Elek) X-ray
Rootspumpe f (Tech, Verd) Roots pump
Rosette f (Tech) round anchoring plate,
collar (Ankerplatte)
Rosettenring m (Tech) collar ring
Rost m (Anstr, Chem) iron oxide, rust
(Korrosion)
Rost m (Förd) bar grate, bar screen, grate,
grizzly
Rost m (Tech) grating, grid, grillage (Git-
ter)
rostanfällig adj (Met) corrodible, corrosive, susceptible to corrosion, susceptible to rust
Röstanlage f (Hütt) roasting plant (Erz)
Rostbalkenträger m (Tech) grate bearing
Rostbelag m (Anstr) rust layer
Rostbelag m (Hütt) hearth layer (Sinteranlage)
Rostbelastung f (Hütt/Walz) fuel fired per
square foot of grate
Rostbeschickungsapparat m (Tech)
mechanical stoker
rostbeständig adj (Met) rust-proof, rust-
-resistant, rust-resisting, stainless
Rostdurchfall m (Hütt/Walz) riddlings,
siftings pl
rosten v (Met) rust
rösten v (Hütt) roast
Rösterz n (Hütt) roast ore
Rostfeuerung f (Tech) fuel bed firing,
grate firing, stoker-fired

rostfrei adj (Met) corrosion-resistant, free
from rust, noncorroding, noncorrosive,
nonrusting, rust-free, rustless, stainless
rostgeschützt adj (Met) rust-protected
rostig adj (Anstr) rusty
Rostkessel m (Hütt/Walz) stoker-fired
boiler
Rostkühlbett n (Walz) grid-type cooling
bed
Rostkühler m (Bergb) grate cooler
Rostnarbe f (Stb) corrosion pit
Röstofen m (Hütt) grate kiln (Direktreduktion); roaster, roasting furnace,
roasting kiln (Bleiverhüttung)
Rostrahmen m (Tech) grate bearing
Röstschmelzen n (Hütt) roasting fusion,
roasting smelting (Kupfergewinnung)
Rostschutz m (Anstr) rust inhibitor; protection against rust, rust inhibition
rostschutzgebondert adj (Anstr) phosphate coated, phosphatized
Rostschutzmittel n (Anstr) anti-corrosive
agent, rust inhibitor, rust preventive,
rust protective agent
rostsicher adj (Anstr) rust-proof
Rostspalte f (Hütt/Walz) grate opening,
interstice of the grate
Roststab m (Hütt/Walz) grate link, stoker
link
Roststabträger m (Hütt/Walz) skid bar
Rostwagen m (Hütt) grate car; (wheeled)
pallet (Sinteranlage)
Rostwalze f (Zer) grizzly roll
Rostwärmebelastung f (Hütt/Walz)
stoker burning rate
Rostwelle f (Bergb) driving sprocket
(vorn)
Rotationsdurchflussmesser m (Mess)
rotameter
Rotationskonverter m (Hütt) rotary
converter
Rotationspumpe f (Hydr/Pneu) rotary
pump
rotationssymmetrisch adj (Tech) axi-
symmetric, axisymmetrical, rotation-
-symmetrical
rotationssymmetrische Bauteile npl
(Tech) dynamically balanced components pl
Rotationsvakuumpumpe f (Tech, Verd)
rotary vane vacuum pump
Rotbruch m (Met) red shortness
Roteisenstein m (Met) red iron ore

Rotglut f *(Hütt)* red heat
Rotgrünblauschnittstelle f *(Mess)* red-green-blue interface
Rotguss m *(Met)* red brass
rotierend adj *(Tech)* rotary, rotating
Rotkupfererz n *(Met)* cuprite *(Cuprit, Kupferblüte)*
Rotor m *(Tech)* rotating assembly *(Turbolader)*; rotator, rotor; rotating part *(einer Dichtung)*
Rotorlager n *(Lag)* rotor bearing
Rotorscheider m *(Zer)* rotor separator
rubbeln v *(Tech)* rub *(reiben)*
Rück... *(Tech)* rear, return
ruckartig adj *(Mess)* jerky
rückbar adj *(Tech)* shiftable
Rückbiegepunkt m *(Hütt)* straightening point, unbending point *(Richtpunkt des Stranges)*
Rückbiegerolle f *(Walz)* hold-down roll, knock-down roll *(Blechrichtmaschine)*
Rückblickspiegel m *(Kfz)* rear view mirror
Rückdichtung f *(Verd)* backseat bushing
Rückdruckverwertung f *(Bergb)* back-pressure utilization *(Serienschaltung)*
Rückecho n *(Prüf)* back echo, back reflection, reflected echo, return echo *(Ultraschall)*
rücken v *(Tech)* move *(bewegen)*
Rückenschneide f *(Bergb)* rear cutting edge
Rückenschutz m *(Stb)* safety cage
Rückfahr... *(Elek)* reversing
Rückfahren n *(Hütt/Walz)* retraction *(z. B. des Rußbläsers)*
Rückfahrscheinwerfer m *(Elek)* back-up lamp, back-up light, reversing light
Rückfahrsignal n *(Elek)* back-up alarm *(akustisch)*
Rückfahrwarnleuchte f *(Elek)* back-up warning
Rückflanke f *(Lag)* non-working flank
Rückfluss m *(Tech)* backflow; reverse flow *(einer Pumpe)*
Rückflusskühler m *(Hütt)* reflux condenser *(Zinkgewinnung)*
Rückförderpumpe f *(Hydr, Tech)* return pump
Rückfrage f *(Tech)* check-back, enquiry, query
ruckfreies Anfahren n *(Hydr/Pneu)* shock-free start

Rückführbalg m *(Mess, Tech)* feedback bellows
Rückführleitung f *(Tech)* scavenge line; recycle piping *(Umfuhrleitung)*
Rückführung f *(Tech)* feed-back, retraction, return *(Kolben)*
Rückführungsband n *(Förd)* reclaiming conveyor
rückgestrahlte Energie f *(Tech)* reflected energy *(Ultraschall)*
Rückgewinnung f *(Tech)* recovery
Rückgut n *(Tech)* returns pl
Rückhalteautomat m *(Tech)* restraint automatic
Rückhaltebecken n *(Ökol)* storage reservoir
Rückhaltekette f *(Tech)* backstay
Rückholfeder f *(Tech)* release spring, return spring, track recoil spring *(Zylinder)*
Rückholseil n *(Tech)* back haul
Rückholwalze f *(Walz)* stripper roll *(Stopfenwalzwerk)*
Rückhub m *(Tech)* return stroke *(Kolben)*
Rückimpuls m *(Prüf)* back pulse, flyback pulse *(Ultraschallprüfung)*
rückkippen v *(Tech)* backtilt, tilt backward
Rückkippmoment n *(Tech)* righting torque
Rückkippsicherung f *(Tech)* self-righting system
Rückkopf m *(Tech)* shifting head
Rückkopplung f *(Elek)* feedback, interaction
Rückladeanlage f *(Umschl)* reclaiming plant
rückladen v *(Umschl)* reclaim *(z. B. Fördergut)*
Rücklader m *(Umschl)* reclaimer
Rücklauf m *(Tech, Hydr/Pneu)* back stop, recoil, return, return flow, return travel; rundown *(Ölbehälter usw.)*
Rücklauf... *(Tech, Hydr/Pneu)* return, return-flow, reverse *(usw.)*
Rücklaufdüsenlanze f *(Hütt)* spillback nozzle lance *(Hochofen)*
rücklaufend adj *(Tech)* reversing
Rücklaufförderbrücke f *(Förd)* counterflow belt
Rücklaufhemmung f *(Tech)* non-reverse stop
Rücklaufrad n *(Getr)* reverse idler gear

Rücklaufrohr n (Hydr/Pneu) return pipe, spillback pipe

Rücklaufschrott m (Hütt) in-house scrap, return scrap, revert scrap (Eigenschrott)

Rücklauftisch m (Walz) return pass

Rückleistung f (Tech) feed back

Rückleistungsrelais n (Elek) reverse power relay

Rückleuchte f (Elek) rear light, tail light

Rückmaschine f (Tech) grapple skidder (für Holz)

Rückmeldeknopf m (Elek) reset button

Rückmeldung f (Elek) acknowledgement, answering signal, feedback, signal repeat system, signal transmission system; answer-back (Telefonie)

Rückprall m (Tech) backlash

Rückprallhärteprüfgerät n (Prüf) rebound hardness testing instrument

Rückschlag m (Tech) back kick (Motor)

Rückschlagarmatur f (Vent) nonreturn device

Rückschlagklappe f (Vent) check valve, swing check valve; flap valve (für niedrigen Druck)

Rückschlagventil n (Vent) check valve, non-return valve

Rückschlagventil n gegen Vakuum (Vent) vacuum breaker

Rückschub-Müllbrennrost m (Hütt/Walz) reciprocating grate incinerator stoker

Rückseite f (Tech) overleaf, reverse side

rückseitig adj (Tech) rear

Rücksitz m (Kfz) backseat

Rückspannweg m (Förd) retensioning distance

Rückspeiseventil n (Vent) return feed valve

Rückspiegel m (Kfz) rear mirror, rear view mirror

Rückspülleitung f (Tech) scavenge line

Rückstand m (Chem, Ökol) refuse, residue

Rückstau m (Hydr/Pneu) back pressure, back-up (Druck)

Rückstau m (Tech) tailback, traffic congestion (im Verkehr); backward slippage (beim Walzen)

Rückstell... (Elek, Mess) reset

Rückstellmoment n (Tech) restoring torque

Rückstoß m (Tech) recoil, reaction power; push-back action (beim Gießen)

Rückstoßfeder f (Tech) cavit (Anlasser)

Rückstoßfeder f (Tech, Zer) recoil spring, recoil starter

Rückstrahler m (Tech) cat's eye, reflector, reflex reflector

Rückstrahlung f (Elek, Hütt/Walz) back scatter, back scattering, radiation reflection, reradiation; reflection (Ultraschall)

Rückstrahlverfahren n (Prüf) echo principle, reflection method (Ultraschall)

Rückstromschalter m (Elek) cut-out

Rückströmdruck m (Tech) flashback pressure

Rückströmung f (Tech) backflow

Rückumwandlung f (Met) reverse transformation (Metallgefüge)

Rückverladung f (Umschl) reclaiming

Rückwand f (Tech) rear panel; back face, back surface, backwall, bottom (Ultraschall)

Rückwandecho n (Elek) back surface echo, backwall echo, bottom echo (Ultraschall)

Rückwärtsfahrtsignal n (Elek) backing- -up warning signal

Rückwärtsflanke f (Getr) backward flank

Rückwärtsgang m (Kfz) reverse; reverse gear

Rückwärtskipper m (Kfz) (BE) rear-dump lorry, (AE) rear-dump truck m

Rückwärtsscheinwerfer m (Elek) reversing light

Rückwattschutz m (Elek) protection against reverse load

Rückzugfeder f (Tech) release spring, return spring

Ruhegrad m (Prüf) degree of rest, rate of rest, ratio of rest, stage of rest (DIN 50100)

Ruhekontakt m (Elek) break contact

ruhend adj (Elek) quiescent

ruhende Belastung f (Stat) static load

ruhende Energie f (Stat) constant inertia

ruhende Last f (Kran) dead load (Eigengewicht)

Ruhespannung f (Stat) rest potential

Ruhestellung f (Elek) free [home, idle, initial, off, neutral, zero] position; normal condition, normal position (Relais); position of rest (Schütz)

Ruhestrom m (Elek) closed circuit, closed circuit arrangement, quiescent current

Ruhestrombremse f (Tech) fail-safe brake (Sicherheitsbremse)

Ruhezustand m (Phys) quiescent state, quiescent status

ruhig adj (Elek) quiescent

ruhig adj (Tech) quiet (z. B. Pumpenbetrieb)

Ruhigstelleinrichtung f (Kran) anti-sway system, no-sway system (Kranseile)

ruhigstellen v (Hütt) bank (Hochofen)

Rührer m (Aufb, Zer) agitator; stirrer (Rührwerk); stirring mechanism

Rührofen m (Hütt) rabble furnace (Erzröstung)

Ruine f (Bau) ruin, shambles pl

Rumpf m (Tech) fuselage (z. B. Flugzeug)

rund adj (Tech) circular, round, rounded

rund adv (Tech) approximately, around, some (ungefähr) • **rund machen** (Mech) round off (z. B. Gewinde)

Rund... (Tech) annular..., circular..., round...

Rundbrecher m (Zer) giratory breaker, giratory crusher, rotary breaker (Kreiselbrecher)

Rundbühne f (Hütt/Walz) ring platform (des Hochofens)

Runddichtring m (Tech) O-ring seal

runde zylindrische Sägefeile f (Werkz) gulleting file

Rundeisen n (Met) round, round bar, round steel bar

runden v (Mech) make round, round (rund machen); radius; round off (abrunden); round up (aufrunden)

runderneuern v (Kfz) retread (Reifen)

Rundfeile f (Mont) round file

Rundformpresse f (Form) O-ring machine, O-ring press

Rundholz n (Stb) lumber, round timber

rundkantig adj (Stb) round-cornered, round-edged

Rundkeil m (Mont) rounded key

Rundkerbprobe f (Prüf) specimen with semi-circular notch (DIN 50100)

Rundkipper m (Umschl) all-round dump car (Rundkippwagen)

Rundkippwagen m (Umschl) all-round dump car

Rundkopfniet m (Tech) button head rivet, fillister head rivet

Rundlauf m (Tech) concentricity, cyclic [true] running

Rundlauffehler m (Tech) rotating fault

Rundlaufgenauigkeit f (Tech) radial runout, concentricity

Rundlauftoleranz f (Tech) concentricity [roundness] tolerance, tolerance of cyclic running, tolerance with respect to circularity

Rundlitzenseil n (Tech) round strand voge

Rundlochnaht f (Schw) plug weld

Rundmaterial n (Met) round bars, round stock, rounds pl

Rundmeißel m (Werkz) moil chisel

Rundnaht f (Schw) girth groove weld, circumferential joint, welded girth joint

Rundpuffer m (Tech) damper

Rundschacht m (Bau) well (Brunnen)

rundschleifen v (Mech) plain-grind

Rundschleifmaschine f (Mech) cylindrical grinder

Rundschnur f (Tech) round cord, O-ring

Rundschnurring m (Tech) cord-type rubber sealing, O-ring, O-ring section string-type gasket, round cord ring, round string packing

Rundschweißung f (Schw) circumferential weld

Rundseilrinne f (Bergb) annular groove (Seilscheibe)

Rundskala f (Mess) dial

Rundstahl m (Met) round, round bar, round bar steel, round steel, round steel bar, rounds pl (Rundmaterial)

Rundstrahllicht n (Licht) omnidirectional light

Rundtischanlage f (Mech) circular milling machine

Rundumleuchte f (Bahn, Elek, Kfz) beacon, circulating blinker light, revolving beacon, rotary flashing beacon

Rundumsicht f (Tech) panorama view

Rundung f (Tech) curve, rounding; fillet radius (Keilnut)

Rundzange f (Werkz) round-nose pliers pl

Runge f (Bahn) (BE) stanchion

runterschleifen v (Mech) grind down

runterstufen v (Tech) downgrade

Rüssel m (Tech) nozzle (an einer Maschine); discharge chute (Ofen)

rußen v (Bahn) soot

Rüsthölzer npl (Bergb) scaffolding (z. B. für ein Gerüst)

Rüstzeit f (Tech) set-up time (für die Montage); preparation time, turn around time, turnaround time, turn-round time (Gießmaschinen)

Rutenmaschine f (Hütt, Mech) reaming machine, taphole reaming machine

Rutsche f (Förd) chute

rutschfest adj (Tech) foot-sure; anti-skid, anti-slip, nonskid, non-slip, slip-resistant (z. B. Fußboden)

Rutschkupplung f (Kfz, Tech) friction coupling, safety clutch, slip clutch, slip coupling, slipping clutch

rütteln v (Tech) shake; vibrate (vibrieren)

Rüttelsieb n (Zer) oscillating screen, shaking sieve

Rütteltisch m (Zer) vibrating table

Rütteltrichter m (Zer) vibrating hopper

Rüttelverdichter m (Tech) vibrating compactor

Rüttelversuch m (Prüf) pulsator test

Rüttelvorrichtung f (Zer) rapping gear, shaker, vibrator

S

Sachverständiger m (Tech) expert, specialist

Sachverzeichnis n (Tech) index

Sackkalk m (Bau) bagged lime

Sackloch n (Tech) blind hole, pocket hole

Säge f (Werkz) saw

Sägefeile f (Werkz) saw file

Sägemühle f (Tech) lumbermill (großes Sägewerk); sawmill (kleines Sägewerk)

sägen v (Mech, Tech) cut, saw

Sägespäne mpl (Tech) saw dust, wood shavings pl

Sägewerk n (Tech) lumbermill

Sägezahn m (Bergb) serrated steel lip (Eimer)

Sägezahngenerator m (Tech) saw-tooth generator

Sägezahnspannung f (Elek) ramp voltage, saw-tooth voltage

Sägezahnverschlüssler m (Mess) time base encoder, time encoder

Salpeter m (Geo) saltpetre

Salpetersäure f (Chem) nitric acid

Salz n (Geo) salt

Salzbadlötung f (Hütt) salt bath brazing

Salzbadpatentierung f (Hütt) salt patenting (Draht)

Salzboden m (Bau) saline soil

Salzhammer m (Werkz) chipping hammer

Salzsäure f (Chem) hydrochloric acid, muriatic acid

Salzsäureversuch m (Chem) test with hydrochloric acid

Salzsprühversuch m (Prüf) salt spray testing (Korrosionsprüfung)

Sammel... (Tech) collective

Sammelband n (Förd) collecting belt [conveyor], gathering belt [conveyor]

Sammelbehälter m (Tech) sump; collecting tank, collecting vessel (z. B. für Öl)

Sammelflasche f (Hütt/Walz) collecting flask

Sammelgrundplatte f (Hydr/Pneu) manifold block, manifold plate for several valves

Sammelkarte f (Elek) collector card (elektronisch)

Sammelleitung f (Tech) manifold (z. B. Auspuff); header (Rückflussleitung)

Sammelmeldung f (Elek) collective indication, collective signal

Sammelprobe f (Phys) collective sample

Sammelrohr n (Tech) (AE) header

Sammelschacht m (Ökol) storage shaft (Wasserversorgung)

Sammelschiene f (Elek) bus, bus bar

Sammelschrott m (Hütt) country scrap, scrap metal

Sammelspiegel m (Phys) concentrating mirror

Sammelwelle f (Tech) main drive shaft (Dieselmotor)

Sammler m (Elek) accumulator

Sammler m (Hütt/Walz) header; outlet header, outlet manifold

Sammlerbatterie f (Elek) accumulator battery, battery, storage battery

Sammlung f eines Strahlenbündels (Elek) concentration of a beam

Sand m (Geo) sand • **mit Sand abstrahlen** sandblast

Sandprallmühle f (Zer) impact mill for sand

Sandschleuder f (Hütt) aerator (Gießerei)

Sandstein m (Geo) sandstone

Sandstrahlen n (Mech) sandblasting, shot blasting, shot peening
Sandstrahlen n mit Stahlsand (Mech) steel grit blasting
Sandtasse f (Hütt) sand filled channel, sand seal
sanft adj (Tech) smooth (Oberfläche)
sanft adv (Tech) gently
sanieren v (Ökol, Tech) redevelop, refurbish, rehabilitate, renovate, revamp
sanitär adj (Tech) sanitary
sanitäre Anlagen fpl (Tech) sanitary [sanitation] facilities pl
sanitäre Installation f (Bau, Tech) plumbing
Satellitenkühler m (Bergb) planetary cooler
satt anliegen v (Tech) fit snugly
satt aufliegend adj (Tech) fully supported
Satt... (Hütt/Walz) saturated
Sattel... (Baut, Tech) saddle, saddle-type
Satteldach n (Baut, Stb) gable roof, saddle roof, span roof
sattelförmig adj (Tech) saddle-type (einen Sattel bildend)
Sattellast f (Kfz, Tech) fifth wheel load (der Zugmaschine)
Sattelmagazin n (Form) die magazine
Sattelmoment n (Kfz) pull-in torque (Motor); pull-up torque (Induktionsmotor)
Sattelpaar n (Form) pair of top and bottom dies
Sattelrinne f (Bergb) concave-curved trough section
Sattelschlepper m (Kfz) semi, semi-trailer truck, tractor trailer, tractor truck
sättigen v (Chem, Hütt/Walz) saturate (z. B. mit Flüssigkeit)
Sättigung f (Chem, Hütt/Walz) saturation (z. B. mit Flüssigkeit)
Sättigung f (Elek) windup (Mess- und Regeltechnik); saturation (Verstärker)
Sättigungs... (Chem, Elek, Hütt/Walz) saturation
Satz m (Bergb) deposit (Ablagerung)
Satz m (Elek, Tech) cluster (Bündel)
Satz m (Tech) kit, set
Satz m von Beilageplatten (Schw) shim stock
Satz m von Caley-Hamilton (Elek) Caley-Hamilton's theory

Sau f (Hütt/Walz) bear, salamander, sow (wertvoller Rest im Hochofen)
sauber adj (Tech) clean
sauber adj/metallisch (Met) metallically blank, near white metal blast
Sauberkeitsschicht f (Bau) blinding concrete
säubern v (Mech) clean
Sauberseite f (Förd) inside scraper, pulley side (Gurt)
sauer adj (Chem) acid
säuern v (Tech) pickle, acid clean
Saueröl n (Chem) contaminated oil, sour oil, waste oil
Sauerstoff m (Chem) oxygen
Sauerstoff... (Chem, Hütt) oxygen
Sauerstoffblasstahl m (Met) oxygen refined steel
Sauerstoffblasverfahren n (Hütt) basic oxygen process, oxygen-blown steelmaking process, oxygen steelmaking process
Sauerstoffbrenner m (Hütt) oxy-fuel burner
Sauerstoff-Brenngas-Schweißung f (Schw) oxy-fuel gas welding
sauerstofffreies Kupfer n (Met) oxygen-free copper
Sauerstoffkonverter m (Hütt) basic oxygen furnace, BOF; oxygen converter
Sauerstoffmangel m (Hütt/Walz) lack of oxygen
sauerstoffreich adj (Chem) with high oxygen content
Sauerstoffstahl m (Met) oxygen-blown steel, oxygen refined steel
Sauerstoffstahlwerk n (Hütt) BOF steelmaking plant, oxygen steel plant, oxygen steelmaking plant; (AE) basic oxygen furnace shop, BOF shop, oxygen melt shop (Stahlerzeugungsteil des Gesamtkomplexes)
Saug... (Tech) intake, suction
Saugbagger m (Umschl) hopper suction dredger, suction dredger (mit Laderaum)
saugen v (Tech) vacuum (staubsaugen)
Saugfähigkeit f (Chem) absorbency (Papier)
Saugfilter n (Tech) strainer, suction filter
Saugglocke f (Hütt/Walz) suction bell
Saugkasten m (Hütt) wind box (Sinteranlage)

Saugleitung f (Hütt) exhaust pipe; wind duct (Saugkasten der Sinteranlage)

Saugluft f (Tech) exhaust air

Saugluft... (Hydr/Pneu) vacuum

Sauglüfter m (Hydr/Pneu, Tech) suction fan

Saugmund m (Tech) suction mouth (Saugöffnung)

Saugnapf m (Walz) vacuum cup

Saugöffnung f (Hydr) suction port

Saugschlauchfilter m (Hütt) suction bag filter

Saugseite f (Verd) inlet, intake, intake end, suction end, suction side

Saug- und Druckschlauch m (Hydr/Pneu) suction and delivery hose

Saug- und Druckseite f (Hydr/Pneu) intake and outlet side (Pumpe)

Saugventil n (Vent) suction valve

Saugzug m (Hütt) induced draft, induced draught

Säule f (Mech) spindle (Maschinenteil)

Säule f (Stb, Tech) column, pillar, post, (BE) stanchion

Säulenbohrhammer m (Mech) column drill, pneumatic stoper (Druckluft)

Säulenbohrmaschine f (Mech) column mounted drill, upright drill

Säulendiagramm n (IT) bar chart, bar diagram, bar graph

Säulendrehkran m (Kran) pillar-mounted slewing crane, slewing pillar crane

Säulenfall m (Elek) voltage drop, voltage regulation

Säulenfestigkeit f (Met) resistance to tensile stress, ultimate strength, ultimate stress

Säulengang m (Baut) arcade

Säulenkran m (Kran) pillar crane

Säulenpresse f (Form) column press

Säulenständer m (Bau) pedestal and stand

Saum m (Tech) seam (Kante)

säumen v (Mech) seam

Saumschrott m (Walz) edge scrap, side scrap, side trimmed scrap

Saumstreifen m (Walz) trimmings (Rohrwalzwerk)

Säure f (Chem) acid

säurebeständig adj (Chem, Met) acid-proof

säurebildend adj (Chem) acid-forming

säurefest adj (Met) acid-proof, acid-resistant

säurefrei adj (Chem) acid-free

säurehaltig adj (Chem) acidal

saurer Regen m (Ökol) acid rain

Säureschärfe f (Chem) acid concentration

Säurezahl f (Chem) acid number

Saurinne f (Hütt/Walz) sow tap

schaben v (Tech) rub, scrape (z. B. mit Schabeisen); trim (z. B. Zylinderrohre)

Schaber m (Werkz) scraper, scraping tool

Schablone f (Mech) stencil (für Buchstaben); template, templet; form (Ausmauerung)

schablonieren v (Tech) stencil

Schacht m (Tech) pit, shaft (z. B. im Bergbau); stack (Schalldämpfung usw.); shaft, stack (Hochofen, Winderhitzer)

Schachtausbau m (Bergb) shaft construction, shaft walling

Schachtbeschichtungseinrichtung f (Bergb) cage decking equipment, shaft feeding system

Schachtbeschickung f (Bergb) decking (Förderkorb)

Schachtbrunnen m (Bau) dug well

Schachteln n (Hütt) nesting

Schachtfüllort m (Bergb) bottom landing, shaft bottom

Schachtgehäuse n (Förd) elevator leg housing structure (Taschenförderer)

Schachtgerüst n (Bergb) headframe, headgear, shaft headgear

Schachtgreifer m (Bergb) well grab

Schachtmeister m (Bergb) foreman (Vorarbeiter)

Schachtofen m (Hütt) shaft furnace; shaft kiln (z. B. zum Kalkbrennen)

Schachtstuhl m (Bergb) inset frame

Schachttor n (Bergb) shaft gate, shaft safety gate

Schadebinde f (Tech) insulating tape, joint sealing material

Schaden m (Tech) defect (Defekt); failure, fault (Fehler)

Schadenfindung f (Tech) fault finding

Schadenlinie f (Tech) damage line (DIN 50100)

Schadensbild n (Bau) failure mode

Schadgas n (Ökol) hazardous gas

schadhaft adj (Tech) defective

Schädigung f (Ökol) damage, degradation, deterioration, harm, impairment; pollution

schädlich adj (Ökol, Tech) deleterious, detrimental, harmful, injurious; noxious (Umwelt)

Schadstoff m (Chem, Ökol, Tech) deleterious matter, harmful pollutant, pollutant

schaffen v (Tech) create

Schaft m (Tech) barrel (der hohlen Schraube); shaft (Welle); shaft, shank (Niet)

Schaftdurchmesser m (Stb) body diameter, shank diameter

Schaftritzel n (Tech) integral pinion and shaft

Schaftschraube f (Tech) headless screw, shoulder screw; shoulder screw (Bandwaage)

Schake f (Tech) chain link, link

Schäkel m (Tech) shackle

Schakenbolzen m (Tech) chain link pin

Schakenbuchse f (Tech) chain link bushing

Schälarbeit f (Anstr) peeling work

Schalbrett n (Bau, Tech) formwork board, shuttering plank

Schale f (Bergb) claw, segment (am Greifer)

Schale f (Met, Walz) shell (Walzfehler); skull (in Verteilerrinne)

Schale f (Tech) bowl (Kugel); half coupling; shell (Hülle); skull (Stranggießen)

schälen v (Mech) peel

Schaleneimer m (Tech) closed-bottom bucket

schalenförmig adj (Tech) shell-shaped

schalenförmiger Behälterboden m (Tech) dished tank bottom

Schalenhartguss m (Met) chill casting

Schalenkorb m (Hütt) clamshell bucket

Schalenkupplung f (Tech) clamp [sleeve] coupling, split coupling, split muff coupling

Schalenlager n (Lag) split sleeve bearing

Schalenriss m (Hütt/Walz) saucer--shaped flaw

Schälfestigkeit f (Met) resistance to peeling

Schälgerät n (Anstr) peeling device

Schall m (Akus, Elek) sound

Schall... (Ökol, Elek, Tech) acoustic, acoustical, sonic, sound

Schallachse f (Prüf) beam axis (Ultraschall)

Schallausbreitung f (Akus, Phys) sound propagation (Schallfortpflanzung)

Schallaustritt m (Elek) probe index (Ultraschall)

Schallaustrittsmarke f (Elek) probe index (Ultraschall)

Schallaustrittspunkt m (Elek) probe, index, sound exit point

Schallblende f (Akus, Elek) sound gate

Schallbündel n (Akus, Elek) sonic beam, sound beam

Schallbündelverbreiterung f (Tech) beam widening, sound beam divergence, sound beam spread

Schalldämm... (Ökol, Tech) noise-absorbing, noise-attenuating, silencing; sound absorbent, sound-attenuating, sound-reduction

Schalldämmmaß n (Ökol, Tech) sound reduction index

Schalldämmung f (Ökol, Tech) silencing, soundproofing

Schalldämpfer m (Akus, Elek) (AE) muffler, (BE) silencer, sound absorber

Schalldruck m (Akus, Elek) acoustic pressure, sound pressure

Schallenergie f (Akus, Elek) incident energy, sound energy

Schallerzeugung f (Ökol) sound generation, sound production (DIN 54119)

Schallfeld n (Akus, Elek) acoustic field, sonic field, sound field

Schallfortpflanzung f (Ökol) sound propagation (Schallausbreitung)

Schallgeber m (Ökol) acoustical transmitter

schallhart adj (Elek) sonically hard

Schallimpedanz f (Elek) acoustical impedance

Schallimpuls m (Akus, Elek) sound pulse

Schallintensität f (Akus, Elek) sound intensity (Schallstärke)

schallisoliert adj (Akus, Elek) silenced, sound-insulated, sound-proofed

Schallkopf m (Prüf) ultrasonic head (Ultraschallkopf)

Schallkopplung f (Tech) sonic coupling

Schalllaufweg m (Akus, Ökol) sound path (DIN 154119)

Schall-Laufzeit f (Akus, Elek) transit time of sound

Schalleistungspegel m (Akus, Phys) noise level, sound power level

Schalleiter m (Akus, Ökol) sound conductor

Schalleiter m (Prüf) sound transmitting material, sound transmitting medium (Ultraschall)

Schallmauer f (Akus, Elek) sound barrier

Schallmesswertaufnehmer m (Mess) acoustic sensor

Schallpegel m (Akus, Elek) sound level

Schallschatten m (Akus, Elek) acoustical shadow

schallschluckend adj (Akus) sound absorbing, sound deadening

Schallschutz m (Baut, Ökol) protection against sound, sound-absorbing protection, sound insulation

Schallschutzmaßnahme f (Ökol, Verd) noise control measure

Schallschwächung f (Akus, Elek) attenuation of sound, sound attenuation

Schallsichtverfahren n (Akus, Elek) sound image method

Schallsignal n (Akus, Elek) acoustic signal, sound signal

Schallstrahl m (Akus, Elek) sound beam [ray]

Schallstrahldivergenz f (Akus, Elek) beam divergence

Schallstrahlecho n (Akus, Elek) beam index

Schallstrahlungscharakteristik f (Akus, Elek) sound beam characteristic

Schallstrahlungsdruck m (Akus, Elek) acoustical radiation pressure, sound pressure

Schallstrahlwinkel m (Akus, Elek) incident angle of sound

Schallstreuung f (Akus, Ökol) sound scattering

Schalltiefe f (Prüf) ultrasonic penetration (Ultraschallprüfung)

Schallwandler m (Tech) acoustical transducer

Schallwechseldruck m (Akus, Elek) alternating sound pressure

Schallweg m (Akus, Elek) sound path

schallweich adj (Akus, Elek) sonically soft

Schallwelle f (Akus, Elek) sound wave

Schallwellenwiderstand m (Elek) characteristic impedance (DIN 54119)

Schallwiderstand m (Akus, Elek) acoustic impedance

Schallzeichen n (Mess) audible signal, audio signal

Schälmaschine f (Walz) peeling machine (für Knüppel, Stäbe usw.)

Schalt... (Elek, Tech) contact, shift, shifting, switch, switching

Schaltanlage f (Elek) (AE) motor control center, (BE) motor control centre (Motor); control panels pl (Hochspannung); switchboard, switchgear, switchgear installation, switchgear plant, switchgears pl (Niederspannung)

Schaltausgang m (Elek) switching output

schaltbar adj (Elek) switchable

schaltbar adj (Tech) shiftable (z. B. Kfz)

Schaltbild n (Elek) circuit diagram, control diagram, wiring diagram (Schaltplan)

Schaltbock m (Tech) gear shift lug

Schaltcharakteristik f (Hydr) flow characteristic

Schaltdifferenz f (Elek, Hütt) on-off differential (Lichtbogenofen)

Schaltdifferenz f (Mess) differential gap; differential hysteresis (Relais)

Schaltdose f (Tech) switchgear

Schaltdrehzahl f (Tech) response r. p. m. pl, response revolutions per minute pl

Schaltdruck m (Hydr/Pneu) hydraulic pressure

schalten v (Elek) actuate, control, operate, switch

schalten v (Hydr/Pneu) shut (schließen)

schalten v (Tech) change gear, shift (Getriebe)

Schalter m (Elek) circuit breaker, switch

Schalterantrieb m (Elek) switch handle

Schalterdose f (Elek) outlet socket, wall box

Schaltereinsatz m (Elek) fuse-element

Schaltergriff m (Elek) grip, knob, twist knob

Schalterhebel m (Elek) contact lever

Schalterklappe f (Elek) flap switch

Schalterprüfkopf m (Schw) dual sensitivity probe

Schalterstücksatz m (Elek) contact set

Schalterunterteil n (Tech) contact base

Schaltgabel f (Tech) gear shift fork, gear shifter fork, selector fork, shifter fork

Schaltgehäuse n (Tech) gear shift housing, switchgear cubicle

Schaltgerät n (Elek) switching device, mechanical switching device

Schaltgeräte npl (Elek) control devices [equipment], operating controls pl, primary switchgear

Schaltgetriebe n (Getr) change gear, change speed gear

Schaltgruppe f (Elek, Tech) switching group, vector group (Trafo)

Schalthäufigkeit f (Elek) number of cycles, number of switch operations, switching frequency

Schalthaus n (Elek) control cab, control cabin, switch house (z. B. Hochofen)

Schalthebel m (Elek) hand lever, joystick, operating crank

Schaltkarte f (Elek) circuit board

Schaltknopf m (Elek) push button

Schaltkontakt m (Mess) single-throw contact, ST contact

Schaltkreis m (Elek) circuit

Schaltkulisse f (Elek) switch guide plate

Schaltkupplung f (Kfz, Tech) clutch, clutch coupling, engaging and disengaging clutch, self-disengaging clutch, shifting clutch

Schaltleiste f (Elek, Tech) connecting block, ruler switch, striker, switch actuator

Schaltleistung f (Elek) breaking capacity, (AE) interrupting capacity, rupturing capacity (Ausschalten); breaking capacity, making capacity (Einschalten); contact rating (Kontakt); make-break capacity, making and breaking capacity, switching capacity [power] (s. a. Schaltvermögen, Ausschaltleistung, Einschaltvermögen)

Schaltmuffe f (Tech) shift collar

Schaltnocke f (Mess) control cam

Schaltplan m (Elek) circuit [connection, control circuit, control] diagram, weighted flow sheet, master power diagram, on-line diagram, one-line diagram, (detailed) power and control diagram (Stromlaufplan); wiring diagram, wiring scheme (Verdrahtungsplan)

Schaltplatte f (Elek) printed circuit board

Schaltpult n (Elek) control desk, control panel, dashboard, instrument console, operating console, panel, switchboard

Schaltrad n (Tech) control gear

Schaltscheibe f (Elek) rotational speed sensor (Dieselmotor Transportpumpe)

Schaltschema n (Elek) wiring diagram

Schaltschloss n (Tech) latch

Schaltschrank m (Elek) control cabinet, control cubicle, control panel, panel cabinet, switch cubicle, switchgear cabinet, switchgear cubicle; switch cabinet, switchgear cabinet (Starkstrom)

Schaltschütz n (Elek) contact, contactor

Schaltschwelle f (Elek) threshold level

Schaltschwert n (Elek) switch ruler

Schaltsicherung f (Elek) isolating link, switch fuse

Schaltstange f (Elek) switching lever, switchstick

Schaltstange f (Tech) gear change rod, hook stick, shift bar, shifter bar, sliding selector shaft (Kraftfahrzeug)

Schaltstellung f (Vent) operated position, switching position, valve position

Schaltstiel m (Tech) switch stick

Schaltstück n (Elek) contact, contact piece, operating pole contact member

Schaltstufe f (Tech) setting, step (am Regler)

Schalttafel f (Elek) control panel, distribution board, panel, switchboard

Schaltuhr f (Elek) clock relay, clock switch, contact-making clock, time switch, timer

Schaltung f (Elek) circuit, circuitry, connection (elektrische Verbindung); operation (Betätigung)

Schaltung f (Tech) gear change, plot, shift (Getriebe)

Schaltungsart f (Elek) type of closure, type of connection

Schaltungsnull n (Mess) circuit common

Schaltunterteil n (Elek) contact base

Schaltventil n (Vent) selector valve

Schaltverzögerung f (Tech) operating delay, time delay (eines Schalters)

Schaltwarte f (Elek, Tech) (AE) control center, (BE) control centre, control room

Schaltweg m (Elek, Tech) contact travel, feed path

Schaltwelle f (Tech) change shaft, gear shift lever shaft

Schaltwerk n (Elek) limit switch (im Drehturm)

Schaltzeichen n (Elek) wiring symbol
Schaltzeit f (Mess) response time
Schaltzelle f (Tech) switchgear cell
Schalung f (Stb) formwork, shuttering (Beton); sheathing
Schalungsmaterial n (Stb) casing material, facing material, shutterwork
Schamotte f (Hütt/Walz) fireclay, refractory
Schappenbohrer m (Werkz) auger bit, casing bit, gouge bit
Schar f (Bergb) blade; MB, (AE) moldboard, (BE) mouldboard (des Graders)
Schardrehkranz m (Bergb) (AE) circle bogie, slewing ring (des Graders)
Scharende f (Bergb) cutting edge (Schneide); trailing end (des Graders)
scharf adj (Tech) effective (Systemteile); acute, pointed (spitz); sharp (Klinge)
scharf adv (Tech) tightly (eng, genau)
Schärfe f (Chem) concentration (z. B. Säure)
Schärfe f (Fot, Phys) focus (Fokussierung)
Schärfe f (Tech) sharpness (einer Klinge)
Scharfeinstellung f (Prüf) focussing (Ultraschallprüfung)
Schärfentiefe f (Elek) depth of focus
scharfkantig adj (Tech) sharp, sharp-cornered, sharp-edged; square-cornered, square-edged (90°, z. B. Flacheisen); sharp angular (Sand usw.)
Scharnier n (Bau) hinge
Scharnierbandkette f (Tech) hinged-slat chain
Scharnierbolzen m (Tech) door nail
Scharnierfeile f (Mont, Werkz) joint file
Scharseitenverstellung f (Bergb) (AE) circle centershift
Schartträger m (Bergb) mouldboard circle
Schatten m (Elek) shadow
Schattenrohr n (Hütt) shroud, shroud tube
Schattenzone f (Elek) shadow zone
schattiert adj (Tech) shaded (Zeichnung)
schätzen v (Tech) estimate
Schaubild n (Tech, Zeich) diagram, drawing, graph, mimic diagram
schaubildlich adj (Tech, Zeich) chart ..., diagrammatical
Schaufel f (Bergb) bucket (Bagger)
Schaufel f (Tech) loading bucket (Fördereinrichtung); shovel (Schippe);

blade, vane (z. B. einer Turbine); spoon (Tunnel)
Schaufelanlenkung f (Bergb) bucket hinge, pin
Schaufelarm m (Bergb) arm
Schaufelbagger m (Bergb) (AE) shovel, shovel excavator
Schaufelbecherwerk n (Förd) scraping bucket conveyor
Schaufelhydraulik f (Bergb) bucket hydraulics
Schaufelinhalt m (Bergb, Umschl) bucket contents, bucket capacity (Kapazität)
Schaufelkante f (Tech) scoop lip (Bergbau); blade edge (Verdichter/Turbine)
Schaufelkinematik f (Bergb) shovel geometry
Schaufelmeißel m (Werkz) spade type chisel
schaufeln v (Bergb) scoop, shovel
Schaufelprofil n (Verd) (BE) aerofoil, (AE) air foil, airfoil shape, blade profile
Schaufelrad n (Tech) bucket wheel (Bagger); blade wheel, impeller wheel (Turbine)
Schaufelradachse f (Tech) wheel hub
Schaufelradarm m (Tech) extractor arm
Schaufelradbagger m (Baum) bucket wheel excavator, BWE
Schaufelradeingriff m (Baum, Umschl) bucket wheel cutting process
Schaufelradhaldengerät n (Umschl) bucket-wheel reclaimer
Schaufelradhubwerk n (Baum) bucket wheel winch
Schaufelradkopf m (Baum, Umschl) boom head, bucket wheel boom head
Schaufelradmischer m (Umschl) bucket wheel bedding machine
Schaufelradnabe f (Baum) wheel hub
Schaufelradräumer m (Baum, Umschl) bucket wheel reclaiming gantry
Schaufelradrücklader m (Umschl) bucket wheel reclaimer
Schaufelradwindwerk n (Baum) wheel boom hoist
Schaufelstiel m (Baum) bucket arm, (AE) bucket stick, (AE) dipper arm (am Bagger)
Schaufelverstärkung f (Baum) heel plate
Schaufelvorderteil n (Baum) bucket lip, shovel lip; visor (der Klappschaufel)

Schaufelzahl f *(Baum, Umschl)* number of buckets on wheel

Schaufelzahn m *(Baum)* bucket tooth, shovel tooth

Schauglas n *(Tech)* glass sight gauge, inspection glass, sight glass, viewing glass; jar *(für Luftfilter)*; sight glass *(für Durchfluss)*; sight glass, sight window *(für Füllstand)*

Schaukelbewegung f **des Auslegers** *(Bergb)* rocking motion of boom, swaying of boom, swinging of boom

Schaukelrolle f *(Förd)* catenary idler, cradle-type idler, garland idler, hammock belt idler

Schauloch n *(Tech)* peep hole, sight hole

Schaulochdeckel m *(Tech)* inspection hole cover

Schauluke f *(Tech)* inspection door

Schaum m *(Chem, Tech)* foam, froth

Schaumgummi m *(Met)* foam rubber

Schaumlöscher m *(Tech)* foam extinguisher *(Feuerlöscher)*

Schaumschwimmaufbereitung f *(Aufb)* froth flotation

Schaumstoff m *(Met)* foam, foam rubber

Schauöffnung f *(Tech)* inspection opening, inspection port; sight port, viewing port *(Vakuumgefäß)*

Schaurohr n *(Tech)* gauge pipe

Schautropföler m *(Tech)* drop feed oiler with sight glass, sight feed lubricator, sight feed oiler, sight flow indicator *(Falltropfenanzeiger)*

Scheibchenriss m *(Met)* core crack, transverse crack

Scheibe f *(Bergb)* horizontal slice *(beim Abbau)*

Scheibe f *(Förd)* deflection wheel, disc wheel *(Steilförderer)*; pulley *(Keilriemenrad)*

Scheibe f *(Stb)* flat plate *(Flächentragwerk)*

Scheibe f *(Tech)* collar, disk, wheel; flange *(Flanschverbindung)*; plate *(z. B. Platte aus Blech)*; square taper washer *(vierkantig, z. B. für U- oder I-Träger)*; washer, plain washer *(zur Montage, z. B. Unterlegscheibe)*; pane *(Glas)*; sheave *(für Seil)*; segment *(des Innengehäuses eines Verdichters)*

Scheibe f **mit Fase** *(Tech)* chamfered plain washer *(DIN ISO 1891)*

Scheiben fpl *(Bergb)* crawler idlers pl *(zum Stützen der Raupenkette)*

Scheiben... *(Kfz, Tech, Zer)* disc...

Scheibenbruch m *(Met)* disc-shaped fissure *(Fehler)*

Scheibenfeder f *(Tech)* woodruff key

Scheibengelenk n *(Tech)* disc joint

Scheibenhälfte f deck half

Scheibenkupplung f *(Kfz, Tech)* disc clutch, disk clutch *(ausrückbar)*; disk coupling, disk-type coupling, flange clutch, plate clutch

Scheibenleitrad n *(Förd)* drum-type idler

Scheibenrad n *(Tech)* disc wheel, plate wheel; rim *(Felge)*

Scheibenreflektor m *(Prüf)* disk reflector *(Ultraschall)*

Scheibenrolle f *(Förd)* deflection wheel, disk roller, disc wheel *(Steilförderer)*; disc-type return idler, *(BE)* rubber-tyred idler, *(BE)* rubber-tyred return idler, rubber disc idler, rubber disc return idler; conveyor wheel *(Beschichtungsanlage)*

Scheibenrollenrost m *(Zer)* rotary-disc screen grizzly

Scheibenrost m *(Zer)* roller grizzly, roller screen

Scheibenvorschnitt m *(Bergb)* slice depth

Scheibenwaschanlage f *(Tech)* washer system, windscreen washer *(Kraftfahrzeug)*; window washer

scheibenweises Stapeln n *(Umschl, Walz)* one-on-one nest stacking, one-on-one nesting

Scheibenwicklung f *(Hütt)* disk winding, pancake winding, sandwich winding *(eines Transformators)*

Scheibenwischer m *(Kfz)* *(BE)* windscreen wiper, *(AE)* windshield wiper

Scheideanlage f *(Zer)* separator

scheiden v *(Tech)* separate, segregate; part, segregate *(Edelmetalle)*

Scheinanpassung f *(Elek)* matching impedance

scheinend adj *(Met)* shiny *(glänzend)*

Scheinleistung f *(Elek)* apparent power

Scheinwerfer m *(Elek, Kfz)* floodlight, headlamp; (light) projector, searchlight *(für Suchzwecke)*; floodlight, headlight *(z. B. für Sportanlagen)*; spotlight *(z. B. im Theater)*

Scheinwiderstand m (Elek) reactance
Scheitel m (Stb) apex, crown (eines Bogens)
Scheitelgelenk n (Stb) crown hinge
Scheitelpunkt m (Stb) apex
Scheitelwert m (Elek) crest value, peak value
Scheitelwertecho n (Prüf) sweep-to--peak echo (Ultraschall)
Scheitelwertmesser m (Elek) crest meter, peak value meter
Scheitelwinkel m (Walz) vertex angle (Stapelrolle)
scheitrecht adj (Bau) straight
scheitrechter Bogen m (Bau) straight arch
Schellack m (Chem) shellack
Schelle f (Elek) conduit cleat, conduit hanger, pipe clamp (Rohrschelle); terminal clamp
Schelle f (Tech) bell (Glocke); clamp, clamping ring, clip, shackle, strap; fitting (an Schläuchen); saddle (geschlossen oder mit zwei Lappen); wall clamp (Wandschelle)
Schellenanbau m (Tech) clamp fitting
Schema n (Tech) block diagram, general layout, schematic (drawing); scheme
Schemaschaltung f (Tech) mimic diagram, mimic panel
schematisch adj (Tech) diagrammatic, schematic
Schenkel m (Baum) blade
Schenkel m (Werkz) handle (Zange)
Schenkel m (Stb) arm, flange, leg, limb
Schenkel m (Tech) foot, limb, shank, side, swivel, thigh, wing
Schenkelfeder f (Tech) hinge spring
Schenkelrohr n (Tech) leg pipe
Schenkelschutzplatte f (Tech) shank protector
Scherbeanspruchung f (Stat) shear stressing
Scherbolzen m (Tech) shear pin
Scherbruch m (Bau, Met) shear failure, shear fracture
Schere f (Hütt/Walz, Mech) shear, shearing machine, shears pl (für Bleche); lazy tongs (Stranggießen)
Schere f (Mech) scissors pl (z. B. Haushaltsschere)
scheren v (Mech) cut

Scheren... (Hütt/Walz, Mech, Tech) scissor..., shear..., shearing...
Scherenbühne f (Tech) scissors lift platform, scissor-type jack, scissors-type platform
Scherenfernrohr n (Phys) periscope
Scherenheber m (Tech) scissor-type jack
Scherenschnittkante f (Walz) sheared edge
Scherenstraße f (Walz) cut-to-length line, cutting-up line, shearing line
Scherfestigkeit f (Geo, Met) shear force, shear strength, shearing force
Scherkraft f (Met) shear force, shearing force
Scherkupplung f (Tech) overload shear coupling
Schermodul n (Met) rigidity modulus, shear modulus
Scherschwinger m (Mess) shear mode transducer
Scherspannung f (Met, Prüf) resisting shear, shear, shear stress, shearing stress
Scherwelle f (Elek) shear wave
scheuerfest adj (Met) wear-resistant
Scheuerleiste f (Kran) fender
Scheuermittel n (Tech) cleaning powder (Pulver)
scheuern v (Tech) abrase (abschleifen); abrase, scuff, wear (verschleißen); rub (reiben, rubbeln); scour, scrub (blank putzen)
Scheuern n (Anstr) galling, scuffing (Reibung)
Schicht f (Anstr) coating (Farbe); film (Film)
Schicht f (Bau) course (z. B. einer Straße); shift
Schicht f (Fort) shift
Schicht f (Geo) bed, stratum
Schicht f (Tech) layer (Auflage, Auftrag); shift, (AE) swing, watch (Arbeitszeit)
Schichtecho n (Elek) layer echo
Schichtenströmung f (Walz) lamellar flow
Schichtglas n (Bau) laminated glass
Schichthöhenschieber m (Umschl) control gate, sliding top limit gate
schichtig adj (Geo) stratified (Lage der Schichten)
Schichtkorrosion f (Met) lamellar corrosion, layer corrosion
Schichtöler m (Walz) emulsion oiler

Schichttransistor m (Elek) junction transistor

Schichtung f (Tech, Walz) lamination; stratification

Schichtwechsel m (Tech) change of shifts

schichtweise adj (Hütt/Walz, Umschl) by layers, in layers

Schiebe... (Tech) slide..., sliding...

Schiebedach n (Tech) sliding roof, sun-roof (z. B. Kfz)

Schiebeeingang m (Mess) shifting input

Schiebeimpuls m (Elek) shifting pulse

Schiebekarre f (Bau) wheel barrow

Schiebekastenlader n (Förd) telescopic truck

Schiebekeil m (Tech) spline

Schiebemuffe f (Tech) sliding sleeve; retractable break flange

schieben v (Bergb) doze (ausheben mit Planierschild)

Schieben n (Bau, Bergb) lateral movement (unerwünschte seitliche Bewegung von Bauteilen)

Schiebenaht f (Tech) expansion cover (Klempnerarbeiten)

Schieber m (Tech) push handle; gate (Eisenrinne); vane (Rotationsverdichter)

Schieber m (Vent) gate, gate valve, slide flap, slide gate, slide valve (Absperr-schieber); slide valve (für Dampfma-schinen); globe valve (Drosselschieber); spool valve (Verschlussorgan ist ein Ventilkolben); gate valve (z. B. Winder-hitzer)

Schieberad n (Tech) sliding gear

Schieberbetätigung f (Vent) valve oper-ation; (gate) valve operating mecha-nism

Schieberbewegung f (Tech) crossover

Schieberplatte f (Mess) valve gate

Schieberstange f (Tech) control spool, spool (im Steuerblock)

Schieberumsteuerung f (Tech) crosso-ver

Schieberventil n (Vent) spool valve

Schiebesattel m (Förd) reciprocating double chute

Schiebesitz m (Zeich) push fit

Schieblehre f (Werkz) caliper rule, caliper square, slide caliper, slide caliper rule, slide gauge, sliding caliper

Schiebung f (Met) displacement, shear strain

schief adj (Bau) leaning (z. B. ein Ge-bäude); sloping

schief adj (Tech) bevelled, inclined, ob-lique, skew

schiefe Biegung f (Tech) asymmetrical bending

schiefe Brücke f (Stb) skew bridge

Schiefer m (Geo) shale, slate

Schieferdecker m (Bau) slater

Schieflauf m (Förd) belt runs out of line, belt tracking, misalignment of belt, off--tracking, out-of-line-running, side run--out, side run-out of belt, skew travel (Band)

schiefwinklig adj (Bau) oblique-angled, squint-angled

Schielwinkel m (Elek) squint angle

Schiene f (Bau, Met, Stb) bar, beam (Träger); rail

Schienenfahrwerk n (Tech) rail bogie assembly, rail-bound travelling mech-anism

Schienenfahrzeug n (Bahn) rail-bound vehicle, rail vehicle

Schienenfahrzeuge npl (Bahn) rolling stock (aller Art)

Schienenflachstich m (Walz) edger pass

schienengebunden adj (Bahn, Tech) on rails, railbound, rail-mounted, travelling on rails

Schienenkratzer m (Kran) track rail sweep, track sweeper

Schienenlangwelligkeit f (Met) rail sur-face waviness

Schienenlasche f (Tech) fish plate, rail--joint bar, rail-joint plate

schienenlos adj (Kfz) trackless

Schienenräumer m (Bahn, Tech) (AE) cow-catcher, rail guard [sweep]

Schienenstahl m (Met) rail steel

Schienenträgerelement n (Stb, Tech) rail-girder element

Schienenvorstecker m (Tech) rail locking pin

Schienenwalzwerk n (Walz) rail mill, rail rolling mill

Schiff n (Bau) bay, nave (Hallenteil)

Schiffbau m (Schiff) ship building, ship-building, shipyard

Schiffsbaustahl m (Met) ship steel, shipbuilding steel

Schiffshydraulik f (Hydr) marine hydraulics

Schiffsprofil n (Hütt/Walz) shipbuilding section

Schiffstechnik f (Schiff) marine and dredging technology

Schiffs- und Werftindustrie f (Schiff) maritime industry

Schikane f (Hütt) baffle

Schild n (Bau) keyhole plate (Schlüsselschild)

Schild n (Bergb) blade, front blade (des Graders); shield support (im Bergbau)

Schild m (Tech) guard plate, shield (Schutzschild); label (Aufschrift); name plate (Namensschild); sign (an einem Gebäude)

Schildlager n (Elek) end shield, sliding isolator (Motor)

Schildvortrieb m (Tunn) shield tunnelling

Schildzylinder m (Bergb) shield cylinder

Schilfer mpl (Met) stringers pl (zeilenförmige Einschlüsse)

Schindelwerk n (Walz) shingling mechanism

Schirm m (Elek) reflector, shade (einer Leuchte); screen (Abschirmung); shield (eines Kabels)

Schirm m (Zer) screen, sieve (Sieb)

Schirmbild n (Prüf) fluorescent image, screen image; trace, ultrasonic trace (Ultraschallprüfung)

Schirmgitterstrom m (Elek) screen current

Schlacke f (Hütt) cinder, slag

Schlackenbett n (Hütt) dry slag pit

schlackenbildend adj (Hütt) slag-forming

Schlackenförmchen n (Hütt) monkey (Hochofen)

Schlackenführung f (Hütt) slagging practice

Schlackenloch n (Hütt) slag hole, slag notch; taphole (Schmelzkessel)

Schlackentrichter m (Hütt) ash hopper, cinder hopper, slag hopper, stoker ashpit

Schlackenverblasung f (Hütt) slag fuming

Schlackenwagen m (Hütt) ash bogie, disposal car

Schlackenwolle f (Hütt) mineral wool, slag wool

schlaff adj (Tech) slack

Schlag m (Bergb) blow (Erschütterung)

Schlag m (Tech) impact, shock (Stoß); run-out (Rad oder Welle); lay (Seil)

schlagartig adv (Tech) abruptly, in sudden pulses

Schlagbahn f (Zer) hammer head

Schlagbeanspruchung f (Met) vibratory stress

Schlagbiegeversuch m (Prüf) impact bending test

Schlagbohrer m (Bergb, Mech) percussion drill

Schlagbrecher m (Zer) impact crusher, impact jaw crusher, impacter

Schlageinsatz m (Werkz) striking socket (für Schlagschraubenschlüssel)

Schlägel m (Werkz) lump hammer

Schlägelbrecher m (Zer) swing-hammer crusher

schlagen v (Stb, Mech) drive (z. B. Niete)

Schläger m (Zer) beater, hammer (Mühle)

Schlägermühle f (Zer) beater mill, integral fan mill, impact pulveriser

schlagfest adj (Met) impact-proof

Schlagfestigkeit f (Met) impact strength, resistance to impact, resistance to shock

Schlagfräser m (Mech) fly cutter

schlagfrei adj (Tech) true

Schlaggerät n (Hütt/Walz) hydraulic-impact vibrator

Schlaggeschwindigkeit f (Tech) impact speed

Schlaghammer m (Werkz) hammer, mall maul

Schlagknickversuch m (Prüf) impact buckling test

Schlagkopfbrecher m (Zer) continuous stream crusher

Schlagkorb m (Hütt) rotary squirrel cage (Desintegrator)

Schlagkreuz n (Werkz) beating cross

Schlagleiste f (Bergb) blow bar (im Brecher)

Schlagloch n (Bau) pothole (Straßenbau)

Schlagmaulschlüssel m (Werkz) striking face (open ended) spanner

Schlagpanzer m (Hütt) protection armour, protection plates, protective armour, stockline protective armour, throat armour (fest oder verstellbar)

Schlagpresse f (Form, Hütt/Walz) blow

folding press *(zum Abkanten)*; blow forging press *(zum Schmieden)*

Schlagpresse f *(Mech)* matrix striking press *(zum Matern)*

Schlagringschlüssel m *(Werkz)* striking face ring spanner

Schlagrolle f *(Hütt/Walz)* beat idler

Schlagschere f *(Hütt/Walz)* gate shears *pl*

Schlagschlüssel m *(Werkz)* striking face wrench, single-face striking face wrench

Schlagschraube f *(Tech)* drive screw

Schlagschraubenschlüssel m *(Werkz)* impact spanner

Schlagschrauber m *(Werkz)* hammering spanner, impact driver [machine, wrench]

Schlagstempelmaschine f *(Mech)* impact stamping machine

Schlagtiefungsfestigkeit f *(Prüf)* impact resistance *(Bandbeschichtung)*

Schlagtiefungsprobe f *(Prüf)* impact test *(Bandbeschichtung)*

Schlagtiefungsversuch m *(Prüf)* impact cupping test

Schlagversuch m *(Prüf)* impact test

Schlagwelle f *(Walz)* shatter mark

schlagwettergeschützt *adj (Elek)* flame proof *(Schutzart)*

Schlagzahl f *(Bau)* number of blows

Schlagzahl f *(Tech)* steel-stamp number *(Markierung am Werkstück)*

Schlagzugversuch m *(Prüf)* impact tensile test

Schlamm m *(Bergb, Geo, Hütt/Walz)* mud, silt, sludge, slurry

Schlammanstrich m *(Anstr)* slurry paint coat

Schlammausblaseventil n *(Vent)* blow-down valve

Schlämme mpl *(Hütt)* slimes *pl*

Schlamm... *(Tech)* sludge

Schlammfaulung f *(Ökol)* sludge digestion

schlammgeschützt *adj (Aufb)* slurry-protected

schlammig *adj (Bergb)* muddy *(dreckig)*

Schlammkohle f *(Bergb)* coal slurry, mud coal

Schlammkohlengreifer m *(Bergb)* coal slurry grab

Schlammkorngröße f *(Tech)* slimes fraction

Schlammsammler m *(Hütt/Walz)* mud drum

Schlangenbohrer m *(Werkz)* auger

Schlangenventil n *(Vent)* coil valve

Schlankheitsgrad m *(Stat)* ratio of slenderness, slenderness ratio

Schlauch m *(Kfz)* inner tube, tube *(im Autoreifen)*

Schlauch m *(Tech)* flexible pipe, hose, hose-pipe

Schlauchbaggerung f *(Bergb)* opening trench cut

Schlauchband n *(Mess)* ribbon tubing

Schlauchdichtung f *(Tech, Hydr/Pneu)* inflated seal, tubeseal

Schlauchdüse f *(Walz)* sheath nozzle

schlauchen v *(Tech)* hose, hose down *(mit Schlauch waschen)*

Schlauchextrusion f *(Walz)* sheath extrusion process *(Kunststoffbeschichtung)*

Schlauchfilter n *(Tech)* bag filter, bag-type filter *(Entstaubung)*; cloth bag filter; bag house, bag house installation *(als Anlage)*

Schlauchgestell n *(Tech)* hose rack

Schlauchklemmzange f *(Werkz)* hose clip pliers

Schlauchkupplung f *(Tech)* hose connection, hose coupling, hose fixture, hose union *(Verbindung)*; hose coupler

Schlauchleitung f *(Tech)* hose *(einzelner Schlauch)*; hose assembly, hose line *(Satz)*

schlauchlos *adj (Kfz)* tubeless *(Reifen)*

Schlauchpore f *(Met, Schw)* worm hole

Schlauchquetschpumpe f *(Tech)* peristaltic pump

Schlauchseele f *(Hydr/Pneu)* hose core

Schlauchtülle f *(Tech)* hose nipple; hose socket *(Schlauchmuffe)*

Schlauch- und Spannschelle f *(Tech)* sealing and retaining clamp

Schlauchwaage f *(Tech)* hose levelling instrument

Schlaufe f *(Tech)* eye *(klein)*; loop *(groß)*

Schlaufenwagen m *(Walz)* movable roller set *(Schlingenturm)*

Schlavo m *(Abk. für: Schlangenrohrvorverdampfer) (Hütt/Walz)* pre-evaporator

schlecht *adj (Tech)* faulty, poor

Schleichgang m *(Tech)* inching *(Feingang)*

Schleierbildung f (Anstr) blooming
Schleif... (Mech) grinding...
Schleifband n (Mech) abrasive belt, sanding belt
Schleifbank f (Mech) grinding lathe
Schleifbock m (Mech) buffing machine
Schleifbürste f (Elek) carbon brush
Schleife f (Elek) loop
Schleifen... (Elek) loop
schleifen v (Mech) cut (abschneiden); polish (polieren); smoothe, smoothen (glätten); whet (z. B. Messer); cut down, grind, polish, rab, rab down, sand
Schleifenband... (Bergb) tripper
Schleifenverstärkung f (Elek) loop gain
Schleifenwagen m (Bergb) tripper
Schleifer m (Elek) slider, slip ring
Schleifhexe f (Werkz) angle grinder, small grinding machine
Schleifkontakt m (Tech) wiper
Schleifkufe f (Bergb) reference sleigh
Schleifleitung f (Tech) sliding line, trolley bars pl, trolley line, trolley wires; collector line, conductor, current conductor (eines Kranes)
Schleifmaschine f (Mech) (AE) grinder, grinding machine
Schleifmaß n (Mech) grinding diameter (der Kolbenstange)
Schleifpapier n (Anstr, Tech) emery paper
Schleifrad n (Mech) grinding wheel
Schleifring m (Elek) collector ring, slip ring
Schleifringkörper m (Elek) collector, collector ring assembly, slip-ring assembly, slip-ring body
Schleifringläufermotor m (SL) (Antr) phase-wound motor, sliping motor, sliping induction motor, sliping rotor motor, wound rotor motor, wound rotor induction motor
schleifringlos adj (Elek) brushless
Schleifringmotor m (Antr) sliping motor, wound rotor motor
Schleifscheibe f (Mech) grinding disk; grinding wheel, abrasive wheel (zum Glätten); wearing plate (Abnutzung)
Schleifstein m (Mech) grinding stone, grinding wheel
Schleifwirkung f (Met) attrition
Schleiß... (Tech) abrasion..., wear...
Schleißblech n (Tech) abrasion rod, liner plate, wear plate

Schleißbrammen fpl (Bergb) wear angles pl under buckets
Schleißkappe f (Bergb) shroud (zwischen Grabgefäßzähnen)
Schleißkopfgesenk n (Tech) die (Nieten)
Schleißleiste f (Tech) liner, liner strip, protective liner, wear strip, wearing strip
Schlempe f (Tech) laitance (Zementschlamm); stillage (Destillationsrückstand)
Schlepp... (Tech) trail..., trailer..., trailing..., transfer...
Schleppantrieb m (Tech) caterpillar drive, chain drive (Schleppkreisförderer); frictional drive (Walzwerk)
Schleppblech n (Stb) (BE) apron plate, cover plate, expansion joint (über einer Dehnungsfuge)
Schleppbrücke f (Umschl) elevator bridge, elevator conveyor bridge, trailer bridge
Schleppdampfer m (Schiff) towboat, tugboat
Schleppdaumen m (Walz) pusher-dog
schleppen v (Förd) haul (fördern, tragen)
Schlepper m (Tech) tractor (Traktor); towboat, tugboat (Schiff); transfer (Hubschlepper); transfer bank, transfer bed
Schlepperbahn f (Walz) transfer buggy track, transfer car track
Schlepperrost m (Walz) transfer skid bars
Schleppfahrzeug n (Kfz) traction vehicle
Schleppförderer m (Förd) drag chain conveyor, Redler conveyor
Schleppkette f (Elek) carrier chain, carrying chain, chain-type cable, (cable) drag chain, mobile cable handler; transfer chain (Querschlepper)
Schleppkreisförderer m (Förd) power-and-free conveyor, power-and-free overhead conveyor, dual duty (trolley) conveyor, duo conveyor
Schleppschaufel f (Förd) drag bucket, drag scoop, dragline, dragline bucket
Schleppschaufelbetrieb m (Bergb) dragline operation
Schleppschaufeltiefe f (Bergb) dredging depth
Schleppstange f (Kfz, Tech) tow bar, tow rod
Schleppwalze f (Walz) drag roll, dummy roll, friction-driven roll, idle roll

Schleppwelle f (Tech) clutched second shaft

Schleppwinde f (Tech) towing winch

Schleppzeiger m (Werkz) pointer follower (eines Drehmomentschlüssels)

Schleppzug m (Tech) train of tugged barges (auf Wasserstraßen); transfer car and track assembly (Walzwerk)

Schleuderband n (Förd, Umschl) centrifugal belt, high speed flinger belt, jet belt, slinger belt, throw-off belt

Schleuderbeton m (Bau) centrifugally spun concrete, centrifugally cast concrete

Schleuderguss m (Hütt/Walz) centrifugal casting

Schleuderkante f (Tech) rotating face (in einer Gleitringdichtung)

Schleudermühle f (Tech) disintegrator (Gasreinigung)

schleudern v (Tech) centrifuge (Zerbrecher); overspeed text (Prüfung)

Schleuderprüfung f (Prüf) dynamic balance test

Schleuderputzmaschine f (Tech) rotary--type blast cleaning machine

Schleuderrad n (Hütt) abrasive hurling wheel, blast wheel, impeller, rotor (beim Sandstrahlen)

Schleuderscheibe f (Tech) centrifugal disk

Schleuderstrahlen n (Mech) wheel abrading

Schleuse f (Tech) lock, sluice (Wasserstraße, Schifffahrt); hopper (Vakuumentgasung)

Schleusenspannung f (Elek) cut-in voltage, threshold voltage (Schwellenspannung)

Schleusluft f (Hütt/Walz) sealing air

schlichtdrehen v (Mech) dress, turn

schlichten v (Mech) dress, finish, finish machine, plane, sleek, smooth-dress, toughen; face, finish, plane, plane off (z. B. Blech); planish, polish (Walzgut)

Schlicht... (Werkz) finish..., finishing, planishing, smoothing

Schlichtfeile f (Werkz) smoothing file

Schlichthiebfeile f (Werkz) fine cut file

Schlickbagger m (Bergb) silt dredger

Schliere f (Met) streak (Verzinkungsfehler)

schließbar adj (Tech) closing

Schließblech n (Bau) keeper, lock front, striking plate

schließen v (Tech) close; conclude (folgern); lock (verschließen)

Schließer m (Elek) a-contact, closing contact, normally open contact, N.O. contact, make contact, make contact element (Arbeitskontakt)

Schließkontakt m (Elek) a-contact, normally open contact, N.O. contact, make contact, make contact element (Arbeitskontakt)

Schließkopf m (Stb) closing head, snap head

Schließkraft f (Hütt, Tech) clamping force, locking pressure

Schließstelle f (Tech) contact point (Anschlag Stoßstelle)

Schliff m (Met) metallographic specimen

Schliffbild n (Met) micrograph

Schlinge f (Tech) eye (klein); sling (Tragriemen); loop (Schleife)

Schlingern n (Stb) noising

Schlingerverband m (Stb) lateral bracing

Schlitten m (Förd) skid, sled, sledge, slide

Schlitten m (Tech) carriage, sled, slide, sliding carriage (Maschinenteil)

Schlittensäge f (Mech) sliding saw

Schlitz m (Tech) recess, slit, slot

Schlitzbandeisen n (Tech) slotted rail

schlitzen v (Mech) slit

schlitzgeschweißt adj (Schw) slot--welded

Schlitzinitiator m (Hütt/Walz) forked primary detector, slot indicator

Schlitzmeißel m (Werkz) grooving chisel

Schlitznaht f (Schw) slot weld (Lang- oder Rundloch)

Schlitzring m (Tech) slit ring

Schlitzringkupplung f (Tech) split-ring coupling

Schlitzrohr n (Förd) tubular rail, tubular track

Schlitzschweißung f (Schw) slot welding

Schlitzsondierung f (Bau) split spoon sampling

Schlitzwand f (Bau, Tech) diaphragm, diaphragm wall

Schloss n (Tech) lock (abschließbar); interlock (Spundwandpfahl); seal (eines Bindebandes)

Schlosser m (Tech) fitter, mechanic (Maschinenschlosser)

Schlosserei f (Tech) fitter's shop
Schlosserhammer m (Werkz) (AE) engineer's hammer, (BE) fitter's hammer, locksmith's hammer
Schlosser-Schweißmaschine f (Schw) tack-welding machine
Schlosserwinkel m (Werkz) die maker's square, steel square for toolmakers
Schlossschalter m (Tech) switch with mechanical locking device
Schlot m (Baut) smoke-stack (Fabrikschornstein)
schlucken v (Prüf) absorb, intercept (Ultraschallprüfung)
Schluckgrenze f (Verd) choke limit
Schluckstrom m (Elek) displacement (Förderstrom)
Schluckstrom m (Hydr/Pneu) absorption capacity (Aufnahmevermögen einer Pumpe); consumption capacity, consumption flow (eines Hydraulikmotors)
Schluckvolumen n (Tech) displacement, swept volume (Pumpe); absorption capacity (Turbine)
Schlupf m (Tech) slack, slip, slippage; slip zone
schlupffrei adj (Tech) non-slip
Schlupfhärtung f (Tech) slip hardening
Schlupfmoment n (Antr) slip torque
Schlupfmotor m (Antr, Elek) cumulative compound motor, torque motor
Schlupfstelle f (Bergb) hardness gap
Schlupfwächter m (Elek) slip monitor
Schlupp m (Kran) sling
Schluss m (Getr) mesh (Zahnräder)
Schluss m (Tech) end, tail
Schlüssel m (Math, Tech) code, index (Code, Zahlenschlüssel)
Schlüssel m (Tech) key (Schloss)
Schlüssel m (Werkz) key spanner, (BE) spanner, (AE) wrench; single-ended open-jawed spanner (Einmaulschlüssel); (BE) claw spanner, (AE) claw wrench (Klauenschlüssel)
Schlüssel... (Tech) key..., turn-key...
Schlüsselfang m (Tech) key trap
Schlüsselfeile f (Werkz) key file, warding file
schlüsselfertig adj (Bau) turn-key
Schlüsselmaul n (Werkz) spanner jaw, spanner opening
Schlüsselposition f (Tech) key-appointment

Schlüsselschild n (Bau) keyhole plate, keyhole surround (Türschloss)
Schlüsselstahl m (Met) key steel
Schlüsselsystem n (Tech) code system (Leistungsstruktur)
schlüsselverriegelt adj (Tech) key-interlocked
Schlüsselweite f (Tech) width across flats (der Mutter/Schraube)
Schlüsselweite f (Werkz) opening, opening width
Schlüsselzahl f (Tech) code-number
Schlussfolgerung f (Tech) conclusion
Schlusslack m (Anstr, Walz) finish coating
Schlussstein m (Bau) (AE) center key (Gewölbe); keystone (Rundbogen)
schmal adj (Tech) narrow
Schmalband n (Walz) narrow strip, slit strip
Schmalbandschwinger m (Prüf) narrow-band transducer (Ultraschall)
Schmalfeile f (Werkz) pillar file
Schmalkeilriemen m (Kfz, Mech) narrow-section V-belt, narrow V-belt
Schmalspurbahn f (Bahn) narrow-gauge railway
Schmelzanalyse f (Met) ladle analysis
Schmelzbad n (Hütt/Walz) molten pool, weld pool, weld puddle
Schmelzbarkeit f (Tech) fusibility
Schmelze f (Hütt/Walz) cast, heat, melt, melting bath; smelt (aus Erz oder Konzentrat)
Schmelzeinsatz m (Elek) cartridge fuse-link, fusible element, fuse-element, fuse-link, fuse-unit
schmelzen v (Hütt/Walz) fuse, melt (Metall); smelt (Erz)
Schmelzenrücknahme f (Hütt) melt recycling (Konverter)
schmelzenweise adj (Hütt/Walz) per cast of steel
Schmelzfeuerung f (Hütt/Walz) slag-tap pulverised coal firing
Schmelzfluss m (Hütt) melt, molten solution
schmelzflüssig adj (Hütt/Walz) fusible, molten
Schmelzkegel m (Hütt) pyrometric cone
Schmelzkessel m (Hütt/Walz) boiler with slag-tap furnace, slag-tap boiler, wet-bottom boiler
Schmelzkieselerde f (Met) fused silica

Schmelzleiter m *(Elek)* fusible element, fuse-element *(Sicherung)*

Schmelzofen m *(Hütt)* melter, melting furnace *(Einschmelzen von Metall)*; smelter, smelting furnace *(Verhüttung)*

Schmelzperle f *(Elek)* bead

Schmelzschneiden n *(Mech, Schw)* fusion cutting

Schmelzschweißung f *(Schw)* fusion welding

Schmelzsicherung f *(Elek)* fuse

Schmelzsicherungsschraube f *(Tech)* fusible screw plug

Schmelztiegel m *(Hütt/Walz)* melting pot

Schmelztiegelfeuerung f *(Hütt/Walz)* crucible-type furnace, retort-type slag-tap furnace

Schmelzverfahren n *(Hütt)* melting practice, melting process, melting procedure, melting method

Schmied m *(Tech)* blacksmith, smith

schmiedbar adj *(Met)* forgeable, malleable

Schmiede f *(Hütt/Walz, Mech)* forge, forge shop, smith's shop, smithy

Schmiede... *(Hütt/Walz)* forge..., forging

Schmiedeamboss m *(Werkz)* anvil, blacksmith's anvil

Schmiedeblock m *(Hütt)* forging ingot, forging-grade ingot

Schmiedeeisen n *(Met)* wrought iron, forged steel, low-carbon steel

Schmiedegesenk n *(Hütt/Walz)* forging die, swage

Schmiedehammer m *(Werkz)* blacksmith's hammer, forge hammer, forging hammer

schmieden v *(Hütt/Walz)* drop-forge *(im Gesenk)*

schmieden v *(Form)* forge

Schmiederohling m *(Hütt/Walz)* forging blank

Schmiedesattel m *(Form)* forging die

Schmiede-Schweiß-Konstruktion f *(Hütt/Walz, Schw)* forging/welding construction

Schmiedestahl m *(Met)* forging steel, forged steel; high-carbon steel *(mit hohem C-Gehalt)*

Schmiedestück n *(Met)* forging

Schmiedestückgewicht n *(Hütt/Walz)* mass of forging

Schmiedeteil n *(Hütt/Walz)* forging

Schmiege f *(Werkz)* yardstick

schmiegsam adj *(Tech)* flexible, pliant

Schmier... *(Tech)* grease..., lubricating

Schmieranlage f *(Tech)* greasing system, lubricating system, lubrication system; greasing system *(mit Fett)*

Schmierbohrung f *(Tech)* lubricating hole; lubrication bore *(in Zeichnungen)*

schmieren v *(Tech)* grease *(einfetten)*; lubricate *(einölen)*

Schmierer m *(Tech)* *(BE)* greaser, lubricator, *(AE)* oiler

Schmierfähigkeit f *(Met)* lubricity

Schmierfett n *(Tech)* chassis grease, grease, lubricating grease

Schmierfilm m *(Tech)* film of lubricant, lubricating film, lubricating oil film

Schmierhaus n *(Tech)* lubricant cabin, lubrication cabin

Schmierkontrollschraube f *(Tech)* grease screw

Schmiermittel n *(Tech)* lubricating

Schmiernippel m *(Tech)* grease fitting, grease nipple *(Fett)*; lubricant fitting, lubricating nipple, lubrication nipple, lubricator nipple *(Öl)*

Schmiernippel m **mit Kugelgriff** *(Tech)* button-head fitting

Schmiernut f *(Tech)* lubrication groove, oil groove

Schmiernute f *(Tech)* oil groove

Schmieröl n *(Tech)* lube oil, lubricating oil

Schmierpause f *(Tech)* waiting interval

Schmierpistole f *(Tech)* grease gun

Schmierplan m *(Tech)* lubrication chart

Schmierpresse f *(Tech)* grease gun, grease pistol

Schmiersteg m *(Tech)* servicing catwalk

Schmierstoff m *(Tech)* lubricant

Schmiertabelle f *(Tech)* lubrication chart

Schmiertakt m *(Tech)* greasing cycle

Schmiervorrichtung f *(Tech)* lubricator

Schmierzeiten fpl *(Tech)* lubricating intervals pl

Schmirgelleinen n *(Hütt/Walz)* emery cloth

Schmirgelmaschine f *(Mech)* emery machine

schmirgeln v *(Mech)* emery, grind with emery, polish, sandpaper

Schmirgelstein m *(Mech)* emery stick

Schmitt-Trigger-Schaltung f *(Elek)* Schmitt-Trigger-circuit

Schmorstelle f (Elek) local fusion

Schmutz m (Bergb) dirt

Schmutz m (Tech) garbage (Abfall); smut (auf Walzgut); contamination, soiling (z. B. auf Metallflächen)

Schmutzanalyse f (Tech) soil analysis

Schmutzaufnahmekapazität f (Hydr) contamination capacity

Schmutzband n (Förd) spillage belt

Schmutzbandgetriebe n (Getr) spill belt gearing

Schmutzblech n (Tech) spill guard (am Lkw)

Schmutzfänger m (Tech) mud flap (Kraftfahrzeug); strainer (Ventil)

Schmutzfänger m (Zer) dirt trap (Kegelbrecher)

schmutzig adj (Bergb) muddy (durch feuchten Dreck)

schmutzig adj (Tech) dirty; contaminated, impurified (verunreinigt)

Schmutzring m (Bergb) scraper ring

Schmutzseite f des Bandes (Förd) carrying side of belt

Schmutzwasser n (Ökol) dirty water, sewage, waste water

Schnabelrolle f (Tech) nozzle roll

Schnapp... (Tech) snap

Schnapper m (Tech) catch

Schnappring m (Tech) ring clamp, ring sealing, snap ring

Schnappverschluss m (Tech) snap-on cap

Schnauzenarmatur f (Hütt) spout opening reinforcement (Lichtbogenofen)

Schnecke f (Tech) screw (des Schneckenförderers); worm

Schneckenantrieb m (Antr) screw worm drive, worm drive, worm gear drive

Schneckenaustragvorrichtung f (Hütt) pugging equipment (Hochofen)

Schneckenbesen m (Tech) brush for screw, screw brush

Schneckenfeder f (Tech) volute spring

Schneckenförderer m (Förd) screw conveyor, worm-type feeder (Förderschnecke)

schneckenförmig adj (Tech) helical, spiral

Schneckengetriebe n (Getr) worm gear, worm gearbox, worm gear reducer, worm gearing, worm gear unit, worm reducer, worm reduction gear, worm-drive gear unit

Schneckengetriebemotor m (Antr) worm gear motor

Schneckengewinde n (Tech) worm thread

Schneckengirlande f (Förd) upper catenary idler

Schneckenplanetengetriebe n (Getr) worm planetary gear unit

Schneckenrad n (Getr) worm gear, worm wheel

Schneckenradgetriebe n (Getr) helical reducer

Schneckenradkranz m (Getr) worm crown gear, worm gear rim, worm wheel rim

Schneckentrommelmüllwagen m (Tech) (AE) screw-type garbage truck, (BE) screw-type refuse-collection vehicle

Schneckenwelle f (Tech) scrole (genutet); worm gear shaft, worm line shaft, worm shaft

Schneckenzahn m (Tech) thread

Schneeantriebsrad n (Tech) snow sprocket

Schneeflügel m (Tech) snow wing

Schneefräse f (Tech) snow blower [propeller]

Schneekette f (Kfz) non-skid chain, skid chain, snow chain (für Autoreifen)

Schneelast f (Stat) snow load

Schneepflug m (Bahn, Kfz) (BE) snow plough, (AE) snow plow

Schneeräumer m (Bahn, Kfz) (BE) snow plough, (AE) snow plow

Schneeräumschild n (Tech) snow bucking plate (am Stapler)

Schneidbacke f (Tech) die

Schneidbahn f (Mech) cutting path

schneidbrennen v (Schw) cut autogenously, flame-cut, gas-cut, torch-cut

Schneidbrenner m (Schw) cutting blowpipe, cutting torch, flame cutting torch; cut-off torch, cutting torch, parting torch (Gießmaschinen)

Schneide f (Bergb) bit, cutting edge

Schneide f (Tech) blade, cutter, edge, knife, knife edge; cutting edge; knife-edge (Waage); cutting edge (eines Greifers)

Schneide... (Mech, Tech) cutting

Schneidecke f (Mech) corner cutter
Schneideinsatz m (Mech) die insert, set of cutting inserts
Schneideisen n (Mech) cutting die, die
schneiden v (Mech) cog, notch (Zähne); trim (trimmen)
schneiden v (Tech) cut, saw; shear (mit einer Schere)
Schneiden n (Tech) cutting
Schneidenbreite f (Mech) width of tip
Schneidering m (Mech) cutting ring; cutting die (Schabezug); cutting action sealing, cutting ring (Ermeto-Verschraubung)
Schneidhalter m (Mech) die holder
Schneidkante f (Mech) cutting edge, knife
Schneidkluppe f (Mech) die stock
Schneidkopf m (Bergb, Mech, Tunn) cutter head, cutting head
Schneidkraft f (Bergb) digging force
Schneidkreisdurchmesser m (Bergb, Umschl) bucket wheel diameter across bucket lips (Schaufelrad)
Schneidmaschine f (Mech) cutter, cutting machine; trimmer (für Fotos, Papier usw.)
Schneidmesser n (Tech) cutting edge
Schneidmutter f (Tech) thread nut
Schneidöl n (Tech) cutting oil
Schneidring m (Mech) cutting ring, ermeto coupling, (BE) olive
Schneidringverschraubung f (Tech) cutting ring pipe coupling
Schneidrolle f (Bergb, Tunn) roller cutter
Schneidschraube f (Mech) cutting screw, tapping screw
Schneidsenkschraube f (Mech) countersunk die
Schneidspalt m (Tech) kerf
Schneidstahlbearbeitung f (Met) tooling
Schneidwerkzeuge npl (Bergb, Mech) cutting tools pl
schnell adj (Tech) fast, on-the-spot, quick, rapid
schnell umlaufend adj (Tech) high-speed
Schnell... (Elek) high-speed..., instantaneous, quick-release
Schnellabschaltung f (Elek) high-speed breaking, rapid interruption
Schnellabsenköse f (Förd, Tech) quick-release lug (für Bandgirlanden)

Schnellauslösung f (Elek) instantaneous tripping
Schnelldrehschalter m (Elek) quick make and break rotary switch
Schnelldrehstahl m (Met) high-speed steel
Schnellentlüftungsventil n (Vent) quick exhaust valve, quick ventilation valve
Schneller Brüter m (Kern) fast breeder reactor (Typ von Atomkraftwerk)
Schnellfluss m (Tech) high flow (z. B. Kühlsystem)
Schnellgang m (Kran) fast gear, fast speed
Schnellgang m (Tech) overdrive (Kraftfahrzeug; Eilgang)
schnellhärtend adj (Bau) rapid-hardening (Beton)
Schnellkühlvorrichtung f (Walz) quench unit
Schnellkupplung f (Tech) quick connect coupling, quick coupler, quick coupling, quick-disconnect coupler, quick release-quick connect coupling, rapid-action coupling, rapid-erection coupler
Schnellladung f (Elek) boost charge, quick charge, high-rate charging (Batterie)
Schnellläufer m (Zer) high-speed pulveriser (Schlagermühle)
Schnellrelais n (Elek) instantaneous relay
Schnellschalter m (Elek) high-speed circuit breaker, quick-break switch
Schnellschlaghammer m (Bergb) rapid-blow hammer (für Ramme)
Schnellschlussregler m (Elek, Verd) safety governor
Schnellschlussventil n (Vent) quick-acting gate valve, quick-acting valve, quick-closing valve; quick-acting stop valve (bei Dampfmaschinen)
Schnellsenkeinrichtung f (Bergb) fast-fall device (Freifall); fast-lowering device
Schnellstufe f (Tech) high range, overdrive
Schnelltrennkupplung f (Tech) quick-disconnect coupling; quick-release coupling
Schnelltrocknung f (Tech) flash drying
Schnellverschluss m (Tech) rapid fastener, quick lock, quick release

Schnellwechselanlage f *(Bergb)* rapid-
-changing device *(für Ramme)*
Schnellwechsler m *(Bergb)* quick hitch,
quick release
Schnitt m *(Tech)* cut; section *(Statik)*
Schnitt m *(Zeich)* cutaway diagram, cut-
away view, section, sectional elevation
Schnittangabe f *(Stb)* section
Schnittbandkern m *(Elek)* C-core; cross
section *(Zusatzgerät)*
Schnittbild n *(Zeich)* cutaway diagram,
cutaway view *(Kraftfahrzeug)*
Schnittbild n *(Zeich)* cross-sectional
picture, cross-sectional view
Schnittbildgerät n *(Elek)* cross-section
recorder; rotational-section scan in-
strument *(B-Bildgerät)*
Schnittgenauigkeit f *(Mech, Walz)* cut-
-to-length accuracy
Schnittgrat m *(Mech)* burr
Schnittgröße f *(Hütt/Walz)* cutting power
Schnittgröße f *(Stat)* stress *(innere Kraft)*
Schnittholz n *(Bau)* sawn timber
Schnitthubausschaltung f *(Mech, Walz)*
disengagement of cutting mechanism
Schnittkraft f *(Stat)* stress *(innere Kraft)*
Schnittkreis m *(Bergb)* cutting lip
Schnittlast f *(Tech)* internal load
Schnittlinie f *(Hütt/Walz)* arris *(von Flä-
chen)*; cut line, splitting line *(Ofen)*; in-
tersection line *(Trennlinie)*
Schnittmodell n *(Tech)* cutaway, sec-
tional model
Schnittplatte f *(Form)* blanking die, fe-
male die
Schnittpunkt m *(Tech)* intersection,
intersection point, junction point, point of
intersection
Schnittstelle f *(IT, Mess)* interface
Schnittstempel m *(Mech)* punch *(für
Feinschneiden oder Stampfen)*
Schnittveränderung f *(Hütt/Walz)* cutting
change
Schnittverhältnisse npl *(Bergb)* cutting
conditions pl
Schnittwinkel m *(Mech)* cutting angle;
rake *(Schere)*
Schnittzeichnung f *(Zeich)* sectional
drawing
Schnittzugabe f *(Mech)* cutting allow-
ance
Schnitzmesser n *(Werkz)* carving knife
Schnorkel m *(Tech)* snorkel

Schnörkelturm m *(Bau)* spire
Schnüffelventil n *(Vent)* air breather
(Belüfter); snort valve, snorter *(Hochofen)*
Schnur f *(Tech)* cord, string
Schockschweißen n *(Schw)* shock
welding
schocksicher adj *(Mech, Mont)* shock-
-proof
Scholle f *(Bau)* slab *(z. B. Asphalt)*
schonend adj *(Bergb, Tech)* cushioned,
gentle, non-aggressive
schonende Aufgabe f *(Bergb, Umschl)*
cushioned transfer
Schonganggetriebe n *(Getr)* overdrive
Schönheitsreparatur f *(Tech)* cosmetic
repair
Schöpfbecher m *(Kran)* scoop
schöpfen v *(Walz)* crop
Schöpfkelle f *(Kran)* scoop
Schöpfrohrkupplung f *(Tech)* scoop
control clutch, scoop coupling
Schopfsäge f *(Mech, Walz)* crop saw
Schopfschere f *(Hütt)* crop shear, end
shear; squaring shear *(vor Schweißmaschine)*
Schornstein m *(Bau, Stb)* chimney, flue,
stack
Schornsteinfuchs m *(Hütt)* breeching
Schornsteinzug m *(Hütt/Walz)* chimney
draught, stack draught
Schott n *(Tech)* diaphragm *(Vollwandträ-
ger)*; bulk head, bulkhead, stiffening
plate *(Schiff; Unterbau)*
Schottblech n *(Tech)* partition plate, web
plate; diaphragm, diaphragm plate *(eines Kastenträgers)*
Schottdurchführung f *(Mess)* bulkhead
bushing
Schottenüberhitzer m *(Hütt/Walz)* platen-type superheater
Schotter m *(Bahn, Bergb)* ballast
Schotterindustrie f *(Geo)* road material
industry
schotterlos adj *(Bahn)* ballastless
Schotterweg m *(Bau)* gravel path
Schottverschraubung f *(Tech)* bulkhead
(screw) connection
schraffiert adj *(Zeich)* hatched *(in
Zeichnungen)*
Schraffurwinkel m *(Stb)* hatching angle
schräg adj *(Bau)* leaning *(zur Seite geneigt)*

schräg adj (Mech) bevelled (abgeschrägt)
schräg adj (Stb) diagonal (diagonal)
schräg adj (Tech) angular, inclined; transverse (quer)
schräg adv (Tech) diagonally, obliquely
Schrägachse f (Hydr/Pneu) bent axis (der Hydraulikpumpe)
Schrägachsenbauart f (Hydr/Pneu) bent-axis design, bent-axis type
Schrägaufzug m (Stb) inclined elevator
Schrägbandbrücke f (Förd) ascending conveyor gantry
Schrägbandförderer m (Förd) inclined belt conveyor
Schrägdach n (Baut) inclined roof, pitched roof, slanted roof
Schräge f (Geo) fall, inclination, incline, downward incline, downward slant, slope, downward slope
Schrägeinfall m (Elek) angular incidence (Ultraschall)
Schrägeinschallung f (Elek) angular radiation, oblique acoustic irradiation
Schrägflanschträger m (Met) taper joist
Schrägförderer m (Förd) mobile ascending belt gantry, ascending belt gantry, bench lifting conveyor, bogie mounted at either end, ascending conveyor, inclined conveyor, mobile conveyor, linking belt gantry, slope conveyor, steep-incline conveyor
schräggestellt adj (Tech) cocked, inclined, slanted, tilted
Schrägkaliber n (Walz) diagonal pass, oblique roll pass
Schrägkante f (Mech) bevel, bevel(led) edge, chamfer, scarfed edge
Schrägkugellager n (Lag) angular contact ball bearing, steep angle ball bearing, tapered ball bearing
Schräglage f (Tech) tilt angle (des Motors); unbalance
Schräglager n (Lag) oblique ball bearing
Schräglauf m (Umschl) skew travel
schrägliegend adj (Tech) inclined, slanted, tilted
Schrägrad n (Getr) helical gear
Schrägrollenlager n (Lag) taper roller bearing
Schrägrollenrichtmaschine f (Walz) skew roller straightener
Schrägrollgang m (Förd) skew roller table, skew table

Schrägrost m (Hütt/Walz) inclined grate
Schrägrutsche f (Hütt) gravity chute
Schrägscheibenprinzip n (Hydr) swashplate design
Schrägscheibenpumpe f (Hydr/Pneu) swashplate pump
Schrägschnitt m (Hütt/Walz) diagonal cut (schräger Schnitt); notch
Schrägschnitt-Tafelschere f (Hütt/Walz, Mech) diagonal-cut gate shears pl
Schrägschulterfelge f (Tech) advanced rim, stepped rim
Schrägschurre f (Umschl) tilting chute
schrägstellbar adj (Tech) tiltable, tilting
Schrägstirnrad n (Getr) helical gear
Schrägstrahlprüfkopf m (Elek) shear wave probe
Schrägstrahlverfahren n (Prüf) angle beam method, angle beam mode, shear wave mode, transverse beam mode (Ultraschallprüfung)
Schrägungswinkel m (Tech) helix angle
Schrägverband m (Kran) diagonal bracing
Schrägverzahnung f (Getr) helical gearing, helical toothing, skew gearing, oblique gearing
Schrägwalze f (Walz) skewed roll
Schrägwalzwerk n (Walz) cross-rolling mill, skew rolling mill; piercer, piercing mill, rotary piercing mill (Lochwalzwerk)
Schrägzahnband n (Getr) helical gear
Schrägzahn-Kegelrad n (Getr) helical bevel gear, bevel-helical gear unit
Schrägzahnrad n (Getr) helical gear
Schrägzylinderrad n (Getr) helical gear
Schrämausleger m (Bergb) cutting peel, rotary excavating boom
schrämen v (Bergb) shear
Schrämmaschine f (Bergb) shearer
Schrammbord n (Stb) (AE) curb, (BE) kerb
Schramme f (Met) scratch mark
Schrämmeißel m (Bergb) cutting pick
Schrammkante f (Tech) wear strip (z. B. seitlich am Lkw)
Schrank m (Elek) distribution board, panel, switchboard (Schaltkasten)
Schrank m (Tech) cabinet (mit Türen); cupboard, locker
Schrankausführung f (Tech) cubicle design

Schranke f (Bahn) barrier (am Bahn-übergang)

Schrankebene f (Elek) instrument cabinet level (des Schaltschranks)

Schrankeisen n (Werkz) saw set

Schrankerde f (Elek) instrument cabinet earthing

Schrankverteilung f (Elek) cabinet type distribution board

Schrapplader m (Umschl) scraper

schraubbar adj (Tech) screwable, with screw thread

Schraubbolzen m (Tech) depth bolt, screw bolt (Stiftsschraube)

Schraubdeckel m (Tech) screw lid

Schraube f (Tech) bolt (mit Mutter); screw (ohne Mutter)

Schraube f mit Innensechskant (Tech) hexagon socket head cap screw, socket head cap screw

schrauben v (Tech) bolt on, screw

Schrauben... (Tech) screw...

Schraubenanschlussloch n (Tech) screw connection hole

Schrauben-Anziehdrehmoment n (Tech) wrench torque for screws

Schraubenanzugsplan m (Zeich) screw tightening drawing

Schraubenauszug m (Tech) list of bolts needed

Schraubenbolzen m (Tech) bolt thread, double end stud, screw bolt, stud-bolt

Schraubendreher m (Werkz) screw driver

Schraubendruckfeder f (Tech) helical (compression) spring

Schraubenfeder f (Tech) coil spring, helical spring

Schraubenfederring m (Tech) garter spring

Schraubenfedersatz m (Tech) coil spring set

Schraubenförderer m (Förd) screw conveyor

schraubenförmig adj (Tech) helical

Schraubengewinde n (Tech) bolt thread, screw

Schraubenkappe f (Tech) screw cap

Schraubenkopf m (Tech) bolt head, head of bolt, screw head

Schraubenkopffeile f (Werkz) screw head file

Schraubenkopftasche f (Tech) bolt head pocket

Schraubenkupplung f (Tech) screw coupling, screw coupling joint

Schraubenlinie f (Tech) helix, spiral line

Schraubenlochzeichnung f (Zeich) bolt hole drawing

schraubenlos adj (Tech) screwless

Schraubenlüfter m (Elek) propeller fan

Schraubenmaterial n (Met) bolt stocks pl, screw steel (Werkstoff)

Schraubenmutter f (Tech) nut

Schraubenrad n (Getr) helical gear, screw gear

Schraubenradfräsen n (Getr, Mech) helical gear hobbing

Schraubenradpumpe f (Tech) helical rotor pump

Schraubenradtrieb m (Antr, Getr) helical gear

Schraubenrolle f (Förd) helical idler

Schraubenschaft m (Tech) barrel, shank of screw

Schraubenschlüssel m (Werkz) (BE) spanner, (AE) wrench

Schraubensicherung f (Tech) bolt lock

Schraubenspannvorrichtung f (Tech) screw tightening device

Schraubenspindel f (Tech) mandril screw spindle, reveal pin

Schrauben-Spiralverzahnung f (Mech) spiral toothing

Schraubenstahl m (Met) bolt steel

Schraubenstützlager n (Tech) collar, housing locating collar (der Schelle)

Schraubenventilfeder f (Tech) coil valve spring (Kolbenverdichter)

Schraubenverbindung f (Tech) bolted connection, bolted joint

Schraubenverbindung f mit Dehnstift (Tech) bolted connection with reduced shank

Schraubenverdichter m (Verd) screw compressor

Schraubenverzahnung f (Getr) helical gearing

Schraubenvorspannvorrichtung f (Tech, Verd) bolt tensioner

Schraubenwinde f (Tech) screw jack

Schraubenzieher m (Werkz) screw driver (Schraubendreher)

Schraubenzugfeder f (Tech) helical tension spring

Schraubenzwinge f (Werkz) screw clamp

Schraubfassung f (Tech) screwed socket (z. B. für Schläuche)

Schraubrußbläser m (Hütt/Walz) single-nozzle retractable soot blower

Schraubsicherung f (Tech) screw type retainer

Schraubspindel f (Hütt) jacking screw (Konverterbodenbefestigung)

Schraubspindelantrieb m (Antr) screw drive

Schraubstock m (Werkz) bench vise, (BE) vice, (AE) vise

Schraubstoß m (Tech) bolted joint

Schraubstutzen m (Tech) nipple, screw neck

Schraubverbindung f (Tech) screwed connection, screwed joint, screw connection, screw joint, screwing (mittels Schrauben); screwed pipe connection, pipe coupling, screwed pipe joint, pipe union (Rohre)

Schraubverbindung f (Tech) threaded joint, threaded union (Verschraubung)

Schraubzahn m (Tech) bolt-on tooth

Schraubzwinge f (Werkz) clamp

schreibendes Messgerät n (Elek) recorder, recording instrument

Schreiber m (Elek) graph recorder, oscillograph, recorder, recording instrument (schreibendes Messgerät)

Schreibkopf m (Elek) recorder head, write head

Schreibstreifengerät n (Elek) multi-channel recorder, strip-chart recorder

Schreibstreifeninstrument n (Elek) recording strip instrument

Schreibthermometer n (Hütt/Walz) recording thermometer

Schreitgeschwindigkeit f (Bergb) walking speed

Schreitwerk n (Bergb) travelling assembly, walking prop system

Schreitwerk n (Tech) walking mechanism; walking legs pl (eines rückbaren Förderbandes); walking pads pl (des Brechers)

Schremmleiste f (Tech) rubbing strip (Kufe)

Schrift f (Tech) lettering, type (Schriftart, Druckart)

Schriftfeld n (Zeich) title block, title box

schriftlich adj (Tech) written

Schriftregler m (Mess) contact controller

Schritt m **für Schritt** (Tech) gradually, step by step

Schrittmotor m (Antr) stepping motor

Schrittschaltwerk n (Elek) stepping relay (Relais)

Schrittsignal n (Mess) timing signal

Schrittsteuerung f (Mess) step-by-step control

schrittweise adv (Tech) in increments, step by step, stepwise • **schrittweise beendigen** phase out

schrittweises Anfahren n (Hydr/Pneu) progressive start

Schrot m (Hütt/Walz) buckshot (kleine Kugeln)

Schrothammer m (Hütt/Walz) spalling hammer

Schrotsäge f (Werkz) crosscut saw (Baumsäge)

Schrotstrahlen n (Anstr, Mech) shot blasting

Schrott m (Hütt/Walz) scrap

Schrottbund n (Walz) scrap ball

Schrottgreifer m (Tech) scrap grapple (am Stapler)

Schrotthandel m **und -aufbereitung** f (Hütt/Walz) scrap trading and processing

Schrotthändler m (Tech) junk dealer

Schrottmulde f (Hütt) scrap box, scrap charging box

Schrottplatz m (Hütt/Walz, Tech) junk yard, scrap yard

Schrottsäge f (Mech, Werkz) scrap saw

Schrottschere f (Bergb, Mech) hydrotilt nibbler, scrap shears pl

Schrottwickler m (Walz) cobble bundler (Stabwalzwerk)

schrumpfempfindlich adj (Bau) sensitive to contraction

schrumpfen v (Tech) shrink

Schrumpferscheinung f (Tech) appearance of shrinkage

Schrumpfmaß n (Tech) amount of shrinkage

Schrumpfring m (Tech) shrink-fitted ring, shrink ring, shrunk ring

Schrumpfriss m (Met) check crack, shrinkage crack (Schwindungshohlraum)

Schrumpfscheibe f (Tech) shrink disc, shrink fitting disc, shrinking disc

Schrumpfsitz m (Tech) shrinkage fit

Schrumpfspannung f (Met) contraction strain

Schrumpfung f (Met) contraction, shrinkage, shrinking

Schrumpfverbindung f (Tech) slip joint

schruppen v (Mech) rough-machine

Schruppen n (Mech) coarse feed machining

Schruppfeile f (Werkz) coarse file, rough file

schrupphobeln v (Mech) rough-plane

Schruppmaschine f (Mech) roughing lathe

Schrupp- und Fertigdrehmaschinen fpl (Mech) roughing and finishing lathes pl

Schruppwerkzeug n (Mech, Werkz) roughing tool

Schub m (Mech) shear, shearing (Scheren)

Schub m (Tech) push, thrust (Kraft z. B. einer Welle)

Schub... (Tech) push..., pusher..., pushing...

Schubbeanspruchung f (Met) shear stressing

Schubbruch m (Bau) diagonal-tension failure

Schubdübel m (Tech) shear connector

Schubdübel m in Schlaufenform (Tech) loop shear connector

Schubfestigkeit f (Geo, Met) shear strength

Schubförderer m (Umschl) feeder

Schubgabelstapler m (Förd) reach fork lift truck, reach truck (Schubmastgabelstapler)

Schubkarre f (Bau) wheel barrow

Schubkarrenförderung f (Förd) hauling by wheel barrow

Schubkraft f (Mech, Met, Stat) shear force, shearing force (Scherung)

Schubkraft f (Tech) thrust force

Schubkraftfläche f (Mech) shear plane

Schubkugel f (Tech) torque ball

Schubkugelgelenk n (Tech) torque tube ball joint

Schublade f (Tech) drawer

Schublehre f (Werkz) slide gauge

Schubmaß n (Met, Prüf) modulus of elasticity on shear, modulus of rigidity, modulus of transverse elasticity, shearing modulus

Schubmittelpunkt m (Stb) (AE) shear centre

Schubmodul n (Met, Prüf) modulus of elasticity on shear, modulus of rigidity, modulus of transverse elasticity, shear modulus, shearing modulus

Schubraupe f (Bau, Baum) bulldozer

Schubscheider m (Bergb) feeder

Schubspannung f (Met, Prüf) resisting shear, shear, shear stress, shearing stress, shearing unit stress

Schubstange f (Tech) push-pull rod, push rod

Schubsteife f (Met, Prüf) modulus of elasticity on shear, modulus of rigidity, modulus of transverse elasticity, shearing modulus

Schubtrenner m (Elek) sliding isolator

Schubverarbeitung f (Elek) batch processing

Schubverbinder m (Bau) shear connector

Schubverfahren n (Fert) batch process

Schubwagenspeiser m (Zer) reciprocating car plate feeder

Schubwägung f (Tech) batch weighing

Schubwalzen n (Walz) differential speed rolling

Schubwelle f (Elek) shear wave

Schubzugkabel n (Tech) push-pull cable

Schuh m (Tech) shoe

Schuko-Steckdose f (Elek) earthing contact socket outlet, socket outlet with earthing contact

Schuko-Stecker m (Elek) plug with earthing contact

Schulter f (Tech) shoulder; hump (Asselwalze)

Schulterkugellager n (Lag) deep groove ball bearing, magneto bearing, separable ball bearing

Schulung f (Tech) training

schuppen v (Anstr, Met) flake (z. B. bei Materialfehler)

Schuppengraphit m (Met) flake graphite, flaky graphite, lamellar graphite

Schürfeimer m (Bergb) bottomless bucket

schürfen v (Bergb) dig, scrape

Schürfer m (Bergb) prospector

Schürfgefäß n (Bergb) scoop (eines Schrappers)

Schürfgradebener m (Baum, Bergb) windrow breaker

Schürfgrube f (Bergb) test pit

Schürfkübel m (Bergb) scraper body (Schleppschaufel)

Schürfkübelbagger m (Bergb) dragline excavator

Schürfkübellader m (Bergb) scraper

Schürfkübelschreitbagger m (Bergb) walking dragline

Schürflader m (Bergb) scraper

Schurre f (Förd) chute

Schurrenüberwachung f (Elek) blocked chute detector

Schurrenverstopfungsschalter m (Elek) chute clogging switch, chute plugging switch, blocked chute switch

Schürze f (Bau) (AE) skirting

Schuss m (Stb) assembled section (Montageabschnitt)

Schuss m (Web) weft

Schüsselklassierer m (Aufb) bowl classifier

Schüsselmühle f (Zer) bowl mill

Schussfaden m (Web) fill yarn, weft

Schute f (Schiff) barge, (AE) scow; dumb barge (ohne Antrieb); motor barge (mit eigenem Antrieb)

Schutensaugbagger m (Bergb) barge suction dredger

Schutenspüler m (Tech) chute cleaner

Schuttabladen n (Ökol) dumping

Schüttdichte f (Umschl) bulk density (z. B. Sand)

Schüttelherd m (Zer) concentrating table

Schüttelrinne f (Hütt) vibrating trough (Rinne des Rüttelförderers); vibrating conveyor, vibratory conveyor, oscillating conveyor

Schüttelrutsche f (Zer) grasshopper conveyor, reciprocating trough, vibrating pan feeder, vibrating feeder chute, vibrating trickle feed tray

Schüttelsieb n (Zer) shaking screen, vibrating screen

Schütter m (Tech) dumper, front dumper

Schüttgewicht n (Tech) bulk density, bulk weight, loose weight

Schüttgut n (Umschl) bulk (dry) cargo, bulk goods pl, bulk material

Schüttgutschaufel f (Umschl) loading bucket

Schüttkegel m (Bergb) angle of repose

Schüttrumpf m (Bergb) feed bin (Bunker oder Eimerkettenbagger)

Schüttschacht m (Bergb) feed bin (Bunker oder Eimerkettenbagger)

Schüttschichtfilter m (Tech) packed bed filter

Schüttschräge f (Tech) duck tail (am Muldenkipper)

Schütttrichter m (Umschl) discharge hopper

Schüttung f (Bergb, Umschl) discharge

Schüttung f (Tech, Hydr/Pneu) lifting and tipping device (hydraulisch; am Müllfahrzeug)

Schüttwinkel m (Förd, Umschl) angle of repose, heaping angle

Schutz m (Elek) protector (Schutzgerät; z. B. Schalter); relay (Schütz, Relais)

Schutz m (Hütt) shroud, envelopment (des Gießstrahls)

Schutz m (Kfz, Kran) guard (z. B. über dem Fahrerhaus)

Schutz m (Tech) protection (z. B. vor Nässe)

Schütz n (Elek) contactor

Schütz n (Stb) control gate, sluice gate (Wehrschütz)

Schutz... (Tech) guard..., protection..., protective..., safety...

Schutzanstrich m (Anstr) protective coating, protective paint

Schutzart f (Elek, Tech) degree of protection, system of protection, type of protection; enclosure, type of enclosure (Instrumente oder Motoren)

Schutzbestimmungen fpl (Tech) safety regulations pl

Schutzblech n (Tech) (AE) fender, (BE) mudguard (Kraftfahrzeug); guard, guard plate, protective plate

Schutzbrille f (Tech) goggles pl

Schutzbügel m (Bergb) hoop guard (um eine Leiter)

Schutzdeckel m (Tech) guard cover

Schutzdrossel f (Elek) choke coil

Schutzeinsatz m (Elek) fuse elements pl (z. B. Sicherung)

schützen v (Tech) protect, shield; secure (sichern)

schützend adj (Tech) protective

Schützenschrank m (Elek) contactor's cubicle

Schützenwehr n (Stb) sluice weir

Schutzerdung f (Elek) protection earthing (der Kabel)

Schutzfett n (Chem) conservation grease

Schutzfolie f (Tech) membrane

Schutzfunkenstrecke f (Elek) protective gap

Schutzgamaschen fpl (Tech) protection leggings pl

Schutzgasatmosphäre f (Walz) controlled atmosphere, inert atmosphere, protective atmosphere

Schutzgas-Engspaltschweißen n (Schw) narrow-gap welding

Schutzgasschweißen n (MAGM) (Schw) gas-shielded arc welding, gas-shielded metal arc welding, GMAW (DIN 1910); shielded arc welding

Schutzgasumwälzung f (Walz) inert gas circulation

Schutzgitter n (Tech) wire mesh guard; back rest (Gabelstapler); safety cage (Riemenwickler)

Schutzgröße f (Elek) protection size (für Elektromotoren)

Schutzgürtel m (Tech) safety belt

Schützhaube f (Tech) guard cover; guard cover, protective hood, screen; inner cover

Schutzhelm m (Tech) (AE) hard hat, safety helmet

Schutzhülse f (Tech) protection cover (z. B. kastenförmig); sleeve (Dichtung)

Schutzkappe f (Tech) guard cap, protection cap, protective cap; driving cap (Rohre)

Schutzkleidung f (Tech) protective clothes, protective clothing, safety clothes

Schutzkondensator m (Elek) protective capacitor

Schutzkontakt-Steckdose f (Elek) earthing contact socket receptacle

Schutzleiter m (Elek) protective wire

Schutzleiterader f (Elek) protective conducting wire

Schutzleitungssystem n (Elek) protective conductor system, earth conductor system, protective earth conductor system

Schutzmantel m (Tech) sheath

Schutzmaßnahmen fpl (Tech) protective action, safety precautions pl

Schutzmittel n (Anstr, Chem) preservation agent, preventive; protecting agent, protective agent

Schutzmuffe f (Tech) protective box

Schutzring m (Tech) guard ring; (BE) doughnut ring, (AE) donut ring, rounded protection ring (Reduktionsofen)

Schutzrohr n (Tech) conduit, cover tube, protective tube; well (Thermometer)

Schutzschalter m (Elek) breaker, circuit breaker, protection switch, protective switch, trip

Schutzspannung f (Elek) safety voltage

Schutztransformator m (Elek) isolating transformer, protective transformer

Schutzventil n (Vent) protective valve

Schutzvorrichtung f (Elek, Tech) guard, protective device, protector, safety device, safety guard

Schützwindwerk n (Tech) gate hoist

Schwabbelscheibe f (Mech) bob (Polierwerkzeug)

schwach adj (Tech) weak (z. B. an Kraft)

schwächen v (Tech) weaken

Schwächen n des Rückwandechos (Prüf, Tech) weakening of rear wall echo (Ultraschallprüfung)

Schwachgas n (Chem) lean gas

Schwachholzgreifer m (Bergb) grapples pl

Schwachlastbrenner m (Hütt/Walz) low--load carrying burner

Schwachlastzeiten fpl (Tech) off-peak periods pl

schwachlegiert adj (Met) low-alloy (niedriglegiert, Stahl)

Schwachstelle f (Tech) weak point

Schwachstrom m (Elek) low-voltage current, signal current

Schwachstromschalter m (Elek) light current switch

Schwächung f (Elek) attenuation (z. B. Ultraschall)

Schwächungsgesetz n (Elek) attenuation law

Schwaden m (Hütt/Walz) waste steam

Schwallbewegung f (Elek) surging

Schwallwand f (Bahn) wash plate

schwallwassergeschützt adj (Elek) watertight (Kabel)

schwallwassergeschützt adj (Tech) splash-proof

Schwammeisen n (Met) sponge iron

Schwanenhals m (Bergb) gooseneck

schwankend adj (Tech) fluctuating, oscillating, sensitive, varying

Schwanztrommel f (Förd) tail pulley

schwarz adj (Tech) black

Schwarzband n (Met) black strip (warmgewalzt aber nicht gebeizt)

Schwarzdecke f (Bau) bitumen course, blacktop, wearing course

schwarze Schraube f (Tech) black bolt, unfinished bolt

Schwarzlaugenkessel m (Hütt/Walz) black liquor recovery boiler, black liquor recovery unit

Schwarzmaterial n (Bau) blacktop material (Teerdecke)

Schwarzmetallurgie f (Met) blackiron metallurgy

Schwarztastung f (Elek) blanking (auf dem Monitor)

Schwarzton m (Bau) black cotton

Schwebebahn f (Bahn) monorail, suspension railway, top-suspended monorail

Schwebefähre f (Stb) aerial ferry

Schwebekörper m (Mess) float

Schwebekörperdurchflussmesser m (Mess) variable area flowmeter, variable area meter

schweben v (Tech) float

schwebend adj (Tech) airborne (in der Luft); pendant

Schwebeschmelzen n (Hütt) flash smelting (Erze)

Schwebestoffe mpl (Hütt) suspended matter, suspended solids pl

Schwebeträger m (Stb) middle-girder

Schwebetrockner m (Hütt) flotation oven

Schwebezone f (Hütt) flash zone (NE-Metallgewinnung)

Schwebstoff m (Chem, Ökol) suspended matter, suspended solid

Schwedenzange f (Werkz) pattern pipe wrench, Swedish tongue

schwedische Rohrzange f (Werkz) Swedish pattern pipe wrench

Schwefel m (Chem) (AE) sulfur, (BE) sulphur

Schwefelabdruck m (Met) sulphur print

schwefelig adj (Chem) sulphuric

schwefelsauer adj (Chem) sulphuric

Schwefelsäure f (Chem) (AE) sulfur acid, (BE) sulphuric acid, sulphur acid

schwefelsaurer Boden m (Geo) sulphate soil

Schwefelwasserstoff m (Chem) (AE) hydrogen sulfide, (BE) hydrogen sulphide

Schweigezone f (Prüf) dead zone (Ultraschall)

Schweiß... (Schw) weld..., welding...

Schweißaggregat n (Schw) welding set

Schweißarbeit f (Schw) welding engineering

Schweißaufsicht f (Schw) welding supervisor

Schweißautomat m (Schw) automatic welding machine

Schweißbad n (Schw) weld pool

Schweißbalken m (Elek) jaw

Schweißband n (Tech) hat band inset (Schutzhelm)

schweißbar adj (Schw) weldable (z. B. nach Entgraten und Heftschweißen)

schweißbarer Stahl m (Met) weldable steel

Schweißbarkeit f (Met, Schw) weldability

Schweißbarkeitsprüfung f (Prüf, Schw) weldability test

Schweißbart m (Schw) excess material at root of seam

Schweißbescheinigung f (Schw) welding certificate

Schweißbrenner m (Schw) welding torch

Schweißdrehtisch m (Schw) welding jig, welding manipulator, welding positioner

Schweißeisen n (Schw) wrought iron

Schweißelektrode f (Schw) weld electrode, welding electrode, welding rod

schweißen v (Schw) weld

schweißen v/dicht (Schw) seal weld

schweißen v/wasserdicht (Schw) waterproof-weld

Schweißen n (Schw) welding, welding engineering

Schweißen n **mit Schweißautomaten** (Schw) automatic machine welding

Schweiß-Endkrater m (Schw) weld end crater

Schweißer m (Schw) welder

Schweißerhammer m (Werkz) chipping hammer

Schweißerschild n (Schw) face shield, hand screen, hand shield

Schweißerschutzbrille f *(Schw)* welding goggles *pl*

Schweißerspiegel m *(Schw)* welder's glass shield

Schweißerzange f *(Schw)* electrode holder

Schweißfachingenieur m *(SFI) (Schw)* welding engineer

Schweißfase f *(Schw)* weld bevel

Schweißfertigung f *(Stb)* welded fabrication

Schweißführung f *(Schw)* welding position

Schweißgang m *(Schw)* welding pass, welding run

Schweißgerät n *(Schw, Mech, Mont)* welding apparatus, welding equipment, welding set

Schweißgrat m *(Schw)* flash

Schweißgrathaspel f *(Walz)* chip winder

Schweißgruppe f *(Tech)* welded assembly, weldment

Schweißgut n *(Schw)* weld deposit, weld metal; built-up material *(vom Schweißdraht abgetropft)*

Schweißgutabschmelzung f *(Schw)* deposition of weld filler metal, deposition of weld metal, weld metal deposition

Schweißgutprüfung f *(Prüf, Schw)* all--weld-test specimen

Schweißhitze f *(Walz)* wash heat

Schweißingenieurnormen fpl *(Schw)* welding engineering standards *pl*

Schweißkaliber n *(Schw)* welding pass *(Rohrschweißanlage)*

Schweißkonstruktion f *(Schw)* welded assembly, *(AE)* weldment *(Schweißteil)*; welded construction, welded design, welding design, weldment

Schweißkontrolleur m *(Schw)* welding supervisor

Schweißlage f *(Schw)* weld pass, welding layer, welding pass, welding run

Schweißlehre f *(Schw)* welder's gauge, welding caliber

Schweißmetall n *(Schw)* weld metal

Schweißmittel n *(Schw)* flux, welding consumable

Schweißmuffe f *(Tech)* welded socket

Schweißmutter f *(Schw)* weld(ing) nut *(auf Blech aufgeschweißt)*

Schweißnaht f *(Schw)* weld, weld seam,

welding seam • **Schweißnaht auslaufen lassen** bring weld to a gradual finish

Schweißnaht-Abtaster m *(Schw)* weld sensor *(mechanisch)*

Schweißnahtauslauf m *(Schw)* runout of seam

Schweißnahtbearbeitungsmaschine f *(Mech)* weld seam remover

Schweißnaht-Bildgerät n *(Schw)* welding seam image converter

Schweißnahtdicke f *(Schw)* throat depth

Schweißnaht-Erhöhung f *(Schw)* reinforcement of welded seam

Schweißnahtflanke f *(Schw)* groove face

Schweißnahtgrund m *(Schw)* weld base, weld bottom, weld toe

Schweißnahtlehre f *(Schw)* welding--seam gauge

Schweißnahtprüfanlage f *(Schw)* weld seam testing equipment, weld testing installation

Schweißnahtprüfung f *(Prüf, Schw)* inspection of welds, weld inspection

Schweißnahtüberhöhung f *(Schw)* reinforcement

Schweißnahtunterbrechung f *(Schw)* discontinuity

Schweißnahtvorbereitung f *(Schw)* preparation of welds

Schweißnase f *(Schw)* welded lug

Schweißnippel m *(Schw)* welded-in stub

Schweißparameter m *(Schw)* welding parameter

Schweißperle f *(Schw)* bead of weld metal, welding bead

Schweißpressrost m *(Tech)* pressure--welded grating

Schweißprotokoll n *(Schw)* welding report

Schweißprüfbescheinigung f *(Prüf, Schw)* welding certificate

Schweißprüfung f *(Schw)* weld test

Schweißpulver n *(Schw)* flux powder, welding flux, welding powder

Schweißpunkt m *(Schw)* spot weld; welding point

Schweißrahmen m *(Schw)* welded frame

Schweißraupe f *(Schw)* welding bead

Schweißroboter m *(Schw)* robot welder, welding robot

Schweißspannung f *(Met, Schw)* residual stress due to welding, welding stress, welding torsion

Schweißspritzer m *(Schw)* welding spatter

Schweißstab m *(Schw)* weld-rod, welding rod

Schweißstahl m *(Met)* wrought iron

Schweißstelle f *(Schw)* weld, welded joint

Schweißtechnik f *(Schw)* welding engineering

Schweißteil n *(Schw)* welded assembly, *(AE)* weldment *(Konstruktion)*; welded part

Schweißträger m *(Met)* welded plate girder

Schweißüberholung f *(Schw)* weld reinforcement

Schweißumformer m *(Schw)* welding converter

Schweißung f *(Schw)* weld, *(AE)* weldment *(Schweißstelle)*; welding engineering

Schweißung f am Einsatzort *(Schw)* field weld

Schweißverbindung f *(Schw)* welded connection, weld(ed) joint

Schweißverfahren n *(Schw)* welding procedure [process]

Schweißvorrichtung f *(Schw)* welding fixture

Schweißwulst m *(Schw)* welding bead

Schweißzapfengelenk n *(Tech)* welded fixed joint, photomultiplier counter

Schweißzusatzwerkstoff m *(Schw)* consumable welding material, filler metal, welding filler material

schwelen v *(Tech)* smoulder

Schwellbereich m *(Prüf)* range for fluctuating [pulsating, repeated] stresses *(DIN 50100)*

Schwellbruch m *(Met, Stat)* fracture resulting from fluctuating stress

Schwelle f *(Bau)* threshold *(Tür)*

Schwelle f *(Tech)* sill, sleeper *(Boden)*; tie *(Förderer)*

schwellempfindlich adj *(Bau)* sensitive to bulking

Schwellen n *(Tech)* bulging, bulking, swelling

Schwellendetektor m *(Elek)* threshold detector

Schwellenkastengreifer m *(Bahn)* ballast grab, railroad ballast grab

Schwellennagel m *(Bahn)* *(AE)* cutspike, *(BE)* dog spike

Schwellenschraube f *(Tech)* coach screw, *(AE)* lag screw, *(AE)* screw spike, sleeper bolt

Schwellenspannung f *(Elek)* cut-in voltage, threshold voltage *(Schleusenspannung)*

Schwellfestigkeit f *(Met)* fatigue strength under fluctuating stresses, fatigue strength under pulsating stresses, pulsating fatigue strength

Schwelllast f *(Prüf)* pulsating load

Schwellregler m *(Elek)* threshold control

Schwellung f *(Tech)* bulge, bulging *(z. B. der Schläuche)*

Schwellwert m *(Elek)* threshold value; trip point *(Mess- und Regeltechnik)*

Schwengel m *(Tech)* lever *(Pumpe)*

Schwengelpumpe f *(Tech)* cottage pump

Schwenk... *(Tech)* hinged..., pivot..., pivoted..., pivoting..., rotation..., rotating..., slew..., slewing..., swing..., swinging..., swivel..., swivelling...

Schwenkantrieb m *(Tech)* *(AE)* rotating machinery, slew distributor, slew drive unit, slewing gear, slewing-gear drive, swing drive unit, swing gear

Schwenkauge n *(Tech)* clevis tongue, male clevis, trunnion hole

Schwenkband n *(Förd)* slewing belt conveyor, slewing boom conveyor

schwenkbar adj *(Tech)* capable of slewing, pivoted, revolving, swingable, swivelling

schwenkbarer Absetzer m *(Umschl)* radial stacker

schwenkbarer Kranausleger m *(Kran)* crane boom

Schwenkbetrieb m *(Bergb)* pivoted advance, fan out advance

Schwenkbrecher m *(Zer)* swivel-arm crusher

Schwenkbremsventil n *(Bergb, Vent)* slewing brake valve, swing brake valve

schwenken v *(Tech)* pivot, *(BE)* slew, swing, tilt; raise, swing up *(nach oben)*; lower, swing down *(nach unten)*; swirl *(Flüssigkeit)*; agitate *(z. B. Werkstück in einem Bad)*

Schwenkflansch m *(Tech)* swivel flange

Schwenkgalgen m (Tech) swing-out inverted L, turnpike

Schwenkgefäß n (Bergb) swing skip

Schwenkgetriebe n (Bergb, Getr, Umschl) bull gear, slew transmission, slewing gear, slewing-assembly gear unit, swing gear, swing transmission

Schwenkhub m (Hydr) rotary actuating stroke

Schwenkkörper m (Tech) swivel body (einer Pumpe)

Schwenkkran m (Kran) slewing crane, jib slewing

Schwenkkranz m (Getr, Tech) toothed rim (Kugelbahn)

Schwenkkreislauf m (Bergb) swing circuit

Schwenklagerbefestigung f (Tech) trunnion mounting

Schwenklagerbock m (Tech) trunnion leg mount, trunnion mounting bracket (eines Zylinders)

Schwenkmast m (Bergb) derrick mast

Schwenkmitte f (Bergb) (AE) slewing center

Schwenkmotor m (Antr, Tech) slew motor, swing motor; rotary actuator (Hydraulik)

Schwenkplattform f (Bergb) rotating platform, turntable assy

Schwenkkritzel (Bergb, Getr) slew pinion, slewing pinion

Schwenkschalter m (Elek) twist switch

Schwenkschemel m (Bergb, Umschl) swivel assembly

Schwenkschild n (Bergb) angling blade

Schwenksicherheitskupplung f (Tech) slew safety clutch

Schwenkstellungsgeber m (Elek) boom slewing angle transducer, wheel boom slewing angle transducer

Schwenkstutzen m (Tech) swing socket

Schwenktaster m (Elek) twist switch

Schwenktisch m (Tech) swivel table

Schwenkverstellung f (Bergb) traverse adjustment

Schwenkwerk n (Antr, Tech) discharge boom slewing assembly, slewing gear, swing gear; slewing mechanism, swing mechanism (Ofendeckel); slew assembly, swing assembly (Abwurfband, -ausleger)

Schwenkwerksgetriebe n (Bergb) slewing gear

Schwenkwerkswelle f (Tech) slewing shaft

Schwenkwinkel m (Bergb, Tech) slewing angle, swing angle; swivel angle (Schwenkpumpe); angle of slew (Pfannendrehturm)

Schwenkzapfen m (Tech) pivot pin, trunnion; (BE) centre trunnion, front trunnion, rear trunnion, pivot trunnion (eines Zylinders); kingpin (stehend)

Schwenkzapfenlager n (Lag) trunnion bearing

Schwenkzylinder m (Tech) pivoting cylinder, slewing cylinder; roof rotating cylinder, roof swing cylinder (Ofenportal)

schwer adj (Tech) difficult, hard (schwierig); heavy

schwer entflammbar adj (Chem, Tech) fire-retarding, flame-resistant

schwer löslich adj (Chem) savingly soluble

schwer lösliche Gase npl (Chem) savingly soluble gases pl

Schweranlaufrelais n (Elek) heavy starting relay

Schwerbeton m (Bau) heavyweight concrete

schwere Ausführung f (Tech) mill type (z. B. eines Motors)

schwere Profilstraße f (Hütt/Walz) heavy section mill

Schwerelinie f (Förd) centroidal axis (des Gurtes)

schwerer Betrieb m (Tech) heavy duty

schwerer Einsatz m (Tech) heavy duty

schwerer Formstahl m (Met) heavy sections

schwerer Maschinenbau m (Tech) heavy mechanical engineering

Schwerflüssigkeit f (Zer) heavy liquid, heavy medium, heavy suspension

Schwerkraft f (Phys) gravitational force, gravity, gravity force

Schwerkraftbahn f (Förd) gravity conveyor

Schwerkraftlichtbogenschweißen n (Schw) gravity arc welding

Schwerlastdrehkran m (Kran, Schiff) heavy duty crane

Schwerlastkran m (Kran) goliath crane, heavy duty crane

Schwerlastzugmaschine f (Kfz, Tech) heavy duty tractor

Schwerlinie f (Phys) centroidal axis, gravity axis

Schwermetall n (Met) heavy metal

Schweröl n (Chem, Tech) heavy fuel

Schwerpunkt m (Stat) (AE) center of gravity, (AE) center of inertia, (BE) centre of gravity, (BE) centre of inertia, centroid

Schwerpunkt m einer Fläche (Stat) centroid

Schwerpunktänderungen fpl (Stat) (AE) center-of-gravity movements pl, (BE) centre-of-gravity movements pl

schwersiedend adj (Chem) non-volatile

Schwerstöl n (Petr) extra heavy fuel oil

Schwerstraße f (Walz) heavy mill

Schwertfeile f (Werkz) feather edge file

Schwertrübe f (Zer) heavy liquid, heavy medium, heavy suspension

Schwertwalzengerüst n (Walz) fin roll stand (Rohrwalzwerk)

Schwerverkehr m (Bau) heavy traffic

schwierig adj (Tech) arduous, difficult

Schwierigkeit f (Tech) difficulty

Schwimmaufbereitung f (Aufb) flotation

Schwimmbagger m (Bergb) dredger, floating dredger

Schwimmbaggertechnik f (Bergb) dredger technology

Schwimmdichtung f (Tech) floating seal

schwimmend adj (Tech) floating

schwimmende Plattform f (Petr) off-shore drilling platform (Bohrinsel)

schwimmender Kolben m eines Ventils (Vent) float valve section

Schwimmer m (Tech) float; plunger (in Spülbecken)

Schwimmergehäuse n (Tech) float chamber, fuel bowl

schwimmergesteuert adj (Tech) float-controlled

Schwimmerschalter m (Elek) float switch, liquid level switch

Schwimmerventil n (Vent) ball valve, float valve

Schwimmkörper m (Tech) floating body, pontoon

Schwimmkran m (Kran) (AE) derrick boat, floating crane, floating derrick

Schwimmlöffelbagger m (Bergb) (BE) dipper bucket dredge, dipper bucket dredger, (AE) dipper dredge, dipper dredger

Schwimmring m (Tech) floating sealing ring (schmal, einer Schwimmringdichtung); breakdown bushing, floating breakdown sleeve, pressure break-down sleeve (breit, einer Gleitring-dichtung); floating ring (schmal, einer Gleitringdichtung); floating seal bush-ing, floating seal sleeve, cylindrical bushing (breit, einer Schwimmring-dichtung); pumping bushing (für Zent-rifugaldruckraum)

Schwimmringdichtung f (Tech, Verd) floating ring seal; liquid film shaft [sleeve] seal, floating ring seal (mit schmalen Ringen); floating bush seal (mit breiten Ringen)

schwinden v (Tech) shrink

Schwindfuge f (Bau) contraction joint

Schwindmaß n (Bau, Met) pattern shrinkage, shrinkage value

Schwindungshohlraum m (Schw) shrinkage cavity; contraction cavity (Guss)

Schwingachse f (Bergb, Tech) oscillating axle, swing-jaw shaft

Schwingbeiwert m (Stb) dynamic coef-ficient

Schwingbelastung f (Stb) repeated load

Schwingbruch m (Met, Stat) fracture resulting from fluctuating stress

Schwinge f (Bergb) gooseneck

Schwinge f (Tech) gear base assembly, gear rocker, gear rocker assembly (Getriebeschwinge); rocker arm; worm gear rocker case extension (Konverter); rocker

Schwinge f (Zer) bogie, carriage, swing jaw, wheel bogie (Laufradschwinge); rocker, swing jaw (Schwingenbrecher)

schwingen v (Elek) oscillate, swing, vi-brate (oszillieren)

Schwingen n des Auslegers (Bergb) swaying of boom, swinging of boom

Schwingenachse f (Tech) swing jaw axle

Schwingenarm m (Tech) rocker arm (Kabelleitapparat)

schwingend adj (Tech) oscillating, vi-brating

Schwingenlager n (Lag) rocker bearing

Schwingenpaar n (Bergb) pair of bogies

Schwingenrad n (Kran) bogie wheel, truck wheel

Schwingenstütze f (Tech) rocker support

Schwinger m (Tech) oscillator (Schweißen); transducer (Ultraschall)

Schwingfeuergerät n (Tech) swing fire heater

Schwingförderer m (Förd, Walz) vibrofeeder

Schwingförderrinne f (Förd, Umschl) vibrating pan feeder, vibrofeeder

Schwingfrequenz f (Elek) resonant frequency

Schwinggetriebe n (Tech) swing gearing, swing mechanism

Schwinghebel m (Tech) rocker arm [lever], valve rocker

Schwinghebelgehäuse n (Tech) rocker arm cover

Schwingkreis m (Mess) oscillating circuit

Schwingkristall m (Prüf) oscillator crystal, transducer crystal (Ultraschallprüfung)

Schwingmetall n (Met) elastic metal, rubber-metal connection, shock absorber

Schwingmetall-Lagerung f (Tech) rubber-bonded-to-metal mounting

Schwingmetallpuffer m (Tech) shock absorber (Getriebe)

Schwingmetallschraube f (Tech) anti-vibrating screw

Schwingrinne f (Förd, Umschl) grasshopper conveyor, oscillating conveyor, vibrating pan feeder

Schwingschalter m (Elek) rocker switch

Schwingschere f (Mech) flying shear; pendulum shear (für Blech)

Schwingschnittbild n (Tech) swing-section ocan

Schwingsieb n (Zer) oscillating screen, vibratory screen

Schwingsiebschleuder f (Zer) vibrating centrifuge

Schwingsitz m (Bergb) cushioned seat, sprung seat

Schwingung f (Elek) cycling, oscillation, pulsation (elektrisch)

Schwingung f (Tech) oscillation, rocking motion, vibration

Schwingungsbeanspruchung f (Met, Stat) alternating stress, repeated stress, vibration stress, vibratory stress

Schwingungsdämpfer m (Tech) balancer, damper, stabilizer, vibration absorber, vibration damper, vibration isolator (Schwingungsisolator)

Schwingungserzeuger m (Mess) oscillator

Schwingungsfestigkeit f (Met, Stb) endurance limit, fatigue limit, fatigue strength

Schwingungsform f (Stb) mode of vibration

schwingungsgedämpft adj (Tech) damped, vibration-cushioned

Schwingungsrichtung f (Tech) direction of oscillation

Schwingungsrisskorrosion f (Met) vibration induced corrosion

Schwingungszahl f (Stb) frequency, number of alternations

Schwingzeit f (Mech) vibration period

Schwitzwasser n (Tech) condensate water, condensation, condensed moisture; perspiration water (Schifffahrt); ship's sweat (Schiffsschweiß)

Schwitzwasserkorrosion f (Anstr) corrosion from condensation

Schwungmasse f (Stat, Tech) centrifugal force, centrifugal mass, rotating mass (z. B. Motor)

Schwungmoment n (Stat, Tech) flywheel effect, moment of inertia

Schwungrad n (Zer) flywheel

Schwungradmarke f (Zer) timing mark

Schwungradreibschweißen f (Schw) inertia welding

Schwungscheibe f (Zer) flywheel

Scoop m (Bergb) scoop (Ladelöffel zum Reißzahn)

sechseckig adj (Tech) hexagonal

Sechsganggetriebe n (Kfz, Tech) six speed shift transmission

Sechskant m (Werkz) hexagon

Sechskant... (Tech) hexagon head...

Sechskanteinsatz m (Tech) hexagon socket, six-point socket (für Steckschlüssel); hexagonal insert

Sechskant-Holzschraube f (Tech) hexagon head wood screw, hexagon socket, hexagon wooden screw; screw wrench insert (DIN ISO 1891/7/77.12; für Schraubenschlüssel mit Innensechskant)

Sechskant-Hutmutter f (Tech) hexagon domed cap nut

Sechskantschlüssel m (Werkz) hexagon spanner, (BE) hexagonal spanner

Sechskant-Schweißmutter f (Tech) hexagon weld nut (DIN ISO 1891/7/ 77.50)

Sechskantstahl m (Met) hexagon, hexagon bar, hexagon steel

Sechskantsteckschlüssel m (Werkz) (BE) hexagonal socket spanner, (AE) hexagonal socket wrench (wird auf Schraubenmutter gesteckt); hexagon nut spinner (mit der Form eines Schraubenziehers, jedoch hat die Klinge keine Schneide sondern am Ende ein Innensechskantloch)

Sechskant-Verschlussschraube f (Tech) hexagon screw plug

Sechsradantrieb m (Antr, Bergb) six-wheel drive (des Graders)

Sechsradschwinge f (Bergb) six-wheel bogie (des Schaufelradbaggers)

sedimentieren v (Geo) deposit, sediment

Seegerring m (Tech) circlip, Seeger ring, snap ring, spring retainer, spring ring

Seegerringzange f (Werkz) spring-ring pliers pl

Seegerzange f (Werkz) piston pin retention pliers pl

Seele f (Hydr/Pneu) inner cover, inner tube (eines Hydraulikschlauches)

Seele f (Tech) core (Kabel); fabric reinforcing (eines Gummischlauches)

Seele f der Kurbelwelle (Tech) (BE) axial centre crankshaft

Seelenelektrode f (Schw) composite electrode

seemäßige Verpackung f (Log) seaworthy packing

Segeltuch n (Schiff, Tech) canvas, sailcloth (z. B. Plane)

Segment n (Tech) segment

Segmentanschlag m (Lag, Verd) pad stop (Kippsteinlager)

Segmentbegichtung f (Hütt) segment pattern charging, segment pattern distribution (Hochofen)

Segmentbogen m (Stb) segmental arch

segmentiert adj (Tech) segmented

Segmentradiallager n (Lag) pivoted shoe bearing, tilting pad journal bearing, tilting shoe bearing, tilting shoe radial bearing

Segmentschieber m (Bergb, Tech) overcut gate (schließt von oben gegen Fördergutstrom); undercut gate (schließt von unten gegen Fördergutstrom)

Segmentschieber m (Hydr/Pneu, Vent) quadrant gate, segmental gate

Segmentschieberverschluss m (Bergb) segmental sliding gate

Segmentschütz n (Stb) tainter gate

Segmentwelle f (Tech) steering sector shaft

Sehne f (Stat) axis (gedachte Linie)

Sehne f (Stb) chord (Saite)

sehr fein adj (Tech) ultra-fine

Seidenglanz m (Anstr) silk gloss (Farbe)

seidenmatt adj (Anstr) satin-glossy, silk-mat

Seifenbasis f (Mech, Chem) soap base

Seifenwasserprüfung f (Prüf) soap-bubble test

seifig adj (Chem, Tech) soapy

Seigerung f (Hütt/Walz) liquation; segregation (Entmischung)

Seil n (Tech) cable, rope, wire rope (Kabel)

Seilablauf m (Bergb, Tech) pay-out; fall of rope (von Seiltrommel)

Seilablenkungswinkel m (Bergb, Kran) fleet angle of rope, lateral fleet angle

Seilabspannung f (Bergb) guy rope, stay rope (Seil)

Seilbagger m (Baum) cable excavator, cable-operated excavator, cable shovel, rope excavator; mining shovel, electric mining shovel (elektrisch)

Seilbahn f (Bahn) cable car, ropeway; funicular railway (kabelgezogen)

Seilbefestigung f (Tech) rope socket

seilbetätigt adj (Tech) cable-operated

Seilbrücke f (Stb) cable suspension bridge

Seilbühne f (Hütt) suspended relining platform

Seildaumenschlepper m (Walz) cable carriage dog transfer

Seileinband m (Bergb, Tech) fixing, fixing point, termination

Seilfahrt f (Bergb) man-riding (Fördern von Personen im Schacht)

Seilflasche f (Bau) block tackle

Seilförderung f (Förd) rope haulage

Seilführung f *(Bergb)* rope guide, rope reeving system

Seilgehänge n *(Bergb)* rope reeving

Seilgerüst n *(Bergb)* boom gantry *(hält den Ausleger)*

Seilgeschirr n *(Bergb)* rope gear

Seilhaken m *(Bahn)* lashing cleat *(am Flachwaggon)*

Seilhülle f *(Tech)* cable conduit

Seilkappvorrichtung f *(Tech)* cable cutter

Seilkausche f *(Tech)* grommet thimble, rope cappel [thimble]

Seilklemme f *(Tech)* bulldog grip, rope clip

Seilkopf m *(Bergb, Tech)* rope socket, rope termination, socket

Seillastsicherung f *(Bergb)* rope overload guard

Seilpolygon n *(Stb)* equilibrium polygon, funicular polygon

Seilpyramide f *(Kran)* spreader stabilizing rope arrangement; permanently reeved rope system *(verspanntes Seilsystem)*

Seilrille f *(Tech)* groove, rope groove *(einer Seiltrommel)*

Seilring m *(Tech)* grommet

Seilrolle f *(Bergb, Tech)* deflector sheave, rope sheave, sheave

Seilrollenstützträger m *(Tech)* rope sheave attachment

Seilrollenträger m *(Tech)* rope gallow, rope jib

Seilrollenverlagerung f *(Tech)* rope sheave attachment

Seilscheibe f *(Bergb)* headwheel pulley *(Förderturm)*; head sheave, sheave, sheave wheel, winding pulley, winding sheave *(Rillenscheibe)*; rope pulley, rope sheave *(Fördergerüst)*

Seilschelle f *(Stb)* cable clip, socket *(Hängebrücke)*

Seilschloss n *(Tech)* rope clamp, rope turnbuckle

Seilschwebebahn f *(Bergb)* blondin *(Pendelbahn)*

Seilsonde f *(Tech)* rope probe

Seilspannen n *(Bergb)* turnbuckle

Seilspill n *(Schiff)* chain capstan, rope capstan

Seilstrang m *(Bergb)* rope line

Seilstütze f *(Bergb)* boom gantry *(für Seilbaggerausleger)*

Seiltrommel f *(Tech)* cable reel, hoisting drum, rope drum, winding drum

Seilumlenkrolle f *(Bergb)* cable sheave *(Seilbagger)*

Seilverbindung f *(Tech)* rope splice

Seilverguss m *(Tech)* socket rope joint

seilverspannt adj *(Stb)* cable-stayed, guyed

Seilzug m *(Bergb, Stat)* rope tension *(Spannung)*

Seilzug m *(Bergb, Tech)* cable pull, rope hoist, rope pull, rope winch, wire rope *(hoist)*

Seilzugmessvorrichtung f *(Bergb)* rope overload guard

Seilzug-Notschalter m *(Elek)* conveyor trip switch, cable-operated emergency switch, pull-rope emergency switch

seismisch adj *(Bau)* seismic

Seite f *(Tech)* side

Seiten… *(Tech)* lateral…, side…, transverse…

Seitenansicht f *(Zeich)* elevation, elevation view, side elevation, side view

Seitenantrieb m *(Antr, Tech)* final drive

Seitenblech n *(Bergb)* side member *(des Auslegers)*

Seitenblech n *(Tech)* side plate; skirtboard *(Materialführung)*

Seitenböschung f *(Bergb) (AE)* highwall *(Tagebau)*; side batters pl, side slope *(des Baggers)*

Seitendeckel m *(Tech)* back cover, end cover *(Lager)*; side cover

Seitendruck m *(Stb)* lateral pressure

Seitendrucksondierung f *(Bau)* pressiometric test

Seitenfertiger m *(Bau)* side paver *(Straßenbaumaschine)*

Seitenflächenverjüngung f *(Stb)* tapered edge

Seitenflosse f *(Tech)* fin

Seitenführungsrolle f *(Förd)* belt guiding idler, vertical belt guiding idler, fixed side guide idler, guide idler, lateral guide idler, return-belt guide idler *(fest; seitlich senkrecht)*; side guide idler with lateral adjustment *(fest; seitlich verstellbar)*

Seitenkanalpumpe f *(Tech)* periphery pump

Seitenkeil m *(Förd)* skirtboard *(Materialführung)*

Seitenkeil m *(Tech)* side plate

Seitenkeil m (Zer) check plate, cheek plate (eines Backenbrechers)

Seitenkippgerät n (Bergb) side tilting device

Seitenklammerarm m (Tech) block clamp arm

Seitenkraft f (Tech, Stat) component of a force, lateral force, surge

Seitenlänge f (Bau) lateral length

Seitenlast f (Stat) horizontal load, lateral load

Seitenleitwerk n (Tech) fin

Seitenmesser n (Bergb) corner bit, side cutter, side cutting edge (des Tieflöffels)

Seitenmoment n (Kran) lateral moment

Seitenöffnung f (Stb) side span (Brücke)

Seitenplatte f (Zer) check plate (eines Backenbrechers)

Seitenrahmen m (Bergb) crawler frame, (BE) track frame (des Unterwagens); crawler unit (des Baggers)

Seitenriss m (Zeich) profile, section, vertical section, side elevation (Aufriss von der Seite her)

Seitenrolle f (Förd) guide idler, guide roller, guidler, return side guide idler, side roller

Seitenschieber m (Tech) side shifting device (z. B. am Grader); side-shift carriage (Gabelstapler)

Seitenschiff n (Bergb) crawler unit (Baggerlaufwerk)

Seitenschlag m (Tech) wobble (z. B. des Schwungrades)

Seitenschneider m (Werkz) diagonal cutting pliers pl (für harten Draht); side cutter, side cutting nippers pl, side cutting pliers pl, wire cutting pliers pl

Seitenschubritzel n (Tech) (BE) centre shift pinion

Seitenschubvorrichtung f (Tech) (BE) centre shift

Seitensicherung f (Bau) guard rail

Seitenstanze f (Walz) notcher, side notcher (Bandschweißmaschine)

Seitensteifigkeit f (Stat) lateral rigidity

seitenverkehrt adj (Tech) mirror-inverted

seitenverstellbar adj (Bahn) laterally adjustable (Tunnelschienen)

Seitenverstellung f (Bergb) circle side shift (z. B. der Graderschar)

Seitenvorgelege n (Tech) lateral intermediate gear

Seitenwagen m (Kfz) side car (des Motorrades)

Seitenwandverband m (Stb) longitudinal-wall girder (z. B. einer Halle)

Seitenwelle f (Tech) side shaft; off-centre buckle (Bandanlage)

Seitenzahn m (Bergb) side cutter

seitlich adj (Tech) lateral

seitliche Krümmung f (Kran) sweep (z. B. Kranschiene)

seitwärts adv (Tech) sideways

Sekante f (Math) secant

Sektion f (Hydr/Pneu) staggered header, sinuous header (gewellt)

sektional adj (Tech) sectional

Sektor m (Tech) field, sector (Gebiet)

Sektorschütz n (Stb) (BE) radial gate, (BE) sector gate

sekundär adj (Tech) secondary

Sekundärleitung f (Hydr/Pneu) discharge pipe

Sekundärluft f (Hütt/Walz) secondary air, overfire air

Sekundärmetallurgie f (Hütt/Walz) secondary metallurgy (Pfannenmetallurgie)

Sekundärstrom m (Elek) secondary current

selbstabgleichend adj (Mess) self-aligning, self-balancing

Selbstanlasser m (Elek, Tech) automatic starter (Kraftfahrzeug)

selbstansaugend adj (Tech) naturally aspirated, n.a. (nicht aufgeladen; Motor)

selbstansaugende Pumpe f (Hydr/Pneu) self-priming pump

selbstausrichtend adj (Tech) self-aligning

selbstausrückbar adj (Tech) self-disengaging (Kupplung)

selbstdämpfendes Lager n (Lag) anti-whip bearing

Selbstentzündung f (Bergb) spontaneous combustion (in der Kohlenhalde)

Selbstentzündung f (Hütt/Walz) self-ignition

selbsterregt adj (Elek) self-excited (Schwingung)

selbstfahrend adj (Tech) automotive, self-propelled

Selbstfahrer m (Tech) self-propelled unit

Selbstfahrerfahrzeug n *(Tech)* self-propelled vehicle

selbstfurchende Schraube f *(Tech)* thread rolling screw *(DIN ISO 1891)*

selbstgehend adj *(Hütt)* self-fluxing *(Erz, Sinter)*

selbsthemmend adj *(Tech)* irreversible, self-locking

Selbstladeschürfkübel m *(Bergb)* elevator scraper

selbstlösbar adj *(Tech)* self-disengaging *(Kupplung)*

Selbstmordschaltung f *(Elek)* voltage suicide

selbstregelnd adj *(Elek)* self-adjusting, self-regulating *(z. B. Generator, Transformator)*

selbstregistrierend adj *(Elek)* autographic

selbstreinigend adj *(Tech)* self-cleaning

selbstrückkippend adj *(Hütt, Tech)* self-righting *(z. B. Konverter)*

Selbstschalter m *(Elek)* circuit breaker, automatic circuit breaker

Selbstschlussventil n *(Vent)* isolating valve, pipe-break valve

Selbstschmierung f *(Tech)* self-lubrication

selbstsichernd adj *(Tech)* self-locking

selbstsperrend adj *(Tech)* self-locking

Selbstsperrventil n *(Vent)* self-locking valve

selbstständig adj *(Tech)* self-contained

selbsttätig adj *(Tech)* automatic

selbsttätige Kabelklemme f *(Stb)* tirfor winch

selbsttragend adj *(Tech)* self-supporting

selbstüberwachend adj *(Elek)* fail-safe

selbstverständlich adj *(Tech)* obvious, self-evident

Selbstwähl-Ferngespräch n *(Elek)* trunk call *(Telefon)*

Selbstzündung f *(Tech)* spontaneous combustion, spontaneous ignition

selektiv adj *(Tech)* selective

Selen n *(Chem)* selenium

Selen-Gleichrichter m *(Elek)* selenium rectifier

seltene Erden fpl *(Met)* rare earths pl

semimobil adj *(Tech)* semi-mobile

semiportabel adj *(Bergb)* semi-portable

Sende... *(Elek)* transmission..., transmitting

Sendeempfänger m *(Elek)* transceiver

Sendeimpuls m *(Elek)* initial pulse

Sendeimpulsgeber m *(Elek)* pulse trigger

Sendekopfwandler m *(Prüf)* sending transducer *(Ultraschallprüfung)*

senden v *(Elek)* broadcast, transmit *(z. B. Radio, Ultraschall)*

senden v *(Tech)* forward *(verschicken)*; send

Sender m *(Elek)* oscillator *(elektr. Bandwaage)*; transmitter *(z. B. Ultraschall)*

Sender m **und Empfänger** m *(Elek)* transmitter and receiver

Sendesteuerimpuls m *(Elek)* transmitter trigger pulse

Sendzimir-Walzgerüst n *(Walz)* Sendzimir mill, Sendzimir cold-rolling mill

senkbar adj *(Tech)* lowerable, lowering; retractable *(absenkbar)*

Senkblechschraube f *(Tech)* countersunk-head tapping screw, recessed countersunk head tapping screw, recessed flat head tapping screw

Senkbremsschaltung f *(Tech)* counter-torque lowering, regenerative lowering

Senkbremsventil n *(Vent)* load-lowering valve

Senkdurchmesser m *(Tech)* countersunk diameter

Senkel m *(Schiff)* plumb line

senken v *(Tech)* lower *(z. B. eine Last absenken)*; boss *(z. B. Naben)*; counterbore *(zylindrisch)*; countersink *(kegelig)*; drill *(mittels Spiralbohrer)*; face, spot-face *(aussenken)*; ream *(mittels Aufsteckreibahle)*

Senker m *(Tech)* counterbore *(Kopf-, Halssenker)*; countersink *(Spitzsenker)*; rose bit *(Kegelsenker)*; shell drill *(Aufstecksenker)*

Senkholzschraube f *(Tech)* countersunk wood screw, recessed countersunk head wood screw, recessed flat head wood screw

Senkkastengründung f *(Stb)* caisson foundation

Senkkopf m *(Tech)* countersunk head, flat head *(Schraube)*

Senklot n *(Tech)* plumb bob

senkrecht adj *(Tech)* normal, perpendicular, vertical

Senkrechtbohrmaschine f *(Tech)* vertical drill

senkrechte Fahrwerkswelle f (Tech)
king post
Senkrechteinfall m (Elek) normal incidence
Senkrechteinschallung f (Schw) normal probing, vertical radiation
Senkrechtförderer m (Förd, Umschl) vertical conveyor, vertical elevator
Senkrechtschweißung f (Schw) vertical welding
Senkschraube f (Tech) countersunk bolt (teilweise mit Gewinde); countersunk screw (ganz ohne Gewinde); flat-head screw, hexagon socket countersunk head cap screw
Senkung f (Bau, Geo) settlement, settling, sinking, subsidence (z. B. des Bodens)
Senkung f (Bergb) calm (z. B. Sedimente)
Senkung f (Bergb, Geo) lowering
Senkung f (Hütt/Walz) counterbore (im Material); drop (Abfall)
Senkung f für Senkschrauben (Tech) countersinking
Senkventil n (Vent) lowering control valve, (AE) leak-free overcenter valve, (BE) leak-free overcentre valve
Sensor m (Elek) sensor
separat adj (Tech) separate
separieren v (Tech, Zer) separate (z. B. Sieb)
SE-Prüfkopf m (Prüf) TR probe, transmitting-receiving probe, transceiver probe, pulser/receiver probe, double probe (Ultraschall)
sequenziell adj (Tech) sequential
Serie f (Tech) series
Serienausstattung f (Tech) standard equipment
Serienfertigung f (Fert) series fabrication, series production
serienmäßig adj (Tech) standard
Seriennummer f (Tech) ident number, serial number
Serienprüfung f (Prüf, Tech) investigation in series, routine inspection
Serienschalter m (Elek) two-circuit single interruption switch
servicefreundlich adj (Tech) easy to service
Servobremse f (Tech) servo brake
Servoeinrichtung f (Hydr/Pneu) booster
servogesteuert adj (Tech) servo-controlled

Servolenkpumpe f (Hydr/Pneu) steering booster pump
Servolenkung f (Hydr/Pneu, Kfz) power steering, servo steering, steering booster, servo-assisted steering mechanism
Servosteuerdruckventil n (Vent) pilot-operated relief valve
Servoventil n (Mess) servo valve (Stellventil)
Servozylinder m (Hydr/Pneu, Tech) booster cylinder (Druckübersetzer)
SE-Schwinger m (Prüf) pulser/receiver transducer, transmitting-receiving transducer (Ultraschallprüfung)
Sessellift m (Stb) chair lift
setzen v (Bergb) calm (z. B. Sedimente)
setzen v (Tech) put (absetzen); erect (Ausbausegmente im Tunnel)
Setzhammer m (Werkz) set hammer
Setzkopf m (Tech, Stb) die head; set head, swage head (einer Nietung)
Setzmaschine f (Zer) jig
Setzpacklage f (Bau) hand-set pitching (von Hand); rough-stone pitching
Setzung f (Bau, Geo) settlement, settling, subsidence
Sextowalzwerk n (Walz) six-high mill
Sg-Ring m (Tech) spring ring
Sheddach n (Stb) saw-tooth roof
Shed-Träger m (Stb) shed girder
Shore-Härte f (Met, Prüf) shore hardness
Shredder m (Tech) shredder
sicher adj (Tech) safe, secure
Sicherheit f (Tech) integrity (Integrität); safety
Sicherheits... (Tech) safety...
Sicherheitsanschlag m (Tech) safety lock
Sicherheitsbremse f (Tech) fail-safe brake
Sicherheitsbremsventil n (Tech) emergency relay valve
Sicherheitsendschalter m (Elek) back-up limit switch
Sicherheitsfahrschaltung f (Bahn) dead man's device
Sicherheitsfaktor m (Stb) load factor, safety factor
Sicherheitsgang m (Tech) escape route
Sicherheitsgefahr f (Tech) safety hazard
Sicherheitsgrad m (Stb) degree of safety

Sicherheitsgründen/aus in the interests of safety

Sicherheitsgurt m (Kfz) lap-sash seat belt (Drei-Punkt); seat belt

Sicherheitskappe f (Tech) relief cap

Sicherheitsmaßnahmen fpl (Tech) safety measures [precautions]

Sicherheitsmutter f (Tech) lock nut

Sicherheitsperson f (Tech) safety inspector (im Betrieb)

Sicherheitsschaltung f (Elek) safety circuit, fail-safe circuit

Sicherheitsüberströmventil n (Vent) bypass valve

Sicherheitsventil n (Vent) bypass valve, safety valve

Sicherheitsverbundglas n (Tech) compound glass

Sicherheitsvorkehrungen fpl (Tech) precautionary safety measures pl, safety precautions pl, terms pl of safety

Sicherheitszeitraum m (Tech) safe time interval

sichern v (Elek) secure (z. B. Schrauben); fasten (befestigen)

sicherstellen v (Tech) ensure (garantieren); save

Sicherung f (Elek) fuse, locking

Sicherung f (Tech) catch, lock (Verschluss); locking device (Arretierung); safeguard (z. B. gegen Unfall)

Sicherungs... (Elek) fuse...

Sicherungs... (Tech) lock..., locking...

Sicherungsautomat m (Elek) automatic circuit breaker, automatic cut-out, Elfa--automat, automatic fuse, m.c.b., miniature circuit breaker, switch fuse unit (z. B. Kleinselbstschalter)

Sicherungsbaugruppe f (Elek) fuse link block

Sicherungsblech n (Tech) detent (Schlitz für Schrauben); guard plate, locking plate, locking washer; safety tab washer (Unterlegscheibe)

Sicherungsdraht m (Elek) lockwire

Sicherungseinsatz m (Elek) cartridge fuse-link, fuse-link, fuse-unit

Sicherungselement n (Elek) fusible element, fuse-element

Sicherungskasten m (Elek) cut-out box, fuse block, fuse box

Sicherungsleistung f (Elek) fuse panel (z. B. im Auto)

Sicherungsmutter f (Tech) lock nut, locking nut, safety nut, securing nut (Gegenmutter)

Sicherungsnapf m (Tech) safety cup

Sicherungspatrone f (Elek) cartridge fuse-link

Sicherungsring m (Tech) retaining ring (Haltering); circlip, guard ring, lock washer, locking ring, snap ring

Sicherungsscheibe f (Tech) lock washer, thrust washer; stop washer (Unterlegscheibe)

Sicherungsschraube f (Tech) locking screw; shipping screw (gegen Verrutschen während des Versandes)

Sicherungssockel m (Elek) fuse base, fuse block, fuse carrier; cut-out base (einer automatischen Sicherung)

Sicherungstrenner m (Elek) fuse isolator, fused interrupter switch, fusible isolator

Sicherungstrennschalter m **mit Schmelzsicherung** (Elek) fusible interrupter switch

Sicherungszange f (Elek, Werkz) fuse tongs pl

Sicht f (Tech) range of vision, view, visibility

Sichtanlage f (Zer) fine sizing plant

sichtbar adj (Tech) apparent, visible

sichtbar adj/deutlich (Tech) in conspicuous position, clearly visible, plainly visible

sichtbare Porosität f (Met) apparent porosity

Sichtbarkeit f (Tech) range of vision, view, visibility

Sichtbarwerden n (Bau) emergence

Sichtbeton m (Bau) exposed concrete, facing concrete

sichten v (Bergb) classify (klassifizieren)

sichten v (Zer) screen, screen out, sift

Sichter m (Bergb) air separator

Sichter m (Zer) classifier (Klassierer)

Sichter... (Zer) classifier...

Sichtfähigkeit f (Bergb) classification

Sichtgerät n (Elek) receiver (Fernsehgerät); display terminal, display unit, video data terminal, visual display unit, VDU

Sichtglas n (Tech) glass sight gauge (Schauglas)

Sichtkontrolle f (Tech) visual control

Sichtmauerwerk n (Bau) facing brickwork

Sichtprüfung f (Prüf) visual check, visual examination, visual inspection

Sichtverhältnisse npl (Tech) visibility

Sichtweite f (Tech) range of vision, view, visibility

Sicke f (Mech) beading (Bördelung); creasing (Versteifungsstanzen)

sicken v (Mech) bead, crimp

Sickenblech n (Met) crimped steel sheet

Sickenmaschine f (Walz) beading machine

Sickergrube f (Bergb) drainage pit

Sickerwasser n (Bergb) leaking water, seepage water, seeping water

Sieb n (Tech, Zer) screen, sieve; strainer (vor Filter)

Siebbelag m (Zer) screen cloth, screen deck lining, screen netting, screening medium

Siebblech n (Zer) gauze, punched plate screen, screen plate

Siebdurchlauf m (Zer) undersize

sieben v (Zer) grade, screen (auf Körnung); sieve (durchsieben)

Siebeneck n (Tech) septagon

Siebfeine n (Zer) undersize

Siebfilter n (Tech) gauze filter

Siebgewebe n (Zer) screen cloth

Siebkasten m (Tech) screen chassis, screen frame

Siebklassierung f (Zer) screening, screen sizing

Siebkurve f (Bau) grading curve

sieblos adj (Zer) screen-less

Siebrückstand m (Zer) oversize

Siebstation f (Zer) screen, screening station

Siebüberlauf m (Zer) oversize

Siebung f (Zer) screening

Siebwiderstand m (Elek) netting resistor, perforated resistor

Siederohr n (Hütt/Walz) boiler tube, steam-generating tube

Siedlung f (Bau) housing development [estate], settlement

Siegel n (Tech) seal

Siegellack m (Tech) sealing wax

Siemens-Martin-Ofen m (Hütt/Walz) open-hearth furnace, Siemens-Martin furnace

Siemens-Martin-Stahl m (Hütt/Walz) open-hearth steel

Signal n (Elek, Tech) signal

Signalanlage f (Tech) alarm system

Signalantrieb m (Bahn) signal actuating

Signalapparat m (Elek) annunciator

Signalgeber m (Elek) detector, sensing element, sensor; transducer

Signalgeber m (Schiff) bunting tosser (Winkerflaggen)

Signalhorn n (Bergb) horn

Signalnetzgerät n (Elek) signal power pack, signal power supply

Signal-Rausch-Verhältnis n (Elek) signal-to-noise ratio

Signalumkehrung f (Elek) signal inversion

Signet n (Tech) logo (Firmenzeichen)

signieren v (Tech) mark, stencil (markieren); sign (Unterschrift leisten)

signiert adj (Tech) marked-up

Silber n (Chem) silver

Silberschlauch m (Tech) silver hose

Silicium n (Chem) silicium, silicon

Silicium-Einpressdiode f (Elek) silicon press-fit diode

siliciumgesteuert adj (Elek) silicon-controlled

Siliciumplättchen n (Elek) silicon chip

Siliciumstahl m (Met) silicon steel

Silikon n (Chem, Tech) silicone

Silikon-Gleichrichter m (Elek) silicon controlled rectifier, S.C.R.

Silo m (Umschl) bin, bunker, silo

Silocontainer m (Umschl) hopper-type container

Silofahrzeug n (Kfz) bulk transporter

Silotrichter m (Umschl) bin, (AE) treamie, tremie

Silozelle f (Stb) silo bin

Simmerring m (Tech) oil seal, radial seal ring, retaining ring

Simplexbremse f (Tech) simplex brake

simulieren v (Tech) simulate

simultan adj (Tech) simultaneous

sinken v (Elek, Hydr/Pneu, Tech) fall (nachlassen; z. B. Druck)

Sinkstoff m (Bergb) deposit, settleable solid

Sinnbild n (Tech) symbol

sinntragend adj (Tech) meaningful

sinnvoll adj (Tech) meaningful, reasonable, sensible

sinnvolle Kriterien npl (Tech) useful aspects pl

Sinterformteil m (Hütt, Met) sintered component

Sinterkugel f (Hütt) pellet

Sintermagnesit m (Hütt) dead burnt magnesite

Sintermetall n (Hütt/Walz, Met) sintered metal

sintern v (Hütt/Walz, Met) sinter

Sinterofen m (Hütt) sintering furnace (Pulvermetall)

Sinterröstung f (Hütt) blast roasting

Sinterschmieden n (Hütt) pm-hot forging, powder metallurgy hot forging

Sinterstahl m (Met) sintered steel

Sinus m (Elek, Math) sine

Sinusspannung f (Elek) sinusoidal voltage

Sitz m (Tech) fit (z. B. Rad auf einer Welle); seat (z. B. Ventil); seating

Sitzfeder f (Tech) seat spring

Sitzfläche f (Tech) bearing surface (Lagerung); bearing surface, seating, seating surface; connecting surface (des Bolzenkopfes)

Sitzkissen n (Tech) cushion

Sitzring m (Vent) seat ring

Sitzventil n (Vent) poppet valve

Sitzventilplatte f (Vent) seating diaphragm

Skala f (Tech) dial, scale, scale range

Skalenanzeiger m (Tech) scale marker, scale pointer

Skaleneinteilung f (Elek) scale calibration, scale division, scale graduation; scaling (Stromschreiber)

Skalenmesszahl f (Tech) relevant figure, scale figure

Skalenscheibe f (Elek) dial, reading chart

Skalenscheibe f (Tech) graduated dial, indicating dial (Bandwaage)

Skelett n (Tech) frame (Tragwerk)

Skelettkonstruktion f (Bau) skeleton structure

Skip- und Korbförderanlagen fpl (Bergb) skip and cage hoisting installations pl

Skizze f (Tech, Zeich) design, plan, sketch

skizzieren v (Tech, Zeich) design, draw, scribe, sketch, trace

Skleroskophärteversuch m (Prüf) scleroscope hardness test (Kugelfallhärteversuch)

SM-Ofen m (Abk. für: Siemens-Martin-Ofen) (Hütt/Walz) open-hearth furnace, Siemens-Martin furnace

SN-Automat m (Elek) SN miniature automatic circuit breaker

Sockel m (Bau) footing, pedestal, plinth (Mauerwerk)

Sockel m (Baut) (AE) skirting (Mobilheimverkleidung); base (Konsole)

Sockel m (Tech) socket (Muffe)

Sockelkran m (Kran) pedestal crane

Sockelleiste f (Tech) base board

Sockelmauerwerk n (Baut) base wall masonry, plinth masonry

Soffittenlampe f (Elek) festoon bulb

Sog m (Hydr/Pneu) suction

Sohle f (Bergb, Geo) floor, level, working level; invert (eines Tunnels)

Sohle f (Geo) bottom, ground (Boden)

Sohle f (Tech) sole, sole plate (Schwelle)

Sohlenanschüttung f (Tunn) backfilling

Sohlenbogen m (Stb) floor arch (im Tunnelbau)

Sohlenbreite f (Bergb) bottom width (des Grabens)

Sohlenformhandfaust f (Werkz) anvil dolly

söhlig adj (Bergb) horizontal (flacher Stollen- und Minenboden)

Sohlplatte f (Bergb, Hütt/Walz) base plate, sole plate

Solarenergie f (Tech) solar energy, solar power

Solarkraftwerk n (Elek) solar power station

Solenoid-Schalter m (Elek, Tech) solenoid switch (Magnet-Zündschalter)

Sollbruchbolzen m (Tech) break pin

Sollbruchstelle f (Tech) rated break point, predetermined breaking point, shear point

Sollmaß n (Stb) nominal dimension

Solltemperatur f (Tech) target temperature

Soll-Wanddicke f (Bau, Tech) nominal wall thickness

Sollwert m (Stb) theoretical value (theoretischer Wert)

Sollwert m (Tech) nominal data, nominal value, rated value, reference, reference input, setpoint, set value, target value

Sollwertanzeige f (Elek) target presetting pointer

Sollwertbaustein m (Elek) reference value unit

Sollwertprofil n (Mess) ramping set-point

Sollwertvorgabe f (Mess) reference setter

Sonde f (Bau, Elek, Prüf) probe, sensor; soil penetrometer

Sondenzylinder m (Hydr/Pneu, Umschl) probe cylinder

Sonder... (Tech) custom-built..., one-off..., special..., special-purpose..., (AE) specialty...

Sonderabsetzer m (Umschl) special stacker (Platzbelader)

Sonderanfertigung f (Tech) custom-built machinery, job-tailored machinery; one-off production, special order

Sonderbaustahl m (Met) special-purpose structural steel

Sondergüte f (Met) special steel grade

Sondierung f (Bau) sounding

Sonnenbatterie f (Tech) solar battery

Sonnenblende f (Tech) sun visor

Sonnenbrenner m (Tech) cargo cluster, cluster fitting

Sonnendach n (Bergb) canopy (z. B. des Graders)

Sonnendach n (Tech) sunshade; sun roof (Kraftfahrzeug)

Sonnenenergie f (Tech) solar energy, solar power

Sonnenrad n (Getr) planetary wheel, sun wheel (Innenrad; Planetengetriebe); sun gear

Sonnenschutzdach n (Bau) awning

Sonnentubus m (Tech) sunshade tube (Fernsehgerät)

Sorgfalt f (Tech) diligence

sorgfältig adj (Tech) careful

sorgfältig adv (Tech) carefully, meticulously

Sorption f (Chem) sorption

Sorte f (Tech) grade, sort

sortieren v (Tech, Zer) assort (Bleche); classify, grade, sort, sort out; separate (trocken nach physikalischen Eigenschaften, z. B. Gewicht)

Sortierer m (Tech) sorter (Versandgeschäft)

Sortierschurre f (Tech) sortation chute (Versandgeschäft)

Sortiment n (Tech) assortment

Spachtel m (Werkz) scraper, spattle, spatula, trowel

Spachtelmasse f (Anstr) filler, filling paste, knifing filler; surfacer

spachteln v (Anstr) fill

SPA-Eingang m (Elek) transmitter trigger pulse input

Spalt m (Tech) cleft, crack, fissure, flaw, gap, opening, slot, split, tear; kerf (Schneidspalt)

Spaltband n (Hütt/Walz, Met) slit strip

Spaltbildung f (Met) cracking, fissuring

Spaltbruch m (Hütt, Met) cleavage fracture

Spaltdichtung f (Tech, Verd) restrictive seal

spalten v (Tech) split

Spaltfederbolzen m (Tech) quick-change pin

Spaltfeile f (Werkz) screw head file

Spaltfilter n (Tech) gap filter

Spaltfilterelement n (Tech) edge-type filter element

Spaltgas n (Petr) make gas

Spalthammer m (Bergb) spalling hammer

Spaltkorrosion f (Met) crevice corrosion, gap corrosion

Spaltmaß n (Tech) clearance (Spiel zwischen Teilen)

Spaltofen m (Petr) reformer, reformer furnace (Benzinvergasung)

Spaltphasenmotor m (Antr) split-phase motor

Spaltpolmotor m (Antr) shaded-pole motor, split pole motor

Spaltrohrmotorpumpe f (Tech) canned motor pump

Spaltung f (Tech) splitting up

Spaltvorstecker m (Tech) bolt lock

Spaltweite f (Zer) discharge opening, gap setting, jaw setting (eines Brechers)

Span m (Bergb, Mech) bite, chip, cutting

spanabhebend adj (Mech) metal-cutting, metal-removing

spanabhebende Bearbeitung f (Mech) machining with stock removal

spanabhebendes Werkzeug n (Mech) cutting tool

Späne mpl (Mech, Tech) chips pl, shavings pl, swarf (ölig)

Spänegreifer m (Hütt/Walz) shavings grab

Spanfläche f (Tech) face

Spange f (Werkz) clamp

spanlose Bearbeitung f (Mech) forming, cutting

machining without stock removal, non-
-cutting shaping, working

Spann... *(Tech)* clamping..., gripping...;
takeup..., tension..., tensioning...,
tightening...

Spannarm *m (Tech)* tensioning arm
(Steinklammerausrüstung)

Spannbacke *f (Werkz)* clamping jaw *(des
Schraubstocks)*; gripping jaw *(Ziehbank)*

Spannband *n (Förd)* strap, tightening
strap

Spannbandschelle *f (Tech)* continuous
band clamping

Spannbandschlüssel *m (Werkz)* strap
wrench

Spannbandsystem *n (Tech)* band
clamping system

Spannbeton *m (Bau)* prestressed concrete, reinforced concrete

Spannbetonstahl *m (Met)* steel for prestressed concrete

Spannbolzen *m (Tech)* cotter pin

Spannbuchse *f (Tech)* locking bush

Spanndraht *m (Bau)* tendon

Spanne *f (Tech)* span

Spanneinschub *m (Walz)* die holder
(Bandschweißmaschine)

Spanneisen *n (Mont)* steel ties *pl*

Spannelement *n (Tech)* anobloc *(Ringfeder)*; clamping piece, taper lock element; pretensioning device *(Dreh-
turmständer)*

spannen *v (Bergb, Förd)* take up, tension
(z. B. Gurt, Raupenkette)

spannen *v (Elek, Tech)* energize, lock

spannen *v (Tech)* stretch *(z. B. ein Seil
dehnen)*

Spanner *m (Tech)* turnbuckle; take-up
(Riemen, Gurt)

Spannfeder *f (Tech)* preload spring, recoil
spring; clamping spring *(Elektroden-
spannvorrichtung)*

Spannfutter *n (Mech)* chuck, drill chuck

Spannglied *n (Hütt)* bundled wire tendon,
tendon *(Konverter)*

Spannhülse *f (Tech)* adapter sleeve,
clamping sleeve, fixing sleeve, tapered
fixing sleeve, split taper sleeve, withdrawal sleeve *(Lager)*; ferrule *(Welle)*;
locking sleeve, clamping sleeve

Spannhydraulik *f (Tech, Hydr/Pneu)* hydraulic tensioning device

Spannkabel *n (Bau)* tendon

Spannkraft *f (Stat)* elastic force, tension
load; tension *(z. B. eines Kabels)*

Spannlager *n (Lag)* takeup bearing

Spannmoment *n (Tech)* tightening torque
(Schraube)

Spannpatrone *f (Tech)* tensioner device
(Messgetriebe)

Spannpratze *f (Tunn)* gripper pad, anchoring pad

Spannrad *n (Tech)* idler

Spannring *m (Tech)* circlip, locking
[spring, tension] ring

Spannrohr *n (Tech)* tie pipe

Spannrolle *f (Tech)* tension pulley, tensioning roll; hold-down roll, hold-down
roller *(im Beschichtungstank)*

Spannsäge *f (Werkz)* bucksaw *(seilgespannt)*; jigsaw

Spannsatz *m (Tech)* dynamobloc *(Ringfeder)*; mounting set, taper lock assembly, taper lock hub

Spannscheibe *f (Tech)* conical spring
washer, countersunk washer *(DIN ISO
1891)*; spring washer *(Unterlegscheibe)*

Spannschelle *f (Tech)* circlip

Spannschiene *f (Tech)* slide rail

Spannschild *m (Bergb)* anchoring shield

Spannschloss *n (Tech)* swivel, tightener,
turnbuckle

Spannschlossmutter *f (Tech)* turnbuckle
nut

Spannschraube *f (Tech)* clamp bolt,
clamping bolt, compression bolt, turnbuckle; tensioning screw *(Doppelwel-
lenhammerbrecher)*; tightening screw
(für Kokille)

Spannstange *f (Tech)* stay bar, takeup
spindle, tie rod, tie rod cotter

Spannstation *f mit Umkehre (Förd)* tail
take-up station

Spannstein *m (Bergb)* tensioning block

Spannstift *m (Tech)* cotter pin, locking
pin, spring pin; dowel pin *(Passstift)*;
rollpin, spring dowel sleeve *(geschlitzte
Hülse)*; spring dowel pin

Spannung *f (Elek)* potential difference
(Potenzialdifferenz); voltage *(elektrisch)*

Spannung *f (Tech)* stress, tension, unit
stress *(Belastung, Druck)*

Spannungsakustik *f (Elek)* acousto-
-elasticity

Spannungsarmglühen *n (Met)* relief an-

nealing, stress-relieving heat treatment (*Wärmebehandlung*)
spannungsausgleichend *adj (Met)* equalizing
Spannungsausschlag *m (Met, Stat)* alternating stress amplitude, range of stress, stress level, variable stress component (*DIN 50100*)
Spannungscharakteristik *f (Elek)* voltage characteristics *pl*
Spannungs-Dehnungsdiagramm *n (Stat)* stress-strain diagram
Spannungs-Dehnungsschaubild *n (Stat)* stress-strain diagram
Spannungseinbruch *m (Elek)* power dip, voltage dip
Spannungsermittlung *f (Stat)* stress analysis
Spannungsfestigkeit *f (Elek)* voltage insulation strength
Spannungs-Formänderungs-Kurve *f (Stat)* stress-strain curve
spannungsfrei *adj (Elek)* de-energized (*elektr.*)
spannungsfrei *adj (Stat)* stress-free, stressless, unstressed • **spannungsfrei glühen** stress-anneal, stress-relieve (*fälschlich angewandt; richtig: spannungsarm glühen*) • **spannungsfrei machen** de-energize
Spannungsfreiglühen *n (Met)* stress relieving (*Spannungsarmglühen*)
spannungsführend *adj (Elek)* energized, live
Spannungskollektiv *n (Stat)* stress spectrum
Spannungskorrosion *f (Anstr, Met)* stress corrosion
spannungslos *adj (Elek)* dead, de-energized
Spannungslösung *f (Hütt, Met)* stress relief
Spannungsmesser *m (Elek)* voltage control, voltmeter (*elektr.*)
Spannungsmesser *m (Tech)* extensometer, strain gauge, tension indicator (*Statik*)
Spannungsnachweis *m (Stat)* stress analysis
Spannungsoptik *f (Phys)* photoelastic strain analysis, photoelastic study of stresses, photoelasticity

Spannungsprüfer *m (Elek)* mains tester, voltage tester
Spannungsprüfgerät *n (Elek)* voltmeter
Spannungsregler *m (Elek)* variometer, voltage regulator
Spannungsriss *m (Met, Stb)* stress crack, tension crack
Spannungsrisskorrosion *f (Met)* caustic embrittlement, stress corrosion cracking, stress-crack corrosion
Spannungsstoß *m (Elek)* power surge, surge, voltage surge
Spannungsteiler *m (Elek)* potential divider, voltage divider
Spannungsverhältnis *n (Elek)* voltage ratio
Spannungsverhältnis *n (Met)* stress ratio, ratio of minimum stress to maximum stress (*DIN 50100*)
Spannungswandler *m (Elek)* potential transformer, voltage transformer
Spannungswelle *f (Tech)* stress wave
Spannventil *n (Vent)* tension valve (*Kettenspannung*)
Spannvorrichtung *f (Bergb)* chain tensioner, chain tensioning device, take-up device, tensioning device (*Raupenkette*)
Spannvorrichtung *f (Förd, Umschl)* belt takeup device, belt tensioning device (*Band*)
Spannvorrichtung *f (Tech)* clamp, clamping device (*Schelle*); clamping fixture, holding fixture (*Befestigung*); expander (*Dehnung*); stretcher (*Draht, Bindebänder*); tensioning device; turnbuckle (*Drehhebel*)
Spannweg *m (Förd)* takeup distance, takeup path, takeup travel, tensioning distance, tensioning length
Spannweite *f (Tech)* span, span length; jaw opening (*einer Rohrzange*)
Spannzange *f (Werkz)* clamping ring, pliers *pl*
Spannzylinder *m (Tech)* cocking cylinder, tensioning cylinder; clamping cylinder (*Bandschweißmaschine*)
Spanplatte *f (Bau)* chip board
Spanstärke *f (Tech)* bite thickness, depth of bite
Spanwerkzeug *n (Werkz)* cutting tool
Spardüse *f (Hydr/Pneu)* economizer jet
Sparganggetriebe *n (Tech)* overdrive

Sparren m (Bau, Stb) rafter

Sparschmierung f (Tech, Verd) economy lubrication system

Spartransformator m (Elek) autotransformer, compensator transformer

Spaten m (Werkz) spade (spitz, gekröpfter Stiel)

Spatenmeißel m (Werkz) spade chisel

Speckstein m (Met) soapstone

Speiche f (Tech) spoke (Rad)

Speicher m (Tech) accumulator, reservoir, storage; memory (IT)

Speicherfüllventil n (Vent) accumulator charge valve

Speichergasanlage f (Tech) motor fuel gas storage

Speicherkessel m (Tech) heat storage boiler

Speicherkraftwerk n (Elek) storage power station

Speicherladerventil n (Vent) shut-off valve

speichern v (Tech) accumulate

speicherprogrammierbare Steuerung f (Elek) programmable logic controller, PLC

Speicherstrang m (Förd) accumulation conveyor, powerised storage line (eines Schleppkreisförderers)

Speicherung f (Tech) storage

Speicherwinde f (Umschl) storage winch

Speiseapparat m (Tech) feeder

Speisedruck m (Hydr/Pneu) charge pressure

Speisedruckventil n (Vent) boost pressure valve

Speiseleitung f (Hydr/Pneu) drum feed piping, feed water piping, feeder line, oil feed pipe

Speiseleitungstrommel f (Elek) supply current cable reeling drum

speisen v (Hydr/Pneu) feed

speisen v (Umschl) load (laden)

Speiseölpumpe f (Hydr/Pneu) fuel feed pump

Speisepumpe f (Hydr/Pneu) boost pump, charge pump, feed pump

Speisewasser n (Hydr/Pneu) feed water

Speisewasservorwärmer m (Hydr/Pneu) economizer, feed water preheater, feed water heater

Speisung f (Bahn, Elek) feeding (Einspeisung von Strom)

Spektralanalyse f (Prüf) spectral analysis, spectroscopic analysis, spectrum analysis

Spektralanteil m (Elek) spectral component

Spektrum n (Phys) spectrum

Sperrbereich m (Elek) stop band

Sperrbremsventil n (Tech, Hydr/Pneu) non-return braking valve

Sperrdampfkammer f (Tech) steam seal

Sperrdifferenzial n (Tech) friction-type differential

Sperre f (Tech) catch, latch, locking device, mechanical restraint, ratchet, scotch (mechanisch); stop, stopper

Sperrelement n (Mess) arrestor element

sperren v (Bau) close (z. B. einen Durchgang)

sperren v (Hydr/Pneu) shut (Absperrhahn)

sperren v (Tech) block, deny, disable, lock

Sperrflüssigkeit f (Tech, Verd) sealing liquid

Sperrgas n (Verd) buffer gas, sealing gas

Sperrholz n (Bau) plywood

sperrig adj (Bahn, Tech) bulky

Sperrimpuls m (Mess) inhibit pulse

Sperrkegel m (Tech) detent

Sperrklinke f (Tech) catch, detent, latching pawl, pawl, ratchet, ratchet pawl, release latch

Sperrleckstrom m (Mess) off-state leakage current

Sperrluft f (Tech, Verd) buffer air

Sperrluftgebläse n (Hütt/Walz) seal air fan

Sperröl n (Tech, Verd) seal oil, sealing oil

Sperrplatte f (Tech) check plate

Sperrrad n (Tech) rack wheel, ratchet wheel (Bandwaage)

Sperrraste f (Tech) lock pin

Sperrrichtung f (Elek) reverse-biased

Sperrriegel m (Tech) plunger block

Sperrring m (Tech) ferrule

Sperrscheibe f (Tech, Werkz) pawl (Sperrklinke)

Sperrschichtdiode f (Elek) junction diode

Sperrschieberpumpe f (Tech) lock slide pump

Sperrschwinger m (Elek) blocking oscillator

Sperrstift m (Tech) locking pin

Sperrstopfen m (Tech) blanking plug

Sperrstrom m (Elek) inverse voltage

Sperrung f (Tech) lock pin, stopper; choking (des Strömungsquerschnitts)

Sperrventil n (Vent) check valve, lock valve, locking valve

Sperrzustand m (Mess) off-state

Spezialhartguss m (Met) chilled cast iron

spezialisiert adj (Tech) (BE) specialised, (AE) specialized

Spezialist m expert, specialist

spezialverchromtes Feinstblech n (Walz) electrolytic chrome plate, tin free steel, tin free steel strip

Spezifikation f (Tech) specification

spezifisch adj (Tech) specific

spezifische Dehnung f (Tech, Stat) elongation per unit length, total elongation, unit elongation

spezifischer Widerstand m (Elek) resistivity

spezifisches Schüttgewicht n (Umschl) apparent specific gravity

spezifizieren v (Tech) (AE) itemize (z. B. Kosten); specify

sphärisch adj (Tech) spherical

Sphäroguss m (Met) ductile cast iron, nodular cast iron, spheroidal cast iron, spheroidal graphite cast iron, spheroidal iron casting (Graphitgrauguss)

Spiegel m (Tech) level; mirror, reflector

spiegelbildlich adj (Tech) in reflected image, laterally reversed, mirror-inverted, oppsite hand

spiegelnde Reflexion f (Elek) specular reflection

spiegelverkehrt adj (Tech) mirror-inverted

Spiel n (Lag) internal clearance of bearing

Spiel n (Tech) backlash (mechanisch: z. B. Getriebe, Schrauben); clearance, play, slack, slackness, tolerance; cycle (Arbeitsspiel); trip (Förderspiel); gear clearance (von Zahnrädern)

Spielraum m (Tech) allowance, clearance, tolerance

Spielzeit f (Bergb) cycle time (eine komplette Baggerbewegung)

Spießkant m (Walz) diamond (Raute)

Spießkantbildung f (Hütt/Walz) rhomboidity

Spießkantkaliber n (Walz) diamond pass

Spillantrieb m (Tech) capstan drive

Spind m (Tech) locker

Spindel f (Bergb) steering screw (Lenkspindel); strut (Strebe)

Spindel f (Tech) insert screw, screw, screw pin, spindle; screw type (Spannvorrichtung); stem, valve spindle (Ventilspindel)

Spindelendschalter m (Elek) rotating type limit switch, spindle limit switch, travelling nut type limit switch

Spindelhalterung f (Tech) screw spindle mounting

Spindelhubwerk n (Tech, Werkz) screw jack, screw-type hoist

Spindelkasten m (Tech) gear case

Spindellager n (Lag) spindle bearing

Spindelmutter f (Tech) screw nut; stem nut (eines Ventils)

spindeln v/fluchtend (Mech) line-bore

Spindelspannvorrichtung f am Bandende (Förd) screw-type tail takeup terminal

Spindelsteuerung f des Fahrwerkes (Tech) crawler spindle steering, screw-type crawler steering

Spindelstock m (Tech) headstock, spindle head

Spindelstuhl m (Walz) spindle carrier

Spindeltrieb m (Tech) spindle drive

Spindelwinde f (Tech) screwing jack

Spinne f (Zer) spider

Spion m (Werkz) feeler, (AE) feeler gage, (BE) feeler gauge, (AE) thickness gage, (BE) thickness gauge

Spiral... (Tech) coil..., recoil..., spiral..., spring...

Spiralbohrer m (Werkz) twist drill

Spiraldichtung f (Mess) spiral gasket

Spirale f (Tech) closing coil, coil, spiral; scroll, volute (Verdichtergehäuse)

Spiralfeder f (Tech) flat coil spring, flat spiral spring, helical spring, recoil spring, spiral spring, helical spring

spiralförmig adj (Tech) helical

spiralförmige Querwalze f (Tech) transverse screw drum

Spiralgehäuse n (Tech) spiral housing

Spiralgehäuse n (Verd) scroll casing, volute casing (Verdichter)

Spiralkegelrad n (Getr) spiral bevel gear

Spiralkegeltrieb m (Getr) spiral-conic gear

Spirallutte f (Tech) helical duct (Ventilator)

Spiralnaht f (Walz) helical seam (Rohrherstellung)

Spiralraum m (Verd) volute chamber

Spiralrohr n (Met) helical seam pipe, spiral pipe

Spiralrolle f (Förd) helical idler

Spiralzahnrad n (Getr) helical gear

spitz adj (Tech) acute, pointed

Spitzbogenkaliber n (Walz) gothic groove, gothic pass

Spitze f (Tech) blade end (des Schraubenziehers); crest (des Schraubgewindes); crest, peak (Rauigkeit); fin (Labyrinthdichtung); nose tip (eines Brenners); prong; tip (z. B. des Löffelzahnes, der Verdichterschaufel usw.)

Spitzen... (Tech) peak..., point..., tip...

Spitzenausleger m (Tech) jib (am Kran)

Spitzendrehmaschine f (Mech) (AE) center lathe, turning lathe

Spitzenhöhe f (Tech) (AE) height of centers (der Drehbank); peak height (Messund Regeltechnik)

Spitzenlänge f (Tech) cone point length (DIN ISO 1891)

spitzenlos adj (Tech) (AE) centerless

Spitzenspiel n (Getr) crest clearance (Zahnrad)

Spitzenzange f (Werkz) pointed pliers

Spitzfeile f (Werkz) pointed file, taper file

Spitzgraben m (Bergb) V-shaped trench

Spitzhacke f (Werkz) pick, pickaxe

Spitzhalde f (Umschl) chevron-type pile

Spitzkerb m (Prüf) V-notch

Spitzkerbprobe f (Prüf) specimen with V-notch (DIN 50100)

Spitzmeißel m (Werkz) pointed chisel

Spitzturm m (Baut) steeple

spitzversenken v (Tech) counter-sink

Spitzzahn m (Bergb) pointed tooth

Spitzzange f (Werkz) long nose pliers pl, pointed pliers

Spitzzirkel m (Werkz) dividers pl, toolmakers' dividers pl

Spleiß m (Stb) splice, wire rope splice

spleißen v (Tech) splice (Hanf- oder Drahtseil)

Splint m (Tech) cotter pin (Vorstecker); retaining pin, split pin

Splintverschlussglied n (Tech) split spin fastener connecting link

Splitt m (Bau) chippings pl

splitterfest adj (Tech) shatterproof

splittern v (Tech) spall

splittersicheres Glas n (Tech) shatterproof glass

spontan adj (Tech) spontaneous

Spray m (Chem, Tech) spray

Spraydose f (Chem, Tech) atomizer, spray can

Spreizanker m (Baut) Y-shaped anchor (im Mauerwerk)

Spreizdübel m (Baut, Tech) expansion bolt

Spreize f (Bergb) prop (Stempel); spindle (Spindel im Verbau); strut, strutting

Spreizenmagaziner m (Förd) straddle stock picker

Spreizenstapler m (Förd) straddle stacker

Spreizhaspel f (Walz) expanding mandrel-type reel

Spreizniet m (Tech) body-bound rivet, expanding rivet

Spreiztrommel f (Walz) collapsing [collapsible] mandrel, expanding and collapsing drum, expanding drum [mandrel] (Bandwalzwerk)

Sprengarbeit f (Bergb) blasting

sprengen v (Bergb) blast (Steinbruch)

Sprengmuster n (Bergb) blast pattern

Sprengplattieren n (Hütt) explosion plating

Sprengring m (Tech) lock [retaining, snap, spring] ring

Sprengschweißen n (Schw) explosion welding, explosive welding

Sprengstoff m (Bergb) explosive

Sprengwerk n (Stb) king post truss, king truss, truss frame, truss frame work

Sprenkler m (Bau) sprinkler

Springzähler m (Tech) quick-action meter (fünfteilig)

Spritzanlage f (Stb) spray unit

Spritzbeton m (Bau) air-placed concrete, shotcrete

Spritzblech n (Tech) deflector plate; splash board (unter Fallrohr)

Spritzbuchse f (Tech) oil catch ring, splash bushing

Spritzdüse f (Tech) spray nozzle

Spritzen n (Tech) spraying; spattering (des Stahls im Ofen während des Sauerstoffblasens)

Spritzer m (Tech) spatter; spillage (z. B. Schlacke)

Spritzgießen n (Form) injection moulding

Spritzguss m (Form, Hütt/Walz) die cast, injection moulding

Spritzgusswerkzeug n (Form) injection mould

Spritzlackierung f (Walz) spray painting

Spritzring m (Tech) oil-flinger ring, oil catch ring, splash bushing, (oil) splasher, (oil) thrower ring; annular spray header (Düsenring)

Spritzspüle f (Walz) spray rinse

Spritzüberzug m (Anstr) metal spraying (metallisch)

Spritzverstellernabe f (Tech) injection control hub

Spritzwasser n (Chem) water condensation

spritzwasserdicht adj (Tech) spray-tight

spritzwassergeschützt adj (Tech) drip-proof, SP, splash-proof, weather-proof (Schutzart)

Sprödbruch m (Met, Stb) brittle fracture

spröde adj (Met, Tech) brittle

Sprödigkeit f (Stb) brittleness

Sprosse f (Stb) glazing bar (Fenster)

Sprosse f (Tech) rung, step (Leiter)

Sprosseneisen n (Stb) sash bar

Sprossenleiter f (Tech) rung ladder

Sprossenstahl m (Met, Stb) glazing bar, sash bar

Sprühanlage f (Tech) sprayer; spray system (z. B. für Fett)

Sprühdose f (Anstr) aerosol can

Sprühdraht m (Elek) spray discharge wire (im Ionenfeld)

Sprühdüse f (Tech) greasing nozzle, spray nozzle

Sprühelektrode f (Elek) discharge electrode (im Elektrofilter)

sprühen v (Anstr) spray

Sprühflasche f (Anstr) aerosol

Sprühgas n (Hütt) inert propellant and cooling gas

Sprühgut n (Hütt) deposit

Sprühkompaktieranlage f (Hütt) preform plant, preforming facility, spray deposition facility

Sprühlichtbogenschweißen n (Schw) spray-arc welding (DIN 1910)

Sprühmittel n (Chem, Tech) spray, spraying agent

Sprühschmierung f (Tech) nozzle greasing system, nozzle lubricating system, nozzle lubrication

Sprühverlust m (Hütt) drift loss (Kühlturm)

Sprung m (Mess) step change

Sprung m (Tech) crack, fissure, flaw, tear

Sprungabstand m (Tech) skip distance (Ultraschall)

Sprungantwort f (Mess) step response

Sprungbetätigung f (Tech) snap action mechanism

Sprungüberdeckung f (Tech) overlap contact ratio

Sprungwerk n (Elek) snap action mechanism

Sprungwert m (Mess) level-change value

Spulapparat m (Tech) reeling device, reeling unit (Kabeltrommel)

Spülcharge f (Hütt) intermediate cleaning heat (Lichtbogenofen)

Spule f (Elek) coil, spool, winding

Spule f (Tech) bobbin, coil, reel (Film, Magnetband); solenoid (eines Magnetventils)

spülen v (Tech) flush, rinse, wash (auswaschen); stir (flüssigen Stahl mit Argon)

Spülen n (Hütt) bubbling (z. B. mit Argongas); flushing, stirring (z. B. mit Inertgas); scavenging

Spulenhalter m (Elek) coil base, coil frame

Spülentaschung f (Hütt/Walz) pressure-water ash removal, pressurized-water ash removal

Spuler m (Tech) winder

Spülgas n (Hütt) rinsing gas, stirring gas

Spülgaskupplung f (Tech) purging gas coupling station

Spülluft f (Tech) scavenging air

Spülpumpe f (Hydr/Pneu) flushing pump, scavenge pump

Spülrinne f (Hütt) chip trench, swarf trench

Spülstein m (Tech) bubbling brick (Pfanne); channel brick, porous brick (im Konverter); sink (Küche)

Spül- und Legierungsstand m (Hütt/Walz) purging and alloy addition plant

Spülventil n (Vent) flushing valve, purge valve (für Gas); scavenging valve

Spulwickelmaschine f (Elek) coil winder

Spundbehälter m (Tech) drums with removable heads (DIN 6643)
Spundbohle f (Stb) pile, piling, sheet pile
Spundpfahl m (Tech) sheet piling
Spundwand f (Stb) bulkhead, sheet pile, sheet pile bulkhead, sheet pile wall, sheeting wall
Spur f (Bau) lane, traffic lane (Straße)
Spur f (Tech) track (Spurweite der Räder)
Spurbreite f (Tech) gauge
Spürelement n (Elek) detector element
Spuren fpl (Met) indications pl (Materialfehler) • **Spuren aufweisen** display indications [traces], exhibit indications [traces], give indications (Materialfehler)
Spurhebel m (Tech) steering lever
Spurkranz m (Tech) flange, wheel flange (Rad)
spurkranzlos adj (Kran) flangeless, unflanged (Laufrad)
Spurkranzrolle f (Tech) flanged rim wheel, wheel with gear rim
Spurkreuz n (Tech) cross section
Spurlager n (Verd) footstep bearing
Spurrolle f (Hütt) guiding roller, thrust roller
Spurschuh m (Bergb) cage shoe (eines Förderkorbs)
Spurstange f (Tech) steering link, tie rod, track rod
Spurtoleranz f (Tech) track gauge tolerance
Spurweite f (Bahn) gauge, rail gauge, track gauge, track width
Spurweite f (Tech) (AE) tire base (Radstand des Kfz); tread (eines einzelnen Reifens)
Spurwellenlänge f (Elek) trace wave length
Stab m (Met) bar, member, rod
Stab m (Stb) stick (gerader Stock)
Stabdiagramm n (IT) bar chart, bar diagram, bar graph
Stabelektrode f (Schw) filler rod, stick electrode, welding rod
stabil adj (Tech) solid, stable
stabilisieren v (Tech) (AE) stabilize, (BE) stabilise
stabilisiert adj (Tech) (AE) stabilized, (BE) stabilised
Stabilität f (Elek, Tech) stability
Stabkraft f (Stat, Stb) (AE) bar force, force in a member, axial force, stress in the bars
Stabmagnet m (Elek) bar magnet
Staborientierung f (Tech) member incidences pl
Stabregler m (Elek) thermostat
Stabrost m (Tech, Zer) bar grate, bar grizzly, bar screen, grate, grizzly (Stangenrost)
Stabseite f (Hütt) fixed side, rod holding side
Stabstahl m (Met) (umfasst Mitteleisen und Feineisen) bar, bar material, bar steel, bar stock, hot-rolled bar, hot rolled bars pl, merchant bars pl, steel bars pl
Stabstahlwalzwerk n (Walz) bar mill, light section rolling mill, merchant mill
Stabthermometer n (Mess) stem type thermometer
Stabwelle f (Elek) rod wave
Stabwelle f (Tech) bar wave (DIN 54119)
Stabwerk n (Stb, Tech) frame
Stadtgas n (Hütt/Walz) town gas
Staffelung f (Tech) stagger
Stahl m (Met) steel
Stahl m mit hoher Streckgrenze (Met) high-yield steel
Stahlanarbeitung f (Hütt/Walz) steel treatment
Stahlband n (Tech) steel band; steel strapping (Verpackung)
Stahlbandmaß n (Bau) steel tape
Stahlbau m (Stb) steel construction, structural engineering, structural steel engineering, structural steelwork, structural steelwork industry; steel fabrication [manufacture] (z. B. im Baggerbau)
Stahlbaukonstruktion f (Stb) steel construction, steel structure (Bauweise)
Stahlbauteil n (Stb) steel member
Stahlbauteile npl (Stb) fabricated steel structure
Stahlbauunternehmen n (Stb) constructional steelwork company, (AE) steel fabricator, steelwork company, structural engineering company
Stahlbauwerk n (Stb) steel building [structure]
Stahlbeton m (Bau, Stb) reinforced concrete (bewehrter Beton)

Stahlbetonkern m *(Bau, Stb)* reinforced--concrete core

Stahlblech n *(Met)* sheet steel, steel plate, steel sheet; thin sheet metal *(unter 3 mm)*

Stahlblechemballage f *(Hütt/Walz)* steel drum

stahlblechgekapselt adj *(Elek)* metal--clad, metal-enclosed, steel-clad

Stahlbüchse f *(Lag)* steel shell *(Kreuzkopfbolzenlager)*

Stahlbürste f *(Tech)* steel brush

Stahldraht m *(Tech)* steel wire

Stahldrahtkorn n *(Tech)* steel grit

Stahl-Eisen-Werkstoffblatt n *(Hütt/Walz, Met)* iron and steel material specification

stählern adj *(Met)* steel

Stahlerzeugung f *(Hütt/Walz)* steelmaking, steel production

Stahlfachwerk n *(Stb)* steel framework

Stahlfenster n *(Baut, Stb)* steel window

Stahlfenster-Profil n *(Bau, Stb)* glazing tee

Stahlformgebung f *(Form, Hütt/Walz)* deformation of steel, steel forming, steel shaping

Stahlformguss m *(Met)* cast steel, steel castings pl

Stahlgärfutterbehälter m *(Stb)* steel tower silo

Stahlgas n *(Hütt)* steelmaking gas

Stahlgewebe n *(Stb)* steel fabric, steel mesh

Stahlgitterträger m *(Stb)* open joist

Stahlgürtelreifen m *(Tech)* steel belt tyre *(Kraftfahrzeug)*

Stahlguss m *(Met)* cast steel *(Material)*; steel casting *(Produkt)*

Stahlgussteil n *(Met, Tech)* steel casting

Stahlgüte f *(Met)* grade of steel, steel grade, steel quality

Stahlhochbau m *(Stb)* steel construction, elevated steel construction, structural steel

Stahlkehrwalze f *(Tech)* steel brush

Stahlkocher m *(Hütt/Walz)* steel maker *(Stahlwerker)*

Stahlkonstruktion f *(Stb)* fabricated steel structure, steel construction, steel (frame) structure

Stahllegierung f *(Met)* ferrous alloy

Stahlleichtbau m *(Stb)* light-gauge steel construction, light-weight steel construction

Stahllineal n *(Werkz)* steel straight-edge

Stahlmaßstab m *(Tech)* steel tape

Stahlpfahl m *(Met)* dolphin

Stahlplatte f *(Met)* steel plate

Stahlqualität f *(Met)* steel grade

Stahlrohrgerüst n *(Bau, Stb)* metal tube scaffolding, tubular steel scaffolding

Stahlsand m *(Stb)* steel grit *(scharfkantig)*; steel shot *(kugelförmig)*

Stahlschreibstift m *(Tech)* steel stylus

Stahlschrott m *(Hütt/Walz)* steel scrap

Stahlseil n *(Tech)* steel rope, wire cable, wire rope

Stahlseil-Einlage f *(Förd)* steel cord ply, steel wire core

Stahlseilgurt m *(Tech)* belt with steel wire core, steel cable belt, steel cable belting, steel cable constructed belt, steel cable core belting, steel cord belt, steel cord cable; wire cable reinforced belt *(z. B. eines Förderers)*

Stahlseilreifen m *(Tech)* studded tyre

Stahlskelett n *(Stb)* steel frame, steel framework, steel skeleton, steel structure

Stahlsorte f *(Met)* steel grade

Stahlüberbau m *(Stb)* steel superstructure

Stahlverarbeitung f *(Hütt/Walz)* steelwork fabrication, metal-working

Stahlverformung f *(Hütt/Walz)* steel forming, steel shaping

Stahlwasserbau m *(Stb)* steel construction for hydraulic engineering, hydraulic steel construction, hydraulic steel structure

Stahlweiterverarbeitung f *(Hütt/Walz)* metal processing

Stahlwerk n *(Hütt/Walz)* iron and steel works, steelmaking plant, steel mill, steel plant, steel works pl

Stallbaggerung f *(Bergb)* digging a recess

Stammholz... *(Umschl)* log...

Stammholzzange f *(Bergb, Werkz)* log grapple

Stammzeichnung f *(Stb, Zeich)* parent drawing

Stampfbewegung f *(Stb)* stamping flow

stampfen v *(Tech)* ram *(Elektrodenmasse)*; tamp

Stampfmasse f (Hütt/Walz) ramming compound, ramming mass, ramming material, ramming mix, tamping compound, tamping mixture; castable refractories

Stand m (Tech) date of issue (Ausgabedatum); stand; station; status

Standard... (Tech) standard...

Standardbrückengerät n (Stb) unit construction bridge system

Standardkessel m (Hütt/Walz) packaged boiler

Standblech n (Stb, Tech) stay plate

Ständer m (Elek) stator (Stator)

Ständer m (Stb) post, spandrel

Ständer m (Tech) column (Maschinenständer); frame, housing (z. B. Schere)

Ständerausladung f (Hütt, Mech) depth of gap, depth of throat

Ständerbohrmaschine f (Mech) upright drilling machine

Ständerdehnung f (Walz) housing stretch, mill stretch

Ständereinschnürung f (Walz) waisting of housing

Ständerfachwerk n (Stb) Pratt truss

Ständerkreis m (Elek) stator circuit

ständerloses Gerüst m (Walz) housingless mill, housingless stand

Ständerrahmen m (Walz) semi-housing (Halbständerwalzgerüst)

Ständerschalter m (Elek) stator breaker

Ständerwicklung f (Elek) primary winding, stator winding

standfest adj (Tech) stable

Standfestigkeit f (Bergb, Tech) stability, steadfastness

Standfilter m (Tech, Hydr/Pneu) vertical filter

Standfläche f (Tech) contact surface

Standglas n (Tech) gauge glass, level gauge, level glass

ständige Last f (Schw, Tech) dead load, permanent load, static load, steady load

Standleitung f (Elek) dedicated line (Fernmeldetechnik)

Standlicht n (Elek) parking light (Kraftfahrzeug)

Standmast m (Tech) vertical mast

Standort m (Tech) location

Standrohr n (Stb) ascending pipe, riser, standpipe, vertical pipe

Standruhe f (Tech) firmness

Standsäule f (Tech) pedestal column

Standsicherheit f (Bergb, Stat) stability, structural stability

Standversuch m (Prüf) creep test, time-rupture test (DIN 50100)

Standzeit f (Tech) idle time (z. B. Maschine); life expectancy, operating life, operating time, service time

Stange f (Met, Stb) bar, member, rod, round bar

Stangenprüfung f (Hütt/Walz, Prüf) bar inspection, round bar testing

Stangenrost m (Tech, Zer) bar grate, bar grizzly, bar screen, grate, grizzly

Stangenschloss n (Tech) espagnolette lock

Stangenverschluss m (Tech) bolt with handle (Tür)

Stangenwelle f (Tech) pin

Stangenziehbank f (Walz) bar drawing bench

Stangenzirkel m (Werkz) rod compass

Stangenzug m (Walz) bar drawing, on-the-bar drawing (Stangenziehen)

Stanze f (Form) die (Blechbearbeitung)

Stanze f (Hütt/Walz) punch

stanzen v (Mech) punch; stamp (Bleche pressen)

Stanzmaschine f (Mech) punching machine

Stanzmatrize f (Form, Hütt/Walz) die

Stanzteil n (Hütt/Walz, Met) blanking, stamped part

Stanz- und Schneidmaschine f (Hütt/Walz, Mech) punching and shearing machine

Stanzverbinder m (Hütt/Walz) strip joining machine

Stanzversuch m (Hütt/Walz, Prüf) punching test

Stapaschelle f (Tech) stapa strap

Stapastopfen m (Tech) stapa plug

Stapel m (Bergb) pile, stack (z. B. Holz, Paletten)

Stapel m (Tech, Umschl) stockpile

Stapel m aus Eisen (Tech) cribbing iron

Stapelbetrieb m (Mess) batch operation

Stapelfaktor m (Elek, Hütt) lamination factor (Transformator); space factor (Kabelverlegung)

Stapelgerät n (Förd, Walz) piler, piling unit

Stapelhürde f (Walz) piling rack

Stapelkran m (Kran) stacking crane
Stapellauf m (Schiff) launch(ing)
stapeln v (Umschl) pile, stack, stockpile
stapelweise adv (Tech) in piles, pile by pile, stack by stack
stapelweise Untersuchung f (Tech) batch check
Stapler m (Förd, Umschl) forklift truck, FLT, lift truck; piler
stark adj (Tech) heavy; thick; powerful, strong (Maschine, Motor)
Starkbrenner m (Hütt) high-capacity cutting torch
Stärke f (Tech) intensity, power
Stärke f (Tech) (AE) gage, (BE) gauge, thickness (Dicke)
stärken v (Tech) strengthen (verstärken)
Starkgas n (Chem) rich gas
Starkstrom m (Elek) power current
starr adj (Tech) rigid, stiff
Starrachse f (Tech) rigid axle
Start m (Tech) start
Start... (Tech) start..., starter..., starting...
Starter m (Tech) recoil starter (Anreißstarter); starter motor
Starter m für Leuchtstoffröhren (Elek) bulkhead unit
Starter... (Tech) starter...
Starterklappe f (Tech) choke
Startgewicht n (Tech) take-off weight
Statik f (Stat) statics
stationär adj (Elek, Tech) stationary, steady-state
stationäres Band n (Förd) conveyor in fixed layout
statisch adj (Tech) static, statical • **statisch aufladend** electro-static • **statisch ausgewuchtet** statically balanced • **statisch bestimmt** statically determinate • **statisch unbestimmt** statically indeterminate
statische Beanspruchung f (Stat) static load, static loading, statical stress, statical stressing
statische Berechnung f (Stat) structural analysis, design calculation
Statistik f (Stat) statistics
statistisch adj (Math) statistical
Stativ n (Bau, Tech) stand, tripod
Stator m (Elek) cam, stator
Stau m (Kfz) tailback (Straßenverkehr)

Stau... (Förd) accumulating..., accumulator...
Staub m (Tech) dust, powder; particulate matter
Staubabscheider m (Hütt/Walz) dust collector
Staubaufgabe f (Hütt/Walz) pulverized-fuel feeding equipment
Staubbelastung f (Hütt/Walz) dust loading (Filter)
Staubbrenner m (Hütt/Walz) pulverized-fuel burner
Staubbunker m (Hütt/Walz) pulverized-fuel bunker
staubdicht adj (Bau, Tech) dust-tight, dustproof
Staubentwicklung f (Tech) dust formation
Staubfangglas n (Tech) dust bowl
Staubfeuerung f (Bergb) pulverized-coal firing
staubförmig adj (Tech) powdered, pulverulant
Staubfraktion f (Hütt/Walz) dust particle size
staubfrei adj (Tech) dustfree
Staub-Gas-Gemisch n (Tech) dust-laden air
Staubgehalt m (Hütt/Walz, Ökol) dust content, dust loading
Staubkessel m (Hütt/Walz) pulverized-coal fired boiler
Staubmanschette f (Tech) dust boot
Staubsack m (Tech) dust bag (Filtersack); dustcatcher (Staubsammler)
Staubschutzanlage f (Tech) double filter attachment for dusty conditions (des Staplers)
Staubverminderung f (Tech) aerosols and dust removal
stauchen v (Form, Mech) head, jump, upset
Stauchen n (Hütt/Walz) edge rolling, edging (des Walzgutes); momentary blast reduction (des Hochofen); staving, upsetting (Rohrenden)
Stauchfestigkeit f (Stb) squash strength
Stauchgerüst n (Walz) edger, edging mill, edging mill stand, edging stand
Stauchgrenze f (Met) compressive yield point, upset limit (bei Druckspannung)
Stauchpresse f (Hütt, Mech) upsetting press

Stauchrolle f (Walz) squeeze roll (Rohr-walzwerk)

Stauchschlitten m (Walz) moving ram (Bandwalzwerk); upset platen (einer Stumpfschweißmaschine)

Stauchstich m (Walz) edging pass; dummy pass (Schienenwalzung)

Stauchung f (Met) negative strain

Stauchversuch m (Prüf, Stb) crushing test (z. B. Rohre); upset test

Staudamm m (Bau, Bergb) dam, dike, dyke, embankment

Staudruck m (Tech) wind pressure; head, pressure head (Strömungsmessung)

Staudruckventil n (Hydr, Vent) pressur-izing valve

Staufferbüchse f (Tech) grease cup

Stauförderer m (Förd) accumulating conveyor

Stauhitze f (Tech) dome heat (unter dem Dach)

Staupunkt m (Verd) stagnation point

Staurand m (Mess) sharp-edged orifice

Stauraum m (Tech) storage room (Kraft-fahrzeug)

Staurohr n (Tech) contraction choke; head-meter tube, impact tube (zur Staudruckmessung)

Stausee m (Bergb) water reservoir

Stau-Stopper m (Förd) load trolley stop, trolley stop

Stauwehr n (Bau) dam, dike, dyke, em-bankment

Steatit m (Met) steatite (Material für Iso-latoren)

Stechwelle f (Tech) stub shaft

Steck... (Elek, Tech) insertable..., plug..., plug-in..., socket...

Steckachse f (Tech) floating axle (Berg-bau); knock-out shaft (Richtschwing-einheit); half-shaft, linchpin, stub axle (Kraftfahrzeug)

Steckanschluss m (Elek) connector, plug, plug-and-socket connection, plug-in connection

steckbar adj (Elek) plug-in ..., pluggable

Steckblende f (Tech) push plug; orifice plate between two pipe sections, orifice plate between flanges, restrictor plate (zu Messzwecken)

Steckbolzen m (Tech) socket pin

Steckbolzenkupplung f (Tech) socket--pin coupling

Steckbuchse f (Elek) connector, jack, pin jack, socket (Steckdose)

Steckdose f (Elek) general power outlet (für normale 220 oder 110 V); conveni-ence outlet, plug, plug box, plug re-ceptacle, receptacle, receptacle outlet, socket, socket outlet, socket receptacle, wall socket; welding outlet (für Schweißen); trailer socket (für Kfz-Anhänger)

Steckelwalzwerk n (Walz) Steckel mill

stecken v (Elek) plug, plug in

steckenbleiben v (Tech) become bogged down, get entangled, stick

Stecker m (Elek) plug, socket; terminal (Steckkontakt an der Batterie)

Steckerbelegungsplan m (Elek) terminal layout

Steckerfahne f (Elek) pin terminal

Steckergarnitur f (Elek) plug and socket set

Steckerkerbstift m (Tech) half-length reserve taper-grooved-dowel pin

Steckerteil n des Prüfkopfes (Tech) connector end of a probe

Steckerverbindung f (Elek) coupler, plug-and-socket connection

Steckhülse f (Elek, Tech) socket

Steckkarte f (Elek) plug-in card, printed wiring card, pluggable printed-board assembly

Steckkerbstift m (Tech) grooved pin

Steckkette f (Tech) lock-pin chain

Steckkontakt m (Elek) switch plug

Steckkupplung f (Tech) plug coupling

Stecklampe f (Mess) jack lamp

Steckloch n (Tech) hole for pinning

Steckofen m (Tech) forging cell furnace

Steckplatte f (Elek) pluggable printed--board assembly

Steckscheibenschieber m (Vent) goggle valve

Steckschlüssel m (Werkz) (AE) box spanner, detachable key, box wrench, (BE) socket spanner, (AE) socket wrench

Steckschlüsseleinsatz m (Werkz) socket

Steckschlüsselschalter m (Elek) lock switch

Steckstift m (Tech) pin

Steckverbinder m (Elek) cable connec-tor, plug and socket connector

Steckverbindung f (Elek) plug and socket connection, plug(-in) connection
Steckzahn m (Bergb) inserting tooth, socket-type tooth
Steg m (Bau) footbridge (kleine Brücke)
Steg m (Bergb) grouser (der Kettenbodenplatte)
Steg m (Tech) side bar; membrane (längs zwischen zwei Rohren)
Stegblech n (Tech) web plate, web plate girder (Hochbau); wrapper plate (Konverter)
Stegflanke f (Tech) root face (Wurzel)
Steghöhe f (Schw) root face
Stegkettenförderer m (Förd) drag chain conveyor (Schleppkettenförderer)
Stegklammer f (Werkz) clip
Steglasche f (Tech) bracket clip
Stegzementdiele f (Bau) concrete walkway slab
Stehbolzen m (Tech) stud bolt
stehend adj (Ökol) stagnant (z. B. Wasser)
stehend adj (Tech) stationary; vertical (z. B. Pumpe)
Stehlagergehäuse n (Tech) plummer block
Stehlager n (Tech) pedestal bearing, pillow block, pillow block bearing
Stehlager-Festlager n (Tech) locating pillow block bearing
Stehstoßspannung f (Hütt) impulse withstand voltage
Stehvermögen n (Tech) resilience, withstand capability
steif adj (Tech) rigid, stiff
Steife f (Bau, Bergb) shore, stay (z. B. im Graben)
Steife f (Stb) brace (Strebe)
Steife f (Stb, Tech) stiffener; stiffness (Zustand)
steifen v (Stb, Tech) stiffen
Steifheit f (Stb, Tech) stiffness, stiffness factor
Steifigkeit f (Tech) rigidity, stiffness, stiffness factor, strength
Steigbügelhandgriff m (Elek) spade handle
Steigeisen n (Elek) step iron
Steigeisen n (Tech) stirrup (Luftschacht)
steigend adj (Mess) increasing (z. B. Istwert); rising
steigend gießen v (Hütt) cast uphill
Steiger m (Bergb) pit foreman

Steiger m (Tech) aerial platform (Korb am Teleskopmast); riser (Gießerei)
Steigerung f (Hydr/Pneu, Tech) increase (z. B. des Drucks)
Steigfähigkeit f (Bergb, Tech) climbing ability, gradability (z. B. Transportraupe)
Steigförderer m (Förd) mobile ascending belt gantry, ascending belt gantry, ascending conveyor gantry, ascending conveyor
Steigleiter f (Stb) ladder
Steigleitung f (Stb) riser, standpipe
Steigrohr n (Hütt/Walz) riser, riser tube, uptake tube
Steigstromvergaser m (Kfz) (AE) draft carburetor, (AE) up-draft carburetor
Steig- und Futterrohr n (Tech) tubing and casing
Steigung f (Bahn) climbing gradient, gradient, ruling gradient, slope, upslope, upward inclination (der Bahnstrecke); upward slant, upward slope (Boden)
Steigung f (Tech) lead, pitch; pitch (Schraube, Gewinde); rise (Ausrichtvorrichtung)
Steigungshöhe f (Tech) lead
Steigungssinn m (Tech) hand of helix (Zahnrad)
Steigungswinkel m (Tech) ascent angle; helix angle (Zahnrad); lead angle (Seilrille auf Trommel)
Steigzug m (Tech) updraft, uptake
steil adj (Bergb, Geo, Tech) steep
Steilabbruch m (Bergb) escarpment, outcrop
Steilböschung f (Bergb) side slope
Steildach n (Baut, Stb) steep roof
Steilflanke f (Stb) square edge
Steilflankennaht f (Schw) open single V
Steilförderer m (Förd) bench lifting conveyor, bridge-mounted conveyor angling upward at … slope, ascending conveyor bridge, ascending conveyor gantry, inclined conveyor, linking belt gantry, slope conveyor, steep-incline conveyor
Steilheit f (Elek) mutual conductance
Steilrohrkessel m (Hütt/Walz) bent-tube boiler, vertical-tube boiler
Stein m (Bau) brick (Ziegelstein); boulder, rock, stone

Stein m (Hütt) matte; brick (Ausmauerung); block (groß, im Unterofen)

Steinauswerfer m (Tech) rock ejector (zwischen Zwillingsreifen)

Steinbogenbrücke f (Bau) stone arch bridge

Steinbruch m (Bergb) quarry

steinfrei adj (Bergb, Geo) rockfree

Steingreifer m (Tech) brick grapple (am Stapler)

Steingut n (Geo) earthenware (Geschirr)

Steinhalterung f (Hütt/Walz) brick support (Hochofen)

Steinhammer m (Zer) hydraulic hammer, rock hammer

Steinklammer f (Tech) block clamp (an Lader oder Stapler)

Steinklemmgabel f (Tech) tile handling apron

Steinkohle f (Bergb, Geo) coal, bituminous coal, low-grade anthracite, mineral coal, pit coal, stone coal

Steinmauer f (Bau) stone wall

Steinmeißel m (Werkz) stone chisel

Steinmetz m (Bau) mason

Steinpresse f (Form) block machine

Steinsäge f (Werkz) masonry saw

Steinschaufel f (Tech) tyned brick bucket

Steinschlagschutz m (Bergb) rock guard

Steinschraube f (Tech) anchor [masonry, rag] bolt, stone anchor, stone bolt

Steintransport-Aufbau m (Tech) rock body (auf Lkw)

Steinwolle f (Bergb, Geo) rock wool

Steinzeug n (Bau) stoneware

Stell... (Tech) adjusting…, control…, correcting…, setting…; locating…, positioning…

Stellantrieb m (Elek, Tech) actuator, servo-drive

Stellarmverhältnis n (Mess) lever arm ratio

Stellbereich m (Tech) speed range (Getriebe); correcting range (Mess- und Regeltechnik)

Stelle f (Tech) location, place, spot

stellen v (Elek, Tech) set

stellen v (Tech) place, put, stand

Steller m (Tech) adjuster

Stellgabel f (Mess) actuator clevis

Stellglied n (Hütt) electrode positioning drive mechanism

Stellglied n (Mess) final control(ling) ele-

ment, final element, regulating control, regulating unit; actuator, final operator (Antrieb des Regelkreisschlussglieds)

Stellgröße f (Mess) corrected variable, correcting variable, manipulated variable

Stellhebel m **für Dachlüftung** (Bahn) operating handle for roof ventilator (Dampflok)

stellitiert adj (Mess) stellited

Stellkolben m (Tech) set piston

Stellmotor m (Antr, Mess) motor actuator

Stellort m (Mess) point of final control

Stellrad n (Bahn) hand wheel

Stellring m (Tech) adjusting ring, collar, adjustable ring (Transmissionswelle); adjustable skirt (Konverter); packing follower ring (eines Wärmetauschers)

Stellschraube f (Tech) adjusting screw, set screw, timing bolt

Stellsignal n (Mess) actuating signal, positioning signal

Stellspannung f (Elek) control voltage

Stelltransformator m (Elek) transformer with sliding contact for current takeoff, voltage regulating transformer; test transformer

Stellung f (Tech) position; setting (eines Bauteils)

Stellungsanzeiger m (Elek) gate position indicator, position indicator

Stellungsferngeber m (Elek) selsyn transmitter

Stellungsgeber m (Mess) position encoder

Stellungsregler m (Mess, Vent) position controller

Stellventil n (Mess, Vent) control valve

Stellverhältnis n (Mess, Vent) rangeability

Stellwand f (Baut) partition

Stellwerk n (Bahn) signal box

Stellwiderstand m (Elek) rheostat (Regelwiderstand)

Stellzylinder m (Tech) adjust cylinder, adjusting cylinder, hydraulic cylinder, positioning cylinder, setting cylinder

Stelzenlager n (Tech) rocker bearing

Stemmarbeit f (Bau) chiseling work, mortising work

Stemmeisen n (Werkz) crow bar

stemmen v (Mech) stem (schnitzen)

stemmen v/**dicht** (Tech) caulk

Stemmknagge f (Werkz) hollow quoin, quoin bracket

Stemmmeißel m (Werkz) caulking chisel

Stempel m (Bergb) mine prop (Grubenholz); prop, shore, stem, stemple, strut

Stempel m (Mech, Werkz) die, punch, stamp (Prägestempel)

Stempelmaschine f (Hütt) imprinter, stamper, stamping machine

stempeln v (Hütt) stamp (z. B. Brammen)

Stempelöffnung f (Walz) die opening (Heftmaschine)

Stengelkristall m (Met) columnar crystal, columnar grain

Steppdecke f (Tech) quilt

Stepseal n (Tech) stepseal (Kolbenstangendichtung)

Ster m (Bau) stere (Raummeter)

Stern m (Bergb) star (Antriebsrad)

Stern m (Tech) cross-shaped plate, spider

Sterndreieck n (Elek) delta star

Stern-Dreieckschaltung f (Elek) star-delta connection, y-delta connection (Zustand); star-delta starter, star-delta switch

Sterneinsatz m (Tech) star-shaped filter element

sternförmig adj (Tech) star-shaped

Sternmotor m (Antr) radial engine

Sternpunkt m (Elek) common ground; low-voltage neutral (Trafo); neutral (Leiter)

Sternpunkterdung f (Elek) neutral earthing

Sternscheibe f (Tech) star disc

Sternspannung f (Elek) y-voltage

stetig adj (Tech) constant, continuous

Stetigförderer m (Förd) continuous conveyor

Stetig-Wegeventil n (Vent) directional proportional valve

Steuer n (Bergb) control (z. B. des Baggers)

Steuer n (Tech) steering wheel (Lenkrad)

Steuer... (Elek, Tech) control..., directional control..., steering

Steueraggregat n (Tech) control unit

Steuerbetätigung f (Tech) actuating control

Steuerblock m (Vent) control block, control valve, valve block

Steuerblock m des Getriebes (Tech) transmission valve

Steuerblockbefestigung f (Tech) valve block mounting

Steuerbord n (Tech) starboard

Steuerdeichsel f (Schiff, Tech) tiller

Steuerdruck m (Hydr/Pneu) control pressure, pilot pressure; operating pressure (Ventil)

Steuerflasche f (Kran) control pendant, pendant pushbutton, pendant switch

Steuergehäusedeckel m (Tech) timing case cover

Steuergenerator m (Elek) master trigger unit

Steuergerät n (Elek) control device, control unit; control station (Steuerzentrale); controller (für Motoren)

Steuergetriebe n (Bergb) steering gear unit

Steuerimpuls m (Mess) pilot pulse

Steuerkante f (Tech) control edge; control land (Fläche zwischen Öffnungen); spool land (eines Ventilkolbens)

Steuerkette f (Tech) control chain, timing chain

Steuerknüppel m (Elek) joystick

Steuerkolben m (Tech) piston valve, spool; control piston (eines Tauchspulenreglers)

Steuerkonsole f (Elek) console, control console

Steuerleitungskanal m (Hydr) pilot oil passage

Steuerleitungstrommel f (Tech) control-current cable reeling drum

Steuerlinse f (Tech) pendulum ball (im Pumpenkörper)

Steuermechanismus m (Tech) controls pl

Steuermedium n (Vent) operating fluid, pilot control fluid, pilot fluid, pilot supply

Steuermodulgenerierung f (Mess) control module generation

steuern v (Tech) handle, pilot, steer

Steuerorgane npl (Tech) control equipment, operating controls pl, pilot devices pl

Steueroszillator m (Mess) master oscillator

Steuerpult n (Bau, Elek) console, control console, control desk, pulpit

Steuerrad n (Schiff) helm, rudder (Schiff)

Steuerräder npl (Getr) gear train (Zahnräder im Getriebe)
Steuerraum m (Elek) buncher space
Steuerraum m (Tech) control room
Steuersatz m (Elek) control set, trigger set
Steuersäule f (Tech) control pedestal, local control station
Steuerschalter m (Elek) auxiliary circuit switch, control switch, controller, main control switch, master controller
Steuerschieber m (Hydr/Pneu) control valve, directional control valve, main-block valve, valve spool
Steuerschieberstange f (Tech) spool
Steuerschrank m (Elek) control cabinet, control circuitry cabinet, control cubicle
Steuerschwelle f (Förd, Tech) self-aligning idler, training idler (beweglich)
Steuersender m (Elek) control transmitter, exciter; oscillator (elektronisches Gerät)
Steuersessel m (Elek) control seat, controls built into seat, seat with built-in controls
Steuerspiegel m (Tech) control plate (z. B. im Motor)
Steuerspindel f (Bergb) steering screw
Steuerstand m (Elek, Tech) (AE) control center, (BE) control centre, control console, control position, control room, control stand, control station
Steuertastschalter m (Elek) control switch, momentary-contact switch
Steuerträger m (Tech) steering frame
Steuer- und Regeleinrichtung f (Elek) control equipment, control section
Steuerung f (Bahn) link motion (der Lokomotive)
Steuerung f (Elek) control (Betätigung); control device, control gear, controls pl, controller (Steuergerät); open-loop control (im Vergleich zur Regelung)
Steuerung f (Hydr/Pneu) control, open-loop control (rückführungslos)
Steuerung f (Tech) control gear (einer Maschine); production controlling (des Fertigungsablaufes); steering, steering mechanism (Lenkmechanismus; Kfz); valve gear (Turbine)
Steuerungsausschuss m (Tech) steering committee (eines Projektes)
Steuerungstechnik f (Elek) control engi-

neering; control principles (Mess- und Regeltechnik)
Steuerungsvorgang m (Hydr/Pneu) control process
Steuerventil n (Vent) control valve, distribution valve, servo control valve, triple valve; performance valve (Druck)
Steuerwalze f (Tech) drum controller
Steuerwarte f (Elek) (AE) control center, (BE) control centre
Steuerwelle f (Tech) cam angle, timing shaft
Steuerzentrale f (Elek) central control room
Steuerzylinder m (Bahn, Hydr/Pneu) dummy cylinder (Luftverteilung)
Steuerzylinder m (Tech) control cylinder
Steven m (Schiff) steve (Schiffsbug)
Stich m (Walz) pass, rolling pass
Stichabnahme f (Walz) (AE) draft, (BE) draught, pass reduction, reduction in one pass, reduction per pass
Stichabstand m (Walz) welding pitch (Rohrschweißanlage)
Stichbalken m (Stb) trimmer
Stichflamme f (Hütt/Walz) flash
Stichfortschaltung f (Walz) pass cycling
Stichgleis n (Bahn) spur, spur track
Stichleitung f (Elek) branch line, line tap, radial feeder, single feeder, spur, stub-end feeder, tap line (Netz)
Stichleitung f (Hütt) branch line, branch pipe (Elektroofenkühlung)
Stichloch n (Hütt/Walz) taphole, tapping hole (des Hochofens)
Stichlochbohrerlafette f (Hütt) drilling jig
Stichlochkanone f (Hütt) clay gun, mud gun, taphole gun
Stichlochrinne f (Hütt) main trough
Stichlochschweißen n (Schw) plug weld
Stichlochstange f (Hütt/Walz) tap bar
Stichlochstopfmasse f (Hütt) mud gun mix
Stichmaß n (Metr) inside caliper gauge
Stichplan m (Walz) pass schedule
Stichprobe f (Tech) random (sample) test spot check
Stichsäge f (Werkz) compass saw, keyhole saw, pad saw, piercing saw
Stichwort n (Tech) code word, code-name
Stickoxid n (Chem) nitrogen oxide

Stickoxid-Reduzierung f (Chem) nitrogen oxide reduction

Stickstoff m (Chem) nitrogen

Stiefel-Walzwerk n (Walz) Stiefel piercing mill

Stiel m (Bergb) (AE) dipper stick (z. B. des Tieflöffels); arm, stick (des Baggers)

Stiel m (Stb) leg, stay, vertical supporting member

Stiel m (Tech) shaft (z. B. eines Hammers)

Stielzylinder m (Bergb) arm cylinder, (BE) stick ram

Stielzylinder m (Hydr) shaft cylinder

Stift m (Tech) bolt (mit Mutter); pin

Stiftbolzen m (Tech) stud bolt

Stiftfeile f (Werkz) pillar file

Stiftfühler m (Hydr) stylus

Stiftloch n (Tech) pin hole

Stiftschlüssel m (Werkz) socket head cap wrench, stud driver (Inbusschlüssel)

Stiftschlüssel m (Werkz) (AE) box spanner, pin spanner; (BE) socket screw key, socket screw wrench

Stiftschraube f (Tech) set screw, stud, stud bolt, stud screw

Stiftschraubenverbindung f (Tech) studded connection

Stiftschweißung f (Schw) stud weld

Stiftsicherung f (Tech) pin lock

stiftzentriert adj (Lag) pin-located

Stilllegung f (Tech) close-down, closure, shut-down; discontinuation (z. B. des Schiffbaus)

stillsetzen v (Elek) shut down, stop

Stillsetzhut m (Hütt, Vent) shutdown bleeder valve (Hochofen)

Stillsetzregelung f (Verd) start and stop control, start-stop control

Stillsetz-Schwelle f (Mess) shutdown level, shutdown setting

Stillstand m (Tech) outage, rest, standstill, stoppage

Stillstandsheizung f (Tech) anticondensation heater, anticondensation heating, space heater

Stillstandsmoment n (Tech) static torque

Stillstandsmotor m (Antr) torque drive motor, torque motor

Stillstandswächter m (Elek) standstill monitor, zero-speed relay, zero-speed switch

Stillstandszeit f (Tech) downtime, idle period, outage, period of idleness [inactivity]

stillstehend adj (Tech) idle

Stirnband n (Förd) cross conveyor, frontal conveyor

Stirnböschung f (Bergb) front wall

Stirnfläche f (Tech) face, frontal area, spot face; area of contact (Elektrode); roll end (einer Rolle) • **Stirnfläche fräsen** spot-face • **Stirnflächen abdrehen** face • **Stirnflächen bearbeiten** face • **Stirnflächen plandrehen** face

Stirnflachnaht f (Schw) edge weld

Stirnkehlnaht f (Stb) end fillet weld

Stirnmodul n (Tech) transverse module

Stirnprofil n (Tech) transverse profile

Stirnrad n (Getr) cylindrical gear, helical gear, spur gear (Geradstirnrad); spur gear wheel, spur wheel, spur wheel; timing gear (zur Zeiteinstellung)

Stirnraddeckel m (Getr) aiming gear cover

Stirnradgehäuse n (Getr) timing gear housing

Stirnradpaar n (Getr) cylindrical gear pair

Stirnradwelle f (Getr) accessory shaft

Stirnritzel n (Getr) spur pinion

Stirnrunge f (Bahn) head stanchion (z. B. am Flachwagen)

Stirnschar f (Bergb) front blade, bulldozer blade

Stirnscheibe f (Tech) diaphragm; end plate (eines Segmentradiallagers)

Stirnschild n (Bergb) front blade, dozer blade

Stirnseite f (Tech) end, face side (schmalere Seite); face, front side; upstream face (einer Messblende)

stirnseitig adj (Tech) end, on the face side

Stirnstoß m (Tech) forehead joint

Stirnwand f (Tech) bulkhead, cowl, end wall

Stirnwandstütze f (Tech) cowl support

stochern v (Hütt/Walz) poke, stoke (z. B. Ofen)

Stöchiometrie f (Chem) stoichiometry

stöchiometrisch adj (Met) stoichiometric

stocken v (Tech) falter, stall

Stöckichtgetriebe n (Getr) torque control, torque control unit

Stockpunkt m (Chem) pour point; setting point, solidification point (Öl)

Stockthermometer n (Lab) stem thermometer

Stockwerk n (Bau) floor, (BE) storey, (AE) story

Stockwerkschalter m (Elek) positioning switch

Stockwerksrahmen m (Stb) multistorey frame

Stoff m (Chem) matter, substance

Stoffbilanz f (Tech) material balance

Stofffluss m (Tech) flow of material

Stoffgewicht n (Geo, Tech) specific gravity

Stollen m (Bergb) bank, entry (unter Tage); bar, grouser (auf Kettenplatte); duct, (BE) gallery, transport level, (AE) tunnel

Stollen m (Förd) cleat (Steilförderer)

Stollen m (Stb) canal (Wasserbau)

Stollenausbau m (Bergb) roof support

Stollenband n (Förd) cleated belt conveyor

Stollendurchmesser m (Bergb, Tunn) nominal tunnel diameter

Stollenholz n (Bergb) mine prop

Stopfbüchsbrille f (Tech) gland, packing gland, stuffing box gland

Stopfbuchse f (Tech) compression gland, gland, packing box, stuffing box

Stopfbüchse f (Tech) conduit gland, gland, packing box, stuffing box; packing (z. B. eines Wärmetauschers)

Stopfbuchsenverschraubung f (Tech) screwed gland

stopfen v (Tech) pad; close (Stichloch); plug (Düsen)

Stopfen m (Tech) plug, seal (Türschloss; stopper)

Stopfenläufer m (Hütt) leaky stopper, running stopper

Stopfenstange f (Hütt) stopper rod; mandrel bar (Stopfenwalzwerk)

Stopfenstraße f (Walz) plug mill, plug rolling mill

Stopfenziehbank f (Form) mandrel draw bench

Stopfenziehen n (Form) plug drawing

Stopfgrenze f (Verd) stonewall

Stopfkolben m (Hütt) plunger

Stopfmotor m (Hütt) clay-gun motor (Hochofen)

Stop-Motor m (Antr) torque motor

Stopplicht n (Elek) stop light (Kraftfahrzeug)

Stoppuhr f (Tech) stop watch

Stöpsel m (Tech) plug

stöpseln v (Elek) plug, plug in

Störaustastung f (Elek) interference blanking

Storchschnabel m (Tech) pantograph

Storchschnabelzange f (Werkz) pointed pliers

Störecho n (Elek) noise echo, radio interference echo, spurious echo (Ultraschall)

stören v (Tech) disrupt, disturb, interfere with

Störfaktor m (Elek) interference factor, signal-to-noise ratio

Störfeldstärke f (Elek) radio interference field-intensity

Störfunktion f (Elek) forcing function

Störgröße f (Mess) disturbance, disturbance variable

Störgrößenaufschaltung f (Mess) disturbance feedforward, disturbance variable feedforward

Störgrößensprung m (Mess) disturbance step change

Störkante f (Tech) interference edge

Störkasten m (Elek) noise generator

Störlampe f (Mess) fault indicating lamp, fault lamp

Störmeldetableau n (Mess) alarm annunciator panel

Störmeldung f (Tech) alarm, fault alarm [indication, signal]

Störmerker m (Mess) fault flag

Störschutz m (Elek) noise suppression

störspitzenbeseitigt adj (Elek) deglitched

Störung f (Elek) interference (Interferenz)

Störung f (Tech) abnormal condition, breakdown, down-time, failure, fault, irregularity, malfunction, power failure, trouble (z. B. eines Gerätes); upset; dislocation (des Atomgitters)

Störungsbeseitigung f (Mech, Elek) remedial action, trouble shooting

störungsfrei adj (Tech) trouble-free; interference-free (Datenübertragung)

Störungssuche f (Elek, Tech) trouble-shooting

Störuntergrund m (Elek) noise level (Geräuschpegel)

Störwelle f (Elek) interfering wave
Störwertaufzeichnung f (Mess) off-normal record
Störwirkung f (Prüf) interference effect (Ultraschallprüfung)
Störzone f (Prüf) interference zone (Ultraschallprüfung)
Stoß m (Bahn) fish-plate connection (des Fachwerkgerüstes)
Stoß m (Bergb) bank (anstehende Böschung); blow (des Hydro-Hammers)
Stoß m (Stb) butt joint, structural connection, joint, section, splice
Stoß m (Tech) bounce, push, shove (Schlag, Schub); jerk (Ruck); impact, shock (Aufprall)
Stoß... (Tech) butt..., end..., joint...,
Stoß-an-Stoß-Durchlauf m (Tech) end--to-end advance
Stoßart f (Schw) type of joint
stoßartig adj (Tech) intermittent
stoßartige Belastung f (Elek) impact load, impulse load, shock load, surge load, transient peak load
Stoßausblenden n (Tech) signal blanking
Stoßausblendung f (Tech) signal blanking
Stoßbank f (Form) push bench
Stoßbeanspruchung f (Stat) impact coefficient (Spannung); impact stress
Stoßbeiwert m (Stat) impact coefficient
Stoßbelastung f (Förd) dynamic load, dynamic loading, impact load, impact loading, loading impact, shock loading
Stoßdämpfer m (Tech) pad, shock absorber, shock absorbing buffer, snubber
Stoßdämpferzylinder m (Tech) suspension cylinder
Stoßdämpfung f (Elek) reflection loss
Stoßdeckungsteil n (Stb) splice material, splice member
Stöße mpl (Bau) splicing
Stoßebene f (Tech) bumping plane
Stoßeinrichtung f (Tech) push design
Stößel m (Tech) lifter (Nockenscheibe); plunger (Druck- oder Presskolben); push rod, ram; tappet (z. B. Ventilstößel)
Stößelfeder f (Tech) lifter spring (am Druckkolben); tappet spring (am Ventil)
Stößel-Nocken-Ventil n (Vent) cam valve, pilot valve

Stößelrolle f (Tech) cam follower, roller set, tappet roller
Stößelschraube f (Tech) lifter screw
Stößelstange f (Tech) push rod
Stößelventil n (Vent) cam valve, pilot valve
stoßen v (Mech) butt; die (stanzen)
Stoßfaktor m (Tech) impact [selection, shock-load] factor
Stoßfänger m (Tech) bumper, pad, shock absorber, snubber
stoßfest adj (Tech) shock-resistant
stoßfrei adj (Tech) non-surge (z. B. Kraftübertragung); pulsation-free (Luft); smooth (z. B. abbremsen)
Stoßfuge f (Baut, Stb) clearance, side point
Stoßimpuls m (Tech) shock pulse
Stoßkante f (Walz) abutting edge (eines Schlitzrohres)
Stoßkopf m (Form) push head (Ziehbank)
Stoßlasche f (Stb, Tech) butt strap, joint plate, splice plate
Stoßlast f (Tech) shock load
Stoßnaht f (Schw) butt seam
Stoßofen m (Hütt/Walz) pusher furnace, pusher-type furnace
Stoßplatte f (Stb) abutment piece, butt strap
stoßsicher adj (Tech) shock-proof
Stoßspannung f (Elek) surge, transient voltage
Stoßspannung f (Stat) impact stress
Stoßspannungsprüfung f (Elek) impulse test
Stoßspitzenspannung f (Mess) peak transient voltage
Stoßstange f (Bahn) push rod (Waggon)
Stoßstange f (Tech) bumper (Kraftfahrzeug); push tube (Rohrschiebestange); mandrel, mandrel bar (Stoßbank)
Stoßstelle f (Tech) contact point
Stoßstrom m (Elek) peak current, peak withstand current, surge current
Stoßverspannung f (Bergb) rear anchoring system, rear gripper system
Stoßwellenverfahren n (Elek) shock wave method
Stoßwert m (Kran) impact allowance
Stoßzahl f (Stat) impact coefficient
straff adj (Tech) taut, tight (gespannt)
Straffseil n (Tech) tight rope

Straffseilschalter m (Elek) tight-rope limit switch

Strahl m (Elek, IT) beam, ray

Strahl m (Hütt, Tech) jet, stream

Strahlablenkung f (Hydr/Pneu) flow deviation

Strahlachse f (Prüf) beam axis (Ultraschall, DIN 54120)

Strahlaufweiter m (Elek) beam expander

Strahlbündelöffnung f (Prüf) beam width (Ultraschall)

Strahlen n (Anstr) blast cleaning, abrasive blast cleaning, blasting, abrasive blasting

Strahlen n bis zum blanken Metall (Anstr) near-white blast cleaning

Strahlen n mit Sand (Anstr) sandblasting

Strahlen n mit Stahlkies (Anstr) steel grit blasting

Strahlen n mit Stahlkugeln (Anstr) steel shot blasting

Strahlen n mit Stahlsand (Anstr) grit blasting, shot blasting, steel grit blasting

Strahlenbrechung f (Tech) beam refraction (DIN 54119)

Strahlenbündel n (Elek) beam concentration, focussed beam

Strahlenbündelöffnung f (Prüf) beam aperture (Ultraschall)

strahlend adj (Tech) luminous

Strahlenquelle f (Elek) source of radiation

Strahlenschutzverordnung f (Ökol, Tech) ordinance governing protection against radiation

Strahlentzündung f (Hütt) blast cleaning, blast descaling

Strahler m (Elek) radiating system emitter; radiator (Kreuzscheibenstrahler)

Strahlerfläche f (Elek) contact face of radiator

Strahlkontakt m (Elek) acoustic contact

Strahlleistung f (Anstr) shot-blasting efficiency (beim Sandstrahlen)

Strahlraum m (Hütt/Walz) radiation cavity, radiation chamber

Strahlrohr n (Tech) monitor; radiant tube (Wärmofen)

Strahlschweißen n (Schw) beam welding (DIN 1910)

Strahlteiler m (Elek) beam splitter

Strahltriebwerk n (Antr) jet engine

Strahlungsbeiwert m (Stb) radiation coefficient

Strahlungshitze f (Hütt) radiant heat

Strahlungspyrometer n (Hütt/Walz) radiation pyrometer

Strahlungsschutz m (Hütt/Walz) radiation shield

Strahlungsvermögen n (Stb) radiation capacity

Strahlungswärmeverlust m (Hütt) radiant heat loss

Strähnenbildung f (Hütt/Walz) formation of layers (Flamme)

Strang m (Hütt/Walz) slab, strand (z. B. Stranggießen)

Strang m (Kran) fall (eines Kranseils)

Strang m (Stb) string

Strang... (Hütt) strand... (Stranggießen)

Stranganfang m (Hütt) head of the cast (Stranggießen)

Strangdurchbruchmelder m (Hütt) strand break-out detection system (Stranggießen)

stranggegossen adj (Hütt) conticast, continuously cast, strand-cast (Stranggießen)

stranggepresst adj (Hütt/Walz, Met) extruded

stranggepresst adj/warm (Hütt/Walz, Met) hot-extruded

Stranggießverfahren n (Hütt) continuous casting method [process, technique]

Strangguss m (Hütt/Walz) continuous casting, conticasting, strand casting

Strangkern m (Hütt) strand core (Stranggießen)

Strangpressen n (Hütt/Walz) extruding, extrusion

Strangschale f (Hütt) strand shell, strand skin (Stranggießen)

Strangstecker m (Hütt) strand sticker, strand sticking in the mould, stuck strand (Stranggießen)

Strangstrom m (Elek, Hütt) phase current

Strangstromrohr n (Elek, Hütt) lower mantle power tube (Reduktionsofen)

Straße f (Bau) (BE) dual carriageway (mit geteilter Fahrbahn); causeway (mit Dammschüttung); road (Landstraße); street (Stadt)

Straße f (Hütt/Walz) line, train

Straße f (Tech) bench (Fördertechnik)

Straßen... (Bau) road..., street...

Straßenaufbruch m (Bau) road scarification

Straßenbankett n (Bergb) verge

Straßenbau m (Bau) road building [construction]

Straßenbauer m (Bau) road engineer (Ingenieur)

straßenbeweglich adj (Tech) road-transportable

Straßenfertiger m (Bau) road finisher, road finishing machine, paver

Straßenlage f (Tech) roadability (Kraftfahrzeug)

Straßenmeisterei f (Bau) road construction department

Straßennetz n (Tech) road network, road system

Straßenoberfläche f (Bau) blacktop (Asphalt)

Straßenpacklage f (Bau) road sub-base

Straßenprofil n (Bau) camber

Straßenrand m (Bergb) shoulder

Straßenübergang m (Förd, Stb) stretch over road

Straßenunterführung f (Bau) undergrade crossing, underpass

Straßenverkehr m (Tech) road traffic

Straßenwalze f (Bau) road roller

Strategie f (Tech) strategy

Streb m (Bergb) cross-heading (parallel zum Hauptstollen); face, longwall (Kohlenwand)

Streb m in Betrieb (Bergb) working face

Strebe f (Stb, Tech) brace, diagonal, strut (eines Fachwerks)

Strebebogen m (Stb) squinch arch

Strebenfachwerk n (Stb) Warren-type truss

strebenlos adj (Tech, Stat) unsupported

Streckbiegerichteinheit f (Walz) tension leveller (Bandanlage)

Strecke f (Bahn) line, route, (AE) railroad line, (BE) railway line (Bahn)

Strecke f (Bergb) drift; hard heading (in niedrigen Flözen); heading (unter Tage)
• **Strecke verblasen** backfill

Strecke f (Tech) distance, length

strecken v (Tech) elongate, stretch, stretch

Streckenförderung f (Bergb, Förd) belt conveying, main line haulage

Streckengirlande f (Förd) carry idler, carrying idler garland

Streckenlast f (Tech) distance load, (BE) knife-edge load, line load

Streckenrippenplatte f (Bahn) ribbed base plate for tracks

Streckenvortriebsmaschine f (Bergb) road header, road-heading machine, tunnel heading machine, tunnelling machine

Streckgitter n (Hütt/Walz) expanded metal

Streckgrenze f (Met) elastic limit, proof stress, tensile yield strength, yield point, yield strength, yield stress in tension (bei Zugspannung)

Streckgrenzenverhältnis n (Tech, Stat) yield ratio

Streckmetall n (Tech) expanded metal, xpm

Streckreduzierwalzwerk n (Walz) stretch-reducing mill, stretch mill, tension reducing mill

Streckrichtanlage f (Walz) tension-level line

Streckschrägwalzwerk n (Walz) elongator (Asselwalzwerk)

Streckspannung f (Tech, Stat) yield stress

Streckung f (Tech) elongation, stretch, stretching

Streckwalze f (Walz) roughing roll

Streichmaß n (Stb) back pitch (Nieten)

Streichmaß n (Tech) (AE) gage marker, (BE) gauge marker, scratch, scratch gauge

Streifen m (Met) slat

Streifen mpl (Stb) bands pl, hoops pl, strip steel, strips pl

Streifenbürste f (Tech, Werkz) strip brush

Streifengründung f (Bau) strip footing

Streifenmuster n (Hütt/Walz) interference fringes pl

Streifensicherung f (Elek) (AE) link fuse, strip fuse

Streifhaufen m (Bergb) windrow

Streubereich m (Elek, Stb) scatter, scatter band, scatter range, scatter zone

Streudüse f (Hütt, Walz) sprinkler nozzle

streuend adj (Elek) dispersive

Streufaktor m (Math) scattering factor

Streufeld n (Prüf) scatter in fatigue data (DIN 50100)

Streufeldstörung f (Elek) leakage field interference

Streugrenze f (Prüf) limit of scattering (DIN 50100)

Streuung f (Elek, Math) dispersion, scatter, scattering

Strichbild n (Zeich) one-line diagram, single-line diagram

stricheln v (Tech) dot, stroke, stroke-dot (Linie)

Strichraupe f (Schw) string bead

Strichzeichnung f (Tech) outline drawing

Strick m (Tech) rope

Strohfeile f (Werkz) coarse file, rough file

strohgedeckt adj (Bau) thatched (Dach)

Strom m (Elek) current, power

Strom m (Hydr, Pneu, Tech) flow, fluid

Stromabnehmer m (Elek) collector, collector gear, current collector; pantograph (der Bahn); trolley brush (Schleifbürste)

Stromabschalter m (Elek) circuit breaker

stromabwärts adj (Tech) downstream

Stromaufnahme f (Elek) current consumption, current input, current intake, current requirement, power consumption, power input; electrical input (eines Antriebsmotors)

Stromausfall m (Elek) power failure

Stromband n (Elek, Hütt) strip flexible

Strombedarf m (Elek) electrical requirement, power requirement, required electricity

Strombegrenzungsventil n (Hydr, Vent) flow limiting valve

Strombelastbarkeit f (Elek) (AE) ampacity, current carrying capacity, current-carrying capacity, load capability (Kabel); current loading, power load (Elektroden)

Strombezugszähler m (Elek) imported kwh meter

Stromdämpfungsläufer m (Elek) damper rotor, squirrel-cage rotor

Stromerzeuger m (Elek) generator, electric generator

Stromerzeugung f (Elek) electric(al) power generation, electricity production, power generation

stromführendes Teil n (Elek) current-carrying part, (AE) energized parts, (BE) energised parts, live part

Stromgewinnung f (Elek) electricity generation, power generation

Stromkreis m (Elek) circuit

Stromlaufplan m (Elek, Zeich) circuit diagram, control circuit diagram, control diagram, detailed schematic diagram, elementary diagram, schematic diagram, on-line, on-line diagram, one-line diagram (Schaltplan)

Stromlinie f (Tech) streamline

stromlinienförmig adj (Tech) faired, streamlined

stromlos adj (Elek) de-energized, watt-less

Strommesser m (Elek) ammeter (misst Ampere)

Strompfad m (Elek) current path, rung

Stromquelle f (Elek) current source

Stromregelventil n (Hydr, Vent) flow control valve

Stromrichter m (Elek) static converter

Stromrohr n (Elek, Hütt) bus tube, current tube, tubular bus, tubular conductor

Stromschiene f (Bahn, Elek) contact rail

Stromschreiber m (Elek) recording ammeter

Stromseil n (Elek, Hütt) flexible, flexible cable, flexible conductor, flexible leads pl, flexible power cable

Stromspannung f (Elek) voltage

Strom-Spannungs-Wandler m (Elek) current-to-voltage converter

Stromstärke f (Elek) amperage, current; current intensity, current strength (z. B. in Elektroden)

Stromstoß m (Elek) current surge, impulse, surge of current

Stromstoßprüfung f (Elek) impulse test

Strömung f (Hydr/Pneu) flow, fluid flow

Strömungsablenkung f (Hydr/Pneu) flow deviation

Strömungsbremse f (Hydr/Pneu, Tech) hydrodynamic brake

Strömungsenergie f (Verd) kinetic energy

Strömungsgeschwindigkeit f (Hydr/Pneu) circulation speed, flow rate, flow velocity, velocity of flow

Strömungsgetriebe n (Tech) fluid transmission (Gabelstapler)

Strömungslenkwand f (Hydr/Pneu) baffle wall (feststehend)

Stromverbrauch m *(Elek)* amperage consumption, power consumption

Stromvernichtungsanlage f *(Elek)* dissipator

Stromversorgung f *(Elek)* current [electricity, mains, power] supply; power pack *(eines Gerätes)*

Stromwandler m *(Elek)* C.T., current transformer, transformer

Stromwender m *(Elek)* commutator, reversing switch

Strosse f *(Bergb)* bank, stope, underhand stope *(unter Tage)*; bench, digging face, face, slope, step *(Tagebau)*

Strossenband n *(Bergb)* bench conveyor, face conveyor, mine conveyor, pit conveyor

Strossenbau m *(Bergb)* benching *(unter Tage)*

Struktur f *(Geo, Tech)* configuration, structure *(Gestalt, Form)*

Strukturbau m *(Tech)* structural engineering

strukturell adj *(Tech)* structural

strukturieren v *(Tech)* build, construct, structure

Strunkdurchmesser m *(Tech)* core diameter

Stuck m *(Bau)* sculptor's plaster, stucco

Stück n *(Tech)* item, part, piece • **aus einem Stück** *(Mech, Met)* integral, from the whole

Stückanalyse f *(Hütt/Walz)* product analysis

Stückbeförderung f *(Hütt/Walz)* material handling

Stückbeize f *(Hütt)* batch pickler

Stuckdecke f *(Bau)* stucco ceiling

Stückerz n *(Geo)* lump ore, coarse ore

Stückgewicht n *(Tech)* unit weight

Stückgut n *(Förd)* bulk material, unit load

stückig adj *(Tech, Umschl)* lumpy

Stückliste f *(Tech)* bill of materials, BOM, parts list

Stücklistenbearbeitung f *(Fert)* product structure processing

Stückmarkierung f *(Tech)* piece-mark

Stufe f *(Elek)* step, subdivision *(Einstellung)*

Stufe f *(Tech)* increment, shoulder, stage, step; stage *(Verdichter)*

Stufenflansch m *(Tech)* flange between stages

stufenförmig adv *(Tech)* in tiers

Stufenkantenbewehrung f *(Baut)* nosing bar *(bei Treppe)*

Stufenkeil m *(Tech)* stepped wedge

Stufenkolben m *(Tech)* differential piston; step piston *(Kolbenverdichter)*

Stufenkontrollkörper m *(Tech)* stepped reference block

Stufenleiter f *(Tech)* ladder *(Bagger)*

stufenlos adj *(Tech)* infinitely variable, multi-stage, ridgeless, infinitely variable

Stufenprobe f *(Prüf)* step-down test

Stufenschalthebel m *(Tech)* high/low lever

Stufenschalung f *(Bau)* step formwork

Stufenscheibe f *(Antr)* cone pulley

Stufenspannung f *(Elek)* step voltage

Stufentransformator m *(Elek, Hütt)* regulating transformer, tap changing transformer, variable voltage transformer

Stufenverschlüssler m *(Mess)* voltage feedback encoder

Stufenversuch m *(Prüf)* multiple stage test, test by progressive loading, test in several flight of steps

stufenweise adj *(Tech)* graduated, incremental

Stufenwellenlager n *(Lag)* step shaft bearing

Stufung f *(Tech)* identification numbers pl *(Stahlbau)*; stepping

Stuhlschiene f *(Tech)* bull-headed rail, chair rail *(Bahn)*

Stülpmanteldichtung f *(Hütt)* dry seal *(Gasbehälter)*

stummeln v *(Tech)* neck

Stummelrolle f *(Förd)* stub idler, stub roller *(Steilförderer)*

stumpf adj *(Tech, Werkz)* blunt

Stumpffeile f *(Werkz)* blunt file, stub file

Stumpfnaht f *(Schw)* butt joint *(an Stumpfstößen)*; butt weld

Sturz m *(Förd)* tilt *(Rollen)*

Sturz m *(Stb)* head, lintel *(Tür, Fenster)*

Sturz m *(Tech)* pitch *(Neigung)*; wheel rake *(der Räder)*

Stürzenglühen n *(Walz)* pack annealing

Stürzenwalzen n *(Walz)* pack rolling, rolling sheets in packs

sturzfest adj *(Tech)* shatterproof

Sturzrolle f *(Förd)* tilted idler

Stütz... *(Tech)* bearing..., support..., supporting...

Stützbock *m (Baum, Kran)* A-frame *(Fuß des Baggerauslegers)*

Stützbock *m (Tech)* support block, support bracket, trestle

Stützbreite *f (Tech)* crosswise span *(Raupenfahrwerk)*

Stütze *f (Bau)* pillar *(Säule)*

Stütze *f (Stb)* column, spandrel, *(BE)* stanchion, vertical structural member *(Strebe)*

Stütze *f (Tech)* base, bracket *(Träger)*; holder *(Halter)*; prop, rest, stanchion, support, support post *(Abstützung)*; baseplate, column *(einer Grundplatte)*; leg *(eines Kranportals)*; flat steel support *(zur Befestigung eines Regelventils)*

Stutzen *m (Hydr/Pneu)* connection, standpipe *(Rohranschluss)*

Stutzen *m (Tech)* end box, gland *(Kabel)*; gland with pipe thread *(Gewindestutzen)*; socket; connection, connection nozzle, nozzle *(zum Entlüften, Füllen usw.)*

stützen *v (Tech)* hold up, stay, support

Stutzennaht *f (Schw, Verd)* branch connection weld, branch weld

Stützensäulenbohrhammer *m (Bergb)* air leg column drill

Stutzenschweißung *f (Schw)* nozzle weld

Stützensenkung *f (Stb)* settlement of supports *(unplanmäßig)*; vertical adjustment of supports *(planmäßig)*

Stützer *m (Elek)* post insulator

Stützkraft *f (Stat)* reaction, reaction force, reactions at the supports, supporting force, thrust upward force

Stützkugel *f (Bergb)* ball and socket joint, spherical support

Stützlager *n (Lag)* back-up bearing *(Walzgerüst)*; backing bearing *(Sendzimir-Gerüst)*

Stützmauer *f (Bau)* abutment *(z. B. unter Straßenbrücke)*

Stützmauer *f (Stb)* retaining wall

Stützpunkt *m (Tech)* fulcrum

Stützring *m (Förd, Tech)* return idler tyre *(Bandanlage)*; base ring *(Kippsteinlager)*

Stützring *m (Tech)* back-up ring, support

ring, supporting ring *(Brückenlager)*; retainer member, retaining ring

Stützrolle *f (Bergb)* carrier roller, chain supporting idler, support roller *(für Raupenkette)*

Stützschlitten *m (Tunn)* slide

Stützschwinge *f (Bergb, Tech)* cross equalizer *(Fahrwerk)*; two-wheel supporting bogie, wheel bogie *(Brücke)*

Stützweite *f (Stb, Tech)* span, span length

Stützwinkel *m (Tech)* support bracket

Styroflex-Kondensator *m (Elek)* styroflex capacitor

Subfilter *n (Tech)* sub-screen

Substanz *f (Chem)* matter

Substrat *n (Elek)* substrate

Subtrahierschaltung *f (Elek)* subtracting circuit

Suchanker *m (Stb)* grapnel

Sucher *m (Elek)* spot lamp *(Lampe)*

Sucher *m (Tech)* detector, locator; view finder *(Optik)*

Suchgerät *n (Elek)* detector

Suchmarkierung *f (Fot)* blip code *(Mikrofilm)*

Sulfatasche *f (Bergb)* sulphate ash

Sulfitlauge *f (Chem, Hütt)* sulphite lye

Summer *m (Elek)* buzzer *(akustisches Signal)*

Summierverstärker *m (Elek)* summing amplifier

Sumpf *m (Hütt)* hot heel, liquid heel *(Rest in Lichtbogen)*; sump *(Zinkgewinnung)*

Sumpf *m (Tech)* sump *(Pumpe)*

SU-Naht *f (Schw)* single U *(Schweißsondernaht)*

superschallgedämpft *adj (Tech)* supersilenced

Süßgas *n (Chem)* sweet gas

Süßwasser *n (Ökol)* fresh water

Suszeptanz *f (Elek)* susceptance

Syenit *m (Geo)* syenite

Symbolbild *n (Elek)* indicating panel, mimic chart

Symbolnaht *f (Schw)* symbol seam

Symmetrie *f (Tech)* symmetry

symmetrielos *adj (Tech)* asymmetrical, unsymmetrical

Symmetriewiderstand *m (Elek)* balancing resistor

symmetrisch *adj (Tech)* symmetrical

synchron *adj (Tech)* in step, synchronous

Synchronisiereinrichtung *f (Tech)* synchromesh mechanism, synchronising mechanism

synchronisieren v (Tech) phase

Synchronkörper m (Tech) detent

Synchronmotor m (Antr) synchronous motor

Synchronriemenantrieb m (Antr) timing belt drive

Synchronwiderstand m (Elek) armature resistance, armature resistor

Synthese f (Tech) synthesis

synthetisch adj (Tech) man-made, synthetic

synthetisches Erdgas n (Chem) substitute natural gas, synthetic natural gas

System n (Stat, Stb) framework, truss (Fachwerk)

System n (Tech) system

Systemachse f (Tech) centreline of the system

systematisch adj (Tech) systematic

Systembahn f (Förd, Kran) system monorail

Systemlänge f (Tech) length in system, length served in system; module pitch (Bandgerüst)

Systemlinie f (Stb) theoretical line

Systemplan m (Zeich) system drawing

Systemspeicher m (IT) ROM

Systemtechnik f (Kran, Tech) systems engineering

Szintillationszähler m (Tech) scintillation counter, photomultiplier counter

T

tabellarisch adj (Tech) tabular

Tabelle f (Tech) chart, list, schedule, table, tabulation, tabular statement

Tableau n (Elek) indicator board, panel

Tachodynamo m (Elek) tachogenerator

Tachogenerator m (Elek) tachometer (Drehzahlgeber)

Tachometer m (Tech) speedometer, tachometer

Tachowelle f (Tech) speedometer cable

Tachozähler m (Tech) odometer (gefahrene km)

Tachymeter m (Tech) tacheometer

Tafel f (Bau) grass panelling (Verschalung aus Grasmatten); plate

Tafelaufbau m (Mess) projection mount-

ing; panel mounting, projection mounting, surface mounting (Tafeleinbau)

Täfelchen n (Bau) sheeting

Tafeleinbau m (Tech) flush mounting, panel mounting

Tafelgehäuse n (Mess) panel chassis

Tafelschere f (Hütt/Walz) gate shear, guillotine shear

Täfelung f (Bau) panelling (der Wände)

Tag/unter (Bergb) below ground

Tagebau m (Bergb) daytime mine, opencast mine, open-cut mine, open-pit mine, open-pit mining, strip mine, surface mining

Tagebauböschung f (Bergb, Geo) (AE) highwall, open pit slope

Tagebauhilfsgeräte npl (Bergb) auxiliary equipment

Tagebausohle f (Bergb) bottom of pit, floor of pit

Tagesbehälter m (Tech) daily-service tank (für Öl)

Tagesbunker m (Umschl) day bin

Tagesleistung f (Fert, Tech) daily output (eines Gerätes)

Tageswasser n (Ökol) surface water (Oberflächenwasser)

Tagschicht f (Tech) day shift, day turn

Tagungsraum m (Bau) conference room

Tagungszentrum n (Bau, Tech) conference centre

Taillendurchmesser m (Tech) reduced shaft diameter (Dehnschraube)

Takt m (Tech) cycle; stroke (Motor)

Taktansteuerung f (Mess) clocking

Taktgabe f (Elek) triggering

Taktgeber m (Elek) clock generator, clock-pulse generator; welding timer (Schweißtaktgeber)

Taktmesser m (Tech) metronome

Taktsteuerung f (Elek) time-relay control

Taktstraße f (Mont) intermittent assembly line

Taktzeit f (Tech) cycle time, pulse period (Schmieranlage)

Tandem... (Tech) tandem...

Tandemausgleichsbalken m (Tech) walking beam

Tandemschwinge f (Tech) walking beam (am Muldenkipper)

Tangens m (Math) tangent

Tangenspunkt m (Tech) point of tangency, tensioned point

Tangente f (Math) tangent

tangential adj (Math) tangential

Tangentialdruckdiagramm n (Elek) indicator diagram

Tangentkeilnut f (Tech) tangent key and keyway, tangent keyway

Tank m (Tech) cistern, receiver, reservoir, tank (Flüssigkeitsbehälter)

Tankbelüftungsfilter n (Hydr/Pneu) air filter

tanken v (Kfz, Tech) tank (Kraftstoff)

Tanker m (Kfz, Tech) road tanker

Tankinhalt m (Tech) tank capacity (Fassungsvermögen); tank contents; tank level (Anzeigeinstrument)

Tanklager n (Tech) tank farm

Tank- und Siloconta iner m (Tech) tank and hopper-type container

Tankvorspannung f (Tech) tank pressurization (beim Bagger)

Tankwagen m (Kfz) road tanker, tank truck

Tannenbaumkristall m (Met) fir tree crystal (Dendrit)

Tapeziererstift m (Baut, Tech) tin tack

Tara f (Bahn) (BE) tare, tax weight

Taragewicht n (Tech) tare weight

Tarierung f (Mess) tare adjustment, tare offsetting

Tarnscheinwerfer m (Kfz, Tech) masked headlamp

Tasche f (Mech) recess (Aushöhlung)

Tasche f (Tech) cradle (für geschnittenes Walzgut); pocket

Taschenempfänger m (Elek) beeper

Taschenförderer m (Förd) belt type bucket elevator, (AE) pocket elevator

Tastarm m (Bergb) sensor and jockey wheel

Tastbetrieb m (Elek) jogging (Motor)

Tastbolzen m (Tech) measuring pin, sensing pin

Tastdraht m (Bergb) sensor wire (Höhenerfassung)

Taste f (Elek) push button (Druckschalter)

Tastenbedienstelle f (Elek) keypad

Tastenblock m (Mess) keypad

Taster m (Elek) momentary-contact actuator, momentary-contact push button, momentary-contact switch, push button, sensing device

Tasterventil n (Vent) key-actuated valve

Tastrolle f (Förd) limiting idler, limiting idler roll

Tastroller m (Förd) sensing roller

Tastrosette f (Tech) push-button collar

Taststeuerung f (Elek) jog control, touch operation

Tastvorrichtung f (Metr, Werkz) caliper

tätig adj (Tech) active

Tätigkeitsbereich m (Tech) sphere of activity

Tatzelwurm m für die Kabelführung (Mech) flexible cable guide, flexible cable routing

Tau n (Tech) rope

taub adj (Tech) barren

Tauch... (Tech) dip..., immersion..., plunger..., submerged...

Tauchanker m (Vent) plunger

Tauchbadschmierung f (Tech) oil bath lubrication, splash lubrication

tauchen v (Tech) bathe (baden, eintauchen); dip (z. B. beim Galvanisieren); submerge (etw. untertauchen)

Tauchhärtung f (Met) dip hardening

Tauchhülse f (Mess) thermal well, thermometer pocket, thermometer well, thermowell (für Thermometer)

Tauchkolbenpumpe f (Hydr) plunger pump

Tauchlichtbogenschweißung f (Schw) submerged arc welding

Tauchpumpe f (Hydr/Pneu) submerged pump, submersible pump

Tauchrohr n (Tech) immersion pipe; snorkel tube, vacuum chamber (RH-Entgasung); open-ended submerged nozzle, straight-bore submerged nozzle (Strangguss)

Tauchrohrgeber m (Tech) fuel sender, level switch

Tauchspule f (Mess) plunger coil, plunger-type coil, plunging coil; moving coil (eines Tauchspulenreglers)

Taumelring m (Förd) return idler tyre, snub pulley tyre

Taumelscheibe f (Tech) floating disk, swash plate, wobble plate, wobbling disc

Taumelständer m (Tech) swash rack, wobble rack

Taupunkt m (Chem) dew point

Tauwasser n (Tech) condensate

T-Bolzen m (Tech) T bolt

Technik f (Tech) plant engineering, technology, technique

Technik f mit einem Prüfkopf (Tech) single-probe technique

Techniker m (Tech) specialist, technician (wird oft salopp als Synonym auch für Ingenieur -engineer- benutzt)

technisch adj (Tech) technical, technological

technische Begrenzung f (Tech) constraint

technische Zeichnung f (Zeich) technical drawing

Technischer Überwachungsverein m (TÜV) (Tech) Technical Control Board

technischer Zeichner m (Tech) draftsman

technisches Gas n (Chem, Hütt) industrial gas

Technologie f (Elek) technology

Teckel m (Bergb) bogie

Teer m (Bau) tar

Teerbetonstraße f (Bau) tar concrete road

Teerdecke f (Bau) blacktop, tarmac (Straßenbau)

teerhaltig adj (Baut) bituminous (z. B. Asphalt)

Teerlack m (Anstr) tar enamel

Teersand m (Bau) tar sand

Teil m (Tech) item (in Zeichnungen); part, piece (Stück); element, member (Grundbaustein, Element)

Teil n (Tech) component, member; spare part (Ersatzteil)

Teilansicht f (Tech) partial view (z. B. einer Zeichnung)

teilausgeglichen adj (Stat) partly balanced

teilbar adj (Tech) divisible

Teilblockkühler m (Tech) block radiator

teilen v (Tech) share (etw. teilen)

teilen v (Tech) graduate, sectionalize; cut, divide (ablängen)

Teiler m (Tech) divider

Teilfläche f (Tech) reference surface

Teilfuge f (Schw) part groove (Schweißen)

Teilfuge f (Tech) separation joint; casing joint, joint, partition joint, split (von Gehäusen usw.)

Teilkammer f (Hydr/Pneu) sinuous header

Teilkegellänge f (Tech) cone distance

Teilkegelwinkel m (Tech) reference cone angle

Teilkraft f (Stat) component of a force

Teilkreis m (Getr, Tech) pitch, pitch circle; reference circle (am Stirnrad)

Teilkreisdurchmesser m (Getr, Tech) pitch diameter; reference diameter (z. B. am Stirnrad)

Teilkreishalbmesser m (Lag) pitch circle radius, pitch radius

Teilloch n (Tech) index hole

Teilnaht f (Schw) partial joint

Teilrost m (Tech) partial grate

Teilsanierung f (Ökol, Tech) partial redevelopment [refurbishment, rehabilitation]

Teilschnittmaschine f (Bergb, Tunn) face-trace machine, face-trace tunnelling machine, partial face machine, road header

Teilsperrdifferenzial n (Tech) limited-slip differential

Teilstrecke f (Förd) conveyor flight

Teilstromfilter m (Tech) side stream filter

Teilstück n (Schw) workpiece (zu schweißender Teil)

Teilstück n (Tech) section

Teilung f (Tech) division, splitting up; part groove (z. B. eines Lagers mit Nuten); pitch, scale (z. B. Gewinde, zwischen Nieten, Löchern); graduation; spacing (Rohre)

Teilung f der Raupenkette (Bergb) crawler tread pitch

Teilung f der Schweißnaht (Schw) pitch of weld

Teilungsebene f (Zer) division area

Teilungsfehler m (Getr) indexing error, pitch error, spacing error

Teilungstoleranz f (Tech) graduation tolerance

teilweiser Einbrand m (Schw) incomplete penetration, partial penetration

Teilzahl f (Math) ratio

Teilzeichnung f (Stb, Zeich) detail drawing

Teilzusammenstellung f (Stb) subassembly

T-Eisen n (Met) T, T-bar, T-iron, tee-bar (T-Stahl); T-section

Telefonvermittlung f (Elek) switchboard

Teleskop... *(Tech)* telescope..., telescoping...

teleskopisch *adj (Tech)* telescopic

Teleskopverbindung *f (Tech)* expansion joint

Teller *m (Tech)* plate *(Platte)*; spring cap *(am Federpaket)*; valve disc, valve plate *(Ventil)*

Telleransatz *m (Tech)* washer face *(DIN ISO 1891)*

Tellerfeder *f (Tech)* cup spring, disc spring, spring washer, dished spring

Tellerfederpaket *n (Tech)* clamping cup springs, cup spring package, cup spring pad

Tellerfilter *n (Tech)* filter poppet

tellerförmig *adj (Tech)* saucer-shaped

Tellerkegelrad *n (Tech)* crown wheel *(im Differenzial)*

Tellerrad *n (Getr)* bevel gear *(Kegel)*; crown wheel, ring gear

Tellerriss *m (Tech)* plate crack

Tellerscheibe *f (Tech)* cone plate, cup washer

Tellerschleifscheibe *f (Mech)* dish grinding wheel

Tellerspeiser *m (Tech)* plate feeder, table feeder

Tellerventil *n (Vent)* disk valve; poppet valve *(Kraftfahrzeug)*

Tellerwinde *f (Tech)* plate winch

Temperatur *f (Tech)* temperature

Temperatur *f* **bei ungesättigter Luft** *(Phys)* dry bulb temperature

Temperaturaufnehmer *m (Elek)* thermal detector, temperature sensor

Temperaturdehnzahl *f (Stb)* thermal expansion coefficient

temperaturfest *adj (Tech)* heat-resistant

Temperaturfühler *m (BE)* feeler gauge, temperature detector, temperature sensing device, temperature sensing element, temperature-sensitive element, temperature sensor, thermometer probe; temperature bulb *(Kapillarthermometer)*

Temperaturmesser *m (Elek, Tech)* pyrometer

Temperaturnennwert *m (Hütt/Walz)* temperature rating

Temperaturregler *m (Elek, Tech)* attemperator, thermostat

Temperaturschalter *m (Tech)* thermo-switch

Temperaturübertragung *f (Elek)* temperature convection

Temperaturwächter *m (Tech)* thermal protector, thermal release, temperature detector, temperature monitor, temperature relay, thermostat

Temperaturwarner *m (Elek, Tech)* temperature alarm

Temperaturwechselbeständigkeitsprüfung *f (Met)* spalling test

Temperatur-Zeit-Kurve *f (Stb)* time-temperature-curve

Temperguss *m (GTB) (Met)* malleable cast iron, malleable iron casting, malleable casting, malleable iron

Terminplan *m (Bau, Tech)* planning, production schedule, time schedule

Terrainoberkante *f (Bergb)* top of terrain

Terrasse *f (Bergb)* step

Terrassenbruch *m (Met)* lamellar tearing

Terrassenschnitt *m (Bergb)* terrace cut *(im Tagebau)*

Test *m (Tech)* test

Test... *(Tech)* reference..., test...

testen *v (Tech)* test

Testkasten *m (Bergb, Umschl)* amplifier *(am Pontonbagger)*

Teststange *f (Tech)* sensing rod *(z. B. zum Messen der Bezugshöhe)*

Testverhältnis *n (Tech)* duty cycle

Tetra-Löscher *m (Tech)* carbon tetrachloride extinguisher

Teufe *f (Bergb)* depth

teufen *v (Bergb)* sink *(einen Schacht)*

Textabbildung *f (Tech)* illustration in a text *(Bild im Text)*

Textileinlage *f (Bergb, Web)* fabric ply *(z. B. Gurt mit Textileinlage)*

Textilgürtelreifen *m (Tech) (AE)* fabric belt tire

Textur *f (Tech) (AE)* fiber, *(BE)* fibre, texture

Textverarbeitung *f (IT)* text processing, word processing

Theodolit *m (Bau)* transit *(Winkelmessgerät)*

theoretisch *adj (Tech)* rated, theoretical

Theorie *f* **erster Ordnung** *(Stat)* primary theory

Theorie *f* **zweiter Ordnung** *(Stat)* secondary theory

thermisch *adj (Tech)* thermal, thermic

thermoelektrisch *adj (Elek)* thermoelectric

Thermoelement *n (Elek)* thermocouple, electric thermometer

Thermofühler *m (Elek)* thermosensor *(in Statorwicklungen)*

Thermolanze *f (Schw) (BE)* thermic lance

Thermometer *n (Elek, Tech)* thermometer

Thermometereinsatz *m (Metr, Verd)* embedded temperature sensor *(im Lagerstein)*

Thermometertauchhülse *f (Metr)* thermal well, thermometer well, thermowell

Thermomotor *m (Antr)* thermic engine *(Gabelstapler)*

Thermoöl *n (Tech)* thermal oil

Thermoplast *m (Kunst)* thermoplast, thermoplastic, thermoplastic material

Thermoschock *m (Hütt/Walz)* thermo--shock

Thermostat *m (Elek)* thermostat, thermostat assembly, thermostat assy

Thermostat *m (Hydr/Pneu)* water temperature regulator

thermostatgesteuert *adj (Elek)* thermostat controlled, thermostatically controlled

Thermostatkugel *f (Elek, Tech)* bulb

Thermowächter *m (Elek)* thermal cut--out, thermal protector, temperature relay, thermostat

Thomasstahl *m (Hütt/Walz)* basic converter steel *(aus Thomaskonverter)*; Bessemer steel, basic Bessemer steel *(aus Thomasbirne)*

Thyristor *m (Elek)* thyristor

Thyristor-Steuerung *f (Elek)* silicon control rectifier

tief *adj (Tech)* deep, low-level

tief greifend *adj (Bergb)* deep-reaching *(Grabtiefe)*

Tiefbagger *m (Baum, Bergb) (BE)* ditcher, drag bucket, drag shovel, trencher, trenching hoe

Tiefbau *m (Bau)* civil engineering, earth-moving and road construction, foundation working, underground construction; foundation work, substructure *(Gründungsarbeiten)*; underground construction work *(unter Tage)*

Tiefbauunternehmer *m (Bau)* civil engineer, contractor of foundation works, foundation contractor

Tiefbettfelge *f (Tech)* drop center rim, well-base rim *(DIN 70023)*

Tiefbunker *m (Umschl)* low bin, underground bin

Tiefe *f (Tech)* depth

Tiefenausdehnung *f (Tech)* depth extension, sound path compensation, swept gain *(Ultraschall)*

Tiefenausgleich *m (Elek)* loss compensation

Tiefenbereich *m (Elek)* time base range

Tiefenlupe *f (Elek)* scale expansion, sweep length

Tiefenlupensteller *m (Elek)* time base range control

Tiefenmessschraube *f (Tech)* micrometer depth gauge

Tiefenprüfkopf *m (Tech)* depth scan, variable-sensitivity probe

Tiefentladung *f (Elek)* drain

tiefgreifend *adj (Tech)* profound

Tiefgründung *f (Bau)* deep foundation

Tieflader *m (Bergb)* low-bed trailer *(Hänger)*

Tieflader *m (Tech)* low-bed, low-loader, low-load trailer

Tieflochbohrmaschine *f (Mech)* deep--hole boring machine

Tieflöffel *m (TL) (Bergb) (BE)* backacter, backhoe, BH, hoe dipper; backhoe bucket *(das Grabgefäß)*

Tieflöffelanlenkung *f (Bergb)* bucket hinge, pin

Tieflöffelbagger *m (Bergb) (BE)* back--hoe, backhoe excavator, ditcher, drag bucket, drag shovel, trencher, trenching hoe

Tiefofen *m (Hütt)* soaking pit

Tiefpass *m (Elek)* low-pass

Tiefreißzahn *m (Bergb)* deep ripper tooth, deep ripper *(z. B. am Hydraulikbagger)*; long ripper tooth

Tiefschüttung *f (Bergb, Umschl)* deep dumping

Tiefstanzblech *n (Met)* deep stamping sheet

Tieftemperatureinsatz *m (Tech)* cryogenic application

Tiefungsprobe *f (Prüf)* cup test, cupping test *(Blech)*

Tiefziehblech *n (Met)* deep-drawing sheet

tiefziehen *v (Hütt/Walz)* deep-draw

tiefziehfähig adj (Hütt/Walz) deep-
-drawable

Tiefziehsorte f (Met) deep drawing
grade, deep drawing quality, DD quality

Tiegel m (Lab, Hütt) crucible

Tiegelfeuerung f (Hütt/Walz) retort-type
furnace

Tiegelstahl m (Met) crucible steel

Tintenstrahl m (IT) ink-jet, (AE) ink-vapor

Tippbetrieb m (Elek) jogging (Motor);
jogging control

tippen v (Tech) jog, nudge, touch (leicht
berühren)

Tippsteuerung f (Elek, Tech) touch contact (Vorgang); momentary contact
button (Anlagenteil)

Tischbohrwerk n (Mech) table-type
horizontal boring, drilling and milling
machine

Tischpumpe f (Lab) bench pump

Titan n (Met) titanium

T-Muffe f (Elek) tap joint box, Tee joint box

T-Naht f (Schw) T joint, tee-joint (beim
Schweißen)

Tochterzählwerk n (Tech) secondary
counter

Toleranz f (Tech) allowable-dimensional
deviation, allowance, clearance, tolerance

Toleranzfreimaß n (Tech) tolerance

Toleranzhaltigkeit f (Tech) tolerance
compliance

Toleranzlehre f (Metr, Tech) limit gauge,
snap gauge

Ton m (Elek) sound (Klang)

Ton m (Geo) clay (Material)

Tonbandgerät n (Elek) tape recorder

tönen v (Anstr) tint

Tonerde f (Geo) alumina

Tongrube f (Bergb, Geo) clay pit

Tonlöffel m (Bergb) clay bucket

Tonne f (Bau) drum

Tonne f (Tech) metric ton, tonne

Tonnen... (Tech) barrel..., barrel-
-shaped...

Tonnenblech n (Met) arched plate,
curved plate

tonnenförmig adj (Tech) barrel-shaped

Tonnenkupplung f (Kran) articulated
coupling

Tonnenlager n (Lag) barrel-shaped
bearing, barrel-shaped roller bearing;
spherical roller bearing, roller journal
bearing, spherical roller journal bearing
(einreihig)

Tonsignal n (Tech) sound signal

Topas m (Geo) topaz (Edelstein)

Topfbauweise f (Verd) barrel construction

Topfglühofen m (Hütt) pot annealing
furnace

Topfmanschette f (Tech) adhesive-cup
gasket, cup-shaped gasket

Topfofen m (Hütt) pot furnace

Topfzeit f (Anstr) can-time; pot life (Farbe)

topographisch adj (Tech) topographical

Tor n (Bau) door, gate (Durchfahrt)

Torffeuerung f (Hütt/Walz) peat firing
equipment

Torkretierapparat m (Hütt) cement gun,
refractory gun

torkretieren v (Hütt) gun, gunite

Torpedopfanne f (Hütt) submarine ladle,
torpedo ladle (Konverter)

Torriegel m (Stb) head rail

Torrippenstahl m (Met) twisted deformed
bar, twisted ribbed reinforcing steel

Torschaltung f (Elek) gate circuit

Torschere f (Mech, Walz) gate shear,
parallel shear

Torsion f (Met) torque, torsion, twisting

torsionsfrei adj (Met) distortion-resistant

Torsionsmoment n (Met) torsional moment, torque, twisting moment

Torsionsstab m (Met) torsion bar

torsionssteif adj (Met) torsion-resistant

torsionsweich adj (Met) torsionally non-
-stiff

Torsionswelle f (Hütt) torsion bar

Torstahl m (Met) twisted reinforcement
steel, twisted bar

Torstapler m (Förd) straddle carrier,
straddle truck

Torsteuerung f (Elek) gating

Torstiel m (Stb) gate post (Rahmen des
Tores)

Torus m (Tech) toroid

Torverstärker m (Elek) gate amplifier

Torwiderstand m (Elek) port resistance

tote Last f (Stat) dead load, permanent
load

toter Gang m (Bergb) dead travel

toter Gang m (Tech) backlash, end play,
lost motion (Getriebe, Schaltungsspiel)

toter Punkt m (Met) dead spot (Motor)

totgebrannter Kalk m (Met) dead lime

Totpunkt m (Tech) d.c., (BE) dead centre, (AE) dead-center point

Totzeit f (Elek, Tech) dead time, delay time, idle time;

Tourenzahl f (Tech) speed of rotation

Tourenzähler m (Tech) tachometer (Drehzahlmesser)

Tracking n (Tech) tracking (Spurtreue)

Trafo-Gleichrichter m (Elek) thyristor, transformer rectifier

Trag... (Tech) bearing..., carrying..., load-bearing..., supporting...

Tragarm m (Hütt/Walz, Tech) supporting arm (im Ofendeckel); arbor (der Gegengewichtsmuffe); arm (Walzwerk)

tragbar adj (Tech) admissible, bearable, tolerable (tolerierbar)

tragbar adj (Tech) portable (z. B. ein Gerät)

Tragbild n (Tech) bearing face (Zahnflanke); contact reflection (Getriebe); correct contact of tooth surfaces, gear contact pattern, machine pattern, tooth pattern (Zähne)

Tragbildprüfung f (Getr, Prüf) contact check, contact test

Tragbildzeichnung f (Zeich) contact drawing

Tragdorn m (Tech) carrying ram

Trage f (Tech) stretcher

träge adj (Chem, Phys) inactive, inert, slow, sluggish

träge Sicherung f (Elek) slow-to-blow fuse, time-lag fuse

Tragebalken m (Bahn) sole bar (Langträger)

Tragekasten m (Tech) barrow

tragen v (Förd) haul (fördern, schleppen); transport (befördern)

tragen v (Tech) bear, carry, support (stützen)

tragend adj (Tech) carrying, load-bearing, load-supporting, supporting

Träger m (Bergb) carrier (als Maschinenteil)

Träger m (Hütt/Walz, Met) beam, H-beam, joist, R.S.J., rolled-steel joist, T-beam (I-Eisen)

Träger m (Met, Stb) beam, buckstay, girder

Träger m (Stb) (BE) encased beam (mit Beton ummantelt); member (als Bauteil); truss (Fachwerk)

Träger m (Tech) bracket (zur Abstützung); fish-belly girder (mit grätenartigen Rippen); support (Stütze)

träger Schmelzeinsatz m (Elek) time-lag fuse

Trägereisen n (Met) beam, H-beam, joist, R.S.J., rolled-steel joist, T-beam

Trägerfrequenz f (Elek) carrier [carrying] frequency; injection frequency (RH-Vakuumentgasung)

Trägergas-Brennverfahren n (Bergb) cross-flow calcining

Trägergerät n (Bau) support frame

Trägerhöhe f (Stb) depth of a beam, depth of a girder, depth of a truss

Trägerkonstruktion f (Stat, Stb) carrying structure

Trägermetall n (Hütt/Walz) binder (Grundwerkstoff)

Trägerprofil n (Met) girder section

Trägerprofilkokille f (Walz) dog-bone mould

Trägerrost m (Stb) beam grillage, grid, grillage

Trägersenkung f (Stb) subsiding

Trägerstich m (Walz) beam pass

Trägerstoß m (Stb) girder joint, girder splice

Trägervorprofil n (Walz) beam blank, dog bone, blank, shaped bloom

Trägerwalzwerk n (Walz) beam rolling mill

tragfähig adj (Tech) able to take the maximum load; acceptable (Lösung)

Tragfähigkeit f (Bergb, Förd, Kran) lift capacity, lifting capacity, safe working load, SWL

Tragfähigkeit f (Elek) capacity, load capacity, load carrying capacity, load rating, payload

Tragfläche f (Tech) bearing surface, supporting area

träg-flinker Schmelzeinsatz m (Elek) dual element fuse plug

Traggabel f (Tech) lift fork (des Gabelstaplers)

Trägheit f (Tech) inertia, state of inertia

Trägheitshalbmesser m (Stb) gyration radius, radius of gyration

trägheitslos adj (Tech) instantaneous

Trägheitsmoment n (Phys, Tech) moment of inertia

Trägheitsradius m (Stb) radius of gyration

Tragholm m (Förd) lifting lug

Traghülse f (Werkz) barrel, quill, sleeve

Tragjoch n (Tech) yoke (z. B. Greiferlager)

Tragkabel n (Stb) carrying cable, carrying rope (einer Hängebrücke)

Tragkettenförderer m (Förd) supporting chain conveyor; drag bar feeder (Umschlagtechnik)

Tragkettenkühlbett n (Walz) chain-conveyor cooling bed

Tragkraft f (Tech) load capacity (einer Achse); capacity, safe working load, SWL (z. B. eines Kranes); lifting capacity (eines Elektromagnets)

Traglager n (Zer) bearing assembly

Traglasche f (Tech) suspension clip, suspension lug

Traglast f (Bahn, Tech) loading capacity (Ladekapazität)

Traglast f (Stb) buckling load, collapse load; lifting capacity (Hebung); load carrying capacity (Beförderung)

Traglastverfahren n (Stb) plastic design

Tragmast m (Tech) intermediate pole, (AE) suspension pole, suspension support, (BE) tangent pole

Tragnippel m (Förd) lifting nipple

Tragöse f (Tech) eyebolt

Tragplatte f (Tech) carrier plate

Tragring m (Tech) support ring, supporting ring, trunnion ring (Teil der Kugeldrehverbindung); rider ring (Kolbenverdichter); mantle, ring girder

Tragrohr n (Tech) supporting tube, suspension tube; supporting pipe (im Ofendeckel)

Tragrolle f (Bergb) support roller (Stützrolle des Baggers)

Tragrolle f (Förd) belt idler, carrier roll, carrying idler, loaded idler, roller carrier, supporting idler; return idler (Untertrum)

Tragrost m (Hütt/Walz) grid, supporting steelwork

Tragscheibe f (Bergb, Tech) crawler idlers pl (Raupenfahrwerk)

Tragschicht f (Bau) base (Straßenbau)

Tragschlepper m (Förd, Walz) lift-and--carry transfer

Tragseil n (Tech) guy rope

Tragwerk n (Stb, Tech) bent, engineering structure, load-bearing structure, structure, supporting structure

Tragwinkel m (Stb, Tech) bracket angle, landing cleat, shelf angle, shelf cleat

Tragzahl f (Tech) basic load rating; capacity (Lager); static bearing capacity (Kippzapfenlager)

Tragzapfen m (Tech) trunnion

Traktor m (Tech) tractor (Ackerschlepper)

Traktorlaufwerk n (Tech) crawler chassis

Träne f (Hütt, Met) tear (Verzinkungsfehler)

Tränenblech n (Met) bulb plate, button plate, tear drop plate

tränken v (Hütt/Walz) saturate; infiltrate (Pulvermetallurgie)

Transferleitung f (Elek, Tech) transfer tube

Transformation f (Elek) transformation

Transformator m (Elek) transformer

Transformator-Gleichrichter m (Elek) thyristor

Transformer m (Elek) transformer

Transistor m (Elek) transistor

Transitfrequenz f (Elek) transit frequency

transkristalline Korrosion f (Met) transcrystalline corrosion

Transmission f (Getr) transmission

Transmissionswelle f (Tech, Walz) line shaft

Transparent n (Tech) transparent, transparency

Transparentpapier n (Tech) tracing paper, translucent paper, transparent paper

Transport m (Förd) conveying, handling

transportabel adj (Tech) portable, transportable

Transportabteil n (Bahn) stowage compartment

Transportanlage f (Förd) conveyor (Förderer); conveying facility

Transportbalken m (Walz) transfer beam

Transportband n (Förd) belt conveyor, collector belt, travel belt

Transportbeton m (Bau) ready-mixed concrete

Transportgehänge n (Hütt, Tech) suspension shackle

Transportgeschwindigkeit f (Tech) handling rate, handling speed, rate of feed

Transporthalterung f (Bergb) securing device

transportierbar adj (Tech) transportable

transportieren v (Tech) carry, convey, handle, transport; truck (mit einem LKW)

Transportlagerschale f (Tech, Verd) transit bearing shell

Transportlänge f (Förd) effective length (des Förderbandes)

Transportmittel n (Tech) means of transport

Transportrollgang m (Förd) conveyor table, roller conveyor

Transportschnecke f (Förd) spiral conveyor

Transportsicherung f (Tech) securing device, temporary bracing, transit bracing

Transportwagen m (Bergb) transport car, transport trolley

transsonisch adj (Tech) transsonic (Verdichter)

Transversalwelle f (Elek) transverse wave

Trapezblech n (Met) trapezoidal sheet

Trapezfeder f (Bahn, Tech) leaf-type spring (Blattfeder)

Trapezfeile f (Werkz) barrette file

trapezförmig adj (Tech) trapezoidal

Trapezgewinde n (Tech) trapezoidal thread, Acme standard screw thread

Trapezträger m (Met) trapezoidal girder, trapezoidal truss

Trasse f (Bau) alignment (für eine Straße vorbereitet); route, trail; subgrade

Trasse f (Förd) routing (Förderband)

Traufblech n (Bau) eave flashing

Traufbohle f (Baut) eave blocking, eave blocking board

Traufe f (Stb) eaves pl; valley gutter (Abfluss)

Träufelstickstoff m (Chem, Hütt) trickle nitrogen

Traufpfette f (Stb) (BE) eaves purlin, (AE) eaves strut

Traufriegel m (Stb) eaves transom

Traufträger m (Stb) eaves strut, (AE) eaves strut

Traverse f (Stb, Tech) bridle, cross bar, cross member, crossbeam, equalizer beam; spreader, transom (Querstück)

Traversen-Brechrumpf m (Zer) spider--and-bowl assembly

Traversenrumpf m (Zer) bowl

Trecker m (Tech) tractor (Ackerschlepper)

Treffer m (Walz) palm-ended coupling box (Gelenkkupplung)

Treib... (Tech) drive..., driving...

Treibbolzen m (Mech) driftbolt

Treibdampf m (Hütt) ejector steam (Dampfstrahler)

Treibdorn m (Mech) drift, drifter

Treibdüse f (Hütt) injection nozzle

treibend adj (Tech) driving

treibende Kraft f (Tech) motivating power

Treiber m (Mess, Tech) driver

Treibgas n (Chem) fuel gas, propellant gas; liquid petroleum gas, LPG

Treibgurt m (Förd) belt-to-belt drive, twin belt

Treibhausgas n (Ökol) greenhouse gas

Treibmittel n (Tech) propellant (für Sprühflaschen usw.)

Treibriemen m (Tech) driving belt, transmission belt, V-belt

Treibrolle f (Förd, Tech) pulley, push roller; contact drive roller, pinch roll (Rollenprüfgerät)

Treibsitz m (Tech) drive fit, driving fit, force fit (Zeichnungsangabe)

Treibstift m (Tech) plastic blind rivet

Treibstoff m (Chem, Tech) fuel, oil and fuel, power fuel

Treidelwagen m (Tech) towing car

Trenn... (Tech) partition..., separating...

Trennblech n (Tech) partition plate

Trennbruch m (Met) brittle fracture

trennen v (Elek) disconnect, interrupt

trennen v (Hütt/Walz) cut, divide, part, separate, segregate, separate, sever

trennen v (Zer) grade (nach Korngrößen)

Trennen n (Elek) opening

Trennen n (Hütt/Walz) separation (Abscheiden)

Trennen n (Schw) autogenous cutting, gas cutting, torch cutting (autogen)

Trenner m (Elek) disconnecting switch, disconnector, isolator

Trennfläche f (Elek) surface of delimitation

Trennfräseinrichtung f (Walz) cut-off milling unit

Trennfuge f (Hütt/Walz) commissure (Linie); rupture (Fehler im gegossenen Strang); mould parting line (Gussform)

Trennfuge f (Tech) parting line (im Außenring); separation joint

Trennlasche f (Elek) isolating link
Trennlaschenzieher m (Tech, Mont) isolating link puller
Trennlast f (Tech) adhesion between plies, cover-to-ply adhesion (Gurt)
Trennlast f des Gurtes (Förd) adhesion between plies, cover-to-ply adhesion
Trennlinie f (Elek, Tech) cut line, partition, partition line, splitting line
Trennmembran f (Mess) diaphragm seal
Trennplatte f (Hydr) dividing plate (zwischen Ventilplatten)
Trennsäge f (Mech) dividing saw
Trennschalter m (Elek) circuit breaker, disconnecting switch, disconnector, interrupter, interrupter isolating device, isolating device, isolating switch, isolation switch, isolator, isolator switch; disconnect switch, load-making fault-breaking isolator
Trennscheibe f (Tech) cutting-off wheel (z. B. zum Schneiden von Metall)
Trennschleifen n (Mech) abrasive sawing, abrasive cutting
Trennschneiden n (Mech) parting
Trennschnitt m (Mech) separating cut, severance cut
Trennsicherung f (Elek) fused disconnect, disconnecting link, isolating link, switch fuse
Trennstelle f (Elek) disconnect
Trenntransformator m (Elek) isolated supply transformer
Trennung f (Elek) partition
Trennung f (Tech) disengagement (Kupplung); parting point (Lanzenführungsgerüst)
Trennverstärker m (Elek) buffer amplifier
Trennwand f (Baut, Stb, Tech) dividing wall, partition, partition panel, partition wall; baffle (in einem Behälter)
Trennwiderstand m (Stb) nil-ductility strength
Treppe f (Bau) flight of stairs, stairs pl, stairway
Treppenabsatz m (Bau) landing (der Gehtreppe)
Treppenkante f (Tech) nosing of a stair, stair nosing
Treppenlauf m (Tech) stair flight
Treppenwange f (Stb) string, string board, stringer

Treppenwange f (Tech) stair check (Hochbau)
Tresse f (Tech) braid (Textil- oder Metalllitze)
Tressengewebe n (Met) laced fabric (z. B. für Filtereinsatz)
Triabelag m (Met) Tria harp meshed fabric (eines Siebes)
Triac m (Mess) Triac, bidirectional triode thyristor
trianguliert adj (Tech) triangulated, in triangle configuration
Trichter m (Tech) bell, funnel, hopper
Trichterbunker m (Umschl) surge bin
Trichterkammer f (Umschl) hopper (des Bodenentladewagens)
Trichterring m (Zer) chute ring (z. B. 8-teilig; Autogenmühle)
Trichter- und Kabeltrommelwagen m (Bergb) cable reel and hopper car
Trichterwagen m (Umschl) hopper car, travelling hopper
Trichterziehverfahren n (Form) bell drawing process
Tridampf m (Chem) trilene vapour
Trieb m (Tech) drive
Triebfahrzeug n (Bahn) power unit, railway traction vehicle, traction drive
Triebrad n (Getr) bull gear (großes Rad an der Welle)
Triebrad n (Tech) drive sprocket, drive sprocket wheel, driving sprocket, driving sprocket wheel (Raupe)
Triebstock m (Tech) pin rack (mit Stiftzähnen); rack
Triebstockgetriebe n (Getr) lantern gear
Triebstockrad n (Getr) cylindrical lantern gear, lantern gear, lantern wheel, pin wheel, rack drive wheel
Triebwellenlager n (Hydr, Lag) drive shaft bearing
Triebwerk n (Tech) drive device, driving gear, transmission; driving mechanism (Kraftfahrzeug); motion gear, motion parts
Trigger m (Elek) trigger
Trigonometrie f (Math, Stb) trigonometry
Trimmpotenziometer n (Elek) trimmer potentiometer
Trinatriumphosphat n (Chem) tri-sodium phosphate
Trinkwasser n (Ökol, Tech) fresh water; drinking water, potable water

Triokammwalzgerüst n (Walz) three-high pinion stand

Triostraße f (Walz) three-high train

TriPower-Lenker m (Bergb) TriPower triangular rocker

Tritt m (Bergb) ladder (Stufen am Bagger)

Trittbrett n (Tech) running board (Lkw)

Trittplattenventil n (Vent) foot pedal valve (Fußpedal)

Trittstufe f (Baut) stair tread

trocken adj (Tech) dry • **trocken verzinken** (Hütt/Walz) dry-galvanize

Trockenbiegefestigkeit f (Bau) dry bending strength

Trockendosierung f (Bau) dry batching

Trockenfestigkeitsversuch m (Bau) dry strength test

Trockenfeuerlöscher m (Chem, Tech) dry powder extinguisher

Trockengelenk n (Tech) dry-disc joint

Trockengleichrichter m (Elek) trickle charger (Batterien)

trockengleitend adj (Tech) dry-running

Trockenkohle f (Met) dehydrated coal

Trockenlauf m (Tech) dry run (der Lamellenbremse)

Trockenlauflager n (Lag) dry bearing

trockenlegen v (Tech) drain (ein Gelände)

Trockenlöscher m (Tech) dry extinguisher

Trockenmauer f (Bau) dry masonry

Trockenschrank m (Fot) drying cabinet

Trockenschrank m (Lab) desiccator cabinet

Trockensiebung f (Zer) dry screening

Trockenthermometertemperatur f (Metr) dry bulb temperature

Trockentransformator m (Elek, Tech) dry-type transformer

Trockentrommel f (Zer) rotary dryer

Trockenvorrichtung f (Tech) dryer

Trockenwetterstraße f (Bau) dry--weather road

Trockenzone f (Anstr) distillation zone (am Rost)

trocknen v (Tech) dry

Trockner m (Tech) drier, dryer

Trocknungsmittel n (Tech) desiccant (Versand)

Trog m (Tech) trough

Trogbandförderer m (Förd) apron conveyor with skirt plates

Trogkettenförderer m (Förd, Umschl)

drag bar feeder, drag link conveyor, trough flight conveyor

Trommel f (Elek) drum, mandrel, reel (z. B. für Kabel)

Trommel f (Tech) pulley (z. B. Förderband)

Trommelende n (Walz) outboard end of the mandrel

Trommelfilter m (Hütt) drum-type filter, cylindrical filter

Trommelflansch m (Tech) drum flange

Trommelkugellager n (Lag) bared--shaped roller bearing

Trommelmesser n (Mech, Walz) drum knife (einer Schere)

Trommelmischer m (Tech) drum-mixer

Trommelmotor m (Förd) electric drive pulley, motorized drive pulley, electric motor pulley, pulley with internal motor, motorized pulley

Trommelrücklader m (Umschl) barrel--type reclaimer

Trommelsattel m (Hütt/Walz) drum saddle

Trommelschere f (Mech, Walz) rotary cylinder shear, drum shear

Trommelsinkscheider m (Zer) dense medium washing drum

Trommelumschlingung f (Tech) wrap around pulley

Trommelziehbank f (Form) bull block (Drahtziehanlage)

Troostit m (Met) troostite

Tropendach n (Bergb) roof for the tropics, tropical roof

tropengeschützt adj (Tech) (AE) tropicalized, (BE) tropicalised

Tropf... (Tech) drip..., drop..., dropping...

Tropfölpumpe f (Tech) pump for drippings

Tropfölschmierung f (Tech) drop feed

tropfwassergeschützt adj (Elek) dp, drip proof (Schutzart)

Trosse f (Tech) rope (meist Stahlseil)

trübe adj (Tech) thick

Trübe f (Zer) heavy liquid, heavy medium, heavy suspension

Trübung f (Chem) turbidity

Trübungspunkt m (Chem) cloud point

Truck m (Tech) (AE) truck (Lkw in den USA)

Trum m (Förd) run (Förderband)

Trummkraft f (Tech) belt tension force

T-Stahl m (Met) T, T-steel bar, tee-bar

T-Stoß *m (Stb, Schw)* T joint, Tee joint

T-Stück *n (Met, Stb)* T-piece, tee connector, tee-piece connector

T-Stück *n (Tech)* T-iron *(z. B. Rohranschluss)*

T-Träger *m (Met)* T-bar buckstay, T-section; T-beam *(Walzstahl)*

Tübbing *m (Hütt/Walz)* cast iron, tubbing *(gusseisern)*

Tubus *m (Lab)* body tube *(Mikroskop)*

Tubuskopf *m eines Mikroskops (Lab)* microscope nosepiece

Tuchfilter *n (Tech)* cloth filter

tüchtig *adj (Tech)* able, capable, competent, efficient

Tülle *f (Tech)* grommet, nozzle

Tulpenkontakt *m für Erde (Elek)* earth cone receptacle

Tulpennaht *f (Schw)* bell seam *(an Stumpf- und T-Stößen)*

Tulpenschweißung *f (Schw)* U-profile butt weld

Tunnel *m (Tunn)* tunnel

Tunnelausbau *m (Tunn)* tunnel lagging, tunnel lining, tunnel support; tunnel support system *(Einrichtung)*

Tunnelbrust *f (Tunn)* tunnel face

Tunnelvortriebsmaschine *f (Tunn)* tunnel boring machine, TBM, tunnel borer, tunnel driving machine, tunnel header, tunnel heading machine, tunneling machine

T-Unterlage *f (Tech)* T-support

Tupfprobe *f (Hütt/Walz)* touch test

Tür *f (Bau)* door; backdoor *(Hoftür)*; front door *(Haustür)*; walking door *(eines Fabrikgebäudes)*

Türanschlag *m (Bau)* door hinge

Turas *m (Bergb)* drive tumbler *(Antriebsrad der Kette)*; sprocket, sprocket wheel *(mit Zähnen für Kette)*; tumbler *(mit Zahntaschen)*

Turasnabe *f (Bergb)* sprocket hub

Turaswelle *f (Bergb)* track-drive shaft

Turbine *f (Elek)* turbine • **Turbine anstoßen** roll the turbine

Türblatt *n (Bau)* door leaf

Turbo-Aufladung *f (Elek)* turbo-charged

Turbogebläse *n (Verd)* turbo blower

Turbolader *m (Tech)* turbocharger

Turbomischer *m (Ökol)* flash mixer *(Wasseraufbereitung)*

Turboverdichter *m (Verd)* turbo-compressor

Turboverdichter *m axialer Bauart (Verd)* axial-flow compressor, axial compressor

Turboverdichter *m axial-radialer Bauart (Verd)* axial-centrifugal compressor

Turboverdichter *m radialer Bauart (Verd)* centrifugal compressor, radial-flow compressor

Türdrücker *m (Bau)* door handle

Türfederzange *f (Werkz)* door spring pliers *(Autotür)*

Türgestell *n (Bau)* door holder *(Rahmen)*

Türgitter *n (Bau)* grille

Türkeilpuffer *m (Bergb)* door wedge buffer

Türkenkopf *m (Walz)* Turk's head *(Rohrwalzwerk)*

Türknopf *m (Bau, Tech)* door knob

Türkontaktschalter *m (Elek)* plunger type limit switch

Türleibung *f (Bau, Hütt)* door jamb

Turm *m (Baut)* spire, steeple

Turm *m (Elek)* control column *(Schaltungen)*

Turm *m (Kran)* tower *(eines Hafenkrans)*

Turmdrehkran *m (Kran)* slewing crane, tower crane, rotary tower crane

Turmfördermaschine *f (Bergb)* tower--mounted winder

Turmkran *m (Kran)* hi-line, tower crane

Turmstück *n (Kran)* tower extension *(Turmkran)*

Türscharnier *n (Bau)* door hinge

Türstiel *m (Bau, Stb)* doorpost

Tuschierplatte *f (Tech)* inking table

TÜV *m (Abk. für: Technischer Überwachungsverein) (Tech)* Technical Control Board

TÜV-Abnahme *f (Tech)* Approval by German Boiler Code

T-Verbindung *f (Hydr)* T-connection

T-Verbindung *f (Schw)* T joint

Typ *f (Tech)* model *(Bauart, Modell)*; type

Type *f (Tech)* frame size *(Motor)*

Typenblatt *n (Tech)* data sheet

Typenleistung *f (Elek)* type rating *(Trafo)*

Typenschild *n (Tech)* data plate, name plate

typisch *adj (Tech)* characteristic, peculiar, typical (of); unique (to)

U

U-Auslöser m (Elek) no-voltage release, undervoltage trip

über Tag (Bergb) above ground

überanstrengen v (Stb) overstrain

Überarbeitungsintervall n (Anstr) curing period between coats, drying period between coats, recoating period, waiting period between coats

Überbandmagnetscheider m (Zer) overband magnetic separator

Überbau m (Stb) span

Überbau m (Tech) superstructure

überbaute Fläche f (Stb) floor area, floor space

überbeanspruchen v (Stb) overstrain, overstress

Überbeanspruchung f (Tech) fatigue, overstressing

Überbelastung f (Met, Stat) overload

überblasener Stahl m (Met) overblown steel (vom Konverter)

Überblendung f (Tech) cross fade (Optik)

Überblick m (Tech) general view, overview, survey; basic understanding

überbrücken v (Tech) bridge; override (Verdichtertechnik)

Überbrückungs... (Elek) bridging..., interim...

Überbrückungs... (Tech) bridge..., bridging..., bypass..., interim...

Überbrückungsfilter m (Mess) bypass filter

Überbrückungsgerät n (Tech) hire machine, interim machine, loan machine (z. B. während einer Reparatur)

überdachen v (Bau) roof

überdacht adj (Baut) roofed, under roof; thatched (z. B. mit Stroh)

überdacht adj (Tech) covered (mit einer Plane)

Überdachung f (Baut, Tech) roofing

überdeckt adj (Tech) covered (mit einer Plane)

Überdeckung f (Tech) lap (Materialfehler); overlap (Schaltstellung des Kolbens im Kolbenventil)

Überdeckungsgrad m (Tech) contact ratio (Zahnrad)

Überdicke f (Met) over-gauge

überdrehen v (Tech) overtorque, overturn, overwind, strip (z. B. Gewinde)

überdrehte Schraubverbindung f (Tech) overwound bolted connection

Überdrehzahl f (Elek, Tech) overspeed

Überdruck m (Tech) excess pressure, overpressure; gauge pressure, positive pressure, pressurizing, superatmospheric pressure; overinflation (im Reifen); pressure shock (kurzfristig)

Überdruckbelüftung f (Tech) plenum system

Überdruckbelüftungsanlage f (Tech) pressurizing and ventilation plant

Überdruckbremse f (Tech) air pressure brake

Überdruckkammer f (Hütt) pressure shrouding box (Gießen)

Überdruckklappe f (Vent) relief valve

Überdruckventil n (Vent) overflow valve, overpressure valve, pressure relief valve, relief valve, safety valve, shock valve (Überdruckklappe)

Übereckmaß n (Tech) width across corners (einer Schraube)

übereinander adv (Tech) in tiers, one above the other

Übereinstimmungskontrolle f (Mess) consistency check

Überfahren n (Kran) overtravelling, overtraversing (Katzfahrt); overwinding (Hubbewegung); overlowering (Senkbewegung)

Überfahrt f (Kran) overrunning

Überfallkanal m (Tech) spillway channel

Überfaltung f (Walz) overlap, lap (Blechfehler)

überflüssig adj (Tech) redundant, superfluous, unnecessary (nicht benötigt)

überflutet adj (Bau) flooded

Überfluthydrant m (Stb) pillar hydrant

Überführung f (Bahn, Bau) overpass

Überführung f (Bau, Stat) bridge

Überführungsleiste f (Bau) road transport bar (Baustelle)

Übergabe f (Förd) transfer (von Fördergut)

Übergabe f (Tech) delivery (Überreichen, Weitergabe); handing-over (z. B. von Gütern)

Übergabeband n (Förd) transfer belt, transfer conveyor

Übergabeschalthaus n (Bergb, Elek) field switch (Stromverteiler)

Übergabestation f (Bergb, Elek) field switch (Stromverteilhaus)

Übergang m (Bau) cross-over, pedestrians' bridge (Fußgängerbrücke)

Übergang m (Chem) conversion (z. B. zu anderem Brennstoff)

Übergang m (Schw, Tech) connecting surface, contact surface (z. B. zweier Bleche)

Übergangs... (Tech) transition...

Übergangsbereich m (Prüf) transition zone (Ultraschallprüfung)

Übergangskopf m (Elek) lead-in bell

Übergangsleitung f (Tech) adapter pipe

Übergangsmetall n (Hütt, Met) metalloid

Übergangsrohr n (Tech) reducer (zur Durchmesserverkleinerung)

Übergangsstecker m (Elek) plug adaptor

Übergangsstück n (Tech) adapter piece, transition piece (Anschluss)

Übergangszone f (Schw) weld junction (bei Blechen)

Übergangszone f (Stb) interface, transition zone, zone of transition

übergeordnet adj (Tech) higher-level, superior, superordinate

übergreifend adj (Tech) socket-type (Hülse über Bauteil)

übergroß adj (Bergb) oversize (überdimensioniert)

überhängen v (Bahn) overhang (Panzerketten auf Waggon)

überhitzen v (Tech) overheat

Überhitzer m (Ue) (Elek) superheater

überhitzt adj (Tech) overheated, superheated

überhöht adj (Tech) excessive

Überhöhung f (Stb) camber (eines Trägers)

Überhöhung f (Tech) superelevation

überholen v (Bau, Tech) recondition, restore (restaurieren)

überholen v (Tech) overhaul, repair (reparieren)

Überholklauenschaltung f (Tech) override clutch gear change

Überholkupplung f (Tech) self-disengaging clutch, freewheel clutch, overrunning clutch, overspeed clutch, sprag clutch

Überholsignalgerät n (Tech) passing signal indicator

überholt adj (Bahn, Tech) obsolete, outmoded, superseded

überholt adj (Bahn, Tech) restored (restauriert)

überholt adj (Tech) rebuilt (z. B. Motor)

überkippen v (Bergb) roll back (das Material im Löffel)

Überkopfnaht f (Schw) overhead welding seam

Überkopfschweißung f (Schw) overhead weld, overhead welding

Überkoppelecho n (Elek) cross-talk echo, front-surface echo, overcoupled echo (Ultraschall)

Überkorn n (Tech) oversize (als Fehlkorn im Zerbrecher); oversize material, oversized material, over-the-screen material (beim Sieben)

überkritisch adj (Tech) supercritical

überlagern v (Stb) superimpose; superpose

überlagert adj (Stat, Tech) combined, superimposed

Überlagerungs... (Tech) superposed

Überlagerungsstufe f (Getr) superposed gear pair

Überlandförderer m (Förd, Umschl) overland conveyor

Überlandleitung f (Elek) long-distance power transmission line, overhead power supply, overhead transmission line, overland line, power line

überlang adj (Tech) extra-long, protracted

überlappen v (Stb, Schw) lap, overlap

Überlappstoß m (Schw) lap joint

Überlapptschweißung f (Schw) lap welding

Überlappung f (Stb, Schw) overlap (z. B. der Schweißnaht)

Überlaschung f (Stb, Tech) splicing

Überlastbarkeit f (Elek) overload capacity, overload capability, overload rating (Ofen, Motor usw.)

überlasten v (Tech) overload (gewichtsbezogen); overcharge (leistungsbezogen)

Überlastfaktor m (Stat) overload factor

Überlastfaktor m (Tech) service factor

Überlastung f (Tech) excess workload, overload (Gewicht)

Überlastung f (Tech, Ökol) surcharge
Überlastungsschutz m (Elek) torque limit (Bagger)
Überlauf m (Aufb) overflow
Überlauf m (Mess) spill
Überlauf m (Stb) spillway (für Flüssigkeiten)
Überlaufanzeiger m (Tech) out-of-range indicator
Überlaufbohrung f (Tech) overflow tap
Überlaufen n (Tech) surging
Überlaufkupplung f (Tech) overrunning clutch
Übermaß n (Tech) abundance (mehr als benötigt); interference, oversize
Übermaßbüchse f (Tech) crankshaft rear oil seal, sleeve
übermäßig adj (Tech) excessive
Übermittlung f (Elek) transmission
Übernahme f (Tech) take-over
überpolen v (Tech) overpole (Kupferschmelze)
überprüfen v (Tech) check, examine, review
überragen v (Tech) project, protrude
überragend adj (Tech) outstanding
Überrollbügel m (Mech) roll bar (z. B. für Grader, Lader)
Überschlag m (Elek) arc-over, flash-over, spark-over
überschneiden v (Stb, Schw) overlap
Überschneidung f (Hütt/Walz) overlapping
überschreiten v (Tech) exceed
überschüssig adj (Tech) excess, excessive, redundant, surplus
Überschüttung f (Förd, Umschl) blockage, build-up of material, overflowing, pile-up, spillage
überschwingen v (Mess) overshoot
übersehen v (Tech) overlook
Übersetzbetrieb m (Bergb) cast-mining, direct casting, overcast
Übersetzung f (Getr) transmission ratio (Getriebe); gear (Zahnrad)
Übersetzungsgetriebe n (Getr) reducer, reducing gear, speed increaser, speed increasing gearbox
Übersetzungsverhältnis n (Tech) gear ratio, ratio of transmission, transmission gear ratio, transmission ratio
Übersicht f (Tech) account (Liste); summary (Zusammenfassung); general

outline; overall view, overview, survey (Überblick)
Übersicht f (Zeich) general arrangement drawing, general arrangement, general drawing, layout drawing (Zeichnung)
Übersichtsgrafik f (Mess) graphic overview display
Übersichtsplan m (Bau, Stb) layout plan, master power diagram
Übersichtsplan m (Elek) master power diagram
Übersichtszeichnung f (Zeich) general arrangement drawing, drawing of the general plan, general [outline, total] drawing
überspannen v (Tech) overstrain (zu stark anspannen)
Überspannung f (Mess) surge
Überspannung f (Met, Prüf) maximum stress limit (Dauerfestigkeit, DIN 50100)
Überspannungsableiter m (Elek) high--rupture fuse; lightning arrestor, surge arrester, surge diverter
Überspannungsprüfung f (Mess) surge test
überspringen v (Elek) spark (z. B. Funke)
überspült adj (Tech) submerged (von Wasser)
Überstand m (Stb) outstand, overhang (z. B. einer Kante)
Überstand m (Tech) projection
überstehen v (Tech) project, protrude (hinausragen über)
übersteuern v (Mess) override
überstreichbar adj (Anstr) recoatable
Überstromauslöser m (Elek) overcurrent trip, overload circuit breaker, O.C.B.
Überströmleitung f (Hydr/Pneu) overflow line, overflow pipe
Überstromrelais n (Elek) overcurrent relay, overload relay, thermal overload relay
Überströmrohr n (Tech) overflow pipe, overflow tube
Überströmstutzen m (Tech) overflow pipe, overflow tube
Überströmventil n (Vent) bypass valve, relay valve; excess release valve (Gasreinigung); overflow valve (Überlaufventil); relief valve (Druckentlastungsventil)
übertage adj (Bergb) above-ground
übertragbar adj (Elek, Tech) transferable

übertragbare Leistung f (Elek) transmission rating

übertragbares Moment n (Tech) transmittable torque

Übertragung f (Tech) transmission (Kupplung)

Übertragungsbeiwert m (Mess) input-output coefficient

Übertragungsfunktion f (Elek) transfer function

Übertragungsspule f (Elek) transformer coil

Übertragungsverhalten n (Mess) transient response

übertrieben adj (Tech) exaggerated, excessive

Über- und Unterflur-Radsatzdrehmaschine (Mech) above-floor and under-floor wheel lathe

überverdichtet adj (Tech) supercharged

Überwachung f (Elek, Tech) control, monitoring, observation, supervision; surveillance

Überwachung f **und Prüfung** f (Tech) observation and inspection; supervision and control (Mess- und Regeltechnik)

Überwachung f **und Regelung** f (Mess) supervision and control

Überwachungsleiter m (Elek) monitoring wire

Überwachungspersonal n (Tech) supervising personnel, supervisory staff (Aufsichtspersonal)

Überwerfen n **des Schaufelrades** (Bergb) carry-over, overcarry

überwinden v (Tech) negotiate, overcome (Hindernis)

Überwurfmutter f (Tech) cap nut, screwed cap, sleeve nut, spigot nut, union nut; connection nut (Verbindungsmutter)

Überwurfschraube f (Tech) union screw

überzählig adj (Tech) redundant

Überzug m (Elek, Tech) cable jacket, cable sheathing (Kabel); lagging

Überzug m (Stb) screed (Glättung)

üblich adj (Tech) customary, ordinary, standard

U-Eisen n (Met) channel, rolled steel channel, U-iron

Uferlinie f (Bergb) strandline

U-förmig adj (Tech) U-shaped

U-förmiger Zughaken m (Tech) clevis coupler

Uhrzeigersinn m (Tech) clockwise direction

U-Kerbe f (Stb) single U notch

UKW f (Abk. für: Ultrakurzwelle) FM, microwave

UKW-Wechselsprechanlage f (Elek) two-way FM radio-telephone communication

Ulme f (Bergb, Tunn) tunnel side wall

Ultrabüchse f (Tech) rubber bush

Ultrakurzwelle f (UKW) FM, microwave

ultrareiner Stahl m (Met) ultraclean steel

Ultraschall m (Prüf) ultrasound

Ultraschallbündel n (Prüf) ultrasonic beam

Ultraschall-Dickenmessgerät n (Prüf) ultrasonic thickness measuring device

ultraschallgeprüft adj (Elek) ultrasonic-tested

Ultraschallimpulsechogerät n (Prüf) pulsed ultrasonic reflection equipment

Ultraschallimpulsstrahler m (Prüf) ultrasonic pulse emitter, ultrasonic pulser (Ultraschallimpulsgeber)

Ultraschallkreis m (Elek) ultrasonic circuit

Ultraschalloptik f (Elek) ultrasonic optics pl

Ultraschallprüfgerät n (Elek) ultrasonic flaw detector, ultrasonic material tester, ultrasonic test instrument

Ultraschallprüfung f (Prüf) ultrasonic examination, ultrasonic flaw detection, ultrasonic inspection, ultrasonic test

Ultraschallresonanzgerät n (Elek) ultrasonic resonance meter

Ultraschallschranke f (Elek) ultrasonic barrier

Ultraschallschwächung f (Prüf) ultrasonic attenuation

Ultraschallschweißen n (Schw) ultrasonic welding

Ultraschallschwinger m (Elek) ultrasonic resonator (Bunkerstandsanzeiger)

Ultraschallwarmschweißen n (Schw) ultrasonic hot welding

Ultraschallwerkstoffprüfung f (Prüf) ultrasonic examination, ultrasonic flaw detection, ultrasonic inspection, ultrasonic test, ultrasonic testing

ultraviolett adj (Elek) ultraviolet, UV

Ultraviolettstrahlung f (Tech) ultraviolet radiation

umändern v (Tech) alter

Umbau m (Baut) rebuilding, reconstruction

Umbau m (Bergb) conversion, revamping

Umbau m (Tech) rearrangement (von Geräten)

umbauen v (Tech) convert, rearrange, re-enginer

Umbaustromwandler m (Elek, Hütt) window-type current transformer

umbaut adj (Stb) walled-in, built space

umdrehbar adj (Tech) reversible (wendbar)

umdrehen v (Tech) invert, reverse (rückwärts)

Umdrehung f (Tech) revolution (des Motors); rotation, turn

Umdrehungen fpl **pro Minute** (U/min, Upm.) (Tech) revolutions pl per minute, rpm

Umdrehungszahl f (Tech) revolution rate

Umdrehungszähler m (Tech) revolution counter

umfalzen v (Mech) crimp, crimp over (z. B. Blech)

Umfang m (Tech) circumference (eines Kreises); perimeter (eines Rechtecks); dimension, extent, scope (Ausmaß); width (Breite)

umfangreich adj (Tech) large-scale

Umfangsgeschwindigkeit f (Elek, Tech) circumferential speed [velocity], peripheral speed [velocity]; surface speed (z. B. einer Walze)

Umfangskraft f (Tech, Stat) circumferential force, peripheral force

Umfangskraft f **P** (Bergb, Förd) effective tension (Bandtrommel)

Umfangslast f (Stat) rotating load

Umfangsnaht f (Schw) circumferential weld, girth weld (Rohre)

Umfangsschweißung f (Schw) circumferential weld, girth weld

umfassend adj (Tech) complete, comprehensive, extensive

Umfassungswinkel m (Tech) width angle

Umflechtung f (Tech) braid (eines Schlauches)

umformen v (Mess) convert

Umformen n (Hütt) secondary shaping

Umformer m (Elek) converter, MG set, transformer, W.L. DC Converter, Ward Leonard set

Umformersatz m (Elek) motor generator set

Umformgerüst n (Walz) shaping mill stand

Umformtechnik f (Form, Hütt/Walz) metal forming

umführen v (Tech) bypass (umströmen)

umgebend adj (Tech) ambient, surrounding

umgebördelt adj (Tech) flanged

Umgebungstemperatur f (Tech) ambient [atmospheric, environmental] temperature

umgehen v (Tech) bypass (z. B. durch Bypass)

Umgehungsventil n (Vent) bypass valve

umgekehrt adj (Tech) inverted, reversed

umgelagert adj (Getr) without bearings (Sonnenrad)

umgestalten v (Tech) rearrange, reconfigure

Umgrenzung f **des lichten Raumes** (Stb) clearance gauge

umhüllt adj (Tech) coated, sheathed, shielded, wrapped

Umhüllung f (Elek, Tech) guard, protector (Mantel)

Umhüllung f (Tech) sheath

U/min (Abk. für: Umdrehungen pro Minute) (Tech, Elek) r. p. m., revolutions per minute

umkanten v (Mech) fold back (z. B. Blech)

umkehrbar adj (Tech) reversible

Umkehre f (Förd) return terminal, tail terminal

umkehren v (Tech) invert

Umkehrschalter m (Elek) reversing switch

Umkehrstation f (Förd) head station (Kopf); return station (Band); tail station (Heck)

Umkehrtrommel f (Förd) bend pulley, tail pulley, tail-end pulley

Umkehrung f (Mess) change-over

Umkehrverlagerung f (Förd) return idler mounting, return terminal

Umkehrwagen m (Förd) travelling return terminal frame

Umkehrwelle f (Bergb, Tech) reversing shaft

Umkehrzähler m (Mess) reversible counter, up/down counter

umkippen v (Tech) tip over; flip (Multivibrator)

umladen v (Mess) download

umladen v (Umschl) rehandle

Umladestation f (Umschl) transfer station, transloading station

Umlauf m (Tech) circuit, flow (Kreislauf des Kühlwassers); recirculation (Wasser)

Umlauf m (Tech) circulation, rotation (Rotation)

Umlaufbiegeversuch m (Prüf) fatigue test under rotary bending loads, rotating bar fatigue test, rotary bending fatigue test (DIN 50100)

Umlaufdrehzahl f (Tech) idle speed (Leerlauf)

Umlaufecho n (Elek) circumferential echo

umlaufend adj (Tech) rotating

Umlaufgetriebe n (Getr) epicyclic gearing, epicyclic gear train, planetary gear, planetary gearing, planetary gear train

Umlaufgut n (Zer) circulating material

Umlauflüftung f (Elek) air circulation

Umlaufrad n (Getr) planet, planet gear, planet wheel

Umlaufschmierung f (Tech) circulating lubricating system

Umlaufvorschub m (Tech) rotation and feeding

Umlaufvorschubhärtung f (Met) combined spin end progressive hardening, rotor feed hardening

Umlaufwasserpumpe f (Tech) circulating water pump

Umlaufzeit f (Tech) cycle time, turnaround time, turnround time

umlegen v (Mech) bead (z. B. Kanten); fold back (z. B. Blech)

umlegen v (Tech) reroute (z. B. Leitungen)

Umleitung f (Elek) bypass, diversion

Umleitung f (Kfz) detour, diversion

Umlenkblech n (Tech) baffle, baffle plate, diverter plate

Umlenkhebel m (Tech) steering lever

Umlenkplatte f (Hydr, Vent) interconnecting plate

Umlenkrolle f (Bergb) idler (Turas des Baggers)

Umlenkrolle f (Tech) deflection roll, deflector roll (Bandwalzwerk); return pulley (Förderband)

Umlenktrommel f (Förd) bend pulley, discharge pulley, head pulley, tail pulley, tensioning pulley (z. B. für die Bandschleife)

Umlenkturas m (Bergb) front idler, front tumbler, idler, return sprocket, return tumbler

Umlenkung f (Tech) circle reverse control, guidance; turn (Kreisförderbahn)

Umluftheizung f (Tech) circulating air heating

Ummagnetisierung f (Met) magnetic reversal

ummanteln v (Tech) case, encase, sheathe

ummantelt adj (Tech) jacketed, sheathed

Ummantelung f (Tech) coat, jacketing; encasement (feuerfester Steine)

umpolen v (Elek) plug, plug in

Umreifungsdraht m (Tech) strapping wire

Umreifungsgerät n (Tech) strapping tool

Umreifungsmaschine f (Tech) bander, banding machine, strapping machine

Umriss m (Tech) outline

Umrisslinie f (Zeich) contour line

umrüsten v (Tech) change, convert, modify, rerig

Umrüstung f (Baut) reconstruction (Neubau)

umschaltbar adj (Tech) change-over, reversible

Umschaltbolzen m (Tech) spool (im Steuerventil)

umschalten v (Bergb) override (z. B. auf Handbedienung); reverse (Richtung)

umschalten v (Flek) change over, shift; switch (z. B. einen Motor von 110 auf 220 V)

Umschalter m (Elek) change-over switch, changeover switch, double-throw switch, throw-over switch; double--throw switch (Schalter mit zwei Stellungen, Hebelschalter); load transfer switch, transfer circuit breaker (Last); reverser, reversing switch (Drehrichtung); selector, selector switch (Wahlschalter)

Umschaltknarre f (Werkz) reversible ratchet (eines Drehmomentschlüssels)

Umschaltkontakt m (Mess) double--throw contact

Umschaltung f (Elek) carryover, change--over, switching

Umschaltventil n (Vent) switch valve; reversing valve (zur Umkehrung)

Umschlag m (Umschl) handling, rehandling (von Gütern)

Umschlaganlage f (Bergb, Umschl) (bulk) handling plant, (bulk) handling facility

Umschlagen n (Stat) reversal of force (Umkehren von Kräften)

Umschlagtechnik f (Umschl) (bulk) handling technology, materials handling technology

umschließend adj (Tech) surrounding

Umschlingungswinkel m (Tech) angle of wrap, arc of contact, wrap (z. B. Förderband)

umschlossen adj (Tech) enclosed

Umschmelzzink n (Met) remelted zinc

umschweißt adj (Schw) boxed (um drei Seiten)

umseitig adv (Tech) overleaf

umsetzen v (Mess) (AE) digitize, (BE) digitise

umsetzen v (Tech) change, tram (z. B. ein Gerät); implement (Vorschriften usw.)

umsichtig adj (Tech) cautious, prudent

umspannt adj (Tech) wrapped

umspannter Bogen m (Bau, Tech) arc of contact, wrap

Umspannverhältnis n (Elek, Hütt) transformer ratio

Umspannwerk n (Elek) relay station

umsteuerbar adj (Bahn, Tech) reversible

Umsteuerhebel m (Bahn, Tech) reverse lever (z. B. im Steuerwagen)

Umsteuerung f (Tech) change-over control, change-over control unit (Schmieranlage)

Umwälzgebläse n (Hütt/Walz) recirculating fan

Umwälzpumpe f (Hydr/Pneu) circulation pump, recirculating pump

Umwandler m (Tech) exchanger

Umwandlungsbereich m (Met) transformation range (Stahlgefüge)

Umwandlungsschaubild n (Hütt, Met) transformation diagram

Umwandlungstemperatur f (Tech) conversion temperature, critical temperature, transformation temperature (Hüttentechnik)

Umwegfehler m (Elek) extended sound path

Umweltingenieur m (Ökol) environmental engineer, pollution control engineer

Umweltschutz m (Ökol) environmental control; environmental protection, pollution control

Umweltschutzauflagen fpl (Ökol) environmental constraints pl

Umwelttechnik f (Tech) environmental engineering, environmental technology

umwickeln v (Elek) wind

umwickelt adj (Tech) coiled, covered, spooled, wrapped

unabhängig adj (Tech) independent (frei)

unabhängig adj (Tech) discrete, self--contained

unabhängige Quelle f (Elek) autonomous source

U-Naht f (Schw) single U, U-weld

unangemessen adj (Tech) unreasonable

unausgebaut adj (Tunn) unsupported

unausgeglichen adj (Tech) unbalanced

unauslöschlich adj (Tech) indelible (z. B. Markierung)

unbeabsichtigt adj (Tech) accidental, inadvertent, unintentional

unbearbeitet adj (Met) crude, non-machined, raw, rough, undressed, unmachined, unworked

unbedeutend adj (Prüf) insignificant (Prüfanzeige)

unbefugt adj (Tech) (AE) unauthorized, (BE) unauthorised

unbegrenzt adj (Tech) unlimited

unbehindert adj (Tech) unconfined (ohne Seitenbehinderung)

unbeladenes Gewicht n (Tech) UW, unladen weight (bei Kfz)

unbelastet adj (Tech) idling (im Leerlauf); unloaded (unbeladen); inactive (Fläche eines Druckkamms)

unbelastete Richtung f (Lag, Verd) inactive thrust direction (Längslager)

unbelegt adj (Tech) unlined (ohne Begrenzung)

unbemaßt adj (Tech) without dimensions (in Zeichnungen)

unberechtigt adj (Tech) unauthorized

unberücksichtigt adj (Tech) disregarded, ignored

unberuhigt adj (Met) rimmed, rimming, unkilled (Stahl)

unberührt adj (Tech) undisturbed, untouched

unbeschädigt adj (Tech) undamaged

unbeschaltet adj (Tech) blank

unbeschichtet adj (Walz) uncoated

unbeschränkt adj (Tech) unlimited

unbesetzt adj (Tech) unmanned, unoccupied

unbestimmt adj (Tech) indefinite, indeterminate

unbestimmt/statisch adj (Stat) statically indeterminate

unbestimmte Lastrichtung f (Stat) indeterminate direction of loading

unbeweglich adj (Tech) immovable, stiff

unbrennbar adj (Chem) non-combustible

Unbuntpunkt m (Mess) achromatic colour point, hueless point

undicht adj (Tech) leaky

Undichtheit f (Tech) leak, leakage, leakiness

undurchsichtig adj (Tech) intransparent, opaque

uneben adj (Bau) bumpy, uneven (z. B. Straße)

Unempfindlichkeitsbereich m (Mess) dead band, dead zone

unendlich adv (Tech) indefinitely

unentbehrlich adj (Tech) indispensable

unentwegt adj (Tech) continuous

unerlässlich adj (Tech) obligatory

unerwünscht adj (Tech) indesirable, undesired, unwanted

Unfallgefahr f (Tech) hazard

Unfallort m (Tech) site of an accident

Unfallstation f (Tech) first aid station

Unfallverhütung f (Tech) accident prevention

Unfallverhütungsmaßnahmen fpl (Tech) safety precautions pl

Unfallverhütungsvorschriften fpl (UVV) (Tech) accident prevention rules pl, regulations for the prevention of accidents, safety regulations pl

unfertig adj (Tech) unfinished

Ungänze f (Prüf) discontinuity (Ultraschallprüfung)

Ungänzenabstand m (Prüf) distance between discontinuities, distance separating discontinuities

ungedämpft adj (Tech) sustained, undamped

ungedämpfter Prüfkopf m (Schw) undamped probe

ungeeicht adj (Elek) uncalibrated

ungeerdet adj (Elek) (BE) not earthed, (AE) not grounded

ungefähr adv (Tech) approximately, circa, roughly

ungeglüht adj (Met) unannealed

ungehärtet adj (Met) unhardened

ungehindert adj (Tech) unhampered, unhindered

ungelöschter Kalk m (Hütt) unslaked lime, quick lime

ungenau adj (Tech) inaccurate, inexact

ungenaue Fluchtung f (Tech) misalignment

ungenügend adj (Tech) inadequate, insufficient

ungenügender Einbrand m (Schw) lack of penetration

ungenügender Luftdruck m (Kfz) underinflation (z. B. Reifen)

ungerade adj (Tech) odd

ungerade Gliederzahl f (Tech) odd number of pitches

ungeschützt adj (Tech) exposed, unprotected

ungespannt adj (Tech) loose (z. B. Riemen)

ungesprengte Wand f (Bergb, Geo) natural face, virgin face

ungestörte Probe f (Bau) undisturbed sample

ungeteilt adj (Tech) non-segmented, solid

ungewollt adj (Tech) accidental, inadvertent

ungleich adj (Tech) disimilar, uneven

ungleichförmig adj (Elek) non-uniform, irregular

Ungleichförmigkeit f (Tech) discontinuity, irregularity

Ungleichheit f (Stb) inequality

ungleichmäßig adj (Tech) asymmetrical, irregular, unequal, uneven

ungleichnamig adj (Tech) opposite, unlike

ungleichschenklig adj (Math, Tech) unequal

Ungültigkeit f (Tech) invalidity

ungünstig *adj (Tech)* adverse, disadvantageous, unfavourable

unhängige Veränderliche *f (Stb)* independent variable

unipolar *adj (Elek)* unipolar

Uni-Sieb *n (Zer)* uni screen

unisoliert *adj (Elek)* non-insulated

universal *adj (Tech)* universal

Universalbedienungsgriff *m (Tech)* multi-funtion control handle

Universaldrehbank *f (Mech)* universal lathe

Universalgelenk *n (Tech)* ball-and-socket joint, universal joint

Universalgerüst *n (Walz)* universal mill, universal stand

Universal-Löffel *m (Bergb)* reversible bucket

Universal-Planierschild *n (Bergb)* U-blade

Universalschaufel *f (Bergb)* general-purpose bucket

Universalschlüssel *m (Werkz)* adjustable wrench, monkey wrench

Universalstahl *m (Met)* wide plate, plates *pl*, universal plate

Universalträger *m (Met)* universal beam

Universalzange *f (Werkz)* universal pliers *pl*

universell *adj (Tech)* universal

universelles Gerät *n (Tech)* general-purpose unit

unklar *adj (Tech)* unclear, vague

unlegiert *adj (Tech)* unalloyed; mild *(Stahl)*

unlegierter Kohlenstoffstahl *m (Met)* plain carbon steel

unlegierter Stahl *m (Met)* carbon steel, unalloyed steel

unlöslich *adj (Chem)* insoluble

unmäßig *adj (Tech)* unreasonable

unmissverständlich *adj (Tech)* explicit, unambiguous

unmittelbar *adj (Tech)* direct, immediate, instant

unmöglich *adj (Tech)* impossible

unpraktisch *adj (Tech)* impractical

unproblematisch *adj (Tech)* uncomplicated

unproduktiv *adj (Tech)* idle, non-productive, unproductive

Unrat *m (Bau)* debris *(Trümmer)*

Unrat *m (Tech)* garbage, junk

unregelmäßig *adj (Tech)* erratic, irregular

unreparierbar *adj (Tech)* beyond repair, irreparable

unrund *adj (Tech)* non-circular, out of true

Unrundheit *f (Tech)* non-circularity; out-of-roundness *(Rohre)*

unsachgemäß *adj (Tech)* careless, improper, incorrect

unscharf *adj (Tech)* blurred, out of focus *(Fotografie)*

unscharf *adj (Werkz)* blunt *(z. B. Klinge)*

Unsicherheitsbereich *m (Elek)* critical range, dubious range

unsichtbar *adj (Tech)* hidden, invisible, unseen

unsiliziert *adj (Elek)* non-silicon-graded

Unstetigkeit *f (Met, Schw)* discontinuity

unsymmetrisch *adj (Tech)* asymmetric, asymmetrical, unbalanced, unsymmetrical

unten *adv (Tech)* bottom *(in Zeichnungen)*

Untendreher *m (Kran)* bottom revolving crane

Unterband *n (Förd)* return belt, return run, return strand

Unterbau *m (Bahn)* track bed

Unterbau *m (Bergb, Umschl)* bed, chassis, substructure, undercarriage

Unterbau *m (Förd)* drive base

unterbauen *v (Tech)* prop

Unterbogen *m (Stb)* lower segment

Unterbrecher *m (Elek)* breaker, circuit breaker, contact breaker, interrupter

Unterbrechernocken *m (Tech)* cam and stop plate

Unterbrechung *f (Tech)* break *(z. B. in einer Zeichnung)*; interruption, interval *(Pause)*; discontinuity; plant outage *(Gerät)*

unterbrechungsfrei *adj (Elek)* no-break, uninterrupted, uninterruptible

Unterbrechungsnocken *m (Tech)* contact breaker cam

Unterbrechungsschalter *m (Elek)* circuit breaker

unterbreiten *v (Bau)* submit

Unterbringung *f (Tech)* accommodation *(Unterkunft)*; housing *(im Gehäuse)*

unterbrochen *adj (Tech)* discontinuous

unterbrochene Schweißung *f (Schw)* intermittent welding

unterbrochener Einsatz *m (Tech)* intermittent duty

Unterdruck *m (Hydr/Pneu, Tech)* low

pressure, negative pressure, suction, vacuum

unterdrückt adj (Tech) suppressed (z. B. Verbrennung)

unterdurchschnittlich adj (Tech) below average

untereutektisch adj (Met) hypoeutectic (Legierung unter 9% C)

unterfangen v (Bau) underpin (stützen)

Unterflurbauart f (Tech) pull-down design (einer Presse)

Unterflurförderer m (Förd) underfloor tow-chain conveyor

Unterflurhydrant m (Tech) underground hydrant

Unterflurmotor m (Tech) underfloor engine

Unterflur-Rückladeband n (Umschl) tunnel reclaim conveyor

Unterflurschere f (Mech) underfloor shear

Unterfütterung f (Tech) lining

untergelagert adj (Geo, Tech) underlying

untergeordnet adj (Tech) lower-level, subordinate

Untergeschoss n (Bau) basement

Untergestell n (Tech) chassis

untergießen v (Baut, Hütt) grout

Untergliederung f (Tech) subdivision

Untergruppe f (Tech) subassembly, subgroup (Erzeugnisstruktur)

Untergurt m (Förd) return belt, return run, return strand

Untergurt m (Stb) bottom chord (Blechträger); lower boom, bottom chord, lower chord (Fachwerkträger); bottom flange, lower flange (z. B. eines Trägers)

Untergussmasse f (Baut) grout, grouting compound

Untergussmörtel m (Baut) grouting mortar

unterhalten v (Hütt) sustain (z. B. Verbrennung)

Unterhaltung f (Bau, Tech) maintenance, upkeep (Wartung, Pflege)

unterirdisch adj (Tech) subterranean, underground

Unterkante f (Bergb) lower cutting edge

Unterkante f **Böschung** (Bergb) toe of the slope

Unterkorn n (Zer) undersize, undersized material

unterkritisch adj (Hydr/Pneu, Tech) sub-critical

Unterkühlung f (Hütt) supercooling

Unterkunft f (Tech) accommodation (Unterbringung)

Unterlage f (Schw) backing (beim Schweißen); backing medium

Unterlage f (Tech) base plate (untere Platte); base, pad, spacer, support, support pad, support plate, underlayer; basic document, basic reference (Beleg)

Unterlagsblech n (Tech) shim (z. B. mit Markierungen)

Unterlagsblock m (Tech) pad

Unterlagseisen n (Tech) shim

Unterlagsplatte f (Bau) tie plate

Unterlegholz n (Mont) wooden support

Unterlegkeil m (Tech) wedge

Unterlegplatte f (Tech) spacer

Unterlegring m (Schw, Tech) backing ring, back-up ring

Unterlegscheibe f (Tech) safety tab washer (Sicherungsblech); shim (im Zylinder); spring lock washer (Federring); washer

Untermaß n (Stb) undersize

untermauern v (Bau) found

Untermesser n (Mech) bottom blade, lower knife (Schere)

Unternahtriss m (Schw) toe crack (der Schweißnaht)

Unterpulververschweißen n (UP) (Schw) submerged arc welding, SAW

Unterrostung f (Anstr) rusting under paintwork

Untersatz m (Bau) pedestal

Untersatz m (Tech) base, support base (Stütze, Sockel)

Unterscheibenbandrolle f (Förd) disc-type return idler

unterschiedlich adj (Tech) unequal, various

Unterschieneschweißen n (Schw) fire-cracker welding

Unterschneidung f (Mech, Schw) undercutting (einer Schweißnaht)

Unterschnitt m (Tech) cutter interference (Getriebe)

Unterschnittschere f (Mech) upcut shear

unterschreiben v (Tech) sign

Unterschreitung f (Tech) undercut, undershoot (z. B. eines Solls)

Unterschrift f (Tech) signature
Unterseil n (Bergb) balance rope, tail rope
Untersetzer m (Elek) scaler
untersetzt adj (Tech) geared-down
untersetzter Eingang m (Elek) dividing input
Untersetzung f (Tech) reduction ratio (Getriebe)
Untersetzungsgetriebe n (Getr) speed-reducing gear pair, gear reducer, speed-reducing gear train, reduction gear, speed reducer
Untersetzungsverhältnis n (Elek, Getr) dividing rate, reduction ratio, speed reduction ratio
Untersetzungszähler m (Elek) pulse count reducer
Untersicht f (Zeich) bottom view (der Rolltreppe)
unterspannt adj (Stb) trussed
unterspannter Träger m (Stb) mounting girder braced from below
Unterspannung f (Elek) lower voltage, low-side voltage (Trafo)
Unterspannung f (Prüf) minimum stress limit (DIN 50100)
Unterspannungsauslöser m (Elek) no-voltage release, undervoltage trip
Unterspannungswicklung f (Elek) low-side winding, low-voltage winding (Transformator)
Unterspülung f (Bau) scouring, washout
Unterstempel m (Form) lower die
unterstempelt adj (Bergb, Stb) (BE) propped, (AE) shored
unterstützen v (Tech) boost, stay, support
Untersuchung f (Tech) analysis, examination, inspection, investigation, test (stets zerstörungsfrei)
Untersuchung f am Regelmodell (Tech) control model test
Untersuchung f auf Alterung (Prüf, Tech) ageing test
Untersuchung f der instationären Schwingungen (Prüf, Verd) transient analysis
Untersuchung f der Querschwingungen (Prüf, Verd) lateral analysis
Untersuchung f der stationären Schwingungen (Prüf, Verd) steady state analysis
Untersuchung f der Unwuchtschwin-

gungen (Prüf, Verd) unbalance response analysis
Untersuchung f instationärer Verdrehvorgänge (Prüf, Verd) transient torsional analysis
untersynchron adj (Kran) subsynchronous, hyposynchronous
untertage adv (Bergb) below-ground
Untertagebetrieb m (Bergb) deep-mining operation
untertägig adj (Bergb) underground
Unterteil n (Tech) base, bottom section, lower section
Unterteil n (Zer) bottom shell (Brecher)
unterteilen v (Tech) divide, split up, sub-classify, sub-divide
unterteilt adj (Tech) broken down, split up
Unterteilung f (Bau) subdivision
Untertrum m (Förd) lower run, return belt, return run, return strand
Unterverteilung f (Elek) sub-distribution unit
Unterwagen m (Bergb) undercarriage
Unterwasserbaggerei f (Bergb) marine contractor
Unterwasserbaggerung f (Bergb) underwater digging
Unterwasserkratzer m (Bergb) submerged-ash conveyor, underwater scraper
Unterwasserschneidrad n (Bergb) underwater cutting wheel
unterwerfen v (Bau) submit
Unterzeichnung f (Tech) signing
Unterzug m (Stb) (BE) main beam, (AE) floor beam (Hauptträger im Fachwerk); bearer, underbeam (Träger); binding beam (Binder); binding girder (im Fachwerkverband)
Unterzug m (Tech) girder, stringer
unveränderlich adj (Tech) invariable
unverbrannt adj (Hütt/Walz) unburned
unveredeltes Feinblech n (Hütt/Walz, Met) cold-rolled uncoated sheet steel
unverlierbare Schraube f (Tech) captive fastener
unvermeidlich adj (Tech) unavoidable
unverpackt adj (Bau) bulk (sperrig)
unverschieblich adj (Bau) undisplaceable
Unversehrtheit f einer Konstruktion (Stb) structural integrity

unverständlich adj (Tech) incomprehensible

unversteift adj (Met, Tech) non-stiffened

Unverträglichkeit f (Tech) incompatibility

unverzichtbar adj (Tech) indispensable

unverzinkt adj (Met) non-galvanized

unverzögert adj (Tech) instantaneous

unvollständig adj (Tech) incomplete

unwegsam adj (Bau) impassable

Unwucht f (Tech) unbalance, unbalanced weight

Unwucht-Test m (Prüf) unbalance test

unzulässig adv (Tech) illegally, inadmissibly

unzureichend adj (Tech) insufficient

Upm. (Abk. für: Umdrehungen pro Minute) (Tech) r. p. m., revolutions pl per minute

U-Profil n (Met) channel

U-Profil-Stahl m (Met) steel channel

Urformen n (Form) original shaping, primary shaping

Urgestein n (Bau, Geo) primitive rocks pl

U-Ring m (Tech) U-ring

Urlehre f (Metr, Werkz) master gauge

U-Rohr n (Hütt/Walz, Tech) U-bend tube, U-shaped tube

Ursache f (Tech) cause, reason

Ursprung m (Tech) origin, source

Ursprungsfestigkeit f (Met, Prüf) intrinsic fatigue resistance (Dauerversuch)

Ursprungsland n (Tech) country of origin

Ursprungszeugnis n (Tech) certificate of origin

U-Scheibe f (Tech) washer

U-Schiene f (Hütt/Walz, Met) U-shaped rail

US-Norm f (Tech) US Standard

US-Prüfgerät n (Prüf) ultrasonic (test) equipment (Ultraschallprüfgerät)

US-Prüfung f (Prüf) ultrasonic test, U.T. (Ultraschalltest)

U-Stahl m (Met) channel, channel iron

UV-Strahlen pl (Phys) ultraviolet rays

UV-Strahlung f (Phys) ultraviolet radiation

UVV fpl (Abk. für: Unfallverhütungsvorschriften) (Tech) accident prevention rules pl, regulations pl for the prevention of accidents, safety regulations pl

V

VAD-Verfahren n (Hütt) vacuum arc degassing process, VAD process

Vakuum n (Tech) vacuum

Vakuumarmaturen fpl und -zubehör n (Hütt/Walz) vacuum fittings and accessories pl

vakuumdicht adj (Tech) vacuum-tight

Vakuumerzeugung f (Hütt) vacuum generation

Vakuumfilterung f (Tech) vacuum filtration

Vakuumformen n (Form) vacuum forming (V-Prozess mit Folie)

Vakuumheberanlage f (Hütt) vacuum siphon facility

Vakuummetallurgie f (Hütt) vacuum metallurgy

Vakuumschmelzverfahren n (Hütt) vacuum melting process

Vakuumverdampfer m (Tech) vacuum evaporator

Vanadiumstahl m (Met) vanadium steel

variabel adj (Tech) variable

Variante f (Mech, Tech) alternative, variant, variation

Vaseline f (Chem) petroleum jelly, vaseline

VA-Stahl m (Met) VA-grade stainless steel

VCI-Wirkstoffe mpl (Tech) volatile corrosion inhibitors pl, VCI

VDI (Abk. für: Verein Deutscher Ingenieure) (Tech) VDI

VD-Ventil n (Tech) VD valve (Sekundärabsicherung)

Vegetationsdecke f (Bau) vegetation surface

Ventil n (Vent) valve

Ventilanbau m (Vent) valve attachment (Ventilbestückung)

Ventilator m (Elek, Tech) blower, fan, ventilator

Ventilansatz m (Tech) fan approach

Ventilaufsatz m (Vent) valve bonnet

Ventilbrücke f (Vent) valve crosshead

Ventilfahne f (Vent) valve mask

Ventilgarnitur f (Vent) valve trim

Ventilgehäuse n (Vent) valve body, valve hood, valve housing

Ventilhalter m (Vent) valve keeper

Ventilhandhabung f (Vent) valve management

Ventilheber m (Vent) valve follower (Ventilstößel); valve lifter, valve spring remover

Ventilkegelstücke npl (Vent) valve collets pl

Ventilkeil m (Vent) valve key

Ventilkombination f (Vent) bank [combination] of valves

Ventilleiste f (Vent) valve bank, valve bridge

Ventilnennweite f (Vent) valve size

Ventilöffnung f (Vent) port

Ventilplatte f (Vent) valve base, valve baseplate, valve sub-base (trägt Ventile)

Ventilschaft m (Vent) valve rod, valve spud

Ventilschleifen n (Mech) valve grinding

Ventilsitz m (Vent) exhaust valve, insert, valve lip, valve seat

Ventilsitz-Fräsapparat m (Mech) valve cutter

Ventilspiel n (Vent) tappet clearance

Ventilstahl m (Met) valve steel

Ventilsteuerung f (Vent) valve gear

Ventilstößel m (Vent) cam follower, push rod valve, tappet, valve lifter, valve plunger, valve pushrod, valve tappet

Ventilteller m (Vent) valve head, valve retainer; valve disc, valve plate (Kolbenverdichter)

Ventilverkettung f (Vent) valve stacking assembly

Ventilverteilerleiste f (Vent) valve bank

Ventilwähler m (Vent) valve selector

Venturirohr n (Mess) venturi (eine Art der Staurohre)

verallgemeinert adj (Tech) generalized

veraltet adj (Tech) archaic, obsolete, outmoded

veränderbar adj (Tech) changeable

veränderlich adj (Tech) variable

veränderliche Last f (Elek, Tech) live load

Verankerung f (Tech) anchor, anchorage, anchoring; bolt anchorage, rock bolting (des Tunnelausbaus)

Verankerungsplan m (Stb) anchoring pattern

Verarbeitbarkeit f (Tech) workability, working life (Mörtel usw.)

verarbeiten v (Tech) process

Verarbeitung f (Bau) canting

Verarbeitung f (Hütt/Walz, Tech) manipulation; forming (durch Pressen usw.); processing (z. B. von Rohstoffen); working (Farbe)

Verarbeitung f **und Industrietechnik** f (Tech) processing and industrial technology

Verarbeitungszeit f (Form) working time

Verarmungstyp m (Elek) depletion type

Verband m (Bau, Stb) bond; wall bond (des Mauerwerks)

Verband m (Stb) bracing (Tragwerk, Hochbau)

Verband-Blech n (Stb) connection plate

Verbandskasten m (Tech) first aid kit

Verbandstab m (Stb) bracing member

Verbandträger m (Stb) bracing beam, bracing girder, bracing truss

Verbau m (Bau) support

Verbau m (Bergb) sheeting, shoring, trench-lining (des Grabens)

Verbauzieheinrichtung f (Bergb) trench sheeting equipment, trench-lining equipment

verbessern v (Tech) correct, rectify, revise; augment (vergrößern); enhance, improve (aufwerten)

Verbesserungsvorschlag m (Tech) suggestion for improvement

verbeulen v (Mech) bend

Verbeulung f (Mech, Tech) buckling

verbiegen v (Mech) bend

verbinden v (Elek) connect, connect up, join

verbinden v (Tech) bond, combine with, link

Verbindung f (Chem) compound

Verbindung f (Elek) contact

Verbindung f (Tech) contact, link

Verbindung f (Stb, Tech) joint, structural connection; splice (im Stahlbau); linkage (z. B. durch Gestänge)

Verbindungs... (Tech) connecting..., connection..., coupling..., intermediate..., joining...

Verbindungsbandbrücke f (Förd) discharge bridge

Verbindungsdose f (Elek) conduit box (Rohrdose); junction box (Kabelmuffe, Anschlussdose)

Verbindungselemente npl (Mech) (AE) fasteners pl

Verbindungslasche f (Stb, Tech) butt strap, cleat, connecting splice; web splice plate (für Stegverbindung)

Verbindungsleitung f (Tech) connecting piping (Rohre); crossover, intake crossover

Verbindungsmaterial n (Tech) (AE) fasteners pl (Schrauben und Muttern nach DIN); connecting material

Verbindungsmittel n (Prüf) couplant (Koppelmittel)

Verbindungsmuffe f (Elek) bell mouth, junction box, junction sleeve

Verbindungsplan m (Elek) interconnection diagram

Verbindungsplatte f (Stb) tie plate

Verbindungsriegel m (Stb) transom (Querbalken)

Verbindungsschiene f (Tech) connector bar

Verbindungsstelle f (Stb) joint

Verbindungsstempel m (Walz) stitching die (Heftmaschine)

Verbindungsstück n (Tech) adapter, connection piece, connector, cross tie, fitting, joint, link, tie, union; coupling, union (für Rohre)

verblasen v (Bergb) backfill (mit Druckluft)
• **Strecke verblasen** backfill

verblassen v (Anstr, Tech) weather

verbleit adj (Chem, Hütt/Walz) leaded (z. B. Bleche, Benzin)

verblenden v (Bau) face

verblocken v (Mech) lock (verriegeln, blockieren)

verbogen adj (Tech) bent; crooked, out of shape, warped (unerwünschte Formveränderung)

verbolzen v (Tech) bolt

Verbolzung f (Tunn) connecting rods pl

verborgen adj (Tech) concealed, hidden

Verbotsschild n (Tech) warning sign

Verbrauch m (Tech) use (Benutzung); consumption (an Kraftstoff); exhaustion (Erschöpfung)

verbrauchen v (Tech) consume; use, utilize (benutzen)

Verbraucher m (Tech) consumer, user; consuming plant (als Werk)

Verbrauchsartikel mpl (Tech) consumables pl

Verbrauchsgüter npl (Tech) commodities pl, consumer goods pl

Verbrauchsmenge f (Tech) consumption rate, usage rate

verbraucht adj (Tech) obsolete, spent, used up

verbreitern v (Bau, Tech) broaden; widen (z. B. Straße)

Verbreiterung f (Bau, Tech) spread, widening

verbreitet adj (Tech) common, wide-spread

Verbrennbarkeit f (Chem, Tech) combustibility (Motor)

Verbrennung f (Tech) combustion, incineration

Verbrennungskammer f (Tech) combustion chamber (Brennkammer, z. B. des Motors)

Verbrennungsmotor m (Antr) combustion engine, internal combustion engine

Verbrennungsofen m (Hütt, Ökol) incineration furnace, incinerator-type furnace

Verbrennungsrückstände mpl (Chem) particulates pl

Verbrennvorgang m (Tech) combustion

Verbügelung f (Bau) lateral ties

Verbund m (Bau, Stb) bond, composite action, compound action, connection

Verbund... (Chem, Met, Tech) combined..., composite..., compound...

Verbundanker m (Tech) shear connector

Verbundbauweise f (Stb) composite construction, composite design

Verbundbeheizung f (Hütt) combined firing, compound firing

Verbunddübel m (Tech) shear connector

Verbundfeder f (Tech) composite spring

Verbundglas n (Bau) laminated glass, laminated safety glass

Verbundguss m (Hütt/Walz) composite [compound] casting (als Verfahren und als Ergebnis)

Verbundkonstruktion f (Bau, Stb) composite construction, composite design, composite structure

Verbundmetall n (Met) clad metal, composite metal

Verbundregelsystem n (Mess) distributed network of control systems

Verbundschalter m (Kran) joystick controller

Verbundschreitwerk n (Bergb) compound walking mechanism

Verbundsicherheitsglas n (Bau) laminated glass, laminated safety glass

Verbundwasserversorgung f (Ökol) interconnected water supply

Verbund-Winkel m (Met) connection angle

verchromt adj (Met) (AE) chrome plated, (BE) chromium-plated

Verdämmen n (Bau) tamping

verdampfen v (Hütt/Walz) (AE) vaporize, (BE) vaporise

Verdampfer m (Hütt/Walz) evaporator

Verdampfung f (Tech) evaporation

Verdeck n (Tech) deck, folding top, (AE) hood, top (Kraftfahrzeug)

Verdeckbezug m (Tech) hood covering

verdecken v (Anstr) mask (nicht zu behandelnde Flächen)

verdecken v (Prüf) mask (Ultraschallprüfung)

Verdeck... (Tech) folding top...

verdeckt adj (Tech) concealed, hidden

Verdehnung f (Met) strain

Verdichtbarkeit f (Tech) compressibility

verdichten v (Tech) compact, compress

Verdichter m (Verd) compressor (z. B. Luftverdichter)

Verdichter m in Kompaktbauweise (Verd) packaged compressor

Verdichteranlage f (Verd) compressor installation (einschließlich Verdichter)

Verdichtergehäuse n (Verd) compressor casing

Verdichterplatte f (Tech) diffuser plate

Verdichterstrang m (Verd) compressor string, compressor train

verdichtet adj (Bergb) consolidated

Verdichtung f (Bau) compacting, compaction (Boden)

Verdichtung f (Tech, Verd) compression (Gase)

Verdichtungsring m (Tech) pressure ring

Verdichtungswalze f (Bau) compaction roller (Straßenbau)

Verdicken n (Anstr) jelling, livering (Anstrich)

verdrahten v (Elek) wire

Verdrahtungsplan m (Elek) wiring diagram

Verdrahtungstechnik f (Elek) circuitry

Verdrallung f (Tech) twist

verdrängen v (Tech) displace; spread (Metall im Lochtopf)

Verdrängerpumpe f (Tech) displacement pump, positive displacement pump

Verdrängungsvolumen n (Hydr/Pneu) displacement

verdrehen v (Tech) distort, twist, warp (die Form verlieren)

Verdrehfeder f (Tech) torsion spring

Verdrehflankenspiel n (Tech) backlash

Verdrehgrenze f (Met) torsional strength

Verdrehmoment n (Kran) twisting moment

verdrehsteif adj (Tech) torsionally rigid

Verdrehung f (Tech) rotation, torsion, twist

Verdrehverformung f (Met) torsional strain (DIN 50100)

Verdrehwechselfestigkeit f (Prüf) torsional fatigue limit, torsional endurance limit, torsional fatigue strength

verdreifacht adj (Tech) tripled

verdrillt adj (Elek) paired, twisted (Leiter)

Verdünner m (Anstr) diluent, diluting agent (für Lösungsmittel); reducer, thinner, thinning agent (für Farben)

Verdünnungsmittel n (Form) reducer

Verdüsung f (Hütt) (AE) atomization, (BE) atomisation (Pulvermetallurgie)

veredeln v (Hütt/Walz) beneficiate, beneficate, improve, refine, upgrade

Veredelung f (Hütt/Walz) beneficiation (Erz); coating (der Stahloberfläche)

Vereinfachung f (Tech) simplification

Vereinheitlichung f (Tech) unification

vereinigen v (Tech) combine (z. B. mehrere Maschinen)

vereinzelt adj (Tech) occasional, sporadic

Vereinzelungsanlage f (Tech) isolating device

Vereinzelungsrolle f (Walz) separating roll

Vereisen n (Mess) icing-up

verengen v (Tech) contract, narrow (verdichten)

Verengung f (Tech) orifice (durch Nut); restriction (des Ölstroms)

verfahrbar adj (Tech) portable, mobile (ohne eigenen Fahrantrieb); traversing, traversable (Triebsweise)

verfahren v (Tech) operate; traverse, travel; tram (z. B. im Gerät); expend, run (Arbeitsstunden)

Verfahren n (Elek, Tech) method, operation, procedure, process

Verfahren n **des kritischen Weges** (Tech) C.P.M., critical path method (Netzplantechnik)

Verfahrensablauf m (Tech) process flow

Verfahrensfestigkeit f (Tech) process stability

Verfahrensprüfung f (Schw) procedure test (Schweißverfahren)

Verfahrenstechnik f (Tech) process engineering

Verfahrsäge f (Mech, Walz) movable saw

Verfahrzylinder m (Tech) traverse cylinder

Verfall m (Bau) dilapidation (eines Gebäudes)

Verfalldatum n (Tech) use-by date (z. B. Kleber); best-by date, use-by date (z. B. Nahrungsmittel)

verfallen v (Bau) decay (Gebäude)

Verfälschung f (Tech) distortion

verfärben v (Anstr, Chem, Tech) discolour

Verfeinerung f (Chem) refining (z. B. von Rohöl)

verfestigt adj (Bergb, Geo) compacted

Verfestigung f **durch Kaltverformung** (Hütt/Walz, Met) cold-work hardening, strain hardening

Verflüchtigung f (Hütt/Walz) volatilisation

verflüssigen v (Chem, Hütt/Walz) dilute, liquefy

verfolgen v (Tech) follow, trace, track (z. B. eine Spur)

Verformbarkeit f (Hütt/Walz, Met) capacity of deformation, deformability

verformen v (Form, Hütt/Walz) form, deform, shape; swage (gesenkschmieden)

Verformung f (Hütt/Walz) forming, forming operation, shaping, shaping operation, twisting (Formgebung); mechanical treatment

Verformung f (Met, Tech) deformation, distortion, set, shape distortion, strain (Formänderung); distortion, warping; residual strain (bleibende Dehnung)

Verformungsarbeit f (Form, Hütt/Walz, Stb) deformation work, strain energy

Verformungsbruch m (Met, Stb) ductile fracture

verformungsfähig adj (Met) ductile

Verformungsgerüst n (Walz) forming stand

Verformungsgrad m (Hütt) reduction,

area reduction, cross-sectional area reduction

Verformungsmodul m (Bau) modulus of deformation

Verformungsuntersuchung f (Prüf, Verd) deformation behaviour analysis

verformungsweich adj (Bau) deformable

Verformungswinkel m (Met, Stb) shearing strain

verfügbar adj (Elek) available

Verfügbarkeit f (Tech) availability, availability for operation

Verfüllen n (Bergb) caving-in (Einsturz)

Verfüllschnecke f (Tech) trench filling worm (an Radlager)

vergären v (Chem, Ökol) digest, ferment

Vergaser m (Kfz) (AE) carburetor, (BE) carburettor, (BE) carburetter

Vergaserdüse f (Tech) carburetor nozzle, jet

Vergasergestänge n (Tech) carburetor control linkage

Vergaseroberteil n (Tech) throttle body

Vergasungsstrom m (Tech) gasification stream

Vergießarbeit f (Bau, Hütt/Walz) grouting work

Vergießbarkeit f (Hütt) pourability

vergießen v (Hütt/Walz) cast, cast into, cast to

vergießen v (Tech) secure by pouring (Seil in Seilhülse); fill with sealing material (Seilhülse)

Vergießen n **von Fundamenten** (Hütt/Walz) grouting of bases

vergittert adj (Baut) barred

Vergitterung f (Stb) lacing, latticing (Stütze)

Vergitterung f (Tech) grating

Vergitterungsstab m (Stb) lacing bar, lattice bar (Stütze)

Verglasung f (Bau) glazing

vergleichbar adj (Tech) comparable, equivalent

Vergleicher m (Elek) comparator

vergleichmäßigen v (Tech) homogenize

Vergleichs… (Tech) equivalent …, reference …

Vergleichsecho n (Prüf) reference echo (Ultraschall)

Vergleichskörpermethode f (Prüf) reference block method (DIN 54119)

Vergleichsspannung f (Math, Met, Stb)

comparison stress, failure criterion, reduced stress

Vergleichsstelle f (Mess) reference junction (eines Thermopaares); cold point (kalte Lötstelle)

vergleichsweise adv (Tech) relatively

vergoldet adj (Tech) gilt-edged, gold--coated

vergrößert adj (Tech) augmented, enlarged, extended, scaled up (z. B. Fläche) • **vergrößert zeichnen** (Zeich) draw to a larger scale

Vergrößerung f (Tech) enlargement, magnification

Vergrößerungsfaktor m (Stb) amplification factor

Vergrößerungsmaßstab m (Stb) enlargement scale

Vergussmasse f (Elek, Tech) casting compound, compound filling, sealing compound

vergütbarer Stahlguss m (Hütt/Walz, Met) heat-treatable cast steel

vergüten v (Met) harden and temper, heat-treat (ungenau); quench and temper (härten, z. B. Stahl)

vergütet adj (Met) hardened and tempered, quenched and tempered (Stahl); modified

Vergütung f (Met) tempering (z. B. des Stahls)

Vergütungsstahl m (Met) heat treatable steel, heat-treated steel, heat treating steel; quenched and tempered steel, q. t. steel (schon vergütet)

Verhalten n (Tech) response, trend; performance (Betriebsverhalten); behaviour (z. B. bei Temperaturschwankungen)

Verhältnis n (Elek, Tech) rate, ratio

Verhältniseinsteller m (Mess) ratio station

Verhältnisse npl (Tech) circumstances pl, conditions pl

Verholwinde f (Tech) mooring winch

verhüten v (Tech) guard against, prevent (z. B. Unfälle)

verhütten v (Hütt/Walz) smelt

Verhütung f (Tech) prevention (z. B. von Unfällen)

Verhütungsmaßnahmen fpl (Tech) safety precautions pl

Verifikation f (IT) verification

verjüngen v (Tech) taper

Verjüngung f (Tech) taper, tapering (abnehmender Durchmesser)

verkabelt adj (Elek) cabled, wired

verkämmen v (Mech, Tech) cog

verkanten v (Tech) cant, cock (z. B. ein Bauteil)

verkapselt adj (Tech) boxed in, enclosed

Verkaufsblei n (Met) market lead, marketable lead

verkaufsfähig adj (Tech) saleable

Verkehr m (Tech) traffic (Straße)

Verkehrsinsel f (Bau) traffic island (für Fußgänger)

Verkehrslast f (Tech) live load, superimposed load, moving load, rolling load, traffic load

Verkehrsordnung f (Bahn) traffic regulations pl

Verkehrszeichen n (Bau) road sign, traffic sign

verkeilt adj (Bergb) tight, wedged (z. B. Material im Steinbruch)

Verkettung f (Tech) linking; stacking (z. B. Ventile)

Verkippung f (Bergb) disposal

Verkippungsgerät n (Bergb) dumping equipment

Verkittung f (Bau) cementation, putty

verklammert adj (Elek) clamped

verklammertes Stapeln n (Log, Walz) multiple nesting

verkleben v (Tech) glue together, stick together

verkleidet adj (Tech) cladded, coated, jacketed, lined, sheathed

verkleidete Stahlkonstruktion f (Stb) faired steel frame structure, panelled steel frame structure

Verkleidung f (Bau) cladding, facing, sheeting (Bauwesen)

Verkleidung f (Tech) casing, cladding (Ummantelung); covering; cowl (unter Haube); lining (Futter)

verkleinern v (Tech) diminish, (AE) minimize, scale down

verklemmen v (Tech) jam

verklinkbar adj (Tech) latch-in type (Taster, Schalter)

verknotet adj (Tech) knotted

verknüpft adj (Tech) linked (verbunden)

Verknüpfung f (Tech) relationship; inter--weaving (zweier Systeme); linkage

Verknüpfungsglied n (Mess) combinative element

Verknüpfungssteuerung f (Elek) logic control

Verknüpfungszustand m (Mess) logic state

verkohlen v (Bergb) (AE) carbonize, (BE) carbonise

Verkohlung f (Hütt) charring

Verkratzung f (Met) scuffing

Verkröpfung f (Stb) crimb

Verkrustung f (Tech) (AE) agglomeration, caking, incrustation (Verklumpung, Verschmutzung); scabbing (vorher heißer Stellen des Hochofenmantels)

verkupfert adj (Hütt, Met) copper plated; coppered (z. B. Draht)

Verkupplung f (Stb) coupling, twinning (von Trägern)

verkürzen v (Tech) shorten

Verlade... (Förd) discharge...

Verlade... (Umschl) loading..., rehandling...

Verladebrücke f (Kran) transporter, transporter crane

Verladebühne f (Umschl) jetty, landing stage, pier

Verlader m (Umschl) loader, shipper

verlagern v (Tech) relocate, transfer

Verlagerung f (Tech) displacement; mounting; relocation (Versetzung, Ortswechsel)

Verlagerungseisen n (Tech) mounting frame

Verlagerungsrahmen m (Tech) mounting frame

verlängern v (Tech) extend; lengthen (räumlich)

Verlängerung f (Tech) extension, lengthoning parl; extension bar (Steckschlüssel)

Verlängerungsstück n (Tech) extension, extension piece

verlangsamen v (Tech) decelerate, pull down, retard, slow down

verlappen v (Tech) join by lock seams

Verlappen n (Form, Mech) lock forming

Verlappung f (Mech) lock seam

verlaschen v (Stb) fish, splice

Verlauf m (Tech) course, flow

verlegbar adj (Förd) mobile, movable, portable

verlegen v (Tech) install, lay (Kabel); re-

locate (an eine andere Stelle); set (z. B. Ausmauerungssteine)

Verlegung f (Bau) positioning

Verlegung f (Tech) lay (Seil); laying, setting (z. B. Ausmauerungssteine)

verlieren v (Tech) lose

verlitzt adj (Tech) stranded (Kabel)

verloren adj (Tech) lost

verlorene Schalung f (Stb) dead sheathing, lost sheathing

Verlust m (Tech) leakage (Leck)

Verlustfaktor m (Tech) dissipation factor, loss factor, power factor

Verlustleistung f (Elek) dissipation, dissipated energy, power loss, stray power; loss of power (Trafo)

Verlustleistung f (Tech) power loss (in kW); friction losses (Verdichter)

Vermahlung f (Zer) grinding (von Mineralien)

vermaschter Regelkreis m (Mess) multi-loop control system

vermaschtes Netz n (Mess) meshed network

Vermaschung f (Mess) complexity

vermeidbar adj (Tech) avoidable

vermeiden v (Tech) avoid

vermessen v (Tech) measure; survey (abmessen)

Vermessung f (Tech) straping, survey, surveying

Vermessungsingenieur m (Bau) surveyor

Vermessungskunde f (Bau) surveying

vermindern v (Tech) decrease, diminish, reduce

Verminderung f (Tech) restriction (des Ölstroms); crown-out, crown roduction (der Balligkeit von Walzen)

Verminderungsbeiwert m (Stb) decrease factor

vermischt adj (Chem) compounded with, mixed with

vermitteln v (Tech) convey, give

Vermittlung f (Elek) switchboard (Fernmeldewesen)

vermörteln v (Bau) grout, solidify

Vermörtelung f (Bau) mortar-mix

vernachlässigbar adj (Stb) can be disregarded, negligible

vernetzen v (Anstr) moisten (Spray)

vernetzen v (IT) net, network

vernetzen v (Kunst) cross-link, interlace

Vernetzer m (Anstr) binder (Kleber)

vernetztes Kleben n (Tech) (AE) vulcanizing, (BE) vulcanising

vernichten v (Tech) eliminate; dissipate (Energie)

vernickelt adj (Met) nickel-plated

vernieten v (Mech) rivet

Verpackung f (Tech) boxing, packing (in Kisten); strapping; wrapping

Verpackungsindustrie f (Tech) packaging industry

Verpackungsstahlband n (Tech) steel strapping

Verplombung f (Tech) lead-sealing (z. B. Lkw, Güterwagen)

Verplombungszange f (Werkz) lead-sealing pliers pl

Verpuffung f (Tech) explosion (Entzündung)

verqualmen v (Tech) become engulfed in smoke

Verregnung f (Ökol) spray irrigation

verriegeln v (Tech) arrest, block, block up, bolt, latch, lock

verriegelt adj interlocked

Verriegelung f (Tech) interlock, interlocking system, lockbolt arrangement, lock-out, locking device (z. B. zwischen Plattform und Unterbau eines Baggers); locking mechanism, (AE) spud lock

Verriegelungskulisse f (Stb) locking block

verringern v (Tech) diminish, reduce

Verringerung f (Elek) decrement, reduction (z. B. der Leistung)

Verringerung f (Tech) decrease, reduction (z. B. des Drucks)

verrippen v (Tech) fin, rib

verrohrt adj (Bau) cased, piped

Verrohrung f (Bahn) piped braking system (des Bremssystems)

Verrohrung f (Stb) piping and conduit (Kanalisation)

Verrohrung f (Tech) pipework, piping

Verrohrungsanlage f (Bergb) casing oscillator

Verrohrungssystem n (Bergb) drainage (zur Drainage)

verrosten v (Anstr) corrode, rust

verrottet adj (Tech) dilapidated

Verrottung f (Chem, Ökol) decay, decomposition, digestion, putrefaction, rot

verrückt adj (Tech) displaced, shifted

verrückt adj/periodisch (Tech) intermittently shifted

Versagen n (Tech) failure, malfunction (Maschine); error (menschlich)

Versagenskriterium n (Stb) failure criterion

Versalzung f (Tech) salification (z. B. an Rohren); turbine blade salt deposits pl (an Turbinen)

Versand m (Log) despatch, shipping and dispatch

Versandbox f (Tech) tote box

Versandgewicht n (Log) shipping weight

Versandhafen m (Schiff) port of loading, port of shipment

Versatz m (Tech) stagger; misalignment (Schweißen); batch composition (feuerfeste Steine); mismatch, offset (Toleranz)

Verschachteln n (Hütt, Log) interlacing, nesting

verschachtelte Wicklungen fpl (Elek) interleaved windings pl

Verschalung f (Bau, Stb) facing, formwork, shuttering, shuttering work (im Betonbau)

Verschalung f (Bergb) planking; lagging (Verpfählung); sheeting (des Grabens)

Verschalung f (Stb) covering boards pl, planking (durch Bohlen)

Verschalung f (Tech) casing, housing

verschiebbar adj (Tech) displaceable, movable, sliding; slide-mounted (auf Kufen)

Verschiebebahnhof m (Bahn) (BE) marshalling yard

Verschiebeband n (Förd) extendable conveyor, extending conveyor, longitudinally shiftable conveyor, telescopic conveyor

Verschiebehydraulik f (Hydr/Pneu) advance/retract hydraulics

Verschiebekopf m (Förd) shuttle head, shuttling head (Bandanlage)

Verschiebelager n (Lag) slide bearing

verschieben v (Tech) move (z. B. ein Werkstück); shift (den Kolben)

Verschiebesattel m (Umschl) change-over chute, movable chute, reciprocating double chute, movable transfer chute

Verschiebespill n (Tech) capstan drive

Verschiebewagen m (Bergb, Förd) traversing bogie

Verschiebeweg m (Umschl) advance/retract path

verschieblich adj (Stat, Stb) incomplete

Verschiebung f (Elek) shift; shifting (Umschaltung)

Verschiebung f (Stb, Tech) displacement, displacing, movement, shifting

verschieden adj (Tech) different, differing, miscellaneous, sundry, various

Verschienung f (Elek) connection conductor (Transformator)

verschießen v (Anstr, Chem) (BE) discolour

Verschlag m (Tech) crate (Holzgestell für Sperrgut)

verschlechtern v (Tech) deteriorate

Verschleiß m (Tech) abrasion, attrition, wear, wearing (z. B. durch Reibung)

verschleißarm adj (Tech) low-wear

Verschleiß... f (Tech) abrading..., abrasion..., wear..., wearing...

Verschleißauskleidung f (Met) wear-resistant liner, lining material

verschleißbeständig adj (Tech) wear-resistant

Verschleißdecke f (Bau) abrasion, top layer, wearing course (der Straße)

verschleißen v (Mech) abrade, abrase

verschleißfest adj (Mech, Tech) abrasion-resistant, wear-resistant

Verschleißfestigkeit f (Met) abrasion resistance, resistance to wear, wear resistance

verschleißfrei adj (Met) abrasion-free, non-wearing, wear-free

Verschleißfutter n (Tech) wear lining, working lining, inner lining

Verschleißkappe f (Bergb) lip shroud, shroud

verschleißmindernd adj (Met) abrasion-reducing

Verschleißminderung f (Met) (AE) minimizing of abrasion

Verschleißoberfläche f (Bau) abrasion surface (der Straße)

Verschleißprofil n (Tech) wear plate profile

Verschleißprüfung f (Prüf) wear and tear test

Verschleißschicht f (Bau) abrasion, top layer (Straßenbau)

Verschleißschicht f (Bau, Stb) surface course, wearing surface

Verschleißschutz m (Tech) wear pad

Verschleißteil n (Tech) high-usage spare part, wear and tear part, wear part, wearing part

verschließen v (Tech) lock; seal (Bindeband)

verschlissen adj (Met, Tech) eroded, torn, used, worn (abgenutzt)

verschlossen adj (Tech) locked, plugged, sealed

verschlossenes Seil n (Tech) sealed rope, fully locked coil rope

Verschluss m (Tech) closure (Deckel); gate (Bunker); fastener (Befestigung); fastening, plug, seal; joint (des Verpackungsbandes); shutter (Türschließer, Riegel)

Verschlussdeckel m (Tech) cover, cover lid, end cover, sealing cover

verschlüsseln v (Elek) encode, encrypt (codieren)

Verschlusshaube f (Tech) closing hood

Verschlusskappe f (Tech) filler cap (z. B. eines Tanks); fitting cap; lens cap (Fernsehgerät)

Verschlusskegel m (Tech) lock cone

Verschlussklappe f (Vent) closing flap (Lichtbogenofen)

Verschlussknoten m (Tech) knot (des Verpackungsbandes)

Verschlussmutter f (Tech) lock nut

Verschlussring m (Stb, Tech) distance ring, lock ring

Verschlussschraube f (Tech) hexagon head pipe plug (mit Außensechskant, kegeliges Gewinde); hexagon head screw plug (mit Bund und Außensechskant, leichte Ausführung, zylindrisches Gewinde); hexagon socket pipe plug (mit Innensechskant, kegeliges Gewinde); hexagon socket screw plug (mit Bund und Innensechskant, zylindrisches Gewinde); lock screw, screw plug (Schraubverschluss)

Verschlussspriegel m (Tech) shutter bow

Verschlussstopfen m (Tech) blanking plug, closing plug, plug

Verschlussstück n (Tech) cable sealing end, end box (Kabel); closure part, end part, locking piece

Verschlussstutzen m (Tech) plug-type neck

Verschlusszapfen m (Stb) sealing stud

Verschmelzlinie f (Schw) fusion line

verschmoren v (Elek) weld, weld in (z. B. Kontakte)

verschmutzende Abgase npl (Ökol) exhaust pollutants pl

Verschmutzung f (Ökol) contamination, fouling, pollution, soiling (Umweltverschmutzung); contaminant, pollutant

Verschmutzung f (Schw) incrustation

Verschmutzung f (Umschl) accumulation of spilled material, build-up of material, soiling, spillage, spoil accumulation (Rieselgut)

Verschmutzungsanzeige f (Hydr/Pneu) clogging indicator

Verschmutzungsfaktor m (Hütt/Walz, Tech) cleanliness factor (Heizflächenberechnung); fouling factor (z. B. Filter, Kühler)

Verschmutzungsschalter m (Tech) chip control (an Hydraulikpumpen)

verschneiden v (Mech) counter-bore

verschrauben v (Tech) bolt, screw, screw on

Verschraubung f (Tech) bolted connection (mit Durchsteckschrauben); coupling, coupling piece, joining element, union joint (Verbindungsteil); screwed connection, screwed joint, screw connection, screw fitting, screw joint, screw union, screwing, screwed union (geschraubte Verbindung); threaded joint (Schraubverbindung); nut union, pipe coupling, pipe union, tube fitting, union piece (für Rohre)

verschrotten v (Tech) scrap

Verschwächung f (Stb) weakening

verschwenden v (Tech) waste

Verschwertung f (Bau) bracing

verschwinden v (Tech) disappear, vanish

versehen v mit (Tech) equip, furnish (jdm./etw. mit etw. versehen)

versehen v/mit Messeinteilung (Tech) graduate

Versehen n (Tech) error, mistake

versehentlich adj (Tech) accidental

verseifungsfest adj (Tech) (BE) emulsion-resistant, non-saponificable, saponification-resistant, unsaponificable (Schmierfett)

verseilt adj (Elek) stranded

versenken v (Mech) countersink (z. B. Schrauben)

versenkt adj (Mech) counterbored, countersunk (hineingeschraubt); immersed

versenkt adj/ganz (Mech) flat-countersunk

versetzbar adj (Tech) portable

versetzt adj (Bergb, Tech) displaced, offset • **versetzt arbeitend** offset-working • **versetzt gezeichnet** drawn displaced

versetzt adj (Tech) apart, offset, staggered (auch zeitlich)

Versetzung f (Tech) relocation, transfer

Versetzungsstelle f (Tech) clogging point

verseucht adj (Tech) contaminated

versiegeln v (Tech) finish, seal

versilbert adj (Met) silver-plated

Version f (Tech) version

versorgen v (Tech) equip; serve, supply

Versorgung f (Tech) supply; feed, supply (mit Material)

Versorgungsanlagen fpl (Tech) utilities (z. B. Telefon, Wasser, Gas, Strom usw.)

Versorgungsleitung f (Tech) utility service line

Versorgungsspannung f (Elek) input voltage, power supply, power supply voltage, supply voltage

Versorgungstankwagen m (Tech) fuel bowser

Versorgungsunternehmen n (Elek) public company [utility], utility company (Kraftwerk)

verspannen v (Tech) deform, distort (durch zu starkes Festziehen)

verspannen v (Tech) anchor, brace, secure

Verspannsystem n (Tunn) anchoring system

Verspannung f (Stb) bracing, guying, staying (z. B. durch Seile)

Verspannung f (Tunn) grip

verspannungsfrei adj (Tech) free of constraints

verspätet adj (Tech) delayed

versperren v (Tech) block, close off, lock

Verspleißung f (Stb) wire rope splice

Versprödung f (Met) brittleness, embrittlement

verstählen v (Met) steel (mit Stahl versehen)

verstärken v (Tech) bolster, stiffen (aussteifen)

Verstärker m (Elek) amplifier

Verstärker m (Hydr/Pneu) booster (Hilfsmotor)

Verstärkereinschub m (Elek) plug-in amplifier

Verstärkerschaltung f (Elek) amplifier circuit

Verstärker-Umformer m (Elek) amplidyne

Verstärkung f (Bau, Stb, Tech) reinforcement, reinforcing, shoring, stiffening, strengthening

Verstärkung f (Elek) amplification (z. B. von Strom); gain

Verstärkung f (Fot) intensification

Verstärkungsblech n (Mech, Stb) guard plate, stiffening plate

Verstärkungsfaktor m (Prüf) amplification factor, intensifying factor, multiplication factor (Ultraschallprüfung)

Verstärkungsnachführung f (Elek) change in gain

Verstärkungsregelung f (Elek) gain control, sensitivity control

Verstärkungssteller m (Elek) gain adjustor, gain control

Verstauen n (Umschl) stowage

Versteckkreuzgelenk n (Bergb) universal resetting joint

Verstecklasche f (Bergb) butt resetting strap (Seil)

Versteckspindel f (Bergb) spindle resetting clutch (Seil)

versteckt adj (Tech) concealed, covered, hidden

versteifen v (Stb) brace, brace up, strut, strut-brace (verstreben)

Versteifung f (Stb, Tech) bracing, bridging, reinforcement, staying, stiffener, stiffening

Versteinerung f (Bergb) petrifying

Verstellantrieb m (Tech) adjustability drive; adjusting drive (Walzwerk)

verstellbar adj (Tech) adjustable; movable (beweglich)

verstellen v (Tech) adjust, manipulate

Verstellgerät n (Tech) adjuster, flopgate adjuster (Klappenverstellung)

Verstellhebel m (Tech) actuating lever, control lever

Verstellkolbenpumpe f (Hydr) variable displacement piston pump

Verstellmotor m (Antr) adjustable oil motor, brush shifting motor, shifting motor, variable displacement motor, variable motor

Verstellpumpe f (Hydr/Pneu) variable displacement pump, variable flow pump, variable pump, variable speed pump; power controlled variable pump (Antriebsleistung verstellbar)

Verstellung f (Tech) adjustment, maladjustment, regulation

Verstellvorrichtung f (Bergb) cab levelling device (Führerhaus)

Verstellzylinder m (Bergb, Tech) actuating cylinder, adjusting cylinder

verstemmen v (Mech, Stb) caulk (z. B. Niet)

verstempeln v (Bergb) shore, shore up

verstiftet adj (Tech) (AE) doweled, (BE) dowelled

verstopfen v (Tech) block, choke, clog (meist ungewollt); plug (gewollt); blank, blind (Sieb)

verstreben v (Stb) brace, brace up, strut, strut-brace

verstürzen v (Bergb) dump

Versuch m (Prüf) test (Probe, Test)

Versuch m im Beisein eines Beobachters (Prüf) observed test

Versuch m in Anwesenheit eines Abnehmers (Prüf) witnessed test

Versuch m mit geschlossenem Kreislauf (Prüf) closed-loop test

Versuch m natürlicher Größe (Prüf) full-size test

Versuche mpl beim Hersteller (Prüf) tests pl at manufacturer's works

Versuche mpl beim Käufer (Prüf) tests pl at purchaser's premises

Versuchsanlage f (Fert) experimental unit, pilot plant

Versuchsanordnung f (Prüf) test procedure

Versuchsaufbau m (Prüf) test apparatus, test arrangement, test rig, test setup

Versuchsauswertung f (Prüf) (re)presentation of test results, test evaluation

Versuchsingenieur m (Prüf) test engineer

Versuchsinstrument n *(Prüf)* test instrument
Versuchslast f *(Prüf)* test load
Versuchslauf m *(Prüf)* test run, trial run
Versuchspresse f *(Prüf)* testing machine *(Pressgerät)*
Versuchsspannung f *(Met, Prüf)* proof stress
Versuchsstecker m *(Prüf)* test piece *(Versuchsstück)*
Versuchsstück n *(Prüf)* specimen, test specimen
versuchsweise adj *(Prüf)* tentative
vertagen v *(Tech)* adjourn, postpone
vertauscht adj *(Tech)* interchanged
verteilen v *(Tech)* apportion, distribute, spread
Verteiler m *(Elek)* distributor, manifold; timer *(Zeituhr)*
Verteiler m *(Tech)* inlet header, inlet manifold, manifold, supply header *(Verteilerrohr)*
Verteilerabgang m *(Tech)* distributor manifold *(Schmieranlage)*
Verteilerband n *(Förd)* shuttle conveyor
Verteilerblock m *(Hydr)* manifold block
Verteilerfinger m *(Tech)* rotator distributor *(im Zündverteiler)*
Verteilerfreileitung f *(Tech)* overhead distribution line
Verteilergetriebe n *(Getr)* distribution [distributor] gear unit, multi-speed transmission gear, transfer box, transfer box gearing, transfer case
Verteilerklotz m *(Tech)* cylinder feed transfer block, distributor block, transfer block
Verteilerkolben m *(Tech)* manifold piston *(Schmieranlage)*
Verteilerleitung f *(Hydr)* header pipe, manifold pipe
Verteilerring m *(Tech, Verd)* collector ring *(Gleitringdichtung)*
Verteilerrinne f *(Hütt)* tundish
Verteilerschrank m *(Elek)* cable distribution cabinet, distribution board, distribution cabinet, distribution cubicle, link box
Verteiler/Ventilleiste f *(Tech)* distributor/valve bank
verteilt adj *(Tech)* distributed
verteilt adj/**gleichmäßig** *(Tech)* equally distributed [spaced], evenly distributed [spaced], uniformly distributed [scattered, spaced]
Verteil- und Versandanlage f *(Log)* distribution and dispatch system
Verteilung f *(Elek)* distribution; distribution board, distribution unit *(elektrisch)*; spreading *(Ausbreitung)*
Vertiefung f *(Met, Tech)* cavity, depression, recess
vertikal adj *(Tech)* vertical, vertical-down *(nach unten)*
Vertikal… *(Tech)* vertical…
Vertikale f *(Stb)* vertical
Vertikallast f *(Stat)* download
Vertikalpressen n *(Form)* upper die operation *(U-Presse)*
verträglich adj *(Tech)* compatible
Verträglichkeit f *(Chem, IT, Tech)* compatibility
Vertragswerkstatt f *(Tech)* official service center
Verunreinigung f *(Ökol, Tech)* contamination, impurification, impurity, pollution, soiling, vitiation
verursachen v *(Tech)* bring about, cause, give rise to, originate, produce
Verursacher m *(Tech)* initiator
Verursacherprinzip n *(Ökol)* polluter--must-pay principle
Vervielfacherkaskade f *(Elek)* cascade multiplier
vervielfacht adj *(Tech)* multiplied
Vervielfältigungsversuch m *(Stb)* duplicating trial
Vervollständigung f *(Tech)* completion
Verwahrung f *(Stb)* flashing
verwalten v *(Tech)* manage
Verwalter m *(Tech)* administrator
Verwaltungsgebäude n *(Bau)* administration building
verwalzen v *(Walz)* roll
verwandeln v **in** *(Tech)* convert into
Verwechslungsprobe f *(Prüf)* identification check
Verweildauer f *(Chem, Tech)* dwell time; residence time, retention time
Verweilvolumen n *(Verd)* retention capacity
Verweilzeit f *(Verd)* dwell time, residence time, retention time
verwenden v *(Tech)* apply, employ, use; intercede *(sich verwenden)*
Verwendung f *(Tech)* application, use

(Anwendung); implementation *(von Geräten)*

Verwendungsbereich *m (Stb) (AE)* field of application

Verwendungszweck *m (Tech)* application, intended application, intended service, intended use, target application

Verwerfung *f (Geo)* fault, faulting, throw

Verwerfung *f (Stb)* distortion, warping *(Verziehen)*

Verwertung *f (Tech) (BE)* utilisation, *(AE)* utilization

verwesend *adj (Bau)* decaying, putrescent

Verwindemaschine *f (Form)* twisting machine

Verwinden *n (Tech)* warping

Verwindung *f (Stb, Tech)* distortion, torsion, twist *(Formverlust)*

verwindungsfrei *adj (Tech)* torsion-free

verwindungssteif *adj (Stat, Stb)* torsion-resistant, torsion-stiff

Verwirbelung *f (Verd)* turbulence

verwirklicht *adj (Tech)* implemented, realized

verwischen *v (Prüf)* cloak, obscure *(Ultraschallprüfung)*

verwittern *v (Tech)* disintegrate, suffer from weather influence *(z. B. Geräte)*; weather

verwunden *adj (Tech)* twisted, warped *(verbogen)*

verzahnen *v (Mech)* cut, cut teeth *(Räder)*; gear *(eine Welle)*; hob *(nach dem Abwälzverfahren)*; interlock, joggle, notch

verzahnt *adj (Tech)* dovetailed; toothed

verzahnt *adj/innen (Tech)* internally geared

verzahnte Welle *f (Tech)* gear shaft

Verzahnung *f (Getr)* gear teeth, toothing

Verzahnung *f (Tech)* notching, toothing; backlash *(Klemmen)*; gearing *(mit Zähnen ausstatten)*

Verzahnungseinstellung *f (Tech)* backlash adjusting *(Zahnräder)*

Verzahnungsverhältnis *n (Getr)* gearing ratio

Verzahnungsverlust *m (Tech)* loss at the toothing *(bez. Getriebewirkungsgrad)*

verzapfen *v (Tech)* tenon

Verzeichnis *n (Tech)* directory

Verzerrung *f (Elek)* distortion

verzichten *v **(auf)** (Tech)* dispense with, waive

verziehen *v (Tech)* distort, warp

verzinken *v (Hütt/Walz)* galvanize

verzinkt *adj (Met)* galvanized, zinc-plated

verzinnen *v (Hütt/Walz)* tin, tin-coat, tin-plate

verzinntes Band *n (Hütt/Walz, Met)* hot-dip tin-coated strip, tinned strip

Verzinnung *f (Hütt/Walz)* tin-coating, tinning

verzögern *v (Tech)* decelerate, delay, retard

verzögert *adj (Tech)* delayed, retarded

Verzögerung *f (Elek, Hydr)* deceleration, time lag

Verzögerung *f (Tech)* retardation *(beim Bremsen)*

Verzögerungsventil *n (Vent)* deceleration valve, time delay valve

verzugsfrei *adj (Met)* free from distortion, non-warping *(nicht verbogen)*

verzweigen *v (Elek)* distribute *(z. B. durch Dreifachsteckdose)*

verzweigt *adj (Tech)* branched

Verzweigung *f (Elek, Tech)* junction *(z. B. von Leitern)*

Verzweigungselement *n (Mess)* branch junction element

Verzweigungsstelle *f (Mess)* branching point *(Regelkreis)*

V-förmig *adj (Tech)* chevron-shaped, V-shape

V-förmige Unterbandrolle *f (Förd)* inverted-vee return idler, inverted-vee return idler roll, chevron-shaped return idler roll, chevron-shaped return idler

VG-Leiste *f (Elek)* plug connector

VHS *(Elek)* VHS *(Video-System)*

Viadukt *n (Bau)* viaduct *(hohe Vielbogenbrücke)*

Vibration *f (Tech)* vibration

vibrationsfest *adj (Tech)* vibration-resistant

Vibrationsversuch *m (Prüf)* vibrating test

vibrieren *v (Tech)* vibrate

Vibrohammer *m (Bergb)* pile-driving, extracting and rapid blow hammer

Vickers-Härte *f (Stb)* diamond penetrator hardness, Vickers hardness

Vickershärteprüfung *f (Prüf)* Vickers diamond hardness test

Vickershärtezahl f (Prüf) Vickers pyramid hardness number, VPN

Video n (Elek) video

Video-Leitstation f (Mess) video display station

Vieleck n (Stb) polygon

Vieleckausführung f (Tech) multi-sided design, polygon design

Vielfachdichtung f (Tech) grommet

Vielfachmessgerät n (Metr, Tech) multi-function instrument, multimeter

Vielfachtaster m (Elek) multiple switch

Vielkeilwelle f (Tech) multi-spline joint, multi-spline shaft, multiple-spline shaft; multi-pyramid shaft (Wickelmaschine)

vielkristallin adj (Met) polycrystalline

Vielprobenmaschine f (Prüf) machine for simultaneous testing of several specimens, multiple testing machine (DIN 50100)

Vielpunkt... (Elek) multi-point ..., multiple-spot ...

Vielschichtenstoff m (Met) multilayer material, composite material

vielseitig adj (Tech) versatile

vielstufig adj (Tech, Verd) multi-stage

Vielwalzengerüst n (Walz) cluster mill

Vielwalzensatz m (Walz) roll cluster

Vielwellenverzahnung f (Getr) involute spline, splined shaft toothing

vielwertig adj (Chem) polyvalent, multi-valent

Vielzahnwelle f (Getr) involute gearing (als Übertragung)

Vielzellenkompressoren mpl **und -vakuumpumpen** fpl (Verd) multi-cell compressors and multi-cell vacuum pumps pl

Vielzweckmaschine f (Tech) multi-purpose machine

vierachsig adj (Tech) four-axle

Viereck n (Tech) quadrangle, square; rectangle (rechteckig)

Vierendeel-Träger m (Met, Stat, Stb) Vierendeel girder, Vierendeel truss

vierfache Walzverformung f (Form, Walz) four-to-one rolling reduction

Vierfach-Kellystange f (Bergb) quadruple telescopic Kelly bar

Vierfach-Steuerblock m (Tech) control block, valve block

Vierflächenlager n (Lag, Verd) four-lobe bearing

Vierganggetriebe n (Getr) four-speed shift transmission

Viergelenkkurbelschere f (Mech, Walz) four-crank shear

Vierkant m (Tech) square (Schraube, Schraubenschlüssel); shank (der Türklinke)

Vierkantfeile f (Werkz) square file

Vierkantkopf m (Stb, Tech) square head

Vierkantmutter f (Tech) square nut; square thin nut (niedrige Form)

Vierkantprofil n (Met) square steel bar

Vierkantscheibe f (Mech) square taper washer, square washer, square washer with round hole (DIN ISO 1891)

Vierkantschlüssel m (Werkz) square spanner

Vierkant-Schweißmutter f (Schw) square weld nut

Vierkantstahl m (Stb) square bar steel, square steel, square stock; squares pl (Sammelbegriff)

Vierkantsteckschlüssel m (Werkz) square bore wrench, square box wrench, square socket screw wrench, tubular bore spanner, tubular box spanner

Vierpol m (Elek) four-pole

Vier-Punkt-Abstützung f (Tech) two sets of stabilizers

Vierpunktlager n (Tech) four point bearing

Vierradantrieb m (Tech) four-wheel drive

Vierradbremse f (Tech) four-wheel brake

Vierradlenkung f (Tech) four-wheel steering

vierreihig adj (Lag) four-row (Rollenlager)

vierrillig adj (Bergb) with four grooves (z. B. Seiltrommel)

Viersäulenpresse f (Form) four-column press

Vierseilaufhängung f (Bergb) four-rope suspension gear

vierseitig adj (Tech) quadrilateral

Vierstufenverdichter m (Verd) four-poster compressor, four-stage compressor

Viertaktmotor m (Antr) four-cycle engine

Viertelstab m (Tech) quarter round (Art Fußleiste)

Vierwalzengerüst n (Walz) four-high stand, four-high mill

Vierwege-Ventil n (Vent) four-way valve

vierwertig adj (Chem) tetravalent, quadrivalent

Vierzylinder-Viertakt-Dieselmotor m (Antr) four-cylinder four-stroke diesel engine

Visiertafel f (Tech) boning rod

Viskosität f (Chem) viscosity (Zähigkeit)

Viskositätsgrad m (Chem) SAE-grade of oil (von Ölen)

Visrambaugruppe f (Tech) Visram assembly

visuelles Verfahren n (Tech) visual inspection

V-Motor m (Antr) V-engine

V-Naht f (Schw) single V, single V groove, single-vee groove weld

VOD-Verfahren n (Hütt) vacuum oxygen decarburization process, VOD process

Vogelflugbrücke f (Stb) Fehmarn Sund Bridge

Vogelzunge f (Werkz) cross file, crossing file

Vogelzungenfeile f (Werkz) crossing file

voll adj (Tech) full

Vollbetrieb m (Tech) all-out operation, stress test

Volldecke f (Bau) solid ceiling

vollflächige Verbretterung f (Log) full sheathing (Verpackung)

Vollfreisichtmast m (Tech) full free-view mast (Stapler)

vollgummibereift adj (Kfz) solid rubber tyred

Vollholz n (Met) solid wood

Vollhubsicherheitsventil n (Vent) full-lift safety valve

völlig adv (Tech) completely, fully, totally
• **völlig eingespannt** fully restrained

Völligkeitsgrad m (Prüf, Tech) filling out factor (Rautiefenmessung)

vollkommen adj (Tech) complete (ganz); perfect (ohne Fehler)

Vollkreis m (Stb) full circle

Volllastbereichsstufe f (Elek) full capacity tap

Volllastmoment n (Antr) full load torque

Volllastnadel f (Tech) full-load needle

Vollmessbereichsausgang m (Mess) full scale output

Vollpappe f (Met) solid paste board

vollplastisch adj (Stb) fully plastic

Vollpolläufer m (Tech, Verd) smooth core rotor

Vollportalkran m (Kran) full gantry crane, full portal crane

Vollquerschnitt m (Stb) gross section, gross sectional area; solid section

Vollrad n (Bahn) solid-rolled wheel

Vollreifen m (Tech) (BE) solid rubber tyre, (AE) solid tyre

Vollrost m (Zer) full grate

Vollschaft m (Tech) normal shank (Schraube nach DIN ISO 1891)

Vollschnitt m (Stb) full section

Vollschwenklager n (Lag) universal joint mounting

Vollstab m (Prüf) plain specimen, unnotched specimen (Kerbschlagprüfung, DIN 50100)

vollständig adj (Tech) complete, entire

volltransistorisiert adj (Mess) solid state

Vollwand-Bogen m (Met, Stb) solid-web arch

Vollwandbrücke f (Tech) plate bridge, plate girder bridge

Vollwandkonstruktion f (Stb) full-web construction, full-web structure, solid-plate construction, solid-plate structure, solid-web structure

Vollwandträger m (Met, Stb) plate girder, solid-web beam, solid-web girder, web plate girder

Vollwand-Trogbrücke f (Stb) trough plate girder span

Vollweggleichrichter m (Mess) full wave rectifier

Vollwellengetriebe n (Tech) foot-mounted gearbox

Vollzylinder m (Tech) solid cylinder

Volt n (Elek) volt

Voltmeter n (Elek) voltmeter

Voltzahl f (Elek) voltage, voltage

Volumen n (Tech) volume

Volumenausdehnung f (Hydr) volumetric expansion

Volumenstrom m (Tech) volumetric flow, volume flow; capacity

Volumenvergrößerung f (Bau) bulking

volumetrisch adj (Förd) volumetric

vor Ort (Bergb) in situ, local, on site

Vorabscheider m (Tech) precleaner; prescreener (Säuberung)

Vorabscheidung f (Bergb) pre-scalping

Vorabsiebung f (Bergb) primary screening (erstes Sieben)

Vorabstreifer m (Umschl) pre-scraper

vorangehend adj (Tech) preceding, previous

vorangehend adj/zusehends (Tech) progressing apace

vorantreiben v (Tech) press on

Voranziehdrehmoment n (Tech) initial torque

Vorarbeiten n (Bau) preliminary work

Vorarbeiter m (Tech) foreman, group leader, leading hand

Voraussetzung f (Tech) preliminary condition, prerequisite, presupposition, proviso, requirement

voraussichtlich adj (Tech) expected, prospective

Vorbandschopfschere f (Mech, Walz) transfer bar crop shear

Vorbau m (Bau, Tech) projection

Vorbauschnabel m (Stb) launching nose

vorbeansprucht adj (Tech) prestressed (DIN 50100)

Vorbearbeitung f (Mech) pre-machining, rough machining, rough-working, roughing

Vorbedingung f (Tech) precondition, preliminary condition

Vorbehandlung f (Stb) preliminary treatment, pretreatment

vorbeifließen v (Tech) bypass (im Zylinder)

vorbeilaufen v (Tech) bypass (an den Kolben)

Vorbelastung f (Prüf, Tech) minor load

vorbereiten v (Tech) prepare

Vorbereitungsanzeige f (Mess) look ahead display

Vorbereitungseingang m (Elek) prefix input

vorbeschichtet adj (Walz) pre-coated

vorbestimmt adj (Elek) preset (eingestellt)

vorbestimmt adj (Tech) predetermined

vorbeugend adj (Tech) preventive

vorbeugende Wartung f (Tech) preventive maintenance, PM

Vorbeugungsmaßnahme f (Tech) precautionary [preventive] measure

vorbohren v (Bergb) spud

Vorbohrer m (Tech) starter

Vorbramme f (Hütt/Walz) roughed slab

Vorbrecher m (Bergb, Zer) primary crusher

Vorcalcinierung f (Bergb) precalcination

Vordach n (Stb) canopy, cantilever roof

Vorderachse f (Tech) front axle

Vorderachsschenkel m (Tech) front-wheel stub axle

Vorderansicht f (Tech) front elevation, front view

Vorderantrieb m (Tech) front drive, front-wheel drive

Vorderentladung f (Tech) front discharge (z. B. Kipper)

Vorderflanke f (Prüf) front edge, leading edge (Ultraschallstrahl)

vorderlastig adj (Stat) front-heavy, nose-heavy

Vorderlastigkeit f (Stat) (AE) forward shifting of the center of gravity

Vorderrad n (Tech) front wheel

Vorderschar f (Bergb) dozer blade

Vorderseite f (Tech) face, front, front side; front panel (eines Gerätes)

Vorderteil n (Bergb) front lip, front part (der Klappschaufel)

Vordichtung f (Tech) pre-sealing (Kolbenstangendichtung)

vordrehen v (Mech) preturn, rough-turn (auf einer Drehbank)

Vordrehmaße npl (Mech) dimensions pl prior to turning (vor Drehbeginn)

vordringlich adj (Tech) urgent (eilig)

Vordruck m (Tech) form (Formblatt); upstream pressure (Ventil)

Voreilen n der Last (Hydr/Pneu) run away of the force of gravity

Voreilung f (Mess) lead

Voreilung f (Tech, Walz) forward slip, forward creep, forward slippage

voreinstellen v (Elek, Mess, Tech) preset

Vorentlastung f (Mess) debias

voreutektoide Phase f (Met) proeutectoid phase

vorfabriziert adj (Stb) prefabricated

vorfahren v (Tech) advance (Ausleger, Rollgang)

Vorfahrt f (Kfz) priority, right of way

Vorfall m (Tech) incident (Ereignis)

Vorfeile f (Werkz) bastard file

Vorfeldgerät n (Tech) apron equipment (auf Flughäfen)

Vorfertigung f (Tech) prefabrication

Vorfilter n (Tech, Vent) pre-filter

Vorform f (Met) preform

Vorfracht f (Umschl) freight from-to

vorfräsen v (Mech) roughen

vorführen v (Tech) demonstrate (z. B. ein Gerät im Einsatz)

Vorführgelände n (Tech) demonstration ground

Vorfüllen n (Tech) priming (z. B. Benzin in den Vergaser)

Vorgabe f (Metr) requirement, specification; specified setting (Instrumenteneinstellung)

Vorgang m (Tech) activity, course of events, series of events

Vorgang m (Tech) operation, procedure, process

vorgearbeitet adj (Mech) pre-machined, rough-finished, semifinished

vorgeben v (Tech) release (z. B. Ölmenge); preselect (Werte in der Steuerung)

vorgedreht adj (Mech) preturned, rough-machined, rough-turned (auf einer Drehbank)

vorgedrückt adj (Mech) pre-pressed

vorgefertigt adj (Bau) precast (Beton)

vorgefertigt adj (Tech) prefabricated, ready-made

vorgegeben adj (Tech) given; preset, specified; pre-determined, pre-established, selected (vorherbestimmt, Sollwert); released (an das Werk)

vorgegossen adj (Tunn) precast

Vorgelege n (Getr) back gear, bull gear, gear, intermediate gear, layshaft, transmission, transmission gear

Vorgelegeachse f (Tech) idler shaft

Vorgelegegetriebe n (Getr) transfer box gearing

Vorgelegekasten m (Getr) intermediate gearbox

Vorgelegerad n (Getr) counter gear, layshaft gear

Vorgelegewelle f (Getr) countershaft, intermediate gear shaft, jackshaft, layshaft, transmission shaft

Vorgelegezahnradblock m (Getr) layshaft gear cluster

Vorgerüst n (Walz) roughing stand, break-down stand

vorgeschaltet adj (Tech, Verd) upstream

vorgeschlagen adj (Tech) proposed, suggested

vorgesteuert adj (Vent) controlled, pilot-controlled, pilot-operated

vorgewärmt adj (Tech) preheated

vorglühen v (Tech) pre-glow, pre-ignite, preheat (Dieselmotor)

Vorhaben n (Tech) plan, scheme

Vorhalt m (Mess) pre-act value

Vorhalter m (Stb, Tech) dolly, (BE) holder-on

Vorhaltmodul n (Mess) derivative module

Vorhaltung f (Tech) provision

Vorhaltzeit f (Mess) derivative action time, derivative time

Vorhammer m (Werkz) sledge hammer

vorhanden adj (Elek) available (verfügbar)

Vorhängeschloss n (Tech) padlock

Vorhangwand f (Bau, Tech) curtain wall

Vorkaliber n (Walz) roughing pass

Vorkammer f (Tech) chamber, precombustion chamber

Vorklärbecken n (Ökol) preliminary settling basin

Vorklassierung f (Bergb) preclassification

Vorkommen n (Bergb, Geo) deposit, layer deposit

Vorkühler m (Tech) precooler, spraybox

Vorlagerost m (Tech) feeding rack

Vorlast f (Tech) standard load

Vorläufer m (Tech) forerunner (mit wesentlichen Änderungen); prototype (mit kleinen Änderungen)

vorläufig adj (Tech) preliminary, tentative

Vorlaufstrecke f (Prüf) transducer-to-part spacing (Ultraschallprüfung)

Vorlaufstrecke f (Tech) delay block (Material)

Vorlaufwagen m (Förd) leading trolley (eines Schleppkreisförderers)

vorlegen v (Bau) submit

Vorlegetisch m (Förd, Walz) feeder table

vorliegend adj (Tech) on hand

Vorluftbehälter m (Tech) preliminary air tank

Vormagnetisierung f (Elek) pre-magnetization

Vormahlbereich m (Zer) pregrinding sector

Vormahlen n (Zer) primary grinding, raw grinding, pregrinding

vormontiert adj (Mont, Tech) pre-assembled, shop-assembled

vorn adv (Tech) in front

vornehmlich adv (Tech) mainly

Vornorm f (Tech) draft standard, tentative standard

Vornschneider m (Werkz) top cutter (Zange)

Vor-Ort-Grenzwertmelder m (Mess) field-mounted alarm, field-mounted alarm unit

Vorprofilieren n (Walz) preshaping

vorprogrammiert adj (Elek) preprogrammed

Vorprojekt n (Tech) tentative project, tentative scheme

Vorrang m (Tech) precedence

Vorrat m (Tech) reserves pl, stock, store, stores, supplies pl

Vorratsbehälter m (Förd) storage tank, store tank, reservoir

Vorratsführung f (Log) inventory control, stock control

Vorratshalde f (Bergb) stockpile

Vorrecht n (Tech) prerogative

Vorreiber m (Tech) turnbuckle

Vorreiberschloss n (Tech) casement fastener hook

Vorreiniger m (Tech) precleaner

Vorrichtung f (Mech, Stb) fixture

Vorrichtung f (Tech) device (z. B. Gerät); jig (Anschlag)

Vorrichtungszeichnung f (Tech, Zeich) drawing of jigs

Vorrohr n (Bergb) pretube

Vorrundenpresse f (Form) U-ing press, U-ing machine (Rohrherstellung)

Vorsatzstück n (Tech) adapter; probe shoe, transducer shoe (Ultraschall; Prüfkopfvorsatzstück)

Vorsatzteil n (Tech) attachment, shoe, wedge

vorschalten v (Elek) connect in series

Vorschaltgetriebe n (Getr) back gear, bull gear, intermediate gear, pinion shaft mounted reducer, pinion shaft mounted reducing unit, transmission gear

Vorschaltwiderstand m (Elek) resistor

vorschieben v (Bergb) crowd (die Ladeschaufel)

vorschieben v (Tech) advance (z. B. den Ausleger)

Vorschieben n (Stb) launching (Brücken)

vorschlagen v (Tech) propose, suggest

Vorschlaghammer m (Werkz) blacksmith's sledgehammer, sledge hammer

vorschlichten v (Mech) semifinish (bearbeiten)

Vorschneider m (Mech, Werkz) cutter

tooth, intermediate cutter, cutting head, cutting lip, extension lip, precutter, tooth cutter, wire cutter; end cutting pliers pl (Feinmechanik); scoring tooth (Säger); taper tap (Gewindebohrer)

Vorschnitt m (Mech) advance cut

Vorschreibung f (Tech) specification (Lastenheft)

Vorschrift f (Tech) regulation, specification (technisch), allgemein usw.); instruction (Anweisung)

Vorschub m (Bergb) advance, crowd (Bagger); feed, rate of feed (Vorschubgeschwindigkeit); shuttling head (Förderband)

Vorschub m (Mech, Tech) advance, feed

Vorschubgetriebe n (Getr) advance gear

Vorschubhärtung f (Met) progressive quenching

Vorschubkopf m (Förd) extending head, shuttling head

Vorschubmarkierung f (Getr) feed scallop

Vorschubpresse f (Tunn) forward thrust jack, crowding cylinder, push jack

Vorschubregelung f (Tech) feed control

Vorschubsäule f (Mech) feed column (Bohrer)

Vorschubwagen m (Förd) shuttling carriage (Förderer)

Vorschweißband n (Schw) welding neck

Vorschweißflansch m (Schw) welded-on flange, welding neck flange

Vorschweißmesser n (Schw) partial wrap-around edge

Vorsicherung f (Elek) series fuse

Vorsicht f (Tech) caution

Vorsichtsmaßnahmen fpl (Tech) precautionary measures pl, precautions pl

Vorsieb n (Zer) prescreener, primary screen

Vorsorge f (Tech) precaution

vorspannen v (Stb) prestress

vorspannen v (Tech) preload, pressurize, pretension (vorbelasten)

Vorspannkraft f (Met, Tech) tensile force, initial tensile force; tightening force (Schrauben)

Vorspannkraftmessgerät n (Tech) tension load measuring shackle

Vorspannmutter f (Mess) spring adjusting nut

Vorspannung f (Hydr/Pneu) (AE) pressurization, *(BE)* pressurisation *(des Tanks)*

Vorspannung f *(Tech)* prestress, prestressing *(mechanisch)*; initial tension, take-up tension *(einer Zugfeder)*; preloading *(vorherige Aufladung)*

Vorspannungsfeder f *(Mess)* bias spring *(zur Signalbeeinflussung)*

Vorspannungsverhältnis n *(Lag)* preset ratio

Vorspannventil n *(Vent)* counterbalance valve, pre-load valve, pressure make--up valve, pilot-operated valve

Vorspannzylinder m *(Tech)* servo cylinder; pressurizing cylinder *(Einkammerbremszylinder)*

vorspritzen v *(Bau)* spatterdash *(Putz)*

Vorsprung m *(Bau, Tech)* projection

Vorsprung m *(Tech)* boss, lug *(am Maschinenteil)*; nose *(am Werkstück)*

Vorstatik f *(Stat)* preliminary statics *(vor der ersten Prüfung)*

Vorsteckbolzen m *(Tech)* cotter bolt

Vorstecker m *(Tech)* bolt lock, coupling pin, locking pin, rail pin

Vorsteckstift m *(Tech)* cotter pin, locking pin, safety pin

Vorstellung f *(Tech)* demonstration *(z. B. von Geräten)*; idea; presentation

Vorsteuergerät n *(Vent)* servo control valve *(Ventil)*

Vorsteuerkegel m *(Vent)* pilot plug, pilot poppet

Vorsteuerschieber m *(Vent)* pilot valve

Vorstoß m *(Mech, Walz)* gauge, gauge stop, stop, stop gauge *(einer Schere)*

Vorstoßanschlag m *(Mech, Walz)* shear gauge head

vorstoßen v *(Bergb)* crowd *(mit Ausle-gerstiel)*

Vorstoßträger m *(Met, Walz)* gauge beam

Vorstreckgerüst n *(Walz)* pony roughing stand

Vorstrom m *(Elek)* bias current

Vorstudie f *(Bau)* pre-investment study *(Kostenvoranschlag)*

Vortrieb m *(Bergb, Tunn)* advance, tunnel excavation, tunnel heading, tunneling *(im Tunnelbau)*

Vortriebskraft f *(Tech)* propel powers pl, traction power

Vortriebsleistung f *(Tunn)* advance rate, boring rate, penetration rate, progress rate

Vortrocknung f *(Tech)* predrying

Vorturbine f *(Verd)* auxiliary turbine, topping turbine

vorübergehend adj *(Tech)* temporary

Voruntersuchung f *(Bau)* preliminary investigation

vorverdrahtet adj *(Elek)* prewired

vorverrohrt adj *(Tech)* prepiped

Vorverstärker m *(Elek)* preamp, pre-amplifier *(Audio- und Video-Anlagen)*

Vorwahl f *(Elek)* preselection, preset *(Einstellung Gerät)*

Vorwahl f *(Elek, Tech)* area code, dialling code *(Telefon)*

Vorwähler m *(Elek)* preselector, preselector mechanism

Vorwählgetriebe n *(Elek)* preselector gearbox

Vorwahlzähler m *(Elek)* pre-set counter, preselection counter

Vorwalzen n *(Walz)* breakdown, roughing, rough rolling

vorwärmen v *(Tech)* preheat

Vorwärmer m *(Elek)* economizer, preheater

Vorwärmung f *(Tech)* preheating *(Vorgang)*; preheater *(Anlagenteil)*

Vorwarnung f *(Tech)* advance warning

vorwärts adv *(Elek)* forward *(z. B. bei Schaltplänen)*

Vorwärtsflanke f *(Tech)* forward flank *(Getriebe)*

Vorwärtskupplung f *(Tech)* forward clutch

Vorwärtsregelung f *(Mess)* feedforward control

Vorwärtszähler m *(Mess)* upcounter

Vorwiderstand m *(Elek)* protective resistor, series resistor; ballast resistor *(Leuchte)*

Vorzeichenausgang m *(Elek)* sign output

vorzeichnen v *(Tech, Zeich)* design, sketch, trace

Vorzeichnen n *(Stb, Zeich)* laying out, marking off

Vorzeichner m *(Stb)* tracer

Vorzeichnerprinzip n *(Zeich)* piece drawing method

Vorzerkleinerung f *(Zer)* primary crushing machinery, primary reduction

vorzüglich adj (Tech) excellent (hervorragend, gut)

Voute f (Bau, Tech) concrete haunch, strengthening

Voutenbrücke f (Stb) arched bridge (Stelzbrücke)

VPI-Rostschutzverfahren n (Tech) rust prevention by vapour phase inhibitors

vulkanisch adj (Geo) volcanic

vulkanisieren v (Tech) (AE) vulcanize, (BE) vulcanise

Vulkanisier-Zement m (Tech) (AE) vulcanizing rubber cement

W

W n (Abk. für: Widerstandsmoment) (Elek, Tech) moment of resistance, R

Waagbrücke f (Mess) load platform, weigh platform

Waage f (Tech) balance, scale, weigher, weighing scale

waagerecht adj (Tech) horizontal

Waagerechtbohrwerk n (Tech) line boring machine

Waagschale f (Tech) scoop (rund); weighing pan (rechteckig)

Wabe f (Tech) fin (des Ölkühlers); dimple (im Wabkristallgefüge)

Wabenbauweise f (Stb) honeycomb construction

Wabenfilter n (Hütt/Walz, Tech) multi-cellular mechanical dust separator, multi-cellular mechanical precipitator; honey-combed filter

Wabenträger m (Stb, Tech) honeycomb construction, honeycomb element, honeycomb structure

Wachspapier-Schreiber m (Elek) wax paper recorder

Wächter m (Elek) belt monitor (Förderband); detecting device, detector, protective device, indicator, monitor, monitoring device, safeguard

Wackelkontakt m (Elek) loose connection, intermittent contact, loose contact, tottering contact

Waffelblech n (Hütt/Walz, Met) goffered plate

Wäge... (Metr, Tech) weigh..., weighing...

Wägebrücke f (Tech) weighbridge, weighing bridge

Wägekopf m (Metr) head mechanism, scale head

Wagen m (Bahn) wagon (Waggon)

Wagen m (Tech) car, vehicle; carriage (einer Bandschweißmaschine)

Wagenbühne f (Tech) platform

Wagenheberpumpe f (Tech) hydraulic-jack pump

Wagenkipper m (Tech) car dumper, car tipper, rotary dumper, wagon tipper

Wagenplane f (Tech) canvas

Wagenumlauf m (Bergb) mine car circuit

Wägevorrichtung f (Tech) weighing appliance, weighing device, weighing equipment

Wägezelle f (Tech) load cell (Bandwaage)

Waggon m (Bahn, Tech) aggregate wagon, wagon (Güterwagen); freight car

Waggonkipper m (Umschl) car dumper, wagon tippler

Wahl... (Elek) selection..., selector...

Wähl... (Elek) selector..., dialling...

Wahlschalter m (Tech) shuttle valve (Getriebe)

Wählscheibe f (Elek) dial (des Telefons)

wahlweise adj (Tech) extra, optional

Wahrheitstafel f (Mess) Boolean diagram

wahrnehmbar adj (Tech) apparent, detectable, perceptible

Wahrscheinlichkeit f (Tech) probability

Walkpenetration f (Tech) worked penetration (Fett, Öl)

walkstabil adj (Tech) squeeze-stable

Wall m (Bau) bulwark, rampart (Schutzwall); dike (Deich)

Walmdach n (Bau) hip roof

Walz... (Walz) roll..., rolled...

Walzarmaturen fpl (Walz) guides and guards pl, guide equipment, guide tackle

Wälzbahn f (Hütt) rocker path, rocker pedestal, rocker rail, rocker track

Walzbalken m (Walz) cramp bar, guide bar, rest bar

Walzblech n (Hütt/Walz, Met) rolled plate, rolled sheet metal, sheet metal (Walztafel)

Walzblock m (Hütt/Walz) bloom

Walzbördeln n (Walz) roller flanging (Bandwalzwerk)

Walze f (Hütt/Walz) drum, mill roll, roll, roller; die (Kaltpilgerwalzwerk)

walzen v (Hütt/Walz) roll

Walzen n **im Gesenk** *(Walz)* periodic rolling

Walzen... *(Walz)* roll..., roller...

Walzenachse f *(Walz)* roll centre arbor *(zweiteilige Aufbauwalze)*; roll axis

Walzenanstellung f *(Walz)* roll positioning system; screwdown, screwdown mechanism *(Sendzimir-Gerüst)*

Walzenauftrag m *(Walz)* roller coating

Walzenausbaustuhl m *(Walz)* support stool

Walzenbahnläuferanlasser m *(Elek)* drum starter

Walzenbearbeitungsmaschine f *(Walz)* roll dressing machine

Walzenbiegesteuerung f *(Walz)* roll contour control

Walzenbürste f *(Walz)* roller brush

Walzendrehbank f *(Mech, Walz)* roll lathe, roll turning lathe

Walzeneinbaustück n *(Walz)* roll chock

Walzeneingriff m *(Walz)* roll bite

Walzenform f *(Walz)* roll contour

Walzengeschütz n *(Stb)* cylinder sluice gate

Walzenkaliber n *(Walz)* roll groove

Walzenkranz m *(Hütt/Walz, Lag)* roller assembly; roller cage assembly *(eines Wälzlagers)*

Walzenlager n *(Lag)* roller bearing

Walzenlosdrehvorrichtung f *(Walz)* roll loosening device, roll separating mechanism, roll unjamming device

Walzenmantel m *(Hütt/Walz)* roll outer shell, roll shell, roll sleeve

Walzenmühle f *(Zer)* roll crushing mill

Walzenrattern n *(Walz)* roll chatter

Walzenschablone f *(Walz)* pass template

Walzenschalter m *(Elek)* drum controller, drum switch

Walzenscheider m *(Zer)* roll separator

Walzenschnellwechsel m *(Walz)* quick roll change

Walzenträger m *(Förd)* roller carrier

Walzenwehr n *(Stb)* roller dam

Walzenwerkstatt f *(Walz)* roll dressing shop, roll shop

Walzenzug m *(Baum)* self-propelled vibrating roller

Walzenzughalter m *(Hütt)* die support *(Strangpressen)*

Walzenzugmotor m *(Walz)* mill-type motor

Walzerzeugnis n *(Walz)* rolled product

Walzfehler m *(Hütt/Walz)* rolling defect

Wälzfläche f *(Tech)* pitch surface

walzfräsen v *(Mech)* hob

Walzgerät n *(Hütt/Walz)* tube expander

Walzgerüst n *(Walz)* housing, mill housing, roll housing *(eines Sendzimir-Walzwerkes oder Streckreduzierwalzwerkes)*; mill stand, mill rolling stand, roll stand, stand *(eines Walzwerkes)*

Walzgut n *(Walz)* rolling stock; piece being rolled, product being rolled, stock

walzhart adj *(Met)* full hard

Walzhaut f *(Hütt/Walz)* mill scale, rolling skin

Wälzkolbenvakuumpumpe f *(Tech)* Roots vacuum pump

Walzkraft f *(Walz)* roll separating force, separating force; roll force, rolling pressure, rolling load

Wälzkreis m *(Tech)* pitch circle *(Gleitkreis)*

Wälzkreisdurchmesser m *(Tech)* pitch circle diameter

Wälzlager n *(Lag)* antifriction bearing *(im Gegensatz zu Gleitlager)*; ball-and-roller bearing, roller bearing, rolling bearing *(Kugel- und Rollenlager)*

Walzlinie f *(Walz)* pass line *(Stichlinie)*; mill centre-line, mill line; pitch line *(Kalibrierung)*

Walznaht f *(Walz)* fin

Wälzplatte f *(Met)* roller plate

Walzprofil n *(Met, Stb)* *(BE)* mill shape, rolled section, *(AE)* rolled shape, rolled steel section

Walzprogramm n *(Walz)* mill schedule

walzrau oder besser adj *(Hütt/Walz)* as rolled or smoother *(Gütebezeichnung)*

Wälzrille f *(Hütt/Walz)* tube hole groove

Walzring m *(Walz)* ring die *(Kaltpilgerwalzbetrieb)*; roll ring, rolling ring *(Drahtblock)*

Walzschi m **am Kopfende** *(Walz)* front ski *(eines Blechs)*

Walzschweißen n *(Schw)* roll welding *(DIN 1910)*

walzsicken v *(Mech)* bead, neck in, neck out

Walzspalt m *(Walz)* roll gap, roll opening; mill opening, roll opening *(Sendzimir)*

Walzspannung f *(Stb)* residual stress due to rolling

Walzstahl m *(Hütt/Walz, Met)* rolled steel

Wälzstoßmaschine f (Mech) gear shaper

Walzstraße f (Walz) mill train, roll train, rolling train

Walztechnik f (Hütt/Walz) rolling mill practice, rolling mill technology

Walzträger m (Met, Stb) beam, girder, joist (Profilträger); rolled-steel joist

Walzverbindung f (Hütt/Walz) expanded--tube joint

Walzwerk n (Hütt/Walz) mill, mill shop, rolling mill

Walzwerktechnik f (Walz) rolling mill technology

Wälzwiege f (Hütt) platform rocker, rocker, rocker assembly, tilting rocker, furnace rocker (Lichtbogenofen)

Walzzunder m (Hütt/Walz) mill scale, roll scale, rolling scale

Walzzustand m (Hütt/Walz, Met) as--rolled state, mill state

Wand f (Bau) wall

Wand... (Bau, Elek, Tech) wall..., wall--mounted...

Wanddicke f (Tech) nominal wall thickness (Soll); wall thickness

Wanddurchführung f (Baut) wall opening; wall bushing (als Schutzrohr)

Wandeinbindung f (Bau) cross-wall junction

Wandelemente npl (Bau) wall panels pl

Wanderecho n (Elek) travelling echo

Wandern n (Schw) migration of weld, weld displacement (von Schweißnähten)

wandernd adj (Tech) moving

Wanderrost m (Hütt/Walz) travelling grate; moving grate, travelling grate (Sinteranlage)

Wanderschutzklemme f (Tech) anti--creep clamp

Wanderung f (Bau) migration

Wanderwelle f (Elek) migrating wave, transient

Wandlaufkran m (Kran) travelling wall crane

Wandler m (Elek) converter, instrument transformer, transducer, transformer

Wandler m (Tech) torque converter (Drehmoment)

Wandlergetriebe n (Getr) converter gear

Wandlersperre f (Bergb, Tech) lock-up (des Graders)

wandlungsfähig adj (Tech) versatile

Wandmontage f (Tech) wall mounting

Wandriegel m (Stb, Tech) bay rail, girt, wall beam, wall cross member, wall rail

Wandscheibe f (Bau) diaphragm

Wandschelle f (Tech) conduit fitting, hanger

Wandschwenkkran m (Kran) wall--mounted slewing crane

Wandstab m (Stb) wall member; web member (Fachwerk)

Wandstärke f (Tech) wall thickness

Wandstiel m (Bau, Tech) stud, wall post

Wandstiel m (Stb) vertical stem (senkrechte Stütze)

Wandträger m (Stb) girt

Wange f (Bergb) sidewall of the front lip (Seitenteil der Schneide)

Wanne f (Tech) cable carrier, cable tray, cable trough, cable trunking (Kabel); pan, sump; tray; trough (Trog)

Wannenlage f (Schw) downhand (günstige Schweißposition)

Ward-Leonard-Umformer m (Elek) MG set, W.L. DC converter, Ward Leonard set

Wareneinsatz m (Tech) (AE) material usage (in einer Fabrik)

Warenversand m (Tech) mail order

Warenzeichen n (Tech) nameplate

warm adj (Tech) hot, warm • **warm behandeln** stress-relieve (z. B. Metall) • **warm nieten** hot-rivet • **warm richten** hot-straighten

warm abbindend adj (Tech) hot setting (Kleber)

warm verformter Stahl m (Met) wrought steel

Warmaufwalzung f (Hütt/Walz) hot-rolled cladding

Warmbadhärtung f (Hütt) martempering

Warmband n (Hütt/Walz, Met) hot-rolled strip, hot strip

Warmbearbeitung f (Met) hot work, hot working

Warmbehandlung f (Hütt/Walz, Met) heat treatment, hot treatment, stress-relieving

warmbildsam adj (Kunst) thermoplastic

Warmbreitband n (Hütt/Walz) hot-rolled coils, hot-rolled wide strip, hot wide strip

Warmbrüchigkeit f (Hütt/Walz) hot--shortness

Wärme f *(Hütt/Walz)* heat *(technisch)*

Wärme f *(Tech)* heat, warmth

Wärmeabbau m *(Hütt/Walz)* heat liberation

Wärmeabgabe f *(Hütt/Walz, Phys, Tech)* heat dissipation, heat emission, heat flow, heat transfer

Wärmeableitung f *(Phys)* heat abduction, heat removal, heat dissipation

Wärmearbeitswert m *(Phys)* mechanical equivalent of heat

Wärmeausdehnung f *(Met, Phys)* thermal expansion

Wärmeausgleich m *(Walz)* soaking *(Wärmöfen)*

Wärmeauslöser m *(Elek)* thermal switch, electro-thermal trip, electro-thermally operated trip

Wärmeaustauscher m *(Tech)* heat exchanger

Wärmebeanspruchung f *(Hütt/Walz, Met)* heat stress

Wärmebehandlung f *(Hütt/Walz, Met)* heat treating, heat treatment, thermal treatment

Wärmebelastung f *(Tech)* heat burden, heat load, thermal load *(Wärmelast)*

wärmebeständig adj *(Hütt/Walz, Met)* heat-resistant

wärmedämmend adj *(Tech)* heat-insulated

Wärmedämmung f *(Stb)* thermal insulation

Wärmedehnung f *(Tech)* thermal expansion *(Wärmeausdehnung)*

Wärmeeinflusszone f *(WEZ)* *(Met, Tech)* heat-affected zone, HAZ

Wärmeeinheit f *(Hütt/Walz)* thermal unit

Wärmeentbindung f *(Hütt/Walz)* heat liberation, heat release

Wärmeerzeugnisse npl *(Hütt)* hot worked products pl

Wärmeerzeugung f *(Tech)* heat generation

Wärmefühler m *(Elek)* temperature detector, thermo-sensor, thermostat

Wärmegefälle n *(Stb)* temperature gradient

Wärmegewinnung f *(Ökol, Tech)* heat recovery

wärmehärtbar adj *(Tech)* thermosetting *(Kleber)*

Wärmeinhalt m *(Stb)* enthalpy, heat capacity

Wärmeisolierung f *(Bau, Tech)* heat [thermal] insulation

Wärmekapazität f *(Tech)* heat capacity, specific heat

Wärmekraftmaschine f *(Tech)* heat engine

Wärmelast f *(Verd)* heat burden, heat load, thermal load

Wärmeleistung f *(Elek, Tech)* thermal capacity, thermal output

Wärmeleitfähigkeit f *(Phys)* thermal conductivity, heat conductivity

Wärmeleitung f *(Stb)* heat conduction

Wärmemesser m *(Phys)* calorimeter

Wärmemessung f *(Tech)* pyrometry

wärmen v *(Hütt/Walz)* heat up, warm up

Wärmenachbehandlung f *(Hütt, Schw)* postweld heat treatment

Wärmenennleistung f *(Elek, Tech)* nominal thermal capacity, nominal thermal output

Wärmerückgewinnung f *(Hütt, Ökol)* heat recovery, heat salvage

Wärmeschluckvermögen n *(Hütt)* heat absorption capacity

Wärmeschutzglas n *(Bau, Tech)* heat absorbing glass

Wärmeschutzstoff m *(Met)* insulating material, non-conducting material

Wärmespannung f *(Met, Stb)* thermal stress, temperature stress

Wärmestauung f *(Stb)* heat accumulation, heat storage

Wärmetauscher m *(Bergb)* preheater *(für Vorwärmung)*

Wärmetauscher m *(Tech)* heat exchanger

Wärmetauscherofen m *(Hütt)* heat exchanger kiln

Wärmeübergangszahl f *(Stb)* heat transmission coefficient

Wärmeüberlastrelais n *(Elek)* thermal overload relay

Wärmeübertragung f *(Stb)* heat radiation [transfer], thermal radiation

Wärmeumlauf-Kühlung f *(Tech)* thermosyphon cooling

Wärmeverbrauch m *(Stb)* heat consumption

Wärmeverformung f *(Met, Stb)* thermal deformation

wärmevergütet adj (Hütt/Walz, Met) h.t., heat-treated

Wärmewächter m (Elek) temperature monitor

Wärmewirkungsgrad m (Hütt) thermal efficiency

Wärmezufuhr f (Hütt/Walz) heat input, heat supply

warmfest adj (Hütt/Walz) creep-resistant (nicht zerlaufend)

warmfester Baustahl m (Hütt/Walz, Met) high-temperature structural steel, steel for use at high temperatures

warmfester Stahl m (Hütt/Walz, Met) heat resisting steel

warmfester Stahlguss m (Hütt/Walz, Met) high-temperature cast steel

Warmfestigkeit f (Hütt/Walz, Met) high temperature (tensile) strength

Warmformgebung f (Form, Hütt/Walz) hot forming, hot shaping, hot working

Warmhärte f (Met) red hardness

Warmkleben n (Tech) warm spreading (Klebstoff)

Warmkriechversuch m (Hütt/Walz, Prüf, Stb) warm creep test

warmlaufen v warm up

Warmpilgerwalzwerk n (Walz) hot pilger mill

Warmplattierung f (Tech) hot-rolled cladding

Warmpressschweißen n (Schw) hot pressure welding (DIN 1910)

Warmrichten n (Mech, Met) hot straightening

Warmriss m (Met, Stb) hot crack

Warmrundlaufprüfbank f (Prüf) hot stability test machine

Warmsäge f (Mech) hot saw

Warmstreckgrenze f (Met) high-temperature limit of elasticity, hot yield point, yield strength at elevated temperature

Warmstreckreduzieren n (Walz) hot stretch-reducing

Warmverschleißfestigkeit f (Met) resistance to wear at elevated temperatures

warmwalzen v hot-roll

Warmwalzwerk n (Hütt/Walz) hot mill, hot rolling mill, hot-rolling plant

Warmwasserbecken n (Hütt) hot well (in Kühlwassernetz)

Warmziehen n (Form) hot drawing (Rohre)

Warnanlage f (Elek, Tech) detection system, warning device

Warnblinkanlage f (Elek) beacon, hazard flasher

Warnhupe f (Tech) alarm horn

Warnschild n (Tech) danger notice, tell-tale sign, warning notice

Warnzeichen n (Tech) cautionary sign, warning signal (Gefahrenzeichen)

Wartbarkeit f (Tech) maintainability

warten v (Tech) maintain, service (z. B. eine Maschine)

Wärter m (Tech) attendant

Warterost m (Förd) holding table

Wartezeit f (Fert) queuing

Wartung f (Bau, Tech) maintenance, routine maintenance, service

Wartungsanleitung f (Tech) maintenance instruction; maintenance manual (Buch)

Wartungsanweisungszeichnung f (Tech) maintenance instruction drawing

wartungsarm adj (Tech) low-maintenance, with minimum maintenance

Wartungsbühne f (Tech) catwalk, elevating service platform, running board

wartungsfrei adj (Tech) attention-free, no-maintenance, maintenance-free, requiring no maintenance

Wartungsfreundlichkeit f (Tech) ease of maintenance, serviceability

wartungsgerecht adj (Tech) easy to service

Wartungshandbuch n (Tech) maintenance [service] manual

Wartungsinspektion f (Tech) (AE) pit stop, maintenance inspection, service inspection

Wartungslaufsteg m (Tech) catwalk

Wartungsmaske f (Bergb) maintenance control form

Wartungsmesser m (Tech) service meter

Wartungspersonal n (Tech) maintenance personnel

Wartungsplan m (Tech) maintenance schedule

Wartungswerkzeug n (Werkz) maintenance tool

Warzenblech n (Met, Stb) checker plate, pinned plate, warted plate

Warzenschweißung f (Schw) projection weld

Waschabgänge mpl (Aufb) coal washings pl

Waschanlage f (Tech) washing facilities, washer (Windschutzscheibe)

Waschbecken n (Baut) wash(ing) basin, washbasin

Waschbenzin n (Chem) benzine, petroleum ether (DIN 51630); mineral solvent

Waschberge mpl (Bergb) (AE) scalpings pl, (BE) wash waste

Waschbeton m (Bau) exposed-aggregate concrete

waschen v (Tech) wash

Waschraum m (Baut, Tech) washroom

Waschtrommel f (Zer) scrubber

Wasser n (Tech) water

Wasserablauf m (Bergb) drainage, water hole, water out

Wasserabschreckung f (Met, Walz) water quenching

wasserabweisend adj (Met) water repellent

Wasseraufbereitung f (Ökol) water treatment

Wasseraustritt m (Tech) water leakage (nicht erwünscht); water out (erwünscht)

Wasserbau m (Hydr/Pneu) hydraulic engineering

Wasserbaustein m (Bergb) breakwater stone

Wasserbauten mpl (Bau) hydraulic structures pl

Wasserberuhigungszylinder m (Bau) water stabilizing cylinder

wasserbeständig adj (Anstr, Tech) water-resistant, water-resisting

Wasserdampf m (Chem) water vapour

Wasserdampfdruck m (Ökol) water vapour pressure

wasserdicht adj (Tech) (BE) waterproof, watertight

wasserdichtschweißen v (Schw) water-proof-weld

Wasserdruck m (Bau, Hydr/Pneu) water pressure

Wasserdruck... (Bau, Hydr/Pneu) hydraulic..., water-pressure...

Wasserdruckprobe f (Prüf) hydrostatic test, hydraulic test, hydrotest, pressure test with water (Wasserdruckversuch)

Wassereinbruch m (Tunn) inflow of water, penetration of water, ingress of water

wasserfest adj (Tech) water-proof, water-resistant

wasserführend adj (Geo, Tech) aquiferous, water bearing, water carrying

wassergekühlt adj (Tech) water-cooled

Wasserhahn m (Baut, Hydr/Pneu, Tech) gauge cock, gauge cock, water faucet

Wasserhochbehälter m (Stb) water tower

Wasserkasten m (Tech) radiator tank; lintel (im Ofen)

Wasserkraft f (Tech) water power; hydraulic energy, hydroelectric power, hydropower

Wasserkraftwerk n (Elek) hydraulic power plant, hydro-electric power station

Wasserkühlung f (Tech) water cooled design, water cooling

Wasserlauf m (Bau) watercourse

Wasserleitung f (Baut) water line, water pipe

wasserlöslich adj (Chem) water-soluble

Wassermantel m (Tech) water jacket; gland jacket (Stopfbüchse im Kolbenverdichter)

Wasserpumpenzange f (Werkz) multi slip-joint gripping pliers pl, water pump nut pliers pl, water pump pliers pl, water pump tong

Wasserraum m (Verd) cylinder jacket, water jacket

Wasserreinhaltung f (Ökol, Tech) water pollution control

Wasserreinigung f (Ökol) water purification, water treatment

Wasserrohrkühler m (Hütt/Walz) surface type attemperator, surface type attemperator with water through tubes, water tube attemperator

Wasserrückgewinnung f (Ökol) water recovery

Wassersäule f (Bau, Tech) water column, water gauge, WG; water head

Wasserschlag m (Bergb) slug of water, water hammer [shock]

Wasserschutzgebiet n (Ökol) protected catchment area

Wasserstandsglas n (Hütt/Walz) water column gauge glass

Wasserstoffaufnahme f (Met) hydrogen absorption, hydrogen pickup (im Stahl)

Wasserstoffschneiden n (Mech) oxyhydrogen cutting

Wasserstoffschweißen n (Schw) oxyhydrogen welding

Wasserstoffsprödigkeit f (Met) hydrogen brittleness

Wasserstrahlpumpe f (Tech) water jet air pump, water jet pump, water jet aspirator

Wassertasse f (Tech) water seal

Wassertauchprüfung f (Prüf) water soak test

Wassertauchverfahren n (Prüf) water immersion technique (Ultraschall)

Wässerungsbecken n (Fot) washing tank

wasserverdüst adj (Tech) water atomised

wasservergütet adj (Hütt/Walz, Met) water-quenched

Wasserversorgungsnetz n (Hütt, Tech) water supply system

Wasservorhang m (Walz) water curtain

Wasservorlage f (Tech) hydraulic seal

Wasservorrat m (Stb) water supply

Wasserwaage f (Werkz) spirit level, water balance

Wasserwanne f (Bau) water basin, water tank

Wasserwarner m (Tech) water penetration alarm; water warning device

Wasserwegebau m (Bau) waterway construction

Wasserwirtschaft f (Stb) main water treatment system (als Kreislauf); main water treatment area (Brauchwasser); water treatment station (als Station); water engineering, water resources management

Wasser-/Zementwert m (Bau) water cement ratio

Watt n (Elek) watt (Stromleistung)

Wattstrom m (Elek) active current

Wattverbrauch m (Elek) wattage

Webart f (Tech, Web) type of weave (z. B. eines Filters)

Webstoff m (Tech, Web) woven fabric

Wechsel m (Tech) change; variation (Abänderung)

Wechsel... (Tech) alternating..., change..., exchangable..., variation...

Wechselbeanspruchung f (Stb) reversal

stressing (Belastung); peak-to-peak stress (schwingungsmäßig)

Wechselbelastungsfähigkeit f (Stb) resistance to alternating stresses (Material)

Wechselbeziehung f (Hütt/Walz) correlation (von Messgrößen)

Wechselbiegeversuch m (Prüf) bending traversal test

Wechselblende f (Tech) exchangeable gland, exchangeable packing

Wechselfestigkeit f (Met, Stb) fatigue limit (des Materials); resistance to alternating stresses; endurance limit under completely reversed stress, fatigue limit under completely reversed stress (DIN 50100)

Wechselgerüst n (Walz) change stand

Wechselgetriebe n (Getr) change gear, change speed gearbox, gear change box, speed change gear, switchgear

Wechselkonverter m (Hütt) change-vessel converter

Wechsellast f (Hütt/Walz) fluctuating load

Wechsellast f (Met, Prüf, Stb) reverse load (Dauerversuch); reversed stress (Umkehrlast)

Wechsellast f (Tech, Stat) alternating load (stark/schwach)

wechselnd adj (Tech) changing, fluctuating, variable

wechselnde Last f (Schw, Tech) live load

Wechselrichter m (Elek) inverter

wechselseitig adj (Tech) mutual, reciprocal

wechselseitiger Betrieb m (Tech) interdependent operation

Wechselspannung f (Elek) AC voltage, alternating current, alternating voltage

Wechselsprechanlage f (Elek) intercom system, intercommunication system (Gegensprechanlage)

Wechselstab m (Stb) (BE) counterbrace, (AE) counter diagonal

Wechselstrom m (Elek) AC, alternating current

Wechselstrom-Drehmelder m (Elek) AC rotary transmitter, alternating current rotary transmitter

Wechselstromgeber m (Elek) tachometer generator

Wechselstromgenerator m (Elek) alternator

Wechselstromschutz m (Elek) three--phase a.c. contactor

Wechselventil n (Vent) change-over valve, shuttle valve

Wechselvergütung f (Hütt, Met) sequential quenching and tempering

Wechselwirkung f (Tech) reciprocal action

Wechselzeit f (Bergb) spotting time (des Dumpers)

Wechsler m (Elek) change-over break--before-make contact, change-over contact, change-over contact element, two-way contact

Wedeln n (Prüf) swiveling (DIN 54119)

Weg m (Tech) distance; route; travel; way (Methode)

Weg m des geringsten Widerstandes (Tech) route of least resistance, way of least resistance

wegabhängig adj (Mess) distance-dependent (Steuerung)

Weganzeige f (Mess) distance indicator

Wegaufnehmer m (Elek) spool travel gauge

Wegbegrenzer m (Vent) travel stop

Wegeachse f (Tech) road axis

Wegebau m (Bergb) construction of farming and forestry roads

Wegehobel m (Bergb) motor grader

Wegehobeln n (Bergb) maintenance of dirt roads (Graderarbeit)

Wegekörper m (Bergb) base of the road

Wegelängsventil n (Hydr/Pneu) way valve

Wegenetz n (Tech) road network, road system

Wege-Proportionalventil n (Hydr/Pneu) directional proportional valve

Wegerfassung f (Elek) position detection

Wege-Schieberventil n (Vent) directional spool valve

Wege-Sitzventil n (Vent) directional poppet valve

Wegeventil n (Vent) control valve, directional control valve, distributing valve, (AE) diverter valve, way valve

Wegfolgesystem n (Mess) tracking system

Weggeber m (Mess) distance encoder, distance transducer

Wegimpulsgeber m (Elek) path pulse generator

Wegmessung f (Mess) displacement measurement, distance measurement

wegnehmen v (Tech) remove

wegräumen v (Bergb) remove (z. B. Schutt)

Wegsollwert m (Mess) distance setpoint

Wegsteuerung f (Hydr) directional control

wegtarieren v (Mess) suppress tare weight

Wegvergleich m (Mess) motion balance

Wegweiser m (Tech) direction sign

Wegwerf... (Tech) discardable, disposable, one-way, throw-away …

wegwerfen v (Bergb) cast, cast away, cast off, dump (z. B. Abraum); throw away

Weg-Zeit-Diagramm n (Hydr) distance--time diagram

Wehnelt-Zylinder m (Elek) modulator electrode

Wehr n (Bau) weir

Wehranlage f (Bau) dam, weir plant

Wehrschütz m (Bau) sluice gate (Wasserbau)

weich adj (Tech) non-hardened, soft

Weichblei n (Met) merchant lead, refined lead, soft(ened) lead

Weichbranntdolomit m (Bergb) soft--burnt dolomite

Weiche f (Bahn) (BE) pair of points, diverter, (AE) switch, switch junction; turnout (Übergabeweiche)

Weichenwärter m (Bahn) (BE) pointsman, (AE) switchman

Weichenzunge f (Walz) diverter plate

weichgeglüht adj (Met) fully annealed, soft-annealed

Weichglühen n (Hütt/Walz, Met) soft annealing, softening, spheroidize annealing, spheroidizing

Weichkohle f (Bergb, Geo) bituminous coal, soft coal

Weichlöten n (Schw, Tech) soldering, soft soldering, sweating

Weichmacher m (Kunst) (AE) plasticizer, (BE) plasticiser, softener

weichmacherfrei adj (Kunst) (AE) unplasticized, (BE) unplasticised

Weichmacherwanderung f (Kunst) extraction of plasticizer (DIN 50035)

Weichmachung f (Stb) (AE) plasticizing, softening, tempering

Weichsitzdichtung f (Tech) soft seat ring
Weichstahl m (Met) mild steel
Weichwalze f (Walz) soft cast iron roll
Weichzerkleinerung f (Zer) soft-rock crushing (Brecher)
Weichzone f (Walz) holding zone (eines Zonenglühofens)
Weißanlaufen n (Anstr) blooming
Weißband n (Hütt/Walz, Met) tin-coated strip, tinplate strip, tin strip; white band, white line (im Gussstrang)
Weißbeizen n (Walz) white pickling
Weißblech n (Hütt/Walz, Met) (BE) tin, tin sheet, tinned sheet, tinned-sheet iron, tinplate
Weißblechband n (Hütt/Walz) tinplate strip
Weißblechstahl m (Met) tin mill steel
weißen v (Anstr) whitewash
weißglühend adj (Hütt) white hot
Weißmetall n (Hütt/Walz, Met) babbit, white bronze, white metal (Lagermetall)
Weißrost m (Met) white corrosion, white rust
weit adj (Tech) broad, distant, wide
Weite f (Tech) range, width; extent (z. B. eines Grundstückes)
weiterführen v (Tech) carry on; advance (z. B. Zeiger)
Weiterreißwiderstand m (Förd, Tech) tear growth resistance
Weiterschaltwerk n (Walz) index mechanism
Weitertransport m (Bergb) conveyance, conveying, (AE) off-haulage, onward transport (mit Fahrzeugen)
Weiterverarbeitung f (Fert, Hütt/Walz) conversion; further processing, manufacturing operation, subsequent processing, steel treatment, further treatment
Weiterverarbeitungsdraht m (Walz) manufacturing wire
Weiterverwalzwerk n (Walz) rerolling mill
Weitstrahler m (Elek) long-distance beam, long-range driving lamp, long-range driving light
Wellasbestzementplatten fpl (Met) corrugated asbestos cement sheeting
Wellblech n (Met) corrugated iron, corrugated sheet, corrugated sheeting, corrugated steel sheet, corrugated steel

Wellblechrohr n (Bau) corrugated iron pipe, metal sheet pipe
Welldichtung f (Hütt/Walz, Tech) corrugated packing ring (Eko-Krümmer)
Welle f (Elek) wave (auch in einem Medium)
Welle f (Tech) (BE) arbour, axle shaft, shaft, spindle (Achse); stub shaft; column (Maschinenteil); trunnion (eines Zylinderschwenklagers)
Wellen... (Elek) wave...
Wellen... (Tech) shaft...
Wellenabspaltung f (Tech) wave splitting (DIN 54119)
Wellenänderungsmedium n (Elek) ultrasonic mode changer
Wellenbild n (Prüf) wave pattern (Ultraschall)
Wellenbüchse f (Tech, Verd) shaft sleeve; impeller spacer
Wellenende n (Tech) shaft extension (Lagerzapfen)
Wellenerzeugung f (Elek) wave generation (Ultraschall)
Wellenflanschgetriebe n (Tech) gear unit flanged on the shaft
Wellenfront f (Elek) wave front (Ultraschall)
Wellenkupplung f (Tech) clutch, shaft coupling
Wellenlager n (Tech) (BE) rod-end bearing
Wellenlauf m (Prüf) wave travel (Ultraschall)
Wellenmitte f (Tech) shaft midspan (zwischen den Lagern)
Wellenmutter f (Tech) lock nut, shaft nut
Wellen-Nabenverbindung f (Tech) shaft-to-hub connection
Wellennut f (Tech) keyseat
Wellen-PS n (Kfz, Tech) brake HP, shaft horsepower
Wellenrücken m (Elek) wave tail
Wellenstumpf m (Tech) extended shaft, shaft butt end, shaft end, shaft extension; stub spindle (Rolle in einer Sortieranlage)
Wellenumformung f (Elek) mode transformation
Wellenumwandlung f (Elek) mode conversion, wave transformation
Wellenwiderstand m (Elek) characteristic impedance, surge impedance

Wellenzapfen m (Tech) journal, shaft end, stud

Wellenzug m (Elek) wave train

wellig adj (Bau) bumpy

Welligkeit f (Elek, Tech) ripple

Wellpappe f (Tech) corrugated board, corrugated cardboard, corrugated pasteboard

Wellrohr n (Tech) corrugated tubing; bellows (eines Kompensators)

Wellrohrkessel m (Hütt/Walz) corrugated flue boiler, corrugated-furnace boiler

Wellung f (Tech) corrugation

wendbar adj (Tech) reversible

Wende... (Tech) reversing..., revolving..., turning..., turnover...

Wendeklappe f (Hydr/Pneu, Vent) flap gate, flopgate

Wendekreis m (Tech) loader clearance cycle, outside bucket corner clearance circle (äußere Schaufelecke des Laders); turning circle, turning radius (Kraftfahrzeug)

Wendekreisdurchmesser m (Tech) vehicle clearance side

wendelförmig adj (Hütt/Walz, Tech) helical, spiral-arranged (Steine im Hochofen)

Wendelgurtförderer m (Tech) spiral belt conveyor

Wendeltreppe f (Bau) spiral staircase

wenden v (Tech) invert, turn, turn around

Wendepunkt m (Tech) turning point

Wender m (Elek) reverser, reversing switch (Drehrichtung)

wendig adj (Tech) manoeuvrable (z. B. ein Gerät)

werfen v (Stb) warp (sich werfen)

werfen v (Tech) throw

Werft f (Schiff) shipyard

Werftkran m (Kran) shipyard crane

Werg n (Met) oakum

Werk n (Tech) workshop, establishment, facility (Betriebsstätte); factory (Fabrik); plant

Werkbank f (Mech) work bench

Werkblei n (Met) base bullion, crude lead, crude lead bullion, crude bullion, lead bullion, work lead

Werkmeister m (Tech) foreman

Werknorm f (Tech) works standard (firmeneigener Standard)

Werksabnahme f (Prüf) acceptance at factory, works acceptance

Werksbescheinigung f (Tech) (AE) factory test certificate, works certificate

werkseigen adj (Fert, Tech) intra-plant..., in-house...

Werksfernsehmonitor m (Fert, Tech) in-plant closed-circuit television monitor

Werksgas n (Hütt) plant gas

Werksgrenze f (Fert) factory boundary, plant boundary

Werksmontage f (Mont) assembled in works, factory assembly (Werkstattmontage)

Werksnorm f (Tech) factory code, factory standard

Werksprüfung f (Prüf) shop test

Werkstatt f (Tech) workshop

Werkstattabnahme f (Prüf) shop inspection, shop test

Werkstattfeile f (Werkz) die sinker's file, machinist's file

Werkstatthandbuch n (Tech) repair manual (Reparaturanleitung); workshop manual

Werkstattlineal n (Werkz) steel straight-edge

Werkstattmontage f (Mont) shop [workshop] assembly

Werkstattprüfschein m (Tech) material test certificate

Werkstattschraubendreher m (Werkz) engineer's screwdriver

Werkstattschweißung f (Schw) shop welding

Werkstatttest n (Prüf, Tech) beneficiary certificate; (AE) factory test certificate, works certificate

Werkstatt- und Bauotellenarbeit f (Bau, Tech) shop and field work

Werkstattwagen m (Tech) roll box, tool trolley

Werkstattzeichnung f (Zeich) shop drawing, workshop drawing

Werkstattzeugnis n (Prüf) shop certificate

Werkstoff m (Met) material

Werkstoffdämpfung f (Met) damping capacity of materials (DIN 50100)

Werkstoffnachweis m (Prüf) material certificate

Werkstoffprüfung f (Elek) particle and eddy current testing

Werkstoffprüfung f (Prüf) material test, materials testing (Materialprüfung)

Werkstofftrennung f (Met) material discontinuity

Werkstofftropfen mpl (Schw) droplets pl of metal

Werkstück n (Mech, Tech) workpiece

Werkszeugnis n (Prüf, Tech) company certificate, mill test report (Attest)

Werkzeug n (Werkz) tool

Werkzeugindustrie f (Tech, Werkz) tool industry

Werkzeugkasten m (Werkz) toolbox

Werkzeugkoffer m (Werkz) portable tool box, tool case, toolkit

Werkzeugmacherei f (Werkz) toolshop

Werkzeugmagazin n (Tech) tool magazine

Werkzeugmarken fpl (Met, Tech) tool marks pl

Werkzeugmaschine f (Mech, Werkz) machine tool

Werkzeugstahl m (Hütt/Walz, Met) tool steel

Wert m (Tech) value

Wertanalyse f (Prüf) value analysis, value control, value engineering

Wertigkeit f (Chem) valence

wertlos adj (Tech) useless (nutzlos); valueless

wertvoll adj (Tech) precious, valuable

Wesen n (Tech) nature (Charakter)

wesentlich adj (Tech) essential, important, substantial (von Bedeutung)

Wetter n (Bergb) air

Wetterbeständigkeit f (Stb) resistance to weathering, weather durability, weather resistance (Witterungsbeständigkeit)

Wetterdachplane f (Tech) canopy curtain

wetterdicht adj (Met) weatherproof, weather-tight (wetterfest)

wettergeschützt adj (Met) weatherproof, weather-protected, WP (Schutzart)

Wetterschacht m (Bergb) air shaft

wetzen v (Mech) grind, whet

Wetzstein m (Werkz) oilstone, whetstone

WEZ f (Abk. für: Wärmeeinflusszone) (Tech) heat-affected zone, HAZ

Whitworth-Rohrgewinde n (Tech) pipe thread of Whitworth form, Whitworth pipe thread (DIN ISO 1891)

Wichte f (Phys) s.g., sp. gr., specific gravity, specific weight

Wichtemessungseinrichtung f (Zer) density controller

wichtig adj (Tech) important, significant

wichtigstes Merkmal n (Tech) key factor, key feature

Wickel... (Tech) coil..., coiling..., winding..., wrapper..., wrapping...

Wickelautomat m (Elek) winding machine (für Ankerwicklung)

Wickelband n (Tech) pull-push rule

Wickeldorn m (Elek) mandril screwing plug

Wickelfeder f (Tech) volute spring

Wickelkasten m (Walz) strap coiling chamber (des Bindebandentferners)

Wickelkeule f (Tech) stress cone

Wickelkopf m (Walz) wrapper head (eines Riemenwicklers); coiling head (Drahthaspel)

Wickelläufermotor m (Antr) wound rotor motor

Wickelmaschine f (Walz) coiler, tension reel, winder, winding reel (Zughaspel)

Wickelstift m (Mess) wrap post

Wickeltrommel f (Walz) coiler mandrel, tension reel drum, tension reel mandrel (Bandwalzwerk)

Wickelverbindung f (Mess) wire wrap connection

Wickelversuch m (Prüf) wrap test (Draht)

Wicklung f (Elek) coil, winding; turn (einer Spule)

Wicklungsprüfung f (Elek, Hütt) applied voltage test (Transformator)

Wicklungstemperatur f (Antr) winding temperature (Motor)

Widerlager n (Tech) abutment (z. B. des Lastzapfens eines Konvertergefäßes); skewback, skew back; mandrel rod end (einer Ziehbank); thrust block (Stopfenwalzwerk)

Widerstand m (Elek) resistance, resistor, rheostat

Widerstand m (Tech) drag (eines Materials bei Dehnung); reluctance, resistance

Widerstandsabbrennschlagschweißung f (Schw) resistance percussion welding

Widerstandsabbrennschweißung f (Schw) resistance flash butt welding, resistance flash welding

Widerstandsanpassung f (Elek) matching impedance

Widerstandsbeiwert m (Hydr) resistance coefficient

Widerstandsbelastung f (Elek) resistive load

Widerstandsbolzenschweißen n (Schw) resistance stud welding

widerstandsfähig adj (Met) durable (z. B. Metall)

Widerstands-Fernübertragungsgerät n (Tech) resistance teletransmitter

Widerstandsgerade f (Elek) load line, resistive load line

Widerstandsgerät n (Elek) resistor bank, resistor unit

widerstandsgeschweißt adj (Schw) electric resistance welded, ERW

Widerstandsgitter n (Elek) resistor unit

Widerstandskoeffizient m (Stb) drag coefficient (Widerstandsbeiwert)

Widerstandsmesser m (Elek) ohmmeter

Widerstandsmoment n (W) (Elek, Tech) moment of resistance, R, resisting moment

Widerstandsmoment n (Met, Stb) section modulus (Querschnitt)

Widerstandsofen m (Hütt) resistance furnace (arbeitet ohne Lichtbogen)

Widerstandspressschweißen n (Schw) resistance welding, resistance pressure welding (DIN 1910)

Widerstandspunktschweißen n (Schw) spot welding (DIN 1910)

Widerstandsschmelzschweißen n (Schw) resistance fusion welding (DIN 1910)

Widerstandsschweißung f (Schw) resistance welding, electric resistance welding

Widerstandsstoßschweißung f (Schw) contact flash welding

Widerstandstemperaturfühler m (Mess) resistance temperature detector, RTD

Widia-Einsatz m (Tech) tungsten carbide tipped drill bolt

Wieder... (Tech) re-...

Wiederanlauf m (Mess) restart

Wiederaufbau m (Bau) rebuilding, reconstruction

Wiederaufbereitung f (Tech) recycling

Wiedereinbau m (Mech) reassembly (von Teilen)

Wiedergabegerät n (Elek) player, reproducer, transcriber

Wiedergewinnungskessel m (Hütt/Walz) recovery boiler

Wiederholbarkeit f (Mess, Prüf) repeatability, reproducibility

Wiederholfrequenz f (Mess) refresh rate

Wiederholteile npl (Tech) recurrent parts pl, repeat parts pl, repeating parts pl

Wiederholungsbeschichtung f (Anstr) recoating

Wiege f (Stb) rocker

Wiege... (Hütt) rocker...

Wiege... (Tech) weigh..., weight...

Wiegebunker m (Tech) scale hopper, weigh bin, weighing bin, weigh hopper

Wiegekopf m (Mess) dial indicator (Rundskalenform)

Wiegemeister m (Tech) check weighman, weighman, weigher

Wiegestrecke f (Tech) weighing span

Wiegevorrichtung f (Tech) weighing appliance, weighing device, weighing equipment, weighing facility

WIG-Automatenschweißen n (Schw) automatic gas tungsten-arc welding, automatic inert-gas tungsten-arc welding

WIG-Schweißen n (Schw) gas tungsten-arc welding, inert-gas tungsten-arc welding

Wilsontechnik f (Elek) opacity technique

Wimmlerkühlbett n (Walz) shuffle bar type cooling bed

Wind m (Hütt) blast, blast air, wind (für Hochofen)

Wind... (Tech) wind...

Windabsperrschieber m (Tech) damper

Windangriffsfläche f (Stb) area exposed to wind, exposed area

Winddruck m (Tech) wind force, wind pressure; blast pressure (Hochofen)

Winde f (Förd) hoist winch, winch, winder

Windeisen n (Werkz) stocks and dies; tap wrench

Winden... (Tech) hoist..., winch...

Windengetriebe n (Förd) rope hoist gear unit

Winderhitzer m (Hütt/Walz) cowper, Cowper's stove, hot blast stove (Heißwindofen)

Windfahnenschalter m (Mess) air-vane switch

Windflügel m *(Tech)* fan *(Kraftfahrzeug)*; ventilator *(Ventilator)*

Windformkasten m *(Hütt)* tuyere cooler holder

Windgeber m *(Tech)* anemometer

Windkraftwerk n *(Elek)* wind farm, wind power station

Windmesser m *(Tech)* anemometer

Windrad n *(Antr, Ökol)* wind turbine

Windrose f *(Ökol)* wind rose

windschlüpfig adj *(Tech)* faired

Windschutzscheibe f *(Tech) (BE)* windscreen, *(AE)* windshield

windseitig adj *(Stb)* windward *(luvseitig)*

Windsicherung f *(Kran)* anti-storm safety attachment

Windsichter m *(Bergb)* air separator

Windsichtung f *(Walz)* air classification

Windstärke f *(Stb)* intensity of wind, wind intensity, wind strength

Windstern m *(Tech)* star mounted wind scope

Windung f *(Kran)* turn, wrap *(Seil)*

Windung f *(Tech)* coil *(Feder)*; torsion *(Verwindung des Materials)*; turn *(einer Wicklung)*

Windung f *(Walz)* ring *(Drahtbund)*; lap, wrap *(Bandbund)*

Windungsdurchmesser m *(Tech)* coil diameter *(Feder)*

Windungsprüfung f *(Elek, Hütt)* induced overvoltage test *(Transformator)*

Windungsschluss m *(Elek, Hütt)* interturn fault, interturn short circuit *(Transformator)*

Windungsverhältnis n *(Elek, Hütt)* turns ratio *(Transformator)*

Windverband m *(Stb)* lateral bracing, sway bracing, wind bracing *(Bauteil; Windverstrebung)*

Windverbandstab m *(Stb)* lateral member, wind bracing bar

Windversteifung f *(Stb)* wind bracing

Windwerk n *(Bergb, Förd)* open winch, rope hoist

Windwerkskatze f *(Kran)* open-winch trolley

Winkel m *(Tech)* angle, square

Winkel... *(Tech)* angle..., angular..., corner...

Winkelantrieb m *(Tech)* angle drive

Winkelbohrmaschine f *(Mech)* angular drilling machine, corner drilling machine

Winkeleinfassung f *(Tech)* angle curb

Winkeleinschraubverschraubung f *(Tech)* male stud elbow coupling

Winkeleisen n *(Met)* angle, angle iron, structural angle *(Winkelstahl)*

Winkelfräskopf m *(Mech)* angle milling head

Winkelgeber m *(Tech)* angle transducer [transmitter] *(am Pontonbagger)*

Winkelgelenk n *(Tech)* knuckle joint, toggle joint; flexible head *(eines Steckschlüssels)*

Winkelgeschwindigkeit f *(Tech, Verd)* angular speed, angular velocity

Winkelgetriebe n *(Getr)* angle transmission, right-angle speed reducer, mitre wheel gear unit

Winkelgriff m *(Tech, Werkz)* offset handle *(eines Steckschlüssels)*

Winkelhebel m *(Werkz)* bell crank *(Werkzeug)*

Winkelkatze f *(Kran)* cantilever crab, cantilever trolley

winkelkonstant adj *(Tech)* angle-constant

Winkellasche f *(Stb)* angular fish plate, splice angle

Winkelprofil n *(Met)* angle section; angle steel *(Stahl)*

Winkelprüfkopf m *(Prüf)* angle-beam probe *(Ultraschall-Qualitätskontrolle)*

Winkelrad n *(Lag)* mitre gear

Winkelrollenhebel m *(Elek)* angular roller lever

Winkelrückschlagventil n *(Vent)* angle check valve, right-angle check valve

Winkelschleifer m *(Mech)* right-angle grinder

Winkelschleifmaschine f *(Mech)* angle grinding machine

Winkelschottverschraubung f *(Tech)* elbow bulkhead coupling

Winkelschraubendreher m *(Werkz)* offset screw driver

Winkelschraubenzieher m *(Werkz)* angle screw driver

Winkelspiegel m *(Tech)* corner reflector *(DIN 54119)*

Winkelspiegeleffekt m *(Tech)* corner effect *(DIN 54119)*

Winkelstahl m *(Met)* angle, angle iron, angle section, angle steel *(Profil)*

Winkelstoß m *(Stb)* corner joint

Winkelstrahldüse f (Walz) V-jet spray nozzle

Winkelverhältnis n (Tech) coiling ratio (Feder)

Winkelverschraubung f (Tech) angular screw connection, angled screw coupling, angular screw coupling, angular screw joint, elbow coupling; equal elbow coupling (für Rohre)

Winkelzahn m (Getr) double helical gear, herringbone tooth

winklig adj (Tech) angular

Winterfestmachung f (Tech) (AE) winterizing, (AE) winterizing protection; (BE) winterising, (BE) winterising protection

Wipp... (Bergb, Kran, Tech) level luffing..., luffing..., tilting...

Wippdrehkran m (Kran) crane with double lever jib, level luffing crane, luffing and slewing crane

Wippe f (Tech) seesaw

Wippen n (Kran) luffing

Wippenkonstruktion f (Bergb) bascule design

Wipperanlage f (Bergb) car tippler

Wirbeldurchflussmesser m (Mess) vortex flowmeter

Wirbelfeld n (Mess) curl field

wirbelfreies Feld n (Mess) irrotational field

Wirbelhaken m (Kran) swivelling hook (drehbarer Haken)

wirbeln v (Tech) spin

Wirbelrohr n (Tech) cyclone tube

Wirbelschichtröstung f (Hütt) fluidized bed roasting, fluosolids roasting (Erz)

Wirbelstrombremse f (Kran) eddy current break

Wirbelstromprüfung f (Prüf) eddy current test

Wirbelverfahren n (Walz) eccentric rotary head method

Wirk... (Tech) active..., effective...

Wirkdruck m (Mess) differential pressure

wirken v (Tech) function, operate, work

wirkend adj (Tech) acting

Wirkenergie f (Elek, Hütt) active energy

Wirkfaktor m (Tech) power factor

Wirklänge f (Tech) pitch length (Keilriemen)

Wirkleistung f (Elek) active power, active volt-amperes, effective power, real power, true power, wattful power (in Watt)

Wirkleistungsverbrauch m (Elek) real power, wattless power, watt consumption

wirklich adj (Tech) actual, real

Wirklichkeitsnähe f (Tech) approximation to reality

Wirklinie f (Math, Zeich) dotted function line

Wirksamkeit f (Tech) effectiveness

Wirkschaltbild n (Elek) detailed power and control diagram

Wirkstoff m (Chem) additive

Wirkstrom m (Elek) active current, wattful current

Wirkungsbereich m (Tech) sphere of action, sphere of operation

Wirkungsgrad m (Elek) effect, efficiency, power efficiency, (BE) utilisation coefficient, (AE) utilization coefficient

Wirkungslinie f (Stb) action line, line of action

Wirkungsplan m (Zeich) block diagram

wirkungsvoll adj (Tech) efficient

Wirkungsweise f (Tech) action, mode of operation, operating principle, performance, principle of operation (eines Gerätes, eines Motors); action, type of action (eines Regelgliedes)

Wirkverbrauch m (Elek) active watt--hours

wirtschaftlich adj (Tech) cost-effective, cost-efficient, economical (sparsam)

Wirtschaftlichkeit f (Tech) cost efficiency, economy

Wirtschaftsingenieur m (Fert) industrial engineer

Wischarm m (Tech) wiper arm, wiper blade

Wischblatt n (Tech) wiper blade

Wischer m (Elek) plunger (elektr.)

Wischer m (Förd) wiper

Wismut n (Chem) bismuth

Witterungsbeständigkeit f (Stb) resistance to weathering, weather resistance, weathering capacity, weathering quality

Witterungseinfluss m (Tech) meteorological influence

Witterungsschutz m (Ökol) weather protection

wöchentlich adj (Tech) at weekly intervals, weekly

Wöhlerfestigkeit f (Met, Stat) endurance limit, fatigue strength

Wöhler-Kurve f (Stb) (AE) SN-curve, (BE) Wöhler curve (DIN 50100)

Wohngebiet n (Bau) residential area

Wohnhaus n (Bau) (AE) apartment building, (BE) block of flats, residential building

Wohnung f (Bau) (AE) apartment, (BE) flat, dwelling

wölben v (Schw) arch

Wölbmoment n (Stb) warping moment

Wölbnaht f (Schw) bead weld (eine oder mehrere Raupen)

Wölbung f (Tech) arch, crown, curvature

Wolframinertgasschweißung f (Schw) inert gas tungsten arc welding, tungsten inert gas welding, TIG welding

Wolframplasmaschweißen n (Schw) constricted arc welding (DIN 1910)

Wolframschutzgasschweißen n (Schw) gas-shielded tungsten-arc welding, gas tungsten-arc welding

Wolframstahl m (Met) tungsten steel

Wolframwasserstoffschweißen n (Schw) atomic-hydrogen welding (DIN 1910)

Wolkenkratzer m (Bau) skyscraper

wolkig adj (Anstr) commercial blast, grey blast

Wrack n (Schiff) wreck

Wrasen m (Tech) waste steam, water vapour

Wucht f (Tech) impact, momentum

Wuchtdrehzahl f (Verd) balancing speed

Wuchtmassenantrieb m (Zer) out-of-balance drive

wühlen v (Tech) rut, scuff (Reifen)

Wühlen n (Tech) (AE) tire scuffing, (BE) tyre scuffing (der Reifen)

Wulst m (Tech) bead, bulb; pad (Reifenteil in Felge)

Wulstband n (Tech) clincher band

Wulstbildung f (Tech) pads (Autoreifen)

Wulsteisen n (Stb) bulb iron

Wulstfelge f (Tech) clincher rim

Wulstflachstahl m (Met, Stb) beaded flat, bulb flat, bulb plate

Wulstprofil n (Met, Stb) bulb section

Wulstreifen m (Tech) clincher tyre

Wulststahl m (Met, Stb) bulb steel, bulb-tee

Wulststahl m (Met, Stb) bulb section (Profil)

Wulstwinkel m (Met, Stb) bulb angle, bulb angle iron

Würfel m (Bau) cube

Würfelfestigkeit f (Met, Stat) resistance to tensile stress, ultimate strength, ultimate stress

würfelförmig adj (Bau) cubical-shaped

Würfelkohle f (Bergb) lumps pl

Wurfschaufel f (Bergb) scoop

Würgeeisen n (Met) twist iron

Würgeschraube f (Tech) twist-off tension bolt

Wurzel f (Schw) root (der Schweißnaht)

Wurzelbiegeprobestück n (Schw) root bend specimen (geschweißt)

Wurzelbiegung f (Schw) root bend (für Schweißqualität)

Wurzeldurchfall m (Schw) excessive penetration (der Schweißnaht)

Wurzeldurchhang m (Schw) overlap

Wurzeleinbrand m (Schw) penetration into the root (an der Schweißnaht)

Wurzelextraktor m (Bergb) root rake

Wurzelfehler m (Schw) root defect (falsches Schweißen)

Wurzelkerbe f (Schw) incomplete joint penetration, root notch, root opening

Wurzellage f (Schw) root pass (erste Schweißraupe)

Wurzelmaß n (Stb) back pitch; marking off dimension (Anreißmaß)

Wurzelraupe f (Schw) root bead, root run

Wurzelriss m (Schw) root crack (der Schweißnaht)

Wurzelrückfall m (Schw) hollow root, lack of root fusion, root concavity, root contraction

Wurzelschutz m (Schw) backing

Wurzelseite f (Schw) back of weld, reverse side, root side

Wurzelüberhöhung f (Schw) root reinforcement (DIN 8563)

X

X-Achse f (Elek) X-axis
X-Haken m (Stb) hook with safety toggle
X-Naht f (Schw) double-V, double-V groove-weld, double-V seam
X-Schnitt-Kristall m (Elek) X-cut crystal
XY-Schreiber m (Elek) x-y recorder

Y

Y-Naht f (Schw) single-Y; single-Y with root face (mit Steg)
Y-Schnitt-Kristall m (Elek) Y-cut crystal

Z

Zacken m (Tech) tooth
Zackenschrift f (Tech) peak recording
zackig adj (Tech) serrated (sägezahnartig)
zäh adj (Geo, Met) tenacious, tough
Zähbruch m (Met) ductile fracture
Zähflüssigkeit f (Chem, Phys) viscousness, viscosity (z. B. des Öls)
Zähigkeit f (Met) tenacity
Zahl f (Math, Tech) figure, number
zählen v (Tech) count
zählendes Messgerät n (Elek) integrating instrument, meter, metering instrument
Zahlentafel f (Stb) table
Zahlenwertring m (Tech) scale ring
Zähler m (Tech) meter (z. B. für Gas)
Zählerkarte f (Elek) digital display unit
Zählerstand m (Tech) dial count, dial recording, meter reading, reading
Zählertafel f (Elek) meter board [panel]
Zählervorlauf m (Mess) meter no-load creep
zahlreich adj (Tech) numerous
Zählspule f (Elek) impulse contactor
Zahlstöraustastung f (Elek) count interference blanking
Zählwerk n (Tech) counter, register, totalizer (addierend); totalizing counter (Bandwaage); flowmeter (Zapfsäule)
Zahn m (Bergb) point (Eimer)
Zahn m (Tech) gear (an der Drehdurchführung); gear tooth, tooth; lobe (des Läufers eines Schraubenverdichters)

Zahn m eines Zahnrades (Tech) cog (aus Holz)
Zahnbogen m (Tech) tooth sector; toothed quadrant (Segment am Zahnrad)
Zahnbreite f (Getr, Tech) face width, tooth width, width of tooth face
Zahnbrust f (Getr, Tech) tooth face
Zahndicke f (Tech) arc thickness (als Bogen am Teilkreis); circular thickness (Zahnrad); normal tooth thickness (im Normalschnitt); transverse base thickness (am Grundzylinder)
Zahndickenhalbwinkel m (Getr, Tech) tooth thickness half angle (am Zahnrad)
Zahndickensehne f (Getr, Tech) chordal tooth thickness (am Zahnrad)
Zahndruck m (Getr) pressure at pitch line
Zähne mpl (Getr, Tech) teeth pl • **Zähne fräsen** cut teeth • **Zähne schneiden** notch
Zahneingriff m (Getr, Tech) gear mesh, meshing
Zähnezahlverhältnis n (Getr, Tech) gear ratio
Zahnfeile f (Werkz) equalling file
Zahnflanke f (Tech) tooth flank, tooth profile (Getriebe); lobe flank (Schraubenverdichter)
Zahnflankenbeanspruchung f (Met, Verd) tooth pitting
Zahnflankenschleifmaschine f (Getr, Mech) flank grinding machine, gear flank grinder
Zahnfuß m (Bergb) tooth shank
Zahnfußabrundung f (Getr) tooth base radius
Zahnfußhöhe f (Getr) dedendum, dedendum of a tooth
Zahnfußrücknahme f (Getr) plus involute, root relief
Zahnfuß-Sehne f (Getr) chord of tooth root
Zahngrund m (Getr) tooth root surface (am Zahnrad)
Zahngrundhärtung f (Getr, Mech) hardening of the interior root circle surface
Zahnhalter m (Bergb) (AE) adapter
Zahnhalterung f (Tech) tooth lock
Zahnhöhe f (Getr) depth of tooth, tooth depth
Zahnkammer f (Hydr) gear chamber
Zahnkettenrad n (Tech) sprocket

Zahnkopf m (Getr) tooth crest (am Zahnrad)

Zahnkopfhöhe f (Getr) addendum, apex, crest, face, tip

Zahnkopfrücknahme f (Getr) tip easing, tip relief, tooth tip relief

Zahnkranz m (Getr) gear rim, toothed rim, ring gear, spur ring, toothed wheel rim (Laufrad)

Zahnkrone f (Getr) addendum, apex, crest, face, tip

Zahnkupplung f (Tech) gear [jaw] coupling, tooth clutch

Zahnkupplungsspiel n (Getr) gear coupling backlash

Zahnlänge f (Getr) tooth depth

Zahnlücke f (Getr, Tech) space width, tooth space

Zahnnabe f (Getr) internally geared hub (innenverzahnte Nabe)

Zahnnabe f (Tech) splined tube, splined sleeve

Zahnnabenmitnehmer m (Tech) splined sleeve yoke, splined tube yoke

Zahnnabenprofil n (Getr, Tech) spline profile, splined tube

Zahnrad n (Getr) cog wheel, gear, gear wheel, toothed gear, tooth wheel

Zahnrad n mit Bogenverzahnung (Getr) spiral gear

Zahnradantrieb m (Getr) gear drive, gearing

Zahnradbandage f (Getr) gear rim [tyre]; gear rim blank, gear ring thickness

Zahnradfräsmaschine f (Mech) gear hobbing machine (vertikal)

Zahnradgetriebe n (Getr) gear train, gear unit, gearing, train of gears

Zahnrad-Ketten-Steuerung f (Tech) sprocket and chain steering

Zahnradkörper m (Getr, Mech) gear blank

Zahnradkranz m (Getr) ring gear

Zahnradmessgetriebe n (Getr, Tech) instrument gearing

Zahnradmodul n (Getr) diametral pitch divided by number of teeth

Zahnradmotor m (Antr) gear motor

Zahnradnabe f (Getr) gear hub

Zahnradpaar n (Getr) gear pair, pair of mating gears

Zahnradpaar n mit Bogenverzahnung (Getr) spiral gear pair

Zahnradscheibe f (Getr) gear centre

Zahnradschneiden n (Mech) gear cutting

Zahnradteilung f (Getr, Tech) circular pitch, gear pitch

Zahnradübersetzung f (Getr) gear train (ganzer Satz)

Zahnradvorgelege n (Getr) toothed--wheel gearing

Zahnradvorgelegewelle f (Getr) countershaft (des Motors)

Zahnriemen m (Tech) cog [serrated, sprocket, toothed] belt

Zahnring m (Getr, Tech) toothed rim, toothed ring

Zahnritzel n (Getr, Tech) pinion

Zahnscheibe f (Tech) lock washer, lock washer with external teeth, toothed lock washer, toothed washer

Zahnsegment n (Getr, Tech) gear segment, sector gear; segment sprocket, toothed segment (Plattenband)

Zahnspindelkupplung f (Tech, Walz) gear spindle coupling

Zahnstange f (Getr, Tech) gear rack

Zahnstangen... f (Förd) rack..., rack gear..., rack and pinion...

Zahnstangenverzahnung f (Getr, Tech) open gear pair

Zahnteilung f (Getr) chordal pitch (entlang der Sehne); circular pitch (im Teilkreis)

Zahnteilungsmodul m (Getr) module

Zahnverstellung f (Tech) tooth setting (z. B. am Grabgefäß)

Zahnvorderkante f (Bergb) shank (beim Aufreißer)

Zahnwalze f (Tech) toothed roller

Zahnweite f (Tech) base tangent length, width of teeth

Zahnwelle f (Getr) gear shaft, toothed shaft

Zahnwelle f (Tech) splined shaft, splined stub

Zahnwellenverbindung f (Tech) splined shaft

Zange f (Werkz) pincers pl, pliers pl

Zangenbaum m (Kran) tong column

Zangenkran m (Kran) tong crane

Zangenstrommesser m (Elek) clip-on ammeter, tong type ammeter

Zangenträger m (Tech) tongs peel

Zangen fpl und **Klauen** fpl (Förd, Kran)

clamps and tongs pl (Lastaufnahme-mittel)

Zapfanschluss m (Tech) tap connection

Zapfen m (Tech) finger (herausragend); gudgeon (einer Schiene); journal, pin, pinion, stud; pivot (Einsteckbolzen); shaft (Leitschaufelbefestigung des Axialverdichters); tang (Mitnehmer am Zylinderschaft)

Zapfendurchmesser m (Tech) dog point diameter (DIN ISO 1891)

Zapfendüse f (Tech) pintle-type nozzle

Zapfenfeile f (Werkz) pivot file

zapfenförmig adj (Tech) conical

Zapfengelenk n (Stb) pivot hinge

Zapfenkreuz n (Tech) cross pin (Grader); spider (eines Kardangelenkes)

Zapfenkreuzgarnitur f (Tech) cross and yoke type assembly, journal cross assembly

Zapfenkreuzlagerung f (Tech) journal cross bearing

Zapfenlager n (Tech) journal bearing (an Achse); kingpin bearing (Elektroreduktionsofen); pivot bearing (Drehlager); trunnion bearing (bei Stahlkonstruktion)

Zapfenschraube f (Stb) trunnion screw; full dog point set screw (Stellschraube mit Zapfenspitze)

Zapfenschraube f mit Schlitz (Tech) slotted shoulder screw

Zapfpistole f (Tech) dispenser; filling hose nozzle (einer Zapfsäule)

Zapfstelle f (Elek) tap, tap-off

Zapfwelle f (Tech) power take-off group (mit Zubehör); power take-off, PTO (Antrieb)

Zapfwellenantrieb m (Tech) power take-off, PTO

Zarge t (Bau) surround (Türeinfassung)

zart adv (Tech) gently

Zehe f (Bergb) toe (nach Sprengung stehen bleibend)

Zehenformhandfaust f (Kfz, Werkz) toe dolly

Zehnerdiode f (Tech) ten-part diode (Bandwaage)

Zeichen n (Tech) mark, sign, symbol, token; character (Schriftzeichen)

Zeichen npl (Tech) indications pl (Materialfehler)

Zeichen... (Stb, Tech, Zeich) drawing...

Zeichenarbeit f (Stb) drawing work

Zeichenbildungsfehler m (Mess) framing error

Zeichendreieck n (Bau) set square

Zeichenmaschine f (Bau) drafting machine, drawing machine

Zeichenvorrat m (Elek) character set

zeichnen v (Zeich) design, draw, scribe, sketch, trace

Zeichner m (Bau) draughtsman; draughtsperson (allgemein)

Zeichnung f (Zeich) design, drawing, dwg, sketch

zeichnungsgeprüft adj (Stb, Zeich) drawing-checked

Zeichnungsnorm f (Stb, Zeich) drawing practice standard

Zeichnungspause f (Zeich) drawing print, (AE) drawing blueprint

Zeichnungsschriftfeld n (Zeich) drawing title block

Zeichnungswesen n (Stb, Zeich) drawing practice

zeigen v (Tech) demonstrate, indicate, show

Zeiger m (Tech) hand (z. B. einer Uhr); indicator, pointer (eines Instrumentes); index (Sollwert)

Zeiger... (Elek, Tech) dial...

Zeigerthermometer n (Elek, Tech) dial thermometer

Zeigerwaage f (Mess) dial scale

Zeile f (Met) band (Gefüge)

Zeilenbildung f (Met) banding (im Gefüge)

Zeilengefüge n (Met) banded structure

Zeilenkamera f (Mess) linescan camera

Zeilenlänge f (Prüf) sweep length (Ultraschallprüfung)

Zeilensprungverfahren n (Elek) interlacing, interlaced scanning (Fernsehgerät)

Zeilenstruktur f (Elek) banded structure

Zeit f (Tech) time

Zeit... (Elek, Tech) time..., time-base...

Zeitablaufdiagramm n (Mess) time sequence diagram

Zeitaufwandswert m (Tech) labour constant

Zeitdauer f (Tech) duration, length of time, period, term

Zeitdehngrenze f (Met, Prüf) time yield limit (DIN 50100)

Zeitdehnung f (Met, Prüf) time yield (Dauerstandversuch)

Zeit-Dehnungskurve f (Met, Prüf) time--elongation curve, time-extension curve (Kriechversuch)

Zeitfestigkeit f (Prüf) fatigue strength for finite life (DIN 50100, Zeitschwingfestigkeit)

Zeitfestigkeitsverhalten n (Met, Prüf) long-time creeping property

Zeitfunktion f (Elek) function of time, time function

Zeitgeber m (Mess) timer

zeitgemittelt adj (Tech) time averaged

Zeitkipper m (Tech) time element

zeitliche Reihenfolge f (Tech) chronological order, chronological sequence

Zeitlinie f (Elek) base line, time base; time axis, time base (Ultraschall)

Zeitlinienmarkierung f (Elek) screen marker

Zeitmarke f (Prüf) time marker (Ultraschallprüfung, DIN 54120)

Zeitmessanalyse f (Tech) stopwatch analysis

Zeitplan m (Tech) schedule, timetable

Zeitrelais n (Elek) time relay, time-delay relay, time-lag relay, timer, timing relay

Zeitschalter m (Elek) limiting timer, time switch

Zeitstandfestigkeit f (Met, Prüf) creep strength depending on time, long-time creep resistance (DIN 50100)

Zeitstudie f (Tech) C.P.M., critical path method, time study, time-and-motion study

Zeittaktsteuerung f (Mess) time cycle control

Zeit-Temperaturumwandlungsschaubild n (Hütt) time-temperature transformation diagram, TTT diagram, TTTD

Zeituhr f (Elek, Tech) timer

Zeitverfügbarkeit f (Tech) availability factor, availability time ratio

Zeitverhalten n (Mess) time response

Zeitverzögerung f (Elek, Hydr, Prüf, Tech) time lag (z. B. Ultraschallprüfung)

Zelle f (Elek, Tech) cell, cubicle (Schaltanlage)

zellenlos adj (Tech) cell-less

Zellenrad n (Tech) radial vane rotor (Abzugs- und Verschlussorgan)

Zellenradschleuse f (Tech, Vent) rotary gate valve, rotary pocket feeder

Zellenschalter m (Elek) battery switch

Zellenschleuse f (Hütt, Tech) rotary feeder, rotary vane feeder, star feeder (Abzugs- und Verschlussorgan)

Zellradschleuse f (Tech) rotary air lock

Zellstoff m (Met) pulp

Zellstoffindustrie f (Met) cellulose industry

Zeltdach n (Bau) tent-roof

Zeltplane f (Tech) tarpaulin

Zement m (Bau) cement

Zementanlage f (Bau) cement plant

Zementgrieß m (Bau) cement tailing

Zementhohldiele f (Bau) hollow concrete slab

Zementindustrie f (Bau) cement industry

Zementit m (Met) cementite, carbide of iron

Zementleimkuchen m (Bau) cake of cement paste

Zementmilch f (Bau) grout

Zementmörtel m (Bau) cement mortar

Zementofen m (Bau) cement kiln

Zementputz m (Bau) rendering

Zementwerk n (Bau) cement plant

Zener-Diode f (Elek) Zener barrier, Zener diode

zentral adj (Tech) central

Zentralbaugruppe f (Elek) central processing unit (elektron. Steuerung)

Zentraleinheit f (Elek) central processing unit, CPU

zentrales Ritzel n (Getr) sun gear

Zentralfräser m (Mech) central cutter

Zentralgelenk n (Tech) frame articulation (für Knicklenkung)

zentralsymmetrisch adj (Stat, Tech) centrosymmetrical

Zentrierbock m (Tech) roller guide support

zentrieren v (Tech) (AE) center, (BE) centre, true, true up (z. B. Räder, Lager)

Zentrierschnittschere f (Mech, Werkz) resquaring shear

Zentriertiefe f (Tech) spigot depth (Gegenflansch einer Gelenkwelle)

Zentrierzapfen m (Tech) spigot bolt, spigot pin, spigot shaft

zentrifugal adj (Tech) centrifugal

Zentrifugalmoment n (Stb) product of inertia

Zentrifuge f (Zer) centrifuge
Zentripetalkraft f (Stat) centripetal force
zentrisch adj (Stb) axial, central
zentrische Kraft f (Stb) axial force, centered force
Zentrumbohrer m (Mech, Werkz) centre-drill
zerbeißen v (Zer) crunch up
zergehen v (Chem, Tech) dissolve (sich auflösen)
Zergliederung f (Mess) conceptual hierarchy
Zerhacker m (Zer) chopper
Zerhackermeißel m (Walz) star cutter (auf der Scherenmesserwelle)
zerkleinern v (Zer) break up; crush, disintegrate, mill
Zerkleinerungsgrad m (Zer) crushing ratio
Zerkleinerungsmaschine f (Zer) crushing machine (Brecher)
zerlegbar adj (Tech) dismountable, separable
zerlegen v (Tech) disassemble, disintegrate, dismantle, dismantle completely, dismount, take apart, take to pieces, unfasten (z. B. in Einzelteile)
zerlegt adj (Tech) knocked down
zermahlen v (Bergb, Zer) crumble
zerreiben v (Tech, Zer) grate
zerreißen v (Tech) disperse (Schmierstoff mit Hilfe von Pressluft); split, tear apart
Zerreißfestigkeit f (Met, Stat) resistance to tensile stress, ultimate strength, ultimate stress, tensile breaking strength, ultimate tensile strength (bei Zugspannungen)
Zerreißfestigkeit f (Tech) tearing strength, yield strength (Gurt)
Zerreißkupplung f (Tech) overload shear coupling
Zerreißprobe f (Prüf, Stb) (AE) coupon, tensile test piece (Stab); destructive verification; tension test (Test)
Zerreißspannung f (Met, Prüf) breaking stress
Zerreißversuch m (Prüf) stress-rupture test, tensile test, tension test
zerschnitzeln v (Zer) shred
zersetzen v (Chem, Geo, Ökol) decompose
zersetzen v (Tech) disintegrate
zerspanen v (Mech) chip, cut, machine

Zerstäuber m (Chem, Tech) atomizer, sprayer, vaporizer
Zerstäuberflüssigkeit f (Chem, Tech) spray
Zerstäubung f (Phys) (AE) atomization, (BE) atomisation
zerstören v (Tech) destroy
zerstörende Prüfung f (Prüf) destruction test, destructive test
zerstörerisch adj (Tech) destructive
Zerstörung f (Bau) destruction
zerstörungsfrei adj (Tech) non-destructive
zerstörungsfreie Prüfung f (Prüf, Tech) NDT, non-destructive test, non-destructive examination, non-destructive testing
Zerstreuung f eines Strahlenbündels (Elek) dispersion of a sound beam
zerstückelt adj (Tech) shredded
zerteilen v (Zer) cut to pieces, disintegrate
Zettel m (Tech) schedule
z-förmiger Bohrerhalter m (Tech) old man
Zg f (Abk. für: Zeichnung) (Zeich) drawing, dwg
Zickzackverlauf m (Elek) zig-zag path
Zickzackwalzwerk n (Walz) zigzag mill
Ziegel m (Bau) adobe (luftgetrocknet); brick
Ziegel... (Bau, Baut) brick...
Ziegelei f (Bau) brickworks, brick making plant, brickyard
Ziegelofen m (Bau) brick kiln
Ziehangel f (Form) pointed end, reduced end (Rohrziehen)
Ziehbank f (Form) drawbench
Ziehbarkeit f (Met) drawability (Draht)
Ziehbett n (Form) chain bed (einer Ziehbank)
Ziehdüse f (Form) drawing nozzle (Draht)
ziehen v (Mech) cut (Nuten)
ziehen v (Tech) draw, pull; tow (abschleppen)
Ziehgesenk n (Form) forming die
Ziehkaliber n (Form) drawing pass
Ziehpresse f (Form) drawing press
Ziehring m (Form) die, drawing die (Ziehmatrize für Rohre); drawing die (Draht)
Ziehsäge f (Werkz) crosscut saw
Ziehsorte f (Met) drawing quality

Ziehstahl m (Met) drawing steel
Ziehstein m (Form) wire die
Ziehtrichter m (Form) forming bell (Rohr)
Ziehwulst m (Tech) draw bead
Ziehzange f (Form) gripping jaws, jaws (Rohrziehbank)
Ziel n (Tech) aim, objective
Zielanalyse f (Tech) objective analysis, objective test
Zielsetzung f (Tech) aim, objective
Zielsteuerung f (Kran) destination approach control
Zielzeichen n (Elek) radar blip (Radar); target mark (Klemme)
Zier... (Tech) ornamental...
Zierdeckel m (Tech) ornamental hub cap
Ziergitter n (Bau) grille
Zierleiste f (Tech) fairing, moulding
Ziffer f (Math, Tech) digit, figure, number (einstellige Zahl)
Zifferblatt n (Elek) dial plate; face (Uhr)
Zimmermannssäge f (Werkz) bucksaw
Zink n (Met) zinc
Zinkaufschmelzofen m (Hütt) galvanneal furnace, galvannealing furnace (für Bänder oder Bleche)
Zink-Basis-Legierung f (Met) zinc alloy
Zinkbeschichtung f (Hütt) galvanized coating, zinc coating
Zinkblech n (Met) sheet zinc
Zinkblende f (Met) sphalerite, zinc blend
Zinkblume f (Hütt, Met) spangle
Zinkblumenmuster n (Hütt) frost-flower [spangled] pattern
Zinke f (Tech) fork, prong, tine, tyne; tooth (am Zahnrad)
Zinkeisenspat m (Met) zinkiferous siderite
Zinken m (Tech) prong, tooth
zinkreich adj (Bergb) zinc-rich
Zinkspat m (Met) zinc spar, smithsonite, European calamine, $ZnCO_3$
Zinkstaub m (Met) blue powder, zinc dust
Zinkstaubfarbe f (Tech) inorganic zinc; zinc dust grey (in Zeichnungen)
zinkstaublackiert adj (Anstr) zinc-coated
Zinn n (Met) (BE) tin
Zinnabstrich m (Hütt) tin skimming
Zinn-Basis-Legierung f (Met) tin alloy
Zinnen m (Bau) battlement (zinnenförmiger Aufbau)
Zinnhütte f (Hütt) tin works

Zipfel m (Met) ear (störender Fehler beim Tiefziehen)
Zirkel m (Tech) compass (zum Zeichnen)
Zirkel m (Werkz) dividers pl
Zirkulation f (Tech) circulation (z. B. von Öl)
Zischhahn m (Hydr/Pneu) pet cock
Zisterne f (Ökol) cistern
Zitronenlager n (Lag) two-lobe bearing, lemon bore journal bearing (Zweikeillager)
Zitronensäureprüfung f (Met, Prüf) citric acid test
Z-Kinematik f (Tech) bellcrank linkage, special form of three-pin lever, Z-geometry (für Laderausrüstung)
Z-Kinematik-Koppel f (Tech) bellcrank
Zoll m (Tech) inch (Maßeinheit)
Zollgewinde n (Tech) inch thread
Zollstock m (Werkz) inch-rule, yardstick
Zone f (Tech) region, zone (Gebiet)
Zonenkonstruktion f (Elek) zone construction
Z-Profil n (Met) zee-bar
Z-Stahl m (Met) Z-bar, (BE) zed, (AE) zee
Zubehör n (Bergb, Umschl) ancillary equipment (Schmieranlage)
Zubehör n (Tech) accessories pl, accessory items pl; appurtenances pl (Rohrleitungen); attachments pl, implements pl, optional items, associated parts
Zubehörteil n (Tech) fitment (Maschine, Fahrzeug)
Zuber m (Bau) tub, vat
zubereiten v (Mech) dress, finish
Zubringerband n (Förd) delivery belt, feeding belt, feeding conveyor
Zubringerzylinder m (Hydr) feed cylinder
Zudampf m (Tech) inlet steam
zuerkennen v (Tech) award
Zufahrt f (Tech) access, approach
zufällig adj (Tech) accidental, inadvertent, random
Zufallsveränderliche f (Stb) (AE) chance variable, fortuitous variable
Zufluss m (Tech) flow
Zuflussventil n (Vent) delivery valve
Zufuhrapparat m (Tech) feeder
Zuführrinne f (Bergb) chute
Zuführrollgang m (Tech) approach roller table, charging roller, conveyor, feed roller, feeding roller table

Zuführung f (Elek) connection, power feed, power input (Strom, Energie)
Zuführungsfeld n (Elek) intake panel
Zuführungskabel n (Elek) lead
Zuführungsspannung f (Elek) input voltage, connected voltage
Zufüllen n von Gräben (Bergb) refilling of trenches
Zug m (Met) drag, pull, tensile force (Zugkraft)
Zug m (Met, Stat) tensile stress, tension (Zugspannung)
Zug m (Tech) train; pull jack (Werkzeug)
Zugabe f (Mech) machining tolerance, tolerance (für spätere Bearbeitung)
Zugang m (Tech) access, means of access, point of access
zugänglich adj (Bau) accessible (leicht zu erreichen)
Zuganker m (Bergb) tensioning bolt (Steuerblock)
Zuganker m (Tech) tie rod (Zylinder)
Zugband n (Stb) tension rod, tie, tie rod (Stange); tie member
Zugband n (Tech) pull belt (einer U-Presse); tie bar (bei Abspannung)
Zugbeanspruchung f (Met, Stb) tensile load, tensile stress, tensile stressing, tension load
Zugbelastung f (Met) tensile load
Zugbrücke f (Bau) drawbridge
Zugdiagonale f (Stb) tension diagonal
Zug-Druck-Dauerfestigkeit f (Met, Prüf) tension-compression fatigue strength
Zug-Druck-Wechselfestigkeit f (Met, Prüf) fatigue limit under completely reversed tension-compression stresses (DIN 50100)
zugeführt adj (Elek) input
zugehörig adj (Tech) associated
zugelassen adj (Tech) approved, certified
Zügel... (Bau, Stb) bridle...
Zugelement n (Tech) tension member (Gurt)
Zugentlastung f (Mess) strain relief
Zugentlastungsbogen m (Tech) traction relief curve
zugeordnete Achse f (Stb) conjugate axis
zugeschoben adj (Bergb) trapped
zugesetzt adj (Tech) clogged
zugespitzt adj (Tech) acute, pointed (spitz zulaufend)

Zugfaser f (Stb) tensile fibre
Zugfaser f (Tech) tension parallel to the grain (Zug in Faserrichtung); tension perpendicular to the grain (Zug quer zur Faserrichtung)
Zugfeder f (Tech) draw [extension, tensioning] spring; tension spring (Bandwaage)
Zugfestigkeit f (Förd) tension rating (des Gurtes)
Zugfestigkeit f (Met) resistance to tensile stress, tensile strength, ultimate strength, ultimate stress (bei Zugspannungen)
Zugflansch m (Stb) flange in tension
Zuggurt m (Stb) tension chord (Fachwerkträger); tension flange (eines Blechträgers)
Zughaken m (Tech) drawbar, tow hook, towing hook
Zughub m (Werkz) pull jack, traction device
zügig adj (Tech) expeditious, smooth
Zugkette f (Bahn, Tech) tackle
Zugkomponente f (Stat) tensile component
Zugkraft f (Bergb, Tech) drawbar pull, power of traction, pull, pulling force, push down force, pull up force, tensile force (z. B. im Seil); tractive effort, tractive force (z. B. eines Motors); tractive power
Zuglasche f (Tech) shackle, tie strap
Zuglast f (Tech) tension (Zugspannung)
Zugleistung f (Tech) tractive output
Zugmaschine f (Tech) tractor, tractor truck (Sattelschlepper)
Zugmesser m (Metr) (AE) draft gage, (BE) draught gauge
Zugmessgerät n (Metr) tensiometer, tension meter unit
Zugprobe f (Prüf) tensile test (piece)
Zugringschlüssel m (Werkz) heavy duty ring spanner
Zugrollengerüst n (Walz) bridle, bridle roll unit, tension bridle; drag bridle (vor dem Behandlungsteil); pull bridle, drive bridle, pulling bridle roll unit, pull-through bridle (nach dem Behandlungsteil)
zugrundelegen v (Tech) base on, take as a basis for, underlie
Zugschalter m (Elek) pull switch
Zugschaufel f (Bergb) dragline

Zug/Schub-Kombination f *(Tech)* push-pull combination

Zugschwellbereich m *(Met, Prüf)* range for pulsating tensile stresses, range for fluctuating tensile stresses *(DIN 50100)*

Zugseil n *(Stb)* traction cable, traction rope

Zugspannung f *(Met, Stat)* tensile stress, tension

Zugstange f *(Stb)* drawbar *(Bauteil)*

Zugstange f *(Tech) (AE)* pitman, tension rod, tie; tie rod, tow bar; tie bar *(Vollwelle des Axialverdichters)*; tie rod *(eines Zylinders)*; centre shaft, push rod *(in Haspeltrommel)*; pull rod *(im Elektrodenarm)*

Zugstrebe f *(Tech)* tie rod *(für Kfz)*

Zugstumpfnaht f *(Tech, Mont, Schw)* tension butt joint

Zug-Verdrehversuch m *(Prüf)* tension-torsion test

Zugverformung f *(Met, Prüf)* tensile strain *(DIN 50100)*

Zugversuch m *(Met, Prüf)* tensile test, tension test

Zugvorrichtung f *(Tech)* hitch, tow bar, towing device

Zugwinde f *(Förd, Tech)* draw winch

Zugwirkung f *(Tech)* tension effect; suction power *(Gebläse)*

Zugzone f *(Stb)* tension zone, zone of tension

Zugzylinder m *(Tech)* tension cylinder

Zukaufschrott m *(Hütt)* bought-in scrap, purchased scrap *(Fremdschrott)*

zulassen v *(Tech)* approve

zulässig adj *(Tech)* admissible, allowable, allowed, permissible, permitted

Zulässigkeitsgrenze f *(Prüf)* acceptance level, reject limit *(DIN 54119)*

Zulassung f *(Tech)* certification

Zulauf m *(Tech)* approach, feed, supply

Zulaufrichtung f *(Hydr/Pneu)* direction of flow

Zulaufrollgang m *(Förd)* charging roller conveyor

Zulaufschaltung f *(Hydr)* meter-in control

Zulaufweg m *(Tech)* feed pipes pl *(des Öls)*

Zulegierung f *(Hütt/Walz, Met)* additive

Zuleitung f *(Elek)* connection, feeder, feeding, income cable, incoming supply, lead, power feed, power input,

supply cable *(Strom, Energie)*; feeding pipe, supply pipe, supply piping *(als Rohrleitung)*

Zuleitung f *(Hydr/Pneu)* feed-line, power supply cable, pressure line

Zuleitungsspannung f *(Elek)* input voltage, connected voltage

Zulieferteile npl *(Tech)* parts pl from suppliers

Zuluft f *(Tech)* intake air, supply air

Zuluftversorgung f *(Mess)* air set, air supply set

zumauern v *(Baut, Hütt)* brick up

zumessen v *(Tech)* batch

Zumesskasten m *(Bau)* gauge box

Zumischung f *(Chem)* admixture

Zunahme f *(Tech)* increase

Zündelektrode f *(Elek, Tech)* ignition electrode, ignition transformer, initiating electrode; gate *(Thyristor)*; starting electrode (Hüttenwerk)

zünden v *(Tech)* ignite

Zunder m *(Hütt/Walz)* cinder, rust and scale, scale

Zunderbildung f *(Hütt/Walz)* scaling

Zunderbrecher m *(Walz)* scale breaker

Zunderflecken mpl *(Walz)* flashing

Zunderkanal m *(Walz)* scale flume

Zunderschicht f *(Walz)* scale jacket, jacket of scale

Zunderspülung f *(Hütt)* scale flushing

Zündflamme f *(Hütt/Walz)* pilot flame

Zündfolge f *(Tech)* firing order, firing sequence *(Motor)*

Zündgasanlage f *(Tech)* pilot system

Zündgasdruckerhöhung f *(Tech)* pilot supply booster

Zündgasregler m *(Tech)* pilot gas regulator

Zündgestänge n *(Tech)* pilot linkage

Zündgrenze f *(Stb)* ignition limit, limit of flammability

Zündimpuls m *(Tech)* firing pulse *(Motor)*

Zündkabel n *(Elek, Tech)* ignition cable, switch wire

Zündkerze f *(Elek, Kfz)* spark plug

Zündkontrolllampe f *(Elek)* time lamp

Zündmagnet m *(Elek, Tech)* magnet, magneto

Zündnocken m *(Tech)* ignition cam

Zündpunkt m *(Elek, Tech)* point of ignition *(Kraftfahrzeug)*

Zündschalter m (Elek, Tech) ignition switch

Zündschloss n (Tech) ignition lock

Zündschnur f (Bergb) detonating fuse (Lunte); light, safety match

Zündspannung f (Elek) open circuit voltage

Zündspule f (Elek, Tech) ignition coil, induction coil, magnet coil, solenoid spool

Zündung f (Elek) detonation; ignition (Kraftfahrzeug)

Zündunterbrecher m (Elek) timer

Zündverstellbereich m (Elek, Tech) timing range

Zündverteiler m (Tech) ignition distributor (Kraftfahrzeug)

Zündwiederholung f (Tech) re-ignition

Zündzeitpunkt m (Elek) firing point, ignition control

Zungenfeile f (Werkz) tongue file

zuordnen v (Tech) allocate, assign (Leistungsstruktur)

Zuordnungsschaltung f (Mess) correlation circuit

zurechtmachen v (Mech) dress, finish, trim

zurichten v (Mech) adjust, dress, finish, straighten, trim

zuriegeln v (Tech) bolt

zurück (Elek) return (in Schaltplänen)

zurückbehalten v (Tech) retain

zurückbekommen v (Tech) get back

zurückführen v (Tech) recirculate, recycle

zurückfüllen v (Bergb, Umschl) back-fill

zurücklaufend adj (Tech) reversed

Zurücknahme f (Tech) retraction

zurückprallen v (Prüf) bounce back, rebound (Ultraschall)

zurückreichen v (Tech) return

zurückspringen v (Tech) rebound

zurückspringend adj (Tech) receding

zurückstellen v (Hydr/Pneu) back off (Druckventil)

Zusammenarbeit f (Tech) collaboration, cooperation

Zusammenbau m (Mont, Tech) assembling, assembly, erection, installation, rebuilding

Zusammenbau m **und Inbetriebnahme** f (Tech) assembly and start-up, erection and commissioning, erection and start-up

Zusammenbauzeichnung f (Zeich) assembly drawing

Zusammenbruch m (Tech) breakdown (Störung einer Maschine)

Zusammenfall m (Bau) collapse

zusammenfügen v (Bau) join

zusammenfügen v (Mont) assemble (montieren)

zusammenfügen v (Tech) connect (verbinden)

zusammengehörend adj (Tech) connected, matching, related

Zusammenhang m (Bau) connection

zusammenhängend adj (Tech) continuous, related

zusammenklappbar adj (Tech) collapsible, collapsing, folding

zusammenlegbar adj (Tech) collapsible, collapsing, folding

Zusammenprall m (Tech) collision

zusammenschiebbar adj (Tech) sliding, telescopic, telescoping

Zusammensetzung f (Chem, Tech) combination, composition

Zusammenstellung f (Tech) tabular statement, table, tabulation (tabellarisch)

Zusammenstellungszeichnung f (Tech, Zeich) general arrangement drawing, overall drawing

Zusammenstoß m (Tech) collision

zusammentragen v (Bau) compile

Zusammenwirken n (Tech) interaction

zusammenziehen v (Tech) contract (Feder)

Zusatz m (Tech) additive, admixture

Zusatz... (Tech) additional..., ancillary..., auxiliary..., booster...

Zusatzantrieb m (Tech) booster

Zusatzbeanspruchung f (Met, Prüf) additional stress (DIN 50100)

Zusatzbremse f (Tech) retarder

Zusatzbremsventil n (Bahn, Vent) additional brake valve

Zusatzbrennstoff m (Chem) auxiliary fuel, injectant

Zusatzfahrschaltung f (Tech) overdrive

Zusatzfeder f (Tech) overload spring (Verstärkung)

Zusatzfläche f (Stb) free margin

Zusatzgetriebe n (Getr) additional gear, auxiliary transmission

Zusatzlast f (Stat) secondary load

zusätzlich adj (Tech) added, additional, extra, supplementary

zusätzliche Arbeit f (Tech) additional work, excess of work, extra work, supplementary work

Zusatzmasse f (Tech) extra weight

Zusatzmittelspeiser m (Zer) reagent feeder

Zusatznetzteil n (Elek) supplementary power pack

Zusatzpumpe f (Hydr/Pneu) booster pump

Zusatzstoff m (Chem) additive, admixture

Zusatzteile npl (Tech) accessories pl

Zusatzwerkstoff m (Schw) filler metal

zuschaltbar adj (Tech) shiftable

zuschalten v (Elek) connect, connect up, energize, switch in [on]; add (z. B. Rollen)

zuschärfen v (Mech) bevel

zuschieben v (Bergb) (AE) trap (Gestein zu Haufwerk)

Zuschläge mpl (Tech) aggregates pl (Bauwesen); additives pl

Zuschlagerz n (Hütt) fluxing ore

Zuschlaggemisch n (Bau) mixed aggregate

Zuschlaghammer m (Werkz) sledge hammer

Zuschlagkalkstein m (Hütt) flux limestone

Zuschlagstoff m (Bau) aggregate, construction aggregate

zuschließen v (Tech) lock

zuschneiden v (Mech) resquare, tailor

Zuschnitt m (Mech) cutting

Zuschnitt m (Schw) blank, blank cut (Vorschnitt des Werkstückes)

zuschweißen v (Schw) weld up

Zusetzer m (Tech) adder

zusperren v (Tech) lock

Zustand m (Tech) condition, state, status

Zuständigkeitsbereich m (Tech) sphere of responsibility

Zustandsgröße f (Mess) variable

Zustandsmeldung f (Bergb) control indication

Zustandsschaubild n (Met) constitution diagram, constitutional diagram, equilibrium diagram (Metallographie)

Zustelleinrichtung f (Elek) positioner

zustellen v (Tech) block (versperren);

forward, submit (postalisch); line (Ausmauern des Ofens)

Zustellschritt-Steuerung f (Elek) increment control

Zustelltiefe f (Bergb) depth of bucket wheel entry

Zustellwagen m (Elek) positioner

Zustimmung f (Tech) approval, consent

zustopfen v (Tech) plug

zustöpseln v (Elek) plug, plug in

zutreffend adj (Tech) applicable (z. B. Liste, Formular)

Zutritt m (Tech) access, entry

zuverlässig adj (Tech) dependable, reliable

Zuweisung f (Tech) allocation

Zwangs... (Tech) compulsory, constrained

Zwangsaustrag m (Tech) constraining discharge

Zwangsführung f (Tech) positive guide

zwangsgeführt adj (Bergb) operator-controlled (durch Fahrer)

zwangsgeschmiert adj (Tech) forced-feed lubricated

Zwangskraft f (Tech) constraining force

Zwangslage f (Schw) downhand (nach unten schweißen; in Zeichnungen); overhead (nach oben schweißen; in Zeichnungen)

zwangsläufig adj (Tech) constrained, inevitable, unavoidable

Zwangsluftkühlung f (Tech) forced-air cooling

Zwangsrollenstuhl m (Förd) inverted-vee return idler, inverted-vee return idler roll, chevron-shaped return idler roll, chevron-shaped return idler

Zwangsschmierung f (Tech) force feed lubrication, force feed positive pressure lubrication; forced lubrication

Zwangssteuerung f (Elek) constraining control

Zwangssteuerung f (Vent) power closing (Rückschlagklappe)

Zweck m (Tech) purpose

zweiachsig adj (Stat) two-dimensional (Spannungszustand)

zweiachsig adj (Tech) two-axle ... (z. B. Tieflader)

zweiadrig adj (Elek) two-core (Kabel)

Zweiarmflansch m (Tech) two-armed flange

Zweiarmnabe f (Tech) twin-sector clutch hub

zweibahnig adj (Tech) twin-track ...

Zweideckersieb n (Tech) two-deck screen

Zweidrahtlampe f (Elek) double-filament bulb

Zweidruck-Ventil n (Vent) twin-pressure sequence valve

zweifach adj (Tech) double, duplicate, twofold

Zweifachhubgerüst n (Förd) double telescopic lift structure, double mast system (eines Gabelstaplers)

Zweifach-Rollenkette f (Tech) double roller chain, duplex roller chain

Zweifach-Steuerblock m (Elek) control block, valve block

zweifeldrig adj (Elek) two panel ...

Zweiflankenwälzprüfgerät n (Prüf) double-flank total composite error testing device

Zweigelenkbogen m (Stb) two-hinged arch

zweigeschossig adj (Bau) (BE) two-storey, (AE) two-story

zweigleisig adj (Tech) double-tracked

Zweihandsicherung f (Tech) two-hand ed safety device

Zweiholm m (Tech) two-stringer

Zweikammer-Messerpumpe f (Hydr/ Pneu) tandem sectioned vane-type pump

Zweikanal... (Elek) two-channel

Zweikeillager n (Lag) two-lobe bearing, lemon bore journal bearing (Mehrflächenlager, Zitronenspiellager)

Zweikopfdurchschallungsverfahren n (Elek) double-probe transmission technique

Zweikreis m (Tech) dual circuit

Zweikreisverrohrung f (Tech) double branch pipes pl

Zweikristallverfahren n (Elek) double-crystal method

Zweilochmutter f (Tech) round nut with drilled holes in one face (DIN ISO 1891)

zweimalig adj (Elek) double

Zweimannsäge f (Werkz) crosscut saw

Zweiplattenkeilschieber m (Vent) split wedge gate valve

Zweipol... (Elek) two-pole

Zweipolröhre f (Elek) diode

Zwei-Punkt-Abstützung f (Bergb) one set of stabilizers (Mobilbagger)

Zweipunktregelung f (Mess) two-position control, on-off control

Zweipunktverhalten n (Mess) two position action, two level action, two step action

zweireihig adj (Tech) double-row, two--row

Zweischalengreifer m (Kran, Umschl) clamshell bucket, clamshell grab

Zweischalenmotorgreifer m (Kran) clamshell motor grab

Zweischienenhängekatze f (Bergb, Umschl) underhang twin rail trolley

zweischiffig adj (Stb) twin-bayed

zweischnittig adj (Tech) double shear (z. B. Verbindung)

zweischnittige Schere f (Mech, Walz) down-and-up-cut shear

Zweiseilführung f (Bergb) double rope reeving

zweiseitiges Buckelschweißen n (Schw) direct projection welding (DIN 1910)

zweiseitiges Punktschweißen n (Schw) direct spot welding (DIN 1910)

Zweiständerschere f (Mech, Walz) double-column shear

Zweistegplatte f (Bergb) dual grouser track pad (für Ladeschaufel)

Zweistrahl-Doppelkopf-Verfahren n (Elek) cross-noise method, double--probe method

Zweistufenschaltung f (Tech) twin-stage transmission

Zweistufenventil n (Vent) two-stage valve

zweistufig adj (Tech) double-stage, double-step, twin-stage, two-stage, two-step

Zweitakt m (Tech) two-cycle (Arbeitsgang); two-stroke (Motor)

zweiteilig adj (Tech) divided, split, two--part ...

Zweiwalzenbrecher m (Zer) double-roll crusher

Zweiwalzengerüst n (Walz) two-high stand, two-high rolling stand, two-high mill (Duogerüst)

Zweiwegebagger m (Bergb) road rail excavator

Zweiwegabelstück n (Hütt/Walz) breeches pipe, two-way distributor

Zwei-Wege-Zwei-Stellungs-Magnetventil n (Vent) two-way two-position solenoid valve

Zweiwegventil n (Vent) two-way valve

Zweiwertigkeit f (Chem) bivalence, bivalency, divalence

Zweizweckgerät n (Bergb) dual-purpose unit

Zwickel m (Tech) gusset

Zwickzange f (Werkz) pincers pl

Zwillingsantrieb m (Antr, Walz) twin motor drive

Zwillingsdrosselrückschlagventil n (Vent) double throttle check valve

Zwillingsrad n (Tech) twin wheel

Zwillingsrückschlagventil n (Vent) double check valve, twin non-return valve

Zwinge f (Elek, Tech) ferrule (z. B. für Kabel)

Zwinge f (Werkz) (BE) vice, (AE) vise

Zwischen... (Tech) intermediate

Zwischenband n (Förd, Umschl) elevator conveyor, forwarding conveyor, intermediate conveyor, transfer belt, transfer belt conveyor, transfer conveyor

Zwischenbock m (Tech) interim block

Zwischenboden m (Tech) water shelf (am Zylinderkopf)

Zwischenbodenkühlung f (Verd) diaphragm cooling

Zwischenbunker m (Umschl) catch bin, surge bin

Zwischenbunkerung f (Umschl) bin-and--feed system

Zwischendampftemperatur f (Hütt/Walz) reheat steam temperature

Zwischendose f (Elek) pull box, through box

Zwischenecho n (Elek) intermediate echo (Ultraschall)

Zwischenflansch m (Tech) intermediate flange

Zwischenflanschventil n (Vent) sandwich valve

Zwischengang m (Bau) corridor

zwischengekühlt adj (Tech) aftercooled, intercooled

Zwischengeschirr n (Bergb) foothook chain, intermediate gear

Zwischengrund m (Anstr) undercoat

Zwischenhülse f (Tech) spacer, spacer sleeve; shaft sleeve

Zwischenkraft f (Walz) bending and balancing forces (Walzen)

Zwischenkühler m (Tech) aftercooler, intercooler, iso-cooler

Zwischenlage f (Elek, Tech) insert, shim, spacer; shim (Verpackung)

Zwischenlagentemperatur f (Schw) interpass temperature

Zwischenmittel npl (Bergb, Geo) interburden, waste partings pl

Zwischenplatte f (Elek) shim (z. B. beim Röntgen)

Zwischenplatte f (Hydr) sandwich plate

Zwischenplatte f (Tech) adapter plate

Zwischenprüfung f (Schw) in-process inspection

Zwischenradlagerung f (Getr) idler gear bearing, intermediate gear mounting

Zwischenradschwinge f (Bergb) bogie connection

Zwischenraum m (Baut, Tech) break, distance, interspace, interval, space, spacing; interstitial space (Metallgefüge)

Zwischenring m (Tech) baffle ring, rubber insert (Reifen); centre annulus (einer Schwimmringdichtung); intermediate ring, lantern, spacer ring; nozzle brick (Horizontalgießen)

zwischenschalten v (Tech) insert, interconnect, interpose

Zwischenschicht f (Tech) interburden, intercalation, interwaste, (AE) parting (zwischen Flözen); intermediate coat (Bandbeschichtung)

zwischensetzen v (Tech) interpose

Zwischenstecker m (Elek) adaptor plug

Zwischenstück n (Tech) (AE) adapter, (BE) adaptor, connecting piece, interim piece, intermediate panel, middle section, pass piece, spacer piece; spacer bush (Distanzbuchse); connecting piece, distance piece (Kolbenverdichter)

Zwischenwand f (Baut, Stb, Tech) partition, partition wall

Zwischenwelle f (Tech) countershaft, jackshaft, layshaft; spacer (einer Kupplung)

Zwischenzahnrad n (Getr) idler gear, idler gear wheel

Zwölfkant... *(Tech)* bihexagonal..., 12 point...

Zwölfkantschraubenschlüssel *m (Werkz)* twelve-sided spanner

Zyanbadhärtung *f (Hütt)* cyanide hardening, cyaniding

Zyklon *m (Bergb)* cyclone

Zyklon-Abscheider *m (Zer)* cyclone precipitator, cyclone separator *(Staub)*; grit arrester *(grober Flugstaub)*

Zyklon-Korbwand *f (Zer)* circumferential arrangement of cyclone tubing

Zyklonumluftsichter *m (Bergb)* cyclone air separator

Zylinder *m (Tech)* cylinder; container *(Strangpresse)*

Zylinderablasshahn *m (Hütt/Walz)* purge cock

Zylinderbahn *f (Tech)* roller raceway *(Lauffläche)*

Zylinderblechschraube *f (Tech)* pan head tapping screw

Zylinderboden *m (Tech)* cylinder cap; rear end plate, rear end; cylinder head *(Kolbenverdichter)*

Zylinderbohrung *f (Tech)* cylinder bore, cylinder size bore

Zylinderendverschluss *m (Elek)* cylindrical cable sealing end

zylindergesteuert *adj (Tech)* cylinder-controlled

Zylinderhahn *m (Hydr/Pneu)* delivery cock, discharge cock, drain cock, tap

Zylinderkerbstift *m (Tech)* parallel notch pin

Zylinderlager *n (Lag)* cylinder bearing *(Zylinderauge)*

Zylindermantel *m (Tech)* barrel, cylindrical barrel

Zylinderpassung *f (Tech)* cylindrical fit

Zylinderring *m (Tech)* cylinder packing ring

Zylinderrollenlager *n (Lag)* cylindrical roller bearing, roller bearing

Zylinderschraube *f (Tech)* alan cap screw, cap screw, cheese head screw, cylinder head screw

Zylindersenkschraube *f (Tech)* fillister-head sunk screw

zylindrisch *adj (Tech)* cylindric, cylindrical

Anhang / Appendix

Inhalt / Contents

Umrechnungstabellen / Conversion tables

1 Längenmaße / Length

		Meter *metre*	Zoll† *inch*	Fuß† *foot*	Yard*† *yard*	Rod† *rod*	Meile*† *mile*
1 Meter *metre*	=	*	39,37	3,281	1,093	0,1988	$6,214 \times 10^{-4}$
1 Zoll *inch*	=	$2,54 \times 10^{-2}$	1	0,083	0,02778	$5,050 \times 10^{-3}$	$1,578 \times 10^{-5}$
1 Fuß *foot*	=	0,3048	12	1	0,3333	0,0606	$1,894 \times 10^{-4}$
1 Yard *yard*	=	0,9144	36	3	1	0,1818	$5,682 \times 10^{-4}$
1 Rod *rod*	=	5,029	198	16,5	5,5	1	$3,125 \times 10^{-3}$
1 Meile *mile*	=	1609	63360	5280	1760	320	1

1 Yard† (gesetzlicher Standard) = 0,91439841 Meter / 1 imperial standard yard = 0,91439841 metre
1 Yard† (wissenschaftlich) = 0,9144 Meter (genau) / 1 yard (scientific) = 0,9144 metre (exact)
1 Yard US† = 0,91440183 Meter / 1 US yard = 0,91440183 metre
1 englische Seemeile = 6080 Fuß = 1853,18 Meter / 1 English nautical mile† = 6080 ft = 1853,18 metres
1 internationale Seemeile† = 1852 Meter = 6076,12 Fuß / 1 international nautical mile = 1852 metres = 6076,12 ft
† = keine SI-Einheit / not a SI-unit
* = im deutschen Sprachraum nicht gebräuchlich / not used in German-speaking countries

2 Flächenmaße / Area

		m^2 sq. metre	$(Zoll)^2$†* sq. inch	$(Fuß)^{2*}$† sq. foot	$(Yard)^{2*}$† sq. yard	Acre*† acre	$(Meile)^{2*}$† sq. mile
1 m^2 sq. metre	=	1	1550	10,76	1,196	$2,471 \times 10^{-4}$	$3,861 \times 10^{-7}$
1 $(Zoll)^2$ sq. inch	=	$6,452 \times 10^{-4}$	1	$6,944 \times 10^{-3}$	$7,716 \times 10^{-4}$	$1,594 \times 10^{-7}$	$2,491 \times 10^{-10}$
1 $(Fuß)^2$ sq. foot	=	0,0929	144	1	0,1111	$2,296 \times 10^{-5}$	$3,587 \times 10^{-8}$
1 $(Yard)^2$ sq. yard	=	0,8361	1296	9	1	$2,066 \times 10^{-4}$	$3,228 \times 10^{-7}$
1 Acre acre	=	$4,047 \times 10^3$	$6,273 \times 10^6$	$4,355 \times 10^4$	4840	1	$1,563 \times 10^{-3}$
1 $(Meile)^2$ sq. mile	=	$259,0 \times 10^4$	$4,015 \times 10^9$	$2,788 \times 10^7$	$3,098 \times 10^6$	640	1

1 Are† = 100 m^2 = 0,01 Hektar = 0,01 hectare / 1 are = 100 sq. metres = 0,01 hectare
† runder Querschnitt* von $^1/_{1000}$ Zoll Durchmesser = $5,067 \times 10^{-10}$ m^2 = $7,854 \times 10^{-7}$ $(Zoll)^2$ / 1 circular mil = $5,067 \times 10^{-10}$ sq. metre = $7,854 \times 10^{-7}$ sq. in
1 Acre* (gesetzlicher Standard) = 0,4047 Hektar / 1 acre (statute) = 0,4047 hectare

3 Raummaße / Volume

		m^3 cubic metre	$(Zoll)^3$† cubic inch	$(Fuß)^3$† cubic foot	Gallone UK*† UK gallon	Gallone US*† US gallon
1 m^3 cubic metre	=	1	$6,102 \times 10^4$	35,31	220,0	264,2
1 $(Zoll)^3$ cubic in	=	$1,339 \times 10^{-5}$	1	$5,787 \times 10^{-4}$	$3,605 \times 10^{-3}$	$4,329 \times 10^{-3}$
1 $(Fuß)^3$ cubic ft	=	$2,332 \times 10^{-2}$	1728	1	6,229	7,480
1 Gallone UK[1] UK gallon	=	$4,546 \times 10^{-3}$	277,4	0,1605	1	1,201
1 Gallone US[2] US gallon	=	$3,785 \times 10^{-3}$	231,0	0,1337	0,8327	1

[1] Volumen von 10 britischen Pfund H_2O bei 62 °F / volume of 10 lb of water at 62 °F
[2] Volumen von 8,328 britischen Pfund H_2O bei 60 °F / volume of 8.32828 lb of water at 60 °F
1 m^3 = 1000 Liter / 1 cubic metre = 1000 litres
1 Acre-Fuß† = 271328 Gallonen UK = 1233 m^3 (Kubikmeter) / 1 acre foot = 271328 UK gallons = 1233 cubic metres
Bis 1976 war der Liter als 1000,028 cm^3 definiert (das Volumen von 1 kg H_2O bei maximaler Dichte), wurde dann aber als exakt 1000 cm^3 umdefiniert
Until 1976 the litre was equal to 1000.028 cm^3 (the volume of 1 kg of water at maximum density) but then it was revalued to be 1000 cm^3 exactly

† = keine SI-Einheit / not a SI-unit
* = im deutschen Sprachraum nicht gebräuchlich / not used in German-speaking countries

4 Winkelmaße / Angular measurement

	Grad *degree*	Minute *minute*	Sekunde *second*	Radian *radian*	Umdrehung *revolution*
1 Grad *degree* =	1	60	3600	$1,745 \times 10^{-2}$	$2,778 \times 10^{-3}$
1 Minute *minute* =	$1,677 \times 10^{-2}$	1	60	$2,909 \times 10^{-4}$	$4,630 \times 10^{-5}$
1 Sekunde *second* =	$2,778 \times 10^{-4}$	$1,667 \times 10^{-2}$	1	$4,848 \times 10^{-6}$	$7,716 \times 10^{-7}$
1 Radian *radian* =	57,30	3438	$2,063 \times 10^{5}$	1	0,1592
1 Umdrehung *revolution* =	360	$2,16 \times 10^{4}$	$1,296 \times 10^{6}$	6,283	1

1 Mil* (Artilleriemaß) = $^{1}/_{64.000}$ von 360° = 10^{-3} Radian / 1 mil = 10^{-3} radian

5 Masse / Mass

		Kilogramm *kilogram*	britisches Pfund*† *pound*	Slug*† *slug*	metrisches Slug*† *metric slug*	UK-Tonne*† *UK ton*	US-Tonne*† *US ton*	u*† *u*
1 Kilogramm *kilogram*	=	1	2,205	$6,852 \times 10^{-2}$	0,1020	$9,842 \times 10^{-4}$	$11,02 \times 10^{-4}$	$6,024 \times 10^{26}$
1 britisches Pfund *pound*	=	0,4536	1	$3,108 \times 10^{-2}$	$4,625 \times 10^{-2}$	$4,464 \times 10^{-4}$	$5,000 \times 10^{-4}$	$2,732 \times 10^{26}$
1 Slug *slug*	=	14,59	32,17	1	1,488	$1,436 \times 10^{-2}$	$1,609 \times 10^{-2}$	$8,789 \times 10^{27}$
1 metrisches Slug *metric slug*	=	9,806	21,62	0,6720	1	$9,652 \times 10^{-3}$	$1,081 \times 10^{-2}$	$5,907 \times 10^{27}$
1 UK-Tonne *UK ton*	=	1016	2240	69,62	103,6	1	1,12	$6,121 \times 10^{29}$
1 US-Tonne *US ton*	=	907,2	2000	62,16	92,51	0,8929	1	$5,465 \times 10^{29}$
1 u *u*	=	$1,660 \times 10^{-27}$	$3,660 \times 10^{-27}$	$1,137 \times 10^{-28}$	$1,693 \times 10^{-28}$	$1,634 \times 10^{-30}$	$1,829 \times 10^{-30}$	1

1 britisches Pfund† (gesetzlicher Standard) = 0,453592338 Kilogramm / 1 imperial standard pound = 0.453592338 kilogram
1 US-Pfund = 0,453592477 Kilogramm† / 1 US pound = 0.453592477 kilogram
1 internationales Pfund† = 0,45359237 Kilogramm / 1 international pound = 0.45359237 kilogram
1 Tonne† = 10^3 Kilogramm / 1 ton = 10^3 kilograms
1 Troypfund = 0,373242 Kilogramm / 1 troy pound = 0.373242 kilogram

6 Kraft / Force

	Dyn *dyne*	Newton *newton*	Pound-Force*† *pound force*	Poundal*† *poundal*	Gram-Force*† *gram force*
1 Dyn *dyne* =	1	10^{-5}	$2{,}248 \times 10^{-6}$	$7{,}233 \times 10^{-5}$	$1{,}020 \times 10^{-3}$
1 Newton *newton* =	105	1	0,2248	7,233	102,0
1 Pound-Force *pound force* =	$4{,}448 \times 10^{5}$	4,448	1	32,17	453,6
1 Poundal *poundal* =	$1{,}383 \times 10^{4}$	0,1383	$3{,}108 \times 10^{-2}$	1	14,10
1 Gram-Force *gram force* =	980,7	$980{,}7 \times 10^{-5}$	$2{,}205 \times 10^{-3}$	$7{,}093 \times 10^{-2}$	1

† = keine SI-Einheit / not a SI-unit
* = im deutschen Sprachraum nicht gebräuchlich / not used in German-speaking countries

7 Leistung / Power

		Btu/h *Btu per hr*	Fuß-Pfund/s* *ft lb s⁻¹*	Kg m/s *kg metre s⁻¹*	Kalorie/s* *cal s⁻¹*	PS*†[1] *HP[2]*	Watt *watt*
1 Btu/h *Btu per hour*	=	1	0,2161	$2,987 \times 10^{-2}$	$6,999 \times 10^{-2}$	$3,929 \times 10^{-4}$	0,2931
1 Fuß-Pfund/s *ft lb per second*	=	4,628	1	0,1383	0,3239	$1,818 \times 10^{-3}$	1,356
1 Kg m/s *kg metre per se- cond*	=	33 47	7,233	1	2,343	$1,315 \times 10^{-2}$	9,807
1 Kalorie/s *cal per second*	=	14 29	3,087	$4,268 \times 10^{-1}$	1	$5,613 \times 10^{-3}$	4,187
1 PS *HP*	=	2545	550	76,04	178,2	1	745,7
1 Watt *watt*	=	3,413	0,7376	0,1020	0,2388	$1,341 \times 10^{-3}$	1

1 Watt international = 1,00019 Watt absolut / 1 international watt = 1,00019 absolute watt
[1] 1 PS = europäische Einheit, 1 PS = 735,498 Watt / PS (Pferdestärke) = European unit, 1 PS = 735,498 watt
[2] 1 HP = britische Einheit, 1 HP = 745,7 Watt / HP (Horsepower) = British unit, 1 HP = 745,7 watt
† = keine SI-Einheit / not a SI unit
* = im deutschen Sprachraum nicht gebräuchlich / not used in German-speaking countries

8 Energie, Arbeit, Wärme / Energy, work, heat

		Btu† *Btu*	Joule *joule*	Fuß-Pfund*† *ft lb*	cm^{-1} *cm^{-1}*	Kalorie *cal*	Kilowattstunde *kWh*	Elektronenvolt *electron volt*
1 Btu *Btu*	=	1	$1{,}055 \times 10^{3}$	$778{,}2$	$5{,}312 \times 10^{25}$	252	$2{,}930 \times 10^{-4}$	$6{,}585 \times 10^{21}$
1 Joule *joule*	=	$9{,}481 \times 10^{-4}$	1	$7{,}376 \times 10^{-1}$	$5{,}035 \times 10^{22}$	$2{,}389 \times 10^{-1}$	$2{,}778 \times 10^{-7}$	$6{,}242 \times 10^{18}$
1 Fuß-Pfund *ft lb*	=	$1{,}285 \times 10^{-3}$	$1{,}356$	1	$6{,}828 \times 10^{22}$	$3{,}239 \times 10^{-1}$	$3{,}766 \times 10^{-7}$	$8{,}464 \times 10^{18}$
1 cm^{-1} *cm^{-1}*	=	$1{,}883 \times 10^{-26}$	$1{,}986 \times 10^{-23}$	$1{,}465 \times 10^{-23}$	1	$4{,}745 \times 10^{-24}$	$5{,}517 \times 10^{-30}$	$1{,}240 \times 10^{-4}$
1 Kalorie bei 15 °C *cal 15 °C*	=	$3{,}968 \times 10^{-3}$	$4{,}187$	$3{,}088$	$2{,}108 \times 10^{23}$	1	$1{,}163 \times 10^{-6}$	$2{,}613 \times 10^{19}$
1 Kilowatt- stunde *kWh*	=	3412	$3{,}600 \times 10^{6}$	$2{,}655 \times 10^{6}$	$1{,}813 \times 10^{29}$	$8{,}598 \times 10^{5}$	1	$2{,}247 \times 10^{25}$
1 Elektronen- volt *electron volt*	=	$1{,}519 \times 10^{-22}$	$1{,}602 \times 10^{-19}$	$1{,}182 \times 10^{-19}$	$8{,}066 \times 10^{3}$	$3{,}827 \times 10^{-20}$	$4{,}450 \times 10^{-26}$	1

† = keine SI-Einheit / not a SI-unit
* = im deutschen Sprachraum nicht gebräuchlich / not used in German-speaking countries

Lesart einiger mathematischer Ausdrücke / Reading of some mathematical expressions

Mathematische Zeichen / Mathematical symbols

+	plus	plus
−	minus	minus
±	plus or minus	plus minus
∓	minus or plus	minus plus
×, ·	multiplied by, times*)	multipliziert mit, mal*)
÷, /	divided by	dividiert durch, geteilt durch
=	is equal to, equals	gleich, ist gleich
≠	is not equal to	ungleich, nicht gleich
≡	is identical with	identisch
≢	is not identical with	nicht identisch
≈	is approximately equal to	annähernd gleich
~	is asymptotically equal to	asymptotisch gleich
>	is greater than	größer als
≯	is not greater than	nicht größer als
<	is less than	kleiner als
≮	is not less than	nicht kleiner als
≧, ≥	is greater than or equal to	größer als oder gleich
≦, ≤	is less than or equal to	kleiner als oder gleich
≫	is much greater than	viel größer als
≪	is much less than	viel kleiner als
∴	therefore	deswegen
∵	because, since	weil, da
…	dot dot dot	Punkt, Punkt, Punkt
∝	is proportional to	proportional zu
∞	infinity	unendlich
0 °C	nought degrees c (Celsius)	null Grad (Celsius)
%	per cent, per hundred	Prozent
‰	per thousand	Promille
√	(square) root of	Wurzel aus, Quadratwurzel aus
∑	capital sigma; sum of	Summenzeichen
∏	capital pi; product of	Produktzeichen
lim	limit	Grenzwert, Limes
→	approaches, tends to	strebt nach, geht nach
∫	intregral of	Intregral von

---

*) In UK usage, the multiplying dot is often on the line, while the decimal point is halfway up.
Im Zeichengebrauch des Vereinigten Königreiches steht der Multiplikationspunkt häufig auf der Grundlinie, während der Dezimalpunkt hochgestellt ist.

( )	(ordinary) brackets (in printers' terminology: parentheses)	(runde) Klammern
(	open [initial] bracket, open [initial] parenthesis	runde Klammer auf
)	close [final] bracket, close [final] parenthesis	runde Klammer zu
[ ]	square brackets (in printers' terminology: brackets)	eckige Klammern
{ }	curly brackets (in printers' terminology: braces)	geschweifte Klammern
x'	x dash, x prime	x Strich
x''	x double dash [prime]	x zweigestrichen
x'''	x triple dash [prime]	x dreigestrichen

Dezimalzahlen / Decimals

0.5	zero point five, o point five, nought point five	null Komma fünf
2.87	two point eight seven	zwei Komma acht sieben
15.3 °C	fifteen point three degrees c [Celsius]	fünfzehn Komma drei Grad (Celsius)
−273.1 °C	minus two seven three point one degrees c [Celsius]	minus zweihundertdreiundsiebzig Komma ein Grad (Celsius)

Brüche / Fractions

1/2	half, one half, a half	ein Halb
1/3	one third, a third	ein Drittel
2/3	two thirds	zwei Drittel
1/4	one [a] fourth, one [a] quarter	ein Viertel
3/4	three fourths, three quarters	drei Viertel
1 1/2	one and a half	eineinhalb, anderthalb
$\frac{a}{b}$, a/b	a over b, a divided by b	a durch b, a geteilt durch b
$\frac{ab^2}{4b}$	a b squared over [divided by] four b	a b quadrat durch [geteilt durch] vier b
$\frac{1}{n}$	one over n, one nth	eins geteilt durch n, ein n-tel

Buchstaben mit Indizes / Letters with subscripts and superscripts

| a_b | a subscript b, a sub b | a unten b |
| S_n | capital s sub n | groß s unten n |

| a^b | a superscript b, a super b | a hoch b |
| x_0 | x subscript zero, x sub zero, x zero, x nought | x null |

Potenzausdrücke / Powers

a^n	a to the power (of) n, a to the nth (power), a to the n	a hoch n, a zur n-ten Potenz, a zur n-ten
a^{-n}	a to the power (of) minus n, a to the minus nth (power), a to the minus n	a hoch minus n
a^{2x}	a to the power of two x	a hoch x
x^2	x squared	x quadrat
x^3	x cubed	x hoch drei, x kubik
$(a + b)^2$	a plus b / all squared*)	a plus b / in Klammern / zum Quadrat*)
$(x + 4)^{-\frac{x}{6}}$	x plus four / in brackets / to the power of minus one sixth x	x plus vier / in Klammern / hoch minus x Sechstel
10^2	ten to the power (of) two, ten to the second (power), ten squared	zehn hoch zwei, zehn quadrat
10^3	ten to the third (power), ten cubed	zehn hoch drei, zehn kubik
10^{-2}	ten to the power (of) minus two, ten to the minus two, ten to the minus second (power)	zehn hoch minus zwei

Wurzelausdrücke / Root expressions

$\sqrt{a}$	root a, square root of a	Wurzel a, Quadratwurzel aus a
$\sqrt[3]{a}$	cube root of a, third root of a	Kubikwurzel aus a, dritte Wurzel aus a
$\sqrt[n]{a}$	nth root of a	n-te Wurzel aus a
$2\sqrt{x}$	twice the square root of x	zwei Mal Quadratwurzel (aus) x
$3\sqrt[4]{x}$	three times the fourth root of x	drei Mal vierte Wurzel x
$\sqrt{(a + b)}$	square root of the sum (of) a plus b, square root of the sum of a and b	Quadratwurzel aus der Summe (von) a plus b

---

*) The strokes indicate pauses in the reading.
   Die Schrägstriche bedeuten Sprechpausen.

Gegenüberstellung von SI-Einheiten und früher gebräuchlichen Einheiten / Comparison of SI-units with previously used units

Kraft / Force

N	kp
1	0,102
9,81	1

1 mN = 0,102 p	1 kN = 0,102 Mp
9,81 mN = 1 p	9,81 kN = 1 Mp

Druck, mechanische Spannung / Pressure, stress

N/m² = Pa	mmWS
1	0,102
9,81	1

kN/m² = kPa	mWS
1	0,102
9,81	1

	Torr
1	7,50
0,133	1

N/mm² = MPa	at = kp/cm²
1	10,2
0,0981	1

	atm
1	9,87
0,1013	1

	bar	kp/mm²
1	10	0,102
0,1	1	0,0102
9,81	98,1	1

mechanische Spannungen / Stress

$1 \text{ N/mm}^2 = 10^3 \text{ kN/m}^2 = 10^6 \text{ N/m}^2$

Drücke in Fluiden / Pressure in fluids

$1 \text{ MPa} = 10^3 \text{ kPa} = 10^6 \text{ Pa}$
$1 \text{ bar} = 10^3 \text{ mbar} = 10^5 \text{ Pa}$

$1 \text{ N/m}^2 = 1 \text{ Pa} = 0,01 \text{ mbar}$
$1 \text{ kN/m}^2 = 1 \text{ kPa} = 10 \text{ mbar}$

$1 \text{ kp/cm}^2 = 1 \text{ at}$
$\qquad = 0,0981 \text{ N/mm}^2 = 0,981 \text{ bar}$
$1 \text{ kp/mm}^2 = 9,81 \text{ N/mm}^2 = 98,1 \text{ bar}$
$1 \text{ atm} = 0,1013 \text{ N/mm}^2 = 1,013 \text{ bar}$
$1 \text{ mWS} = 9,81 \text{ kN/m}^2 = 0,0981 \text{ bar}$
$1 \text{ mmWS} = 9,81 \text{ N/m}^2 = 0,0981 \text{ mbar}$
$1 \text{ Torr} = 1 \text{ mmHg}$
$\qquad = 0,133 \text{ kN/m}^2 = 1,33 \text{ mbar}$

Energie, Arbeit, Wärmemenge / Energy, work, quantity of heat

J = W · s = N · m	kp · m	cal
1	0,102	0,239
9,81	1	2,342
4,19	0,427	1

1 kcal = 4,19 kJ = 4,19 kW · s
1 kW · h = 3,6 MJ = 3,6 MW · s

Leistung / Power

W = J/s = N · m/s	kp · m/s	kcal/h
1	0,102	0,860
9,81	1	8,43
1,16	0,119	1

1 kW = 1,360 PS
1 PS = 0,7355 kW

Basisgrößenarten / Quantity			Basiseinheiten / SI unit		
length	Länge	l, s	meter	Meter	m
times	Zeit	t	second	Sekunde	s
mass	Masse	m	kilogram	Kilogramm	kg
temperature	Temperatur	T	kelvin	Kelvin	K
amperage	Elektrische Stromstärke	I	ampere	Ampere	A
amount of substance	Stoffmenge	n	mol	Mol	mol
luminous intensity	Lichtstärke	l_v	candela	Candela	cd

Vorsätze / Prefixes							
exa	Exa	E	10^{18}	atto	Atto	a	10^{-18}
peta	Peta	P	10^{15}	fomto	Femto	f	10^{-15}
tera	Tera	T	10^{12}	pico	Piko	p	10^{-12}
giga	Giga	G	10^9	nano	Nano	n	10^{-9}
mega	Mega	M	10^6	micro	Mikro	μ	10^{-6}
kilo	Kilo	k	10^3	milli	Milli	m	10^{-3}
hecto	Hekto	h	10^2	centi	Zenti	c	10^{-2}
deca	Deka	da	10	deci	Dezi	d	10^{-1}

Hecto, deca, deci and centi should only be used as hitherto customary. / Hekto, Deka, Dezi und Zenti sollen nur noch verwendet werden, soweit es bisher üblich war.